Genetik

EBOOK INSIDE

Die Zugangsinformationen zum eBook inside finden Sie am Ende des Buchs.

Jochen Graw

Genetik

7. aktualisierte und überarbeitete Auflage

Begründet von Wolfgang Hennig

Jochen Graw
Unterschleißheim, Deutschland

ISBN 978-3-662-60908-8 ISBN 978-3-662-60909-5 (eBook)
https://doi.org/10.1007/978-3-662-60909-5

Die Deutsche Nationalbibliothek verzeichnet diese Publikation in der Deutschen Nationalbibliografie; detaillierte bibliografische Daten sind im Internet über http://dnb.d-nb.de abrufbar.

Springer Spektrum

Planung/Lektorat: StefanieWolf
Springer Spektrum ist ein Imprint der eingetragenen Gesellschaft Springer-Verlag GmbH, DE und ist ein Teil von Springer Nature.
Die Anschrift der Gesellschaft ist: Heidelberger Platz 3, 14197 Berlin, Germany

Vorwort zur 7. Auflage

In den letzten 20–25 Jahren hat sich das Lehrbuch *Genetik* in 6 Auflagen seit 1995 fest als ein Standardwerk für den universitären Genetik-Unterricht an den deutschsprachigen Universitäten etabliert. Dabei hat sich das Lehrbuch kontinuierlich weiterentwickelt, so wie man das bei einem so rasanten Fortschritt eines Fachgebietes wie der Genetik erwarten darf. Die neue, aktualisierte und überarbeitete 7. Auflage setzt diesen erfolgreichen Weg konsequent fort. Dazu gehört vor allem die gemeinsame Darstellung der wichtigsten genetischen Teildisziplinen, um so den Studierenden von heute eine aktuelle Gesamtsicht der Genetik zu vermitteln. In einer Zeit, in der wegen Alleinstellungsmerkmalen immer mehr auf Abgrenzung einzelner Teildisziplinen geachtet wird, erscheint es mir wichtig, eine solche Gesamtsicht der Genetik anzubieten – um dann auch das Verbindende zu entdecken und überraschende Gemeinsamkeiten aufzuspüren.

Die aktuelle Corona-Krise mag das in ein paar Punkten verdeutlichen: Das Genom dieses Virus besteht aus einer einzelsträngigen RNA – die Aufklärung der entsprechenden Sequenz dieses Virus war eine wichtige Voraussetzung für die Entwicklung der Tests auf aktuelle Infektionen. Natürlich ist die Sequenzierung eines Genoms aus ~ 30.000 Nukleotiden heute schon genauso selbstverständlich wie die Entwicklung des entsprechenden Tests auf der Basis einer Polymerasekettenreaktion (PCR). Bemerkenswert ist dennoch die Geschwindigkeit, in der das möglich war: Die Krankheit wurde Ende Dezember 2019 zum ersten Mal beschrieben (Li et al. 2020), die Sequenz des Virus des ersten Patienten wurde bereits am 18. Januar 2020 von chinesischen Forschern in einer öffentlichen Sequenz-Datenbank der US-amerikanischen Gesundheitsinstitute (NIH) hinterlegt (▶ https://www.ncbi.nlm.nih.gov/nuccore/mn908947) und am 23. Januar 2020 wurde der PCR-Test für die klinische Routinediagnostik von einem internationalen Team (unter der Leitung von Christian Drosten Berlin) publiziert (Corman et al. 2020). Doch damit nicht genug: Auf der Basis der Sequenz war es auch schon Anfang Februar 2020 möglich, über phylogenetische Analysen die Herkunft des neuen Virus aus Fledermäusen zu bestimmen (Wu et al. 2020) und später auch die Ausbreitungswege nachzuverfolgen. So zeigen die ersten Proben aus Bangkok, Chicago und Seattle enge Verwandtschaften zu Proben aus Guangdong in China (Benvenuto et al. 2020). Derartige phylogenetische Analysen lassen schon heute interessante Einsichten in die Verbreitung des neuen Corona-Virus zu (▶ https://www.gisaid.org/epiflu-applications/hcov-19-genomic-epidemiology/). Ähnliche interessante populationsgenetische Beiträge sind über den bisher bekannten Rezeptor ACE2 (engl. *angiotensin converting enzyme 2*) zu erwarten. Erste Daten einer chinesischen Gruppe zeigen einige Polymorphismen im menschlichen Genom (Cao Y et al. 2020) – gibt es dabei einen (oder mehrere?), der das Andocken des Virus vermindert oder verhindert? Wir kennen derartige Phänomene aus der genetischen Epidemiologie der HIV-Infektionen: HIV nutzt den Chemokinrezeptor CCR5, um in Zellen einzudringen; eine Mutation im *CCR5*-Gen, die bei ~ 1 % der Europäer vorkommt, verhindert eine Infektion durch HIV (für Details siehe ▶ Kap. 9). Wir sehen also an diesem aktuellen Beispiel die Leistungsfähigkeit der Genetik und ihre Bedeutung für eine Vielzahl von anderen Disziplinen.

Auch bei dieser neuen Auflage sind die Grundkonzepte des Lehrbuches mit den unterschiedlichen Ebenen und Elementen erhalten geblieben: die Blume ❀ mit Hinweisen auf Besonderheiten; die Eule mit Hinweisen auf noch offene Fragen und Konzepte, die Merksätze (!) als Zusammenfassungen im Text, die Kernaussagen als Zusammenfassungen am Ende eines Kapitels sowie die Technikboxen zum besseren Verständnis wichtiger genetischer Standardtechniken. Die neuen Übungsfragen der letzten Auflage wurden belassen und durch Links auf interessante Videos ergänzt, die wichtige Aspekte des jeweiligen Kapitels in bewegten Bildern darstellen.

Mein besonderer Dank gebührt dem bewährten Team, das auch dieses Mal wesentlich dazu beigetragen hat, dass dieses Buch erscheinen konnte: in erster Linie Stefanie Wolf und Carola Lerch von der Lehrbuchabteilung des Springer-Verlages und Annette

Heß, die wieder das gründliche Lektorat besorgte. Außerdem hat sich Julia Lucas um die Bildrechte gekümmert, Bärbel Häcker hat die Indexbegriffe festgelegt, und Claus-Dieter Bachem war für die Herstellung verantwortlich.

Schließlich gilt mein Dank auch den vielen Fachkolleginnen und -kollegen, die mich mit Rat und Tat, Bildern und Vorschlägen für gute Formulierungen sowie inhaltlichen Hinweisen unterstützt haben. Ich wünsche auch der 7. Auflage der *Genetik*, dass sie weiterhin erfolgreich verwendet wird – und Ihnen, liebe Leserin und lieber Leser, wünsche ich, dass Sie dadurch den Zugang zu einem faszinierenden Gebiet der Biologie finden mögen.

Jochen Graw
Unterschleißheim, im Mai 2020

Literatur

Benvenuto D, Giovanetti M, Salemi M et al. (2020) The global spread of 2019-nCoV: a molecular evolutionary analysis. Pathogens and Global Health 114:2, 64–67, https://www.tandfonline.com/doi/full/10.1080/20477724.2020.1725339

Cao Y, Li L, Feng Z et al. (2020) Comparative genetic analysis of the novel coronavirus (2019-nCoV/SARS-CoV-2) receptor ACE2 in different populations. Cell Discov 6:11, https://doi.org/10.1038/s41421-020-0147-1

Corman VM, Landt O, Kaiser M et al. (2020) Detection of 2019 novel coronavirus (2019-nCoV) by real-time RT-PCR. Euro Surveill 25(3):pii=2000045, https://doi.org/10.2807/1560-7917.ES.2020.25.3.2000045

Li Q, Guan X, Wu P et al. (2020) Early Transmission Dynamics in Wuhan, China, of Novel Coronavirus-Infected Pneumonia. N Engl J Med 382:1199–1207, https://www.nejm.org/doi/10.1056/NEJMoa2001316

Wu F, Zhao S, Yu B et al. (2020) A new coronavirus associated with human respiratory disease in China. Nature 579:265–269, https://doi.org/10.1038/s41586-020-2008-3

Vorwort zur 4. Auflage

Nach drei erfolgreichen Auflagen der von Wolfgang Hennig begründeten GENETIK hat mich der Springer-Verlag gebeten, eine aktualisierte 4. Auflage zu erstellen. Ich habe diese Herausforderung gerne angenommen, weil ich in meinen Vorlesungen immer das Gefühl hatte, dass das Fach Genetik besonders dann gut vermittelt werden kann, wenn man die verschiedenen Teildisziplinen in einen engen Zusammenhang stellt. So wächst zwar das Wissen in unserem Fachgebiet derzeit explosionsartig, aber gerade darum treten viele Phänomene klarer hervor. Cytologische, morphologische oder auch formale Argumente bekommen plötzlich einen molekularbiologischen Unterbau und lassen sich leichter verstehen.

Wie Wolfgang Hennig in seinem Vorwort zur 1. Auflage schrieb, ist es schwierig, als Einzelautor genetische Fragestellungen vollständig darzustellen. Dennoch ist es mir wichtig, den Studenten der Biologie im Grund- und Hauptstudium (oder wie es im Rahmen des Bologna-Prozesses jetzt heißt: in den Bachelor- und Master-Studiengängen) auch einen Eindruck von der Breite der Genetik zu vermitteln. Ich habe deshalb den historischen Bezug sehr knapp gehalten und die Genetik zunächst einmal von der molekularen Seite her entwickelt. Es folgt dann die Einbindung in die zellulären Strukturen der Pro- und Eukaryoten, so dass die formalen Aspekte (auch die der Populationsgenetik) vor der molekularbiologischen Grundlage (und auch mit dem molekularbiologischen methodischen Repertoire) leichter zu verstehen und zu bearbeiten sind. Die als Genomforschung in den letzten Jahren massiv vorangetriebenen Aspekte der modernen Genetik haben große Auswirkungen auf unser Wissen in den Bereichen der Entwicklungs- und Humangenetik. Weitere Modellsysteme haben sich mit neuen Techniken etabliert (z. B. *Arabidopsis*, der Zebrafisch und die Maus) und sind aus der modernen genetischen Forschung nicht mehr wegzudenken. Dem trägt die neue Auflage deutlicher als bisher Rechnung. Im Wesentlichen unverändert bleibt die Vielfältigkeit der Lernhilfen und der graphischen Gestaltung mit einem Überblick am Anfang eines Kapitels, mit Merksätzen, Blüten und Eulen zwischendurch sowie den Kernaussagen am Ende eines Kapitels und den Technik-Boxen, die eine kurze Einführung in technisch-methodische Aspekte geben. Allerdings wurden auch hier die Inhalte gründlich aktualisiert.

Die Erkenntnisse der modernen Genetik wirken sich zunehmend auf unseren Alltag aus. Ich möchte daher nicht nur an die Fragen zur Lebensmittelherstellung durch gentechnisch veränderte Pflanzen und Tiere in der Landwirtschaft (und den verarbeitenden Betrieben) erinnern, sondern auch an die Fragen zur *conditio humana*, den Bedingungen, unter denen wir Menschen uns in der Vergangenheit entwickelt haben und wohin wir uns entwickeln können. Das schließt nicht nur die mögliche Beantwortung der Frage ein, welchen Weg die ersten Menschen aus Afrika heraus eingeschlagen haben (war das »die Vertreibung aus dem Paradies«?). Wir können auch nicht bei der Frage nach der Individualität (Stichwort hier: genetischer Fingerabdruck) oder bei der Frage der genetischen Diagnostik und Therapie stehen bleiben, sondern bekommen zunehmend auch den Bereich der genetischen Bedingungen unseres Verhaltens in den Blick. Erstaunlicherweise finden wir auch hier beim Menschen ähnliche Genkaskaden wie bei den »üblichen Modellsystemen« *Drosophila* und der Maus. Das gilt sowohl für Grundzüge des Lernens und des Gedächtnisses, für Angst- und Suchtverhalten als auch für neurodegenerative Erkrankungen. In vielen Fällen beginnen wir gerade, solche Mechanismen als komplexe genetische Modelle zu beschreiben. Wenn wir uns der molekularen Grundlagen, Bedingungen und Grenzen unseres Verhaltens immer bewusster werden, zeigt das aber auch, dass unsere Freiheit nicht unbegrenzt ist, sondern sich »nur« im Rahmen vorgegebener Möglichkeiten entfalten kann – »Freiheit als Einsicht in die Notwendigkeit«? Ich erwarte daher in den nächsten Jahren intensive Diskussionen darüber, was Pädagogik und Psychiatrie leisten können (und sollen).

Damit möchte ich schließlich noch einen Aspekt aufgreifen, der in den letzten Wochen vor Drucklegung des Buches die Debatte der Feuilletons verschiedener renom-

mierter deutscher Zeitungen beherrscht hat, nämlich die Frage nach dem »intelligenten Designer« – oder ob nicht die ganze Darwin'sche Abstammungslehre auf den Müllhaufen der Geschichte zu schmeißen und durch die biblische Schöpfungsgeschichte zu ersetzen sei. Dem muss natürlich im Vorwort eines Genetik-Lehrbuches insofern widersprochen werden, als in den Naturwissenschaften – und die Genetik gehört hier zweifellos dazu – die »Arbeitshypothese Gott« nicht vorkommt. Das hat nun nichts damit zu tun, dass alle Naturwissenschaftler gottlos seien, sondern es ist »nur« eine methodische Beschränkung auf messbare und reproduzierbare Parameter. Dennoch gelingt es mit diesem »beschränkten« Ansatz, eine Vielzahl von Mechanismen plausibel zu verstehen und zu begründen – Mechanismen, die eben vor 2000 Jahren noch unverstanden waren. Genauso gibt es heute noch offene Fragen, die vielleicht erst bei der nächsten Auflage der GENETIK beantwortet werden können – z. B., ob tatsächlich Mutationen in einem Gen (hier *FOXP2*) für die Ausprägung von Sprache verantwortlich sind, oder *splice*-Varianten in einem anderen Gen (hier: *fruitless* bei Drosophila) für die geschlechtsspezifische Ausprägung des Balzverhaltens.

Ich möchte dieses Vorwort nicht schließen, ohne den Personen meinen Dank abzustatten, die zum Gelingen nicht unwesentlich beigetragen haben. Dazu gehören natürlich in erster Linie die Mitarbeiterinnen der Lehrbuchabteilung des Springer-Verlages, Iris Lasch-Petersmann, Stefanie Wolf und Elke Werner sowie in den Anfängen Manuela Kratz; dazu gehört auch das gründliche Lektorat von Bettina Holzheimer. Herr Bernd Reichenthaler (ProEdit) hat es verstanden, auch die letzten »last minute« Ergänzungen noch einzuarbeiten. Ebenso dankbar bin ich Dr. Christine Schreiber (BIOspektrum/Elsevier) und besonders Dr. Tanita Casci (Redaktion Nature Reviews Genetics), die mich bei der Suche nach Bildern tatkräftig unterstützt haben. Schließlich gilt mein Dank den vielen Fachkolleginnen und -kollegen, die mir mit Rat und Tat, Bildern und Vorschlägen für gute Formulierungen zur Seite gestanden sind.

Dieses Buch ist in vielen Bereichen eine Momentaufnahme aus dem Sommer 2005. Ich bin immer offen und dankbar für weitere Verbesserungsvorschläge und Kommentare aus allen Bereichen der »community« und wünsche der 4. Auflage der GENETIK, dass sie weiterhin erfolgreich verwendet wird und den Lesern den Zugang zu einem faszinierenden Fach ermöglicht.

Jochen Graw
Neuherberg/Unterschleißheim, im Juli 2005

Vorwort zur 1. Auflage

Dieses Lehrbuch ist aus meiner Genetik-Grundvorlesung entstanden und reflektiert deren Struktur, wie sie sich im Laufe mehrerer Jahre aufgrund der Erfahrung in Prüfungen und durch Gespräche mit Studenten entwickelt hat. Hauptanliegen ist es mir stets gewesen, molekulare und klassische genetische und cytologische Gesichtspunkte soweit wie irgend möglich zu integrieren. Die Entwicklung der Genetik bietet hierzu immer bessere Möglichkeiten. Die Frage, ob der Genetik-Unterricht auf der klassischen Genetik oder auf den Kenntnissen der Molekulargenetik aufbauen soll, wird damit zum Teil gegenstandslos. Der sinnvolle Zugang zur Genetik ergibt sich in meinen Augen von selbst: Der logische Einstieg in das Denkgebäude der Genetik ist am einfachsten, wenn man deren historischer Entwicklung folgt. Wie wäre auf der molekularen Ebene zu erkennen, ob DNA-Veränderungen sich im Phänotyp auswirken? Die Aufklärung elementarer Mechanismen der Frühentwicklung bei *Drosophila* in den letzten Jahren hat für jeden deutlich werden lassen, daß der Bezug zum Phänotyp, also der Morphologie, die entscheidende Rolle für den Zugang zu den wesentlichen biologischen Fragestellungen spielt.

Für einen einzelnen Autor ist es heute wohl unmöglich, in einem Grundlehrbuch der Genetik eine Vollständigkeit in der Darstellung der Fragestellungen anzustreben. Ich habe es als mein Ziel angesehen, grundlegende Mechanismen, deren Verständnis unabdingbar ist, an geeigneten Beispielen darzustellen. Deren Besprechung ergibt sich oft aus einem allgemeineren biologischen Zusammenhang. Ich habe mich daher nicht unbedingt von der Vorstellung leiten lassen, daß zusammengehörige Themen auch an einer Stelle besprochen werden müssen. Ein Beispiel dafür ist das ► Kap. 5 über Steuerung der Genfunktion auf chromosomalem Niveau, das mir als Einführung dieser Problematik wichtig erschien, dessen molekulare Grundlagen aber erst später ausgeführt werden. Mein Bemühen war es daher auch, durch ausführliche Querverweise die Erarbeitung einer zusammenhängenden Sicht zu erleichtern.

Ich habe in diesem ersten Ansatz darauf verzichtet, Fragen der Verhaltensgenetik und der Evolutionsforschung einzubeziehen. Im allgemeinen sind diese dem Fortgeschrittenenstudium zuzuordnen und hätten den Rahmen des vorliegenden Bandes damit überschritten. Die Populationsgenetik ist nur in sehr kurzer Form angesprochen, da hier das sehr übersichtliche deutschsprachige Lehrbuch von D. Sperlich zur Verfügung steht.

Um von Beginn an den Zugang zur Fachliteratur zu erleichtern, habe ich im Text durchgehend für alle wichtigen Fachbegriffe die jeweilige englische Terminologie angeführt. Zudem sind häufig geeignete deutsche Begriffe nicht verfügbar. In solchen Fällen habe ich grundsätzlich die englische Terminologie verwendet. Ich finde beispielsweise durch nichts gerechtfertigt, den Begriff „single copy DNA" durch eine so abstruse „Übersetzung" wie „unikale DNA", der man gelegentlich begegnet, zu ersetzen. Für Fachbegriffe habe ich im Glossar deren sprachlichen Ursprung und seine Bedeutung vermerkt, um damit das Verständnis der Begriffe zu erleichtern.

Die Frage, ob es sinnvoll ist, die Namen von Forschern anzuführen, wurde von mir positiv beantwortet: Es sind Menschen, die die entscheidenden Beobachtungen gemacht haben oder Wesentliches zu unserem Verständnis beigetragen haben. Warum sollten sie nicht genannt werden? In Einzelfällen wird diese Zuordnung vielleicht nicht immer der wissenschaftlichen Prioriät entsprechen, aber ich hoffe, daß diese sich als Ausnahmen erweisen. Wo irgend möglich, habe ich mich bemüht, mir eine Einsicht in die Originalliteratur zu verschaffen. Die Angabe der Lebensdaten der Forscher soll es dem Leser erleichtern, Parallelitäten in der Forschungsgeschichte der Genetik zu erkennen und die Befunde historisch einzuordnen. Umgekehrt habe ich Daten der Veröffentlichung bewußt überall da weggelassen, wo diese zur historischen Einordnung nicht notwendig sind.

Die starke Verwobenheit der Genetik mit anderen biologischen Disziplinen führt zwangsläufig zu der Situation, daß ein umfassendes Genetiklehrbuch, schon durch die damit verbundene zeitliche Belastung, kaum noch von einem Einzelnen zu schreiben ist. Wenn ich dieses Wagnis dennoch unternommen habe, dann in der Hoffnung, daß es dadurch gelingt, eine möglichst einheitliche Konzeption in der Wahl und Darstellung der Inhalte sowie in der didaktischen Behandlung zu verwirklichen. Es muß dabei zugestanden sein, daß Schwerpunkte nach persönlichen Gesichtspunkten gesetzen werden. Dieses selektive Lehrprinzip entspricht dem Konzept, das Wagenschein unter dem Begriff „exemplarisches Lehren" vorgestellt hat und das künftig auch in der universitären Ausbildung wohl die einzige Lösung angesichts der Fülle des Stoffes bleibt. In diesem Zusammenhang war ich immer wieder versucht, Ausflüge in die allgemeine Biologie zu unternehmen. Das aber ist nur ein Zeichen dafür, wie Genetik heute eigentlich zu verstehen ist, nämlich als allgemeine Biologie.

Für alle Verbesserungsvorschläge, Hinweise auf Fehler und Anregungen, insbesondere auch von jenen, denen dieses Buch in erster Linie helfen soll, sich in der immer komplexeren Wissenschaft der Genetik zurechtzufinden – den Studenten der Biologie – werde ich besonders dankbar sein. Kommentare von meinen Studenten während der Entstehung des Buches haben bereits einen Niederschlag gefunden. Insbesondere sind auch didaktische Elemente wie z. B. die Technikboxen, das Glossar, die Zusammenfassung der Kapitel in Kernaussagen und die Hervorhebungen durch die Piktogramme auf Anregungen von Studenten entstanden. Meine positiven Erfahrungen im Grundunterricht mit ausführlichen Illustrationen der behandelten Problematik haben mich veranlaßt, den vorliegenden Text so sorgfältig und vollständig wie möglich durch Abbildungen und Tabellen zu unterstützen. Die erschöpfenden Legenden sollen den Text ergänzen und die Erarbeitung spezieller Punkte anhand der Abbildungen ermöglichen. Ebenso sind in einigen der Tabellen die experimentellen Schritte ausgeführt (z. B. bei den Mendelschen Regeln). Zur Erleichterung der Handhabung des Textes und zur Erhöhung seiner Übersichtlichkeit habe ich Beispiele und Experimente durch ein Blütenpiktogramm (es handelt sich um die Blüte einer Walderdbeere) gekennzeichnet. Textbereiche, in denen Fragen erörtert, ungelöste Probleme vorgestellt oder mehr spekulative Aussagen gemacht werden, sind durch das Piktogramm der Schleiereule hervorgehoben.

Ich hoffe, daß die Einarbeitung der didaktischer Elemente das Buch auch für Biologielehrer zum Nachschlagen und zur Anregung geeignet macht. Der schnelle Fortschritt der Genetik zwingt zur ergänzenden Information bereits kurze Zeit nach Beendigung der universitären Ausbildung. Weiter hoffe ich, daß in dieser Hinsicht auch das abschließende Kapitel, das sich mit Fragen der Gentechnologie beschäftigt, besondere Aufmerksamkeit findet, selbst wenn es bei Erscheinen des Buches teilweise bereits überholt sein mag.

Viele Kollegen haben mir mit Rat und Vorschlägen sowie durch Material zur Verfügung gestanden. Ihnen gilt mein herzlicher Dank. Wilfried Janning (Münster), Erwin Schmidt (Mainz), Rolf Nöthiger (Zürich), Klaus Rajewsky und Matthias Cramer (Köln), Thomas Börner (Berlin), Peter Huijser (Köln), Klaus Cichutek (Frankfurt), Johannes Löwer (Frankfurt), Koos Miedema (Nijmegen) und Ron Hochstenbach (Nijmegen) haben Teile des Textes kritisch gelesen und wichtige Vorschläge zur Änderung und Ergänzung gemacht. Frau Seipp (Heidelberg) hat den ersten Teil des Manuskriptes mit viel Sorgfalt kommentiert. Weiterhin möchte ich für Materialien und Hilfe danken: Nicole Angelier (Paris), Rudi Appels (Canberra), Dietrich Arndt (BGA Berlin), David Bazett-Jones (Calgary), Hans Becker (Heidelberg), Wolfgang Beermann (Tübingen), Ann Beyer (Baltimore), Harald Biessmann (Irvine), W. Burkart (BfS Salzgitter), Werner Buselmaier (Heidelberg), B.M. Cattanach (Oxon), P. Colman (Melbourne), Thomas Cremer (Heidelberg), Christine Dabauvalle (Würzburg), Tara Devi (Delhi), John Doebley (St. Paul), William C. Earnshaw (Baltimore), Jan-Erik Edström (Lund), Hans Erni (Luzern), Elvira Finke (BGA Berlin), H. Frank (Tübingen), Joseph G. Gall (Baltimore), Walter Gehring (Basel), Susan Gerbi (Providence), David Glover (London), H. K. Goswami (Bhopal), Caspar Grond (Heidelberg), Rudolf Hagemann (Halle), Barbara Hamkalo (Irvine), Daniel L. Hartl (Boston), Martin Heisenberg (Würzburg), Daniele Hernandez-Verdun (Paris), W. Hilscher (Neuss), Ch. Holderegger (Zürich), Joel Huberman (Buffalo), Peter Huijser (Köln), Bernard John (Caldicot), Eberhard Kaltschmidt (Lüneburg), A. Kleinschmidt (Mainz), R. Koopman (Nijmegen), Christian

Krause (Berlin), Peter Lawrence (Cambridge), Ruth Lehmann (Cambridge), Maria Leptin (Tübingen), Markus Lezzi (Zürich), John Lucchesi (Atlanta), Alfred Maelicke (Mainz), Oscar L. Miller, Jr. (Charlottesville), Peter Moens (Toronto), Christiane Nüsslein-Volhard (Tübingen), B. A. Oostra (Leiden), J. B. Rattner (Calgary), Georg Redei (Columbia), Wolf Reik (Cambridge), Ulrich Scheer (Würzburg), H. Schuhmacher (Braunschweig), Heinz Schwarz (Tübingen), Uli Schwarz (Tübingen), Dieter Schweizer (Wien), Dominik Smeets (Nijmegen), Günter Steinbrück (Tübingen), S. Takayama (Tokio), Diethard Tautz (München), Herbert Taylor (Tallahassee), William Theurkauf (Stony Brook), Michael Trendelenburg (Heidelberg), E. Trifanov (Rehovot), Friedrich Vogel (Heidelberg), Peter Vogt (Heidelberg), Eric Weinberg (Philadelphia), Dieter von Wettstein (Kopenhagen), H. Winking (Lübeck) und Ute Wolf (BGA Berlin).

Nach vieljähriger Unterbrechung hat sich Herr Oberstudiendirektor B. Gotthardt, Berlin, noch einmal die Mühe gemacht, meine Altsprachenkenntnisse (im Glossar) zu überprüfen und zu ergänzen. Auch ihm möchte ich an dieser Stelle nochmals herzlich danken. Im Verlag bin ich Frau Anne C. Repnow und Frau Manuela C. Wolf für die ausgezeichnete, für beide Seiten unerwartet lange Zusammenarbeit und die vielfachen Hilfen sehr zum Dank verpflichtet. Frau Isolde Gundermann hat das Projekt herstellerisch betreut. Auch meinen vielen, sehr diskreten Gestaltungswünschen haben sie stets positiv gegenübergestanden, und sie haben durch Gestaltungsvorschläge viel zur endgültigen Form des Buches beigetragen. Insbesondere die didaktischen Elemente im Text haben erst durch diese Kommunikation ihre endgültige Gestalt gefunden. Frau Christiane von Solodkoff hat die computergraphische Überarbeitung der Abbildungen ausgeführt.

Ein besonderes Anliegen ist mir die Feststellung, daß die Zusammenarbeit mit Sibylle Erni (Luzern) bei der Anfertigung der Abbildungen ein besonders motivierender Teil der Arbeit an diesem Buch war. Sie hat in vielen Fällen eigene Vorschläge zur Anordnung und Ausführung verwirklicht und Fehler in meinen Vorlagen aufgespürt. Ihr gilt mein besonders herzlicher Dank für ihren Einsatz, ihre Ausdauer und ihre Sorgfalt. Ihre Zusage, die Illustrationen auszuführen, hat meinen Entschluß zur Arbeit an diesem Buch entscheidend beeinflußt.

Wolfgang Hennig
Kranenburg, September 1994

Hilfreiche Daten

Genetischer Code (mit Einbuchstabecode)

	U			C			A			G			
U	UUU	Phe	F	UCU	Ser	S	UAU	Tyr	Y	UGU	Cys	C	U
	UUC	Phe	F	UCC	Ser	S	UAC	Tyr	Y	UGC	Cys	C	C
	UUA	Leu	L	UCA	Ser	S	UAA	Stopp	X	UGA	Stopp	X	A
	UUG	Leu	L	UCG	Ser	S	UAG	Stopp	X	UGG	Trp	W	G
C	CUU	Leu	L	CCU	Pro	P	CAU	His	H	CGU	Arg	R	U
	CUC	Leu	L	CCC	Pro	P	CAC	His	H	CGC	Arg	R	C
	CUA	Leu	L	CCA	Pro	P	CAA	Gln	Q	CGA	Arg	R	A
	CUG	Leu	L	CCG	Pro	P	CAG	Gln	Q	CGG	Arg	R	G
A	AUU	Ile	I	ACU	Thr	T	AAU	Asn	N	AGU	Ser	S	U
	AUC	Ile	I	ACC	Thr	T	AAC	Asn	N	AGC	Ser	S	C
	AUA	Ile	I	ACA	Thr	T	AAA	Lys	K	AGA	Arg	R	A
	AUG	Met	M	ACG	Thr	T	AAG	Lys	K	AGG	Arg	R	G
G	GUU	Val	V	GCU	Ala	A	GAU	Asp	D	GGU	Gly	G	U
	GUC	Val	V	GCC	Ala	A	GAC	Asp	D	GGC	Gly	G	C
	GUA	Val	V	GCA	Ala	A	GAA	Glu	E	GGA	Gly	G	A
	GUG	Val	V	GCG	Ala	A	GAG	Glu	E	GGG	Gly	G	G

IUPAC-Nukleotid-Code[1]

Code	Base	Code	Base	Code	Base
A	Adenin	Y	C oder T	B	C oder G oder T
C	Cytosin	S	G oder C	D	A oder G oder T
G	Guanin	W	A oder T	H	A oder C oder T
T (oder U)	Thymin (oder Uracil)	K	G oder T	V	A oder C oder G
R	A oder G	M	A oder C	N	Jede Base

1 International Union of Pure and Applied Chemistry (► http://www.bioinformatics.org/sms/iupac.html).

Technische Daten zu Nukleinsäuren

1 kb Doppelstrang-DNA (dsDNA) hat ein Molekulargewicht von $6{,}6 \times 10^5$
1 kb Einzelstrang-DNA (ssDNA) hat ein Molekulargewicht von $3{,}3 \times 10^5$
Mittleres Molekulargewicht von 1 Nukleotid: 327

1 OD_{260}-Einheit entspricht 50 µg dsDNA,
40 µg ssRNA oder
33 µg ssDNA

1 µg DNA von 1 kb Länge entspricht 1,52 pmol DNA (oder 3,03 pmol Enden)
1 µg/ml DNA von 1 kb Länge entspricht 3,03 nM Enden
50 µg/ml DNA sind $1{,}4 \times 10^{-5}$ M Nukleotidlösung
1 pmol DNA von 1 kb Länge entspricht 0,66 µg
1 pmol pBR322 DNA (4363 bp) entspricht 2,85 µg
1 µm dsDNA entspricht 2941 bp (ca. 3 kb)
bzw. einem Molekulargewicht von 2×10^6
1 kb DNA entspricht 333 Aminosäuren
(d. h. einem Protein von $M_r = 37.000$)

pmol Enden je µg linearer DNA:

$$\frac{2 \times 10^6}{660 \times \text{Anzahl der Basen/Molekül}}$$

Schmelzpunkt für dsDNA (größer als 50 bp):

$$T_m = 81{,}5\,[°\text{C}] + 16{,}6 \log(\text{M [NaCl]}) + 0{,}41\,(\%\,\text{GC}) - \frac{550}{(\text{Anzahl bp})} - 0{,}65(\%\text{Foramid})$$

Wichtige Internet-Links

Geschichte der Genetik

„Mendel-Web" mit Links zu den Originalarbeiten (*Versuche über Pflanzenhybride*)	▸ www.mendelweb.org/
Mendel-Museum Brünn	▸ www.mendelmuseum.muni.cz/en/

Allgemeine Datenbanken

Literatur	▸ www.ncbi.nlm.nih.gov/pubmed
Freier Zugang zu Volltexten	▸ www.biomedcentral.com ▸ www.plos.org/ ▸ https://gnomad.broadinstitute.org/
Erbkrankheiten (Online Mendelian Inheritance in Man) Datenbank für menschliche Mutationen (HGMD) Humane Exom-Daten (EXAC-Datenbank)	▸ www.omim.org/ ▸ www.hgmd.cf.ac.uk/ac/index.php ▸ http://exac.broadinstitute.org/
Gene (mit vielen weiteren Links)	▸ www.ncbi.nlm.nih.gov/gene
SNP-Datenbank	▸ www.ncbi.nlm.nih.gov/snp
Mikro-RNA (miRNA)	▸ www.mirbase.org/

Genom-Datenbanken

Allgemeine Einstiege mit Links zu genetischen Informationen von Viren, Bakterien, Hefen, Pflanzen, Würmern, Insekten, Fröschen, Fischen, Vögeln und Säugetieren (wie Maus, Ratte, Katze, Hund, Schwein, Schaf, Rind, Schimpanse und Mensch):	▸ www.ensembl.org ▸ www.ncbi.nlm.nih.gov/genome/ ▸ genome-www.stanford.edu/ ▸ genome.ucsc.edu
Datenbanken und Programme für vergleichende Genomanalysen	▸ genome.lbl.gov/vista/index.shtml

Besondere Links

E. coli	▸ www.genome.wisc.edu/
Hefe	▸ www.yeastgenome.org/
Arabidopsis	▸ www.arabidopsis.org/ ▸ pgsb.helmholtz-muenchen.de/plant/athal
Drosophila (Flybase)	▸ flybase.org
C. elegans (Wormbase)	▸ www.wormbase.org
Zebrafisch	▸ zfin.org
Mitochondriale DNA (Mensch)	▸ www.mitomap.org/
Europäisches Maus-Mutanten-Archiv (EMMA)	▸ https://www.infrafrontier.eu/infrafrontier-research-infrastructure/organisation/european-mouse-mutant-archive

Deutsche Mausklinik	► www.mouseclinic.de/
Internationales Maus-Phänotypisierungs-konsortium (IMPC)	► www.mousephenotype.org/
Maus-Genom-Datenbank	► www.informatics.jax.org/
Ratten-Genom-Datenbank Ratten-Ressourcen- und Forschungszentrum (RRRC)	► rgd.mcw.edu/ ► www.rrrc.us/

Autor

jochen.graw@tum.de

► www.helmholtz-muenchen.de/idg/research/disease-modelling/eye-diseases/research/index.html

Arbeitshilfen

HUSAR-Bioinformatics	► www.dkfz.de/gpcf/hs-home
Bioinformatik des Europäischen Bioinformatik-Instituts	► www.ebi.ac.uk/services
Bioinformatik des Weizmann-Instituts	► bip.weizmann.ac.il/toolbox/overview.html
Restriktionsschnittstellen suchen	► http://www.firstmarket.com/cutter/cut2.html
PCR-Primer generieren	► www.ncbi.nlm.nih.gov/tools/primer-blast/ ► bioinfo.ut.ee/primer3/
Sequenzvergleiche	► blast.ncbi.nlm.nih.gov/Blast.cgi ► www.ebi.ac.uk/ena/data/sequence/search
Proteineigenschaften	► www.expasy.org
Wörterbuch (Deutsch – Englisch), „Leo“	► dict.leo.org/german-english/

Genetik und Genomforschung in Deutschland

Gesellschaft für Genetik (GfG)	► www.gfgenetik.de
Gesellschaft für Humangenetik (GfH)	► www.gfhev.de
Arbeitsgemeinschaft für Gen-Diagnostik (AGD)	► www.agdev.de/
Deutsche Gesellschaft für Neurogenetik (DGNG)	► www.dgng.de/
Max-Planck-Gesellschaft (MPG)	► www.mpg.de
Helmholtz-Gemeinschaft (HGF)	► www.helmholtz.de
Leibniz-Gemeinschaft (WGL)	► www.wgl.de

Wichtige Institutionen

Deutsche Forschungsgemeinschaft (DFG)	► http://www.dfg.de
Deutscher Akademischer Austauschdienst (DAAD)	► http://www.daad.de
Europäisches Molekularbiologisches Labor (EMBL; mit Niederlassungen in Barcelona, Grenoble, Hamburg, Heidelberg, Hinxton, Rom)	► http://www.embl.org

Hinweise zum Gebrauch und zur didaktischen Konzeption

Vielfältige Lernhilfen und die optische Gestaltung dieses Lehrbuches bieten dem Leser die Möglichkeit, sich dem komplexen Stoffgebiet Genetik auf verschiedene Weise bzw. auf verschiedenen Leseebenen zu nähern. Für den optimalen Gebrauch – sowohl zum intensiven Studium als auch zur schnellen Information über Teilbereiche – sollen die didaktischen Elemente und die Gliederung des Buches hier erläutert werden.

Jedes Hauptkapitel wird durch eine inhaltlich charakteristische **Abbildung** eröffnet, die das Interesse am Thema wecken und zum Weiterlesen motivieren soll

Überblick

Dieses Kapitel ist ein Versuch, sich der Frage nach der *conditio humana* von der genetischen Seite zu nähern. Der Blick des Genetikers wird dabei notwendigerweise etwas eingeschränkt sein, da er sich im Wesentlichen auf das beschränkt, was seine Thematik ist: die Beobachtung der Veränderung des Erbmaterials in der Zeit, aber auch in verschiedenen geographischen Bereichen.

Es folgt eine Zusammenfassung des Kapitelinhaltes in einer sehr allgemein gehaltenen Form. Durch die fortlaufende Lektüre dieser Abschnitte kann ein guter **Überblick** über die Teilprobleme der Genetik erhalten werden. Das erleichtert es auch, Zusammenhänge über die Kapitel hinweg zu erkennen. Die allgemeine Form soll das Interesse an der Detailinformation wecken.

❶ Die Fragestellungen der Genetik betreffen die Aufklärung der Regeln und Mechanismen der Vererbung. Die Genetik hat aber heute auch das Ziel, die Unterschiede in der genetischen Ausstattung verschiedener Organismen funktionell zu erklären.

Innerhalb der Kapitel sind kurze Zusammenfassungen der wichtigsten behandelten Punkte hervorgehoben, damit sie auf den ersten Blick erkennbar sind. Diese **Merksätze** sollen die systematische Erarbeitung des Stoffes erleichtern. Sie eignen sich insbesondere auch zum schnellen Wiederholen.

Die Gesamtheit der genetischen Informationen fasst man unter dem Begriff **Genom** zusammen.

Fachbegriffe sind, ebenso wie die **Hauptstichworte** des jeweiligen Textabschnitts, durch halbfetten Druck hervorgehoben und bilden eine Art roten Faden durch das Buch. Dies trägt zur Übersichtlichkeit und besseren Gliederung des Lehrstoffes bei.

 Durch ein einfaches Beispiel wird uns verdeutlicht, dass die Variabilität der Erscheinungsformen bestimmten Gesetzmäßigkeiten gehorcht: Trotz aller Vielfalt in der Individualität verschiedener Menschen ist der Mensch als einheitliche Organismengruppe deutlich gegenüber allen anderen Organismengruppen abgegrenzt. Stark abweichende Gestaltformen, wie sie beispielsweise bei fehlerhafter Embryonalentwicklung auftreten können, sind im Allgemeinen nicht lebensfähig.

Beispiele, die den theoretischen Hintergrund erläutern oder die Erarbeitung einer Fragestellung erleichtern sollen, sind im Textbereich durch eine Blüte gekennzeichnet und erlauben so ein schnelles Auffinden.

 Um zu überprüfen, ob die Greifvögel und Eulen und die einzelnen Unterarten jeweils monophyletische Gruppen bilden (d. h. eine Abstammungsgemeinschaft mit einem gemeinsamen Vorfahren darstellen), wurden jeweils ein Gen der Mitochondrien und eines aus der Kern-DNA sequenziert.

Abweichend von üblichen Lehrbuchdarstellungen sind in den Text bisweilen auch **ungesicherte Konzepte oder Vorstellungen** oder auch weitgehend **spekulative Ausblicke** sowie **offene Fragestellungen** aufgenommen. Sie werden durch das Symbol einer Eule angezeigt, das auf die Grenzen des gegenwärtigen Wissens aufmerksam machen soll.

Abb. 1.2 **a** Johann Gregor Mendel (Augustinerpater und Begründer der modernen Genetik, 1822–1884). **b** Der Autor im Sommer 2019 vor der Mendelstatue im Garten des Augustinerklosters in Brünn (tschech. Brno). Im Klostergarten befindet sich auch das Mendelmuseum (▶ https://mendel-museum.muni.cz/en/). (**a** © Science Source/Science Source/mauritius images; **b** Foto: Petra Gross-Graw)

Abbildungslegenden sind so gehalten, dass Abbildungen auch ohne Rückgriffe auf den Text verständlich sind. Sie enthalten bisweilen auch Einzelheiten, die im Text nicht erwähnt werden, für ein tiefer gehendes Studium jedoch notwendig sind. Der fortlaufende Zusammenhang des Textes wird dadurch besser gewahrt, ohne durch allzu viele Teilaspekte zu unübersichtlich zu werden.

Tab. 1.1 Kurze Geschichte der Genetik

Jahr	Ereignis
1866	Mendel veröffentlicht seine Schrift *Versuche über Pflanzenhybriden*
1871	Miescher entdeckt Nukleinsäuren

Tabellen wurden überall dort eingesetzt, wo es erforderlich erschien, Zahlenmaterial oder andere Daten zum besseren Verständnis besonders übersichtlich und prägnant darzustellen oder zum Nachschlagen zusammenzufassen.

Kernaussagen

- Die Genetik beschreibt die Regeln und Mechanismen der Vererbung und erklärt funktionell die Unterschiede in der genetischen Ausstattung verschiedener Organismen.

Jedes Kapitel schließt mit einer Aufzählung von **Kernaussagen**, die den Inhalt des Kapitels nochmals in konkreten Punkten zusammenfassen. Es soll hierdurch erleichtert werden, nach der Bearbeitung des Kapitels zu prüfen, ob die wesentlichen Gesichtspunkte des Kapitels erfasst worden sind.

Links zu Videos

DNA-Replikation:
► sn.pub/l8HGRj

Links zu **Videos** am Ende eines Kapitels bieten die Möglichkeit, die in dem Kapitel besprochenen Prozesse in einer zusätzlichen Form zu veranschaulichen.

Übungsfragen

1. Erläutern Sie die Bedeutung der Fusion zweier Chromosomen der Affen zum Chromosom 2 des Menschen für die Evolutionslinie des Menschen.
2. Erläutern Sie die genetischen Argumente der *Out-of-Africa*-Hypothese.

Übungsfragen am Ende eines Kapitels sollen zum kritischen Lesen ermuntern und ein Verständnis für wichtige Begriffe und Zusammenhänge entwickeln. Um das Spicken zu vermeiden, finden sich die **Antworten** am Ende des Buches im Serviceteil.

Technikbox 1

Isolierung genomischer DNA

Anwendung: Genomische DNA ist Ausgangsmaterial für viele genetische Verfahren: Klonierung von DNA-Fragmenten, Southern-Blot-Analyse, PCR-Analyse, Kartierung.
Methode: DNA liegt im Zellkern als extrem langes, aber sehr dünnes Fadenmolekül vor.

Methoden der Genetik werden in getrennten **Technikboxen** dargestellt, auf die im Text verwiesen wird. Sie sind in unterschiedlichen Zusammenhängen wichtig. Eine Übersicht über die Technikboxen ist im Anschluss an das Inhaltsverzeichnis gegeben, sodass ein Überblick über die wichtigsten methodischen Ansätze so leicht möglich ist.

Die **Literaturübersicht** am Kapitelende soll es einerseits erleichtern, wichtige Originalarbeiten aufzufinden, andererseits aber auch Hinweise auf jüngere Reviews oder Originalarbeiten geben, die zur Vertiefung des Studiums von Teilaspekten geeignet sind. Eine Vollständigkeit ist nicht angestrebt.

Im **Glossar** sind die wichtigsten Fachbegriffe zusammengestellt und kurz in ihrem sprachlichen Ursprung erklärt. Dieses Verfahren erscheint besser geeignet als eine kurzgefasste Wiederholung. Es erlaubt eine schnelle Orientierung über wesentliche Begriffe und ihre Bedeutung.

Das **Sachverzeichnis** ist bewusst sehr ausführlich gehalten und soll das Lehrbuch auch zum Nachschlagen geeignet machen. Die zahlreichen Querverweise im laufenden Text dienen dazu, besprochene Begriffe und Fragen, die auch in anderem Zusammenhang relevant sind oder vertieft werden, schnell aufzufinden.

Inhaltsverzeichnis

Übersicht über die Technikboxen

Was ist Genetik?

Assyrisches Relief aus der Zeit Assurnassipal des Zweiten (883–859 v. Chr.). Assyrer beim künstlichen Bestäuben von Dattelpalmen. (Abguss im Institut für Pflanzengenetik und Kulturpflanzenforschung, Gatersleben; Foto: U. Wobus, Gatersleben)

Inhaltsverzeichnis

J. Graw, *Genetik*, https://doi.org/10.1007/978-3-662-60909-5_1

Überblick

Vergleicht man verschiedene Organismen miteinander, lassen sich zwei wichtige biologische Eigenschaften erkennen: Einerseits unterscheiden sich Organismen in ihrer Gestalt so deutlich voneinander, dass sie in verschiedene systematische Gruppen eingeteilt werden. Die wesentlichen Unterschiede zwischen diesen Gruppen sind offensichtlich erblich festgelegt, da sie sich mehr oder weniger unverändert auf die folgenden Generationen übertragen. Andererseits unterscheiden sich aber auch die einzelnen Individuen innerhalb einer Organismengruppe voneinander. Diese Unterschiede reflektieren kleinere Variationen in der genetischen Gesamtausstattung und entsprechend unterschiedliche Antworten auf Umweltreize. Die Frage nach der individuellen Variabilität lässt sich experimentell überprüfen und ist die Grundlage genetischer Forschung.

Die Genetik wurde durch die Untersuchungen des Augustinerpaters Gregor Mendel in der Mitte des 19. Jahrhunderts begründet. Zwar wurden die Chromosomen im Jahr 1888 von Heinrich Wilhelm Waldeyer als Bestandteile des Zellkerns erkannt, aber die Nukleinsäuren (genauer: Desoxyribonukleinsäure) wurden schon im Jahr 1871 von Friedrich Miescher isoliert, ohne dass damals ihre Bedeutung als Träger der Erbinformation erkannt wurde. Die molekulare Genetik beginnt mit der Charakterisierung der Desoxyribonukleinsäure als Doppelhelix durch Watson und Crick im Jahr 1953. Diese Struktur ergab sofort Hinweise auf den Mechanismus ihrer Verdoppelung (**Replikation**) bei der Zellteilung. In der Folgezeit wurde in vielen Laboratorien untersucht, wie die Information abgelesen wird: Die Information wird zunächst in eine einzelsträngige Form umgeschrieben (**Transkription**) und danach in Proteine übersetzt (**Translation**). Die Veröffentlichung der Gesamtheit aller menschlichen Erbanlagen (**Genom**) durch weltweite Forschergruppen im Jahr 2004 markiert einen weiteren Höhepunkt der genetischen Forschung.

Die Genome höherer Organismen unterscheiden sich sehr in ihrem DNA-Gehalt. Das liegt zum großen Teil an den Unterschieden in der Menge von Wiederholungssequenzen und weniger an den Unterschieden in der Zahl Information-codierender Einheiten (**Gene**). An dieser Formulierung wird deutlich, dass die Frage „Was ist ein Gen?" auch heute noch nur ungenau beantwortet werden kann. War es zunächst eine „Einheit", die die Information für bestimmte Eigenschaften zum Inhalt hatte, so konkretisierte sich das in der Blütezeit der biochemisch orientierten Genetik (etwa in den 1960er- und 1970er-Jahren) in der griffigen Formel „ein Gen – ein Enzym". Aufgrund heutiger Kenntnisse wissen wir aber, dass die mRNA vieler Gene nach der Transkription noch vielfältig verändert wird und damit oft nicht nur für ein einziges Protein oder Enzym codiert. Verschiedene regulatorische Elemente oberhalb und unterhalb der codierenden Regionen sind für die richtige zeitlich-räumliche Ausprägung eines Gens wesentlich verantwortlich. Diese Regionen werden im Allgemeinen neben der eigentlichen codierenden Region zu einem Gen dazugezählt. Durch die Entdeckung vielfältiger regulatorischer Funktionen von kleinen RNA-Molekülen wird der Genbegriff heute wieder erweitert.

1.1 Gegenstand der Genetik

Der Begriff **Genetik** ist aus dem Griechischen *γενετική τέχνη* (sprich: genetiké téchne) hergeleitet und lässt sich am treffendsten mit „Wissenschaft von der Erzeugung" übersetzen. Der Begriff „Genetik" wurde 1905 von William **Bateson** geprägt (zitiert nach Haynes 1998). Die Fragestellungen der Genetik gehen zwar von der Aufklärung der Regeln und Mechanismen der Vererbung aus, haben aber heute darüber hinaus auch das Ziel, die Unterschiede in der genetischen Ausstattung verschiedener Organismen funktionell zu erklären (**funktionelle Genomforschung**). Eine besondere Dynamik gewinnt die Genetik heute aus der Möglichkeit, auch das Erbgut bereits ausgestorbener Arten zu untersuchen (**Evolutionsgenetik**; ► Kap. 15). Damit steht die Genetik heute im Schnittpunkt anderer biologischer Disziplinen (wie Zellbiologie, Entwicklungsbiologie oder Molekularbiologie) und beeinflusst mit ihren methodischen Ansätzen diese Bereiche. Als universelle biologische Disziplin findet sie außerdem in allen Organismenklassen Anwendung, bei Mikroorganismen (z. B. Bakterien und Hefen) genauso wie bei Pflanzen, Tieren und Menschen. Gerade in den letzten Jahren war die Genetik wesentlich daran beteiligt, neue Technologien zu entwickeln, die unter den Stichworten der Gen- bzw. Biotechnologie zusammengefasst werden können.

1.1.1 Kurzer Abriss der Geschichte der Genetik

Die Fragen nach dem „Woher" und „Wohin" gehören sicherlich zu den Grundkonstanten des menschlichen Wesens. Allerdings sind die Antworten darauf zu verschiedenen Zeiten unterschiedlich ausgefallen, natürlich auch in Abhängigkeit von den zur Verfügung stehenden technischen Möglichkeiten. So stellte man sich noch im 17. Jahrhundert vor, dass eine der Geschlechtszellen – Samen- oder Eizelle – den gesamten Organismus in vollendeter, aber natürlich stark verkleinerter Form enthielte. Einen solchen *Homunculus*, den man im menschlichen Sperma damals zu erkennen glaubte, zeigt ◘ Abb. 1.1.

Das Wissen um die Vererbung von Eigenschaften ist aber keine Erfindung der Neuzeit. Wahrscheinlich haben

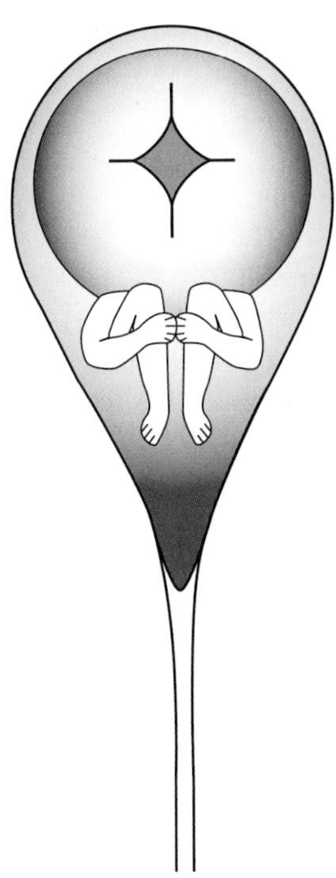

Abb. 1.1 *Homunculus*, den man früher im menschlichen Sperma zu sehen glaubte; Zeichnung von Hartsoeker aus seinem *Essay de dioptrique* (1694). (Nach Hilscher 1999)

bereits die frühesten Kulturen, die Land- und Ackerbau betrieben haben, ihren Vorteil aus der Erkenntnis gezogen, dass bestimmte nützliche Eigenschaften durch Züchtung von Pflanzen und Tieren, also durch Vererbung, über Generationen hinweg erhalten bleiben können. Die meisten unserer Haustiere haben ihre Eigenschaften erst in jahrhundertelanger Züchtung erhalten, und ein beträchtlicher Teil unserer wichtigsten Kulturpflanzen stammt von den Ackerbau betreibenden Indianern Nord- und Mittelamerikas, aus asiatischen Anbaugebieten sowie dem Mittelmeerraum (Vavilov 1928). Zeugnisse davon finden sich etwa in der assyrischen Darstellung von Gärtnern, die Dattelpalmen bestäuben (siehe Foto am Anfang des Kapitels).

Die gleiche Bestäubungstechnik hat es 2500 Jahre später Gregor **Mendel** (1822–1884; Abb. 1.2) ermöglicht, die Grundregeln der Vererbung zu verstehen. Er hat erkannt, dass einzelne Eigenschaften gesetzmäßig vererbt werden (▶ Abschn. 11.1); sein Vortrag vor dem Naturforschenden Verein in Brünn (1865, publiziert 1866) blieb aber lange Zeit unbeachtet. Erst im Jahr 1900 wurden die Arbeiten Mendels durch Carl **Correns**, Hugo **de Vries** und Erich von **Tschermak-Seysenegg** wiederentdeckt.

An der Wiederentdeckung der Mendel'schen Gesetze war aber offensichtlich auch der Bruder von Erich von Tschermak-Seysenegg, Armin, wesentlich beteiligt, auch wenn das aus den veröffentlichten Publikationen der damaligen Zeit nicht hervorgeht. Neuere Untersuchungen des Briefwechsels der beiden Brüder zeigen aber deutlich, dass vor allem statistische Analysen von Armin durchgeführt wurden; Armin von Tschermak-Seysenegg war Physiologe und ab 1906 Inhaber des Lehrstuhls für Physiologie an der Veterinärmedizinischen Universität Wien. Es ist also anzunehmen, dass auch physiologisches Gedankengut in die Interpretation der Mendel'schen Wiederentdeckung eingeflossen ist. Außerdem geht aus dem Briefwechsel hervor, dass alle vier Wiederentdecker Mendels untereinander Kontakt hatten, sodass also nicht von einer „unabhängigen" Wiederentdeckung gesprochen werden kann (Simunek et al. 2011).

Die Auswirkungen von Veränderungen in den erblichen Eigenschaften auf ganze Populationen beschrieben dann Godfrey Harold **Hardy** und Wilhelm Robert **Weinberg** 1908 in dem nach ihnen benannten Gesetz (▶ Abschn. 11.5.1). Die zellulären Mechanismen der Vererbung haben Walter S. **Sutton** (1903) und Theodor **Boveri** (1904) in der **Chromosomentheorie der Vererbung** zusammengefasst. Sie besagt, dass sich die materiellen Träger der Vererbung im Zellkern (lat. *nucleus*) befinden; die „anfärbbaren Kernkörperchen" werden seit 1888 als **Chromosomen** bezeichnet (Heinrich Wilhelm **Waldeyer**); sie werden in ▶ Kap. 6 ausführlich besprochen (siehe aber auch Vererbung der Chloroplasten und Mitochondrien; ▶ Abschn. 5.1.3 und 5.1.4).

Ein erster, sehr abstrakter Genbegriff wurde von Wilhelm **Johannsen** 1909 geprägt und beschrieb zunächst nicht viel mehr als eine vererbbare Eigenschaft (ein „Etwas"), ohne dafür eine materielle Basis zu kennen. In der Zeit zwischen 1910 und 1915 konnte Thomas Hunt **Morgan** (1866–1945) durch seine Arbeiten an der Taufliege *Drosophila* zeigen, dass Gene in linearer Weise auf Chromosomen angeordnet sind. Er entdeckte dabei die geschlechtsgekoppelte Vererbung bei *Drosophila* und beschrieb das Phänomen der Rekombination von Chromosomen (▶ Abschn. 6.3.3), womit er die relativen Positionen verschiedener Gene auf *Drosophila*-Chromosomen feststellen konnte (Nobelpreis 1933). Sein Schüler Hermann Joseph **Muller** (1890–1967; Abb. 1.3) setzte die Arbeiten an *Drosophila* fort und erkannte zunächst die Möglichkeiten spontaner Veränderungen des Erbguts (Mutationen; ▶ Kap. 10); später induzierte er Mutationen durch Röntgenstrahlen (Nobelpreis 1956). Die verschiedenen (mutierten) Formen eines Gens werden als **Allele** bezeichnet.

Aus Zellkernen isolierte und charakterisierte Friedrich **Miescher** (1871) in seinem Labor im Tübinger Schloss die Desoxyribonukleinsäure als chemische Substanz (Abk.: DNS; es hat sich aber auch im Deutschen inzwischen die englische Variante „DNA" [für *deoxyribonucleic acid*] als Abkürzung durchgesetzt). Die zweite wichtige Nukleinsäure, die Ribonukleinsäure (RNS; engl. Abk.: RNA, für *ribonucleic acid*), wurde 1891 von Albrecht **Kossel** isoliert

◼ Abb. 1.2 a Johann Gregor Mendel (Augustinerpater und Begründer der modernen Genetik, 1822–1884). b Der Autor im Sommer 2019 vor der Mendelstatue im Garten des Augustinerklosters in Brünn (tschech. *Brno*). Im Klostergarten befindet sich auch das Mendelmuseum (▸ https://mendelmuseum.muni.cz/en/). (a © Science Source/Science Source/mauritius images; b Foto: Petra Gross-Graw)

◼ Abb. 1.3 Hermann Joseph Muller (1890–1967). Das Bild entstand 1927, als Muller auf dem Internationalen Kongress für Genetik in Berlin seine Arbeiten über strahleninduzierte Mutationen vorgetragen hat

(dafür erhielt er 1910 den Nobelpreis für Medizin). Es blieb aber dennoch lange Zeit unklar, ob Proteine oder Nukleinsäuren die Träger der Erbinformation sind. Erst durch die Arbeiten von Oswald Theodore **Avery** (1877–1955) konnte diese Frage anhand von Transformationsexperimenten an Pneumokokken geklärt werden. Die Strukturanalyse der DNA als Doppelhelix durch James **Watson**, Francis **Crick** und Maurice **Wilkins** im Jahr 1953 schließt diese Frühphase der modernen Genetik ab (◼ Abb. 1.4); ihre Arbeiten wurden 1962 mit dem Nobelpreis für Medizin ausgezeichnet.

Die DNA ist ein langes, fadenförmiges, spiralisiertes Doppelmolekül, wobei jede Hälfte aus einem Grundgerüst aus sich abwechselnden Zucker- und Phosphatresten aufgebaut ist. Verbunden sind die beiden Grundgerüste durch organische Basen; die Reihenfolge (Sequenz) dieser Basen beinhaltet die eigentliche genetische Information. Dieser Aufbau lässt intuitiv erahnen, wie die DNA bei der Zellteilung verdoppelt wird (**Replikation**; ▸ Abschn. 2.2): Dabei trennen sich die beiden Hälften, und an jedem dieser Elternstränge wird ein spiegelbildlicher neuer Strang synthetisiert – womit dann aus einer Doppelhelix zwei identische neue Helices werden. Diese semikonservative Form der Replikation wurde durch die eleganten Experimente von Matthew **Meselson** und Franklin W. **Stahl** im Jahr 1958 auch tatsächlich bestätigt. In der Folgezeit wurde in vielen Laboren untersucht, wie die Information der DNA abgelesen wird: Die Information wird zunächst in mRNA (engl. *messenger RNA*; dt. Boten-RNA) umgeschrieben (**Transkription**) und danach in Proteine übersetzt (**Translation**). Diese Übersetzungsregeln von der DNA/RNA-Sprache (Nukleotidsequenz) in die Sprache der Proteine (Amino-

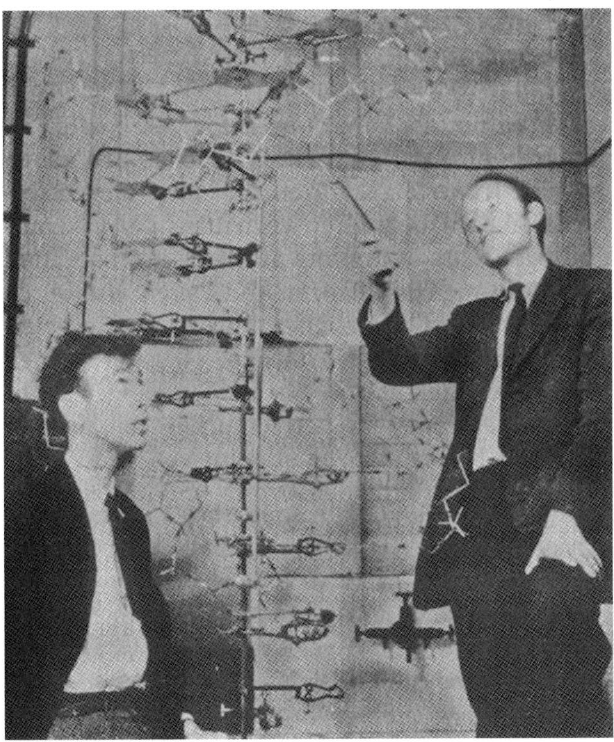

■ Abb. 1.4 James Watson (*1928, *links*) und Francis Crick (1916–2004, *rechts*) vor dem DNA-Modell

säuresequenz) wird als „genetischer Code“ bezeichnet (▶ Abschn. 3.2); er wurde in den 1960er-Jahren durch Marshall **Nirenberg**, Heinrich **Matthaei** und Severo **Ochoa** geknackt (Martin et al. 1962; Nirenberg erhielt dafür 1968 den Nobelpreis für Medizin). Lange Zeit galt die Richtung des Informationsflusses (DNA → RNA → Protein) als „Einbahnstraße“. Dieses „zentrale Dogma der Genetik“ wurde 1970 umgestoßen, als David **Baltimore** über das Enzym Reverse Transkriptase (aus RNA-Tumorviren) berichtete, das in der Lage ist, anhand einer RNA-Matrize DNA zu synthetisieren. Baltimore erhielt dafür 1975 (im Alter von erst 37 Jahren) den Nobelpreis für Medizin.

Ein weiterer Meilenstein in der Genetik war Mitte der 1960er-Jahre die Entdeckung von Enzymen, die die DNA an spezifischen Stellen schneiden können (Restriktionsenzyme; Nobelpreis für Medizin 1978 an Werner **Arber**, Daniel **Nathans** und Hamilton **Smith**) – mit Ligasen lassen sich DNA-Bruchstücke wieder verbinden. Für diese Entdeckung und die Herstellung der ersten „Hybrid-DNA“ aus verschiedenen Organismen erhielt Paul **Berg** 1980 den Nobelpreis für Chemie. Ohne diese Befunde wäre in der Folge die Klonierung von Genen nicht möglich gewesen – über die erste künstliche Herstellung eines Plasmids, eines extrachromosomalen DNA-Elementes von Bakterien (▶ Abschn. 4.2), wurde von Stanley **Cohen**, Annie **Chang** und Herbert **Boyer** 1973 berichtet. Die Entwicklung der **Polymerasekettenreaktion** (engl. *polymerase chain reaction*, PCR) durch Kary **Mullis** im Jahr 1986 ermöglichte die Vervielfältigung von DNA außerhalb von Zellen und revolutionierte damit die molekulare Genetik; Mullis erhielt dafür 1993 den Nobelpreis für Chemie.

In der Mitte der 1970er-Jahre wurden durch Allan **Maxam** und Walter **Gilbert** (1977) sowie Frederick **Sanger** (1977) verschiedene Methoden entwickelt, um die Reihenfolge (Sequenz) der Basen in der DNA zu ermitteln; Gilbert und Sanger erhielten dafür 1980 den Nobelpreis für Chemie. Die rasche Entwicklung der Technik der DNA-Sequenzierung und die Einführung von automatisierten Verfahren ließ es Ende der 1980er-Jahre möglich erscheinen, die gesamten Erbanlagen (Genom) von Organismen und sogar das menschliche Genom zu sequenzieren. In den USA wurden das Department of Energy und die National Institutes of Health damit beauftragt, in drei Fünfjahresplänen von 1990 bis 2005 das **Humangenomprojekt** durchzuführen. Aus der amerikanischen Initiative entwickelte sich ein weltweites Netz von Genomforschern, die zunächst die Genome von Mikroorganismen sequenzierten. 1995 konnte die DNA des ersten Bakteriums (*Haemophilus influenzae*) vollständig sequenziert werden. Den vorläufigen Höhepunkt erreichte die Initiative, als im Jahr 2001 zeitgleich die akademischen Institute (International Human Genom Consortium) und die private Firma Celera Genetics (Venter et al. 2001) einen ersten Entwurf für das menschliche Genom publizierten; die endgültige Sequenz wurde 2004 durch das Internationale Humangenom-Sequenzierungskonsortium publiziert. Aber auch diese „endgültige“ Sequenz enthält „nur“ 99 % des Genoms; die Fehlerrate beträgt 1:100.000. Mit neuartigen Technologien (*next generation sequencing*) ist die vollständige Sequenzierung des Genoms eines Säugetieres (auch des Menschen) heute jedoch schon innerhalb weniger Tage möglich.

Die erstmalige Herstellung eines bakteriellen Genoms durch vollständige chemische Synthese im Jahr 2010 durch die Gruppe von Craig Venter stellt einen Meilenstein in der Synthetischen Biologie dar. Die chemisch synthetisierte DNA enthält „Wasserzeichen“, um die künstlich hergestellte DNA von ihrer biologischen Vorlage zu unterscheiden. Der neue Organismus (JCVI-syn1.0) hat die erwarteten phänotypischen Eigenschaften und ist in der Lage, sich selbst zu replizieren (Gibson et al. 2010).

Die Beschreibung eines anpassungsfähigen Abwehrmechanismus von Bakterien und Archaeen gegen Viren im Jahr 2012 durch **Emmanuelle Charpentier** (■ Abb. 1.5) und **Jennifer Doudna** (Jinek et al. 2012) hat sehr schnell zu der Entdeckung geführt, dass sich dadurch grundsätzlich Genome aller Spezies gezielt verändern lassen (engl. *genome editing*). Die als „CRISPR-Cas“ bezeich-

Abb. 1.5 Emmanuelle Charpentier (*1968), die Entdeckerin des CRISPR-Cas9-Systems zum Editieren des Genoms, im Jahr 2015 bei der Max-Delbrück-Vorlesung der Gesellschaft für Genetik. (Mit freundlicher Genehmigung der Gesellschaft für Genetik, ► www.gfgenetik.de)

nete Methode wird heute bereits in vielen Laboratorien routinemäßig eingesetzt, um Zellen von Bakterien, Pflanzen und Tieren gezielt zu verändern (Technikbox 33; ► Abschn. 10.7.2). Die Abkürzung bezeichnet die beiden charakteristischen Elemente des Systems, eine Reihe von Wiederholungseinheiten der DNA (engl. *clustered regularly interspaced short palindromic repeats*, CRISPR; ► Abschn. 8.2) und ein damit assoziiertes Protein (engl. *CRISPR-associated protein*, Cas). Emmanuelle Charpentier und Jennifer Doudna erhielten für die Entdeckung der CRISPR-Cas-Methode zur Genomveränderung 2020 den Nobelpreis für Chemie.

> Die Fragestellungen der Genetik betreffen die Aufklärung der Regeln und Mechanismen der Vererbung. Die Genetik hat aber heute auch das Ziel, die Unterschiede in der genetischen Ausstattung verschiedener Organismen funktionell zu erklären. Die moderne Genetik beginnt mit den Arbeiten Gregor Mendels in der Mitte des 19. Jahrhunderts. Es folgte die Chromosomentheorie der Vererbung zu Beginn des 20. Jahrhunderts, die Aufklärung der DNA-Doppelhelix-Struktur im Jahr 1953 durch Watson, Crick und Wilkins sowie die Entschlüsselung des menschlichen Genoms im Jahr 2004.

Abb. 1.6 Christiane Nüsslein-Volhard (*1942) im Jahr 2008 bei der Verleihung der Ehrenmitgliedschaft der Gesellschaft für Genetik anlässlich des Internationalen Kongresses für Genetik in Berlin. (Bild: Alfred Nordheim)

Abb. 1.7 Victor McKusick (1921–2008) im Jahr 2008 bei der Verleihung des Japan-Preises für medizinische Genomik und Genetik. (Nach Dronamraju und Francomano 2012, mit freundlicher Genehmigung der Autoren)

Die rasante Entwicklung der Genetik in den vergangenen 100 bis 150 Jahren (Tab. 1.1) hat natürlich auch zu verschiedenen Subdisziplinen geführt. Als Erstes müssen wir dabei die **klassische Genetik** nennen, die sowohl die

■ Tab. 1.1 Kurze Geschichte der Genetik

Jahr	Ereignis
1866	Mendel veröffentlicht seine Schrift *Versuche über Pflanzenhybriden*
1871	Miescher entdeckt Nukleinsäuren
1883	Galton prägt den Begriff „Eugenik“
1903–1904	Begründung der Chromosomentheorie durch Boveri und Sutton
1908	Gesetz über Konstanz der Allelverhältnisse in idealen Populationen (Hardy und Weinberg)
1910–1915	Morgan beschreibt die lineare Anordnung von Genen auf Chromosomen
1926	Muller induziert Mutationen durch Röntgenstrahlen
1944	Avery erkennt die DNA als materiellen Träger der Erbinformation
1953	Beschreibung der DNA als Doppelhelix durch Watson, Crick und Wilkins
1958	Beweis für die semikonservative Replikation der DNA durch Meselson und Stahl
1961–1969	Entschlüsselung des genetischen Codes durch Nirenberg, Matthaei und Ochoa
1967	Arber entdeckt Restriktionsenzyme
1973	Erste Klonierung eines Plasmids durch Boyer, Chang und Cohen
1975	Konferenz von Asilomar zu Moratorium in der Gentechnik
1977	DNA-Sequenzierung nach Sanger
1985	Entwicklung der Polymerasekettenreaktion durch Mullis
1988	Leder und Stewart erhalten Patent für transgene Maus
1990	Start des Humangenomprojekts
1995	Veröffentlichung der kompletten Sequenz des Genoms von *Haemophilus influenzae*
2004	Veröffentlichung des menschlichen Genoms (endgültige Form, 99 %)
2005	Hochdurchsatz-Sequenzierungen der „nächsten Generation“ (engl. *next generation sequencing*)
2010	Erste Herstellung einer Bakterienzelle, die durch ein chemisch synthetisiertes Genom kontrolliert wird („Synthetische Genetik“)
2011	Entwicklung einer Methode zur schnellen und gezielten Veränderung des Genoms (CRISPR-Cas)

Grundelemente der Vererbung (und deren materielle und räumliche Manifestation) erforscht als auch die Mechanismen der Verteilung des Erbmaterials bei der Zellteilung (wobei hier schon wieder die Abgrenzung zur **Cytogenetik** schwierig wird, die sich vor allem mit der Untersuchung der Chromosomen beschäftigt). Die klassische Genetik ist in vielen Bereichen sehr mathematisch-statistisch orientiert; die meisten dieser Aspekte werden im Kapitel Formalgenetik (▶ Kap. 11) besprochen. Methodisch ähnlich ist die **Populationsgenetik** (▶ Abschn. 11.5). Sie umfasst Erkenntnisse von genetischen Regeln, die für Gruppen von Individuen gelten, und wie sie sich auf die Zusammensetzung und die Evolution der Organismen auswirken.

Die **molekulare Genetik** untersucht die biochemischen Grundlagen der Vererbung. Sie will wissen, wie das Erbmaterial molekular aufgebaut ist und wie es in einer Zelle und im Gesamtorganismus seine Funktion ausübt. Diese Aspekte sind Schwerpunkte der ersten Kapitel des Buches. Unter **Epigenetik** (▶ Kap. 8) hat man ursprünglich die Interpretation des Genotyps zu einem bestimmten Phänotyp während der Embryonalentwicklung verstanden (Waddington 1940). Heute verstehen wir darunter dauerhafte Veränderungen von Genaktivitäten, die über Generationen von Zellen (oder Organismen) hinweg aufrechterhalten werden, ohne dass die DNA-Sequenz selbst verändert wird. Fragen, die sich auf die genetischen Mechanismen der Zelldifferenzierung und der Embryonalentwicklung von Organismen beziehen, werden der **Entwicklungsgenetik** (▶ Kap. 12) zugerechnet. Einen wesentlichen Beitrag zur modernen Entwicklungsgenetik leistete **Christiane Nüsslein-Volhard** (■ Abb. 1.6), die in den späten 1970er-Jahren systematische Untersuchungen an Mutanten von *Drosophila* durchführte; für diese Arbeiten erhielt sie 1995 den Nobelpreis für Medizin.

Die Methoden in der **Humangenetik** unterscheiden sich in mancherlei Hinsicht von denen, die an Tieren und Pflanzen erprobt und gängig sind, daher ist es sicherlich sinnvoll, diese Teildisziplin – auch wegen ihrer Nähe zur Medizin – herauszuheben und die wichtigsten Aspekte in einem eigenen Kapitel anzusprechen (▶ Kap. 13).

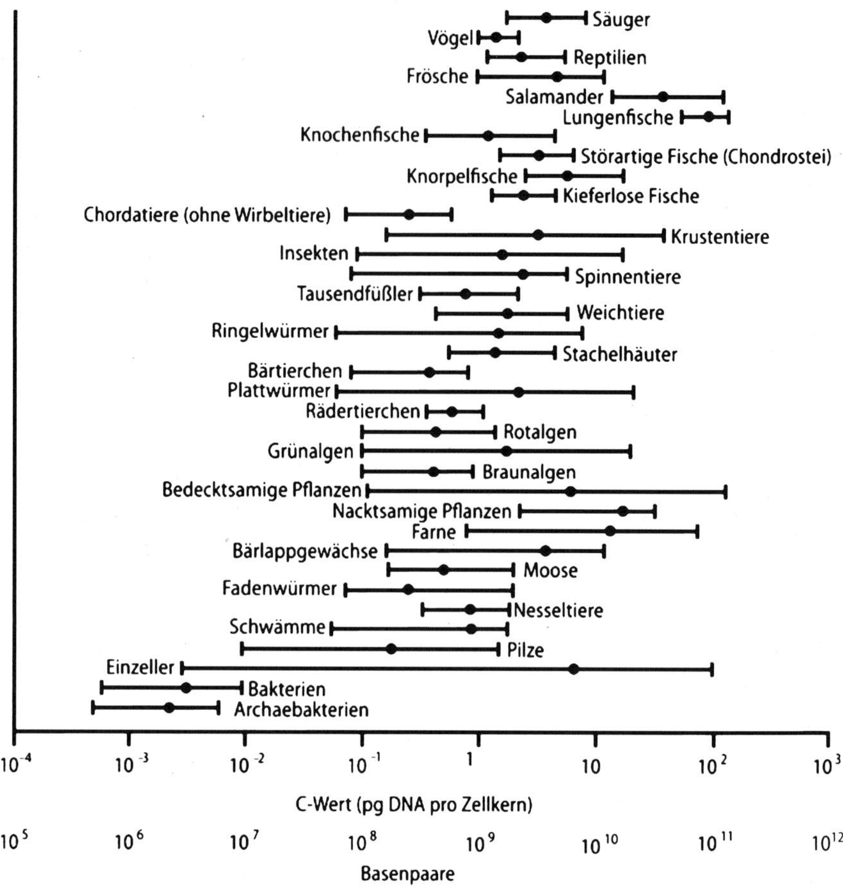

Abb. 1.8 Es ist die Genomgröße verschiedener Organismengruppen gezeigt. Dabei wird offensichtlich, dass kein Zusammenhang zwischen der Genomgröße und dem Komplexitätsgrad der jeweiligen Organismengruppe besteht. Aus praktischen Gründen sind Bakteriophagen und Viren nicht dargestellt; ihre Genomgrößen liegen in der Größenordnung von 10^3 bis 10^5 Basenpaaren. Die Angabe erfolgt als C-Wert (in Pikogramm [pg] DNA pro Zellkern) und bezieht sich auf den einfachen (haploiden) Chromosomensatz. Zur Umrechnung in die heute übliche Angabe in Basenpaaren (bp) gilt: 1 pg = $0{,}96 \times 10^9$ bp. (Nach Gregory 2005, mit freundlicher Genehmigung)

Einer der „Väter" der modernen medizinischen Genetik und Humangenetik war Victor McKusick (Abb. 1.7); er begründete 1966 einen Katalog menschlicher Erbkrankheiten (*Mendelian Inheritance in Man*), der heute als Online-Datenbank fortgeführt wird (OMIM: *Online Mendelian Inheritance in Man*; ▶ https://www.ncbi.nlm.nih.gov/omim) (Dronamraju und Francomano 2012).

Besonders interessant ist die **Verhaltens- und Neurogenetik**, die in den letzten Jahren dank eines verbreiterten Methodenspektrums sehr große Fortschritte gemacht hat (bei Würmern, Fliegen und Mäusen – und zunehmend auch beim Menschen); sie wird in ▶ Kap. 14 vorgestellt. Im Schlusskapitel (▶ Kap. 15) sollen einige Aspekte zum Thema „Genetik und Anthropologie" diskutiert werden.

1.1.2 Das Genom

Die Gesamtheit der genetischen Informationen, die in einem Virus, einer Bakterien- oder Protozoenzelle bzw. in der Keimzelle eines mehrzelligen Organismus enthalten ist, fasst man unter dem Begriff **Genom** zusammen. Das Genom von Organismen mit einem Zellkern (Eukaryoten) unterscheidet sich in seiner Größe erheblich von dem prokaryotischer Organismen, die keinen Zellkern besitzen. Besonders große Eukaryotengenome erreichen einen DNA-Gehalt, der um Größenordnungen über demjenigen einer *E. coli*-Zelle liegt (Abb. 1.8). Das ist zunächst nicht besonders überraschend, da wir davon ausgehen, dass eukaryotische Organismen im Allgemeinen viel mannigfaltiger und komplexer in ihren biologischen Funktionen sind als Prokaryoten. Die Abb. 1.8 zeigt aber auch, dass die Genomgröße nicht unbedingt mit einem höheren Komplexitätsgrad korreliert: So weisen Salamander, manche Pflanzen, Farne und Moose einen höheren DNA-Gehalt auf als Säuger. Aber auch innerhalb der verschiedenen Organismengruppen sind große Variationsbreiten hinsichtlich der Genomgrößen zu beobachten. So umfasst das Genom des Pufferfisches Fugu etwa 400 Mb (Megabasen = 10^6 Basen), des Medaka-Fisches 700 Mb und des Zebrafisches 1,5 Gb (Gigabasen = 10^9 Basen).

Umgekehrt könnte man zunächst einmal die Frage stellen, wie viel DNA für die Existenz komplexer Organismen mindestens erforderlich ist. Am einfachsten erscheint eine Antwort auf diese Frage, wenn man von der Anzahl der Gene ausgeht, die notwendig ist, um einen Organismus entstehen zu lassen, dessen Komplexität größer ist als die eines Einzellers. Die Genetik hat diese Fragen inzwischen weitgehend beantworten können, nicht zuletzt auch durch das Humangenomprojekt, das sich nicht nur zum Ziel gesetzt hatte, das menschliche Erbgut zu entschlüsseln. Dabei wurden auch die Genome einer ganzen Reihe von Modellorganismen sequenziert: So kam man bei *Drosophila* auf eine Zahl von etwa 14.000 Genen, was gut mit Annahmen übereinstimmt, die man aus den Mutagenese-Experimenten an *Drosophila* gewonnen hatte. Umgekehrt waren die ursprünglichen Schätzungen für die Zahl der menschlichen Gene mit weit mehr als 100.000 viel zu hoch angesetzt. Man geht heute davon aus, dass das menschliche Genom etwa 20.000 Gene enthält. Es ist damit ähnlich groß wie die Genome der Maus, der Ratte und des Pufferfisches Fugu, deren Genome ebenfalls sequenziert sind. Haben die Genome der Säugetiere auch in etwa die gleiche Größenordnung von ca. 3 Gb, so umfasst das Genom von Fugu etwa nur 15 % des Säugergenoms, das entspricht etwa 400 Mb. Das liegt daran, dass bei Fugu viele Wiederholungssequenzen (repetitive Elemente) fehlen, die bei Säugetieren vorhanden sind.

Die Gesamtheit aller Erbinformationen wird als Genom bezeichnet. Während in Prokaryoten die Genomgröße mit der Anzahl vorhandener Gene direkt in Beziehung steht, besteht bei Eukaryoten eine große Diskrepanz zwischen der Genomgröße und der Anzahl der bei ihnen gefundenen Gene. Eukaryotische Genome sind in ihrem DNA-Gehalt wenigstens 10- bis 100-mal größer, als es aufgrund der Anzahl der Gene zu erwarten wäre, da sie eine Vielzahl von repetitiven Elementen enthalten.

1.1.3 Der Genbegriff

Unser bisheriger Weg durch die Geschichte der Genetik hat uns stufenweise von der Entdeckung diskreter erblicher Merkmale durch Gregor Mendel über die Lokalisation der Gene in linearer Folge auf den Chromosomen bis zur Aufklärung der molekularen Identität derjenigen chemischen Verbindung geführt, die für die Vererbung verantwortlich ist, nämlich der DNA. Die Abschnitte der DNA, die vor allem die Informationen für die Aminosäuresequenz eines Proteins enthalten, werden als „codierende" Abschnitte bezeichnet. Insofern erschien zunächst einmal die Definition eines Gens als ein codierender Abschnitt vernünftig (**Ein-Gen-ein-Protein-Hypothese**). Die weitere Aufklärung der molekularen Eigenschaften bestimmter DNA-Sequenzen hat uns jedoch eine große Vielfalt der Eigenschaften von Genen vor Augen geführt, die über die reine Protein-codierende Funktion hinausgeht.

Versuchen wir auf der Basis heutiger Kenntnisse genauer zu umreißen, was wir unter einem Gen verstehen, so geraten wir sehr schnell in Schwierigkeiten. Relativ leicht zu treffen ist die Entscheidung, dass solche DNA-Sequenzen, die die codierenden Abschnitte flankieren und die zur Regulation erforderlich sind, als Teil des jeweiligen Gens zu betrachten sind. Wie aber steht es mit Regionen, die vielleicht Tausende von Basenpaaren oberhalb oder unterhalb eines Gens liegen, dessen Regulation aber mit beeinflussen?

Und wie verhält es sich bei gemeinsam regulierten und sehr ähnlichen Genen, die auf dem Chromosom dicht beieinander liegen? Am Beispiel der Globin-Gene (► Abschn. 7.2.1), die als Genfamilie bezeichnet werden, werden wir sehen, dass sie zwar unzweifelhaft ein gemeinsames Merkmal beeinflussen, nämlich die Synthese von Hämoglobin. Ebenso unzweifelhaft sind aber die einzelnen Globin-Gene als voneinander getrennte Funktionseinheiten anzusehen, selbst wenn es sich, wie bei den beiden α-Globin-Genen des Menschen, um identische DNA-Sequenzen mit identischer Regulation handelt.

Wir haben oben gesehen, dass in der Regel die Information der DNA zuerst in mRNA übersetzt wird, bevor ein Protein gebildet wird. Allerdings wird die mRNA schrittweise fertiggestellt und kann dabei mannigfaltigen Veränderungen unterworfen werden (► Abschn. 3.3.4 und 3.3.5), sodass aus einem Gen durchaus mehrere, sehr verschiedene Proteine entstehen können. Auch hier greift die Definition „ein Gen – ein Enzym" zu kurz. Die praktische Verwendung des Genbegriffs ist in diesem Fall häufig historisch geprägt und von der Funktion der gebildeten Proteine/Enzyme abhängig.

Wir werden bei der detaillierten Betrachtung von Bakterien, aber auch von Mitochondrien der Eukaryoten und teilweise auch bei dem Kerngenom von Eukaryoten sehen, dass die Informationen für verschiedene Proteine auf der DNA nicht immer strikt getrennt sind, sondern auch teilweise überlappen bzw. auf den beiden gegenläufigen DNA-Strängen eines Chromosoms unterschiedlich angeordnet sein können. In all diesen Fällen betrachten wir die Funktionseinheit jeweils als ein Gen und sprechen entsprechend von „überlappenden Genen", wobei die Leserichtung („vorwärts" bzw. „rückwärts") zusätzlich unterschieden werden kann.

Neben den Genen, die für Proteine codieren, gibt es aber auch noch solche, die für funktionell wichtige RNA-Moleküle codieren. Wir werden dafür im weiteren Verlauf viele Beispiele kennenlernen; hier sei zunächst nur auf die Transfer-RNA (tRNA) und die ribosomale RNA (rRNA) hingewiesen (bei der rRNA werden die Moleküle aufgrund ihrer Größe unterschieden; aus historischen Gründen wird dabei die Svedberg-Einheit „S" verwendet, die eine Sedimentationskonstante aus der Ultrazentrifugation darstellt). Beide Gruppen erfüllen wichtige Funktionen bei der Proteinsynthese (Translation, ► Abschn. 3.4). In diesem Zusammenhang stellt sich die Frage, ob wir etwa die Hunderte oder Tausende von 5S-rRNA-Transkriptionseinheiten als ein Gen oder als mehrere Gene betrachten wollen (► Abschn. 3.5.2). Der Ausfall einzelner solcher Transkriptionseinheiten würde die Zellfunktionen nicht beeinträchtigen und damit zu keinem sichtbaren Effekt führen, den wir fordern müssten, wenn wir die Korrelation **Gen – Merkmal** erhalten wollen, wie sie nach Mendel angebracht wäre. (Die Anzahl der 5S-rRNA-Kopien im Genom dürfte im Übrigen durch normale zelluläre Prozesse ohnehin ständigen Schwankungen unterworfen sein; ► Abschn. 3.5.1).

Weitere Probleme für die Anwendung des klassischen Genbegriffs werden durch die Frage aufgeworfen, ob man die einzelnen Transkriptionseinheiten der rDNA in Eukaryoten, die ja meistens für drei einzelne RNA-Moleküle codieren, als Gene betrachten möchte oder ob man jedes dieser Moleküle als eigenes Gen ansehen will. Sicherlich könnte man argumentieren, dass sie vielleicht aus einem ursprünglichen Molekül hervorgegangen sind und dass lediglich die Weiterentwicklung der Funktion im Ribosom zu einer Aufspaltung in mehrere (Teil-) Moleküle geführt hat. Dass solche Prozesse der Unterteilung von Genen noch weiter fortschreiten können, sehen wir am Beispiel der geteilten 28S-rRNA von Insekten (► Abschn. 3.5), die zunächst in zwei Hälften geschnitten, dann aber durch Basenpaarung wieder zu einer funktionellen Einheit zusammengefügt wird. Ein neues Kapitel eröffnete in diesem Zusammenhang das Auffinden von „kleinen" RNA-Molekülen, die oft als Gegenstrangsequenzen zu anderen Genen auftreten und deren Expression dauerhaft modulieren (► Abschn. 8.2).

Es ist leicht zu sehen, dass ein allgemein verbindlicher Genbegriff, der die unterschiedlichen Eigenschaften des erblichen Materials in ein einheitliches und leicht zu handhabendes Schema integriert, heute nicht mehr formuliert werden kann. Dennoch hat der Begriff des Gens seine Bedeutung in der Praxis nicht verloren. Man wird den Begriff „Gen" jedoch jeweils sehr gezielt im Kontext eines gerade zur Diskussion stehenden genetischen Systems verwenden müssen, um ihn mit konkreten molekularen Vorstellungen füllen zu können. Dazu gehört, dass man den Begriff „Gen" in der Regel mit einer zusätzlichen Erklärung versieht, z. B. ein „Protein-codierendes Gen".

! Ein Gen ist durch seinen Platz auf dem Chromosom definiert. Bestandteil eines Gens sind die Bereiche, die gleichsinnig transkribiert werden, sowie die unmittelbar oberhalb liegenden zugehörenden Promotorbereiche (► Abschn. 4.5 und 7.3); das schließt Spleißvariationen (► Abschn. 3.3.5) und RNA-codierende Gene (► Abschn. 3.5 und 8.2) mit ein.

1.1.4 Nomenklatur-Regeln in der Genetik

In der Genetik hat sich in den letzten mehr als 100 Jahren – wie in jeder anderen wissenschaftlichen Disziplin – eine gemeinsame Sprache entwickelt, die das gegenseitige Verständnis erleichtern und vereinfachen soll. Dabei ist allerdings die Gemeinsamkeit der Sprache und Symbole oft in einzelnen „Untergruppen" größer als in der Gesamtheit der Genetik. Wir werden die Spezialsysteme der Nomenklatur bei den jeweiligen Modellorganismen im Detail betrachten (► Abschn. 5.3) und uns hier auf einige allgemeine Prinzipien beschränken.

Es hat sich in der Genetik eingebürgert, sich auf einen **Wildtyp** zu beziehen. Dazu dient die Wildform eines Organismus oder eine weitverbreitete Kulturform mit möglichst wenigen genetischen Modifikationen, die zur Ausbildung von Krankheiten führen. Der Begriff „normal" sollte im genetischen Kontext vermieden werden; mögliche Gegensatzbegriffe wie „unnormal" oder „abnormal" beinhalten Abwertungen, die in Zeiten des Nationalsozialismus das Entstehen des Holocaust erleichtert haben. In der Genetik verwenden wir stattdessen die Begriffe „Variante" oder „Mutante" für Organismen, die nicht dem Wildtyp entsprechen. Als Symbol für die Wildtyp-Form eines Gens wird oft das „+"-Zeichen verwendet.

Eukaryotische Organismen haben in der Regel einen doppelten Chromosomensatz: einen mütterlichen und einen väterlichen. Daraus ergibt sich, dass jedes Gen doppelt vorkommt (Ausnahmen: die meisten Gene auf den Geschlechtschromosomen der meisten männlichen Organismen; für Details und weitere Ausnahmen siehe ► Abschn. 8.3.2). Wenn beide Gene identisch sind, ist der entsprechende Organismus **homozygot**; sind die Gene unterschiedlich, sprechen wir von **heterozygoten** Organismen. In der oben eingeführten Nomenklatur für einen Wildtyp schreiben wir deshalb „+/+" für Träger eines homozygoten Merkmals. Bei Trägern heterozygoter Merkmale müssen wir unterscheiden, ob sich das veränderte Merkmal beim Phänotyp (d. h. im äußeren Erscheinungsbild) ausprägt oder nicht. Im ersten Fall sprechen wir von einem **dominanten** Merkmal, das in seiner allgemeinen Form mit einem Großbuchstaben dargestellt wird, also „A/+". Wenn sich das Merkmal im heterozygoten Zustand nicht ausprägt, handelt es sich um ein **rezessives** Merkmal, das allgemein durch einen kleingeschriebenen Buchstaben symbolisiert wird, also „a/+". Die entsprechenden homozygoten Formen werden als „A/A" bzw. „a/a" bezeichnet, wobei das mütterliche Allel vorne und das väterliche Allel hinten steht. Häufig findet sich auch die Darstellung als Bruch, wobei in diesem Fall das mütterliche Allel im Zähler und das väterliche Allel im Nenner steht; die Bruchdarstellung ist aber drucktechnisch aufwendiger und daher nicht mehr so verbreitet.

Etwas unübersichtlicher wird die Situation, wenn wir spezielle Gene betrachten. Üblicherweise werden bei eukaryotischen Organismen, die vom Wildtyp abweichen, Genbezeichnungen vergeben, die den Phänotyp beschreiben (so wurden beispielsweise Mäuse mit kleinen Augen als *„small eye"* [engl.] bezeichnet). Die Gensymbole bestehen dann in der Regel aus drei oder vier Buchstaben, die kursiv gesetzt werden – in unserem Beispiel *Sey*; der Großbuchstabe deutet darauf hin, dass es sich um eine dominante Mutation handelt. Nachdem die zugehörige Mutation im *Pax6*-Gen aufgeklärt wurde (► Abschn. 12.6.4), wird dieses bestimmte Allel als $Pax6^{Sey}$ bezeichnet; die Allelbezeichnung wird also entsprechend hochgestellt. Als Allelbezeichnungen können weiterhin verschiedene andere Parameter verwendet werden; häufig finden wir auch die betroffenen Aminosäuren und die Stelle ihres Austauschs. Heterozygote und homozygote Mutanten können durch die Darstellung des entsprechenden zweiten Allels dargestellt werden, also $Pax6^{Sey/+}$ (heterozygot) und $Pax6^{Sey/Sey}$ (homozygot). Allerdings variiert dieses System etwas von Organismus zu Organismus, so werden beispielsweise die Gene des Menschen immer mit Großbuchstaben angegeben (in unserem Beispiel also *PAX6*). Die Details werden bei den jeweiligen Modellorganismen im ► Abschn. 5.3 erörtert.

Bei Bakterien und Viren ist das System etwas einfacher. Hier gilt als Wildtyp-Stamm die jeweils prototrophe Form; die auxotrophen Mutanten werden entsprechend mit einem hochgestellten Minuszeichen versehen, also *lac* bzw lac^{-}. Ein ähnliches System findet übrigens auch bei den eukaryotischen Hefen Verwendung (weitere Beispiele werden in ► Kap. 4 und ► Abschn. 9.2 besprochen).

Bei Mikroorganismen wird die jeweils prototrophe Form als Wildtyp bezeichnet; bei höheren Eukaryoten bezieht man sich auf die jeweilige Wildform eines Organismus. Erbliche Abweichungen vom Wildtyp sind Mutanten. Gensymbole bestehen aus wenigen Buchstaben mit oder ohne Zahlen und werden kursiv gesetzt. Für die meisten Organismen haben sich spezielle Nomenklatur-Regeln entwickelt.

1.2 Konstanz und Variabilität

Die Vielfalt der Erscheinungsformen der Organismen ist eine Eigenschaft der Natur, die wir als selbstverständliche Grunderscheinung des Lebens ansehen. Für den Biologen stellt diese Mannigfaltigkeit oder **Variabilität** der Formen und Eigenschaften von Organismen jedoch die Frage nach deren Ursachen. Wir möchten verstehen, nach welchen Gesetzmäßigkeiten Variabilität hervorgerufen wird und wie ihre Weitergabe an nachfolgende Generationen möglich wird. Man könnte zunächst vermuten, dass die Entstehung dieser Mannigfaltigkeit dem Zufall unterliegt. Bei näherer Betrachtung erkennen wir jedoch, dass bestimmte Grenzen der Variabilität einer Eigenschaft innerhalb der Mannigfaltigkeit der Individuen gewöhnlich nicht überschritten werden.

Durch ein einfaches Beispiel wird uns verdeutlicht, dass die Variabilität der Erscheinungsformen bestimmten Gesetzmäßigkeiten gehorcht: Trotz aller Vielfalt in der Individualität verschiedener Menschen ist der Mensch als einheitliche Organismengruppe deutlich gegenüber allen anderen Organismengruppen abgegrenzt. Stark abweichende Gestaltformen, wie sie beispielsweise bei fehlerhafter Embryonalentwicklung auftreten können, sind im Allgemeinen nicht lebensfähig; Beispiele dazu werden in ► Abschn. 12.6 und ► Kap. 13 diskutiert.

Die Natur hat somit einerseits Mannigfaltigkeit entwickelt, diese aber zugleich bestimmten Gesetzen und Eingrenzungen unterworfen. Für die Existenz solcher Gesetze, die die Entstehung von Mannigfaltigkeit in den Formen und Eigenschaften von Lebewesen kontrollieren, spricht, dass viele dieser Formen und Eigenschaften nicht willkürlich auftreten, sondern dass sie von den Eltern an die Nachkommen weitergegeben werden. Ihre Entstehung und Ausbildung sind also an biologische Eigenschaften gebunden, die zwischen aufeinanderfolgenden Generationen von Organismen erhalten bleiben. Wie wir bei genauerer Betrachtung erkennen, werden sie in bestimmter Weise verteilt. Das Verständnis dieser biologischen Eigenschaften und der Gesetzmäßigkeiten, die ihrer Verteilung in aufeinanderfolgenden Generationen zugrunde liegen, ist Gegenstand der **Genetik**. Das Verständnis dieser Gesetze setzt notwendigerweise die Unterscheidung der Einzelelemente, die diese Mannigfaltigkeit bestimmen, voraus und erfordert daher die Erforschung ihrer Eigenschaften und Ursachen.

Wenn wir davon ausgehen, dass Variabilität eine Grunderscheinung der erblichen Eigenschaften der Organismen ist, gilt es, experimentelle Ansatzpunkte für die Untersuchung dieser erblichen Grundlage der Variabilität zu finden. Hierfür ist es entscheidend, dass es gelingt, ein Untersuchungsmaterial zu finden, dessen erbliche Eigenschaften so einheitlich wie möglich sind. Mithilfe eines solchen Materials lassen sich dann nicht nur diese verschiedenen Eigenschaften als solche gegeneinander abgrenzen, sondern auch diejenigen Einflüsse auf die Ausprägung genetischer Anlagen erkennen und analysieren, die durch die Umwelt verursacht werden.

Dass es solche Umwelteinflüsse geben muss, ist leicht zu erkennen: Ziehen wir eine Pflanze bei Dunkelheit aus einem Samen, so wird sie allenfalls schwach grün werden. Erst wenn wir sie dem Licht aussetzen, bildet sich eine ausreichende Menge Chlorophyll, sodass die Pflanze ihre normale grüne Farbe erhält. Die Umgebungsparameter bestimmen also, ob die individuelle Pflanze von ihrer prinzipiellen genetischen Fähigkeit, Chlorophyll zu bilden, Gebrauch macht oder nicht.

Diese Beobachtung macht uns deutlich, dass wir bei der Erforschung der Vererbung zwei Aspekte grundsätzlich auseinanderhalten müssen: einerseits die Ausstattung eines Organismus mit bestimmten erblichen Eigenschaften und andererseits sein tatsächliches Erscheinungsbild, das durch diese erblichen Eigenschaften in einer bestimmten

Umgebung hervorgerufen wird. Wir umschreiben diese beiden verschiedenen Aspekte demgemäß auch durch zwei verschiedene wissenschaftliche Begriffe: Die Gesamtheit der erblichen Eigenschaften eines Organismus nennen wir den **Genotyp**, sein tatsächliches Erscheinungsbild aber den **Phänotyp**.

Wir unterscheiden zwischen dem Erscheinungsbild eines Organismus und seiner genetischen Veranlagung. Das Erscheinungsbild wird in der Genetik als Phänotyp eines Individuums bezeichnet. Die Gesamtheit aller erblichen Eigenschaften eines Organismus bezeichnet man als Genotyp.

1.2.1 Umweltbedingte Variabilität

Die Lebewesen, an denen man den Einfluss der Umwelt auf den Phänotyp relativ leicht erforschen kann, sind Pflanzen. Bei ihnen ist eine vegetative Fortpflanzung meist sehr einfach zu erzielen. Da vegetative Fortpflanzung keinerlei Veränderungen des genetischen Materials einschließt, sind alle Individuen, die auf diesem Wege erzeugt werden, genetisch identisch. Dadurch kann Variabilität, die durch genetische Mechanismen erzeugt wird, ausgeschlossen werden, sodass ausschließlich umweltbedingte Variabilität sichtbar wird.

Vegetative Vermehrung von Pflanzen kann auf zweierlei Art erfolgen:

- Am einfachsten ist vegetative Vermehrung durch die Teilung von Wurzelstöcken oder durch Stecklinge zu erreichen. Man kultiviert Teile einer Pflanze, etwa einen Seitentrieb, bis er Wurzeln geschlagen hat, oder eine Wurzel, bis sie weitere Triebe erzeugt hat. Somit stehen weitere Abkömmlinge desselben Genotyps zur Verfügung.
- Einen alternativen Weg bieten Kulturmethoden, die es uns gestatten, aus Einzelzellen (oder aus Protoplasten) ganze Pflanzen zu ziehen. Auch in diesem Fall verfügt man mit allen Individuen, die auf diese Weise von einem gemeinsamen Ausgangsindividuum erhalten wurden, über ein genetisch einheitliches Material.

Man bezeichnet genetisch identische Pflanzen, die auf einem dieser Wege entstanden sind, als **Klone**.

Vegetative Vermehrung bedeutet Vermehrung ohne vorangehende sexuelle Prozesse. Das genetische Material eines Organismus bleibt dadurch im Prinzip unverändert erhalten, sodass die Individuen, die durch vegetative Fortpflanzung entstanden sind, genetisch völlig gleich sind. Man bezeichnet sie als Klone.

Hat man auf einem dieser Wege genetisch einheitliches Untersuchungsmaterial bereitgestellt, können Experimente mit dem Ziel ausgeführt werden, zu ermitteln, inwieweit einerseits Umwelteinflüsse oder andererseits genetische Faktoren einzelne Eigenschaften der betreffenden Organismen bestimmen.

Eine wichtige Voraussetzung für solche Versuche ist die Fähigkeit des Versuchsmaterials, in sehr unterschiedlichen Umweltbedingungen überhaupt existieren zu können. Unter diesem Gesichtspunkt hat sich in der Vergangenheit die **Schafgarbe** (*Achillea millefolium*, Compositae) als geeignet erwiesen, aber auch **Fingerkrautarten** (*Potentilla*, Rosaceae) wurden ausgiebig untersucht. Betrachten wir Pflanzenpopulationen derselben Art in verschiedenen Biotopen, so wird schnell deutlich, dass sich Individuen der einen Population oft sehr erheblich, vor allem in ihrer Größe, von denen anderer Populationen unterscheiden.

Studien dieser Art wurden in Nordamerika durch Jens Clausen und Mitarbeiter Ende der 1940er-Jahre durchgeführt. Sie dokumentierten eindringlich, dass die mittlere Größe von *Achillea lanulosa* stark mit dem jeweiligen Biotop korreliert. Die mittlere Größe der Pflanzen in den niedrigeren, der kalifornischen Küste näher gelegenen Regionen der Sierra Nevada, etwa bei Mather (1400 m Höhe) im Bereich des Koniferengürtels, liegt bei 75 cm. Pflanzen, die in den extremeren Milieubedingungen der subalpinen Tuolumne Meadows (2600 m Höhe) oder des hochalpinen Big-Horn-Sees (3350 m Höhe) wachsen, werden im Mittel nur 15–20 cm hoch. Man ist versucht, die Ursache für die geringe Größe in den ungünstigen Wachstumsbedingungen des alpinen Biotops zu sehen. Interessanterweise ist es aber gerade die genetisch bedingte Fähigkeit, solche schwachen Wuchsformen unter Extrembedingungen zu bilden, die es den Pflanzen gestattet, sich in einer Umgebung noch zu vermehren, in der andere Pflanzen gar nicht mehr existieren können. Die geringe Größe hat sowohl den Vorteil eines geringeren Nährstoffbedarfs als auch einer besseren Widerstandsfähigkeit gegen ungünstige Klimaeinflüsse. Zudem wird dadurch die Wachstumsphase bis zur Fortpflanzungsreife verkürzt. Dieser Gesichtspunkt ist besonders wichtig, da die Vegetationsperiode in den betreffenden Biotopen sehr kurz ist.

Aufgrund der geschilderten Beobachtungen lässt sich auch die Frage stellen, ob die verschiedenen Pflanzenpopulationen sich genetisch so voneinander unterscheiden, dass der für ein Biotop jeweils charakteristische Größenbereich erblich festgelegt ist. Eine Antwort auf diese Frage können wir erhalten, wenn wir vegetativ vermehrte Nachkommen (also genetisch identische Individuen) der verschiedenen Pflanzenpopulationen auf die unterschiedlichen Biotope verteilen und ihr Wachstum verfolgen. Wir erkennen, dass sich das Wachstum der vegetativ vermehrten Pflanzen dem der Populationen in dem entsprechenden Biotop vollständig anpasst. Die

Größe der Pflanzen ist somit weitgehend umweltbedingt, nicht aber genetisch fixiert. Wir können aus diesen Beobachtungen ableiten, dass erbliche Eigenschaften einen Bereich festlegen, in dem Variabilität möglich ist. So ist eine optimale Anpassung an die jeweiligen Bedingungen gewährleistet. Dass es hierfür jedoch Grenzen gibt, wird deutlich, wenn wir uns vergegenwärtigen, dass es offenbar prinzipielle Maximal- und Minimalgrößen gibt, durch die die Variabilität eingegrenzt wird: Eine Schafgarbe erreicht weder die Größe einer *Sequoia*, noch bleibt sie in der Entwicklung bei der Größe eines Lebermooses stehen. Die jeweiligen Umweltbedingungen bestimmen aus diesem insgesamt möglichen Größenspektrum einen jeweils biotopspezifischen Variabilitätsbereich.

❗ Erbliche Eigenschaften bestimmen im Zusammenwirken mit den jeweils gegebenen Umweltfaktoren den Phänotyp.

Ein Vergleich der Wachstumseigenschaften der verschiedenen Individuen, die durch vegetative Vermehrung entstehen, also genetisch identisch sind, gestattet uns noch einen weiteren wichtigen Schluss: Wir können aus der Größe der Pflanze in einem Biotop keine Rückschlüsse auf die zu erwartende relative Größe in einem anderen Biotop ziehen. Es gibt somit keine „beste" genetische Konstitution, sondern die speziellen Eigenschaften kommen, zumindest im Größenwachstum, durch ein komplexes Zusammenspiel von Erbanlagen und Umweltbedingungen zustande. Wenn wir uns also fragen, ob wir durch eine geeignete Zusammenstellung von Genen eine „ideale" Pflanze experimentell erzeugen könnten, so müssen wir feststellen, dass es diese „ideale" Pflanze gar nicht gibt, da jedes Individuum seine Eigenschaften stets in einer bestimmten Umgebung, also biotopspezifisch, entwickelt. Die Bedingungen dieser Umgebung aber können wir, wenn überhaupt, dann nur im Rahmen der allgemeinen Eigenschaften eines Biotops festlegen.

❗ Es gibt keine „beste" genetische Konstitution, da der Phänotyp durch ein komplexes Zusammenspiel von Genotyp und Umweltbedingungen entsteht.

1.2.2 Genetisch bedingte Variabilität

Der grundlegende Einfluss der Umweltbedingungen auf das Größenwachstum wirft die Frage auf, inwieweit andere Eigenschaften einem gleich starken Einfluss der Umgebung unterworfen sind. Zur Beantwortung dieser Frage können wir nochmals auf nordamerikanische Feldstudien, dieses Mal am **Fingerkraut** (*Potentilla*), zurückgreifen. Vergleichen wir die verschiedenen Wachstums**formen**, etwa der Blätter, in den unterschiedlichen Biotopen, so erkennen wir, dass – abgesehen von unterschiedlicher Größe – die Blattform von Pflanzen gleicher genetischer Konstitution in den unterschiedlichsten Biotopen sehr ähnlich bleibt, obwohl sie zwischen Pflanzen unterschiedlichen Genotyps beträchtlich variiert. Das Ausmaß der Umweltabhängigkeit in der Ausprägung einer Eigenschaft ist also für verschiedene Eigenschaften unterschiedlich groß.

Grenzen in der Variabilität der Ausprägung bestimmter Eigenschaften gibt es für alle Merkmale. Diese Grenzen sind genetisch festgelegt und werden durch die Gesamtheit der erblichen Eigenschaften mitbestimmt. Die Fähigkeit eines bestimmten Genotyps, auf seine Umgebung in unterschiedlicher Weise zu reagieren, bezeichnen wir als die **Reaktionsnorm** eines Genotyps. Die Reaktionsnorm beschreibt die Variationsbreite des Phänotyps, die einem bestimmten Genotyp unter unterschiedlichen Umweltbedingungen zur Verfügung steht. Sie beschreibt also gewissermaßen die „Möglichkeiten" eines Genotyps, sich an die Umgebungsbedingungen anzupassen. Ist der Phänotyp nicht mehr mit den Anforderungen der Umwelt in Übereinstimmung zu bringen, ist der Organismus nicht mehr existenzfähig.

Wir können unsere Erkenntnisse aus diesen Versuchen also zusammenfassen: Die Ausprägung von Eigenschaften wird in erheblichem Ausmaß von den Umgebungsbedingungen bestimmt. Wir bezeichnen – im Gegensatz zur genetischen Variabilität – eine umweltbedingte Variante auch als **Modifikation.**

❗ Die Interaktion zwischen Umwelt und Genotyp ist ein allgemeines Phänomen, das alle Organismen betrifft und den Phänotyp der Individuen mit prägt. Die umweltbedingten Variationen von Merkmalen werden auch als Modifikationen bezeichnet.

Wir müssen uns aber vor Augen halten, dass wir aufgrund des Phänotyps eines einzelnen Organismus nicht entscheiden können, ob eine vorwiegend erblich oder eine vorwiegend umweltbeeinflusste Eigenschaft vorliegt. Vielmehr kann eine solche Entscheidung nur durch eine genetische Analyse verwandter Individuen – beim Menschen also z. B. durch Analyse eines Familienstammbaums – getroffen werden. Der Grund für diese Schwierigkeiten ist darin zu suchen, dass Merkmale, die gewöhnlich genetisch bedingt sind, unter bestimmten Umständen durch Milieueinflüsse imitiert werden können. Man spricht in diesem Fall von einer **Phänokopie**; im Kontext evolutionärer Prozesse spricht man auch von **Konvergenz**.

Dieses Problem wird auch bei der modernen Taxonomie deutlich. Wurden früher Verwandtschaftsbeziehungen zwischen verschiedenen Arten aufgrund von äußeren Merkmalen hergestellt, so zeigt es sich heute, dass die dadurch getroffenen Zuordnungen nicht immer stimmen müssen. Klarheit bringt in vielen Fällen eine DNA-Sequenzanalyse.

Um zu überprüfen, ob die Greifvögel und Eulen und die einzelnen Unterarten jeweils monophyletische Gruppen bilden (d. h. eine Abstammungsgemeinschaft mit einem gemeinsamen Vorfahren darstellen), wurden jeweils ein Gen der Mitochondrien und eines aus der Kern-DNA sequenziert. Entsprechend den Erwartungen zeigte sich dadurch, dass jeweils die Familien der Falken, Habichtsartigen, Neuweltgeier, Fischadler und Eulen monophyletische Gruppen bilden, ohne allerdings näher miteinander verwandt zu sein. Falken und Eulen bilden unabhängige Gruppen ohne nähere Verwandtschaft zu den eigentlichen Greifvögeln. Man vermutet, dass sich die Ähnlichkeiten in ihrer Lebensweise auf Konvergenz zurückführen lassen (Storch et al. 2007).

Phänokopien sind umweltbedingte, nicht erbliche Nachahmungen von Phänotypen, die durch bestimmte erbliche Konstitutionen (Vorhandensein bestimmter Allele) hervorgerufen werden.

Dank moderner genetischer Methoden können wir heute wesentlich detailliertere Aussagen über die molekularen Hintergründe genetischer Variabilität machen. Dadurch identifizieren und charakterisieren wir Gene, die für die unterschiedliche Form und Größe der Blätter, der Blütendauer oder auch für die Farbe der Früchte verantwortlich sind (◘ Abb. 1.9). Häufig unterscheiden sich die entsprechenden Gene der verschiedenen Formen von Wildpflanzen nur an wenigen Stellen; wir sprechen dann von **Polymorphismen**. Wir beginnen zu verstehen, wie Pflanzen auf ihre Umwelt reagieren, d. h. auf abiotische Signale wie Licht, Temperatur, Wind, Feuchtigkeit, Verfügbarkeit von Wasser und Nährstoffen, aber auch auf biotische Signale wie Krankheitserreger oder Konkurrenten. Häufig stellt man dabei fest, dass es sich nicht um die Auswirkungen von Veränderungen in einem einzigen Gen handelt, sondern dass eine größere oder kleinere Gruppe von Genen an der Veränderung von solchen quantitativen Merkmalen beteiligt ist. So hängt die Geschwindigkeit der Blütenbildung bei der Ackerschmalwand (*Arabidopsis thaliana*; ▸ Abschn. 5.3.3) von mindestens 14 Genen ab (für eine schöne Übersicht dazu siehe Alonso-Blanco et al. 2005). Wir werden solche Phänomene an verschiedenen Stellen des Buches besprechen, z. B. unter eher formalen Aspekten in ▸ Kap. 11 (▸ Abschn. 11.3.4 und 11.4.5); entwicklungsgenetische Gesichtspunkte werden in ▸ Kap. 12 betrachtet (für Pflanzen besonders in ▸ Abschn. 12.2). Humangenetische Gesichtspunkte werden beispielsweise im Rahmen der genetischen Epidemiologie besprochen (▸ Abschn. 13.1.4).

Variabilität ist aber nicht nur die Voraussetzung für die Anpassung einer Organismengruppe an sich verändernde Umweltbedingungen, sondern auch Voraussetzung für die Entwicklung neuer, unabhängiger Arten.

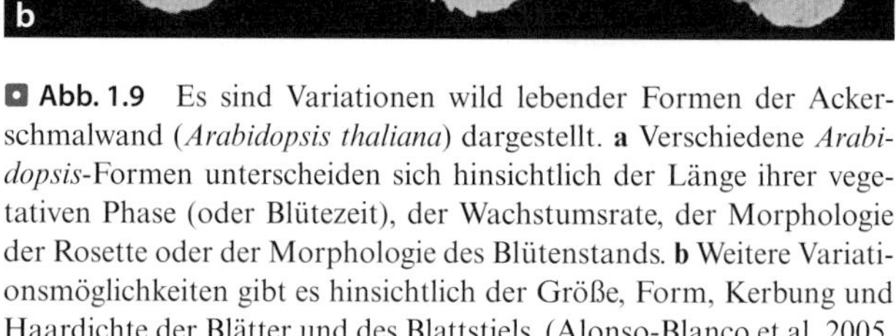

◘ **Abb. 1.9** Es sind Variationen wild lebender Formen der Ackerschmalwand (*Arabidopsis thaliana*) dargestellt. **a** Verschiedene *Arabidopsis*-Formen unterscheiden sich hinsichtlich der Länge ihrer vegetativen Phase (oder Blütezeit), der Wachstumsrate, der Morphologie der Rosette oder der Morphologie des Blütenstands. **b** Weitere Variationsmöglichkeiten gibt es hinsichtlich der Größe, Form, Kerbung und Haardichte der Blätter und des Blattstiels. (Alonso-Blanco et al. 2005, mit freundlicher Genehmigung)

Durch zufällige Veränderungen im Erbgut entstehen für einzelne Individuen neue Möglichkeiten, die sich je nach Selektionsdruck auch durchsetzen können. Wir werden diese Aspekte in einigen späteren Kapiteln ausführlich erörtern, z. B. unter dem Stichwort „Populationsgenetik" (▸ Abschn. 11.5) oder im ▸ Kap. 15 über die Evolution des Menschen.

Ein Polymorphismus bezeichnet das gleichzeitige Vorkommen von zwei oder mehreren Allelen eines Gens in einer Population mit jeweiligen Häufigkeiten, die nicht allein durch wiederholte Mutationen erklärt werden können. Polymorphismen sind wichtige Grundlagen genetischer Vielfalt und Variabilität.

1.3 Theoriebildung in der Biologie

Biologische Forschung – und damit auch genetische Forschung – ist dadurch charakterisiert, dass Probleme gelöst und Wissenslücken geschlossen werden sollen. Das schon erwähnte Humangenomprojekt ist dafür ein hervorragendes Beispiel im globalen Maßstab – im täglichen Laboralltag ist aber die Herangehensweise im Prinzip genauso. Die Beantwortung der Fragen erfolgt entweder durch ein systematisch-methodisches Vorgehen (wie im Humangenomprojekt) oder aber auch durch individuelle Intuition, wie wir es häufig im Labor erleben.

Intuition ergibt sich aus der Fülle des zur Verfügung stehenden Wissens und der Erfahrungen und besteht im Wesentlichen darin, aus einer großen Zahl möglicher experimenteller Ansätze denjenigen auszuwählen, der am schnellsten zum Erfolg führt. Allerdings ersetzt Intuition kein Experiment, sondern ist vielmehr eine Anleitung zur Entwicklung methodischer Konzepte.

Nach Mahner und Bunge (2000) können wir zehn Punkte einer allgemeinen wissenschaftlichen Methode formulieren:

1. Finde ein Problem bzw. eine Fragestellung.
2. Formuliere die Fragestellung klar und eindeutig.
3. Suche nach Informationen, Methoden oder Instrumenten, die zur Beantwortung der Fragestellung relevant sein können.
4. Versuche, das Problem mithilfe der gesammelten Mittel zu lösen.
5. Erfinde neue Ideen (Hypothesen, Theorien oder Methoden), produziere neue empirische Daten oder entwerfe neue Experimente, um das Problem zu lösen.
6. Beantworte die Fragestellung mit den jetzt neu vorhandenen Mitteln.
7. Leite Folgerungen aus der bisherigen Antwort ab.
8. Prüfe die vorgeschlagene Lösung (bei einer Hypothese: Prüfe, ob Vorhersagen tatsächlich eintreffen. Bei neuen Daten: Welche Konsequenzen hat es für das bereits vorhandene Wissen? Bei einer neuen Methode: Prüfe ihren möglichen Gebrauch oder Missbrauch).
9. Korrigiere eine fehlerhafte Lösung durch Wiederholung der Schritte 1 bis 8.
10. Untersuche die Wirkung der Lösung auf das bestehende Hintergrundwissen und formuliere neue Fragestellungen, die sich daraus ergeben.

Ein derartiges Vorgehen ist ein allgemein wissenschaftliches Konzept, das auf alle Untersuchungen angewandt werden kann und sollte – unabhängig von den jeweiligen Spezialdisziplinen. Es gilt in der Biologie, und es gilt auch in der Genetik.

Ein Kernelement der oben dargestellten „10 Punkte" ist die Hypothesenbildung; Hypothesen sind überlegt (d. h. mit dem bisherigen Wissen vereinbar), explizit formuliert und vor allem prüfbar. Wenn eines dieser Merkmale nicht zutrifft, sprechen wir von einer Pseudohypothese. Hypothesen können auf verschiedenen Wegen generiert werden:

- durch Verallgemeinerungen aus gesammelten Daten;
- durch Assoziation oder Korrelation verschiedener Variablen, wobei hier statistische Methoden zur Absicherung verwendet werden müssen;
- durch Ähnlichkeiten und Analogien;
- durch „Neuerfindung": Die Hypothese geht dabei über die verfügbaren Daten hinaus – sie ist transempirisch.

Hypothesen variieren in Umfang und Tiefe; wir können aber vor allem phänomenologische und mechanismische Hypothesen unterscheiden. Dabei bleiben phänomenologische Hypothesen oft an der Oberfläche, wohingegen mechanismische Hypothesen Prozesse zu beschreiben versuchen, die die Beobachtungen erklären. Diese Prozesse können physikalischer, chemischer oder biotischer Natur sein. Für die Anerkennung eines Mechanismus in der Wissenschaft gilt, dass er materiell, gesetzmäßig und prüfbar ist. Das wird deutlich, wenn wir uns die entsprechenden Gegensätze betrachten: immateriell, wundersam, okkult. Wir müssen uns aber dessen bewusst bleiben, dass jede Erkenntnis und jeder Vorschlag prinzipiell verbessert werden kann – es gibt also kein abgeschlossenes und für immer gültiges Weltbild.

Der erste Forscher, der ein geschlossenes Konzept entwickelte, das die Evolution von Organismen auf der Grundlage ihrer Erbeigenschaften zu erklären versuchte, war Charles **Darwin** (1809–1882). Auf der Grundlage seiner umfangreichen Studien, die er auf seiner Weltreise mit dem Schiff *Beagle* durchführte, schlug er vor, dass sich alle Organismen im Laufe der Evolution aus gemeinsamen Vorfahren entwickelt haben. Er formulierte damit in seinem Buch *On the Origin of Species by Means of Natural Selection*, das 1859 erschien, die **Deszendenztheorie** oder **Abstammungslehre**. Ein anderer Forscher, Alfred Russel **Wallace** (1823–1913), war etwa gleichzeitig zu ähnlichen Vorstellungen gelangt. Seine wissenschaftlichen Studien sind jedoch weniger beachtet worden als das Buch Darwins, zumal sie wesentlich weniger umfangreiche Dokumentationen zu den entwickelten Ideen über die Abstammung der Organismen enthalten.

Diese gleichzeitige Entwicklung ähnlicher Vorstellungen veranschaulicht uns ein allgemeines Phänomen wissenschaftlicher Theorien: Fundamentale neue Vorstellungen reifen in der Wissenschaft allmählich heran und werden oft gleichzeitig für mehrere Forscher greifbar. Sie beruhen auf den Ergebnissen und Einsichten, die im Laufe der Zeit durch viele Wissenschaftler gesammelt worden sind. Schließlich gelingt es dann, solche Einsichten, die oft mit bestehenden Vorstellungen nicht mehr in Übereinstimmung zu bringen sind, in ein neuartiges Konzept umzusetzen.

Die Weiterentwicklung wissenschaftlicher Einsichten beruht auf der Formulierung neuer **Hypothesen**. Wie wir oben gesehen haben, wird eine Hypothese aus einer Anzahl von **Beobachtungen** und aus deren **Analyse** formuliert. Eine solche Hypothese stellt noch keine endgültig gesicherte Einsicht dar, sondern formt zunächst nur die Grundlage, bestimmte Beobachtungen im Rahmen eines übergreifenden Konzeptes zu verstehen. Die weitere wissenschaftliche Arbeit besteht nunmehr darin, diese Hypo-

1

these zu untermauern oder zu widerlegen (◘ Abb. 1.10). Gelingt es, weitere wichtige Argumente für die Gültigkeit dieser Hypothese zu finden, so wird diese gegebenenfalls zu einer **Theorie**. Unter einer Theorie verstehen wir eine nach allen wissenschaftlichen Vorstellungen gut gesicherte Vorstellung zu einem bestimmten Phänomen.

So haben wir im Laufe der Besprechung der Eigenschaften des genetischen Materials gesehen, dass die **Hypothese**, dass Chromosomen die Träger der erblichen Eigenschaften eines Organismus sind, vor allem durch die Analyse von Geschlechtschromosomen zu einer gesicherten Vorstellung, der Chromosomen**theorie** der Vererbung, entwickelt wurde (► Abschn. 6.1.1). Die Tatsache, dass auch cytoplasmatische Elemente wie Mitochondrien und Plastiden Erbinformation enthalten, widerlegt (falsifiziert) die Chromosomentheorie der Vererbung nicht, sondern erweitert sie allenfalls, wenn wir nicht überhaupt davon ausgehen wollen, dass nach unseren heute gebräuchlichen Vorstellungen auch Mitochondrien und Plastiden im Prinzip ein „Chromosom" besitzen. Unabhängig davon stellt jedoch die Einsicht, dass solche cytoplasmatischen Organellen ebenfalls Erbinformationen an die Nachkommen vermitteln können, eine Erweiterung der ursprünglichen Vorstellungen der Chromosomentheorie der Vererbung dar.

Müssen wir noch mit mehr „Erweiterungen" der klassischen Genetik rechnen? Schon Mitte der 1950er-Jahre beschrieb R. A. Brink bei Maiskörnern verschiedene Färbemuster (Brink 1956), die als Punktierung bzw. Marmorierung bekannt sind und mit der Bildung von Anthocyan zu tun haben. Bei bestimmten Kreuzungen der Maispflanzen wurden jedoch die Mendel'schen Regeln (► Abschn. 11.1) über den zu erwartenden Anteil der jeweiligen Färbungen verletzt, ohne dass zunächst eine plausible Erklärung gefunden werden konnte. Ähnliche Phänomene wurden in der Folgezeit auch bei einigen Phänotypen von anderen Pflanzen, aber auch bei Tieren und dem Menschen berichtet. Seit 1968 wird dafür der Begriff „**Paramutation**" verwendet, wobei zunächst kein plausibler Mechanismus identifiziert werden konnte. Dachte man früher an „springende Gene" (Transposons, ► Abschn. 9.1), so werden heute eher nicht-codierende RNA-Moleküle (► Abschn. 8.2) und andere epigenetische Prozesse (► Abschn. 8.4) vermutet (für einen hervorragenden Überblick siehe Chandler 2007).

Die von Charles Darwin (◘ Abb. 1.11) formulierte Deszendenztheorie ist heute von den Biologen als Grundlage unserer Vorstellungen über die Evolution anerkannt. Sie enthält zwar die Erklärung, dass Organismen durch bestimmte evolutionäre Mechanismen entstehen, aber viele Einzelheiten solcher Mechanismen sind noch ungeklärt. Zur Bewertung der Leistung Darwins muss man übrigens berücksichtigen, dass Mendels Regeln der Vererbung zu

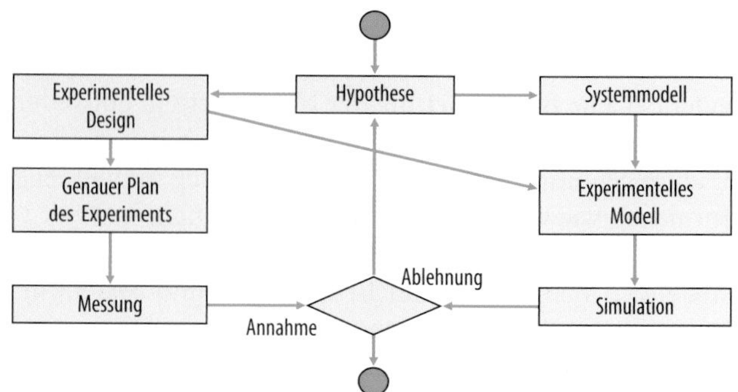

◘ **Abb. 1.10** Anwendung wissenschaftlicher Prinzipien auf biologische Fragestellungen. Aufgrund von Beobachtungen und ihrer Analyse lässt sich eine Hypothese generieren, die zu einem Systemmodell führt, einer quantitativen Beschreibung des Systems und seiner Komponenten sowie entsprechender Wechselwirkungen. Um die Hypothese zu testen, wird in das System in kontrollierter Weise eingegriffen, und die Veränderungen werden gemessen. Die Ideen, Annahmen und möglicherweise weitere Hypothesen sind Bestandteil des experimentellen Designs. Die Messergebnisse, die aufgrund des experimentellen Ablaufplans erhalten werden, werden mit der Vorhersage (Erwartungswert, Simulation) verglichen. Das führt entsprechend zu einer Annahme oder Ablehnung der jeweiligen Hypothese. (Nach Levin 2009, mit freundlicher Genehmigung)

dem Zeitpunkt, an dem Darwins Buch veröffentlicht wurde, noch nicht einmal publiziert, geschweige denn allgemein bekannt waren. Bei Kenntnis der Mendel'schen Untersuchungen hätte Darwin wichtige Gesichtspunkte der Erklärung von Evolutionsmechanismen deutlicher formulieren können. So hatte Darwin zur Erklärung der Evolution die **Selektion** als wichtigen Mechanismus erkannt, ohne jedoch konkret begründen zu können, was die materielle Basis der Selektion sein könnte. Natürlich beruht diese Vorstellung von der Selektion als wichtigem Evolutionsmechanismus auf der Beobachtung von Variabilität innerhalb von Populationen von Organismen. Die Ursachen für diese Variabilität waren ihm jedoch nicht bekannt, und es war unklar, wie diese Variabilität entstehen kann.

Die Beobachtung von phänotypischer **Variabilität** von Organismen erweist sich somit wiederum als ein wichtiges Grundelement wissenschaftlicher Erkenntnis. Sie ermöglichte es nicht nur, die formalen Regeln der Vererbung zu ergründen (► Kap. 11), die Grundlagen der Veränderungen des genetischen Materials zu erkennen (► Kap. 9 und 10) und Entwicklungsvorgänge aufzuklären (► Kap. 12), sondern sie ist auch ein wichtiges Mittel, um evolutionäre Prozesse zu verstehen.

Aus Beobachtungen und ihrer Analyse werden Hypothesen über Wirkungszusammenhänge formuliert, die experimentell überprüft werden können. Diese Überprüfung kann zur Bestätigung der Hypothese führen, sodass diese zu einer Theorie weiterentwickelt werden kann. Bei der experimentellen Ablehnung einer Hypothese muss der postulierte Zusammenhang neu formuliert werden.

■ **Abb. 1.11** Fotografie von Charles Darwin (1809–1882) im Alter von 51 Jahren und sein erster Entwurf für einen phylogenetischen Baum (1837) mit dem hinzugefügten Kommentar „*I think*". (Nach Kutschera 2009, mit freundlicher Genehmigung)

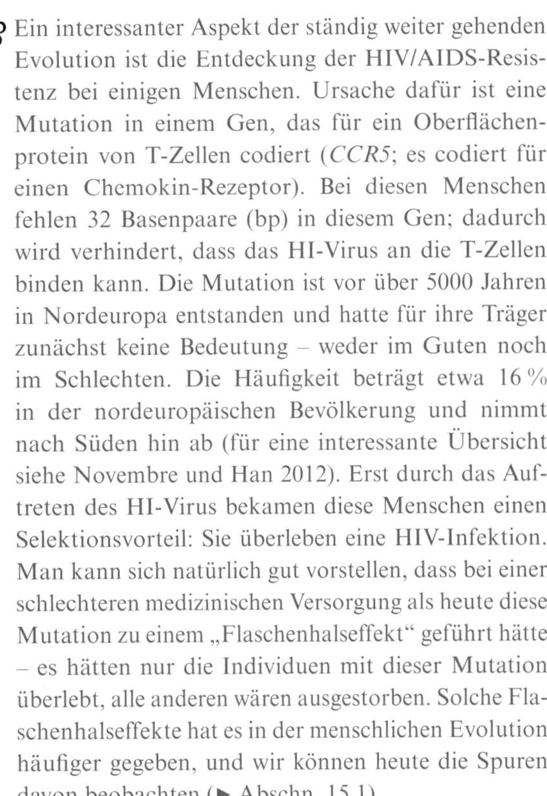

Ein interessanter Aspekt der ständig weiter gehenden Evolution ist die Entdeckung der HIV/AIDS-Resistenz bei einigen Menschen. Ursache dafür ist eine Mutation in einem Gen, das für ein Oberflächenprotein von T-Zellen codiert (*CCR5*; es codiert für einen Chemokin-Rezeptor). Bei diesen Menschen fehlen 32 Basenpaare (bp) in diesem Gen; dadurch wird verhindert, dass das HI-Virus an die T-Zellen binden kann. Die Mutation ist vor über 5000 Jahren in Nordeuropa entstanden und hatte für ihre Träger zunächst keine Bedeutung – weder im Guten noch im Schlechten. Die Häufigkeit beträgt etwa 16 % in der nordeuropäischen Bevölkerung und nimmt nach Süden hin ab (für eine interessante Übersicht siehe Novembre und Han 2012). Erst durch das Auftreten des HI-Virus bekamen diese Menschen einen Selektionsvorteil: Sie überleben eine HIV-Infektion. Man kann sich natürlich gut vorstellen, dass bei einer schlechteren medizinischen Versorgung als heute diese Mutation zu einem „Flaschenhalseffekt" geführt hätte – es hätten nur die Individuen mit dieser Mutation überlebt, alle anderen wären ausgestorben. Solche Flaschenhalseffekte hat es in der menschlichen Evolution häufiger gegeben, und wir können heute die Spuren davon beobachten (▶ Abschn. 15.1).

Die moderne Genetik bietet in der Tat vielfältige Ansätze zum besseren Verständnis evolutionärer Prozesse. Dazu tragen vor allem die Hochdurchsatzmethoden bei, die nicht nur eine schnelle Sequenzierung ganzer Genome und damit den vielfältigen Vergleich von DNA-Sequenzen ermöglichen, sondern auch Untersuchungen der Genprodukte (vor allem der mRNA) und ihrer (relativen) Häufigkeiten in verschiedenen Organismen erlauben; das gilt für Bakterien in gleicher Weise wie für Säugetiere. Wir lernen auch mehr über die Entwicklung neuer Arten (▶ Abschn. 11.6.2) und werden dies im Hinblick auf die Evolution des Menschen in ▶ Kap. 15 ausführlich besprechen. Des Weiteren ermöglicht die moderne Genetik das Verständnis der Entwicklung genetischer Netzwerke in Bakterien. Ein Beispiel zeigt ■ Abb. 1.12: Eine zufällige (spontane) Mutation trifft ein zentrales Gen des Netzwerks, was dazu führt, dass sich an vielen Stellen die relativen Mengen der mRNA anderer Gene ändern. In späteren Generationen treten in anderen Genen weitere, spontane Mutationen auf, die zu erneuten Änderungen im Expressionsmuster vieler Gene führen. Wenn man die Daten genauer betrachtet, stellt man fest, dass das neue Expressionsmuster der Ausgangssituation stark ähnelt.

1.4 Genetik und Gesellschaft

Die Geschichte der Genetik (■ Tab. 1.1) ist aber auch nicht frei von schwerwiegenden Irrtümern – vor allem, wenn sich „Zeitgeist" mit genetischem Teilwissen verbindet. Dazu gehört die Einführung des Begriffs **Eugenik** in die allgemeine Diskussion durch den Engländer Francis **Galton** (1883; ■ Abb. 1.13). Galton trat für eine gezielte Kontrolle der Vererbung beim Menschen ein; er hat dabei „negative" (präventive) und „positive" Eugenik unterschieden. Die „negative" Eugenik will die erbliche Weitergabe von Allelen vermeiden, die Erbkrankheiten verursachen. Damit soll eine angebliche „Verschlechterung des menschlichen Genpools" verhindert werden. Dieser Aspekt wird durch eine „positive" Eugenik ergänzt, durch die die Weitergabe günstiger Allele unterstützt wird, um dadurch den menschlichen Genpool zu „verbessern".

Diese Gedanken waren stark durch Darwins Vorstellung vom „Überleben der Stärksten" sowie von Erfolgen aus der Pflanzenzucht geprägt und wurden auf medizinische und humangenetische Fragen übertragen. In den USA wurden zuerst im Bundesstaat Indiana (1907) und später in etwa 30 weiteren Bundesstaaten Gesetze zur Sterilisation von Menschen mit einer geistigen Behinderung erlassen; diese Gesetze wurden 1927 vom obersten Gerichtshof der USA bestätigt. Insgesamt wurden in den USA aufgrund dieser Gesetze bis zum Ende des Zweiten Weltkrieges 60.000 Menschen zwangsweise sterilisiert

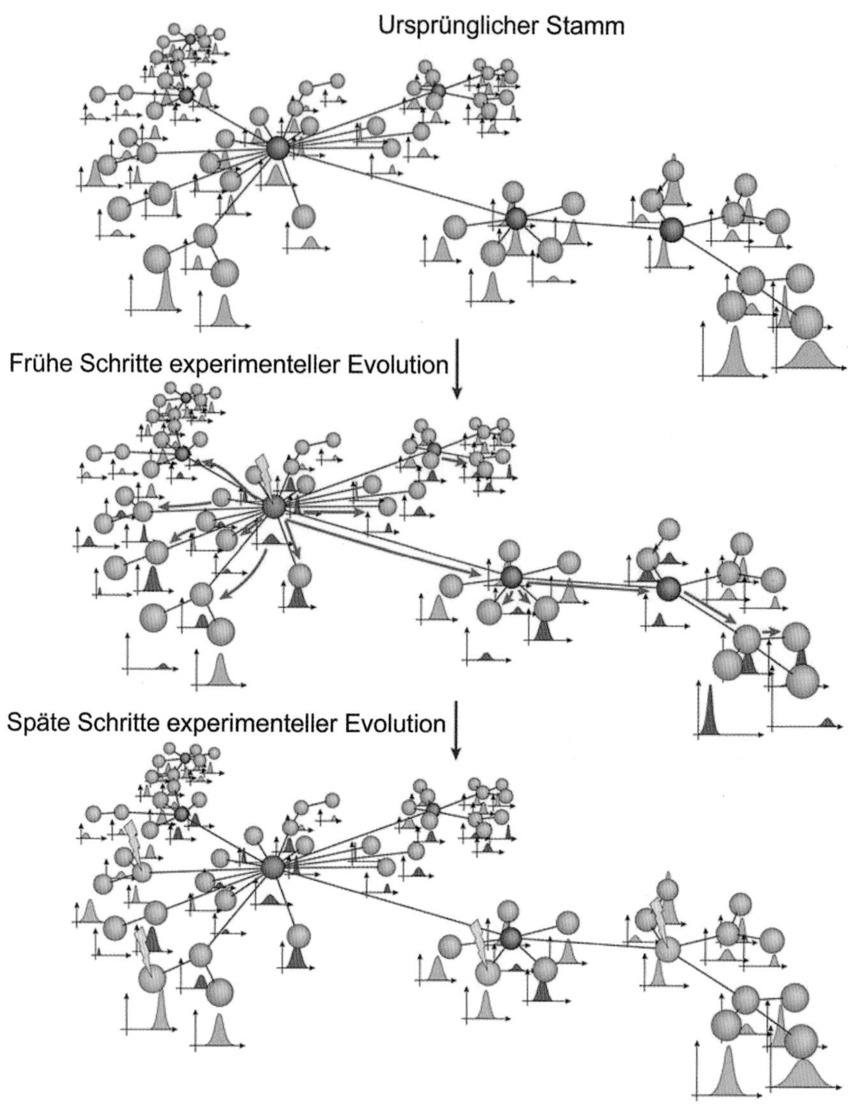

Abb. 1.12 *In-vivo*-Evolution regulatorischer Netzwerke. Das Netzwerk ist in der Ursprungskolonie hierarchisch organisiert; die *dunkelblauen Kreise* stellen zentrale Gene dar, die untergeordnete regulatorische Gene oder Zielgene kontrollieren. Die Expressionsstärken sind als *grüne Kurven* dargestellt. In den frühen Schritten der Evolution tritt eine Mutation (*gelber Blitz*) im zentralen Gen auf (*roter Kreis*), was zu einer Veränderung der Expressionsstärken in vielen Genen führt (*rote Kurven*). In späteren Phasen der Evolution treten Mutationen in weiteren Genen auf, die als Kompensation der Mutation in der frühen Phase wirken, sodass am Ende das ursprüngliche Expressionsmuster wiederhergestellt ist. (Nach Hindré et al. 2012, mit freundlicher Genehmigung)

(Reilly 2015). Auch in Deutschland war Eugenik unter dem Begriff „Rassenhygiene" ein wichtiges Thema, und zwar schon viele Jahre vor der Machtergreifung der Nationalsozialisten. Das Buch der damals bekannten Genetiker Erwin Baur, Eugen Fischer und Fritz Lenz *Grundriß der menschlichen Erblichkeitslehre und Rassenhygiene* von 1921 (Abb. 1.14) war über lange Jahre hinweg ein Standardwerk. In den Jahren zwischen 1934 und 1944 wurden in Deutschland 400.000 Menschen zwangsweise sterilisiert (Reilly 2015), und ca. 300.000 Menschen mit einer geistigen oder körperlichen Behinderung wurden ermordet („Euthanasie"). Der Missbrauch dieses Begriffs „Eugenik" durch die Nationalsozialisten unter Verwendung biologisch falscher Argumente hat die Eugenik verständlicherweise nachhaltig diskreditiert. Die deutsche Gesellschaft für Humangenetik und die Gesellschaft für Genetik haben anlässlich des 75. Jahrestages der Verkündigung des „Gesetzes zur Verhinderung erbkranken Nachwuchses" 2008 eine (Mit-)Schuld der Humangenetik am Zustandekommen und der Durchführung dieses Gesetzes (z. B. als Gutachter bei „Erbgesundheitsgerichten") eingeräumt. Eine lesenswerte Darstellung des Geistes dieser Zeit findet sich bei Hoßfeld (2014). Jede Überlegung zu genetischer Auslese und „Verbesserungsversuchen" des menschlichen Erbguts durch eine Gentherapie über die Keimbahn muss sich heute vor dem Hintergrund des Holocaust, des Rassenwahns und der Vernichtung „lebensunwerten" Lebens rechtfertigen.

Heute haben wir mit der stark verfeinerten molekularen Diagnostik ein Instrument in der Hand, das die Erkennung von Erbkrankheiten schon sehr früh in der Entwicklung eines Embryos ermöglicht – und damit auch die Diagnostik von schwerwiegenden Erbkrankheiten. Das hat dazu geführt, dass in Zypern und Sardinien fast keine Kinder mit Thalassämien mehr geboren werden, und in New York ist die Tay-Sachs-Krankheit unter der jüdischen Bevölkerung osteuropäischer Herkunft ebenfalls deutlich zurückgegangen. Der wesentliche Unterschied

Abb. 1.13 Francis Galton (1822–1911), Begründer der Eugenik. (© Mary Evans Picture Library/picture alliance)

zu den eugenischen Aktivitäten in der ersten Hälfte des 20. Jahrhunderts besteht aber in drei Punkten:

- in der Freiwilligkeit der Teilnahme an den Untersuchungen,
- der individuellen Interpretation der Ergebnisse und
- der freien Entscheidung über mögliche Konsequenzen.

Eine sehr lesenswerte Darstellung dieser und anderer Beispiele der Geschichte der Genetik findet sich bei Knippers (2012).

Die Kenntnis des menschlichen Genoms im Allgemeinen und die rasante Entwicklung der Sequenziertechniken (Technikboxen 6 und 7) machen es heute möglich, vollständige Sequenzen individueller menschlicher Genome innerhalb kurzer Zeit und zu relativ geringen Preisen zu erhalten. Damit verbunden ist einerseits die Hoffnung, noch mehr genetisch bedingte Erkrankungen frühzeitig(er) zu erkennen und damit überhaupt oder besser als bisher behandeln zu können. Diese individuellen Sequenzierungen sind auch Voraussetzungen für eine individualisierte (oder personalisierte) Therapie (▶ Abschn. 13.5.2) – statt der bisherigen Therapieformen, die sich eher an „Durchschnittspatienten" orientieren. Demgegenüber steht die Angst vor dem „gläsernen Menschen" und einem entsprechenden Missbrauch durch Versicherungen, Arbeitgeber etc. Eine weitere Befürchtung ist, bei einer Krankheitsdiagnose in der Schwangerschaft einer möglichen „Selektion" durch Abtreibung nicht mehr ausweichen zu können. Diesen unterschiedlichen Erwartungen versucht das Gendiagnostik-Gesetz aus dem Jahr 2010 Rechnung zu tragen (zu Details siehe ▶ Abschn. 13.1.1).

Grundriß
der menschlichen
Erblichkeitslehre und
Rassenhygiene

von

Prof. Dr. ERWIN BAUR,
Direktor des Instituts für Vererbungsforschung in Potsdam
Prof. Dr. EUGEN FISCHER,
Direktor des anatomischen Instituts der Universität Freiburg i. Br.
Dr. FRITZ LENZ,
Privatdozent für Hygiene an der Universität München

Mit 65 Figuren im Text

J. F. Lehmanns Verlag, München
1921

Abb. 1.14 Titelseite des grundlegenden Buches zur Erblichkeitslehre und Rassenhygiene von Erwin Baur, Eugen Fischer und Fritz Lenz (1921). (Mit freundlicher Genehmigung)

Auch ein weiteres dunkles Kapitel der Genetik muss erwähnt werden, nämlich die Konsequenz aus der Herrschaft des Agronomen Trofim Denissowitsch **Lyssenko** (1898–1976) in der Sowjetunion der 1930er- und 1940er-Jahre. Er war ein heftiger Verfechter der These von der Vererbbarkeit erworbener Eigenschaften, wie sie von Jean-Baptiste **Lamarck** (1744–1829) in seinen Schriften (Lamarck 1809) als Vorläufer der Darwin'schen Evolutionstheorie propagiert wurde. Ging es zunächst nur um die dringend notwendige Verbesserung der Pflanzenzucht, so wurde unter Lyssenkos Führung die Genetik in der Sowjetunion bald als eine „schädliche Perversion der Wissenschaft" bezeichnet, die „die Bemühungen der sowjetischen Forscher behindert, die Tier- und Pflanzenwelt zu verändern" (zitiert nach Soyfer 2001). Mithilfe Stalins wurde diese Schule nach dem Ende des Zweiten Weltkrieges in der Sowjetunion und allen Staaten des damaligen Warschauer Paktes (auch in der DDR) durchgesetzt. Genetische Forschung wurde verboten, Labore geschlossen und unbequeme Wissenschaftler entlassen und ihr Werk verdammt. Eines der prominenten Opfer der Lyssenko'schen Politik war der Genetiker Nikolai Iwanowitsch **Wawilow** (1887–1943; andere Schreibweise: Vavilov; ◻ Abb. 1.15), der durch sein „Gesetz der homologen Reihen" bekannt geworden war. Dieses Gesetz ermöglichte die Vorhersage noch unbekannter Pflanzenformen und führte in den 1920er-Jahren zu erfolgreichen Neuzüchtungen. Wawilow starb 1943 im Gefängnis von

Abb. 1.15 Nikolai Iwanowitsch Wawilow (*links*, 1887–1943), zusammen mit William Bateson (*rechts*, 1861–1926)

Saratow. Nach dem Tod Stalins im Jahr 1953 dauerte es noch bis 1962, bis Lyssenkos wissenschaftliche Fehler und Fälschungen offengelegt und er von Chruschtschow entlassen wurde.

In der früheren DDR wurden in den 1950er-Jahren viele genetische Lehrstühle mit Anhängern des Lyssenkoismus besetzt. Allerdings konnte dies nicht flächendeckend durchgesetzt werden, und so verbindet sich die Erinnerung an den Widerstand mit den Namen Hans **Stubbe**, Gustav **Becker** und Kurt **Mothers**, die alle an der Martin-Luther-Universität in Halle lehrten und darüber hinaus in leitenden Positionen an den Instituten für Pflanzenzucht in Quedlinburg (heute Julius Kühn-Institut [JKI], Bundesforschungsinstitut für Kulturpflanzen) und dem Zentralinstitut für Genetik und Kulturpflanzenforschung in Gatersleben (heute Leibniz-Institut für Pflanzengenetik und Kulturpflanzenforschung) tätig waren. Eine lesenswerte Darstellung dazu wurde 2002 von Rudolf Hagemann publiziert.

Anfang der 1970er-Jahre begann eine intensive Auseinandersetzung um das, was wir heute unter „Gentechnik" zusammenfassen. Es zeichnete sich damals ab, dass man DNA im Reagenzglas neu kombinieren („rekombinante DNA") und auf verschiedene Organismen übertragen kann. Den führenden Forschern, darunter Paul **Berg** (Abb. 1.16), war durchaus bewusst, dass ein solches Vorgehen ein Wagnis war, und so verlangten sie im Jahr 1974, zunächst alle Experimente mit rekombinanter DNA von Viren, Toxin- oder Resistenzgenen auszusetzen. Dieses Moratorium kam zwar nicht zustande, aber man einigte sich 1975 auf der „Konferenz von Asilomar" (Berg et al. 1975) darauf, in Verbindung mit staatlichen Sicherheitsbehörden genaue Regeln aufzustellen, an die sich Forscher bei Experimenten mit rekombinanter DNA zu halten hatten. Daraus entwickelten sich auf der Ebene der OECD (*Organisation for Economic Co-operation and Development*; Organisation für wissenschaftliche Zusammenarbeit und Entwicklung) gemeinsame Richtlinien, die später in allen industrialisierten Ländern in entsprechende Gesetze mit einheitlichen Sicherheitsstandards umgesetzt wurden; in Deutschland ist es das Gentechnik-Gesetz (GenTG).

Im Zentrum des Gentechnik-Gesetzes steht der Umgang mit gentechnisch veränderten Organismen (GVO; ▸ Abschn. 10.7). Es wird dabei versucht, den Interessen der Forschung, der Anwendung der Gentechnik in der

Abb. 1.16 **a** Die Organisatoren der Asilomar-Konferenz 1975: Maxine Singer, Norton Zinder, Sydney Brenner und Paul Berg (*v. l. n. r.*). **b** Joseph Sambrook (*links*) zusammen mit David Baltimore (*rechts*). (Mit freundlicher Genehmigung)

Medizin und in der Landwirtschaft sowie dem Schutz der Bevölkerung vor möglichen Gefährdungen in gleicher Weise Rechnung zu tragen. Danach darf mit gentechnisch veränderten Organismen nur in angemeldeten bzw. genehmigten Anlagen umgegangen werden. Die technischen Anforderungen an die entsprechenden Labore richten sich nach den Sicherheitsrisiken, mit denen zu rechnen ist. Die meisten Labore fallen in die Sicherheitsstufe 1 (S1: keine Gefahr für Mensch und Umwelt) – hier gelten in der Regel die üblichen Standards für mikrobiologische Arbeiten. Daneben gibt es aber auch Anlagen, in denen beispielsweise mit der DNA von Viren umgegangen wird, sodass entsprechend höhere Anforderungen an die Laborsicherheit zu stellen sind. Die Einordnung in die vier Sicherheitsstufen erfolgt in Deutschland durch die Zentrale Kommission für Biologische Sicherheit (ZKBS), deren Mitglieder vom Bundesministerium für Ernährung und Landwirtschaft (BMEL) berufen werden. Ein besonders umstrittenes Thema ist in Deutschland der Anbau gentechnisch veränderter Nutzpflanzen (siehe dazu speziell ► Abschn. 10.7.1).

In diesem Zusammenhang stellt sich auch die Frage nach möglichen Erfinderrechten an Genen: Lassen sich Gene patentieren? Lange Zeit galten isolierte Gene als chemische Verbindungen, und ihre Isolierung aus der natürlichen Umgebung konnte Gegenstand eines patentrechtlichen Schutzes sein. Wie wir aber schon gesehen haben, sind die Isolierung und Charakterisierung von Gensequenzen heute Routineverfahren. Das deutsche Patentgesetz sieht daher vor, dass in der Anmeldung eines Patents die von der Sequenz erfüllte Funktion beschrieben sein muss; die gewerbliche Anwendung von Gensequenzen kann dann auch in der Verwendung als diagnostisches Verfahren bestehen. Und genau an solchen Punkten entzündet sich heute der Streit, inwieweit Gensequenzen „Erfindungen" (und damit patentierbar) sind oder vielmehr nur eine „Entdeckung" darstellen (die nicht patentierbar ist, weil man das Material in der Natur vorfindet). Ein Beispiel dafür ist die Auseinandersetzung um Gene, die für einige Formen des erblichen Brustkrebses verantwortlich sind (► Abschn. 13.4.1), die Gene *BRCA1* und *BRCA2* (engl. *breast cancer*). So kann die Entwicklung neuer Testverfahren, die die Sequenz dieser Gene verwenden (oder Teile daraus), durch die entsprechenden vorhandenen Patente verhindert werden (Barton 2006). Diese Situation erscheint in der Tat nicht angemessen und behindert außerdem den technologischen Fortschritt (bzw. fördert die Entwicklung anderer Testverfahren, die aber vielleicht nicht dieselbe statistische Aussagekraft haben). Aus genetischer Sicht ist es sicherlich wünschenswert, dass die allgemeine Verwendung von DNA-Sequenzen ohne patentrechtlichen Schutz auskommt.

! Die Genetik ist eine Wissenschaft, die an vielen Stellen unmittelbare Auswirkungen auf den einzelnen Menschen und auf die Gesellschaft insgesamt hat. Sie ist damit in besonderer Weise den Wandlungen gesellschaftlicher Werte und ihren jeweiligen gesetzlichen Normierungen unterworfen. Genetiker haben aber auch umgekehrt eine besondere Verantwortung gegenüber der Gesellschaft im Hinblick auf die Möglichkeiten und ethischen Beschränkungen ihrer wissenschaftlichen Erkenntnisse.

1.5 Kernaussagen, Übungsfragen, Technikboxen

Kernaussagen

- Die Genetik beschreibt die Regeln und Mechanismen der Vererbung und erklärt funktionell die Unterschiede in der genetischen Ausstattung verschiedener Organismen.
- Die moderne Genetik beginnt mit den Arbeiten Gregor Mendels in der Mitte des 19. Jahrhunderts und hat innerhalb von etwas mehr als 100 Jahren mit der Entschlüsselung des menschlichen Genoms 2004 ihren (vorläufigen) Höhepunkt erreicht.
- Die Gesamtheit aller Erbinformationen wird als Genom bezeichnet.
- In Prokaryoten steht die Genomgröße mit der Anzahl vorhandener Gene direkt in Beziehung.
- Bei Eukaryoten besteht eine große Diskrepanz zwischen der Genomgröße und der Anzahl ihrer Gene. Ursache ist eine Vielzahl von repetitiven Elementen.
- Ein Gen ist durch seinen Platz auf dem Chromosom definiert.
- Bestandteil eines Gens sind die codierenden Bereiche, die gleichsinnig transkribiert werden, sowie die oberhalb liegenden zugehörenden regulatorischen Bereiche.
- Der Phänotyp ist das Erscheinungsbild eines Organismus, der Genotyp ist die Gesamtheit aller seiner genetischen Eigenschaften. Im Zusammenwirken mit Umwelteinflüssen definiert der Genotyp den Phänotyp; vom Phänotyp kann nicht unmittelbar auf den Genotyp zurückgeschlossen werden.
- Vegetative Vermehrung bedeutet Vermehrung ohne vorangehende sexuelle Prozesse, sodass das genetische Material unverändert bleibt. Die entstehenden Individuen sind identisch (Klone).
- Biologische Variabilität kann genetische und umweltbedingte Ursachen haben.
- Umwelteinflüsse können genetische Effekte imitieren (Phänokopie).

Übungsfragen

1. Beschreiben Sie den Unterschied zwischen Genotyp und Phänotyp.
2. Warum ist es so schwierig, ein Gen zu definieren?
3. Was sind Allele?
4. Was verstehen wir unter der „Chromosomentheorie der Vererbung"?
5. Wieso eröffnete die Charakterisierung der DNA als Doppelhelix unmittelbar eine Erklärung für ihre Verdopplung (Replikation)?
6. Können wir erworbene Eigenschaften vererben?

Technikbox 1

Isolierung genomischer DNA

Anwendung: Genomische DNA ist Ausgangsmaterial für viele genetische Verfahren: Klonierung von DNA-Fragmenten, Southern-Blot-Analyse, PCR-Analyse, Kartierung.

Methode: DNA liegt im Zellkern als extrem langes, aber sehr dünnes Fadenmolekül vor. Aufgrund dieser physikalischen Labilität führen hohe Temperaturen und extreme pH-Bedingungen zur Denaturierung oder Präzipitation. Besonders durch Scherkräfte (z. B. beim Pipettieren) entstehen Strangbrüche, sodass üblicherweise nur Fragmente von DNA gewonnen werden; Fragmentlängen von ca. 50 kb reichen aber für die meisten molekulargenetischen Arbeiten völlig aus.

Durch milde Extraktionsbedingungen (schwach alkalischer Puffer) kann aus Zellen (Gewebeteile, Blut, kleine Organismen) hochreine und biologisch aktive DNA gewonnen werden. Dabei werden durch vorsichtiges Homogenisieren und Zusatz ionischer Detergenzien die Zellmembranen aufgeschlossen. Wichtig ist die Anwesenheit eines Komplexbildners (z. B. EDTA) für zweiwertige Kationen wie Mg^{2+} und Mn^{2+}, die nukleolytische Enzyme aktivieren können. Durch EDTA werden diese Kationen aus der Lösung entfernt und Nukleasen dadurch inaktiviert. Proteine werden durch Zugabe eines proteolytischen Enzyms (Proteinase K) abgebaut, das selbst unter den gegebenen Reaktionsbedingungen (schwach alkalisch, EDTA, Detergens) noch aktiv ist und sich schließlich selbst abbaut, wenn kein anderes Substrat mehr vorhanden ist.

Für die Gewinnung reiner DNA werden Proteinreste und Abbauprodukte durch Ausschütteln mit Phenol abgetrennt; Phenolrückstände werden durch Ausschütteln mit Chloroform entfernt (Spuren von Phenol können spätere Analysen mit Restriktionsenzymen stören!). DNA kann durch Alkohol (Ethanol, Isopropanol) gefällt werden; nach Waschen mit Alkohol (zum Entfernen von Salzresten) kann DNA getrocknet und aufbewahrt werden; die Lagerung erfolgt üblicherweise in TE-Puffer (benannt nach seinen Hauptbestandteilen Tris und EDTA: 10 mM Tris-HCl, 1 mM EDTA, pH 8,0).

Da Phenol und Chloroform gesundheitsschädliche Arbeitsstoffe sind, dürfen sie nur unter einem Abzug verwendet werden; man hat daher Methoden entwickelt, die diesen „klassischen" Schritt vermeiden. Dazu wurden säulenchromatographische Verfahren entwickelt, die Silikatoberflächen verwenden oder auf der Ionenaustausch-Chromatographie basieren. Je nach Extraktionsvolumen sind die benötigten Säulen sehr klein und können mit kleinen Reaktionsgefäßen eingesetzt werden. Da bei der DNA-Isolierung oft ein hoher Durchsatz mit gleich bleibender Qualität erforderlich ist, werden bereits viele automatisierte Verfahren angeboten.

Technikbox 2

Gelelektrophorese

Anwendung: Auftrennung von Makromolekülen nach unterschiedlichen physikochemischen Kriterien.

Voraussetzungen · Materialien: Elektrophorese macht von der Eigenschaft geladener Substanzen Gebrauch, in einem elektrischen Feld zu dem Pol zu wandern, der ihrer Ladung entgegengesetzt ist. Die Ladung von Substanzen lässt sich durch geeignete Umgebungsbedingungen festlegen (z. B. pH-Wert des Puffers). Die Wanderungsgeschwindigkeit im elektrischen Feld wird nicht nur von der Ladungsstärke bestimmt, sondern auch von der Konformation der ladungstragenden Moleküle und von den molekularen Eigenschaften des Elektrophoresesystems (z. B. Porenweite des Trägermaterials). Die elektrophoretische Trennung von Makromolekülen erfolgt in geeigneten Puffersystemen in einem Trägermedium, das zur Stabilisierung des Puffersystems, aber auch zur Festlegung des Trennungsbereichs der Moleküle dient. Als Trägermaterialien dienen vor allem Polyacrylamide unterschiedlicher Konzentration (ca. 3–20 %) und unterschiedlichen Vernetzungsgrades. Hierin werden vor allem kürzere DNA-Fragmente, aber auch RNA, nach Größe oder Ladung fraktioniert. Für DNA- und RNA-Trennungen werden vorzugsweise Agarosegele (0,8–4 %) verwendet. Besondere Bedeutung hat die Pulsfeld-Elektrophorese erlangt, mit deren Hilfe es möglich ist, sehr große doppelsträngige DNA-Moleküle nach ihrer Größe zu fraktionieren. Am häufigsten erfolgt eine Trennung nach Molekulargewicht oder Konformation.

Methode: Die Elektrophorese erfolgt in elektrischen Feldern, die in einer Elektrophoresekammer zwischen Elektroden erzeugt werden. Je nach dem Anwendungsbereich werden geringe (15–150 V) oder auch sehr hohe Spannungen (2000 V) benötigt, um eine Trennung von Makromolekülen zu erreichen. Die Dicke des Trägermaterials variiert, je nach Anwendung, zwischen 1/10 mm und etwa 6–8 mm. Für analytische Anwendungen, zu denen auch die frühen Formen der DNA-Sequenzanalyse zählen, genügt es, sehr geringe Materialmengen aufzutrennen, sodass an die Kapazität des Trägermaterials keine hohen Anforderungen gestellt werden. Die DNA wird nach der Elektrophorese durch Ethidiumbromid angefärbt und unter UV-Licht sichtbar gemacht (▫ Abb. 1.17).

Mittels der Pulsfeld-Elektrophoresetechnik kann die vollständige DNA ganzer Hefechromosomen voneinander getrennt werden. Die Technik beruht darauf, dass in bestimmten Zeitintervallen während der Elektrophorese die Feldrichtung wechselt. Hierdurch werden selbst sehr große DNA-Moleküle durch ihre Reorientierung bei wechselnder Feldrichtung befähigt, die Poren eines Agarosegels zu durchwandern.

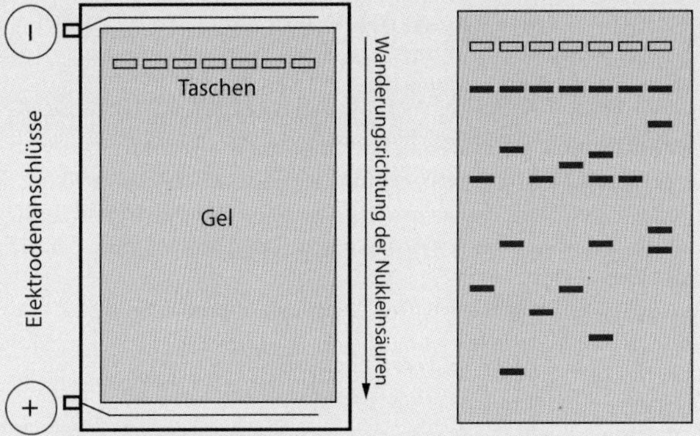

▫ **Abb. 1.17** Beispiel für eine horizontale Agarose-Gelelektrophorese von DNA. Das Gel wird in ein elektrisches Feld gebracht, und die DNA wird in Taschen im Agarosegel gefüllt (*links*). Aufgrund der negativen Ladung der DNA wandern die Restriktionsfragmente zur Anode. *Rechts* wird die Auftrennung der Restriktionsfragmente nach ihrer Größe gezeigt. Die weitere Analyse dieser Gele erfolgt z. B. durch Southern-Blotting und Hybridisierung (Technikbox 13)

Gelelektrophorese kann mit Techniken kombiniert werden, in denen elektrophoretisch aufgetrennte Nukleinsäuren auf Membranfilter übertragen werden und auf diese Weise weiteren molekularen Analysen wie Hybridisierungsexperimenten zugeführt werden können (siehe Southern- und Northern-Blotting, Technikbox 13 und 14). Die Größen der untersuchten Makromoleküle werden im Allgemeinen durch ihre elektrophoretische Mobilität im Vergleich zu Markermolekülen bekannter Größe angegeben. DNA wird in Basenpaaren (bp) oder Kilobasenpaaren (kb) angegeben, RNA mit der Anzahl ihrer Basen.

Beachte: Ethidiumbromid ist als Lösung (1 %) gesundheitsschädlich und wirkt mutagen (▫ Abb. 10.29b). Deshalb ist Hautkontakt mit Ethidiumbromid zu vermeiden, und es sind geeignete Handschuhe zu tragen. Wässrige Ethidiumbromid-haltige Abfälle dürfen erst nach Inaktivierung des Ethidiumbromids über Aktivkohle entsorgt werden. Unschädliche Alternativen zu Ethidiumbromid sind z. B. Benzimidazol-Derivate oder EvaGreen®, die entsprechend als Fluoreszenzfarbstoffe eingesetzt werden können.

Literatur

Alonso-Blanco C, Mendez-Vigo B, Koornneef M (2005) From phenotypic to molecular polymorphisms involved in naturally occurring variation of plant development. Int J Dev Biol 49:717–732

Avery OT, MacLeod CM, McCarty M (1944) Studies on the chemical nature of the substance inducing transformation of pneumococcal types. Induction of transformation by a deoxyribonucleic acid fraction isolated from *Pneumococcus* type III. J Exp Med 79:137–158

Baltimore T (1970) Viral RNA-dependent DNA polymerase. Nature 226:1209–1211

Barton JH (2006) Emerging patent issues in genomic diagnostics. Nat Biotechnol 24:939–941

Baur F, Fischer E, Lenz F (1921) Grundriß der menschlichen Erblichkeitslehre und Rassenhygiene. J. F. Lehmanns, München

Berg P, Baltimore D, Brenner S et al (1975) Asilomar Conference on recombinant DNA molecules. Science 188:991–994

Boveri T (1904) Ergebnisse über die Konstitution der chromatischen Substanz des Zellkerns. Gustav Fischer, Jena

Brink RA (1956) A genetic change associated with the R locus in maize which is directed and potentially reversible. Genetics 41:872–879

Chandler VL (2007) Paramutation: from maize to mice. Cell 128:641–645

Clausen J, Keck DD, Hiesey WM (1940) Experimental studies on the nature of species. I. Effect of varied environments on western North American plants. Carnegie Institution of Washington Publication No. 520. Washington DC, (Neuaufl. 1971)

Clausen J, Keck DD, Hiesey WM (1948) Experimental studies on the nature of species. III. Environmental responses of climatic races of *Achillea*. Carnegie Institution of Washington Publication No. 581, Washington DC (3. Aufl. 1972)

Cohen SN, Chang ACY, Boyer HW et al (1973) Construction of biologically functional bacterial plasmids *in vitro*. Proc Natl Acad Sci USA 70:3240–3244

Correns C (1900) G. Mendel's Regel über das Verhalten der Nachkommenschaft der Rassenbastarde. Ber Dt Bot Ges 18:158–168

Darwin C (1859) On the Origin of Species by Means of Natural Selection. John Murray,, London

De Vries H (1900) Das Spaltungsgesetz der Bastarde. Vorläufige Mitteilung. Ber Dt Bot Ges 18:83–90

Dronamraju KR, Francomano CA (2012) Victor mcKusick and the history of medical genetics. Springer, New York

Galton F (1883) Inquiries into human faculty and its development. MacMillan, London

Gibson DG, Glass JI, Lartigue C et al (2010) Creation of a bacterial cell controlled by a chemically synthesized genome. Science 329:52–56

Gregory TR (2005) Synergy between sequence and size in large-scale genomics. Nat Rev Genet 6:699–708

Hagemann R (2002) How did East German genetics avoid Lysenkoism? Trends Genet 18:320–324

Hardy GH (1908) Mendelian proportions in mixed populations. Science 28:49–50

Haynes RH (1998) Heritable variation and mutagenesis at early International Congresses of Genetics. Genetics 148:1419–1431

Hilscher W (1999) Some remarks on the female and male Keimbahn in the light of evolution and history. J Exp Zool 285:197–214

Hindré T, Knibbe C, Beslon G et al (2012) New insights into bacterial adaptation through *in vivo* and *in silico* experimental evolution. Nat Rev Microbiol 10:352–365

Hoßfeld U (2014) Institute, Geld, Intrigen: Rassenwahn in Thüringen, 1930 bis 1945. Landeszentrale für politische Bildung Thüringen, Erfurt

International Human Genome Sequencing Consortium (2001) Initial sequencing and analysis of the human genome. Nature 409:860–921

International Human Genome Sequencing Consortium (2004) Finishing the euchromatic sequence of the human genome. Nature 431:931–945

Jinek M, Chylinski K, Fonfara I et al (2012) A programmable dual-RNA-guided DNA endonuclease in adaptive bacterial immunity. Science 337:816–821

Johannsen W (1909) Elemente der exakten Erblichkeitslehre. Gustav Fischer, Jena

Knippers R (2012) Eine kurze Geschichte der Genetik. Springer, Berlin

Kossel A (1891) Ueber die chemische Zusammensetzung der Zelle. Arch Physiol:181–186

Kutschera U (2009) Charles Darwin's *Origin of Species*, directional selection, and the evolutionary sciences today. Naturwissenschaften 96:1247–1263

Lamarck JB (1809) Philosophie zoologique. Dentu, Paris (2 Bände)

Levin M (2009) Model-based global analysis of heterogeneous experimental data using *gfit*. In: Maly V (Hrsg) Methods in molecular biology. Humana Press, New York, S 335–359

Mahner M, Bunge M (2000) Philosophische Grundlagen der Biologie. Springer, Berlin

Martin RG, Matthaei JH, Jones OW, Nirenberg MW (1962) Ribonucleotide composition of the genetic code. Biochem Biophys Res Commun 6:410–414

Maxam AM, Gilbert W (1977) A new method for sequencing DNA. Proc Natl Acad Sci USA 74:560–564

Mendel G (1866) Versuche über Pflanzen-Hybriden. Verhandlungen des naturforschenden Vereines, Bd. IV, Brünn

Meselson M, Stahl FW (1958) The replication of DNA in *Escherichia coli*. Proc Natl Acad Sci USA 44:671–682

Miescher F (1871) Über die chemische Zusammensetzung der Eiterzellen. Med Chem Unters 4:441–460

Morgan TH (1910) Sex linked inheritance in *Drosophila*. Science 32:120–122

Muller HJ (1930) Radiation and genetics. Am Nat 64:220–251

Mullis K, Faloona F, Scharf S et al (1986) Specific enzymatic amplification of DNA *in vitro*. The polymerase chain reaction. Cold Spring Harbour Symp Quant Biol 51:163–273

Novembre J, Han E (2012) Human population structure and the adaptive response to pathogen-induced selection pressures. Philos Trans R Soc Lond B Biol Sci 367:878–886

Reilly PR (2015) Eugenics and involuntary sterilization: 1907–2015. Annu Rev Genomics Hum Genet 16:351–368

Sanger F, Nicklen S, Coulson AR (1977) DNA sequencing with chain-terminating methods. Proc Natl Acad Sci USA 74:5463–5467

Simunek M, Hoßfeld U, Thümmler F et al (2011) The Mendelian Dioskuri – Correspondence of Armin with Erich von Tschermak-Seysenegg, 1898–1951. Institute of Contempory History of the Academy of Sciences, Prag

Soyfer VN (2001) The consequences of political dictatorship for Russian science. Nat Rev Genet 2:723–729

Storch V, Welsch U, Wink M (2007) Evolutionsbiologie, 2. Aufl. Springer, Berlin

Sutton WS (1903) The chromosomes in heredity. Biol Bull 4:213–251

Tschermak E (1900) Über künstliche Kreuzung bei *Pisum sativum*. Ber Dt Bot Ges 18:232–239

Vavilov NJ (1928) Geographische Genzentren unserer Kulturpflanzen. Z Indukt Abstam Vererbl Suppl 1:342–369

Venter JC, Adams MD, Myers EW et al (2001) The sequence of the human genome. Science 291:1304–1351

Waddington CH (1940) Organisers and genes. Cambridge University Press, Cambridge

Waldeyer W (1888) Über Karyogenese und ihre Beziehungen zu den Befruchtungsvorgängen. Arch Mikrosk Anat 32:1–122

Watson JD, Crick FHC (1953) Molecular structure of nucleic acids. A structure for deoxyribose nucleic acid. Nature 171:737–738

Weinberg W (1908) Über den Nachweis der Vererbung beim Menschen. Jahreshefte Ver Vaterl Naturk Württemb 64:369–382

Molekulare Grundlagen der Vererbung

Das Gemälde „Laokoon 1977" von Hans Erni könnte als Vorahnung der Fragen gesehen werden, die sich durch die Fortschritte der Molekularbiologie stellen. Es drückt aber auch die Abhängigkeit des Menschen von seinem genetischen Material aus. (Mit freundlicher Genehmigung von H. Erni, Luzern)

Inhaltsverzeichnis

J. Graw, *Genetik*, https://doi.org/10.1007/978-3-662-60909-5_2

Überblick

Bestimmte erbliche Eigenschaften können durch Infektion von Mäusen mit abgetöteten Erregern übertragen werden. Die chemische Analyse der übertragenen Substanz zeigte, dass es sich um Desoxyribonukleinsäure (DNA) handelt. Der chemische Aufbau der DNA ist sehr einfach. Sie besteht aus einem Rückgrat aus Zuckermolekülen (Desoxyribose), die durch Phosphodiesterbrücken miteinander verknüpft sind. An der Desoxyribose befinden sich heterozyklische Basen. Insgesamt gibt es in der DNA nur vier verschiedene Basen (Adenin, Thymin, Guanin und Cytosin).

Die DNA kommt in Form einer Doppelhelix vor, die aus zwei antiparallel umeinander gewundenen Strängen besteht. Die beiden DNA-Stränge der Doppelhelix werden durch Wasserstoffbrücken zwischen den Basen zusammengehalten. Bei dieser Verknüpfung der Basen durch Wasserstoffbrücken bestehen nur zwei verschiedene Möglichkeiten: Es kann entweder Guanin mit Cytosin oder Adenin mit Thymin verbunden werden. Man bezeichnet solche miteinander verbundenen Basen als Basenpaare und die durch Basenpaare verknüpften DNA-Stränge als komplementäre Stränge.

Zur konstanten Weitergabe des Erbmaterials muss sich die DNA identisch duplizieren können. Aufgrund ihrer Struktur ist die DNA hierzu sehr einfach in der Lage. Trennen sich die beiden Stränge der Doppelhelix einer Chromatide (nicht unterteilbare Längseinheit des Chromosoms), so kann an jedem der beiden Stränge ein neuer, komplementärer Strang synthetisiert werden, da seine Struktur durch die Basenfolge in dem alten Strang vollständig festgelegt ist. Man bezeichnet diesen Vorgang der Verdoppelung der DNA als Replikation. Durch Replikation entsteht eine zweite DNA-Doppelhelix. Während einer Zellteilung können die beiden Chromatiden auf die Tochterzellen verteilt werden, und die Kontinuität des genetischen Materials ist damit gesichert. Da bei der Replikation in beiden neu gebildeten DNA-Doppelhelices jeweils ein Strang der ursprünglichen DNA-Doppelhelix erhalten bleibt, wird die Replikation als semikonservativ bezeichnet.

2.1 Funktion und Struktur der DNA

2.1.1 DNA als Träger der Erbinformation

Der Eindruck, dass das Geheimnis der chemischen Grundlage der Vererbung in den Proteinen zu suchen sei, beherrschte noch in den 1930er-Jahren die Vorstellungen der Forscher. Dennoch gehen die grundlegenden experimentellen Befunde, die die Grundlage zur Identifikation der **DNA als Träger der erblichen Eigenschaften** bilden, bereits in die 1920er-Jahre zurück. Frederick **Griffith** hatte beobachtet, dass bestimmte Bakterienstämme imstande waren, erbliche Eigenschaften an andere Bakterienstämme mit ursprünglich abweichenden Eigenschaften zu übertragen. Für diese Untersuchungen hatte er *Streptococcus pneumoniae* (auch als *Pneumococcus pneumoniae* bezeichnet) verwendet, den Erreger der Lungenentzündung. Manche *Streptococcus*-Stämme formen auf dem Kulturmedium große, ebenmäßige Bakterienkolonien und werden daher als infektiöse S-Stämme (S für engl. *smooth*) bezeichnet. Subkutane Infektionen von Mäusen mit diesen Erregerstämmen führen zum Tod der Mäuse. Hingegen zeigen Infektionen mit nicht-infektiösen R-Stämmen keine letalen Folgen; diese bilden auf Kulturmedium kleinere, raue Kolonien (R für engl. *rough*). Auch durch Hitze inaktivierte S-Stämme erzeugen keine Infektionen. Mischt man jedoch hitzeinaktivierte S-Stämme und lebende R-Stämme und infiziert damit eine Maus, so stirbt diese an den Folgen einer Infektion. Man bezeichnet diesen Vorgang als **Transformation**: Die hitzeinaktivierten infektiösen Bakterien transformieren die nicht-infektiösen R-Stämme und erzeugen infektiöse Bakterien, indem sie eine zunächst unbekannte Substanz auf die nicht-infektiösen Bakterien übertragen. Die Ursache für diese Transformation blieb zunächst unbekannt, bis Oswald **Avery**, Colin **MacLeod** und Maclyn **McCarthy** 1944 die entscheidenden Experimente ausführten. Sie behandelten die infektiösen hitzeinaktivierten Bakterienstämme mit verschiedenen Enzymen, um auf diese Weise zu testen, durch welche chemischen Verbindungen die Transformation ausgelöst wird. Die Begründung Averys für die Wahl des experimentellen Systems erinnert auffallend an Mendels Motivation für die Wahl seines Untersuchungsmaterials: *„For purpose of study, the typical example of transformation chosen as a working model was the one with which we have had most experience and which consequently seemed best suited for analysis"* (Avery et al. 1944). Das entscheidende Ergebnis dieser Versuche war der Befund, dass proteolytische Enzyme (Trypsin, Chymotrypsin) und Ribonuklease keinen Effekt auf die Transformationsfähigkeit ausübten, wohl aber Desoxyribonuklease (in der Originalpublikation als *„desoxyribonucleodepolymerase"* bezeichnet). Die physikochemischen Untersuchungen der transformierenden Substanz in der Ultrazentrifuge, durch Elektrophorese und durch Messungen des Absorptionsspektrums gaben zusätzliche Hinweise auf den Desoxyribonukleinsäure-Charakter dieser Verbindung. So konnten kaum mehr Zweifel bestehen, dass DNA die biologisch aktive Verbindung für die Transformation der Pneumokokken ist.

Dennoch blieb die eigentliche Basis der biologischen Funktion von DNA noch immer unverstanden, und zu ihrer Erklärung bedurfte man des von **Watson** und **Crick** vorgestellten Strukturmodells der DNA-Doppelhelix. Avery und seine Mitarbeiter beschreiben am Schluss der Diskussion ihrer Versuchsergebnisse, in bemerkenswerter Zurückhaltung, die Konsequenzen aus ihren Befunden folgendermaßen: „*If the results of the present study on the chemical nature of the transforming principle are confirmed, then nucleic acids must be regarded as possessing biological specificity the chemical basis of which is as yet undetermined*" (Avery et al. 1944).

Unterstützt wurde die Interpretation der Daten von Avery durch spätere Experimente, die Alfred **Hershey** und Martha **Chase** (1951) ausführten. Infiziert man Bakterien mit **Bakteriophagen** (▶ Abschn. 4.3), deren **Hüllproteine** mit ^{35}S und deren DNA mit ^{32}P markiert ist, so findet man, dass im Wesentlichen ^{32}P-markiertes Material in die Bakterienzellen gelangt, während die ^{35}S-Markierung an den Bakterienzellwänden zurückbleibt. Da Stoffwechsel und Vermehrung der Bakteriophagen in der Zelle erfolgen, muss die DNA die maßgebliche chemische Komponente der Bakteriophagen sein, nicht aber das Protein.

! Die Erkenntnis, dass DNA die Erbinformation enthält, beruht auf Experimenten, die zeigen, dass DNA imstande ist, erbliche Eigenschaften einer bakteriellen Donorzelle auf eine genetisch andersgeartete bakterielle Rezeptorzelle zu übertragen.

2.1.2 Chemische Zusammensetzung

Die chemischen Verbindungen, die die Träger der Erbinformation sind, wurden schon 1871 durch Friedrich **Miescher** in seinem Labor im Tübinger Schloss entdeckt. Miescher untersuchte die Bestandteile von Eiter, den er aus Verbandsmaterial isolierte, das er aus der Tübinger chirurgischen Klinik erhielt. Dabei entdeckte er als wesentlichen Bestandteil des Eiters eine Substanz, die er **Nuklein** nannte. Ähnliche Verbindungen fand er im Sperma von Lachsen, aber sein Interesse wandte sich bald wieder den Eiweißmolekülen zu. Das Nuklein bezeichnen wir heute als Nukleinsäure. Nukleinsäuren erschienen Miescher als zu einförmig in ihrer chemischen Zusammensetzung, da sie im Wesentlichen große Anteile an Phosphat enthielten. Diese Einförmigkeit konnte sein Interesse nicht erwecken. Erst im Laufe der ersten Jahrzehnte des 20. Jahrhunderts wurden die Bestandteile der Nukleinsäuren und ihr molekularer Aufbau genauer analysiert. Als Hauptkomponenten erkannte man in allen Nukleinsäuren vier heterozyklische organische Basen – **Adenin**, **Guanin**, **Cytosin** und **Thymin** – oder, alternativ zum Thymin, das zu diesem nahe verwandte **Uracil**. Diese Basen sind seitlich an eine Kette von Ribose- oder Desoxyribosemolekülen gebunden, die untereinander durch Phosphodiesterbindungen miteinander verknüpft sind (■ Abb. 2.1). Man unterschied daher Desoxyribose-haltige Nukleinsäuren, die die Bezeichnung **Desoxyribonukleinsäure** (DNS oder DNA vom engl. *deoxyribonucleic acid*) erhielten, von den Ribose-haltigen Nukleinsäuren, **Ribonukleinsäure** (RNS oder RNA vom engl. *ribonucleic acid*) genannt. Ein wichtiger, aber zunächst in seiner eigentlichen Bedeutung nicht wahrgenommener Befund war die annähernd äquimolare Menge der organischen Basen. Erwin **Chargaff** erkannte 1951, dass nur jeweils zwei Basen, nämlich Guanin und Cytosin einerseits und Adenin und Thymin andererseits in der DNA in genau äquimolaren Mengen vorhanden sind. Diese grundlegenden chemischen Eigenschaften, zusammen mit röntgenspektrometrischen Daten der Struktur kristallisierter DNA-Moleküle, die einen helixartigen Aufbau der Moleküle als einfachste Interpretation anzeigten, waren entscheidend für das Verständnis der grundlegenden Struktur von DNA-Molekülen. Sie erlaubten es James Watson und Francis Crick (1953a, 1953b), ein Strukturmodell für die DNA zu entwerfen, das es ermöglicht, die grundlegenden Eigenschaften und Funktionen des genetischen Materials aller Lebewesen von der molekularen Seite her zu verstehen.

Die DNA ist nach diesem Modell aus zwei antiparallelen Nukleinsäuresträngen aufgebaut, die in einer rechtsgewundenen Spirale miteinander verwunden sind und durch Wasserstoffbrückenbindungen zwischen den Basen zusammengehalten werden (■ Abb. 2.2). Diese Struktur wird als **DNA-Doppelhelix** bezeichnet. In ihrer äußeren Form ist sie durch zwei Vertiefungen gekennzeichnet: die kleine und die große Furche (engl. *minor* bzw. *major groove*). Diese Furchen spielen eine wichtige Rolle für die Interaktion der DNA mit Eiweißmolekülen zur Verpackung der DNA im Chromosom, aber auch für die Bindung regulatorischer Proteinmoleküle (▶ Abschn. 3.3 und 7.3.2). Vor allem die große Furche ist bedeutsam, da in ihr die Basenpaare in ihrer sequenzspezifischen Struktur zur Außenseite der Doppelhelix hin exponiert werden.

Das **Watson-Crick-Modell** der DNA-Doppelhelix enthält als biologisch wichtigstes Strukturelement die Bildung von Basenpaaren durch Wasserstoffbrücken zwischen komplementären Basen (■ Abb. 2.3). Die Basenpaarung erfolgt jeweils zwischen der Amino- und der Ketoform des Adenin (A) und Thymin (T) oder zwischen Cytosin (C) und Guanin (G). Damit waren auch die einige Jahre vorher von Erwin **Chargaff** aufgestellten **Regeln der konstanten Proportionen** erklärt. Sie besagen im Wesentlichen, dass in allen DNA-Molekülen die Zahl der A- und T-Moleküle gleich ist sowie entsprechend die Zahl der G- und C-Moleküle (A:T = G:C = 1); entsprechend ist auch die Summe gleich (A + G = T + C).

Da Adenin und Thymin durch zwei Wasserstoffbrücken miteinander verbunden sind, Guanin und Cytosin aber durch drei, ist die Doppelhelix in AT-reichen DNA-Abschnitten weniger stabil als in GC-reichen Abschnitten. Diese physikalische Eigenschaft kann auch zur expe-

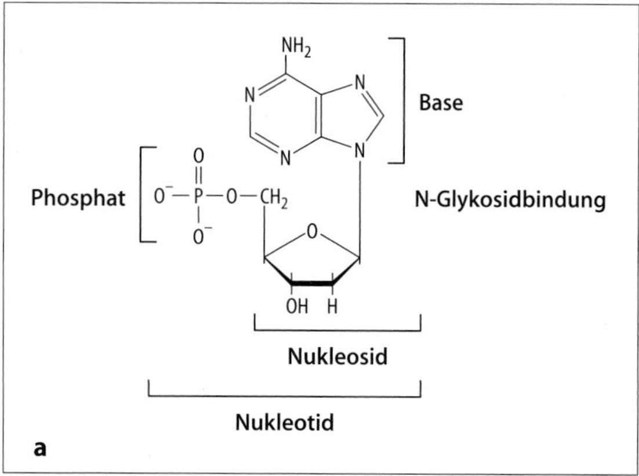

D-Ribose

2-Desoxy-D-Ribose

b

Adenin

Guanin

Cytosin

Thymin

Uracil

c

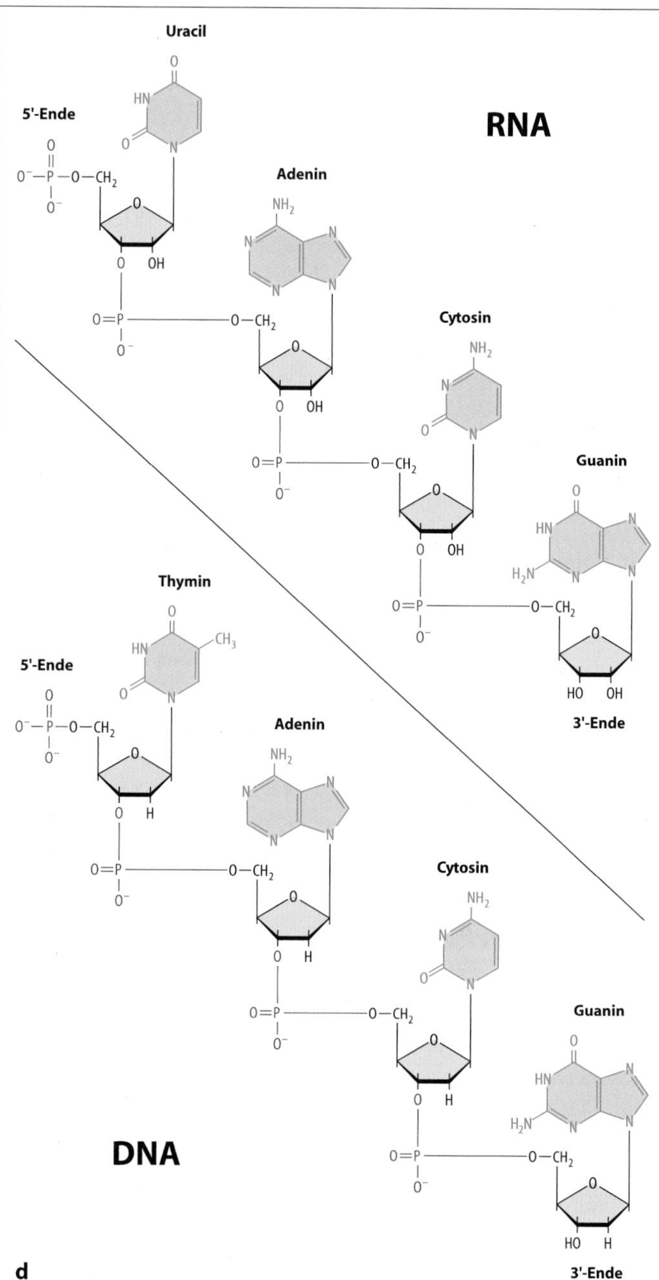

Abb. 2.1 Aufbau der DNA und RNA. **a** Bausteine der Nukleinsäure sind die Nukleotide, die aus einer Base (hier: Adenin), einem Zucker (hier: 2-Desoxy-D-ribose) und einem Phosphatrest bestehen. Die Base ist über eine N-glykosidische Bindung mit dem 1′-C des Zuckers verbunden. Die Verbindung aus Base und Zucker wird als Nukleosid bezeichnet (hier: Adenosin). Der Phosphatrest ist als Ester mit dem 5′-C des Zuckers verbunden; die dargestellte Verbindung heißt Adenosin-5′-monophosphat. **b** Die Nukleinsäuren werden entsprechend dem Zuckerbaustein als Ribonukleinsäuren (bei Verwendung der D-Ribose; Abk. RNA) oder Desoxyribonukleinsäuren (bei Verwendung der 2-Desoxy-D-ribose; Abk. DNA) bezeichnet. Die Zuckerbausteine unterscheiden sich durch die Anwesenheit (D-Ribose) oder Abwesenheit (Desoxyribose) einer OH-Gruppe am 2′-C. Die Nummerierung der einzelnen C-Atome im Ring ist angegeben. **c** Die Basen sind entweder die Purine Adenin (A) bzw. Guanin (G) oder die Pyrimidine Cytosin (C) bzw. Thymin (T). Bei der RNA tritt Uracil (U) an die Stelle von Thymin. Die Nummerierung der einzelnen C-Atome im Ring ist angegeben. Die entsprechenden Nukleoside werden als Adenosin, Guanosin, Cytidin, Thymidin oder Uridin bezeichnet. Bei Nukleosiden und Nukleotiden wird die Nummerierung der C-Atome im Zuckerring mit einem Strich angegeben; die Nummerierung der C- oder N-Atome in der Base bleibt unverändert. **d** Über 5′→3′-Phosphodiesterbindungen am Zucker verbundene Nukleotide bilden die Makromoleküle der DNA bzw. RNA. Verschiedene DNA- bzw. RNA-Moleküle unterscheiden sich durch die Folge der organischen Basen (Sequenz). (**d** nach Löffler und Petrides 2003, mit freundlicher Genehmigung)

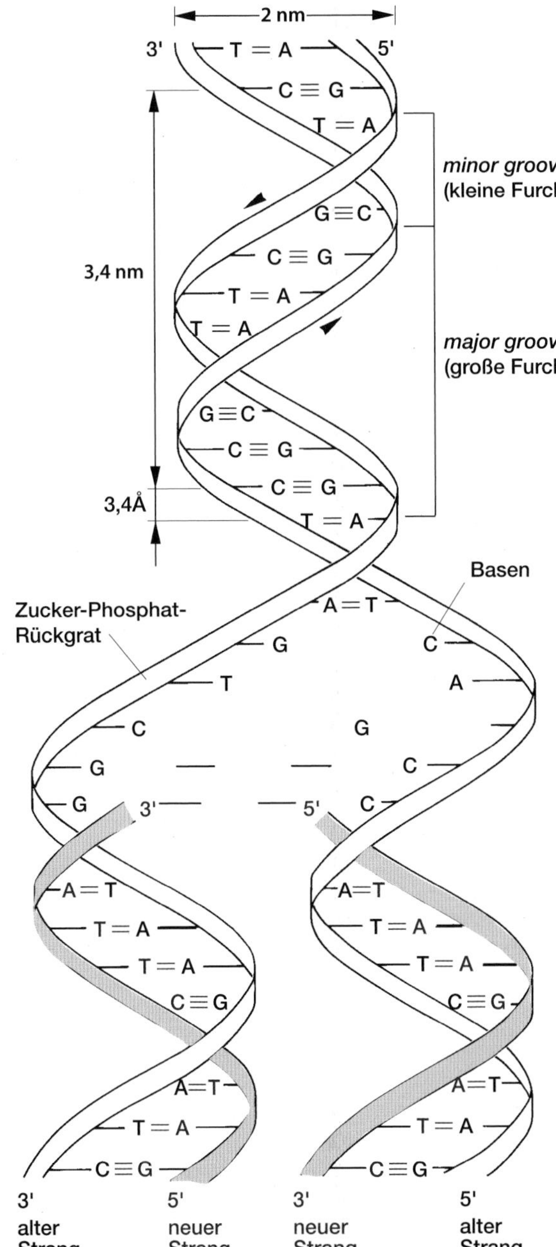

Abb. 2.2 Strukturmodell der DNA-Doppelhelix zum Zeitpunkt der Verdoppelung (Replikation). Eine Windung der Doppelhelix der B-Konformation mit etwa 10 Basenpaaren benötigt etwa 3,4 nm, während der Durchmesser der Doppelhelix etwa 2 nm beträgt. Die große und kleine Furche (*major groove* und *minor groove*) sind angegeben. Die beiden DNA-Einzelstränge weisen eine entgegengesetzte Orientierung auf (*Pfeilköpfe* und Angabe der freien endständigen 5′-OH- bzw. 3′-OH-Gruppen der Desoxyribose)

rimentellen Bestimmung des mittleren Basengehalts der DNA ausgenutzt werden (Abb. 2.7, 2.8 und 2.9). Für die Stabilität der Doppelhelix ist jedoch nicht allein die Energie der Wasserstoffbrückenbindungen entscheidend, sondern auch die molekulare Interaktion zwischen den Basen (Van-der-Waals-Kräfte).

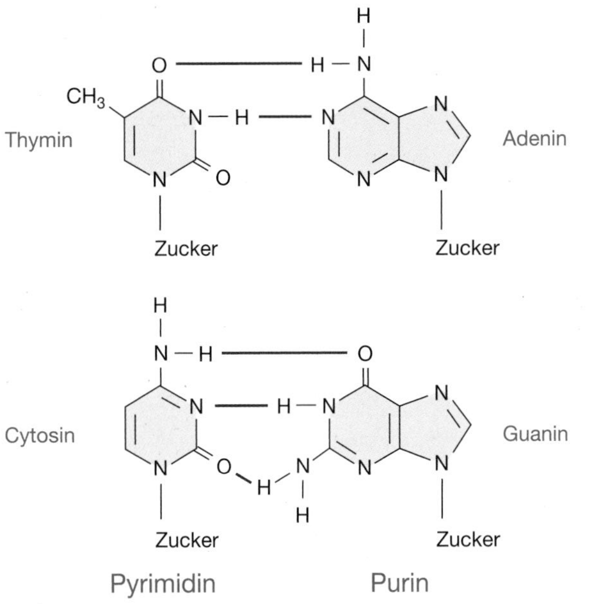

Abb. 2.3 Wasserstoffbrücken bei der Basenpaarung in der DNA. Bestimmte Basen (A und T in DNA bzw. A und U in RNA sowie G und C) können sich durch die Ausbildung von Wasserstoffbrücken paaren (*rote Linien*). Durch die Paarung solcher komplementären Basen entstehen doppelsträngige Nukleinsäuren, die die Form einer Doppelhelix annehmen

Träger der Erbinformationen sind die Nukleinsäuren. Es handelt sich hierbei um hochmolekulare lineare Kettenmoleküle, die durch ein Zucker-Phosphat-Grundgerüst gebildet werden. In den meisten Organismen ist die Desoxyribose die Zuckerkomponente der Nukleinsäuren des Erbmaterials, die daher als Desoxyribonukleinsäure (DNA) bezeichnet wird.

An den Zuckermolekülen befinden sich heterozyklische Purin- oder Pyrimidinbasen. Durch Wasserstoffbrückenbindungen zwischen zwei Basen (Guanin und Cytosin bzw. Adenin und Thymin) können zwei DNA-Ketten miteinander in Wechselwirkung treten und eine schraubenförmige Doppelhelix mit einer tieferen und einer flacheren Furche an ihrer Außenseite bilden.

2.1.3 Konfiguration der DNA

DNA-Doppelhelices können in mehreren strukturellen Konfigurationen vorliegen, die von der Basenfolge und den Ionenbedingungen im Lösungsmittel abhängig sind. Die von Watson und Crick vorgeschlagene Konformation wird als **B-Konfiguration** (**B-Konformation**) bezeichnet. Alternative Strukturen sind die **A-** und die **Z-Konfiguration** (**A-** und **Z-Konformation**); die wichtigsten physikalischen Eigenschaften dieser drei Konformationen sind in Tab. 2.1 zusammengefasst. Die A-Konfiguration erhält man vor allem bei hohen Salzkonzentrationen oder in stark dehydratisiertem Zustand; es erscheint daher

Tab. 2.1 Physikochemische Eigenschaften der DNA

	Konfiguration		
	A	**B**	**Z**
Windungsrichtung	Rechts	Rechts	Links
Doppelhelix Ø	2,55 nm	2,37 nm	1,85 nm
Basenpaare pro Helixwindung[a]	~ 11	~ 10	~ 12
Länge pro Helixwindung[a]	~ 2,9 nm	~ 3,4 nm	~ 4,4 nm
Windung zwischen Basenpaaren	33,6°	35,9°	60°
Basenneigung zur Helixachse	19°	−1,2°	−9°
Propellertwist	18°	16°	~ 0°
Helixachse läuft durch	Große Furche	Basen	Kleine Furche
Große Furche	Eng, tief	Breit	Sehr klein, flach
Kleine Furche	Breit, flach	Eng	Sehr eng, tief
Glykosylbindung	Anti	Anti	Anti (Pyrimidine), syn (Purine)

Nach Dickerson et al. (1983), Nelson und Cox (2009)
[a] Rundungsbedingte Ungenauigkeiten sind möglich

zweifelhaft, ob sie unter biologischen Bedingungen vorkommt. Sie unterscheidet sich von der B-Konfiguration dadurch, dass die Basen nicht mehr senkrecht zur Achse der Doppelhelix angeordnet, sondern um etwa 19° gegen die Horizontale gedreht sind. Zugleich beträgt die Anzahl der Basenpaare je Windung der Doppelhelix 11 statt der 10 Basenpaare, die die B-Konfiguration kennzeichnen. Diese Veränderungen in der Struktur bedingen eine Vergrößerung des Durchmessers der Doppelhelix auf 2,55 nm anstatt der 2,37 nm, die in der B-Konfiguration gefunden werden. Die Anordnung der Basenpaare ist übrigens auch in der B-Konfiguration nicht strikt in der gleichen Ebene orientiert, sondern die Ebenen können geringfügig gegeneinander gedreht sein. Hieraus resultieren durch weitere Verschiebungen in der Basenanordnung und des Zucker-Phosphat-Rückgrats sequenzspezifische Unregelmäßigkeiten in der Doppelhelix.

In allen bisher beschriebenen Strukturformen der DNA ist die Doppelhelix **rechtsgewunden**, d. h. sie ist im Uhrzeigersinn gedreht, unabhängig davon, ob man von oben oder von unten auf das korkenzieherartig gedrehte Molekül schaut. Eine **Linksdrehung** hingegen findet man bei der **Z-DNA-Konfiguration** (◘ Abb. 2.4). Der Name Z-DNA leitet sich von der Zickzack-Struktur (engl. *zigzag*) ab, die die Phosphatgruppen an der Außenseite der Doppelhelix bilden, wenn man sie sich untereinander verbunden vorstellt. Bei der B-DNA hingegen zeigen sie sich in einer glatten, schneckenartig um die Doppelhelix gewundenen Linie. Z-DNA kann entstehen, wenn Pyrimidin- und Purinbasen in einem Strang miteinander abwechseln, z. B. also viele GCGCGCGC-Wiederholungen. Auch in dieser Form stehen die Basenpaare nicht senkrecht zur Achse der Doppelhelix, sondern in einem Winkel von 9°. Der Abstand der Basen voneinander ist noch größer als in der A-Konfiguration und beträgt 12 Basen pro Helixwindung. Eine volle Windung erfordert 4,56 nm, und der Durchmesser beträgt nur 1,85 nm, das Molekül ist also länger und dünner. Die Struktur der Z-DNA ist somit viel gestreckter als die der B-DNA. Das hat auch zur Folge, dass die große Furche beinahe völlig zugunsten einer relativ tiefen kleinen Furche verschwindet. 26 Jahre nach der ersten Beschreibung der Z-DNA durch Wang und seine Mitarbeiter (1979) wurde der Übergangsbereich zwischen der B- und Z-Form kristallisiert (Ha et al. 2005). Dabei zeigte sich, dass zwei Basen aus der Helix herausragen und damit für verschiedene Modifikationen besonders leicht zugänglich sind (◘ Abb. 2.4c).

Unter den üblichen physiologischen Bedingungen ist die B-Form energetisch begünstigt. Allerdings wird die Z-Form nicht nur durch die oben erwähnten GC-haltigen Sequenzen stabilisiert, sondern auch durch Anlagerungen von Kationen wie Spermin und Spermidin, die Methylierung des Cytosinrestes sowie besondere Formen der negativen Überspiralisierung (engl. *supercoiling*). Eine besondere biologische Bedeutung der Z-DNA blieb aber lange unklar; heute erscheint es jedoch als gesichert, dass die Z-Form eine wichtige Rolle in der Transkription spielt (► Abschn. 3.3). Es gibt offensichtlich in vielen Genen definierbare Sequenzelemente (engl. *Z-DNA forming regions*, ZDR), die die Ausbildung von Z-DNA in der Nähe des Transkriptionsstartpunktes begünstigen. Wei-

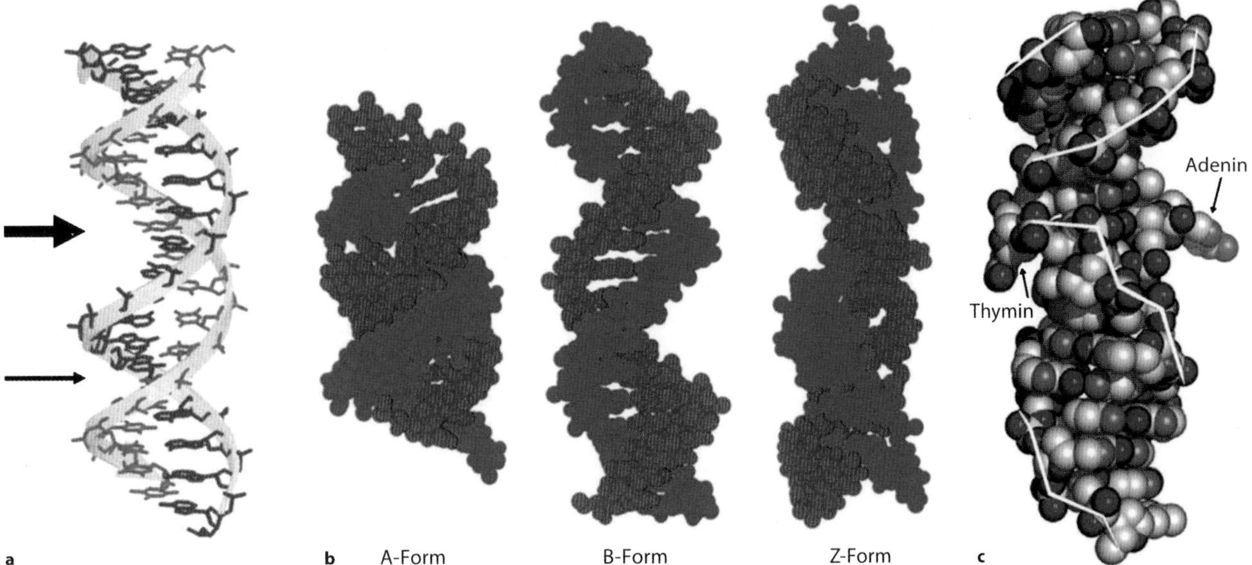

◻ **Abb. 2.4** DNA in A-, B- und Z-Konformation. **a** In der rechtsdrehenden B-Konformation verbindet eine gleichmäßige Linie die Phosphatgruppen; die große und die kleine Furche sind deutlich ausgeprägt (*Pfeile*). **b** Raumfüllende Modelle der A-, B- und Z-Form der DNA. Diese Formen können in Abhängigkeit des Hydratationszustandes und der Ionenstärke der Umgebung beobachtet werden. Die Unregelmäßigkeit des DNA-Grundgerüsts in der linksdrehenden Z-Konformation ist offensichtlich. Hier ist die Furche tief und erreicht die Helixachse. **c** Ansicht eines DNA-Moleküls (15 bp) mit dem Übergang zwischen der linksdrehenden Z-Form und der rechtsdrehenden B-Form. Zwei Basen an der Übergangsstelle sind aus dem Stapel der Basen herausgedrückt (Adenin und Thymin, *Pfeile*). Die *weiße Linie* verbindet die einzelnen Phosphatreste der DNA-Kette. O: *rot*; N: *blau*; P: *gelb*; C: *grau*. (**a, b** nach Bergethon 2010; **c** nach Ha et al. 2005; alle mit freundlicher Genehmigung)

terhin wurde in der Folge eine Reihe von Proteinen identifiziert, die spezifisch an DNA in der Z-Form binden. Das bekannteste ist ADAR1, eine Adenosin-Desaminase (engl. *adenosine deaminase, RNA-specific*), die eine spezifische Funktion beim Editieren von RNA-Molekülen ausübt (▸ Abschn. 3.3.6). Die Bindung an die Z-DNA erfolgt dabei über eine spezifische Z-DNA-Bindungsdomäne der Proteine. Auch manche Virusproteine verfügen über eine Z-DNA-Bindungsdomäne, die damit an offene Transkriptionsstartpunkte binden und so die Transkription zellulärer Gene abschalten können. Hier eröffnen sich neue Möglichkeiten einer antiviralen Therapie.

Es wurde eine Reihe weiterer DNA-Strukturen beobachtet, die nicht der üblichen B-Konformation entsprechen (◻ Abb. 2.5). Schon 1957 wurde von einer DNA berichtet, die aus einer Dreifachhelix besteht; besonderes Sequenzmerkmal sind hier sehr lange Bereiche von spiegelbildlichen Wiederholungseinheiten, die abwechselnd aus Purinen und Pyrimidinen gebildet werden. Weitere mögliche Formen sind Haarnadelstrukturen, Entwindungselemente, G-Quadruplexe und hantelförmige klebrige DNA-Strukturen. Es gibt inzwischen zahlreiche Hinweise darauf, dass diese Strukturen an verschiedenen genetischen Prozessen beteiligt sind, z. B. der Regulation der Replikation (▸ Abschn. 2.2), Transkription (▸ Abschn. 3.3) und Rekombination (▸ Abschn. 4.4.2 und 6.3.3), aber auch häufig zu Instabilitäten der DNA führen, die sich als Mutationen manifestieren können (▸ Kap. 10). Eine lesenswerte Übersicht über diese Phänomene geben Bacolla und Wells (2009).

Die DNA-Doppelhelix kann in unterschiedlichen Strukturformen vorliegen. Normalerweise bildet sie die rechtsgewundene B-Konfiguration aus. Bei bestimmten Basenfolgen und in bestimmten Stoffwechselsituationen kann sie jedoch eine linksgewundene Z-Konfiguration annehmen. Das hat strukturelle Konsequenzen, da die Doppelhelix in einen gestreckteren Zustand übergeht und die Vertiefungen an der Außenseite der Doppelhelix ihre Struktur verändern.

Besonderes Interesse findet auch die Eigenschaft der DNA, **kurvenförmige Molekülbereiche** (engl. *curved DNA*) ausbilden zu können (◻ Abb. 2.6). Man hat solche DNA-Sequenzen aufgrund ihrer besonderen elektrophoretischen Eigenschaften entdeckt. Sie wandert nämlich bei der elektrophoretischen Trennung im Gel langsamer als es ihrer eigentlichen Größe entspricht. Das ist auf die veränderte sterische Struktur des DNA-Moleküls zurückzuführen, die die Wanderung durch die Poren eines Gels behindert. Die Biegung der Doppelhelix in eine kurvenförmige Gestalt wird durch die Basenfolge verursacht. Bestimmte Basenfolgen führen zu einer Änderung der Drehung der Basenpaare gegeneinander, da sonst sterisch unzulässige Überlappungen entstehen. Diese Drehung der Basen führt zu einer Abweichung von

Abb. 2.5 Besonders Wiederholungssequenzen neigen zu Anordnungen, die nicht der üblichen B-Konformation entsprechen. Haarnadelstrukturen entstehen durch direkte Wiederholungssequenzen (N in der Sequenz: jede Base). Wiederholungen der Sequenz CGG bilden besonders stabile Haarnadelstrukturen aus. AT-reiche Regionen (z. B. am Startpunkt der DNA-Replikation) können sich leicht öffnen und werden als Entwindungselemente bezeichnet. G-Quadruplexe bilden sich an G-reichen Sequenzen und führen zu einem stabilen G-Quartett aus vier DNA-Strängen. Eine Dreifachhelix kann leicht durch lange Stränge spiegelbildlicher Wiederholungen von Purin-Pyrimidin-Sequenzen gebildet werden (R: Purine, A oder G; Y: Pyrimidine, T oder C); die Wiederholung von GAA-TTC ist häufig an der Regulation der Genexpression beteiligt. Klebrige DNA wird durch sehr lange GAA-TTC-Wiederholungseinheiten hervorgerufen und führt zu einer sehr stabilen hantelförmigen Struktur, die auch durch Erhitzen auf 80 °C nicht aufgebrochen werden kann. (Nach Wells et al. 2005, mit freundlicher Genehmigung der Autoren)

Struktur	Konformation	Voraussetzungen	Sequenz
Haarnadelstruktur		Direkte Wiederholungen	CNGCNGCNG CNGCNGCNG
DNA-Entwindungselement		AT-reiche Regionen	ATTCTATTCT TAAGATAAGA
G-Quadruplex	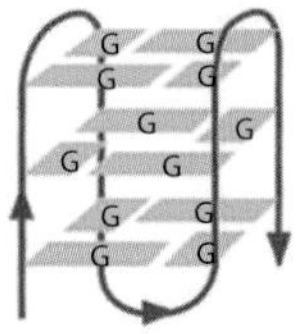	Einzelstrang Oligo-G-Bereiche	CGGCGGCGG GCCGCCGCC
Dreifachhelix		RY spiegelbildliche Wiederholungen	GAAGA AGAAG CTTCT TCTTC
Klebrige DNA	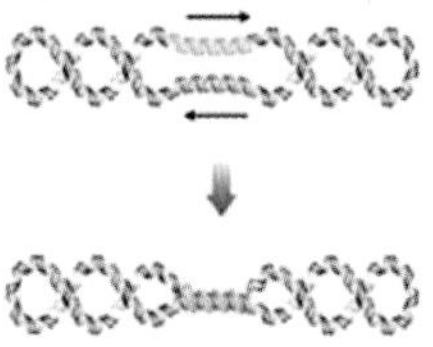	2 GA-reiche Abschnitte direkte Wiederholungen	GAAGAAGAAG CTTCTTCTT

der B-Konfiguration, die an den Übergangsstellen einen Knick (engl. *kink*) in der Richtung der Doppelhelix und damit eine Abweichung ihrer Längsachse von der vorherigen Richtung verursacht. Insbesondere AA-Dinukleotide induzieren eine gebogene DNA-Struktur, wobei die Biegung in einer Ebene liegt, wenn sie in regelmäßigen Abständen relativ zur Doppelhelixwindung (z. B. alle 10 bis 11 Basenpaare) auftreten. Ähnliche Effekte werden noch für bestimmte andere Dinukleotide (z. B. AG oder GA) beobachtet, aber auch längere Sequenzeinheiten können Richtungsveränderungen bedingen.

Die funktionelle biologische Bedeutung solcher gebogenen DNA-Doppelhelices ist bisher nicht sehr gut verstanden. Es gibt Hinweise darauf, dass sie wesentliche Bedeutung für die Bindung (bzw. Verhinderung der Bindung) bestimmter Proteine haben. Dementsprechend hat man auch beobachtet, dass gebogene DNA-Bereiche Einfluss auf die Transkription (▶ Abschn. 3.3) und Rekombination (▶ Abschn. 4.4.2 und 6.3.3) ausüben können.

> DNA erweist sich trotz ihrer einförmigen chemischen Struktur als ein sehr flexibles Molekül, dessen spezifische Struktureigenschaften innerhalb kleiner Bereiche des Makromoleküls durch bestimmte Basenfolgen verändert werden können.

Bereits aus diesen wenigen Beispielen wird deutlich, dass die DNA-Doppelhelix bei genauerer Betrachtung keine einförmige, wenig differenzierte Struktur ist, sondern einer **Vielfalt von Strukturveränderungen** unterliegen kann, die im Zusammenhang mit der zellulären Funktion der DNA Bedeutung gewinnen (▶ Abschn. 7.3).

Das Strukturmodell der DNA-Doppelhelix (Abb. 2.2) lässt erkennen, dass der Außenbereich der Doppelhelix sehr wesentlich durch das Phosphodiester-Zucker-Rückgrat der DNA bestimmt wird. Der hohe Gehalt an negativ geladenen Phosphatgruppen, die nicht durch entsprechende positive Ladungen kompensiert werden, verleiht der DNA eine stark negative Gesamtladung. Diese physikalische Eigenschaft wird uns in Zusammenhang mit der Art der Verpackung der DNA im Zellkern noch näher interessieren (▶ Abschn. 6.2.2).

Ein besonders wichtiger Aspekt der Struktur der DNA-Doppelhelix ist deren Aufbau aus **zwei antiparallel orientierten Einzelsträngen**. Dem DNA-Modell können wir entnehmen, dass im **Phosphat-Zucker-Rückgrat** der DNA-Ketten die einzelnen Desoxyribosemoleküle durch **Phosphodiesterbrücken** zwischen ihrer 3′-OH-Gruppe und der 5′-OH-Gruppe des folgenden Desoxyribosemoleküls miteinander verbunden sind (Abb. 2.1d). Hierdurch entsteht eine Asymmetrie innerhalb der DNA-Kette, die zu einer 3′→5′-Orientierung der Desoxyribosemoleküle führt. Das Schema in Abb. 2.2 lässt auch erkennen, dass die miteinander zur Doppelhelix vereinigten DNA-Ketten gegenläufig, also antiparallel angeordnet sind: Der 3′→5′-Orientierung des einen Strangs steht eine 5′→3′-Orientierung des anderen Strangs gegenüber. Diese strukturelle Eigenschaft der

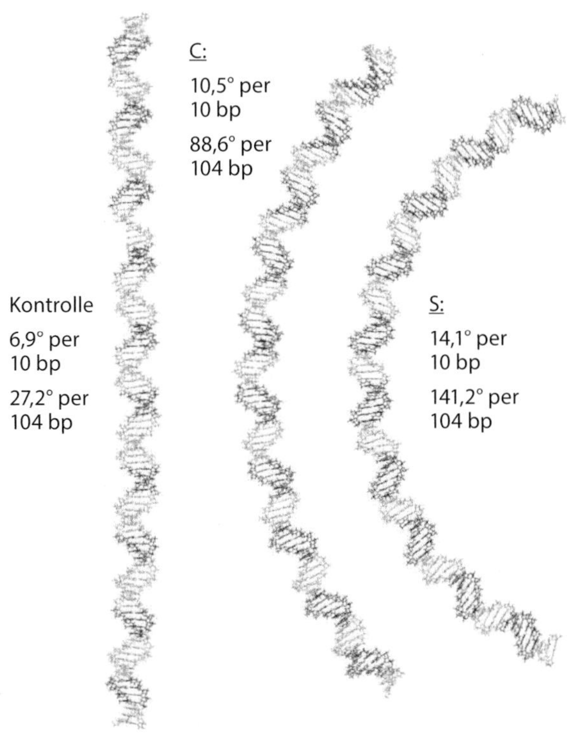

Abb. 2.6 Gebogene DNA-Struktur (*curved DNA*). DNA-Moleküle mit einer Länge von 104 bp werden hinsichtlich ihrer Krümmung verglichen: Alle Moleküle bestehen aus 10-maligen Wiederholungen einer Sequenz, wobei an den Positionen 21, 42, 63 und 84 jeweils einzelne Basenpaare eingefügt wurden, um so eine 10,5-bp-Wiederholung zu erhalten (Kontrolle: GCGAATTCGC, C: GCAAAAAAGC, S: GCGAAAAAAC). In Abhängigkeit von der Sequenz wird eine deutliche Krümmung der DNA erzielt. *Rot*: Adenosin; *blau*: Thymidin; *gelb*: Guanosin; *grün*: Cytidin. (Nach Strahs und Schlick 2000, mit freundlicher Genehmigung)

Doppelhelix muss uns deutlich vor Augen stehen, da sie wichtige biologische Konsequenzen hat, die später im Einzelnen erörtert werden.

> Die beiden gepaarten Nukleinsäurestränge sind in entgegengesetzter Richtung orientiert, haben also den Charakter antiparalleler Ketten.

2.1.4 Physikalische Eigenschaften der Nukleinsäuren

In den 1950er-Jahren hatte man festgestellt, dass die DNA-Doppelhelix nicht nur denaturiert – also in Einzelstränge zerlegt – werden kann, sondern dass sich DNA-Einzelstränge unter geeigneten Ionen- und Temperaturbedingungen wieder zu einer Doppelhelix vereinigen können. Man bezeichnet diesen Vorgang als **Renaturierung** oder Reassoziation. Die durch Renaturierung gebildeten Moleküle nennt man auch **Hybridmoleküle**, und man bezeichnet den Vorgang der Doppelstrangbildung als **Hybridisierung**. Der Begriff Hybridmolekül soll im Folgenden auf alle durch Hybridisierung bzw. Renaturierung erhaltenen Doppelstrangmoleküle angewandt werden, unabhängig davon, ob die Doppelstränge den Ausgangsmolekülen entsprechen oder nicht. Solche Hybridmoleküle können also aus vollständig komplementären DNA- und RNA-Einzelsträngen oder aus zwei komplementären RNA-Strängen gebildet werden, oder sie können auch aus Nukleinsäuresträngen entstehen, die nicht vollständig komplementär sind. In den Hybriddoppelsträngen befinden sich dann ungepaarte Abschnitte – man spricht von Fehlpaarungen (engl. *mismatching*). Einen solchen Doppelstrang nennt man auch eine **Heteroduplex**.

Da die **Stabilität** der Doppelhelix durch die Basenpaarung bedingt ist, sind solche ungenau zusammengefügten Heteroduplexstränge weniger stabil als vollständig gepaarte Moleküle. Die Stabilität eines Doppelstrangs kann beispielsweise durch thermische Denaturierung ermittelt werden, da der Verlauf der temperaturabhängigen Denaturierung neben der Basenzusammensetzung von der Stabilität der Doppelhelix, also vom Anteil gepaarter und ungepaarter Basenpaare abhängig ist. Messen kann man Denaturierung durch Photometrie im Bereich des Absorptionsmaximums von Nukleinsäuren, das bei 260 nm liegt. Die Absorption von doppelsträngigen Nukleinsäuren ist bei einer Wellenlänge von 260 nm niedriger als die von Einzelsträngen. Aus einer thermischen Schmelzkurve (Abb. 2.7) kann man daher Rückschlüsse auf die Genauigkeit der Basenpaarung von Doppelsträngen erhalten, die in einem Hybridisierungsexperiment gebildet wurden. Je größer der Anteil ungepaarter Basenpaare ist, desto niedriger ist der **Schmelzpunkt** – die Temperatur, bei der 50 % der Doppelstränge geschmolzen sind.

> Einzelstrang-DNA lässt sich durch Basenpaarung komplementärer Stränge zur Doppelhelix renaturieren. Solche Hybridmoleküle können auch aus nicht vollständig komplementären DNA-Molekülen entstehen und weisen dann ungepaarte Abschnitte auf. Die entstandenen Doppelstränge werden in solchen Fällen als Heteroduplex bezeichnet. Das Ausmaß der Fehlpaarungen lässt sich durch Analyse der thermischen Schmelzeigenschaften der Doppelhelix ermitteln, da die Doppelhelix mit einem zunehmenden Anteil ungepaarter Regionen instabiler wird.

Die Möglichkeit der **Hybridisierung von Nukleinsäuren** hat eine zentrale Bedeutung für die Aufklärung der Genomstruktur, für die Analyse von Genen, ihrer Feinstruktur und ihrer Lokalisation im Genom erlangt. Ein beachtlicher Teil moderner gentechnologischer Methodik macht Gebrauch von der Grundeigenschaft der Nukleinsäuren, sich in komplementären Abschnitten zu Hybriden oder sogar in Tripelhelixstrukturen zu vereinigen.

2

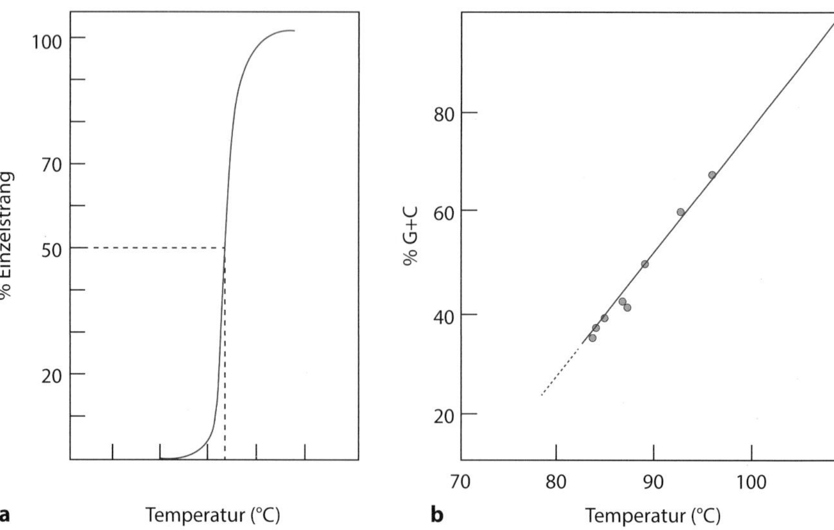

Abb. 2.7 Schmelzkurve von DNA. **a** Doppelsträngige Nukleinsäuren können durch Erhitzung in Einzelstränge aufgeschmolzen werden. Die Temperatur, bei der 50 % der Moleküle als Einzelstrang vorliegen, ist der Schmelzpunkt (Tm). **b** Der Schmelzpunkt ist vom GC-Gehalt der Nukleinsäuren abhängig. Außerdem schmelzen RNA/RNA-Doppelstränge bei höherer Temperatur als sequenzgleiche DNA/DNA-Doppelstränge. DNA/RNA-Hybridstränge liegen in ihrer Schmelztemperatur zwischen der von Doppelstrang-DNA und -RNA. (Nach Marmur und Doty 1962, mit freundlicher Genehmigung)

Für das Verständnis der allgemeinen Struktur des eukaryotischen Genoms haben **Renaturierungsversuche** mit genomischer DNA eine grundlegende Rolle gespielt. Von ausschlaggebender Bedeutung war die Erkenntnis, dass die Kinetik der Bildung von Doppelhelices aus Einzelsträngen Information über die **Komplexität eines Genoms**, also letztlich über die Anzahl unterschiedlicher DNA-Sequenzen, geben kann. Wie wir sehen werden, unterscheidet sich die so ermittelte Komplexität eines Genoms mitunter erheblich von der tatsächlichen Größe des Genoms in Nukleotiden, wie man sie aus der photometrisch oder anderweitig ermittelten DNA-Menge im haploiden Genom (einfacher Chromosomensatz) errechnen kann. Man spricht daher auch von **kinetischer Komplexität** eines Genoms (im Gegensatz zur Genomgröße, die stets die Menge von DNA im haploiden Genom angibt).

Die Bildung einer DNA-Doppelhelix aus Einzelsträngen folgt der Kinetik einer **bimolekularen chemischen Reaktion** (Reaktion 2. Ordnung), ist also konzentrations- und zeitabhängig. In der Reaktionsgleichung

$$-\frac{dc}{dt} = k_2\,[c]^2$$

bedeutet k_2 die Reaktionskonstante, die ein wichtiger Parameter für die Berechnung der kinetischen Komplexität einer DNA ist. Die Molarität von Nukleotiden in der Einzelstrangnukleinsäure wird durch c angegeben, und t ist die Zeit in Sekunden. Wenn man die Reaktionsgleichung in folgender Weise umformt, kann man ihre grafische Auswertung vereinfachen:

$$\frac{c}{c_0} = \frac{1}{1 + kc_0t}$$

In Abb. 2.8 ist die **Reaktionskinetik** auf der Grundlage dieser Gleichung als Prozentsatz der Renaturierung in Abhängigkeit vom Produkt aus der Anfangskonzentration c_0 (von Nukleotiden in $M \times l^{-1}$ in den Nukleinsäureeinzelsträngen) und der Zeit t (in s) in einer semilogarithmischen Grafik dargestellt. Der Vorteil dieser Darstellungsweise ist, dass Reaktionskinetiken ohne eine Korrektur für unterschiedliche Anfangskonzentrationen von Einzelsträngen direkt vergleichbar sind, da sich Anfangskonzentration und Reaktionszeit umgekehrt proportional zueinander verhalten und somit durch die Darstellung des Produktes beide Größen als variable Einzelparameter in der Grafik eliminiert sind. Aus Abb. 2.8 ist auch zu erkennen, dass mithilfe des $c_0 \times$ t-Wertes, bei dem die Hälfte der Einzelstränge zum Doppelstrang reassoziiert ist (genannt **$c_0t_{1/2}$-Wert**), die relative kinetische Komplexität eines Genoms beschrieben werden kann. Hat man mehrere Reaktionskinetiken unter gleichen Bedingungen (Ionenstärke, Temperatur, Länge der renaturierenden Stränge) ermittelt, so kann man durch Vergleich der $c_0t_{1/2}$-Werte der verschiedenen Reaktionskinetiken direkte Informationen über die relativen kinetischen Komplexitäten der untersuchten Genome erhalten.

> Die Bildung einer Doppelhelix aus komplementären Nukleinsäureeinzelsträngen erfolgt reaktionskinetisch als bimolekulare Reaktion. Sie ist damit von der Konzentration der komplementären Stränge und der Reaktionszeit abhängig. Das gestattet es, durch Messung der Renaturierungskinetik Aufschlüsse über die Komplexität der renaturierenden Nukleinsäuresequenzen zu erhalten.

Ein historisches Beispiel für die genomische DNA der Zwiebel (*Allium cepa*) gibt Abb. 2.9. Dabei fällt auf, dass der Reaktionsverlauf nicht einer einfachen sigmoi-

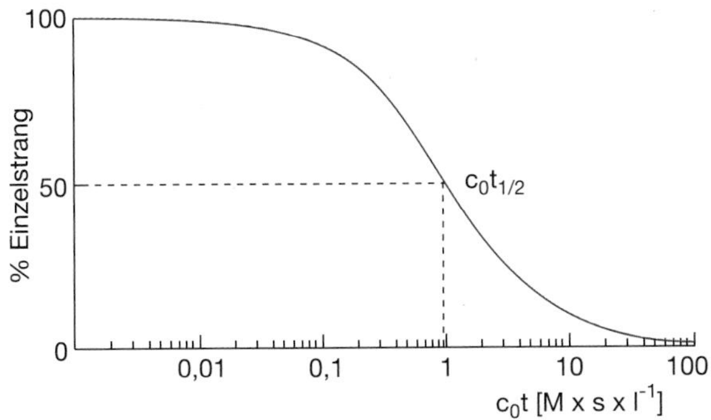

■ **Abb. 2.8** Renaturierungskinetik der DNA. Diese Darstellung des Verlaufs einer chemischen Reaktion 2. Ordnung wird als c_0t-Kurve (gesprochen cot) bezeichnet. Sie ermöglicht den direkten Vergleich der Reaktionskinetiken verschiedener DNA-Proben, da in der Darstellung Unterschiede in der Reaktionszeit und DNA-Konzentration (durch die Bildung des Produktes aus Anfangskonzentration der denaturierten Nukleotide [c_0] und Zeit [t]) nicht zur Geltung kommen. Im $c_0t_{1/2}$-Punkt sind 50 % der Nukleotide zu Doppelsträngen renaturiert. Unterschiede verschiedener DNA-Proben im $c_0t_{1/2}$-Wert zeigen direkt den Unterschied in der Komplexität der DNA an. Abweichungen vom sigmoiden Kurvenverlauf, wie er für die ideale Reaktion 2. Ordnung charakteristisch ist, zeigen die Zusammensetzung der DNA-Probe aus mehreren Fraktionen unterschiedlicher kinetischer Komplexität an, d. h. sie deuten auf das Vorhandensein repetitiver DNA-Sequenzen in der DNA-Probe hin

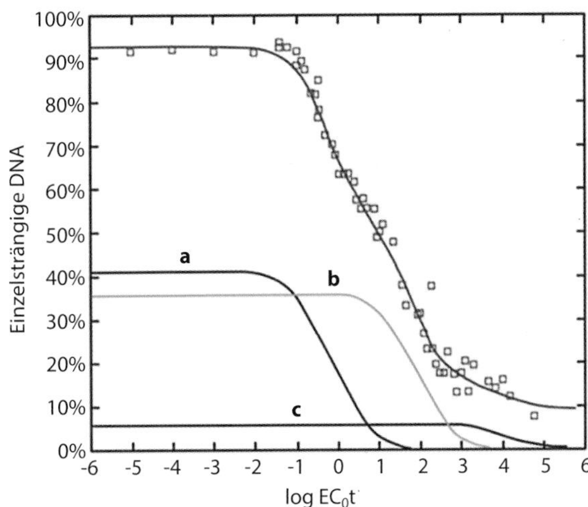

■ **Abb. 2.9** Eine c_0t-Kurve von genomischer DNA der Küchenzwiebel (*Allium cepa*). Die Analyse der DNA-Renaturierungskinetiken ist eine wichtige analytische Methode, um schnell einen Überblick über die Komplexität eines Genoms zu erhalten. Dazu wird die DNA in Fragmente von ~ 300 bp gespalten, anschließend mit Hitze denaturiert und durch langsames Abkühlen wieder renaturiert. Die hier dargestellte Renaturierungskinetik lässt den Schluss zu, dass das Genom der Zwiebel aus vier Komponenten besteht: zunächst palindromische DNA, die sich unabhängig von der DNA-Konzentration zurückfaltet (etwa 7,2 %), und außerdem Fragmente, die nicht reagieren (9,3 %). Drei Komponenten können aber genauer unterschieden werden und sind in den Einzelkurven *a*–*c* dargestellt: (*a*) hochrepetitive Sequenzen (Anteil: 41,2 %), (*b*) mittelrepetitive Sequenzen (36,4 %) und (*c*) Einzelkopiesequenzen (5,9 %), die im Wesentlichen den codierenden Anteil enthalten. (Nach Stack und Comings 1979, mit freundlicher Genehmigung)

den Kurve folgt. Vielmehr verläuft er flacher – oder sogar in mehreren Stufen. Dieses Reaktionsverhalten ist damit zu erklären, dass ein Teil der DNA-Sequenzen im haploiden Genom nicht nur einmal, sondern mehrfach vorhanden ist. Diese mehrfach vorhandenen DNA-Sequenzen wurden **repetitive DNA-Sequenzen** genannt (oder Wiederholungssequenzen; engl. *repetitive* oder *repeated DNA*). Der Reaktionsverlauf erklärt sich aus der Überlagerung der Reaktionskurven verschiedener DNA-Fraktionen, deren Einzelsequenzen mit jeweils spezifischer und unterschiedlicher Häufigkeit im haploiden Genom vorhanden sind. Die detaillierte Untersuchung dieser unterschiedlichen DNA-Fraktionen hat tiefgehende Einblicke in die Organisation des eukaryotischen Genoms vermittelt.

Einige wichtige Gesichtspunkte der Zusammensetzung des Genoms aus Fraktionen mit unterschiedlicher Wiederholungshäufigkeit lassen sich direkt aus den Reaktionskinetiken ablesen. So ist festzustellen, dass in praktisch allen untersuchten Genomen neben repetitiven DNA-Sequenzen auch nicht wiederholte **Einzelkopiesequenzen** (engl. *unique sequences*) vorkommen. Die Reaktionskinetiken verdeutlichen weiterhin, dass jeder untersuchte Organismus ein ihm **eigentümliches Muster repetitiver Sequenzen** besitzt. Obwohl im Allgemeinen die Regel gilt, dass bei steigender Genomgröße auch der Anteil repetitiver Sequenzen steigt, kann das im Einzelfall nicht zutreffen. Über die Häufigkeitsverteilungen verschiedener repetitiver DNA-Fraktionen lassen sich selbst bei nahe verwandten Arten keine Vorhersagen machen, da sie sehr starken Veränderungen unterworfen sind.

> **!** Das Genom von Eukaryoten zeichnet sich durch den Besitz von Einzelkopie-DNA-Sequenzen und repetitiven DNA-Sequenzen aus. Der Anteil beider Arten von Sequenzen ist starken Schwankungen unterworfen und variiert selbst zwischen nahe verwandten Arten.

2.1.5 DNA in der Nanotechnologie

Aufgrund ihrer vielfältigen strukturellen Variabilität und Stabilität entwickelte sich die DNA in den letzten Jahren zu einem idealen Molekül in der Nanotechnologie. Physikochemiker und Computerspezialisten können starre DNA-Strukturen konstruieren, die die oben dargestellten physikochemischen Eigenschaften der DNA (vor allem die Hybridisierung an überstehenden Enden und die temperaturabhängige Renaturierung einzelsträngiger DNA) ausnutzen, um neue Strukturen zu schaffen. „DNA-Falten" („DNA-Origami") ist schon ein Fachbegriff geworden, seit vor über 10 Jahren das erste DNA-Smiley und andere Strukturen publiziert wurden (■ Abb. 2.10).

Dabei waren die Grundideen relativ einfach und bedienten sich der Vorbilder in der Genetik, nämlich der Replikation der DNA mit der offenen Replikationsgabel

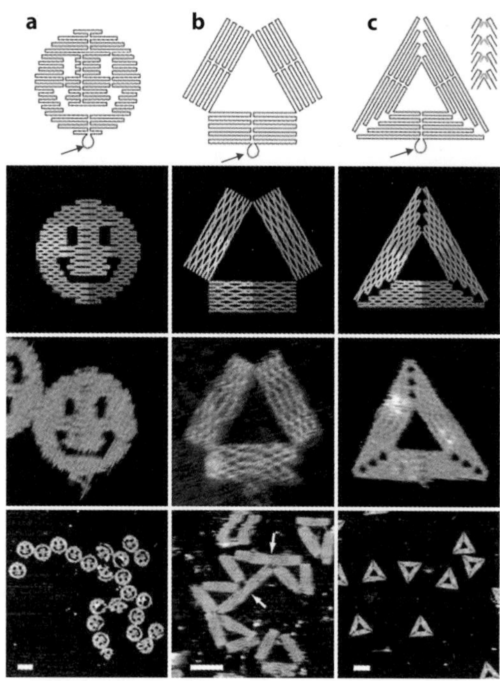

Abb. 2.10 DNA-Faltungen (DNA-Origami) zur Konstruktion von zwei- und dreidimensionalen Strukturen. **a** Smiley (Scheibe mit drei Löchern); **b** Dreieck mit rechtwinkligen Domänen; **c** spitzwinkliges Dreieck mit trapezförmigen Domänen und Brücken dazwischen (*rote Linien* in der Ausschnittvergrößerung). *Obere Reihe*: Herunterhängende Kurven und Schlaufen (*rote Pfeile*) stellen ungefaltete Bereiche dar. In der *2. Reihe* zeigen die Diagramme die Knicke der Helices an den Überkreuzungen (wo sich die Helices berühren; siehe dazu auch Abb. 2.11). Die Spektralfarben entsprechen der Zahl der Basenpaarungen entlang des Faltungsweges: *Rot* ist die 1. Base, *lila* die 7000. Base. In den beiden *unteren Reihen* sind Darstellungen mittels Rasterkraftmikroskopie zu sehen, die weißen Bereiche in **c** sind Haarnadelstrukturen. Die Darstellungen ohne Größenbalken sind 165 nm × 165 nm groß; die Balken in der *untersten Reihe* entsprechen 100 nm; *weiße Pfeile*: glattes Ende der DNA. (Nach Rothemund 2006, mit freundlicher Genehmigung)

(Abb. 2.2. und ► Abschn. 2.2) und dem Crossing-over bei der DNA-Rekombination (► Abschn. 6.3.3). Die Struktur der Formen wird dabei vor allem durch das Prinzip der Basenpaarung und der dadurch determinierten Aneinanderlagerung (Hybridisierung) von Einzelsträngen bestimmt, wie wir es in den vorangegangenen Abschnitten ausführlich besprochen haben. In Abb. 2.11 ist eine Verknüpfung von DNA-Molekülen gezeigt, die aus vier Armen bestehen, welche sich aufgrund ihrer Sequenzen zu einer Art Kreuzung verbinden. Durch die einzelsträngigen Enden können daran solche DNA-Moleküle binden, die den entsprechenden Gegenstrang enthalten, sodass definierte Gitter entstehen können – und die Abstände der Gitter sind eben durch die DNA-Sequenz so festgelegt, dass sich eine maximale Zahl an Basenpaarungen ergibt.

Mit den in Abb. 2.11 gezeigten Grundprinzipien ist es inzwischen möglich, auch kleine Nanomaschinen zu konstruieren. Vorbilder sind komplexe biologische Motoren, wie sie beispielsweise in den bakteriellen Flagellen oder auch in den F_1F_0-ATP-Synthasen realisiert sind – allerdings handelt es sich hier um Proteinkomplexe. Die Gruppe von Hendrik Dietz an der Technischen Universität München hat sich jedenfalls von diesen Proteinmotoren inspirieren lassen und einen frei drehbaren Rotor aus DNA konstruiert und gebaut (Abb. 2.12). Der DNA-Rotor liegt in einem Achslager, bestehend aus zwei Klammerelementen (mit einem Durchmesser von 22 nm und einer Länge von 28 nm); der Rotorkörper ist ca. 32 nm lang und erscheint wie ein Winkelhebel, der aus dem zylindrischen Mantel herausschaut. Der Rotorarm selbst ist 120 nm lang. Der so konstruierte Rotor ist noch eine Art Prototyp, der sich nur passiv bewegt – getrieben durch die Brown'sche Molekularbewegung ist er im und entgegen dem Uhrzeigersinn beweglich. Ein zukünftiges Ziel besteht natürlich darin, den Rotor mit

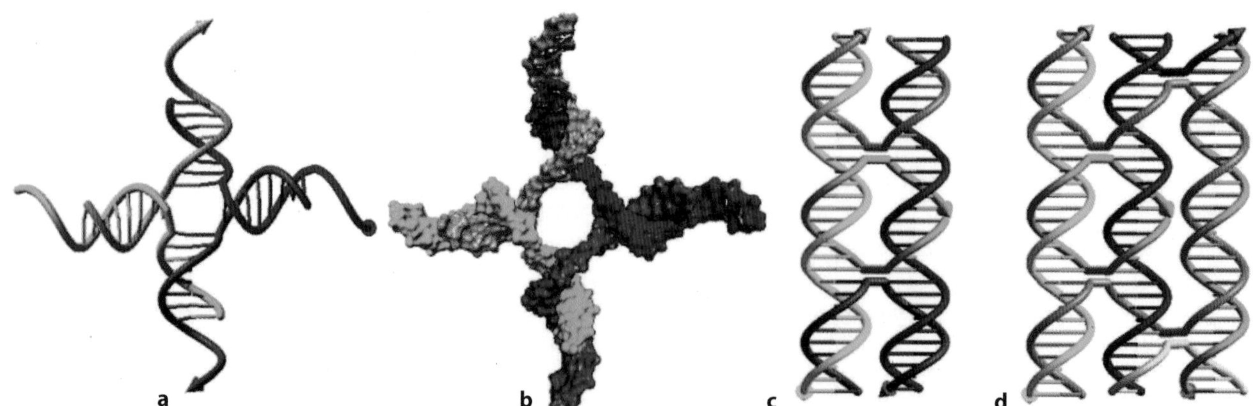

Abb. 2.11 Grundformen der DNA-Strukturen für deren Selbstorganisation zu höheren Strukturen. **a** Vier-Arm-Verbindung mit klebrigen Enden; **b** genaueres Molekülmodell; **c** Doppelkreuzung; **d** Dreifachkreuzung. (Nach Zadegan und Norton 2012; CC-by 3.0, ► http://creativecommons.org/licenses/by/3.0/)

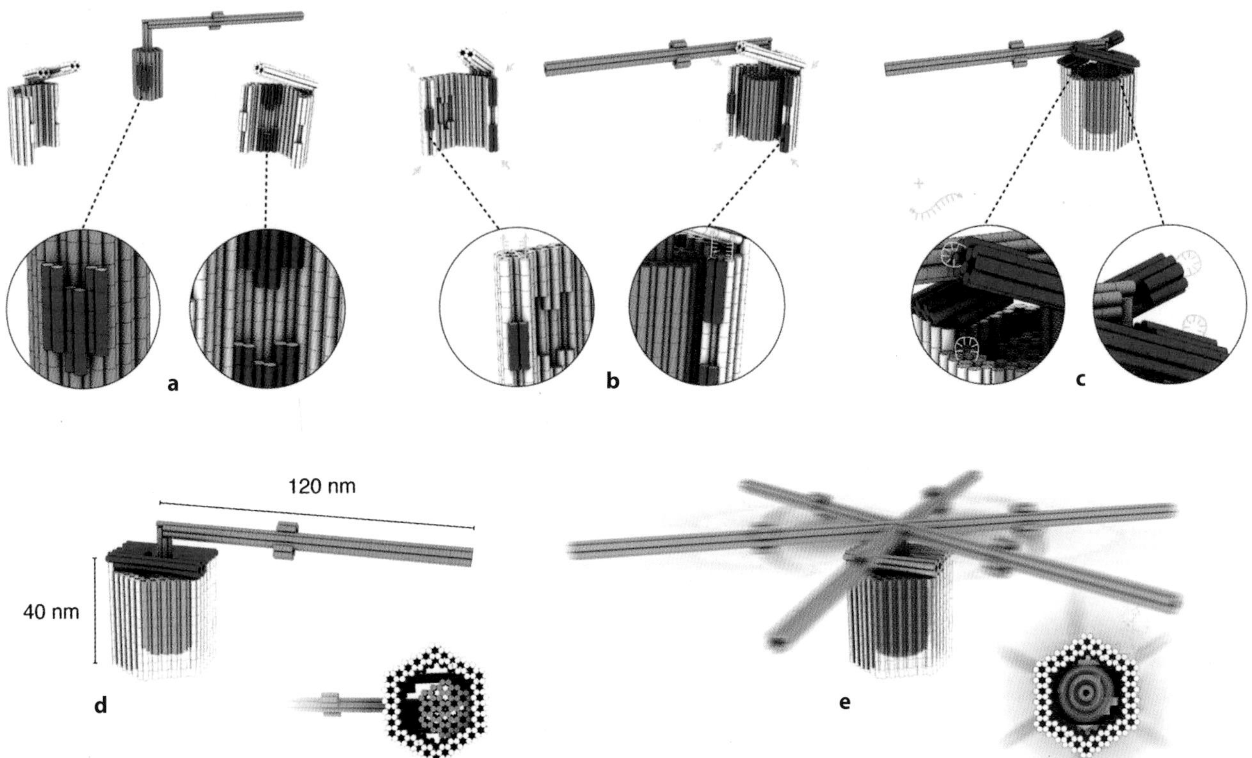

■ **Abb. 2.12** Design eines DNA-basierten Rotors. **a** Schematische Liste der Teile; *blau*: Rotoreinheit, *grau*: Klammereinheiten, *rot*: passende Muffen am Rotor und der Klammer. Der Rotorkörper besteht aus 54 parallelen, 94 bp langen doppelhelikalen DNA-Domänen, die auf ein honigwabenartiges Netz aufgezogen sind. Die Klammer besteht aus 62 parallelen, 115 bp langen doppelhelikalen DNA-Domänen, die ebenso auf ein honigwabenartiges Netz aufgezogen sind. Die Zylinderelemente sind aus einer doppelhelikalen Domäne aufgebaut, die eine Umdrehung umfasst. **b** *Rot*: passende Muffen, um die verbleibende Klammer an das Dimer aus Rotor und Klammer anzukoppeln; *gelb*: komplementäre, einzelsträngige DNA mit überstehenden („klebrigen") Enden (jeweils 15 bp), um die Bindung zwischen den Klammerelementen zu verstärken. **c** *Rot*: Klammerschluss durch Hybridisierung der Zusatz-Oligonukleotide, die an die einzelsträngigen Schlaufen in den Klammerelementen binden und sie dadurch verbinden. **d** Vollständig zusammengesetzte trimere Rotormaschine mit geschlossenen Klammern und einem verbundenen Rotor. **e** Vollständig zusammengesetztes Trimer mit einem unverbundenen, beweglichen Rotor. (Nach Ketterer et al. 2016, mit freundlicher Genehmigung der Autoren; ein Link zu einem Video befindet sich am Ende des Kapitels)

einem Motor zu versehen, der unter Energieverbrauch Arbeit verrichten kann.

Ein weiteres interessantes Anwendungsgebiet der noch jungen Disziplin der DNA-Nanotechnologie ist das Einbringen von Farbstoffen in bestimmte Organe, um empfindlichere bildgebende Verfahren zu entwickeln, sowie die leicht dosierbare Abgabe von Arzneistoffen in definierten Geweben. Beides setzt voraus, dass Nanokörper aus DNA entwickelt werden können, die *in vivo* von Zellen aufgenommen und nicht zu schnell wieder abgebaut werden. Diese DNA-Moleküle müssen natürlich auch die entsprechenden Farbstoffe oder Arzneimittel binden und – im Falle der Arzneimittel – auch wieder freisetzen können.

Erstaunlicherweise erfüllen einfache dreidimensionale Strukturen aus DNA diese Voraussetzungen. Das Einbringen von (meist zirkulärer) DNA in (Säuger-)Zellkulturen (**Transfektion**) ist in der modernen Zellbiologie ein erprobtes Verfahren; häufig werden dazu lipidbasierte Verfahren (Liposomen) eingesetzt. Tetraederförmige DNA-Moleküle werden dagegen von Zellen auch ohne „Verpackung" in Liposomen gut aufgenommen. Um die Aufnahme von DNA-Nanokörpern aus der Blutbahn in bestimmte Organe zu dirigieren, können die DNA-Nanokörper aber auch mit bestimmten Liganden für Zelloberflächenrezeptoren gekoppelt werden. So binden Folat-gekoppelte DNA-Nanostrukturen an den Folat-Rezeptor, der auf vielen Krebszellen zu finden ist, sodass ein derartiges Konstrukt geeignet ist, bevorzugt von Krebszellen aufgenommen zu werden. Die Aufnahme in die Zelle erfolgt dann über Einstülpungen der Zellwand (Endocytose).

Es ist natürlich auch unmittelbar einleuchtend, dass die Aufnahme von DNA-Nanokörpern in die Zelle auch von der Form der Nanostrukturen abhängig ist. So hat sich unter den einfachen DNA-Nanokörpern schnell gezeigt, dass in der Maus als Tiermodell (► Abschn. 5.3.7) eine dreieckige Struktur besser aufgenommen wird und länger verfügbar bleibt als eine stabförmige oder rechteckige DNA-Nanostruktur. Auch hier reichert sich die aufgenommene DNA bevorzugt im Krebsgewebe an und bleibt dort länger verfügbar. Man bezeichnet dieses Phänomen als EPR-Effekt (engl. *enhanced permeability and retention*), ohne dass man den zugrunde liegenden Mechanismus beschreiben kann; ◘ Abb. 2.13 gibt dafür ein Beispiel.

In der Zelle wird freie DNA üblicherweise schnell durch entsprechende Enzyme (Nukleasen) abgebaut. Allerdings sind die vielfach vernetzten DNA-Nanostrukturen deutlich stabiler und langlebiger als freie DNA. Außerdem gibt es ein zelleigenes, angeborenes Abwehrsystem, das fremde DNA (z. B. von Viren) erkennt und entsprechend mit einer Immunantwort reagiert. Wir kennen bei Säugern über 20 verschiedene Rezeptorsysteme, die fremde DNA erkennen und eine Interferon-abhängige Entzündungsreaktion hervorrufen können. Insofern muss noch viel Forschungs- und Entwicklungsarbeit in dieses System investiert werden, bevor es zu einer sicheren therapeutischen Standardanwendung wird. Lesenswerte Zusammenfassungen dieser Aspekte finden sich bei Chen et al. (2015) und Surana et al. (2015).

Nanostrukturen aus DNA können aufgrund der bekannten physikochemischen Eigenschaften der DNA präzise konstruiert werden. Die Verbindung des biologischen und technischen Fortschritts eröffnet ein großes Potenzial für die Elektronik sowie für therapeutische und diagnostische Anwendungen.

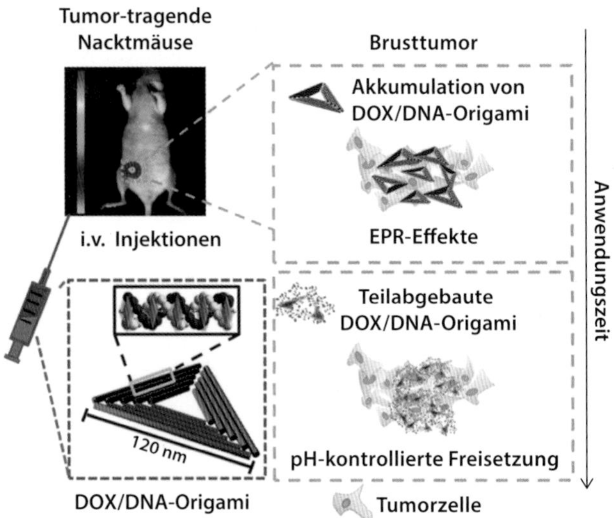

◘ **Abb. 2.13** Schematische Darstellung der Wirkung eines Arzneimittelkomplexes mit DNA. Das dreieckige DNA-Origami ist für die Anreicherung im Tumorgewebe optimal, sodass es für die Einlagerung (Interkalation) von Doxorubicin (einem Cytostatikum) verwendet wird (DOX/DNA-Origami). Der DOX/DNA-Origami-Komplex wird in die Schwanzvene der Maus injiziert und verteilt sich zunächst über den Blutstrom im gesamten Organismus. Aufgrund des EPR-Effektes (engl. *enhanced permeability and retention*) reichert er sich im Brusttumor des Tieres an. Wegen der Anhäufung von Milchsäure (Lactat) in der (hypoxischen) Tumorzelle hat sie einen etwas saureren pH als gesunde Zellen; dadurch erfolgt eine langsame Freisetzung des Arzneimittels in der Tumorzelle. (Nach Zhang et al. 2014, mit freundlicher Genehmigung)

2.2 Die Verdoppelung der DNA (Replikation)

Die Befunde von Avery und seinen Mitarbeitern sowie von Hershey und Chase (▶ Abschn. 2.1.1) gaben eindeutige Hinweise darauf, dass nicht Proteine, sondern DNA die für die Vererbung verantwortliche chemische Verbindung ist. Fragt man nun nach der biologischen Bedeutung der DNA, so bietet es sich an, nach einer zentralen Eigenschaft des Erbmaterials zu fragen: Es muss sich im Zusammenhang mit Zellteilungen identisch verdoppeln können, um zu gewährleisten, dass alle nachfolgenden Generationen von Zellen mit der gleichen Erbinformation ausgestattet werden. Die Fähigkeit zur **identischen Verdoppelung** des Erbmaterials muss daher als eine seiner entscheidenden Grundeigenschaften angesehen werden.

Das **Watson-Crick-Modell** der DNA-Doppelhelix ist mit einer solchen Eigenschaft voll in Einklang zu bringen, wie beide Autoren selbst herausgestellt haben: „*We have recently proposed a structure for the salt of deoxyribonucleic acid which, if correct, immediately suggests a mechanism for its selfduplication*" (Watson und Crick 1953a). Trennen sich die beiden DNA-Stränge der Doppelhelix durch Aufhebung der Basenpaarungen, so kann jeder der beiden Stränge als **Matrize** (engl. ***template***) für die Synthese eines neuen komplementären Strangs dienen, sodass nach der Neubildung beider komplementärer Stränge zwei neue, strukturell aber völlig identische DNA-Doppelhelices vorliegen. Durch die genau festgelegten Möglichkeiten der Basenpaarung, nach denen sich ein Thymin jeweils nur mit einem Adenin und ein Guanin stets nur mit einem Cytosin paaren kann, ist auch die Abfolge der Basen in den neu synthetisierten Strängen identisch. Da nach diesem Modell jeweils einer der beiden Stränge der DNA-Doppelhelix bereits vorhanden ist, der andere aber neu gebildet wird, spricht man von einer **semikonservativen Replikation** der DNA.

Die Struktur der DNA lässt erkennen, dass ihre Verdoppelung durch Neusynthese jeweils eines neuen, komplementären Strangs an jedem der beiden vorhandenen Stränge der Doppelhelix erfolgt. Dieser Vorgang wird als semikonservative Replikation bezeichnet.

2.2.1 Semikonservative Replikation

Experimentell wurde das Modell einer semikonservativen Replikation der DNA auf zwei Ebenen bestätigt. An bakterieller DNA demonstrierten Matthew

Meselson und Franklin W. **Stahl** 1958 den semikonservativen Charakter der Replikation mittels analytischer Ultrazentrifugationstechniken. Ein Jahr zuvor stellte Herbert **Taylor** cytologische Untersuchungsbefunde vor, die er an Pflanzenzellen erhalten hatte, aus denen er den gleichen Schluss der semikonservativen Replikation der DNA in eukaryotischen Zellen zog. Beide Befunde sollen im Folgenden in ihren Einzelheiten besprochen werden.

Die Experimente von Meselson und Stahl wurden an dem Bakterium *Escherichia coli* durchgeführt. Grundlage dieser Experimente war die Überlegung, dass bei einer geeigneten chemischen Kennzeichnung des DNA-Einzelstrangs, der nach dem Watson-Crick-Modell während der Replikation neu synthetisiert wird, nach zwei Verdopplungsrunden die Hälfte der DNA-Moleküle diese chemischen Markierungen enthalten müsste, während die andere Hälfte völlig frei von solchen Markierungen sein sollte (◘ Abb. 2.14a). Zur chemischen Markierung von DNA während der Neusynthese erweist sich der Gebrauch des schweren Stickstoffisotops ^{15}N geeignet, da es in Form von $^{15}NH_4Cl$ dem Kulturmedium beigefügt werden kann und dann in die heterozyklischen Basen der DNA eingebaut wird. Die Schwimmdichte (engl. *buoyant density*) der DNA wird hierdurch erhöht. Meselson und Stahl haben sich dieses Verfahren zunutze gemacht und Bakterien zunächst für 14 Generationen in einem ^{15}N-Medium wachsen lassen, sodass die bakterielle DNA mit diesem Stickstoffisotop gesättigt war. Nun wurde das Medium ausgewechselt, und die Bakterien wurden in einem Medium weiter gezüchtet, das einen Überschuss an $^{14}NH_4Cl$ sowie ^{14}N-haltige Basen enthielt, sodass bei allen weiteren Replikationsrunden der DNA nur noch ^{14}N-haltige Basen in die DNA eingebaut wurden. Entscheidend für die weitere Analyse war nun, dass man ^{15}N- und ^{14}N-haltige DNA-Stränge aufgrund des Dichteunterschieds der N-Isotope durch **Dichtegradienten-Gleichgewichtszentrifugation** voneinander trennen und somit ihre relativen Mengen innerhalb der Gesamt-DNA ermitteln kann.

Führt man eine solche Analyse nach einer Generation Wachstum in ^{14}N-haltigem Medium durch, so findet man, dass die Doppelhelix im Gleichgewichtsgradienten eine Schwimmdichte besitzt, die einen Mittelwert zwischen der Dichte völlig ^{14}N-markierter DNA und völlig ^{15}N-markierter DNA darstellt (◘ Abb. 2.14b). In diesem Fall muss also die Hälfte der Basen das schwerere Isotop, die andere Hälfte das leichtere Isotop besitzen. Nach einer weiteren Generation Wachstum der Bakterien im ^{14}N-haltigen Medium weist nur noch eine Hälfte der DNA die mittlere Dichte auf, während die andere Hälfte durch eine niedrige Dichte gekennzeichnet ist. Diese Beobachtungen sind nur mit der Erklärung vereinbar, dass alle neu synthetisierten DNA-Stränge das ^{14}N-Isotop tragen und mit jeweils einem der alten (^{15}N-haltigen) DNA-Stränge gepaart sind. Meselson und Stahl (1958)

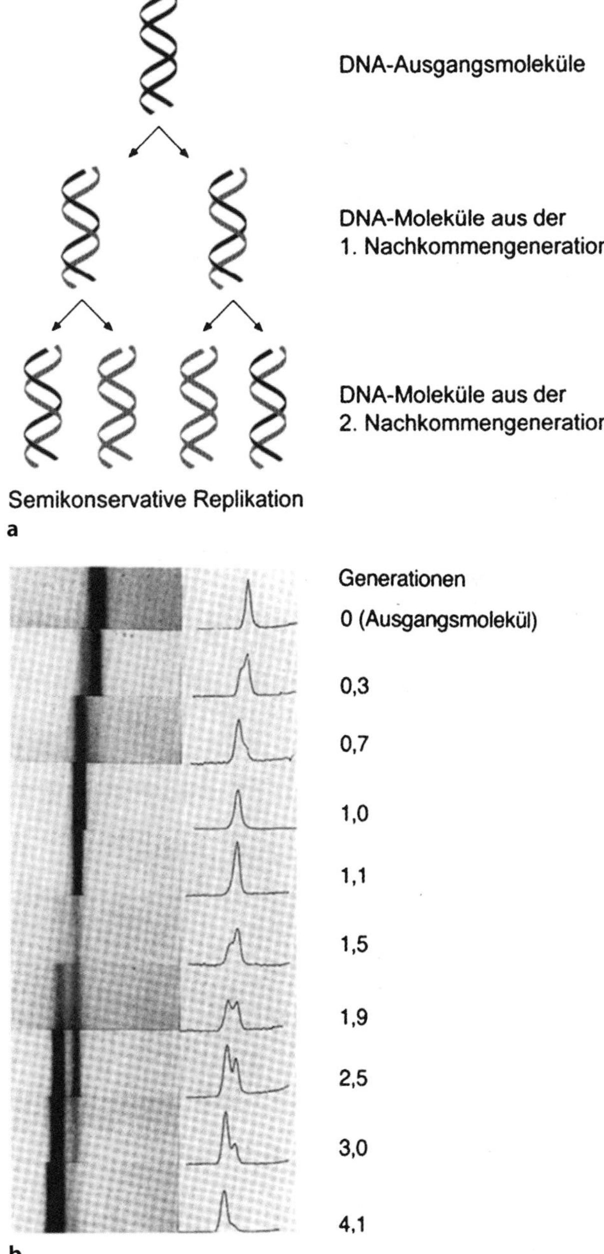

◘ **Abb. 2.14** Nachweis der semikonservativen Replikation der DNA durch Meselson und Stahl. **a** Schema der semikonservativen Replikation. Jeder der beiden Tochter-Doppelstränge sollte einen vollständigen, aus dem Ausgangs-Doppelstrang übernommenen Strang (*schwarz*) enthalten sowie einen zweiten, neu synthetisierten Strang (*rot*). In der 1. Tochtergeneration beträgt das Verhältnis 1:1, in der 2. Tochtergeneration 1:3. **b** Analyse der Auftrennung von DNA in der analytischen Ultrazentrifuge. Die Schwimmdichte der DNA steigt mit dem Anteil an ^{15}N-markierten Nukleotiden. Markiert man DNA, die ^{15}N-Isotope enthält, über einen oder mehrere Replikationszyklen mit ^{14}N-haltigen Nukleotiden, so werden die ^{15}N-Anteile der Markierung stufenweise verdrängt und die Schwimmdichte der DNA wird geringer. Die Abbildung zeigt die quantitative densitometrische Auswertung dieser Experimente mit Angabe der Anzahl der Zellgenerationen, über die Replikation in ^{14}N-Nukleotide-haltigem Medium erfolgte. (**a** nach Munk 2001, mit freundlicher Genehmigung; **b** nach Meselson und Stahl 1958, mit freundlicher Genehmigung der Autoren)

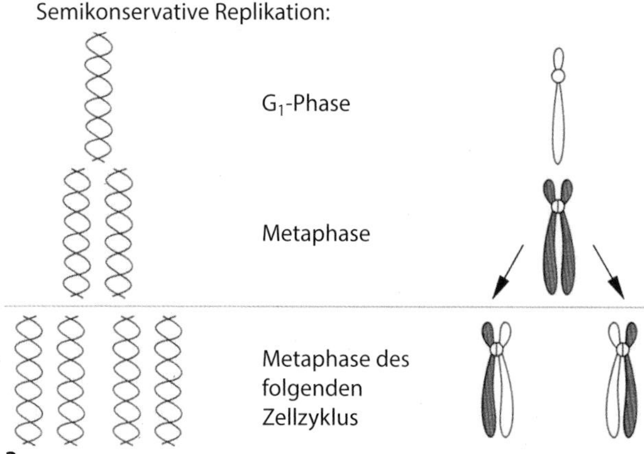

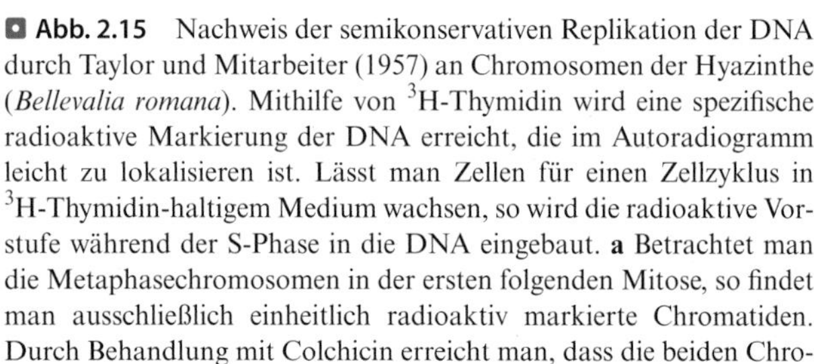

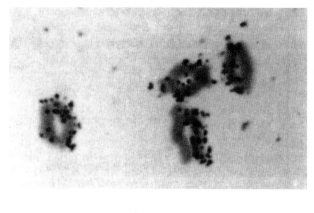

Abb. 2.15 Nachweis der semikonservativen Replikation der DNA durch Taylor und Mitarbeiter (1957) an Chromosomen der Hyazinthe (*Bellevalia romana*). Mithilfe von ^{3}H-Thymidin wird eine spezifische radioaktive Markierung der DNA erreicht, die im Autoradiogramm leicht zu lokalisieren ist. Lässt man Zellen für einen Zellzyklus in ^{3}H-Thymidin-haltigem Medium wachsen, so wird die radioaktive Vorstufe während der S-Phase in die DNA eingebaut. **a** Betrachtet man die Metaphasechromosomen in der ersten folgenden Mitose, so findet man ausschließlich einheitlich radioaktiv markierte Chromatiden. Durch Behandlung mit Colchicin erreicht man, dass die beiden Chromatiden eines duplizierten Chromosoms im Centromerbereich zusammenhängen bleiben. Nach einem weiteren Zellzyklus, der in nicht-radioaktivem Medium durchlaufen wurde, zeigen die Chromatiden eine Differenzierung hinsichtlich der radioaktiven Markierung. Eine der Chromatiden ist, wie nach dem ersten Zellzyklus, radioaktiv; die andere bleibt jedoch unmarkiert. **b** Bei einer weiteren Verdoppelung in nicht-radioaktivem Medium trennen sich diese Stränge, sodass eine unmarkierte und eine halbmarkierte Doppelhelix gebildet werden. (Nach Taylor et al. 1957, mit freundlicher Genehmigung der Autoren)

haben ihre Ergebnisse in den folgenden drei Schlüssen zusammengefasst:

- „*The nitrogen of a DNA molecule is divided equally between two subunits which remain intact through many generations.*"
- „*Following replication, each daughter molecule has received one parental subunit.*"
- „*The replicative act results in a molecular doubling.*"

Die Wissenschaftler kamen also zu dem Schluss, dass die Ergebnisse der gegenwärtigen Experimente genau mit den Erwartungen aus dem Watson-Crick-Modell für DNA-Replikation übereinstimmen („*The results of the present experiments are in exact accord with the expectations of the Watson-Crick model for DNA duplication*").

Einen ganz ähnlichen Ansatzpunkt zur Beantwortung der Frage, wie die Duplikation des genetischen Materials verläuft, wählte Herbert Taylor 1957 in seinen Experimenten (Taylor et al. 1957). Im Unterschied zu Meselson und Stahl, deren Versuche biophysikalischer Natur waren, führte Taylor seine Versuche unter Verwendung cytologischer Methoden an Wurzelzellen der Pflanze *Bellevalia romana* (auch *Hyacinthus romanus*, Römische Hyazinthe) durch. Als wichtige neue cytologische Methode war gerade die Autoradiographie verfügbar geworden (Technikbox 15). Diese Technik bietet eine Auflösung, die ausreichend ist, um den Einbau radioaktiver DNA-Vorstufen innerhalb einer einzelnen Chromatide der Chromosomen zu lokalisieren (Chromatiden sind Halbchromosomen nach der Verdoppelung im Zellzyklus; ► Abschn. 6.3.1). Besonders geeignet ist für derartige Versuche ^{3}H-Thymidin, da es ausschließlich in DNA eingebaut wird und diese damit spezifisch markiert. Lässt man Zellen in Medium mit radioaktivem Thymidin wachsen, so findet man Radioaktivität ausschließlich in neu replizierter DNA der Chromosomen.

Die Versuche von Taylor entsprechen damit weitgehend denen von Meselson und Stahl: Es werden zunächst markierte Vorstufen während der Replikation in die DNA eingebaut (bei Meselson und Stahl ^{15}N, bei Taylor ^{3}H), und anschließend wird deren Verteilung (bei Meselson und Stahl durch Gleichgewichtszentrifugation von isolierter DNA in der Ultrazentrifuge, bei Taylor durch Autoradiographie von Chromosomen) in anschließenden Replikationszyklen der DNA in nicht markierten Medien untersucht. Während Meselson und Stahl von DNA-Doppelhelices ausgingen, die durch kontinuierliches Wachstum in markiertem Medium durchgehend ^{15}N-markiert waren, erlaubte Taylor die ^{3}H-Markierung während der Phase des Zellzyklus (► Abschn. 6.3), in dem die DNA verdoppelt wird. Das gestattet es, bereits nach einer weiteren Replikation in nicht-radioaktivem Kulturmedium Hinweise auf die Art der Replikation zu erhalten.

Die Ergebnisse Taylors sind in Abb. 2.15 schematisch zusammengefasst. Man beobachtet nach der Replikation in ^{3}H-Thymidin-haltigem Medium in der folgenden Metaphase zunächst ausschließlich vollständig markierte Chromatiden. Bereits nach einer weiteren Phase der DNA-Replikation in unmarkiertem Medium findet man, dass alle Chromosomen eine unmarkierte und eine markierte Chromatide besitzen. Nach einer weiteren Replikationsrunde ist die Hälfte der Chromosomen in beiden Chromatiden unmarkiert, während die andere Hälfte der Chromosomen jeweils eine markierte Chromatide aufweist. Diese Beobachtungen Taylors und seiner Mitarbeiter lassen sich völlig auf der Basis des Watson-Crick-Modells der DNA-Doppelhelix erklären, wenn man annimmt, dass **jede Chromatide aus einer einzigen DNA-Doppelhelix** besteht. Diese Frage war zur Zeit der Experimente Taylors sehr umstritten, da viele Wissenschaftler aufgrund cytologischer Beobachtungen annahmen, dass Chromatiden aus mehreren durchgehenden Längseinheiten bestehen. Die Experimente Taylors schließen eine solche Chromatidenstruktur zwar nicht grundsätzlich aus, erfordern jedoch für eine solche Erklärung komplizierte zusätzliche Annahmen über die Struktur und Verteilung von Längselementen der Chromatiden. Damit wurden die Beobachtungen Taylors zugleich ein starkes Argument für die Ansicht, dass eine Chromatide aus einer einzelnen DNA-Doppelhelix besteht. Diese Annahme wurde durch viskosimetrische Messungen an DNA von *Drosophila* unterstützt. DNA-Moleküle können in einer Länge isoliert werden, die der Länge einer DNA-Doppelhelix in einer Chromatide entspricht. Heute ist die Ansicht allgemein akzeptiert, dass eine Chromatide aus einer durchgehenden, kovalent geschlossenen DNA-Doppelhelix besteht.

Jede Chromatide besteht aus einer DNA-Doppelhelix. Die Doppelhelix ist damit das Grundelement der Chromosomen.

Die Versuche von Taylor, Meselson und Stahl lieferten den Beweis für die semikonservative Replikation der DNA in Zellen, wie sie nach dem Watson-Crick-Modell als Vermehrungsmechanismus der DNA vorausgesagt worden war. Dieser semikonservative Replikationsmechanismus stellt sicher, dass die Struktur der Doppelhelix, und damit des Erbmaterials, vollständig erhalten bleibt und auf folgende Zellgenerationen – und damit auch auf neue Organismen – übertragen werden kann.

Wenn die beschriebenen Experimente uns auch zeigen, nach welchem Grundprinzip DNA identisch repliziert werden kann, so gewähren sie uns doch noch keinen Einblick in den tatsächlichen molekularen Verlauf der Replikation der DNA in der Zelle. Man muss sich nur vor Augen führen, dass in einigen Organismen, z. B. bei Bakterien und manchen Viren, die DNA als ringförmiges, kovalent geschlossenes Molekül vorliegt oder dass in anderen Fällen die Gesamtmenge an DNA im Genom, also die in einer einzelnen Zelle vorhandene Menge an DNA, eine Länge von einem Meter überschreiten kann, wenn man annimmt, dass die DNA ein einziges kovalentes Molekül darstellt. Selbst wenn es sich bei Eukaryoten um kürzere Moleküle handelt, wie wir schon aus unserer Kenntnis der Existenz mehrerer Chromosomen innerhalb eines Zellkerns ableiten können, bleiben grundlegende Fragen bestehen. Eine dieser Fragen bezieht sich beispielsweise auf einen physikochemischen Gesichtspunkt: Wie können sich die Doppelstränge der DNA im Chromosom während der Replikation voneinander trennen, obwohl hierzu doch eine kontinuierliche Drehbewegung der Doppelhelix erforderlich wäre? Dieser Gesichtspunkt hat in der frühen Diskussion der Frage nach dem Replikationsmechanismus eine wichtige Rolle gespielt. Wir können ihn heute beantworten, da wir wissen, dass im Chromosom Enzyme vorhanden sind, die die DNA öffnen und wieder schließen können bzw. eine Rotation steuern (Topoisomerasen und Helikasen, ◘ Tab. 2.2). Hinzu kommen weitere, weitaus schwieriger zu beantwortende Fragen: Aus der klassischen Cytologie geht hervor, dass DNA ausschließlich im Zellkern vorhanden ist – hier liegt sie aber nicht als isoliertes Molekül vor, sondern ist in den Chromosomen mit Proteinen verbunden. Wie verhalten sich diese Proteine – oder die Chromosomen überhaupt – während der Replikation?

Es hat sich in der Folge gezeigt, dass die molekularen Mechanismen in Pro- und Eukaryoten im Prinzip vergleichbar sind: In beiden Fällen erfolgt die Replikation ausgehend von einem Startpunkt (engl. *origin of replication*) nach beiden Richtungen (bidirektional). Bei *E. coli* ist das Chromosom ringförmig und besitzt nur einen einzigen Replikationsstartpunkt; bei Eukaryoten sind verschiedene Startpunkte über das Chromosom verteilt. Die an der Replikation beteiligten Enzyme und zusätzlichen Faktoren sind bei Pro- und Eukaryoten sehr ähnlich; das Grundprinzip ist in ◘ Abb. 2.16 dargestellt. Besonders fünf Aspekte sind für alle Replikationsprozesse wesentlich:

- Grundsätzlich fügen die Enzyme, die einen DNA-Strang auf der Grundlage der Basenkomplementarität in einen zweiten, komplementären Strang kopieren können (**DNA-Polymerasen**), die Nukleotide bei der DNA-Synthese ausschließlich an das 3′-OH-Ende des wachsenden Strangs an. Damit ist ein Wachstum nur in 5′→3′-Richtung möglich. Die Nukleotide liegen dabei als energiereiche Triphosphate vor (dNTPs: Desoxyribonukleotidtriphosphate); bei der Synthese werden zwei Phosphatreste als Pyrophosphat abgespalten. Die freigesetzte Energie wird dazu verwendet, die Phosphodiesterbindungen des Zucker-Phosphat-Grundgerüstes herzustellen.
- Bei der Besprechung der molekularen Struktur der DNA-Doppelhelix haben wir gesehen, dass die Basenpaarung zu einer antiparallelen Anordnung beider DNA-Einzelstränge führt (◘ Abb. 2.2). Das führt zu Problemen bei der Neusynthese beider DNA-Stränge, wenn diese am gleichen Initiationspunkt beginnt (◘ Abb. 2.16). Einer der beiden Stränge kann dann

2

Tab. 2.2 Replikationsproteine in Pro- und Eukaryoten

Funktion	Prokaryoten	Eukaryoten
Erkennung der Startsequenz	DnaA (1 Untereinheit)	ORC (6 Untereinheiten)
Beladende Helikase	DnaC (1 Untereinheit)	CDC6 (1 Untereinheit)
Replikative Helikase	DnaB (1 Untereinheit)	MCM (6 Untereinheiten)
Topoisomerase	Typ I und Typ II, Gyrase	Typ I und Typ II
Einzelstrang-bindendes Protein	SSB (1 Untereinheit)	RP-A (3 Untereinheiten)
Primase	DnaG (1 Untereinheit)	Pol α/Primase (4 Untereinheiten)
Polymerase/Exonuklease	Polymerase III (3 Untereinheiten)	Pol δ (3–4 Untereinheiten), Pol ε (5 Untereinheiten)
Klammerlader	γ-Komplex (5 Untereinheiten)	RF-C (5 Untereinheiten)
Klammer	β-Untereinheit	PCNA
Entfernen der Primer	Polymerase I; RNase H	FEN-1, RNase H
Reifung des Folgestrangs	DNA-Ligase (NAD-abhängig)	DNA-Ligase I (ATP-abhängig)

Nach Kelman 2000; Erläuterung der Abkürzungen im Text

nicht kontinuierlich synthetisiert werden. Es werden in diesem Fall kleine Teilstücke von weniger als 1000 Nukleotiden Länge synthetisiert, die nach ihrer Synthese mithilfe einer **DNA-Ligase** kovalent miteinander verknüpft werden. Die Teilfragmente werden nach ihren Entdeckern **Okazaki-Fragmente** genannt (Okazaki und Okazaki 1969).

- DNA-Polymerasen können keinen neuen DNA-Strang ohne einen bereits vorhandenen Startpunkt herstellen. Als Startpunkte können DNA- oder RNA-Sequenzen dienen, die aufgrund ihrer Basenkomplementarität an den zu replizierenden DNA-Einzelstrang gebunden sind. Man bezeichnet solche Startsequenzen als **Primer**. Während der Replikation werden durch eine RNA-Polymerase (auch **Primase** genannt) zunächst kurze RNA-Primer erzeugt, die nur etwa 4 bis 12 Nukleotide lang sind. An diesen RNA-Primern kann dann die DNA-Polymerase ansetzen und einen fortlaufenden DNA-Strang synthetisieren.
- Aus Abb. 2.16 ist erkennbar, dass zur Neusynthese der Doppelstrang der DNA über einen gewissen Abstand hinweg geöffnet werden muss. An diesen Prozessen sind **Helikasen** und **Topoisomerasen** beteiligt. In die sich öffnende Replikationsgabel hinein kann ein DNA-Strang in 5′→3′-Richtung kontinuierlich synthetisiert werden. Er wird als **Leitstrang** (engl. *leading strand*) bezeichnet. Der Gegenstrang, der in der Form von Okazaki-Fragmenten synthetisiert wird, wird **Folgestrang** (engl. *lagging strand*) genannt. Es entstehen auf diese Weise zwei **Replikationsgabeln** (engl. *replication forks*), die zur Bildung von **Replikationsaugen** oder -blasen (engl. *replication bubble*) führen. Solche Replikationsaugen lassen sich elektronenmikroskopisch an replizierender DNA demonstrieren (Abb. 2.17).
- Ein für die Erörterung der Mutationsmechanismen (▶ Abschn. 10.2) wichtiger Gesichtspunkt ist die **Fehlerrate**, mit der DNA-Polymerasen Nukleotide in die neu synthetisierten DNA-Stränge einbauen. Die Fehlerhäufigkeit liegt bei 10^{-5} bis 10^{-6}. Sie würde damit zu Veränderungen von Nukleotiden in einem großen Teil der replizierenden Gene führen. Durch **Reparaturmechanismen** (▶ Abschn. 10.6) sinkt jedoch die effektive Fehlerrate auf 10^{-9} bis 10^{-11}.

! Die Replikationsenzyme, DNA-Polymerasen, können nur in 5′→3′-Richtung Nukleotide anfügen. Deshalb muss einer der beiden DNA-Stränge in kleineren Teilsequenzen, den Okazaki-Fragmenten, synthetisiert werden. Da die DNA-Polymerase zur DNA-Synthese ein 3′-OH-Ende als Startpunkt benötigt, wird am 5′→3′-Strang zunächst ein RNA-Primer synthetisiert, an dessen 3′-Ende die DNA-Polymerase die DNA-Synthese beginnt. Teilfragmente von etwa 1000 Nukleotiden werden dann, nach Abbau der RNA durch die Polymerase-eigene 3′→5′-Exonuklease-Aktivität, kovalent aneinander gebunden.

Ein grundsätzliches topologisches Problem der DNA-Replikation ergibt sich aus ihrer Helixstruktur. Wenn mit fortschreitender Replikation die Helix entspiralisiert wird, geht dies nur, indem immer wieder Brüche in die Helix eingeführt werden, um so ein Verdrillen (engl. *supercoiling*) zu vermeiden. Die dafür zuständigen Enzyme werden als **Topoisomerasen** bezeichnet. Sie spalten das Phosphodiester-Rückgrat der DNA durch einen nukleophilen Angriff eines Tyrosinrestes im aktiven Zentrum,

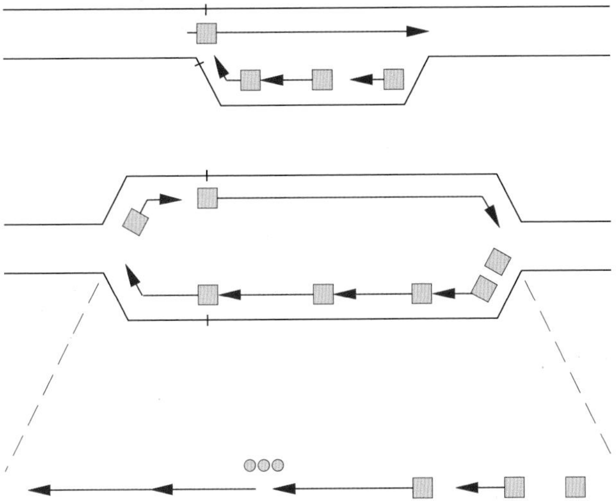

■ **Abb. 2.16** Molekularer Mechanismus der DNA-Replikation. Die Initiation der DNA-Synthese erfolgt im Replikationsursprung und verläuft zunächst nur in 5′→3′-Orientierung (Leitstrang; engl. *leading strand*) am 3′→5′-Strang der Doppelhelix (*oben*). Aus der Abbildung ist ersichtlich, dass die Synthese des komplementären DNA-Strangs (Folgestrang, engl. *lagging strand*) zunächst in Teilstücken (Okazaki-Fragmenten) erfolgt. Es bildet sich die Replikationsblase mit zwei Replikationsgabeln (*Mitte*). *Unten* ist ein Ausschnitt des Folgestrangs gezeigt, der Einzelheiten des Replikationsvorgangs erkennen lässt. Die Initiation der Replikation dieses Strangs erfordert Primer-RNA-Moleküle (*Quadrate*), die vor der Ligation der neu synthetisierten Okazaki-Fragmente nukleolytisch entfernt werden. Anschließend werden die Okazaki-Fragmente mithilfe einer Ligase (*Kreise*) ligiert

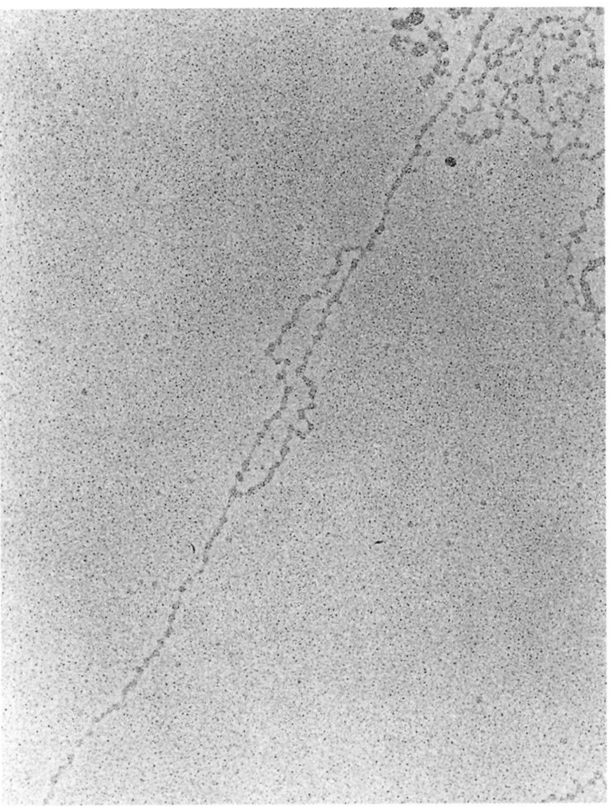

■ **Abb. 2.17** Replikation der DNA in Kernen des zellulären Blastoderms von *Drosophila melanogaster*. Die Replikationsblase ist deutlich zu erkennen. Die angrenzenden Replikationsstartpunkte sind noch nicht aktiviert. Die DNA ist mit Nukleosomen bedeckt. (Nach McKnight und Miller 1977, mit freundlicher Genehmigung)

der an ein Phosphat-Ende des DNA-Bruchs gebunden bleibt. Topoisomerasen werden in zwei Klassen (I und II) unterteilt, wobei deren Wirkungsmechanismus unterschiedlich ist: Topoisomerase-I-Enzyme sind Monomere. Sie lösen die Phosphodiesterbindung nur eines DNA-Strangs und lassen den zweiten, nicht unterbrochenen Strang den geöffneten Strang durchqueren; dabei bleiben sie selbst an die offenen Enden kovalent gebunden. Danach wird der unterbrochene Strang wieder geschlossen. Topoisomerase-II-Enzyme sind dagegen Dimere (Homodimere beim Menschen oder Heterodimere bei Bakterien) und spalten die DNA an beiden Strängen. Topoisomerasen der Klasse II verschieben die Doppelhelix durch sich selbst, um sie dann wieder kovalent zu schließen, und verändern dabei die Windungszahl um zwei. Typ-I-Topoisomerasen werden weiter unterteilt in Typ-IA und Typ-IB, wobei Topoisomerasen vom Typ-IA nur negative Überdrehungen entspannen können, Typ-IB-Topoisomerasen dagegen negative und positive Überdrehungen entspannen. Bei *Escherichia coli* kennen wir zwei Typ-IA-Topoisomerasen (TOPO I und TOPO III) und zwei Typ-II-Topoisomerasen (Gyrase und TOPO IV). Bei Vertebraten gibt es dagegen insgesamt sechs verschiedene Topoisomerasen: zwei vom Typ IA (TOP3α und TOP3β), zwei vom Typ IB (TPO1 und TOP1mt – eine mitochondriale Topoisomerase, die aber im Kerngenom codiert wird) sowie zwei Typ-II-Topoisomerasen (TOP2α und TOP2β). ■ Abb. 2.18 gibt einen Überblick über die Mechanismen der verschiedenen Topisomerasen bei Vertebraten.

Von besonderer Bedeutung sind die topologischen Konsequenzen einer voranschreitenden Replikationsgabel. Die Funktionen der Topoisomerasen hängen nun davon ab, ob die Replikationsmaschinerie im zellulären Raum rotieren kann. Wenn keine freie Rotation möglich ist, werden beim Voranschreiten der Replikationsgabel die helikalen Windungen der DNA in einen immer kürzeren Bereich hineingezwungen, und die DNA wird überdreht oder positiv *supercoiled*. Hinter der Replikationsgabel wird das Replikationsauge immer größer. Wenn dagegen die Rotationsmaschinerie rotieren kann, können die positiven „Supercoils" vor der Replikationsgabel auf die Region hinter der Gabel verteilt werden, was zu einer Zwischendrehung der replizierten DNA führt und/oder zu einem Überdrehen der unreplizierten DNA hinter der Replikationsgabel.

Ein weiteres Problem tritt auf, wenn sich zwei aufeinander zubewegende Replikationsgabeln vereinigen. In dem Maße, in dem das parentale, unreplizierte DNA-Fragment immer kürzer wird, müssen Topoisomerasen

2

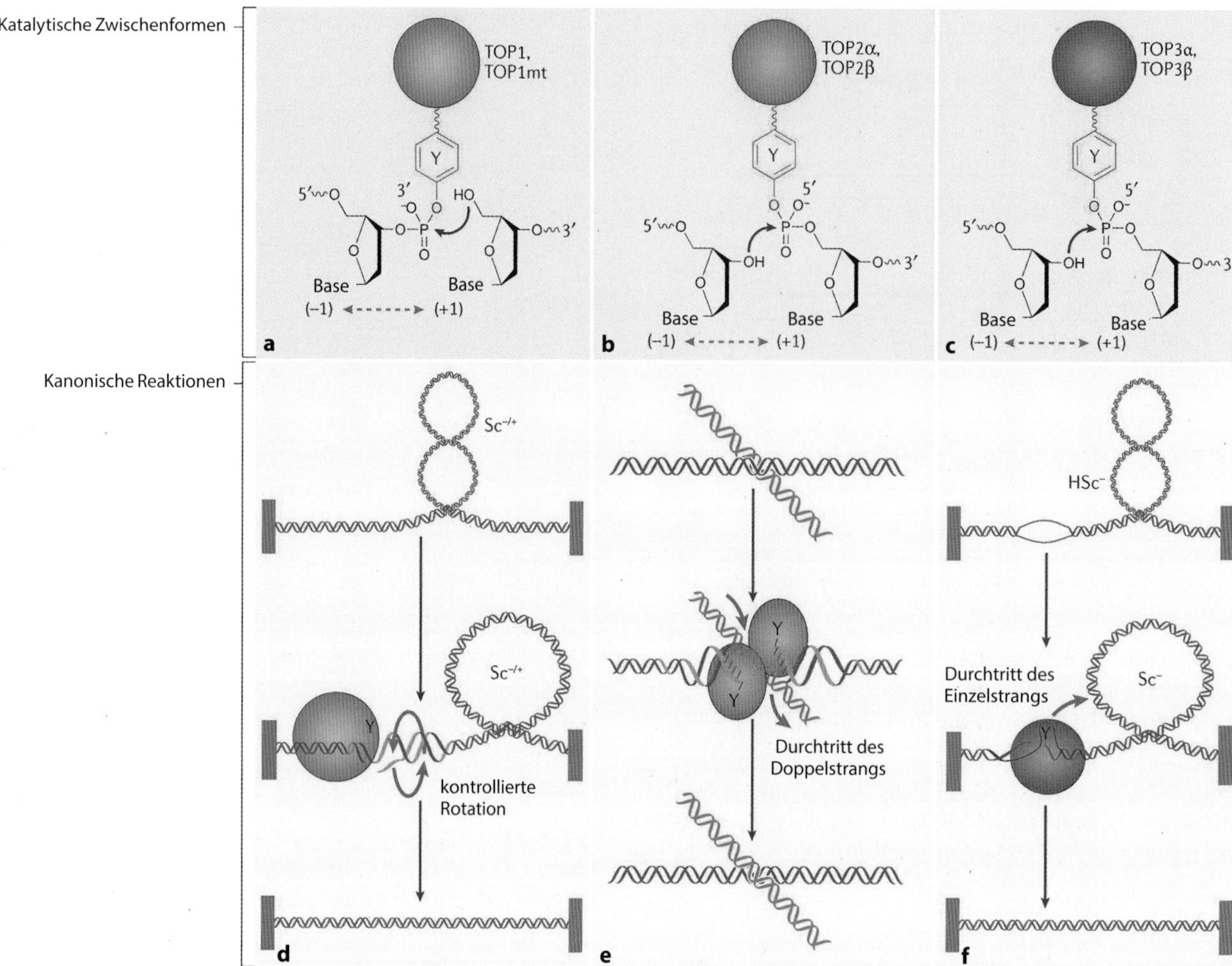

Abb. 2.18 Überblick über eukaryotische Topoisomerasen. **a–c** Topoisomerasen spalten das Phosphodiester-Rückgrat der DNA und bilden dabei eine kovalente Bindung zwischen einem Tyrosinrest und dem 3′-Ende (TOP1-Enzyme) oder dem 5′-Ende der DNA (TOP2- und TOP3-Enzyme). Die erneute Verknüpfung der Brüche wird durch einen nukleophilen Angriff (*Pfeile*) des 5′-OH-Endes im Falle der TOP1-Enzyme bzw. des 3′-OH-Endes im Falle der TOP2- und TOP3-Enzyme eingeleitet. Das „Stapeln" der Basen (*gestrichelte Doppelpfeile*) ist dabei entscheidend für die genaue Anordnung der DNA-Enden und ihre erneute Verbindung (wie in einem molekularen Reißverschluss). **d** TOP1-Enzyme entspannen sowohl negative als auch positive Überdrehungen (engl. *supercoils*, $Sc^{-/+}$) durch einen Einzelstrangschnitt und die anschließende kontrollierte Rotation des geschnittenen Strangs um den intakten Strang. TOP1-Enzyme können auch nicht-homologe Enden verbinden, wobei sie sich wie DNA-Rekombinasen verhalten. **e** TOP2-Enzyme wirken als Homodimere und entspannen sowohl positive als auch negative Überdrehungen, können aber auch Catenane und DNA-Knoten lösen. Dies erklärt ihre besondere Bedeutung bei der Zellteilung, wobei überdrehte Ringe verknotete Tochtermoleküle erzeugen. TOP2-Enzyme schneiden beide Stränge und ermöglichen so den Durchtritt eines weiteren DNA-Doppelstrangs; danach wird der Doppelstrangbruch wieder verbunden. TOP2-Enzyme benötigen Mg^{2+} und die Hydrolyse von ATP für ihre katalytischen Zyklen. **f** TOP3-Enzyme entspannen nur besonders starke Überdrehungen (engl. *hypernegative supercoiling*, HSc^{-}). Dabei wird einer der beiden DNA-Stränge an Stellen geschnitten, wo die negative Überdrehung die Trennung ermöglicht, und der intakte Strang wird durch den geschnittenen hindurchgeführt. Mg^{2+} wird als Cofaktor benötigt. TOP3β kann sich auch als eine RNA-Helikase verhalten und 3-strängige DNA-RNA-Hybridstrukturen (engl. *R loop*) auflösen. (Nach Pommier et al. 2016, mit freundlicher Genehmigung)

die endgültige Trennung der beiden neu replizierten Stränge vornehmen: entweder eine Topoisomerase II mit einem Schnitt durch beide Einzelstränge oder eine Topoisomerase I mit einem Schnitt des Einzelstrangs an der Verbindung des Einzelstrangs mit dem Doppelstrang.

Topoisomerasen sind Angriffspunkte vieler Klassen von verschiedenen Arzneimitteln. Bei Bakterien sind viele Antibiotika gegen Topoisomerasen der Klasse IIA gerichtet (gegen Gyrasen und Topo-IV). Bei Menschen sind viele Antikrebsmittel gegen Topisomerasen IB und IIA gerichtet, für Details sei an dieser Stelle auf die ausführliche Übersichtsarbeit von Pommier (2013) verwiesen. Diese modernen klinischen Anwendungen machen deutlich, wie wichtig die Erforschung grundlegender genetischer Mechanismen ist, auch wenn die Bedeutung der Frage „Wie löse ich die Überdrehung einer Spirale?" zunächst rein akademisch-abstrakt erscheint.

Aus der Helixstruktur der DNA ergibt sich ein grundsätzliches topologisches Problem der DNA-Replikation: Wenn mit fortschreitender Replikation die Helix entspiralisiert wird, geht dies nur, indem immer wieder Brüche in die Helix eingeführt werden, um so ein Verdrillen zu vermeiden. Die dafür zuständigen Enzyme werden als Topoisomerasen bezeichnet.

Nach den **gemeinsamen** Aspekten der DNA-Replikation bei Pro- und Eukaryoten (siehe auch ◘ Tab. 2.2) sollen nun die spezifischen Eigenheiten diskutiert werden.

2.2.2 Mechanismen der Replikation bei Prokaryoten

Bakterien müssen ihre Genome kopieren, bevor sie sich in zwei Tochterzellen teilen können. Jeder Zellzyklus startet an einer bestimmten chromosomalen Region, die als *oriC* bezeichnet wird (engl. *chromosomal replication origin*). Fehler beim Start der Replikation führen zu suboptimalem Bakterienwachstum. Daher ist es für Bakterien von besonderer Bedeutung, diesen ersten kritischen Schritt der DNA-Replikation, den Zusammenbau des „Orisoms" (Protein-*oriC*-Komplex), präzise zu regulieren. Alle Startstellen bakterieller Systeme, die die Bildung des Replikationskomplexes steuern, enthalten enzymatische Aktivitäten zur Entwindung der DNA und speziesspezifische Regulatoren. Konservierte Kennzeichen aller bakteriellen Systeme beinhalten Sequenzelemente, an die der Replikationsinitiationsfaktor DnaA bindet (und die deshalb DnaA-Boxen genannt werden), sowie ein AT-reiches DNA-Entwindungselement (engl. *DNA unwinding element*, DUE). Allerdings variieren die Replikationsstartpunkte der verschiedenen Bakterienspezies deutlich im Hinblick auf Organisation und Länge einschließlich der Zahl und des Abstandes der DnaA-Boxen sowie der Lage der DnaA-Box zu den DNA-Entwindungselementen. Als zwei Beispiele für derart unterschiedliche Formen der Replikationsstartpunkte seien hier die von *Escherichia coli* und *Bacillus subtilis* gezeigt (◘ Abb. 2.19). Dabei ist die Anwesenheit des *dnaA*-Gens im Replikationsursprung bei vielen Bakterien zu finden; bei *E. coli* liegt dieses Gen aber etwa 44 kb vom Replikationsursprung entfernt.

In der **Initiationsphase** wird um den Replikationsstartpunkt herum eine kleine Blase entspiralisierter DNA gebildet, das Replikationsauge. Der *oriC* des ringförmigen *E. coli*-Chromosoms besteht aus 250 bp. Die Trennung der beiden Doppelstränge beginnt in einer AT-reichen Region, die schon dadurch eine gewisse Instabilität aufweist; sie enthält dreimal die Sequenz 5′-GATCTATTATTT-3′. In unmittelbarer Nähe zu dieser AT-reichen Region befinden sich die klassischen Erkennungssequenzen für das DnaA-Protein (5′-TTATNCACA-3′), die insgesamt fünfmal vorkommen und als DnaA- oder R-Boxen bezeichnet werden. Trotz der geringen Sequenzunterschiede hat das DnaA-Protein unterschiedliche Affinitäten zu den einzelnen Boxen. Das „aktive" DnaA-Protein (im Komplex mit ATP) bindet mit geringerer Affinität an die AT-reiche Region oberhalb der DnaA-Boxen. Wenn diese Region durch andere Komponenten entspiralisiert wird, stabilisiert sich die Bindung von DnaA durch dessen hohe Affinität an die einzelsträngige DNA. Für die Umwandlung des Initiations- in den offe-

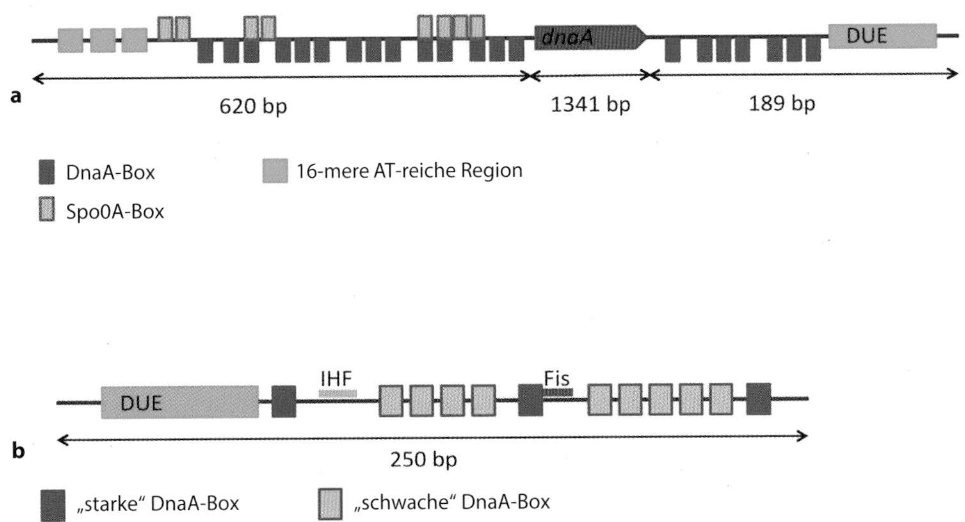

◘ **Abb. 2.19** Der Replikationsursprung (*oriC*) bei *Bacillus subtilis* und *Escherichia coli* im Vergleich. **a** Der Replikationsursprung von *B. subtilis* umfasst 2150 bp. Die DnaA-Boxen sind *blau* und die DNA-Entwindungselemente (DUE) *grün*; dazu gehört auch das Gen *dnaA* (*rot*) für den Initiator der Replikation (DnaA) sowie Bindestellen für das Spo0A-Protein (*grau*; engl. *stage 0 sporulation protein A*). **b** Der Replikationsursprung von *E. coli* umfasst nur 250 bp. Die starken DnaA-Boxen sind *dunkelblau* und die schwachen DnaA-Boxen *hellblau*; die DNA-Entwindungselemente sind *grün*, die Bindestellen für Hilfsproteine *orange* (IHF, engl. *integration host factor*) bzw. *rot* (Fis, engl. *factor for inversion stimulation*) dargestellt. (Nach Jameson und Wilkinson 2017; CC-by 4.0, ► http://creativecommons.org/licenses/by/4.0/)

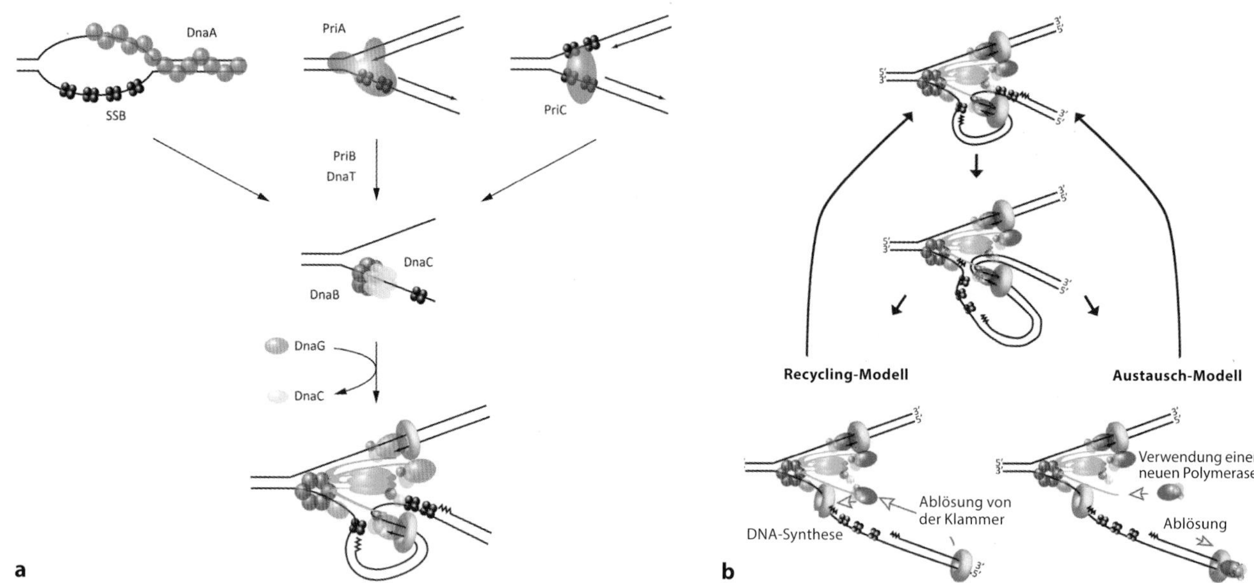

Abb. 2.20 Schematische Darstellung der DNA-Replikation bei *Escherichia coli.* **a** Initiationsphase: Das aktivierte DnaA-Protein erkennt den Replikationsstartpunkt anhand der DnaA-Boxen und der oberhalb liegenden AT-reichen Sequenzen (Abb. 2.19). Der Replikationsstartpunkt wird im Bereich der AT-reichen Sequenzen aufgeschmolzen und durch Einzelstrangbindeproteine (SSB) stabilisiert. Im nächsten Schritt werden die Helikasen geladen (DnaB- und DnaC-Komplexe aus je 6 Untereinheiten). Nach einer Umorganisation der Helikasen wird die Primase DnaG zum Initiationskomplex geladen und DnaC wieder freigesetzt. Das *Priming* erfolgt nach dem Beladen der Gleitklammer (*gelber Ring*) und der ATP-Hydrolyse des aktivierten DnaA-Komplexes. Die Polymerase III (*violett*) beginnt zu arbeiten, und die Replikation läuft bidirektional ab. Klammerlader: *hellgrün. Oben rechts*: Bei einer Unterbrechung der Replikation wird der Replikationskomplex mithilfe der Neustartproteine PriA, PriB, PriC und DnaT wieder auf den Ausgangspunkt mit dem DnaB/DnaC-Komplex zurückgesetzt und kann dann neu gestartet werden. **b** Elongation: Wenn die DNA-Polymerase bei der Synthese des Folgestrangs auf die RNA-Primer (*Zickzack-Linie*) des vorherigen Okazaki-Fragmentes trifft, stoppt die Synthese. Nach dem aktuellen Recycling-Modell (*links*) löst sich die DNA-Polymerase von der Gleitklammer, und dasselbe Molekül bindet an eine neue Gleitklammer, um ein neues Okazaki-Fragment zu synthetisieren. Im alternativen Austausch-Modell (*rechts*) wird das nächste Okazaki-Fragment hingegen von einer neuen Polymerase synthetisiert. (Nach Beattie und Reyes-Lamothe 2015, CC-by)

nen Komplex ist eine Mindestmenge von DnaA-Protein notwendig. Elektronenmikroskopische Untersuchungen zeigen, dass etwa 20 bis 30 DnaA-Monomere an einem aktiven Replikationskomplex beteiligt sind. Die Bindung von „aktivem" DnaA an die DnaA-Boxen ist dann der erste Schritt beim Zusammenbau des Initiationskomplexes und erfolgt mit hoher Affinität. Zu diesem Initiationskomplex gehören auch DnaB, eine *E. coli*-Helikase, sowie weitere Hilfsproteine und Kontrollfaktoren. Offensichtlich erlauben auch die abgestuften Affinitäten und Kooperationseffekte durch andere Mitglieder des Komplexes eine präzise Regulation. Eine Übersicht über die Initiationsphase der Replikation bei *E. coli* gibt Abb. 2.20.

Die doppelsträngige Region des Initiationskomplexes umfasst zunächst etwa 28 bp. Wenn Einzelstrang-bindende Proteine (engl. *single-stranded DNA-binding proteins*, SSB) anwesend sind, vergrößert sich diese Region auf 44 bis 46 bp. Da Einzelstrang-DNA, die mit SSB bedeckt ist, ein schlechtes Substrat für die DnaB-Helikase ist, müssen die SSBs mithilfe des DnaA-Proteins „aufgeladen" werden. Dieser Ladekomplex enthält zwei Doppelhexamere von DnaB und des eigentlichen „Ladeproteins" DnaC, jeweils ein Doppelhexamer für jede Replikationsgabel. DnaC verlässt den Komplex unmittelbar nach oder schon während des Ladevorgangs. Das dabei hydrolysierte ATP aktiviert die Helikase-Aktivität des DnaB-Proteins. Dabei rutschen die DnaB-Hexamere in 5′→3′-Richtung weiter und vergrößern das Replikationsauge auf etwa 65 bp. Die Primase (DnaG) tritt zu dem Initiationskomplex hinzu und synthetisiert die RNA-Primer für die beiden Leitstränge.

Nun kann die Gleitklammer der Polymerase (engl. *sliding clamp*), ein ringförmiges Dimer der β-Untereinheit der DNA-Polymerase III, auf die startbereite Matrize aufgeladen werden. Dadurch wird die intrinsische ATPase-Aktivität des DnaA-Proteins aktiviert. Durch ATP-Hydrolyse wird das „aktive" DnaA-Protein wieder inaktiviert und die Bildung weiterer Initiationskomplexe verhindert. Der jetzt vorliegende Gesamtkomplex aus DNA und Proteinfaktoren wird auch als „Replisom" bezeichnet (Abb. 2.20a).

Nach der Initiationsphase tritt die DNA-Replikation in die **Elongationsphase** ein. Dabei wird der Leitstrang kontinuierlich synthetisiert, wohingegen der Folgestrang diskontinuierlich unter Bildung der Okazaki-Fragmente synthetisiert wird. Eine Übersicht über die dabei ablaufenden zyklischen Prozesse gibt Abb. 2.20b.

Tab. 2.3 Hauptklassen prokaryotischer DNA-Polymerasen

Enzym	Untereinheit (kDa)	Funktion
Pol I	103	„Kornberg-Enzym“: Entfernung der RNA-Primer, Auffüllen der Lücke, Korrektur; 5′→3′- und 3′→5′-Exonuklease-Aktivität[a]
Pol II	88	DNA-Reparatur; 3′→5′-Exonuklease-Aktivität
Pol III	α: 130	Katalytische Untereinheit
(Core)	ε: 28	Korrektur; 3′→5′-Exonuklease-Aktivität
	τ: 71	Verbindung der Pol-III-Dimere
	θ: 10	Stimulierung der ε-Untereinheit
Pol IV	40	DNA-Reparatur
Pol V	UmuC: 46 UmuD: 15	DNA-Reparatur

[a] Durch Behandlung mit der Protease Trypsin wird das Gesamtprotein in zwei Fragmente gespalten. Der C-terminale Teil enthält die 3′→5′-Exonuklease zusammen mit der DNA-Polymerase-Aktivität („Klenow-Fragment“)

In verschiedenen genetischen Ansätzen ist es gelungen, die Faktoren zu identifizieren, die für die bakterielle Replikation essenziell sind. Dazu wurden solche *E. coli*-Mutanten gesucht, die in der DNA-Replikation offensichtlich Defizite aufweisen. Eine typische Strategie isoliert dabei Mutanten, die nicht mehr in der Lage sind, autonom replizierende, aber extrachromosomale DNA-Moleküle zu erhalten (z. B. ein Mini-F-Plasmid, ► Abschn. 4.2.1). Über 60 Mutanten wurden auf diese Weise identifiziert und wichtige Faktoren wie die B-Untereinheit der Gyrase (*gyrB*), eine Untereinheit des HU-Proteins (*hupB*) oder die RecD-Untereinheit des RecBCD-Enzyms (*recD*; zur Übersicht siehe Kato 2005).

Bei *E. coli* sind fünf DNA-Polymerasen bekannt (DNA-Polymerase I–V). Viele DNA-Polymerasen besitzen zusätzliche Exonuklease-Aktivitäten und können somit auch Nukleotide aus einer Kette entfernen. Dabei entfernt die 5′→3′-Exonuklease die RNA-Nukleotide des Primers, und die 3′→5′-Exonuklease beseitigt falsch gepaarte DNA-Nukleotide. Die DNA-Polymerase III ist das Hauptenzym der Replikation, während die DNA-Polymerase I die RNA-Primer abbaut und danach die Lücken wieder auffüllt. Polymerase I überwiegt mengenmäßig die übrigen DNA-Polymerasen erheblich. In der Bakterienzelle sind etwa 300 bis 400 DNA-Polymerase-I-Moleküle vorhanden. Die Polymerase II ist mit etwa 40 Molekülen vertreten, während von der DNA-Polymerase III nur etwa 10 Moleküle vorhanden sind. Die DNA-Polymerasen II, IV und V sind auch an Reparaturmechanismen beteiligt. Eine Übersicht über bakterielle DNA-Polymerasen gibt ◘ Tab. 2.3.

Die DNA-Polymerase I wurde in den frühen 1950er-Jahren vor allem durch Severo **Ochoa** und Arthur **Kornberg** durch klassische biochemische Verfahren isoliert und charakterisiert; beide wurden für diese Arbeiten 1959 mit dem Nobelpreis für Medizin ausgezeichnet. Als Kornberg jedoch 1957 seine beiden grundlegenden Manuskripte beim *Journal of Biological Chemistry* eingereicht hatte, wurden sie zunächst von den Gutachtern abgelehnt: *„It is very doubtful that the authors are entitled to speak of the enzymatic synthesis of DNA“; „polymerase is a poor name“.* Aufgrund des Einspruchs des Chefredakteurs konnten die Arbeiten aber 1958 erscheinen (Lehman et al. 1958; Bessman et al. 1958). Heute wird die DNA-Polymerase I auch als „Kornberg-Polymerase“ bezeichnet; sein Sohn Roger D. Kornberg erhielt 2006 den Nobelpreis für Chemie für die Strukturaufklärung der eukaryotischen RNA-Polymerase II.

Ermittelt man die **Replikationsgeschwindigkeit** der DNA in einem *E. coli*-Chromosom, so findet man, dass diese unabhängig von den Wachstumsbedingungen etwa 500 bis 1000 bp je Sekunde beträgt. Das wirft die Frage auf, wie ein Bakterium mit einer Chromosomenlänge von 4×10^6 bp bei bidirektionaler Replikation sich unter günstigen Bedingungen alle 20 min teilen kann, da die Replikation des Chromosoms etwa 40 min beansprucht. Dieses Problem wird von der Zelle dadurch gelöst, dass die Initiationsfrequenz der Replikation am Replikationsstartpunkt von der Wachstumsgeschwindigkeit gesteuert wird. Bei hoher Wachstumsgeschwindigkeit beginnt die Initiation einer neuen Replikationsrunde bereits vor Vollendung der vorangehenden Replikation, sodass das Chromosom in diesem besonderen Fall mehr als zwei Replikationsgabeln besitzt.

2

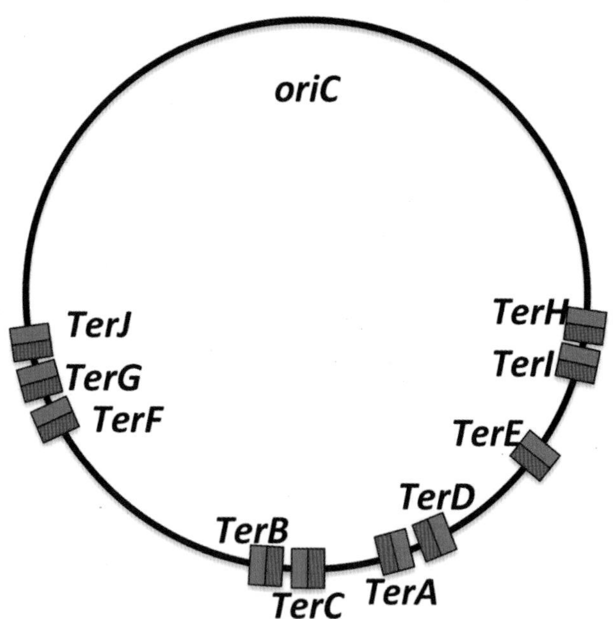

◻ **Abb. 2.21** Lage und Orientierung der *Ter*-Stellen in *Escherichia coli*. Die erlaubte Seite ist in *Blau* und die unerlaubte Seite in *Rot* angegeben. (Nach Jameson und Wilkinson 2017, CC-by 4.0, ▶ http://creativecommons.org/licenses/by/4.0/)

Die Replikation findet bei *E. coli* ihren Abschluss – die **Termination** – am gegenüberliegenden Teil von *oriC*; die Terminationsstellen (*Ter*; fünf für jede Richtung) bestehen jeweils aus einer nicht-palindromischen 23-bp-Sequenz. Die Termination ist durch einen polaren Mechanismus gesteuert, bei dem die *Ter*-Sequenzen entweder aus einer „erlaubten" oder aus einer „unerlaubten" Richtung erreicht werden können. Die Orientierung dieser *Ter*-Sequenzen bestimmt nämlich, ob eine sich ausbreitende Replikationsgabel die *Ter*-Sequenz überschreiten darf oder ob die Replikation angehalten wird. So wird beispielsweise in ◻ Abb. 2.21 eine Replikationsgabel, die sich im Uhrzeigersinn bewegt, die Abschnitte *TerH*, *TerI*, *TerE*, *TerD* und *TerA* ungehindert passieren können, wird aber am Abschnitt *TerC* angehalten (oder, falls das nicht gelingt, an *TerB*, *TerF*, *TerG* oder *TerJ*).

Verantwortlich für diesen Mechanismus ist das TUS-Protein (engl. *terminator utilisation substance*), das an die Terminationsstellen in asymmetrischer Weise bindet. Wenn es nun bei einem Zusammenstoß mit der DNA-Helikase DnaB aus der „erlaubten" Richtung kommt, löst sich das TUS-Protein sofort von seiner Bindestelle, und die Replikationsgabel kann weiter voranschreiten. Wenn sich die Replikationsgabel aber aus der „unerlaubten" Richtung nähert, bildet der TUS-*Ter*-Komplex ein Hindernis, das die weitere Fortbewegung von DnaB und damit der Replikationsgabel insgesamt verhindert. TUS wirkt dabei als eine Art „Mausefalle" an den *Ter*-Stellen: Wenn die Replikationsgabel aus der unerlaubten Richtung ankommt, rutscht das Cytosin an Position 6 der *Ter*-Sequenz in die entsprechende Bindestelle des TUS-Proteins hinein. Damit ist die Falle zugeschnappt, das TUS-Protein kann sich nicht mehr ablösen und damit die Replikationsgabel nicht mehr weiter voranschreiten.

Die bakterielle Replikation beginnt am *oriC* und benötigt zunächst die Bindung des aktiven DnaA-Proteins, der DnaB- und DnaC-Proteine sowie Einzelstrang-bindender Proteine. Unter ATP-Verbrauch wird die DNA-Polymerase „aufgeladen" und die Replikation gestartet. Die Replikation schreitet in beide Richtungen fort und wird an der gegenüberliegenden Seite an *Ter*-Sequenzen beendet.

Wir haben oben im allgemeinen Teil (▶ Abschn. 2.2.1) schon gesehen, dass Inhibitoren der Topoisomerasen wirksame antibakterielle Arzneimittel sein können. Unter dem Eindruck zunehmender Mehrfachresistenz der Bakterien gegen Arzneimittel (engl. *multidrug resistance*, MDR) werden deswegen neue antibakterielle Wirkstoffe entwickelt. Als neue vielversprechende Angriffspunkte gelten auch viele andere Enzyme, die an der prokaryotischen Replikation beteiligt sind. In der (vor-)klinischen Entwicklung befinden sich deswegen unter anderem Guanin-Inhibitoren (gegen DNA-Polymerase IIIα sowie die Untereinheiten DnaE und PolC), 6-Anilinuracil (gegen DNA-Polymerase IIIα und die Untereinheit PolC) und Griselimycin (gegen die Gleitklammer und den Klammerlader-Komplex). Eine ausführliche aktuelle Darstellung findet sich bei van Eijk et al. (2017).

Als Besonderheit soll hier außerdem die **DNA-Replikation von Plasmiden** (▶ Abschn. 4.2) und Bakteriophagen (▶ Abschn. 4.3) erwähnt werden, die nach dem Mechanismus des *rolling circle* (◻ Abb. 2.22) abläuft. Diese Form der DNA-Replikation verwendet eine ringförmig geschlossene DNA als Matrize und umgeht damit im ersten Schritt die Ausbildung der sonst notwendigen RNA-Primer. In der Initiationsphase binden sequenzspezifische Initiatorproteine für die Replikation (Rep-Proteine) an eine hochkonservierte doppelsträngige Startsequenz (engl. *double-strand origin*, DSO). Diese Bindung des Rep-Proteins ist verbunden mit der Einführung eines Einzelstrangbruchs und der Ausbildung einer haarnadelförmigen Schleife als späteres Terminationssignal. Das Rep-Protein wird kovalent über einen Tyrosinrest im aktiven Zentrum an das freie 5′-Phosphat-Ende gebunden. Mithilfe der PcrA-Helikase (engl. *plasmid copy reduced* A) und stabilisierenden Einzelstrang-bindenden Proteinen wird ein Stück DNA-Einzelstrang freigelegt, an dessen freiem 3′-OH-Ende die DNA-Polymerase III den Leitstrang synthetisiert, bis sie das Terminationssignal erreicht (ca. 10 Basen vor der Schnittstelle). Nach einer Serie verschiedener Schnitte und Neuverknüpfung der einzelsträngigen DNA wird der zirkuläre Einzelstrang freigesetzt und zum Doppelstrang vervollständigt.

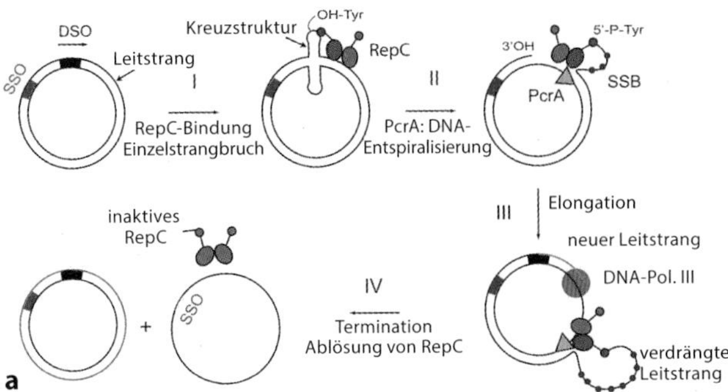

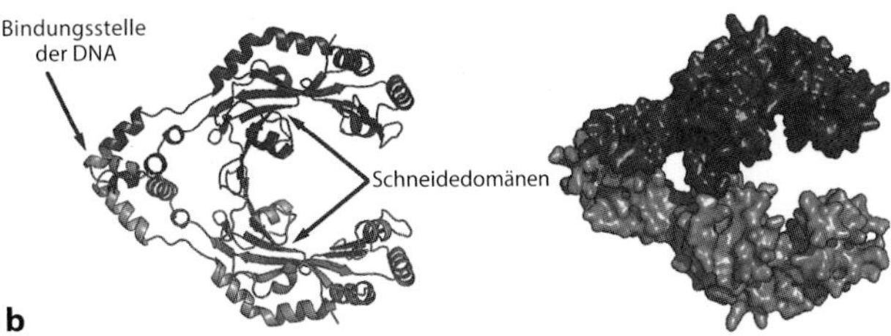

■ **Abb. 2.22** *Rolling circle*-Replikation. **a** Allgemeines Schema. *Schritt I*: Die Plasmid-DNA enthält einen Replikationsstart für doppelsträngige DNA (engl. *double-strand origin*, DSO) und einen für einzelsträngige DNA (engl. *single-strand origin*, SSO). Am DSO wird durch ein RepC-Dimer ein Einzelstrangbruch eingeführt, und RepC wird danach über einen Tyrosinrest (Tyr) kovalent an das 5′-Phosphat-Ende (5′-P) der geschnittenen DNA gebunden. *Schritt II*: Die PcrA-Helikase bildet mit dem RepC-Molekül einen Komplex und entspiralisiert die doppelsträngige DNA, sodass der Leitstrang von der Plasmid-DNA verdrängt wird und ein freies 3′-OH-Ende am DSO übrig bleibt. *Schritt III*: Die DNA-Polymerase III heftet sich an das freie 3′-OH-Ende an und synthetisiert einen neuen Leitstrang. Der verdrängte Leitstrang wird durch Einzelstrang-bindende Proteine (engl. *single-strand binding proteins*, SSB) stabilisiert. *Schritt IV*: Ein kovalent geschlossener, einzelsträngiger DNA-Ring ist hergestellt und kann anschließend in eine doppelsträngige DNA überführt werden. Am SSO wird durch eine RNA-Polymerase ein kurzer RNA-Primer hergestellt, an dem dann die DNA-Polymerasen I und III mit der Synthese des Folgestrangs beginnen. **b** Modellierung des RepC-Komplexes. *Links*: Bändermodell, *rechts*: 3D-Ansicht. Das RepC besteht aus zwei Untereinheiten (*schwarz* und *grau*) mit einer separaten DNA-Bindestelle (*blau*) und einer Schneidedomäne (*Pfeile*). Der Komplex hat eine C-förmige Struktur mit einer Vertiefung von 3–4 nm – ausreichend, um die DNA zur Spaltung aufzunehmen. (Nach Pastrana et al. 2016, mit freundlicher Genehmigung)

Dieser Prozess benötigt die Bildung eines RNA-Primers mithilfe der RNA-Polymerase und nachfolgend die Verlängerung der Primer durch DNA-Polymerase I und III. Schließlich werden die freien Enden verbunden und die gebildete DNA durch DNA-Gyrase der Bakterienzelle in die verdrillte (*supercoiled*) Form überführt. Im Gegensatz zur Replikation einer Plasmid-DNA wird die Phagen-DNA häufig repliziert, üblicherweise etwa 20-mal.

Eine moderne Anwendung findet die *rolling circle*-Replikation bei der Herstellung der DNA-Origami-Strukturen (▶ Abschn. 2.1.5). Der Vorteil dieser Amplifikationsmethode liegt vor allem darin, dass die Temperatur gleich bleibt (kein Aufheizen und Abkühlen wie bei der Polymerasekettenreaktion, PCR; Technikbox 4) und dass dennoch eine Vielzahl einzelsträngiger DNA-Kopien (oder auch RNA) von einer ringförmigen Matrize aus hergestellt werden kann. Die Einfachheit und die vielfältigen Einsatzmöglichkeiten dieser Amplifikationstechnik haben die *rolling circle*-Amplifikation zu einem attraktiven Werkzeug der Nanobiotechnologie werden lassen (für eine ausführliche Übersicht siehe Ali et al. 2014).

2.2.3 Mechanismen der Replikation bei Eukaryoten

Die DNA-Replikation eukaryotischer Zellen ist wesentlich komplexer als bei Prokaryoten, da bei Eukaryoten die Zellteilung nicht nur mit dem Wachstum des jeweiligen Gesamtorganismus, sondern auch mit gewebespezifischen Differenzierungsmustern verbunden ist. Außerdem kommt aufgrund der chromosomalen Organisation des eukaryotischen Genoms im Zellkern ein zusätzlicher Komplexitätsgrad hinzu: Wie wir im ▶ Abschn. 6.2.2 im Detail besprechen werden, ist die DNA bei Eukaryoten um Proteinkomplexe gewickelt, die im Wesentlichen aus Histonproteinen bestehen und als Nukleosomen bezeichnet werden. Dabei entsteht eine perlenschnurartige Struktur (■ Abb. 6.14). Die Replikation des Genoms findet auch nur in einer bestimmten Phase des Zellzyklus statt. Dieser ist in vier Schritte unterteilt, die G_1-, S-, G_2- und M-Phase: Die erste Phase, G_1 (eng. *gap*), beginnt am Ende der Zellteilung und ist durch Zellwachstum gekennzeichnet. Nachdem die G_1-Phase abgeschlossen ist, wird die DNA in der S-Phase (S = Synthese) repliziert. Nach einer erneuten Wachstumsphase (G_2) teilt sich die Zelle während der M-Phase (M = Mitose) in zwei Tochterzellen. Als Schalter zwischen den verschiedenen Phasen fungieren Cycline, Cyclin-abhängige Kinasen (engl. *cyclin-dependent kinases*, CDKs) und CDCs (engl. *cell division cycle*) (für Details des Zellzyklus siehe ▶ Abschn. 5.2).

Eine naheliegende Frage bezüglich der eukaryotischen DNA-Replikation ist, ob die DNA eines jeden Chromosoms in einem einzigen Schritt verdoppelt wird (vergleichbar dem Mechanismus bei Prokaryoten) oder ob sie in Teilschritten repliziert. Eine erste Antwort hierauf haben autoradiographische Studien über das Replikationsverhalten von Chromosomen geben können: Antonio **Lima-de-Faria** erkannte schon 1959, dass bestimmte Chromosomenabschnitte zu einem späteren Zeitpunkt replizieren als andere Chromosomenbereiche. Heute wissen wir, dass die früh replizierenden Bereiche des Genoms bevorzugt im Inneren des Zellkerns liegen und die spät replizierenden Bereiche eher an der Periphe-

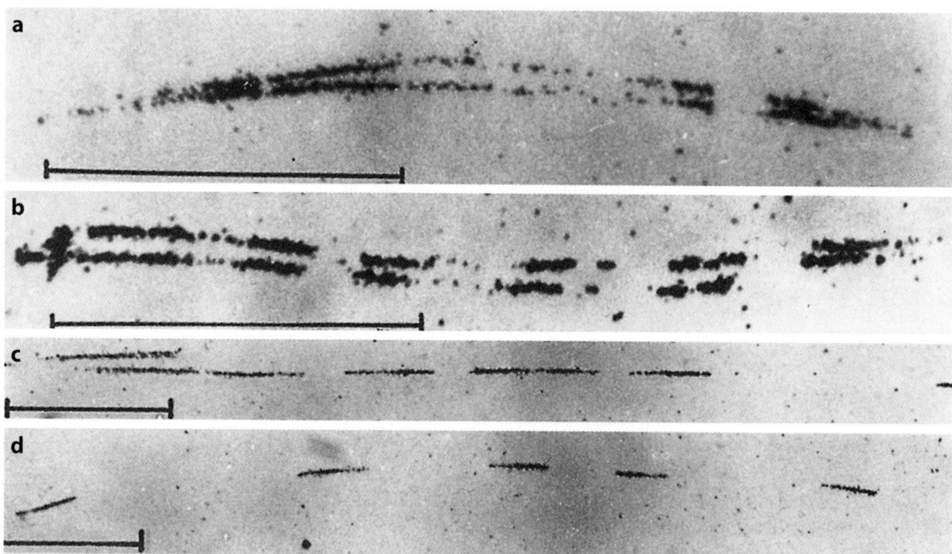

Abb. 2.23 Autoradiographische Demonstration von Replikationsstartpunkten in der DNA aus Kulturen menschlicher Zellen. In **a** und **b** sind die beiden Enden der Replikationsgabeln sichtbar. Weitere Replikationsstartpunkte befinden sich innerhalb der Gabel. In **c** und **d** ist erkennbar, dass eine Initiation der Replikation mehrfach innerhalb begrenzter DNA-Bereiche erfolgt ist. Der Längenmarker zeigt jeweils 50 µm an. (Aus Huberman und Tsai 1973, mit freundlicher Genehmigung)

rie. Die Entscheidung, welche Bereiche des Genoms eher im Inneren des Zellkerns liegen und welche an der Peripherie, ist aber dynamisch und hängt vom funktionellen Zustand bzw. dem Differenzierungsgrad des Gewebes ab (▶ Abschn. 5.1.5).

Eukaryotische Chromosomen replizieren nicht kontinuierlich von einem Ende zum anderen, sondern verschiedene Chromosomenteilbereiche können zu unterschiedlichen Zeiten replizieren.

Spreitet man gereinigte DNA-Moleküle aus kurzzeitig mit ^{3}H-Thymidin markierten menschlichen Zellen und führt an solchen Präparaten eine Autoradiographie durch, so findet man DNA-Moleküle, die mit mehrfachen Unterbrechungen radioaktiv markiert sind. Die Markierungsmuster weisen darauf hin, dass die Replikation der DNA an unterschiedlichen, voneinander getrennten Stellen beginnt und bidirektional verläuft, da die Radioaktivität häufig symmetrisch um zwei unmarkierte Mittelregionen angeordnet ist (■ Abb. 2.23). Die mittleren Abstände der Replikationsstartpunkte betragen im Mittel deutlich über 100.000 Basen (= 100 kb; 1 Kilobase [kb] = 1000 Basen) und könnten sogar bei 500 kb liegen. Ein Genom muss Tausende von Replikationseinheiten besitzen, selbst wenn diese im Mittel 500 kb lang sind. Ein haploides menschliches Genom (3×10^9 bp), das innerhalb von etwa 8 h repliziert wird, sollte etwa 10.000 bis 20.000 Replikationsstartpunkte besitzen.

Die Replikation der DNA beginnt an bestimmten Replikationsstartpunkten und läuft von dort aus nach zwei Seiten. Es gibt in eukaryotischen Chromosomen Zehntausende von DNA-Sequenzen, an denen die Replikation zu unterschiedlichen Zeiten beginnen kann.

Es gibt Anzeichen dafür, dass das differenzielle Replikationsverhalten mit der Aktivität oder Inaktivität der betreffenden DNA-Region in dem jeweiligen Zelltyp korreliert (▶ Abschn. 6.4). Das würde bedeuten, dass der Beginn der Replikation an bestimmten Replikationsstartpunkten gewebespezifisch reguliert wird. Ein Beispiel für gewebespezifische Unterschiede im Gebrauch von Replikationsstartpunkten können wir in der Frühentwicklung von *Drosophila* finden (▶ Abschn. 12.4). Nach der Befruchtung erfolgt im *Drosophila*-Ei alle 10 min eine Kernteilung. Das Intervall zwischen zwei Kernteilungen dient weitgehend der Replikation des Genoms, die in etwa 5 min abgeschlossen sein muss. Um dieses Ziel bei einer Replikationsgeschwindigkeit von etwa 2,6 kb je Minute zu erreichen, sind 20.000 bis 50.000 Replikationsstartpunkte im Genom von *Drosophila* erforderlich. Diese werden in den frühen Kernteilungen wahrscheinlich alle verwendet und auch gleichzeitig aktiviert. Übereinstimmend damit wurde experimentell festgestellt, dass der mittlere Abstand der Replikationsstartpunkte in der Frühentwicklung bei etwa 8 kb liegt. In anderen Zelltypen von *Drosophila* ist dieser Abstand wesentlich größer und liegt in Speicheldrüsen im Mittel bei etwa 30 kb.

Damit stellt sich die Frage, was diese Replikationsstartstellen gemeinsam haben, und die erste Überlegung geht natürlich dahin, diese Gemeinsamkeiten in der Sequenz zu suchen. Man wurde zunächst in niederen Eukaryo-

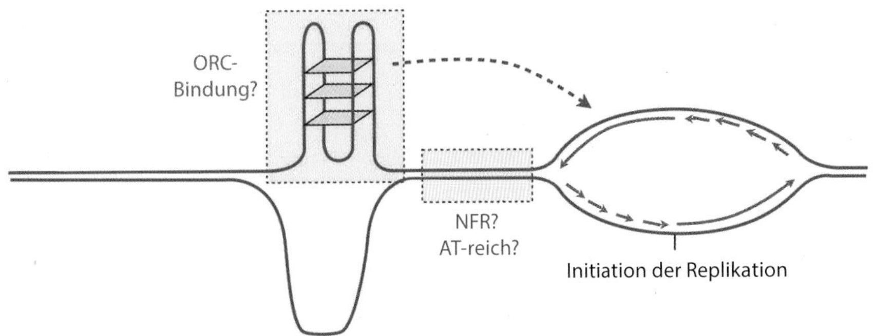

Abb. 2.24 G-Quadruplex-Strukturen und DNA-Replikation. G-Quadruplex-Strukturen können durch verschiedene Proteine erkannt werden, wahrscheinlich auch durch solche, die einen Replikationsstartpunkt erkennen (engl. *origin recognition complex*, ORC). Nukleosomen-freie Regionen (NFR) an möglicherweise AT-reichen DNA-Sequenzen erlauben dann die Bildung einer Replikationsblase. (Nach Rivera-Mulia und Gilbert 2016, mit freundlicher Genehmigung)

ten fündig: Bei der Bäckerhefe *Saccharomyces cerevisiae* wurden als Startsequenzen zuerst „autonom replizierende Sequenzen" (ARS) beschrieben, da sie in künstlichen Chromosomen (engl. *artificial chromosomes*) ausreichen, um eine DNA-Synthese zu erlauben. Die Länge der ARS-Regionen in der Bäckerhefe ist AT-reich und gleicht mit einer Größe von etwa 200 bp ungefähr der des Replikationsstarts von Bakterien. Obwohl man bestimmte konservierte Elemente in den ARS-Regionen gefunden hat, weichen diese doch in der Mehrheit der Nukleotide voneinander ab, sodass man insgesamt nur **Consensussequenzen** angeben kann. Schon bei einer anderen Hefe, *Schizosaccharomyces pombe*, sind die Sequenzen, die den Replikationsstart steuern, über 800 bis 1000 bp verteilt. Die einzelnen Elemente umfassen etwa 20 bis 50 bp und zeigen keine deutlichen Sequenzhomologien zu denen von *S. cerevisiae*. Das andere Extrem sind die Replikationsstartpunkte der frühen Embryonen von *Drosophila* und *Xenopus*, die offensichtlich kaum Sequenzspezifitäten zeigen, vermutlich um eine besonders schnelle DNA-Replikation und damit verbundene Zellteilung zu ermöglichen.

Die Replikationsstartpunkte der vielzelligen Tiere (Metazoa) sind durch ihre Sequenz insgesamt schlecht zu definieren – das ist offensichtlich die Einsicht, die man aus den jahrzehntelangen Versuchen zur Analyse eukaryotischer Startsequenzen für die Replikation ziehen muss. Vielmehr sind es offensichtlich strukturelle Eigenschaften, die einen Replikationsstartpunkt bei Eukaryoten definieren. Die verschiedenen experimentellen Ergebnisse kulminieren in dem Befund, dass die DNA-Replikation vor allem in GC-reichen Regionen beginnt – und hier sind solche Sequenzen besonders häufig, die die Ausbildung von G-Quadruplex-Strukturen (Abb. 2.5) begünstigen. Es lassen sich allerdings im menschlichen Genom ungefähr 370.000 Sequenzmotive vorhersagen, die G-Quadruplexe ausbilden können – da es aber nur ca. 80.000 Replikationsstartpunkte gibt, müssen wir annehmen, dass die G-Quadruplex-Strukturen für die Replikation nicht allein ausschlaggebend sind. Offensichtlich sind noch weitere epigenetische Modifikationen des Chromatins (▶ Abschn. 8.1.3) und spezifische Positionierungen von Nukleosomen (▶ Abschn. 6.2.2) notwendig, um einen Replikationsstartpunkt zu charakterisieren. Damit wird es dann möglich, die DNA-Replikation entsprechend des jeweiligen Entwicklungs- und Differenzierungsgrades der Zellen zu regulieren.

G-Quadruplex-Strukturen können sich aufgrund ihrer Sequenz (Aufbau aus Guanosinresten) jeweils nur an einem der beiden DNA-Stränge ausbilden. Daraus ergibt sich einerseits eine Polarität der Sequenz am Replikationsstartpunkt und andererseits auch die Notwendigkeit, die Q-Quadruplex-Strukturen an diesem einen Strang wieder auflösen zu können, wenn die Replikation gestartet ist und die DNA-Polymerase arbeitet (Abb. 2.24). Dazu bedarf es einer besonderen Gruppe von Helikasen („G-Helikasen"), die sich auch dadurch auszeichnen, dass Mutationen (▶ Kap. 10) in den entsprechenden Genen zu genomischer Instabilität führen und sich aufgrund dieses Funktionsverlustes Deletionen in den Bereichen anhäufen, die G-Quadruplex-Strukturen ausbilden können. Zu diesen Genen für G-Helikasen gehören *Pif1* (in *S. cerevisiae*), *DOG-1* (engl. *deletion in guanine-rich DNA*; in *Caenorhabditis elegans*) und *FANCJ* sowie *BLM* (Mutationen in diesen Genen führen beim Menschen zu Fanconi-Anämie und dem Bloom-Syndrom; ▶ Abschn. 13.4.1).

> Der Zeitpunkt des Replikationsbeginns an verschiedenen eukaryotischen Replikationsstartpunkten kann gewebespezifisch reguliert werden. G-Quadruplex-Strukturen der DNA spielen hierbei eine besondere Rolle.

Nachdem wir nun in der Frage der Zahl der Replikationsstartpunkte einen der ersten wesentlichen Unterschiede zwischen der Replikation bei Bakterien (ein Replikationsstartpunkt) und höheren Zellen (mehrere Zehntausend Startpunkte) gesehen haben, wollen wir uns nun den molekularen Details der eukaryotischen DNA-Replikation zuwenden. Ähnlich wie bei Prokaryoten finden wir eine Initiations-, Elongations- und Terminationsphase.

2

Die **Initiationsphase** ist gekennzeichnet durch den Aufbau des präreplikativen Komplexes an den entsprechenden Startsequenzen. Der Komplex, der den Replikationsstartpunkt erkennt (engl. *origin recognition complex*, **ORC**) und als **Initiator der Replikation** wirkt, besteht bei Eukaryoten aus sechs Einzelkomponenten (ORC1p→6p). Der ORC wurde zwar ursprünglich in *S. cerevisiae* charakterisiert, aber Folgestudien zeigten, dass er in analoger Form auch in *Drosophila*, *Xenopus* und in menschlichen Zellen vorkommt. Der ORC bindet in der G_1-Phase des Zellzyklus (▶ Abschn. 6.3.1) in ATP-abhängiger Weise an Replikationsdomänen, wobei er Einzelstrangbereiche von einer Größe von 80 bis 85 Basen bevorzugt. Die ORC-Bindung an das Chromatin ist nicht in allen Spezies vom Zellzyklus abhängig. So bleibt der ORC bei Hefen und *Drosophila* zunächst an den Replikationsstart gebunden, bis er während der Mitose vom Chromatin entfernt wird.

Eine wichtige Rolle beim Zusammenbau des gesamten Initiationskomplexes spielt **CDC6** (engl. *cell division cycle*): Es ist ein ATP-bindendes Protein, das während der G_1-Phase kurz vor der Initiation der DNA-Replikation exprimiert wird. Das Protein wird unmittelbar nach der Initiation der DNA-Replikation in der S-Phase wieder abgebaut. Man nimmt an, dass das CDC6-Protein – in Verbindung mit ORC – für die zeitliche Kontrolle der Initiationsphase verantwortlich und am Beladen des Initiationskomplexes mit der Helikase beteiligt ist.

Der dritte Komplex, der für die Initiationsphase der eukaryotischen DNA-Replikation notwendig ist, wird als **MCM**(engl. *minichromosome maintenance*)-Komplex bezeichnet. Er besteht in allen Eukaryoten aus sechs Untereinheiten (MCM2–7). Einige der Untereinheiten des MCM-Komplexes haben ATP-abhängige DNA-Helikase-Aktivitäten, DNA-abhängige ATPase-Aktivitäten und die Fähigkeit, an einzelsträngige DNA zu binden.

Der Zusammenbau des MCM-Proteins am Chromatin ist in ◘ Abb. 2.25 dargestellt: Er benötigt die koordinierte Funktion von ORC und CDC6 sowie eines weiteren Proteins, **CDT1** (engl. *chromatin licensing and DNA replication factor 1*). CDT1 bindet an den C-Terminus von CDC6 und beschleunigt die Bindung des MCM-Komplexes an Chromatin; *Cdt1*-Mutationen in *S. pombe* führen zu einem Block der DNA-Replikation. Interessanterweise können ORC und CDC6 vom Chromatin entfernt werden, wenn der MCM-Komplex am Chromatin gebunden ist, ohne dass die DNA-Replikation beeinträchtigt wird. Die Anwesenheit von Nukleosomen (besonders Histon H3) in unmittelbarer Nachbarschaft von ARS ist offensichtlich für die Ausbildung des **präreplikativen Komplexes** notwendig. Mit der Bildung des präreplikativen Komplexes hat die entsprechende Replikationsdomäne die „Genehmigung" zur Replikation erhalten (engl. *origin licensing*). Allerdings werden im Regelfall nur etwa 10 % der präreplikativen Komplexe tatsächlich auch aktiviert (engl. *origin firing*). Unter Stressbedingungen (d. h. wenn die Replikation durch Fehler ins Stocken kommt) werden aber auch die „schlafenden" Replikationsdomänen aktiviert, um die Replikation weitgehend vollständig abschließen zu können.

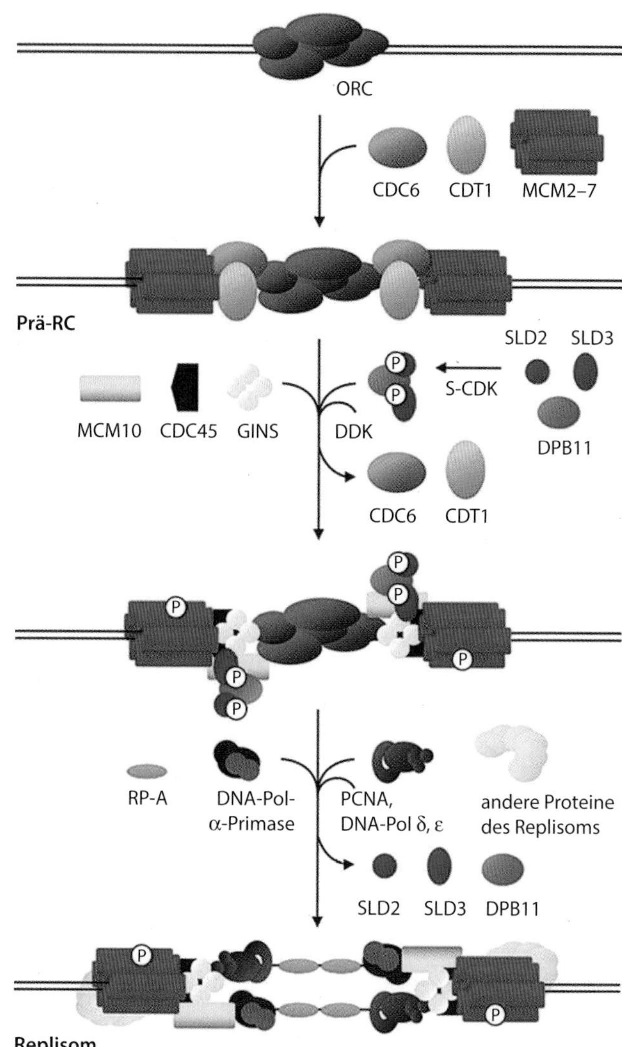

◘ **Abb. 2.25** Die Initiation der DNA-Replikation bei Eukaryoten. Die Bildung des präreplikativen Komplexes (Prä-RC) findet vor der S-Phase statt: Die Aktivierung des Prä-RCs und die Initiation der Replikation benötigen die Aktivitäten von CDKs (Cyclin-abhängigen Kinasen) und DDK (DBF4-abhängige CDC7-Kinase; DBF4: *dumbbell former*; CDC: *cell division cycle*). Die Darstellung ist vereinfacht, und viele Proteine des Replisoms können nicht gezeigt werden. CDT1: *chromatin licensing and DNA replication factor 1*; DPB11: DNA-Polymerase B (II); GINS: *Go*, *Ichi*, *Nii* und *San*: japanisch für fünf, eins, zwei und drei; MCM: *minichromosome maintenance*; ORC: Komplex zur Erkennung des Replikationsursprungs (engl. *origin recognition complex*); RP-A: Replikationsprotein A (Bindeprotein für DNA-Einzelstränge); DNA-Pol-α-Primase: startet die DNA-Polymerase; DNA-Pol δ bzw. ε: fortschreitende DNA-Polymerasen; PCNA: Gleitklammer; SLD: *synthetically lethal with Dpb11-1*. (Nach Bryant und Aves 2011, mit freundlicher Genehmigung)

Nach der DNA-Replikation wird der MCM-Komplex übrigens wieder vom Zellkern ins Cytoplasma exportiert und wartet dort bis zur DNA-Replikation vor der nächsten Zellteilung, um dann erneut in den Zellkern transportiert zu werden. Alle Komponenten dieses Systems (CDC6, MCM und ORC) können durch CDKs phosphoryliert werden. Dadurch werden zumindest einige Teilfunktionen des jeweiligen Komplexes inaktiviert, sodass damit eine Wiederholung der Replikation im gleichen Zellzyklus verhindert wird (dies wird durch eine erhöhte Synthese von CDKs nach der DNA-Replikation erreicht). Ein weiterer Zellzyklus-abhängiger Inhibitor der DNA-Replikation ist Geminin. Es bindet an CDT1 und verhindert somit die Bildung des Initiationskomplexes. Sein Abbau am Ende der Mitose ist eine Voraussetzung für eine neue Runde der DNA-Replikation im nächsten Zellzyklus.

Nach dem Öffnen und Entwinden der Doppelstrang-DNA am Replikationsstartpunkt wird die DNA-Polymerase zu dem entstehenden Replikationsauge geladen, um eine schnell voranschreitende, bidirektionale DNA-Synthese zu ermöglichen. Die hohe Geschwindigkeit der DNA-Polymerase wird durch einen Faktor erreicht, der als „Gleitklammer" (engl. *sliding clamp*; wissenschaftliche Bezeichnung: *proliferating cell nuclear antigen*, PCNA) die DNA umfasst und nach der Bindung der katalytischen Untereinheit der Polymerase diese an die DNA assoziiert. Da diese Gleitklammer selbst keine DNA-bindende Eigenschaft hat, benötigt sie einen Hilfsfaktor (Klammerlader, engl. *clamp loader*), den Replikationsfaktor C, der selbst wieder aus fünf Untereinheiten aufgebaut ist (RF-C1→5). Zwei DNA-Polymerasen sind bei Eukaryoten in diesem Anfangsstadium essenziell: Pol ε und Pol α. Dabei benötigt die Pol α die Pol ε, wohingegen der Einbau von Pol ε offensichtlich unabhängig von Pol α erfolgen kann.

Insgesamt sind am Aufbau des präreplikativen Komplexes 14 Proteine beteiligt, davon können 10 ATP binden und hydrolysieren. Vermutlich ist also die ATP-Bindung mit der Bildung der Komplexe gekoppelt und die ATP-Hydrolyse mit deren Zerfall. Es ist an dieser Stelle außerdem auf die Ähnlichkeit der Vorgänge bei *E. coli* hinzuweisen: Es gibt klare funktionelle Ähnlichkeiten zwischen DnaA und ORC, DnaC und CDC6/CDT1 und DnaB und MCM2–7. Allerdings ist der Übergang zur eigentlichen Replikation bei Eukaryoten wesentlich komplexer als bei Prokaryoten.

Eine zentrale Funktion bei der Kontrolle der DNA-Replikation kommt dem ORC-Komplex zu, der von der frühen G_1-Phase bis zur Mitose am Replikationsstartpunkt gebunden ist. Er sorgt, im Zusammenwirken mit Proteinkinasen der Zellzykluskontrolle, für die Bildung eines präreplikativen Komplexes, der den Replikationsbeginn ermöglicht. Die im präreplikativen Komplex enthaltenen MCM-Proteine werden im Laufe der S-Phase phosphoryliert und anschließend aus dem Chromatin entfernt. Im Laufe der G_1-Phase wird der ORC-Komplex neu gebildet. Erst in der späten G_1-Phase des folgenden Zellzyklus kommt es erneut zur Dephosphorylierung der MCM-Proteine, die die erneute Bildung eines präreplikativen Komplexes gestattet und somit eine neue Replikationsrunde einleitet. Die Replikation ist damit eng an die Zellzyklusregulation gebunden.

Die Untersuchung der DNA-Replikation wird im Detail meistens an bestimmten Modellorganismen durchgeführt. Die evolutionäre Auffächerung zeigt sich erst, wenn man die An- oder Abwesenheit bestimmter Gene bzw. der entsprechenden Proteine in den verschiedenen Spezies untersucht. ◘ Abb. 2.26 gibt einen Überblick über 59 Replikationsproteine in 36 Eukaryoten von allen sechs Übergruppen. 23 Proteine sind in allen untersuchten Spezies vorhanden; dazu kommen noch weitere 20 Proteine, die zwar in allen sechs Übergruppen vorkommen, aber nicht notwendigerweise in jeder Spezies. Daraus folgt, dass 43 Proteine im „letzten gemeinsamen eukaryotischen Vorfahren" vorhanden gewesen sein müssen – und daraus wird deutlich, dass das minimale eukaryotische Replisom deutlich komplexer ist als das verwandte Replisom in Archaeen. Das bedeutet, dass es in der frühen Phase der eukaryotischen Evolution eine Duplikation der Gene gegeben haben muss, die für die DNA-Replikation verantwortlich sind.

In der **Elongationsphase** beginnt die DNA-Polymerase α (Pol α, auch Primase genannt) nach ihrer Assoziation an den Initiationskomplex mit der Synthese kurzer RNA/DNA-Hybride, die zunächst aus ca. 10 RNA-Nukleotiden bestehen, denen 20 bis 30 DNA-Nukleotide folgen. Dieses Oligonukleotid wird dann von der Pol ε (oder auch δ) für die fortschreitende Elongation des Leit- und Folgestrangs genutzt (die Okazaki-Fragmente des Folgestrangs sind bei Eukaryoten etwa 200 Basen lang). In Säugerzellen muss sich ein Initiationsereignis 4×10^4-mal am Leitstrang ereignen (das entspricht etwa der Zahl der Replikationsstartpunkte in Säugerzellen), aber es muss sich jedes Mal an den Startstellen der Okazaki-Fragmente wiederholen (ca. 2×10^7-mal in Säugerzellen).

Der Ersatz der Pol α/Primase durch die schneller voranschreitende Pol δ ist abhängig von der RNA/DNA-Primer-Synthese durch Pol α und wird durch eine ATP-Veränderung des Replikationsfaktors C (RF-C) reguliert (unter weiterer Beteiligung des Replikationsproteins A [RPA], eines Einzelstrang-Bindeproteins). Beide Polymerasen, α und δ, sind hervorragend für ihre Funktionen geeignet: Pol α/Primase kann die Synthese *de novo* initiieren, wohingegen die Pol δ (vor allem durch die Wechselwirkung mit PCNA) die Fähigkeit hat, lange DNA-Abschnitte zu synthetisieren. Die vermutete Dimerisierung der Pol δ könnte bei der Koordination des Leit- und des Folgestrangs eine Rolle spielen (ähnlich wie das Holoenzym der Polymerase III bei *E. coli*) und bei der Etablierung

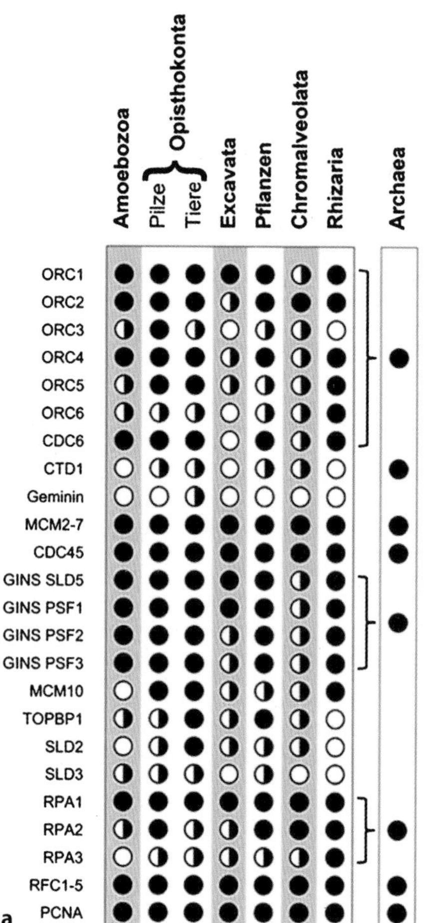

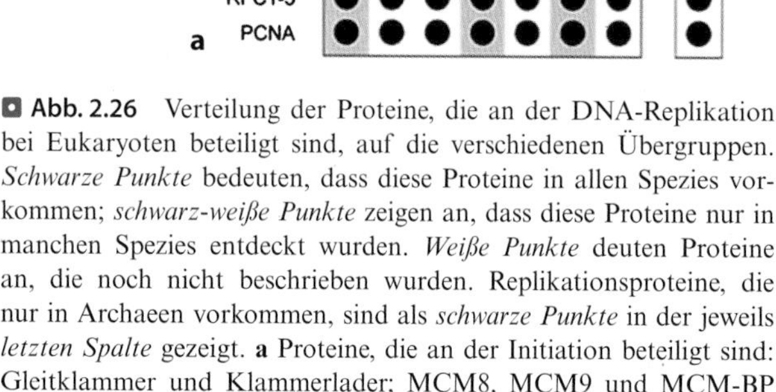

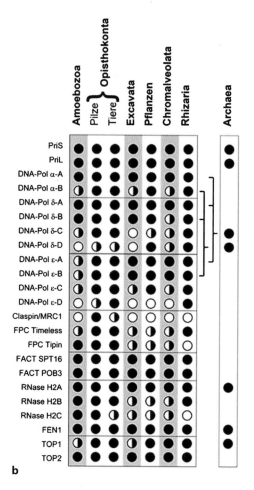

◻ Abb. 2.26 Verteilung der Proteine, die an der DNA-Replikation bei Eukaryoten beteiligt sind, auf die verschiedenen Übergruppen. *Schwarze Punkte* bedeuten, dass diese Proteine in allen Spezies vorkommen; *schwarz-weiße Punkte* zeigen an, dass diese Proteine nur in manchen Spezies entdeckt wurden. *Weiße Punkte* deuten Proteine an, die noch nicht beschrieben wurden. Replikationsproteine, die nur in Archaeen vorkommen, sind als *schwarze Punkte* in der jeweils *letzten Spalte* gezeigt. **a** Proteine, die an der Initiation beteiligt sind: Gleitklammer und Klammerlader; MCM8, MCM9 und MCM-BP sind hier nicht gezeigt, da sie in nur wenigen Spezies nicht gefunden wurden. **b** DNA-Synthese und assoziierte Proteine. Die DNA-Polymerase-Untereinheiten, die mit „A" gekennzeichnet sind, und die Primase-Untereinheit PriS sind katalytisch aktiv. DNA-Pol ε-C und DNA-Pol ε-D bezeichnen die Untereinheiten Dpb3 und Dbp4. FACT: ermöglicht die Transkription im Chromatin (engl. *facilitates chromatin transcription*); FPC: Schutz der Replikationsgabel (engl. *fork protection complex*). (Nach Aves et al. 2012, mit freundlicher Genehmigung)

der asymmetrischen Replikationsgabel wichtig sein, möglicherweise durch die Assoziation der Pol α/Primase zu einer der beiden Hälften der dimeren Pol δ. Eine Übersicht über die eukaryotischen DNA-Polymerasen gibt ◻ Tab. 2.4.

Während der DNA-Replikation wird der Leitstrang kontinuierlich repliziert, während der Folgestrang in der Form kurzer Okazaki-Fragmente synthetisiert wird. Um aus den Okazaki-Fragmenten einen reifen Doppelstrang herzustellen, werden DNA-Ligase I, FEN-1 (engl. *flap endonuclease*, auch als „Reifefaktor" bekannt) und RNase H benötigt.

Die **Beendigung der Replikation (Termination)** erfolgt im Allgemeinen zufällig zwischen den Replikationsstartpunkten. Allerdings wurde bei *S. pombe* beobachtet, dass es darüber hinaus auch spezielle „Terminator"-Sequenzen gibt. Das entsprechende Fragment, das zunächst auf etwa 800 bp eingegrenzt werden konnte (engl. *replication termination site, RTS1*), enthält ein Motiv aus ungefähr 60 bp, das dreimal in voller Länge vorkommt und für die Beendigung der Replikation essenziell ist. Insgesamt binden vier Proteinfaktoren (SWI1 und SWI3 sowie RTF1 und RTF2) an RTS1. Die SWI-Proteine gehören zu einer Familie von Proteinen, die bei Eukaryoten hochkonserviert sind und die in eine Vielzahl zellulärer Prozesse eingebunden sind, die alle am Chromatinumbau beteiligt sind. Dazu gehört auch die Veränderung des Paarungstyps bei Hefen (► Abschn. 9.3.4).

Vor über 25 Jahren wurde die DNA-Polymerase β (Pol β) als Prototyp für ein Reparaturenzym betrachtet. Es hat sich aber in der Folgezeit gezeigt, dass die Pol β nur für einen Reparaturmechanismus, nämlich den Austausch eines einzigen falschen Basenpaares, verantwortlich ist (engl. *basepair excision repair*, BER). Weitere Reparaturmechanismen sind die Nukleotid-Exzisionsreparatur

Tab. 2.4 Klassen eukaryotischer DNA-Polymerasen

Enzym	Untereinheit (kDa)	Gensymbol (Mensch)	Chromosom[a] (Mensch)	OMIM[b]	Funktion (Krankheiten)
Pol α	180	*POLA*	Xp22.11	312040	Katalytische Untereinheit
	49	*PRIM1*	12q13	176635	Primase
	58	*PRIM2A*	6p11.2	176636	Primase
Pol β	38	*POLB*	8p11.2	174760	DNA-Reparatur (Krebserkrankungen?)
Pol δ	124	*POLD1*	19q13.3	174761	DNA-Replikation/-Reparatur (Krebserkrankungen)
	51	*POLD2*	7p13	600815	Regulatorische Untereinheit
	66	*POLD3*	11q13.4	611415	Multimerisierung, Wechselwirkung mit PCNA
	12	*POLD4*	11q13.2	611525	Protein-Protein-Wechselwirkung
Pol ε	261	*POLE*	12q24.3	174762	DNA-Reparatur
	55	*POLE2*	14q21.3	602670	Multimerisierung
	17	*POLE3*	9q32	607267	Protein-Protein-Wechselwirkung
	12	*POLE4*	2p12	607269	Protein-Protein-Wechselwirkung
Pol γ	140	*POLG*	15q25	174763	Mitochondriale DNA-Replikation (Sterilität, Augenbeweglichkeit, Alpers-Syndrom)
	54	*POLG2*	17q23	604983	Prozessivität
Pol η	78	*POLH*	6p21.1	603968	DNA-Reparatur (Xeroderma pigmentosum)
Pol ι	80	*POLI*	18q21.1	605252	DNA-Reparatur
Pol κ	99	*POLK*	5q13.3	605650	DNA-Reparatur
Pol λ	63	*POLL*	10q23	606343	DNA-Replikation/-Reparatur
Pol μ	55	*POLM*	7p13	606344	DNA-Replikation/-Reparatur
Pol θ	198	*POLQ*	3q13.33	604419	DNA-Polymerase
Pol σ	57	*POLS*	5p15	605198	Topoisomerase
Pol ζ	344	*POLZ*	6q21	602776	DNA-Reparatur

[a] ► http://www.genecards.org
[b] OMIM: Online Mendelian Inheritance in Man (► http://www.ncbi.nlm.nih.gov/omim); hier befindet sich eine Beschreibung der Krankheiten, die mit Mutationen der jeweiligen Gene verbunden sind

(engl. *nucleotide excision repair*, NER) sowie die Reparatur falscher Basenpaare (engl. *mismatch repair*) mit der Beteiligung der Polymerasen δ und ε. Doppelstrangbrüche werden durch die Pol α/Primase und die Pol δ repariert, da hierbei die Bildung einer Struktur erforderlich ist, die einer Replikationsgabel ähnelt (Details der Reparaturmechanismen werden im ► Abschn. 10.6 besprochen).

Ein besonderes Problem der eukaryotischen Replikation ist die **Bildung der Chromosomen-Enden** (der **Telomere**). Im Gegensatz zur Synthese des Leitstrangs, die bis zum Ende der chromosomalen DNA durchläuft, kann der komplementäre Folgestrang nicht bis zum Ende repliziert werden, da die DNA-Polymerase nicht imstande ist, Nukleotide an 5′-Enden anzufügen. Die Synthese dieses Strangs muss daher über RNA-Primersequenzen und Okazaki-Fragmente erfolgen. Es wäre aber auch durchaus denkbar, dass am Ende der Chromosomen nur eine Einzelstrang-DNA vorhanden ist. Dies würde aber Probleme bei der folgenden Replikation ergeben: Dieser Bereich könnte überhaupt nicht mehr repliziert werden, sodass die Chromosomen an einem Ende ständig kürzer werden würden. Um das Überleben der Zellen bzw. Organismen zu sichern, mussten sich also andere Mechanismen herausbilden.

❀ An **Ciliaten-DNA** (*Tetrahymena*) hat man zuerst erkannt, wie solche Schwierigkeiten der DNA-Replikation umgangen werden. Es zeigte sich, dass die Enden aus einfachen Wiederholungselementen der DNA-Sequenz

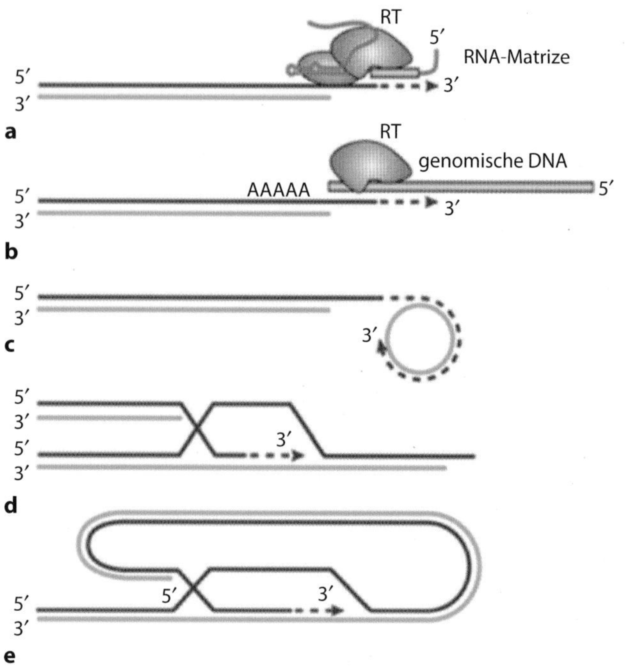

Abb. 2.27 Lösungen des Problems der Replikation an einem Ende. **a** In eukaryotischen Chromosomen werden die Enden (Telomere) im Wesentlichen durch die Aktivität des Enzyms Telomerase erhalten. Die Telomerase verlängert das 3′-Ende mithilfe einer Reversen Transkriptase (RT) und einer RNA-Matrize. **b** Zweiflüglige Insekten (Diptera) lösen das Problem der Replikation am Ende durch Retrotransposition. Dieser Mechanismus ist dem Telomerase-Weg insoweit ähnlich, dass eine Reverse Transkriptase das 3′-Ende des Chromosoms als Startstelle für die DNA-Synthese an einer RNA-Matrize benutzt. **c** Experimente an Telomerase-defizienten *Kluyveromyces lactis* ergaben Hinweise auf eine *rolling circle*-Replikation (Abb. 2.22), wobei das 3′-Ende an einer extrachromosomalen, zirkulären Matrize verlängert wird. **d** In *Saccharomyces cerevisiae*-Stämmen, die keine Telomerase enthalten, können Telomersequenzen durch einen Reparaturmechanismus beibehalten werden (Bruch-induzierte Replikation bzw. Rekombinations-abhängige Replikation, ► Abschn. 10.6). Dabei benutzt ein Telomer ein anderes Telomer als Matrize für die Verlängerung. **e** Die Bildung einer T-Schleife (engl. *T-loop*) erfolgt aufgrund terminaler Wiederholungssequenzen und Verlängerung des eingedrungenen 3′-Endes (hier ist nur die Verlängerung des 3′-Endes gezeigt; für Details siehe Abb. 2.28). In allen Fällen benötigt die Verlängerung des 5′-Endes weitere DNA-Synthese am Folgestrang. Die *blauen Bereiche* in **a** und **b** stellen die RNA-Sequenzen dar, die durch die reverse Transkription an das Chromosomen-Ende angefügt werden. (Nach de Lange 2004, mit freundlicher Genehmigung)

(engl. *repeats*) aufgebaut sind, die zudem noch eine Besonderheit aufweisen: Das 3′-Ende des überhängenden Einzelstrangs ist durch Zurückfaltung und intramolekulare Basenpaarung mit sich selbst gepaart. Die Replikation erfolgt mithilfe eines besonderen Enzyms, der **Telomerase** (engl. *telomere terminal transferase*). Dieses Enzym, das aus RNA und Proteinkomponenten besteht, fügt dem Telomer nach dessen Öffnung am überhängenden Einzelstrang DNA-Wiederholungssequenzen (engl. *repeats*) an, deren Sequenzeigenschaften durch die RNA der Telomerase festgelegt werden, also nicht vom Chromosom selbst. Sie sind im Allgemeinen GC-reich und können G-Quadruplex-Strukturen ausbilden (Abb. 2.5, 2.24). An diesen hinzugefügten Wiederho-

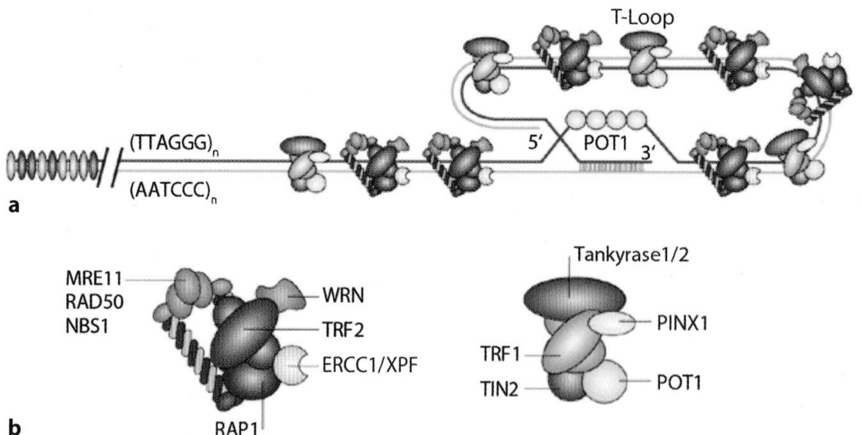

Abb. 2.28 Mögliche Struktur des Replikationskomplexes am menschlichen Telomer. **a** Menschliche Telomere bestehen aus Bereichen (2–30 kb) doppelsträngiger TTAGGG-Wiederholungen, die am 3′-Ende in einzelsträngige Überhänge von 100–200 Nukleotiden auslaufen. Diese DNA kann als eine T-Schleife (*T-loop*) vorkommen, wobei der 3′-Überhang in den Doppelstrangbereich eindringt und an den TTAGGG-Wiederholungen eine Verdrängungsschleife bildet (engl. *displacement loop*; *D-loop*). An diese einzelsträngige TTAGGG-Wiederholungssequenz bindet POT1 (engl. *protection of telomers*); außerdem sind zwei Faktoren mit dem Komplex assoziiert, die die doppelsträngige Form der Wiederholungssequenz binden (engl. *TTAGGG-repeat-binding factors*; TRFs). **b** TRF1 und TRF2 verbinden sich mit weiteren Proteinen wie Tankyrase bzw. RAP1. Die primäre Aufgabe des TRF2-Komplexes (*links*) besteht darin, das Chromosomen-Ende zu schützen; der TRF1-Komplex (*rechts*) spielt eine wichtige Rolle bei der Regulation der Telomerase-abhängigen Reaktionen. ERCC1/XPF, RAD50, MRE11 und NBS1 sind Proteine, die bei DNA-Reparaturprozessen wichtig sind; TIN ist ein TRF-interagierender Faktor, PINX1 ein Telomerase-Inhibitor und WRN eine Helikase, die beim Werner-Syndrom eine wichtige Rolle spielt. (Nach de Lange 2004, mit freundlicher Genehmigung)

lungssequenzen können dann RNA-Primer synthetisiert werden, die ein Auffüllen des komplementären Strangs bis auf eine endständige kurze Region gestatten.

Heute wissen wir, dass verschiedene Organismen das Problem der Replikation am Ende des Chromosoms auf verschiedene Arten gelöst haben. Einen Überblick dazu gibt ◘ Abb. 2.27. Dabei spielt aber der oben dargestellte Mechanismus über eine Telomerase die wichtigste Rolle. Da die Länge der Telomere verschiedentlich mit Fragen des Alterns eines Organismus in Zusammenhang gebracht wird, wird die Replikation am Ende menschlicher Chromosomen mit besonderer Intensität erforscht. Hier kommt offensichtlich zusätzlich zu dem beschriebenen Telomerase-Mechanismus noch die Ausbildung einer „T-Schleife" (engl. *T-loop*) hinzu; dies erinnert an ähnliche Vorgänge während der Rekombination (▶ Abschn. 6.3.3). Eine Übersicht dazu zeigt ◘ Abb. 2.28; eine ausführliche Darstellung der Telomerstruktur bei Säugern findet sich im ▶ Abschn. 6.1.4 (◘ Abb. 6.13).

! Chromosomen-Enden (Telomere) bringen besondere Probleme für eine vollständige Replikation mit sich. Um einen allmählichen Verlust von Endsequenzen des Chromosoms zu verhindern, haben sich besondere Mechanismen herausgebildet, mit deren Hilfe Nukleotidsequenzen an die Chromosomen-Enden angefügt werden können, sodass diese ungekürzt erhalten bleiben.

2.3 Kernaussagen, Links, Übungsfragen, Technikboxen

Kernaussagen

- Träger der Erbinformation in der Zelle sind die Nukleinsäuren, wie sich durch Transformationsexperimente zeigen lässt.
- Es gibt Ribonukleinsäuremoleküle (RNA) und Desoxyribonukleinsäuremoleküle (DNA).
- RNA kommt meist als Einzelstrang vor, während DNA vorwiegend als Doppelhelix vorliegt.
- DNA kann in unterschiedlichen Konformationen vorliegen. Trotz ihres sehr gleichförmigen Aufbaus weist sie eine große Variabilität in Einzelheiten ihrer Struktur auf.
- Das Watson-Crick-Modell gestattet es, alle wichtigen Eigenschaften des Erbmaterials aus einfachen chemischen Mechanismen zu verstehen.
- Die Replikation erfolgt durch ein komplexes Zusammenspiel von Proteinen unterschiedlicher Funktionen, und sie ist eng mit den Regulationsmechanismen des Zellzyklus verknüpft.
- Die DNA-Replikation ist mit häufigem Fehleinbau von Nukleotiden verbunden. Reparaturprozesse sorgen schon während der Replikation für die Beseitigung der meisten Fehler.

Links zu Videos

DNA-basierter Rotor (◘ Abb. 2.12):
(▶ sn.pub/SAOaU9)
Wirkung von DNA-Topoisomerasen:
(▶ sn.pub/oIjlQ1)
DNA-Replikation (allgemein):
(▶ sn.pub/l8HGRj)
Polymerasekettenreaktion (PCR):
(▶ sn.pub/Sot4yz)

Übungsfragen

1. Die menschliche DNA (einfacher Chromosomensatz) enthält 3,2 Mrd. Basenpaare. Berechnen Sie die Länge der menschlichen DNA-Doppelhelix (B-Konfiguration) unter Berücksichtigung der Angaben in ◘ Tab. 2.1 ohne Annahmen einer zusätzlichen Verdrillungsstruktur.
2. Warum ist es sinnvoll, die DNA-Replikation an den Zellzyklus zu koppeln?
3. Erklären Sie, warum wir mehr als einen Startpunkt der DNA-Replikation pro Chromosom brauchen.
4. Erklären sie den Unterschied der DNA-Synthese am Leit- und Folgestrang sowie die Bildung von Okazaki-Fragmenten.
5. Beschreiben Sie kurz das Problem der DNA-Replikation an den Enden der Chromosomen (Telomerproblem).

2

Technikbox 3

Renaturierungskinetik

Anwendung: Ermittlung der Anteile repetitiver DNA-Sequenzen und des Repetitionsgrades; Ermittlung der kinetischen Komplexität von DNA.

Methode: DNA wird zunächst in Fragmente möglichst einheitlicher Länge (vorzugsweise um die 500 Nukleotide) geschert und anschließend denaturiert. Die Einzelstrang-DNA wird dann unter definierten Temperatur- und Ionenbedingungen und in einer genau festgelegten Konzentration renaturiert (◘ Abb. 2.29). Durch Messung des Anteils renaturierter Moleküle in bestimmten Zeitintervallen kann eine Renaturierungskinetik erstellt werden (◘ Abb. 2.8). Die Messung des Anteils renaturierter Moleküle kann auf unterschiedlichem Wege erfolgen. Häufig angewendet wurde anfangs die Trennung von Einzel- und Doppelstrangmolekülen nach Bindung an Hydroxylapatit durch Elution mit Puffern unterschiedlicher Ionenstärken. Einzel- und Doppelstrangmoleküle eluieren hierbei getrennt. Ihre relativen Anteile können danach durch Radioaktivitätsmessungen oder durch Messung der optischen Dichte jeder Fraktion bei 260 nm nach Denaturierung bestimmt werden. Ein einfacherer Weg ist die photometrische Bestimmung bei 260 nm (hier liegt das Absorptionsmaximum von Nukleinsäuren). Diese erfolgt am zweckmäßigsten durch Aufnahme einer Schmelzkurve von DNA-Proben in regelmäßigen Zeitintervallen. Die Schmelzkurve der DNA lässt nicht nur den Anteil an renaturierten Molekülen erkennen, sondern gibt auch Aufschluss über die Genauigkeit der Basenpaarungen in den renaturierten Molekülen.

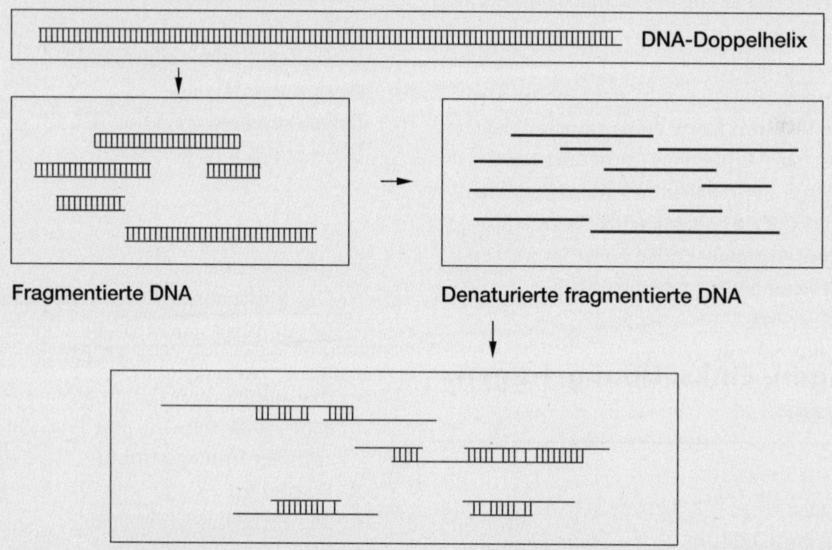

◘ **Abb. 2.29** Die Renaturierung kann entweder zu Doppelsträngen mit vollständiger Basenpaarung führen, oder es entstehen unvollständig renaturierte Moleküle. Entscheidend für die Art der Renaturierung sind die experimentellen Bedingungen (Ionenstärke, Temperatur) während der Renaturierung und des darauffolgenden Waschens. Oft ist es wünschenswert, auch unvollständig gepaarte Heteroduplexmoleküle zu erhalten. In diesem Fall kann man ähnliche DNA-Sequenzen mit teilweise abweichender Sequenz identifizieren (z. B. Gene aus evolutionär entfernteren Arten)

Technikbox 4

Polymerasekettenreaktion (PCR)

Anwendung: Vermehrung (Amplifikation) eines bestimmten Nukleinsäurebereichs, der durch zwei Oligonukleotide begrenzt wird.

Voraussetzungen · Materialien: Die PCR (engl. *polymerase chain reaction*) beruht auf der Fähigkeit von DNA-Polymerasen einiger Organismen (z. B. *Thermus aquaticus*, Abk. Taq), Temperaturen von rund 100 °C auszuhalten. Damit ist es möglich, nach dem Aufschmelzen doppelsträngiger DNA mithilfe zweier spezifischer Oligonukleotidprimer ein definiertes Fragment zu synthetisieren. Durch die zyklische Wiederholung von Aufschmelzen und Synthese wird eine exponentielle Amplifikation des gewünschten Fragments ermöglicht, sodass mit extrem kleinen Mengen gearbeitet werden kann. Voraussetzung ist die Kenntnis der Bindesequenz für die Primer; die Sequenz des Bereichs zwischen den Primern kann dabei unbekannt sein.

Methode: Der Reaktionsansatz enthält die DNA-Matrize (in der Regel entweder genomische DNA oder DNA, die zur mRNA komplementär ist [engl. *complementary DNA*, cDNA]), die hitzestabile DNA-Polymerase, die zwei spezifischen Primer sowie alle vier Desoxynukleotidtriphosphate in einem geeigneten Puffer. Das übliche Schema (siehe auch ◘ Abb. 2.30) sieht wie folgt aus:

- Zunächst wird durch Erhitzen auf 95 °C die DNA aufgeschmolzen (30 s).
- Durch Abkühlen auf die berechnete Bindungstemperatur der Oligonukleotidprimer (in der Regel zwischen 45 und 60 °C) wird eine spezifische, komplementäre Bindung der Primer an die Matrize ermöglicht (30 s).
- Die DNA-Polymerase startet bei einer Temperatur von 72 °C und verlängert den Primer in 5′→3′-Orientierung (ca. 1 min pro 1000 bp).
- Durch Erhitzen auf 95 °C (30 s) wird die Reaktion gestoppt und die beiden DNA-Stränge wieder getrennt.

Man kann diesen Synthesezyklus viele Male wiederholen (in der Regel 25- bis 40-mal) und erhält auf diese Weise große Mengen identischer Doppelstrangmoleküle, die durch die beiden Primer begrenzt sind. Besonders vorteilhaft an dieser Methode ist die Hitzestabilität der Taq-Polymerase; dadurch können die aufeinanderfolgenden Denaturierungs- und Hybridisierungsschritte einander abwechseln, ohne dass zwischendurch neues Enzym beigefügt werden muss oder dass Reinigungsschritte erforderlich sind.

Die PCR kann für eine große Anzahl unterschiedlicher Aufgaben in der Molekulargenetik eingesetzt werden, z. B.:

- Größenbestimmung der Fragmente in der Gelelektrophorese (Technikbox 2);
- Sequenzierung des Fragments (hier ist zunächst die Abtrennung der beiden Primer notwendig, da sonst die Sequenzierreaktion gleichzeitig an beiden Seiten startet; Technikbox 6);
- Klonierung des Fragments (besonders beliebt sind dabei Vektorsysteme, die mithilfe einer DNA-Topoisomerase eine direkte Klonierung des PCR-Fragments ermöglichen, ohne dass vorher eine Bearbeitung mit Restriktionsenzymen erfolgt; Technikbox 11).

Die PCR bietet eine Reihe von Variationsmöglichkeiten. In der Regel kann sie nicht dazu verwendet werden, quantitative Aussagen über die Menge der Matrize zu machen, da durch die Vielzahl der Amplifikationsschritte die Unterschiede verwischt werden. Eine Möglichkeit ist jedoch die **Real-Time-PCR**: Dabei wird die Bildung des entstehenden PCR-Produktes während der Synthese gemessen, was z. B. durch die Verwendung von Farbstoffen möglich ist, die nur an doppelsträngige DNA binden. Die Real-Time-PCR hat einen hohen Stellenwert bei der Bestätigung von Ergebnissen zur Untersuchung differenziell exprimierter Gene (z. B. aus Mikroarrays, Technikbox 35). Diese Verfahren können jedoch nicht in den konventionellen PCR-Geräten durchgeführt werden.

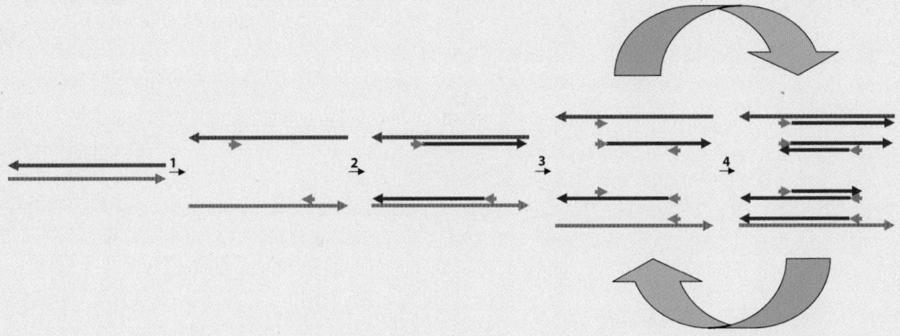

◘ **Abb. 2.30** Die schematische Darstellung der PCR beginnt mit dem Aufschmelzen der DNA und der anschließenden spezifischen Anlagerung der Primer an ihren jeweiligen Gegenstrang (1). Nach der Bindung der Primer startet die hitzestabile DNA-Polymerase (2). Der neue Zyklus beginnt mit dem erneuten Aufschmelzen der DNA (3), der Anlagerung der Primer und der erneuten Synthese des komplementären Strangs (4). Bei n Zyklen führt dies zu einer 2^n-fachen Vermehrung eines DNA-Fragments, dessen Enden durch die jeweiligen Primer definiert werden. Die *Pfeilrichtung* gibt die 3′→5′-Orientierung der DNA-Stränge an; die *blauen* und *roten* Stränge sind die ursprünglich vorhandenen Stränge; die Primer sind *grün* dargestellt und die neu synthetisierte DNA ist *lila* (hier ist die Orientierung jeweils 5′→3′)

2

Technikbox 5

Markierung von DNA

Anwendung: Markierung von DNA für Hybridisierungsexperimente.

Methode: Die Markierung erfolgt mit markierten Basenanaloga und ist auf unterschiedliche Weise möglich:

- mit radioaktiven Isotopen (^{32}P, ^{3}H, ^{14}C oder ^{35}S; z. B. ^{3}H-Thymidin);
- mit Nukleotiden, die modifiziert sind und über spezifische Antikörper erkannt werden können (z. B. das Thymidin-Analogon Bromdesoxyuridin, BrdU);
- mit Nukleotiden, deren Basen mit Makromolekülen gekoppelt sind und die immunologisch nachgewiesen werden können (z. B. Digoxigenin = DIG mit Anti-DIG-Antikörpern);
- mit Nukleotiden, die über eine Komplexbildung mit anderen Makromolekülen (z. B. Biotin mit Avidin oder Streptavidin) den Nachweis gestatten.

Nick Translation. In doppelsträngiger DNA vorhandene Einzelstrangbrüche werden durch *E. coli*-DNA-Polymerase I unter der Verwendung von markierten Nukleotidtriphosphaten in einer *in-vitro*-Reparaturreaktion aufgefüllt (▫ Abb. 2.31). DNA-Polymerase I entfernt aufgrund ihrer 5′→3′-Exonuklease-Aktivität Nukleotide am freien 3′-Ende des DNA-Strangs an der Stelle des Einzelstrangbruchs und füllt den Einzelstrang gleichzeitig in 5′→3′-Richtung durch ihre Polymerase-Aktivität replikativ auf, sodass markierte Nukleotide in die DNA eingefügt werden. Das Ausmaß der Markierung lässt sich durch den Einsatz von DNase I verändern, mit deren Hilfe eine geeignete Anzahl von Einzelstrangbrüchen in die DNA eingefügt werden kann. Durch Veränderung der DNase-I-Konzentration lässt sich das Ausmaß der DNase-I-Wirkung leicht kontrollieren.

Random Priming. Eine höhere spezifische Aktivität der Markierung von DNA lässt sich durch *Random Priming* erzielen (▫ Abb. 2.31). Man macht hierbei von der Fähigkeit des Klenow-Fragments von *E. coli*-DNA-Polymerase I Gebrauch, an geprimter Einzelstrang-DNA einen komplementären DNA-Strang in 5′→3′-Richtung zu synthetisieren. Hierzu ist, wie für jede Replikation, ein Primer am neu zu synthetisierenden Strang erforderlich. Als Primer verwendet man hierzu meist eine Mischung von Hexanukleotiden (bisweilen auch längere Oligonukleotide) mit einer zufälligen Basenfolge. Doppelsträngige DNA wird zunächst denaturiert. Nach der Bindung dieser Oligonukleotide an die Einzelstrang-DNA in einer Bindungsreaktion (*Annealing*), die einer Hybridisierung gleicht, fügt man in einem *in-vitro*-System markierte Nukleotide und Klenow-Enzym hinzu. Das Enzym initiiert die DNA-Synthese an den Oligonukleotidprimern und synthetisiert unter Verwendung der markierten Nukleotide einen neuen DNA-Strang. Da die Primersequenzen aus zufälligen Nukleotidsequenzen bestehen, binden sie in genügend kurzen Abständen (ca. alle 0,5–2 kb, je nach Primer) an die DNA, um eine vollständige Replikation aller DNA-Bereiche zu garantieren.

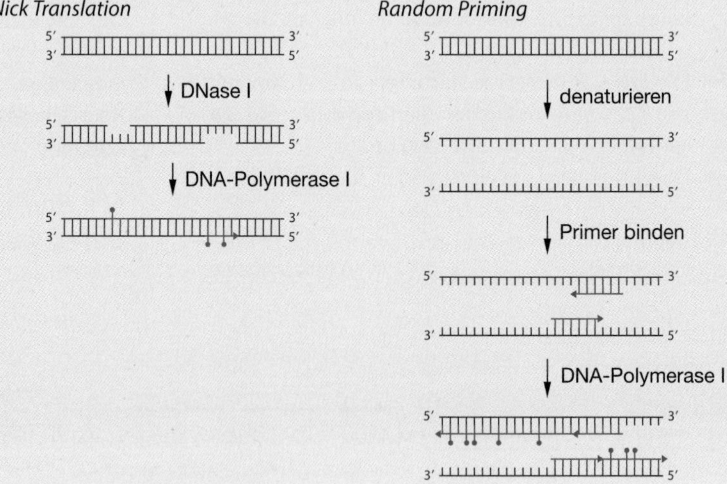

▫ **Abb. 2.31** *Nick Translation* und *Random Priming*. DNA-Moleküle sind *rot*, die neu eingefügten Stränge und die Primer *blau* dargestellt. Die markierten Nukleotide sind durch *blaue Kreise* angegeben

Technikbox 6

Klassische DNA-Sequenzierung

Anwendung: Ermittlung der Nukleotidsequenz von DNA.
Methode: Zur Ermittlung der Nukleotidsequenz von DNA wurden im Wesentlichen zunächst zwei Methoden entwickelt, die Didesoxy-Kettenterminationsmethode (engl. *chain termination method*) von Sanger und die Maxam-Gilbert-Methode, die auf chemischer Degradation von DNA beruht. Heute wird vorzugsweise die Sanger-Methode (Sanger et al. 1977) für Sequenzbestimmungen angewendet; die Pyrosequenzierung eignet sich besonders für die automatisierte Sequenzierung kurzer Fragmente. Die „Sequenzierung der nächsten Generation" wird in der Technikbox 7 vorgestellt.
Sanger-Methode (1977). Sie macht von der Möglichkeit Gebrauch, mithilfe von DNA-Polymerase an Einzelstrang-DNA von einem Primer aus einen neuen komplementären DNA-Strang zu synthetisieren. Diese Synthese erfolgt in Gegenwart von Nukleotidtriphosphaten, denen in niedriger Konzentration Didesoxynukleotide, d. h. Nukleotide, deren 3′-Hydroxylgruppe an der Desoxyribose fehlt, beigefügt sind. Es kommt unter diesen Bedingungen zu einem Abbruch der DNA-Synthese, sobald ein Didesoxynukleotid in den neu synthetisierten Strang eingebaut wird, da wegen der fehlenden 3′-OH-Gruppe der Desoxyribose kein weiteres Nukleotid angefügt werden kann. Der Einbau von Didesoxynukleotiden erfolgt zufallsgemäß, sodass eine Mischung von neu synthetisierten DNA-Strängen unterschiedlicher Länge entsteht. Der Größenbereich liegt zwischen einem und mehreren Hundert Nukleotiden, die an den Primer (etwa 15–29 Nukleotide) angefügt werden. Diese werden auf Polyacrylamidgelen nach ihrer Länge fraktioniert. Führt man die DNA-Synthese in vier getrennten Reaktionen durch, denen jeweils ein anderes Didesoxynukleotid beigefügt wird (also ddA, ddG, ddC oder ddT), so erfolgt in jedem einzelnen Reaktionsansatz der Kettenabbruch jeweils nur nach einem spezifischen Nukleotid (also nach einem A, G, C oder T). Diese Reaktionsgemische werden getrennt und in parallelen Positionen auf ein Polyacrylamidgel aufgetragen und elektrophoretisch getrennt. Alle Reaktionsgemische enthalten neben den Didesoxynukleotiden ein radioaktiv markiertes Nukleotid (z. B. ^{32}P- oder ^{35}S-markiert). Man kann daher solche Gele autoradiographisch analysieren, wodurch die verschiedenen Molekülgruppen im Film durch strahlungsinduzierte Schwärzungen sichtbar werden (Technikbox 15). Solche Autoradiogramme gestatten es, die Basensequenz der DNA direkt abzulesen (◘ Abb. 2.32a,b). Moderne Sequenzierautomaten verwenden statt der radioaktiv markierten Nukleotide solche, die mit Fluoreszenzfarbstoffen markiert sind. Es können damit Leseweiten bis knapp 1000 Basen erzielt werden (◘ Abb. 2.32c).

Maxam-Gilbert-Methode (1977). Sie beruht auf einer ganz anderen experimentellen Grundlage als die Sanger-Methode. Durch nukleotidspezifische partielle chemische Spaltung der DNA (z. B. hinter G, C, A + G, C + T oder vorzugsweise A) werden in getrennten Reaktionen DNA-Moleküle unterschiedlicher Länge erzeugt, die jedoch am Ende jeweils das gleiche Nukleotid besitzen. Das andere Ende des Moleküls ist radioaktiv markiert, sodass wir, vergleichbar mit der Sanger-Methode, nach einer elektrophoretischen Auftrennung der Moleküle nach ihrer Größe und anschließender Autoradiographie die Längen aller Moleküle feststellen können, die das gleiche Nukleotid am Ende besitzen. Die Längen der Moleküle in den verschiedenen Teilreaktionen gestatten es wiederum, die genaue Nukleotidsequenz aus dem Autoradiogramm abzulesen.

Zum chemischen Abbau der DNA dienen verschiedene Agenzien, die die DNA entweder an spezifischen Nukleotiden methylieren (Dimethylsulfat: Methylierung von G) oder durch Schwächung der Glykosidbindung der Basen depurinieren (mit Piperidin: A und G) und infolgedessen die DNA an der betreffenden Stelle hydrolysieren oder Pyrimidinringe (C und T) öffnen (Hydrazin), sodass ebenfalls Hydrolyse erfolgt. Bei stark alkalischem pH (1,2 N NaOH) und hoher Temperatur (90 °C) werden die Phosphodiesterbindungen nach A, in geringerem Maße auch nach C, geöffnet.

Die Maxam-Gilbert-Methode bietet Vorteile, wenn es darum geht, DNA-Protein-Interaktionen auf ihre Sequenzspezifität hin zu untersuchen. Bindet nämlich ein Proteinmolekül sequenzspezifisch an die DNA, so kann in der betreffenden Region keine Spaltung der DNA erfolgen. Im Sequenzgel werden daher im Bindungsbereich des Proteins keine Moleküle sichtbar, die in diesem Sequenzbereich gespalten worden sind. Auf diese Weise lassen sich Proteinbindungsstellen an der DNA mit großer Genauigkeit ermitteln.
Pyrosequenzierung. Diese Methode wurde 1996 von Pal Nyrén entwickelt und basiert wie die Sanger-Methode auf dem Einbau neuer Nukleotidtriphosphate durch die DNA-Polymerase. Dabei wird als Nebenreaktion Pyrophosphat (PP_i) freigesetzt. Bei der Pyrosequenzierung nutzt man diese Nebenreaktion als Nachweis, indem zunächst das Pyrophosphat durch die ATP-Sulfurylase zu Adenosintriphosphat (ATP) umgesetzt wird. Das ATP treibt eine Luciferase-Reaktion an, und die dadurch entstehenden Lichtblitze werden von einem Detektor erfasst. Da bei der Pyrosequenzierung kürzere Leseweiten als bei der Sanger-Sequenzierung erzielt werden, wird diese Methode vorwiegend für SNP- und Mutationsanalysen eingesetzt (Ronaghi et al. 1996).

Technikbox 6 (*Fortsetzung*)

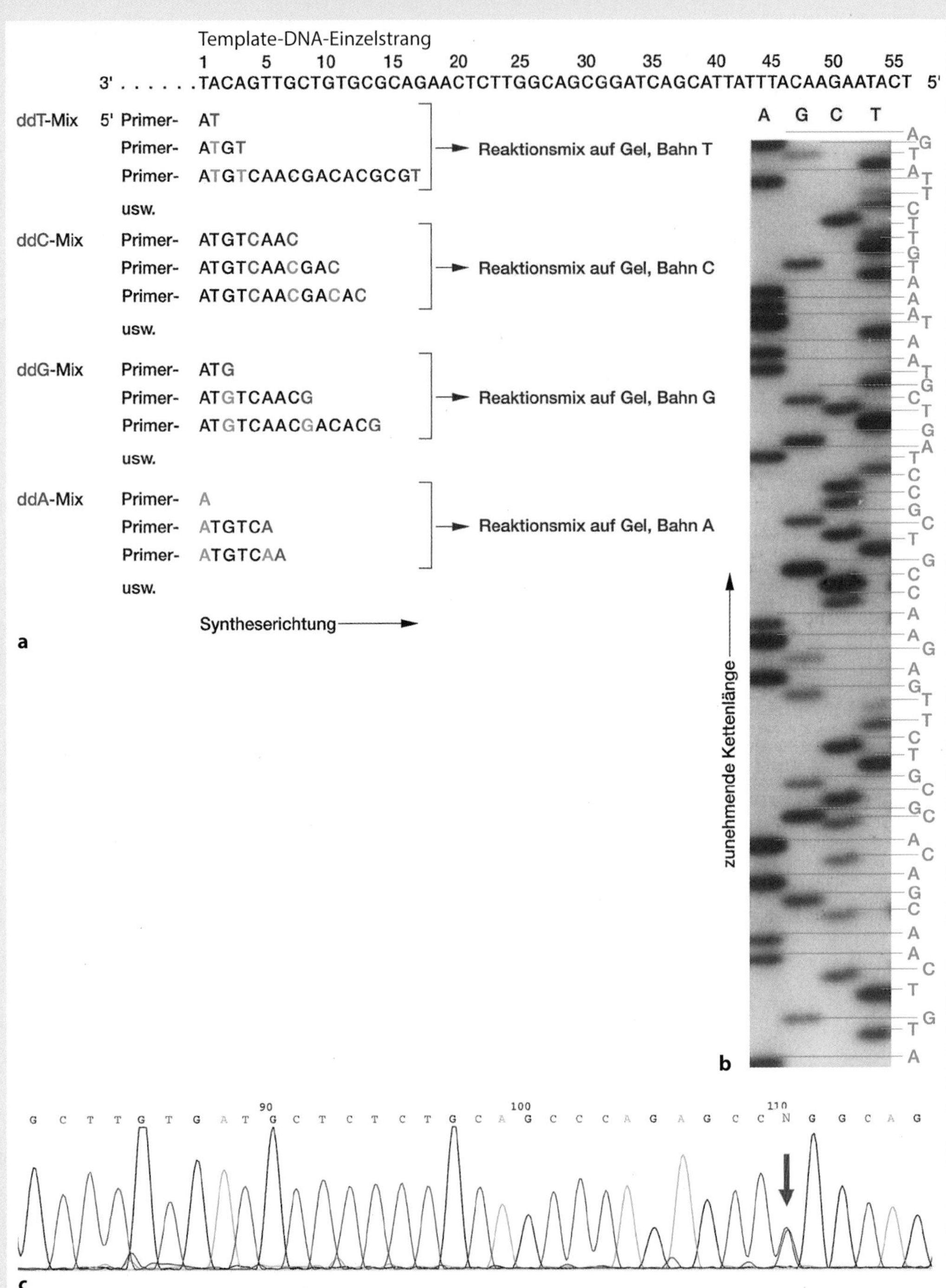

Abb. 2.32 DNA-Sequenzierung. **a** Es sind die DNA-Sequenz und die in den verschiedenen Reaktionen entstehenden Einzelstränge gezeigt. Die Reaktionsgemische werden auf ein Sequenzgel aufgebracht, das nach Größentrennung der Nukleinsäureketten autoradiographiert wird (**b**). **b** Ausschnitt aus einem DNA-Sequenzgel nach Sanger (Didesoxynukleotid-Methode). Die Elektrophoreserichtung ist von oben nach unten, d. h. die Größe der Nukleotidketten nimmt nach oben zu. In den vier Bahnen sind der Reihenfolge nach die Sequenzierungsgemische mit Didesoxy-T (T), Didesoxy-C (C), Didesoxy-G (G) und Didesoxy-A (A) aufgetragen. Die radioaktiven Banden (durch ^{32}P-markiertes dC hervorgerufen) zeigen daher in dieser Reihenfolge Kettenabbrüche mit dem betreffenden Nukleotid an. Die stufenweise Folge der radioaktiven Banden gibt daher die Folge der Nukleotide in der DNA wieder (*rechts*). Das 5′-Ende des DNA-Strangs liegt unten. **c** Es ist ein Sequenzbeispiel gezeigt, das mit einem modernen Sequenzierautomaten erhalten wurde. Der *rote Pfeil* weist auf eine heterozygote Base hin. Diese Methode ist damit auch geeignet, in genomischer DNA heterozygote Träger von Punktmutationen zu identifizieren

Technikbox 7

Sequenzierung der nächsten Generation (*next generation sequencing*, NGS)

Anwendung: Parallelsequenzierung von DNA-Fragmenten in Hochdurchsatzverfahren; geeignet zur Nachsequenzierung bekannter Genome innerhalb von Tagen oder Wochen oder von Teilen daraus (Exom-Sequenzierung, Transkriptom-Sequenzierung) oder zur schnellen Neusequenzierung von Genomen ohne Klonierungsschritte (◘ Abb. 2.33).

Methode: Die Entwicklung von neuen Technologien zur Sequenzierung von DNA schreitet mit enormer Geschwindigkeit voran. War man in den 1980er-Jahren noch mit 100 oder 200 Nukleotiden pro Elektrophorese zufrieden, so mussten es 10 Jahre später schon 1000 Nukleotide pro Lauf sein (Technikbox 6). Die „nächste Generation" der Sequenziertechnologie basiert dagegen auf ganz anderen Prinzipien, nämlich der parallelen Sequenzierung relativ kurzer DNA-Fragmente. Mit dieser Methode ist es möglich, das gesamte Genom eines Organismus, auch des Menschen, in relativ kurzer Zeit (in Tagen bzw. Wochen) vollständig zu sequenzieren.

Hauptmerkmale sind die räumliche Immobilisierung von Millionen kurzen DNA-Fragmenten, an die sich die massive Parallelsequenzierung anschließt. Die Ergebnisse werden dann zusammengesetzt und mit Daten in vorhandenen Datenbanken abgeglichen, sodass neben der Technik des Sequenzierens auch ein besonderer bioinformatischer Aufwand für diese Technologie notwendig ist. Je nach verwendeter Technologie beträgt die Datenmenge pro Lauf zwischen 600 MB und 200 GB.

Die NGS-Technologie hat sich inzwischen auf breiter Front in der humangenetischen Diagnostik etabliert. Viele private Zentren bieten entsprechende Untersuchungen an, meistens in Gruppen entsprechend der jeweiligen Vorbefunde, z. B. für Brust- und Eierstockkrebs, Epilepsie, Myopathien, Augenerkrankungen (▶ Abschn. 13.3 und 13.4).

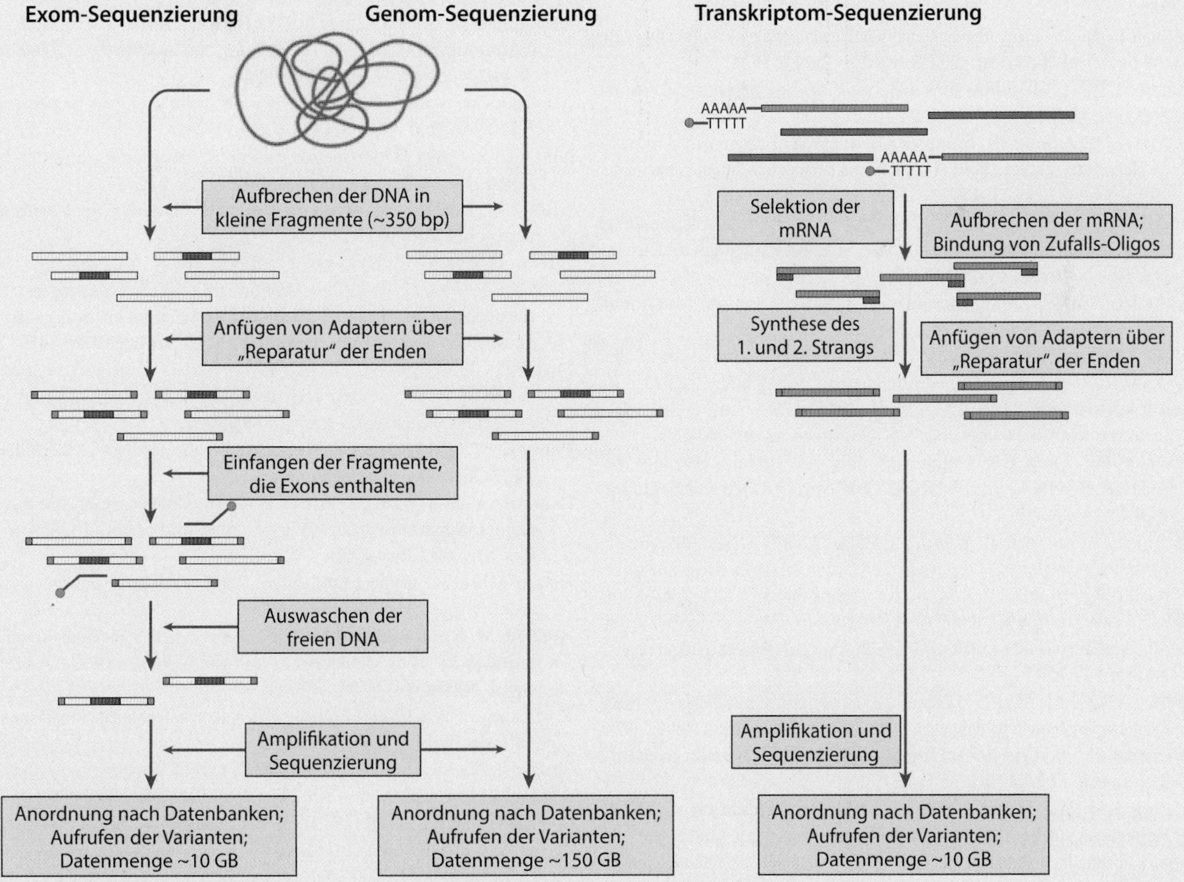

◘ **Abb. 2.33** Grober Überblick über die verschiedenen Anwendungsbereiche und Arbeitsabläufe beim Sequenzieren der nächsten Generation. (Nach Bras et al. 2012, mit freundlicher Genehmigung)

2

Technikbox 7 *(Fortsetzung)*

Als Beispiele seien nur einige Zentren genannt:
- Genetikum (mehrere Standorte in Süddeutschland), genetische Beratung und Diagnostik (► www.genetikum.de),
- Limbach-Gruppe (deutschlandweit) (► www.limbachgruppe.com),
- CeGaT GmbH, Tübingen, genetische Diagnostik, (► www.cegat.de/),
- Zentrum für Humangenetik und Laboratoriumsdiagnostik (MVZ), Martinsried (► www.mvz-martinsried.de).

Literatur

Ali MM, Li F, Zhang Z et al (2014) Rolling circle amplification: a versatile tool for chemical biology, materials science and medicine. Chem Soc Rev 43:3324–3341

Avery OT, MacLeod CM, McCarthy M (1944) Studies on the chemical nature of the substance introducing transformation of pneumococcal types. J Exp Med 79:137–158

Aves SJ, Liu Y, Richards TA (2012) Evolutionary diversification of eukaryotic DNA replication machinery. In: MacNeill S (Hrsg) The Eukaryotic Replisome: a guide to protein structure and function. Springer, Dordrecht, S 19–35

Bacolla A, Wells RD (2009) Non-B DNA conformations as determinants of mutagenesis and human disease. Mol Carcinog 48:273–285

Beattie TR, Reyes-Lamothe R (2015) A Replisome's journey through the bacterial chromosome. Front Microbiol 6:562

Bergethon PR (2010) The physical basis of biochemistry, 2. Aufl. Springer, Berlin

Bessman MJ, Lehman IR, Simms ES et al (1958) Enzymatic synthesis of deoxyribonucleic acid. II. General properties of the reaction. J Biol Chem 233:171–177

Bras J, Guerreiro R, Hardy J (2012) Use of next-generation sequencing and other whole-genome strategies to dissect neurological disease. Nat Rev Neurosci 13:453–464

Bryant JA, Aves SJ (2011) Initiation of DNA replication: functional and evolutionary aspects. Ann Bot 107:1119–1126

Chargaff E, Lipshitz R, Green C et al (1951) The composition of the desoxyribonucleic acid of salmon sperm. J Biol Chem 192:223–230

Chen YJ, Groves B, Muscat RA et al (2015) DNA nanotechnology from the test tube to the cell. Nat Nanotechnol 10:748–760

Dickerson RE, Drew HR, Conner BN et al (1983) Helix geometry of A-DNA, B-DNA, and Z-DNA. Cold Spring Harb Symp Quant Biol 47:13–24

van Eijk E, Wittekoek B, Kuijper EJ et al (2017) DNA replication proteins as potential targets for antimicrobials in drug-resistant bacterial pathogens. J Antimicrob Chemother 72:1275–1284

Ha SC, Lowenhaupt K, Rich A et al (2005) Crystal structure of a junction between B-DNA and Z-DNA reveals two extruded bases. Nature 437:1183–1186

Hershey AD, Chase M (1951) Genetic recombination and heterozygosis in bacteriophage. Cold Spring Harb Symp Quant Biol 16:471–479

Huberman JA, Tsai A (1973) Direction of DNA replication in mammalian cells. J Mol Biol 75:5–12

Jameson KH, Wilkinson AJ (2017) Control of Initiation of DNA Replication in *Bacillus subtilis* and *Escherichia coli*. Genes 8:22

Kato JI (2005) Regulatory network of the initiation of chromosomal replication in *Escherichia coli*. Crit Rev Biochem Mol Biol 40:331–342

Kelman Z (2000) DNA-Replication in the third domain (of life). Curr Prot Pept Sci 1:139–154

Ketterer P, Willner EM, Dietz H (2016) Nanoscale rotary apparatus formed from tight-fitting 3D DNA components. Sci Adv 2:e1501209

de Lange T (2004) T-loops and the origin of telomeres. Nat Rev Mol Cell Biol 5:323–329

Lehman IR, Bessman MJ, Simms ES et al (1958) Enzymatic synthesis of deoxyribonucleic acid. I. Preparation of substrates and partial purification of an enzyme from *Escherichia coli*. J Biol Chem 233:163–170

Lima-de-Faria A (1959) Incorporation of tritiated thymidine into meiotic chromosomes. Science 130:503–504

Löffler G, Petrides PE (2003) Biochemie und Pathobiochemie, 7. Aufl. Springer, Berlin

Marmur J, Doty P (1962) Determination of the base composition of deoxyribonucleic acid from its thermal denaturation temperature. J Mol Biol 5:109–120

Maxam AM, Gilbert W (1977) A new method for sequencing DNA. Proc Natl Acad Sci USA 74:560–564

McKnight SL, Miller OL Jr (1977) Electron microscopic analysis of chromatin replication in the cellular blastoderm *Drosophila melanogaster* embryo. Cell 12:795–804

Meselson M, Stahl FW (1958) The replication of DNA in *Escherichia coli*. Proc Natl Acad Sci USA 44:671–682

Miescher F (1871) Über die chemische Zusammensetzung der Eiterzellen. Med Chem Unters 4:441–460

Munk K (2001) Grundstudium Biologie: Genetik. Spektrum Akademischer Verlag, Heidelberg

Nelson D, Cox M (2009) Lehninger Biochemie, 4. Aufl. Springer, Berlin

Okazaki T, Okazaki R (1969) Mechanism of DNA chain growth. IV Direction of synthesis of T4 short DNA chains as revealed by exonucleolytic degradation. Proc Natl Acad Sci USA 64:1242–1248

Pastrana CL, Carrasco C, Akhtar P et al (2016) Force and twist dependence of RepC nicking activity on torsionally-constrained DNA molecules. Nucl Acids Res 44:8885–8896

Pommier Y (2013) Drugging topoisomerases: lessons and challenges. ACS Chem Biol 8:82–95

Pommier Y, Sun Y, Huang SN et al (2016) Roles of eukaryotic topoisomerases in transcription, replication and genomic stability. Nat Rev Mol Cell Biol 17:703–721

Rivera-Mulia JC, Gilbert DM (2016) Replicating large genomes: divide and conquer. Mol Cell 62:756–765

Ronaghi M, Karamohamed S, Pettersson B et al (1996) Real-time DNA sequencing using detection of pyrophosphate release. Anal Biochem 242:84–89

Rothemund PWK (2006) Folding DNA to create nanoscale shapes and patterns. Nature 440:297–302

Sanger F, Nicklen S, Coulson AR (1977) DNA sequencing with chain-termination methods. Proc Natl Acad Sci USA 74:5463–5467

Stack SM, Comings DE (1979) The chromosomes and DNA of *Allium cepa*. Chromosoma 70:161–181

Strahs D, Schlick T (2000) A-tract bending: insights into experimental structures by computational models. J Mol Biol 301:643–663

Surana S, Shenoy AR, Krishnan Y (2015) Designing DNA nanodevices for compatibility with the immune system of higher organisms. Nat Nanotechnol 10:741–747

Taylor JH, Woods PS, Hughes WL (1957) The organization and duplication of chromosomes as revealed by autoradiographic studies using tritium-labeled thymidine. Proc Natl Acad Sci USA 43:122–128

Wang AHJ, Quigley GJ, Kolpak FJ et al (1979) Molecular structure of a left-handed double helical DNA fragment at atomic resolution. Nature 282:680–686

Watson JD, Crick FHC (1953a) Molecular structure of nucleic acids. A structure for deoxyribose nucleic acid. Nature 171:737–738

Watson JD, Crick FHC (1953b) Genetical implications of the structure of deoxyribonucleic acid. Nature 171:964–967

Wells RD, Dere R, Hebert ML et al (2005) Advances and mechanisms of genetic instability related to hereditary neurological diseases. Nucl Acids Res 33:3785–3798

Zadegan RM, Norton ML (2012) Structural DNA nanotechnology: from design to applications. Int J Mol Sci 13:7149–7162

Zhang Q, Jiang Q, Li N et al (2014) DNA origami as an *in vivo* drug delivery vehicle for cancer therapy. ACS Nano 8:6633–6643

Verwertung genetischer Informationen

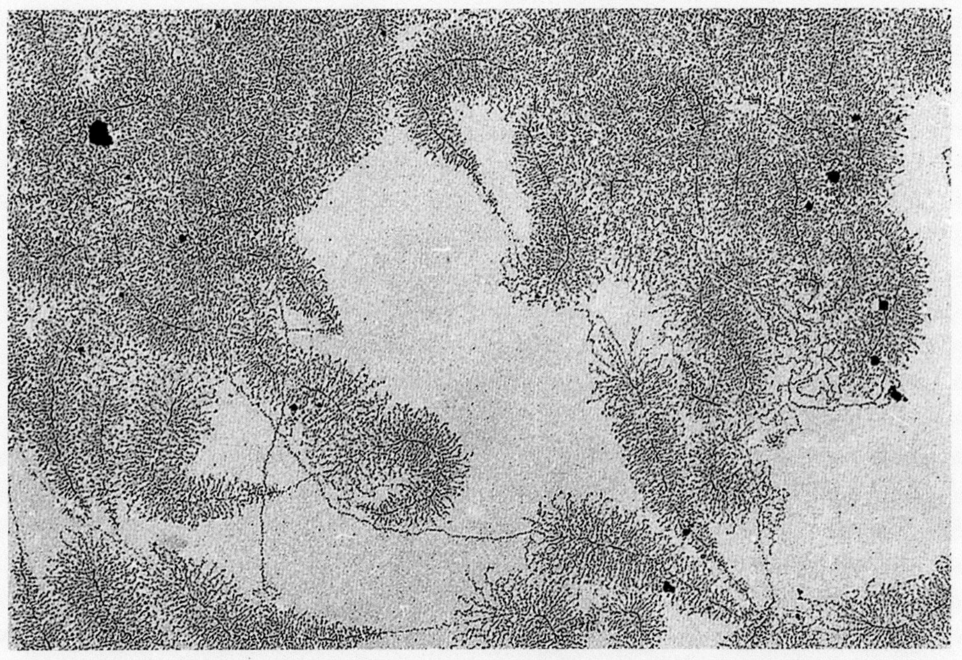

Ribosomale Gene während der Transkription in *Xenopus*-Oocyten. Die Elektronenmikroskopie zeigt uns anschaulich molekulare intrazelluläre Prozesse. (Foto: O. L. Miller Jr., Charlottesville)

Inhaltsverzeichnis

J. Graw, *Genetik*, https://doi.org/10.1007/978-3-662-60909-5_3

Überblick

Der bisher beschriebene einförmige Aufbau der DNA steht in scheinbarem Widerspruch zu der großen Anzahl vielfältiger Informationen, die sie enthalten muss, wenn sie die Grundlage von Vererbungsvorgängen darstellt. Die einzige Variabilität der DNA besteht in der Abfolge von insgesamt vier unterschiedlichen Basen. Diese Variabilität genügt jedoch, um umfangreiche Information zu speichern, wenn man annimmt, dass diese Information in Form eines Codes vorliegt, der mehrere Basen als Codewort umfasst. Der in der DNA verwendete genetische Code ist ein Triplettcode, der jeweils eine Gruppe von drei aufeinanderfolgenden Basen enthält. Dieser Code ist für alle Organismen nahezu identisch.

Die für die Zelle entscheidende Information ist die Festlegung einer spezifischen Aminosäuresequenz in aufeinanderfolgenden Basentripletts der DNA. Diese Triplettbasensequenz kann in der Zelle durch die Bildung entsprechender Proteine umgesetzt werden. Hierzu bedient sich die Zelle einer weiteren Nukleinsäure, der einzelsträngigen Boten-RNA (engl. *messenger RNA*, mRNA). Diese mRNA wird an der DNA nach dem gleichen Duplikationsverfahren synthetisiert (Transkription), das auch bei der Replikation zur Anwendung kommt. Die mRNA repräsentiert jedoch nur den einen der beiden DNA-Stränge, der als codierender (codogener) Strang bezeichnet wird.

Wie der Name besagt, dient die mRNA als Bote zur Übertragung der genetischen Information zu den Produktionsstätten der Proteine, den Ribosomen. Mithilfe der mRNA findet dort die Proteinsynthese (Translation) statt. Immer drei Basen der mRNA (Triplett) codieren dabei eine Aminosäure. Die Transfer-RNA (tRNA) erkennt jeweils ein Triplett (Codon) in der mRNA mithilfe ihres Anticodons, das zu dem entsprechenden Codon komplementär ist. Die tRNA ist mit der zugehörigen Aminosäure beladen, die nun in der von der mRNA festgelegten Reihenfolge an die wachsende Polypeptidkette angefügt werden kann.

Die Ribosomen sind dabei eigentümliche Zwitter – aufgebaut aus besonderen, eigenen (ribosomalen) RNA-Molekülen (rRNA) und Proteinen. Sie erinnern an Frühformen des Lebens, als es noch keine DNA gab und nur eine „RNA-Welt" existierte. Auch die tRNAs gehören natürlich in diesen Zusammenhang, und auch heute noch existieren RNA-Moleküle mit enzymatischen Eigenschaften: Ribozyme und RNA-Schalter, die wir am Ende des Kapitels besprechen wollen.

3.1 DNA, genetische Information und Informationsübertragung

Alle bisher besprochenen Eigenschaften der DNA stehen in Einklang mit den Anforderungen an eine chemische Verbindung, die die erbliche Information eines Organismus beherbergt. Dennoch haben wir eine entscheidende Frage bisher nicht gestellt: Welche molekulare Eigenschaft der DNA befähigt sie, die große Vielfalt der Erscheinungsformen von Lebewesen in sich zu vergegenwärtigen? In der DNA-Struktur gibt es ja praktisch nur eine variable chemische Komponente: die an das gleichförmige Zucker-Phosphat-Rückgrat seitlich angefügte Base. Aber auch die hierbei mögliche Variabilität erscheint uns zunächst, wie schon Miescher vor mehr als 100 Jahren feststellte, sehr wenig geeignet, die Vielfalt lebender Erscheinungen zu erklären, da sich im Allgemeinen nur vier verschiedene Basen in der DNA miteinander abwechseln. Immerhin fällt uns die Vorstellung, dass nur vier unterschiedliche Einzelelemente eine sehr große Menge unterschiedlichster Information verschlüsseln können, heute viel leichter, da es uns aus der Informatik geläufig ist, dass schon zwei unterschiedliche Elemente – z. B. „0" und „1" – sehr viel Information aufzunehmen vermögen, wenn sie in geeigneter Form gruppiert werden. Genau das ist auch durch die organischen Basen in der DNA möglich: Durch die **Vielfalt der Möglichkeiten der Basenreihenfolge** im DNA-Strang wird die zur Existenz eines Organismus erforderliche Information in der DNA festgelegt.

Die Beantwortung der Frage des **Informationstransfers** von der DNA als Informationsträger zur praktischen Verwertung im zellulären Stoffwechsel ist etwas komplexer als es zunächst erschien. Prinzipielle Vorstellungen, in welcher Weise Gene in der Zelle ihre Funktionen ausüben können, hatten sich bereits gegen Ende des 19. Jahrhunderts entwickelt: Sie üben zentrale Aufgaben im Stoffwechsel der Zelle aus. Das kommt in den Worten E. B. **Wilsons** (1900) zum Ausdruck, wenn er schreibt: *„The building of a definite cell-product, such as a muscle fibre, a nerve process, a cilium, a pigment-granule, a zymogen-granule, is … the result of a specific form of metabolic activity, as one may conclude from the fact that such products have not only a definite physical and morphological character, but also a definite chemical character … In its physiological aspect, therefore, inheritance is the recurrence, in successive generations, of like forms of metabolism …"*

Entscheidende Fortschritte im Verständnis der Genwirkung wurden in den 1940er-Jahren gemacht. Hierbei waren vor allem genetische Studien biochemischer Prozesse am Schimmelpilz *Neurospora* von Bedeutung. Dieser Organismus ist für genetische Untersuchungen besonders geeignet, da sein Lebenszyklus die genetischen Analysen aufgrund der Möglichkeit von Tetradenanalysen besonders vereinfacht (◘ Abb. 11.25). G. W. **Beadle** und E. L. **Tatum** kamen 1941 bei der Untersuchung der mutagenen

3

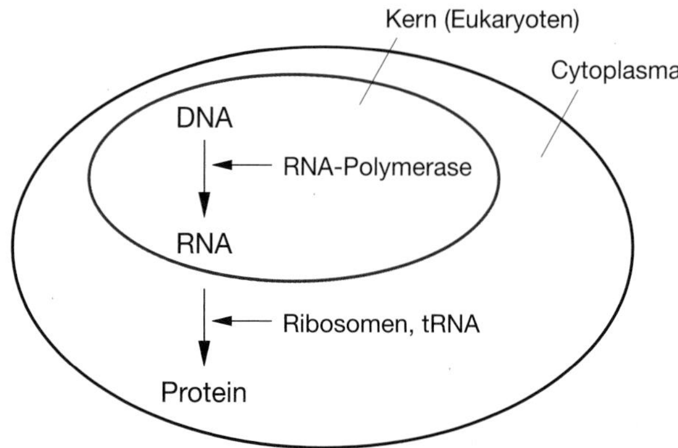

Abb. 3.1 Das zentrale Dogma. Die genetische Information, die in der DNA niedergelegt ist, wird durch die *messenger*-RNA (mRNA) als molekulare Zwischenstufe an die Ribosomen übertragen, wo die Proteinsynthese an der mRNA erfolgt. In Eukaryoten sind die Orte der mRNA-Synthese und der Proteinsynthese durch die Kernmembran getrennt; diese Trennung gibt es bei Prokaryoten nicht. Der dogmatische Charakter ist allerdings inzwischen verloren gegangen: RNA kann auch als Matrize zur DNA-Synthese dienen (Reverse Transkriptase)

Effekte von Röntgenstrahlen auf den Stoffwechsel zu der Erkenntnis, dass ein Gen für die Synthese einzelner Stoffwechselkomponenten verantwortlich ist: *„Inability to synthesize vitamin B_6 is apparently differentiated by a single gene from the ability of the organism to elaborate this essential growth substance."* Dieser Schluss beruhte auf den experimentellen Befunden, dass eine genetische Veränderung eines Gens zu einer Blockierung eines Stoffwechselweges führt, der aber durch die Ergänzung des Zuchtmediums mit geeigneten Verbindungen aufgehoben werden kann. Lesen wir die Interpretation der Effekte von Mutationen im Stoffwechsel der Augenfarbstoffe von *Drosophila* nach (Abb. 11.15, Tab. 11.7), so ist die Interpretation dieser Befunde durch Beadle und Tatum naheliegend: Ein Gen codiert die Information zur Bildung von Enzymen, also von Proteinmolekülen, die entscheidende katalytische Funktionen in Stoffwechselprozessen ausüben. Die Experimente von Beadle und Tatum führten daher zu der **„Ein-Gen-ein-Enzym-Hypothese"**, die lange Zeit die Vorstellungen über die Funktion eines Gens bestimmt hat (Abb. 3.1).

Die „Ein-Gen-ein-Enzym-Hypothese" wurde später auf eine **„Ein-Gen-ein-Protein-Hypothese"** erweitert. Im Prinzip hat sich diese Form der Definition in vielerlei Hinsicht als zutreffend erwiesen, wenn wir auch hierzu ergänzende Gesichtspunkte berücksichtigen müssen, die erst nach näherer Betrachtung der Struktur von Genen verständlich werden. Dazu gehören vor allem die recht komplexen Formen der Regulation der Genaktivität durch Promotoren und Enhancer (▶ Abschn. 7.3) und die häufig sehr unterschiedlichen Spleißvarianten (▶ Abschn. 3.3.5); in neuerer Zeit gewinnen aber auch RNA-Moleküle eine funktionelle Bedeutung (▶ Abschn. 3.5 und 8.2). Diese Aspekte nehmen einfachen Formulierungen als Erklärung des Begriffs „Gen" ihre Allgemeingültigkeit.

! Die ersten molekularen Einblicke in die Funktion von Genen ließen erkennen, dass der Begriff „Gen" hinsichtlich seiner zellulären Funktion mit einem Enzym oder allgemeiner mit einem Proteinmolekül in Beziehung gesetzt werden kann. Diese einfache Formulierung ist heute unvollständig.

Dieser wichtige Schritt im Verständnis der Funktion von Genen wurde unmittelbar begleitet von der Frage nach der molekularen Verbindung zwischen der DNA-Sequenz eines Gens und der zugeordneten Proteinsequenz. Es war zunächst durchaus unklar, ob die Proteine nicht direkt im Zellkern synthetisiert werden und daher in einer direkten räumlichen Beziehung zur DNA-Sequenz stehen.

Bereits in den 1940er- und 1950er-Jahren waren jedoch zahlreiche Stoffwechseluntersuchungen am zweiten zellulären Nukleinsäuretyp, der **Ribonukleinsäure** (RNS, engl. *ribonucleic acid*, **RNA**), durchgeführt worden (im Folgenden werden wir stets die gebräuchlichere Abkürzung RNA verwenden). RNA ist als Zellbestandteil der DNA mengenmäßig weit überlegen, wird aber im Gegensatz zur DNA zum überwiegenden Teil im Cytoplasma gefunden. Viele Experimente zeigten eine direkte Korrelation zwischen intensiver Proteinsynthese und RNA-Synthese. Untersuchungen der Markierungskinetik von RNA nach Pulsmarkierung mit radioaktivem Uridin ließen erkennen, dass RNA im Kern synthetisiert wird, danach aber in das Cytoplasma gelangt.

Besonders aufschlussreich waren Versuche von Lester **Goldstein** und Walter **Plaut** (1955) an *Amoeba proteus*. Die Amöben wurden mit Ciliaten gefüttert, die man mit ^{32}P radioaktiv markiert hatte. 2 bis 3 Tage nach dieser Fütterung wurden Zellkerne der Amöben, die sich zu diesem Zeitpunkt als radioaktiv erwiesen, isoliert und in normale Amöben transplantiert, deren eigenen Zellkern man zuvor entfernt hatte. Autoradiographische Präparate, die man zu unterschiedlichen Zeiten nach der Kerntransplantation anfertigte, ließen erkennen, dass die Radioaktivität zunächst für einige Stunden im Kern verbleibt, nach 12 h jedoch auch im Cytoplasma zu finden ist. Da die Behandlung der Präparate mit Ribonuklease, einem Enzym, das RNA abbaut, zu einem vollständigen Verlust der radioaktiven Markierung führt, lässt dieses Experiment darauf schließen, dass RNA sich zunächst im Kern befindet, dann aber in das Cytoplasma übertritt: *„The evidence presented shows that RNA is synthesized in the nucleus and that RNA, or at least a nucleus-modified precursor of RNA, is transmitted to the cytoplasm"* (Goldstein und Plaut 1955).

In der Folge konnte experimentell untermauert werden (besonders durch die RNA-Synthesehemmung mit Actinomycin D), dass RNA ausschließlich an der DNA im Zellkern synthetisiert und anschließend ins Cytoplasma transportiert wird. Damit war jedoch das Problem der Umsetzung der genetischen Information in Proteinmoleküle keinesfalls gelöst. Die genetische Information war in der RNA nunmehr in ein – stoffwechselphysiologisch instabiles – Einzelstrangnukleinsäuremolekül verlagert, der Schritt zum Protein aber noch nicht erfolgt. Um diesen Schritt nachvollziehen zu können, war zunächst die Erkenntnis von Bedeutung, dass zelluläre RNA aus drei Hauptkomponenten unterschiedlicher Eigenschaften und Stabilität besteht:

- ribosomale RNA (**rRNA**),
- Boten-RNA (engl. *messenger RNA*, **mRNA**) und
- Transfer-RNA (engl. *transfer RNA*, **tRNA**).

Der Hauptanteil zellulärer RNA besteht aus Molekülen, die in cytoplasmatischen Partikeln, den **Ribosomen**, enthalten sind. Diese Moleküle werden daher ribosomale RNA (**rRNA**) genannt und repräsentieren etwa 40 % des Gewichts eines Ribosoms (▶ Abschn. 3.4). In der Zelle sind etwa 85 % aller RNA-Moleküle rRNA. Ribosomen hatte Georg **Palade** in den 1950er-Jahren bereits im Elektronenmikroskop und durch Zellfraktionierungen als wichtige Bestandteile des endoplasmatischen Reticulums (ER) identifiziert (Palade 1955; ▶ Abschn. 5.1.1), wofür er 1974 mit dem Nobelpreis für Medizin ausgezeichnet wurde. Ribosomale RNA ist – im Vergleich zu den anderen RNA-Fraktionen der Zelle – stoffwechselphysiologisch relativ stabil und verteilt sich auf wenige Größenklassen. Die ribosomale RNA ist ein wichtiges Struktur- und Funktionselement der Ribosomen. Heute wissen wir, dass es darüber hinaus noch weitere RNA-Klassen gibt, die vor allem über ihre Länge charakterisiert werden und eine wichtige Rolle bei der Regulation von Genaktivitäten spielen (▶ Abschn. 3.5 und 8.2).

Der wichtigste Fortschritt im Verständnis der Informationsübertragung von der DNA auf Proteine wurde durch Experimente von Brenner, Jacob und Meselson (1961) am **Bakteriophagen T2** (▶ Abschn. 4.3) gemacht. Untersuchungen der RNA-Synthese führten zu der Einsicht, dass eine relativ instabile RNA-Fraktion, die nicht mehr als 4 % der totalen zellulären RNA umfasst, die Information der DNA an die Ribosomen im Cytoplasma trägt, um dort die Proteinsynthese zu ermöglichen. Entsprechend wurde diese RNA-Form als Boten-RNA bezeichnet (engl. *messenger RNA*, mRNA). „*It is a prediction of the hypothesis that the messenger-RNA should be a simple copy of the gene, and its nucleotide sequence should therefore correspond to that of the DNA … Ribosomes are non-specialized structures which synthesize, at a given time, the protein dictated by the messenger they happen to contain*“ (Brenner et al. 1961).

❗ Das einem Gen zugeordnete Protein wird nicht am Chromosom direkt synthetisiert, sondern an einer einzelsträngigen Nukleinsäure, der *messenger*-RNA, an den Ribosomen im Cytoplasma der Zelle.

Wie aber wird die Nukleotidsequenz der mRNA in ein Proteinmolekül umgesetzt? Für das Verständnis der molekularen Grundlage dieses Prozesses ist ein weiterer Befund von Mahlon B. **Hoagland** und Mitarbeitern aus dem Jahre 1958 Voraussetzung. Neben ribosomaler RNA als Hauptkomponente zellulärer RNA war die sogenannte **lösliche RNA** (engl. ***soluble RNA***, **sRNA**), heute allgemein Transfer-RNA (**tRNA**) genannt, als zweithäufigste RNA-Fraktion der Zelle beschrieben worden. Mengenmäßig umfasst sie etwa 5–10 % der gesamten RNA. Hoagland und seine Mitarbeiter erkannten, dass an diese RNA, deren Länge nur etwa 80 Nukleotide beträgt, auf enzymatischem Wege Aminosäuren kovalent gekoppelt werden können. Diese Aminosäuren können anschließend von der tRNA enzymatisch mittels Peptidbindungen an Proteine angehängt werden. „*It is therefore suggested that this particular RNA fraction functions as an intermediate carrier of amino acids in protein synthesis*“ (Hoagland et al. 1958).

Dieser Schluss fügt sich nahtlos an einen Vorschlag von Francis Crick an, nach dem die Umsetzung der in der DNA enthaltenen Sequenzinformation in Proteinsequenzen mithilfe eines Verbindungsmoleküls erfolgt, das einerseits spezifische molekulare Interaktionen mit der mRNA eingehen kann, andererseits aber die Aminosäuren auf wachsende Polypeptidketten überträgt, die durch die jeweilige RNA-Sequenz definiert werden (◘ Tab. 3.1).

❗ Die Übertragung der Information zur Synthese eines bestimmten Proteins erfordert neben einem an der DNA synthetisierten mRNA-Molekül (Transkription) noch zwei weitere RNA-Typen, die ribosomale RNA (rRNA) und die Transfer-RNA (tRNA). Die rRNA ist ein struktureller Bestandteil der Ribosomen; die tRNA ist ein Adaptermolekül, das durch spezifische molekulare Interaktion mit der mRNA während der Proteinsynthese Aminosäuren in der richtigen Folge aneinanderfügen kann (Translation).

Die weitere Untersuchung der tRNA, insbesondere ihre Sequenzanalyse durch Robert W. **Holley** und Mitarbeiter (1965), hat dieses Konzept bestätigt. Für jede der in Proteinen vorkommenden 20 „klassischen“ Aminosäuren (◘ Abb. 3.2a–c) gibt es in der Zelle eine oder mehrere spezifische tRNAs, die den von Crick vorgeschlagenen Adaptermolekülen entsprechen (zur Struktur der tRNA siehe ◘ Abb. 3.17). Jede tRNA erkennt mithilfe einer jeweils spezifischen Basensequenz (Anticodon) eine komplementäre Basensequenz (Codon) in der mRNA durch Basenpaarung. Auf diese Weise ist durch die mRNA eine bestimmte Abfolge von Aminosäuren im Polypeptid festgelegt. Damit ist der grundsätzliche Ablauf der Übertragung genetischer Information von der DNA im Chromosom auf den Zellstoffwechsel durch die Synthese bestimmter Proteine erklärt: An einem Strang der chromosomalen DNA wird ein RNA-Molekül synthetisiert, das als mRNA-Molekül durch die Kernmembran ins Cytoplasma gelangt. Hier erfolgt nach Bindung der mRNA an Ribosomen die Synthese von Polypeptiden mithilfe von tRNA-Molekülen, die mit einzelnen Aminosäuren beladen sind.

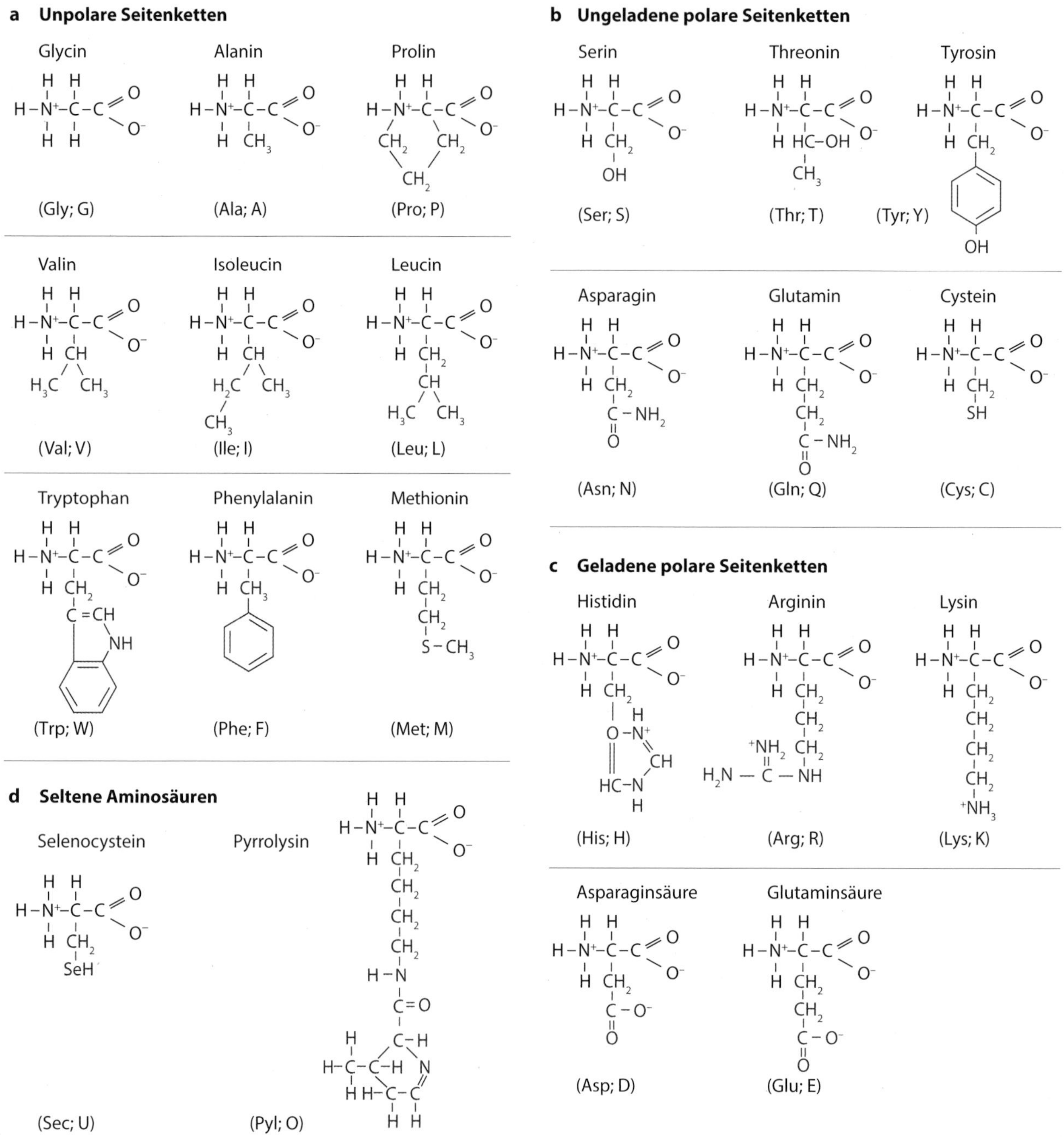

a Unpolare Seitenketten

Glycin (Gly; G) Alanin (Ala; A) Prolin (Pro; P)

Valin (Val; V) Isoleucin (Ile; I) Leucin (Leu; L)

Tryptophan (Trp; W) Phenylalanin (Phe; F) Methionin (Met; M)

b Ungeladene polare Seitenketten

Serin (Ser; S) Threonin (Thr; T) Tyrosin (Tyr; Y)

Asparagin (Asn; N) Glutamin (Gln; Q) Cystein (Cys; C)

c Geladene polare Seitenketten

Histidin (His; H) Arginin (Arg; R) Lysin (Lys; K)

Asparaginsäure (Asp; D) Glutaminsäure (Glu; E)

d Seltene Aminosäuren

Selenocystein (Sec; U) Pyrrolysin (Pyl; O)

Abb. 3.2 Aminosäuren. **a** Aminosäuren mit unpolaren Seitenketten. **b** Aminosäuren mit polaren, aber ungeladenen Seitenketten. **c** Aminosäuren mit positiv oder negativ geladenen, polaren Seitenketten. **d** Seltene Aminosäuren

Für jede der 20 „klassischen" Aminosäuren gibt es spezielle tRNAs, die mithilfe ihres Anticodons die entsprechenden Codons in der mRNA durch Basenpaarung erkennen. Auf diese Weise können die in der DNA codierten Aminosäuren aneinandergefügt werden.

3.2 Der genetische Code

Die Aufklärung der grundsätzlichen Mechanismen der genetischen Informationsübertragung innerhalb der Zelle ließ noch eine Frage unbeantwortet: Wie ist die Information der Proteinsequenzen in der DNA verschlüsselt? Die Antwort lässt sich in vier Punkten zusammenfassen:

Tab. 3.1 Genetischer Code (mit Drei- und Ein-Buchstaben-Code für Aminosäuren)

1. Base	2. Base: U			C			A			G			3. Base
U	UUU	Phe	F	UCU	Ser	S	UAU	Tyr	Y	UGU	Cys	C	U
	UUC	Phe	F	UCC	Ser	S	UAC	Tyr	Y	UGC	Cys	C	C
	UUA	Leu	L	UCA	Ser	S	UAA	Stopp		UGA	Stopp		A
	UUG	Leu	L	UCG	Ser	S	UAG	Stopp		UGG	Trp	W	G
C	CUU	Leu	L	CCU	Pro	P	CAU	His	H	CGU	Arg	R	U
	CUC	Leu	L	CCC	Pro	P	CAC	His	H	CGC	Arg	R	C
	CUA	Leu	L	CCA	Pro	P	CAA	Gln	Q	CGA	Arg	R	A
	CUG	Leu	L	CCG	Pro	P	CAG	Gln	Q	CGG	Arg	R	G
A	AUU	Ileu	I	ACU	Thr	T	AAU	Asn	N	AGU	Ser	S	U
	AUC	Ileu	I	ACC	Thr	T	AAC	Asn	N	AGC	Ser	S	C
	AUA	Ileu	I	ACA	Thr	T	AAA	Lys	K	AGA	Arg	R	A
	AUG[a]	Met	M	ACG	Thr	T	AAG	Lys	K	AGG	Arg	R	G
G	GUU	Val	V	GCU	Ala	A	GAU	Asp	D	GGU	Gly	G	U
	GUC	Val	V	GCC	Ala	A	GAC	Asp	D	GGC	Gly	G	C
	GUA	Val	V	GCA	Ala	A	GAA	Glu	E	GGA	Gly	G	A
	GUG	Val	V	GCG	Ala	A	GAG	Glu	E	GGG	Gly	G	G

[a] wird auch als Startcodon verwendet

- Die genetische Information ist in der DNA in einem **Triplettcode** verschlüsselt, bei dem jeweils drei Basenpaare (= ein Codon) der Nukleinsäure eine Aminosäure festlegen.
- Die verschiedenen Codons überlappen sich in der Nukleinsäuresequenz nicht, sondern folgen, von einem bestimmten Anfangspunkt ausgehend, ohne dazwischen eingefügte Trennungszeichen (**„kommafrei“**) kontinuierlich aufeinander.
- Der Code ist **degeneriert**, d. h. mehrere verschiedene Codons können die gleiche Aminosäure identifizieren.
- Der Code ist (im Prinzip) **universell**.

Die ersten drei dieser Eigenschaften des genetischen Codes waren von F. H. C. Crick, L. Barnett, S. Brenner und R. J. Watts-Tobin (1961) in einer zusammenfassenden Bewertung eigener Befunde und der Befunde anderer Autoren herausgestellt worden. Die Aufklärung des Codes (▫ Tab. 3.1) in seinen Details beanspruchte, länger als von Crick und Kollegen erwartet („… *the genetic code may well be solved within a year*“), mehrere Jahre unter Einsatz verschiedenster Techniken. Wir wollen die wesentlichen Schritte im Folgenden nachvollziehen, da sie eine grundlegende Leistung der Molekulargenetik umreißen.

3.2.1 Die Entschlüsselung des Codes

Der erste Schritt zur Entschlüsselung des Codes wurde durch Marshall W. **Nirenberg** und J. Heinrich **Matthaei** (1961) gemacht. In einem zellfreien System aus *Escherichia coli* synthetisierten sie *in vitro* Proteine und bewiesen, dass hierfür die Anwesenheit von mRNA erforderlich ist. Der entscheidende Befund aber war, dass ein synthetisches Polynukleotid, das nur aus Uridin besteht, die Synthese nur eines Polypeptids zur Folge hat, das ausschließlich aus Phenylalanin aufgebaut ist. Die Synthese solcher Polynukleotide war mittels des Enzyms **Polynukleotidphosphorylase** möglich, das bei geeigneten Reaktionsbedingungen die Polymerisation von Ribonukleosiddiphosphaten zu Polyribonukleotiden unter Freisetzung von organischem Phosphat zu katalysieren vermag. Marianne **Grunberg-Manago** und Severo **Ochoa** hatten dieses Enzym bereits 1955 entdeckt. Doppelstrang-RNA aus Poly(A)/Poly(U) führte ebenso wenig zur Synthese von Polypeptiden wie Zugabe von Nukleotiden oder Nukleosiden zum zellfreien System. Die Experimentatoren schlossen aus diesen Versuchen, dass eine Folge von drei Uracilbasen (also UUU in der Sprache des Codes) das Codon für Phenylalanin in einer Polypeptidkette ist: Das erste Codon war entschlüsselt. In der Folge konnten noch 1961 mittels derselben Technik Codons für 13 weitere Aminosäuren festgelegt werden, vorwiegend in der Gruppe von Severo Ochoa. Hierbei war es von Bedeutung, dass unterschiedliche Polynukleotidkombinationen auf synthetischem Wege dadurch hergestellt werden konnten, dass die Nukleotidsequenz, die durch Polynukleotidphosphorylase *in vitro* erzeugt wird, genau den relativen molaren Verhältnissen der Ribonukleosiddiphosphate im Reaktionsgemisch entspricht. Wesentliche Beiträge zur Bestätigung und Vervollständigung des Codes lieferte auch die Gruppe um Gobind **Khorana**, die Techniken zur gezielten Synthese längerer Ribonukleotidketten erarbeitet hatte, die dann im zellfreien *E. coli*-Proteinsynthesesystem auf ihre Codierungseigenschaften getestet werden konnten (Nishimura et al. 1965).

Eine wichtige alternative Technik, die von M. W. **Nirenberg** und P. **Leder** 1964 entwickelt wurde, beruht auf der Fähigkeit von Ribosomen, RNA-Trinukleotide – also im Prinzip ein Codon – zu binden. Solche Ribosomen-RNA-Komplexe binden eine tRNA mithilfe ihres Anticodons, das mit dem Codon am Ribosom zur Basenpaarung befähigt ist. Trägt die tRNA eine (radioaktiv markierte) Aminosäure (sie wird auch als **Aminoacyl-tRNA** bezeichnet), so lässt sich diese Codon-Anticodon-Bindung in Filterbindungstests leicht demonstrieren, da Membranfilter keine freie tRNA, wohl aber Ribosomenkomplexe binden. Tests bestimmter synthetischer Codons mit verschiedenen Aminoacyl-tRNAs gestatteten es so, die Codon-Anticodon-Kombinationen mit bestimmten Aminosäuren zu korrelieren. Obwohl auch durch diese Methodik eine vollständige Aufklärung des genetischen Codes nicht gelang, waren schließlich doch etwa 50 der 64 möglichen Tripletts bestimmten Aminosäuren zugeordnet. Aus diesen Daten konnte nunmehr die frühere Annahme bestätigt werden, dass der Code degeneriert ist, d. h. dass mehr als ein Triplett eine bestimmte Aminosäure codieren kann. Andererseits hatten die Versuche auch gezeigt, dass jedes Triplett nur eine Aminosäure identifiziert.

Der genetische Code war somit, im Wesentlichen durch ***in-vitro***-Experimente, aufgeklärt. Die Voraussagen von Crick und Kollegen über die Eigenschaften des genetischen Codes, wie sie zu Beginn dieses Kapitels aufgeführt sind, hatten sich bestätigt. Immerhin fehlten noch Bestätigungen dieses Konzeptes durch geeignete biologische Experimente. Diese sollten nicht lange auf sich warten lassen, und Teile des genetischen Codes wurden auf solchen Wegen bestätigt, lange bevor die Zuordnung aller Aminosäuren bekannt war. Allerdings ergaben diese biologischen Experimente auch, dass – je nach untersuchtem Organismus – die verschiedenen Codons unterschiedlich häufig benutzt werden und dass auch die unterschiedlichen tRNAs in verschiedener Häufigkeit bzw. Konzentration in den Zellen vorliegen bzw. synthetisiert werden.

❶ Der genetische Code wurde im Wesentlichen durch *in-vitro*-Experimente aufgeklärt. Er hat den Charakter eines Triplettcodes, dessen Codons ohne Trennung aufeinander folgen, sich aber auch nicht überlappen. Der Code ist degeneriert, d. h. mehrere der aus den vier Basen möglichen Dreierkombinationen identifizieren die gleiche der 20 klassischen Aminosäuren. Außerdem ist der Code bei allen Organismen nahezu identisch.

Zunächst muss jedoch noch ein allgemeiner Aspekt des genetischen Codes (◘ Tab. 3.1) erörtert werden. Eine genauere Betrachtung der Zuordnung von Tripletts und Aminosäuren lässt erkennen, dass die verschiedenen Tripletts, die als Folge der **Degeneration** des Codes für eine bestimmte Aminosäure codieren, sich häufig nur in der letzten der drei Basen unterscheiden. Die Spezifität des Codes ist also vor allem in den ersten beiden Basen zu suchen, während die letzte Base eine größere Freiheit besitzt. Diese Hypothese, die auch als **Wobble-Hypothese** bezeichnet wird, hat sich experimentell bestätigt: Eine bestimmte tRNA kann verschiedene Codons erkennen, die für die gleiche Aminosäure codieren.

❶ Der dritte Buchstabe des Codes ist nach der Wobble-Hypothese flexibel und gewährt größere Freiheit bei der Erkennung durch die tRNA als die ersten beiden Buchstaben.

3.2.2 Beweis der Colinearität

Zur Bestätigung der Eigenschaften des genetischen Codes durch biologische Experimente haben sich Organismen mit sehr kleinem Genom als besonders geeignet erwiesen, da dies einen leichteren Zugang zu bestimmten Genen gestattet. Besonders beliebt waren daher **Bakteriophagen** (► Abschn. 4.3) wie **T4** und **MS2**, das **Tabakmosaikvirus (TMV)**, aber auch einzelne Gene von *E. coli*, beispielsweise die **Tryptophansynthetase**. Sie wurde mit genetischen Techniken vor allem durch Yankofsky und Spiegelman (1962) untersucht und ergab eine Reihe von Argumenten für die Korrektheit des genetischen Codes. Insbesondere wurde durch diese Versuche auch die Frage der **„Colinearität"** der Codierung zumindest indirekt beantwortet. Dieser Begriff bezieht sich auf die Art der Anordnung der Codons in einem Gen: Verläuft die Nukleotidsequenz in der DNA und die zum gleichen Gen gehörige Aminosäuresequenz vollständig parallel? Mutationsexperimente sprachen für eine solche colineare Anordnung.

Der Phage MS2 vermehrt sich in *E. coli*-Zellen. Er besitzt als Genom ein Einzelstrang-RNA-Molekül von 3500 Nukleotiden, das für drei Gene codiert. Eines davon ist zur Replikation des Phagengenoms erforderlich, es handelt sich also um ein **RNA-replizierendes Enzym**. Das zweite Gen codiert für das **Protein A**, das zur Ausbildung neuer Phagen erforderlich ist (engl. *maturation protein*).

Das dritte Gen enthält die Information für das **Hüllprotein** des Phagen (engl. *coat protein*). Die Aufklärung sowohl der Nukleotidsequenz als auch der Aminosäuresequenz dieses Gens für das Hüllprotein durch Henri **Grosjean** und Walter **Fiers** (1982) ergab, dass die codierende RNA-Sequenz 387 Nukleotide, das Hüllprotein aber 129 Aminosäuren lang ist. Da innerhalb des Hüllproteins allen Aminosäuren das auf der Grundlage des Codes erwartete Triplett in der Nukleotidsequenz entsprach, wurde durch den Vergleich der beiden Sequenzen nicht nur die Richtigkeit des genetischen Codes bestätigt, sondern auch die Colinearität zwischen DNA und Protein bewiesen, d. h. die vollständige Parallelität der Nukleinsäure- und Proteinsequenzen. Zusätzlich wurde vor dem Codon für die erste Aminosäure ein AUG-Triplett gefunden, das bereits aufgrund anderer Kriterien als Startcodon identifiziert worden war.

Ein Vergleich der DNA-Sequenz eines Gens und der Aminosäuresequenz des zugehörigen Proteins bewies die Richtigkeit des genetischen Codes und die Colinearität, d. h. die lineare Parallelität zwischen DNA- und Proteinsequenz.

3.2.3 Allgemeingültigkeit des Codes

Eine wichtige Frage bezüglich der Bedeutung des genetischen Codes betrifft seine allgemeine Gültigkeit: Ist er für alle Organismen gültig, oder gibt es verschiedene Arten von genetischen Codes? Nach der Aufklärung des Codes herrschte zunächst für längere Zeit die Überzeugung, dass der Code universell ist, also für alle Organismen gültig ist, und dass jede Veränderung für den jeweiligen Organismus letal wäre.

In einer klassischen Arbeit zeigten Barrell et al. (1979), dass Mitochondrien des Menschen den genetischen Code an zwei Stellen anders interpretieren: Im Gen, das für die mitochondriale Cytochrom-Oxidase II codiert (*MTCO2*), gibt es drei TGA-Codons, die üblicherweise als „Stopp" verstanden werden – beim Vergleich mit der Proteinsequenz stellte sich jedoch heraus, dass das TGA-Codon hier mit der Aminosäure Tryptophan (Trp) übersetzt wird. Ähnlich wird in den Mitochondrien ATA als Methionin und nicht (wie sonst) als Isoleucin verstanden. Spätere Arbeiten zeigten weitere Veränderungen in der mitochondrialen Verwendung des genetischen Codes (◘ Tab. 5.1).

Aber evolutionäre Veränderungen haben auch vor Kerngenomen nicht haltgemacht: Überlegungen, wonach alternative Codons nicht so optimal wären wie die „kanonischen", haben sich wie andere dogmatische Vorstellungen als nicht tragfähig erwiesen, denn diese alternativen Codons existieren – und so weicht unser zunächst etwas einfache Blick auf die Welt der Gene mehr und mehr dem Bewusstsein der Komplexität und Dynamik – und dem Bewusstsein, dass die Evolution noch lange nicht an ihrem Ende angekommen ist. Denn neuerdings wurden Abweichungen vom universellen Code auch in Kern-DNA von *Ciliophora* (Ciliata) sowie im Genom verschiedener Hefestämme gefunden. Eine Übersicht über die Evolution des genetischen Codes gibt ◘ Abb. 3.3a.

Eine besondere Form des genetischen Codes wurde bei manchen Proteinen des Redoxstoffwechsels beobachtet: Diese enthalten Selenocystein (Sec). Dazu gehörten zunächst nur die Enzyme Formiat-Dehydrogenase bei *E. coli* und Glutathion-Peroxidase bei Maus und Mensch; inzwischen umfasst die Liste eine Reihe weiterer Enzyme (z. B. Thioredoxin-Reduktasen, Schilddrüsenhormon-Deiodinasen). Insgesamt kennen wir heute etwa 100 Selenoproteinfamilien; das menschliche Selenoproteom wird von 25 Genen codiert. Selenocystein wird als 21. Aminosäure bezeichnet und durch den Gebrauch des Stoppcodons UGA (in der DNA: TGA) codiert. Wenn das UGA-Codon allerdings für Sec codiert, wird es durch eine spezifische tRNA erkannt, die sich in ihrer Struktur von den üblichen tRNAs an wichtigen Punkten unterscheidet. Diese tRNA ist zunächst mit Serin beladen, das dann in weiteren Schritten an der tRNA zu Selenocystein modifiziert wird. Voraussetzung für diesen Mechanismus ist allerdings eine spezifische Haarnadelstruktur in der jeweiligen mRNA unterhalb des Stoppcodons (3′-untranslatierte Sequenz), die als SECIS-Element bezeichnet wird (engl. *Sec insertion sequence*). Erst wenn ein Protein an dieses Element spezifisch gebunden hat, wird der entsprechende Mechanismus in Gang gesetzt. Dieser spezielle Mechanismus für den Einbau von Selenocystein und seine geringe Verbreitung deuten darauf hin, dass er erst relativ spät in der Evolution entstanden ist (für eine Übersicht siehe Hatfield et al. 2014).

Allerdings ist die Evolution nicht bei 21 Aminosäuren stehen geblieben: Die 22. natürlich vorkommende Aminosäure ist Pyrrolysin (Pyl), das durch das Codon UAG (DNA: TAG) in verschiedenen Methylamin-Methyltransferase-Genen (*MtmB, MtbB, MttB*) von einigen Archaebakterien (z. B. *Methanosarcina barkeri*) codiert wird. Im Gegensatz zum oben beschriebenen Mechanismus für Sec gibt es für Pyl eine spezifische tRNA, die das Codon UAG als „sinnvoll" ansieht und Pyl einbaut. Die Formeln der zwei seltenen Aminosäuren sind in ◘ Abb. 3.2d gezeigt.

In den letzten Jahren wird daran gearbeitet, den genetischen Code künstlich noch weiter auszudehnen und „unnatürliche" Aminosäuren von Organismen einbauen zu lassen – zunächst bei Bakterien und Hefen, aber zunehmend auch in Säugerzellen. Das schon oben erwähnte Stoppcodon UAG („*amber*"; DNA: TAG) spielt dabei eine besondere Rolle, da es in manchen *E. coli*-Stämmen *amber*-Suppressor-tRNAs gibt, die

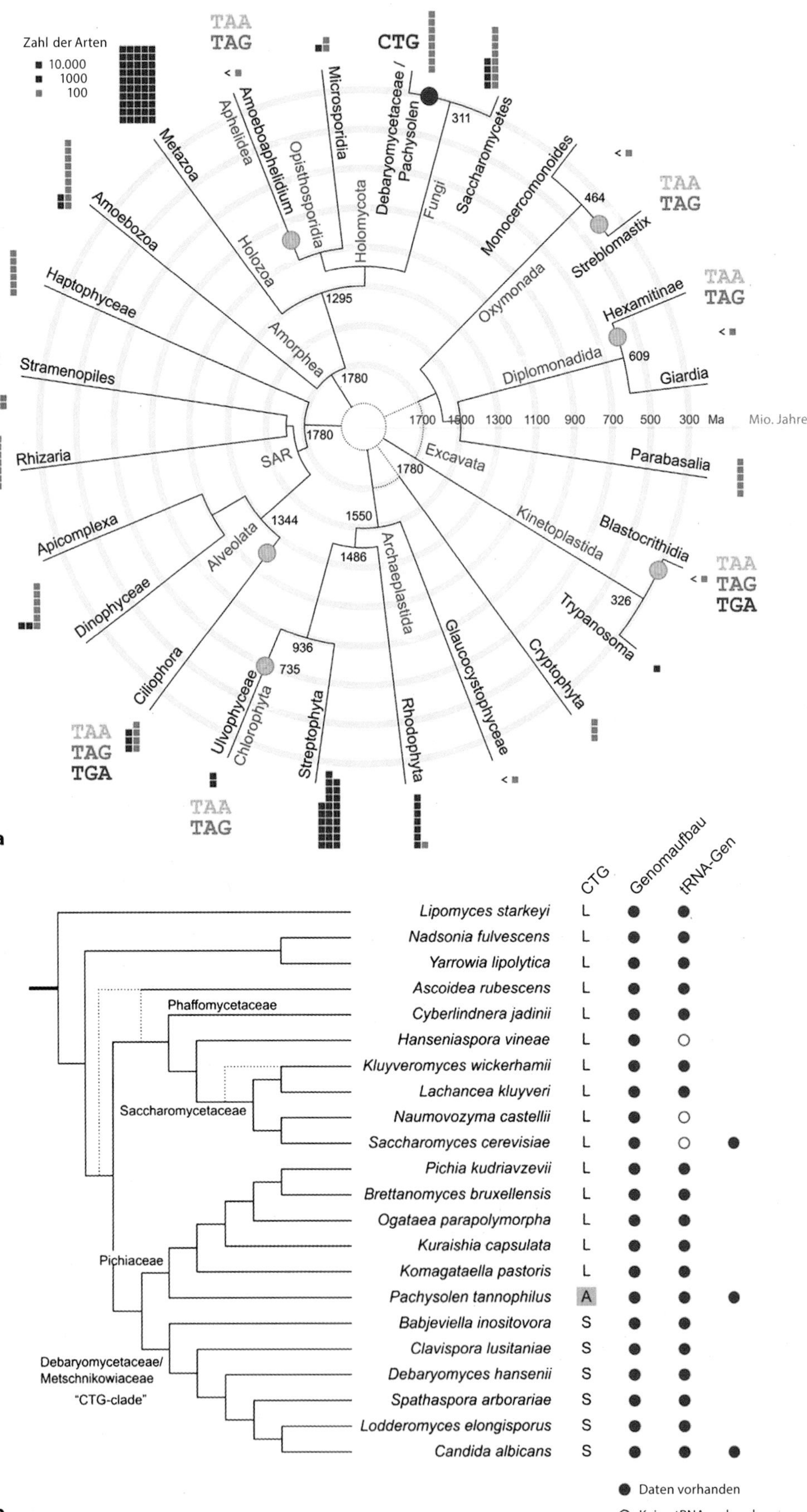

Abb. 3.3 Stammbaum der verschiedenen Variationen des genetischen Codes. **a** Der Stammbaum der Eukaryoten ist mit dem Fokus auf die frühesten Aufspaltungen dargestellt, an denen Veränderungen des genetischen Codes der Kern-DNA stattgefunden haben können. Zum besseren Verständnis sind auch die wesentlichen Taxa angegeben, bei denen keine Veränderungen stattgefunden haben. Die jeweils abgeschätzte Zahl der Arten ist farbcodiert. *Gepunktete Linien* geben unsichere evolutionäre Zusammenhänge wieder. Die betroffenen Codons sind außen angegeben: CTG (Leu/Ser/Ala), TAA (Stopp/Gln/Glu/Tyr), TAG (Stopp/Gln/Glu/Tyr) und TGA (Stopp/Trp). **b** Die Unterschiedlichkeit des genetischen Codes ist für die Echten Hefen (Saccharomycotina) dargestellt. Die Verwendung des Codons CTG ist im Ein-Buchstaben-Code angegeben (L = Leucin, A = Alanin, S = Serin); die bisher einzige Verwendung von CTG für Alanin ist farblich hervorgehoben. (Nach Kollmar und Mühlhausen 2017, mit freundlicher Genehmigung)

Substrate für endogene Aminoacyl-tRNA-Synthetasen sind und mit hoher Effizienz natürliche Aminosäuren einbauen (▶ Abschn. 3.4). Dieses Paar von tRNA und zugehöriger Synthetase kann so verändert werden, dass auch unnatürliche Aminosäuren eingebaut werden können, die vollständig neue Eigenschaften haben. Dies ermöglicht die Herstellung von neuen therapeutischen Proteinen mit verbesserten pharmakologischen Eigenschaften, von fluoreszierenden Proteinen als Sensoren für kleine Moleküle oder Protein-Protein-Wechselwirkungen, von Proteinen, deren Aktivität durch Licht reguliert werden kann, oder von Biopolymeren mit vollständig neuen Eigenschaften. Es handelt sich um eine erstaunlich vielfältige Methode, derer sich mehr und mehr Labore bedienen, um biologische Fragen zu klären oder biotechnologische Anwendungen zu etablieren (Italia et al. 2017).

Trotz der generellen Gültigkeit des genetischen Codes gibt es in mitochondrialer und nukleärer DNA einzelner Organismengruppen Abweichungen durch Veränderung der Bedeutung einzelner Codons. Das allgemeine Grundprinzip dokumentiert aber überzeugend die evolutionäre Zusammengehörigkeit aller Lebewesen.

3.3 Transkription

Seit der Aufklärung des genetischen Codes sind wir in der Lage, die in der DNA verschlüsselte Information für die Struktur von Proteinmolekülen zu lesen. In der Zelle erfolgen das Ablesen der Information und die Umsetzung in die entsprechenden Proteinmoleküle in mehreren Stufen. Der erste Schritt hierbei ist die Synthese einer einzelsträngigen Boten-RNA (engl. *messenger RNA*, **mRNA**), die die Information der DNA für die Proteinsynthesemaschinerie zugänglich macht. Die Synthese von mRNA wird als **Transkription** bezeichnet. Der Aufbau der mRNA entspricht dem der DNA, jedoch mit drei Unterschieden:

- Anstatt der Desoxyribose enthält sie **Ribose**,
- sie ist einzelsträngig,
- anstatt des Thymins wird die Base **Uracil** eingebaut.

Diese Unterschiede zur DNA haben verschiedene Folgen für die chemischen Eigenschaften, deren wichtigste ihre relativ große chemische **Instabilität** ist. Grund für diese Instabilität sind die zwei Hydroxylgruppen in der Ribose, die aus energetischen Gründen die Bildung von 2′→3′-Ring-Diestern des Phosphats unterstützen, wobei die 3′→5′-Diesterbindung gelöst wird. RNA hydrolysiert daher leichter als DNA. Durch ihren Einzelstrangcharakter besitzt sie zudem eine hohe sterische **Flexibilität** und kann leicht gefaltet werden, was ihre Verpackung in Proteine zu kompakten **Ribonukleoproteinpartikeln** (RNP) erleichtert. Solche Verpackungsmechanismen sind in Eukaryoten für den Transport der mRNA ins Cytoplasma besonders wichtig und dienen außerdem als Schutz gegen unerwünschten Abbau durch nukleolytische (Nukleinsäure-spaltende) Enzyme.

RNA unterscheidet sich von DNA durch ihre Einzelsträngigkeit, durch den Ersatz der Thyminbasen durch Uracil und durch den Besitz von Ribose statt Desoxyribose im Zucker-Phosphat-Rückgrat.

3.3.1 Allgemeiner Mechanismus der Transkription

Die Synthese der RNA, auch als Transkription bezeichnet, ist ein hochkomplexer Prozess, der im Zentrum durch die **RNA-Polymerase** geleistet wird. Diese enzymatische Aktivität wurde zuerst von Weiss und Gladstone (1959) in Zellkernen der Rattenleber beschrieben. Das Enzym war in der Lage, RNA in Abhängigkeit von der Anwesenheit von DNA zu synthetisieren. Der Beweis dafür wurde durch Abbau der DNA durch DNase erbracht: Unter diesen experimentellen Bedingungen war kein Einbau radioaktiver RNA-Vorstufen mehr möglich. Erst ein Jahr später wurde in *E. coli* eine ähnliche enzymatische Aktivität beschrieben (Hurwitz et al. 1960; Stevens 1960). Damit wurde die universelle Rolle der RNA-Polymerase in der Transkription von Pro- und Eukaryoten etabliert.

Die RNA-Polymerase katalysiert die Synthese eines RNA-Moleküls in 5′→3′-Richtung durch Aneinanderfügen von Nukleosidtriphosphaten, deren Reihenfolge durch die Basenkomplementarität mit dem DNA-Strang festgelegt ist. Wie auch bei der Replikation wird jeweils das 5′-P eines neuen Nukleotids mithilfe einer Phosphodiesterbindung an die 3′-OH-Gruppe des wachsenden RNA-Moleküls angefügt (■ Abb. 3.4). Im Unterschied zur DNA-Replikation ist hierfür jedoch kein Primer erforderlich, sondern die RNA-Polymerase kann die RNA-Synthese nach Bindung an eine dafür geeignete DNA-Sequenz, die als **Promotor** bezeichnet wird (▶ Abschn. 4.5 und 7.3), direkt mit dem ersten Nukleotid beginnen. Allerdings erfolgt die Initiation der Transkription stets mit der Hilfe von Proteinfaktoren, sodass diese praktisch die Funktion eines Nukleinsäureprimers übernehmen. Erreicht die RNA-Polymerase ein anderes in der DNA codiertes Signal, das **Terminationssignal**, so wird die RNA-Synthese beendet.

Damit unterscheidet sich die RNA-Polymerase in drei wichtigen Eigenschaften von DNA-Polymerasen:

- Sie benötigt **keinen Primer**,
- sie liest nur einen begrenzten, in der DNA selbst definierten Abschnitt der DNA,
- und sie verfügt im Gegensatz zu DNA-Polymerasen über **keine Nuklease-Aktivität**.

3

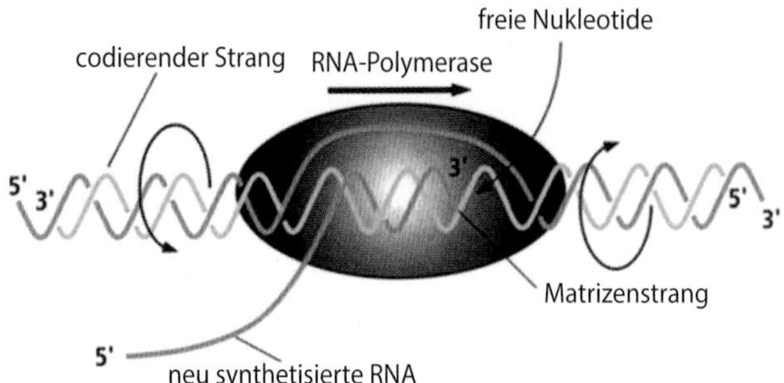

▪ **Abb. 3.4** Schema der Transkription. Die RNA-Polymerase öffnet einen kurzen Bereich der DNA für die Synthese des RNA-Moleküls am *antisense*-Strang der DNA. Die RNA-Polymerase bedeckt dabei etwa 35 bp. Die Transkriptionsblase besteht aus DNA-Einzelsträngen von etwa 15 Nukleotiden; das DNA-RNA-Hybrid ist ungefähr 9 bp lang. Die RNA-Polymerase katalysiert den Einbau von Ribonukleotiden, die zu den DNA-Basen komplementär sind, und knüpft die Phosphodiesterbindung. Im Gegensatz zur DNA-Polymerase braucht die RNA-Polymerase keine Primer – es kann eine RNA-Kette *de novo* an der DNA-Matrize starten. Das Enzym erzeugt vor sich eine übermäßige Spiralisierung und hinter sich einen zu schwach gewundenen DNA-Abschnitt (vgl. ▪ Abb. 2.18). Beim Weiterwandern der Transkriptionsblase wird die RNA unter Rückbildung des DNA-Doppelstrangs aus der Hybridhelix verdrängt. Die RNA-Synthese erfolgt, wie die DNA-Synthese, stets in 5′→3′-Richtung des wachsenden Moleküls. (Nach Seyffert 2003, mit freundlicher Genehmigung)

Als Endprodukt der RNA-Polymerase-Aktivität liegt ein **Einzelstrangmolekül** vor. Welcher DNA-Strang in RNA umgesetzt wird, ist durch Signalsequenzen in der DNA festgelegt.

> **!** Die Synthese von RNA erfolgt an der DNA durch RNA-Polymerase in ähnlicher Weise wie die Replikation durch DNA-Polymerase. RNA-Polymerase liest jedoch nur Teilbereiche eines einzelnen DNA-Strangs, die durch ein Startsignal (Promotor) und ein Endsignal (Terminationssignal) gekennzeichnet sind. Sie benötigt, im Gegensatz zur DNA-Polymerase, keinen Nukleinsäureprimer. Eukaryoten besitzen im Gegensatz zu *E. coli* vier verschiedene RNA-Polymerase-Typen, die spezifische RNA-Typen synthetisieren.

Terminologie

Um Verwirrungen in der Terminologie zu vermeiden, ist es wichtig, sich die gebräuchlichen Begriffe deutlich vor Augen zu führen:

- Der DNA-Strang, der als Template (Matrize) für die Transkription dient, wird als **Gegenstrang** (engl. *antisense strand*) oder auch als **codogener Strang** bezeichnet. Er wird in 3′→5′-Richtung abgelesen.
- Die hieran durch Basenkomplementarität gebildete mRNA wird in 5′→3′-Richtung synthetisiert (also antiparallel). Wir nennen das entstehende mRNA-Molekül **Sinn-Strang** (engl. *sense strand*). Die mRNA entspricht in ihrer Nukleotidsequenz daher, abgesehen vom Ersatz des Thymins durch Uracil, dem „Sinn-Strang" oder dem **codierenden Strang** (engl. *coding strand*) der DNA, der normalerweise nicht von der RNA-Polymerase gelesen und deswegen auch als Nichtmatrizenstrang bezeichnet wird.
- Wird vom Sinn-Strang der DNA ein RNA-Molekül synthetisiert, wird diese RNA als ***antisense*-RNA** bezeichnet. In ihrer Sequenz entspricht sie dem *antisense*-Strang der DNA. Solche *antisense*-RNA-Moleküle können nicht nur *in vitro* für experimentelle Zwecke hergestellt werden, sondern spielen wichtige Rollen bei der Regulation von Genaktivitäten in der Zelle (▶ Abschn. 8.2).

3.3.2 Transkription bei Prokaryoten

Prokaryoten besitzen nur eine **RNA-Polymerase**. Sie besteht aus drei Proteinkomponenten, der α-, der β- und der β′-Untereinheit. Zwei α-Untereinheiten bilden zusammen mit je einem β- und einem β′-Molekül das **Core-Enzym**, das zusammen mit dem σ-Faktor das **Holo-Enzym** mit einem Molekulargewicht von 480 kDa bildet. Sowohl die RNA-Polymerase α als auch der σ-Faktor sind erforderlich, um die Promotorstrukturen zu erkennen, spezifisch daran zu binden und mit der Transkription zu beginnen (**Initiationsphase**). Genauere Mechanismen zur Regulation prokaryotischer Genexpression werden wir in ▶ Abschn. 4.5 besprechen; hier wollen wir uns zunächst auf die allgemeinen Vorgänge der bakteriellen Transkription beschränken.

Ging man ursprünglich davon aus, dass nur ein σ-Faktor existiert (σ^{70} mit einem Molekulargewicht von 70 kDa), so kennen wir heute sechs zusätzliche σ-Faktoren (σ^{S}, σ^{32}, σ^{E}, σ^{F}, σ^{fecI} und σ^{54}). Alle diese σ-Faktoren können in mehreren Schritten an die Core-Polymerase binden. Die Bindung an den Promotor führt zunächst zu einem „geschlossenen Komplex", der durch lokales Aufschmelzen der DNA im Bereich des Transkriptionsstarts in einen „offenen Komplex" umgewandelt wird und so die Transkription einleitet. Die Base, an der die Transkription startet und die als erste in mRNA übersetzt wird, wird mit „+1" bezeichnet; die Basen oberhalb des Transkriptionsstarts werden entsprechend mit „−1" etc. bezeichnet; es gibt also keine Null.

Das Aufschmelzen der DNA im Bereich des Transkriptionsstarts findet im Bereich von −12 bis +4 statt. Ein typischer σ^{70}-abhängiger Promotor enthält zwei konservierte Hexamersequenzen etwa an den Positionen −10 (TATAAT; TATA- oder Pribnow-Box) und −35 (TTGACA; UP-Element, engl. *upstream element*), die von jeweils einer der vier Untereinheiten des σ-Faktors erkannt werden (Regionen σ1–σ4; ▪ Abb. 3.5). Andere σ-Faktoren sind für die Initiation der Transkription unter spezifischen Umweltbedingungen verantwortlich (σ^{32} für Wachstum oberhalb von 37 °C, σ^{E} für die Expression „extremer" Hitzeschockproteine, σ^{S} für Stressantworten).

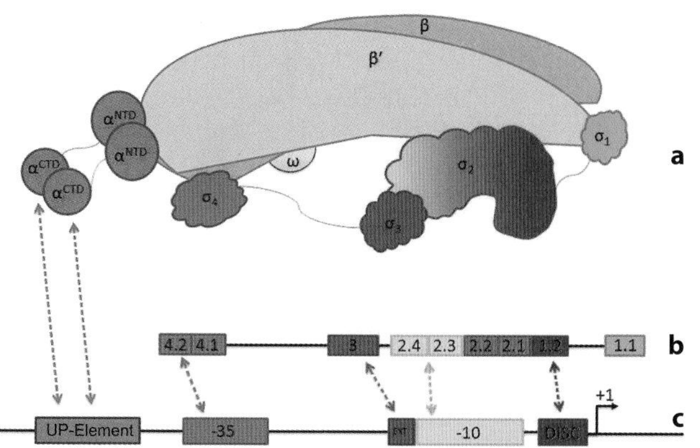

■ **Abb. 3.5** Wechselwirkungen zwischen dem RNA-Polymerase-Komplex und Promotor-Elementen an einem bakteriellen Promotor. **a** Architektur des Gesamtenzyms (die Untereinheiten sind in verschiedenen Graustufen gezeigt). Die α-Untereinheit der RNA-Polymerase besteht aus zwei Domänen: Der N-Terminus ($α^{NTD}$) bindet an die β/β′-Untereinheiten, wohingegen der C-Terminus ($α^{CTD}$) mithilfe zusätzlicher spezifischer Protein-DNA-Wechselwirkung mit Elementen oberhalb des Hexamers der Position −35 (UP-Element) die Bindung des RNA-Polymerase-Komplexes an den Promotor verstärkt. $α^{NTD}$ und $α^{CTD}$ sind flexibel verbunden. Der ω-Faktor ist ein Hilfsfaktor des RNA-Polymerase-Komplexes. **b** Die vier Domänen der σ-Untereinheit (und ihre Teilregionen) sind *farbcodiert* dargestellt. **c** Typische Wechselwirkungen mit einem $σ^{70}$-Promotor sind angegeben. Die Regionen 2 und 4 des σ-Faktors sind für die Erkennung der Hexamersequenzen an den Positionen −10 und −35 verantwortlich. Der *Pfeil* an Position +1 zeigt den Transkriptionsstart. EXT: verlängertes −10-Element; DISC: Diskriminatorsequenz. (Nach Davis et al. 2017, mit freundlicher Genehmigung)

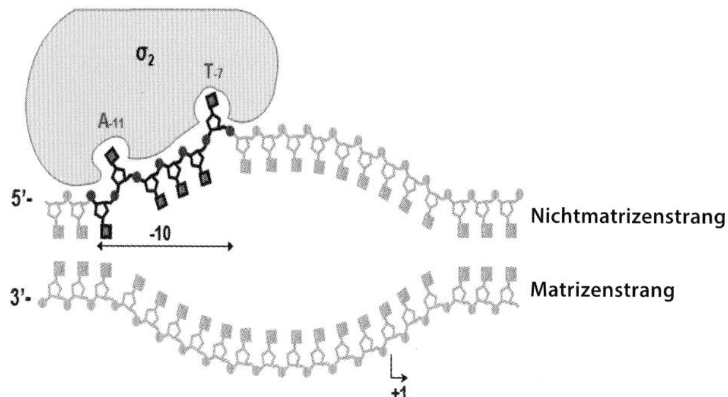

■ **Abb. 3.6** Aktivierung der Transkription durch Wechselwirkungen der RNA-Polymerase mit dem Promotor. Es ist die Region 2 der σ-Untereinheit (σ2) von *Thermus aquaticus* gezeigt, die an zwei Basen der konservierten Hexamersequenz der Pribnow-Box oder −10-Region bindet, und zwar an Adenin (A, −11) und Thymin (T, −7). Diese Wechselwirkung trägt wesentlich zum Aufschmelzen der DNA im Bereich des Transkriptionsstarts bei. (Nach Davis et al. 2017, mit freundlicher Genehmigung)

Die σ-Faktoren sind für die spezifische Bindung des RNA-Polymerase-Komplexes an den Transkriptionsstart und das Aufschmelzen des DNA-Doppelstrangs in dieser Region essenziell. Von den vier Regionen (σ1–σ4) sind die beiden Regionen σ2 und σ4 von besonderer funktioneller Bedeutung, da sie für die Erkennung der Bindesequenzen an den Positionen −10 (σ2) und −35 (σ4) verantwortlich sind (die kleinsten Proteine aus der Gruppe der $σ^{70}$-Familie, die ca. 20 kDa schwere Gruppe IV oder ECF-σ-Faktoren [ECF: engl. *extracytoplasmic function*], bestehen übrigens nur aus diesen beiden Domänen, was deren Bedeutung unterstreicht). Die detaillierten Wechselwirkungen sind am Beispiel der Region σ2 mit der −10-Region in ■ Abb. 3.6 gezeigt. Dabei bindet die σ2-Region an den Nichtmatrizenstrang, überführt den −10-Bereich in einen einzelsträngigen DNA-Bereich und erlaubt damit der RNA-Polymerase den entsprechenden Zugang. Dabei werden die zwei Basen, Thymin an der Position −7 und Adenin an der Position −11 in entsprechenden Taschen der σ2-Region „eingefangen", sodass die entsprechende einzelsträngige Form des Transkriptionsstarts stabilisiert wird. Die Bedeutung der beiden Basen an den Positionen −7 (Thymin) und −11 (Adenin) von prokaryotischen Promotoren wird auch durch ihren hohen Konservierungsgrad in der Evolution unterstrichen.

Die α-Untereinheit (37 kDa, verantwortliches Gen: *rpoA*) ist die einzige Untereinheit des RNA-Polymerase-Core-Enzyms, die als Dimer vorkommt. Sie hat drei Funktionen:

- Initiation des Zusammenbaus des Core-Enzyms,
- Beitrag zur Erkennung der Promotorsequenzen,
- Wechselwirkung mit Transkriptionsfaktoren (Initiation und Anti-Terminatoren).

Die N-terminale Domäne der RNA-Polymerase α bindet an die β/β′-Untereinheiten und ist damit für die Dimerisierung verantwortlich, wohingegen die C-terminale Domäne für die Wechselwirkungen mit dem Promotor zuständig ist. Aktivatoren können dabei diese Wechselwirkungen verstärken, indem sie an die Aktivatorbindestelle im Promotor binden und auch an die C-terminale Domäne der RNA-Polymerase α ($α^{CTD}$). Dadurch wird die $α^{CTD}$ an die DNA herangeführt und die Protein-DNA-Wechselwirkung am Promotor verstärkt. Aktivatoren können auch eine Wechselwirkung mit der Region 4 der σ-Untereinheit eingehen. Dadurch wird der RNA-Polymerase-Komplex stärker an den Promotor gebunden bzw. verstärkt nachfolgende Schritte während der Transkription.

Die DNA-Bindestellen der C-terminalen Domäne der RNA-Polymerase α liegen oberhalb der Bindungsstellen für den σ-Faktor (zwischen −35 und −60; UP-Element in ■ Abb. 3.5). Ihre Consensussequenz ist sehr A/T-reich (5′-NNAAAWWTWTTTTNNNAAANNN-3′; W = A oder T, N = jede Base). Offensichtlich binden die zwei C-terminalen Domänen etwas versetzt an diese Bindestelle.

Die β-Untereinheit (151 kDa, verantwortliches Gen: *rpoB*) wird als die hauptsächlich katalytische Untereinheit betrachtet. Sie bindet die Ribonukleosidtriphosphate (rNTPs) und bewirkt die Polymerisation der RNA-Kette.

Die β-Untereinheit ist das Angriffsziel von verschiedenen Antibiotika wie Rifampicin und Streptolydigin, die als Inhibitoren der Transkription wirksam sind. Mutationen im *rpoB*-Gen können zu Resistenzen gegen diese Antibiotika führen. Die β′-Untereinheit (155 kDa, verantwortliches Gen: *rpoC*) ist offensichtlich für den Zusammenhalt des RNA-Polymerase-Komplexes wichtig – einige Mutationen im *rpoC*-Gen zeigen entsprechende Defizite in den betroffenen Bakterien. Andere Mutationen im *rpoC*-Gen führen zu einer verbesserten Anpassung an das Wachstum in Minimalmedium, und wieder andere Mutationen vermitteln Resistenzen gegen Antibiotika aus der Gruppe der Cephalosporine. Die β′-Untereinheit enthält viele positiv geladene Aminosäuren, und es wird ihr daher eine DNA-bindende Funktion zugeschrieben.

Die Ablösung vom Promotor (engl. ***promoter clearance***), also der Übergang von der Initiationsphase in die **Elongationsphase**, findet nach der Synthese der ersten Basen des Transkripts statt. Der Elongationskomplex ist stabil, wenn das Transkript eine Länge von 9 bis 11 Basen erreicht hat. Für die Elongation der RNA ist nur noch das Core-Enzym erforderlich. Allerdings wissen wir heute, dass die Elongation der Transkription kein monotoner Prozess ist, sondern dass die Elongationskomplexe in vielen verschiedenen Konformationszuständen existieren können. Hilfsproteine wie NusA, NusG, GreA und GreB können diese unterschiedlichen Konformationen erkennen und die Verteilung innerhalb dieser Zustände modulieren. Im normalen Zustand ist das Core-Enzym langlebig und aktiv, sodass ca. 60 bis 80 Nukleotide pro Sekunde angefügt werden können. Dieser Elongationskomplex ist sehr stabil und doch zugleich flexibel; das Konzept der Gleitklammer (engl. *sliding clamp*) in Analogie zur DNA-Replikation ist zum Verständnis dieses Prozesses sehr hilfreich.

Die Elongation kann aber an bestimmen Stellen („Pause", „Ende") oder unter bestimmten Umständen (Fehlpaarungen, Nachschubmangel von rNTPs) angehalten oder verlangsamt werden. Eine besondere Situation ergibt sich, wenn das entstehende Transkript Haarnadelstrukturen (engl. *hairpins*) ausbilden kann. Dies führt unter Umständen zur vorzeitigen Beendigung der Transkription (engl. *attenuation*).

Die Beendigung der Transkription prokaryotischer Gene (**Termination**) wird entweder durch spezielle Terminationssequenzen (meist sehr GC-reiche, palindromische Sequenzen, die stabile Haarnadelstrukturen ausbilden können: intrinsische Termination) oder durch die Anwesenheit des **Terminationsfaktors** ρ ermöglicht. Das ρ-abhängige Terminationssignal umfasst etwa 200 Basen, wobei der 5′-Teil (ca. 40 Basen) noch zur wachsenden RNA gehört. Es bildet keine oder nur geringe Sekundärstrukturen aus und enthält einen hohen Anteil von Cytosinresten; allerdings sind bisher keine Consensussequenzen erkennbar. Der ρ-Faktor ist eine RNA-abhängige Ribonukleosidtriphosphatase und bindet als ringförmiges Hexamer (Molekulargewicht der Monomere: 46 kDa) an die RNA (es werden 78 Basen gebunden). Der N-Terminus enthält dabei die RNA-Bindungsdomäne, und der C-Terminus ist mit der Fähigkeit zur ATP-Hydrolyse assoziiert. Nach der Bindung an die RNA induziert die ATP-Spaltung Konformationsänderungen, die das Transkript durch das Hexamer hindurchziehen (in 5′→3′-Richtung; ◻ Abb. 3.7) und so die RNA vom Elongationskomplex ablösen.

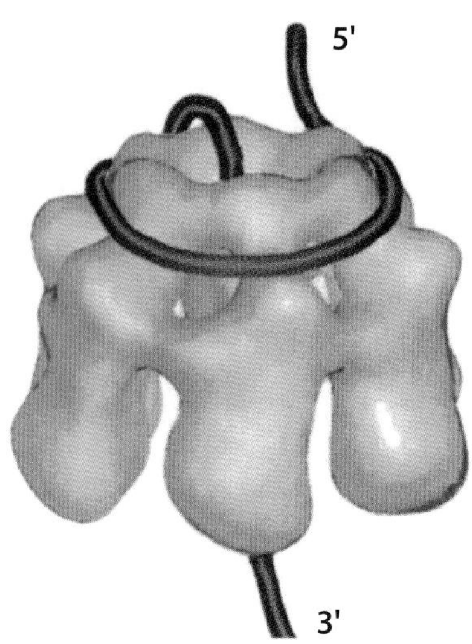

◻ **Abb. 3.7** Topologisches Modell von mRNA, die an den Terminationsfaktor ρ gebunden ist. Die äußere Form des hier dargestellten Terminationsfaktors ρ basiert auf einer 3D-Rekonstruktion elektronenmikroskopischer Darstellungen. Die mRNA bindet spezifisch an die kontinuierliche Spalte an der oberen Peripherie. Das 3′-Ende der mRNA wird durch den Terminationsfaktor hindurchgeführt und endet an dessen aktivem Zentrum (hier nicht dargestellt). (Nach Richardson 2002, mit freundlicher Genehmigung)

Die ρ-Faktor-abhängige Termination ist für *E. coli* und einige andere Organismen essenziell und kann durch das Antibiotikum Bicyclomycin gehemmt werden. Allerdings gilt dies nicht für alle Bakterien: *Bacillus subtilis* oder *Staphylococcus aureus* sind in ihrer Transkriptionstermination nicht von einem ρ-Faktor abhängig.

> **!** Prokaryoten verfügen über eine einzige RNA-Polymerase. Sie besteht aus mehreren Untereinheiten, die das Core-Enzym bilden. Zusammen mit dem σ-Faktor bildet das Core-Enzym das Holo-Enzym. Die korrekte Erkennung des Promotors erfolgt durch die C-terminale Domäne der RNA-Polymerase α und den σ-Faktor. Nach der Initiation ist nur noch das Core-Enzym zur Elongation der RNA erforderlich. Die Termination erfolgt durch GC-reiche, Palindrom-haltige Terminatorsequenzen oder mithilfe des Terminationsfaktors ρ.

Neben dem Aufbau der mRNA ist auch deren Abbau ein wichtiger Bestandteil des gesamten RNA-Metabolismus. Der schnelle Abbau von mRNA ist im Übrigen auch zur Regulation von Genaktivitäten wichtig, nämlich um eine

Population von Bakterien schnell an sich verändernde Umweltbedingungen anzupassen. Wie immer bei solchen Prozessen können wir eine Initiationsphase beschreiben, wobei regulatorische Elemente eine wichtige Rolle spielen, und eine „Durchführungsphase", bei der dann die mRNA vollständig abgebaut wird. In *E. coli* wird der Abbau der mRNA im Wesentlichen durch die RNase E durchgeführt, dafür sollte das 5′-Ende der mRNA zugänglich sein. Der erste Schnitt erfolgt üblicherweise in AU-reichen Regionen ohne größere Sekundärstrukturen. Es ist darüber hinaus noch eine ganze Reihe weiterer Proteine am mRNA-Abbau beteiligt; dazu gehören vor allem Exoribonukleasen (Polynukleotidphosphorylase, PNPase; RNase II; RNase R) und eine RNA-Helikase (RhlB). Die einzelnen Exoribonukleasen sind dabei teilweise redundant; allerdings sind Mutationen im PNPase-Gen nicht lebensfähig. Diese Exoribonukleasen führen noch nicht zu einem vollständigen Abbau der mRNA, sondern lassen kurze Oligonukleotide übrig, die noch 2 bis 5 Nukleotide umfassen. Diese kurzen Fragmente werden dann durch eine Oligonuklease zu Mononukleotiden abgebaut; Oligoribonukleasen sind spezifisch für sehr kurze Ketten (für einen Überblick siehe Deutscher 2006).

3.3.3 Transkription Protein-codierender Gene bei Eukaryoten

Eukaryoten besitzen im Gegensatz zu den Prokaryoten vier verschiedene RNA-Polymerasen (I–IV). Die Nummerierung erfolgte zunächst entsprechend der biochemischen Aufreinigung über eine DEAE-Sephadex-Säule: Die RNA-Polymerase I wurde schon bei niedriger Salzkonzentration eluiert, wohingegen die RNA-Polymerase III erst bei hoher Salzkonzentration eluiert werden konnte (Roeder und Rutter 1969). Die vierte RNA-Polymerase wurde erst kürzlich in Pflanzen beschrieben. RNA-Polymerase II (und in geringerem Ausmaß auch Polymerase III) wurde durch ihre Empfindlichkeit gegenüber **α-Amanitin**, dem Gift des Grünen Knollenblätterpilzes (*Amanita phalloides*), charakterisiert. RNA-Polymerase I und IV sind dagegen gegen α-Amanitin unempfindlich; Polymerase I kann aber durch das Antibiotikum Actinomycin D gehemmt werden, gegen das wiederum die RNA-Polymerase II relativ unempfindlich ist.

Die verschiedenen RNA-Polymerasen unterscheiden sich aber nicht nur hinsichtlich ihrer biochemischen Parameter, sondern auch hinsichtlich ihrer funktionellen Charakteristika: RNA-Polymerase I ist primär an der Synthese der 18S- und 25S-rRNA beteiligt, während RNA-Polymerase II die „klassische" mRNA Protein-codierender Gene transkribiert; sie ist allerdings auch für die Transkription der erst in jüngerer Zeit beschriebenen langen, nicht-codierenden RNAs (lncRNAs) verantwortlich (▶ Abschn. 8.2.5). Die RNA-Polymerase III ist für die Synthese der zellulären 5S-rRNA und der tRNA verantwortlich. Die kürzlich entdeckte RNA-Polymerase IV ist dagegen für die Bildung der siRNA verantwortlich (engl. *small interfering RNA*; für weitere Details siehe ▶ Abschn. 3.5, 7.3 und 8.2).

Wir wollen uns hier auf die Transkription Protein-codierender Gene durch die RNA-Polymerase II beschränken. Im Gegensatz zur bakteriellen RNA-Polymerase kann RNA-Polymerase II ohne zusätzliche Proteinmoleküle nicht an DNA binden. Solche für die Polymerasebindung essenziellen Proteine werden **Transkriptionsfaktoren** genannt. Die RNA-Polymerase II von *S. cerevisiae* besteht selbst aus 12 Untereinheiten, die innerhalb der Eukaryoten hochkonserviert sind. Die beiden größten Untereinheiten (Rbp1 und Rbp2) entsprechen der β- und β′-Untereinheit der bakteriellen RNA-Polymerase. Das Dimer aus Rbp3 und Rbp1 entspricht funktionell der α-Untereinheit des bakteriellen Systems. Einige Faktoren übernehmen Aufgaben, die der σ-Untereinheit entsprechen (z. B. das TATA-Box-bindende Protein [TBP] oder die allgemeinen Transkriptionsfaktoren TFIIB und TFIIF).

Die Regulation der Expression Protein-codierender Gene bei Eukaryoten ist komplex. Eine wichtige Rolle spielt dabei der Bereich von ca. 200 bp oberhalb des Transkriptionsstarts, der als Promotor bezeichnet wird und an den der Komplex aus RNA-Polymerase II und Transkriptionsfaktoren bindet. Außerdem spielen auch noch andere DNA-Elemente (z. B. Enhancer, Locus-Kontrollregionen) und Chromatinstrukturen wesentliche Rollen. Die **Transkriptionskontrolle** Protein-codierender Gene wird ausführlich in ▶ Abschn. 7.3 besprochen.

Der erste Schritt zum Start der Transkription (◘ Abb. 3.8a) ist die Anheftung des TATA-Box-bindenden Proteins (TBP), das die **TATA-Box** eukaryotischer Promotoren erkennt. Die TATA-Box liegt 24–32 bp oberhalb des Transkriptionsstarts und ist durch die Consensussequenz 5′-TATAA-3′ gekennzeichnet (nach ihren Entdeckern auch als Goldberg-Hogness-Box bezeichnet). Mit der Bindung des TBP kommt es zu einer starken Konformationsänderung der DNA, nämlich einem Abknicken um 80°. Nach der Anlagerung des allgemeinen Transkriptionsfaktors TFIID (engl. *transcription factor for polymerase II, fraction D*) ist der Weg frei für den weiteren schrittweisen Zusammenbau des gesamten Initiationskomplexes: Als Nächstes bindet der Transkriptionsfaktor TFIIB an seine Bindungsstelle (BRE, engl. *TFIIB recognition element*) und ermöglicht damit der RNA-Polymerase II (Pol II), begleitet von dem Transkriptionsfaktor TFIIF, zu dem Komplex hinzuzustoßen. Danach kann der Transkriptionsfaktor TFIIE binden, was wiederum die Voraussetzung für die Bindung des Transkriptionsfaktors TFIIH darstellt – und damit ist der Prä-Initiationskomplex vollständig. Diese Form des Zusammenfügens des Prä-Initiationskomplexes wurde in ähnlicher Weise in Hefen, Fliegen, Ratten, Menschen und anderen höheren Tieren gefunden, sodass davon aus-

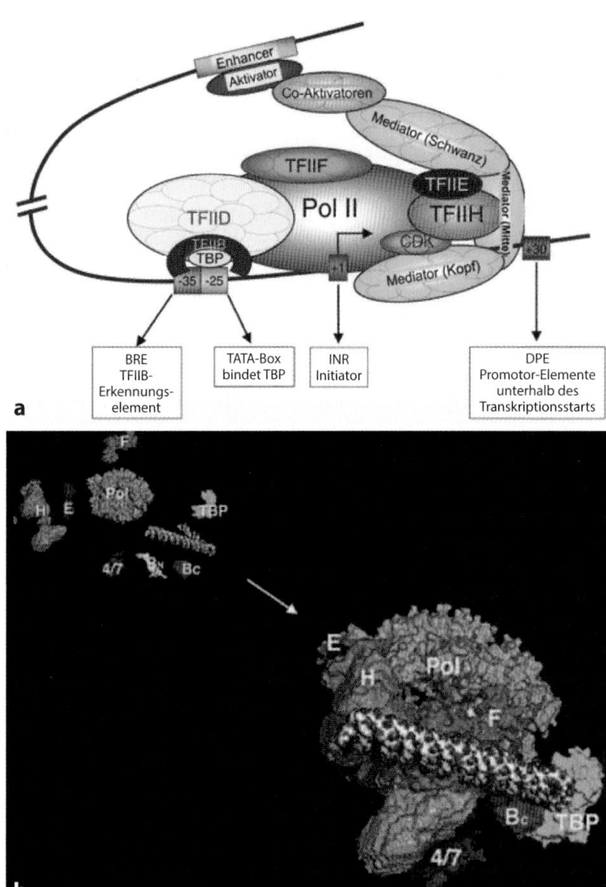

Abb. 3.8 Transkription Protein-codierender Gene bei Eukaryoten. **a** Schematische Darstellung des Initiationskomplexes mit den wichtigsten Proteinen. TF: Transkriptionsfaktor; CDK: Cyclin-abhängige Kinasen; TBP: TATA-Box-bindendes Protein. **b** Struktur des Transkriptions-Initiationskomplexes. Röntgenstrukturanalysen und elektronenmikroskopische Daten ermöglichen eine Rekonstruktion der Einzelkomponenten (*links oben*) des Initiationskomplexes der Transkription. Der Komplex selbst ist *rechts unten* dargestellt. Die stabförmige DNA ist an ihren *weiß-roten* Spiralen zu erkennen; das TATA-Box-bindende Protein (TBP) hat die Startstelle besetzt, die Transkriptionsfaktoren B, E, H und F sind mit der RNA-Polymerase II (Pol) ebenso verbunden wie deren beiden Untereinheiten Rpb4 und 7 (4/7). (**a** nach Krishnamurthy und Hampsey 2009; **b** nach Boeger et al. 2005; beide mit freundlicher Genehmigung)

zugehen ist, dass es sich hierbei um einen allgemeinen Mechanismus handelt.

Die einzelnen Komponenten des Initiationskomplexes sind ihrerseits aus mehreren Untereinheiten aufgebaut: **TFIID** besteht aus dem TATA-Bindungsprotein (TBP) und 14 damit assoziierten Faktoren (TAFs) mit einem gemeinsamen Molekulargewicht von 750 kDa. TFIID hat eine hufeisenförmige Struktur und wirkt als Klammer, um die doppelsträngige DNA zu binden. Einige TAFs erkennen verschiedene Sequenzelemente des Promotors (INR, Initiator-Element am Transkriptionsstart oder Elemente unterhalb des Transkriptionsstarts, engl. *downstream recognition element*, DRE). Damit kann die RNA-Polymerase II auch dann richtig positioniert werden, wenn keine TATA-Box vorhanden ist.

Der Transkriptionsfaktor **TFIIH** besteht aus insgesamt 10 Untereinheiten (gesamtes Molekulargewicht: 500 kDa) und verfügt über mehrere enzymatische Aktivitäten, darunter eine Kinase, die die carboxyterminale Domäne (CTD) der RNA-Polymerase II phosphoryliert (siehe unten), sowie zwei ATP-abhängige DNA-Helikasen. Diese Helikasen sind nicht nur bei der Transkription wichtig, sondern auch bei der Reparatur von DNA-Schäden (Nukleotid-Exzisionsreparatur, NER; ► Abschn. 10.6.2). Diese Aktivitäten definieren eine molekulare Verbindung zwischen Transkription und DNA-Reparatur.

Die **RNA-Polymerase II** besteht aus insgesamt 12 Untereinheiten (Rpb1–Rpb12); davon sind Rpb 4 und Rpb7 für die Initiationsphase wichtig, weil sie die Verbindung der großen Untereinheit der RNA-Polymerase II mit den allgemeinen Transkriptionsfaktoren herstellen (Abb. 3.8b). Ein wichtiger Schritt am Ende der Initiationsphase besteht in der Phosphorylierung der carboxyterminalen Domäne (CTD) der großen Untereinheit der RNA-Polymerase II. Ihr wesentliches Charakteristikum ist die häufige Wiederholung (26-mal bei Hefen, 52-mal bei Säugern) des Heptapeptids –Tyr(1)–Ser(2)–Pro(3)–Thr(4)–Ser(5)–Pro(6)–Ser(7)–, wobei die Phosphorylierung an den Serin-, Threonin- und Tyrosinresten erfolgen kann. Die CTD der RNA-Polymerase II ist damit durch eine Fülle von möglichen posttranslationalen Modifikationen gekennzeichnet, an denen vor allem Kinasen und Phosphatasen beteiligt sind. Außerdem kann die Serin-Prolin-Verbindung in *cis*- oder *trans*-Konformation vorliegen, was durch Peptidyl-Prolyl-*cis*-*trans*-Isomerasen katalysiert wird. Dabei gibt es offensichtlich einen „CTD-Code" (Eick und Geyer 2013), der dazu benutzt wird, die im jeweiligen Stadium der Transkription notwendigen Cofaktoren an den Komplex zu binden. In knospenden Hefezellen ist die CTD der RNA-Polymerase II nicht phosphoryliert, wenn sie an den Promotor bindet; vor dem Beginn der Transkription werden die Serinreste an Position 5 und 7 phosphoryliert. Nach der Synthese der ersten 500 bp wird etwa die Hälfte der Serinreste an der Position 5 dephosphoryliert; dagegen nimmt der Phosphorylierungsgrad des Serinrestes 2 und des Tyrosinrestes 1 zu und erreicht sein Plateau nach der Synthese von etwa 1 kb der RNA. Wenn die Polymerase das 3′-Ende der zu synthetisierenden RNA erreicht, wird zunächst der Tyrosinrest an der Position 1 dephosphoryliert und dann die Serinreste 5, 7 und 2. In höheren Eukaryoten ist die Reihenfolge ähnlich, obwohl es auch einige bemerkenswerte Unterschiede geben kann. Der jeweilige Modifizierungsgrad der CTD während des gesamten Transkriptionsvorgangs steuert offensichtlich die koordinierte Heranführung der benötigten Cofaktoren (und auch wieder deren Freisetzung; für weitere Details siehe Jeronimo et al. 2016).

Der **Mediator** ist ein Komplex von fast 30 Proteinen mit einem Molekulargewicht von etwa 1 Mio. kDa. Er erscheint als die Steuerungszentrale der Transkription, indem er verschiedene Signale integriert (z. B. über Aktivatoren, die an Enhancer gebunden sind) und diese Signale dann an die RNA-Polymerase II weitergibt. Diese Signale können aktivierend oder hemmend wirken. Dabei interagiert der Kopfbereich des Mediators direkt mit der RNA-Polymerase II, der mittlere Bereich ist mit der CTD der RNA-Polymerase II verbunden, und der Schwanz des Mediators bindet Aktivatoren (für weitere Details siehe Allen und Taatjes 2015).

Nach dem Zusammenfügen des gesamten Initiationskomplexes beginnt die RNA-Polymerase zu arbeiten. Die Initiationsphase endet, indem der Transkriptionsfaktor IIB (TFIIB) von dem Initiationskomplex abdissoziiert; dies ist der Fall, wenn die RNA-Polymerase II ungefähr 10 Nukleotide synthetisiert hat. Damit beginnt die Elongationsphase der Transkription, indem die RNA-Polymerase II den wiederholten Einbau von Nukleotiden an das 3′-Ende des wachsenden RNA-Transkripts katalysiert. Allerdings verläuft diese Verlängerung des Transkripts durch die RNA-Polymerase nicht gleichförmig: Zunächst transkribiert die RNA-Polymerase II nur etwa 20 bis 60 Nukleotide und hält dann wieder an. Der weitere Verlauf über diesen Punkt hinaus ist geschwindigkeitsbestimmend für etwa die Hälfte der Gene von *Drosophila* und Säugetieren. Wenn die RNA-Polymerase II über diesen Punkt hinauskommt, wird das ganze Gen transkribiert.

Offensichtlich ist an dieser frühen Phase der Elongation ein weiterer Kontrollpunkt eingerichtet: Die RNA-Polymerase II ist zu diesem Zeitpunkt mit positiven und negativen Elongationsfaktoren assoziiert. Um in die zweite Phase des Elongationsprozesses („produktive Elongation") übergehen zu können, müssen einige Voraussetzungen erfüllt sein; eine davon ist der Schutz der neu gebildeten RNA vor dem Abbau am 5′-Ende. Das Anheften der „Kappe" am 5′-Ende (im Detail im ► Abschn. 3.3.4 besprochen, ◘ Abb. 3.9) geschieht, wenn das Transkript etwa 30–100 Nukleotide lang ist. Zu diesem Zeitpunkt kann die RNA-Polymerase II anhalten und erst nach weiteren Modifikationen weiterarbeiten.

Ein wichtiger Faktor in diesem Zusammenhang ist die Anwesenheit des Elongationsfaktors P-TEFb (engl. *positive transcription elongation factor*). Dabei handelt es sich um eine Kinase, die die C-terminale Domäne der RNA-Polymerase II (am Ser-2) phosphoryliert. Die Anlagerung von P-TEFb an die RNA-Polymerase II und damit die Beendigung der Pause und die „Erlaubnis" (engl. *licensing*) zum Weiterführen der Transkription ist offensichtlich das Ergebnis antagonistischer Kräfte, der „Pausefaktoren" und der aktivierenden Faktoren. Für Details sei der interessierte Leser auf ausführliche und aktuelle Übersichtsaufsätze verwiesen (Jonkers und Lis 2015; Scheidegger und Nechaev 2016).

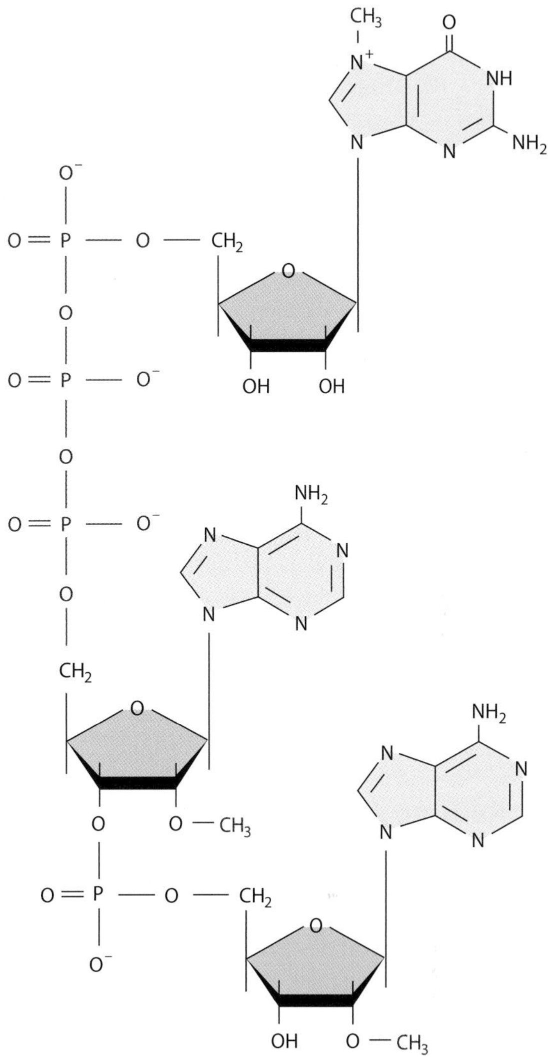

CH_3 O N^+ NH N N NH_2 O^- O = P — O — CH_2 O O O = P — O^- OH OH O NH_2 O = P — O^- N N O N N CH_2 O NH_2 N N O O — CH_3 N N O = P — O — CH_2 O O^- OH O — CH_3

◘ **Abb. 3.9** *Messenger*-RNA wird nach ihrer Synthese im Kern mit einer Cap-Struktur versehen. Hierzu wird am 5′-Ende der RNA über einen Triphosphorester ein Guanosin in einer den übrigen Nukleotiden der RNA entgegengesetzten Orientierung angefügt. Das Guanin dieses Nukleotids ist methyliert. Auch die folgenden zwei oder drei Nukleotide können in unterschiedlichen Kombinationen Methylgruppen an der 2′-Hydroxylgruppe der Ribose aufnehmen. Diese Struktur wird an jeder eukaryotischen mRNA gefunden

Für die Strukturaufklärung der eukaryotischen RNA-Polymerase II erhielt Roger D. Kornberg 2006 den Nobelpreis für Chemie. Ein wesentlicher Aspekt dieser Arbeit bestand darin, durch die strukturelle Analyse (z. B. Nähe des Austrittsortes der neuen mRNA zur CTD-Domäne) auch Hinweise auf funktionelle Zusammenhänge zu erhalten (z. B. die Möglichkeit der „Nachbearbeitung" der noch ganz frischen mRNA durch die CTD; Cramer et al. 2001). Sein Vater, Arthur Kornberg, erhielt 1959 den Nobelpreis für Medizin für die Charakterisierung der DNA-Polymerase I aus *E. coli* (► Abschn. 3.3.2).

In den letzten Jahren häufen sich Befunde, dass die Initiation der Transkription an einem Promotor häufig in beide Richtungen erfolgt. Diese Untersuchungen brachten die Frage auf, ob die Initiation der Transkription ein inhärent bidirektionaler Prozess sei oder doch unidirektional – wie man es eigentlich implizit unterstellt hat. Ein wichtiges Argument ist die Orientierung der TATA-Box, die die Bindestelle für das TATA-Box-Bindeprotein ist und dadurch den Abstand zum Transkriptionsstartpunkt definiert. Möglicherweise spielt auch die Organisation des Chromatins eine wichtige Rolle (▶ Abschn. 8.1, 8.2.6). Für eine detaillierte Darstellung sei auf die Übersichtsarbeit von Bagchi und Iyer (2016) verwiesen.

Die Transkription Protein-codierender Gene erfolgt bei Eukaryoten durch die RNA-Polymerase II; für die Regulation der Polymerase-Aktivität spielt die C-terminale Domäne (CTD) der RNA-Polymerase II eine besondere Rolle. Die Initiation erfolgt durch Anlagerung mehrerer Faktoren an die DNA um den Transkriptionsstartpunkt herum; hier ist die Sequenz TATAA („TATA-Box") besonders wichtig.

3.3.4 Reifung eukaryotischer mRNA

Die beiden Enden der jungen mRNA müssen nach der Transkription gegen Abbau geschützt werden, um so eine gewisse Stabilität des Moleküls zu erreichen (mögliche Abbaumechanismen werden im ▶ Abschn. 3.4.3 besprochen). Am **5′-Ende** des mRNA-Moleküls wird – noch während der laufenden mRNA-Synthese – ein methyliertes Guanosin (7-Methylguanosin) als „**Kappe**" angefügt (engl. *cap*; ◘ Abb. 3.9). Dazu wird vom ursprünglichen 5′-Triphosphat zunächst eine Phosphatgruppe abgespalten, sodass ein 5′-Diphosphat entsteht. Anschließend wird an dieses Diphosphat in umgekehrter Orientierung ein GMP angefügt, sodass das 5′-Ende des Guanosins dem 5′-Ende der wachsenden mRNA-Kette gegenübersteht; die beiden Nukleotide sind also durch eine 5′→5′-Triphosphatbrücke verbunden. Schließlich wird das hinzugefügte GMP an der Position 7 der Guanosinbase methyliert. Zuletzt werden auch die ursprünglich ersten ein oder zwei Nukleotide an der 2′-Position ihrer Ribose methyliert. Die Enzyme für die Anheftung der 5′-Kappe werden bereits durch die CTD der RNA-Polymerase II herangeführt. Die 5′-Kappe verhindert, dass das 5′-Ende der mRNA durch Exonukleasen abgebaut wird, sie unterstützt den späteren Transport der mRNA aus dem Zellkern und ist von großer Bedeutung für die Initiation der Translation. Allerdings erfolgt später die Translation nicht unmittelbar am Beginn der mRNA, sondern etwas unterhalb, sodass hier eine nicht-translatierte Region vorliegt (engl. *untranslated region*, UTR).

Eine ähnliche Situation liegt übrigens auch am Ende der mRNA vor; auch hier wird ein Teil der mRNA nach dem Stoppsignal nicht übersetzt (3′-UTR). Am **3′-Ende** ist die mRNA **polyadenyliert**, d. h. sie ist mit einem Poly(A)-Schwanz versehen, dessen Länge ca. 250 Nukleotide umfasst. Die Polyadenylierung erfolgt nach dem Spleißen (▶ Abschn. 3.3.5) des primären Transkripts ebenfalls im Kern. Sie erfordert ein **Polyadenylierungssignal** (AAUAAA) in der RNA, das etwa 12 bis 30 Nukleotide vor dem 3′-Ende der RNA liegt.

Die **RNA-Polymerase II**, die für die Transkription aller eukaryotischen Protein-codierenden Gene verantwortlich ist, liest weit über die Enden der Protein-codierenden Regionen hinweg. Die korrekten Enden der mRNA-Moleküle werden durch eine Endonuklease erzeugt, die die mRNA-Vorstufe in der Nähe des Polyadenylierungssignals (5′-AAUAAA-3′) im 3′-terminalen Bereich schneidet und damit die Polyadenylierung durch eine Poly(A)-Polymerase (PAP) ermöglicht. Zusätzlich ist eine weniger genau definierte, meist GU-reiche RNA-Sequenz etwa 30 Nukleotide unterhalb der Schnittstelle am Polyadenylierungsprozess beteiligt. Die Polyadenylierungsschnittstelle ist in ihrer Sequenz nicht definiert, jedoch erfolgt der Schnitt oft nach einem Adenin. Der Poly(A)-Schwanz schützt (in Verbindung mit daran gebundenen Proteinen) die mRNA vor vorzeitigem Abbau durch Exonukleasen.

Die Polyadenylierung am 3′-Ende ist eng gekoppelt mit einem weiteren Bearbeitungsprozess der noch unreifen mRNA, nämlich dem Spleißen (dem Herausschneiden nicht-codierender Bereiche; ▶ Abschn. 3.3.5). Die Polyadenylierung findet erst statt, wenn auch das Spleißen erfolgreich abgeschlossen ist – man versteht es als eine Art „Qualitätskontrolle", dass nur korrekte mRNA in das Cytoplasma entlassen wird. Für experimentelle Details, die zu dieser Hypothese führten, sei auf eine aktuelle Arbeit von Kaida (2016) verwiesen.

Eine Ausnahme von diesem Polyadenylierungsprozess machen die Zellzyklus-regulierten Histon-Gene, die keine Polyadenylierungssignale besitzen, sodass die Polyadenylierung unterbleibt. Die Weiterverarbeitung am 3′-Ende **der mRNAs** erfolgt mithilfe einer Region der Vorläufer-mRNA (Prä-mRNA), die etwa 70 bis 90 Nukleotide unterhalb des Protein-codierenden Sequenzbereichs liegt (◘ Abb. 3.10). Hier befindet sich zunächst eine invertierte Wiederholungssequenz, die ein Palindrom mit einer Stammlänge von etwa 6 bp zu bilden vermag. Etwa 13 bis 17 Nukleotide unterhalb folgt eine purinreiche Sequenz. Diese **Palindromsequenz** ist evolutionär hochkonserviert und von Seeigeln bis zum Menschen identisch. Die purinreiche Sequenz besitzt eine auffallende Sequenzkomplementarität zu einer kleinen RNA, die im Zellkern vorkommt (engl. *small nuclear RNA*, snRNA; ▶ Abschn. 3.3.5); in diesem Fall

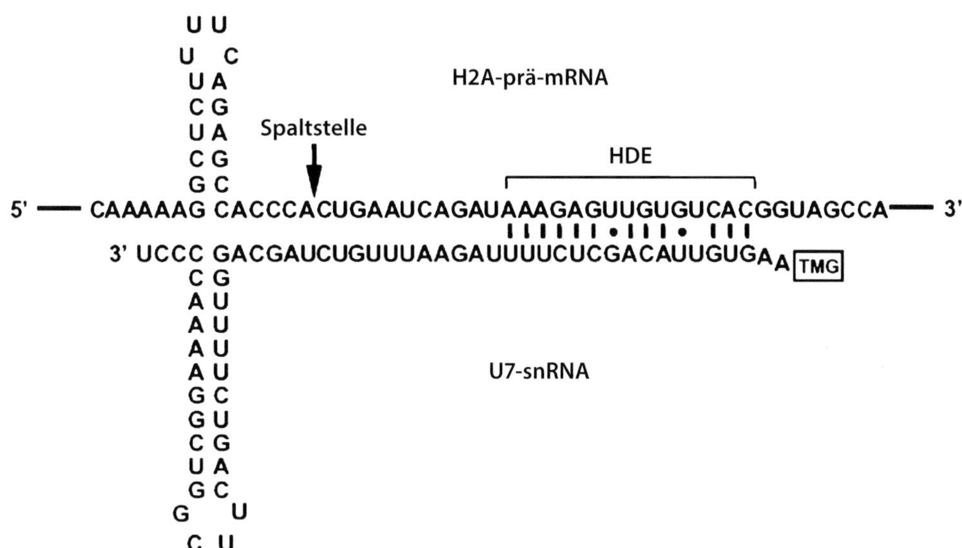

Abb. 3.10 Struktur des 3′-Endes einer Histon-prä-mRNA. Dem Ende der Protein-codierenden Region folgt eine bei allen Histon-Genen konservierte Sequenz in der mRNA, an die ein Protein bindet (engl. *stem loop binding protein*, SLBP). Wenige Basenpaare nach dem Ende der gepaarten Sequenz wird das 3′-Ende der mRNA durch eine Endonuklease erzeugt (Spaltstelle; *Pfeil*). In einem Abstand von 13–17 bp, je nach Histon-Gen, hinter dem Zentrum der Haarnadelsequenz folgt eine ebenfalls in allen Histon-Genen konservierte Sequenz, die mit dem 5′-Ende von U7-snRNA Basenpaarungen eingehen kann, das HDE (engl. *histone downstream element*). Die Basenpaare, zwischen denen die RNAs in Wechselwirkung treten können, sind *gestrichelt* oder *punktiert*. Das Trimethylguanosin (TMG) am 5′-Ende der U7-snRNA ist *eingerahmt*. (Nach Dominski und Marzluff 2007, mit freundlicher Genehmigung)

handelt es sich um die **U7-snRNA**. Während des Reifeprozesses der mRNA werden Basenpaarungen zwischen der purinreichen Sequenz und der U7-snRNA gebildet. Das Palindrom bleibt als Bestandteil der Histon-mRNAs erhalten und spielt möglicherweise eine Rolle in der Zellzyklus-gesteuerten Translationskontrolle.

Zum Schutz vor Abbau durch Nukleasen erhält die neu gebildete mRNA eine Methylguanosin-Kappe am 5′-Ende und einen Poly(A)-Schwanz am 3′-Ende.

In Analogie zu dem Begriff „Genom" wurde der Begriff „Transkriptom" gebildet; darunter verstehen wir die Gesamtheit aller Transkripte einer Zelle, eines Gewebes oder eines Organs. Ursprünglich zählte man zu den Transkripten im Wesentlichen nur die Protein-codierenden Transkripte, die über die Poly(A)-Enden isoliert und sequenziert wurden. Heute rechnen wir auch die verschiedenen Formen nicht-codierender RNA dazu (▶ Abschn. 3.5 und 8.2); die modernen Methoden des Sequenzierens „der nächsten Generation" (NGS) machen es möglich, diese Transkriptom-Analysen schnell und mit hoher Genauigkeit durchzuführen (Technikbox 7 und für eine Übersicht Pertea 2012).

3.3.5 Spleißen eukaryotischer Prä-mRNA

Seit den 1970er-Jahren ist bekannt, dass die meisten eukaryotischen Gene in ihrer genomischen DNA zwischen codierenden Bereichen (**Exons**) DNA-Sequenzen enthalten, die man in der reifen mRNA nicht wiederfindet (**Introns**). Sie werden aus den primären Transkripten herausgeschnitten (engl. *splicing*; im Deutschen hat sich dafür das Verb „spleißen" eingebürgert). Die Transkripte verfügen erst nach dem Spleißen über ein durchgehendes offenes Leseraster (engl. *open reading frame*, ORF), das die Synthese der Proteinkette gestattet. Die meisten Protein-codierenden Gene von Eukaryoten zeigen eine derartige Exon-Intron-Struktur (▶ Abschn. 7.1 und 7.2).

Für die Entdeckung der „gestückelten Gene" bekamen Richard Roberts und Phillip Sharp 1993 den Nobelpreis für Medizin. Sie haben 1977 am Adenovirus erkannt, dass die mRNA eines Hüllproteins dieses Virus aus insgesamt vier verschiedenen Fragmenten besteht, die in der genomischen DNA weit auseinanderliegen. Dass diese gestückelten Gene keine Spezialität der Adenoviren sind, zeigten viele darauf folgende Arbeiten – und heute wissen wir, dass Exons bei Eukaryoten die Regel sind und keine Ausnahmen darstellen: Sie ermöglichen eine enorme Vielfalt der Transkription und stellen ein großes Reservoir für die Evolution zur Verfügung.

Spleißen gibt es aber nicht nur bei der Reifung eukaryotischer mRNA, sondern ist ein weitverbreitetes Phänomen. Aufgrund der unterschiedlichen Spleißmechanismen unterscheiden wir vier verschiedene Gruppen von Introns:

- Die **Introns der Gruppe I** spleißen sich selbst (autokatalytisches Spleißen) und sind unter rRNA-Genen von Protisten, Mitochondrien von Pilzen, Bakterien und Bakteriophagen weitverbreitet. Die entsprechenden Vorläufer-RNA-Insertionen schneiden sich in einem Zwei-Schritt-Mechanismus unter Beteiligung eines externen Guanosinnukleotids selbst heraus.
- Die **Introns der Gruppe II** werden in Genomen von Bakterien und Organellen gefunden. Diese Introns verfügen zwar auch über die Fähigkeit des autokatalytischen Spleißens, aber der Mechanismus unterscheidet sich von denen der Gruppe I und ist durch eine Lassobildung charakterisiert.
- Die dritte Gruppe ist die **Spleißosom-abhängige Reaktion**, wie wir sie bei den meisten eukaryotischen Genen finden; sie zeigt ebenfalls eine Lassobildung.
- Die vierte Gruppe betrifft **Introns von tRNA-Genen** im Zellkern von Eukaroyten und in Archaebakterien; diese Introns werden in einer ATP-abhängigen Endonuklease-Reaktion herausgeschnitten; dieser Mechanismus unterscheidet sich deutlich von den drei vorgenannten.

Aufgrund der besonderen Bedeutung für die Eukaryoten wollen wir die Spleißosom-abhängige Reaktion im Detail betrachten (◘ Abb. 3.11). Die Übersicht (◘ Abb. 3.11a) zeigt, dass dabei zunächst die Prä-mRNA an der 5′-Spleißstelle geschnitten wird und das freie 5′-OH-Ende des Introns auf ein Adenosin des Verzweigungspunktes übertragen wird; dabei entsteht eine neue 2′→5′-Phosphodiesterbindung. Im zweiten Schritt wird dann auch die Verbindung am 3′-Ende des Introns gelöst und gleichzeitig die beiden Exon-Enden miteinander verbunden. Das Lasso-förmige Intron wird abgebaut. Die dabei verwendeten Erkennungssequenzen an den Exon-Intron-Übergängen sind relativ einheitlich und umfassen etwa 9 Nukleotide an der 5′- und wenigstens 14 Nukleotide an der 3′-Seite des Introns. Beide Erkennungssequenzen liegen größtenteils innerhalb des Intronbereichs und haben in der DNA an der Schnittstelle am 5′-Ende stets ein GT, am 3′-Ende ein AG (**GT-AG-Regel**).

Das **Spleißosom** (engl. *spliceosome*) ist eine komplexe Struktur, die die Erkennungssignale an den 5′- und 3′-Enden der Introns verwendet. Daran sind besondere RNA-Moleküle beteiligt (**snRNAs**, engl. *small nuclear RNAs*). Wie ihr Name andeutet, handelt es sich bei den snRNAs um kleine RNA-Moleküle, deren Länge im Allgemeinen nur etwa 100 bis höchstens 300 Nukleotide beträgt. Wir lernen hiermit (siehe aber auch schon ◘ Abb. 3.10) nach der rRNA und der tRNA eine weitere Klasse nicht-Protein-codierender RNA-Moleküle kennen, die funktionelle Aufgaben in ihrer Eigenschaft als Nukleinsäuremoleküle wahrnehmen, aber keine Funktion als Matrize für die Synthese von Proteinen besitzen.

Die snRNAs bilden nach ihrer Synthese kleine Ribonukleoproteine (snRNPs). Während ein Teil der snRNP-Partikel zunächst ins Cytoplasma wandert und dort größere snRNP-Komplexe bildet, befinden sich andere snRNPs ausschließlich im Kern. Die Anzahl der snRNA-Moleküle ist mit bis zu 10^6 Molekülen in jeder Zelle sehr hoch. Ihre Transkription erfolgt durch die RNA-Polymerase II. Lediglich U6-snRNA macht eine Ausnahme und wird, wie tRNA, durch die RNA-Polymerase III transkribiert. Sie unterscheidet sich von anderen snRNAs schließlich noch dadurch, dass sie keine 3-Methylguanosin-Kappe besitzt, sondern lediglich ein γ-Methylphosphat als 5′-Ende. In der snRNA kommen verschiedene durch Methylgruppen modifizierte Nukleotide vor, z. B. 6-Methyladenosin oder Pseudouridin. Außerdem besitzen die snRNAs (ausgenommen U6) eine dreifach methylierte Kappe ($m_3^{2,2,7}$-Cap) am 5′-Ende. Die Primärstruktur der snRNA erlaubt intramolekulare Basenpaarungen. Solche Sekundärstrukturen sind evolutionär besonders konserviert. U4- und U6-snRNA findet man häufig durch Basenpaarungen aneinander gebunden im gleichen snRNP-Partikel, während U6-snRNA in anderen snRNP-Partikeln auch alleine vorkommen kann.

Die snRNAs zeichnen sich durch eine relativ große Stabilität aus, die in der Größenordnung der Zeit eines gesamten Zellzyklus liegt. Sie kommen stets in Verbindung mit mehreren Proteinen vor und bilden snRNPs mit bis zu 30 verschiedenen Proteinen. Jeder snRNA-Typ bildet eine spezielle Art von snRNP-Komplex; verschiedene snRNP-Typen unterscheiden sich dabei nicht nur in der darin enthaltenen snRNA, sondern zum Teil auch durch unterschiedliche Proteine.

Das **Spleißosom** ist ein komplexes Ribonukleoprotein (RNP), das aus fünf kleineren RNPs und vielen assoziierten Proteinen sequenziell und dynamisch um die Vorläufer-mRNA aufgebaut wird. Dabei fungiert das Spleißosom als ein Rückgrat, um die 5′- und die 3′-Schnittstelle im katalytischen Zentrum zu fixieren. Wir wissen, dass die Prä-mRNA zusammen mit den snRNPs U2, U5 und U6 Strukturen bilden können, die beide Umesterungsreaktionen in einer Protein-unterstützten, RNA-abhängigen Form durchführen können. Viele konstitutive Komponenten des Spleißosoms sind von Hefen bis zum Menschen konserviert. Allerdings gibt es im Detail einige Unterschiede, die durch den größeren Umfang der Gene, die Zunahme der Introns und die geringere Konservierung der Spleißstellen in den humanen Genen bedingt sind. Obwohl die Phosphatgruppen beim Spleißen nicht verbraucht werden, ist das Spleißen ein ATP-verbrauchender Prozess; dies hängt damit zusammen, dass doppelsträngige RNA-Moleküle entwunden werden müssen.

Im Einzelnen kann man sich den Spleißmechanismus heute so vorstellen (◘ Abb. 3.11b): Die snRNPs U1, U2, U4, U5 und U6 binden schrittweise an die Prä-mRNA. Dabei dirigiert die Basenpaarhomologie das U1-snRNP zu den Sequenzen an der 5′-Spleißstelle, das Verzweigungspunkt-Bindeprotein an den Verzweigungspunkt der mRNA (engl. *branch point*), Hilfsfakto-

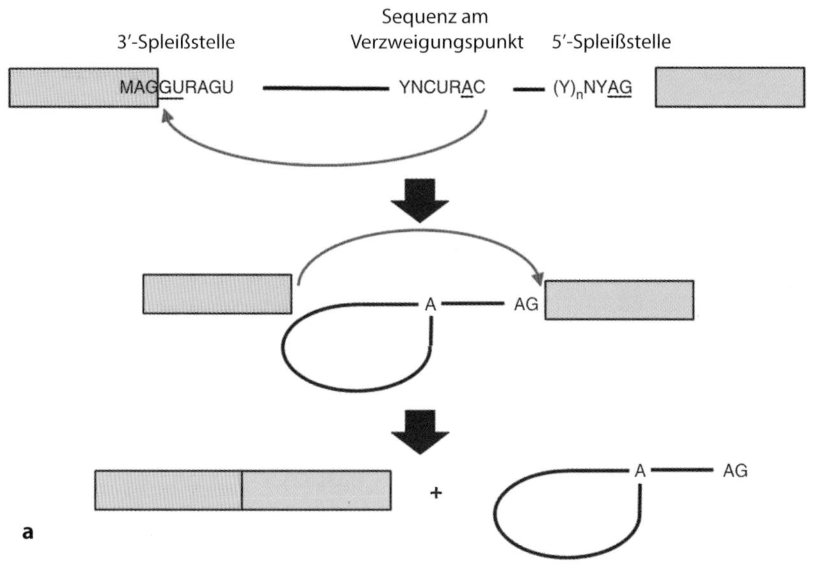

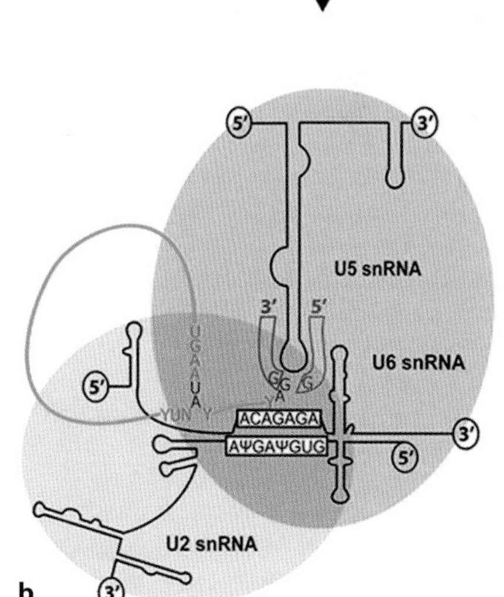

Abb. 3.11 Die biochemischen Schritte des Spleißens. **a** Übersicht. Die Entfernung eines Introns geschieht in zwei Schritten, die durch die Hauptspleißstellen gelenkt werden; die entscheidenden Basen sind *unterstrichen*. Im ersten Schritt führt ein Adenosinrest aus der Sequenz am Verzweigungspunkt einen nukleophilen Angriff auf das 5′-Ende des Introns aus und bildet damit eine verzweigte 2′→5′-Phosphodiesterbindung („Lassoform"; *Mitte*). Im zweiten Schritt führt das 3′-OH des 5′-Exons einen nukleophilen Angriff auf die 3′-Spleißstelle aus und verbindet dadurch die Exons in einer 5′→3′-Phosphodiesterbindung. Das Intron wird in der Lassoform freigesetzt und abgebaut. Die Bezeichnung unbestimmter Basen erfolgt nach dem internationalen YUPAC-Code (▶ https://www.bioinformatics.org/sms/iupac.html): M: A oder C; R: A oder G; Y: C oder T bzw. U; N: jede Base. **b** Wechselwirkungen zwischen den U-snRNAs und der Prä-mRNA in den verschiedenen Stadien. Zunächst paaren die U1-snRNA mit der 5′-Spleißstelle (5′ SS) und die U2-snRNA mit dem Verzweigungspunkt BP (engl. *branch point*), während die 3′-Spleißstelle (3′ SS) durch ein Protein gebunden wird. Im zweiten Schritt sind die U2- und U6-snRNAs weitgehend über Basenpaarungen gebunden; dazu gehört auch die Wechselwirkung der U6-snRNA mit Nukleotiden nahe dem Komplex der U2-snRNA mit der Prä-mRNA am Verzweigungspunkt. Die U5-snRNA (*stem loop 1*: SL1) erkennt zusammen mit der U6-snRNA Sequenzen an der 5′-Seite der Exon-Intron-Verbindung. Diese Wechselwirkungen tragen zum nukleophilen Angriff des Adenosinrestes am herausgehobenen Verzweigungspunkt auf die Phosphodiesterbindung des ersten Nukleotids des Introns bei. Als Folge dieser ersten Reaktion bildet sich im Intron eine Lasso-artige Struktur, und mit der jetzt freien 3′-OH-Gruppe an der 5′-Spleißstelle entsteht ein neues Nukleophil. Im letzten Schritt berührt die U5-snRNA-SL1 Sequenzen an den beiden Exons an der 5′- und 3′-Spleißstelle und trägt dadurch zu deren Verknüpfung bei: Jetzt kann die 3′-OH-Gruppe das verbindende Phosphat in der Verbindung des 3′-Endes des Introns mit dem Exon angreifen. (**a** nach Cieply und Carstens 2015; **b** nach van der Feltz et al. 2012; beide mit freundlicher Genehmigung)

ren des U2-snRNPs an den Pyrimidin-haltigen Bereich und an das konstante AG-Dinukleotid am 3′-Ende des Introns sowie die Bindung weiterer Spleißosom-assoziierter Proteine. Dieser erste Schritt ist für die initiale Erkennung der Spleißstellen und damit auch für die Regulation möglicher alternativer Spleißstellen von besonderer Bedeutung. Unterstützt durch Proteinphosphorylierung und weitere Proteine bindet das U2-snRNP über spezifische Basenpaarungen an den Verzweigungspunkt. Der Zusammenbau des Komplexes wird durch die Bindung des Dreifach-snRBPs U4-U5-U6 weitergeführt und bildet zunächst eine Zwischenform, in der alle snRNPs an der Prä-mRNA gebunden sind. Nach dem Eintritt des U4-U5-U6-snRNPs sind mehrere Umlagerungen des Spleißosoms nötig, um die beiden Umesterungsschritte der eigentlichen Spleißreaktion durchzuführen. Die Destabilisierung der U1- und U4-snRNPs durch weitere Hilfsproteine führt zur Bildung der katalytisch aktiven Form des Spleißosoms, die nur U2-, U5- und U6-snRNPs enthält. Diese Struktur

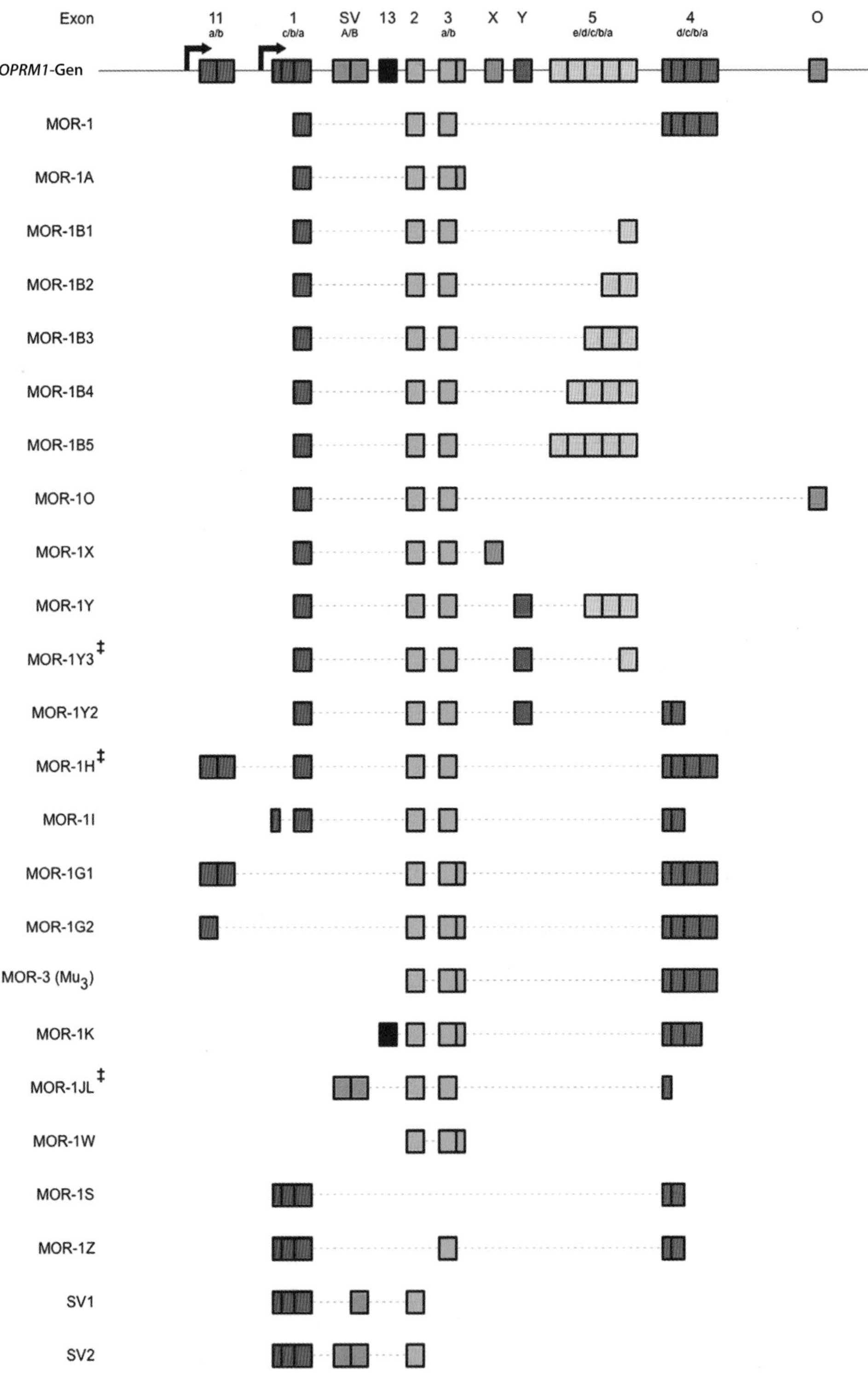

Abb. 3.12 Schematische Darstellung der Struktur des *OPRM1*-Gens, das für den Opiat-Rezeptor μ des Menschen (MOR) codiert. Es sind 24 alternative Spleißvarianten dargestellt; einige Spleißvarianten sind nur vorhergesagt (‡). Die Exons sind als *farbige Boxen* dargestellt, die Introns nur durch *punktierte Linien* (nicht maßstabsgetreu). Die beiden Transkriptionsstartstellen vor Exon 11 bzw. Exon 1 sind durch *Pfeile* markiert. Die Nummerierung der Exons ist in der Reihenfolge ihrer Identifizierung angegeben. (Nach Regan et al. 2016, mit freundlicher Genehmigung)

bringt die 2′-OH-Gruppe des Verzweigungspunktes in die Nähe des 5′-Phosphats und ermöglicht damit den ersten Schritt der Umesterung. Ein zweiter Schritt unter Beteiligung weiterer Hilfsproteine erlaubt das Ausschneiden des Introns durch einen Angriff auf die 3′-Phosphatgruppe an der Intron-Exon-Grenze durch die 3′-OH-Gruppe des geschnittenen Exons. Weitere Hilfsproteine sind nötig, um die endgültigen Produkte der Spleißreaktion freizusetzen, d. h. die Freisetzung der verbundenen Exons und des herausgeschnittenen Introns in einer Lassoform (engl. *lariat*). Spezifische Inhibitoren der Kinase, Phosphatasen oder der Hilfsproteine können die einzelnen Schritte bei der Bildung des Spleißosoms hemmen.

Die meisten eukaryotischen Gene bestehen aus Exons und Introns. Die Introns werden durch Spleißen aus der Vorläufer-mRNA entfernt. Im Allgemeinen werden Introns bei Eukaryoten mithilfe von Ribonukleoproteinkomplexen herausgeschnitten. Am Aufbau dieser Spleißosomen sind auch kleine RNA-Moleküle (snRNAs) beteiligt. Eukaryotische Zellen enthalten eine große Anzahl solcher RNA-Moleküle, die verschiedenen Sequenztypen angehören und in ihrem Vorkommen teilweise auf bestimmte Bereiche der Zelle beschränkt sind.

Interessant ist der Weg der Entdeckung von snRNAs. Bestimmte Antikörper von Patienten mit einer Krankheit, die **systemischer Lupus erythematodes** (SLE) genannt wird, reagieren spezifisch mit den snRNPs. Offensichtlich sind Autoimmunkrankheiten dadurch bedingt, dass der betreffende Organismus Antikörper gegen wichtige allgemeine Bestandteile seiner eigenen Zellen herstellt (Tan und Kunkel 1966; ▶ Abschn. 9.4.3).

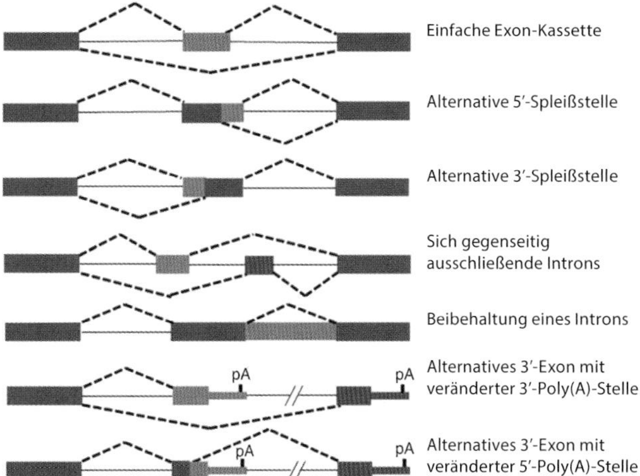

Abb. 3.13 Schematische Darstellung verschiedener Formen veränderten Spleißens. Die *grünen Boxen* stellen konstitutive Exonsequenzen dar, wohingegen die *roten* bzw. *braunen Boxen* neue Exons bzw. neue Regionen darstellen. Die *durchgezogenen Linien* sind Introns, und die *gestrichelten Linien* weisen auf neue Muster hin; pA: Poly(A)-Stelle. (Nach Cieply und Carstens 2015, mit freundlicher Genehmigung)

Die Bedeutung des Spleißens wird deutlich, wenn man die Genomarchitektur und die Häufigkeit von Spleißvorgängen in den verschiedenen Spezies und im Licht des evolutionären Prozesses betrachtet. Man wird dabei feststellen, dass Spleißen überall bei Eukaryoten vorkommt – es gibt aber nur sehr wenige Beispiele bei Bakterien und Archaeen. Des Weiteren wird man finden, dass die Exongröße relativ konstant ist, wohingegen die Introns in ihrer Länge sehr variabel sind; der GC-Gehalt von Exons ist im Allgemeinen höher als der von Introns. Beide Eigenschaften spielen eine Rolle dabei, wie die enzymatische Maschine der Zelle Exon-Intron-Strukturen erkennt und welche unterschiedlichen Wege beim Spleißen eingeschlagen werden können.

Ein ganz wesentliches Element des Spleißens besteht aber in der dramatischen Erhöhung der Vielfalt, die durch einen definierten DNA-Abschnitt in Proteininformation übersetzt werden kann. War man früher der Ansicht, dass aus einer Prä-mRNA nur eine bestimmte mRNA entstehen kann (wie das beispielsweise bei den Globin-Genen der Fall ist; ▶ Abschn. 7.2.1), so wissen wir heute, dass viele Gene auch **alternative Spleißprodukte** ermöglichen. Es ist nämlich keinesfalls so, dass immer alle Exons eines Gens in der gleichen Weise gespleißt werden – vielmehr müssen wir heute davon ausgehen, dass etwa 90 % aller menschlichen Gene unterschiedlich gespleißt werden, und zwar in Abhängigkeit von dem Gewebe und Entwicklungsgrad, in dem sie exprimiert werden. Dieses alternative Spleißen ist bei niederen Eukaryoten, Invertebraten und Pflanzen weniger verbreitet.

Die häufigste Form des alternativen Spleißens ist das Überspringen eines Exons (engl. *exon skipping*) – diese Form ist bei höheren Eukaryoten mit ca. 40 % aller alternativen Spleißvariationen die häufigste. Alternatives Spleißen kann auch mit einem unterschiedlichen Transkriptionsstart verbunden sein und sogar mit Veränderungen des Leserahmens. Neben dem Auslassen von Exons kann es aber auch zu Verlängerungen oder Verkürzungen der Exons am 5′- oder 3′-Ende kommen, wenn durch den Spleißapparat verschiedene Spleißstellen ausgewählt werden können (die Häufigkeiten hierfür werden mit 8–18 % angeben). Ein schönes Beispiel für diese verschiedenen Möglichkeiten ist der Opiat-Rezeptor bei Säugern (Abb. 3.12). Ein eher seltener Vorgang bei Vertebraten und Invertebraten (~ 5 %) ist die Beibehaltung eines Introns in der reifen mRNA (engl. *intron retention*) – bei Pflanzen, Pilzen und Protozoen ist diese Form des alternativen Spleißens dagegen die häufigste. Daneben gibt es als besonders seltene Variante das Spleißen in *trans*, d. h. das Spleißen zwischen verschiedenen Primärtranskripten.

Wir kennen heute verschiedene evolutionäre Mechanismen für das Auftreten des alternativen Spleißens, darunter vor allem die Neukombination von Exons (engl. *exon shuffling*), die „Exonisierung" von Intronsequenzen und der Wechsel von einem konstitutiven Exon zu einem alternativ gespleißten Exon durch Mutationen in regulatorischen Elementen. Mutationen in den regulatorischen Regionen können aber auch Ursache vieler Erbkrankheiten sein (▶ Abschn. 13.3, 13.4). Eine Übersicht über die Vielzahl der möglichen Mechanismen gibt Abb. 3.13.

Neukombination von Exons

Dabei wird ein neues Exon in ein bereits existierendes Gen eingefügt, oder ein Exon wird innerhalb eines Gens verdoppelt. Diese Theorie wird durch viele Befunde unterstützt; ein besonderes Merkmal vieler Exongren-

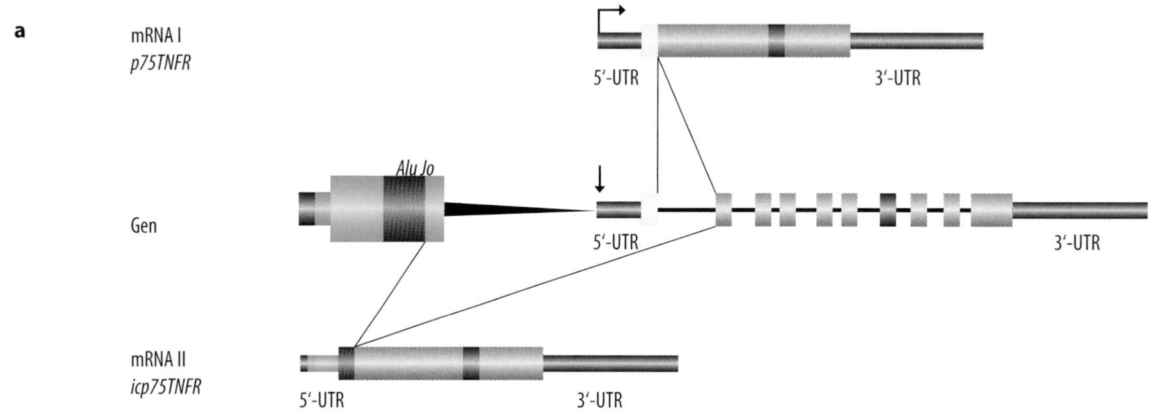

b

Alu Jo	RGCCGGGCGC	GGTGGCTCAC	GCCTGTAATC	CCAGCACTTT	GGGAGGCC-G	AGGCGGGAGG	ATCGCTTGAG	----------	69
icp75TNFR	GGCCGACTGC	AGTGGCTCAC	ACCTATAATC	CCAGCACCTT	GGGAGGCCAG	AGGCGGGAAG	ATCACTTGAG	GGTGGGAAGA	80
Alu Jo	---------C	CCAGGAGTTC	GAGACCAGCC	TGGGCAAC	**AT**AGCGAGAC	CCCGTCTCTA	CAAAAAATAC	AAAAATTAGC	138
icp75TNFR	ACACGTGAGC	TCAGGAGTTC	GAGACCAGCC	TGGGCAAC	**AT**GGCGAAAC	CCCATCTCTA	7bp delTAA	AGAAATCAGC	151
Alu Jo	CGGGCGTGGT	GGCGCGCGCC	TGTAGTCCCA	GCTACTCGGG	AGGCTGAG	**G**CAGGAGGAT	CGCTTGAGCC	CAGGAGTTCG	216
icp75TNFR	CTAGCATGGT	GGCCCGAGCC	TGTAGTCCCA	GCTACTCGGG	AGGCTGAG	**G**TGGGAGGAT	CGCTTGAGCG	CAGGAGTTGG	229
Alu Jo	AGGCTGCAGT	GAGCTATGAT	CGCGCCACTG	CACTCCAGCC	TGGGCGACAG	AGCAGAGACCT	TGTCTCAAAA	AAAAAAAAAA	296
icp75TNFR	AGGCTGCAGT	GAGCTATG--	----------	----------	--GGTGAAAG	AGTGAGACCT	TGTCTCAAAA	AAAATTAAAA	285
Alu Jo	AAAAAA--								302
icp75TNFR	AATAAGAA								293

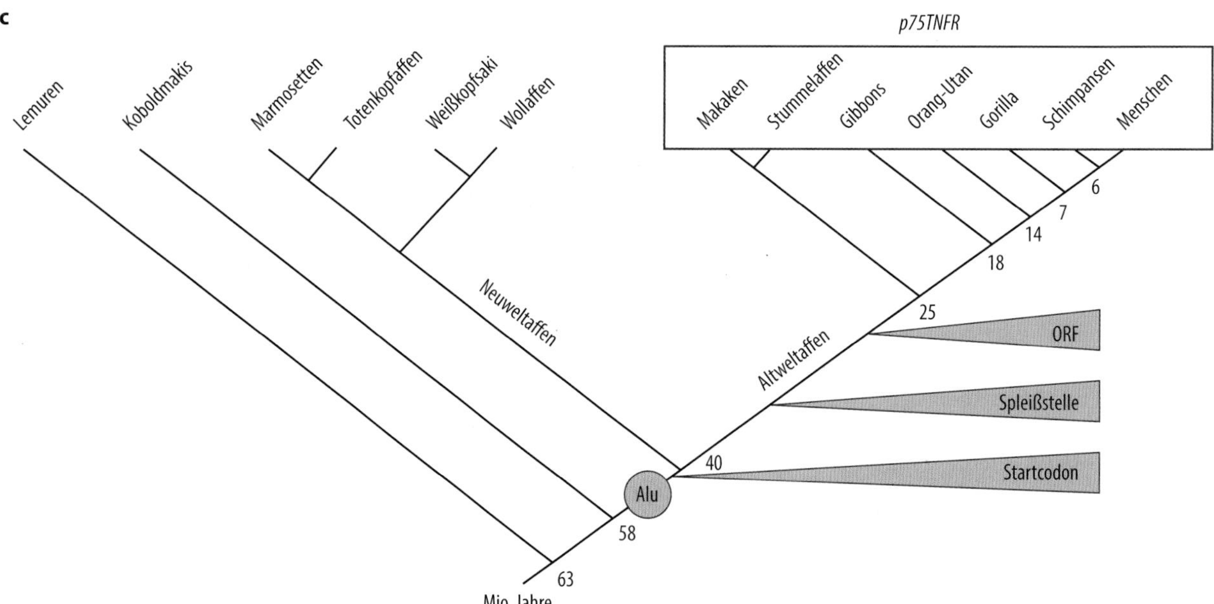

Abb. 3.14 Entstehung eines neuen, funktionell aktiven Exons aus einem Alu-Element. **a** Gezeigt ist die Struktur des *p75TNFR*-Gens, eines Mitglieds der Superfamilie der Tumornekrosefaktor(TNF)-Rezeptoren. Das Exon 1a (*rot*) ist ein alternatives 1. Exon, das von einem Alu-Element (▶ Abschn. 9.2.3) abstammt. **b** Vergleich der Sequenz des *p75TNFR*-Gens mit der Sequenz der Alu-Jo-Familie. Wenn man annimmt, dass Alu-Jo die Ausgangssequenz ist, genügt eine A–G-Substitution, um das Startcodon herzustellen, eine weitere C–T-Substitution für die Bildung der Spleißstelle und eine 7-bp-Deletion, um einen offenen Leserahmen herzustellen. Die *rote Umrandung* zeigt die Grenzen des Exons 1a. **c** Die phylogenetische Analyse des Exons 1a des *p75TNFR*-Gens bei Primaten zeigt, dass die Alu-Insertion vor etwa 58–40 Mio. Jahren aufgetreten ist. Die A–G-Substitution ereignete sich relativ schnell danach und bildete das Startcodon. Die C–T-Substitution, die zur Bildung der Spleißstelle führt, sowie die 7-bp-Deletion, die den offenen Leserahmen bewirkt, traten vor etwa 40–25 Mio. Jahren auf. (Nach Xing und Lee 2006, mit freundlicher Genehmigung)

zen ist die Tatsache, dass sie mit Grenzen funktioneller Domänen übereinstimmen und damit substanziell zur Komplexität der Proteine beitragen. Man kann solche Domänen als evolutionäre Bausteine betrachten, die in unterschiedlichen Kombinationen zusammengesetzt werden können und dadurch Proteinstrukturen hervorbringen, die speziellen Funktionen gerecht werden. Es scheint, dass die Bedeutung der Neukombination von Exons mit der Evolution komplexerer Genome zunimmt.

Exonisierung

Die Exonisierung erscheint als ein Weg, ein Exon „aus dem Nichts heraus" zu schaffen. Dabei spielen offensichtlich transponierbare Alu-Wiederholungselemente (► Abschn. 9.2.3) eine besondere Rolle. Ein Beispiel dafür ist das Exon 1a des *p75TNFR*-Gens, das in den Altweltaffen (und dem Menschen) vor ca. 25 Mio. Jahren aus einem Alu-Wiederholungselement in der genomischen DNA entstanden ist; das Alu-Element ist vor 58 bis 40 Mio. Jahren an die entsprechende Stelle des Genoms unserer gemeinsamen Vorfahren hineingesprungen (■ Abb. 3.14). Durch wenige Mutationen kann so ein neues, funktionelles Exon entstehen.

Wechsel von konstitutiven zu alternativen Exons

Die beiden bisher besprochenen Mechanismen zeigten, wie Exons neu entstehen können. Es gibt aber auch Mutationen, die regulatorische Regionen des Spleißens betreffen können, z. B. die Bindestelle für die U1-snRNA. Dadurch ergeben sich suboptimale Bindungsbedingungen, sodass das betroffene Exon seltener exprimiert wird.

Eine schöne Zusammenfassung der Evolution des Spleißens, der Generierung neuer Exons und alternativer Spleißprodukte sowie der dabei wirksamen Mechanismen gibt im Detail der Aufsatz von Keren et al. (2010).

Die Bedeutung von Introns kann sowohl auf evolutionärer Ebene als auch auf der Ebene der Genregulation zu suchen sein. Alternatives Spleißen erhöht die Vielfalt der exprimierten und übersetzten Information beachtlich.

Die Vielzahl der bekannten regulatorischen Elemente, die für einen Spleißvorgang benötigt werden, hat in den vergangenen Jahren deutlich zugenommen. Parallel dazu haben viele Forscher versucht, diese zunehmende Zahl der Faktoren und Sequenzen in einen gemeinsamen „Spleiß-Code" zu integrieren und damit auch Vorhersagen über Spleißstellen zu machen. Bisher ist das nur in Ansätzen möglich, und es bleibt abzuwarten, ob es in der Zukunft gelingt, zuverlässige Vorhersagen aufgrund der DNA-Sequenzen zu machen (für eine Zusammenfassung siehe Li et al. 2014).

3.3.6 Editieren eukaryotischer mRNA

Die bisherige Darstellung der Umsetzung genetischer Information der DNA in mRNA als ein informationstragendes Molekül, das im zellulären Stoffwechsel verarbeitet werden kann, hat uns den Eindruck vermittelt, dass die Protein-codierende Information stets vollständig im Genom enthalten ist. Diese Ansicht wurde allgemein vertreten, bis man an mitochondrialer DNA von Protozoen eine überraschende Entdeckung machte: Es bestand ein Unterschied zwischen der im Genom codierten Proteinsequenz und der entsprechenden Nukleotidsequenz in der funktionellen mRNA. Diese Befunde stammen insbesondere vom Erreger der Schlafkrankheit, *Trypanosoma brucei*, und anderen verwandten Protozoen-Arten. Man spricht hier vom **Editieren der RNA**. Vergleichbare Prozesse wurden später auch in mitochondrialen und nukleären Transkripten anderer Organismen beobachtet, die mittlerweile von Viren über Protozoen, Schleimpilzen (*Physarum*), Insekten und Säugern bis zu Pflanzen reichen. RNA-Veränderungen, die durch posttranskriptionales Editieren erzeugt werden, werden durch zwei verschiedene Mechanismen erreicht:

- **sequenzspezifische Deletion** von Nukleotiden bzw. **sequenzspezifische Insertion** von Nukleotiden, die nicht in der DNA codiert sind;
- **enzymatische Veränderungen** von Nukleotiden (C→U, A→I; I = Inosin).

Diese verschiedenen Arten der RNA-Editierung (engl. *editing*) scheinen evolutionär nicht miteinander verwandt zu sein, und es wird vermutet, dass sie in der Evolution mehrfach unabhängig entstanden sind. Dafür spricht nicht zuletzt die Beschränkung auf wenige, meist phylogenetisch weit getrennte Organismengruppen. Die beiden Hauptmechanismen sollen hier an Beispielen von Eukaryoten näher erläutert werden.

Die enzymatische Veränderung von Nukleotiden erfolgt durch Desaminierung: entweder von C→U oder von A→I. Beide Prozesse erfordern Desaminasen (Cytosin-Desaminasen bzw. Adenosin-Desaminasen, Abk. ADAR von engl. *adenosine deaminase acting on RNA* bzw. CDAR von engl. *cytosin deaminase acting on RNA*).

Die **Desaminierung des Adenins** ist wesentlich häufiger als die des Cytosins. ADARs wurden zuerst in *Xenopus laevis* entdeckt und später in vielen Metazoa (inklusive Säugetieren) kloniert und sequenziert (*ADAR1–3*; ADAR3 ist enzymatisch allerdings nicht aktiv). ADARs wirken an RNA, die vollständig oder weitgehend als Doppelstrang vorliegt. Inosin, das aus dem ursprünglichen Adenosin gebildet wird, wird wie ein Guanosin translatiert. Damit verändert ADAR die Primärsequenzinformation der mRNA. Da allerdings Inosin mit Cytidin paart, können ADARs auch die Sekundärstruktur der doppelsträngigen RNA verändern, indem sie ein AU-

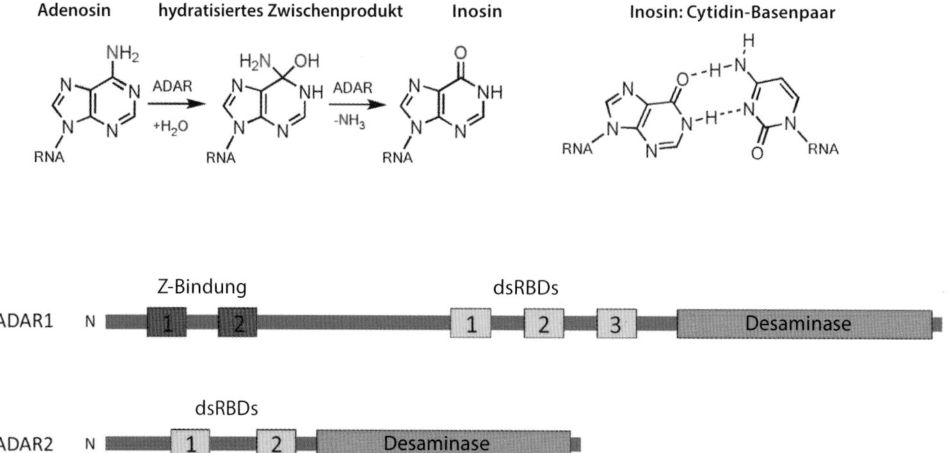

Abb. 3.15 A→I-Edition durch ADARs (engl. *adenosine deaminases acting on RNA*). ADARs binden an lokal doppelsträngige Bereiche einer RNA und desaminieren ein Adenosin, das dadurch zu einem Inosin wird. Das ursprüngliche Adenosin hätte sich in der Doppelstrangsituation mit Uridin (U) gepaart. Da das Inosin aber dem Guanosin ähnlich ist, paart es sich unter Doppelstrangbedingungen mit Cytidin (C). Das betrifft vor allem die Anheftung der tRNA bei der Translation (▶ Abschn. 3.4). Das humane Genom enthält zwei aktive *ADAR*-Gene (*ADAR1 und ADAR2*). Sie unterscheiden sich in der Zahl der Doppelstrang-RNA-bindenden Domänen (dsRBDs); *ADAR1* codiert zusätzlich noch für zwei Z-DNA-bindende Domänen (Z-Bindung). N: N-Terminus des Proteins. (Nach Thomas und Beal 2017, mit freundlicher Genehmigung)

Basenpaar in eine AC-Fehlpaarung umwandeln. Folglich können ADARs auch alle Prozesse beeinflussen, die sequenz- oder strukturspezifische Wechselwirkungen mit RNA eingehen. Es wurde bereits gezeigt, dass ADARs die Bedeutung von Codons verändern, Spleißstellen bilden und RNA zum Zellkern dirigieren.

ADARs aus allen Organismen haben eine gemeinsame Domänenstruktur mit einer unterschiedlichen Anzahl von Motiven, die an Doppelstrang-RNA binden (dsRBMs, engl. *double-stranded RNA binding motifs*), an die sich eine hochkonservierte C-terminale katalytische Domäne anschließt. Organismen unterscheiden sich in der Zahl der exprimierten *ADAR*-Gene, und die ADAR-Proteine wiederum unterscheiden sich in der Zahl ihrer dsRBMs und dem Abstand zwischen den verschiedenen Domänen. Die ADAR-Proteine 1 und 2 unterscheiden sich geringfügig in ihrer Substratspezifität (besonders in der Erkennung der spezifischen Zielsequenzen). Viele Beobachtungen deuten darauf hin, dass ADARs verschiedener Vertebraten funktionell homolog sind. Umgekehrt wurde noch keine RNA als Substrat der ADARs in Vertebraten identifiziert, die auch bei Invertebraten wie Würmern oder Fliegen ein Substrat wäre. Beispielsweise kommt ADAR1 von Vertebraten im Gegensatz zu allen anderen ADARs auch mit einer langen N-terminalen Verlängerung vor, die zwei Bindedomänen für Z-DNA besitzt (◘ Abb. 2.4). Die verlängerte Form wird über einen Interferon-abhängigen Promotor gesteuert und wird auch im Cytoplasma nachgewiesen (die „normalen" Formen kommen dagegen im Zellkern vor). Daher wird für dieses Enzym auch eine Funktion in der Immunabwehr diskutiert (für Details dieses Aspekts siehe die Arbeit von Wang et al. 2017).

Wie in ◘ Abb. 3.15 gezeigt, sind die Zielsequenzen von ADARs doppelsträngige Strukturen in der noch unreifen RNA. Dazu gehören codierende Sequenzen, Introns und 5′- oder 3′-untranslatierte Sequenzen, aber auch kleine regulatorische RNA-Moleküle (▶ Abschn. 8.2). Viele dieser editierten Stellen innerhalb codierender Regionen verändern die Bedeutung der Codons, sodass mehr als eine Isoform von einem einzigen Gen synthetisiert werden kann. Dadurch erhöhen ADARs erheblich die Komplexität, die das Genom bietet, und im Einklang mit dieser Hypothese ist die ADAR-Aktivität in den Geweben des Nervensystems besonders hoch. Beispiele dafür sind die verschiedenen Transkripte für Glutamat- und Serotonin-Rezeptoren. Mäuse, die die editierte R-Form des Glu-B-Rezeptors nicht bilden können, werden mit Epilepsie geboren und sterben innerhalb der ersten 3 Wochen. Weitere Beispiele sind Gene, die für Natrium- oder Chloridkanäle in *Drosophila* codieren.

Die **Desaminierung von Cytosin** nach Uracil scheint wesentlich seltener zu sein und verläuft offensichtlich nach einem anderen Mechanismus. Im Gegensatz zu den ADARs arbeiten CDARs **nach** dem Spleißen (Introns unterdrücken die C→U-Edition). Auch die Ausbildung des Spleißosoms hemmt diese Form des Editierens. Es gibt einige sehr gut charakterisierte Beispiele für die C→U-Edition: Das erste (und damit das am besten untersuchte) Beispiel ist die Edition der mRNA für das Apolipoprotein B (Gensymbol: *ApoB*), weitere Beispiele sind die mRNAs des Gens für Neurofibromatose Typ 1 (Gensymbol: *NF1*) sowie für N-Acetyltransferase 1 (Gensymbol: *NAT1*).

Am Beispiel der *ApoB*-mRNA wurde gezeigt, dass die C→U-Desaminierung hochspezifisch erfolgt: ein Cytosin unter 14.000 Nukleotiden, die die mRNA insgesamt umfasst. Die minimale Sequenz, die zur Erkennung der Austauschregion notwendig ist, umfasst ca. 30 Nukleotide; allerdings spielt auch die Sekundärstruktur der mRNA

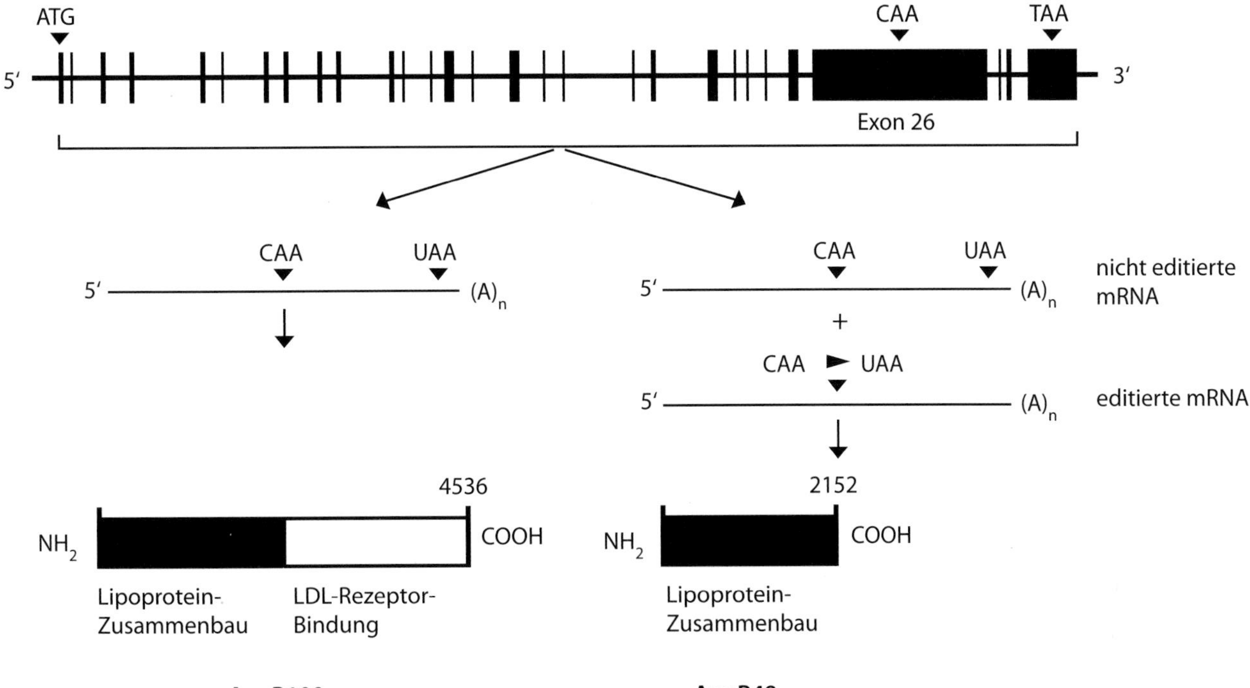

Abb. 3.16 C→U-Edition der mRNA am Beispiel der *ApoB*-mRNA (Apolipoprotein B). Die Position C-6666 wird zu einem Uridin umgewandelt, sodass anstelle des Glu-Codons CAA ein Stoppcodon (UAA) entsteht. Das verkürzte ApoB48-Protein verfügt nur noch über die Domäne, die den Zusammenbau der Lipoproteine unterstützt; es fehlt die LDL-Rezeptor-bindende Domäne des ApoB100-Proteins. (Nach Chester et al. 2000, mit freundlicher Genehmigung)

eine wichtige Rolle. Die Edition der *ApoB*-mRNA verändert ein CAA-Codon zu einem UAA-Stoppcodon; das verkürzte ApoB-Protein wird als ApoB48 bezeichnet (Abb. 3.16). Beim Menschen ist die Edition auf den Dünndarm beschränkt; in der Leber wird das nicht editierte Protein (ApoB100) gebildet. ApoB100 und ApoB48 haben offensichtlich unterschiedliche Funktionen im Lipidstoffwechsel. Die C→U-Edition der *ApoB*-mRNA erfordert eine einzelsträngige mRNA mit genau definierten Charakteristika in der unmittelbaren Umgebung der Editionsstelle. Der funktionelle Komplex an der Editionsstelle besteht außer der spezifischen katalytischen Desaminase (die in diesem Fall als Apobec-1 bezeichnet wird) noch aus einem Komplementationsfaktor (ACF, auch als Kompetenz- oder Stimulationsfaktor bezeichnet), der als ein Adapterprotein zwischen der Desaminase und der RNA fungiert.

Wir kennen inzwischen viele Protein-codierende Gene, die durch ADARs editiert werden; allerdings kann man über die biologische Bedeutung des Editierens von RNA noch nicht abschließend befinden. Dazu gehören auf jeden Fall Einflüsse auf das alternative Spleißen durch Modifikation der Spleißstellen, die Translation der mRNA durch entsprechende Modifikationen, veränderte Proteinbindung durch Änderung der RNA-Struktur, veränderte Stilllegung oder Abbau der mRNA. Fälle, in denen biologische Konsequenzen einleuchten, sind hier sicherlich aufschlussreich: Eine mRNA von Paramyxoviren (verantwortlich für Masern und Mumps) wird während der Transkription modifiziert. Das resultiert in einer Population verschiedener viraler Proteine, die durch unterschiedliche, nicht im Genom codierte Leseraster entstehen. Hierdurch könnte das Virus sich dem Immunsystem entziehen.

Eine weitere Bedeutung kommt der A→I-Editierung bei regulatorischen (nicht-codierenden) RNAs zu (▸ Abschn. 8.2). Doppelsträngige RNA ist, wie wir oben gesehen haben, ein bevorzugtes Ziel von ADARs, die oftmals 50 % oder mehr der Adeninreste einer RNA modifizieren können. Damit werden die regulatorischen Eigenschaften dieser RNAs beeinträchtigt – bei *Caenorhabditis elegans* kann dies dazu führen, dass das chemotaktische Verhalten des Wurms verändert wird (für eine aktuelle Übersicht sei auf die Arbeit von Nishikura 2016 hingewiesen).

> Durch RNA-Editierung kann RNA posttranskriptional durch die kontrollierte Veränderung von Nukleotiden in ihren codierenden oder regulatorischen Eigenschaften gezielt verändert werden.

3.4 Translation

Die Umsetzung der mRNA in die darin codierten Proteine wird als **Translation** bezeichnet. In Prokaryoten beginnt die Translation noch während der Synthese der

Tab. 3.2 Zusammensetzung der Ribosomen

Organismus	Untereinheit	Proteine	RNA	Nukleotide
E. coli	30S 50S	21 (S1–S21) 31 (L1–L34)[a]	16S-rRNA 23S-rRNA 5S-rRNA	1541 2904 120
Eukaryoten	40S 60S	33 49	18S-rRNA 28S-rRNA 5,8S-rRNA 5S-rRNA	1,6–2,4 kb 3,6–4,7 kb ca. 160 ca. 120

In *Drosophila* ist ein zusätzliches 2S-rRNA-Molekül in der 60S-Untereinheit enthalten. Vollständige *E. coli*-Ribosomen sedimentieren als 70S-Partikel, die Ribosomen von Eukaryoten als 80S-Partikel

[a] In der Nummerierung L1–L34 sind einige Proteine enthalten, die keine konstitutiven Komponenten der 50S-Untereinheit sind

mRNA. In Eukaryoten hingegen ist zunächst ein Transport der mRNA-Moleküle vom Kern ins Cytoplasma der Zelle erforderlich, da nur dort die Mechanismen zur Proteinsynthese verfügbar sind. Die Trennung des Ortes der Transkription vom Ort der Translation ist durch die Entstehung eines Zellkerns möglich geworden. Wahrscheinlich ist dieser Schritt entscheidend für die Evolution komplizierter Mehrzeller mit differenzierten Zell- und Gewebefunktionen gewesen. Die räumliche und zeitliche Trennung von Transkription und Translation gestattet nämlich über die reine Kontrolle der Transkription eines Gens hinaus die Entstehung vielfacher zusätzlicher Regulationsmöglichkeiten für die Expression von Genen. Diese erweitern die Anpassungsfähigkeit einer Zelle an unterschiedliche stoffwechselphysiologische Bedingungen beträchtlich. Verschiedene solcher Regulationsmechanismen werden im Zusammenhang mit der Struktur und Funktion einzelner Gene erörtert werden. An dieser Stelle sollen nur die Grundereignisse während der Translation von mRNA in Proteine dargestellt werden.

Die Übersetzung der Nukleotidsequenz eines mRNA-Moleküls in die Aminosäuresequenz eines Polypeptids erfolgt an den **Ribosomen**. Ribosomen sind cytoplasmatische Partikel aus rRNA und Protein (Tab. 3.2), sie dienen als Werkzeuge für die Translationsmaschinerie und sorgen dafür, dass die erforderlichen sterischen molekularen Konfigurationen für die mRNA-Ablesung und Proteinsynthese geschaffen werden. Für die grundsätzliche Aufklärung der Struktur und Funktion von Ribosomen haben Venkatraman **Ramakrishnan**, Thomas **Steitz** und Ada **Yonath** 2009 den Nobelpreis für Chemie erhalten. Für die Umsetzung der Nukleotidsequenz in eine Proteinsequenz ist Folgendes erforderlich:

- **Transfer-RNA**-Moleküle, beladen mit den jeweils spezifischen Aminosäuren (**Aminoacyl-tRNA**),
- verschiedene Translations-**Elongationsfaktoren**,
- Guanosintriphosphat (GTP) als **Energielieferant**
- und das Enzym **Peptidyltransferase**.

> Die Proteinsynthese in Prokaryoten erfolgt am wachsenden mRNA-Molekül am Chromosom, während sie in Eukaryoten an der mRNA in den cytoplasmatischen Ribosomen abläuft. Sie benötigt in beiden Fällen neben den Ribosomen mit Aminosäuren beladene tRNA (Aminoacyl-tRNA), Elongationsfaktoren, Peptidyltransferase und eine Energiequelle (GTP).

Als Voraussetzung für die Proteinsynthese muss zunächst die **Transfer-RNA** für ihre Aufgabe vorbereitet werden. Die tRNA ist ein RNA-Molekül (Abb. 3.17a), dessen Aufgabe es ist, die Codons der mRNA zu erkennen und in die entsprechenden Aminosäuren umzusetzen. Das geschieht mithilfe des **Anticodons** in der tRNA, einer Region aus drei Nukleotiden, die die zu einem Codon komplementären Basen besitzt. Durch Basenpaarung mit einem Codon in der mRNA kann sich das Aminosäure-beladene tRNA-Molekül (Aminoacyl-tRNA) am Ribosom an den mRNA-Strang binden und dadurch für den Einbau der vorprogrammierten Aminosäure in die wachsende Peptidkette sorgen. Die kristallographisch ermittelte Struktur der tRNA ist durch eine L-Form charakterisiert (Abb. 3.17b).

Hierzu ist es natürlich erforderlich, dass die tRNA die richtige Aminosäure verfügbar hat. Die Beladung der tRNA mit den Aminosäuren erfolgt durch **Aminoacyl-tRNA-Synthetasen**. Dabei handelt es sich um Enzyme, die diejenigen Aminosäuren über eine Esterbindung an das 3′-Ende des tRNA-Moleküls binden, die dem jeweiligen Anticodon zugeordnet sind. Die Art dieser Bindung ist für alle tRNAs identisch, da die letzten drei Nukleotide am 3′-Ende jeder tRNA einheitlich die Sequenz CCA-OH-3′ haben. Dieses Enzym bindet zunächst unter Bildung einer Peptidbindung zwischen der Carboxylgruppe einer Aminosäure und dem α-Phosphat von ATP die zugehörige Aminosäure und fügt diese dann mit ihrer Carboxylgruppe an die C2- oder C3-Hydroxylgruppe der Ribose des 3′-terminalen Adenosins der tRNA. Die **Bindung der Aminosäuren** an die zugehörigen tRNAs erfolgt mit sehr hoher Spezifität.

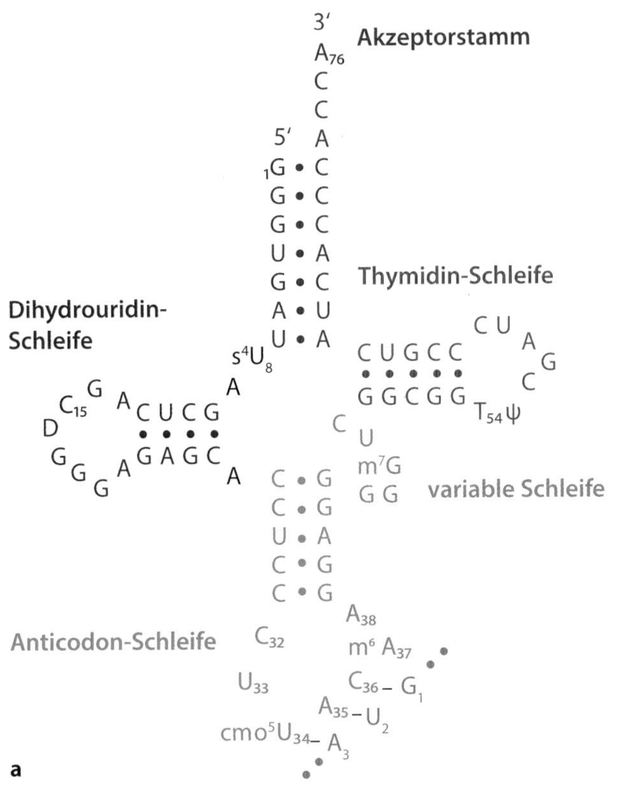

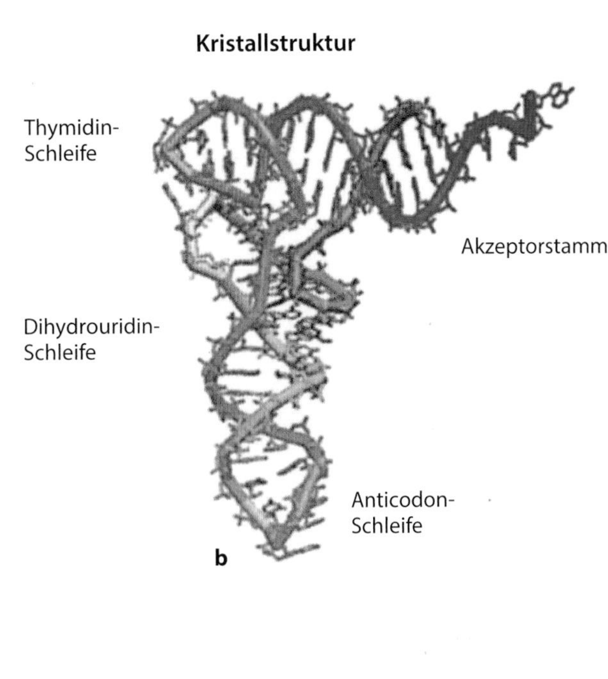

Abb. 3.17 Struktur der tRNA. **a** Ein tRNA-Molekül besteht aus mehreren Regionen, die durch intramolekulare Basenpaarungen gekennzeichnet sind und daher als Schleifen bezeichnet werden. In der ebenen Projektion erinnert die Struktur an ein vierblättriges Kleeblatt. tRNAs enthalten viele seltene Nukleotide, die sich in bestimmten, genau festgelegten Positionen befinden. In einzelnen Teilbereichen des Moleküls ist die Anzahl der Nukleotide für verschiedene tRNA-Arten variabel. In dieser tRNA kommen folgende modifizierte Nukleoside vor: s^4U: 4-Thiouridin; D: Dihydrouridin; cmo^5U: Uridin-5-oxy-Essigsäure; m^6A: N6-Methyladenosin; m^7G: 7-Methylguanosin; T: Ribothymidin; Ψ: Pseudouridin. Die gezeigte tRNA bindet an das Codon für Valin (*hellblau*). **b** Sterisches Modell der tRNA. Die verschiedenen Regionen mit Basenpaarung bilden in der dreidimensionalen Struktur eine L-förmige Konfiguration. In der Mitte liegt eine scharnierartige Region, die die Beweglichkeit der Arme des Moleküls gegeneinander ermöglicht. (**a** nach Agris et al. 2007; **b** nach Jonikas et al. 2009; beide mit freundlicher Genehmigung)

Eine solche hohe Spezifität ist erforderlich, um den Einbau falscher Aminosäuren in die Polypeptidketten zu verhindern. Zu diesem Zweck verfügen die Aminoacyl-tRNA-Synthetasen über Korrekturmechanismen, die falsch gebundene Aminosäuren erkennen und wieder entfernen (engl. *editing activity*); eine interessante Zusammenfassung dieses Aspekts findet sich bei Guo und Schimmel (2012).

Bei der Besprechung des genetischen Codes wurde bereits deutlich, dass zur Proteinsynthese üblicherweise nur 20 Aminosäuren zur Verfügung stehen. Aus vier verschiedenen Nukleotiden (A, G, C, U) lassen sich jedoch in einem Triplettcode insgesamt $4^3 = 64$ verschiedene Kombinationen ableiten. Nur drei dieser Basenkombinationen (UAG, UAA, UGA) werden für die Kennzeichnung des Abbruchs (der Termination) der Translation verwendet. Alle übrigen 61 Codons codieren bestimmte Aminosäuren (Tab. 3.1). Daher müssen verschiedene Aminosäuren mehreren unterschiedlichen Codons zugeordnet sein. Diese Erscheinung wurde bereits als Degeneration des genetischen Codes besprochen (► Abschn. 3.2): Neun Aminosäuren werden durch zwei Codons codiert (d. h. sie sind zweifach degeneriert), fünf Aminosäuren sind vierfach degeneriert, und drei Aminosäuren sind sechsfach degeneriert. Eine Aminosäure wird durch drei Codons bestimmt, und nur zwei Aminosäuren haben einzigartige Codons. Solche tRNAs, die an alternative Codons binden können, die aber für dieselbe Aminosäure codieren, bezeichnen wir als **Iso-Akzeptor-tRNA**.

1966 formulierte Francis Crick die „Wobble-Hypothese", die besagt, dass tRNAs mehr als ein Codon erkennen können und dass die Mehrdeutigkeit der Erkennung in der dritten Base des Anticodons begründet ist (Basen 34–36; Abb. 3.17a). Spezifische posttranskriptionale Modifikationen der Base 34, die vor allem die sterische Architektur des gesamten Anticodons betreffen, erlauben diese Mehrdeutigkeiten. Des Weiteren haben aber auch Modifikationen der Base 37 einen Einfluss auf die Architektur des Anticodons und tragen somit zur Spezifität bei.

Die Komplexität der tRNAs wird darüber hinaus noch dadurch erhöht, dass jede tRNA durch verschiedene Gene codiert wird – bei Menschen sind es insgesamt 597 tRNA-Gene im Kern-Genom, die für die 20 Standardaminosäuren codieren (dazu kommen noch 22 tRNA-Gene im Mitochondrien-Genom). Am meisten (genomische) tRNA-Gene gibt es für die Aminosäure Alanin, nämlich 47, davon allein 31 tRNAs, die das Anticodon „AGC" enthalten (also in der mRNA das Codon „GCU" erkennen). Die meisten Gene für die menschlichen tRNAs liegen als Cluster auf den Chromosomen 1 und 6 (die Zahlen von tRNA-Genen in einigen anderen Organismen sind in der ◘ Tab. 3.4 im ► Abschn. 3.5.3 aufgeführt; weitere Informationen über genomische tRNA-Gene sind in einer tRNA-Datenbank zugänglich: ► http://gtrnadb.ucsc.edu/).

Die Häufigkeit der Verwendung der jeweiligen **synonymen** Codons (d. h. der Codons, die für dieselbe Aminosäure codieren) in einer mRNA wird im Englischen als ***codon bias*** bezeichnet; sie ist nicht zufällig, sondern spezifisch für das jeweilige Genom und wird durch ein Gleichgewicht zwischen Selektion, Mutation und genetischer Drift (► Abschn. 11.5) aufrechterhalten. Ungeachtet der relativen Universalität des genetischen Codes und der Bewahrung der Translationsmaschinerie über Speziesgrenzen hinweg, unterscheidet sich die Häufigkeit der Verwendung einzelner Codons grundlegend zwischen einzelnen Organismen. Dadurch unterscheidet sich das häufigste oder das seltenste Codon in Abhängigkeit vom jeweiligen Gen sowohl zwischen verschiedenen Spezies, aber auch innerhalb einer Spezies.

Es ist heute allgemein akzeptiert, dass die Geschwindigkeit der Translation von der zellulären Konzentration der tRNAs abhängt: Die häufigsten Codons binden die häufigsten tRNAs und umgekehrt. Im Ergebnis korreliert die Verwendung der Codons deutlich mit dem Expressionsniveau eines Gens in den jeweiligen Organismen – die Verwendung eines bestimmten Codons kann die Expression eines Gens über das 1000-fache verändern! Das ist besonders wichtig, wenn wir über die Konsequenzen von einzelnen synonymen Nukleotidaustauschen (engl. *single nucleotide polymorphisms*, SNPs) nachdenken, die in vielen Genen mit einer bestimmten Häufigkeit in einer Population vorkommen (► Abschn. 13.1.4).

> **!** Mithilfe von tRNA-Synthetasen werden die durch eine tRNA spezifizierten Aminosäuren durch eine Phosphodiesterbindung an die Ribose des 3′-terminalen Adenosins der tRNA gebunden. Die Bindung der Aminosäuren an die zugehörigen tRNAs erfolgt für jede Aminosäure durch eine spezielle Aminoacyl-tRNA-Synthetase.

Im Ablauf der Translation müssen wir drei Stufen unterscheiden:

- die **Initiation** der Translation,
- die **Elongation** der Peptidkette
- und die **Termination**.

Diese drei Stufen sollen in den folgenden Abschnitten nacheinander besprochen werden, wobei wir jeweils Pro- und Eukaryoten parallel betrachten.

3.4.1 Initiation

Als Initiation der Translation bezeichnet man die Bindung der ersten Aminosäure eines Polypeptids mithilfe der mRNA am Ribosom. Für eine erfolgreiche Initiation der Translation ist zunächst die Bindung der mRNA an ein Ribosom notwendig. Bei **Prokaryoten** (◘ Abb. 3.18) erfolgt das an einer purinreichen Sequenz, die 8 bis 12 Nukleotide vor dem **Initiationscodon** AUG liegt. Diese Sequenz, die von John Shine und Lynn Dalgarno (1974) identifiziert und daher auch **Shine-Dalgarno-Sequenz** genannt wird (5′-GGAGGU-3′), findet eine komplementäre homologe Region („Anti-Shine-Dalgarno-Sequenz") am Anfang der kleinen (16S) ribosomalen RNA (3′-CCUCCA-5′), die sich in der 30S-Untereinheit des Ribosoms befindet (◘ Tab. 3.2). Zunächst lagern sich die **Translations-Initiationsfaktoren IF1, IF2** und **IF3** sowie ein Guanosintriphosphat (GTP) der 30S-ribosomalen Untereinheit an. Danach kann die mRNA mit ihrer Shine-Dalgarno-Sequenz sowie ein fMet-tRNA-Molekül (Formylmethionyl-tRNA) an die 30S-Untereinheit des Ribosoms gebunden werden. Die fMet-tRNA ist bei Prokaryoten für den Beginn der Proteinsynthese am AUG-Initiationscodon erforderlich. Bei der Bindung dieser verschiedenen Komponenten an die 30S-Untereinheit des Ribosoms wird der Initiationsfaktor IF3 freigesetzt, der durch seine Ladung zunächst die Zusammensetzung des funktionsfähigen Ribosoms (70S) aus den 30S- und 50S-Untereinheiten verhindert hat. Nach seiner Entfernung vom 30S-Initiationskomplex kann nunmehr durch Anlagerung der 50S-Untereinheit ein funktionsfähiges Ribosom gebildet werden. Die erforderliche Energie wird durch Umsetzung von GTP in GDP und Phosphat gewonnen, gleichzeitig werden auch die beiden Initiationsfaktoren IF1 und IF2 freigesetzt.

Sowohl das bakterielle 70S- als auch das 80S-Ribosom der Hefe sind asymmetrische Komplexe, die über 50 Proteine und drei oder vier RNA-Ketten enthalten. Das 70S-Ribosom enthält 20 bakterienspezifische Proteine (6 in der 30S-Untereinheit und 14 in der 50S-Untereinheit); das 80S-Ribosom enthält 46 Proteine, die für Eukaryoten spezifisch sind (18 in der 40S-Untereinheit und 28 in der 60S-Untereinheit) (◘ Abb. 3.19). Die Zusammensetzung der Ribosomen kann natürlich inner-

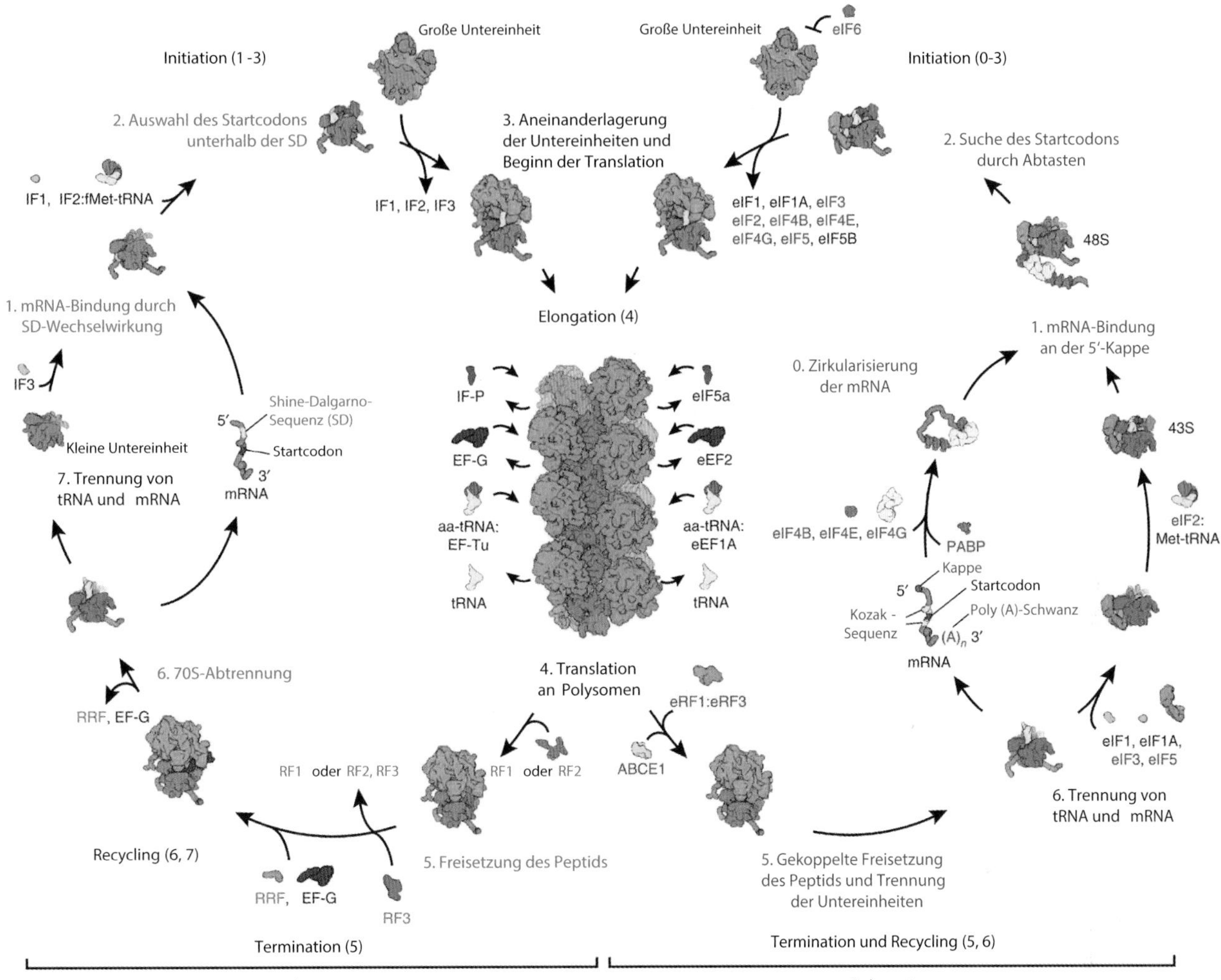

Abb. 3.18 Translation bei Bakterien und Eukaryoten. Die Translation ist ein Prozess, der aus vier Stadien besteht: Initiation, Elongation der Peptidkette, Termination und Recycling der Ribosomen. Jeder dieser Schritte wird durch verschiedene Proteinfaktoren unterstützt: Initiationsfaktoren (IFs bei Bakterien oder eIFs bei Eukaryoten), Elongationsfaktoren (EFs oder eEFs), Freisetzungsfaktoren (RFs oder eRFs, von engl. *release factors*) und Recyclingfaktoren. Die Elongation ist dabei zwischen Bakterien und Eukaryoten am stärksten evolutionär konserviert (alle gemeinsamen Schritte sind in *Schwarz* angegeben). Während der Elongation fügen sich die Ribosomen zu großen helikalen Komplexen zusammen, die als Polysomen bezeichnet werden. Die innere Hülle wird von der kleinen Ribosomenuntereinheit und der mRNA belegt, und die äußere Hülle wird durch die große Ribosomenuntereinheit gebildet, wo das bei der Translation neu gebildete Peptid heraustritt. Die anderen Schritte des Translationszyklus haben sich unterschiedlich entwickelt und beinhalten Teilschritte, die durch Zahlen angegeben sind und sich zwischen Bakterien (*grün*) und Eukaryoten (*rot*) unterscheiden. Die Faktoren, die Initiation, Termination und Freisetzung katalysieren, enthalten viele nicht-homologe Proteine, die entweder für Bakterien (*grün*) oder Eukaryoten (*rot*) spezifisch sind. aa-tRNA: Aminoacyl-tRNA; PABP: Poly(A)-bindendes Protein; Ribosomenuntereinheiten sind mit ihrem Sedimentationskoeffizienten (S) angegeben. (Nach Melnikov et al. 2012, mit freundlicher Genehmigung)

halb der Bakterien und auch innerhalb der Eukaryoten variieren, auch innerhalb einer Spezies (hier selbstverständlich nur in einem geringen Ausmaß) unter unterschiedlichen Wachstums- und Stressbedingungen. Die Bindestellen für die mRNA und die tRNAs befinden sich an der Nahtstelle der beiden Untereinheiten. Die mRNA kommt durch einen Tunnel in das Ribosom hinein; der Tunnel befindet sich zwischen dem Kopf und der Schulter, und die mRNA windet sich um den Hals der kleinen Untereinheit. Die drei tRNA-Bindestellen – die **P-Stelle** (Peptidylbindungsstelle), die **A-Stelle** (Aminoacylbindungsstelle) und die **E-Stelle** (engl. *exit site*) – und auch das Peptidyltransferasezentrum befinden sich ebenfalls an der Nahtstelle zwischen der großen und der kleinen Ribosomenuntereinheit.

Wie wir oben gesehen haben, besitzt das zusammengesetzte Ribosom drei tRNA-Bindungsstellen, die P-, A- und E-Stelle. Die fMet-tRNA befindet sich zunächst an der P-Bindungsstelle. Nach Knüpfen der Peptidbindung mit der Aminosäure der Aminoacyl-tRNA an der A-Bin-

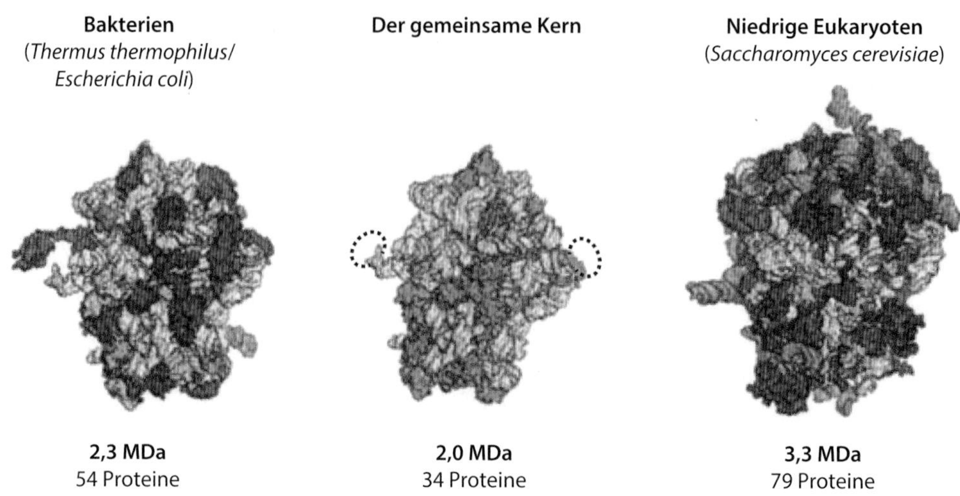

Abb. 3.19 Zusammensetzung der bakteriellen und eukaryotischen Ribosomen sowie eines (fiktiven) gemeinsamen Kern-Ribosoms. Bakterien und Eukaryoten haben einen großen gemeinsamen Kern aus RNA (*hellblau*) und Proteinen (*hellrot*). Ribosomen in jeder Domäne des Lebens haben darüber hinaus aber auch ihren eigenen Satz an Proteinen (*rot*) und ribosomaler RNA (*blau*). Die *gestrichelten Linien* am Kern-Ribosom deuten die Positionen an, an denen sich flexible Stiele befinden, die in der Röntgenstrukturanalyse üblicherweise verschwommen sind. (Nach Yusupova und Yusupov 2014, mit freundlicher Genehmigung)

dungsstelle wird die wachsende Peptidkette wieder an die P-Bindungsstelle verlagert. Der entscheidende Schritt in diesem Zusammenhang, die Knüpfung der Peptidbindung (**Peptidyltransferase-Reaktion**), ist in Abb. 3.20 erläutert. Die beiden in den A- und P-Bindungsstellen befindlichen, nunmehr benachbarten Aminosäuren können mithilfe einer Peptidyltransferase-Aktivität durch eine Peptidbindung miteinander verknüpft werden: Das Peptid ist um eine Aminosäure verlängert. Gleichzeitig wird die Aminosäure vom ersten tRNA-Molekül freigesetzt, sodass dieses nunmehr als unbeladene tRNA vorliegt. Es sei an dieser Stelle angemerkt, dass die Peptidyltransferase kein Protein ist; diese Aktivität ist vielmehr in der großen Ribosomenuntereinheit angesiedelt – die Peptidyltransferase ist ein **Ribozym**.

Dieser Prozess verläuft in **Eukaryoten** im Prinzip ähnlich. Allerdings gibt es hier keine Shine-Dalgarno-Sequenz; die Bindung der mRNA an die kleinere Ribosomenuntereinheit (40S-Untereinheit) erfolgt vielmehr mithilfe der 5′-Kappe der mRNA (Abb. 3.18). An der Initiation sind mehr Initiationsfaktoren beteiligt als in Prokaryoten. Bisher sind wenigstens zwölf **eukaryotische Initiationsfaktoren (eIFs)** bekannt. Das Initiationscodon ist ebenfalls AUG, jedoch benutzen Eukaryoten eine Met-tRNA anstelle einer fMet-tRNA für die Initiation der Translation.

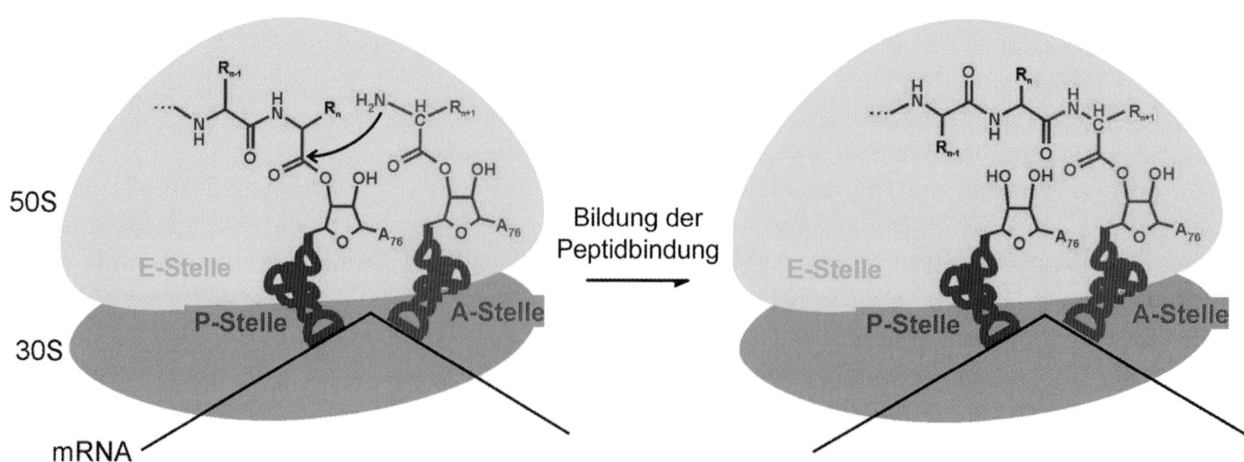

Abb. 3.20 Die Peptidyltransferase-Reaktion. Die α-Aminogruppe der Aminoacyl-tRNA an der A-Stelle (*rot*) greift die Carbonylgruppe des Substrats an der P-Stelle (*blau*) an, um eine neue, um eine Aminosäure verlängerte Peptid-tRNA an der A-Stelle und eine deacetylierte tRNA an der P-Stelle zu bilden. Die 50S-Untereinheit, an der sich das Peptidyltransferase-Zentrum befindet, ist *hellgrau* dargestellt und die 30S-Untereinheit *dunkelgrau*; die E-Stelle ist *grün*. (Nach Beringer und Rodnina 2007, mit freundlicher Genehmigung)

Einige der eIFs binden zu Beginn an die 40S-Untereinheit und bereiten sie damit auf die Bindung an die mRNA vor. Die an ein Methionin (Met) gekoppelte Initiator-tRNA bindet ebenfalls an die 40S-Untereinheit, bevor diese mit der mRNA in Wechselwirkung tritt. Dabei gelangt die Initiator-tRNA in Verbindung mit eIF2-GTP an die P-Stelle der Untereinheit. Danach wird das 5′-Ende der mRNA mit seiner 5′-Methylguanosin-Kappe über den eIF4G und dem Poly(A)-bindenden Protein (PAP) schlaufenförmig mit dem 3′-Ende der mRNA verbunden (◘ Abb. 3.18).

Sowohl die Ribosomen als auch die Initiationsfaktoren können in Pro- und Eukaryoten für weitere Translationsinitiationsereignisse wiederbenutzt werden. Eine Initiation der Translation kann an einem mRNA-Molekül wiederholt erfolgen, noch bevor die Synthese eines zuvor initiierten Polypeptids beendet ist. Es entstehen dadurch die **Polyribosomen** oder **Polysomen**, bei denen mehrere Ribosomen mit daran wachsenden Polypeptidketten an einer einzigen mRNA gebunden sind. Die Anzahl von Ribosomen, die in einem Polysom verbunden sein können, sind von der Länge der mRNA-Moleküle abhängig und schwanken zwischen etwa fünf Ribosomen an kurzen mRNA-Molekülen wie etwa an den Globin-mRNAs in Retikulocyten bis zu 50 Ribosomen in besonders großen mRNA-Molekülen. Die mittlere Größe von Polysomen liegt bei etwa zehn Ribosomen. Sie sind an mRNA-Molekülen von etwa 1000 bis 1500 Nukleotiden Länge zu finden. Polysomen sind bei Eukaryoten im Allgemeinen am rauen endoplasmatischen Reticulum (ER) gebunden, das hierdurch seinen Namen erhalten hat. Sie können elektronenmikroskopisch aufgrund ihrer Größe leicht dargestellt werden; eine historische Aufnahme zeigt ◘ Abb. 3.21.

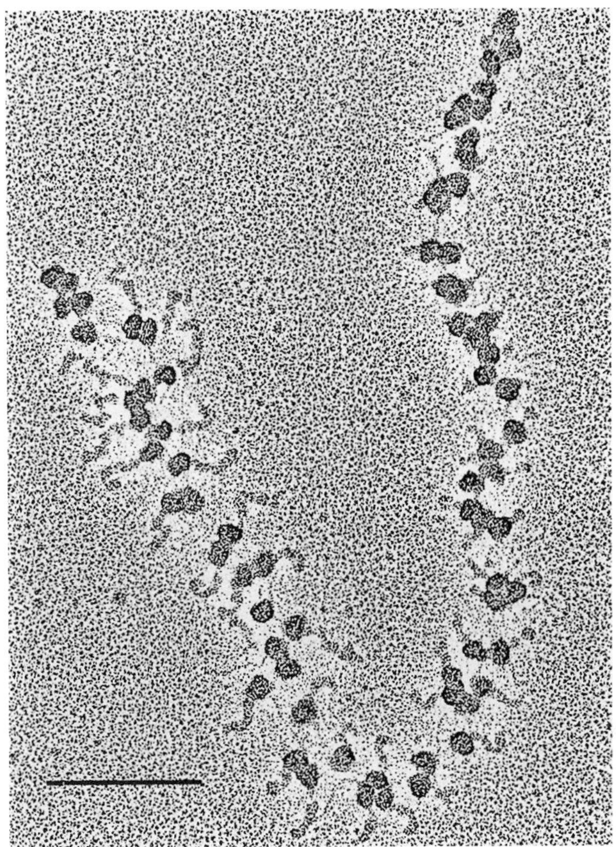

◘ **Abb. 3.21** Polysomenkette aus Speicheldrüsen von *Chironomus tentans*. Es handelt sich um eine besonders große mRNA, die in Balbiani-Ringen der Riesenchromosomen synthetisiert wird und für Proteine im Speichel der Larven codiert. Die einzelnen Ribosomen und ihre Untereinheiten mit den wachsenden Proteinketten sind zu erkennen. Der Markierungsbalken entspricht einer Länge von 2 µm. (Nach Francke et al. 1982, mit freundlicher Genehmigung)

❗ Zur Initiation der Proteinsynthese erfolgt zunächst die Bindung eines Ribosoms an die Ribosomenbindungsstelle in der mRNA. Der eigentliche Beginn der Proteinsynthese erfolgt am Initiationscodon der mRNA unter der Mitwirkung von Initiationsfaktoren nach der Zusammensetzung des Ribosoms aus seinen beiden Untereinheiten.

Wir haben jetzt gesehen, dass die Initiation der Translation ein komplexer Prozess ist; bei Eukaryoten spielt dabei die 5′-Kappe der mRNA eine entscheidende Rolle, um die Bindung des Elongationsfaktors eIF4F und die anschließende Zyklisierung der mRNA zu ermöglichen (◘ Abb. 3.22). Die Erkennung des „richtigen" Startcodons wird durch vielfältige strukturelle Eigenschaften der mRNA oberhalb und unterhalb des Startcodons erleichtert oder auch erschwert. Üblicherweise bindet die 40S-Untereinheit an die 5′-Kappe der mRNA und tastet diese dann vom 5′-Ende her ab, bis sie das AUG-Startcodon erreicht. Nach diesem Mechanismus wird die weit überwiegende Zahl der eukaryotischen mRNAs translatiert; er wird deshalb auch als „kanonisch" bezeichnet. Es gibt aber auch eine Reihe von viralen und zellulären RNAs, die über eine interne Ribosomeneintrittsstelle (engl. *internal ribosomal entry site*, IRES) verfügen und auf diese Weise die Wechselwirkung mit eIF4F umgehen können. Diese nicht-kanonische Initiation der Translation ist also auch unabhängig vom Vorhandensein der 5′-Kappe an der mRNA und verwendet stattdessen sehr heterogene Strukturen in der mRNA (◘ Abb. 3.22); einige dieser mRNAs verwenden viele der bekannten eIFs, andere benötigen nur die 40S-Untereinheit und eine mit Alanin verbundene tRNA, die als Startcodon CCU erkennt. Dieses nicht-kanonische (oder Kappen-unabhängige) System wurde 1988 von Nahum Sonenberg an Polioviren (Pelletier und Sonenberg 1988) und von Eckard Wimmer an Encephalomyokarditisviren (Jang et al. 1988) beschrieben; es ist heute in vielen viralen RNAs bekannt. Es verfügen aber auch einige eukaryotische mRNAs zusätzlich zu einer 5′-Kappe noch über eine IRES, die unter bestimmten Stressbedingungen eingesetzt werden kann (z. B. mRNAs der Gene *Myc*,

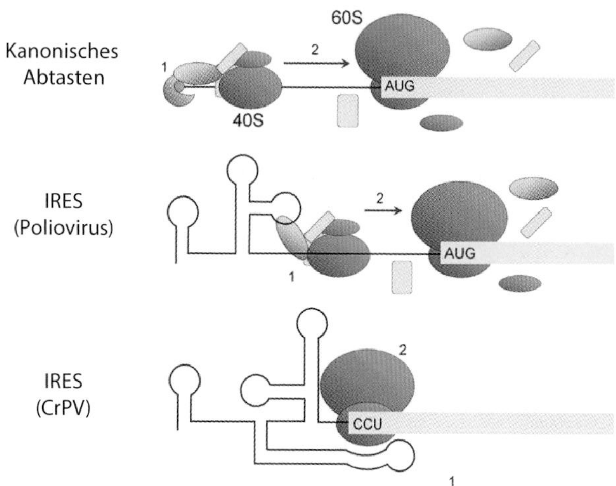

Abb. 3.22 Kanonische und alternative Mechanismen der Initiation der Translation. Beim kanonischen Abtasten der mRNA bindet die 40S-Untereinheit (*violett*) mit den Initiationsfaktoren eIF4F (*grün*), eIF2 (*dunkelblau*), eIF3 und eIF5 (beide *hellblau*) an die 5′-Kappe (*roter Punkt*) der mRNA (*hellblau*) und tastet dann die mRNA vom 5′-Ende her ab, bis sie das AUG-Startcodon erreicht. Bei Polioviren werden dagegen die Sekundärstrukturen der mRNA ausgenutzt, um die Initiationsfaktoren der Zelle (eIF4FAG [*grün*], eIF2 [*dunkelblau*], eIF3 und eIF5 [beide *hellblau*]) an IRES (engl. *internal ribosomal entry site*) zu binden und so die Translation an einem AUG-Startcodon zu beginnen. Das Cricket-Paralyse-Virus (CrPV) benötigt dagegen nur die 40S- und die 60S-Ribosomenuntereinheit (*violett*) und eine mit Alanin verbundene tRNA; die Translation beginnt also mit einem Alanin an einem entsprechenden CCU-Triplett als Startcodon. (Nach Green et al. 2016, mit freundlicher Genehmigung)

p53 oder *Bcl2*). In der Gentechnologie wird eine IRES in verschiedenen eukaryotischen Expressionsvektoren eingesetzt, um die Translationseffizienz zu erhöhen.

3.4.2 Elongation

Die Verlängerung der Polypeptidkette während ihrer Synthese am Ribosom bezeichnet man als Elongation (Abb. 3.18). Bei Bakterien bildet die nächstfolgende Aminoacyl-tRNA unter Beteiligung zweier **Elongationsfaktoren** – **EF-Tu** und **EF-Ts** – einen Komplex, der aus der Aminoacyl-tRNA selbst, dem Elongationsfaktor EF-Tu und einem GTP-Molekül besteht. Dieser Komplex bindet aufgrund der Basenpaarung zwischen dem Codon der mRNA und dem Anticodon der Aminoacyl-tRNA im freien A-Bindungsplatz am Ribosom. Die Bindung wird durch die Hydrolyse des GTP fixiert; EF-Tu und GDP werden freigesetzt. Die Regeneration des EF-Tu-GTP-Komplexes aus dem freigesetzten EF-Tu-GDP erfordert den Faktor EF-Ts. Bei Eukaryoten wird die Rolle von EF-Tu von dem Elongationsfaktor eEF1A übernommen.

Durch die GTP-abhängige Konformationsänderung eines weiteren Elongationsfaktors, EF-G, verschiebt sich das Ribosom um drei Nukleotide (= ein Codon!) in 5′→3′-Richtung an der mRNA entlang. Dabei wandert die tRNA mit ihrem angekoppelten Dipeptid von der A- zur P-Stelle, und die deacetylierte tRNA rückt von der P- zur E-Stelle. Anschließend verlässt die deacetylierte tRNA das Ribosom, sodass schließlich sowohl die A- als auch die E-Stelle wieder frei sind und ein neuer Zyklus beginnen kann. Die in diesen Reaktionen verwendeten Elongationsfaktoren werden in der Zelle wiederverwendet.

Für das Wachsen einer Peptidkette am Ribosom sind Elongationsfaktoren und eine Peptidyltransferase (Ribozym!) erforderlich, die die Anlagerung der nächsten Aminoacyl-tRNA an das Ribosom und die Verknüpfung der Aminosäuren durch Peptidbindungen kontrollieren. Der Energieverbrauch einer Peptidbindung beträgt 2 Moleküle GTP.

Die E-Stelle wurde erst in den 1980er-Jahren entdeckt, nachdem die A- und P-Stelle schon wesentlich früher beschrieben wurden. Die E-Stelle schien zunächst nicht essenziell zu sein, aber die späteren Untersuchungen machten deutlich, dass die E-Stelle eine enorme Bedeutung für die Einhaltung des Leserasters hat. Die E-Stelle bewirkt, dass während der Elongationsphase immer zwei tRNAs an der mRNA gebunden sind. Wenn aufgrund einer Störung an der E-Stelle die Codon-Anticodon-Wechselwirkung aufgehoben wird, kommt es zu einem Verlust der tRNA an der E-Stelle und zu einer Verschiebung des Leserasters. Abschätzungen zeigen, dass ohne diese Stelle das Leseraster nach dem Einbau von 20 bis 50 Aminosäuren verloren ginge – so können natürlich keine größeren Proteine fehlerfrei synthetisiert werden (Wilson und Nierhaus 2006)!

3.4.3 Termination und Abbau der mRNA

Den Abbruch der Synthese einer Polypeptidkette am Ribosom bezeichnet man als Termination. Die Elongation der wachsenden Peptidkette wird in der zuvor beschriebenen Weise fortgesetzt, bis innerhalb des aktuellen Leserahmens eines der drei **Terminations- oder Stoppcodons** (UAG, UAA oder UGA) in der mRNA erreicht wird. Diese werden von **Freisetzungsfaktoren** (engl. *release factors*; **RF**) erkannt, die für den Abbruch der Peptidsynthese und die Freisetzung des Polypeptids sorgen. Dies führt dann zu einem Zerfall des Ribosoms in seine Untereinheiten und zur Ablösung der mRNA. Diese Phase entspricht den Schritten 5 und 6 in Abb. 3.18.

Wir können derzeit zwei Klassen von Terminationsfaktoren unterscheiden: Klasse-I-RFs erkennen das Stoppcodon an der ribosomalen Aminoacyl(A)-Stelle und bewirken die Hydrolyse der Esterbindung, die die Polypeptidkette und die tRNA in der Peptidyl(P)-Stelle verbindet. In **Prokaryoten** erkennt RF1 UAA und UAG als Stoppcodons, wohingegen RF2 spezifisch für UAA und UGA ist; der genetische Code für Mitochondrien

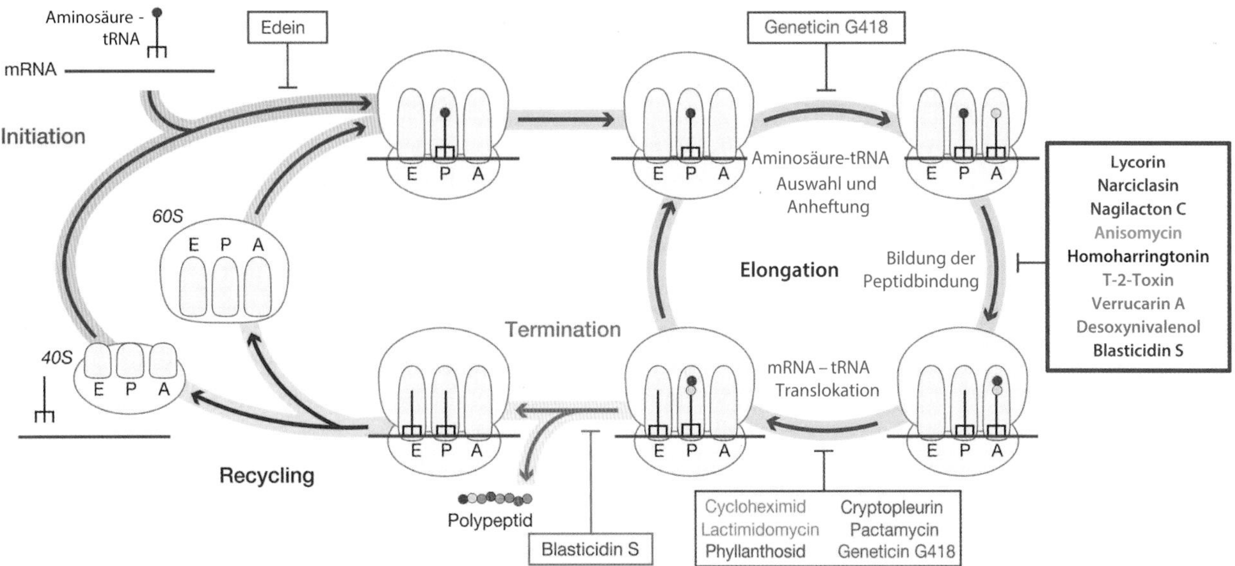

Abb. 3.23 Hemmung der Translation. Das Schema zeigt die Möglichkeiten, die Translation bei Eukaryoten in allen Phasen durch chemische Stoffe zu hemmen. Die einzelnen Schritte sind farbcodiert (Initiation *rot*, Elongation *blau*, Termination *braun* und Recycling *grün*). Edein, Pactamycin, Blasticidin S und Geneticin G418 haben ein breites Wirkungsspektrum und sind nicht auf Eukaryoten beschränkt. (Nach Garreau de Loubresse et al. 2014, mit freundlicher Genehmigung)

und Mykoplasmen ist etwas unterschiedlich und enthält kein UGA-Stoppcodon. Dementsprechend enthalten sie auch nur einen RF, der dem bakteriellen RF1 entspricht. In **Eukaryoten** erkennt eRF1 alle drei Stoppcodons.

Die Klasse-II-RFs sind GTPasen und stimulieren die Klasse-I-Aktivität; damit wird der Abbau der mRNA abhängig von der Verfügbarkeit von GTP. In Eukaryoten ist eRF3 der entsprechende Klasse-II-Faktor. Die GTP-Hydrolyse ist notwendig, um die eRF1-Erkennung des Terminationssignals der mRNA mit der effizienten Freisetzung der Peptidkette zu verbinden. Die eRF1-Bindung imitiert die Bindung einer tRNA an ein normales Codon und unterscheidet dadurch ein „echtes“ Stoppcodon von einem falschen. Zusätzlich zu der Wechselwirkung mit eRF1 interagiert eRF3 auch mit dem Poly(A)-Bindungsprotein (PABP), das damit auch einen Einfluss auf die Termination der Translation und den Abbau der mRNA hat.

Die **Hemmung der Translation** ist auf vielen Wegen möglich und wird gegen bakterielle Erkrankungen in vielen Fällen erfolgreich eingesetzt. Zu den **Antibiotika**, die die Translation bei Bakterien hemmen, gehören unter anderem Aminoglykoside (z. B. Gentamicin, Kanamycin, Neomycin, Streptomycin), Tetracycline (z. B. Doxycyclin, Tetracyclin) oder Chloramphenicol. In Eukaryoten sind Inhibitoren der Translation noch nicht in diesem Ausmaß verbreitet; sie werden aber in der Forschung (z. B. Cycloheximid) und auch zunehmend gegen Infektionskrankheiten und Krebs eingesetzt. Ihre Herkunft und chemischen Strukturen sind sehr vielfältig: Breitbandinhibitoren greifen das Peptidyltransferasezentrum der großen Ribosomenuntereinheit an (z. B. Blasticidin S) oder das Decodierungszentrum (z. B. das Aminoglykosid Geneticin [G418], ein Kanamycin-Derivat mit hoher Affinität zu eukaryotischen Ribosomen) oder die mRNA/tRNA-Bindestelle der kleinen Ribosomenuntereinheit (z. B. Pactamycin und Edein). Ähnlich wirkt auch Lactimidomycin, ein Glutarimid-Antibiotikum, das von *Streptomyces* gebildet wird. Ebenfalls von *Streptomyces* gebildet wird Anisomycin – dieses Antibiotikum wirkt allerdings durch die Hemmung der Peptidyltransferase. Trichothecene sind Gifte von Schimmelpilzen (Mykotoxine) und stellen eine weitere interessante Gruppe von Translationsinhibitoren bei Eukaryoten dar; dazu gehören Desoxynivalenol, Verrucarin und das T-2-Toxin. Lycorin, Narciclasin, Cryptopleurin, Phyllanthosid und Homoharringtonin sind pflanzliche Alkaloide. Homoharringtonin ist ein Alkaloid, das in Kopfeiben (*Cephalotaxus*) gefunden wurde; es bindet an die A-Stelle der 60S-Untereinheit und verhindert damit die Bindung der Aminoacyl-tRNA. Es wird als Chemotherapeutikum in der Krebstherapie (z. B. bei der Behandlung der chronischen myeloischen Leukämie) eingesetzt und zeigt immunsuppressive Aktivitäten. Einen Überblick über die Angriffsorte der verschiedenen Wirkstoffe bei Eukaryoten gibt ◘ Abb. 3.23; es fällt dabei auf, dass diese Stoffe überwiegend die verschiedenen A- oder P-Bindestellen beeinflussen; keiner greift an der E-Stelle an.

Üblicherweise wird der **Abbau der mRNA** schon mit dem Beginn der Translation initiiert. Wie eine Streifenfahrkarte, die für eine bestimmte Zahl von Fahrten gültig ist, wird der Poly(A)-Schwanz der eukaryotischen mRNA während der Translation kontinuierlich verkürzt, bis eine kritische Untergrenze erreicht ist. Bei niedrigen

Eukaryoten liegt sie bei etwa 10 bis 12 A-Nukleotiden, während sie bei Metazoen auch doppelt so viele Basen umfassen kann. Diese Verkürzung vermindert die möglichen Bindungsstellen für das Poly(A)-Bindungsprotein (PABP). Dadurch wird auch die Ringstruktur der translatierten mRNA verändert, Freisetzungsfaktoren werden gebunden (■ Abb. 3.18), die 5′-Kappe wird abgebaut und der Abbau der mRNA wird eingeleitet.

Zwei funktionell redundante Mechanismen bauen die übliche mRNA ab: ein 5′→3′-Abbauweg, der die Entfernung der 5′-Kappe zur Voraussetzung hat (engl. *decapping*), und ein Exosom-vermittelter Abbau vom 3′-Ende her (3′→5′). Die Entfernung der 5′-Kappe erfolgt durch einen Komplex, dessen essenzielle Komponenten die beiden Proteine Dcp1 und Dcp2 sind (engl. *decapping protein*); dabei ist wohl Dcp2 die katalytische Untereinheit. Nach der Entfernung der Kappe wird die mRNA durch die 5′→3′-Exonuklease Xrn1 abgebaut. Im alternativen Fall werden zunächst die noch verbliebenen Adeninreste des Poly(A)-Endes entfernt und das Molekül dann durch einen aus 10 Untereinheiten bestehenden Komplex (das Exosom) vollständig abgebaut. In diesem Fall wird die Kappe am Schluss durch das Aufräumenzym DcpS entfernt.

1979 wurde zunächst bei Hefen durch Regine **Losson** und Francois **Lacroute** ein interessanter weiterer Abbaumechanismus entdeckt, der später auch bei vielen anderen Organismen gefunden wurde: Wenn Mutationen dazu führen, dass in der mRNA ein vorzeitiges Stoppcodon entsteht, wird diese mRNA unverzüglich abgebaut. Dieser Vorgang wird im internationalen Schrifttum als ***„nonsense-mediated decay“*** (NMD) bezeichnet und ist seither Gegenstand intensiver Untersuchungen. Im Kern geht es dabei um die Frage, wie die Translationsmaschinerie das „vorzeitige“ von einem „echten“ Stoppcodon unterscheidet. Viele Hinweise sprechen dafür, dass die strukturelle Organisation der Faktoren, die in der 3′-UTR der mRNA binden, bei einem vorzeitigen Stoppcodon nicht in der Lage ist, zu einer schnellen und effizienten Freisetzung des gebildeten Proteins beizutragen. Dadurch können NMD-spezifische Faktoren an die mRNA binden, die Ribosomen ablösen und einen Abbau der mRNA über den Dpc1-Dpc2-Komplex einleiten. Dabei wird, wie oben beschrieben, die 5′-Kappe der mRNA entfernt; die mRNA wird ansonsten vom 5′-Ende her abgebaut. Eine schematische Darstellung dazu gibt ■ Abb. 3.24.

Die Funktion des NMD war ursprünglich als eine reine Qualitätskontrolle verstanden worden, um die Akkumulation potenziell toxischer Proteine in der Zelle zu vermeiden. Darauf deuteten die Untersuchungen an Hefen hin. Spätere Untersuchungen an *Caenorhabditis elegans*, *Drosophila* und Menschen zeigten aber, dass NMD ein Prozess zur posttranskriptionalen Regulation der eukaryotischen Genexpression ist und etwa 5–20 % aller Transkripte in einer typischen Zelle Substrate für NMD sind. Neben den oben erwähnten mRNAs mit vorzeitigem Stoppcodon gehören dazu aber auch mRNA-ähnliche Transkripte ohne oder mit nur beschränktem codierenden Potenzial (z. B. lange, nicht-codierende RNA, ► Abschn. 8.2.5) oder mRNAs mit einer besonders langen 3′-nicht-codierenden Sequenz. Damit wird deutlich, dass NMD eine substanzielle biologische Bedeutung zur Regulierung eukaryotischer Genexpression hat und nicht nur für die Beseitigung von Müll verantwortlich ist. Außerdem haben einige der am NMD beteiligten Proteine auch noch wichtige Funktionen bei anderen zellulären Vorgängen, z. B. bei der Regulation des Zellzyklus und der DNA-Replikation. Interessante Übersichtsaufsätze gibt es dazu von Varsally und Brogna (2012) und He und Jacobson (2015).

Die Termination einer Polypeptidkette erfolgt am Stoppcodon der mRNA. Hierbei sind Terminationsfaktoren beteiligt. Der Abbau der mRNA erfolgt enzymatisch vom 5′- und 3′-Ende aus. Bei Vorliegen eines „vorzeitigen“ Stoppcodons wird die mRNA in der Regel abgebaut (*nonsense-mediated decay*).

3.5 RNA-codierende Gene

3.5.1 5,8S-, 18S- und 28S-rRNA-Gene

Ribosomale Gene waren die ersten eukaryotischen Gene, die molekular analysiert wurden. Ausgangspunkt war die Beobachtung, dass bestimmte Mutanten des Krallenfrosches *Xenopus laevis* unter ihren Nachkommen 25 % lebensunfähige Kaulquappen aufwiesen, während weitere 50 % der Embryonen nur einen anstelle von zwei Nukleoli (► Abschn. 5.1.5, 6.1) besaßen. Diese Befunde deuteten darauf hin, dass es sich um eine heterozygote Defizienz des Nukleolus in beiden Eltern handeln könnte. Eine solche genetische Konstitution spaltet erwartungsgemäß (► Abschn. 11.1) in je 25 % Homozygote (mit und ohne Nukleolus) und 50 % Heterozygote auf. Der Tod von 25 % der Nachkommen konnte durch eine homozygote Defizienz des Nukleolus erklärt werden. Diese Beobachtungen beweisen, dass der Nukleolus eine lebenswichtige Funktion in der Zelle wahrnehmen muss, und Hugh **Wallace** und Max **Birnstiel** zeigten 1966 durch Hybridisierungsexperimente, dass der Verlust der Nukleoli mit dem Verlust von ribosomaler DNA gekoppelt war.

Aus diesen und vielen anderen Experimenten wissen wir heute, dass der Ort der rRNA-Synthese der Nukleolus ist (■ Abb. 3.25a). Diese Struktur im Zellkern ist auch

a Start des schnellen mRNA-Abbaus durch Auslösefaktoren

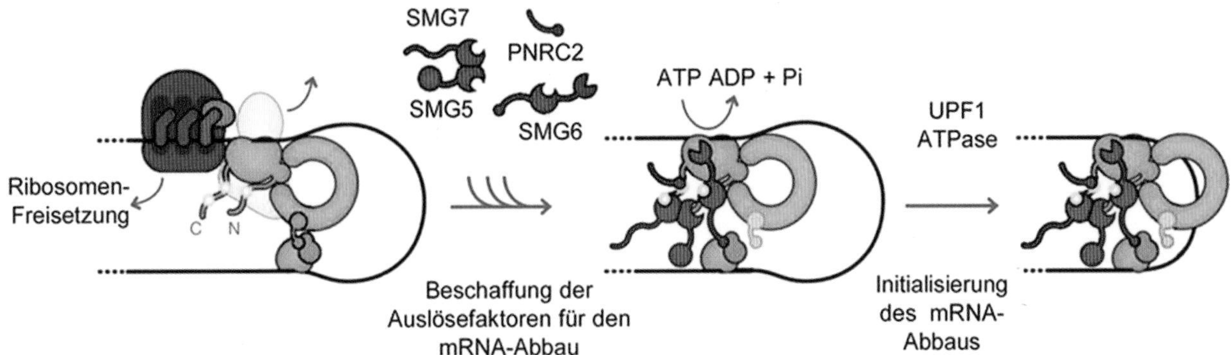

b Unterschiedliche Abbauwege

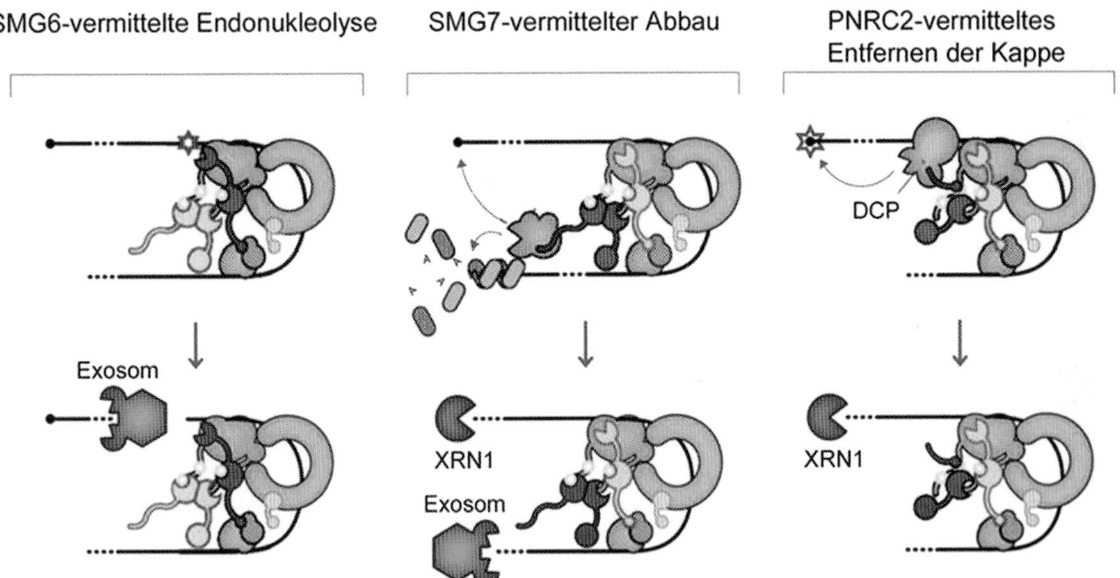

c Rückbau des NMD-Komplexes durch die UPF1-Helikase und UPF1-Dephosphorylierung

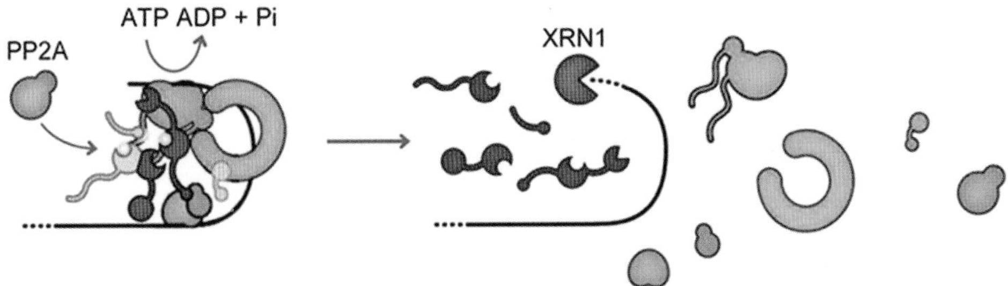

Abb. 3.24 Modellvorstellung des mRNA-Abbaus bei einem vorzeitigen Stoppcodon. **a** Abweichende mRNA erlaubt UPF1 (engl. *up frameshift protein*), an das freigesetzte Ribosom zu binden. Durch die anschließende Phosphorylierung von UPF1 wird ein Umbau der Proteinkomplexe an der mRNA eingeleitet; PNRC2 (engl. *proline-rich nuclear receptor coactivator 2*) bindet bevorzugt an die phosphorylierte Form von UPF1. An das phosphorylierte UPF1 kann außerdem entweder die Endonuklease SMG6 oder SMG7 binden. **b** Unterschiedliche Abbauwege. *Links*: SMG6 schneidet die mRNA in der Nähe des vorzeitigen Stoppcodons, und die gebildeten Fragmente werden durch Exonukleasen (Exosom) schnell weiter abgebaut. *Mitte*: Die Bindung von SMG7 führt zur Aktivierung einer 5′→3′-Exoribonuklease (XRN1) und der Enzyme des Exosoms. *Rechts*: Abbau der 5′-Kappe durch DCP (engl. *decapping complex*); der weitere Abbau der mRNA erfolgt durch eine 5′→3′-Exoribonuklease (XRN1). **c** Zum Abbau des 3′-Fragments der RNA nach der endonukleolytischen Spaltung muss der NMD-Komplex (engl. *nonsense-mediated decay*) aufgelöst werden; dazu ist die UPF1-ATPase und ihre Dephosphorylierung notwendig. PP2A: Proteinphosphatase 2A; SMG: *suppressor with morphological effect on genitalia*. (Nach Schweingruber et al. 2013, mit freundlicher Genehmigung)

3

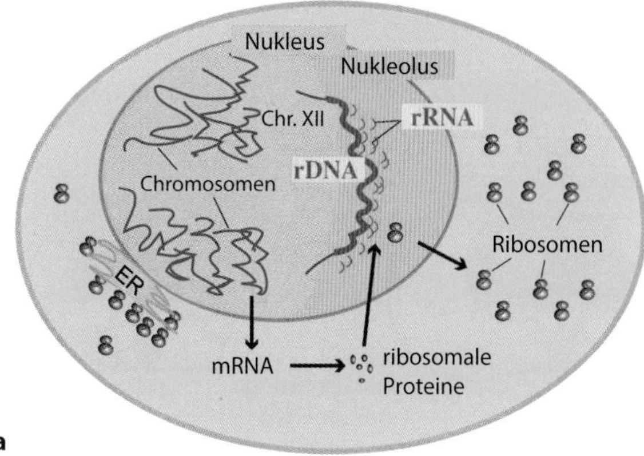

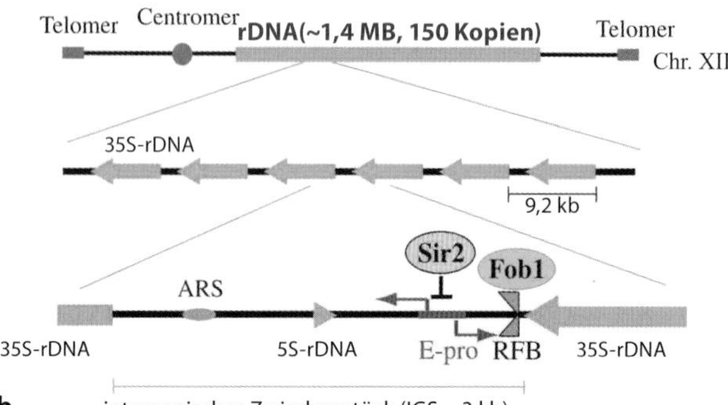

Abb. 3.25 Struktur des rDNA-Locus bei Hefe. **a** Eine schematische Darstellung einer Hefezelle. Die rDNA liegt als eine Reihe von Wiederholungselementen auf dem Chromosom XII im Nukleolus und produziert dort ribosomale RNA (rRNA), die zusammen mit den ribosomalen Proteinen die Ribosomen aufbaut. ER: endoplasmatisches Reticulum. **b** Struktur der rDNA bei Hefen. Eine Wiederholungseinheit (9,2 kb) besteht aus Genen für eine 5S- und eine 35S-rRNA und eine intergenische Zwischenregion (~ 3 kb). Die rDNA-Struktur ist bei den meisten Eukaryoten hochkonserviert; die 5S-rDNA liegt allerdings in unabhängigen Bereichen vor (Abb. 3.26). E-pro ist ein bidirektionaler Promotor, der die Stabilität der rDNA (Kopienzahl) reguliert (Abb. 3.28). ARS: autonom replizierende Sequenz; RFB: Stelle zur Blockade der Replikationsgabel (engl. *replication fork barrier*); *Fob1*: Gensymbol für *fork blocking less*; *Sir2*: Gensymbol für *silent mating type information regulation 2*. (Nach Kobayashi 2011, mit freundlicher Genehmigung des Autors)

der Ort, an dem die Ribosomen zusammengefügt werden, wobei der Einbau der rRNA und der vielen ribosomalen Proteine in einer geordneten Weise erfolgt. Der Nukleolus bildet sich um die Nukleolusorganisator-Regionen (NORs) der Chromosomen (Abb. 6.5), die oft Hunderte von rRNA-Genen enthalten. Diese rRNA-Gene sind in langen Wiederholungseinheiten in einer Kopf-zu-Schwanz-Orientierung angeordnet. Wir haben im ► Abschn. 3.4 gesehen, dass die Ribosomen (Abb. 3.21) der Ort der Proteinbiosynthese (Translation) sind, an dem sich die verschiedenen Komponenten (mRNA, tRNA) treffen und die Verknüpfung der Aminosäuren vermittelt wird. Da ribosomale RNA ein struktureller Bestandteil der Ribosomen ist, kann es nicht überraschen, dass ein Verlust des Nukleolus, also möglicherweise aller Gene, die für rRNA codieren, letal sein muss, wie es in den zuvor erwähnten *Xenopus*-Embryonen beobachtet wurde. Etwa 90 % der zellulären cytoplasmatischen RNA befindet sich als struktureller Bestandteil in den Ribosomen.

Mithilfe von Hybridisierungsexperimenten der verschiedenen RNA-Fraktionen konnte man schon früh die ersten Aufschlüsse über die **molekulare Feinstruktur** der ribosomalen DNA gewinnen, die man aus *Xenopus*-DNA isoliert hatte. Gene für die 5,8S-, 18S- und 28S-rRNA findet man eng gekoppelt, äquimolar und in jeweils mehreren Kopien auf einem einzigen DNA-Molekül, wenn man ausreichend lange Stücke der DNA isoliert. *Xenopus laevis* hat etwa 450 solcher Wiederholungseinheiten und die Hefe etwa 150; in der Hefe repräsentieren die rDNA-Gene etwa 60 % des Chromosoms XII und etwa 10 % des gesamten Genoms (Abb. 3.25b). Die Anzahl der Nukleotide in den kleinen rRNAs ist relativ konstant: So enthält die 5,8S-rRNA einheitlich etwa 160 Nukleotide und die 5S-rRNA einheitlich etwa 120 Nukleotide. Die Anzahl der Nukleotide in den großen RNA-Molekülen schwankt innerhalb der Eukaryoten erheblich. So kann „28S"-rRNA zwischen 25S und 28S (4000 bis 5000 Nukleotide) variieren und „18S"-rRNA zwischen 16S und 19S (im Mittel 2000 Nukleotide).

Zwischen diesen RNA-codierenden Abschnitten liegen jedoch noch andere DNA-Bereiche mit höherem GC-Gehalt, die zu keiner der ribosomalen RNA-Fraktionen komplementär sind. Sie besitzen offenbar die Funktion, die einzelnen ribosomalen Gene voneinander zu trennen (engl. *intergenic spacer*, IGS); dieser Bereich wird nicht transkribiert und deswegen auch als „nicht-transkribierte Sequenz" (NTS) bezeichnet (beachte aber Details in Abb. 3.29). In der DNA sind die einzelnen Gene abwechselnd in vielen Kopien als hintereinanderliegende Blöcke angeordnet; innerhalb eines Blocks (engl. *repeat unit* oder *rDNA-repeat*) sind die 18S-, 5,8S- und 28S-rRNA-Gene in jeweils gleicher Reihenfolge zu finden. Der transkribierte Bereich umfasst sowohl externe Sequenzen (engl. *external transcribed sequence*, ETS) als auch zwei interne Sequenzen (engl. *internal transcribed sequences*, ITS), die die 18S-, 5,8S- und 25S-rRNA-Sequenzen voneinander trennen. Daher sind vielfältige Weiterverarbeitungsschritte nötig, um aus dem einen Primärtranskript schließlich die verschiedenen strukturellen RNAs herzustellen; wir werden die Besonderheiten der Transkription der rRNA-Gene weiter unten im Detail besprechen. In Abb. 3.26 ist diese Anordnung bei verschiedenen Organismen dargestellt. Mit Ausnahme von *Saccharomyces cerevisiae* ist die 5S-rRNA nicht mit den drei übrigen ribosomalen RNA-Genen verbunden; ihr ist deshalb ein eigenes Unterkapitel gewidmet (► Abschn. 3.5.2). Die prokaryotischen rRNA-Gene werden aufgrund ihrer typischen bakteriellen Genstruktur im ► Abschn. 4.5.4 besprochen.

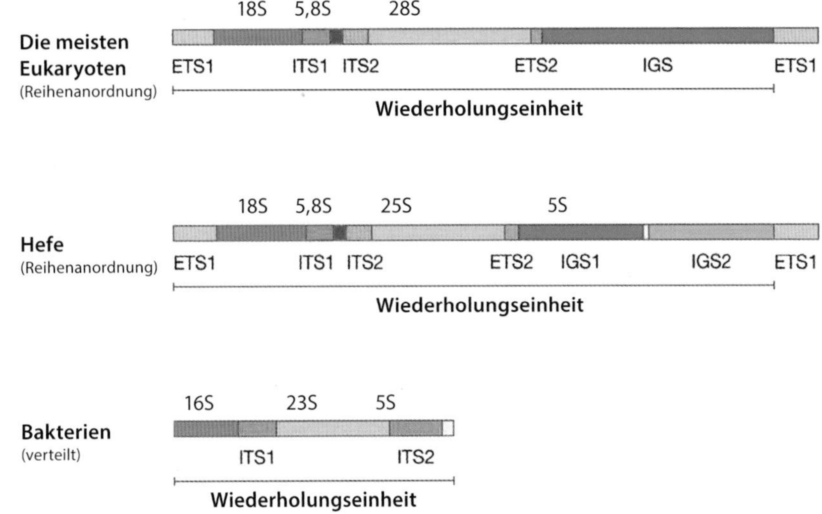

Abb. 3.26 rRNA-Gene. Es sind die molekularen Strukturen von rRNA-Genen in verschiedenen Organismen dargestellt; im Gegensatz zu den meisten Eukaryoten sind bei Hefen die Gene für die 5S-rRNA im Gesamtcluster enthalten. ITS: intern transkribiertes Zwischenstück (engl. *internal transcribed spacer*); ETS: extern transkribiertes Zwischenstück (engl. *external transcribed spacer*); IGS: intergenisches Zwischenstück (engl. *intergenic spacer*). (Nach Nei und Rooney 2005, mit freundlicher Genehmigung)

Die Gene für 28S-, 18S- und 5,8S-rRNA findet man als wiederholte Gengruppen hintereinander in der DNA. Die wiederholten Gengruppen sind durch Zwischenelemente voneinander getrennt.

Es ist funktionell verständlich, dass von den rRNA-Genen mehr als eine Genkopie benötigt wird, da große Mengen an ribosomaler RNA zur Deckung des Bedarfs an Ribosomen erforderlich sind. Die Sequenzidentität der vielen Genkopien wirft aber die Frage auf, wodurch verhindert wird, dass diese sich allmählich durch Mutationen verändern und dass auf diese Weise eine Sequenzheterogenität innerhalb der Genfamilie entsteht. Umgekehrt stellt sich – angesichts der beträchtlichen evolutionären Ähnlichkeit der codierenden Regionen – die Frage, wie sich eine solche (in sich sequenzhomogene) Genfamilie im Laufe der Evolution in eine sequenzveränderte, aber in sich ebenfalls homogene Genfamilie umwandeln kann. So unterscheiden sich die Sequenzen der rRNA-Gene der beiden Froscharten *Xenopus laevis* und *Xenopus muelleri* in etwa 10 %.

Als Erklärung sind zwei verschiedene Möglichkeiten vorstellbar. Einerseits könnte eine solche Genfamilie bei jeder individuellen Ontogenese durch ein Stadium gehen, in dem nur noch eine einzige Kopie vorhanden ist. Diese wird dann amplifiziert, um die Genfamilie für den betreffenden Organismus neu aufzubauen. Solche **Vermehrungsmechanismen** sind bei Eukaryoten vorhanden (▶ Abschn. 9.3.3). Einem teilweise vergleichbaren Beispiel dieser Art begegnen wir im Prinzip auch bei der Vermehrung der rDNA-Kopien während der Makronukleusentstehung in Ciliaten, wo im generativen Mikronukleus ein einziges Gen für rRNA vorhanden ist (▶ Abschn. 9.3.1).

Eine Alternative hierzu könnten **Korrekturmechanismen** sein, die für eine regelmäßige Sequenzangleichung der verschiedenen rDNA-Kopien sorgen. Einer der bekannten zellulären Mechanismen, dem eine solche Funktion zufallen könnte, ist die Rekombination zwischen den Widerholungseinheiten in beiden Schwesterchromatiden. Dass solche Rekombinationsereignisse zwischen verschiedenen Wiederholungseinheiten vorkommen, zeigt ◻ Abb. 3.27.

Direkt im Zusammenhang mit der Frage der Sequenzidentität der multiplen Gene steht die Frage nach der **Kontrolle ihrer Anzahl**. Bei allen Eukaryoten sind einige Hundert ribosomale RNA-Gene vorhanden (◻ Tab. 3.3). Da Nukleolusorganisator-Regionen (NORs) die Eigen-

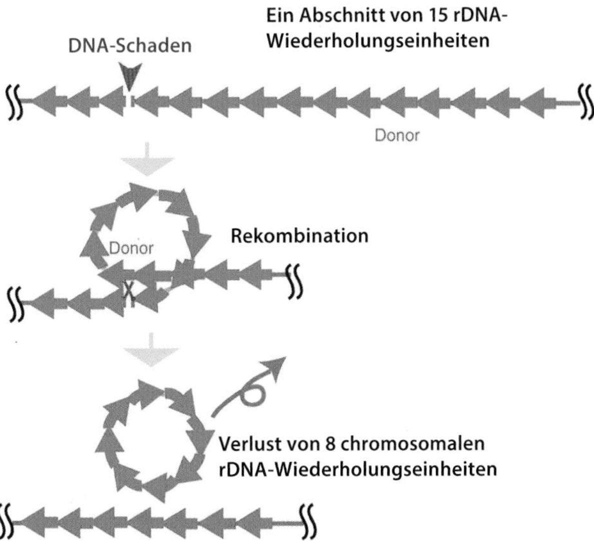

Abb. 3.27 Die Zahl der rDNA-Wiederholungseinheiten ist instabil. Wenn ein DNA-Schaden in einer rDNA-Wiederholungseinheit auftritt, kann er durch homologe Rekombination (▶ Abschn. 4.4.2, 6.3.3) mit einer anderen Wiederholungseinheit (Donor) auf demselben Chromosom repariert werden. In diesem Fall können durch Crossing-over diejenigen Wiederholungseinheiten verloren gehen, die zwischen der Schadensstelle und dem Donor liegen. (Nach Kobayashi 2011, mit freundlicher Genehmigung)

3

Tab. 3.3 Anzahl ribosomaler RNA-Gene bei verschiedenen Eukaryoten

Art	Anzahl (haploid: n, diploid: 2n)
Saccharomyces cerevisiae	140 (n)
Tetrahymena thermophila	1 (n) im Mikronukleus, ca. 10^4 im Makronukleus
Acetabularia mediterranea	1900 (n)
Vicia faba	9500 (n)
Drosophila melanogaster	150 (♂), 250 (♀), (2n)
Xenopus laevis	800 (2n)
Homo sapiens	560 (n)

schaft haben, eine sekundäre Konstriktion zu bilden (▶ Abschn. 5.1.5), lassen sich die rRNA-Gene leicht in den Chromosomen lokalisieren. Hierdurch und aus *in-situ*-Hybridisierungsexperimenten wissen wir, dass die Anzahl von NORs im Genom verschiedener Organismen sehr variabel ist. Während *Drosophila melanogaster* zwei NORs, je eine in jedem Geschlechtschromosom, besitzt, findet man in *Drosophila hydei* drei, eine im X- und zwei im Y-Chromosom, und im menschlichen Genom gibt es fünf NORs (auf den Autosomen 13, 14, 15, 21 und 22). In *Xenopus laevis* hingegen ist eine einzige NOR in Chromosom 12 zu finden, und die Hefe *Saccharomyces cerevisiae* hat ebenfalls eine einzige chromosomale Region für rDNA in Chromosom 12 (die rDNA-Gene umfassen etwa 60 % des gesamten Chromosoms 12).

Ganz offensichtlich gibt es Regulationsmechanismen, die die **Anzahl der rDNA-Kopien** im Genom annähernd konstant halten. Besonders deutlich wird das in Experimenten an „*bobbed*"(*bb*)-Mutanten von *Drosophila*, die durch Ferruccio Ritossa und Sol Spiegelman (1965) als Defizienzmutanten für ribosomale DNA erkannt worden sind. Deletiert man rDNA bis zu einem Minimum von etwa 30 Kopien, so zeigen die Individuen in zunehmendem Ausmaß allgemeine morphologische Defekte. Diese beginnen mit einer Verkürzung der Borsten auf dem Scutellum und reichen bei starken *bobbed*-Effekten (d. h. wenig rDNA) bis zu einem stark deformierten Abdomen. Die Anzahl vorhandener rDNA-Kopien korreliert dabei direkt mit der Stärke des *bobbed*-Phänotyps. Unterhalb einer Zahl von etwa 30 Kopien reicht die Anzahl der rRNA-Gene nicht mehr aus, um lebensfähige Individuen entstehen zu lassen.

Häufiger – und leichter – als eine Reduktion der Anzahl von rDNA-Kopien in bestimmten Zellen lässt sich das Gegenteil, eine Überrepräsentation ribosomaler RNA-Gene beobachten, die man als **Amplifikation** bezeichnet. Die Oocyten vieler Amphibien besitzen eine große Anzahl (je nach Art 600 bis 1000) **extrachromosomaler Nukleoli**. Im reifen Zustand der Oocyten liegt die DNA dieser extrachromosomalen Nukleoli bei *Xenopus laevis* kappenförmig der Kernmembran an. Extrachromosomale Nukleoli enthalten ringförmige DNA-Moleküle, die sich als Kopien der chromosomalen ribosomalen DNA erwiesen. Die gesamte Menge an extrachromosomaler rDNA, die in einer Oocyte gebildet wird, ist außerordentlich groß. Ein repliziertes Genom (4C) von *X. laevis* enthält 0,02 pg DNA, während eine Oocyte 25 pg DNA enthält. Die Menge an DNA in diesen Zellkernen ist damit auf das 1000-fache der Menge an DNA eines normalen diploiden Kerns angewachsen. Dies ist erforderlich, um den Ribosomenbedarf des sich entwickelnden Eis zu decken. Sie gehen während der meiotischen Teilungen verloren, sodass in der Eizelle wieder ein normaler haploider Satz an rDNA vorhanden ist.

Dass es sich bei der Amplifikation ribosomaler DNA bei *Xenopus* um keine Ausnahmeerscheinung handelt, beweisen Befunde bei einer Reihe von Insekten, bei denen man in den Oocyten ebenfalls **extrachromosomale DNA** findet, die durch **Amplifikation** aus der chromosomalen rDNA entsteht. Diese extrachromosomale rDNA wird oft in Form auffälliger, stark färbbarer **DNA-Körperchen** (engl. *DNA bodies*) gefunden. Klassische Beispiele hierfür sind die nach ihrem Entdecker genannten **Giardina-Bodies** (Giardina 1901) in den Oocyten von Schwimmkäfern der Familie Dytiscidae (Gelbrandkäfer) und die DNA-Körperchen in Oocyten des Heimchens *Achaeta domesticus* (Cave und Allen 1969).

Bei Hefen diskutiert Kobayashi (2014) ein Modell, das von verschiedenen Möglichkeiten einer unterbrochenen Replikation der Wiederholungselemente (▪ Abb. 3.27) bzw. Störungen bei deren Transkription (▪ Abb. 3.28) ausgeht. Das Muster ist dabei relativ ähnlich: Es entstehen Doppelstrangbrüche, die unter anderem dadurch repariert werden können, dass sich der freie Strang an den ungleichen Schwesterstrang anlagert und dadurch zur Bildung zusätzlicher Wiederholungseinheiten beiträgt. Eine wichtige Rolle spielt dabei ein *cis*-Element, der EXP-Promotor (E-pro), der offensichtlich für kein Protein codiert.

Die Anzahl und Lage der rDNA-Kopien im Genom variiert in verschiedenen Organismen beträchtlich. Es ist jedoch stets mehr als ein Gen vorhanden. Eine starke Abnahme an rDNA im Genom eines Organismus führt zu vielfältigen (pleiotropen) Effekten und schließlich zur Letalität, sobald eine Mindestanzahl von Genkopien unterschritten wird.

Wie wir oben gesehen haben (▪ Abb. 3.26), liegen bei Eukaryoten die Gene der 18S-, 5,8S- und 28S-rRNA innerhalb einer Wiederholungseinheit. An dieser DNA wird ein primäres Transkript (engl. *pre-rRNA*) syntheti-

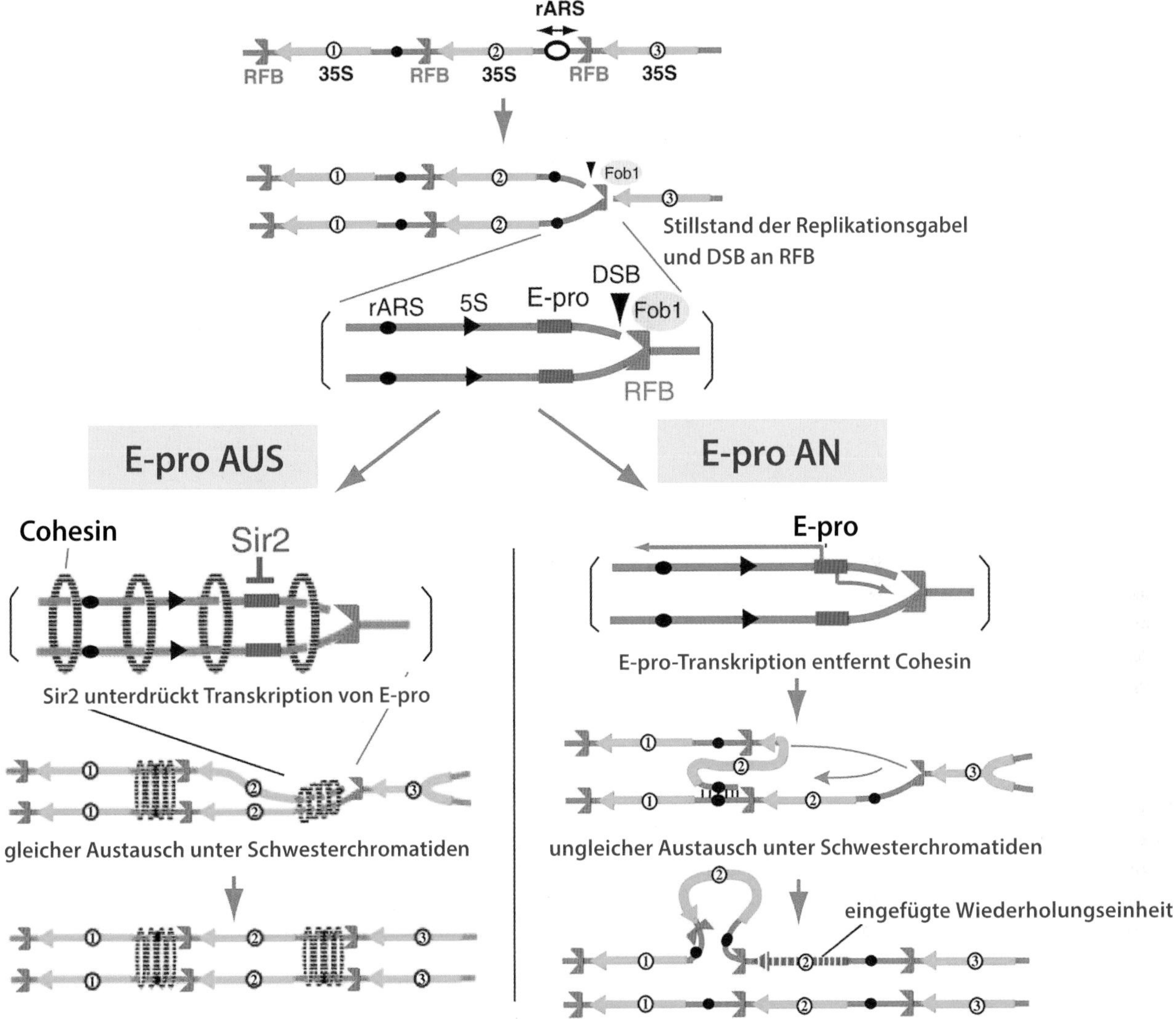

Abb. 3.28 Modell der Transkriptions-induzierten rDNA-Amplifikation. **a** Im Wildtyp reprimiert Sir2p (eine Histon-Deacetylase; engl. *silent mating type information regulator*) die Aktivität des EXP-Promotors (E-pro) und erlaubt damit Cohesin (*Ringe*), mit den IGS (engl. *intergenic spacer*) zu assoziieren. **b** Wenn die Sir2p-Repression wegfällt, ist E-pro aktiv, und dessen Transkription entfernt Cohesin von den IGS. Das Fehlen von Cohesin ermöglicht es, dass ungleiche Schwesterchromatiden als Matrize für die Reparatur des Doppelstrangbruchs (DSB) genutzt werden können und eine Erhöhung der Kopienzahl die Folge ist. ARS: autonom replizierende Sequenz; RFB: Stelle zur Blockade der Replikationsgabel (engl. *replication fork barrier*); *Fob1*: Gensymbol für *fork blocking less*. Die IGS mit passierender Replikationsgabel sind in den *Klammern* dargestellt. (Nach Kobayashi 2014, mit freundlicher Genehmigung)

siert, das vor dem für die 18S-rRNA codierenden Abschnitt der DNA beginnt und bis hinter das 3′-Ende der 28S-rRNA reicht und bei Hefen eine Länge von etwa 6,9 kb hat; bei Säugern sind die Wiederholungseinheiten länger und das primäre Transkript umfasst etwa 13 kb. Der Bereich zwischen dem 3′-Ende dieses primären Transkripts und dem Beginn der nächsten Transkriptionseinheit (d. h. der folgenden DNA-Wiederholungseinheit) wird als nicht-transkribiertes Zwischenstück bezeichnet (engl. *non-transcribed spacer*, NTS). Da der Beginn der Transkriptionseinheit noch nicht zur (reifen) 18S-rRNA gehört, wird er auch als externes transkribiertes Zwischenstück (engl. *external transcribed spacer*, ETS) bezeichnet, dem der Bereich zwischen 18S- und 28S-rRNA als internes transkribiertes Zwischenstück (engl. *internal transcribed spacer*, ITS) gegenübersteht.

❀ Innerhalb des NTS befinden sich vor dem 5′-Ende des ETS zwei zusätzliche Promotorregionen (P′) neben derjenigen am 5′-Ende des ETS (P), die durch ihre DNA-Sequenzhomologie ermittelt wurden. Durch Miller-Spreitungen lässt sich zeigen, dass in diesen Bereichen tatsächlich gelegentlich eine Initiation der Transkription erfolgt (▪ Abb. 3.29a). Andererseits ent-

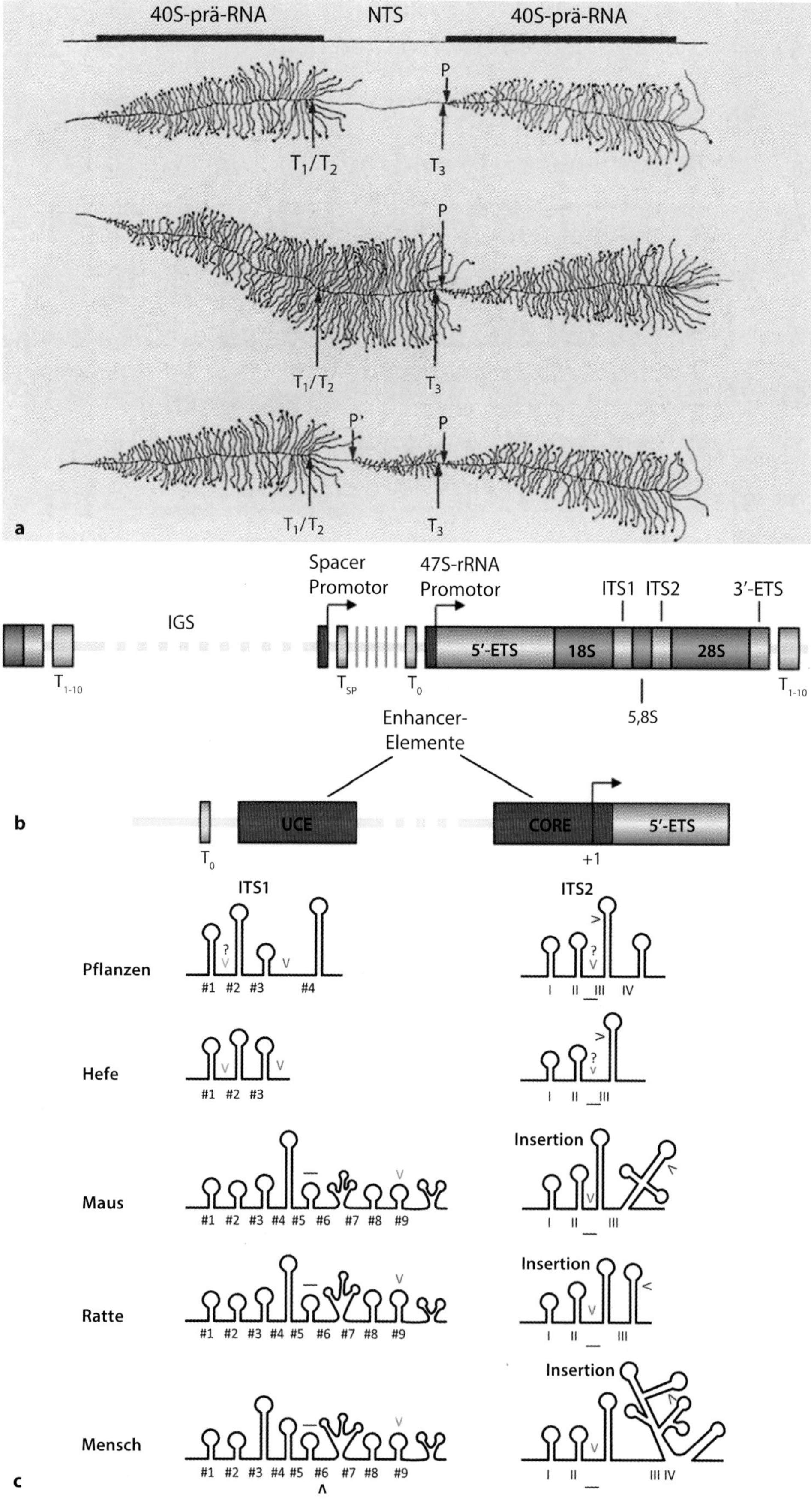
40S-prä-RNA
NTS
40S-prä-RNA
P
T1/T2
T3
P
T1/T2
T3
P'
P
T1/T2
T3
a
Spacer Promotor
47S-rRNA Promotor
ITS1
ITS2
3'-ETS
IGS
5'-ETS
18S
28S
T1-10
TSP
T0
T1-10
5,8S
Enhancer-Elemente
b
UCE
CORE
5'-ETS
T0
+1
ITS1
ITS2
Pflanzen
#1 #2 #3 #4
I II III IV
Hefe
#1 #2 #3
I II III
Insertion
Maus
#1 #2 #3 #4 #5 #6 #7 #8 #9
I II III
Insertion
Ratte
#1 #2 #3 #4 #5 #6 #7 #8 #9
I II III
Insertion
Mensch
#1 #2 #3 #4 #5 #6 #7 #8 #9
I II III IV
c

hält der NTS auch drei Terminationssequenzen für die Transkription. Zwei dieser Sequenzen (T1, T2) liegen nahe dem 3′-Ende der 28S-rRNA-Sequenz, die dritte (T3) liegt weit innerhalb des NTS, nur 215 bp vor dem Beginn des Promotors P, unmittelbar vor dem ETS der folgenden rDNA-Wiederholungseinheit. In 99 % aller Transkriptionseinheiten erfolgt die Initiation am Promotor (P) und die Termination am Terminationssignal T2, das sich nur 235 bp unterhalb des Endes der 28S-rRNA-Region befindet.

Die Synthese ribosomaler RNA in Eukaryoten erfolgt durch ein spezielles Enzym, die RNA-Polymerase I, die ausschließlich diese Gene transkribiert. Auch zum Start der Transkription durch die RNA-Polymerase I werden regulatorische Elemente benötigt – dazu gehören Promotoren und Enhancer sowie Terminatoren in der intergenischen Region. Eukaryotische Promotoren der rRNA-Gene enthalten zwei regulatorische Elemente, die für eine genaue und effiziente Initiation der Transkription verantwortlich sind: den Kern-Promotor und ein Kontrollelement, das oberhalb davon liegt (engl. *upstream control element*, UCE, oder *upstream promoter element*, UPE; ◘ Abb. 3.29b). Der Kern-Promotor reicht bei den meisten Spezies aus, um eine basale Aktivität der RNA-Polymerase I zu ermöglichen. Das UCE liegt etwa 107–156 bp oberhalb des Transkriptionsstarts und ist für die Verstärkung der Transkription wichtig. Obwohl die grundsätzliche Anordnung des rRNA-Promotors von der Hefe bis zum Menschen konserviert ist (wobei die Abstände und Orientierung der einzelnen Elemente von Bedeutung sind), gibt es wenig Sequenzähnlichkeiten zwischen den einzelnen Elementen – mit dem Ergebnis, dass die RNA-Polymerase I in hohem Maße speziesspezifisch ist. Zusätzlich zu dem Promotor für die eigentliche rRNA gibt es bei manchen Spezies noch einen zweiten, den „Spacer-Promotor"; die hiervon transkribierte RNA ist offensichtlich am Abschalten der Transkription der rRNA-Gene beteiligt (► Abschn. 8.2).

Eine wichtige Frage ist, inwieweit die verschiedenen rDNA-Kopien im Genom überhaupt **transkribiert** werden und ob sie vielleicht in verschiedenen Zelltypen **differenziell reguliert** werden. Hinweise darauf, dass die Initiationsfrequenz der RNA-Polymerase I stark variiert, gibt es aus Miller-Spreitungsexperimenten nicht. Viele Spreitungsversuche wurden an Keimbahnzellen ausgeführt, und es spricht alles dafür, dass in diesen Zellen die überwiegende Mehrheit der rDNA-Kopien aktiv ist. Umgekehrt gibt es jedoch Zelltypen, in denen Miller-Spreitungsexperimente an rDNA nicht besonders erfolgreich verlaufen. Wahrscheinlich liegt die Ursache darin, dass hier nur ein kleiner Teil der vorhandenen rDNA-Gene aktiv ist und diese damit nur schwer auffindbar sind. Dafür sprechen auch ultrastrukturelle Studien von Nukleoli, die zeigen, dass die Anteile an fibrillären Zentren, dichten fibrillären Komponenten und granulären Komponenten in verschiedenen Zelltypen unterschiedlich sind.

❗ Die Transkription eukaryotischer rDNA erfolgt durch die RNA-Polymerase I. Innerhalb der rDNA-Wiederholungseinheiten sind mehrere Promotorsequenzen vorhanden, die im Gegensatz zur evolutionären Konservierung der rRNA-Sequenzen bei verschiedenen Organismen keine Ähnlichkeit in der Nukleotidsequenz erkennen lassen. Sowohl Initiation als auch Termination der Transkription erfolgen überwiegend jeweils an einem bestimmten Promotor- bzw. Terminationssignal.

Das primäre Transkript wird in mehreren aufeinanderfolgenden Schritten so weiterverarbeitet, dass schließlich nur noch die im Ribosom enthaltenen rRNA-Moleküle übrig bleiben. Das Primärtranskript bei Eukaryoten wird unmittelbar nach der Transkription im Zellkern zerschnitten. Dabei ist neben der Ribonuklease III, die innerhalb einer intramolekularen Doppelstrangregion der primären Transkripte angreift und die 18S-rRNA und 28S-rRNA herausschneidet (◘ Abb. 3.29c), eine Reihe anderer Enzyme beteiligt. Die endgültige Größe der Moleküle wird

◘ **Abb. 3.29** Transkription von rDNA in *Xenopus*-Oocyten. **a** Diese Analyse zeigt das hohe Auflösungsvermögen der Miller-Spreitungstechnik. Es werden Einzelheiten des Transkriptionsmechanismus erkennbar, die biochemisch nur schwer nachweisbar sind. *Oben* ist die normale Transkription dargestellt. In der *Mitte* sieht man eine falsche Termination (erst an T3). Im *unteren Bild* erfolgt eine falsche Initiation an P′. **b** Promotorstruktur einer rRNA-Wiederholungseinheit bei Säugern. Der *obere* Teil zeigt die Schlüsselelemente und die allgemeine Organisation einer rDNA-Wiederholungseinheit von Säugern. Das intergenische Verbindungselement (engl. *intergenic spacer*, IGS) beinhaltet das Verbindungselement selbst, aber auch Promotorelemente, Enhancer und die Bindungsstellen für den Terminationsfaktor I der Transkription (T_0 und T_{SP}). *Pfeile* stellen die Startstellen und die Richtung der Transkription dar. Die codierende Region (*blau*) enthält in ihrem 5′- und 3′-Bereich jeweils extern und intern transkribierte Zwischenstücke (*grau*; engl. *external transcribed spacer*, ETS; *internal transcribed spacer*, ITS1 und ITS2). Die Terminatorelemente T_{1-10} unterhalb des rRNA-Gens sind ebenfalls dargestellt (*gelb*). Der *untere* Teil zeigt die Anordnung des Promotors (*rot*) im Detail: Er besteht aus einem oberhalb liegenden Kontrollelement (engl. *upstream control element*, UCE) und dem Kernbereich (*core*) des Promotors, der mit der Transkriptionsstartstelle (+1) überlappt. **c** Schematische Darstellung der Sekundärstrukturen der intern transkribierten Zwischenregionen 1 und 2 (ITS1, ITS2) von Pflanzen, Hefe und drei Vertebraten. *Orange*, *blaue*, *rote* und *grüne Pfeilspitzen* markieren bekannte Schnittstellen; *Fragezeichen* markieren vorhergesagte, aber experimentell noch nicht bewiesene Schnittstellen. *Schwarze Striche* kennzeichnen Wartepositionen von Exonukleasen. (**a** nach Meissner et al. 1991; **b** nach Goodfellow und Zomerdijk 2013; **c** nach Coleman 2015; alle mit freundlicher Genehmigung)

unter Anlagerung ribosomaler Proteine bereits während der Transkription durch weitere nukleolytische Enzymaktivitäten erzielt. Dabei scheint eine Methylierung von Basen in den funktionellen rRNA-Bereichen von grundlegender Bedeutung zu sein, die bereits kurz nach der Synthese der RNA erfolgt. Ausgiebig untersucht wurde dieser Prozess in HeLa-Zellen, einer menschlichen Tumorzelllinie. In HeLa-Zellen werden die Endprodukte, also 5,8S-, 18S- und 28S-rRNA, im primären Transkript (40–41S-Vorläufer-rRNA) zunächst vorwiegend (zu 80 %) an den 2′-OH-Gruppen der Ribose und in geringerem Umfang (zu etwa 20 %) an ihren Basen methyliert. Offenbar beschützen diese Methylgruppen die betreffenden Molekülbereiche gegen die an der Weiterverarbeitung beteiligten Endonukleasen. Bei der Weiterverarbeitung der Vorläufer-rRNA in Eukaryoten spielen auch zusätzliche RNA-Moleküle eine Rolle, z. B. **snRNA-Moleküle** (engl. *small nuclear RNA*). Sie sind universelle RNA-Komponenten des Zellkerns und im Allgemeinen mit Proteinen zu **Ribonukleoproteinpartikeln (snRNP)** verpackt. Von ihnen wird die U3-snRNA-Fraktion, ebenso wie U8-snRNA und U13-snRNA, in hoher Konzentration in Nukleoli gefunden. Die übrigen snRNAs befinden sich als snRNPs im Nukleoplasma. Auch die U3-snRNA ist im Allgemeinen an Ribonukleoproteinpartikel (RNPs) gebunden, die erforderlich sind, um die ersten Verarbeitungsschritte am 5′-Ende des primären Transkripts auszuführen.

Die neu synthetisierte rRNA tendiert dazu – wie alle einzelsträngigen RNAs – sich in helikale Strukturen aufzufalten, wenn die Sequenz und die Wechselwirkungen mit anderen Proteinen dies erlauben. Dies gilt auch für die neu synthetisierte rRNA, die sich zu sehr charakteristischen Sekundärstrukturen im Bereich der ITS1 und ITS2 auffaltet – denn hier gibt es keine Wechselwirkungen mit ribosomalen Proteinen und auch nicht mit der U3-snRNA, die ein wesentlicher Bestandteil der kleinen Ribosomenuntereinheit ist. Diese charakteristischen Faltungsstrukturen zusammen mit den Erkennungsstellen der entsprechenden Nukleasen ermöglichen das perfekte Zurechtschneiden des ursprünglichen Primärtranskripts durch koordinierte Aktionen von Endo- und Exonukleasen sowie Helikasen. Die Schnittstellen und helikalen Faltungsmuster sind in ◘ Abb. 3.29c dargestellt.

Die Verarbeitung der Vorläufer-rRNA in Eukaryoten erfolgt in mehreren Schritten. Charakteristische Faltungen des Primärtranskripts der rRNA und spezifische Schnittstellen ermöglichen eine gezielte Bearbeitung.

Obwohl der generelle Aufbau und die Transkription der ribosomalen DNA bei allen Eukaryoten vergleichbar sind, gibt es einige Unterschiede, die sich nicht auf die nichttranskribierten Regionen beschränken. Der wichtigste Strukturunterschied betrifft die 28S-rDNA-Region einiger rDNA-Repeats. In ***Drosophila*** – und vielen anderen Organismen – kann die 28S-rDNA Introns besitzen, die die Kontinuität der 28S-rRNA unterbrechen. In den meisten Fällen werden Gene mit dem Intron transkribiert, und das Intron wird durch Spleißen des primären Transkripts entfernt. Bei *Drosophila* bleiben jedoch rRNA-Gene, die ein Intron besitzen, inaktiv, oder ihre Transkription bricht am Beginn des Introns ab. In *Drosophila* gibt es zwei verschiedene Intron-Typen (Typ I und II), die ganz unterschiedliche DNA-Sequenzen besitzen und zu Familien transponierbarer Elemente gehören (▶ Abschn. 9.1).

Die molekulare Analyse der rDNA in *Tetrahymena* hat einen molekularen Mechanismus von grundlegender Bedeutung aufgedeckt. Das in der 28S-rRNA enthaltene Intron ist imstande, sich selbst, **ohne einen Beitrag von Proteinen**, aus dem primären Transkript herauszuschneiden. Damit wurde deutlich, dass nicht nur Proteine, sondern auch **Nukleinsäuren katalytische Funktionen** übernehmen können. Eine solche Feststellung ist für evolutionäre Überlegungen entscheidend. Geht man davon aus, dass Nukleinsäuren die Ausgangsmoleküle bei der Entwicklung des Lebens waren, so muss man deren Funktionsfähigkeit hinsichtlich ihrer Replikation, aber auch zur Synthese anderer Nukleinsäuren und Proteine erklären können. Für beide Prozesse aber sind Enzyme unentbehrlich, da sie wichtige katalytische Aufgaben bei der Synthese von Polymeren übernehmen. Die autokatalytischen Fähigkeiten der rRNA beweisen, dass solche katalytischen Funktionen im Prinzip nicht nur von Proteinen, sondern auch von Nukleinsäuren übernommen werden können. Damit ist es nicht notwendig, für die ersten Prozesse bei der Entstehung lebender Materie die Existenz von proteinartigen Katalysatoren zu fordern. Vielmehr könnten deren Aufgaben wohl ursprünglich von Nukleinsäuren versehen worden sein (▶ Abschn. 3.5.4).

Ein seit Langem bekanntes Phänomen der Transkription ribosomaler DNA ist die Erscheinung der **nukleolären Dominanz** (engl. *nucleolar dominance*). Mit diesem Begriff wird angedeutet, dass unter bestimmten experimentellen Bedingungen nicht die gesamte zelluläre rDNA transkribiert wird, sondern dass nur einzelne von mehreren Nukleoli aktiviert werden. Der zunächst am besten untersuchte Fall einer nukleolären Dominanz liegt in Hybriden zwischen *Xenopus borealis* und *X. laevis* vor. In solchen Hybriden sind in der frühen Entwicklung ausschließlich die ribosomalen Gene aktiv, die dem Genom von *X. laevis* zugehören, während rDNA des *X. borealis*-Genoms inaktiv bleibt. Wir kennen heute das Phänomen der nukleolären Dominanz nicht nur bei *Xenopus*, sondern auch bei Hybriden von Fischen und Pflanzen. Ursache ist das Abschalten (engl. *silencing*) der rRNA-Gene eines Elternteils aufgrund epigenetischer Mechanismen (DNA-Methylierungen, Histon-Modifikationen und Wechselwirkungen mit anderen RNAs; ▶ Abschn. 8.1 und 8.2). Eine interessante Zusammenfassung haben Preuss und Pikaard (2007) veröffentlicht.

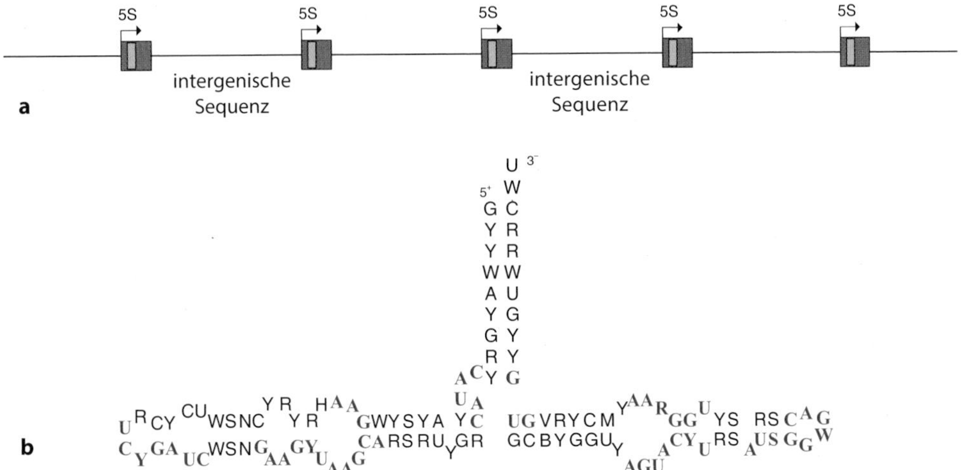

■ **Abb. 3.30** **a** Organisation der somatischen 5S-rDNA in *Xenopus laevis*. Die 5S-rDNA ist in Kopf-zu-Schwanz-Wiederholungseinheiten organisiert und beinhaltet eine codierende Region (*grüner Kasten*) und eine intergenische Sequenz (*schwarze Linie*). Der 5S-rDNA-Promotor liegt innerhalb der codierenden Region (*hellgrüner Kasten*). *Pfeile* symbolisieren den Transkriptionsstart. **b** Consensussequenz und Struktur der 5S-rRNA von Metazoen. Die konservierten Motive sind *rot* hervorgehoben. Die Abkürzungen der Basen folgen dem Code der *International Union of Pure and Applied Chemistry* (IUPAC; ► http://genome.ucsc.edu/goldenPath/help/iupac.html): N: jede Base; R: A oder G; S: C oder G; W: A oder T; Y: C oder T. (**a** nach Torres-Machorro et al. 2010; **b** nach Vierna et al. 2013; beide mit freundlicher Genehmigung)

3.5.2 5S-rRNA-Genfamilie

Im Unterschied zu der oben besprochenen 5,8S-, 18S- und 28S-rRNA-Genfamilie bilden die 5S-rRNA-Gene eine eigene Genfamilie; die Gene liegen bei Eukaryoten als Wiederholungseinheiten in einer Kopf-zu-Schwanz-Anordnung vor. Die Kopienzahl wird dabei für jeden Organismus in einer charakteristischen Weise konstant gehalten. Die Bandbreite, innerhalb derer die Zahl der 5S-rRNA-Gene bei Eukaryoten schwanken kann, ist beachtlich: drei Kopien bei Rotalgen (*Cyanidioschyzon merolae*) bis zu einer Million Kopien bei dem Ciliaten *Euplotes eurystomus*. Es besteht offensichtlich auch kein Zusammenhang zwischen der Zahl der 5S-rRNA-Gene und der Zahl der 5,8S-, 18S- und 28S-rRNA-Wiederholungseinheiten: Zwar finden wir bei *Saccharomyces cerevisiae* eine annähernd gleiche Zahl von 100–200 Einheiten – das ist aber bei anderen Organismen durchaus unterschiedlich: So hat *Trypanosoma brucei* etwa 30-mal mehr 5S-rRNA-Gene als 5,8S-, 18S- und 28S-rRNA-Einheiten, und umgekehrt besitzt *Tetrahymena thermophila* etwa 30-mal mehr 5,8S-, 18S- und 28S-rRNA-Einheiten als 5S-rRNA-Gene.

In den meisten Organismen werden nicht alle Kopien transkribiert; die Zahl der Kopien steht also nicht direkt in Bezug zu der Synthese der 5S-rRNA. Die 5S-rRNA-Gene von *Xenopus* waren die ersten eukaryotischen Gene, die gereinigt, kloniert und sequenziert wurden. Bei *Xenopus* wird die Expression dieser Gene während der Embryonalentwicklung unterschiedlich reguliert: Die somatische Genfamilie (400 hintereinander angeordnete Kopien) wird sowohl in Oocyten als auch in Körperzellen exprimiert, wohingegen die oocytenspezifischen Gene (20.000 Kopien, ebenfalls hintereinander angeordnet, aber auf verschiedenen Chromosomen) nur während der Oogenese und frühen Embryonalentwicklung exprimiert werden – wenn eine größere Menge an rRNA benötigt wird. Beide Familien codieren für eine rRNA mit einer Länge von 120 Nukleotiden; die Sequenzunterschiede der beiden Gruppen betragen 5 Nukleotide. Die Anordnung der 5S-rDNA und ihre konservierten Motive zeigt ■ Abb. 3.30. Ihre Transkription erfolgt durch die **RNA-Polymerase III**, die auch für die Synthese der tRNA (► Abschn. 3.5.3) verantwortlich ist. Auch die RNA-Polymerase III ist ein hochmolekularer Enzymkomplex (M_r = ca. 650.000) und besteht aus 10 bis 15 Untereinheiten.

Donald Brown und Ronald Roeder ist es mit ihren Kollegen gelungen (Bogenhagen et al. 1980, Bieker et al. 1985), einen Einblick in den Regulationsmechanismus zu gewinnen, der die differenzielle Transkription der somatischen bzw. oocytenspezifischen 5S-rRNA-Gene sicherstellt. Der erste überraschende Befund bei der Analyse der Regulationsregion der 5S-rRNA-Gene war, dass diese Region **innerhalb** des RNA-codierenden DNA-Bereichs (engl. *internal control region*) liegt. Durch Deletionsversuche an einem isolierten somatischen 5S-rRNA-Gen und anschließende Expression durch Injektion in *Xenopus*-Oocyten gelang es, die für die Regulation verantwortlichen DNA-Sequenzen festzulegen. Man kann einerseits alle flankierenden DNA-Sequenzen im 5′- und 3′-Bereich entfernen, ohne die Transkription zu unterbinden, andererseits aber durch Deletionen ausschließlich im Bereich +50 bis +68 jegliche Transkription verhindern.

Dieser Bereich lässt sich in weitere funktionelle Unterabschnitte aufgliedern. Erst durch neuere Untersuchungen haben sich die Anzeichen gemehrt, dass auch DNA-Sequenzen im 5′-Bereich der Gene für die Regulation eine Bedeutung haben.

Eine Schlüsselfunktion in der Regulation der Transkription der 5S-rRNA-Gene nehmen drei Transkriptionsfaktoren (TFIIIA, TFIIIB und TFIIIC) ein. Sie müssen sich an die interne Kontrollregion eines 5S-Gens anlagern, bevor die RNA-Polymerase III in der Lage ist, die Transkription zu initiieren. Dabei wird der Transkriptionsfaktor TFIIIA im Sequenzbereich +47 bis +85 der codierenden Region an die DNA gebunden.

Dieses Protein ist der erste eukaryotische Transkriptionsfaktor, der identifiziert und in seiner Struktur aufgeklärt worden ist (darum TF „A", die „III" bezieht sich auf seine Funktion gemeinsam mit RNA-Polymerase III). Es handelt sich um ein Zink-Metalloprotein aus 344 Aminosäuren mit einem Molekulargewicht von 38,5 kDa. Die Primärstruktur dieses Proteins ist, nicht zuletzt im Kontext seiner möglichen evolutionären Geschichte, besonders auffallend, denn es ist im aminoterminalen Bereich aus neun Wiederholungseinheiten aufgebaut, die drei Viertel des gesamten Polypeptids einschließen. Die einzelnen 30 Aminosäuren langen Wiederholungssequenzen sind nicht völlig identisch, wie man es auch bei anderen Proteinen mit internen Repetitionen ihrer Aminosäuresequenzen beobachtet. Entscheidend für die Funktion des TFIIIA-Proteins sind jedoch Paare von Cysteinen und Histidinen, die in festgelegten Positionen jeder Wiederholungseinheit zurückkehren. Je ein Paar von Cysteinen und Histidinen innerhalb einer Wiederholungseinheit bindet nach Ergebnissen der Strukturanalyse des Proteins durch Atomabsorptionsspektroskopie ein Zinkion. Hierzu erfolgt eine Faltung des Polypeptids in neun fingerartige Domänen (Zinkfinger; ◘ Abb. 7.19). Diese Domänen treten mit der DNA in Kontakt, indem sie in die große Furche der DNA eingreifen und GG-Sequenzen im anticodierenden Strang der DNA erkennen. Die Hauptfunktion der Zinkfingerregion ist es, mit der DNA einen stabilen Komplex zu bilden. Die Transkription wird durch das Carboxylende des TFIIIA-Proteins eingeleitet, das selbst nicht mit der DNA direkt in Kontakt tritt. Es ist eine der besonderen Eigenschaften eines solchen, einmal geformten Transkriptionskomplexes, dass dieser sehr stabil bleibt und dadurch eine häufig wiederholte Initiation der Transkription gestattet.

Die **Termination der Transkription** erfolgt in einer T-reichen Region des Gens, die von einem GC-Bereich umgeben ist. Die während der Transkription entstehenden Poly(U)/Poly(dA)-Hybridabschnitte sind relativ instabil und führen zum Abbruch der Transkription.

Die 5S-rRNA wird durch die RNA-Polymerase III transkribiert. Eine Nachbearbeitung des Transkripts ist nicht nötig, da eine korrekte Termination am Ende des 5S-rRNA-Moleküls erfolgt und keine Introns vorhanden sind. Die Regulation der Transkription der 5S-rRNA erfolgt durch eine Region innerhalb des codierenden DNA-Bereichs.

Wie ist aber der Unterschied in der Transkription der oocytenspezifischen und der somatischen 5S-rRNA-Gene zu erklären? Der Unterschied in der Nukleotidsequenz der beiden Typen von 5S-rRNA-Genen beschränkt sich auf drei Nukleotide in der internen Kontrollregion der 5S-rRNA-Gene. Offenbar genügt dieser Unterschied, um die Bindungsaffinität zwischen DNA und TFIIIA so zu verändern, dass hierdurch die differenzielle Regulation der somatischen und der oocytenspezifischen Gene erzielt wird. Die somatischen 5S-rRNA-Gene haben eine höhere Affinität zu TFIIIA als die oocytenspezifischen 5S-rRNA-Gene. Das resultiert bei einer begrenzten Menge an TFIIIA-Protein in der Zelle, wie sie in somatischen Zellen vorliegt, in einer bevorzugten Transkription der somatischen 5S-rRNA-Gene, die zwischen 200- und 1000-fach über der transkriptionellen Aktivität der oocytenspezifischen Gene liegen kann. Dadurch weisen somatische Zellen praktisch nur eine Transkription der somatischen 5S-rRNA-Gene auf.

Offenbar spielt zusätzlich die Bindung von Histon H1 eine entscheidende Rolle in diesem Regulationsmechanismus. Isoliert man Chromatin (▶ Abschn. 6.2.2) aus somatischen Zellen, so sind die oocytenspezifischen 5S-rRNA-Gene mit H1-Histon assoziiert und inaktiv, während die somatischen 5S-rRNA-Gene als Transkriptionskomplexe ohne Histon H1 vorliegen. TFIIIA-Bindung und Histon-H1-Verpackung haben entgegengesetzte Effekte auf die Aktivität der oocytenspezifischen Gene. Nach Assoziation der oocytenspezifischen Gene mit Histon H1 in einer nukleosomalen Konstitution sind diese irreversibel reprimiert. Dabei konkurriert Histon H1 wahrscheinlich positionell mit der Bindungsstelle von TFIIIA. Die antagonistische Rolle von Histon H1 zur Bindung von Transkriptionsfaktoren verweist aber auch deutlich auf Regulationsfunktionen auf der übergeordneten Ebene der allgemeinen Chromatinkonstitution. Da die Konzentration von TFIIIA in somatischen Zellen niedrig ist, reicht die erhöhte Bindungsaffinität für TFIIIA der somatischen 5S-rRNA-Gene aus, um diese in einem aktiven Zustand zu halten.

Andererseits ist die Konzentration von TFIIIA in Oocyten sehr hoch, sodass eine Abnahme der Transkriptionsrate in der reifen Oocyte und im frühen Embryo schwer zu verstehen wäre, wenn nicht ein weiterer Regulationsparameter hinzukäme. Diesen finden wir in der Fähigkeit der oocytenspezifischen 5S-rRNA-Moleküle, selbst auch TFIIIA zu binden. Sie bilden 7S-Ribonukleoproteinpartikel (RNP) sowie größere RNPs von

42S, die zusätzlich noch tRNA und weitere Proteine enthalten. Beide werden in nachweisbaren Mengen nur in Oocyten prävitellogener Entwicklungsstadien gefunden, scheinen also eine Speicherfunktion zu besitzen. Durch die Bindung von TFIIIA an 5S-rRNA wird mit steigender 5S-rRNA-Konzentration in der Zelle die Menge an freiem TFIIIA bzw. TFIIIA in Transkriptionskomplexen reduziert, sodass ein Rückkopplungseffekt eintritt. Bei steigender 5S-rRNA-Konzentration nimmt die Transkriptionsrate ab. Das führt zu einer schnellen Abnahme der Transkription oocytenspezifischer Gene während der frühen Embryonalentwicklung.

Die unterschiedliche Transkription der somatischen und der oocytenspezifischen 5S-rRNA-Gene beruht auf einem Unterschied in der Bindungsaffinität des TFIIIA zur 5S-rDNA und auf dem Titer des Transkriptionsfaktors in der Zelle. Bei niedrigem Titer des Transkriptionsfaktors erfolgt die Bindung ausschließlich an die somatischen 5S-rRNA-Gene. Das Histon H1 wirkt kompetitiv zum TFIIIA-Faktor. Da das TFIIIA-Molekül auch an 5S-rRNA binden kann, wird bei steigender 5S-rRNA-Menge ein Teil der TFIIIA-Moleküle in 7S-RNPs verpackt und damit der Bindung an die 5S-rRNA-Gene entzogen. Das führt zur Abnahme der 5S-rRNA-Synthese in älteren Oocyten.

Ähnlich wie bei *Xenopus* gibt es auch bei Pflanzen unterschiedlich regulierte 5S-rDNA-Regionen. Haben wir bei *Xenopus* gesehen, dass die stärkste Expression während der Oogenese auftritt, so beobachten wir die stärkste Expression bei *Arabidopsis* in den Samen. *Arabidopsis* besitzt Tausende von 5S-rDNA-Genen pro haploidem Genom, die im pericentromeren Chromatin der Chromosomen 3, 4 und 5 jeweils hintereinander angeordnet sind. In ◘ Abb. 3.31 ist die Struktur der 5S-rDNA-Gene bei *Arabidopsis* gezeigt: Von den insgesamt sechs Genorten sind nur zwei aktiv und werden von der RNA-Polymerase III abgelesen, während die anderen vier abgeschaltet sind. Verschiedene Mutationen in den internen Promotoren (interne Kontrollregion) verhindern die Transkription. Die beiden aktiven 5S-rDNA-Blöcke umfassen etwa 150 kb; jeder enthält etwa 300 5S-rDNA-Einheiten hintereinander. Wie bei *Xenopus* gibt es auch in *Arabidopsis* in jedem dieser beiden aktiven Blöcke zwei unterschiedliche Gruppen von 5S-rDNA-Genen, die sich in ein bis drei Substitutionen von Nukleotiden in der transkribierten Region unterscheiden; die eine Gruppe repräsentiert etwa 80–85 % der Transkripte – allerdings variiert diese relative Häufigkeit in verschiedenen Geweben der Pflanze und ist abhängig von ihrem Entwicklungszustand. Derzeit werden zwei epigenetische Regulationsmechanismen für diese unterschiedliche Aktivierung bzw. Inaktivierung diskutiert: Methylierung des Histons H3 an den Lysinresten 4 und 27 sowie Acetylierung am Lysinrest 9 charakterisieren den euchromatischen Zustand, während Methylierung des Histons H3 an Lysin 9 und 27 mit der heterochromatischen Situation der 5S-rDNA in Zusammenhang steht (zu Details dieses epigenetischen Mechanismus siehe ► Abschn. 8.1.2 und 8.1.3). Als zweiter Mechanismus wird die Existenz einer regulatorischen RNA diskutiert (siRNA, engl. *silencing RNA*; ► Abschn. 8.2), die möglicherweise aus einem zusätzlichen Transkript von 210 bp entsteht, das außer den üblichen 120 bp noch 90 bp des Spacers enthält.

3.5.3 tRNA-Genfamilien

Im Genom von Eukaryoten ist jede tRNA in der Regel in mehreren Genkopien vertreten (im Gegensatz zu *E. coli*, ► Abschn. 4.5.4). Die Zahl identischer Gene ist unterschiedlich, sie liegt zwischen weniger als 10 (Hefe, z. B. tRNA für Valin mit Anticodon TAC) und über 1000 (1045 beim Zebrafisch: tRNA für Asparagin mit Anticodon GTT) im haploiden Genom (◘ Tab. 3.4). Während bei *E. coli* die rRNA- und tRNA-Gene manchmal beisammen liegen, unterscheidet sich in Eukaryoten die Verteilung der tRNA-Gene in den Chromosomen grundsätzlich von derjenigen der rRNA-Gene. Identische Gene liegen selten zusammen, sondern können sich in unterschiedlichen chromosomalen Positionen befinden. Die Transkription erfolgt, wie die der 5S-rRNA und die der U6-snRNA, durch die **RNA-Polymerase III**. Die Transkription der tRNA-Gene ist auch vom Differenzierungszustand der Zellen abhängig: Ungefähr 50 % der transkribierten tRNA-Gene der Maus werden während der Entwicklung der Leber oder des Gehirns selektiv induziert oder reprimiert; auch Krebszellen haben eine andere „tRNA-Signatur" als gesunde Zellen. Transkribiert werden die Gene in eine **Vorläufer-tRNA**, die anschließend weiterbearbeitet wird. Einige der eukaryotischen tRNA-Gene haben Introns und unterliegen deswegen einem Spleißmechanismus. Wesentlich für das korrekte Spleißen ist wahrscheinlich auch die besondere Sekundärstruktur der tRNA, die evolutionär von Prokaryoten bis zu höheren Eukaryoten trotz aller Unterschiede in der Nukleotidsequenz erhalten geblieben ist (◘ Abb. 3.17a).

Die Reifung der eukaryotischen Vorläufer-tRNAs zur reifen tRNA wurde in vielen Organismen untersucht. Die Vorläufer-tRNAs zeichnen sich dadurch aus, dass sie sowohl im 5′- (engl. *leader sequence*) als auch im 3′-Bereich (engl. *trailer sequence*) zusätzliche Sequenzen tragen. Die Abspaltung der 5′-Zusatzsequenz erfolgt durch die Ribonuklease P (RNase P). Die RNase P besteht aus Protein und RNA, dabei ist die RNA sogar der entscheidende Bestandteil des aktiven Enzyms und kann bei Prokaryoten die Spaltung der Vorläufer-tRNA in die aktive tRNA auch in Abwesenheit des Proteins durchführen (► Abschn. 3.5.4). Die eukaryotische RNase P enthält im Gegensatz zu den Prokaryoten mehrere Proteinuntereinheiten, die auch für die Nuklease-Funktion absolut

3

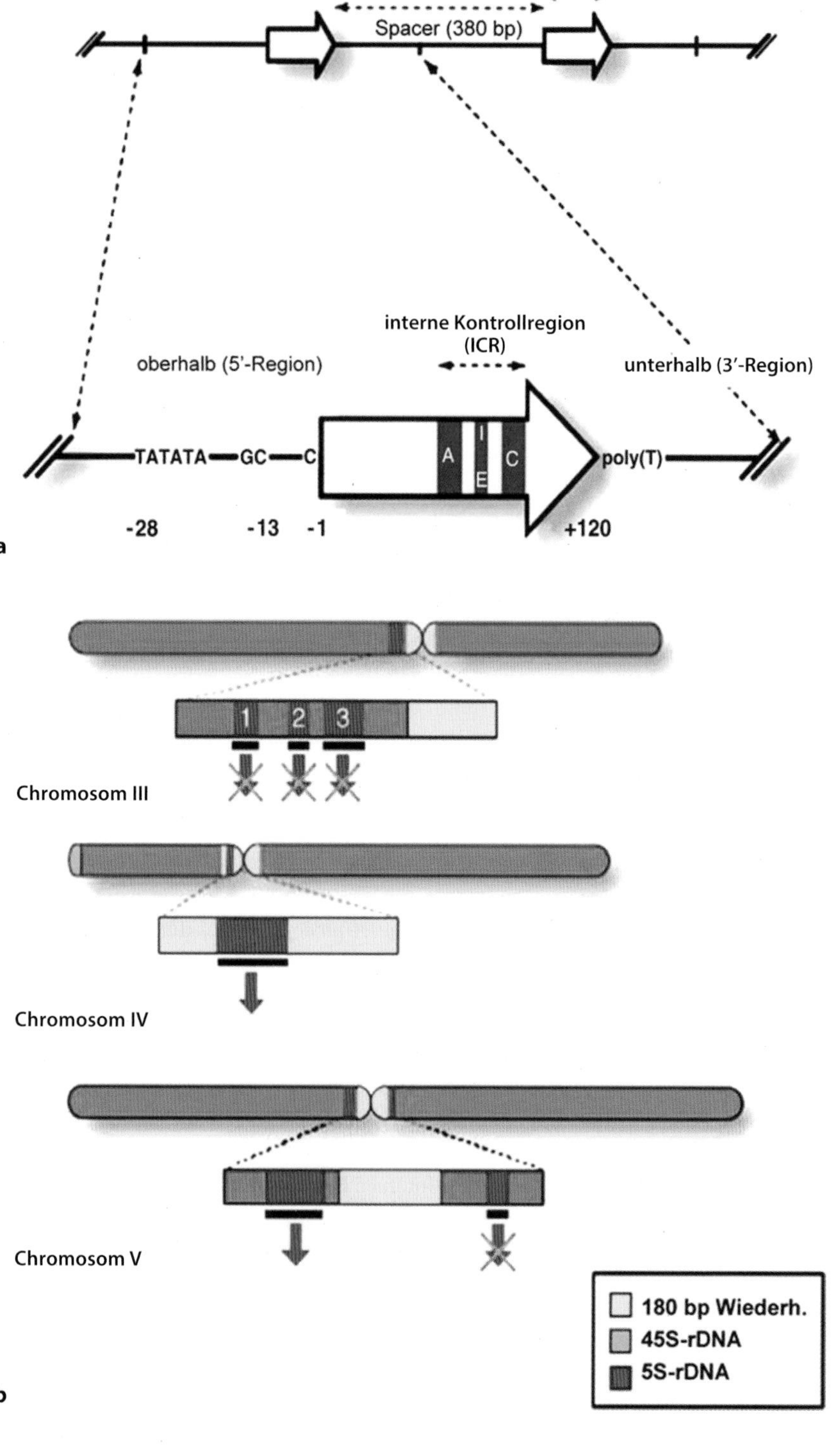

Abb. 3.31 5S-rDNA in *Arabidopsis thaliana*. **a** Struktur der 5S-rDNA-Einheiten. *Oben* sind zwei nacheinander angeordnete 5S-rDNA-Einheiten gezeigt. *Unten* ist eine 5S-rDNA-Einheit dargestellt; das 120-bp-Transkript enthält die interne Kontrollregion mit den Promotorelementen A, IE und C. Oberhalb davon befinden sich drei Motive, die für die Transkription wichtig sind (an den Positionen −28, −13 und −1). Die Region unterhalb der transkribierten Sequenz enthält das Poly(T)-Cluster, das als Terminator dient. **b** Lokalisation transkribierter und nichttranskribierter 5S-rDNA. Die Genorte für die 5S-rDNA (*rot*) befinden sich in der pericentromeren Region (vergrößert dargestellt) der Chromosomen 3, 4 und 5. Diese Regionen enthalten eine 180-bp-Wiederholungssequenz (*gelb*) sowie andere Gene (*blau*). Die drei Regionen auf dem Chromosom 3 und die kleine Region auf dem Chromosom 5 werden nicht transkribiert (*durchgestrichener Pfeil*). Einzig die Regionen auf dem Chromosom 4 und die größere Region auf dem Chromosom 5 enthalten transkribierte 5S-rDNA-Gene. (Nach Douet und Tourmente 2007, mit freundlicher Genehmigung)

notwendig sind. Die Nachbearbeitung des 3′-Überhangs beginnt bei Menschen durch die Aktivität der Endonuklease RNase Z (◘ Abb. 3.32); Bakterien entfernen den 3′-Überhang üblicherweise durch schrittweisen Abbau durch 3′→5′-Exonukleasen. Die CCA-Sequenz wird durch das Enzym Nukleotidyltransferase am 3′-Ende an die Diskriminatorbase angeheftet; die Diskriminatorbase ist für die spezifische Aminoacylierung wichtig.

Die Zahl der tRNA-Transkripte ist außerordentlich hoch: Jede Hefezelle enthält etwa 3 Mio. tRNAs, was etwa 10 % der Gesamt-RNA entspricht. Diese Transkripte sind – auch aufgrund ihrer Struktur – relativ

Tab. 3.4 Anzahl von tRNA-Genen in verschiedenen Organismen

Art	Anzahl der Gene (n) (ohne Pseudogene)
Saccharomyces cerevisiae (Bierhefe)	275
Arabidopsis thaliana (Ackerschmalwand)	684
Drosophila melanogaster (Taufliege)	291
Xenopus tropicalis (Krallenfrosch)	2653
Danio rerio (Zebrafisch)	12.292
Rattus norvegicus (Ratte)	410
Mus musculus (Maus)	471
Homo sapiens (Mensch)	631

Quelle: tRNA-Datenbank (▶ http://gtrnadb.ucsc.edu; Juli 2017)

stabil mit Halbwertszeiten in der Größenordnung von 2 Tagen oder länger.

Auch tRNAs werden als Genfamilien codiert. Sie werden, wie 5S-rRNA, durch die RNA-Polymerase III transkribiert. Es wird zunächst eine Vorläufer-tRNA gebildet, die anschließend weiterbearbeitet wird.

Posttranskriptionale Modifikationen

Obgleich die **Sekundärstruktur** der tRNA-Moleküle sich außerordentlich gleicht (Abb. 3.17a), wie man auch nach ihrer Funktion bei der Translation erwarten würde, bestehen im Detail doch Längen- und Sequenzunterschiede. Die Längen der verschiedenen tRNAs liegen zwischen 73 und 93 Nukleotiden. Besonders auffallend ist weiterhin, dass tRNA-Moleküle viele **seltene Basen** aufweisen, die posttranskriptional auf enzymatischem Wege erzeugt werden (Abb. 3.33). Vor allem **Methylierungen** spielen hierbei eine Rolle. Die meisten Basen bestimmen durch intramolekulare Basenpaarungen die dreidimensionale Struktur des Moleküls, wie sie am Beispiel der tRNA für Phenylalanin zuerst ermittelt wurde. Zu dieser Basenpaarung tragen aber auch molekulare Interaktionen im Zucker-Phosphat-Bereich des Moleküls bei.

Die L-förmige tRNA (Abb. 3.17b) trägt am 3′-Ende, das sich durch eine kurze Einzelstrangregion mit einer CCA-Gruppe auszeichnet, die spezifische Aminosäure. An seinem entgegengesetzten Ende enthält die tRNA, eingebettet in Doppelstrangregionen, einen sieben Basen langen Einzelstrangbereich, der das Anticodon enthält. Das Anticodon wird stets durch modifizierte Basen flankiert. Diese strikt eingehaltene sterische Konfiguration im Anticodonbereich ist wahrscheinlich wichtig für die Kontrolle der genauen Basenpaarung zwischen Codon und Anticodon. Unterschiede in der tRNA-Länge finden sich vor allem im Übergangsbereich zwischen den beiden Armen des L-förmigen Moleküls. In diesem Bereich ist auch die Anzahl der Basenpaarungen gering. Wahrscheinlich verleiht diese Struktur dem Molekül eine Flexibilität (Scharnierwirkung), die auch für den Translationsprozess von Bedeutung sein kann. In einer zweidimensionalen Darstellung nimmt das Molekül die Form eines vierblättrigen Kleeblatts an (engl. *cloverleaf*; Abb. 3.17a), dessen vier „Blätter“ bestimmte Teilbereiche des Moleküls charakterisieren. Sie werden als D-Loop, Anticodon-Loop, TψC-Loop und Akzeptorstamm bezeichnet. Die meisten doppelsträngigen Bereiche enthalten evolutionär konservierte Basenpaare.

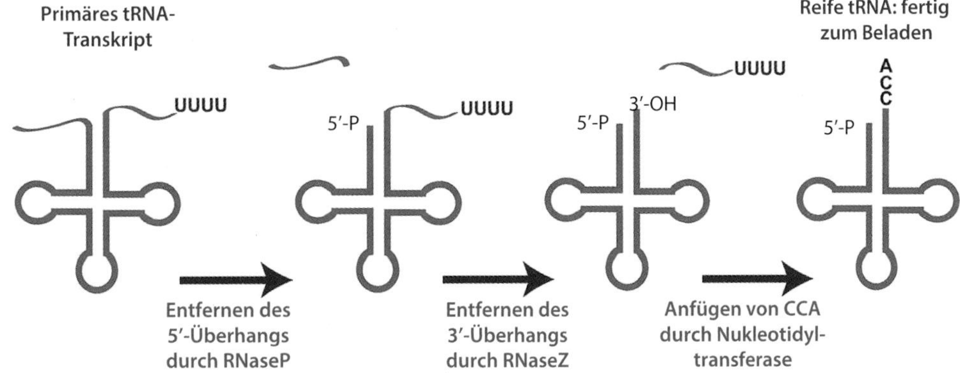

Abb. 3.32 Reifung der tRNA. Die Reifung der tRNA erfolgt schrittweise, wobei zunächst der 5′-Überhang in fast allen Organismen durch die Endonuklease RNase P entfernt wird. Im Gegensatz dazu gibt es mehrere Möglichkeiten, um das überstehende 3′-Ende zu entfernen. Bei Menschen schneidet die Endonuklease RNase Z unterhalb der ungepaarten Diskriminatorbase und setzt so den 3′-Überhang frei. Bakterien entfernen den 3′-Überhang üblicherweise durch schrittweisen Abbau durch 3′→5′-Exonukleasen (nicht dargestellt). In Menschen und allen anderen Organismen, die die CCA-Sequenz am 3′-Ende nicht in ihren tRNA-Genen codieren, wird „CCA“ durch das Enzym Nukleotidyltransferase angefügt – damit entsteht eine Anheftungsstelle für die Aminosäure. (Nach Wilusz 2016, mit freundlicher Genehmigung)

3

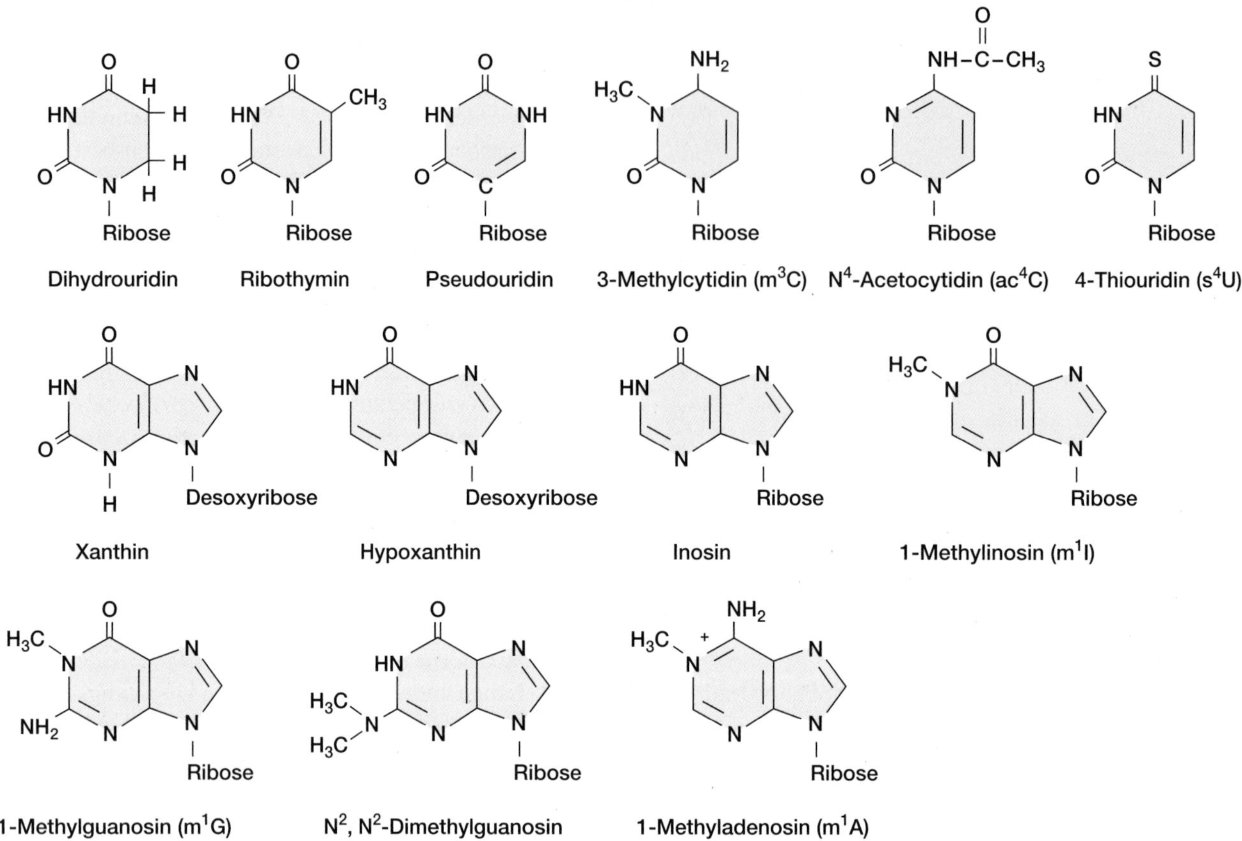

Abb. 3.33 Chemische Struktur verschiedener seltener Nukleotide

Wir kennen bei Hefen inzwischen 38 Genprodukte, die an der Weiterverarbeitung bzw. Modifikation der tRNA beteiligt sind. Mutationen in diesen Genen konnten in der Regel aufgrund des verminderten Wachstums der Hefezellen identifiziert werden; die weitere genetische und biochemische Charakterisierung entschlüsselte den gesamten Mechanismus. Langsames Wachstum war beispielsweise in Mutanten beobachtet worden, denen *Pus3p* fehlt (verantwortlich für die Modifikationen an ψ38 und ψ39), denen *Trm7p* fehlt (2′-O-Methylierung an den Positionen 32 und 34) oder denen *Trm5p* fehlt (m^1G- bzw. m^1I-Bildung an Position 37).

tRNA-Moleküle bilden eine spezifische, evolutionär stark konservierte Sekundärstruktur (Kleeblattstruktur) durch intramolekulare Basenpaarungen aus. tRNA enthält eine größere Anzahl seltener Basen, die posttranskriptional erzeugt werden.

Die vergleichende Untersuchung verschiedener tRNAs in verschiedenen Organismen kann uns auch etwas über die Evolution dieser Moleküle erzählen, hier bei *Candida*. Die Insertion eines A im Intron der Serin-codierenden $tRNA_{CGA}$ verschiebt die Spleißstelle um eine Base und verwandelt das 5′-CGA-3′-Anticodon in ein 5′-CAG-3′-Anticodon. Damit ist eine neue tRNA kreiert, die anstelle von Serin für Leucin codiert. Die resultierende Ser-$tRNA_{CAG}$ hat ein A an Position 37 (A_{37}), wie es für Ser-tRNAs typisch ist. Andererseits benutzen tRNAs mit einem Leucin-Anticodon 5′-CAG-3′ m^1G_{37}, um eine Rasterverschiebung zu vermeiden. Daher bewirkt die spätere Einführung eines G an Position 37 die Aufrechterhaltung der Genauigkeit und erlaubt zusätzlich das Erkennen der tRNA durch die Leucin-tRNA-Synthetase. Damit wurde eine Situation geschaffen, in der die Ser-$tRNA_{CAG}$ mit beiden Aminosäuren beladen werden konnte. Im 3. Schritt des evolutionären Weges mutierte das U an Position 33 in ein G und vermindert damit die Beladung der $tRNA_{CAG}$ durch Leucin auf 3–5 % (im Vergleich zu Serin), indem es den Anticodon-Arm verzerrt und dadurch die Bindungseffizienz vermindert. Dieser Vorgang lässt sich auf etwa 272 ± 25 Mio. Jahre zurückdatieren und gibt einen Eindruck, welche Mechanismen bei der Evolution des genetischen Codes wirksam sind (Miranda et al. 2006).

Heterogenität der tRNAs

Wir haben oben gesehen, dass es eine Vielzahl von tRNA-Genen gibt, die auch in enormen Mengen transkribiert werden. Allerdings sind die tRNAs dabei nicht für jede Aminosäure und jedes Anticodon gleich häufig – vielmehr gibt es hier erhebliche Unterschiede. So codieren die Codons UCU, UCC, UCA, UCG, AGU und AGC alle für Serin, und wir bezeichnen sie deshalb genetisch als „synonym“ – aber sie sind funktionell nicht gleichwertig! Wenn durch eine Mutation (▶ Abschn. 10.3) eine Base, deren Anticodon häufig in tRNAs vorhanden ist, gegen ein seltenes, aber synonymes Anticodon ausgetauscht wird, kann das die Translationsrate um ein Vielfaches vermindern (oder im umgekehrten Fall natürlich auch erhöhen). Das zeigt, dass die tRNA durchaus für die Translation limitierend sein kann. Wir können uns das am Beispiel des Alanins (Ala) verdeutlichen: Es gibt bei Menschen 22 tRNA-Gene mit dem Anticodon AGC für Ala, aber nur eine tRNA mit dem Anticodon GGC (ebenfalls für Ala; ▶ http://gtrnadb.ucsc.edu); die jeweiligen Codons sind GCU bzw. GCC (◘ Tab. 3.1). Der dadurch mögliche Effekt auf die Translation ist besonders wichtig, wenn wir später Einzelbasenaustausche betrachten, die in der Bevölkerung relativ häufig vorkommen (engl. *single nucleotide polymophisms*, SNPs; z. B. ▶ Abschn. 11.4.4, 13.4, ▶ Kap. 14, ▶ Abschn. 15.1.4).

Bewegung von tRNA in der Zelle

Man ging lange Zeit davon aus, dass die meisten tRNAs nach der Synthese und Nachbearbeitung in einer Art „Einbahnstraße“ aus dem Zellkern in das Cytoplasma transportiert werden und dort an der Translation mitwirken. Dieses Modell ist allerdings zu stark vereinfacht. So zeigt es sich in Hefen, dass die Endonuklease, die für das Spleißen einiger tRNA-Transkripte zuständig ist, mit der äußeren Wand der Mitochondrien assoziiert ist. Diese unerwartete cytoplasmatische Lokalisation eines Schlüsselenzyms der tRNA-Reifung erklärt, warum nichtgespleißte, unreife tRNAs im Zellkern von Hefen akkumulieren, wenn sie eine Mutation tragen, die das Transportsystem von tRNAs aus dem Zellkern heraus betreffen.

Die Erkenntnis, dass wichtige Schritte der tRNA-Reifung außerhalb des Zellkerns stattfinden, führte zu einer weiteren unerwarteten Entdeckung, dass nämlich tRNAs auch wieder in den Zellkern zurücktransportiert werden können. Es wird vermutet, dass sich dahinter ein Kontrollmechanismus verbirgt, der die tRNAs auf ihre Funktionsfähigkeit überprüft. Die Entdeckung eines neuen Poly(A)-Polymerase-Komplexes bei Hefen unterstützt diese Hypothese, da dieser Komplex tRNAs abbauen kann, die falsch gefaltet sind. Auch Markierungen mit der Sequenz CCACCA am 3′-Ende führen zum raschen Abbau der tRNA. Eine andere Variante ist die Fragmentierung der tRNA, die sowohl konstitutiv in Zellen erfolgen kann als auch unter besonderen Stressbedingungen (z. B. oxidativer Stress, Hitzeschock, UV-Belastung); in solchen Fällen wird die tRNA durch die Endonuklease Angiogenin in zwei Hälften gespalten. ◘ Abb. 3.34 fasst die verschiedenen Wege einer reifen tRNA zusammen.

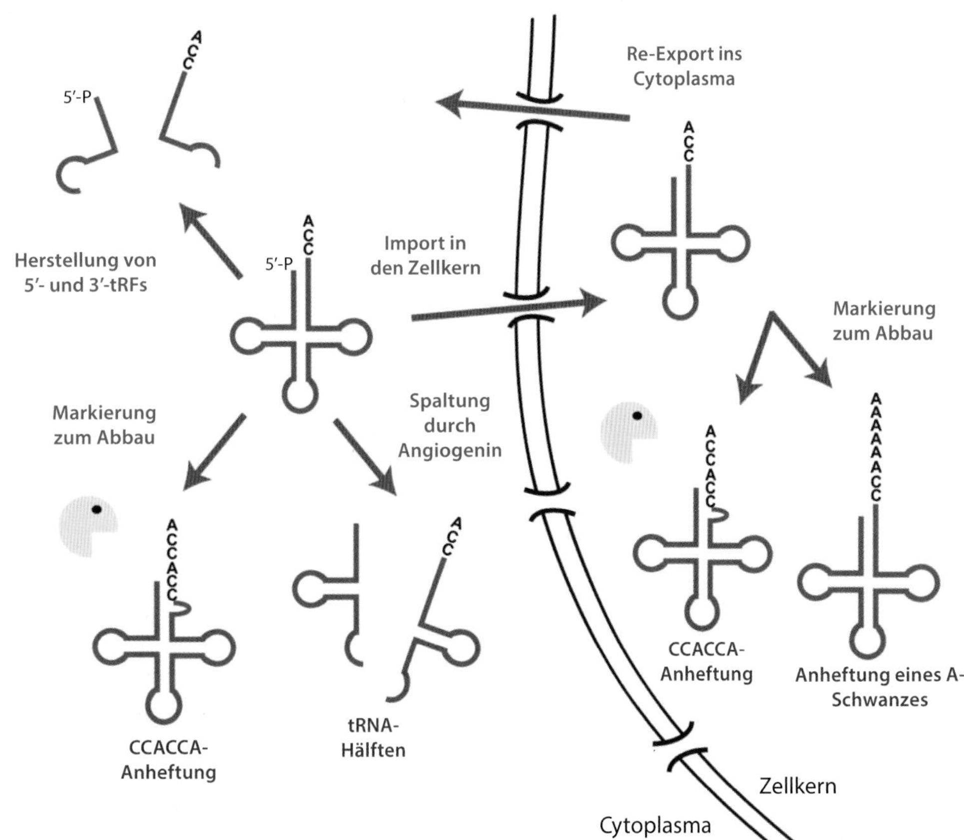

◘ **Abb. 3.34** Wege der reifen tRNA. Die reife tRNA nimmt üblicherweise an der Translation im Cytoplasma teil. Es gibt aber viele Wege, sie davon abzuhalten: Sie kann in den Zellkern importiert und dort selektiv zurückgehalten werden; sie kann gespalten werden, sodass eine Vielzahl kleiner RNA-Moleküle (▶ Abschn. 8.2) entsteht; oder sie kann durch das posttranskriptionale Anheften von 3′-Schwänzen zum Abbau markiert werden (*Pac-Man*-Symbol). tRFs: fragmentierte tRNA (engl. *tRNA derived RNA fragments*). (Nach Wilusz 2016, mit freundlicher Genehmigung)

> tRNA-Moleküle werden in Hefe nicht nur aus dem Zellkern ins Cytoplasma transportiert, sondern können auch auf vielfältige Weise weiterverwendet oder abgebaut werden.

3

3.5.4 Katalytische RNA

Bei der Besprechung der Translation (▶ Abschn. 3.4) haben wir ausgiebig die Zusammensetzung der Ribosomen erörtert und dabei auf deren Besonderheit hingewiesen, dass sie nämlich überwiegend (d. h. etwa zwei Drittel ihrer Masse) aus RNA bestehen und die Proteine sozusagen nur „Beiwerk" sind. Das gilt insbesondere für das „Herzstück" des Ribosoms, das Peptidyltransferase-Zentrum: Es besteht ausschließlich aus fünf Nukleotiden der Domäne V der 23S-rRNA! Die biochemische Wirkung dieser RNA-vermittelten Reaktion entspricht völlig dem, was sonst Proteinenzyme leisten – in Analogie dazu sprechen wir bei den RNA-Enzymen von **Ribozymen**. Mit einer molekularen Masse von 3 MDa ist das Ribosom mit Abstand das größte Ribozym. Aus evolutionärer Sicht erscheint uns das Ribosom als ein Relikt aus alter Zeit, als es nur eine „RNA-Welt" gab und Proteine noch nicht „erfunden" waren – also vor etwa 4 Mrd. Jahren.

Heute kennen wir eine ganze Reihe von Ribozymen, die allerdings im Wesentlichen am Schneiden von RNA bzw. am Spleißen von mRNA-Vorläufern beteiligt sind. Dazu gehört auch das Spleißosom (▶ Abschn. 3.3.5), das wie das Ribosom ein Ribonukleoprotein darstellt. Im engeren Sinne sind Ribozyme aber RNA-Moleküle,

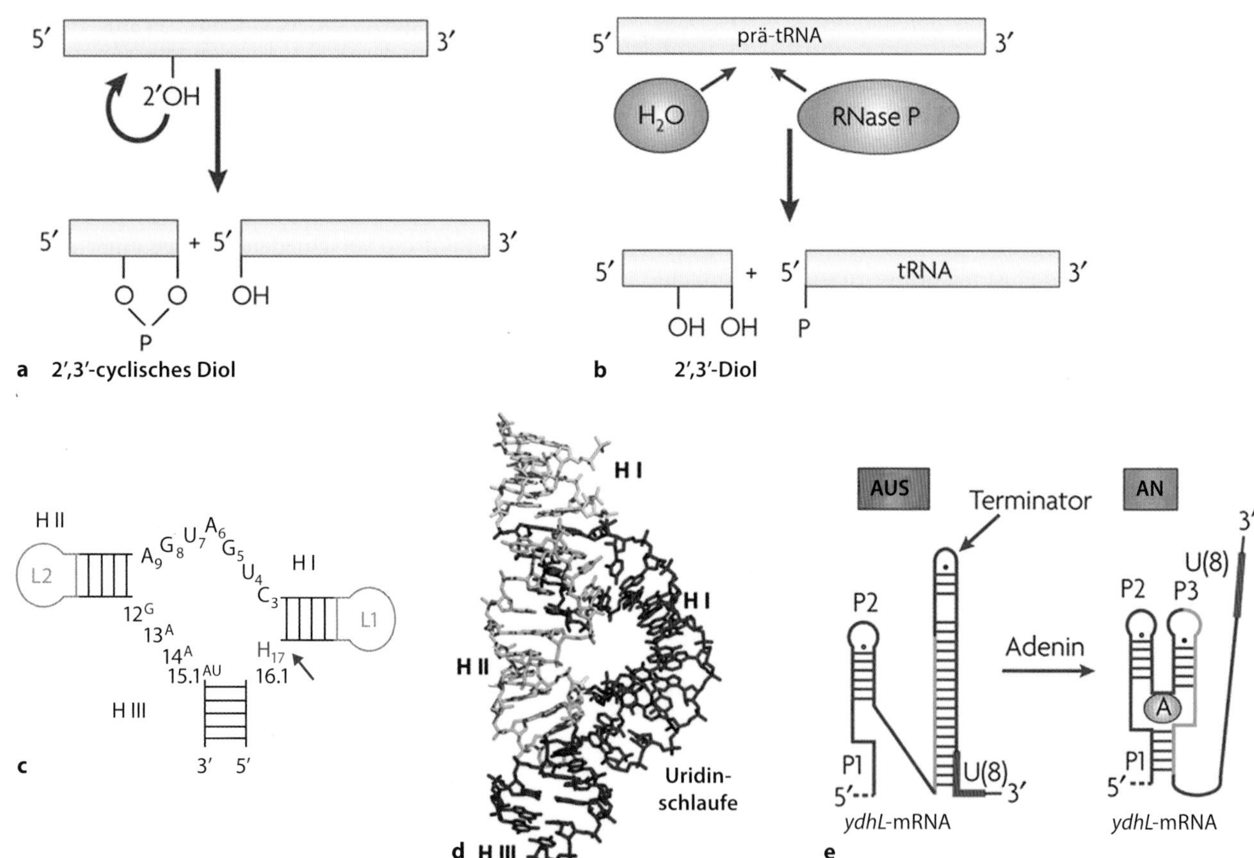

■ **Abb. 3.35** Funktion und Strukturen von Ribozymen und Riboschaltern. **a** Es ist eine typische Reaktion eines sich selbst schneidenden Ribozyms dargestellt. Die Reaktion beginnt durch einen Angriff der 2′-OH-Gruppe und führt zu einem 2′,3′-cyclischen Phosphat (P) und einem freien 5′-OH-Ende. **b** Bei der katalytischen Spaltung der Vorläufer-tRNA durch RNase P dient ein Wassermolekül als Nukleophil, und die Reaktion führt zu einem 2′,3′-Diol und einem freien 5′-Phosphat-Ende. **c** Consensusstruktur des Hammerkopfs (engl. *hammerhead*) mit den konservierten Nukleotiden im katalytischen Zentrum, den flankierenden Helices HI, HII und HIII und den Haarnadelschleifen (engl. *hairpin loops*) L1 und L2. Die Spaltstelle H_{17} (H = entweder A, C oder U) ist mit einem *Pfeil* markiert. Die Nummerierung der Basen folgt einem allgemeinen Schema der Consensusstruktur und erlaubt die Vergleichbarkeit der verschiedenen Ribozyme. **d** Kristallstruktur des *Schistosoma mansoni*-Ribozyms. **e** Transkriptionsaktivierung der auswärtsgerichteten Purinpumpe durch den Adenin-Riboschalter. In Abwesenheit von Adenin (A) wird die Transkription des *B. subtilis*-Gens *ydhL* abgebrochen, da ein Transkriptions-Terminator gebildet wird (■ Abb. 3.24). Die Adeninbindung stabilisiert dagegen die Domäne, die diesen Metaboliten erkennt, und verhindert dadurch die Bildung der Terminatorstruktur. P1–P3: mögliche Paarungsdomänen. (**a, b, e** nach Serganov und Patel 2007; **c** nach Seehafer et al. 2012; **d** nach Scott et al. 2009; alle mit freundlicher Genehmigung)

■ Tab. 3.5 Beispiele für Ribozyme und RNA-Schalter

Name	Funktion	Größe (nt)	Vorkommen
***Cis*-schneidende Ribozyme**			
Hammerkopf	Bearbeitung von Zwischenprodukten der DNA-Replikation	65	Viroide, Eukaryoten
Haarnadelschleife		75	Pflanzenviren
Varkud-Satellit		155	*Neurospora*
Hepatitis-δ-Virus		85	Humaner Virus
CPEB3 (2. Intron)	Spleißen	70	Säuger
glmS	Regulation der GlcN6P-Produktion	170	Gram$^+$-Bakterien
***Trans*-schneidende Ribozyme**			
RNase P	Bearbeitung von tRNA	140–500	Pro- und Eukaryoten
Spleißende Ribozyme			
Gruppe-I-Introns	Selbstspleißen	200–1500	Eukaryotische Organellen, Bakterien
Gruppe-II-Introns	Selbstspleißen	300–3000	Bakterien, Archaeen, Organellen von Pilzen und Pflanzen
RNA-Schalter			
Thermosensor	Genregulation	Variabel	Bakterien, Eukaryoten
Adenin-Riboschalter	Genregulation	70	Bakterien

Nach Serganov und Patel (2007)

die zu ihrer Aktivität nicht unbedingt weitere Proteine benötigen. Ein sehr bekanntes Ribozym ist das Hammerkopf-Ribozym (engl. *hammerhead*); dieser Name ergab sich aus der grafischen Darstellung der Struktur (■ Abb. 3.35c). Es ist Bestandteil vieler Satelliten-RNAs – einzelsträngige, zirkuläre Moleküle, die zu ihrer Replikation die Anwesenheit bestimmter Pflanzenviren benötigen. Diese Satelliten-RNA repliziert nach dem *rolling circle*-Modell (■ Abb. 2.22); die vielfachen Replikationsprodukte werden durch die Hammerkopf-Domänen in den Replikationsprodukten in monomere Einheiten gespalten; sie sind wahrscheinlich auch für deren Zirkularisierung verantwortlich. Wir nennen dies eine Spaltung in *cis*, da es sich um eine Selbstspaltung handelt (■ Abb. 3.35a). Ein bekanntes Beispiel für eine Spaltung in *trans* ist die RNase P, die wir oben bei der Reifung der tRNAs kennengelernt haben (■ Abb. 3.35b).

Die Liste wird ergänzt durch **RNA-Schalter** (oder auch Riboschalter; engl. *RNA switch* bzw. *riboswitch*), die unter bestimmten Bedingungen (Temperaturänderung, Bindung von Metaboliten) eine Konformationsänderung durchführen und damit ihre physikochemischen Eigenschaften so ändern, dass sie als Ein/Aus-Schalter wirksam sind. ■ Tab. 3.5 gibt einige Beispiele für Ribozyme und RNA-Schalter.

❀ Anfang der 1980er-Jahre untersuchte Thomas Cech an der Universität von Colorado in Boulder das Ausschneiden von Introns in einem rRNA-Gen in *Tetrahymena thermophila*. Dabei konnte Cech kein Protein finden, das mit der Spleißreaktion verknüpft war. Daher schlug er vor, dass der Intronteil der RNA Phosphodiesterbindungen brechen und wieder neu verknüpfen kann. Zur gleichen Zeit untersuchte Sidney Altman an der Yale Universität in New Haven, wie tRNA in der Zelle bearbeitet wird. Er isolierte ein Enzym, das er „RNase P" nannte und das für die Umwandlung einer Vorläufer-tRNA in die aktive Form der tRNA verantwortlich ist. Zu seiner Überraschung fand er, dass RNase P zusätzlich zu einem Protein auch RNA enthält: Die RNA ist überdies der entscheidende Bestandteil des aktiven Enzyms und kann die Spaltung der Vorläufer-tRNA in die aktive tRNA auch in Abwesenheit des Proteins durchführen. Cech und Altman bekamen für ihre Forschung im Jahr 1989 den Nobelpreis für Chemie.

Die Strukturen der Ribozyme und Riboschalter sind durch verschiedene Faltungen gekennzeichnet, die zu einer Mischung aus helikalen Abschnitten und einzelsträngigen Schlaufen führen; darüber hinaus weisen sie einige eher ungewöhnliche Basenpaarungsstrukturen auf

(z. B. Haarnadelstrukturen, Tetraplex, Dreifachhelix; ◘ Abb. 2.5). Ein Beispiel für ein Ribozym bzw. einen Riboschalter ist jeweils in ◘ Abb. 3.35 dargestellt. Der Kernbereich des Hammerkopf-Ribozyms (engl. *hammerhead*; ◘ Abb. 3.35c) besteht aus drei Helices (HI–HIII), die das katalytische Zentrum flankieren – aufgrund dieser Konfiguration hat diese Gruppe von Ribozymen ihren Namen, da sie an einen Hammerkopf erinnert. Die Helices sind durch kurze Linker verbunden: Die Verbindung zwischen der Helix I und Helix III enthält an der Position H_{17} (entweder A, C oder U) die Spaltstelle. Die konservierte Uridin-Schlaufe verbindet Helix I und Helix II und enthält üblicherweise die Sequenz CUGA; die Helices II und III sind durch die Sequenz GAAA verbunden.

Das Hammerkopf-Motiv wurde zuerst in der Satelliten-RNA des Tabak-Ringflecken-Virus (engl. *tobacco ringspot virus*) entdeckt. Die Hammerkopf-Ribozyme sind auf dem Gegenstrang der Satelliten-RNA codiert und spalten sich (und damit die multimeren Replikationsprodukte, die durch den *rolling circle*-Mechanismus entstanden sind).

Wir sprachen zu Beginn des Kapitels von der „RNA-Welt“ als Vorläufer der heutigen „DNA-Welt“. In vielen Bereichen finden wir in allen drei Reichen des Lebens (Bakterien, Archaeen, Eukaryoten) deshalb ähnliche Muster: die Ribosomen und die tRNA – hier lassen sich die gemeinsamen Wurzeln sehr genau verfolgen. Das gilt aber nicht für die Ribozyme (zumindest in der Hammerkopf-Variante): Diese sind im Reich der Archaeen deutlich unterrepräsentiert, und die vorhandenen Sequenzen weisen eine deutliche Heterogenität auf, sodass heute eher davon ausgegangen werden muss, dass dieses katalytische Motiv mehrfach in der Evolution „erfunden“ wurde (Seehafer et al. 2012). Wir werden sehen, ob zukünftige Forschungen hier zu anderen Ergebnissen kommen.

Ribozyme und RNA-Schalter sind Elemente in einer größeren RNA mit katalytischen Fähigkeiten, die entweder sich selbst oder andere RNA-Moleküle schneiden können oder nach Bindung eines Liganden regulatorische Wirkungen auf die Genexpression ausüben können.

3.6 Kernaussagen, Links, Übungsfragen, Technikboxen

Kernaussagen

- Die genetische Information wird in der DNA durch die Reihenfolge von vier verschiedenen organischen Basen festgelegt.
- Die genetische Information für die Synthese eines bestimmten Proteins ist in einem Strang der DNA als Code aus drei Basen (Triplett) niedergelegt.
- Die genetische Information wird von der DNA durch ein an ihr synthetisiertes komplementäres *messenger*-RNA-Molekül (mRNA; Transkription) ins Cytoplasma übertragen.
- Im Cytoplasma erfolgt an den Ribosomen nach der in der mRNA festgelegten Reihenfolge die Polymerisierung der Aminosäuren zu Polypeptiden (Translation). Hierfür sind Aminosäure-beladene Transfer-RNA-Moleküle (tRNA) notwendig.
- Die Aufklärung des genetischen Codes und seiner grundlegenden Eigenschaften erfolgte unter Verwendung unterschiedlicher Methoden der Biochemie (z. B. Ribosomenbindungsstudien, Synthesen von Oligonukleotiden) und der Genetik (Mutagenese).
- Transkription dient der Übertragung der genetischen Information auf den Stoffwechsel der Zelle. An der Transkription Protein-codierender Gene sind neben der RNA-Polymerase II mehrere Proteinfaktoren für die Initiation und Termination beteiligt.
- Vor dem Transport in das Cytoplasma wird die mRNA nachbearbeitet: Sie erhält eine 5′-Kappe und einen 3′-Poly(A)-Schwanz. Etwaige Introns werden durch Spleißen entfernt; von vielen Transkripten gibt es mehrere Spleißvarianten.
- Translation dient der Übertragung der genetischen Information in Proteinmoleküle. Sie erfolgt an den Ribosomen, die sich bei Prokaryoten an der wachsenden RNA, bei Eukaryoten am endoplasmatischen Reticulum des Cytoplasmas befinden. Sie erfordert neben der Aminosäure-beladenen tRNA eine große Anzahl zusätzlicher Proteine, die für die Initiation, Elongation und Termination der Proteinsynthese sorgen.
- Die „RNA-Welt“ umfasst die Genfamilien der rRNA- und tRNA-Gene sowie Gene, die für regulatorische RNA-Moleküle codieren.
- Die Gene für 28S-, 18S- und 5,8S-rRNA findet man als tandemartig wiederholte Gengruppen in der DNA. Sie werden durch die RNA-Polymerase I transkribiert.
- Auch die Gene für die 5S-rRNA sind in vielen nacheinander angeordneten Kopien vorhanden, liegen aber an anderer Stelle im Genom. Sie werden durch die RNA-Polymerase III transkribiert.
- Alle RNA-Moleküle können aufgrund intramolekularer Basenpaarungen spezifische Sekundärstrukturen ausprägen.
- Auch tRNAs werden als Genfamilien codiert. tRNA-Moleküle bilden eine spezifische, evolutionär stark konservierte Sekundärstruktur

(Kleeblatt) aus. Sie werden durch die RNA-Polymerase III transkribiert.

- Für jede Aminosäure gibt es mehrere tRNAs, die aber in unterschiedlichen Mengen in den Zellen vorkommen und dadurch die Effizienz der Translation beeinflussen können.
- Ribozyme und RNA-Schalter sind Elemente in einer größeren RNA mit katalytischen Fähigkeiten, die entweder sich selbst oder andere RNA-Moleküle schneiden können oder nach Bindung eines Liganden regulatorische Wirkungen auf die Genexpression ausüben können.

Links zu Videos

Transkription in Bakterien:
(► sn.pub/Pfwd0U)
Transkription bei Eukaryoten:
(► sn.pub/EYp56p)
Spleißen bei Eukaryoten:
(► sn.pub/yw5Yl4)
Klonieren mit einem Plasmid-Vektor:
(► sn.pub/PVm67c)
Translation in Bakterien:
(► sn.pub/mpXhZB)
Translation in Eukaryoten:
(► sn.pub/TP5lms)

Übungsfragen

1. Beschreiben Sie das „zentrale Dogma der genetischen Information“ und erläutern Sie, warum es nicht mehr gilt.
2. Begründen Sie die Aussage, dass der genetische Code degeneriert ist.
3. Was verstehen wir unter „gestückelten Genen“ bei Eukaryoten?
4. Erläutern Sie die mögliche Bedeutung synonymer SNPs (engl. *single nucleotide polymorphisms*) für das gebildete Protein.
5. Erläutern Sie, warum man das Spleißosom als Ribozym bezeichnet.

3

Technikbox 8

Isolierung von mRNA, cDNA-Synthese und RACE

Anwendung: cDNA ist Ausgangsmaterial einer Vielzahl genetischer Verfahren: Klonierung von cDNA-Fragmenten, Northern-Blot-Analyse, PCR-Analyse.

Methode: Biologisch aktive RNA ist schwieriger zu präparieren als DNA, weil RNasen weitverbreitet (z. B. Hautoberfläche an Händen, endogene RNase im Gewebe) und schwer zu inaktivieren sind. Daher werden zur **Präparation von RNA** hoch erhitzte, sterile Glaswaren verwendet. Lösungen können auch mit Diethylpyrocarbonat (DEPC) versetzt werden (Inaktivierung von Enzymen durch Bindung an Histidinreste; Vorsicht: gesundheitsschädlich!). Vor Gebrauch muss aber das DEPC selbst durch Hitze inaktiviert werden, da es sonst auch die zugeführten Enzyme zerstört (zerfällt in Ethanol und CO_2). Durch hohe Konzentrationen von Harnstoff, Guanidinhydrochlorid oder Guanidinisothiocyanat werden ebenfalls Proteine denaturiert. Weiterhin gibt es enzymatische RNase-Inhibitoren, die in hoher Konzentration aus Rinderlinsen isoliert werden können (die Augenlinse braucht sehr langlebige mRNA!). RNA kann ähnlich wie DNA durch Phenolextraktion isoliert werden.

Zur Isolierung von RNA aus Gewebe wird dieses zunächst in flüssigem Stickstoff schockgefroren (auch zur Vermeidung von RNase-Aktivitäten!), im Mörser zerrieben und in einem hochmolaren (4 M) Guanidinthioisocyanat-Puffer aufgetaut und homogenisiert. Das Homogenat wird mit 2 M Natriumacetat (pH 4) angesäuert und danach mit wassergesättigtem Phenol und Chloroform/Isoamylalkohol versetzt. Unter diesen Umständen geht die RNA in die wässrige Phase, während Proteine und DNA in der organischen Phase verbleiben. Die RNA kann aus der oberen, wässrigen Phase abgenommen und mit Ethanol gefällt werden. Noch vorhandene DNA kann mit RNase-freier (!) DNase abgebaut werden.

Für die spätere **Herstellung von cDNA** (engl. *copy DNA*) wird die mRNA über das vorhandene 3′-Poly(A)-Ende angereichert. Da die mRNA nur einen Anteil von 1–5 % der Gesamt-RNA ausmacht, ist ihre spezifische Anreicherung über eine Affinitätschromatographie mit immobilisiertem Oligo-dT notwendig (als Matrix wird Cellulose verwendet; die Länge beträgt etwa 20–50 Oligonukleotide). Es erfolgt eine spezifische Bindung über den Basenpaarungsmechanismus; mit hoher Salzkonzentration kann die über ihr Poly(A)-Ende gebundene mRNA wieder abgelöst und mit Ethanol gefällt werden.

Auch zur cDNA-Synthese macht man sich die Besonderheit der mRNA mit ihrem Poly(A)-Ende zunutze: Man benutzt ebenfalls Oligo-dT-Primer als Startstelle für die Reverse Transkriptase (RT), die dann in Anwesenheit aller vier dNTPs (Desoxynukleosidtriphosphate) an der mRNA-Matrize einen komplementären Gegenstrang aus DNA aufbaut. Es entsteht ein DNA/RNA-Hybrid. Durch Zugabe von RNase H, DNA-Polymerase I und DNA-Ligase (alle aus *E. coli*) wird der RNA-Strang abgebaut und durch einen DNA-Strang ersetzt: Die RNase H erzeugt Lücken im RNA-Strang, die durch die DNA-Polymerase I aufgefüllt werden. Noch vorhandene RNA-Abschnitte werden durch die 5′→3′-Exonuklease-Aktivität der DNA-Polymerase I abgebaut. Die einzelnen neu synthetisierten DNA-Abschnitte werden durch die DNA-Ligase verknüpft.

Ein technisches Problem bei der Präparation von cDNA ist die Isolierung von vollständigen cDNAs, da einerseits mRNAs häufig unvollständig sind (durch natürliche oder experimentell verursachte Degradation), die cDNA-Synthese mit Reverser Transkriptase oft unvollständig verläuft und die Synthese des zweiten Strangs der DNA das zurückgefaltete 3′-Ende des ersten Strangs als Primer benutzt. Infolgedessen fehlt in vielen cDNA-Klonen das 5′-Ende der mRNA. Die Ermittlung dieses 5′-Endes der mRNA stößt häufig auf Schwierigkeiten. Eine Lösung bietet die **RACE-Technik** (engl. *rapid amplification of cDNA ends*; ■ Abb. 3.36). An das 3′-Ende des neu synthetisierten DNA-Einzelstrangs fügt man mit terminaler Desoxynukleotidyltransferase einen Homopolymerschwanz (Poly(dC) oder Poly(dG)) an. Ein hierzu komplementärer Primer, der zusätzlich einen geeigneten Klonierungsadapter (Adapter 1) besitzt, (also Poly(dG) oder Poly(dC) mit einer am 5′-Ende gelegenen Restriktionsenzym-Schnittstelle) ermöglicht dann die Synthese des zweiten DNA-Strangs mittels DNA-Polymerase. In einem weiteren Schritt wird anschließend die doppelsträngige cDNA durch PCR vermehrt. Als Primer dienen dazu ein Oligonukleotid aus einem bekannten internen Sequenzbereich der cDNA, das zusätzlich am 5′-Ende eine Adaptersequenz besitzt (Adapter 2), und ein weiterer Primer, der zum Adapter 1 komplementär ist. Die PCR-Produkte werden durch Gelelektrophorese nach ihrer Länge getrennt, und das gesuchte Produkt kann anschließend durch einen Southern-Blot oder durch Sequenzierung identifiziert werden. Die betreffende DNA kann aus dem Gel isoliert, aufgereinigt und mithilfe der terminalen Restriktionsschnittstellen in den Adapter kloniert werden.

Diese ursprüngliche RACE-Technik hat jedoch verschiedene Nachteile. Einmal werden alle cDNA-Stränge, die durch RT im ersten experimentellen Schritt synthetisiert werden, an ihrem 3′-Ende mit einem Homopolymerschwanz versehen, unabhängig davon, ob sie vollständige mRNAs repräsentieren oder nicht. Außerdem werden auch bei der Synthese des zweiten DNA-Strangs häufig unvollständige Moleküle synthetisiert. Das führt dazu, dass viele der doppelsträngigen cDNA-Produkte an beiden Enden unvollständig sind.

Technikbox 8 (*Fortsetzung*)

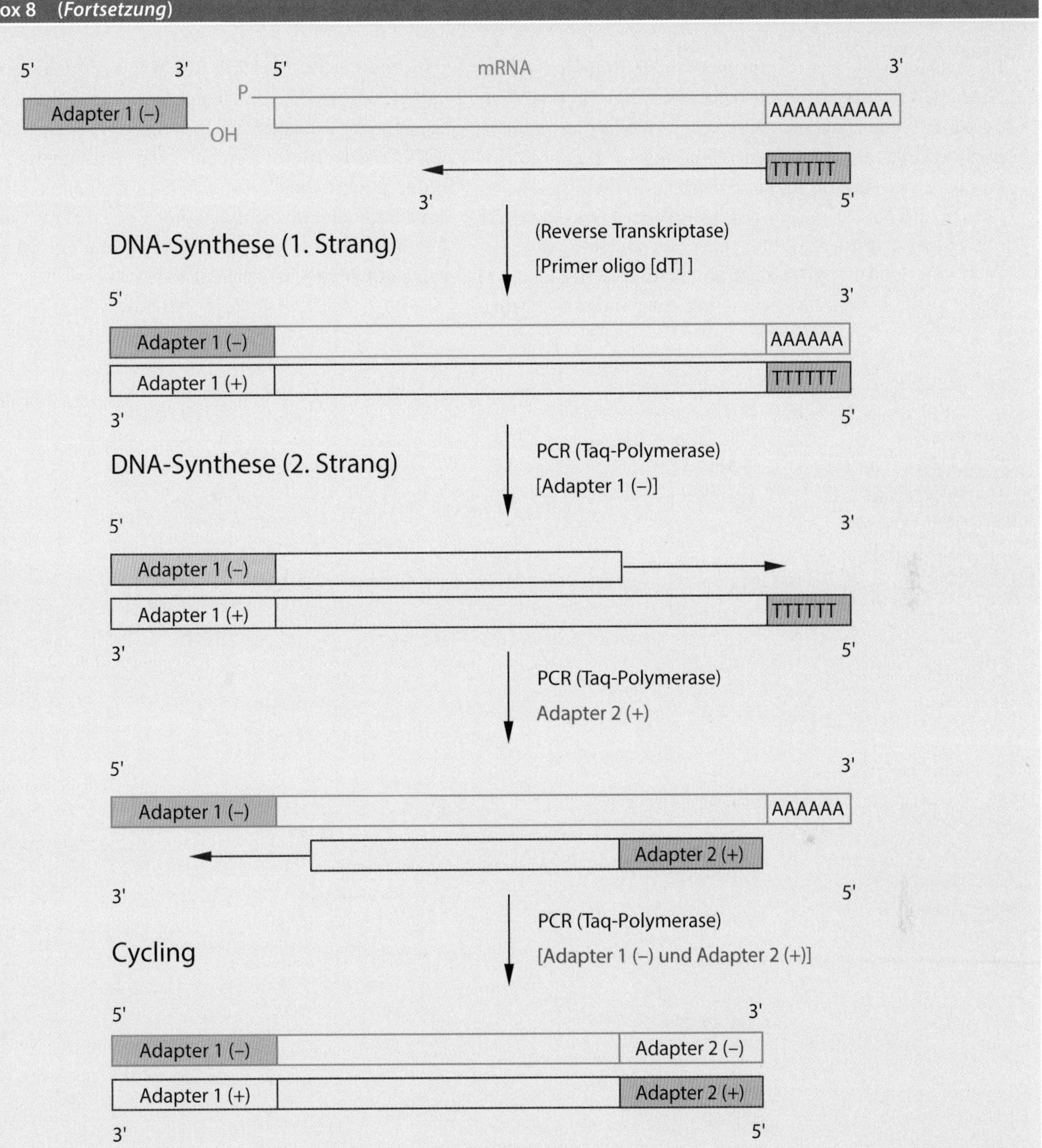

Abb. 3.36 Die wichtigsten Schritte der Standard-RACE-Reaktionen. Zunächst wird mithilfe eines Oligo-dT-Primers und Reverser Transkriptase eine cDNA hergestellt. An das 3′-Ende dieses neu synthetisierten DNA-Einzelstrangs fügt man mit terminaler Desoxynukleotidyltransferase einen Homopolymerschwanz (Poly(dC) oder Poly(dG)) an. Ein hierzu komplementärer Primer, der zusätzlich einen geeigneten Klonierungsadapter (Adapter 1) besitzt (also Poly(dG) oder Poly(dC) mit einer am 5′-Ende gelegenen Restriktionsenzym-Schnittstelle), ermöglicht dann die Synthese des zweiten DNA-Strangs durch DNA-Polymerase. In einem weiteren Schritt wird anschließend die doppelsträngige cDNA durch PCR vermehrt. Als Primer dienen dazu ein Oligonukleotid aus einem bekannten internen Sequenzbereich der cDNA, das zusätzlich am 5′-Ende eine Adaptersequenz besitzt (Adapter 2), und ein weiterer Primer, der zum Adapter 1 komplementär ist. Die PCR-Produkte werden durch Gelelektrophorese nach ihrer Länge getrennt, und das gesuchte Produkt kann anschließend durch einen Southern-Blot oder durch Sequenzierung identifiziert werden. (Verändert nach Schäfer 1995, mit freundlicher Genehmigung)

Man hat daher eine Reihe von Verbesserungen der RACE-Technik ausgearbeitet, von der hier die RLM-RACE (*RNA ligase-mediated*-RACE; auch RLPCR [*reverse ligation-mediated PCR*] genannt) erwähnt wird. Bei dieser Methode besitzen nur solche PCR-Produkte einen Adapter am 3′-Ende, die das vollständige 5′-Ende der mRNA enthalten. Hierzu behandelt man in einem ersten Schritt die mRNA mit alkalischer Phosphatase (AP), die die 5′-Phosphatgruppen von degradierter RNA und von RNA ohne 5′-Kappe (d. h. rRNA, tRNA, 5S-RNA usw.) entfernt.

Technikbox 8 (*Fortsetzung*)

Es verbleibt eine Hydroxylgruppe am 5′-Ende der RNA. Nach Inaktivierung der AP behandelt man die RNA mit Tabak-Pyrophosphatase (TAP, engl. *tobacco acid pyrophosphatase*), die die Anhydridbindung in der 7-Methyl-Gppp-Kappe (◘ Abb. 3.9) hydrolysiert. In dieser Reaktion werden mRNA-Moleküle mit Kappe in RNA-Moleküle mit einem 5′-Phosphat überführt, an welches anschließend von der T4-RNA-Ligase ein 5′-Adapter (Adapter 1) ligiert wird, während Moleküle mit einer freien 5′-Hydroxylgruppe keine Ligation des Adapters zulassen. Die erhaltenen RNA-Moleküle werden anschließend mit einem geeigneten 3′-Primer (z. B. Oligo-dT, falls vollständige cDNAs gewünscht werden, oder mit anderen internen Primern, wenn das 3′-Ende bekannt ist) und einem Primer, der komplementär zum Adapter 1 ist, in cDNA umgesetzt. Auf diese Weise ist garantiert, dass man nur im 5′-Bereich vollständige mRNAs erfasst hat.

Technikbox 9

In-vitro-RNA-Synthese

Anwendung: Gewinnung größerer Mengen einheitlicher, markierter RNA (z. B. zur *in-situ*-Hybridisierung, Technikbox 30)

Methode: Es gibt eine Reihe unterschiedlicher Verfahren zur *in-vitro*-Synthese von RNA. Als Beispiel soll hier die Synthese mithilfe von T3- oder T7-RNA-Polymerase erläutert werden (◘ Abb. 3.37). Beide Polymerasen werden von den gleichnamigen Bakteriophagen gewonnen. Sie initiieren die RNA-Synthese an jeweils einer spezifischen Promotorsequenz in doppelsträngiger DNA. Die RNA-Synthese verläuft sehr effizient und gestattet die Herstellung großer Mengen von RNA. Erfolgt die Transkription in Gegenwart markierter Nukleotide, so lässt sich RNA sehr hoher spezifischer Aktivität gewinnen. Manche Klonierungsvektoren besitzen auf den beiden Seiten des Polylinkers T3- oder T7-Promotorregionen. Hierdurch wird es möglich, gezielt Transkripte jeweils nur des einen DNA-Strangs zu synthetisieren, sodass „*sense*-“ oder „*antisense*-RNA“ aus demselben Fragment hergestellt werden kann. Schneidet man die DNA vor der Transkription mit einem geeigneten Restriktionsenzym in der dem Promotor entgegengesetzten Polylinkerregion, so erfolgt die Transkription nur über die Länge des eingefügten DNA-Fragments, nicht jedoch in die anschließende Vektorregion hinein.

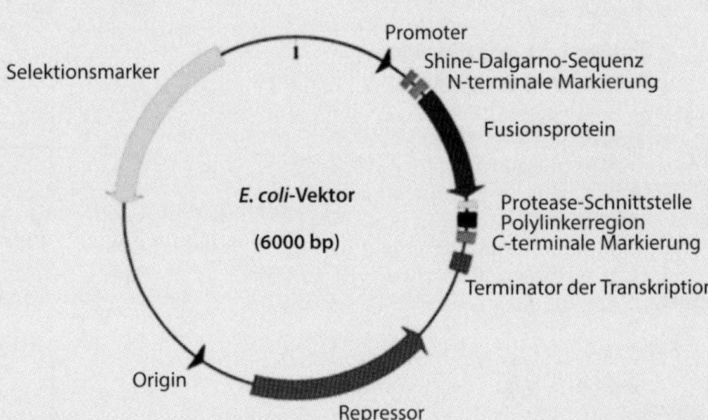

◘ **Abb. 3.37** Die Abbildung zeigt einen Standardvektor (siehe auch Technikbox 11) mit einer Polylinkerregion (engl. *multiple cloning site*; MCS). Diese Region enthält unter anderem Promotorregionen für die RNA-Polymerasen T7 und T3, die gegenläufig am Rande der Polylinkerregion angeordnet sind. Das gestattet es, mit beiden RNA-Polymerasen gegenläufige DNA-Stränge zu transkribieren. Man kann die Transkription dadurch auf den Bereich der eingefügten DNA begrenzen, dass man die Polylinkerregion mit einem geeigneten Restriktionsenzym hinter der DNA-Insertion (gesehen vom Promotor) schneidet. Die Polymerase kann über das Ende des DNA-Strangs natürlich nicht hinauslesen. Geeignet wäre z. B. ein Schnitt mit *Xho*I, wenn die Klonierung der eingefügten DNA in der EcoRI-Schnittstelle erfolgt ist und mit T7-RNA-Polymerase transkribiert wird. *Amp*: Ampicillin-Resistenzgen; *lacZ*/*lacI*: zur Blau-Weiß-Selektion; *ori*: Replikationsstartpunkt

3

Technikbox 10

RNA-Sequenzierung der nächsten Generation

Anwendung: Transkriptomanalyse; Vergleich der Expressionsmuster unter verschiedenen Bedingungen der jeweiligen Zellen oder Gewebe.

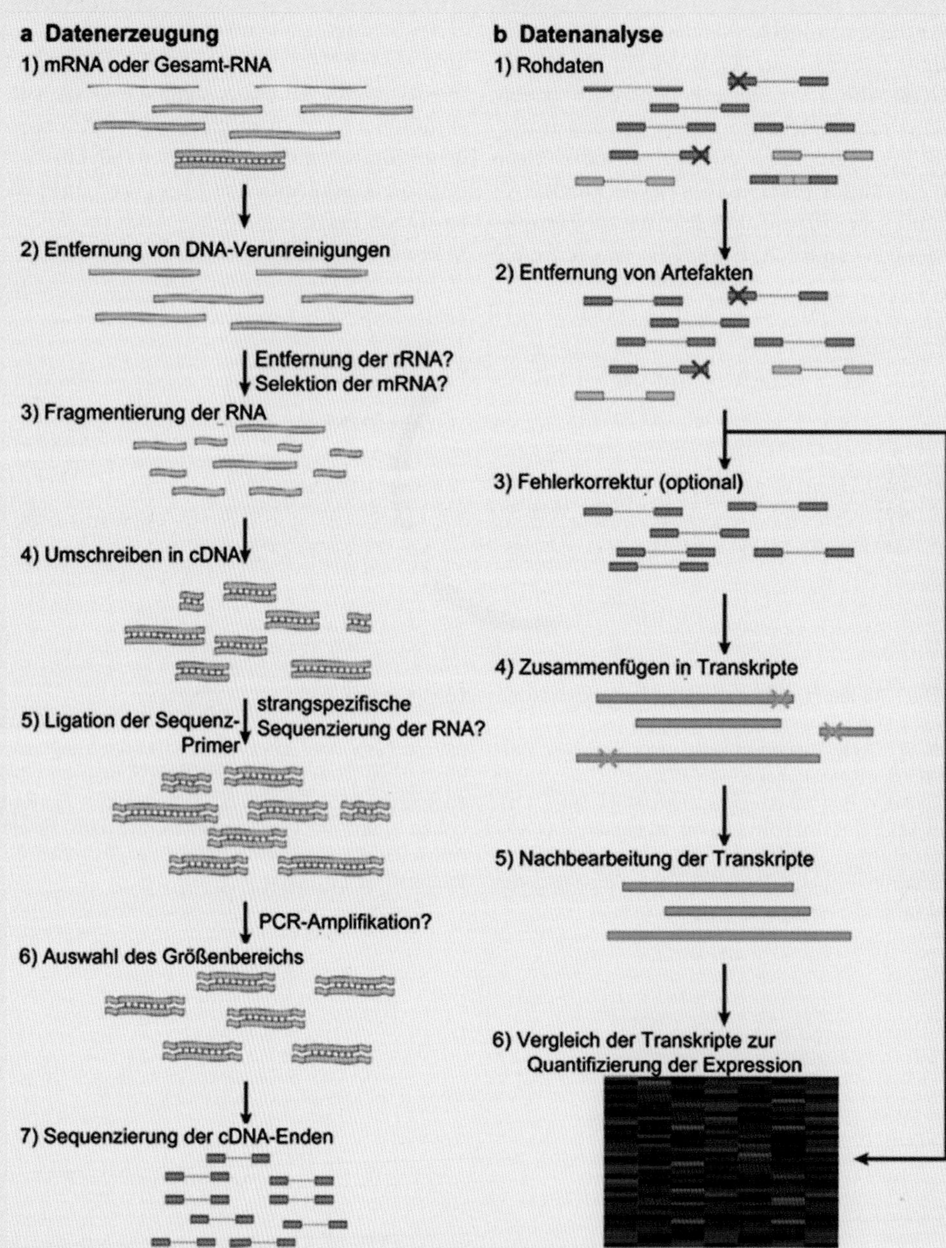

Abb. 3.38 Arbeitsschritte einer typischen RNA-Sequenzierung. **a** Der experimentelle Teil wird im Text besprochen. **b** Die Datenanalyse beginnt mit der Entfernung von schlechten Sequenzen und offensichtlichen Artefakten, z. B. Primersequenzen (*blau*), kontaminierte genomische DNA (*grün*), PCR-Duplikate und offensichtliche Sequenzierfehler (*rote Kreuze*). Die Sequenzdaten werden dann zu vollen Transkripten zusammengefügt; offensichtlich falsche Anordnungen können entfernt werden (*blaue Kreuze*). Am Ende steht dann der quantitative Vergleich von RNA. (Nach Martin und Wang 2011, mit freundlicher Genehmigung)

Technikbox 10 (*Fortsetzung*)

Methode: Da die ungeheuren Datenmengen einen besonderen bioinformatischen Aufwand erfordern, wird die Methode in einen ersten Teil zur Datengewinnung (◘ Abb. 3.38a) und einen zweiten zur Datenanalyse (◘ Abb. 3.38b) unterteilt.

Ziel: Alle Transkripte einer Zellpopulation, einer Zellkultur oder eines Gewebes werden als **Transkriptom** bezeichnet; dazu gehören RNAs aller Größen, bisher unbekannte Transkripte von noch nicht annotierten Genen oder auch alternative Spleißvarianten. Für lange Zeit war unser Wissen über das Transkriptom abhängig von computergestützten Vorhersagen der Genstruktur und dem begrenzten Wissen über exprimierte Sequenzen – damit war es unvollständig und unausgewogen. Mithilfe der Sequenziertechnologien der nächsten Generation (Technikbox 7) ist es nun möglich, die komplexe Landschaft und die Dynamik des Transkriptoms von Hefen bis zum Menschen mit einem beispiellosen Maß an Sensitivität und Genauigkeit zu beschreiben.

Der erste Schritt der Datengewinnung ist die Präparation der RNA, wobei man entweder die gesamte RNA isolieren oder sich auf die mRNA beschränken kann (Technikbox 8); Verunreinigungen durch genomische DNA müssen entfernt werden. Ähnliches gilt auch für die vielen sehr ähnlichen rRNA-Gene, die man durch hybridisierungsbasierter Methoden weitgehend entfernen kann. Nach Fragmentierung der RNA und Umschreibung in cDNA werden Sequenz-Primer an die Enden ligiert. Um mögliche nicht-codierende Transkripte, *antisense*-RNA etc. zu erfassen, kann man von beiden Enden her sequenzieren. Um eine höhere Anzahl von Ausgangstranskripten vor der Sequenzierung zu erhalten, kann man die Proben durch PCR amplifizieren – allerdings können GC-reiche Regionen unterrepräsentiert sein. Die Sequenzierung erfolgt dann anhand der Primer und führt zu kleinen Fragmenten, die dann entsprechend zusammengesetzt werden müssen. Die Zahl der erhaltenen Sequenzen entspricht der Konzentration der RNA im Ausgangsmaterial, sodass schließlich sehr genaue Vergleiche der Zahl spezifischer Transkripte unter verschiedenen Ausgangssituationen möglich sind (vgl. die *rot-grüne* Darstellung am Ende in ◘ Abb. 3.38b). Das Verfahren ist wegen der zusätzlichen Sequenzinformationen (z. B. auch über das relative Verhältnis von Spleißvarianten) wesentlich genauer als die Hybridisierungsarrays (Technikbox 35).

3

Literatur

Agris PF, Vendeix FAP, Graham WD (2007) tRNA's wobble decoding of the genome: 40 years of modification. J Mol Biol 366:1–13

Allen BL, Taatjes DJ (2015) The Mediator complex: a central integrator of transcription. Nat Rev Mol Cell Biol 16:155–166

Bagchi DN, Iyer VR (2016) The determinants of directionality in transcriptional initiation. Trends Genet 32:322–333

Barrell BG, Bankier AT, Drouin J (1979) A different genetic code in human mitochondria. Nature 282:189–194

Beadle GW, Tatum EL (1941) Genetic control of biochemical reactions in *Neurospora*. Proc Natl Acad Sci USA 27:499–506

Beringer M, Rodnina MV (2007) The ribosomal peptidyl transferase. Mol Cell 26:311–321

Bieker JJ, Martin PL, Roeder RG (1985) Function of a rate-limiting intermediate in 5S RNA transcription. Cell 40:119–127

Boeger H, Bushnell DA, Davis R et al (2005) Structural basis of eucaryotic gene transcription. FEBS Lett 579:899–903

Bogenhagen DF, Sakonju S, Brown DD (1980) A control region in the center of the 5S RNA gene directs specific initiation of transcription: II. The 3′ border of the region. Cell 19:27–35

Brenner S, Jacob F, Meselson M (1961) An unstable intermediate carrying information from genes to ribosomes for protein synthesis. Nature 190:576–581

Cave MD, Allen ER (1969) Extra-chromosomal DNA in early stages of oogenesis in *Acheta domesticus*. J Cell Sci 4:593–609

Chester A, Scott J, Anant S et al (2000) RNA editing: cytidine to uridine conversion in apolipoprotein B mRNA. Biochim Biophys Acta 1494:1–13

Cieply B, Carstens RP (2015) Functional roles of alternative splicing factors in human disease. Wiley Interdiscip Rev RNA 6:311–326

Coleman AW (2015) Nuclear rRNA transcript processing versus internal transcribed spacer secondary structure. Trends Genet 31:157–163

Cramer P, Bushnell DA, Kornberg RD (2001) Structural basis of transcription: RNA polymerase II at 2.8 Ångstrom resolution. Science 292:1863–1876

Crick FHC, Barnett L, Brenner S et al. (1961) General nature of the genetic code for proteins. Nature 192:1227–1232

Davis MC, Kesthely CA, Franklin EA et al (2017) The essential activities of the bacterial sigma factor. Can J Microbiol 63:89–99

Deutscher MP (2006) Degradation of RNA in bacteria: comparison of mRNA and stable RNA. Nucleic Acids Res 34:659–666

Dominski Z, Marzluff WF (2007) Formation of the 3′ end of histone mRNA: getting closer to the end. Gene 396:373–390

Douet J, Tourmente S (2007) Transcription of the 5S rRNA heterochromatic genes is epigenetically controlled in *Arabidopsis thaliana* and *Xenopus laevis*. Heredity 99:5–13

Eick D, Geyer M (2013) The RNA polymerase II carboxy-terminal domain (CTD) code. Chem Rev 113:8456–8490

van der Feltz C, Anthony K, Brilot A et al (2012) Architecture of the spliceosome. Biochemistry 51:3321–3333

Francke C, Edström JE, McDowall AW et al (1982) Electron microscopic visualization of a discrete class of giant translation units in salivary gland cells of *Chironomus tentans*. EMBO J 1:59–62

Garreau de Loubresse N, Prokhorova I, Holtkamp W et al (2014) Structural basis for the inhibition of the eukaryotic ribosome. Nature 513:517–522

Giardina A (1901) Origine dell' oocite e delle cellule nutruci nei *Dytiscus*. Int Monatsschr Anat Phys 18:417–479

Goldstein L, Plaut W (1955) Direct evidence for nuclear synthesis of cytoplasmic ribose nucleic acid. Proc Natl Acad Sci USA 41:874–880

Goodfellow SJ, Zomerdijk JC (2013) Basic mechanisms in RNA polymerase I transcription of the ribosomal RNA genes. Subcell Biochem 61:211–236

Green KM, Linsalata AE, Todd PK (2016) RAN translation – What makes it run? Brain Res 1647:30–42

Grosjean H, Fiers W (1982) Preferential codon usage in procaryotic genes: the optimal codon-anticodon interaction energy and the selective codon usage in efficiently expressed genes. Gene 18:199–209

Grunberg-Manago M, Ochoa S (1955) Enzymatic synthesis and breakdown of polynucleotides: Polynucleotide phosphorylase. J Am Chem Soc 77:3165–3166

Guo M, Schimmel P (2012) Structural analyses clarify the complex control of mistranslation by tRNA synthetases. Curr Opin Struct Biol 22:119–126

Hatfield DL, Tsuji PA, Carlson BA et al (2014) Selenium and selenocysteine: roles in cancer, health, and development. Trends Biochem Sci 39:112–120

He F, Jacobson A (2015) Nonsense-mediated mRNA decay: degradation of defective transcripts is only part of the story. Annu Rev Genet 49:339–366

Hoagland MB, Stephenson ML, Scott JF et al (1958) A soluble ribonucleic acid intermediate in protein synthesis. J Biol Chem 231:241–257

Holley RW, Apgar J, Everett GA et al (1965) Structure of a ribonucleic acid. Science 147:1462–1465

Hurwitz J, Bresler A, Diringer R (1960) The enzymic incorporation of ribonucleotides into polyribonucleotides and the effect of DNA. Biochem Biophys Res Commun 3:15–19

Italia JS, Zheng Y, Kelemen RE et al (2017) Expanding the genetic code of mammalian cells. Biochem Soc Trans 45:555–562

Jang SK, Kräusslich HG, Nicklin MJ et al (1988) A segment of the 5′ nontranslated region of encephalomyocarditis virus RNA directs internal entry of ribosomes during *in vitro* translation. J Virol 62:2636–2643

Jeronimo C, Collin P, Robert F (2016) The RNA polymerase II CTD: the increasing complexity of a low-complexity protein domain. J Mol Biol 428:2607–2622

Jonikas MA, Radmer RJ, Laederach A et al (2009) Coarsegrained modeling of large RNA molecules with knowledge-based potentials and structural filters. RNA 15:189–199

Jonkers I, Lis JT (2015) Getting up to speed with transcription elongation by RNA polymerase II. Nat Rev Mol Cell Biol 16:167–167

Kaida D (2016) The reciprocal regulation between splicing and 3′-end processing. Wiley Interdiscip Rev RNA 7:499–511

Keren H, Lev-Maor G, Ast G (2010) Alternative splicing and evolution: diversification, exon definition and function. Nat Rev Genet 11:345–355

Kobayashi T (2011) How does genome instability affect lifespan?: roles of rDNA and telomeres. Genes Cells 16:617–624

Kobayashi T (2014) Ribosomal RNA gene repeats, their stability and cellular senescence. Proc Jpn Acad Ser B Phys Biol Sci 90:119–129

Kollmar M, Mühlhausen S (2017) Nuclear codon reassignments in the genomics era and mechanisms behind their evolution. Bioessays 39:1600221

Krishnamurthy S, Hampsey M (2009) Eukaryotic transcription initiation. Curr Biol 19:R153–R156

Li HD, Menon R, Omenn GS et al (2014) The emerging era of genomic data integration for analyzing splice isoform function. Trends Genet 30:340–347

Losson R, Lacroute F (1979) Interference of nonsense mutations with eucaryotic messenger RNA stability. Proc Natl Acad Sci USA 76:5134–5137

Martin JA, Wang Z (2011) Next-generation transcriptome assembly. Nat Rev Genet 12:671–682

Meissner B, Hofmann A, Steinbeißer H et al (1991) Faithful *in vivo* transcription termination of *Xenopus laevis* rDNA. Chromosoma 101:222–230

Melnikov S, Ben-Shem A, Garreau de Loubresse N et al (2012) One core, two shells: bacterial and eukaryotic ribosomes. Nat Struct Mol Biol 19:560–567

Miranda I, Silva R, Santos MAS (2006) Evolution of the genetic code in yeasts. Yeast 23:203–213
Nei M, Rooney AP (2005) Concerted and birth-and-death evolution of multigene families. Annu Rev Genet 39:121–152
Nirenberg MW, Leder P (1964) RNA codewords and protein synthesis. Science 145:1399–1407
Nirenberg MW, Matthaei JH (1961) The dependence of cell-free protein synthesis in *E. coli* upon naturally occurring or synthetic polyribonucleotide. Proc Natl Acad Sci USA 47:1588–1602
Nishikura K (2016) A-to-I editing of coding and non-coding RNAs by ADARs. Nat Rev Mol Cell Biol 17:83–96
Nishimura S, Jones DS, Khorana HG (1965) The *in vitro* synthesis of a copolypeptide containing two amino acids in alternating sequence dependent upon a DNA-like polymer containing two nucleotides in alternating sequence. J Mol Biol 13:302–324
Palade GE (1955) Studies on the endoplasmatic reticulum. II. Simple dispositions in cells *in situ*. J Biophys Biochem Cytol 1:567–582
Pelletier J, Sonenberg N (1988) Internal initiation of translation of eukaryotic mRNA directed by a sequence derived from poliovirus RNA. Nature 334:320–325
Pertea M (2012) The human transcriptome: an unfinished story. Genes 3:344–360
Preuss S, Pikaard CS (2007) rRNA gene silencing and nucleolar dominance: insights into a chromosome-scale epigenetic on/off switch. Biochim Biophys Acta 1769:383–392
Regan PM, Langford D, Khalili K (2016) Regulation and functional implications of opioid receptor splicing in opioid pharmacology and HIV pathogenesis. J Cell Physiol 231:976–985
Richardson JP (2002) Rho-dependent termination and ATPases in transcript termination. Biochim Biophys Acta 1577:251–260
Ritossa F, Spiegelman S (1965) Localization of DNA complementary to ribosomal RNA in the nucleolus organizer region of *Drosophila melanogaster*. Genetics 53:737–745
Roeder RG, Rutter WJ (1969) Multiple forms of DNA-dependent RNA polymerase in eucaryotic organisms. Nature 224:234–237
Schäfer BC (1995) Revolutions in rapid amplification of cDNA ends: new strategies for polymerase chain reaction cloning of full-length cDNA ends. Anal Biochem 227:255–273
Scheidegger A, Nechaev S (2016) RNA polymerase II pausing as a context-dependent reader of the genome. Biochem Cell Biol 94:82–92
Schweingruber C, Rufener SC, Zünd D et al (2013) Nonsense-mediated mRNA decay – mechanisms of substrate mRNA recognition and degradation in mammalian cells. Biochim Biophys Acta 1829:612–623
Scott WG, Martick M, Chi YI (2009) Structure and function of regulatory RNA elements: ribozymes that regulate gene expression. Biochim Biophys Acta 1789:634–641
Seehafer C, Kalweit A, Hammann C (2012) Genomisch codierte Hammerhead-Ribozyme. BIOspektrum 18:484–486
Serganov A, Patel DJ (2007) Ribozymes, riboswitches and beyond: regulation of gene expression without proteins. Nat Rev Genet 8:776–790
Seyffert W (2003) Lehrbuch der Genetik, 2. Aufl. Spektrum Akademischer Verlag, Heidelberg
Shine J, Dalgarno L (1974) The 3′-terminal sequence of *E. coli* 16S rRNA: complementary to nonsense triplets and ribosome binding sites. Proc Natl Acad Sci USA 71:1342–1346
Stevens A (1960) Incorporation of the adenine ribonucleotide into RNA by cell fractions from *E. coli* B. Biochem Biophys Res Commun 3:92–96
Tan EM, Kunkel HG (1966) Characteristics of a soluble nuclear antigen precipitating with sera of patients with systemic lupus erythematosus. J Immunol 96:464–471
Thomas JM, Beal PA (2017) How do ADARs bind RNA? New protein-RNA structures illuminate substrate recognition by the RNA editing ADARs. Bioessays 39:1600187
Torres-Machorro AL, Hernández R, Cevallos AM et al (2010) Ribosomal RNA genes in eukaryotic microorganisms: witnesses of phylogeny? FEMS Microbiol Rev 34:59–86
Varsally W, Brogna S (2012) UPF1 involvement in nuclear functions. Biochem Soc Trans 40:778–783
Vierna J, Wehner S, Höner zu Siederdissen C et al (2013) Systematic analysis and evolution of 5S ribosomal DNA in metazoans. Heredity 111:410–421
Wallace H, Birnstiel ML (1966) Ribosomal cistrons and the nucleolar organizer. Biochim Biophys Acta 114:296–319
Wang Q, Li X, Qi R et al (2017) RNA editing, ADAR1, and the innate immune response. Genes 8:41
Weiss SB, Gladstone L (1959) A mammalian system for the incorporation of cytidine triphosphate into ribonucleic acid. J Am Chem Soc 81:4118–4119
Wilson EB (1900) The cell in development and inheritance, 2. Aufl. Macmillan, New York
Wilson DN, Nierhaus KH (2006) The E-site story: the importance of maintaining two tRNAs on the ribosome during protein synthesis. Cell Mol Life Sci 63:2725–2737
Wilusz JE (2016) Controlling translation via modulation of tRNA levels. Wiley Interdiscip Rev RNA 6:453–470
Xing Y, Lee C (2006) Alternative splicing and RNA selection pressure – evolutionary consequences for eucaryotic genomes. Nat Rev Genet 7:499–509
Yankofsky SA, Spiegelman S (1962) The identification of ribosomal RNA cistron by sequence complementarity: II. Saturation of and competitive interaction at the RNA cistron. Proc Natl Acad Sci USA 48:1466–1472
Yusupova G, Yusupov M (2014) High-resolution structure of the eukaryotic 80S ribosome. Annu Rev Biochem 83:467–486

Molekulare Struktur und Regulation prokaryotischer Gene

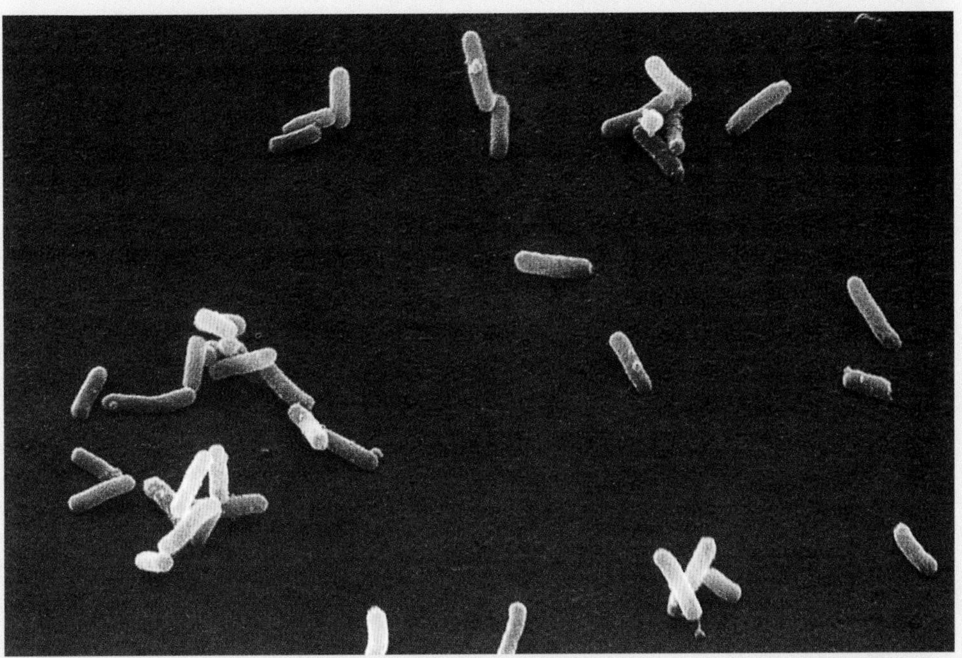

Rasterelektronenmikroskopische Aufnahme von Bakterien (*Escherichia coli*). (Foto: U. Schwarz, Tübingen)

Inhaltsverzeichnis

J. Graw, *Genetik*, https://doi.org/10.1007/978-3-662-60909-5_4

Überblick

Die wesentlichen Grundzüge der molekularen Genstruktur und -funktion sind an Prokaryoten aufgeklärt worden. Neben Genen von *Escherichia coli (E. coli)* haben hierfür besonders extrachromosomale genetische Elemente (Plasmide) und Bakteriophagen eine wichtige Rolle gespielt. Die Untersuchung der Bakterien- und Phagengene hat nicht nur den Schlüssel für den genetischen Code geliefert, sondern auch grundlegende Einsichten in die Feinstruktur und die Regulation von Genen im Stoffwechsel ergeben. Die Bakterien- und Phagengenetik ist daher eine wichtige Grundlage unseres heutigen Verständnisses der Molekulargenetik.

Nach der Entdeckung der DNA und der Aufklärung der Transkription und Translation stellt sich die Frage nach der Feinstruktur der Gene und nach den Mechanismen, die die Expression von Genen in der Zelle steuern. Dafür gibt es zwei unterschiedliche Regulationsmöglichkeiten: die positive Induktion durch ein Induktormolekül und die negative Regulation durch ein Repressormolekül. Die genetische Analyse der Regulation mehrerer Gene des Lactosestoffwechsels bei *E. coli* ergab, dass sie eine Kontrollregion besitzen, die als Operatorregion bezeichnet wird. Wird an ihr ein Repressormolekül gebunden, kann in dem ihm folgenden Genkomplex keine RNA-Synthese stattfinden, da der Weg der RNA-Polymerase, die im Promotor an die DNA bindet, durch den zwischen Promotor und Genbereich liegenden Operator mit daran gebundenem Repressormolekül behindert wird. Erst bei Hinzutreten eines Induktors, der den Repressor von der DNA zu entfernen vermag, wird die RNA-Synthese freigegeben. Die Polymerase ist in diesem Fall in der Lage, mehrere hintereinanderliegende Gene zu transkribieren. Man bezeichnet einen in dieser Form regulierten Genbereich als ein Operon.

Bakterien werden aber nicht nur durch Nährstoffe im umgebenden Medium reguliert. Sie können über die Abgabe und Aufnahme kleiner Moleküle auch die Konzentration der eigenen Kolonie und möglicherweise auch die von anderen Bakterienstämmen in ihrer Umgebung erkennen. Dieser Prozess, der auch als *Quorum sensing* bezeichnet wird, erlaubt eine Zell-Zell-Kommunikation auch über Speziesgrenzen hinweg.

Für viele prokaryotische Gene sowie für die Regulation des Genoms des Phagen λ erwiesen sich DNA-bindende Proteine als wichtige Elemente. Verschiedene solcher Regulationsproteine sind als Dimere (oder Tetramere) wirksam und haben eine vergleichbare Grundstruktur, die durch zwei miteinander verbundene α-Helixbereiche gekennzeichnet ist. Einer dieser α-Helixbereiche reagiert mit dem entsprechenden α-Helixbereich des zweiten Proteinmoleküls, während der andere sequenzspezifisch mit der DNA in Kontakt tritt.

4.1 Bakterien als genetisches Modellsystem

Bakterien (und Archaeen) sind einzellige Organismen ohne Zellkern und unterscheiden sich dadurch grundsätzlich von den Eukaryoten; sie werden häufig gemeinsam als Prokaryoten bezeichnet und stellen die kleinste unabhängige Lebensform dar. Ihre doppelsträngige DNA ist im Allgemeinen ringförmig angeordnet und wird als „Bakterienchromosom“ bezeichnet. Bakterielle Genome haben typischerweise etwa 5 Mio. bp und codieren für etwa 5000 Proteine; sie schwanken in ihrer Größe aber erheblich: Das kleinste Bakterienchromosom von *Nasuia deltocephalinicola* (Stamm NAS-ALF) umfasst 112 kb; das bisher größte sequenzierte Chromosom von Bakterien, *Sorangium cellulosum* (Stamm So0157-2), enthält 14,8 Mb. Neben dem Chromosom besitzt die Bakterienzelle meist noch extrachromosomale DNA in Form von Plasmiden, die in unterschiedlicher Kopienzahl in der Zelle vorliegen und auf denen häufig Gene lokalisiert sind, die der Zelle zusätzliche Fähigkeiten vermitteln (► Abschn. 4.2).

Lange Zeit hat man einen weiteren grundsätzlichen Unterschied zwischen den Genomen von Pro- und Eukaryoten darin gesehen, dass Prokaryoten ihre Erbinformation als „reine“ Nukleinsäurestränge vorliegen haben, Eukaryoten hingegen „echte“ Chromosomen (► Kap. 6) besitzen, die sich besonders durch die obligatorische Verpackung der DNA in chromosomalen Proteinen auszeichnen. Heute wissen wir, dass auch die ringförmige DNA des klassischen bakteriellen Modellsystems, *Escherichia coli*, mit **chromosomalen Proteinen** assoziiert ist, die im Charakter den basischen Histonen der Eukaryoten entsprechen. Denn auch Prokaryoten stehen vor dem Problem, dass ihre DNA nicht ohne Weiteres in die Zelle hineinpasst: Mit einer durchschnittlichen Größe von ungefähr 5 Mb hat eine prokaryotische DNA eine Länge von etwa 1,3 mm und muss in einem Zellkörper untergebracht werden, der etwa 1–2 µm lang ist. Es waren zwei Proteine, die in diesem Zusammenhang zunächst charakterisiert wurden: HU (engl. *heat unstable*) und H-NS (engl. *histone-like nucleoid structuring*). Wir werden einige Details ihrer Funktionen weiter unten in diesem Abschnitt besprechen.

Aufgrund ihrer Wechselwirkung mit verschiedenen Proteinen liegt die DNA in der Bakterienzelle in Form von schleifenförmigen (negativen) Überspiralisierungen vor (engl. *superhelix*) (◘ Abb. 4.1). Es ist daher allgemein gebräuchlich geworden, auch bei Prokaryoten von **Chromosomen** zu sprechen, wenn wir uns auf deren Erbmaterial beziehen. Der Bereich, den die prokaryotische DNA

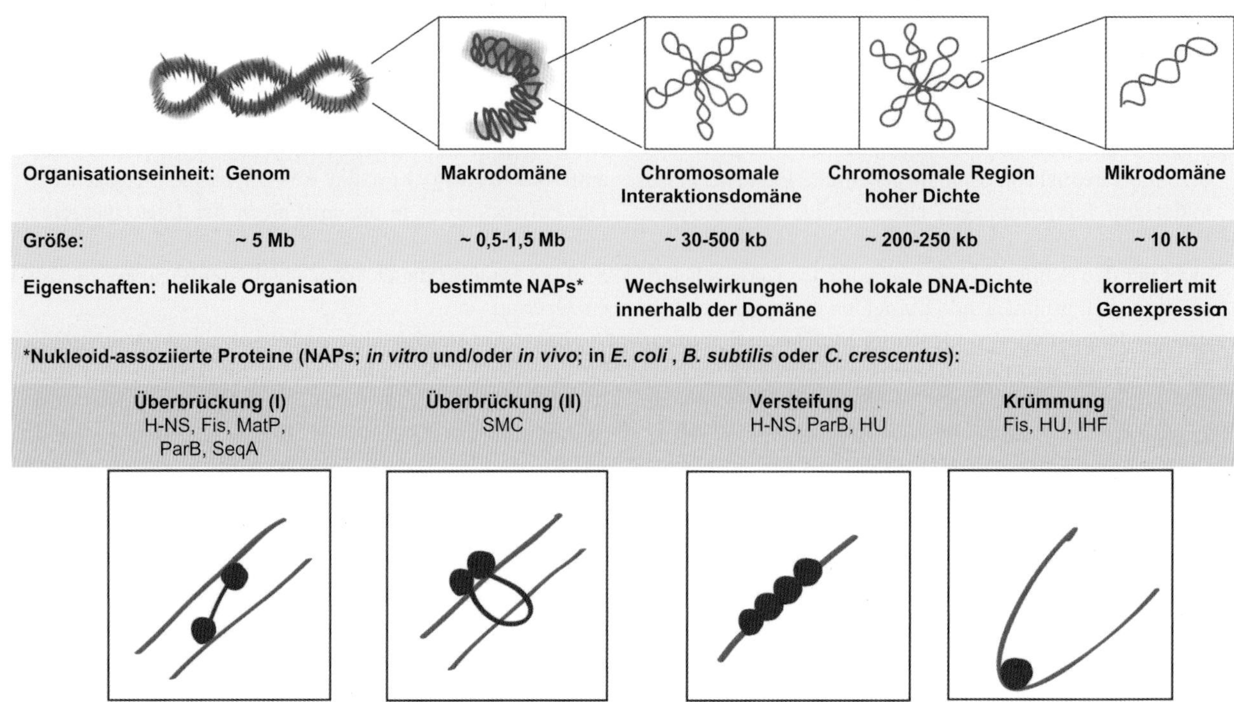

Abb. 4.1 Chromosomale Strukturen bei Prokaryoten. Das Genom ist entlang der langen Zellachse in einer länglichen helikalen Form gefaltet und in Makrodomänen unterteilt. Zusätzlich kann man im bakteriellen Genom chromosomale Interaktionsdomänen (CID) und Regionen hoher Dichte (engl. *high-density chromosomal region*, HDR) identifizieren. Die Mikrodomänen sind schließlich die unterste Stufe der Organisationsform. Nukleoid-assoziierte Proteine (NAPs) tragen zur Organisation des Genoms durch ihre verschiedenen Effekte auf die Struktur und Konformation der DNA bei; die schematischen Darstellungen stellen keine mechanistischen Details dar, sondern geben nur Hinweise auf Funktionen, die in unterschiedlichen Organismen *in vitro* und/oder *in vivo* identifiziert wurden. Fis: engl. *factor for inversion stimulation*; H-NS: engl. *histone-like nucleoid structuring*; HU: engl. *heat unstable*; IHF: engl. *integration host factor*; MatP: engl. *macrodomain ter protein*; ParB: engl. *partitioning, DNA-binding protein*; SeqA: *sequestration protein A*; SMC: engl. *structural maintenance of chromosomes*. (Nach Dame und Tark-Dame 2016, mit freundlicher Genehmigung)

im Cytoplasma einnimmt, wird auch als **Nukleoid** oder Kernäquivalent bezeichnet. Damit wird ausgedrückt, dass diese Anordnung der prokaryotischen DNA im Cytoplasma durchaus viele Funktionen eines Zellkerns wahrnimmt (und auch elektronenmikroskopisch vom Rest des Cytoplasmas unterscheidbar ist), auch wenn die Kernmembran bei Prokaryoten fehlt.

Unter den Bakterien hat das Darmbakterium *Escherichia coli* (*E. coli*; Bild siehe Kapitelanfang) für Genetiker eine besondere Bedeutung, da an diesem Modellorganismus eine Vielzahl grundlegender genetischer Mechanismen beschrieben wurde. *E. coli* wurde 1885 von Theodor Escherich im Kot von Kleinkindern entdeckt und zunächst als *Bacterium coli commune* bezeichnet; 1919 wurde es zu Ehren seines Entdeckers in *Escherichia coli* umbenannt. Die verschiedenen *E. coli*-Stämme sind Gram-negative, kurze Stäbchen mit peritricher Begeißelung. Der üblicherweise im Labor verwendete Stamm K12 ist nicht pathogen; andere Stämme können jedoch als Verunreinigung auf rohen Speisen für schwerwiegende Erkrankungen verantwortlich sein (z. B. der enterohämorrhagische *E. coli*-Stamm O157:H7 [auch als EHEC bezeichnet] als Auslöser blutiger Diarrhoe und von tödlichem Nierenversagen durch die Bildung des Shiga-Toxins). Der Vorteil der apathogenen Stämme von *E. coli* liegt vor allem in ihrer guten Kultivierbarkeit (kurze Generationszeit: 20–30 min; einfaches Medium) und in der Möglichkeit, genetisches Material in Form von Plasmiden (extrachromosomale DNA; ▶ Abschn. 4.2) und über bakterielle Virussysteme (Bakteriophagen; ▶ Abschn. 4.3) auszutauschen.

> **!** Das Genom von *E. coli* besteht aus einem einzigen ringförmigen Chromosom, das mit basischen chromosomalen Proteinen assoziiert ist. Der Austausch genetischen Materials über Plasmide und Bakteriophagen ermöglicht intensive genetische Studien.

Ein kurzer Abriss der Eckpunkte der *E. coli*-Forschung lässt sich auch als Sammlung von Glanzlichtern genetischer Forschung darstellen:

- Kreuzung von *E. coli*-Mangelmutanten (Sherman und Wing 1937);
- Fluktuationstest (Luria und Delbrück 1943);
- Entdeckung parasexueller Prozesse und Rekombination in *E. coli* (Tatum und Lederberg 1947);
- erste Kartierung von *E. coli*-Genen (Lederberg 1947);
- Austausch genetischen Materials durch Bakteriophagen (Hershey und Chase 1951);

- Entdeckung von Plasmiden als episomale, ringförmige, autosomal replizierende DNA (Lederberg et al. 1952);
- Festlegung der Reihenfolge der *E. coli*-Gene in einem zirkulären Chromosom (Jacob und Wollman 1958);
- Beschreibung der Regulationsprozesse am *lac*-Operon (Jacob und Monod 1961);
- Isolierung des Lac-Repressors (Gilbert und Müller-Hill 1966);
- Entdeckung der Restriktionsenzyme (Arber und Linn 1969);
- erster gentechnisch veränderter Organismus (Cohen et al. 1973);
- vollständige Sequenzierung des *E. coli*-Genoms (Blattner et al. 1997);
- letzte „traditionelle" Kopplungskarte von *E. coli* (Berlyn 1998).

Für ihre Arbeiten zum Austausch genetischen Materials über Bakteriophagen und Plasmide bekamen Edward **Tatum** und Joshua **Lederberg** 1958, Max **Delbrück**, Alfred **Hershey** und Salvador **Luria** 1969 den Nobelpreis für Medizin; für ihre Arbeiten zur Regulation bakterieller Gene erhielten François **Jacob** und Jacques **Monod** den Nobelpreis bereits 1965. Werner **Arber** wurde für seine Entdeckung der Restriktionsenzyme 1978 mit dem Nobelpreis ausgezeichnet – ebenfalls für Medizin. Auch Walter **Gilbert** erhielt einen Nobelpreis, allerdings für Chemie im Jahr 1980 (für seinen Beitrag zur Entwicklung der DNA-Sequenziertechnik). Wir wollen einige der oben genannten Aspekte in den folgenden Kapiteln weiter vertiefen, wobei der Schwerpunkt auf der Darstellung grundsätzlicher genetischer Prinzipien aus heutiger Sicht liegt.

Die Vererbung erworbener Eigenschaften wurde seit Lamarck (1809; ► Abschn. 1.1) intensiv erörtert und konnte auch Mitte des 20. Jahrhunderts schon nicht mehr als reale Möglichkeit betrachtet werden. Dennoch lieferten Experimente mit Bakterien Ergebnisse, die zunächst eine Vererbung erworbener Eigenschaften als nicht völlig ausgeschlossen erscheinen ließen. Mutationen wurden nämlich in diesem Zusammenhang nicht als zufällige Ereignisse betrachtet, sondern als **gezielte** Anpassung an die Umwelt. Der **Fluktuationstest** von Salvador Luria und Max Delbrück (1943) schloss jedoch die Lamarck'sche Interpretation aus.

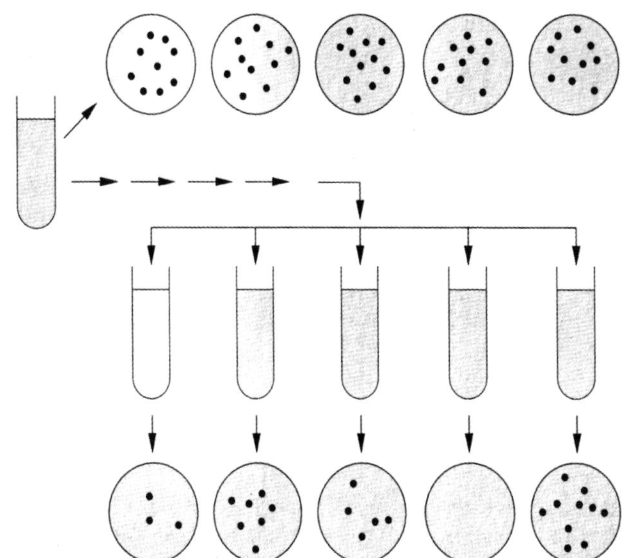

◘ **Abb. 4.2** Der Fluktuationstest. Würden Mutationen durch das Medium (oder z. B. durch die Infektion mit einem Bakteriophagen) erzeugt, so müssten alle Subkulturen im Mittel den gleichen Titer an Mutanten aufweisen (*oben*). Tatsächlich unterscheiden sich verschiedene Subkulturen einer Ausgangskultur beträchtlich (*unten*), was darauf hindeutet, dass sie zu unterschiedlichen Zeiten in der Ausgangskultur entstanden sind, aber nicht nach der Subkultivierung unter Selektionsbedingungen induziert wurden. (Nach Luria und Delbrück 1943)

Der Fluktuationstest geht von der Überlegung aus, dass bei einer Verteilung der Zellen einer Ausgangskultur von Bakterien auf eine große Anzahl von Subkulturen und anschließendem Wachstum neu entstehende Mutationen in einem selektierbaren Gen (z. B. eine Resistenz gegen ein Antibiotikum) sichtbar werden. Wenn die Mutation durch ein Agens induziert wird, sollte die Wahrscheinlichkeit dafür in allen Subkolonien im Rahmen zufälliger Schwankungen gleich hoch sein. Wenn Mutationen zur Resistenz dagegen spontan entstehen, kann dies am Beginn, am Ende oder im Verlauf der Wachstumsphase erfolgen, sodass ein hoher Mutantentiter dann vorliegt, wenn die Mutation früh erfolgt ist, und ein niedriger bei später Mutation (daher Fluktuationstest). Die Anzahl der vorhandenen mutierten Bakterien kann man durch Plattieren eines Teils jeder Subkultur auf restriktivem Medium ermitteln. Im ursprünglichen Experiment wurden mit dem Bakteriophagen T1 (► Abschn. 4.3) infizierte Bakterien verwendet und auf Resistenz gegenüber dem Phagen getestet. Der Test zeigt, dass die Mutationen spontan entstehen und nur aufgrund des Selektionsdrucks sichtbar werden (◘ Abb. 4.2).

Da Mutationen aber selten sind und zu jeder Zeit auftreten können, können sie natürlich auch erst nach der Änderung der Umweltbedingung entstehen. Nach Max Delbrück sprechen wir in diesem Fall von „**adaptiver Mutation**" (im Gegensatz dazu wird eine Mutation als „gerichtet" bezeichnet, wenn die nützliche Mutation präferenziell entstehen würde; für eine aktuelle Darstellung, auch unter statistischen Gesichtspunkten, siehe Kulesa et al. 2015).

Mutationen entstehen spontan und unabhängig von den phänotypischen Konsequenzen. Mutationen werden sichtbar, wenn sie einen Vorteil (oder auch Nachteil) für den betroffenen Organismus haben.

4

Ein zweiter Aspekt, der in diesem Zusammenhang angesprochen werden soll, ist der Austausch und die Neukombination von genetischem Material in Bakterien, der später zu einem integrierten Konzept der Rekombination ausgebaut werden konnte (► Abschn. 4.4).

Ausgangspunkt der Arbeiten von J. Lederberg und E. L. Tatum (1946) war die Möglichkeit, Mutationen in biochemischen Stoffwechselwegen bei *E. coli* durch ein sehr einfaches Verfahren zu untersuchen. Dieses Verfahren beruht auf der Beobachtung, dass man bestimmte Mutationen bei Wachstum von mutagenisierten Bakterienzellen auf geeigneten Nährböden leicht isolieren kann. Lässt man Bakterien auf einem sogenannten **Minimalmedium** wachsen, das im Prinzip nur Salze enthält, so werden hier nur Zellen wachsen, die alle essenziellen Verbindungen selbst synthetisieren können. Man bezeichnet diese Art des Wachstums als **prototroph**. Mutanten, die essenzielle Verbindungen aufgrund ihrer Genomveränderung nicht selbst produzieren können, werden nur auf einem Kulturmedium wachsen, das die betreffende Verbindung oder eine geeignete Vorstufe enthält, mit deren Hilfe die von der Zelle benötigten Endprodukte synthetisiert werden können. Man bezeichnet diese Art Wachstum als **auxotroph**. Lässt man verschiedene Stämme mit unterschiedlichen Mutationen gemischt auf Minimalmedium wachsen, so können durch das Medium die benötigten Wachstumsfaktoren ausgetauscht werden und Zellen als prototroph erscheinen, obwohl sie eigentlich auxotroph sind. In diesem Falle würde der prototrophe Zustand wieder aufgehoben, wenn man die einzelnen Zellen voneinander trennt und sie einzeln in Kultur nimmt. Die Zellen erweisen sich dann als auxotroph. Lederberg und Tatum fanden jedoch in derartigen Experimenten, dass nach Kokultivierung von Zellen, deren einer Typ Biotin (B) und Methionin (M) zum Wachstum erforderte (Konstitution: $B^-M^-P^+T^+$), der andere Prolin (P) und Threonin (T) (Konstitution: $B^+M^+P^-T^-$), mit unerwarteter Häufigkeit prototrophe Kolonien auftraten. Isolierte man aus solchen prototrophen Zellkolonien Einzelzellen und testete sie auf ihre genetische Konstitution, so erwiesen auch sie sich als prototroph (Konstitution also: $B^+M^+P^+T^+$).

Diese Konstitution konnte nur als das Ergebnis eines Austauschs von DNA-Abschnitten (Rekombination) angesehen werden, dessen Basis zunächst noch unverstanden war (für Details des Mechanismus siehe ► Abschn. 4.4.2). Dennoch war damit der Weg für eine genetische Kartierung des *E. coli*-Genoms durch Rekombination bereitet. Bereits ein Jahr später publizierte Lederberg eine erste, vorläufige genetische Karte des *E. coli*-Chromosoms, die acht Gene enthielt. Er bewies damit, dass das genetische Material von Bakterien in einer den Kopplungsgruppen höherer Organismen ähnlichen Weise linear auf dem Chromosom angeordnet ist. („*It was found that genetic markers behaved as if they were part of a system of linked genes. Some evidence for linear order of genes was obtained*"; Lederberg 1947.)

> Auch bei haploiden Bakterien wird Rekombination von Markergenen beobachtet, die offenbar zwischen Zellen unterschiedlicher genetischer Konstitution ausgetauscht werden können. Durch solche Rekombinationsereignisse konnte das Bakteriengenom genetisch kartiert werden.

In den 1950er-Jahren erkannte man durch elegante Experimente von François **Jacob** und Ellie **Wollmann** am Institut Pasteur in Paris, dass das *E. coli*-Chromosom ein geschlossener Ring ohne freie Enden ist, auf dem die einzelnen Gene linear angeordnet sind (eine Übersichtsarbeit dazu erschien 1961). Seither werden die genetischen Abstände auf der Genkarte in Minuten (1'–100') angegeben; diese Form der Darstellung ergibt sich aus den Zeiten, die für die Übertragung von Genen von einer Bakterienzelle auf eine andere benötigt wurden. Die Details werden im ► Abschn. 4.2.1 besprochen (◻ Abb. 4.11). Die nächste Chromosomenkarte aus dem Jahr 1964 enthielt dann immerhin schon 99 kartierte Gene, 1983 waren es 881 und 1988 1027. Seit 1997 ist das Genom von *E. coli* (Stamm K12) vollständig sequenziert. Wir wissen, dass es 4,6 Mb umfasst und 4288 Gene enthält, die für Proteine codieren. Dazu kommen sieben rRNA-Gene und 86 tRNA-Gene. Der Abstand zwischen zwei Genen beträgt oft nur ungefähr 100 bp. Die codierenden Informationen liegen bei *E. coli* auf beiden DNA-Strängen, sodass die DNA sowohl im Uhrzeigersinn als auch im Gegenuhrzeigersinn transkribiert wird (◻ Abb. 4.3).

Die in der Datenbank niedergelegte Sequenz des *E. coli*-Chromosoms (Blattner et al. 1997) startet am „*origin*" (*of replication*) in der Region zwischen den Genen *lasT* und *thrL*. Die Start- und Endpunkte (*ter*) der Replikation unterteilen das Genom in zwei Hälften, die als „Replichore" bezeichnet werden. Das Replichor I wird im Uhrzeigersinn repliziert und enthält den in der Sequenzdatenbank angegebenen Strang als Leitstrang, im Replichor II ist das der Gegenstrang. Viele Gene von *E. coli* sind in derselben Richtung angeordnet, in der auch die Replikation voranschreitet: Alle sieben rRNA-Gene und 53 der 86 tRNA-Gene werden in Richtung ihrer Replikation exprimiert. Das gilt aber nur für 55 % aller Protein-codierenden Gene.

Durch die Sequenzierung wurden auch einige bis dahin unbekannte Gene entdeckt, z. B. sieben neue tRNA-Gene und Gene für den Abbau aromatischer Verbindungen. Zusätzlich wurden 30 offene Leserahmen (engl. *open reading frame*, ORF) identifiziert, deren Funktion zunächst unklar blieb. Insgesamt codieren die offenen Leserahmen im Durchschnitt für 317 Aminosäuren. Vier ORFs davon codieren allerdings für 1500 bis 1700 Aminosäuren, aber 381 für Proteine, die aus weniger als 100 Aminosäuren bestehen. Protein-codierende Gene repräsentieren etwa 87,8 % des Genoms, 0,8 % codieren für stabile RNAs und 0,7 % enthalten nicht-codierende

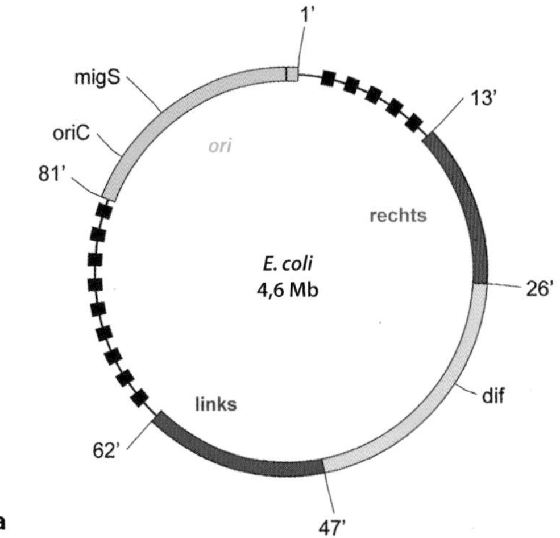

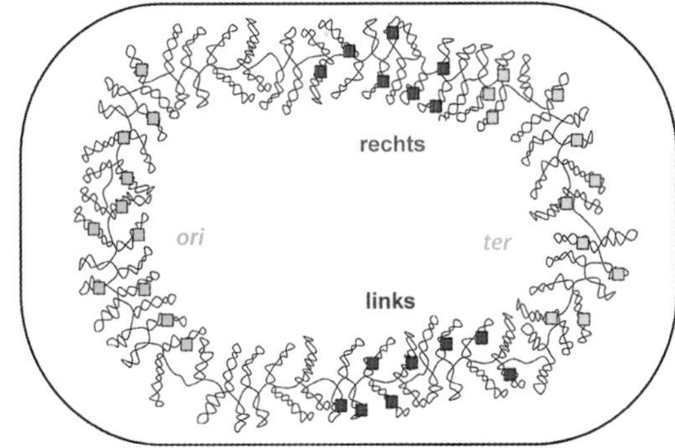

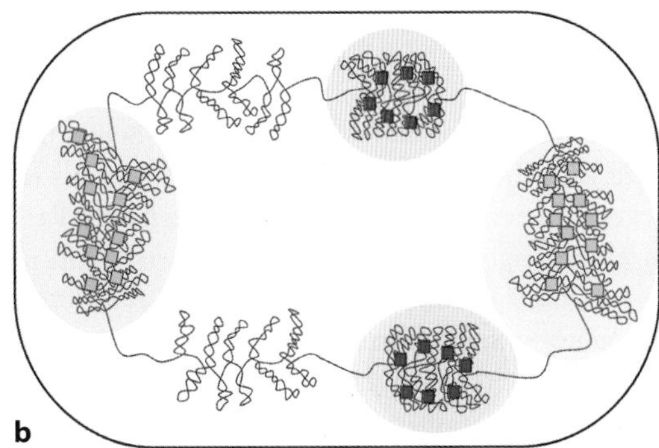

Abb. 4.3 Schematische Darstellung der Domänen des *E. coli*-Chromosoms. **a** Der Kreis repräsentiert die genetische Karte des Chromosoms; die genetischen Abstände sind in Minuten angegeben. Die *farbigen Balken* symbolisieren die verschiedenen Domänen (*ori*: *grün*; links: *dunkelblau*; rechts: *rot*; *ter*: *hellblau*), wohingegen die *unterbrochenen schwarz-weißen Balken* weniger strukturierte Regionen darstellen. Zur Orientierung sind einige Gene angegeben. **b** Das *obere* Modell zeigt, dass das ringförmige Chromosom aus vier stark strukturierten Domänen besteht (*ori*, *ter*, links und rechts) sowie aus zwei weniger stark strukturierten Regionen, die sich beidseits an die *ori*-Region anschließen. DNA-bindende Faktoren sind durch *kleine farbige Quadrate* angedeutet. Das *untere* Modell zeigt die räumliche Konzentration der DNA aufgrund der DNA-bindenden Faktoren, wodurch DNA-Sequenzen in eine räumliche Nähe kommen, die sonst 1000 bp und mehr voneinander entfernt sind. Die Abwesenheit von DNA-bindenden Faktoren in den weniger strukturierten Regionen erlaubt der DNA eine gewisse Flexibilität und Wechselwirkung mit den flankierenden Makrodomänen. (Nach Boccard et al. 2005, mit freundlicher Genehmigung)

Wiederholungssequenzen. 11 % des Genoms werden regulatorischen und anderen Funktionen zugeordnet. Die Sequenzierung deckte auch frühere evolutionäre Prozesse auf, indem einigen Abschnitten mehr oder weniger gut erhaltene „Überreste" von Phagengenen zugeordnet werden konnten. Die Sequenzierung des Genoms von *E. coli* hatte insgesamt etwa 6 Jahre in Anspruch genommen.

Wir wissen heute, dass das Chromosom von *E. coli* in vier größeren Regionen stark verdichtet ist; jede dieser **Makrodomänen** umfasst etwa 1 Mb (Abb. 4.1). Außerdem gibt es zwei Bereiche, die offensichtlich weniger stark strukturiert sind; eine Übersicht über diese Domänenstruktur gibt Abb. 4.3. Eine wichtige Rolle bei der Charakterisierung der verschiedenen Makrodomänen spielt das Protein MatP (engl. *macrodomain ter protein*), das an eine 13 bp lange Sequenz bindet (*matS*; engl. *macrodomain ter sequence*), die zwar ausschließlich in der ca. 800 kb großen Ter-Makrodomäne vorkommt, hier aber insgesamt 23-mal. Ein MatP-Dimer, das an eine der *matS*-Stellen gebunden hat, kann mit einem anderen MatP-Dimer an einer anderen *matS*-Bindestelle ein Tetramer bilden, wodurch entferntere MatP-*matS*-Komplexe nahe aneinander gebracht werden. Diese Struktur trägt dazu bei, dass die Ter-Makrodomäne kompakter organisiert wird; dazwischenliegende Sequenzen ragen als Schleifen heraus. Zellen ohne MatP haben Schwierigkeiten bei der Trennung der Chromosomen und der Auflösung der terminalen Region bei der Replikation.

Die **Nukleoid-assoziierten Proteine (NAPs)** haben wir bereits in Abb. 4.1 kennengelernt; sie binden üblicherweise relativ unspezifisch an die bakterielle DNA und können auf diese Weise zu Verknüpfungen und Krümmungen der DNA führen oder die DNA auch bedecken. Das oben schon erwähnte **H-NS-Protein** von *E. coli* ist relativ klein (15,5 kDa), und seine N-terminale Domäne ist für die Oligomerisierung des Proteins verantwortlich. Dadurch bringt es Genorte, die weit entfernt liegen, in enge physikalische Nachbarschaft. Das H-NS-Protein bindet bevorzugt an AT-reiche oder gekrümmte DNA; es hemmt negatives Überdrehen (engl. *supercoiling*) der DNA und kann durch Verdecken entsprechender Promotorstrukturen auch die Bindung von RNA-Polymerasen oder Transkriptionsaktivatoren behindern und dadurch die Genexpression beeinflussen. Die **HU-Proteine** sind auch kleine, unspezifische DNA-Bindeproteine (18 kDa), die in großer Menge bei *E. coli* vorkommen (etwa 30.000 Kopien pro Zelle) und ca. 10 % des Chromosoms bedecken. Die HU-Proteine haben ebenfalls Einfluss auf die Spiralisierung der DNA. Die Proteine **IHF** (engl. *integration host factor*) und **FIS** (engl. *factor for inversion stimulation*) zeichnen sich vor allem dadurch aus, dass sie die DNA stark biegen können – IHF um ungefähr 160° und FIS um etwa 50–90°. Für eine umfassende und aktuelle Darstellung, auch von NAPs in anderen bakteriellen Systemen, siehe Badrinarayanan et al. (2015).

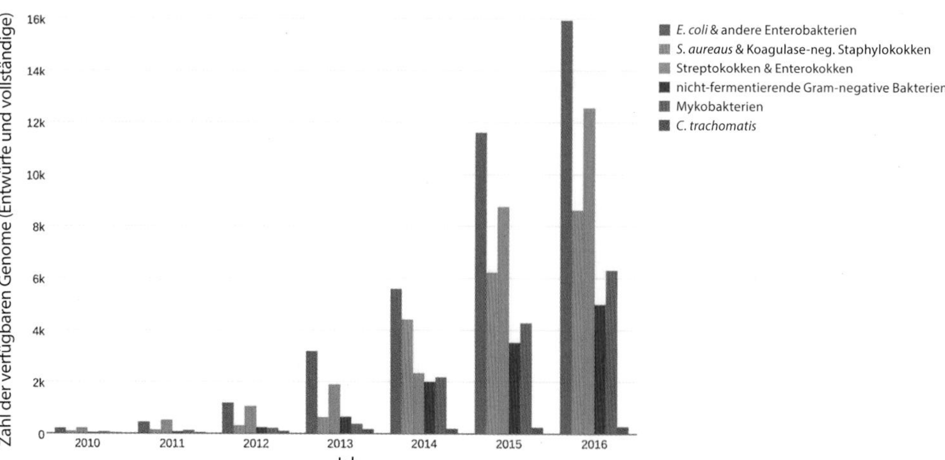

Abb. 4.4 Zahl vollständiger Bakteriengenome, die beim Nationalen Zentrum für Biotechnologische Information (NCBI) der USA pro Jahr öffentlich zugänglich waren. (Nach Tagini und Greub 2017, CC-by 4.0, ▸ http://creativecommons.org/licenses/by/4.0/)

Bakterien haben ein ringförmiges Chromosom; das Chromosom von *E. coli* umfasst etwa 4,6 Mb. Die Replikation beginnt an einem Startpunkt (*ori*) und verläuft bidirektional zu einem definierten Endpunkt (*ter*). Beide Stränge codieren für Gene. Das Chromosom enthält vier Bereiche mit hoher Packungsdichte.

Als Ergebnis der enormen Menge an Information, die im letzten halben Jahrhundert an *E. coli* gesammelt wurde, haben wir jetzt sehr genaue Kenntnis über Genregulation, Proteinaktivitäten, Enzymreaktionen, metabolische Stoffwechselwege, makromolekulare Maschinen und regulatorische Wechselwirkungen. Um allerdings zu verstehen, wie all diese Prozesse untereinander in Wechselwirkung stehen, um eine lebende Zelle zu bilden, bedarf es weiterer Arbeiten: Quantifizierungen, Integration der Daten und mathematischer Modellierung – kurz: Systembiologie. Kein Organismus kann zurzeit mit *E. coli* in Bezug auf die Menge an zur Verfügung stehenden Daten und experimenteller Zugänglichkeit konkurrieren. Wir können erwarten, dass uns dieser Organismus in den nächsten Jahren für die Modellierung und Simulierung einer ganzen Zelle die Türe öffnet.

An dieser Stelle sollen auch einige Hinweise zur **genetischen Nomenklatur** bei *E. coli* gegeben werden. Prokaryotische Gene werden mit einem Kürzel aus drei kursiven Kleinbuchstaben bezeichnet, häufig mit Bezug zur Funktion des Gens. Diesem Kürzel folgt ein Großbuchstabe, der eine Differenzierung verschiedener Loci ermöglicht, die den gleichen Phänotyp beeinflussen (z. B. *proA*, *proB*). Werden neue Mutationen eines Gens isoliert, erfolgt ihre Unterscheidung durch eine zusätzliche Nummerierung (z. B. *proA52*). Der Phänotyp selbst wird durch das Kürzel in Normalschrift bezeichnet, dessen erster Buchstabe großgeschrieben wird (z. B. Prolin-auxotroph: Pro$^-$). Soll ein Protein benannt werden, so wird das Kürzel in Normalschrift verwendet und der erste Buchstabe großgeschrieben (z. B. ProA, ProB).

Wir haben oben gesehen, dass die vollständige Sequenzierung des Genoms von *E. coli* 6 Jahre in Anspruch genommen hatte und erst 1997 abgeschlossen wurde (Blattner et al. 1997). Das erste Bakterium, das sequenziert wurde, war *Haemophilus influenzae* (Fleischmann et al. 1995). Eine Übersicht über die Meilensteine bei der Sequenzierung von Bakterien gibt ◘ Tab. 4.1. Mit der Einführung neuer Sequenziermethoden (Technikbox 7) ist die Anzahl sequenzierter prokaryotischer Genome exponentiell angestiegen (◘ Abb. 4.4) und liegt derzeit (2019) bei 44.048 Spezies, davon 493 Archaeen (▸ http://bacteria.ensembl.org/index.html; 18.07.2019).

Seit der Entdeckung des Penicillins und anderer Antibiotika sind diese Wirkstoffe für die Behandlung bakterieller Infektionen oft essenziell. Allerdings entwickeln immer mehr Bakterien entsprechende Resistenzen gegenüber Antibiotika, sodass deren Wirkung zunehmend eingeschränkt ist. Dies führt oft zu lebensbedrohlichen Situationen: Allein im Jahr 2014 führten Tuberkulose-Erkrankungen weltweit zu etwa 200.000 Todesfällen aufgrund von Antibiotikaresistenzen. Eine schnelle Bestimmung der Resistenzen von Bakterien ist deswegen oft dringend notwendig – die Entwicklung neuer genomischer Sequenziertechniken macht diese nun zu einer schnellen und kostengünstigen Alternative zu herkömmlichen Diagnoseverfahren. Eine aktuelle und detaillierte Darstellung der unterschiedlichen Verfahren findet der interessierte Leser bei Schürch und van Schaik (2017).

Zwei Beispiele der sequenzierten Bakteriengenome sollen etwas ausführlicher vorgestellt werden:

Mycoplasma pneumoniae (M129) enthält nur ein kleines Genom (816 kb) und besitzt keine Zellwand. Es ist vielmehr nur von einer Cytoplasmamembran mit Cholesterol als essenziellem Bestandteil umgeben. *M. pneumoniae* ist ein Humanpathogen, das eine „aty-

Tab. 4.1 Meilensteine der Sequenzierung prokaryotischer Gene oder Genome

Jahr	Meilenstein
1977	Einführung der Didesoxy-Sequenziermethode nach Sanger (Kettenabbruchmethode)
1981	Erste Sequenzierung mitochondrialer DNA des Menschen
1995	Erste komplette Genomsequenz von frei lebenden Bakterien (*Haemophilus influenzae* und *Mycoplasma genitalium*)
1996	*Mycoplasma* ist die erste Gattung, von der die Genome zweier verschiedener Spezies vollständig sequenziert sind (*Mycoplasma genitalium* und *Mycoplasma pneumoniae*)
1997	Erste Genomsequenzen von *Escherichia coli* und *Bacillus subtilis*
1998	Erste Genomsequenz von *Mycobacterium tuberculosis*; die Genomsequenz von *Rickettsia prowazekii* offenbart reduktive Evolution
1999	*Helicobacter pylori* ist die erste Spezies mit sequenzierten Genomen zweier Isolate; Hinweis auf lateralen Gentransfer zwischen Archaeen und Bakterien durch die Sequenzierung des Genoms von *Thermotoga maritima*
2000	Sequenzierung der Genome von Meningokokken eröffnet die Phase der reversen Impfstoffentwicklung
2001	Genomsequenzen von *E. coli* zeigen erheblichen horizontalen Gentransfer; Genomsequenzen von zwei Stämmen einer Spezies (*Staphylococcus aureus*) in einer Publikation; Genomsequenzen von *Mycobacterium leprae* dokumentieren bakterielle Pseudogene und reduktive Evolution
2002	Genomsequenzierung verschiedener Stämme von *Bacillus anthracis*, um Marker für die forensische Epidemiologie zu erhalten
2003	Genomsequenzierung des nicht-kultivierbaren *Tropheryma whipplei* führt zur Entwicklung eines axenischen Mediums
2004	Genomsequenz des Mimivirus verwischt die Grenze zwischen Bakterien und Viren; eine metagenomische Studie der Sargassosee lieferte > 1 Mio. neue Gene
2005	Genomsequenzierung von *Mycobacterium tuberculosis* identifizierte einen neuen Angriffspunkt für Medikamente
2007	Genomsequenzierung einzelner Zellen von TM7-Mikroorganismen aus dem menschlichen Mund
2008	Sequenzierung von 100 Stämmen von *Salmonella enterica subsp. enterica serovar Typhi*
2009	Transposon-Sequenzierung identifizierte essenzielle Gene in Salmonellen
2010	Beginn der molekularen bakteriellen Epidemiologie, um Krankenhauskeime aufzuspüren; erster Katalog eines menschlichen Mikrobioms des Darms
2011	Genomsequenzierung verdeutlicht Rolle der UN-Blauhelme bei einem Cholera-Ausbruch in Haiti; Genomsequenzierung des Pesterregers *Yersinia pestis*
2012	Entwicklung der CRISPR-Cas-Technologie zur Genomveränderung
2013	Metagenomische Analyse zur Untersuchung eines *E. coli*-Ausbruchs
2014	Sequenzierung von 3000 Isolaten von *Streptococcus pneumoniae* zeigt die Veränderung bakterieller Populationen durch menschliche Eingriffe
2015	Anwendung der Genomsequenzierung zur Routineüberwachung von Salmonellose und Tuberkulose
2016	Genombasierte taxonomische Klassifikation der Abteilung Bacteroidetes[a]
2017	Genomsequenzierung von *Campylobacter jejuni*-Isolaten aus Stuhlproben dänischer Patienten zeigt überraschende Anhäufungen[b]

Nach Loman und Pallen 2015
[a] Hahnke et al. 2016; [b] Joensen et al. 2017

pische Pneumonie“ bei älteren Kindern und jungen Erwachsenen hervorruft. Als Oberflächenparasit heftet es sich an die respiratorischen Epithelien an. Diese kleinen Bakterien sind besonders interessant, weil damit die minimale Ausstattung einer sich selbst replizierenden Zelle definiert werden kann. Daher wurde das Genom von *M. pneumoniae* relativ früh (Himmelreich et al. 1996) komplett durchsequenziert. Es hat einen G/C-Gehalt von ca. 40 % und enthält 730 Gene. Neuere Sequenzierungen von verschiedenen klinischen Isolaten zeigten ein hohes Maß an Übereinstimmungen (99 %); 182 Gene sind in allen sequenzierten Genomen identisch. Die beiden Gene mit der höchsten Variation codieren für die Proteine P1 und ORF6 – beide Proteine sind für die Anheftung des Bakteriums an die Zelloberfläche des Wirts wichtig, und eine hohe Variabilität dieser Proteine ermöglicht auch ein breites Spektrum an möglichen Wirtszellen. Entsprechend wurden für den Nachweis und die Differenzialdiagnostik dieses Bakteriums verschiedene PCR-basierte Diagnostikmethoden entwickelt, die neben dem *P1*-Gen auch nicht-codierende, variable repetitive genetische Elemente erfassen (z. B. *repMp1*). Die Reduktion der Genomgröße ist ein Ergebnis der Evolution und wird durch den vollständigen Verlust anaboler Stoffwechselwege erklärt (z. B. keine Aminosäuresynthese!). Daher pflegt *M. pneumoniae* einen obligat parasitären Lebensstil, der von der Zufuhr exogener Metaboliten essenziell abhängt. Auch durch den „Verzicht" auf eine Zellwand konnte der Parasit die Zahl der notwendigen Gene verringern. Außerdem benötigt *M. pneumoniae* für verschiedene grundlegende Prozesse wie DNA-Reparatur, DNA-Rekombination, Zellteilung und Proteinsekretion deutlich weniger Gene als komplexere Bakterien.

Die Antibiotikabehandlung von Infektionen durch *M. pneumoniae* ist nur eingeschränkt möglich, da β-Lactam-basierte Antibiotika (Penicillin und Derivate) wegen des Fehlens der Zellwand nicht wirksam sind. Stattdessen werden weltweit vor allem Makrolidantibiotika eingesetzt, die die bakteriellen Ribosomen angreifen. Allerdings haben sich inzwischen bereits Resistenzen gegen diese Antibiotikagruppe entwickelt (über 90 % in China und Japan, 30 % in Israel, 26 % in Italien, 19 % in Großbritannien, 10 % in Frankreich und 4 % in Deutschland). Alternativen sind Chinolone und Tetracycline. Eine sehr ausführliche Zusammenfassung des aktuellen Wissens über *M. pneumoniae* findet sich bei Waites et al. (2017).

Im Gegensatz zum Verlust kompletter Stoffwechselwege wurde aber auch oft die Amplifikation vollständiger Gene oder Gensegmente beobachtet sowie verkürzte Gene, die zusätzlich noch vollständig und aktiv vorliegen. Es wird vermutet, dass es sich hierbei um Relikte früherer Rekombinationsereignisse handelt. Schließlich sind unter den abgeleiteten Proteinen einige wenige, die überraschenderweise die größte Ähnlichkeit mit eukaryotischen Proteinen haben. Die wichtigsten Beispiele dafür sind Gene, die für den *pre-B cell enhancing factor* (*pebf*) und den Vorläufer der Carnitin-Palmitoyltransferase II (*cpt2*) codieren. Beide Gene können **Beispiele für einen horizontalen Gentransfer** sein, d. h. die Weitergabe genetischen Materials außerhalb der sexuellen Fortpflanzungswege und unabhängig von bestehenden Artgrenzen.

Agrobacterium tumefaciens ist ein Pflanzenpathogen mit der einzigartigen Fähigkeit, einen definierten Abschnitt von DNA auf Eukaryoten zu übertragen, der dann in eukaryotische Genome integriert. Diese Fähigkeit des DNA-Transfers wird als wirkungsvolle Methode bei der Produktion transgener Pflanzen (z. B. Sojabohne, Mais und Baumwolle) genutzt. *A. tumefaciens* wurde als Ursache der Wurzelhalsgalle bei Pflanzen identifiziert, eines Tumors, der sich an der Eintrittsstelle des Bakteriums (kleine Wunde) bildet. Durch die pflanzlichen Wundreaktionen werden Signale erzeugt, die die Genregulation der Agrobakterien umprogrammieren. Die Induktion der Pflanzentumoren benötigt dafür nicht mehr als 18 h. Damit ist das pflanzliche Gewebe umdifferenziert und wächst krebsartig weiter. Ein besonderes Kennzeichen dieser Tumoren ist, dass sie in Gewebekultur Phytohormon-unabhängig wachsen können. Eine interessante historische Übersicht über die Erforschung der Tumor-induzierenden Wirkung von *A. tumefaciens* findet sich bei Kado (2014).

A. tumefaciens verfügt noch über eine weitere Besonderheit: Es enthält außer einem ringförmigen Chromosom auch noch ein lineares Chromosom (sowie zwei extrachromosomale DNA-Moleküle – Plasmide, eines davon ist für die Tumorinduktion wichtig). Das Gesamtgenom hat eine Größe von 5,7 Mb und einen G/C-Anteil von ca. 60 %, ca. 90 % der DNA enthalten codierende Informationen. Das zirkuläre Chromosom (2,8 Mb) enthält einen Replikationsstartpunkt, wie wir es von Bakterien kennen. Das lineare Chromosom (2,1 Mb) hat dagegen einen Replikationsstartpunkt, der an eine evolutionäre Herkunft von Plasmiden denken lässt. Entsprechend sind auch die Gene für essenzielle Prozesse überwiegend auf dem ringförmigen Chromosom lokalisiert. Die Enden des linearen Chromosoms sind kovalent geschlossen und enthalten offensichtlich Haarnadelschleifen. Die Sequenz wurde im Jahr 2001 veröffentlicht (Goodner et al. 2001). Die wichtigsten Eigenschaften des Tumor-induzierenden Plasmids werden im ► Abschn. 4.2.2 besprochen.

Die modernen Sequenziermethoden (Technikbox 7) haben es ermöglicht, alle Bakterien in einem gegebenen Umfeld zu bestimmen. Bei diesen **Mikrobiom**-Analysen wird vor allem die Zusammensetzung der Darmflora des Menschen, aber auch der Lunge oder auf der Haut untersucht. Das menschliche Mikrobiom ist erstaunlich komplex: Im menschlichen Darm befinden sich rund 100 Billionen (10^{14}) Bakterien von etwa 1000 verschiedenen Spezies, und auf den Zähnen ca. 1 Billion Bakterien (10^{12}). Es gibt dabei erhebliche Unterschiede in der Zusammensetzung zwischen einzelnen Menschen, die im Wesentlichen durch Umweltfaktoren bedingt sind, vor allem durch die Nahrung, aber auch durch Arzneimittel (z. B. Antibiotika). Das Mikrobiom des Magen-Darm-Traktes ist dabei untrennbar mit der Aufrechterhaltung des Gleichgewichts der Körperfunktionen verbunden; entsprechend sind viele Krankheiten (z. B. Allergien, Diabetes, Fettleibigkeit, Krebs, Darmentzündungen, Herz-Kreislauf-Erkrankungen, Lebererkrankungen und neurodegenerative Erkrankungen) mit Veränderungen in der Darmflora assoziiert. Das Mikrobiom kann durch Sequenzierung der hypervariablen Regionen der 16S-rRNA der Bakterien (► Abschn. 4.5.4) bestimmt werden. Eine Übersicht über die Komplexität dieses Systems geben die Aufsätze von Sender et al. (2016), Blum (2017) und von van der Ark et al. (2017).

Im Frühjahr 2010 berichtete die Gruppe um Craig **Venter** vom **ersten synthetischen Bakterium**: Dazu wurde DNA in der Größe von 1,08 Mb eines *Mycoplasma mycoides*-Bakteriums neu konstruiert, vollständig synthetisiert und zusammengesetzt – und dann in *Mycoplasma capricolum* als Empfängerbakterium übertragen. Die neuen Zellen enthalten nur noch das neue Genom (JCVI-syn.10 – nach John Craig Venter Institute), das durch etliche „Wasserzeichen" und absichtliche Deletionen charakterisiert ist. Diese Zellen haben die gewünschten Eigenschaften und replizieren sich selbstständig. Damit ist es zum ersten Mal gelungen, eine Zelle synthetisch herzustellen (Gibson et al. 2010). Nach mehreren Zwischenstufen wurde inzwischen auch das Chromosom 3 der Hefe synthetisch hergestellt (Annaluru et al. 2014; siehe ▶ Abschn. 5.3.1) – und damit erleben wir gerade, wie in der Genetik ein neues Zeitalter anbricht: das der Synthetischen Biologie.

Ähnlich wie schon zu Beginn der gentechnischen Revolution in den 1970er-Jahren befürworten viele Wissenschaftler ein Innehalten der Forschung – sie fordern ein Moratorium, um sich der möglichen Auswirkungen der Synthetischen Biologie zu vergewissern (siehe „Konferenz von Asilomar", ▶ Abschn. 1.4). Die Synthetische Biologie hat natürlich ein enormes Potenzial – das reicht vom Müllabbau bis hin zur Entwicklung von Arzneimitteln. Viele ihrer Anwendungen beinhalten aber auch die nicht rückholbare Freisetzung dieser synthetischen Organismen in die Umwelt. Und dies erfordert zweifellos einen breiten und offenen Dialog „der Wissenschaft" mit „der Gesellschaft" und auch innerhalb der Gesellschaft, um zu einem breiten Konsens für die Anwendung und notwendige gesetzliche Regularien dieser neuen Technologie zu kommen. Eine ausführliche Diskussion dieser ethischen Implikationen findet der interessierte Leser bei Gregorowius und Deplazes-Zemp (2016).
In der wissenschaftlichen Diskussion spielen jedoch technische Lösungen eine große Rolle, nämlich die Beantwortung der Frage, wie genetisch entwickelte Mikroorganismen (GEMs, engl. *genetically engineered microorganisms*) biologisch daran gehindert werden können, sich außerhalb der kontrollierten Laborbedingungen auszubreiten. Dazu gehören Veränderungen des genetischen Codes (z. B. andere Stoppcodons oder ein Vier-Basen-Code statt des natürlichen Drei-Basen-Codes) oder die Verwendung künstlicher Nukleotide statt des natürlichen DNA-RNA-Systems. Diese experimentellen Ansätze gründen in der Überzeugung, dass solche Organismen unter natürlichen Bedingungen isoliert bleiben und nicht mit anderen biologischen Systemen in Wechselwirkungen treten können (für Details siehe Torres et al. 2016).

Bisher haben wir uns bei der Besprechung prokaryotischer Organismen auf Bakterien beschränkt. Die **Archaeen** (früher auch Archaebakterien oder Ur-Bakterien genannt) wurden als eigenständige Domäne im Reich der Organismen auch erst 1977 durch Carl **Woese** und Georg **Fox** definiert, und seither gehört die Forschung an diesen Organismen zu den faszinierendsten Bereichen der Biologie und natürlich auch der Genetik. Die Genetik (und hier besonders die Genomforschung) war es schließlich auch, die wesentlich zur Klassifizierung der Archaeen als eine eigene Domäne beigetragen hat. Der wesentliche genetische Unterschied zwischen den Bakterien und den Archaeen liegt in den Sequenzen der kleinen Untereinheit der ribosomalen RNA (16S-rRNA; ▶ Abschn. 4.5.4), die dazu führten, die Archaeen als eigene Domäne im „Baum des Lebens" zu klassifizieren. Archaeen repräsentieren mehr als 20 % der Prokaryoten in den Ozeanen und finden sich vor allem in den tieferen Schichten der Sedimente und in geothermalen Lebensräumen. Neben diesen extremen Lebensräumen findet man Archaeen aber zunehmend auch in gemäßigten Habitaten; Archaeen besiedeln auch Darm, Mund und Haut von Tieren und Menschen, allerdings wurden bisher keine pathogenen Arten entdeckt.

Das erste Genom, das von Archaeen vollständig sequenziert wurde, war das von *Methanocaldococcus jannaschii* (früher *Methanococcus jannaschii*, 1996). Heute kennen wir knapp 500 Genomsequenzen von Archaeen, die die Klassifizierung der Archaeen als eigene Domäne im Prinzip bestätigt haben. Die neuen Genomsequenzen führten zu einem sehr vielfältigen Bild der Archaeen. Aufgrund von lateralem Gentransfer zwischen Bakterien und Archaeen ist die Bestimmung des phylogenetischen Baums der Archaeen nicht immer ganz einfach: Neben den beiden Hauptgruppen, den Crenarcheota und den Euryarcheota, kennen wir heute noch eine Vielzahl weiterer Gruppen und Familien; ihre Einordnung ist oft abhängig von den Merkmalen, die dafür herangezogen werden. Die beobachteten Unterschiede innerhalb der Archaeen betreffen grundlegende zelluläre Eigenschaften, wie DNA-Reparatursysteme, Ubiquitin-Systeme, Transkription und Translation. Die methanogenen Archaeen sind außerdem die einzigen Organismen, die Methan produzieren und wieder verarbeiten können (Methanoxidation); 74 % (Offre et al. 2013) bis 85 % (Eme und Doolittle 2015) der globalen Methanproduktion stammt aus Archaeen.

Die Anwesenheit eukaryotischer Charakteristika in bestimmten Abstammungslinien von Archaeen wird oft als Argument benutzt, die Eukaryoten stammten von den Archaeen ab. Diese Schlussfolgerung ist allerdings zweifelhaft, denn die eukaryotischen Merkmale sind im Reich der Archaeen ungleich verteilt, und kein bekanntes Archaeon trägt alle diese Merkmale. Daher gibt es auch eine alternative Hypothese, dass diese Merkmale bei dem gemeinsamen Vorläufer von Archaeen und Eukaryoten vorkamen, später aber bei der Auffächerung der Archaeen wieder teilweise verloren gegangen seien. Eine sehr ausführliche Darstellung verschiedener evolutionärer Szenarien wurde von Forterre (2015) publiziert.

4.2 Extrachromosomale DNA-Elemente: Plasmide

Die DNA-Menge im prokaryotischen Genom und zugleich auch die Anzahl von Genen ist generell viel kleiner als in eukaryotischen Genomen (◘ Abb. 1.8). Wohl aus diesem Grund findet man daher in vielen Prokaryoten nur ein **einziges Chromosom**. Das lässt die Zellteilungsmechanismen von Bakterien viel einfacher ablaufen als in eukaryotischen Zellen, in denen für eine genaue Verteilung der Chromosomen auf die Tochterzellen gesorgt werden muss (▶ Abschn. 6.3.1). Ein weiterer wesentlicher Unterschied zu Eukaryoten ist, wie bereits herausgestellt, die **Haploidie** der Bakterien. Man würde daher erwarten, dass ein wichtiges Element der Evolution bei Eukaryoten – die Erzeugung neuer Geno- und Phänotypen durch genetische **Rekombination** – in Prokaryoten nicht vorkommt. Wie in ▶ Abschn. 4.1 gezeigt, wurde von Lederberg und Tatum jedoch entdeckt, dass Rekombination auch bei Bakterien stattfindet. Wie ist das trotz des haploiden Zustands möglich?

Bakterienzellen haben trotz ihrer Haploidie einen Ausweg gefunden, um Rekombinationsereignisse zur Veränderung ihrer genetischen Konstitution auszunutzen. Sie können nämlich eine Art sexuellen Prozess durchlaufen, durch den Rekombinationsereignisse induziert werden. Der sexuelle Prozess besteht in einer Paarung oder **Konjugation** zweier Bakterienzellen unterschiedlichen Genotyps mit einem anschließenden unidirektionalen Transfer des einen Bakteriengenoms in den Konjugationspartner. Konjugation ist nur möglich, wenn einer der Konjugationspartner ein (manchmal auch zwei) extrachromosomales ringförmiges DNA-Element besitzt, das 94.500 bp lange **F-Plasmid**. Man bezeichnet solche extrachromosomalen doppelsträngigen DNA-Elemente allgemein als **Plasmide** (oder Episomen). Plasmide können sich unabhängig von der Replikation des Genoms der Bakterienzelle replizieren und liegen oft in mehreren identischen extrachromosomalen Kopien in der Zelle vor, deren Anzahl allerdings meist durch Gene in der Plasmid-DNA streng kontrolliert wird. In ihrem Stoffwechsel sind sie jedoch vollständig vom Stoffwechsel der Wirtszelle abhängig, da sie nur wenige Gene besitzen, die für die spezifischen Funktionen eines Plasmids verantwortlich sind.

❗ Bakterienzellen besitzen oft extrachromosomale DNA-Elemente (Plasmide). Solche Plasmide wirken als Geschlechtsfaktoren und ermöglichen eine Konjugation von Bakterien, wobei sich jeweils eine Zelle mit Plasmid und eine ohne Plasmid paaren.

Der Austausch von genetischem Material unabhängig von einer Eltern-Nachkommen-Beziehung wird auch als horizontaler Gentransfer bezeichnet. Dieser kann bei Prokaryoten jedoch nicht nur über Konjugation erfolgen (für die Details siehe ▶ Abschn. 4.2.1). Weitere Formen des horizontalen Gentransfers sind die **Transduktion** über Phagen (▶ Abschn. 4.3.3) und die Aufnahme freier DNA (**Transformation**; ▶ Abschn. 4.4.1). Die Mechanismen sind in ◘ Abb. 4.5 in einer allgemeinen Übersicht dargestellt. Durch die modernen Sequenziermethoden und die Möglichkeiten des Vergleichs der Genome wird das Ausmaß des horizontalen Gentransfers deutlich. Man kann deswegen oft nicht mehr von klaren Abstammungslinien und verzweigten Ästen eines Stammbaums reden – das Bild von einem „Netz des Lebens" ist vielleicht treffender. Das durch horizontalen Gentransfer übertragene Gen oder DNA-Fragment wird in der Regel zunächst keine besonderen Auswirkungen auf die neue Wirtszelle haben. Allerdings kann es unter veränderten Umweltbedingungen für die Wirtszelle zu einem selektiven Vorteil führen – und dann kann es sich in der jeweiligen Population auch durchsetzen. Auf diese Weise lässt sich die rapide Zunahme der Antibiotikaresistenzen erklären, wobei die Zellen oft nicht nur Resistenzgene gegen ein Antibiotikum besitzen, sondern mehrere verschiedene Resistenzgene („multiple Resistenz").

Allerdings stellt sich bei Anwesenheit eines Plasmids das Problem der Gleichverteilung der genetischen Information auf die beiden Tochterzellen in neuer Weise. Die Plasmide stellen dazu ausgefeilte Systeme zur Verfügung, um die genaue Verteilung ihrer DNA bei der Zellteilung zu gewährleisten. Wir kennen dafür im Wesentlichen drei Mechanismen:

- Plasmide mit niedrigen Kopienzahlen besitzen häufig Gene, deren Funktion darin besteht, Plasmide so auf ihre Tochterzellen zu verteilen, dass jede Tochterzelle mindestens ein Plasmid nach jeder Zellteilung enthält. Beispiele dafür sind das *parRMC*-System der R-Plasmide bei den γ-Proteobakterien, das *sopABC*-System der F-Plasmide und das *Replmob*-System in Gram-positiven Bakterien.
- Bei Plasmiden mit hoher Kopienzahl (> 15 Kopien pro Zelle) ist die theoretische Wahrscheinlichkeit einer Plasmid-freien Verteilung verschwindend gering, sodass diese Plasmide keine aktive Verteilung benötigen. Vielmehr erhält wohl jede Tochterzelle mindestens ein Plasmid als Ergebnis zufälliger Diffusion.
- Einige Plasmide sichern ihre Erhaltung in der Population durch Mechanismen, die spezifisch Plasmid-freie Tochterzellen abtöten. Ein Beispiel dafür ist das Colicin-System des ColE1-Plasmids. Colicine töten Zellen durch eine Nuklease-Aktivität, die Bildung von Poren in der äußeren Membran oder durch die Hemmung des Zellwandmetabolismus. Das ColE1-Plasmid codiert aber nicht nur für ein Colicin, sondern auch für

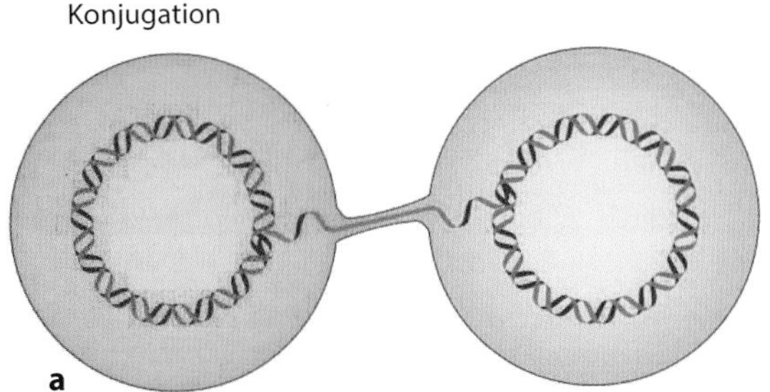

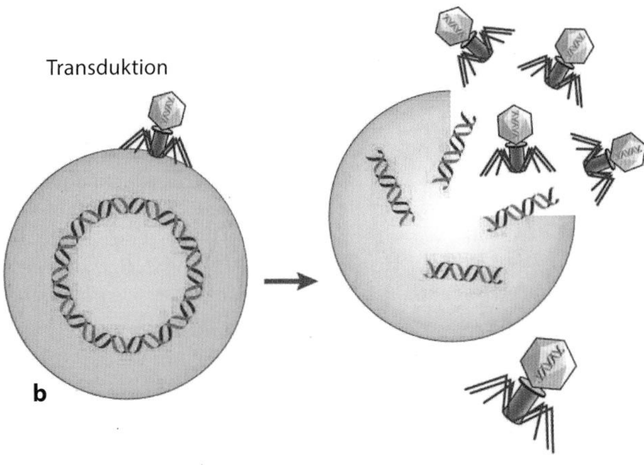

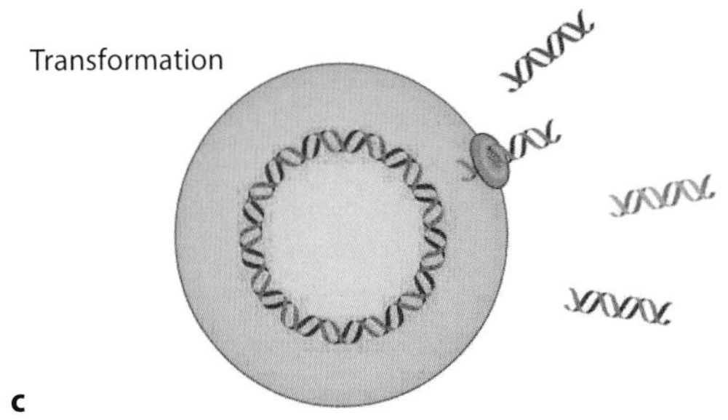

■ **Abb. 4.5** Verschiedene Möglichkeiten des horizontalen Gentransfers. **a** Konjugation entsteht durch den Kontakt einer Spenderzelle und einer aufnehmenden Zelle; dabei wird einzelsträngige DNA von der Spender- auf die Empfängerzelle übertragen. **b** Gentransfer durch Bakteriophagen wird als Transduktion bezeichnet. Im allgemeinen Fall kann jedes Stück genomischer DNA in den Kopf eines Phagen geladen werden; hier ist ein solcher Phage mit einem (*roten*) Fragment von Wirts-DNA dargestellt. **c** Durch Transformation wird DNA aus der Umgebung aufgenommen. In der Abbildung ist das aufgenommene DNA-Fragment ein Doppelstrang, auch wenn viele Transformationssysteme einen der beiden Stränge bei der Aufnahme abbauen. (Nach Soucy et al. 2015, mit freundlicher Genehmigung)

ein Immunitätsprotein – und da Colicine sezerniert werden, werden dadurch alle Plasmid-freien Zellen in einer Population abgetötet.

Von den genannten Mechanismen wollen wir uns die Plasmide mit den *par*-Genen (engl. *partitioning*) etwas genauer betrachten. Die *par*-Systeme bestehen aus drei Komponenten:

- einer in *cis* aktiven Centromersequenz. Sie variiert zwischen verschiedenen Systemen und ist aus direkten oder invertierten Wiederholungseinheiten aufgebaut. Diese Wiederholungseinheiten führen zu einer Krümmung der DNA, die für ihre Funktion essenziell ist.
- einem Motorprotein, das seine Energie aus der Hydrolyse von Nukleosidtriphosphaten gewinnt. Wir kennen davon zwei Typen: solche, die für Aktin-ähnliche ATPasen codieren, und solche, die für ATPasen des Walker-Typs codieren (engl. *P-loop ATPases*). Die Aktin-ähnlichen ATPasen (z. B. beim Plasmid R1) bilden dynamische Filamente, die die jeweiligen Plasmide in die Mitte der Tochterzellen schieben. Wie Mikrotubuli zeigen diese Filamente eine dynamische Instabilität, deren Regulation eine wichtige Komponente während des Segregationsprozesses ist. Die anderen ATPasen vom Walker-Typ bilden hochdynamische, oszillierende Filamente, die für die subzelluläre Bewegung und Positionierung des Plasmids verantwortlich sind.
- einem DNA-Bindeprotein, das als Verbindung zwischen dem Motorprotein und der Centromersequenz dient. Das Bindeprotein fungiert dabei als Startpunkt für die Polymerisation der Motorproteine; diese Polymerisation und die Filamentbildung sind für die Segregation essenziell.

Die Par-vermittelte Segregation von Plasmiden ist unabhängig vom Zellzyklus und der chromosomalen Replikation der Bakterien und eignet sich damit als ein neuer Angriffspunkt bei der Bekämpfung der Resistenzübertragung durch Plasmide. Ein Modell der Segregation der Plasmid-DNA zeigt ■ Abb. 4.6 (für eine ausführliche Darstellung dieses Prozesses siehe Million-Weaver und Camps 2014).

4.2.1 F-Plasmid

Das F-Plasmid wird nur einmal in jedem Zellzyklus repliziert und anschließend gleichmäßig auf die Tochterzellen verteilt. Während der Konjugation erfolgt die Replikation nach dem ***rolling circle*-Mechanismus** (■ Abb. 2.22). Diese Replikationsweise ist wichtig, da hierbei zunächst ein einzelsträngiges lineares DNA-Molekül erzeugt wird, das während der Konjugation auf eine Zelle ohne F-Faktor übertragen wird (■ Abb. 4.7). Da die Replikation und der Transfer eines F-Plasmids während der Konjugation innerhalb von 1–2 min abgeschlossen ist und nach Beendigung einer Konjugation beide Konjugationspartner ein F-Plasmid enthalten (also F^+ sind), kann innerhalb kurzer Zeit eine F^--Population von Zellen, die mit wenigen F^+-Zellen gemischt wird, in eine F^+-Population verwandelt werden. Der Name

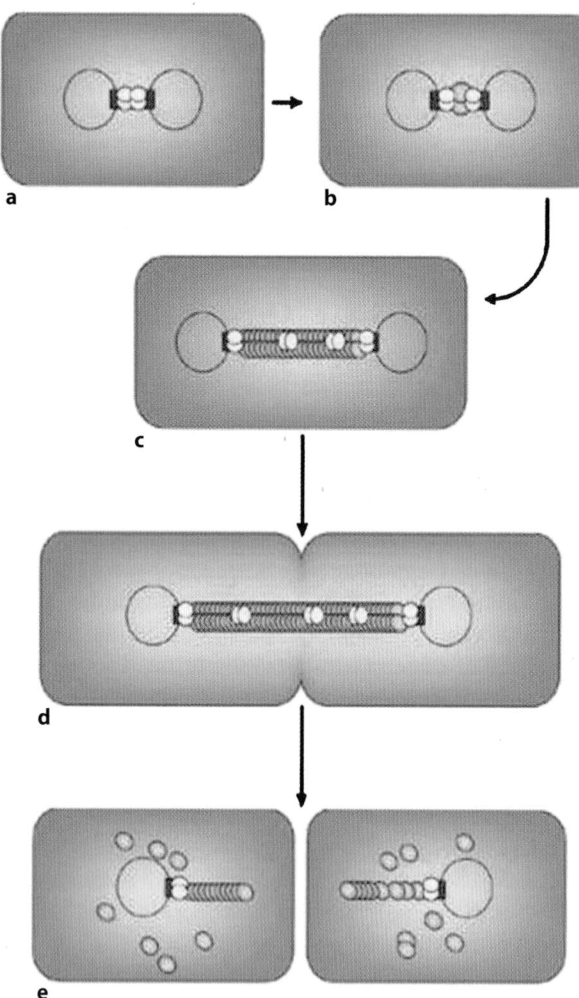

◘ Abb. 4.6 Modell zur Verteilung von Plasmid-DNA. **a** Nach der Replikation richten sich die Plasmidpaare in der Mitte der Bakterienzelle aus; die Centromer-Bindungsproteine (*gelb*) binden dabei an die Teilungsstellen (*rot*). **b** Das ParA-Protein (*blau*) ergänzt diesen Teilungskomplex, der auch als Segresom bezeichnet wird. **c** Als Folge der ATP-Bindung polymerisiert das ParA-Protein in beide Richtungen zwischen den Segresomen und schiebt dabei die beiden Plasmidstränge in unterschiedliche Richtungen auseinander. **d** Dabei moduliert das Centromer-bindende Protein die Organisation des ParA-Filaments. **e** Nach der Zellteilung sind die Plasmidstränge gleichmäßig auf die Tochterzellen verteilt, und das ParA-Polymer wird abgebaut. (Nach Hayes und Barillà 2006, mit freundlicher Genehmigung)

F-Plasmid (F von engl. *fertility*) leitet sich von seiner Eigenschaft ab, Konjugation einer Zelle zu ermöglichen. Man bezeichnet das F-Plasmid daher auch als **Sex-Plasmid** (früher F-Faktor). Der Transfer von Plasmid-DNA während der Konjugation ist nur möglich, wenn zuvor mithilfe von Plasmid-codierten Genprodukten spezielle Oberflächenstrukturen, die **Pili**, auf der Zellwand gebildet worden sind. Jede Zelle kann ein bis drei solcher Pili bilden, deren Länge die der Zelle bei Weitem übersteigt. Sie gestatten die Anheftung einer **F^+-Zelle** an eine F^--Zelle und werden nach der Herstellung des Zellkontakts von der Donorzelle resorbiert.

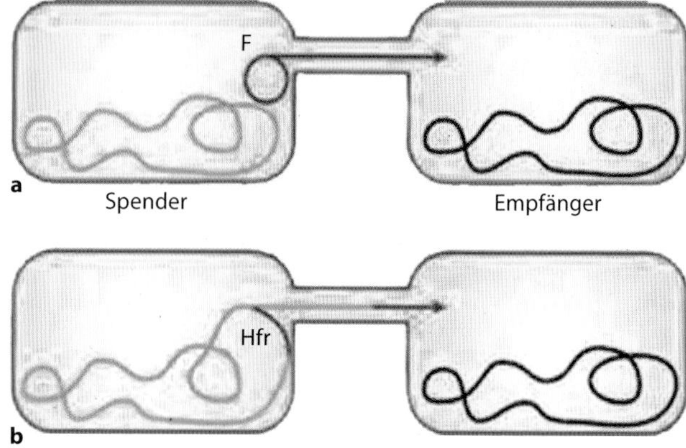

◘ Abb. 4.7 Übertragung des F-Plasmids auf eine F^--Zelle. Konjugation ist die Übertragung von DNA von einer Spender- in eine Empfängerzelle, die einen Zell-Zell-Kontakt erfordert. **a** Die Gene konjugativer Plasmide (wie das F-Plasmid) codieren für Proteine, die für diesen Kontakt notwendig sind, sowie für die Replikation und die Übertragung des Plasmids in die Empfängerzelle. **b** Manchmal ist die Plasmid-DNA in das Wirtsgenom integriert (Hfr); in diesem Fall führt die Konjugation zu einer (teilweisen) Übertragung der genomischen Spender-DNA. (Nach Redfield 2001, mit freundlicher Genehmigung)

Das F-Plasmid von *E. coli* ist ein Musterbeispiel für bakterielle Konjugation. Die Transferregion (*tra*) des F-Plasmids codiert für acht hochkonservierte Proteine des Sekretionssystems (engl. *type IV secretion system*, T4SS), darunter das TraAF (Pilin). Das T4SS baut einen Kanal auf, durch den DNA und/oder Proteine von der Spender- zur Empfängerzelle wandern können. Eine elektronenmikroskopische Aufnahme sowie ein Modell des F-Pilus zeigt ◘ Abb. 4.8. Die DNA-Übertragung wird durch den Kontakt eines Pilus mit einem geeigneten Empfänger eingeleitet; dadurch wird der Pilus stark verkürzt, und es wird eine stabile Paarungsform gebildet. Durch ein Paarungssignal, das in die Zelle weitergegeben wird, wird die DNA entspiralisiert, in einen Einzelstrang überführt und mit einem „Pilotprotein" in die Empfängerzelle übertragen.

Das F-Plasmid ist ein Plasmid, das den Zellen die Fähigkeit vermittelt, eine Konjugation durchzuführen. Dieses Plasmid besitzt die Gene für die Ausbildung von langen Pili, mit deren Hilfe sich Konjugationspartner finden. Während der Konjugation repliziert sich das F-Plasmid durch einen *rolling circle*-Mechanismus, und eine Kopie des Plasmids wird auf den Konjugationspartner übertragen, während die ursprüngliche Kopie in der Donorzelle zurückbleibt.

Eine wichtige Eigenschaft des F-Plasmids ist, dass es gelegentlich in das *E. coli*-Chromosom integriert werden kann. Die Integrationsstelle ist nicht genau festgelegt, erfordert aber eine DNA-Sequenzhomologie zwischen F-Plasmid und Chromosom. Diese Sequenzhomologie wird durch mobile DNA-Elemente hergestellt, die sowohl

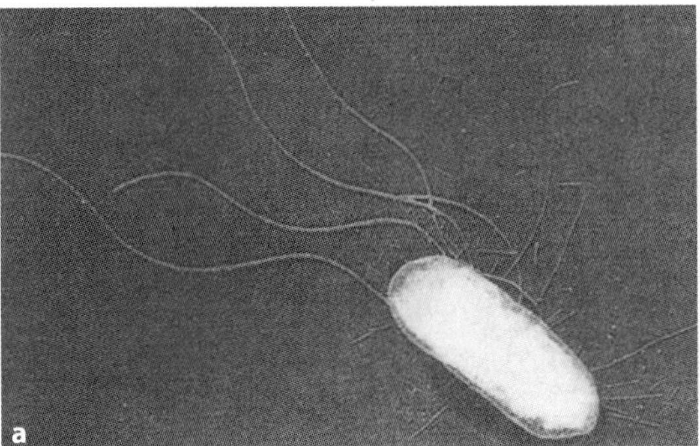

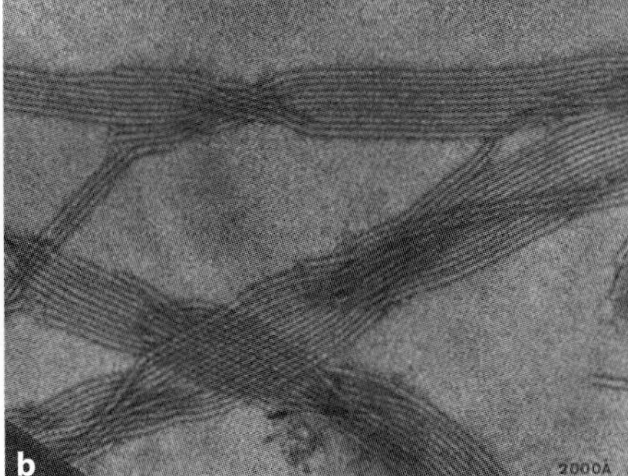

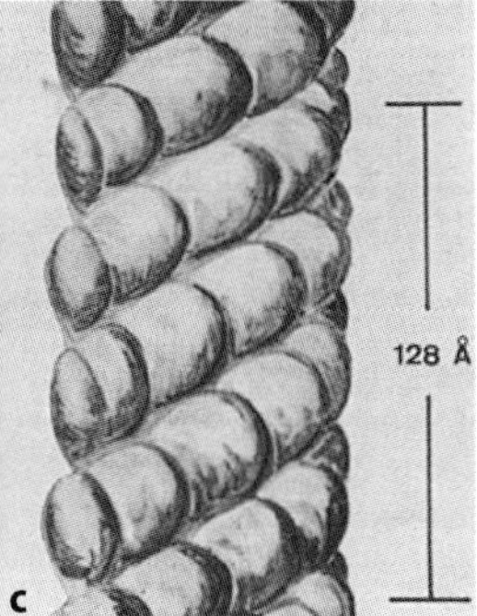

Abb. 4.8 Der F-Pilus. **a** Elektronenmikroskopische Aufnahme von *E. coli*. Das Bakterium trägt neben den Flagellen eine größere Anzahl von deutlich kürzeren Pili. **b** Historische elektronenmikroskopische Aufnahme von parallel angeordneten F-Pili (Anfärbung mit Uranylacetat; 2000 Å = 200 nm). **c** Schematisches Modell der Struktur eines F-Pilus, wie es aufgrund dieser elektronenmikroskopischen und Röntgenstrukturdaten abgeleitet wurde. Die Untereinheiten überlappen offensichtlich und bilden eine helikale Form (128 Å = 12,8 nm). Heute wissen wir, dass der Pilus pro Windung aus 5 TraA(Pilin)-Untereinheiten zusammengesetzt ist. (**a** nach Berg 1975; **b**, **c** nach Folkhard et al. 1979; alle mit freundlicher Genehmigung)

in der DNA des F-Plasmids als auch im *E. coli*-Chromosom vorhanden sind (**Transposons**, ► Abschn. 9.1). Im F-Plasmid findet man die Elemente *IS2*, *IS3* und γδ (■ Abb. 4.9). In das *E. coli*-Chromosom integriert das F-Plasmid mithilfe dieser „*IS*"-Elemente an Stellen, an denen sich ein homologes Element befindet.

Zellen, in denen das F-Plasmid im Bakterienchromosom integriert ist, werden als **Hfr-Zellen** bezeichnet. Dieser Name (Hfr von engl. *high frequency of recombination*) leitet sich von der Fähigkeit dieser Zellen ab, ihr eigenes Genom mit hoher Frequenz an Empfängerzellen (also F^--Zellen) übertragen zu können. Der Übertragungsprozess gleicht dem der Übertragung des F-Plasmids (■ Abb. 4.10). Nach einem Einzelstrangbruch im Replikationsstartpunkt des integrierten F-Plasmids wird ein 5′-Einzelstrang-Ende unter gleichzeitiger Replikation nach dem ***rolling circle*-Mechanismus** in die Empfängerzelle übertragen. Der DNA-Transfer umfasst aber nunmehr nicht allein die DNA des F-Plasmids, sondern die gesamte chromosomale DNA, in die das F-Plasmid integriert ist. Damit erhält die Empfängerzelle ein zusätzliches bakterielles DNA-Komplement. Das ermöglicht die Rekombination mit der chromosomalen DNA der Empfängerzelle (zum Mechanismus der Rekombination siehe ► Abschn. 4.4). Die besondere Art der Replikation hat übrigens zur Folge, dass auch die Donorzelle ein vollständiges eigenes Genom behält.

Ein vollständiger Transfer des *E. coli*-Chromosoms erfordert etwa 90 min. Oft wird er jedoch vorzeitig abgebrochen, sodass nur ein Teil des *E. coli*-Chromosoms in die Empfängerzelle gelangt. Man beobachtet daher einen Häufigkeitsgradienten in der Rekombination von Markergenen der Donorzelle mit der DNA der Empfängerzelle (■ Abb. 4.11). Markergene, die sich nahe an der Integrationsstelle des F-Plasmids in der DNA der Donorzelle befinden, weisen mit größerer Häufigkeit Rekombination auf als Gene, die weit entfernt von der Integrationsstelle liegen, weil sie bereits nach kurzer Transferzeit in der Empfängerzelle vorhanden sind. Da in verschiedenen Hfr-Stämmen die Integration des F-Plasmids an unterschiedlichen Positionen und in unterschiedlicher Orientierung relativ zum Bakterienchromosom erfolgt, konnte man durch Rekombinationsexperimente mit unterschiedlichen Hfr-Stämmen eine vollständige **genetische Karte des Bakterienchromosoms** erstellen.

! Plasmide können durch Sequenzhomologien zwischen der Plasmid-DNA und dem Wirtszellgenom in dieses integriert werden. Im Falle des F-Plasmids entstehen so Hfr-Zellen, die bei der Konjugation das Wirtszellgenom auf den Konjugationspartner übertragen. In der Partnerzelle erfolgt in der dabei entstehenden partiell diploiden Konstitution die Rekombination. Da die Integrationsstellen des F-Plasmids über das Wirtszellgenom verteilt sind, können in verschiedenen Hfr-Stämmen unterschiedliche Wirtszellbereiche übertragen werden. Auf diesem Wege war es möglich, das gesamte *E. coli*-Genom genetisch zu kartieren.

Noch eine weitere Eigenschaft des F-Plasmids hat für die Bakteriengenetik und damit für gentechnologische Experimente große Bedeutung erlangt. Das ins bakterielle Genom integrierte F-Plasmid der Hfr-Stämme kann nämlich gelegentlich mit geringer Frequenz (10^{-7} je Generation) das Chromosom wieder verlassen (ein Vorgang, der als **Exzision** bezeichnet wird) und als Plasmid weiterexistieren. Die Exzision kann entweder unter Verwendung der ursprünglich zur Integration verwendeten DNA-Sequenzen erfolgen, also durch eine homologe Rekombination, oder durch Rekombination mit einer anderen Stelle des Chromosoms. In diesem Fall wird ein Stück bakterieller DNA in das zirkuläre Plasmid integriert, und diese DNA kann dann bei Konjugationsereignissen in eine Empfängerzelle übertragen werden. F-Plasmide, die ein Stück genomischer DNA enthalten, bezeichnet

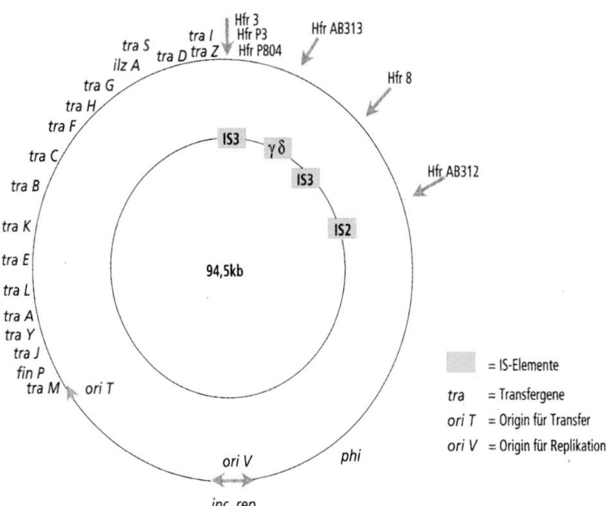

Abb. 4.9 Das F-Plasmid. Genetische Karte des F-Plasmids (Gesamtlänge: 94.500 bp). Der *oriT*-Locus ist der Replikationsursprung und zugleich der Beginn des Transfers des Plasmids in eine andere Wirtszelle während der Konjugation. Die DNA-Sequenzen *IS2*, *IS3* und γδ haben Bedeutung als Integrationssequenzen in das *E. coli*-Genom. Die *tra*-Gene sind zum Transfer erforderlich (Aufbau des Pilus; Abb. 4.8), die *rep*-Gene für die Replikation. Die *phi*-Gene verhindern die Vermehrung von Phagen. (Nach Seyffert 2003, mit freundlicher Genehmigung)

man als **F′-Plasmide**. Mittels solcher F′-Plasmide können Empfängerzellen **partiell diploid** (oder **merodiploid**) gemacht werden. Man kann damit Komplementationsstudien durchführen oder auch die Konsequenzen von Änderungen der Gendosis untersuchen.

F-Plasmide werden in Hfr-Stämmen gelegentlich aus dem Wirtszellgenom wieder herausgeschnitten. Hierbei nehmen sie bisweilen ein Stück des Wirtszellgenoms mit in den entstehenden extrachromosomalen DNA-Ring auf. Bei der Konjugation wird diese DNA in die Rezeptorzelle eingeführt und erlaubt auf diesem Wege ebenfalls Rekombination von Teilen der Donorzell-DNA mit dem Rezeptorzellgenom.

F-Plasmide haben in der experimentellen Molekulargenetik breite Anwendung gefunden. Viele Plasmide, die zum Klonieren von DNA-Fragmenten eingesetzt werden (Technikbox 11), basieren auf F-Plasmiden. Im Rahmen des frühen Humangenomprojekts (▶ Abschn. 13.1) war es außerdem nötig, die gesamte DNA in besonders große Fragmente von DNA (> 300 kb) stabil zu klonieren, um sie dann sequenzieren zu können; Rearrangements hätten natürlich die Daten verfälscht. Dazu wurden auf der Basis des F-Plasmids künstliche Bakterienchromosomen hergestellt (engl. *bacterial artificial chromosomes*, BACs). Als bakterielle Wirtsstämme eignen sich besonders solche, die Mutationen in Genen tragen, die für Rekombinationsereignisse wichtig sind (▶ Abschn. 4.4). Das System wurde von Melvin **Simon** und seiner Gruppe zu Beginn der 1990er-Jahre entwickelt und wird bis heute verwendet (Shizuya et al. 1992).

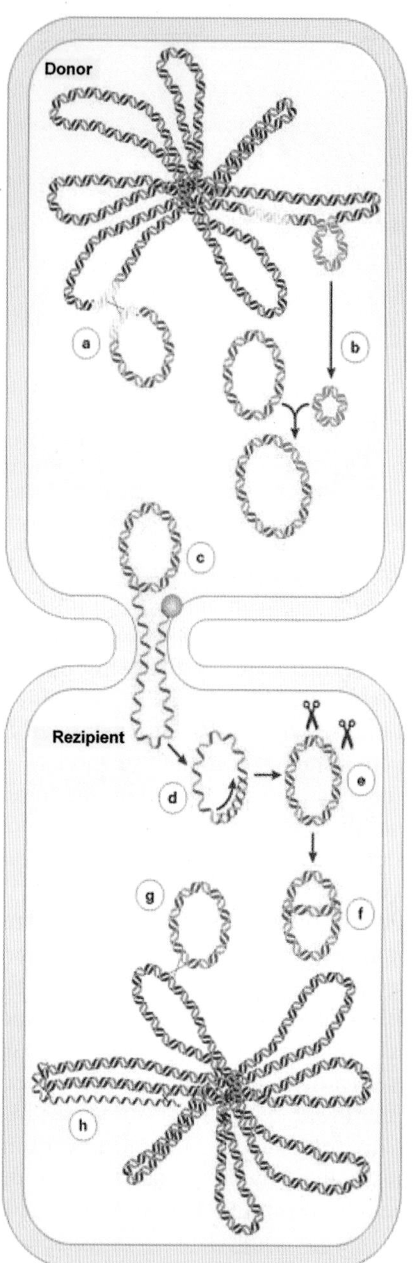

Abb. 4.10 Überblick über die Mechanismen bei der Konjugation. In der Donorzelle sind folgende Ereignisse dargestellt: **a** Integration des Plasmids in das Chromosom durch Rekombination zwischen die Insertionsstellen; **b** Übertragung eines beweglichen Elementes (über einen zirkulären Zwischenschritt; ▶ Abschn. 9.1.1) vom Chromosom auf das Plasmid; **c** Beginn der *rolling circle*-Replikation (Abb. 2.22). In der Empfängerzelle (Rezipient) sind folgende Vorgänge dargestellt: **d** Rezirkularisierung; **e** Angriff von Restriktionsendonukleasen (*Scheren*); **f** Replikation; **g, h** verschiedene Integrationsmöglichkeiten in das Wirtschromosom. (Nach Thomas und Nielsen 2005, mit freundlicher Genehmigung)

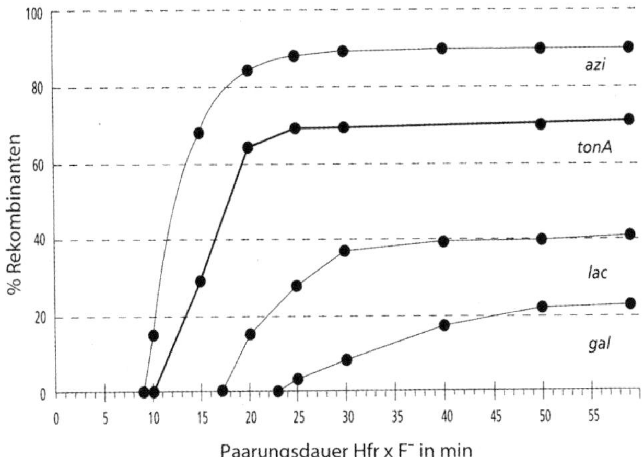

Abb. 4.11 F-Duktion von Markergenen. Verschiedene Markergene von *E. coli* (*azi*, *tonA*, *lac*, *gal*) werden durch F-Duktion mit einem bestimmten Hfr-Stamm übertragen. Ein vollständiger Transfer erfordert etwa 90 min; durch Analyse der Rekombinationsraten nach unterschiedlich kurzen Transferzeiten konnte eine vollständige Chromosomenkarte von *E. coli* erstellt werden. (Nach Seyffert 2003, mit freundlicher Genehmigung)

4.2.2 Ti-Plasmid

Agrobacterium tumefaciens ist in der Lage, an verletzten Pflanzen Tumoren („Wurzelhalsgalle"; Abb. 4.12a) zu induzieren. Als Ursache identifizierte man große Plasmide (~ 200 kb), die aufgrund ihrer Tumor-induzierenden Eigenschaften als **Ti-Plasmide** bezeichnet werden. Ti-Plasmide tragen Gene für die Opinverwertung (Opine sind Kondensate einer α-Ketosäure wie Pyruvat und einer Aminosäure; wichtige Opine sind Octopin und Nopalin), für die Erkennung verwundeter Zellen (Rezeptoren für pflanzliche Phenolderivate, z. B. Acetosyringon) und für die Mobilisierung und den Transfer eines bestimmten Plasmidfragments, der T-DNA. Die T-DNA enthält die Gene für die Tumorinduktion und Opinsynthese; sie wird links und rechts durch ein Wiederholungselement von 25 bp begrenzt, das als Erkennungssequenz für das Herausschneiden des dazwischenliegenden DNA-Abschnitts dient (Abb. 4.12b). Nach der Übertragung wird die T-DNA in das Genom der Pflanze integriert; der Integrationsort ist zwar weitgehend zufällig, allerdings werden transkriptionsaktive Bereiche bevorzugt.

Durch die Wundreaktion werden Signale (Phenolverbindungen) erzeugt, die zunächst zur Anheftung der Agrobakterien an die Pflanzenzelle führen und im weiteren Verlauf zur Übertragung der T-DNA. Die T-DNA enthält eukaryotische Promotorelemente (CAAT-Box, TATA-Box, Polyadenylierungssignale; ► Abschn. 7.3.1) für ihre Gene zur Opinsynthese sowie für ihre Gene zur Auxin- und Cytokinsynthese. Diese beiden Substanzen führen innerhalb kurzer Zeit zum Tumorwachstum, indem undifferenzierte Zellteilung gefördert wird.

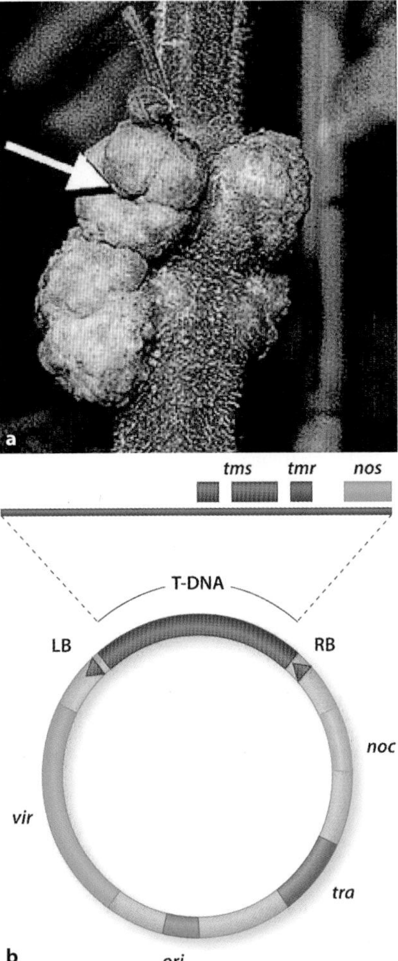

Abb. 4.12 Tumorinduktion durch das Ti-Plasmid von *Agrobacterium tumefaciens*. **a** Der Stamm einer Tomatenpflanze wurde angeritzt und eine kleine Menge einer Bakteriensuspension in die Wunde gegeben. Der *Pfeil* deutet auf die großen Tumoren nach 5 Wochen. **b** Die Plasmidkarte eines Ti-Plasmids zeigt die T-DNA, flankiert von den Wiederholungselementen LB und RB (engl. *left border* bzw. *right border*). *noc*: Nopalinkatabolisierung; *nos*: Nopalinsynthese; *ori*: Replikationsursprung; *tmr*: Cytokinbildung; *tms*: Auxinbildung; *tra*: konjugativer Transfer; *vir*: Virulenzregion. (**a** nach Escobar et al. 2001; **b** nach Kempken 2020; beide mit freundlicher Genehmigung)

Deswegen können diese Tumorzellen in Gewebekultur Phytohormon-unabhängig wachsen. Die Tumorzellen produzieren jetzt aber auch Opine, die die Bakterien als Nährstoffquelle nutzen. Durch die Möglichkeit, Pflanzenzellen auf Opinsynthese in Verbindung mit rascher Zellteilung umzuprogrammieren, sichert sich *A. tumefaciens* einen evolutionären Vorteil gegenüber anderen Bakterien ohne ein solches System. Die Plasmide werden entsprechend des jeweiligen Opins klassifiziert; die am besten charakterisierten Plasmide sind vom Octopin- bzw. Nopalin-Typ.

Von besonderer Bedeutung für die Umprogrammierung der Pflanzenzellen durch *A. tumefaciens* ist die

4

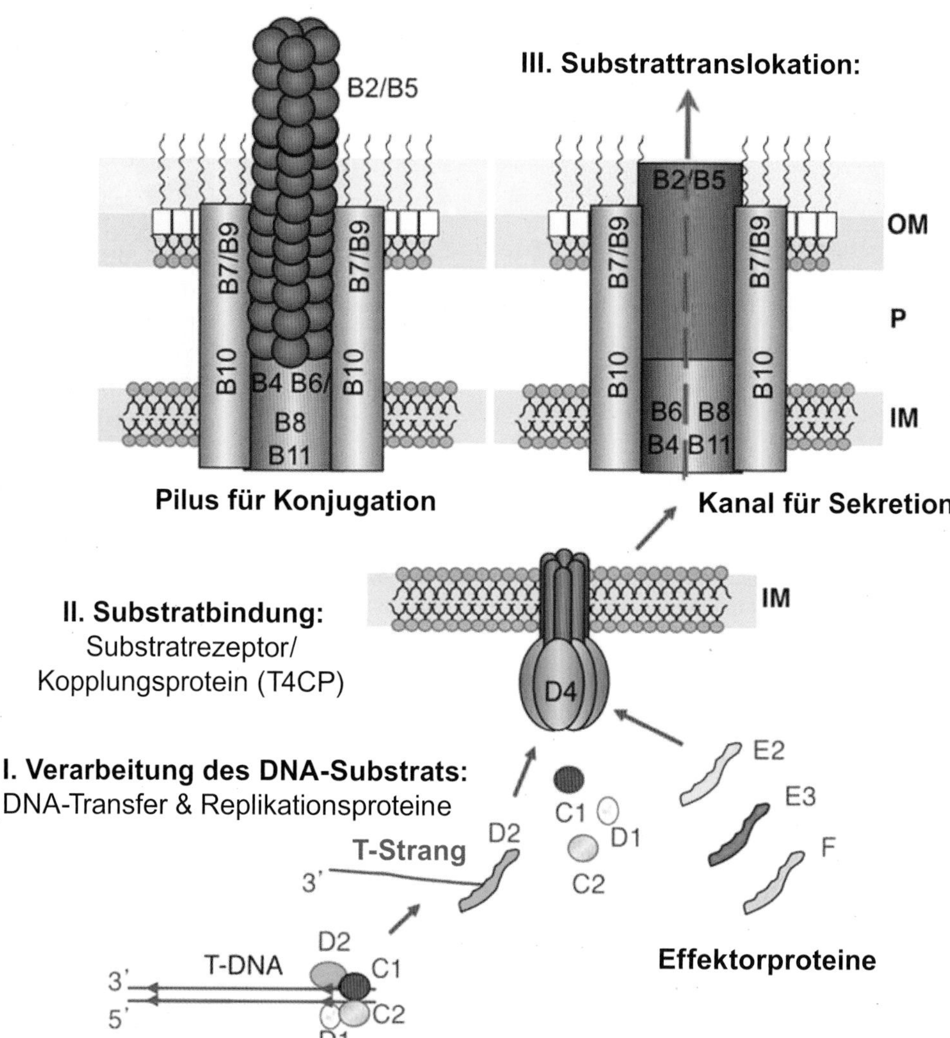

■ **Abb. 4.13** DNA-Übertragung bei Ti-Plasmiden. Es ist die Übertragung der T-DNA aus dem Ti-Plasmid dargestellt (*rote Pfeile*). Im ersten Schritt binden die DNA-Übertragungs- und Replikationsproteine C1, C2, D1 und D2 an die Sequenz des Ti-Plasmids, die sich rechts an der Grenze zum Replikationsursprung befindet (■ Abb. 4.12). Sie entspiralisieren nach einem Einzelstrangbruch den T-Strang. Im zweiten Schritt vermittelt VirD2 (*D2*) die Bindung an den Rezeptor VirD4 (*D4*). Im dritten Schritt wird schließlich die T-DNA durch den Sekretionskanal durch die Bakterienmembran hindurch in die Zielzelle eingeschleust. Unabhängig von VirD4 bauen die VirB-Proteine auch den Pilus zur Übertragung des ganzen Ti-Plasmids auf andere Agrobakterien auf. IM: innere Membran; P: Periplasma; OM: äußere Membran. (Nach Gordon und Christie 2014, mit freundlicher Genehmigung)

Übertragung des Ti-Plasmids, das ein Musterbeispiel für Typ-IV-Sekretionssysteme geworden ist (engl. *type IV secretion systems*, T4SSs). Dabei sind zwei Gengruppen von besonderer Bedeutung: das Tra/Trb-System, das für die Übertragung (engl. *transfer*) des ganzen Ti-Plasmids auf ein anderes Agrobakterium und die Ausbildung des Pilus für die Konjugation verantwortlich ist, sowie das VirB/VirD-System (engl. *virulence*), das für die Übertragung der T-DNA in die Pflanzenzelle und damit für die Tumorentstehung verantwortlich ist. Der erste Schritt der DNA-Übertragung besteht in einem Schnitt in den Strang, der für die Übertragung bestimmt ist. Dabei schneidet das TraA-Protein am *ori* des Ti-Plasmids (■ Abb. 4.12b), wohingegen das VirD2-Protein den Schnitt am Wiederholungselement RB der T-DNA (■ Abb. 4.12b) durchführt. Nach dem Schnitt bleiben die Proteine jeweils am 5′-Ende der DNA gebunden; mithilfe weiterer Proteine wird die DNA entspiralisiert und zum entsprechenden Kanal transportiert. Eine wichtige Rolle spielen dabei Rezeptorproteine, die als Bindeglieder zwischen der Vorbereitung der DNA (Schnitt und Entspiralisierung) und dem eigentlichen Durchschleusen wirken: für das Ti-Plasmid das TraG-Kopplungsprotein und für die T-DNA der VirD4-Rezeptor. Der VirD4-Rezeptor wirkt dabei auch als NTPase des Walker-Typs – ähnlich wie wir es zu Beginn des ► Abschn. 4.2 bei der Diskussion der Verteilung von Plasmiden auf die Tochterzellen schon gesehen haben. Es handelt sich dabei also um einen Energie verbrauchenden Schritt und nicht nur um eine einfache Bindung; Mutationen in den Nukleotidbindestellen führen zu einem Verlust der Translokationsfähigkeit. Entsprechend tritt der VirD4-Rezeptor mit den VirB-Kanalproteinen in Wechselwirkung, um die T-DNA durchzuschleusen; für das ganze Ti-Plasmid (Konjugation) übernimmt diese Funktion das TraG-Kopplungsprotein mit den Trb-Proteinen. Details dieser Prozesse sind in ■ Abb. 4.13 dargestellt.

Ti-Plasmide können aufgrund der dargestellten Integration in das pflanzliche Genom in ausgezeichneter Weise benutzt werden, um Fremdgene in Pflanzen einzubringen (Herstellung „transgener“ Pflanzen). Voraussetzung dafür ist allerdings, dass die Tumor-induzierenden Gene *tms* und *tmr* entfernt werden; in diese „entschärften" Plasmide können nun zwischen der linken und rechten Grenze beliebige Fremdgene inseriert werden, z. B. ein Selektionsmarker (Antibiotikaresistenz), eine Herbizidresistenz oder ein Gen zur experimentellen Analyse regulatorischer Sequenzen (Reportergen, z. B. Glucuronidase, GUS).

Die Aufklärung des Mechanismus, wie *A. tumefaciens* mit seinem Ti-Plasmid zur Tumorentstehung bei Pflanzen führt, war beispielhaft für das damals noch junge Gebiet der molekularen Pflanzengenetik. Insbesondere die Übertragung von fremder DNA in Pflanzenzellen war viel schwieriger als bei tierischen Zellen, sodass mit der Entdeckung des Ti-Plasmids in den 1970er-Jahren zum ersten Mal ein Erfolg versprechender Weg für transgene Pflanzen aufgezeigt werden konnte. Pioniere auf diesem Gebiet waren Jozef Schell und Marc van Montagu. Eine sehr eindrucksvolle, persönliche Darstellung der damaligen Zeit publizierte Marc van Montagu (2011).

Das Ti-Plasmid von *A. tumefaciens* führt zur Tumorinduktion bei Pflanzen. Ein Teil seiner DNA wird dabei in das Pflanzengenom integriert; diese Eigenschaft kann bei der Herstellung transgener Pflanzen genutzt werden.

Neuere Arbeiten zeigen, dass unter Laborbedingungen das Wirtsspektrum der Agrobakterien auf nicht pflanzliche Eukaryoten ausgedehnt werden kann. Dazu gehören Hefen, filamentöse Pilze, kultivierte Champignons und menschliche Zellkulturen. Damit eröffnen sich weitere Einsatzmöglichkeiten des Ti-Plasmids und auch die Möglichkeit, den Mechanismus eines horizontalen Gentransfers besser zu verstehen – handelt es sich hierbei doch um eine der treibenden Kräfte der Evolution. Man darf dabei auch nicht vergessen, dass Agrobakterien seltene und opportunistische Krankheitserreger beim Menschen darstellen; vor allem für immungeschwächte Patienten. Eine ausführliche Darstellung der Möglichkeiten und Gefahren findet sich bei Lacroix und Citovsky (2016).

4.2.3 Resistenzplasmide

Antibiotika sind aus der modernen Medizin nicht mehr wegzudenken: Sie haben die Kindersterblichkeit vermindert und die Lebenserwartung erhöht, und sie sind bei chirurgischen Eingriffen nötig, um bakterielle Infektionen zu vermeiden. Allerdings nimmt die Zahl der Bakterienstämme deutlich zu, die gegen Antibiotika resistent sind, und das Gespenst der nicht mehr behandelbaren bakteriellen Infektionen wird zunehmend zur Realität: Man schätzt, dass in Europa jährlich 25.000 Menschen sterben, weil sie von Bakterien infiziert werden, die gegen viele Antibiotika resistent geworden sind. So gab es in den 1980er-Jahren, als die Behandlung von Harnwegsinfektionen mit Fluorchinolonen (Gyrasehemmer) eingeführt wurde, nahezu keine Resistenz – und in der Mitte der 2010er-Jahre ist die Behandlung mit diesen Medikamenten in manchen Ländern bereits bei der Hälfte aller Patienten unwirksam, da die Erreger dagegen resistent sind. Ähnliches gilt für Infektionen mit *Klebsiella pneumoniae*, die gegen Antibiotika aus der Gruppe der Carbapeneme resistent sind (Carbapeneme gehören wie die Penicilline zur Gruppe der β-Lactam-Antibiotika und hemmen die Zellwandbiosynthese der Bakterien).

Als wesentliche Ursache ist hier die horizontale Übertragung (◻ Abb. 4.5) von Resistenzgenen über Plasmide zu nennen (Resistenzplasmide oder R-Plasmide). Unter den wichtigsten Stämmen mit Antibiotikaresistenzen sind *E. coli* ST131 und *K. pneumoniae* ST258 (ST: Sequenztyp). Diese beiden Stämme entwickelten sich in den 2000er-Jahren und haben sich seither über die ganze Welt ausgebreitet (◻ Abb. 4.14) – sie sind wesentlich mitverantwortlich für den schnellen Anstieg der Antibiotikaresistenz bei Stämmen von *E. coli* und *K. pneumoniae*. *E. coli* ST131 verursacht extraintestinale Infektionen; dieser Sequenztyp ist oft resistent gegen Fluorchinolone und zeichnet sich durch ein erweitertes Spektrum von β-Lactamase-Aktivitäten aus. β-Lactamase-Gene (Gensymbol: *bla*) sind bei Weitem der wichtigste Resistenzmechanismus in Gram-negativen Bakterien. Die zunächst chromosomal codierten *bla*-Gene können mobilisiert und in Transposons (▶ Abschn. 9.1), Integrone (mobile Genkassetten) und Plasmide integriert werden. Man vermutet, dass die *bla*-Gene ihren Ursprung im Genom verschiedener *Kluyvera*-Stämme haben und Cephalosporine (z. B. Cefotaxim, Ceftriaxon, Ceftazidim oder Cefepim) und Monobactame (z. B. Aztreonam) spalten können; die Abkürzung für den häufigsten Typ der *bla*-Genprodukte, CTX-M, ergibt sich aus der **C**efo**t**a**x**imresistenz, die zuerst in **M**ünchen charakterisiert wurde. Durch die Integration der *CTX-M*-Genkassetten in Plasmide der Inkompatibilitätsgruppe F (IncF) wurde ihre besonders schnelle Verbreitung stark begünstigt. Ein weiteres Gen, das die weitere Verbreitung unterstützte, ist *FimH* (engl. *type 1 fimbrial adhesion*), das für ein Adhäsionsprotein codiert, das sich an der Spitze der Pili befindet und für die Anheftung an die Wirtszelle verantwortlich ist.

Der Boden ist eines der größten und vielfältigsten Habitate für Prokaryoten und steht in regem Austausch mit anderen ökologischen Bereichen. Durch landwirtschaftliche Aktivitäten werden in vielfältiger Weise Antibiotika in Böden eingebracht (z. B. durch Antibiotika-haltige Pflanzenschutzmittel oder durch die Gülle aus der Tiermast, bei der antibiotische Medikamente zum Einsatz kommen). Unter diesem Selektionsdruck haben Bakterien mit den entsprechenden Resistenzen erhöhte Überlebensraten. So ist es

4

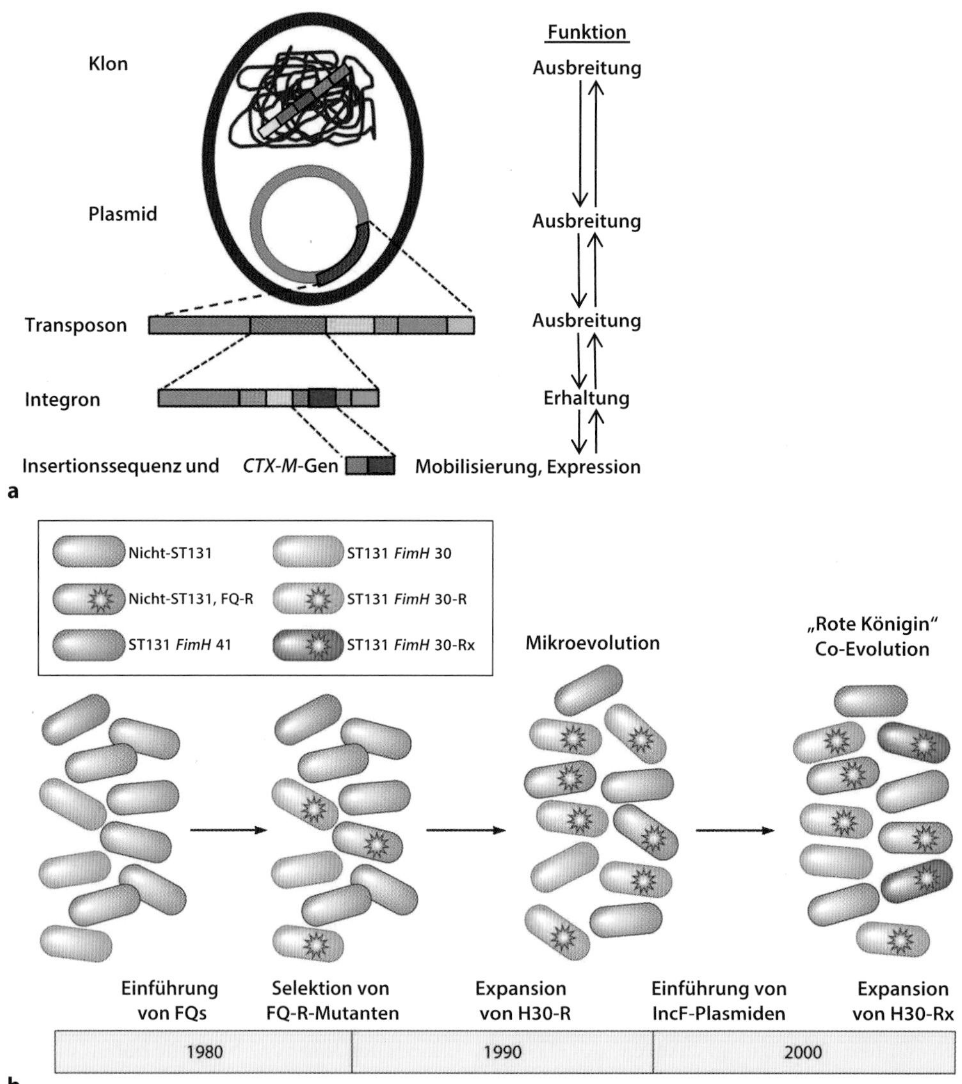

Abb. 4.14 Mobilisierung, Ausbreitung und Evolution der $bla_{CTX\text{-}M}$-Gene. **a** Die *CTX-M*-Kassette wurde zunächst aus *Kluyvera*-Stämmen mobilisiert und in ein Integron übertragen, bevor dieses Fragment von einem Transposon aufgenommen wurde. Damit konnte sich das *CTX-M*-Fragment weiter ausbreiten; die Integration in ein Plasmid ermöglicht dann einen leichten horizontalen Gentransfer. **b** Veränderung der Populationsstruktur von *E. coli* aufgrund des Selektionsdrucks durch die Einführung der Fluorchinolone (FQ). Die Population bestand ursprünglich nur aus Stämmen, die nicht gegen Fluorchinolone resistent waren (*grau*, *gelb*, *grün*, ohne *Stern*). Einige Fluorchinolon-resistente Mutanten (FQ-R) entstanden in verschiedenen Stämmen (*grau*, mit *Stern*) und in dem Unterstamm 30 des Stamms 131, der auch das Gen *FimH* enthält (engl. *type 1 fimbrial adhesion*; *gelb*, mit *Stern*). Durch die Aufnahme eines IncF-Plasmids entstand der Stamm H30-Rx, der über ein besonders breites Spektrum der Resistenz verfügt. (**a** nach Cantón et al. 2012; **b** nach Mathers et al. 2015; beide mit freundlicher Genehmigung)

natürlich auch nicht überraschend, dass in Bodenbakterien vielfältige Resistenzen gegen β-Lactame (z. B. Penicillin), Aminoglykoside (z. B. Streptomycin), Amphenicole (z. B. Chloramphenicol), Sulfonamide und Tetracycline gefunden werden. Die Sequenzen der Resistenzgene aus Bodenbakterien stimmen auch mit entsprechenden Resistenzgenen überein, die in humanpathogenen Bakterien aus Krankenhäusern gefunden wurden. Das deutet darauf hin, dass es einen horizontalen Austausch von genetischer Information zwischen verschiedenen Bakterienstämmen gibt, der natürlich auch Resistenzgene einschließt (Forsberg et al. 2012).

Manche Plasmide verleihen durch den Besitz von Resistenzgenen den Wirtszellen Resistenz gegen Antibiotika oder andere Bakterienstämme. Diese Resistenzgene können zwischen verschiedenen Bakterienstämmen ausgetauscht werden („horizontaler Gentransfer").

4.2.4 Andere Plasmide

Neben den F- und R-Plasmiden gibt es noch eine Reihe anderer Plasmide in *E. coli*. Es handelt sich ebenfalls um zirkuläre doppelsträngige DNA-Moleküle, deren Größe mit Molekulargewichten von meistens etwa 10^6 bis maximal 10^8 ($1{,}6 \times 10^3$ bis $1{,}6 \times 10^5$ bp) nur wenige Prozent derjenigen des Bakterienchromosoms (4×10^6 bp) beträgt. Auch sie besitzen eine Reihe eigener Gene, sind aber zur Replikation weitgehend vom Genom der Wirtszelle abhängig. Obwohl *E. coli*-Zellen gewöhnlich auch ohne Plasmide existenzfähig sind, vermitteln Plasmide unter speziellen Bedingungen Eigenschaften, die ein Überleben der Bakterienzelle erst ermöglichen (wie z. B. Resistenzgene, ► Abschn. 4.2.3). Eine andere Klasse von Plasmiden sind die **Col-Plasmide**. Die von ihnen codierten Proteine (Colicine, z. B. Membranproteine, Immunitätsproteine, DNasen oder RNasen) töten andere Bakterienstämme ab, die das betreffende Plasmid nicht besitzen.

Wie schon erwähnt, ist die Anzahl von Plasmiden in einer Bakterienzelle im Allgemeinen kontrolliert und liegt zwischen 1 und 50 Kopien je nach Plasmid. Die Übertragung von Plasmiden erfolgt bei manchen Plasmiden durch Konjugation. Jedoch ist die Effizienz der Übertragung oft sehr viel geringer als beim F-Plasmid. Manche Plasmide können selbst keine Konjugation induzieren, wohl aber bei gleichzeitiger Anwesenheit von konjugationsinduzierenden Plasmiden mit übertragen werden. Allerdings sind nahe verwandte Plasmide meist inkompatibel und können nicht gleichzeitig in einer Zelle anwesend sein.

4.3 Bakteriophagen

Bakteriophagen, meist kurz **Phagen** genannt, sind Viren höherer Organismen vergleichbar. Sie unterscheiden sich von Plasmiden prinzipiell dadurch, dass sie ein **extrazelluläres Stadium** durchlaufen können. Beiden ist gemeinsam, dass sie über keinen eigenen Stoffwechsel verfügen, sondern vollständig vom zellulären Stoffwechsel ihrer Wirtszellen abhängig sind. Man kennt einige Tausend verschiedener Phagenarten, die sich in vielen Einzelheiten, unter anderem in Genomgröße und -aufbau, in Gestalt und Wirtsspezifität voneinander unterscheiden.

Das Genom eines Bakteriophagen kann aus Folgendem bestehen:

- **Einzelstrang-DNA** oder
- **Doppelstrang-DNA**, die **linear** oder **zirkulär** ist, oder aus
- **linearer Einzelstrang-RNA**.

Während des extrazellulären Stadiums ist das Genom in eine Proteinhülle verpackt, die auch **Capsid** (engl. *coat* oder *capsid*) genannt wird. Die **Hüllproteine** werden vom Bakteriophagengenom codiert, während andere für den Bakteriophagen notwendige Moleküle je nach Phagentyp – und damit Genomgröße – entweder im Phagengenom oder im Genom des Wirtsbakteriums codiert werden. Die Proteinhülle des extrazellulären Stadiums ist erforderlich, um die Phagen-DNA vor Abbau (Degradation) zu schützen, zugleich aber auch, um die Infektion neuer Zellen zu ermöglichen.

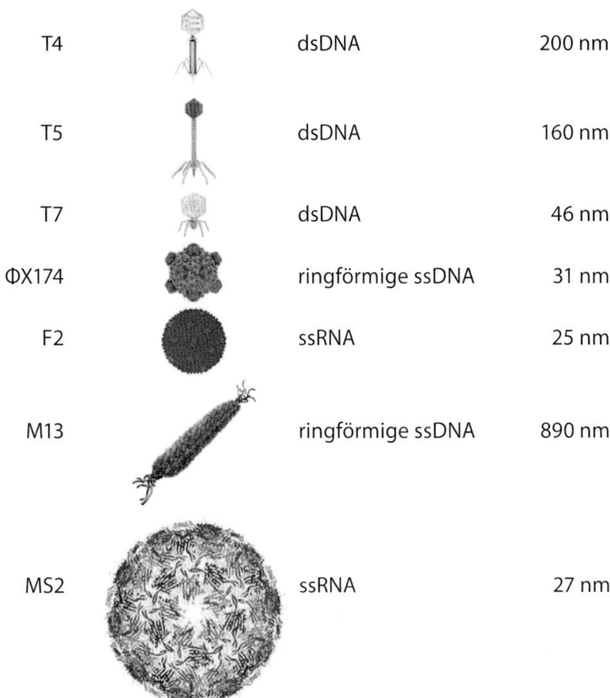

Abb. 4.15 Verschiedene Bakteriophagen. Ikosaedrische Phagen mit Schwanz und doppelsträngiger DNA (dsDNA) (z. B. T4, T5, T7, aber auch T2 und λ, hier nicht gezeigt); ikosaedrische Phagen ohne Schwanz, mit ringförmiger, einzelsträngiger DNA (ssDNA, z. B. ΦX174); filamentöse Phagen mit ringförmiger, einzelsträngiger DNA (ssDNA, z. B. M13); ikosaedrische Phagen ohne Schwanz, mit einzelsträngiger RNA (z. B. F2, MS2). (Nach Karimi et al. 2016, mit freundlicher Genehmigung)

Nach der **Form der Phagenpartikel** kann man drei Typen von Bakteriophagen unterscheiden:

- **filamentöse Phagen**, bei denen die DNA in gestreckter Form in ein fadenförmiges Capsid verpackt ist, Beispiele: Bakteriophage M13, fd;
- **ikosaedrische, schwanzlose Phagen**, deren Genom in hochkompakter Form in ein Capsid verpackt ist, Beispiele: Bakteriophage ΦX174, F2, MS2;
- **ikosaedrische Phagen mit Schwanz**, deren Genom ebenfalls in kompakter Form im Kopf des Phagen verpackt ist. Der Schwanz besitzt oft eine besondere Struktur zur Adsorption an die Zellwand sowie zusätzliche Fibrillen, Beispiele: Bakteriophage T4, T5, T7, λ.

Eine Übersicht über die verschiedenen Formen von Bakteriophagen gibt Abb. 4.15.

> Bakteriophagen sind Viren von Bakterien und können diese in großer Zahl infizieren. Während des extrazellulären Stadiums ist das Phagengenom in eine Proteinhülle verpackt. Bei Adsorption an eine Bakterienzelle wird das Phagengenom in die Wirtszelle injiziert.

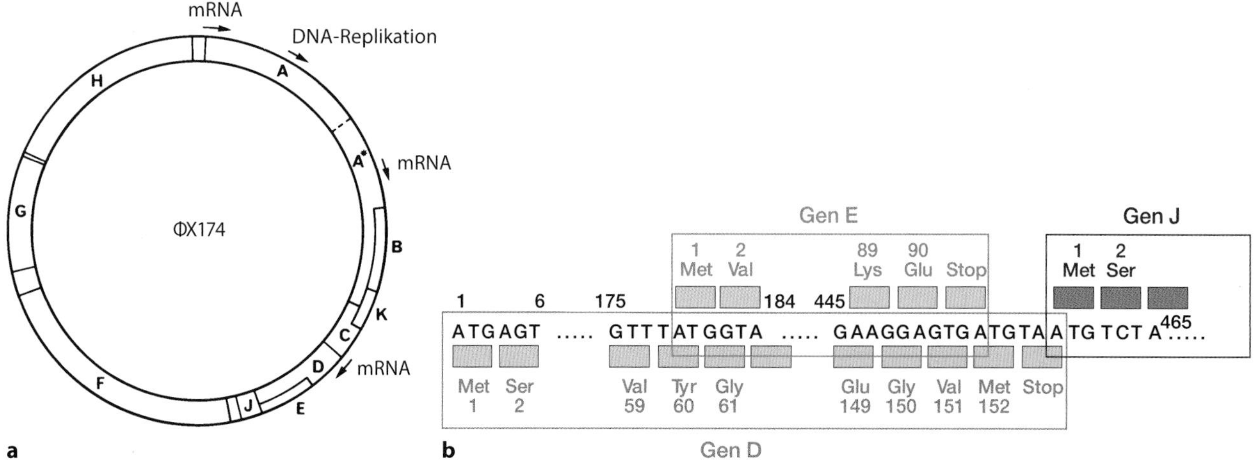

Abb. 4.16 **a** Das Genom des Phagen ΦX174 ist ringförmig und codiert für die elf Gene *A–H*. Die Gene *B*, *K*, und *E* überlappen dabei mit den Genen *A**, *C*, *D* und *J*. **b** Molekulare Feinstruktur der Gene *D*, *E* und *J*. In der *Mitte* der Abbildung ist die Basensequenz in der jeweiligen Grenzregion der Überlappung dargestellt (Nukleotidnummern sind darüber angegeben). Die Tripletts der verschiedenen Leseraster sind durch *farbige Rechtecke* unter bzw. über den jeweiligen Aminosäuren gekennzeichnet. Jedes Gen ist durch einen *Rahmen* begrenzt. (**a** modifiziert nach Sanger 1980, mit freundlicher Genehmigung; **b** nach Sequenzangaben in Sanger et al. 1978)

Es muss an dieser Stelle noch der *E. coli*-**Phage ΦX174** erwähnt werden. Das Genom dieses Phagen ist sehr klein und besteht aus einem **einzelsträngigen DNA-Molekül** von nur 5375 Nukleotiden. Von dieser DNA werden elf verschiedene Proteine codiert, die insgesamt rund 2300 Aminosäuren enthalten. Hierfür wäre eigentlich eine DNA-Länge von ca. 6900 Nukleotiden erforderlich. Die Sequenzanalyse des Phagen durch Frederick **Sanger** und seine Mitarbeiter (1978) war das erste komplett sequenzierte Genom eines Organismus und erlaubte es, diesen Widerspruch zu lösen. Es zeigte sich nämlich, dass die Leseraster mehrerer Gene sich überlappen; d. h. eine Verschiebung des Leserasters um ein oder zwei Nukleotide gestattet die Synthese eines in seiner Aminosäurefolge völlig anderen Proteins (◘ Abb. 4.16).

Protein-codierende DNA-Sequenzen können auch überlappend angeordnet sein. Durch Verschiebung des Leserasters werden mehrere verschiedene Proteine im gleichen DNA-Bereich codiert.

Die Vermehrungszyklen der verschiedenen Bakteriophagentypen weisen viele Ähnlichkeiten auf:

Virulente Phagen benutzen eine infizierte Bakterienzelle zur Synthese neuer Phagenpartikel. Man bezeichnet diese Art der Vermehrung als lytischen Zyklus; zu den **lytischen Phagen** gehört beispielsweise T4. In den meisten Fällen werden aber die Zellen zerstört (lysiert) und die neu gebildeten Phagenpartikel freigesetzt. Einige filamentöse Phagen (z. B. M13) hingegen entlassen die neu gebildeten Phagen durch die Abschnürung von Ausstülpungen der Zellwand, ohne dass die Zelle hierdurch zerstört wird (**lysogene Phagen**). Wir werden die Details dazu am Beispiel des M13-Phagen im ► Abschn. 4.3.2 besprechen.

Temperente Phagen leiten nach der Infektion einer Bakterienzelle einen **lysogenen Zyklus** ein. Die meisten (mindestens 90 %) der bekannten Phagen gehören zu dieser Klasse. Ein temperenter Phage integriert sich nach der Infektion der Zelle im Allgemeinen zunächst ins Bakteriengenom und verbleibt dort als **Prophage** ohne wesentliche weitere Stoffwechselfunktionen. Lediglich durch die Synthese eines Repressors wird die Neuinfektion mit dem gleichen Phagentyp verhindert. Da der Prophage in das Bakteriengenom integriert ist, wird er mit diesem repliziert und gelangt so in alle Nachkommen. Unter besonderen Umständen (Schädigung der DNA) kann der Prophage jedoch das Bakteriengenom wieder verlassen und dann in einen lytischen Zyklus eintreten, der die Produktion neuer Phagenpartikel und deren Freisetzung zur Folge hat. Die Zelle wird hierbei zerstört. Wir werden die Details dazu am Beispiel des λ-Phagen im ► Abschn. 4.3.1 besprechen.

Bakteriophagen können nach der Infektion einer Bakterienzelle entweder eine Vermehrungsphase durchlaufen und die Zelle danach in Form neuer Phagenpartikel, meist unter Lyse der Zelle, verlassen. Alternativ können sie zunächst in ein inaktives Stadium übergehen, indem sie sich als Prophage in das Wirtszellgenom integrieren. Durch Schädigung der DNA wird der Prophage aktiviert, verlässt das Wirtszellgenom und beginnt einen Vermehrungszyklus mit anschließender Lyse der Zelle.

Bei seinen Arbeiten mit dem Bakteriophagen λ (► Abschn. 4.3.1) entdeckten Werner **Arber** und Daisy **Dussoix** 1962, dass sich Bakterien gegenüber eindringender DNA durch Modifikationen schützen können: Sie methylieren ihre eigene DNA und bauen fremde DNA ab – „fremd" definiert sich für eine Bakterienzelle also durch ein anderes (oder gar kein) Methylierungsmuster der DNA. Die entsprechenden Enzyme wurden **Restriktionsenzyme** genannt, da sie die Vermehrung von DNA aus Plasmiden bzw. Phagen auf solche des eigenen Stamms beschränkt („Restriktion"). Restriktionsenzyme schneiden sequenzspezifisch, sodass sie sehr schnell wichtige Hilfsmittel der damals noch jungen Molekulargenetik wurden (Technikbox 13). Werner Arber bekam für diese grundlegenden Arbeiten zusammen mit Daniel **Nathans** und Hamilton **Smith** 1978 den Nobelpreis für Medizin.

Heute kennen wir über 3500 Restriktionsenzyme, sodass es notwendig wurde, die Namensgebung einheitlich zu gestalten: Der Name des Enzyms soll mit drei Buchstaben beginnen, wobei der erste Buchstabe für die Gattung des Bakteriums steht, aus dem das Enzym isoliert wurde, und die beiden nächsten Buchstaben entsprechen der Art. Weitere Buchstaben oder Ziffern können hinzugefügt werden (z. B. wurde das Restriktionsenzym *Hin*dII aus *Haemophilus influenzae*, Serotyp d isoliert). Daher werden auch die ersten drei Buchstaben *kursiv* gesetzt; eine ausführliche Darstellung der Nomenklaturregeln findet sich bei Roberts et al. (2003). Nathans und Smith haben 1975, in der Frühphase der Molekulargenetik, eine interessante zusammenfassende Darstellung der Restriktionsenzyme veröffentlicht.

Bakteriophagen haben meist einen eng begrenzten Wirtsbereich und können nur auf wenigen Bakterienstämmen wachsen. Diese Wirtsspezifität beruht auf speziellen Schutzmechanismen, die die Wirtszellen zur Abwehr von Infektionen entwickelt haben. Hierbei spielen vor allem Endonukleasen eine große Rolle, die fremde DNA abbauen, zelleigene DNA aber aufgrund spezifischer Modifikationen, z. B. sequenzspezifischer Methylierung, intakt lassen. Nur wenn die Phagen-DNA dementsprechende Modifikationen besitzt, kann eine erfolgreiche Infektion stattfinden.

4.3.1 Bakteriophage λ

Von allen Bakteriophagen haben Experimente am Phagen λ (der Name ist der des griechischen Buchstaben „Lambda") die wohl größten Beiträge zur Entwicklung der molekularen Genetik geleistet. Entdeckt wurde er durch Esther und Joshua **Lederberg** (1953) als Bestandteil des *E. coli*-Stamms K12, der einen λ-Prophagen in seinem Genom enthält, also lysogen ist. Entscheidend für seine Bedeutung in der Molekulargenetik ist, dass die Integration von λ als Prophage an einer spezifischen Stelle im *E. coli*-Chromosom erfolgt, zwischen dem *gal*- und dem *bio*-Gen. Der Integrationsmechanismus bietet darüber hinaus wertvolle Möglichkeiten zur Verwendung des Phagen als Vektor in der Gentechnologie (Technikbox 11).

Das „goldene Zeitalter" des λ-Phagen lag in den 1950er- bis 1980er-Jahren; in dieser Zeit war λ im Zentrum des molekulargenetischen Universums: Sein Genom war klein genug, um die aufkeimende Molekulargenetik nicht zu ersticken, aber komplex genug, um grundlegende Prozesse wie die Integration in das Wirtsgenom (und auch seine Exzision) und die damit verbundenen Kontrollprozesse der Genregulation zu studieren. In dieser Phase gelang es, durch die Analyse verschiedener λ-Mutanten die meisten Gene dieses Phagen zu identifizieren, und es wurde schon früh eine detaillierte genetische Karte des λ-Genoms erstellt. Eine sehr lesenswerte, aktuelle Zusammenfassung dieser Arbeiten finden wir bei Casjens und Hendrix (2015).

Ein λ-Phage besteht etwa zur Hälfte aus linearer, doppelsträngiger DNA, die etwa 50 Proteine codiert, zur anderen Hälfte aus Protein. Die Genomgröße des Wildtyp-Phagen λ beträgt 48.502 bp; dieser Stamm hat jedoch eine 1-bp-Deletion im Vergleich zum „Ur-λ". Die Sequenz ist seit 1982 bekannt (Sanger et al. 1982). Einen Überblick über die Struktur des λ-Genoms gibt ▣ Abb. 4.17.

Nach der Adsorption an eine Wirtszelle mittels der Basalplatte des Schwanzes wird die DNA in die Zelle injiziert. Hier beginnt die Transkription des λ-Genoms, und es werden die für die Replikation der Phagen-DNA erforderlichen Genprodukte und die zur Bildung der Proteinkapsel und des Schwanzes notwendigen Proteine synthetisiert. Die Replikation von λ erfolgt nach dem *rolling circle*-Mechanismus (▣ Abb. 2.22). Die neu replizierte Phagen-DNA wird dann mit den Proteinkomponenten zum Phagen zusammengesetzt. Nach etwa 50 min (bei 37 °C) lysiert die Wirtszelle, und etwa 100 neue Phagen werden aus ihr freigesetzt.

In einem alternativen Stoffwechselweg, der den lysogenen Zyklus einleitet, werden nach der Infektion der Wirtszelle nur Proteine hergestellt, die zur **Integration des Phagen** in das Wirtszellgenom erforderlich sind, während gleichzeitig die Replikation und die Synthese von Hüllproteinen sowie die zur Zusammensetzung des Phagen notwendigen übrigen Komponenten unterdrückt (reprimiert) werden. Dann kann λ als Prophage in das Wirtszellgenom integriert werden.

Die Integration des λ-Genoms in das Wirtszellgenom erfolgt nach der Zirkularisierung des zunächst linearen Phagengenoms. Das λ-Genom besitzt terminale invertierte Repeats von 12 Nukleotiden (engl. *cohesive ends*, auch als *cos-sites* bezeichnet). Mittels dieser Elemente kann ein lineares Phagengenom zirkularisiert werden (▣ Abb. 4.17). Die Integration erfolgt dann durch eine locusspezifische Rekombination (engl. *site-specific recombination*), an der bakterielle und Phagen-codierte Proteine beteiligt sind.

4

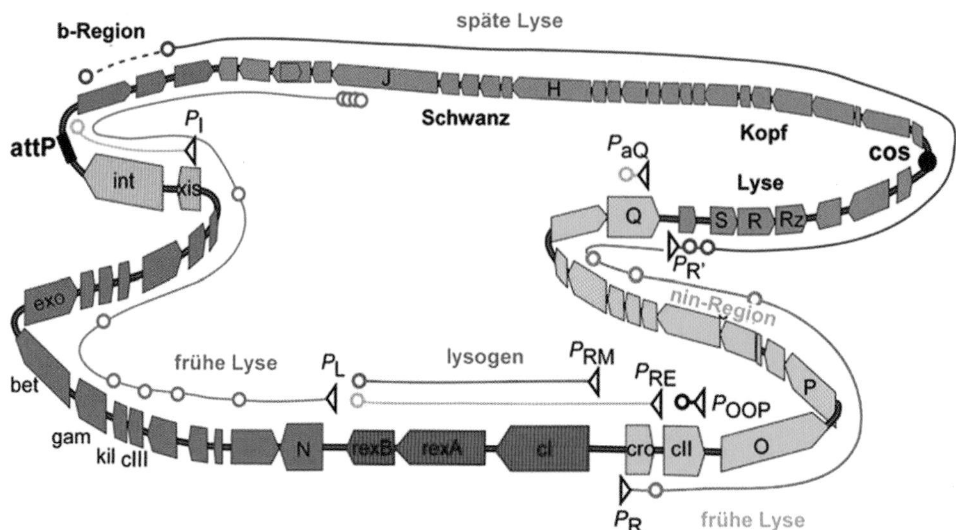

■ Abb. 4.17 Genomkarte des Bakteriophagen λ im zirkulären Zustand mit frühen und späten Genen sowie den wichtigsten Regulationssequenzen. Gene und offene Leserahmen sind als *farbige Kästchen* dargestellt, regulatorische Regionen (Promotoren) als *Pfeilspitzen*. Transkripte sind als *Linien oberhalb* oder *unterhalb* der Genkarte dargestellt; Terminatoren als *kleine Kreise*. Die Zirkularisierung erfolgt im Bereich der kohäsiven Enden (*cos*; *schwarzer Punkt*, *rechts*). Die Anlagerungsstelle (*attP*) der Phagen-DNA an die DNA von *E. coli* ist *links* als *schwarzes Rechteck* gezeigt. Lysogene Gene sind *rot* dargestellt, die frühen lytischen Gene, die vom Promotor P_R abgelesen werden, sind *blau* und die späten lytischen Gene, die vom Promotor P_R' abgelesen werden, sind *violett*. Regionen, die Gene für späte lytische Transkripte für die Kopf- oder Schwanzproteine codieren bzw. für die Zelllyse verantwortlich sind, sind entsprechend bezeichnet. Die Gene, die für die Integration (*int*) bzw. Exzision (*xis*) benötigt werden, sowie Transkripte, die von cII-aktivierten Promotoren (P_{RE}, P_I, P_{aQ}) hergestellt werden, sind *orange* gezeichnet. (Nach Dodd et al. 2005, mit freundlicher Genehmigung)

Vom Phagengenom wird das Enzym **Integrase** bereitgestellt, das als eines der ersten Gene nach einer Phageninfektion in der Wirtszelle aktiviert wird. Die *E. coli*-Zelle stellt für die Integration ein Protein, genannt **IHF** (engl. *integration host factor*), zur Verfügung. Beide Proteine binden an DNA-Regionen im zirkularisierten λ- und im Bakteriengenom, die als *attP* und *attB* (von engl. *attachment site phage* oder *bacterial*; ■ Abb. 4.18) bezeichnet werden. Beide Regionen weisen eine 15-bp-Homologie in der DNA auf, die für die Integration des Phagen Voraussetzung ist. Die gesamte für die Integration erforderliche Region in der Phagen-DNA umfasst 240 bp, während auf der Seite des bakteriellen Genoms nur die 15-bp-Homologie erforderlich ist. An der Phagenintegrationsstelle binden neben dem IHF-Protein noch zwei weitere Phagen-codierte Proteine: Integrase (Gensymbol *int*) und Exzisionase (Gensymbol *xis*). Die Integrase schneidet beide Integrationsstellen durch Doppelstrangbrüche asymmetrisch, ähnlich wie die Topoisomerase II, sodass die λ-Phagen-DNA spezifisch und kovalent in das Bakterienchromosom integriert werden kann (■ Abb. 4.18).

Die Integrase benutzt dabei einen hochkonservierten Tyrosinrest, um das Rückgrat der DNA anzugreifen. Zu dieser Familie der Tyrosin-Rekombinasen/Integrasen gehört auch die Cre-Rekombinase des Phagen P1 (► Abschn. 4.3.3), die FLP-Invertase von Hefe (► Abschn. 5.3.1) und das bakterielle Protein XerC. Eine andere Gruppe von Rekombinasen/Invertasen verwendet dagegen Serinreste, um die DNA zu öffnen (Serin-Rekombinasen).

Für die **Exzision der λ-DNA** ist neben der Integrase noch ein weiteres Enzym, die **Exzisionase**, notwendig. Sie bindet, zusammen mit der Integrase, an die Integrationsstellen des Prophagen und führt anschließend die der Integration entgegengesetzte Reaktion aus (■ Abb. 4.18). Der Prophage kann dann als Phage in den lytischen Zyklus übergehen.

Obwohl die Exzision gewöhnlich sehr genau erfolgt, beobachtet man gelegentlich Fehler, die zur Folge haben, dass ein Teil der flankierenden DNA des Prophagen, also bakterielle DNA, mit in das replizierende Phagengenom aufgenommen wird. Es kann sich hierbei nur um eine der beiden flankierenden *E. coli*-Sequenzen handeln, also um DNA aus dem Bereich des ***gal*-Operons** oder des ***bio*-Gens**. Da diese DNA mit dem Phagengenom repliziert und anschließend in Phagenpartikel verpackt wird, kann Wirtszell-DNA durch Infektion in eine neue Wirtszelle übertragen und zusammen mit der Prophagen-DNA ins Bakterienchromosom integriert werden. Funktionell besteht kein Unterschied, da auch diese DNA transkribiert werden kann und – sofern die transduzierten Gene nicht defekt sind – funktionsfähige Gene vorhanden sind. Die betreffende Bakterienzelle ist mithin **merodiploid**, wie wir es bereits als Folge der Sexduktion (F-Plasmid) kennengelernt hatten (► Abschn. 4.2.1). Die locusspezifische Integration von λ hat zur Folge, dass im Allgemeinen

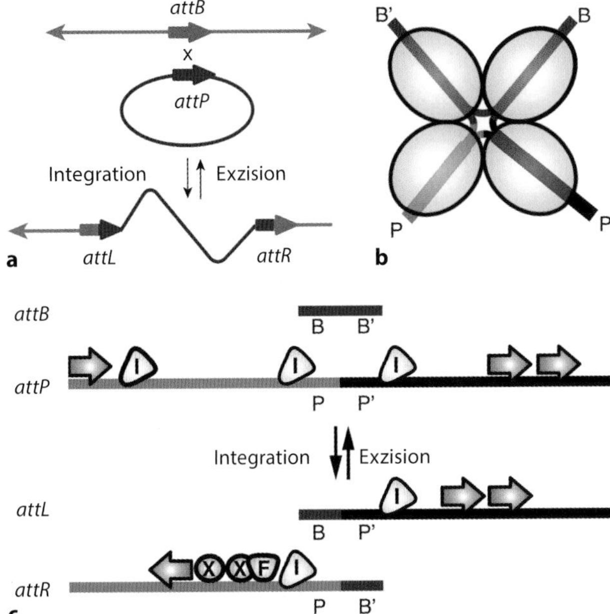

■ Abb. 4.18 Integration/Exzision von Phagen. **a** Der *Kreis* repräsentiert das Phagengenom mit seiner Anheftungsstelle *attP*; der *Doppelpfeil* symbolisiert das bakterielle Genom mit seiner Anheftungsstelle *attB*. Bei Anwesenheit einer Integrase (und ggf. weiterer Wirtsfaktoren) wird das Phagengenom in das bakterielle Genom integriert, flankiert von zwei *att*-Sequenzen, *attL* und *attR* (links bzw. rechts); diese hybriden Sequenzen bestehen jeweils aus einer Hälfte von *attP* und *attB*. Bei gleichzeitiger Anwesenheit einer Integrase und einer Exzisionase findet die entsprechende Rückreaktion statt. **b** Schematische Darstellung des Zwischenprodukts. Während der Integration (und auch bei der Exzision) katalysiert die Integrase die paarweise, sequenzielle Spaltung und den Austausch der jeweiligen DNA-Einzelstränge. Die *grünen Ovale* stellen die vier λ-Integrase-Untereinheiten dar, die das aktive Tetramer bilden (*rot*: bakterielle DNA mit den Armen B und B′; *blau*: Phagen-DNA mit dem P-Arm; *schwarz*: Phagen-DNA mit dem Arm P′). **c** Überblick über die wichtigen Eigenschaften der attB- und attP-Sequenzen. Beide Anheftungsstellen haben linke und rechte Arme (Farben wie in **b**), die durch eine 15 bp lange, identische Sequenz miteinander verbunden sind (nicht dargestellt); das ist die eigentliche Rekombinationsstelle. Die *attP*-Anheftungsstelle umfasst etwa 240 bp; bei der Integration bindet die Integrase an die entsprechenden Bindestellen der Arme (*grüne Pfeile*) und IHF (*integration host factor*; I) an seine Bindestellen (*gelb*). Bei der Exzision besitzt *attL* Bindestellen für IHF und die Integrase, hier benutzt die Integrase aber eine andere Bindestelle (in umgekehrter Orientierung) auf *attR*; *attR* hat außerdem Bindestellen für Fis (engl. *factor for inversion stimulation*, *violett*, F) und Xis (Exzisionase, *orange*, X). (Nach Fogg et al. 2014, mit freundlicher Genehmigung)

nur DNA aus dem der *attB*-Sequenz benachbarten Genbereich transduziert werden kann.

! Der Bakteriophage λ ist ein temperenter Phage, der sich aufgrund einer DNA-Sequenzhomologie zwischen Phagen- und Bakterien-DNA an einer spezifischen Stelle ins Wirtszellgenom integrieren kann. Das Phagengenom bleibt in dieser Prophagensituation mit Ausnahme eines Repressors inaktiv. Der Prophage kann durch Stresseinwirkung auf die Wirtszelle aktiviert werden und geht nach Exzision aus dem Genom in den lytischen Zyklus über.

Im Vermehrungszyklus des temperenten Bakteriophagen λ nimmt ein Regulationsmolekül – der λ-Repressor – eine zentrale Funktion in der Entscheidung darüber ein, ob der Phage nach der Infektion in eine lytische Phase geht oder ob er als Prophage ins Wirtszellgenom eingebaut wird (■ Abb. 4.19). Für die Regulation der **Expression des λ-Genoms** ist die Art der Anordnung der Gene im Chromosom von entscheidender Bedeutung. Funktionell verwandte Gene liegen im λ-Genom in Gruppen beieinander. Das gestattet eine gemeinsame Regulation jeder dieser Gruppe von Genen durch eine gemeinsame Kontrolle auf dem Transkriptionsniveau.

Nach einer λ-Infektion liegt das Phagengenom zunächst als lineare Doppelhelix ohne jegliche Regulationssignale vor. Zunächst zirkularisiert sich das λ-Chromosom durch Ligation der *cos-sites* (■ Abb. 4.17). Hierdurch werden die „späten Gene" (engl. *late genes*) aneinandergekoppelt, die für die Produktion der Phagenkopfproteine verantwortlich sind und im linearen Genom voneinander getrennt liegen. Mithilfe der wirtszelleigenen RNA-Polymerase beginnt nun die Transkription der „frühen Phagengene" (*N* und *cro*) (engl. *early genes*) an deren jeweiligem Promotor P_L oder P_R (■ Abb. 4.17). Die Transkription verläuft in entgegengesetzter Richtung: Wir können hieraus ersehen, dass die beiden antiparallelen DNA-Stränge hinsichtlich codierender Funktionen gleichwertig sind und dass die Richtung der Genorientierung innerhalb kurzer Abstände des Genoms wechseln kann. An den Terminationssequenzen am Ende des *N*- und des *cro*-Gens wird die Transkription beendet. Die Translationsprodukte, das N-Protein und das Cro-Protein, sind Regulationsmoleküle mit unterschiedlicher Funktion: Das N-Protein wirkt als Antiterminator der Transkription der Gene *N* und *cro*, sorgt also für eine Fortsetzung der Transkription über die beiden frühen Gene hinaus. Damit ist es in der Lage, die Transkription und dadurch zugleich auch die Translation der „verzögerten frühen Gene" (engl. *delayed early genes*) zu veranlassen. Mit der Transkription dieser Gene wird der **lytische Zyklus** des Phagen eingeleitet. Das Cro-Protein dient als Repressor für die Synthese des λ-Repressors im Gen *cI* und wird daher bisweilen auch als Antirepressor bezeichnet. In dieser Funktion unterstützt es die Funktion des N-Proteins (pN), da der λ-Repressor die Transkription aller λ-Gene, ausgenommen seine eigene Synthese, verhindert. Im lytischen Zyklus darf daher kein λ-Repressor vorhanden sein.

Betrachten wir zunächst die weitere **Regulation des lytischen Zyklus**. Mit der Transkription der Gene *O*, *P* und *Q* nach Einsetzen der Antitermination durch pN

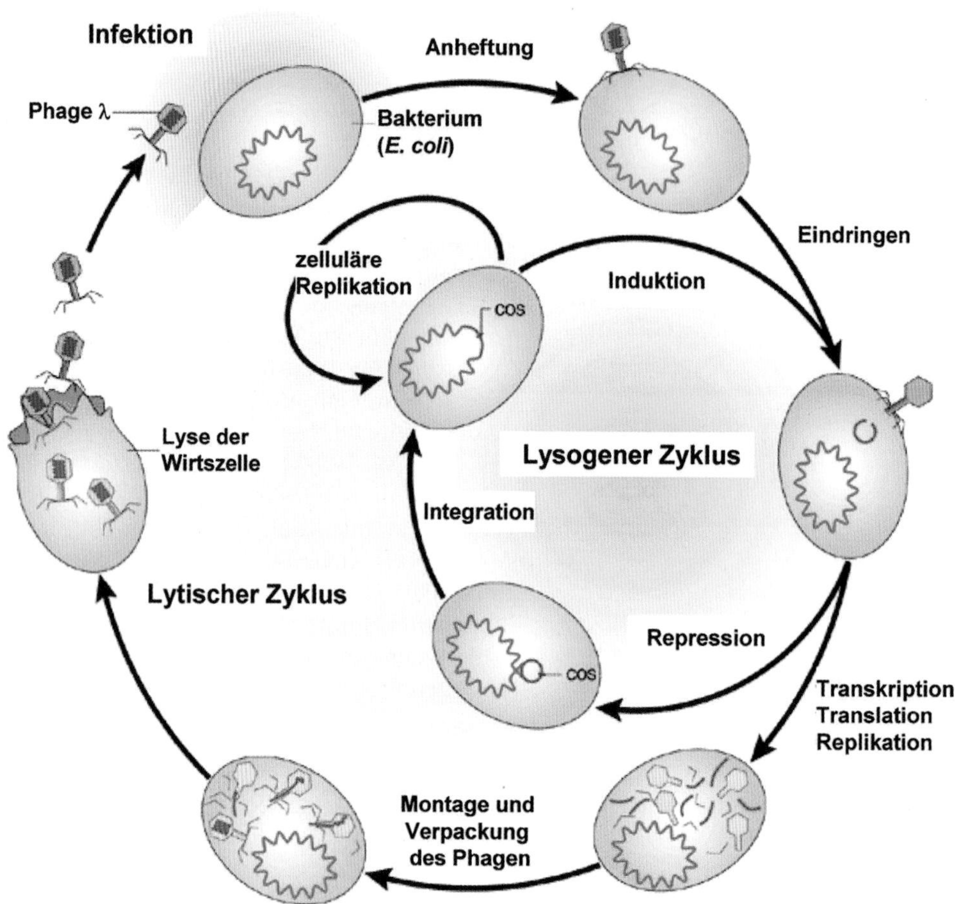

■ **Abb. 4.19** Zyklus des Bakteriophagen λ. Nach der Infektion der Wirtszelle hat der Phage zwei Möglichkeiten: Bei der lytischen Antwort (*äußerer Kreis*) werden an der Phagen-DNA als Matrize nach dem *rolling circle*-Mechanismus (■ Abb. 2.22) neue lineare Phagen-DNA-Moleküle synthetisiert. Gleichzeitig werden die Hüllproteine hergestellt, sodass schließlich eine Verpackung der DNA in den vorbereiteten Phagenkopf und ein Anfügen des ebenfalls vorbereiteten Phagenschwanzes erfolgen kann. Die Zelle lysiert dann und entlässt neue, infektiöse Phagenpartikel. Im lysogenen Zyklus (*innerer Kreis*) erfolgt zunächst eine Rezirkularisierung der linearen λ-DNA an den Enden mit kurzen, einzelsträngigen Abschnitten (engl. *cohesive sites*, Abk.: *cos*). Danach integriert der λ-Phage als Prophage (*blau*) ins bakterielle Genom; er kann in dieser Form über viele Zellgenerationen im Bakteriengenom verbleiben. Der Prophage wird allerdings irreversibel induziert, wenn ein großer DNA-Schaden eine SOS-Reparatur-Antwort auslöst; das führt dann in den lytischen Kreislauf. In sehr seltenen Fällen geschieht dies auch spontan; einige der spontan induzierten Zellen betreten den lytischen Zyklus unvollständig, verlieren den Prophagen und werden nicht-lysogen. (Nach Campbell 2003, mit freundlicher Genehmigung)

wird einerseits die Replikation des Phagengenoms durch die Genprodukte von *O* und *P* ermöglicht. Das im Gen *Q* codierte Protein wirkt als Antiterminator der Transkription im Bereich der späten Gene *S* bis *R* (■ Abb. 4.17). Die Transkription der „späten Gene“ wird im Promotor P_R initiiert. Ist das Q-Protein vorhanden, so kann die Transkription über den gesamten, 26 kb langen Bereich der „späten Gene“ durchlaufen. Das Q-Protein bindet zuerst an die DNA im Bereich des späten Promotors P_R, bevor es an die RNA-Polymerase bindet. Diese durch das Q-Protein modifizierte RNA-Polymerase ist dann imstande, den 196 bp unterhalb des Promotors P_R gelegenen Terminator T_R zu überwinden und dadurch die Expression der „späten Gene“ zuzulassen.

Die „verzögerten frühen Gene“ sind nicht ausschließlich für die Einleitung des lytischen Zyklus verantwortlich, sondern sie sind auch für den **Beginn der Lysogenisierung** unentbehrlich. Sie aktivieren nämlich außer den für die Replikation und Phagenkopfproteine verantwortlichen Genen auch das Gen *cII*, dessen Produkt, das Protein pcII, zusammen mit dem *cIII*-Genprodukt die Transkription des λ-Repressors im Gen *cI* ermöglicht (■ Abb. 4.17). Die Gene *cI*, *cII* und *cIII* gehören zu den „verzögerten frühen Genen“. Bereits als eines der beiden „frühen Gene“ (*N* und *cro*) wurde jedoch der Antirepressor Cro aktiviert, der als Repressor des *cI*-Gens wirkt. Wie ist dieser scheinbare Widerspruch zu erklären? Offenbar liegt an dieser Stelle des Regulationssystems der Schalter für die Entscheidung zwischen lytischem und lysogenem Zyklus des Phagen.

Zum Verständnis dieses Schalters ist es erforderlich, zunächst die Feinstruktur des *cI*-Gens näher zu betrachten (◘ Abb. 4.20a). Das Gen zeichnet sich dadurch aus, dass es zwei Promotorregionen, P_{RM} und P_{RE}, besitzt. Der Promotor P_{RE} liegt rechts vom P_R-Promotor, der die – in entgegengesetzter Richtung – verlaufende Transkription von *cro* beginnen lässt. Die Transkription des *cI*-Gens beginnt zunächst im rechten Promotor P_{RE} mit Unterstützung der Proteine pcII und pcIII. Das pcII-Protein bewirkt eine Modifikation der RNA-Polymerase, ohne die die Bindung der RNA-Polymerase am Promotor nicht möglich ist, und pcIII schirmt pcII gegen Abbau durch wirtszellspezifische Proteinasen ab. Die nach Initiation in P_{RE} synthetisierten mRNA-Moleküle besitzen einen starken Ribosomenbindungsplatz und verursachen dadurch eine schnelle Synthese des λ-Repressors. Der Repressor bindet nunmehr sofort an den Operator O_L der „frühen Gene", die durch den Promotor P_L angeschaltet werden, und inhibiert damit die Synthese des Antiterminators pN. Gleichzeitig bindet der λ-Repressor aber auch an den Operator O_R der durch P_R regulierten Gene, sodass die weitere Synthese von Cro unterbunden wird. Der Operator O_R liegt unmittelbar rechts neben dem Promotor P_{RM} (◘ Abb. 4.20b). Er besteht aus drei einander sehr ähnlichen, aber nicht identischen Bindungsregionen (O_{R1}, O_{R2} und O_{R3}), die unterschiedliche Bindungsaffinitäten für den λ-Repressor besitzen. Sie nehmen von O_{R1} nach O_{R3} ab. O_{R1} und O_{R2} wirken kooperativ in der Bindung des λ-Repressors, sodass die Bindung eines Repressormoleküls an O_{R1} die unmittelbare Bindung eines weiteren Repressormoleküls an O_{R2} zur Folge hat. Dieser Repressorkomplex stimuliert die Bindung der RNA-Polymerase an den Promotor P_{RM}, womit die weitere Synthese des λ-Repressors ermöglicht wird. Erst bei großem Überschuss von Repressormolekülen werden diese auch am schwachen Operatorbindungsplatz O_{R3} gebunden. Da diese Region mit dem Promotor P_{RM} überlappt, wird die Synthese des λ-Repressors nunmehr inhibiert. Der Bindungsplatz O_{R3} dient somit der Feinregulation der Produktion des Repressors. Der Promotor P_{RE} wird bei Bindung von λ-Repressor in O_{R1} und O_{R2} nicht mehr beansprucht, da er der Produkte der Gene *cII* und *cIII* bedarf. Diese werden aber durch den nunmehr vorhandenen λ-Repressor reprimiert.

Die Hauptfrage ist aber mit der Aufklärung dieser molekularen Mechanismen noch nicht beantwortet: Wie erfolgt die Entscheidung zwischen lytischem und lysogenem Zyklus? Nach der Infektion des Phagen und der ersten Phase der Transkription spielen zwei Regulationsmoleküle eine zentrale Rolle für die folgenden Ereignisse: der λ-Repressor und das Cro-Protein als Antirepressor. Das Cro-Protein übt seine reprimierende Wirkung auf die λ-Repressorsynthese durch Bindung an O_{R3} aus, kompetiert also für diesen Bindungsplatz mit dem λ-Repressor. Es kann, ebenso wie der λ-Repressor, auch an die anderen beiden Bindungsstellen O_{R2} und O_{R1} binden. Die Bindungsaffinitäten für die verschiedenen Bindungsregionen sind jedoch genau die entgegengesetzten zu denen des λ-Repressors. Offenbar entscheiden subtile Unterschiede in der Konzentration der verschiedenen Regulatorproteine, ob der lysogene oder der lytische Weg eingeschlagen wird.

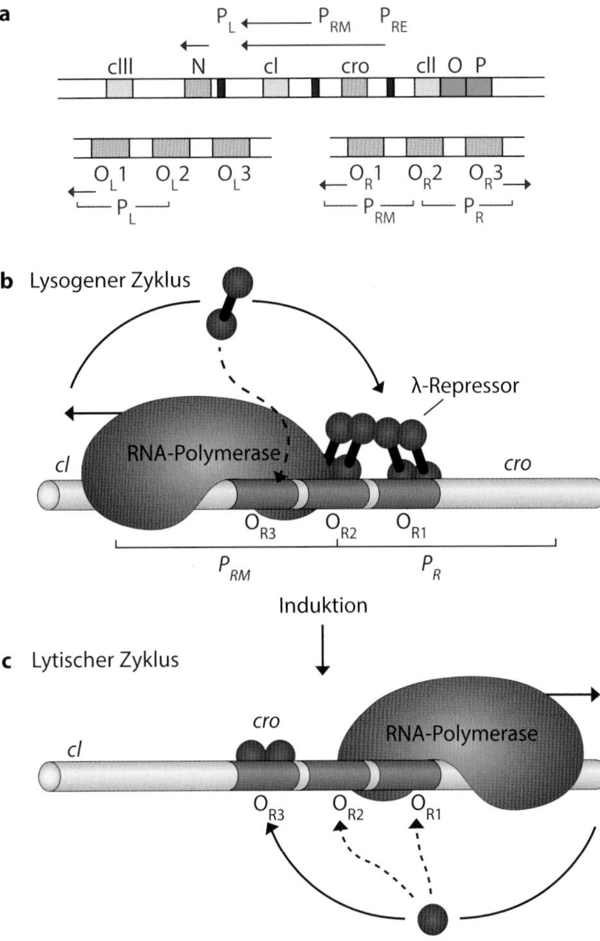

◘ **Abb. 4.20** Regulation des λ-Genoms. **a** Feinstruktur des *cI*-Gens und des *N*-Gens. Die Operatorregionen besitzen stets je drei Bindungsstellen (*O1* bis *O3*) unterschiedlicher Bindungsaffinität für die Regulationsproteine. **b** Im lysogenen Zyklus binden zwei Dimere des λ-Repressors (*durchgezogener Pfeil*) kooperativ an die Bindestellen O_{R1} und O_{R2}. Der Repressor an O_{R2} hat die RNA-Polymerase an den Promotor (P_{RM}) des benachbarten Repressorgens *cI* herangeführt. Der gebundene Repressor hält die RNA-Polymerase von dem anderen benachbarten Promotor P_R fern; dadurch bleiben die lytischen Gene ausgeschaltet. Mit geringerer Affinität bindet der Repressor auch an O_{R3} (*gestrichelter Pfeil*) und schaltet dadurch die Transkription von *cI* ab. Ein zweiter Promotor der lytischen Gene (P_L) befindet sich etwa 2400 bp entfernt, und die Wechselwirkungen zwischen den Repressoren, die an O_L und O_R binden, unterstützen diese Reaktion. **c** Wenn der Repressor durch die Induktion des lytischen Zyklus zerstört ist, nimmt die Transkription des *cI*-Gens ab (wegen des Verlusts der Selbststimulation), und die Transkription der rechtsseitigen lytischen Gene beginnt. Cro bindet besonders stark an O_{R3} (*durchgezogener Pfeil*) und unterdrückt dadurch direkt die Synthese des Repressors. Möglicherweise bindet Cro auch an die O_{R2}- und O_{R1}-Bindestellen, um damit die Transkription der frühen Gene abzuschalten (*gestrichelter Pfeil*). (**b**, **c** nach Ptashne 2006, mit freundlicher Genehmigung)

Die Regulation des Vermehrungszyklus des Bakteriophagen λ erfolgt durch eine komplexe Interaktion von Repressorproteinen mit Regulationssequenzen in der DNA der kontrollierten Gene. Die DNA-Bindungsstellen für Regulationsproteine besitzen aufgrund geringfügiger Nukleotidsequenzunterschiede unterschiedliche Bindungsaffinitäten für die Regulationsproteine. Durch quantitative Unterschiede in der intrazellulären Konzentration der Regulationsmoleküle wird die Transkriptionsrate reguliert.

Ist der **lysogene Zyklus** eingeschlagen, erfolgt die Integration des Phagen nach den bereits früher beschriebenen Mechanismen (◘ Abb. 4.19). Nach der Integration erhält der Prophage die Synthese einer geringen Menge an λ-Repressor aufrecht. Die Anwesenheit des Repressors hat zur Folge, dass die übrigen Phagengene reprimiert bleiben. Nur gelegentlich kommt es zur Derepression, wenn aus sekundären Gründen der Repressortiter absinkt.

In einem lysogenen Bakterium kann der lytische Zyklus durch UV-Bestrahlung oder chemische Mutagene induziert werden. Durch solche physiologischen Stresssituationen werden in der Wirtszelle **DNA-Reparaturmechanismen** aktiviert („Induktion“). In diesen Reparaturmechanismen spielt das RecA-Protein eine zentrale Rolle (► Abschn. 4.4.2). Das RecA-Protein verfügt über eine Protease-Aktivität, die unter anderem den λ-Repressor zwischen der DNA-Bindedomäne und der Dimerisierungsdomäne spaltet. Hierdurch ist eine Initiation der Transkription in den „frühen Genen“ möglich, die damit einen lytischen Zyklus einleiten können. Diese induzierte lytische Vermehrung des Phagen ist biologisch gesehen sinnvoll, da unter Bedingungen, die erhöhte Mutagenitätsraten zur Folge haben, eine unmittelbare Vermehrung sinnvoller ist als die Aufrechterhaltung des Prophagenstatus.

Die Funktion des λ-Repressors erklärt uns noch eine zweite Eigenschaft eines lysogenen Bakteriums: Die Immunität gegen erneute Infektion (Superinfektion) mit einem neuen λ-Phagen. Ursache hierfür ist das Vorhandensein des λ-Repressors, der neu injizierte Phagen-DNA sogleich gegen Transkription reprimiert und damit sowohl die Integration als auch einen lytischen Zyklus verhindert.

Immunität einer Bakterienzelle gegen erneute λ-Infektion (Superinfektion) wird durch die λ-Repressormoleküle bewirkt, die in lysogenen Bakterien vorhanden sind. Sie reprimieren die Expression eines neu in die Zelle injizierten λ-Genoms.

Bei den verschiedenen Regulationsmechanismen spielen molekulare Interaktionen zwischen der DNA und Regulationsproteinen eine bedeutende Rolle. Sowohl der λ-Repressor als auch das Cro-Protein, das CRP (engl. *catabolite repressor protein*; ► Abschn. 4.5.2), der Trp-Repressor (codiert durch das *trpR*-Gen) und der Lac-Repressor (codiert durch das *lacI*-Gen) üben ihre Funktionen durch eine direkte Bindung an DNA aus. Alle diese Proteine haben eine relativ kleine Bindungsregion in der DNA, die zehn Basen in der Doppelhelix kaum überschreitet. Sie besitzen aber eine hohe und genau kontrollierte Bindungsspezifität und -affinität, wie sie am Beispiel der unterschiedlichen Bindungsaffinitäten des λ-Repressors und des Cro-Proteins besonders deutlich geworden sind.

Durch die Arbeiten von Marc **Ptashne** und Mitarbeitern haben wir Einsicht in die physikochemischen Eigenschaften solcher Repressor-DNA-Komplexe bekommen. Alle zuvor genannten Repressoren zeichnen sich durch eine einheitliche Struktur aus: Sie bestehen aus zwei α-Helixregionen, die über einen kurzen Proteinbereich miteinander verbunden sind, der beide Helices gegeneinander dreht. Man bezeichnet solche Strukturen als **Helix-Turn-Helix-** oder als **Helix-Loop-Helix-Motive (HLH)** (◘ Abb. 4.21; siehe auch ◘ Abb. 7.19). An der DNA-Bindungsstelle bildet der Repressor ein Multimer aus identischen Peptiden. Der Lac-Repressor ist ein Tetramer, der Gal-Repressor (codiert durch das *galR*-Gen) ein Dimer. Die röntgenkristallographische Analyse des DNA-Repressorkomplexes zeigt uns die sterische Anordnung des Repressorkomplexes: Beim Gal-Repressor greift einer der α-Helixbereiche jedes Dimers in die große Furche der DNA ein, während der zweite α-Helixbereich mit dem des anderen Dimers in Kontakt steht. Durch experimentelle Veränderung derjenigen Aminosäuren innerhalb der α-Helixregion, die in die große Furche der DNA eingreift, haben Marc Ptashne und Mitarbeiter (Irwin und Ptashne 1987) und Benno Müller-Hill und Mitarbeiter (Suckow et al. 1996) feststellen können, welche Aminosäuren für die jeweils spezifische Erkennung der DNA-Sequenz an einer Bindungsstelle verantwortlich sind. Durch gezielte Substitutionen solcher Aminosäuren konnte die Bindungsspezifität eines Repressormoleküls gezielt in die eines anderen Repressors umgewandelt werden. Aus diesen Versuchen geht hervor, dass die Regeln der Sequenzerkennung in der DNA für verschiedene Repressoren sehr ähnlich sind. Diese Versuche lassen zudem erkennen, dass Proteine in der Lage sind, die sehr kurzen, spezifischen Basensequenzen in einer DNA-Doppelhelix von außen zu erkennen.

Verschiedene DNA-bindende Regulationsmoleküle besitzen eine gemeinsame Grundstruktur. Sie bestehen aus zwei voneinander getrennten α-Helixregionen, mit jeweils einer bilden sie untereinander Dimere. Die zweite α-Helixregion greift in die große Furche der DNA-Doppelhelix an einer spezifischen Erkennungssequenz ein. Die Erkennungsspezifität wird einerseits durch die Basensequenz auf der Seite der DNA und andererseits durch die Aminosäuresequenz auf der Seite des Proteins bestimmt.

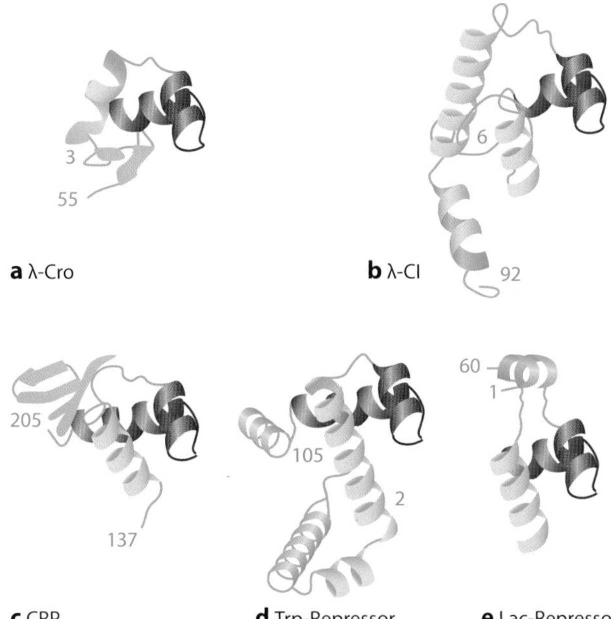

Abb. 4.21 Bänderdarstellung von Strukturen DNA-bindender Domänen verschiedener Helix-Turn-Helix-Proteine. Die Moleküle sind so orientiert, dass die erste „Gerüst"-Helix (*rot*) des Helix-Turn-Helix-Motivs von rechts oben vertikal nach unten verläuft und die zweite „Erkennungs"-Helix (*blau*) auf der Rückseite des Moleküls horizontal von rechts nach links verläuft. **a** λ-Cro (3–55); **b** λ-CI (6–92); **c** CRP (*catabolite repressor protein*); **d** Trp-Repressor; **e** Lac-Repressor. (Nach Lewis et al. 1998, mit freundlicher Genehmigung)

4.3.2 Bakteriophage M13

Im Gegensatz zu λ sind **filamentöse Phagen** stäbchenförmig, mit einem Durchmesser von etwa 6–8 nm und einer Länge von 800–2000 nm. Ihr Genom besteht aus einer ringförmigen einzelsträngigen DNA (4–12 kb), die von einer Proteinhülle umgeben ist. Einer der wichtigsten filamentösen Phagen ist **M13** (Abb. 4.15) – ein lysogener Phage, der bei seiner Freisetzung die Bakterienzelle nicht zerstört.

Die Infektion durch einen filamentösen Phagen beginnt an der Bakterienoberfläche. Dabei ist das große Phagen-codierte Adhäsionsprotein pIII für die Wirtsspezifität des Prozesses verantwortlich, indem es mit entsprechenden Rezeptoren auf den Pili der Bakterienoberfläche (Abb. 4.8) in Wechselwirkung tritt. Die Bindung an den Rezeptor bewirkt, dass sich der Pilus mit dem daran gebundenen Phagen in das Periplasma zwischen der inneren und der äußeren Membran zurückzieht. Dort bindet der Phage an einen weiteren Rezeptor (TolA), der für den erfolgreichen Durchtritt des Phagen durch die innere Membran verantwortlich ist. Dabei werden die Hüllproteine abgestreift und verbleiben in der inneren Membran, während die einzelsträngige DNA ins Cytoplasma gelangt. Dort wird ein komplementärer Strang synthetisiert, und die entstandene zirkuläre doppelsträngige DNA steht dann für die direkte (episomale) Replikation (über den *rolling circle*-Mechanismus, Abb. 2.22) oder für den Einbau in das Wirtsgenom zur Verfügung. Nach der Neusynthese einzelsträngiger DNA wird diese durch das Phagen-codierte Protein pV bedeckt und gelangt so zur inneren Bakterienmembran, wo die Phagenhülle so zusammengebaut wird, dass der vollständige Phage dann auch über die äußere Membran freigesetzt werden kann. Einen Überblick über diesen Prozess gibt Abb. 4.22.

M13 spielt eine besondere Rolle wegen der Möglichkeit, über gentechnische Methoden spezifische Proteine an der Zelloberfläche der Bakterien zu präsentieren (engl. *phage display*; im Deutschen hat sich dafür die Bezeichnung „Phagen-Display" eingebürgert und soll auch hier verwendet werden). Diese Methode wurde 1985 durch George P. **Smith** entwickelt und beruht darauf, dass DNA, die für ein heterologes Peptid codiert, in das Phagengenom eingeführt wird, und zwar innerhalb des offenen Leserahmens eines Gens für ein Hüllprotein. Das führt zur Expression eines entsprechenden Hybridproteins an der Oberfläche des Phagen, der daraufhin auf seine Bindung an eine bestimmte Oberfläche oder an ein immobilisiertes Protein getestet werden kann. Der Vorteil des Systems besteht darin, dass nicht nur ein Peptid getestet werden kann, sondern eine ganze Bibliothek von Peptidfragmenten. Durch wiederholte Infektionen positiver Phagen und entsprechender Bindetests können größere Mengen des jeweiligen Peptids hergestellt werden. Das System eignet sich zur Untersuchung von Protein-Protein-Wechselwirkungen, aber auch zur Herstellung von Antikörpern (Abb. 4.23). Ein wichtiges Hilfsmittel sind dabei Phagemid-Vektoren, die den Replikationsstart des ColE1-Plasmids (▶ Abschn. 4.2) enthalten und damit in der Bakterienzelle wie ein Plasmid repliziert werden können. Andererseits enthalten sie den Replikationsstart filamentöser Phagen (z. B. f1); nach Infektion der Bakterienkultur mit einem entsprechenden Phagen wird der f1-Replikationsstartpunkt zur Produktion von einzelsträngiger DNA verwendet. Die neu gebildeten Phagenpartikel enthalten zu etwa 10 % die rekombinante DNA in einer einzigen Kopie und zeigen das gewünschte Protein; ein sehr kleiner Teil zeigt zwei oder mehr Kopien des heterologen Proteins – aber die überwiegende Anzahl der gebildeten Phagen sind „leer", d. h. sie enthalten nur ihre eigene DNA.

Obwohl die Grundlagen für die Phagen-Display-Technik schon vor über 30 Jahren entwickelt wurden, gibt es immer wieder neue Anwendungen. Heute wird die Technik verwendet, um neue Peptide und Antikörper zu entwickeln, die an ein breites Spektrum von Antigenen binden – von ganzen Zellen bis hin zu Lipiden. Unter dem Eindruck zunehmender Resistenzen von Bakterien gegenüber Antibiotika (▶ Abschn. 4.2.3) verspricht diese Methode neue Möglichkeiten zur Bekämpfung bakterieller und auch viraler Infektionen.

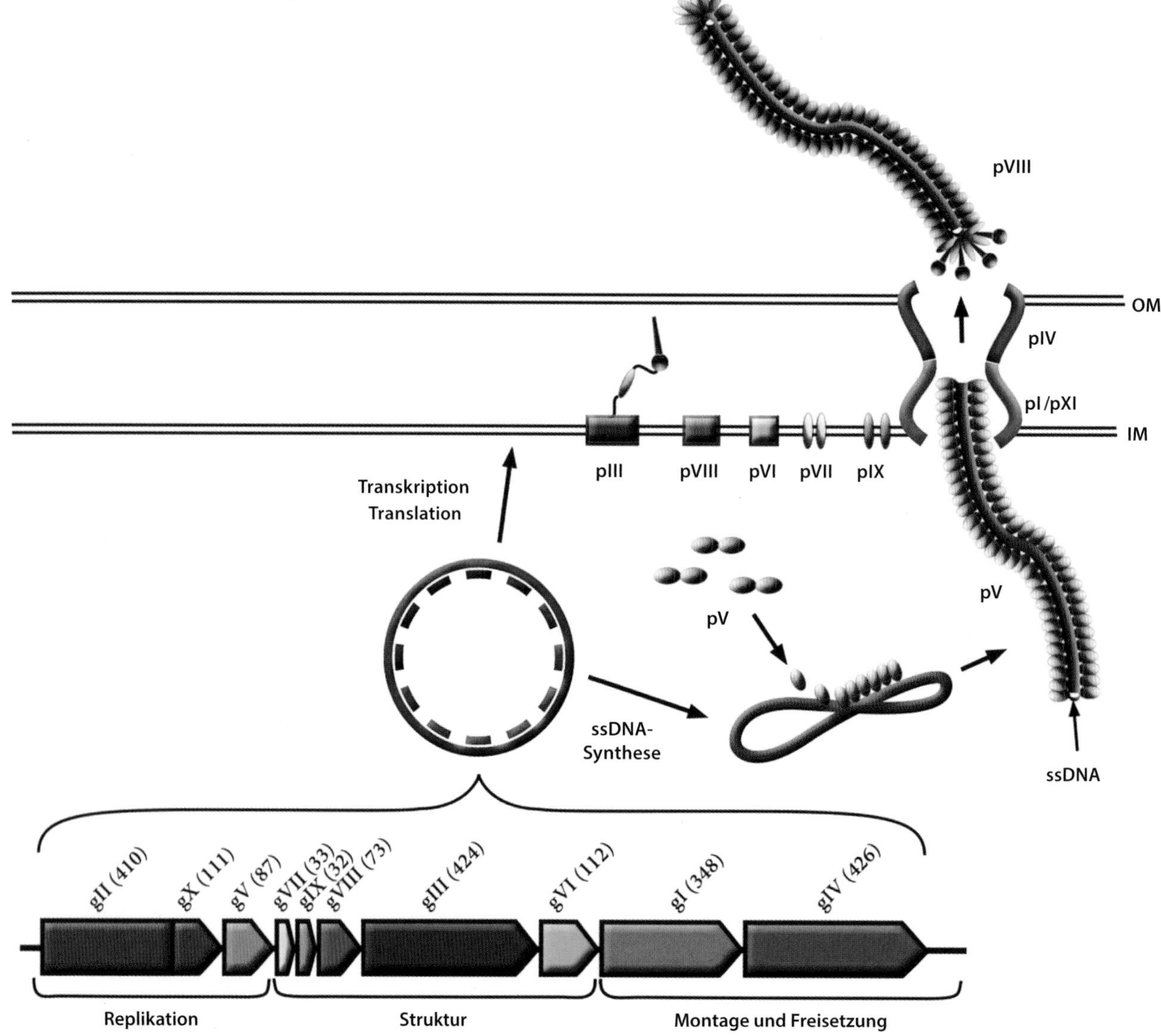

Abb. 4.22 Gene und genomische Organisation von M13 als Beispiel eines filamentösen Phagen. Voraussetzung für eine neue Infektion ist zunächst die Herstellung einzelsträngiger DNA und dann die Verpackung in einen infektiösen DNA-Protein-Komplex. *Unten* sind die zehn Gene dargestellt (*gI–gX*) und entsprechend ihrer Funktion farbig markiert: Die Gene für die Replikation sind *rot*, und die Gene für die Strukturproteine des Virus sind *gelb*, *rosa*, *violett* und *blau*. Die Gene, die für den Zusammenbau des Virus und seine Sekretion verantwortlich sind, sind in verschiedenen *Grüntönen* angegeben. Dieselben Farben sind für die entsprechenden Proteine pI–pX gewählt. Die Orientierung der offenen Leserahmen wird durch die *Pfeilspitzen* angedeutet. IM: innere Membran, OM: äußere Membran. (Nach Mai-Prochnow et al. 2015, mit freundlicher Genehmigung)

Basierend auf der Phagen-Display-Technik wurden auch Biosensoren gegenüber Sporen verschiedener *Bacillus*-Subtypen entwickelt, darunter gegen *B. anthracis*, den Erreger von Milzbrand. Mehrere Arbeiten diskutieren darüber hinaus die Möglichkeit, filamentöse Phagen als therapeutische oder prophylaktische Agenzien gegen Krebs und chronische Erkrankungen einzusetzen. Lesenswerte aktuelle Übersichtsartikel dazu haben Henry et al. (2015) und Karimi et al. (2016) verfasst.

Der Phage M13 ist ein filamentöser Phage mit einem einzelsträngigen DNA-Genom. Bei der Methode des Phagen-Display werden heterologe Proteine auf der Oberfläche der Phagen exprimiert.

4.3.3 Andere Bakteriophagen

Der **Bakteriophage P1** nimmt insofern eine Sonderstellung ein, als seine DNA während der lysogenen Phase nicht in das Wirtszellgenom integriert wird, sondern als einzelnes zirkuläres DNA-Molekül in der Zelle ver-

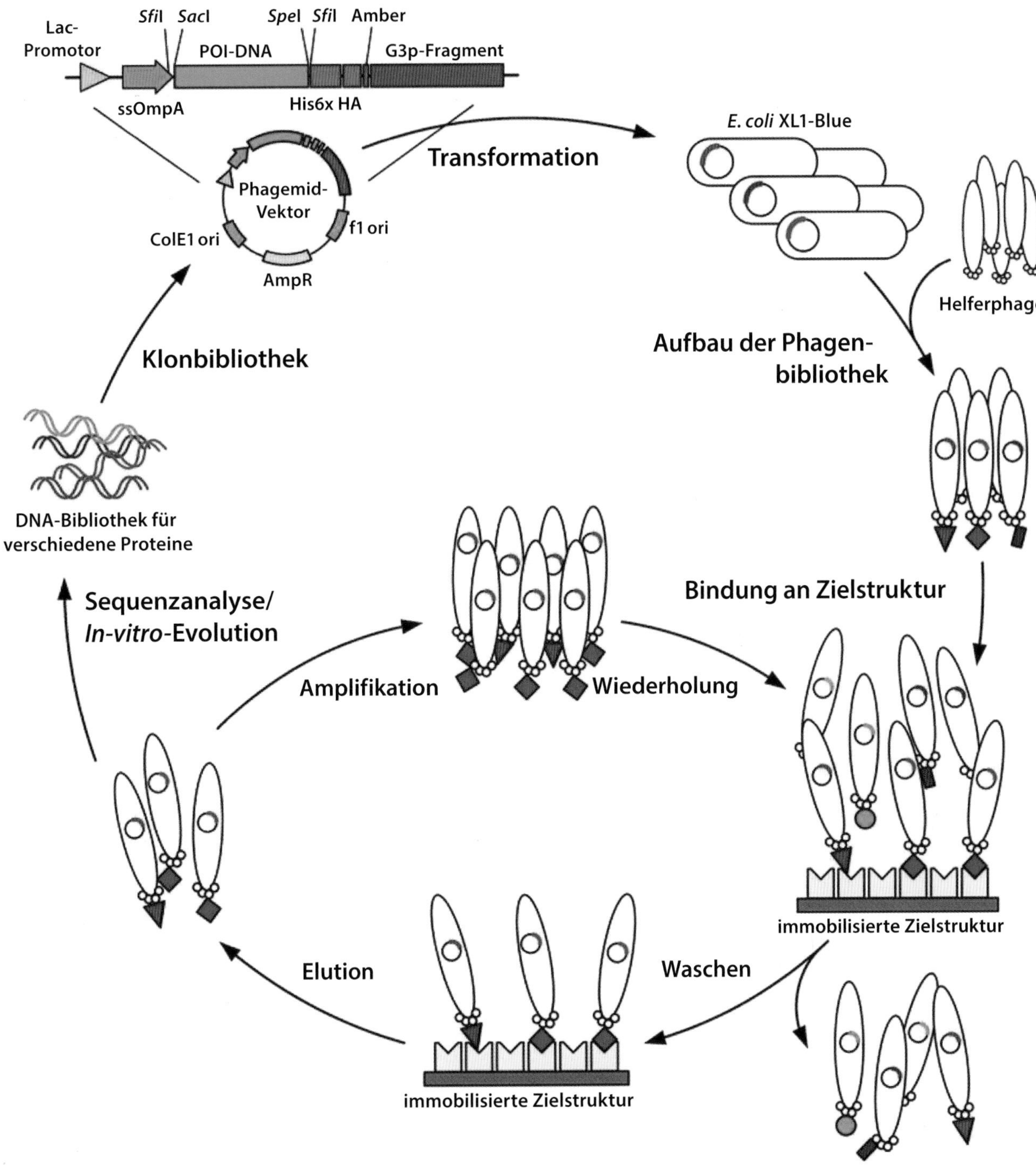

Abb. 4.23 Phagen-Display mit einem Phagemid-Vektor. Eine Bibliothek von DNA-Fragmenten, die für verschiedene Bereiche eines Proteins codieren, wird so in einen Phagemid-Vektor kloniert, dass ein offener Leserahmen mit dem Genfragment für den C-terminalen Teil des M13-Hüllproteins p3 (g3p-Fragment) gebildet wird. Der Phagemid-Vektor enthält den Replikationsstart des ColE1-Plasmids (ColE1 ori) zur Amplifikation in *E. coli*, das Ampicillin-Resistenzgen (*ampR*) zur Selektion sowie einen Replikationsstart zur Produktion von einzelsträngiger Phagen-DNA (f1 ori), der aber erst durch die Infektion mit den Helferphagen benutzt werden kann. Die *E. coli*-Zellen werden nach der Transformation mit dem Phagemid-Konstrukt auch mit einem Helferphagen infiziert, um so eine Phagenbibliothek aufzubauen. Dabei zeigt jeder Phage eine andere Form des gewünschten Proteins (POI, engl. *protein of interest*). Die Phagenbibliothek wird zu einer immobilisierten Zielstruktur gegeben, und die nicht-bindenden Phagen werden abgewaschen. Die gebundenen Phagen werden eluiert, durch eine neue Infektion von *E. coli*-Zellen vermehrt und erneut an die immobilisierte Zielstruktur gebunden. Nach einigen Zyklen erhält man Phagen, die eine Variante des gewünschten Proteins mit sehr hoher Bindungsaffinität enthalten. Diese kann dann je nach Ziel des Experiments weiterverarbeitet oder optimiert werden. ssOmpA: Signalsequenz zum Transport des gewünschten Proteins in das Periplasma; His6x: Markierung aus 6 Histidinresten; HA: Markierung mit Hämagglutinin (beide können zur Reinigung des rekombinanten Proteins verwendet werden). Der *lac*-Promotor steuert die Expression des klonierten Gens; das Amber-Stoppcodon wird zum An- und Ausschalten der Expression des nachfolgenden DNA-Abschnitts verwendet; es wird im *E. coli*-Stamm K12 unterdrückt, sodass das ganze rekombinante Hybridprotein exprimiert werden kann; durch Wechsel zu einem das UAG-Stoppcodon nicht-unterdrückenden *E. coli*-Stamm (z. B. Stamm B) stoppt die Translation nach den His6x- und HA-Markierungen. (Nach Levisson et al. 2015, mit freundlicher Genehmigung)

bleibt. Die Genomgröße des Phagen beträgt 91.500 bp, also etwas mehr als 20 % der Größe des *E. coli*-Genoms. Seine Replikation ist an die der Wirtszell-DNA gekoppelt, sodass Tochterzellen ebenfalls je ein P1-DNA-Molekül erhalten. Wird ein lytischer Zyklus induziert (beispielsweise durch Infektion mit P1 oder durch Induktion der Lyse in lysogenen Zellen), so beginnt die Phagen-DNA, Hüllproteine und eine Nuklease zu produzieren, die das Wirtszellgenom langsam zerschneidet. Während der Verpackung der neu replizierten Phagen-DNA in Hüllproteine kann gelegentlich ein Stück der partiell abgebauten Wirtszellgenom-DNA, das zufällig die richtige Länge zur Verpackung besitzt, anstelle der Phagen-DNA verpackt werden. Etwa 0,1 % der entstehenden neuen Phagen enthält solche *E. coli*-DNA-Bruchstücke anstatt der Phagen-DNA. Solche Phagen können die *E. coli*-DNA nach ihrer Adsorption an Bakterienzellen in diese injizieren. Damit kommt es zur Duplikation des betreffenden Wirtszellgenombereichs in der Rezeptorzelle. Ähnlich wie bei der Übertragung von *E. coli*-DNA durch Hfr-Stämme in F^--Zellen oder bei der F-Duktion kann innerhalb der bakteriellen Genomduplikation **Rekombination** (► Abschn. 4.4.2) erfolgen. Man bezeichnet diese Übertragung bakterieller DNA durch einen Phagen als **Transduktion**. Die Möglichkeit der Transduktion wurde 1952 am Bakteriophagen P22 bei *Salmonella typhimurium* durch Norton D. **Zinder** und Joshua **Lederberg** entdeckt. Da in diesen Systemen alle Wirtsgene ohne Einschränkung transduziert werden können, spricht man auch von **genereller Transduktion** (engl. *generalized transduction*). Sie steht im Gegensatz zur **spezialisierten Transduktion** (engl. *specialized transduction*), die wir bereits beim Bakteriophagen λ in ► Abschn. 4.3.1 kennengelernt haben.

Eine wichtige Rolle bei den Rekombinationsereignissen von P1 spielt die **Cre-Rekombinase** (engl. *cyclization recombinase*). Cre katalysiert die Rekombination zwischen zwei *loxP*-Erkennungssequenzen (engl. *locus of X-over of P1*, *X-over* steht dabei für *crossover*; ► Abschn. 4.4.2). Die *loxP*-Sequenz besteht aus einem zentralen Element von 8 bp, das von zwei palindromischen Sequenzen (13 bp) flankiert wird. Ein chromosomales DNA-Segment, das zwischen zwei gleich gerichteten *loxP*-Elementen liegt, wird durch die Cre-Rekombinase in Form eines zirkulären Produktes aus dem Chromosom herausgeschnitten (◘ Abb. 4.24). Cre hat heute in der experimentellen Genetik eine überragende Bedeutung, um spezifische Mutationen in Zellkulturen von Säugern, in Hefen und Pflanzen, aber auch in der Maus einzuführen („konditionale Mutagenese"; ► Abschn. 10.7).

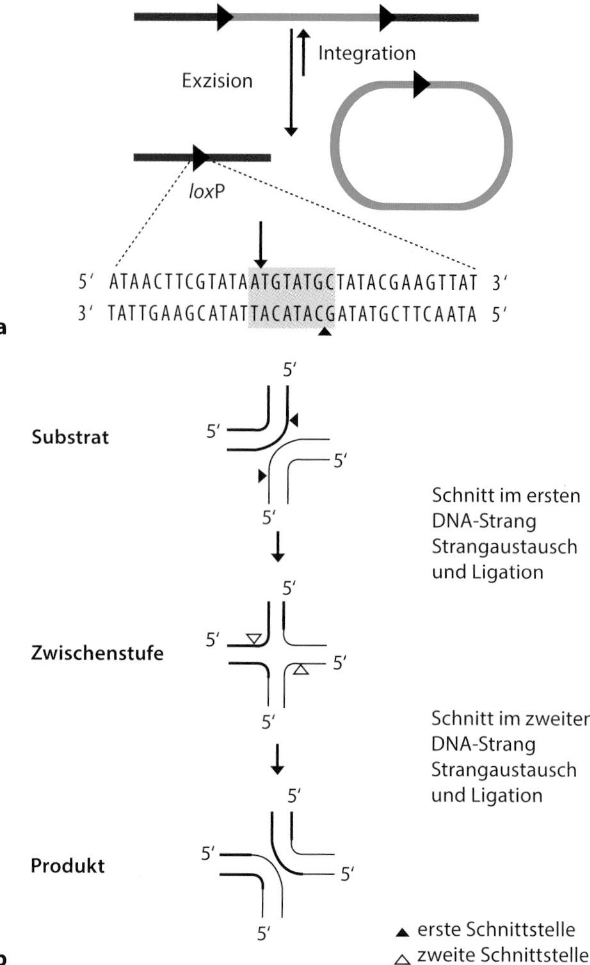

◘ **Abb. 4.24** Das Cre/*loxP*-Rekombinationssystem. **a** Die *loxP*-Sequenz (*Dreiecke*) ist angegeben; die zentrale Region, innerhalb der die Rekombination erfolgt, ist *grau* unterlegt. Die Schnittstellen sind durch *Pfeile* markiert. Durch die Aktivität der Cre-Rekombinase wird die *grüne* Sequenz, die sich ursprünglich zwischen zwei *loxP*-Stellen befunden hat, als zirkuläres DNA-Fragment zusammen mit einer *loxP*-Stelle herausgeschnitten. Der *rote* DNA-Strang bleibt mit der zweiten *loxP*-Stelle zurück. **b** Während der Rekombination wird zuerst jeweils ein Strang geöffnet; die Stränge werden ausgetauscht, und die Schnittstelle wird wieder verschlossen. Nach einem zweiten Schnitt (mit Strangaustausch und Ligation) an den beiden anderen Strängen ist der Prozess abgeschlossen und das Produkt kann freigesetzt werden. (**a** nach Lukowski et al. 2005; **b** nach Lee und Saito 1998; beide mit freundlicher Genehmigung)

❀ Die Fähigkeit des Bakteriophagen P1, große Stücke fremder DNA ohne die Anwesenheit phageneigener DNA in Bakterienzellen zu übertragen, wird auch für **gentechnologische Experimente** ausgenutzt. Man kombiniert hierzu beliebige DNA-Sequenzen mit kurzen Phagen-DNA-Bereichen, die zur Replikation und Stabilität in der Bakterienzelle erforderlich sind, und kann auf diese Weise Phagen- und wirtszellfremde DNA stabil und extrachromosomal erhalten. Durch Induktion des lytischen Zyklus kann diese DNA in guter Ausbeute für experimentelle Zwecke isoliert werden. Dieses DNA-Vektorsystem wird auch als PAC (engl. *phage artificial chromosome*) bezeichnet und kann DNA-Fragmente zwischen 130 und 150 kb aufnehmen (Ioannou et al. 1994).

Der Bakteriophage P1 wird im lysogenen Zyklus nicht ins Wirtszellgenom integriert, sondern verbleibt als extrachromosomales, ringförmiges DNA-Molekül in der Zelle. Nach Induktion des lytischen Zyklus beginnt eine Phagen-codierte Nuklease, das Wirtszellgenom zu zerstören. Gelegentlich können dadurch bakterielle DNA-Stücke einer geeigneten Länge entstehen, die dann in Phagenpartikel verpackt werden und durch Infektion in neue Wirtszellen gelangen. Da P1-Phagenpartikel große DNA-Stücke (ca. 130–150 kb) transduzieren können, sind sie wichtige Werkzeuge der molekularen Genetik.

Der **Bakteriophage T4** (◘ Abb. 4.15) gehört zu den **geradzahligen T-Phagen** (engl. ***T-even phages***: T2 (◘ Abb. 4.25), T4, T6). Er ist, wie die übrigen geradzahligen T-Phagen, **virulent**. Diesen Phagen fällt in der Geschichte der Genetik eine besondere Rolle zu, da sie die ersten tief greifenden Einblicke in die molekulare Struktur von Genen gestatteten und zur Ausarbeitung der Grundlagen der Phagengenetik gedient haben. Diese Rolle geht auf die Arbeiten von Max **Delbrück** zurück, der in den frühen 1940er-Jahren den Infektionszyklus dieser Phagen aufgeklärt und die ersten experimentellen Techniken der Phagengenetik an ihnen erarbeitet hat.

Die experimentelle Arbeit mit dem T4-Phagen macht von seiner Fähigkeit Gebrauch, *E. coli*-Zellen zu infizieren und sich in ihnen innerhalb von etwa 30 min um das 100-fache zu vermehren. Mischt man *E. coli*-Zellen mit T4, so heftet sich der Phage mit der Basalplatte seines Schwanzes an die Zellwand an und injiziert seine 168.903 bp lange doppelsträngige DNA innerhalb weniger Sekunden in die Zelle. Nach etwa 22–25 min, der **latenten Periode** (engl. ***lag period***), lysieren die Wirtszellen und entlassen jeweils etwa 100 neu gebildete Phagenpartikel. Diese sind außerordentlich stabil und können über viele Jahre hinweg als Lysat infektiös bleiben.

Für experimentelle Arbeiten wird ein Überschuss an *E. coli*-Zellen mit T4-Phagen gemischt und anschließend auf Agarplatten mit geeignetem Nährmedium ausgesät. Es bildet sich durch die wachsenden nicht-infizierten Zellen ein Bakterienrasen, auf dem allmählich größer werdende, klare Löcher von etwa 1 mm Durchmesser entstehen (**Plaques**). Diese gehen in ihrem Ursprung auf einzelne T4-infizierte Zellen zurück, die nach der Phagenvermehrung lysieren und benachbarte Zellen mit den neu gebildeten Phagen infizieren. Entscheidend für die Möglichkeit, den Phagen für genetische Untersuchungen zu verwenden, war der Befund, dass man gelegentlich veränderte Plaqueformen beobachten kann, die genetisch bedingt sind, also durch Mutationen im Phagen verursacht werden.

Eine für die künftigen Arbeiten ausschlaggebende Beobachtung von Alfred **Hershey** und Raquel **Rotman** (1949) war es, dass man nach gleichzeitiger Infektion einer Wirtszelle mit zwei genetisch verschiedenen Phagen in deren Nachkommenschaft Rekombinanten finden kann. Mischt man zwei T2-Phagen, den einen mit den Mutationen *r* (*rapid lysis*) und h^+ (*host-range*, Wildtyp) (genetische Konstitution also $r\ h^+$), den anderen mit der Mutation r^+ und *h* (infektiös für bestimmte *E. coli*-Zellen) (genetische Konstitution also $r^+\ h$), so erhält man unter anderem rekombinante Nachkommen der Konstitutionen $r^+\ h^+$ und *r h* mit einer Häufigkeit von etwa 2 %.

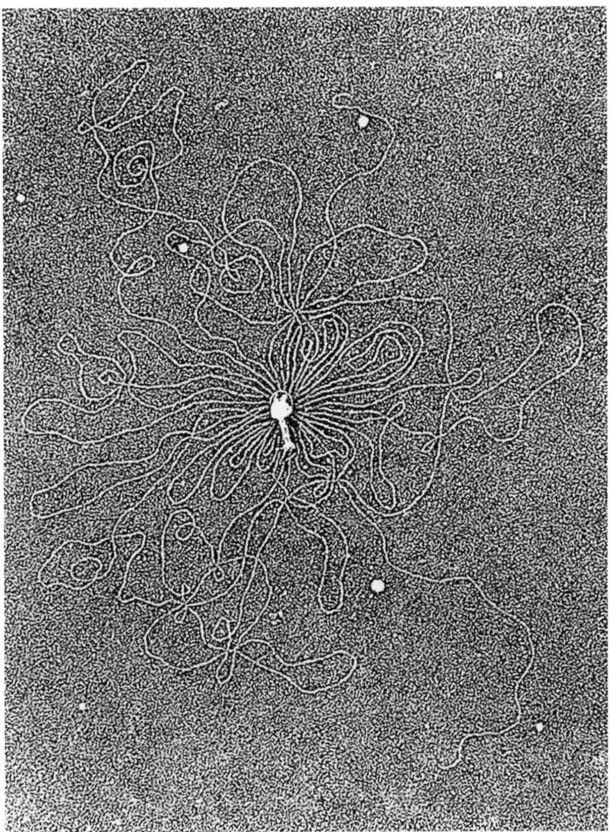

◘ **Abb. 4.25** Lineare DNA und Phagenhülle des Bakteriophagen T2. Die DNA wurde durch einen osmotischen Schock aus dem Phagenkopf eluiert und im Elektronenmikroskop dargestellt. Dieses Bild ist auch für den nahe verwandten Bakteriophagen T4 repräsentativ. (Aus Kleinschmidt et al. 1962, mit freundlicher Genehmigung)

In ähnlicher Weise konnten **Dreifaktorenkreuzungen** ausgeführt werden, die geeignet sind, die relativen Abstände der untersuchten Gene festzustellen und damit eine **genetische Karte** zu konstruieren. Bei der Ausarbeitung der Kreuzungsergebnisse ergaben sich jedoch unerwartete Probleme, als man Kreuzungen mit Markergenen ausführte, die nach der Kartierung eigentlich an den beiden entgegengesetzten Enden des Chromosoms liegen sollten (z. B. *h42*, *ac41* und *r67*). Sie ergaben Rekombinanten, die für eine Anordnung *r67–h42–ac41* sprachen. Als Erklärung hierfür bot es sich schließlich an, ein zirkuläres Chromosom anzunehmen.

Das war ein deutlicher Widerspruch zur elektronenmikroskopischen Analyse der Phagen-DNA, die ein lineares DNA-Molekül angezeigt hatte. Einen Ausweg aus dieser Diskrepanz bot die Erklärung, dass das Phagengenom zwar linear ist, aber an beiden Enden die gleichen Gene trägt, d. h. **zirkulär permutiert** ist. Die Gensequenz von fünf Genen (1 bis 5) im Genom wäre demnach beispielsweise schematisch folgendermaßen zu verstehen:

1–2–3–4–5–1–2.

Diese Interpretation hat sich als richtig erwiesen. Die duplizierten Enden variieren, je nach Phagen, zwischen einer Länge von 2000 und 6000 bp, also mehr als für ein einzelnes Gen erforderlich ist. Zudem hat sich gezeigt, dass die wiederholten Abschnitte des Genoms in verschiedenen Phagen unterschiedliche Bereiche umfassen. Die Erklärung für die Entstehung von solchen zirkulären Permutationen gibt die Art des Replikationsmechanismus. Die **Replikation** erfolgt mithilfe des *rolling circle*-Mechanismus, durch den zunächst lange lineare Genomkopien produziert werden, die tandemartig hintereinander angeordnet sind (◘ Abb. 2.22). Allerdings ist die Art der Replikation dieses Phagen unter verschiedenen Gesichtspunkten einzigartig:

- Es gibt mehrere Startpunkte der DNA-Replikation.
- Diese Startpunkte werden nur für die erste Runde der Replikation verwendet (Startpunkt-abhängige Replikation).
- Die Mehrzahl der Replikationen wird von Rekombinationszwischenprodukten an jedem beliebigen Punkt im Genom gestartet (Startpunkt-unabhängige Replikation).

Die T4-Gene können in zwei funktionelle Gruppen unterteilt werden: zum einen Gene, die in der frühen Phase der Infektion aktiv sind; sie sind im Wesentlichen für die T4-DNA-Replikation und Transkription verantwortlich. Und zum anderen Gene, die während der späten Phase der Infektion aktiv sind; sie sind dagegen eher für die Hüllproteine und deren Zusammenbau verantwortlich. Diese beiden Gruppen liegen im Phagengenom als Gruppen vor und werden von entsprechenden „frühen" und „späten" Promotoren reguliert. Nach der Replikation wird die DNA in den Phagenkopf hineingezogen. Sobald dieser gefüllt ist, wird die DNA abgeschnitten und der verbleibende Doppelstrang wird auf gleiche Weise in einen weiteren Phagenkopf verpackt. Die DNA-Menge, die in einen Phagenkopf passt, ist etwas größer als die des Genoms, sodass jeweils die ersten Gene der nächsten Genomkopie noch in den gleichen Phagenkopf verpackt werden. Dieser Mechanismus erklärt die Anwesenheit duplizierter Enden in jedem Phagen und zugleich deren Verschiedenheit in jedem Phagenpartikel.

❶ Der Bakteriophage T4 ist, wie alle geradzahligen Phagen, ein virulenter Phage, der sich durch sein zirkulär permutiertes Genom auszeichnet. Die zirkuläre Permutation wird durch den *rolling circle*-Replikationsmechanismus zusammen mit der Art der Verpackung der Phagen-DNA in den Phagenkopf bedingt.

Mit diesen Experimenten war der Weg zur genetischen Analyse des Phagengenoms geebnet. Die T4-DNA enthält insgesamt nur 34,5 % (G + C)-Basen und entsprechend einen Überschuss an (A + T)-Basen (bei *E. coli* ist das Verhältnis in etwa ausgeglichen). Damit hat das Genom des T4-Phagen gegenüber seinem Wirtsorganismus einen Vorteil: Enzyme, die für ihre Aktivität DNA aufschmelzen müssen (wie z. B. RNA- oder DNA-Polymerasen), können an AT-reichen Sequenzen schneller arbeiten als an solchen Sequenzen, die ein ausgeglichenes Verhältnis von GC und AT haben. Wir wissen heute auch, dass das Genom des T4-Phagen 289 Protein-codierende Gene enthält und zusätzlich acht tRNA-Gene sowie Gene für kleine, stabile RNA-Moleküle. 156 Gene waren durch Mutationen charakterisiert. Die Zahlenangaben sind allerdings manchmal etwas ungenau, da einige Gene mehrere codierende Regionen enthalten. Die Gendichte ist beim T4-Phagen etwa doppelt so hoch wie bei *E. coli*; nicht-codierende Regionen umfassen nur etwa 9 kb (= 5,3 % des Genoms). Regulatorische Regionen sind kompakt und überlappen gelegentlich auch mit codierenden Regionen. In vielen Fällen überlappen die Stoppcodons des einen Gens mit dem Startcodon des nächsten Gens; darüber hinaus gibt es auch viele verschachtelte Gene (engl. *nested genes*).

Die Analyse des T4-Genoms hat, vor allem durch die Pionierleistungen von Seymour **Benzer** (1957), zu wichtigen ersten Einsichten in die molekulare Feinstruktur von Genen geführt. Ausgangspunkt der Versuche Benzers ist die Überlegung, dass es erforderlich ist, eine große Anzahl von Mutanten zu untersuchen, um Aufschlüsse über die genetische **Feinstruktur eines Gens** zu erzielen. Benzer hatte bei Abschluss seiner Versuche an der *rII*-Region ca. 3000 Mutanten untersucht. Für deren vollständige Analyse wären etwa 5.000.000 Kreuzungen erforderlich gewesen, ein Aufwand, der technisch nicht durchführbar war. Es war also notwendig, einen experimentellen Ausweg zu suchen, der eine eindeutige Kartierung mit sehr viel weniger Aufwand ermöglichte. Hierzu bot sich die Verwendung von Mutanten an, denen ein größerer Bereich der *rII*-Region fehlt. Solche **Deletionsmutanten** ermöglichen es, in einem ersten Kreuzungsansatz neue Mutanten schnell einer bestimmten Region eines Gens zuzuordnen. Als Kriterium für den Deletionscharakter einer Mutation benutzte Benzer die Tatsache, dass in Rekombinationsexperimenten bestimmte Mutationen mit anderen Mutationen, die untereinander normales Rekombinationsverhalten zeigen,

- **keine Wildtyp-Rekombinanten** liefern
- und dass sie **keine Reversionen** zum Wildtyp liefern.

Die Kartierungsexperimente ergaben zunächst, dass es innerhalb der *rII*-Region des Genoms des Phagen T4 zwei voneinander genetisch unabhängige Einheiten – **Cistrons** nach Benzers Terminologie – gibt, die *rIIA* und *rIIB* genannt wurden. Die weitere Analyse zeigte, dass innerhalb jeder dieser beiden Cistrons viele Mutationen induziert werden können, deren Lokalisation relativ zueinander eindeutig zu unterscheiden ist. Da diese verschiedenen Mutanten zugleich auch Rekombination untereinander zulassen, sind drei wichtige Einsichten aus diesen Kartierungsexperimenten abzuleiten:

- Ein Cistron ist als genetische Einheit nicht identisch mit einer Rekombinationseinheit, sondern komplexer.
- Ein Cistron ist als genetische Einheit nicht identisch mit einer Mutationseinheit, sondern komplexer.
- Die physikalische Dimension einer Mutationseinheit und einer Rekombinationseinheit liegt in der Größenordnung einzelner Nukleotide.

Benzer definiert hiermit eine veränderte Form des Genbegriffs, das **Cistron**. Die Beziehung zwischen einer bestimmten phänotypischen Ausprägung eines Merkmals und einem genau festgelegten genetischen Verhalten wird nicht mehr – wie beim ursprünglichen Genbegriff – dadurch bestimmt, dass sich ein phänotypisches Merkmal in bestimmte Verteilungs- und Ausprägungsregeln einordnen lässt, wie sie in den Mendel'schen Regeln (► Abschn. 11.1) niedergelegt waren, sondern wird nunmehr – wesentlich genauer – damit festgelegt, dass ein Merkmal auf der Grundlage phänotypischer Kriterien **genetisch nicht weiter unterteilbar** sein darf, um als ein Cistron bezeichnet werden zu dürfen. Obwohl sich diese Definition damit in ihrer rein genetischen Basis in keiner Weise vom Mendel'schen Genbegriff zu unterscheiden scheint, ist sie – ganz im Gegensatz zum Mendel'schen Genbegriff – zugleich auch molekular anwendbar. Benzer konnte aufgrund seiner Arbeiten darauf schließen, dass die kleinsten Rekombinations- und Mutationseinheiten in der Größenordnung einzelner Nukleotide liegen. Heute ist durch DNA-Sequenzierung bewiesen, dass die kleinsten Einheiten für Mutation und Rekombination tatsächlich die Nukleotide sind.

Die genetische Feinkartierung der *rII*-Region des Phagen T4 lässt erkennen, dass die kleinsten Rekombinations- und Mutationseinheiten in der Größenordnung einzelner Nukleotide liegen, während die klassische Genetik das „Gen" als Einheit der Rekombination und der Mutation betrachtet hatte.

4.4 Transformation und Rekombination

4.4.1 Transformation

In den vorangegangenen Abschnitten haben wir gesehen, dass Bakterien neue genetische Information über Plasmide durch Konjugation (► Abschn. 4.2) und über Bakteriophagen durch Transduktion (► Abschn. 4.3) aufnehmen können. Das kann eine Übertragung genetischer Information zwischen verschiedenen Individuen oder darüber hinaus, bei geringerer Wirtsspezifität, sogar zwischen verschiedenen Wirtsgruppen, zur Folge haben. Wir wollen jetzt noch einen dritten Mechanismus diskutieren, nämlich die Aufnahme nackter DNA aus dem extrazellulären Umfeld; dieser Prozess wird als **Transformation** bezeichnet und erlaubt einen horizontalen Gentransfer. Wenn die übertragene DNA Informationen mit einem Selektionsvorteil für das aufnehmende Bakterium enthält, wird sich diese Information relativ schnell in einer Population ausbreiten.

An dieser Stelle soll jedoch zunächst noch einmal an den Beginn der molekularen Erforschung des Erbmaterials zurückgegangen werden. Aus der Beschreibung der Experimente von Oswald **Avery**, die zur Identifikation der DNA als molekulare Trägersubstanz der Erbinformation geführt hatten (► Abschn. 1.1.1), war zu erkennen, dass ein Hinzufügen von DNA zu Zellen von Mikroorganismen zur Veränderung der Erbinformation führen kann, ohne dass man zunächst die Grundlage dieser Experimente verstehen konnte. In den Experimenten von Avery müssen die Streptokokken DNA aus den abgetöteten Zellen aufgenommen haben. Wir wissen heute, dass *Streptococcus* und einige andere Prokaryoten – im Gegensatz zu *E. coli* – DNA sehr leicht in die Zelle aufnehmen können. In den Zellen kommt es dann zur **Rekombination** (d. h. Neukombination von DNA-Sequenzen, ► Abschn. 4.4.2) mit der genomischen DNA, sodass die fremde genetische Information in das Genom der Zelle aufgenommen wird. In Averys Experimenten hat das schließlich zur Übertragung der Infektiosität der Streptokokken geführt, d. h. zum Tod der Mäuse durch Pneumonie, obwohl die Erreger zuvor durch Hitze abgetötet worden waren: Die nicht-pathogenen R-Typ-Streptokokken waren durch Aufnahme von DNA des pathogenen S-Typ-Stamms transformiert worden.

Transformation unterscheidet sich von den zuvor beschriebenen **DNA-Übertragungsmechanismen** durch Plasmide oder Phagen insofern, als die DNA direkt von der Zelle aufgenommen wird. Die Effektivität der Aufnahme von DNA ist allerdings für unterschiedliche Bakterien sehr verschieden. Im Gegensatz zu den oben erwähnten Streptokokken bedürfen die *E. coli*-Zellen einer Vorbehandlung mit $CaCl_2$-Lösung, um für DNA durchlässig zu werden.

Die Aufnahme fremder DNA in eine Zelle wird als Transformation bezeichnet. Bakterien unterscheiden sich in ihrer Effektivität der Aufnahme von DNA.

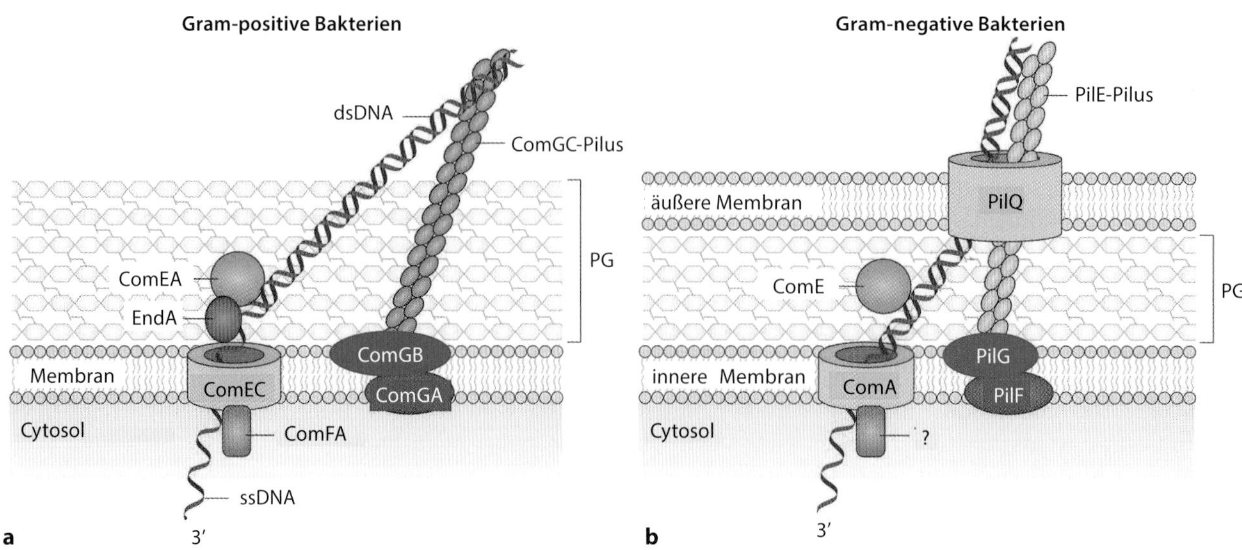

Abb. 4.26 Überblick über den Transformationsprozess bei Gram-positiven (**a**) und Gram-negativen Bakterien (**b**). **a** Die DNA-Aufnahmemaschinerie beinhaltet grundsätzlich einen Transformationspilus, der in Gram-positiven Bakterien hauptsächlich aus ComGC-Untereinheiten besteht und doppelsträngige DNA (dsDNA) einfängt. Dazu gehört außerdem der DNA-Rezeptor ComEA und die Transmembranpore ComEC. In *Streptococcus pneumoniae* übernimmt die EndA-Nuklease die DNA vom Rezeptor ComEA und baut einen Strang ab, in anderen Spezies übernehmen andere Nukleasen (oder strangtrennende Enzyme) diese Funktion. Bei Firmikuten wird die Aufnahme der einzelsträngigen DNA (ssDNA) über die Transmembranpore ComEC vermutlich durch die ATP-abhängige Translokase ComFA angetrieben. **b** In Gram-negativen Bakterien (wie z. B. *Neiserria gonorrhoeae*) wird die ankommende dsDNA mithilfe eines Kanals durch die äußere Membran transportiert; der Kanal wird durch das Sekretin PilQ gebildet und ermöglicht dem Pilus (der hauptsächlich aus PilE besteht), die äußere Membran zu durchdringen. Für die DNA-Aufnahme sind noch weitere Proteine notwendig, z. B. ComGB, ComGA bei Gram-positiven (**a**) oder PilG, PilF bei Gram-negativen Bakterien (**b**). PG: Peptidoglycan. (Nach Johnston et al. 2014, mit freundlicher Genehmigung)

Einige Bakterienstämme verfügen über spezielle Mechanismen, extrazelluläre DNA an die Zellmembran zu binden und sie ins Innere der Zelle aufzunehmen.

Von etwa 80 verschiedenen Bakterienspezies, verteilt auf alle taxonomischen Gruppen, weiß man heute, dass sie unter natürlichen Bedingungen transformiert werden können. In den meisten Spezies ist die Bereitschaft (**Kompetenz**), DNA aufzunehmen, ein vorübergehender physiologischer Zustand, der stark durch jeweils spezifische Prozesse reguliert wird (z. B. veränderte Wachstumsbedingungen, Nährstoffangebot, Zelldichte). Es kann daher sein, dass wir noch mehr Spezies entdecken werden, die DNA direkt aufnehmen können, wenn wir die entsprechenden Bedingungen kennenlernen.

Der Transport von DNA aus dem extrazellulären Milieu in das Cytoplasma ist ein komplexer Vorgang. Dabei ist ein zentraler Schritt die Umwandlung der exogenen, DNase-sensitiven DNA in eine vor DNase geschützte DNA. Es wird nur ein Strang der DNA aufgenommen – der andere Strang des DNA-Moleküls wird zu Nukleotiden abgebaut und bei Gram-positiven Bakterien in das extrazelluläre Milieu, bei Gram-negativen Bakterien wahrscheinlich in den periplasmatischen Raum abgegeben. Ansonsten verwenden alle Bakterien stark verwandte Proteine, um die DNA zu importieren (Ausnahme: *Helicobacter pylori*); teilweise weist das Kompetenzsystem (engl. *competence system*) deutliche Homologien zu den Proteinen auf, die wir beim Aufbau der Pili (Abb. 4.8) schon kennengelernt haben. Die verschiedenen Proteine (etwa 20 bis 50) werden entsprechend mit „Com“ oder „Pil“ abgekürzt und zur Unterscheidung der einzelnen Komponenten um Buchstaben ergänzt. Eine vereinfachte Übersicht für die Mechanismen bei Gram-positiven und Gram-negativen Bakterien gibt Abb. 4.26.

DNA kann aktiv oder passiv in die Umgebung von Bakterien gelangen. Passive Prozesse beinhalten im Wesentlichen den Abbau von toten Zellen und setzen die Aktivität von Nukleasen oder reaktiver Chemikalien voraus. Allerdings kennen wir auch die Möglichkeit, dass DNA aktiv ins umgebende Medium abgegeben wird. Die Kenntnis beider Prozesse ist wichtig, wenn wir entsprechende Vorgänge in der Natur betrachten (z. B. Transformation bei Bodenbakterien oder im Menschen zwischen seiner üblichen Bakterienflora und pathogenen Bakterien).

Wenn wir den Transformationsvorgang selbst etwas genauer beobachten, dann stellen wir fest, dass die extrazelluläre DNA zunächst nicht-kovalent an die entsprechenden Stellen auf der Oberfläche kompetenter Bakterien bindet. Die Zahl der Bindestellen wurde für einige Bakterien bestimmt und schwankt zwischen 30 und 80. Die nachfolgende Translokation der DNA durch die Membran hindurch ist von Stamm zu Stamm unterschiedlich. Einige kompetente Bakterienspezies, z. B. *Neisseria gonorrhoeae* und *Haemophilus influenzae*, sind sehr selektiv bei der Aufnahme von DNA, wohingegen die meisten

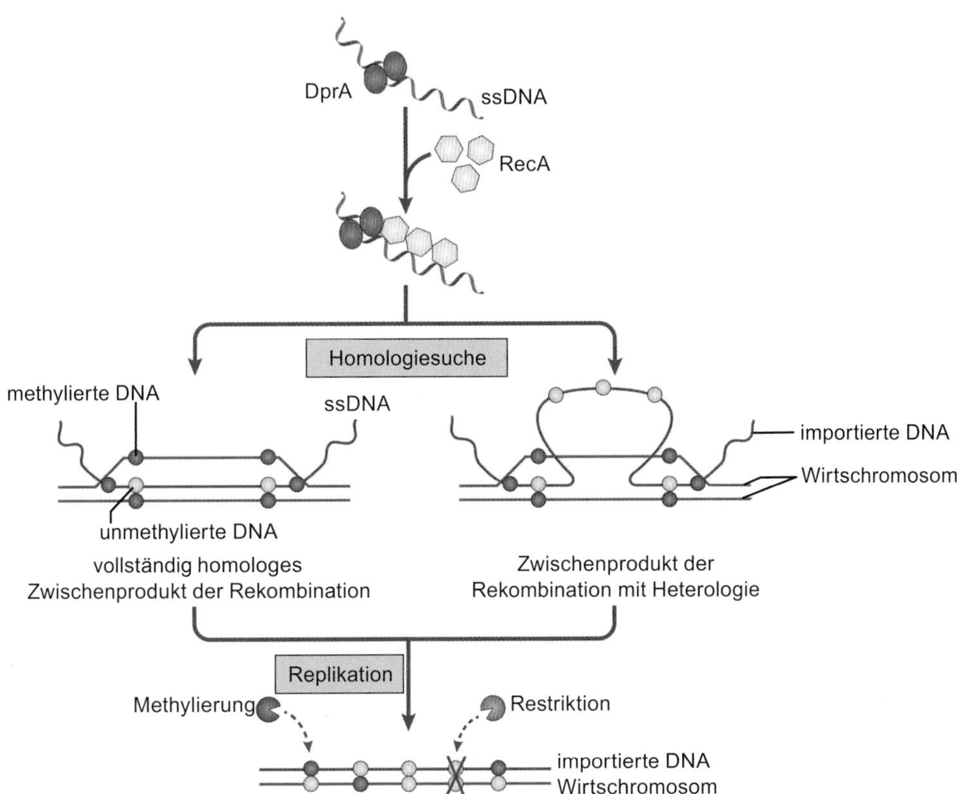

Abb. 4.27 Einbau aufgenommener DNA. Die aufgenommene einzelsträngige DNA (ssDNA) wird durch DprA (engl. *DNA processing protein A*) gebunden; der entstandene Komplex wird durch die Rekombinase RecA ergänzt. RecA polymerisiert an der ssDNA und fördert eine Homologiesuche entlang der chromosomalen DNA. An homologen Stellen kommt es zu einem Austausch der Stränge. Der gebildete Tranformationsheteroduplex kann dabei ein vollständig homologes, doppelsträngiges Zwischenprodukt der Rekombination sein (*links*). Wenn die eingeführte DNA jedoch zwischen zwei homologen Bereichen heterologe Sequenzen enthält, bildet sich ein Rekombinationszwischenprodukt mit einer einzelsträngigen Schleife (*rechts*). Wenn die heterologe Fremd-DNA nicht methyliert ist (*hellgraue Kreise*), bleibt sie auch nach der Replikation im Wirtschromosom unmethyliert. Die Methylierungs- und Restriktionsaktivitäten konkurrieren um den Zugang zu den entsprechenden empfindlichen Stellen, und die Restriktionsaktivitäten können die Möglichkeiten heterologer Transformation begrenzen. (Nach Johnston et al. 2014, mit freundlicher Genehmigung)

anderen Spezies DNA unabhängig von ihrer Sequenz aufnehmen. Die Aufnahme von Plasmid-DNA ist allerdings wegen der nukleolytischen Spaltung und des Abbaus des einen Strangs auf diesem Weg relativ ineffizient. *In vitro* ist die Aufnahme der DNA relativ schnell (ca. 60–100 bp pro Sekunde). Die aufgenommene DNA verbleibt nur vorübergehend im Cytoplasma der Bakterien, da diese Form der DNA bei einer Zellteilung nicht repliziert.

Wenn die aufgenommene DNA zu einem Doppelstrang ergänzt wird, wird sie möglicherweise durch Restriktionsenzyme abgebaut. Da die natürliche Transformation allerdings eine einzelsträngige DNA und anschließende Rekombination (▶ Abschn. 4.4.2) beinhaltet, stellt ein möglicher Abbau durch Restriktionsenzyme an dieser Stelle noch kein Hinderungsgrund für einen erfolgreichen Gentransfer dar. Voraussetzung für eine erfolgreiche Rekombination sind kurze (25–200 bp) Abschnitte mit ähnlichen Sequenzen zwischen aufgenommener und chromosomaler DNA. Die Rekombinationsrate ist auch hier von Stamm zu Stamm unterschiedlich und beträgt etwa 0,1 % bei *Acinetobacter baylyi* und 25–50 % bei *Bacillus subtilis* und *Streptococcus pneumoniae*; die Größe der aufgenommenen Fragmente kann dabei mehrere Kilobasen umfassen. Die Bedeutung dieses Prozesses für die Entwicklung und schnelle Verbreitung von Antibiotikaresistenzen wurde im ▶ Abschn. 4.2.3 diskutiert; einen Überblick über den Einbau aufgenommener DNA gibt ◘ Abb. 4.27.

4.4.2 Rekombination

Unter **Rekombination** versteht man allgemein die Neukombination von DNA-Sequenzen. Unter genetischen Gesichtspunkten ist dabei der Austausch zwischen **verschiedenen** DNA-Molekülen von besonderem Interesse, da er zu einer Neukombination von Merkmalen führt. Der molekulare Mechanismus der Rekombination setzt zwei grundlegende Prozesse voraus: die Aufnahme fremder DNA in die Zelle (durch Konjugation, Transduktion oder Transformation), den Schnitt bzw. Bruch des DNA-Moleküls und schließlich dessen Neuverknüpfung.

4

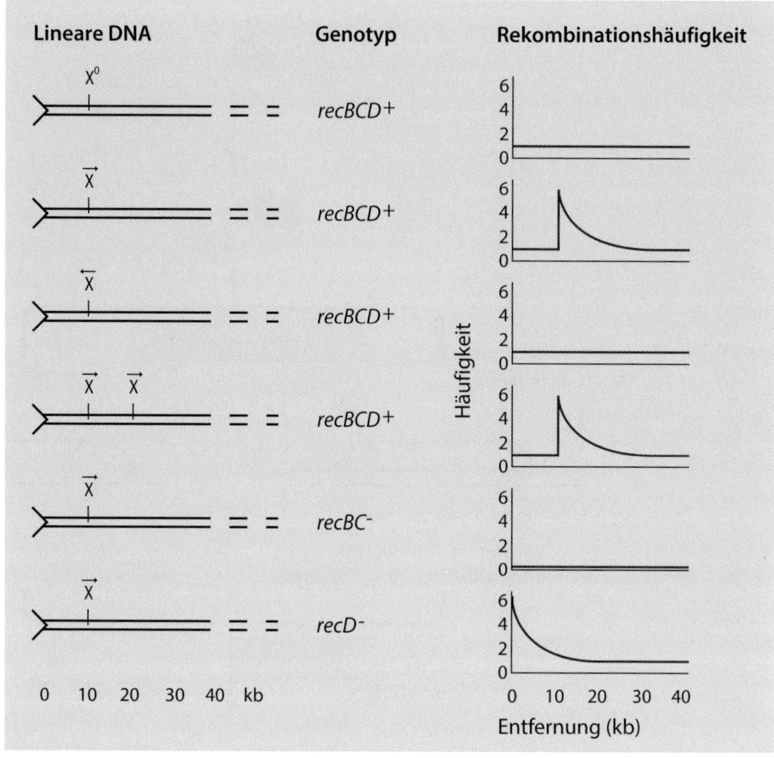

Abb. 4.28 Wechselseitige Abhängigkeit von χ und RecBCD. *Links* sind einige lineare DNA-Moleküle gezeigt. Die Entspiralisierung beginnt an der linken Seite des Moleküls (*Pfeilspitze*). Die Orientierung von χ ist durch *Pfeile* angedeutet; χ^0 bedeutet Abwesenheit von χ. In der *Mitte* sind einige Genotypen des bakteriellen Wirts gezeigt und *rechts* idealisierte Darstellungen der Rekombinationshäufigkeit in Bezug zum Abstand vom Ende des jeweiligen Strangs. Ohne χ und ohne RecBC findet keine Rekombination statt. (Nach Eggleston und West 1997, mit freundlicher Genehmigung)

Wir können verschiedene Formen der Rekombination unterscheiden:

- homologe Rekombination: Hier sind ausgedehnte Sequenzhomologien bei Donor- und Ziel-DNA erforderlich;
- sequenzspezifische Rekombination (engl. *site-specific recombination*): Hier reichen wenige Basenpaare aus (Beispiel: Integration von Phagen-DNA in Bakteriengenom, ► Abschn. 4.3.2);
- unspezifische Rekombination: Hier sind Enzyme beteiligt, die zwar spezifische Strukturen der Donorsequenzen erkennen, aber weitgehend beliebige Sequenzen als Ziel-DNA benutzen können (Beispiel: Transposons, ► Abschn. 9.1).

Die chromosomale χ-Region (engl. *crossover hotspots instigators;* χ: griech. Buchstabe chi) in *E. coli* war für die Aufklärung der Rekombinationsmechanismen bei Bakterien besonders bedeutsam. Sie umfasst eine Oktamersequenz (5′-GCTGGTGG-3′), die an ungefähr 1000 Positionen des *E. coli*-Chromosoms (im Mittel alle 5000 bp) zu finden ist. Diese Sequenz (nicht aber der Gegenstrang) wird als Einzelstrang vom **RecBCD-Komplex** erkannt. Die wechselseitige Abhängigkeit der χ-Aktivität und des *recBC*-Genproduktes des Wirts in Bezug auf den Rekombinationserfolg wurde bei der Untersuchung entsprechender Mutanten von *E. coli* deutlich (■ Abb. 4.28): In Abwesenheit des χ-Elements (χ^0) wie auch der *recBC*-Genprodukte (*recBC*$^-$) findet keine Rekombination statt; die Bakterien verhalten sich in Abwesenheit der dritten Komponente (*recD*$^-$) wie mit einer konstitutiv aktivierten χ-Region.

Bei der Untersuchung von Rekombinationsereignissen an Prokaryoten wurde immer wieder deutlich, dass dabei enge Zusammenhänge zu solchen Reparaturmechanismen bestehen, die aufgrund von Fehlern während der DNA-Replikation entstehen. Diese Reparaturmechanismen werden allerdings an anderer Stelle (► Abschn. 10.6) im Zusammenhang mit der Entstehung von Mutationen besprochen. Wesentliche **Schritte eines Rekombinationsereignisses** sind:

- Entstehung von DNA-Einzel- oder -Doppelstrangbrüchen,
- Paarung zweier homologer DNA-Doppelhelixregionen,
- Austausch zwischen zwei Einzelsträngen der gepaarten Doppelhelices,
- Auflösung der viersträngigen Struktur durch Erzeugung weiterer Brüche – entweder in den bereits rekombinanten Strängen oder in den komplementären Partnersträngen – und Wiederverheilung nach Austausch der Enden.

Dieser Rekombinationsmechanismus wird als **Meselson-Radding-Modell** bezeichnet (Meselson und Radding 1975) und hat heute weitgehend Gültigkeit.

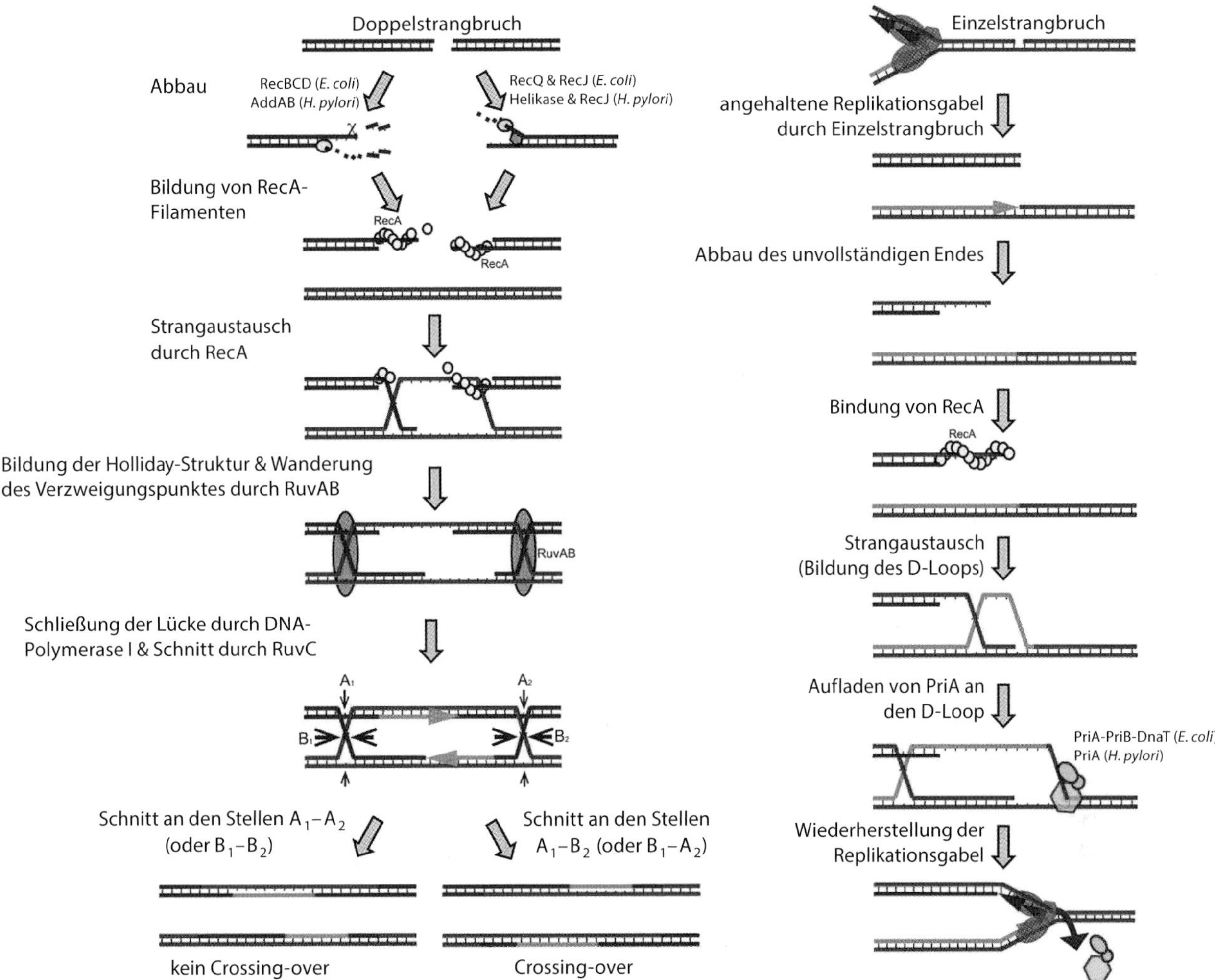

Abb. 4.29 Rekombination bei Bakterien. Voraussetzung für eine Rekombination ist ein Doppelstrangbruch (z. B. durch RecBCD an der χ-Sequenz; *links*) oder ein Einzelstrangbruch an einer angehaltenen Replikationsgabel (*rechts*). Die Bruchstellen werden soweit abgebaut, dass Einzelstrangüberhänge entstehen, an die das Rekombinationsprotein RecA gebunden werden kann. RecA-Proteine polymerisieren und bauen an den überhängenden DNA-Einzelsträngen entsprechende Filamente auf (Abb. 4.27). Das RecA-Protein sucht nach Homologien, was an den entsprechenden Stellen zu einem Strangaustausch führt – entweder in Form einer Vierstrangkreuzung (*links*, Holliday-Struktur, bei Doppelstrangbruch) oder in Form eines Dreifachstrangs (*rechts*, D-Loop, bei einem Einzelstrangbruch). Die *links* dargestellten (doppelten) Holliday-Strukturen sind mobil; diese Mobilität der Verzweigungspunkte (engl. *branch migration*) wird durch den RuvAB-Komplex katalysiert. Die Holliday-Strukturen werden durch die Resolvase RuvC aufgelöst; je nach Schnittmuster entstehen dabei DNA-Stränge mit oder ohne Crossing-over. Im Fall der angehaltenen Replikationsgabel wird durch primosomale Proteine (PriA, PriB, DnaT) der fehlende Strang ersetzt, und die Replikationsgabel kann wiederhergestellt werden. Die chromosomale DNA ist *rot* und die aufgenommene DNA *blau* dargestellt; neu synthetisierte DNA ist *hellblau*. (Nach Hanada und Yamaoka 2014, mit freundlicher Genehmigung)

Einen Überblick über die wichtigsten Schritte der Rekombination bei Bakterien vermittelt Abb. 4.29; wir werden die einzelnen Schritte im Anschluss ergänzend besprechen.

DNA-Brüche

Die notwendige Voraussetzung eines Rekombinationsereignisses ist ein Doppelstrangbruch, an den der RecBCD-Komplex (330 kDa) bindet. Dieser Komplex besteht aus mehreren Untereinheiten, darunter zwei aktive DNA-Helikasen sowie eine ATP-abhängige Doppel- und Einzelstrang-abhängige Exonuklease (gelegentlich auch **Exonuklease V** genannt), die mit hoher Wirksamkeit nur an linearer DNA als Substrat arbeiten kann. Die Aktivität des RecBCD-Komplexes wird durch die χ-Regionen reguliert – die oben erwähnten *„hotspots"* der Rekombination. RecBC schneidet den DNA-Strang mit der χ-Sequenz kurz hinter dem

3′-Ende der Sequenz endonukleolytisch und erzeugt so eine Einzelstrangregion, an die das RecA-Protein binden kann.

Das RecBCD-Enzym bindet an die stumpfen Enden des DNA-Bruchs und initiiert dort die Entspiralisierung der DNA durch die zwei verschiedenen Helikasen (RecB, die langsame, und RecD, die schnellere). Während der Entspiralisierung werden durch die Wechselwirkung von RecBCD mit der χ-Sequenz freie einzelsträngige 3′-Enden gebildet, auf die das RecBCD-Enzym das **RecA-Protein** auflädt. RecA ist das „Gründungsmitglied“ einer wachsenden Zahl von Proteinen, die die Bindung und Hydrolyse von ATP mit mechanischer Arbeit koppeln. Ein katalytischer Kreislauf von ATP-Bindung und -Hydrolyse orchestriert deutliche Konformationsänderungen.

Strangpaarung

Der mit RecA-Protein assoziierte DNA-Einzelstrang dringt in die intakte DNA-Doppelhelix des homologen Paarungspartners ein (engl. ***strand invasion***; ■ Abb. 4.29). Hier verdrängt der Einzelstrang einen der gepaarten Stränge unter Aufwindung der Doppelhelix und paart mit dem komplementären Strang der denaturierten Doppelhelix; es bildet sich die D-Schlaufe (engl. *displacement loop*, D-Loop). Man bezeichnet die hierin enthaltenen doppel- und einzelsträngigen DNA-Moleküle als *joint molecules*.

Einzelstrangaustausch

Das RecA-Protein bildet mit der Einzelstrang-DNA (ssDNA) eine rechtsgewundene **Nukleoproteinfibrille** mit 18,6 Basen in jeder Helixwindung. Die ssDNA wird in dieser Struktur ungewöhnlich gestreckt, sodass ihre Basen offenbar für die Paarung mit der homologen DNA besonders exponiert sind. Die ssDNA ist in dieser Konformation um 50 % länger als normale ssDNA. Dieser Nukleoproteinfibrille lagert sich die Doppelstrang-DNA (dsDNA) an, die an der Rekombination beteiligt ist.

❀ Das Ergebnis dieser molekularen Vorgänge ist eine viersträngige Struktur (■ Abb. 4.29), wie sie in den 1960er-Jahren von Robin Holliday entwickelt wurde; sie wird daher als **Holliday-Struktur** (engl. *Holliday junction*) bezeichnet (eine lesenswerte Übersicht aus dem Blickwinkel des Entdeckers hat Holliday 1974 publiziert). Im Elektronenmikroskop hat man die Existenz von Holliday-Strukturen bei prokaryotischen DNA-Molekülen nachweisen können.

Die Struktur der DNA-Doppelhelix gestattet die Bildung solcher viersträngiger Kombinationsmoleküle, ohne dass Basenpaarungen entfallen. Zudem ist eine Verschiebung des **Überkreuzungspunktes** vom ursprünglichen Austauschpunkt durch eine reißverschlussartige Verschiebung der Basenpaarungen in beiden Doppelhelices möglich (engl. ***branch migration***), also eine Wanderung des Verzweigungspunktes. Sie kann mit 50 Nukleotidpaaren je Sekunde sehr schnell erfolgen und über mehrere Tausend Basenpaare fortschreiten. An dieser Wanderung des Verzweigungspunktes sind die Proteine RuvA, RuvB und RuvC entscheidend beteiligt (■ Abb. 4.29). Wichtigen Anteil an der Entdeckung dieser Zusammenhänge hatten Mutanten von *E. coli*, die sowohl Defizite in ihrem Rekombinationsverhalten aufwiesen als auch eine erhöhte Sensitivität gegenüber UV-Licht (daher erklärt sich die Gensymbol „*ruv*“). Die erste *ruv*-Mutante (heute als *ruvB* bezeichnet) wurde 1974 von Nozomu **Otsuji** und Mitarbeitern identifiziert. Die weiteren genetischen, biochemischen und biophysikalischen Arbeiten kamen zu dem Ergebnis, dass RuvA die Holliday-Struktur der rekombinierenden DNA spezifisch erkennt, daran bindet und die Struktur zu einem offenen Viereck öffnet. An diesen Komplex binden dann zwei Ringe, die jeweils aus sechs RuvB-Molekülen gebildet werden. Die Helikase-Aktivität der RuvB-Moleküle führt dazu, dass die DNA durch diese ringförmige Struktur unter ATP-Verbrauch hindurchgezogen werden kann.

Auflösung

Zum Abschluss des Rekombinationsereignisses ist ein weiterer Austausch innerhalb der DNA erforderlich, um das Vierstrangstadium aufzulösen und wieder zwei Doppelhelices herzustellen, ein Prozess, der Auflösung (engl. ***resolution***) genannt wird. Von besonderer Bedeutung ist hierbei das Protein RuvC. Nach dem Schnitt durch RuvC muss die DNA wieder durch eine DNA-Ligase verbunden werden.

❀ Die Schlüsselbeobachtung, die zur Identifizierung der Auflösung der Holliday-Struktur geführt hat, machten Bernadette **Connolly** und Stephen **West** 1990, als sie *in vitro* Rekombinationszwischenstufen mit RecA-Protein herstellten und bei der Untersuchung von Zellextrakten eine Fraktion beobachteten, die eine schwache Rekombinationsaktivität zeigte. Diese Fraktion war in der Lage, kleine synthetische Holliday-Strukturen durch Einzelstrangschnitte in kleine Duplexprodukte aufzulösen. Ein Extrakt von *ruvC*-Mutanten verfügte dagegen nicht über diese Eigenschaften.

Heute wissen wir, das RuvC als Dimer spezifisch an die Holliday-Strukturen bindet und sie in eine offene planare Form überführt. In Anwesenheit divalenter Kationen induziert RuvC symmetrische Einzelstrangbrüche in den DNA-Strängen gleicher Polarität. Obwohl das Protein zunächst die Holliday-Struktur als solche erkennt, schneidet sie die DNA spezifisch [5′-(A/T)TT|(G/C)-3′]. Nach der Spaltung wird der Rekombinationsprozess durch eine Ligase-Reaktion abgeschlossen, wobei die Strang-Enden wieder neu verknüpft werden.

Das RecBCD-System ist nicht das einzige Rekombinationssystem, das in *E. coli* vorkommt. In einem weiteren System arbeitet RecQ als Helikase, RecJ wirkt als Nuklease und die Bildung und Stabilisierung des Einzelstrangs erfolgt durch RecF, O und R (RecF-Rekombinationsmaschine). Der wesentliche Unterschied scheint darin zu liegen, dass der RecBCD-Weg zunächst einen Doppelstrangbruch induziert, wohingegen der RecF-Weg einen Einzelstrangbruch voraussetzt (Amundsen und Smith 2003).

Bei der Rekombination wird durch Brüche und kreuzweise Wiederverheilung der DNA-Enden eine vierstängige Holliday-Struktur gebildet, die eine allmähliche Verschiebung des Überkreuzungspunktes der DNA-Moleküle gestattet. Bei *E. coli* sind verschiedene Proteine bekannt, die spezifische Aufgaben bei der Rekombination erfüllen. Dazu gehören RecA, der RecBCD-Komplex, RuvAB und RuvC. Innerhalb des *E. coli*-Genoms gibt es DNA-Sequenzen, an denen Rekombination bevorzugt erfolgen kann.

Das *E. coli*-Chromosom ist normalerweise ringförmig und besitzt daher keine Einzelstrang-Enden. In normalen Bakterienzellen ist Rekombination allerdings auch nicht von Bedeutung. Erst im Falle einer **Konjugation**, einer **Transduktion** oder einer **Transformation** wird ein zweites DNA-Molekül für eine mögliche Rekombination verfügbar. Dieses Molekül ist linear und bietet daher eine Bindungsstelle für den RecBC-Komplex an. Wie wir später (► Abschn. 6.3.3) sehen werden, gelten die hier skizzierten Rekombinationsmechanismen entsprechend auch für eukaryotische Systeme nach der Replikation und vor der meiotischen Teilung. Eine lesenswerte Zusammenfassung von 40 Jahren Forschung über die Holliday-Struktur wurde 2004 von Liu und West veröffentlicht.

4.5 Genstruktur und Genregulation bei Bakterien

Wir haben im ► Abschn. 3.3 über die Transkription nur angedeutet, dass das Ablesen der genetischen Information und ihre anschließende Übersetzung in Proteine ein räumlich und zeitlich stark regulierter Prozess ist. Unsere ersten Erkenntnisse über die genauen molekularen Mechanismen der **Regulation der Genexpression** wurden an Prokaryoten gewonnen.

Die zuvor beschriebenen Techniken der Sexduktion und Transduktion haben zur Aufklärung von Genregulationsmechanismen entscheidend beigetragen. Die Aufklärung des Grundprinzips der Regulation verschiedener prokaryotischer Gene führte zu der Einsicht, dass es hierbei zunächst **zwei gegensätzliche Regulationsprinzipien** zu unterscheiden gilt (◘ Abb. 4.30):

- das Prinzip der **negativen Kontrolle** und
- das Prinzip der **positiven Kontrolle**.

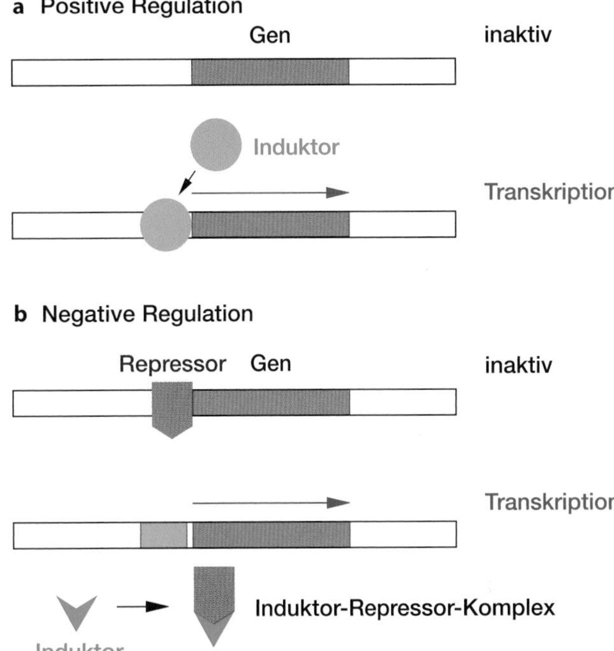

◘ **Abb. 4.30** Prinzipien der Genregulation. **a** Positive Regulation. Ein Gen wird bei Anwesenheit eines Induktors angeschaltet, indem dieser an die Regulationsregion der DNA bindet und dadurch die Transkription initiiert. **b** Negative Regulation. Das Gen ist normalerweise durch einen Repressor, der an die Regulationsregion bindet, inaktiviert. Wird das Repressormolekül durch einen Induktor so modifiziert, dass es nicht mehr an die DNA binden kann, wird die Regulationsregion des Gens freigegeben und es kann eine Transkription des Gens initiiert werden

Wie zweckmäßig es für eine Zelle ist, über beide Regulationsprinzipien zu verfügen, lässt sich leicht verstehen, wenn wir uns die unterschiedlichen Arten zellulärer Stoffwechselwege vor Augen halten. Auf der einen Seite gibt es Stoffwechselmechanismen, die dafür sorgen müssen, dass bestimmte Substanzen, die im Nährmedium der Zelle auftreten können, umgesetzt oder abgebaut werden. In diesem Falle ist eine Aktivierung des Stoffwechselweges dann erforderlich, wenn die betreffende Substanz vorhanden ist. Man bezeichnet diesen Regulationsvorgang der Anschaltung eines Stoffwechselweges bei Bedarf als **positive Genkontrolle**. Im Allgemeinen ist ein **Induktor** zur Anschaltung des Stoffwechselweges notwendig.

Eine **negative Genkontrolle**, also die gezielte Abschaltung eines Gens, ist dann erforderlich, wenn eine im Zellstoffwechsel benötigte Substanz in ausreichenden Mengen vorhanden ist und somit nicht selbst hergestellt werden muss. Es ist in diesem Fall ein **Repressor** der Genfunktion erforderlich.

Ein Beispiel hierfür ist die Umsetzung des Zuckers Lactose (ein β-Galactosid) in seine Bestandteile Glucose und Galactose (◘ Abb. 4.31): Ist Lactose im Nährmedium einer Bakterienzelle vorhanden,

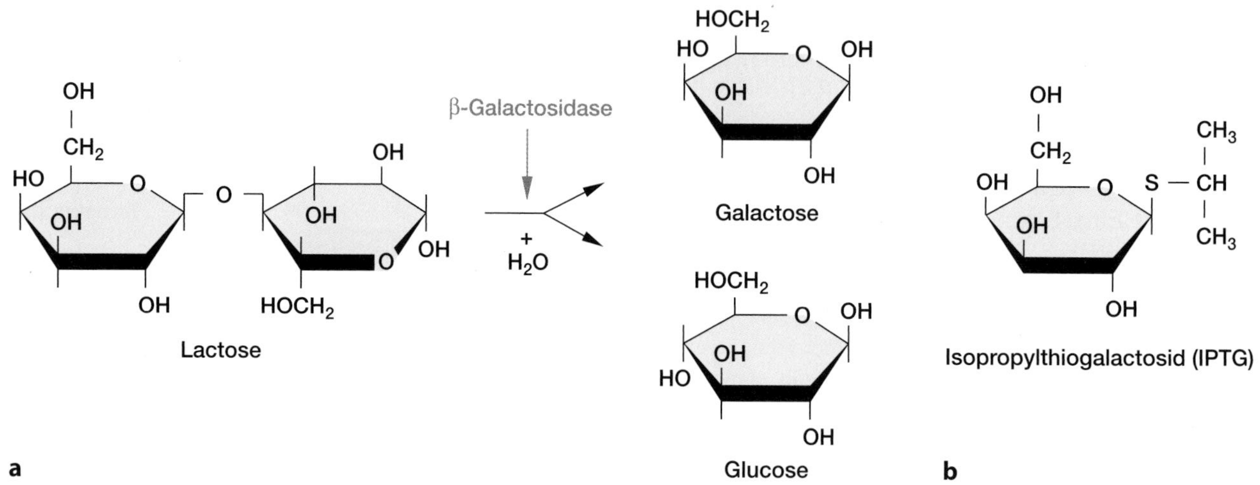

Abb. 4.31 Die Funktion der β-Galactosidase. **a** Umsetzung von Lactose in Galactose und Glucose. **b** Struktur des Galactoseanalogons Isopropyl-β-thiogalactopyranosid (IPTG)

werden die Gene eingeschaltet, deren Produkte zum Abbau des Zuckers benötigt werden. Lactose ist in diesem Fall sowohl Induktor als auch Substrat (Substratinduktion). Wir besprechen diese Situation im ► Abschn. 4.5.1.

Bakterienzellen können alle Aminosäuren selbst synthetisieren, nehmen diesen Syntheseweg aber nicht in Anspruch, wenn genügend Aminosäuren im Nährmedium vorhanden sind. In diesem Fall wird ein gewöhnlich aktiver Stoffwechselweg, oft unter Mitwirkung des Syntheseproduktes, inaktiviert. Das ist z. B. der Fall bei der Biosynthese der Aminosäure Tryptophan. Tryptophan wirkt hier als Repressor (Endproduktrepression). Wir besprechen diese Situation im ► Abschn. 4.5.3.

Die Gene, die in *E. coli* für den Abbau von Lactose oder für die Synthese von Tryptophan notwendig sind, gehören zu den ersten Genen, die von den Bakteriengenetikern der 1960er-Jahre untersucht wurden, sodass wir heute sehr genaue Vorstellungen über den molekularen Regulationsmechanismus haben. Experimentell wurden dabei zwei Ansätze gewählt:

- die experimentelle Mutagenese, d. h. die **Induktion von Mutationen**, mit der anschließenden Selektion auf Veränderungen in den untersuchten Genen, und
- die Erzeugung einer **merodiploiden genetischen Konstitution** verschiedener Mutationen mittels Transduktion oder Sexduktion und die Untersuchung der Genexpression unter solchen Konstitutionen.

Man kann zwischen positiver und negativer Genregulation unterscheiden. In positiven Regulationssystemen wird ein Gen durch einen Induktor aktiviert. In negativen Regulationssystemen wird ein Gen durch einen Repressor inaktiviert.

Um die grundlegenden Prinzipien genetischer Experimente bei der **Analyse von Mutanten** zu verstehen, ist es zunächst sinnvoll, sich einige wichtige genetische Gesichtspunkte einer solchen Analyse vor Augen zu führen:

- Zwei Mutationen, die sich nicht komplementieren können, müssen im gleichen Cistron („Gen") erfolgt sein.
- Führt eine Mutation in einem positiven Regulationssystem (z. B. Lactoseabbau) dazu, dass das betreffende Gen nicht mehr regulierbar, sondern kontinuierlich aktiv ist, so sprechen wir von einer **konstitutiven Expression** des mutierten Gens. Die naheliegende Interpretation einer solchen erblichen Veränderung ist, dass durch sie der regulative Bereich des Gens verändert wurde. Wirkt eine solche Mutation nur in *cis*-Stellung (also auf dem gleichen Chromosom, auf dem das Gen exprimiert wird), so erkennen wir, dass dem betroffenen Protein-codierenden Gen in der DNA ein Bereich zugeordnet sein muss, der für die Regulation der Expression dieses Gens verantwortlich ist.

In den folgenden Abschnitten werden die Einzelheiten der positiven und negativen Regulationskontrolle am Beispiel von zwei Genkomplexen von *E. coli* besprochen, dem *lac*-Operon und dem *trp*-Operon.

4.5.1 Das *lac*-Operon

E. coli-Zellen können Lactose als Kohlenstoffquelle verwerten. Es ist daher möglich, Mutationen in den Genen des **Lactosestoffwechsels** dadurch zu identifizieren, dass mutierte Zellen (lac^-) mit Lactose als einziger Kohlenstoffquelle nicht mehr wachsen können. Kombinierte man verschiedene solcher Mutationen (lac^-) durch Sexduktion, so waren sie in einer $F'lac^-/lac^+$- oder einer

Tab. 4.2 *Lac*-Operon-Mutanten, die zur Identifizierung des Regulationssystems essenziell sind

Genetische Konstitution	Synthese von *lac*-mRNA	Regulative Eigenschaften
$F^{-} lacI^{-}/lacI^{-}\ lacZ^{+}\ lacY^{+}\ lacA^{+}$	Konstitutiv	*I*: reprimiert
$F^{+} lacI^{+}/lacI^{-}\ lacZ^{+}\ lacY^{+}\ lacA^{+}$	Induzierbar	*I*: *trans*-wirksam
$F^{-} lacI^{-}/lacI^{+}\ lacZ^{+}\ lacY^{+}\ lacA^{+}$	Induzierbar	
$F' lacO^{c}\ lacZ^{+}/lacI^{-}\ lacZ^{+}\ lacY^{+}\ lacA^{+}$	Konstitutiv	O^{c}: *cis*-wirksam
$F' lacO^{c}\ lacZ^{-}/lacO^{+}\ lacZ^{+}\ lacY^{+}\ lacA^{+}$	Induzierbar	
$F^{+} lacO^{+}\ lacZ^{+}/lacO^{c}\ lacZ^{+}\ lacY^{+}\ lacA^{+}$	Konstitutiv	
$F'\ lacO^{c}\ lacZ^{-}/lacO^{+}\ lacZ^{+}\ lacY^{+}\ lacA^{+}$	Induzierbar	O^{+}: *cis*-wirksam
$F'\ lacO^{c}\ lacZ^{+}/lacO^{+}\ lacZ^{-}\ lacY^{+}\ lacA^{+}$	Konstitutiv	O^{c}: *cis*-wirksam

Die Daten lassen erkennen, dass *O*-Mutationen ebenso wie O^{+} stets nur *cis*-wirksam sind, während *I*-Mutationen stets auch *trans*-wirksam sind

$F' lac^{+}/lac^{-}$-Konstitution (also **merodiploid**) stets fähig, Lactose zu verwerten (ihr Phänotyp ist Lac^{+}). Dieses Gensystem wurde in den 1950er-Jahren insbesondere durch François **Jacob** und Jacques **Monod** im Detail untersucht (und 1961 publiziert); die Autoren wurden bereits 1965 mit dem Nobelpreis ausgezeichnet.

Durch Kombination **verschiedener** *lac*-Mutationen wurden deren genetische Unterschiede und Gemeinsamkeiten bestimmt (Tab. 4.2). So lassen sich diese Mutationen zunächst in zwei Komplementationsgruppen einordnen, die als *lacZ* und *lacY* bezeichnet werden. Die genauere Untersuchung zeigte, dass *lacZ* für das Enzym codiert, das zum Lactoseabbau notwendig ist, die **β-Galactosidase**. Das *lacY*-Gen hingegen codiert für ein Protein, das für den Transport der Lactose durch die Zellwand ins Zellinnere sorgt; das Enzym wird daher **Permease** genannt. Im Laufe der weiteren Untersuchung des *lac*-Gensystems wurde noch eine dritte Komplementationsgruppe entdeckt, *lacA*, die für eine **Transacetylase** codiert (Abb. 4.32).

Für die Analyse von *lac*-Mutanten war es sehr hilfreich, dass man anstelle von Lactose verschiedene andere, chemisch synthetisierte Galactoside eingesetzt hat („chemische Genetik"). Dabei zeigte sich, dass beispielsweise Phenylgalactosid in gleicher Weise wie Lactose als Substrat verwendet wird. Ein anderes Analogon, **Isopropylthiogalactosid (IPTG**; Abb. 4.31b), kann durch die β-Galactosidase aber nicht gespalten werden; es ist dadurch als Substrat unwirksam. Daher bleibt es in konstanter Konzentration in der Zelle vorhanden, und man beobachtete eine Induktion des gesamten *lac*-Systems – alle drei Proteine, LacZ, LacY und LacA, werden stets in proportional gleichen Mengen synthetisiert (als „Reporter" für die Expression der gesamten Gengruppe wird in der Regel nur die Aktivität der β-Galactosidase gemessen). Dies führte letztlich zur Charakterisierung regulatorischer Elemente (▶ Abschn. 4.5.2).

Da in der *E. coli*-Zelle im Allgemeinen eine Induktion der β-Galactosidase notwendig ist, um ihre Expression zu beobachten, musste eine Mutantenklasse umso mehr auffallen, bei der alle drei Proteine auch in Abwesenheit eines Induktors produziert werden (Tab. 4.2). Es lag nahe, die Ursache hierfür wiederum auf der Ebene der Regulation zu suchen. Solche Mutationen, die alle in einer Region oberhalb des *lacZ*-Gens kartierten, wurden unter der Bezeichnung ***lacI*-Mutationen** zusammengefasst. Die wichtigsten Beobachtungen für das Verständnis dieser Mutationen waren,

- dass die Synthese der unterhalb von *lacI* kartierenden Proteine stets konstitutiv war, wenn keine $lacI^{+}$-Region in der Zelle vorhanden war (also: $F' lacI^{-}/lacI^{-}\ lacZ^{+}\ lacY^{+}\ lacA^{+}$),
- während bei Anwesenheit einer $lacI^{+}$-Region, gleichgültig ob in *cis* oder *trans* (also: $F' lacI^{+}/lacI^{-}\ lacZ^{+}\ lacY^{+}\ lacA^{+}$ oder: $F' lacI^{-}/lacI^{+}\ lacZ^{+}\ lacY^{+}\ lacA^{+}$), die Expression stets normal induzierbar blieb.

Also muss $lacI^{+}$ für ein diffundierbares, mithin ***trans*-aktives Produkt** codieren. Aus diesen Befunden konnte geschlossen werden, dass *lacI* für die Synthese eines **Repressors** verantwortlich ist, der normalerweise in der Zelle vorhanden ist – zur Aktivierung der β-Galactosidase muss er aber inaktiviert werden. Mit dieser Annahme lässt sich die konstitutive Synthese der *lacZ*-, *lacY*- und *lacA*-Produkte in $lacI^{-}$-Mutanten verstehen: Ein nicht mehr funktionsfähiger Repressor ist außerstande, seine inaktivierende Funktion auszuüben.

! Mutationen, die zur konstitutiven Genexpression führen und auch in *trans*-Stellung wirksam sind, weisen auf die Synthese eines Repressors hin, der im Normalfall die betroffenen Gene inaktiviert. Bei Anwesenheit eines Induktors wird der Repressor in seiner reprimierenden Wirkung unterdrückt.

4

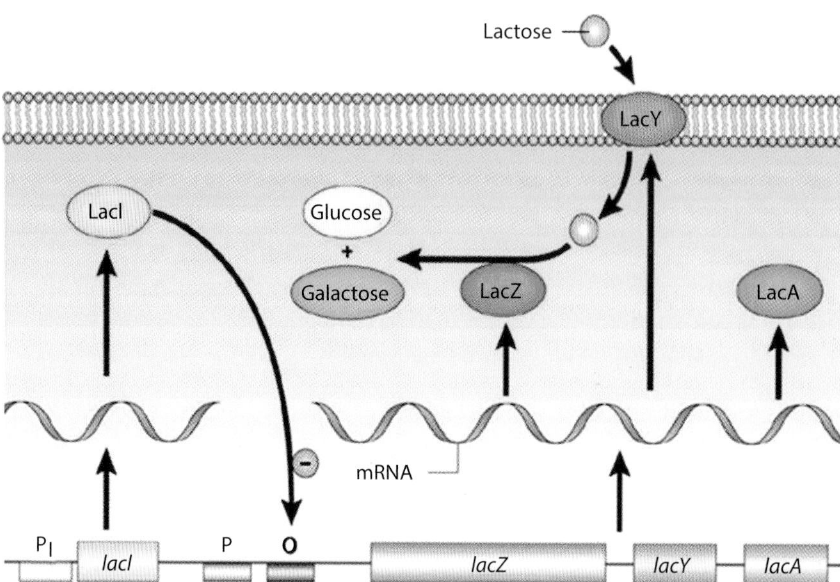

Abb. 4.32 Das *lac*-Operon von *E. coli.* Drei Gene bilden das *lac*-Operon: *lacZ*, *lacY* und *lacA*; sie codieren für die Proteine β-Galactosidase, Permease und Transferase. Oberhalb des *lacZ*-Gens befinden sich die regulatorischen Elemente P (Promotor) und O (Operator). Die drei Gene des *lac*-Operons werden unter der Kontrolle des Promotors P in eine einzige, polycistronische mRNA transkribiert, von der dann die drei Proteine translatiert werden. Das Operon wird durch den Lac-Repressor reguliert, der durch das Gen *lacI* codiert und dessen Expression durch den eigenen Promotor P_I gesteuert wird. Der Repressor LacI inhibiert die Transkription dadurch, dass er an den Operator O bindet. Die Bindung an den Operator wird durch den Induktor (üblicherweise Lactose, aber auch unphysiologisch IPTG; Abb. 4.31b) verhindert. (Nach Shuman und Silhavy 2003, mit freundlicher Genehmigung)

Es besteht aber noch eine weitere Gruppe von Mutationen, die zur konstitutiven Expression der β-Galactosidase führt, die ***O^c*-Mutanten** (*c* für engl. *constitutive*). Sie kartieren zwischen *lacI* und *lacZ* (Abb. 4.32) und sind von der genetischen Konstitution von *lacI* unabhängig. In O^c-Mutanten wird also β-Galactosidase auch in der Gegenwart einer $lacI^-$-Mutation konstitutiv exprimiert. Im Gegensatz zu *lacI*-Mutanten sind alle *O*-Mutanten jedoch stets nur ***cis*-wirksam** (Tab. 4.2):

- Eine genetische Konstitution $F'O^c/O^+$ *lacZ* gestattet eine normale Induktion von β-Galactosidase,
- während eine Konstitution $F'O^+/O^c$ *lacZ* eine konstitutive Synthese von β-Galactosidase bewirkt.

Im Gegensatz zu allen anderen Mutanten sind also *O*-Mutanten **grundsätzlich nicht komplementierbar**. Jacob und Monod erklärten diese Eigenschaft mit der Annahme, dass die *O*-Region einen regulativen DNA-Bereich darstellt. Sie nannten ihn den **Operator** (Abb. 4.32). Verständlich wird seine Funktion, wenn man annimmt, dass der Operator die Aufgabe hat, den Repressor zu binden, wenn keine Aktivität der durch ihn kontrollierten Gene erforderlich ist. Bei einer strukturellen Veränderung des Operators, die zur Folge hat, dass der Repressor nicht mehr an die Operatorregion binden kann, kommt es zur konstitutiven Synthese der β-Galactosidase.

Umgekehrt haben wir ja oben gesehen, dass es Substanzen gibt (wie z. B. IPTG), die die β-Galactosidase induzieren können. Das kann man sich jetzt so erklären, dass diese Substanzen mit dem Repressor in Wechselwirkung treten, ihn aus der Bindung an den Operator verdrängen und so die Expression der drei Gene ermöglichen.

Die Isolierung des Lac-Repressors durch Walter **Gilbert** und Benno **Müller-Hill** (1966) war ein wichtiger Meilenstein in der Geschichte der Genetik, zeigte er doch die Bedeutung von Mutanten bei der Analyse komplexer Regulationsmechanismen. Dazu benutzten sie die Eigenschaft von *E. coli*, im induzierten Zustand mit einer geringeren Konzentration von Lactose auszukommen, als nötig ist, um das System überhaupt zu induzieren. Dieses Phänomen wird dadurch erklärt, dass durch die dann bereits vorhandene Permease Lactose in die Zelle hineingepumpt wird. Es gelang Müller-Hill, eine Mutante zu isolieren, die bei deutlich geringerer IPTG-Konzentration als im Wildtyp induziert werden konnte. Biochemische Experimente zeigten dann, dass Rohextrakte aus diesen Mutanten IPTG stärker binden konnten als der Wildtyp – der Lac-Repressor war isoliert (eine schöne Darstellung dieser Arbeiten findet sich bei Müller-Hill 1990).

Die Existenz von Mutationen, die ausschließlich in *cis*-Stellung wirksam sind und zu einer konstitutiven Expression eines Gens führen, weist auf die Anwesenheit einer Regulationsregion in der DNA hin, die als Operator bezeichnet wird.

4.5.2 Das Operonmodell

Damit waren die wesentlichen Elemente eines Regulationssystems entdeckt, das von Jacob und Monod (1961) als **Operonmodell** bezeichnet wurde. Die Funktionsweise des *lac*-Operons, wie wir sie heute verstehen, ist in ◻ Abb. 4.32 zusammengefasst. Die einzelnen Elemente dieses Funktionsmodells sind folgende:

- Drei **Gene** codieren für drei unterschiedliche Proteine (β-Galactosidase, Permease, Transacetylase). Diese Gene werden in eine einzige mRNA transkribiert, deren Synthese durch einen oberhalb liegenden Promotor (P in ◻ Abb. 4.32) gesteuert wird.
- Der **Promotor** ist der Bindungsplatz der RNA-Polymerase.
- Das *lacI*-Gen codiert für ein Proteinmolekül, den **Repressor**. Wird ein funktionsfähiger Repressor synthetisiert, findet keine Transkription des *lac*-Operons statt.
- Der **Operator**, der unterhalb des Promotors liegt, reguliert die RNA-Synthese durch Bindung des Repressors. Ist der Repressor gebunden, kann keine Transkription beginnen, da das Repressormolekül die Fortbewegung der RNA-Polymerase verhindert.
- Ein **Induktor** (z. B. Lactose oder IPTG) ist durch Bindung an den Repressor imstande, diesen zu inaktivieren. Der Repressor kann dann nicht mehr an den Operator binden, sodass die Transkription beginnen kann.

Bei einer genauen Betrachtung des im Operonmodell vorgeschlagenen Regulationsmechanismus könnte man den Eindruck gewinnen, dass hier die Problematik der Regulation nur um eine Stufe verschoben wird: auf die der Regulation der Repressorsynthese. Das ist jedoch nicht der Fall: Der **Repressor wird konstitutiv synthetisiert** und ist daher ständig, unabhängig vom Stoffwechselzustand der Zelle, mit einer geringen Anzahl von Molekülen (etwa 10) in der Zelle vorhanden.

Erst längere Zeit nach der Ausarbeitung des zuvor dargestellten Regulationsmodells für das *lac*-Operon ist aufgeklärt worden, dass die Regulation des *lac*-Operons in Wirklichkeit komplizierter ist und einen **zusätzlichen, positiven Regulationsmechanismus** einschließt. Zur Initiation der RNA-Synthese im Promotor ist nämlich die Bindung eines zusätzlichen Regulationselementes erforderlich (engl. *catabolite activator protein*, CAP, oder *cAMP receptor protein*, CRP). Das CAP wird mit zyklischem AMP (cAMP) komplexiert und bindet in dieser Form an den *lac*-Promotor. Ohne dieses positive Regulationselement wird weder in *lacI*$^-$- noch in O^c-Mutanten β-Galactosidase-mRNA synthetisiert. Der Grund für diese zusätzliche Regulation ist einleuchtend: Lactose wird durch β-Galactosidase in Glucose und Galactose gespalten, und auch Galactose wird

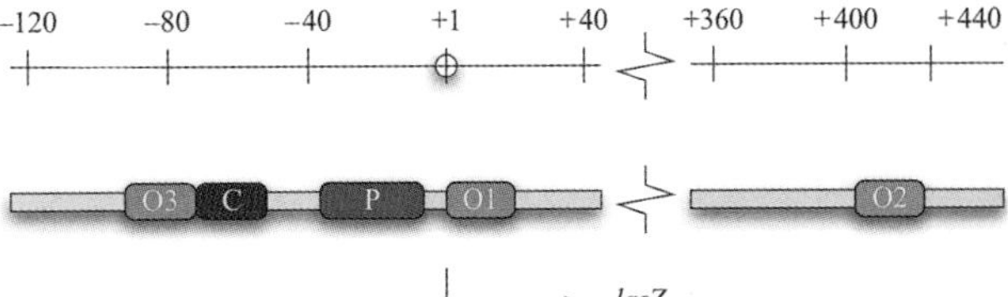

◻ **Abb. 4.33** Schematische Darstellung der regulatorischen Elemente in der DNA des *lac*-Operons. +1 entspricht dem Transkriptionsstart von *lacZ* (*Pfeil*) zu Beginn des Operators O1 (+1 bis +22 bp); O2 (401 bp unterhalb von O1) und O3 (92 bp oberhalb von O1) sind weitere Operatoren (Bindestellen des Lac-Repressors). Der Promotor (P) liegt oberhalb des Transkriptionsstarts (−7 bis −36). Die Bindestelle für den cAMP-CAP-Komplex (C) befindet sich oberhalb des Promotors an den Positionen −50 bis −72. Das ATG-Startcodon für die Translation des Proteins ist an Pos. 39 der mRNA (nicht dargestellt). (Nach Santillán 2008, mit freundlicher Genehmigung)

letztlich in den Glucosestoffwechsel überführt. Ist nun genügend Glucose im Nährmedium vorhanden, so ist eine zusätzliche intrazelluläre Produktion von Glucose nicht notwendig. Da der cAMP-Titer in der Zelle durch Glucose reguliert wird und der cAMP-Gehalt in Gegenwart von Glucose niedrig ist, kann bei höheren Glucosekonzentrationen kein cAMP-CAP-Komplex gebildet und die mRNA-Synthese im *lac*-Operon nicht initiiert werden. Da cAMP-CAP-Komplexe auch an der Regulation anderer Zucker-abbauender Operons beteiligt sind, erfolgt über dieses positive Regulatormolekül eine Koordination und Integration der Aktivität verschiedener Stoffwechselwege.

In der Folgezeit zeigte sich, dass auch dieses Modell noch zu einfach ist. Anstelle des einen Operators (O1) unterhalb des Promotors kennen wir heute zwei weitere Operatoren (O2, O3), die alle zusammen in unterschiedlichen Kombinationen mit dem Lac-Repressor in Wechselwirkung treten und so das *lac*-Operon steuern: Wenn der Repressor zugleich an O1 und an einen der beiden anderen Operatoren (O2 oder O3) bindet, ist die Bindung insgesamt wesentlich stabiler verglichen mit der Bindung an O1 alleine. Das bedeutet, dass bei der Bindung des Repressors an O1 allein die Hemmung das 18-fache gegenüber der freien Form darstellt; in der Kombination O1–O3 ist die Hemmung 440-fach, bei O1–O2 700-fach und in der Dreierkombination sogar 1300-fach. Dabei ist zu beachten, dass die Operatoren O2 und O3 alleine oder zusammen so gut wie keinen Effekt auf die Expression des *lac*-Operons haben, sondern nur in Kombination mit O1. Die erweiterte Form des *lac*-Operons ist entsprechend in ◻ Abb. 4.33 dargestellt.

! Das Zusammenspiel verschiedener Regulationselemente, des Operators, des Repressors und des Induktors, wird dadurch ermöglicht, dass die Repressorsynthese konstitutiv erfolgt. Der Repressor ist normalerweise am Operator O1 gebunden und verhindert dadurch die Initiation der RNA-Synthese durch

Blockierung der RNA-Polymerase. Durch Anwesenheit eines Induktors wird der am Operator gebundene Repressor inaktiviert und die Transkription kann initiiert werden. Promotor und Operator erweisen sich somit als *cis*-wirksame Regulationselemente, während Repressor und Induktor *trans*-wirksam, also diffusibel sind. Regulationsprozesse verlaufen durch das Zusammenspiel stationärer und diffundierbarer Elemente. Ein dem Operatormechanismus übergeordneter, cAMP-abhängiger, positiver Regulationsmechanismus koordiniert verschiedene miteinander verwandte Stoffwechselwege.

Der sensitivste Indikator für die LacZ-Aktivität ist das chromogene Substrat Bromchlorindolylgalactosid (Xgal). Wenn diese farblose Verbindung durch LacZ hydrolysiert wird, entsteht eine Substanz, die zu einem blauen Indigofarbstoff dimerisiert. Stämme, die das *lac*-Operon bei sehr geringen Lactosekonzentrationen exprimieren (Lactose-Minimalmedium), bilden hellblaue Kolonien, wenn das Medium auch Xgal enthält. Diese Färbereaktion hat weite Verbreitung in der Molekulargenetik gefunden.

Der Beantwortung der Frage nach dem Regulationsmechanismus der Synthese einer bestimmten mRNA schließt sich die Frage nach der anschließenden **Translation** des Messengers an. Es war bereits darauf verwiesen worden, dass die drei im *lac*-Operon codierten Proteine β-Galactosidase, Permease und Transacetylase stets in gleichen relativen Mengen synthetisiert werden. Ihre relativen Molekülzahlen in der Zelle verhalten sich wie 1,0:0,5:0,2. Wie ist diese strikte Kopplung zu erklären, und warum werden sie nicht in gleichen Mengen hergestellt?

Die Kopplung der Syntheseraten erklärt sich aus dem polycistronischen Charakter der mRNA. Für alle drei Proteine liegt primär die gleiche Anzahl von mRNA-Molekülen vor. Nun besitzt jedes Cistron innerhalb des mRNA-Moleküls sein eigenes Translationsinitiationscodon AUG ebenso wie ein Terminationscodon. Bei jedem der Terminationscodons setzt nur ein Teil der Ribosomen die Translation der folgenden Cistrons fort, während der andere Teil vom Messenger abfällt. Hierdurch wird die Anzahl der von einem polycistronischen mRNA-Molekül hergestellten Proteinmoleküle für jedes in 3′-Richtung der mRNA gelegene Cistron geringer. Hinzu kommt, dass die normale Degradation der mRNA offenbar bevorzugt am 3′-Ende beginnt, sodass für die Translation des *lacZ*-, des *lacY*- und des *lacA*-Bereichs in dieser Reihenfolge stets weniger mRNA-Moleküle zur Verfügung stehen. Die Expression der verschiedenen im *lac*-Operon zusammengefassten Proteine unterliegt also einem **polaren Effekt**, der für polycistronische Genbereiche charakteristisch ist.

Polycistronische Genbereiche zeigen oft polare Effekte hinsichtlich der relativen Expression der aufeinanderfolgenden Cistrons. Solche Effekte erklären sich durch unterschiedliche Initiationshäufigkeiten der Translation an den verschiedenen Startcodons, aber auch durch differenzielle Degradation der mRNA, die am 3′-Ende beginnt.

4.5.3 Das *trp*-Operon

Die Fähigkeit, auf einem „Minimalmedium", das im Wesentlichen Salze enthält, zu wachsen, unterscheidet Bakterien grundsätzlich von Eukaryoten. Eukaryoten bedürfen der Aufnahme organischer Verbindungen, da sie nicht über die notwendigen Biosynthesewege verfügen, um alle im Stoffwechsel erforderlichen organischen Komponenten selbst zu synthetisieren. Das gilt unter anderem für einen Teil der Aminosäuren, die sogenannten essenziellen Aminosäuren (beim Menschen die acht Aminosäuren Histidin, Leucin, Isoleucin, Lysin, Methionin, Phenylalanin, Tryptophan, Valin). Bakterien hingegen verfügen über die notwendigen Stoffwechselwege, mit deren Hilfe sie bei Bedarf alle benötigten organischen Verbindungen selbst herstellen können. Nach dem wichtigen katabolen Weg zur Lactoseverwertung wollen wir jetzt einen wichtigen anabolen Stoffwechselweg in Bakterien kennenlernen, die **Biosynthese des Tryptophans**. Dazu sind die Enzyme Anthranilatsynthetase, Phosphoribosyl-Anthranilat-Transferase, Phosphoribosyl-Anthranilat-Isomerase, Indol-Glycerolphosphat-Synthetase sowie Tryptophansynthetase-α und -β erforderlich. Die für diese Enzyme codierenden fünf Gene (*trpE*, *trpG-D*, *trpC-F*, *trpB*, *trpA*) sind in einem Operon (***trp*-Operon**) zusammengefasst; sie werden als polycistronische mRNA transkribiert (Abb. 4.34a). Zwei dieser Gene (*trpG-D* und *trpC-F*) sind Fusionsgene, d. h. jedes der entsprechenden Proteine ist bifunktional: *trpG* codiert für die Glutamin-bindende β-Untereinheit der Anthranilatsynthetase und *trpD* für die α-Untereinheit mit der eigentlichen Anthranilatsynthetase-Aktivität; *trpF* codiert für die Phosphoribosyl-Anthranilat-Isomerase, wohingegen *trpC* für die Indol-Glycerolphosphat-Synthetase codiert. Oberhalb der fünf Gene befindet sich eine komplexe regulatorische Region, die die Tryptophankonzentration, aber auch die Menge der verfügbaren beladenen und unbeladenen $tRNA^{Trp}$ bestimmen kann. Ein einziger Promotor wird benutzt, um die Transkription des gesamten Operons zu induzieren. Die Aktivierung dieses Promotors wird durch einen Tryptophan-aktivierten Repressor effizient reguliert – bei Abwesenheit von Tryptophan in der Zelle werden die erforderlichen Gene der Biosynthesekette angeschaltet. Der aktivierte Repressor verhindert durch Bindung an den Operator die Transkription der Gene des *trp*-Operons.

An der Regulation des *trp*-Operons ist daneben noch ein zweiter Regulationsmechanismus beteiligt, der als **Attenuationsmechanismus** bekannt ist. Er ermöglicht eine

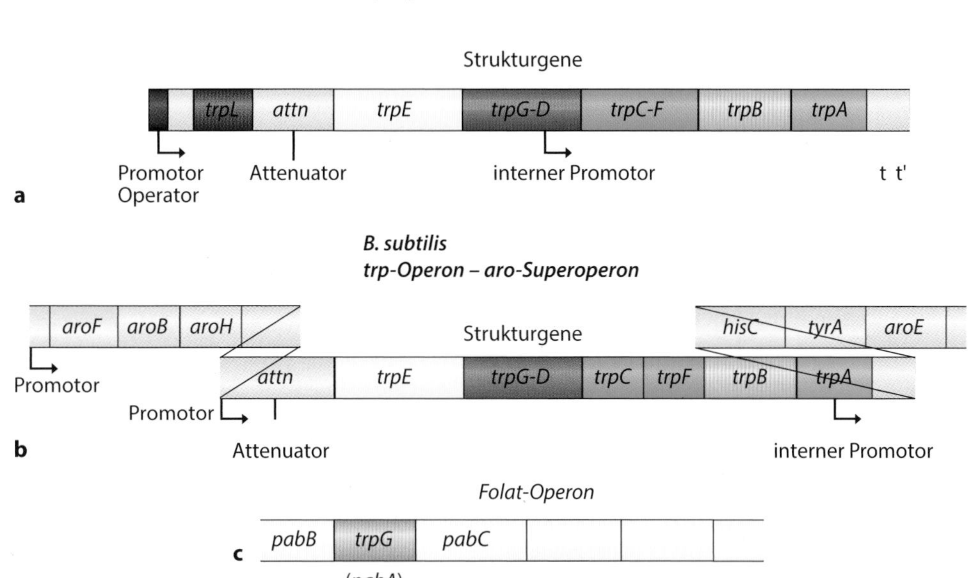

Abb. 4.34 Organisation des *trp*-Operons bei *E. coli* und *B. subtilis*. **a** Das *trp*-Operon von *E. coli* ist eine einzige Transkriptionseinheit und enthält eine Promotor-/Operatorsequenz sowie den Attenuator. Dieses Operon enthält außerdem einen unregulierten internen Promotor, der die Bildung der Proteine TrpC-F, TrpB und TrpA verhindert, wenn das Operon maximal reprimiert ist. Am Ende des Operons befinden sich Tandem-Terminatoren (t t′). **b** Das *trp*-Operon von *B. subtilis* ist Teil eines Superoperons. Zwei Promotoren treiben die Transkription des *trp*-Operons an. Die Transkription, die an jedem der beiden Promotoren beginnen kann, wird aber nur durch eine Attenuationsstelle reguliert, die in der Leitregion des *trp*-Operons liegt. Ein dritter Promotor liegt im *trp*A-Gen; er wird benutzt, um die letzten drei Gene des Superoperons abzulesen. **c** Bei *B. subtilis* befindet sich das *trpG*-Gen in einem anderen Operon, dem Folat-Operon. Die übrigen Gene dieses Operons sind nicht dargestellt, da dies in diesem Zusammenhang eher verwirrend wirkt. (Nach Yanofsky 2004, mit freundlicher Genehmigung)

Feinabstimmung der Tryptophansyntheserate. Zusätzlich zum Promotor/Operator ist nämlich noch ein weiteres *cis*-wirksames Kontrollelement vorhanden, die **Leitsequenz** (***trpL***) (■ Abb. 4.35). Dieses Element liegt zwischen dem Promotor/Operator und dem ersten Enzym-codierenden Cistron (*trpE*). Die Leitsequenz wird transkribiert und codiert für ein Leitprotein (engl. ***leader peptide***). Innerhalb dieser Leitsequenz liegt der **Attenuator**. Die Funktion dieses Kontrollelements wird uns verständlich, wenn wir uns die entsprechenden Nukleotidsequenzen genauer betrachten. Die wichtigsten Elemente sind:

- die 14 Aminosäuren (52 Nukleotide) lange **Leitsequenzregion**, deren zwei Codons für Tryptophan in Aminosäurepositionen 10 und 11 (Nukleotidpositionen 54–59) eine wesentliche Rolle in der Regulation spielen. Vor diesem Leitpeptid befindet sich eine starke Ribosomenbindungsstelle;
- vier DNA-Abschnitte, die in unterschiedlichen Kombinationen Basenpaarungen innerhalb der Transkripte zu Haarnadelschleifen ermöglichen. Diese selbstkomplementären Regionen (invertierten Repeats) liegen in den Nukleotidpositionen (1) 53–68, (2) 76–94, (3) 114–121 und (4) 126–134 (■ Abb. 4.35a).

Haarnadelschleifen sind charakteristische Terminationssignale der Transkription, wenn ihnen eine Poly(A)/Poly(T)-Sequenz (also Poly(U) im Transkript) folgt, wie es am Ende der mRNA des Leitsegmentbereichs der Fall ist (Nukleotidpositionen 133–141). Sie erlauben die Feinregulation der Transkription des *trp*-Operons, da in Bakterien Transkription und Translation eng gekoppelt sind. Ribosomen entfernen intramolekulare Basenpaarungen in einem Bereich, der in direktem Kontakt mit einem Ribosom steht (etwa zehn Nukleotide). Bei Translation des Leitpeptids bis zum Translations-Stoppcodon UGA in Position 69–71 kann somit die Haarnadelschleife aus den invertierten Wiederholungseinheiten 1 und 2 nicht gebildet werden (■ Abb. 4.35). Dadurch wird die Ausbildung der Haarnadelschleife aus den invertierten Wiederholungseinheiten 3 und 4 uneingeschränkt möglich. Das führt zu einer Termination der Transkription, da der Abstand zwischen RNA-Polymerase und dem ersten Ribosom nur gering ist.

Das Attenuationssystem erlaubt also eine sehr fein abgestimmte Regulation der Aminosäuresynthese. Vergleichbare Regulationsmechanismen wurden für andere Aminosäuren (Histidin, Threonin, Leucin, Isoleucin, Valin und Phenylalanin) nicht nur bei *E. coli*, sondern auch bei verschiedenen anderen Bakterien nachgewiesen (z. B. *Salmonella typhimurium*). Auch in diesen Fällen

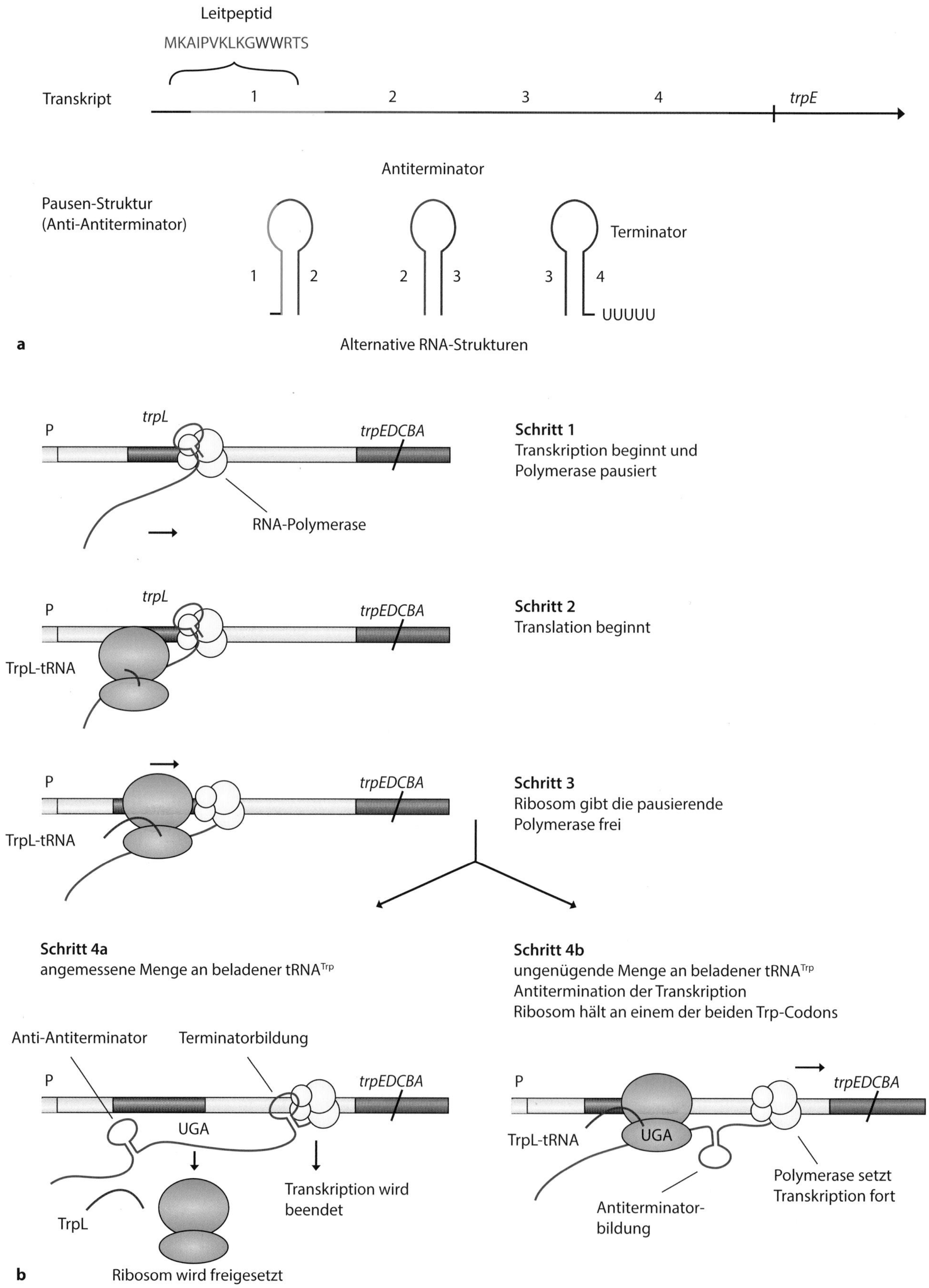

Leitpeptid
MKAIPVKLKGWWRTS

Transkript 1 2 3 4 *trpE*

Antiterminator

Pausen-Struktur
(Anti-Antiterminator)

Terminator

1 2 2 3 3 4

UUUUU

a Alternative RNA-Strukturen

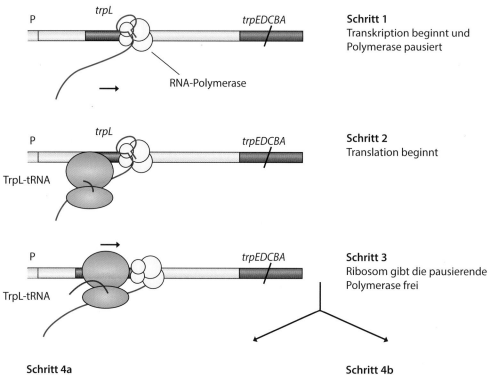

P *trpL* *trpEDCBA*

RNA-Polymerase

Schritt 1
Transkription beginnt und
Polymerase pausiert

P *trpL* *trpEDCBA*

TrpL-tRNA

Schritt 2
Translation beginnt

P *trpEDCBA*

TrpL-tRNA

Schritt 3
Ribosom gibt die pausierende
Polymerase frei

Schritt 4a
angemessene Menge an beladener tRNA^{Trp}

Schritt 4b
ungenügende Menge an beladener tRNA^{Trp}
Antitermination der Transkription
Ribosom hält an einem der beiden Trp-Codons

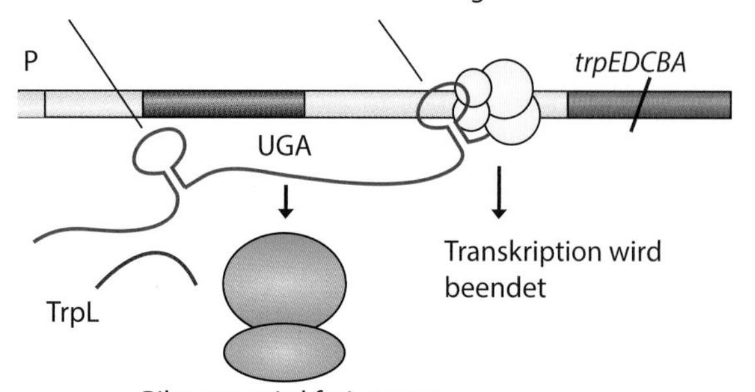

b Ribosom wird freigesetzt

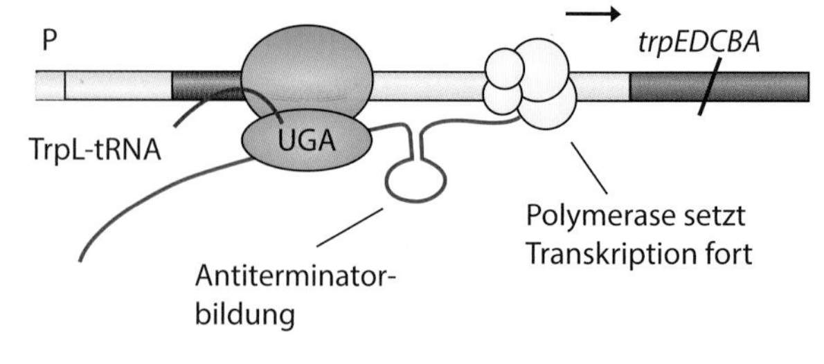

befinden sich die jeweils spezifischen Aminosäurecodons im Leitpeptid (z. B. sieben Histidincodons im Histidin-Biosyntheseweg oder vier Leucincodons bei der Leucin-Biosynthese), sodass das jeweilige Endprodukt nach einem einheitlichen Prinzip an der Regulation stets selbst beteiligt ist.

Das *trp*-Operon bei *E. coli* besitzt neben dem negativen Regulationsmechanismus, der auf einer Repressor-Operator-Interaktion basiert, ein zusätzliches Regulationssystem, das auf einer Kontrolle der Transkriptionsrate durch intramolekulare Sekundärstrukturen der mRNA beruht. Je nach Translationsgeschwindigkeit können sich transkriptionshemmende Doppelstrangregionen in der RNA ausbilden, die die Translation abbrechen. Die Translationsgeschwindigkeit wird durch die Konzentration des Endproduktes gesteuert. Bei fehlendem Tryptophan wird sie verzögert, da kein oder wenig Tryptophan in die wachsende Polypeptidkette eingebaut werden kann. Das führt zu einer Fortsetzung der mRNA-Synthese, da keine Haarnadelschleifen mit Terminationseffekt gebildet werden.

Es ist auch interessant, sich in verschiedenen Bakterien die Organisation des *trp*-Operons zu betrachten. Daraus können wir viel über evolutionäre Prozesse und Anpassungen an veränderte Umweltbedingungen lernen. Als ein Beispiel sei hier das *trp*-Operon von *B. subtilis* vorgestellt; eine hervorragende Zusammenfassung und vergleichende Darstellung einer Vielzahl bakterieller Systeme findet der interessierte Leser bei Xie et al. (2003).

Das *trp*-Operon bei *B. subtilis* (◻ Abb. 4.34b) ist durchaus unterschiedlich organisiert verglichen mit dem von *E. coli*. Es besteht aus sechs Genen, die innerhalb eines zwölf Gene umfassenden Superoperons für aromatische Aminosäuren liegen (Symbol: *aro*). Dabei liegen jeweils drei zusätzliche Gene unter- bzw. oberhalb des *trp*-Operons; diese Gene betreffen verwandte Biosynthesewege. Das siebte Gen für die Tryptophansynthese (*trpG*) ist im Folat-Operon lokalisiert (◻ Abb. 4.34c). Das TrpG-Protein, eine Glutamin-Aminotransferase, ist in zwei verschiedenen Stoffwechselwegen aktiv: Einmal katalysiert es die erste Reaktion im Tryptophan-Weg, und außerdem ist es für eine ähnliche Reaktion im Folsäure-Weg zuständig. Um das *trp*-Operon innerhalb des *aro*-Superoperons anzutreiben, sind **zwei Promotoren** notwendig: Der eine liegt oberhalb des *aroF*-Gens und der zweite unmittelbar vor dem *trpF*-Gen. Die Initiation der Transkription durch eine RNA-Polymerase an einem der beiden Promotoren ist abhängig von einer einzigen regulatorischen Entscheidung in der Leitregion des *trp*-Operons: entweder die Transkription (vorzeitig) zu beenden oder die Fortsetzung in die Strukturgene des Operons zu erlauben. Diese regulatorische Entscheidung basiert auf der Verfügbarkeit sowohl von Tryptophan als auch der beladenen $tRNA^{Trp}$. Tryptophan aktiviert das regulatorische TRAP-Protein (engl. *tryptophan-RNA-binding protein*); aktiviertes TRAP bindet an die Leitregion und bewirkt die Bildung von RNA-Terminator-Strukturen, die dann die Transkription beenden. Die Anhäufung unbeladener $tRNA^{Trp}$ führt dagegen zur Inaktivierung des TRAP-Proteins und die Transkription läuft weiter.

Die Regulation ist aber noch etwas komplexer. Weitere Arbeiten führten zur Identifizierung eines Operons, das für die $tRNA^{Trp}$-Bestimmung verantwortlich ist; es wird als *at*-Operon bezeichnet, weil es ein Anti-TRAP-Protein produziert. Dieses AT-Protein bindet Tryptophan-aktiviertes TRAP und hemmt damit die Fähigkeit von TRAP, an die Leitsequenz zu binden. Es bleibt jedenfalls bemerkenswert, dass es bei *B. subtilis* mit dem AT/TRAP-System noch eine zweite Regulationsebene zur Steuerung der Trp-Biosynthese gibt. Eine vergleichende Darstellung der unterschiedlichen Regulationsstrategien ist in ◻ Abb. 4.36 dargestellt;

◻ **Abb. 4.35** Organisation und regulatorische Funktionen der Leitregion des *trp*-Operons bei *E. coli*. **a** Die Leitsequenz umfasst 162 Nukleotide; das Transkript kann drei alternative Sekundärstrukturen bilden: 1:2, die Pause- oder Anti-Antiterminator-Struktur; 2:3, die Antiterminator-Struktur; und 3:4, die Terminator-Struktur (die Ziffern entsprechen der Reihenfolge der linearen Segmente der Leitsequenz). Zusätzlich codiert Segment 1 ein Leitpeptid von 14 Aminosäuren, das zwei nebeneinanderliegende Trp-Reste besitzt. Die Fähigkeit, dieses Peptid zu synthetisieren, wird genutzt, um die An- oder Abwesenheit der beladenen $tRNA^{Trp}$ zu bestimmen. Wenn die Ribosomen die Proteinsynthese abbrechen, weil sie an dieser Stelle nicht weiterkommen, wird die RNA-Antiterminator-Sequenz gebildet. Das verhindert die Ausbildung von Terminator-Strukturen und ermöglicht die Fortführung der Transkription. Wenn dagegen Trp in großer Menge vorliegt, wird die Leitsequenz synthetisiert und das translatierende Ribosom abgelöst, die Terminator-Struktur wird gebildet und die Transkription durch Tandem-Terminatoren (t t′) beendet. **b** Regulation des *trp*-Operons von *E. coli* durch Attenuation. Die Bildung der RNA-Strukturen hängt ab von der Position des Ribosoms auf der mRNA und der Ribosomenfreisetzung an der Region der Leitsequenz. Die Entscheidung der Termination ist abhängig von der Menge an beladener $tRNA^{Trp}$. Wenn das Operon transkribiert wird, bleibt die RNA-Polymerase nach der Transkription des Pause-Signals stehen (*Schritt 1*). Dann beginnt die Translation (*Schritt 2*), und das translatierende Ribosom gibt die pausierende RNA-Polymerase frei (*Schritt 3*). Wenn in der Zelle ausreichende Konzentrationen an beladener $tRNA^{Trp}$ vorhanden sind, erreicht das Ribosom das Stoppcodon der Leitsequenz und wird freigesetzt. Es bilden sich die Anti-Antiterminator- und Terminator-Strukturen der RNA, und die Transkription ist beendet (*Schritt 4a*). Wenn die Zelle dagegen zu wenig $tRNA^{Trp}$ besitzt, bleibt das Ribosom, das das Leitpeptid synthetisiert, am Trp-Codon stehen. Dadurch bildet sich die Antiterminator-Struktur, und die Transkription wird in Richtung der Strukturgene des Operons fortgesetzt (*Schritt 4b*). (Nach Yanofsky 2004, mit freundlicher Genehmigung)

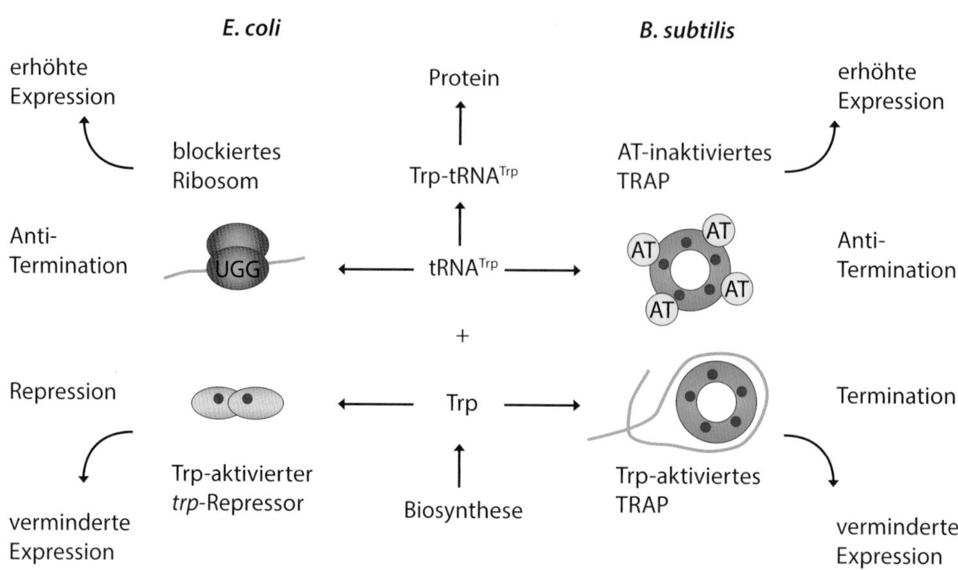

◘ Abb. 4.36 Vergleich der Regulation der Tryptophan-Biosynthese bei *E. coli* und *B. subtilis*. In *E. coli* aktiviert Trp den Trp-Repressor; er bindet an die *trp*-Operatorregion und verhindert die Initiation der Transkription. In *B. subtilis* aktiviert Trp das TRAP-Protein. Das aktivierte TRAP bindet an die Leitsequenz des *trp*-Operons und bewirkt die Beendigung der Transkription. Wenn sich in *E. coli* unbeladene $tRNA^{Trp}$ anhäuft, hält das translatierende Ribosom der Leitsequenz an einem der beiden Trp-Codons an; es bildet sich die Antiterminator-Struktur, und die Transkription wird fortgesetzt. In *B. subtilis* aktiviert die Anhäufung unbeladener $tRNA^{Trp}$ dagegen die Antitermination-Struktur im *at*-Operon und erlaubt damit die Transkription der Strukturgene des *at*-Operons; das *at*-Operon ist für die Bildung des Anti-TRAP-Proteins verantwortlich. Unbeladene $tRNA^{Trp}$ verhindert auch die Translation der Trp-Codons der Leitsequenz. Das angehaltene Ribosom bewirkt so die AT-Transkription und -Translation. Das gebildete AT bindet an das Trp-aktivierte TRAP, verhindert so die Bindung von TRAP an seine RNA-Bindungsstellen und erhöht damit die Transkription des *trp*-Operons. (Nach Yanofsky 2004, mit freundlicher Genehmigung)

einen Stammbaum der verschiedenen *trp*-Operons in Bakterien zeigt ◘ Abb. 4.37.

4.5.4 RNA-codierende Gene

In ***E. coli*** wird die rRNA von sieben nicht zusammenhängenden Operons (*rrnA–E* und *rrnG–H*) synthetisiert. Diese Operons sind asymmetrisch um den Replikationsursprung (*oriC*) auf einer Hälfte des ringförmigen Chromosoms angeordnet (◘ Abb. 4.38a). Es werden drei Formen der rRNA hergestellt, und die Reihenfolge in den Operons ist Promotor → 16S-rRNA → 23S-rRNA → 5S-rRNA. In der Verbindungsregion zwischen den 16S- und 23S-rRNA-Genen sowie am distalen Ende der Operons liegen einige verschiedene tRNA-Gene. Die sieben Operons sind nicht vollständig identisch: Es sind mindestens fünf der sieben Operons nötig, um optimales Wachstum zu erzielen. Zur schnellen Anpassung an den Wechsel verschiedener Nährstoffe und Temperaturen sind sogar alle sieben Operons nötig. Aus Untersuchungen an *Plasmodium* wissen wir beispielsweise, dass die 18S-rRNA unter verschiedenen Wirtsystemen von verschiedenen Operons abgelesen wird (von Typ C im Moskito und von Typ A in Säugern).

Die *rrn*-Operons bei *E. coli* werden in großem Umfang transkribiert; unter Wachstumsbedingungen besteht mehr als die Hälfte der Gesamt-RNA einer Bakterienzelle aus rRNA. Aus den Sequenzen der Promotoren der sieben *rrn*-Operons wissen wir, dass sie alle dieselbe Grundstruktur aufweisen (◘ Abb. 4.38b). Jedes Operon hat zwei σ^{70}-Promotoren (▶ Abschn. 3.3.2) hintereinander, P1 und P2, die durch etwa 100 bp voneinander getrennt sind. Der P2-Promotor wiederum liegt etwa 200 bp oberhalb des Beginns der reifen 16S-rRNA. Keiner der beiden Promotoren hat eine perfekte Consensussequenz; allerdings gibt es Hinweise darauf, dass die außerordentliche hohe Transkriptionsrate von zusätzlichen Sequenz-

◘ Abb. 4.37 Evolution des *trp*-Operons in Bakterien. Die Organisation des *trp*-Operons und seiner regulatorischen Elemente ist als Stammbaum dargestellt; es werden nur solche *trp*-Gene gezeigt, die an der primären Trp-Biosynthese beteiligt sind. Die Äste für *Helicobacter pylori* und *Corynebacterium glutamicum* sind *farblich* hervorgehoben, um den Ursprung des gesamten *trp*-Operons durch horizontalen Gentransfer deutlich zu machen. Die verschiedenen genetischen Elemente sind entweder experimentell bestätigt oder durch computergestützte Sequenzvergleiche abgeleitet. Bei großen Operons mit mehr als fünf dazwischenliegenden Genen ohne Funktionen in der Trp-Biosynthese (*weiße Pfeile*) ist die Zahl dieser Gene angegeben. *trpS*: Gen für Tryptophanyl-tRNA-Synthetase; *mtrB*: Gen für TRAP (engl. *trp RNA-binding attenuation protein*); *rtpA*: Gen für ein Anti-TRAP-Protein (AT); *ltbR*: Gen für den Leucin- und Tryptophan-Biosyntheseregulator. (Nach Merino et al. 2008, mit freundlicher Genehmigung)

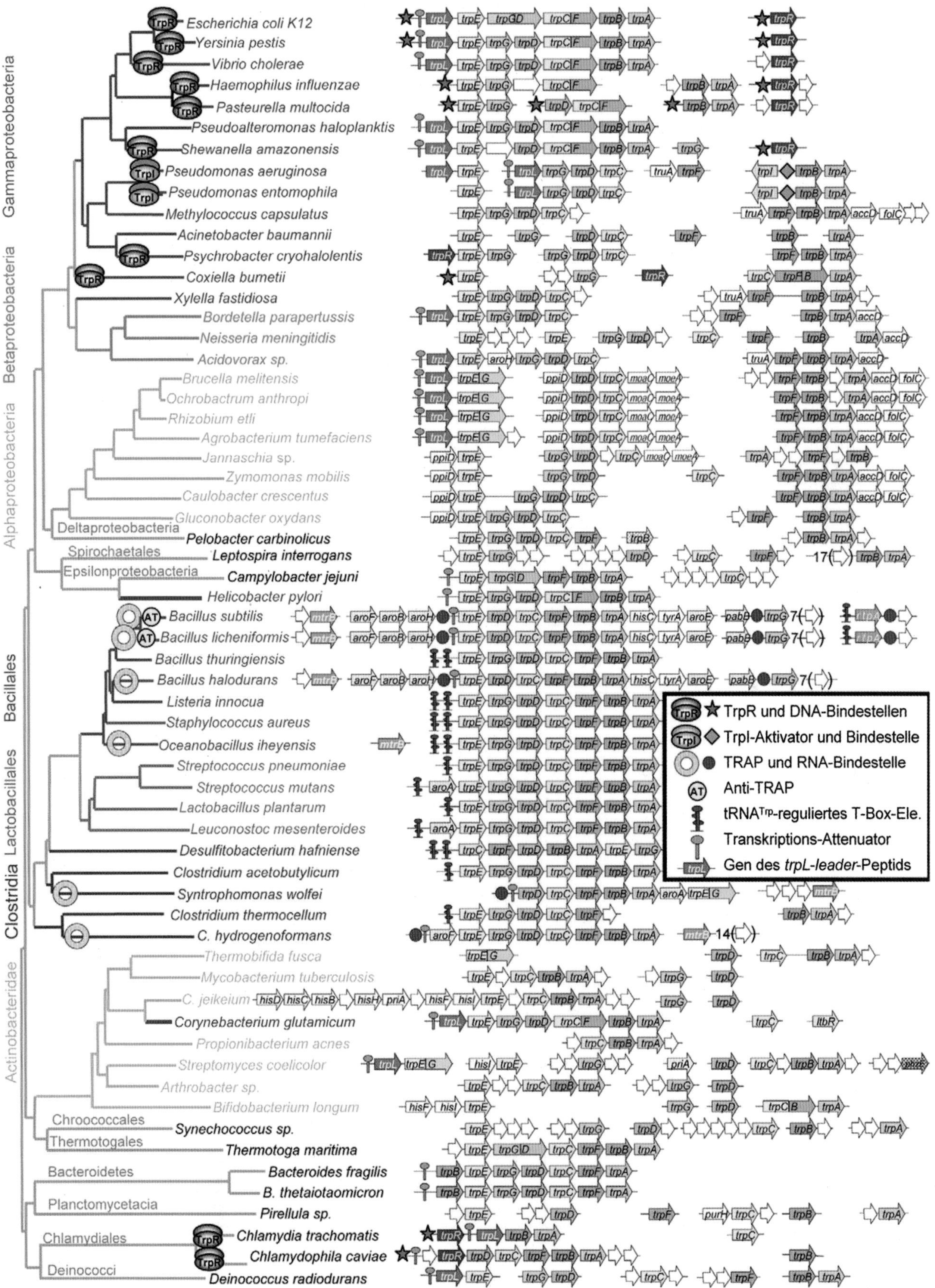
Gammaproteobacteria
Betaproteobacteria
Alphaproteobacteria
Deltaproteobacteria
Spirochaetales
Epsilonproteobacteria
Bacillales
Lactobacillales
Clostridia
Actinobacteridae
Chroococcales
Thermotogales
Bacteroidetes
Planctomycetacia
Chlamydiales
Deinococci
Escherichia coli K12
Yersinia pestis
Vibrio cholerae
Haemophilus influenzae
Pasteurella multocida
Pseudoalteromonas haloplanktis
Shewanella amazonensis
Pseudomonas aeruginosa
Pseudomonas entomophila
Methylococcus capsulatus
Acinetobacter baumannii
Psychrobacter cryohalolentis
Coxiella burnetii
Xylella fastidiosa
Bordetella parapertussis
Neisseria meningitidis
Acidovorax sp.
Brucella melitensis
Ochrobactrum anthropi
Rhizobium etli
Agrobacterium tumefaciens
Jannaschia sp.
Zymomonas mobilis
Caulobacter crescentus
Gluconobacter oxydans
Pelobacter carbinolicus
Leptospira interrogans
Campylobacter jejuni
Helicobacter pylori
Bacillus subtilis
Bacillus licheniformis
Bacillus thuringiensis
Bacillus halodurans
Listeria innocua
Staphylococcus aureus
Oceanobacillus iheyensis
Streptococcus pneumoniae
Streptococcus mutans
Lactobacillus plantarum
Leuconostoc mesenteroides
Desulfitobacterium hafniense
Clostridium acetobutylicum
Syntrophomonas wolfei
Clostridium thermocellum
C. hydrogenoformans
Thermobifida fusca
Mycobacterium tuberculosis
C. jeikeium
Corynebacterium glutamicum
Propionibacterium acnes
Streptomyces coelicolor
Arthrobacter sp.
Bifidobacterium longum
Synechococcus sp.
Thermotoga maritima
Bacteroides fragilis
B. thetaiotaomicron
Pirellula sp.
Chlamydia trachomatis
Chlamydophila caviae
Deinococcus radiodurans
TrpR und DNA-Bindestellen
TrpI-Aktivator und Bindestelle
TRAP und RNA-Bindestelle
Anti-TRAP
tRNA^Trp-reguliertes T-Box-Ele.
Transkriptions-Attenuator
Gen des trpL-leader-Peptids

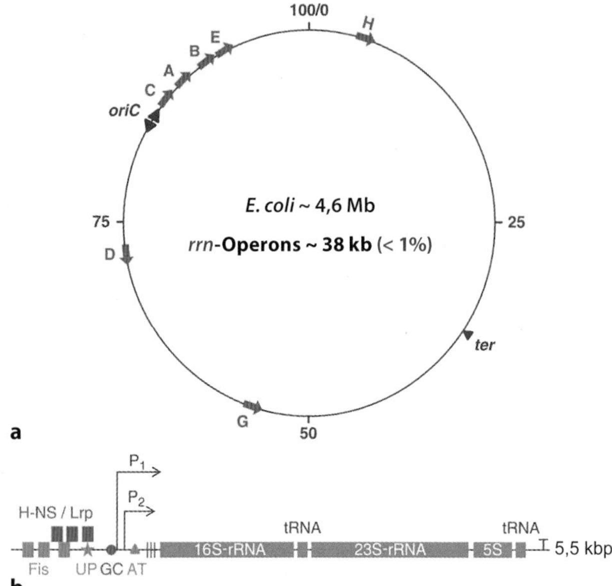

■ **Abb. 4.38** rRNA-Gene bei *E. coli*. **a** Die sieben *rrn*-Operons (*rot*, A–H) von *E. coli* sind asymmetrisch um den Replikationsursprung (*oriC*) angeordnet. Nur ein kleiner Bruchteil des *E. coli*-Genoms codiert für rRNA-Gene. Die *Pfeile* deuten die Transkriptionsrichtung an; die Gene sind in Minuten angegeben (▶ Abschn. 4.1). *ter*: Replikationsende (engl. *terminus of replication*). **b** Die Struktur eines typischen *rrn*-Operons von *E. coli* zeigt zunächst die tandemartige Anordnung der beiden Promotoren P1 und P2 (*Pfeile* für die Transkriptionsrichtung). Die *grauen Kästchen* deuten die 16S-, 23S- und 5S-rRNA-Gene sowie der tRNA-Gene im Verbindungsbereich und vor dem Terminatorsignal T an. Die Bindungsstellen für die Transkriptionsfaktoren FIS (engl. *factor of inversion stimulation*; *blaue Quadrate*) und H-NS (engl. *heat-stable nucleoid-structural protein*) und Lrp (engl. *leucine-responsive regulatory protein*), beides *rote Quadrate*, in der UAS-Region (engl. *upstream transcription activation sequence*) sind angegeben. Außerdem sind zusätzliche regulatorische Elemente gezeigt: das UP-Element (engl. *upstream element*; für direkte Wechselwirkungen mit der RNA-Polymerase; *Stern*), die starke Diskriminatorsequenz (GC, *roter Kreis*) sowie die Antiterminatorsequenz (AT, *blaues Dreieck*). Die *vertikalen roten Linien* deuten mehrere Pause-Stellen der Transkription an. (Nach Jin et al. 2012, mit freundlicher Genehmigung)

elementen abhängt, die weiter oberhalb liegen, und von spezifischen Proteinen, die daran binden können.

Die sieben *rrn*-Operons werden zunächst in primäre Transkripte (30S-Vorläufer-rRNA) kopiert. Diese Vorläufer-rRNA wird dann durch verschiedene RNasen in die jeweiligen rRNAs zerlegt (■ Abb. 4.39). Die Organisation der verschiedenen rRNA-Moleküle innerhalb einer einzigen Transkriptionseinheit hat den Vorteil, dass damit unmittelbar die zum Aufbau der Ribosomen erforderlichen äquimolaren Mengen der verschiedenen rRNA-Moleküle zur Verfügung stehen. Obwohl die Zusammenfassung der drei rRNA-Gene in einem Operon bei Bakterien den Regelfall darstellt, so gibt es doch auch Ausnahmen.

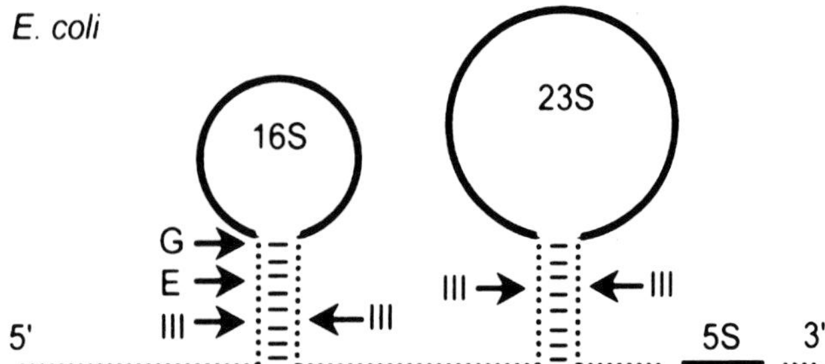

■ **Abb. 4.39** Reifung der 16S- und 23S-rRNA bei *E. coli*. Die Sequenzen, die die 16S- und 23S-rRNA flankieren, sind zueinander komplementär und bilden deshalb Doppelstrangstrukturen aus (die Basenpaare sind durch *kurze dünne Striche* gekennzeichnet). Schnittstellen für die RNasen sind angegeben: *Pfeil mit III*: RNase III; *mit E*: RNase E; *mit G*: RNase G. Die reife rRNA ist durch die *dicke Linie* dargestellt; die ausgeschnittenen Reste sind *punktiert*. (Nach Evguenieva-Hackenberg 2005, mit freundlicher Genehmigung)

! In Bakterien sind die 16S-, 23S- und 5S-rRNA-Gene in sieben *rrn*-Operons zusammengefasst. Sie werden in Form eines einzigen primären Transkripts von der DNA abgelesen und durch RNasen in ihre jeweiligen Endprodukte gespalten.

Aus evolutionsgenetischer Sicht ist die 16S-rRNA (*rrnaA*) heute von besonderem Interesse. Sie wird schon lange dafür verwendet, verschiedene Bakterienstämme zu klassifizieren und um die verwandtschaftlichen Beziehungen untereinander zu bestimmen. Das 16S-rRNA-Gen besteht aus konservierten und variablen Regionen (■ Abb. 4.40, 4.41), und die variablen Regionen erlauben eine Unterscheidung zwischen verschiedenen Prokaryoten. Die dabei verwendeten Methoden beruhen auf der PCR-Technik (Poymerasekettenreaktion; Technikbox 4), wobei universelle Primer aus den konservierten Bereichen verwendet werden. Die amplifizierten Produkte können dann auf verschiedene Weise analysiert werden – die Sequenzierung „der nächsten Generation“ (Technikbox 10) ist heute sicherlich die effizienteste Methode, um gleichzeitig verschiedene Prokaryoten qualitativ und (semi)quantitativ in Umweltproben und in klinischen Proben zu bestimmen. Dieses Verfahren wird auch schon vielfach kommerziell angeboten.

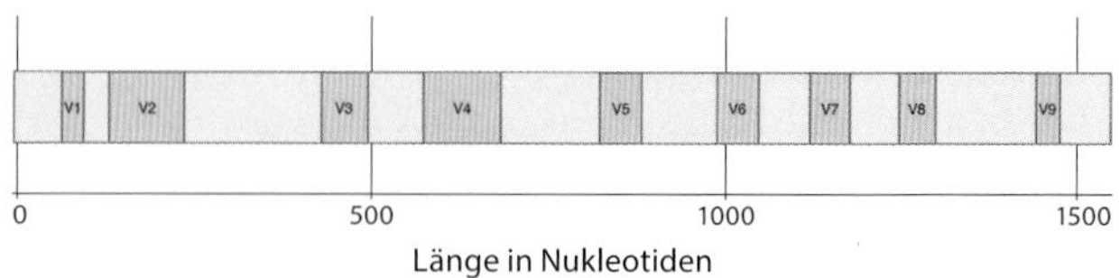

■ **Abb. 4.40** Variable Regionen der 16S-rRNA. Die variablen Regionen V1–V9 der 16S-rRNA von *E. coli* liegen innerhalb eines Fragments von etwa 1500 Nukleotiden – eine ideale Voraussetzung für einen phylogenetischen Marker. (Nach Cox et al. 2013, mit freundlicher Genehmigung)

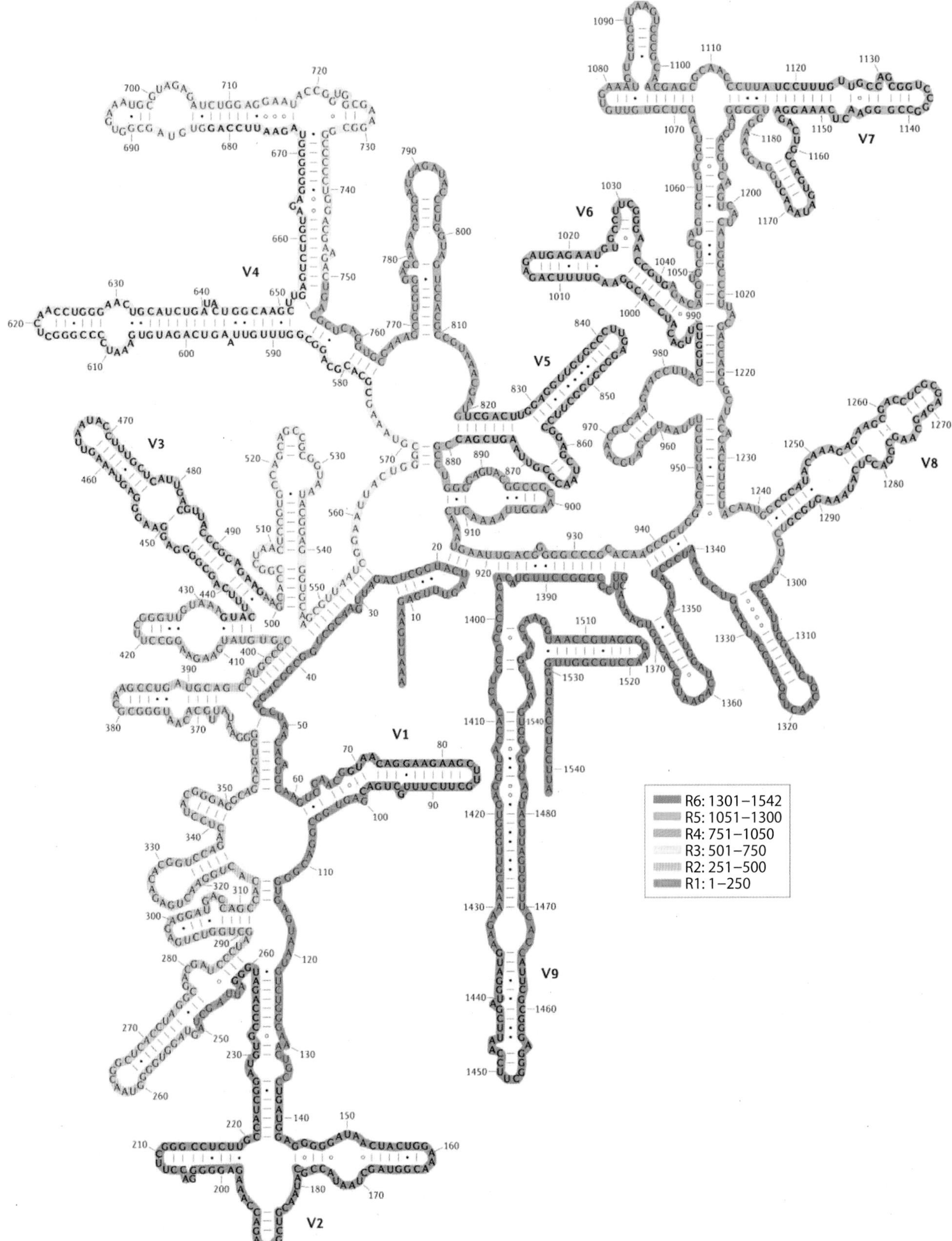

■ **Abb. 4.41** Sekundärstruktur der 16S-rRNA. Zur bioinformatischen Analyse der Sekundärstruktur wurde das Gesamtfragment (■ Abb. 4.40) in sechs Regionen (R1–R6) unterteilt. *Rot*: R1 enthält die variablen Bereiche V1 und V2; *orange*: R2 enthält den variablen Bereich V3; *gelb*: R3 enthält den variablen Bereich V4; *grün*: R4 enthält die variablen Bereiche V5 und V6; *blau*: R5 enthält die variablen Bereiche V7 und V8; *violett*: R6 enthält den variablen Bereich V9. (Nach Yarza et al. 2014, mit freundlicher Genehmigung)

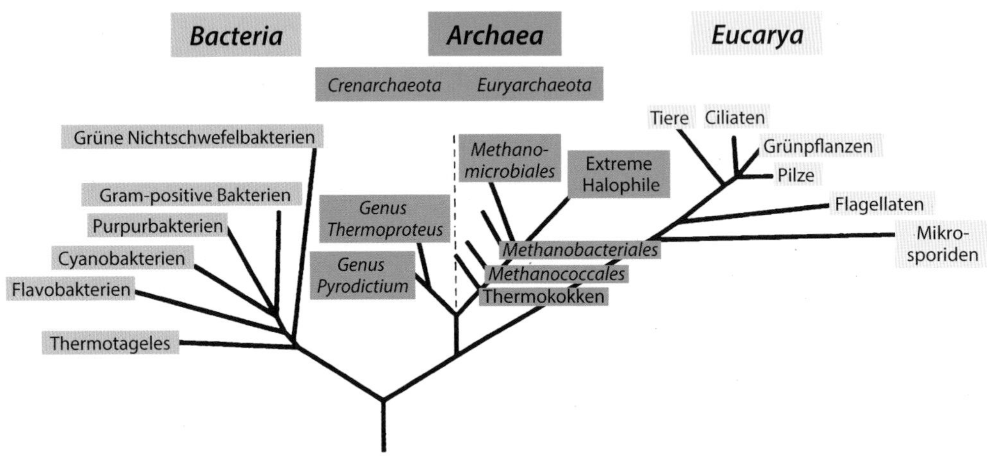

Abb. 4.42 Universaler phylogenetischer Stammbaum mit den drei Domänen der Bacteria, Archaea und Eucarya, basierend auf rRNA-Vergleichen. (Nach Woese et al. 1990)

Allerdings stellten Carl **Woese** und seine Mitarbeiter in den 1970er-Jahren fest, dass nicht alle Bakterien in ein Schema passten, sondern dass eine Gruppe herausfällt (Woese und Fox 1977). Dies führte zur Erweiterung des „Baumes des Lebens“: Bis dahin bestand er aus zwei Domänen, den Bakterien und den Eukaryoten. Carl Woese fügte diesem Baum noch eine dritte, selbstständige Domäne hinzu – die Archaeen, die bis dahin als „Ur-Bakterien“ den Bakterien zugeordnet waren (▶ Abschn. 4.1). Einen der ersten „neuen“ Stammbäume zeigt ◻ Abb. 4.42 (publiziert 1990). Die Ansicht der drei Domänen hat sich heute weitgehend durchgesetzt und stellte eine Abkehr von morphologischen Kriterien in der Taxonomie dar – und eine Hinwendung zu molekulargenetischen Kriterien. Wir werden diese Veränderung der Sichtweise bei der Klassifikation auch später noch an anderer Stelle beobachten, z. B. in der Humangenetik (▶ Abschn. 13.3) und auch in der Anthropologie (▶ Abschn. 15.1).

Auch die Gene, die für den zweiten (neben der rRNA) in der Bakterienzelle mengenmäßig vorherrschenden RNA-Typ, die **Transfer-RNA**, codieren, bilden Genfamilien. Aus dem genetischen Code lässt sich ableiten, dass es 64 verschiedene tRNA-Sorten geben sollte. Diesen müssen sich die insgesamt 20 Aminosäuren mit den verschiedenen Codons zuordnen. Einige tRNAs sind jedoch in der Lage, verschiedene Codons für die gleiche Aminosäure zu erkennen (▶ Abschn. 3.2.1, Wobble-Hypothese), sodass *E. coli* nur etwa 40 verschiedene tRNA-Gene besitzt, wobei je ein Gen für jede dieser tRNAs vorhanden ist.

In *E. coli* finden sich die tRNA-Gene in unterschiedlichen Kombinationen. So enthält eine Gruppe von tRNA-Genen die Sequenzen für $tRNA^{Leu}$, $tRNA^{Met}$ und $tRNA^{Gln}$ (◻ Abb. 4.43), während eine andere Gruppe neben $tRNA^{Ile}$, $tRNA^{Ala}$ und $tRNA^{Thr}$ (neben rDNA-Sequenzen) enthält. Die Gene der zuerst genannten Gruppe werden in eine gemeinsame **Vorläufer-tRNA** transkribiert. Im Allgemeinen wird der 5′-nicht-codierende Überhang (engl. *5′ external transcribed spacer*) durch Spaltung mit Ribonuklease P (RNase P) entfernt; die Reifung auf der 3′-Seite benötigt tRNase Z (bei Archaeen) oder RNase E (bei Eubakterien).

In den sieben anderen Gengruppen von *E. coli* liegen ribosomale RNA-Gene, 5S-rRNA-Gene und tRNA-Gene zusammen vor und werden in dieser Form als ein gemeinsames 30S-Transkript abgelesen. In Eukaryoten sind solche Genanordnungen nicht bekannt und auch unwahrscheinlich, da die verschiedenen RNA-Typen hier durch unterschiedliche RNA-Polymerasen transkribiert werden. In *E. coli* hingegen erfolgt die Transkription sowohl der rRNA als auch der tRNA und mRNA durch dieselbe RNA-Polymerase. Die 5′-Enden der tRNAs werden durch die RNase P hergestellt, während die rRNA-Moleküle durch die **Ribonuklease III** aus Transkriptbereichen herausgeschnitten werden, die durch intramolekulare Basenpaarungen doppelsträngig sind (◻ Abb. 4.39). Die RNase P ist ein Ribozym, das in Prokaryoten nur eine kleine Proteinuntereinheit enthält. Die RNA-Untereinheit besteht aus einer tRNA-spezifischen Domäne und einer katalytischen Domäne; Ribozyme haben wir bereits in ▶ Abschn. 3.5.4 kennengelernt.

In *E. coli* liegen manche tRNA-Gene isoliert vor, andere gemeinsam in Gruppen mit rRNA-Genen. Nach der Transkription durch die RNA-Polymerase müssen sie weiterbearbeitet werden; dabei spielt die RNase P eine wichtige Rolle.

Über ein halbes Jahrhundert waren tRNAs ausschließlich für die Übertragung der Information von der mRNA in Proteine bekannt. Heute verstärken sich allerdings die Hinweise darauf, dass tRNA-Transkripte auch zusätzliche Funktionen ausüben können. tRNA-Hälften, also halbierte tRNA-Moleküle, wurden zuerst

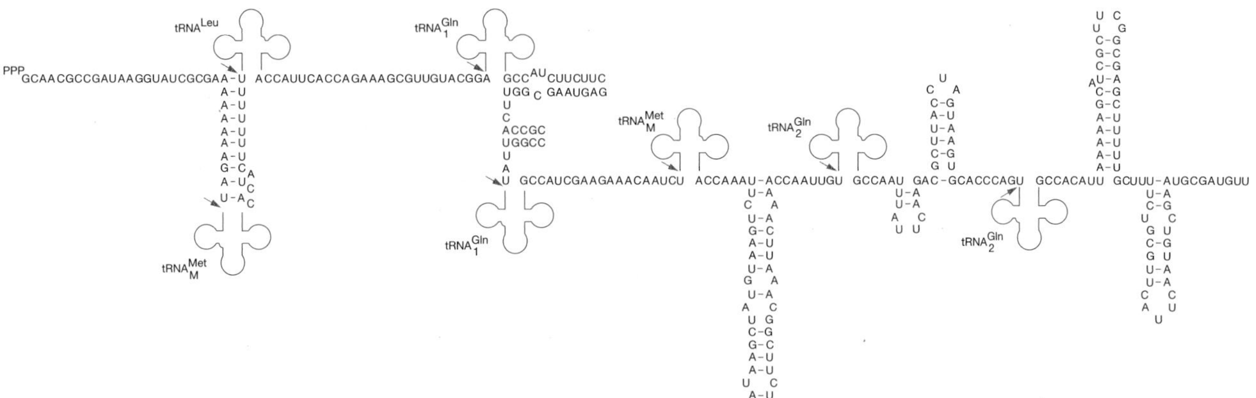

Abb. 4.43 Struktur einer Gruppe von tRNA-Genen im Genom von *E. coli.* Sieben tRNA-Gene liegen innerhalb dieser Region und werden in einem primären Transkript abgelesen. An den durch *Pfeile* gekennzeichneten Stellen wird das primäre Transkript durch die Ribonuklease P (RNase P) geschnitten. Die Sekundärstruktur der RNA ist hypothetisch. (Nach Nakajima et al. 1981, mit freundlicher Genehmigung)

in *E. coli* beschrieben (und später auch in Eukaryoten; Abb. 3.34). So spaltet z. B. die tRNA-Anticodon-Nuklease PrrC spezifisch $tRNA^{Lys}$ als Antwort auf eine Infektion durch Bakteriophagen. Andere tRNA-Hälften können durch Spaltungen mit Colicin D und Colicin E5 aus bestimmten tRNAs entstehen. Die Spezifität der tRNA-Spaltungen lässt vermuten, dass die Weiterverarbeitung zu tRNA-Hälften nicht zufällig erfolgt. Es wird vielmehr vermutet, dass diese tRNA-Fragmente bei der Abschaltung von Genen eine Rolle spielen können, ähnlich wie wir das später für andere kleine RNA-Moleküle noch kennenlernen werden (▶ Abschn. 8.2). Eine aktuelle Zusammenfassung dieser Thematik findet der interessierte Leser bei Lalaouna et al. (2015).

4.5.5 Kommunikation in Bakterien: *Quorum sensing*

Die Regulation der Genexpression kann bei Bakterien neben der spezifischen Induktion oder Repression sowie der globalen Kontrolle durch das Nährstoffangebot und Stress auch durch den Bakterientiter gesteuert werden. Bakterien können die Mindestanzahl anderer Bakterien erfassen (engl. *quorum sensing*) und damit darauf reagieren, wie dicht ihr Lebensraum besiedelt ist. Der Begriff des *Quorum sensing* wird zunehmend auch im Deutschen verwendet. Es handelt sich dabei um ein System der Zell-Zell-Kommunikation, mit dessen Hilfe Bakterien auf chemische, Hormon-ähnliche Moleküle antworten. Im einfachsten Fall initiiert die Anhäufung eines derartigen Moleküls über einen bestimmten Schwellenwert („*Quorum*“) eine Signalkaskade, die in eine populationsweite Veränderung der Genexpression mündet. Da die Konzentration des Signalmoleküls im Allgemeinen mit der Populationsdichte korreliert, stellt dieser Mechanismus für Bakterien eine Möglichkeit dar, auf veränderte Umweltbedingungen zu reagieren. Dabei wird die Substanz, die von den Bakterien ins Medium ausgeschieden wird, als Autoinduktor (engl. *autoinducer*) bezeichnet, da sie im einfachsten Fall auf die eigene Zelle zurückwirkt. Der Autoinduktor bindet dabei an einen Rezeptor auf oder in der Bakterienzelle und verändert oberhalb eines bestimmten Schwellenwertes die Genexpression.

Quorum-sensing-Systeme kommen sowohl in Gram-negativen als auch in Gram-positiven Bakterien vor; sie unterscheiden sich aber hinsichtlich der biochemischen Stoffklassen, die als Autoinduktoren verwendet werden. Gram-negative Bakterien verwenden acetylierte Homoserinlactone (AHL), Alkylchinolone, α-Hydroxyketone und frei diffundierbare Fettsäurederivate (Abb. 4.44). Viele acetylierte Homoserinlactone können frei die Membran passieren und dann im Cytoplasma von spezifischen Rezeptoren gebunden werden. Die Rezeptor-Ligand-Komplexe binden anschließend an die Promotoren ihrer Zielgene und aktivieren die entsprechenden Gene.

Gram-positive Bakterien verwenden dagegen Oligopeptid-Autoinduktoren, die in den meisten Fällen aus längeren Vorläuferpeptiden durch spezifische Proteasen herausgeschnitten werden. Oligopeptid-Autoinduktoren werden in der Regel von membranständigen Rezeptoren gebunden, und die Signaltransduktion erfolgt dann über eine Phosphorylierungskaskade.

❀ Das LuxR/I-System war das erste bekannte *Quorum-sensing*-System und wurde von Kenneth **Nealson** und Mitarbeitern 1970 bei dem Meeresbakterium *Vibrio fischeri* beschrieben. Das Luciferase-Operon wird dabei durch zwei Proteine reguliert, LuxI (das für die Produktion des AHL-Autoinduktors verantwortlich ist) und LuxR (das durch diesen Autoinduktor aktiviert wird und die Transkription des Luciferase-Operons erhöht), sodass Licht produziert wird (Abb. 4.45).

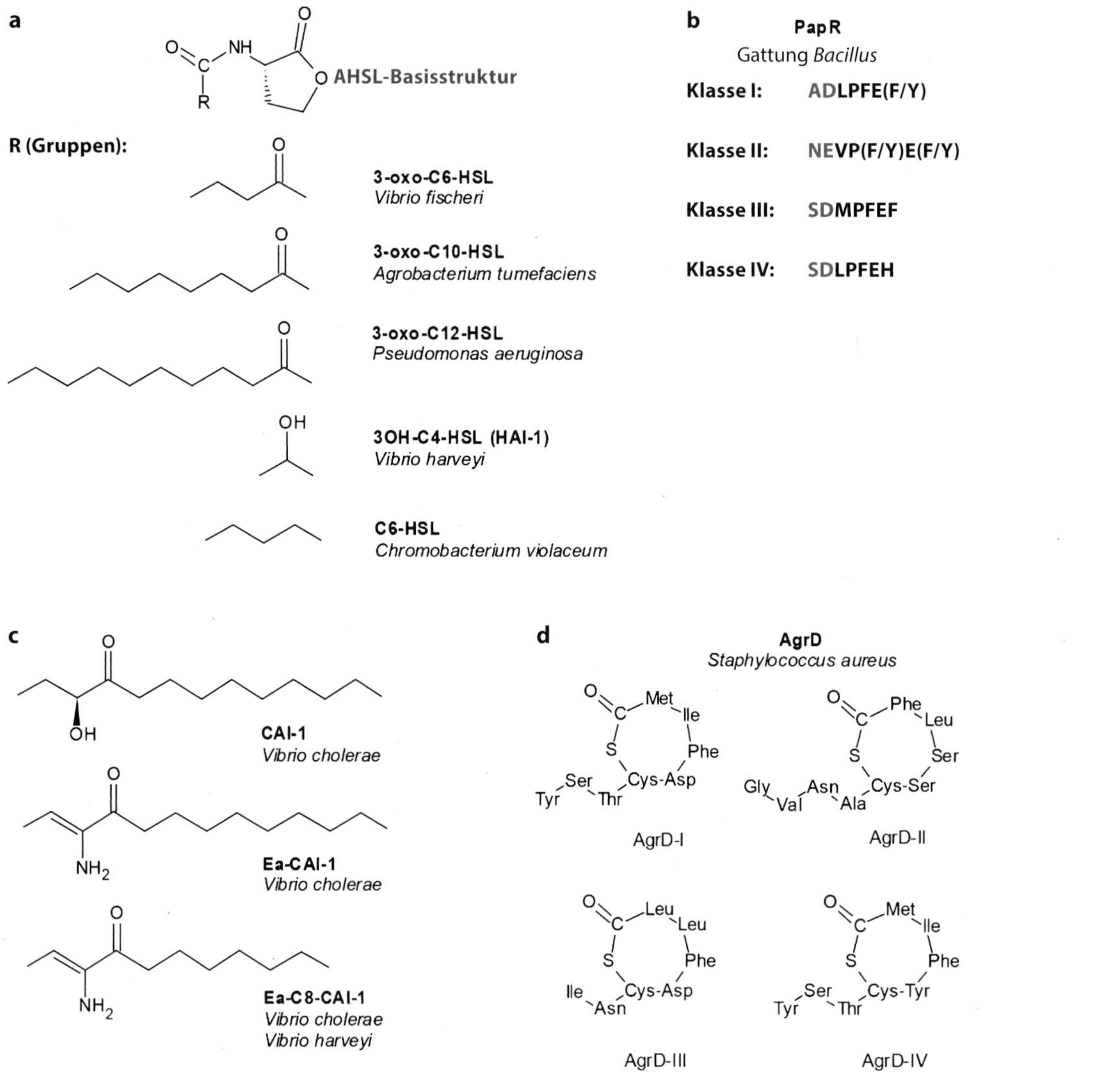

■ **Abb. 4.44** Signalmoleküle beim *Quorum sensing*. **a** Strukturformeln verschiedener Acyl-Homoserinlactone (AHSL). Die Basisstruktur von AHSL ist angegeben; verschiedene Spezies verwenden unterschiedliche Seitenketten (für R). HSL: Homoserinlacton; HAI-1: *harveyi*-Autoinduktor-1. **b** Peptid-Autoinduktoren bei der Gattung *Bacillus*. Die physiologisch wichtigen Heptapeptide sind angegeben; *blau* sind zusätzliche Aminosäuren. PapR: engl. *peptide activating phospholipase C regulator*. **c** Autoinduktoren von verschiedenen *Vibrio*-Spezies. CAI: Cholera-Autoinduktor. **d** Ringpeptide als Autoinduktoren bei *Staphylococcus aureus*. AgrD: *accessory gene regulator D*. (Nach Hawver et al. 2016, mit freundlicher Genehmigung)

Später wurden die LuxI-Proteine als AHL-Synthetasen charakterisiert; die LuxR-Proteine sind Transkriptionsfaktoren, die durch die Bindung von AHL stabilisiert werden (ohne AHL-Bindung werden sie schnell abgebaut).

Wir kennen heute verschiedene Systeme des *Quorum sensing* mit unterschiedlichem Komplexitätsgrad. Der einfachste Fall für Gram-positive Zellen ist in ■ Abb. 4.46a dargestellt: Der Autoinduktor wird in der Zelle synthetisiert, diffundiert über die Membran und wird durch entsprechende Rezeptoren wieder gebunden (wobei das sowohl die synthetisierende Zelle sein kann als auch eine andere Bakterienzelle). Wenn der Autoinduktor an die Rezeptoren gebunden hat, wird durch den aktivierten Rezeptor eine entsprechende Antwort der Bakterienzelle ausgelöst (■ Abb. 4.46b). In Gram-negativen Zellen werden kurze Peptide als Autoinduktoren verwendet; diese Peptide gehen aus Vorläuferproteinen hervor und werden über geeignete Transporter über die Zellmembran transportiert. Im extrazellulären Bereich können sie entweder (teilweise) abgebaut werden oder über verschiedene Systeme an ihre Rezeptoren binden (entweder über eine Permease wieder in die Zelle zurückkommen und an einen cytoplasmatischen Rezeptor oder direkt an einen Transmembranrezeptor binden; ■ Abb. 4.46c,d). In beiden Fällen entfaltet der Rezeptor eine spezifische Antwort in der Zelle.

Allerdings können *Quorum-sensing*-Systeme auch deutlich komplexer sein; eine „Eins-zu-eins“-Situation

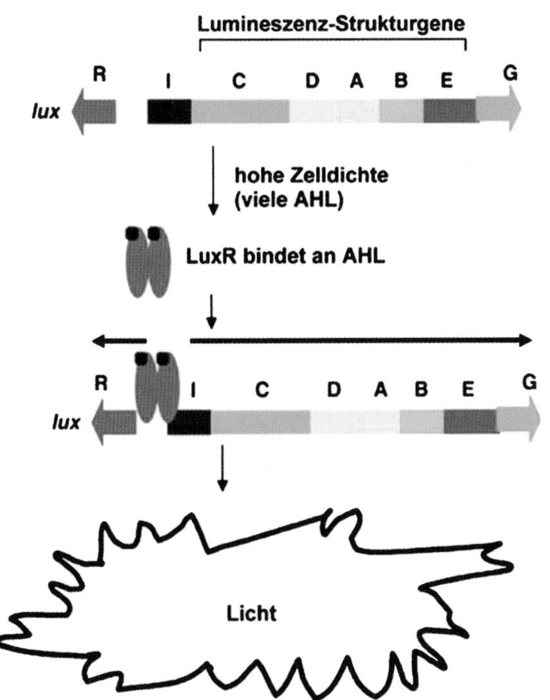

■ **Abb. 4.45** Modell der Biolumineszenz-Aktivierung bei *Vibrio fischeri*. Bei hoher Zelldichte (und dabei entsprechend hoher AHL-Konzentration) kann der Autoinduktor AHL an seinen Rezeptor binden. Der Rezeptor-Ligand-Komplex aktiviert daraufhin die Transkription des Rezeptor-Gens sowie das Luciferase-Operon. (Nach Reading und Sperandino 2006, mit freundlicher Genehmigung)

(ein Autoinduktor, ein Rezeptor, eine Antwort) entspricht der Situation in einer Laborkultur, aber sicherlich nicht der natürlichen Umwelt eines Bakteriums, in der Bakterien einer Vielzahl von Reizen ausgesetzt sind und so auch verschiedene Signalmoleküle anderer Bakterien interpretieren müssen. In ■ Abb. 4.47 sind verschiedene solche Verschaltungen in theoretischer und stark vereinfachter Form dargestellt.

> ❗ Bakterien verfügen über die Möglichkeit, Signalmoleküle abzugeben, und über geeignete Rezeptoren, solche Signalmoleküle aufzunehmen. Wir unterscheiden dabei vor allem zwei Molekülgruppen, acetylierte Homoserinlactone und modifizierte Oligopeptide. Durch die aktivierten Rezeptoren werden spezifische Stoffwechselwege beeinflusst. Dieser Mechanismus ist erst ab bestimmten Schwellenwerten aktiv; er wird deshalb auch als *Quorum sensing* bezeichnet.

Es gibt zunehmend Hinweise in der Literatur, dass die von Bakterien ausgeschütteten Signalmoleküle nicht nur zur Kommunikation unter Bakterien dienen, sondern auch in Eukaryoten wirksam sind (engl. *interkingdom signalling*). So wird darüber spekuliert, inwieweit diese bakteriellen Signalmoleküle bei Infektionsprozessen auch von Zellen des betroffenen Organismus aufgenommen werden und immunologische, hormonelle oder neuronale Antworten des Wirts beeinflussen können. Ein besonderes Beispiel ist das Epinephrin-Norepinephrin-System (AI-3), das zunächst beim enteropathogenen *E. coli*-Stamm EHEC gefunden und später auch in anderen Bakterien nachgewiesen wurde (■ Abb. 4.48).

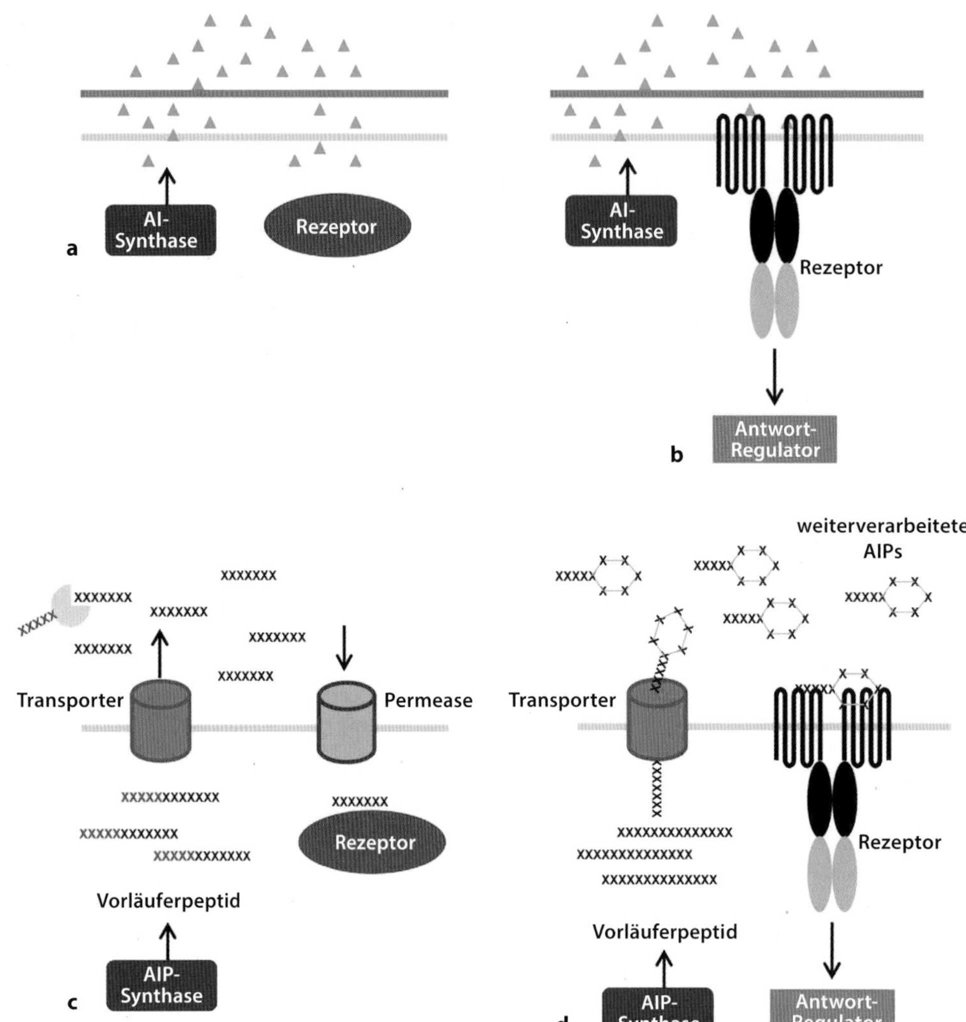

Abb. 4.46 Hauptschaltkreise beim bakteriellen *Quorum sensing*. **a** Ein-Komponenten-System bei Gram-negativen Bakterien. Autoinduktormoleküle (AI) werden durch die AI-Synthase produziert und in die extrazelluläre Umgebung abgegeben. Von dort können sie ins Cytoplasma zurückdiffundieren, wo sie von Rezeptoren erkannt werden; diese Rezeptoren wirken auch gleichzeitig als Regulatoren der Transkription. **b** Zwei-Komponenten-System bei Gram-negativen Bakterien. Autoinduktormoleküle (AI) werden durch die AI-Synthase produziert und in die extrazelluläre Umgebung abgegeben. Dort werden sie von Transmembranrezeptoren erkannt; die Bindung an derartige Rezeptoren führt zu einem Umschalten im Phosphorylierungsstatus und kontrolliert auf diese Weise die nachgeschaltete Antwort der Bakterienzelle. **c** Ein-Komponenten-System bei Gram-positiven Bakterien. Autoinduktorpeptide (AIP) werden durch die AIP-Synthase produziert und über einen Transporter in die extrazelluläre Umgebung abgegeben. Von dort können sie über eine Permease ins Cytoplasma zurückkommen, wo die modifizierten AIPs von Rezeptoren erkannt werden; diese Rezeptoren wirken auch gleichzeitig als Regulatoren der Transkription. **d** Zwei-Komponenten-System bei Gram-positiven Bakterien. Autoinduktorpeptide (AIP) werden durch die AIP-Synthase produziert und über einen Transporter in die extrazelluläre Umgebung abgegeben. Dort werden die AIPs modifiziert und können so von Transmembranrezeptoren erkannt werden; die Bindung an derartige Rezeptoren führt zu einem Umschalten im Phosphorylierungsstatus und kontrolliert auf diese Weise die nachgeschaltete Antwort der Bakterienzelle. (Nach Hawver et al. 2016, mit freundlicher Genehmigung)

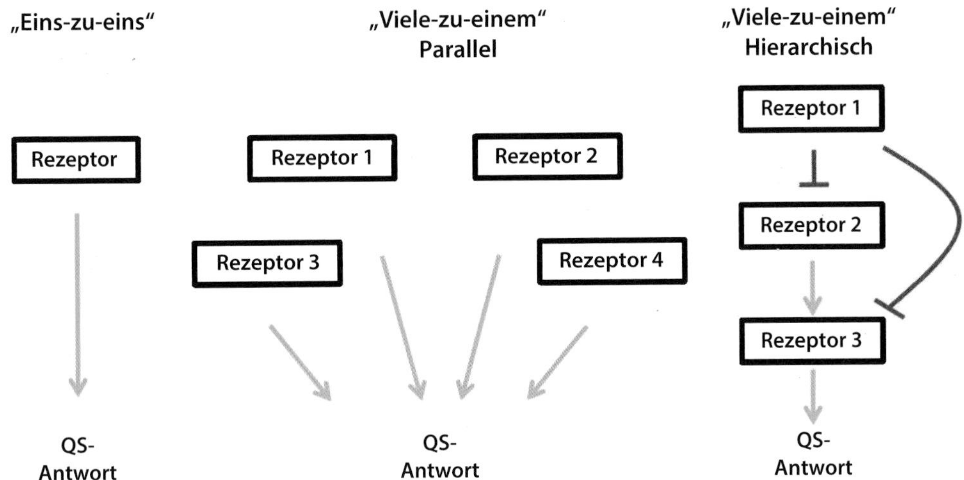

Abb. 4.47 Verschiedene Konfigurationsmöglichkeiten eines *Quorum-sensing*(QS)-Netzes. In einem „Eins-zu-eins"-System kontrolliert ein einziger Rezeptor die ganze Antwort des *Quorum-sensing*-Systems. In einem System mit mehreren Autoinduktoren und den entsprechenden Rezeptoren kontrollieren diese parallelen Signale insgesamt die Antwort des *Quorum-sensing*-Systems („Viele-zu-einem", parallel). In einem hierarchischen System bilden mehrere Rezeptoren eine Signalkette, wobei der oberhalb liegende Rezeptor die unterhalb liegenden kontrolliert („Viele-zu-einem", hierarchisch). *Pfeile* und *T-Striche* deuten hypothetische aktivierende bzw. hemmende Muster an. (Nach Hawver et al. 2016, mit freundlicher Genehmigung)

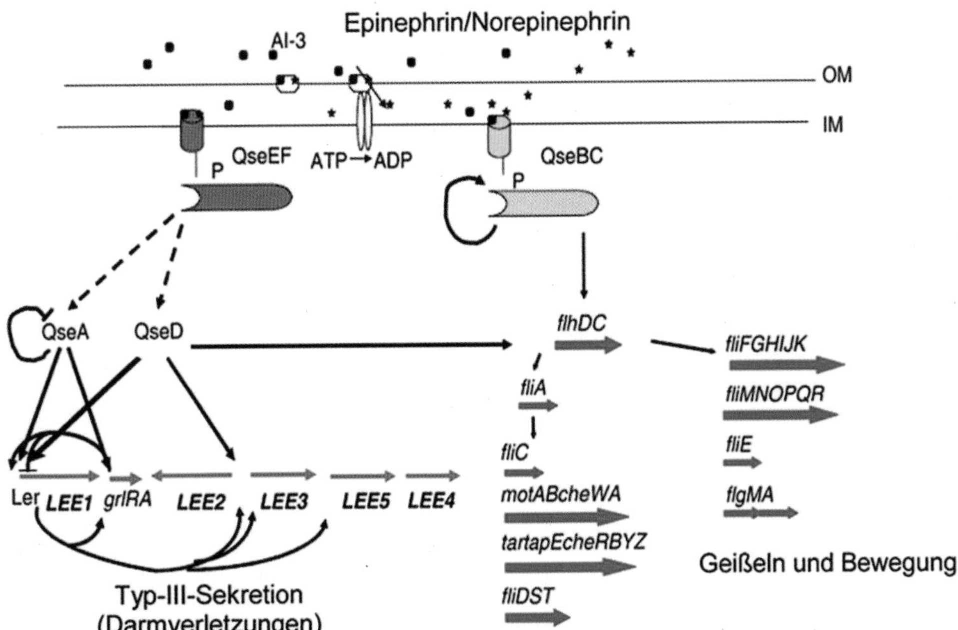

Abb. 4.48 *Quorum sensing* im enterohämorrhagischen *E. coli* (EHEC). AI-3 und Epinephrin/Norepinephrin werden durch denselben Rezeptor in der äußeren Membran der Bakterien erkannt. Diese Signale werden in den periplasmatischen Raum transportiert, wo sie mit zwei wichtigen sensorischen Kinasen in Wechselwirkung treten (QseC; QseE). QseC überträgt das Signal an das Regulon der Flagellen (durch Phosphorylierung des QseB-Regulators, der an den Promotor des *flhDC*-Gens bindet und dadurch die Expression des Flagellen-Regulons aktiviert). Dagegen führt die Signalübertragung durch QseE über eine komplexe Signalkette zur Transkriptionsaktivierung von LEE (engl. *locus of enterocyte effacement*). OM: äußere Membran, IM: innere Membran. (Nach Reading und Sperandino 2006, mit freundlicher Genehmigung)

Epinephrin und Norepinephrin kommen auch in den Nervenzellen des Gastrointestinaltrakts vor und beeinflussen über entsprechende Rezeptorsysteme die Muskelkontraktion, die Blutströmung sowie die Chlorid- und Kaliumsekretion im Darm. Die weitere Aufklärung dieser komplexen Wechselwirkung eines Bakteriums mit seinem Wirt wird sicherlich auch neue therapeutische Möglichkeiten eröffnen.

4.6 Kernaussagen, Links, Übungsfragen, Technikboxen

Kernaussagen

- Prokaryoten besitzen nur ein Chromosom; Prokaryotenchromosomen enthalten spezifische chromosomale Proteine, jedoch keine Histone.
- Neben den Chromosomen können prokaryotische Zellen extrachromosomale Elemente enthalten (Plasmide oder Episomen); Plasmide können durch Konjugation oder horizontalen Gentransfer zwischen Bakterien ausgetauscht werden. Plasmid-DNA kann auch in das bakterielle Genom integriert werden.
- Manche Plasmide enthalten Resistenzgene gegen Antibiotika.
- Bakteriophagen (kurz Phagen) sind Bakterienviren, deren Genom aus Einzel- oder Doppelstrang-RNA oder aus Einzel- oder Doppelstrang-DNA bestehen können. Das Phagengenom kann zwischen den Vermehrungsphasen in das bakterielle Genom integriert werden. Die Übertragung von Genen durch Phagen in ein Bakterium wird als Transduktion bezeichnet.
- Die Aufklärung der Regulationsmechanismen des Bakteriophagen λ hat Einblicke in die Mechanismen der DNA-Protein-Interaktionen gewährt. Die DNA-Bindung erfolgt über α-Helixbereiche von Helix-Loop-Helix-Proteinen (HLH-Proteinen) durch die Erkennung spezifischer kurzer Nukleotidsequenzen in der großen Furche der DNA.
- Bei Prokaryoten können sich Gene überlappen.
- Bakterien können auch freie DNA aus der Umgebung aufnehmen (Transformation).
- Bei der Rekombination wird durch Bruch und Wiederverheilung der DNA ein Austausch mit einem zweiten DNA-Molekül möglich, das durch Konjugation, Transduktion oder Transformation in die Zelle gekommen ist.
- Die ersten Genregulationsmodelle wurden an Bakterien erarbeitet; es gibt negative (Repression) und positive (Induktion) Kontrollmechanismen.
- Nach dem Operonmodell besteht ein Gen aus *cis*-wirksamen Promotor- und Operatorbereichen am 5′-Ende einer Gruppe von Genen. Diese werden über *trans*-wirksame Induktoren und Repressoren reguliert.
- Der Regulation eines Genkomplexes nach dem Operonmodell können andere Regulationsmechanismen übergeordnet sein.
- Durch Sequenzanalysen der 16S-rRNA-Gene wurden Archaeen als eigenständige Domäne im „Baum des Lebens" definiert.
- Bakterienzellen senden Signalmoleküle aus, die über entsprechende Rezeptoren aufgenommen werden. So können Bakterien Informationen aus ihrer Umgebung aufnehmen und ihre Stoffwechselwege entsprechend anpassen.

Links zu Videos

Bakterielle Konjugation (F-Plasmid):
(▸ sn.pub/lMPTTC)
Ti-Plasmid:
(▸ sn.pub/Zoutgc)
Evolution von Antibiotikaresistenzen:
(▸ sn.pub/Iv09tf)
Bakteriophage λ:
(▸ sn.pub/L1ixd0)
Bakteriophage T4:
(▸ sn.pub/byJU1X)
Bakteriophagen als Arzneimittel:
(▸ sn.pub/qQOy2t)
Das *lac*-Operon:
(▸ sn.pub/OJtJmV)

Übungsfragen

1. Erläutern Sie die wichtigsten Unterschiede zwischen Pro- und Eukaryoten.
2. Beschreiben Sie den Fluktuationstest und diskutieren Sie seine Bedeutung im Hinblick auf Lamarcks These von der „Vererbung erworbener Eigenschaften".
3. Was sind Plasmide, und worin besteht ihre wichtigste Funktion?
4. Worin liegt die biologische Bedeutung von Restriktionsenzymen, und welche Bedeutung haben sie in der Gentechnologie/Molekularbiologie heute?
5. Beschreiben Sie die Bedeutung der Cre-Rekombinase für Bakteriophagen und ihre Anwendung in der Maus-Genetik (lesen Sie dazu auch die Technikbox 27).
6. Beschreiben Sie die wichtigsten Schritte der Rekombination bei Bakterien mithilfe des Meselson-Radding-Modells und der Holliday-Struktur.
7. Was ist ein Operon?
8. Was verstehen wir unter *Quorum sensing*?

Technikbox 11

Klonierung von DNA

Anwendung: Analyse bestimmter DNA-Segmente; genetische Manipulation.

Voraussetzungen · Materialien: Als Vektoren werden zur Klonierung entweder bakterielle Plasmide, Bakteriophagen (vorwiegend λ, M13, aber auch P1), Cosmide (künstliche λ-Derivate), künstliche Bakterienchromosomen (engl. *bacterial artificial chromosome*, BAC) oder künstliche Hefechromosomen (engl. *yeast artificial chromosome*, YAC) verwendet. Jeder Vektor nimmt DNA-Fragmente eines bestimmten, begrenzten Größenbereichs auf (Plasmide bis zu etwa 12 kb, λ-Phagen etwa zwischen 12 und 23 kb, Cosmide um 30 kb, P1-Phagen um 90 kb sowie BACs und YACs mehrere Hundert kb).

Die heute verwendeten Vektoren sind gegenüber ihren Ursprungsformen durchweg stark verändert, da man sie den Bedürfnissen der Gentechnologie angepasst hat. Jeder Vektor zeichnet sich durch eine Reihe spezifischer Eigenschaften aus, sodass man die Wahl des Vektors von der Anwendung der Klonierung abhängig macht. Klonierungsvektoren sind stets mit einer Reihe von besonderen DNA-Sequenzelementen ausgestattet, die die molekularbiologische Arbeit beträchtlich vereinfachen. Sie besitzen beispielsweise Polylinkerregionen (engl. *multiple cloning sites*, MCS) mit verschiedenen Restriktionsschnittstellen, die das Einfügen fremder DNA-Fragmente (DNA-Inserts) erleichtern. Primerbindungsregionen (engl. *primer binding sites*) erleichtern die direkte Sequenzanalyse von klonierten DNA-Fragmenten, da man zur Initiation der Polymerasereaktion in der Sanger-Methode (Technikbox 6) einheitliche Primer verwenden kann. Außerdem verfügen die Vektoren oft über Promotorregionen, die eine Initiation einer RNA-Synthese an definierten Promotorregionen mit spezifischen RNA-Polymerasen gestatten. Beispielsweise werden viele Vektoren mit T3- und T7-Promotorsequenzen versehen, die sich an den entgegengesetzten Enden des Polylinkers befinden. Auf diese Weise ist es möglich, gezielt Transkripte des einen oder des anderen DNA-Strangs des eingefügten DNA-Fragments herzustellen (Technikbox 9).

Zur Vereinfachung der experimentellen Handhabung können sich außerhalb der Polylinkerregion besondere Restriktionsenzymschnittstellen befinden, mit deren Hilfe die gesamte Polylinkerregion einschließlich Insert-DNA für weitere Manipulationen herausgeschnitten werden kann. Man spricht dann von einer „Cartridge-Struktur" der Polylinkerregion. Eines der wichtigsten Kriterien für die Brauchbarkeit von Klonierungsvektoren ist ihre Eignung zur Unterscheidung zwischen Vektoren mit und ohne fremde DNA-Inserts. Ein Weg hierzu ist die Verwendung von Antibiotikaresistenzgenen. Eine einfachere Methode besteht heute im Gebrauch des *lacZ*-Gens von *Escherichia coli* (▪ Abb. 4.32). Dieses Gen ist so mit einer Polylinkerregion kombiniert, dass nach Induktion des *lacZ*-Gens eine Unterscheidung zwischen Vektormolekülen mit Inserts fremder DNA und solchen ohne Inserts stattfinden kann: Ist die Polylinkerregion intakt, d. h. ist keine DNA-Insertion erfolgt, so kann das *lacZ*-Gen nach Induktion voll exprimiert werden und produziert eine funktionelle β-Galactosidase, die durch Substratreaktionen nachgewiesen werden kann und zur Blaufärbung der Bakterienkolonie führt. Ist hingegen ein DNA-Fragment in die Polylinkerregion eingefügt worden, so ist das *lacZ*-Gen unterbrochen und nicht mehr imstande, ein funktionelles Enzym zu erzeugen. Die betreffenden Bakterienkolonien bleiben daher ungefärbt. Somit ist eine Unterscheidung zwischen Bakterienkolonien mit klonierten DNA-Sequenzen und Kolonien ohne DNA-Inserts sehr einfach möglich (Blau-Weiß-Selektion; ▪ Abb. 4.49).

Methode: Beliebige DNA-Sequenzen, z. B. Genom-DNA eines beliebigen Organismus, werden mithilfe biochemischer Techniken in einen der zuvor beschriebenen Klonierungsvektoren eingefügt. Das erfolgt z. B. an den Restriktionsschnittstellen einer Polylinkerregion. Behandelt man den Vektor mit dem gleichen Restriktionsenzym wie die genomische DNA, so besitzen die einzelnen Moleküle beider DNAs die gleichen offenen Restriktionsschnittstellen an ihren Enden. Hierdurch ist eine Verbindung eines Vektormoleküls mit einem Molekül genomischer DNA durch Basenpaarung an der Restriktionsschnittstelle möglich, sofern diese überhängende Einzelstrang-Enden besitzt. Mittels einer DNA-Ligase können dann die aneinandergesetzten DNA-Moleküle in ein kovalent verbundenes Molekül umgewandelt werden. Bestehen keine überhängenden Restriktionsschnittstellen, so kann die Ligase auch solche Enden aneinanderfügen, wenn auch mit geringerer Effizienz. Die ligierten Vektor-Genom-DNA-Moleküle werden dann in geeignete Gastzellen, meist von *Escherichia coli*, transformiert. In diesen werden sie wie gewöhnliche Plasmide repliziert und bilden somit einen festen Bestandteil der Gastzellen. Da jede Gastzelle nur ein DNA-Molekül aufnimmt, kann man nach der Transformation die Zellen auf Agarplatten aussäen. Nach deren Wachstum erhält man durch die Isolierung einzelner Bakterienkolonien homogene Zellpopulationen, die nur einen DNA-Inserttyp besitzen (▪ Abb. 4.50). Die Charakterisierung des Inserts erfolgt durch PCR (Technikbox 4) über die vorhandenen Primerbindungsstellen oder über Koloniehybridisierung (modifizierter Southern-Blot; Technikbox 13) mit einer spezifischen, markierten Sonde.

Die Gesamtheit aller Bakterienzellen bezeichnet man als Klonbank oder Klonbibliothek. Werden genügend Zellen transformiert, so repräsentiert die erhaltene Klonbibliothek das gesamte Genom eines Organismus, d. h. man kann unter günstigen Umständen alle DNA-Sequenzen eines Genoms in der Bibliothek wiederfinden. Die Iso-

4

Technikbox 11 (*Fortsetzung*)

lierung einzelner Zellen gestattet deren Vermehrung und dadurch die Vermehrung einer einzelnen, im Plasmid enthaltenen DNA-Sequenz.

Beachte: Die Klonierung ist die Herstellung eines gentechnisch veränderten Organismus (GVO) und unterliegt damit den Bestimmungen des **Gentechnik-Gesetzes** (GenTG). In Abhängigkeit der klonierten DNA, des verwendeten Vektors und des Wirtsorganismus müssen verschiedene Sicherheitsstufen beachtet werden (S1–S4: ohne bis hohes Risiko für Mensch und Umwelt). Gentechnische Arbeiten dürfen nur in angemeldeten bzw. genehmigten Anlagen durchgeführt werden; über die Klonierungen sind standardisierte Aufzeichnungen anzufertigen.

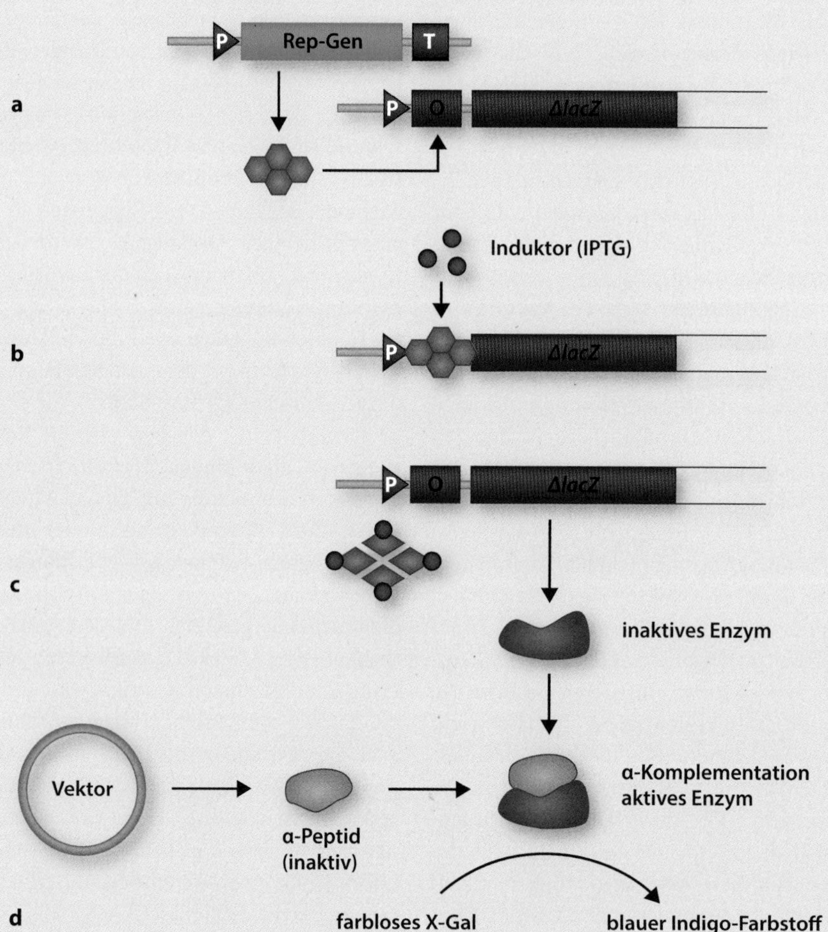

Abb. 4.49 Prinzip der Blau-Weiß-Selektion. **a** In den verwendeten *E. coli*-Zellen befindet sich ein mutiertes *lacZ*-Gen, das eine Deletion im 5′-Bereich seines offenen Leserahmens (ORF) trägt. Das Repressormolekül blockiert im Grundzustand die Expression des *lac*-Operons (▶ Abschn. 4.5.1). **b** Der im Medium enthaltene synthetische Induktor IPTG (Isopropyl-β-thiogalactopyranosid) bindet an den Repressor, der dadurch seine Konformation ändert und sich vom Operator löst. **c** Der Operator ist frei und das ΔLacZ-Protein wird gebildet, das aber wegen seiner N-terminalen Deletion inaktiv ist. **d** Der Vektor trägt das α-Peptid, das mit ΔLacZ einen enzymatisch aktiven Komplex bilden kann (α-Komplementation). Dieser Komplex wandelt das im Medium enthaltene, farblose X-Gal in einen blauen Indigo-Farbstoff um. O: Operator, P: Promotor, T: Terminator. (Nach Kempken 2020, mit freundlicher Genehmigung)

Technikbox 11 (*Fortsetzung*)

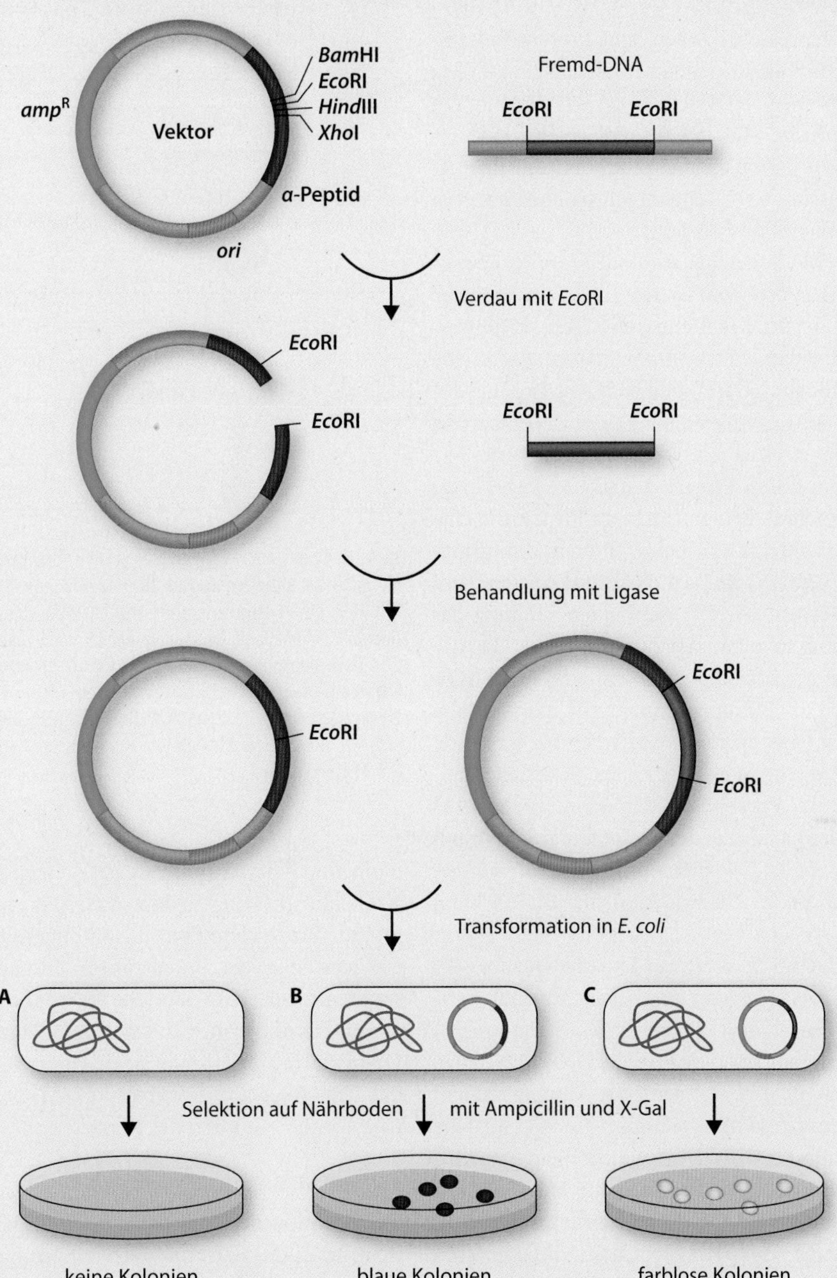

◘ Abb. 4.50 Klonierung in einem *E. coli*-Plasmid. Die Plasmide werden durch Restriktionsenzyme (hier: *Eco*RI) geöffnet. Durch Ligation mit dem entsprechenden Fragment der zu untersuchenden DNA wird diese in den Vektor eingefügt. Nach anschließender Transformation in kompetente *E. coli*-Zellen kann eine Selektion auf die gesuchten DNA-Sequenzen erfolgen. Der Vektor enthält ein Resistenzgen gegen Ampicillin (*amp*^{R}), das *lac*Z-Gen zur Selektion auf die Anwesenheit eines Inserts und einen Klonierungsbereich mit verschiedenen Schnittstellen für Restriktionsenzyme (engl. *multiple cloning site*). In der Regel wird dieser Klonierungsbereich von Startsequenzen für RNA-Polymerasen (z. B. T7- und T3-RNA-Polymerasen) flankiert, die für die Herstellung von *sense*- und *antisense*-Transkripten (Technikbox 9), aber auch als Startstellen für die PCR (Technikbox 4) und DNA-Sequenzierung (Technikbox 6) verwendet werden können. (Nach Kempken 2020, mit freundlicher Genehmigung)

4

Technikbox 12

Two-Hybrid-**Systeme**

Für molekulare Prozesse in Zellen sind Protein-Protein-Interaktionen von außerordentlicher Bedeutung. Viele zelluläre Mechanismen verlaufen unter der Beteiligung von Proteinkomplexen. Auf der Grundlage der Proteinstruktur kann man jedoch kaum Aufschluss darüber erhalten, ob ein Protein – und eventuell mit welchen anderen Proteinen – eine Interaktion eingeht.

Eine wichtige Methode zum Auffinden von Proteininteraktionen ist das *Two-Hybrid*-System. Das Prinzip dieser Methode basiert auf der Erkenntnis, dass Transkriptionsfaktoren oft zwei wichtige Proteindomänen besitzen: eine DNA-Bindungsdomäne (DBD) und eine Aktivierungsdomäne (AD). Die Aktivierungsdomäne ist zur Aktivierung der Transkription erforderlich. In der Praxis fusioniert man eine DBD mit einem Protein A und eine zugehörige AD mit einem Protein B. Bringt man beide Proteine in eine Zelle, so kann bei Interaktion beider Proteine aufgrund der Anwesenheit beider Domänen die Transkription eines Gens induziert werden, wenn es die für die Bindung der DBD erforderliche Regulationssequenz besitzt. In der Praxis kombiniert man für diesen Zweck eine DNA-Bindungssequenz, die als Bindungssequenz für die gewählte DBD geeignet ist, mit einem Reportergen (z. B. *lacZ*). Dieses Reportergen erlaubt es, dass Zellen, in denen miteinander interagierende Proteine mit den erforderlichen AD und DBD enthalten sind, an der Ausprägung des durch das Reportergen erzeugten Phänotyps erkannt werden können. Im Falle von *lacZ* würde man eine Blaufärbung der Zellen sehen.

Man verwendet für *Two-Hybrid*-Experimente im Allgemeinen Hefe (*Saccharomyces cerevisiae*), obwohl mittlerweile auch Säugerzelllinien erfolgreich verwendet worden sind. Als DBD kann man beispielsweise die DNA-Bindungsdomäne des LexA-Repressorproteins (► Abschn. 10.6.6) oder die des Hefeproteins GAL4 einsetzen. Als AD wird die Aktivierungsdomäne von GAL4 oder auch die des viralen VP16-Proteins verwendet. Als Reportergene sind Gene der Aminosäure-Synthesewege von Hefe besonders nützlich, da sie auf geeigneten selektiven Medien ein differenzielles Wachstum derjenigen Hefezellen ermöglichen, die interagierende Proteine enthalten. So wird beispielsweise das *LEU2*-Gen oder das *HIS3*-Gen als Reportergen verwendet. Diese Gene gestatten in Leucin- bzw. Histidin-freiem Medium das Wachstum von *LEU2*$^-$- bzw. *HIS3*$^-$-Mutanten, wenn sie durch Proteininteraktionen von Fusionsproteinen mit Aktivierungs- und DNA-Bindungsdomänen induziert werden.

Die Verwendung von zwei Reportergenen gestattet eine bessere Identifikation von Zellen, in denen DBD- und AD-Fusionsproteine Interaktionen eingehen. Zunächst wird z. B. auf Histidin-freiem Medium auf HIS3-Funktion von *HIS3*-Mutanten getestet. Positive Zellen können dann durch Induktion des *lacZ*-Gens auf Medium mit X-Gal auf β-Galactosidase-Aktivität geprüft werden.

Im *Two-Hybrid*-Screen kombiniert man das Protein, zu dem man ein unbekanntes interagierendes Protein sucht, mit der DBD oder der AD und die Insert-DNA einer cDNA-Bibliothek mit der komplementären Domäne. Dann co-transfiziert man beide Komponenten gemeinsam mit dem Reportergenkonstrukt in Hefezellen und selektiert auf die Funktion des Reportergens (◘ Abb. 4.51).

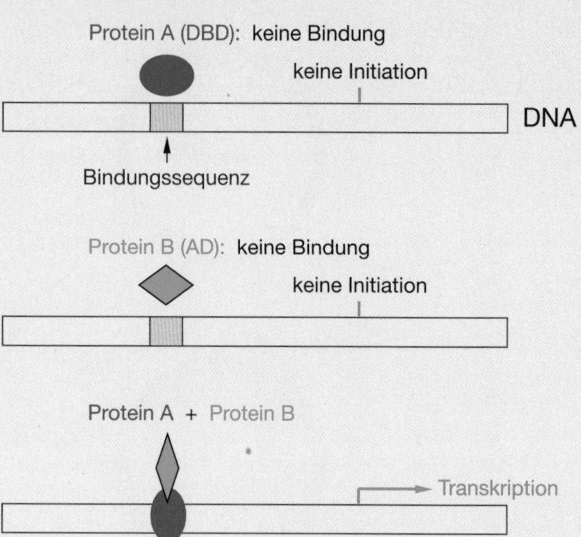

◘ **Abb. 4.51** Im *Two-Hybrid*-Screen kombiniert man das Protein, zu dem man ein unbekanntes interagierendes Protein sucht, mit der DNA-Bindungsdomäne (DBD) oder der Aktivierungsdomäne (AD) und die Insert-DNA einer cDNA-Bibliothek mit der komplementären Domäne. Dann co-transfiziert man beide Komponenten gemeinsam mit dem Reportergenkonstrukt in Hefezellen und selektiert auf die Funktion des Reportergens. Für sich alleine haben die beiden Komponenten keinen Einfluss auf die Transkription

Spezialfall: GAL4/UAS-System

Die funktionelle Untersuchung von Genen rückt in das Zentrum molekularbiologischer Forschung. Hierzu ist es insbesondere erforderlich, Gene nach Bedarf zu unterschiedlichen Zeitpunkten in der Entwicklung und in unterschiedlichen Zelltypen exprimieren zu können. Voraussetzung für solche Versuche ist es, geeignete Genkonstrukte, insbesondere solche mit speziellen Regulationsregionen, in das Genom des untersuchten Organismus einzubringen. Bei *Drosophila* schafft das P-Element-Transformationssystem diese Voraussetzung. Zur gezielten Regulation hat sich das GAL4/UAS-System (engl. *upstream [transcription] activating sequence*) bewährt.

Zur Durchführung eines GAL4/UAS-Experiments werden zwei genetische Komponenten benötigt: Ein Stamm mit dem *Gal4*-Gen der Hefe, das unter der Kon-

Technikbox 12 (*Fortsetzung*)

trolle gewünschter Regulationselemente steht, die eine zellspezifische Expression des Gens gestatten. Die zweite Komponente ist eine Transformante mit dem untersuchten Gen, das unter der Transkriptionskontrolle einer UAS-Region steht. Der GAL4-Transkriptionsfaktor kann an die UAS-Region binden und dadurch das dahinter geschaltete Gen aktivieren (◘ Abb. 4.52). Es gibt bereits eine Sammlung solcher *Drosophila*-Stämme, die aus den Stockzentren abgerufen werden können, sodass es oft nicht notwendig ist, diese Konstrukte selbst herzustellen.

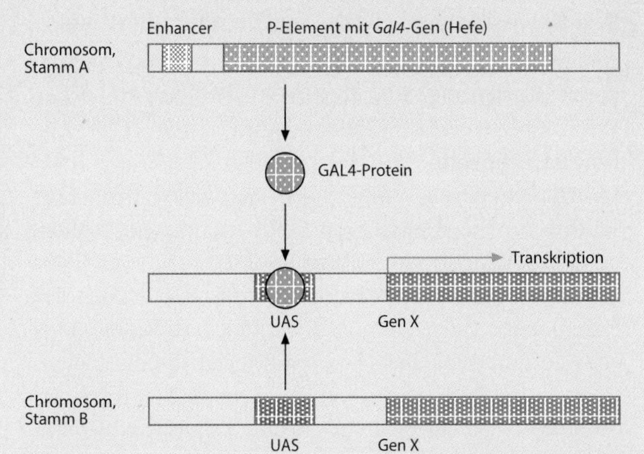

◘ **Abb. 4.52** Zur Durchführung eines GAL4/UAS-Experiments werden zwei genetische Komponenten benötigt: ein Stamm mit dem *Gal4*-Gen der Hefe, das unter der Kontrolle gewünschter Regulationselemente steht, die eine zellspezifische Expression des Gens gestatten. Die zweite Komponente ist eine Transformante mit dem untersuchten Gen, das unter der Transkriptionskontrolle einer UAS-Region steht (engl. *upstream [transcription] activating sequence*). Der GAL4-Transkriptionsfaktor kann an die UAS-Region binden und dadurch das dahinter geschaltete unbekannte Gen X aktivieren

Technikbox 13

Restriktionsanalyse von DNA und Southern-Blotting

Anwendung: Charakterisierung von DNA-Sequenzen durch Kartierung von Restriktionsenzymschnittstellen; Ermittlung von Sequenzhomologien durch Hybridisierungsexperimente.

Restriktionsenzyme: Einer der entscheidenden Fortschritte für die Analyse von DNA war die Entdeckung der Restriktionsenzyme. Restriktionsenzyme sind Endonukleasen, die die DNA sequenzspezifisch schneiden. Die Erkennungssequenzen sind für verschiedene Restriktionsenzyme unterschiedlich lang und liegen für die meisten Enzyme im Bereich von vier bis acht Nukleotiden. Bei 50 % G+C-Gehalt einer DNA und zufallsgemäßer Nukleotidverteilung ist der erwartete mittlere Abstand der Erkennungssequenzen in einem DNA-Molekül durch die Länge der Erkennungssequenz (L in Nukleotiden) bestimmt und kann nach der Formel $A = 4^L$ errechnet werden, da für jede Nukleotidposition vier Basen möglich sind. Die Erkennungssequenzen sind in sehr vielen Fällen symmetrisch und daher in der Lage, ein Palindrom zu formen. Die Schnittstelle in Bezug auf die Erkennungssequenz ist jedoch unterschiedlich. So kann sie genau in der Mitte liegen (◘ Abb. 4.53a, *Hae*III). In diesem Fall erhält man eine glatte Schnittstelle (engl. *blunt end*). Wenn sie nicht in der Mitte liegt, erfolgt der Schnitt meist symmetrisch in Bezug auf die Mitte. Als Ergebnis erhält man an der Schnittstelle einen 5′- oder 3′-Einzelstrangüberhang (*staggered ends* oder *protruding ends*; ◘ Abb. 4.53b, c, *Pst*I und *Bam*HI). Solche Einzelstrang-Enden sind für die Gentechnologie sehr nützlich, da sie leicht mit einem komplementären Einzelstrang-Ende assoziieren und somit einen neuen Doppelstrang bilden können. Die dann noch vorhandenen Einzelstrangbrüche können mit einer DNA-Ligase entfernt werden, die eine kovalente Bindung in den DNA-Einzelsträngen herstellt, sofern das jeweilige 5′-Ende ein Phosphat und das 3′-Ende eine OH-Gruppe zur Bildung der Phosphodiesterbindung (◘ Abb. 4.53d) enthält. Man bezeichnet daher solche Einzelstrang-Enden auch als *sticky ends* oder *cohesive ends*. Durch Dephosphorylierung der 5′-Enden lässt sich daher die Bildung von intra- oder intermolekularen kovalenten Ligationsprodukten verhindern. Das ist für eine effektive Klonierung von DNA-Restriktionsfragmenten sehr wichtig.

Unterschiedliche Restriktionsenzyme, die die gleiche Erkennungssequenz haben, bezeichnet man als Isoschizomere. So erkennen z. B. *Mbo*I und *Sau3*A das gleiche Tetranukleotid (GATC), an dessen Enden die Schnitte erfolgen. Diese Sequenz entspricht einem Teil der Erkennungssequenz von *Bam*HI (◘ Abb. 4.53c), obgleich *Bam*HI ein Hexanukleotid erkennt. Das ermöglicht es, *Mbo*I- oder *Sau3*A-geschnittene DNA-Fragmente in *Bam*HI-geschnittene Vektoren einzuligieren (nicht aber umgekehrt!).

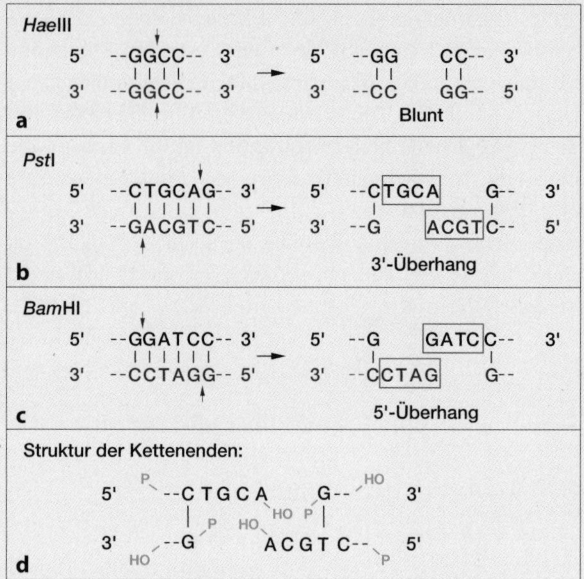

◘ **Abb. 4.53** **a–c** Verschiedene Restriktionsenzyme mit ihrer Sequenzspezifität und den resultierenden Einzelstrang-Enden in der DNA. **d** Struktur der 3′- und 5′-Enden der Einzelstränge

Die Verwendung von Restriktionsenzymen gestattet die Herstellung von Restriktionskarten der DNA. Solche Restriktionskarten sind für Klonierungsexperimente wichtig, da sie wichtige Anhaltspunkte für sinnvolle weitere Klonierungsschritte geben. Sie gestatten auch den Vergleich verschiedener DNA-Fragmente und können Hinweise auf Heterozygotien im Genom geben (Nachweis von Mutationen und Polymorphismen).

Methode: DNA-Moleküle (z. B. klonierte DNA-Fragmente oder Genom-DNA) werden in Parallelreaktionen mit unterschiedlichen Restriktionsenzymen geschnitten. Die Reaktionsprodukte werden auf Agarosegelen in nebeneinanderliegenden Spuren elektrophoretisch nach ihrer Größe aufgetrennt. Nach Inkubation mit Ethidiumbromid lassen sich die Restriktionsfragmente im UV-Licht sichtbar machen. Ihre Länge kann durch Vergleich mit Marker-DNA-Fragmenten errechnet werden. Durch Vergleich der Resultate von Restriktionsexperimenten mit einzelnen oder mehreren Enzymen lassen sich die Positionen von Restriktionsenzymschnittstellen relativ zueinander ermitteln. Es können so „Restriktionskarten" einer unbekannten DNA-Sequenz erstellt werden.

Nach alkalischer Denaturierung der zunächst noch doppelsträngigen Fragmente im Gel wird die DNA durch Diffusion auf Membranfilter übertragen, an denen sie irreversibel fixiert wird. Diese Filter werden mit markierten Nukleinsäuren hybridisiert. Hybride werden durch Autoradiographie (bei radioaktiven Nukleinsäuren und bei der Verwendung von fluoreszierenden Agenzien zur Markierung, z. B. AMPPD; 3-(2′-Spiroadamantan)-4-methoxy-

Technikbox 13 (*Fortsetzung*)

4-(3″-phosphoryloxy)phenyl-1,2-dioxetan) oder durch Färbungen (bei DIG-markierten Nukleinsäuren und Reaktion mit Enzym-gekoppelten Antikörpern) erkannt. Diese Methode wird nach ihrem Erfinder Edwin Southern als Southern-Blotting bezeichnet (◘ Abb. 4.54).

Beachte: Der Umgang mit radioaktiven Stoffen unterliegt der Strahlenschutzverordnung; dabei sind geeignete Maßnahmen zu ergreifen.

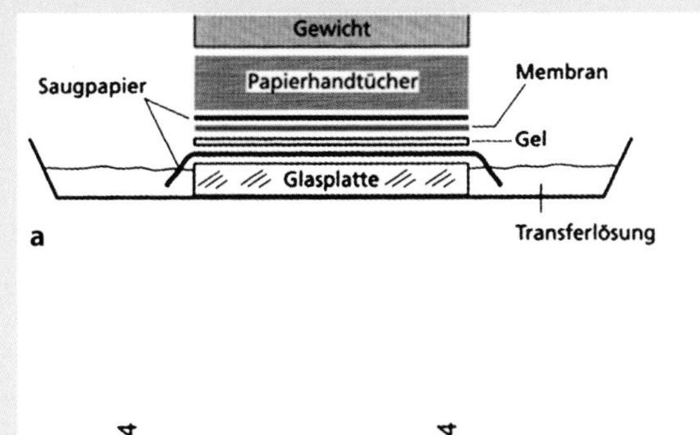

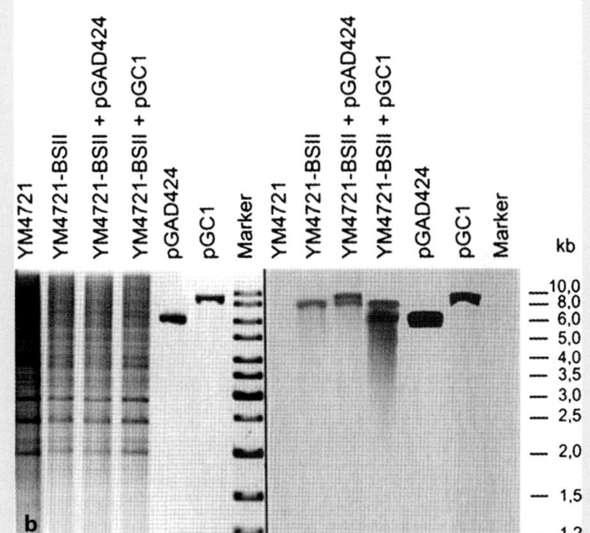

◘ **Abb. 4.54** Southern-Blotting. **a** Es ist die technische Ausführung eines Southern-Blots dargestellt: Aus einem Vorratsgefäß wird Puffer über ein saugfähiges Papier zu dem darüberliegenden Gel gesaugt. Über dem Gel befindet sich eine Membranfolie (häufig Nylon, *blau*), die wiederum mit Filterpapier und Papiertüchern abgedeckt ist. Ein Gewicht verteilt den Druck gleichmäßig auf das gesamte Gel und stabilisiert den Aufbau. Durch diese Anordnung wird der Puffer durch das Gel hindurchgesaugt und nimmt dabei die DNA mit, die auf der Membranfolie haften bleibt. Die Effizienz der Übertragung (üblicherweise über Nacht) kann durch Färbung mit Ethidiumbromid überprüft werden (◘ Abb. 10.29b). **b** Ergebnis eines Southern-Blots. Genomische DNA verschiedener Hefestämme (YM4721) wurde mit dem Restriktionsenzym *Eco*RI geschnitten; die Plasmide pGAD424 und pGC1 sind zusätzlich aufgetragen. Die Restriktionsfragmente im Agarosegel sind nach Anfärbung mit Ethidiumbromid im UV-Licht zu erkennen (*links*). Nach dem Blotten und Hybridisieren mit einer radioaktiv markierten DNA-Probe werden im Autoradiogramm (*rechts*) solche Restriktionsfragmente erkennbar, die mit der verwendeten Probe Sequenzhomologien aufweisen; der Marker deutet die Größe der erhaltenen Fragmente an. (**a** nach Munk 2001; **b** nach Kück 2005, mit freundlicher Genehmigung)

4

Technikbox 14

Northern-Blotting

Anwendung: Analyse von gewebe- oder entwicklungsstadienspezifischen RNA-Fraktionen auf Sequenzhomologien in Hybridisierungsexperimenten.

Methode: Vergleichbar der Übertragung von DNA auf Membranfilter in Southern-Blotting-Experimenten (Technikbox 13), wird beim Northern-Blotting zunächst RNA unter denaturierenden Bedingungen (zur Lösung inter- und intramolekularer Basenpaarungen) elektrophoretisch nach Größe getrennt und dann durch Diffusion aus dem Gel auf Membranfilterfolie übertragen. Diese wird dann in Hybridisierungsexperimenten mit den interessierenden Nukleinsäuren, die markiert sind, auf RNA-Fraktionen untersucht, die mit der markierten Nukleinsäure Komplementarität zeigen. Der Name der Methode geht in diesem Fall nicht auf den Erfinder zurück, sondern dient lediglich der Unterscheidung vom Southern-Blotting, das ursprünglich nach seinem Entdecker Edwin Southern benannt wurde, aber auch: engl. *southern* für „südlich", engl. *northern* für „nördlich".

Beachte: Der Umgang mit radioaktiven Stoffen unterliegt der Strahlenschutzverordnung; dabei sind geeignete Maßnahmen zu ergreifen.

Die Methode des Northern-Blotting entspricht im Prinzip der eines Southern-Blots (Technikbox 13): Zunächst wird eine Gelelektrophorese von RNA durchgeführt, bei der die RNA-Moleküle im elektrischen Feld nach Molekulargewicht aufgetrennt werden. Wegen der starken Neigung der RNA, Sekundärstrukturen zu bilden, erfolgt die Elektrophorese unter denaturierenden Bedingungen. Nach der Trennung wird die RNA vom Gel auf einen Membranfilter übertragen. Dieser wird mit radioaktiver (oder anders markierter) Nukleinsäure (Einzelstrang-DNA oder RNA) hybridisiert. Anschließend erfolgt die Autoradiographie (oder Färbungsreaktion), die es gestattet, zur Probe homologe RNA-Fraktionen aufgrund der Hybridisierung zu identifizieren (◘ Abb. 4.55).

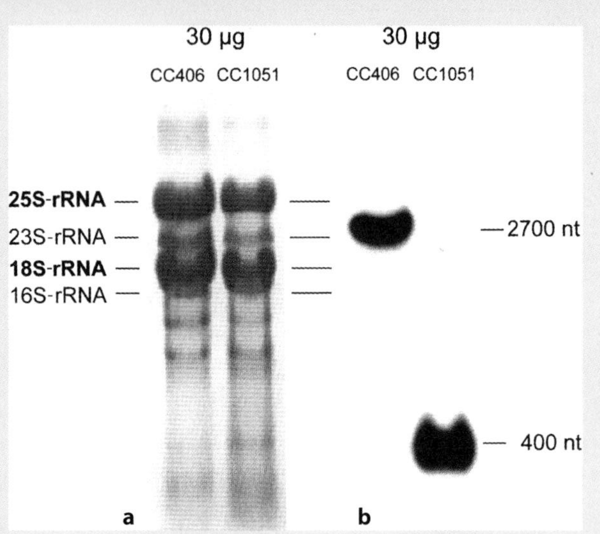

◘ **Abb. 4.55** Hier ist das Ergebnis eines Northern-Blots von RNA aus verschiedenen Algenstämmen (CC406, CC1051) gezeigt, die mit einer radioaktiv markierten Probe für das Exon 1 des *psaA*-Gens hybridisiert wurde (das plastidäre *psaA*-Gen codiert für das Apoprotein des Photosystem-I-Reaktionszentrums). **a** Die gesamte RNA zweier Algenstämme wurde in einem denaturierenden Agarosegel aufgetrennt und mit Ethidiumbromid angefärbt. Die Banden der prominenten rRNAs sind am linken Rand als Größenmarker angegeben, wobei die cytoplasmatischen Moleküle durch Fettdruck hervorgehoben sind. **b** Das Autoradiogramm zeigt nach der Hybridisierung, dass in den beiden Stämmen die *psaA*-mRNA in unterschiedlicher Größe vorliegt; die jeweilige Größe der RNA-Fragmente ist am rechten Rand angegeben. (Nach Kück 2005, mit freundlicher Genehmigung)

Literatur

Amundsen SK, Smith GR (2003) Interchangeable parts of the *Escherichia coli* recombination machinery. Cell 112:741–744

Annaluru N, Muller H, Mitchell LA et al (2014) Total synthesis of a functional designer eukaryotic chromosome. Science 344:55–58

Arber W, Dussoix D (1962) Host specificity of DNA produced by *Escherichia coli*. I. Host controlled modification of bacteriophage λ. J Mol Biol 5:18–36

Arber W, Linn S (1969) DNA modification and restriction. Annu Rev Biochem 38:467–500

van der Ark KCH, van Heck RGA, Martins Dos SVAP et al (2017) More than just a gut feeling: constraint-based genome-scale metabolic models for predicting functions of human intestinal microbes. Microbiome 5:78

Badrinarayanan A, Le TB, Laub MT (2015) Bacterial chromosome organization and segregation. Annu Rev Cell Dev Biol 31:171–199

Benzer S (1957) The elementary unit of heredity. In: McElry WD, Glas B (Hrsg) The chemical basis of heredity. John Hopkins Press, Baltimore, S 70–93

Berg HC (1975) How bacteria swim. Sci Am 233:36–44

Berlyn MKB (1998) Linkage map of *Escherichia coli* K-12, edition 10: the traditional map. Microbiol Mol Biol Rev 62:814–984

Blattner FR, Plunkett G 3rd, Block CA et al (1997) The complete genome sequence of *Escherichia coli* K-12. Science 277:1453–1474

Blum HE (2017) The human microbiome. Adv Med Sci 62:414–420

Boccard F, Esnault E, Valens M (2005) Spatial arrangement and macrodomain organization of bacterial chromosomes. Mol Microbiol 57:9–16

Campbell A (2003) The future of bacteriophage biology. Nat Rev Genet 4:471–477

Cantón R, González-Alba JM, Galán JC (2012) CTX-M enzymes: origin and diffusion. Front Microbiol 3:110

Casjens SR, Hendrix RW (2015) Bacteriophage lambda: early pioneer and still relevant. Virology 479–480:310–330

Cohen SN, Chang ACY, Boyer HB et al (1973) Construction of biologically functional bacterial plasmids *in vitro*. Proc Natl Sci USA 70:3240–3244

Connolly B, West S (1990) Genetic recombination in *Escherichia coli*: holliday junctions made by RecA protein are resolved by fractionated cell-free extracts. Proc Natl Acad Sci USA 87:8476–8480

Cox MJ, Cookson WO, Moffatt MF (2013) Sequencing the human microbiome in health and disease. Hum Mol Genet 22:R88–R94

Dame RT, Tark-Dame M (2016) Bacterial chromatin: converging views at different scales. Curr Opin Cell Biol 40:60–65

Dodd IB, Shearwin KE, Egan JB (2005) Revisited gene regulation in bacteriophage λ. Curr Opin Genet Dev 15:145–152

Eggleston AK, West SC (1997) Recombination initiation: easy as A, B, C, D…χ? Curr Biol 7:R745–R749

Eme L, Doolittle WF (2015) Archaea. Curr Biol 25:R851–R855

Escobar MA, Civerolo EL, Summerfelt KR et al (2001) RNAi-mediated oncogene silencing confers resistance to crown gall tumorigenesis. Proc Natl Acad Sci USA 98:13437–13442

Evguenieva-Hackenberg E (2005) Bacterial ribosomal RNA in pieces. Mol Microbiol 57:318–325

Fleischmann RD, Adams MD, White O et al (1995) Whole-genome random sequencing and assembly of *Haemophilus influenzae* Rd. Science 269:496–512

Fogg PCM, Colloms S, Rosser S et al (2014) New applications for phage integrases. J Mol Biol 426:2703–2716

Folkhard W, Leonard KR, Malsey S et al (1979) X-ray diffraction and electron microscope studies on the structure of bacterial F pili. J Mol Biol 130:145–160

Forsberg KJ, Reyes A, Wang B et al (2012) The shared antibiotic resistome of soil bacteria and human pathogens. Science 337:1107–1111

Forterre P (2015) The universal tree of life: an update. Front Microbiol 6:717

Gibson DG, Glass JI, Lartigue C et al (2010) Creation of a bacterial cell controlled by a chemically synthesized genome. Science 329:52–56

Gilbert W, Müller-Hill B (1966) Isolation of the lac repressor. Proc Natl Acad Sci USA 56:1891–1898

Goodner B, Hinkle G, Gattung S et al (2001) Genome sequence of the plant pathogen and biotechnology agent *Agrobacterium tumefaciens* C58. Science 294:2323–2328

Gordon JE, Christie PJ (2014) The *Agrobacterium* Ti plasmids. Microbiol Spectr. https://doi.org/10.1128/microbiolspec.PLAS-0010-2013

Gregorowius D, Deplazes-Zemp A (2016) Societal impact of synthetic biology: responsible research and innovation (RRI). Essays Biochem 60:371–379

Hahnke RL, Meier-Kolthoff JP, García-López M et al (2016) Genome-based taxonomic classification of *Bacteroidetes*. Front Microbiol 7:2003

Hanada K, Yamaoka Y (2014) Genetic battle between *Helicobacter pylori* and humans. The mechanism underlying homologous recombination in bacteria, which can infect human cells. Microbes Infect 16:833–839

Hawver LA, Jung SA, Ng WL (2016) Specificity and complexity in bacterial quorum-sensing systems. FEMS Microbiol Rev 40:738–752

Hayes F, Barillà D (2006) The bacterial segrosome: a dynamic nucleoprotein machine for DNA trafficking and segregation. Nat Rev Microbiol 4:133–143

Henry KA, Arbabi-Ghahroudi M, Scott JK (2015) Beyond phage display: non-traditional applications of the filamentous bacteriophage as a vaccine carrier, therapeutic biologic, and bioconjugation scaffold. Front Microbiol 6:755

Hershey AD, Chase M (1951) Genetic recombination and heterozygosis in bacteriophage. Cold Spring Harb Symp Quant Biol 16:471–479

Hershey AD, Rotman R (1949) Genetic recombination between host-range and plaque-type mutants of bacteriophage in single bacterial cells. Genetics 34:44–71

Himmelreich R, Hilbert H, Plagen H et al (1996) Complete sequence analysis of the genome of the bacterium *Mycoplasma pneumoniae*. Nucl Acids Res 24:4420–4449

Holliday R (1974) Molecular aspects of genetic exchange and gene conversion. Genetics 78:273–287

Ioannou PA, Amemiya CT, Garnes J et al (1994) A new bacteriophage P1-derived vector for the propagation of large human DNA fragments. Nat Genet 6:84–89

Irwin N, Ptashne M (1987) Mutants of the catabolite activator protein of *Escherichia coli* that are specifically deficient in the gene activator function. Proc Natl Acad Sci USA 60:1282–1287

Jacob F, Monod J (1961) Genetic regulatory mechanisms in the synthesis of proteins. J Mol Biol 3:318–356

Jacob F, Wollman EL (1958) Genetic and physical determinations of chromosomal segments in *Escherichia coli*. Symp Soc Exp Biol 12:75–92

Jacob F, Wollman EL (1961) Sexuality and the genetics of bacteria. Academic Press, New York

Jin DJ, Cagliero C, Zhou YN (2012) Growth rate regulation in *Escherichia coli*. FEMS Microbiol Rev 36:269–287

Joensen KG, Kuhn KG, Müller L et al (2017) Whole-genome sequencing of *Campylobacter jejuni* isolated from Danish routine human stool samples reveals surprising degree of clustering. Clin Microbiol Infect 24:201.e5–201.e8

Johnston C, Martin B, Fichant G et al (2014) Bacterial transformation: distribution, shared mechanisms and divergent control. Nat Rev Microbiol 12:181–196

Kado CI (2014) Historical account on gaining insights on the mechanism of crown gall tumorigenesis induced by *Agrobacterium tumefaciens*. Front Microbiol 5:340

Karimi M, Mirshekari H, Moosavi Basri SM et al (2016) Bacteriophages and phage-inspired nanocarriers for targeted delivery of therapeutic cargos. Adv Drug Deliv Rev 106(Pt A):45–62

Kempken F (2020) Gentechnik bei Pflanzen – Chancen und Risiken, 5. Aufl. Springer, Berlin

Kleinschmidt AK, Lang D, Jacherts D et al (1962) Darstellung und Längenmessung des gesamten Desoxyribonukleinsäure-Inhaltes von T2-Bakteriophagen. Biochim Biophys Acta 61:857–864

Kück U (2005) Praktikum der Molekulargenetik. Springer, Berlin

Kulesa A, Krzywinski M, Blainey P et al (2015) Sampling distributions and the bootstrap. Nat Methods 12:477–478

Lacroix B, Citovsky V (2016) Transfer of DNA from Bacteria to Eukaryotes. Mbio 7:e00863-16

Lalaouna D, Carrier MC, Massé E (2015) Every little piece counts: the many faces of tRNA transcripts. Transcription 6:74–77

Lamarck JB (1809) Philosophie zoologique. Dentu, Paris (2 Bände)

Lederberg J (1947) Gene recombination and linked segregations in *Escherichia coli*. Genetics 32:502–525

Lederberg EM, Lederberg J (1953) Genetic studies of lysogenicity in *Escherichia coli*. Genetics 38:51–64

Lederberg J, Tatum EL (1946) Novel genotypes in mixed cultures of biochemical mutans of *Escherichia coli*. Cold Spring Harb Symp Quant Biol 11:113–114

Lederberg J, Cavalli LL, Lederberg EM (1952) Sex compatibility in *Escherichia coli*. Genetics 37:720–730

Lee G, Saito I (1998) Role of nucleotide sequences of *loxP* spacer region in Cre-mediated recombination. Gene 216:55–65

Levisson M, Spruijt RB, Winkel IN et al (2015) Phage Display of Engineered Binding Proteins. In: Labrou NE (Hrsg) Protein Downstream Processing: Design, Development and Application of High and Low-Resolution Methods. Methods Mol Biol 1129. Springer, Berlin https://doi.org/10.1007/978-1-62703-977-2_19

Lewis RJ, Brannigan JA, Offen WA et al (1998) An evolutionary link between sporulation and prophage induction in the structure of a repressor:anti-repressor complex. J Mol Biol 283:907–912

Liu Y, West SC (2004) Happy hollidays: 40th anniversary of the Holliday junction. Nat Rev Mol Cell Biol 5:937–946

Loman NJ, Pallen MJ (2015) Twenty years of bacterial genome sequencing. Nat Rev Microbiol 13:787–794

Lukowski R, Weber S, Weinmeister P et al (2005) Cre/loxP-vermittelte konditionale Mutagenese des cGMP-Signalwegs in der Maus. BIOspektrum 11:287–290

Luria SE, Delbrück M (1943) Mutations in bacteria from virus sensitivity to virus resistance. Genetics 28:491–511

Mai-Prochnow A, Hui JG, Kjelleberg S et al (2015) Big things in small packages: the genetics of filamentous phage and effects on fitness of their host. FEMS Microbiol Rev 39:465–487

Mathers AJ, Peirano G, Pitout JD (2015) The role of epidemic resistance plasmids and international high-risk clones in the spread of multidrug-resistant *Enterobacteriaceae*. Clin Microbiol Rev 28:565–591

Merino E, Jensen RA, Yanofsky C (2008) Evolution of bacterial *trp* operons and their regulation. Curr Opin Microbiol 11:78–86

Meselson MS, Radding CM (1975) A general model for genetic recombination. Proc Natl Acad Sci USA 72:358–361

Million-Weaver S, Camps M (2014) Mechanisms of plasmid segregation: have multicopy plasmids been overlooked? Plasmid 75:27–36

van Montagu M (2011) It is a long way to GM agriculture. Annu Rev Plant Biol 62:1–23

Müller-Hill B (1990) The isolation of the lac repressor. Bioessays 12:41–43

Munk K (2001) Grundstudium Biologie: Genetik. Spektrum Akademischer Verlag, Heidelberg

Nakajima N, Ozeki H, Shimura Y (1981) Organization and structure of an *E. coli* tRNA operon containing seven tRNA genes. Cell 23:239–249

Nathans D, Smith HO (1975) Restriction endonucleases in the analysis and restructuring of DNA molecules. Annu Rev Biochem 44:273–293

Nealson KH, Platt T, Hastings JW (1970) Cellular control of the synthesis and activity of the bacterial luminescent system. J Bacteriol 104:313–322

Offre P, Spang A, Schleper C (2013) Archaea in biogeochemical cycles. Annu Rev Microbiol 67:437–457

Otsuji N, Iyehara H, Hideshima Y (1974) Isolation and characterization of an *Escherichia coli ruv* mutant which forms nonseptate filaments after low doses of ultraviolet light radiation. J Bacteriol 117:337–344

Ptashne M (2006) Lambda's switch: lessons from a module swap. Curr Biol 16:R459–R462

Reading NC, Sperandino V (2006) Quorum sensing: the many languages of bacteria. FEMS Microbiol Lett 254:1–11

Redfield RJ (2001) Do bacteria have sex? Nat Rev Genet 2:634–639

Roberts RJ, Belfort M, Bestor T et al (2003) A nomenclature for restriction enzymes, DNA methyltransferases, homing endonucleases and their genes. Nucl Acids Res 31:1805–1812

Sanger F (1980) Determination of nucleotide sequences in DNA. Nobel Lecture. https://www.nobelprize.org/prizes/chemistry/1980/sanger/lecture/

Sanger F, Coulson AR, Friedmann T et al (1978) The nucleotide sequence of bacteriophage ΦX174. J Mol Biol 125:225–246

Sanger F, Coulson AR, Hong GF et al (1982) Nucleotide sequence of bacteriophage λ DNA. J Mol Biol 162:729–773

Santillán M, Mackey MC (2008) Quantitative approaches to the study of bistability in the *lac* operon of *Escherichia coli*. J R Soc Interface 5(Suppl 1):S29–S39

Schürch AC, van Schaik W (2017) Challenges and opportunities for whole-genome sequencing-based surveillance of antibiotic resistance. Ann NY Acad Sci 1388:108–120

Sender R, Fuchs S, Milo R (2016) Revised estimates for the number of human and bacteria cells in the body. PLoS Biol 14:e1002533

Seyffert W (2003) Lehrbuch der Genetik, 2. Aufl. Spektrum Akademischer Verlag, Heidelberg

Sherman JM, Wing HU (1937) Attempts to reveal sex in bacteria; with some light on fermentative variability in the coli-aerogenes group. J Bacteriol 33:315–321

Shizuya H, Birren B, Kim UJ et al (1992) Cloning and stable maintenance of 300-kilobase-pair fragments of human DNA in *Escherichia coli* using an F-factor-based vector. Proc Natl Acad Sci USA 89:8794–8797

Shuman HA, Silhavy TJ (2003) The art and design of genetic screens: *Escherichia coli*. Nat Rev Genet 4:419–431

Smith GP (1985) Filamentous fusion phage: novel expression vectors that display cloned antigens on the virion surface. Science 228:1315–1317

Soucy SM, Huang J, Gogarten JP (2015) Horizontal gene transfer: building the web of life. Nat Rev Genet 16:472–482

Suckow J, Markiewicz P, Kleina LG et al (1996) Genetic studies of the *lac* repressor. XV: 4000 single amino acid substitutions and analysis of the resulting phenotypes on the basis of the protein structure. J Mol Biol 261:509–523

Tagini F, Greub G (2017) Bacterial genome sequencing in clinical microbiology: a pathogen-oriented review. Eur J Clin Microbiol Infect Dis 36:2007–2020

Tatum EL, Lederberg J (1947) Gene recombination in the bacterium *Escherichia coli*. J Bact 53:673–684

Thomas CM, Nielsen KM (2005) Mechanisms of, and barriers to, horizontal gene transfer between bacteria. Nat Rev Microbiol 3:711–721

Torres L, Krüger A, Csibra E et al (2016) Synthetic biology approaches to biological containment: pre-emptively tackling potential risks. Essays Biochem 60:393–410

Waites KB, Xiao L, Liu Y et al (2017) *Mycoplasma pneumoniae* from the respiratory tract and beyond. Clin Microbiol Rev 30:747–809

Woese CR, Fox GE (1977) Phylogenetic structure of the prokaryotic domain: the primary kingdoms. Proc Natl Acad Sci USA 74:5088–5090

Woese CR, Kandler O, Wheelis ML (1990) Towards a natural system of organisms: proposal for the domains archaea, bacteria, and eucarya. Proc Natl Acad Sci USA 87:4576–4579

Xie G, Keyhani NO, Bonner CA et al (2003) Ancient origin of the tryptophan operon and the dynamics of evolutionary change. Microbiol Mol Biol Rev 67:303–342

Yanofsky C (2004) The different roles of tryptophan transfer RNA in regulating *trp* operon expression in *E. coli* versus *B. subtilis*. Trends Genet 20:367–374

Yarza P, Yilmaz P, Pruesse E et al (2014) Uniting the classification of cultured and uncultured bacteria and archaea using 16S rRNA gene sequences. Nat Rev Microbiol 12:635–645

Zinder ND, Lederberg J (1952) Genetic exchange in *Salmonella*. J Bact 64:679–699

Die eukaryotische Zelle und Modellorganismen

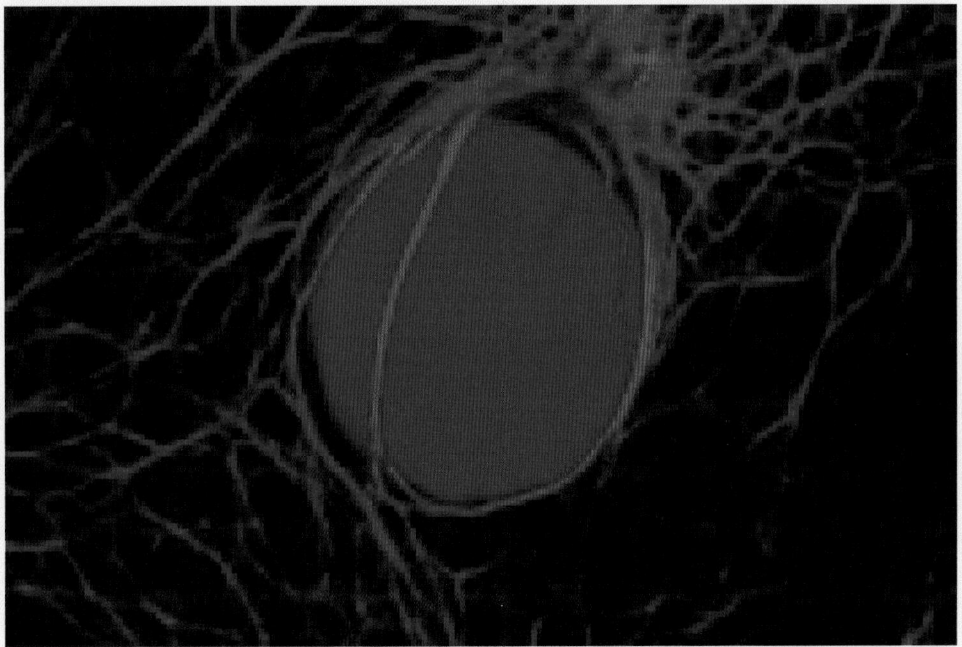

Immunfluoreszenz einer Leberkarzinomzelle: Das Keratin ist *rot* gefärbt, und in *Blau* ist der Zellkern sichtbar – das Charakteristikum einer eukaryotischen Zelle. (Aus Moll et al. 2008, mit freundlicher Genehmigung)

Inhaltsverzeichnis

J. Graw, *Genetik*, https://doi.org/10.1007/978-3-662-60909-5_5

Überblick

Hauptmerkmal einer Zelle höherer Organismen (Eukaryoten) ist ihre Untergliederung in Cytoplasma und Zellkern. Der Zellkern enthält dabei im Wesentlichen die Chromosomen als Träger der Erbinformation; sie erscheinen in der sich nicht teilenden Zelle als diffuses Chromatin in ihren jeweiligen Territorien. Die Chromosomen, wie wir sie in der klassischen Darstellung kennen, werden nur während der Mitose sichtbar (▶ Kap. 6). Im Zellkern befinden sich außerdem Kernkörperchen mit einer Vielzahl verschiedener Funktionen. Der Zellkern ist von einer Kernhülle umgeben, die aber durch ihre Poren und verschiedene Kanäle für große und kleine Moleküle sowie für Ionen passierbar ist. Im Cytoplasma der Zelle lassen sich ebenso andere Organellen erkennen, wie z. B. Mitochondrien, Plastiden (in Pflanzenzellen), das endoplasmatische Reticulum oder der Golgi-Apparat. Dabei verfügen die Mitochondrien und Plastiden über ein eigenes kleines Genom, das unabhängig vom Kerngenom auf die Tochterzellen weitergegeben wird.

Ein zentrales Element im Ablauf der Zellteilungen ist die präzise Regulation der einzelnen Teilschritte. Der Zellzyklus startet dabei in der G_1-Phase; nach dem Überschreiten eines Kontrollpunktes ist die Zelle irreversibel auf Teilung programmiert. In der anschließenden S-Phase wird die DNA repliziert, und nach der G_2-Phase erfolgt die eigentliche Zellteilung. An der Regulation des Zellzyklus ist eine Reihe von regulatorischen Proteinen beteiligt; von besonderer Bedeutung sind Cycline und Cyclin-abhängige Kinasen.

Eng verknüpft mit der Regulation des Zellzyklus ist der programmierte Zelltod (Apoptose). Das Phänomen wurde zunächst in einigen Mutanten des Fadenwurms *Caenorhabditis elegans* beobachtet; heute wissen wir, dass Apoptose in der Entwicklung vielzelliger Organismen eine fundamentale Rolle spielt. Im Gegensatz dazu zeigen andere Mutanten von *C. elegans* ein eher gegensätzliches Phänomen, nämlich eine verlängerte Lebenszeit. Die „Genetik des Alterns" steht aber noch am Anfang.

Im Rahmen des Buches wird immer wieder auf verschiedene Modellorganismen verwiesen, z. B. die Bäckerhefe (*Saccharomyces cerevisiae*), Pilze wie *Neurospora* und *Aspergillus*, bei den Pflanzen die Ackerschmalwand (*Arabidopsis thaliana*), der oben bereits erwähnte Fadenwurm *C. elegans*, die Tau- oder Fruchtfliege (*Drosophila melanogaster*), der Zebrafisch (*Danio rerio*), die Hausmaus (*Mus musculus*) und schließlich die Ratte (*Rattus rattus*). Von all diesen Modellorganismen kennen wir inzwischen die Sequenz der genomischen DNA, und in vielen sind Mutanten beschrieben, die zum tieferen Verständnis grundsätzlicher biologischer Prozesse beigetragen haben. Jeder Modellorganismus hat aber auch seine eigene Geschichte, und so ist es nicht verwunderlich, dass leider auch jedes Modell mit einer etwas anderen genetischen Nomenklatur beschrieben wird.

5.1 Die eukaryotische Zelle

5.1.1 Die Entdeckung der Zelle

Die **Zelle** als ein Grundbaustein aller Organismen wurde bereits 1665 durch Robert **Hooke** (1635–1703) bei seinen Untersuchungen an Pflanzen beschrieben; er führte auch die Bezeichnung *cell* ein. Diese Beobachtungen waren mithilfe eines einfachen Mikroskops gemacht worden (◘ Abb. 5.1). Obwohl in der Folge Nehemiah **Grew** (1614–1712) und Antoni **van Leeuwenhoek** (1632–1723) die mikroskopische Feinstruktur von Tieren und Pflanzen in vielen Details studierten, setzte das mangelhafte Auflösungsvermögen der frühen Mikroskope solchen Studien enge Grenzen. Erst die Verbesserungen der optischen Qualität, insbesondere durch die Korrektur sphärischer und chromatischer Aberrationen, erlaubten es, Feinheiten im Bau tierischer Gewebe zu erkennen.

So beschrieb Theodor **Schwann** (1810–1882) im Jahre 1839 tierische Zellen und erkannte, dass auch sie **Zellkerne** besitzen. Der Zellkern war bereits 1831 von Robert **Brown** (1773–1858) (nach ihm ist die Brown'sche Molekularbewegung benannt) bei Orchideen entdeckt worden. Matthias Jacob **Schleiden** (1804–1881) schloss, dass der Zellkern eine zentrale Rolle für die Zellentwicklung spielt, nahm jedoch an, dass Kerne während der Zellteilung aus „Protoplasma"-Körnchen neu entstehen. Karl Wilhelm **von Nägeli** (1817–1891) erkannte 1848, dass Zellen durch **Zellteilung** auseinander entstehen, aber erst Rudolf Ludwig **Virchow** (1821–1902) kam zu der Erkenntnis, dass alle Zellen stets durch Teilung aus bereits existierenden Zellen entstehen (*„omnis cellula e cellula"*).

Die Bedeutung des Zellkerns wurde durch die Erkenntnisse von Oskar **Hertwig** (1849–1922) im Jahre 1875 und Eduard **Strasburger** (1844–1912) zwei Jahre später (1877) hervorgehoben. Sie erkannten, dass die **Befruchtung** auf einer Vereinigung je eines Zellkerns mütterlichen und väterlichen Ursprungs als Folge der Verschmelzung zweier **Keimzellen** beruht. Beide Wissenschaftler schlossen daraus, dass die Erbeigenschaften im Zellkern enthalten sein müssen. In den 1870er-Jahren waren von verschiedenen Cytologen färbbare Körperchen im Kern beobachtet worden, die während der Zellteilungen sichtbar sind. Für diese Kernbestandteile wurde 1888 von Wilhelm **von Waldeyer-Hartz** (1836–1921) die Bezeichnung **Chromosomen** eingeführt, die auf die charakteristischen Färbungseigenheiten dieser Kernstrukturen Bezug nimmt (Chromosomen werden ausführlich in ▶ Kap. 6 besprochen).

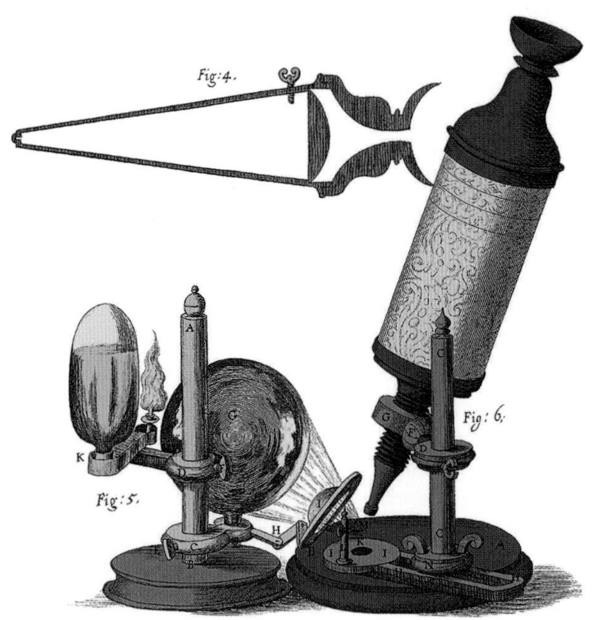

Abb. 5.1 Das Mikroskop von Robert Hooke. Die Beleuchtung erfolgte mittels einer Öllampe. (© Science Source/Science Photo Library)

5.1.2 Die Struktur der Zelle

Hauptmerkmal einer **Zelle** höherer Organismen ist ihre Untergliederung in **Cytoplasma** und **Zellkern** (Abb. 5.2). Beide Zellbereiche werden durch eine doppelte **Kernmembran** voneinander getrennt. Der Zellkern enthält den Nukleolus (▶ Abschn. 5.1.5) und die Chromosomen (▶ Kap. 6); das Plasma des Zellkerns wird auch als Karyoplasma bezeichnet. Organismen, die einen Zellkern besitzen, bezeichnet man als **Eukaryoten** (der Begriff „Eukaryonten", der häufig gebraucht wird, ist sprachlich nicht korrekt). Sie stehen im Gegensatz zu den **Prokaryoten**, die keinen durch eine Kernmembran abgesonderten Kern in ihren Zellen besitzen und dadurch grundlegende Unterschiede in ihrem zellulären Stoffwechsel aufweisen. Der Erwerb eines Zellkerns dürfte evolutionär entscheidend für die Entstehung vielzelliger Organismen mit Zellen und Geweben unterschiedlichster Funktionen und Formen gewesen sein.

Innerhalb der Zelle setzt sich die Kernmembran in Membransystemen fort, die das **Cytoplasma** durchziehen und daher **endoplasmatisches Reticulum** genannt werden. An diesen Membransystemen laufen die meisten Stoffwechselprozesse ab, und sie sind teilweise dicht mit Ribosomen besetzt („raues" endoplasmatisches Reticulum). Zudem dienen diese Membranen einer Kompartimentierung – also einer strukturellen Unterteilung – der Zelle, die funktionell wichtig ist. Umgeben werden tierische Zellen von einer **Zellmembran**, pflanzliche Zellen zusätzlich noch von einer **Zellwand**. Die Verstärkung der zellulären Umhüllung bei Pflanzen ist zur Erhaltung des Binnendrucks (**Turgor**) erforderlich. Beide Strukturen dienen nicht nur der Abgrenzung der Zellen nach außen, sondern erfüllen auch wichtige Aufgaben für das jeweilige Gewebe – und damit letztlich für den Gesamtorganismus – durch die Kontrolle von Transportvorgängen sowohl in die Zelle hinein als auch aus der Zelle heraus. In ähnlicher Weise werden auch Transportvorgänge durch die Kernmembran kontrolliert.

Im Cytoplasma von Eukaryotenzellen (Abb. 5.2) finden wir verschiedene Organellen, wie den **Golgi-Apparat**, ein membranbildendes Organell, sowie **Mitochondrien** (▶ Abschn. 5.1.4) und in Pflanzen **Chloroplasten** (▶ Abschn. 5.1.3) und **Vakuolen**. Im Zellkern sind insbesondere ein oder mehrere Nukleoli auffällig sowie in vielen Fällen stark färbbare, meist amorphe Einschlüsse, das **Heterochromatin**. Der **Nukleolus** ist ein Organell, das in allen stoffwechselaktiven Zellkernen beobachtet wird, jedoch in bestimmten Phasen des Zellzyklus aufgelöst bzw. neu gebildet wird (▶ Abschn. 5.1.5). Beim Heterochromatin handelt es sich um inaktives Chromatin (▶ Abschn. 6.1.2).

Die Struktur des Cytoplasmas wird durch ein Skelett von **Mikrofibrillen** bestimmt, das **Cytoskelett**. Am Aufbau des Cytoskeletts sind vor allem dünne **Mikrofilamente** (7 nm) und dickere **Mikrotubuli** (25 nm) beteiligt. Mikrofilamente bestehen aus Aktinmolekülen, die zu Filamenten polymerisieren; Mikrotubuli werden aus Tubulinen zusammengesetzt. In vielen tierischen Zellen gibt es noch zusätzliche Elemente, die intermediären Filamente (engl. *intermediate filaments*), deren Durchmesser genau zwischen dem der zuvor genannten Filamente liegt (8–10 nm). **Intermediärfilamente** sind aus unterschiedlichen Proteinen zusammengesetzt, so unter anderem **Vimentin**, **Desmin** und verschiedene **Keratine**. Die verschiedenen cytoplasmatischen Filamente sind im Zellskelett auf komplexe Weise miteinander verwoben und in der Zellmembran verankert. Dieses Cytoskelett ist nicht nur für die Regulation von Stoffwechselvorgängen, sondern vor allem auch für die Ausbildung der jeweiligen Zellform von entscheidender Bedeutung.

> ! Das Cytoplasma eukaryotischer Zellen ist durch ein Membransystem, das endoplasmatische Reticulum, durchsetzt, das mit der Kernmembran verbunden ist. Die Verbindung des Karyoplasmas mit dem Cytoplasma erfolgt über Poren in der Kernmembran. Sowohl im Karyoplasma als auch im Cytoplasma befinden sich fibrilläre Elemente, die ein Kernskelett bzw. ein Cytoskelett aufbauen. Kern- und Cytoskelett sind nicht nur für die Form des Kerns und der Zelle bestimmend, sondern stehen auch im Dienste des Stoffwechsels.

Betrachten wir die Entwicklung eines vielzelligen Organismus, so sehen wir, dass aus einer einzigen befruchteten Eizelle eine Vielzahl von Zelltypen unterschiedlicher Form und Funktion gebildet wird. Diese Zellen entstehen durch Zellteilungen, die als **mitotische Teilungen** bezeichnet werden (Details der Mitose siehe ▶ Abschn. 6.3.1).

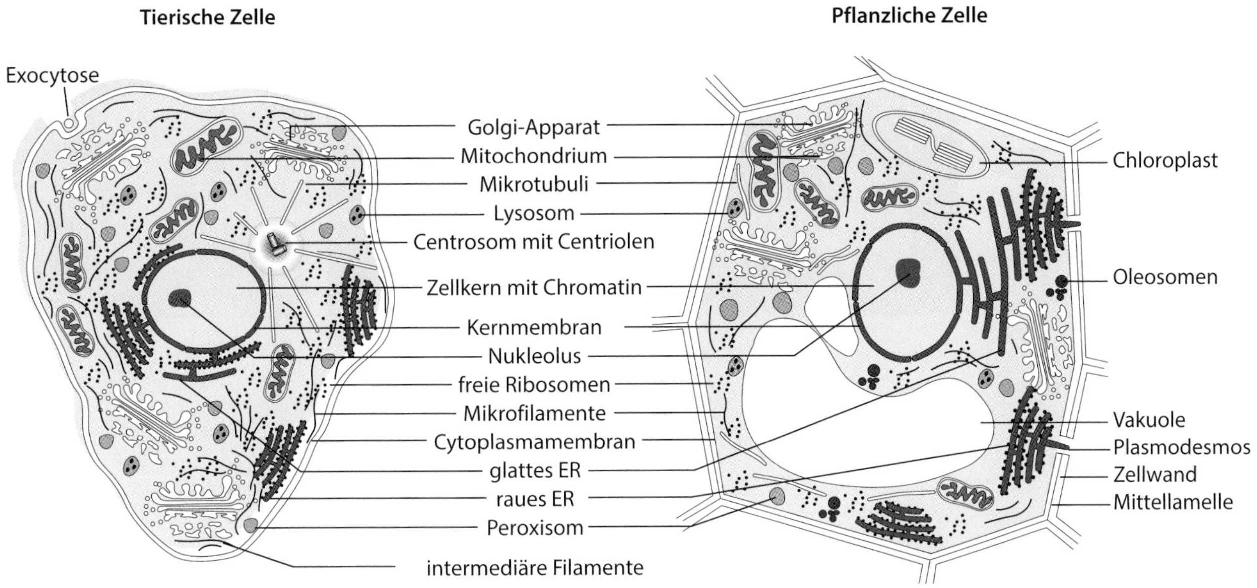

Abb. 5.2 Die Struktur der Zelle. Grafische Darstellung einer tierischen Zelle (*links*) und einer Pflanzenzelle (*rechts*). Die Organellen sind nicht im richtigen Maßstab angegeben. (Nach Munk 2000, mit freundlicher Genehmigung)

Im Ablauf des **Lebenszyklus** eines Organismus müssen neben der Vielzahl unterschiedlicher Zellen, die die verschiedenen Teile des Individuums aufbauen, auch Zellen entstehen, die dafür sorgen, dass sich das betreffende Individuum fortpflanzen kann: die **Keimzellen**, auch als **Geschlechtszellen** oder **Gameten** bezeichnet. In den meisten Tieren wird bereits sehr früh in der Entwicklung eines Individuums festgelegt, welche Zellen sich später zu Keimzellen entwickeln. Später werden wir im Detail sehen, dass sich die Entwicklung der Keimbahnzellen mancher Organismen deutlich von der Entwicklung somatischer Zellen unterscheiden kann (▶ Kap. 12). Da die Entstehung eines neuen Organismus (außer bei vegetativer Vermehrung) die Verschmelzung zweier Keimzellen voraussetzt, müssen wir erwarten, dass bei der Entstehung der Keimzellen eine Veränderung in der Ausstattung dieser Zellen hinsichtlich ihrer Erbeigenschaften erfolgt. Keimzellen müssen somit Besonderheiten aufweisen, die sie grundsätzlich von anderen Zellen unterscheiden. Ein wesentlicher Aspekt ist dabei die Halbierung des Chromosomensatzes in der Meiose (▶ Abschn. 6.3.2).

Im Gegensatz zu Tieren verfügen die Pflanzen über die Möglichkeit der vegetativen Vermehrung. Um eine geschlechtliche Fortpflanzung von Pflanzen zu gestatten, die vegetativ vermehrt wurden, muss in jedem so vermehrten Pflanzenteil die Fähigkeit zur Entwicklung von Keimzellen vorhanden sein. Die meisten Pflanzenzellen scheinen im Gegensatz zu tierischen Zellen die Fähigkeit beizubehalten, sich zu regenerieren und zu Keimzellen zu entwickeln (Totipotenz).

In mehrzelligen Organismen unterscheidet man zwischen Keimzellen und somatischen Zellen. Keimzellen können bei Tieren bereits frühzeitig in der Entwicklung determiniert sein. In einer Pflanze behalten Gruppen von Zellen ihre Totipotenz, und es kommt erst im Laufe des Wachstums zu der Entscheidung, ob eine Keimzelle gebildet wird.

Bei Säugetieren gibt es zwei Zelltypen, die im Laufe ihrer terminalen Differenzierung den Zellkern verlieren: Das sind zum einen die roten Blutkörperchen (Erythrocyten), die danach auch nur noch eine begrenzte Lebenszeit von ca. 120 Tagen haben. Die anderen Zellen sind die Faserzellen in der Augenlinse – im Gegensatz zu den Erythrocyten bleiben sie für den Rest des Lebens erhalten, weil sie für die Form und Transparenz der Linse wichtig sind. Sie werden dauerhaft von den anterioren Epithelzellen der Linse mit den notwendigen Stoffen versorgt.

5.1.3 Chloroplasten

Bei Pflanzen zeigen sich Vererbungsmuster, die offensichtlich auf der genetischen Information aus Plastiden beruhen, insbesondere der Chloroplasten. Carl Erich **Correns** hat schon 1909 Beobachtungen an der Wunderblume (*Mirabilis jalapa*) gemacht, aus denen er darauf schloss, dass bestimmte erbliche Eigenschaften auch mit dem Cytoplasma übertragen werden. Diese Beobachtungen lassen sich in zwei Punkten zusammenfassen:

- **Reziproke Kreuzungen** geben unterschiedliche Phänotypen.
- Der Phänotyp wird ausschließlich vom **mütterlichen Phänotyp** bestimmt.

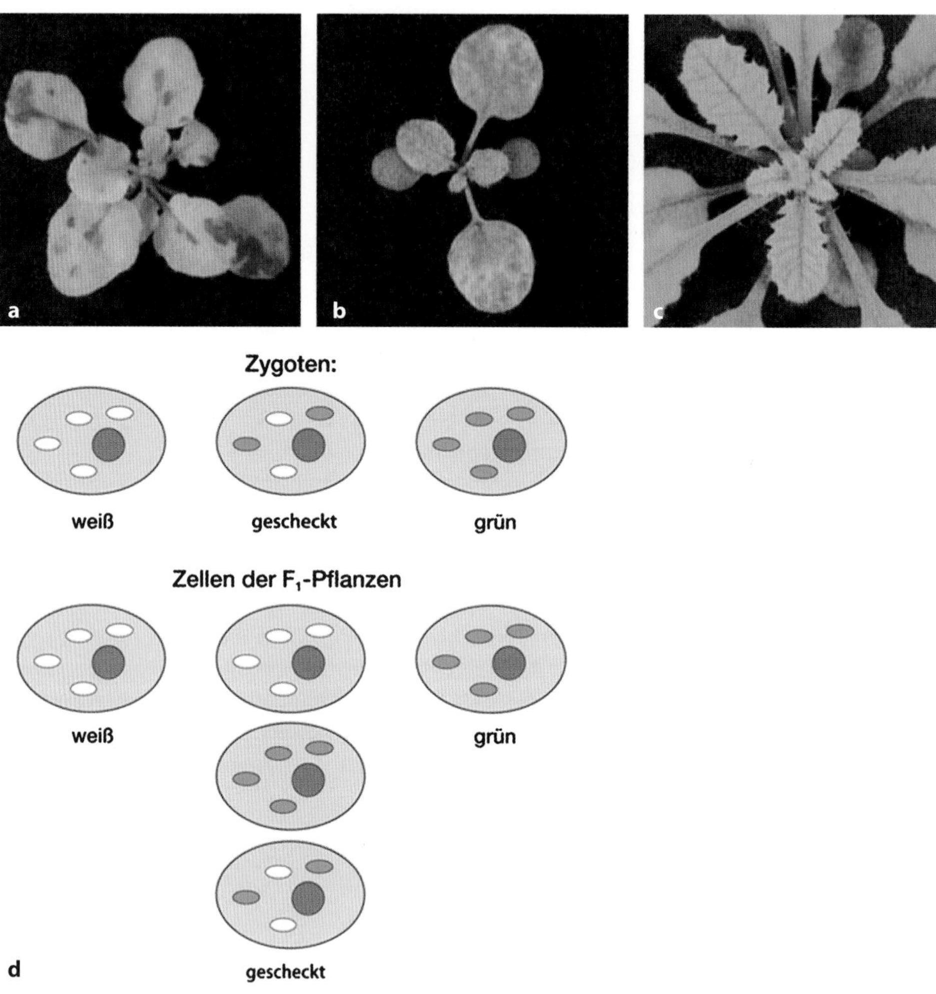

Abb. 5.3 Cytoplasmatische Vererbung bei der Ackerschmalwand (*Arabidopsis thaliana*). **a–c** Die Pflanzen zeigen grüne und weiße Bereiche, die durch unterschiedliche Mutationen im Chloroplastengenom hervorgerufen werden. **d** Die unterschiedliche Färbung erklärt sich aus der Segregation der Plastiden. Enthält eine Zygote Plastiden mit und ohne Fähigkeit zur Chlorophyllbildung, so kann es im Laufe der weiteren Zellteilungen zu einer Segregation beider Plastidentypen kommen. Als Folge davon bildet die Pflanze grüne und ungefärbte Bereiche aus. (**a–c** Nach Yu et al. 2007, mit freundlicher Genehmigung)

Während sich die erste dieser Beobachtungen noch mit einer geschlechtsgebundenen Vererbung erklären ließe (▶ Abschn. 11.4.1), ist das für die zweite nicht mehr möglich.

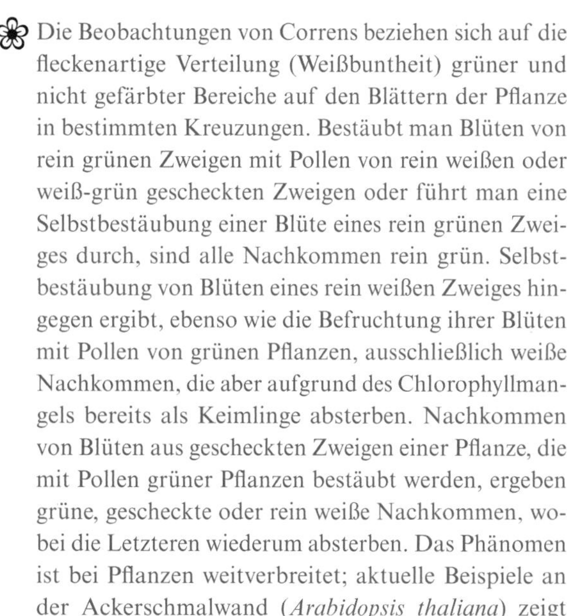
Die Beobachtungen von Correns beziehen sich auf die fleckenartige Verteilung (Weißbuntheit) grüner und nicht gefärbter Bereiche auf den Blättern der Pflanze in bestimmten Kreuzungen. Bestäubt man Blüten von rein grünen Zweigen mit Pollen von rein weißen oder weiß-grün gescheckten Zweigen oder führt man eine Selbstbestäubung einer Blüte eines rein grünen Zweiges durch, sind alle Nachkommen rein grün. Selbstbestäubung von Blüten eines rein weißen Zweiges hingegen ergibt, ebenso wie die Befruchtung ihrer Blüten mit Pollen von grünen Pflanzen, ausschließlich weiße Nachkommen, die aber aufgrund des Chlorophyllmangels bereits als Keimlinge absterben. Nachkommen von Blüten aus gescheckten Zweigen einer Pflanze, die mit Pollen grüner Pflanzen bestäubt werden, ergeben grüne, gescheckte oder rein weiße Nachkommen, wobei die Letzteren wiederum absterben. Das Phänomen ist bei Pflanzen weitverbreitet; aktuelle Beispiele an der Ackerschmalwand (*Arabidopsis thaliana*) zeigt ◘ Abb. 5.3a–c. Eine Übersicht über mögliche Segregationstypen gibt ◘ Abb. 5.3d.

Diese Beobachtungen zeigen uns, dass sich stets der mütterliche Phänotyp ausprägt. Wir sprechen hierbei von einer **mütterlichen** oder **matroklinen Vererbung**. Dieser Vererbungsmodus muss unterschieden werden von mütterlichen Effekten (engl. *maternal effects*), die als entwicklungsphysiologische Effekte nur für die Entwicklung der befruchteten Eizelle wichtig sind (▶ Abschn. 12.4.2). Die mikroskopische Analyse der Zellen von *Mirabilis jalapa* lässt uns erkennen, dass die matrokline Vererbung der Blattfarbe durch die **Chloroplasten** (oder **Plastiden**) bedingt wird, je nachdem, ob diese zur Chlorophyllsynthese befähigt sind oder nicht. Plastiden sind cytoplasmatische Organellen von Pflanzen, die im Dienste der Photosynthese stehen und den dazu erforderlichen Mechanismus beherbergen. Plastiden enthalten meistens Chlorophyll. Dieses verleiht den Zellen die grüne Farbe. Ist kein Chlorophyll in den Plastiden vorhanden, erscheinen die Zellen weiß. Beide Plastidenformen können gleichzeitig in der Zelle vorkommen und führen zu einer schwächeren grünen

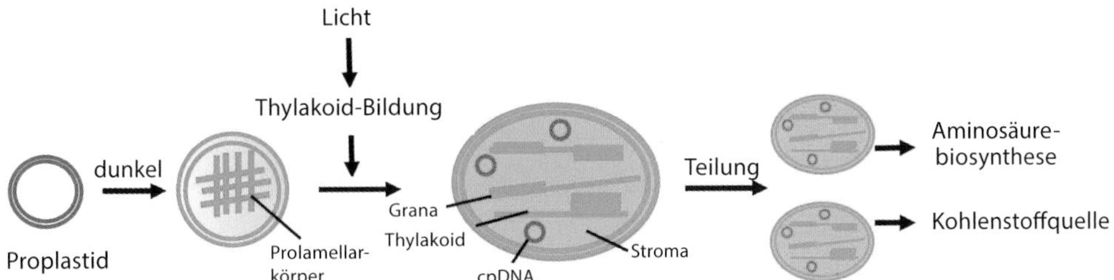

Abb. 5.4 Schematische Darstellung der Chloroplastendifferenzierung. In den Anlagen der Blätter befinden sich kleine undifferenzierte Proplastiden, die unter dem Einfluss von Licht zu Chloroplasten ausdifferenzieren. Licht löst dabei die Differenzierung der Prolamellarkörper aus, die dann zu Chloroplasten mit der typischen Struktur der Thylakoidmembran differenzieren. Die Thylakoidmembran ist während der Differenzierung der Proplastiden zu Chloroplasten aus Einstülpungen der inneren Chloroplastenmembran hervorgegangen. In dem dadurch geschaffenen Reaktionsraum, dem Thylakoidraum (auch als Lumen bezeichnet), befinden sich die Photosynthesesysteme. Die Thylakoidmembranen sind entweder ungestapelt im Stroma organisiert oder als gestapelte Scheiben, die auch als Grana bezeichnet werden. cpDNA: Chloroplasten-DNA. (Nach van Dingenen et al. 2016, mit freundlicher Genehmigung)

Färbung. Eine schematische Darstellung eines Chloroplasten zeigt Abb. 5.4.

Der Schlüssel für den **matroklinen Erbgang** liegt darin, dass Plastiden rein mütterlich vererbt werden, da der Pollenschlauch keine Chloroplasten übertragen kann. Das allein würde als Erklärung nicht ausreichen, sondern wir müssen zusätzlich annehmen, dass die Plastiden eine eigene Erbinformation dafür enthalten, ob sie Chlorophyll bilden können oder nicht. In der Tat hat es sich gezeigt, dass die Chloroplasten ein eigenes Genom besitzen. Es codiert für eine Anzahl von Proteinen, die in den Plastiden benötigt werden. Die Tatsache, dass die Plastiden über ein eigenes Genom verfügen, hat natürlich dessen Analyse vorangetrieben. Dabei hat sich gezeigt, dass deren Genome in ihren molekularen Eigenschaften weitaus mehr den Genomen von Prokaryoten gleichen als denen von Eukaryoten. Eukaryotische Zellen haben also offensichtlich im Laufe der Evolution prokaryotische Elemente in sich aufgenommen und funktionell für sich nutzbar gemacht (**Endosymbiontenhypothese**).

Diese Hypothese wurde zuerst von Constantin **Mereschkowsky** (1905) formuliert und zunächst mit großer Skepsis aufgenommen. Sie wurde dann aber später durch eine Reihe elektronenmikroskopischer und biochemischer Experimente unterstützt, die gezeigt haben, dass Plastiden DNA, RNA und Ribosomen enthalten. Molekulargenetische Untersuchungen machen es heute vollkommen klar, dass die nächsten bakteriellen Homologe der Plastiden in der Tat die Cyanobakterien sind (Abb. 5.5). Nur Cyanobakterien und Chloroplasten haben zwei Photosysteme und spalten Wasser, um Sauerstoff zu produzieren.

Das erste Chloroplastengenom, das vollständig sequenziert wurde, war das der Tabakpflanze (*Nicotiana tabacum*) (Shinozaki et al. 1986). Heute sind über 800 vollständige Chloroplastengenome in internationalen Datenbanken hinterlegt. Dabei zeigen die Chloroplastengenome ein hohes Maß an Variabilität und erlauben auch Rückschlüsse auf klimatische Anpassungen, züchterische Möglichkeiten sowie die Konservierung wichtiger Eigenschaften. Die DNA der Plastiden besteht aus einem zirkulären, doppelsträngigen DNA-Molekül von 120–180 kb Länge; es gibt jedoch auch zunehmend Berichte über lineare Formen. Im Allgemeinen enthalten Plastiden mehrere identische Kopien dieser DNA-Moleküle. Die DNA von Plastiden codiert für etwa 60–200 Proteine, die grundlegend zur Zellfunktion der Pflanzenzelle beitragen. Im Genom der Chloroplasten sind insbesondere zwei Gruppen von Genen codiert: Gene, die für die Erhaltung und Expression des eigenen genetischen Systems verantwortlich sind (Gene für rRNAs, tRNAs, ribosomale Proteine, Untereinheiten von RNA-Polymerasen), sowie Gene, die für die Photosynthese wichtig sind. Nur die genetische Information, die im Genom von Plastiden vorhanden ist, wird mütterlich (matroklin) vererbt. Ein Beispiel eines Chloroplastengenoms, das der Sojabohne, zeigt Abb. 5.6.

Chloroplasten sind nicht selbstständig lebensfähig, sondern funktionieren nur in engem Zusammenspiel mit dem Zellkern: Etwa 5000 Genprodukte sind Kern-codiert und müssen aus dem Cytoplasma in die Chloroplasten transportiert werden (Abb. 5.7). Dazu gehören auch Teile der Chloroplastenmembran und viele der in den Chloroplasten erforderlichen Enzyme. Allerdings stammen nur etwa 800 bis 2000 von diesen Genen ursprünglich aus den endosymbiotischen Vorläufern.

Die enge Kopplung zwischen nukleärem und cytoplasmatischem Erbmaterial kann an einem wichtigen Enzym der Plastiden, der Ribulose-1,5-bisphosphat-Carboxylase (Rubisco), besonders eindringlich veranschaulicht werden. Diese Carboxylase ist für die CO_2-Bindung während der Photosynthese verantwortlich und kommt daher in den Blättern grüner Pflanzen in großen Mengen vor. Sie ist aus 16 Proteinuntereinheiten zusammengesetzt, von denen acht

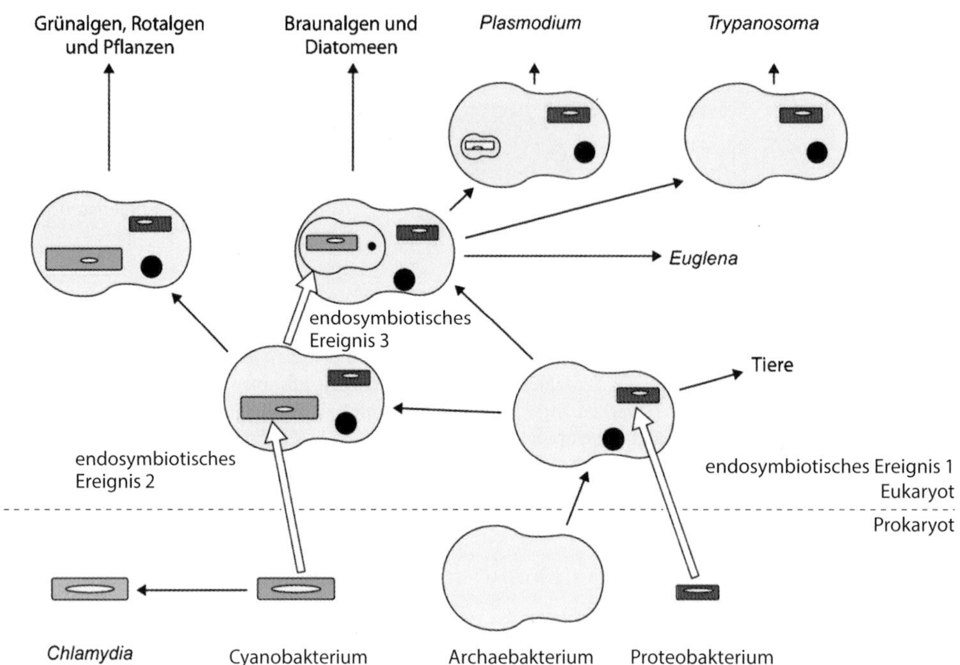

Abb. 5.5 Schematische Darstellung des Erwerbs, der Reduktion oder des Verlustes von Genomen und Kompartimenten während der Evolution. *Schwarze Pfeile* deuten evolutionäre Pfade an, *weiße Pfeile* endosymbiotische Ereignisse der Wirtszelle: (1) Der proteobakterielle Endosymbiont führte am Beginn der Evolution der Eukaryoten zur Entstehung der Mitochondrien; (2) Beginn der Chloroplasten-enthaltenden Zellen; (3) die zweite Stufe der Endosymbiose führte zu verschiedenen Algen, aber auch zu anderen Organismen wie Plasmodien (mit Resten von Chloroplasten) und Trypanosomen, die keine Plastiden mehr besitzen. *Schwarze Kreise*: Zellkerne; *Ellipsen in den Organellen*: bakterielle Genome. (Nach Raven und Allen 2003, mit freundlicher Genehmigung)

aus je 450 Aminosäuren bestehen und im Plastidengenom codiert werden. Sie werden dementsprechend auch in matrokliner Weise vererbt. Die übrigen acht Polypeptide von je 100 Aminosäuren werden jedoch im Zellkern codiert und vererben sich somit gemäß den Mendel'schen Regeln.

Photosynthetisch aktive Chloroplasten sind durch hohe Transkriptions- und Translationsraten charakterisiert, wodurch eine große Menge des Enzyms Ribulose-1,5-bisphosphat-Carboxylase synthetisiert werden kann. Damit ist auch ein schneller Austausch der Komponenten der Elektronentransferkette möglich – eine wichtige Voraussetzung für eine effiziente Photosynthese. Außer der Photosynthese führen die Chloroplasten noch weitere essenzielle Funktionen für die Pflanzenzelle aus, z. B. Synthese von Aminosäuren, Fettsäuren und Lipiden, Pflanzenhormonen, Nukleotiden, Vitaminen und Sekundärmetaboliten.

Cytoplasmatische Organellen wie Chloroplasten besitzen ein eigenes Genom aus doppelsträngiger zirkulärer DNA. Diese Genome entsprechen in vielen Zügen denen von Prokaryoten (besonders Cyanobakterien); daher leiten sich Chloroplasten von prokaryotischen Symbionten eukaryotischer Zellen ab. Der Erbgang von Plastidengenen wird häufig auch unter dem Begriff der extranukleären (oder cytoplasmatischen) Vererbung behandelt. Die zirkulären Plastidengenome sind relativ groß (bis zu 200 Gene) und werden als Plastom bezeichnet. Sie kommen in den Plastiden in mehreren Kopien vor, die sich genetisch teilweise unterscheiden.

Chloroplasten sind auch für gentechnische Verfahren in besonderer Weise geeignet, da sie hohe Ausbeuten des gewünschten Produktes liefern. Das liegt nicht nur an chloroplastenspezifischen Regulationsprozessen (siehe oben die Hinweise wegen Rubisco), sondern auch an den Klonierungsmöglichkeiten – so können bis zu 10.000 Kopien eines Transgens in ein Chloroplastengenom integriert werden. Die Integration sollte in nicht-codierende Bereiche zwischen den Genen erfolgen, bevorzugt in einer Region mit invertierten Wiederholungseinheiten. Wegen des maternalen Erbgangs gehen auch keine Transgene über Pollen „verloren". Anwendungen der Chloroplastentransformation gibt es nicht nur in der Pflanzenzucht zur Produktion von Pflanzeninhaltsstoffen (z. B. β-Carotin), sondern auch in der Produktion von pharmazeutischen Präparaten – so wurde kürzlich über die Herstellung des Blutgerinnungsfaktors IX in Chloroplasten berichtet. Eine lesenswerte aktuelle Zusammenfassung dazu bietet Daniell et al. (2016).

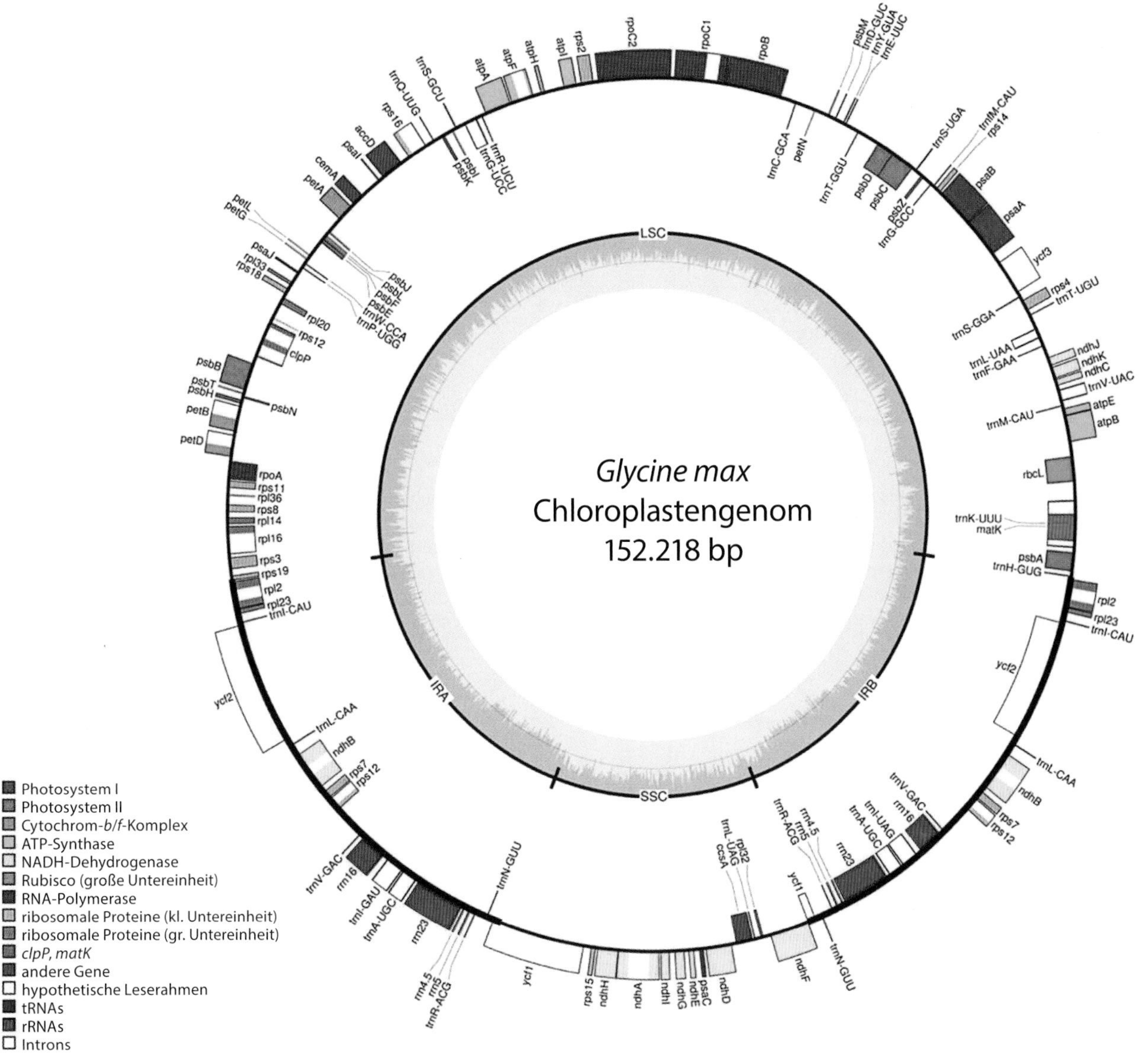

a

LSC | IRA | SSC | IRB

psbA matK rbcL atpB ndhK ycf3 psaA psaB psbC psbM rpoB rpoC1 rpoC2 atpF atpA rps16 accD rpl20 clpP psbB rpl16 rpl2 ycf2 ndhB rps7 ycf1 ndhA ndhD ndhF rps7 ndhB ycf2 rpl2

50.000 100.000 150.000

1	atpE		psbD	13	psbK	19	psbF	25	rps18	31	rpoA	37	rps19	43	ndhE
2	ndhC	8	petN	14	psal	20	psbE	26	psbT	32	rps11	38	rpl23	44	psaC
3	ndhJ	9	rps2	15	cemA	21	petL	27	psbN	33	rpl36	39	rps15	45	ccsA
4	rps4	10	atpl	16	petA	22	petG	28	psbH	34	rps8	40	ndhH	46	rpl32
5	rps14	11	atpH	17	psbJ	23	psaJ	29	petB	35	rpl14	41	ndhl	47	ycf1
6	psbZ	12	psbl	18	psbL	24	rpl33	30	petD	36	rps3	42	ndhG	48	rpl23

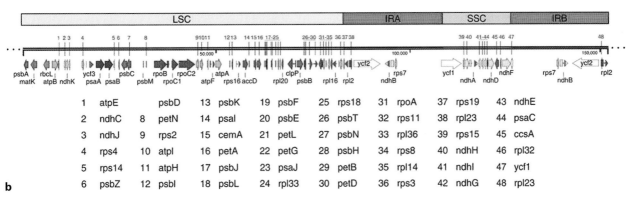

b

Abb. 5.6 Karte des Chloroplastengenoms der Sojabohne (*Glycine max*). Die vierteilige Struktur beinhaltet zwei Kopien von invertierten Wiederholungseinheiten (IRA und IRB), die zwischen der großen (LSR) und der kleinen Region (SSR) von Einzelkopie-Genen liegen. **a** Zirkuläre Form: Der *graue Innenkreis* markiert den 50-%-Schwellenwert des GC-Gehalts. **b** Lineare Form: Unterschiedliche *Farben* deuten auf unterschiedliche funktionelle Gruppen hin (siehe auch Legende in der Abbildung). (Nach Daniell et al. 2016, mit freundlicher Genehmigung)

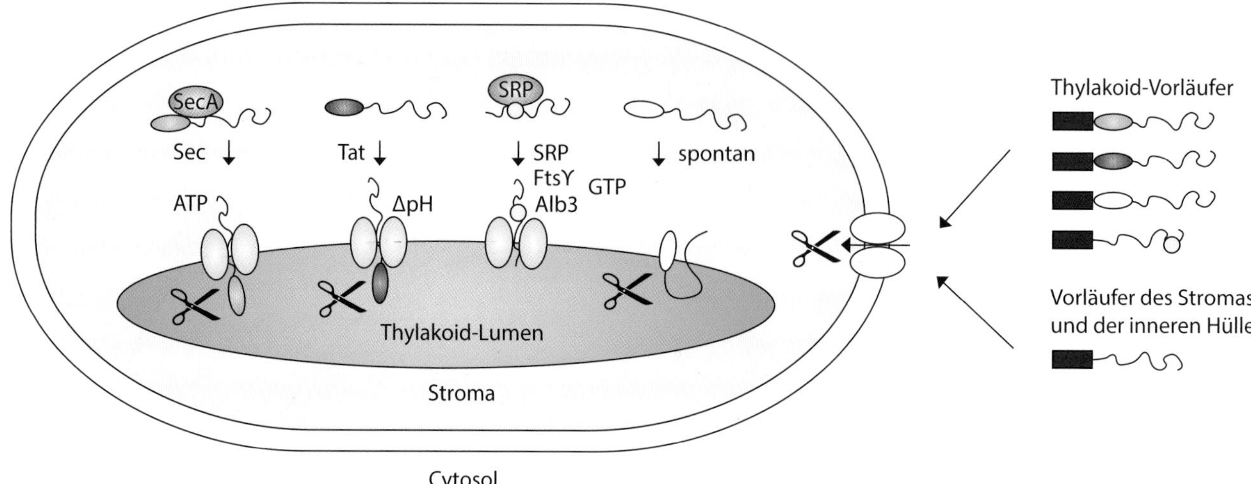

Abb. 5.7 Die meisten Proteine des Chloroplasten werden im Cytoplasma synthetisiert und müssen zunächst über die beiden Hüllmembranen in das Stroma transportiert werden. Dabei wird ein entsprechendes Leitpeptid durch eine stromaspezifische Peptidase entfernt (*rechte Schere*). Für den Weitertransport in das Lumen der Thylakoidmembran gibt es vier verschiedene Transportwege; drei davon sind abhängig von weiteren Leitsequenzen, die durch eine thylakoidspezifische Peptidase entfernt werden (*3 Scheren im Lumen*). Zwei Prozesse werden durch energiereiche Phosphate angetrieben (ATP bzw. GTP) und einer durch einen pH-Gradienten (ΔpH). Alb3: Translokase; FtsY: SRP-Rezeptor; Sec: sekretorisches Protein; SRP: *signal recognition particle*; Tat: *twin-arginine translocase*. (Nach Leister 2003, mit freundlicher Genehmigung)

5.1.4 Mitochondrien

Mitochondrien sind seit über 100 Jahren als Bestandteile von Zellen bekannt. In Leberzellen machen sie etwa 15–20 % des Zellvolumens aus. Ein Mitochondrium wird von zwei Membranen umgeben (Abb. 5.8), die als äußere und innere Mitochondrienmembran bezeichnet werden. Die äußere Membran hüllt das Mitochondrium vollständig ein und bildet seine äußere Grenzschicht. Im Inneren des Organells befinden sich die Cristae, eine Reihe doppelschichtiger Membranen, die am Rand des Organells auf die innere Mitochondrienmembran stoßen. Die Cristae enthalten einen Großteil des Apparates, der für die Atmung und ATP-Bildung erforderlich ist. Die Membranen gliedern das Organell in zwei wässrige Kompartimente: die Matrix im Inneren des Mitochondriums und den Intermembranraum zwischen äußerer und innerer Membran. Neben verschiedenen Enzymen enthält die mitochondriale Matrix auch Ribosomen und mehrere ringförmige DNA-Moleküle (mitochondriale DNA, mtDNA), die allerdings kleiner sind als die der Plastiden. Ihre mittlere Größe liegt bei 15–20 kb. Sie sind in einer bis zu zehn identischen Kopien in jedem Mitochondrium vorhanden. Eine Ausnahme machen jedoch höhere Pflanzen, deren mitochondriale Gene auf mehrere zirkuläre DNA-Doppelstrangmoleküle unterschiedlicher Größe verteilt sind.

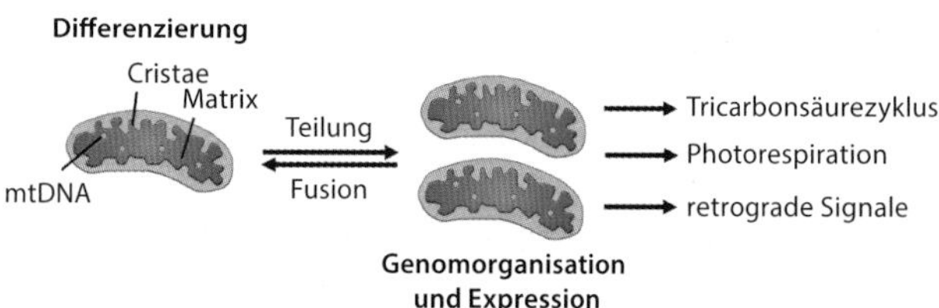

Abb. 5.8 Schematische Darstellung der Mitochondrien und ihrer Funktion. Die Matrix ist der innere Flüssigkeitsraum der Mitochondrien. Die innere Mitochondrienmembran faltet sich zu den Cristae, in denen sich die Komplexe der Atmungskette befinden. mtDNA: mitochondriale DNA. (Nach van Dingenen et al. 2016, mit freundlicher Genehmigung)

Mitochondrien werden – wie auch die Chloroplasten – über die mütterliche Linie vererbt (**matrokliner Erbgang**); das gilt für alle Eukaryoten und sowohl für Pflanzen als auch für Tiere. Die Ursachen dafür sind vielfältig und können beispielsweise darin begründet liegen, dass die väterlichen Mitochondrien gar nicht in die befruchtete Eizelle gelangen oder dass sie dort aktiv abgebaut werden. Über den evolutionären Vorteil dieses matrilinearen Erbgangs für Eukaryoten wird viel spekuliert, ohne dass eine Hypothese aufgrund besonderer Plausibilität besonders hervorsticht. Lesenswerte Zusammenfassungen finden sich dazu bei Greiner et al. (2014) und bei Sato und Sato (2017).

Die **mitochondriale DNA** ist in vielen Organismen vollständig sequenziert (▶ http://www.mitomap.org). Sie enthält im Allgemeinen etwa 40 Gene; das genreichste mitochondriale Genom wurde in dem Excavaten *Andalucia* gefunden (100 Gene) (Burger et al. 2013), wohingegen der Parasit *Plasmodium* das kleinste mitochondriale Genom besitzt (3 Gene). Trichomonaden haben ihre mitochondriale DNA sogar ganz verloren. Auch Mitochondrien enthalten in ihrer DNA Gene für organellspezifische ribosomale RNAs, die in ihrer Größe und Sequenz mit der rRNA von Bakterien verwandt sind. Auch einzelne ribosomale Proteine und einige tRNAs werden, je nach

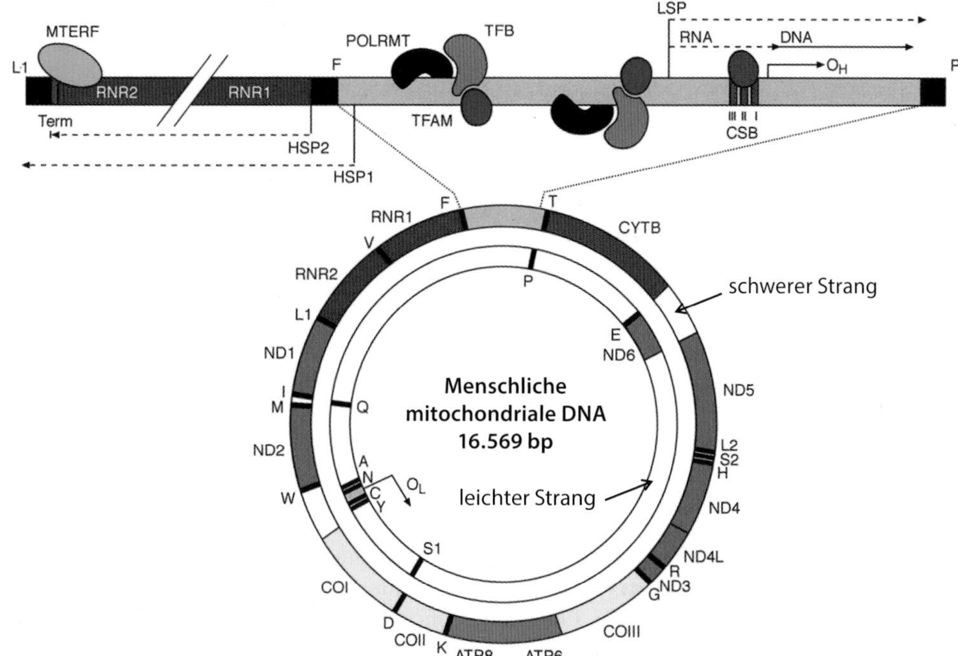

■ **Abb. 5.9** Karte des mitochondrialen (mt) Genoms des Menschen. Das humane mitochondriale Genom (16,6 kb) ist ringförmig und doppelsträngig; die D-Schleife (engl. *displacement*) ist vergrößert und in linearer Form dargestellt. Der äußere Kreis repräsentiert den schweren Strang (engl. *heavy*; H) und der innere Kreis den leichten Strang (L). Die humane mtDNA codiert für zwei rRNAs (*rot*), RNR1 (12S-rRNA) und RNR2 (16S-rRNA), 22 tRNAs (*schwarze Striche*, gekennzeichnet durch die Ein-Buchstaben-Abkürzungen der Aminosäuren) und für 23 essenzielle Polypeptide der Atmungskette. ND1–ND6 und ND4L (NADH-Ubiquinon-Oxidoreduktasen): Untereinheiten von Komplex I (*grün*); CYTB (Apocytochrom *b*): Untereinheit von Komplex III (*violett*); COI–COIII (Cytochrom-Oxidasen): katalytische Untereinheiten von Komplex IV (*gelb*); ATP6, ATP8 (ATPasen): Untereinheiten von Komplex V (*blau*). Die hauptsächlichen nicht-codierenden Regionen der mtDNA (*grau*) enthalten die D-Schleife (1,1 kb) und den Replikationsstartpunkt am leichten Strang (O_L). Der Replikationsstartpunkt am schweren Strang innerhalb der D-Schleife ist ebenfalls angegeben (O_H). Die Transkription des schweren Strangs beginnt entweder an HSP1 (und führt zu einem kurzen Transkript, das unter Mitwirkung des Terminationsfaktors MTERF am RNR2/MTTL1-Übergang endet [Term]) oder an HSP2 (und führt zu einem polycistronischen Transkript des gesamten schweren Strangs). LSP bezeichnet den Initiationspunkt des leichten Strangs; die Transkription führt zu einem polycistronischen Transkript dieses Strangs und gleichzeitig auch zu Primern für die Initiation des schweren Strangs. Konservierte Sequenzblöcke (CSB I–III) sind konservierte Regionen der mtDNA in Menschen, Mäusen und Ratten, die an der Bildung der RNA-Primer für die Replikation beteiligt sind. Die Transkription von allen Startstellen benötigt die Bindung des Transkriptionsaktivators TFAM zusammen mit einer Untereinheit der RNA-Polymerase (POLRMT), die mit dem Transkriptionsfaktor TFB2m (hier nur als TFB bezeichnet) heterodimere Komplexe bildet. TFAM bindet auch an andere Regionen der D-Schleife; hier ist nur die Bindung an die CSB-Region gezeigt. (Nach Tuppen et al. 2010, mit freundlicher Genehmigung)

Organismus, in den Organellen codiert, während DNA- und RNA-Polymerasen sowie Regulationsfaktoren und die meisten Strukturproteine der Mitochondrien aus dem Kern stammen. Somit stellt das Organellengenom nur eine kleine Anzahl von Genprodukten für die Funktion des Organells selbst zur Verfügung. Welche dieser Komponenten vom Kern und welche aus dem Organell stammen, ist abhängig vom Organismus, also ganz offensichtlich nicht funktionell bestimmt.

Die DNA von Mitochondrien trägt grundlegend zur Zellfunktion der Eukaryotenzelle bei. Im Genom der Mitochondrien (■ Abb. 5.9) sind insbesondere Enzyme des Energiestoffwechsels codiert, und ein Teil der organellspezifischen Translationsmaschinerie der Mitochondrien wird von der eigenen DNA zur Verfügung gestellt. Dennoch sind Mitochondrien nicht selbstständig lebensfähig, sondern funktionieren nur in engem Zusammenspiel mit dem Zellkern. Selbst Teile der Mitochondrienmembran und viele der in ihnen erforderlichen Enzyme sind im Kern codiert und müssen daher in diese Organellen importiert werden. Außerdem kann auch ein Genaustausch zwischen Kerngenom und mitochondrialem Genom stattfinden.

Der Unterschied in der rDNA zwischen nukleärem und mitochondrialem Genom hat die auch aus anderen Gründen diskutierte Ansicht unterstützt, dass Mitchondrien in den eukaryotischen Zellen ursprünglich Symbionten prokaryotischen Ursprungs waren, bevor sie sich zu obligatorischen Bestandteilen eukaryotischer Zellen entwickelt haben. Diese **Endosymbiontenhypothese** wird heute als Erklärung auch für die Entstehung von Mitochondrien weitgehend akzeptiert. Dabei hat der α-proteobakterielle Symbiont bei seinem Übergang in eine Organelle massiv Gene verloren. Viele Gene, die für die Funktion der Mitochondrien wichtig sind, wurden an den Zellkern weitergegeben; nur ein kleiner Teil verblieb

Tab. 5.1 Besonderheiten des mitochondrialen Codes des Menschen

Codon	Allgemeine Bedeutung	Bedeutung in humanen Mitochondrien
UGA	Stopp	Trp
AUG	Initiations-Met	Met (intern)
AUA	Ile	Met (intern)
AUA, AUU, AUC	Alle Ile	Initiations-Met
AGA, AGG	Beide Arg	Stopp

5

im Mitochondrium. In einigen Fällen ersetzen Gene, die aus anderen Quellen für das Kerngenom erworben wurden, mitochondriale Funktionen, die ursprünglich durch den α-proteobakteriellen Symbionten codiert wurden (z. B. enthält die mtDNA eines Flagellaten eine typische Eubakterien-ähnliche RNA-Polymerase, wohingegen dieses Enzym in allen anderen Eukaryoten eine Struktur hat, die der RNA-Polymerase eines T3-Phagen ähnelt (▶ Abschn. 4.3), aber im Kern codiert wird).

Mitochondrien besitzen ein eigenes Genom aus doppelsträngiger zirkulärer DNA, das sich von prokaryotischen Symbionten eukaryotischer Zellen ableitet. Die meisten Gene, die für die Funktion der Mitochondrien wichtig sind, sind aber im Zellkern lokalisiert. Der Erbgang von Mutationen in mitochondrialen Genen erfolgt über die Mutter (matrokline Vererbung).

Das Dogma der matroklinen Vererbung von Mitochondrien wurde kürzlich durch eine provokative humangenetische Studie angezweifelt: Gelegentlich sollen auch Väter zur Übertragung von Mitochondrien beitragen können (Luo et al. 2018). Allerdings konnten die Autoren weder eine kausale Verbindung zu einer Erkrankung herstellen (McWilliams und Suomalainen 2019) noch die Herkunft der getesteten mitochondrialen Sequenz aus dem Kerngenom vollständig ausschließen (Balciuniene und Balciunas 2019). Es wird spannend, ob das Dogma der matroklinen Vererbung der Mitochondrien Bestand haben wird!

Die mitochondriale **Transkription** ist polycistronisch; genomlange Transkripte werden an den Promotoren des leichten und schweren Strangs (LSP und HSP) initiiert und durch Nukleasen so weiterbearbeitet, dass schließlich reife mRNA-, rRNA- und tRNA-Moleküle entstehen. Die Transkription, die an LSP initiiert wird, generiert auch Primer für die Replikation mitochondrialer DNA, die am Replikationsstartpunkt des schweren Strangs (O_H) beginnt. Diese neu synthetisierten Primer bilden ein stabiles RNA-DNA-Hybrid, die R-Schleife, nahe dem Startpunkt der DNA-Replikation im Leitstrang. Diese R-Schleife wird durch eine G-Quadruplex-Struktur (▶ Abschn. 2.1.3) stabilisiert.

Interessant ist in diesem Zusammenhang natürlich auch die Frage nach der Struktur der Protein-codierenden mitochondrialen Gene. Von vielen Genen kennen wir nicht-translatierte DNA-Bereiche innerhalb von Genen (**Introns;** ▶ Abschn. 3.3.5). Gibt es Introns auch in mitochondrialen Genen? Die Antwort hängt vom Organismus ab, der betrachtet wird. In menschlichen Mitochondrien hat man keine Introns feststellen können, während in Mitochondrien der Hefe Introns gefunden wurden. Überhaupt erweist sich das menschliche mitochondriale Genom als besonders kompakt: Es fehlen alle nicht-codierenden Zwischenstücke zwischen Genen (oder Intergenregionen). Außerdem gibt es nur einen einzigen Promotor, und selbst Translations-Terminationssignale werden erst bei der Polyadenylierung der mRNA erzeugt, nämlich durch Anhängen von $(A)_n$ an terminale U- oder UA-Nukleotide.

In diesem Zusammenhang ist es umso überraschender, dass Mitochondrien dennoch einen sehr grundlegenden Unterschied in ihrem genetischen Material gegenüber dem Kern aufweisen. Der genetische Code, der sonst universell ist (▶ Abschn. 3.2), besitzt einige mitochondrienspezifische Abweichungen (Tab. 5.1). Er wird daher auch als **mitochondrialer genetischer Code** bezeichnet.

Die **Replikation** der mitochondrialen DNA ist zwar nicht an die S-Phase gebunden, ihre Kopienanzahl im Cytoplasma, und damit auch das Replikationsverhalten, wird jedoch vom Zellkern kontrolliert. Mitochondrien teilen sich während der Proliferation und werden auf die Tochterzellen aufgeteilt. Bei der Teilung der Mitochondrien können zwei Phasen unterschieden werden: Replikation und Teilung der mitochondrialen DNA einerseits und die daran anschließende Teilung der Matrix andererseits. Für die Replikation benötigt ein Mitochondrium mehrere Proteine, darunter die katalytische Untereinheit der DNA-Polymerase γ (POLGA), die replikative Helikase TWINKLE, mitochondriale Einzelstrang-bindende Proteine (mtSSB) und die mitochondriale DNA-Polymerase (POLRMT). Die Replikation beginnt am Startpunkt des schweren Strangs (O_H) und verläuft zunächst nur in eine Richtung, bis der Startpunkt des leichten Strangs erreicht ist (O_L). Dort bildet sich eine Haarnadelschleife aus, die als Startsignal für die Replikation am leichten Strang gilt. Die POLRMT synthetisiert einen Primer aus etwa 25 Nukleotiden, und die DNA-Polymerase γ übernimmt dann die weitere DNA-Synthese.

Die Teilung der Mitochondrien konnte durch elektronenmikroskopische Studien charakterisiert werden: Dabei wurde zunächst ein Teilungsring an der Einschnürungsstelle der sich teilenden Mitochondrien identifiziert. Wichtige Komponenten dieses Teilungsrings sind Proteine aus der Dynaminfamilie, einer Gruppe eukaryotenspezifischer GTPasen. Dynamine sind aber auch an einem weiteren wichtigen Vorgang des Mitrochondrien-Lebenszyklus beteiligt, nämlich der Fusion von Mitochondrien. Wir sehen also, Mitochondrien sind sehr dynamische Strukturen, die rasch fusionieren und sich ebenso schnell auch teilen können. Eine Übersicht über den Mechanismus der Teilung von Mitochondrien und die beteiligten Spieler zeigt ◻ Abb. 5.10.

Wie in anderen DNA-Molekülen auch, können in mitochondrialer DNA Mutationen entstehen. Eine der ersten bekannten mitochondrialen Mutationen war die Mutante *poky* von *Neurospora crassa* (auch *mi-1* genannt), die von Mary und Herschel **Mitchell** isoliert und als cytoplasmatische Mutation beschrieben wurde (Haskins et al. 1953). Diese Mutante, die durch ihr schlechtes Wachstum gekennzeichnet ist, leidet an einem Verarbeitungsfehler, der zur Folge hat, dass ungenügende Mengen an (mitochondrialer) 19S-rRNA bereitgestellt werden. Das wiederum führt zu einem Mangel an kleinen mitochondrialen Ribosomenuntereinheiten. Hierdurch wird die mitochondriale Proteinsynthese gestört, sodass es zu einem langsamen Wachstum der Zellen kommt.

Erste mitochondriale Mutationen, die beim Menschen zu Erbkrankheiten führen, wurden 1988 in zwei Arbeitsgruppen entdeckt (Holt et al. 1988, Wallace et al. 1988); heute sind Hunderte von Punktmutationen, Deletionen und Rearrangements bekannt und mit Krankheiten assoziiert. Viele Krankheiten betreffen die Gehirn- und Muskelfunktionen – Organe mit hohem Energieverbrauch (▶ Abschn. 13.3.5). Dazu kommt häufig eine Milchsäure-Acidose, hervorgerufen durch die schlechte Verwertung von Pyruvat. Allerdings sind die klinischen Bilder oft sehr heterogen. Sie verschlimmern sich häufig mit fortschreitendem Alter aufgrund der Anhäufung pathogener mitochondrialer DNA in spezifischen Geweben. Eine Ursache dafür ist die mögliche unterschiedliche Verteilung von pathogener mitochondrialer DNA und mitochondrialer DNA des Wildtyps von der befruchteten Eizelle auf die Tochterzellen sowie die Akkumulation pathogener mitochondrialer DNA in bestimmten Organen im Laufe des Lebens. Zellen, in denen pathogene und Wildtyp-DNA gemeinsam vorkommen, werden als **heteroplasmisch** bezeichnet; **homoplasmische** Zellen enthalten **nur** pathogene mitochondriale DNA oder Wildtyp-DNA. Mitochondriale Dysfunktionen werden zunehmend auch mit Alterungsprozessen in Organismen in Verbindung gebracht.

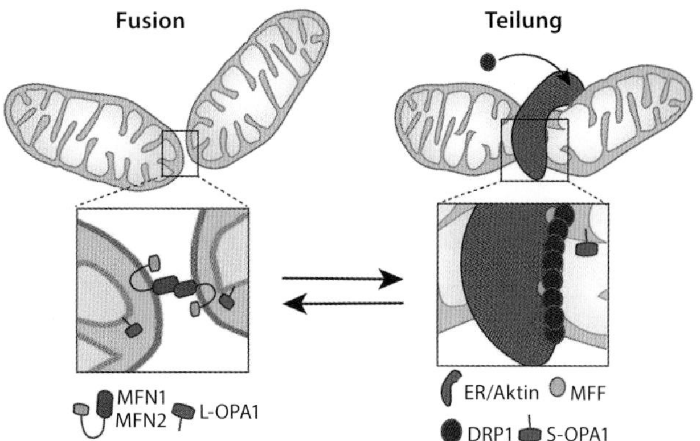

◻ **Abb. 5.10** Schematische Darstellung sich teilender und sich vereinigender Mitochondrien. Die Fusion an der äußeren Mitochondrienmembran wird durch die Wechselwirkungen der Mitofusine 1 und 2 (MFN1 und MFN2) angetrieben, wodurch die beiden Membranen zunächst aneinandergekettet werden und anschließend fusionieren. Die Fusion der inneren Membranen wird durch die Langform von OPA1 (L-OPA1; engl. *optic atrophy*) initiiert (die proteolytische Spaltung von L-OPA1 führt zu einer entsprechend verkürzten Form, S-OPA1). Die Teilungsstelle von Mitochondrien wird zunächst durch einen Komplex aus endoplasmatischem Reticulum (ER) mit Aktin markiert. Das mitochondriale Protein MFF (engl. *mitochondrial fission factor*) bindet ein Dynamin-ähnliches Protein (DRP1, engl. *dynamin-related protein*), das spiralenförmige Komplexe bindet. Diese Spirale zieht sich unter GTP-Verbrauch zusammen und trennt schließlich die beiden Hälften des Mitochondriums voneinander. Weitere Faktoren, die hier nicht gezeigt werden, sind FIS1 (*fission protein*) und MID49/51 (engl. *mitochondrial dynamics proteins of 49 kDa and 51 kDa*). (Nach Rambold und Pearce 2017, mit freundlicher Genehmigung)

Mitochondrien sind eingebettet in ein weites Netz der Qualitätskontrolle: Hier werden sowohl mitochondriale als auch zelluläre Fehlfunktionen wahrgenommen und führen (in Metazoen) zu einer entsprechenden Stressantwort, die in eine Teilung und Fragmentierung der Mitochondrien mündet und das Absterben der Mitochondrien (Mitophagie) oder der ganzen Zelle zur Folge haben kann. Eine wichtige Rolle spielt dabei das Protein OPA1 (◻ Abb. 5.10), das seinen Namen aufgrund einer Augenkrankheit (Optikusatrophie) erhielt, die durch Mutationen in dem entsprechenden Gen hervorgerufen wird. OPA1 wirkt dabei als ein Schalter, der zwischen Fusion und Teilung von Mitochondrien entscheidet: Wenn sich das Membranpotenzial der Mitochondrien vermindert (z. B. wegen Störungen der Atmungskette), verschiebt sich das Gleichgewicht zwischen der langen und der kurzen Form des OPA1-Proteins aufgrund der erhöhten Protease-Aktivität in Richtung der kurzen Form und fördert damit die Fragmentierung. Eine eher abschließende Antwort auf mitochondriale Störungen ist die Mitophagie, die durch die Kinase PINK1 gesteuert wird (engl. *PTEN-induced putative kinase 1*); PINK1 ist auch an der Entstehung der Parkinson'schen Erkrankung

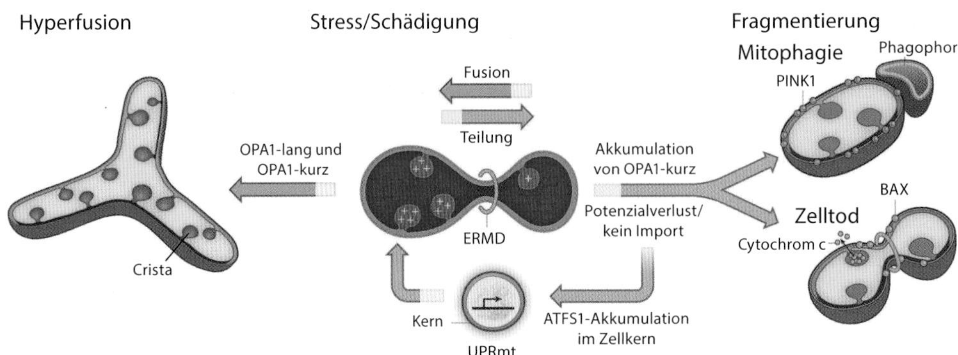

Abb. 5.11 Stressantworten von Mitochondrien. Störungen, die zu einer Abnahme des Membranpotenzials in Mitochondrien führen (*blau*), bewirken eine verringerte Effizienz des Imports von Proteinen in die Mitochondrien und eine Akkumulation von ATFS1 (engl. *activating transcription factor associated with stress*) im Zellkern. Dadurch wird eine Stressantwort hervorgerufen (engl. *unfolded protein stress response*, UPRmt). Die Abnahme des Membranpotenzials kann auch die proteolytische Spaltung der langen Form von OPA1 (engl. *optic atrophy*) auslösen; dadurch wird die Fusion von Mitochondrien angehalten und die Teilung der Mitochondrien durch das endoplasmatische Reticulum gefördert (engl. *ER-mediated mitochondrial division*, ERMD; Abb. 5.10). Die Akkumulation von PINK1 (engl. *PTEN-induced putative kinase 1*) führt zu Mitophagie (das Phagophor ist ein noch nicht geschlossenes Autophagosom); die Oligomerisierung von BAX (engl. *BCL2-associated X protein*) dagegen zum Zelltod. Eine Hyperfusion (*rot*) kann durch Stress und solche Fehlfunktionen der Mitochondrien ausgelöst werden, bei denen das Membranpotenzial nicht verändert wird (z. B. durch Hunger). Hyperfusion kann vorübergehend Probleme der Atmungskette ausgleichen und führt nicht zu Mitophagie. (Nach Friedman und Nunnari 2014, mit freundlicher Genehmigung)

beteiligt (► Abschn. 14.5.3). Andere Formen der Stressantwort (z. B. Hungern) führen zu einer Akkumulation der langen Form von OPA1 und damit zu einer Hyperfusion. Die Hyperfusion ist aber nur ein vorübergehendes Phänomen und keine dauerhafte Antwort auf Probleme in der Atmungskette. Eine Übersicht über die Stressantwort der Mitochondrien gibt Abb. 5.11.

Cytoplasmatische männliche Sterilität (engl. *cytoplasmic male sterility*, CMS), die auch als **Pollensterilität** bezeichnet wird, wurde erstmals von Joseph Gottlieb **Kölreuter** beschrieben (1763), damals Gartendirektor des Markgrafen von Baden-Durlach in Karlsruhe. Heute kennen wir dieses Phänomen bei vielen Pflanzen; es wird dem mitochondrialen Genom von Pflanzen zugeschrieben und ausschließlich mütterlich vererbt (insofern ist der historische Begriff „cytoplasmatische Sterilität" etwas irreführend, da die Ursache für die Sterilität nicht im Cytoplasma, sondern in den Mitochondrien liegt). In der Pflanzenzucht wird diese Form der Sterilität häufig bei der Erzeugung von Hybriden eingesetzt, die oft besonders hohe Erträge liefern (Heterosis, ► Abschn. 11.1, 11.3.4, 11.5.3). Um diese ertragreichen Hybriden zu erzeugen, muss aber die Selbstbestäubung verhindert werden – dies wurde früher durch aufwendige manuelle Schutzmaßnahmen bei jeder Pflanze erreicht. Pollensterilität macht derartige manuelle Verfahren jedoch überflüssig, und so konnte bereits 1950 die erste Maissorte mit Pollensterilität (*maize CMS-T*, Texas) kommerziell eingesetzt werden. Heute kennen wir Pollensterilität bei vielen Nutzpflanzen, und so ist diese Technik inzwischen weitverbreitet.

Die cytoplasmatische männliche Sterilität erscheint auf den ersten Blick als eine evolutionäre Sackgasse, da diese Pflanzen ja zum Aussterben prädestiniert sind – gäbe es nicht Gene im Kerngenom, die bei entsprechenden Kreuzungen wieder zu fertilen Nachkommen führen. Da diese Gene die Fertilität wiederherstellen, werden sie im englischen Schrifttum als *restorer of fertility* (Gensymbol *Rf*) bezeichnet. Dieses System von mitochondrialer Sterilität und Kern-codierter Fertilität eignet sich natürlich in besonderer Weise, um Wechselwirkungen zwischen Kern und Mitochondrien und auch die Co-Evolution von Kern- und Mitochondriengenom zu studieren. Ein mögliches Zuchtschema zeigt Abb. 5.12. Aufgrund der Sterilität können die Samen dieser Hybridpflanzen allerdings nicht zur Neuaussaat verwendet werden; das entsprechende Saatgut muss also immer wieder neu hergestellt werden. Die gesellschaftlichen Konsequenzen dieses Verfahrens sind erheblich: Abhängigkeit der Landwirtschaft von den herstellenden Firmen, Verringerung der genetischen Vielfalt im Saatgut, Gefahr von Missernten, wenn aufgrund des erwarteten hohen Ertrags überwiegend eine bestimmte Sorte eingesetzt wird, die aber bei extremen Wetterlagen wie Dürre oder starkem Regen auch einheitlich reagiert.

Die Frage nach den beteiligten Genen konnte inzwischen auch in vielen Fällen beantwortet werden. Auf der Seite der Mitochondrien sind mindestens zehn essenzielle Gene bekannt, deren Veränderungen zu CMS führen. Meistens sind Gene der Atmungskette betroffen, darunter *cox1*, *atp6* und *atp8*. Häufig sind es aber nur Teile dieser Gene, die in den CMS-Mitochondrien mit unbekannten Sequenzen fusioniert sind und entsprechend als offener Leserahmen (engl. *open reading frame*, *orf*) mit

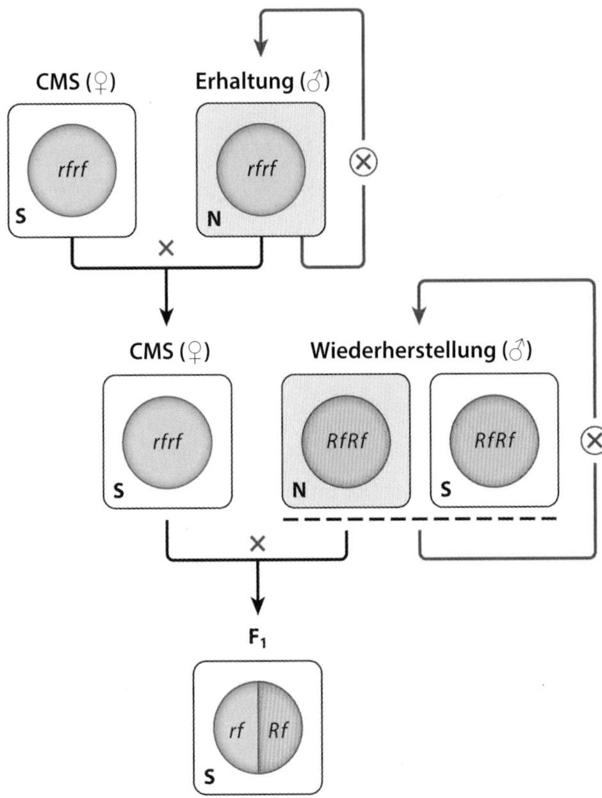

■ **Abb. 5.12** Schematische Darstellung der Anwendung cytoplasmatischer männlicher Sterilität (CMS) zur Herstellung von Hybriden in der Pflanzenzucht. Es werden dazu drei Linien benötigt: eine CMS-Linie mit sterilen Mitochondrien im Cytoplasma (S, *weiß*) mit einem nicht-funktionellen (rezessiven) Wiederherstellungsgen im Kern (*rf*, *blauer Kreis*), eine Erhaltungslinie mit funktionellen Mitochondrien im Cytoplasma (N, *gelb*) und einem Kerngenom wie in der CMS-Linie und eine Wiederherstellungslinie mit funktionellen oder nicht-funktionellen Mitochondrien im Cytoplasma, aber einem funktionellen (dominanten) Erhaltungsgen (*Rf*) im Zellkern (*violett*). Die Erhaltungslinie und die Wiederherstellungslinie können sich bei Kreuzungen untereinander selbst bestäuben und jeweils für sich erhalten werden. Die Kreuzung weiblicher CMS-Pflanzen mit männlichen Pflanzen der Erhaltungslinie führt zu sterilen Hybriden. Diese Kreuzungsschemata folgen den Mendel'schen Regeln (▶ Abschn. 11.1). (Nach Chen und Liu 2014, mit freundlicher Genehmigung)

einer Nummer bezeichnet werden. So ist beispielsweise *orf79* aus CMS-Reis aus Sequenzen des *cox1*-Gens und weiteren unbekannten Sequenzen zusammengesetzt; die resultierenden Proteine sind häufig kleine Membranproteine. Auf der Seite des Kerngenoms codieren viele *Rf*-Gene für PPR-Proteine (engl. *pentatricopeptid repeat*); dabei handelt es sich um eine Gruppe von RNA-Bindeproteinen, die an der posttranskriptionellen Weiterverarbeitung von mRNA in den Organellen beteiligt sind (Editieren, Spleißen, Spalten, Abbau und Translation; ▶ Kap. 3). Andererseits codiert das *Rf*-Gen in dem schon erwähnten texanischen Mais (CMS-T) für eine Aldehyd-Dehydrogenase. Eine sehr ausführliche und aktuelle Darstellung der *Rf*-Gene und insbesondere der PPR-Proteine findet sich bei Gaborieau et al. (2016).

❗ Die Replikation mitochondrialer DNA ist nicht an die S-Phase gebunden und erfolgt durch die DNA-Polymerase γ. Die Transkription der mitochondrialen Gene wird an je einem Promotor des leichten und des schweren Strangs initiiert; das jeweilige Transkript ist polycistronisch. Veränderungen im mitochondrialen Genom können auch für Pollensterilität bei Pflanzen verantwortlich sein.

5.1.5 Der Zellkern und seine dynamische Architektur

Im Vergleich zu seiner großen Bedeutung bei der DNA-Replikation, Transkription und Weiterverarbeitung der mRNA hat der Kern einer Eukaryotenzelle eine relativ unauffällige Morphologie (■ Abb. 5.13). Sein Inhalt stellt sich als eine zähflüssige, formlose Masse dar, die durch eine kompliziert gebaute **Kernhülle** vom Cytoplasma abgegrenzt wird. Im Kern einer Zelle, die sich nicht teilt („Interphasezelle"), erkennt man die Chromosomen als stark auseinandergefaltete Nukleoproteinfasern, die bestimmte Bereiche im Zellkern einnehmen (**Chromosomenterritorien**) und in der Regel als **Chromatin** bezeichnet werden. Die Struktur des Chromatins werden wir später im ▶ Abschn. 6.2 genauer kennenlernen. Das **Kernplasma** (Karyoplasma) ist durch ein Kernskelett, d. h. ein Netzwerk aus Proteinfibrillen, strukturell gegliedert. Die **Kernmatrix** ist nicht zuletzt für die Verdoppelung und die Positionierung der Chromosomen wichtig, bestimmt aber zugleich auch die Form des Zellkerns.

Die **Kernhülle** besteht aus zwei Membranen, die eine Barriere bilden, um Ionen, gelösten Stoffen und Makromolekülen den Weg zwischen Zellkern und Cytoplasma zu versperren. An manchen Stellen sind die Membranen verbunden und bilden runde Poren; diese Kernporen spielen eine entscheidende Rolle bei Transportvorgängen durch die Kernmembran (■ Abb. 5.14). Der inneren Kernmembran ist eine Proteinschicht angelagert, die aus **Laminmolekülen** gebildet wird. Diese Laminschicht ist offenbar nicht nur für die Strukturierung des Kerns und die Anheftung der Chromosomen an die Kernmembran unentbehrlich (siehe unten: Chromosomenterritorien), sondern sie ist auch an der Regulation der Genexpression sowie an der Kontrolle des Stofftransports zwischen Zellkern und Cytoplasma beteiligt.

Wie wir oben schon angesprochen haben, ist die Architektur des Zellkerns durch dreidimensionale Netzwerke höherer Chromatinstrukturen einerseits und Kompartimentierung andererseits gekennzeichnet. Beides ist für die Integration biologischer Prozesse wie DNA-Replikation, Transkription und Reifung der mRNA essenziell. Schon am Ende des 19. Jahrhunderts erkannten Carl **Rabl** (1885) und wenig später Theodor **Boveri** (1888, 1909) durch lichtmikroskopische Untersuchungen, dass Chromosomen während der Interphase als individuelle,

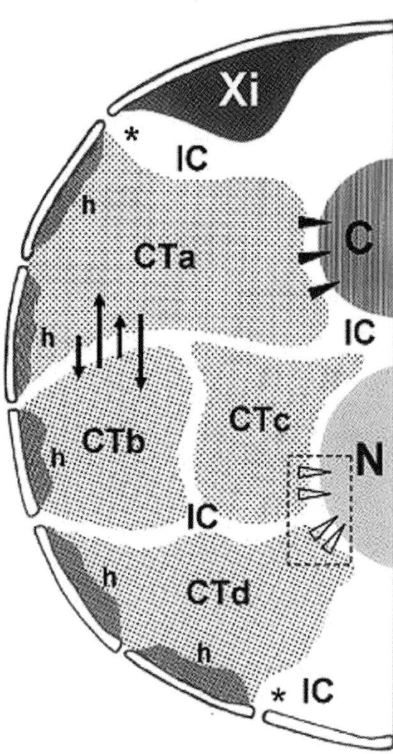

■ **Abb. 5.13** Der Interphasezellkern (eines weiblichen Säugetieres) zeigt eine kompartimentalisierte Struktur. Die Chromosomen sind in Territorien angeordnet (hier sind vier Chromosomenterritorien dargestellt: CTa–CTd). Chromozentren (C) bestehen aus inaktivem Heterochromatin; ihre Zahl pro Zellkern ist unterschiedlich, da sie dazu neigen, sich zu vereinigen. Der Kernhülle, die von Poren durchsetzt ist, lagert sich innen eine Proteinschicht aus Laminmolekülen an. Die Kernporen sind mit dem Interchromatin-Kompartiment (IC) verbunden und können auch aktive Transkriptionseinheiten beherbergen (*Stern*). Abgeschaltete, spät replizierende heterochromatische Regionen (h) sind an der Peripherie des Zellkerns angeordnet; ebenso das inaktivierte X-Chromosom (Xi). Genreiches, früh replizierendes Chromatin befindet sich im Inneren des Zellkerns. Die Chromosomenterritorien sind radial nach innen angeordnet, und zwar entsprechend ihres Genreichtums, ihrer Größe und Expressionsstärke. CTa ist ein großes Chromosom mit reprimierten heterochromatischen Domänen, die mit der Kernmembran verbunden sind oder einen Teil eines Chromozentrums bilden (*schwarze Pfeilspitzen*). Kleine, genarme (CTb) Chromosomen befinden sich in der Außenzone, während kleine und genreiche (CTc) Chromosomen eher im Inneren des Zellkerns angetroffen werden. CTd und CTc bilden NORs (engl. *nucleolar organizing regions*), die funktionell in den Nukleolus (N) übergehen (*offene Pfeilspitzen*). Das *gestrichelte Rechteck* deutet die Möglichkeit von Wechselwirkungen von Genen verschiedener Chromosomen an (hier CTc und CTd). Aktive Chromatinschlaufen befinden sich meistens an der Oberfläche der Chromosomenterritorien und reichen in das IC hinein. Die Vermischung einzelner Domänen von CTa und CTb durch große oder mittelgroße Chromatinschlaufen (*schwarze Pfeile*) ermöglicht die gemeinsame Anwesenheit ihrer Gene in Regionen hoher Expression. (Nach Folle 2008, mit freundlicher Genehmigung)

voneinander getrennte Funktionseinheiten vorkommen; eine besondere Form wurde später für das X-Chromosom beschrieben („Barr-Körper"; Barr und Bertram 1949; ► Abschn. 6.4.4). Seit den 1970er-Jahren haben neue Methoden der Zellbiologie diese **Chromosomenterritorien** nicht nur wiederentdeckt, sondern im Kontext der Architektur des Zellkerns auch mögliche Funktionen beschrieben. Farblich kombinierte Fluoreszenz-*in-situ*-Hybridisierungen an einzelnen Zellen zeigten, dass einzelne Chromosomen an bestimmten Stellen („Territorien") im Zellkern zu finden sind. Ein typisches Beispiel aus einer Hühnerzelle zeigt ■ Abb. 5.15.

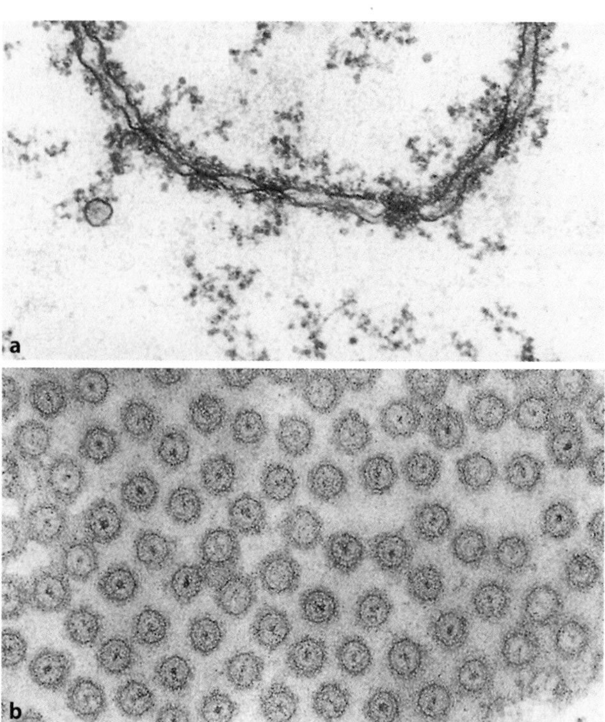

■ **Abb. 5.14** Elektronenmikroskopische Aufnahmen von Kernporen in *Xenopus*-Oocyten. **a** Querschnitt durch eine Oocytenkernmembran. Die Doppelmembran ist deutlich zu erkennen, ebenso die in regelmäßigen Abständen gelegenen Kernporen. **b** Aufsicht auf eine Kernmembran mit Kernporen. Porenkomplexe sind in großer Anzahl vorhanden und regelmäßig angeordnet. Das Zentralgranulum der Poren ist sichtbar. (Fotos: C. Dabauvalle, Würzburg)

Es scheint dabei ein **reproduzierbares** Arrangement der Chromosomen in den jeweiligen Zellkernen zu geben: Genarme Chromosomenterritorien und stillgelegte Gene befinden sich üblicherweise an der Peripherie des Zellkerns, wohingegen genreiche Regionen und aktive Gene eher im Inneren des Zellkerns zu finden sind (■ Abb. 5.16). Da die Frage nach der Aktivität von Genen aber vom Entwicklungs- und Differenzierungsgrad eines Gewebes bzw. der jeweiligen Zelle abhängt, variiert auch die Lage der entsprechenden Chromosomenterritorien.

Wie in ■ Abb. 5.16 gezeigt, ist die Lage des Heterochromatins an der Peripherie des Zellkerns davon abhängig, dass eine relativ stabile Verbindung bestimmter Abschnitte der genomischen DNA mit der Laminschicht hergestellt wird. Diese DNA-Abschnitte (engl. *lamina-associated domains*, LAD) umfassen etwa 40 % des Genoms (bei Maus und Mensch); sie variieren in ihrer

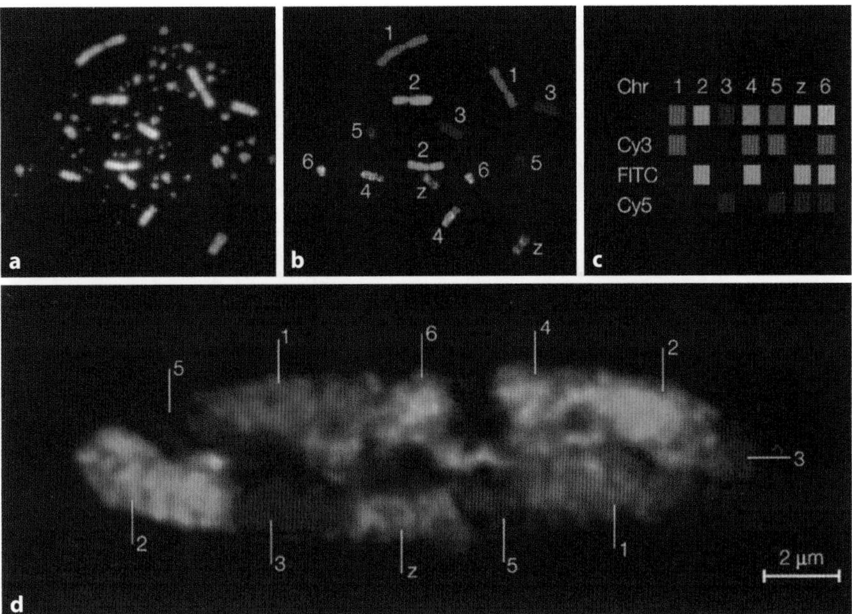

◻ Abb. 5.15 Chromosomenterritorien in einer Hühnerzelle. **a** DAPI-gefärbte, diploide Metaphase einer Hühnerzelle. **b** Dieselbe Metaphase nach *in-situ*-Hybridisierung mit verschiedenen Fluoreszenzfarbstoffen. Die Proben zur Anfärbung der Hühnerchromosomen wurden mit einem kombinatorischen Schema mit Östradiol (1, 4, 5, 6), Digoxigenin (2, 4, 6, Z) und Biotin (3, 5, 6, Z) markiert. **c** Östradiol- und Digoxigenin-markierte Proben werden über Sekundärantikörper nachgewiesen, die mit Cy3 und FITC markiert sind; biotinylierte Proben werden über Cy5-gekoppeltes Streptavidin nachgewiesen. **d** Der optische Schnitt in der Mitte eines Fibroblasten-Zellkerns des Huhns zeigt wechselseitig ausschließliche Chromosomenterritorien, wobei homologe Chromosomen an unterschiedlichen Stellen lokalisiert sind (beachte, dass in diesem Schnitt jeweils nur eines der beiden Chromosomenterritorien für die Chromosomen 4 und 6 sichtbar ist). (Cremer und Cremer 2001, mit freundlicher Genehmigung)

Größe zwischen einigen 10 Kilobasen und etlichen Megabasen. LADs sind arm an Genen und auch an Markierungen, die üblicherweise aktives Chromatin kennzeichnen (▶ Abschn. 8.1.1). Die Anheftung der DNA an die Laminschicht (und die damit verbundene Abschaltung der entsprechenden Gene) benötigt Proteine, die in der inneren Kernmembran verankert sind – ohne diese Proteine findet keine Abschaltung der Gene statt. Abhängig vom Differenzierungszustand der Zellen können reprimierte Gene oder Gengruppen auch wieder aus ihrer Bindung an die Laminschicht gelöst werden. Eine wichtige Rolle spielen hierbei offensichtlich die Bindungen von Transkriptionsfaktoren an die Promotoren ihrer jeweiligen Zielgene (▶ Abschn. 7.3.1). Die Positionierung von DNA an den Rand des Zellkerns hat aber nicht nur regulatorische Funktion, sondern kann auch eine Schutzwirkung haben; dies gilt insbesondere für die Enden der Chromosomen (Telomere; ▶ Abschn. 6.1.4), die ohne die Anheftung als Doppelstrangbruch erkannt und abgebaut werden könnten.

Eine wichtige Rolle bei der Verankerung der DNA an der Laminschicht spielen auch die Proteinkomplexe der Kernporen (engl. *nuclear pore complex*, NPC). Allerdings ist hier eine unterschiedliche Wirkung zu beobachten: DNA-Regionen, die an NPCs binden, werden häufig auch aktiv transkribiert; möglicherweise in Abhängigkeit von Signalmolekülen, die über die Kernporen den Zellkern erreichen und damit unmittelbar auf ihre Zielgene treffen. Die NPCs sind auch die Stellen, an denen DNA-Reparaturmechanismen ablaufen; der NPC-Subkomplex Nup84 trägt vermutlich wesentlich zur Verankerung der DNA-Strangbrüche an der Kernmembran bei.

Eine besondere Gruppe von Proteinen, die an der Abschaltung von Genen beteiligt sind, stellt die Polycomb-Gruppe dar (PcG). PcGs spielen eine wichtige Rolle bei der Repression der *Hox*-Gene (▶ Abschn. 12.4.5) während einiger Abschnitte der Entwicklung von *Drosophila*; PcGs binden dabei an bestimmte „Antwort-Elemente" (engl. *Polycomb-response elements*, PRE), die über den ganzen *Hox*-Cluster verteilt sind. Durch Aneinanderlagerung mehrerer dieser Komplexe entsteht eine verdichtete chromosomale Struktur, und die Gene können nicht abgelesen werden (◻ Abb. 5.16d). Ähnliches gilt auch für die Inaktivierung des X-Chromosoms bei weiblichen Säugetieren (▶ Abschn. 8.3.2).

> **!** Untersuchungen der höheren Ordnung des Chromatins zeigten, dass Chromosomen in bestimmten Kompartimenten des Zellkerns (Territorien) zu finden sind. Der Ort eines Gens innerhalb eines Chromosoms beeinflusst seinen Zugang zur Maschinerie spezifischer Kernfunktionen wie Transkription und Spleißen. Diese Betrachtungsweise lässt sich mit einem topologischen Modell der Genregulation verbinden.

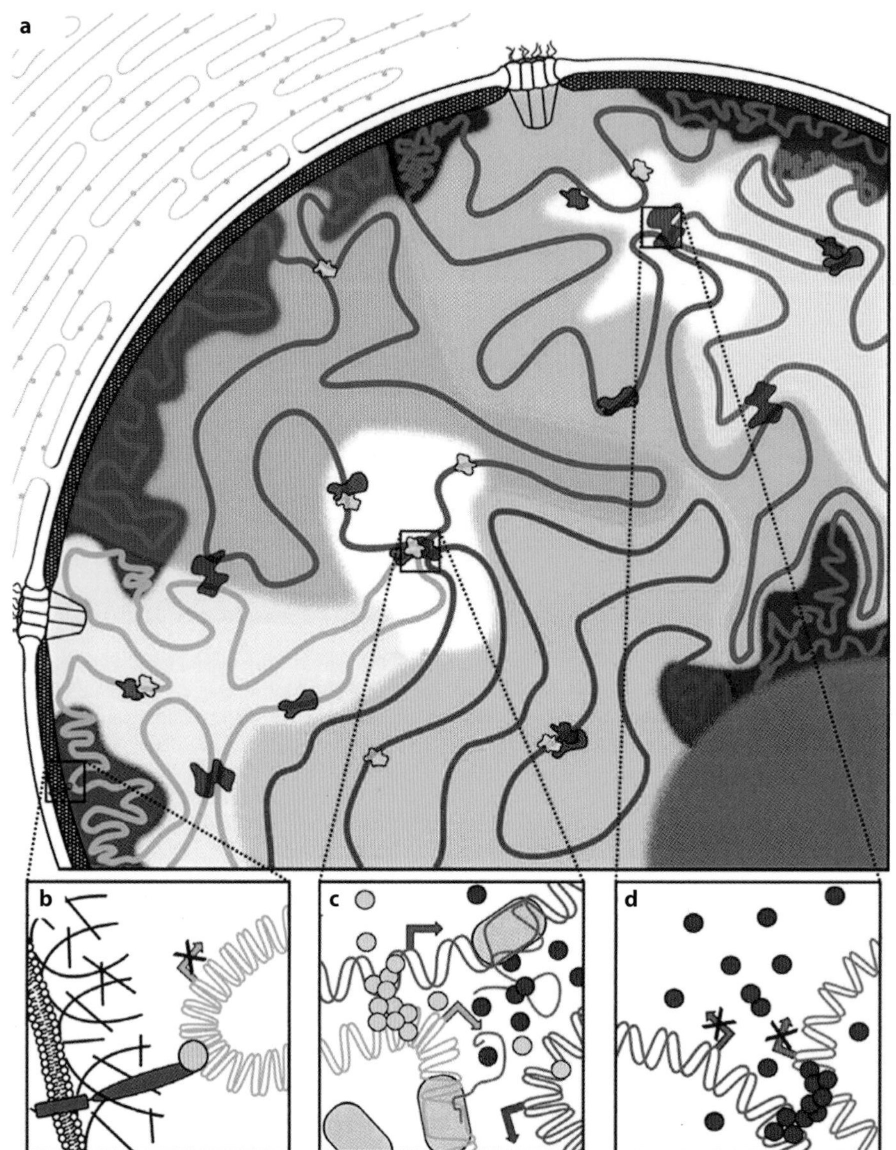

Abb. 5.16 Modell einer funktionellen Chromosomenarchitektur. **a** Die Kernhülle besteht aus einer inneren und äußeren Membran und wird durch Poren unterbrochen (*korbartige Strukturen*). Lamine bilden ein Geflecht auf der inneren Oberfläche (*schwarzes Gittermuster*). Innerhalb des Zellkerns besetzen die Chromosomen (*dicke farbige Linien*) bestimmte Bereiche (*entsprechend farbige Areale*), durchsetzt von freien Bereichen (*weiß*). Heterochromatin besetzt überwiegend die Peripherie des Zellkerns und ist als *dunkler Bereich* innerhalb des jeweiligen Chromosomenterritoriums dargestellt. Kernkörperchen kommen in den freien Bereichen zwischen den Chromosomenterritorien vor und stellen Anhäufungen von Transkriptionsfaktoren (*gelb*), Spleißfaktoren (*violett*), Polycomb-Proteinen (*dunkelrot*) oder RNA-Polymerasen (*grau*) dar. **b** Ein Lamin-assoziiertes Protein (*grau*) durchquert die Laminschicht und heftet ein Chromosom (*blau*) über eine Wechselwirkung mit einem weiteren Protein (*gelber Kreis*) an die Kernperipherie an. Dadurch werden die benachbarten Gene stillgelegt (*abgewinkelter Pfeil mit schwarzem X*). **c** Aktive Gene (*abgewinkelter Pfeil*) befinden sich bei der Transkriptionsmaschinerie innerhalb der freien Areale zwischen den Chromosomen (RNA-Polymerase: *graue Ovale*; Transkriptionsfaktoren: *gelbe Kreise*; Spleißfaktoren: *violette Kreise*; RNA-Transkripte: *violette Linien*). **d** Polycomb-Proteine kommen an verschiedenen Stellen im Genom vor und bilden Polycomb-Körperchen (*dunkelrote Kreise*). (Geyer et al. 2011, mit freundlicher Genehmigung)

An dieser Stelle kommen Strukturen ins Spiel, die als **Insulatoren** von Chromatinregionen bezeichnet werden. Insulatoren werden in vielen Organismen (von Hefen bis zu Menschen) gefunden. Es sind Sequenzelemente, die die Wechselwirkungen zwischen Enhancern und Promotoren (► Abschn. 7.3) verhindern, wenn sie zwischen diesen lokalisiert sind. Sie verhindern auch Positionseffekte auf die Wirkung von Transgenen. Sie markieren offensichtlich Grenzen zwischen größeren Transkriptionseinheiten, als dies einzelne Gene alleine darstellen. Daher sind sie Schlüsselelemente in dem Prozess, voneinander unabhängige Domänen unterschiedlicher Genexpression zu etablieren.

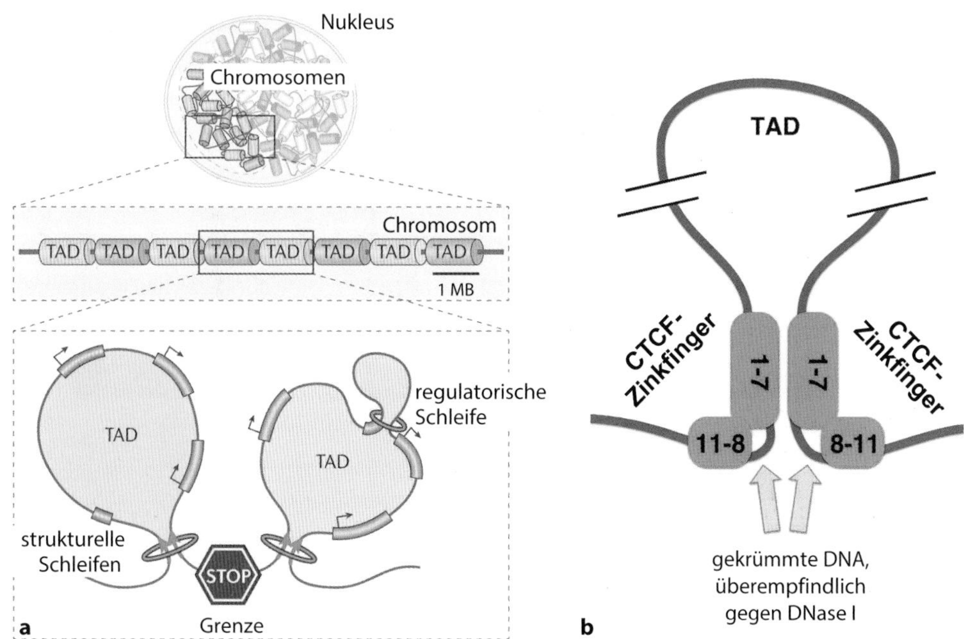

Abb. 5.17 Strukturen von TADs (engl. *topologically associated domains*). **a** Chromosomen sind untergliedert in topologisch assoziierte Domänen, die durch strukturelle Chromatinschleifen gebildet werden. Sie begrenzen damit die Möglichkeit der Kontakte zwischen verschiedenen DNA-Abschnitten; so finden sich mögliche Interaktionsstellen zwischen Enhancern und Promotoren der Zielgene innerhalb derselben TAD. *Grüne Pfeile* an der Basis der TADs repräsentieren Bindestellen für CCCTC-bindende Faktoren (CTCF) und wirken zusammen mit den Cohesin-Ringen (*rot*) als strukturelle und funktionelle Grenzen zwischen verschiedenen TADs. Regulatorische Schleifen, die ebenfalls Cohesin enthalten können, können sich innerhalb von TADs zwischen Enhancern und Promotoren bilden. *Schwarze, abgewinkelte Pfeile* stellen aktiv transkribierte Gene dar. **b** Die Struktur und Orientierung des CTCF-DNA-Komplexes kann die Paarung der TAD-Grenzen stabilisieren; dabei ist es wichtig, dass CTCF die DNA um 90° knicken kann. Wenn die DNA-Bindemotive konvergent sind, erleichtert das die Bildung von heterodimeren CTCF-Komplexen und die Ausbildung der gekrümmten DNA-Konformation an der Basis des TAD. Die DNA-Krümmung befindet sich zwischen dem 7. und 8. Zinkfinger des CTCF-Proteins und führt zu einem DNase-I-überempfindlichen Bereich. (**a** nach Krijger und de Laat 2016; **b** nach Ali et al. 2016; beide mit freundlicher Genehmigung)

Erste Hinweise auf diese Rolle der Insulatoren beim Aufbau von Chromatindomänen erhielt man bei der Analyse des *gypsy*-Insulators von *Drosophila*. *Drosophila* eignet sich für solche Untersuchungen in besonderer Weise, da die polytänen Chromosomen (Riesenchromosomen mit vielen Chromatiden; ► Abschn. 6.4.1 und ◘ Abb. 6.28) eine gute Auflösung bei geringer mikroskopischer Vergrößerung zeigen. *Gypsy* ist ein Retrotransposon (► Abschn. 9.1.2) bei *Drosophila*; eine andere Bezeichnung ist auch *mdg4*. Proteinkomponenten des *gypsy*-Insulators kommen an ca. 500 Stellen im *Drosophila*-Genom vor. Diese 500 Insulatoren verschmelzen aufgrund einer Wechselwirkung mit daran gebundenen Proteinen zu ca. 25 größeren Strukturen, die als „Insulator-Körperchen" bezeichnet werden und überwiegend in der Peripherie diploider Zellen vorhanden sind. Dadurch trennen die Insulatoren die Chromatinfasern in Schleifen oder Domänen und bilden dabei rosettenartige Strukturen.

Obwohl Insulatoren bei den meisten Eukaryoten vorkommen und in ihrer allgemeinen Funktion konserviert sind, unterscheiden sie sich doch in den Details. In *Drosophila*-Insulatoren spielt das Centrosomenprotein CP190 (engl. *centrosome-associated zinc-finger protein*) eine besondere Rolle als „Brückenfaktor", da es mit einer Vielzahl an Proteinen und auch DNA-Bindeproteinen in Wechselwirkung steht. Die DNA-Bindeproteine stellen dann die Verbindung zu den entsprechenden Stellen im Genom her. Die Zusammensetzung dieser Komplexe ist nicht immer einheitlich und kann deshalb auch mit der Stärke der begrenzenden Funktion der Insulator-Elemente assoziiert sein. Wichtige Insulatorbindeproteine sind BEAF32 (engl. *boundary element-associated factor of 32 kDa*), Su(Hw) (engl. *suppressor of hairy wing*) und Zw5 (engl. *zeste white 5*; ein synonymes Gensymbol ist *dwg*, engl. *deformed wings*).

In Vertebraten ist das am besten untersuchte Insulatorprotein CTCF (engl. *CCCTC-binding factor*) mit seinem wichtigen Cofaktor Cohesin. In ◘ Abb. 5.17 ist dargestellt, wie wir uns eine funktionelle Organisation des Genoms bzw. einzelner Chromosomen vorstellen können – nämlich als Abfolge einer Vielzahl von Schlaufen, die auch als topologisch assoziierte Domänen (TADs) bezeichnet werden. An der Basis dieser TADs. finden wir im Wesentlichen CTCF-Cohesin-Komplexe; diese strukturellen Schleifen (engl. *architectural loops*) umspannen bis zu 3 Mb. Innerhalb dieser TADs können

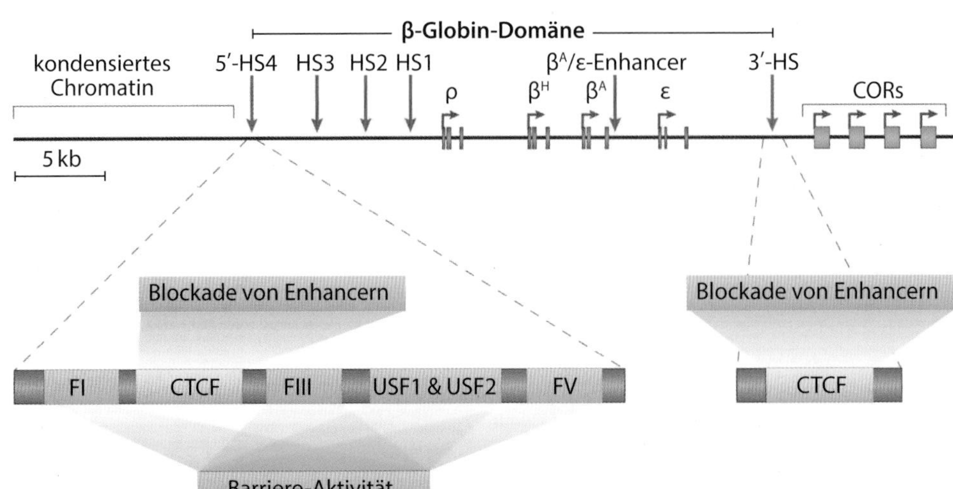

Abb. 5.18 β-Globin-Cluster des Huhns. Die β-Globin-Gene liegen als Cluster innerhalb eines Nuklease-sensitiven Bereichs (HS: hypersensitiv) unterhalb eines langen Abschnitts mit kondensiertem Chromatin. Als Insulatoren wirken dabei die Bereiche 5′-HS4 und 3′-HS; sie grenzen den Bereich von den anschließenden Genen für Geruchsrezeptoren (CORs) ab. Die Locus-Kontrollregion besteht aus den Bereichen 5′-HS1–3 und ist für das hohe Expressionsniveau der β-Globin-Gene ebenso nötig wie der β/ε-Enhancer. Das HS4-Element kann andere Enhancer blockieren und hat darüber hinaus eine Barriere-Aktivität, sodass das β-Globin-Gencluster gegenüber einer Aktivierung von außerhalb geschützt ist, aber auch gegenüber einer Abschaltung durch die benachbarte kondensierte Region. Die Blockade der Enhancer wird durch die Bindung des Transkriptions-Repressors CTCF vermittelt (CCCTC-bindender Faktor); die Barriere-Aktivität wird durch die kombinierte Wirkung der Faktoren FI, FIII und FV zusammen mit den Faktoren USF1 und USF2 erzielt (engl. *upstream transcription factor*). Die 3′-HS-Region bindet CTCF und wirkt nur über dessen Enhancer-blockierende Eigenschaft als Insulator. Der Balken deutet eine Länge von 5 kb an. (Nach Gaszner und Felsenfeld 2006, mit freundlicher Genehmigung)

sich aber auch noch kleinere, regulatorische Schleifen bilden. Daran sind dann in der Regel gewebespezifische Transkriptionsfaktoren beteiligt, oft in Zusammenarbeit mit Cohesin und manchmal auch mit CTCF. Dazu kommen aber auch noch unterschiedliche posttranslationale Modifikationen der Proteine, die das Chromatin aufbauen, vor allem Methylierungen und Acetylierungen (für weitere Details siehe ► Abschn. 6.2 und 8.1).

Für das β-Globin-Cluster wurde gezeigt, dass die flankierenden Insulatorsequenzen Bindestellen für das CTCF-Protein enthalten. Werden Transgene mit CTCF-Bindestellen flankiert, behalten sie den Zustand hoher Acetylierung bestimmter Proteine des Chromatins unabhängig vom Transkriptionszustand des Gens oder der Anwesenheit aktiver Enhancer (► Abschn. 7.3.3) in der entsprechenden Domäne. Gerade das Beispiel der Insulatoren des β-Globin-Genclusters zeigt aber auch, dass Insulatoren dynamisch sein müssen, um die unterschiedliche Aktivierung der individuellen β-Globin-Gene während der Embryonalentwicklung zu erklären (► Abschn. 7.2.1). Ein mögliches Modell dazu wird in ◼ Abb. 5.18 vorgestellt.

Insulator-Elemente etablieren Domänen unterschiedlicher Genexpression dadurch, dass die lineare Information der Chromatinfasern in eine dreidimensionale Struktur übersetzt wird (Kompartimentierung). Insulatoren beeinflussen Enhancer-Funktionen durch die Veränderung der DNA-Topologie. Die Anheftung der Insulatoren an die Kernlamina oder Kernporenkomplexe bildet das notwendige Gerüst.

Neuere Arbeiten berichten über tRNA-Gene („tDNA") als Insulatoren. tDNAs kommen als Wiederholungselemente an verschiedenen Stellen des Genoms vor und befinden sich oft in unmittelbarer Nähe von Grenzen solcher Chromatindomänen, deren Expression unterdrückt ist. Raab et al. (2012) zeigten in ihrer Arbeit, dass diese Grenzregionen in ihrer Sequenz evolutionär konserviert sind, was auf eine Funktion hinweist, die ebenfalls über lange Zeit erhalten blieb. In funktionellen Untersuchungen in Hefezellen konnten sie zeigen, dass humane DNA-Fragmente, die tDNAs enthalten, die Enhancer-vermittelte Aktivierung von Genen unterbinden können. Dabei treten verschiedene tDNA-Regionen in Wechselwirkung (vermutlich über Chromatinschlaufen; ◼ Abb. 5.17) und ermöglichen damit eine weitreichende Inaktivierung bestimmter Gruppen von Genen.

Außer den Chromosomen finden wir im Plasma des Zellkerns noch eine Reihe von elektronendichten Strukturen (◼ Abb. 5.19), die insgesamt als **Kernkörperchen** bezeichnet werden; eine Übersicht über die bekanntesten Strukturen und ihre Funktionen gibt ◼ Tab. 5.2. Die **Nukleoli** wirken an der Synthese der ribosomalen DNA und dem Zusammenbau der Ribosomen mit, **Cajal-Körperchen** sind an der Biogenese von nukleärer RNA beteiligt,

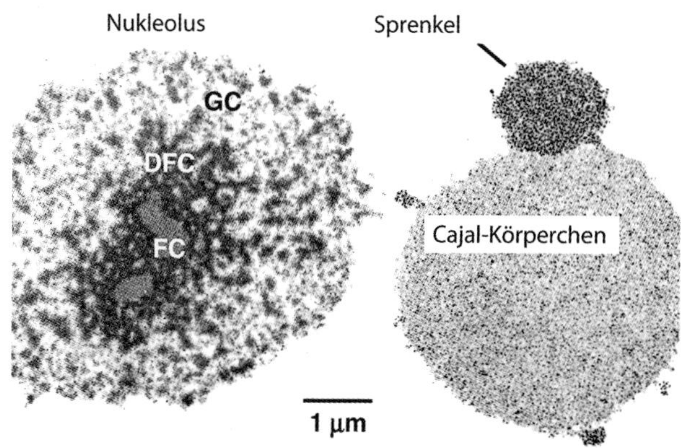

Abb. 5.19 Die Elektronenmikroskopie lässt einige Organellen im Zellkern einer Eizelle von *Xenopus* sichtbar werden: Die Cajal-Körperchen, die Sprenkel und die granuläre Komponente des Nukleolus enthalten heterogene Partikel mit Durchmessern in der Größenordnung von 2,5–5 nm. GC: granuläre Komponente; DFC: dichte fibrilläre Komponente; FC: fibrilläre Komponente. (Nach Handwerger und Gall 2006, mit freundlicher Genehmigung)

und die **Sprenkel** (engl. *speckles*) sind für Spleißvorgänge wichtig. Die Kernkörperchen sind aber nicht durch eine Membran vom Kernplasma getrennt.

Bereits die klassischen Cytologen hatten erkannt, dass **Nukleoli** in den sekundären Konstriktionen oder Nukleolusorganisator-Regionen (NORs; ▸ Abschn. 6.1.2, Abb. 6.5) gebildet werden. Heute wissen wir, dass die Nukleoli Orte der **Synthese von rRNA** sind. Für die Entstehung eines neuen Nukleolus ist der Beginn der Transkription ribosomaler DNA die Voraussetzung. Unterbleibt sie oder wird sie experimentell durch Hemmung der RNA-Polymerase I verhindert, so wird kein Nukleolus gebildet. Unter normalen Stoffwechselbedingungen entsteht der Nukleolus bei Beginn der rRNA-Synthese nach einer beendeten Zellteilung durch die Zusammenlagerung von **pränukleolären Körpern** (engl. *prenucleolar bodies*), die bereits vorgebildet sind und aus dem vorangegangenen Zellzyklus stammen. Offenbar sind die wachsenden Transkripte erforderlich, um die Bildung eines Nukleolus aus seinen verschiedenen Komponenten zu ermöglichen. Es wird angenommen, dass die 5′-Enden der Transkripte unmittelbar nach ihrer Synthese mit Proteinen des Zellkerns, insbesondere mit **Fibrillarin**, assoziiert werden und damit die zur Bildung von präribosomalen Partikeln erforderlichen RNA-Protein-Interaktionen einleiten. Vergleichbare Vorgänge kennen wir im Zusammenhang mit der Bildung von Lampenbürstenschleifen (Abb. 6.31 und 6.32).

Der Nukleolus ist der Ort der chromosomalen rRNA-Synthese während der Interphase. In ihm ist die rDNA der Nukleolusorganisator-Region für die Transkription dekondensiert. Die Bildung eines Nukleolus erfolgt durch die Anlagerung vorgefertigter Proteinkomplexe aus dem letzten Zellzyklus an die neu entstehenden Transkripte.

Ultrastrukturell kann man in den Nukleoli drei Komponenten unterscheiden (vgl. Abb. 5.19):
- im Inneren die **fibrillären Zentren** (engl. *fibrillar centers*),
- umgeben von **dichten fibrillären Komponenten** (engl. *dense fibrillar components*),
- und außen die **granulären Komponenten** (engl. *granular components*).

Diese Architektur reflektiert weitgehend die gerichtete Reifung der Ribosomenvorläufer, wobei die Transkrip-

Tab. 5.2 Die wichtigsten Kernkörperchen

Bezeichnung	Zahl pro Kern	Typische Größe (µm)	Hauptbestandteil	Funktion
Cajal-Körperchen	0–10	0,1–2,0	Coilin, SMN	Aufbau, Modifikation und Transport von snRNAs und snoRNAs, Regulation der Telomerlängen
Nukleolus	1–4	0,5–8,0	RNA-Polymerase I	Transkription und Weiterverarbeitung von rRNA, Aufbau der Ribosomen
PML-Körperchen	10–30	0,3–1,0	PML	Stressantwort, Virusabwehr, Genomstabilität
Sprenkel	25–50	0,8–1,8	SRSF1, SRSF2, Malat1	Speicherung, Aufbau und Modifikation von Spleißfaktoren
Stress-Körperchen	2–10	0,3–3,0	HSF1, HAP	Allgemeine Stressantwort, enthält nicht-codierende RNAs

HAP: engl. *hnRNP A1 associated protein*; HSF1: Hitzeschockfaktor 1; Malat1: große, nicht-codierende RNA (engl. *metastasis associated lung adenocarcinoma transcript 1*); PML: Protein, das bei Fusion zu promyelocytärer Leukämie führt; SMN: Protein, das bei Veränderungen zu spinaler Muskelatrophie führt; SRSF: Serin/Arginin-reicher Spleißfaktor. (Nach Mao et al. 2011)

tion der rRNA wahrscheinlich an der Schnittstelle zwischen den fibrillären Zentren und den dichten fibrillären Komponenten stattfindet. Die wachsenden Transkripte reichen hinaus in den Körper der dichten fibrillären Komponenten, und die wachsenden Ribosomenvorläufer wandern in die granuläre Komponente. Diese deutlichen morphologischen Unterscheidungen sind nicht nur Ausdruck funktioneller Unterschiede, sondern natürlich auch der biochemischen Zusammensetzung:

- **Fibrilläre Zentren** enthalten DNA, einschließlich rDNA, in einer Form, die Transkription erlaubt, und darüber hinaus entsprechende Transkriptionsfaktoren, z. B. RNA-Polymerase I, DNA-Topoisomerase I und DNA-bindende Faktoren. Entsprechend kann man auch wachsende Vorläufer von rRNAs erkennen; die so gebildete morphologische Struktur lässt sich mit Silber anfärben.
- Die **dichte fibrilläre Komponente** wird als der Ort betrachtet, an dem die frühe Vorläufer-rRNA nachbearbeitet und modifiziert wird. Sie enthält außerdem Fibrillarin als die Hauptkomponente von Riboproteinen (snoRNPs, engl. *small nucleolar ribonucleoproteins*) und kann ebenfalls durch Silber angefärbt werden.
- Die **granuläre Komponente** umfasst etwa 75 % der Masse des Nukleolus und enthält schon weitgehend reife Ribosomenvorläufer; diese Struktur kann nicht mit Silber angefärbt werden.

Die unterschiedlichen stoffwechselphysiologischen Prozesse, die im Nukleolus ablaufen, spiegeln sich in der Ultrastruktur des Nukleolus wider. Fibrilläre Zentren sind die Hauptsyntheseorte der rRNA. In der granulären Komponente des Nukleolus befinden sich die reifen Ribosomenvorläufer.

Cajal-Körperchen wurden zuerst vor über 100 Jahren von Ramon y Cajal in neuronalen Zellen beschrieben. Moderne bildgebende Verfahren in lebenden Zellen zeigten, dass sie sich in Zellkernen von Pflanzen und Tieren bewegen, aber auch fusionieren und sich teilen können. Dabei interagieren sie intensiv mit dem Nukleolus, mit dem sie manche Komponenten gemeinsam haben, vor allem snoRNAs und Proteine zur RNA-Bearbeitung (z. B. Fibrillarin, das verschiedene RNA-Moleküle methylieren kann). Die wichtigste Funktion der Cajal-Körperchen liegt in der Reifung der RNA, z. B. beim Spleißen, bei der Herstellung kleiner RNA-Moleküle (besonders miRNA und siRNA; ▶ Abschn. 8.2) und beim Abschalten von Genen.

In Pflanzen ist in den letzten Jahren ein neuer Typ eines Kernkörperchens entdeckt worden: **Lichtkörperchen** (engl. *photobodies*). Sie enthalten verschiedene Photorezeptoren, variieren in ihrer Größe und Zahl und werden durch externe Lichtreize reguliert. Die Beobachtung dieser sprenkelartigen Lichtkörperchen wirft viele Fragen auf: Wie wird ihre Bildung reguliert? Was ist ihre Funktion? Welche Faktoren werden zu ihrer Bildung benötigt? Am besten untersucht sind die Phytochrome, die für rotes Licht empfindlich sind. Die Translokation der Phytochrome zu den Lichtkörperchen ereignet sich innerhalb weniger Minuten während des Übergangs vom Dunkeln zum Hellen. Dabei werden die Phytochrome durch Cryptochrome begleitet, die ebenso schnell unter ähnlichen Änderungen der Lichtverhältnisse in den Zellkern gelangen und dort in einem Komplex mit den Phytochromen in den Lichtkörperchen nachgewiesen werden können. Die Funktion der Lichtkörperchen bewegt sich noch im Bereich der Hypothesen; die am weitesten verbreitete sieht die Rolle der Lichtkörperchen im Proteinabbau, insbesondere von Transkriptionsfaktoren. Andererseits befinden sich in den Lichtkörperchen auch viele Transkriptionsfaktoren, sodass sie als Organisationszentren für die Regulation lichtabhängiger Gene dienen könnten. Auch wenn die Lichtkörperchen bisher nur bei Pflanzen gefunden wurden, so sei an dieser Stelle doch darauf hingewiesen, dass Cryptochrome auch im Tierreich eine weite Verbreitung haben und nicht nur in den Augen exprimiert werden. Für eine detailliertere Darstellung dieser spannenden, neuen Entwicklung sei auf aktuelle Zusammenfassungen von van Buskirk et al. (2012) und Klose et al. (2015) verwiesen.

5.2 Der Zellzyklus

Eine Vermehrung von Zellen durch Zellteilungen ist nur dann möglich, wenn sichergestellt ist, dass die Erbinformation jeder Zelle vollständig und gleichmäßig auf die Tochterzellen verteilt wird. Jede Zelle muss also über die Fähigkeit verfügen, ihre Erbinformation identisch zu verdoppeln, sodass beide Zellteilungsprodukte, die **Tochterzellen**, eine gleiche Ausstattung an Erbinformation erhalten. Den Lebenszyklus einer Zelle können wir nach zwei Gesichtspunkten unterteilen:

- die Verdoppelung der Erbinformation und
- die Zellteilung.

Es hat sich herausgestellt, dass in den weitaus meisten Zellen die Verdoppelung der Chromosomen auf eine erste Stoffwechselphase folgt, die man G_1-Phase (G von engl. ***gap*** = Lücke) nennt. Den Zeitraum des Zellzyklus, innerhalb dessen sich die Chromosomen verdoppeln, nennt man Synthese- oder S-Phase. Es folgt ein weiterer Zeitabschnitt bis zur Zellteilung, währenddessen die Zelle stoffwechselaktiv ist, die G_2-Phase (■ Abb. 5.20). Dieser schließt sich endlich die Zellteilung oder Mitose (M-Phase) an. Die Abfolge von G_1-, S- und G_2-Phase und der Mitose bezeichnet man als einen Zellzyklus.

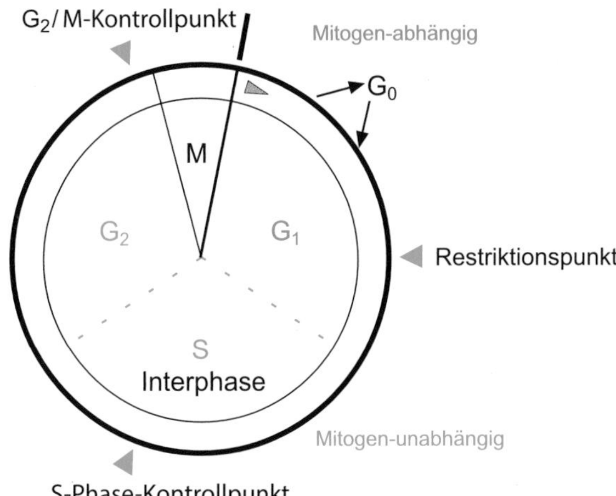

Abb. 5.20 Der Zellzyklus. Der Zellzyklus beginnt mit der G_1-Phase nach der Mitose (M). Wird der Restriktionspunkt (R) überschritten, so beginnt die Replikationsphase der DNA (S-Phase). Nach Abschluss der Replikation folgt die G_2-Phase, nach deren Abschluss die Zelle in eine neue Mitose eintritt. Der Zeitraum vom Beginn der G_1-Phase bis zum Beginn der nächsten Mitose wird als Interphase bezeichnet. Die verschiedenen Phasen variieren, je nach Zelltyp, in ihrer Dauer (vgl. Tab. 5.3). Im Schema sind die relativen Längen der verschiedenen Phasen dargestellt, wie man sie beispielsweise in Zellkulturen findet. Der gesamte Zellzyklus dauert in vielen Fällen etwa 20 h

Tab. 5.3 Zellzykluslängen in verschiedenen Zelltypen

Art	Interphase (min)	Mitose (min)
Drosophila melanogaster, Ei	3	6
Physarum polycephalum	420	40
Psammechinus		
(Embryo, erste Teilungen)	14	28
(200–300-Zell-Stadium)		32
Hühnerfibroblasten (Zellkultur)	700	23
Mausfibroblasten (Zellkultur)	1300	40
Hamsterfibroblasten (Zellkultur)	640	24
Säugerzellkultur	900	60
Vicia faba, Wurzelmeristem	1000	120
Ratte, Corneaepithelzellen	14.000	70

Nach Mazia (1961) und Kihlman et al. (1967)

5.2.1 Kontrolle des Zellzyklus

Im Jahre 1953 beschrieben Alma **Howard** und Stephen **Pelc** zum ersten Mal im Detail den Zellzyklus. Sie ließen Pflanzen (*Vicia faba*) mit einer ^{32}P-Markierung wachsen und zeigten, dass es in die DNA des Zellkerns nur während der Interphase eingebaut wurde und dass es vom Ende der Zellteilung bis zur erneuten Aufnahme des Isotops in neue DNA etwa 12 h dauerte. Aus der Analyse der heterogenen Meristemzellen leiteten Howard und Pelc (1953) ab, dass die DNA-Synthese etwa 6 h benötigt und die Zellen in die Prophase der nächsten Mitose ungefähr 8 h nach dem Ende der DNA-Synthese eintreten. Sie waren damit die Ersten, die einen Zeitrahmen für das Leben einer Zelle angegeben haben. Wie wir heute wissen, ist die **Dauer eines Zellzyklus** durch den besonderen Charakter des jeweiligen Zelltypus bestimmt und weist große Unterschiede auf (Tab. 5.3).

Betrachtet man die relative Dauer der einzelnen Abschnitte des Zellzyklus, so findet man Variabilität in der Länge überwiegend in der G_1-Phase. Zellen, die nicht mehr mitotisch aktiv sind oder sich zumindest zeitweilig nicht mehr teilen, überschreiten einen bestimmten Punkt in der G_1-Phase nicht. Dieser Zeitpunkt wird als **Restriktionspunkt (R)** bezeichnet. Er übt eine wichtige Kontrollfunktion im Zellzyklus aus, da er dafür sorgt, dass eine Zelle nicht in die Replikationsphase eintreten kann, bevor die notwendigen Voraussetzungen hierzu erfüllt sind. Besonders wichtig ist es, dass die DNA keine Brüche oder anderweitige Veränderungen enthält, die zu Problemen bei der Replikation führen würden.

Weitere **Kontrollpunkte** (engl. *checkpoints*), die den Fortgang des Zellzyklus regulieren, befinden sich in der G_2-Phase vor dem Beginn der M-Phase und in der M-Phase. In den Regulationsprozessen, die erforderlich sind, um solche Kontrollpunkte im Zellzyklus zu überschreiten, spielt eine Reihe von Proteinen eine wichtige Rolle, die stadienspezifisch aktiviert werden. An allen diesen Kontrollpunkten sind **Proteinkinasen** und **Proteasen** beteiligt sowie besonders die Regulationsproteine **Cycline** und die **Cyclin-abhängigen Kinasen** (CDKs), deren Konzentration in der Zelle den Übergang zwischen den einzelnen Phasen bestimmt (Abb. 5.21). Das Aktivitätsspektrum der Proteinkinasen selbst wird durch Modifikation des Grades ihrer **Phosphorylierung** beeinflusst. Hat eine Zelle den Restriktionspunkt in einem Zellzyklus überschritten, so ist sie irreversibel auf die Beendigung des begonnenen Zellzyklus festgelegt und durchläuft eine weitere Mitose. Zellen, die ihre Teilungsaktivität eingestellt oder zeitweilig unterbrochen haben, sind in der **G_0-Phase**. Sie haben den Restriktionspunkt nicht überschritten, und ihre Chromosomen sind nicht verdoppelt, da sie keine S-Phase durchlaufen haben.

Zellen, die sich im normalen Proliferationszustand befinden, müssen eine Reihe von Schritten vollziehen, die jeweils für sich geregelt sind:
- **Wachstum**,
- **Replikation** der DNA (Verdoppelung der Chromosomen),
- **Chromosomensegregation** während der Zellteilung,
- **Zellteilung**.

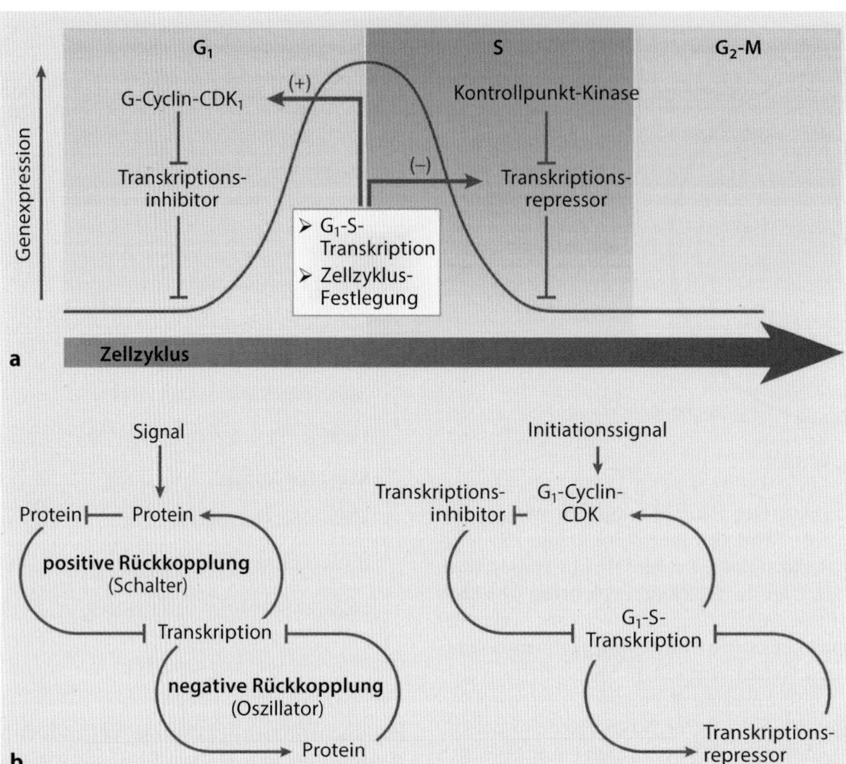

◘ Abb. 5.21 Zellzyklus-regulierte Transkription während der G_1- und S-Phase. **a** Beim Übergang von der G_1-Phase in die S-Phase werden Inhibitoren von Transkriptionsfaktoren durch Cyclin-abhängige Kinasen (CDKs) phosphoryliert und so wichtige Gene für den Eintritt in die S-Phase dereprimiert und damit angeschaltet (*rote Kurve*). Dazu gehören vor allem die G_1-Cycline. Durch die Wirkung der Cycline wird dieser Prozess weiter verstärkt (positive Rückkopplung), sodass auf diese Weise die Zelle auf den Weg in die S-Phase festgelegt wird. Gleichzeitig akkumulieren Repressoren der G_1-S-Phase, die die Welle der Genaktivierung durch die G_1-Cycline nach Durchschreiten des Maximums, d. h. nach Eintritt in die S-Phase, wieder beenden (negative Rückkopplung). Diese Repressoren werden direkt durch die Proteinkinasen reguliert, die den Kontrollpunkt der DNA-Replikation darstellen, sodass auch bei einem Anhalten des Zellzyklus am Kontrollpunkt des Übergangs von der G_1- in die S-Phase die notwendigen Gene noch weiter transkribiert werden können. **b, c** In den schematischen Darstellungen wird deutlich, wie die Verbindung positiver und negativer Rückkopplungsschleifen zu einem oszillierenden System führt. Diese fundamentalen regulatorischen Stoffwechselwege in der Zellzykluskontrolle sind von Hefen bis zum Menschen hochkonserviert (siehe auch ◘ Tab. 5.4 für die wichtigsten Proteingruppen). (Nach Bertoli et al. 2013, mit freundlicher Genehmigung)

Zum Durchlaufen dieser einzelnen Phasen des Zellzyklus sind sich periodisch wiederholende Mechanismen erforderlich, deren Einzelkomponenten sowohl auf sich selbst regulatorisch zurückwirken als auch auf darauffolgende Prozesse Einfluss nehmen.

Der **Restriktionspunkt** (R-Punkt; ◘ Abb. 5.20), der entscheidend für den Übergang der G_1-Phase in die S-Phase ist, wird dadurch definiert, dass der Zellzyklus vorher **Mitogen-abhängig** ist und sensitiv gegen Proteinsyntheseinhibitoren. Bis zum R-Punkt wird der Zellzyklus durch das Cytokin TGFβ (engl. *transforming growth factor*) blockiert. Nach Durchlaufen des Restriktionspunktes ist der Zellzyklus **Mitogen-unabhängig** und wird durch Proteinsyntheseinhibitoren nicht mehr gehemmt. Mitogene sind extrazelluläre Wachstumsfaktoren (auch **„primäre Messenger"**), die als Liganden an Rezeptoren in der Plasmamembran binden und dadurch eine Signalkaskade induzieren. Diese führt letztlich zu Regulationsvorgängen auf der Transkriptionsebene. **Wachstumsfaktoren** (**Mitogene**) sind extrazelluläre Signale (Proteine), die das Zellwachstum stimulieren und den Fortschritt des Zellzyklus kontrollieren. Es gibt allgemeine Wachstumsfaktoren, wie z. B. PDGF (engl. *platelet-derived growth factor*), die auf unterschiedliche Zelltypen wirken, und zellspezifische Faktoren, wie z. B. NGF (engl. *nerve growth factor*). Ihre Bindung an den Rezeptor führt über G-Proteine zu einer Induktion von **„sekundären Messengern"** (kleine Moleküle wie cAMP, Inositoltriphosphat oder Diacylglycerol). Über die sekundären Messenger werden intrazelluläre Zellzyklus-regulierende Proteine induziert. Die Zellzyklusregulation wurde zunächst besonders gut an der Bäckerhefe *S. cerevisiae* untersucht; inzwischen sind aber auch in vielen anderen Modellorganismen die entsprechenden Gene bekannt (für eine Übersicht siehe ◘ Tab. 5.4).

Hauptkomponenten der Zellzyklusregulation sind zwei Proteinklassen:

- **Cycline**; sie umfassen die Cycline A, B, D und E. Cycline sind die primären Zellzyklus-regulierenden Proteine. Sie sind zyklisch aktiv und verleihen den

■ **Tab. 5.4** Schlüsselregulatoren des Zellzyklus

Allg. Funktion	*S. cerevisiae*	*S. pombe*	*Drosophila*	Mensch
G1-S-Phase-Transkriptionsregulatoren				
Aktivatoren	SBF (Swi6-Swi4)	MBF (Cdc10-Res1-Res2)	E2 f1	E2F1, E2F2, E2F3
Repressoren	MBF (Swi6-Mbp1)	–	E2 f2	E2F4, E3F5, E3F6, E2F7, E2F8
Inhibitoren	Whi5	Möglicherweise Whi5	Rbf1	RB
Co-Repressoren	Nrm1	Nrm1, Yox1	Rbf2	p107, p130
Cyclin-CDK				
G_1-Phase-Regulatoren	Cdc28-Cln3	Cdc2-Puc1	Cdk4-Cyclin D	CDK4-Cyclin D, CDK6-Cyclin D
G_1-S-Phase-Regulatoren	Cdc28-Cln1, Cdc28-Cln2	Cdc2-Puc1, Cdc2-Cig1	Cdk2-Cyclin E	CDK2-Cyclin E
S-Phase-Regulatoren	Cdc28-Clb5, Cdc28-Clb6	Cdc2-Cig1, Cdc2-Cig2	Cdk2-Cyclin E, Cdk1-Cyclin A, Cdk2-Cyclin A	CDK2-Cyclin E, CDK1-Cyclin A, CDK2-Cyclin A
M-Phase-Regulatoren	Cdc28-Clb1, Cdc28-Clb2, Cdc28-Clb3, Cdc28-Clb4	Cdc2-Cdc13	Cdk1-Cyclin B	CDK1-Cyclin B
Kontrollpunkt-Kinasen				
Sensoren und/oder Umformer	Mec1 Tel1	Rad3 Tel1	ATR ATM	ATR ATM
Effektoren	Chk1 Rad53	Cds1 Chk1	Chk1 Chk2	CHK1 CHK2

ATM: *ataxia-telangiectasia mutated*; ATR: *ataxia-telangiectasia and Rad3-related protein*; Cdc: *cell division cycle*; Cdk/CDK: *cyclin-dependent kinase*; Cds: *checking DNA synthesis*; Chk/CHK: *checkpoint kinase*; Cig: *B-type cyclin*; Clb: Cyclin B; Cln: Cyclin; E2 f: *family of transcription factors*; MCB: *MluI cell cycle box* (DNA-Sequenzelement); MBF: *MCB-binding factor*; Mbp: *MCB-binding protein*; Mec: *mitosis entry checkpoint*; Nrm: *negative regulatory component of the MBF complex*; Puc: *pombe unidentified cyclin*; Rb(f): *retinoblastoma (family)*; Rad: *radiation sensitivity*; Res: *cell division cycle-related protein*; SBF: *SCB-binding factor*; SCB: *Swi4 cell cycle box* (DNA-Sequenzelement); Swi: *switch mating types*; Tel: *telomere length regulator*; Whi: Hefe-Mutanten mit kleinen Zellen (*Whiskey*); Yox: *yeast homeobox*. (Nach Bertoli et al. 2013)

CDKs (Cyclin-abhängige Kinasen, engl. *cyclin-dependent kinases*; ■ Abb. 5.21, 5.22) ihre Substratspezifität.

- **CDKs** werden durch Komplexbildung mit Cyclinen aktiviert und durch sterische Modifikation zur Substratbindung befähigt. Die ATP-transferierenden Aminosäuren werden hierbei in eine geeignete sterische Position gebracht. CDKs müssen zu ihrer Aktivierung zudem phosphoryliert werden (■ Abb. 5.22). Für die Entschlüsselung dieser Hauptkomponenten der Zellzyklusregulation haben Leland H. **Hartwell**, R. Timothy **Hunt** und Paul M. **Nurse** 2001 den Nobelpreis für Physiologie oder Medizin erhalten.

Cycline und CDKs sind für sich genommen inaktiv. Die Bildung von CDK-Cyclin-Komplexen ist stadienspezifisch und wird durch extrazelluläre Signale (Mitogene) ausgelöst. Die Konformation der CDKs wird bei einer Komplexbildung mit Cyclinen so verändert, dass sie befähigt werden, Phosphatgruppen von ATP auf Zielproteine zu übertragen. Zielproteine sind die Cyclin-CDK-Substrate, wie z. B. das Retinoblastomprotein (RB-Protein). Die Funktion eines Cyclin-CDK-Substrat-Komplexes lässt sich am Beispiel dieses Proteins gut darstellen. Das RB-Protein (codiert von einem Tumorsuppressorgen, ▶ Abschn. 13.4.1) hat zwölf Phosphorylierungsstellen, deren Phosphorylierung das Protein inaktiviert. Bis zum R-Punkt ist das RB-Protein hypophosphoryliert und somit aktiv, danach wird es bis zur Mitose durch Phosphorylierung inaktiviert. Die Phosphorylierung erfolgt durch Cyclin-CDK-Komplexe. Im aktiven Zustand unterdrückt das RB-Protein die Transkription von Genen, die erforderlich sind, um den Zellzyklus voranzutreiben, da es den Transkriptionsfaktor E2F bindet (E2F-regulierte Gene codieren für Cyclin E, c-Ras, c-Myc). Hierdurch kommt es zur Unterbrechung des Zellzyklus. Die Phosphorylierung des RB-Proteins bewirkt eine Dissoziation des RB-E2F-Komplexes, und

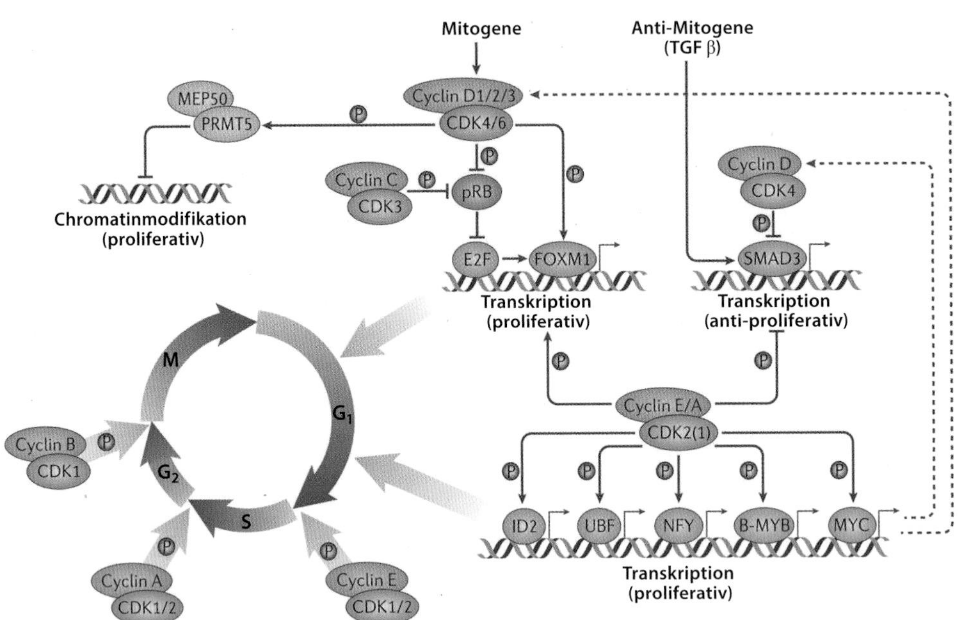

Abb. 5.22 Die Rolle der Cycline und Cyclin-abhängigen Kinasen (CDKs) im Zellzyklus. Der Eintritt in den Zellzyklus erfolgt durch die Bildung eines heterodimeren Komplexes aus Cyclin D und CDK4/6 nach Stimulierung mit einem Mitogen (z. B. Wachstumsfaktoren); ähnliche Komplexe werden durch Cyclin E, A oder B mit CDK2 oder 1 gebildet. Diese Komplexe phosphorylieren und inaktivieren damit teilweise das Retinoblastomprotein (RB), wodurch die Hemmung der E2F-Transkriptionsfaktoren aufgehoben wird. In der Folge fördern die E2Fs die Expression einer Reihe verschiedener Zellzyklus-Gene. Darunter sind vor allem die E-Typ-Cycline, die an CDK2 (und in geringerem Maße auch an CDK1) binden und diese dadurch aktivieren. Diese Aktivierung führt zur Phosphorylierung verschiedener Transkriptionsfaktoren, z. B. ID2 (engl. *inhibitor of DNA binding 2*), UBF (engl. *upstream binding factor*), NFY (engl. *nuclear factor Y*), B-MYB (Homologie mit Protein des Myeloblastose-Virus) und MYC (Homologie mit Protein des Myelocytomatose-Virus), die auf verschiedenen Ebenen zum Fortschreiten des Zellzyklus beitragen. Cyclin-D1-CDK4-Komplexe phosphorylieren auch Chromatinmodifikatoren wie PRMT5 (engl. *protein Arg N-methyltransferase 5*), MEP50 (engl. *methylosome protein 50*), um die Expression von Genen mit anti-proliferativer Wirkung zu stimulieren. Einige Cyclin-CDK-Komplexe können auch den Transkriptionsfaktor SMAD3 (engl. *mothers against decapentaplegic homolog 3*) phosphorylieren, der durch Anti-Mitogene wie TGFβ (engl. *transforming growth factor* β) und FOXM1 (engl. *forkhead box protein M1*) aktiviert wird, um das Voranschreiten des Zellzyklus zu unterstützen. Der Eintritt in die M-Phase (Mitose) wird durch den Cyclin-B-CDK1-Komplex angetrieben. *Gestrichelte Linien* deuten indirekte Verbindungen an oder solche mit verschiedenen Schritten, die nicht im Einzelnen gezeigt sind. (Nach Hydbring et al. 2016, mit freundlicher Genehmigung)

der freigesetzte E2F-Faktor kann die Transkription E2F-abhängiger Gene induzieren. Das führt zugleich zu einer Autoregulation der Synthese von Cyclin E.

Dieser Regulationsmechanismus erlaubt es, eine der Ursachen verstärkter Zellproliferation zu verstehen. Fehlt das RB-Protein aufgrund einer Mutation oder ist es durch Mutation defekt, kann kein (funktioneller) RB-Komplex mehr gebildet werden. Infolgedessen kommt es zu ungehemmter Zellproliferation, da nunmehr der E2F-Faktor uneingeschränkt zur Verfügung steht. Das RB-Protein liefert uns somit ein erstes Beispiel für eine Ursache genetisch bedingter Tumorbildung. Die Zelle benötigt kein extrazelluläres Signal mehr, um den Restriktionspunkt zu überschreiten: Ein mutiertes Gen kann die Funktion eines Wachstumsfaktors imitieren und somit zur ungehemmten Zellproliferation führen.

Noch eine weitere Klasse von Proteinen ist an der Regulation des Zellzyklus beteiligt, die **CKIs (CDK-Inhibitoren)**. Ihre Funktion besteht in der **Inhibition des Zellzyklus** durch Blockierung der CDKs. Sie umfassen bei Säugern zwei Familien: CDK4- und CDK6-Inhibitoren (INK4A, p15, p16, p18, p19) und die Cip/Kip-Familie (p21, p27, p57), die allgemein auf Cycline wirkt. Die Cip/Kip-Proteine reprimieren über die Hemmung des Cyclin-CDK-Komplexes und der damit verbundenen Hypophosphorylierung der RB-Proteinfamilie indirekt die Transkription. In diesem hypophosphorylierten Zustand bleiben die RB-Proteine von den E2F-Proteinen getrennt, sodass deren Zielgene nicht transkribiert werden. Zusätzlich können die Cip/Kip-Proteine die Aktivität von verschiedenen Transkriptionsfaktoren direkt modulieren.

Der Zellzyklus ist einer komplizierten Regulation unterworfen. So ist der Eintritt in die S-Phase von der Überwindung des Restriktionspunktes abhängig. Dessen Überwindung wird zentral durch eine Proteinkinase in Wechselwirkung mit anderen Proteinen, insbesondere Cyclinen, reguliert. Die Proteinkinase selbst wird durch phosphorylierende Enzyme in ihrer Aktivität kontrolliert. Weitere Zellzykluskontrollpunkte gibt es am Übergang von der G_2-Phase zur Mitose und während der Mitose.

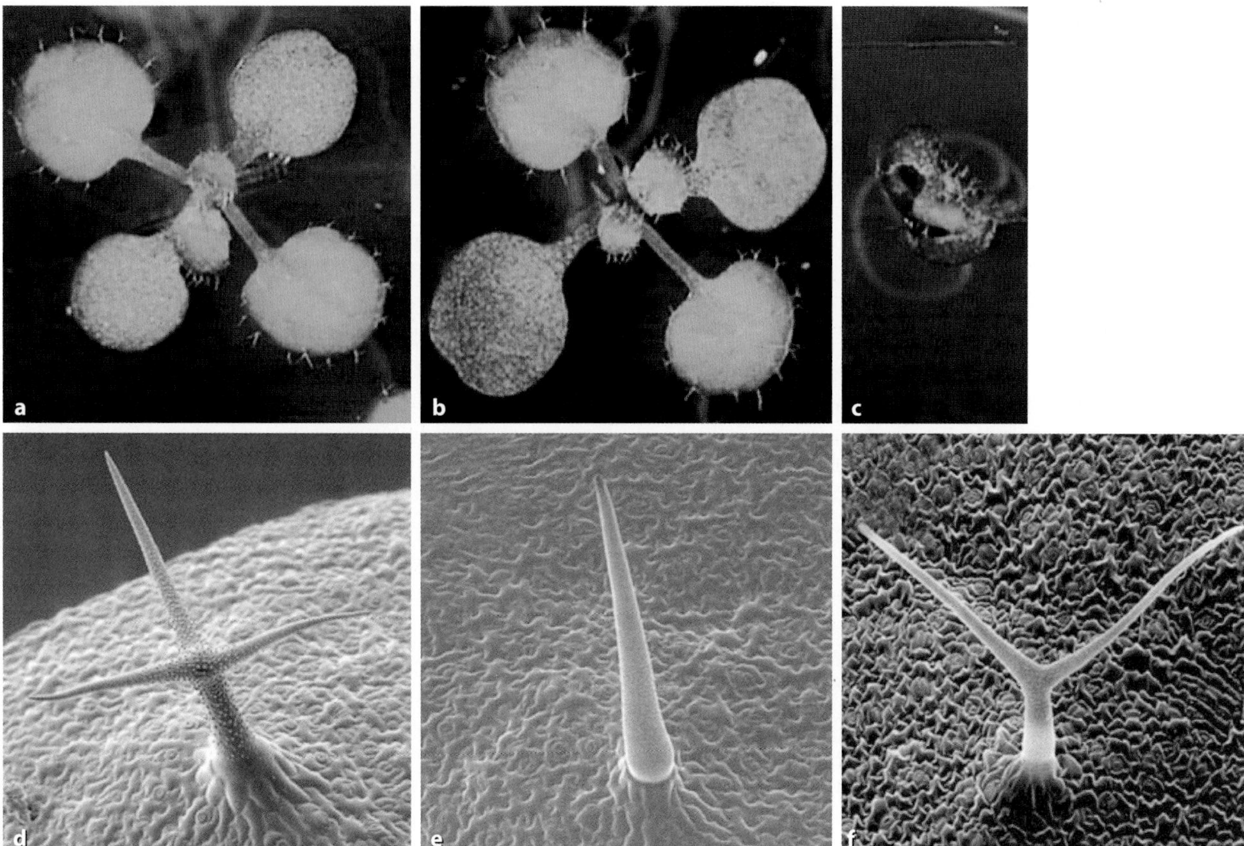

■ **Abb. 5.23** Pflanzliche Phänotypen mit Veränderungen in Zellzyklus-regulierenden Genen. **a–c** Phänotypen von *E2Fa*- und *DPa*-Überexpression in 12 Tage alten Setzlingen. **a** Nicht transformierte Kontrolle; **b** *E2Fa*- und **c** *E2Fa-DPa*-Überexpression bei Pflanzen. Alle Pflanzen wurden in der gleichen Vergrößerung fotografiert. **d–f** Trichom-Mutanten: elektronenmikroskopische Aufnahmen. **d** Wildtyp; **e** *stichel*-Mutante: Das *STICHEL*-Gen codiert für ein Protein mit Sequenzähnlichkeit zur DNA-Polymerase-γ-Untereinheit von Eubakterien; **f** *zwichel*-Mutante: Das *ZWICHEL*-Gen codiert für ein Ca^{2+}-Calmodulin-reguliertes Kinesin. (**a–c** nach de Veylder et al. 2002; **d–f** nach Schnittger und Hülskamp 2002; alle mit freundlicher Genehmigung)

Pflanzen enthalten deutlich mehr Cycline als andere Organismen: So verfügt *Arabidopsis thaliana* über mindestens 32 Cycline mit verschiedenen Expressionsmustern, die eine große Plastizität der sesshaften Pflanzen gegenüber intrinsischen Signalen und sich verändernden Umweltfaktoren widerspiegeln. In der Pflanze hat die Untersuchung der Funktion von Zellzyklus-Genen und Genen, die die Zellteilung beeinflussen, in starkem Maße davon profitiert, dass nicht nur Zellen in Zellkultur untersucht werden können, sondern auch transgene Pflanzen und Mutanten von Pflanzen, insbesondere von *Arabidopsis thaliana* (■ Abb. 5.23; siehe aber auch ► Abschn. 5.3.3).

5.2.2 Verschiedene Wege zum programmierten Zelltod

Die Zellbiologie ist sich der Tatsache, dass es einen **genetisch programmierten Zelltod** gibt, erst in den letzten 50 Jahren bewusst geworden. Das ist umso erstaunlicher, als in entwicklungsbiologischer Hinsicht Zelltod ein allgemeines biologisches Phänomen ist. Hinzu kommt, dass cytologische Hinweise auf Zelltod bereits in den Arbeiten von Walther **Flemming** (1882) und später in den Arbeiten anderer Cytologen vorhanden sind. Erst durch John F. R. **Kerr** (1972) wurde das Phänomen des programmierten Zelltods als wichtiges biologisches Prinzip erkannt und als **Apoptose** bezeichnet. Durch diesen neuen Begriff stand der programmierte Zelltod im Gegensatz zur ungeregelten Zellnekrose, bei der die Zelle üblicherweise platzt und ausfließt. Heute wissen wir aber, dass es verschiedene Formen des programmierten Zelltods gibt; neben der Apoptose kennen wir heute die **programmierte Nekrose** (auch als Nekroptose bezeichnet) sowie die **Autophagie** als Möglichkeiten, defekte Zellen oder solche, die nicht (mehr) benötigt werden, auf einem geregelten Weg zu beseitigen.

Die ersten Arbeiten zur Apoptose wurden an dem Nematoden *Caenorhabditis elegans* durchgeführt (► Abschn. 5.3.4 und 12.3). Dieser nur 1,2 mm lange Wurm, dessen Generationszeit nur 3,5 Tage beträgt, ist **zellkonstant**. Der adulte Hermaphrodit enthält genau

959 somatische Zellen, adulte Männchen 1031. Zum Zeitpunkt der Gastrulation enthält der wachsende Organismus 650 Zellen, die sich weiterhin teilen. Dennoch enthält der Wurm zum Zeitpunkt des Schlüpfens nur 558 Zellen. Das Schicksal aller Zellen ist während der Entwicklung genau festgelegt. Das bedeutet, dass auch der Tod bestimmter Zellen genetisch vorprogrammiert ist. Im Hermaphroditen werden insgesamt 1090 somatische Zellen durch Mitose gebildet. Hiervon sterben 131 durch genetisch programmierten Zelltod.

Mutanten von *C. elegans*, deren Gene *ced-3* oder *ced-4* (engl. *cell death abnormality*) defekt sind, haben gezeigt, dass diese Gene eine zentrale Bedeutung für den Zelltod haben: In *ced-3*- oder *ced-4*-Mutanten überleben Zellen, die normalerweise während der Entwicklung absterben. Das Gen *ced-3* codiert eine **Cystein-Protease**, die Proteine nach einer **Asp**araginsäure schneiden; solche Proteasen werden daher auch als **Caspasen** bezeichnet. Sie spielen eine Schlüsselrolle in apoptotischen Prozessen. Das Protein, das vom *ced-4*-Gen codiert wird, bindet mit seiner N-terminalen Region an die *ced-3*-Caspase und aktiviert diese. Es handelt sich also um einen **Caspase-Aktivator**. So wie es unterschiedliche Caspasen gibt, existieren auch eine Reihe von Caspase-Aktivatoren. Inzwischen wissen wir, dass die wesentlichen Elemente des Apoptosemechanismus in der Evolution konserviert sind. Das humane Homolog zu dem *C. elegans*-Gen *ced-3* ist das Gen *ICE* (engl. *interleukin-converting enzyme*), und *Apaf1* ist das homologe Säuger-Gen für *ced-4*. Für die Entdeckung und Charakterisierung der *ced-3*- und *ced-4*-Mutanten erhielt Robert **Horvitz** 2002 den Nobelpreis für Medizin.

Für viele Jahre galt **Apoptose** als der Signalweg schlechthin, der zum programmierten Zelltod führt, und diese beiden Begriffe wurden entsprechend häufig synonym verwendet. Wesentliche Merkmale der Apoptose sind Plasmamembranen, die über lange Zeit hinweg noch intakt bleiben, sowie die Aktivierung von Caspasen und Ausbuchtungen der Membranen. Auslösendes Signal für die Apoptose ist die Bindung von TNF (engl. *tumor necrosis factor*) an seinen Rezeptor. So wie es viele Mitglieder der TNF-Familie gibt, so gibt es auch viele verschiedene TNF-Rezeptoren; eine Untergruppe wird als „Todesrezeptoren" (engl. *death receptors*, DR) bezeichnet. Diese Todesrezeptoren haben eine gemeinsame, konservierte cytoplasmatische Domäne, die entsprechend als „Todesdomäne" bezeichnet wird (engl. *death domain*, DD). Diese Ligand-Rezeptor-Komplexe vermitteln dann das eigentliche apoptotische Signal, indem sie auf der cytoplasmatischen Seite weitere Proteine mit Todesdomänen anziehen, wie z. B. FADD (engl. *Fas-associated death domain*), TRADD (engl. *TNF receptor-associated death domain*) und RIPK1 (engl. *receptor-interacting serin/threonine-protein kinase 1*). In diesem Komplex wird die Caspase-8 aktiviert; dadurch wird die Caspase-Kaskade in Gang gesetzt, die in ihrer Wirkung auf die Mitochondrien kumuliert, insbesondere in der Freisetzung von Cytochrom *c*. Aufgrund dieses Signals wird dann der entscheidende Komplex aufgebaut, das Apoptosom, das durch Oligomerisierung von APAF1 (unter ATP-Verbrauch!) entsteht. Dadurch werden die Caspase-3 und Caspase-9 aktiviert, und jetzt ist der Prozess nicht mehr umkehrbar: Der Tod der Zelle ist besiegelt.

Neben den Apoptose-induzierenden Proteinen gibt es aber auch solche, die durch ihre Anwesenheit diese Induktion verhindern. Ein Beispiel ist das *ced-9*-Gen, dessen Genprodukt die Caspase-Aktivität inhibiert. Das entsprechende Säugergen, *bcl-2*, war das erste Gen, dessen Bedeutung für die Apoptose erkannt worden war. Mittlerweile hat man gefunden, dass es nur ein Mitglied einer größeren Genfamilie ist, die zentrale Steuerungsfunktionen in apoptotischen Prozessen ausübt. In Mäusen verursacht das Fehlen eines funktionellen *bcl-2*-Gens massiven Zelltod, z. B. in Lymphgeweben, und führt zu einem frühen Tod der Maus. Die meisten Gene dieser ***bcl-2*-Familie** hemmen die Apoptose (*bcl-x, A1, mcl-1, bcl-w*), während andere Gene aktivierend wirken (*bax, bad, bak* u. a.). So beruht die Apoptose-aktivierende Funktion von BAX oder BAK darauf, dass die mitochondrialen Membranen durchlässig werden und so Cytochrom *c* freisetzen können, im Englischen wird das als *mitochondrial outer membrane permeabilization* (MOMP) bezeichnet oder (wenn die innere Membran betroffen ist) als *mitochondrial permeability transition* (MPT). Eine Übersicht über die Apoptose-Wege gibt die linke Seite der ◘ Abb. 5.24.

Apoptose spielt nicht nur in jeder normalen Entwicklung eines multizellulären Organismus eine Rolle, sondern hat auch große Bedeutung im Zusammenhang mit der Tumorentstehung. Im Rahmen der normalen Zellzykluskontrolle werden Zellen, die Defekte aufweisen, wie etwa unvollständige Replikation oder DNA-Schäden, gezielt vernichtet. Bei einer mangelhaften Kontrolle des Zellzyklus können solche beschädigten Zellen jedoch überleben und unter Umständen in einen Zustand ungehemmter Proliferation übergehen und somit eine Tumorbildung verursachen.

Eine wichtige Rolle in der Regulation der Apoptose spielen auch Proteine, die von Tumorsuppressorgenen (▶ Abschn. 13.4.1) codiert werden; eines davon ist das **p53-Protein**. p53 greift in den Zellzyklus an zwei Kontrollpunkten ein: an dem G_1-Restriktionspunkt und dem G_2/M-Kontrollpunkt. Normalerweise liegt p53 in der Zelle in einem labilen Zustand vor; wird aber während des Zellzyklus ein Fehler in der DNA entdeckt (z. B. ein Doppelstrangbruch), der bei Fortschreiten des Zellzyklus zur Manifestation als Mutation in der DNA führen würde, so wird innerhalb von ca. 30 min p53 posttranslational stabilisiert. Da p53 ein Transkriptionsfaktor ist, induziert seine Akkumulation die entsprechenden Zielgene, z. B. p21, das wiederum den

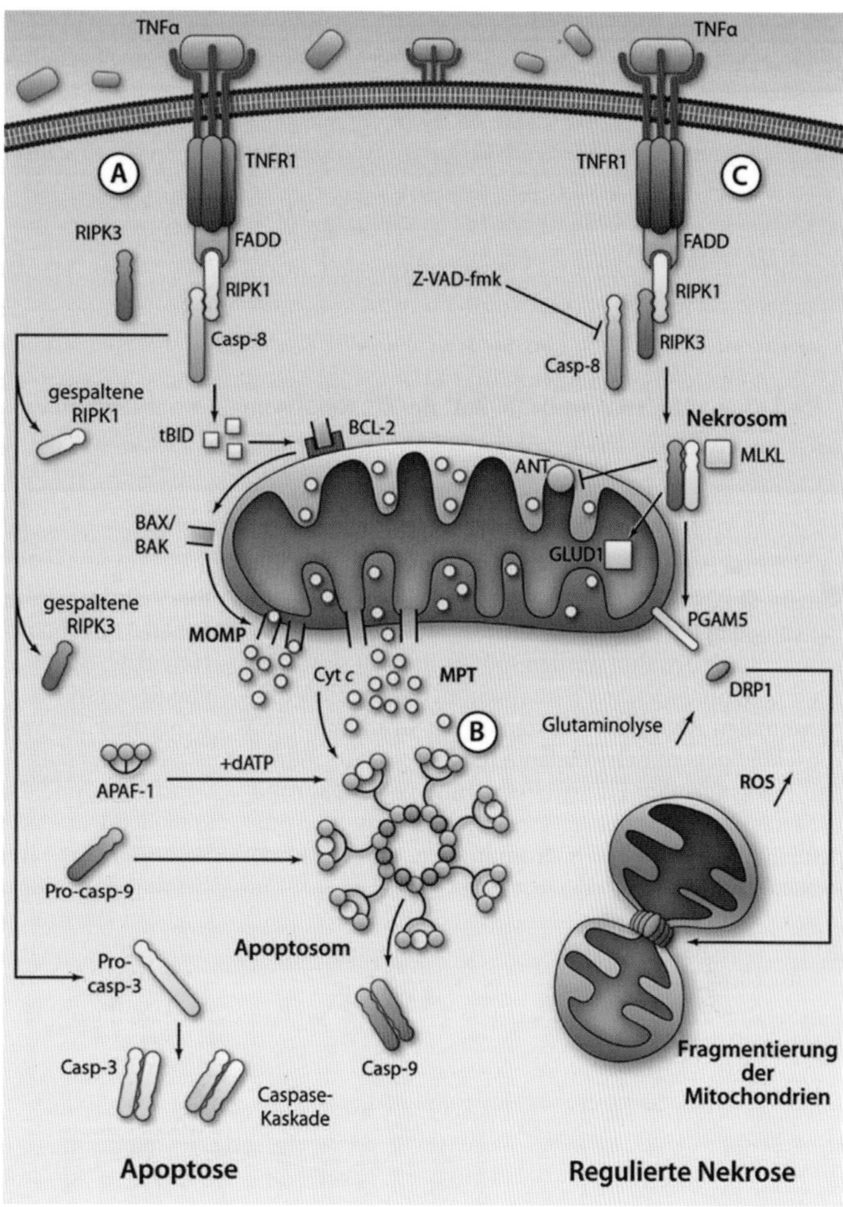

Abb. 5.24 Apoptose und regulierte Nekrose. Auf der *linken* Seite ist der Apoptose-Weg dargestellt (*A*): Nach Bindung von TNFα an den entsprechenden Rezeptor laufen Signalwege ab, die beide zur Bildung eines Apoptosoms (*B*; *Mitte*) und damit irreversibel zum Tod der Zelle führen. Auf der *rechten* Seite (*C*) ist die regulierte Nekrose beschrieben; dieser Signalweg wird beschritten, wenn die Aktivierung der Caspase-8 verhindert ist. Für Details siehe Text. (Nach Galluzzi et al. 2012, mit freundlicher Genehmigung)

Cyclin D/CDK4/6- bzw. Cyclin E/CDK2-Komplex hemmt und somit die Dissoziation von RB und E2F verhindert (Abb. 5.22). Die p53-abhängige Arretierung in G_2 hemmt die Cyclin B/CDC2-Aktivität (ebenfalls über p21), die Cyclin-B- und CDC2-Transkription wird durch p53 selbst **gehemmt**. Bei diesem komplexen Vorgang sind noch weitere Proteinkinasen und ihre Substrate daran beteiligt, Apoptose auszulösen.

Apoptose ist ein genetisch programmierter Prozess, der zum Tod einer Zelle führt. Er spielt nicht nur in der normalen Entwicklung vielzelliger Organismen eine fundamentale Rolle, sondern ist auch für Kontrollprozesse, wie sie in jeder Zelle regelmäßig ablaufen, ein wichtiges Element zur Verhinderung der unkontrollierten Proliferation von Zellen.

Apoptose hat nicht nur Auswirkungen auf die absterbende Zelle selbst, sondern auch auf deren Umgebung. Vielmehr können apoptotische Zellen aktiv die Proliferation der Zellen in ihrer Umgebung fördern. Als ein physiologischer Vorgang innerhalb eines Gewebes kann dadurch die Zellzahl in einem Gewebe kontrolliert werden oder auch ein Wundheilungsprozess initiiert werden. In Säugern können apoptotische Zellen auch die Proliferation von Stammzellen stimulieren, wobei die Caspase-3 und Caspase-7 offensichtlich eine besondere Bedeutung haben – ihre Deletion führt zum Verlust der Möglichkeit der Wundheilung der Haut und der Regeneration der Leber nach einer teilweisen Entfernung. Auch Signale, die über Prostaglandin E_2 vermittelt werden, spielen eine Rolle. Das genaue Verständnis dieses Prozesses für die Erforschung der

Ursachen von Krebserkrankungen ist offensichtlich; für weitere Details siehe die aktuelle Übersichtsarbeit von Ichim und Tait (2016) sowie ► Abschn. 13.4.1.

Das Phänomen der **regulierten Nekrose** (in Analogie zur Apoptose auch als Nekroptose bezeichnet) kennen wir erst seit 2005, als gezeigt wurde, dass chemische Moleküle (Nekrostatine) spezifisch die RIP-Kinase 1 (RIPK1, engl. *receptor-interacting protein kinase 1*) hemmen und dadurch einen Caspase-unabhängigen Zelltod herbeiführen können. Unter diesen Umständen bildet RIPK1 mit RIPK3 und anderen Kinasen (engl. *mixed lineage kinase domain-like*, MLKL) einen Komplex, der als Nekrosom bezeichnet wird. Dadurch wird ein anderer Weg des Zelltods eingeschlagen, wobei reaktive Sauerstoffmoleküle (engl. *reactive oxygen species*, ROS) wesentliche Komponenten darstellen. Einen Überblick über die wichtigsten Schritte der regulierten Nekrose vermittelt die rechte Seite in ◘ Abb. 5.24.

Autophagie ist der dritte Prozess, der in diesem Zusammenhang erwähnt werden soll. Es handelt sich dabei um einen katabolischen Signalweg, der schließlich zum lysosomalen Abbau cytoplasmatischer Strukturen führt (einschließlich von Organellen, Teilen des Cytoplasmas und eindringenden Pathogenen). Eine gewisse Grundaktivität von Autophagie stellt sicher, dass alte oder beschädigte intrazelluläre Komponenten ausgetauscht werden können.

❀ Ein zentrales Charakteristikum von Autophagie ist die Ausbildung eines neuen Kompartiments im Cytoplasma, das als Autophagosom bezeichnet wird. Autophagie ist offensichtlich abhängig von der Ernährungslage; in Hefen kann man deshalb diesen Prozess besonders gut in Stickstoffmangelmedium beobachten. Yoshinori **Ohsumi** suchte deshalb in Hefen in Stickstoffmangelmedium nach solchen Zellen, deren Autophagosombildung beeinträchtigt war – mit dem Hintergedanken, dadurch Gene zu identifizieren, die an der Bildung des Autophagosoms beteiligt sind. Das erste Autophagie-Gen, das auf diese Weise identifiziert wurde (*atg1*), ist eine Serin/Threonin-Kinase. Mithilfe dieses einfachen Hefe-Screens konnten die wichtigsten genetischen Elemente des Autophagiesystems identifiziert werden; für die Entdeckung dieser Mutanten und der Charakterisierung des Autophagiesystems erhielt Yoshinori Ohsumi 2016 den Nobelpreis für Physiologie oder Medizin. Für Details der Arbeiten siehe Nakatogawa et al. (2009).

Ein wichtiges Protein zur Aktivierung der Autophagie ist Beclin-1; es entspricht dem Autophagieprotein Atg-6 in Hefe bzw. BEC1 in *C. elegans*. Zusätzlich kommt Autophagie verstärkt als Schutzmechanismus zum Einsatz, wenn die Zelle verschiedenen Stressfaktoren ausgesetzt ist. Andererseits spielt sie eine wichtige Rolle bei Entwicklungs- und Differenzierungsvorgängen – und entsprechend auch bei vielfältigen pathophysiologischen Prozessen des Alterns, vor allem bei neurodegenerativen Erkrankungen und Krebs.

Über die drei hier kurz angesprochenen Prozesse hinaus gibt es noch eine Reihe weiterer Mechanismen, die schließlich zum Tod einer Zelle führen. Die Besprechung der jeweiligen Details sprengt allerdings den Rahmen ei-

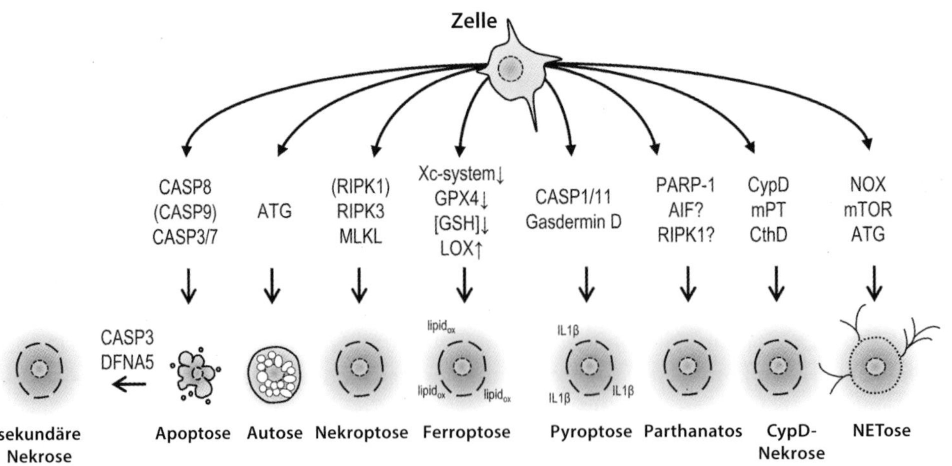

◘ **Abb. 5.25** Überblick über verschiedene Formen des regulierten Zelltods und die beteiligten Stoffwechselwege. Abhängig vom Zelltyp und inner- oder extrazellulären Einflüssen können Zellen unterschiedliche Wege zum Zelltod aktivieren. Die Wege, die über Apoptose oder Autophagie ablaufen, werden als weniger immunogen betrachtet als ein Zelltod, der über nekrotische Wege abläuft, da die beiden erstgenannten Prozesse Einkapselungsprogramme enthalten und über eine effiziente Phagocytose verfügen, die verhindern sollen, dass intrazellulärer Inhalt freigesetzt wird. Im Gegensatz dazu ist ein nekrotischer Zelltod grundsätzlich mit der Permeabilisierung der Zellmembran assoziiert, was zu einer schnellen Freisetzung des zellulären Inhalts führt (*grauer Ring* um die Zelle), die entsprechenden Reparaturmechanismen auslöst und Immunzellen anzieht. (Nach Grootjans et al. 2017, mit freundlicher Genehmigung)

nes Genetik-Buches bei Weitem; der interessierte Leser sei deshalb auf einschlägige Lehrbücher der Zellbiologie verwiesen. Einen oberflächlichen Überblick über die verschiedenen Prozesse gibt ◘ Abb. 5.25.

Um komplexe Phänomene beschreiben zu können, müssen wir oftmals einfache Modelle entwickeln und prägen dafür neue Begriffe. Leider ist dieser Prozess auch oft missverständlich, da diese neuen Begriffe häufig schon nach kurzer Zeit abermals durch neue Begriffe überschrieben werden. Dies wird deutlich, wenn wir uns die Definition des Begriffs „Nekroptose" betrachten. 2005 wurde Nekroptose als regulierte Nekrose definiert, die durch TNF induziert wird, wenn Caspase inhibiert ist. Im Jahr 2008 wurde dieser Begriff neu definiert; man verstand jetzt darunter die Abhängigkeit der regulierten Nekrose von der RIPK1-Kinase-Aktivität. Unmittelbar darauf wurde aber berichtet, dass die Kinase-Aktivität von RIPK1 aber auch unter bestimmten Umständen zur Apoptose beiträgt. Wiederum nur ein Jahr später wurde vorgeschlagen, dass RIPK1 und RIPK3 gemeinsam (als Teil des Nekrosoms) die Nekroptose regulieren. Später zeigte sich, dass RIPK3 auch unabhängig von RIPK1 diesen Prozess initiieren kann. Und 2012 wurde schließlich berichtet, dass MLKL (engl. *mixed lineage kinase domain-like*) als der entscheidende Vermittler unterhalb von RIPK3 wirkt. Es wird also noch eine gewisse Zeit brauchen, bis wir diese Prozesse in ihren Verästelungen und auch in ihren Gemeinsamkeiten verstanden haben; insofern ist die Darstellung in diesem Buch auch nur eine Momentaufnahme. Für weitere Details sei der interessierte Leser auf die Übersichtsarbeit von Vanden Berghe et al. (2014) verwiesen.

5.2.3 Genetik des Alterns

Altern ist im Allgemeinen mit einer zeitabhängigen Verschlechterung physiologischer Mechanismen verbunden; diese Abnahme stellt einen Schlüsselfaktor für das Risiko altersabhängiger Erkrankungen dar, wie z. B. Krebs (► Abschn. 13.4.1), Herz-Kreislauf-Erkrankungen und neurodegenerative Krankheiten (► Abschn. 14.5). Die Lebenserwartung des Menschen und seine Gesundheit im Alter ist ein komplexer Phänotyp (► Abschn. 13.4), der durch Umweltfaktoren (z. B. Ernährung, physische Aktivität, psychosoziale Faktoren), aber auch durch seine genetische Konstitution beeinflusst wird. Im Durchschnitt einer Population ist Erblichkeit für etwa 25 % der Lebenszeit des Menschen verantwortlich; der Anteil erhöht sich, wenn man nur ältere Menschen betrachtet: Bei hundertjährigen Menschen beträgt der genetische Einfluss bei Frauen etwa 33 % und etwa 48 % bei Männern. Wir wollen im Folgenden einige dieser genetischen Aspekte kurz betrachten.

1988 berichteten David **Friedman** und Thomas **Johnson** von einer Mutante in *C. elegans*, die eine deutliche Verlängerung der Lebenserwartung zeigte. In Abhängigkeit von der gewählten Umgebungstemperatur waren es zwischen 40 und 60 % Zunahme im Durchschnitt und zwischen 60 und 110 % im Maximum: Lebt ein „normaler" Wurm höchstens 22 Tage, so bringt es *„age-1"* auf Spitzenwerte um 46 Tage. Die Autoren haben durch detaillierte genetische Analysen nachgewiesen, dass die Ursache für die Langlebigkeit eine einzige rezessive Mutation ist; 1996 wurde die kausale Mutation in dem Gen entdeckt, das für die katalytische Untereinheit der Phosphatidylinositol-3-Kinase (PI3K) codiert (Morris et al. 1996). Weitere Untersuchungen machten deutlich, dass PI3K Teil eines Signalweges ist, der auch bei Säugern bekannt ist und von dem Insulin-ähnlichen Wachstumsfaktor 1 (engl. *insulin-like growth factor 1*, IGF-1) ausgeht. Diese Signalwege beeinflussen schließlich den Transkriptionsfaktor DAF-16, der die Expression von vielen Genen steuert, die die Stressresistenz, die angeborene Immunität und den Fremdstoffmetabolismus betreffen.

In der Folgezeit wurde dieser Stoffwechselweg in vielen Spezies gefunden. Dabei zeigte sich, dass IGF-1 und Insulin dieselbe Signalkette auslösen; dabei wird IGF-1 im Wesentlichen in Hepatocyten aufgrund eines Signals des Wachstumshormons freigesetzt, wohingegen Insulin in den β-Zellen der Bauchspeicheldrüse freigesetzt wird. Eine Zusammenfassung dieser Signalkette zeigt ◘ Abb. 5.26.

Bei *C. elegans* wurden etwa 100 Gene identifiziert, bei denen Mutationen zur Verlängerung der Lebenszeit führen. Es gibt also offensichtlich viele „Altersgene" – und die Genetik des Alterns steht erst am Anfang einer interessanten Entwicklung. Langlebigkeitsgene wurden aber auch in anderen Organismen gefunden. Zwei wichtige Beispiele sind *sir-2* und *Tor*, die ursprünglich in Hefe identifiziert wurden. Das Gen *sir-2* codiert für eine NAD-abhängige Proteindeacetylase (Sirtuin-2), die möglicherweise für die Lebenszeit-verlängernde Wirkung der Nahrungseinschränkung verantwortlich ist; *Tor* (engl. *Target of rapamycin*) codiert für eine Kinase, die an der Erkennung von zugänglichen Aminosäuren beteiligt ist. Identifiziert wurde Tor in der Hefe durch die Wachstum-hemmende Wirkung von Rapamycin, das in der Medizin zur Immunsuppression eingesetzt wird. In Säugern kooperiert Tor mit PI3K-abhängigen Effektoren, um die Größe proliferierender Zellen zu regulieren. Die *chico*-Mutation in *Drosophila* betrifft ein Substrat des Insulin-Rezeptors und führt einerseits zu Zwergwuchs bei *Drosophila* und andererseits zu verlängerter Lebenszeit (36 % in heterozygoten und 48 % in homozygoten Mutanten).

5

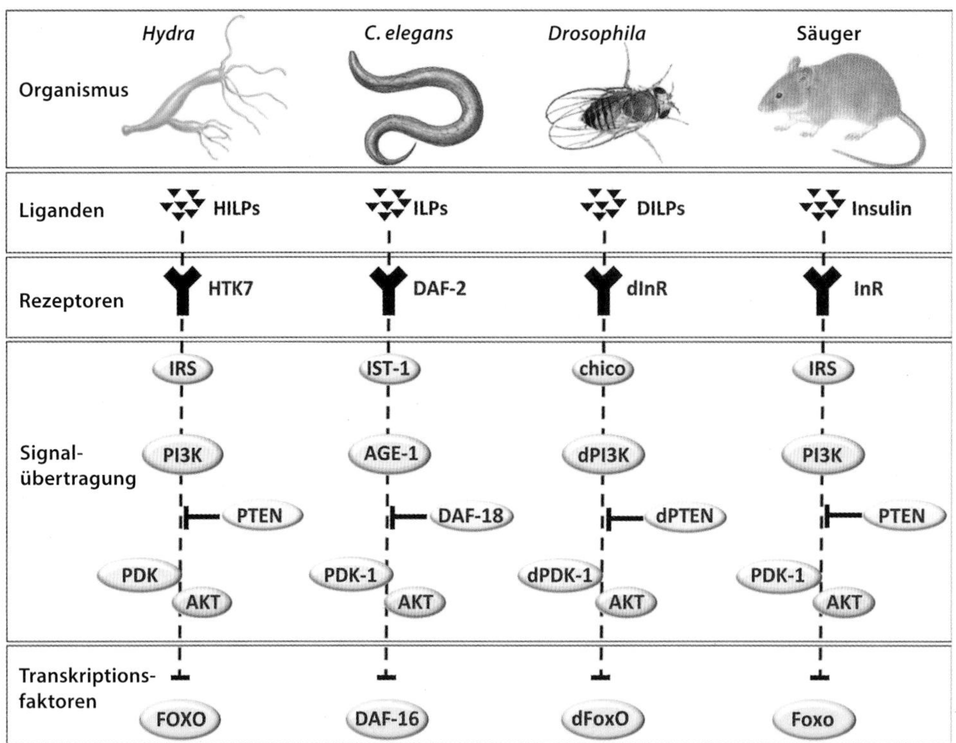

Abb. 5.26 Konservierter Signalweg zur Regulation der *FOXO*-Expression (engl. *forkhead box protein O*). Der IGF-Signalweg zur Regulation der *FOXO*-Expression ist konserviert in *Hydra*, *C. elegans*, *Drosophila* und Säugern. Er beinhaltet eine Kaskade von Phosphorylierungsschritten, die schließlich in *C. elegans* den Transkriptionsfaktor DAF-16 regulieren; DAF-16 ist homolog zu FOXO in den anderen Spezies. ILPs sind Insulin-ähnliche Peptide (HILPs in *Hydra* und DILPs in *Drosophila*) und DAF-2 der entsprechende Zelloberflächenrezeptor mit einer Tyrosinkinase-Aktivität; beim Menschen hat Insulin mit seinem Rezeptor (InR) eine ähnliche Funktion beim Start der Signalkaskade (IRS, IST-1 und chico sind Substrate des Insulin-Rezeptors; *chico* ist ein Genname für kleinwüchsige *Drosophila*-Mutanten). AGE-1 entspricht der humanen Phosphatidylinositol-3-Kinase (PI3K). IP3 ist Phosphatidylinositol-3,4,5-triphosphat, das durch AGE-1 produziert wird und seinerseits PDK-1 aktiviert. PTEN ist eine Phosphatase mit IP3 als Substrat; es unterdrückt AGE-1/PI3K. PDK-1 ist eine IP3-abhängige Kinase, die die Serin/Threonin-Kinase AKT aktiviert. DAF-16 ist ein Transkriptionsfaktor mit einer *Forkhead*-Domäne. (Nach Martins et al. 2015, CC-by)

Die Tor-Kinasen modulieren Signale für Zellwachstum, indem sie auf den Status von Nährstoffen, Energie, Wachstumsfaktoren und zellulären Stress antworten. Wenn Tor durch die Zugänglichkeit von Nährstoffen (insbesondere durch Aminosäuren) aktiviert wird, koordiniert es die Synthese und den Abbau von Proteinen und fördert das Wachstum, wenn Nährstoffe reichhaltig vorhanden sind. *Tor*-Gene sind stark konserviert und wurden außer in Hefen auch in *C. elegans*, *Drosophila*, der Maus und dem Menschen nachgewiesen. Es gibt inzwischen verschiedene Studien an Mausmodellen, die darauf hinweisen, dass die spezifische Hemmung eines der TOR-Komplexe, TORC1, durch Rapamycin zu einem Schutz vor einigen altersabhängigen Erkrankungen führt (z. B. Krebs, die Huntington'sche Erkrankung, die Alzheimer'sche Erkrankung und Herz-Kreislauf-Erkrankungen); für eine aktuelle Übersicht siehe Saxton und Sabatini (2017).

Andere Gene, wie z. B. *methuselah* (*mth*) oder *I'm not dead yet* (*Indy*) (ursprünglich in Fliegen identifiziert) oder *klotho* (*Kl*; das erste Langlebigkeitsgen, das in der Maus identifiziert wurde), sind Gegenstand intensiver Untersuchungen. Dabei haben Mutationen in den entsprechenden Genen unterschiedliche Wirkungen auf die Lebensdauer. Homozygote *methuselah*(*mth*)-Mutanten in *Drosophila* überleben – wie der Name nahelegt – ihre Wildtyp-Artgenossen um durchschnittlich 35 % und zeigen eine signifikante Widerstandsfähigkeit gegen oxidativen und Hitzestress sowie gegen Hunger; umgekehrt zeigen die Mutanten eine Verminderung ihrer Reproduktionsfähigkeit. Das Gen codiert für einen G-Protein-gekoppelten Rezeptor mit sieben hydrophoben (Transmembran-)Domänen; eine Domäne auf der Außenseite wirkt als Ligandenbindungsstelle. Auch Mutationen im Gen, das für den Liganden des Mth-Proteins codiert (*stunted*; Gensymbol *sun*), bewirken ebenso eine Lebensverlängerung wie die konstitutive Expression Mth-antagonistischer Peptide. Es gibt eine Reihe von *mth*-Allelen, die sich in ihrer Lebensdauer unterscheiden; populationsgenetische Untersuchungen machen deutlich, dass damit eine Evolution der Lebensdauer möglich ist (Paaby und Schmidt 2008). Inzwischen kennen wir bei *Drosophila* 15 *methuselah*-ähnliche Gene

(Gensymbole *mthl1–15*), die durch Genduplikationen während der letzten 25–40 Mio. Jahre in der Evolution der Insekten (und hier besonders bei *Drosophila*) entstanden sind; *methuselah* selbst ist wohl „nur" 3 Mio. Jahre alt. Die evolutionsgenetische Untersuchung der entsprechenden genomischen Sequenzen verschiedener Spezies zeigt jedoch, dass dieses Gen außer bei Insekten nur noch bei Krebstieren (Crustacea), Weichtieren (Mollusca), Kiemenlochtieren (Hemichordata), Stachelhäutern (Echinodermata), Schädellosen (Cephalochordata) und Nesseltieren (Cnidaria) vorkommt. Das bedeutet aber auch, dass es in der frühen Phase der Vertebratenevolution ausgestorben ist (für Details siehe Friedrich und Jones 2017).

Die genaue Analyse der Langlebigkeitsmutante *Indy* bei *Drosophila* ergab einige interessante Aspekte: So zeigten ursprüngliche Arbeiten, dass eine Verminderung der Aktivität des INDY-Proteins mit einer Verlängerung der Lebensdauer verbunden ist, ohne dass dadurch andere wichtige physiologische Systeme beeinträchtigt werden (so sind weder die Fruchtbarkeit noch die metabolische Rate oder die Beweglichkeit der Mutanten beeinträchtigt). INDY ist ein Transmembrantransporter für Zwischenprodukte des Krebs-Zyklus (Citrat, Succinat, Fumarat, α-Ketoglutarat). Die verminderte Expression von INDY in Fliegen (aber auch in Würmern, Mäusen und Ratten) ändert den Metabolismus in ähnlicher Weise wie eine Kalorienreduzierung; vor allem sind *Indy*-Fliegen bei kalorienreicher Nahrung vor einer Gewichtszunahme im Alter geschützt. Heterozygote *Indy*-Fliegen zeigen zwar keinerlei negative Veränderungen unter Standardbedingungen – wenn sie allerdings unter Bedingungen der Kalorienreduzierung gehalten werden, sind sie aufgrund der verminderten Energieressourcen weniger fruchtbar. Die entsprechenden *Indy*-Mutanten der Maus zeigen ähnliche Eigenschaften wie die *Indy*-Fliegen; Mutationen im *INDY*-Gen des Menschen führen allerdings zu epileptischen Anfällen in den ersten Lebenstagen und Entwicklungsverzögerungen des Kindes. Eine ausführliche Darstellung des Wissens über *Indy* wurde kürzlich von Rogina (2017) publiziert.

Im Gegensatz zu den lebensverlängernden Mutationen bei *Drosophila* führt die *klotho*-Mutation der Maus zu einem deutlich beschleunigten Alterungsprozess (◻ Abb. 5.27; Klotho ist in der griechischen Mythologie eine der drei Schicksalsgöttinnen [Moiren]). Der beschleunigte Alterungsprozess in den *klotho*-Mutanten beinhaltet neben einer signifikanten Verkürzung der Lebensdauer (die Tiere sterben durchschnittlich im Alter von ungefähr 60 Tagen) vor allem Unfruchtbarkeit, Arteriosklerose, Atrophie der Haut, Osteoporose und Emphyseme. Das *klotho*-Gen codiert für ein Membranprotein, das Sequenzhomologien zur β-Glucosidase aufweist. Denselben Phänotyp wie die *klotho*-Mutanten zeigen auch *Fgf23*-Mutanten der Maus (engl. *fibroblast growth factor*); neue Arbeiten zeigen, dass das KLOTHO-Protein als ein Cofaktor von Fgf23 für dessen Bindung an den Fgf-Rezeptor verantwortlich ist. Wenn die Menge des KLOTHO-Proteins vermindert ist, kann Fgf23 nicht ausreichend an den Rezeptor binden; entsprechend steigt seine Konzentration im Blut an. Dieses Phänomen finden wir bei Menschen, die an chronischer Nierenerkrankung leiden. Deswegen sind therapeutische Optionen vielversprechend, die entweder die Expression des *KLOTHO*-Gens erhöhen oder das KLOTHO-Protein selbst über die Blutbahn zuführen. Eine aktuelle Übersicht findet sich bei Lu und Hu (2017).

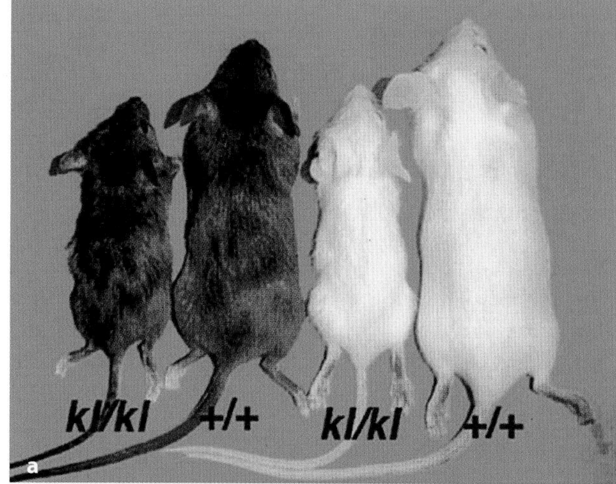

◻ **Abb. 5.27** Mutation im *klotho*-Gen der Maus führt zu vorzeitigem Altern. **a** Es sind Wildtyp-Mäuse (+/+) und ihre homozygoten *klotho*-Wurfgeschwister (kl/kl) im Alter von 8 Wochen gezeigt; *links* auf dem ursprünglichen *agouti*-Hintergrund und *rechts* auf einem *albino*-Hintergrund. **b** Die Vergrößerung der homozygoten *klotho*-Mäuse zeigt deutlich die Verkrümmung der Wirbelsäule (Kyphose). Keine *klotho*-Mutante wird älter als 100 Tage (die durchschnittliche Lebensdauer der Mutanten beträgt ca. 60 Tage); eine Wildtyp-Maus wird etwa 2 Jahre alt. (Nach Kuro-o et al. 1997, mit freundlicher Genehmigung)

Bei Menschen gibt es ähnliche Erkrankungen, die zu vorzeitigem Altern (Progerie) führen. Dazu gehören unter anderem das Werner-Syndrom und das Bloom-Syndrom; beide werden durch Mutationen in Genen verursacht, die für verschiedene DNA-Helikasen codieren. Andere Formen vorzeitigen Alterns (z. B. Cockayne-Syndrom oder Xeroderma pigmentosum) werden durch Mutationen in Genen verursacht, die die DNA-Reparatur betreffen (▶ Abschn. 10.6).

5

Unabhängig von einzelnen Genen spielt offensichtlich aber auch die Integrität der Chromosomen eine wichtige Rolle, insbesondere der Schutz vor einem Abbau an den Enden der Chromosomen (Telomere). Ein wichtiges Enzym in diesem Zusammenhang ist die Telomerase, die für eine Verlängerung der Enden verantwortlich ist. Während die Telomerase-Aktivität in Keimzellen üblicherweise relativ hoch ist, ist sie in somatischen Zellen meistens deutlich geringer – mit dem Ergebnis, dass in Körperzellen die Telomerlänge mit zunehmendem Alter abnimmt, was zu einem entsprechenden Zellverlust führt (zur Übersicht siehe Aubert und Lansdorp 2008). Wir werden diesen Aspekt ausführlicher im ► Abschn. 6.1.4 diskutieren.

❗ Langlebigkeit ist offensichtlich auch – zumindest teilweise – genetisch programmiert. Bei verschiedenen Modellorganismen wurden Mutanten identifiziert, die zur Verlängerung oder Verkürzung der Lebenserwartung beitragen.

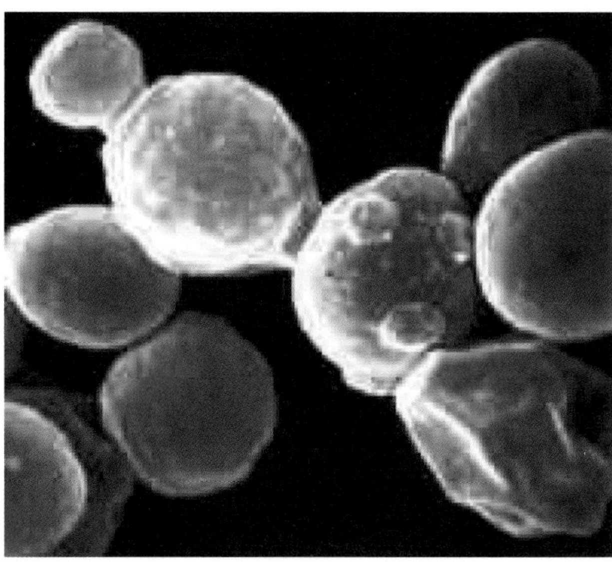

◼ Abb. 5.28 Die Bäckerhefe *Saccharomyces cerevisiae* wird in der Genetik häufig als Modellorganismus eingesetzt. Hefezellen ohne Knospen haben einen Durchmesser von etwa 5 µm; unter optimalen Bedingungen teilen sie sich im Labor innerhalb von 90 min. (Elektronenmikroskopische Aufnahme: Dr. Friederike Eckardt-Schupp, Helmholtz Zentrum München)

5.3 Wichtige eukaryotische Modellorganismen in der Genetik

Wie wir in den vorangegangenen Kapiteln bereits gesehen haben, wurden wesentliche genetische Erkenntnisse an verschiedenen Modellorganismen gewonnen. Diese sind dadurch gekennzeichnet, dass sie für die standardisierte Laborarbeit angepasst wurden und viele Mutanten der jeweiligen Organismen bekannt sind. Diese dienen als genetische Marker und können heute zusammen mit Daten der Genomsequenzierung und anderen „*Omics*"-Technologien zur Beantwortung vieler Fragen genutzt werden („*Omics*" ist ein englischer Sammelbegriff für verschiedene Technologien, die jeweils die Gesamtheit aller Moleküle einer Gruppe einschließt: *Transcriptomics*, *Proteomics*, *Metabolomics* etc. – diese Begriffe wurden von *Genomics* abgeleitet). Je nach Fragestellung und möglichen Ressourcen, die zur Verfügung stehen, werden verschiedene eukaryotische Modellsysteme verwendet: Hefen, Pflanzen, Würmer, Fliegen, Fische, Nager und auch höhere Tiere. Im Rahmen dieser kurzen einführenden Darstellungen sollen exemplarische Vertreter dieser Modellsysteme vorgestellt werden, ohne dass diese Zusammenstellung den Anspruch der Vollständigkeit hat.

5.3.1 Hefen

Der Begriff „Hefe" wird umgangssprachlich meistens für die **Bäcker- oder Brauhefe *Saccharomyces cerevisiae*** genutzt (◼ Abb. 5.28); als Modellsystem in der Genetik wird aber darüber hinaus häufig auch die **Spalthefe *Schizosaccharomyces pombe*** verwendet. Die Bäckerhefe ist ein einzelliger Pilz und einer der ältesten domestizierten Mikroorganismen; schon die Sumerer und Babylonier verwendeten die Hefe zum Bierbrauen und die Ägypter zur Herstellung von Wein und Sauerteig. In die Genetik wurde die Hefe 1949 durch Carl und Gertrude **Lindegren** eingeführt, als sie das Kreuzungssystem von Hefen beschrieben und die erste genetische Karte für die Bäckerhefe erstellten. Danach wurde die Hefe immer stärker als Modellsystem genutzt; die erste Transformation (Einbringen von Fremd-DNA) gelang 1978 Gerald **Fink** und Mitarbeitern (Hinnen et al. 1978). Als 1985 die Chromosomen der Hefe mithilfe der Pulsfeldelektrophorese aufgetrennt wurden (Carle und Olson 1985), schuf das die Möglichkeit, die einzelnen Chromosomen zu isolieren und zu klonieren; 1996 wurde die Hefe als erstes eukaryotisches Gesamtgenom publiziert (Goffeau et al. 1996). Die 16 Chromosomen enthalten eine Gesamtsequenz von 13,5 Mb (Mb: Megabasenpaare = 1 Million Basenpaare), die für ca. 5700 Gene codieren. Nur etwa 5 % der Gene enthalten Introns; die Gendichte ist mit ca. 70 % insgesamt relativ hoch, und damit sind repetitive, intergenische Sequenzen selten. Dazu gehören auch einige Transposons, (► Abschn. 9.1), die in fünf Klassen unterteilt werden (Ty-Elemente 1–5; engl. *transposon yeast*). Verteilt auf die 16 Chromosomen findet man auch ca. 750 DNA-Sequenzen, die als Replikationsursprung der DNA-Verdoppelung dienen (engl. *autonomously replicating sequence*, ARS).

Neben der chromosomalen DNA findet man im Zellkern der meisten Laborstämme von *S. cerevisiae* etwa 50 bis 190 Kopien eines zirkulären Plasmids, das we-

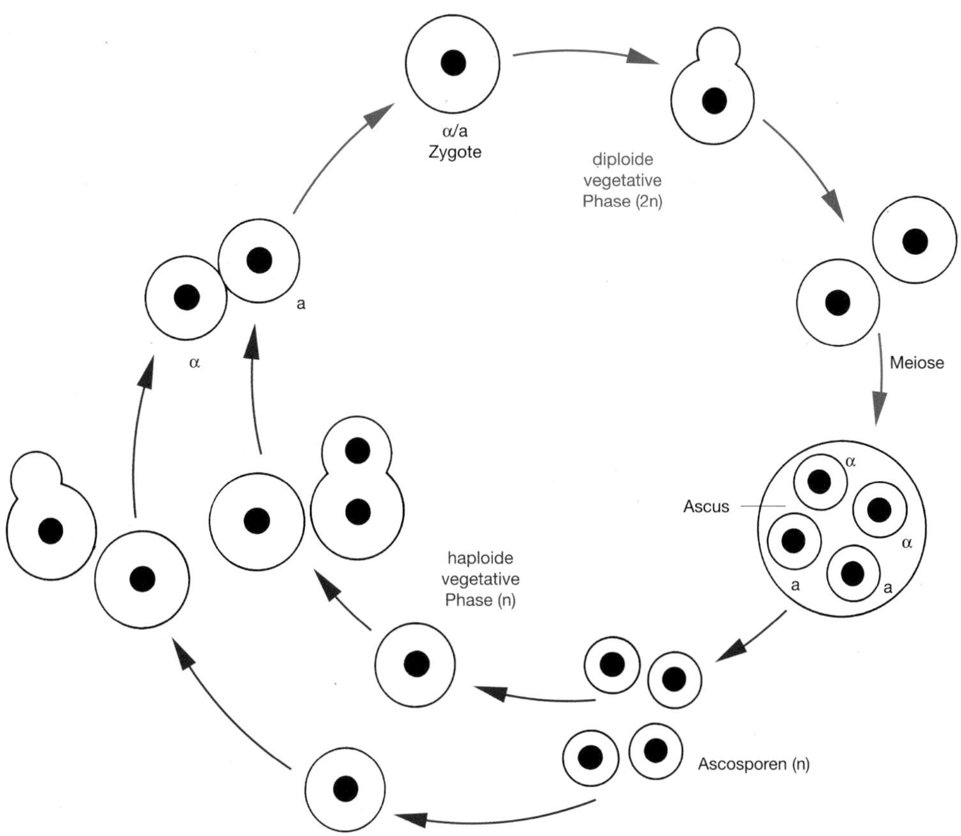

Abb. 5.29 Lebenszyklus der Bäckerhefe *Saccharomyces cerevisiae*. Die Haplophase ist *rot*, die Diplophase *blau* dargestellt. Nach der Meiose, die in einem Ascus vier haploide Ascosporen hervorbringt, vermehren sich diese vegetativ durch Teilung, oder zwei Zellen entgegengesetzten Paarungstyps (*a* oder α) verschmelzen zu einer Zygote. Auch diese diploide Zelle kann sich vegetativ vermehren. Unter bestimmten Umweltbedingungen kann aber auch eine meiotische Teilung eingeleitet werden. Es erfolgt somit ein regelmäßiger Wechsel zwischen Haploidie und Diploidie. Die Ascosporen unterschiedlicher Paarungstypen (*a* und α) können sich spontan auseinander bilden

gen seiner Größe als „2-µm-Plasmid" bezeichnet wird. Dabei handelt es sich um ein 6318 bp langes, doppelsträngiges DNA-Molekül, das autonom repliziert wird und vier Gene enthält, die im Wesentlichen an der Aufteilung des replizierten Plasmids und an der Regulation der Kopienzahl beteiligt sind. Von besonderem Interesse ist das *FLP*-Gen, das für eine sequenzspezifische Rekombinase codiert. Sie induziert eine Rekombination an den FRT-Sequenzen (engl. *FLP-recognition target sites*), die in invers-repetitiven Sequenzen liegen. Heute wird dieses System in der Molekulargenetik zum Austausch von Genkassetten bei der Herstellung transgener Tiere verwendet (Technikbox 27).

Die Bäckerhefe *S. cerevisiae* wird wegen ihrer leichten Handhabung in vielen Fällen ähnlich dem Bakterium *E. coli* als Modellorganismus verwendet. So werden künstliche Hefechromosomen (engl. *yeast artificial chromosomes*, YACs) als Klonierungsvektoren für große Genomfragmente eingesetzt. Die Hybridsysteme von *S. cerevisiae* bieten darüber hinaus die Möglichkeit, Protein-Protein-, DNA-Protein- und RNA-Protein-Wechselwirkungen zu analysieren (Technikbox 12). Aufgrund vieler in der Evolution konservierter Grundmechanismen können diese bei der Hefe modellhaft für viele Eukaryoten relativ einfach untersucht werden; dazu gehören die Regulation der Genexpression, des Zellzyklus, der Zellteilung, des Paarungstyps, der Aminosäurebiosynthese sowie allgemeine Mechanismen der Signaltransduktion.

S. cerevisiae kommt in der freien Natur überwiegend in der diploiden Wachstumsphase vor. Industriell genutzte Stämme sind dagegen häufig polyploid; im Labor werden sowohl diploide als auch haploide Zellen verwendet. Hefestämme werden in der Regel bei 30 °C auf festen Nährböden oder in Flüssigkultur angezogen, die entweder ein Vollmedium oder ein Minimalmedium enthalten können. In Abb. 5.29 ist der Lebenszyklus der Bäckerhefe dargestellt. Wir sehen, dass die Hefezellen sowohl in haploidem als auch in diploidem Zustand über längere Perioden existenzfähig sind und sich durch Knospung (engl. *budding*) vermehren können. Diploide Zellen, die sich unter guten Nährstoffbedingungen durch Teilung vermehren, beginnen bei Nährstoffmangel die Meiose und formen vier haploide **Ascosporen**, die zunächst in der Mutterzelle verbleiben und dadurch einen **Ascus** formen. Die Ascosporen gründen nach ihrer Freisetzung durch

Zellteilungen Kolonien von Einzelzellen, die im Prinzip unbegrenzt im haploiden Zustand verbleiben können. Sie gehören jeweils einem von zwei gegensätzlichen Geschlechtstypen oder **Paarungstypen** (engl. *mating types*), a und α, an. Zellen solcher gegensätzlicher Paarungstypen können miteinander fusionieren und ihre Kerne verschmelzen lassen, sodass wieder ein diploider Zustand erreicht ist (vgl. dazu im Detail ▶ Abschn. 9.3.4).

Die Bäckerhefe stellt auch ein bevorzugtes Objekt der Formalgenetik dar (▶ Kap. 11), da sie sowohl in der haploiden als auch in der diploiden Phase im Labor stabil kultiviert werden kann. Außerdem werden die vier Produkte der Meiose (Tetrade; Meiose siehe ▶ Abschn. 6.3.2) im Ascus zusammengehalten und können leicht analysiert werden („Tetradenanalyse", ▶ Abschn. 11.4.3). Der Ascus von *S. cerevisiae* ist eine ungeordnete Tetrade; die Produkte der Meiose bleiben zwar zusammen, die Reihenfolge ihrer Entstehung kann aber nicht nachvollzogen werden (vgl. dagegen die geordnete Tetrade bei *Neurospora crassa*). Wie bei vielen anderen Mikroorganismen ist eine kostengünstige Anzucht in der Lage, eine große Zahl von Zellen für die Untersuchungen bereitzustellen, wodurch die statistische Aussagekraft erhöht und auch seltene Ereignisse festgestellt werden können. Die Tetradenanalyse wurde traditionell zur Genkartierung genutzt. Obwohl solche Analysen nach Aufklärung der Genomsequenz nicht mehr benötigt werden, wird die Tetradenanalyse z. B. für den Nachweis eingesetzt, ob eine Mutation einen oder mehrere Genorte betrifft oder aber zu einem letalen Phänotyp führt.

S. cerevisiae wird häufig dazu genutzt, Gene mithilfe von Mutagenese zu identifizieren und zu charakterisieren (▶ Kap. 10). Um eine Mutation mit erkennbarem Phänotyp zu entdecken, wird eine haploide Kultur physikalisch (z. B. durch UV-Strahlung oder ionisierende Strahlung) oder chemisch (z. B. durch Ethylmethansulfonat, EMS) mutagenisiert. Durch geeignete Screening-Verfahren bzw. Untersuchungen in definierten Mangelmedien können entsprechende Mutanten zunächst isoliert und dann funktionell charakterisiert werden. Dazu gehören z. B. die strahleninduzierten Mutanten, die zunächst mit *rad* oder *Rad* (und entsprechenden fortlaufenden Ziffern) bezeichnet wurden. Die Vielfalt genetischer Testsysteme bei Hefen wird ausführlich von Forsburg (2001) beschrieben; einen detaillierten Überblick über die Genetik von *S. cerevisiae* findet sich bei Duina et al. (2014). Die *Saccharomyces*-Genom-Datenbank (*Saccharomyces* Genome Database, SGD; ▶ https://www.yeastgenome.org/) bietet umfassende Informationen über das Hefegenom, verbunden mit entsprechenden funktionellen biologischen Hinweisen.

Abschließend soll noch ein Hinweis zur genetischen **Nomenklatur** bei der Hefe gegeben werden. Jedes Gen wird bei der Hefe in der Regel durch drei Buchstaben und eine Zahl symbolisiert, wobei dominante Allele in Großbuchstaben (z. B. *HIS3*) und rezessive Allele dieses Gens in Kleinbuchstaben geschrieben werden (z. B. *his3*); das jeweilige Wildtyp-Allel wird mit einem zusätzlichen hochgestellten „+" dargestellt (z. B. *HIS3*$^{+}$). Ein hochgestelltes „R" oder „S" kennzeichnet dagegen **R**esistenz oder **S**ensitivität gegenüber toxischen Substanzen. Deletionen in einem Gen werden durch die Verwendung des griechischen Buchstabens „Delta" (Δ) gekennzeichnet, und Insertionen durch einen doppelten Doppelpunkt („::", z. B. *HIS3*::*LEU2* oder *his3*::*LEU2*). In dem gewählten Beispiel wurde ein funktionsfähiges *LEU2*-Gen in den *HIS3*-Genort inseriert; im Fall der Großschreibung bleibt *HIS3* funktionsfähig, im Fall der Kleinschreibung nicht.

> Die Bäckerhefe ist ein einzelliger Mikroorganismus, der aufgrund seiner leichten Handhabbarkeit und seiner kurzen Generationszeit eine gewisse „Vorreiterrolle" bei der Analyse eukaryotischer Genomstrukturen und -funktionen hatte.

5.3.2 Der Schimmelpilz *Neurospora crassa*

Neurospora crassa gehört zur Gruppe der Schlauchpilze und war besonders in der früheren Zeit der Genetik einer der wichtigsten Modellorganismen. Er ist durch seine pudrig wirkenden orangefarbenen Konidiosporen besonders auffällig und wächst auf kohlenhydratreicher Nahrung, z. B. auf verkohlten Baumstämmen nach einem Waldbrand (◘ Abb. 5.30), auf Zuckerrohr oder auf

◘ **Abb. 5.30** *Neurospora* wächst an einem verbrannten Baumstumpf nach einem Waldbrand. (Nach Raju 2009, mit freundlicher Genehmigung)

Brotresten. Entsprechend leicht kann *Neurospora* auch im Labor gehalten werden: Er braucht nur Salze, Zucker und Biotin. Die unreifen Ascosporen zeigen ein nervenartiges Streifenmuster, was letztlich Ende der 1920er-Jahre zu der Bezeichnung „***Neurospora***“ durch Bernard Ogilvie **Dodge** führte.

Dodge erkannte auch als Erster die Bedeutung der sexuellen Entwicklung bei *Neurospora* und die Entstehung von zwei Paarungstypen, die hier als A und a bezeichnet werden. Er beschrieb auch zuerst den Lebenszyklus von *Neurospora* (◘ Abb. 5.31, in einer aktuelleren Darstellung). In den Folgejahren entwickelte sich *Neurospora* zu einem klassischen Beispiel der Mendel'schen Genetik, da die vier Produkte der Meiose, die Tetrade, in Form von geordneten Ascosporen analysiert werden konnten (► Abschn. 11.4.3). Dadurch war es auch möglich, Phänomene des Crossing-over bei Rekombinationsereignissen (► Abschn. 6.3.3) zu erklären. Im Folgenden führten George **Beadle** und Edward **Tatum** (1941) Mutationsexperimente durch, die zur Formulierung der „Ein-Gen-ein-Enzym-Hypothese“ führten: Danach stehen Enzym-katalysierte Biosyntheseschritte unter genetischer Kontrolle – und zwar codiert ein Gen für ein Enzym. Auch wenn wir heute die Definition eines Gens etwas komplexer sehen (► Abschn. 1.1.3), so war dies Mitte der 1940er-Jahre eine bahnbrechende Erkenntnis, und die beiden Forscher erhielten dafür 1958 den Nobelpreis für Medizin. Schon 1954 waren alle sieben Chromosomen kartiert, aber es sollte dann doch noch fast 50 Jahre dauern, bis 2003 die vollständige Sequenz der genomischen DNA veröffentlicht werden konnte. Sie hat eine Größe von etwa 40 Mb und codiert für etwa 10.000 Gene.

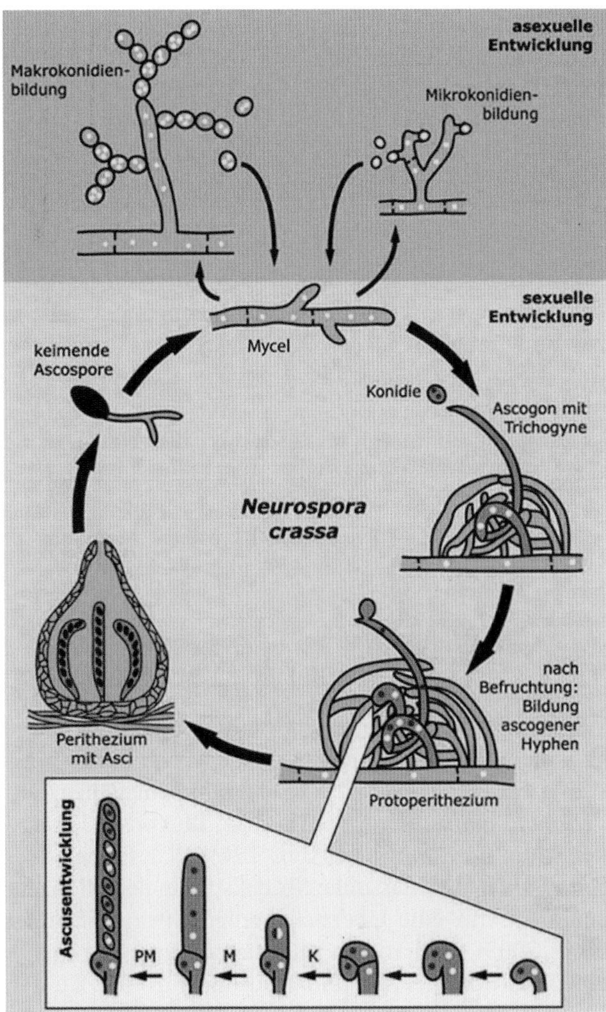

◘ **Abb. 5.31** Lebenszyklus von *Neurospora crassa*. *Neurospora* kann sich sowohl sexuell als auch asexuell vermehren. Das vegetative Mycel ist in der Lage, zwei verschiedene Formen von asexuellen Sporen zu bilden, nämlich die meist mehrkernigen, orangefarbenen Makrokonidien und die kleineren, oft einkernigen Mikrokonidien. Im Verlauf der sexuellen Entwicklung bilden sich am vegetativen Mycel Ascogone (weibliche Gametangien). Vom Ascogon geht eine Trichogyne (Empfängnishyphe) aus, die mit einem Konidium oder auch dem vegetativen Mycel eines *Neurospora*-Stamms vom entgegengesetzten Paarungstyp verschmelzen kann. Bei *Neurospora* gibt es zwei Paarungstypen (A und a), und nur Stämme mit verschiedenen Paarungstypen können sich gegenseitig befruchten (heterothallischer Lebenszyklus). Nach der Befruchtung werden vom Ascogon die ascogenen Hyphen ausgebildet, die jeweils zwei Kerne mit verschiedenen Paarungstypen (*gelb* und *rot*) enthalten. Die Ascogone werden von sterilen Hyphen umschlossen, die die Fruchtkörperhülle bilden und zuerst einen Vorfruchtkörper (Protoperithezium) und später das Perithezium bilden. Im Inneren des Fruchtkörpers entwickeln sich die ascogenen Hyphen zu Asci, dabei kommt es zu Karyogamie (K), Meiose (M) und postmeiotischer Mitose (PM), sodass acht Ascosporen pro Ascus entstehen. Die reifen Asci werden aus dem Perithezium ausgeschleudert. (Nach Nowrousian 2007, mit freundlicher Genehmigung)

 Bei *Neurospora* gibt es verschiedene Besonderheiten, die als epigenetische Phänomene der „Genomverteidigung“ dienen (Kück 2005). Zwar werden epigenetische Aspekte im Zusammenhang in ► Kap. 8 besprochen, dennoch sollen hier drei dieser Aspekte angerissen werden:

- ***Quelling*** ist ein Vorgang, der mit RNA-Interferenz bei anderen Organismen verglichen werden kann. Dabei werden duplizierte Sequenzen im haploiden Genom erkannt und deren Expression in der vegetativen Phase verhindert.
- Das Phänomen der **meiotischen Stilllegung durch ungepaarte DNA** ist bisher nur bei *Neurospora* beschrieben. Es ist wie *Quelling* ein RNA-vermittelter Prozess, aber er basiert auf der Heterologie von DNA-Sequenzen, die während der Meiose nicht paaren können und ist deshalb auch auf die sich entwickelnden Asci beschränkt.
- Durch **Wiederholungssequenzen induzierte Punktmutationen** (engl. *repeat-induced point mutation*, RIP) bewirken, dass bei längeren duplizierten Sequenzen während der prämeiotischen-dikaryotischen Phase eine hohe Zahl von C→T- bzw. G→T-Transitionen eingefügt werden, die häufig zu Stoppcodons führen. Dadurch gibt es bei *Neurospora* relativ wenige Genfamilien.

Wie für viele andere Modellorganismen, so gibt es auch für *Neurospora* eine Reihe von Datenbanken, die bei Bedarf weiterhelfen können. Verschiedene Stammkulturen sind beim Fungal Genetics Stock Center (Kansas City, USA) erhältlich (▶ www.fgsc.net) und allgemeine Informationen zu *Neurospora* auf der entsprechenden Seite des Broad Institute (Cambridge, USA; ▶ http://www.broadinstitute.org/annotation/genome/neurospora/MultiHome.html). Eine breite Übersicht über die Möglichkeiten genetischer Untersuchungen bei *N. crassa* und anderen filamentösen Pilzen bietet der Aufsatz von Casselton und Zolan (2002).

Neurospora ist ein haploider Ascomycet, der sich vegetativ und sexuell vermehren kann. Aufgrund seiner besonderen Tetradenanordnung und einfachen Haltungsbedingungen im Labor ist er ein etablierter Modellorganismus der Genetik mit einer erfolgreichen Geschichte.

5.3.3 Pflanzen

Wichtige pflanzengenetische Untersuchungsobjekte sind die **Ackerschmalwand** (***Arabidopsis thaliana***, Brassicaceae; ◘ Abb. 5.32), das **Große Löwenmäulchen** (***Antirrhinum majus***, Scrophulariaceae; ◘ Abb. 5.33) und der **Mais** (***Zea mays***; ◘ Abb. 5.34). War früher eher *Antirrhinum* das klassische Modellsystem der Pflanzengenetiker (für eine Übersicht siehe Schwarz-Sommer et al. 2003), so hat sich in neuerer Zeit *Arabidopsis* etabliert (Sommerville und Koornneef 2002). Zu den vorteilhaften Eigenschaften von *Arabidopsis* zählen eine kurze Generationszeit (Blüte 8–12 Wochen nach der Aussaat), geringe Größe (15–20 cm) und viele Nachkommen (1000 Samen pro Individuum). *Arabidopsis* hat das kleinste bekannte Pflanzengenom (ca. 125 Mb; The *Arabidopsis* Genome Initiative 2000); es enthält ca. 26.000 Gene, die auf fünf Chromosomenpaaren liegen. Das mitochondriale Genom umfasst knapp 155 kb und codiert für 58 Gene; das Chloroplastengenom umfasst knapp 367 kb und enthält die genetische Information für 158 Gene (die aktuellen Informationen können im Internet unter den Adressen ▶ http://www.arabidopsis.org bzw. ▶ http://mips.helmholtz-muenchen.de/plant/genomes.jsp abgerufen werden). Überraschend war das Vorkommen von etwa 60 % duplizierten Genomabschnitten; man vermutet heute, dass das *Arabidopsis*-Genom aus einem Vorläufer durch Duplikation und anschließende Eliminierung eines Teils dieser Sequenzen hervorgegangen ist.

Die erste Beschreibung der Art erfolgte 1588 durch den sächsischen Arzt Johannes **Thal**; 1842 wurde diese Pflanze von Gustav **Heynold** endgültig der Gattung *Arabidopsis* zugeordnet und trägt seither die Bezeichnung *Arabidopsis thaliana*. Ein früher „Meilenstein" in der Anwendung von *A. thaliana* in der Genetik war der Nachweis der Kontinuität der Chromosomen während der Interphase durch Friedrich **Laibach** (1907). Danach dauerte es bis in die 1980er-Jahre, bis *A. thaliana* wieder in großem Stil in die genetischen Labore zurückkehrte: einmal bei der Transformation von *A. thaliana* mittels *Agrobacterium tumefaciens* unter Verwendung gentechnisch hergestellter Ti-Plasmide (▶ Abschn. 4.2.2) und dann später mit der relativ leichten Herstellung einer großen Zahl von Mutanten, die vor allem in der Entwicklungsgenetik der Pflanzen herausragende Fortschritte brachte (▶ Abschn. 12.2).

◘ **Abb. 5.32** *Arabidopsis thaliana*, ein Modell für molekulargenetische Studien in höheren Pflanzen. **a** Eine reife *Arabidopsis thaliana*-Pflanze. **b** Reife Blüte des *Arabidopsis*-Wildtyps. **c** Die homöotische Blütenmutante *agamous-1* wurde in einem der ersten genetischen Screens auf Entwicklungsmutanten gefunden. (Nach Page und Grossniklaus 2002, mit freundlicher Genehmigung)

Bei *Arabidopsis* hat sich eine von der üblichen genetischen **Nomenklatur** teilweise abweichende Schreibweise entwickelt: So werden Wildtyp-Allele durchgehend mit Großbuchstaben und kursiv geschrieben (z. B. *KNOX*), ihre mutierten Allele dagegen klein und kursiv (*kn1*). Dominante Mutationen werden mit dem Zusatz „d" versehen. Gensymbole umfassen in der Regel drei Buchstaben (manche ältere nur zwei); bei Transgenen werden Promotor und cDNA-Konstrukte durch zwei Doppelpunkte getrennt (z. B. *35S::KNAT1*).

Abb. 5.33 Natürliche Variation bei *Antirrhinum*. **a** *Antirrhinum majus* ist an den Küsten des Mittelmeeres (besonders in Spanien und Frankreich) weitverbreitet. Es wächst aufrecht, hat nur geringe seitliche Verzweigungen, große Blätter und rote Blüten. **b** *Antirrhinum charidemi* kommt nur in Südostspanien vor, einer der trockensten Gegenden auf dem europäischen Festland. Es hat viele seitliche Verzweigungen, kleine Blätter und rosa Blüten. **c** *Antirrhinum molle* wird an Klippen und Geröllhalden in den Pyrenäen gefunden. Es ist stark verzweigt, hat wuchernde Halme und Organe mittlerer Größe, die mit vielen Haaren bedeckt sind, elfenbeinfarbene Blüten und ein rotes Muster der Blattadern. (Nach Schwarz-Sommer et al. 2003, mit freundlicher Genehmigung)

Abb. 5.34 Die Kultivierung des Mais. Es wird allgemein angenommen, dass der Vorfahr des modernen Mais (*Zea mays mays*) ein mexikanisches Gras ist: Teosinte (*Z. mays parviglumis*). Die zwei Unterarten sind untereinander fruchtbar, zeigen aber viele morphologische Unterschiede: Teosinte (*links*) hat viele lange, seitliche Verästelungen. Die Verästelungen des Mais (*rechts*) sind dagegen eher kurz. Der Maiskolben hat seine Körner auf der Oberfläche, wohingegen sie bei Teosinte in den dreieckigen Hülsen eingeschlossen sind. (Nach Doebley et al. 2006, mit freundlicher Genehmigung)

Morphologisch lassen sich bei einer Pflanze drei Grundorgane unterscheiden: die **Sprossachse**, die **Wurzel** und die **Blätter**. Den aus Sprossachse, Vegetationskegel (Meristem) und Blättern gebildeten Bereich, in dem das Wachstum der Pflanze durch Zellteilungen im Meristem erfolgt, bezeichnet man als Spross. Die Entwicklung der Organe erfolgt durch die Proliferation von Meristemen (Bildungsgewebe). Einen wichtigen Einfluss auf die Entwicklung hat die Organisation der Pflanzenzelle. Die Zellwand sorgt dafür, dass die Zellen ihre Nachbarschaft nicht verlassen können. Gestaltveränderungen (Morphogenesen) in der Entwicklung einer Pflanze werden daher durch lokale Aktivitäten von Zellen ausgeführt. Zur Koordination von Entwicklungsvorgängen sind andererseits langreichende Signale (z. B. Phytohormone) notwendig. Für die Kommunikation zwischen den Zellen einer Pflanze können die Plasmodesmen eine zusätzliche Rolle spielen, da sie Zellen miteinander verbinden.

Der Lebenszyklus einer Blütenpflanze (in Abb. 5.35 am Beispiel Mais dargestellt) lässt sich grob in drei große Abschnitte gliedern: Embryogenese, postembryonale (vegetative) Entwicklung und generative Entwicklung. Die Gameten werden in den Blüten gebildet: Zunächst bilden sich männliche haploide **Mikrosporen** als **Pollen** in den Antheren und weibliche haploide **Makrosporen** in den Fruchtknoten. Jeder haploide Pollenkern teilt sich noch einmal mitotisch, sodass jedes Pollenkorn zwei haploide Kerne besitzt. Beim Auswachsen des Pollens zum Pollenschlauch erfolgt eine weitere Teilung eines der beiden Kerne. Hierdurch werden zwei Gametenkerne geformt, von denen einer mit dem Eizellkern verschmilzt. Bei der Bildung der Eizelle hat die weibliche Megaspore zunächst in drei Mitosen den

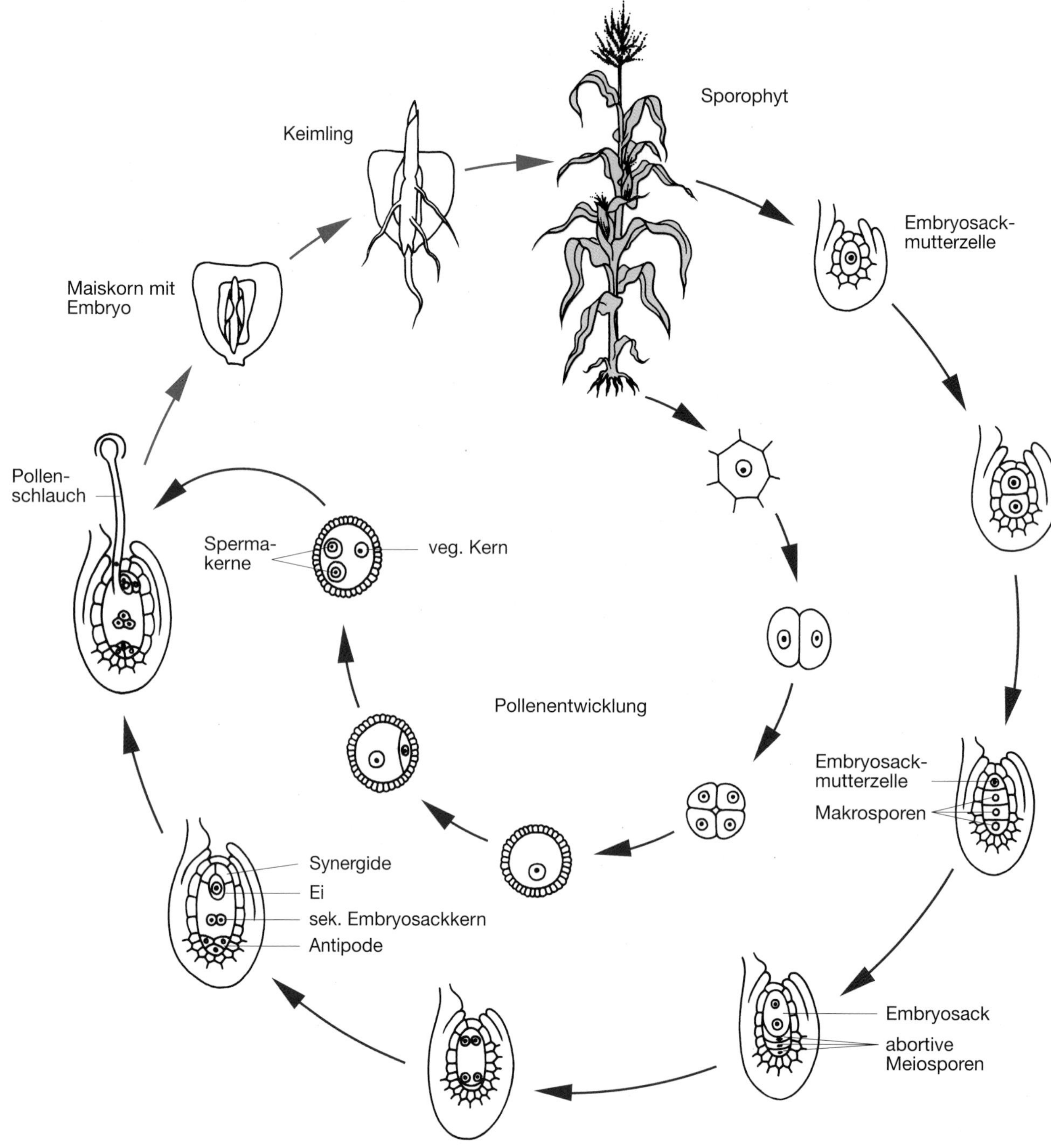

Abb. 5.35 Lebenszyklus von *Zea mays*. Die Haplophase ist *rot*, die Diplophase *blau* dargestellt

Embryosack gebildet, der acht Kerne enthält. Einer der Kerne ist der Eizellkern, der mit dem einen der beiden Gametenkerne des Pollenschlauchs verschmilzt und den Zygotenkern (2n) formt. Der zweite Gametenkern des Pollenschlauchs verschmilzt mit zwei Kernen des **Embryosacks** und bildet dadurch einen triploiden Kern (3n) mit zwei Sätzen mütterlicher und einem Satz väterlicher Chromosomen. Dieser triploide Kern teilt sich und bildet in der Folge das triploide **Endosperm**, ein Nährgewebe für den Embryo. Diese beiden Komponenten, das Teilungsprodukt des Zygotenkerns, der Embryo, und das Endosperm, formen die Maiskörner. Die Zygote wächst zur diploiden Maispflanze heran, während das Endosperm degeneriert, wenn es seine Aufgabe als Nährstoffreservoir für den keimenden Samen erfüllt hat. Wichtig für das Verständnis der Ergebnisse der Maisgenetik ist es zu realisieren, dass das Endosperm in seiner genetischen Konstitution der Konstitution der Zygote, also der F_1-Generation, entspricht, jedoch aufgrund seines triploiden Charakters eine doppelte

Gendosis mütterlichen Ursprungs besitzt. Für die **experimentelle Maisgenetik** ist es außerdem entscheidend, dass durch geeignete Maßnahmen **unkontaminierte Pollen** einer Pflanze erhalten und eine **unkontrollierte Befruchtung** verhindert werden können. Darüber hinaus hat der Mais natürlich als landwirtschaftliche Nutzpflanze eine enorme ökonomische Bedeutung, die dazu führt, dass (molekular-)genetische Untersuchungen und gentechnologische Verfahren am Mais in großem Umfang durchgeführt werden.

Die erste Version des Maisgenoms wurde 2009 von einem internationalen Konsortium veröffentlicht (Schnable et al. 2009); die folgenden Ergänzungen und Verbesserungen findet man in der Maisgenom-Datenbank (▶ https://www.maizegdb.org/; 2019). Das Maisgenom ist in zehn Chromosomen organisiert, umfasst insgesamt ungefähr 2,3 Gb und codiert für über 32.000 Gene. Die große Anzahl an Genen erklärt sich durch mehrere Genomduplikationen, davon eine vor etwa 70 Mio. Jahren und eine weitere vor 5–12 Mio. Jahren. Insgesamt bestehen etwa 80 % des Maisgenoms aus Wiederholungssequenzen. Einen relativ großen Anteil an den genomischen Sequenzen bilden Transposons (8,6 %), bewegliche genetische Elemente, die bei Mais für die Ausbildung von Farbflecken auf den Körnern verantwortlich sind (▶ Abschn. 9.1).

Auch wenn der Mais eine gewisse „Vorreiterrolle" gespielt hat, sind jetzt auch die Genome vieler weiterer Nutzpflanzen sequenziert; dazu gehören die Kartoffel, der Reis und die Tomate. Eine Übersicht über die verschiedenen Pflanzengenome bietet die *Plant Genome Database* (▶ www.plantgdb.org). Dadurch ergibt sich natürlich auch die Möglichkeit, die Genome der verschiedenen Nutzpflanzen zu vergleichen. Wir können das am Beispiel der Tomate andeuten, deren Genom von dem Tomatengenom-Konsortium sequenziert und 2012 veröffentlicht wurde (The Tomato Genome Consortium 2012). Die kultivierte Tomate (*Solanum lycopersicum*) hat zwölf Chromosomen, und das gesamte Genom umfasst 900 Mb. Sie unterscheidet sich von der Wildform (*S. pimpinellifolium*) nur in 0,6 % der Nukleotidsequenz; der Unterschied zum Genom der Kartoffel (*S. tuberosum*, auch ein Nachtschattengewächs) beträgt dann schon 8 %. Dabei fallen besonders neun große und mehrere kleinere Inversionen auf. Im Gegensatz zu *Arabidopsis*, aber ähnlich wie bei der Sojabohne, kommen bei der Tomate und der Kartoffel kleine RNA-Gene (▶ Abschn. 8.2) vorzugsweise in genreichen Regionen vor. Die *Solanum*-Arten haben zwei aufeinanderfolgende Verdreifachungen des Genoms durchlaufen: eine ältere, die sie mit den Rosiden gemeinsam haben, und eine jüngere. Diese Genomverdreifachungen sind die Grundlage für neue Funktionen vieler Gene, die die Eigenschaften der Früchte kontrollieren, z. B. die Farbe und den fleischigen Charakter.

Pflanzen spielen in der Genetik eine herausragende Rolle als Modellorganismen; in den letzten Jahren hat sich *Arabidopsis thaliana* besonders unter entwicklungsgenetischen Gesichtspunkten breit etabliert. Hier können viele Prozesse untersucht werden, die für die spätere Anwendung in Nutzpflanzen (wie beispielsweise bei Mais) von großer Bedeutung sind.

Eine besondere Leistung moderner Sequenziertechnologie und bioinformatischer Analyse war die Charakterisierung des Weizengenoms durch ein internationales Konsortium (The International Wheat Genome Sequencing Consortium 2014). Das hexaploide Weizengenom (▶ Abschn. 10.2.2; Allopolyploidie) besteht aus insgesamt 42 Chromosomen; das Genom umfasst ungefähr 17 Gb und codiert für etwa 124.000 Gene. Einen aktuellen Vergleich der Genome der fünf wichtigen Kulturpflanzen für die Welternährung (Reis, Hirse, Mais, Gerste und Weizen) findet man bei Haberer et al. (2016).

Im Frühjahr 2017 berichteten Bashandy und Teeri über Petunien mit orangefarbenen Blüten am Hauptbahnhof in Helsinki. Die Autoren untersuchten die Blütenfarbe genauer und stellten dabei fest, dass es sich um transgene Pflanzen handelt, die auf Arbeiten am Max-Planck-Institut für Züchtungsforschung in Köln in den 1980er-Jahren zurückgehen. Für die deutsche Zentrale Kommission für die Biologische Sicherheit (ZKBS) waren in einer vorläufigen Risikobewertung im Juli 2017 „keine Anhaltspunkte erkennbar, die auf ein erhöhtes Risiko der gentechnisch veränderten Petunien im Vergleich zu herkömmlichen Petunien hindeuten". Dennoch müssen aufgefundene gentechnisch veränderte Petunien vernichtet und ihre Samen sicher abgetötet werden, da sie auf dem europäischen Markt nicht zugelassen sind.

5.3.4 Der Fadenwurm

Bereits im vorletzten Jahrhundert studierten Biologen, unter ihnen Theodor **Boveri**, die Frühentwicklung der Nematoden. Damals waren parasitische Vertreter wie die Spulwürmer bevorzugte Untersuchungsobjekte. Mitte der 1960er-Jahre führte Sidney **Brenner**, ursprünglich ein Phagengenetiker, den **Fadenwurm *Caenorhabditis elegans*** als Modellsystem in die Genetik ein. Eine erste wichtige Zusammenfassung wurde von ihm 1974 publiziert. Sidney Brenner bekam für seine Arbeiten 2002 den Nobelpreis für Medizin.

Die ersten Untersuchungen in Sidney Brenners Labor wurden an Kulturen von *C. elegans* durchgeführt, die mit Ethylmethansulfonat (EMS; ▶ Abschn. 10.4.3) als mutagenem Agens behandelt wurden. So wurden in

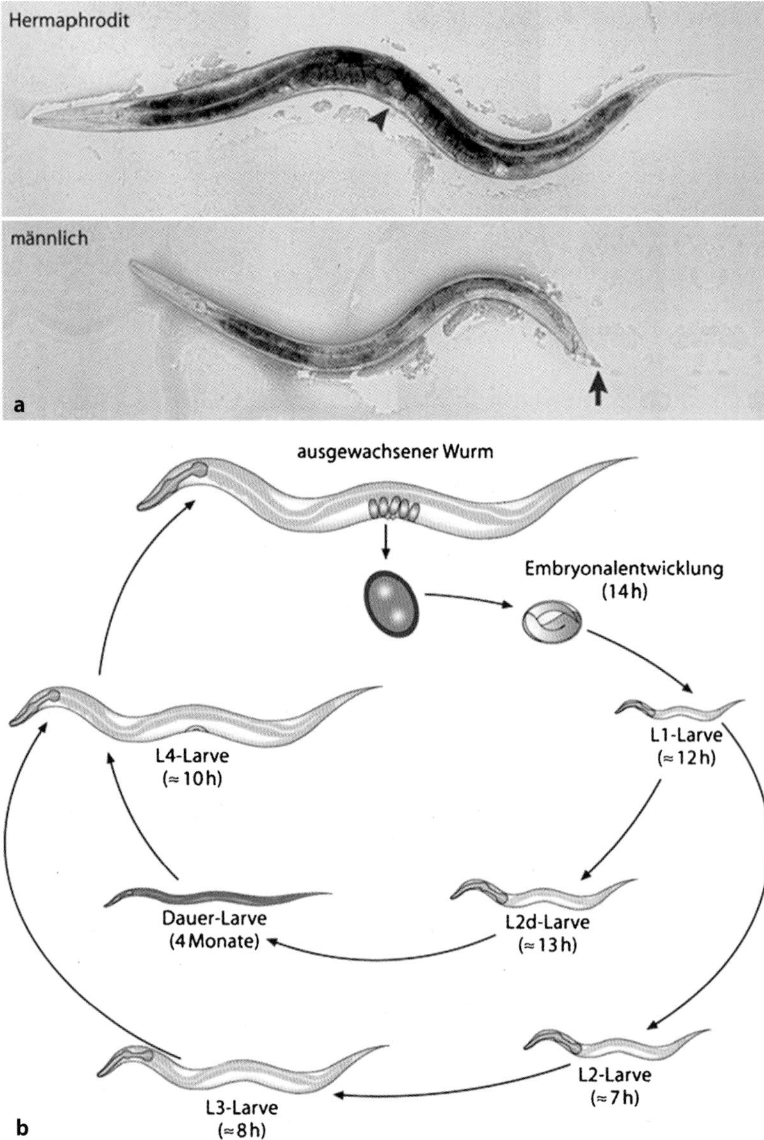

Abb. 5.36 Morphologie und Lebenszyklus von *Caenorhabditis elegans*. **a** Der Wurm *C. elegans* kommt in zwei Geschlechtern vor: als Hermaphrodit (*oben*) und als männliches Tier (*unten*). Hermaphroditen sind cytogenetisch durch zwei X-Chromosomen (X/X) charakterisiert, wohingegen die Männchen nur ein X-Chromosom besitzen (X/0). Morphologisch zeigen Hermaphroditen eine Vulva (*Pfeilspitze*); männliche Tiere verfügen über einen fächerartigen Schwanz (*Pfeil*). **b** Die ersten 14 h des Lebenszyklus des Wurms umfassen die Embryonalentwicklung, danach schlüpfen die Larven aus der Eihülle und durchlaufen die vier Larvenstadien L1–L4. Unter besonderen Umständen und eingeschränktem Nahrungsangebot kann die L1-Larve einen alternativen Entwicklungsweg einschlagen (Dauerzustand, engl. *dauer stage*), bei dem die Larve über Monate hinweg unter widrigen Umständen überleben kann. (Nach Jorgensen und Mango 2002, mit freundlicher Genehmigung)

den Jahren ab 1967 bis in die Mitte der 1970er-Jahre über 300 EMS-induzierte Mutationen identifiziert, die meisten davon mit einem rezessiven Erbgang. Die Hauptklasse der Mutanten betraf die Fortbewegung der Würmer – ihre unkoordinierten Bewegungen führten zu dem entsprechenden Gensymbol *unc* (engl. *uncoordinated*); andere Mutationen betrafen die Größe und Form des Wurms (z. B. *dumpy*; Gensymbol *dpy-1*). *C. elegans* wurde seither zu einem System entwickelt, das sich in vielerlei Hinsicht für genetische Studien eignet (für Details siehe Übersichten bei Ankeny 2001 sowie Jorgensen und Mango 2002).

C. elegans kommt in zwei Geschlechtsformen vor, als Männchen oder als Zwitter (Hermaphrodit; Abb. 5.36). Die Entscheidung, ob ein Wurm zum Männchen oder zum Zwitter wird, hängt von der Anzahl der X-Chromosomen ab: Neben den fünf autosomalen Chromosomenpaaren besitzen Männchen ein, Zwitter zwei X-Chromosomen. Die Zwitter produzieren zu Beginn ihres Lebens Samen, später nur noch Eier. Mit dem gespeicherten Samen können sie die Eier selbst befruchten. Selbstbefruchtung vereinfacht die Untersuchung homozygoter Nachkommen, da neu induzierte Mutationen homozygotisiert werden können, ohne dass Geschwister untereinander gekreuzt werden müssen. Die Zwitter können aber auch von Männchen befruchtet werden, sodass auch Mutationen kartiert und Komplementationstests durchgeführt werden können.

Die Haltung der Tiere ist einfach: *C. elegans* wird auf einem Bakterienrasen plattiert, der als Nahrungsquelle dient. Sowohl die Ei- als auch die Körperhülle des Wurms sind durchsichtig. Mutanten können daher mithilfe eines Mikroskops oder eines Binokulars einfach identifiziert werden. *C. elegans* ist als erwachsenes Tier nur ca. 1 mm groß, hat einen Durchmesser von 70 µm und besteht aus einer definierten Anzahl von Zellen: Das Männchen enthält 1031 somatische Zellen, der Zwitter dagegen nur 959 somatische Zellen; dazu kommt noch eine variable Zahl von Keimzellen. Diese Konstanz der Zahl seiner somatischen Zellen ist eine der hervorstechendsten Eigenschaften von *C. elegans*. *C. elegans* hat eine vollständig definierte und weitgehend **unveränderliche Zellgenealogie**; die Entwicklung der einzelnen Zellen kann in lebenden Tieren beobachtet werden. Obwohl der erwachsene Zwitter nur 959 Zellen besitzt, werden ursprünglich 1090 Zellen gebildet – 131 Zellen sterben ab. Die Untersuchung dieses Phänomens hat zum Konzept des **programmierten Zelltods** (**Apoptose**) geführt (▶ Abschn. 5.2.2).

C. elegans kann eingefroren lange Zeit aufbewahrt werden, sodass es leicht möglich ist, viele Mutantenlinien im Labor zu halten. Mehr als 1000 Gene von *C. elegans* wurden durch Analyse von Mutanten charakterisiert und kartiert. Das Genom von *C. elegans* wurde durch das *C. elegans* Sequencing Consortium bereits 1998 publiziert (die aktuelle Version kann im Internet unter der Adresse ▶ http://www.ensembl.org/Caenorhabditis_elegans abgerufen werden). Es ist mit etwa 100 Mb nur etwa 20-mal so groß wie das von *E. coli* und etwa 6-mal so groß wie das der Hefe. Es enthält ca. 19.000 Gene und damit ca. 50 % mehr als *Drosophila*.

Der Fadenwurm *Caenorhabditis elegans* zeichnet sich durch eine einzigartige Eigenschaft aus: die Konstanz der Zellzahl. Dadurch konnten grundlegende biologische Prozesse wie Apoptose an diesem Modellsystem erarbeitet werden. Außerdem kann er einfach und kostengünstig kultiviert werden; er weist eine kurze Generationszeit auf. Neben seiner einfachen Anatomie erleichtert seine Transparenz die mikroskopische Beobachtung.

Die Einzigartigkeit von *C. elegans* hinsichtlich der konstanten Zellzahl macht diesen Wurm zu einem hervorragenden Modell, um daran systematisch funktionelle Genomforschung zu betreiben. Dies wird natürlich auch dadurch unterstützt, dass das gesamte Genom sequenziert ist und bereits eine Vielzahl genetischer Untersuchungsverfahren an *C. elegans* etabliert ist. Damit wird es möglich, die Zusammenhänge der verschiedenen, zunächst jeweils isoliert betrachteten Signal- und Stoffwechselwege zu beschreiben und auch deren Modulation durch variierende Umweltbedingungen. In diesem Zusammenhang ist die vergleichende Expressionsanalyse von Genen besonders wichtig (Technikbox 32). Interessierte Leser können sich auf der WormBase über aktuelle Fortschritte informieren (▶ http://www.wormbase.org).

5.3.5 Die Taufliege

Die **Taufliege *Drosophila melanogaster*** (◘ Abb. 5.37a) entwickelte sich in den letzten 100 Jahren zu dem Standard-Modellorganismus der Genetiker: Waren es zunächst die klassischen Mutations- und Kartierungsexperimente (Thomas H. **Morgan** in den 1930er- und 1940er-Jahren; ▶ Kap. 10 und 11), so kam es in den 1970er- und 1980er-Jahren zu einer *Drosophila*-Renaissance unter dem Stichwort Entwicklungsgenetik (▶ Abschn. 12.4). Die Geschwindigkeit der Generationsfolge macht *Drosophila* so beliebt: Der gesamte Entwicklungszyklus von Eiablage zu Eiablage dauert bei 25 °C ca. 2 Wochen. Die Weibchen legen bis zu 100 Eier pro Tag (Durchmesser: ~ 0,2 mm, Länge: ~ 0,5 mm). Nur 1 Tag beansprucht die Embryonalentwicklung, in 4 Tagen werden die durch Häutungen getrennten Larvenstadien durchlaufen, 5 Tage dauert die Metamorphose zur Fliege in der Puppencuticula (◘ Abb. 5.37b). In den Morgenstunden („Taufliege") des 5. Tages nach der Verpuppung schlüpfen die Fliegen; nach etwa 4 h sind die Fliegen geschlechtsreif.

Für Arbeiten an *Drosophila* wurden bisher sechs Nobelpreise vergeben:

- **1933:** Thomas Hunt Morgan für die Bedeutung der Chromosomen bei der Vererbung (▶ Kap. 11);
- **1946:** Hermann Joseph Muller für die Charakterisierung strahleninduzierter Mutationen (▶ Kap. 10);
- **1995:** Edward B. Lewis, Christiane Nüsslein-Volhard und Eric F. Wieschaus für ihre entwicklungsgenetischen Untersuchungen (▶ Abschn. 12.4);
- **2004:** Richard Axel für die Charakterisierung der Geruchsrezeptoren und der Organisation des olfaktorischen Systems;
- **2011:** Jules A. Hoffmann für seine Forschung zur angeborenen Immunität;
- **2017:** Jeffrey C. Hall, Michael Rosbash und Michael W. Young für die Charakterisierung der Mechanismen der zirkadianen Rhythmik (▶ Abschn. 14.1.3).

So ist es auch nicht verwunderlich, dass das Genom von *Drosophila* zu den ersten gehörte, dessen vollständige Sequenz veröffentlicht wurde (Adams et al. 2000; aktualisierte Versionen gibt es auf der ENSEMBL-Datenbank, ▶ http://www.ensembl.org/Drosophila_melanogaster, und FlyBase, ▶ http://www.flybase.org). Das Genom umfasst 160 Mb (davon ca. 117 Mb Euchromatin) und ist damit eine Größenordnung kleiner als ein Säugergenom. Die ca. 14.000 Gene sind in drei autosomalen Chromosomenpaaren und einem Geschlechtschromosomenpaar organisiert. Cytogenetische Untersuchungen werden durch das Auftreten von Riesenchromosomen in den Speicheldrüsen erleichtert (◘ Abb. 6.28).

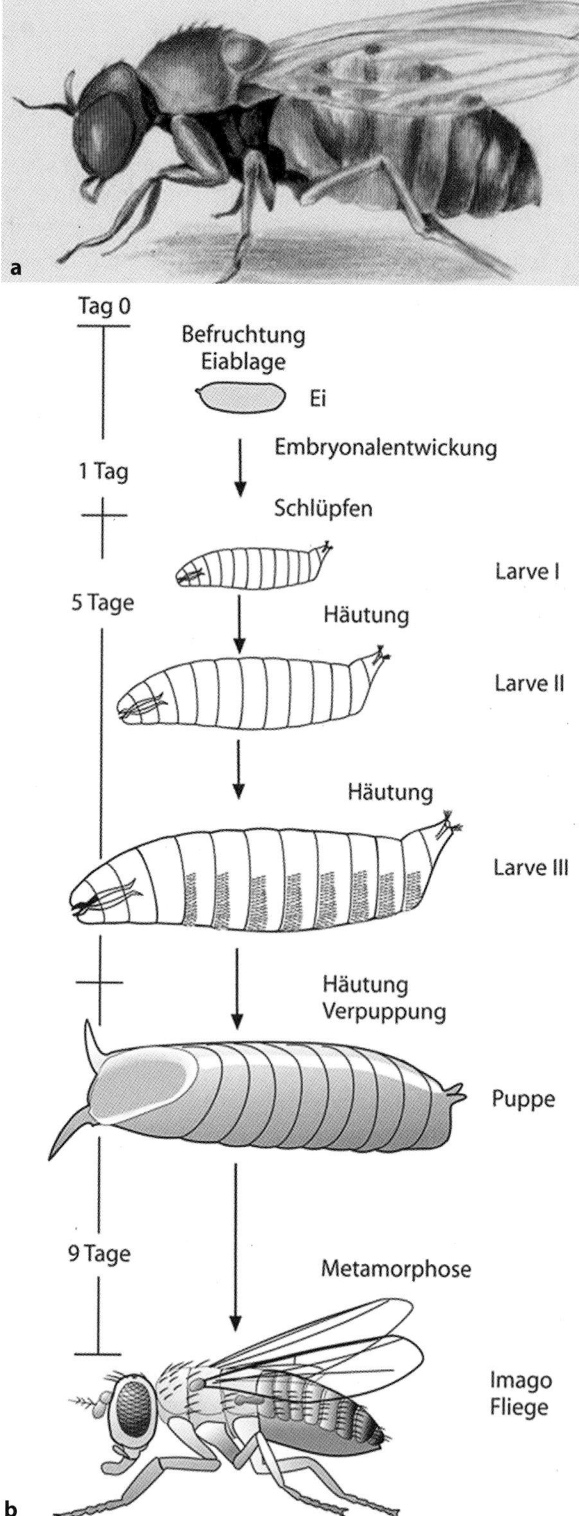

■ **Abb. 5.37** **a** *Drosophila melanogaster*. **b** Lebenslauf von *D. melanogaster*. (**a** nach Rosenthal und Ashburner 2002; **b** nach Müller und Hassel 2018; beide mit freundlicher Genehmigung)

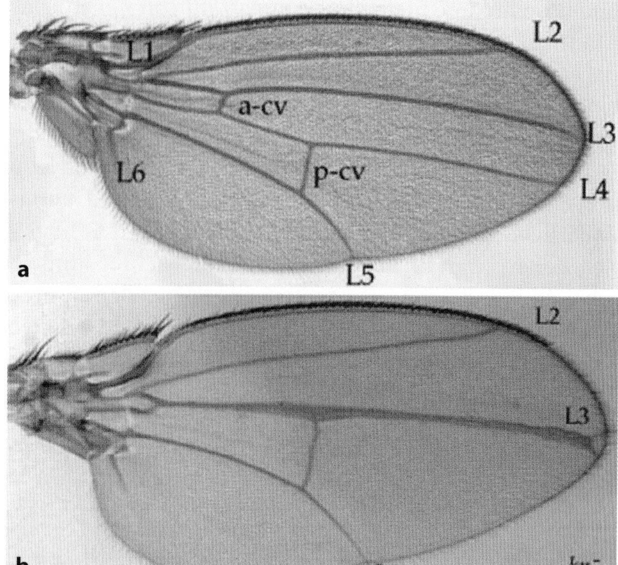

■ **Abb. 5.38** Muster der Flügeladern bei *Drosophila*. **a** Der Wildtyp zeigt in seiner typischen Flügelform fünf Längsadern (L1–L5) und zwei Queradern (a-cv und p-cv). **b** Wenn das *knot*-Gen (kn^-) deletiert ist, sind die Längsadern 3 und 4 fusioniert und die Querader a-cv fehlt. (Nach de Celis 2003, mit freundlicher Genehmigung)

Ein wesentlicher Vorteil von *Drosophila* ist die leichte Erkennbarkeit vieler äußerer Charakteristika. Dazu gehören z. B. die roten Augen, die klare Segmentierung des Körpers und die Musterung der Flügel (ein Beispiel einer Mutante ist in ■ Abb. 5.38 dargestellt). Ein weiteres sicheres Merkmal – bei Männchen – sind die Geschlechtskämme (engl. *sex combs*); für die Analyse der genetischen Steuerung der Neurogenese hat sich die stereotype Anordnung ihrer Makrochaeten (große Borsten) und Mikrochaeten (kleine Borsten) als bedeutungsvoll erwiesen. Auch die Larve zeigt viele Marker, die die Charakterisierung klar unterscheidbarer Phänotypen erlaubt. Diese Vielzahl der klar und einfach definierbaren äußeren Merkmale, verbunden mit der leichten Handhabbarkeit und der kurzen Generationszeit, haben *Drosophila* lange Zeit zu dem Star unter den genetischen Modellorganismen gemacht – und entsprechend groß ist heute die Sammlung der verschiedenen Fliegenstämme (erhältlich z. B. bei ► http://flystocks.bio.indiana.edu).

Wichtige Hilfsmittel der *Drosophila*-Genetik sind die **Balancer-Chromosomen** (Technikbox 22) oder die Transposon-vermittelte Mutagenese (P-Element-Mutagenese; Technikbox 23). In Verbindung mit klassischer Mutagenese durch Röntgenstrahlen oder Chemikalien (► Abschn. 10.4.2 und 10.4.3) ist es möglich, Hochdurchsatz-Verfahren anzuwenden, um alle möglichen Mutationen zu identifizieren, die einen biologischen Prozess betreffen („Saturationsmutagenese“).

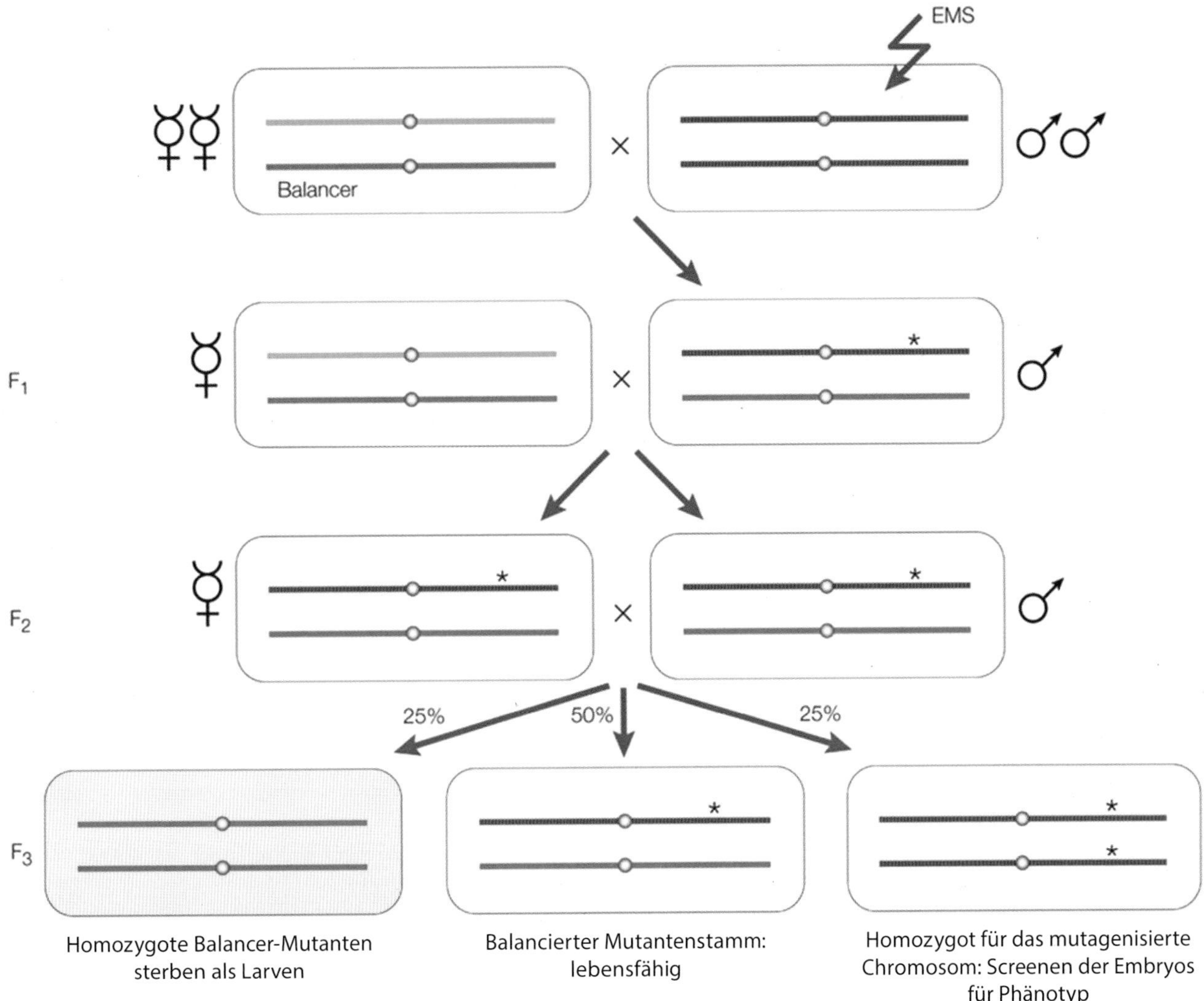

Abb. 5.39 Kreuzungsschema für Mutanten-Screen in *Drosophila*. Männliche Fliegen wurden mit Ethylmethansulfonat (EMS) mutagenisiert und mit jungfräulichen Fliegenweibchen verpaart, die einen Balancer für das zu untersuchende Chromosom tragen (*grau*). Da die Mutation in den Spermatiden induziert wird, vererbt jedes F_1-Männchen ein mutagenisiertes Chromosom (*rot*) mit einem Spektrum an Mutationen. Einzelne F_1-Männchen, die ein mutagenisiertes Chromosom in *trans* zu dem Balancer tragen, werden zu dem Balancer-Stamm zurückgekreuzt, um F_2-Männchen und -Weibchen zu erzeugen, die dasselbe mutagenisierte Chromosom tragen. Etwa 25 % der F_3-Fliegen zeigen einen Phänotyp. (Nach Johnston 2002, mit freundlicher Genehmigung)

Christiane **Nüsslein-Volhard** und Eric **Wieschaus** publizierten die ersten Ergebnisse ihres genomweiten Screens 1980. Darin beschrieben sie die Mutagenese von *Drosophila* mit Ethylmethansulfonat und analysierten die Musterbildung im Embryo. Damit gelang zum ersten Mal in einem vielzelligen Organismus eine Saturationsmutagenese, noch dazu in Bezug auf embryonale Stadien. Sie konnten dabei Mutationen in den meisten wichtigen musterbildenden Genen identifizieren. Der genetische Ansatz ist in Abb. 5.39 dargestellt; die wesentlichen Aussagen zur Entwicklungsgenetik werden im ► Abschn. 12.4 besprochen.

Die Taufliege *Drosophila melanogaster* ist seit den 1930er-Jahren einer der wichtigsten Modellorganismen in der Genetik. Aufgrund der einfachen Haltung, der schnellen Generationszeit und der einfachen Phänotypisierung in den Larvenstadien und im adulten Tier war *Drosophila* lange Zeit einzigartig. Besonders in der Entwicklungsgenetik können viele Mechanismen erfolgreich auf höhere Organismen übertragen werden.

5.3.6 Der Zebrafisch

Der bei Aquarienliebhabern schon lange bekannte **Zebrafisch *Danio rerio*** (im Deutschen auch als **Zebra-**

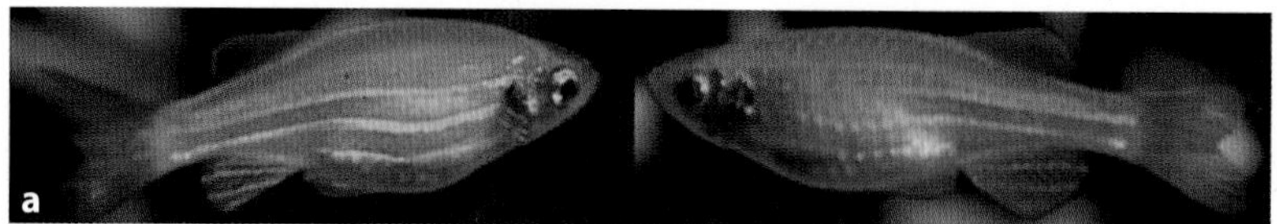

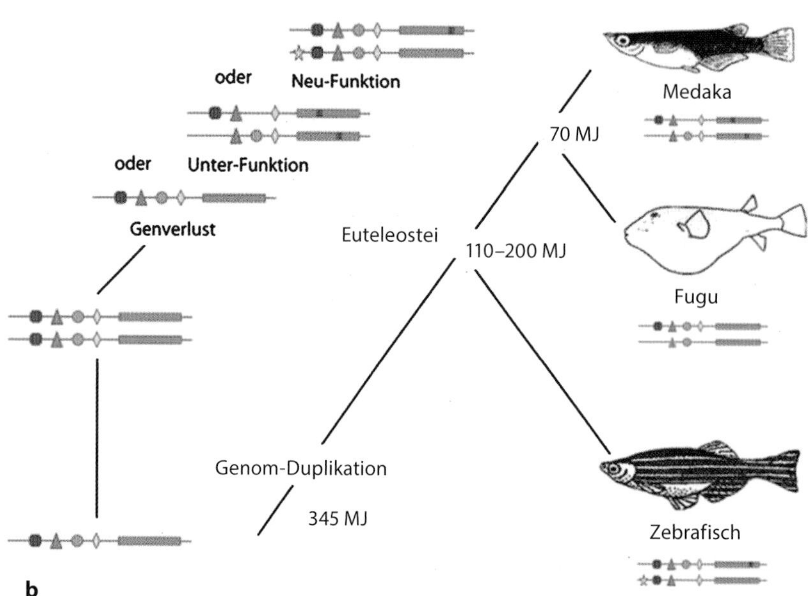

Abb. 5.40 Zebrafische. **a** Ausgewachsene Zebrafische sind etwa 2–3 cm lang. **b** Evolutionäre Beziehungen der Knochenfische und wahrscheinliche Konsequenzen der Genomduplikation an der Basis ihrer Auffächerung. Wie auf der *linken Seite* angedeutet, kann die Verdoppelung von Genen bzw. des ganzen Genoms dazu führen, dass einzelne Gene auch wieder verloren gehen oder dass die paralogen Gene Teilfunktionen übernehmen bzw. ganz neue Funktionen entwickeln. Diese Funktionsveränderungen sind nicht nur auf die nicht-codierenden Regionen (*farbige Symbole*) beschränkt, sondern können sich auf die codierende Region auswirken (*orange*; Unterschiede *rot*). Die Genomduplikation hat auf die jeweiligen Modellsysteme unterschiedliche Auswirkungen. MJ: Mio. Jahre. (**a** Foto: Dr. Laure Bally-Cuif, Institut Pasteur, Paris; **b** nach Furutani-Seiki und Wittbrodt 2004; beide mit freundlicher Genehmigung)

bärbling bezeichnet; Abb. 5.40a) ist seit Beginn der 1980er-Jahre durch die Arbeiten von George **Streisinger** für Entwicklungsgenetiker immer interessanter geworden (Streisinger et al. 1981). Er ist ein Vertreter der Knochenfische und mit Medaka (*Oryzias latipes*) und Fugu (*Takifugu rubripes*) verwandt, zwei weiteren Fischmodellen (Abb. 5.40b). Auf der Genomebene sind die Knochenfische durch eine Genomduplikation charakterisiert, die vor ca. 350 Mio. Jahren stattgefunden hat. Das hat lange Zeit die vollständige Sequenzierung des Zebrafischgenoms erschwert, das in 25 Chromosomen organisiert ist. Kerstin **Howe** und eine Vielzahl von Kooperationspartnern publizierten 2013 eine hochwertige DNA-Sequenz und zeigten, dass das Zebrafischgenom 1,4 Gb umfasst; es ist damit deutlich kleiner als das menschliche Genom. Allerdings enthält es knapp 26.000 codierende Gene; für etwa 70 % der menschlichen Gene gibt es mindestens ein orthologes Gen im Zebrafisch (die aktuelle Fassung der Sequenz kann man unter ► http://www.ensembl.org/Danio_rerio einsehen). Eine weitere wichtige Datenbank der Zebrafisch-Genetiker ist ZFIN (► http://www.zfin.org).

Eine weitere Besonderheit stellt der lange Arm des Chromosoms 4 des Zebrafisches dar: Dort gibt es wenige Protein-codierende Gene, aber dafür in großem Umfang 5S-rRNA-Gene, die sonst auf keinem anderen Chromosom des Zebrafisches zu finden sind. Unter den wenigen Protein-codierenden Genen dieser chromosomalen Region finden wir hier sehr viele Zebrafisch-spezifische Gene, d. h. Gene ohne offensichtliche Entsprechung in anderen Vertebraten.

Die Zucht des Zebrafisches in Aquarien ist problemlos; ein Weibchen kann unter optimalen Bedingungen bis zu 200 Eier pro Woche ablegen. Bei einer durchschnittlichen Lebensdauer von 2 bis 4 Jahren und dem Beginn der sexuellen Reife im Alter von 3 bis 4 Monaten bedeutet das, dass ein Weibchen im Laufe ihres Lebens etwa 15.000 bis 35.000 Eier ablegen kann. Diese konstant hohe Zahl an Nachkommen von definierten Zuchtpaaren prädestiniert den Zebrafisch natürlich für Hochdurchsatz-Ansätze in der modernen Genomforschung. Seine Embryonalentwicklung verläuft sehr schnell (Abb. 5.41): Nach 24 h sind die meisten Organe erkennbar, nach

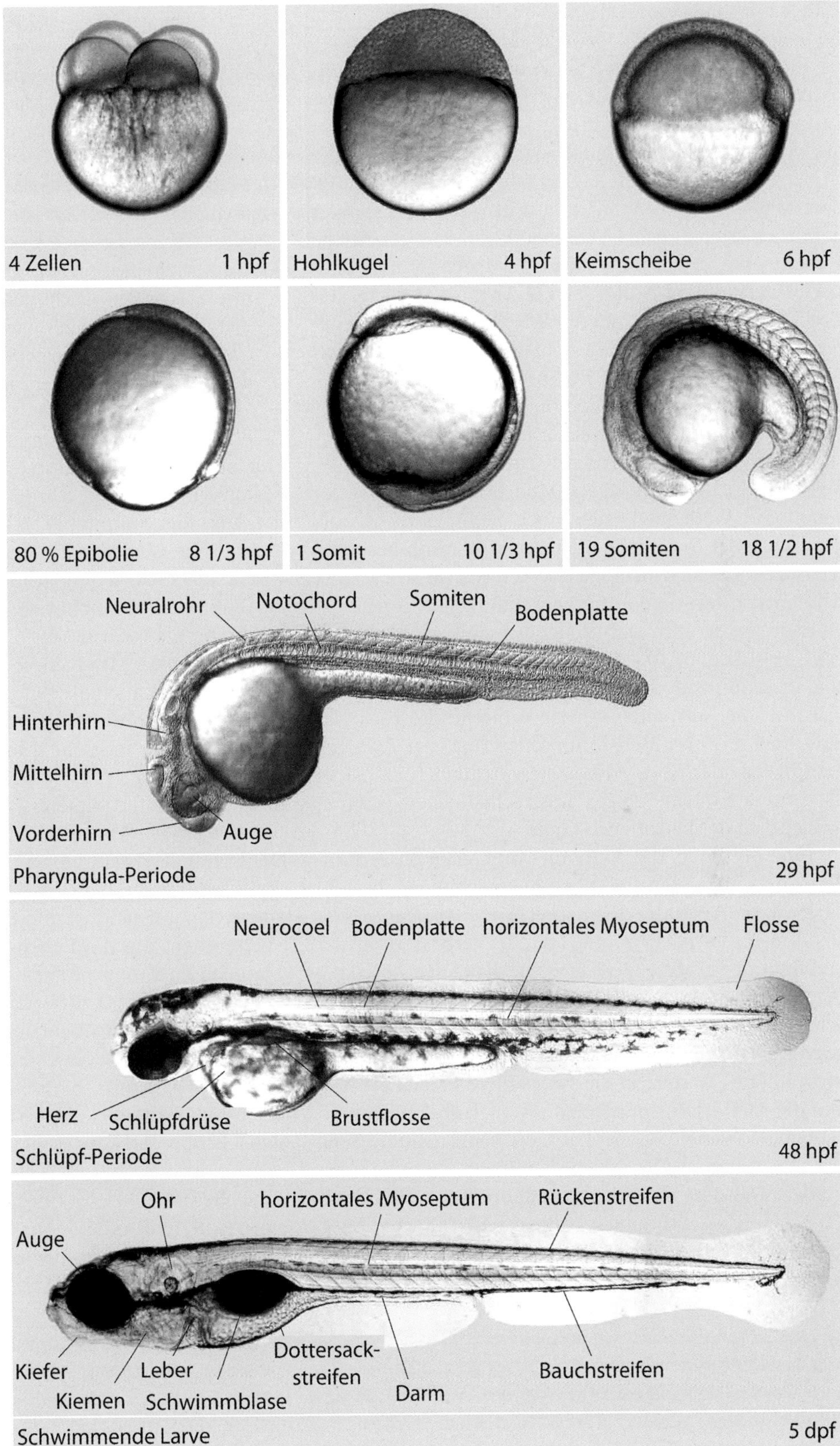

Abb. 5.41 Lebenslauf des Zebrafisches. Die Zygote sitzt auf dem großen Dotter; 1 h nach der Befruchtung (1 hpf; engl. *hours post fertilization*) ist das 4-Zell-Stadium erreicht. Nach 4 h haben sich die Zellen bereits mehrfach geteilt (Hohlkugelstadium). Die Gastrulation beginnt etwa 6 h nach der Befruchtung (Keimscheibenstadium), und etwa 8 h nach der Befruchtung verdickt sich die spätere Kopfregion; der Embryo bedeckt zu etwa 80 % die Dotterkugel (80 % Epibolie). 10 h nach der Befruchtung bilden sich die ersten Somiten, und die Augen entstehen aus dem Diencephalon. Nach 18 h (19 Somiten) wird der Körperplan erkennbar sowie erste Muskelbewegungen des Schwanzes. Nach etwas mehr als 1 Tag (29 hpf) sind die wesentlichen Charakteristika der Wirbeltiere sichtbar: Gehirn, Augen, Ohren und innere Organe. Das Herz beginnt bereits vor dem Ende des ersten Tages zu schlagen. Innerhalb der nächsten Stunden differenzieren viele Zelltypen, und weitere Organe können nach und nach ihre Funktionen aufnehmen. Nach 2 Tagen schlüpft die Zebrafisch-Larve und beginnt zu schwimmen. Nach 5 Tagen (engl. *days post fertilization*, dpf) schwimmen die Larven bereits größere Distanzen und können selbstständig Futter suchen. Die Entwicklung des Zebrafisches hängt stark von der Temperatur ab; das hier dargestellte Schema bezieht sich auf eine Umgebungstemperatur von 28,5 °C. (Nach Haffter et al. 1996, mit freundlicher Genehmigung)

2 Tagen schlüpft die Larve und beginnt zu schwimmen, und nach 5 Tagen sucht sie unabhängig nach Nahrung.

Ein wesentlicher Vorteil des Zebrafisches ist die **Transparenz** seiner Embryonen. Diese erlaubt es, nicht nur ihre Entwicklung genau zu verfolgen, sondern ermöglicht auch eine einfache Manipulation der Embryonen. Daher ist der Zebrafisch in den letzten Jahren zu einem besonders beliebten Studienobjekt der Entwicklungsgenetiker geworden (siehe auch ► Abschn. 12.5). Für genetische Experimente, insbesondere auch zur Isolation und Charakterisierung von Mutanten (◘ Abb. 5.42), bietet der Zebrafisch gegenüber anderen Wirbeltieren einen weiteren Vorteil: den der großen Zahl an Nachkommen. Das führte dazu, dass in einer Reihe von Mutagenese-Experimenten viele Mutanten identifiziert wurden. Allerdings erschwert das teilweise duplizierte Genom die Analyse.

Aufgrund der noch relativ kurzen Geschichte des Zebrafisches als genetischem Modellorganismus ist der genetische Werkzeugkasten noch nicht ganz so ausgereift wie bei *Drosophila* oder der Maus. Von besonderer Bedeutung sind Mutagenese-Screens (◘ Abb. 5.42), bei denen Elterntiere mit einem mutagenen Agens behandelt werden (in der Regel Ethylnitrosoharnstoff, ENU; ► Abschn. 10.4.3). Daneben hat sich aber auch eine Insertionsmutagenese auf der Basis von Retroviren bewährt; die Retroviren werden während des Blastula-Stadiums in Zebrafisch-Embryonen injiziert. Zwar ist die Effizienz der ENU-Mutagenese deutlich höher, aber die beiden Systeme zeigen unterschiedliche Spezifität hinsichtlich der betroffenen Gene.

Eine Methode, die Aktivität von Genen zu vermindern (und im besten Fall ganz auszuschalten), besteht darin, die mRNA durch entsprechende *antisense*-RNA abzufangen (► Abschn. 8.2.1). Zur Verbesserung der Stabilität der eingesetzten *antisense*-RNA werden dazu kurze Oligonukleotide eingesetzt, in denen die Ribose in der RNA durch einen Morpholinring ersetzt ist (Laborjargon: „Morpholinos"; vgl. auch Technikbox 31). Die Morpholinos werden in die befruchtete Eizelle injiziert und die Auswirkungen können im wachsenden Embryo beobachtet werden. Dabei kann die kontralaterale Seite eines Fisches auch als „interne Kontrolle" herangezogen werden. Diese Methode ist beim Zebrafisch weitverbreitet; neben RNA-Produkten können auch Informationen für markierte Proteine injiziert und die Effekte in verschiedenen Zellen optisch verfolgt werden.

Der Zebrafisch eignet sich im Übrigen auch in hervorragender Weise zur Analyse komplexer Verhaltensmuster, z. B. Belohnungsverhalten, Lernen und Gedächtnisleistungen, Aggression, Angst- und Schlafverhalten. Mit einfachen Testverfahren können entsprechende Verhaltensmutanten erkannt, isoliert und gezüchtet werden. Damit eröffnet sich auch die Möglichkeit, die entsprechenden Gene zu identifizieren und ihre Funktionen in neuronalen Kreisläufen zu charakterisieren. Aufgrund der einfachen Haltungsbedingungen und der hohen Zahl an Nachkommen haben solche verhaltensgenetischen Untersuchungen am Zebrafisch einen gewissen Vorteil gegenüber vergleichbaren Untersuchungen an Nagern, auch wenn diese dem Menschen als Säugetiere näherstehen. Ein weiterer Aspekt ist, dass auch komplexere Verhaltensmuster im Zebrafisch analysiert werden können: Untersuchungen, die nicht nur zum besseren Verständnis der „Personalität" bei Zebrafischen führen, sondern auch Hinweise auf menschliche Persönlichkeitsstrukturen geben können – die wichtigen Gene und Signalketten sind ja über lange evolutionäre Distanzen ähnlich geblieben (für eine sehr detaillierte Übersicht siehe Kalueff et al. 2013).

Es sind mehrere Laborstämme des Zebrafisches etabliert. Die ursprünglichen Stämme, die für die Mutagenese-Experimente verwendet wurden, sind der AB-Stamm und der Tübinger Stamm (TU). Der AB-Stamm wurde von George **Streisinger** in Eugene (USA) begründet, indem Fische aus einer Zoohandlung gekreuzt wurden. Auch der Tübinger Stamm hat seinen Ursprung in einer Zoohandlung und wurde von Christiane **Nüsslein-Volhard** für ihre großen Mutagenese-Screens verwendet. Dieser Stamm wurde auch als Referenzstamm für die Sequenzierung des Zebrafischgenoms ausgewählt. Dagegen stammen zwei indische Linien aus Wildfängen: Der Stamm *wild-type India Calcutta* (WIK) ist für Kartierungsexperimente mit dem Tübinger Stamm sehr gut geeignet; 68 % der Mikrosatelliten-Marker sind informativ. Der Stamm IND (India) wurde dagegen in Kartierungsexperimenten mit dem AB-Stamm eingesetzt; er ist aber schwieriger zu züchten und enthält offensichtlich einige Mutationen, die die Lebensfähigkeit beeinträchtigen. Ähnliche Züchtungsprobleme zeigt der Stamm SJD (von S. L. Johnson, St. Louis, USA); die Ursache liegt hier allerdings in einem verzerrten Geschlechtsverhältnis.

Diese verzerrten Geschlechtsverhältnisse deuten eine Besonderheit beim Zebrafisch an, nämlich die Festlegung des Geschlechts. Bei den Arbeiten mit den Laborstämmen TU oder AB kam es auch immer wieder zu Schwankungen im Geschlechtsverhältnis: Stressfaktoren, wie hohe Besatzdichte, geringe Futterversorgung, wenig Sauerstoff und hohe Temperaturen, führten zur Erhöhung der Anzahl männlicher Tiere. Außerdem können erwachsene weibliche Zebrafische unter bestimmten Umständen ihr Geschlecht wechseln. Cytogenetische Untersuchungen ergaben keine Hinweise auf ein geschlechtsspezifisches Chromosom. Weitere molekulargenetische Untersuchungen an Wildfängen ergaben Hinweise darauf, dass diese Tiere ein geschlechtsbestimmendes Gen auf dem Chromosom 4 tragen, das in den domestizierten Laborstämmen verloren gegangen ist. Bei den Wildfängen ist ein heterogametisches Tier weiblich und ein homogametisches Tier männlich (WZ/ZZ-System; ► Abschn. 6.4.4, 8.3). Die domestizierten Fische ver-

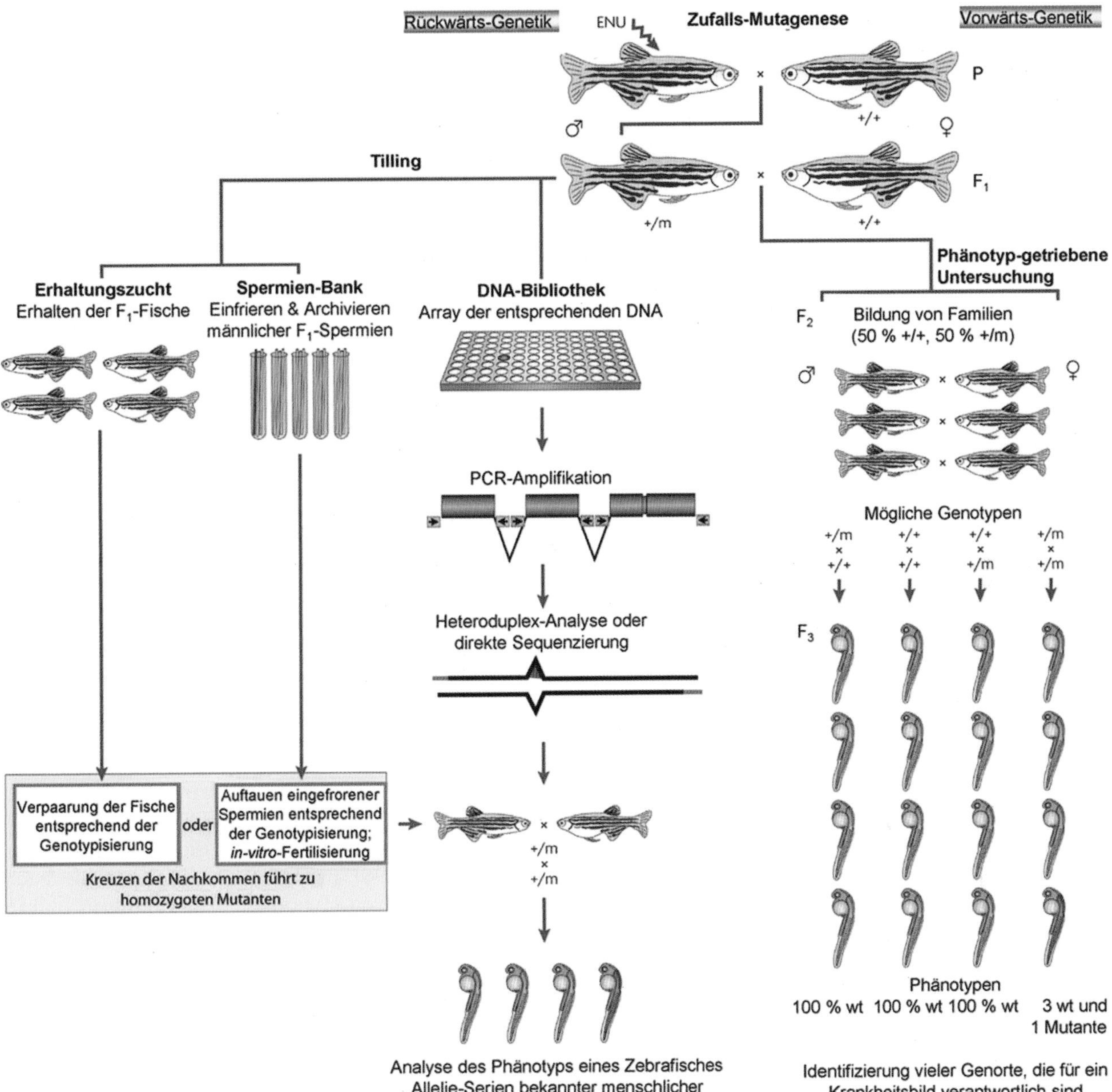

Abb. 5.42 Mutanten-Screen beim Zebrafisch. Mutationen werden durch chemische Mutagenese (Ethylnitrosoharnstoff, engl. *ethyl-nitroso urea*, ENU; ▶ Abschn. 10.4.3) üblicherweise in männlichen Keimzellen induziert; die mutagenisierten Männchen werden mit Wildtyp-Weibchen (wt) verpaart. Die resultierende F_1-Generation ist heterozygot für einzelne Mutationen (m); dominante Mutationen zeigen schon hier ihren Phänotyp. Um rezessive Mutationen zu erkennen, werden F_1-Tiere zunächst erneut mit Wildtyp-Tieren gekreuzt, um viele F_2-Fische zu erhalten („F_2-Familien"). In diesen Familien werden die Fische dann zufällig untereinander gekreuzt; in der nächsten Generation (F_3) treten auch rezessive Mutationen durch einen Phänotyp in Erscheinung (*roter* Fisch in F_3). Alternativ können die Männchen der F_1-Gründergeneration auch dazu verwendet werden, gekoppelte DNA- und Spermien-Bibliotheken anzulegen. Diese Bibliotheken können dazu verwendet werden, gezielt nach Mutationen in individuellen Genorten zu suchen (Tilling, engl. *targeting induced local lesions in genomes*). Bei dieser Methode werden Exons eines bestimmten Krankheitsgens von einer individuellen oder gepoolten DNA aus der F_1-Bibliothek mit PCR amplifiziert. Wenn eine Mutation identifiziert wurde, kann der entsprechende Fisch in der Erhaltungszucht identifiziert werden oder das eingefrorene Sperma zur *in-vitro*-Fertilisation verwendet werden, sodass er für eine Analyse des Phänotyps zur Verfügung steht. (Nach Lieschke und Currie 2007, mit freundlicher Genehmigung)

fügen nur noch über einige Einzelnukleotidaustausche (engl. *single nucleotide polymorphisms*, SNPs), die mit dem Geschlecht assoziiert sind. Für eine schematische Darstellung siehe ◘ Abb. 5.43.

Der Zebrafisch ist noch ein relativ neues, aber sehr interessantes Objekt zur entwicklungsgenetischen Untersuchung von Wirbeltieren. Seine Vorteile sind die hohe Geschwindigkeit der Embryonalentwicklung, die

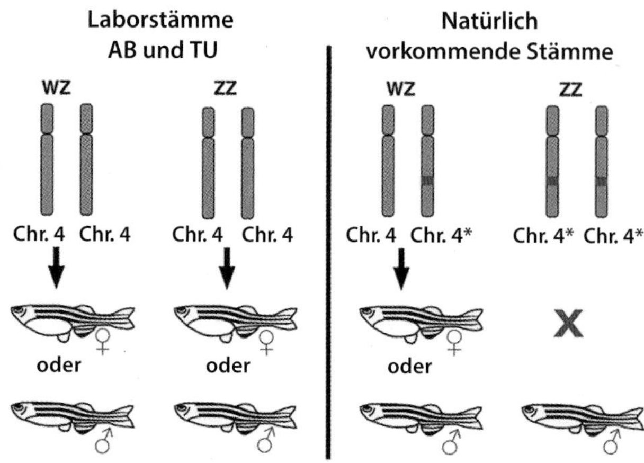

Abb. 5.43 Genetische Geschlechtsbestimmung bei Zebrafischen. Die Zebrafisch-Laborstämme AB und TU haben auf dem Chromosom 4 einen Abschnitt verloren (*roter Bereich*), der mit der genetischen Geschlechtsbestimmung assoziiert ist. In Wildfängen werden Fische, die homozygot (*Chr4*/Chr4**) für diesen Abschnitt sind, männlich, wohingegen die Mehrzahl der Tiere, die an diesem Abschnitt heterozygot sind (*Chr4/Chr4**), weiblich werden. (Nach Holtzman et al. 2016, mit freundlicher Genehmigung)

Durchsichtigkeit der Embryonen und die hohe Zahl der Nachkommen. Im Zebrafisch wurde eine Reihe von Hochdurchsatz-Untersuchungen auf dominante und rezessive Mutationen durchgeführt.

Wir hatten zu Beginn dieses Abschnitts auch den Puffer- oder Kugelfisch Fugu (*Takifugu rubripes*) als Verwandten des Zebrafisches erwähnt (Abb. 5.40b). Fugu weist unter genetischen Gesichtspunkten eine Besonderheit auf, da er mit 400 Mb das kleinste Genom der Vertrebraten hat, aber dabei über ein Reservoir an Genen verfügt, das mit dem anderer Vertebraten vergleichbar ist. Die Ursache dafür sind nur kurze Abschnitte zwischen den Genen und zusätzlich kurze Introns; es fehlen die meisten repetitiven Elemente. Wir können Fugu deshalb als eine Art „Minimalgenom" der Vertrebraten betrachten; die vergleichende Analyse der Regulatorregionen gibt Hinweise auf konservierte Elemente, die mit hoher Wahrscheinlichkeit auch funktionell wichtig sind.

In Singapur wurden zu Beginn der 2000er-Jahre (Gong et al. 2001) transgene Zebrafische mit dem grün fluoreszierenden Protein (GFP) hergestellt. Unter der geschützten Bezeichnung GloFish® (▶ www.glofish.com) werden diese leuchtenden Fische in den USA kommerziell vertrieben; in Deutschland und der EU ist der Vertrieb und die private Haltung derartiger transgener Fische aufgrund des Gentechnik-Gesetzes verboten.

5.3.7 Die Hausmaus

Die **Maus** (***Mus musculus***; Abb. 5.44a) wurde seit den frühen Tagen der Genetik als Modell verwendet. Sogar Mendel selbst soll zunächst in seiner Klosterzelle Mäuse gezüchtet und gekreuzt haben, bis es ihm von der kirchlichen Hierarchie verboten wurde – so hat er dann seine Experimente mit Gartenerbsen fortgesetzt. Und somit wurden die „Mendel'schen Gesetze" (▶ Abschn. 11.1) statt an unterschiedlichen Mäusen (z. B. albino versus pigmentierten) an glatten und runzligen Erbsen entwickelt.

Aber schon zu Beginn des 20. Jahrhunderts wurden Mendels Ergebnisse an der Maus wiederholt, und in den darauffolgenden Jahren konzentrierten sich die Arbeiten mit der Maus auf das Problem, Tumormodelle zu etablieren und zu verstehen, warum sich Tumoren unter bestimmten Bedingungen transplantieren lassen, aber unter anderen Bedingungen abgestoßen werden. Diese Arbeiten mündeten schließlich in die Charakterisierung des Haupthistokompatibilitätsantigens (engl. *major histocompatibility antigen*, HLA). Der zweite wichtige Punkt der ersten 50 Jahre Mausgenetik konzentrierte sich auf die Frage, warum es unterschiedliche Inzidenzen für das Auftreten von Tumoren bei einzelnen Mausstämmen gibt – und die Beantwortung führte dann zur Entdeckung der Retroviren (speziell des Brustkrebsvirus der Maus; engl. *mouse mammary tumor virus*, MMTV).

In den 1960er-Jahren änderten sich die Themen der Mausgenetik: 1961 publizierte Mary **Lyon** die nach ihr benannte „Lyon-Hypothese" zur zufälligen Inaktivierung eines X-Chromosoms in weiblichen Mäusen, um mit dieser Erklärung das Problem der Dosiskompensation bei Säugern zu lösen (siehe dazu im Detail ▶ Abschn. 8.3.2). Die Fortschritte der „biochemischen Genetik" ermöglichte die physiologische Charakterisierung einer größeren Zahl von Mutanten, die die Aktivitäten oder biophysikalischen Eigenschaften von Proteinen in der Elektrophorese oder in der Isoelektrischen Fokussierung veränderten.

Als „Nebenprodukte" dieser Arbeiten entstand über die Jahrzehnte eine Vielzahl verschiedener Inzuchtstämme der Maus (Abb. 5.44b), was später zu einer der Goldminen der Mausgenetik werden sollte. Bis 1980 gab es etwa 300 verschiedene Inzuchtstämme. Allerdings dauerte es auch bis 1980, bis die Zuordnung der 20 Kopplungsgruppen zu den 20 Chromosomen der Maus abgeschlossen war. Eine Übersicht über die züchterischen Möglichkeiten der Maus zeigt Abb. 5.45.

Neben der Zucht der verschiedenen Inzuchtstämme ist der große Reichtum spontaner Mutanten ein wesentliches Merkmal der Mausgenetik. Dies ist natürlich in erster Linie auch eine Folge der großen Zahl von Mäusen, die in den verschiedenen Laboren der Welt gezüchtet wurden (zu spontanen Mutationsraten siehe

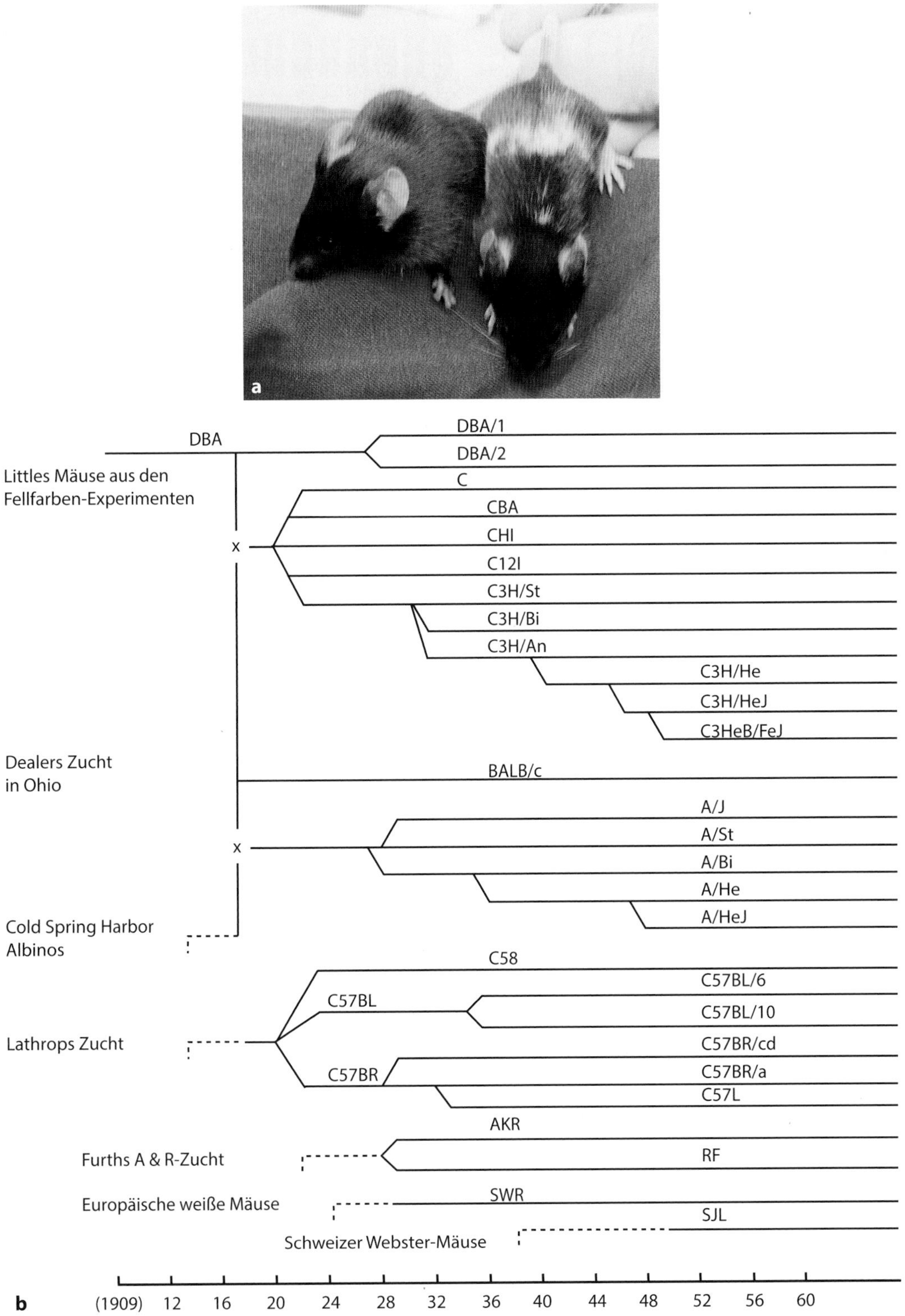

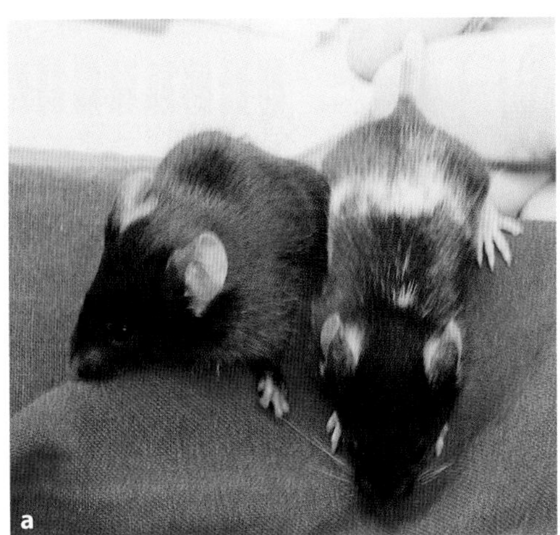

DBA
DBA/1
DBA/2
Littles Mäuse aus den Fellfarben-Experimenten
C
CBA
CHI
x
C12I
C3H/St
C3H/Bi
C3H/An
C3H/He
C3H/HeJ
C3HeB/FeJ
Dealers Zucht in Ohio
BALB/c
A/J
A/St
x
A/Bi
A/He
A/HeJ
Cold Spring Harbor Albinos
C58
C57BL/6
C57BL
C57BL/10
Lathrops Zucht
C57BR/cd
C57BR/a
C57BR
C57L
AKR
Furths A & R-Zucht
RF
Europäische weiße Mäuse
SWR
SJL
Schweizer Webster-Mäuse
b
(1909) 12 16 20 24 28 32 36 40 44 48 52 56 60

◼ Abb. 5.44 Die Hausmaus. **a** *Links* eine Wildtyp-Maus vom Stamm C57BL/6, *rechts* eine gescheckte Fellfleckenmutante. **b** Stammbaum einiger wichtiger Inzucht-Mausstämme, die häufig in Laboren verwendet werden. (**a** Foto: Dr. Claudia Dalke, Helmholtz Zentrum München, Neuherberg; **b** nach Green 1966; beide mit freundlicher Genehmigung)

▶ Abschn. 10.3), aber auch der Auffälligkeit verschiedener Phänotypen und der Möglichkeit, diese auffälligen Phänotypen zu züchten. Man hat auch sehr früh erkannt, dass diese Mausmutanten gute Modelle für menschliche Erkrankungen darstellen können. Ein solcher Fall ist die *diabetes*-Maus (Gensymbol *db*), eine rezessive, fettleibige Mutante (◼ Abb. 5.46). Diese Mutante wurde in den 1950er-Jahren entdeckt und dient seither als ein Modell

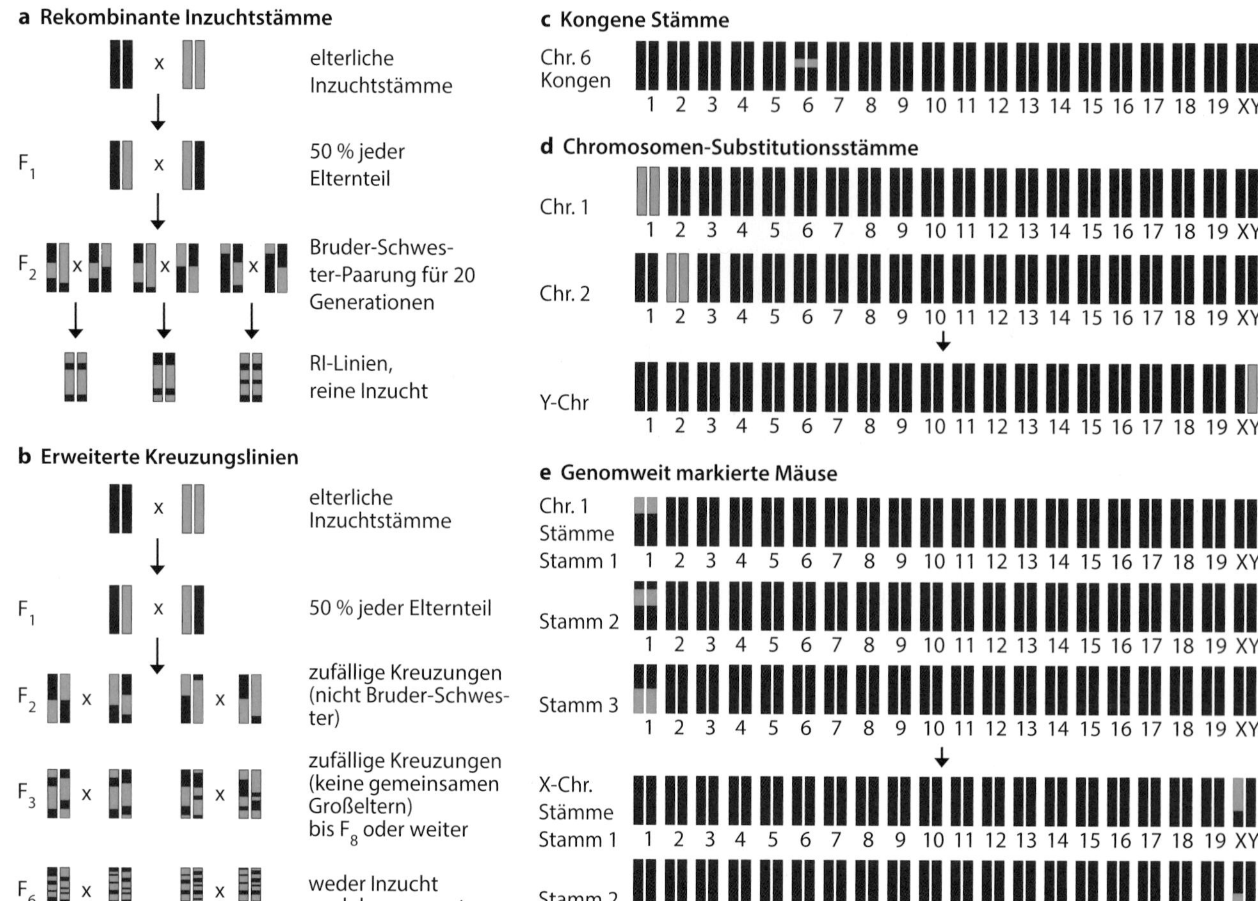

Abb. 5.45 Derivate von Inzuchtstämmen. **a** Rekombinante Inzuchtstämme (RI-Stämme) werden durch das Kreuzen von zwei verschiedenen Inzuchtstämmen entwickelt. Die F_1-Nachkommen sind an allen Genorten vollständig heterozygot. Ab hier wird eine Serie von Bruder-Schwester-Verpaarungen angesetzt; die Nachkommen werden für 20 Generationen immer wieder untereinander gekreuzt. Im Ergebnis erhalten wir vollständige Inzuchtstämme, die für eine einzigartige Kombination an allen Genorten der elterlichen Genome homozygot sind. **b** Bei den erweiterten Kreuzungslinien (engl. *advanced intercross lines*) ist die Absicht, die Rekombinationsfrequenz zu erhöhen; daher werden Paarungen zwischen Geschwistern und Cousins vermieden. Durch die große Zahl an Tieren wird es erleichtert, quantitative Merkmale besser zu kartieren (vgl. ▶ Abschn. 11.4.5). **c** Kongene Stämme werden hergestellt, um ein einzelnes (mutiertes) Gen von einem genetischen Hintergrund auf einen anderen zu überführen. In unserem Beispiel wurde eine Maus mit einem definierten Allel (*blau*) auf dem Chromosom 6 nach einem anderen Stamm (*rot*) ausgekreuzt. Die Heterozygoten werden dann selektioniert und erneut mit dem *roten* Stamm gekreuzt; nach etwa 10 Generationen ist das *blaue* Allel mit einigen flankierenden Sequenzen vollständig auf dem *roten* Hintergrund. **d** Bei der Chromosomen-Substitution wird ein ganzes Chromosom auf einen anderen genetischen Hintergrund überführt; solche Stämme werden auch als „konsom" bezeichnet. **e** Genomweit markierte Mäuse (engl. *genome tagged mice*) sind von ihrem Konzept her den kongenen Stämmen ähnlich; allerdings wird dabei nicht ein einzelnes Gen auf einen anderen Hintergrund übertragen, sondern überlappende Fragmente des Genoms, sodass am Ende eine Stammsammlung aufgebaut ist, die das gesamte Genom in einzelnen Bruchstücken auf einem anderen genetischen Hintergrund repräsentiert. (Nach Peters et al. 2007, mit freundlicher Genehmigung)

für Fettleibigkeit bei Menschen. Heute wissen wir, dass es sich um eine Mutation im Gen für den Leptin-Rezeptor handelt (Gensymbol *Lepr*; die Mutante wird heute entsprechend als $Lepr^{db}$ bezeichnet); über diesen Rezeptor steuert das Leptinprotein (ein Cytokin) den Energieverbrauch in den entsprechenden Geweben. Entsprechende Mutationen im *LEPR*-Gen des Menschen führen zu einem vergleichbaren Krankheitsbild der Fettleibigkeit.

Inzwischen (2019) kennen wir 15 verschiedene spontane Mutationen, die das *Lepr*-Gen betreffen (Allele): Während die Fettleibigkeit ein charakteristisches Merkmal dieser Mutanten ist, prägen nicht alle Mutanten auch das Krankheitsbild Diabetes aus. Dies erscheint abhängig vom genetischen Hintergrund (d. h. in welchem Stamm diese Mutation erscheint): Fettleibige *db*/*db*-Mäuse auf dem Stammhintergrund C57BLKS/J entwickeln eine schwere Hyperglykämie mit einer Atrophie der Langerhans'schen Inseln in der Bauchspeicheldrüse (Pankreas), wohingegen *db*/*db*-Mäuse auf dem Stammhintergrund C57BL/6J nur einen milden Diabetes entwickeln, der durch eine Hypertrophie und Hyperplasie der Inselzellen kompensiert wird. Der Stamm C57BLKS/J

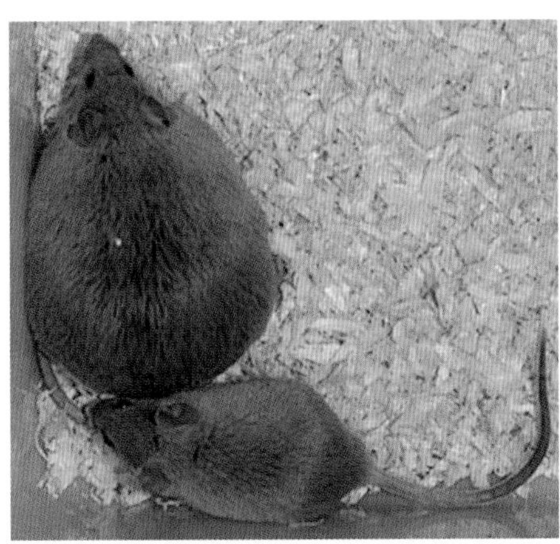

Abb. 5.46 Diabetes-Maus. Das Bild zeigt eine homozygote Diabetes-Mutante aus dem Pariser Institut Pasteur, die durch eine Mutation im Leptin-Rezeptor-Gen charakterisiert ist. Da die rezessive Mutation ursprünglich mit dem Gensymbol *db* abgekürzt wurde, ist die heutige Symbolisierung $Lepr^{db\text{-}Pas1}$. Durch die Mutation verliert die Maus das Gefühl des Sattseins und frisst daher immer weiter. Die dicke Maus (*oben*) wiegt etwa 85 g; eine Wildtyp-Maus (*unten*) nur etwa 20–25 g. (Nach Guénet 2011, mit freundlicher Genehmigung)

enthält nur 71 % des Genoms des C57BL/6J-Stamms, da diese Zucht in den 1940er-Jahren mit einem anderen Mausstamm kontaminiert wurde. Eine sehr detaillierte Darstellung der Abstammung der verschiedenen Unterstämme von C57BL/6 findet sich bei Fontaine und Davis (2016); die genaue Kenntnis der Genealogie der Mausstämme ist oft essenziell für die Züchtung von Mausmutanten und die Interpretation komplexer Ergebnisse.

Eine neue Ära der Mausgenetik begann, als Ende 1980 die erste transgene Maus publiziert wurde (Gordon et al. 1980). Schon ein Jahr später konnte Thomas E. **Wagner** und seine Gruppe zeigen, dass ein vollständiges β-Globin-Gen des Kaninchens in das Mausgenom überführt werden konnte und dann in der Maus im richtigen „Gewebe", also den Erythrocyten, exprimiert wird (Wagner et al. 1981). Damit hat sich die Maus zu einem der wichtigsten Modellorganismen in der Genetik überhaupt entwickelt. Die Methoden zur Herstellung von transgenen Mäusen, zum Aus- und Abschalten von Genen, gezielter und zufälliger Mutagenese, wurden entscheidend verfeinert; eine Übersicht über den genetischen „Werkzeugkasten" der Maus vermittelt ◻ Abb. 5.47.

Ein Gensymbol besteht üblicherweise aus drei Buchstaben (heute reicht das aber manchmal schon nicht mehr aus). Die genetische **Nomenklatur** der Maus sieht vor, dass rezessive Gene klein und kursiv geschrieben werden. Bei dominanten Allelen ist der erste Buchstabe groß; Allelsymbole werden hochgestellt. Mitglieder von Genfamilien werden durchnummeriert (z. B. *Pax6* für *paired-box*-Gen 6) oder durch Buchstaben ergänzt (z. B. *Cryga* für γA-Kristallin). Eine ausführliche Darstellung der international gültigen Bezeichnungen findet sich auf der Homepage des Jackson-Labors (Bar Harbor, Maine, USA), und zwar sowohl für die verschiedenen Mausstämme (▶ http://www.informatics.jax.org/mgihome/nomen/strains.shtml) als auch für Gene, Mutationen und Allele (▶ http://www.informatics.jax.org/mgihome/nomen/gene.shtml#genenom). Neben dem Jackson-Labor (▶ https://www.jax.org/jax-mice-and-services/) bietet das Europäische Mausmutanten-Archiv (EMMA; ▶ https://www.infrafrontier.eu/resources-and-services) eine Vielzahl von Mausmutanten für verschiedene biomedizinische Fragestellungen an.

Das Mausgenom ist seit 2001 vollständig sequenziert; die aktuellen Datenbankeinträge (2019; ▶ http://www.ensembl.org/mus_musculus) geben einen Umfang von etwa 3500 Mb an; das Mausgenom enthält ungefähr 22.600 Gene, die für Proteine codieren, sowie knapp 5000 Pseudogene. Damit entspricht es weitgehend dem des Menschen (ca. 3600 Mb, 43.000 Gene, davon codieren etwa 20.300 für Proteine; ▶ http://www.ensembl.org/homo_sapiens; Venter et al. 2001; International Human Genome Sequencing Consortium 2001); dazu kommen noch etwa 15.000 Pseudogene. Auch die chromosomale Organisationsform ist sehr ähnlich: Die Geschlechtschromosomen X und Y entsprechen sich funktionell, und den 23 Paaren autosomaler Chromosomen des Menschen stehen 19 Chromosomenpaare der Maus gegenüber. Über 90 % des Genoms von Maus und Mensch können in entsprechende **Abschnitte konservierter Syntenie** unterteilt werden. Dies entspricht den Regionen, in denen die Reihenfolge der Gene in beiden Spezies in der Evolution erhalten blieb. Die Maus hat aber in solchen Genfamilien eigenständige Entwicklungen durchlaufen, die für die Reproduktion, die Immunität und die Entwicklung des Geruchssinns verantwortlich sind. Das deutet darauf hin, dass diese physiologischen Systeme für die Maus besonders wichtig sind. In den frühen Abschnitten der Embryonalentwicklung sind Maus und Mensch allerdings kaum zu unterscheiden. Prinzipielle Abläufe wie Oogenese, Spermatogenese, Befruchtung und Organentwicklung sind vergleichbar. Auch biochemische und physiologische Abläufe sind in vielen Fällen bei Mensch und Maus ähnlich. Mäuse haben unter optimalen Lebensbedingungen eine Lebenserwartung von 2 bis 3 Jahren. Der Lebenszyklus der Maus von der Befruchtung bis zum geschlechtsreifen Tier dauert 9 Wochen – für einen Säuger eine relativ kurze Zeitspanne. (Eine interessante Zusammenfassung von 100 Jahren Mausgenetik mit vielen Hinweisen auf Originalarbeiten findet sich in zwei Aufsätzen von Kenneth Paigen (2003a, 2003b) sowie bei Guénet (2011)).

❀ Ein besonderer Ansatz zur systematischen, standardisierten phänotypischen Charakterisierung der Maus wird in der „Deutschen Mausklinik" verfolgt, die am Helmholtz Zentrum München in Neuherberg im Jahr 2002 eröffnet wurde (▶ http://www.mouseclinic.de). Hier arbeiten Spezialisten aus ver-

5

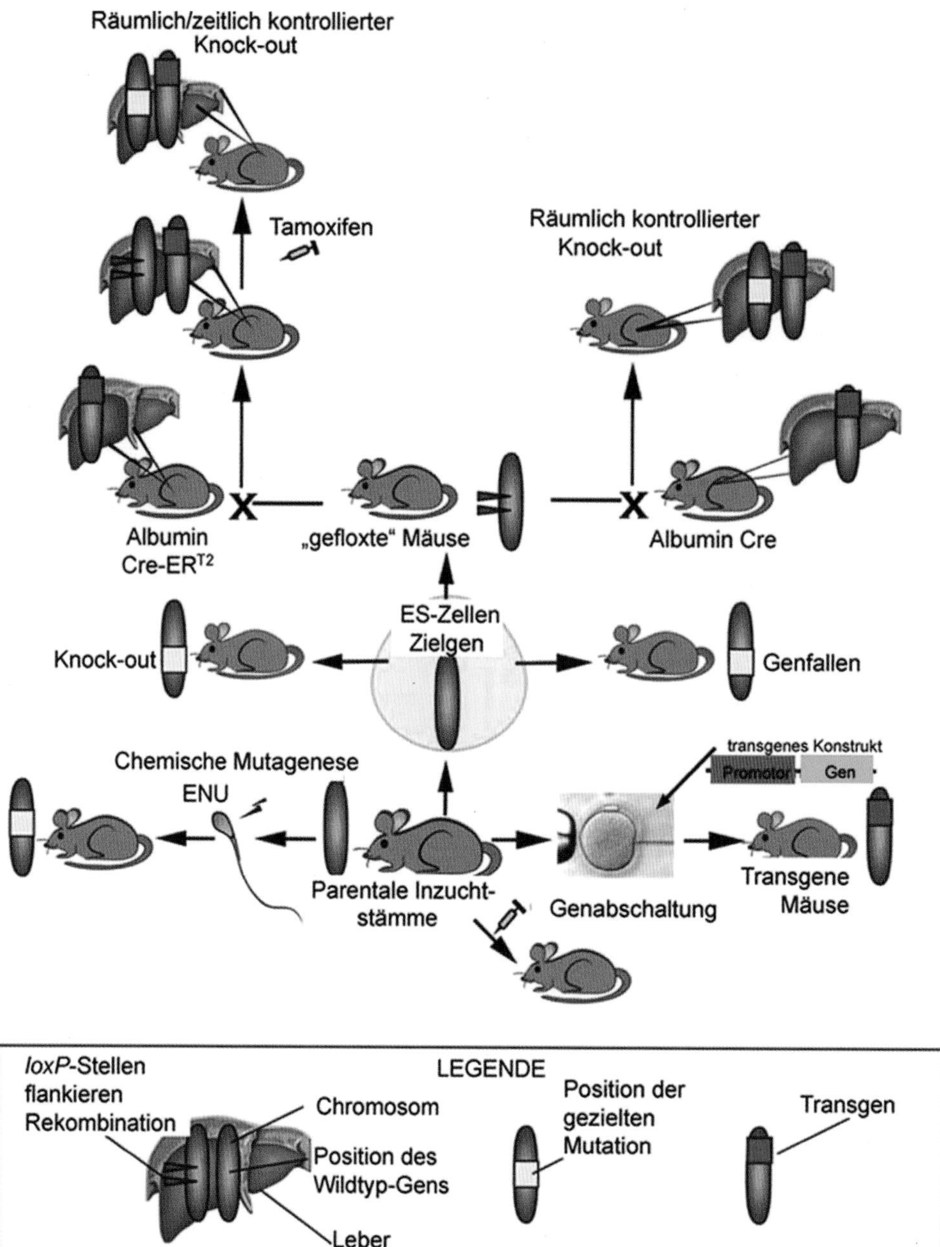

Abb. 5.47 Genetisch veränderte Mäuse können heute auf sehr unterschiedlichen Wegen gewonnen werden. Ausgangspunkt ist immer ein elterlicher Inzuchtstamm. Zufällige Mutagenese kann durch Gabe von Ethylnitrosoharnstoff (ENU) erfolgen, das Abschalten von Genen durch direkte Applikation von RNAi oder durch Herstellung einer transgenen Maus. Andere Verfahren benutzen embryonale Stammzellen der Maus, um Gene auszuschalten (engl. *knock out*). Eine Möglichkeit, um die Ausschaltung eines Gens räumlich oder zeitlich zu steuern, erfordert die Kombination von *loxP*-Stellen und der Cre-Rekombinase (► Abschn. 4.3.3). Wenn die Cre-Rekombinase aktiv ist (durch Verwendung von Tamoxifen oder eines entsprechenden gewebespezifischen Promotors), schneidet sie das von zwei *loxP*-Stellen flankierte Gen aus; zurück bleibt nur eine *loxP*-Stelle (Technikbox 27). (Nach Argmann et al. 2005, mit freundlicher Genehmigung)

schiedenen Gebieten zusammen, um Mausmutanten auf (fast) alle möglichen Krankheitsbilder nicht-invasiv zu untersuchen. Dazu gehören Allergien, Augenerkrankungen, Energiemetabolismus, Immunologie, klinisch-chemische Parameter, Knochen- und Knorpelentwicklung, Lungenfunktion, Neurologie, Schmerzempfinden, Steroidmetabolismus, Verhalten und schließlich pathologische Untersuchungen. Das Konzept der „Mausklinik" hat inzwischen weltweite Verbreitung gefunden; im Internationalen Maus-Phänotypisierungs-Konsortium arbeiten inzwischen 18 Institutionen zusammen, um 20.000 Knock-out-Linien der Maus phänotypisch zu charakterisieren (► http://www.mousephenotype.org/).

Die Maus ist seit über 100 Jahren ein etablierter Modellorganismus in der Genetik. Neben der relativ kurzen Generationszeit besteht der große Vorteil der Maus darin, dass es möglich war, viele verschiedene Mutanten- und Inzuchtlinien zu generieren. In den letzten Jahrzehnten wurden viele Verfahren zur gezielten genetischen Modifikation an der Maus entwickelt und etabliert.

5.3.8 Die Ratte

Die Ratte war über lange Zeit eines der Standardmodelle in vielen Gebieten der biomedizinischen Forschung, z. B. für Herz-Kreislauf-Erkrankungen, Alterserkrankungen, Infektions- und Entzündungskrankheiten, Autoimmunerkrankungen, Krebserkrankungen, Transplantationsbiologie, Pharmakologie und Toxikologie sowie für neurobiologische Fragen durch Verhaltens- und Suchtuntersuchungen. In den letzten etwa 30 Jahren hat die Ratte allerdings gegenüber der Maus deutlich an Einfluss verloren und ist erst jetzt wieder dabei, mit der Entwicklung entsprechender genetischer Technologien diesen Einfluss wieder zurückzugewinnen.

Die moderne braune Laborratte (***Rattus norvegicus***, Wanderratte; engl. Stammbezeichnung: Brown Norway) stammt ursprünglich aus Zentralasien und hat sich von dort aus als Begleiter des Menschen über die Welt verbreitet; in Norddeutschland ist sie seit dem 9. Jahrhundert heimisch. John Berkenhout gab in seinem Werk *Outlines of the Natural History of Great Britain and Ireland* (1769) irrtümlicherweise Norwegen als ihren Ursprung an – daher der Namenszusatz „*norvegicus*". Im Gegensatz dazu kommt die schwarze Ratte (***Rattus rattus***, Hausratte) seit dem 4. bis 2. vorchristlichen Jahrhundert in Europa vor (zunächst in Korsika, später auch in Pompeji); in England ist sie seit der Mitte des 3. Jahrhunderts n. Chr. bekannt – und im Mittelalter war diese Rattenart die Überträgerin der Beulenpest. Die Hausratte *R. rattus* kam ursprünglich aus der indisch-malayischen Region; sie wurde in Europa allerdings durch die aggressivere und größere Wanderratte *R. norvegicus* weitgehend verdrängt.

R. norvegicus war zu Beginn des 19. Jahrhunderts die erste Säugerspezies, die für wissenschaftliche Zwecke domestiziert wurde; der erste Bericht über eine gezüchtete Rattenkolonie stammt aus dem Jahr 1856. Die ersten genetischen Untersuchungen an der Ratte wurden in den Jahren 1877 bis 1885 durchgeführt und betrafen die Fellfarben. Nach der Wiederentdeckung der Mendel'schen Gesetze (▶ Abschn. 11.1) zeigte **Bateson** 1903, dass die Fellfarbe ein erbliches Merkmal ist. Der erste Inzuchtstamm der Ratte wurde 1909 durch Helen Dean King im Wistar-Institut in Philadelphia etabliert – im selben Jahr begannen auch die entsprechenden systematischen Züchtungen der Maus. Im Folgenden wurde die Maus zum Modell der Wahl für die Säugetiergenetiker, wohingegen die Ratte eher in der humanmedizinischen Forschung eingesetzt wurde.

Abb. 5.48 Eine chimäre Ratte (*rechts*) mit einem ihrer Nachkommen (*links*). Die chimäre Ratte wurde durch die Injektion von embryonalen Stammzellen aus einer DA-Ratte (gekennzeichnet durch das Blutgruppenallel *d* und das Fellfarben-Gen *a*) in die Blastozysten einer Fischer-344-Ratte und den anschließenden Embryotransfer in eine scheinschwangere Sprague-Dawley-Ratte gewonnen. Das pigmentierte Fell ist kennzeichnend für die Herkunft aus embryonalen Stammzellen von DA-Ratten. (Nach Li et al. 2011, mit freundlicher Genehmigung)

Inzwischen wurden über 220 Inzuchtstämme etabliert. Darunter verstehen wir Zuchten, die über mehr als 20 aufeinanderfolgende Generationen durch Bruder-Schwester-Verpaarungen entstanden sind. Neben den schon erwähnten Brown-Norway-Ratten und Philadelphia-Ratten (inzwischen ausgestorben) gibt es weitere wichtige Inzuchtstämme, z. B. Lewis-Ratten, Long-Evans-Ratten, Sprague-Dawley-Ratten oder Wistar-Ratten. Eine Übersicht über die verschiedenen Rattenstämme gibt es auf der Homepage der Rattengenom-Datenbank (▶ http://rgd.mcw.edu). Inzwischen sind auch für Ratten Verfahren etabliert, die es erlauben, transgene Ratten herzustellen. Ein Beispiel dafür zeigt ▣ Abb. 5.48.

Das Genom der Ratte wurde 2004 in *Nature* vom *Rat Genome Sequencing Project Consortium* publiziert; als „Standard-Ratte" wurde eine weibliche Brown-Norway-Ratte (BN) verwendet (genaue Stammbezeichnung BN/SsNHsd): Diese braune Ratte stammt ursprünglich aus einer Zucht von Helen Dean King; sie wurde von Willys K. Silvers durch Bruder-Schwester-Verpaarungen seit 1958 als Inzuchtstamm über 34 Generationen etabliert und 1972 an eines der National Institutes of Health (USA) übergeben. Die zur Sequenzierung verwendete Ratte stammte dann aus einer davon abgeleiteten Zucht von Harlan Sprague Dawley und wurde von der Medizinischen Hochschule Wisconsin noch 13 Generationen weitergezüchtet, um eine homogene Inzuchtlinie zu erhalten (BN/SsNHsd/MCWi, MCW für Medical College of Wisconsin, i für Inzucht). Die Sequenzierung wurde federführend an der Baylor-Hochschule für Medizin (Houston, USA) durchgeführt; in Deutschland war das Max-Delbrück-Zentrum für Molekulare Medizin in Berlin-Buch beteiligt.

Das Rattengenom umfasst etwa 3,04 Gb und ist damit etwas kleiner als das Genom des Menschen (3,6 Gb) und das der Maus (3,5 Gb). Die Zahl der codierten Gene in der Ratte entspricht etwa derjenigen, die wir auch von Menschen und Mäusen kennen. Einige Gene, die in der Ratte gefunden wurden, aber nicht in der Maus, entstanden vor allem durch Expansionen von Genfamilien, die für die Herstellung von Pheromonen verantwortlich sind, und solchen, die an der Immunität, der Wahrnehmung von chemischen Substanzen, der Entgiftung oder an der Proteolyse beteiligt sind. Aktuelle Sequenzinformationen der Ratte findet man auf der Ensembl-Homepage (▶ http://www.ensembl.org/Rattus_norvegicus/Info/Index); außerdem enthält die Rattengenom-Datenbank (▶ http://rgd.mcw.edu/) viele praktische Informationen über Gene, Marker und die verschiedenen Rattenstämme; die Nomenklatur der Gene, Mutationen und Allele ist ähnlich wie bei der Maus (▶ http://rgd.mcw.edu/nomen/nomen.shtml). Ein Archiv für Rattenmutanten befindet sich im Rat Resource & Research Center (▶ http://www.rrrc.us/) an der Universität von Missouri in Columbia, USA.

Neuere Entwicklungen zeigen, dass auch in der Ratte durch verschiedene Methoden transgene Tiere bzw. Mutanten hergestellt werden können. Dazu gehören vor allem die klassische DNA-Mikroinjektion und Gentransfer durch Lentiviren in frühe Embryonen sowie die Keimbahnmutagenese durch Ethylnitrosoharnstoff (ENU). Außerdem sind in den letzten Jahren Techniken wie konditionale Mutagenese (durch das Cre-*loxP*-System) und die Einführung von Keimbahnmutationen durch Zinkfinger-Nukleasen bzw. die TALENs-Technologie (engl. *transcription activator-like effector nucleases*) auch für die Ratte hinzugekommen (▶ Abschn. 10.7.2). Schließlich sind inzwischen auch Methoden etabliert, um Mutanten und transgene Ratten durch das Einfrieren von Spermien und Embryonen über lange Zeit kostengünstig zu archivieren (z. B. das oben erwähnte Rat Resource & Research Center an der Universität von Missouri). Der Vergleich entsprechender transgener Ratten- und Mausstämme zeigt in einigen Fällen, dass die Ratte ein „besseres" Modell als die Maus ist, weil sie das menschliche Krankheitsbild genauer abbilden kann. Das gilt z. B. für Bluthochdruck, Arteriosklerose oder die Huntington'sche Erkrankung (weitere Beispiele finden sich bei Tesson et al. 2005).

5.4 Kernaussagen, Links, Übungsfragen, Technikboxen

Kernaussagen

- Die Zellen höherer Organismen zeichnen sich durch eine Untergliederung in Zellkern und Cytoplasma aus (Eukaryoten). Der Kern ist durch eine Kernmembran vom Cytoplasma abgegrenzt; das Karyoplasma ist aber über Poren in der Kernmembran mit dem Cytoplasma verknüpft. Sowohl im Cytoplasma als auch im Karyoplasma befinden sich fibrilläre Elemente, die das Cytoskelett bzw. das Kernskelett aufbauen.
- Cytoplasmatische Organellen wie Mitochondrien und Plastiden besitzen ein eigenes Genom aus doppelsträngiger, zirkulärer DNA. Sie haben sich aus intrazellulären symbiotischen Parasiten entwickelt und ihre Eigenständigkeit zugunsten einer engen funktionellen Interaktion mit dem nukleären Genom aufgegeben. Das Plastidengenom enthält bis zu 200 Gene, das mitochondriale Genom jedoch nur etwa 40. Der genetische Code der Mitochondrien unterscheidet sich teilweise vom Universal-Code, mitochondriale DNA wird nur matroklin vererbt.
- Chromosomen sind in bestimmten Kompartimenten des Zellkerns (Territorien) zu finden.
- Insulator-Elemente trennen Bereiche unterschiedlicher Transkriptionsaktivitäten auf den Chromosomen.
- Der Lebenszyklus einer Zelle ist durch die DNA-Replikation (S-Phase) und die Teilung der Zelle (Mitose, M-Phase) gekennzeichnet. Die dazwischenliegenden „Lücken" werden als G_1- bzw. G_2-Phase bezeichnet.
- Der Zellzyklus ist einer komplexen Regulation unterworfen: Der Eintritt in die S-Phase ist von der Überwindung des Restriktionspunktes anhängig. Wichtige Proteine hierbei sind Cycline und Cyclin-abhängige Proteinkinasen.
- Apoptose (programmierter Zelltod) ist ein genetisch programmierter Prozess zur Verhinderung von unkontrollierter oder unerwünschter Zellproliferation. Eine zentrale Rolle in der Regulation der Apoptose spielt p53; dieses Protein wirkt auch als Tumorsuppressor.
- Wichtige eukaryotische Modellorganismen sind bei den Mikroorganismen Hefen und Pilze sowie bei den Pflanzen *Arabidopsis* und *Antirrhinum*. Die Taufliege *Drosophila melanogaster* war und ist bei den niederen Tieren der wichtigste Modellorganismus, ergänzt seit einiger Zeit durch den Fadenwurm *Caenorhabditis elegans*. Unter den Vertebraten hat sich der Zebrafisch als genetisches Modell etabliert, und die Maus ist bei den Säugetieren noch das Modell der Wahl. Die Ratte erobert sich allerdings in der biomedizinischen Forschung als genetisch manipulierbares Modell ihre Bedeutung zurück.

Links zu Videos

Eukaryotische Zellen:
(▶ sn.pub/hVdgWG)
Mitochondrien und Chloroplasten – die Endosymbiontenhypothese:
(▶ sn.pub/UJ8qeJ)
Zellzyklus:
(▶ sn.pub/jtQ6TK)
Zellzykluskontrolle:
(▶ sn.pub/ROECpl)
Apoptose und Nekrose:
(▶ sn.pub/5Okunq)
Genetik des Alterns:
(▶ sn.pub/8RYfAs)

Übungsfragen

1. Erklären Sie, warum es Vererbungsmuster gibt, die offensichtlich darauf beruhen, dass genetische Informationen mit dem Cytoplasma übertragen werden können.
2. Beschreiben Sie kurz die Rolle der Laminschicht an der Innenseite der Kernhülle des Zellkerns.
3. Was verstehen wir unter „Zellzyklus"?
4. Nennen Sie einige Charakteristika, die die genetischen Modellsysteme Hefe, *Arabidopsis*, *Drosophila*, Zebrafisch und Maus gemeinsam haben.

Technikbox 15

Autoradiographie an Geweben, Zellen und Chromosomen

Anwendung: Lokalisation radioaktiv markierter Moleküle in biologischen Materialien.

Voraussetzungen · Materialien: Zur Markierung werden β-Strahler mit niedrigem Energiespektrum verwendet. Besonders geeignet sind ^{3}H-, ^{14}C-, ^{32}P- und ^{35}S-markierte Verbindungen, aber auch ^{125}I-markierte Moleküle sind mit Einschränkungen einsetzbar. Neuerdings finden auch nicht-radioaktive Verbindungen wie Digoxigenin (DIG) oder Biotin, die an Nukleotide gebunden werden, mit einem anschließenden Nachweis durch Antikörper oder Avidin Verwendung. Diese sind mit alkalischer Phosphatase oder anderen Enzymen gekoppelt (immunologische Nachweismethoden, Technikbox 29). Deren Bindung an DIG (DIG-spezifische Antikörper) oder Biotin (Avidin oder Streptavidin) lässt sich durch die enzymatische Umsetzung eines Substrats in Farbstoff oder durch Enzym-induzierte Chemofluoreszenz nachweisen (z. B. mit AMPPD; 3-(2′-Spiroadamantan)-4-methoxy-4-(3″-phosphoryloxy)phenyl-1,2-dioxetan).

Beachte: Der Umgang mit radioaktiven Stoffen unterliegt der Strahlenschutzverordnung; dabei sind geeignete Maßnahmen zu ergreifen.

Methode: Nach dem Einbau markierter Verbindungen in biologische Materialien (besonders Nukleinsäure und Proteine) werden cytologische oder elektronenmikroskopische Präparate hergestellt. Diese werden mit einem lichtempfindlichen Film überzogen (heute meist mit flüssiger fotografischer Emulsion) und für die erforderliche Zeit im Dunkeln exponiert. Der fotografische Film wird durch die beim Zerfall der Radioisotope emittierte Energie lokal geschwärzt. Nach der Entwicklung ermöglichen die belichteten Stellen des Films die Lokalisation der markierten Verbindungen innerhalb eines Gewebes, einer Zelle oder eines Chromosoms (◘ Abb. 5.49). Die erreichte Auflösung ist von den verwendeten Verbindungen abhängig. Mit ^{3}H-markierten Verbindungen werden die höchsten Auflösungen (ca. 1 µm bei cytologischen Präparaten) erzielt. Damit ist die Lokalisation von Nukleinsäuren in definierten Bereichen von Metaphasechromosomen (Phase der Mitose) möglich.

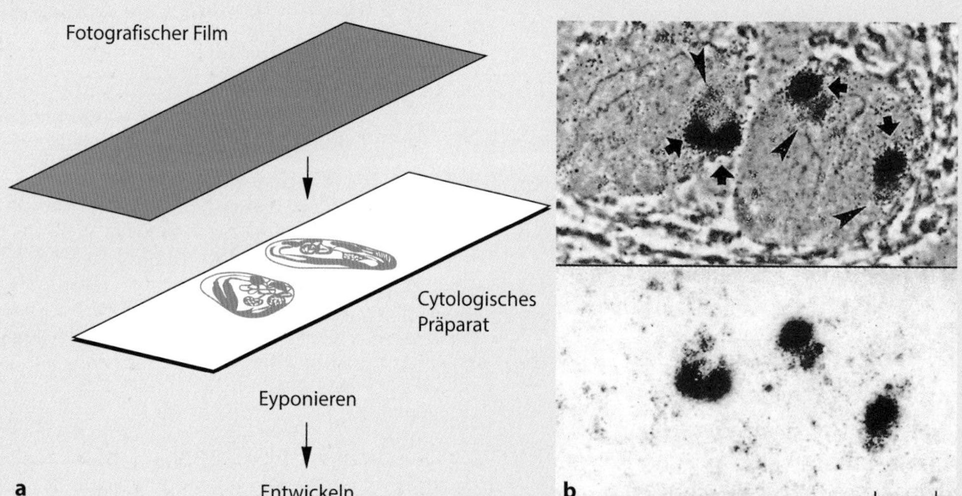

◘ **Abb. 5.49** Autoradiographie. **a** Radioaktiv markiertes Gewebe wird auf einen Objektträger gebracht und mit lichtempfindlicher Emulsion bedeckt. Nach Exposition des Films wird er entwickelt. Die durch Silberkörnchen gekennzeichneten Regionen des Präparats lassen die Lokalisation radioaktiven Materials im Gewebe erkennen. **b** In den Fotos sind die Resultate einer Autoradiographie zu sehen. Im Phasenkontrast lassen sich cytologische Strukturen des Gewebes identifizieren (*oben*), während im Durchlicht (*unten*) die Silberkörnchen in der Emulsion deutlich erkennbar sind. Falls erforderlich, lassen sie sich nachträglich auch wieder durch Behandlung mit Abschwächerlösung entfernen, um die darunterliegenden Gewebeteile genauer erkennen zu können

Literatur

Adams MD, Celniker SE, Holt RA et al (2000) The genome sequence of *Drosophila melanogaster*. Science 287:2185–2195

Ali T, Renkawitz R, Bartkuhn M (2016) Insulators and domains of gene expression. Curr Opin Genet Dev 37:17–26

Ankeny RA (2001) The natural history of *Caenorhabditis elegans* research. Nat Rev Genet 2:474–479

Argmann CA, Chambon P, Auwerx J (2005) Mouse phenogenomics: the fast track to „systems metabolism". Cell Metab 2:349–360

Aubert G, Lansdorp PM (2008) Telomeres and aging. Physiol Rev 88:557–579

Balciuniene J, Balciunas D (2019) A nuclear mtDNA concatemer (Mega-NUMT) could mimic paternal inheritance of mitochondrial genome. Front Genet 10:518

Barr ML, Bertram EG (1949) A morphological distinction between neurons of the male and female, and the behaviour of the nucleolar satellites during accelerated nucleoprotein synthesis. Nature 163:676–677

Bashandy H, Teeri TH (2017) Genetically engineered orange petunias on the market. Planta 246:277–280

Beadle GW, Tatum EL (1941) Genetic Control of Biochemical Reactions in *Neurospora*. Proc Natl Acad Sci USA 27:499–506

Bertoli C, Skotheim JM, de Bruin RA (2013) Control of cell cycle transcription during G1 and S phases. Nat Rev Mol Cell Biol 14:518–528

Brenner S (1974) The genetics of *Caenorhabditis elegans*. Genetics 77:71–94

Burger G, Gray MW, Forget L et al (2013) Strikingly bacteria-like and gene-rich mitochondrial genomes throughout jakobid protists. Genome Biol Evol 5:418–438

van Buskirk EK, Decker PV, Chen M (2012) Photobodies in light signaling. Plant Physiol 158:52–60

Carle GF, Olson MV (1985) An electrophoretic caryotyp for yeast. Proc Natl Acad Sci USA 82:3756–3760

Casselton L, Zolan M (2002) The art and design of genetic screens: filamentous fungi. Nat Rev Genet 3:683–697

de Celis JF (2003) Pattern formation in the *Drosophila* wing: the development of the veins. Bioessays 25:443–451

Chen L, Liu YG (2014) Male sterility and fertility restoration in crops. Annu Rev Plant Biol 65:579–606

Cremer T, Cremer C (2001) Chromosome territorries, nuclear architecture and gene regulation in mammalian cells. Nat Rev Genet 2:292–301

Daniell H, Lin CS, Yu M et al (2016) Chloroplast genomes: diversity, evolution, and applications in genetic engineering. Genome Biol 17:134

van Dingenen J, Blomme J, Gonzalez N et al (2016) Plants grow with a little help from their organelle friends. J Exp Bot 67:6267–6281

Doebley JF, Gaut BS, Smith BD (2006) The molecular genetics of crop domestication. Cell 127:1309–1321

Duina AA, Miller ME, Keeney JB (2014) Budding yeast for budding geneticists: a primer on the *Saccharomyces cerevisiae* model system. Genetics 197:33–48

Flemming W (1882) Zellsubstanz, Kern und Zelltheilung. F. C. W. Vogel, Leipzig

Folle GA (2008) Nuclear architecture, chromosome domains and genetic damage. Mutat Res 658:172–183

Fontaine DA, Davis DB (2016) Attention to background strain is essential for metabolic research: C57BL/6 and the International Knockout Mouse Consortium. Diabetes 65:25–33

Forsburg SL (2001) The art and design of genetic screens: yeast. Nat Rev Genet 2:659–668

Friedman DB, Johnson TE (1988) A mutation in the *age-1* gene in *Caenorhabditis elegans* lengthens life and reduces hermaphrodite fertility. Genetics 118:75–86

Friedman JR, Nunnari J (2014) Mitochondrial form and function. Nature 505:335–343

Friedrich M, Jones JW (2017) Gene ages, nomenclatures, and functional diversification of the Methuselah/Methuselah-like GPCR family in *Drosophila* and *Tribolium*. J Exp Zool B Mol Dev Evol 326:453–463

Furutani-Seiki M, Wittbrodt J (2004) Medaka and zebrafish, an evolutionary twin study. Mech Dev 121:629–637

Gaborieau L, Brown GG, Mireau H (2016) The propensity of pentatricopeptide repeat genes to evolve into restorers of cytoplasmic male sterility. Front Plant Sci 7:1816

Galluzzi L, Kepp O, Trojel-Hansen C et al (2012) Mitochondrial control of cellular life, stress, and death. Circ Res 111:1198–1207

Gaszner M, Felsenfeld G (2006) Insulators: exploiting transcriptional and epigenetic mechanisms. Nat Rev Genet 7:703–713

Geyer PK, Vitalini MW, Wallrath LL (2011) Nuclear organization: taking a position on gene expression. Curr Opin Cell Biol 23:354–359

Goffeau A, Barrell BG, Bussey H et al (1996) Life with 6000 genes. Science 274:646–563

Gong Z, Ju B, Wan H (2001) Green fluorescent protein (GFP) transgenic fish and their applications. Genetica 111:213–225

Gordon JW, Scangos GA, Plotkin DJ et al (1980) Genetic transformation of mouse embryos by microinjection of purified DNA. Proc Natl Acad Sci USA 77:7380–7384

Green EL (Hrsg) (1966) Biology of the laboratory mouse, 2. Aufl. McGraw-Hill, New York

Greiner S, Sobanski J, Bock R (2014) Why are most organelle genomes transmitted maternally? Bioessays 37:80–94

Grootjans S, Vanden Berghe T, Vandenabeele P (2017) Initiation and execution mechanisms of necroptosis: an overview. Cell Death Differ 24:1184–1195

Guénet JL (2011) Animal models of human genetic diseases: do they need to be faithful to be useful? Mol Genet Genomics 286:1–20

Haberer G, Mayer KF, Spannagl M (2016) The big five of the monocot genomes. Curr Opin Plant Biol 30:33–40

Haffter P, Granato M, Brand M et al (1996) The identification of genes with unique and essential functions in the development of the zebrafish, *Danio rerio*. Development 123:1–36

Handwerger KE, Gall JG (2006) Subnuclear organelles: new insights into form and function. Trends Cell Biol 16:19–26

Haskins FA, Tissieres A, Mitchell HK et al (1953) Cytochromes and the succinic acid oxidase system of *poky* strains of *Neurospora*. J Biol Chem 200:819–826

Hinnen A, Hicks JB, Fink GR (1978) Transformation of yeast. Proc Natl Acad Sci USA 75:1929–1933

Holt IJ, Harding AE, Morgan-Hughes JA (1988) Deletions of muscle mitochondrial DNA in patients with mitochondrial myopathies. Nature 331:717–719

Holtzman NG, Iovine MK, Liang JO et al (2016) Learning to Fish with Genetics: A Primer on the Vertebrate Model *Danio rerio*. Genetics 203:1069–1089

Howard A, Pelc SR (1953) Synthesis of deoxyribonucleic acid in normal and irradiated cells and its relation to chromosome breakage. In: Symposium on chromosome breakage. Heredity 6(Suppl):261–273

Howe K, Clark MD, Torroja CF et al (2013) The zebrafish reference genome sequence and its relationship to the human genome. Nature 496:498–503

Hydbring P, Malumbres M, Sicinski P (2016) Non-canonical functions of cell cycle cyclins and cyclin-dependent kinases. Nat Rev Mol Cell Biol 17:280–292

Ichim G, Tait SW (2016) A fate worse than death: apoptosis as an oncogenic process. Nat Rev Cancer 16:539–548

International Human Genome Sequencing Consortium (2001) Initial sequencing and analysis of the human genome. Nature 409:860–921

Johnston DS (2002) The art and design of genetic screens: *Drosophila melanogaster*. Nat Rev Genet 3:176–188

Jorgensen EM, Mango SE (2002) The art and design of genetic screens: *Caenorhabditis elegans*. Nat Rev Genet 3:356–369

Kalueff AV, Gebhardt M, Stewart AM et al (2013) Towards a comprehensive catalog of zebrafish behavior 1.0 and beyond. Zebrafish 10:70–86

Kerr JFR, Wyllie AH, Currie AR (1972) Apoptosis: a basic biological phenomenon with wide-ranging implications in tissue kinetics. Br J Cancer 26:239–257

Kihlman B, Eriksson T, Odmark G (1967) Studies on the effects of phleomycin on chromosome structure and nucleic acid synthesis in *Vicia faba*. Mutat Res 4:783–790

Klose C, Viczián A, Kircher S et al (2015) Molecular mechanisms for mediating light-dependent nucleo/cytoplasmic partitioning of phytochrome photoreceptors. New Phytol 206:965–971

Krijger PH, de Laat W (2016) Regulation of disease-associated gene expression in the 3D genome. Nat Rev Mol Cell Biol 17:771–782

Kück U (Hrsg) (2005) Praktikum der Molekulargenetik. Springer, Berlin

Kuro-o M, Matsumura Y, Aizawa H et al (1997) Mutation of the mouse *klotho* gene leads to a syndrome resembling ageing. Nature 390:45–51

Laibach F (1907) Zur Frage nach der Individualität der Chromosomen im Pflanzenreich. Beih Bot Cbl 22,(Abt. I):191–210

Leister D (2003) Chloroplast research in the genomic age. Trends Genet 19:47–56

Li P, Schulze EN, Tong C et al (2011) Rat embryonic stem cell derivation and propagation. In: Pease S, Saunders TL (Hrsg) Advanced protocols for animal transgenesis. Springer, Berlin, S 457–475

Lieschke GJ, Currie PD (2007) Animal models of human disease: zebrafish swim into view. Nat Rev Genet 8:353–367

Lindegren CC, Lindegren G (1949) Unusual gene-controlled combinations of carbohydrate fermentations in yeast hybrids. Proc Natl Acad Sci USA 35:23–27

Lu X, Hu MC (2017) Klotho/FGF23 Axis in Chronic Kidney Disease and Cardiovascular Disease. Kidney Dis 3:15–23

Luo S, Valencia CA, Zhang J et al (2018) Biparental inheritance of mitochondrial DNA in humans. Proc Natl Acad Sci USA 115:13039–13044

Lyon MF (1961) Gene action in the X-chromosome of the mouse (*Mus musculus* L). Nature 190:372–373

Mao YS, Zhang B, Spector DL (2011) Biogenesis and function of nuclear bodies. Trends Genet 27:295–306

Martins R, Lithgow GJ, Link W (2015) Long live FOXO: unraveling the role of FOXO proteins in aging and longevity. Aging Cell 15:196–207

Mazia D (1961) Mitosis and the physiology of cell division. In: Brachet J, Mirskey AE (Hrsg) The Cell, Bd. 3. Academic Press, New York

McWilliams TG, Suomalainen A (2019) Mitochondrial DNA can be inherited from fathers, not just mothers. Nature 565:296–297

Mereschkowsky C (1905) Über Natur und Ursprung der Chromatophoren im Pflanzenreiche. Biol Cent 25:593–604

Moll R, Divo M, Langbein L (2008) The human keratins: biology and pathology. Histochem Cell Biol 129:705–733

Morris JZ, Tissenbaum HA, Ruvkun G (1996) A phosphatidylinositol-3-OH kinase family member regulating longevity and diapause in *Caenorhabditis elegans*. Nature 382:536–539

Müller WA, Hassel M (2018) Entwicklungsbiologie und Reproduktionsbiologie des Menschen und bedeutender Modellorganismen, 6. Aufl. Springer Spektrum, Heidelberg

Munk K (2000) Grundstudium Biologie: Biochemie, Zellbiologie, Ökologie, Evolution. Spektrum Akademischer Verlag, Heidelberg

Nakatogawa H, Suzuki K, Kamada Y et al (2009) Dynamics and diversity in autophagy mechanisms: lessons from yeast. Nat Rev Mol Cell Biol 10:458–467

Nowrousian M (2007) *Neurospora crassa* als Modellorganismus im „postgenomischen“ Zeitalter. BIOspektrum 13:709–712

Nüsslein-Volhard C, Wieschaus E (1980) Mutations affecting segment number and polarity in *Drosophila*. Nature 287:795–801

Paaby AB, Schmidt PS (2008) Functional significance of allelic variation at *methuselah*, an aging gene in *Drosophila*. Plos One 3:e1987

Page DR, Grossniklaus U (2002) The art and design of genetic screens: *Arabidopsis thaliana*. Nat Rev Genet 3:124–136

Paigen K (2003a) One hundred years of mouse genetics: an intellectual history. I. The classical period (1902–1980). Genetics 163:1–7

Paigen K (2003b) One hundred years of mouse genetics: an intellectual history. II. The molecular revolution (1981–2002). Genetics 163:1227–1235

Peters LL, Robledo RF, Bult CJ et al (2007) The mouse as a model for human biology: a resource guide for complex trait analysis. Nat Rev Genet 8:58–69

Raab JR, Chiu J, Zhu J et al (2012) Human tRNA genes function as chromatin insulators. Embo J 31:330–350

Raju NB (2009) *Neurospora* as a model fungus for studies in cytogenetics and sexual biology at Stanford. J Biosci 34:139–159

Rambold AS, Pearce EL (2017) Mitochondrial dynamics at the interface of immune cell metabolism and function. Trends Immunol 39:6–18

Rat Genome Sequencing Project Consortium (2004) Genome sequence of the Brown Norway rat yields insights into mammalian evolution. Nature 428:493–521

Raven JA, Allen JF (2003) Genomics and chloroplast evolution: what did cyanobacteria do for plants? Genome Biol 4:209

Rogina B (2017) INDY – A New Link to Metabolic Regulation in Animals and Humans. Front Genet 8:66

Rosenthal N, Ashburner M (2002) Taking stock of our models: the function and future of stock centres. Nat Rev Genet 3:711–717

Sato K, Sato M (2017) Multiple ways to prevent transmission of paternal mitochondrial DNA for maternal inheritance in animals. J Biochem 162:247–253

Saxton RA, Sabatini DM (2017) mTOR signaling in growth, metabolism, and disease. Cell 169:361–371

Schnable PS, Ware D, Fulton RS et al (2009) The B73 maize genome: complexity, diversity, and dynamics. Science 326:1112–1115

Schnittger A, Hülskamp M (2002) Trichome morphogenesis: a cell-cycle perspective. Phil Trans R Soc Lond B 357:823–826

Schwarz-Sommer Z, Davis B, Hudson A (2003) An everlasting pioneer: the story of *Antirrhinum* research. Nat Rev Genet 4:655–664

Shinozaki K, Ohme M, Tanaka M (1986) The complete nucleotide sequence of the tobacco chloroplast genome: its gene organization and expression. Embo J 5:2043–2049

Sommerville C, Koornneef M (2002) A fortunate choice: the history of *Arabidopsis* as a model plant. Nat Rev Genet 3:883–889

Streisinger G, Walker C, Dower N et al (1981) Production of clones of homozygous diploid zebra fish (*Brachydanio rerio*). Nature 291:293–296

Tesson L, Cozzi J, Ménoret S et al (2005) Transgenic modifications of the rat genome. Transgenic Res 14:531–546

The Arabidopsis Genome Initiative (2000) Analysis of the genome sequence of the flowering plant *Arabidopsis thaliana*. Nature 408:796–815

The C. elegans Sequencing Consortium (1998) Genome sequence of the nematode *C. elegans*: a platform for investigative biology. Science 282:2012–2018

The International Wheat Genome Sequencing Consortium (2014) A chromosome-based draft sequence of the hexaploid bread wheat (*Triticum aestivum*) genome. Science 345:1251788. https://doi.org/10.1126/science.1251788

The Tomato Genome Consortium (2012) The tomato genome sequence provides insights into the fleshy fruit evolution. Nature 485:635–641

Tuppen HA, Blakely EL, Turnbull DM et al (2010) Mitochondrial DNA mutations and human disease. Biochim Biophys Acta 1797:113–128

Vanden Berghe T, Linkermann A, Jouan-Lanhouet S et al (2014) Regulated necrosis: the expanding network of non-apoptotic cell death pathways. Nat Rev Mol Cell Biol 15:135–147

Venter JC, Adams MD, Myers EW et al (2001) The sequence of the human genome. Science 291:1304–1351

de Veylder L, Beeckman T, Beemster GTS et al (2002) Control of proliferation, endoreduplication and differentiation by the *Arabidopsis* E2Fa-DPa transcription factor. EMBO J 21:1360–1368

Wagner TE, Hoppe PC, Jollick JD et al (1981) Microinjection of a rabbit β-globin gene into zygotes and its subsequent expression in adult mice and their offspring. Proc Natl Acad Sci USA 78:6376–6380

Wallace DC, Singh G, Lott MT et al (1988) Mitochondrial DNA mutation associated with Leber's hereditary optic neuropathy. Science 242:1427–1430

Yu F, Fu A, Aluru M et al (2007) Variegation mutants and mechanisms of chloroplast biogenesis. Plant Cell Environ 30:350–365

Zentrale Kommission für Biologische Sicherheit (ZKBS) (2017) Stellungnahme der ZKBS zur Risikobewertung nicht zugelassener gentechnisch veränderter Petunien. (sn.pub/cbBhCC)

Eukaryotische Chromosomen

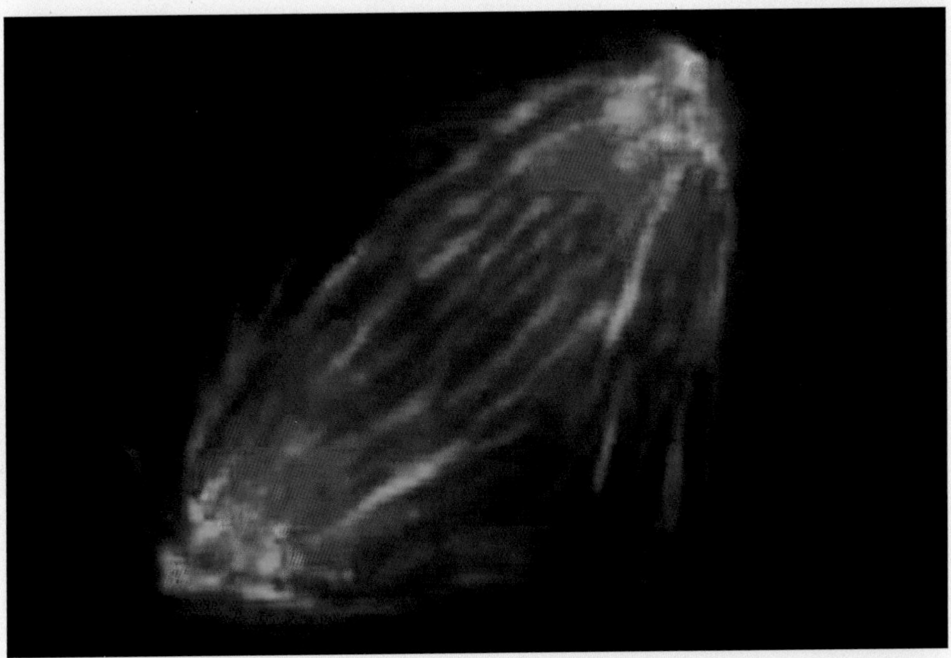

Teilung einer *Drosophila*-Zelle. Tubulinfibrillen erscheinen *grün*, Centrosomen *magenta*, Kinetochore *rot* und DNA *blau*. (Nach Maiato et al. 2006, mit freundlicher Genehmigung)

Inhaltsverzeichnis

J. Graw, *Genetik*, https://doi.org/10.1007/978-3-662-60909-5_6

Überblick

Die Chromosomen sind die lichtmikroskopisch sichtbaren, materiellen Träger der Gene. Aus cytologischen Beobachtungen wissen wir, dass die Chromosomen, und damit die Gene, in Mitose und Meiose gleichmäßig auf die Tochterzellen verteilt werden. In den Centromerbereichen der Chromosomen dienen die Kinetochore als Ansatzpunkte für die Mikrotubuli des Spindelapparates. Damit werden die Chromosomen bzw. deren Untereinheiten, die Chromatiden, bei der Zellteilung auseinandergezogen und auf die Tochterzellen aufgeteilt. Besondere terminale Domänen, die Telomere, gewährleisten, dass die freien Enden der DNA im Chromosom nicht von Exonukleasen abgebaut werden oder durch Reparaturenzyme mit den freien Enden der DNA eines anderen Chromosoms verschmelzen.

Die chromosomale DNA wird in einer ersten Stufe in der Form von kompakten Nukleosomen organisiert. Sie windet sich hierzu zweimal um einen Komplex aus Histonproteinen. Eine Kette derartiger DNA-Histonpartikel bildet eine Chromatinfibrille mit einem Durchmesser von 10 nm. Diese Fibrille wird jedoch zusätzlich in Fibrillen höherer Ordnung verdrillt. Aktives und inaktives Chromatin unterscheiden sich dabei in dem Ausmaß der Kondensation.

Während der Zellteilung (Mitose) werden im Kern Chromosomen sichtbar, der Nukleolus hingegen verschwindet und die Kernmembran löst sich auf. Gleichzeitig bildet sich ein Spindelapparat, mit dessen Hilfe sich die Chromosomen gleichmäßig auf die zwei neu entstehenden Tochterzellen verteilen. Während die Kernmembran sich neu bildet, dekondensieren die Chromosomen und bilden das diffuse Interphasechromatin; auch der Nukleolus bildet sich neu.

Untersucht man die Zellteilungen während der Keimzellentwicklung, so stellt man einen grundsätzlichen Unterschied zwischen den letzten zwei Teilungen (Meiose) vor der Gametenbildung fest. In der ersten dieser Zellteilungen wird die Anzahl der Chromosomen auf die Hälfte reduziert. Das geschieht durch die Paarung je zweier morphologisch gleicher Chromosomen, die während der ersten meiotischen Zellteilung zu den entgegengesetzten Spindelpolen wandern. In der zweiten meiotischen Teilung werden (wie bei der Mitose) die beiden Chromatiden eines jeden Chromosoms auf die Tochterzellen verteilt.

Bei jeder gewöhnlichen Zellteilung wird die gleichmäßige Verteilung des gesamten genetischen Materials bei unveränderter Gesamtzahl der Chromosomen sichergestellt, während für die Keimzellentwicklung die Anzahl der Chromosomen halbiert wird. Die Untersuchung der Verteilung der Geschlechtschromosomen zeigte, dass die meiotische Paarung je zweier Chromosomen zwischen den beiden elterlichen (homologen) Chromosomen des Organismus erfolgt.

In einem Chromosom ist eine große Anzahl von Genen gekoppelt. Vor der ersten meiotischen Teilung läuft ein Prozess ab, der für den Austausch von Genen zwischen jeweils zwei Chromosomen sorgt, die Rekombination. Während der Rekombination findet ein Crossing-over, also ein Stückaustausch zwischen je einer Chromatide zweier homologer Chromosomen, statt. Das führt zu einer Vermischung von Allelen während der Keimzellentwicklung. Chromosomen sind demnach dynamische Strukturen, die strukturell und funktionell eng mit dem Stoffwechsel und dem Differenzierungsgrad der jeweiligen Zelle verbunden sind; wir können daher auch aktive Chromosomenabschnitte (Euchromatin) und inaktive Regionen (Heterochromatin) unterscheiden. Ihre Bedeutung geht weit über das hinaus, was man von einem reinen „Gen-Depot" erwarten würde.

6.1 Das eukaryotische Chromosom

6.1.1 Chromosomen als Träger der Erbanlagen

Die wichtige Rolle der Chromosomen im Zellkern wurde durch die cytologischen Studien der Zellteilung deutlich. Hierbei spielten vor allem Untersuchungen an befruchteten Eiern eine Rolle, wie sie unter anderem von Walther **Flemming** (1843–1905) und Carl **Rabl** (1853–1917) durchgeführt wurden. Eine der wichtigsten Erkenntnisse war, dass die Anzahl der Chromosomen während der Zellteilung (**Mitose**) (Flemming 1882) unverändert bleibt. Etwa gleichzeitig beschrieben Edouard **van Beneden** (1846–1910), Theodor **Boveri** (1862–1915), Thomas Harrison **Montgomery** (1873–1912) und andere Cytologen, dass durch einen besonderen Zellteilungsmechanismus während der Entstehung männlicher und weiblicher Keimzellen eine Halbierung der Anzahl der Chromosomen stattfindet und dass durch die Vereinigung der Keimzellen die ursprüngliche Chromosomenanzahl, wie man sie in somatischen Zellen findet, wiederhergestellt wird. Für diesen besonderen Teilungsmechanismus wurde von John B. **Farmer** und John E. S. **Moore** (1905) der Begriff **Meiose** eingeführt (▶ Abschn. 6.3.2). Bereits 1885 zieht August **Weismann** (1834–1914) in seiner berühmten Abhandlung *Die Continuität des Keimplasmas als Grundlage einer Theorie der Vererbung* einen entscheidenden Schluss aus all diesen Befunden, ohne ihn jedoch mit den Mendel'schen Beobachtungen in Verbindung zu bringen.

Fast gleichzeitig wurden auch die chemischen Verbindungen entdeckt, die, wie sich erst viel später (1944) herausstellte, die erblichen Eigenschaften bestimmen: Friedrich **Miescher** (1844–1895) isolierte 1871 im Tübinger Schloss aus Eiter die **Nukleinsäuren** als einen Hauptbestandteil des Chromatins. Er selbst erkannte die Bedeutung seiner Entdeckung nicht, sondern vermutete wegen der chemischen Einförmigkeit dieser Verbindungen, dass Proteine die wichtigeren Bestandteile des Chromatins seien.

Eine endgültige Vorstellung über die chromosomale Grundlage der Vererbung zu entwickeln, gelang erst im ersten Jahrzehnt des 20. Jahrhunderts nach der Wiederentdeckung der Mendel'schen Regeln (1900), obwohl zahlreiche wissenschaftliche Beobachtungen, die eindeutige Hinweise auf die materielle Basis des Erbmaterials enthielten, bereits in der zweiten Hälfte des 19. Jahrhunderts gemacht worden waren. Edmund Beecher **Wilson** (1856–1939), Walter Stanborough **Sutton** (1876–1916) und Theodor **Boveri** (1862–1915) zeigten zu Beginn des 20. Jahrhunderts, dass das mitotische und meiotische Verhalten der Chromosomen vollständig den Erwartungen der genetischen Analysen über das Verhalten des Erbmaterials entspricht. Sie schufen hierdurch die **Chromosomentheorie der Vererbung**. Als endgültiger Beweis für die Richtigkeit dieser Theorie wird die Übereinstimmung zwischen dem Erbgang und dem cytologischen Verhalten der **Geschlechtschromosomen** und dem Erbgang geschlechtsgebundener Merkmale gewertet.

Ein Widerspruch zwischen den Mendel'schen Regeln (▶ Abschn. 11.1) und cytologischen Beobachtungen scheint in der Feststellung zu liegen, dass die Anzahl der Chromosomen bei den meisten Organismen relativ niedrig ist (◘ Tab. 6.1), jedenfalls zu gering, um mit der Vorstellung vereinbar zu sein, dass jedes Chromosom einer Erbeigenschaft zuzuordnen ist. Obwohl über die tatsächliche Anzahl der Erbeigenschaften (Gene) verschiedener Organismen noch bis in jüngste Zeit widerstreitende Ansichten vertreten wurden, wurde doch sehr bald erkannt, dass jedes Chromosom Hunderte oder sogar Tausende von Erbeigenschaften tragen muss. Dieser Schluss steht nunmehr aber in eindeutigem Widerspruch zu der Regel Mendels, dass sich Merkmale unabhängig voneinander auf die Nachkommen verteilen, da alle in einem Chromosom gelegenen Gene gekoppelt bleiben, also nicht unabhängig voneinander verteilt werden (▶ Abschn. 11.1 und 11.4). Dieser scheinbare Widerspruch zu Mendels experimentellen Ergebnissen konnte durch die Genetiker dadurch aufgelöst werden, dass sie erkannten, dass die in den Untersuchungen Mendels studierten Merkmale (◘ Tab. 11.1) auf unterschiedlichen Chromosomen liegen oder in einigen Fällen im Chromosom so weit voneinander entfernt liegen, dass stets ein Crossing-over zwischen den gekoppelten Genen stattfindet. Daher verteilen sie sich während der Meiose tatsächlich scheinbar unabhängig voneinander auf die Keimzellen.

Im Gegensatz zur Uniformität der Chromosomen innerhalb eines Organismus und zwischen Organismen einer Art steht die große **Variabilität der Zahlen und Morphologie der Chromosomen**, die man beim Vergleich verschiedener Arten und vor allem höherer Gruppen des Tier- und Pflanzenreichs findet (◘ Tab. 6.1). Weder die Anzahl noch die Gestalt der Chromosomen weist dabei eine Korrelation zur Entwicklungshöhe des betreffenden Organismus auf. Einzellige Organismen, wie etwa Ciliaten, können eine große Anzahl von Chromosomen besitzen, komplexe Vielzeller hingegen wenige. In manchen Organismengruppen allerdings wird offensichtlich eine größere evolutionäre Erhaltung einer bestimmten Chromosomenanzahl angestrebt als in anderen. Es bleibt offen, ob das mit der Tendenz zu einer relativ einheitlichen Genomgröße zusammenhängt oder ob hier auch eine Stabilisierung der Chromosomenanzahl selbst eine Rolle spielt. Beispielsweise liegen die Chromosomenzahlen von Säugern im Allgemeinen zwischen 2n = 40–50. Knochenfische (Teleostei) hingegen besitzen meist sehr viele und kleine Chromosomen; Vögel sind ganz allgemein durch den Besitz vieler **Minichromosomen** gekennzeichnet.

❀ Die korrekte Zahl der menschlichen Chromosomen mit 2n = 46 wurde erst 1956 publiziert und ist seither allgemein akzeptiert. Eine Ursache für diesen späten Befund bei Menschen war die Tatsache, dass in den 1920er- und 1930er-Jahren der Zugang zu menschlichen und insbesondere zu männlichen Spermatogonien sehr begrenzt war – „frisches Material" war nur von exekutierten Häftlingen zu erhalten. Spermatogonien waren eine der wenigen Quellen menschlicher Zellen, die sich schnell teilen. 1921 publizierte Theophilus S. **Painter** über die Anzahl menschlicher Chromosomen und kam bei vielerlei technischen Unzulänglichkeiten zum Ergebnis: Es sind 48 menschliche Chromosomen. Erst wichtige technische Verbesserungen (Einführung der hypotonen Schockmethode zur Spreitung des Kernmaterials und die Kombination von Colchicin als Metaphase-Blocker mit der Zellkultur) machte die richtige Bestimmung mit 2n = 46 durch Joe Hin **Tjio** und Albert **Levan** im Jahr 1956 möglich – übrigens zunächst als Poster auf dem 1. Internationalen Humangenetik-Kongress in Kopenhagen! Erst danach begann die Entwicklung der humanen Cytogenetik und ihrer Anwendung in der Medizin (siehe dazu ▶ Abschn. 13.2). Die korrekte Zahl der Hefechromosomen wurde übrigens sogar erst 1985 durch **Carle** und **Olsen** publiziert (für weitere historische Details siehe Gartler 2006).

Biochemische Natur der Chromosomen

Die Chromosomen als Träger der Erbsubstanz enthalten als zentralen biochemischen Bestandteil natürlich DNA. Der zweite wichtige Bestandteil der Chromosomen sind eine Gruppe basischer Proteine, die als Histone bezeichnet werden. Histone haben ein relativ niedriges Molekulargewicht (~ 20 kDa) und zeichnen sich durch eine hohe Bindungsaffinität für DNA aus. Wir unterscheiden fünf Haupttypen von Histonen, abgekürzt als H1, H2A, H2B, H3 und H4. Sie sind von fundamentaler Bedeu-

Tab. 6.1 Die Chromosomenanzahlen verschiedener Organismen

Art	Chromosomenanzahl (2n)
Aspergillus nidulans	8 (n)
Neurospora crassa	7 (n)
Saccharomyces cerevisiae (Bäckerhefe)	16 (n)
Chlamydomonas reinhardtii	16 (n)
Vicia faba (Saubohne)	12
Allium cepa (Zwiebel)	16
Antirrhinum majus (Löwenmäulchen)	16
Arabidopsis thaliana (Ackerschmalwand)	10
Zea mays (Mais)	20
Oryza sativa (Reis)	42
Triticum aestivum (Weizen)	42 (6n)
Hordeum vulgare (Gerste)	14
Secale cereale (Roggen)	14
Nicotiana tabacum (Tabak)	48 (4n)
Solanum tuberosum (Kartoffel)	48 (4n)
Lycopersicum esculentum (Tomate)	24
Pisum sativum (Erbse)	14
Brassica oleracea (Kohl)	18
Pinus ponderosa (Gelb-Kiefer)	24
Ophioglossum reticulatum (polyploid)	1260
Caenorhabditis elegans (Fadenwurm)	11 ♂, 12 ♀
Planaria torva	16
Ascaris megalocephala var. univalens (Spulwurm)	2
Stylonychia mytilus	ca. 300
Musca domestica (Hausfliege)	12
Drosophila melanogaster (Fruchtfliege)	8
Culex pipiens (Mücke)	6
Apis mellifera (Honigbiene)	32 ♀ (2n), 16 ♂ (n)
Bombyx mori (Seidenspinner)	56
Lysandra atlantica (Schmetterling)	446
Danio rerio (Zebrafisch)	25
Triturus viridescens (Salamander)	22
Rana pipiens (Leopardfrosch)	26
Xenopus laevis (Krallenfrosch)	36
Gallus domesticus (Haushuhn)	ca. 78
Columba livia (Taube)	80
Cavia porcellus (Meerschweinchen)	64
Mus musculus (Hausmaus)	40
Rattus norvegicus (Wanderratte)	42
Mesocricetus aureatus (Goldhamster)	44
Cricetulus griseus (Chinesischer Hamster)	22
Oryctolagus cuniculus (Kaninchen)	44
Felis domesticus (Katze)	38
Canis familiaris (Hund)	78
Bos taurus (Stier)	60
Equus caballus (Pferd)	64
Equus asinus (Esel)	62
Ovis aries (Schaf)	54
Sus scrofa (Schwein)	40
Macaca mulatta (Rhesusaffe)	48
Gorilla gorilla (Gorilla)	48
Pan troglodytes (Schimpanse)	48
Pongo pygmaeus (Orang-Utan)	48
Homo sapiens (Mensch)	46

tung für die dichte Packung der Chromosomen; die Histone H2A, H2B, H3 und H4 bilden ein Oktamer, um das sich die DNA zweifach herumwindet. Diese Einheit wird als **Nukleosom** bezeichnet. Der Abstand zwischen zwei Nukleosomen beträgt etwa 160–200 bp, sodass sich eine Struktur ergibt, die an eine Perlenkette erinnert (◘ Abb. 6.14). Wir werden diese Struktur später im Detail diskutieren (► Abschn. 6.2.2), und die Histon-Gene werden im ► Abschn. 7.2.2 ausführlich vorgestellt. Die Gesamtheit aus DNA und daran gebundenen Proteinen wird als **Chromatin** bezeichnet.

Histone können an vielen Stellen posttranslational modifiziert werden; besonders häufig sind Methylierungen, Acetylierungen und Phosphorylierungen. Um diese komplexen biochemischen Veränderungen etwas übersichtlicher darzustellen, hat sich eine Art „Histoncode" entwickelt: So bedeutet beispielsweise „H4K20me3", dass das Histon H4 am Lysinrest 20 dreifach methyliert ist („K" ist die Ein-Buchstaben-Abkürzung für Lysin). Wir werden diese Modifikationen der Histone und ihre Konsequenzen für die Regulation der Genexpression ausführlich im Epigenetik-Kapitel (► Abschn. 8.1.3) besprechen.

6.1.2 Morphologie der Chromosomen

Die Untersuchung des Zellzyklus (► Abschn. 5.2; ◘ Abb. 5.20) hat uns gezeigt, dass wir **Chromosomen** lichtmikroskopisch nur während der **Mitose**, nicht aber in der **Interphase** erkennen können. In der klassischen Cytologie hatte man sich die Frage gestellt, ob Chromosomen auch während der Interphase in ihrer Individualität erhalten bleiben oder ob sie sich am Ende der Mitose auflösen und erst zu Beginn der folgenden Mitose neu ausbilden. Diese Frage hätte bereits durch die cytologischen Beobachtungen Walther **Flemmings** (1843–1905) und Edouard Gérard **Balbianis** (siehe ◘ Abb. 6.29) definitiv beantwortet werden können, nachdem auch Carl **Rabl** (1853–1917) sich aufgrund cytologischer Untersuchungen an Amphibienzellkernen bereits im Sinne einer chromosomalen Kontinuität durch den gesamten Zellzyklus hindurch ausgesprochen hatte. Dennoch wurde die Tatsache der Konstanz der Chromosomenindividualität erst auf der Grundlage der Beobachtungen von Cytologen in den 1930er-Jahren endgültig akzeptiert. Es waren gleichzeitig Emil **Heitz** (1892–1965), Hans **Bauer** (1905–1988) und Theophilus Shickel **Painter** (1889–1969), die diesen wichtigen Schluss zogen. Es ist heute eindeutig geklärt, dass Chromosomen während der Interphase nicht nur in ihrer Individualität erhalten bleiben, sondern dass sie im Interphasekern auch bestimmte Lagebeziehungen zueinander eingehen (Chromosomenterritorien; ◘ Abb. 5.15).

Wie wir später (► Abschn. 6.3.1) noch genauer sehen werden, lässt sich die Mitose selbst auch in verschiedene Phasen unterteilen. Für die Chromosomenuntersuchungen ist dabei die Metaphase die wichtigste: Hier liegen die Chromosomen noch dicht beieinander in der Mitte der sich teilenden Zelle (▣ Abb. 6.19); im nächsten Schritt, der Anaphase, werden dann die (in der S-Phase verdoppelten) Chromosomen („Schwesterchromatiden") an den Centromeren (▸ Abschn. 6.1.3) auseinandergezogen. Wenn man also die Chromosomen während der Metaphase innerhalb eines Zellkerns beobachtet, stellt man fest, dass sie nicht gleich aussehen, sondern verschiedene Formen haben. Idealtypisch ist dies in ▣ Abb. 6.1b dargestellt; als Beispiel eines gesamten Chromosomensatzes ist der des Menschen gezeigt (▣ Abb. 6.1a). Bei den menschlichen Chromosomen herrschen stäbchenartige oder v-förmige Gestalten vor; punktförmige Chromosomen gibt es beim Menschen eher nicht. Die unterschiedlichen Formen ergeben sich dabei aus der relativen Position des Centromers; daraus ergibt sich dann üblicherweise eine Unterteilung der Chromosomen in zwei Arme. Bei den v-förmigen Chromosomen gibt es solche, bei denen die beiden Chromosomenarme annähernd gleich lang sind, und solche, bei denen ein Arm deutlich kürzer ist als der andere. Aufgrund dieses Verhaltens nennt man die betreffenden Chromosomen auch akrozentrisch, telozentrisch, oder metazentrisch. Zwischen beiden Extremformen der Chromosomenmorphologie gibt es ein Kontinuum von Varianten, das von geringfügig ungleichen Chromosomenarmlängen bis zu einer Morphologie reicht, bei der ein zweiter Chromosomenarm kaum erkennbar ist. Man spricht demgemäß von submetazentrischen oder subtelozentrischen Chromosomen (▣ Abb. 6.1b).

Die Chromosomenform kann uns auch wichtige Hinweise auf deren Evolution geben, denn metazentrische Chromosomen können durch Verschmelzung zweier akrozentrischer Chromosomen entstanden sein oder akrozentrische durch Trennung beider Arme eines metazentrischen Chromosoms. Die Verschmelzung akrozentrischer Chromosomen wird auch Robertson'sche Fusion (zentrische Fusion; engl. ***Robertsonian fusion***) genannt und ist ein für die Evolution von Säugerchromosomen charakteristisches Phänomen. Erscheinungen dieser Art sind insbesondere für die Ermittlung populationsgenetischer und evolutionärer Zusammenhänge von Bedeutung.

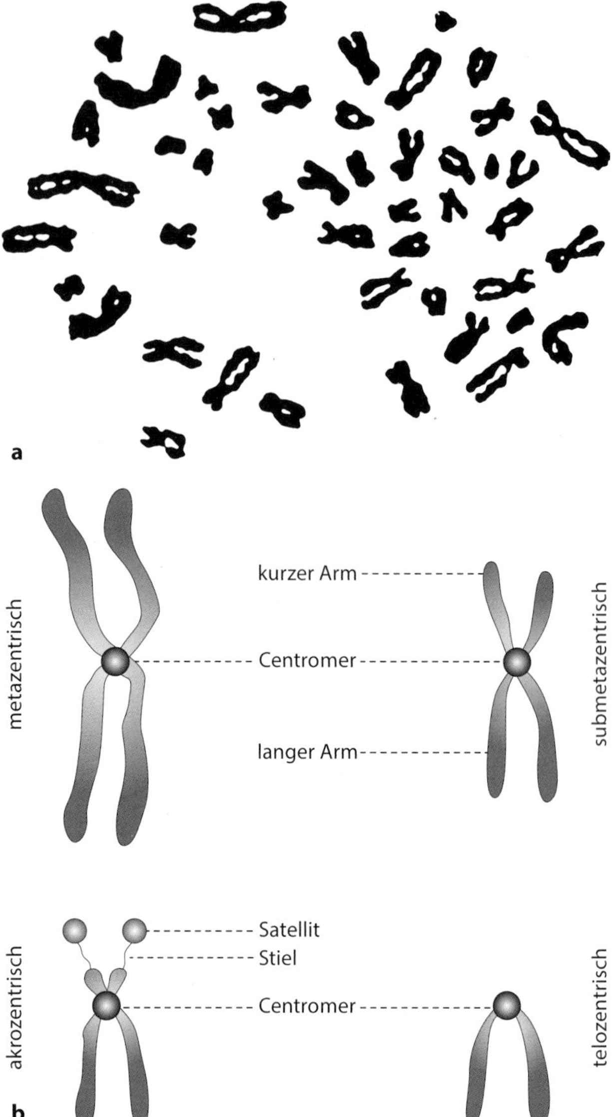

▣ **Abb. 6.1** Chromosomen. **a** Menschlicher Chromosomensatz mit 46 Chromosomen (unsortiert; historische Darstellung). **b** Typische Chromosomenformen in der Metaphase einer Mitose. Die Bezeichnung orientiert sich an der relativen Lage des Centromers; dort setzen die Spindelfasern an und ziehen die beiden Schwesterchromatiden auseinander, um sie so auf die Tochterzellen zu verteilen (▣ Abb. 6.19). Der Mensch besitzt üblicherweise keine telozentrischen Chromosomen; die Chromosomen der Maus sind alle akrozentrisch. (**a** nach Gartler 2006; **b** nach Kompaktlexikon der Biologie online, beide mit freundlicher Genehmigung)

❗ Chromosomen sind in der kondensierten Form normalerweise nur während der Mitose und Meiose sichtbar (vor allem in der Metaphase). Ihre Größe und Form variiert stark und ist jeweils charakteristisch für eine Spezies.

Die zweite auffallende Eigenschaft eines Metaphasechromosoms ist dessen deutliche Längsteilung: Es besteht aus zwei Längsuntereinheiten, die wir Chromatiden nennen. Sie sind das Produkt des Verdoppelungsmechanismus der Chromosomen, der während der S-Phase abläuft (▸ Abschn. 5.2; Replikation, ▸ Abschn. 2.2). Es entstehen dabei in allen Chromosomen aus einer Chromatide zwei Schwesterchromatiden. Die Chromatiden sind zunächst eng gepaart, trennen sich aber mit der fortschreitenden Kondensation der Chromosomen und hängen schließlich in der Metaphase nur noch in ihren Centromerbereichen zusammen. Erst in der Anaphase trennen sie sich unter dem Einfluss der Spindel und wandern zu den entgegengesetzten Spindelpolen. Durch diesen Mechanismus ist gewährleistet, dass beide Tochterzellkerne eine Chromatide eines jeden Chromosoms erhalten. Eine Chromatide enthält einen DNA-Doppelstrang und ist damit das Grundelement eines Chromosoms; von der Anaphase bis zur S-Phase besteht ein **Chromosom** aus einer **Chromatide** – nach der Verdoppelung der DNA und vor der Teilung der Zelle aus zwei („**Schwesterchromatiden**"). Wenn man von einem Chromosom spricht, wird man daher – je nach dem Zusammenhang – zuvor klären müssen, ob man ein Chromosom vor oder nach der S-Phase meint. Den Status des Zellkerns kennzeichnet man daher auch sinnvollerweise durch Angabe der Anzahl an Chromatiden (C-Wert) eines Chromosomenpaares: 2C oder 4C während der Mitose (▶ Abschn. 6.3.1) oder C, 2C oder 4C während der Meiose (▶ Abschn. 6.3.2).

Grundeinheit eines Chromosoms ist die Chromatide. Ein Chromosom besteht vor der Replikation aus einer einzigen Chromatide, nach der Replikation in der S-Phase aus zwei identischen Schwesterchromatiden. Eine Chromatide besteht aus einem kontinuierlichen DNA-Doppelstrang.

Bei der Anwendung von besonderen Färbungsverfahren, die als **Bänderungstechniken** bezeichnet werden, kann man ein hohes Maß an Auflösung in der Chromosomenfeinstruktur erreichen. Sie erlaubt die eindeutige individuelle Identifikation eines jeden Chromosoms auch in Organismen, deren **Karyotyp** früher eine Unterscheidung der verschiedenen Chromosomen allenfalls in der sehr groben Form von Chromosomengruppen gestattete. Als Karyotyp bezeichnet man die Gesamtheit der Eigenschaften eines Chromosomensatzes, also die Anzahl und die spezifische Form der einzelnen Chromosomen. Das beste Beispiel für die Vorteile der erhöhten Auflösung durch Bänderungstechniken sind menschliche Chromosomen (◻ Abb. 6.2), bei denen man zunächst lediglich sieben Chromosomengruppen und zwei Geschlechtschromosomen auf der Grundlage ihrer Größenunterschiede identifizieren konnte.

Man unterscheidet heute im Wesentlichen vier Färbemethoden, die unterschiedliche, aber genau reproduzierbare **Färbungsmuster der Chromosomen** ergeben. **G-Banden** erhält man nach einer Vorbehandlung in warmer Salzlösung oder mit proteolytischen Enzymen (Proteinase K oder Pronase E) und anschließender **Giemsa-Färbung** oder durch die Verwendung AT-spezifischer Fluoreszenzfarbstoffe (z. B. DAPI, DIPI). Die Giemsa-Färbung hat den Vorteil, dass sie permanent erhalten wird und nicht ausbleicht. Das klassische Bandenmuster umfasst etwa 350 Banden; hochauflösende Verfahren erhöhen die sichtbaren Banden auf 850 bis 1250. **Q-Banden** sieht man als fluoreszierende Chromosomenabschnitte nach **Quinacrin-Färbung**; Quinacrin färbt besonders AT-reiche Abschnitte an (drei oder mehr AT-Basenpaare) und entspricht damit weitgehend den G-Banden. **R-Banden** (engl. *reversed bands*) erkennt man nach einer Behandlung mit Fluoreszenzfarbstoffen (z. B. Mithramycin, Acridinorange), die bevorzugt GC-reiche DNA anfärben. Schließlich findet man **C-Banden** nach Behandlung der Chromosomen mit Alkali und Säure und anschließender Giemsa-Färbung. Prominente C-Banden sieht man an den Chromosomen 1, 9, 16 und dem distalen Y-Chromosom. Das C-Bandenmuster variiert beträchtlich innerhalb einer Population („Heteromorphismus"). Die C-Banden entsprechen dem konstitutiven Heterochromatin (s. unten); das sind Bereiche, die nur wenige Gene enthalten und nicht transkribiert werden. Die C-Bandenmuster sind erblich und wurden früher als genetische Marker verwendet.

Die Arme der mitotischen Chromosomen bestehen aus früh replizierenden Banden (den hellen Giemsa-Banden = R-Banden), die sich mit den mittel bis spät replizierenden, dunklen Giemsa-Banden (= G-Banden) abwechseln. R-Banden haben eine höhere Gendichte und enthalten Haushaltsgene (engl. *housekeeping genes*) und gewebespezifische Gene, wohingegen G-Banden arm an Genen sind und nur gewebespezifische Gene enthalten. Die höchste Gendichte ist in einer Unterfraktion der R-Banden, den T-Banden, enthalten. Spät replizierende C-Banden, die nur wenige Gene enthalten, beinhalten das centromere Heterochromatin und einige Elemente des konstitutiven Heterochromatins.

Dass es sich hierbei um keine zufälligen Eigenschaften chromosomaler Verpackung handelt, wird durch zwei Tatsachen belegt. Zum einen findet man, dass bestimmte Bänderungsmuster im Laufe der Evolution strikt konserviert erhalten bleiben, auch wenn sich die Muster in veränderten chromosomalen Positionen befinden. Solche Befunde wurden vor allem bei der vergleichenden Untersuchung von **Primatenkaryotypen** gemacht. Offenbar bleiben bestimmte Genkombinationen in der gleichen Gruppierung von Banden erhalten, durchlaufen aber chromosomale Verschiebungen ganzer Gruppen von Banden. Zum anderen weisen bestimmte Bandenmuster wie das G- und das R-Bandenmuster eine enge Korrelation zur DNA-Synthese der betreffenden Chromosomenabschnitte auf. Das zeigt, dass die Möglichkeit, bestimmte Chromosomenbereiche differenziell zu färben, eine grundlegende strukturelle Eigenschaft der Organisation von Chromosomen reflektiert.

Die Erstellung von Bänderungskarten der menschlichen Chromosomen hat große Bedeutung für die genetische Kartierung erlangt. Nicht nur Stammbaumanalysen in Zusammenhang mit erblichen Krankheiten, sondern auch molekulare Techniken, mit denen die Isolierung menschlicher Gene möglich ist, gestatten es, durch geeignete Methoden deren chromosomale Lokalisation in bestimmten Chromosomenbanden zu ermitteln. Es sind umfangreiche Genkarten mithilfe dieser Techniken erstellt worden. Zu Details siehe Technikbox 16.

Die Darstellung und Beschreibung menschlicher Chromosomen wurde 1971 auf einer Konferenz in Paris normiert. Grundlage ist ein idealisiertes Karyogramm („Ideogramm"; ◻ Abb. 6.2), das auf einer Giemsa-Fär-

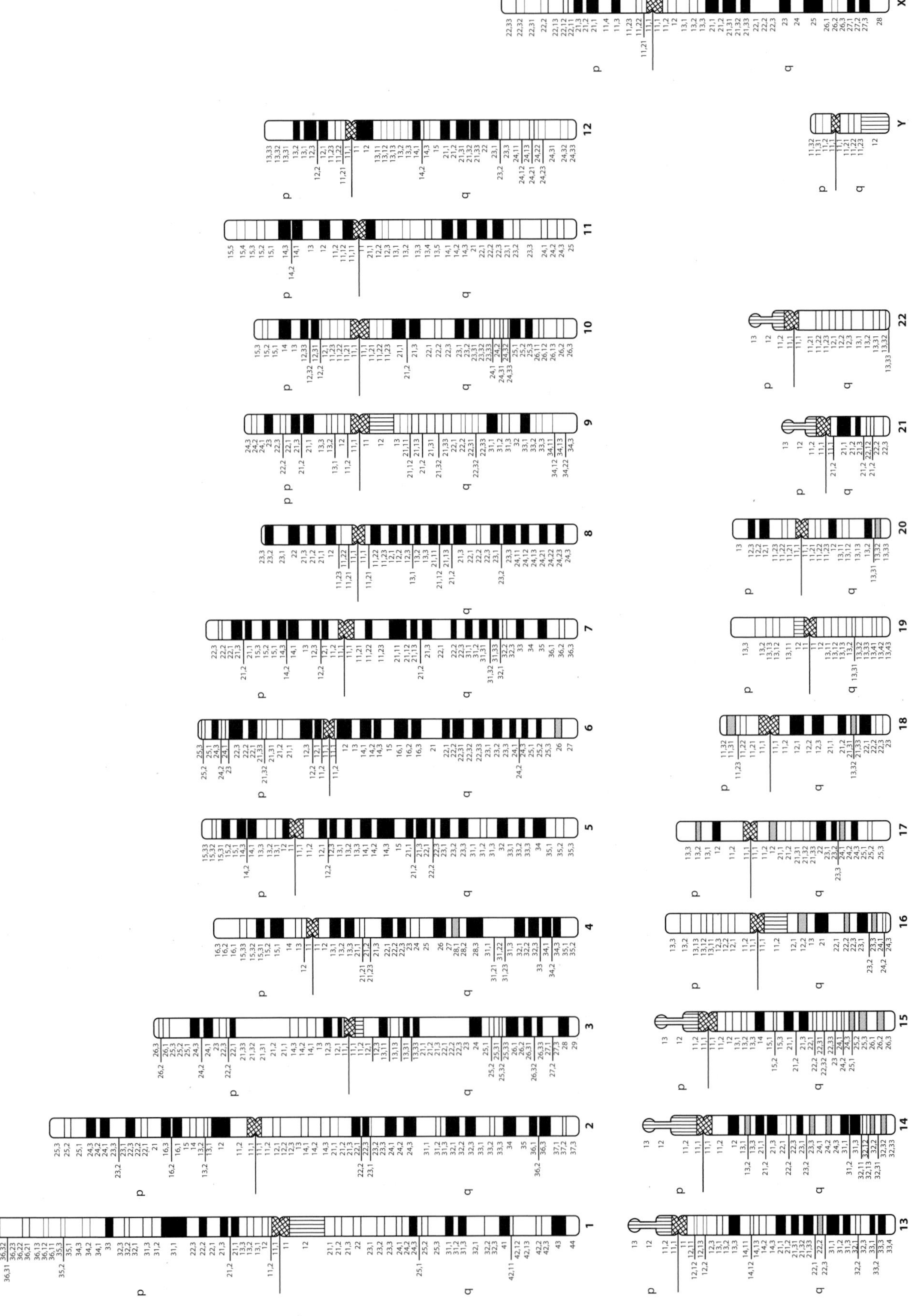

Abb. 6.2 Menschliche Chromosomen mit 850 Banden. Die relative Länge von Chromosomen und Banden basiert auf direkten Messungen. (Aus Vogel und Motulsky 1997, mit freundlicher Genehmigung)

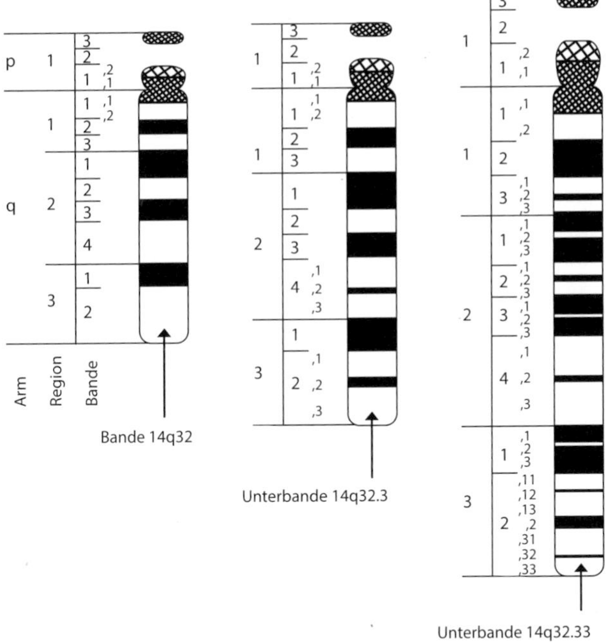

◘ Abb. 6.3 Idealtypisches Karyogramm des menschlichen Chromosoms 14 nach Giemsa-Färbung bei verschiedenen Auflösungen (Stufe 320, *links*; Stufe 500, *Mitte*; Stufe 900, *rechts*). Man teilt die Regionen in Banden ein, die vom Centromer weg nach außen gezählt werden, die mit q11 (eins-eins, nicht elf!), q12, q13 usw. bezeichnet werden. Die Unterbanden, die bei Stufe 500 sichtbar werden, werden mit einer Dezimalstelle angegeben; die Unterbanden ab Stufe 900 mit zwei Dezimalstellen, jeweils mit einem Punkt getrennt (kein Komma). (Nach Miller und Therman 2001, mit freundlicher Genehmigung)

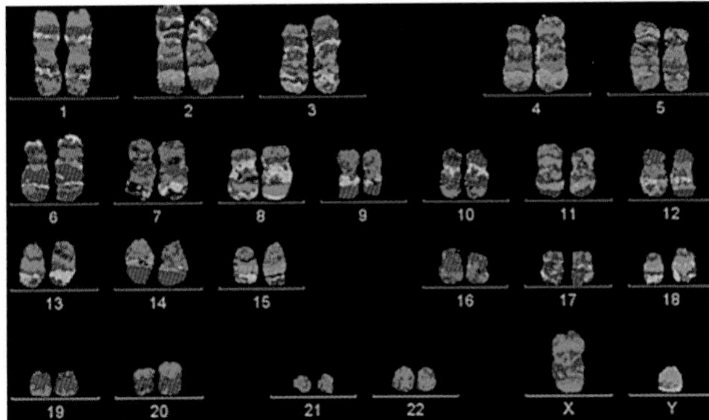

◘ Abb. 6.4 Vielfarbenbänderung von Metaphasechromosomen aus dem Knochenmark des Menschen. (Nach Liehr et al. 2006, mit freundlicher Genehmigung)

bung der Chromosomen basiert. Entsprechende positive und negative Banden ergeben zusammen mit den Einschnürungen des Centromers charakteristische Muster. Die unterschiedlichen Arme werden mit p (kurzer Arm; franz. *petit*) und q (langer Arm; franz. *queue*) abgekürzt. Die einzelnen Regionen und die jeweiligen Banden in den Regionen eines Arms werden vom Centromer aus mit steigenden Zahlen durchnummeriert: Die erste Bande in der zweiten Region des kurzen Arms von Chromosom 1 ist 1p21. Die Verbesserung der Auflösung hat allerdings zu einer Ausweitung des Systems geführt. Im Beispiel in ◘ Abb. 6.3 ist das Chromosom 14 in verschiedenen Auflösungsstufen gezeigt: 14q32 bezeichnet Chromosom 14, den langen Arm, Region 3, Bande 2. Hochauflösende Aufnahmen zeigen allerdings drei Unterbanden dieser Bande. Um dies darzustellen, wird nach einem Punkt die entsprechende Nummer der Unterbande angefügt; die distale Unterbande wird also als 14q32.3 bezeichnet (Nummerierung vom Centromer aus!). Bei noch höherer Auflösung erweitert sich die Bezeichnung auf 14q32.33 für die letzte Bande. Die bisher letzte Fassung der Nomenklaturregeln stammt aus dem Jahr 2016 (International System for Human Cytogenetic Nomenclature [ISCN] 2016).

Eine genauere Analyse ist jedoch aus humangenetischer Sicht, insbesondere für die Chromosomenanalyse in Zusammenhang mit genetischer Familienberatung, von entscheidender Bedeutung. Die Anwendung differenzieller Färbungsmethoden hat viele Möglichkeiten für eine genaue Kartierung jedes einzelnen Chromosoms gegeben. Hinzu kommen heute Techniken der *in-situ*-Hybridisierung (*chromosome painting*), die den Anwendungsbereich der Bänderungstechniken signifikant erweitern (◘ Abb. 6.4).

Nukleolus

Betrachtet man Chromosomen genauer, so erkennt man in einzelnen Chromosomen eines Chromosomensatzes neben der primären Konstriktion im Bereich des Centromers (► Abschn. 6.1.3) eine weitere Einschnürung (**sekundäre Konstriktion**; ◘ Abb. 6.5a). In cytologisch günstigen Fällen kann man erkennen, dass an dieser Stelle des betreffenden Chromosoms während der Interphase und der frühen Prophase der **Nukleolus** (► Abschn. 5.1.5) mit dem Chromosom verbunden ist (◘ Abb. 6.5b). Wir wissen heute, dass der Nukleolus von diesem Chromosomenbereich her gebildet wird. Er wird daher auch **Nukleolusbildungsort** oder **Nukleolusorganisator** (Nukleolusorganisator-Region, engl. *nucleolus organizer region*, NOR) genannt. NORs befinden sich, je nach Organismus, nur an einem Teil der Chromosomen; bei Menschen sind dies die Chromosomen 13, 14, 15, 21 und 22. Sie sind für die Zelle lebenswichtig, da sie die Gene für ribosomale RNA tragen (► Abschn. 3.5.1), die als struktureller Bestandteil der Ribosomen für die Proteinsynthese erforderlich sind (► Abschn. 3.4). Der Nukleolus ist ein Organell, dessen Bildung den funktionellen Zustand der betreffenden Gene anzeigt, und er ist daher in allen stoffwechselaktiven Zellen zu finden. Die dynamische Natur des Nukleolus wird auch während des Zellzyklus deutlich: Zu Beginn der Mitose verschwinden die Nukleoli und die rRNA-Produktion wird gestoppt. Nach der Zellteilung werden die Nukleoli wieder gebildet

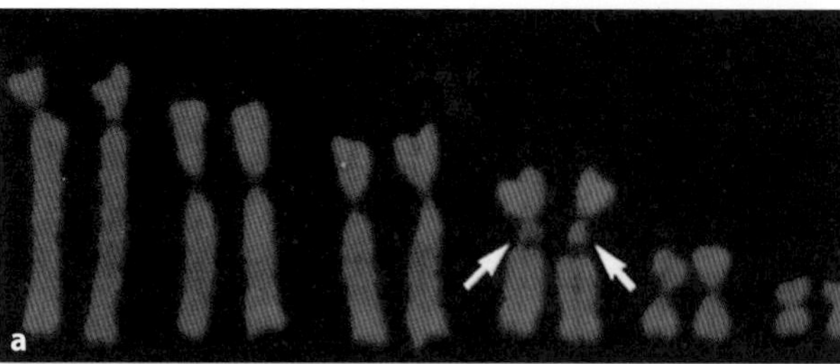

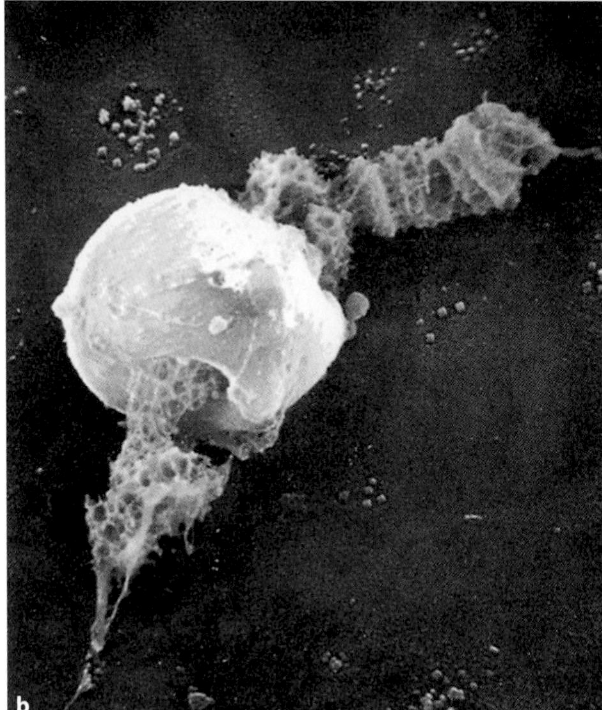

Abb. 6.5 Lokalisation des Nukleolus im Chromosom. **a** Sekundäre Konstriktion (*Pfeile*) an der Stelle des Nukleolusorganisators im X-Chromosom von PtK1-Zellen (Marsupialia). **b** Elektronenmikroskopische Darstellung des Nukleolus in Riesenchromosomen von *Chironomus thummi.* Der Nukleolus umgibt das 4. Chromosom ringförmig. (**a** aus Robert-Fortel et al. 1993; **b** Foto: Ch. Holderegger, Zürich; beide mit freundlicher Genehmigung)

und die rRNA-Produktion wird wieder neu gestartet. Der Nukleolus ist auch wesentlich an der Reparatur von DNA beteiligt (► Abschn. 10.6); er kann seine Aktivität und Struktur aber auch als Antwort auf zellulären Stress und Umwelteinflüsse verändern. Die Anzahl der NORs in den Metaphasechromosomen stimmt nicht immer mit der Anzahl der in der Interphase sichtbaren Nukleoli überein. Hierfür gibt es zwei Ursachen: Erstens neigen Nukleoli in vielen Organismen zur Verschmelzung. Diese kann so weit gehen, dass nur ein Nukleolus sichtbar ist, obwohl mehrere NORs im Genom enthalten sind. Zweitens hat man beobachtet, dass in manchen Zellen nicht alle NORs aktiv werden und einen Nukleolus bilden.

Die sekundäre Einschnürung (Konstriktion) in manchen Chromosomen kennzeichnet die chromosomale Region, in der während der Interphase der Nukleolus gebildet wird. Sie wird daher auch Nukleolusbildungsort genannt.

Es soll noch erwähnt werden, dass sekundäre Konstriktionen bisweilen weit terminal im Chromosom auftreten und dann einen kurzen Chromosomenbereich abtrennen, den man als **Satelliten** bezeichnet. Emil **Heitz** hat für solche Chromosomen auch den Namen **SAT-Chromosomen** eingeführt. Die Konstriktion kann in einem solchen Fall eine NOR enthalten oder auch nicht. Einige Hinweise auf eine besondere molekulare Chromosomenstruktur in solchen Bereichen hat man in jüngster Zeit durch die Analyse des Fragilen-X-Syndroms erhalten (► Abschn. 13.3.3). Hier findet man, dass die erhöhte Bruchhäufigkeit mit einer besonderen Sequenzstruktur der DNA verbunden ist. Man kann allgemeiner davon ausgehen, dass hier eine strukturelle Organisation innerhalb der Chromatiden vorliegt, die vielleicht mit der Anwesenheit von Heterochromatin (siehe unten) korreliert ist. Der cytologische Begriff des Satelliten, wie er hier definiert ist, darf nicht mit dem Begriff **Satelliten-DNA** verwechselt werden (► Abschn. 6.1.3). Es besteht kein Zusammenhang zwischen beiden Erscheinungen.

Euchromatin und Heterochromatin

Bereits an ungefärbten Metaphasechromosomen, deutlicher aber in gefärbten Chromosomenpräparaten, kann man erkennen, dass Chromosomen nicht gleichförmig strukturiert sind, wenn man einmal von den bereits besprochenen Strukturelementen absieht. Sie sind in kompaktere – und zugleich auch stärker anfärbbare – Abschnitte und weniger kompakte Bereiche unterteilt. Kompakte Chromosomenregionen findet man regelmäßig um die Centromerbereiche herum, manchmal auch terminal, oder sie umfassen ganze Chromosomenarme oder sogar ein ganzes Chromosom (Abb. 6.6). Aufgrund ihrer stärkeren Färbbarkeit führte Emil **Heitz** (1928) für sie die Bezeichnung **Heterochromatin** ein. Eine einfache Erklärung für die stärkere Färbbarkeit ist, dass die Chromatiden in solchen Chromosomenbereichen stärker kondensiert (verpackt) sind, sodass sie höhere Konzentrationen an DNA enthalten. Heterochromatische Chromosomenbereiche bleiben auch in der Interphase sichtbar, da sie im Allgemeinen nicht an der Dekondensation der Chromosomen am Ende der Mitose teilnehmen, sondern in ihrem kondensierten Zustand verbleiben und zudem oft im Interphasekern miteinander verschmelzen. Auch dieses Verhalten weist auf besondere Eigenschaften des Heterochromatins hin. Chromosomale Regionen, die in allen Zellen in beiden homologen Chromosomen an der gleichen Stelle heterochromatisch bleiben, bezeichnet man als **konstitutives Heterochromatin** (z. B. Centromer-, Telomer- und Nukleolusorganisator-Regionen). Kennzeichnendes Merk-

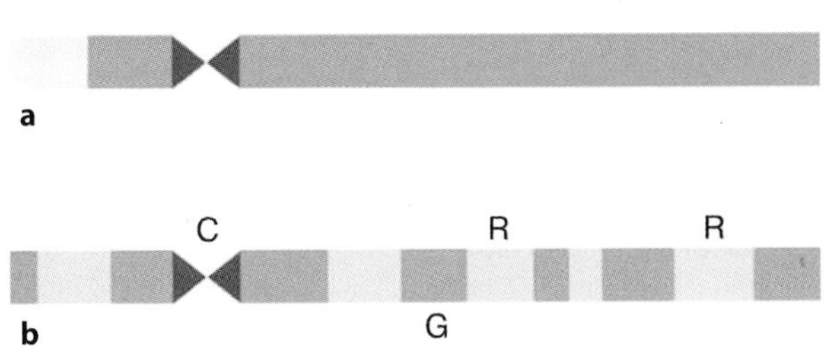

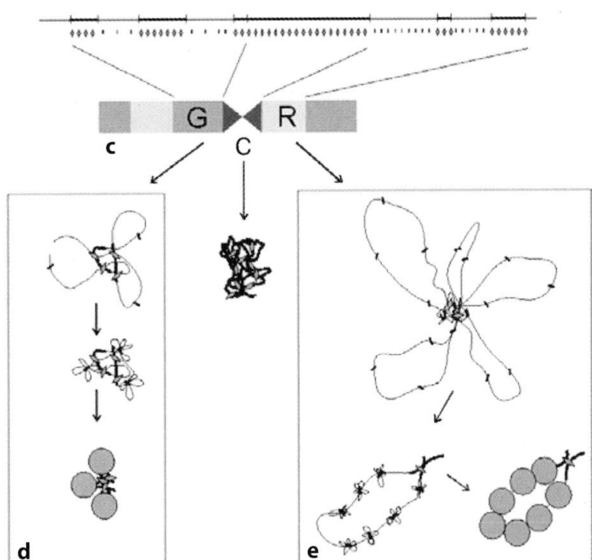

■ **Abb. 6.6** Hetero- und Euchromatin. **a** Ein mitotisches Chromosom mit unterschiedlicher Gendichte (*Graustufen*). **b** Molekulare Organisation der verschiedenen Segmente. **R-Segmente** (Euchromatin): hohe Gendichte mit hohem Anteil GC-reicher Sequenzen, frühe Replikation, geringer Methylierungsgrad der DNA. **G-Segmente** (dazwischen geschobenes Heterochromatin): geringe Gendichte mit hohem Anteil an AT-reichen Sequenzen, späte Replikation, hoher Methylierungsgrad der DNA. **C-Segmente** (heterochromatische Centromerregion): nur sehr wenig Gene (wenn überhaupt), viele Wiederholungseinheiten, späte Replikation und hoher Methylierungsgrad der DNA. **c** Ein genomisches Fragment um das Centromer mit R-, G- und C-Segmenten; die *Rauten* stellen die „Klammerproteine" dar. **d, e** Die Zeichnungen illustrieren die Bedeutung von „Klammerproteinen" (Nicht-Histonproteine) für die Organisation der Verdichtung der DNA in G-Segmenten (**d**: kleine Schlaufen wegen mittlerer Klammerdichte) und in R-Segmenten (**e**: große Schlaufen wegen geringer Klammerdichte); die Centromerregion selbst ist besonders stark verdichtet. Die *grauen Kugeln* repräsentieren die lichtmikroskopisch auflösbaren Strukturen. (Nach Polyakov et al. 2006, mit freundlicher Genehmigung)

mal für konstitutives Heterochromatin ist sein hoher Anteil an repetitiven, nicht-codierenden Sequenzen, die wenige Gene enthalten. Im Gegensatz dazu betrifft **fakultatives Heterochromatin** nur einen von zwei homologen Partnern; das bekannteste Beispiel sind die Barr-Körper als Ausdruck des inaktivierten X-Chromosoms bei Säugern (▶ Abschn. 8.3.2). Im Gegensatz dazu findet man in den schwächer gefärbten Bereichen (**Euchromatin**) aktive Gene. In diesen Bereichen kann die DNA von DNase I leichter geschnitten werden, da das Chromatin eine offenere Konfiguration hat, um so Transkriptionsfaktoren und RNA-Polymerasen den Zugang zu erleichtern (aber eben auch den Nukleasen). Wir werden auf diese Aspekte noch ausführlicher im ▶ Abschn. 8.1.1 zurückkommen.

Zur selben Zeit, als Heitz das Heterochromatin beschrieb, beobachtete Hermann Joseph **Muller** bei *Drosophila*-Mutanten, dass Gene, die aus dem Euchromatin durch chromosomale Rearrangements in heterochromatische Bereiche umgelagert wurden, dadurch inaktiviert werden (Muller 1930). Dieser **Positionseffekt** wurde später für viele Gene nachgewiesen (engl. *position effect variegation*, PEV) und gilt unabhängig davon, zu welcher Zeit und in welchem Gewebe das jeweilige Gen ursprünglich exprimiert wurde (■ Abb. 6.7). Weitere genetische Tests ergaben, dass der Prozess der Inaktivierung selbst Gegenstand von Modifikationen sein kann; so wurden zwei Gene identifiziert, die diesen Positionseffekt verstärken bzw. unterdrücken können (engl. *Enhancer of variegation, E(var)*, bzw. *Suppressor of variegation, Su(var)*). *Su(var)3-9* codiert für eine Methyltransferase und methyliert im Histon H3 das Lysin an der Position 9; das so modifizierte Histon H3 wird als ein Dimer von HP1 (heterochromatisches Protein 1) gebunden und führt zu einer stärkeren Kondensation des Chromatins.

Die Regel, dass Gene im Heterochromatin nicht exprimiert werden, stimmt allerdings nicht vollständig. So veröffentlichte Jack **Schultz** 1936 seine Beobachtungen, dass das *light*-Gen von *Drosophila* sogar heterochromatische Strukturen braucht, um exprimiert zu werden. Mittels klassischer genetischer Analysen wurde diese Beobachtung bei *Drosophila* auf etwa 40 Gene ausgeweitet. Durch die vollständige Sequenzierung des *Drosophila*-Genoms konnte gezeigt werden, dass im Heterochromatin von *Drosophila* etwa 450 exprimierte Gene liegen, das sind ungefähr 2,7 % aller Gene dieser Spezies.

❗ Einige Chromosomenbereiche zeichnen sich durch differenzielle Färbungseigenschaften aus, die auf einem höheren Kondensationsgrad dieser Chromosomenregion beruhen. Solche Chromosomenabschnitte werden als heterochromatisch bezeichnet; in diesen Bereichen findet üblicherweise keine Transkription statt.

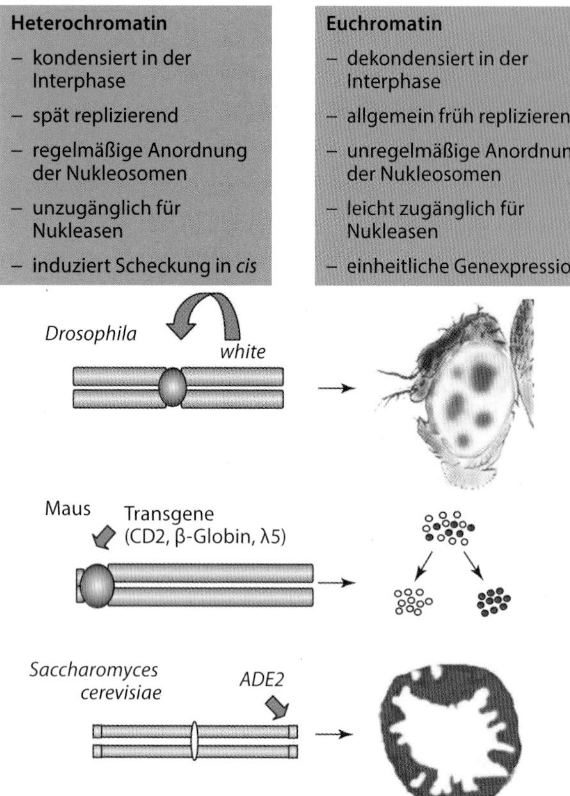

■ **Abb. 6.7** Heterochromatin und Euchromatin – Positionseffekte. Die Umlagerung des *white*-Gens von *Drosophila* in die Nähe des Centromers führt zu einer mosaikartigen Expression im Auge. Die Einführung eines Transgens in die pericentromere Region der Maus führt zu einer Expression in einem Teil der Zellen in den jeweiligen exprimierenden Geweben. Die Expression ist klonal über mehrere Zellgenerationen hinweg stabil, kann aber auch zufallsbedingt zwischen dem aktiven und inaktiven Zustand schwanken. Die Einführung des *ADE2*-Gens in die Telomerregion von *Saccharomyces cerevisiae* führt zu einer metastabilen Abschaltung des Gens und damit zu sektoralen Kolonien mit weißen (aktiven) und roten (inaktiven) Zellen. (Nach Dillon und Festenstein 2002, mit freundlicher Genehmigung)

Cytogenetische Kopienzahlvariationen

Für viele Genetiker war es eine Überraschung, als 2004 zum ersten Mal über submikroskopische Kopienzahlvariationen (engl. *copy number variations*, CNVs) im menschlichen Genom berichtet wurde, die keinen erkennbaren Einfluss auf die Gesundheit der Menschen haben (beachte dagegen aber Mikrodeletionen, die schwere Krankheiten verursachen, z. B. das Katzenschrei- bzw. *Cri-du-chat*-Syndrom oder das Wolf-Hirschhorn-Syndrom; ▶ Abschn. 13.2.2). Heute kennen wir eine Vielzahl solcher CNVs, die Regionen von 1 kb bis zu mehreren Megabasen umfassen können, in einer Vielzahl von Spezies, sowohl bei Pflanzen als auch bei Tieren. Damit gewinnt die individuelle Vielfältigkeit von DNA-Sequenzen einen neuen, zusätzlichen Aspekt. CNVs werden typischerweise als DNA-Abschnitte definiert, die chromosomale Deletionen, Insertionen und/oder Duplikationen zeigen und dadurch häufig in unterschiedlicher Kopienzahl vorliegen, wenn man sie mit einem Referenzgenom vergleicht. Je nach Größe der zusätzlich amplifizierten oder deletierten Bereiche können sie auch unter dem Mikroskop als cytogenetische CNVs sichtbar werden; ■ Abb. 6.8 gibt dazu einen schematischen Überblick.

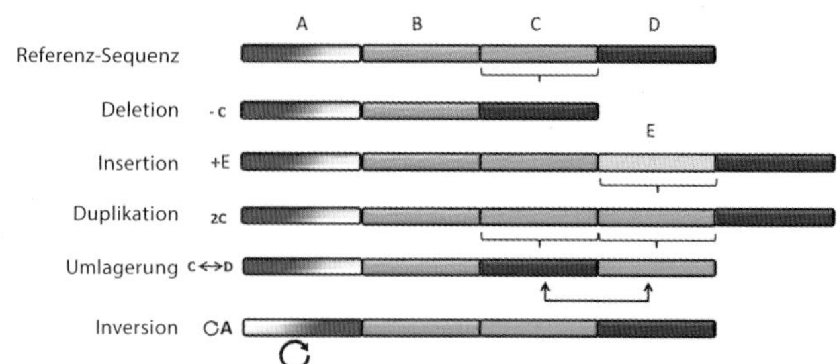

■ **Abb. 6.8** Verschiedene Formen von Kopienzahlvariationen (CNVs). Wir sehen eine Deletion von Abschnitt C, eine Insertion von Abschnitt E, eine Duplikation des Abschnitts C, eine Umlagerung der Abschnitte C und D sowie eine Inversion des Abschnitts A. (Nach Dolatabadian et al. 2017, mit freundlicher Genehmigung)

Die erste Kopienzahlvariation wurde von Calvin Bridges 1936 beschrieben, als er beobachtete, dass *Drosophila*-Fliegen mit einer zusätzlichen Kopie des *Bar*-Gens kleine Augen entwickelten. Er interpretierte seine Befunde als die Anwesenheit von Wiederholungseinheiten als normalen Bestandteil des *Drosophila*-Chromosoms.

CNVs wurden in vielen Pflanzenspezies beschrieben, so enthält beispielsweise *Arabidopsis* 402, Reis 641 und Sojabohnen 267 Kopienzahlvariationen. Der biologische Effekt von CNVs ist abhängig von den betroffenen Sequenzen und ihrer Wechselwirkung mit anderen Bereichen des Genoms. Die Bedeutung von CNVs mag größer sein, wenn sie regulatorische Bereiche und/oder Gene enthalten und damit die Genstruktur, die Gendosis oder die Regulation der Genexpression verändern. Ein Beispiel für die schnelle Evolution in einer Pflanze ist die Resistenz gegen Glyphosat in *Amaranthus palmeri*, die in den Baumwoll- und Sojaanbaugebieten im Süden der USA als Unkraut betrachtet wird. Die Resistenz von *A. palmeri* gegen Glyphosat wird durch die Erhöhung der Kopienzahl des Gens für das Enzym 5-Enolpyruvylshikimat-3-phosphat-Synthase (EPSP-Synthase) bewirkt. Dadurch nimmt die Zahl der Transkripte und auch die Menge des Enzyms deutlich zu und die Wirkung von Glyphosat entsprechend ab, da es direkt gegen dieses Enzym gerichtet ist. Eine ausführliche Darstellung der Wirkung verschiedener CNVs in Pflanzen findet sich bei Dolatabadian et al. (2017).

Erste cytogenetische Hinweise auf CNVs in klinisch gesunden Menschen hat es schon seit den 1960er-Jahren gegeben, vor allem aufgrund einer Vielzahl von cytogenetischen Routineuntersuchungen. Cytogenetische CNVs findet man meistens an bestimmten Stellen auf den Chromosomen (■ Abb. 6.9): im Heterochromatin

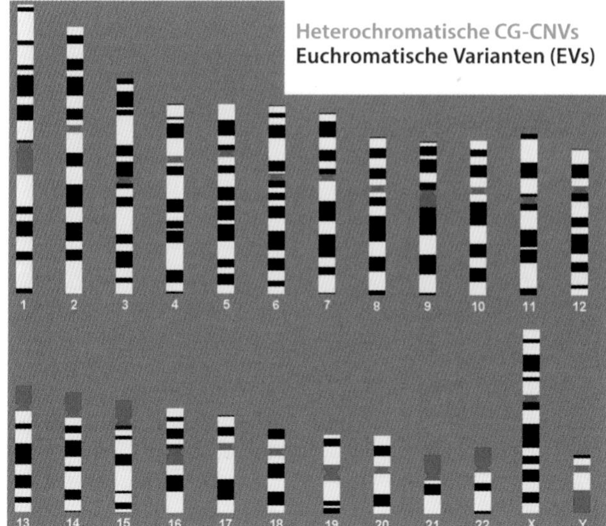

◻ **Abb. 6.9** Heterochromatische Regionen mit cytogenetischen Kopienzahlvariationen (CG-CNVs) und euchromatische Varianten (EVs) sind schematisch in einem haploiden menschlichen Chromosomensatz dargestellt. (Nach Liehr 2016, CC-by 4.0, ► http://creativecommons.org/licenses/by/4.0/)

in den perizentrischen Regionen von allen menschlichen Chromosomen, an allen akrozentrischen kurzen Armen und einigen definierten anderen Regionen. Häufige cytogenetische CNVs im Euchromatin („euchromatische Varianten") finden wir in einigen bestimmten Chromosomenabschnitten, z. B. 9p12, 9q13-21.2; in den euchromatischen, perizentrischen Bereichen kommen cytogenetische CNVs dagegen seltener vor. Aufgrund dieser CNVs muss man wohl die Größenangabe des menschlichen Genoms um 2–4 Mb erhöhen; die Häufigkeit solcher Polymorphismen in der allgemeinen (kaukasischen) Bevölkerung beträgt etwa 2,5 %.

6.1.3 Centromer

Das Centromer (◻ Abb. 6.1b) ist der Ort am Chromosom, der während der Mitose mit den Spindeln verknüpft wird und damit eine korrekte Verteilung auf die beiden Tochterzellen gewährleistet. Fehlfunktionen des Centromers führen dazu, dass die Verteilung entweder ganz unterbleibt (engl. *nondisjunction*) oder zumindest fehlerhaft verläuft. Dabei werden die Begriffe „Centromer" und „Kinetochor" leider oft als austauschbar benutzt. Um Unklarheiten zu vermeiden, soll der Begriff **Centromer** verwendet werden, um den Chromatin-Kern (mit den Histonen) an der primären Konstriktion zu beschreiben (erkennbar als Einschnürung schon zu Beginn der Mitose).

❶ Die Form der Chromosomen wird durch das Centromer bestimmt. Die Region des Centromers bildet in der Metaphase die primäre Konstriktion. Das Centromer enthält die Region (Kinetochor), an der die Spindelfasern ansetzen, um die Chromatiden während der Zellteilung auf die Tochterzellen zu verteilen.

Das **Chromatin des Centromers** ist cytologisch vom Rest des Chromosoms verschieden und besteht aus konstitutivem Heterochromatin. Die DNA im Centromerbereich besteht aus einer Vielzahl repetitiver Elemente (die allerdings zwischen den Organismen nicht konserviert sind), dazu gehören die α-Satelliten bei Menschen, die Minisatelliten bei der Maus oder AATAT- und TTCTC-Satelliten bei *Drosophila*. Bei der Spalthefe umfasst der Centromerbereich 40–100 kb und ist aus einem Kernbereich und einer äußeren Region zusammengesetzt; dabei bestehen die äußeren Bereiche aus repetitiven Elementen und entsprechen dem transkriptionsinaktiven Heterochromatin. Eine Übersicht über die repetitiven DNA-Elemente und die verschiedenen Proteine, die spezifisch an den Centromerbereich binden, gibt ◻ Abb. 6.10. Gene, die in diesen Bereich gelangen, werden transkriptionell abgeschaltet (Positionseffekt, ► Abschn. 6.1.2). An den inneren Kernbereich bindet das Kinetochor, das damit in ein Meer stillen Chromatins eingebettet ist. Dieser Bereich ist sehr AT-reich; die jeweiligen Randsequenzen der zentralen Domäne sind spezifisch für jedes Chromosom.

Auch die Proteinzusammensetzung des Centromers unterscheidet sich deutlich vom Rest der Chromosomen, wie wir weiter unten sehen werden. Zu den bisher identifizierten **Centromerproteinen** (CENP) bei Säugern gehören:

- CENP-A: Es ist nur in aktiven Centromeren vorhanden und zeigt Ähnlichkeit zu Histon H3.
- CENP-B: Es bindet an die DNA in der CENP-Box, die man in menschlicher α-Satelliten-DNA (Centromer-assoziiert) und in der Minisatelliten-DNA der Maus findet. Die Deletion des Gens für CENP-B in Mäusen hat in manchen Mutantenlinien vor allem einen Einfluss auf Wachstum und Körpergröße.
- CENP-C: Es ist nur in aktiven Centromeren vorhanden. Im Gegensatz zu CENP-B ist es für die Centromerfunktion erforderlich.
- CENP-E: Es ist möglicherweise ein Motorprotein für die Bewegung der Chromosomen in der Spindel.

Außerdem ist im Centromerbereich Topoisomerase IIa vertreten, die für die Kondensation der Chromosomen und die Trennung von Schwesterchromatiden erforderlich ist. Weiterhin sind Proteinkinasen gefunden worden, deren Funktion wahrscheinlich mit der Anheftung der Chromosomen an die Spindel zusammenhängt.

❶ Repetitive DNA-Elemente sind Grundbestandteile aller Centromerbereiche. Sie sind in bestimmten Mustern organisiert, und diese sind chromosomen- und artspezifisch. Besondere Centromerproteine erlauben eine veränderte Packungsdichte am Centromer.

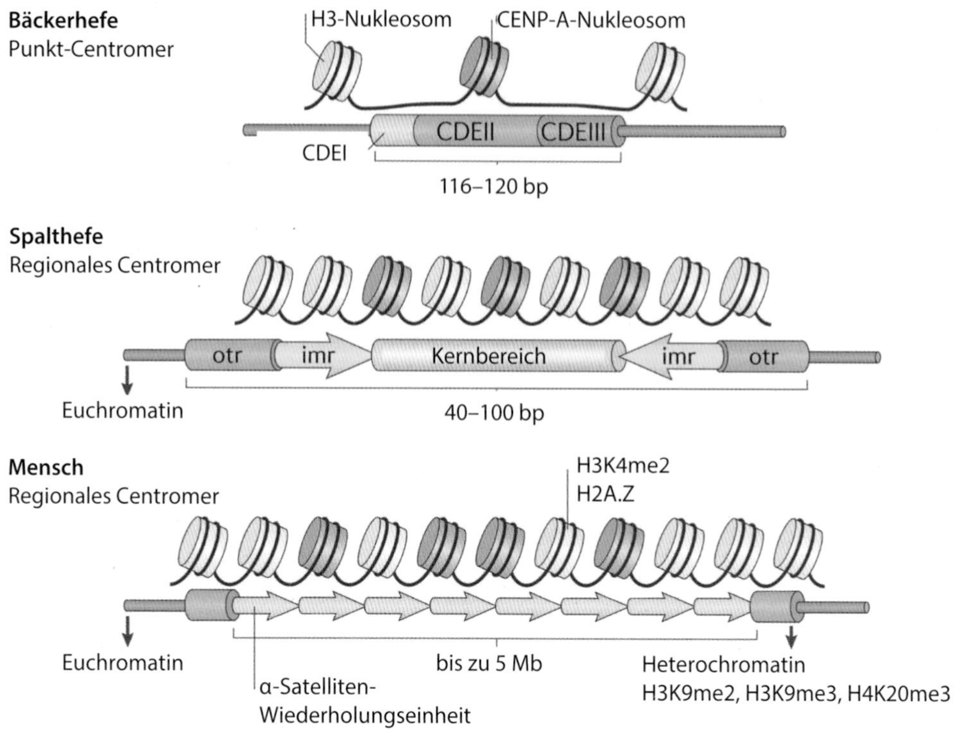

Abb. 6.10 Das Centromer und die perizentrische Region. Das Punkt-Centromer der Bäckerhefe (*Saccharomyces cerevisiae*) bildet einen Ansatzpunkt für einen Mikrotubulus pro Chromosom, wohingegen die längeren regionalen Centromere mehrere Ansatzpunkte ausbilden. Die DNA der Bäckerhefe ist aus verschiedenen konservierten Elementen aufgebaut (engl. *conserved centromere DNA elements*; CDEI, CDEII, CDEIII). Größere regionale Centromere enthalten keine konservierten DNA-Elemente, in diesem Fall ist das Protein konserviert, das an das Centromer bindet (Centromer-bindendes Protein A, CENP-A); imr: innere flankierende invertierte Wiederholungseinheit (engl. *inverted repeat*), otr: äußere Wiederholungseinheit (engl. *outer repeat*). Die Histone sind mehrfach methyliert; H2A.Z ist eine Variation des Histons H2A. (Nach Verdaasdonk und Bloom 2011, mit freundlicher Genehmigung)

 Wenn es darum geht, bestimmte Genomabschnitte für die Methylierung der Histone und die nachfolgende Ausbildung von Heterochromatin zu kennzeichnen, spielen offensichtlich auch verschiedene RNA-Moleküle eine wichtige Rolle. Dies gilt für die Ausbildung des Heterochromatins am Centromer in ähnlicher Weise, wie wir es später für die Inaktivierung des X-Chromosoms (▶ Abschn. 8.3.2) und als generellen Mechanismus bei der RNA-Interferenz (▶ Abschn. 8.2.1) kennenlernen werden. Hinweise auf die Beteiligung kleiner RNA-Moleküle lieferten Mutanten der Spalthefe, die diesen Mechanismus betreffen – diese Mutanten sind nicht in der Lage, eingefügte Reportergene an dieser Stelle zu inaktivieren. Eine wesentliche Rolle spielen hierbei die Transposon-ähnlichen Wiederholungseinheiten, die die Centromerregion flankieren (zur Übersicht siehe Chan und Wong 2012).

Das **Kinetochor** ist der Proteinkomplex, der am Centromer die Anheftung der Spindel vermittelt und die Bewegung des Chromosoms in der Metaphase der Mitose und Meiose bewirkt (▶ Abschn. 6.3.1 und 6.3.2). Chromosomen, denen das Centromer mit Kinetochor fehlt, können bei der Zellteilung nicht korrekt verteilt werden und gelangen entweder durch Zufall in die eine oder andere Tochterzelle oder gehen ganz verloren. Beispiele für solche Chromosomen sind manche B-Chromosomen, die in der Keimbahn einiger Organismen vorkommen und durch Zufallsverteilung in den prämeiotischen und meiotischen Teilungen an die Tochterzellen weitergegeben werden (▶ Abschn. 6.4.3). Andere centromerlose Chromosomen entstehen als Folge von strukturellen Veränderungen in Chromosomen und gehen bei der nächstfolgenden Zellteilung verloren (▶ Abschn. 10.3). Das Centromer ist zudem für den Zusammenhalt der Chromatiden (Schwesterchromatiden) zu Beginn der Meiose verantwortlich.

Das Kinetochor besteht aus zwei wichtigen Bereichen, der inneren und der äußeren Platte (dazwischen liegt eine Mittelzone). Dabei ist die innere Platte eng mit der DNA des Centromers verbunden; hier spielen auch die oben beschriebenen Centromerproteine (CENP) eine wichtige Rolle. Über CENP-A und CENP-C ist die innere Platte mit der äußeren Platte verbunden. Die äußere Platte besteht (außer aus CENP-A und -C) aus weiteren Proteinkomplexen, in die auch die Plus-Enden der Mikrotubuli integriert sind. Damit werden die Bewegungen möglich, die für das Auseinanderziehen der Chromatiden in der Mitose und Meiose verantwortlich sind. Eine

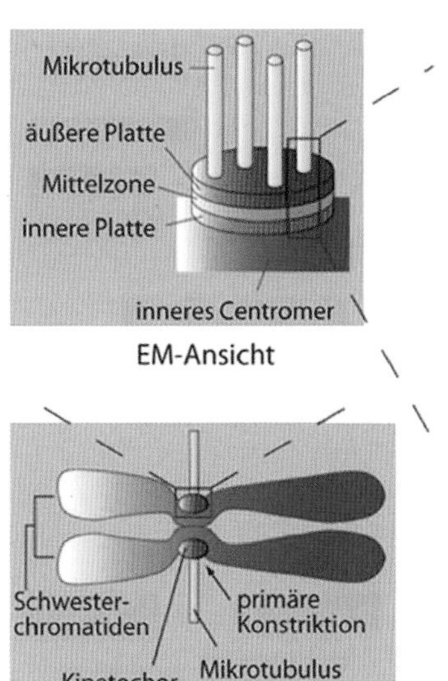

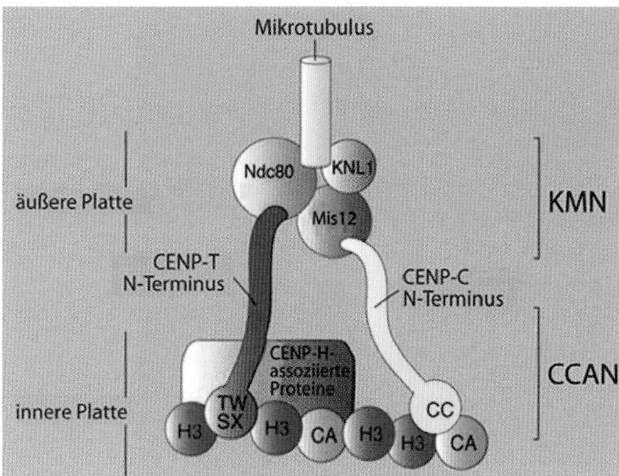

◻ Abb. 6.11 Die Kinetochorstruktur in drei verschiedenen Ansichten: Durch ein Lichtmikroskop erscheint das Kinetochor als eine Struktur mit primärer Konstriktion (*links unten*). Im Elektronenmikroskop (EM) wird dagegen der trilaminare Aufbau deutlich (*links oben*). Inzwischen kennen wir auch viele Proteine, die am Aufbau des Kinetochors beteiligt sind (*rechts*): KNL1, Mis12 und Ndc80 (KMN) bilden das Grundgerüst der äußeren Platte und sind über die N-terminalen Regionen von CENP-T (*rot*) und CENP-C (CC, *gelb*) mit der inneren Platte verbunden. Die innere Platte besteht aus einem Netzwerk von Proteinen, das mit dem konstitutiven Centromer verbunden ist (engl. *constitutive centromer associated network*, CCAN); dazu gehört das Histon H3 (*blau*), CENP-A (CA, *orange*), CENP-W, -S und -X sowie Proteine, die mit CENP-H assoziiert sind (*grün*). (Nach Takeuchi und Fukagawa 2012, mit freundlicher Genehmigung)

Übersicht über den Aufbau eines typischen Kinetorchors von Vertebraten zeigt ◻ Abb. 6.11; für weitere Details sei auf Lehrbücher der Zellbiologie und spezielle Zusammenfassungen verwiesen (Takeuchi und Fukagawa 2012; Thomas et al. 2017).

6.1.4 Telomer

Die Chromosomen-Enden (Telomere) sind cytologisch durch keine besonders auffälligen Strukturen gekennzeichnet; sie erscheinen heterochromatisch, wenn sie überhaupt als besonderer Chromosomenabschnitt erkennbar sind. Ihre funktionelle Bedeutung wurde jedoch schon in den 1930er-Jahren von Barbara **McClintock** und Hermann **Muller** erkannt. Beide Forscher schlugen aufgrund ihrer Arbeiten vor, dass die Chromosomen für ihre dauerhafte Stabilität eine besondere Struktur an ihren Enden brauchen. Barbara **McClintock** zeigte in ihren cytogenetischen Studien am Mais, dass bei Verlust der Chromosomen-Enden diese fusionieren oder brechen können; der Begriff „Telomer" wurde von Hermann **Muller** geprägt. Verkürzte und damit instabile Telomere sind charakteristische Eigenschaften altersabhängiger Erkrankungen, des Vergreisungssyndroms (engl. *premature ageing syndrome*) und einiger Krebserkrankungen. Ein typisches Beispiel für Telomere in der Metaphase einer gesunden Leberzelle der Maus zeigt ◻ Abb. 6.12.

Funktionell sind den Telomeren besondere Aufgaben zuzuweisen:

- Sie müssen **Fusionen** mit anderen Chromosomen verhindern und die Enden der DNA-Doppelhelix gegen exonukleolytische Angriffe schützen.
- Sie müssen besondere Eigenschaften besitzen, um die vollständige **Replikation** der Doppelhelix zu ermöglichen.
- Sie tragen zur spezifischen **Lokalisation der Chromosomen im Kern** bei. Zu Beginn der Meiose sind sie oft mit der Kernmembran assoziiert.

Diese unterschiedlichen Aspekte der Funktion müssen sich in einer entsprechenden molekularen Struktur widerspiegeln. Eine besondere molekulare Struktur der DNA am Telomer ist auch zu erwarten, wenn man sich den Mechanismus der DNA-Replikation vergegenwärtigt. Im Gegensatz zur Synthese des Leitstrangs, die bis zum Ende der chromosomalen DNA durchläuft, kann der komplementäre Folgestrang nicht bis zum Ende repliziert werden, da die DNA-Polymerase nicht imstande ist, Nukleotide an 5′-Enden anzufügen. Die Synthese dieses Strangs muss daher über RNA-Primersequenzen und Okazaki-Fragmente erfolgen. Es wäre durchaus denkbar, dass an einem Ende der Chromatiden eine Einzelstrang-DNA vorhanden ist. Das würde aber Probleme bei der folgenden Replikation ergeben: Dieser Bereich könnte überhaupt nicht mehr repliziert werden, sodass die Chromatide an einem Ende ständig kürzer werden

◼ **Abb. 6.12** Telomere in Metaphasechromosomen der Maus. Die Metaphasechromosomen wurden aus embryonalen Leberzellen der Maus präpariert. Die Telomere werden durch ein Oligonukleotid (PAN, *peptide nucleic acid*) gegen die repetitive Telomersequenz TTAGGG sichtbar (*rot*); die DNA ist mit DAPI gefärbt (*blau*). Über 90 % der Telomere sind so deutlich zu erkennen. (Nach Chuang et al. 2004, CC-by 4.0, ► http://creativecommons.org/licenses/by/4.0/)

würde. Diese Probleme und verschiedene Formen ihrer Lösung wurden bereits ausführlich in ► Kap. 2 erörtert (◼ Abb. 2.27 und 2.28).

> **!** Wichtige Strukturelemente der Chromosomen sind deren Enden, die als Telomere bezeichnet werden. Chromosomenarme ohne Telomer sind instabil.

Molekulare Telomerstruktur von Säugern

Telomere sind genarme chromosomale Regionen, die durch drei Aspekte charakterisiert werden können (zur Übersicht siehe ◼ Abb. 6.13):

- Die **Telomer-DNA** besteht aus repetitiven DNA-Elementen, die in ihrem Grundgerüst aus dem Hexamer TTAGGG aufgebaut sind.
- Der **Shelterinkomplex** unterdrückt die Antwort auf DNA-Schäden (engl. *DNA damage response*, DDR).
- Der **Telomerasekomplex** enthält eine Reverse Transkriptase, die an einem eigenen RNA-Matrizenstrang einen DNA-Strang synthetisiert.

Shelterin ist der zentrale Schutzkomplex für den Abbau der Telomere. Die Proteine TRF1 und TRF2 (engl. *telomeric repeat-binding factor*) sind dabei für den direkten Kontakt mit der doppelsträngigen Telomer-DNA zuständig, wohingegen POT1 (engl. *protection of telomers 1*) an die einzelsträngigen Bereiche der Telomer-DNA bindet. Der Shelterinkomplex reguliert den Zugang der Telomerase zu den Chromosomen-Enden und verhindert den Abbau der endständigen DNA an neu synthetisierten Telomeren, außerdem verbirgt er die DNA-Enden vor dem DNA-Reparatursystem. Dabei unterdrückt TRF2 die ATM-abhängige Signalkette (ATM: engl. *ataxia telangiectasia mutated*) und POT1 die ATR-abhängige Signalkette (ATR: engl. *ataxia telangiectasia and Rad3-related protein*), die beide durch einen DNA-Schaden (hier: offenes Ende) ausgelöst würden. RAP1 (engl. *repressor/activator protein 1*) verhindert außerdem eine Reparatur über den Mechanismus der homologen Rekombination, wohingegen TRF2 auch die Reparatur über die Verbindung nicht-homologer Enden unterdrückt (für die verschiedenen Reparatursysteme siehe ► Abschn. 10.6). Diese Schutzmechanismen sind allerdings beeinträchtigt, wenn die Telomere für eine Bindung von Shelterin zu kurz werden.

Die Telomerase enthält eine Reverse Transkriptase (TERT: engl. *telomerase reverse transcriptase*), die einen eigenen RNA-Matrizenstrang enthält (TERC: engl. *telomerase RNA template component*) und so einen DNA-Strang synthetisiert. Dieser neu synthetisierte Strang enthält das Hexanukleotid TTAGGG in vielen Kopien; diese G-reiche Sequenz ist bekannt für die Möglichkeit der Ausbildung von G-Quadruplex-Strukturen (► Abschn. 2.1.3), die die Zugänglichkeit dieser Strukturen für Enzyme behindern. Deswegen ist es nicht überraschend, dass die G-Quadruplex-Strukturen während der DNA-Replikation wieder aufgelöst werden. Eine wichtige Rolle spielen dabei die Helikasen WRN (Werner-Syndrom-Protein) und BLM (Bloom-Syndrom-Protein), die an die Shelterin-Proteine TRF2 und POT1 binden; Mutationen in den Genen *WRN* und *BLM* führen zu vorzeitigem Altern.

Während der Embryonalentwicklung wird die Telomerase-Aktivität in somatischen Zellen weitgehend herunterreguliert (Ausnahmen sind bestimmte Stammzellen), sodass die Telomere in den meisten Zellen bei jeder weiteren Zellteilung um etwa 50–100 bp verkürzt werden. Diese Abschaltung der Telomerase ist jedoch nicht universell, sondern tritt nur bei großen Säugern auf, nicht aber bei kleinen (wie z. B. der Maus). Wenn die Telomerlänge zu kurz ist, kann Shelterin nicht mehr binden, der DNA-Schaden-Signalweg läuft an und treibt die Zelle(n) in die Apoptose. Insofern ist die Verkürzung der Telomere nicht nur Ausdruck eines Alterungsprozesses, sondern verhindert auch unbegrenzte Zellteilung und hat deshalb auch eine Funktion als Tumorsuppressor (► Abschn. 13.4.1).

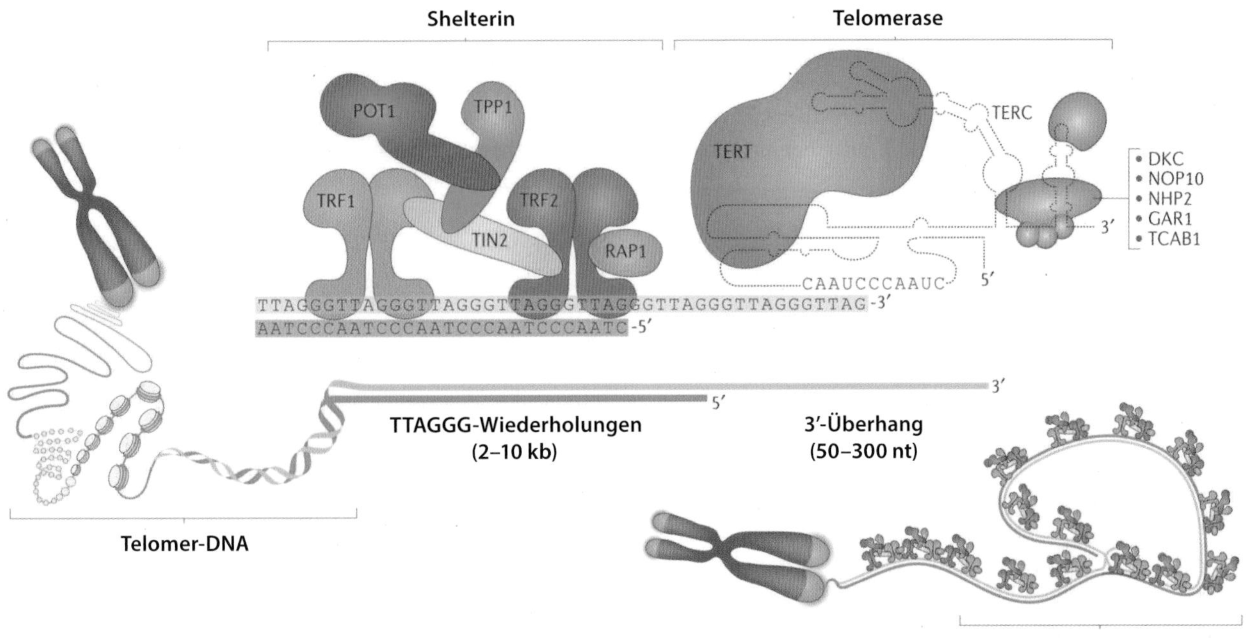

Abb. 6.13 Telomerstruktur an menschlichen Chromosomen. Menschliche Telomere enthalten drei Komponenten: die Telomer-DNA, den Schelterin- und den Telomerasekomplex. Die Telomer-DNA besteht aus einer großen Anzahl von doppelsträngigen TTAGGG-Wiederholungen, die in einem 50–300 Nukleotide langen, einzelsträngigen 3′-Überhang enden. Dieser dringt in die doppelsträngigen Wiederholungselemente ein und bildet eine schlaufenartige Struktur (engl. *T-loop*), die für die Telomerfunktion besonders wichtig ist. Die Telomer-DNA schützt die Chromosomen-Enden durch ihre Verbindung mit dem Shelterinkomplex, der aus sechs Proteinen aufgebaut ist: POT1: *protection of telomers 1*; RAP1: *repressor/activator protein 1*; TIN2: *TRF1-interacting factor 2*; TPP1: TINT1, PTOP und PIP1 (andere Bezeichnung *adrenocortical dysplasia protein homologue*, ACD); TRF: *telomeric repeat-binding factor*. Die Länge der TTAGGG-Wiederholungen wird durch die Telomerase aufrechterhalten, die aus einer Reversen Transkriptase besteht (TERT: *telomerase reverse transcriptase*) und eine RNA-Matrize enthält (TERC: *telomerase RNA template component*) sowie verschiedene Hilfsproteine (*blau*; DKC: Dyskerin; GAR1: *glycine- and arginine-rich domains*; NHP2: *non-histone protein 2*; NOP10: *nucleolar protein 10*; TCAB1: *telomerase Cajal body protein 1*). TERT synthetisiert die Telomer-DNA *de novo*, wobei sie TERC als Matrize benutzt und die übrigen Faktoren die Synthese und den Transport der Telomerase unterstützen. (Nach Maciejowski und de Lange 2017, mit freundlicher Genehmigung)

Kurze Telomere führen aber noch zu einem weiteren interessanten Phänomen, nämlich zur Expression einer langen, nicht-codierenden RNA (► Abschn. 8.2.5), die als TERRA (engl. *telomeric repeat-containing RNA*) bezeichnet wird. TERRA bildet mit der Telomer-DNA RNA-DNA-Hybride (engl. *R-loops*) und führt zu einer Zunahme der Homologie-gesteuerten DNA-Reparatur und damit zu einer Verlängerung der Telomer-Enden. Eine TERRA-Expression wird nicht beobachtet, wenn die Telomere ihre übliche Länge haben oder die Telomerase aktiv ist. Die RNA-DNA-Hybride können durch RNase H abgebaut werden. Eine ausführliche Diskussion der Funktionen von TERRA findet sich bei Rippe und Luke (2015).

Auch wenn die Bildung der Telomere bei vielen Eukaryoten ähnlich verläuft, gibt es im Detail manche Unterschiede. Diese betreffen die Sequenz der Telomer-Wiederholungselemente (z. B. in vielen Insekten TTAGG, in Pflanzen TTTAGGG), aber auch die Häufigkeit der Wiederholungselemente. So ergibt sich z. B. für Ciliaten eine Telomerlänge von nur 20 bp und bei Hefen einige Hundert Basenpaare. Bei Hefen konnte außerdem gezeigt werden, dass das Zellzyklus-regulierende Protein Cdc13 bei der Aktivitätskontrolle der Telomerase eine wichtige Rolle spielt. Hefemutanten, die keine Telomerase-Aktivität aufweisen, zeigen ein hohes Maß an größeren chromosomalen Rearrangements. Bei der Maus spielt allerdings eher die Verminderung des proliferativen Potenzials oder eine erhöhte Apoptose eine wichtige Rolle.

Für die grundsätzliche Charakterisierung der Telomerase-Funktion in verschiedenen Organismen wurden im Jahr 2009 Elizabeth **Blackburn**, Carol **Greider** und Jack **Szostak** mit dem Nobelpreis ausgezeichnet. Eine lesenswerte und sehr persönliche Darstellung des langen Weges zwischen schwierig zu interpretierenden experimentellen Ergebnissen und der Aufklärung eines grundlegenden genetischen Phänomens haben die späteren Preisträger bereits 3 Jahre vorher veröffentlicht. Darin betonen die Autoren die besondere Bedeutung von Forschungsarbeiten, die durch Neugierde angetrieben sind und zunächst keine offensichtlichen Anwendungsmöglichkeiten bieten. Wenn durch eine falsche Einschätzung der Bedeutung der Grundlagenforschung der autokatalytische Kreislauf zwischen Grundlagenforschung und angewandter Forschung durchbrochen werde, wird auch der kontinuierliche Fortschritt in den angewandten Bereichen der Wissenschaft, Medizin und Technik eher begrenzt sein (Blackburn et al. 2006).

An den Telomeren werden Proteinkomplexe gebildet, die zu einer sehr stabilen und hochkompakten Struktur führen. Die Ausbildung der T-Schleife durch den G-reichen Überhang erschwert der Telomerase den Zugang.

1965 berichtete Leonhard **Hayflick**, dass menschliche Zellen, die in Zellkultur gehalten werden, nach etwa 50 bis 80 Zellteilungen aufhören, sich weiter zu teilen – wir nennen diesen Vorgang heute **replikative Alterung** (engl. *replicative senescence*), und die Obergrenze der Zellteilungen ist als *„Hayflick limit"* bekannt geworden. Alexei **Olovnikov** führte 1973 dieses Phänomen auf die Verkürzung der Telomere während der Replikation zurück und entwickelte die Hypothese, dass die Länge der Telomersequenzen die mögliche Zahl von Replikationsrunden vorherbestimmen könnte. Etwa ein Jahrzehnt später entdeckten **Cooke** und **Smith** (1986), dass die durchschnittliche Länge der Telomere in Keimzellen wesentlich länger war als in adulten Körperzellen. Sie zogen dabei auch in Betracht, dass adulte Zellen im Gegensatz zu den Keimzellen keine Telomerase-Aktivität mehr enthalten – die Telomerase wurde in dieser Zeit zum ersten Mal in *Tetrahymena* beschrieben. Der zunächst hypothetische Zusammenhang zwischen Telomerlänge und replikativem Potenzial wurde zu einem anerkannten molekularen Mechanismus, als gezeigt wurde, dass primäre menschliche Fibroblasten unbegrenzt replizieren können, wenn das Telomerase-Gen überexprimiert wird.

Allerdings ist es nicht einfach, dieses zelluläre Telomerase-Modell auf Alterungsprozesse von Organismen zu übertragen, da der Verlust der Telomerase-Aktivität in verschiedenen Organismen unterschiedliche Konsequenzen hat. In Mäusen, Hefen, Pflanzen und Würmern wird der Verlust der Telomerase-Aktivität zumindest für mehrere Generationen toleriert. Im Gegensatz dazu sterben homozygote *tert*-Mutanten des Zebrafisches in der ersten Generation vorzeitig mit deutlich verkürzten Telomeren; insgesamt zeigen sie einen degenerativen Phänotyp mit vorzeitiger Unfruchtbarkeit und gastrointestinaler Atrophie. Verbunden ist dieses Krankheitsbild mit verminderter Zellproliferation, Anhäufung von Markern der DNA-Reparatur und schließlich Apoptose (besonders in den Keimzellen). In ähnlicher Weise ist die relativ mäßige Halbierung der Telomerase-Aktivität in Menschen (z. B. durch Haploinsuffizienz) schon nach ein bis drei Generationen für eine Reihe von schweren klinischen Symptomen verantwortlich. Diese eher indirekte Beziehung zwischen dem klinischen Phänotyp und Mutationen in Genen, die die Telomerlänge beeinflussen, erschwert eine genetische Analyse und führt möglicherweise immer noch zu einer Unterschätzung des Einflusses der Telomerlänge auf menschliche Erkrankungen.

Während der Embryonalentwicklung von Vertebraten ist die Telomerlänge in den meisten Geweben des Organismus identisch, aber nach der Geburt werden die Telomere in proliferativen somatischen Zellen stark verkürzt. Einige Gewebe, wie die Darmmukosa, aber auch die peripheren Blutzellen, haben einen starken Umsatz und benötigen eine hohe Zellproliferation; diese Zellen zeigen ein größeres Ausmaß an Telomerverkürzungen. Umgekehrt zeigen Gewebe mit einer geringe(re)n Mitoserate (wie z. B. Muskel und Gehirn) eine stabile Telomerlänge. Und wieder andere Gewebe (z. B. Leber, Nierenrinde) zeigen eine altersabhängige Verkürzung der Telomere; es scheint im Übrigen auch in Stammzellen zu einer Verkürzung des Telomers kommen zu können.

Insgesamt lassen sich heute einige interessante Perspektiven aufzeigen: Menschliche Granulocyten und Lymphocyten zeigen mit zunehmenden Alter eine deutliche Abnahme der Telomerlänge, wobei diese Abnahme bei den Lymphocyten stärker ausgeprägt ist (von ~ 10 kb bei der Geburt auf ~ 4 kb im Alter von ca. 90 Jahren) als bei den Granulocyten, deren Untergrenze etwa bei 6 kb liegt. Die Telomerlänge kann heute als ein erbliches Merkmal verstanden werden, wobei es aber auch Unterschiede zwischen verschiedenen Chromosomen gibt: Besonders kurze Telomerlängen hat offensichtlich der kurze Arm des menschlichen Chromosoms 17. Auch das inaktive X-Chromosom zeigt eine beschleunigte Verkürzung der Telomerlänge gegenüber dem aktiven X-Chromosom.

Dennoch greift es wohl zu kurz, die Telomerlänge nur in Abhängigkeit einer unvollständigen Replikation zu betrachten. Vielmehr kommen noch weitere Aspekte dazu, von denen wir wissen, dass sie das Telomer empfindlich machen, z. B. werden die Telomere durch ihre Guanin-reiche Natur besonders anfällig für oxidative Schädigungen. Weiterhin sind Fehler bei der Auflösung der G-reichen Telomerstrukturen (G-Quadruplex-Strukturen) möglich sowie Deletionen der T-Schlaufen durch homologe Rekombination, die offensichtlich nur unzureichend korrigiert werden können.

Mutationen, die die Struktur und/oder Funktion der Proteine beeinträchtigen, die am Aufbau der Telomerkomplexe beteiligt sind, führen häufig zu Krebserkrankungen. Allerdings sind auch andere Krankheiten damit verbunden, die oft dem Formenkreis des frühzeitigen Alterns zuzurechnen sind. Dazu gehören vor allem die Dyskeratosis congenita, das Bloom- und das Werner-Syndrom. Die X-chromosomale Form der Dyskeratosis congenita ist durch Mutationen im Dyskerin-Gen (*DKC1*) verursacht; dieses Gen codiert für eine Untereinheit des Shelterinkomplexes. Mutationen in *TERC* führen zu verminderter humaner Telomerase-Aktivität (bis zu 50 % Restaktivität, da die RNA-Komponente für die volle Telomerase-Aktivität benötigt wird). Mutationen in *DKC1*, *TERC* und *TERT* (codiert für die Telomerase selbst) führen alle zu Defekten der enzymatischen Aktivität der Telomerase sowie zu Fehlern in der Elongation oder Erhaltung der Telomere und damit zu einer fortschreitenden Verkürzung der Telomere, und zwar bei den betroffenen Patienten mit zunehmendem Alter, aber auch bei nachfolgenden Generationen. Dieser Aspekt führt zu einer Antizipation in Stammbäumen von Patienten mit Telomerase-Defekten, wobei allerdings keine offensichtliche Korrelation zwischen dem Typ der Mutation, dem Eintrittsalter der Krankheit und deren Schweregrad besteht.

Die Telomerlänge in Körperzellen nimmt mit zunehmendem Alter ab (replikative Alterung). Dieser Prozess wird beschleunigt durch Mutationen in den Genen *DKC1*, *TERC* und *TERT*; entsprechende Erkrankungen sind durch vorzeitige Alterungsprozesse gekennzeichnet.

Obwohl Körperzellen üblicherweise keine Telomerase-Aktivität zeigen (mit Ausnahme von Stammzellen), wird in über 90 % der Tumorproben eine Telomerase-Expression beobachtet. Eine mögliche Krebstherapie versucht daher, die Telomerase im Krebsgewebe gezielt zu hemmen, wobei allerdings die lange Dauer bis zum Absterben der Telomerase-abhängigen Krebszellen nicht sehr verheißungsvoll erscheint. Außerdem bedeutet die langfristige Hemmung der Telomerase-Aktivität auch eine Beeinträchtigung anderer stark proliferierender Zellen, die eine aktive Telomerase für ihre physiologische Funktion benötigen. Diese Einschränkungen mögen die dürftige Erfolgsrate vieler klinischer Studien erklären. Trotz vieler Studien werden bisher nur zwei Ansätze in der klinischen Krebstherapie weiterverfolgt: GRN163L ist ein Molekül, das die RNA-Komponente der Telomerase angreift; es wurde bereits erfolgreich in der Anwendung gegen Glioblastome getestet. Ein anderer Ansatz ist die Stimulierung spezifischer Immunantworten gegen Telomerase-exprimierende Krebszellen, um sie so gezielt abzutöten. Auch hierzu wurden klinische Studien durchgeführt, wobei sich das Peptid GV1001 als besonders interessant herausgestellt hat. Es repräsentiert 16 Aminosäuren der TERT und wurde zunächst als Anti-Krebs-Impfstoff entwickelt. Es zeigte sich aber, dass es darüber hinaus noch weitere unerwartete biologische Aktivitäten entfaltet, sodass insbesondere bei Patienten mit Pankreaskrebs Überlebenszeiten bis über 600 Tage beobachtet werden konnten. Interessante Übersichtsarbeiten zu dieser Thematik wurden von Jäger und Walter (2016) sowie von Kim et al. (2016) veröffentlicht.

6.2 Organisation der DNA im Chromosom

In den vorangehenden Kapiteln haben wir Chromosomen von zwei Ebenen her betrachtet, ohne diese miteinander zu verbinden. Zunächst haben wir den wichtigsten molekularen Bestandteil eines Chromosoms, die DNA, als Träger der Erbinformation erörtert. Später haben wir die lichtmikroskopisch erkennbaren Eigenschaften, also die Cytologie der Chromosomen, kennengelernt. Wir werden bei der Besprechung des mitotischen und des meiotischen Zellzyklus (▶ Abschn. 6.3) sehen, dass die Chromosomen dabei massiven strukturellen Veränderungen unterliegen: Die Strukturen, die gemeinhin als Chromosomen bezeichnet werden, erscheinen in ihrer mikroskopisch erkennbaren Struktur erst zu Beginn der Mitose, bleiben während der Zellteilung erhalten und werden am Ende der Mitose wieder unsichtbar. Während des übrigen, zeitlich weitaus überwiegenden Teils des Zellzyklus ist die Anwesenheit der Chromosomen (und die der DNA) im Zellkern nur mit besonderen Techniken festzustellen. Die chromosomale DNA muss mithin eine sehr grundlegende strukturelle Reorganisation durchlaufen, um diese verschiedenen Organisationszustände einzunehmen. Um diese Ebenen miteinander zu verbinden und um unser Verständnis der Chromosomenstruktur zu erweitern, lassen sich nunmehr zwei Fragen formulieren:

- Wie ist die DNA im Chromosom strukturell organisiert?
- Gibt es außer der DNA noch andere molekulare Grundbausteine der Chromosomen, die von allgemeiner Bedeutung sind?

Darauf sollen die nächsten Abschnitte Antworten geben: Durch eine besondere Klasse basischer Proteine, die Histone, entsteht eine perlenschnurartige Aufwicklung der DNA in Form von Nukleosomen, die eine extrem hohe Packungsdichte im Zellkern erlaubt und in ihrer Gesamtheit als Chromatin bezeichnet wird.

6.2.1 Chromosomale Proteine

Die Proteinbestandteile der Chromosomen haben schon lange das Interesse der Forscher gefunden, bevor die DNA in ihrer Funktion als Träger der Erbinformation erkannt worden war. Friedrich **Miescher** hatte sich für die stark basischen Proteine des **Chromatins** interessiert, da man in der Variabilität der Proteine Aufschluss über die Art der Erbsubstanz gesucht hatte (▶ Abschn. 2.1.2). Die Bezeichnung Chromatin war von Walther **Flemming** 1882 zur Kennzeichnung des färbbaren Materials im Interphasekern eingeführt worden. Albrecht **Kossel** beschrieb 1884 das erste Chromatin-assoziierte Protein, das er aus Gänseerythrocyten durch Extraktion mit Säure

Tab. 6.2 Eigenschaften von Histonen

Typ	Aminosäuren	Molekulargewicht [Da]	Lys/Arg-Verhältnis	Bemerkungen
H1	215	21.000	20,0	Variabel
H2A	129	14.500	1,25	Reich an Lys, Variabilität begrenzt
H2B	125	13.700	2,50	Reich an Lys, Variabilität begrenzt
H3	135	15.300	0,72	Reich an Arg, sehr konserviert
H4	102	11.200	0,79	Reich an Arg, sehr konserviert

Während Histon H1 bereits zwischen nahe verwandten Organismengruppen starke Aminosäuresequenzunterschiede zeigt, ist die Variabilität der Histone H2A und H2B begrenzt; Histone H3 und H4 hingegen unterscheiden sich in ihrer Aminosäuresequenz zwischen verschiedenen Organismen kaum. Es gibt eine Reihe gewebespezifischer oder entwicklungsstadienspezifischer Histonvarianten, die die oben verzeichneten Zellzyklus-regulierten Histone ersetzen können. Dazu gehören vor allem H2A.X, H2A.Z und H3.3.

6

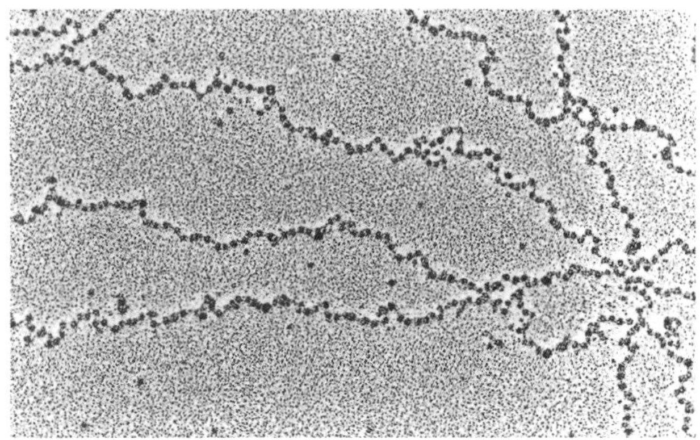

Abb. 6.14 Nukleosomen im Chromatin aus Oocyten des Salamanders *Pleurodeles waltlii*. (Aus Scheer 1987, mit freundlicher Genehmigung)

gewonnen hatte (für diese Arbeiten erhielt er 1910 den Nobelpreis für Medizin). Aus Interphasechromatin erhält man dabei vorwiegend eine Proteinfraktion, die aus mehreren verschiedenen Proteinen besteht, die wir als **Histone** bezeichnen; wir unterscheiden vier Histontypen (H2A, H2B, H3 und H4; Tab. 6.2). Die Histone sind, wie ihre Isolationsmethode anzeigt, stark basische Proteine, und sie bilden das Grundgerüst fast aller eukaryotischen Chromosomen. Die positive Ladung dieser Proteine wird durch zahlreiche basische Aminosäuren bedingt (besonders Lysin- und Argininreste). Sie dient dazu, die negative Ladung der Phosphatgruppen der DNA zu kompensieren. Histone können dadurch eine enge Bindung mit der DNA eingehen. Durch die Bindung der Histone an die chromosomale DNA werden charakteristische Strukturen, die **Nukleosomen**, gebildet, die im Elektronenmikroskop sichtbar gemacht werden können (Abb. 6.14). Sie sind die Grundelemente eukaryotischer Chromosomen in nahezu allen Zelltypen. Die Histone werden durch zahlreiche, sehr ähnliche Gene codiert, die als Histon-Genfamilie zusammengefasst werden (▶ Abschn. 7.2.2).

Histone umfassen mengenmäßig jedoch nur die Hälfte der im Chromosom vorhandenen Proteine. Zu den anderen Proteinkomponenten im Chromatin gehören insbesondere **HMG-Proteine** (engl. *high mobility group*), kleine basische Proteine, die universelle Bestandteile der Chromosomen sind. Weitere Proteine gehören zur Familie der **Nukleophosmine** bzw. **Nukleoplasmine**. Diese Proteine sind im Tierreich weitverbreitet und haben vielfältige Aufgaben, z. B. bei der Chromatinbildung, der Genomstabilität und als molekulare Chaperone bei der Erhaltung der Nukleosomenstruktur. Nukleoplasmin wurde 1978 von **Laskey** und Mitarbeitern aus Eiern des afrikanischen Krallenfrosches *Xenopus laevis* isoliert; Nukleophosmin wurde zuerst als Phosphoprotein identifiziert, das in hoher Konzentration im Nukleolus vorkommt.

Anders zusammengesetzt ist lediglich das Chromatin in männlichen Keimzellen. Hier werden die Histone bei vielen Organismen durch noch stärker basische Proteine ersetzt. Oft handelt es sich dabei um Protamine, wie sie besonders charakteristisch in Lachssperma vorkommen. Diese Proteine verpacken die DNA im Spermienkopf in einer nicht-nukleosomalen Struktur.

6.2.2 Nukleosomen und Chromatinstruktur

Ein **Nukleosom** wird von vier verschiedenen Histontypen, H2A, H2B, H3 und H4 (Tab. 6.2) gebildet. Von jedem dieser Histone sind je zwei Moleküle im Nukleosom vorhanden. Die vier Histone bilden daher ein Oktamer (Abb. 6.15), um das sich im Chromosom 146 Basenpaare der DNA-Doppelhelix in knapp zwei (genau 1,75) Linkswindungen (also gegen den Uhrzeigersinn) anordnen. Ein Histonoktamer wird auch als **Nukleosomenkern** bezeichnet, im Englischen hat sich für die daran beteiligten Histone der Begriff der *core histones* eingebürgert. Ein Oktamer besteht aus einem zentralen $H3_2/H4_2$-Tetramer und zwei seitlich daran anliegenden Dimeren aus H2A/H2B. Die DNA windet sich durch Vertiefungen an der Oberfläche dieses Nukleosomen-

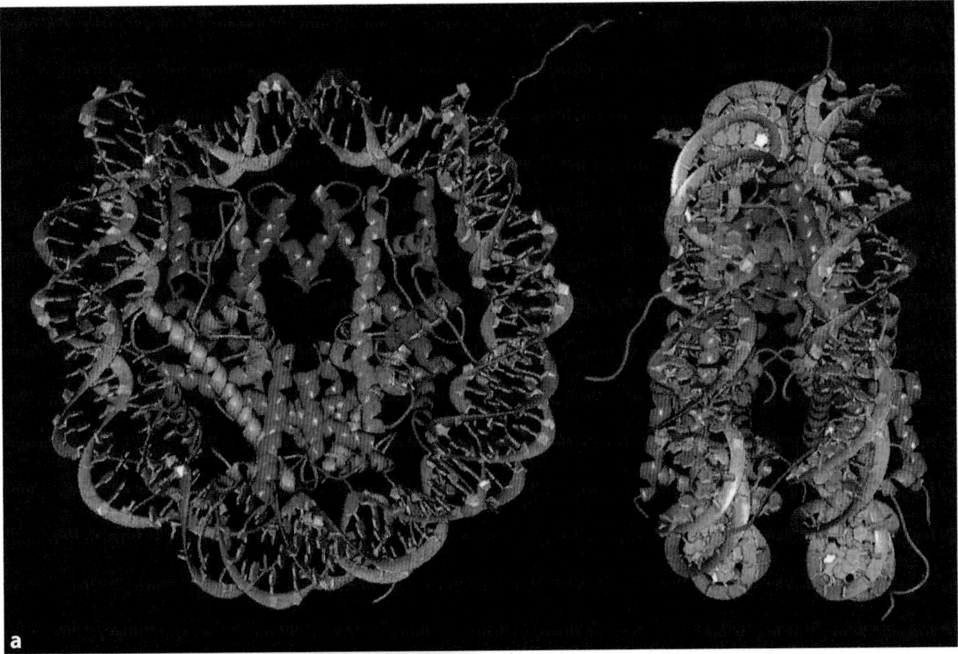

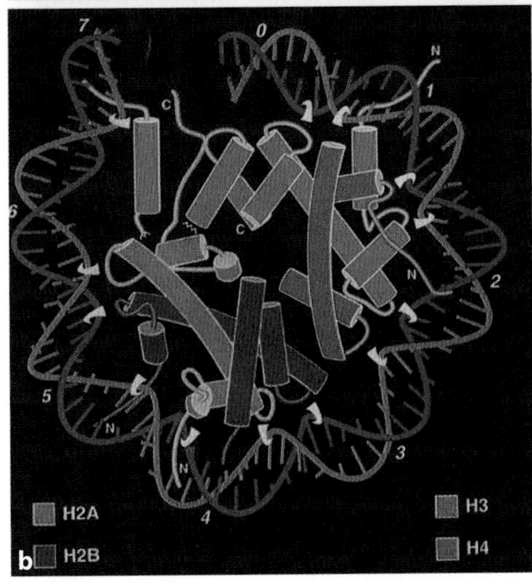

■ **Abb. 6.15** Klassische Atomstruktur eines Nukleosoms. **a** Nukleosomenkern (146 bp DNA), *links* von oben, *rechts* von der Seite. Die DNA-Stränge sind *orange* und *grün* dargestellt, die Histone *blau* (H3), *grün* (H4), *orange* (H2A) und *rot* (H2B). **b** Die 73-bp-Hälfte des Nukleosomenkerns von oben. Die vertikale Dyadenachse liegt bei dem zentralen Basenpaar („0", *oben* im Bild). Jede weitere der sieben Doppelhelixwindungen ist nummeriert (1 bis 7). Die Histone sind in **b** farblich gekennzeichnet wie in **a**; die carboxy- (C) und aminoterminalen (N) Enden sind angegeben. (Aus Luger et al. 1997, mit freundlicher Genehmigung)

kerns. Positiv geladene Aminosäuren treten dabei in Kontakt mit der negativ geladenen DNA. Diese relativ einfache Konstruktion der Histon-DNA-Interaktion erlaubt eine leichte Dissoziation, wie sie wahrscheinlich für Replikation und Transkription unabdingbar ist.

Die **Röntgenstrukturanalyse des Nukleosoms** (■ Abb. 6.15) hat wichtige Einzelheiten der Organisation der Histone aufgezeigt. Die C-terminalen Regionen der Histone sind einander sehr ähnlich und bestehen aus zentralen α-Helices, die über β-Schleifen auf jeder Seite mit zwei kürzeren seitlichen α-Helices verbunden sind. Je zwei β-Schleifen bilden durch Kontakt eine β-Brücke. Die 16 β-Schleifen ergeben somit acht Brücken, von denen jede einen Kontaktpunkt mit der DNA schafft. Die zentralen Helices dienen der Dimerisierung der Histone, die sich in diesem Bereich berühren (man spricht von einer *Handshake*-Region). Die N-terminalen Enden der N-terminalen α-Helices berühren sich ebenfalls und formen vier weitere Kontaktstellen mit der DNA in deren kleinen Furche (engl. *minor groove*). Somit haben 12 der 14 Helixwindungen der DNA um das Nukleosom Kontakt mit den Histonen. Wahrscheinlich stehen auch die beiden verbleibenden Windungen der DNA noch in Kontakt mit dem Histonkern. Die zentrale Struktur aus den α-Helices bezeichnet man auch als **Histonfalte** (engl. *histone fold*).

Betrachtet man die sterische Konfiguration des Nukleosoms, so wird erkennbar, dass es nahezu symmetrisch ist. Das Symmetriezentrum liegt in der Mitte der DNA, die den Histonkern umgibt. Man nennt diese DNA-Position die **Dyadenachse**. Bei der Besprechung der DNA-Struktur wurde darauf hingewiesen, dass die DNA trotz ihrer scheinbaren Gleichförmigkeit sequenzspezifische Unregelmäßigkeiten aufweist. Das bedeutet, dass auch die strukturelle Organisation im Nukleosom nicht einförmig ist. Eine echte Symmetrie lässt sich nur erreichen, wenn die DNA-Sequenz aus einer invertierten Wiederholungseinheit von 73 bp besteht, die im Bereich der Dyadenachse ihr Zentrum hat. Jede Abweichung in der Sequenz führt zu veränderten Bindungseigenschaften zwischen DNA und dem Histonkern. Es ist auf dieser Grundlage leicht einzusehen, dass Nukleosomen dazu tendieren, sequenzspezifische, in ihrer Bindungsenergie bevorzugte und sterisch begünstigte Positionen in der DNA einzunehmen. Das erklärt den Vorgang der **„Nukleosomenpositionierung"** (engl. *nucleosome positioning*), d. h. es gibt DNA-Sequenzen, innerhalb derer Nukleosomen bevorzugte Positionen einnehmen, oder andere, die aufgrund der DNA-Struktur nukleosomenfrei sind.

Ein Beispiel dafür sind DNA-Sequenzen, deren einer Strang nur Purinbasen, deren anderer aber nur Pyrimidinbasen enthält (also z. B. Poly(dA)/Poly(dT)). Diese DNA-Struktur gestattet es aus sterischen Gründen nicht, Nukleosomen zu bilden. Entsprechende DNA-Sequenzen finden sich beispielsweise in Centromerregionen der Chromosomen und im Heterochromatin, teilweise aber auch in Promotorbereichen. Das erleichtert die Erfüllung spezieller Aufgaben, da diese DNA-Bereiche andere Proteine binden bzw. für die Bildung von Transkriptionskomplexen leicht zugänglich sein müssen.

Die strukturellen Eigenschaften der Nukleosomen sind von erheblichem biologischem Interesse, da sie **Erkennungssignale für Regulationsfaktoren** liefern können. Eine bekannte Erscheinung ist die aufgrund der Dyadenstruktur des Nukleosoms abweichende Konformation der DNA im Bereich von 1,5 Windungen beiderseits der Dyadenachse. Diese Eigenschaft wird von der im HIV (► Abschn. 9.2.2) codierten **Integrase** benutzt, um bevorzugt in der in diesem Bereich erweiterten großen Furche (engl. *major groove*) der DNA zu binden und die Integration des Virus ins Genom zu bewirken.

Im Chromosom sind Nukleosomen im Allgemeinen in regelmäßigen Abständen angeordnet. Abhängig vom Zelltyp folgen zwei Nukleosomen in Abständen von etwa 160 bis 200 Basenpaaren. Hiervon entfallen 20 bis 60 Basenpaare auf das Verbindungsstück (engl. *linker*) zwischen den 146 Basenpaaren, die den Nukleosomenkern umgeben (◘ Abb. 6.15). Ein Nukleosomenstrang hat einen Durchmesser von etwa 10 nm und entspricht damit den elektronenmikroskopisch identifizierten 10-nm-Fibrillen. Die Verpackung in Nukleosomen verkürzt die DNA um einen Faktor von 7. Durch DNA-sequenzspezifische Eigenschaften kommt es jedoch oft zu bestimmten Anordnungen der Nukleosomen in bestimmten Chromosomenbereichen, oder es werden nukleosomenarme oder -freie Bereiche geschaffen.

Die Röntgenstrukturanalyse des Nukleosoms hat einen weiteren sehr wichtigen Aspekt ergeben: Die terminalen Bereiche der Histone dringen aus dem Nukleosom nach außen, sodass sie zu **Interaktionen mit anderen Molekülen** in der Lage sind. Diese Histonbereiche unterliegen jedoch **Modifikationen**, die ihre Konformation und damit auch Funktion beeinflussen. Insbesondere die Lysine können **acetyliert** werden, aber auch **Phosphorylierung** an Serinen, **Methylierung** an Lysinen, **ADP-Ribosylierung** oder **Ubiquitinierung** werden beobachtet. Die Folgen von Acetylierung sind besonders gut untersucht: Histone in transkriptionsaktiven Bereichen der Nukleosomenkette sind meist acetyliert, während sie in transkriptionsinaktiven Chromatinbereichen nicht acetyliert sind. Alle Modifikationen von Histonen haben Konsequenzen für die Chromatinstruktur, und das genaue Verständnis der komplexen Muster der Modifikationen wird eine notwendige Voraussetzung zum Verständnis von Genregulationsvorgängen sein (► Abschn. 7.3 und 8.1.3).

Allerdings ist die Verteilung der Nukleosomen im Chromatin nicht konstant; es muss ja möglich sein, die Positionen der Nukleosomen zu wechseln, wenn die Veränderungen des Differenzierungsmusters oder veränderte Umweltbedingungen einen besonderen Zugang zur DNA nötig machen, um so Genaktivierung starten zu können. Hierfür gibt es besondere enzymatische Maschinen, die diese Aufgabe erledigen können. Dazu gehören vor allem die beiden Familien SWI/SNF (engl. *switch/sucrose non-fermentable*) und ISWI (engl. *imitator of switch*); die möglichen Mechanismen sind in ◘ Abb. 6.16 vereinfacht dargestellt.

❗ Die niedrigste Organisationsstufe der chromosomalen DNA in der 10-nm-Fibrille wird durch die Bildung von Nukleosomen erreicht. Basische chromosomale Proteine, die Histone, bilden Proteinoktamere, um die sich die DNA in zwei Windungen mit einer Gesamtlänge von 146 Basenpaarungen herumlegt. Nach etwa 20 bis 60 Basenpaaren folgt ein weiteres Nukleosom, sodass Nukleosomenketten entstehen, die elektronenmikroskopisch als 10-nm-Fibrillen erscheinen und eine etwa 7-fache Verkürzung der DNA-Länge verursachen. Wegen des hohen Proteinanteils (der Durchmesser der DNA beträgt ja nur etwa 2,4 nm) bezeichnet man diese 10-nm-Fibrillen auch als Nukleoproteinfibrillen (10 nm entsprechen 100 Å; diese Längeneinheit wurde früher für sehr kleine Abstände verwendet, 10 Å = 1 nm).

Das Bild eines Nukleosoms suggeriert, dass wir es mit einem dicht gepackten Proteinkomplex zu tun haben. Die physikalische Strukturanalyse von Nukleosomenkristallen zeigt jedoch, dass im Inneren eines Nukleosoms viel freier Raum vorhanden ist. Wahrscheinlich gewährt es dem gesamten Nukleosom eine Flexibilität, wie sie für stoffwechselphysiologische Veränderungen der Chromosomenstruktur erforderlich ist, insbesondere in Zusammenhang mit der Transkription. Elektronenmikroskopische Daten deuten darauf hin, dass die Nukleosomenstruktur der DNA teilweise auch während der Transkription

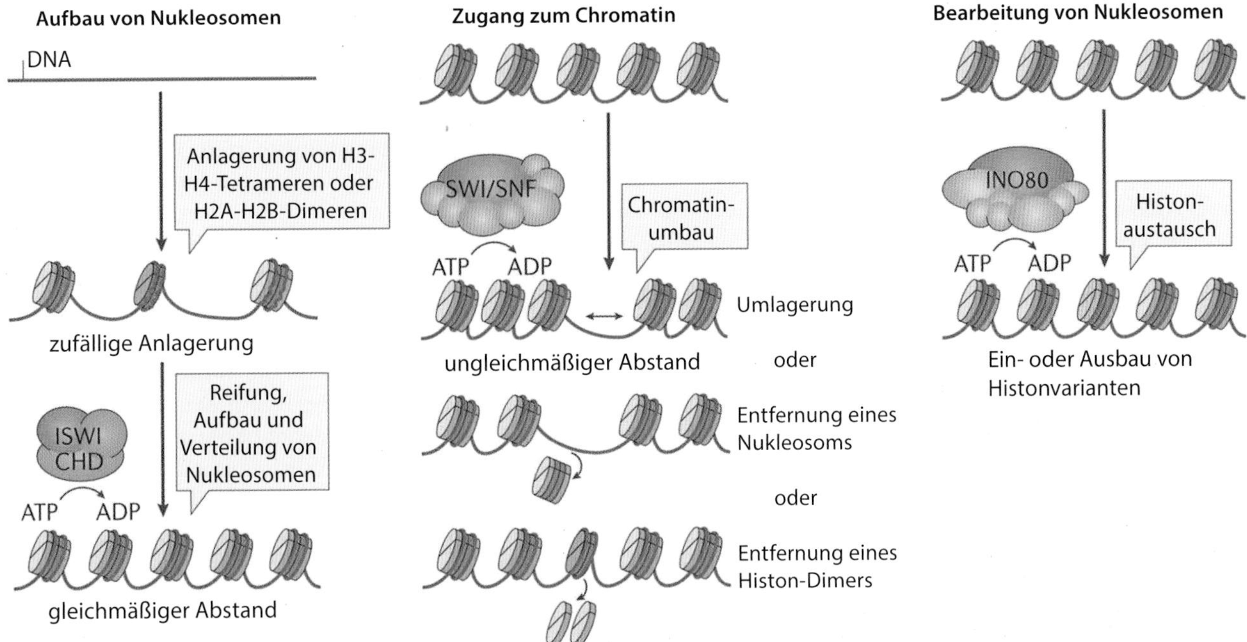

Abb. 6.16 Vereinfachte Darstellung der Auf- und Umbauprozesse am Chromatin. Vor allem Mitglieder der ISWI- und CHD-Familien beteiligen sich an der zunächst zufälligen Anlagerung der Histone an der DNA, der Reifung der Nukleosomen und der Festlegung ihrer gleichmäßigen Abstände. Die SWI/SNF-Proteine sind dagegen vor allem am Umbau des Chromatins beteiligt, indem sie Nukleosomen wieder neu positionieren oder ganz aus dem Chromatin entfernen. Eine weitere Möglichkeit des Chromatinumbaus besteht in der Entfernung von Histon-Dimeren. Die INO80-Helikase ist wesentlich am Austausch einzelner kanonischer Histone gegen Histonvarianten (z. B. H2A.Z, *gelb*) beteiligt. Die ATPase-Translokase-Untereinheit von allen Umbaukomplexen ist in *Rosa* dargestellt; zusätzliche Untereinheiten sind *grün* (ISWI [engl. *imitator of switch*] und CHD [engl. *chromodomain helicase DNA-binding*]), *braun* (SWI/SNF [engl. *switch/sucrose non-fermentable*]) oder *blau* (INO80, eine DNA-Helikase). (Nach Clapier et al. 2017, mit freundlicher Genehmigung)

erhalten bleibt. Sicherlich müssen die Nukleosomen aber strukturell verändert werden, wenn der durch die RNA-Polymerase gebildete Transkriptionskomplex ein Nukleosom passiert.

❀ Welche große Bedeutung der strukturellen Organisation der DNA im Chromosom zukommt, wird deutlich, wenn wir uns den DNA-Gehalt eines diploiden Kerns vor Augen halten. So enthält beispielsweise das menschliche Genom DNA in einer Gesamtlänge von 94 cm. Bei 46 Chromosomen sind das im Mittel 2 cm DNA je Chromosom. Ein normaler Interphasekern hat einen Durchmesser von nur etwa 10 µm, und ein mittleres Metaphasechromosom des Menschen ist ungefähr 5 mm lang. Um die DNA in einem Chromosom und dieses in einem Zellkern unterzubringen, muss die DNA-Doppelhelix also um das etwa 4000-fache verkürzt werden.

Durch die Bildung von Nukleosomen erfährt die DNA gegenüber der Länge einer freien Doppelhelix eine Verkürzung um einen Faktor 7. Wir müssen hieraus schließen, dass noch weitere Schritte der **Verpackung der DNA** erfolgen müssen, um die in einem einzelnen Chromosom enthaltene DNA-Menge in einen Interphasekern von 10 µm Durchmesser zu verpacken. Einen wichtigen Beitrag zu dieser Auffaltung liefert ein weiteres Histonprotein, das **Histon H1** (Tab. 6.2). Das Histon H1 enthält in seinem Mittelteil eine globuläre Domäne, die von einem kürzeren aminoterminalen und einem längeren carboxyterminalen Arm flankiert ist. Wir wissen heute, dass es sich einerseits mit seinem globulären Mittelteil der Linker-DNA am Nukleosom so anlagert, dass die DNA-Spirale stabilisiert wird. Offensichtlich ist die „Höhle" zwischen der Linker-DNA und der Nukleosomenoberfläche groß genug, um die globuläre Domäne des Histons H1 aufzunehmen. Andererseits kommt es aber auch mit der Linker-DNA in Kontakt, wobei der carboxyterminale Arm für die Verdichtung des Chromatins verantwortlich ist. Veränderungen in der Orientierung der Linker-DNA oder in der Zusammensetzung des Kern-Nukleosoms verändern natürlich auch die Dimension der „Höhle" und damit insgesamt die Möglichkeit für das Histon H1, an die Linker-DNA zu binden. So führen bestimmte Varianten des Histons H2A zu einer offeneren Struktur an den Nukleosomen, sodass das Histon H1 nicht vollständig binden kann. Umgekehrt haben auch verschiedene Histon-H1-Varianten unterschiedliche Einflüsse auf die Kompaktheit des Chromatins. Eine schematische Vorstellung der Bindung von Histon H1 an die Linker-DNA vermittelt Abb. 6.17.

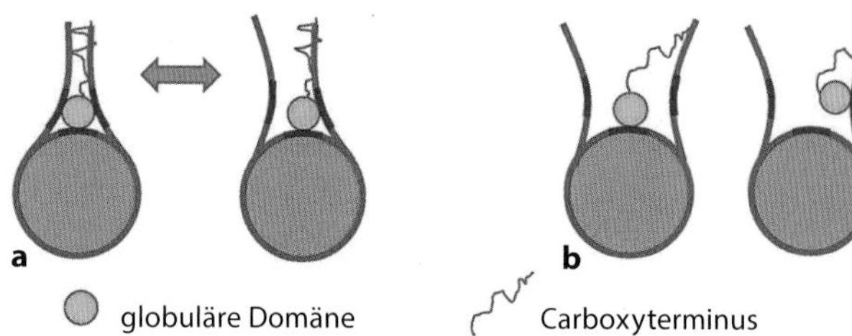

Abb. 6.17 Bindung von Histon H1 an Chromatin. **a** Wenn die Bindungsstellen der Linker-DNA (*rote* Abschnitte) nahe genug beieinander liegen, kann die globuläre Domäne des Histons H1 zwei oder drei Kontakte mit der Linker-DNA aufbauen und stabil an diese binden. **b** Wenn die Bindungsstellen aber weiter voneinander entfernt sind, kann nur eine Bindung an die Linker-DNA zur gleichen Zeit erfolgen. Dieser Zustand ist instabil, und eine schnelle Dissoziation des Histons H1 vom Nukleosom ist die Folge. (Nach Bednar et al. 2016, mit freundlicher Genehmigung)

Eine Möglichkeit, die Funktion eines Proteins zu verstehen, besteht in der Suche nach bzw. in der Herstellung von entsprechenden Funktionsverlust-Mutanten (engl. *loss of function*). In Wirbeltieren wie der Maus ist das im Falle der Histon-Gene etwas kompliziert, da es verschiedene Histon-Genfamilien gibt und somit auch verschiedene Gene, die H1-Histone codieren (▶ Abschn. 7.2.2). Knock-out-Mutanten der Maus (▶ Abschn. 10.7.2), bei denen nur eines dieser verschiedenen Histon-H1-Gene ausgeschaltet ist, zeigen keine ausgeprägten Veränderungen des Phänotyps. Der gleichzeitige Verlust von drei Histon-H1-Genen (*Hist1h1c*, *Hist1h1d*, *Hist1h1e*) ist dagegen embryonal letal (zur Übersicht siehe Hergeth und Schneider 2015).

Als nächsthöhere Struktur wurde über Jahrzehnte eine 30-nm-Fibrille angenommen: **Finch** und **Klug** hatten 1976 aufgrund elektronenmikroskopischer Untersuchungen ein Modell entwickelt, wonach sich Nukleosomen in einer eingängigen Helix (oder Solenoid) so aufwickeln, dass die nachfolgenden Nukleosomen in der kompakten Struktur benachbart sind und durch die Verbindungs-DNA verbunden bleiben. Die Verbindungs-DNA kann aber in das Innere der Faser abknicken und so variable DNA-Längen annehmen (Abb. 6.18). Allerdings gab es in den letzten Jahren vermehrt Zweifel daran, dass die 30-nm-Fibrille in der vorgeschlagenen Form überhaupt existiert, und neue Arbeiten haben diesen Verdacht bestätigt (zur Übersicht siehe Quénet et al. 2012). Wir finden natürlich in vielen Zellen eine Reihe von höheren Chromatinstrukturen, diese lassen sich aber alle auf die 10-nm-Grundstruktur zurückführen. Als Ursachen für die Fehlinterpretationen früherer Daten werden Kontaminationen mit Ribosomen und die Pufferbedingungen für die Chromatinextraktion diskutiert.

Nicht alle DNA-Bereiche sind aufgrund ihrer Sequenz geeignet, eine nukleosomale Struktur anzunehmen. Auch während der Transkription müssen die Nukleosomen zumindest kurzfristig verändert oder entfernt werden, um der Polymerase die Fortbewegung an der DNA während der RNA-Synthese zu gestatten. Chromosomale DNA ist in unterschiedlichen Hierarchiestufen organisiert. Die niedrigste Organisationsstufe ist eine 10-nm-Fibrille, die durch Interaktionen zwischen DNA

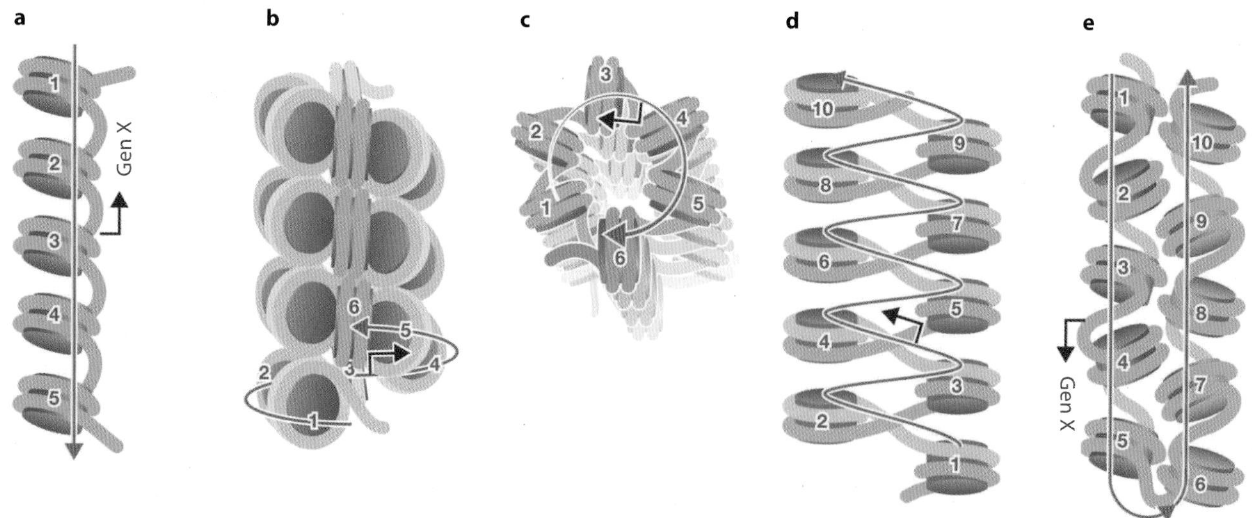

Abb. 6.18 Modelle der Chromatinorganisation. **a** 10-nm-Fibrille. **b** Seitenansicht und **c** Aufsicht einer 30-nm-Faser oder Solenoid. Die benachbarten Nukleosomen sind radial um eine zentrale Achse herum angeordnet und die Verbindungs-DNA erscheint angewinkelt. **d** Akkordeonartiges Zickzack-Modell einer 30-nm-Faser. Diese Anordnung entspricht einem Modell von vier Nukleosomen, das aber nur *in vitro* auftritt. **e** Verzahnung von zwei 10-nm-Fibrillen (*blau* und *grün*), die schlangenförmig angeordnet sind. Wechselwirkungen zwischen nebeneinanderliegenden Fibrillen erhöhen die Verpackungsdichte. Die *nummerierten Kreise* sind Nukleosomen, die in einer Reihe angeordnet sind; der *rote Pfeil* stellt die Orientierung der DNA dar, und der *schwarze Pfeil* repräsentiert den Promotor für das Gen X. (Nach Quénet et al. 2012, mit freundlicher Genehmigung)

und Proteinen erzeugt wird; eine besondere Bedeutung hat dabei das Histon H1.

6.3 Mitose, Meiose und chromosomale Rearrangements

6.3.1 Mitose

Wie wir im ▶ Abschn. 5.2 über den Zellzyklus gesehen haben, ist die Zellteilung ein komplexer Vorgang, der über mehrere Kontrollpunkte genau reguliert wird. Hier wollen wir vor allem die Mitose betrachten (also die M-Phase des Zellzyklus; ◘ Abb. 5.20), und zwar unter dem Gesichtspunkt der Chromosomen und ihrer strukturellen Veränderungen. Die Chromosomen im Zellkern sind während der G_1-, der S- und der G_2-Phase nicht sichtbar. Vielmehr ist der Kern mit diffusem **Chromatin** angefüllt, das den Chromosomen entspricht. Dieser Zeitabschnitt des Zellzyklus wird insgesamt auch als **Interphase** bezeichnet (= Phase zwischen zwei Mitosen). In der klassischen Cytologie nannte man einen Interphasekern auch **Ruhekern**, da man annahm, er befinde sich in einem Ruhestadium zwischen zwei Mitosen. Dieser Begriff ist nach unserem heutigen Wissen jedoch falsch, da gerade in der Interphase die Erbinformation abgelesen und im Stoffwechsel der Zelle verwertet wird. Die Interphase ist daher der Teil des Zellzyklus, in dem eine hohe Stoffwechselaktivität herrscht.

Mit Beginn der Mitose (◘ Abb. 5.20 und 6.19) werden die **Chromosomen** im Zellkern als individuelle Einheiten sichtbar. Nach Maßgabe ihrer Struktur unterscheidet man verschiedene Stadien während der Zellteilung, die durch den Zustand und die Bewegung der Chromosomen definiert werden. Selbstverständlich handelt es sich bei der Zellteilung um einen kontinuierlich fortlaufenden Prozess. Aber es ist gebräuchlich, auch in solchen kontinuierlich verlaufenden Prozessen bestimmte Stadien durch leicht erkennbare Merkmale zu identifizieren. Wir wollen uns in diesem Abschnitt auf die morphologischen Aspekte und auf die Mechanismen konzentrieren, die in der Mitose zur Trennung der duplizierten Chromosomen führen.

Während der **Interphase** sind die Chromosomen fast vollständig in einen diffusen Zustand übergegangen. Man spricht hier von einer Dekondensation der Chromosomen. Während der **Prophase** beginnt eine Kontraktion der Chromosomen, die auch als Kondensation bezeichnet wird. Sie ist in der **Metaphase** abgeschlossen. Gleichzeitig bildet sich der Nukleolus zurück und verschwindet. Während der Metaphase kann man im Mikroskop kompakte, stark anfärbbare Chromosomen unterscheiden, die sich nunmehr in der Mitte des Zellkerns in einer Ebene angeordnet haben (**Äquatorialebene**). Man erkennt erst jetzt deutlich, dass die Metaphasechromosomen in der Längsrichtung zweigeteilt sind – eine Folge der Verdoppelung in der S-Phase. Beide Untereinheiten – die **Chromatiden** – hängen nur noch in einem kleinen Bereich, dem **Centromer**, zusammen. Mittelpunkt des Centromers eines jeden Chromosoms ist das **Kinetochor**, an dem ein Teil der Spindelfasern ansetzt (◘ Abb. 6.11).

Die **Spindel** ist für die Verteilung der Chromosomen verantwortlich und wird im Allgemeinen von den Spindelpolen herausgebildet, die sich an gegenüberliegenden Stellen des Cytoplasmas außerhalb des Bereichs der (ehemaligen) Kernmembran befinden (nur in Ausnahmefällen werden intranukleäre Spindeln ausgebildet). In tierischen Zellen wird dieses Organisationszentrum der Spindel als **Centrosom** (Zentralkörperchen) bezeichnet. Die Spindel besteht aus mikrotubulären Elementen, die im Wesentlichen aus Tubulinen aufgebaut sind:

- Die **Astralfasern** (engl. *astral fibers*) nehmen an der Positionierung der Spindel teil und verankern sie an den beiden gegenüberliegenden Zellpolen.
- Die **Polfasern** (auch Polarfibrillen genannt; engl. *polar fibrils*) sind direkt mit dem gegenüberliegenden Centrosom verbunden.
- Die **Kinetochorfasern** (auch Chromosomenfibrillen genannt; engl. *kinetochore fibers*) setzen direkt an den Kinetochoren der Chromosomen an.

Die Enden der Spindelfasern, die sich durch die Anlagerung von Tubulinmolekülen verlängern und auf die Centromerregionen der Chromosomen zu wachsen, werden mit einem Plus-Zeichen (+), die zu den Polen hin gerichteten Enden mit einem Minus-Zeichen (−) gekennzeichnet. Sie sind nicht nur für die korrekte Lokalisation der Chromosomen in der Äquatorialebene des Kerns verantwortlich, sondern steuern vor allem auch die Trennung der Chromatiden. Diese verschiedenen Prozesse werden durch unterschiedliche Proteine ermöglicht, die am Aufbau der Spindel beteiligt sind. So enthält eine Spindel Proteine wie Tubuline, die durch Polymerisation Fibrillen ausbilden, Dynein oder Dynein-ähnliche Moleküle und Kinesine. Diese Motorproteine unterstützen die Bewegungsfunktionen innerhalb der Spindel.

> ❗ Mithilfe des Spindelapparates, der aus fibrillenbildenden Proteinen, vorwiegend Tubulin, und Motorproteinen aufgebaut ist, erfolgt die Verteilung der Chromosomen auf die Tochterzellkerne.

Nach der Anordnung in der Äquatorialebene beginnen die Chromatiden, sich vollständig voneinander zu trennen; diese beginnende Trennung der Chromatiden kennzeichnet die **Anaphase**; eine Übersicht über die daran beteiligten Proteine in Hefen und Säugern gibt ◘ Abb. 6.20. Die Trennung der Chromatiden wird begleitet durch eine Bewegung in entgegengesetzter Richtung auf die Kernpole. Die Bewegung der Chromatiden in Richtung auf den jeweiligen Pol wird da-

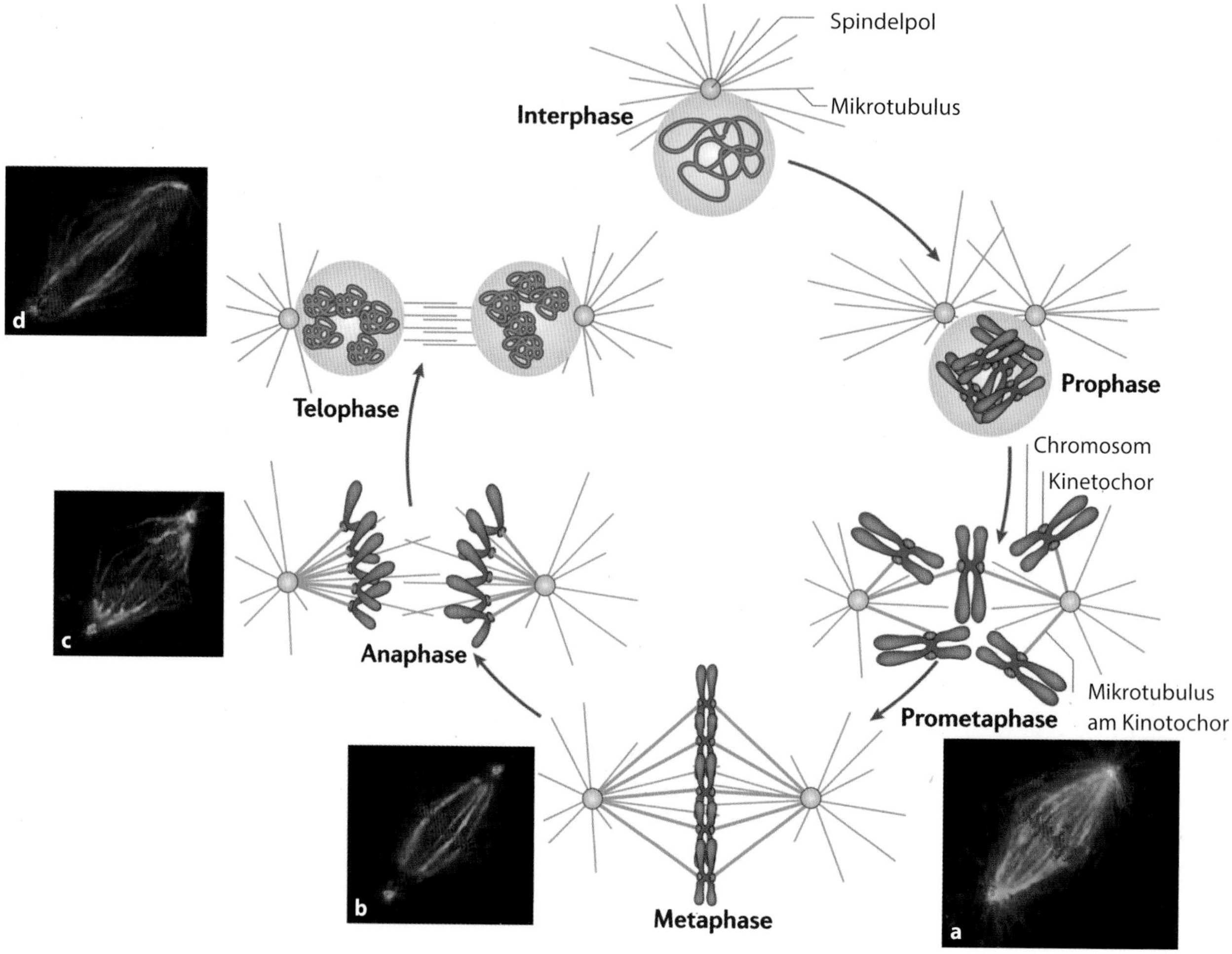

Abb. 6.19 Die Mitose. In der Interphase wächst die Zelle und die DNA wird repliziert. Nach der Replikation der Spindelpole und der DNA wächst die Zelle weiter und tritt in die Mitose ein. Während der frühen Prophase liegen die Centriolen noch nahe beieinander und bilden mit ihren Spindeln einen Teilungsstern (Aster). Später wandern sie zu entgegengesetzten Positionen an der Kernmembran, und das Chromatin beginnt, sich zu kondensieren, sodass zunächst lang gestreckte Chromosomen sichtbar werden. Im Laufe der Prophase kontrahieren sich die Chromosomen weiter, und die zwei Chromatiden werden erkennbar. In der späten Prophase (Übergang zur Metaphase; Prometaphase) löst sich die Kernmembran auf, die Spindel beginnt sich auszubilden, und die Chromosomen wandern in die Äquatorialebene des ehemaligen Kerns (*Bild* **a**). In der Metaphase liegen alle Chromosomen in der Äquatorialebene. Homologe Chromosomen sind hierbei im Allgemeinen zufallsgemäß verteilt und ungepaart (*Bild* **b**). In der Anaphase trennen sich die Chromatiden jedes Chromosoms und wandern zu entgegengesetzten Spindelpolen (*Bild* **c**). Auf diese Weise ist sichergestellt, dass jede Tochterzelle einen vollständigen Satz Chromosomen erhält. In der späten Anaphase liegen die Chromatiden nahe an den Spindelpolen und die Durchschnürung der Zelle beginnt. In der Telophase bildet sich die neue Kernmembran, die Centriolen verdoppeln sich und die Dekondensation der Chromosomen beginnt (*Bild* **d**). Während der Interphase haben sich die Chromosomen dekondensiert und formen ein Chromatingerüst im Zellkern. Die *Bilder* **a–d** zeigen die Mitose einer *Drosophila*-Zelle. Die Zellen sind mit Antikörpern gegen Centrosomin behandelt, um die Centrosomen zu färben (*magenta*); α-Tubulin zeigt die Mikrotubuli der Spindel (*grün*) und das Centromerprotein CID die Kinetochore (*rot*); die DNA ist mit DAPI angefärbt (*blau*). (Mitose-Schema nach Verdaasdonk und Bloom 2011; **a–d** nach Maiato et al. 2006; alle mit freundlicher Genehmigung)

durch erreicht, dass das Tubulin am kinetochornahen Ende der Kinetochorfibrillen depolymerisiert und die Fibrille dadurch verkürzt wird. Gleichzeitig mit diesem Bewegungsprozess der Chromatiden beginnen die Polarfibrillen sich zu verlängern, sodass die Pole auseinanderrücken. Hierdurch wird der Platz für die Teilung der Zelle durch eine in der Mitte zwischen den Polen gelegene Einschnürung geschaffen.

Während der späten Anaphase erreichen die Chromatiden die Spindelpole, und die Zelle beginnt, sich in der Mitte zwischen den Spindelpolen zu teilen. Hieran sind fibrilläre Elemente entscheidend beteiligt, die vor allem aus Aktin aufgebaut sind. Die Spindel löst sich auf, und in der **Telophase** beginnen die Chromatiden zu dekondensieren. Eine neue Kernmembran wird ausgebildet, ein neuer Nukleolus entsteht, und die Zellmembran schließt sich zwischen den beiden neu entstehenden Kernen (**Cytokinese**), sodass die Bildung der Tochterzellen beendet ist und ein neuer Zellzyklus beginnen kann. Zwischen den beiden Zellen bleibt ein Aggregat aus Polarfibrillen und aus anderen Rückständen des Teilungsprozesses zurück, das als Phragmoblast und später, in stark kon-

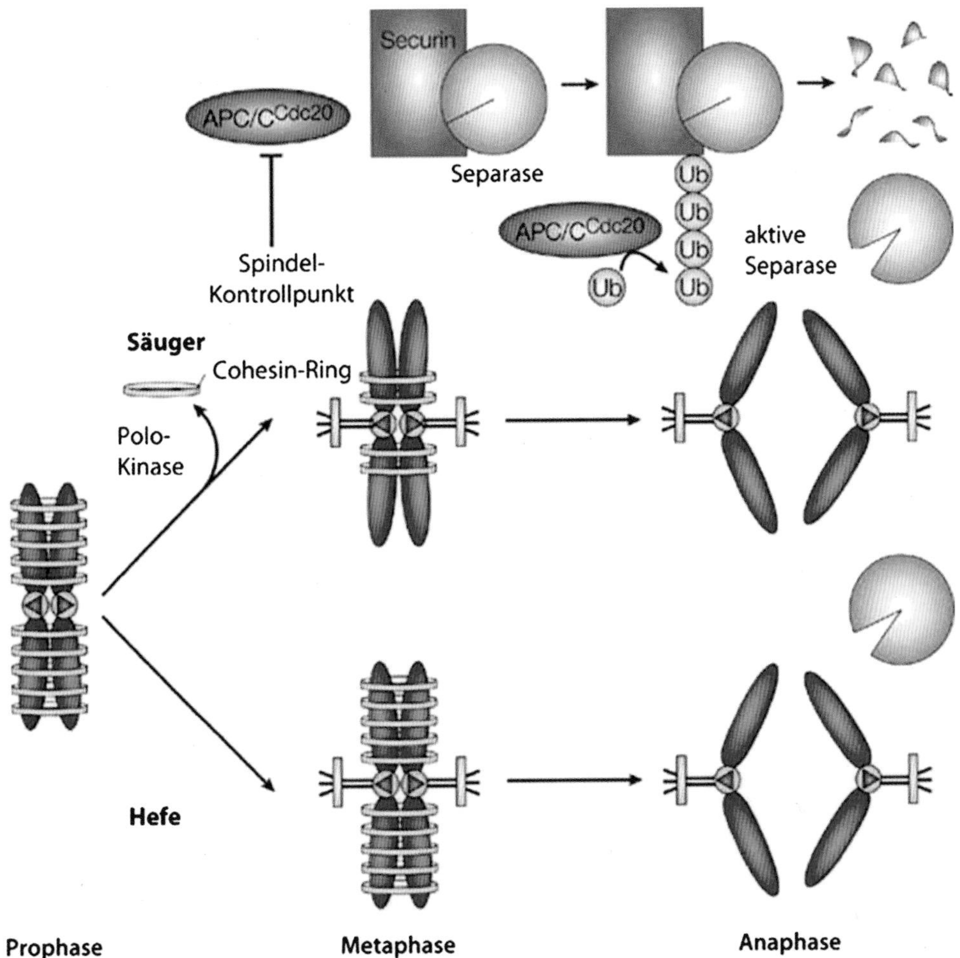

Abb. 6.20 Chromosomentrennung während der Mitose. Die Ausrichtung der Chromosomen an der Metaphasen-Spindel und ihre nachfolgende Trennung in der Anaphase hängen wesentlich davon ab, dass zwischen den Schwesterchromatiden zunächst Verbindungen geschaffen und später wieder gelöst werden. In der Mitose ist dafür der Cohesinkomplex verantwortlich, der aus mindestens fünf Untereinheiten besteht. Der Cohesinkomplex bildet dabei ringförmige Strukturen aus, die die Chromosomen in der Metaphase umschlingen. Um die Schwesterchromatiden in der Anaphase wieder zu trennen, wird zunächst Scc1 (engl. *sister chromatid cohesion protein* 1) durch die Protease Separase gespalten. Separase wird durch Securin bis zum Beginn der Anaphase inaktiv gehalten; die Aktivierung der Separase wird durch den APC/C-Komplex (engl. *anaphase promoting complex/cyclosome*) veranlasst, worin er durch Cdc20 unterstützt wird und durch Anheftung von Ubiquitinresten zum Abbau am Proteasom vorbereitet. In Säugerzellen wird die Hauptmenge des Cohesins an den Chromosomenarmen schon in der Prophase in einem Separase-unabhängigen Weg entfernt. Allerdings verbleibt ein Teil des Cohesins an den Centromeren, was offensichtlich ausreicht, um die Schwesterchromatiden zusammenzuhalten. Die Schwesterchromatiden können sich erst dann trennen, wenn Scc1 durch Separase gespalten wird. Der Spindel-Kontrollpunkt verhindert den Beginn der Anaphase, solange die Kinetochore nicht an der Mitosespindel angeheftet sind. Die Bestandteile dieses Kontrollsystems binden an APC/C, was die Ubiquitin-Ligase inaktiv hält und damit die Separase-Aktivierung verhindert. (Nach Marston und Amon 2004, mit freundlicher Genehmigung)

densiertem Zustand, auch als Flemming-Körper (engl. ***midbody***) bezeichnet wird.

Für den **Zusammenhalt von Chromatiden** (engl. *chromatid cohesion*) während der Mitose bis hin zur Anaphase ist ein Protein, das **Cohesin**, verantwortlich. Eine Protease, genannt **APC/C** (engl. *anaphase promoting complex/cyclosome*), aktiviert während der Anaphase einen anderen Proteasekomplex, der aus einem zunächst inaktiven Komplex der Proteine **Separase** und **Securin** besteht. APC/C baut Securin, das ubiquitiniert ist, proteolytisch ab und setzt dadurch Separase als aktive Protease frei, die nunmehr Cohesin abbaut und dadurch die Chromatidentrennung ermöglicht. APC/C ist ein Multiproteinkomplex, der die **Progression des Zellzyklus** durch die Anaphase in Mitose und Meiose kontrolliert. Seine Wirkung erstreckt sich auf Cohesine und Condensine sowie auf den Cyclin B/Cdc20-Komplex. APC/C überprüft den Zustand der Spindel: Stellt er eine ausreichende Tension im Spindelapparat fest, wird der Mitose-Kontrollpunkt aktiviert und der Zellzyklus kann in die Anaphase eintreten. Bei Defekten im Spindelmechanismus oder bei der Segregation wird der Zellzyklus blockiert.

Auch die Ausbildung der **Kernmembran** ist ein komplexer Prozess, an dem sowohl cytoplasmatische als auch

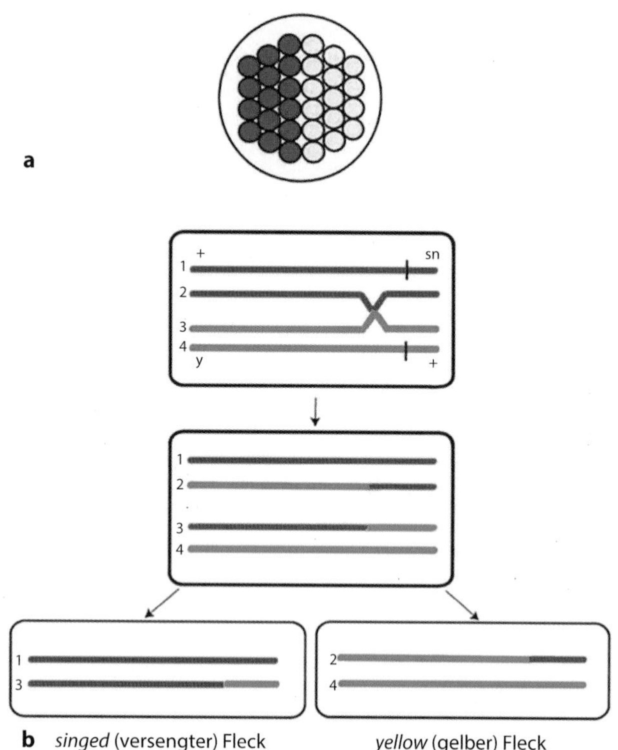

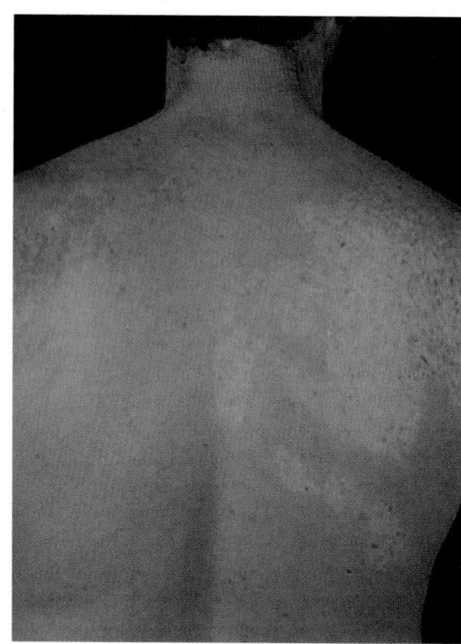

Abb. 6.21 Zwillingsflecken. **a** Zwei unterschiedliche klonale Zellpopulationen auf dem Hintergrund von gesundem Gewebe. **b** Zwillingsflecken als Ergebnis eines mitotischen Crossing-overs. Vor dem Crossing-over sind die jeweiligen Chromosomen heterozygot für rezessive Mutationen. Die Tochterzellen werden hemizygot für die rezessiven Allele. Es ist hier ein Beispiel aus *Drosophila* gezeigt; *sn*: *singed*, *y*: *yellow*. **c** Paarweise Hautanomalien beim Menschen: ein Becker-Nävus (großer, unregelmäßig braun gefärbter Hautfleck) mit verstärktem Haarwuchs auf der *linken* Seite und ein Naevus depigmentosus (angeborener, schwach pigmentierter Fleck) mit Leberflecken auf der *rechten* Seite. Die Mittelline ist nicht betroffen. (Aus van Steensel et al. 2005, mit freundlicher Genehmigung)

Chromosomen-assoziierte Proteine (Lamine) beteiligt sind. Offenbar erfolgt die Organisation der Kernmembran unter Kontrolle der Chromosomen. Die verschiedenen Bestandteile des Kernskeletts und des Karyoplasmas werden zunächst während der Bildung der Kernmembran in der Telophase vom Kerninneren ausgeschlossen und danach, unter aktiver Kontrolle, durch die Kernporen in den Kern reimportiert.

Das diffuse Chromatin des Interphasekerns wird während der Mitose inaktiv und kondensiert sich unter Bildung kompakter Metaphasechromosomen. Der Zusammenhalt von homologen Chromosomen und Chromatiden wird durch Proteine bedingt, deren kontrollierter proteolytischer Abbau in der Anaphase die Trennung von Chromosomen bzw. Chromatiden ermöglicht. Nach Abschluss der Zellteilung gehen die Chromosomen wieder in ihren stoffwechselphysiologisch aktiven Zustand über und dekondensieren zum Interphasechromatin.

Kommt es während der DNA-Replikation oder während der Mitose zu Fehlern, können diese repariert werden. Eine Möglichkeit besteht in der homologen Rekombination zwischen Schwesterchromatiden. Diese mitotischen Rekombinationsvorgänge verlaufen über eine viersträngige Struktur, die wir als Holliday-Struktur bereits bei Bakterien kennengelernt hatten (▶ Abschn. 4.4.2). Im Zentrum der mitotischen Rekombination (oder Rekombinationsreparatur, ▶ Abschn. 10.6.4) steht bei Hefen die Resolvase Yen1; das humane homologe Protein ist Gen1 – funktionell entsprechen beide Enzyme der bakteriellen Resolvase RuvC. Allerdings unterscheidet sich dieser molekulare Mechanismus der mitotischen Rekombination deutlich von demjenigen, den wir im ▶ Abschn. 6.3.3 bei der meiotischen Rekombination kennenlernen werden.

Mitotische Rekombinationen sind etwa 100- bis 1000-mal seltener als in der Meiose. Im Allgemeinen wird man Rekombinationen in der Mitose jedoch nicht erkennen, da sie nicht in der abweichenden genetischen Konstitution von Nachkommen sichtbar werden und geeignete zelluläre Marker für diese Art von Mosaikmustern im Allgemeinen nicht vorliegen. Unter geeigneten experimentellen Bedingungen können wir aber auch mitotische Crossing-over-Ereignisse sichtbar machen und diese sogar für entwicklungsbiologische Untersuchungen einsetzen. Das Ergebnis mitotischer Rekombination wurde zuerst an *Drosophila* beschrieben (Abb. 6.21a,b). Erfolgt ein solches mitotisches Rekombinationsereignis während der frühen Entwicklung in Zellen, so können wir später in den daraus entstehenden Gewebebereichen unterschiedliche Färbungsmuster erkennen. Registriert man viele solcher Muster, so macht man die bemerkenswerte Beobachtung, dass sie bestimmte Grenzen einhalten, die nicht überschritten werden. Curt **Stern** hat (1936) den Begriff **Zwillingsfleck** (engl. *twin spot*) für solche Konstitutionen eingeführt. In der Dermatologie sind solche Zwillingsflecken als Didymosis bekannt und bedürfen noch der molekularen Untersuchung; ein Beispiel zeigt ◼ Abb. 6.21c.

6.3.2 Meiose

Bei der Entwicklung der Geschlechtszellen (siehe dazu auch die entsprechenden Abschnitte im ► Kap. 12 über Entwicklungsgenetik) wird die Anzahl der Chromosomen halbiert, um bei der Verschmelzung der männlichen und weiblichen Gameten wieder die für den jeweiligen Organismus charakteristische Zahl zu erreichen. Aber es genügt hierbei nicht, die Anzahl der Chromosomen willkürlich auf die Hälfte zu reduzieren, sondern es muss eine genau kontrollierte Verteilung erfolgen, die sicherstellt, dass alle Tochterzellen die vollständige genetische Ausstattung erhalten. Bei mitotischen Zellteilungen werden nur die Chromatiden verteilt, und die Chromosomenanzahl bleibt somit unverändert. Hingegen sind für die Meiose zusätzliche zelluläre Mechanismen erforderlich, um die Homologen gleichmäßig zu verteilen. Diese Prozesse verlaufen in zwei Zellteilungen, die als **meiotische Teilungen** oder **Reifeteilungen** bezeichnet werden; die damit verbundenen besonderen Prozesse werden unter dem Begriff **Meiose** zusammengefasst (◼ Abb. 6.22).

Diese wesentlichen Ereignisse der beiden meiotischen Teilungen sind:

- die **Trennung der homologen Chromosomen** (im Gegensatz zur Mitose!) in der ersten meiotischen Teilung (Meiose I) und
- die **Trennung ihrer Chromatiden** (wie in der Mitose!) während der zweiten meiotischen Teilung (Meiose II).

Die kontrollierte Verminderung der Chromosomenzahl auf die Hälfte erfolgt dadurch, dass sich zunächst die homologen (replizierten) Chromosomen zu Beginn der Prophase I paaren (**Synapsis**), sich aber nach den Rekombinationsereignissen während der Prophase I in der darauffolgenden Anaphase I wieder trennen und zu den entgegengesetzten Spindelpolen wandern (**Segregation**). Damit erhält in dieser ersten meiotischen Teilung jede Tochterzelle einen vollständigen Chromosomensatz. Ein wichtiger Gesichtspunkt hierbei ist, dass die Verteilung der väterlichen und mütterlichen Chromosomen zufallsmäßig erfolgt, sodass in den Tochterzellen jede mögliche Kombination väterlicher und mütterlicher Chromosomen vorliegen kann. Zusammen mit den Rekombinationsereignissen aus der Prophase I hat das zur Folge, dass die Keimzellen völlig neue Allelkombinationen besitzen können und somit nach der Befruchtung in den Nachkommen neue Genotypen und Phänotypen entstehen. Da die Chromosomenzahl in dieser ersten Reifeteilung (Meiose I) durch die Trennung der homologen Chromosomen auf einen haploiden Wert reduziert worden ist, nennt man diese Teilung auch **Reduktionsteilung**. Bevor sich diese Zellen zu Gameten differenzieren, erfolgt eine weitere Teilung, die zweite meiotische Teilung (Meiose II), auch **Äquationsteilung** genannt.

Da sich bereits während der Interphase vor der ersten meiotischen Teilung, also vor der Reduktionsteilung, die Chromosomen, wie in jedem normalen mitotischen Zellzyklus, verdoppelt haben, besteht jedes der homologen Chromosomen aus zwei Chromatiden. In der Interphase, die auf die erste meiotische Teilung folgt, durchlaufen die nunmehr haploiden Zellen keine weitere S-Phase, da die Chromosomen bereits repliziert sind. Während der zweiten meiotischen Teilung werden nun die beiden Chromatiden jedes Chromosoms genauso auf die Tochterzellkerne verteilt wie während jeder mitotischen Zellteilung. Die entstehenden haploiden Tochterzellen besitzen somit jeweils eine Chromatide eines jeden Chromosoms. Eine S-Phase wird auch während der darauffolgenden Entwicklung der haploiden Zellen zu Gameten meistens nicht durchlaufen; vielmehr findet die nächste Verdoppelung der Chromosomen im Allgemeinen erst nach der Befruchtung in der Zygote statt.

Von diesem grundlegenden Schema der Meiose gibt es eine ganze Reihe von Abweichungen in verschiedenen Organismen. Beispielsweise können vor der Reifung der Gameten noch Mitosen durchlaufen und die Anzahl haploider Zellen dadurch erhöht werden (► Abschn. 12.4.1 und 12.6.5). Jedoch bleibt das Grundprinzip stets erhalten: Aus einer diploiden Keimbahnzelle entstehen haploide Geschlechtszellen.

Die Erkenntnis der Verteilung der Chromosomen während der Entstehung der Keimzellen stellte einen grundlegenden Schritt auf dem Weg zur **Chromosomentheorie der Vererbung** dar. Die endgültige Bestätigung der Richtigkeit dieser Theorie erfolgte schließlich durch die Analyse des Erbgangs von Geschlechtschromosomen (► Abschn. 11.4.1).

! In der Keimbahn wird die Anzahl der Chromosomen auf einen haploiden Zustand reduziert. Die Meiose schließt zwei Zellteilungen ein. Die erste (Reduktionsteilung) dient der Trennung homologer Chromosomen, die zweite (Äquationsteilung), wie jede normale Mitose, der Trennung der Chromatiden. Zur Trennung der Homologen während der Reduktionsteilung ist es erforderlich, dass sich die Homologen zuvor paaren (Synapsis). Im Unterschied zu normalen Mitosen erfolgt während der Interphase zwischen der ersten und zweiten Reifeteilung keine DNA-Synthese. Dadurch erhält jede Zelle nach der Meiose nur einen einzigen Chromosomensatz und ist also haploid.

Wir haben bei der Besprechung der meiotischen Teilungen gesehen, dass die Verteilung väterlicher und mütterlicher Chromosomen während der Reduktionsteilung

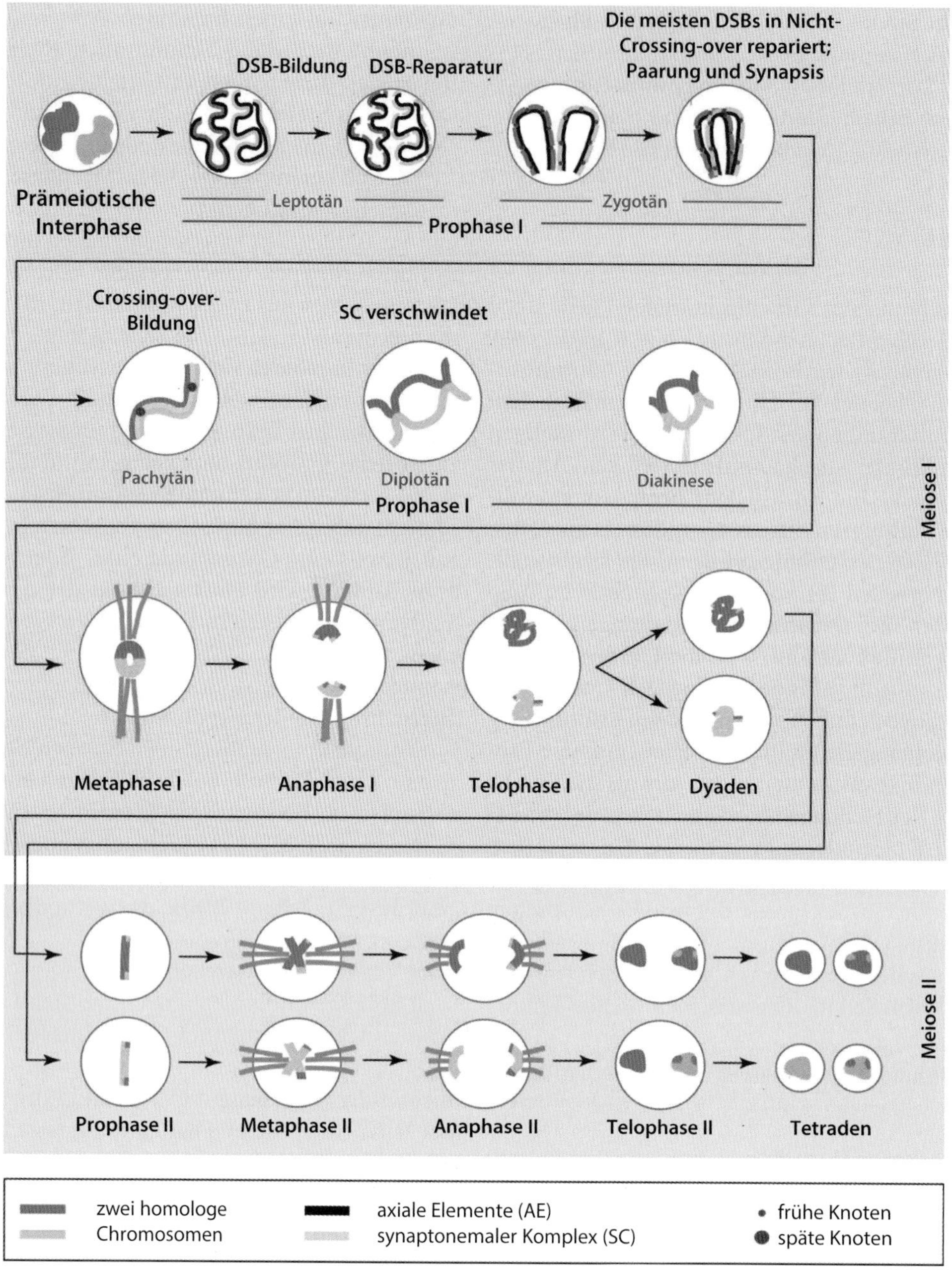

Abb. 6.22 Die Meiose. Die aufeinanderfolgenden Stadien der Meiose sind schematisch für ein Chromosomenpaar dargestellt; die homologen Chromosomen unterscheiden sich in der Farbe (*hellgrün*/*blau*). Während der ersten meiotischen Teilung werden homologe Chromosomen voneinander getrennt, während der zweiten meiotischen Teilung die Chromatiden der einzelnen Chromosomen. Jede (diploide) primäre Meiocyte ergibt auf diese Weise vier haploide Meioseprodukte (Tetrade). Im männlichen Geschlecht differenzieren sich diese haploiden postmeiotischen Zellen zu Spermatozoen. Im weiblichen Geschlecht degenerieren meist drei der Meioseprodukte, während die vierte haploide Zelle sich zur Eizelle entwickelt. In einigen Organismen durchlaufen die haploiden Meioseprodukte zusätzliche mitotische Teilungen. Die Prophase der ersten meiotischen Teilung (Prophase I) wird aufgrund morphologischer Kriterien der Chromosomenstruktur in eine Reihe von Stadien unterteilt, die bei den meisten höheren Organismen als charakteristische meiotische Chromosomenzustände auftreten. Rekombinationsereignisse in der Prophase I führen für bestimmte Chromosomenabschnitte zu einem Austausch väterlicher und mütterlicher Allele. DSB: Doppelstrangbruch; *grün*: Spindelapparat. (Nach Pawlowski und Cande 2005, mit freundlicher Genehmigung)

zufallsgemäß erfolgt. Das ist für die Entstehung eines neuen Individuums genau genommen nicht erforderlich, sondern die Reduktionsteilung könnte im Prinzip auch so erfolgen, dass es zu einer Trennung der väterlichen von den mütterlichen Chromosomen kommt. Bei der Betrachtung populationsgenetischer Gesichtspunkte (► Abschn. 11.5) werden wir aber sehen, dass die zufallsgemäße Verteilung der Chromosomen eine wichtige Bedeutung für die Evolution hat: Die Mischung väterlicher und mütterlicher Allele führt zur Entstehung **neuer**

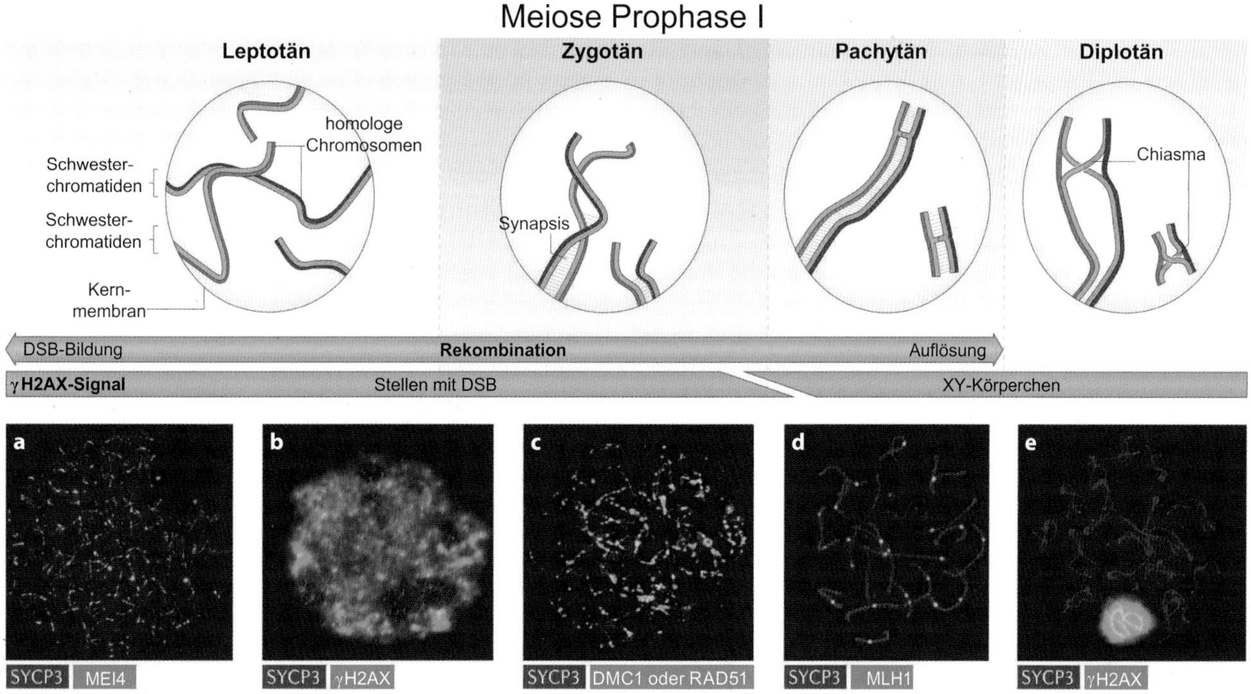

Abb. 6.23 Überblick über die Prophase I. Im *oberen* Teil ist die chromosomale Organisation während der meiotischen Prophase I (unterteilt in Leptotän, Zygotän, Pachytän und Diplotän) schematisch mit zwei Paaren homologer Chromosomen dargestellt; jedes Chromosom besteht aus zwei Schwesterchromatiden (*dunkelrot/hellrot* bzw. *dunkelblau/hellblau*). Im Leptotän beginnt die meiotische Rekombination mit der Einführung von Doppelstrangbrüchen (DSBs); die Rekombination ist vor dem Ende des Pachytäns abgeschlossen. Der Übergang vom Leptotän zum Pachytän wird auch „Bouquet-Stadium" genannt, da sich die Telomere an einem Pol der Kernmembran anhäufen. Die Größe der Abbildung entspricht nicht der Dauer der einzelnen Stadien; alle Schritte gelten für die Meiose von männlichen und weiblichen Keimzellen, mit Ausnahme der XY-Körperchen, die nur in männlichen Keimzellen vorkommen (► Abschn. 6.3.3). Im *unteren* Teil sind Immunfluoreszenzfärbungen von männlichen Spermatocyten der Maus gezeigt; dabei ist in allen Stadien das synaptonemale Komplexprotein 3 (SYCP3) *rot* angefärbt, um die Chromosomenachsen darzustellen. Stadienspezifische Proteine sind *grün* angefärbt; bei Co-Lokalisation ergibt sich daraus die *gelbe* Mischfarbe. **a** Das Meiose-Protein (MEI4, *grün*) co-lokalisiert im Leptotän mit SYCP3. **b** Nach Bildung der DSBs wird das Histon H2AX im Leptotän durch das Protein ATM (engl. *Ataxia telangiectasia mutated*) phosphoryliert (γH2AX). **c** Im Zygotän sind die DNA-Rekombinasen DMC1 und RAD51 and den Stellen der Doppelstrangreparatur lokalisiert. **d** Im Pachytän werden die DSBs repariert; das Homolog des Mutatorproteins L (engl. *MutL protein homolog 1*; MLH1) ist angefärbt. **e** Im Diplotän wird γH2AX in den XY-Körperchen beobachtet (beachte: Es kommt nur in den Spermatocyten vor, wie hier dargestellt). (Nach Baudat et al. 2013, mit freundlicher Genehmigung)

Genotypen und **Phänotypen**, die neue Möglichkeiten für Selektionsprozesse und andere evolutionäre Mechanismen bieten. Welche Konsequenzen die zufallsgemäße Verteilung der elterlichen Chromosomen für die Anzahl möglicher Kombinationen hat, wird deutlich, wenn man sich die Anzahl der theoretisch möglichen Kombinationen vor Augen hält. Diese werden durch den Ausdruck 2^n beschrieben, wobei n die Anzahl der Chromosomenpaare ist.

Für eine menschliche Keimzelle (haploid 23 Chromosomen) ergeben sich daraus 8.388.608 Möglichkeiten. Damit ist aber die Vielfalt der möglichen Genotypen in der Nachkommenschaft noch keinesfalls beschrieben. Da zur Befruchtung eine zweite Keimzelle mit einer ebenso großen Anzahl von Möglichkeiten ihrer genetischen Konstitution hinzukommt, beträgt die Anzahl möglicher genetischer Konstitutionen $(8{,}39 \times 10^6)^2 = 7 \times 10^{13}$! Dabei sind Crossing-over-Ereignisse noch nicht einmal berücksichtigt.

Die zufallsgemäße Verteilung der väterlichen und mütterlichen Chromosomen in der ersten meiotischen Teilung führt zu einer beträchtlichen Variabilität in der genetischen Konstitution der Keimzellen. Die Variabilität führt zu neuen Genotypen und Phänotypen in der Nachkommenschaft. Für Evolutionsprozesse ist die Variabilität von großer Bedeutung, da sie Ansatzpunkte für die Selektion bietet.

Die Zellen, in denen die erste Reifeteilung (Meiose I) erfolgt, werden **Meiocyten I** genannt. Nach der Interphase und der sich anschließenden S-Phase weisen die Meiocyten I, wie jede diploide Zelle nach der S-Phase, vier Chromatiden auf. Zu Beginn der **Prophase I** werden Chromosomen sichtbar, die sich aber bereits jetzt strukturell von mitotischen Prophasechromosomen unterscheiden. Wie wir bereits weiter oben (Abb. 6.22) gesehen haben, lassen sich in der meiotischen Prophase I verschiedene wichtige Stadien unterscheiden, die wir nun im Detail besprechen wollen (Abb. 6.23).

Die lang gestreckten Chromosomen, bestehend aus zwei **Schwesterchromatiden**, sind während des frühesten Stadiums der Prophase I, dem **Leptotän**, noch nicht gepaart. Sie haben ein perlschnurartiges Aussehen, da sie Verdickungen aufweisen, die als **Chromomeren** bezeichnet werden. Oft sind die Chromosomen-Enden der Kernmembran angelagert, weswegen diese besondere Phase auch als „Bouquet-Stadium" bezeichnet wird. In vielen Organismen (z. B. Hefe, Maus, Mensch) ist die Ausbildung von Doppelstrangbrüchen die Voraussetzung für die Paarung der homologen Chromosomen; allerdings gilt dies nicht für *Drosophila* und *C. elegans*.

Mit fortschreitender Kondensation, d. h. Verkürzung der Chromosomen, beginnen sich die Homologen an einzelnen Stellen zu paaren. Dieses Stadium heißt **Zygotän**. Die Paarung schreitet allmählich, ausgehend von bereits gepaarten Bereichen, über die gesamte Länge der Chromosomen fort. Wir werden diesen Vorgang, nämlich die Herstellung des **synaptonemalen Komplexes**, im ▶ Abschn. 6.3.3 noch genauer besprechen und dabei feststellen, dass es auch hier wieder zwischen verschiedenen Spezies Unterschiede im Detail gibt.

Im **Pachytän** sind die Homologen vollständig gepaart (es besteht Synapsis). Man spricht bei dieser Chromosomenkonfiguration von **Bivalenten** (= zwei gepaarte homologe Chromosomen; die Zelle ist noch diploid oder 2n!). Gelegentlich kann man nun bereits die beiden Chromatiden jedes der homologen Chromosomen erkennen, obwohl diese meist erst im folgenden Stadium, dem **Diplotän,** deutlich sichtbar werden. Für den chromosomalen Strukturzustand, in dem alle vier Chromatiden der zwei homologen Chromosomen sichtbar sind, ist daher auch die Bezeichnung **Tetrade** gebräuchlich.

Im Allgemeinen kann man in allen Tetraden eine oder mehrere Stellen erkennen, an denen sich die Chromatiden der homologen Chromosomen zu überkreuzen scheinen. Man nennt eine solche Überkreuzung ein **Chiasma**. Chiasmata zeigen an, dass innerhalb der betreffenden Tetrade Rekombination, also ein Austausch der Chromatiden homologer Chromosomen stattgefunden hat. Den Vorgang, der zur Bildung eines Chiasmas führt, nennen wir Crossing-over. Wir werden später bei der Darstellung der Rekombination (▶ Abschn. 6.3.3) überwiegend diesen Begriff verwenden. Die genaue Stelle des Austausches im Chromosom kann man hieraus jedoch nicht ableiten, da sich im Allgemeinen bereits bald nach dem Rekombinationsereignis die Chiasmata in Richtung auf die Chromosomen-Enden verlagern. Man bezeichnet diesen Vorgang als **Terminalisierung der Chiasmata**. Möglicherweise steht die Terminalisierung mit den molekularen Mechanismen der Rekombination in Zusammenhang (▶ Abschn. 6.3.3). Insgesamt nimmt die Anzahl der Chiasmata innerhalb eines Bivalentes proportional zur Länge der Chromosomen zu.

Während des Diplotäns kontrahieren sich die Chromosomen weiter, und die homologen Paarungspartner beginnen sich zu trennen, sodass schließlich ein Zwischenraum zwischen ihnen entsteht. Der Zusammenhalt erfolgt im Wesentlichen nur noch durch die Chiasmata. Chiasmata haben damit eine wichtige Funktion, denn sie garantieren den **Zusammenhalt der Homologen** bis zur Anaphase und damit gleichzeitig deren gleichmäßige Verteilung auf die zwei Tochterzellen.

In der **Diakinese** wird die Kondensation der Chromosomen abgeschlossen. Die Abstoßung (**Repulsion**) der Homologen ist besonders ausgeprägt. Der **Nukleolus** ist nicht mehr zu sehen, und die Kernmembran beginnt sich aufzulösen. Eine Spindel entwickelt sich, und die **Spindelansatzstellen** (**Centromere**) der homologen Chromosomen beginnen, sich nach den Spindelpolen zu orientieren. Dieser Prozess ist während der **Metaphase I** beendet. Die Chromosomen haben sich in der **Äquatorialebene** angeordnet. Die Centromere der Homologen sind in Richtung auf die gegenüberliegenden Spindelpole orientiert. Damit kann in der **Anaphase I** die Verteilung der Chromosomen beginnen. Die Homologen trennen sich nunmehr unter Auflösung der Chiasmata vollständig und wandern zu den entgegengesetzten Spindelpolen. In der **Telophase I** beginnen die Dekondensation der Chromosomen und die Ausbildung einer neuen Kernmembran.

Die Chromosomenstruktur in der meiotischen Prophase I zeichnet sich durch einige Besonderheiten aus. Zunächst kommt es zur allmählich fortschreitenden Paarung der Homologen, die mit einer Kondensation beider Homologen einhergeht. Während dieser Paarungs- und Kondensationsvorgänge kommt es zur Rekombination, die in der späten Prophase durch Chiasmata (Überkreuzungen) sichtbar wird. Die Chiasmata sind zum Zusammenhalt der Homologen notwendig. Durch diese Paarung wird sichergestellt, dass die Tochterzellen jeweils eines der Homologen jedes Chromosomenpaares erhalten.

Wie wir später noch im Detail sehen werden, gibt es bei Säugern deutliche Unterschiede im Zeitverlauf der Meiose I zwischen weiblichen und männlichen Keimzellen (▶ Abschn. 12.6.5). Während die Bildung der männlichen Spermien mit der Meiose I in der Pubertät beginnt und dann kontinuierlich weiterläuft, beginnt die Bildung der Oocyten schon während der Embryonalentwicklung, wird aber dann nach Abschluss der Prophase I bis zur Pubertät unterbrochen. Wir nennen dieses Ruhestadium **Diktyotän**. Eine zweite Stillstandsperiode erfolgt bei der Reifung der Oocyten nach der Metaphase II bis zur Befruchtung. Einen guten Überblick über diese unterschiedlichen zeitlichen Verläufe findet man bei Morelli und Cohen (2005). Viele geschlechtsspezifische Unterschiede in der Entstehung von Chromosomenaberrationen (▶ Abschn. 13.2) sind auf diese unterschiedlichen Verläufe der Meiosen in männlichen und weiblichen Keimzellen zurückzuführen.

In der Meiose II werden die Zellen jetzt **Meiocyten II** genannt. Ihre Interphase ist meist kurz und unterscheidet sich von den bisher besprochenen Interphasen grundsätzlich dadurch, dass keine Verdoppelung der Chromosomen stattfindet. Meiocyten II sind haploid (n), besitzen jedoch noch zwei Chromatiden (2C) in ihren Chromosomen. Diese werden in der zweiten Reifeteilung, die vergleichbar zu einer Mitose verläuft, auf die Tochterzellen verteilt. Diese sind natürlich – wie die Meiocyten II – haploid (n), besitzen aber nur noch eine Chromatide je Chromosom (1C). Der Verlauf der zweiten Reifeteilung weist im Übrigen keine Besonderheiten auf.

In der zweiten meiotischen Teilung werden die Chromatiden verteilt. Jeder Tochterkern besitzt nunmehr einen haploiden (n), nicht replizierten Chromosomensatz.

Zur Verdeutlichung soll an dieser Stelle die Terminologie der Chromosomenstruktur während der Meiose nochmals zusammengefasst werden. Während der Interphase vor der ersten Reifeteilung kommt es zunächst zur Replikation der Chromosomen. Ein Chromosom besteht zu diesem Zeitpunkt aus einer einzigen **Chromatide**. Durch die Replikation verdoppelt sich die in jedem Chromosom enthaltene DNA-Doppelhelix. Nach der S-Phase besteht jedes Chromosom daher aus zwei Schwesterchromatiden (die je eine DNA-Doppelhelix enthalten). Gepaarte homologe Chromosomen (auch **Bivalent** genannt, da aus zwei Chromosomen gebildet) bestehen somit aus insgesamt vier Chromatiden und werden daher auch als **Tetrade** bezeichnet. Endergebnis der Meiose ist die Verteilung dieser vier Chromatiden (= DNA-Doppelhelices) einer Tetrade auf vier Zellen.

Die wesentlichen Punkte der zwei meiotischen Teilungen lassen sich im folgenden Schema zusammenfassen: Die Hauptereignisse während der **ersten** meiotischen Teilung sind

- die Chromosomenkondensation,
- die Paarung der Homologen,
- die Rekombination und Bildung von Chiasmata,
- die Trennung der Homologen und Verteilung auf zwei Tochterkerne.

Das Hauptereignis während der **zweiten** meiotischen Teilung ist

- die Trennung der Chromatiden.

6.3.3 Meiotische Rekombination und Genkonversion

Ein entscheidender Prozess in der Meiose ist die Bildung **synaptonemaler Komplexe** (◘ Abb. 6.23, 6.24), die im Zygotän und Pachytän zwischen den homologen Chromosomen zu beobachten sind. Der synaptonemale

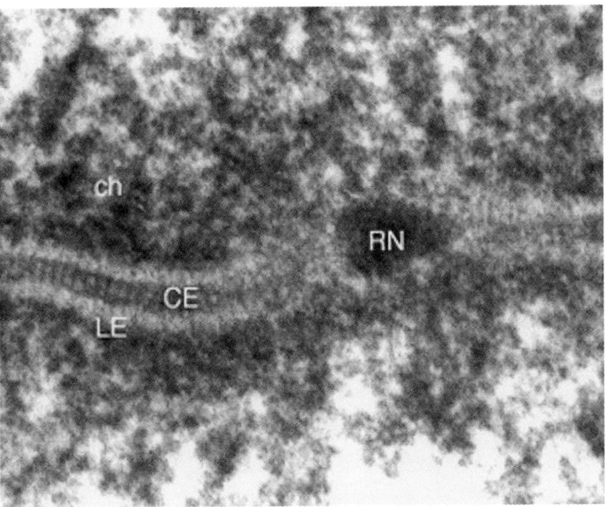

◘ **Abb. 6.24** Der synaptonemale Komplex. Klassische Morphologie eines synaptonemalen Komplexes, dargestellt am Beispiel eines elektronenmikroskopischen Längsschnitts eines Käfers (*Blaps cribrosa*). LE: laterales Element; CE: zentrales Element; RN: Rekombinationsknoten; ch: Chromatin. (Nach Schmekel und Daneholt 1998, mit freundlicher Genehmigung)

Komplex verbindet als ein großes Gerüst, aufgebaut aus vielen Proteinen, die homologen Chromosomen von einem Ende zum anderen. In den meisten Organismen ist die Ausbildung des synaptonemalen Komplexes eine Voraussetzung dafür, dass genetische Informationen ausgetauscht werden können und dass die Chromosomen in der späteren Anaphase korrekt voneinander getrennt werden können. Beim Menschen sind Störungen bei der Bildung des synaptonemalen Komplexes mit Fehlgeburten, Infertilität und Fehlbildungen verbunden.

Während des Zygotäns beginnt die **Homologenpaarung (Synapsis)**, die im Pachytän die Chromosomen in ihrer gesamten Länge erfasst hat (◘ Abb. 6.23). Wenn sich die homologen Chromosomen gefunden haben, bildet sich zwischen ihnen der synaptonemale Komplex aus. Es handelt sich dabei um eine proteinreiche Struktur aus **einem zentralen** und **zwei lateralen Elementen**, die durch **transversale Filamente** zusammengehalten werden (◘ Abb. 6.24). Der Zusammenbau des synaptonemalen Komplexes beginnt im späten Leptotän mit der Bildung der lateralen Elemente entlang der einzelnen Chromosomen. Zusammen mit Cohesin und Cohesin-ähnlichen Molekülen erzeugen sie so die Chromosomenachse und werden deswegen auch Achsenelemente genannt. Die geschilderte Grundstruktur des synaptonemalen Komplexes ist von der Hefe bis zum Menschen sehr ähnlich; ◘ Abb. 6.25 zeigt schematisch den Aufbau des synaptonemalen Komplexes bei Säugern.

Auch wenn der Aufbau des synaptonemalen Komplexes im Wesentlichen in den verschiedenen Organismen sehr ähnlich ist, so gibt es aber doch zwischen verschiedenen Spezies beträchtliche Unterschiede darin, wie

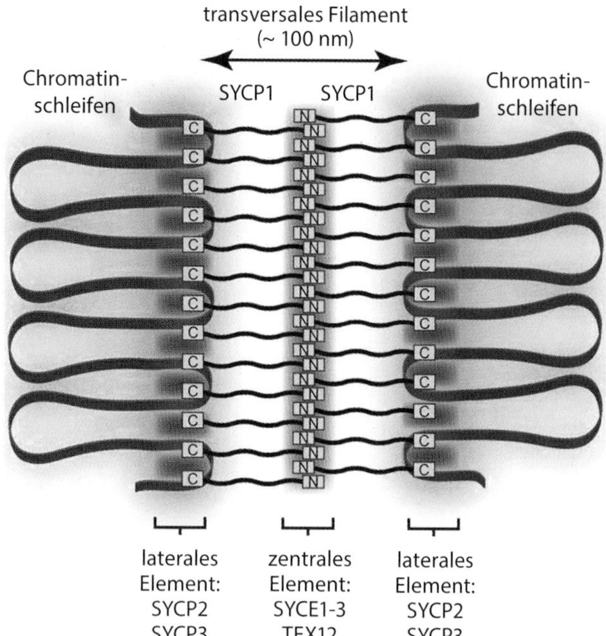

Abb. 6.25 Schema eines synaptonemalen Komplexes bei Säugern. Die maternalen Schwesterchromatiden sind *dunkelrot* dargestellt, die paternalen *blau*. Die Chromatiden sind in einem Satz von Schleifen entlang der lateralen Elemente angeordnet. Sie strahlen von den Achsen aus und können miteinander in Berührung kommen. Die transversalen Elemente werden durch SYCP1 aufgebaut, wobei deren N-terminale Regionen im zentralen Element überlappen; die C-terminalen Regionen weisen nach außen und sind Bestandteil der lateralen Elemente. SYCP: engl. *synaptonemal complex protein*; SYCE: engl. *synaptonemal complex central element protein*; TEX12: engl. *testis expressed 12*. (Nach Syrjänen et al. 2014, CC-by-Lizenz, ► http://creativecommons.org/licenses/)

der Aufbau des synaptonemalen Komplexes organisiert wird: Einige Organismen (wie Hefen und Säuger) verwenden einen Doppelstrangbruch-abhängigen Mechanismus zum Aufbau der Synapsis, wohingegen andere Organismen (wie Fliegen und Würmer) einen Mechanismus verwenden, der keine Doppelstrangbrüche braucht. Wir wollen hier deshalb die verschiedenen Grundkonzepte kurz skizzieren, für Details sei auf die aktuelle Übersichtsarbeit von Cahoon und Hawley (2016) verwiesen.

In **Hefen (*Saccharomyces cerevisiae*)** beginnen die Vorarbeiten für die Synapsis schon vor den Doppelstrangbrüchen, indem das Protein Zip1 (engl. *molecular zipper*) die gekoppelten Centromere stabilisiert. Nach der dauerhaften Kopplung der Centromere werden an verschiedenen Stellen Doppelstrangbrüche eingeführt und die homologen Chromosomen paarweise angeordnet. Das Sortieren der Chromosomen und die Paarung der Homologen wird von schnellen, Telomer-gesteuerten Bewegungen der Chromosomen begleitet; dabei häufen sich die Telomere in der Nähe der Pole an der Kernmembran an und bilden ein „Bouquet". Ein Teil der Doppelstrangbrüche wird markiert, sodass hier später Rekombinationsereignisse stattfinden können (siehe unten); der Rest wird repariert (► Abschn. 10.6). An den späteren Rekombinationsstellen wird ein Synapsis-Initiations-Komplex gebildet, und die Ausbreitung des synaptonemalen Komplexes kann beginnen.

In der **Maus (*Mus musculus*)** ist die Bildung des synaptonemalen Komplexes nicht von einem Synapsis-Initiations-Komplex abhängig, sondern allein von den 200–300 Doppelstrangbrüchen und den entsprechenden Verbindungen zwischen den homologen Chromosomen. Schon die Verminderung der Zahl der Doppelstrangbrüche auf die Hälfte verzögert auch die Bildung der Synapsis. Die Doppelstrangbrüche werden durch das Protein SPO11 erzeugt, das ursprünglich als Sporulationsprotein bei Hefen identifiziert wurde; SPO11 ist eng verwandt mit der Topoisomerase VI A. Die Homologenpaarung wird auch bei Mäusen von schnellen, Telomergesteuerten Chromosomenbewegungen begleitet.

Im Gegensatz zu Hefen und Mäusen brauchen weibliche **Fliegen (*Drosophila melanogaster*)** keine Doppelstrangbrüche, um die Synapsis zwischen homologen Chromosomen zu beginnen. Stattdessen beginnt die Synapsis (wie bei Hefen) an den Centromeren während der vier mitotischen Teilungen, die bei *Drosophila* der Meiose vorgeschaltet sind und außer zu einer Pro-Oocyte zu 15 Nährzellen führen (► Abschn. 12.4.1). Zu Beginn der Meiose sind die homologen Chromosomen schon vollständig gepaart, und der synaptonemale Komplex wird bei Eintritt in die Meiose gebildet. Männliche Fliegen bilden dagegen keinen synaptonemalen Komplex aus (eine aktuelle Darstellung dieses interessanten Befundes findet sich bei John et al. 2016).

Wie in Fliegen und Mäusen ist auch bei **Würmern (*Caenorhabditis elegans*)** die Paarung der homologen Chromosomen und der Beginn der Synapsis unabhängig von Doppelstrangbrüchen. Beide Prozesse werden an Paarungszentren (engl. *pairing centers*) initiiert; dabei handelt es sich um chromosomenspezifische DNA-Sequenzen nahe der Telomere von *C. elegans*. Auch Würmer benutzen Telomer-abhängige Bewegungen der Chromosomen, um die homologe Paarung der Chromosomen zu ermöglichen.

Ebenso wie der Aufbau des synaptonemalen Komplexes sind auch seine Erhaltung im Pachytän und sein Abbau streng reguliert. Dabei beobachten wir bei den verschiedenen Spezies im Detail unterschiedliche, aber im Grundprinzip ähnliche Mechanismen. Die Phosphorylierung vieler Proteine durch Zellzyklus-abhängige Kinasen (z. B. Cdc5, Aurora B) spielt dabei eine wichtige Rolle.

> Die Ausbildung synaptonemaler Komplexe ist eine wesentliche Voraussetzung für die Rekombination in der Meiose. Die Mechanismen zur Ausbildung der synaptonemalen Komplexe sind aber im Detail bei verschiedenen Spezies unterschiedlich.

❀ Ein interessantes Problem ergibt sich bei Meiosen in männlichen Keimzellen von Säugern: Die beiden Geschlechtschromosomen haben nämlich nur an ihren Enden homologe Bereiche (pseudoautosomale Regionen; ► Abschn. 13.3.4), an denen sie während der Prophase I synaptonemale Komplexe ausbilden können. Als Cytogenetiker in den 1950er- und 1960er-Jahren die Meiosen in männlichen Keimzellen von Säugern untersucht haben, entdeckten sie, dass XY-Chromosomenpaare in der Prophase I stärker gefärbt sind als Autosomen. Da man damals zunächst dachte, dass diese „dunkle Struktur" der Geschlechtschromosomen von einer Membran umgeben sei, nannte man sie im Englischen *„sex body"*; hier sprechen wir im Folgenden von „XY-Körperchen" (◘ Abb. 6.23). Heute wissen wir, dass diese dunklere Färbung durch heterochromatische Strukturen hervorgerufen wird, die die nicht-homologen Bereiche der X- und Y-Chromosomen umfassen. Diese heterochromatischen Strukturen verhindern die Transkription entsprechender nicht-gepaarter Bereiche. Der gesamte Prozess wird deshalb als meiotische Inaktivierung der Geschlechtschromosomen bezeichnet (engl. *meiotic sex chromosome inactivation*); er ist aber spezifisch für männliche Keimzellen, da die weiblichen Keimzellen über zwei X-Chromosomen verfügen und die Homologenpaarung deshalb ungehindert durchführen können. Die Beobachtung der Inaktivierung der Geschlechtschromosomen war der Auftakt zu einer ganz allgemeinen Beobachtung, dass nämlich ungepaarte Bereiche von Chromosomen während der Prophase I grundsätzlich transkriptionell stillgelegt werden – das Konzept des *meiotic silencing* ist heute allgemein anerkannt. Eine lesenswerte Zusammenfassung dieser Aspekte bietet der Aufsatz von Turner (2015).

Nachdem wir nun den Aufbau des synaptonemalen Komplexes kennengelernt haben, wollen wir uns der Frage zuwenden, wie der Austausch zwischen den väterlichen und mütterlichen Chromosomen erfolgt. Zur Unterscheidung zu den Reparaturprozessen in der Mitose und auch zur Rekombination bei Prokaryoten (► Abschn. 4.4.2) sprechen wir hier von **meiotischer Rekombination**. Im Ergebnis besitzen die Chromosomen der Keimzellen nunmehr sowohl Allele väterlichen als auch mütterlichen Ursprungs. Die Anzahl der möglichen Allelkombinationen in den Nachkommen wird also durch Rekombinationsereignisse noch einmal erhöht. Das Verständnis dieses Mechanismus ist auch für die Formalgenetik und hierbei insbesondere für Kopplungsanalysen und genetische Kartierungen von fundamentaler Bedeutung (► Abschn. 11.4).

Erste Hinweise auf mögliche Mechanismen fand man auf ultrastrukturellem Niveau, nämlich besonders elektronendichte Strukturen, die als **Rekombinationsknoten** (engl. *recombination nodules*) bezeichnet werden. Diese Rekombinationsknoten besitzen einen Durchmesser von etwa 100 nm. Detaillierte Untersuchungen haben gezeigt, dass sie den enzymatischen Apparat enthalten, der für die Rekombination erforderlich ist. Außerdem stimmen sie zahlenmäßig recht gut mit der Anzahl von Rekombinationsereignissen überein; diese Argumentationskette wird durch ihre Lokalisation im Bereich von Chiasmata im späten Pachytän unterstützt. Wir können frühe und späte Rekombinationsknoten unterscheiden: Während die frühen eher die Stellen eines nicht-reziproken Austauschs markieren (Genkonversion), markieren die späten Rekombinationsknoten eher die Bereiche der homologen Rekombination. Die Rekombinationsknoten sind nicht zufällig über das Chromosom verteilt; sie zeigen vielmehr regionale und geschlechtsspezifische Unterschiede. Wir wissen heute, dass die Rekombinationsraten bei Männern und Frauen unterschiedlich sind, dass sie in Richtung der Telomere höher sind als an den Centromeren und dass sie positiv mit dem GC-Gehalt der DNA korreliert sind.

Wie wir bei der Besprechung des synaptonemalen Komplexes bereits gesehen haben, ist (in Säugern) die SPO11-vermittelte **Einführung eines Doppelstrangbruchs** ein wichtiger Schritt zu Beginn. SPO11 ist eine Typ-II-Topoisomerase, die in ähnlicher Form auch bei Archaeen und bei Pflanzen vorkommt. In der Maus sind noch weitere Proteine für die korrekte Funktion von SPO11 wichtig; dazu gehören MEI4 (engl. *meiotic double-stranded break formation protein 4*), REC114 (engl. *meiotic recombination protein*) und MEI1 (engl. *meiotic double-stranded break formation protein 1*); MEI1 entspricht dabei dem Protein PRD1 von *Arabidopsis thaliana* (engl. *putative recombination defect 1*). Außerdem sind am Aufbau dieses Komplexes zur Einführung von Doppelstrangbrüchen die Rekombinasen RAD51 (engl. *radiation sensitive 51*) und DMC1 (engl. *dosage suppressor of Mck1*) (◘ Abb. 6.23) beteiligt. Diese Komplexe können mit geeigneten Antikörpern als einzelne Punkte (engl. *foci*) sichtbar gemacht werden; bei Mäusen und Menschen finden wir etwa 200–400 solcher Punkte pro Ei- oder Samenzelle in der meiotischen Prophase. Nur etwa 10 % der Doppelstrangbrüche werden für Rekombinationsereignisse genutzt (mindestens eine Rekombination pro Bivalent), der überwiegende Teil wird aber repariert. Die Reparatur dauert lange: bei Mäusen 4–5 Tage in Oocyten und 7–8 Tage in Spermatocyten, bei Menschen sogar 4 Wochen in Oocyten und 3 Wochen in Spermatocyten.

In den darauffolgenden Schritten zur Vorbereitung der Rekombination werden die Doppelstrangbrüche weiterverarbeitet: Dazu gehört in erster Linie ein Abbau der 5′-Enden durch die Exonuklease 1 (EXO1), sodass freie, einzelsträngige 3′-Überhänge auf beiden Seiten des Doppelstrangbruchs entstehen; weitere wichtige Partner in diesem Schritt sind MRE11 (engl. *meiotic recombination 11*) sowie RAD50, RAD51 und eine Reihe weiterer Proteine; einen Überblick über den Gesamtprozess der Rekombination sowie viele beteiligte Proteine gibt ◘ Abb. 6.26.

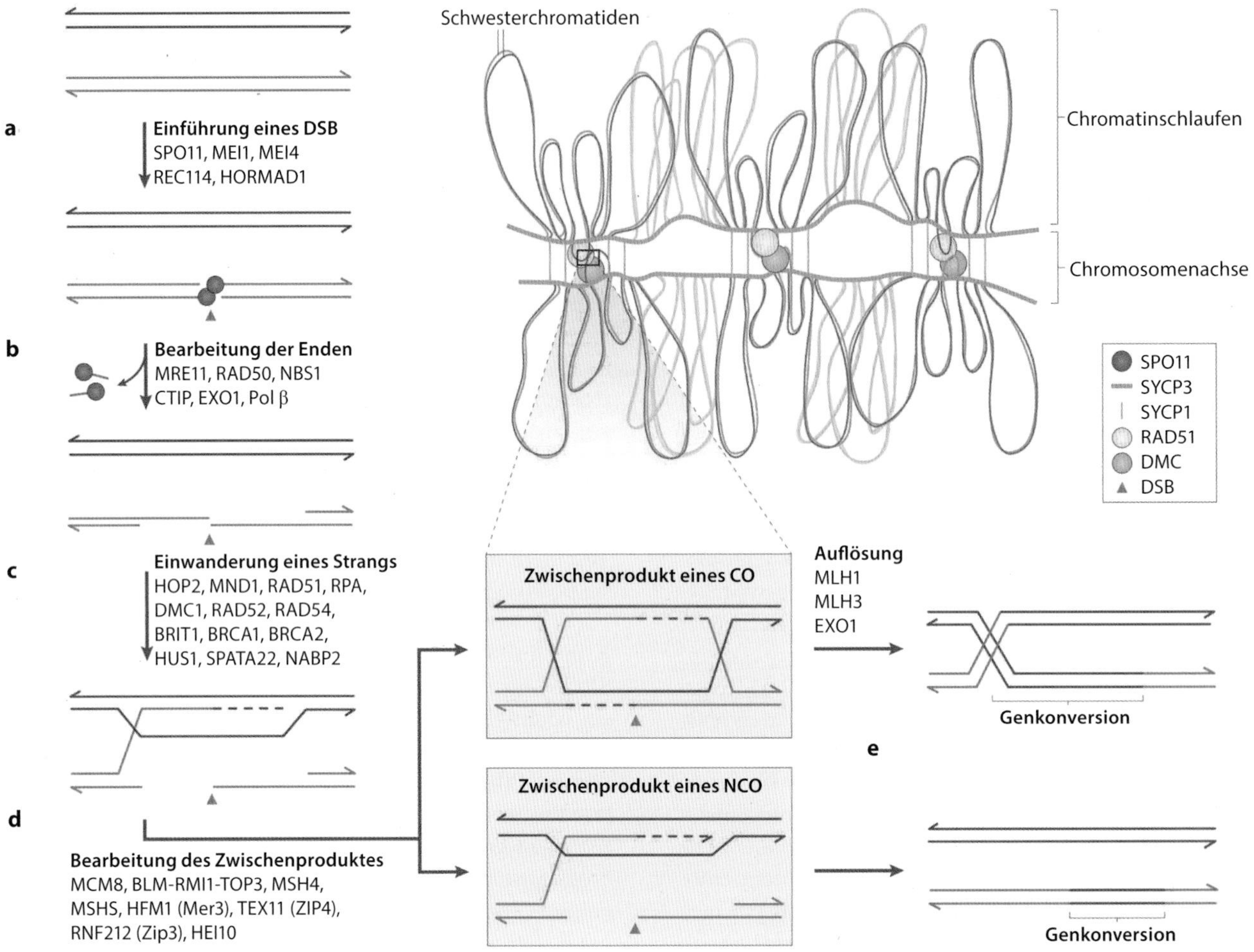

Abb. 6.26 Mechanismus der meiotischen Rekombination bei Säugern. Die verschiedenen Stadien der Rekombination, die während der meiotischen Prophase I auftreten, sind dargestellt. Die Chromatinschlaufen (*blau*) während des Zygotäns sind *oben rechts* gezeigt; einige davon zur leichteren Ansicht in *hellblau*. Die meisten Proteine sind durch die Evolution hindurch von der Hefe zum Menschen konserviert; wenn die Hefeproteine früher entdeckt wurden und eigene Namen haben, sind die entsprechenden Hefe-Abkürzungen in *Klammern* angegeben. **a–e** In den schematischen Darstellungen sind die unterschiedlichen elterlichen Chromosomen blau und rot dargestellt; die *Pfeilspitzen* deuten jeweils das 3′-Ende an. **a** Die Einführung eines Doppelstrangbruchs (DSB) ist wesentlich abhängig von SPO11; man nimmt an, dass DSBs üblicherweise an solchen DNA-Sequenzen entstehen, die mit der Chromosomenachse verbunden sind. **b** Die Weiterverarbeitung der DSBs beginnt mit dem endonukleolytischen Herausschneiden der Oligonukleotide, an die SPO11 gebunden ist (*violettes* SPO11-Symbol mit *blauem* Schwanz), und wird mit dem exonukleolytischen Abbau (5′→3′) der einzelnen Stränge fortgesetzt. **c** Die Einwanderung eines Strangs in den Doppelstrang des homologen Chromosoms führt zur Ausbildung einer Verdrängungsschleife (engl. *displacement loop*, *D-loop*) und wird im Wesentlichen durch die Proteine RAD51 und DMC1 katalysiert. **d** Die Zwischenprodukte der Rekombination werden entweder zu einer doppelten Holliday-Struktur weiterverarbeitet und führen damit zu einer Rekombination (CO, engl. *crossing over*) oder bleiben bei der Einwanderung des einen Strangs stehen, was zu keinem Rekombinationsereignis führt (NCO, engl. *non-crossing over*). **e** Die Auflösung der Rekombination benötigt die MutL-Homologe MLH1 und 3 sowie die Exonuklease 1 (EXO1), wohingegen die Auflösung ohne Rekombination die Anlagerung des eingewanderten Strangs an den Gegenstrang erfordert. Diese Endprodukte sind am Ende der Prophase I im Pachytän sichtbar. Als Ergebnis der Fehlpaarungsreparatur des DSBs scheint am Ende eine kurze Region (einige Basenpaare bis wenige Hundert Basenpaare) als vom Gegenstrang übertragen; dieser Vorgang wird als Genkonversion bezeichnet. (Nach Baudat et al. 2013, mit freundlicher Genehmigung)

An den Einzelstrangüberhängen können sich Rekombinationsproteine anlagern, wie z. B. das Replikationsprotein A (RPA), RAD51 und RAD52. Dabei ist RAD52 ein DNA- und Protein-bindendes Protein, das die RAD51-Rekombinase stimuliert. Die Montage des RAD51-Nukleoproteinfilaments führt zu Wechselwirkungen der homologen Doppelstrang-DNA und zum Eindringen eines Einzelstrangs (engl. *strand invasion*). RAD54 stabilisiert diese Übergangsstrukturen und ermöglicht somit, dass die nachfolgenden Reaktionen stattfinden können. In manchen Rekombinationswegen wird daraufhin das zweite DNA-Ende erfasst; daran ist wahrscheinlich RAD52 beteiligt. Dieses Zwischenprodukt kann doppelte Holliday-Verbindungen ausbilden, und die verbleibenden Lücken (die durch die Exonukleasen zu Beginn des Prozesses entstanden sind) können durch neue DNA-Synthese gefüllt werden. Die doppelte Holliday-Verbindung kann unter Beteiligung von RAD51C aufgelöst werden, und ein Rekombinationsereignis ist die Folge. Das RAD51B-RAD51C-Dimer besitzt eine Einzelstrang-DNA-abhängige ATPase-Aktivität. Im anderen Fall bleibt der eingedrungene Strang bei seinem „neuen" Partnerstrang, und es erfolgt keine Rekombination (◘ Abb. 6.26d, e). In beiden Fällen bleiben kurze einzelsträngige Lücken (weniger als 300 bp) übrig; die neue DNA wird an dem intakten Strang synthetisiert. Dadurch erfolgt eine einseitige Übertragung von genetischer Information, was wir auch als **Genkonversion** bezeichnen.

Austauschereignisse können natürlich auch zwischen den Chromatiden desselben Chromosoms (Schwesterchromatiden) stattfinden. Man spricht dann von Schwesterchromatid-Austausch. Ein Schwesterchromatid-Austausch hat normalerweise jedoch keine erkennbaren Folgen, da einerseits die genetische Information in beiden Chromatiden identisch ist, sich der Austausch andererseits aber auch nicht in Form eines Chiasmas äußert, da die Schwesterchromatiden eng gepaart bleiben. Es stehen uns heute jedoch cytologische Techniken zur Verfügung, die es gestatten, Schwesterchromatid-Austauschereignisse sichtbar zu machen (▶ Abschn. 10.5.1). Immerhin können als Folge von Fehlern bei der Rekombination Veränderungen in Schwesterchromatiden auftreten, die zu genetisch veränderter Information in einer oder beiden Schwesterchromatiden führen.

Durch Austausch von Chromosomenbereichen in der Meiose zwischen den homologen Chromosomen (Rekombination) wird die Variationsbreite der genetischen Konstitution noch zusätzlich zur Zufallsverteilung der väterlichen und mütterlichen Chromosomen erhöht. Der molekulare Mechanismus der meiotischen Rekombination ist an das Vorhandensein des synaptonemalen Komplexes gekoppelt.

Genetische Analysen haben gezeigt, dass Rekombination nicht grundsätzlich auf die meiotische Prophase beschränkt ist, sondern auch in mitotischen Zellen erfolgt. In späteren Kapiteln wird noch deutlich werden, dass Rekombinationsereignisse für bestimmte Gensysteme (z. B. Paarungstypwechsel bei Hefen, ▶ Abschn. 9.3.4; Reifung der Antikörper, ▶ Abschn. 9.4), aber auch bei DNA-Reparaturprozessen (▶ Abschn. 10.6.4) eine wichtige Rolle spielen. Rekombination erweist sich somit als ein allgemeiner biologischer Mechanismus von grundlegender Bedeutung.

Der **molekulare Mechanismus** der Rekombination war lange Zeit Gegenstand kontroverser Meinungen. Beobachtungen, die für einen Bruch- und Wiederverheilungsmechanismus sprechen, hatten bereits Herbert **Taylor** und seine Mitarbeiter 1957 beschrieben. In seinen Experimenten, mit denen er Beweise für den semikonservativen Charakter der Replikation erbracht hatte, hatte er auch festgestellt, dass regelmäßig Chromatiden zu finden sind, die nur teilweise radioaktiv markiert waren, während die homologe Chromatide genau das komplementäre Muster aufwies. Das war nur mit direktem **Stückaustausch** zwischen den beiden Chromatiden zu erklären. Cytologische Beobachtungen, unter anderem von Harriet B. **Creighton** und Barbara **McClintock**, die eine direkte Korrelation zwischen genetischem Austausch und cytologisch sichtbaren Veränderungen in den Chromosomen bewiesen, hatten ebenfalls bereits darauf hingedeutet, dass Rekombination mit einem Stückaustausch zwischen homologen Chromatiden verbunden ist. Wir wissen heute, dass das **Bruch-und-Wiederverheilungsmodell** (engl. *breakage and reunion*), das von Robin **Holliday** (1964) ausgearbeitet wurde, die Ereignisse im Prinzip richtig beschreibt. Es ist heute als „Holliday-Modell" nach verschiedenen Ergänzungen im Detail weitgehend akzeptiert.

Viele Proteine, von denen heute bekannt ist, dass sie an den Rekombinationsereignissen essenziell beteiligt sind, wurden ursprünglich in strahlengenetischen Experimenten in Hefen identifiziert; die entsprechenden Mutanten wurden mit *RAD* (engl. *radiation*) bezeichnet und einfach nach ihrem Auftreten durchnummeriert. In neuerer Zeit wurden viele Rekombinationsproteine durch Mausmutanten identifiziert, wobei Gene, die den Rekombinationsgenen der Hefe entsprechen, gezielt ausgeschaltet werden (Knock-out-Mäuse, ▶ Abschn. 10.7.2). Dazu gehören unter anderem die Gene *Spo11* (Sporulation-11), *Hop2* (engl. *homologous-pairing protein 2 homolog*), *Msh4* und *Msh5* (engl. *MutS homolog 4* bzw. *5*), *Mcm8* (engl. *minichromosome maintenance deficient 8*), *Tex11* (engl. *testis expressed 11*), *Hfm1* (engl. *ATP dependent DNA helicase homolog 1*), *Rnf212* (engl. *ring finger protein 212*) und *Hei10* (wird auch als *Ccnb1ip1* bezeichnet; engl. *cyclin B1 interacting protein 1*). Fehler in der meiotischen Rekombination führen auch bei Menschen zu einer Reihe von Erkrankungen; wir werden einige davon im Kapitel über Humangenetik und dort speziell bei den Chromosomenanomalien besprechen (▶ Abschn. 13.2).

Die detaillierte Aufklärung dieser Rekombinations-*hotspots* ist sicherlich eine der spannenden Aspekte der nächsten Zukunft. Ein wichtiges Enzym für die Regulation solcher Rekombinations-*hotspots* wurde kürzlich in Mäusen und auch bei Menschen identifiziert: PRDM9 (engl. *PR-domain containing 9*). Es handelt sich dabei um ein Zinkfinger-Protein mit einer Histonmethyltransferase-Aktivität, das an die DNA bindet und das Histon H3 am Lysinrest 4 methyliert (▶ Abschn. 8.1.2). Es ist unklar, welche Funktion die Histonmethylierung in diesem Kontext innehat; interessant ist aber die hohe Variabilität der Sequenz, die für den Zinkfinger codiert. Wir kennen beim Menschen schon über 40 *PRDM9*-Allele mit unterschiedlichen DNA-Bindungsspezifitäten; diese hohe Variabilität könnte auch eine Erklärung für die Unterschiedlichkeit der genomweiten Rekombinations-*hotspots* sein. Und mehr: Bei Mäusen sind Hybrid-Männchen einer Kreuzung von *Mus musculus domesticus* und *Mus musculus musculus* steril – Ursache sind unterschiedliche *Prdm9*-Allele, die zu unterschiedlichen Rekombinations-*hotspots* führen und damit zu Fehlern in der meiotischen Prophase I. Damit können Polymorphismen im *Prdm9*-Gen auch Ursachen für die schnelle Entwicklung neuer Arten darstellen. Interessanterweise gibt es solche *hotspots* nicht bei *C. elegans* und *D. melanogaster*, den beiden Spezies, in denen die Bildung einer Synapse der Rekombination vorausgeht. Eine lesenswerte und detaillierte Zusammenfassung bietet der Aufsatz von Stapley et al. (2017), vor allem unter dem Gesichtspunkt, worin sich die Häufigkeiten und Muster der Rekombinationsereignisse verschiedener Eukaryoten unterscheiden.

6

Meiotische Rekombination ist nicht zufällig, sondern erfolgt an bevorzugten Stellen.

Das Holliday-Modell der meiotischen Rekombination gestattet es, weitere genetische Beobachtungen molekular zu erklären, die in Experimenten gemacht werden, in denen man die genetische Analyse aller Nachkommen eines *einzelnen* Rekombinationsereignisses durchgeführt hat. Hierfür hat sich vor allem die **Tetradenanalyse** in Hefen und Schimmelpilzen besonders bewährt (◘ Abb. 11.25). Einer der wichtigsten Befunde solcher Tetradenanalysen war die gelegentliche **Abweichung vom 1:1-Verhältnis**, das bei Rekombinationsereignissen zwischen zwei Markergenen in der Nachkommenschaft eigentlich erwartet wird. Man hat diese Abweichungen als nicht-reziproke Rekombination oder als **Genkonversion** bezeichnet. Wie wir in ◘ Abb. 6.26 bereits gesehen haben, ist Genkonversion eine allgemeine Erscheinung. Sie wird jedoch besonders leicht nachweisbar, wenn nach den zwei meiotischen Teilungen noch eine Mitose folgt, wie das bei *Neurospora crassa* oder *Sordaria brevicollis* der Fall ist. In beiden Arten findet man die acht Ascosporen in einer Anordnung im Ascus, die den Teilungsschritten während der Meiose und der darauffolgenden Mitose entspricht, da die Teilungsspindeln wegen der engen Asci keinen Überlappungen oder Verschiebungen unterliegen können (▶ Abschn. 5.3.2 und 11.4.3). Zwei hintereinanderliegende Sporen reflektieren daher stets die genetische Konstitution einer DNA-Doppelhelix zu Beginn der ersten meiotischen Teilung.

Die Tetradenanalyse in *Neurospora crassa* (▶ Abschn. 5.3.2) erlebte ihre Blütezeit Ende der 1940er-Jahre. Damals erkannte George **Beadle** (1946), dass die linear angeordneten acht Ascosporen die aufeinanderfolgenden Ereignisse in Meiose und Mitose widerspiegeln. Damit war es zunächst möglich, Centromerregionen zu kartieren, indem die Häufigkeiten der Segregationen in der zweiten meiotischen Teilung betrachtet wurden: Nach jeder Meiose teilen sich die Zellen noch einmal mitotisch, sodass schließlich acht haploide Ascosporen gebildet werden. Liegt nun eine heterozygote Mutation vor, spalten sich die Ascosporen 1:1 auf, wobei die ersten vier Ascosporen („Quartett") das eine elterliche Geschlecht repräsentieren und das zweite Quartett das andere. Wenn jedoch zusätzlich in der Meiose noch eine Rekombination auftritt, unterscheiden sich die Ascosporen innerhalb der beiden Quartette im Verhältnis 2:2. Diese Untersuchungen waren bahnbrechend für die Charakterisierung der Rekombination und der Genkonversion.

Derartige Untersuchungsmöglichkeiten gab es bei höheren Eukaryoten zunächst nicht, da sich deren Meioseprodukte trennen (männliche Meiose) oder selektiv absterben (weibliche Organismen). Jetzt können solche Untersuchungen aber auch bei *Arabidopsis* durchgeführt werden, nachdem die Quartett-Mutante identifiziert werden konnte (Gensymbol: *qrt*). In den *qrt*-Mutanten können die Pektinbestandteile der Pollenkörner nicht getrennt werden, sodass sie aneinandergeheftet bleiben; ◘ Abb. 6.27a zeigt ein typisches Ergebnis; in ◘ Abb. 6.27b ist ein vereinfachtes Schema des Mechanismus der Genkonversion angegeben.

Abschließend muss noch darauf verwiesen werden, dass Genkonversion auch zwischen nicht homologen Chromosomenregionen auftreten kann, sofern beide am Konversionsereignis beteiligten Chromosomenbereiche eine homologe DNA-Sequenz besitzen. Hier kann es dann zu lokal begrenzten Austauschereignissen kommen, die den zuvor beschriebenen im Prinzip entsprechen; für die Genkonversion sind im Wesentlichen verschiedene Formen von DNA-Reparaturprozessen verantwortlich (▶ Abschn. 10.6).

Außerordentliche Segregationsverhältnisse, Konversion genannt, sind besonders bei Tetradenanalysen in Pilzen leicht nachweisbar. Sie lassen sich durch die Entstehung und nachfolgende Korrektur von Heteroduplexregionen in der DNA als Folge der Rekombination verstehen.

Genkonversion ist ein wichtiger Mechanismus bei der Entstehung von manchen Erbkrankheiten. In diesen Fällen kommt es bei einer Rekombination zu einem nicht-homologen Austausch zwischen einem Gen und einem benachbarten Pseudogen, wobei ein Teil der Pseudogensequenz die Sequenz des funktionellen Gens ersetzt. In vielen Fällen führt das zu Veränderungen der Aminosäuresequenz und/oder einem vorzeitigen Stoppcodon. Bekannte Beispiele dafür sind die Gene *CRYBB2* (βB2-Kristallin, Genkonversion führt zu Katarakt), *CYP21A2* (Steroid-21-Hydroxylase; Genkonversion führt zur angeborenen Nebennierenhyperplasie) oder

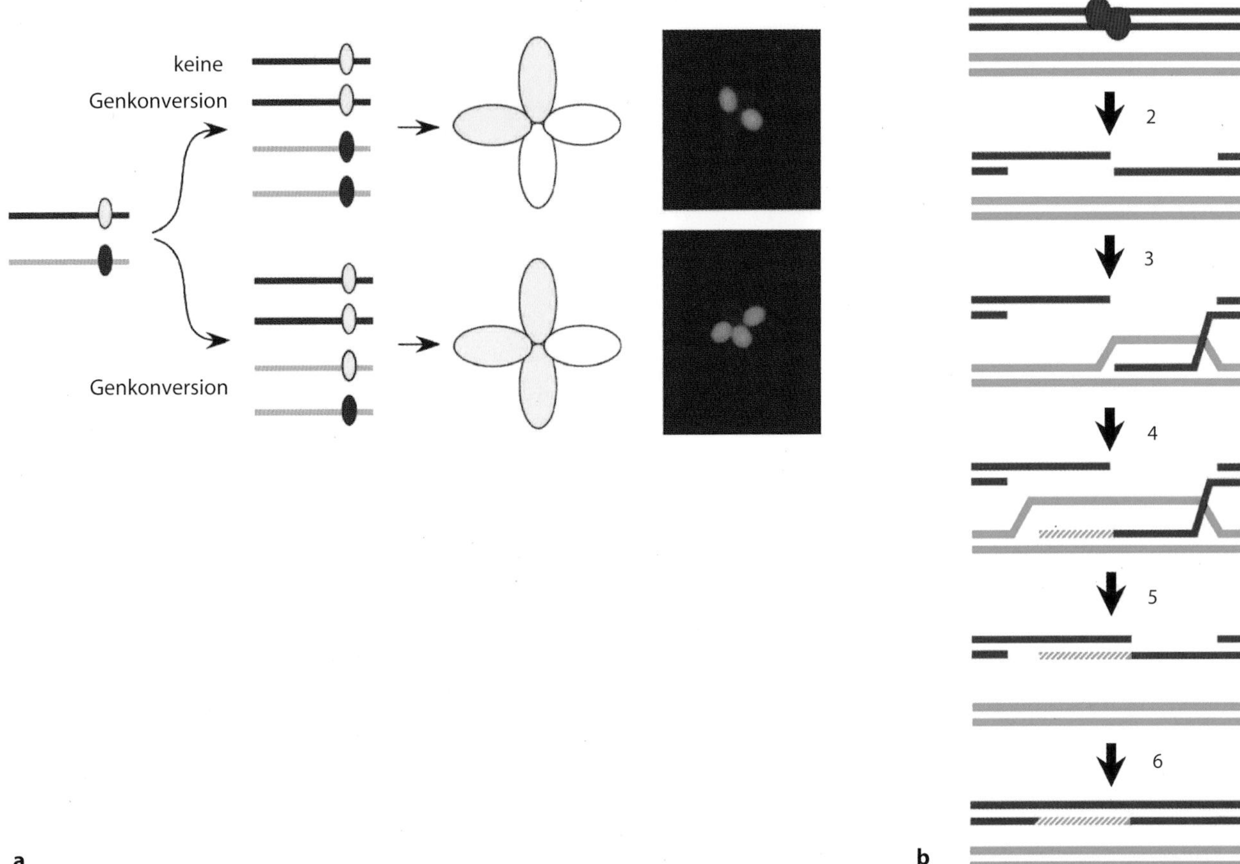

◘ Abb. 6.27 Rekombination, Genkonversion und Tetradenanalyse. **a** Ein einzigartiger Vorteil der fluoreszierenden *Arabidopsis*-Pollen ist die Möglichkeit, zweifelsfrei Genkonversion aufgrund des klassischen 3:1-Aufspaltungsmusters zu erkennen. Wir sehen das Segregationsmuster eines heterozygoten Markerallels nach Rekombination in *qrt*-Mutanten von *Arabidopsis*. Eine unerwartete Verteilung des gelb fluoreszierenden Markers (3:1 statt 2:2) kann bei der Tetradenanalyse zweifelsfrei beobachtet werden. **b** Diese Beobachtung lässt sich nach dem Holliday-Modell des Rekombinationsmechanismus erklären, wenn man annimmt, dass in Heteroduplexregionen der DNA ein Korrekturmechanismus einen Angleich der Nukleotidsequenz des einen Strangs an den anderen vornimmt: Rekombination wird durch das Meiose-Protein SPO11 (*blaue Ovale*) initiiert (*1*), das Brüche in einer Chromatide erzeugt und zunächst kovalent an den entstehenden Doppelstrangbruch gebunden bleibt. Nach der Ablösung von SPO11 (*2*) werden weitere Nukleotide abgebaut, sodass Einzelstränge entstehen. Ein Strang-Ende wandert in die homologe Chromatide ein (*3*), bildet eine D-Schlaufe und kann durch eine DNA-Polymerase verlängert werden (*4*). Danach kann sich der eingewanderte Strang wieder von der homologen Chromatide lösen (*5*); die verbleibenden Lücken werden durch Polymerasen und Ligasen geschlossen (*6*). Andere Mechanismen der Reparatur von Doppelstrangbrüchen wurden aus Gründen der Vereinfachung weggelassen; sie werden im ► Abschn. 10.6 besprochen. (**a** aus Francis et al. 2007, mit freundlicher Genehmigung; **b** verändert nach Sun et al. 2012, CC-by-Lizenz, ► http://creativecommons.org/licenses/)

VWF (von-Willebrand-Faktor; Genkonversion führt zu einer Blutgerinnungsstörung, der von-Willebrand-Erkrankung). Für eine genomweite Übersicht sei auf den Aufsatz von Chen et al. (2010) verwiesen.

6.4 Variabilität der Chromosomen

6.4.1 Polytäne Chromosomen (Riesenchromosomen)

Bisher haben wir eine Form von Variabilität der Chromosomenstruktur betrachtet, die den Organismus insgesamt betrifft, also mit seiner genetischen Ausstattung in Beziehung steht. Variabilität der Chromosomenstruktur findet man aber auch, wenn man verschiedene Zelltypen vergleicht. Es gibt gute Gründe zu vermuten, dass solch eine Variabilität mit der Funktion der Chromosomen in den betreffenden Zelltypen zu tun hat. Ein besonderer Typ von cytologisch ungewöhnlichen Chromosomen lässt sich in manchen Geweben, vor allem von Insekten, beobachten. Sie zeichnen sich durch eine ungewöhnliche Größe und einen großen strukturellen Detailreichtum aus (◘ Abb. 6.28). Aufgrund ihrer Größe werden diese Chromosomen **Riesenchromosomen** oder **polytäne Chromosomen** genannt. Diese Bezeichnung beschreibt den Aufbau dieser Chromosomen: Sie bestehen aus einer

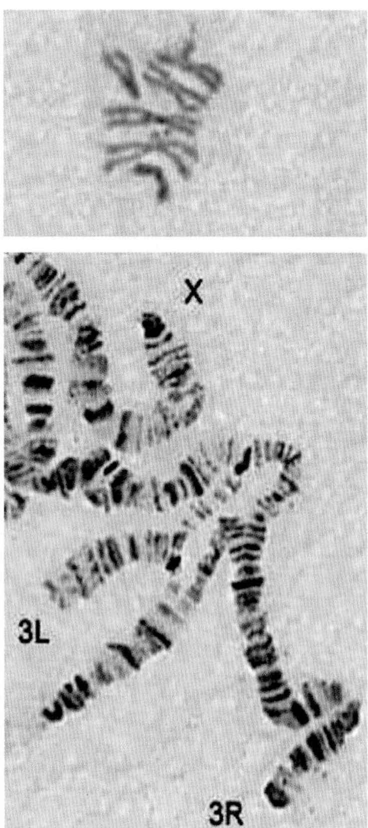

Abb. 6.28 Mitotischer Karyotyp (*oben*) und Teil des polytänen Karyotyps von *Drosophila melanogaster* in der gleichen Vergrößerung (*unten*). Es sind die Chromosomen 3L, 3R und X gezeigt. (Nach Aulard et al. 2004, mit freundlicher Genehmigung)

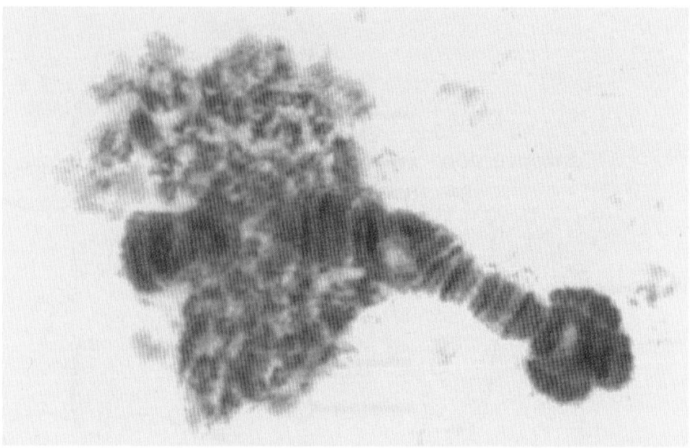

Abb. 6.29 Balbiani-Ringe im Chromosom IV von *Chironomus tentans* nach metachromatischer Toluidinblaufärbung. DNA-reiche Chromosomenbereiche (Querscheiben) erscheinen *dunkel*, während RNA-reiche Regionen (Balbiani-Ringe, Puffs) *rot* gefärbt sind. (Foto: W. Hennig, Mainz)

großen Anzahl exakt gepaarter Chromatiden, die durch wiederholte Replikation der chromosomalen DNA ohne darauffolgende Zell- und Kernteilungen entstehen. Sie wurden zuerst von Theophilus S. **Painter** 1933 beschrieben und in hervorragender Qualität zeichnerisch dargestellt. Diese Karten blieben in modifizierter und ergänzter Form etwa 40 Jahre gültig.

Eine wichtige Eigenart von Riesenchromosomen ist ihr **Querscheibenmuster**. Man spricht auch von **Banden**, die auf den Chromosomen quer zu ihrer Längsrichtung zu beobachten sind. Die Banden entstehen dadurch, dass die chromosomale DNA in diesen Chromosomenbereichen stärker konzentriert ist als in den beiderseitig angrenzenden Chromosomenabschnitten, den **Interbanden**. Die Banden sind zwar in ihrer Anordnung längs der Chromosomenachse sowohl in ihrer Dicke als auch ihrem Abstand sehr variabel, kennzeichnen aber gerade dadurch eine bestimmte Chromosomenregion eindeutig. In unterschiedlichen Zellen und Entwicklungsstadien sind die Banden eines bestimmten Chromosomenabschnitts im Prinzip stets gleich. So kann man sie zur Identifizierung nicht nur des Chromosoms, sondern auch der Position innerhalb eines Chromosoms benutzen. Man hat daher für Organismen, für die eine Kartierung von Interesse ist, **Chromosomenkarten** auf der Grundlage der **Bandenmuster** erstellt; sie wurde eine wichtige Grundlage für genetische und molekulare Analysen des *Drosophila*-Genoms. Bereits frühzeitig hat man eine Verbindung zwischen den Banden und den Chromomeren der meiotischen Prophasechromosomen vermutet. Übereinstimmend mit der Interpretation der Bedeutung von Chromomeren hat man geschlossen, dass die Banden die chromosomalen Orte der Gene sind, während Interbanden eine Art Brückenfunktion zugeschrieben wurde.

Dieses Modell wurde auch durch die Beobachtung unterstützt, dass die Konstanz der Bandenstruktur eines Chromosoms nicht absolut ist. Genaue Vergleiche ließen erkennen, dass sehr charakteristische lokale Veränderungen in unterschiedlichen Geweben oder im Laufe der Entwicklung des Organismus auftreten können. Wolfgang **Beermann** hatte 1952 erkannt, dass diese Veränderungen eine Folge sich ändernder Genaktivität sind. Bei Beginn der Transkription eines Gens wird die DNA einer Bande dekondensiert und damit für die an der RNA-Synthese beteiligten Moleküle und Enzyme zugänglich. Die Region verliert ihre starke Lichtbrechung im Phasenkontrastmikroskop (und zugleich ihre verstärkte Färbbarkeit durch DNA-spezifische Farbstoffe). Man bezeichnet solche Chromosomenregionen als Aufblähungen (engl. *puff*). Diese Aufblähungen können bisweilen mehrere benachbarte Banden einschließen oder sich sogar schrittweise über eine Reihe von Banden hinwegbewegen. Besonders große Aufblähungen nennt man nach ihrem Entdecker Édouard-Gérard **Balbiani** (1881) Balbiani-Ringe. Am bekanntesten sind die Balbiani-Ringe in den Riesenchromosomen von Chironomiden (Zuckmücken; ◻ Abb. 6.29). Dass in solchen Aufblähungen RNA synthetisiert wird, lässt sich durch den Einbau radioaktiv markierten Uridins nachweisen (◻ Abb. 6.30). Bei Einstellung der Transkription erfolgt eine Kondensation der

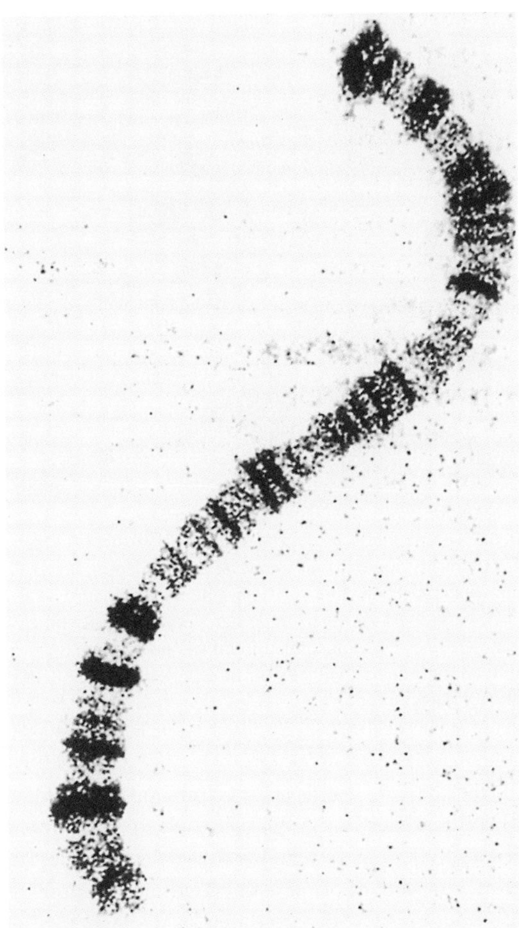

■ **Abb. 6.30** RNA-Synthese in Riesenchromosomen. Durch den Einbau radioaktiv markierten Uridins in die neu synthetisierte RNA lässt sich zeigen, welche Chromosomenbereiche aktive Gene enthalten. Hier wurde eine Speicheldrüse von *Chironomus tentans* für 6 h mit ^{3}H-Uridin-haltigem Medium inkubiert. Die Riesenchromosomen wurden anschließend autoradiographisch analysiert. Die schwarzen Regionen im Chromosom sind Silberkörnchen, die im autoradiographischen Film an belichteten Stellen nach Entwicklung sichtbar werden (Technikbox 15). Der Einbau radioaktiver RNA-Vorstufen wird in den Aufblähungen beobachtet, wie nach der Interpretation Beermanns zu erwarten ist. (Aus Pelling 1964, mit freundlicher Genehmigung)

chromosomalen DNA und damit eine Rückbildung in die stärker lichtbrechenden Querscheiben.

Die Tatsache, dass in Riesenchromosomen eine intensive RNA-Synthese zu beobachten ist, kennzeichnet diese Chromosomen als Interphasechromosomen. Das erklärt auch ihre Länge: Wie bei normalen Interphasechromosomen ist die chromosomale DNA der Riesenchromosomen dekondensiert, und die Chromosomen sind nur dadurch sichtbar, dass sie aus einer Vielzahl lateral gepaarter Chromatiden bestehen. Der Interphasecharakter dieser Chromosomen wird auch dadurch deutlich, dass in ihnen durch Autoradiographie mit radioaktivem Thymidin Replikation nachgewiesen werden kann. Sie durchlaufen also gewissermaßen sich wiederholende S-Phasen, ohne zwischendurch einen vollen Zellzyklus, der eine Mitose beinhaltet, abzuschließen. Messungen des DNA-Gehalts haben ergeben, dass die Vermehrung der DNA in den Riesenchromosomen mit dem Faktor 2^n erfolgt. Die Anzahl der Verdoppelungsschritte (n) kann mehr als 13 betragen, sodass der **Polytäniegrad** in diesem Fall über 8192 liegt (z. B. in Speicheldrüsenchromosomen von Zuckmücken). Durch die Angabe des Polytäniegrades kennzeichnet man die Anzahl der Chromatiden im Riesenchromosom. In *Drosophila*-Polytänchromosomen aus Speicheldrüsen liegt der endgültige Polytäniegrad bei 1024 oder 2048. In anderen Geweben (z. B. Malpighigefäßen, Darmepithel) ist er niedriger (64 oder 128).

Vergleichen wir einen mitotischen Metaphasechromosomensatz mit einem Riesenchromosomensatz aus den **Speicheldrüsen** von *Drosophila*, so müssen wir einige grundsätzliche Unterschiede feststellen. Der auffallendste Unterschied liegt darin, dass die Chromosomenanzahl in den Speicheldrüsenkernen der einer haploiden Zelle entspricht. Die Ursache hierfür ist nicht Haploidie dieser Zellen, sondern die **somatische Paarung** der Chromosomen. Somatische Paarung ist eine Besonderheit von *Drosophila* und anderen Insekten. Im Gegensatz zu den meisten anderen Organismen sind hier homologe Chromosomen in allen Geweben, also nicht nur in meiotischen Zellen, gepaart. In den Riesenchromosomen erfolgt diese Paarung so intensiv, dass eine Unterscheidung der beiden Homologen normalerweise nicht mehr möglich ist. Liegen allerdings **Chromosomenaberrationen** vor, z. B. eine **Inversion**, so werden beide Homologe im Bereich der Aberration sichtbar. Liegt dagegen eine Deletion in einem der Homologen vor, bildet sich eine **Paarungslücke**.

Solche Heterozygotien waren von großer Bedeutung für die praktische genetische Arbeit, da sie die cytologische **Kartierung von Genen** sehr erleichterten. Durch vergleichende Analyse der Phänotypen von Heterozygoten mit dem cytologischen Bild der Speicheldrüsenchromosomen kann man ein Gen auf einen Teilbereich einer Bande genau kartieren. Durch solche Analysen wurde der *white*-Locus von *Drosophila melanogaster* einem Teilbereich der Bande 3C2 des X-Chromosoms zugewiesen. Auch heute haben solche cytologischen Karten eine wichtige Bedeutung für die Identifizierung der chromosomalen Lokalisation von Genen, zumal der Aufwand hierfür durch moderne *in-situ*-Hybridisierungstechniken gering ist.

❶ In vielen spezialisierten Zellen von Insekten findet man Riesenchromosomen (Polytänchromosomen), die durch mehrfach aufeinanderfolgende Replikation der Chromatiden ohne deren Trennung und ohne Zellteilungen entstehen. Es handelt sich dabei um Interphasechromosomen. Sie zeigen eine Gliederung in Banden (oder Querscheiben) und Interbanden. Dieses Muster ist chromosomenspezifisch und gestattet eine Kartierung von Genen bis auf Teilbereiche einer Bande. Banden können sich dekondensieren und sich aufblähen. Solche Aufblähungen (engl. *puff*) sind ein Anzeichen für Transkription im betreffenden Chromosomenbereich. Die Anzahl von Riesenchromosomen in *Drosophila* entspricht der eines haploiden Chromosomenkomplements.

❀ Besonders auffallend und daher besonders ausgiebig untersucht sind die überreplikativen Bereiche in Larven von *Sciara*- und *Rhynchosciara*-Arten (Trauermücken der Familie Sciaridae). In *Rhynchosciara angelae* werden gegen Ende des 4. Larvenstadiums (Tag 62 der larvalen Entwicklung) gleichzeitig mehrere große Aufblähungsbereiche gebildet, in denen die DNA bis zu 16-fach überrepliziert wird (**Amplifikation**). Gleichzeitig erfolgt eine intensive Transkription, die mRNA für Sekretproteine liefert; während der Präpuppenperiode bildet sich die Amplifikation allmählich wieder zurück. Die fibrillären Sekretproteine sind in großen Mengen zur Bildung des Kokons erforderlich (► Abschn. 7.1.1). Wir lernen hiermit einen der Mechanismen kennen, die Zellen zur Verfügung haben, um große Mengen bestimmter Moleküle in kurzer Zeit zu produzieren.

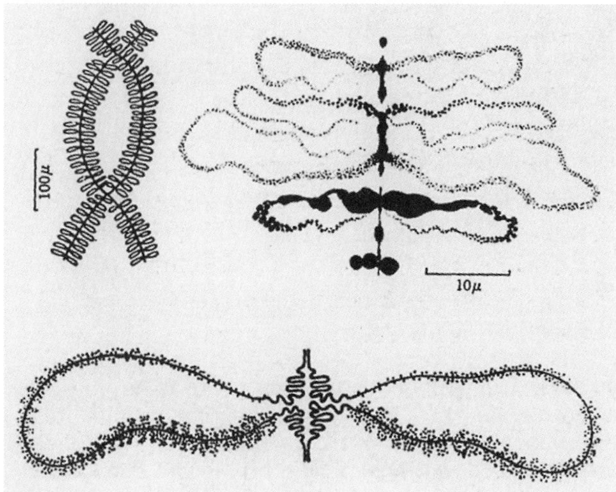

◼ **Abb. 6.31** Schematische Darstellung der Feinstruktur der Lampenbürstenchromosomen. *Links oben* ist ein Bivalent in seiner Grundstruktur wiedergegeben. Die paarigen lateralen Schleifen sind *rechts* und *unten* vergrößert zu sehen. Jede der Schleifen wird von einer der Chromatiden eines Chromosoms durch Dekondensation der DNA im Zusammenhang mit der Transkription gebildet. (Aus Gall 1956, mit freundlicher Genehmigung)

6.4.2 Lampenbürstenchromosomen

Eine ungewöhnliche cytologische Struktur finden wir auch bei den **Prophasechromosomen** einiger Organismen während der ersten meiotischen Teilung. Ganz allgemein sind meiotische Prophasechromosomen durch die vielen Chromomeren charakterisiert, die sich perlschnurartig auf den Chromosomenachsen zeigen. In manchen Organismen bilden sich – meist in der weiblichen Keimbahn – von diesen Chromomeren schleifenartige Strukturen aus, die den Chromosomen ein diffuses Aussehen geben. Wegen ihres Erscheinungsbildes werden diese Chromosomen auch **Lampenbürstenchromosomen** (engl. *lampbrush chromosomes*) genannt, da sie im Extremfall den früher zur Reinigung von Petroleumlampen gebräuchlichen Bürsten ähnlich sehen (◼ Abb. 6.31). Solche Lampenbürstenchromosomen sind vor allem in den primären Oocyten vieler Organismen zu beobachten, treten jedoch bisweilen auch im primären Spermatocytenstadium auf.

❀ Am eindrucksvollsten sind Lampenbürstenschleifen bei einigen Amphibienarten ausgebildet. An der Basis einer jeden Schleife befindet sich ein **Chromomer**. Die Anzahl der Schleifen entspricht ungefähr der der Chromomeren. Es werden also Tausende von Schleifen geformt, jedoch scheint nicht jedes Chromomer Schleifen auszubilden. Da es sich um Prophasechromosomen handelt, ihre Chromatiden also bereits verdoppelt sind, wird jeweils ein **Paar von Schleifen** gebildet, dessen einer Partner jeweils einer Chromatide zuzuordnen ist. Während der Oocytenentwicklung, die bei Amphibien normalerweise ein halbes Jahr oder noch viel länger andauern kann, sind einige Veränderungen in der Ausbildung von Schleifenpaaren zu beobachten, d. h. nicht alle Schleifenpaare sind während der gesamten meiotischen Prophase I zu sehen. Während nun die Mehrzahl dieser Schleifen eine sehr einheitliche Struktur aufweist und sich nur in der Länge unterscheidet, fällt eine Minderheit durch eine besondere, für jede Schleife charakteristische Morphologie auf. Da sie hierdurch zur Identifikation und Kartierung der jeweiligen Chromosomen geeignet sind, werden sie in der englischen Literatur als *landmark loops* bezeichnet.

Wir müssen Lampenbürstenschleifen jedenfalls als aktive Gene ansehen (◼ Abb. 6.32). So stellt sich die Frage, welche Beziehung zwischen Lampenbürstenschleifen und Genen besteht. Die Länge der Lampenbürstenschleifen in manchen Arten, wie beispielsweise *Notophthalmus*, übersteigt bei Weitem die Länge einzelner Gene. Durch *in-situ*-Hybridisierungsexperimente konnten Susan **Bromley** und Joseph **Gall** (1987) zeigen, dass zumindest ein Teil der Schleifen mehrere Transkriptionseinheiten beherbergt. Diese Beobachtung schließt an die Befunde von Riesenchromosomen an, deren Banden ebenfalls oft mehr als eine Transkriptionseinheit enthalten.

❀ Offenbar ist die Ausbildung solcher großer Lampenbürstenschleifen, wie sie besonders gut ausgebildet bei *Drosophila hydei* gefunden werden, eine Besonderheit einer begrenzten Anzahl von *Drosophila*-Arten,

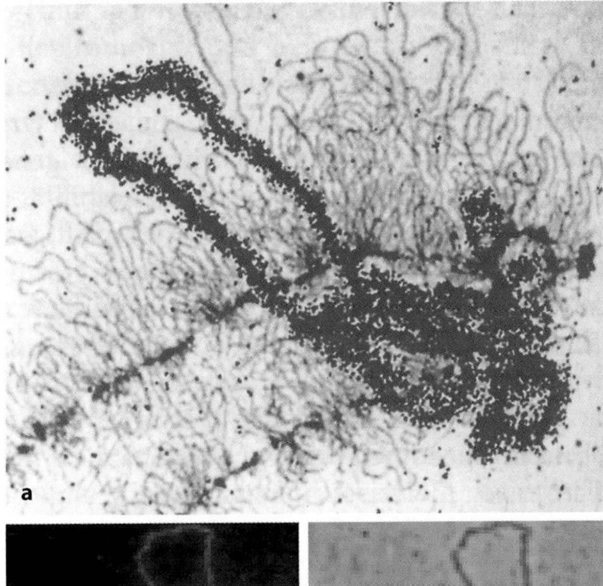

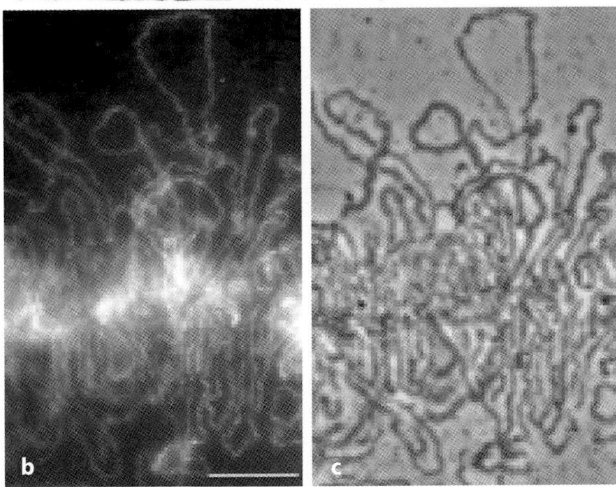

◻ Abb. 6.32 Transkription in Lampenbürstenschleifen. **a** Lampenbürstenchromosomenschleifen von *Notophthalmus viridescens*. Durch Hybridisierung mit ^{3}H-markierter RNA wurden die wachsenden Transkripte an der Schleife radioaktiv markiert und anschließend autoradiographisch sichtbar gemacht. Die markierte Probe ist komplementär zu den neu synthetisierten RNA-Molekülen an der DNA-Achse. Es wird spezifisch die RNA im *sphere*-Locus im Chromosom 6 markiert. **b** Immunlokalisation von RNA-Polymerase II in den Schleifen von *Triturus vulgaris*. Der Antikörper erkennt die unphosphorylierte Form der C-terminalen Domäne; Balken: 10 µm. **c** Phasenkontrastdarstellung zu **b**. (**a** nach Gall et al. 1981; **b, c** Morgan 2002, mit freundlicher Genehmigung)

während kleinere Schleifen des Y-Chromosoms wohl bei den meisten, wenn nicht allen *Drosophila*-Arten zu finden sind. Besonders deutlich wird das an Lampenbürstenschleifen, die von Fertilitätsgenen im Y-Chromosom von *Drosophila* während des primären Spermatocytenstadiums ausgebildet werden, wie Wolfgang **Beermann** und seine Mitarbeiter zu Beginn der 1960er-Jahre feststellten (Meyer et al. 1961). Große Lampenbürstenschleifen in *D. melanogaster, D. hydei* und einigen anderen Arten enthalten mehr als 250.000 Basenpaare (bisweilen weit über 1 Mio. bp) DNA, wie die elektronenmikroskopische Darstellung transkriptionsaktiver Lampenbürstenschleifen beweist. Die DNA dieser Y-chromosomalen Lampenbürstenschleifen ist in sehr komplexer Weise aus repetitiven (wiederholten) DNA-Sequenzen aufgebaut.

In manchen Organismen werden in der Prophase der ersten Reifeteilung Lampenbürstenchromosomen gebildet. Von den Chromomeren auf der Chromosomenachse werden zwei lateral-symmetrische Schleifen ausgebildet, die transkriptionsaktiv sind. Jede dieser Schleifen ist einer der Chromatiden zuzuordnen.

6.4.3 Überzählige und keimbahnlimitierte Chromosomen

Eukaryotische Genome enthalten nicht nur Gene, die in normalen Chromosomen gefunden werden (A-Chromosomen), sondern auch vielfältige „egoistische" genetische Elemente, die nicht den Mendel'schen Gesetzen gehorchen. Nennenswert davon sind vor allem die **B-Chromosomen**, die von Edmund B. **Wilson** bereits 1907 beschrieben wurden, wenngleich ihre egoistische Natur erst später erkannt wurde. B-Chromosomen (auch als überzählige Chromosomen bezeichnet) werden in allen wesentlichen Gruppen von Tieren und Pflanzen gefunden. Sie sind wahrscheinlich aus A-Chromosomen entstanden, folgen jetzt aber ihrem eigenen evolutionären Weg. Ihr irreguläres mitotisches und meiotisches Verhalten erlaubt ihnen, sich eigennützig in der Keimbahn zu etablieren, und ermöglicht eine höhere Übertragungsrate als wir das von normalen Chromosomen kennen.

B-Chromosomen sind in ihren cytologischen Eigenschaften als heterochromatisch zu bezeichnen, und damit stimmt auch überein, dass sie offenbar vorwiegend aus repetitiver DNA aufgebaut sind. Die B-Chromosomen können als ein Nebenprodukt der Evolution betrachtet werden; viele Hinweise deuten darauf hin, dass sie von A-Chromosomen abstammen, z. B. von polysomen A-Chromosomen, von zentrischen Fragmenten, die aus Fusionen hervorgegangen sind, oder von Amplifikationen perizentrischer Regionen fragmentierter A-Chromosomen. Es gibt außerdem Hinweise, dass B-Chromosomen auch beim genetischen Austausch nahe verwandter Arten entstehen können. Für eine detaillierte Darstellung sei der interessierte Leser auf eine aktuelle Übersichtsarbeit von Houben (2017) verwiesen.

Es gibt jedoch auch keimbahnspezifische Chromosomen (**limitierte Chromosomen, L-Chromosomen**), die in den Keimzellen durch besondere Mechanismen verteilt werden. Am bekanntesten sind die limitierten Chromosomen der zu den Mücken (Nematocera) gehörenden Gattung *Sciara* (Diptera), deren komplizierter Verteilungsmechanismus in ◻ Abb. 6.33 dargestellt ist. Die Verteilung der Chromosomen

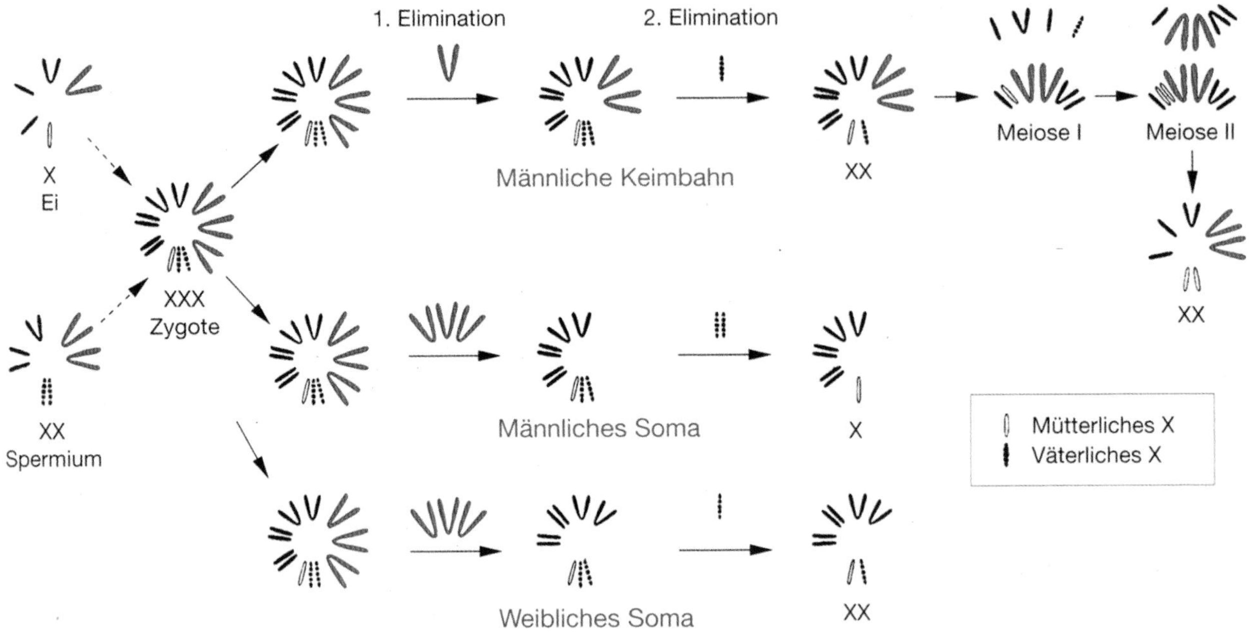

Abb. 6.33 Chromosomenkonstitution in verschiedenen Keimzell- und Somazellstadien von *Sciara coprophila*. *Oben*: Chromosomenelimination in Spermatogenese und Soma des Männchens. *Unten*: Chromosomenelimination in somatischen Zellen des Weibchens. Die somatischen Zellen von Männchen und Weibchen unterscheiden sich lediglich in der Elimination der X-Chromosomen: Im Männchen werden beide paternalen X-Chromosomen eliminiert und nur das maternale X-Chromosom bleibt erhalten, während im Weibchen eines der paternalen X-Chromosomen im Genom verbleibt. Die L-Chromosomen sind auf die Keimbahn beschränkt und werden beim Männchen teilweise nach einem komplizierten Mechanismus in der Frühentwicklung bzw. während der Meiose entfernt. Ungewöhnlich ist auch die unterschiedliche X-Chromosomenkonstitution in Keimzellen und somatischen Zellen des Männchens. (Aus Metz 1938)

ist bei *Sciara* nicht allein durch die Unterscheidung von somatischen und Keimbahnzellen, sondern auch durch das Geschlecht des Individuums bestimmt. Somatisch besteht das Genom von *Sciara coprophila* aus drei Autosomenpaaren und einem X-Chromosom im männlichen Soma oder zwei X-Chromosomen in weiblichen Somazellen. Ungewöhnlich ist nun bereits, dass in (haploiden) Spermatozoen neben je einem Autosom zwei X-Chromosomen (mütterlichen Ursprungs) vorhanden sind, während ein (haploides) Ei einen Autosomensatz, jedoch nur ein X-Chromosom besitzt. Die **Geschlechtschromosomenkonstitution** ist also in Soma und Keimbahn umgekehrt. Als Folge dieser Geschlechtschromosomenkonstitution erhält die Zygote drei X-Chromosomen. Je nach Geschlecht werden ein oder zwei der X-Chromosomen während der frühen Furchungsteilungen bei der Bildung somatischer Zellen eliminiert. Der zur Elimination erforderliche Mechanismus kann zwischen den X-Chromosomen männlichen und weiblichen Ursprungs unterscheiden, denn im Männchen bleibt stets das mütterliche X-Chromosom somatisch erhalten, während im weiblichen Soma stets ein X-Chromosom mütterlichen und eines väterlichen Ursprungs zu finden ist. Die X-Chromosomen müssen also in ihrem Ursprung gekennzeichnet sein, ein Zustand, den man mit dem Begriff „genetische Prägung" (engl. *imprinting*) charakterisiert (▶ Abschn. 8.4). Eine solche chromosomale Prägung scheint auch bei den Autosomen vorzuliegen, denn die Autosomen in den Spermatozoen sind stets mütterlichen Ursprungs.

Diese bereits hochgradig spezialisierte Chromosomenkonstitution wird noch zusätzlich durch die Anwesenheit keimbahnlimitierter Chromosomen kompliziert. In der Zygote finden wir drei große metazentrische L-Chromosomen, zwei väterlichen und eines mütterlichen Ursprungs. Diese L-Chromosomen werden in einem Eliminationsschritt nach der 5. oder 6. Zellteilung, noch vor der Elimination der X-Chromosomen, aus den somatischen Zellen entfernt. Im Gegensatz zu den früher beschriebenen B-Chromosomen werden die limitierten Chromosomen gezielt eliminiert. Sie durchlaufen einen normalen Zellzyklus bis zur Metaphase, bleiben dann aber zwischen den Tochterzellkernen liegen, da die Chromosomen-Enden sich offenbar nicht in zwei Chromatiden spalten und dadurch voneinander trennen können.

Auch in der männlichen Keimbahn erfolgen mehrere komplexe Eliminationsschritte. Zunächst wird eines der L-Chromosomen entfernt, in einem nächsten Schritt verliert die Zelle eines der väterlichen X-Chromosomen. Diese ersten Eliminationsschritte erfolgen während der Spermatogonienmitosen. Die übrigen Eliminationsereignisse fallen ins Spermatocytenstadium. In einer ersten meiotischen Teilung (◘ Abb. 6.34), die als **monozentrische Mitose** verläuft, werden die väterlichen Chro-

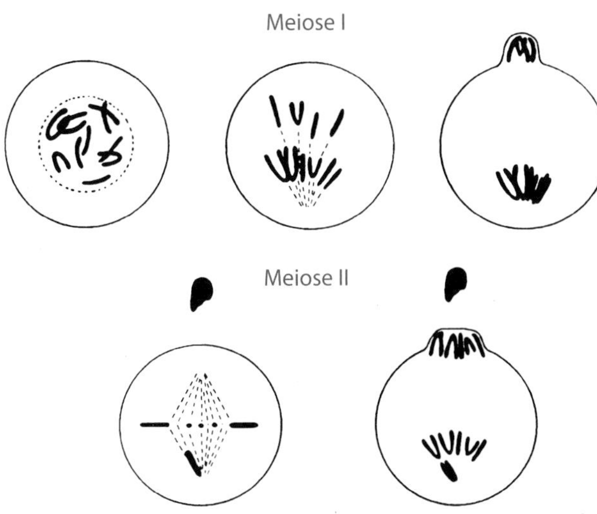

■ **Abb. 6.34** Schematische Darstellung der ersten und zweiten meiotischen Teilung in der männlichen Keimbahn von *Sciara coprophila* (vgl. ■ Abb. 6.33). *Oben*: In der ersten meiotischen Teilung bildet sich eine monopolare Spindel, die die noch vorhandenen L-Chromosomen, das mütterliche X-Chromosom und ein Homologes jedes der zwei Autosomenpaare zum Pol wandern lässt, während die übrigen vier Chromosomen aus der Zelle eliminiert werden. *Unten*: In der zweiten meiotischen Teilung wandert das X-Chromosom mit beiden Chromatiden vorab zum Spindelpol. Von den übrigen Chromosomen folgt jeweils nur die eine Chromatide, während die andere eliminiert wird. Die Abbildung lässt noch die klumpenförmigen Reste des Eliminationschromatins aus der ersten Teilung erkennen. (Aus Gerbi 1986, mit freundlicher Genehmigung)

mosomen von den Homologen mütterlicher Herkunft getrennt, wobei alle verbliebenen L-Chromosomen unabhängig von ihrem Ursprung mit den mütterlichen Chromosomen segregieren. Die väterlichen Chromosomen sammeln sich in einem kleinen Eliminationsvesikel und degenerieren. Aus dieser Teilung entsteht demnach eine einzige sekundäre Spermatocyte. Diese teilt sich mittels einer normalen bipolaren Spindel (■ Abb. 6.34). Hierbei erfährt jedoch das X-Chromosom, das den übrigen Chromosomen in der Verteilung vorausläuft, keine Chromatidenverteilung, wie sie für die übrigen Chromosomen stattfindet, sondern beide Chromatiden werden zusammen an einen Pol verlagert. Die Zelle, die diesen Zellkern erhält, wird zum Spermatozoon, während die andere Zelle degeneriert.

Der komplizierte Eliminationsmechanismus hat sich offenbar in einer Reihe verwandter Nematocera-Arten erhalten. Das deutet auch darauf hin, dass der Besitz von keimbahnlimitierten Chromosomen für diese Gruppe von Organismen selektive Vorteile bietet. Wie schon im Falle der B-Chromosomen müssen wir davon ausgehen, dass die heterochromatischen L-Chromosomen in der Keimbahn eine biologische Funktion haben.

> In manchen Organismen kommen überzählige Chromosomen vor (B-Chromosomen) oder solche, die auf die Keimbahnzellen beschränkt sind (L-Chromosomen).

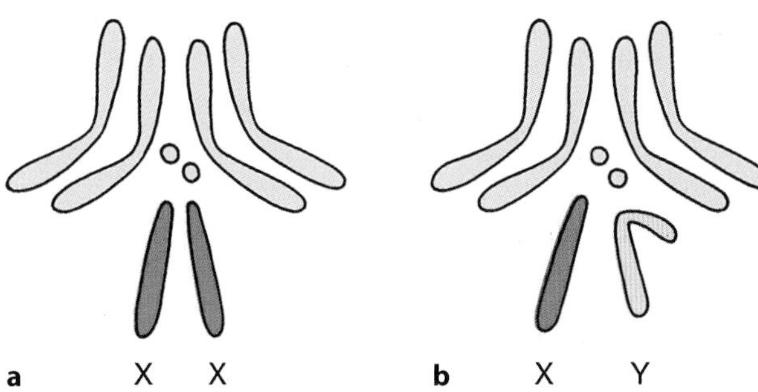

■ **Abb. 6.35** Metaphasechromosomen von *Drosophila melanogaster*. **a** Weibchen mit zwei X-Chromosomen. **b** Männchen mit einem X- und einem Y-Chromosom. Zwei der Autosomenpaare sind metazentrisch, das dritte Paar ist punktförmig

> Die vorhandenen hochkomplexen Verteilungsmechanismen – z. B. bei *Sciara* – deuten an, dass mit dieser Ausstattung selektive Vorteile verbunden sein müssen. In einigen Fällen ist die Verteilung von limitierten Chromosomen mit chromosomalem Imprinting verbunden, sodass diese Chromosomen in den Nachkommen nach väterlicher oder mütterlicher Herkunft unterschieden werden können.

6.4.4 Geschlechtschromosomen

Betrachten wir den diploiden **Karyotyp** (die Gesamtheit der Chromosomen in ihrer spezifischen Form und Größe) eines beliebigen Organismus, so werden wir in vielen Fällen feststellen können, dass sich ein oder mehrere Chromosomen auf der Basis ihrer identischen Morphologie oder Bänderung nicht als homologe Chromosomen klassifizieren lassen (■ Abb. 6.35b). Es lässt sich leicht feststellen, dass diese Schwierigkeit meist nur für ein Geschlecht besteht, während sich im anderen Geschlecht alle Chromosomen völlig normal in Zweiergruppen sortieren lassen (■ Abb. 6.35a): Hierbei fehlt das eine der beiden ungleichen Chromosomen des anderen Geschlechts, während das andere doppelt, also diploid vorhanden ist wie alle übrigen Chromosomen auch. Ganz offensichtlich besteht also ein Zusammenhang des Vorhandenseins dieses morphologisch abweichenden Chromosoms mit dem Geschlecht des Organismus. Derartige Chromosomen werden daher als **Geschlechtschromosomen** bezeichnet – im Gegensatz zu allen übrigen Chromosomen, die man **Autosomen** nennt. Cytologen bezeichnen im Übrigen Geschlechtschromosomen aufgrund der unterschiedlichen Morphologie auch als **heteromorph** und nennen sie dementsprechend **Heterosomen**.

Die wichtigste Konsequenz des Besitzes von unterschiedlichen Geschlechtschromosomen wird uns bei der Betrachtung der Meiose deutlich: Die Gameten besitzen zur Hälfte jeweils das eine oder das andere Geschlechtschromosom. Im Geschlecht mit identischen Geschlechts-

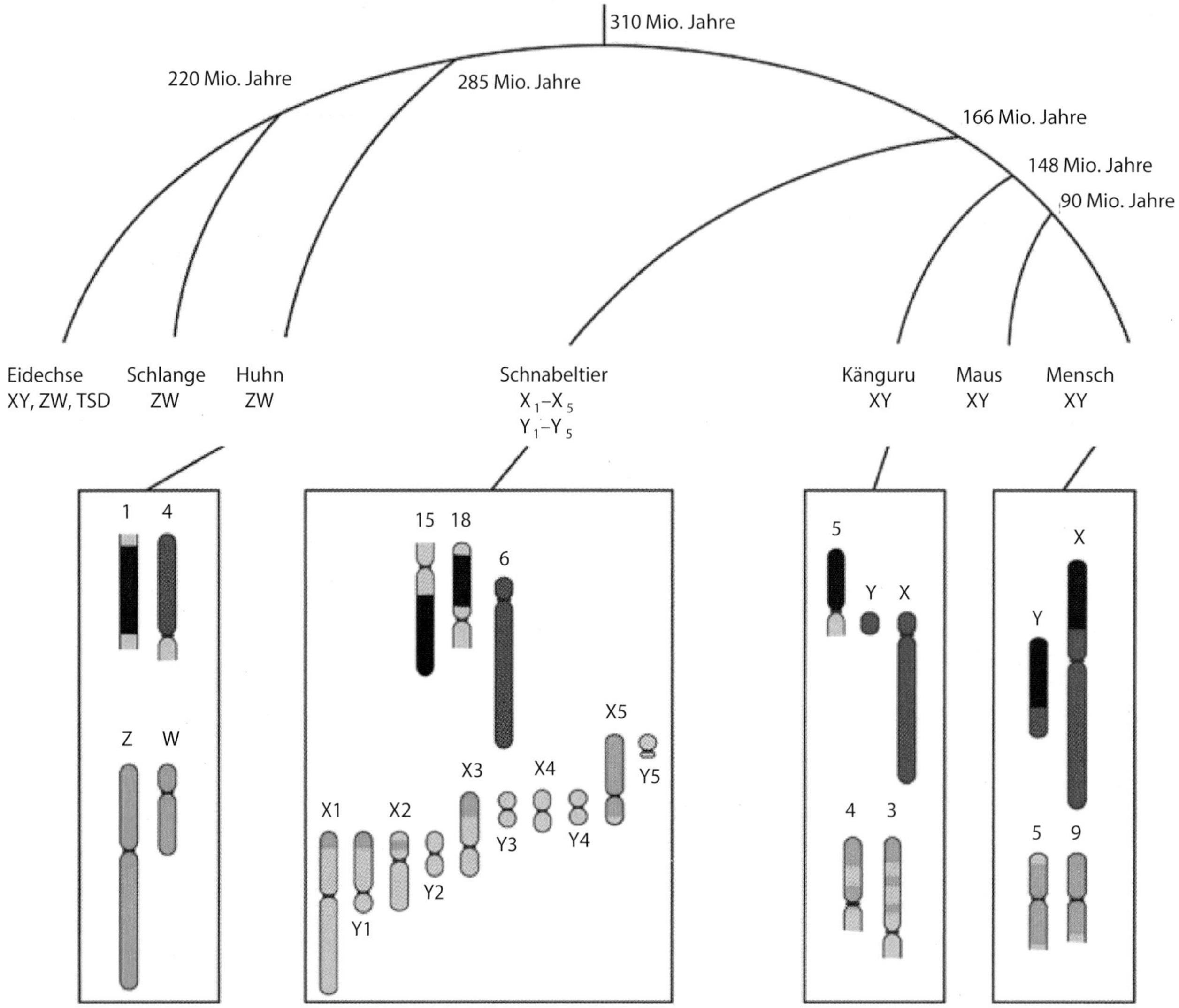

Abb. 6.36 Evolution der Geschlechtschromosomen mit abgeschätzten Daten der Trennung der Arten. Die Orthologie der Geschlechtschromosomen und Autosomen ist durch verschiedene Farben für repräsentative Säuger und Vögel dargestellt. *Gelbe* Regionen repräsentieren das ursprüngliche ZW-System in Amnioten (Reptilien, Vögel und Säugetiere), das heute in Vögeln, Geckos und Kloakentieren anzutreffen ist. Die *blaue* Region wurde erst in jüngerer Zeit in Beuteltieren und höheren Säugern zu X- und Y-Chromosomen. Die *schwarze* Region blieb mit Ausnahme der Säuger autosomal; hier wurde die *schwarze* Region den X- und Y-Chromosomen hinzugefügt. TSD: Temperatur-abhängige Geschlechtsbestimmung. (Nach Livernois et al. 2012, mit freundlicher Genehmigung)

chromosomen gibt es diesen Unterschied in den Gameten natürlich nicht. Welches Geschlecht dabei die „normale“ und welches die abweichende Chromosomenkonstitution zeigt, hängt vom Organismus ab. Bei Säugern beispielsweise ist das Männchen das **heterogametische Geschlecht**, während bei Vögeln oder bei Schmetterlingen (Lepidopteren) das Weibchen heterogametisch ist. Zur nomenklatorischen Kennzeichnung von Geschlechtschromosomen verwendet man generell die Namen X- und Y-Chromosom, wenn das Männchen heterogametisch ist, oder W- (≈ Y) und Z-Chromosom (≈ X), wenn das Weibchen heterogametisch ist. Im einen Fall haben also die Weibchen die Geschlechtschromosomenkonstitution XX, die Männchen die Konstitution XY, im anderen die Weibchen die Geschlechtschromosomen WZ, die Männchen ZZ.

Nicht bei allen Organismen findet man unterschiedliche Geschlechtschromosomen in einem der Geschlechter. Bei manchen Tiergruppen besitzt das heterogametische Geschlecht lediglich ein Geschlechtschromosom im diploiden Satz, während dasselbe Chromosom im **homogametischen Geschlecht** doppelt vorhanden ist. In diesem Fall kennzeichnen wir die Geschlechtschromosomenkonstitutionen mit XX und X0. Wir können diese Beobachtung, mehr noch als die Strukturunterschiede in Organismen mit zwei verschiedenen Geschlechtschromosomen, als Hinweis darauf verstehen, dass Geschlechtschromosomen funktionell, also hinsichtlich ihrer genetischen Information, nicht identisch sind. Im Prinzip sind die Geschlechtschromosomen im heterogametischen Geschlecht stets haploid, ein Zustand den man auch als **hemizygot** bezeichnet. Für die Ausprägung der auf hemizygoten Chromosomen lokalisierten Gene hat das schwerwiegende Konsequenzen, denn ein dort vorhandenes Allel wird stets voll ausgeprägt, unabhängig davon, ob es im anderen (homogametischen) Geschlecht rezessiv oder dominant erscheint (▶ Abschn. 13.3.3 und 13.3.4). Aus der Tatsache, dass im homogametischen Geschlecht die entsprechenden Chromosomen doppelt vorhanden sind, ergibt sich die zwangsläufige Folge, dass für dieses Chromosom eine Dosiskompensation erfolgen muss. Dafür gibt es verschiedene Mechanismen, die wir im ▶ Abschn. 8.3 diskutieren werden.

Bei vielen Organismen findet man Geschlechtschromosomen (Heterosomen), die sich von den übrigen Chromosomen (Autosomen) dadurch unterscheiden, dass sie sich trotz ihres homologen Charakters morphologisch unterscheiden. Während das eine Geschlecht zwei identische Geschlechtschromosomen besitzt (es ist homogametisch), ist das andere durch zwei unterschiedliche Geschlechtschromosomen heterogametisch. Heterogametie kann im männlichen (X/Y-Chromosomen) oder weiblichen Geschlecht (W/Z-Chromosomen) auftreten. In manchen Organismen fehlt das zweite Geschlechtschromosom im heterogametischen Geschlecht ganz (X/0-Typ) oder es sind mehr als zwei Geschlechtschromosomen vorhanden.

Die **Evolution der Geschlechtschromosomen** ist vielfach von besonderem Interesse, da sie gegenüber der Evolution der Autosomen einige Besonderheiten aufweist. Aus vergleichenden Genomanalysen wissen wir, dass sich die Geschlechtschromosomen jeweils aus einem Autosomenpaar entwickelt haben und dass diese Entwicklung unabhängig voneinander in mehreren Linien abgelaufen ist. Das erklärt die Vielfalt der Systeme in verschiedenen Spezies, wie wir es oben schon betrachtet haben; die wesentlichen Aspekte für Vertebraten sind in ◘ Abb. 6.36 zusammengefasst. Dabei können wir davon ausgehen, dass sich die verschiedenen Spezies vor ca. 300 Mio. Jahren getrennt haben. Bei Vögeln (Z/W-System) entspricht das Z-Chromosom in weiten Bereichen den menschlichen Chromosomen 5, 9 und 18, und das ursprüngliche X-Chromosom der Theria (Beutelsäuger und Höhere Säugetiere) weist Homologien zum Chromosom 4 des Huhns auf.

Das menschliche X-Chromosom umfasst etwa 155 Mb und enthält 1669 Gene; es repräsentiert damit etwa 5 % des menschlichen Genoms und ist eines der größeren Chromosomen. Es ist unter den Säugetieren relativ stark konserviert, und zwar in Bezug auf Größe und Anordnung der Gene. Das X-Chromosom ist allerdings nicht für die Ausbildung eines weiblichen Phänotyps verantwortlich – dieser entspricht vielmehr der „Grundeinstellung" des menschlichen Genoms. Das menschliche X-Chromosom enthält eine Reihe von „Haushaltsgenen" sowie Gene für spezialisierte Funktionen, z. B. für das Farbensehen und für Blutgerinnungsfaktoren. Allerdings enthält es eine Anhäufung von Genen, die für Männer Vorteile bringt: Da diese Gene in hemizygoten Männern wirksam werden, wird ein neues Gen (bzw. ein neues Allel) unmittelbar fixiert, wenn es für die Fortpflanzung des Mannes einen selektiven Vorteil bietet. Dieser Selektionsprozess ist unabhängig von der Funktion des Gens in Frauen, da eine rezessive Variation in homogametischen Frauen selten eine phänotypische Bedeutung hat. Daneben finden wir auf dem X-Chromosom viele Gene, die für die Gehirnfunktion von Bedeutung sind; Mutationen in diesen Genen führen zu Einschränkungen geistiger Fähigkeiten (mentale Retardierung; Beispiele siehe ▶ Kap. 13).

Wenn wir dagegen das menschliche Y-Chromosom betrachten, so erscheint es zunächst als ein degeneriertes Chromosom (etwa 60 Mb), das nur wenige Gene enthält (156 Transkriptionseinheiten, davon codieren 78 für Proteine) und weitgehend von der Rekombination ausgeschlossen ist. Wie in allen Säugetieren gibt es nur noch zwei kurze Regionen an den beiden Enden des Y-Chromosoms, die mit dem X-Chromosom während der Meiose rekombinieren können – da sich diese Regionen wie Autosomen verhalten, spricht man von „pseudoautosomalen Regionen" (PAR) mit einer Länge von 2,6 Mb am kurzen Arm und 0,3 Mb am langen Arm. Dazwischen befindet sich die „männliche" Region (engl. *male-specific region of the Y*, MSY). In dieser Region befindet sich vor allem ein Gen, das für die Ausbildung des männlichen Phänotyps verantwortlich ist (*SRY*, engl. *sex-determining region Y*), sowie Gene, deren Verlust zu männlicher Unfruchtbarkeit führen (◘ Abb. 6.37; für humangenetische Details siehe auch ▶ Abschn. 13.3.4). Etwa ein Drittel des Y-Chromosoms besteht aus Euchromatin, die anderen zwei Drittel sind heterochromatisch. Der Bereich zwischen den beiden pseudoautosomalen Regionen (also MSY) ist von der Rekombination ausgeschlossen.

Wie kam es nun zu dem Zustand, in dem sich unser Y-Chromosom heute befindet? Der erste und entscheidende Schritt in der Evolution eines Autosoms zum Y-Chromosom bestand wahrscheinlich darin, dass das Ur-Y-Chromosom ein Gen aufgenommen hat, das für die Entwicklung des männlichen Geschlechts entscheidend ist (das *SRY*-Gen). Unmittelbar damit verbunden ist die Unterdrückung von Rekombinationsereignissen zwischen den beiden ursprünglich homologen Chromosomen. Ein wichtiger Schritt in diesem Zusammenhang waren unterschiedliche Inversionen auf den jeweiligen Chromosomen, die Rekombinationen in der Meiose mehr und mehr verhinderten – und damit konnten sich die beiden so entstandenen Geschlechtschromosomen unabhängig voneinander entwickeln. Ein weiteres Charakteristikum des Y-Chromosoms besteht darin, dass es immer vom Vater auf den Sohn weitergegeben wird,

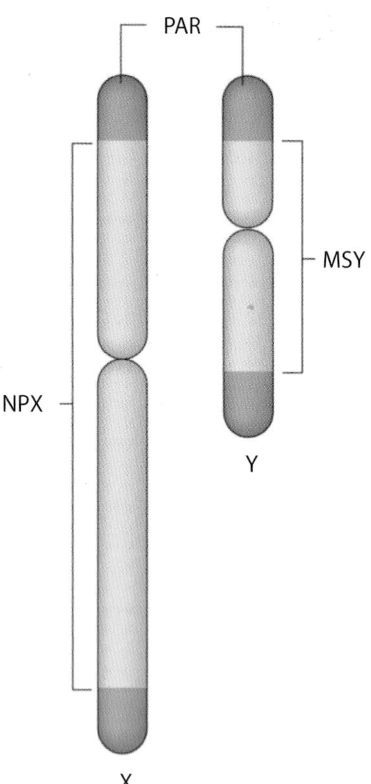

Abb. 6.37 Das menschliche X- und Y-Chromosom im Vergleich. An beiden Enden befindet sich eine pseudoautosomale Region (PAR), die Rekombination zwischen den beiden Chromosomen an dieser Stelle ermöglicht. Die jeweiligen Bereiche dazwischen können nicht rekombinieren (NPX, engl. *non-pseudoautosomal portion of the X chromosome*; MSY, engl. *male-specific portion of the Y chromosome*). (Nach Arnold 2004, mit freundlicher Genehmigung)

es gelangt nie in die weibliche Linie. Damit besteht die Möglichkeit, dass sich auf dem Y-Chromosom solche Gene anhäufen, die die Anzahl der Nachkommen der jeweiligen Männer erhöhen – andere Gene werden dagegen eher verloren gehen. Genomweite Sequenzanalysen stützen diese Hypothese auch für andere Spezies. Wenn wir allerdings die jüngere Evolution des menschlichen Y-Chromosoms betrachten, zeigen sich interessante Unterschiede zu anderen Y-Chromosomen bei Säugern; wir werden diese Aspekte im ► Abschn. 15.1.1 besprechen.

Geschlechtschromosomen entwickelten sich aus gewöhnlichen Autosomen, wobei das Y-Chromosom ein Gen trägt, das für die Ausbildung des männlichen Geschlechts verantwortlich ist. Es gibt nur noch zwei kurze Regionen (PAR), an denen Rekombination zwischen den beiden Geschlechtschromosomen möglich ist. Das Y-Gen enthält im Wesentlichen Gene, die für die männliche Reproduktion wichtig sind; viele andere Gene sind in der Evolution verloren gegangen. Mehrere Palindrome ermöglichen intrachromosomale Rekombinationen, sodass das Y-Chromosom als ein dynamisches Chromosom betrachtet werden kann.

6.5 Kernaussagen, Links, Übungsfragen, Technikboxen

Kernaussagen

- Chromosomen sind normalerweise nur im kondensierten Zustand während der Pro-, Meta- und Anaphase der Mitose bzw. Meiose im Lichtmikroskop sichtbar.
- Die Grundeinheit eines Chromosoms ist die Chromatide; nach der Replikation (aber vor der Verteilung auf die Tochterzellen) besteht ein Chromosom aus zwei identischen Schwesterchromatiden.
- Durch verschiedene Färbemethoden können unterschiedliche Bereiche auf den Chromosomen sichtbar gemacht werden (Bänderung).
- Die Form der Chromosomen wird durch die Lage des Centromers bestimmt. Über die Kinetochore dient das Centromer in der Metaphase als Ansatz für die Spindelfasern, die für die Verteilung der Chromatiden während der Zellteilung sorgen.
- Weitere wichtige Strukturelemente der Chromosomen sind deren Enden, die als Telomere bezeichnet werden. Chromosomenarme ohne Telomere sind instabil.
- Repetitive DNA-Elemente sind Grundbestandteile von Centromeren und Telomeren.
- Der Hauptanteil chromosomaler Proteine dient der Verpackung der DNA, die trotz ihrer hohen negativen Ladung auf kleinstem Raum im Zellkern untergebracht werden muss. Demgemäß sind stark basische Proteine zur Kompensation der negativen Ladungen der Phosphatgruppen der DNA notwendig. In somatischem Gewebe dienen hierzu vor allem die Histone.
- Je zwei Moleküle der Histone H2A, H2B, H3 und H4 bilden ein Nukleosom, um das sich die DNA-Doppelhelix windet. Zur Stabilisierung dient ein Molekül des Histons H1. Nukleosomen bilden eine 10-nm-Fibrille, die die niedrigste Organisationsstufe der Chromatide darstellt. Im Chromosom gibt es Chromatinfibrillen höherer Ordnung, deren Organisation sich mit den dynamischen Veränderungen der Chromosomen im Laufe des Zellzyklus ändert.
- In der Mitose werden die Chromosomen mithilfe des Spindelapparates auf die Tochterzellkerne verteilt.
- In der Keimbahn wird die Anzahl der Chromosomen in zwei Schritten auf den haploiden Zustand reduziert (Meiose): In der ersten Zellteilung (Reduktionsteilung) werden die homologen Chromosomen getrennt, in der zweiten Zellteilung (Äquationsteilung) werden die Chromatiden getrennt.
- Durch Austausch von Chromosomenbereichen zwischen homologen Chromosomen (Rekom-

bination) wird die Variabilität der genetischen Konstitution erhöht.

- Neben reziproker Rekombination gibt es auch nicht-reziproke Rekombination (Genkonversion). Genkonversion erklärt sich durch die molekularen Mechanismen der Rekombination, kann aber auch bei DNA-Neusynthese im Rahmen der DNA-Reparatur auftreten.
- Bei vielen Organismen findet man Geschlechtschromosomen (Heterosomen), die sich von den übrigen Chromosomen (Autosomen) unterscheiden. Das Geschlecht mit zwei identischen Geschlechtschromosomen wird als homogametisch bezeichnet; das andere Geschlecht mit zwei unterschiedlichen Geschlechtschromosomen ist heterogametisch. Heterogametie kann im männlichen (X/Y-Chromosomen) oder im weiblichen Geschlecht (W/Z-Chromosomen) auftreten.
- Geschlechtschromosomen entwickelten sich aus gewöhnlichen Autosomen, wobei das menschliche Y-Chromosom ein Gen trägt, das für die Ausbildung des männlichen Geschlechts verantwortlich ist. Es gibt nur noch zwei kurze pseudoautosomale Regionen, an denen Rekombination zwischen X- und Y-Chromosom möglich ist. Mehrere Palindrome auf dem Y-Chromosom ermöglichen dagegen intrachromosomale Rekombinationen.

Links zu Videos

Morphologie der Chromosomen:
(► sn.pub/o1Dy7y)
Telomer:
(► sn.pub/zYLqwX)
Chromosom und Kinetochor:
(► sn.pub/UnU2E2)
Mitose:
(► sn.pub/B9Ut8i)
Meiose:
(► sn.pub/r65zJq)
Meiotische Rekombination:
(► sn.pub/aF4sF0)
Polytäne Chromosomen:
(► sn.pub/nWy3O7)
Geschlechtschromosomen:
(► sn.pub/auPhqg)

Übungsfragen

1. Unterscheiden Sie Chromosomen, Chromatiden und DNA-Doppelstrang.
2. Erläutern Sie die Funktion und Bedeutung der Telomerase.
3. Worin besteht die Bedeutung der Meiose im Vergleich zur Mitose?
4. Was sind Riesenchromosomen?
5. Warum wird das menschliche Y-Chromosom nicht aussterben?

Technikbox 16

Chromosomenbänderung und *chromosome painting*

Anwendung: Identifizierung bestimmter Chromosomen oder chromosomaler Regionen in Präparaten von Pflanzen, Tieren und Menschen (◘ Abb. 6.38). Diese Techniken haben insbesondere in der diagnostischen Humangenetik große Bedeutung.

Voraussetzungen: Gewinnung von Zellen, Wachstum der Zellen in Kultur, Arretierung der Chromosomen in der Metaphase durch Zugabe von Colchicin (◘ Abb. 6.39) in die Kultur und Analyse am Mikroskop.

Methode: In Metaphasechromosomen-Präparaten wird nach unterschiedlicher Vorbehandlung eine Bänderung der Chromosomen sichtbar:

G-Banden. Vor der Färbung mit Giemsa-Lösung, einem DNA-bindenden Farbstoff (Azurblau: demethyliertes Methylenblau), werden die Chromosomen kontrolliert mit Trypsin behandelt. Die dunklen Banden bezeichnet man dann als G-Banden, helle Banden sind G-negativ (◘ Abb. 6.2 und 6.3).

Q-Banden. Man färbt die Chromosomen mit einem Fluoreszenzfarbstoff, der bevorzugt an AT-reiche DNA bindet (z. B. Quinacrin, 4′,6-Diamino-2-phenylindol [DAPI] oder Hoechst 33258), und betrachtet sie anschließend unter UV-Licht. Die fluoreszierenden Banden bezeichnet man als Q-Banden; sie sind identisch mit den G-Banden.

R-Banden. Dabei sind alle Banden gefärbt, die G-negativ sind (reverses G-Bandenmuster). Man denaturiert die Chromosomen vor der Giemsa-Färbung durch Erhitzen in einer Salzlösung; dabei denaturiert besonders die AT-reiche DNA. R-Banden sind Q-negativ. Dasselbe Muster erhält man, wenn GC-spezifische Chromomycin-Farbstoffe (Chromomycin A3, Olivomycin, Mithramycin) gebunden werden.

Neue Möglichkeiten der Chromosomenidentifizierung auch im Interphasekern, also im dekondensierten Zustand, bietet die *in-situ*-Hybridisierung mit einer Mischung unterschiedlich markierter, repetitiver DNA-Fragmente, die chromosomenspezifisch sind (◘ Abb. 6.4). Nach geeigneten Erkennungsreaktionen für die markierten Nukleotide (meist durch Bindung fluoreszenzmarkierter Antikörper) lässt sich das betreffende Chromosom hochspezifisch darstellen. Durch unterschiedliche Markierungen verschiedener DNA-Fragmente lassen sich auch mehrere Chromosomen oder Chromosomenabschnitte gleichzeitig differenziell färben (engl. *chromosome painting*; siehe auch *in-situ*-Hybridisierung, Technikbox 30).

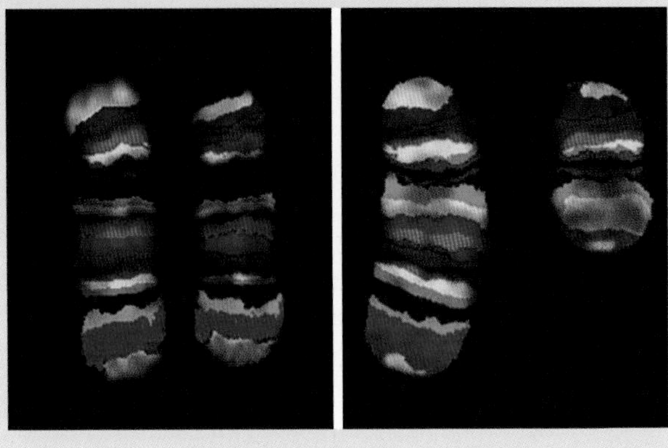

◘ **Abb. 6.38** Differenzielle Färbung von Chromosomen mit Fluoreszenzfarbstoffen. (Foto: Ilse Chubda)

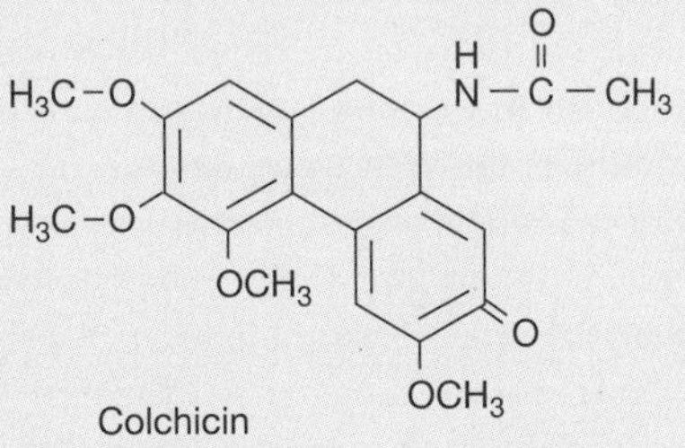

Colchicin

◘ **Abb. 6.39** Colchicin, Alkaloid der Herbstzeitlose, *Colchicum autumnale*. Die giftige Wirkung beruht auf einer Mitosehemmung, verursacht durch Interaktionen mit Tubulin, dem Hauptbestandteil der mitotischen Spindel. Durch die Bindung an Tubulin verhindern Colchicin und verwandte Verbindungen (wie Colcemid) die Entstehung von Mikrotubuli

Technikbox 17

Homologe Rekombination

Techniken zum gezielten Ersatz einer genomischen DNA-Sequenz durch eine andere sind heute in vielen Gebieten der Genetik von wesentlicher Bedeutung. Man nutzt für solche Zwecke homologe Rekombinationsmechanismen (engl. *site-specific recombination*).

Im Idealfall soll ein Rekombinationsexperiment dieser Art zum Austausch genomischer DNA-Sequenzen führen. Eine solche Situation lässt sich durch ein zweistufiges Experiment mit positiver und negativer Selektion erreichen, wie es im Folgenden dargestellt wird (◻ Abb. 6.40). Bei den dabei verwendeten Vektoren befindet sich ein Markergen innerhalb der Sequenz, die zur genomischen DNA-Sequenz homolog ist, das zweite außerhalb. Zum Austausch genomischer DNA-Fragmente ist ein doppeltes Rekombinationsereignis innerhalb der homologen Sequenzbereiche erforderlich. Dem Genom wird hierbei zunächst zusätzlich fremde DNA (die des Markergens) hinzugefügt. Das Experiment macht zunächst von einer positiven Selektion, danach von einer negativen Selektion Gebrauch.

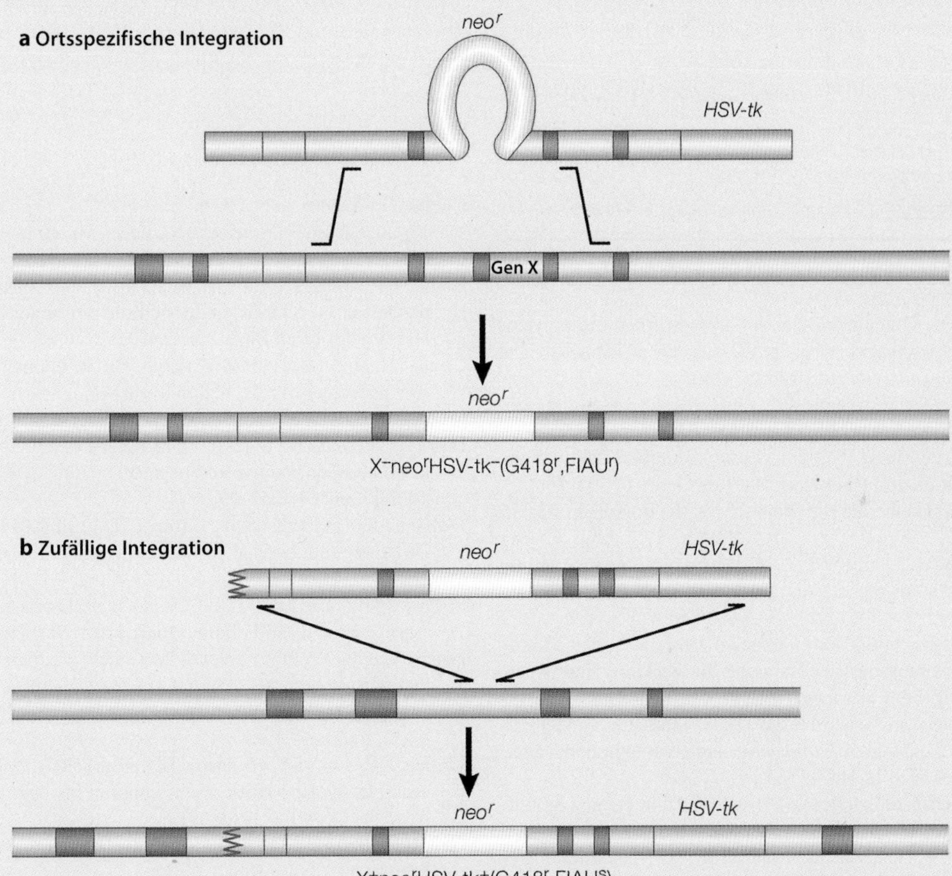

◻ **Abb. 6.40** Homologe Rekombination mit positiv-negativer Selektion. Die Methode zum Ausschalten eines beliebigen Gens (Gen X) kann für Zellen angewendet werden, unabhängig davon, ob das Gen exprimiert wird oder nicht. Der Klonierungsvektor (engl. *targeting vector*) enthält das Neomycin-Resistenzgen (*neo*^{r}) in einem Exon von Gen X (das dadurch inaktiviert wird) und das Thymidinkinase-Gen aus *Herpes simplex* (*HSV-tk*) an einem Ende außerhalb des Bereichs, der für die Rekombination vorgesehen ist. **a** Homologe Rekombination zwischen dem Klonierungsvektor und dem entsprechenden chromosomalen Abschnitt führt zur Zerstörung des genomischen Bereichs von Gen X einerseits und dem Verlust des *HSV-tk*-Gens des Vektors andererseits. Zellen, in denen sich homologe Rekombination ereignet, sind heterozygot für das Gen X (Verlust nur in einem der beiden Chromosomen), enthalten eine Neomycinresistenz und sind unempfindlich für die Behandlung mit dem Antibiotikum Geneticin (G418) und dem Nukleosidanalogon Fialuridin (FIAU). **b** Häufiger wird der Klonierungsvektor allerdings durch zufällige Rekombination im Genom der Wirtszelle integrieren. Dieser Mechanismus verwendet jedoch die Enden des Vektorfragments für die Rekombination, sodass das gesamte Fragment, einschließlich des *HSV-tk*-Gens, in das Wirtschromosom integriert. Zellen, die aus diesem Rekombinationsvorgang hervorgehen, sind heterozygot für das Gen X (Verlust nur in einem der beiden Chromosomen), enthalten eine Neomycinresistenz und sind deshalb zwar resistent gegenüber G418, aber empfindlich für die Behandlung mit FIAU. Auf diese Weise überleben zwar die Zellen mit homologer Rekombination, nicht aber Zellen mit zufälliger Integration. (Nach Capecchi 2005, mit freundlicher Genehmigung)

Technikbox 17 (*Fortsetzung*)

Im hier gezeigten Beispiel enthält das Vektorkonstrukt zwei Markergene. Einer dieser Marker liegt innerhalb der Sequenzregion, die bei der Rekombination ins Genom eingeführt werden soll. Es kann beispielsweise das Neomycin-Resistenzgen (*neo*^{r}) verwendet werden, sodass unter Selektion mit Geneticin (G418) nur die Zellen überleben, die das Vektorkonstrukt über Rekombination integriert haben (das Antibiotikum Geneticin ist ein Aminoglykosid aus *Micromonospora*, einem Gram-positiven und sporenbildenden Bakterium; G418 hemmt die pro- und eukaryotische Proteinbiosynthese. Das Resistenzgen *neo*^{r} codiert für eine Aminoglykosid-Phosphotransferase, die Geneticin phosphoryliert und damit unwirksam macht). Als zweites Markergen dient beispielsweise das Thymidinkinase-Gen (*tk*) des Virus *Herpes simplex* (Abk. HSV). Es liegt außerhalb des homologen Sequenzbereichs und wird bei einer homologen Rekombination nicht auf den Zielgenort übertragen. Die HSV-Thymidinkinase kann durch das Guanosinanalogon Ganciclovir gehemmt werden. Selektiert man nach der Transformation auf *tk*$^-$ und *neo*^{r}, so erhält man Transformanten, die einen Austausch nur in der gewünschten Genomregion besitzen. Eine zufällige Integration des Vektorkonstrukts in das Genom hat dagegen einen *tk*$^+$- und *neo*^{r}-Phänotyp zur Folge. *tk*$^+$-Zellen können aber durch Behandlung mit Ganciclovir (oder aber einem anderen Nukleosidanalogon wie Fialuridin [FIAU]) abgetötet werden. Wenn dieses Verfahren in embryonalen Stammzellen der Maus durchgeführt wird, können so transgene Mäuse hergestellt werden (Technikbox 26, Technikbox 27).

6

Literatur

Arnold AP (2004) Sex chromosomes and brain gender. Nat Rev Neurosci 5:701–708

Aulard S, Monti L, Chaminade N et al (2004) Mitotic and polytene chromosomes: comparisons between *Drosophila melanogaster* and *Drosophila simulans*. Genetica 120:137–150

Balbiani EG (1881) Sur la structure du noyau des cellules salivaires chez les larves de *Chironomus*. Zool Anz 4:637–641

Baudat F, Imai Y, de Massy B (2013) Meiotic recombination in mammals: localization and regulation. Nat Rev Genet 14:794–806

Beadle GW (1946) Genes and the chemistry of the organism. Am Sci 34:31–53

Bednar J, Hamiche A, Dimitrov S (2016) H1-nucleosome interactions and their functional implications. Biochim Biophys Acta 1859:436–443

Beermann W (1952) Chromosomenkonstanz und spezifische Modifikation der Chromosomenstruktur in der Entwicklung und Organdifferenzierung von *Chironomus tentans*. Chromosoma 5:139–198

Blackburn EH, Greider CW, Szostak JW (2006) Telomeres and telomerase: the path from maize, *Tetrahymena* and yeast to human cancer and aging. Nat Med 12:1133–1138

Boveri T (1888) Zellenstudien II. Die Befruchtung und Teilung des Eies von *Ascaris megalocephala*. Jena Zeit Naturw 22:685–882

Boveri T (1909) Über Geschlechtschromosomen bei Nematoden. Arch Zellf 4:132–141

Bridges CB (1936) The bar „gene" a duplication. Science 83:210–211

Bromley SE, Gall JG (1987) Transcription of the histone loci on lampbrush chromosomes of the newt *Notophthalmus viridescens*. Chromosoma 95:396–402

Cahoon CK, Hawley RS (2016) Regulating the construction and demolition of the synaptonemal complex. Nat Struct Mol Biol 23:369–377

Capecchi MR (2005) Gene targeting in mice: functional analysis of the mammalian genome for the twenty-first century. Nat Rev Genet 6:507–512

Carle GF, Olsen MV (1985) An electrophoretic karyotype for yeast. Proc Natl Acad Sci USA 82:3756–3760

Chan FL, Wong LH (2012) Transcription in the maintenance of centromere chromatin identity. Nucleic Acids Res 40:11178–11188

Chen JM, Cooper DN, Chuzhanova N et al (2010) Gene conversion: mechanisms, evolution and human disease. Nat Rev Genet 8:762–775

Chuang TCY, Moshir S, Garini Y et al (2004) The three-dimensional organization of telomeres in the nucleus of mammalian cells. BMC Biol 2:12

Clapier CR, Iwasa J, Cairns BR et al (2017) Mechanisms of action and regulation of ATP-dependent chromatin-remodelling complexes. Nat Rev Mol Cell Biol 18:407–422

Cooke HJ, Smith BA (1986) Variability at the telomeres of the human X/Y pseudoautosomal region. Cold Spring Harb Symp Quant Biol 51:213–219

Dillon N, Festenstein R (2002) Unravelling heterochromatin: competition between positive and negative factors regulates accessibility. Trends Genet 18:252–258

Dolatabadian A, Patel DA, Edwards D et al (2017) Copy number variation and disease resistance in plants. Theor Appl Genet 130:2479–2490

Farmer JB, Moore JES (1905) On the meiotic phase (reduction division) in animals and plants. Quart J Microsc Sci 48:489–557

Finch JT, Klug A (1976) Solenoidal model for superstructure in chromatin. Proc Natl Acad Sci USA 73:1897–1901

Flemming W (1882) Zellsubstanz, Kern und Zelltheilung. F. C. W. Vogel, Leipzig

Francis KE, Lam SY, Harrison BD et al (2007) Pollen tetrad-based visual assay for meiotic recombination in *Arabidopsis*. Proc Natl Acad Sci USA 104:3913–3918

Gall JG (1956) On the submicroscopic structure of chromosomes. Brookhaven Symp Biol 8:17–32

Gall JG, Stephenson EC, Erba HP et al (1981) Histone genes are located at the sphere loci of newt lampbrush chromosome. Chromosoma 84:159–171

Gartler SM (2006) The chromosome number in humans: a brief history. Nat Rev Genet 7:655–660

Gerbi SA (1986) Unusual chromosome movements in Sciarid flies. In: Hennig W (Hrsg) Results and problems in cell differentiation, Bd. 13. Springer, Berlin, S 71–104

Hayflick L (1965) The limited *in vitro* lifetime of human diploid cell strains. Exp Cell Res 37:614–636

Heitz E (1928) Das Heterochromatin der Moose. I. Jb Wiss Bot 69:762–818

Hergeth SP, Schneider R (2015) The H1 linker histones: multifunctional proteins beyond the nucleosomal core particle. EMBO Rep 16:1439–1453

Holliday R (1964) A mechanism for gene conversion in fungi. Genet Res 5:282–304

Houben A (2017) B chromosomes – a matter of chromosome drive. Front Plant Sci 8:210

International System for Human Cytogenetic Nomenclature (ISCN) (2016) An International System for Human Cytogenetic Nomenclature. Karger, Basel

Jäger K, Walter M (2016) Therapeutic targeting of telomerase. Genes 7:39

John A, Vinayan K, Varghese J (2016) Achiasmy: male fruit flies are not ready to mix. Front Cell Dev Biol 4:75

Kim H, Seo EH, Lee SH et al (2016) The telomerase-derived anticancer peptide vaccine GV1001 as an extracellular heat shock protein-mediated cell-penetrating peptide. Int J Mol Sci 17:2054

Kompaktlexikon der Biologie (2019) Spektrum online. https://www.spektrum.de/lexikon/biologie/chromosomen/13958 (Erstellt: 09.2019)

Kossel A (1884) Über Nuclein. Arch Physiol 8:177–178

Laskey RA, Honda BM, Mills AD et al (1978) Nucleosomes are assembled by an acidic protein, which binds histones and transfers them to DNA. Nature 275:416–420

Liehr T (2016) Cytogenetically visible copy number variations (CG-CNVs) in banding and molecular cytogenetics of human; about heteromorphisms and euchromatic variants. Mol Cytogenet 9:5

Liehr T, Starke H, Heller A et al (2006) Multicolor fluorescence *in situ* hybridization (FISH) applied to FISH-banding. Cytogenet Genome Res 114:240–244

Livernois AM, Graves JA, Waters PD (2012) The origin and evolution of vertebrate sex chromosomes and dosage compensation. Heredity 108:50–58

Luger K, Mäder AW, Richmond RK et al (1997) Crystal structure of the nucleosome core particle at 2.8 Å resolution. Nature 389:251–260

Maciejowski J, de Lange T (2017) Telomeres in cancer: tumour suppression and genome instability. Nat Rev Mol Cell Biol 18:175–186

Maiato H, Hergert PJ, Moutinho-Pereira S et al (2006) The ultrastructure of the kinetochore and kinetochore fiber in *Drosophila* somatic cells. Chromosoma 115:469–480

Marston AL, Amon A (2004) Meiosis: cell-cycle controls shuffle and deal. Nat Rev Mol Cell Biol 5:983–997

Metz CW (1938) Chromosome behaviour, inheritance and sex determination in *Sciara*. Amer Nat 72:485–520

Meyer GF, Hess O, Beermann W (1961) Phasenspezifische Funktionsstrukturen in den Spermatocytenkernen von *Drosophila melanogaster* und ihre Abhängigkeit vom Y-Chromosom. Chromosoma 12:676–716

Miller OJ, Therman E (2001) Human Chromosomes, 4. Aufl. Springer, New York

Morelli MA, Cohen PE (2005) Not all germ cells are created equal: aspects of sexual dimorphism in mammalian meiosis. Reproduction 130:761–781

Morgan GT (2002) Lampbrush chromosomes and associated bodies: new insights into principles of nuclear structure and function. Chromosome Res 10:177–200

Muller HJ (1930) Types of visible variations induced by X-rays in *Drosophila*. J Genet 22:299–335

Olovnikov OM (1973) A theorie of marginotomy. The incomplete copying of template margin in enzymic synthesis of polynucleotides and biological significance of the phenomenon. J Theor Biol 41:181–190

Painter TS (1921) The Y-chromosome in mammals. Science 53:503–504

Painter TS (1933) A new method for the study of chromosome rearrangements and the plotting of chromosome maps. Science 78:585–586

Pawlowski WP, Cande WZ (2005) Coordinating the events of the meiotic prophase. Trends Cell Biol 15:674–681

Pelling C (1964) Ribonukleinsäure-Synthese der Riesenchromosomen. Chromosoma 15:71–72

Polyakov VY, Zatsepina OV, Kireev II et al (2006) Structural-functional model of the mitotic chromosome. Biochemistry 71:1–9

Quénet D, McNally JG, Dalal Y (2012) Through thick and thin: the conundrum of chromatin fibre folding *in vivo*. EMBO Rep 13:943–944

Rabl K (1885) Über Zelltheilung. Gegenbaurs Morphol Jahrb 10:214–330

Rippe K, Luke B (2015) TERRA and the state of the telomere. Nat Struct Mol Biol 22:853–858

Robert-Fortel I, Junera HR, Geraud G et al (1993) Three-dimensional organization of the ribosomal genes and Ag-NOR proteins during interphase and mitosis in PtK1 cells studied by confocal microscopy. Chromosoma 102:146–157

Scheer U (1987) Contributions of electron microscopic spreading preparations („Miller spreads“) to the analysis of chromosome structure. In: Hennig W (Hrsg) Structure and function of eucaryotic chromosomes. Results and problems in cell differentiation, Bd. 14. Springer, Berlin, S 27–58

Schmekel K, Daneholt B (1998) Evidence for close contact between recombination nodules and the central element of the synaptonemal complex. Chromosome Res 6:155–159

Schultz J (1936) Variegation in *Drosophila* and the inert chromosome regions. Proc Natl Acad Sci USA 22:27–33

Stapley J, Feulner PGD, Johnston SE et al (2017) Variation in recombination frequency and distribution across eukaryotes: patterns and processes. Philos Trans R Soc Lond B Biol Sci 372:20160455

van Steensel MAM, Steijlen PM, Maessen-Visch MB (2005) New type of twin spot. Am J Med Genet 133A:108–111

Stern C (1936) Somatic crossing over and segregation in *Drosophila melanogaster*. Genetics 21:625–730

Sun Y, Ambrose JH, Haughey BS et al (2012) Deep genome-wide measurement of meiotic gene conversion using tetrad analysis in *Arabidopsis thaliana*. PLoS Genet 8:e1002968

Syrjänen JL, Pellegrini L, Davies OR (2014) A molecular model for the role of SYCP3 in meiotic chromosome organisation. Elife 3:e2963

Takeuchi K, Fukagawa T (2012) Molecular architecture of vertebrate kinetochores. Exp Cell Res 318:1367–1374

Taylor JH, Woods PS, Hughes WL (1957) The organization and duplication of chromosomes as revealed by autoradiographic studies using tritium-labeled thymidine. Proc Natl Acad Sci USA 43:122–128

Thomas GE, Renjith MR, Manna TK (2017) Kinetochore-microtubule interactions in chromosome segregation: lessons from yeast and mammalian cells. Biochem J 474:3559–3577

Tjio JH, Levan A (1956) The chromosome number of man. Hereditas 42:1–6

Turner JMA (2015) Meiotic silencing in mammals. Annu Rev Genet 49:395–412

Verdaasdonk JS, Bloom K (2011) Centromeres: unique chromatin structures that drive chromosome segregation. Nat Rev Mol Cell Biol 12:320–332

Vogel F, Motulsky AG (1997) Human Genetics, 3. Aufl. Springer, Berlin

Weismann A (1885) Die Continuität des Keimplasmas als Grundlage einer Theorie der Vererbung. Fischer, Jena

Wilson EB (1907) The supranumerary chromosomes of Hemiptera. Science 26:870–871

Molekulare Struktur und Regulation eukaryotischer Gene

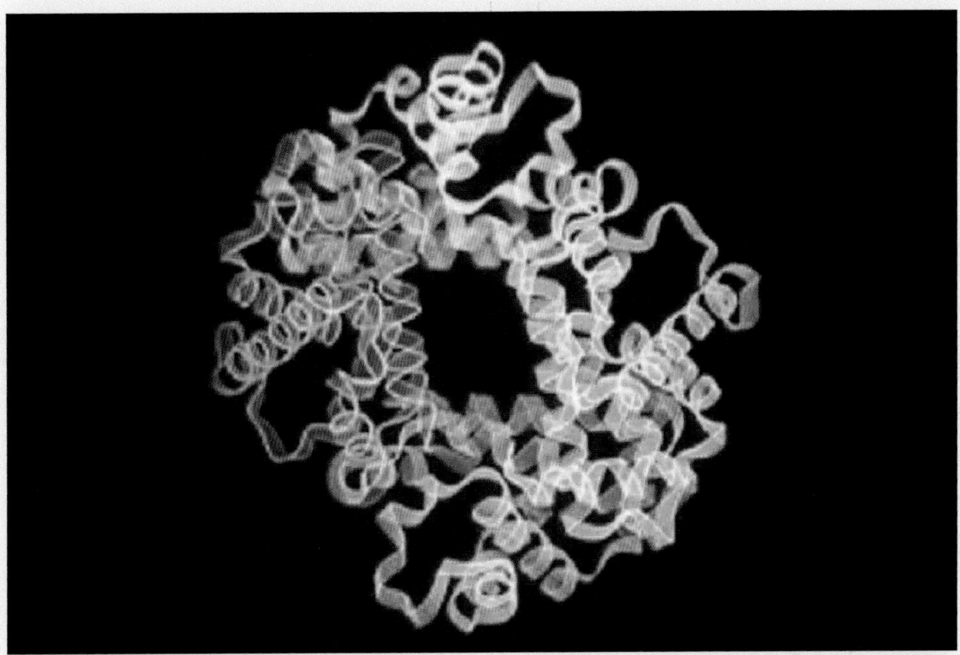

Das Hämoglobin-Tetramer wird aus vier Globinmolekülen aufgebaut, die eine komplexe dreidimensionale Struktur bilden. (Anbari et al. 2004, mit freundlicher Genehmigung)

Inhaltsverzeichnis

J. Graw, *Genetik*, https://doi.org/10.1007/978-3-662-60909-5_7

Überblick

Die Struktur und Funktion eukaryotischer Gene ist in vielerlei Hinsicht komplexer als die prokaryotischer Gene, und das nicht nur wegen des wesentlich größeren Umfangs des Genoms, der Trennung von Transkription (im Zellkern) und Translation (im Cytoplasma) und der großen funktionellen Differenzierungsfähigkeit somatischer Zellen. Zu dieser höheren Komplexität gehören auch die Intron-Exon-Struktur und die Zusammenfassung vieler Gene zu Familien identischer oder ähnlicher DNA-Sequenzen.

Als ein Beispiel eines Einzelkopiegens werden wir das Fibroin-Gen des Seidenspinners und das verwandte Spidroin-Gen der Spinnen besprechen. Wir lernen dabei etwas über den modularen Aufbau eines Gens und wie sich darin auch schon ein Teil der biochemischen Funktion des Proteins widerspiegeln kann. Als weiteres Beispiel eines Einzelkopiegens wird das menschliche Proopiomelanocortin (Gensymbol: *POMC*) vorgestellt – eines der wenigen polycistronischen Gene der Säugetiere, das posttranslational in mehrere kleinere Proteine gespalten wird, darunter das Melanocyten-stimulierende Hormon (MSH), das adrenocorticotrope Hormon (ACTH) und β-Endorphin. Titin ist das dritte Beispiel und repräsentiert die Gruppe der „Riesengene": Das Gen umfasst ca. 300 Mbp mit 363 Exons, die eine mRNA von über 100.000 Basen bilden und für ein Protein mit knapp 35.000 Aminosäuren codieren – das größte Protein, das wir beim Menschen kennen.

Die Globin-Genfamilie als Bausteine des Hämoglobins zeigt uns, wie durch evolutionäre Mechanismen verwandte, aber funktionell verschiedene Proteine entstehen können. Histon-, Tubulin- und Kristallin-Gene runden die Beispiele für Multigenfamilien zunächst ab; wir werden jedoch in späteren Kapiteln weitere Beispiele kennenlernen.

Die Kontrolle der Genexpression erfolgt auf verschiedenen Ebenen und umfasst zunächst Promotor, Enhancer und Locus-Kontrollregionen. In diesem Zusammenhang werden wir auch die Transkriptionsfaktoren besprechen, die mit den jeweiligen DNA-Elementen in Wechselwirkung treten und damit die RNA-Polymerase in die Lage versetzen, die Transkription zu beginnen, sodass wir häufig eine zeitliche und räumliche Spezifität der Genexpression beobachten können. Am Beispiel der Glucocorticoid-Rezeptoren wollen wir dies aus der Sicht eines Transkriptionsfaktors darstellen – umgekehrt zeigt die Betrachtung aus der Sicht des Insulin-Promotors, wie verschiedene Transkriptionsfaktoren und einzelne Metaboliten (hier: Glucose) miteinander kooperieren, um die Transkription des Insulin-Gens zu starten.

7.1 Protein-codierende Gene (I): Einzelkopiegene

Durch Duplikation, Genverlust oder Polyploidisierung verändert sich die Zahl der Gene eines Genoms während der Evolution. Und wenn die Individuen, die diese Mutationen tragen, unterschiedlich viele Nachkommen haben, werden sich die Unterschiede in der Zahl der Gene als Ergebnis einer besseren Überlebensfähigkeit oder einer höheren Reproduktionsrate verfestigen. Die Genomanalysen der letzten Jahre haben deutlich gemacht, in welchem Ausmaß Gen- und Genomduplikationen in der Evolution vorkommen. Dabei stellte sich heraus, dass eine beachtenswerte Zahl von Genen eng verwandt ist mit anderen Genen in demselben Genom; die Zahl der Gene, die „jüngst" dupliziert wurden, variiert von Spezies zu Spezies zwischen 11 und 65 % (11,2 % bei *Haemophilus influenzae*, 27,5 % bei *Drosophila melanogaster*, 28,6 % bei *Saccharomyces cerevisiae*, 44,7 % bei *Caenorhabditis elegans*, 65 % bei *Arabidopsis thaliana*; Otto und Yong 2002). Die Zahl der neuen Duplikationen wird bei Fliegen auf etwa 31 Duplikationen pro Genom und 1 Mio. Jahre geschätzt, auf 52 in Hefen und auf 383 in Nematoden. Diese Häufigkeit von Duplikationen im Genom ist die Ursache dafür, dass wir heute immer mehr „Genfamilien" entdecken. Wie sich aber schon aus diesen wenigen Beispielen ableiten lässt, ist die Situation in verschiedenen Organismen durchaus sehr unterschiedlich.

Bei der Hefe *Saccharomyces cerevisiae* gibt es z. B. nur ein einziges Gen für Aktin (*ACT1*), während in allen übrigen bisher untersuchten Eukaryoten mehrere Aktin-Gene gefunden wurden. Solche Unterschiede bestehen aber nicht nur zwischen niederen und höheren Eukaryoten. So besitzt *Drosophila* beispielsweise nur ein einziges Gen für die schwere Muskelmyosinkette (engl. *myosin heavy polypeptide*, *Myh*), während in Säugern mehrere *Myh*-Gene vorhanden sind. Es lassen sich also nur bedingt Voraussagen über die genetische Konstitution eines bestimmten Gens in einem bestimmten Organismus treffen, und man muss in unterschiedlichen Organismen mit jeweils anderen genetischen Konstitutionen rechnen.

Daneben finden wir aber auch Gene, die für hochspezialisierte Proteine codieren und die in dieser Form dann auf wenige Organismengruppen beschränkt sind. Ein interessanter Aspekt der Genomforschung ist dabei, die evolutionären Aspekte herauszuarbeiten, die zu der Spezialisierung geführt haben, und welche Vorläufer es in der Evolution dafür gegeben haben könnte. Wir werden diese Aspekte dann im Einzelfall ansprechen.

Auch wenn der Aufbau von Proteinen nicht der zentrale Gegenstand der Genetik, sondern vielmehr der Biochemie ist, sollen hier einige grundlegende Aspekte der Proteinstruktur kurz angedeutet werden. Wir können im Wesentlichen zwei Grundstrukturen unterscheiden, die α-Helix und das β-Faltblatt mit jeweils unterschiedlichen

7

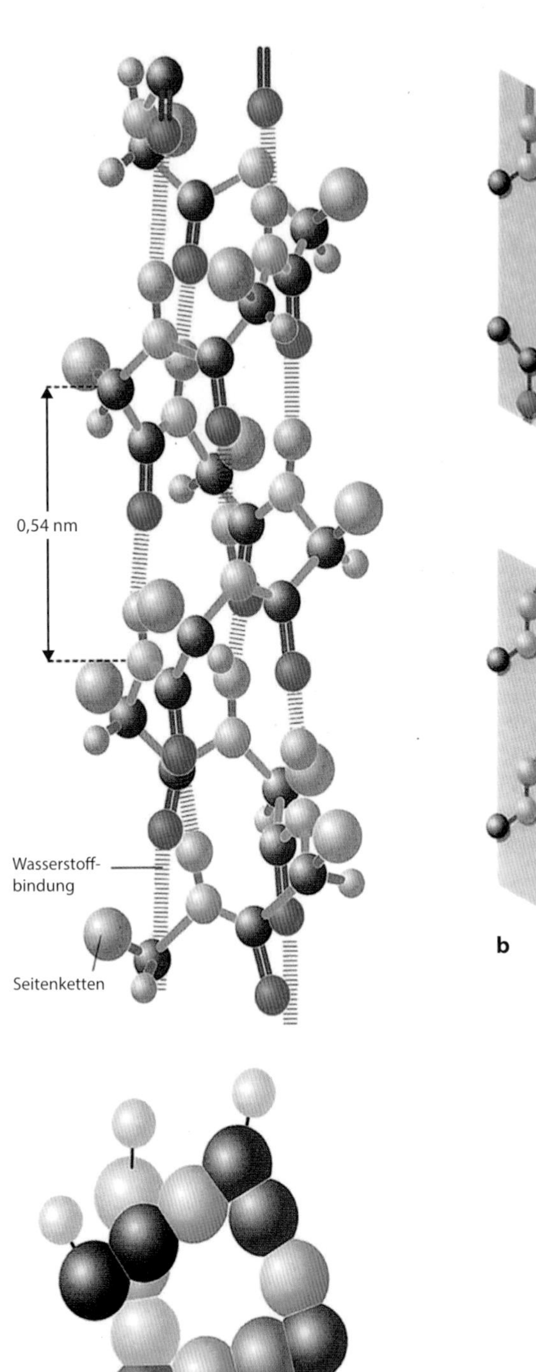

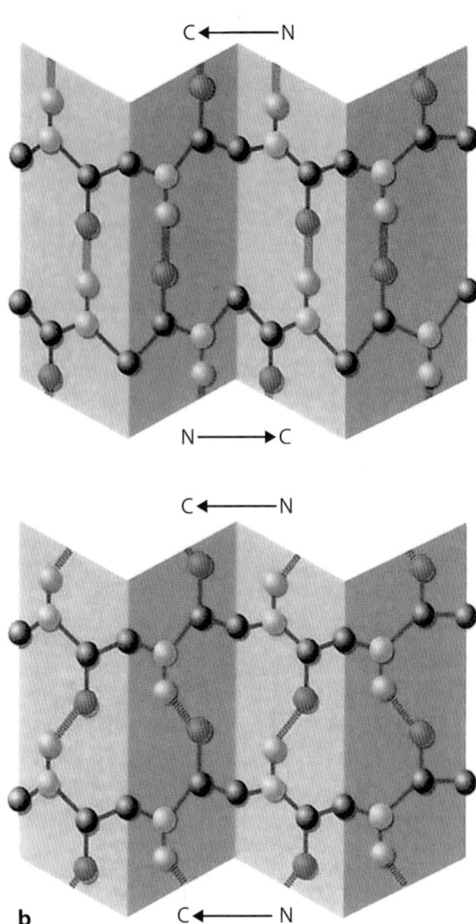

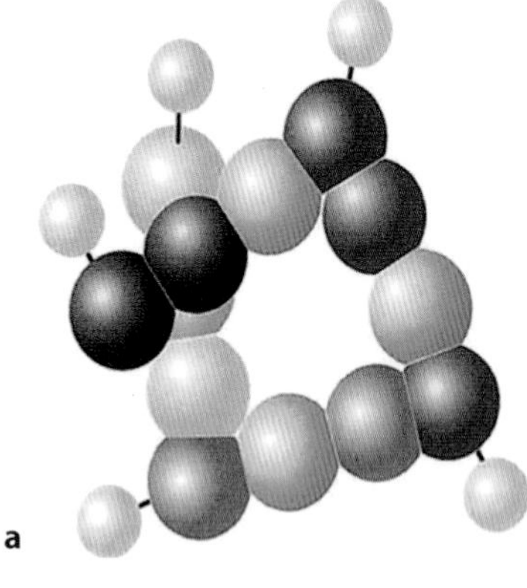

Abb. 7.1 Grundstruktur von Proteinen. **a** α-Helix. Die Peptidkette ist schraubenartig (helikal) rechtshändig aufgewunden. Dabei windet sich die Peptidkette im Uhrzeigersinn um die Helixachse (Blickrichtung N→C; *kleines Bild*). Die Wasserstoffbrückenbindungen stehen mehr oder weniger parallel zur Helixachse. Eine C=O-Gruppe bildet immer mit der Aminogruppe des viertnächsten Aminosäurerestes eine Wasserstoffbrückenbindung (die Sauerstoffatome sind *dunkelrot* hervorgehoben). Die starren Ebenen der Peptidbindungen sind parallel zur Helixachse angeordnet. Die Helix bildet keinen Zylinder, sondern eine eckige Struktur mit den C_α-Atomen in den Ecken (*kleines Bild*). Die Ganghöhe ist 0,54 nm; die Seitenketten sind radial nach außen orientiert, sodass die Möglichkeiten einer sterischen Behinderung minimalisiert sind. **b** β-Faltblatt. Die C=O-Gruppe bildet eine Wasserstoffbrückenbindung mit der Aminogruppe des drittnächsten Aminosäurerestes; dadurch ändert die Peptidkette ihre Richtung um fast 180°. (Nach Christen und Jaussi 2005, mit freundlicher Genehmigung)

Eigenschaften (▪ Abb. 7.1). Weitere Strukturelemente sind die Ausbildung von Disulfidbrücken zwischen zwei Cysteinresten, die erheblich zur Stabilität und zur Konformation von Proteinen beitragen können. Die Verwendung von polaren oder eher hydrophoben Aminosäuren (▪ Abb. 3.2) bestimmt natürlich viele biophysikalische Eigenschaften von Proteinen – ob sie eher als lösliche Komponenten verwendet werden oder als Transmembranproteine in die Zellmembran integriert sind oder wie sie mit anderen Proteinen in Wechselwirkung treten können. Eine Sammlung hilfreicher Datenbanken und computerbasierter Vorhersageprogramme über biochemische und biophysikalische Eigenschaften von Proteinen findet sich beim Schweizer Institut für Bioinformatik (► www.expasy.org/proteomics).

! Die α-Helixstruktur stellt neben der β-Faltblattstruktur die wichtigste Proteingrundkonformation dar.

7.1.1 Fibroin und Spidroin

Als ein erstes Beispiel für ein Einzelkopiegen soll an dieser Stelle das **Fibroin-Gen** des Seidenspinners (*Bombyx mori*) näher besprochen werden, das unter anderem wegen seiner praktischen Bedeutung für die Seidenherstellung viel Interesse auf sich gezogen hat. **Seide** gehört zu den fibrillären Proteinen, die in tierischen Zellen in großen Mengen synthetisiert werden. Fibrilläre Proteine kommen im Cytoskelett aller Zellen, in der extrazellulären Matrix und in vielen spezialisierten Zelltypen wie Muskelzellen oder keratinisierenden Zellen (Epithelzellen) vor. Seide gibt es in vielen unterschiedlichen Varietäten, und sie übersteigt in ihrer Vielfalt die Variabilität anderer fibrillärer Proteine bei Weitem. Das bekannteste Beispiel des Vorkommens von Seide ist der Kokon, den die Seidenspinnerraupe bei ihrer Verpuppung erzeugt.

Seide wird in ähnlicher Weise von vielen anderen Lepidopteren erzeugt und beispielsweise auch von Spinnen zum Bau ihrer Netze verwendet. Die Spinnenseide besteht aus **Spidroin** und ist mit dem Fibroin des Seidenspinners eng verwandt, auch wenn die Organismen auf ungefähr 500 Mio. Jahre getrennter Entwicklung zurückblicken können. So unterscheiden sich auch die Organe, in denen die Seidenfäden hergestellt werden: Beim Seidenspinner stammen die paarweisen Seidendrüsen von Speicheldrüsen ab und befinden sich entsprechend im Mundbereich, wohingegen die Spinnen über verschiedene Drüsen für ihre verschiedenen Seidenfäden verfügen. Sie haben sich aus epithelialen Einstülpungen der Epidermis im Abdominalbereich gebildet.

Seide ist aufgrund ihrer besonderen Struktur, die einen weiten Bereich verschiedener Proteinkonformationen einschließt, die stabilste Naturfaser. Sie hat daher sowohl theoretisches Interesse im Zusammenhang mit dem Studium von Proteinkettenstrukturen als auch praktische Beachtung wegen ihrer Bedeutung in der Seidenherstellung gefunden. Seidenproduzierende Schmetterlinge gehören zu den wenigen genetisch intensiv untersuchten Insekten. Hauptlieferant für Seide ist seit über 4000 Jahren der Seidenspinner, *Bombyx mori*.

Für die **Synthese** des wichtigsten Bestandteils des Seidenfadens, des **Fibroins**, ist bei *B. mori* das Fibroin-Gen verantwortlich. Die Synthese des Fibroins beginnt am 4. bis 5. Tag des 5. Larvalstadiums der Raupe, und zwar ausschließlich in den großen hexagonalen Zellen der hinteren Seidendrüsen. Die Seidenproteine werden im Lumen dieser Drüsen in Form einer wässrigen Lösung gesammelt. Diese besteht zu 30 % aus Protein. Das ist eine Konzentration, die man *in vitro* gar nicht herstellen kann, da sie unmittelbar zur Gelierung der Lösung führen würde. Das Fibroin wird im stark gefalteten hinteren (posterioren) Teil der Drüse synthetisiert; der entstehende Seidenfaden ist nur schwer wieder in Lösung zu bringen. Die Seidendrüsen beanspruchen schließlich bis zu 40 % des gesamten Körpergewichts der Larve. Sie vermögen innerhalb von etwa 4 Tagen einen Seidenfaden von 13–25 µm Durchmesser und von bis zu 4000 m Länge zu produzieren. Mit dessen Hilfe wird der Kokon geformt, aus dem nach weiteren 9–14 Tagen der Seidenspinner schlüpft.

Das Fibroin wird von einem einzigen Gen im Genom des Seidenspinners codiert. Das ist überraschend, wenn man sich die Menge an Genprodukt vor Augen hält, die in einer sehr kurzen Zeit bereitgestellt werden muss. Es werden in jeder Zelle der Drüse in 4 Tagen etwa 300 µg Fibroin gebildet, das sind etwa 10^{15} Fibroinmoleküle. Da sich in einer Zelle etwa 10^{10} Fibroin-mRNA-Moleküle befinden, werden von jedem mRNA-Molekül in 4 Tagen etwa 10^5 Fibroinmoleküle hergestellt. Das würde bedeuten, dass an jedem der beiden Allele in einer diploiden Zelle mehr als 10^4 Transkripte in jeder Sekunde synthetisiert werden müssten. Eine solche Syntheseleistung ist auch bei höchster Transkriptionsrate nicht erreichbar. Die hohe Syntheserate von Fibroin hat daher bereits frühzeitig zu der Frage Anlass gegeben, ob eine Amplifikation des Fibroin-Gens in den hinteren Seidendrüsen erfolgt. DNA-Messungen an den Seidendrüsen hatten ergeben, dass jede Zelle der hinteren Seidendrüsen DNA enthält, wie sie einem Ploidiegrad der Zelle von 400.000 entsprechen würde. Zur Klärung der Frage, ob es hier zur Amplifikation der Fibroin-Gene, ähnlich der der rDNA in *Xenopus*-Oocyten (▸ Abschn. 3.5), oder einfach zur Vervielfachung des Genoms durch Polyploidisierung oder Polytänisierung kommt, wurden von Yoshiaki **Suzuki** Hybridisierungsexperimente durchgeführt. Diese bewiesen, dass der relative Anteil der Fibroin-DNA im Verhältnis zur Gesamt-DNA (0,0022 %) in diploiden Zellen und in der hinteren Seidendrüse gleich ist. Damit war eine spezifische Amplifikation des Fibroin-Gens ausgeschlossen (Suzuki et al. 1972). Auch eine Polytänisierung lässt sich ausschließen, da die Drüse keine Polytänchromosomen besitzt. Die Drüsenzellen erzielen also ihre hohe Syntheseleistung für Fibroin durch **Polyploidisierung** des gesamten Genoms um einen Faktor von etwa 10^5–10^6.

! Obwohl Fibroin in den Seidendrüsen der Seidenraupe innerhalb weniger Tage in besonders großen Mengen synthetisiert wird, ist es im Genom nur als Einzelkopiegen vorhanden. Die hohe Syntheseleistung wird durch ein besonders hohes Maß von Polyploidisierung der Fibroin-synthetisierenden Zellen ermöglicht.

Das Fibroin-Gen von *B. mori* besteht aus zwei Exons (■ Abb. 7.2a), die mRNA umfasst 16 kb und codiert für insgesamt 5263 Aminosäuren; das entsprechende Protein hat ein Molekulargewicht von ca. 350.000 kDa. Jedes Exon codiert für kristalline und nicht-kristalline Proteindomänen. Das Exon 1 enthält 25 bp, die nicht translatiert werden, und 42 bp, die für 14 Aminosäuren codieren. Ein kurzes Intron (970 bp) befindet sich zwi-

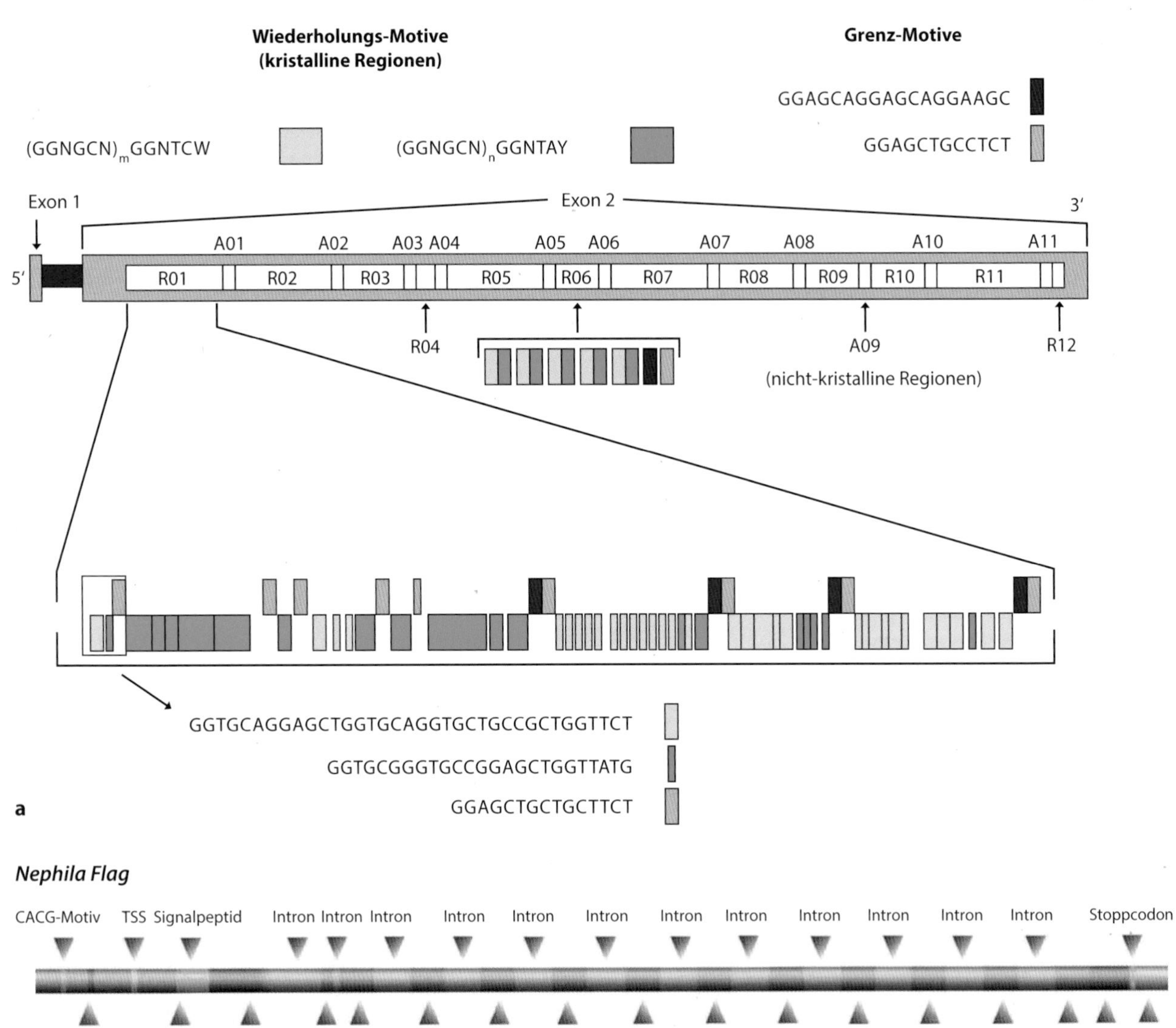

Abb. 7.2 **a** Das Fibroin-Gen von *B. mori*. Die Wiederholungssequenzen des Fibroin-Gens sind hierarchisch organisiert. Das Diagramm zeigt den Aufbau aus zwei Exons und einem Intron. Exon 2 enthält die integrierten kristallinen Wiederholungseinheiten, die nicht-kristallinen Regionen sowie die Grenzmotive. Das Exon 2 ist aus 12 repetitiven Untereinheiten aufgebaut (R01–R12); dazwischen liegen Bereiche, die für amorphe Domänen codieren (A01–A11). Die einzelnen Einheiten sind in der Größe variabel. n = 0–6; m = 1–8; N: jede Base; W: A oder T; Y: T oder C. **b** Das *Flag*-Gen von *Nephila* codiert für ein geißelförmiges Seidenprotein (engl. *flagelliform silk protein*) und umfasst über 30 kb; es ist damit eines der größeren Spidroin-Gene. Introns (*grau*) und Exons (*rot*) sind ebenso angegeben wie die regulatorische Elemente (CACG- und TATA-Motive). Die repetitiven Elemente (RP) codieren bei den *Flag*-Genen für Motive aus Gly-Pro-Gly-Gly-X, wobei X für Ala, Val, Tyr oder Ser steht; diese Motive kommen in den Proteinen 43- bis 63-mal vor. CT: C-Terminus; NT: N-Terminus; TSS: Transkriptionsstartstelle. Das Signalpeptid ist typisch für sekretorische Proteine; es wird durch eine Peptidase abgespalten. (**a** nach Craig und Riekel 2002, mit freundlicher Genehmigung; **b** nach Chen et al. 2012, CC-by-Lizenz)

schen Exon 1 und Exon 2; Exon 2 besteht aus 12 repetitiven Unterdomänen, die in ihrer Größe zwischen 111 und 255 bp schwanken (für weitere Details hinsichtlich der einzelnen Motive siehe Abb. 7.2a).

Der Aufbau dieses Polypeptids ist im Hinblick auf die Evolution seiner Struktur interessant. Die tandemartige Anordnung der identischen Untereinheiten spricht sehr dafür, dass die heutige Struktur des Gens im Laufe der Evolution durch Duplikationen von Grundsequenzen entstanden ist. DNA-Sequenzduplikationen spielen also nicht nur für die Vervielfachung ganzer Gene eine Rolle, sondern sind auch für die innere Struktur von Genen wichtig. Es gibt auch andere Proteine, die einen gleichartigen Aufbau aus wiederholten gleichen oder sehr ähnlichen Untereinheiten zeigen. Zu diesen Proteinen gehören beispielsweise die Proteine der Augenlinse (Kristalline [▶ Abschn. 7.2.4], Fibrilline [▶ Abschn. 13.3.2], aber auch Kollagene und Keratine).

Die Hypothese, dass das Fibroin-Gen aus duplizierten Modulen aufgebaut ist, wird auch dadurch unterstützt, dass hier die verschiedenen möglichen Codons für Alanin, Serin und Glycin nur selektiv gebraucht werden. Für Glycin wird im Wesentlichen GGU und GGA verwendet, für Serin UCA und für Alanin GCU. Wir begegnen hier also einem Beispiel für selektiven Codongebrauch (engl. *codon usage*), der darauf hinweist, dass auch die dritte Basenposition eines Codons einem selektiven Evolutionsdruck unterliegen muss.

Das Gen für Fibroin ist ein Beispiel für den selektiven Gebrauch von Codons (engl. *codon usage*), der bei vielen Eukaryoten als gruppenspezifisches Charakteristikum zu beobachten ist.

Aufgrund der repetitiven Genstruktur ist auch das Fibroin-Protein sehr gleichförmig. Es ist sehr reich an Glycin-, Serin- und Alaninresten und baut sich aus identisch wiederholten Untereinheiten auf:

Gly – Ala – Gly – Ala – Gly – **[Ser – Gly – (Ala – Gly)$_n$]$_8$** – Ser – Gly – Ala – Ala – Gly – Tyr.

Im Wesentlichen alternieren also in diesem Molekül Ser-Gly- und Ala-Gly-Gruppen miteinander. Wegen des hohen Gehalts an Gly und Ala besitzen die Spinnendrüsen auch einen ungewöhnlich hohen Anteil an den entsprechenden tRNAs.

Im Gegensatz zur Seidenproduktion durch *Bombyx mori* stellen Spinnen beim Bau ihres Netzes nur wenige Spinnenfäden her, obwohl die Eigenschaften der Spinnenfäden (aufgebaut aus Spidroin) viele Vorteile gegenüber denen der Seidenraupe besitzen: Sie sind dehnbarer und stabiler, und dabei sind die Proteine der verschiedenen Spinnen natürlich auch vielfältig in ihrer Natur, wobei sich diese Vielfalt im Wesentlichen auf die unterschiedliche Länge der zentralen Wiederholungseinheiten gründet – lange Polyalaninsegmente führen eher zu festen Fasern und Glycin-reiche Segmente eher zu dehnbaren Fasern. Neben diesen zentralen Wiederholungseinheiten besitzen die Spidroine aber auch hochkonservierte N-terminale (NTD; ca. 130 Aminosäuren) und C-terminale Domänen (CTD; ca. 110 Aminosäuren), die eher globulären Charakter haben und nicht aus repetitiven Elementen aufgebaut sind. Ein typisches Spidroin-Gen ist in ◘ Abb. 7.2b gezeigt – es handelt sich um das *Flag*-Gen von *Nephila* (Seidenspinne), das für ein geißelförmiges Seidenprotein codiert (engl. *flagelliform silk protein*). In diesem Gen sind die Wiederholungseinheiten jeweils durch Introns voneinander getrennt. Der Promotor enthält neben der bekannten TATA-Box (▶ Abschn. 7.3.1) auch noch ein CACG-Motiv, das als Bindesequenz für Stress-induzierbare NAC-Transkriptionsfaktoren dient (benannt nach den ersten drei Mitgliedern dieser Proteinfamilie: NAM (engl. *no apical meristem*), ATAF1 und -2 (engl. *Arabidopsis transcription activation factor*) sowie CUC2 (engl. *cup-shaped cotyledon*)). Insgesamt umfassen *Flag*-Gene mehr als 30 kb. Die Proteine enthalten Wiederholungseinheiten aus Gly-Pro-Gly-Gly-X (wobei X für Ala, Val, Tyr oder Ser stehen kann), die β-Schleifen ausbilden. Sie stehen neben Gly-Gly-X-Wiederholungselementen und weiteren Verbindungsstücken, die Helices und β-Faltblattstrukturen ausbilden. Zusammen bilden diese Motive Feder-ähnliche Spiralen, die wesentlich zu der außergewöhnlichen Dehnbarkeit der Proteine beitragen.

Nach allem, was wir bisher über die Fibroin- und Spidroin-Gene gehört haben – ihr Aufbau aus vielen repetitiven Elementen, der hohe GC-Gehalt, ihre Länge, ihre starke Expression und der hohe Anteil an nur zwei Aminosäuren, Glycin und Alanin –, kann man sich vorstellen, dass auch die Herstellung der reifen Proteine besondere Mechanismen erfordert. Einen Überblick zeigt dazu ◘ Abb. 7.3.

Ein wesentliches Element bei der Herstellung der Seidenfäden bei Spinnen ist die Erniedrigung des pH-Wertes von dem proximalen Schwanz der Drüse bis zum Ende des Kanals. Dafür ist im Wesentlichen das Enzym Carboanhydrase verantwortlich, das die Reaktion von CO_2 und Wasser zu Kohlensäure stark beschleunigt; dabei entstehen neben Carbonatanionen auch Protonen, die auf die Spidroinmoleküle übertragen werden können. Außerdem wird der Partialdruck von CO_2 erhöht, da die Diffusion über die Zellmembran vermindert wird. Durch diese beiden Mechanismen werden die terminalen Domänen des Spidroins so verändert, dass die zunächst monomeren Spidroinmoleküle dimerisieren (◘ Abb. 7.3d). Zusätzlich ändert sich über den Streckenverlauf die Konzentration verschiedener Ionen wie Cu^{2+}, Na^+, K^+, Ca^{2+} und Cl^-. Durch die Scherkräfte beim Herauspressen des Seidenfadens aus dem dünnen Kanal wird außerdem die Umwandlung der eher globulären terminalen Domänen in β-Faltblattstrukturen unterstützt.

Aufgrund ihrer hervorragenden Festigkeit und gleichzeitigen Flexibilität wurden Seidenfäden schon immer für besondere Zwecke verwendet: Die Ureinwohner Australiens und Neuguineas verwendeten Spinnenfäden als Angelschnüre, Fischer- und Haarnetze. Und die Griechen des Altertums entdeckten eine weitere besondere Eigenschaft: die hohe Biokompatibilität und gleichzeitig geringe Immunogenität der Spinnenfäden. Es dauerte dann aber bis in die Neuzeit, dass Spinnenfäden zum Stoppen von Blutungen, zur Unterstützung der Wundheilung und auch als Operationsmaterial eingesetzt wurden. Deswegen werden heute auch große Anstrengungen unternommen, um Spinnenfäden biotechnologisch herzustellen. Allerdings sind die entsprechenden Gene oder die gebildete mRNA in vielen Organismen nicht stabil – eine wichtige Rolle spielt dabei der hochrepetitive Charakter der Fibroin- und Spidroin-Gene. Der besondere Gebrauch einzelner Codons und die notwendigerweise hohe Konzentration einzelner tRNAs stellen weitere

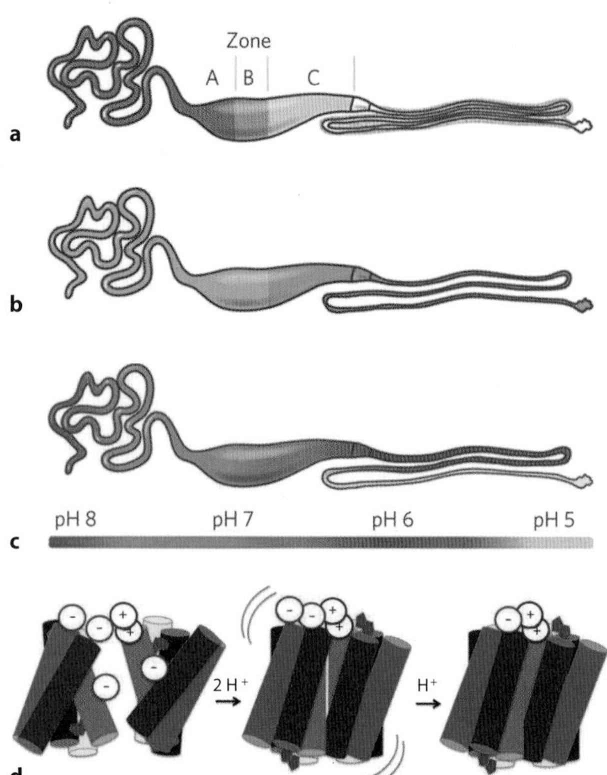

Abb. 7.3 Wichtige Mechanismen bei der Herstellung von Seidenfäden bei Spinnen. **a–c** Die Seidendrüsen sind mit ihrem gewundenen Schwanz, dem zentralen Beutel und dem dreigliedrigen Kanal dargestellt. Der Beutel kann in drei Zonen unterteilt werden (**a**); die Zonen A und B enthalten ein Epithel, das Spidroin in das Lumen der Drüse sezerniert, und Zone C enthält aktive Carboanhydrase. Der *blaue* Bereich (**b**) repräsentiert den Schwanz und *grün* den Teil des Beutels, in dem die Spidroin-Synthese stattfindet und wo auch Carboanhydrase gefunden wird. Außerdem ist der *farbcodierte* pH-Gradient angegeben (**c**): von pH 7,5–8 im proximalen (körpernahen) Teil des Schwanzes bis annähernd pH 5 am Ende des Kanals. **d** Aufgrund des pH-Gradienten kommt es zu einer Konformationsänderung des Proteins: Die N-terminalen Domänen (NTD) bilden helikale Bereiche (H1–H5; H1: *braun*, H2: *gelb*, H3: *grün*, H4: *hellblau*, H5: *dunkelblau*); *links* sind zwei benachbarte, antiparallel orientierte NTDs gezeigt, die über entgegengesetzt geladene Aminosäurereste zusammengehalten werden. Ein Tryptophanrest (*rot*) ist zwischen H1 und H3 eingeklemmt. Sobald der pH-Wert sich erniedrigt, werden H3 und H5 protoniert, die Tryptophanseitenkette kommt in eine Position an der Oberfläche, und so können die beiden Untereinheiten in eine engere Wechselwirkung treten. Die beiden Untereinheiten sind zunächst noch beweglich, aber durch eine weitere Protonierung aufgrund des weiter sinkenden pH-Wertes wird das Dimer stabilisiert. (Nach Rising und Johansson 2015, mit freundlicher Genehmigung)

Hürden dar. Inzwischen waren aber Expressionen in *E. coli*, Hefen oder Insektenzellen weitgehend erfolgreich. Die biotechnologische Produktion von Seidenproteinen erlaubt heute eine vielfältige Anwendung in der Textil-, Automobil- und biomedizinischen Industrie. Für eine aktuelle und detaillierte Zusammenfassung sei hier auf den Aufsatz von Doblhofer et al. (2015) verwiesen.

7.1.2 Proopiomelanocortin – ein polycistronisches Gen

Seit Mitte der 1960er-Jahre kennen wir Proteine, die durch proteolytische Spaltung aktiviert werden; das klassische Beispiel aus dieser Zeit ist das Pro-Insulin, das durch Abspaltung der C-Kette in die aktive Form überführt wird (► Abschn. 13.4.3). Ein weiteres Beispiel sind Faktoren aus der Blutgerinnungskaskade; im ► Abschn. 13.3.3 werden wir dazu den Faktor VIII kennenlernen. Das Beispiel Proopiomelanocortin (Symbol für das menschliche Gen: *POMC*) ist insofern einzigartig, weil es nicht nur für **ein** Protein codiert, sondern gleich für mehrere, die durch Spaltungen aus der Vorstufe des Proopiomelanocortins herausgeschnitten werden; wir sprechen in diesem Zusammenhang von einem polycistronischen Gen. Das ist uns von Bakterien her schon in einem anderen Kontext sehr vertraut, nämlich von dem Operonmodell (► Abschn. 4.5.2). ◘ Abb. 7.4 zeigt die verschiedenen Spaltungsschnitte des POMC-Proteins und die daraus entstehenden Produkte.

POMC ist ein kleines Gen auf dem menschlichen Chromosom 2: Es besteht aus drei Exons; davon ist das erste Exon nicht-codierend – der Transkriptionsstart befindet sich also im zweiten Exon. Das Transkript umfasst zwischen 1200 und 1400 Basen (abhängig von der Länge des Poly(A)-Schwanzes) und das primäre Translationsprodukt 267 Aminosäuren, was zu einem Molekulargewicht des ungeschnittenen Vorläuferproteins von 29,4 kDa führt. Dabei wird offensichtlich, dass die Exon-Intron-Struktur des *POMC*-Gens keinen Einfluss auf die posttranslationale Bearbeitung von POMC hat. Das *POMC*-Gen wird bei Menschen vor allem im Hypothalamus und in der Hypophyse exprimiert; die posttranslationalen Spaltmuster unterscheiden sich allerdings aufgrund des unterschiedlichen Expressionsmusters der beteiligten Proteasen in den verschiedenen Geweben: So führt die Spaltung durch das Enzym Prohormon-Konvertase 1 (PC1) im Hypophysenvorderlappen zur Bildung von (Pro-)γ-MSH, ACTH und β-Lipotropin, wohingegen die gemeinsame Wirkung von PC1 und PC2 in der *Pars intermedia* der Hypophyse zur Bildung von α-MSH und β-Endorphin führt (PC1 und PC2 sind übrigens auch für die Bildung des aktiven Insulins aus dem Pro-Insulin verantwortlich).

Die durch die Spaltung gebildeten Peptidhormone wirken über verschiedene Rezeptoren, die auf der cytosolischen Seite an G-Proteine gekoppelt sind; ihre Funktion ist dabei durchaus unterschiedlich: **ACTH** ist ein wichtiger Faktor für die Stressantwort und die Regulation der Glucocorticoide, **MSH** spielt bei der Ausprägung von Haar- und Hautfarben eine Rolle, und die **Endorphine** sind als „endogene Opiate" bedeutsame Modulatoren der Schmerzempfindung.

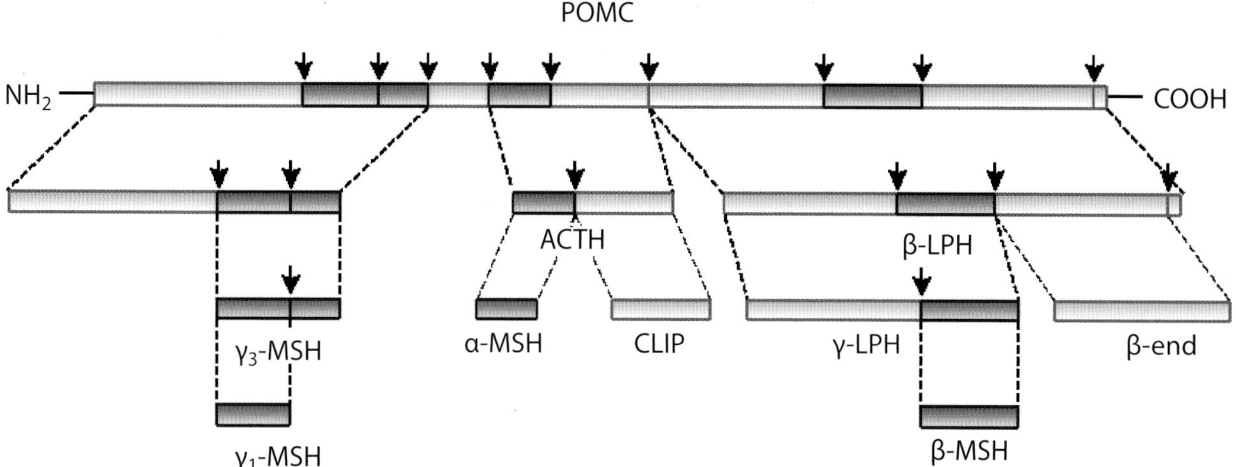

Abb. 7.4 Proopiomelanocortin wird posttranslational gespalten (*Pfeile*). Daraus entstehen verschiedene biologisch aktive Peptide (*violett*): das adrenocorticotrope Hormon (ACTH), verschiedene Melanocyten-stimulierende Hormone (α-, β- und γ-MSH), verschiedene lipotrope Hormone (β- und γ-LPH), ein Corticotropin-ähnliches Peptid (CLIP) sowie das β-Endorphin (β-end). (Nach Yeo und Heisler 2012, mit freundlicher Genehmigung)

Das *POMC*-Gen ist in seiner Grundstruktur ein sehr altes Gen der Wirbeltiere, das schon bei den Kieferlosen (Agnatha) zu finden ist; die Grundstruktur bezieht sich dabei auf die Anwesenheit von Sequenzen, die für ACTH-, MSH- und Endorphin-Vorläufer codieren. In der Folgezeit entwickelte sich diese Grundstruktur weiter, und wir finden heute bei verschiedenen Wirbeltieren unterschiedliche Peptidmuster, die nach der Spaltung entstehen. Die genaue Evolution des *POMC*-Gens ist noch unklar und scheint auch bei verschiedenen Spezies unterschiedlich verlaufen zu sein; für Details siehe die aktuelle Zusammenfassung von Navarro et al. (2016).

Mutationen im *POMC*-Gen des Menschen, die zu einem vollständigen Funktionsverlust führen, konnten bisher in einigen Kindern beobachtet werden. Sie führen zu früh einsetzender Fettleibigkeit, ACTH-Defizienz (Nebennierenrindeninsuffizienz) und roten Haaren. Mutationen in den codierenden Bereichen des *POMC*-Gens spielen bei etwa 1 % adipöser Kinder eine Rolle; man diskutiert daher Mutationen in regulatorischen Regionen des *POMC*-Gens oder Polymorphismen in seinen codierenden Regionen als eine wichtige Ursache für allgemeine Formen von Fettleibigkeit. Entsprechende Eigenschaften zeigen auch Mausmutanten mit Mutationen in dem entsprechenden Gen (*Pomc*); die Fellfarbe ist allerdings abhängig vom Stammhintergrund: So haben *Pomc*-Mutanten auf dem Hintergrund des Stamms 129 ein gelbliches Fell, wohingegen *Pomc*-Mutanten auf dem Hintergrund des C57BL/6-Stamms keine Veränderungen zeigen. Für eine aktuelle Übersicht siehe Clark (2016).

! Das Proopiomelanocortin-Gen (*POMC*) ist ein kleines Gen, das posttranslational in verschiedene Peptidhormone gespalten wird.

7.1.3 Titin – ein Riesengen

Auf der anderen Seite der Extreme steht das Titin-Gen (Symbol für das menschliche Gen: *TTN*), das auch auf dem Chromosom 2 lokalisiert ist. Das humane *TTN*-Gen ist mit etwa 300.000 bp zwar nicht das größte Gen – diesen Platz nimmt mit knapp 2 Mio. bp das Duchenne-Muskeldystrophie-Gen ein (humanes Gensymbol: *DMD*; ► Abschn. 13.3.3) –, aber es codiert für das größte Protein mit 38.138 Aminosäuren und einem Molekulargewicht von 4,2 Mio. kDa (die ursprüngliche Bezeichnung für Titin war Connectin). Das *TTN*-Gen enthält 363 Exons, was zu mehreren Variationen aufgrund unterschiedlichen Spleißens führt. Eine Übersicht über die Exonstruktur gibt Abb. 7.5a, und alternative Spleißvarianten in verschiedenen Muskeln sind in Abb. 7.5b dargestellt.

Das Titin-Protein ist ein zentrales Protein der quergestreiften Muskulatur und des Herzmuskels: Es wirkt als „molekulare Sprungfeder“ (engl. *molecular spring*) der Muskeln und ist ein wichtiges Gerüstprotein, das den Zusammenbau der Myofibrillen unterstützt. Eine Myofibrille besteht aus einer Kette identischer kontraktiler Einheiten, den Sarkomeren, die wiederum aus Myosin-, Aktin- und Titin-Filamenten aufgebaut sind (neben einer Reihe weiterer struktureller und regulatorischer Proteine). Das Titinmolekül ist mit seinem Aminoterminus in der Z-Scheibe fest verankert und reicht dann bis zum Zentrum des Sarkomers, der M-Linie – das entspricht einer Länge von 0,9–1,5 µm, abhängig von der Dehnung des Sarkomers. Der Bereich des Titins unmittelbar im Anschluss an die Z-Scheibe ist relativ starr, danach beginnt der dehnbare Bereich bis zum Beginn des A-Streifens; dieser dehnbare Bereich ist verantwortlich für die passive Spannung (die Federwirkung), die sich durch

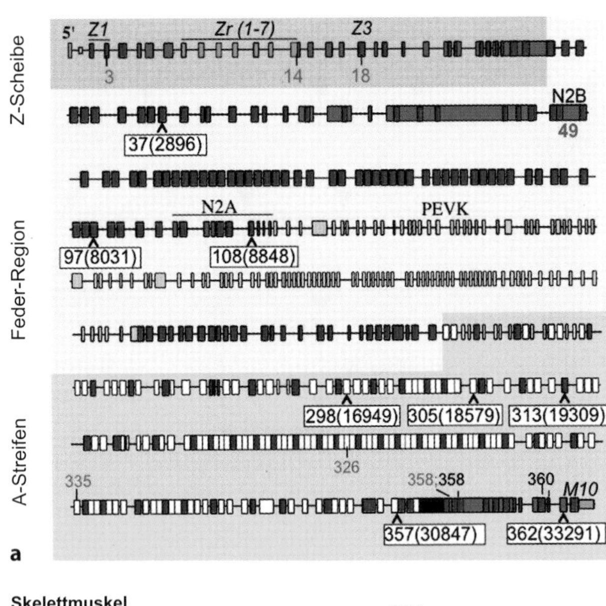

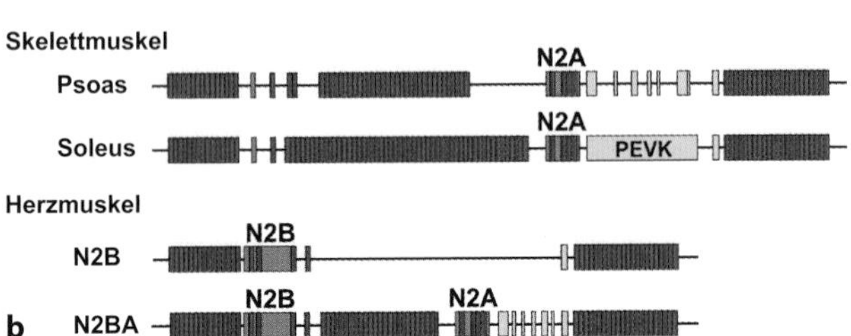

Abb. 7.5 Exonstruktur des humanen Titin-Gens. **a** Verschiedene funktionelle Domänen sind farbig gekennzeichnet: *rot*: Immunglobulin-ähnliche Domäne; *weiß*: Fibronectin-3-ähnliche Domäne; *blau*: einzigartige Domäne; *grün*: Z-Wiederholungsdomäne; *gelb*: PEVK-Domäne; *schwarz*: Titin-Kinase-Domäne. Zur Beschreibung der Funktionen siehe Text. **b** Alternatives Spleißen der humanen Titin-RNA in verschiedenen Muskeln. Als Beispiele für Skelettmuskeln sind der Lendenmuskel (Psoas) und ein Unterschenkelmuskel (Soleus) gezeigt, als Beispiele für den Herzmuskel die Varianten N2B und N2BA (enthält beide N2-Domänen). Alle Formen haben konstitutive Ig-Domänen (*rot*) und PEVK-Elemente (*gelb*), die einzigartigen Domänen sind *blau* dargestellt. (**a** nach Taylor et al. 2011; **b** nach Fukuda et al. 2008; beide mit freundlicher Genehmigung)

die Gleitbewegung der Myosinmoleküle ergibt. Einen Überblick über die Organisationsform der Sarkomere vermittelt ◘ Abb. 7.6. Der dehnbare Bereich des Titinmoleküls besteht aus zwei Bereichen, dem N2B-Element mit seiner einzigartigen Sequenz (engl. *unique sequence*, Abk. US) sowie einem Bereich, der überwiegend aus den Aminosäuren Prolin, Glutaminsäure, Valin und Lysin aufgebaut ist und deswegen aufgrund des Ein-Buchstaben-Codes für Aminosäuren (◘ Tab. 3.1) als PEVK-Domäne bezeichnet wird.

Aufgrund seiner zentralen Stellung im Herzmuskel sind Veränderungen im Titin-Protein natürlich wichtige Kandidaten für Herzerkrankungen. Besonders die N2B-US- und die PEVK-Region können durch eine Reihe verschiedener Proteinkinasen phosphoryliert werden; dazu gehören vor allem die Proteinkinasen A (PKA), Cα (PKCα), G (PKG), die Mitogen-aktivierte Proteinkinase 1 (MAPK1 alias ERK2) und die Calmodulin-abhängige Kinase IIδ (CamKIIδ). Diese Phosphorylierungen beeinflussen die Elastizität der Federfunktion des Titins in teilweise gegensätzlicher Weise, da sie über ganz unterschiedliche Signalwege reguliert werden (α1-adrenerg, β-adrenerg, Stickstoffmonoxid, Ca^{2+}). Besonders unter Patienten mit dilatativer Kardiomyopathie findet man häufig veränderte Phosphorylierungsmuster. Diese Krankheit zeichnet sich durch eine krankhafte Erweiterung (Dilatation) des Herzmuskels aus, wodurch es zu einem fortschreitenden Verlust der Auswurfleistung kommt.

Unter genetischen Gesichtspunkten sind Mutationen (▶ Kap. 10 und 13) im Titin-Gen von besonderem Interesse. Dabei zeigen ca. 30 % der über 40-jährigen Patienten mit dilatativer Kardiomyopathie und 1 % der Patienten mit hypertropher Kardiomyopathie Mutationen in dem Bereich des Titin-Gens, der für den Abschnitt im A-Streifen codiert. Mutationen, die die Z-Scheibe oder die M-Linie betreffen, werden dagegen nicht beobachtet und sind wahrscheinlich mit dem Leben nicht vereinbar. Eine ausführliche Darstellung der genetischen Aspekte von Titin-Mutationen und Polymorphismen und ihre Auswirkungen auf die Herzfunktionen findet sich bei LeWinter und Granzier (2013).

> **!** Titin ist das größte bekannte Protein und spielt eine zentrale Rolle beim Aufbau und der Elastizität der Zellen der quergestreiften Muskulatur und im Herzen. Es enthält einen elastischen Teil, der als „molekulare Sprungfeder" bezeichnet wird. Mutationen in diesem Bereich sind häufige Ursachen dilatativer Kardiomyopathien.

7.2 Protein-codierende Gene (II): Multigenfamilien

7.2.1 Globin-Genfamilie

Das **Hämoglobin** ist eines der am besten untersuchten eukaryotischen Proteine. Der Grund dafür ist darin zu suchen, dass Blutkrankheiten, die auf Veränderungen dieses Proteinkomplexes beruhen, sehr weit verbreitet sind und wegen ihrer schwerwiegenden physiologischen Folgen medizinisch große Bedeutung besitzen (▶ Abschn. 13.3). Als Sauerstoffüberträger ist das Hämoglobin (Hb) in den Erythrocyten lebensnotwendig. Wichtige Schritte in der Analyse des Hämoglobins waren die Ermittlung der vollständigen Aminosäuresequenz sowie die röntgenkristallographische Untersuchung, die das Strukturmodell des Hämoglobins ergab (◘ Abb. 7.7). Hämoglobin A (HbA) ist ein Komplex aus vier Proteinketten, von denen je zwei identisch sind. Sie werden als α- und β-Globinketten bezeichnet. Jede dieser Ketten ist

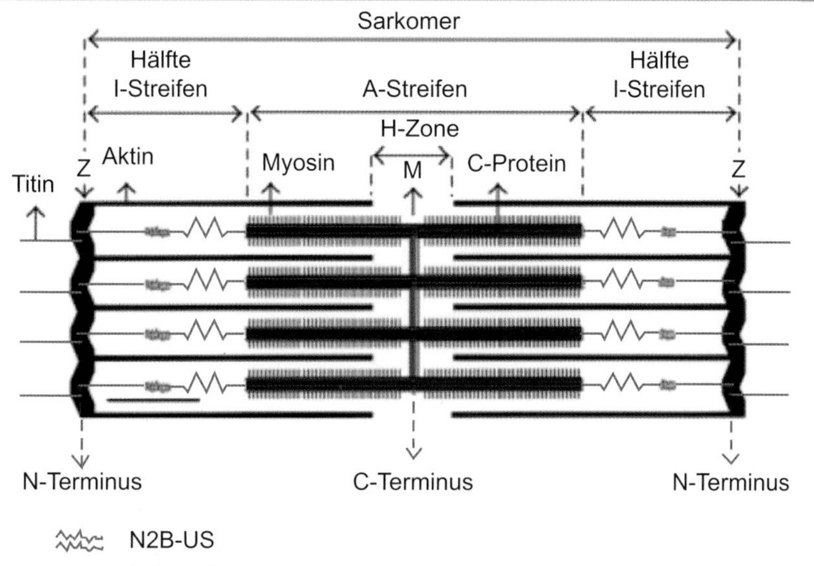

Abb. 7.6 Lokalisation von Titin im Sarkomer eines Herzmuskels. Das Sarkomer erstreckt sich zwischen zwei Z-Scheiben und enthält neben mehreren dunklen Streifen auch hellere Zonen: An den Außenrändern liegen zwei hell gefärbte I-Streifen, dazwischen befindet sich der dunklere A-Streifen. In der Mitte des A-Streifens liegt die hellere H-Zone und in deren Mitte die dunkel anfärbbare M-Linie. Das Titinmolekül ist mit seinem Aminoterminus in der Z-Scheibe verankert und mit seinem Carboxyterminus in der M-Linie. Die Immunglobulin-ähnlichen Bereiche (Ig-Domänen) sind relativ starr, wohingegen die N2B-US- und PEVK-Domänen elastisch sind. (Nach Guo et al. 2010, mit freundlicher Genehmigung)

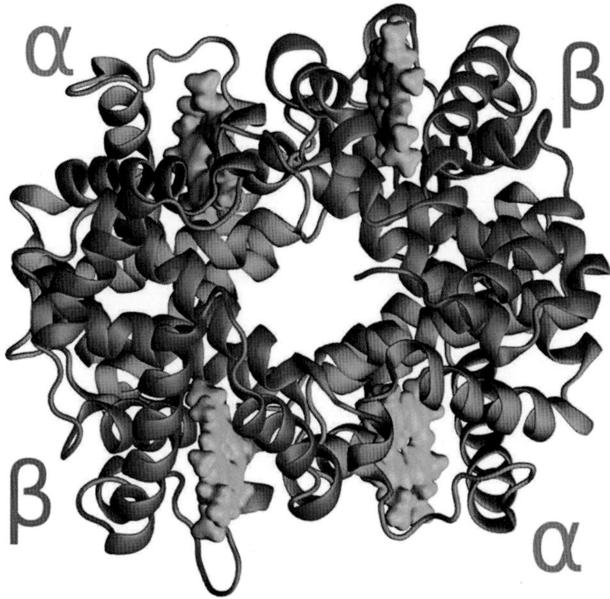

Abb. 7.7 Die tetramere Struktur des Hämoglobins. Das Hämoglobin ist ein Komplex aus vier Proteinketten, je zwei identischen α- (*rot*) und zwei identischen β-Globinketten (*blau*). Über 70 % des Proteins sind durch α-Helices charakterisiert (*spiralisierte Bereiche*). Im Mittelpunkt jeder Kette liegt die Hämgruppe (*grün*), die für den Sauerstofftransport verantwortlich ist. Die Kontaktpunkte der verschiedenen Ketten unterliegen Konformationsänderungen bei Sauerstoffaufnahme und -abgabe. (Nach Bringas et al. 2017, CC-by 4.0, ► http://creativecommons.org/licenses/by/4.0/)

in sich gefaltet und schließt eine funktionelle Gruppe ein, die Hämgruppe. Diese aus Porphyrinringen aufgebaute Gruppe enthält ein zentral gelegenes Fe^{2+}-Ion, das für die Sauerstoff-bindende Funktion des Hämoglobins verantwortlich ist.

> Das Hämoglobin ist ein Komplex aus vier Polypeptidketten (Globinen) mit einer funktionellen Gruppe aus Porphyrinringen, die ein zentral gelegenes Fe^{2+}-Ion einschließen. Diese als Hämgruppe bezeichnete funktionelle Gruppe ist für die Sauerstoff-übertragende Funktion des Hämoglobins verantwortlich.

Das menschliche Blut enthält vom 6. Lebensmonat an fast ausschließlich HbA, das sich in zwei Fraktionen trennen lässt, HbA_1 (97 %) und HbA_2 (2,5 %), sowie eine kleine Menge an HbF (0,5 %). Während die α-Ketten aller dieser **Hämoglobinvarianten** gleich sind, unterscheiden sich die anderen beiden Ketten voneinander: HbA_1 besitzt zwei β-Ketten, HbA_2 zwei δ-Ketten und HbF zwei γ-Ketten. Der Name HbF erklärt sich daher, dass das HbF den Hauptanteil des **fötalen Hämoglobins** ausmacht. Wie uns Abb. 7.8 zeigt, werden im Laufe der Ontogenese des Menschen verschiedene Hämoglobinketten synthetisiert und mit den α-Ketten in verschiedenen Kombinationen zu funktionsfähigen Tetrameren zusammengefügt.

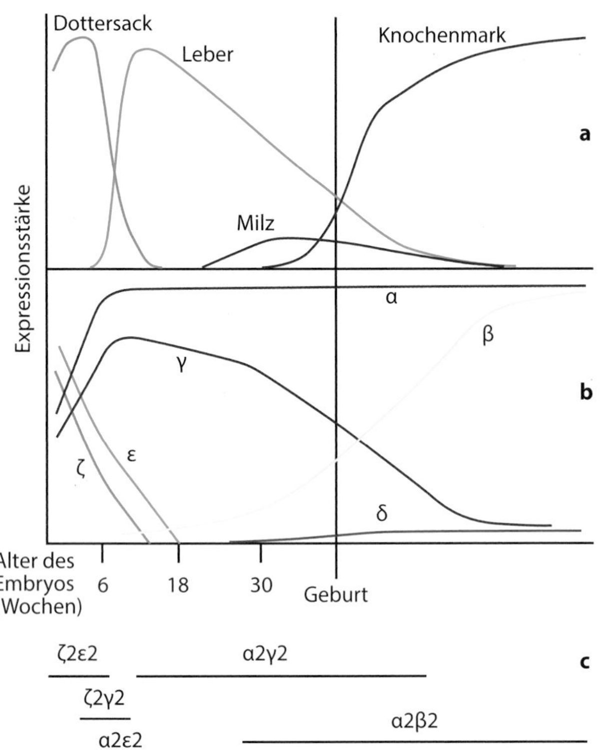

Abb. 7.8 Entwicklungsspezifisches Expressionsmuster der Globinketten in der menschlichen Entwicklung. **a** Während der ersten 3 Monate der Entwicklung wird Hämoglobin im Dottersack synthetisiert (*grün*). Danach folgt eine Phase, in der die Hauptsyntheseorte Leber (*hellblau*) und Milz (*violett*) sind. Hier wird hauptsächlich das fötale Hämoglobin (HbF) produziert. Ab der Geburt übernimmt das Knochenmark (*dunkelblau*) die Hämoglobinsynthese und produziert das adulte Hämoglobin HbA. **b, c** Die Phasen der Produktion der verschiedenen Hämoglobinketten sind angegeben. Die Expression der Globin-Gene ist somit einer stark gewebespezifischen und entwicklungsspezifischen Regulation der Transkription unterworfen. (Nach Brittain 2002, mit freundlicher Genehmigung)

Die Gründe für die Verwendung verschiedener Proteinketten unter unterschiedlichen Entwicklungsbedingungen lassen sich leicht verstehen, wenn wir die jeweiligen Bedingungen des **Sauerstoffaustausches** beachten. Während der frühen Embryonalentwicklung besteht zunächst kein eigener Blutkreislauf. Unter diesen sehr ungünstigen Bedingungen wird der Sauerstoffaustausch durch ein Hämoglobin mit besonders hoher Bindungsaffinität für Sauerstoff versehen. Später, nach der Entwicklung des embryonalen Blutkreislaufs, sind die Bedingungen der Sauerstoffversorgung des Fötus zwar günstiger, aber der Sauerstoffaustausch mit dem mütterlichen Blut muss immer noch durch die Plazentabarriere erfolgen. Die Bindungsaffinität für Sauerstoff kann nunmehr geringer sein, muss aber immer noch höher sein als nach der Geburt, wo ein ungehinderter Sauerstoffaustausch in der Lunge erfolgen kann.

Das Hämoglobin wird nach der Geburt ausschließlich in den roten Blutkörperchen, den Erythrocyten, gefunden. Sie stammen von Stammzellen (▶ Abschn. 12.7) des **hämatopoetischen Systems** im Knochenmark ab. In frühen Entwicklungsstadien besitzt der Fötus jedoch noch kein Knochenmark. Daher wird Hämoglobin zunächst im Dottersack gebildet, später in der Leber und der Milz. Erst ab dem 4. Lebensmonat des Embryos beginnt im Knochenmark allmählich die Proliferation von Retikulocyten, die sich im Blut zu Erythrocyten ausdifferenzieren. Gleichzeitig nimmt die Synthese von Hämoglobin in Leber und Milz ab, sodass bereits kurz nach der Geburt ausschließlich nur noch die Retikulocyten für die Hämoglobinsynthese verantwortlich sind (Abb. 7.8). Erythrocyten besitzen bei Säugern keinen Kern mehr, sind aber mit großen Mengen Hb-mRNA beladen, sodass sie zur Hb-Synthese in der Lage sind.

Die Zusammensetzung der Hämoglobinmoleküle verändert sich während der fötalen Entwicklung und nach der Geburt aufgrund der physiologischen Erfordernisse des Sauerstoffaustausches im Blut. Die Hämoglobinsynthese erfolgt je nach Lebensalter des Menschen in unterschiedlichen Geweben, ist nach der Geburt jedoch auf die Retikulocyten beschränkt.

Die Beschreibung des Hämoglobins gewährt uns einen interessanten Einblick in den **Ablauf wissenschaftlicher Forschung**: Die Beobachtung verschiedener Blutkrankheiten (Thalassämien, Sichelzellenanämie; vgl. ▶ Abschn. 13.3) führte zunächst zur Aufdeckung der genetischen und dann der molekularen Ursache dieser Krankheiten. Man lernte, die molekularen Grundlagen einer wichtigen Stoffwechselfunktion, der Sauerstoffübertragung, durch physikochemische Analysen zu verstehen. Die weitere Aufschlüsselung des Systems führte uns zu allgemeinen Einsichten über die Art der Funktion eukaryotischer Gene (wie im Folgenden in mehreren Schritten noch sichtbar werden soll). Dabei sind die folgenden Gesichtspunkte von näherem Interesse:

- Hämoglobin setzt sich aus **mehreren ähnlichen Proteinen** zusammen.
- Diese Proteine werden nicht nur zu **unterschiedlichen Zeiten** während der Ontogenese synthetisiert,
- sondern sie treten während der verschiedenen Entwicklungsstadien auch in **verschiedenen Zelltypen** auf.

Wir müssen es also mit einer komplizierten **Steuerung von Genfunktionen** in Abhängigkeit von Zelldifferenzierungsprozessen zu tun haben.

Die Entdeckung verschiedener Globinmoleküle in den 1960er-Jahren legte es nahe, anzunehmen, dass diese von **verschiedenen Genen** codiert werden. Damit stellte sich als Erstes die Frage nach der **Lokalisation** der zugehörigen verschiedenen Globin-Gene im Genom. Durch **vergleichende Stammbaumanalysen** von Familien mit Hämoglobinanomalien gelang es relativ bald zu erkennen, dass die Gene für die α- und β-Ketten entweder sehr weit voneinander entfernt im gleichen Chromosom oder sogar auf verschiedenen Chromosomen liegen müssen, da in Heterozygoten für α- und β-Varianten eine häufige Segregation dieser unterschiedlichen Typen zu beobachten war. Hingegen ließ sich zunächst keine Rekombination zwischen β- und δ-Varianten finden, sodass man für diese beiden Ketten von einer engen Koppelung ausgehen musste. Die verfeinerte Analyse zeigte später, dass beide Gene tatsächlich sehr dicht benachbart sind.

Heute wissen wir, dass die β-Kette auf dem Chromosom 11 und die α-Kette auf dem Chromosom 16 des Menschen lokalisiert sind. Nachdem in der Folge weitere Details der Lokalisation verschiedener Globin-Gene bekannt wurden, gelang schließlich Argiris **Efstratiadis** und seinen Kollegen 1980 die Isolierung der DNA-Bereiche, die für die menschlichen **Hämoglobin-Gene** codieren. In der Folgezeit wurden auch die Globin-Gene verschiedener anderer Säugetiere sequenziert. Dabei zeigte sich, dass sowohl die α- als auch die β-Globin-Gene sehr komplexen evolutionären Veränderungen unterworfen sind, die dazu führen, dass viele Gene verdoppelt und andere wieder stillgelegt wurden; für Details siehe ◘ Abb. 7.9.

In der **α-Globin-Gengruppe** (engl. *α-globin gene cluster*) sehen wir, dass innerhalb von etwa 30 kb DNA neben zwei identischen Kopien des α-Gens (α1 und α2) ein ζ-Gen (ζ2) (griech. Buchstabe zeta: ζ) vorhanden ist. Darüber hinaus gibt es weitere Gensequenzen, die als ψα1 und ψζ1 (griech. Buchstabe psi: ψ) bezeichnet werden. Die DNA-Sequenzanalyse ließ erkennen, dass es sich um unvollständige, nicht funktionsfähige Genkopien handelt. Sie werden deshalb als **Pseudogene** (daher psi) bezeichnet.

In der **β-Globin-Gengruppe** (engl. *β-globin gene cluster*) sind innerhalb einer DNA-Gesamtlänge von 50 kb neben den Genen für die namensgebende β-Kette auch noch Gene für die δ-Kette und die ε-Kette sowie zwei Gene für γ-Ketten ($^{G}\gamma$ und $^{A}\gamma$) vorhanden, die sich nur geringfügig voneinander unterscheiden. Außerdem finden sich auch hier zwei Pseudogene (ψβ1 und ψβ2).

Sieht man sich beide Globin-Gengruppen an, so fällt auf, dass die verschiedenen Gene in der Reihenfolge ihrer Aktivität während der Ontogenese angeordnet sind (vgl. ◘ Abb. 7.8). Da das für beide Gruppen gilt, kann man davon ausgehen, dass diese Anordnung nicht zufällig ist. Der strukturelle Zusammenhang der Globin-Gene wird noch deutlicher, wenn man die Aminosäuresequenzen der aufeinanderfolgenden Gene, z. B. in der β-Globin-Gruppe, vergleicht: Alle Globinketten der β-Gruppe besitzen 146 Aminosäuren. Die β- und δ-Ketten unterscheiden sich in 10 der Aminosäuren, die β- und γ-Ketten in 40 Aminosäuren, während die beiden γ-Ketten ($^{G}\gamma$ und $^{A}\gamma$) sich nur in einer einzigen Aminosäure (Position 136: Glycin [G] bzw. Alanin [A]) unterscheiden. Die Divergenz der Aminosäuresequenzen wird also mit wachsendem Abstand auf dem Chromosom größer. Es liegt daher nahe, anzunehmen, dass zwischen diesen Genen ein bestimmter evolutionärer Zusammenhang besteht.

Die gesamte Globin-Genfamilie enthält Gene, die in mehreren Kopien in tandemartiger Anordnung im Genom vorkommen. Die meisten der Globin-Gene sind strukturell und funktionell verschieden. Man geht davon aus, dass sich die Genfamilie im Laufe der Evolution durch Verdopplungsmechanismen vermehrt hat. Die Globin-Gene haben dadurch im Laufe ihrer Evolution die Möglichkeit zur differenzierten Anpassung an unterschiedliche Stoffwechselsituationen erhalten. Insekten und niedere Vertebraten besitzen nur ein oder zwei Globin-Gene, während das Entstehen einer embryonalen Entwicklungsform bei Säugern mit weiteren Verdopplungsschritten und mit der Aufspaltung in embryonale, fötale und adulte Globine einhergeht. Der kritischen Situation der Sauerstoffversorgung durch die Plazenta hinweg wird durch die Entstehung geeigneter Proteine mit höherer Sauerstoffaffinität Rechnung getragen. Auf die für die Entstehung von Pseudogenen verantwortlichen Mechanismen werden wir, ebenso wie auf Vermehrungsmechanismen für chromosomale DNA, an anderer Stelle noch zurückkommen (► Abschn. 9.3.3).

Die für die Synthese der verschiedenen Globinketten erforderlichen Gene liegen bei Säugetieren in zwei Gruppen (engl. *cluster*) auf zwei verschiedenen Chromosomen. In der Evolution waren diese Gruppen starken Veränderungen unterworfen. Die Anordnung der funktionellen Gene in jeder Gruppe entspricht der Folge ihrer Aktivierung im Laufe der Ontogenese.

Die antarktischen Krokodileisfische (Familie Channichthyidae, Unterordnung Notothenioidei) sind die einzigen Wirbeltiere, deren Blut kein Hämoglobin enthält. Dieser überraschende Befund ist in vielen Eisfischspezies mit Deletionen der Globin-Gene assoziiert, die in den rotblütigen Knochenfischspezies typischerweise als eng gekoppelte Paare von α- und β-Globin-Genen angeordnet sind. 15 der 16 Eisfischspezies haben das β-Globin-Gen verloren, aber ein verkürztes α-Globin-Pseudogen behalten. Eine Eisfischspezies (*Neopagetopsis ionah*) besitzt einen kompletten α/β-Globin-Genkomplex, der allerdings funktionell inaktiv ist. Dieser Komplex besitzt zwei eindeutige β-Globin-Pseudogene, deren phylogenetische Ursprünge die gesamte antarktische Notothenoid-Radiation umfassen; dieser Befund lässt sich durch die Einführung dieses Gens durch wiederholtes Einkreuzen aus einer anderen Population erklären (Introgression). Am wahrscheinlichsten erscheint ein Szenario, dass in der Evolution der Globin-Gene der Eisfische ein Verlust des transkriptionell aktiven α/β-Globin-Genkomplexes stattgefunden hat, bevor sich die jetzt existierenden Spezies voneinander getrennt haben. Während

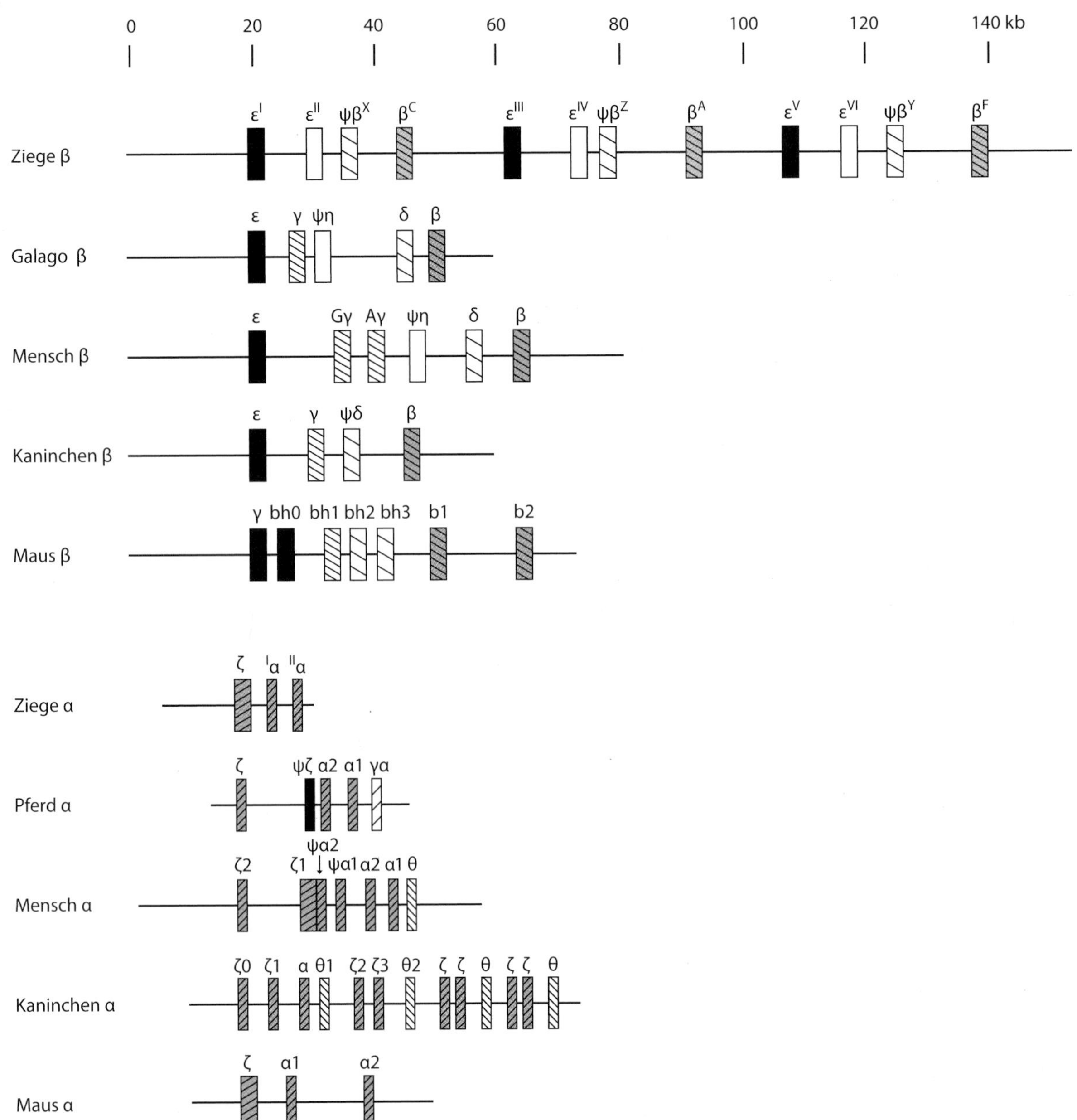

◼ Abb. 7.9 Die Globin-Gengruppen. In allen Organismen mit Globin-Genen haben sich mehrere, funktionell verschiedene Globin-Gene entwickelt. Die Gruppe der β-Globin-Gene liegt beim Menschen auf dem Chromosom 11 und die der α-Globin-Gene auf dem Chromosom 16. Beide Gruppen enthalten mehrere Pseudogene (durch ψ gekennzeichnet); bei vielen Säugetieren wurden einzelne oder mehrere Gene verdoppelt oder stillgelegt (Pseudogene). Die Gene sind so über etwa 10 kb (α-Globin-Gruppe der Ziege) bzw. mehr als 140 kb (β-Globin-Gruppe der Ziege) verteilt. Die Gene werden in unterschiedlichen Zeiträumen während des Lebens exprimiert. (Nach Hardison 1998, mit freundlicher Genehmigung)

der weiteren Evolution wurden zwei Alleltypen fixiert: das α-Globin-Pseudogen in der Mehrheit der Spezies und der inaktive α/β-Globin-Genkomplex in *N. ionah* (Near et al. 2006).

Evolution der Globin-Gene

Noch bevor man mehr über die strukturelle Anordnung der verschiedenen Globin-Gene im Genom wusste, nahm man aufgrund der Aminosäuresequenz der verschiedenen Globinketten an, dass es sich um eine Genfamilie handelt, die sich im Laufe der Evolution nach und nach durch mehrere Genduplikationsschritte entwickelt hat. Diese Überlegungen beruhten nicht allein auf der Kenntnis der menschlichen Hämoglobine, sondern bezogen den Vergleich der Hämoglobine und verwandter Moleküle wie Myoglobin aus anderen Organismengruppen mit ein. Neuere Arbeiten haben die Familie der Globin-Gene noch um zwei weitere Mitglieder erweitert: Neuroglobin und Cytoglobin. Das **Myoglobin** ist ein Protein, das in der Muskulatur den Sauerstofftransport übernimmt. Das

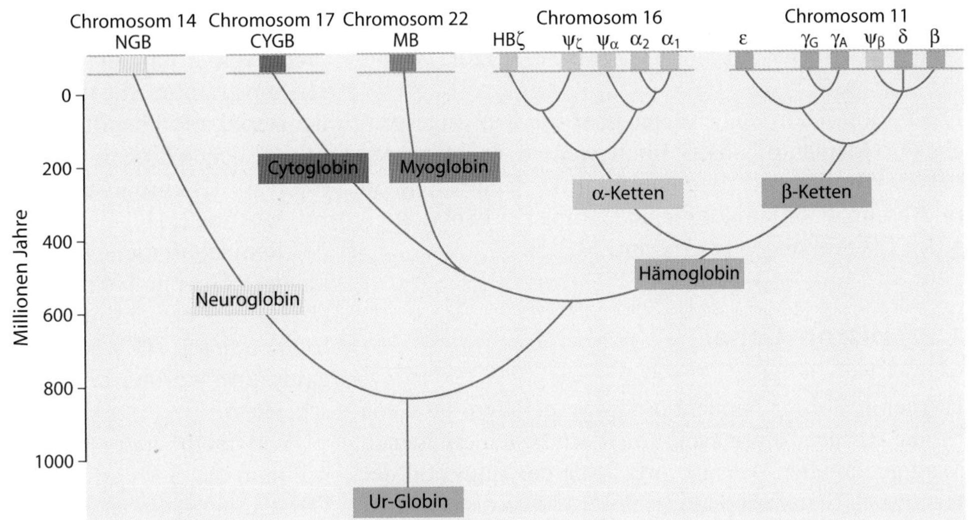

Abb. 7.10 Evolutionäres Modell der menschlichen Globin-Gene. Die unterschiedlichen Chromosomen, auf denen die menschlichen Globin-Gene lokalisiert sind, sind *oben* angegeben. Funktionelle Gene sind *farbig*, Pseudogene *grau*. (Nach Pesce et al. 2002, mit freundlicher Genehmigung)

Neuroglobin wird überwiegend in den Nervenzellen exprimiert. Man vermutet, dass es eine Schutzfunktion bei der Sauerstoffunterversorgung hat und Sauerstoff schneller zu den Mitochondrien transportieren kann. Das **Cytoglobin** (auch bekannt unter der Bezeichnung Histoglobin) kommt in vielen verschiedenen Geweben in unterschiedlicher Menge vor; auch dieses Protein dient wahrscheinlich der Sauerstoffversorgung der Zellen. Für beide Proteine wird darüber hinaus aber auch eine Sauerstoff-verbrauchende Funktion bzw. die eines Sauerstoffsensors vermutet. Auch Pflanzen besitzen übrigens ein Hämoglobin: Das Leghämoglobin wurde ursprünglich in Leguminosen gefunden und ist deshalb unter diesem Namen in der Literatur bekannt. Man findet es in Wurzelknöllchen (engl. *root nodules*) und vermutet eine Funktion zur Sauerstoffversorgung der Rhizobien (Knöllchenbakterien).

Aufgrund der Abweichungen und Ähnlichkeiten der DNA- bzw. Aminosäuresequenzen kann man einen Stammbaum der Globin-Gene entwerfen. Er gibt den einfachsten Entwicklungsweg im Laufe der Evolution zwischen den verschiedenen Molekülen wieder (**Parsinomieprinzip**: der direkte Weg, auf dem man eine phylogenetische Entwicklung ableiten kann). Noch vor der Aufspaltung der α- und β-Globin-Genfamilien müssen verschiedene Duplikationsschritte erfolgt sein, die zunächst das Neuroglobin von der gesamten Genfamilie vor ca. 800 Mio. Jahren abspalteten. Die nächste Duplikationsrunde (vor ca. 600 Mio. Jahren) ergab die Vorläufer der Hämoglobine einerseits und der Cyto-/Myoglobine andererseits (Abb. 7.10). Weitere Duplikationen vor ca. 450 Mio. Jahren führten dann zur getrennten Entwicklung des Cytoglobins und Myoglobins sowie der α- und β-Globine; die weitere Entwicklung der Hämoglobine ist dann entwicklungsgeschichtlich wesentlich jünger. Bei der Betrachtung der Intron-Exon-Struktur der α- und β-Globin-Gene fällt auch auf, dass die Lage und Länge der Introns fast in demselben Maß konserviert ist wie die der Exons.

Die Entdeckung der Cyto- und Neuroglobin-Gene ist ein Erfolg der systematischen Sequenzierung des menschlichen Genoms und einiger Modellorganismen wie Maus und Zebrafisch. Beide Gene wurden zunächst in den EST-Datenbanken (engl. *expressed sequence tag*, EST) unter vielen, nicht zugeordneten cDNA-Sequenzen gefunden. Das entsprechende Gen der Ratte wurde durch einen systematischen Ansatz der Proteinanalytik identifiziert, als hochregulierte Proteine in einer fibrotischen Leber untersucht wurden. Beide „neuen" Gene erwiesen sich in der Folge jedoch als entwicklungsgeschichtlich älter als die schon lange bekannten Hämoglobine.

Die Globin-Gene haben sich im Laufe der Evolution durch mehrere aufeinanderfolgende Duplikationen aus einem ursprünglichen Globin-Gen entwickelt. Ihre evolutionäre Geschichte konnte durch Vergleiche der Veränderungen in den DNA-Sequenzen aufgeklärt werden.

Das Neuroglobin der Fische unterscheidet sich von dem der Säuger durch einige zusätzliche Aminosäuren am N- und C-Terminus. Wie wir oben schon gesehen haben, besitzen die Krokodileisfische des Südpolarmeeres keine Gene für Hämoglobine oder für Myoglobine – aber Neuroglobin! Die Funktion des Neuroglobins ist deshalb derzeit Gegenstand intensiver Diskussionen: Ist es ein „Ersatz" für das Hämoglobin in Bezug auf den Sauerstofftransport, oder hat es eine vollständig andere, zusätzliche Funktion, die durch die Mutationen verstärkt wird, die nur bei den Eisfischen vorkommen? Eine Hypothese besteht darin, dass diese Mutationen zu einer höheren Flexibilität des Proteins führen, die in der Kälte für seine biochemische Funktion wichtig ist – und Letztere könnte darin bestehen, dass Neuroglobin einen Schutz vor aktiven Stickstoffspezies (z. B. NO) bildet. Einen Überblick über die molekulare Adaptation des Neuroglobins im Eisfisch findet sich in der Arbeit von Giordano et al. (2012).

Die Globin-Genfamilie bietet über die hier angesprochenen Elemente hinaus noch weitere wichtige Aspekte, nämlich zur Regulation ihrer Genexpression (▶ Abschn. 7.3.4) und ihrer Bedeutung bei hämatologischen Erkrankungen (▶ Abschn. 13.3.1).

7.2.2 Histon-Gene

Hinsichtlich ihrer Nukleotidsequenz gehören die Gene für die **Histone** zu den evolutionär am besten erhaltenen Multigenfamilien. Das ist angesichts der Funktion der Histone als Strukturbestandteile der Nukleosomen nicht überraschend (◘ Abb. 6.15). Wir unterscheiden zunächst fünf Klassen von Histonen, die als H1, H2A, H2B, H3 und H4 bezeichnet werden. In Säugetieren wurden in allen Histonklassen (ausgenommen H4) weitere Varianten identifiziert. Die variantenreichste Klasse ist dabei die der H1-Histone: Bei Mäusen und Menschen kennen wir inzwischen elf verschiedene Varianten, die als H1.1 bis H1.5, $H1^0$, H1oo, H1.x, H1t, H1T2 und HILS1 bezeichnet werden. Auch für die stärker konservierten Klassen der Histone H2A, H2B und H3 sind verschiedene Varianten beschrieben.

Während der Replikation müssen große Mengen von Histonen zur Bildung neuer Nukleosomen bereitgestellt werden. Das erklärt die Synthese der meisten Histone in der S-Phase des Zellzyklus; diese werden deshalb als „replikationsabhängige Histone" bezeichnet. Besonders hoch ist der Bedarf an Histonen in Zellen, die sich schnell teilen, also vor allem während der frühembryonalen Entwicklung. Dies ist sicher ein Grund für die Vielzahl der Histon-Gene im Genom. Trotz der evolutionären Erhaltung der Aminosäuresequenzen zumindest einiger der Histone ist die Anordnung ihrer Gene im Genom jedoch sehr unterschiedlich.

Die Mehrzahl der Histon-Gene ist in Gruppen (engl. *cluster*) organisiert. Mit Ausnahme von Vögeln und Säugetieren bilden die Wiederholungen der H1-Gene und der Gene für die vier Kern-Histone H2A, H2B, H3 und H4 tandemartige Muster. Dabei handelt es sich um diejenigen Histon-Gene, die replikationsabhängig exprimiert werden. Zusätzlich zu diesen Hauptgruppen gibt es auch kleinere Gruppen und einzelne Histon-Gene; dabei handelt es sich um die oben erwähnten Histonvarianten, die für besondere Aufgaben außerhalb der Replikation benötigt werden. Die Hauptgruppe der menschlichen Histon-Gene liegt auf dem Chromosom 6 (6p21.3). Es enthält die Gene für die fünf wichtigsten H1-Histone (H1.1 bis H1.5), das *H1t*-Gen und in der Nachbarschaft Gene für die Kern-Histone. Eine zweite, kleinere Gruppe befindet sich auf dem Chromosom 1 (1q21) und besteht nur aus Genen, die für Kern-Histone codieren (◘ Abb. 7.11). Eine entsprechende Organisation wurde auch für die Maus und die Ratte beschrieben.

Wie oben bereits angedeutet, ist es notwendig, dass während der S-Phase Histone für die neu synthetisierte DNA in stöchiometrischer Menge bereitgestellt wird. Nun gibt es aber einige Histone, die besonders in Geweben mit geringer Teilungsrate exprimiert werden bzw. überwiegend in ausdifferenzierten Leber-, Nieren- und Gehirnzellen. Diese Histone können also auch unabhängig von der S-Phase gebildet werden und werden als Ersatz-Histone (engl. *replacement*) bezeichnet; dazu gehören die $H1^0$-, H2A.X-, H2A.Z- und H3.3B-Histone. Diese Ersatz-Histone liegen außerhalb der oben erwähnten Gruppen; so befindet sich das menschliche $H1^0$-Histon-Gen auf dem Chromosom 22.

Alle bekannten S-Phase-abhängigen Histon-Gene besitzen keine Introns und haben vergleichsweise kurze 5′- und 3′-untranslatierte Regionen. Ihrem 3′-Ende fehlt außerdem die Poly(A)-Region, dafür ist es durch ein invertiertes Wiederholungselement gekennzeichnet, das möglicherweise zu einer Haarnadelschleife der mRNA führt. Diese Struktur ist an der koordinierten Reifung der Histon-mRNA und der Regulation ihrer Lebenszeit während der S-Phase beteiligt. Diese spezifischen Symmetrieelemente kommen bei den Ersatz-Histonen nicht vor, die dafür aber verhältnismäßig lange und polyadenylierte 3′-Regionen enthalten.

Ein wichtiges Element für die Regulation des funktionellen Zustandes der Histonproteine sind **posttranslationale Modifikationen**. Besondere Bedeutung haben dabei vor allem Phosphorylierung, Acetylierung und Methylierung, aber auch Ubiquitinierung und ADP-Ribosylierung sind bekannt. Diese Veränderungen spielen sich vor allem an den nach außen abstehenden N-terminalen Bereichen der Histone ab (▶ Abschn. 8.1.3).

◘ **Abb. 7.11** Menschliche Histon-Gene. **a** Schematische Darstellung der Verteilung von Histon-Genen auf die menschlichen Chromosomen. Jeder Punkt repräsentiert ein aktives Histon-Gen; Pseudogene sind nicht gezeigt. Die einzelnen Klassen sind durch unterschiedliche *Farben* dargestellt. *Rechtecke* repräsentieren Histonvarianten. **b** Histone und ihre Varianten: H2A (*gelb/hellgelb*), H2B (*orange/hellorange*), H3 (*blau/hellblau*). Die *Rechtecke* repräsentieren die Zentralregionen, und die *Striche* deuten die flexiblen Schwänze an. Von H4 (*grün*) sind bisher keine Varianten entdeckt. Die hodenspezifischen Histonvarianten sind *lila* hinterlegt und alternative Spleißformen *grün*. Die Prozentangaben beziehen sich auf die Identität der Aminosäuresequenzen der Varianten in Bezug auf die replikationsabhängigen Isoformen (bei H3 ist der Bezug auf H3.1). CENP-A: Histon-H3-ähnliches Centromerprotein; H2BFWT: Histon H2B, Typ WT; TSH2B: Hoden-spezifisches Histon H2B. (**a** Detlef Doenecke, Göttingen, 2010; **b** nach Buschbeck und Hake 2017; beide mit freundlicher Genehmigung)

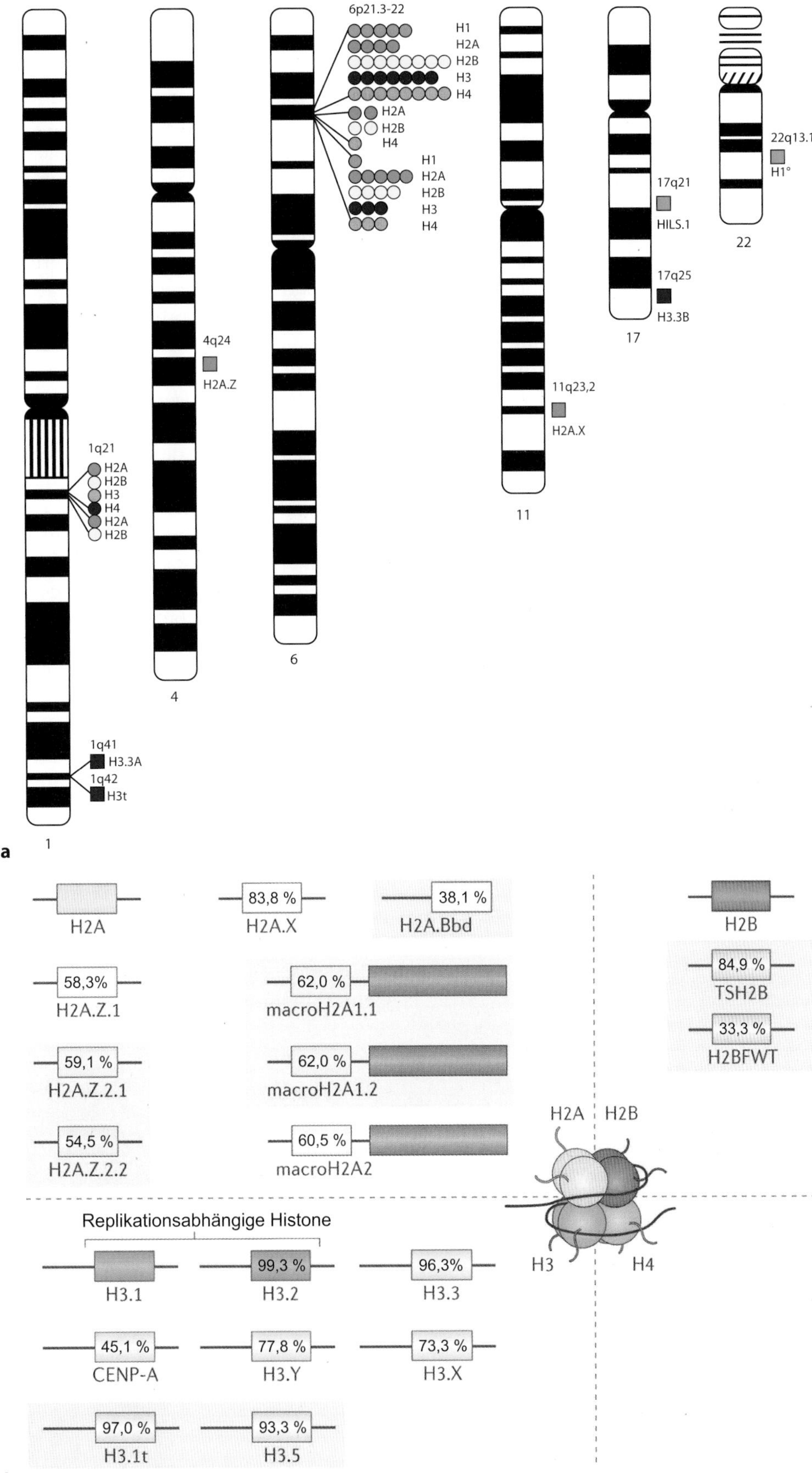
6p21.3-22
H1
H2A
H2B
H3
H4
H2A
H2B
H4
H1
H2A
H2B
H3
H4
22q13.1
H1°
17q21
HILS.1
17q25
H3.3B
4q24
H2A.Z
11q23,2
H2A.X
1q21
H2A
H2B
H3
H4
H2A
H2B
1q41
H3.3A
1q42
H3t
1
4
6
11
17
22
a
H2A
83,8 %
H2A.X
38,1 %
H2A.Bbd
H2B
58,3%
H2A.Z.1
62,0 %
macroH2A1.1
84,9 %
TSH2B
33,3 %
H2BFWT
59,1 %
H2A.Z.2.1
62,0 %
macroH2A1.2
54,5 %
H2A.Z.2.2
60,5 %
macroH2A2
H2A
H2B
H3
H4
Replikationsabhängige Histone
H3.1
99,3 %
H3.2
96,3%
H3.3
45,1 %
CENP-A
77,8 %
H3.Y
73,3 %
H3.X
97,0 %
H3.1t
93,3 %
H3.5
b

7

> Die Struktur der Histon-Gene und die Weiterverarbeitung ihrer Prä-mRNAs unterscheiden sich von den meisten anderen eukaryotischen Protein-codierenden Genen. Die meisten Histone besitzen weder Introns noch einen Poly(A)-Schwanz.

Unter genetischen Gesichtspunkten ist natürlich auch die Frage nach Mutationen in den Histon-Genen von großem Interesse. In der Humangenetik sind bisher nur einige wenige Punktmutationen beschrieben – alle im Gen für das Histon H3.3: Es sind Austausche an der Aminosäureposition 27 (Lysin zu Methionin, K27M), an der Position 34 (Glycin zu Valin, Arginin, Tryptophan oder Leucin; G34V/R/W/L) und an der Position 36 (Lysin zu Methionin; K36M); in allen Fällen sind Krebserkrankungen im Gehirn oder der Knochen die Folge. Die zweite Gruppe von Histon-Genen, die in diesem Zusammenhang ausführlich untersucht wurde, betrifft die Gene für die H1-Histone. Hier wurden verschiedene Gene der Maus ausgeschaltet (Knock-out-Mutanten, ► Abschn. 10.7.2), aber erst das vollständige Ausschalten (homozygote Mutationen) von drei replikationsabhängigen Histon-H1-Genen (*Hist1H1c*, *Hist1H1d*, *Hist1H1e*; entsprechen den menschlichen Histon-Genen *H1.2, H1.3* und *H1.4*) zeigte einen schweren pathologischen Phänotyp (embryonale Letalität). Ist eines der drei Histon-H1-Gene heterozygot, so überleben die Mäuse (sie sind allerdings kleiner). Diese Daten werden dahingehend interpretiert, dass erst die Verminderung unter einen Anteil von 50 % von H1-Histonen pathologische Auswirkungen hat. Für detaillierte Übersichten hierzu siehe die Arbeiten von Hergeth und Schneider (2015) sowie Zink und Hake (2016).

7.2.3 Tubulin-Gene

Tubuline gehören zu den häufigsten Proteinen bei Eukaryoten und spielen bei vielen zellulären Prozessen eine wichtige Rolle als GTPasen und lineare Polymere. Sie sind als Grundbausteine der Mikrotubuli unverzichtbare Strukturelemente von Zellen. Ihre Aminosäuresequenz ist – zumindest in den funktionell wichtigen Proteinregionen – in verschiedenen Organismengruppen weitgehend unverändert erhalten. Für den Aufbau von Mikrotubuli sind im Wesentlichen zwei Tubulinmoleküle, das α- und das β-Tubulin, erforderlich. Weitere Mitglieder der Tubulinfamilie sind die γ-, δ-, ε-, ζ- und η-Tubuline. Die bei Pantoffeltierchen (*Paramecium*) gefundenen θ- und ι-Tubuline werden heute eher den β-Tubulinen zugerechnet, und das κ-Tubulin den α-Tubulinen. Das Minimalset der Tubuline sind die α-, β- und γ-Tubuline, die in allen eukaryotischen Zellen vorkommen; die übrigen Tubuline haben eine evolutionär beschränkte Verteilung. Bei Bakterien finden wir die FtsZ-Proteine (engl. *filamenting temperature-sensitive mutant Z*), und auch in Archaeen wurden inzwischen Tubuline entdeckt (Artubuline).

Mikrotubuli erfüllen sehr unterschiedliche Aufgaben in den Zellen. Im Spindelapparat haben sie zentrale Funktionen bei der Verteilung der Chromosomen in Mitose und Meiose (► Abschn. 6.1.3, 6.3.1 und 6.3.2). Als Bestandteile von Flagellen und Cilien sind sie für die Fortbewegung von Zellen entscheidend. Außerdem sind sie am Aufbau des Cytoskeletts wesentlich beteiligt. Gemäß diesen unterschiedlichen Funktionen werden in verschiedenen Zelltypen auch strukturell verschiedene Tubulinarten benötigt; zwei Beispiele sind in ■ Abb. 7.12 dargestellt.

Die Beteiligung von Mikrotubuli an einer breiten Palette zellulärer Strukturen wurde schon in frühen zellbiologischen Arbeiten erkannt. Dies führte zur der Multi-Tubulin-Hypothese (Fulton und Simpson 1976),

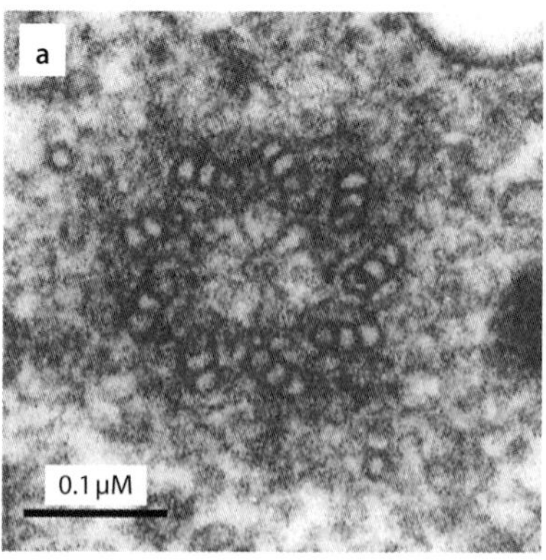

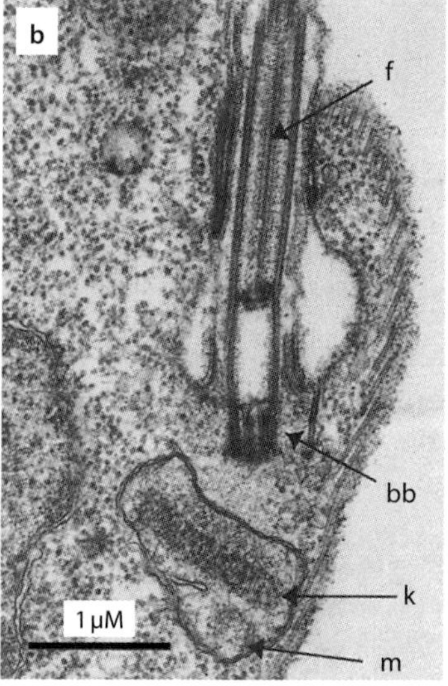

■ **Abb. 7.12** Elektronenmikroskopische Aufnahmen von Mikrotubuli. **a** Schnitt durch eine Säugetiercentriole, die den typischen Kranz von neun Mikrotubuli-Tripletts zeigt. **b** Längsschnitt durch eine Trypanosomen-Zelle, die den Basalkörper einer Flagelle zeigt. Basalkörper an der Basis von Flagellen (und Cilien) sind strukturell den Centriolen ähnlich und zeigen eine 9-fache Symmetrie. Ebenso ist in der Nähe des Basalkörpers der Kinetoplast sichtbar, eine Organelle, die das mitochondriale Genom der Trypanosomen enthält und mit dem Basalkörper durch eine Serie von Filamenten verbunden ist. f: Flagelle, bb: Basalkörper, k: Kinetoplast, m: Mitochondrium. (Nach McKean et al. 2001, mit freundlicher Genehmigung)

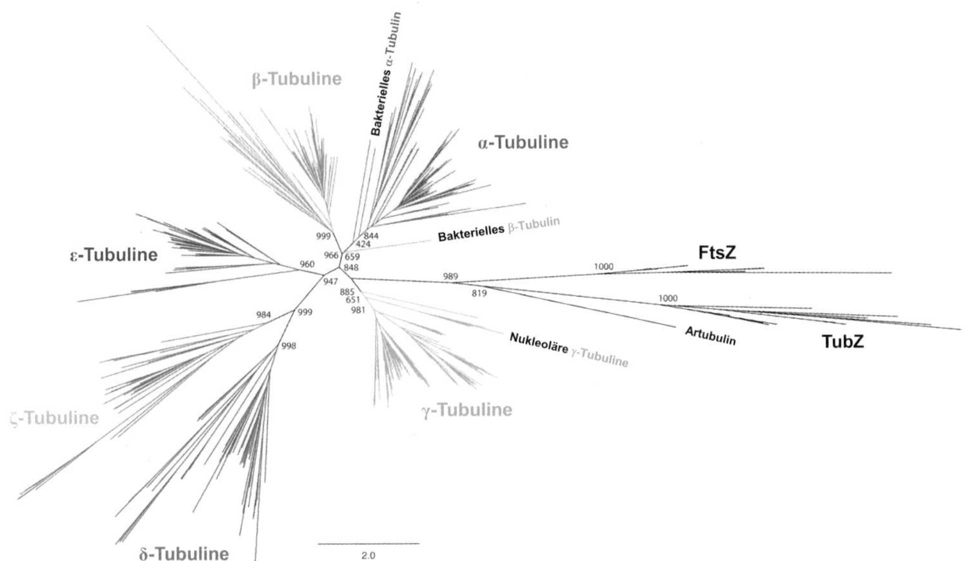

Abb. 7.13 Stammbaum der Tubulinproteine. Die *Zahlen* an den Verzweigungen geben ihre Häufigkeit an (Bootstrap-Nummern). Der ungewurzelte Stammbaum enthält Informationen von 75 α-Tubulinen, 69 β-Tubulinen, 50 δ-Tubulinen, 45 ε-Tubulinen, 32 ζ-Tubulinen, zwei bakteriellen Tubulinen, einem Tubulin aus Archaeen (Artubulin), elf bakteriellen FtsZ-Proteinen (engl. *filamenting temperature-sensitive mutant Z*) und acht bakteriellen Proteinen der FtsZ/Tubulin-Superfamilie (TubZ). Der *Balken* entspricht den geschätzten Aminosäureaustauschen pro Position. (Nach Findeisen et al. 2014, mit freundlicher Genehmigung)

die die Verschiedenheit der Tubuline berücksichtigte und vorschlug, dass verschiedene Mikrotubuli-Strukturen innerhalb einer Zelle aus verschiedenen Tubulinen aufgebaut sind. Es ist heute offensichtlich, dass die meisten eukaryotischen Organismen mehrere Gene haben, die für die verschiedenen Isoformen der α- und β-Tubuline codieren. So enthalten die Basalkörperchen von *Drosophila* das β1-Tubulin, während in den Axonemen der Spermienflagellen nur das β2-Tubulin genutzt wird. Diese Verschiedenheit wird durch ein kaleidoskopartiges Muster **posttranslationaler Modifikationen** weiter verstärkt. Neben den üblichen Modifikationen wie Acetylierung, Palmitoylierung und Phosphorylierung erscheinen Polyglutamylierung, Detyrosinierung und Polyglycylierung eher als tubulinspezifische Modifikationen.

Gene für die α-, β- und γ-Tubuline kommen in jedem eukaryotischen Organismus vor, der bisher untersucht wurde. Die Tubulin-Gene sind hochkonserviert innerhalb einer Spezies, aber auch zwischen den verschiedenen Spezies. In den meisten Metazoen gibt es mehrere Genkopien. Die verschiedenen Tubulin-Gene liegen in vielen Organismen über das Genom verstreut oder in kleinen Gruppen zusammen. Beispielsweise sind in *D. melanogaster* alle Tubulin-Gene auf Chromosom 3 zu finden, während sie in *D. hydei* auf die Chromosomen 2 und 3 verteilt sind. Im Gegensatz zu den Histon-Genen besitzen die Tubulin-Gene **Introns**, und die mRNA wird jeweils entsprechend weiterverarbeitet.

Als Multigenfamilie haben die Tubulin-Gene einen gemeinsamen evolutionären Ursprung. Sie haben sich durch **Genduplikation** und anschließende Divergenz ihrer Nukleotidsequenzen entwickelt (Abb. 7.13), wie wir es in ähnlicher Weise bereits bei den Globin-Genen beobachten konnten. Im Unterschied zu diesen ist jedoch keine regulative Rückkopplung und stufenweise Aktivierung oder Inaktivierung der Transkription während der Ontogenese zu beobachten.

Aufgrund der Vielzahl von Tubulin-Genen, die zu den einzelnen Klassen gehören, hat es sich eingebürgert, die einzelnen Klassen weiter zu unterteilen und dabei die orthologen Gene in den verschiedenen Spezies auch entsprechend einheitlich zu benennen. In Abb. 7.14 ist dies für die orthologen Gene der α-Tubulin-Gene bei Mensch, Maus und Ratte gezeigt. Dabei wird auch deutlich, dass sich auch bei Säugern nicht alle Gene entsprechen. So gibt es bei Mäusen nur ein α-Tubulin-Gen der Gruppe 2 (*Tuba4a*), wohingegen dieses Gen beim Menschen offensichtlich dupliziert ist (*TUBA4A* und *TUBA4B*); da es allerdings aufgrund einer 1-bp-Deletion zu einer Verschiebung des Leserahmens und damit zu einem vorzeitigen Stoppcodon kommt, wird es als Pseudogen geführt. Unterschiede zwischen den Nagern einerseits und Menschen andererseits finden wir auch bei den Tubulin-Genen der Gruppe 3. Zu den Unterschieden gehören hier nicht nur Sequenzunterschiede, sondern auch chromosomale Umlagerungen, sodass in den entsprechenden Bereichen die Syntenie nicht konserviert ist.

Wie auch bei den anderen, zuvor besprochenen Genfamilien sind natürlich Mutationen in einzelnen Genen von großem Interesse, weil wir von den Mutanten viel über die Funktion der einzelnen Gene lernen können. Bei *Arabidopsis* (► Abschn. 5.3.3) zeigen beispielsweise

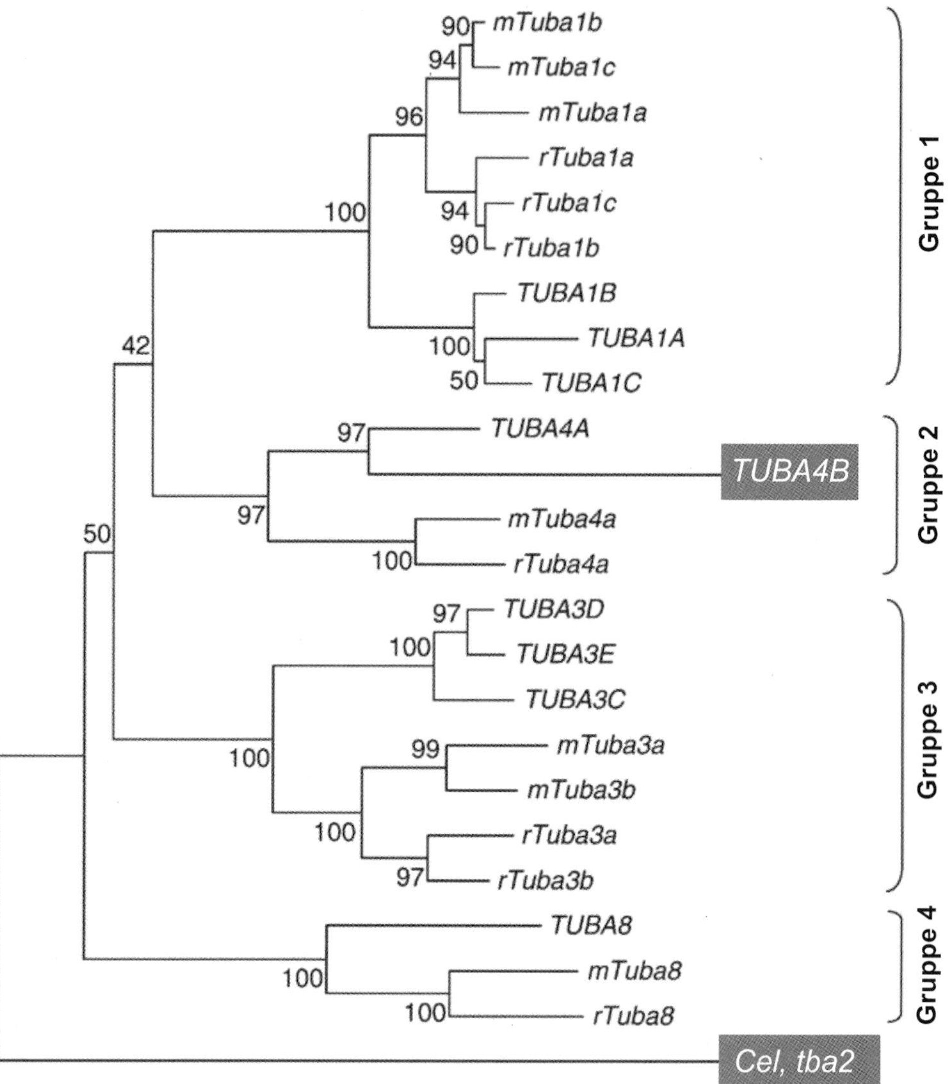

Abb. 7.14 Stammbaum der α-Tubulin-Gene bei Menschen und Nagern. Die *Zahlen* an den Verzweigungen geben ihre Häufigkeit (in %) nach 1000 Wiederholungen an (Bootstrap-Nummern). Als Außengruppe wurde die Nukleotidsequenz des α2-Tubulin-Gens von *C. elegans* verwendet (*Cel, tba2*). Außerdem ist das menschliche Pseudogen α4B-Tubulin (*TUBA4B*) hervorgehoben. Menschliche Gensymbole sind durchgängig in Großbuchstaben angegeben; r und m vor den Gensymbolen bedeuten Ratte bzw. Maus. (Nach Khodiyar et al. 2007, mit freundlicher Genehmigung)

Mutationen in den Genen *TUA4* oder *TUA6* keinen pathologischen Phänotyp – offensichtlich gibt es zumindest bei manchen Mitgliedern von Genfamilien eine gewisse Redundanz im Expressionsmuster und in der Funktion, sodass beim Ausfall eines dieser Gene die Funktion von einem anderen Mitglied der Genfamilie übernommen werden kann. Eine schwere Schädigung tritt oft erst dann auf, wenn mehrere Gene gleichzeitig ausgeschaltet werden. Alle bisher bekannten Mutationen in Tubulin-Genen von Pflanzen mit verändertem Phänotyp sind dagegen dominant-negative Mutanten, d. h. das mutierte Protein bildet mit Wildtyp-Proteinen Mikrotubuli, die aber in Bezug auf ihre Stabilität, Dynamik und Wechselwirkungen mit benachbarten Molekülen stark eingeschränkt sind. Dadurch entstehen dann Pflanzen mit stark veränderter Morphologie. Von besonderem Interesse in diesem Zusammenhang ist die Beobachtung, dass Herbizide aus der Gruppe der Dinitroaniline (z. B. Oryzalin, Trifluralin) mit Tubulinen in Wechselwirkung treten. Mutationen in den Tubulin-Genen, die die Wechselwirkung mit dieser Gruppe von Herbiziden einschränken, führen zu einer Resistenz gegen die entsprechenden Herbizide. Eine ausführliche Darstellung der Tubulinmutationen bei Pflanzen findet sich bei Hashimoto (2013).

Einige Mutationen in Tubulin-Genen des Menschen sind mit schweren Erkrankungen verbunden. Wir werden natürlich viele menschliche Erbkrankheiten im Kapitel über die Humangenetik diskutieren (► Kap. 13), dennoch sollen einige Mutationen der α-Tubulin-Gene kurz angesprochen werden (■ Tab. 7.1). Bei Menschen sind bisher (2019) nur Mutationen in vier α-Tubulin-Genen bekannt – alle führen zu Störungen des zentralen oder peripheren Nervensystems: Lissencephalie (*TUBA1A*), amyotrophe Lateralsklerose (ALS; *TUBA4A*) oder cortikale Dysplasie (*TUBA8*). Bei der Maus sind zwar in einigen *Tuba*-Genen Mutationen bekannt, aber in vielen ist der Phänotyp noch nicht untersucht: Im *Tuba1a*-Gen führt der Austausch der Aminosäure Serin an der Position 140 zu Glycin (Ser140Gly) ebenfalls zu Lissencephalie. Das Ausschalten des Gens *Tuba3a* führt bei

Tab. 7.1 α-Tubulin-Gene bei Mäusen und Menschen

Gruppe	Mensch	Chromosom	Krankheit	Maus	Mutation mit Phänotyp
Gruppe 1	*TUBA1A*	12q13.12	Lissencephalie	*Tuba1a1*	Lissencephalie
	TUBA1B	12q13.12	–	*Tuba1b*	–
	TUBA1C	12q13.12	–	*Tuba1c*	k. A.
Gruppe 2	*TUBA4A*	2q35	Amyotrophe Lateralsklerose	*Tuba4a*	k. A.
	TUBA4B	2q35	–	–	k. A.
Gruppe 3	–			*Tuba3a*	Verminderte Nahrungsaufnahme
	–			*Tuba3b*	–
	TUBA3C	13q12.11	–	–	
	TUBA3D	2q21.1	Keratokonus	–	
	TUBA3E	2q21.1	–	–	
Gruppe 4	*TUBA8*	22q11.1	Cortikale Dysplasie	*Tuba8*	Gesund
	TUBAL3	10p15.1	–	*Tubal3*	k. A.

Nach Khodiyar et al. (2007); die Erkrankungen nach Online Mendelian Inheritance in Man (www.omim.org); Mausmutanten nach Mouse Genome Informatics (▶ http://www.informatics.jax.org); k. A.: keine Angabe zum Phänotyp der Mutation. Stand: 22.9.2019

homozygoten Männchen zu verminderter Nahrungsaufnahme, wohingegen das Ausschalten des Gens *Tuba8* zu keinem offensichtlichen Krankheitsbild bei der Maus führt (allerdings gibt es hier Hinweise auf einen Einfluss auf die Spermatogenese; Diggle et al. 2017).

In allen Genen gibt es nicht nur Sequenzveränderungen, die direkt zu Erkrankungen oder Veränderungen im Erscheinungsbild führen, sondern auch seltene oder häufige Abweichungen (Polymorphismen), die nicht offensichtlich direkt zu Veränderungen führen, sondern erst im Laufe eines langen Lebens ihre schädliche Wirkung offenbaren. Im Falle des *TUBA4A*-Gens des Menschen hat ein großes internationales Konsortium (Smith et al. 2014) eine deutliche Häufung solcher seltenen Polymorphismen im *TUBA4A*-Gen bei Patienten mit familiärer amyotropher Lateralsklerose (ALS) gefunden. Sie untersuchten die entsprechenden Gene nach *in-vitro*-Translation auf die Fähigkeit, Tubulin-Dimere zu bilden. Einige Polymorphismen verhielten sich wie Wildtyp-Proteine (G43V, R215C), wohingegen andere deutlich weniger Tubulin-Dimere bilden konnten (R320C, A383T und W407X). Diese Beobachtung zeigt, dass es offensichtlich einen fließenden Übergang in der biologischen Wirkung verschiedener Allele eines Gens geben kann – es reicht also oft nicht aus, nur eine Mutation eines Gens zu untersuchen und damit auf die funktionelle Bedeutung des gesamten Gens zu schließen. Vielmehr sind allelische Serien von besonderer Bedeutung, um graduelle Unterschiede zwischen „gesund" und „krank" zu erkennen und funktionell erklären zu können.

Die Tubulin-Multigenfamilie unterscheidet sich von den anderen bisher besprochenen Multigenfamilien durch die weite Verteilung der Gene auf unterschiedliche Positionen im Genom. Trotz ihrer strukturellen und funktionellen Verschiedenheit haben die einzelnen Tubulin-Gene einen gemeinsamen evolutionären Ursprung. Auch sie sind durch Genduplikationen entstanden.

7.2.4 Kristallin-Gene

Kristalline sind bekannt als Strukturproteine der Augenlinse bei Wirbeltieren. Sie wurden von Carl Thore **Mörner** 1894 aufgrund biochemischer Trennverfahren zunächst in α-, β- und γ-Kristalline unterteilt; die Bezeichnung „Kristalline" weist auf ihre Funktion bei der Aufrechterhaltung der Transparenz der Linse hin. Die Kristalline sind sehr langlebige Proteine, da die Linsenzellen nicht absterben, sondern so alt werden wie der Gesamtorganismus. Auch wenn Kristalline zunächst nur in der Augenlinse gefunden wurden, so erlauben sensitive Verfahren heute ihren Nachweis auch in einigen anderen Geweben.

Während die α-Kristalline zur Familie der kleinen Hitzeschockproteine gehören, bilden die β- und γ-Kristalline aufgrund ihrer strukturellen Ähnlichkeiten eine eigene Proteinfamilie. Schon die biochemischen Untersuchungen der 1980er- und frühen 1990er-Jahre zeigten, dass die β/γ-Kristalline aus vier Motiven aufgebaut sind, die durch antiparallele β-Faltblattstrukturen gekenn-

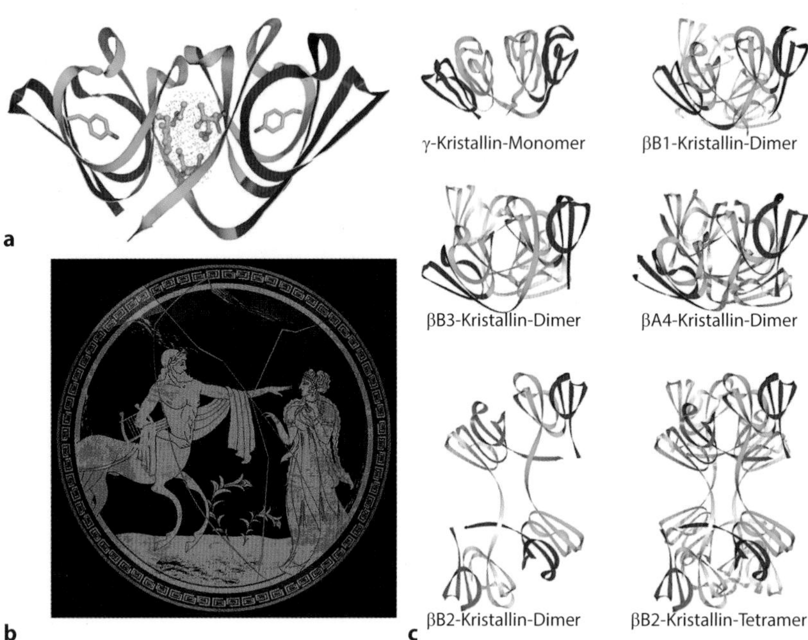

Abb. 7.15 Strukturen der β/γ-Kristalline. **a** Im γ-Kristallin bilden die vier griechischen Schlüsselmotive zwei ähnliche Domänen. Das erste Motiv jeder Domäne ist *dunkelblau*, während das zweite Motiv *türkis* gezeichnet ist. Die konservierten Tyrosinreste an den Ecken sind als Stäbchenmodell dargestellt; die Tryptophanreste sind ebenfalls angedeutet. **b** Eine altgriechische Abbildung mit dem charakteristischen mäanderförmigen Motiv („griechisches Schlüsselmotiv") am Rand. **c** Die Bilderserie zeigt die konservierten Verbindungselemente bei den β/γ-Kristallinen. Die γ-Kristalline bleiben Monomere, da die Verbindung zwischen den Domänen innerhalb des eigenen Proteins vorkommt und kurz ist. Die β-Kristalline mit ihren N- und C-terminalen Verlängerungen sind Dimere; das βB2-Kristallin hat eine verlängerte Linkerregion und kann daher auch Tetramere oder Oligomere bilden. (**a, c** nach Slingsby et al. 2013, mit freundlicher Genehmigung; **b** © Matrioshka/stock.adobe.com)

zeichnet sind (Abb. 7.15). Aufgrund der Ähnlichkeit mit den künstlerischen Verzierungen auf Gefäßen aus dem antiken Griechenland werden diese Motive auch als „griechische Schlüssel" bezeichnet (engl. *Greek key motif*). Die γ-Kristalline liegen in der Augenlinse als Monomere vor (Molekulargewicht: ~ 20 kDa), wohingegen die β-Kristalline Oligomere bilden; diese Komplexe haben Molekulargewichte von ca. 200 kDa (die Monomere haben ein Molekulargewicht zwischen 23 und 33 kDa).

Die Anordnung dieser Motive in den entsprechenden Genen gibt uns interessante Hinweise auf die Evolution dieser Genfamilie: Jedes Gen enthält nämlich die Information für vier dieser Motive – bei den Genen für die β-Kristalline (Mensch: *CRYB*, Maus: *Cryb*) sind sie jeweils in einem eigenen Exon codiert, wohingegen die γ-Kristallin-Gene (Mensch: *CRYG*, Maus: *Cryg*) jeweils zwei Motive in einem Exon zusammengefasst haben. Dabei ist die Sequenzähnlichkeit zwischen dem 1. und 3. Motiv größer als zu dem 2. und 4. Motiv. Diese Befunde führten zu der Hypothese, dass der evolutionäre Weg der *CRYB*/*CRYG*-Genfamilie mit einem einzigen Motiv startete. Nach einer Duplikation dieses Motivs erfolgte eine Fusion, die durch eine zweite Duplikationsrunde ergänzt wurde. Und in der Tat gibt es diese Proteine, die nur eine Domäne (d. h. zwei Motive) enthalten, nämlich das Spherulin 3a des Schleimpilzes, ein Metalloproteinase-Inhibitor (SMPI) von *Streptomyces* oder ein „Killertoxin" in Hefe. Zwei-Domänen-Proteine sind das Protein S von *Myxococcus xanthus* und das Epidermis-Differenzierungsprotein des Amphibiums *Cynops pyrrhogaster*. Andererseits gibt es auch Proteine, die mehr griechische Schlüsselmotive enthalten als die β/γ-Kristalline. Eines davon ist AIM1 mit zwölf Motiven dieser Art. Das AIM1-Protein (engl. *absent in melanoma 1*) wird mit der Unterdrückung der Malignität von Melanomen in Verbindung gebracht.

Bei den bakteriellen Mitgliedern der β/γ-Kristallin-Familie wurde eine deutliche Affinität der griechischen Schlüsselmotive für Ca^{2+} nachgewiesen. Bei den β/γ-Kristallinen selbst (und auch bei den anderen Nicht-Kristallin-Proteinen der Säuger) ist die Ca^{2+}-Bindung der griechischen Schlüsselmotive nicht mehr in dem Maß ausgeprägt. Einzig das βB2-Kristallin verfügt noch über eine moderate Fähigkeit, Ca^{2+} zu binden. Eine detaillierte und aktuelle Diskussion dieser Aspekte findet sich bei Mishra et al. (2016).

Die sieben β-Kristalline werden durch sechs Gene codiert. Aufgrund der biochemischen Eigenschaften werden die β-Kristalline in vier saure(re) (A1–A4) und drei basische(re) (B1–B3) unterteilt; die entsprechenden Gensymbole des Menschen sind *CRYBA1*, *CRYBA2* und *CRYBA4* sowie *CRYBB1* bis *CRYBB3*. Vier dieser Gene und ein Pseudogen bilden beim Menschen eine Gruppe auf dem Chromosom 22 (*CRYBA4*, *CRYBB1*–*CRYBB3* und

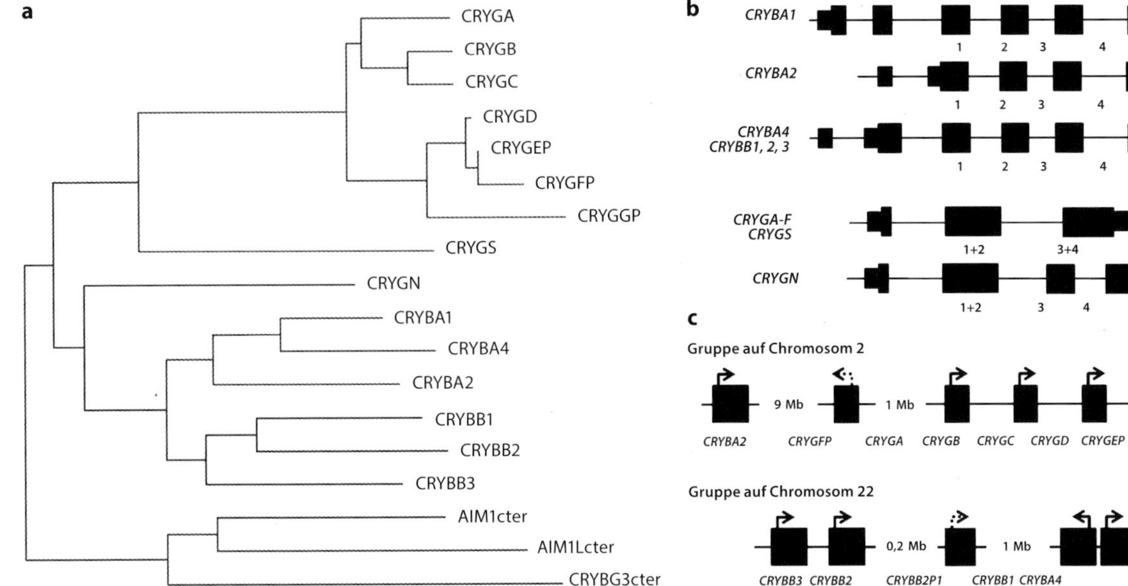

Abb. 7.16 Phylogenetischer Stammbaum und wichtige Elemente der β/γ-Kristalline. **a** Phylogenetischer Stammbaum der β/γ-Kristallin-Superfamilie beim Menschen. AIM1 (engl. *absent in melanoma 1*), AIM1L (engl. *absent in melanoma 1-like*) und CRYBG3 (engl. *crystallin beta-gamma domain containing 3*) enthalten mehrere griechische Schlüsselmotive. Zusatz „cter": Der Einfachheit halber wurde für den Sequenzvergleich nur das 3. Exon verwendet, das am stärksten evolutionär konserviert ist. Die horizontale Länge der Verzweigungen ist proportional zur Rate der Aminosäureaustausche pro Position. **b** Exon-Intron-Strukturen der β- und γ-Kristallin-Gene. Die Exons sind als *schwarze Kästen* gezeichnet, wobei der codierende Bereich dicker ist. Die *CRYB*-Gene variieren in ihrer Struktur im 5′-Bereich. Die Exons für die vier griechischen Schlüsselmotive sind mit den Ziffern 1–4 gekennzeichnet. **c** Die meisten β- und γ-Kristallin-Gene befinden sich in zwei Gruppen auf den Chromosomen 2 und 22. Die Lücken, deren ungefähre Größe angegeben ist, enthalten andere Gene. Die *Pfeile* geben die Orientierung der Gene an; für Pseudogene sind die Linien *gestrichelt*. (Nach Wistow 2012, CC-by 2.0, ► http://creativecommons.org/licenses/by/2.0/)

CRYBB2P1); die beiden anderen β-Kristallin-Gene liegen isoliert auf anderen Chromosomen (*CRYBA1* auf dem Chromosom 17 und *CRYBA2* auf dem Chromosom 2).

Sechs der acht γ-Kristallin-Gene liegen in einer Gruppe (*CRYGA*–*CRYGF*) auf dem Chromosom 2; beim Menschen sind zwei dieser *CRYG*-Gene Pseudogene (*CRYGEP* und *CRYGFP*), die bei der Maus allerdings noch aktiv sind. Zwei weitere *CRYG*-Gene (*CRYGN* und *CRYGS*) liegen isoliert auf anderen Chromosomen. Mutationen in den *CRYB*- bzw. *CRYG*-Genen verursachen bei Mäusen und Menschen eine Vielzahl von dominanten Trübungen der Augenlinse, auch als Katarakt (*Cataracta congenita*) bzw. „grauer Star" bezeichnet, die entweder schon bei der Geburt sichtbar sind oder sich im frühen Kindesalter entwickeln (vgl. dazu auch das Kartierungsbeispiel in ◘ Tab. 11.10).

Dabei ist das *CRYGN*-Gen unter evolutionsgenetischen Gesichtspunkten von besonderem Interesse, da es zwischen den β- und den γ-Kristallin-Genen zu stehen scheint: Die β-Kristallin-Gene codieren jedes griechische Schlüsselmotiv in einem eigenen Exon, die γ-Kristallin-Gene haben hingegen jeweils zwei dieser Motive in einem Exon zusammengefasst (◘ Abb. 7.16b). Eine phylogenetische Übersicht über die menschlichen Mitglieder der β/γ-Kristallin-Supergenfamilie gibt ◘ Abb. 7.16a; hier sind auch diejenigen Mitglieder der Genfamilie aufgeführt, die nicht in der Augenlinse exprimiert werden.

> Die *CRYB*- und *CRYG*-Gene codieren für die β/γ-Kristalline; diese hochkonservierten Proteine sind wichtige Strukturproteine der Augenlinse von Säugern und zeichnen sich durch vier antiparallele β-Faltblattstrukturen aus (griechische Schlüsselmotive). Sie sind aus einem Vorläufergen mit einem Motiv durch wiederholte Duplikationen entstanden.

7.3 Regulation eukaryotischer Genexpression

Wir haben in den vorangehenden Abschnitten einiges über die Anordnung eukaryotischer Gene in Chromosomen gelernt. Wir haben gesehen, dass Gene entweder isoliert in ihrem genomischen Kontext vorliegen können oder als Genfamilien in Gruppen (engl. *cluster*) – jedes Mal haben wir aber die Frage nach der Regulation ihrer „richtigen" Expression ausgelassen. Dabei bedeutet „richtig": zu den richtigen Zeiten an den richtigen Orten – denn oft wird ein Gen und sein Produkt nicht nur einmal, sondern zu verschiedenen Zeiten und in verschiedenen Organen bzw. Geweben benötigt. Dabei müssen wir auch noch beachten, dass das eukaryotische Genom nicht nur ein paar wenige, sondern ungefähr 20.000 Protein-codierende Gene enthält, die in einem fein abgestimmten Netzwerk wirksam werden sollen. Man kann schon allein aufgrund dieser Vorstellung erahnen, dass verschiedene Ebenen der Transkriptionskontrolle notwendig sind. Nachdem im ▶ Abschn. 3.3.3 die Grundprinzipien der Transkription dargelegt wurden, wollen wir im folgenden Abschnitt betrachten, welche strukturellen Elemente an der **Regulation** von Genen in Eukaryoten beteiligt sind. Wir konzentrieren uns dabei auf diejenigen Gene, die für Proteine codieren und durch die RNA-Polymerase II transkribiert werden.

7.3.1 Promotor

Der Bereich, der dafür verantwortlich ist, dass die Transkription eines Gens durch die RNA-Polymerase-II-Maschinerie initiiert wird, wird als Promotor bezeichnet (siehe dazu auch ▶ Abschn. 3.3.3). Wir können dabei den Kernbereich des Promotors und den proximalen Promotor unterscheiden. Der **Kern-Promotor** (engl. *core promoter*) ist der kleinste notwendige Abschnitt, um die Transkriptionsmaschinerie zu starten. Typischerweise umfasst der Kern-Promotor den Transkriptionsstartpunkt sowie etwa 35 Nukleotide (nt) oberhalb und unterhalb (es ist dabei üblich, den Transkriptionsstartpunkt mit „+1" zu bezeichnen; die Nukleotide oberhalb werden mit einem „−" versehen; einen Nullpunkt gibt es nicht). Innerhalb dieses Kernbereichs können wir oft verschiedene Sequenzmotive erkennen: die TATA-Box, den Initiator (Inr), das Erkennungselement für den Transkriptionsfaktor TFIIB (engl. *transcription factor IIB recognition element*, BRE) und Elemente unterhalb des Promotors (engl. *downstream promoter element*, DPE). ◘ Abb. 7.17 gibt dazu einen Überblick.

Unter den Elementen des Kern-Promotors ist die **TATA-Box** am längsten bekannt (Breathnach und Chambon 1981). Ihren Namen verdankt sie der Consensussequenz TATAAA; allerdings gibt es eine Reihe von Sequenzvariationen. In Metazoen ist die TATA-Box üblicherweise 25–30 Nukleotide oberhalb des Transkriptionsstartpunktes lokalisiert. In Hefen variiert ihre Lage stärker; hier ist sie im Bereich von −40 bis −100 nt zu finden. Systematische Untersuchungen an Promotoren menschlicher Gene oder von Genen bei *Drosophila* zeigen, dass nur etwa 32 % bzw. 43 % der jeweils untersuchten Promotoren eine TATA-Box enthalten. Überwiegend bindet an die TATA-Box das „TATA-Box-Bindungsprotein" (TBP). Allerdings muss man beachten, dass es auch verwandte (engl. *related*) Faktoren (TBPr) gibt, die diese Bindungsstelle ebenfalls benutzen können. Es wird allgemein angenommen, dass das TBP über seine Wechselwirkungen mit der RNA-Polymerase II diese an die richtige Startposition dirigiert. TBP ist ein universeller Transkriptionsfaktor, der von allen drei eukaryotischen RNA-Polymerasen benötigt wird. Kristallographische Studien haben gezeigt, dass TBP sattelartig auf der TATA-Box sitzt und die DNA in einem Winkel von 80°

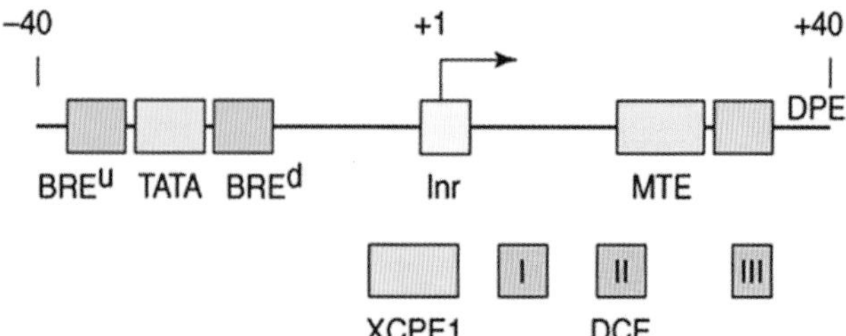

◘ **Abb. 7.17** Elemente des Promotor-Kernbereichs. In der Abbildung sind einige Elemente dargestellt, die an der Transkription durch die RNA-Polymerase II beteiligt sind. Jeder Promotor kann in spezifischer Weise nur einige, alle oder auch keines dieser Motive enthalten. Das BRE (engl. *transcription factor IIB recognition element*; *upstream* [BRE^u] bzw. *downstream* [BRE^d]) ist eine 5′- bzw. 3′-Verlängerung einiger TATA-Boxen. Das DPE (engl. *downstream promoter element*) benötigt ein Initiator-Element (Inr) und befindet sich genau an der Position +28 bis +32 (gerechnet in Bezug auf den Transkriptionsstart, der als +1 gezählt wird). Das MTE (engl. *motif ten element*) wirkt in Kooperation mit Inr und benötigt einen definierten Abstand dazu. DCEs (engl. *downstream core elements*) kommen mehrfach vor (hier sind drei angedeutet: I–III); sie sind für die basale Aktivität des Promotors wichtig. Das XCPE1 (engl. *X core promoter element 1*) kommt in etwa 1 % der menschlichen Promotoren vor – die meisten davon besitzen keine TATA-Box. (Nach Juven-Gershon et al. 2008, mit freundlicher Genehmigung)

in Richtung auf die große Furche biegt. So entsteht eine Konformation der DNA, die eine Bindung von TFIIB zu beiden Seiten der TATA-Box gestattet.

Bei genauer Analyse verschiedener Promotoren fällt auf, dass Gene mehrere TATA-Boxen besitzen können. Dabei gehorcht die eine der kanonischen Consensussequenz (TATAAA), die andere weicht davon ab. So wird beispielsweise der Promotor des Hitzeschockproteins Hsp70 über die kanonische Bindestelle TATAAA aktiviert; diese Form wird durch einen Hitzeschock *und* den Transkriptionsfaktor E1A stimuliert. Wird nun diese kanonische TATA-Box durch die TATA-Box des SV40-Virus ersetzt, so geht die Stimulierung durch E1A verloren, aber die Aktivierungsmöglichkeit über den Hitzeschock bleibt erhalten.

Der **Initiator** beinhaltet den Transkriptionsstartpunkt und wurde in vielen Eukaryoten identifiziert (◘ Abb. 7.17); seine Consensussequenz kann allerdings in verschiedenen Gattungen unterschiedlich sein. Der Transkriptionsstart erfolgt üblicherweise an dem Adeninrest innerhalb dieser Consensussequenz; dieses Nukleotid wird mit +1 gezählt (A_{+1}). Der uns schon bekannte Faktor TFIIB bindet auch an den Initiator; die Spezifität wird über seine Untereinheiten $TAF_{II}150$ bzw. $TAF_{II}250$ vermittelt (engl. *TBP-associated factor*, TAF). Allerdings kann gereinigte RNA-Polymerase auch bei Abwesenheit eines Initiatorsignals und von TAFs die Initiation starten. Weitere spezifische Interaktionspartner mit dem Initiator sind TFII-I (ein basisches Helix-Loop-Helix-Protein) und YY1 (ein Zinkfinger-Protein).

Ein wichtiges Sequenzelement, das unterhalb des Kernpromotors liegt (**DPE**), wurde zunächst in *Drosophila* identifiziert, da es den Transkriptionsfaktor TFIID (und außerdem $TAF_{II}40$ und $TAF_{II}60$) bindet; später wurde es auch in Menschen und anderen Spezies charakterisiert. Das DPE kommt häufig in Promotoren vor, die über keine TATA-Box verfügen. Es ist 28–32 Nukleotide unterhalb des Transkriptionsstarts lokalisiert. Diese Positionsgenauigkeit ist für die Funktion essenziell, da TFIID nicht nur an das DPE-Element, sondern zugleich auch an den Initiator bindet. Auch wenn die Consensussequenz etwas degeneriert erscheint, führen Mutationen an entscheidenden Stellen zu einer Verminderung der Transkriptionsaktivität um das 10- bis 50-fache. Ausnahmen von dieser strengen Positionsregel gibt es im β-Globin-Promotor, dessen DPE (hier als DCE bezeichnet, engl. *downstream core element*) im Bereich von +10 bis +45 lokalisiert ist. Die Funktionen der TATA-Box und des DPE-Elementes erscheinen nach dem bisherigen Kenntnisstand antagonistisch: Durch biochemische Methoden wurde ein Protein charakterisiert (NC2/DR1-Drap1), das die TATA-abhängige Transkription hemmt. Mutationen, die zu Veränderungen dieses Proteins führen, beeinflussen diese Repressorwirkung deutlich. Allerdings wird die stimulierende Wirkung auf das DPE-Element dadurch nicht aufgehoben.

Das Sequenzelement, das vom Transkriptionsfaktor IIB erkannt wird (**BRE**), liegt in der Regel unmittelbar oberhalb der TATA-Box; auf sein 3′-C folgt unmittelbar das 5′-T der TATA-Box. Allerdings erscheinen die bisherigen funktionellen Untersuchungen etwas widersprüchlich, da die Daten, die an unterschiedlichen Systemen generiert wurden, sowohl eine positive als auch eine negative Wirkung auf die Aktivität des Kern-Promotors zeigen.

Der **proximale Promotor** befindet sich direkt oberhalb des Kernbereichs und umfasst etwa die Region von −50 bis −200 in Bezug auf den Transkriptionsstartpunkt. In diesem Abschnitt sind typischerweise viele Erkennungsstellen für eine Gruppe sequenzspezifischer DNA-bindender **Transkriptionsfaktoren**. Dazu gehören SP1, CTF (CCAAT-bindender Transkriptionsfaktor, der auch als *nuclear factor I* [NF1] bezeichnet wird) oder CBF (CCAAT-Box-bindender Transkriptionsfaktor, der auch als *nuclear factor Y* [NF-Y] bezeichnet wird).

Der proximale Promotor enthält oft als charakteristisches Element die **CAAT-Box**, die etwa 80 Nukleotide oberhalb des Initiationscodons liegt. Oft ist außerdem eine GC-reiche Region (**GC-Box**, Consensussequenz: GGGCGG) etwa 60–100 Nukleotide vor dem Initiationscodon zu finden. Im Gegensatz dazu sind **CpG-Inseln** lange GC-reiche DNA-Abschnitte (500 bp bis 2 kb), die Wiederholungen von CG-Dinukleotiden enthalten. Die CpG-Inseln vor aktiven Genen sind in der Regel nicht methyliert; ihre Methylierung führt zur Abschaltung der entsprechenden nachfolgenden Gene. Promotoren, die CpG-Inseln enthalten, besitzen typischerweise keine TATA-Box oder DPE-Elemente, aber dafür eine Vielzahl von GC-Box-Motiven, an die SP1-Transkriptionsfaktoren binden. Im Unterschied zur TATA-Box-gesteuerten Transkription startet die über CpG-Inseln gesteuerte Transkription an mehreren schwachen Startstellen, die oft über 100 bp verteilt sind. In diesem Fall erfolgt die Steuerung über die Kombination von SP1 mit Initiator-Elementen.

Es ist allerdings nicht notwendig, dass ein Promotor alle diese Elemente zugleich enthält; es ist insbesondere ein weitverbreitetes Missverständnis, dass **alle** Promotoren eine TATA-Box enthalten müssen. Die verschiedenen genannten Elemente treten in unterschiedlichen Kombinationen oder in Kombination mit weiteren Sequenzelementen oberhalb auf. Es handelt sich also um eine **modulare Organisation** der Regulationsregion, die erhebliche Freiheiten in der Art ihres Aufbaus besitzt. Interessanterweise ist die Orientierung der CAAT-Box und der GC-Box nicht festgelegt, wohl aber die der TATA-Box. Durch die TATA-Box wird aber die Richtung der Transkription festgelegt, sodass ihre Orientierung entscheidend für die Transkription ist. Die Aktivitäten des Kern-Promotors werden durch zahlreiche weitere Elemente ergänzt, darunter Enhancer (▸ Abschn. 7.3.3), Silencer oder Insulatoren (▸ Abschn. 5.1.5).

> **!** Die Transkription Protein-codierender Gene erfolgt durch die RNA-Polymerase II und wird durch eine Vielzahl von Elementen im Promotorbereich reguliert. Im Kern-Promotor (−35/+35) gibt es oft eine TATA-Box, einen Initiator, BRE- und DPE-Elemente. Der proximale Promotor (−50 bis −200) kann die CAAT-Box und GC-Boxen enthalten.

7.3.2 Transkriptionsfaktoren

Die Bindung der basalen Transkriptionsfaktoren und der RNA-Polymerase II an die DNA erfolgt in einer genau festgelegten Reihenfolge (◘ Abb. 3.8). Eine der Aufgaben der Transkriptionsfaktoren dürfte es sein, für eine genaue Positionierung der RNA-Polymerase in Bezug auf das Initiationscodon zu sorgen, um dadurch einen auf das Nukleotid genauen Beginn der RNA-Synthese zu garantieren. Fehlerhafte Initiation würde ja zu Leserasterverschiebungen oder zum Verlust von bzw. zur Anfügung zusätzlicher Aminosäuren führen. Der gesamte **Initiationskomplex** bedeckt etwa 110 Nukleotide und erstreckt sich ungefähr über den Nukleotidbereich −80 bis +30, wobei Nukleotid +1 definitionsgemäß das erste Nukleotid des Initiationscodons ist.

Protein-codierende Gene werden von der RNA-Polymerase II transkribiert. Sie bedarf zur Bindung an die DNA zusätzlicher Transkriptionsfaktoren. Die Transkriptionsfaktoren vermitteln die sequenzgenaue Bindung an den Promotor, der oft eine TATA-Box etwa 25 Nukleotide vor dem Startcodon enthält. Es sind jedoch weitere Sequenzelemente oberhalb des Transkriptionsstarts (wie die CAAT-Box oder die GC-Box) erforderlich, um die richtige Initiation der RNA-Synthese zu ermöglichen.

Die **RNA-Polymerase** selbst hat verschiedene komplexe Funktionen zu erfüllen, die in unterschiedlichen Molekülbereichen des Enzyms ablaufen. Zunächst einmal muss sie für eine Öffnung der DNA-Doppelhelix sorgen und den nicht-transkribierten DNA-Strang festhalten. Mithilfe des transkribierten Strangs muss sie nach der Initiation der RNA-Synthese neue Nukleotide an das 3′-Ende des wachsenden RNA-Moleküls durch die Bildung neuer Phosphodiesterbindungen anfügen. Die bei der Transkription entstehende DNA-RNA-Hybridregion ist nur kurz und umfasst nicht mehr als 12–14 Nukleotide. Schließlich müssen neu synthetisierte RNA-Bereiche von der DNA abgelöst werden, und die DNA muss wieder zur Doppelhelix zusammengefügt werden.

Die RNA-Polymerase II besitzt verschiedene funktionelle Domänen, die bei der Initiation unterschiedliche Aufgaben wie die Öffnung der Doppelhelix, Entfernung des nicht-transkribierten Strangs, Anfügen von Nukleotiden u. a. übernehmen.

Die bisher dargestellte Folge von Ereignissen gilt für alle RNA-Polymerase-II-transkribierten eukaryotischen Gene. Es stellt sich natürlich die Frage, wie es nun zu einer **differenziellen Regulation** unterschiedlicher Gene kommt. Der Schlüssel zur differenziellen Genregulation in Eukaryoten liegt im Vorhandensein **zusätzlicher** Transkriptionsfaktoren, die imstande sind, die Spezifität der Genaktivierung zu steuern. An dieser Stelle wollen wir uns ein besonders gut untersuchtes Beispiel näher betrachten, nämlich die Regulation von Genen durch Steroidhormone. In ◻ Abb. 7.18 ist der klassische Aktivierungsweg durch einen Glucocorticoid-Rezeptor gezeigt.

Das Prinzip des **molekularen Mechanismus** der Regulation der RNA-Synthese durch Steroidhormone kann folgendermaßen zusammengefasst werden: Die Hormone werden nach Passieren der Zellmembran durch intrazelluläre Rezeptormoleküle gebunden, die hierdurch ihre Konformation ändern und sofort in den Zellkern transportiert werden. Der Steroidhormonkomplex ist ein Oligomer, das sequenzspezifisch an ein DNA-Element bindet, das z. B. im Falle des am besten bekannten Hormonbindungsmechanismus, dem des **Glucocorticoid-Rezeptors**, als **Glucocorticoid-empfindliches Element** (engl. *glucocorticoid response element*, **GRE**) bezeichnet wird. Solche GREs findet man im Regulationsbereich aller Gene, die durch Glucocorticoide reguliert werden. Nach Bindung des Steroidhormonkomplexes an diese GREs erfolgt die Initiation der Transkription im Promotor. Vergleichbare DNA-Sequenzelemente hat man auch für andere Steroidhormone, z. B. für Östrogen und Ecdyson, identifizieren können, aber auch für andere Regulationsproteine. Man kann deshalb davon ausgehen, dass diese Art der Regulation der Transkription einen sehr fundamentalen eukaryotischen Genregulationsmechanismus darstellt.

Steroidhormone sind Regulatoren der Transkription durch sequenzspezifische Bindung an die DNA mithilfe von spezifischen Rezeptorproteinen.

Transkriptionsfaktoren gehören zu verschiedenen Gruppen von Proteinen, die jeweils durch ähnliche Strukturbereiche gekennzeichnet sind. Insbesondere gehören hierzu die Helix-Turn-Helix-Proteine, die Zinkfinger-Proteine, die Homöodomänen-Proteine, die Leucin-Zipper-Proteine sowie die Helix-Loop-Helix-Proteine (◻ Abb. 7.19). Einige dieser Proteine kommen immer als Dimere vor (Hetero- oder Homodimere). Die wesentlichen Charakteristika dieser DNA-bindenden Proteine sind:

- Das **Helix-Turn-Helix**-Motiv besteht aus etwa 20 Aminosäuren, die jeweils 7–9 Aminosäuren lang und durch eine β-Schleife getrennt sind; die zweite Helix liegt als DNA-Erkennungshelix im Bereich der großen Furche der DNA (engl. *major groove*; Beispiel: BAF).
- **Zinkfinger** bestehen aus etwa 30 Aminosäuren, von denen vier (vier Cys- oder zwei His- und zwei Cys-Reste) koordinativ ein einzelnes Zn^{2+}-Ion binden und damit diese Struktur stabilisieren; viele Zinkfinger-Transkriptionsfaktoren verfügen über mehrere dieser Motive (Beispiele: TFIIIa, Glucocorticoid-Rezeptoren).
- Die **Homöodomäne** umfasst einen Bereich von 60 Aminosäuren und ist sehr stark konserviert (siehe auch ▶ Abschn. 12.4.5; zur Nomenklatur: Die DNA-Sequenz, die diese Domäne codiert, bezeichnet man als Homöobox). Der DNA-bindende Teil der Domäne ähnelt dabei dem Helix-Turn-Helix-Motiv (Beispiele: Antp, En, Ubx).
- Die **Leucin-Zipper**-Proteine formen eine amphipathische α-Helix, bei der jede siebte Aminosäure ein Leucin ist. Diese Aminosäuren bilden auf der hydrophoben Oberfläche eine gerade Reihe. Die α-Helices der interagierenden Proteine winden sich umeinander und bilden eine Superhelix; dabei kommen die Leucinreste der beiden Proteine nebeneinander zu liegen. Diese Proteine enthalten außerdem in ihrer DNA-Binderegion noch einen hohen Anteil basischer Aminosäuren (Arg oder Lys); daher werden sie oft auch als „basische Zipper“ (bZIP) bezeichnet (Beispiele: ATF-2, c-Jun, CREB).

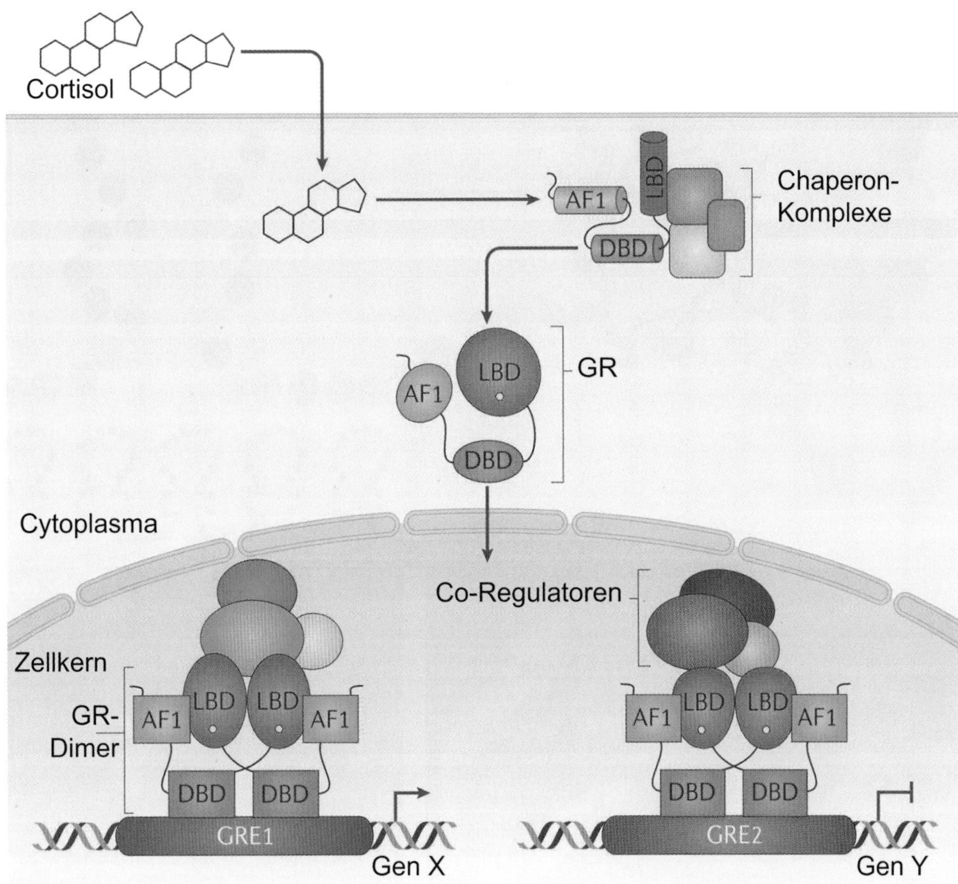

Abb. 7.18 Genregulation durch Glucocorticoid-Rezeptoren. Das Glucocorticoid-Hormon Cortisol passiert die Zellmembran und bindet an den freien Glucocorticoid-Rezeptor (GR), hier dargestellt mit seinen wichtigen Domänen AF1 (engl. *activation function domain 1*), DBD (engl. *DNA-binding domain*) und LBD (engl. *ligand-binding domain*). Der monomere GR ist mit Chaperonkomplexen assoziiert. Nach der Bindung dissoziieren die an den freien GR gebundenen Chaperone ab; der GR verändert dabei seine Form und kann in den Zellkern eindringen. Dort bindet er (als Dimer) mit entsprechenden Co-Regulatoren an seine Bindestellen (GRE: engl. *glucocorticoid response element*) der Promotoren seiner Zielgene (Gen X und Gen Y) und initiiert (*Pfeil*) oder reprimiert (*Strich*) die Transkription. (Nach Weikum et al. 2017, mit freundlicher Genehmigung)

- Die **Helix-Loop-Helix**-Proteine enthalten eine konservierte Region aus etwa 50 Aminosäuren, die für die Bildung des Proteindimers wichtig ist. Diese Region besteht aus zwei kurzen α-Helices, die durch einen Abschnitt ohne Sekundärstruktur („*loop*") getrennt sind; bei Dimeren können sich diese α-Helices der beiden Untereinheiten wie beim Leucin-Zipper ineinander zu einer Superhelix verdrillen. Auch die Helix-Loop-Helix-Proteine enthalten in ihrer DNA-Binderegion noch einen hohen Anteil basischer Aminosäuren (Arg oder Lys); daher werden sie oft auch als „bHLH-ZIP"-Proteine bezeichnet (Beispiele: Myc und Max als Heterodimere).

Das Prinzip der spezifischen Genregulation durch stadien- oder zelltypspezifische Transkriptionsfaktoren, die sequenzspezifisch an bestimmte DNA-Elemente binden, gibt uns einen ersten Einblick, auf welche Weise komplexe eukaryotische Zellen bestimmte Differenzierungswege einschlagen können. Dieses Prinzip eröffnet zugleich die Möglichkeit der gemeinsamen Regulation unterschiedlicher Gene, die zu einem bestimmten Differenzierungszustand einer Zelle führen.

❀ Eine interessante Theorie diskutieren Kærn et al. (2005), indem sie stochastische Prozesse in die Regulation der Genexpression einführen. Sie erklären damit Variabilität und Heterogenität innerhalb von Populationen genetisch identischer Zellen. Im Zentrum ihrer Überlegungen steht dabei die Beobachtung, dass Fluktuationen in der Konzentration regulatorischer Signale („Rauschen") signifikante Auswirkungen auf die Genexpression haben und durch positive oder negative Rückkopplungsmechanismen weiter verstärkt werden können. Wenn man annimmt, dass von einem Transkriptionsfaktor 1000 Moleküle im Cytoplasma, aber nur zehn Moleküle im Zellkern sind, so ist der Wechsel von einem Molekül vom Cytoplasma in den Zellkern für die Konzentration im Cytoplasma unerheblich, verändert aber die Konzentration im Zellkern

7

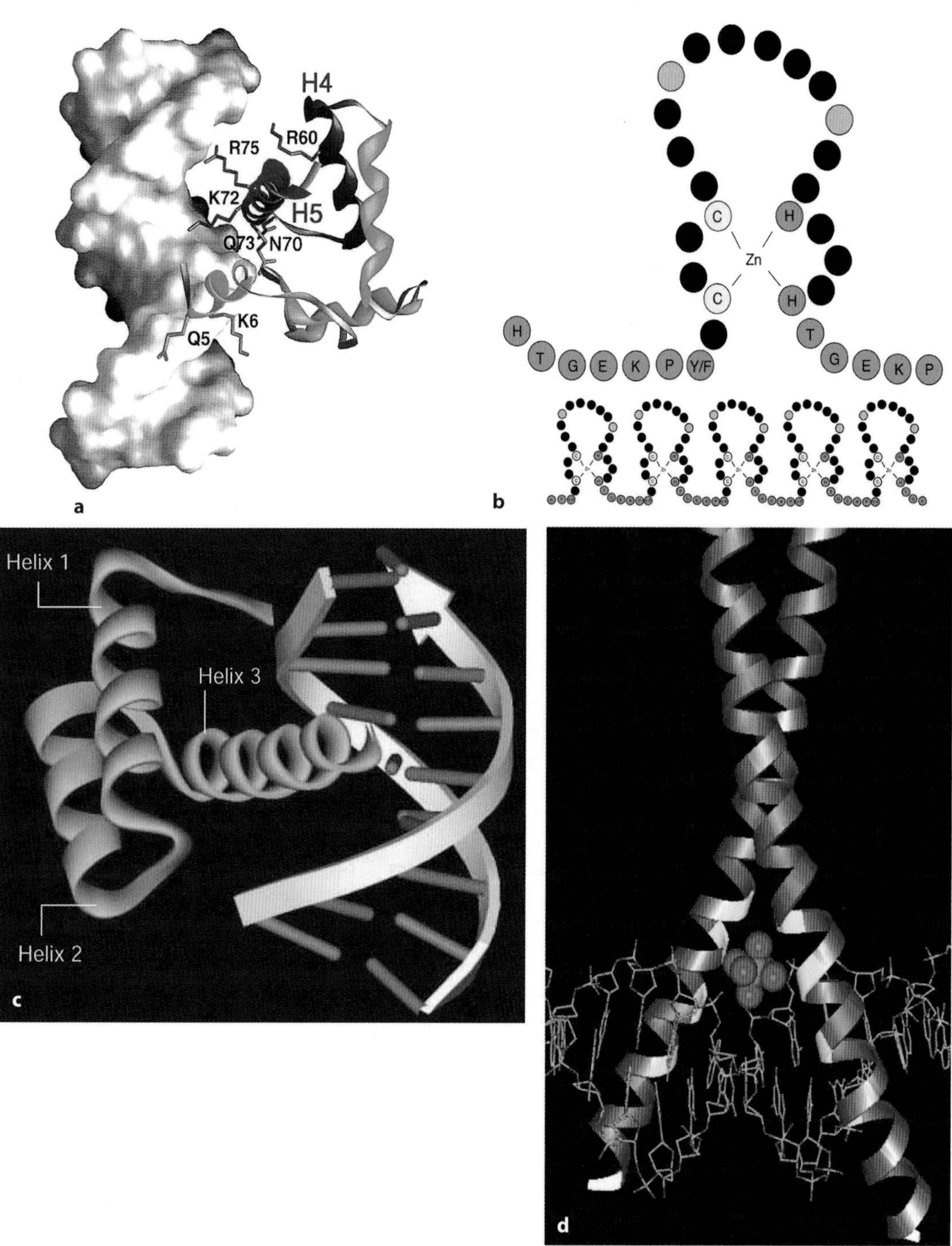

■ **Abb. 7.19** Modelle von DNA-bindenden Proteinen. **a** Helix-Turn-Helix. Die beiden α-Helices der DNA-bindenden Domäne des Helix-Turn-Helix-Motivs (hier ein Inhibitor der Autointegration viraler DNA, engl. *barrier-to-autointegration factor*, BAF) sind *rot* dargestellt; potenzielle Seitenketten, die mit der DNA interagieren, sind *blau*. Der N-Terminus der Helix 5 (H5) liegt in der großen Furche der DNA, von der hier die molekulare Oberfläche gezeigt ist. Die Helices H1–3 (*grün*) sind nicht an der DNA-Wechselwirkung beteiligt. **b** Zinkfinger. Das Zn^{2+}-Ion ist koordinativ an zwei His- (*blau*) und zwei Cys-Reste (*gelb*) gebunden. Die *schwarzen Kreise* symbolisieren Aminosäuren, die strukturell nicht wichtig, aber an der sequenzspezifischen DNA-Bindung beteiligt sind. Die beiden *rosa Kreise* deuten zwei strukturell wichtige große hydrophobe Aminosäuren an. Eine Verbindungssequenz, deren Consensus in *Grün* und im Ein-Buchstaben-Code angegeben ist, verbindet häufig benachbarte Zinkfinger-Motive (*unten*). **c** Homöobox. Es ist die Wechselwirkung der Homöodomäne eines Transkriptionsfaktors (hier: Engrailed) mit seiner Bindestelle an der DNA gezeigt. Die Helices 1 und 2 sind antiparallel und bilden einen rechten Winkel zur 3. Helix der Homöodomäne, die spezifisch an die Sequenz in der großen Furche der DNA bindet. **d** Leucin-Zipper. Die α-Helices des Leucin-Reißverschlusses (engl. *zipper*; *rot*; hier Ausschnitt des CRE-bindenden Proteins, CREB [CRE: *cAMP responsive element*]) gehören zu zwei Proteinen, die ein Homodimer bilden, indem sie sich als Spirale umeinander winden. Die Leucinreste, die mit der DNA in Wechselwirkung treten, sind *gelb* wiedergegeben. Ein Mg^{2+}-Ion (*grün*) mit umgebenden Wassermolekülen (*rot*) befindet sich in dem Hohlraum zwischen der DNA und der basischen Region des CREB-Proteins. (**a** nach Cai et al. 1998; **b** nach Knight und Shimeld 2001; **c** nach Abate-Shen 2002; **d** nach Mayr und Montminy 2001; alle mit freundlicher Genehmigung)

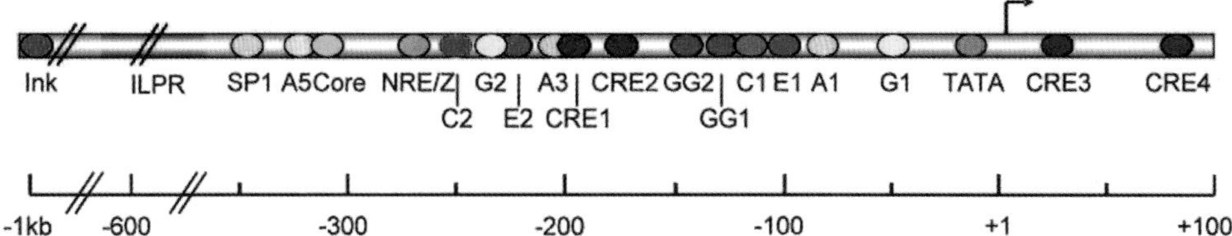

Abb. 7.20 Schematische Darstellung des Promotors des humanen Insulin-Gens. Die Positionen der wichtigsten Bindestellen für Transkriptionsfaktoren sind angegeben; die verschiedenen Farben repräsentieren unterschiedliche Gruppen von Transkriptionsfaktoren (siehe Text). Die Skala zeigt die Nukleotide in Bezug auf den Transkriptionsstart (+1); der *Pfeil* gibt die Transkriptionsrichtung an. (Nach Hay und Docherty 2006, mit freundlicher Genehmigung)

um 10 % und hat damit sicherlich einen signifikanten Effekt auf die Transkription des betreffenden Zielgens. Derartige stochastische Prozesse haben möglicherweise entscheidenden Einfluss auf Vorgänge während der Embryonalentwicklung und Differenzierung, z. B. bei der Flügelentwicklung in *Drosophila* in Abhängigkeit der Expression der beiden Proteine Delta und Notch (▶ Abschn. 12.4.6).

Als Beispiel für einen eukaryotischen Promotor wollen wir den **Promotor des humanen Insulin-Gens** betrachten (Abb. 7.20). Wir erkennen dabei die uns schon bekannte TATA-Box kurz oberhalb des Transkriptionsstarts und verschiedene Bindestellen für unterschiedliche Gruppen von Transkriptionsfaktoren. Die **A-Box-Sequenzen** sind im Wesentlichen Bindestellen für den Transkriptionsfaktor PDX1 (engl. *pancreatic duodenum homeobox-1*); die wichtigste Bindestelle ist A3 (Position −213 bp): Sie kommt in allen Säugetieren vor und zeigt die deutlichste Stimulierung der Transkription unter den drei gezeigten Bindestellen (A1, A3 und A5). Die **Antwortelemente auf cAMP-vermittelte Signale** (engl. *cAMP responsive elements*, CRE) finden sich zweifach im Insulin-Promotor (CRE1 und 2: Position −210 bp und −183 bp); es gibt aber auch zwei CRE-Stellen unterhalb des Transkriptionsstarts. Unter den Säugetieren haben nur die Primaten mehrere CRE-Stellen, wobei die CRE2-Stelle bei Säugern die häufigste ist. **C-Elemente** kommen zweimal im menschlichen Insulin-Promotor vor; die C1-Stelle (Position −128 bp) bindet an den Transkriptionsfaktor MafA. Mutagenese-Experimente zeigen, dass Veränderungen der MafA-Bindestelle (C1) die Insulinexpression in β-Zellen um 74 % vermindert. Diese Sequenz ist sehr stark konserviert und in allen Säugetieren identisch (Ausnahmen: Hund und Schwein) – ein hohes Maß an evolutionärer Konservierung deutet natürlich auch auf eine wichtige Funktion hin. Proteine, die an die **E-Box** binden, gehören zur Gruppe der basischen Helix-Loop-Helix-Proteine. Im *INS*-Promotor finden wir zwei E-Boxen; davon ist E1 stark konserviert und kommt bei allen Säugetieren vor. Veränderungen an der Sequenz der E1-Box (Position −104 bp) zeigen, dass damit nicht nur die Expression des *INS*-Gens stark vermindert wird, sondern auch dessen Regulierbarkeit durch unterschiedliche Glucosekonzentrationen. Der wichtigste Transkriptionsfaktor in diesem Zusammenhang ist der ubiquitäre Transkriptionsfaktor E47, der als Heterodimer mit NeuroD1 an die E1-Box bindet. NeuroD1 wurde ursprünglich über seine Beteiligung an der Differenzierung von Neuronen charakterisiert – daher auch sein Name (engl. *neurogenic differentiation 1*).

Wie die genaue Betrachtung der Abb. 7.20 zeigt, gibt es noch eine Reihe weiterer Transkriptionsfaktor-Bindestellen, die sich auch teilweise überlappen. Diese Dichte an Bindestellen deutet auf komplexe Regulationsmechanismen hin, wobei auch verschiedene Transkriptionsfaktoren um die Bindung an den Promotor konkurrieren können. Darunter sind auch eher inhibitorische Elemente (engl. *negative regulatory element*, NRE). Viele Bindestellen für Transkriptionsfaktoren sind heute in öffentlich zugänglichen Datenbanken aufgelistet; eine wichtige ist z. B. TRANSFAC (▶ http://www.gene-regulation.com/pub/databases.html), sodass Promotorsequenzen auf das Vorliegen bestimmter Bindestellen durchsucht werden können.

Ein Charakteristikum der *INS*-Regulation ist die Abhängigkeit von der Glucosekonzentration. Von den oben bereits besprochenen Transkriptionsfaktoren sind PDX1, MafA und NeuroD1 an dieser Regulation durch Glucose wesentlich beteiligt; alle drei Transkriptionsfaktoren reagieren auf eine erhöhte Glucosekonzentration. Wir wollen den Mechanismus am Beispiel von NeuroD1 genauer betrachten (Abb. 7.21). Glucose reguliert dabei NeuroD1 über posttranslationale Modifikationen, und zwar entweder mittels der „klassischen“ Variante durch Phosphorylierung über eine signalabhängige Kinase (ERK) oder durch Glykosylierung, d. h. Anheftung eines N-Acetylglucosamins in O-glykosidischer Bindung (O-GlcNAc). Beide Mechanismen führen dazu, dass NeuroD1 in den Zellkern transportiert werden kann und dort mithilfe weiterer Cofaktoren an die E1-Box binden kann. Dadurch wird die *INS*-Genexpression direkt über die Glucosekonzentration gesteuert: Das Enzym, das die N-Acetylglucosamin-Gruppe überträgt, ist nämlich nur bei höherer Glucosekonzentration aktiv. Da aber NeuroD1 nicht nur für die Aktivierung des *INS*-Gens verantwortlich ist, sondern auch für die Aktivierung vieler anderer Gene (vor allem auch in Neuronen), können wir

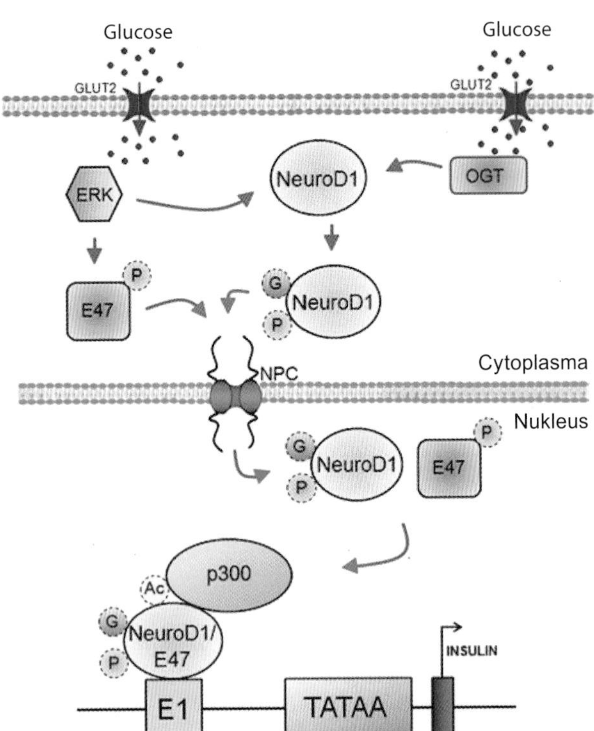

■ **Abb. 7.21** Glucoseabhängigkeit der Insulinexpression. Bei niedriger Glucosekonzentration (1–3 mM) befindet sich NeuroD1 überwiegend im Cytosol. Als „Antwort" auf eine hohe Glucosekonzentration (10–30 mM) wird NeuroD1 entweder durch die Übertragung von N-Acetylglucosamin (in O-glykosidischer Bindung: O-GlcNAc) durch OGT glykosyliert oder es wird durch ERK phosphoryliert. Beide Modifikationen führen dazu, dass NeuroD1 in den Zellkern verlagert wird, wo es mit dem ubiquitären Transkriptionsfaktor E47 dimerisiert und nach Bindung mit Co-Aktivatoren wie p300 die Expression des Insulin-Gens über die Anheftung an die E1-Bindestelle stimuliert. Ac: Acetylgruppe; ERK: Kinase, die durch extrazelluläre Signale reguliert wird; G: GlcNAc; NPC: Kernporenkomplex; P: Phosphatgruppe; OGT: engl. *O-linked N-acetylglucosamine (O-GlcNAc) transferase*. (Nach Andrali et al. 2008, mit freundlicher Genehmigung der Autoren)

die vielfältigen Auswirkungen einer Veränderung der Glucosekonzentration im Blut (und damit in Zellen) erahnen.

Im Insulin-Promotor gibt es einen zusätzlichen Bereich bei −596 bp, der in ■ Abb. 7.20 als ILPR bezeichnet wird (engl. *insulin-linked polymorphic region*), weil er aus einer variablen Zahl an Wiederholungseinheiten von 14–15 bp besteht (allgemeine englische Bezeichnung: *variable number of tandem repeats*, VNTR). Aus epidemiologischen Untersuchungen (▶ Abschn. 13.1.4) wissen wir, dass 26–63 Wiederholungseinheiten eine Disposition für Diabetes darstellen, wohingegen 140–210 Wiederholungseinheiten eine dominante Schutzwirkung entfalten. Die höhere VNTR-Zahl führt im Pankreas zu einer um 20 % geringeren *INS*-mRNA-Menge, aber zu einer zwei- bis dreifach höheren im Thymus. Die Hypothese ist, dass eine höhere Insulinkonzentration im Thymus zu einer Immuntoleranz gegenüber Insulin führt (Ounissi-Benkalha und Polychronakos 2008) und damit der Bildung von Autoantikörpern gegen Insulin entgegenwirkt (diese Bildung von Autoantikörpern ist eine von mehreren Ursachen von Diabetes Typ I; ▶ Abschn. 13.4.3). Eine mögliche Anwendung dieses Polymorphismus besteht in der Verwendung als Biomarker für eine „individualisierte Therapie" (Induktion einer Immuntoleranz gegen Insulin).

7.3.3 Enhancer

„Enhancer" (engl. für Verstärker) der Transkription bei höheren Eukaryoten sind definiert als DNA-Elemente, die die Transkription verstärken, auch wenn sie sich in großer Entfernung zum Promotor befinden. Ihre Wirkung ist dabei unabhängig von ihrer Orientierung. (Der Begriff hat sich inzwischen auch im deutschen Sprachraum durchgesetzt und wird daher nicht mehr übersetzt). Das eukaryotische Genom illustriert am besten die verschiedenen Positionen, von denen aus Enhancer die Transkription aktivieren: So befindet sich z. B. der Enhancer des *Drosophila*-Gens *cut*, der im Flügelrand aktiv ist, 85 kb oberhalb des *cut*-Promotors. Dagegen befindet sich der Enhancer des δ-Kristallin-Gens des Huhns (das für ein Strukturprotein der Augenlinse codiert) im 3. Intron der Transkriptionseinheit. Der Enhancer des Gens, das für die α-Kette des T-Zell-Rezeptors codiert, liegt dagegen 69 kb unterhalb des Promotors.

Der Begriff „Enhancer" wurde 1981 von Walter **Schaffner** geprägt: Seine Gruppe zeigte, dass ein 72-bp-Element des SV40-Genoms in der Lage ist, über eine große Distanz und unabhängig von seiner Orientierung die Expression des β1-Globin-Gens des Kaninchens um den Faktor 200 zu erhöhen. Walter Schaffner vermutete damals, dass es sich um einen weitverbreiteten Mechanismus zur Regulation der Genexpression handelt – zu Recht, wie wir heute wissen (die Originalarbeit ist von Banerji et al. 1981).

Um als Verstärker zu wirken, sind die Wechselwirkungen zwischen dem Enhancer und seinem zugehörigen Promotor essenziell. Dabei ist es nicht nur wichtig, dass der Enhancer über eine lange Entfernung „seinen" Promotor erkennt, sondern auch, dass er nur einen von oftmals vielen Promotoren in seiner unmittelbaren Nachbarschaft aktiviert. Es gibt dabei zwei Mechanismen, wie diese Enhancer-Promotor-Spezifität erreicht wird: Erstens gibt es spezifische Wechselwirkungen zwischen Enhancer-bindenden Proteinen und Faktoren, die mit dem Promotor in Wechselwirkung stehen. Zweitens können auch Insulator-Elemente dazu benutzt werden, unerwünschte Enhancer-Promotor-Wechselwirkungen zu unterbinden. Beide Mechanismen werden offensichtlich in der Natur benutzt.

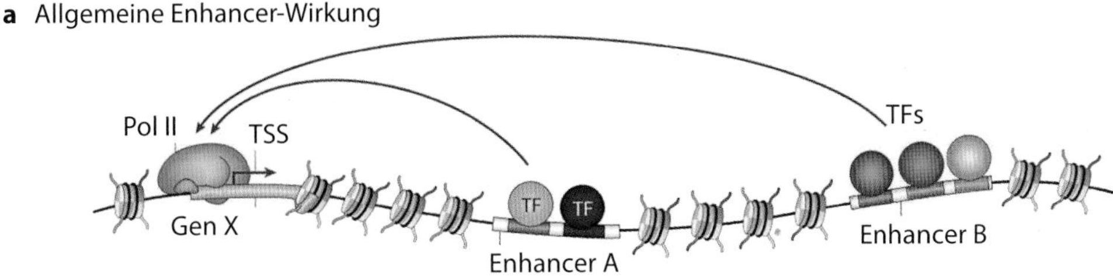

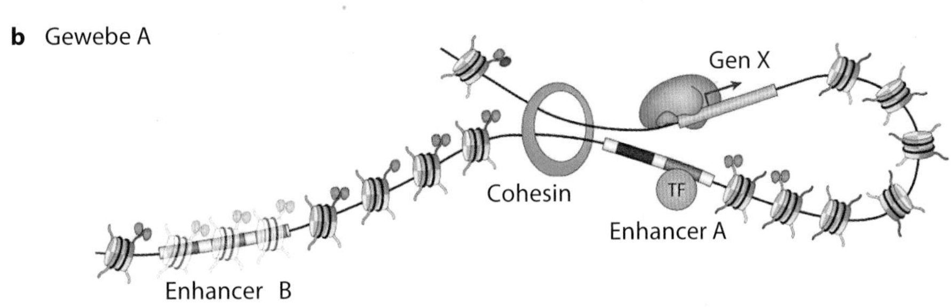

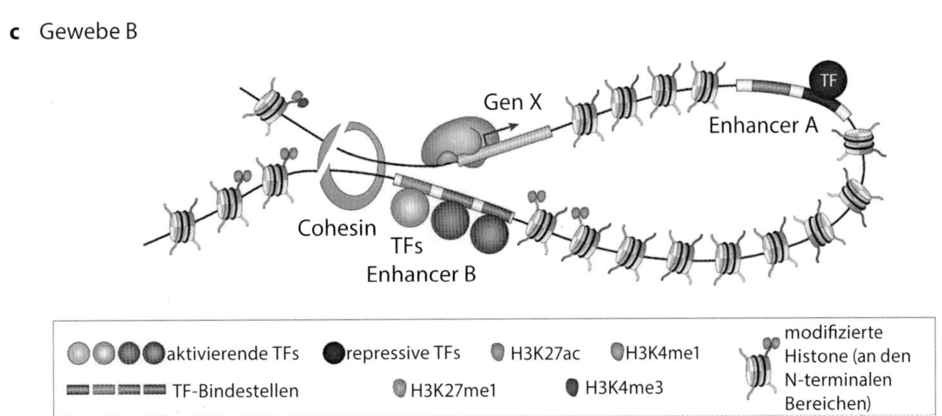

Abb. 7.22 Enhancer und ihre Besonderheiten. **a** Enhancer sind bestimmte genomische Regionen (bzw. entsprechende DNA-Sequenzen), die Bindestellen für Transkriptionsfaktoren (TFs) enthalten und die Transkription weiter entfernter Zielgene an deren Transkriptionsstartstelle (TSS) verstärken können. Da Enhancer einen beliebigen Abstand zu ihrem Zielgen haben können, ist ihre Identifikation schwierig. **b, c** In einem gegebenen Gewebe binden aktivierende Transkriptionsfaktoren an aktive Enhancer (Enhancer A in **b**, oder Enhancer B in **c**). Durch die Ausbildung von Chromatinschleifen gelangen die Enhancer in die Nähe der Promotoren ihrer jeweiligen Zielgene; die Chromatinschleifen werden durch Cohesine stabilisiert. Aktive und inaktive regulatorische Elemente sind durch verschiedene biochemische Eigenschaften gekennzeichnet: Aktive Promotoren und Enhancer sind ärmer an Nukleosomen, und die vorhandenen Nukleosomen zeigen bestimmte Modifikationen (eine einfache Methylierung am Lysinrest 4 des Histons H3 [H3K4me1] und eine Acetylierung des Lysinrestes 27 von Histon H3 [H3K27ac]). Inaktive Promotoren und Enhancer sind durch andere Mechanismen gekennzeichnet, z. B. durch Polycomb-assoziierte repressive Histon-Modifikationen (dreifache Methylierung des Lysinrestes 27 von Histon H3 [H3K27me3]; Enhancer B in **b**) oder durch Bindung repressiver Transkriptionsfaktoren (Enhancer A in **c**). (Nach Shlyueva et al. 2014, mit freundlicher Genehmigung)

Die vorhandenen Daten machen deutlich, dass eine Vielzahl verschiedener Faktoren zur verstärkenden Wirkung von Enhancern beitragen. Zunächst treten sequenzspezifische DNA-Bindungsproteine (Transkriptionsfaktoren) in direkten Kontakt mit entsprechenden Sequenzen des Enhancers. Diese Wechselwirkungen führen schließlich zu großen Schleifen, die den Enhancer in räumliche Nähe zu dem zugehörigen Promotor bringen (Abb. 7.22a). Dann können kovalente Modifikationen der beteiligten Proteine die erhöhte Transkriptionsrate stabilisieren. Diese Prozesse der Enhancer-Promotor-Wechselwirkung sind häufig spezifisch für einzelne Schritte während der Embryonalentwicklung und der Differenzierung von Zellen bei der Ausbildung bestimmter Gewebe oder Organen. So kann ein Enhancer in einem Gewebe aktiv sein und die Expression seiner

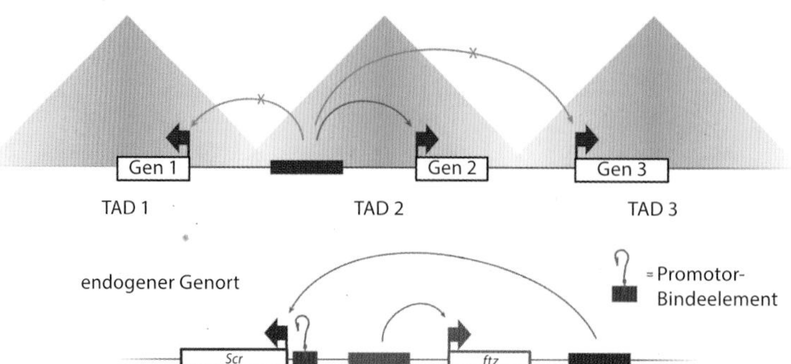

Abb. 7.23 Enhancer und topologisch assoziierte Domänen (TAD). Die Funktion von Enhancern ist üblicherweise auf die Aktivierung von Promotoren innerhalb derselben TAD beschränkt; die Grenzen sind mit Insulatorproteinen angereichert. Promotor-Bindeelemente sind Sequenzen in der Nähe der Kern-Promotoren, die die Wechselwirkung zwischen einem Enhancer und dem zugehörigen Promotor seines Zielgens erleichtern. So ermöglicht das Promotor-Bindeelement des Promotors des Gens *Sex combs reduced* (*Scr*) die Aktivierung durch den entfernt liegenden *Scr*-Enhancer, wobei das dazwischenliegende Gen *fushi tarazu* (*ftz*) übersprungen wird. (Nach Zabidi und Stark 2016, mit freundlicher Genehmigung)

7

Zielgene fördern, in anderen Geweben ist er aber abgeschaltet und trägt somit nichts zur Genregulation bei (Abb. 7.22b, c). Wichtig ist in diesem Zusammenhang, dass durch die Acetylierung von Histonen die repressive Eigenschaft des Chromatins vermindert wird. Tatsächlich besitzen viele transkriptionelle Aktivatoren und Co-Aktivatoren eine Histonacetylase-Aktivität, wohingegen Repressoren der Transkription über Deacetylase-Aktivitäten verfügen. Außerdem spielen Wirkungen auf die Chromatin- und Nukleosomenstruktur offensichtlich eine große Rolle. Enhancer können anscheinend zumindest teilweise der Repression der Transkription durch Chromatin entgegenwirken. Die Erhöhung der Nukleosomenmobilität und die Veränderung der superhelikalen Verdrillung sind mögliche Aspekte dieser Wirkung; wir werden diese Aspekte ausführlich im ▶ Abschn. 8.1 besprechen.

Eine wichtige Frage ist, wie die aktivierenden Signale von einem Enhancer zu dem Promotor seines Zielgens übertragen werden. Obwohl wir oben gesehen haben, dass Enhancer über weite Strecken wirksam sein können, so gilt das nicht unbedingt unter allen Umständen. Wir hatten bei der Besprechung der Insulatoren im Zusammenhang mit der Dynamik von Strukturen im Zellkern (▶ Abschn. 5.1.5) schon darauf hingewiesen, dass die Expression von Genen häufig vom genomischen Kontext abhängig ist, innerhalb dessen ein Gen lokalisiert ist. Solche Bereiche werden auch als topologisch assoziierte Domänen (TADs) bezeichnet und häufig durch Insulatorproteine wie CTCF (engl. *CCCTC-binding factor*) begrenzt. Innerhalb einer solchen Domäne sind Kontakte des Chromatins naturgemäß häufiger als außerhalb. Und obwohl ein Enhancer im Grundsatz orientierungsunabhängig arbeitet, bekommt er eine Polarität, wenn sich in unmittelbarer Nähe eine CTCF-Bindestelle befindet. Umgekehrt führen Veränderungen der CTCF-Bindungsstelle zu Veränderungen in der Genregulation, wie wir das bei menschlichen Erkrankungen oder auch in Mausmodellen beobachten können. Die Ursache dafür ist, dass durch die Veränderung der Schlaufenstrukturen andere Enhancer-Promotor-Wechselwirkungen möglich werden.

Ein weiterer wichtiger Punkt ist die Frage nach der Stabilisierung der Enhancer-Promotor-Wechselwirkung, wenn sie schon zustande gekommen ist. Dafür dient ein Promotor-Bindeelement (engl. *promoter-proximal tethering element*, PTE). Ein schönes Beispiel für die Wichtigkeit dieses Promotor-Bindeelementes zeigt uns die Embryonalentwicklung von *Drosophila*: Die benachbarten Gene *Sex combs reduced* (*Scr*) und *fushi tarazu* (*ftz*) werden in unterschiedlichen Mustern exprimiert, und ihre Enhancer sind nicht co-linear (Abb. 7.23). Der Enhancer von *Scr* ist unterhalb des *ftz*-Gens lokalisiert, und der Enhancer für das *ftz*-Gen liegt zwischen den beiden Genen. Die Selektivität des *Scr*-Enhancers für den *Scr*-Promotor ist von dem Promotor-Bindeelement im *Scr*-Promotor abhängig. Solche Promotor-Bindeelemente kennen wir auch von anderen Genen.

In den letzten Jahren ist eine weitere Eigenschaft der Enhancer ins Blickfeld gerückt: Viele Enhancer dienen selbst als Matrizen für die Transkription – die entsprechenden Transkripte werden als **Enhancer-RNA** oder kurz eRNA bezeichnet. Schon lange hatte man dieses Phänomen vereinzelt beobachtet und es als Hintergrundaktivität der RNA-Polymerase betrachtet. Durch die Fortschritte der genomweiten Sequenziertechnologien wurde es aber jetzt als weitverbreitetes Merkmal von Enhancern erkannt. Erstaunlicherweise benötigen sie zur Aktivierung ihrer eigenen Transkription den Promotor ihres Zielgens, sodass sich jetzt eine wechselseitige Abhängigkeit der Transkription der Enhancer-Gene und ihrer Zielgene ergibt: Erst durch die räumliche Nähe der Enhancer und der Promotoren der Zielgene wird eine effiziente Transkription von beiden Genen ermöglicht. Die bisherigen Untersuchungen legen nahe, dass die eRNAs eine stabilisierende Wirkung für die Enhancer-Promotor-Wechselwirkungen haben, da sie mit einer Reihe von Proteinen, z. B. Cohesin, in Wechselwirkung treten können. Aufgrund ihrer Länge

eRNA: Ausbildung von Chromatinschleifen

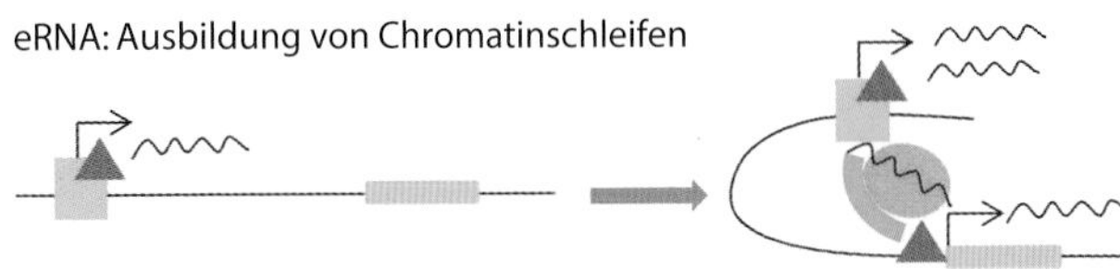

Abb. 7.24 Mechanismen der Enhancer-RNA (eRNA). Enhancer (*grüne Quadrate*) synthetisieren mithilfe der RNA-Polymerase II (*violette Dreiecke*) nicht-codierende eRNA. Um Zielgene zu aktivieren, treten eRNAs mit einem Mediatorprotein (*rosa*) und Cohesinen (*blau*) in Wechselwirkung und bilden so eine weitreichende Verbindung zwischen dem Enhancer und dem Promotor des Zielgens (*gelb*). Der Verlust des Mediatorproteins oder der eRNA führen zu einer verminderten Genexpression. (Nach Plank und Dean 2014, mit freundlicher Genehmigung)

gehören sie überwiegend zu den langen, nicht-codierenden RNAs (lncRNA; ▶ Abschn. 8.2.5). Einen Eindruck der Wirkung von eRNAs vermittelt ◻ Abb. 7.24; eine aktuelle Zusammenfassung der Funktion von eRNAs findet sich bei Rothschild und Basu (2017).

Enhancer verstärken die Genexpression. Es sind Sequenzelemente, die außerhalb des Promotors liegen und unabhängig von der Orientierung ihrer Sequenz ihre aktivierende Wirkung entfalten können. Die Wechselwirkung mit dem Promotorbereich wird durch spezifische Proteine vermittelt.

7.3.4 Locus-Kontrollregionen

Locus-Kontrollregionen (engl. *locus control region*, LCR) sind definiert durch ihre Fähigkeit, die Expression gekoppelter Gene auf physiologische Werte zu erhöhen, wobei diese Wirkung gewebespezifisch erfolgt und von der Zahl der Kopien abhängt. LCRs fallen oft mit Stellen im Genom zusammen, die in den aktiven Zellen sehr sensitiv gegenüber der Aktivität von DNase I sind. LCRs wurden erstmals in β-Globin-Genen beschrieben. Die Hinweise dazu kamen einerseits von Experimenten mit transgenen Tieren, zum anderen aus der molekularen Charakterisierung von Patienten, die an Thalassämien erkrankt waren. So waren in einigen Patienten zwar die β-Globin-Gene intakt, wurden aber nicht exprimiert. Der gemeinsame Defekt bei Menschen und Mäusen war eine große Deletion oberhalb des β-Globin-Genclusters, die dazu führt, dass der gesamte Bereich des Chromatins in einem „geschlossenen" Zustand war und somit die Genexpression in dieser Region unterdrückt.

Die bedeutendste Eigenschaft der LCRs ist ihre starke Erhöhung der Transkriptionsaktivität. Die β-Globin-LCR ist 6–22 kb oberhalb des ersten, embryonal exprimierten Globin-Gens (des ε-Globin-Gens) lokalisiert und besteht aus fünf DNase-I-übersensitiven Bereichen. Vier dieser DNase-I-übersensitiven Bereiche sind nur in erythroiden Zellen empfindlich und dort offensichtlich für die zelltypspezifische Expression der β-Globin-Gene verantwortlich. Drei dieser vier LCRs enthalten eine hochkonservierte Sequenz, die für die Bindung des Transkriptionsfaktors Maf verantwortlich ist. An dieses Maf-Erkennungselement (engl. *Maf recognition element*, MARE) binden neben Maf allerdings auch andere, verwandte bZIP-Transkriptionsfaktoren als Homo- oder Heterodimere. Besonders wichtig erscheint dabei der Transkriptionsfaktor NF-E2, dessen Bindung mit einer über 100-fachen Erhöhung der β-Globin-Gen-Transkription korreliert. Auch die RNA-Polymerase II kann offensichtlich an diese LCRs binden, wobei die wechselseitige Bindung an LCR und Promotor noch von weiteren Proteinen unterstützt wird.

Eine zweite wichtige Eigenschaft der LCRs ist ihre Abhängigkeit von der Kopienzahl. Wenn nur einer der fünf DNase-I-hypersensitiven Bereiche deletiert ist, wird die Expression der β-Globin-Gene positionsabhängig, d. h. abhängig davon, ob sie in einem „offenen" Chromatinbereich vorkommt oder nicht. Damit ist ein wesentlicher Unterschied zu den Enhancern dokumentiert, deren Wirkung von der Position unabhängig ist.

Allerdings gibt es eine wesentliche Gemeinsamkeit der Wirkung der Enhancer und der LCRs, nämlich die Wirkung über große Strecken innerhalb des Genoms. Entsprechend werden auch ähnliche Mechanismen diskutiert: Schlaufenbildung, Entlangfahren und Verknüpfung (◻ Abb. 7.25). Ein zentraler Aspekt ist allerdings, dass die LCR nur mit **einem** Promotor eines β-Globin-Gens zu einer bestimmten Zeit in Wechselwirkung tritt; ein „Flip-Flop" zwischen zwei oder mehr Promotoren ist allerdings in Abhängigkeit vom Entwicklungs- und Differenzierungszustand des Gesamtorganismus möglich. Dabei ist es unerheblich, wie diese Wechselwirkung zustande kommt, also ob der Holokomplex aus LCR und gebundenen Faktoren direkt eine Schlaufe mit dem Promotorkomplex ausbildet oder ob er die DNA entlangfährt, bis er die entsprechenden Promotoren erkennt. Dabei werden mit zunehmendem Entwicklungszustand die Bindungen an die eher distal liegenden Promotoren immer stabiler.

Aus der Möglichkeit, embryonale Gene der β-Globin-Gruppe auch bei Jugendlichen und Erwachsenen wieder zur Expression zu bringen, folgen interessante Therapieansätze für β-Thalassämien, bei denen das β-Globin-Gen nicht exprimiert wird. Seit den 1980er Jahren ist die Gabe von Hydroxyharnstoff ein erfolgreicher Ansatz bei Sichelzellanämie und leichten bis mittleren β-Thalassämien, um den Anteil des fötalen Hämoglobins (HbF) zu steigern (wenn er auf über 20 % des gesamten Hämoglobins ansteigt, können klinische Krisensituationen vermieden werden). Andererseits zeigen viele Patienten mit Deletionen im Bereich der β- und γ-Globin-Gene eine erhöhte Expression von HbF. Genauere Untersuchungen zeigten, dass in diesen Deletionsbereichen Bindestellen für Repressoren der β-Globin-Gene liegen. Aktuelle Überlegungen versuchen jetzt, mithilfe des

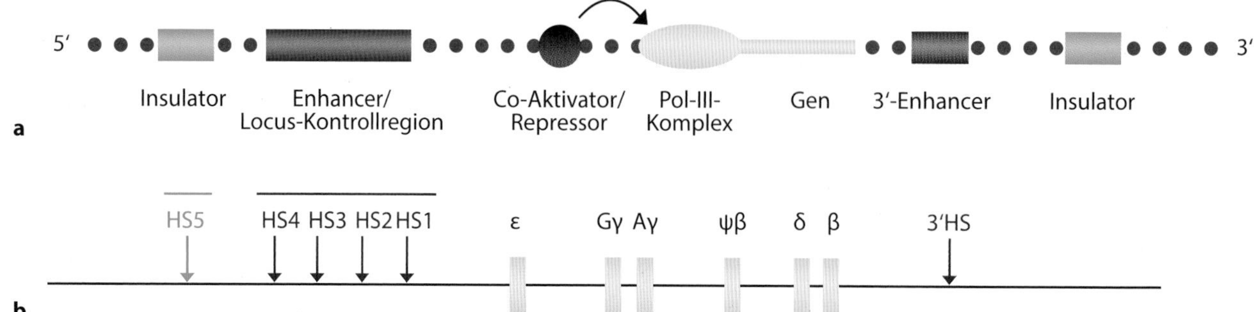

Abb. 7.25 Das β-Globin-Gencluster und seine regulatorischen Regionen sind ein klassisches Beispiel zur Analyse der Genregulation. **a** Ein typisches Gencluster ist mit vielen möglichen regulatorischen Regionen dargestellt. **b** Der β-Globin-Locus enthält hintereinander die verschiedenen β-Globin-ähnlichen Gene (*gelb*); die entsprechenden regulatorischen Sequenzen sind angegeben: Die DNase-I-hypersensitiven Stellen (HS1–5) wirken als Insulator (HS5, *grün*) bzw. als „Locus-Kontrollregion" (HS1–4, *blau*). In der 3′-Region unterhalb des Genclusters befindet sich ein weiterer Enhancer (*rot*), der ebenfalls durch seine Überempfindlichkeit gegen DNase I charakterisiert ist. (Nach Mahajan et al. 2007, mit freundlicher Genehmigung)

Editierens des Genoms durch das CRISPR-Cas9-System (Technikbox 33) die entsprechenden Bindestellen für die Repressoren in den Stammzellen des Knochenmarks zu entfernen (▶ Abschn. 12.7.3, 13.5.3). Einen aktuellen Überblick über diese modernen Therapieansätze geben Wienert et al. (2018).

LCRs sind aber nicht nur auf die β-Globin-Gengruppe beschränkt; im Menschen sind über 20 Genfamilien beschrieben, die über LCRs kontrolliert werden. Dazu kommen noch weitere Gene bzw. Genfamilien bei der Maus, der Ratte oder anderen Organismen, sodass insgesamt bei höheren Eukaryoten mit einer großen Zahl von LCRs zu rechnen ist.

Locus-Kontrollregionen erhöhen die Expression ganzer Gencluster in zelltypspezifischer Weise. Neben Bindestellen für Transkriptionsfaktoren haben sie offensichtlich auch Einfluss auf die Chromatinstruktur in dem entsprechenden Bereich.

In jüngster Zeit werden die LCRs (auch die LCR der β-Globin-Gene) zu einer besonderen Gruppe von Enhancern gerechnet, den „Super-Enhancern". Dazu gehört eine Gruppe von einigen 100 besonders aktiven Enhancern, die als Schalter in der Entscheidung über Zellschicksale wirken und die zelltypspezifische Genexpression regulieren. Sie umfassen in der Regel auch größere Regionen als herkömmliche Enhancer (~ 3 kb). Eine interessante Darstellung dieser neuen Gruppe regulatorischer Elemente präsentieren Pott und Lieb (2015).

7.4 Kernaussagen, Links, Übungsfragen, Technikboxen

Kernaussagen

- Eukaryotische Gene sind komplexer organisiert als solche von Bakterien.
- Fibroin ist der Hauptbestandteil der Seide und wird durch ein einziges Gen codiert. Die hohe Syntheseleistung wird durch ein besonders hohes Maß von Polyploidisierung der Fibroin-synthetisierenden Zellen des Seidenspinners ermöglicht.
- Das Proopiomelanocortin-Gen (*POMC*) ist ein kleines polycistronisches Gen, das posttranslational in verschiedene Peptidhormone gespalten wird. Polycistronische Gene sind bei Eukaryoten sehr selten.
- Titin ist mit 4,2 Mio. kDa das größte bekannte Protein und spielt eine zentrale Rolle im Aufbau und der Elastizität der Zellen der quergestreiften Muskulatur und im Herzen. Das Gen enthält 363 Exons.
- Durch Verdoppelung von Genabschnitten sind in der Evolution viele Genfamilien entstanden. Mithilfe von vergleichenden DNA-Sequenzanalysen lassen sich entsprechende Verwandtschaftsbeziehungen nachweisen.
- Hämoglobin wird durch verschiedene Globinketten aufgebaut. Die Zusammensetzung des Hämoglobins verändert sich während der Embryonalentwicklung. Die beiden Globin-Genfamilien liegen auf zwei verschiedenen Chromosomen.
- Die Histon-Gene bilden ebenfalls Multigenfamilien. Die meisten Histon-Gene besitzen keine Introns und bilden kein Poly(A)-Ende. Durch vielfältige posttranslationale Modifikationen sind sie an der Kondensation bzw. Dekondensation des Chromatins beteiligt.

- Die Tubulin-Gene sind innerhalb des Genoms weit verteilt und bilden keine Gruppen.
- Die Kristallin-Gene sind für die Transparenz der Augenlinse verantwortlich; es gibt zwei Cluster von Genen sowie verschiedene Einzelgene, die zur β/γ-Kristallin-Genfamilie gehören.
- Die Transkription Protein-codierender Gene erfolgt durch die RNA-Polymerase II und wird durch eine Vielzahl von Elementen im Promotorbereich reguliert. Im Kern-Promotor (−35/+35) gibt es oft eine TATA-Box, einen Initiator, BRE- und DPE-Elemente. Der proximale Promotor (−50 bis −200) kann eine CAAT-Box und GC-Boxen enthalten.
- Die Transkription eukaryotischer Gene wird durch komplexe Wechselwirkungen des Promotorbereichs mit Transkriptionsfaktoren reguliert. Enhancer verstärken die Genexpression und liegen außerhalb des Promotorbereichs; sie wirken unabhängig von ihrer Orientierung.
- Locus-Kontrollregionen sind an der Regulation der Expression von Genclustern beteiligt, indem sie unter anderem an der Kondensation bzw. Dekondensation des Chromatins mitwirken.

Links zu Videos

Fibroin:
(► sn.pub/Eave2c)
Spidroin:
(► sn.pub/fwX6x3)
Globin-Genfamilie:
(► sn.pub/heh4tO)
Thalassämie-Gentherapie:
(► sn.pub/2Fli5W)
Regulation der Transkription:
(► sn.pub/85bemL)
Enhancer:
(► sn.pub/MeFiKB)

Übungsfragen

1. Erläutern Sie die besonders hohe Stabilität des Fibroinmoleküls anhand der molekularen Struktur des Fibroin-Gens.
2. Erläutern Sie die Besonderheiten des Titin-Gens.
3. Zeigen Sie am Beispiel der Globin-Gene den Vorteil der vergleichenden DNA-Sequenzanalyse für evolutionäre Zusammenhänge.
4. Nennen Sie die wichtigsten Bestandteile eines eukaryotischen Promotors.
5. Beschreiben Sie den Mechanismus des „Glucose-Fühlers“ (*glucose sensing*) für die Regulation der Insulin-Genexpression.

7

Technikbox 18

Analyse von DNA-Protein-Wechselwirkungen (I): Gel-Retentions-Assay

Anwendung: Methoden zur Analyse der Genexpression, insbesondere zur Charakterisierung von DNA-Protein-Wechselwirkungen im Promotorbereich.

Voraussetzungen: Markierte DNA-Fragmente oder Oligonukleotide, die die Bindungsstelle repräsentieren; Proteine (Proteinextrakt aus isolierten Zellkernen, rekombinante Proteine oder gereinigte Proteine); Elektrophorese unter nicht-denaturierenden Bedingungen.

Methoden: Man macht sich dabei die Tatsache zunutze, dass Makromoleküle unterschiedlicher Größe und Ladung in der Gelelektrophorese ein unterschiedliches Ladungsverhalten aufweisen. Nach der Gelelektrophorese eines definierten, kleinen DNA-Fragments findet man dieses als eine Bande im Gel. Bindet an dieses DNA-Fragment vorher aber ein Protein, dann wandert der DNA-Protein-Komplex aufgrund seiner Größe (und veränderten Ladung) in der Regel langsamer als die freie DNA, d. h. die Bande wird nach oben verschoben (engl. *band shift*; andere Bezeichnungen: *gel retardation assay*, GRA; *electrophoretic mobility shift assay*, EMSA; ◼ Abb. 7.26a). Damit dieser DNA-Protein-Komplex während der Elektrophorese nicht zerfällt, dürfen keine denaturierenden Bedingungen angewendet werden. Zum Nachweis der Banden wird die DNA vor der Inkubation mit dem Protein in der Regel radioaktiv markiert (Technikbox 5). Eine wichtige Kontrolle zur Unterscheidung einer sequenzspezifischen DNA-Protein-Wechselwirkung von einer allgemeinen DNA-Protein-Wechselwirkung ist die Zugabe eines sehr großen Überschusses an nicht-markierter, unspezifischer DNA (z. B. bakterielle DNA oder ein synthetisches Heteropolymer, Poly-dI-dC). Dadurch wird bei einer spezifischen Bindung die DNA aus dem Komplex mit dem Protein nicht verdrängt. Mit dieser Methode können Bindestellen auf der DNA auf ca. 30 bp eingegrenzt werden.

Um die Identität des DNA-bindenden Proteins nachzuweisen, kann der DNA-Protein-Komplex mit spezifischen Antikörpern inkubiert werden. Je nach der relativen Größe und Ladung des neuen Komplexes ist es möglich, dass sich die Lage der Bande im Gel noch einmal verschiebt („Supershift“).

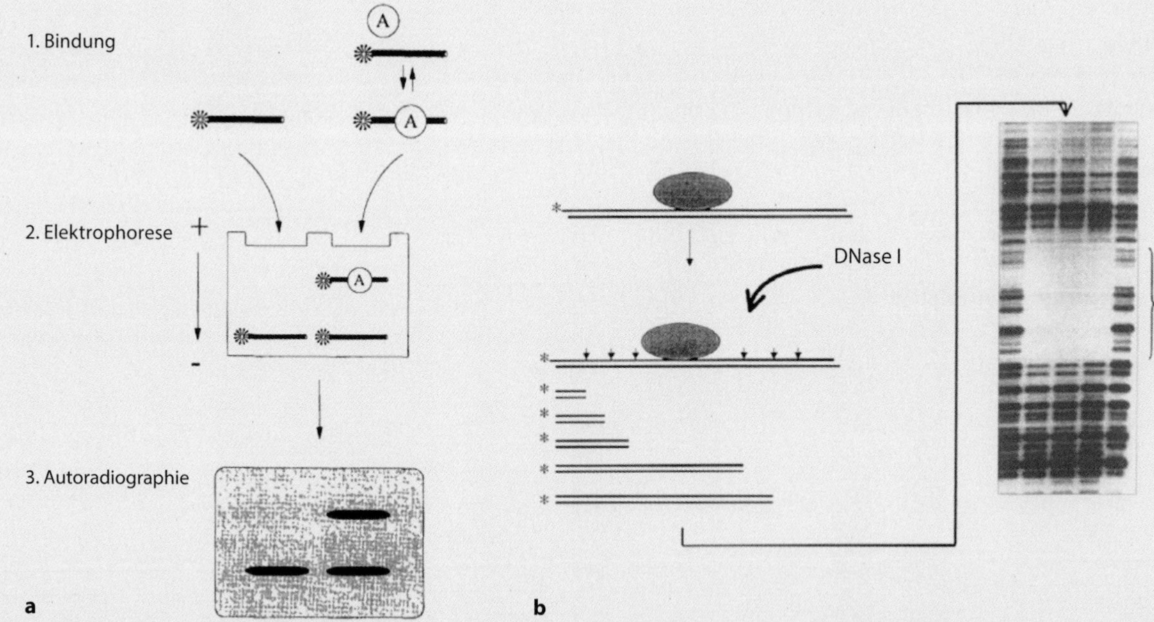

◼ **Abb. 7.26** Methoden zur Untersuchung von Protein-DNA-Wechselwirkungen. **a** Grundprinzip eines Gel-Retentions-Assays: Die Bindung eines Proteins A an ein radioaktives DNA-Fragment (*1*) bewirkt, dass dieses während der Elektrophorese (*2*) langsamer durch das Gel wandert als die freie DNA. Die zwei Banden, die die radioaktive DNA enthalten, werden durch Autoradiographie (*3*) sichtbar gemacht. Man beachte, dass das markierte DNA-Fragment in einem großen Überschuss eingesetzt wird, sodass die untere Bande der freien DNA immer sichtbar ist. **b** DNase-I-Footprint-Assay (dt.: DNase-Fußabdruck-Untersuchung; diese Übersetzung hat sich allerdings nicht durchgesetzt, sodass weiterhin der Anglizismus verwendet wird). *Links*: Ein DNA-Fragment, das an einem Ende markiert ist (*Stern*), wird mit einem Kernprotein zusammen inkubiert. Wenn das Gleichgewicht erreicht ist, wird der Nukleoproteinkomplex für eine kurze Zeit mit DNase I behandelt. Bei Anwesenheit eines DNA-bindenden Proteins wird die markierte DNA an dieser Stelle vor einem Abbau geschützt. Nach Abbau des Proteins und einer Sequenzierungsreaktion zeigt sich die Bindungsregion durch die Abwesenheit der Spaltung der DNA in einem klassischen Sequenzgel als ein „Fußabdruck“ (*rechts*). Die Methode ist auch mit modernen Kapillar-Sequenzierautomaten durchführbar. (**a** nach Nigel und Busby 1998; **b** nach Brasier et al. 2001; beide mit freundlicher Genehmigung)

Technikbox 18 *(Fortsetzung)*

Eine andere Methode zur genaueren Sequenzbestimmung der Proteinbindestelle an der DNA gründet auf der Tatsache, dass die entsprechenden Stellen der DNA für eine Behandlung mit DNase I nicht zugänglich sind (Schutz vor DNase-I-Abbau; engl. *DNA protection assay*). Wenn die DNA vor der Inkubation an einem Ende radioaktiv markiert und nach der Inkubation mit dem Bindeprotein und der anschließenden DNase-I-Behandlung auf übliche Weise extrahiert wurde (Technikbox 1), kann sie auf einem Sequenzgel aufgetrennt werden (Technikbox 6). Im Vergleich mit DNA, die nicht mit dem Bindeprotein inkubiert wurde, erscheinen in der Sequenz mit Bindeprotein freie Stellen („Fußabdrücke", engl. *footprints*), die die Sequenz der Bindestellen genau angibt (◘ Abb. 7.26b).

Beachte: Beide Methoden arbeiten ausschließlich *in vitro* und müssen daher funktionell (in Zellkulturen oder transgenen Organismen) überprüft werden.

7

Technikbox 19

Analyse von DNA-Protein-Wechselwirkungen (II): ChIP-Chip und ChIP-Seq

Anwendung: Methoden zur Analyse von *in-vivo*-DNA-Protein-Wechselwirkungen.

Voraussetzungen: Spezifische Antikörper gegen das DNA-bindende Protein, Nachweis über Mikroarrays (Technikbox 35) oder Sequenzierung der nächsten Generation (NGS; Technikbox 7).

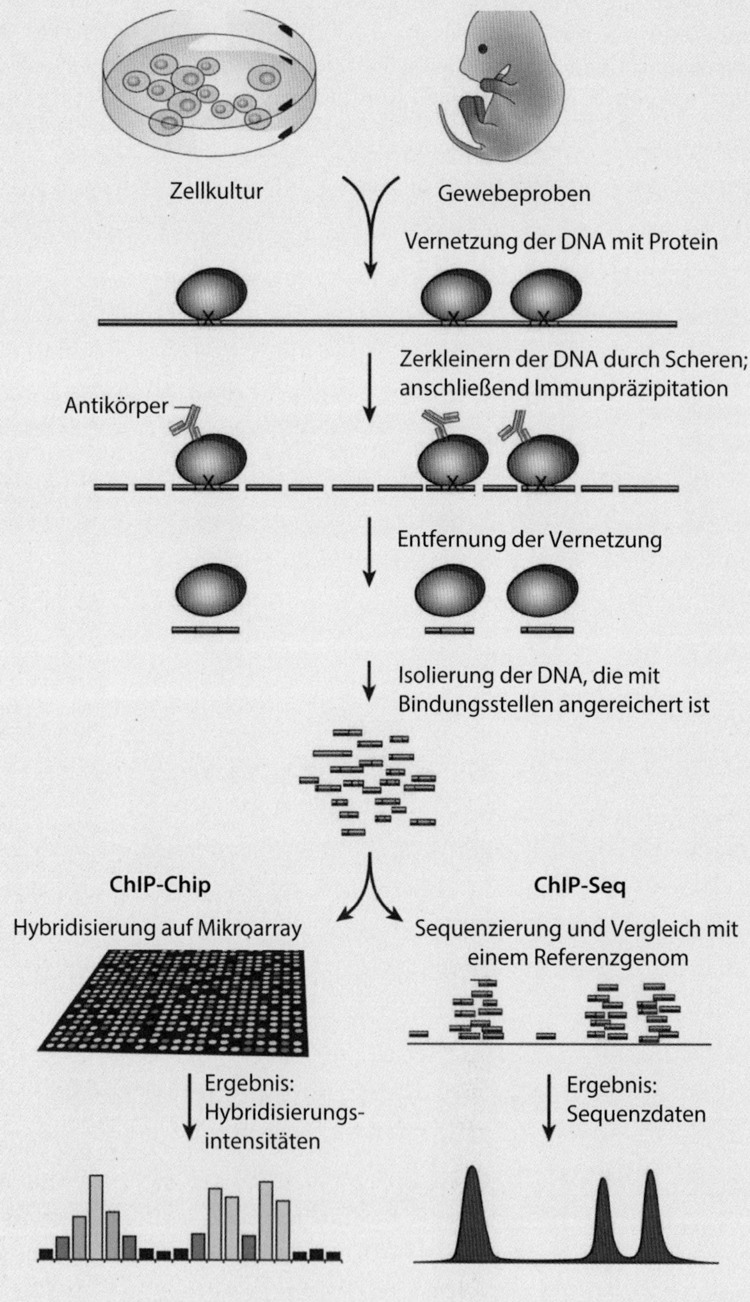

Abb. 7.27 Ablaufschema von ChIP-Chip- und ChIP-Seq-Experimenten. (Nach Visel et al. 2009, mit freundlicher Genehmigung)

Technikbox 19 (*Fortsetzung*)

Methode: Um die DNA-Sequenz zu ermitteln, an die ein bestimmtes Protein *in vivo* bindet, hat sich die Methode der Chromatin-Immunpräzipitation (ChIP) etabliert. Dazu wird ein Kernextrakt (aus Zellkulturen oder Gewebe) verwendet; die an der genomischen DNA des Zellkerns gebundenen Proteine werden durch Formaldehyd kovalent mit der DNA vernetzt. Durch Scherkräfte wird die DNA zerkleinert und das gewünschte Protein mit der daran gebundenen DNA durch einen spezifischen Antikörper aus dem Extrakt isoliert. Nach der Spaltung der Protein-DNA-Vernetzung gibt es prinzipiell zwei Möglichkeiten:

- Die DNA-Fragmente werden markiert und mit einer großen Anzahl („Array") bekannter DNA-Sequenzen hybridisiert („ChIP-Chip"); die spezifisch gebundenen DNA-Fragmente können über ihr Markierungssignal erkannt und entsprechend zugeordnet werden; die Intensität der Hybridisierungssignale kann als ein Maß für die Bindungshäufigkeit durch das immunpräzipitierte Protein verstanden werden.
- Wenn die kleinen DNA-Fragmente durch Sequenziermethoden der nächsten Generation (*next generation sequencing*, NGS) charakterisiert werden („ChIP-Seq"), kann man durch den Vergleich mit Sequenzdaten eines Referenzgenoms sehr schnell die genauen Bindestellen identifizieren. Es bedarf dazu nicht der Vorauswahl eines bestimmten DNA-Fragments (wie beim Footprint-Assay; Technikbox 18) – die ChIP-Seq-Methode erlaubt eine hypothesenfreie, genomweite Suche nach Bindestellen.

Einen Überblick vermittelt das Ablaufschema zu beiden Methoden (◘ Abb. 7.27); sie werden heute für viele wissenschaftliche Anwendungen von kommerziellen Anbietern mit kundenspezifischem Service durchgeführt.

7

Literatur

Abate-Shen C (2002) Deregulated homeobox gene expression in cancer: cause or consequence? Nat Rev Cancer 2:777–785

Anbari KK, Garino JP, Mackenzie CF (2004) Hemoglobin substitutes. Eur Spine J 13(Suppl 1):S76–S82

Andrali SS, Sampley ML, Vanderford NL et al (2008) Glucose regulation of insulin gene expression in pancreatic β-cells. Biochem J 415:1–10

Banerji J, Rusconi S, Schaffner W (1981) Expression of a beta-globin gene is enhanced by remote SV40 DNA sequences. Cell 27:299–308

Brasier AR, Sherman CT, Jamaluddin M (2001) Analysis of transcriptional control mechanisms II: techniques for characterization of trans-acting factors. Methods Mol Med 51:127–150

Breathnach R, Chambon P (1981) Organization and expression of eucaryotic split genes coding for proteins. Annu Rev Biochem 50:349–383

Bringas M, Petruk AA, Estrin DA et al (2017) Tertiary and quaternary structural basis of oxygen affinity in human hemoglobin as revealed by multiscale simulations. Sci Rep 7:10926

Brittain T (2002) Molecular aspects of embryonic hemoglobin function. Mol Aspects Med 23:293–342

Buschbeck M, Hake SB (2017) Variants of core histones and their roles in cell fate decisions, development and cancer. Nat Rev Mol Cell Biol 18:299–314

Cai M, Huang Y, Zheng R et al (1998) Solution structure of the cellular factor BAF responsible for protective retroviral DNA from autointegration. Nat Struct Biol 5:903–909

Chen G, Liu X, Zhang Y et al (2012) Full-length minor ampullate spidroin gene sequence. Plos One 7:e52293

Christen P, Jaussi R (2005) Biochemie. Springer, Berlin

Clark AJL (2016) 60 years of POMC: the proopiomelanocortin gene: discovery, deletion and disease. J Mol Endocrinol 56:T27–T37

Craig CL, Riekel C (2002) Comparative architecture of silks, fibrous proteins and their encoding genes in insects and spiders. Comp Biochem Physiol (pt B) 133:493–507

Diggle CP, Martinez-Garay I, Molnar Z et al (2017) A tubulin alpha 8 mouse knockout model indicates a likely role in spermatogenesis but not in brain development. PLoS ONE 12:e174264

Doblhofer E, Heidebrecht A, Scheibel T (2015) To spin or not to spin: spider silk fibers and more. Appl Microbiol Biotechnol 99:9361–9380

Efstratiadis A, Posakony JW, Maniatis T et al (1980) The structure and evolution of the human β-globin family. Cell 21:653–668

Findeisen P, Mühlhausen S, Dempewolf S et al (2014) Six subgroups and extensive recent duplications characterize the evolution of the eukaryotic tubulin protein family. Genome Biol Evol 6:2274–2288

Fukuda N, Granzier HL, Ishiwata S et al (2008) Physiological functions of the giant elastic protein titin in mammalian striated muscle. J Physiol Sci 58:151–159

Fulton C, Simpson PA (1976) Selective synthesis and utilisation of flagellar tubulin. The multi-tubulin hypothesis. In: Goldman R, Pollard T, Rosenbaum J (Hrsg) Cell motility, Bd. 3. Cold Spring Harbor Laboratory Press, Cold Spring Harbor, New York, S 987–1005

Giordano D, Russo R, di Prisco G et al (2012) Molecular adaptations in Antarctic fish and marine microorganisms. Mar Genomics 6:1–6

Guo W, Bharmal SJ, Esbona K et al (2010) Titin diversity – alternative splicing gone wild. J Biomed Biotechnol 2010:753675.

Hardison R (1998) Hemoglobins from bacteria to man: evolution of different patterns of gene expression. J Exp Biol 201:1099–1117

Hashimoto T (2013) Dissecting the cellular functions of plant microtubules using mutant tubulins. Cytoskeleton 70:191–200

Hay CW, Docherty K (2006) Comparative analysis of insulin gene promoters: implications for diabetes research. Diabetes 55:3201–3213

Hergeth SP, Schneider R (2015) The H1 linker histones: multifunctional proteins beyond the nucleosomal core particle. EMBO Rep 16:1439–1453

Juven-Gershon T, Hsu JY, Theisen JWM et al (2008) The RNA polymerase II core promoter – the gateway to transcription. Curr Opin Cell Biol 20:253–259

Kærn M, Elston TC, Blake WJ et al (2005) Stochasticity in gene expression: from theories to phenotypes. Nat Rev Genet 6:451–464

Khodiyar VK, Maltais LJ, Ruef BJ et al (2007) A revised nomenclature for the human and rodent α-tubulin gene family. Genomics 90:285–289

Knight RD, Shimeld SM (2001) Identification of conserved C2H2 zinc-finger gene families in the Bilateria. Genome Biol. https://doi.org/10.1186/gb-2001-2-5-research0016

LeWinter MM, Granzier HL (2013) Titin is a major human disease gene. Circulation 127:938–944

Mahajan MC, Karmakar S, Weissman SM (2007) Control of beta globin genes. J Cell Biochem 102:801–810

Mayr B, Montminy M (2001) Transcriptional regulation by the phosphorylation-dependent factor CREB. Nature Rev Mol Cell Biol 2:599–609

McKean PG, Vaughan S, Gull K (2001) The extended tubulin superfamily. J Cell Sci 114:2723–2733

Mishra A, Krishnan B, Raman R et al (2016) Ca^{2+} and βγ-crystallins: an affair that did not last? Biochim Biophys Acta 1860:299–303

Mörner CT (1894) Untersuchungen der Proteinsubstanzen in den lichtbrechenden Medien des Auges. Z Physiol Chem 18:61–106

Navarro S, Soletto L, Puchol S et al (2016) 60 years of POMC: POMC: an evolutionary perspective. J Mol Endocrinol 56:T113–T118

Near TJ, Parker SK, Detrich HW III (2006) A genomic fossil reveals key steps in hemoglobin loss by the Antarctic icefishes. Mol Biol Evol 23:2008–2016

Nigel JS, Busby SJW (1998) Mobility shift assays. In: Rapley R, Walker JM (Hrsg) Molecular biomethods handbook. Humana Press, Totowa, S 121–129

Otto SP, Yong P (2002) The evolution of gene duplicates. Adv Genet 46:451–483

Ounissi-Benkalha H, Polychronakos C (2008) The molecular genetics of type 1 diabetes: new genes and emerging mechanisms. Trends Mol Med 14:268–275

Pesce A, Bolognesi M, Bocedi A et al (2002) Neuroglobin and cytoglobin – fresh blood for the vertebrate globin family. EMBO Rep 3:1146–1151

Plank JL, Dean A (2014) Enhancer function: mechanistic and genome-wide insights come together. Mol Cell 55:5–14

Pott S, Lieb JD (2015) What are super-enhancers? Nat Genet 47:8–12

Rising A, Johansson J (2015) Toward spinning artificial spider silk. Nat Chem Biol 11:309–315

Rothschild G, Basu U (2017) Lingering questions about enhancer RNA and enhancer transcription-coupled genomic instability. Trends Genet 33:143–154

Shlyueva D, Stampfel G, Stark A (2014) Transcriptional enhancers: from properties to genome-wide predictions. Nat Rev Genet 15:272–286

Slingsby C, Wistow GJ, Clark AR (2013) Evolution of crystallins for a role in the vertebrate eye lens. Protein Sci 22:367–380

Smith BN, Ticozzi N, Fallini C et al (2014) Exome-wide rare variant analysis identifies TUBA4A mutations associated with familial ALS. Neuron 84:324–331

Suzuki Y, Gage LP, Brown DD (1972) The genes for silk fibroin in *Bombyx mori*. J Mol Biol 70:637–649

Taylor M, Graw S, Sinagra G et al (2011) Genetic variation in titin in arrhythmogenic right ventricular cardiomyopathy-overlap syndromes. Circulation 124:876–885

Visel A, Rubin EM, Pennacchio LA (2009) Genomic views of distant-acting enhancers. Nature 461:199–205

Weikum ER, Knuesel MT, Ortlund EA et al (2017) Glucocorticoid receptor control of transcription: precision and plasticity via allostery. Nat Rev Mol Cell Biol 18:159–174

Wienert B, Martyn GE, Funnell APW et al (2018) Wake-up sleepy gene: reactivating fetal globin for β-hemoglobinopathies. Trends Genet 34:927–940

Wistow G (2012) The human crystallin gene families. Hum Genomics 6:26

Yeo GSH, Heisler LK (2012) Unraveling the brain regulation of appetite: lessons from genetics. Nat Neurosci 15:1343–1349

Zabidi MA, Stark A (2016) Regulatory enhancer-core-promoter communication via transcription factors and cofactors. Trends Genet 32:801–814

Zink LM, Hake SB (2016) Histone variants: nuclear function and disease. Curr Opin Genet Dev 37:82–89

Epigenetik

Das Angelman-Syndrom ist eine Erbkrankheit, die auf eine Deletion in einem Teil des mütterlichen Chromosoms 15 zurückgeht. Die betroffene Region wird in der väterlichen Keimbahn durch genetische Prägung inaktiviert, sodass der gleichzeitige Verlust des mütterlichen Chromosomenabschnitts zum Ausfall der Genfunktion im Embryo führt. (Foto: J. v. d. Burgt, Nijmegen)

Inhaltsverzeichnis

J. Graw, *Genetik*, https://doi.org/10.1007/978-3-662-60909-5_8

Überblick

Epigenetik bezeichnete zunächst genetische Phänomene, die mit den gängigen formalen Erklärungsmustern der Mendel'schen Genetik (▶ Kap. 11) nicht erklärbar waren. Heute verstehen wir darunter stabile Veränderungen in der Regulation der Genexpression, die während der Entwicklung, Zelldifferenzierung und Zellproliferation entstehen und über Zellteilungen hinweg festgeschrieben und aufrechterhalten werden, ohne dass dabei die DNA-Sequenz verändert wird. Entsprechend können wir heute den Unterschied zwischen Hetero- und Euchromatin molekular durch Methylierung der DNA und vor allem auch Methylierung und Acetylierung der Histone beschreiben.

In diesem Zusammenhang werden Mechanismen der Genregulation deutlich, die sich mit dem Stichwort „nicht-codierende, regulatorische RNA" zusammenfassen lassen. Neben den schon früher besprochenen rRNA- und tRNA-Genen eröffnet sich uns eine ganz neue „RNA-Welt" kleiner und großer, nicht-codierender RNA-Moleküle.

Eine lange, nicht-codierende RNA steht auch im Zentrum der Dosiskompensation bei Geschlechtschromosomen in Säugern: Quantitativ unbalancierte Genkonstitutionen (XX im weiblichen und XY im männlichen Geschlecht) werden in der Regel vom Organismus nicht toleriert. In Säugetieren wird deshalb eines der beiden X-Chromosomen des weiblichen Geschlechts inaktiviert, sodass ein Zustand zustande kommt, der der hemizygoten X-Chromosomenkonstitution des männlichen Geschlechts funktionell gleichwertig ist. Dabei bleibt eine einmal erfolgte Inaktivierung innerhalb eines Organismus im Allgemeinen erhalten. Das Chromosom muss mithin eine Information enthalten, die dafür sorgt, dass es in allen folgenden Zellgenerationen inaktiv bleibt.

Darüber hinaus sind aber offensichtlich weitere Bereiche des mütterlichen und väterlichen Genoms unterschiedlich. Bevor man dieses Phänomen molekular bearbeiten konnte, wurde dafür der Begriff „genetische Prägung" (engl. *imprinting*) eingeführt. Wir wissen heute, dass Imprinting im Wesentlichen auf der Methylierung von Prägungszentren und der inaktivierenden Wirkung von nicht-codierender RNA beruht. Diese Prägung wird in den frühen Phasen der Embryonalentwicklung gelöscht und später geschlechtsspezifisch erneuert. Dabei spielen auch Einflüsse der Ernährung eine große Rolle.

Der Begriff „Epigenetik" (griech. ἐπί [epi], auf: „oberhalb der Genetik") wurde 1940 von Conrad **Waddington** geprägt, der darunter den Zweig der Biologie verstand, der die kausalen Wechselwirkungen zwischen Genen und ihren Produkten untersucht, die damit den jeweiligen Phänotyp zum Vorschein bringen. Im Laufe der Jahre wurde „Epigenetik" dann zu einer Art Sammelbegriff, unter dem alles zusammengefasst wurde, was nicht so recht verständlich war. Dazu gehörten Positionseffekte bei *Drosophila* (▶ Abschn. 8.1.1), die genetische Prägung (▶ Abschn. 8.4) und „Paramutationen" in Mais (▶ Abschn. 8.4.4). Heute beginnen wir, die gemeinsamen Mechanismen hinter diesen ganzen zunächst etwas mystisch erscheinenden Phänomenen besser zu verstehen. Im weitesten Sinne wird „Epigenetik" heute üblicherweise verwendet, um stabile Veränderungen in der Regulation der Genexpression zu beschreiben, die während der Entwicklung, Zelldifferenzierung und Zellproliferation entstehen und über Zellteilungen hinweg festgeschrieben und aufrechterhalten werden (Jaenisch und Bird 2003). Da dabei die DNA-Sequenz nicht verändert wird, sind epigenetische Einflüsse im Grundsatz reversibel – auch wenn sie oft über lange Zeiträume aufrechterhalten werden. Dies wird besonders offensichtlich, wenn wir die zelluläre Differenzierung von Geweben in einem Organismus betrachten: Alle Zellen eines Organismus haben dieselbe genomische DNA-Sequenz, aber es werden ganz unterschiedliche Zellen gebildet – im Herz, im Gehirn, in der Leber, der Niere oder der Lunge. Deshalb kann auch diese zelluläre Differenzierung als ein epigenetisches Phänomen betrachtet werden, das eher von Veränderungen geleitet wird, welche Waddington als „epigenetische Landschaft" bezeichnet hat (◘ Abb. 8.1), als von Veränderungen, die genetisch vererbt werden.

Wenn wir nun die verschiedenen Mechanismen betrachten, die zur Festlegung von Zellen auf ihre jeweiligen Differenzierungswege führen, begegnen uns vor allem kovalente und nicht-kovalente Modifikationen der DNA und der Histone und die Art, wie diese Modifikationen die Chromatinstruktur insgesamt beeinflussen. Zu den wichtigsten Modifikationen, die wir heute kennen, gehören die DNA-Methylierung (▶ Abschn. 8.1.2), die Histon-Modifikationen (▶ Abschn. 8.1.3) und die Aktivitäten nicht-codierender RNAs (▶ Abschn. 8.2). Wir werden aber auch sehen, dass diese Mechanismen nicht für sich alleine wirksam sind, sondern ein epigenetisches Netzwerk bilden; als Beispiel dafür werden wir die Dosiskompensation der Geschlechtschromosomen betrachten (▶ Abschn. 8.3). Ähnliche Mechanismen liegen dem Phänomen der genetischen Prägung zugrunde (▶ Abschn. 8.4): Auch hier wird eines der beiden elterlichen Allele stillgelegt, sodass nur das andere Allel exprimiert wird. Abschließend diskutieren wir eine der großen Fragen der Epigenetik, ob nämlich solche epigenetischen Markierungen auf die nächste Generation übertragen werden können. Entsprechende experimentelle Hinweise wurden in den vergangenen Jahren verstärkt veröffent-

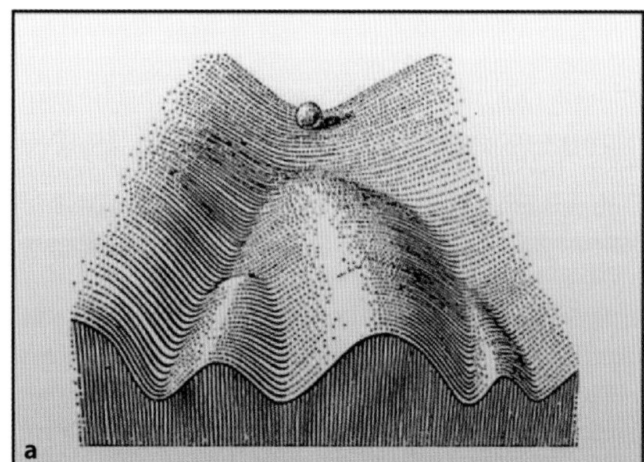

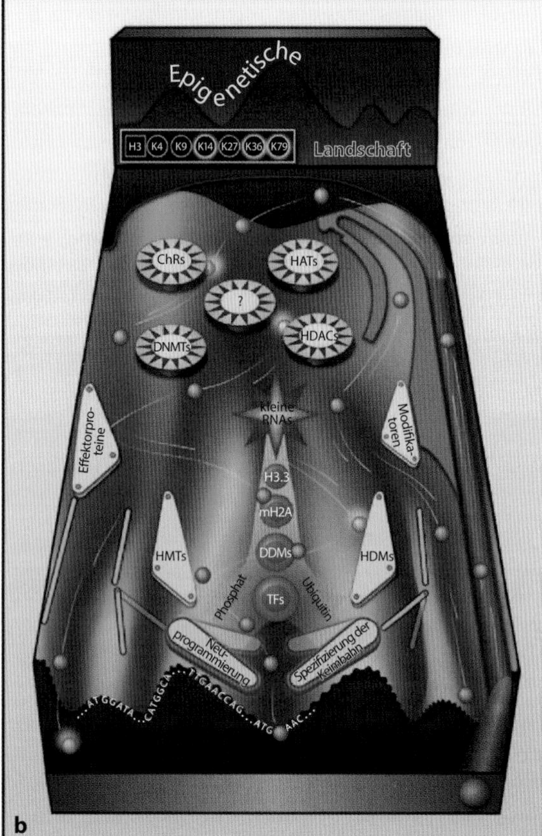

Abb. 8.1 Epigenetische Landschaft. **a** Conrad Waddington schlug 1957 das Konzept der „epigenetischen Landschaft" vor, um den zellulären Entscheidungsprozess während der Embryonalentwicklung darzustellen. An verschiedenen Punkten in dieser dynamischen bildlichen Metapher ist es der Zelle (hier durch einen Ball dargestellt) erlaubt, verschiedene Wege einzuschlagen, die dann zu unterschiedlichen Endpunkten führen. **b** Die moderne Sicht auf den epigenetischen Flipperautomaten. Hier gibt es für die einzelnen Kugeln (Zellen) keine spezifische Ordnung molekularer Ereignisse. Es wirken viele epigenetische Prozesse auf die DNA und die Nukleosomen einer Zelle ein, die aber jeweils zu einem spezifischen Ergebnis führen: Die Zelle landet in einem der fünf möglichen Ausgänge (beachte die startende Zelle ganz rechts unten!). ChRs: Chromatin-Veränderer; DNMTs: DNA-Methyltransferasen; HATs: Histon-Acetyltransferasen; HDACs: Histon-Deacetylasen; HDMs: Histon-Demethylasen; HMTs: Histon-Methyltransferasen; DDMs: DNA-Demethylasen; TFs: Transkriptionsfaktoren (die eher die genetische Komponente widerspiegeln). (**a** Reproduktion nach Waddington 1957; **b** nach Goldberg et al. 2007; beide mit freundlicher Genehmigung)

licht. Einen schönen historischen Überblick über die Meilensteine epigenetischer Forschung bieten Allis und Jenuwein (2016).

Epigenetik bezeichnet stabile Veränderungen in der Regulation der Genexpression, die während der Entwicklung, Zelldifferenzierung und -proliferation entstehen und über Zellteilungen hinweg festgeschrieben und aufrechterhalten werden, ohne dass dabei die DNA-Sequenz verändert wird.

8.1 Chromatin und epigenetische Regulation

8.1.1 Euchromatin und Heterochromatin

Wir haben im Kapitel über eukaryotische Chromosomen (► Kap. 6) bereits gesehen, dass wir euchromatische und heterochromatische Bereiche der Chromosomen unterscheiden können. Dieser Unterschied zeigt sich zunächst nur in der Färbbarkeit – er hat, wie wir heute wissen, aber auch funktionelle Hintergründe: Das Euchromatin ist offen, und Gene im Euchromatin werden regulär exprimiert. Das Heterochromatin ist dagegen geschlossen(er); Nukleasen können nicht angreifen, und die wenigen Gene des Heterochromatins sind in der Regel abgeschaltet (siehe Abb. 6.7 und ► Abschn. 6.1.2). Im ► Abschn. 6.1.2 haben wir das Heterochromatin vor allem unter dem Gesichtspunkt der Centromerbildung betrachtet, und wir haben gesehen, welche Bedingungen erfüllt sein müssen, damit das Kinetochor aufgebaut werden kann. Jetzt wollen wir eher den dynamischen Teil des Heterochromatins betrachten und dabei sehen, wie es über die schon erwähnten epigenetischen Mechanismen einem stetigen Wandel unterliegt. Außer am Centromer und seiner Umgebung spielt das Heterochromatin eine wichtige Rolle bei der Abschaltung von Genen im Rahmen der Dosiskompensation bei den Geschlechtschromosomen (► Abschn. 8.3), beim Stilllegen von Genaktivitäten am Telomer, bei der Festlegung des Paarungstyps bei Hefen (► Abschn. 9.3.4) und bei der Abschaltung von Genen bei terminal differenzierten Zellen (z. B. Plasmazellen, Retikulocyten oder Gliazellen).

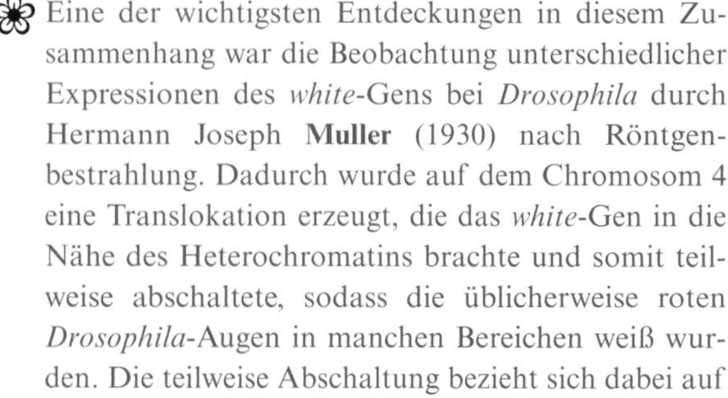

Eine der wichtigsten Entdeckungen in diesem Zusammenhang war die Beobachtung unterschiedlicher Expressionen des *white*-Gens bei *Drosophila* durch Hermann Joseph **Muller** (1930) nach Röntgenbestrahlung. Dadurch wurde auf dem Chromosom 4 eine Translokation erzeugt, die das *white*-Gen in die Nähe des Heterochromatins brachte und somit teilweise abschaltete, sodass die üblicherweise roten *Drosophila*-Augen in manchen Bereichen weiß wurden. Die teilweise Abschaltung bezieht sich dabei auf

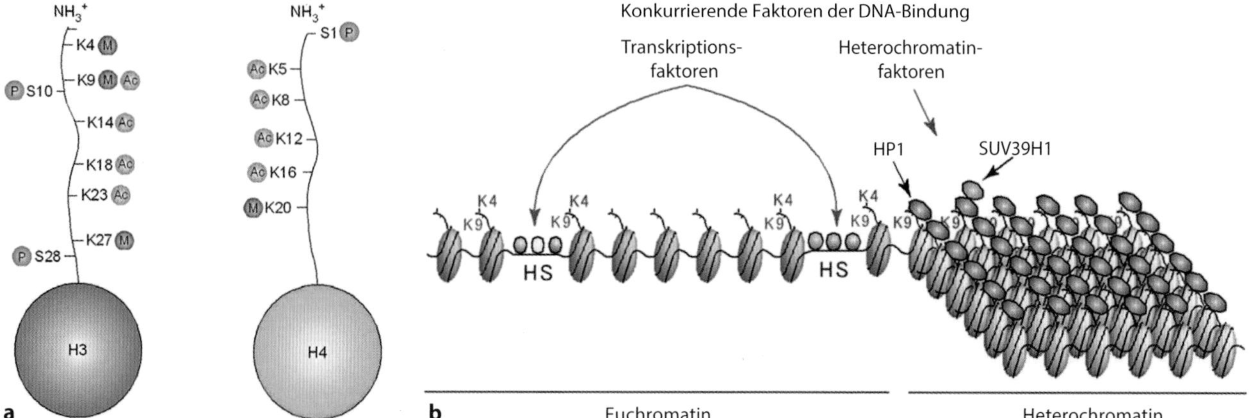

■ **Abb. 8.2** Histon-Modifikationen. **a** Darstellung der Modifikationen der Histone H3 und H4 an Lysin- (K) und Serinresten (S), die *in vivo* beobachtet werden. Diese Aminosäuren können methyliert (M, *rot*), acetyliert (Ac, *blau*) oder phosphoryliert (P, *grün*) werden. **b** Wichtige Faktoren zur Herausbildung von Heterochromatin und Euchromatin. Methylierte Aminosäuren im N-terminalen Bereich des Histons H3 sind in *Rot* angegeben und acetylierte Aminosäuren in *Blau*. Repetitive DNA-Sequenzen fördern die Entstehung heterochromatischer Strukturen durch die Bildung einer regelmäßigen Anordnung stabiler Nukleosomen, die ein bevorzugtes Substrat für die Methylierung am Lysinrest 9 (K9) des Histons H3 durch die SUV39H1-Histon-Methyltransferase sind. Die Bindung von HP1 an längere Nukleosomenbereiche mit Histon H3 (methyliert an K9) unterstützt die Bildung von Chromatinstrukturen höherer Ordnung. Transkriptionsaktives Euchromatin entsteht durch die Bindung von Transkriptionsfaktoren an Anhäufungen von Erkennungssequenzen und führt damit zur Bildung von DNase-I-sensitiven Stellen. Diese bringen offene Strukturen des Euchromatins hervor und halten sie durch Acetylierung an Lysin-9 (K9) und Methylierung an Lysin-4 (K4) der benachbarten Nukleosomen aufrecht. Sie können auch als Barrieren wirken, die das Ausbreiten des Heterochromatins in das benachbarte Euchromatin verhindern. HS: Bereiche mit hoher DNase-I-Empfindlichkeit (engl. *hyper-sensitive sites*). (Aus Dillon und Festenstein 2002, mit freundlicher Genehmigung)

frühe Vorläuferzellen, die dann das jeweilige Muster („an" oder „aus") auf ihre Nachfahren weitergeben, sodass sich ein klonales weiß-rotes Muster der Augenfarben ergibt (■ Abb. 6.7). Dieses Muster wurde als Scheckung bezeichnet (engl. *variegation*) und der Positionseffekt auf das *white*-Gen entsprechend als *position effect of variegation* (PEV). In der Folgezeit wurden verschiedene Gene identifiziert, die diesen Effekt modifizieren: *Su(var)3-9* (engl. *suppressor of variegation*) hemmt diesen Positionseffekt, wohingegen E(var)-Proteine (engl. *enhancer of variegation*) diesen Prozess eher verstärken.

Wie wir wissen, ist ein wesentliches Charakteristikum des Heterochromatins, dass es stärker kondensiert ist als das Euchromatin. In den Nukleosomen benötigt eine Windung der DNA 146 bp und bildet damit eine Faser mit einem Durchmesser von 10 nm; im heterochromatischen Bereich finden wir zusätzliche Organisationsebenen des Chromatins, die schließlich in die Bildung einer Faser mit einem Durchmesser von 240 nm münden. Biochemische Untersuchungen haben gezeigt, dass Modifikationen (besonders Methylierungen und Acetylierungen) an den Histonen diese höhere Form der Kondensation ermöglichen. An diesen biochemischen Prozessen ist unter anderem das Protein des *Su(var)3-9*-Gens beteiligt – es handelt sich dabei um eine Histon-Methyltransferase (das homologe Protein des Menschen wird als SUV39H1 bezeichnet).

Ein weiterer *suppressor of variegation* wird durch das Gen *Su(var)250* codiert; die Sequenzanalyse hat gezeigt, dass es eine Mutation des *HP1*-Gens ist, das für ein Heterochromatin-Bindungsprotein codiert. Das Wildtyp-Allel des HP1-Proteins bindet an lange Nukleosomenbereiche, in denen das Histon H3 an der Lysin-Position 9 (K9) methyliert ist, und treibt damit die Heterochromatinbildung weiter voran. Eine Übersicht dazu findet sich in ■ Abb. 8.2.

Untersuchungen an verschiedenen transgenen Modellsystemen (Hefe, *Drosophila*, Maus) zeigen, dass es bei der Ausbildung heterochromatischer Strukturen auf das Zusammenspiel verschiedener Faktoren ankommt. Dazu gehören in erster Linie die Anzahl repetitiver Elemente auf der einen Seite sowie die Anzahl von Transkriptionsfaktorbindestellen (und die entsprechenden Bindungsstärken der Transkriptionsfaktoren) auf der anderen Seite. Insgesamt deuten diese Untersuchungen darauf hin, dass die Entscheidung zur Aktivierung oder Stilllegung bestimmter chromosomaler Bereiche das Ergebnis des Gleichgewichts zwischen positiven und negativen Faktoren ist.

Ein wesentlicher Aspekt epigenetischer Mechanismen ist die Aufrechterhaltung dieser Markierungen über Zellteilungen hinweg. Wenn nun posttranslationale Veränderungen der Histone eine wesentliche Eigenschaft des Heterochromatins sind, dann muss natürlich auch gewährleistet sein, dass dies nach einer Zellteilung immer noch gegeben ist. (**Achtung:** Das gilt natürlich nicht

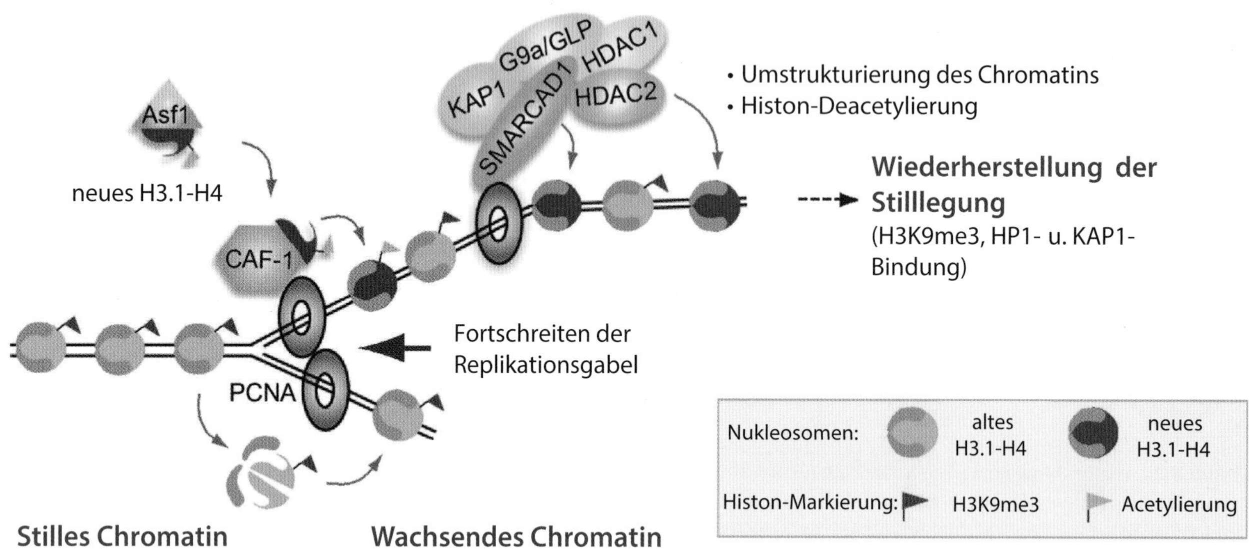

Abb. 8.3 Restauration heterochromatischer Bereiche nach der Replikation. Neue Histone werden durch Chromatin-bildende Faktoren (CAF-1, engl. *chromatin assembly factor 1*, und Asf1, engl. *anti-silencing factor 1*) mit hohen Anteilen an acetylierten Histonen H3 und H4 versehen und in das neue Chromatin eingefügt. SMARCAD1 wird durch PCNA (die Gleitklammer der DNA-Replikation) an den neu gebildeten DNA-Strang herangeführt und bildet dort einen Komplex mit dem Transkriptionsrepressor KAP1, den Histon-Methyltransferasen G9a/GLP und den Histon-Deacetylasen (HDACs). Dadurch wird die heterochromatische (stillgelegte) Struktur des Chromatins wiederhergestellt. (Aus Jasencakova und Groth 2011, mit freundlicher Genehmigung)

für terminal differenzierte Zellen, die ihr Endstadium der Differenzierung erreicht haben und sich nicht mehr teilen!) Dabei spielen ATP-abhängige Umbauprozesse am Chromatin eine wichtige Rolle: Sie erleichtern den Abbau der Nukleosomen vor der Replikationsgabel, den effizienten Verlauf der Replikation und anschließend den richtigen Wiederaufbau des Chromatins an der replizierten DNA, wobei die epigenetische Information auf das neue Chromatin übertragen werden muss.

❀ ATP-abhängige Umbauprozesse am Chromatin werden typischerweise von Multiproteinkomplexen durchgeführt, wobei das katalytische Zentrum hochkonserviert ist. Die ersten Proteine dieses Komplexes wurden Anfang der 1980er-Jahre in der Hefe beschrieben und als SWI/SNF-ATPasen bezeichnet, und zwar aufgrund von Eigenschaften entsprechender Mutanten, die zunächst keinen Bezug zu epigenetischen Fragestellungen hatten: die Fähigkeit des Paarungstypwechsels (▶ Abschn. 9.3.4), die erhöhte Mutationsrate mitochondrialer DNA und die Regulation der Expression des Invertase-Gens beim Zuckerstoffwechsel (dieses Enzym ist bei der alkoholischen Gärung wichtig). Aus der englischen Bezeichnung ***swi****tch/****s****ucrose* ***n****on****f****ermantable* ergab sich der noch heute gültige Name SWI/SNF. Gereinigte SWI/SNF-Komplexe enthalten 10 bis 12 Proteine, die bei Menschen jeweils von mehreren Genen codiert werden und damit eine gewisse Vielfalt in der Zusammensetzung der Komplexe ermöglichen. Eine interessante Zusammenfassung bietet Euskirchen et al. (2012).

Ein wichtiges Protein aus der Gruppe der SWI/SNF-ATPasen ist bei Säugern SMARCAD1 (engl. ***SWI/SNF****-related,* ***ma****trix associated* ***a****ctin-dependent* ***r****egulator of* ***c****hromatin, subfamily* ***a****, containing* ***DEAD/H*** *box* ***1***). SMARCAD1 wird durch PCNA (die Gleitklammer, die wir schon im ▶ Abschn. 2.2.3 über die DNA-Replikation kennengelernt haben) zur Replikationsgabel hinzugezogen und bildet an den neu synthetisierten Strängen zusammen mit dem Transkriptionsrepressor KAP1, den Histon-Methyltransferasen G9a/GLP und den Histon-Deacetylasen (HDAC1 und HDAC2) einen Komplex, der die geschlossene Form des Heterochromatins in den neu synthetisierten DNA-Strängen wiederherstellt (◘ Abb. 8.3). An der neu synthetisierten DNA werden die Nukleosomen aus alten und neuen Histonen gebildet. Während die elterlichen Histone die Modifikationen tragen, die für die lokale Domäne charakteristisch sind, sind die neuen Histone überwiegend acetyliert, aber nicht methyliert. Wenn diese neuen Histone in Nukleosomen des heterochromatischen Bereichs eingebaut werden, werden sie sofort deacetyliert und dann Schritt für Schritt dreifach methyliert. Da acetylierte Histone nicht methyliert werden können, kommt dieser Deacetylierung eine wichtige Rolle bei der Heterochromatinbildung zu. Die Bedeutung von SMARCAD1 in diesem Prozess wird deutlich, wenn man Zellen beobachtet, deren SMARCAD1-Aktivität niedrig ist: Hier überwiegen acetylierte Histone, und die heterochromatischen Strukturen verschwinden.

Heterochromatische Bereiche sind stark kondensiert und verhindern dadurch die Expression von Genen. Der hohe Kondensationsgrad des Chromatins wird durch besondere posttranslationale Modifikationen erreicht, besonders durch Methylierung von Histon H3 am Lysinrest 9 (H3K9). Weitere Proteine (z. B. HP1) verstärken den Kondensationseffekt.

Neuere Arbeiten zeigen, dass Heterochromatin dynamischer ist, als man das bisher dachte. Bei Hefen, *Drosophila* und *Caenorhabditis elegans* gibt es experimentelle Hinweise, dass Temperaturerhöhungen („Hitzeschock") Signalwege aktivieren, die das Heterochromatin über die Verminderung von HP1 destabilisieren. HP1 ist auch im Alter vermindert, sodass es zu einer globalen Abnahme des Heterochromatins mit zunehmendem Alter kommt. Es ist dabei aber eine offene Frage, ob die Verminderung Ursache oder Folge altersabhängiger Erkrankungen ist. Und ein dritter offener Punkt betrifft die Beteiligung regulatorischer RNA-Moleküle (▶ Abschn. 8.2) am Auf- und Umbau des Heterochromatins: Während der S-Phase werden heterochromatische Bereiche bidirektional transkribiert, sodass sich doppelsträngige RNA bilden kann, die dann zu kleinen regulatorischen RNAs weiterverarbeitet wird. Die Bedeutung dieses Prozesses ist noch unklar; es wird auch darüber spekuliert, dass die lange doppelsträngige RNA als Gerüst dient, um notwendige Faktoren zum Zusammenbau des Heterochromatins heranzuführen. Eine ausführliche Darstellung dieser offenen Fragen findet sich bei Wang et al. (2016).

8.1.2 Methylierung der DNA

DNA-Methylierung haben wir bereits als einen Mechanismus kennengelernt, der an den CpG-Inseln in vielen eukaryotischen Promotoren zum Abschalten des jeweiligen Gens führt (▶ Abschn. 7.3.1). Diese CpG-Inseln sind aber nicht die einzigen Stellen, an denen CG-Dinukleotide vorkommen: Wir finden sie auch in langen Wiederholungselementen bei rDNA, Satellitensequenzen oder den Centromersequenzen. Diese langen CG-Wiederholungselemente sind in der Regel stark methyliert. Die Methylierung der DNA erfolgt durch eine Gruppe von Enzymen, die als **DNA-Methyltransferasen (DNMTs)** bezeichnet werden, und zwar an der Position 5 des Pyrimidinrings; das Produkt wird deshalb als **5-Methylcytosin** bezeichnet (abgekürzt: 5meC; ◘ Abb. 8.4). Als Quelle für die Methylgruppe steht der Zelle in der Regel S-Adenosylmethionin (SAM) zur Verfügung, das dadurch selbst zu S-Adenosylhomocystein (SAH) hydrolysiert wird. 5-Methylcytosin paart sich weiterhin mit Guanin – die DNA-Sequenz wird also durch die Methylierung bei der Replikation nicht beeinträchtigt. Allerdings kann 5meC leicht zu Thymin desaminieren – die Paarung von Thymin mit Adenin bei der nächsten Replikation bedeutet, dass in Bereichen mit hoher DNA-Methylierung mit einem gewissen Mutationsrisiko zu rechnen ist (▶ Abschn. 10.3).

DNA, die noch nicht methyliert ist, wird durch DNMT3A und DNMT3B methyliert (*de-novo*-Methylierung). Im Gegensatz dazu erkennt DNMT1 bevorzugt halbseitig methylierte (hemimethylierte) DNA während der Replikation und stellt nach der Zellteilung das ur-

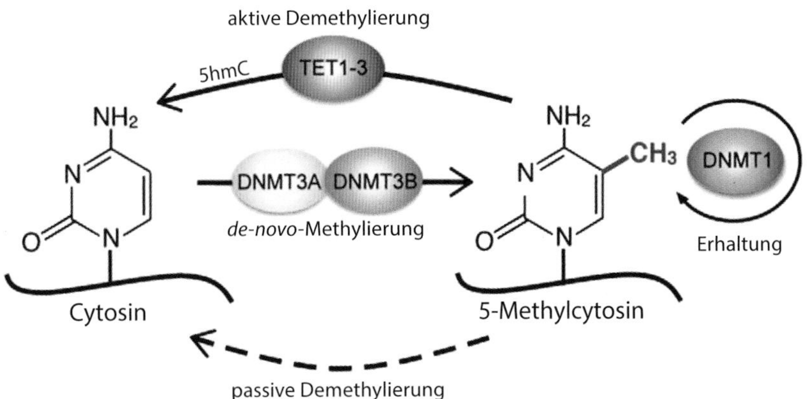

◘ **Abb. 8.4** Schlüsselschritte bei der DNA-Methylierung. Bei der Neumethylierung von DNA (*de-novo*-Methylierung) wird die Methylgruppe durch DNA-Methyltransferasen (DNMT3A und DNMT3B) von S-Adenosylmethionin (SAM) auf die Position 5 des Pyrimidinrings im Cytosin übertragen; SAM wird dadurch zu S-Adenosylhomocystein hydrolysiert. Die Neumethylierung erfolgt bevorzugt an CpG-Dinukleotiden. Um die Methylierung der DNA nach der Replikation aufrechtzuerhalten, wird der neu synthetisierte DNA-Strang durch die DNA-Methyltransferase 1 (DNMT1) methyliert. In Abwesenheit der DNMT1 verringert sich der Methylierungsgrad schrittweise bei jeder neuen Zellteilung um 50 % (passive Demethylierung). Die aktive Demethylierung erfolgt durch die TET-Enzyme (engl. *ten-eleven translocation*) über die Oxidation der Methylgruppe des Cytosins zu 5-Hydroxymethylcytosin (5hmC). (Nach Ambrosi et al. 2017, mit freundlicher Genehmigung)

sprüngliche Methylierungsmuster wieder her. Die Bedeutung der DNA-Methylierung für die gesunde Entwicklung eukaryotischer Organismen wird durch den Befund unterstrichen, dass Mausmutanten, denen DNA-Methyltransferasen fehlen, während der Embryonalentwicklung sterben.

Wie wir oben gesehen haben, sind die meisten CpG-Dinukleotide im Genom methyliert; das gilt allerdings nicht für die schon erwähnten CpG-Inseln in den Promotorbereichen vieler eukaryotischer Gene. Hier ist der unmethylierte Zustand entscheidend dafür, dass das Gen auch abgelesen werden kann. Methylierung des Promotors verhindert seine Erkennung durch Transkriptionsfaktoren und RNA-Polymerasen, denn stattdessen bindet an methylierte DNA ein anderes Protein, das Methylcytosin-bindende Protein (MeCP). Mutationen im menschlichen *MECP2*-Gen sind Ursachen des Rett-Syndroms, einer schweren fortschreitenden neuronalen Entwicklungsstörung mit mentaler Retardierung (► Abschn. 14.4.1). Methylierung und Demethylierung der DNA spielen außerdem eine besondere Rolle während der frühen Embryonalentwicklung, da hier die unterschiedlichen Methylierungsmuster der Ei- und Samenzellen entfernt und für den neuen Embryo neu angelegt werden müssen. Wir werden diese Aspekte im ► Abschn. 8.4 im Zusammenhang mit der „genetischen Prägung" (engl. *imprinting*) genauer besprechen.

DNMTs sind für die Aufrechterhaltung oder Etablierung von Methylierungsmustern entscheidend. Wenn DNMTs durch Mutationen (oder Polymorphismen) in ihrer Aktivität eingeschränkt sind, so führt das zu einem deutlichen Rückgang der Methylierung. DNMTs können aber auch durch Umweltfaktoren (z. B. Arsen) oder unterschiedliche Lebensstilfaktoren sowie Nahrungsmittel gehemmt werden (z. B. Alkohol, Zigaretten und Flavonoide in der Nahrung). Umweltfaktoren können in erheblichem Maße die Methylierung der DNA auch darüber beeinflussen, wie viel Methylgruppen über die Nahrung bereitgestellt werden. Unzureichende Versorgung mit Methionin, Cholin, Folsäure und Vitamin B12 führen zu einem nennenswerten Verlust an DNA-Methylierung. Verantwortlich dafür ist der C_1-Stoffwechsel, der über diese Methyldonatoren aus der Nahrung schließlich die Methylgruppe für das S-Adenosylmethionin (◘ Abb. 8.39) zur Verfügung stellt – denn nur mithilfe dieses Cofaktors kann DNA methyliert werden. Eine weitere Verminderung der DNA-Methylierung wird durch nicht reparierte DNA-Schäden hervorgerufen: Durch reaktive Sauerstoffspezies wird Guanin in der DNA in 8-Oxoguanin umgewandelt und vermindert damit die Möglichkeit der DNMTs, DNA zu methylieren. Ähnliches gilt auch für die Anwesenheit von Pyrimidin-Photodimeren, die durch UV-Licht gebildet werden. Die Bedeutung dieser Prozesse nimmt mit dem Alter zu und erklärt zumindest teilweise die Zunahme einiger altersabhängiger Erkrankungen. Besonders in Krebszellen finden wir häufig hypomethylierte DNA – andererseits sind die Promotoren von Tumorsuppressorgenen in Krebszellen häufig methyliert und damit abgeschaltet. Daraus ergibt sich der Einsatz von Medikamenten, die die Methylierung von DNA verhindern. Dazu gehören Cytidin-Analoga (5-Azacytidin und 5-Aza-2′-desoxycytidin), DNA-bindende Substanzen oder Analoga des S-Adenosylmethionins. Eine ausführliche Darstellung der chemischen Substanzen und ihrer Wirkmechanismen findet sich bei Castillo-Aguilera et al. (2017).

In vielen Pilzen ist Methylierung ein Schutz gegen die Aktivitäten von Transposons oder bestimmten Viren (► Abschn. 9.1 und 9.2) und kann insofern auch als Abwehrsystem verstanden werden. In *Neurospora crassa* wurde ein System entdeckt, das duplizierte DNA-Sequenzen erkennt und durch Methylierung zusätzlich eingefügte Mutationen für Zellen unschädlich macht. Dabei werden C/G-Paare in A/T-Paare umgewandelt. Das System, das im Englischen als *repeat-induced point mutation* (RIP) bezeichnet wird, ist so effizient, dass während eines Fortpflanzungszyklus bei *N. crassa* etwa 30 % aller duplizierten Sequenzen entsprechend verändert werden können. Man findet auch bei *N. crassa* so gut wie keine Sequenzen, die auf einen Ursprung aus Transposons hinweisen. Hinweise auf die Funktion von RIP kamen auf, als eine Reihe von Mutanten in *N. crassa* untersucht wurde, die in ihrem vegetativen Gewebe keine DNA-Methylierung durchführen konnten (engl. *defective in DNA-methylation, dim*). Eine Übersicht dazu findet sich bei Rountree und Selker (2010).

Wir haben in ◘ Abb. 8.4 bereits gesehen, dass Enzyme aus der TET-Familie (engl. *ten-eleven translocation*) in der Lage sind, die Methylgruppe zunächst zu dem entsprechenden Alkohol ($-CH_2OH$) und später zu einem Aldehyd ($-CHO$) zu oxidieren; weitere Reaktionswege der TET-Enzyme zeigt ◘ Abb. 8.5. Alle drei TET-Enzyme sind an wichtigen biologischen Prozessen beteiligt – das reicht von Demethylierungsprozessen während der Embryonalentwicklung bis hin zur Regulation von Genaktivitäten und Krebserkrankungen. Ein Verlust der TET-Aktivität in entsprechenden Mausmutanten führt nicht zu den schweren Schäden, wie wir das beim Ausschalten der DNMTs gesehen haben. Wir beobachten verminderte Körpergröße, myeloide Leukämie, aber auch Tod während oder kurz nach der Geburt (perinatale Letalität).

Nachdem wir nun die biochemischen Prozesse der DNA-Methylierung und -Demethylierung kennengelernt haben, lohnt sich auch ein Blick auf die verschiedenen Prozesse, an denen die DNA-Methylierung beteiligt ist (◘ Abb. 8.6). Wir hatten oben schon auf die allelspezifische Stilllegung ganzer Genabschnitte durch **genetische Prägung** hingewiesen (engl. *genomic imprinting*, ► Abschn. 8.4). Hier werden Genombereiche in der Grö-

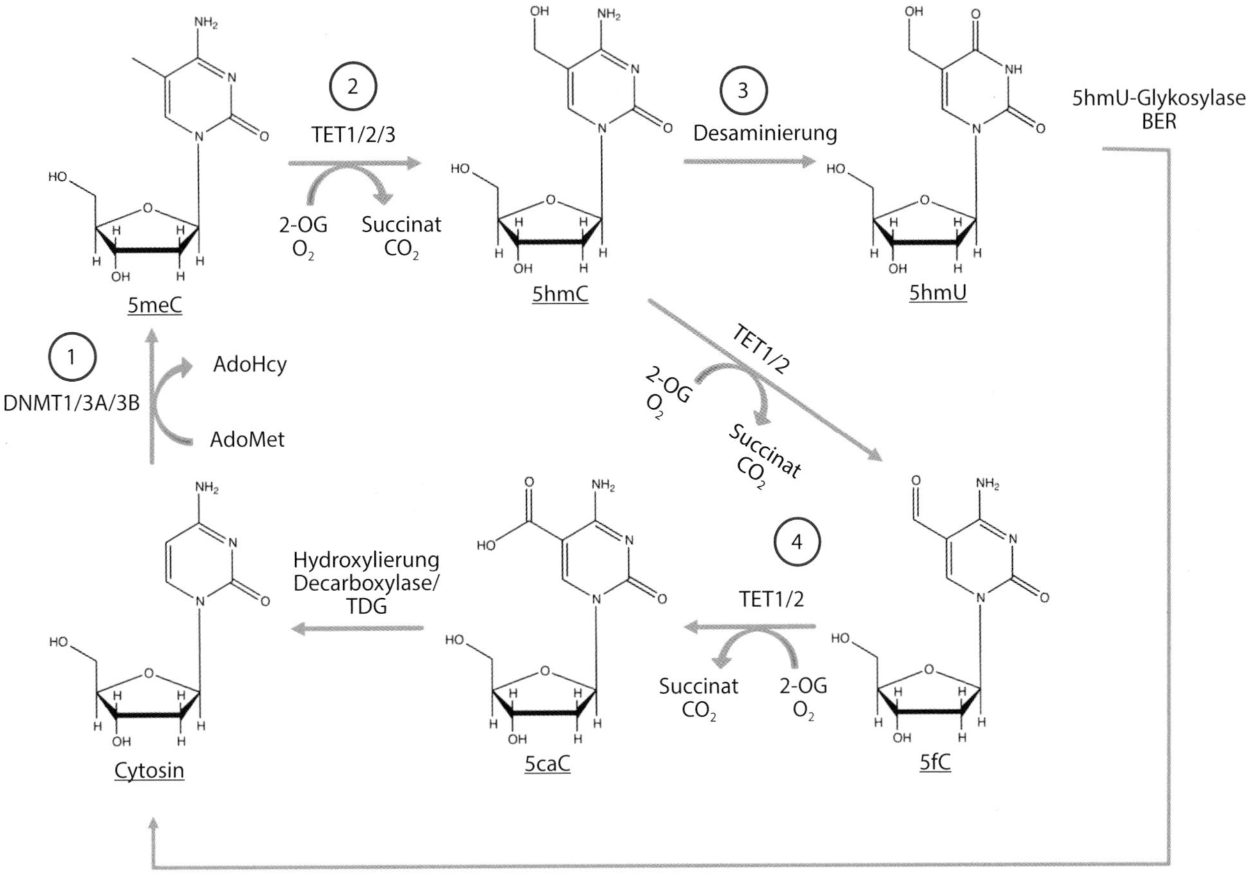

■ **Abb. 8.5** Hydroxymethylcytosin und mögliche Demethylierungswege. (1) Im nicht-modifizierten Zustand kann Cytosin durch jede der drei aktiven DNA-Methyltransferasen (DNMT) zu 5-Methylcytosin (5meC) methyliert werden und bildet dadurch ein Substrat für die verschiedenen TET-Enzyme (TET 1/2/3). (2) Die Enzyme der TET-Familie oxidieren 5-Methylcytosin zu 5-Hydroxymethylcytosin (5hmeC) in Anwesenheit von 2-Oxoglutarat (2-OG, andere Bezeichnung: α-Ketoglutarat) und Eisen-Ionen; dabei entstehen Succinat und CO_2. (3) 5hmC kann dann weiter zu 5-Hydroxymethyluracil (5hmU) desaminiert werden, das dann durch Enzyme des Basen-Exzisionsreparaturweges (BER; ▶ Abschn. 10.6.2) entfernt werden kann. (4) 5hmC kann weiter zu 5-Formylcytosin (5 fC) und 5-Carboxylcytosin (5caC) oxidiert werden. An diesem Punkt kann die Base durch Thymin-DNA-Glykosylase (TDG) entfernt werden; alternativ kann auch die Carboxylgruppe durch Decarboxylasen entfernt werden – dadurch entsteht dann wieder unmethyliertes Cytosin. AdoMet: S-Adenosylmethionin; AdoHcy: S-Adenosylhomocystein. (Aus Kinney und Pradhan 2013, mit freundlicher Genehmigung)

ßenordnung von 10 kb abgeschaltet, und zwar abhängig davon, ob das Allel väterlichen oder mütterlichen Ursprungs ist. Der direkte Einfluss von Methylierung auf die **Regulation der Genexpression** findet dagegen an den CpG-Inseln in den Promotorregionen von Genen statt. Allerdings ist die hemmende Wirkung der Methylierung nicht auf den Promotorbereich beschränkt, sondern umfasst einen etwas weiteren Bereich, nämlich ca. ± 1 kb um den Transkriptionsstart herum und schließt vor allem das erste Exon mit ein. Die **Bindung von Transkriptionsfaktoren an methylierte DNA** ist allerdings sehr unterschiedlich und auch abhängig von dem Transkriptionsfaktor selbst, sodass hier keine generalisierende Aussage gemacht werden soll.

Die Methylierung der DNA beeinflusst aber auch die möglichen **Positionen der Nukleosomen**, allerdings erscheint dies kontextabhängig: Nicht-methylierte (also aktive Promotoren) sind eher arm an Nukleosomen, während die methylierten Promotoren eher Nukleosomen-reich sind, wobei sich die Position der Nukleosomen nicht in einem bestimmten Abstand zur Methylierungsstelle befindet. Anders verhält es sich bei den Sequenzen, die wir bereits bei der Besprechung der Insulatoren (▶ Abschn. 5.1.5) kennengelernt haben: Bei methylierten CTCF-Bindestellen (CTCF: engl. *CCCTC-binding factor*) sind die methylierten Sequenzen in der Regel genau zwischen den Nukleosomen positioniert, was in der entsprechenden Literatur als „Antikorrelation" bezeichnet wird.

Ein neuer Aspekt der DNA-Methylierung betrifft das **Spleißen**. Es ist auffällig, dass bei Genen mit vergleichbarem GC-Gehalt in Introns und Exons die Bereiche um die Exon-Intron-Grenze stärker methyliert sind als die Bereiche in den Introns selbst. Dies betrifft einen Abschnitt, der etwa 20 bp umfasst, ohne dass wir bisher die Bedeutung dieses Phänomens kennen. Mögli-

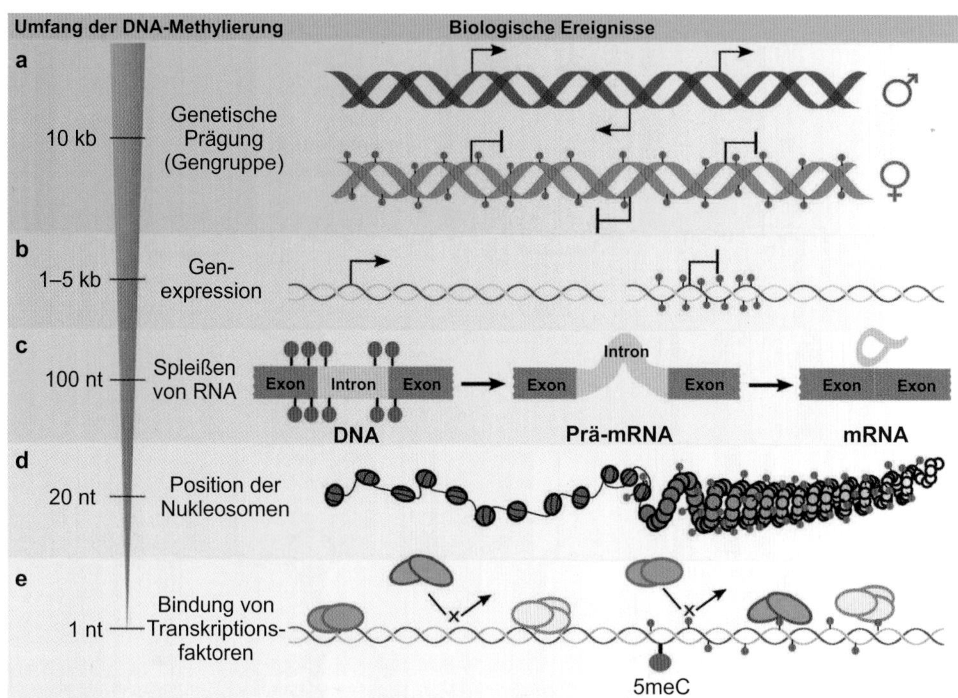

Abb. 8.6 DNA-Methylierung in unterschiedlichem biologischen Kontext. **a** Genetische Prägung umfasst Gruppen von Genen und einen Bereich von 1–10 kb. **b** Die Auswirkungen von DNA-Methylierungen auf die Expression einzelner Gene liegen im Bereich von 1–5 kb um den Transkriptionsstart. **c** Die Methylierung in der Umgebung von Spleißstellen umfasst weniger als 100 Nukleotide. **d** Die Positionierung von Nukleosomen in Bezug auf eine DNA-Methylierungsstelle variiert in der Größenordnung von 20 Nukleotiden. **e** Die Bindung von Transkriptionsfaktoren an die DNA kann von der Methylierung einer einzelnen Base abhängen. *Rote Kreise*: 5-Methylcytosin (5meC); *Pfeile*: aktive Transkription; *Striche*: Hemmung der Transkription; *bunte Ovale*: Transkriptionsfaktoren. (Nach Tirado-Magallanes et al. 2017, CC-by 3.0, ► http://creativecommons.org/licenses/by/3.0)

che Erklärungen werden in der Arbeit von Lev Maor et al. (2015) ausführlich diskutiert.

> ! Die Methylierung von DNA erfolgt an der Position 5 des Cytosins durch DNA-Methyltransferasen und führt zur Stilllegung der entsprechenden DNA. Aktive Promotoren sind nicht methyliert; bei verschiedenen Krankheiten (z. B. Krebserkrankungen) ist die DNA in den entsprechenden Zellen oft hypomethyliert.

8.1.3 Modifikation der Histone

Wichtige Elemente für die Regulation des funktionellen Zustands der Histone sind posttranslationale Modifikationen. Im Kapitel über das Heterochromatin (► Abschn. 8.1.1) haben wir die Acetylierung und Methylierung von Histonen schon kennengelernt; daneben haben aber auch Phosphorylierung, Ubiquitinierung, Sumoylierung und ADP-Ribosylierung eine besondere Bedeutung. Dazu kommt auch die Möglichkeit der Prolin-Isomerisierung. Die meisten dieser posttranslationalen Modifikationen verändern die Ladung der Aminosäuren und dadurch auch die Form der Histone sowie ihre Affinität zur DNA. Diese Veränderungen spielen sich vor allem an den nach außen abstehenden N-terminalen Bereichen der Histone ab (Histonschwanz; Abb. 8.7).

Besonders intensiv untersucht ist die Acetylierung und Deacetylierung der Histone, die durch spezifische Enzyme katalysiert wird (Histon-Acetyltransferasen, HATs, und Histon-Deacetylasen, HDACs). Die wichtigsten Stellen der Acetylierung in H3-Histonen sind die Lysinreste 9, 14, 18 und 23; in den H4-Histonen sind die Lysinreste 5, 8, 12 und 16 bevorzugte Ziele der Acetylasen. Phosphorylierung der H3-Histone erfolgt bevorzugt an Serin-10 und ist direkt korreliert mit der Induktion besonders früher Gene wie *c-jun*, *c-fos* und *c-myc*. So ist beispielsweise die gleichzeitige Acetylierung von H4 an Lysin-16 und Phosphorylierung von H3 an Serin-10 die Voraussetzung für eine verstärkte Transkription bestimmter Abschnitte des männlichen X-Chromosoms. Methylierung erfolgt in den H3-Histonen bevorzugt an den Lysinresten 4, 9 und 27. Allerdings können diese Lysinreste einfach, zweifach oder gar dreifach methyliert sein, was eine weitere Komplexitätsebene hinzufügt. Ein Beispiel für eine spezifische immuncytologische Analyse einer zweifachen Methylierung des Histons H3 eines Chromosoms von *Drosophila* zeigt Abb. 8.8. Histonspezifische Methyltransferasen (HMTs) und His-

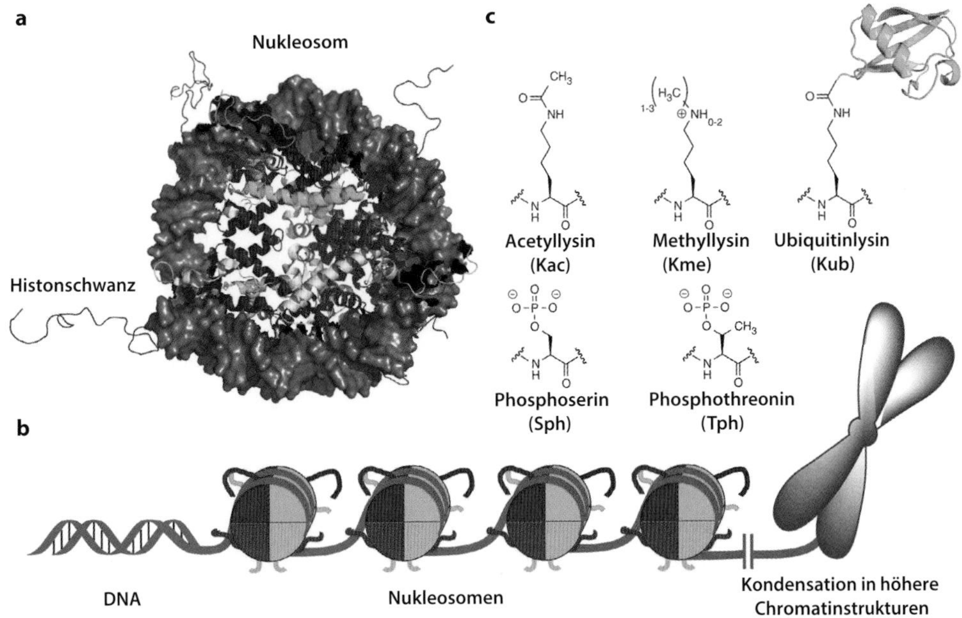

Abb. 8.7 Modifikationen der Histone. **a** Struktur eines Kernnukleosoms. Die DNA ist um die Histone herumgewickelt; die einzelnen Histone sind farbcodiert: H2A: *gelb*, H2B: *rot*, H3: *blau*, H4: *grün*. Die N-terminalen Bereiche der Histone (Histonschwanz) ragen nach außen. **b** Es ist die Anordnung der DNA in Nukleosomen gezeigt sowie die Kondensation in höhere Chromatinstrukturen; Zwischenstadien unterschiedlicher Packungsdichte sind nicht dargestellt. **c** Ausgewählte Modifikationen der Histone: Acetylierung (ac), Methylierung (me) und Ubiquitinierung (ub) an Lysinresten (K) sowie Phosphorylierung (ph) an Serin- (S) und Threoninresten (T). (Nach Fischle et al. 2015, mit freundlicher Genehmigung)

ton-Demetylasen (HDMs) sind bekannt und spielen vermutlich eine wichtige Rolle bei der Regulation der Genaktivitäten.

Die oben grob wiedergegebenen Befunde zur Modifikation der Histone im Rahmen zellulärer Signalketten führten zur Hypothese eines „Histon-Codes" durch **Strahl** und **Allis** im Jahr 2000. Die vielfältige Modifikation der N-terminalen Überhänge der Histone bewirkt unterschiedliche Veränderungen der elektrostatischen Bedingungen, unter denen Faltung oder Entfaltung des Chromatins möglich ist. Damit kann die Verwendung verschiedener Modifikationen (und ihrer Kombinationen) als dauerhafter Signalverstärker im Rahmen spezifischer Signalketten bei bestimmten zellulären Prozessen dienen (z. B. Mitose, Aktivierung oder Abschaltung von Genen). Heute werden Modifikationen von Histonen als Teil epigenetischer Prozesse interpretiert, die es erlauben, Informationen durch die Aufrechterhaltung des Modifikationsmusters von Histonen über Zellteilungen hinweg weiterzugeben.

Einen Eindruck von den vielfältigen Möglichkeiten der posttranslationalen Modifikation an den verschiedenen Positionen in den Histonen H3 und H4 sowie deren Einfluss auf die Genaktivität vermittelt Abb. 8.9. Wie schon bei oberflächlicher Betrachtung der Abbildung deutlich wird, kann man aus der Art der Modifikation nicht auf eine Aktivierung oder Hemmung zurückschließen: So kann die Methylierung eines Histons sowohl zu einer Hemmung der Genaktivierung führen (z. B. H3K9me3) als auch mit einer Aktivierung der Genexpression gekoppelt sein (z. B. H3K4me3). Noch komplexer wird die Situation, wenn wir uns die Wechselwirkungen der verschiedenen Modifikationen der Histone im Bereich einzelner Gene oder von Genregionen betrachten wollen; diese Untersuchungen stehen erst am Anfang. So findet man in mitotischen Zellen häufig eine Kombination von H3T3ph, H3K4me3 und H3R8me2; in heterochromatischen Bereichen ist am Histon H3 eine Kombination von methylierten Lysinresten an den Positionen 9 und 27 sowie der Acetylierung am Lysinrest 14 zusammen mit der Bindung des heterochromatischen Proteins HP1 häufig beobachtet worden. Dabei ist bemerkenswert, dass die Acetylierung von Histon H3 am Lysinrest 14 die Bindung von HP1 drastisch erhöht, wenn zugleich das Lysin an der Position 9 methyliert ist – ohne diese Methylierung bewirkt die Acetylierung keine besondere Affinität zu HP1. Man kann sich leicht vorstellen, dass die biologische Komplexität noch dadurch vergrößert wird, dass es verschiedene Varianten von Histonen gibt, die in bestimmten Zelltypen (ausdifferenzierte Zellen) oder bei bestimmten biologischen Prozessen (z. B. DNA-Reparatur) benötigt werden; wir hatten die Histonvarianten im Kapitel über die Histon-Gene bereits besprochen (▶ Abschn. 7.2.2).

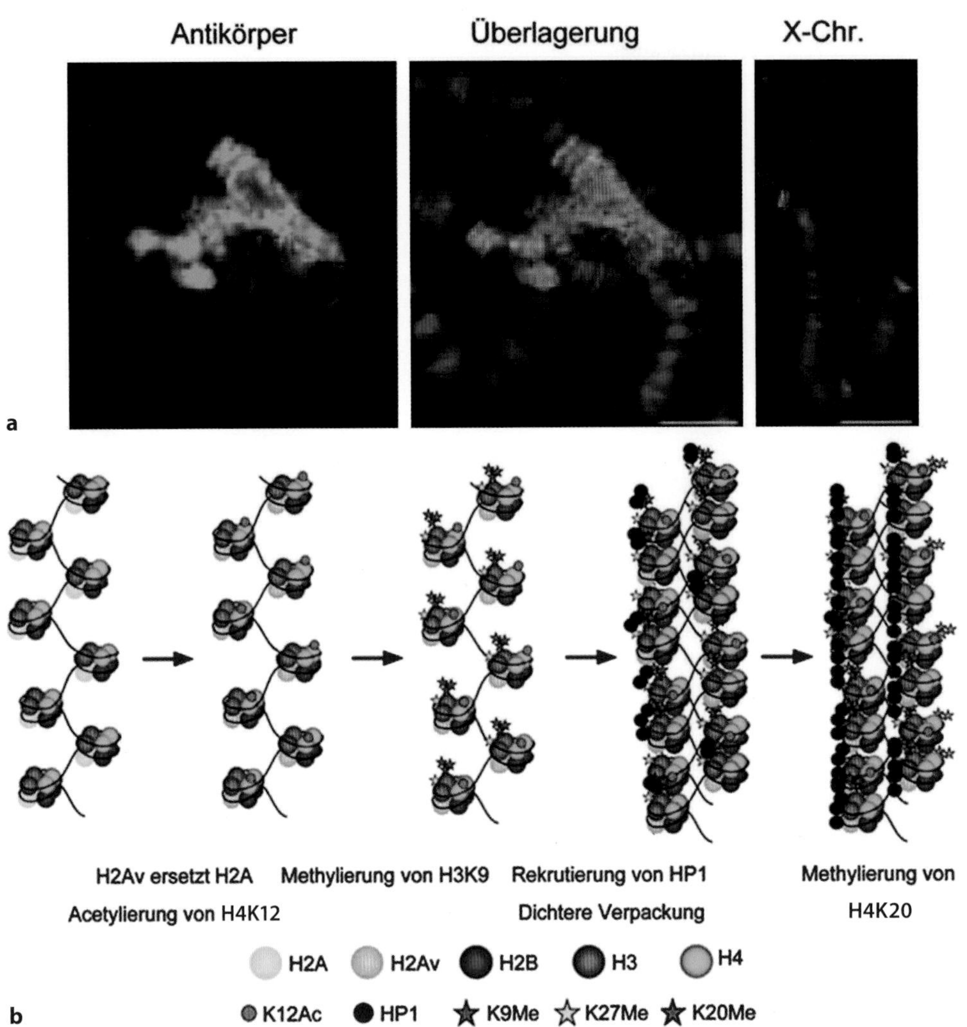

8

■ **Abb. 8.8** Immuncytologische Analyse einer Histon-Modifizierung in polytänen *Drosophila*-Chromosomen. **a** Der Antikörper markiert zweifach methyliertes Histon H3 an der Position Lysin-9. Die Markierung (*grün*) erfasst hauptsächlich das konstitutive Heterochromatin des Centromers des 4. Chromosoms (*links*, *Mitte*) sowie einige Banden des Telomers am X-Chromosom (*rechts*). Die DNA ist mit Propidiumiodid gefärbt (*rot*; Balken: 10 µm); durch Überlagerung ergeben sich *gelbe* Farben (*Mitte*). **b** Möglicher Weg zur Bildung des Heterochromatins in der perizentrischen Region. Die Bildung des Heterochromatins beginnt mit dem Austausch des Histons H2A durch die Variante H2Av; das führt zur Acetylierung des Histons H4 an Lysin-12 (K12). Die anschließende Methylierung von Lysin-9 (K9) am Histon H3 ermöglicht die Bindung von HP1; HP1 seinerseits führt zu einer dichteren Verpackung des Chromatins, verbreitet sich durch Selbstdimerisierung über die ganze Region und führt schließlich zur Trimethylierung des Histons H4 an Lysin-20 (K20). (**a** nach Ebert et al. 2006; **b** nach Lam et al. 2005, beide mit freundlicher Genehmigung)

Histone können vor allem durch Acetylierung, Methylierung und Phosphorylierung modifiziert werden. Die dadurch ermöglichten unterschiedlichen Verpackungsdichten tragen zur Aktivierung und Inaktivierung von Genen über einen größeren Bereich bei und können über mehrere Zellteilungen aufrechterhalten werden.

8.2 Regulatorische RNAs

Ein wesentliches Moment in der funktionellen Analyse von Genen besteht immer darin, Mutationen zu untersuchen, die zu einem Funktionsverlust oder Funktionsgewinn führen (siehe auch ► Kap. 10). In der experimentellen Genetik gibt man sich aber nicht damit zufrieden, nur die Mutationen zu untersuchen, die wir quasi in der Natur vorfinden (oder durch ungerichtete Mutagenese zufällig erzeugen), sondern man will oft bestimmte Gene ausschalten oder hinzufügen. Die Herstellung von Knock-out-Mäusen bzw. von transgenen Mäusen (Technikbox 26, Technikbox 27) sind dafür etablierte Beispiele.

Manchmal gibt es aber auch einfachere Wege, um Gene auszuschalten. Su **Guo** und Kenneth **Kemphues** (1995) haben es bei dem Fadenwurm *C. elegans* durch die Zugabe von Gegenstrang-RNA versucht. Überraschenderweise stellten sie dabei fest, dass der Sinnstrang genauso aktiv ist wie der Gegenstrang; die gleichzeitige Injektion

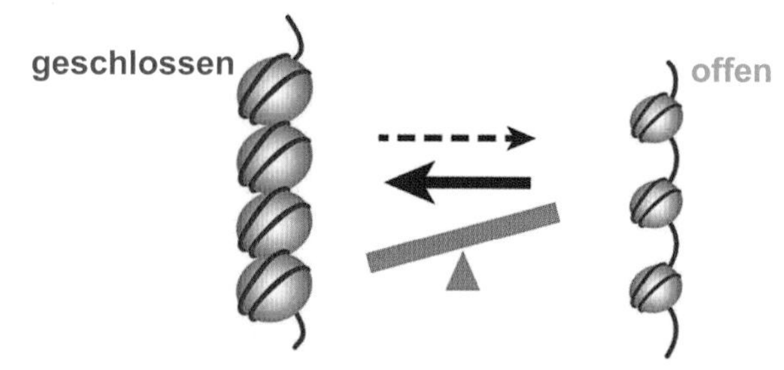

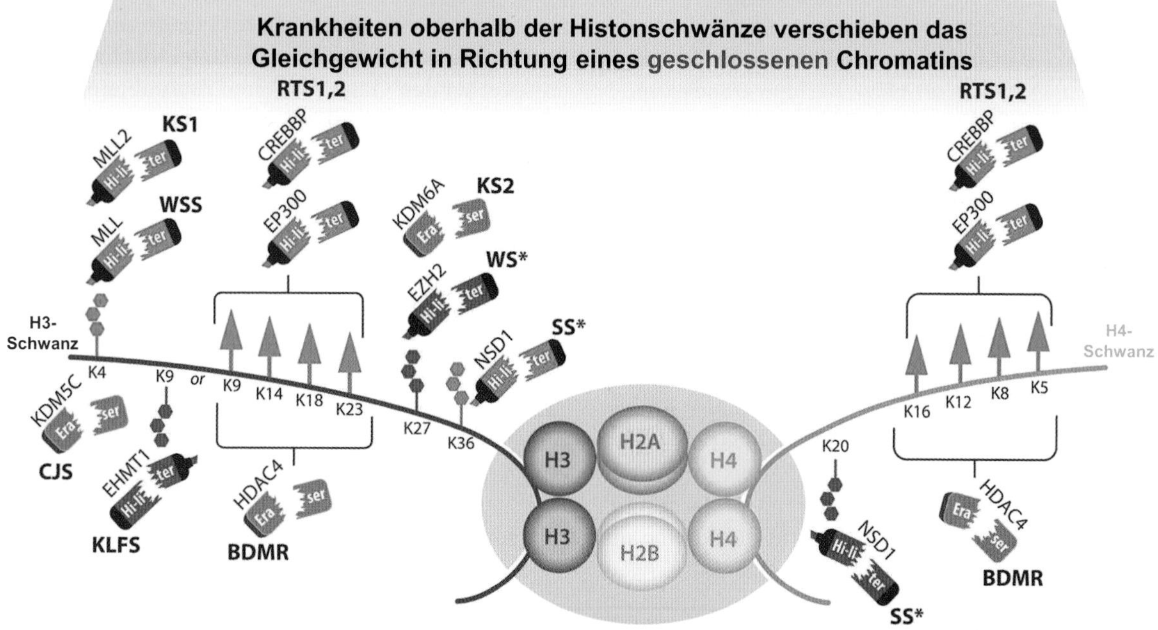

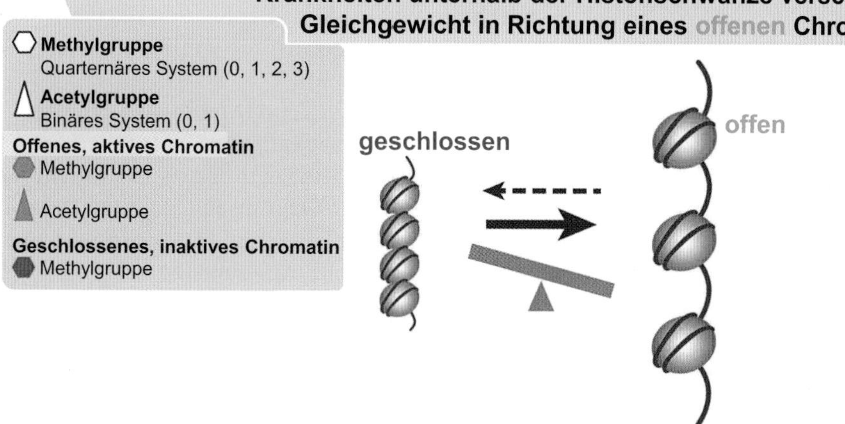

Abb. 8.9 Ausgewählte Erbkrankheiten bei der Etablierung oder Übersetzung des Histon-Codes. Acetylierung ist ein binärer Code (vorhanden oder nicht), die Methylierung an den Lysinresten ist dagegen eine quarternäre Markierung (nicht methyliert oder einfach, zweifach oder dreifach methyliert). Die Abbildung illustriert diese zwei möglichen Modifikationen (siehe eingefügte Legende) an den N-terminalen Histonschwänzen der Histone H3 und H4. Es sind Enzyme dargestellt, die Markierungen setzen (*highlighter*), und solche, die sie wieder löschen (*eraser*). Zu Ersteren gehören die Histon-Acetyltransferasen (CREBBP, EP300) und die Histon-Methyltransferasen (MLL, MLL2, EHMT1, EZH2, NSD1), zu Letzteren die Histon-Deacetylasen (HDAC4) und die Histon-Demethylasen (KDM5C, KDM6A). Einige der Markierungen sind mit einem offenen Chromatin (*grün*) assoziiert, andere dagegen eher mit einem geschlossenen (*rot*). Mutationen in den Genen, die für das Setzen der Markierungen oder für deren Löschung verantwortlich sind, verschieben das Gesamtgleichgewicht entweder in Richtung eines geschlossenen Chromatinzustandes (*oberhalb* der Chromatinschwänze dargestellt) oder in die Richtung eines geschlossenen Chromatins (*unterhalb* der Chromatinschwänze). Zu den dadurch hervorgerufenen Krankheiten der ersten Kategorie gehören das Kabuki-Syndrom (KS), das Rubinstein-Taybi-Syndrom (RTS), das Wiedemann-Steiner-Syndrom (WSS) und möglicherweise auch das Weaver-Syndrom (WS) sowie das Sotos-Syndrom (SS). Zur zweiten Kategorie gehören das Brachydaktylie/mentale Retardierungssyndrom (BDMR), das Claes-Jensen-Syndrom (CJS), das Kleefstra-Syndrom (KLFS) und möglicherweise das Sotos-Syndrom (SS). Der *Stern* markiert diese noch unklaren epigenetischen Krankheitsursachen. (Nach Fahrner und Bjornsson 2014, mit freundlicher Genehmigung)

eines Sinn- und eines Gegenstrangs in einen *C. elegans*-Embryo erhöhte jedoch die Effizienz des Ausschaltens um den Faktor 10. Es stellte sich dann heraus, dass die aktiv inhibitorische Spezies die Doppelstrang-RNA ist (dsRNA; Fire et al. 1998). Es ergab sich ferner, dass dieses Ausschalten von Genen durch RNA (**RNA-Interferenz**, auch als RNAi abgekürzt) über mehrere Zellteilungen hinweg aufrechterhalten wurde – ein typisch epigenetisches Phänomen. In dieser Zeit häuften sich auch ähnliche Berichte aus anderen Organismen, z. B. bei *Neurospora crassa* (Cogoni und Macino 1997) oder in Pflanzen (Napoli et al. 1990). Für ihre grundlegenden Arbeiten auf diesem rasant expandierenden Gebiet bekamen Andrew Z. **Fire** und Craig C. **Mello** im Jahr 2006 den Nobelpreis für Medizin.

C. elegans hat für solche Experimente einige methodische Vorteile, da der Fadenwurm quasi in dsRNA-Lösungen gebadet oder mit Bakterien gefüttert werden kann, die dsRNA produzieren. Außerdem war von *C. elegans* schon früh das gesamte Genom bekannt. Dadurch konnte in diesem Organismus der erste genomweite RNA-Interferenz-Screen durchgeführt werden, wobei mehr als 16.000 der bekannten 19.427 Gene von *C. elegans* untersucht wurden. Dabei wurden 1722 Mutanten phänotypisch identifiziert. Überraschend hierbei war, dass Gene mit ähnlicher Funktion in bestimmten Regionen als Cluster auftreten. Diese Regionen umfassen mehrere Megabasen, und die darin vorkommenden Gene neigen zu ähnlichen Expressionsmustern (Kamath et al. 2003).

❀ 1990 versuchte eine Gruppe von Wissenschaftlern um Carolyn **Napoli**, die Blütenfarbe von Petunien zu verstärken, indem die Integration eines Transgens die Expression der Chalkon-Synthase erhöhen sollte (Chalkon-Synthase ist wesentlich an der Pigmentierung bei Petunien beteiligt; Napoli et al. 1990). Überraschenderweise hatten die veränderten Pflanzen aber keine verstärkten Farben, sondern waren vielfarbig oder sogar weiß. Das deutete darauf hin, dass nicht nur das Transgen, sondern auch die endogenen Gene für die Pigmentierung ausgeschaltet wurden. Eine weitere Überraschung war, dass die weiße Blütenfarbe auch noch auf die nächsten Generationen übertragen wurde. Wir werden dieses Phänomen, das auch als **Paramutation** bezeichnet wird, später ausführlicher beschreiben (▶ Abschn. 8.4.4).

Die spätere Beobachtung von RNA-Interferenz in Kulturen von Säugerzellen war zunächst nicht trivial, da die Einführung von dsRNA in eine Interferon-ähnliche Abwehrantwort mit Apoptose mündete. Erst die direkte Einführung einer besonders kurzen Form (21–23 Nukleotide) von RNA „triggerte" die RNA-Interferenz-Maschinerie auch in Säugerzellen – allerdings zunächst mit geringer Effizienz. Neuere Arbeiten beschreiben die Konstruktion von Vektoren, die über invertierte Wiederholungssequenzen Haarnadelstrukturen ausbilden und damit zu einer stabilen und effizienten Abschaltung von Genen führen. Eine aktuelle Übersicht findet sich bei Lambeth und Smith (2013).

Insgesamt haben die Untersuchungen der letzten Jahre an Pflanzen, aber auch an Pilzen und Invertebraten gezeigt, dass doppelsträngige RNA (dsRNA) Zellen dazu bewegt, diese doppelsträngige RNA in kleine Fragmente abzubauen. Diese **siRNAs** (engl. *small interfering RNAs*) sind offensichtlich in der Lage, die Expression der entsprechenden Gene von Viren zu inhibieren. Moderne Pflanzen haben also offensichtlich ein gut funktionierendes Abwehrsystem gegenüber Virusangriffen, das auf der Ebene der RNA-Erkennung wirkt. Allerdings haben Viren wiederum in einem klassischen evolutionären Wettbewerb Gegenproteine entwickelt, z. B. HC-Pro (engl. *helper component proteinase*). Dieses setzt offensichtlich oberhalb der dsRNA-Bildung an und aktiviert ein pflanzliches Gen, das für ein Calmodulin-ähnliches Protein codiert und den Abschaltmechanismus insgesamt reguliert (engl. *regulator of gene silencing – Calmodulin-related protein*, rgs-CaM). Ausgehend von HC-Pro werden jetzt gentechnologische Strategien erarbeitet, um das Abschalten von Transgenen in Pflanzen zu verhindern und so ihre effiziente Expression zu ermöglichen.

Heute gehen wir davon aus, dass das Ausschalten von Genen über RNA-Interferenz ein alter Selbstverteidigungsmechanismus von Eukaryoten ist, um Infektionen durch RNA-Viren oder Transposons (▶ Abschn. 9.1) abzuwehren. Während der Replikation des viralen Genoms wird dsRNA produziert, die von der Zelle erkannt und abgebaut werden kann.

Aber nicht nur Eukaryoten haben effiziente RNA-basierte Abwehrmechanismen entwickelt, wir finden ähnliche Abwehrstrategien bereits bei Prokaryoten: In der Frühphase der Genomsequenzierung fand man in den 1980er-Jahren in vielen Bakterien und Archaeen auffällige Wiederholungseinheiten (23–55 bp), die von ähnlich langen (21–72 bp), aber in der Sequenz variablen Abschnitten unterbrochen sind. Man hat diesen Genomabschnitt als **CRISPR** (engl. *clustered regulatory interspaced short palindromic repeats*) bezeichnet und dabei festgestellt, dass die variablen Abschnitte Sequenzhomologien zu Plasmiden und Viren aufweisen. Im Folgenden wurde gezeigt, dass diese variablen Abschnitte tatsächlich aus Infektionen mit Plasmiden bzw. Viren stammen und eine Art Immunität bei einer Zweitinfektion verleihen.

Weitere Gene, die in Operons organisiert sind (▶ Abschn. 4.5) und sich in direkter Nachbarschaft von CRISPR befinden, werden als ***cas*-Gene** bezeichnet (CRISPR-assoziierte Gene); sie codieren für unterschiedliche biochemische Aktivitäten (z. B. Helikasen, Nukleasen, Polymerasen, Integrasen) und sind für die Verarbeitung und Integration der Plasmid- bzw. Virus-DNA in den CRISPR-Locus wichtig.

Oberhalb des CRISPR-Locus befindet sich eine AT-reiche Sequenz, die vermutlich als Promotor wirkt und für die Transkription des gesamten CRISPR-Locus in eine entsprechend lange RNA verantwortlich ist. Diese wird dann mithilfe von Cas-Proteinen in die reife CRISPR-RNA (crRNA) gespalten, die jeweils ein variables Element und an den Rändern einen Teil der palindromischen Wiederholungseinheiten enthält. Die einzelnen crRNA-Sequenzen können homologe DNA bzw. RNA erkennen und deaktivieren und somit den Prokaryoten gezielt Immunisierung gegen diejenigen Plasmide und Viren verschaffen, deren Genom die Spacersequenz enthält. Dieser Mechanismus weist deutliche Parallelen zur RNA-Interferenz bei Eukaryoten auf, wenngleich auch manche Details unterschiedlich sind. Das **CRISPR-Cas-System** findet heute eine breite Anwendung bei der gezielten Veränderung von Genen bei Eukaryoten (Technikbox 33). Eine detaillierte Zusammenfassung des CRISPR-Cas-Systems und seiner aktuellen biotechnologischen Anwendungsmöglichkeiten findet der interessierte Leser bei Donohoue et al. (2018).

Wir werden in den folgenden Abschnitten einzelne verschiedene Wege genauer betrachten, die zunächst alle dazu führen, dass kleine RNA-Moleküle gebildet werden, die mit mRNA so in Wechselwirkung treten, dass die Translation vermindert wird. In diesem Zusammenhang werden wir auch antivirale Immunität besprechen, soweit deren Wirkung auf kleinen RNAs beruht. Wir werden aber auch kleine RNAs kennenlernen, die aktivierend wirken, und lange, nicht-codierende RNAs besprechen, die eher zu heterochromatischen Strukturen beitragen. Die zirkulären RNAs (circRNA) sind die neuesten Spieler auf dem RNA-Feld – ihnen wird entsprechend auch ein Kapitel gewidmet (▶ Abschn. 8.2.6).

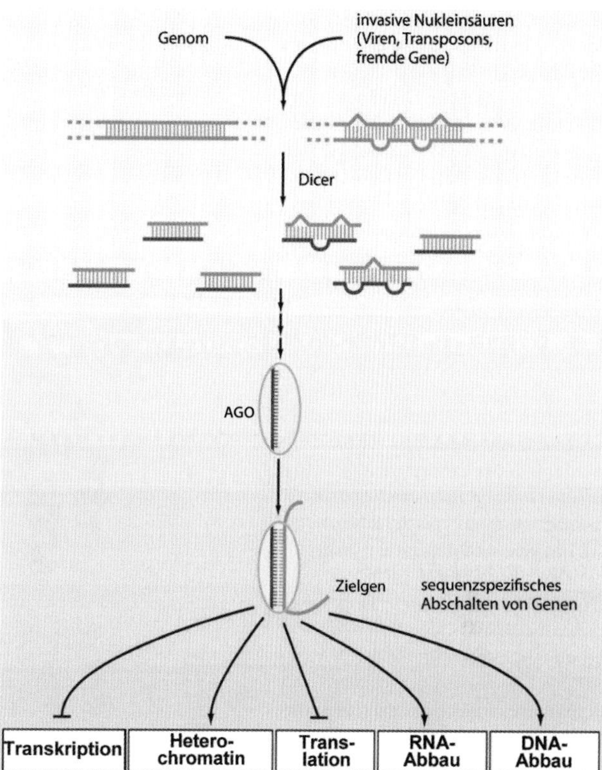

◘ **Abb. 8.10** Allgemeiner Mechanismus der RNA-Interferenz. Die anfänglich doppelsträngige RNA (aus verschiedenen Quellen) wird durch die Nuklease Dicer in kleine, interferierende RNA-Fragmente (~ 20–30 Nukleotide) gespalten. Ein Strang des verarbeiteten Doppelstrangs bindet an das Argonaute-Protein (AGO) und ermöglicht dadurch eine sequenzspezifische Bindung (über Watson-Crick-Basenpaarung) an seine Ziel-RNA. Wenn die Ziel-RNA erkannt ist, wird die Expression über einen der angegebenen Mechanismen moduliert, wobei die Auswahl vom biologischen Kontext abhängt. (Aus Carthew und Sontheimer 2009, mit freundlicher Genehmigung)

8.2.1 RNA-Interferenz und kleine interferierende RNA (siRNA)

Wir haben bereits angedeutet, dass Zellen doppelsträngige RNA in kleine Fragmente abbauen können, die wir als **siRNAs** (engl. *small interfering RNAs*) bezeichnen. Dazu benötigt die Zelle eine breite Palette verschiedener Enzyme wie Helikasen, RNasen und RNA-abhängige RNA-Polymerasen. Ein Charakteristikum der dsRNA-induzierten Abschaltwege in Nematoden, Trypanosomen, Fliegen, Pflanzen und Säugern ist die Spaltung einer dsRNA durch eine doppelstrangspezifische RNase, die als **Dicer** bezeichnet wird. Dicer spaltet dsRNA in Fragmente von 21–25 Nukleotiden, die dann für die Abschaltung verantwortlich sind; sie enthalten am 3′-Ende jeweils einen Überhang von zwei Nukleotiden. Diese kleinen dsRNA-Fragmente wurden zunächst in Pflanzen beobachtet und später in vielen anderen Spezies entdeckt. Sie bilden mit einigen Proteinen Ribonukleotid-Protein-Komplexe, die in Abhängigkeit von ATP den RNA-Doppelstrang aufschmelzen und in seine aktive Form überführen (engl. *RNA-induced silencing complex*, RISC). Dieser Komplex präsentiert den Gegenstrang der ursprünglichen dsRNA seiner Zielsequenz und leitet damit das Abschalten des entsprechenden Gens ein; einen groben Überblick über den allgemeinen Mechanismus gibt ◘ Abb. 8.10.

Eine zentrale Rolle bei der RNA-Interferenz spielt das Enzym Dicer: Es handelt sich um eine dsRNA-spezifische Nuklease der RNase-III-Familie; sie enthält ein dsRNA-bindendes Motiv und am N-Terminus eine DExH/DEAH-RNA-Helikase/ATPase-Domäne sowie ein Motiv, das als „PAZ"-Domäne bezeichnet wird (PAZ: Piwi-Argonaute-Zwille – das sind verwandte Proteine aus *Drosophila*; ◘ Abb. 8.11a). RNase III produziert aus langer dsRNA Sequenz-unabhängig einheitlich kleine RNA-Fragmente, wovon die Bezeichnung Dicer abgeleitet wurde (aus dem Amerikanischen: Würfelschneidemaschine). Dicer ist evolutionär stark konserviert; homologe Proteine wurden in Hefen, Würmern, Pflanzen und Säugern gefunden. Einige Beispiele sind in ◘ Abb. 8.11 gezeigt.

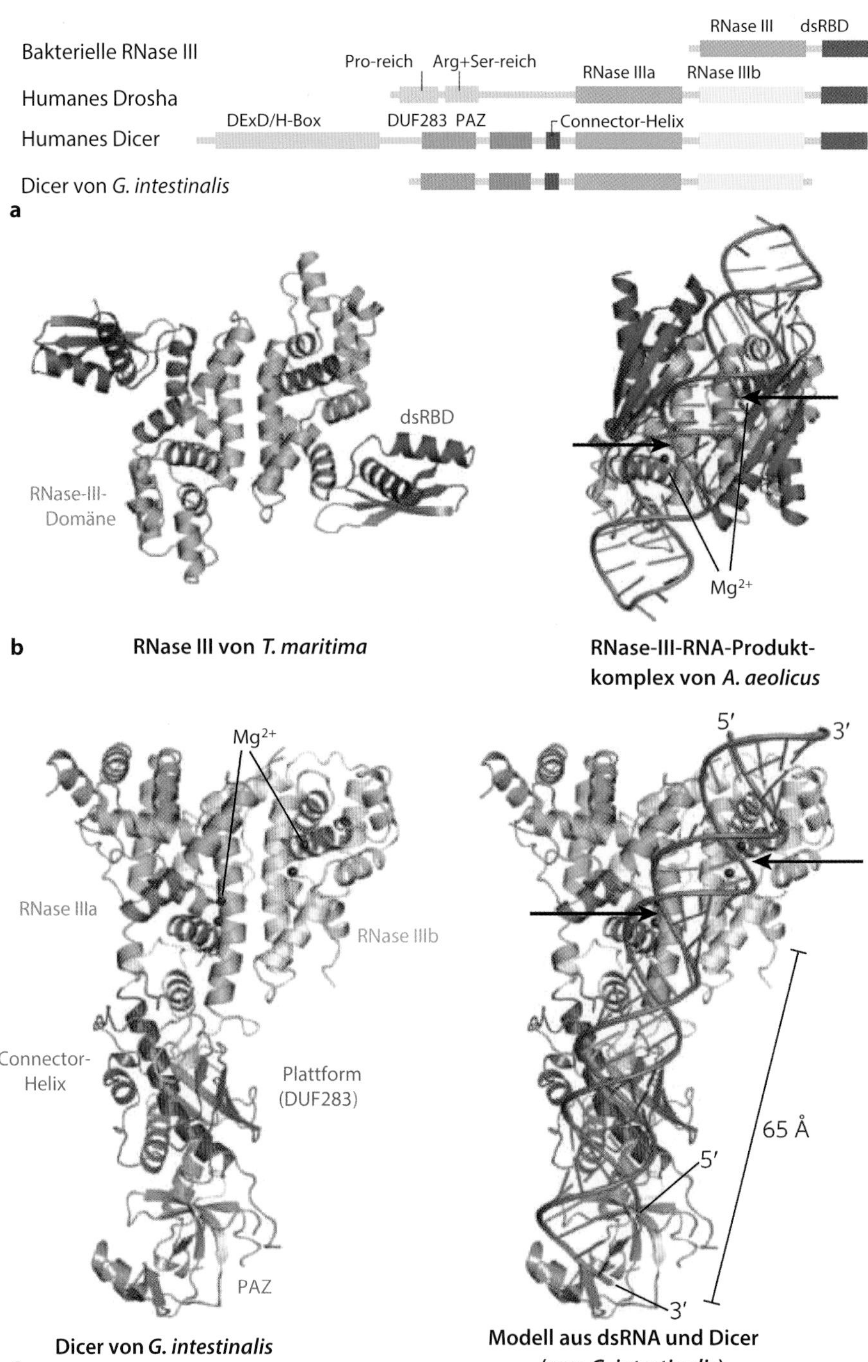

Abb. 8.11 Struktur der Enzyme der RNase-III-Familie. **a** Die Enzyme der RNase-III-Familie enthalten mehrere funktionelle Domänen: Am N-Terminus besitzt nur das humane Dicer-Enzym eine Helikase-Aktivität (DExD/H-Box: Asp-Glu-X-Asp/His-Box), der in der Mitte des Proteins für Dicer charakteristische Domänen folgen (DUF283, engl. *domain of unknown function*; PAZ, benannt nach den ersten drei Mitgliedern dieser Familie: Piwi, Argonaute und Zwille). Dahinter befinden sich ein oder zwei katalytische RNase-III-Domänen. Am C-Terminus enthalten einige Enzyme ein Motiv für die Bindung doppelsträngiger RNA (engl. *double-stranded RNA-binding domain*, dsRBD). **b** Zwei typische RNase-III-Enzyme sind dargestellt: *links* die Kristallstruktur der RNA-freien RNase III von *Thermotoga maritima*; *rechts* die RNase III von *Aquifex aeolicus*, die geschnittene dsRNA enthält. Die Farben der Proteindomänen entsprechen denen in **a**; die RNA ist *orange*, Mg^{2+}-Ionen in den aktiven Zentren sind *lila* dargestellt, und die Schnittstellen in der RNA sind durch *Pfeile* markiert. Aus dieser Struktur wird klar, dass die dsRBD (*blau*) eine deutliche Rotation bei der Substratbindung durchführen. **c** Der molekulare Mechanismus ist am Beispiel der dsRNA-Spaltung durch das Dicer-Enzym von *Giardia intestinalis* gezeigt: *links* die Kristallstruktur in der RNA-freien Form und *rechts* mit gebundener dsRNA. In diesem Modell führt das Ankoppeln des 3′-Überhangs des RNA-Substrats in der PAZ-Domäne zur Spaltung in einem Abstand von 65 Å (6,5 nm) vom 3′-Ende. (Nach Jinek und Doudna 2009, mit freundlicher Genehmigung)

Heute können wir drei Klassen kleiner, nicht-codierender, regulatorischer RNA-Moleküle unterscheiden: siRNA (engl. *short interfering RNA*), miRNA (engl. *micro RNA;* ► Abschn. 8.2.2) und die keimzellspezifische piRNA (engl. *Piwi-interacting RNA;* ► Abschn. 8.2.3). Dabei sind die Wege zur Bildung der aktiven siRNA und der aktiven miRNA sehr ähnlich; einen Überblick gibt ◘ Abb. 8.12.

Die **siRNAs** werden aus doppelsträngiger RNA (dsRNA) gebildet, die Hunderte bis Tausende Basenpaare umfasst und durch RNA-Polymerase III synthetisiert wird. Ursprünglich dachte man, dass nur exogene dsRNA (als Folge viraler Infektionen) zu siRNA führen kann, aber inzwischen wissen wir, dass es auch endogene siRNA-Vorläufer gibt. Diese längeren Vorläufermoleküle werden durch verschiedene Mechanismen zu kurzen (21–25 Nukleotide) dsRNA-Molekülen abgebaut, die dann die eigentliche biologische Wirkung entfalten.

Die **miRNAs** werden aus einzelsträngigen RNAs gebildet, die als *antisense*-Transkripte zu bekannten Genen transkribiert werden; sie haben ihren Ursprung in intergenischen Regionen oder Introns. Gene, die miRNA codieren, werden üblicherweise durch RNA-Polymerase II transkribiert, zu Strukturen mit Haarnadelschleifen weiterverarbeitet und in das Cytoplasma transportiert. Dort werden sie – ähnlich wie die siRNA – zu kleinen (21–25 bp) Fragmenten abgebaut.

RNA-Interferenz ist eine evolutionär sehr alte Methode zur Hemmung von RNA-Aktivitäten, die in vielen Organismen gefunden wird. Dabei wird dsRNA durch eine Typ-III-RNase (Dicer) in kleine Fragmente (21–23 Nukleotide) gespalten, die sich an ihre Zielregion in der mRNA anlagern. Die Wirkung der einzelnen siRNA-Moleküle wird durch Amplifikation mithilfe einer RNA-abhängigen RNA-Polymerase vervielfacht.

Die bisherigen Arbeiten haben dazu geführt, auch über ein mögliches therapeutisches Potenzial der RNA-Interferenz und siRNA nachzudenken. In einer Vielzahl von Experimenten wurde die prinzipielle Anwendbarkeit dieses Ansatzes zur Heilung von Krankheiten im Tiermodell bestätigt (für eine Übersicht siehe Bumcrot et al. 2006). Allerdings stellen sowohl die Form der Verabreichung als auch gesundheitsschädliche unspezifische Effekte (aufgrund von Sequenzähnlichkeiten) große Herausforderungen dar, die bisher eine breite Anwendung in der Medizin verhindert haben (Wang et al. 2017).

Neben der hemmenden Wirkung kleiner RNA-Moleküle finden wir heute zunehmend Hinweise darauf, dass kleine RNA-Moleküle auch aktivierend wirken können. Die Verwendung kleiner RNA-Moleküle, die gegen Promotorsequenzen gerichtet sind, brachte zunächst das überraschende Ergebnis, dass dadurch die Expression der jeweiligen Gene nicht gehemmt, sondern vielmehr intensiviert wird; wir nennen diesen Vorgang in Analogie zur RNA-Interferenz „RNA-Aktivierung" (**RNAa**). Beispiele dafür waren zunächst die Promotoren der Gene, die für E-Cadherin oder für den vaskulären endothelialen Wachstumsfaktor (VEGF) codieren; heute kennen wir schon eine ganze Reihe von Genen bei Säugern, bei denen dieser Mechanismus zur Regulation der Genexpression beiträgt. In ◘ Abb. 8.13 ist ein Modell gezeigt, wie man sich RNAa vorstellt: Eine endogene oder exogene kleine, nicht-codierende RNA (ncRNA) wird auf ein Argonaute-Protein aufgeladen und durch den Abbau eines der beiden RNA-Doppelstränge aktiviert. Der Argonaute-RNA-Komplex gelangt in den Zellkern, wo er an komplementäre genomische DNA-Sequenzen binden kann oder auch an nicht-codierende RNA-Sequenzen, die schon an DNA gebunden sind. Der AGO-RNA-Komplex startet dann Prozesse, die sich von der RNA-Interferenz dadurch unterscheiden, dass die Chromatinstrukturen und der epigenetische Zustand der Zielregion verändert werden. Das kann dadurch geschehen, dass mithilfe des AGO-Proteins eine RNA-DNA-Duplex- oder -Triplexstruktur entstehen kann; dabei dient das AGO-Protein als Plattform, um Histon-modifizierende Enzyme heranzuholen, die dann zu einer offenen Chromatinkonstitution führen und aktive Transkription ermöglichen (◘ Abb. 8.13a). In einer anderen Variante bindet der AGO-RNA-Komplex an Transkripte verwandter Promotoren, und AGO zieht Histon-modifizierende Enzyme heran, um aktive Chromatin-Markierungen in dieser chromosomalen Region einzuführen, sodass daraus eine aktive Transkription entstehen kann. Diese Methode kann natürlich auch verwendet werden, um therapeutische Strategien zu entwickeln, die die Genexpression stimulieren.

Der klassische Auslöser der RNA-Interferenz ist eine lange, lineare dsRNA, die eine perfekte Basenpaarung mit ihrer Zielsequenz ermöglicht. Wie wir oben gesehen haben, wird sie dann durch Dicer weiterverarbeitet. Ursprünglich wurde diese lange dsRNA in transgenen Pflanzen oder in Pflanzen nach einer Virusinfektion entdeckt. Später hat man Centromere, Transposons (▶ Abschn. 9.1) oder andere repetitive Sequenzen als Quellen der siRNA identifiziert, und heute wissen wir, dass siRNA auch aus spezifischen genomischen Transkripten hergestellt werden kann. siRNAs sind also nicht nur Produkte exogener Nukleinsäuren, sondern entstehen ebenso aus endogenen genomischen Regionen. Sie werden durch RNA-Polymerase III synthetisiert, und diese Vorläufer haben eine obligate Phase im Zellkern.

Im linken Teil der ◘ Abb. 8.12 ist auch der zentrale Schritt der Herstellung aktiver siRNA-Moleküle gezeigt, nämlich die Bildung von RISC (engl. *RNA-induced silencing complex*). Dazu lagern sich mindestens drei Proteine aneinander: Dicer, Argonaute-2 (AGO2) und das dsRNA-bindende Protein (dsRBP); dieser Komplex bindet die dsRNA, schneidet sie in die kurzen siRNA-Fragmente und verwirft einen der beiden RNA-Stränge, der im Englischen als *passenger strand* und hier als „Beifahrerstrang" bezeichnet wird. Dabei zeigen die basischen Argonaute-Proteine RNA-bindende und Mg^{2+}-abhängige Endonuklease-Aktivitäten. Durch diese Reaktion wird RISC aktiviert, und der *guide strand* (Leitstrang) kann seine inaktivierende Wirkung entfalten. Dabei erscheint die Auswahl des zu eliminierenden Strangs nicht von der Anwesenheit des Zielstrangs abhängig zu sein, sondern allein von den relativen thermodynamischen Stabilitäten der beiden Enden des Doppelstrangs: Derjenige der beiden Stränge, dessen 5′-Ende die weniger stabile Basenpaarung zeigt, wird als Leitstrang bevorzugt. Die thermodynamische Asymmetrie führt damit eher zu einer abgestuften Wirkung und folgt weniger einem Alles-oder-nichts-Prinzip. Die Details dieses Mechanismus scheinen allerdings bei verschiedenen Spezies unterschiedlich ausgestaltet zu sein und sind Gegenstand vielfältiger Untersuchungen. Ebenso verhält es sich mit den verschiedenen Cofaktoren, die notwendig sind, um die unterschiedlichen siRNAs herzustellen und RISC zu aktivieren.

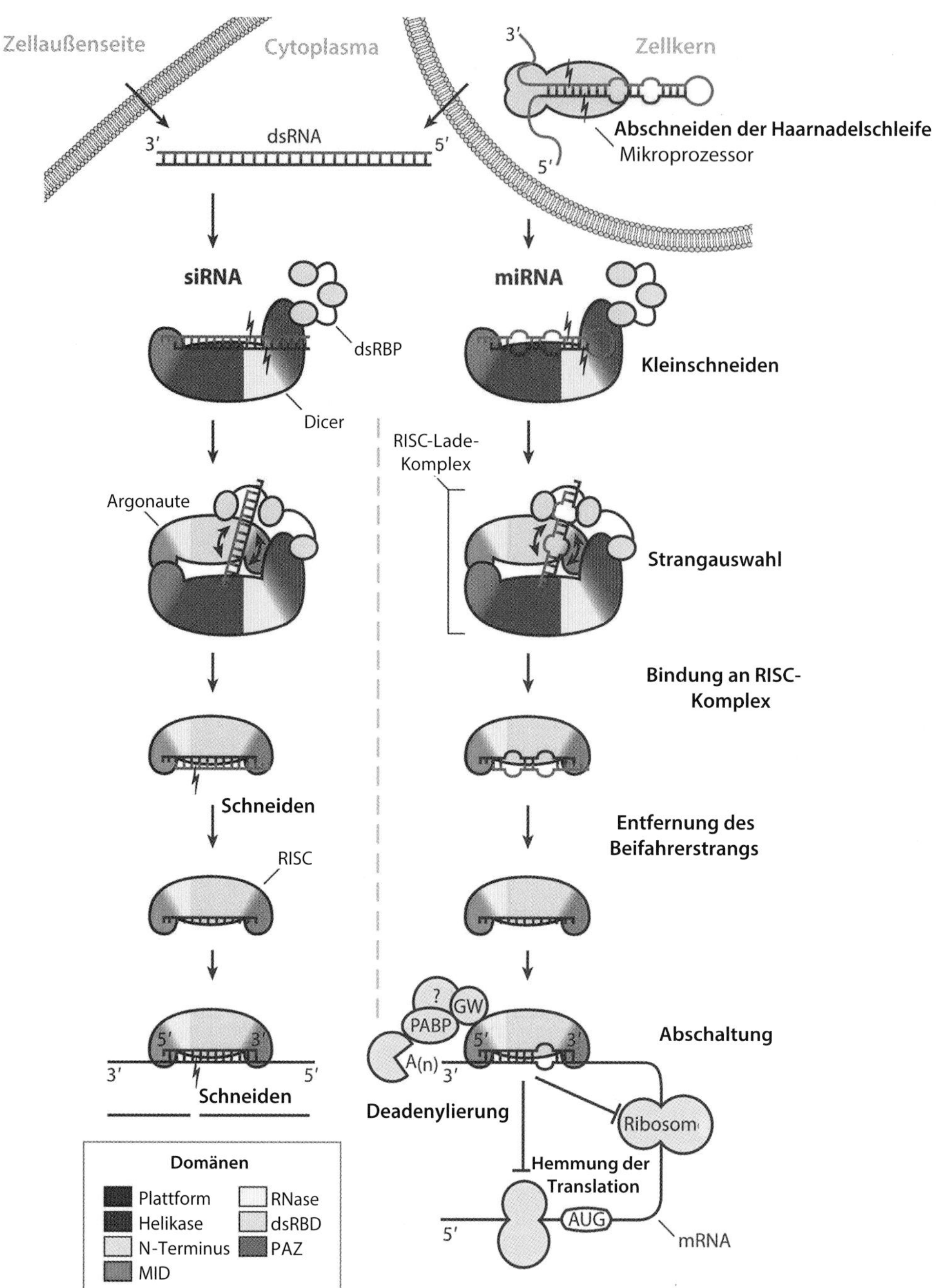

Abb. 8.12 Biogenese und Wirkungsmechanismen von siRNA und miRNA. Die Domänenarchitektur der beteiligten Proteine ist angedeutet; zur besseren Übersicht ist eines der beiden Bindeproteine für doppelsträngige RNA (dsRBP) weggelassen. *Links*: Kurze interferierende RNA (siRNA) entsteht aus langer doppelsträngiger RNA (dsRNA), die bei der viralen Replikation, der Transkription zellulärer Gene oder der experimentellen Transfektion entstehen können. Die Endonuklease Dicer schneidet diese dsRNA in einem Abstand von ca. 21–25 Nukleotiden. Danach wird ein Strang der siRNA-Duplex (der Leitstrang, *rot*) an das Argonaute-Protein gebunden, das den Kern des RNA-induzierten Abschaltungskomplexes (RISC) darstellt. Während der Bindung wird der andere Strang (*grau*) durch das Argonaute-Protein gespalten und abgestoßen. Dieses kann mit dem verbleibenden RNA-Strang perfekt an die Zielsequenz (*schwarz*) binden und zerschneidet sie. Danach wird die zerkleinerte RNA abgestoßen und RISC steht erneut zum Schneiden von RNA zur Verfügung. *Rechts*: Mikro-RNAs (miRNAs) sind im Genom codiert und umfassen als primäre Transkripte ca. 65–70 Basen (Pri-miRNA), die durch Haarnadelschleifen charakterisiert sind. Im Zellkern werden diese Haarnadelstrukturen durch den Mikroprozessor (bestehend aus dem Drosha-DGCR8-Komplex) entfernt, und die Prä-miRNA wird ins Cytoplasma entlassen. Dort schneidet Dicer die Prä-miRNA auf die Größe der miRNA (~ 21–25 Nukleotide). Die miRNA liegt noch als Duplex vor, wobei der Leitstrang (*rot*) an das Argonaute-Protein bindet und der andere Strang (*grau*) entfernt wird. Es wird vermutet, dass die miRNA-vermittelte Inaktivierung die Translation direkt hemmt und über eine Entfernung des Poly(A)-Schwanzes der mRNA zu einer Destabilisierung der mRNA (*schwarz*) führt. AUG: Startcodon; DGCR8: engl. *DiGeorge syndrome critical region gene 8*; GW: Proteine mit Glycin-Tryptophan-Wiederholungseinheiten (Ein-Buchstaben-Code: G bzw. W); PABP: Poly(A)-Bindeprotein. (Nach Wilson und Doudna 2013, mit freundlicher Genehmigung)

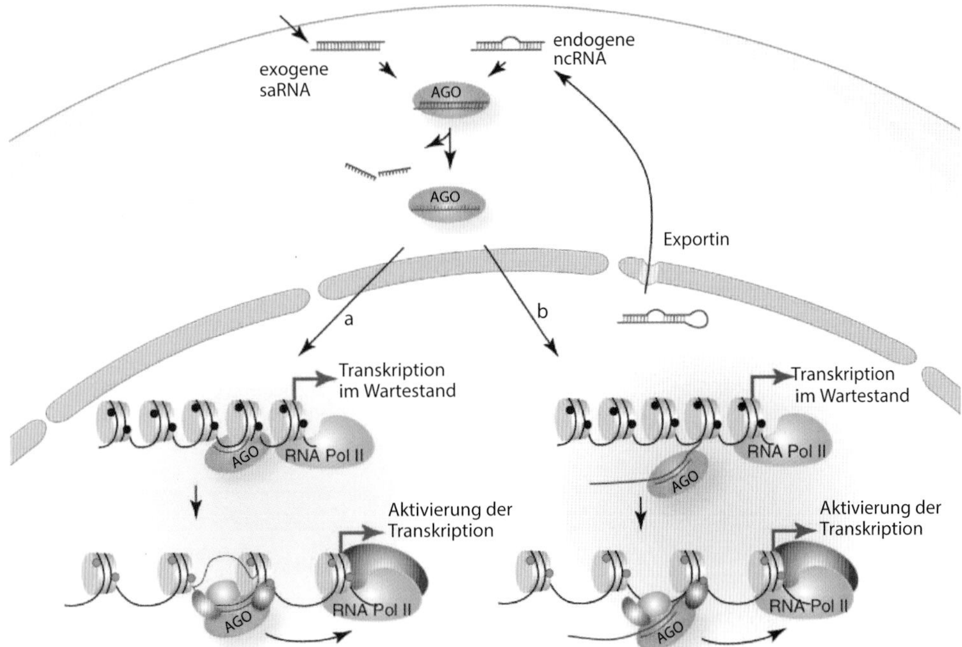

Abb. 8.13 Mechanismus der RNA-Aktivierung. Eine von außen zugeführte oder natürlich vorkommende saRNA (engl. *small activating RNA*) wird auf ein Argonaute-Protein aufgeladen (z. B. AGO2). Dort wird ein Strang gespalten und verworfen, sodass ein aktiver Argonaute-Komplex entsteht. Dieser Komplex gelangt entweder durch aktiven oder passiven Transport in den Zellkern (wenn sich die Kernmembran während der Mitose auflöst). Der Komplex kann nun an komplementäre DNA-Sequenzen binden (**a**) oder an Promotoren bzw. 3′-flankierende Regionen verwandter wachsender Transkripte (**b**), um mithilfe weiterer Chromatin-Modifikatoren eine offene Chromatinstruktur und aktive Transkription zu ermöglichen. AGO: Argonaute-Proteine, ncRNA: nicht-codierende RNA. (Nach Portnoy et al. 2011, mit freundlicher Genehmigung)

Die verschiedenen Möglichkeiten, wie siRNA Zielgene inaktivieren kann, sind in Abb. 8.14 zusammengefasst. In der klassischen RNA-Interferenz führt der gebundene Einzelstrang RISC zu einem perfekt passenden Transkript, das dann abgebaut wird. Der RNA-Abbau erfolgt durch die Piwi-Domäne des Argonaute-Proteins und ist sehr präzise: Es wird die Phosphodiesterbindung zwischen den Nukleotiden 10 und 11 (gezählt vom 5′-Ende her) gespalten, wobei Produkte mit einem 5′-Monophosphat und mit einem 3′-OH-Ende entstehen. Nach diesem initialen Schnitt wird der Abbau durch Exonukleasen vollendet. Durch zusätzliche Faktoren und unter ATP-Verbrauch kann RISC wieder in seine aktive Form zurückgeführt werden.

Wenn jedoch der siRNA-Strang nicht korrekt auf Transkripte passt, kann eine Hemmung der Ziel-RNA durch Repression der Translation erfolgen – dieser Mechanismus ist nicht unterscheidbar von der Inaktivierung durch miRNA, die wir im ▸ Abschn. 8.2.2 besprechen werden. Eine weitere Möglichkeit der Inaktivierung durch RISC besteht in der Bildung von Heterochromatin; dieser Mechanismus ist am besten in der Hefe untersucht, kommt aber auch in Pflanzen und Tieren vor. Dabei wird das Argonaute-Protein durch die gebundene siRNA an spezifische chromosomale Regionen herangeführt, wobei die siRNA offensichtlich wachsende Transkripte erkennt. Durch diese Wechselwirkung wird die Methylierung von Histon H3 am Lysinrest 9 (H3K9) erleichtert und die Kondensation des Chromosomenabschnitts eingeleitet. In Pflanzen erfolgt die Heterochromatisierung eher über DNA-Methylierung statt über Histon-Methylierung.

8.2.2 Mikro-RNA (miRNA)

Ähnlich wie die siRNAs wirken miRNAs als kleine RNAs hemmend auf die Genexpression. Im Gegensatz zu siRNAs werden aber miRNAs von einer verblüffenden Anzahl von Genen in Pflanzen und Tieren codiert. Von den miRNA-Genen wird durch die RNA-Polymerase II ein langes Transkript gebildet; dieses primäre miRNA-Transkript (**Pri-miRNA**) enthält auch eine 5′-Kappe und ein Poly(A)-Ende. Wenn die miRNA-Gene in Gruppen organisiert sind, enthält ein miRNA-Transkript auch Gruppen verschiedener miRNAs (polycistronische Anordnung). Wenn sich das miRNA-Gen in einem Protein-codierenden Gen befindet, liegt der miRNA-codierende Bereich oft in einem Intron. Bei diesen miRNA-Genen ist durch die Regulation der Expression des Gesamtgens auch die Expression der miRNA gewährleistet, sodass kein eigener regulatorischer Mechanismus entwickelt werden muss.

Das primäre miRNA-Transkript wird dann im Zellkern durch den Mikroprozessor (bestehend aus Drosha

8

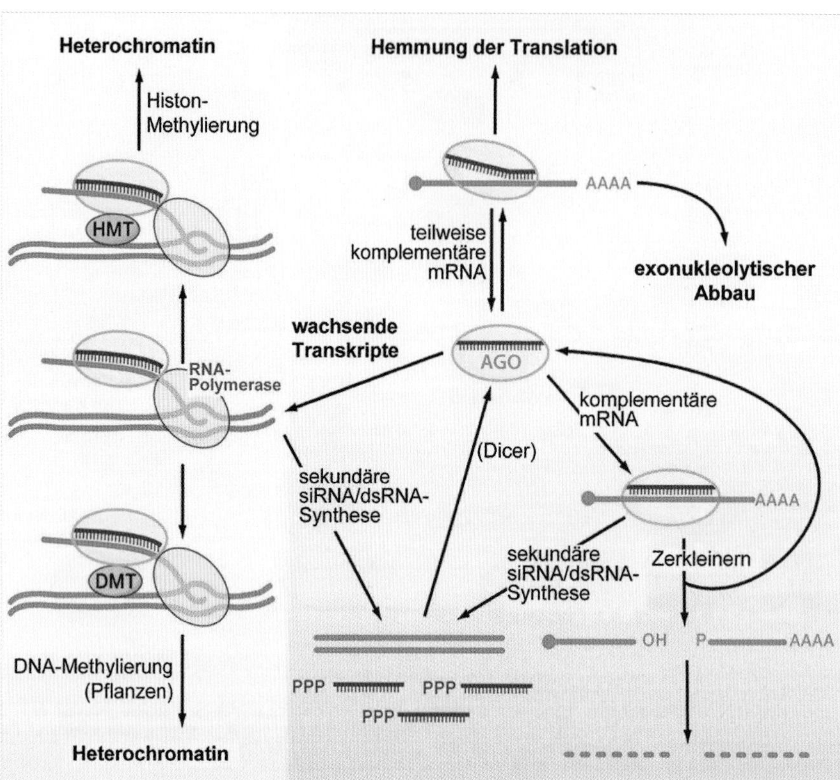

Abb. 8.14 Mechanismen der Inaktivierung durch siRNA. Während der klassischen RNA-Interferenz (*rechts unten*) erkennt der siRISC-Komplex (AGO) perfekt komplementäre mRNA und führt zu einer AGO-katalysierten Spaltung der mRNA. Nach der Spaltung wird der funktionelle siRISC-Komplex regeneriert und die gespaltene mRNA weiter abgebaut. siRNA kann aber auch unvollständig an Zielsequenzen binden (*rechts oben*). In einigen Fällen kann sie Zielgene durch miRNA-ähnliche Mechanismen (Hemmung der Translation, exonukleolytischer Abbau; Abb. 8.15) stilllegen. Schließlich kann der siRISC-Komplex aber auch zur Bildung von Heterochromatin führen (*links*); dabei bindet er an entstehende Transkripte und RNA-Polymerasen (RNA-Pol II in Hefen und RNA-Pol IV/V in *Arabidopsis thaliana*). In Pflanzen (*links unten*) führt das zur Aktivierung einer DNA-Methyltransferase (DMT), die DNA methyliert und damit zur Bildung von Heterochromatin führt. In Hefen (und wahrscheinlich auch in Tieren; *links oben*) ist eine Histon-Methyltransferase (HMT) beteiligt, die den Lysinrest 9 im Histon H3 methyliert und dadurch zur Bildung von Heterochromatin führt. In den meisten Eukaryoten (außer Insekten und Säugern) induziert der siRISC-Komplex die Synthese sekundärer dsRNAs und siRNAs durch RNA-abhängige RNA-Polymerasen (RdRP; *Mitte unten*). Diese sekundären dsRNAs werden durch Dicer gespalten und dem Pool der aktiven siRISC-Komplexe hinzugefügt. In Nematoden treten viele dieser sekundären siRNAs als einzelsträngige Transkripte mit 5′-Triphosphaten (PPP) auf und benötigen keine Bearbeitung durch Dicer. (Nach Carthew und Sontheimer 2009, mit freundlicher Genehmigung)

und DGCR8; Abb. 8.12) in eine kürzere Sequenz gespalten (miRNA-Vorläufer, Prä-miRNA; engl. *precursor miRNA*, ***pre-miRNA***). In *Drosophila* und *C. elegans* ist der Partner von Drosha das dsRNA-bindende Protein Pasha. Die Prä-miRNA enthält zunächst noch haarnadelförmige Abschnitte oberhalb und unterhalb der eigentlichen miRNA-Sequenz, die nach dem Transport ins Cytoplasma durch das uns schon bekannte Enzym Dicer abgeschnitten wird (Abb. 8.12), sodass die reife und aktive Form der miRNA mit einer Länge von ca. 22 Nukleotiden entsteht. In Pflanzen wird auch der zweite Schritt durch das Dicer-ähnliche Enzym Dcl1 (engl. *dicer like 1*) im Zellkern durchgeführt (und zwar an den Nukleolus-assoziierten Cajal-Körperchen; Abb. 5.19).

Ein wesentlicher Unterschied zwischen miRNAs und den meisten siRNAs besteht in der Genauigkeit der Enden. Dies wird durch den ersten Schnitt erreicht, der üblicherweise in einem Abstand von 11 Nukleotiden von dem Übergang des doppelsträngigen Stamms zu der flankierenden Region durchgeführt wird. Dieser Abstand entspricht genau einer Windung der dsRNA-Helix und ist der minimale Abstand, bei dem ein RNase-III-Enzym schneiden kann. In analoger Weise schneidet Dicer in einem Abstand von ungefähr 22 Nukleotiden (zwei dsRNA-Helix-Windungen) vom Ende, weil die PAZ-Domäne von Dicer bevorzugt an die Enden eines dsRNA-Strangs bindet. Allerdings ist dieser Mechanismus im Detail noch komplexer und von mehreren Cofaktoren abhängig, die sich auch von Spezies zu Spezies unterscheiden können.

Der nächste Schritt besteht wie bei den siRNAs in der Bindung an RISC, wobei die Auswahl des Strangs, der an RISC gebunden bleibt, nicht so eindeutig ist wie bei den siRNAs. Die an RISC gebundene miRNA dirigiert den gesamten Komplex an die Bindestelle des Zieltranskripts; diese Bindestellen liegen bei Pflanzen in

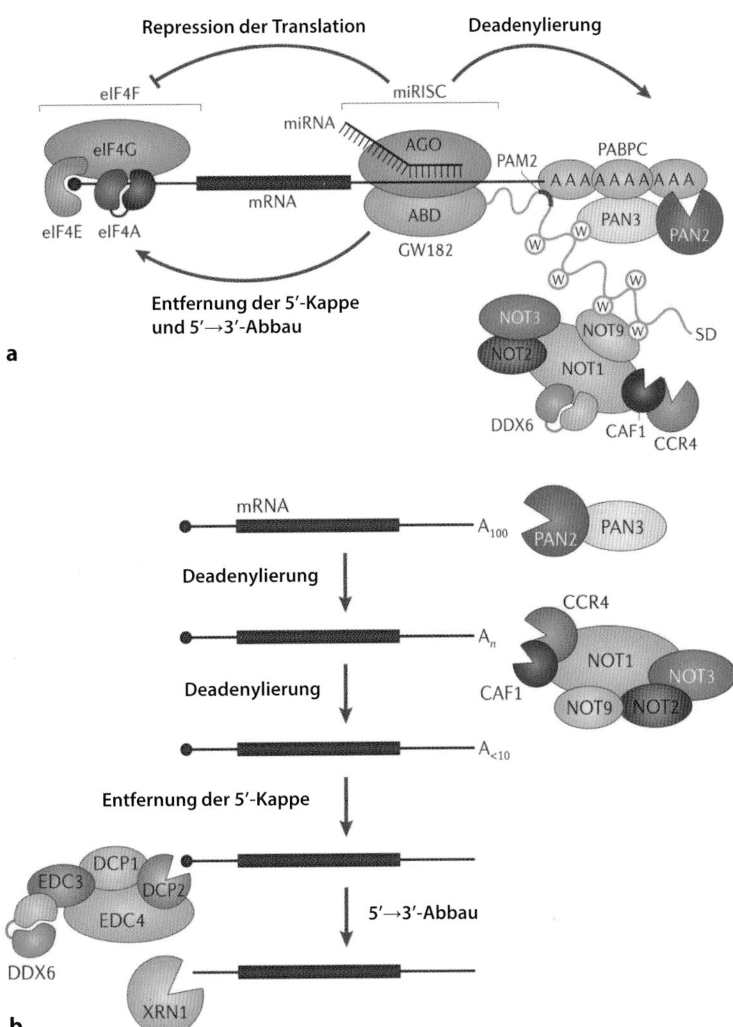

◻ Abb. 8.15 Verschiedene mögliche Mechanismen der miRNA-vermittelten Hemmung in Tieren. **a** Die miRNA ist an das Argonaute-Protein (AGO) gebunden und erkennt in dem aktivierten miRISC-Komplex durch Basenpaarung mit der mRNA ihre Zielsequenz, die üblicherweise in der 3′-untranslatierten Region der mRNA liegt. Das Argonaute-bindende Protein GW182 besteht aus vielen Gly-Trp(GW)-Wiederholungen und tritt darüber mit cytoplasmatischen Poly(A)-bindenden Proteinen (PABPC) und den Deadenylase-Komplexen PAN2-PAN3 (engl. *poly-A nuclease*) und CCR4-NOT (engl. *carbon catabolite-repression-4; negative on TATA-less*) in Wechselwirkung. Diese C-terminale Domäne wird deshalb auch als *silencing domain* (SD) bezeichnet, wohingegen der N-terminale Bereich durch seine Argonaute-bindende Domäne (ABD) charakterisiert ist. In tierischen Zellen wird von der deadenylierten mRNA auch die 5′-Kappe entfernt, und die mRNA wird durch eine 5′-Exoribonuklease (XRN1) schnell abgebaut (siehe **b**). Außerdem unterdrückt die miRNA die Translation, indem es mit dem Komplex des eukaryotischen Initiationsfaktors 4F (eIF4F) in Wechselwirkung tritt und diesen aus seiner Bindung an die 5′-Kappe löst. Der eIF4F-Komplex besteht aus dem Faktor eIF4E (der an die 5′-Kappe bindet), dem Adapterprotein eIF4G und der RNA-Helikase eIF4A. Die 5′-Kappe ist als ein *schwarzer Kreis* gezeigt, die codierende Region als *schwarzer Kasten*. **b** Die Deadenylierung der mRNA beginnt mit Aktivitäten des PAN2-PAN3-Komplexes, die dann von dem CCR4-NOT-Komplex fortgeführt werden; CAF1 (engl. *CCR4-associated factor 1*) wirkt ebenfalls als Deadenylase. Nach der Deadenylierung wird die 5′-Kappe durch das Protein DCP2 entfernt (engl. *decapping protein 2*), das darin von anderen Proteinen unterstützt wird (EDC: engl. *enhancer of decapping;* DDX6: engl. *DEAD box protein 6*). (Nach Jonas und Izaurralde 2015, mit freundlicher Genehmigung)

der codierenden Region und bei Tieren in der Regel in der nicht-translatierten Region des 3′-Endes. Im Gegensatz zu den Pflanzen erfolgt bei Tieren die Bindung nicht durch vollständige Basenpaarung, sondern enthält auch Ausbuchtungen und Fehlpaarungen; wichtig sind aber vollständige Basenpaarungen der Nukleotide 2–8 der miRNA (engl. ***seed region***).

❀ Wie klassische Mutationen (▶ Kap. 10) können auch Mutationen in miRNAs zu Erbkrankheiten führen. Punktmutationen in der *seed*-Region von *miR-96* führen zu einem nicht-syndromischen, progressiven Verlust des Hörvermögens. Mencía et al. (2009) berichten von zwei verschiedenen Mutationen (+13G→A; +14C→A) in zwei Familien; der dritte „Fall" (Lewis et al. 2009) ist eine Mutation in der Maus und betrifft die nächste Base in der *seed*-Region (+15A→T). Die Autoren der Familienstudie untersuchten den Einfluss der Mutationen auf einige Zielgene. Dabei zeigte die Wildtyp-Form von *miR-96* in allen Fällen eine Hemmung um etwa 50 %, die durch die mutierten Formen teilweise wieder aufgehoben wurden. Die Autoren der Mausmutante stellten darüber hinaus fest, dass in der Mutante zwei Gene fast vollständig abgeschaltet sind. Beide Gene werden in den Haarzellen der Cochlea exprimiert und sind vermutlich für deren Degeneration verantwortlich. Die beiden Arbeiten zeigen in sich ergänzender Weise zum ersten Mal die Bedeutung von Mutationen in einer miRNA für den Ausbruch einer Erbkrankheit mit Mendel'schem Erbgang.

Die Wirkung entfaltet die an den RISC-Komplex gebundene miRNA, wenn sie an ihrem Ziel, der mRNA, angekommen ist. Der Mechanismus, wie die aktive miRNA die Stilllegung der entsprechenden mRNA erreicht, ist heute weitgehend klar, und die wichtigsten Spieler sind identifiziert: Zunächst wird das Poly(A)-Ende der mRNA schrittweise entfernt, danach die 5′-Kappe beseitigt und schließlich der noch verbleibende Rest der mRNA vom 5′-Ende her abgebaut. Die Details dieses Prozesses sind in ◻ Abb. 8.15 dargestellt. Weniger klar ist dagegen, wie miRNAs die Translation hemmen, ohne dabei die Ziel-mRNA abzubauen. Möglicherweise spielt dabei die Wechselwirkung mit dem eukaryotischen Initiationsfaktor 4F (eIF4F) eine Rolle, der einerseits für die Wechselwirkung mit dem Ribosom verantwortlich ist, aber auch für die Bindung an die 5′-Kappe der mRNA.

Neben dem hier dargestellten, als „üblich" bezeichneten Weg der miRNA-Bildung („kanonischer Weg") gibt es noch weitere Varianten, wie miRNAs entstehen können. Diese „unüblichen" Wege („nicht-kanonische Wege") verzichten entweder auf den ersten Schritt im Zellkern, bei dem durch Drosha die Haarnadelstrukturen herausgeschnitten werden, oder auf den zweiten Schritt im Cytoplasma, bei dem durch Dicer die miRNAs auf ihre endgültige Länge von 21 bis 25 Nukleotiden verkürzt werden. Der Verzicht auf Drosha ist möglich bei kleinen RNA-Molekülen, die von sich aus die gewünschten Haarnadelstrukturen ausprägen können (z. B. kleine Introns, snoRNAs, tRNA-Vorläufer). Dicer-unabhängige Wege finden wir, wenn AGO2 oder die tRNase Z den Abbau des miRNA-Vorläufers übernimmt. Eine detaillierte Darstellung dieser nicht-kanonischen Wege findet sich bei Miyoshi et al. (2010) sowie bei Pong und Gullerova (2018).

Moderne Hochdurchsatz-Sequenzierungen in Verbindung mit den entsprechenden bioinformatischen Verfahren haben in den letzten Jahren dazu geführt, dass die Zahl der bekannten miRNA-Gene deutlich angestiegen ist. Die bekannteste und am häufigsten genutzte Datenbank für miRNAs, miRBase (▶ http://www.mirbase.org/), enthält aktuell 1252 reife miRNA-Sequenzen der Maus und 2812 miRNA-Sequenzen des Menschen, aber nur 648 reife miRNAs des Zebrafisches (Version 22, 2018). Bei den vielen neuen Sequenzen ist es allerdings oft schwierig zu erkennen, ob es „echte" miRNAs sind oder ob die Sequenzen nicht vielmehr anderen RNA-Klassen zugerechnet werden müssen. Einzelne miRNAs werden mit der Vorsilbe „miR" und einer Zahl bezeichnet (z. B. miR-1); das entsprechende Gen enthält zwar denselben Drei-Buchstaben-Code, aber nach den Regeln des jeweiligen Organismus (z. B. *mir-1* in *C. elegans* und *Drosophila*, *MIR156* in *Arabidopsis* und Reis, *Mir18* in der Maus und *MIR18A* beim Menschen). Allerdings wird die Nummer in dem jeweiligen Organismus fortlaufend vergeben, sodass es nicht immer einfach ist, orthologe miRNA-Gene in den verschiedenen Organismen zu erkennen. Der interessierte Leser sei in diesem Zusammenhang auch auf einschlägige Übersichtsarbeiten verwiesen, z. B. Desvignes et al. (2015).

Wenn man nun in der miRBase-Datenbank nach Zielgenen für eine bestimmte miRNA sucht, so wird man in der Regel eine Vielzahl von möglichen Zielgenen finden. Entsprechend beobachtet man auch bei genomweiten Untersuchungen, dass miRNAs, die an das Argonaute-Protein gebunden sind, an Hunderte verschiedene Transkripte binden. Natürlich findet man die komplementären Bindestellen zu den *seed*-Sequenzen darin angereichert, aber man findet eben auch eine nennenswerte Anzahl (zwischen 7 und 27 %) an Bindestellen, an denen keine exakte Komplementarität vorliegt. Vermutlich ist an diesen Stellen der Einfluss der miRNA auf die Translationshemmung der mRNA auch geringer, dennoch bleibt eine Unschärfe in dem Einfluss der miRNA auf ihre Zielgene. Eine detaillierte Darstellung, auch der molekularen Details, beschreibt die Übersichtsarbeit von Gorski et al. (2017).

miRNAs sind kleine RNAs aus ca. 22 Nukleotiden und werden aus größeren Vorstufen an definierten Stellen herausgeschnitten, die durch Haarnadelstrukturen definiert sind. miRNAs werden an einen Proteinkomplex (RISC) gebunden und dadurch aktiviert. Sie führen zur Hemmung der Translation ihrer Zielgene durch Abbau der entsprechenden mRNA.

8.2.3 Piwi-interagierende RNA (piRNA)

Die piRNAs haben ihren Namen aufgrund der Bindung an Piwi-Proteine, einer Untergruppe der Argonaute-Proteine. Diese Proteine wurden zunächst in *Drosophila* identifiziert und sind für die Funktion der Keimzellen unerlässlich (engl. *P element-induced wimpy testes*); die entsprechenden Proteine der Maus MIWI, MIWI2 und MILI sowie das Zebrafisch-Homolog ZIWI haben sich als essenziell für die Spermatogenese erwiesen. Kleine doppelsträngе RNA-Moleküle, die mit dieser Proteinfamilie interagieren, werden als piRNAs bezeichnet. Neben dem Piwi-Protein spielt auch das Protein Aubergine (Gensymbol: *Aub*) eine wichtige Rolle. Es wird bei *Drosophila* benötigt, um die Polzellen (▶ Abschn. 12.4.2) zu bilden, und es zeigt Ähnlichkeit mit dem Translations-Initiationsfaktor 2C.

Die piRNAs unterscheiden sich von den oben besprochenen si- und miRNAs durch ihre durchschnittliche Länge von 24 bis 31 Nukleotiden. ◘ Abb. 8.16 gibt einen Überblick über die Biogenese der piRNAs sowie über den Ping-Pong-Mechanismus, mit dessen Hilfe die Wirkung der piRNAs wesentlich verstärkt werden kann. Dieser Mechanismus erinnert an die Verstärkung der siRNA-Wirkung, die wir bereits in ◘ Abb. 8.14 kennengelernt haben. Die Funktion der piRNAs liegt wahrscheinlich hauptsächlich in der Kontrolle beweglicher genetischer Elemente (Transposons; ▶ Abschn. 9.1), da die Sequenzen der piRNA häufig Sequenzhomologien zu Transposons aufweisen.

In Ovarien von *Drosophila* läuft der primäre Reaktionsweg sowohl in den Keimzellen ab als auch in den umgebenden Körperzellen, wohingegen der sekundäre Ping-Pong-Zyklus nur in den Keimzellen wirksam ist. Die Gene für piRNAs befinden sich in wenigen genomischen Regionen; einzelne Gruppen umfassen wenige bis Hunderte Kilobasen und codieren für 10 bis 4500 piRNAs. Eine dieser Gruppen ist der *flamenco*-Locus

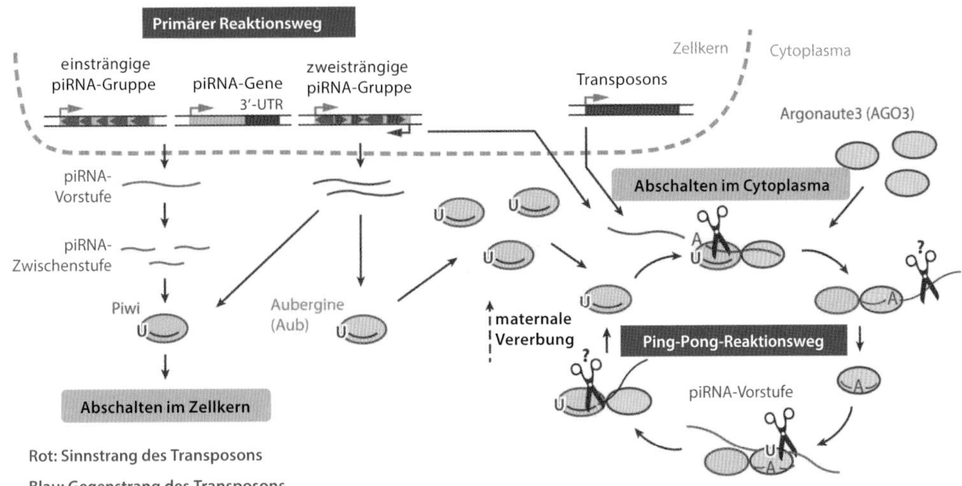

Abb. 8.16 Biogenese und Wirkungsmechanismen von piRNAs in *Drosophila*. Im primären Reaktionsweg (*links*) werden piRNAs von genomischen Regionen mit Gruppen von piRNA-Genen transkribiert, weiterbearbeitet und auf das Protein Piwi oder Aubergine aufgeladen. 3′-untranslatierte Regionen (3′-UTR) können auch als Quelle von piRNAs dienen. Das Abschalten von Genen kann sowohl im Cytoplasma als auch im Zellkern stattfinden. Piwi ist für das Abschalten im Zellkern verantwortlich. Der Aub-piRNA-Komplex ist dagegen zusammen mit dem Argonaute-Protein AGO3 für das Abschalten im Cytoplasma verantwortlich und löst den Ping-Pong-Reaktionsweg aus. Der Ping-Pong-Mechanismus schaltet sein Zieltransposon aus und vermehrt gleichzeitig die Zahl der piRNAs, da sie ihre Zieltranskripte der Transposons spalten und dadurch neue piRNAs erzeugen, die das AGO3-Protein binden. Eine Verstärkung kann dann auftreten, wenn die Transkription von Transposons zusätzliche, unbearbeitete RNAs in das System pumpt. Der Kreislauf wird so lange aufrechterhalten, wie sekundäre piRNAs (*rechts*) in der Lage sind, ihre Zieltranskripte in den Transposon-Elementen zu erkennen und zu schneiden, wodurch neue piRNA entsteht. Beachte, dass einige Aub-piRNA-Komplexe auch maternal vererbt werden können. (Nach Iwasaki et al. 2015, mit freundlicher Genehmigung)

(*flam*), der eine Vielzahl von verkürzten Transposons enthält, von denen die meisten in der Gegenrichtung (in Bezug auf den codierenden Strang der Transposons) angeordnet sind (Abb. 8.17). Die piRNAs aus diesen genomischen Gruppen werden offensichtlich zunächst in einem langen Transkript hergestellt und später weiterverarbeitet; daraus erklärt sich die häufig beobachtete asymmetrische Orientierung der piRNAs. Das primäre Transkript des *flam*-Locus ist ungefähr 180 kb lang. Besondere Sekundärstrukturen oder doppelsträngige Vorläufermoleküle sind bisher nicht entdeckt worden. Die langen primären Transkripte der piRNA-Gengruppe werden in das Cytoplasma exportiert und dort durch eine Endonuklease (Zucchini, Zuc) an der Oberfläche der Mitochondrien kleingeschnitten und auf die Piwi-Proteine aufgeladen. Dabei werden sie auch auf ihre endgültige Länge verkürzt, am 3′-Ende methyliert und als aktiver Komplex wieder in den Zellkern zurücktransportiert. Eine weitere Gruppe von piRNA-Genen bei *Drosophila* ist der *42AB*-Locus. Im Unterschied zu *flam* wird diese Gruppe von piRNA-Genen von beiden Seiten abgelesen (engl. *dual-stranded piRNA cluster*), und die kleingeschnittenen piRNA-Vorläufer können sowohl auf Piwi-Proteine als auch auf Aubergine-Proteine aufgeladen werden, um den aktiven Komplex zu bilden. Auch wenn viele Komponenten der piRNA-Biogenese an *Drosophila* erarbeitet worden sind, kennen wir heute auch die meisten der entsprechenden Gene in Säugetieren.

Wenn der aktive piRNA-Piwi-Protein-Komplex wieder in den Zellkern transportiert wurde, sorgt er dafür, dass die H3-Histone im Bereich des Zieltransposons methyliert werden (H3K9me3), um so heterochromatische Strukturen zu erzeugen und dadurch das entsprechende Transposon stillzulegen. Neben weiteren Proteinen sind daran die Methyltransferasen Eggless, Su(var)3-9 und das Heterochromatin-bindende Protein HP1a beteiligt. Damit unterscheidet sich dieser Mechanismus der Geninaktivierung deutlich von dem der si- und miRNAs.

piRNAs spielen aber auch wichtige Rollen bei anderen genetischen Prozessen, die zunächst schwer zu verstehen waren, z. B. bei der Hybriddysgenese (▶ Abschn. 9.1.2) in *Drosophila*, wobei die Stilllegung eines Transposons von der Richtung abhängt, mit der zwei unterschiedliche Fliegenstämme gekreuzt werden: Dabei wird das Transposon aktiviert, wenn es vom Vater übertragen wird – in diesem Fall führt es zur Sterilität. Wenn das Transposon dagegen von der Mutter übertragen wird, wird es stillgelegt. Den piRNAs ähnliche kleine RNAs spielen auch eine wesentliche Rolle bei der Regulation des Kerndualismus bei Ciliaten (▶ Abschn. 9.3.1) sowie bei der genetischen Prägung (engl. *imprinting*) bei Säugern (▶ Abschn. 8.4). Bei der genetischen Prägung sind Komponenten des piRNA-Reaktionsweges daran beteiligt, die *de-novo*-Methylierungen (H3K9me3) in der Region des abzuschaltenden Allels des *Rasgrf1*-Gens auf-

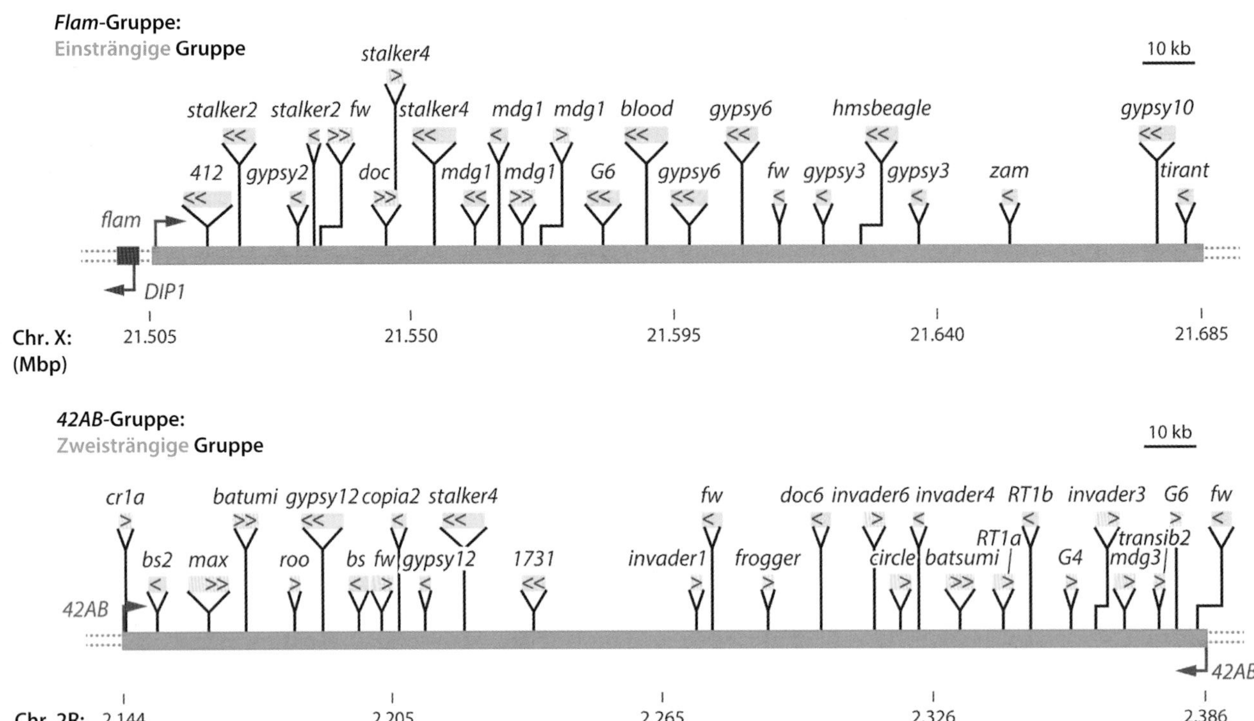

Abb. 8.17 Transposons in Gruppen von piRNA-Genen in *Drosophila*. Es ist die Struktur der *flam*-Gruppe von piRNA-Genen als Beispiel für eine Gruppe dargestellt, die nur in einer Richtung transkribiert wird (*oben*); die *42AB*-Gruppe (*unten*) wird dagegen in beide Richtungen transkribiert. Beide Gruppen enthalten Transposons, die häufig in der Gegenstrang-Orientierung vorliegen (beachte die *roten* bzw. *blauen Pfeile* über den Gensymbolen). Wenn die piRNAs als Gegenstrang zu den Transposonsequenzen gebildet werden, können die Transposons dadurch abgebaut werden. (Nach Iwasaki et al. 2015, mit freundlicher Genehmigung)

zubauen. Wir sehen also, dass piRNAs bei einer Vielzahl unterschiedlicher genetischer Prozesse beteiligt sind, die über die ursprüngliche Charakterisierung zur Inaktivierung von Transposons hinausgehen.

piRNAs sind kleine RNA-Fragmente (24–31 Nukleotide), die an Piwi-Proteine binden und zunächst bei *Drosophila* in den Keimzellen entdeckt wurden, wo sie Transposons inaktivieren. piRNAs kommen aber auch in vielen anderen Eukaryoten einschließlich Säugern vor und sind an Inaktivierungsprozessen beteiligt, die eine *de-novo*-Methylierung des Histons H3 (H3K9me3) benötigen.

8.2.4 Viroide: kleine, infektiöse RNA-Moleküle

Viroide sind kleine, einzelsträngige, zirkuläre RNA-Moleküle; sie sind etwa 250 bis 400 Nukleotide lang und können verschiedene Nutzpflanzen infizieren und dabei Krankheiten von beträchtlicher wirtschaftlicher Bedeutung verursachen; besonders betroffen sind Kartoffelpflanzen, Tomaten, Zitrusfrüchte und Weintrauben. Die Infektion erfolgt häufig über mechanische Vorschädigungen; die Krankheitsformen sind variabel und reichen von geringen Wachstumsverzögerungen bis zu schweren Deformationen, Nekrosen und schweren Verkümmerungen. Die Symptome hängen sehr stark von Umwelteinflüssen ab und können sich auch während des Krankheitsverlaufs ändern. Ein Beispiel einer infizierten Tomate zeigt Abb. 8.18.

Viroide haben keine Codierungsmöglichkeit, und bisher hat man auch keine Viroid-codierten Proteine entdeckt. Viroide sind außerdem nicht in einer Kapsel verpackt. Sie replizieren in den Wirtspflanzen in einem *rolling-circle*-Mechanismus (Abb. 2.22). Dabei werden oligomere, lineare RNA-Moleküle gebildet. Der jeweilige „+"-Strang wird in Monomere geschnitten, und mithilfe einer Ligase werden die beiden Enden ligiert, sodass ein ringförmiges Molekül entsteht; der „−"-Strang wird abgebaut. Viroide kommen entweder im Zellkern oder in den Chloroplasten vor und werden dort auch repliziert; man kann Viroide deshalb auch als Parasiten der Transkriptionsmaschinerie der Organellen betrachten.

Das Hepatitis-delta-Virus (HDV) des Menschen zeigt strukturell manche Ähnlichkeiten mit den Viroiden der Pflanzen und wird ebenfalls durch einen *rolling-circle*-Mechanismus repliziert. Allerdings codiert das HDV für ein Protein (das δ-Antigen), das eine Kapsel

Abb. 8.18 Symptome einer Tomatenpflanze, die mit der japanischen Form des TCDVd (engl. *tomato chlorotic dwarf viroid*) infiziert wurde. Die Pflanze bleibt klein und zeigt vergilbte (chlorotische) Blätter, was auf den Verlust an Chlorophyll in den Blättern zurückzuführen ist (Chlorose). (Nach Matsushita et al. 2008, mit freundlicher Genehmigung)

für die RNA darstellt. Für die Verpackung der RNA mit diesem Protein ist aber die Unterstützung durch ein Hüllprotein des Hepatitis-B-Virus nötig. Die HDV-RNA ist größer als die der pflanzlichen Viroide (ca. 1680 Nukleotide) und hat Ribozym-Aktivitäten (▸ Abschn. 3.5.4). Das HDV wurde bisher nur bei Menschen gefunden; es wird vermutet, dass es ein Relikt aus der früheren „RNA-Welt" ist.

Das erste Viroid wurde 1967 von Theodor O. **Diener** als Ursache der Spindelknollensucht bei Kartoffeln entdeckt; das Viroid wird deshalb als *potato spindle tuber viroid* (PSTVd) bezeichnet. Die Aufklärung der RNA-Sequenz und Sekundärstruktur gelang der Gruppe um Heinz-Ludwig **Sänger** im Jahr 1978 (Gross et al. 1978; ◘ Abb. 8.19). Aus der Sequenz wird sofort klar, dass es keinen offenen Leserahmen für ein Protein gibt; es fällt weiterhin die starke intramolekulare Basenpaarung der RNA auf, die in diesem Fall zu einer stabförmigen Anordnung führt. Dieses Viroid ist ein Vertreter der Klasse der Pospiviroide mit einer charakteristischen zentralen konservierten Region. Anders dagegen das latente Mosaik-Viroid des Pfirsichs (engl. *peach latent mosaic viroid*, PLMVd): Neben einem linearen Anteil verfügt es auch über eine verzweigte Struktur (◘ Abb. 8.19), die eine Ribozym-Aktivität aufweist und zur Gruppe der Hammerkopf-Ribozyme gehört (▸ Abschn. 3.5.4). Dieses Viroid gehört zur Familie der Avsunviroide, die keine zentrale konservierte Region enthält.

Wir können in vielen Fällen beobachten, dass manche Pflanzen für eine Infektion durch Viroide empfänglich sind, aber andere nicht. So ist beispielsweise *Arabidopsis* gegenüber einer Infektion durch PSTVd resistent, wohingegen Tomaten von diesem Viroid befallen werden. Ein interessantes Protein in diesem Kontext ist Virp1, ein Viroid-bindendes Protein: Virp1 enthält Kernlokalisationssequenzen, eine RNA-Bindungsdomäne und eine Bromodomäne (die auch in vielen Chromatin-Modifizierungsfaktoren gefunden wird). Die C-terminale Domäne von Virp1 enthält eine RNA-Bindungsstelle, die mit dem rechten terminalen Ende der Viroid-RNA spezifisch in Wechselwirkung treten kann. Wenn Virp1 in der australischen Tabakpflanze *Nicotiana benthamiana* ausgeschaltet wird, gibt es keine Infektion durch PSTVd! Daher ist Virp1 ein Kandidat für ein Empfindlichkeitsgen gegenüber einer Infektion durch Viroide. Auf der anderen Seite erzeugen spezifische Mutationen in der Viroid-RNA eine gewisse Wirtsspezifität: Der Austausch von einigen Basen in der pathogenen Domäne und in der rechten Endregion entscheidet darüber, ob das Viroid Tabakpflanzen oder Tomaten befällt.

Im Kontext dieses Abschnitts über kleine regulatorische RNAs ist es sicherlich auch interessant zu erfahren, ob Viroide als Quellen für siRNA oder miRNA genutzt werden können und ob die dadurch vermittelte Stilllegung mancher Gene der Wirtspflanze entsprechende Krankheitsformen erklären kann. Und in der Tat haben verschiedene Gruppen im Cytoplasma infizierter Pflanzen kleine RNA-Fragmente gefunden (21–25 Nukleotide), die unterschiedlichen Fragmenten der jeweiligen Viroide entsprechen. Diese viroidale siRNA verhindert die Akkumulation der genomischen viroiden RNA in infizierten Pflanzen. Durch die RNA-abhängige RNA-Polymerase des Wirts werden außerdem weitere 21 Nukleotide lange siRNA-Duplexmoleküle synthetisiert, die offensichtlich als mobile Signalmoleküle über verschiedene Pflanzenzellen hinweg wirksam werden können. Damit beschränkt die RNA-abhängige RNA-Polymerase die Wirkung von PSTVd auf den Bereich der Blüten und das Meristem. Andererseits sind bestimmte viroidale siRNA-Moleküle auch in der Lage, spezifische mRNAs des Wirts zu hemmen, z. B. die Expression eines Hitzeschockproteins (Hsp90) oder eines Gens für die Chlorophyllsynthese (*CHLI*). Man könnte diesen Mechanismus als eine Art „Wettrüsten" interpretieren, bei dem Angreifer immer wieder neue Methoden „ersinnen", um die Abwehr zu umgehen (in Wirklichkeit ist es natürlich so, dass spontane Mutationen einen Vorteil im Kampf gegen die Abwehr ermöglichen und sich deswegen schließlich durchsetzen). Für weitere Details sei der interessierte Leser auf entsprechende Übersichtsartikel verwiesen, z. B. Navarro et al. (2012).

! Viroide sind kleine, einzelsträngige RNA-Moleküle, die sich über weite Strecken als Doppelstrang organisieren können. Sie infizieren bestimmte Pflanzen; die Infektion

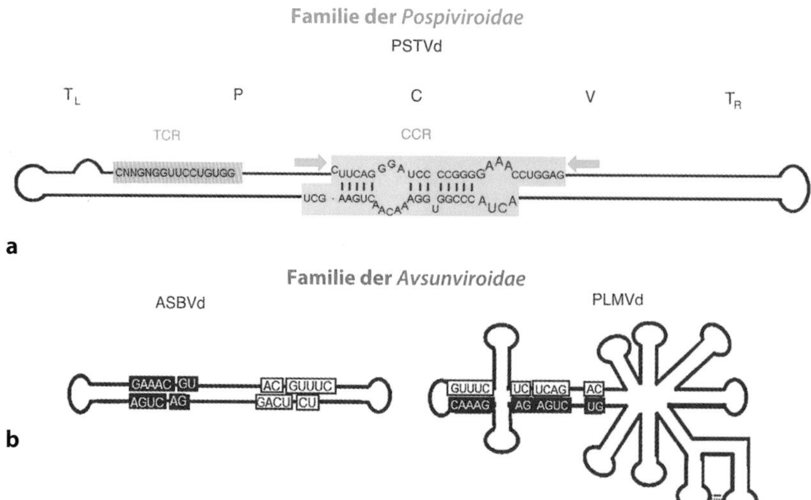

Abb. 8.19 Sekundärstrukturen pflanzlicher Viroide. **a** Die stabförmige Anordnung des PSTVd (engl. *potato spindle tuber viroid*) weist fünf Domänen auf, die für die Familie der Pospiviroidae charakteristisch ist: die linke und rechte Endregion (T_L und T_R), die pathogene Region (P), eine zentrale (C) sowie eine variable (V) Region. Innerhalb der C-Domäne gibt es eine besonders konservierte Region (CCR), sie enthält ein UV-sensitives Element mit ungewöhnlichen Basenpaarungen. Die linke Endregion enthält ebenfalls stark konservierte Elemente (engl. *terminal conserved region*, TCR); für diese beiden Regionen sind die Sequenzen direkt angegeben. Die *blauen Pfeile* markieren unvollständige invertierte Wiederholungseinheiten. **b** Die stabförmige Anordnung des ASBVd (engl. *avocado sunblotch viroid*) und die verzweigte Sekundärstruktur des PLMVd (engl. *peach latent mosaic viroid*) sind Beispiele für die Familie der Avsunviroidae. Die Nukleotide, die in den meisten Hammerkopf-Ribozymen konserviert sind, sind angegeben (*weißer Hintergrund*: Minus-Strang; *schwarzer Hintergrund*: Plus-Strang). Nukleotide, die an Basenpaarungen der Schleifenregionen zweier Haarnadelschleifen beteiligt sind (engl. *kissing loops*), sind durch *Linien* verbunden. (Nach Flores et al. 2017, mit freundlicher Genehmigung)

kann zu vermindertem Wachstum und Ausbleichen der Blätter (Chlorose) führen. Die doppelsträngigen Bereiche der Viroide werden von Dicer gespalten, was einerseits zu einer Abschwächung der Viroidvermehrung führt, aber auch zum Abschalten zellulärer Proteine.

8.2.5 Lange, nicht-codierende RNA (lncRNA)

Im Gegensatz zu den kleinen regulatorischen RNAs, die wir in den vorherigen Abschnitten besprochen haben, steckt das Gebiet der langen, nicht-codierenden RNAs noch in den Kinderschuhen. Um zunächst die „langen" von den „kleinen" nicht-codierenden RNAs abzugrenzen, wollen wir uns auf 200 Nukleotide als die Grenze verständigen: Größere RNAs ohne Möglichkeit, Proteine zu codieren, wollen wir als „lange, nicht-codierende RNA" (**lncRNA**) bezeichnen. Diese Definition ist sehr breit und umfasst verschiedene Klassen von RNA-Transkripten.

Ähnlich wie Protein-codierende Gene werden lncRNAs häufig von der RNA-Polymerase II transkribiert. Die Gene besitzen einen Promotor, und die lncRNAs am 5′-Ende häufig eine Methylguanosin-Kappe sowie einen Poly(A)-Schwanz am 3′-Ende. Die lncRNA-Gene haben oft eine Intron-Exon-Struktur, auch wenn die Zahl der Exons üblicherweise niedriger ist als bei Protein-codierenden Genen. Üblicherweise enthalten die lncRNAs nur sehr kurze, nicht konservierte offene Leserahmen (< 100 Nukleotide), die keine Entsprechung in bekannten Peptidsequenzen haben, die man aus massenspektroskopischen Untersuchungen kennt. Die Zahl der lncRNA-Gene ist deutlich größer als die der Protein-codierenden Gene; man schätzt, dass etwa 70 % des Genoms transkribiert wird. Bei Menschen kennen wir heute 127.802 lange, nicht-codierende RNAs (▸ www.lncipedia.org; Version 5.2, 29.9.2020). Da die Expressionsstärke der lncRNA-Gene allerdings sehr viel geringer ist als die der Protein-codierenden Gene, kann diese Zahl auch noch höher liegen.

Wenn wir die Organisation von lncRNA-Genen im Genom betrachten, finden wir diese Gene häufig in der Nähe von Protein-codierenden Genen – ungefähr die Hälfte aller Protein-codierenden Gene in Säugetieren verfügt über komplementäre Gegenstrang-Transkripte, die sich mit der codierenden Sequenz teilweise überlappen oder intronische und/oder bidirektionale Transkripte enthalten, sodass dadurch komplexe Transkriptionseinheiten erzeugt werden können. Einige Beispiele für die genomische Organisation von lncRNAs werden in ▫ Abb. 8.20 vorgestellt.

Die genomischen Sequenzen der lncRNA-Gene sind im Allgemeinen weniger konserviert als die der Protein-codierenden Gene. Das gilt allerdings nicht für die Spleißstellen, die offensichtlich wichtig sind. Wenn man verschiedene Spezies vergleicht, stellt man außerdem fest, dass die entsprechenden lncRNA-Gene häufig in syntenen Regionen gefunden werden, sodass davon

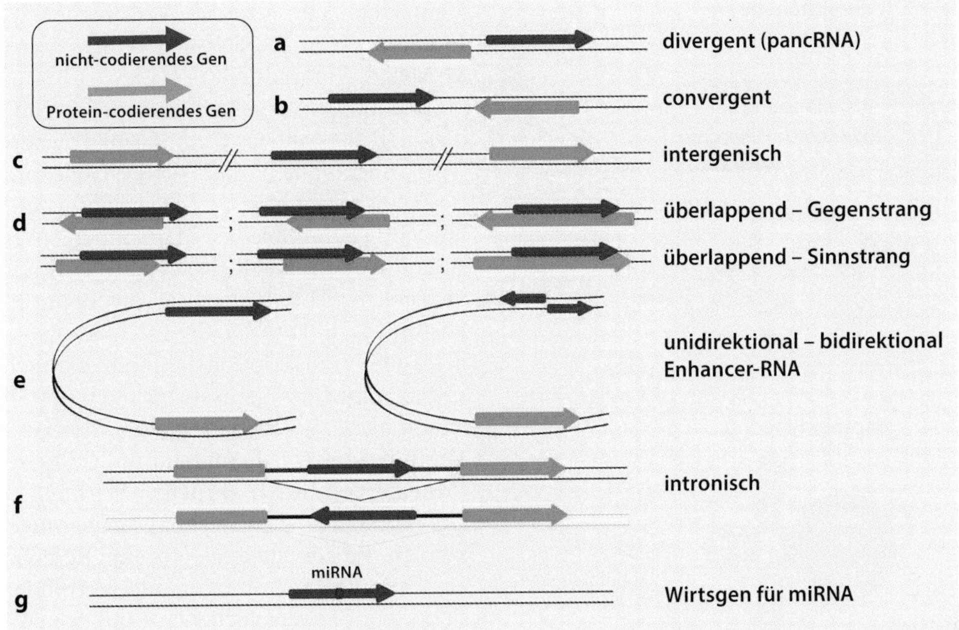

Abb. 8.20 Klassifikation von lncRNAs entsprechend ihrer Anordnung in Bezug auf benachbarte Gene. **a** Die lncRNA wird von derselben Promotorregion aus transkribiert wie das Protein-codierende Gen, aber in die entgegengesetzte Richtung und vom Gegenstrang (engl. *promotor-associated non-coding RNA*, pancRNA). **b** Aufeinander zulaufende Transkription von Genen an Sinn- und Gegenstrang. **c** Die lncRNA wird zwischen zwei Genen transkribiert (der Abstand beträgt üblicherweise mehr als 10 kb). **d** Überlappende Anordnung von Transkripten in beiden möglichen Orientierungen. **e** Enhancer-RNAs können in eine oder beide Richtungen exprimiert werden. **f** Expression einer lncRNA im Intron eines anderen Gens. **g** Eine lncRNA kann auch ein miRNA-Gen enthalten. Nicht-codierende Gene sind in *Grün* dargestellt; Protein-codierende Gene in *Orange*. (Nach Schmitz et al. 2016, mit freundlicher Genehmigung)

auszugehen ist, dass auch die funktionelle Bedeutung erhalten ist. Wir haben schon bei der Besprechung der tRNA (▶ Abschn. 3.5.3) gesehen, dass die Sekundärstruktur des Moleküls für seine Funktion von besonderer Bedeutung ist. Diese Aussage gilt in ähnlicher Weise für die Funktion der lncRNA; unterstrichen wird dies auch durch viele experimentelle Befunde, dass einzelne Nukleotide der lncRNA nach der Transkription in vielfältiger Weise modifiziert werden können. Dadurch unterscheidet sich die lncRNA wesentlich von der mRNA, und es ergibt sich für die lncRNA somit die Möglichkeit, andere Basenpaarungen („Nicht-Watson-Crick-Paarungen") einzugehen, die zu einer höheren Faltungsenergie im Vergleich zur mRNA führen. Im Einzelnen lassen sich die folgenden funktionellen Domänen in lncRNAs identifizieren:

- **RNA-Bindedomänen:** lncRNAs können in vielfältiger Weise mit anderen RNA-Molekülen in Wechselwirkung treten und eignen sich deshalb als spezifische „Sensoren" für mRNAs, miRNAs etc. So können Gegenstrang-lncRNAs die Stabilität und Translation komplementärer mRNA regulieren. Beispielsweise wird die Translation der *UCHL1*-mRNA (codiert für eine Ubiquitin-Thiolesterase) unter Stressbedingungen durch die entsprechende Gegenstrang-lncRNA reguliert, die auch das ATG-Startcodon enthält und damit blockiert.
- **Protein-Bindedomänen:** Wir kennen die Vielfältigkeit von RNA-Protein-Komplexen bereits aus der Besprechung der Ribosomen (▶ Abschn. 3.4). RNA-bindende Proteine gehören zu den großen Proteinfamilien, dennoch gibt es nur wenige RNA-Module, die eine Proteinbindung vermitteln. Allerdings werden sie in Kombination mit anderen Modulen verwendet, sodass sich eine große Vielfalt ergibt. Solche Ribonukleoproteinpartikel (RNPs) wirken häufig als Chaperone, Transporthelfer oder als Effektoren. Proteine tendieren dazu, an die Rinne einer RNA-Haarnadelschleife zu binden; eine andere Möglichkeit ist, dass Proteine in einer β-Faltblattstruktur eine Tasche für einzelsträngige RNA bereithalten.
- **DNA-Bindedomänen:** RNA-DNA-Hybride oder Triplexstrukturen ermöglichen es, dass Einzelstrang-RNA mit DNA in Wechselwirkung tritt; diese direkte Wechselwirkung erlauben es der lncRNA, einen Einfluss auf definierte genomische Regionen zu nehmen. So tritt eine Promotor-assoziierte lncRNA mit der Bindestelle eines Transkriptions-Terminationsfaktors in Wechselwirkung und verhindert dadurch dessen Bindung. Andererseits haben offensichtlich einige lncRNAs spezifische Bindestellen für DNA – ähnlich wie wir das von Transkriptionsfaktoren kennen. Ein Beispiel dafür ist die lncRNA HOTAIR, die am

Funktionelle Domänen

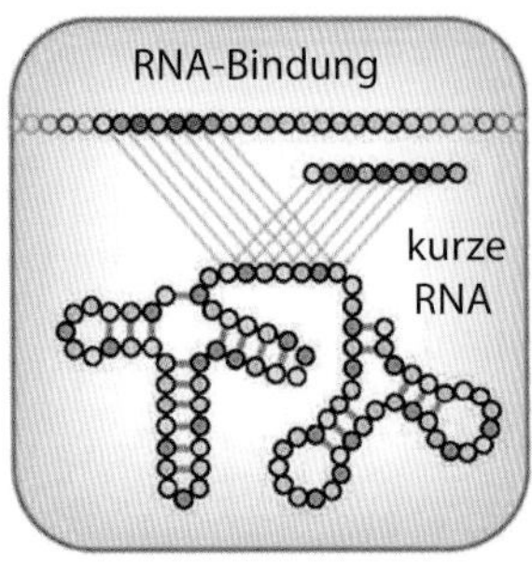

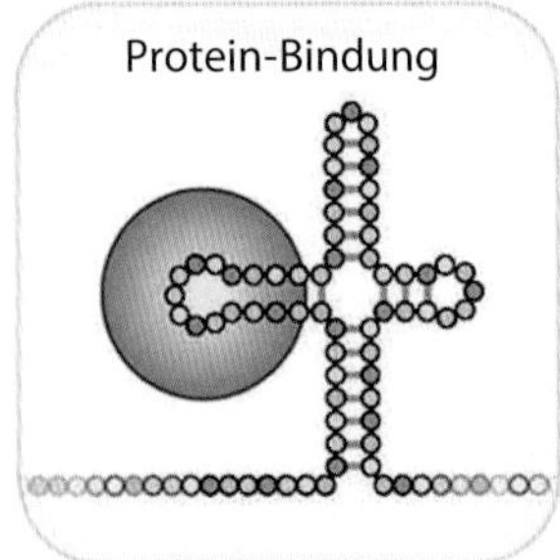

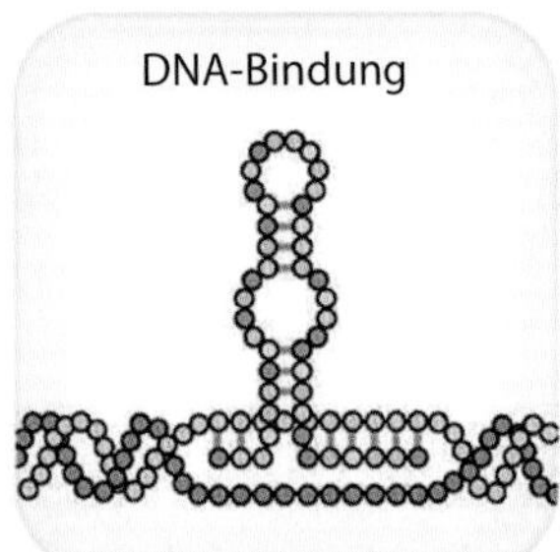

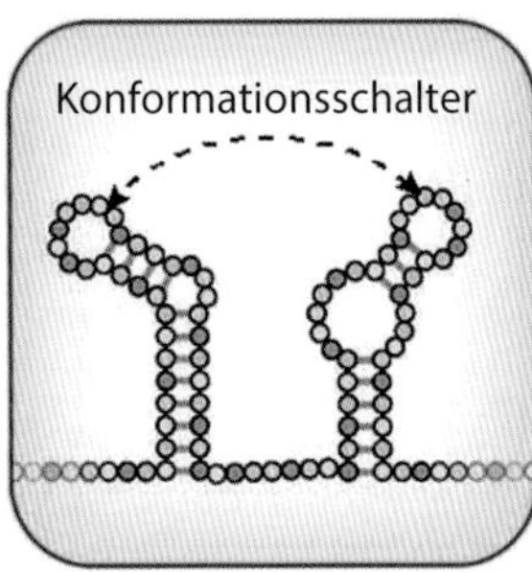

Abb. 8.21 Domänenarchitektur von lncRNAs. Sie enthalten strukturelle Domänen, die andere RNAs über komplementäre Sequenzen wahrnehmen oder binden können. Die Bindung von Proteinen und (wahrscheinlich) auch von DNA können allosterische Konformationsänderungen auslösen. (Nach Mercer und Mattick 2013, mit freundlicher Genehmigung)

HoxC-Locus exprimiert wird und in Zusammenarbeit mit Proteinen zur Ausbildung reprimierender Histon-Markierungen (z. B. H3K27me3) am *HoxD*-Locus führt (zur Bedeutung der *Hox*-Gene bei der Ausbildung der anterior-posterioren Körperachse siehe ► Abschn. 12.4.3).

Eine Übersicht über die verschiedenen strukturellen Domänen von lncRNAs und ihre Funktionen ist in Abb. 8.21 dargestellt.

Die lncRNAs bleiben überwiegend im Zellkern. Von den lncRNAs, die ins Cytoplasma transportiert werden, wird angenommen, dass sie die Genexpression auf der posttranskriptionellen Ebene beeinflussen. Hier wird offensichtlich das Spleißen in besonderer Weise beeinflusst. Allerdings entfalten lncRNAs ihre Wirkung überwiegend im Zellkern. Hier können sie sowohl mit Proteinen (z. B. Histon-Modifikatoren, der DNA-Methylierungsmaschinerie oder Transkriptionsfaktoren) als auch mit Nukleinsäuren schnell in Wechselwirkung treten. Dadurch kann ein „Anker" geschaffen werden, der zur Bildung oder Veränderung von Domänen im Zellkern führt, indem Proteine von ihrem aktuellen Wirkungsort abgezogen oder zu einem neuen Wirkungsort herangezogen werden können; sie können auch einzelne Regionen verschiedener Chromosomen miteinander verbinden. Eine Übersicht über die verschiedenen Funktionen von lncRNAs zeigt Abb. 8.22. Wie wir später im ► Abschn. 8.3 über Dosiskompensation der Geschlechtschromosomen sehen werden, sind lncRNAs außerdem in der Lage, ganze Chromosomen abzuschalten. Auch genetische Prägung (engl. *imprinting*) wird häufig durch lncRNA vermittelt (► Abschn. 8.4). Aufgrund der Bedeutung dieser Phänomene werden beide separat in einem eigenen Abschnitt besprochen.

Unter langer, nicht-codierender RNA verstehen wir RNA-Moleküle, die mehr als 200 Nukleotide umfassen; sie können in vielfältiger Weise die Transkription und Translation von Genen beeinflussen.

8.2.6 Ringförmige RNA (circRNA)

Ringförmige RNAs (zirkuläre RNA, **circRNA**) sind die neuesten Mitglieder der Familie nicht-codierender RNAs. Es handelt sich dabei um kovalent gebundene, ringförmige RNA-Moleküle, die von Genen gebildet werden, die üblicherweise für Proteine codieren oder für lange, nicht-codierende RNAs. Sie enthalten in der Regel Exonsequenzen mit den üblichen Spleißstellen; es gibt aber auch circRNAs, die aus zwei Exons und dem dazwischenliegenden Intron bestehen. Zirkuläre RNAs wurden zum ersten Mal im Jahr 2012 von Julia **Salzman** und ihrer Gruppe in der Auswertung von Daten systematischer RNA-Sequenzierungen in verschiedenen menschlichen Organen beschrieben. Zuvor gab es seit Ende der 1970er-Jahre zwar immer wieder vereinzelte Hinweise auf ringförmige RNAs, die aber weitgehend als Kuriositäten und „Rauschen" des Spleißmechanismus interpretiert wurden. Heute kennen wir Tausende circRNAs, die in der Datenbank circBase für verschiedene Organismen gelistet sind (► www.circbase.org).

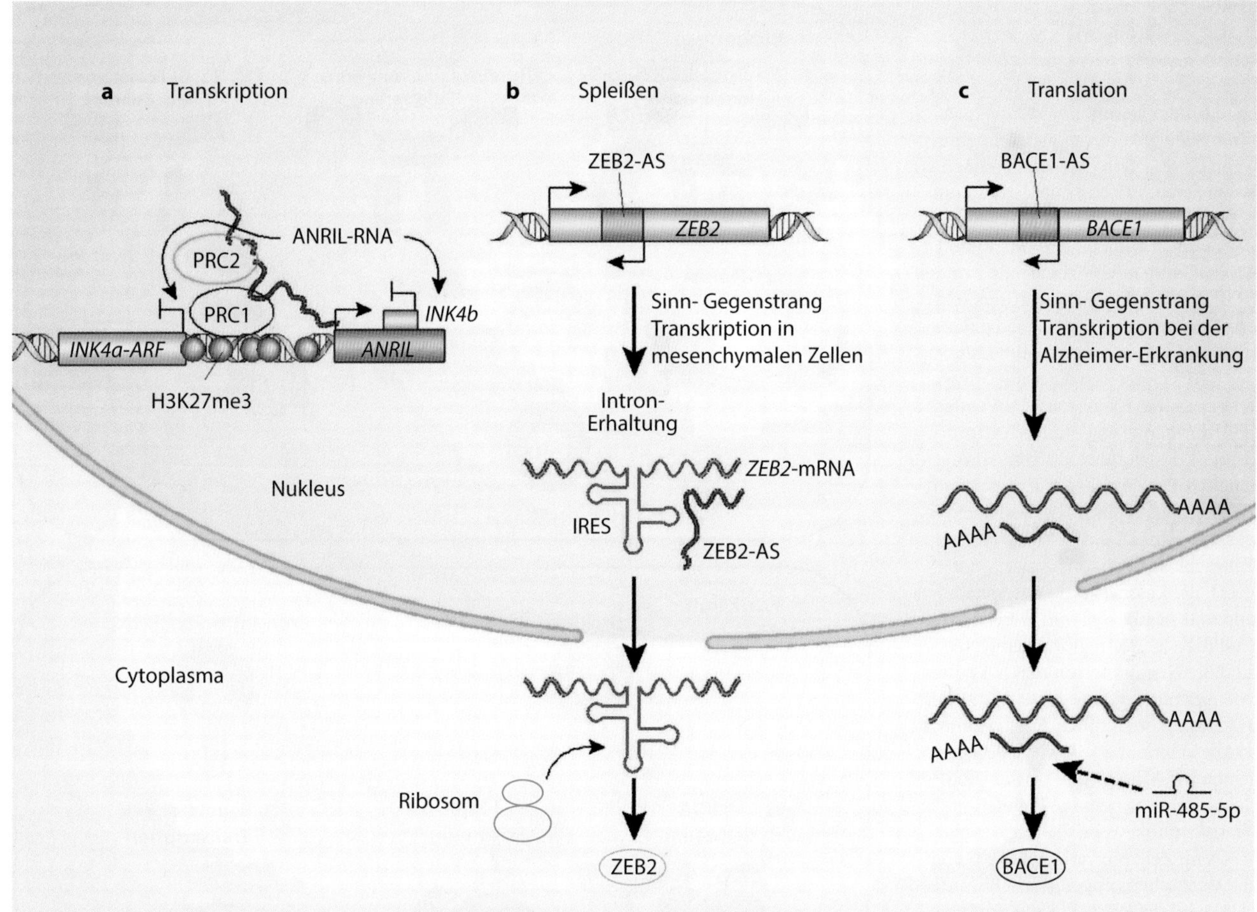

Abb. 8.22 Verschiedene Wirkungen von lncRNAs. **a** Die lncRNA ANRIL (*magenta*) wird von der *INK4b-ARF-INK4a*-Gengruppe in der Gegenstrang-Orientierung transkribiert (*INK4b-ARF-INK4a* wird als ein Tumorsuppressor-Locus betrachtet und codiert zwei Inhibitoren von Cyclin-abhängigen Kinasen). ANRIL induziert die Abschaltung des gesamten Locus, indem es PRC1- und PRC2-Komplexe heranzieht (PRC: engl. *polycomp-group repressor complex*) und die Ausbildung der reprimierenden Histon-Markierung H3K27me unterstützt. **b** Nach einem Epithel-mesenchymalen Übergang wird eine Gegenstrang-RNA zu dem Zinkfinger-Gen *ZEB2* produziert (*ZEB2-AS*, *magenta*); die Komplementarität der Sequenzen verhindert das korrekte Spleißen eines langen Introns in der 5′-UTR der *ZEB2*-prä-mRNA. Das so erhaltene Intron enthält eine interne Ribosomen-Eintrittsstelle (IRES) in der Nähe des Translationsstarts, sodass in den mesenchymalen Zellen die Translation von *ZEB2* möglich ist (*fett*: Exonsequenzen; der *dünne Strich* entspricht dem erhaltenen Intron). **c** Ein Gegenstrang-Transkript zur *BACE1*-mRNA (engl. *beta-site amyloid beta A4-precursor protein-cleaving enzyme 1*) wird bei der Alzheimer'schen Erkrankung (▶ Abschn. 14.5.2) transkribiert und wirkt als ein positiver Regulator der *BACE1*-Expression, da es die Bindestelle für die miRNA miR-485-5p blockiert. (Nach Guil und Esteller 2012, mit freundlicher Genehmigung)

❀ Eines der wenigen Beispiele für zirkuläre RNAs, die bereits früh untersucht wurden, betrifft das *Sry*-Gen der Maus (engl. *sex-related on the Y chromosome*); es ist bei Säugern für die Ausbildung des männlichen Pänotyps verantwortlich. Das *Sry*-Gen enthält ein Exon, das in den frühen Stadien der Embryonalentwicklung in ein lineares Transkript übersetzt wird. In erwachsenen Mäusen kommt die RNA jedoch primär als zirkuläres Transkript im Cytoplasma vor (Capel et al. 1993). Es gibt Studien, die darauf hindeuten, dass die *Sry*-circRNA als eine Art Schwamm für miRNAs wirkt (für eine Übersicht siehe Ebbesen et al. 2016). Interessanterweise wird die *Sry*-circRNA von einem anderen Promotor transkribiert als die lineare *Sry*-mRNA, und die Vorläufer-RNA enthält repetitive Elemente, die das eine *Sry*-Exon flankieren und so die Ringbildung steuern.

Ringförmige unterscheidet sich von anderen Formen der RNA darin, dass ihre 3′- und 5′-Enden nicht frei, sondern kovalent verbunden sind. Diese Verbindung findet an Stellen statt, die von den üblichen Spleißsignalen (▶ Abschn. 3.3.5) flankiert sind: Um eine circRNA zu erhalten, muss eine Spleiß-Donorsequenz mit einer oberhalb liegenden Spleiß-Akzeptorstelle verbunden werden. Dieses „Zurückspleißen" ist spezifisch für circRNA und unterscheidet sich von dem regulären Spleißen, bei dem eine Spleiß-Donorstelle mit einer unterhalb liegenden Spleiß-Akzeptorstelle verbunden wird.

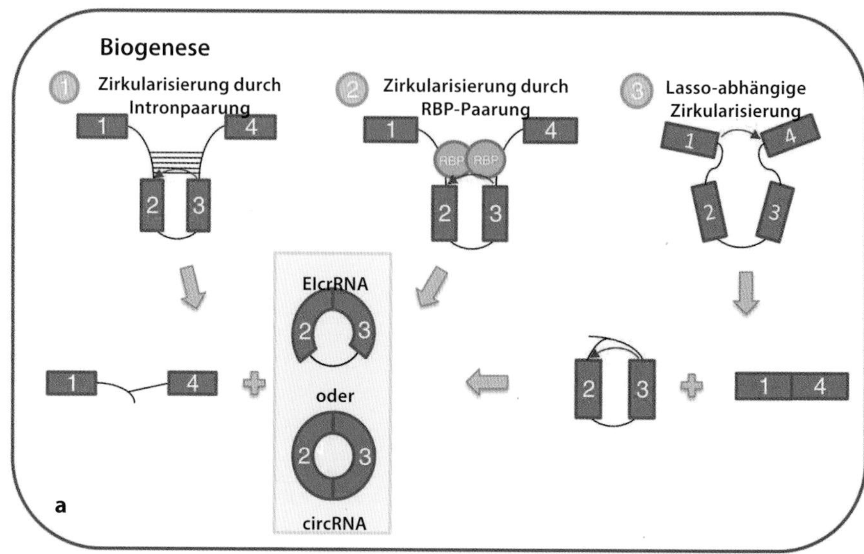

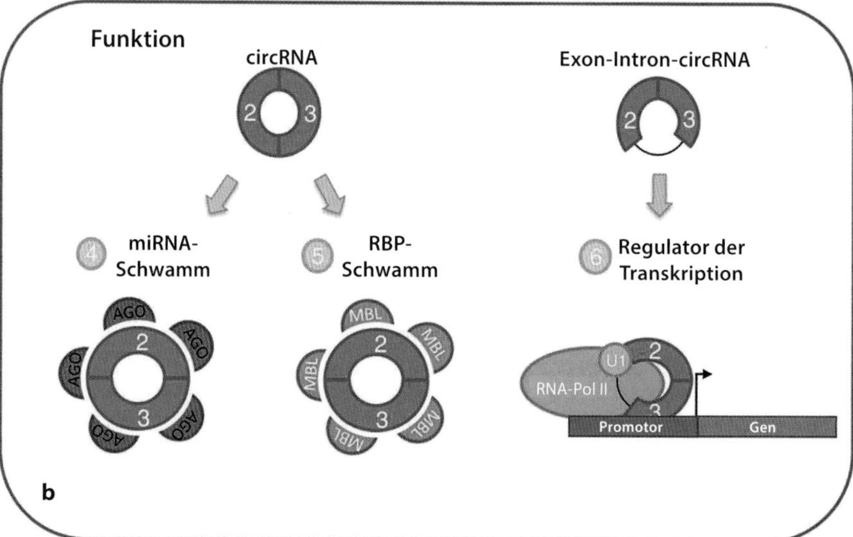

Abb. 8.23 Biogenese und Funktionen ringförmiger RNAs. **a** Drei verschiedene Reaktionswege sind bekannt, die zu ringförmiger RNA führen: Das erste Modell beruht auf komplementären Sequenzmotiven in den Introns; wenn diese sich in den flankierenden Bereichen der Exons (hier Exon 2 und 3) befinden, können die entsprechenden Exons einen Ring bilden. Im zweiten Modell binden RNA-bindende Proteine (RBP) an Sequenzen des Introns und ermöglichen auf diese Weise die Ringbildung. Je nach Lage der Bindestellen der RBPs ergibt sich eine ringförmige RNA nur aus Exons (circRNA) oder mit Intronanteilen (EIciRNA). Im dritten Modell führt das Überspringen (engl. *exon skipping*) der Exons 2 und 3 zu einer linearen mRNA, bestehend aus den Exons 1 und 4, sowie einem Ringschluss der Exons 2 und 3, der durch die Lassostruktur des Spleißapparats begünstigt wird. **b** Bekannte Funktionen der ringförmigen RNAs sind die Hemmung von miRNAs durch Anlagerung der Argonaute(AGO)-miRNA-Komplexe („miRNA-Schwamm"; 4), die Hemmung von RNA-Bindeproteinen wie Muscleblind (MBL; „RBP-Schwamm"; 5) oder die Regulation der Transkription, wenn die ringförmige RNA im Zellkern verbleibt (6). Durch die Wechselwirkung mit dem U1-snRNP (U1) wird die RNA-Polymerase II (RNA-Pol II) an den Promotor des Zielgens herangeführt und die Initiation der Transkription stimuliert. (Nach Ebbesen et al. 2016, mit freundlicher Genehmigung)

Zirkuläre RNAs sind sehr vielfältig: Üblicherweise entstehen sie aus Exons Protein-codierender Gene, aber sie können auch aus lncRNAs (▶ Abschn. 8.2.5) entstehen; sie können aus mehr als zwei Exons bestehen, wobei dann natürlich vor oder nach der Ringbildung die Introns entfernt werden müssen, oder sie können auch Introns enthalten (hier sprechen wir dann von Exon-Intron-circRNAs oder EIciRNA). EIciRNAs finden wir spezifisch im Zellkern und dort in der Nähe der Transkriptionsstartstellen, wohingegen die circRNAs im Cytoplasma vorkommen. Einen Überblick über die verschiedenen Mechanismen der Entstehung von circRNAs/EIciRNAs sowie ihre Funktionen gibt ◻ Abb. 8.23.

Die funktionellen Untersuchungen der circRNAs stecken noch in den Anfängen, doch die bisherigen Daten lassen drei Modelle zu:

1. Einige der untersuchten circRNAs besitzen viele Bindestellen für bestimmte miRNAs und saugen sie deshalb wie ein Schwamm auf; es hat sich dafür die Bezeichnung „miRNA-Schwamm" eingebürgert. Dadurch werden die miRNAs ihrem eigentlichen Zielgen als Reaktionspartner entzogen; da die circRNAs jedoch keine Angriffspunkte für miRNA-abhängige mRNA-Abbauwege bieten (keine 5′-Kappe, keine Poly(A)-Sequenz), werden sie selbst nicht abgebaut.
2. Einige der untersuchten circRNAs besitzen Bindestellen für RNA-bindende Proteine (RBPs). Ein Beispiel ist Muscleblind (MBL), das durch die circRNA gebunden wird, die durch sein eigenes Gen gebildet wird (*mbl* in *Drosophila*). Dadurch wird aber offensichtlich das Gleichgewicht wieder zur *mbl*-mRNA verschoben, sodass wieder mehr MBL gebildet wird. Hier wirkt also die circRNA als „RBP-Schwamm".
3. Die ringförmigen Exon-Intron-RNAs (EIciRNA) binden über ihre intakte Spleiß-Donorsequenz an das U1-snRNP (engl. *small nuclear ribonucleoprotein*) und an die RNA-Polymerase II im Bereich des Promotors des eigenen Gens, d. h. von dem die EIciRNA

gebildet wurde. Dort trägt sie zur Erhöhung der Transkriptionsrate bei.

Die bisher beschriebenen Beispiele der Funktionen von ringförmiger RNA fügen dem komplexen Netzwerk der Genregulation eine weitere Ebene hinzu. Es ist zu erwarten, dass mit dem Einsatz geeigneter Nachweisverfahren unser Wissen um die genauen Funktionen der ringförmigen RNAs in den nächsten Jahren rasant zunehmen wird.

Ringförmige RNAs entstehen überwiegend aus RNA Protein-codierender Gene und enthalten mindestens zwei Exons mit oder ohne Intron. Sie wirken als miRNA- bzw. RBP-Schwamm und können an der direkten Regulation der Transkription beteiligt sein.

8.3 Dosiskompensation der Geschlechtschromosomen

Das Genom eines Organismus ist genetisch sehr genau balanciert. Es toleriert keine größeren Abweichungen (insbesondere, wenn diese die Chromosomenanzahl betreffen; ▶ Abschn. 13.2.1), ohne mit schwerwiegenden Störungen der Funktion des genetischen Materials zu reagieren. Umso erstaunlicher ist es, dass bei einem einzigen Chromosomenpaar Abweichungen offenbar nicht zu vergleichbar schwerwiegenden Defekten führen, wie bei Veränderungen der Geschlechtschromosomenzahlen durch Nondisjunction (fehlende Trennung von zwei homologen Chromosomen bei der Meiose I oder von Schwesterchromatiden während der Meiose II; ▶ Abschn. 6.3.2). Mehr noch: Die Verteilung der Geschlechtschromosomen in beiden Geschlechtern selbst schließt bereits eine ungewöhnliche Konstitution ein. Während eines der Geschlechtschromosomen im einen Geschlecht in diploider Anzahl vorhanden ist (bei Menschen: das X-Chromosom bei Frauen), liegt es im anderen Geschlecht nur haploid (**hemizygot**) vor (bei Menschen: das X-Chromosom bei Männern). Ist überhaupt ein zweites Geschlechtschromosom vorhanden, so ist dieses in einem Geschlecht haploid vorhanden (bei Menschen: das Y-Chromosom bei Männern), fehlt aber im anderen Geschlecht vollständig (bei Menschen: das Y-Chromosom bei Frauen). Diese genetische Situation kann nicht einfach durch eine (partielle) genetische Identität der Geschlechtschromosomen erklärt werden. Wie lässt es sich aber dann verstehen, dass hier unterschiedliche Genkopienzahlen keine Funktionsstörungen hervorrufen, während das im übrigen Genom fast stets der Fall ist?

Wie wir sehen werden, gibt es verschiedene molekulare Kontrollmechanismen, die dafür sorgen, dass die Aktivität der geschlechtschromosomalen Gene in beiden Geschlechtern im Prinzip gleich bleibt und dass das Expressionsniveau X-chromosomaler Gene demjenigen autosomaler Gene entspricht (**Dosiskompensation**; ◘ Abb. 8.24). Es sind drei prinzipiell unterschiedliche Dosiskompensationsmechanismen bekannt:

- Der erste wird bei *C. elegans* verwirklicht und bewirkt eine Halbierung der Aktivitäten in jedem der beiden X-Chromosomen der Hermaphroditen.
- Der zweite wird bei *Drosophila* und wahrscheinlich bei anderen Insekten gefunden. Er beruht auf einer Verdoppelung der Aktivität X-chromosomaler Gene im Männchen im Vergleich zur Aktivität dieser Gene im Weibchen.
- Der dritte Mechanismus wurde bei Säugern realisiert. Er sorgt dafür, dass im weiblichen Geschlecht jeweils nur ein X-Chromosom aktiv ist, während das andere inaktiviert wird.

Wir werden hier nur die Mechanismen der Dosiskompensation bei *Drosophila* und den Säugetieren im Detail besprechen; für weitere Aspekte bevorzugter Genexpression in dem einen oder anderen Geschlecht sei der interessierte Leser auf die Übersicht von Grath und Parsch (2016) verwiesen.

Die ungleiche Anzahl von Geschlechtschromosomen in den beiden Geschlechtern verlangt einen regulativen Ausgleich der Expression der auf ihnen gelegenen Gene. Der hierfür erforderliche Mechanismus wird als Dosiskompensation bezeichnet.

8.3.1 Dosiskompensation bei *Drosophila*

Das Problem des Dosisunterschieds bei geschlechtsgekoppelten Genen war den *Drosophila*-Genetikern bereits frühzeitig bewusst geworden. Da es aus genetischen Experimenten herzuleiten war, dass die Allele beider X-Chromosomen von *Drosophila* zur Ausprägung kommen, schlug Hermann J. **Muller** 1932 einen Dosiskompensationsmechanismus vor, nach dem die beiden X-chromosomalen Gene im Weibchen nur in reduziertem Maße aktiv sind, sodass ihre Gesamtaktivität der des X-Chromosoms im Männchen entspricht. Diesem Modell Mullers widersprachen Experimente von **Mukherjee** und **Beermann** (1965), die in ihren Untersuchungen von der damals neu entwickelten Methode der Autoradiographie Gebrauch machten (Technikbox 15).

Sie markierten neu synthetisierte RNA mit ^{3}H-Uridin und ermittelten die Einbauraten, d. h. die RNA-Syntheseraten, für X-chromosomale und autosomale Gene in Riesenchromosomen männlicher und weiblicher Speicheldrüsen. Es zeigte sich, dass die RNA-Syntheseaktivität in den X-Chromosomen beider Geschlechter gleich und zudem vergleichbar mit der von Genen in den stets diploiden Autosomen war. Die Wissenschaftler schlossen aus diesen Beobachtungen

8

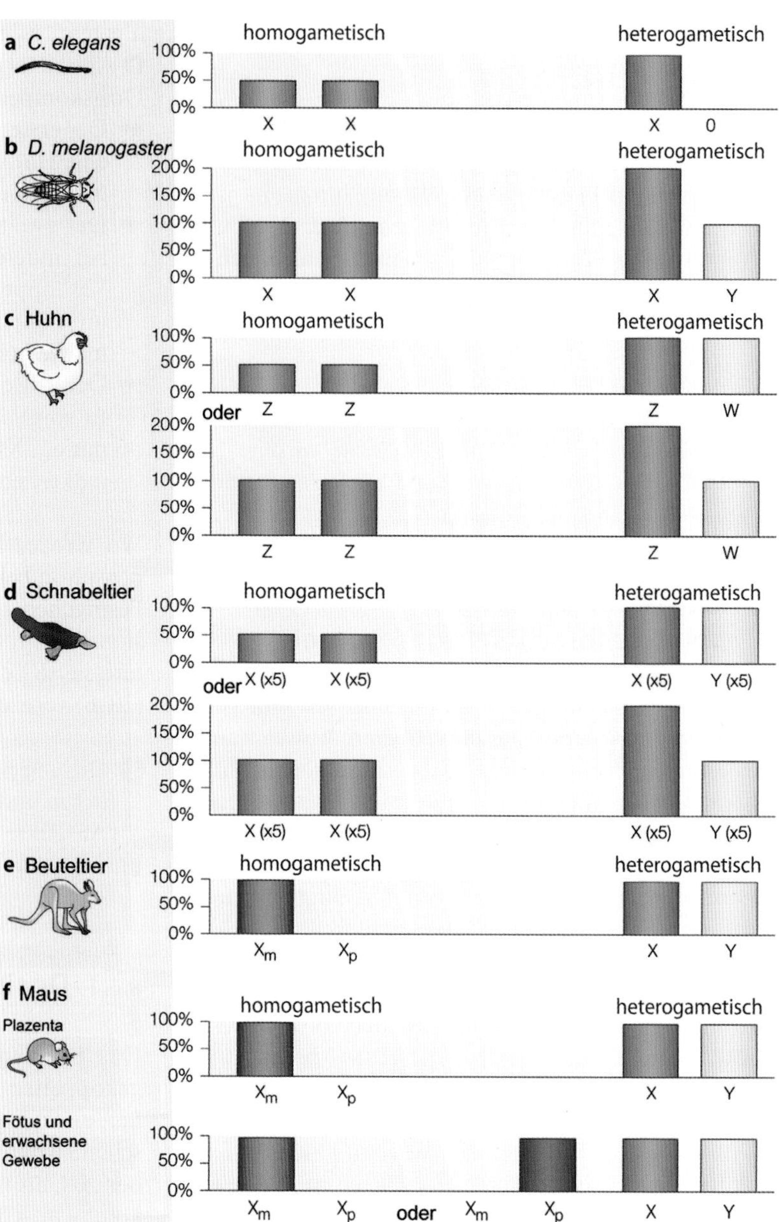

Abb. 8.24 Dosiskompensation oder Inaktivierung des X-Chromosoms. Die Höhe der Genexpression der Geschlechtschromosomen ist für das homo- und heterogametische Geschlecht in verschiedenen Spezies dargestellt. Die *grünen Balken* deuten die Dosiskompensation an (Erhöhung der Transkription im heterogametischen Geschlecht), die Inaktivierung des mütterlichen (X_m) bzw. des väterlichen (X_p) Chromosoms durch das Fehlen eines *roten* oder *blauen Balkens*. **a** In *Caenorhabditis elegans* wird die Dosiskompensation durch die Herunterregulierung der X-chromosomalen Genexpression auf 50 % in den XX-Hermaphroditen gegenüber den X0-Männchen erreicht. **b** In *Drosophila melanogaster* ist die Expression des einen X-Chromosoms in den Männchen (X/Y) hochreguliert, um das Niveau der Expression der Weibchen (XX) zu erreichen. **c** Auch in Hühnern gibt es eine Form der Dosiskompensation, aber es ist noch nicht klar, ob es sich um eine Hochregulierung im heterogametischen Geschlecht oder um eine Hemmung im homogametischen Geschlecht handelt. **d** Für Schnabeltiere wird eher eine Dosiskompensation als eine X-Inaktivierung diskutiert. **e** In weiblichen Beuteltieren erfolgt die X-Inaktivierung durch genetische Prägung: Das väterliche X-Chromosom ist in allen Geweben stillgelegt. **f** In der Plazenta einer weiblichen Maus ist bevorzugt das väterliche X-Chromosom stillgelegt, aber im Fetus und in der erwachsenen Maus erfolgt die Inaktivierung zufällig. (Nach Reik und Lewis 2005, mit freundlicher Genehmigung)

auf eine **Hyperaktivität des X-Chromosoms** im Männchen. Diese Interpretation wurde in der Folge durch weitere Studien sowohl auf dem RNA- als auch auf dem Proteinsyntheseniveau untermauert.

Wie lässt sich eine Hyperaktivität des X-Chromosoms im Männchen molekular erklären? Es ist plausibel, anzunehmen, dass eine Kopplung dieses Regulationsmechanismus mit der Geschlechtsbestimmung vorliegen sollte, da ja die unterschiedlichen Chromosomenkonstitutionen direkt mit dem Geschlecht des Organismus zusammenhängen.

❀ Thomas **Cline** konnte schon 1978 zeigen, dass ein für die Geschlechtsbestimmung zentrales Gen, *Sex-lethal* (*Sxl*), zugleich auch die Dosiskompensation kontrolliert. Zusätzlich sind jedoch für die erhöhte X-chromosomale Genaktivität im Männchen eine Reihe autosomaler Gene (u. a. *male specific lethal*, *msl*) mit verantwortlich. Ihr Ausfall hat letale Folgen im männlichen, nicht aber im weiblichen Geschlecht, wie John M. **Belote** und John **Lucchesi** (1980) berichteten. Die Letalität wird verständlich, wenn die Aktivität des X-Chromosoms im Männchen nicht erhöht wird und deshalb zu wenig Genprodukte produziert werden. Dadurch wird die Entwicklung so gestört, dass die Männchen sterben.

Heute wissen wir, dass die Dosiskompensation in *Drosophila* durch einen Komplex aus Proteinen und RNA vermittelt wird, der als Dosiskompensationskomplex bezeichnet wird (engl. *dosage compensation complex*, DCC).

Die Proteine werden durch die Gene *maleless* (*mle*) und die vier Gene *male-specific lethal1, 2* und *3* (*msl1, msl2, msl3*) sowie *males-absent-on-the-first* (*mof*) codiert. Die Vermutung, dass die Genprodukte des *mle*-Gens, der *msl*- und *mof*-Gene die Hyperaktivität des X-Chromosoms im Männchen kontrollieren, ließ sich durch Untersuchungen der zellulären Lokalisation der fünf genannten Proteine beweisen; wegen der drei MSL-Proteine wird dieser Dosiskompensationskomplex auch als MSL-Komplex bezeichnet. Diese Proteine binden in Männchen spezifisch an das X-Chromosom (◘ Abb. 8.25), während sie in Weibchen am X-Chromosom nicht nachweisbar sind.

Das MLE-Protein ist eine ATP-abhängige **RNA-Helikase**. MOF hat **Histon-Acetyltransferase(HAT)**-Aktivität und bindet an das N-terminale Ende von Histon H4. Zusätzlich sind für die Bindung des Multiproteinkomplexes zwei **lncRNA-Moleküle** – *roX1* und *roX2* (engl. *RNA on the X*) – erforderlich, die beide im X-Chromosom codiert werden. Nach gegenwärtigen Vorstellungen über die molekularen Prozesse, die zur Aktivitätserhöhung im X-Chromosom führen, werden zunächst die MSL-Proteine an spezifischen Stellen des X-Chromosoms gebunden, die die *roX*-Gene einschließen. Sie bilden Komplexe mit den *roX*-RNAs, die dann in der Lage sind, an weitere X-chromosomale Loci zu binden. Von hier aus breiten sie sich über flankierende Chromosomenbereiche aus. Die Bindung dieser RNP-Komplexe bewirkt **Veränderungen in der Chromatinstruktur**, die zur Erhöhung der Transkriptionsrate im männlichen X-Chromosom führen.

Die Veränderungen der Chromatinstruktur werden durch Acetylierungen und Phosphorylierungen begünstigt. Wir beobachten eine häufige Trimethylierung des Histons H3 am Lysinrest 36 (H3K36me3) und eine Phosphorylierung am Serinrest 10 (H3S10ph) auf dem männlichen X-Chromosom. Für die Phosphorylierung ist die JIL-1-Kinase verantwortlich, die auch Teil des DCC/MSL-Komplexes ist. Die durch JIL-1 vermittelte H3-Ser-10-Phosphorylierung ist ausreichend, um die Chromatinstruktur von einer heterochromatischen in eine offenere euchromatische Struktur zu überführen. Unterstützt wird dieser Prozess durch eine ganze Reihe basaler Chromatin-modifizierender Faktoren. Die wichtigsten Komponenten des DCC/MSL-Komplexes sind in ◘ Abb. 8.26 zusammengefasst.

In *Drosophila* wird eine Dosiskompensation durch eine erhöhte Genaktivität im X-Chromosom erreicht. Die Hyperaktivität des X-Chromosoms im Männchen wird durch sechs chromosomale Proteine induziert, die durch Kombination mit lncRNAs (*roX1* und *roX2*) und Histon-Modifikationen eine Veränderung der Chromatinstruktur und dadurch eine erhöhte Transkriptionsaktivität ermöglichen. Die Expression solcher Proteine im Weibchen wirkt sich ebenso letal aus wie das Fehlen dieser Proteine im Männchen. In beiden Fällen ist die fehlerhafte Dosiskompensation für die Letalität verantwortlich.

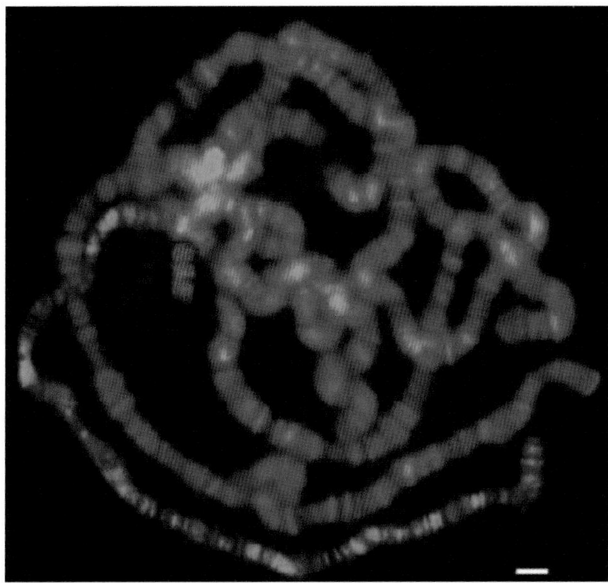

◘ **Abb. 8.25** Dosiskompensation bei *Drosophila melanogaster*. Der Dosiskompensationskomplex ist an Hunderten Bindestellen auf dem männlichen X-Chromosom lokalisiert. Die Verteilung eines Proteins aus diesem Komplex, MSL3, ist *grün* auf einer männlichen polytänen Chromosomenpräparation dargestellt. Das POF-Protein (engl. *painting of the fourth; rot*) färbt das 4. Chromosom in beiden Geschlechtern. Die DNA ist mit DAPI (*blau*) gegengefärbt. Balken: 5 µm. (Nach Larsson und Meller 2006, mit freundlicher Genehmigung)

Wenn nun die Überexpression des männlichen X-Chromosoms durch den MSL-Komplex der wesentliche Mechanismus der Dosiskompensation in *Drosophila* ist, dann muss umgekehrt die Expression des MSL-Komplexes in weiblichen XX-Zellen von *Drosophila* genauso dauerhaft verhindert werden. Und hier kommt das Gen *Sxl* (engl. *sex lethal*) ins Spiel. Es hat seinen Namen daher, dass Mutationen für eines der beiden Geschlechter tödlich sind: Rezessive Funktionsverlustmutationen sind schädlich für die Weibchen; Männchen sind dagegen lebensfähig und zeigen keine Veränderungen. Dominante Funktionsgewinnmutationen sind dagegen schädlich für Männchen, ohne dass Veränderungen bei Weibchen auftreten (dies ist eine etwas vereinfachte Darstellung, die von vielen Faktoren moduliert werden kann; für Details sei der interessierte Leser auf die *Drosophila*-Datenbank FlyBase [▶ https://flybase.org] verwiesen). Das *Sxl*-Gen liegt ebenfalls auf dem X-Chromosom; das SXL-Protein ist ein RNA-Bindeprotein, verhindert die Expression des MSL-Komplexes in weiblichen XX-Chromosomen und ist damit für die Feminisierung der Fliege verantwortlich. Dies geschieht durch die dauerhafte Hemmung der *msl2*-mRNA in Weibchen durch die Blockade der entsprechenden Wechselwirkung mit dem Ribosom. Die Unterdrückung von MSL2 verhindert die DCC-Bildung in Weibchen, da MSL1 und MSL3 das MSL2-Protein benötigen, um dauerhaft exprimiert zu werden.

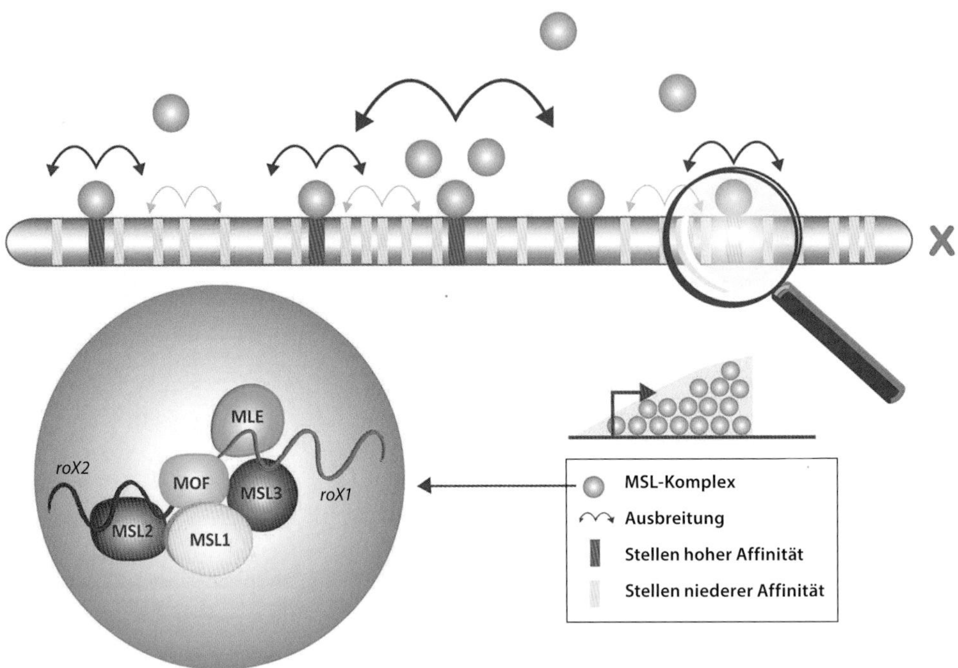

Abb. 8.26 Aktivierung des X-Chromosoms in *Drosophila*-Männchen. Der MSL-Ribonukleoproteinkomplex (MSL: engl. *male-specific lethal; grün*) bindet an das männliche X-Chromosom an verschiedenen Stellen mit hoher (*rot*) oder niedriger (*gelb*) Affinität. Die Stellen mit hoher Affinität, wie die *roX*-Gene (engl. *RNA on the X*), dienen dabei als Plattformen für den Zusammenbau des gesamten Komplexes, von wo aus der Komplex sich in die benachbarten Regionen ausbreitet (*schwarze Pfeile*). Die Stellen mit niedriger Affinität verfügen dagegen nur über ein geringes Ausbreitungspotenzial (*graue Pfeile*). Bei den einzelnen Genen ist der MSL-Komplex am 3′-Ende angereichert. (Nach Georgiev et al. 2011, mit freundlicher Genehmigung)

8

In Weibchen wird die Expression des *Sxl*-Gens durch einen „frühen" Promotor gesteuert. Bei dieser „frühen" Expression wird auch ein weibchenspezifisches Spleißmuster des *Sxl*-Transkripts etabliert. Dieses Spleißmuster beinhaltet vor allem das Ausschneiden des Exons 3, das ein vorzeitiges Stoppcodon enthält, sodass das SXL-Protein auch dauerhaft gebildet werden kann. Durch eine positive Rückkopplungsschleife bleibt das *Sxl*-Gen in Weibchen für den Rest ihres Lebens eingeschaltet und determiniert damit ihre sexuelle Identität. In Männchen wird dagegen das Exon 3 nicht ausgeschnitten, sodass das Stoppcodon erhalten bleibt und nur ein verkürztes und nicht aktives SXL-Protein entsteht. Dadurch wird die *Msl2*-Expression nicht unterdrückt und das *Sxl*-Gen bleibt im männlichen X-Chromosom abgeschaltet.

Auch wenn das Modell zur Dosiskompensation und damit die Überexpression der Gene auf dem einen männlichen X-Chromosom bei *Drosophila* über den MSL-Komplex weitgehend akzeptiert ist, so bleiben dennoch Fragen offen. Ein bisher unerklärtes Phänomen ist beispielsweise die Frage der Dosiskompensation in weiblichen XXX-Fliegen. Man beobachtet in diesen Fliegen eine Verminderung der Expression der X-chromosomalen Gene um ein Drittel – aber auch die diploiden Autosomen in den XXX-Weibchen von *Drosophila* exprimieren ihre Gene auf geringerem Niveau als die XX-Weibchen. Diese offenen Aspekte der Dosiskompensation werden von Birchler (2016) sehr ausführlich diskutiert, und man darf auf die Ergebnisse der Untersuchungen gespannt sein.

8.3.2 Dosiskompensation bei Säugern

Auf einem ganz anderen Weg wird die Dosiskompensation in Säugern erreicht. Auf der Grundlage cytologischer Studien und genetischer Daten wurde von Mary **Lyon** 1961 die Hypothese (**Lyon-Hypothese**) formuliert, dass im weiblichen Geschlecht von Säugern eines der beiden X-Chromosomen **inaktiv** ist. Auf der cytologischen Seite war ein zentraler Befund für das Verständnis der Dosiskompensation die Beobachtung von Murray Llewellyn **Barr**, dass in Interphasezellen von weiblichen Säugern ein stark anfärbbarer Chromatinkörper, auch **Geschlechtschromatin** (engl. *sex chromatin*) genannt, zu beobachten ist, der in männlichen Zellen fehlt. Der klassischen Definition nach handelt es sich hierbei um Heterochromatin. Heterochromatin wird aber als funktionell inaktives chromosomales Material angesehen. Die Korrelation dieses Geschlechtschromatins mit dem nach Lyon inaktiven X-Chromosom würde somit die Lyon-Hypothese unterstützen. Diese Korrelation lässt sich tatsächlich durch einfache cytologische Methoden beweisen.

Nach seinem Entdecker (Barr und Bertram 1949) wird das Geschlechtschromatin auch **Barr-Körperchen** (engl. *Barr body*) genannt. Dieses Barr-Körperchen entsteht durch eine ringförmige Struktur des inaktiven X-Chromosoms. Entscheidend war, dass cytologische Beobachtungen erkennen ließen, dass dieses heterochromatische Element im Falle von Geschlechtschromosomenanomalien fehlt oder auch in erhöhter Anzahl vorhanden ist. Die Anzahl vorhandener Barr-Körperchen ist jeweils um eins geringer als die Gesamtzahl der vorhandenen X-Chromosomen (◘ Abb. 8.27).

Das bedeutet, dass Klinefelter-Männer (XXY) ein Barr-Körperchen besitzen, Turner-Frauen (X0) keines, während XXX-, XXXX- oder XXXXX-Individuen zwei, drei oder vier Barr-Körperchen aufweisen. Das ist ein sehr eindeutiger Hinweis darauf, dass alle gegenüber der üblichen männlichen Konstitution (mit einem X-Chromosom) überzähligen X-Chromosomen inaktiviert werden, und zwar unabhängig vom Geschlecht des Individuums. Sie bleiben auch in der Interphase kondensiert und liegen als spät replizierendes Heterochromatin vor.

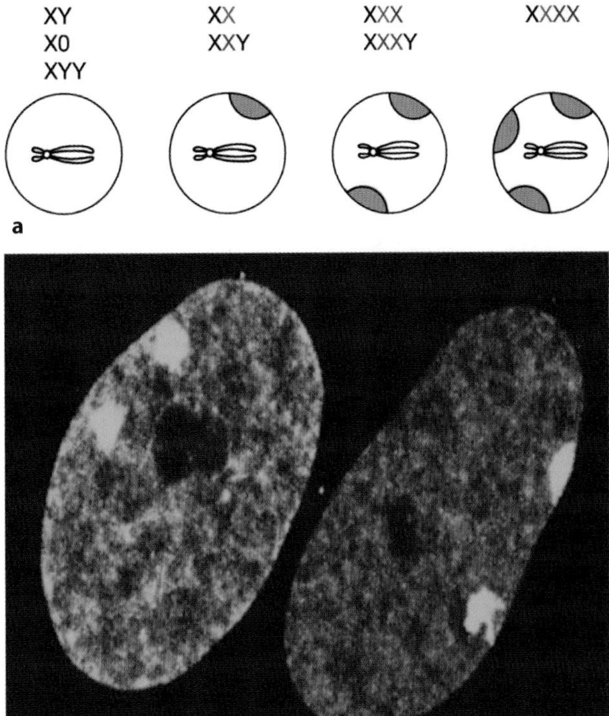

◘ **Abb. 8.27** Barr-Körperchen. **a** Barr-Körperchen in Interphase-Zellkernen von Säugern mit unterschiedlichen Anzahlen von X-Chromosomen. Es bleibt jeweils nur ein X-Chromosom aktiv, während die übrigen als inaktives („fakultatives") Heterochromatin (= Barr-Körperchen) erscheinen. Im Allgemeinen verschmelzen sie nicht miteinander, sodass die genetische Konstitution aus einem Interphasekern (beim Menschen z. B. in Schleimhautabstrichen von den Innenseiten der Wangen) leicht zu ermitteln ist. Allerdings kann eine bestimmte Anzahl von Barr-Körperchen durch unterschiedliche Konstitutionen der Geschlechtschromosomen verursacht werden wie die *obere Zeile* anzeigt. **b** Menschliche XXX-Zellen, gefärbt mit fluoreszierenden Antikörpern gegen Histon H1. Zwei der X-Chromosomen bilden Barr-Körperchen. Die Barr-Körperchen sind durch die Antikörperfärbung deutlich sichtbar. (Foto: T. Yang)

Diese Interpretation wird von der genetischen Seite her gestützt. Die maßgeblichen Experimente sind leicht zu verstehen, wenn man die Folge einer Inaktivierung eines der X-Chromosomen in Individuen bedenkt, die für ein Markergen heterozygot sind. Wichtig ist hierbei, dass man ein Markergen auswählt, das **zellautonom** zur Ausprägung kommt, dessen Genprodukte also auf die Zelle beschränkt bleiben, in der das Gen aktiv ist. Offensichtlich können Zellen in diesem Falle nur eine Ausprägung eines der beiden Allele zeigen, wenn eines der X-Chromosomen inaktiv ist. Es stellt sich dann die Frage, ob in allen Zellen dasselbe X-Chromosom inaktiv ist oder ob verschiedene Zellen unterschiedliche X-Chromosomen inaktivieren und wenn ja, wie diese Zellen zueinander angeordnet sind.

Die Antwort lässt sich sehr einfach an Markergenen ablesen, die die Fellfarbe von Tieren bestimmen. Sieht man sich solche Gene in weiblichen Katzen an, so erkennen wir – je nach genetischer Konstitution – eine gefleckte Färbung des Fells. Dieses Muster beantwortet zwei unserer Fragen: Erstens kann offenbar jedes der beiden X-Chromosomen inaktiv werden. Zweitens betrifft die Inaktivierung jeweils Gruppen benachbarter Zellen, bei denen dasselbe X-Chromosom inaktiv ist, wie die fleckenförmige Verteilung des Ausprägungsmusters beider Allele belegt. Dieses bei Tieren beobachtete Verteilungsmuster ist keine Ausnahme, sondern kann auch beim Menschen beobachtet werden (◘ Abb. 8.28). Aus der vergleichenden Untersuchung von weiblichen Individuen aufeinanderfolgender Generationen lässt sich leicht erkennen, dass die Ausprägung des Allels nicht an bestimmte Körperregionen gebunden ist, sondern sich eher zufallsgemäß im Körper verteilt. Wir können also davon ausgehen, dass das Ausprägungsmuster des einen X-Chromosoms gegenüber dem des anderen nicht genetisch fixiert ist.

Wie erklärt sich dann die Bildung von homogenen Bereichen, die sich mit Bereichen der Ausprägung des alternativen Allels abwechseln? Die Antwort können wir aus einem Schema der Entwicklung eines Organismus ableiten. Dieses Schema zeigt uns, dass Gruppen miteinander verwandter Zellen (**Zellklone**) bestimmte Gewebe, Organe oder andere Unterteile eines Organismus bilden (in der englischsprachigen Literatur wird dafür der Begriff *cell lineage* [Zelllinie] gebraucht). Übertragen wir dieses Schema einer klonalen Zelldifferenzierung auf die Inaktivierung des X-Chromosoms, so gelangen wir

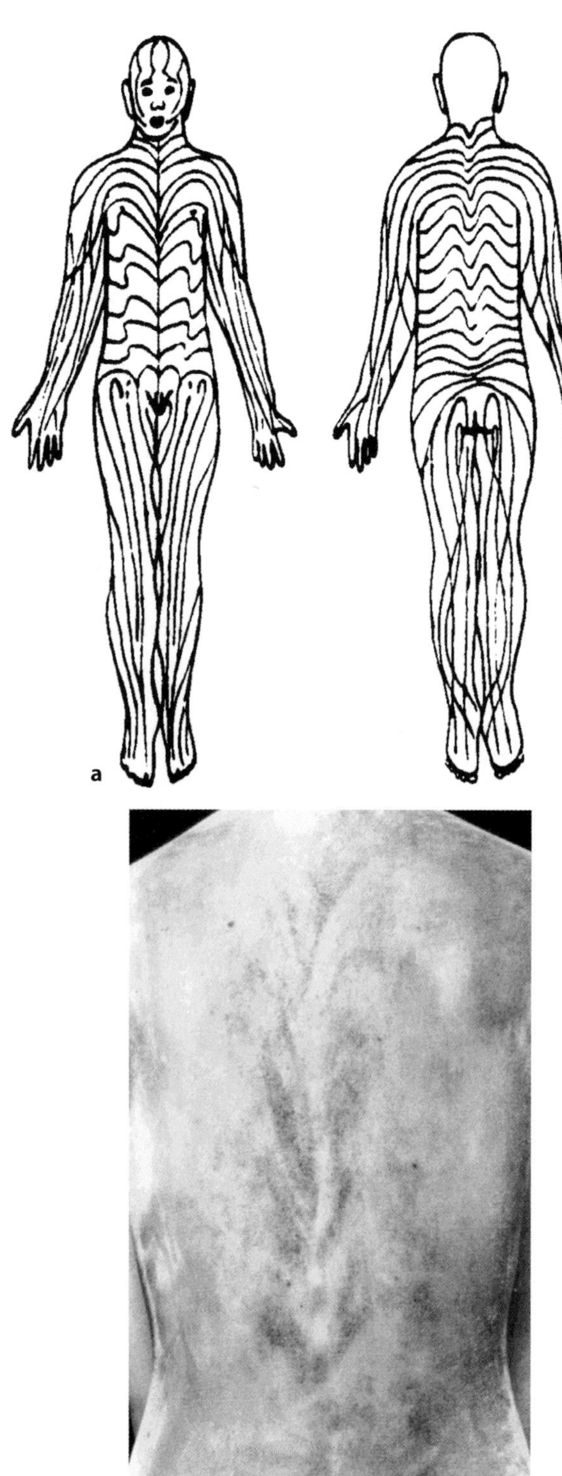

■ **Abb. 8.28** Mosaike als Folge der Inaktivierung eines X-Chromosoms beim Menschen. **a** Zeichnung der Blaschko-Linien nach dessen Originalarbeit. Diese Linien entsprechen verschiedenen Wachstumszonen der Haut während der Embryonalentwicklung. **b** Schweißtest bei einer Frau, die heterozygot für eine X-gekoppelte Erkrankung ist (hypohidrotische ektodermale Dysplasie: Unfähigkeit zu schwitzen); dadurch wird ein funktionelles, X-chromosomales Mosaik sichtbar. (Nach Traupe 1999, mit freundlicher Genehmigung)

zu der Erkenntnis, dass Gruppen benachbarter Zellen, die eine einheitliche Genexpression des einen Allels zeigen, in der Entwicklung (**Ontogenese**) des Organismus aus einer gemeinsamen Urprungszelle herstammen müssen, in der die Entscheidung über die Aktivität oder Inaktivität eines bestimmten Allels erfolgt ist. Diese Entscheidung muss, wenn man das Fleckenmuster betrachtet, irreversibel sein, da offensichtlich innerhalb eines Farbbereichs kein Umschlag zur Expression des anderen Allels erfolgt. Zudem können wir erkennen, dass die Größe eines Farbflecks uns Informationen über den Zeitpunkt der Inaktivierung des anderen X-Chromosoms vermittelt: Ist der Fleck groß, so sind viele Mitosen nach dieser Entscheidung erfolgt. Das bedeutet, dass die Entscheidung früher in der Entwicklung des Organismus erfolgt sein muss als bei kleineren Flecken. Wir können hinsichtlich der Entscheidung über die Inaktivierung eines X-Chromosoms als wichtigste Schlüsse Folgendes zusammenfassen:

- Die Entscheidung über die Aktivität eines X-Chromosoms erfolgt **in der frühen Embryonalentwicklung**.
- Die Entscheidung erfolgt innerhalb eines **kurzen Zeitrahmens** während der Entwicklung und kann deswegen zeitlich für verschiedene Zellen leicht variieren.
- Die Entscheidung ist **irreversibel**, d. h. ein einmal inaktiviertes X-Chromosom bleibt in allen folgenden Zellgenerationen inaktiv.

Über die molekularen Ursachen der Inaktivierung der X-Chromosomen bei Säugern gibt es heute recht präzise Vorstellungen. Die frühen Ereignisse dieses Prozesses werden durch ein Inaktivierungszentrum (engl. *X-chromosome-inactivation centre*, *Xic*) kontrolliert; dieses *Xic* wurde zunächst über Deletionen definiert, die alle dazu führten, dass die X-Inaktivierung gestört war. Diese Region enthält mindestens vier Gene, die an der X-Inaktivierung beteiligt sind: *Xist* codiert für eine lncRNA (engl. *X inactive-specific transcript*). Die anderen Elemente innerhalb der *Xic*-Region sind verantwortlich für die *Xist*-Expression. Eines davon ist *DXPas34*, das aus mehreren Wiederholungseinheiten besteht und als bidirektionaler Promotor/Enhancer wirkt; außerdem enthält die Sequenz Bindestellen für den CCCTC-bindenden Faktor (CTCF), der für die Bildung topologisch assoziierter Domänen wichtig ist (▶ Abschn. 5.1.5). Das andere ist *Tsix*, auch eine lncRNA, die vom Gegenstrang zu *Xist* abgelesen wird und dessen Aktivität zu Beginn der Inaktivierung reguliert (■ Abb. 8.29).

Weitere wichtige Elemente oberhalb des *Xist*-Gens sind für die Aktivierung der *Xist*-Expression wichtig: die Paarungsregion der X-Chromosomen (*Xpr*, engl. *X-chromosome pairing region*), die innerhalb des *Xpct*-Gens liegt (engl. *X-linked PEST-containing transporter*), sowie die Gene für andere lncRNAs, *Ftx* (engl. *five prime to Xist*) und *Jpx* (engl. *just proximal to Xist*), die beide in *cis* – d. h. auf demselben Chromosom – als Verstärker der

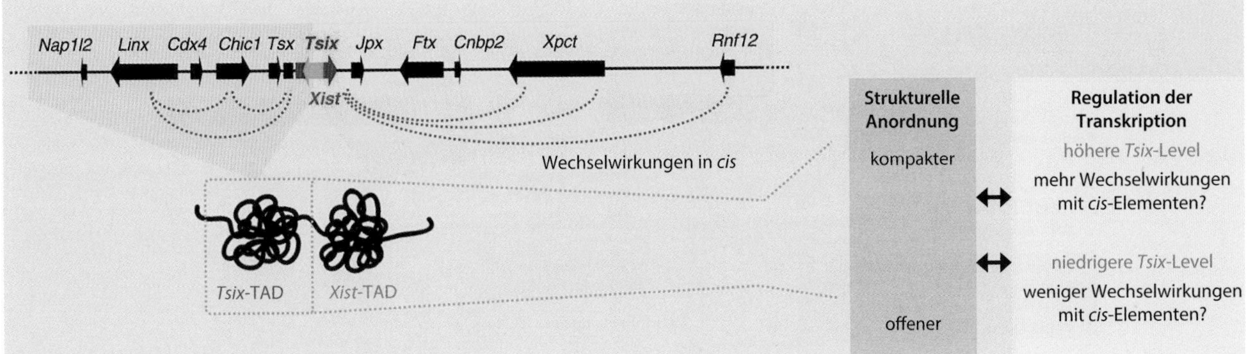

Abb. 8.29 X-Inaktivierungszentrum von Säugern (*Xic*). Das *Xic* umfasst mindestens 450 kb; topologisch ist es in zwei Domänen organisiert (TAD: topologisch assoziierte Domänen), die zusammen über 750 kb umfassen. Die Promotoren für *Xist* und *Tsix* liegen zusammen mit ihren jeweiligen Regulationselementen in verschiedenen Domänen; die Grenze der Domänen bilden Bindestellen für den CCCTC-bindenden Faktor (CTCF). Die Konformation des Chromosoms der *Tsix*-TAD korreliert mit dem Expressionsstatus von *Tsix*, vermutlich aufgrund der unterschiedlichen Kontakte mit den *cis*-regulatorischen Elementen. *Jpx*, *Ftx* und *Linx* codieren für lncRNAs, die die Expression von *Xist* regulieren. *Cdx4* codiert für einen Transkriptionsfaktor (engl. *caudal-type homeobox transcription factor 4*), *Chic* für ein Cystein-reiches Protein (engl. *cystein-rich hydrophobic domain 1*), *Nap1l2* für Proteine, die am Nukleosomenaufbau beteiligt sind (engl. *nucleosome assembly protein*), *Rnf12* für eine E3-Ubiquitin-Ligase (engl. *ring finger protein 12*), und *Cnbp2* codiert zwar für ein Transportprotein (engl. *X-linked PEST-containing transporter*), enthält aber vor allem auch Elemente, die für die Paarung der X-Chromosomen verantwortlich sind (engl. *X-chromosome pairing region*, *Xpr*). (Nach Galupa und Heard 2015, mit freundlicher Genehmigung)

Xist-Expression wirken. Das *Rnf12*-Gen (engl. *ring finger protein 12*) befindet sich in derselben topologisch assoziierten Domäne (TAD) wie das *Xist*-Gen und bewirkt eine Gendosis-abhängige Aktivierung von *Xist*: Es codiert für eine E3-Ubiquitin-Ligase, die den Abbau des Zinkfinger-Proteins Rex1 bewirkt, das wiederum die *Xist*-Expression unterdrückt; eine einzige Kopie des *Rnf12*-Gens (wie in einem männlichen Säuger) ist übrigens nicht in der Lage, den Abbau von Rex1 zu erreichen.

Wichtige Hinweise auf die Funktion von *Xist* kamen von verschiedenen Mausmutanten. Das Ausschalten des *Xist*-Gens in Knock-out-Mäusen zeigt, dass *Xist* für die Inaktivierung in *cis* notwendig ist; umgekehrt zeigt die Überexpression von *Xist* in transgenen Mäusen und auch in entsprechenden ES-Zellen eine weitreichende Hemmung der gesamten Transkription in *cis*. Diese Hemmung ist zunächst abhängig von der kontinuierlichen *Xist*-Expression und zunächst noch umkehrbar. *Xist* muss über 48 h aktiv sein, um eine Abschaltung zu erzielen. Nach 72 h ist der Fortschritt der X-Inaktivierung nicht mehr von *Xist* abhängig, und es erscheint das Gesamtbild der sekundären X-Inaktivierung. Dazu gehört vor allem die Hypoacetylierung der Histone. (Die noch undifferenzierten Zellen sind hyperacetyliert, wohingegen die Zellen, die schon festgelegt sind, hypoacetyliert sind.)

Wie wir oben gesehen haben, muss die Zelle erkennen, dass ein X-Chromosom zu viel vorhanden ist („**zählen**"), und sie muss **auswählen**, welches X-Chromosom inaktiviert wird. Das „Zählen" geschieht dadurch, dass sich zwei X-Chromosomen aneinanderlagern: Durch diese Paarung der X-Chromosomen am *Xic* kann die *Xist*-Transkription an einem der beiden X-Chromosomen initiiert werden, wodurch dieses Chromosom schließlich inaktiviert wird (Xi), wohingegen das andere aktiv bleibt (Xa). Im männlichen Organismus kann diese Paarung der X-Chromosomen nicht stattfinden, und deswegen erfolgt auch keine Expression von *Xist* und keine Inaktivierung.

Der **initiale** Schritt der Inaktivierung des X-Chromosoms beginnt also am *Xic* und breitet sich von dort über das gesamte X-Chromosom aus. Diese **Ausbreitung** kann über weite Distanzen erfolgen – 100 Mb oder mehr sind dabei keine Seltenheit. Wenn durch Translokation autosomale Bereiche in die Nachbarschaft von *Xic* kommen, werden diese ebenso von der X-Inaktivierung erfasst. Die Inaktivierung dieses autosomalen Materials unterscheidet sich prinzipiell nicht von dem des X-Chromosoms – höchstens in seinem Ausmaß: Es ist gewöhnlich nicht so effektiv und nicht so ausgeprägt, und es ist mit einer begrenzten Ausdehnung der *Xist*-RNA im autosomalen Bereich assoziiert. Ergänzt wird die Ausbreitung der *Xist*-RNA auch durch die oben erwähnte Acetylierung und Methylierung von Histonen, wie wir es im Heterochromatin schon kennengelernt haben (► Abschn. 8.1.1) und wie wir es im ► Abschn. 8.4 über genetische Prägung noch einmal unter anderen Gesichtspunkten diskutieren werden.

Die heute gültige Vorstellung des Beginns der X-Inaktivierung besteht darin, dass nach der Anlagerung von *Xist* an Xi die Initiationsfaktoren für die Transkription, die RNA-Polymerase II (und neu gebildete RNA) sowie die entsprechenden Spleißfaktoren die Chromatinbereiche verlassen, die jetzt von *Xist* bedeckt sind. Damit wird die Transkriptionsmaschinerie von der *Xist*-Domäne ausgeschlossen, was zu einem Transkriptions-inaktiven und reprimierten Bereich führt. Außerdem werden die

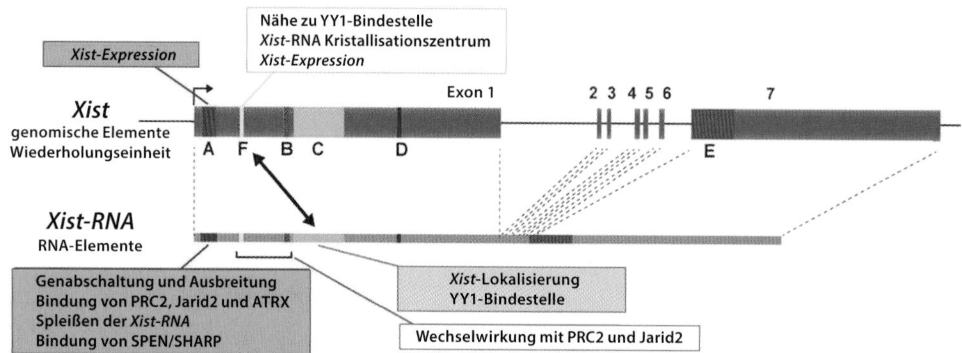

Abb. 8.30 Das *XIST*-Gen und seine RNA. *Oben* ist das *Xist*-Gen der Maus in seiner Intron-Exon-Struktur dargestellt; der *Pfeil* deutet den Transkriptionsstart an (alternative Transkriptionsstartstellen sowie das selten verwendete 8. Exon sind nicht dargestellt). *Darunter* ist die reife *Xist*-RNA gezeigt. Es sind die Regionen hervorgehoben, die zu den fünf Wiederholungselementen beitragen (A–E). Die *roten Balken* zeigen die Domänen, die für die *Xist*-vermittelte Stilllegung verantwortlich sind, im Wesentlichen die A-Domäne; hier liegen auch Bindestellen für PRC2 (engl. *polycomb repressive complex 2*), den Transkriptionsfaktor Jarid2 (engl. *Jumonji and AT-rich interaction domain containing 2*), ATRX (beteiligt an der transkriptionellen Regulation; engl. *α-thalassemia/mental retardation syndrome, X-linked*) und SPEN/SHARP (engl. *split ends* bei *Drosophila*; alternativer Name ist SHARP [engl. *SMART/HDAC1-associated repressor protein*]). Der *grüne* Bereich ist für die Lokalisation der *Xist*-RNA in *cis* verantwortlich. Der *Doppelpfeil* deutet die Wechselwirkung zwischen einem Bereich des *Xist*-Gens und der *Xist*-RNA an, die durch das Zinkfinger-Protein YY1 (Yin Yang 1), einem Transkriptionsrepressor, vermittelt wird. (Nach Yue et al. 2016, mit freundlicher Genehmigung)

Histone nicht mehr so modifiziert, wie wir das von aktiven Genen kennen, sondern durch die Aktivitäten von Histon-Methyltransferasen und -Demethylasen in inaktive Formen überführt (dieser Vorgang erinnert an die Bildung des perizentrischen Heterochromatins, das wir in Abb. 6.10 und 8.8 kennengelernt haben).

Die Beteiligung der *Xist*-RNA ist also ein zentraler Bestandteil des Beginns der X-Inaktivierung. Deshalb ist es hilfreich, sich die Struktur der *Xist*-RNA etwas genauer zu betrachten: Wir kennen innerhalb der *Xist*-RNA fünf Wiederholungselemente (Abb. 8.30), davon ist das A-Element im 5′-Bereich für die Stilllegung notwendig; die anderen Wiederholungselemente haben wohl unterstützende Funktion für die Lokalisation der *Xist*-RNA und ihre Wirkung in *cis*. Das A-Element ist eine Bindestelle für eine Reihe von Proteinen, die im zweiten Schritt der X-Inaktivierung (siehe unten) wichtig sind. Für die Bindung der *Xist*-RNA an die „richtigen Stellen" sind vermutlich andere Wiederholungselemente wichtig. Das Zinkfinger-Protein YY1 (Yin Yang 1) verankert dazu die *Xist*-RNA am *Xist*-Gen; dazu sind offensichtlich die Wiederholungselemente C und F im *Xist*-Gen und in der *Xist*-RNA bedeutsam. Dieser Komplex wirkt wie ein Kristallisationskeim bei der weiteren Ausbreitung der *Xist*-RNA und der Inaktivierung in *cis*. Zu den wichtigen Kandidaten für die weitere Ausbreitung der *Xist*-RNA über das ganze X-Chromosom gehören die LINEs (engl. *long interspersed nuclear elements*, ▶ Abschn. 9.1.2) und LTRs (engl. *long terminal repeats*; ▶ Abschn. 9.2), die beide auf dem X-Chromosom häufiger als auf Autosomen vorkommen.

Nach dem Ausbreiten der *Xist*-RNA wird das Chromatin in einem zweiten Schritt in der *Xist*-bedeckten Domäne durch die Aktivität des Polycomb-Komplexes modifiziert. Die Polycomb-Proteine wurden ursprünglich bei *Drosophila* identifiziert; dort sind sie zur Aufrechterhaltung der Stilllegung homöotischer Gene (▶ Abschn. 12.4.5) notwendig. In der Zwischenzeit kennen wir eine Vielzahl von Proteinen, die der Polycomb-Gruppe (PcG) zugerechnet werden. Im inaktiven X-Chromosom sind zwei katalytisch aktive Polycomb-Komplexe besonders stark angereichert: Der reprimierende Polycomb-Komplex 1 (engl. *Polycomb repressive complex 1*, PRC1) katalysiert die Ubiquitinierung des Histons H2A am Lysinrest 119 (H2AK119ub1); der zweite Polycomb-Komplex, PRC2, katalysiert die Trimethylierung von H3K27 (H3K27me3). Diese Polycomb-vermittelten Schritte sind offensichtlich für die **Ausbreitung und Etablierung** der X-Inaktivierung entscheidend. Wie die *Xist*-RNA die Polycomb-Komplexe zur X-Inaktivierung heranzieht, zeigt Abb. 8.31. Dabei wird deutlich, dass auch hier wieder etwas „unkonventionelle" Wege gegangen werden, denn der PRC1-Komplex enthält nicht die übliche Chromobox(CBX)-Untereinheit, sondern stattdessen das Protein RYBP (engl. *ring1 and YY1 binding protein*) bzw. YAF2 (engl. *YY1 associated factor 2*). In dieser nicht-kanonischen Form ist die Bindung des PRC1-Komplexes an das Chromatin unabhängig von PRC2. Erst wenn die Ubiquitinierung der Histone erfolgt ist, kann auch PRC2 binden, da es die ubiquitinierten Histone erkennt – und daran ist wiederum der Cofaktor Jarid2 beteiligt, der ein Bindemotiv für Ubiquitin enthält.

Als Mary **Lyon** 1961 die nach ihr benannte „Lyon-Hypothese" der Inaktivierung des X-Chromosoms bei Säugern formulierte, erschien vielen das nichts weiter als eine Kuriosität der Geschlechtschromosomen. Heute, nach mehr als 50 Jahren intensiver Forschung auf diesem Gebiet, beginnen wir zu begreifen, dass diese Kuriosität

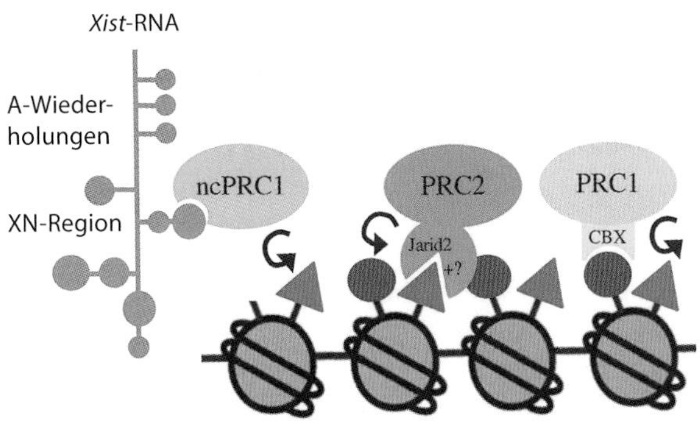

Abb. 8.31 X-Inaktivierung durch *Xist*-RNA und den Polycomb-Komplex. Die Polycomb-Kaskade wird durch nicht-kanonische Polycomb-Komplexe (ncPRC1) eingeleitet, die die *Xist*-RNA in der XN-Region binden. Die PRC1-vermittelte Ubiquitinierung der entsprechenden Nukleosomen (H2AK119u1) dient als Erkennungszeichen für die Bindung von Jarid-2 und möglicher weiterer Cofaktoren, um jetzt auch den Polycomb-Komplex 2 (PRC2) an die *Xist*-RNA heranzuführen. Dadurch werden die entsprechenden Nukleosomen methyliert (H3K27me3) und der kanonische PRC1-Komplex mit dem Chromobox-Protein (CBX) tritt dem X-Inaktivierungskomplex bei, was dann zu einer sich verstärkenden Signalkaskade führt. (Nach Brockdorff 2017, mit freundlicher Genehmigung)

zu einem besonderen Lehrbuchbeispiel für das allgemeine Wissen und die regulatorische Wirkung langer, nicht-codierender RNAs geworden ist – das aber (wie oft in der Biologie) nicht ohne Ausnahme bleibt. Diese Ausnahme ist der kleine rote Punkt im letzten Teil der zusammenfassenden Darstellung (Abb. 8.32) – ein aktives Gen, das der Inaktivierung des X-Chromosoms „entkommen" ist.

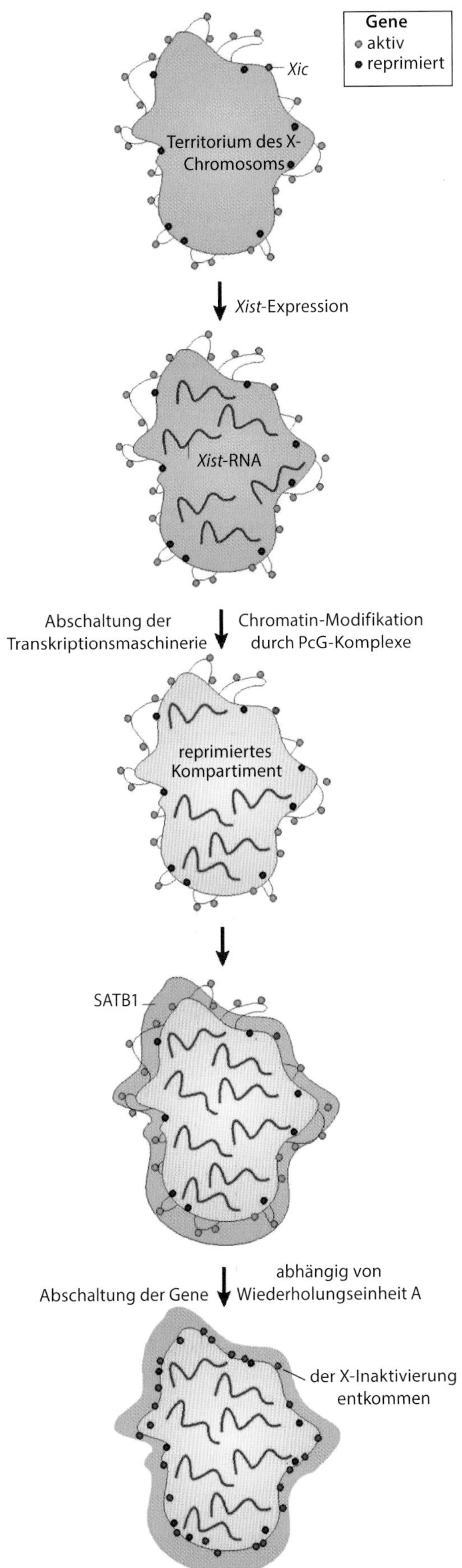

Abb. 8.32 Modell der X-Inaktivierung bei Säugern. Das Modell fasst die wichtigsten Schritte zusammen, die für die Inaktivierung des X-Chromosoms entscheidend sind. Die X-chromosomale DNA nimmt innerhalb des Zellkerns ein bestimmtes Territorium ein. Die Gene sind an der Peripherie dieses Territoriums lokalisiert; aktive Gene reichen mit ihren Chromatinschleifen in den freien Raum zwischen den Chromosomenterritorien hinein. Das Transkript, das für die Initiation der X-Inaktivierung spezifisch ist (*Xist*-RNA), ist im Zentrum des Territoriums des X-Chromosoms lokalisiert und löst die Bildung eines reprimierten Kompartiments aus. Dieser Prozess beinhaltet das Ausschalten der Transkriptionsmaschinerie und die Modifikation des Chromatins durch Proteine der Polycomb-Gruppe. Im folgenden Schritt werden Gene abgeschaltet – er ist von einem spezifischen zellulären Kontext abhängig, wobei zusätzliche Abschaltfaktoren anwesend sind (wie SATB1, das an AT-reiche Sequenzen bindet; engl. *special AT-rich sequence binding protein*). Man vermutet, dass SATB1 die Basen der Chromosomenschlaufen bedeckt, die aus dem reprimierten Kompartiment herausragen; dadurch könnten Gene empfänglich für die Abschaltung durch die *Xist*-RNA werden, woran die Wiederholungseinheit A der *Xist*-RNA wesentlich beteiligt ist. Abgeschaltete Gene befinden sich im reprimierten Kompartiment. *Xic*: X-Inaktivierungszentrum. (Nach Wutz 2011, mit freundlicher Genehmigung)

Eine Analyse von mehr als 600 Genen des X-Chromosoms des Menschen zeigte nämlich, dass ca. 15 % der X-gekoppelten Gene der Inaktivierung „entkommen" (bei der Maus sind es übrigens nur etwa 3 %) – dazu kommen dann noch die Bereiche der beiden pseudoautosomalen Regionen (▶ Abschn. 6.4.4) an den beiden Enden der X-Chromosomen, die mit dem Y-Chromosom rekombinieren können. Das Ausmaß der Inaktivierung ist allerdings nicht konstant, sondern variiert von Gewebe zu Gewebe und sogar zwischen Frauen – mit erheblichen Konsequenzen für die Prädisposition bei verschiedenen Krankheiten.

Die meisten Gene, die der X-Inaktivierung entkommen, liegen auf dem kurzen Arm des X-Chromosoms (Xp). Die Häufigkeit, mit der Gene auf dem kurzen Arm von der Inaktivierung verschont bleiben, entspricht der Häufigkeit autosomaler Gene bei Translokationen von Autosomen auf das X-Chromosom. Die Häufigkeit der Nicht-Inaktivierung ist damit ein Zeichen dafür, dass der kurze Arm des menschlichen X-Chromosoms unter evolutionären Gesichtspunkten erst „kürzlich" zum X-Chromosom hinzugekommen ist. Dieser Abschnitt enthält auch deutlich weniger LINEs – umgekehrt ist deren Dichte am höchsten in der Region Xq13-Xq21, die das menschliche *XIC* enthält. Weiterhin sind etwa 10 % der X-gekoppelten Gene in unterschiedlichem Ausmaß inaktiviert, was zu einer beachtlichen Heterogenität der Genexpression bei Frauen führt.

Wenn man die verschiedenen Gene betrachtet, die der X-Inaktivierung entkommen, unterscheiden sie sich in einigen Merkmalen von den stillgelegten Genen. Dazu gehören zunächst die Modifikationen des Chromatins, das bei den „entkommenen" Genen euchromatisch ist. Außerdem sind die Promotorregionen dieser Gene häufig untermethyliert. Der zweite Aspekt betrifft aber vor allem die Sequenzelemente in der Nachbarschaft der Gene, die der X-Inaktivierung entkommen: Im Gegensatz zu den LINEs, die man bevorzugt bei den inaktivierten Genen findet, sind Alu-Elemente oder ACG/GCT-Motive in der Umgebung der entkommenen Gene häufig anzutreffen. Die Analyse der Sequenzen um die entkommenen Gene hat zu der Überlegung geführt, dass es möglicherweise „Haltestellen" (engl. *way stations*) für die Ausbreitung der X-Inaktivierung geben könnte. Mögliche Kandidaten dafür sind die schon mehrfach erwähnten CTCF-Grenzelemente, die jeweils topologisch assoziierte Domänen voneinander trennen können. Deletionen dieser CTCF-Elemente ermöglichen jedenfalls das weitere Ausbreiten der X-Inaktivierung in sonst aktive Bereiche. Einige wesentliche Elemente für eine Flucht vor der X-Inaktivierung bei Säugetieren fasst ◘ Abb. 8.33 zusammen.

Die charakteristischen Eigenschaften der X-chromosomalen Inaktivierung – ihr Ausmaß, ihre Stabilität und genaue Regulation während des Entwicklungsprozesses – lässt vermuten, dass hier mehrere Moleküle und Faktoren in genau aufeinander abgestimmter Weise

Flucht vor der X-Inaktivierung:

a Chromatinmarkierungen

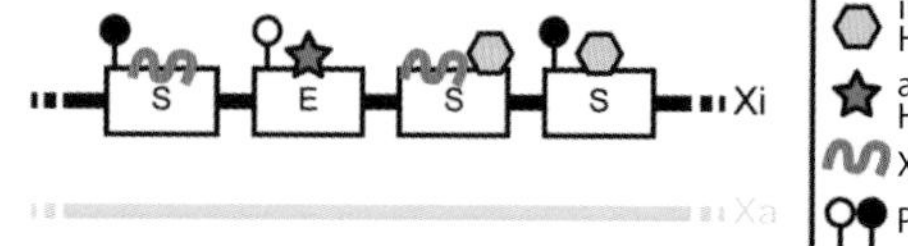

b DNA-Sequenzen

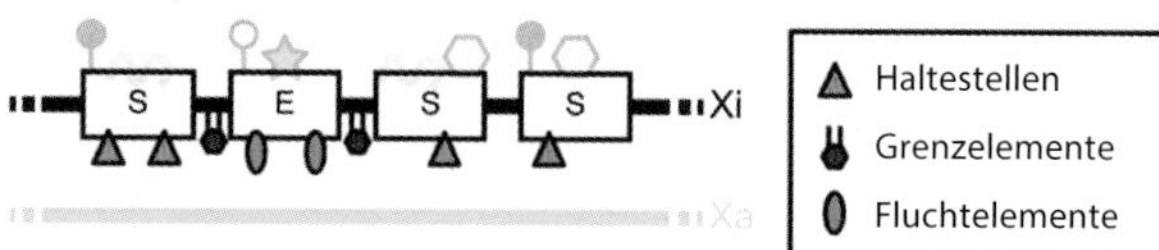

c Chromosomale Domänen

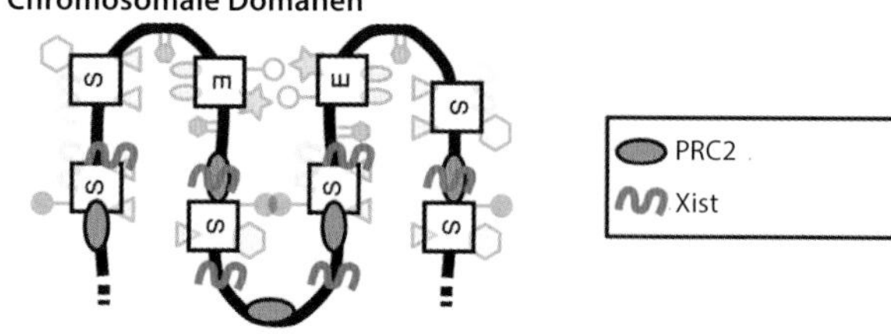

◘ **Abb. 8.33** Flucht vor der X-Inaktivierung. **a** Gene, die der X-Inaktivierung entgehen, unterscheiden sich in Bezug auf die inaktiven (*gelbe Sechsecke*) und aktiven (*grüne Sterne*) Chromatinmarkierungen, die Anwesenheit der *Xist*-RNA (*blau*) und methylierter Promotorabschnitte (*weiß*: nicht methyliert, *schwarz*: methyliert). **b** DNA-Sequenzen wie Haltestellen (*rosa*), Fluchtsequenzen (*orange*) und Grenzelemente (*lila*) tragen möglicherweise dazu bei, dass Gene inaktiviert werden oder der Inaktivierung entkommen können. **c** Die dreidimensionale Struktur des inaktivierten X-Chromosoms fasst die Gene zusammen, die der Inaktivierung entkommen (E), und solche, die durch die *Xist*-RNA (*blau*) und PRC2 (*braun*) stillgelegt sind (S). Insgesamt beeinflussen alle unter **a–c** dargestellten Merkmale die Entscheidung, ob ein Gen stillgelegt wird oder aktiv bleibt. Wahrscheinlich ist eine Kombination der verschiedenen Merkmale notwendig, die zu der einen oder anderen Entscheidung führt. (Nach Peeters et al. 2014, mit freundlicher Genehmigung)

miteinander interagieren, wie wir das auch von anderen epigenetischen Prozessen kennen. Von besonderem Interesse ist dabei die besondere Stabilität des inaktiven X-Chromosoms in der Gebärmutter von Säugern, z. B. auch im Vergleich zu Beuteltieren. Ein zweiter interessanter Punkt ist die Ähnlichkeit zwischen den verschiedenen Wegen der Dosiskompensation bei *Drosophila* und Säugern. Auch wenn das Ergebnis im Detail unterschiedlich ist (*Drosophila*: Überaktivität im X-Chromosom; Säuger: Inaktivierung), so gibt es doch eine auffallende Parallele: Auch hier spielen zwei nicht-codierende RNA-Transkripte (*roX1* und *roX2*) eine wichtige Rolle. Insbesondere bindet offensichtlich das *roX2*-Transkript an MOF, eine Histon-Acetyltransferase, die dadurch aktiviert wird. Wie wir auch schon bei der Besprechung des Heterochromatins im Allgemeinen gesehen haben, sind Wechselwirkungen mit RNA offensichtlich weitverbreitet, wenn es darum geht, größere Bereiche des Chromatins abzuschalten.

Bei Säugern erfolgt die Dosiskompensation durch Inaktivierung eines X-Chromosoms in weiblichen Zellen. Die Inaktivierung erfolgt in der frühen Embryonalentwicklung und betrifft zufallsmäßig das väterliche oder mütterliche Chromosom. Das inaktive X-Chromosom ist als Barr-Körperchen cytologisch sichtbar. Die Inaktivierung des X-Chromosoms geht vom X-Inaktivierungszentrum aus und beruht im Wesentlichen auf der Expression des *Xist*-Transkripts, das für kein Protein codiert. Als Ergebnis der *Xist*-Bedeckung wird die Transkription der Gene des X-Chromosoms abgeschaltet. Dabei werden die Promotoren der X-gekoppelten Gene methyliert und das entsprechende Chromatin deacetyliert.

8.4 Epigenetik: genetische Prägung und Transgenerationeneffekte

8.4.1 Was ist genetische Prägung?

Aus Beobachtungen der Entwicklungsfähigkeit von Säugerembryonen (▶ Abschn. 12.6) ergaben sich deutliche Hinweise auf geschlechtsspezifische Regulationsmöglichkeiten von Genen. Insbesondere Kerntransplantationsversuche von James **McGrath** und Davor **Solter** (1983) an Eizellen von Mäusen haben bewiesen, dass für die Entwicklung eines normalen Embryos sowohl der väterliche als auch der mütterliche Pronukleus erforderlich sind: Injiziert man nach der Entfernung des väterlichen Pronukleus aus einer befruchteten Eizelle entweder einen zweiten mütterlichen Pronukleus oder injiziert man umgekehrt nach Entfernung des mütterlichen Pronukleus einen zweiten väterlichen Pronukleus in die befruchtete Eizelle, so bleibt die embryonale Entwicklung auf frühe Präimplantationsstadien beschränkt. Diese Versuche beweisen, dass beide Genome der Eltern für die Embryonalentwicklung spezifisch und unterschiedlich programmiert sein müssen und dass nur in ihrem Zusammenwirken ein neuer Organismus entstehen kann. Es kann sich also nicht um irreversible Veränderungen des Genoms (z. B. Verlust oder Veränderung von DNA-Sequenzen) handeln, da sich die Störungen in der Embryonalentwicklung bereits zeigen, bevor die künftigen Keimzellen determiniert sind. Es handelt sich dabei um einen epigenetischen Regulationsprozess, der das väterliche und mütterliche Genom unterscheidet. Dieser Prozess wird als **genetische Prägung** bezeichnet; häufig wird auch im Deutschen der angelsächsische Begriff „Imprinting" verwendet.

Imprinting bedeutet, dass es eine auf chromosomaler Ebene niedergelegte Information gibt, die dazu führt, dass von den beiden vorhandenen Allelen eines Gens nur das väterliche oder nur das mütterliche Allel exprimiert wird. Diese Information wird in der Regel über die Mitosen hinweg stabil weitergegeben. Der Begriff sagt jedoch weder etwas darüber aus, ob dies nur bestimmte Gene betrifft oder ob das gesamte Genom betroffen ist, noch gibt er Auskunft darüber, auf welchen molekularen Mechanismen diese chromosomale Information beruht. In den letzten Jahren hat unser Wissen über die molekularen Grundlagen des Imprintings deutlich zugenommen, zumal Störungen dieses Prozesses auch eine wesentliche Ursache einiger Erbkrankheiten des Menschen sind (z. B. Prader-Willi-Syndrom, Angelman-Syndrom, Beckwith-Wiedemann-Syndrom).

Eine wichtige Frage betrifft die **Größe der Chromosomenbereiche**, die einem Imprintingeffekt unterliegen. Sind es einzelne Gene, oder umfasst das Imprinting größere kontinuierliche Genomabschnitte? Hierauf geben uns genetische Experimente an Mäusemutanten eine Antwort. Untersucht man die Keimzellen von Mäusen, die hinsichtlich bestimmter Translokationen heterozygot sind, so findet man eine erhöhte Rate von Segregationsstörungen während der Meiose, die durch Nondisjunction zu aneuploiden Keimzellen führen. Durch eine systematische genetische Analyse von Translokationen haben Bruce **Cattanach** und Janet **Jones** (1994) spezifische Regionen im Mäusegenom kartieren können, die Imprintingeffekte zeigen. Danach ist ein Imprinting für in der Embryogenese wichtige Gene nur für einige begrenzte Abschnitte des Genoms nachweisbar (◻ Abb. 8.34). In weiten Bereichen ist es hingegen für die Embryonalentwicklung bedeutungslos, ob Gene väterlichen oder mütterlichen Ursprungs sind. Eine genauere Analyse von Chromosomenregionen, die genetische Prägung zeigen, deutet darauf hin, dass es (bei der Maus) etwa 150 Gene sind, die entsprechend ihrem Ursprung aus der Eizelle oder den Spermatozoen unterschiedlich exprimiert werden (Lee und Bartolomei 2013).

Eines der zuerst identifizierten Gene, die Imprinting zeigen, ist das *Igf2*-Gen (engl. *insulin-like growth factor 2*) im Chromosom 7 der Maus (DeChiara et al. 1991). Im Embryo ist das väterliche Allel exprimiert, während das mütterliche Allel inaktiv bleibt. Das *Igf2*-Gen wird auch in der Plazenta exprimiert und fördert das Wachstum des Embryos. Die Hemmung des väterlichen Allels führt zu Mäusen, die nur noch 60 % des üblichen Geburtsgewichts haben. Besonders interessant ist, dass ein damit funktionell zusammenhängendes Gen, das für den entsprechenden Rezeptor codiert (engl. *insulin-like growth factor 2 receptor*, *Igf2r*) und auf dem Chromosom 17 liegt, ebenfalls Imprinting zeigt (Barlow et al. 1991). Allerdings ist hier das mütterliche Allel im Embryo aktiv, während das väterliche Gen inaktiv bleibt. Das *Igf2r*-Gen wird erwartungsgemäß auch in der Plazenta exprimiert und ist für eine Hemmung des embryonalen Wachstums verantwortlich; seine Inaktivierung führt zu Mäusen mit etwa 140 % des normalen Geburtsgewichts. Dabei codiert *Igf2r* eigentlich ursprünglich gar nicht für einen IGF2-Rezeptor, sondern für einen Mannose-6-phosphat-

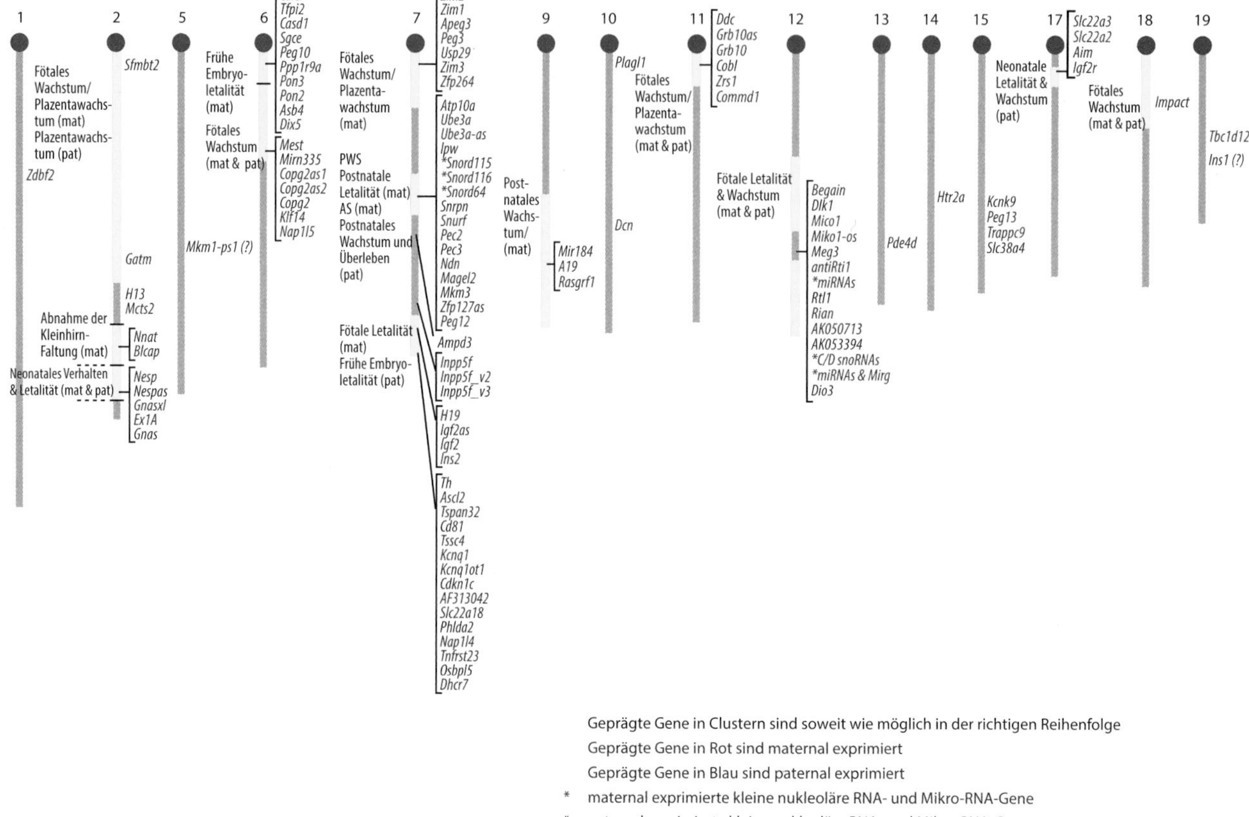

Abb. 8.34 Geprägte Gene der Maus: chromosomale Imprinting-Regionen und Phänotypen. Es sind die chromosomalen Regionen der Maus angegeben, deren Gene durch Imprinting reguliert werden. (Nach Williamson et al. 2009, mit freundlicher Genehmigung der Autoren)

Rezeptor. Die Bindung für IGF2 hat dieser Rezeptor erst später in der Evolution erworben – und zwar nur bei Beuteltieren und Säugetieren mit einer Plazenta, aber nicht bei Vögeln, Fröschen und Kloakentieren. Der von *Igf2r* codierte Rezeptor fängt IGF2 an der Zelloberfläche ab, führt ihn in die Zelle und dort zu den Lysosomen, in denen IGF2 abgebaut wird (der „normale" Rezeptor für IGF2 wird durch *Igf1r* codiert und vermittelt dagegen die wachstumsfördernden Eigenschaften).

Wenn wir uns nun die Imprinting-Muster in der Evolution betrachten, so stellen wir fest, dass Imprinting bei Fischen, Amphibien, Reptilien, Vögeln und Kloakentieren nicht vorkommt. Genetische Prägung wird in der Evolution zuerst bei Beuteltieren beobachtet und später auch bei den höheren Säugetieren; allerdings geht bei Primaten das Imprinting am *Igfr2*-Gen wieder verloren (Abb. 8.35). Diese phylogenetischen Daten zeigen einen Zusammenhang von Imprinting mit der Entwicklung der Laktation, der Viviparie (Lebendgeburten) und der Entwicklung einer Plazenta, wohingegen ein Imprinting bei eierlegenden Wirbeltieren fehlt (Oviparie). Allerdings wurde inzwischen auch Imprinting bei *Caenorhabditis elegans* (Sha und Fire 2005) und bei Pflanzen (Xiao et al. 2017) beschrieben.

Es werden verschiedene Theorien diskutiert, die versuchen, den selektiven Vorteil des genomischen Imprintings in der Evolution zu erklären (Ashbrook und Hager 2013). Am breitesten akzeptiert ist die **„Verwandtschafts"-Hypothese** (auch als **„Konflikt-Theorie"** bekannt). Sie besagt, dass Imprinting wegen eines evolutionären Konflikts in Individuen zwischen Allelen maternalen und paternalen Ursprungs entstand. In ihrer einfachsten Form beschreibt diese Theorie den Konflikt zwischen Genen, die im Embryo stark exprimiert werden (väterliches Imprinting), aber dafür zusätzliche Ressourcen der Mutter auf deren Kosten oder ihrer anderen Nachkommen in Anspruch nehmen; mütterliches Imprinting schont dagegen die mütterlichen Ressourcen für weitere zukünftige Nachkommen („Kampf der Geschlechter im Genom"). Viele Details dieser Überlegungen werden von Cassidy und Charalambous (2018) im Detail besprochen.

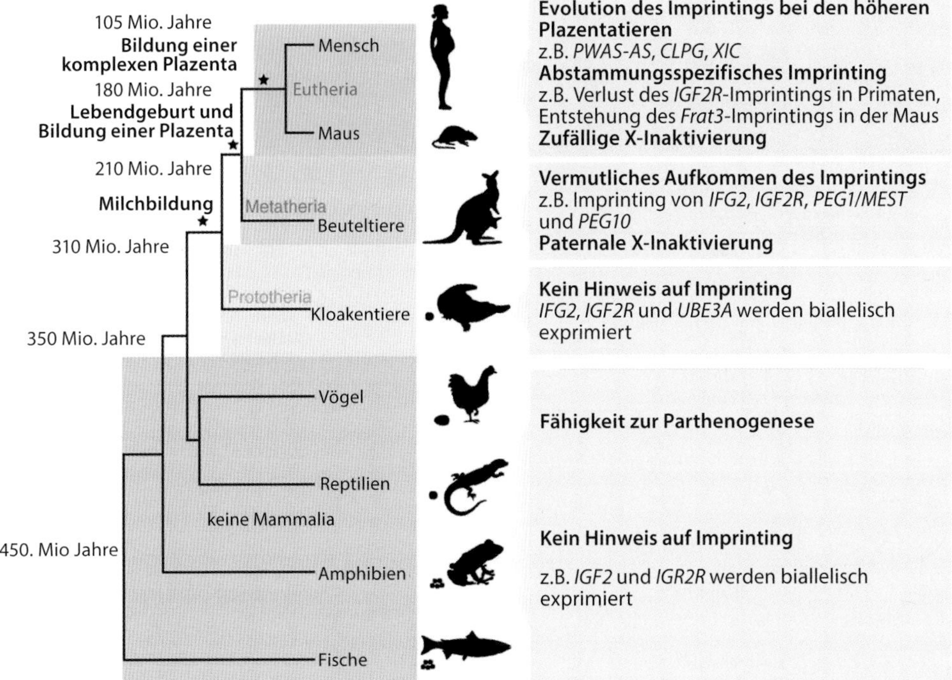

Abb. 8.35 Evolution der genetischen Prägung. Die reproduktive Strategie und der Status des Imprintings ist bei verschiedenen Gruppen der Vertebraten unterschiedlich. Die Entwicklung der Milchbildung, die Geburt lebender Nachkommen (Viviparie) und die Bildung einer komplexen Plazenta wird anhand der Abstammungsgeschichte dargestellt (*Stern, links*). Diese Entwicklungen korrelieren mit Veränderungen in der Natur des Imprintings und der X-Inaktivierung (*rechts*). (Nach Hore et al. 2007, mit freundlicher Genehmigung)

Das väterliche und das mütterliche Genom von Pronuklei von Säugern zeigen eine unterschiedliche funktionelle Programmierung, was als Imprinting (genetische Prägung) bezeichnet wird. Imprinting betrifft nur eine begrenzte Anzahl von Genen. Imprinting von Genen, das bereits in der Zygote erfolgt ist, ist in der Regel auch im adulten Organismus noch vorhanden. In Einzelfällen können aber Gene, die während der Embryogenese inaktiviert wurden, in adulten Stadien und verschiedenen Geweben wieder exprimiert werden.

8.4.2 Mechanismen der genetischen Prägung

Ein wesentliches Kennzeichen der genetischen Prägung von Genen ist, dass sie entsprechend ihrem elterlichen Ursprung markiert sind, sodass in den somatischen Zellen das richtige allelspezifische Expressionsmuster entsteht. Die elterliche Markierung muss stabil sein und über mitotische Zellteilungen hinweg vererbt werden können, sodass die genetische Prägung während der Entwicklung des Organismus aufrechterhalten bleibt. Die Markierung muss andererseits auch wieder gelöscht werden können: In den Körperzellen bleibt zwar das biallelische Muster erhalten, in den Keimzellen muss aber dieses Muster gelöscht und durch das geschlechtsspezifische Muster des jeweiligen Individuums ersetzt werden. Der beste Zeitpunkt dafür ist, wenn sich die Keimzellen in einem abgetrennten Kompartiment befinden (▶ Abschn. 12.6.5) und so unabhängig von den übrigen Körperzellen umprogrammiert werden können.

Ein geeignetes Markierungsmittel für einen bestimmten Funktionszustand der DNA ist generell die Methylierung von Basen in der DNA, da es der Zelle leicht möglich ist, methylierte DNA-Abschnitte über die Replikation hinweg zu erhalten (▶ Abschn. 8.1.2). Obwohl ein neu synthetisierter DNA-Strang nach der Replikation zunächst unmethyliert ist, kann eine Identifizierung methylierter Basen im komplementären, aufgrund der semikonservativen Replikation also ursprünglichen Strang durch Methylasen leicht erfolgen. Da Methylgruppen offenbar bevorzugt in CpG-Inseln (engl. *CpG islands*) vorliegen, ist die Erhaltung der Methylierung aufgrund der Symmetrie der Anordnung methylierten Cytosins über beliebig viele Zellgenerationen leicht möglich. Solche CpG-Inseln findet man häufig im Promotorbereich vieler Säugergene.

Etwa 88 % der Mausgene, die durch Imprinting geregelt werden, haben CpG-Inseln, verglichen mit einem Durchschnitt von 47 % aller Gene. Ebenso wie eine gewisse Häufigkeit direkter Wiederholungssequenzen in der Nachbarschaft dieser CpG-Inseln reicht das aber als einziges Charakteristikum für Imprinting-Regionen nicht aus. Allerdings zeigt die große Mehrheit der geprägten Gene Unterschiede im Methylierungsmuster zwischen

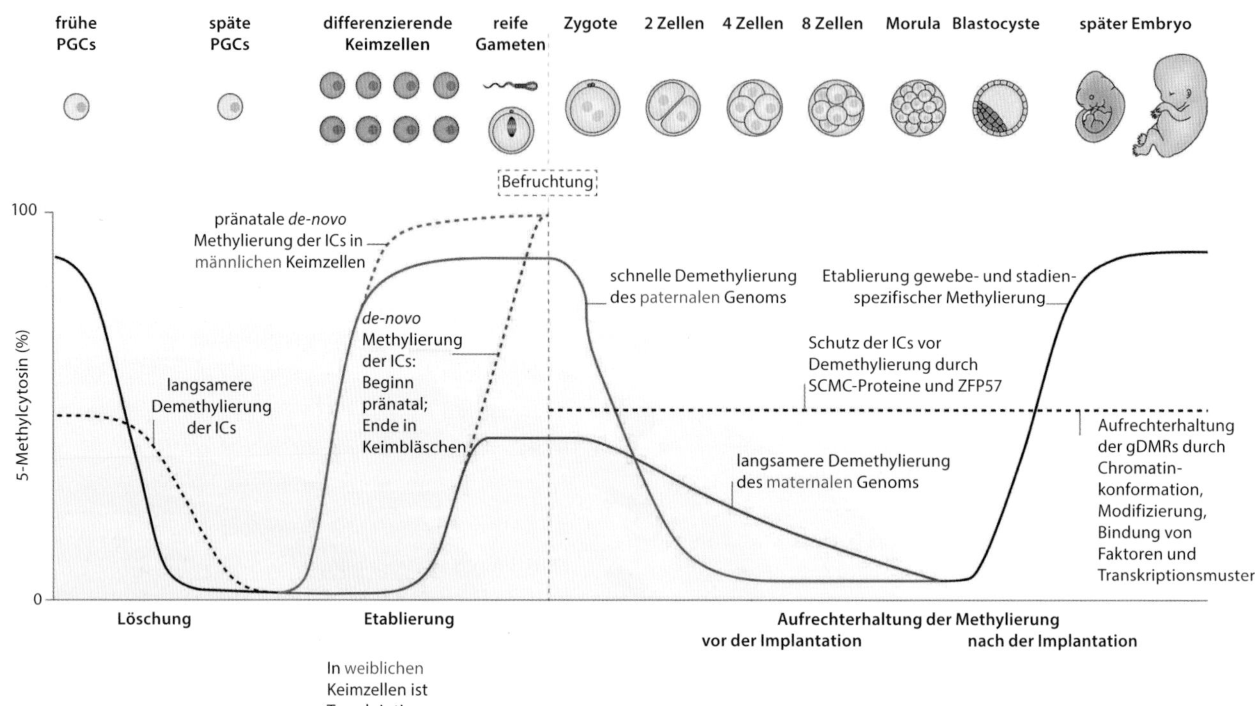

Abb. 8.36 Zyklus der genetischen Prägung beim Menschen. In der Abbildung sind wichtige Faktoren und Ereignisse der genetischen Prägung in verschiedenen Stadien gezeigt: das Ausmaß der Methylierung (Anteil an 5-Methylcytosin), die zeitliche Abfolge von Löschung der genetischen Prägung, neue Etablierung der Methylierung sowie ihre Aufrechterhaltung vor und nach der Einnistung. In den Urkeimzellen (PGCs, engl. *primordial germ cells*) wird die Methylierung der Prägungszentren (ICs, engl. *imprinting centers; gestrichelte schwarze Linie*) langsamer gelöscht als der Rest des Genoms (*schwarze Linie*). Die Neumethylierung erfolgt in männlichen und weiblichen Keimzellen in unterschiedlicher Geschwindigkeit (väterliche ICs: *gestrichelte blaue Linie*, gesamtes Genom: *blaue Linie*; mütterliche ICs: *gestrichelte rote Linie*, gesamtes Genom: *rote Linie*). Nach der Befruchtung werden die väterlichen und mütterlichen Genome weitgehend demethyliert, wohingegen die Prägungszentren, die zwischen den väterlichen und mütterlichen Allelen unterschiedlich methyliert sind (50%-Linie), vor und nach der Einnistung erhalten bleiben. gDMRs: Regionen, die elternspezifisch unterschiedlich methyliert sind (engl. *germline differentially methylated regions*); GVs: Keimbläschen (engl. *germinal vesicles*); SCMC: subcortikaler maternaler Komplex (engl. *subcortical maternal complex*). (Nach Monk et al. 2019, mit freundlicher Genehmigung)

den elterlichen Allelen, wobei die Methylierung unterschiedliche Bedeutung haben kann (sowohl Aktivierung als auch Repression). Weiterhin fällt auf, dass Gene, die über Imprinting reguliert werden, oft in Gruppen oder Domänen zusammengefasst sind (Abb. 8.34), die dann auch während der Replikation asynchron replizieren, d. h. die paternalen Kopien replizieren früher als die maternalen. Außerdem haben genetische Experimente gezeigt, dass diese Cluster eine höhere Rekombinationsrate während der männlichen Meiose zeigen.

Der Entwicklung der Geschlechtszellen kommt also für die Programmierung der genetischen Prägung eine entscheidende Rolle zu. Durch das Löschen der vorhandenen Prägung in der frühen Entwicklung wird eine Reprogrammierung ermöglicht, die das aktuelle Geschlecht widerspiegelt. Während dieses vollständigen Löschvorgangs (engl. *erasure*) wird das gesamte Genom der Keimzellen demethyliert.

Nach dem Löschen beginnt die *de-novo*-Methylierung in der Spätphase der Entwicklung sowohl der Ei- als auch der Samenzellen, allerdings aufgrund der unterschiedlichen Entwicklungs- und Differenzierungsschritte in unterschiedlichen Stadien. Sie erfolgt in den männlichen Keimzellen früher (im Stadium der Prospermatogonien; in der Maus etwa ab dem 15. bis 17. Tag der Embryonalentwicklung). Damit geht die Remethylierung dem Wiedereintritt der Keimzellen in die Mitose und Meiose voraus. Remethylierung in der weiblichen Keimzelle erfolgt später, nämlich nach der Geburt während der Reifephase der Oocyten. Die Enzyme, die an diesen Prozessen beteiligt sind, sind DNA-Methyltransferasen (DNMT), insbesondere DNMT1, DNMT3A und DNMT3B. Einen Überblick über den Zyklus der genetischen Prägung gibt Abb. 8.36.

> Die genetische Prägung wird in der frühen Phase der Keimzellentwicklung gelöscht und in den späteren Phasen geschlechtsspezifisch reprogrammiert. Beteiligte Enzyme sind im Wesentlichen DNA-Methyltransferasen.

Wie wir bereits gesehen haben (Abb. 8.34), kommen fast alle geprägten Gene in Gruppen vor. Für sieben Prägungsgruppen wurden weitreichende Prägungszentren identifiziert (im englischen Schrifttum finden sich dafür verschiedene Begriffe: *imprint control element* [ICE], *imprint control region* [ICR] oder *imprinting center* [IC]); in der Regel wurde der entsprechende Bereich in Mäusen deletiert und ein Verlust der genetischen Prägung beobachtet. Diese Prägungsgruppen sind von unterschiedlicher Größe (80–3700 kb) und umfassen drei bis zwölf Gene. Es lassen sich dabei zwei Trends beobachten: Erstens werden die Protein-codierenden Gene in der Regel von demselben elterlichen Chromosom abgelesen, wohingegen die nicht-codierende RNA vom gegengeschlechtlichen Chromosom abgelesen wird. Zweitens verursacht der Verlust des Prägungszentrums nur dann auch einen Verlust der genetischen Prägung, wenn er in dem Chromosom auftritt, das die nicht-codierende RNA exprimiert. Insofern kommt dem Prägungszentrum eine entscheidende Rolle zu: Das Prägungszentrum wird *de novo* durch die DNA-Methyltransferase DNMT3A/3L in einer der beiden elterlichen Keimbahnen methyliert, diese Markierung bleibt über Mitosen stabil erhalten; im anderen Geschlecht bleibt das Prägungszentrum dagegen unmethyliert.

Der zweite entscheidende Mechanismus wird oft durch die Expression einer nicht-codierenden DNA ausgelöst. Einige Beispiele sind in ◘ Abb. 8.37 zusammengefasst. In der *Igf2*-Prägungsgruppe (engl. *insulin-like growth factor 2*) hängt die Expression der 2,6 kb langen, nicht-codierenden RNA *H19* vom maternalen Chromosom davon ab, dass das Prägungszentrum nicht methyliert ist, und korreliert mit der Abschaltung von *Igf2*. Dabei bindet das Zinkfinger-Protein CTCF (CCCTC-bindender Faktor) an die entsprechende Sequenz des Prägungszentrums und bildet einen Insulator (► Abschn. 5.1.5), der das *Igf2*-Gen isoliert und den Zugang dieses Gens zu seinen Enhancern blockiert. Im paternalen Chromosom wird durch die Methylierung des Prägungszentrums der Zugang für das CTCF-Protein verhindert, sodass die Enhancer mit dem *Igf2*-Promotor in Wechselwirkung treten können und *Igf2* exprimiert wird (◘ Abb. 8.37a).

Im Gegensatz zu dem *H19*-System gibt es auch paternal exprimierte nicht-codierende RNAs, die durch ihre direkte Wirkung benachbarte Gene abschalten. Ein Beispiel dafür ist die 90 kb lange *Kcnq1ot1*-RNA (◘ Abb. 8.37b), die elf Gene in einem Bereich von 800 kb in *cis* abschaltet (*Kcnq1ot1*: engl. *Kcnq1 overlapping transcript-1*; *Kcnq1*: engl. *potassium voltage-gated channel, subfamily Q, member 1*). Ein weiteres Beispiel ist die 118 kb lange ncRNA *Airn* (engl. *antisense Igf2r RNA noncoding*), die drei Gene in einem Bereich von 300 kb in *cis* stilllegt (◘ Abb. 8.37c).

Etwas komplexer ist die Situation in der *Snrpn*-Domäne (◘ Abb. 8.37d). Dieser Bereich auf dem Chromosom 7 der Maus bzw. dem Chromosom 15 des Menschen ist verantwortlich für zwei ähnliche neurologische Erkrankungen des Menschen, das Angelman-Syndrom (Titelbild dieses Kapitels) bzw. das Prader-Willi-Syndrom. Das Prägungszentrum in der *Snrpn*-Domäne ist zweigeteilt: Das Prägungszentrum des Prader-Willi-Syndroms umfasst ein 4,3-kb-Fragment des Promotors und des 1. Exons des *Snrpn*-Gens (codiert für das *small nuclear ribonucleoprotein N*); das Prägungszentrum des Angelman-Syndroms liegt etwa 35 kb oberhalb (diese Zweiteilung ist in ◘ Abb. 8.37d nicht aufgelöst). In mütterlichen Chromosomen ist das Angelman-Prägungszentrum aktiv und führt zu einer Hemmung des Prägungszentrums des Prader-Willi-Syndroms; diese Hemmung bleibt während der ganzen Embryonalentwicklung aktiv und führt zur Expression von *UBE3A* (codiert für die Ubiquitin-Proteinligase E3A) vom maternalen Chromosom. Das Prägungszentrum des Prader-Willi-Syndroms ist stattdessen in den väterlichen Chromosomen aktiv: Es aktiviert verschiedene Gene (blaue Boxen in ◘ Abb. 8.37), aber auch die Gegenstrang-RNA für *UBE3A* (*UBE3S-ATS*), und hemmt damit indirekt die *UBE3A*-Expression im väterlichen Chromosom. Der Verlust dieser aktivierenden Wirkungen im paternalen Chromosom führt zum Prader-Willi-Syndrom; umgekehrt ist die Inaktivierung des Angelman-Prägungszentrums (und damit die Abschaltung von *UBE3A*) für die Ausprägung des Angelman-Syndroms verantwortlich.

Wie wir oben gesehen haben, tritt das Angelman-Syndrom auf, wenn das maternale *UBE3A*-Gen nicht oder nicht korrekt exprimiert wird. Eine therapeutische Überlegung ist daher, das väterliche Allel zu exprimieren und so den genetischen Fehler zu korrigieren. Über einen derartigen Erfolg (in der Maus) wurde von Huang et al. (2012) berichtet – und zwar stellten sich bekannte Inhibitoren der Topoisomerase I in den entsprechenden Screening-Tests als positiv heraus. Im Mausmodell führte die Infusion von Topotecan (das sonst als Chemotherapeutikum bei Krebserkrankungen eingesetzt wird) über zwei Wochen in einen Gehirnventrikel zu einer dauerhaften Expression des väterlichen *Ube3a*-Gens. Allerdings ist Topotecan sehr giftig, und es interagiert mit vielen lncRNAs. Beide Eigenschaften stehen einer erfolgreichen klinischen Anwendung entgegen. Allerdings hat die Untersuchung des Wirkungsmechanismus gezeigt, dass bei Menschen die Stilllegung des paternalen *UBE3A*-Gens durch das *SNHG14*-Transkript vermittelt wird. Neuere Arbeiten versuchen deshalb, über *antisense*-Oligonukleotide das *SNHG14*-Transkript abzubauen; für Details siehe die Übersicht von Buiting et al. (2016).

In den letzten Jahren haben die Veröffentlichungen zu genetischer Prägung deutlich zugenommen. Dabei stellte sich zunehmend heraus, dass Imprinting nicht notwendigerweise in allen Geweben eines Tieres konserviert ist. Das Bild wird ergänzt, wenn man gewebespezifische Promotoren und andere epigenetische Markierungen mit berücksichtigt, die häufig mit Zelldifferenzierung und der Spezialisierung bestimmter Zelltypen einhergehen. In einer weitgehenden Gesamtübersicht über geprägte Gene der Maus konnten Adam **Prickett** und Rebecca **Oakey**

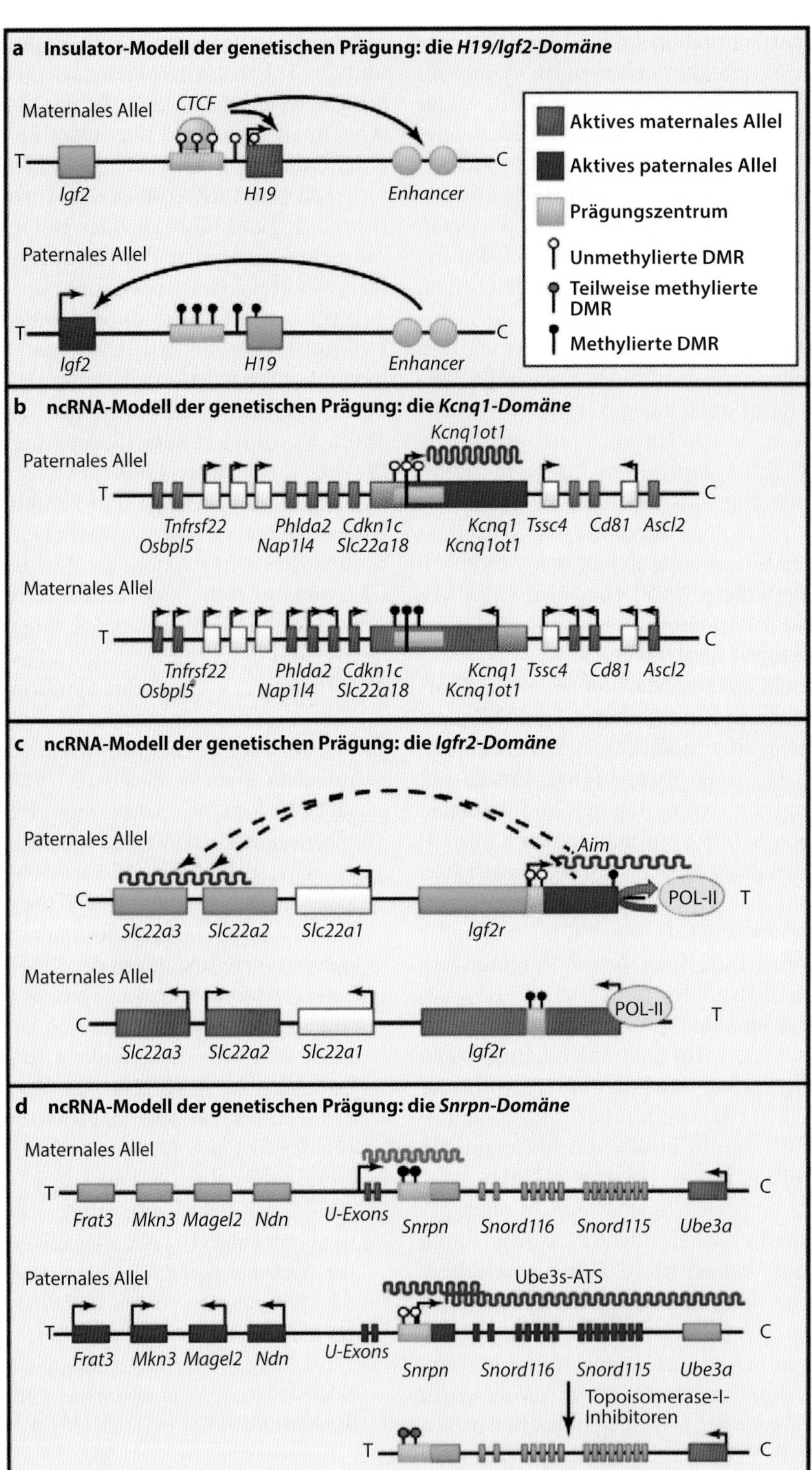
a Insulator-Modell der genetischen Prägung: die H19/Igf2-Domäne
Maternales Allel
CTCF
T
Igf2
H19
Enhancer
C
Paternales Allel
T
Igf2
H19
Enhancer
C
Aktives maternales Allel
Aktives paternales Allel
Prägungszentrum
Unmethylierte DMR
Teilweise methylierte DMR
Methylierte DMR
b ncRNA-Modell der genetischen Prägung: die Kcnq1-Domäne
Paternales Allel
Kcnq1ot1
T
C
Tnfrsf22 Osbpl5
Phlda2 Nap1l4
Cdkn1c Slc22a18
Kcnq1 Kcnq1ot1
Tssc4
Cd81
Ascl2
Maternales Allel
T
C
Tnfrsf22 Osbpl5
Phlda2 Nap1l4
Cdkn1c Slc22a18
Kcnq1 Kcnq1ot1
Tssc4
Cd81
Ascl2
c ncRNA-Modell der genetischen Prägung: die Igfr2-Domäne
Paternales Allel
Aim
C
Slc22a3
Slc22a2
Slc22a1
Igf2r
POL-II
T
Maternales Allel
C
Slc22a3
Slc22a2
Slc22a1
Igf2r
POL-II
T
d ncRNA-Modell der genetischen Prägung: die Snrpn-Domäne
Maternales Allel
T
Frat3
Mkn3
Magel2
Ndn
U-Exons
Snrpn
Snord116
Snord115
Ube3a
C
Paternales Allel
Ube3s-ATS
T
Frat3
Mkn3
Magel2
Ndn
U-Exons
Snrpn
Snord116
Snord115
Ube3a
C
Topoisomerase-I-Inhibitoren
T
C

8

(2012) zeigen, dass etwa ein Drittel aller Gene nur in bestimmten Geweben genetischer Prägung unterliegt. Die Hälfte davon entfällt auf die Plazenta, und diese Gene werden dann nur vom mütterlichen Allel exprimiert. Ähnlich ist es im Gehirn: Ein Viertel der gewebespezifisch exprimierten Gene wird im Gehirn exprimiert, und davon zwei Drittel nur vom mütterlichen Allel. Hier öffnen sich neue Perspektiven zur Erklärung bisher nicht verstandener Phänomene. Interessante Aspekte dazu finden sich bei McCarthy et al. (2017), die aber noch sehr im hypothetischen Bereich verhaftet sind.

Imprinting beruht im Wesentlichen auf der Methylierung von DNA als Erkennungsmechanismus für Geninaktivierung. Es wird ergänzt durch weitere Mechanismen (Expression von Gegenstrang-Transkripten, Chromatinstrukturen, Silencer). Die genetische Prägung eines chromosomalen Abschnitts wird oft von einem Prägungszentrum gesteuert (*imprinting center*).

Künstliche Befruchtung (engl. *assisted reproductive technology*, ART) ist ein erfolgreiches und risikoarmes Standardverfahren geworden, das es unfruchtbaren Paaren ermöglicht, Kinder zu bekommen. Weltweit sind über 5 Mio. Kinder auf diese Weise zur Welt gekommen; in industrialisierten Ländern sind das etwa 1–4 %. Diese große Zahl ermöglichte es aber auch zu erkennen, dass offensichtlich einige seltene Erkrankungen nach künstlicher Befruchtung häufiger auftreten. Dazu gehören das oben erwähnte Beckwith-Wiedemann-Syndrom und das Angelman-Syndrom. Beide treten in der allgemeinen Bevölkerung mit einer Häufigkeit von 1:13.700 bzw. 1:15.000 auf; unter Kindern nach künstlicher Befruchtung kommen diese Erkrankungen allerdings drei- bis zehnmal häufiger vor. Wenn man sich die Fälle genauer ansieht, fällt auf, das vor allem die jeweiligen Prägungszentren nicht mehr methyliert sind. Das kann nun daran liegen, dass nach der Befruchtung der Embryo noch eine Zeit in Kultur gehalten wird, bevor er in den Uterus implantiert wird – genau in der Phase, in der die genomweite Demethylierung erfolgt –, und dass dabei Störungen auftreten. Andererseits wird männliche Unfruchtbarkeit unter anderem auch durch veränderte Methylierung an geprägten Genen hervorgerufen – und somit wäre die Ursache für die Erhöhung der Krankheitsrate nicht die Methode der künstlichen Befruchtung, sondern die „Auswahl" derer, die diese Methode in Anspruch nehmen. Eine detaillierte Darstellung dieser Aspekte findet sich bei Grafodatskaya et al. (2013).

8.4.3 Umwelteinflüsse und Transgenerationeneffekte

In den letzten Jahren häufen sich Befunde, dass epigenetische Mechanismen daran beteiligt sind, bestimmte Eigenschaften außerhalb der klassischen Mendel'schen Erbgänge (▶ Kap. 11) an die nächste Generation weiterzugeben, d. h. ohne Veränderungen der DNA-Sequenz. Dabei spielen vor allem auch die Gene eine Rolle, die wir im ▶ Abschn. 8.4.2 als „Imprinting-Gene" kennengelernt haben. Wir wollen im Folgenden die wichtigsten Aspekte zusammenstellen – aus der Zusammenschau der Einzelteile entsteht dann ein interessantes Mosaikbild über den Beitrag epigenetischer Veränderungen und ihrer Auswirkungen auf die nächste(n) Generation(en).

Abb. 8.37 Mechanismen der genetischen Prägung. **a** Das Insulator-Modell ist am Beispiel der *H19*/*Igf2*-Domäne dargestellt. Hier ist das Prägungszentrum paternal methyliert. Am unmethylierten mütterlichen Allel verhindert die Bindung von CTCF die Wechselwirkung der Enhancer mit dem *Igf2*-Promotor. Stattdessen aktivieren die Enhancer die *H19*-Expression. Am väterlichen Allel breitet sich die Methylierung des Prägungszentrums bis zum *H19*-Promotor aus und legt dessen Expression still; dadurch wird auch die Bindung von CTCF an das Prägungszentrum verhindert, und die Enhancer können die *Igf2*-Expression aktivieren. **b** Bei *Kcnq1* enthält das Prägungszentrum den Promotor der lncRNA *Kcnq1ot1*. Im paternalen Allel ist das Prägungszentrum nicht methyliert und erlaubt die Expression von *Kcnq1ot1*. Dadurch schaltet *Kcnq1ot1* das väterliche Allel der gekoppelten Gene in *cis* ab. Im maternalen Allel wird *Kcnq1ot1* wegen der Methylierung des Prägungszentrums nicht gebildet, sodass die benachbarten geprägten Gene exprimiert werden. **c** In der *Igfr2*-Domäne wird die Expression der lncRNA *Airn* durch einen Promotor im Prägungszentrum gesteuert und im unmethylierten väterlichen Allel exprimiert. In somatischen Zellen verhindert die Transkription von *Airn* über dem *Igfr2*-Promotor die Expression von *Igfr2*, indem sie (zumindest teilweise) die RNA-Polymerase II vom Promotor fernhält. In extraembryonalen Geweben soll die *Airn*-lncRNA Enzyme mobilisieren, die reprimierende Histon-Modifikationen ermöglichen und so Gene in *cis* abschalten. **d** Der *Snrpn*-Genort benutzt das ncRNA-Modell: *Ube3a* wird nur im Gehirn vom mütterlichen Allel exprimiert (in anderen Geweben wird es biallelisch exprimiert). Die lncRNA des paternalen Allels kommt in vielen unterschiedlich bearbeiteten Formen vor, von denen einige auch nur im Gehirn vorkommen. Diese enthalten auch Sequenzen, die mit *Ube3a* überlappen – diese Formen kommen nur vor, wenn das Prägungszentrum nicht methyliert ist und führen zur Unterdrückung der Expression von *Ube3a*. Im maternalen Allel führt die Transkription der oberhalb des Prägungszentrums liegenden Exons (engl. *upstream exons*, *U-exons*) vermutlich zur Methylierung des mütterlichen Prägungszentrums. In einem Screening-Experiment der Maus wurden Topoisomerase-Inhibitoren identifiziert, die *Ube3a* im väterlichen Allel aktivieren – als Ergebnis werden *Snrpn* und *Ube3s-ATS* nicht länger exprimiert, und das Prägungszentrum zeigt eine stärkere Methylierung als das paternale Allel im Wildtyp. Alle geprägten Regionen sind nicht maßstabsgerecht dargestellt und geben den Zustand in der Maus wieder (die entsprechenden menschlichen Genregionen sind stark konserviert). T: Richtung Telomer; C: Richtung Centromer; weitere Abkürzungen und Gensymbole siehe Text. (Nach Lee und Bartolomei 2013, mit freundlicher Genehmigung)

Ernährung spielt für unsere Gesundheit unter vielerlei Gesichtspunkten eine wichtige Rolle; Ungleichgewichte in der Ernährung sind wichtige Faktoren für die Entstehung chronischer Krankheiten wie Herz-Kreislauf-Erkrankungen, Fettleibigkeit, Diabetes und Krebs. Dabei ist eine angemessene Ernährung während kritischer Phasen des frühen Lebens (vor und nach der Geburt) offensichtlich von besonderer Bedeutung. In diesem Zusammenhang findet die Hypothese, dass epigenetische Mechanismen mit solchen Ungleichgewichten der Ernährung in Zusammenhang stehen, in den letzten Jahren zunehmend Zustimmung; im englischen Sprachraum wird diese Vorstellung als *developmental origins of health and disease hypothesis* bezeichnet.

 Eine zentrale Beobachtung in diesem Kontext betrifft eine Kohorte von Niederländern, deren Eltern für rund ein halbes Jahr einer schweren Hungersnot ausgesetzt waren: In der Zeit von November 1944 bis zum Endes des 2. Weltkrieges im Mai 1945 wurde im westlichen Teil der Niederlande durch die deutschen Besatzungstruppen die Nahrungsmittelrationen pro Person und Tag auf ca. 700 kcal festgesetzt (zwei Scheiben Brot, zwei Kartoffeln und ein Stück Zuckerrübe). Die „Erfahrung" dieser Hungersnot während der Embryonalentwicklung ist bei den Betroffenen Jahrzehnte später im Leben mit einer Reihe physiologischer und neuronaler Fehlentwicklungen assoziiert (z. B. Fettleibigkeit, erhöhte Plasma-Lipide, erhöhtes Risiko für eine Schizophrenie-Erkrankung, für mehr Herz-Kreislauf-Erkrankungen und Brustkrebs). Viele dieser Assoziationen sind vom Geschlecht der exponierten Individuen und vom Zeitraum während der Embryonalentwicklung abhängig: Als besonders empfindlich hat sich das erste Trimester der Schwangerschaft herausgestellt. Wenn man die molekularen Parameter für solche epigenetischen Mechanismen genauer betrachtet, stellt man fest, dass es sich nicht um eine gleichmäßige Veränderung epigenetischer Markierungen (wie z. B. Methylierung) handelt: Von 15 Gengruppen, die als genetisch geprägt vorliegen, zeigen in der niederländischen Hunger-Kohorte nur sechs Gruppen Veränderungen im Methylierungsmuster gegenüber den Kontrollen. Dazu gehört auch das *IGF2*-Gen (◘ Abb. 8.37), das bei den Betroffenen noch im Alter von 60 Jahren einen geringeren Methylierungsstatus aufwies als in der Kontrollgruppe (für eine zusammenfassende und detaillierte Darstellung sei der interessierte Leser auf die Arbeiten von Heijmans et al. (2009) sowie Ruemmele und Garnier-Lengliné (2012) verwiesen). Diese Wirkung von Hunger auf die Embryonalentwicklung darf jedoch nicht mit der Wirkung von verminderter Nahrungsaufnahme auf Erwachsene verwechselt werden: Während des 2. Weltkrieges waren in vielen europäischen Ländern die Nahrungsmittel insgesamt knapp; damit verbunden sank beispielsweise in Norwegen die Neudiagnose von Typ-2-Diabetes (► Abschn. 13.4.3) bei über 60-Jährigen um über 85 %, um danach sofort wieder auf das Vorkriegsniveau anzusteigen (Ashcroft und Rorsman 2012).

Ähnliches wie aus den Niederlanden wird auch von der russischen Bevölkerung der im 2. Weltkrieg besonders umkämpften Städte Leningrad (heute St. Petersburg) und Stalingrad (heute Wolgograd) berichtet – in der Folge des 2. Weltkrieges aber mit unterschiedlichen Konsequenzen: Während sich die Nahrungsmittelversorgung für die Menschen in den Niederlanden bald stark verbesserte, blieb die Ernährungssituation in der damaligen Sowjetunion auch nach dem 2. Weltkrieg noch schwierig. Mit dem Ergebnis, dass die russischen Kinder von Fettleibigkeit und Insulinresistenz verschont blieben. Die Erklärung ist, dass die Kinder, deren Embryonalentwicklung in diese Hungerzeit der Belagerungen fiel, besser für die nachgeburtliche Knappheit an Nahrungsmitteln „programmiert" waren – dieselbe Programmierung der niederländischen Kinder stand jedoch im **Widerspruch** zur erlebten Realität. Es wird heute angenommen, dass dieser Widerspruch zwischen embryonaler Prägung und späterer Lebenswirklichkeit ein wesentlicher Faktor für die starke Zunahme an Fettleibigkeit und Diabetes ist (Burgio et al. 2015).

Einige dieser Befunde lassen sich auch im Tiermodell nachvollziehen. Für lange Zeit gaben komplexe Variationen der Phänotypen am *Agouti*-Locus („wildfarben"; Gensymbol *A*) der Maus den Genetikern scheinbar unlösbare Rätsel auf (◘ Abb. 8.38). Der *Agouti*-Locus der Maus (► Abschn. 11.3.4) codiert für einen inhibitorischen Liganden von Melanocortin-Rezeptoren. Das Gen ist für die Haarfarbe der Maus, aber auch für die zelluläre Insulin-Antwort (mit-)verantwortlich. Der *Agouti*-Locus kontrolliert die Verteilung schwarzer und gelber Pigmente, wodurch die helle und dunkle Bänderung einzelner Haare der Wildfärbung vieler Tierarten entsteht. Durch Mutationen dieses Locus geht die gelbe Bande des Einzelhaares entweder verloren (*non-agouti*) oder dehnt sich aus (gelb oder agouti). Das dominante Allel (*A*) codiert die gelbe und das rezessive Allel (*a*) die schwarze Haarfarbe. Das Maus-Allel A^{vy} ist das Ergebnis der Insertion eines Retrotransposons (IAP, ◘ Tab. 9.1) oberhalb des *Agouti*-Gens. Die A^{vy}-Expression ist unter diesen Umständen abhängig von der LTR-Region des Retrotransposons (► Abschn. 9.1.2), sie führt zur gelben Fellfarbe und korreliert mit einer Hypomethylierung der LTR. Isogene Mäuse zeigen aber eine variable Expressivität und führen damit zu Mäusen mit einer gewissen Bandbreite der Fellfarben von gelb bis agouti (*agouti*-Mäuse haben eine methylierte LTR). Der Genort zeigt ein epigenetisches Vererbungsmuster, das der mütterlichen, aber nicht der väterlichen Keimbahn folgt: Mütter mit gelber Fellfarbe haben mehr gelbe Nachkommen als Mütter mit der Fella

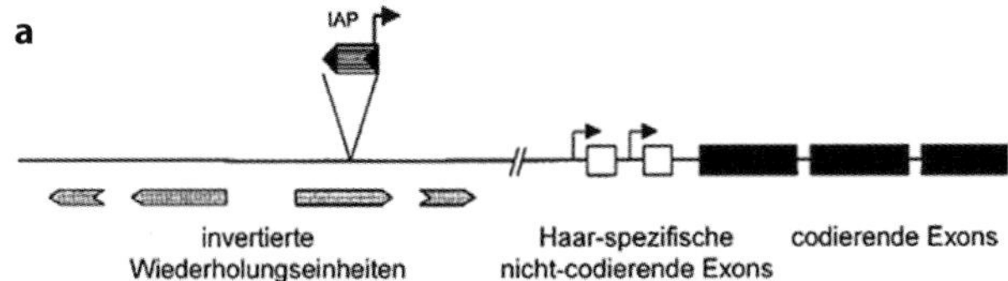

b

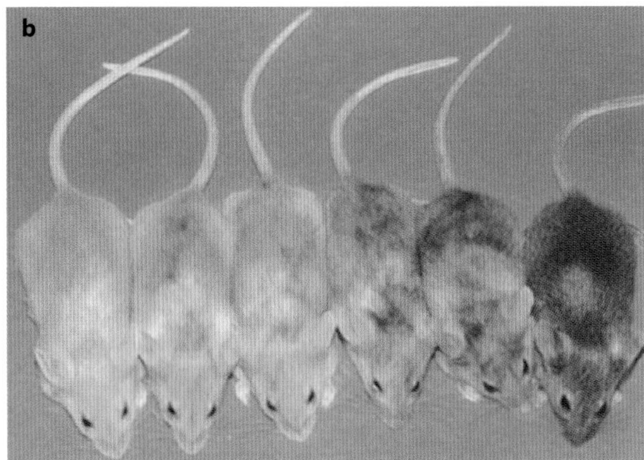

c

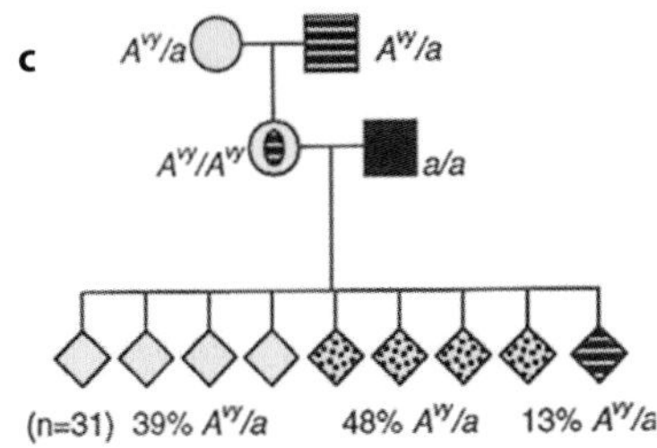

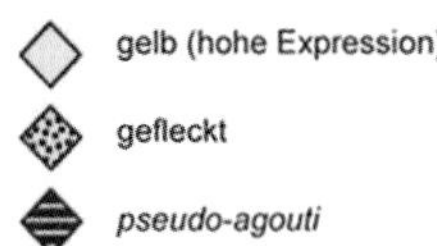

Abb. 8.38 Das A^{vy}-Allel. **a** Im A^{vy}-Allel ist ein Retrotransposon (*intra-cisternal A particle*, IAP) in das Pseudoexon 1a des *agouti*-Gens (wildfarben, Gensymbol: *a*) integriert, wobei die Transkriptionsrichtung von den LTRs (*Pfeilspitzen*) entgegengesetzt zu der des *Agouti*-Promotors verläuft. **b** Isogene C57BL/6-A^{vy}-Mäuse zeigen ein Kontinuum des Phänotyps, das von vollständig gelber Fellfarbe über verschiedene Stufen von gelben/wildfarbenen Flecken zu vollständig wildfarbenem Fell reicht (da es sich hier nicht um einen „echten" *agouti*-Phänotyp handelt, hat sich dafür der Begriff „*pseudo-agouti*" eingebürgert). Das Ausmaß der gelben Fellfarbe korreliert stark mit dem Körpergewicht der erwachsenen Mäuse: Gelbe Mäuse exprimieren *agouti* wegen der IAP-Insertion in allen Zellen und neigen zu Fettleibigkeit, Diabetes und einer höheren Tumorrate; gefleckte Mäuse haben Mosaike von Zellen, die *agouti* exprimieren oder auch nicht; in *pseudo-agouti*-Mäusen wird die *agouti*-Expression nur von den Haar-spezifischen Promotoren gesteuert, und sie entsprechen daher dem Wildtyp mit normalem Körpergewicht. **c** Kreuzungsschema, um *pseudo-agouti*-Nachkommen von gelben Muttertieren herzustellen. Gelbe A^{vy}/A^{vy}-Muttertiere werden mit *a*/*a*-Zuchttieren gekreuzt und bringen *pseudo-agouti*-Nachkommen hervor, wenn sie ein A^{vy}-Allel tragen, das von einem *pseudo-agouti*-Großvater abstammt. Das *gestreifte Oval im gelben Kreis* deutet an, dass das gelbe Weibchen wahrscheinlich ein rezessives *pseudo-agouti*-Epiallel trägt, das durch das dominante gelbe Epiallel maskiert wird. Die Zahl der A^{vy}/a-Nachkommen von jedem Typ ist angegeben (n); *a*/*a*-Mäuse wurden aufgrund der besseren Übersichtlichkeit weggelassen. (Nach Morgan et al. 1999, mit freundlicher Genehmigung)

farbe agouti. Die Untersuchung der DNA-Methylierung an reifen Gameten, Zygoten und Blastocysten zeigte, dass die väterlichen und mütterlichen Allele unterschiedlich behandelt werden: Das väterliche Allel wird schnell demethyliert, wohingegen das mütterliche Allel langsamer, aber auch vollständig demethyliert wird.

Neuere Arbeiten an diesen *agouti*-Mäusen zeigen, dass der Phänotyp der Mäuse stark von der mütterlichen Ernährung vor, während und unmittelbar nach der Geburt (Stillzeit) der Nachkommen abhängt. Der *agouti*-Wildtyp-Phänotyp entspricht einem hohen Methylierungszustand, der zu einer kompletten Abschaltung des *agouti*-Gens führt. In den A^{vy}-Mutanten ist dagegen das *agouti*-Gen aktiv, wenngleich es durch die Insertion des IAP-Elementes epigenetisch instabil reguliert wird. Die Anfälligkeit für Diabetes wird dadurch hervorgerufen, dass das *agouti*-Gen in den A^{vy}-Mutanten ektopisch im Hypothalamus exprimiert wird; es bindet dort antagonistisch an den Melanocortin-4-Rezeptor und ist dadurch für die übermäßig gesteigerte Nahrungsaufnahme (Hyperphagie) der Nachkommen verantwortlich. Durch Ergänzung der Nahrung mit Cholin, Vitamin B12 oder Folsäure (wichtige Methyldonatoren) vor und während der Schwangerschaft der Mäuse wird jedoch der Phänotyp der Nachkommen deutlich beeinflusst, da dadurch auch der Methylierungszustand der A^{vy}-Mäuse in Richtung des Wildtyps verschoben wird.

Das A^{vy}-Modell der Maus ist in diesem Kontext das derzeit am besten untersuchte Tiermodell; verschiedene andere Modelle unterstützen allerdings diese Befunde. Dazu gehören die „Knickschwänze" des metastabilen Epiallels *axin fused* der Maus oder der Effekt von proteinarmer Diät während der Schwangerschaft von Ratten auf die Expression des Glucocorticoid-Rezeptors und des Proliferations-aktivierten γ-Rezeptors in Leber-Peroxisomen.

Trotz dieser zunehmenden Datenfülle bleibt allerdings die funktionelle Bedeutung der epigenetischen Modifikationen in Bezug auf komplexe menschliche Erkrankungen noch immer weitgehend unklar. Allerdings verstärken sich die Hinweise auf einen gemeinsamen Erklärungsmechanismus für die verschiedenen Wege der nicht-Mendel'schen Vererbung. Ein wichtiger Aspekt in diesem komplexen System ist die Löschung der DNA-Methylierung in den Urkeimzellen (Abb. 8.36). Lange Zeit war man der Überzeugung, dass diese Löschung vollständig ist und als eine Art *Tabula rasa* für die Neuprogrammierung zur Verfügung stünde. Diese Annahme war eine logische Grundvoraussetzung für die lange Zeit weitverbreitete Ablehnung der Hypothese von generationenübergreifender Weitergabe epigenetischer Informationen. Der wissenschaftshistorisch interessierte Leser sei an dieser Stelle auf die erbitterte Diskussion um die „cytoplasmatische Vererbung" als Gegensatz zur Vererbung über den Zellkern erinnert: Heute wissen wir, dass die Zellorganellen wie Mitochon-

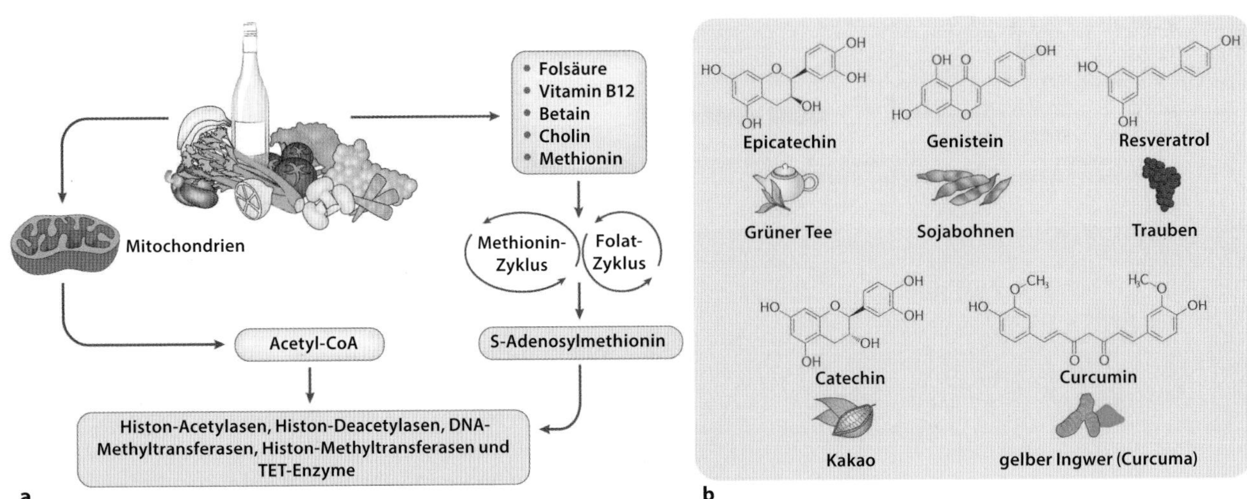

Abb. 8.39 **a** Auswirkungen von Nahrungsmitteln auf die wichtigsten epigenetischen Prozesse. Für viele epigenetische Prozesse sind Methylierungen und Acetylierungen wichtige Voraussetzungen. Die dafür benötigten Komponenten werden der täglichen Nahrung entnommen. Einige Ernährungsfaktoren wie Folsäure, Vitamin B12, Betain, Cholin und Methionin sind Methyldonatoren, die eine Methylgruppe auf S-Adenosylmethionin übertragen (C1-Zyklen: Methionin-Zyklus und Folat-Zyklus). Acetylgruppen werden in den Mitochondrien gebildet (z. B. über oxidative Decarboxylierung von Pyruvat und durch β-Oxidation von Fettsäuren) und auf Acetyl-CoA übertragen. Die Methyl- und Acetylgruppen werden über die entsprechenden Methyl- bzw. Acetyltransferasen auf DNA und Histone übertragen. TET-Enzyme: *ten-eleven translocation enzymes* (▶ Abschn. 8.1.2). **b** Pflanzeninhaltsstoffe mit hemmenden Wirkungen auf Methyl- bzw. Acetyltransferasen und Demethylasen bzw. Deacetylasen. (Nach Schagdarsurengin und Steger 2016, mit freundlicher Genehmigung)

drien und Chloroplasten, die im Cytoplasma vorkommen, ein eigenes Genom haben, dessen Information unabhängig vom Zellkern auf Tochterzellen weitergegeben wird (▶ Abschn. 5.1.3, 5.1.4). Eine entsprechende, einfache, aber umfassende Erklärung für die generationenübergreifende Weitergabe epigenetischer Informationen haben wir heute noch nicht. Wir wissen aber immerhin von Tiermodellen, dass die Löschung der elterlichen Prägung in den Urkeimzellen zwar sehr umfangreich ist, aber eben nicht vollständig: Ähnlich wie bei der X-Inaktivierung einzelne Bereiche des X-Chromosoms der Inaktivierung entkommen (▶ Abschn. 8.3.2), so entkommen auch einige repetitive Elemente der Löschung der DNA-Methylierung (wie wir das oben für das IAP-Element gesehen haben).

In ähnlicher Weise können auch **Genistein** (ein Phytoöstrogen der Sojabohne) oder **Bisphenol A** (eine Komponente in vielen Kunststoffen) wirken: Genistein erhöht die Methylierung des IAPs in A^{vy}-Mäusen und verschiebt dadurch die Fellfarbe der heterozygoten Nachkommen von gelb nach braun. Umgekehrt führt Bisphenol A zu einem Verlust der Methylierung und verschiebt die Fellfarbe nach gelb, was durch gleichzeitige Gabe von Methyldonatoren (oder auch Genistein) wieder rückgängig gemacht werden kann. Es gibt aber unterschiedliche Darstellungen, ob dieser Effekt auf eine Generation beschränkt bleibt oder ob es sich um ein generationenübergreifendes Phänomen handelt. Offensichtlich beeinflussen aber unterschiedliche Diäten oder Nahrungsergänzungsmittel das Programm der epigenetischen Methylierung in den Nachkommen auf physiologisch wirksame Weise (Szyf 2015). Eine grobe Übersicht über die biochemischen Zusammenhänge zwischen Nahrungsmitteln und der Bildung von Methyl- und Acetyldonatoren für die Methylierung der DNA und Histone sowie der Acetylierung der Histone gibt ◘ Abb. 8.39a; einige Pflanzeninhaltsstoffe mit Wirkungen auf epigenetische Prozesse sind in ◘ Abb. 8.39b gezeigt.

Viele Tiermodelle und Untersuchungen an Menschen haben gezeigt, dass Expositionen in verschiedenen Lebensphasen einen Einfluss auf Krankheitsformen der nächsten Generationen haben können. Wir haben den Einfluss der Ernährungslage bereits angesprochen, und so ist Unterernährung der Mutter während der Schwangerschaft mit einer verminderten Methylierung des *IGF2*-Gens bei den erwachsenen Nachkommen verbunden. Ähnliche Phänomene werden beobachtet, wenn Frauen während der Schwangerschaft rauchen – hier wird bei den Nachkommen eine Demethylierung des *AHRR*-Gens beobachtet, das für einen Repressor des Aryl-Hydrocarbon-Rezeptors codiert (engl. *aryl-hydrocarbon receptor repressor*). Befunde dieser Art sind aber häufig Assoziationen; der kausale Zusammenhang über die Aufklärung des Mechanismus fehlt in vielen Fällen noch. Bei Erwachsenen spielt die Belastung männlicher Spermien eine besondere Rolle, da sich die Spermatogonien über einen langen Zeitraum immer wieder neu bilden. Einen Überblick über die verschiedenen Phasen für die Entstehung möglicher generationenübergreifender epigenetischer Einflüsse gibt ◘ Abb. 8.40.

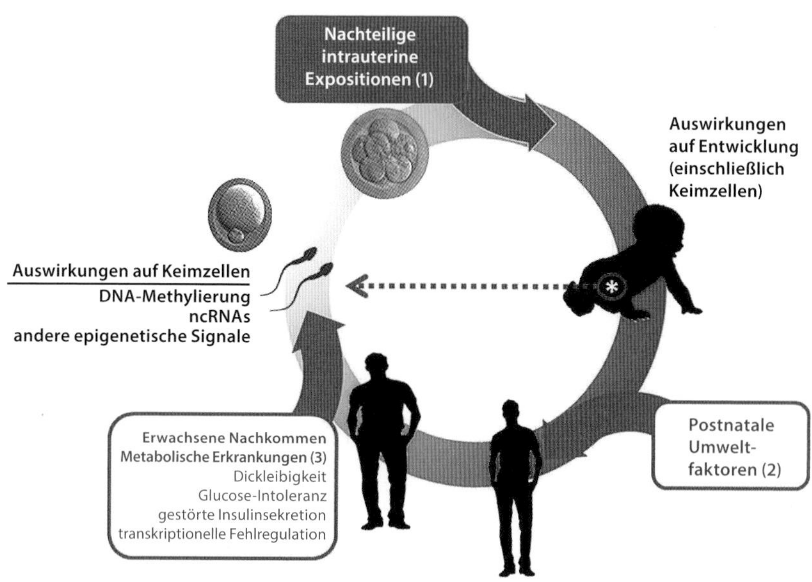

Abb. 8.40 Kreislauf des generationenübergreifenden Krankheitsrisikos. Nachteilige intrauterine Expositionen (1) können die Entwicklung und die Implantation des Embryos beeinflussen und dadurch letztlich das Erkrankungsrisiko des Kindes erhöhen. Zusätzlich können postnatale Umwelteinflüsse (2) und metabolische Erkrankungen im Erwachsenenalter (3) ebenso zu epigenetischen Veränderungen beitragen, die auch die Keimzellen beeinflussen können (sowohl Spermien als auch Oocyten). Keimzellen können durch die direkte Exposition des sich entwickelnden Embryos beeinflusst werden (*Stern*), aber auch durch metabolische Erkrankungen des erwachsenen Mannes; sie können dadurch auch einen Einfluss auf die nächsten Generationen haben. (Nach Sales et al. 2017, mit freundlicher Genehmigung)

Ein interessantes Untersuchungsmuster (in Mäusen) ist es, die Tiere mit unterschiedlich hohen Fettanteilen in der Nahrung zu füttern und die Auswirkungen auf die Nachkommen zu untersuchen. Um zu demonstrieren, dass ausschließlich die Keimzellen an der Übertragung beteiligt sind, haben Johannes **Beckers** und seine Gruppe *in-vitro*-Fertilisationen durchgeführt. Sie konnten zeigen, dass die Zusammensetzung der Nahrung, aber auch das Geschlecht des jeweiligen fettleibigen Elternteils einen Einfluss auf die Gesundheit der Nachkommen haben, die hinsichtlich Fettleibigkeit und Typ-2-Diabetes untersucht wurden: Wenn die Eltern mit fetthaltiger Nahrung gefüttert wurden, so ist die Gewichtszunahme von Töchtern, die mit einer fetthaltigen Nahrung gefüttert werden, deutlich stärker als bei ihren Brüdern. Außerdem wird eine Insulinresistenz, die durch einen hohen Fettanteil erzeugt wurde, bevorzugt über die mütterliche Keimbahn weitergegeben (Huypens et al. 2016).

Befunde wie die oben dargestellten finden sich in der Zwischenzeit in ähnlicher Weise immer wieder; eine interessante und aktuelle Zusammenfassung findet sich bei Sun et al. (2019) und Irmler et al. (2020). Dennoch bleibt dabei die zentrale Frage offen, nämlich **wie** die epigenetischen Markierungen auf die nächste Generation weitergegeben werden. Es wird spannend sein zu sehen, wie sich die Forschung hier weiterentwickelt!

Wir haben zwischenzeitlich immer wieder darauf hingewiesen, dass die Entwicklung männlicher und weiblicher Keimzellen unterschiedlich verläuft; im Detail werden wird das im ► Abschn. 12.6.5 besprechen. Im Zusammenhang mit generationenübergreifenden epigenetischen Effekten ist es wichtig zu wissen, dass davon unter Umständen bis zu vier Generationen betroffen sein können: Wenn eine schwangere Maus (F_0) Umwelteinflüssen ausgesetzt ist, wird ihr Embryo (F_1) direkt betroffen, aber auch die Keimzellen, die sich in dem Embryo entwickeln (F_2). So kann also der Phänotyp der dritten Generation damit zusammenhängen, was die „Großmutter" aufgrund ihrer intrauterinen Erfahrung an Methylierungsmustern mitbekommen hat. Die Expositionen über die väterliche Keimbahn erreicht natürlich nur die Spermien, wodurch hier eine Generation weniger betroffen ist. Diesen Unterschied zeigt ◘ Abb. 8.41.

Es muss an dieser Stelle allerdings auch deutlich darauf hingewiesen werden, dass die generationenübergreifende Übertragung von Eigenschaften nicht notwendigerweise über die Keimzellen erfolgen muss. Vielmehr können solche Effekte auch durch konstante soziale, kulturelle und physikalische Umweltbedingungen hervorgerufen werden. Da diese Effekte bei Menschen aber schwierig experimentell unter definierten Bedingungen zu untersuchen sind, ist die gesellschaftliche Debatte häufig hitzig und kontrovers. Tierversuche können helfen, grundlegende Mechanismen besser zu verstehen; entsprechende Überlegungen finden sich auch an anderen Stellen (► Abschn. 13.4; ► Kap. 14, Einführung). Ein klassisches Beispiel ist eine Mauslinie, die im Alter ergraut: Die Nachkommen einer ergrauten Mutter werden ebenfalls grau, nicht aber die eines ergrauten Vaters. Man diskutierte lange Zeit einen dominanten maternalen Effekt – bis sich durch Kaiserschnittgeburten und Aufzucht der Jungen durch Ammen herausstellte, dass der Effekt nicht (epi)genetisch, sondern durch ein Virus hervorgerufen wurde, das entweder bei der Geburt oder über die Milch an die Nachkommen weitergegeben wurde (Whitelaw und Whitelaw 2008).

8

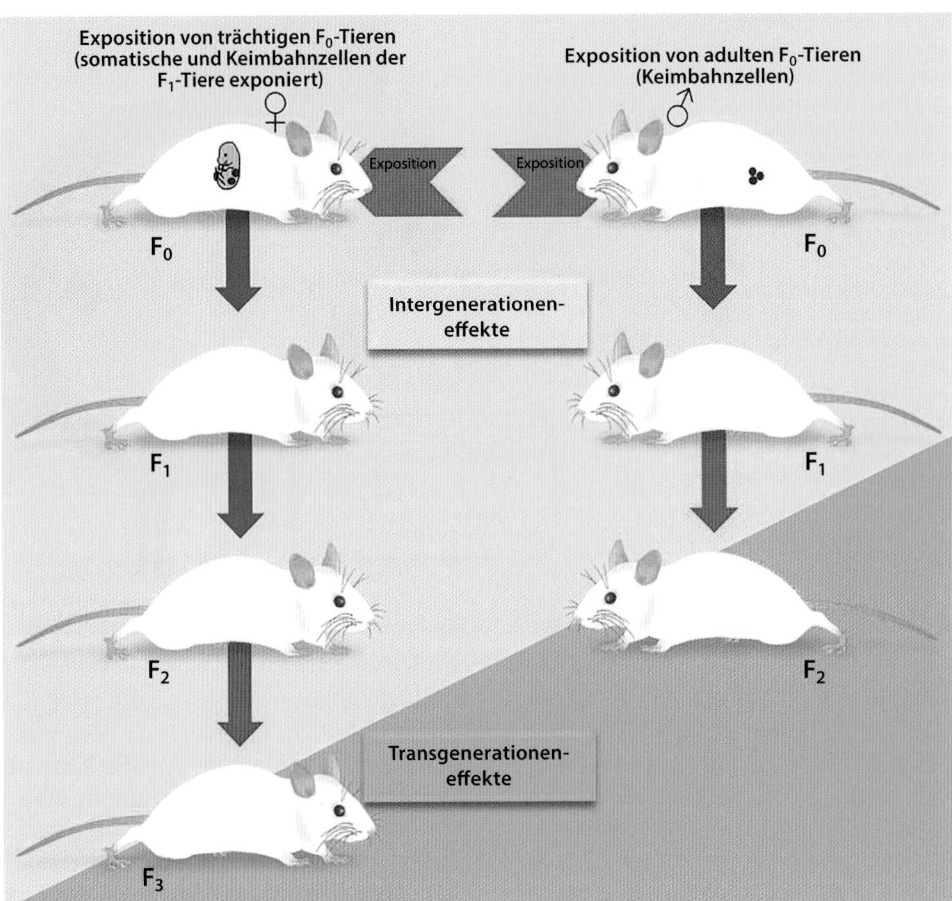

Abb. 8.41 Epigenetische Vererbung über die weibliche und männliche Keimbahn. Wenn eine schwangere Maus (F_0, *blau*) Umwelteinflüssen ausgesetzt ist (hier allgemein als „Exposition" bezeichnet; *orange*), sind auch der Fötus und dessen sich entwickelnden Keimzellen (*rot*) direkt betroffen. Im Ergebnis können phänotypische Merkmale bis zur zweiten Generation aus der Erfahrung der „Großmutter" (während ihrer Schwangerschaft) resultieren (*blaue Pfeile*; Intergenerationeneffekte). Die F_3-Generation ist die erste Generation, die nicht diesen Umwelteinflüssen ausgesetzt war, aber dennoch können in dieser Generation Merkmale beobachtet werden, die generationenübergreifend (*rote Pfeile*; Transgenerationeneffekte) epigenetisch vererbt werden. Wenn die epigenetische Vererbung über den Vater erfolgt (oder über die Mutter vor der Befruchtung der Eizelle), können die Umwelteinflüsse direkt die F_0-Generation beeinflussen und die sich entwickelnde Keimbahn (*rot; blauer Pfeil*); in diesem Fall ist die zweite Generation (F_2) die erste, in der eine generationenübergreifende Vererbung sichtbar werden könnte. (Nach Sales et al. 2017, mit freundlicher Genehmigung)

! Es besteht ein deutlicher Zusammenhang zwischen dem Ernährungszustand der Mutter vor, während und nach der Schwangerschaft auf den epigenetischen Zustand des Embryos bzw. des Neugeborenen. Dabei spielen Hungerereignisse, Mangelernährung und die Verfügbarkeit von Methyldonatoren in der Nahrung eine wichtige Rolle.

8.4.4 Das Geheimnis der Paramutationen

Mutationen als Veränderungen der DNA-Sequenz und Ursache erblicher phänotypischer Unterschiede und Erkrankungen sind lange bekannt; wir werden die entsprechenden Mechanismen ausführlich in den ▶ Kap. 10 bis 15 unter verschiedenen Blickwinkeln betrachten. Es gibt aber einige erbliche Vorgänge, die offensichtlich nicht den Mendel'schen Regeln folgen (▶ Kap. 11). Eines dieser merkwürdigen Phänomene wurde erstmalig 1915 von William **Bateson** und Caroline **Pellew** bei Erbsen beschrieben: Einzelne Erbsenpflanzen hatten schmale Blätter und Blütenblätter (engl. *rogue*; ◻ Abb. 8.42). Bei einer Kreuzung zwischen einer Wildtyp-Erbse und einer *rogue*-Erbse zeigten die Nachkommen (Hybride) zunächst einen intermediären Phänotyp, der sich aber während seiner Entwicklung immer mehr dem *rogue*-Phänotyp annäherte. Des Weiteren zeigten die Nachkommen dieser Hybridpflanzen alle den *rogue*-Phänotyp – hätte man doch nach der klassischen Lehre in der 2. Generation auch wieder Wildtyp-Erbsen erwartet (▶ Abschn. 11.1)!

In der Folgezeit beobachtete man derartige merkwürdige Phänomene immer wieder – viele bei Pflanzen, aber auch bei Tieren. Häufig betreffen sie die Farbe der Blüten, Blätter oder Früchte (bei Pflanzen) oder künstlich eingeführte DNA-Fragmente mit Reportergenen (bei Mäusen). Auf dem Internationalen Genetik-Kongress

Abb. 8.42 Der unübliche *rogue*-Phänotyp (B) neben einer Wildtyp-Erbse (A). (Bateson und Pellew 1915; aus Chandler und Stam 2004; mit freundlicher Genehmigung)

Abb. 8.43 Phänotyp der *booster1*-Paramutation in Mais. Die hohe Expression des Epiallels *B-I* führt zur Anhäufung von Anthocyan (*links*); die *B'*-Pflanzen zeigen dagegen nur eine sehr schwache Pigmentierung aufgrund der verringerten Anthocyan-Menge (*rechts*). (Nach Brzeski und Brzeska 2011, mit freundlicher Genehmigung)

1968 in Tokio schlugen Alexander **Brink**, Edward H. **Coe** und Rudolf **Hagemann** vor, für diese Phänomene den Begriff **„Paramutation"** zu prägen.

Zunächst konnte man das Phänomen der Paramutation weder verstehen noch erklären. Heute haben wir allerdings schon wesentlich präzisere molekulare Vorstellungen von Paramutationen. Eines der am besten untersuchten Beispiele spielt sich am *booster1*-Genort (*b1*) von Mais ab. Der *b1*-Genort ist für die Pigmentierung verantwortlich, und zwar codiert *b1* für einen Transkriptionsfaktor, der für die Aktivierung des Anthocyan-Stoffwechselweges verantwortlich ist. Die Farbintensität ist proportional zur Transkriptionsrate, d. h. bei hoher Transkription ist das Farbpigment dunkelviolett. Wir kennen verschiedene klassische Allele des *b1*-Gens, aber nur zwei Epiallele: *B-I* und *B'*. *B-I* (*b1-intense*) hat eine hohe Transkriptionsrate und trägt zur starken Pigmentierung der Pflanzengewebe bei; die Transkriptionsrate des *B'*-Epiallels ist ca. 20-fach niedriger, sodass die Pflanzen aufgrund der reduzierten Anthocyan-Anreicherung nur eine feine Pigmentierung zeigen (Abb. 8.43).

Wenn die beiden Epiallele gekreuzt werden, wird *B-I* ausnahmslos zu *B'* verändert – eine typische Paramutation. Wir nennen daher das Epiallel *B'* **paramutagen**, wohingegen das Epiallel *B-I* **paramutierbar** genannt wird. Andere Allele, die an dem Prozess der Paramutation nicht teilhaben, werden in diesem Kontext „neutral" genannt. Die beiden Epiallele *B-I* und *B'* haben die gleiche DNA-Sequenz, sie unterscheiden sich allerdings in ihrem DNA-Methylierungsmuster und ihrer Chromatinstruktur. Das *B'*-Epiallel ist sehr stabil; eine Umkehr (Reversion) zu dem *B-I*-Epiallel wird nicht beobachtet.

Ungefähr 100 kb oberhalb des *b1*-Locus befindet sich ein DNA-Fragment, das 853 bp umfasst und über Enhancer-Aktivitäten verfügt. Die beiden Epiallele *B'* und *B-I* zeichnen sich durch die siebenfache Anwesenheit dieses DNA-Fragments aus – neutrale Allele besitzen dieses DNA-Fragment nur einmal. Die wiederholte Anwesenheit dieses DNA-Fragments ist also eine wesentliche Voraussetzung für die Möglichkeit einer Paramutation am *b1*-Genort von Mais (und erklärt damit in einer molekularen Terminologie die „Sensitivität" des *B-I*-Epiallels). Es wurden übrigens auch Allele mit drei und fünf Wiederholungselementen getestet: Fünf Elemente zeigen die gleiche Wirkung wie sieben, aber drei Elemente führen zu einer instabilen Paramutation mit geringerer Penetranz. Abb. 8.44 gibt einen Überblick über diesen Aspekt der Paramutation am *b1*-Locus; nicht dargestellt ist die Wirkung von CBBP (engl. *CXC b1-repeats binding protein*), das in der Lage ist, spezifisch an die *b1*-Wiederholungselemente zu binden. Es kommt in dem *B-I*-Epiallel nicht vor; man nimmt an, dass es für direkte Wechselwirkungen zwischen den Wiederholungseinheiten des *B'*- und *B-I*-Epiallels verantwortlich ist, wenn beide in den Zellkernen „heterozygoter" Embryonen vorliegen und die Paramutation *B'* etabliert wird. Es wird auch spekuliert, ob es dauerhaft für die Wechselwirkungen von *B'*-*B'*-Epiallelen verantwortlich ist.

Durch eine Reihe genetischer Screens fand man eine Reihe von Mutationen (und dadurch die entsprechenden Gene), die zu Veränderungen in der Erblichkeit der Paramutation führen, wie beispielsweise die beiden Gene *mop1* und *mop2* (engl. *mediator of paramutation*): Sie codieren im Wesentlichen für RNA-abhängige RNA-Polymerasen. Eine zweite Gruppe von Genen, *rmr1* und *rmr2* (engl. *re-*

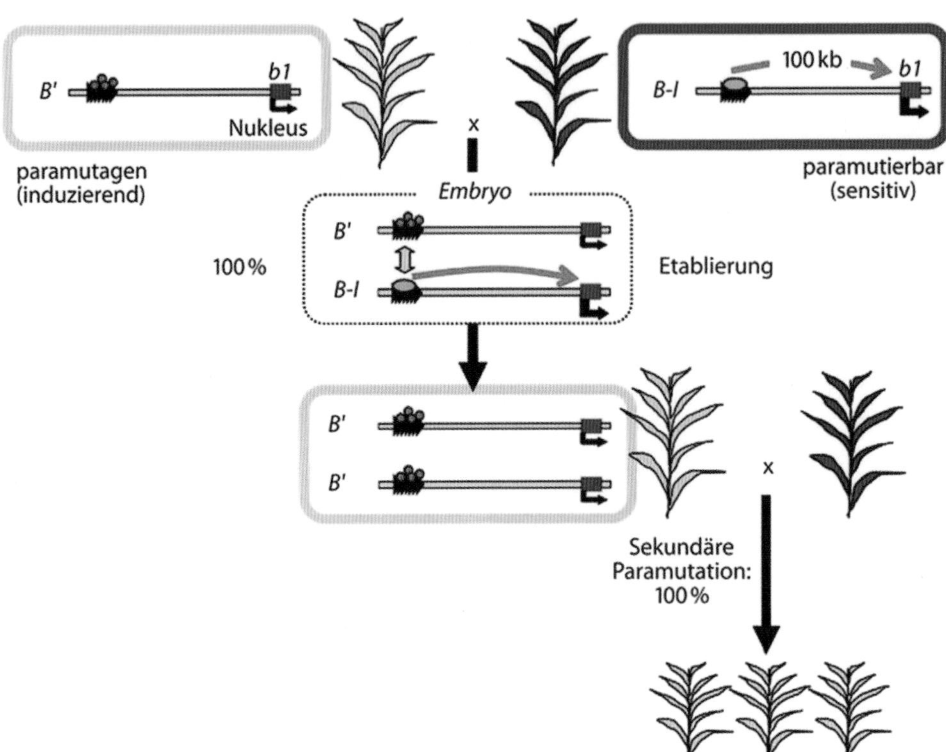

8

Abb. 8.44 Das Prinzip der Paramutation am Beispiel des *b1*-Locus im Mais. Die hellen Maispflanzen (Epiallel *B'*) entstehen spontan mit einer Häufigkeit von 1–10 %. Kreuzt man eine derartige paramutagene (eine Paramutation induzierende; *B'*) Pflanze mit einer stark pigmentierten, paramutierbaren (sensitiven) Pflanze (Epiallel *B-I*), findet im Zellkern des Pflanzenembryos eine *trans*-Wechselwirkung zwischen den beiden Epiallelen statt, die dazu führt, dass die Transkription von *b1* weitgehend abgeschaltet wird (Etablierung der Paramutation). Damit entwickelt sich eine nur schwach pigmentierte Pflanze; diese Wirkung ist erblich und erfolgt bei jeder weiteren Kreuzung mit sensitiven *B-I*-Pflanzen (sekundäre Paramutation). Für diese *trans*-Wechselwirkung sind sieben Wiederholungselemente eines 853-bp-Fragments (*schwarze Dreiecke*) notwendig, die etwa 100 kb oberhalb des Transkriptionsstarts des *b1*-Gens liegen. Im *B-I*-Epiallel wirken diese sieben Wiederholungselemente als Enhancer (*grünes Oval* mit *grünem Pfeil*). Die *orangen Kreise* im *B'*-Epiallel deuten die epigenetischen Modifikationen und Chromatinstrukturen an, die dem paramutagenen Zustand entsprechen; dazu gehört auch das „epigenetische Gedächtnis", das für die Erblichkeit dieses Epiallels verantwortlich ist. (Nach Stam 2009, mit freundlicher Genehmigung der Autorin)

quired to maintain repression), ist nicht so homogen: *rmr1* codiert für eine ATPase, die auch bei der Transkription benötigt wird, wohingegen *rmr2* für die Aufrechterhaltung der Abschaltung von Genen benötigt wird, indem es einen spezifischen Methylierungszustand der DNA aufrechterhält (5-Methylcytosin, 5meC); das entsprechende Enzym ist eine DNA-Methyltransferase (DNMT). Wenn man nun die beteiligten Gene und die von ihnen codierten Proteine in der Summe betrachtet, stellt man fest, dass alle an einem Stoffwechselweg beteiligt sind, der bei *Arabidopsis* als RNA-gesteuerter DNA-Methylierungsweg bezeichnet wird (engl. *RNA-directed DNA methylation*, RdDM): Ausgangspunkt ist eine doppelsträngige RNA, die an repetitiven Elementen (hier: die siebenfache Wiederholung des Enhancer-Elementes) gebildet wird und durch die beteiligten Enzyme zu inhibitorischen 24-nt-RNAs abgebaut wird – insofern geradezu ein klassischer Mechanismus der RNA-Interferenz (▶ Abschn. 8.2.1). Einen Überblick über diesen Mechanismus vermittelt ◘ Abb. 8.45.

Die hier besprochene Paramutation am *b1*-Locus von Mais mit den beiden Epiallelen *B1* und *B-I* ist sicherlich das derzeit am besten untersuchte System. Andere Beispiele bei Mais betreffen das *red1*-System (*r1*), den *pericarp color1*-Locus (*p1*) und den *purple plant1*-Locus (*pl1*). Alle Systeme können leicht nachverfolgt werden, da sie alle an der Regulation der Expression von Genen beteiligt sind, die für die Bildung von Flavonoiden für die Pigmentschichten bei Mais verantwortlich sind. Wir kennen ähnliche Paramutationen aber nicht nur vom Mais, sondern auch von anderen Pflanzen wie Tomaten, Sojabohnen, Löwenmäulchen und *Arabidopsis*. Bei Tieren glaubte man dagegen lange Zeit, dass die Erblichkeit der Abschaltung von Genen auf mitotische Teilungen beschränkt war (z. B. bei der Dosiskompensation von Geschlechtschromosomen; ▶ Abschn. 8.3). Heute kennen wir aber mehrere Beispiele bei Mäusen, Fliegen und Würmern (zur aktuellen Übersicht siehe Hollick 2016).

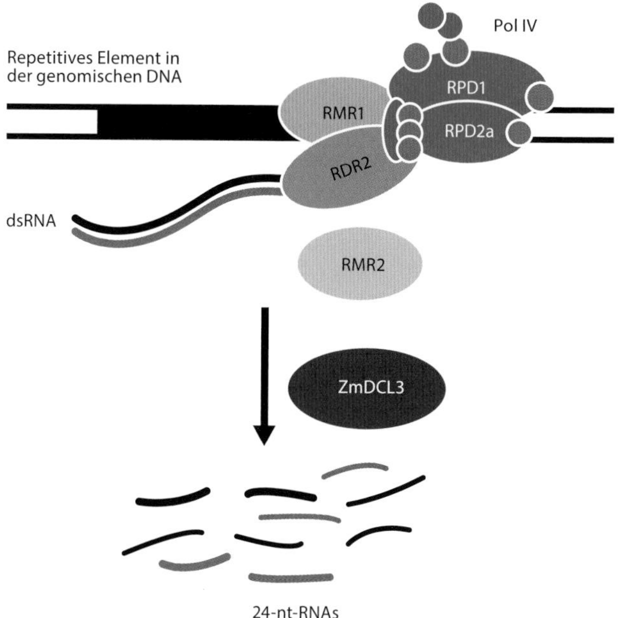

■ **Abb. 8.45** Bildung von 24-nt-RNAs in Mais. Auf der Basis verschiedener Mutanten-Screens in Mais entstand ein komplexes Bild der Herstellung von kleinen RNAs, die 24 Nukleotide lang sind. Die RNA-Polymerase IV produziert (mit RPD1, RPD2a, RMR1 und RDR2) eine doppelsträngige RNA (dsRNA), wobei sie repetitive Elemente (*schwarz*) im Maisgenom als Vorlage verwenden. Diese dsRNA kann durch Dicer (ZmDCL3) in kleine RNAs (24-nt-RNAs) zerschnitten werden. RMR2 ist für die Anhäufung der 24-nt-RNAs ebenfalls notwendig, aber seine Stellung in diesem Stoffwechselweg ist noch unklar. (Nach Hollick 2012, mit freundlicher Genehmigung)

Ein bekanntes Beispiel für Paramutationen bei der Maus betrifft den *Kit*-Locus. Das *Kit*-Gen codiert für einen Tyrosinkinase-Rezeptor, der für die Melanogenese, Keimzelldifferenzierung und Hämatopoese wichtig ist. Homozygote Mutationen in *Kit* führen bei Mäusen zum Tod nach der Geburt; heterozygote *Kit*-Mäuse sind lebensfähig und machen weiße Schwanzspitzen und weiße Pfoten (der Ligand des Kit-Rezeptors ist der Stammzellfaktor SCF, auch bekannt als *steel factor* wegen des stahlfarbenen Fells dieser Mutanten). Interessanterweise entstehen bei Kreuzungen heterozygoter *Kit*-Mutanten auch genotypische Wildtypen, die phänotypisch den Heterozygoten entsprechen (also weiße Schwanzspitze und weiße Pfoten); diese Tiere werden mit dem Gensymbol *Kit** gekennzeichnet. **Rassoulzadegan** und Mitarbeiter vermuteten zunächst, dass bei der Befruchtung eine entsprechende mRNA übertragen wird; sie konnten 2006 zeigen, dass diese Wirkung wahrscheinlicher durch miRNAs übertragen wird. Allerdings tritt dieser paramutagene Effekt nicht auf, wenn die Mäuse keine DNA-Methyltransferase haben (*Dnmt2*$^{-/-}$). Diese spezielle DNA-Methyltransferase methyliert vor allem Cytosinreste in der tRNA. Vergleichende Untersuchungen in *Drosophila* zeigten, dass die *Dnmt2*$^{-/-}$-Fliegen zunächst lebensfähig, fertil und morphologisch nicht von den Wildtypen unterscheidbar sind; allerdings zeigen sie unter Stressbedingungen eine verminderte Lebensfähigkeit. Die Autoren interpretieren dieses Phänomen so, dass die DNMT2-vermittelte Methylierung tRNAs vor Stress-induziertem Abbau schützt. Diese Arbeiten stellen die DNA-Methyltransferase 2 in das Zentrum eines Paramutationsmechanismus bei Säugern (Adams und Meehan 2013).

Paramutationen sind zunächst bei Pflanzen entdeckte, gerichtete erbliche Veränderungen des Phänotyps, wobei die DNA-Sequenz nicht verändert ist. In der Regel beinhalten sie *trans*-Wechselwirkungen von repetitiven DNA-Elementen, die dauerhaft zur Verminderung der Genexpression bestimmter Gene führen. Epigenetische Prozesse (z. B. siRNAs, miRNAs, DNA-Methylierung) spielen dabei eine wesentliche Rolle.

Eine wichtige Frage in Bezug auf das Phänomen der Paramutation ist die nach der Universalität des Mechanismus – oder ob es sich nicht doch um ein Phänomen handelt, das im Wesentlichen auf einige Pflanzenarten beschränkt bleibt. In einem eleganten Experiment haben **McEachern** und **Lloyd** (2012) gezeigt, dass die sieben repetitiven Elemente des *b1*-Locus von Mais (■ Abb. 8.44) auch in *Drosophila* zu einem ähnlichen Phänomen führen. Dazu klonierten sie diese Elemente in die Nähe des *white*-Gens von *Drosophila*. Im Wildtyp haben diese Fliegen rote Augen; wenn das *white*-Gen mutiert oder ausgeschaltet wird, führt das zu weißen statt roten Augen (■ Abb. 11.19, 12.36a). Die Autoren beobachteten in den transgenen Fliegen weiße Augen, und ähnlich wie im Mais ist die Stärke der Stilllegung abhängig von der Zahl der Wiederholungseinheiten, nicht aber von der Orientierung der Wiederholungseinheiten. Dieses Experiment ist ein wichtiges Argument dafür, dass die epigenetischen Mechanismen, die zu Paramutationen führen, evolutionär konserviert sind.

8.5 Kernaussagen, Links, Übungsfragen, Technikboxen

Kernaussagen

- Epigenetik bezeichnet stabile Veränderungen in der Regulation der Genexpression, die während der Entwicklung, Zelldifferenzierung und Zellproliferation entstehen und über Zellteilungen hinweg festgeschrieben und aufrechterhalten werden, ohne dass dabei die DNA-Sequenz verändert wird.
- Heterochromatische Bereiche sind stark kondensiert und verhindern dadurch die Expression von Genen.

- Die Methylierung von DNA erfolgt an der Position 5 des Cytosins durch DNA-Methyltransferasen und führt zur Stilllegung der entsprechenden DNA. Aktive Promotoren sind nicht methyliert.
- Durch Acetylierung, Methylierung und Phosphorylierung können Histone modifiziert werden. Die dadurch ermöglichten unterschiedlichen Verpackungsdichten tragen zur Aktivierung und Inaktivierung von Genen über einen größeren Bereich bei und können über mehrere Zellteilungen aufrechterhalten werden.
- Die „RNA-Welt" umfasst die Genfamilien der rRNA- und tRNA-Gene sowie Gene, die für kleine und große regulatorische RNA-Moleküle codieren.
- Wir kennen bisher drei Gruppen kleiner regulatorischer RNAs: siRNA, miRNA und piRNA, die an der Abschaltung entsprechender Zielgene auf verschiedenen Ebenen beteiligt sind.
- Viroide sind kleine einzelsträngige RNA-Moleküle, die sich über weite Strecken als Doppelstrang organisieren können. Sie infizieren bestimmte Pflanzen; die Infektion kann zu vermindertem Wachstum und Ausbleichen der Blätter (Chlorose) führen.
- Unter langen, nicht-codierenden RNAs (lncRNAs) verstehen wir RNA-Moleküle, die mehr als 200 Nukleotide umfassen; sie können in vielfältiger Weise Transkription und Translation von Genen beeinflussen.
- Ringförmige RNAs entstehen überwiegend aus RNA Protein-codierender Gene und enthalten mindestens zwei Exons mit oder ohne Intron. Sie wirken als miRNA- bzw. RBP-Schwamm und können an der direkten Regulation der Transkription beteiligt sein.
- Die ungleiche Anzahl von Geschlechtschromosomen in den beiden Geschlechtern verlangt einen regulativen Ausgleich der Expression der auf ihnen gelegenen Gene (Dosiskompensation). In *Drosophila* wird dies durch eine erhöhte Genaktivität im X-Chromosom erreicht. Durch Proteine in Kombination mit strukturellen RNA-Molekülen (*roX1* und *roX2*) entsteht eine Veränderung der Chromatinstruktur, die eine erhöhte Transkriptionsaktivität des X-Chromosoms im Männchen ermöglicht.
- Bei Säugern erfolgt die Dosiskompensation durch Inaktivierung eines X-Chromosoms in weiblichen Zellen. Die Inaktivierung erfolgt in der frühen Embryonalentwicklung und betrifft zufallsmäßig das väterliche oder mütterliche Chromosom. Das inaktive X-Chromosom ist als Barr-Körperchen cytologisch sichtbar. Die Inaktivierung des X-Chromosoms geht vom X-Inaktivierungszentrum aus und beruht im Wesentlichen auf der Expression der nicht-codierenden *Xist*-RNA. Als Ergebnis der *Xist*-Bedeckung wird die Transkription der meisten Gene des jeweiligen X-Chromosoms abgeschaltet.
- Bei Keimzellen kann elterliches Imprinting (genetische Prägung) die Expression von Genen im Embryo bestimmen. Imprinting beruht im Wesentlichen auf der Methylierung von DNA als Erkennungssignal. Die genetische Prägung wird in der frühen Phase der Keimzellentwicklung gelöscht und in den späten Phasen geschlechtsspezifisch reprogrammiert.
- Es besteht ein deutlicher Zusammenhang zwischen dem Ernährungszustand der Mutter vor, während und nach der Schwangerschaft auf den epigenetischen Zustand des Embryos bzw. des Neugeborenen. Dabei spielen Hungerereignisse, Mangelernährung und die Verfügbarkeit von Methyldonatoren in der Nahrung eine wichtige Rolle.
- Paramutationen sind zunächst bei Pflanzen entdeckte gerichtete erbliche Veränderungen des Phänotyps, ohne dass die DNA-Sequenz verändert ist. In der Regel beinhalten sie *trans*-Wechselwirkungen von repetitiven DNA-Elementen, die dauerhaft zur Verminderung der Genexpression bestimmter Gene führen. Epigenetische Prozesse (z. B. siRNAs, miRNAs, DNA-Methylierung) spielen dabei eine wesentliche Rolle.

Links zu Videos

Heterochromatin, Euchromatin, X-Inaktivierung:
(▸ sn.pub/akq8sA)
DNA-Methylierung und Modifikation der Histone:
(▸ sn.pub/tF7xiw)
RNA-Interferenz:
(▸ sn.pub/5e3fkU)
Viroide:
(▸ sn.pub/ml9RAX)
Dosiskompensation und Epigenetik:
(▸ sn.pub/6BxvP3)
Genetische Prägung:
(▸ sn.pub/EPsSUM)
Prader-Willi-Syndrom:
(▸ sn.pub/Aat3vW)
Variationen am *Agouti*-Locus der Maus:
(▸ sn.pub/HYKD8i)
Paramutation:
(▸ sn.pub/2XvGQ7)

Übungsfragen

1. Was verstehen wir heute unter Epigenetik?
2. Was verstehen wir unter „passiver Demethylierung" von DNA?
3. Erläutern Sie kurz die Bedeutung des Enzyms Dicer.
4. Wieso ist die X-Inaktivierung bei Säugern ein besonderes Beispiel für die Wirkung langer, nicht-codierender RNA?
5. Was bedeutet „genetische Prägung"?

Technikbox 20

RNAi: spezifische Inaktivierung von Transkripten

Anwendung: Methode zur gezielten Ausschaltung eines Gens durch *antisense*-RNA.

Voraussetzungen: Klonierung des zu inaktivierenden Gens.

Methoden: Die Ausschaltung von Genaktivitäten (engl. *silencing*) durch RNAi (RNA-Interferenz, engl. *RNA-mediated interference*) basiert auf den Befunden, dass dsRNA durch spezielle Enzyme in kurze Fragmente (~ 21–25 Nukleotide) zerlegt wird, die Proteine aktivieren, welche dann die Ziel-mRNA spalten und damit inaktivieren (▶ Abschn. 8.2.1; ◻ Abb. 8.12). Es gibt verschiedene Möglichkeiten, die gewünschten kurzen, inaktivierenden RNA-Moleküle zu erhalten:

Das zu inaktivierende Gen wird in doppelter Kopie, aber in inverser Orientierung hinter starke Promotoren geschaltet. Die dabei entstehende RNA bildet doppelsträngige RNA-Moleküle aus, die durch eine Haarnadelstruktur gekennzeichnet sind. Durch die Ausbildung dieser Strukturen kann die dsRNA durch Dicer geschnitten werden.

Man kloniert ein Doppelstrang-Oligonukleotid von ca. 50 bp in einen Expressionsvektor. Das Oligonukleotid enthält links und rechts je 19–29 Nukleotide der Zielsequenz und ist durch 4–11 Nukleotide verbunden. Eine RNA-Polymerase synthetisiert das kurze Fragment, das aufgrund seiner Sequenz eine Haarnadelschleife bildet und damit als kurze inhibitorische RNA wirken kann (engl. *short interfering RNA*, siRNA).

Die Herstellung der kurzen RNA-Moleküle erfolgt *in vitro*; mithilfe gängiger Methoden können sie in die Zellen transfiziert und mit jeweils geeigneten Assays kann ihre hemmende Wirkung überprüft werden. Entsprechende vorgefertigte siRNAs für das spezifische Abschalten von menschlichen Genen sowie von Genen der Ratte und der Maus sind erhältlich (z. B. ▶ http://www.sourcebioscience.com).

Die Methode ist auch geeignet, transgene Organismen herzustellen, sodass mit der Wahl geeigneter Promotoren das gewünschte Zielgen zeit- und gewebespezifisch ausgeschaltet werden kann.

Technikbox 21

Genomweite Analyse von DNA-Methylierungsmustern

Anwendung: Analyse der Cytosin-Methylierung der DNA (5meC).

Voraussetzungen: genomische DNA.

Methoden: Restriktionsverdau, Bisulfit-Sequenzierung, Immunpräzipitation methylierter DNA.

Untersuchungen zur DNA-Methylierung beruhen auf der Kombination lokaler Techniken mit einem globalen Ansatz (z. B. DNA-Mikroarrays oder Hochdurchsatz-Sequenzierung). Die wichtigsten lokalen Techniken beinhalten die genomweite Kartierung mit methylierungssensitiven Restriktionsenzymen, die Sequenzierung der DNA nach Behandlung mit Bisulfit oder die Affinitätsreinigung über Antikörper, die methylierte DNA binden. (Für eine Übersicht siehe ◘ Abb. 8.46.)

Jede Methode kann mit verschiedenen Nachweisverfahren gekoppelt werden; gezeigt sind hier DNA-Mikroarrays und DNA-Sequenzierungen, um DNA-Methylierung auf genomischer Ebene zu analysieren. (Nach Schones und Zhao 2008, mit freundlicher Genehmigung)

Die DNA-Sequenzierung nach einer Bisulfit-Behandlung ergibt ein etwas komplexes Ergebnis, dessen Interpretation in der ◘ Abb. 8.47 kurz dargestellt wird.

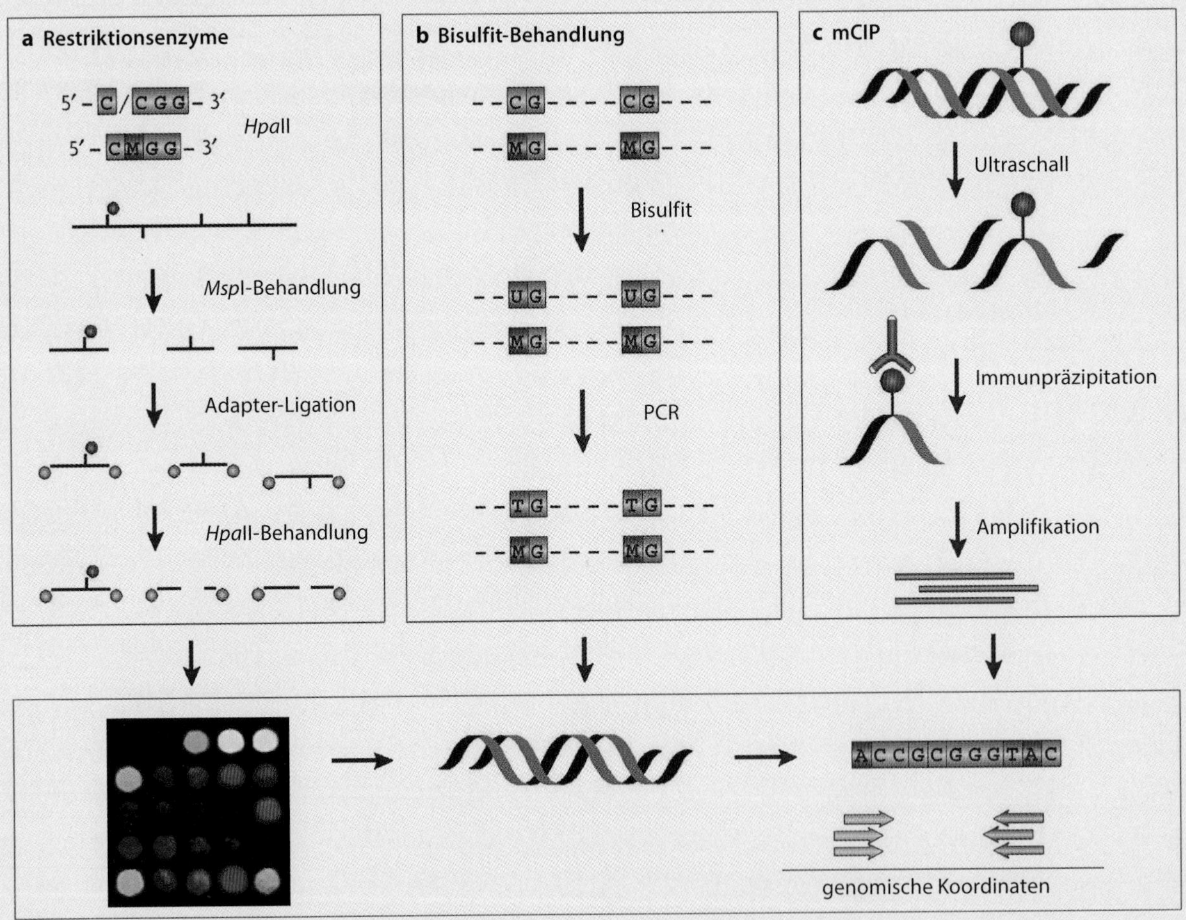

◘ **Abb. 8.46** Methoden zur Untersuchung von Methylierungsmustern. **a** DNA-Methylierung kann durch Restriktionsenzyme ermittelt werden, die methylierte und unmethylierte Cytosinbasen in unterschiedlicher Weise erkennen. Als Beispiel ist hier die Erkennungssequenz CCGG dargestellt, die von *Hpa*II nur im nicht-methylierten Zustand erkannt wird; dieselbe Erkennungssequenz im methylierten Zustand wird dagegen von *Msp*I geschnitten. Nach Ligation von Adaptern können die unterschiedlichen Fragmente amplifiziert analysiert werden. **b** Bisulfit-Behandlung genomischer DNA wandelt alle nicht-methylierten Cytosinreste in ein Uracil um, wohingegen methylierte Cytosinreste unverändert bleiben. Ein entsprechendes Sequenzbeispiel ist in der ◘ Abb. 8.47 dargestellt. **c** Immunpräzipitation methylierter DNA (mCIP). Genomische DNA wird zunächst mit Ultraschall behandelt; mit einem Antikörper, der spezifisch methylierte DNA erkennt, können methylierte Regionen abgetrennt werden

Technikbox 21 *(Fortsetzung)*

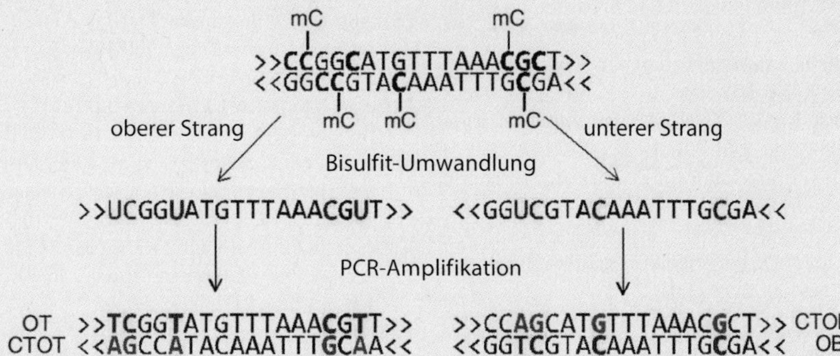

Abb. 8.47 Bisulfit-Sequenzierung. Die Umwandlung genomischer DNA durch Bisulfit und anschließende PCR-Amplifikation ergibt zwei unterschiedliche PCR-Fragmente. Methylierte Cytosinbasen (mC) widerstehen der Bisulfit-Behandlung, wohingegen unmethyliertes Cytosin in Uracil umgewandelt wird und nach der Sequenzierung als Thymin erscheint. Die Cytosinreste in der Originalsequenz sind *fett* hervorgehoben, die entsprechenden Sequenzergebnisse (*unten*) sind in *Rot* für die Originalsequenzen dargestellt (Original oben, OT; Original unten, OB) und in *Blau* für die jeweiligen Gegenstränge (komplementär zum Strang „Original oben", CTOT, bzw. zum Strang „Original unten", CTOB). (Nach Krueger et al. 2012, mit freundlicher Genehmigung)

Literatur

Adams IR, Meehan RR (2013) From paramutation to paradigm. PLoS Genet 9:e1003537

Allis CD, Jenuwein T (2016) The molecular hallmarks of epigenetic control. Nat Rev Genet 17:487–500

Ambrosi C, Manzo M, Baubec T (2017) Dynamics and context-dependent roles of DNA methylation. J Mol Biol 429:1459–1475

Ashbrook DR, Hager R (2013) Empirical testing of hypotheses about the evolution of genomic imprinting in mammals. Front Neuroanat 7:6

Ashcroft FM, Rorsman P (2012) Diabetes mellitus and the β cell: the last ten years. Cell 148:1160–1171

Barlow DP, Stöger R, Hermann BG et al (1991) The mouse insulin-like growth factor type-2 receptor is imprinted and closely linked to the *Tme* locus. Nature 349:84–87

Barr ML, Bertram EG (1949) A morphological distinction between neurons of the male and female, and the behaviour of the nucleolar satellites during accelerated nucleoprotein synthesis. Nature 163:676–677

Bateson W, Pellew C (1915) On the genetics of 'rogues' among culinary peas (*Pisum sativum*). J Genet 5:15–36

Belote JM, Lucchesi J (1980) Control of X chromosome transcription by the maleless gene in *Drosophila*. Nature 285:573–575

Birchler JA (2016) Parallel universes for models of X chromosome dosage compensation in *Drosophila*: a review. Cytogenet Genome Res 148:52–67

Brockdorff N (2017) Polycomb complexes in X chromosome inactivation. Philos Trans R Soc Lond B Biol Sci 372:2017002

Brzeski J, Brzeska K (2011) The maze of paramutation: a rough guide to the puzzling epigenetics of paramutation. Wiley Interdiscip Rev RNA 2:863–874

Buiting K, Williams C, Horsthemke B (2016) Angelman syndrome – insights into a rare neurogenetic disorder. Nat Rev Neurol 12:584–593

Bumcrot D, Manoharan M, Koteliansky V et al (2006) RNAi therapeutics: a potential new class of pharmaceutical drugs. Nat Chem Biol 2:711–719

Burgio E, Lopomo A, Migliore L (2015) Obesity and diabetes: from genetics to epigenetics. Mol Biol Rep 42:799–818

Capel B, Swain A, Nicolis S et al (1993) Circular transcripts of the testis-determining gene *Sry* in adult mouse testis. Cell 73:1019–1030

Carthew RW, Sontheimer EJ (2009) Origins and mechanisms of miRNAs and siRNAs. Cell 136:642–655

Cassidy FC, Charalambous M (2018) Genomic imprinting, growth and maternal-fetal interactions. J Exp Biol

Castillo-Aguilera O, Depreux P, Halby L et al (2017) DNA methylation targeting: the DNMT/HMT crosstalk challenge. Biomolecules. https://doi.org/10.3390/biom7010003

Cattanach BM, Jones J (1994) Genetic imprinting in the mouse: implications for gene regulation. J Inher Metab Dis 17:403–420

Chandler VL, Stam M (2004) Chromatin conversations: mechanisms and implications of paramutation. Nat Rev Genet 5:532–544

Cline T (1978) Two closely linked mutations in *Drosophila melanogaster* that are lethal to opposite sexes and interact with daughterless. Genetics 90:683–698

Cogoni C, Macino G (1997) Isolation of quelling-defective (*qde*) mutants impaired in posttranscriptional transgene-induced gene silencing in *Neurospora crassa*. Proc Natl Acad Sci USA 94:10233–10238

DeChiara TM, Robertson EJ, Efstratiadis A (1991) Parental imprinting of the mouse insulin-like growth factor II gene. Cell 64:849–859

Desvignes T, Batzel P, Berezikov E et al (2015) miRNA nomenclature: a view incorporating genetic origins, biosynthetic pathways, and sequence variants. Trends Genet 31:613–626

Dillon N, Festenstein R (2002) Unravelling heterochromatin: competition between positive and negative factors regulates accessibility. Trends Genet 18:252–258

Donohoue PD, Barrangou R, May AP (2018) Advances in industrial biotechnology using CRISPR-Cas systems. Trends Biotechnol 36:134–146

Ebbesen KK, Kjems J, Hansen TB (2016) Circular RNAs: identification, biogenesis and function. Biochim Biophys Acta 1859:163–168

Ebert A, Lein S, Schotta G et al (2006) Histone modification and the control of heterochromatic gene silencing in *Drosophila*. Chromosome Res 14:377–392

Euskirchen G, Auerbach RK, Snyder M (2012) SWI/SNF chromatin-remodeling factors: multiscale analyses and diverse functions. J Biol Chem 287:30897–30905

Fahrner JA, Bjornsson HT (2014) Mendelian disorders of the epigenetic machinery: tipping the balance of chromatin states. Annu Rev Genomics Hum Genet 15:269–293

Fire A, Xu S, Montgomery MK (1998) Potent and specific genetic interference by double-stranded RNA in *Caenorhabditis elegans*. Nature 391:806–811

Fischle W, Mootz HD, Schwarzer D (2015) Synthetic histone code. Curr Opin Chem Biol 28:131–140

Flores R, Navarro B, Kovalskaya N et al (2017) Engineering resistance against viroids. Curr Opin Virol 26:1–7

Galupa R, Heard E (2015) X-chromosome inactivation: new insights into *cis* and *trans* regulation. Curr Opin Genet Dev 31:57–66

Georgiev P, Chlamydas S, Akhtar A (2011) *Drosophila* dosage compensation: males are from Mars, females are from Venus. Fly 5:147–154

Goldberg AD, Allis CD, Bernstein E (2007) Epigenetics: a landscape takes shape. Cell 128:635–638

Gorski SA, Vogel J, Doudna JA (2017) RNA-based recognition and targeting: sowing the seeds of specificity. Nat Rev Mol Cell Biol 18:215–228

Grafodatskaya D, Cytrynbaum C, Weksberg R (2013) The health risks of ART. EMBO Rep 14:129–135

Grath S, Parsch J (2016) Sex-biased gene expression. Annu Rev Genet 50:29–44

Gross HJ, Domdey H, Lossow C et al (1978) Nucleotide sequence and secondary structure of potato spindle tuber viroid. Nature 273:203–208

Guil S, Esteller M (2012) *Cis*-acting noncoding RNAs: friends and foes. Nat Struct Mol Biol 19:1068–1075

Guo S, Kemphues KJ (1995) *par-1*, a gene required for establishing polarity in *C. elegans* embryos, encodes a putative Ser/Thr kinase that is asymmetrically distributed. Cell 81:611–620

Heijmans BT, Tobi EW, Lumey LH et al (2009) The epigenome: archive of the prenatal environment. Epigenetics 4:526–531

Hollick JB (2012) Paramutation: a trans-homolog interaction affecting heritable gene regulation. Curr Opin Plant Biol 15:536–543

Hollick JB (2016) Paramutation and related phenomena in diverse species. Nat Rev Genet 18:5–23

Hore TA, Rapkins RW, Graves JA (2007) Construction and evolution of imprinted loci in mammals. Trends Genet 23:440–448

Huang HS, Allen JA, Mabb AM et al (2012) Topoisomerase inhibitors unsilence the dormant allele of *Ube3a* in neurons. Nature 481:185–189

Huypens P, Sass S, Wu M et al (2016) Epigenetic germline inheritance of diet-induced obesity and insulin resistance. Nat Genet 48:497–499

Irmler M, Kaspar D, Hrabé de Angelis M et al (2020) The (not so) controversial role of DNA methylation in epigenetic inheritance across generations. In: Temperino R (Hrsg) Beyond Our Genes. Springer, Heidelberg 175–208

Iwasaki YW, Siomi MC, Siomi H (2015) PIWI-interacting RNA: its biogenesis and functions. Annu Rev Biochem 84:405–433

Jaenisch R, Bird A (2003) Epigenetic regulation of gene expression: how the genome integrates intrinsic and environmental signals. Nat Genet 33(Suppl):245–254

Jasencakova Z, Groth A (2011) Broken silence restored – remodeling primes for deacetylation at replication forks. Mol Cell 42:267–269

Jinek M, Doudna JA (2009) A three-dimensional view of the molecular machinery of RNA interference. Nature 457:405–412

Jonas S, Izaurralde E (2015) Towards a molecular understanding of microRNA-mediated gene silencing. Nat Rev Genet 16:421–433

Kamath RS, Fraser AG, Dong Y et al (2003) Systematic functional analysis of the *Caenorhabditis elegans* genome using RNAi. Nature 421:231–237

Kinney SRM, Pradhan S (2013) Ten eleven translocation enzymes and 5-hydroxymethylation in mammalian development and cancer. In: Karpf AR (Hrsg) Epigenetic alterations in oncogenesis. Springer, New York, S 57–79

Krueger F, Kreck B, Franke A et al (2012) DNA methylome analysis using short bisulfite sequencing data. Nat Methods 9:145–151

Lam AL, Pazin DE, Sullivan BA (2005) Control of gene expression and assembly of chromosomal subdomains by chromatin regulators with antagonistic functions. Chromosoma 114:242–251

Lambeth LS, Smith CA (2013) Short hairpin RNA-mediated gene silencing. Methods Mol Biol 942:205–232

Larsson J, Meller VH (2006) Dosage compensation, the origin and the afterlife of sex chromosomes. Chromosome Res 14:417–431

Lee JT, Bartolomei MS (2013) X-inactivation, imprinting, and long noncoding RNAs in health and disease. Cell 152:1308–1323

Lev Maor G, Yearim A, Ast G (2015) The alternative role of DNA methylation in splicing regulation. Trends Genet 31:274–280

Lewis MA, Quint E, Glazier AM et al (2009) An ENU-induced mutation of miR-96 associated with progressive hearing loss in mice. Nat Genet 41:614–618

Lyon MF (1961) Gene action in the X-chromosome of the mouse. Nature 190:372–373

Matsushita Y, Kanda A, Usugi T et al (2008) First report of a Tomato chlorotic dwarf viroid disease on tomato plants in Japan. J Gen Plant Pathol 74:182–184

McCarthy MM, Nugent BM, Lenz KM (2017) Neuroimmunology and neuroepigenetics in the establishment of sex differences in the brain. Nat Rev Neurosci 18:471–484

McEachern LA, Lloyd VK (2012) The maize b1 paramutation control region causes epigenetic silencing in *Drosophila melanogaster*. Mol Genet Genomics 287:591–606

McGrath J, Solter D (1983) Nuclear transplantation in the mouse embryo by microsurgery and cell fusion. Science 220:1300–1302

Mencía Á, Modamio-Høybjør S, Redshaw N et al (2009) Mutations in the seed region of human miR-96 are responsible for nonsyndromic progressive hearing loss. Nat Genet 41:609–613

Mercer TR, Mattick JS (2013) Structure and function of long noncoding RNAs in epigenetic regulation. Nat Struct Mol Biol 20:300–307

Miyoshi K, Miyoshi T, Siomi H (2010) Many ways to generate microRNA-like small RNAs: non-canonical pathways for microRNA production. Mol Genet Genomics 284:95–103

Monk D, Mackay DJG, Eggermann T et al (2019) Genomic imprinting disorders: lessons on how genome, epigenome and environment interact. Nat Rev Genet 20:235–248

Morgan HD, Sutherland HGE, Martin DIK et al (1999) Epigenetic inheritance at the agouti locus in the mouse. Nat Genet 23:314–318

Mukherjee AS, Beermann W (1965) Synthesis of ribonucleic acid by the X-chromosome of *Drosophila melanogaster* and the problem of dosage compensation. Nature 207:785–786

Muller HJ (1930) Types of visible variations induced by X-rays in *Drosophila*. J Genet 22:299–335

Muller HJ (1932) Some genetic aspects of sex. Amer Nat 66:118–138

Napoli C, Lemieux C, Jorgensen R (1990) Introduction of a chimeric chalcone synthase gene into *Petunia* results in reversible co-suppression of homologous genes in *trans*. Plant Cell 2:279–289

Navarro B, Gisel A, Rodio ME et al (2012) Viroids: how to infect a host and cause disease without encoding proteins. Biochimie 94:1474–1480

Peeters SB, Cotton AM, Brown CJ (2014) Variable escape from X-chromosome inactivation: identifying factors that tip the scales towards expression. Bioessays 36:746–756

Pong SK, Gullerova M (2018) Noncanonical functions of microRNA pathway enzymes – Drosha, DGCR8, Dicer and Ago proteins. FEBS Lett 592:2973–2986

Portnoy V, Huang V, Place RF et al (2011) Small RNA and transcriptional upregulation. Wiley Interdiscip Rev RNA 2:748–760

Prickett AR, Oakey RJ (2012) A survey of tissue-specific genomic imprinting in mammals. Mol Genet Genomics 287:621–630

Rassoulzadegan M, Grandjean V, Gounon P et al (2006) RNA-mediated non-mendelian inheritance of an epigenetic change in the mouse. Nature 441:469–474

Reik W, Lewis A (2005) Co-evolution of X-chromosome inactivation and imprinting in mammals. Nat Rev Genet 6:403–410

Rountree MR, Selker EU (2010) DNA methylation and the formation of heterochromatin in *Neurospora crassa*. Heredity 105:38–44

Ruemmele FM, Garnier-Lengliné H (2012) Why are genetics important for nutrition? Lessons from epigenetic research. Ann Nutr Metab 60(Suppl 3):38–43

Sales VM, Ferguson-Smith AC, Patti ME (2017) Epigenetic mechanisms of transmission of metabolic disease across generations. Cell Metab 25:559–571

Salzman J, Gawad C, Wang PL et al (2012) Circular RNAs are the predominant transcript isoform from hundreds of human genes in diverse cell types. Plos One 7:e30733

Schagdarsurengin U, Steger K (2016) Epigenetics in male reproduction: effect of paternal diet on sperm quality and offspring health. Nat Rev Urol 13:584–595

Schmitz SU, Grote P, Herrmann BG (2016) Mechanisms of long noncoding RNA function in development and disease. Cell Mol Life Sci 73:2491–2509

Schones DE, Zhao K (2008) Genome-wide approaches to studying chromatin modifications. Nat Rev Genet 9:179–191

Sha K, Fire A (2005) Imprinting capacity of gamete lineages in *Caenorhabditis elegans*. Genetics 170:1633–1652

Stam M (2009) Paramutation: a heritable change in gene expression by allelic interactions in *trans*. Mol Plant 2:578–588

Strahl BD, Allis CD (2000) The language of covalent histone modifications. Nature 403:41–45

Sun W, von Meyenn F, Peleg-Raibstein D et al (2019) Environmental and nutritional effects regulating adipose tissue function and metabolism across generations. Adv Sci 6:1900275

Szyf M (2015) Nongenetic inheritance and transgenerational epigenetics. Trends Mol Med 21:134–144

Tirado-Magallanes R, Rebbani K, Lim R et al (2017) Whole genome DNA methylation: beyond genes silencing. Oncotarget 8:5629–5637

Traupe H (1999) Functional X-chromosomal mosaicism of the skin: Rudolf Happle and the lines of Alfred Blaschko. Am J Med Genet 85:324–329

Waddington C (1940) The genetic control of wing development in *Drosophila*. J Genet 41:75–80

Waddington CH (1957) The strategy of the genes; a discussion of some aspects of theoretical biology. Allen & Unwin, London

Wang J, Jia ST, Jia S (2016) New insights into the regulation of heterochromatin. Trends Genet 32:284–294

Wang T, Shigdar S, Shamaileh HA et al (2017) Challenges and opportunities for siRNA-based cancer treatment. Cancer Lett 387:77–83

Whitelaw NC, Whitelaw E (2008) Transgenerational epigenetic inheritance in health and disease. Curr Opin Genet Dev 18:273–279

Williamson CB, Blake A, Thomas S et al (2009) MRC Harwell, Oxfordshire – an international centre for mouse genetics. Mouse imprinting data and references. https://www.mousebook.org/mousebook-catalogs/imprinting-resource

Wilson RC, Doudna JA (2013) Molecular mechanisms of RNA interference. Annu Rev Biophys 42:217–239

Wutz A (2011) Gene silencing in X-chromosome inactivation: advances in understanding facultative heterochromatin formation. Nat Rev Genet 12:542–553

Xiao J, Jin R, Wagner D (2017) Developmental transitions: integrating environmental cues with hormonal signaling in the chromatin landscape in plants. Genome Biol 18:88

Yue M, Richard CJL, Ogawa Y (2016) Dynamic interplay and function of multiple noncoding genes governing X chromosome inactivation. Biochim Biophys Acta 1859:112–120

Instabilität, Flexibilität und Variabilität des Genoms

Mosaikfarbmuster in Blüten beruhen häufig auf somatischen Transpositionen. Das Bild zeigt eine Chrysantheme. (Foto: W. Hennig, Mainz)

Inhaltsverzeichnis

J. Graw, *Genetik*, https://doi.org/10.1007/978-3-662-60909-5_9

Überblick

Bei der Untersuchung der molekularen Struktur des Genoms machte man die unerwartete Entdeckung, dass das eukaryotische Genom zum größten Teil nicht aus Protein-codierenden DNA-Sequenzen besteht, sondern aus vielen identischen oder sehr ähnlichen Kopien. Ein Teil davon ist in heterochromatischen Chromosomenabschnitten lokalisiert, ein anderer als Einzelkopien über das gesamte Genom verstreut. Die erstaunlich großen Unterschiede im DNA-Gehalt der Genome höherer Organismen müssen hauptsächlich Unterschieden in der Menge von Sequenzwiederholungen zugeschrieben werden.

Zu solchen Wiederholungselementen gehören auch solche, die ihre Positionen innerhalb des Genoms verändern (Transposons). Dabei können sie auch DNA-Stücke aus der Nachbarschaft ihrer Insertionsstellen im Genom mitnehmen. Transposons sind daher in der Lage, komplexere Veränderungen im Genom zu induzieren und eventuell sogar Neukombinationen funktioneller Genbereiche zu bewirken, wie es etwa durch Verlagerung und Neukombination von Exons vorstellbar ist.

Verschiedene Transposons zeigen einen ganz unterschiedlichen molekularen Aufbau. Einige von ihnen weisen starke Ähnlichkeiten mit Retroviren auf. Auch Retroviren enthalten Wiederholungselemente und sind teilweise in eukaryotische Genome integriert. Im Unterschied zu Transposons sind sie jedoch in der Lage, infektiöse Partikel zu bilden und sich dadurch auch zwischen Organismen einer Population, d. h. horizontal, auszubreiten. Viele Retroviren sind pathogen und können Tumoren induzieren. Das ist darauf zurückzuführen, dass sie bisweilen defekte zelluläre Gene oder Stücke davon mit sich tragen, die die normalen Funktionen dieser Gene beeinflussen und dadurch zu zellulären Fehlleistungen oder Fehlprogrammierungen führen können. Es handelt sich vor allem um solche Gene, die allgemeine Funktionen in der Zellzyklusregulation oder in der Steuerung grundlegender zellulärer Stoffwechselvorgänge wahrnehmen. Diese Gene werden aufgrund der Tatsache, dass sie bei fehlerhafter Expression zu Tumoren führen können, insgesamt unter der Bezeichnung Onkogene zusammenfasst. Andere Retroviren induzieren allein schon durch ihre Anwesenheit und ihre Vermehrung in der Zelle Krankheiten, wodurch diese zerstört werden kann. Das bekannteste Beispiel hierfür ist das AIDS-Virus (HIV).

In früheren Jahren ist man immer davon ausgegangen, dass durch die Differenzierung zwar die Entwicklungsmöglichkeit und das Expressionsmuster einer Zelle festgelegt werden, dass aber dennoch die DNA jeder Zelle das gesamte Genom des jeweiligen Organismus enthält. Es gibt allerdings einige Einschränkungen, da sich in bestimmten Zellen irreversible Veränderungen der Genom-DNA vollziehen, die mit der Funktion des betroffenen Zelltyps zusammenhängen. Beispiele für die Veränderungen von DNA im Zusammenhang mit zellulärer Differenzierung bieten uns nicht nur Einzeller wie Hefen oder Ciliaten, sondern auch Gene, die eine zentrale Rolle im Immunsystem der Säuger spielen: die Immunglobulin-Gene.

Wir haben uns in den vergangenen Kapiteln im Wesentlichen damit beschäftigt, funktionelle Elemente des Genoms und grundlegende genetische Mechanismen herauszuarbeiten, die zum Erhalt und der korrekten Weitergabe der genetischen Informationen beitragen. In diesem (und noch stärker im nächsten) Kapitel wollen wir jedoch Mechanismen betrachten, die zu genetischer Vielfalt führen. Durch eine Vielzahl von (scheinbar) nicht genutzten und vielfältig vorhandenen Wiederholungssequenzen steht genetisches Material zur Verfügung, dass es den Organismen erlaubt, sich rasch an veränderte Umweltbedingungen anzupassen, ohne auf bewährte Funktionen verzichten zu müssen.

Solche Wiederholungssequenzen sind schon frühzeitig durch veränderte biophysikalische Eigenschaften aufgefallen (z. B. bei Untersuchungen von Renaturierungskinetiken (◘ Abb. 2.8) oder bei der Gleichgewichts-Ultrazentrifugation zur Bestimmung der Schwimmdichte von genomischen DNA-Fragmenten). Die unterschiedlichen Wiederholungshäufigkeiten verschiedener genetischer Elemente haben dabei auch zur Entdeckung wichtiger Grundbausteine eukaryotischer Genome geführt. Transposons und retrovirale Elemente spielen dabei eine besondere Rolle und werden zu Beginn des Kapitels besprochen; das Immunsystem ist natürlich von einer sonst unerreichten genetischen Komplexität gekennzeichnet und wird schließlich am Schluss des Kapitels diskutiert.

9.1 Transposons

Zu den Grundbestandteilen des genetischen Materials der meisten Organismen (ausgenommen Viren) gehören bewegliche genetische Elemente, die als **Transposons** bezeichnet werden; im Englischen ist auch der Begriff *transposable elements* gebräuchlich. Es handelt sich hierbei um verschiedene Gruppen von DNA-Sequenzen, die mithilfe unterschiedlicher molekularer Mechanismen in der Lage sind, ihre Positionen im Genom zu verändern. Diese DNA-Sequenzen enthalten im Allgemeinen ein oder mehrere Protein-codierende Gene sowie DNA-Bereiche, die für die Transpositionen (Ortsveränderungen) im Genom notwendig sind.

Man schätzt den Anteil des Genoms, der bei Pflanzen auf solche DNA-Sequenzen entfällt, auf etwa 40 % (Reis) bis 85 % (Mais), bei Säugetieren (Mensch, Maus)

Tab. 9.1 Transposons

Organismus	Name	Art	Kopienzahl
Escherichia coli	*Tn3* *Tn10*	Terminale invertierte Wiederholungseinheiten *IS10* invertiert	11 1 bis mehrere
Mammalia	*LINE-1 (L1)*	Retrotransposon	~ 10^5
Mammalia	*SINEs*	Retroposons	5×10^5
Maus	*IAP*	Retroposon	20–1000
Zea mays	*Cin4*	Retroposon	50–100
	A/Ds	Terminale invertierte Repeats	35
	Spm/En	Terminale invertierte Repeats	30
Saccharomyces cerevisiae	*Ty*	Retroposon	35
Caenorhabditis elegans	*Tc1*	Terminale invertierte Repeats	30–300
Dictyostelium discoideum	*Tdd-1*	Retroposon	50–100
Trypanosoma brucei	*Ingi*	Retrotransposon	200
Bombyx mori	*R2*	Retrotransposon	25
Drosophila melanogaster	*copia*	Retrotransposon	30
	gypsy	Retrotransposon	10
	P-Faktor	Retroposon	20
	I-Faktor	Retroposon	1–10

auf etwa 40 % und bei *Drosophila melanogaster* auf etwa 20 %. In niederen Eukaryoten und bei Bakterien ist der Anteil wesentlich geringer (1–5 %). Trotz des hohen Anteils von Transposons am genetischen Material hat es relativ lange gedauert, bis diese genetischen Elemente entdeckt wurden. Das liegt daran, dass man ihr Vorhandensein nur unter besonderen Umständen erkennen kann, nämlich wenn sie ihre Positionen im Genom verändern und dadurch Veränderungen verursachen, die im Phänotyp sichtbar werden. Selbst dann lässt sich die Existenz eines Transposons nur schwer erkennen oder nachweisen, da man es ja mit einer anderweitig bedingten Mutation zu tun haben kann. Genetische Hinweise auf die Anwesenheit von Transposons geben ungewöhnlich hohe Mutationsraten bestimmter Gene, bei denen zudem häufig Reversionen zum Wildtyp auftreten. Die Insertion eines Transposons kann Gene aktivieren oder inaktivieren (abhängig von der Lokalisation der Zielsequenz – oberhalb eines Gens oder innerhalb eines Gens). Transposons ermöglichen aber auch Inversionen und Deletionen chromosomaler DNA. Einen Überblick über verschiedene Transposons gibt Tab. 9.1.

Die ursprünglichen Hinweise auf die Existenz von Transposons ergaben sich tatsächlich aus der Beobachtung von genetischer Instabilität bestimmter Gene. Die klassischen genetischen und cytologischen Untersuchungen solcher Gene stammen von Barbara **McClintock**, die in den 1940er-Jahren transposable Elemente als Ursache für Bereiche veränderter Pigmentierung bei Maiskörnern erkannte (Abb. 9.1); allerdings blieb die Bedeutung dieser Studien noch lange unbeachtet. Bei Bakterien wurden in den 1960er-Jahren Transposons bei Untersuchungen polarer genetischer Effekte identifiziert, wie sie in bakteriellen Operons häufig beobachtet werden können. Ein Teil solcher Effekte war mit *nonsense*-Mutationen (▸ Abschn. 10.1), die ja supprimierbar sein sollten, nicht zu erklären, sondern ließ die Insertion von DNA-Stücken vermuten. Gegen Ende der 1960er-Jahre wurde bei *Drosophila* beobachtet, dass bestimmte Gene eine besonders hohe Mutabilität aufweisen. Sehr bald festigte sich der Verdacht, dass mobile DNA-Elemente für diese Mutabilität verantwortlich sind. In den 1980er-Jahren wurde schließlich das Phänomen der Hybriddysgenese (engl. *hybrid dysgenesis*) durch Mary **Kidwell** (1983) beschrieben: Bei bestimmten Kreuzungen von *Drosophila*-Stämmen kommt es zu hohen Mutationsraten in der Nachkommenschaft (für Details siehe ▸ Abschn. 9.1.2). Durch die Untersuchung von DNA-Sequenzen, die durch die neuen Methoden der Gentechnologie ermöglicht wurden, konnte sehr bald gezeigt werden, dass alle zuvor beobachteten genetischen Instabilitäten auf bestimmte DNA-Elemente – die Transposons – zurückzuführen sind, die ihre Position im Genom verändern können. Die nähere Untersuchung solcher Transposons hat uns grundlegende neue Einsichten in die Struktur des Genoms vermittelt – und Barbara McClintock 1983 den Nobelpreis für Medizin.

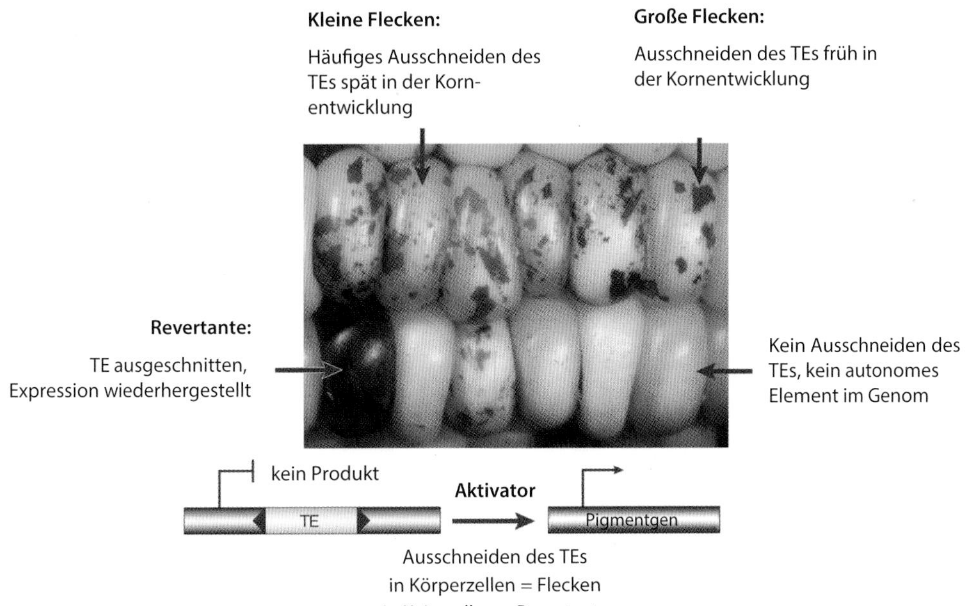

Abb. 9.1 Flecken auf Maiskörnern und Transposoneigenschaften. Die Flecken auf Maiskörnern zeigen instabile Phänotypen, die auf einem Wechselspiel zwischen transposablen Elementen (TE) und einem Gen beruhen, das für ein Enzym im Anthocyan-Stoffwechsel codiert. Bereiche der Aleuronschicht (Wabenschicht) mit revertantem (pigmentiertem) Phänotyp entstehen durch das Ausschneiden des TEs in einer einzigen Zelle. Die Größe des Flecks spiegelt die Zeitspanne seit dem Ausschneiden des TEs in der Kornentwicklung wider. Das Verständnis der genetischen Basis dieser und ähnlicher mutierter Phänotypen führte zur Entdeckung der TEs. (Nach Feschotte et al. 2002, mit freundlicher Genehmigung)

Die meisten Prokaryoten und alle Eukaryoten besitzen in ihrem Genom bewegliche genetische Elemente, die als Transposons bezeichnet werden. Ihre Anwesenheit wurde zunächst durch die genetische Instabilität bestimmter Gene erkannt.

Eine entscheidende Frage ist jedoch, welcher Mechanismus hinter dem Phänomen der „springenden Gene" steckt. In der Vergangenheit hat man Transposons zunächst danach unterschieden, ob RNA oder DNA in einem Zwischenschritt verwendet wird – entsprechend gehörten Retrotransposons mit einem RNA-Zwischenschritt zur Klasse I und DNA-Transposons zur Klasse II. Dabei codieren die Retrotransposons für eine **Reverse Transkriptase**, die ein RNA-Zwischenprodukt während des Transpositionszyklus verwendet, und Klasse-II-Transposons codieren für eine **Transposase**, die ohne RNA-Zwischenprodukte auskommt. Aufgrund des jeweiligen Mechanismus können wir verschiedene Familien von Transposasen unterscheiden: Transposasen mit einem Asp-Asp-Glu-Motiv (DDE-Transposasen), *rolling-circle*-Transposasen (RC-Transposasen), Tyrosin(Y)-Transposasen, Serin(S)-Transposasen (der *rolling-circle*-Replikationsmechanismus ist in Abb. 2.22 dargestellt). Abb. 9.2 gibt einen Überblick über die verschiedenen Wege, wie ein DNA-Fragment mobilisiert und an seiner neuen Stelle integriert werden kann. Diese Mechanismen kommen sowohl bei Pro- als auch bei Eukaryoten vor und vermitteln daher ein einheitliches Bild von den Wechselwirkungen zwischen den Transposons und der Wirts-DNA. Deshalb sollen diese Mechanismen auch am Anfang dargestellt werden, bevor wir uns die verschiedenen transponierbaren Elemente im Detail ansehen.

Die Transposasen wenden dabei verschiedene Methoden an, um die DNA zu schneiden, das entsprechende DNA-Fragment zu übertragen und dann die DNA-Enden wieder zu verbinden: In einigen Fällen wird das Transposon herausgeschnitten und eingefügt, in anderen Fällen kopiert und eingefügt. Diese verschiedenen Mechanismen fügen eine weitere Ebene der Komplexität hinzu und deuten dabei aber auch an, wie diese Funktionen in der Evolution entstanden sein könnten.

Eine der am weitesten verbreiteten Gruppen sind die DDE-Transposasen; wir finden sie in IS-Elementen in Bakterien, in P-Faktoren in *Drosophila melanogaster*, in AC-Elementen in Mais, in Tc-Elementen in *Caenorhabditis elegans*, und in den *mariner*-Transposons von *Drosophila mauritania*) – wir werden diese Transposons im Detail in ▶ Abschn. 9.1.1 und 9.1.2 besprechen. Hier wollen wir uns zunächst auf die Enzyme und die von ihnen katalysierten Schritte konzentrieren. Die Bedeutung der DDE-Transposasen wurde in verschiedenen Mutagenese-Studien etabliert, die zeigten, dass das DDE-Motiv für die Transposition essenziell ist. Auch wenn die DNA-Sequenzen (und auch die Aminosäuresequenzen) in vielen Bereichen verschieden sind,

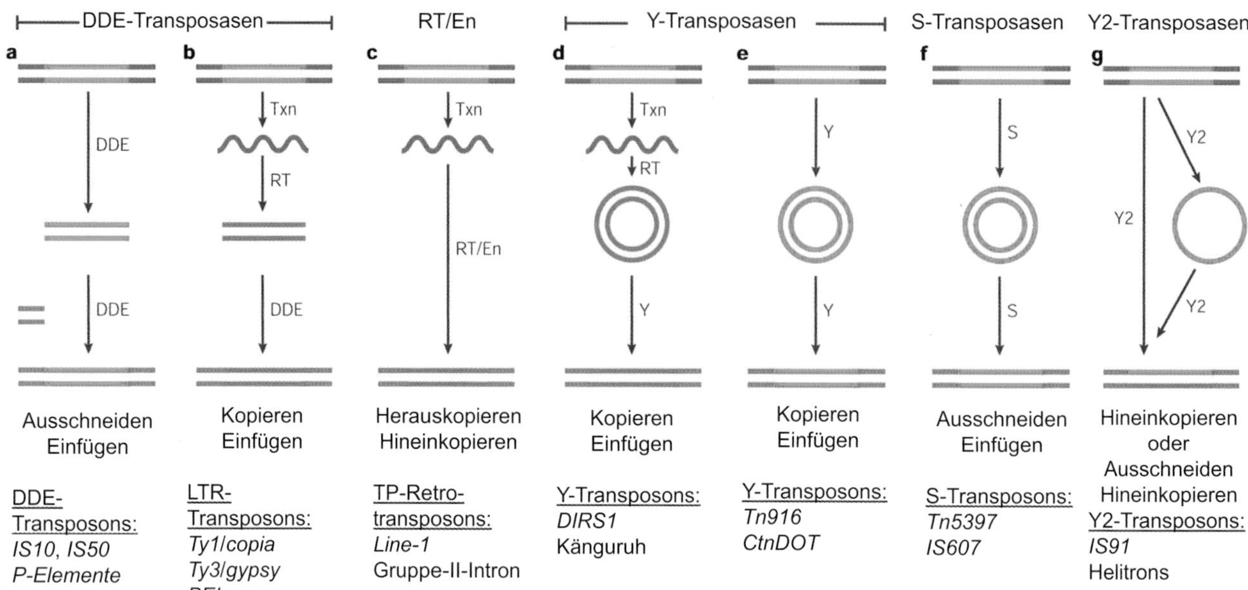

Abb. 9.2 Transposase-Familien. Fünf Proteinfamilien bestimmen die verschiedenen Wege zur DNA-Transposition. Dabei werden die Transposons (*blau*) aus der flankierenden DNA (*grün*) ausgeschnitten oder herauskopiert. **a** Die meisten DDE-Transposasen schneiden die Transposons aus der flankierenden DNA heraus; das lineare Fragment ist Substrat für die Integration in die Ziel-DNA (*orange*). **b** In Retrotransposons wird das Transposon zunächst transkribiert (*Txn*); die RNA wird dann durch eine Reverse Transkriptase (RT) vollständig zu einer cDNA ergänzt (*violett*), die durch eine DDE-Transposase in das Zielgenom integriert wird. **c** TP-Retrotransposons (engl. *target primed*, TP; auch als Nicht-LTR-Transposons bezeichnet) nutzen die Reverse Transkriptase (RT), um ihre RNA direkt in ihr Ziel zu kopieren, das durch eine Transposon-codierte Endonuklease (En) geschnitten wurde. **d** Y-Transposons stellen durch eine Reverse Transkriptase eine zirkuläre RNA als Zwischenstufe her, die durch eine Y-Transposase in ihr Ziel integriert wird. **e**, **f** Y- und S-Transposons codieren entweder eine Y- oder S-Transposase, die das Transposon ausschneidet und ein ringförmiges Zwischenprodukt bildet. Die Umkehrung des Schrittes beim Herausschneiden führt zur Insertion des Transposons an seinen neuen Platz. **g** Y2-Transposons fügen einen Strang des Transposons in die Zielregion ein und benutzen ihn als Matrize für die Replikation; es werden zwei Modelle für unterschiedliche Transposons diskutiert. (Nach Curcio und Derbyshire 2003, mit freundlicher Genehmigung)

so zeigen die verschiedenen DDE-Transposasen doch deutliche Ähnlichkeiten in der Struktur ihrer katalytischen Domäne. Die DDE-Enzyme katalysieren zwei Reaktionen: Zuerst generiert die **Hydrolyse** des Phosphodiesterrückgrats an jedem Ende des Transposons ein freies 3′-OH-Ende. Im zweiten Schritt werden die freien 3′-OH-Enden des Transposons durch eine **Umesterung** mit der DNA der Zielregion verbunden. Beide Schritte spielen sich in eng koordinierter Weise in einem Nukleoproteinkomplex ab – dem **Transpososom**. Der nukleophile Angriff der beiden freien 3′-OH-Enden auf die Ziel-DNA erfolgt versetzt und ist durch 2–9 Nukleotide getrennt. Die Reparatur dieses Abschnitts führt zu einer Duplikation der Zielsequenz – ein „Markenzeichen" der DDE-Transposase; die Länge ist charakteristisch für jedes Transposon. In Abb. 9.3 sind verschiedene Methoden im Detail dargestellt, mit denen DDE-Transposasen arbeiten können. In dem Schema ist auch die Rekombination des V(D)J-Systems der Immunglobuline der Säuger enthalten (► Abschn. 9.4); hier vermutet man, dass es sich aus einem DDE-Transposon entwickelt hat.

Transposasen sind Transposon-codierte Enzyme, die die Mobilisierung des Transposons und seine Integration in die neue Zielsequenz katalysieren. Wir kennen verschiedene Familien von Transposasen, die diese Reaktion auf unterschiedlichen Wegen durchführen.

9.1.1 Prokaryotische Transposons

Prokaryotische mobile DNA-Elemente sind im Allgemeinen nur mit wenigen Kopien im Genom vorhanden. Ihre Transpositionshäufigkeit liegt bei etwa 10^{-6} je Zellgeneration. Dennoch wird der Anteil der Mutationen, die durch Insertionen oder Exzisionen von mobilen beweglichen Elementen induziert werden, auf 20–40 % geschätzt und umfasst damit einen beträchtlichen Teil aller Mutationen. Oft gibt es bevorzugte Insertionsstellen. Die eingefügten Elemente üben, je nach ihrer Insertionsstelle, unterschiedliche Effekte auf benachbarte Gene aus. Besonders auffallend sind polare Effekte (► Abschn. 4.5.2), die auch zu ihrer Entdeckung Anlass gaben. Außerdem steigen die Mutationshäufigkeiten in der direkten Nach-

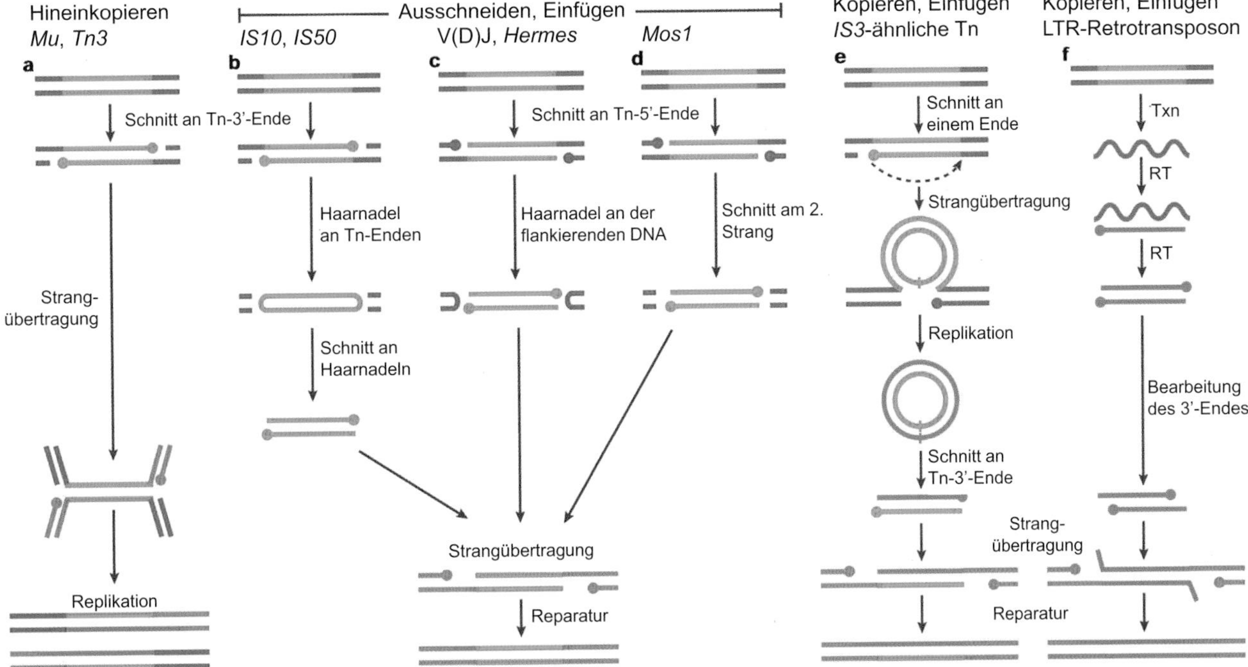

Abb. 9.3 DDE-Transposasen. Sie schneiden ihre Transposon-DNA mit unterschiedlichen Mechanismen aus. **a** *Mu-* und *Tn3-*ähnliche Transposasen schneiden jedes Transposon (Tn) an seinem 3′-Ende und verbinden es mit seiner Zielsequenz. Das Transposon-Zwischenprodukt wird repliziert, indem es seine 3′-OH-Enden als Primer für die Replikation verwendet. **b–d** Der Mechanismus über Ausschneiden und Einfügen trennt Verbindungen der flankierenden Donorsequenzen und führt zu einer einfachen Insertion. **e** *IS3*-ähnliche Elemente schneiden nur an einem 3′-OH-Ende. Das entstehende freie 3′-OH-Ende greift denselben Strang unmittelbar außerhalb des Transposons an (*gestrichelter Pfeil*). Die Replikation löst das Zwischenprodukt auf, indem es ein ringförmiges Transposon freisetzt und dabei die Transposon-Enden aneinander anstoßen und die Donor-DNA herstellen. Eine zweite Runde von Schnitten generiert wieder freie 3′-OH-Enden und ein lineares Transposon, das integriert werden kann. **f** LTR-Transposons kopieren ihr Genom durch Transkription (Txn) und anschließende reverse Transkription (RT). Die 3′-Enden dieser cDNA enthalten entweder ein endständiges CA-Dinukleotid oder werden durch die DDE-Transposase so weiterbearbeitet, dass sie ein CA-Dinukleotid exponieren und es mit der Zielsequenz verbinden. Alle DDE-Transposasen inserieren ihr Transposon zwischen zwei versetzte Schnitte in der Zielsequenz. Die Reparatur dieser Lücken durch Reparaturenzyme des Wirts führt zu einer Verdopplung der Zielsequenz an beiden Enden des Transposons (*rosa*/*orange* Verdopplung). *Blaue Linien* repräsentieren die Transposon-DNA, *grüne Linien* die Donor-DNA, *orange Linien* stehen für die Zielsequenz und *rosa Linien* für neu replizierte DNA, *violette Linien* stellen RNA dar, und die *gefüllten Kreise* stehen für freie 3′-OH-Gruppen an den Enden. (Nach Curcio und Derbyshire 2003, mit freundlicher Genehmigung)

barschaft von beweglichen Elementen bisweilen um einen Faktor von 100 bis 1000 an. Bei Prokaryoten lassen sich grundsätzlich zwei Arten von beweglichen Elementen unterscheiden: die Insertionselemente und die Transposons mit unterschiedlichen Graden der Komplexität; einen Überblick vermittelt ◘ Abb. 9.4. Diese Klassifikation ist unabhängig von dem jeweiligen Integrationsmechanismus, wie wir es einleitend in ◘ Abb. 9.2 diskutiert haben, sondern erfolgt nach der genetischen Struktur der transponierten Elemente. Wir wollen uns im Folgenden zwei Gruppen im Detail ansehen: die Insertionselemente und komplexe Transposons.

Die **Insertionselemente** (engl. *insertion elements*) oder **IS-Elemente** sind mit Längen zwischen 768 bp (*IS1*) und 2132 bp (*IS21*) bei einer mittleren Länge von wenig mehr als 1000 bp relativ kurz. Ihre wichtigsten Bestandteile sind ihre beiden terminalen invertierten Wiederholungselemente, die bei verschiedenen Familien solcher Elemente in ihrer Länge zwischen 18 und 41 bp variieren. Die terminalen invertierten Repeats werden durch eine Protein-codierende Region miteinander verbunden, die für eine Transposase codiert. Die Insertion eines IS-Elementes verändert das Wirtsgenom, da es nicht nur das Transposon-Gen hinzufügt, sondern auch die flankierenden Sequenzen und oft direkte Wiederholungssequenzen bei der Insertion. Das liegt in dem Mechanismus der DDE-Transposasen begründet, den wir in ◘ Abb. 9.3 kennengelernt haben: Da die DDE-Transposasen ihr Transposon zwischen zwei versetzte Schnitte in der Zielsequenz inserieren, führt die Reparatur dieser Lücken durch Reparaturenzyme des Wirts zu einer Verdopplung der Zielsequenz an beiden Enden des Transposons. Je nach der Lage der Insertionsstelle und der übertragenen Sequenzen können durch die Insertion Gene des Wirtschromosoms unterbrochen oder die Regulation beeinflusst werden. Das Herausschneiden eines IS-Elementes

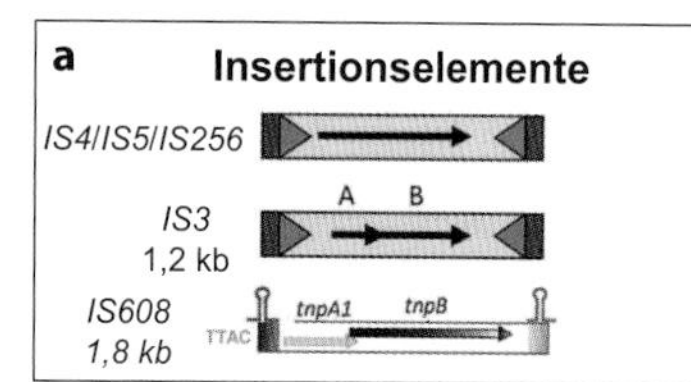

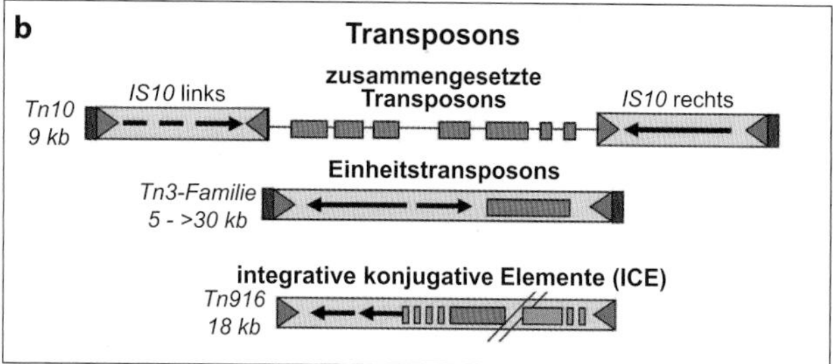

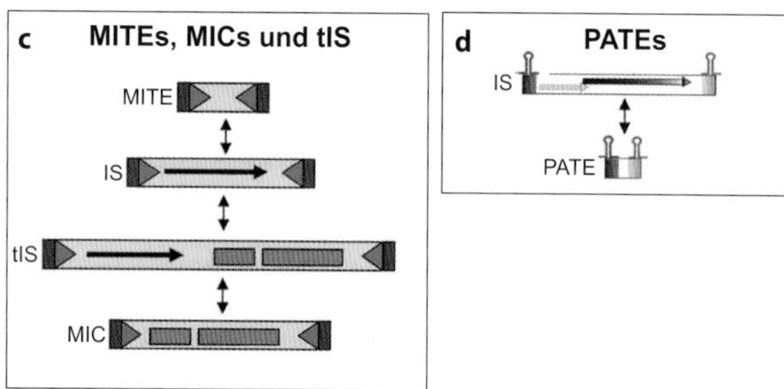

Abb. 9.4 Schematische Darstellung verschiedener Insertionselemente (IS) bei Prokaryoten. IS mit DDE-Transposasen und ihre Derivate sind als *hellblaue Kästchen* dargestellt, die invertierten Wiederholungselemente an den Enden als *blaue Dreiecke* und die direkten Wiederholungselemente als *rote Kästchen*. Die offenen Leserahmen der Transposasen sind als *schwarze horizontale Pfeile* dargestellt. Zusätzliche Gene sind als *orange Kästchen* gezeigt und Gene, die bei den ICEs für die Übertragung (engl. *transfer*) wichtig sind, sind als *violette Kästchen* dargestellt. Einzelsträngige IS sind mit ihren linken (*rot*) und rechten (*blau*) subterminalen Sekundärstrukturen dargestellt. **a** Organisation eines typischen Insertionselementes. Von oben nach unten: ein typisches IS mit einem offenen Leserahmen für eine Transposase; ein IS, in dem der Leserahmen für die Transposase über zwei Lesephasen (A, B) verteilt ist und eine Rasterverschiebung für die Expression benötigt; ein typisches Beispiel für ein einzelsträngiges IS aus der Familie *IS200*/*IS605* (*tnpA1*, *tnpB*: Gensymbole für Transposasen). **b** Organisation transponierbarer Elemente, die mit IS verwandt sind. Von oben nach unten: das zusammengesetzte Transposon *Tn10* mit invertierten flankierenden Kopien (beachte, dass die linke *Tn10*-Kopie nicht autonom transponierbar ist; für Details siehe Abb. 9.6); ein Einheitstransposon der *Tn3*-Familie; ein typisches zusammengesetztes Transposon (ICE). **c** Zusammenhang zwischen IS, kleinen Transposons mit invertierten Wiederholungseinheiten (engl. *miniature inverted repeat transposable elements*, MITEs), Transporter-IS (tIS) und mobilen Insertionskassetten (MICs). **d** Bildung von Palindrom-assoziierten transponierbaren Elementen (PATEs) aus Mitgliedern der *IS200*/*IS605*-Familie. (Nach Siguier et al. 2015, mit freundlicher Genehmigung)

stellt dagegen entweder die ursprüngliche Form des Chromosoms wieder her oder erzeugt eine Mutation.

Wir kennen über 1500 verschiedene IS-Elemente, die in verschiedenen Familien zusammengefasst werden können. Prokaryoten enthalten oft mehrere IS-Elemente – manche allerdings auch gar keine. Einen Überblick über die Verteilung von IS-Elementen in verschiedenen Prokaryoten vermittelt Abb. 9.5; dabei wird auch deutlich, dass es in der Entwicklung von Prokaryoten offensichtlich auch einen Austausch von IS-Elementen zwischen verschiedenen bakteriellen Familien gegeben hat (horizontaler Gentransfer).

Die terminalen invertierten Wiederholungseinheiten können in zwei funktionelle Domänen unterteilt werden: Die eine ist innerhalb des Sequenzelementes lokalisiert und an der Bindung der Transposase beteiligt. Die zweite Domäne umfasst nur die beiden äußersten 2–3 bp; sie sind an der Spaltung und der Strangübertragung beteiligt, die für die eigentliche Transposition des gesamten IS-Elementes verantwortlich ist. Außerdem sind oft Promotorelemente in einer der Wiederholungseinheiten oberhalb des Transposase-Gens lokalisiert; entsprechend einer allgemeinen Übereinkunft wird dieses Wiederholungselement als das linke bezeichnet. Diese Anordnung erlaubt eine Autoregulation der Transposase-Expression durch Transposase-Bindung. Zusätzlich spielen Bindungsstellen für wirtsspezifische Proteine eine Rolle, die häufig in den Wiederholungseinheiten oder in ihrer Nähe gefunden werden; diese Proteine können an der Modulation der Transpositionsaktivität oder der Transposase-Expression beteiligt sein.

Eine Besonderheit stellen *IS91*-Elemente und ihre Abkömmlinge dar. Sie unterscheiden sich insofern vom herkömmlichen Schema der IS-Elemente, dass sie keine terminalen invertierten Wiederholungseinheiten haben und durch einen *rolling-circle*-vermittelten Mechanismus (Abb. 2.22) im Genom „wandern". Als Folge davon können sie auch benachbarte DNA-Sequenzen übertragen, wobei die Transposition nur durch eine Kopie des Elementes vermittelt wird. Es gibt Hinweise, dass diese Gruppe von *IS91*-(ähnlichen) Elementen für die Mobilisierung fast jeder Gruppe von Antibiotika-Resistenzgenen verantwortlich ist (Toleman et al. 2006).

Bei Prokaryoten sind 20–40 % aller Mutationen auf transponierbare genetische Elemente zurückzuführen. IS-Elemente sind durch terminale invertierte Wiederholungselemente und ein dazwischenliegendes Gen (Transposase) charakterisiert.

Komplexe Transposons (engl. *compound transposons*) bestehen aus zwei identischen flankierenden IS-Elementen und einem dazwischenliegenden Bereich, der beliebige Gene umfassen kann. Beispielsweise besteht das Transposon *Tn10* aus zwei flankierenden *IS10*-Elementen und einem dazwischenliegenden Gen, das der Zelle eine Tetracyclinresistenz verleiht (Abb. 9.6). Die Enden von *Tn10* sind invertierte Wiederholungselemente der *IS10*-Sequenz: Die rechte Seite codiert eine funktionelle Transposase, wohingegen die linke Seite eine degenerierte Kopie der rechten Seite darstellt. Die beiden Enden der *IS10*-Sequenz werden als die äußeren bzw. inneren Enden

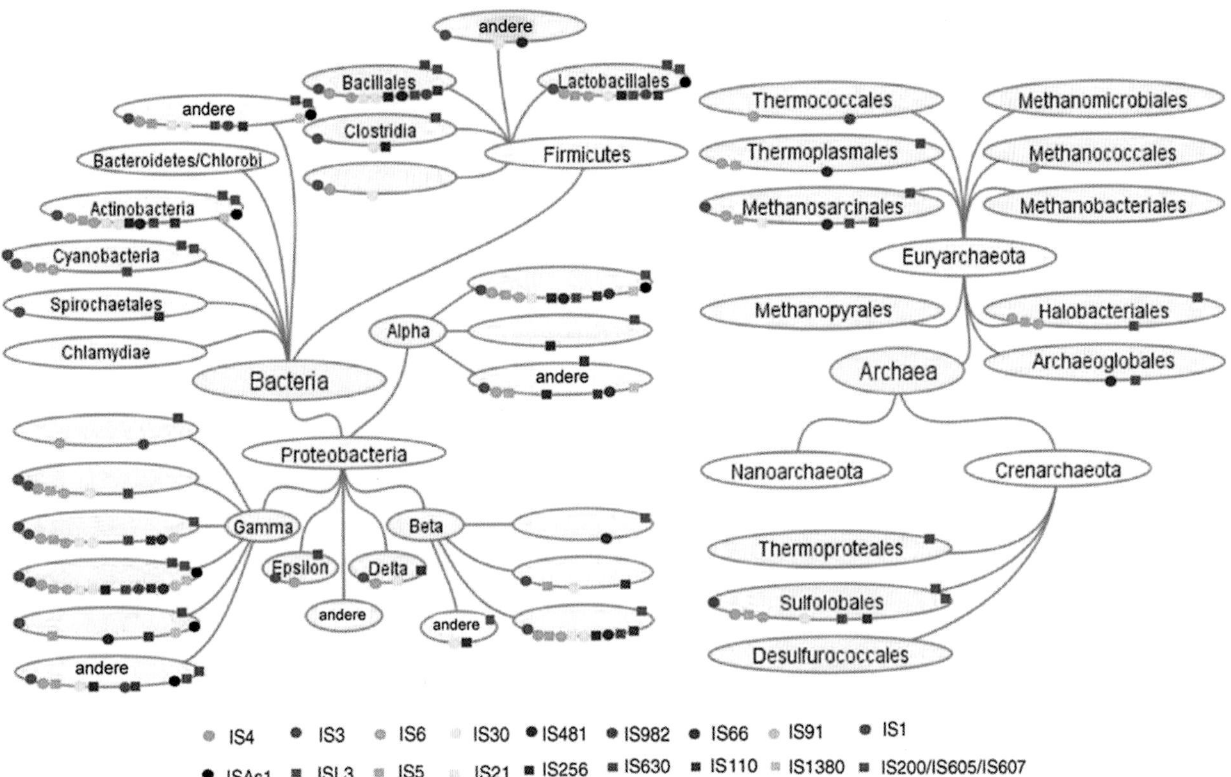

Abb. 9.5 Verteilung der Familien von Insertionselementen in Eubakterien und Archaebakterien. Die verschiedenen Familien sind *farbcodiert*. Es ist nur der wichtigste Teil der bekannten Insertionselemente dargestellt (extrahiert aus der Datenbank ISfinder, ▶ http://www-IS.biotoul.fr). (Nach Siguier et al. 2006, mit freundlicher Genehmigung)

bezeichnet (engl. *outer end*, OE; *inner end*, IE). Diese beiden Elemente bestimmen die Spezifität der Transposase-Bindung: jeweils 23 bp an den jeweiligen Enden, die als fast perfekte invertierte Wiederholungselemente vorliegen. Allerdings enthält das OE darüber hinaus auch eine Bindestelle für ein Wirtsprotein, das für die Integration verantwortlich ist (engl. *integration host factor*, IHF); eine andere Bezeichnung für dieses Protein ist Wirtsfaktor für den Phagen Q (engl. *host factor for phage Q*, Hfq).

Tn10 wird durch eine DDE-Transposase mobilisiert und ins Wirtsgenom integriert (Abb. 9.2): *Tn10* wird zuerst aus der Spender-DNA ausgeschnitten, und die Transposase vermittelt die Paarung der freien Enden des Transposons, bevor die neue Integration beginnt. Dies stellt sicher, dass die beiden Enden an einer gemeinsamen Zielsequenz integrieren, was eine wichtige Voraussetzung für eine erfolgreiche Transposition darstellt. Wenn dann der Transpositionskomplex („Transpososom") unter Beteiligung eines zweiwertigen Kations (Mg^{2+} oder Mn^{2+}) gebildet ist, folgt die eigentliche Integrationsreaktion, wie wir es bereits in Abb. 9.3b in der allgemeinen Form gesehen haben:

- Doppelstrangbruch an der Übergangsstelle zwischen den *Tn10*-Sequenzen und der ursprünglichen Spender-DNA (dabei werden die flankierenden Spendersequenzen abgespalten);
- Ausbildung einer Haarnadelschleife;
- Auflösung der Haarnadelschleife, um ein freies 3′-OH-Ende am Transposon-Ende zu erhalten, das in einer Umesterungsreaktion auf eine Phosphatgruppe übertragen werden kann (Strangtransfer).

Dabei ergibt sich am Gegenstrang eine Lücke von 9 bp, die durch Reparaturenzyme geschlossen wird (▶ Abschn. 10.6); die Transposition ist abgeschlossen.

Ein weiteres gut untersuchtes Beispiel ist *Tn7*. Dieses Transposon hat zwei unterschiedliche Mechanismen entwickelt, was zu seiner weiten Verbreitung führt: Der eine Weg erfolgt mit geringer Häufigkeit, dafür aber eher sequenzunabhängig. Dabei integriert das *Tn7* bevorzugt in Plasmide, wenn sie gerade in die Bakterienzelle eingeschleust werden. Dieser Mechanismus garantiert ein breites Wirtsspektrum und trägt zur weiten Verbreitung von *Tn7* innerhalb der Bakterien bei. Die andere Form der Transposition bewirkt eine spezifische Insertion von *Tn7* mit hoher Frequenz an einer Stelle, die als *attTn7* bezeichnet wird (engl. *attachment site for Tn7*). Diese Insertionssequenz *attTn7* befindet sich im 3′-Bereich des Gens, das für die Glucosamin-Synthetase codiert (Gensymbol: *glmS*). Die Insertion an dieser Stelle ist für den Wirt nicht schädlich und bewirkt eine „friedliche Koexistenz" von Transposon

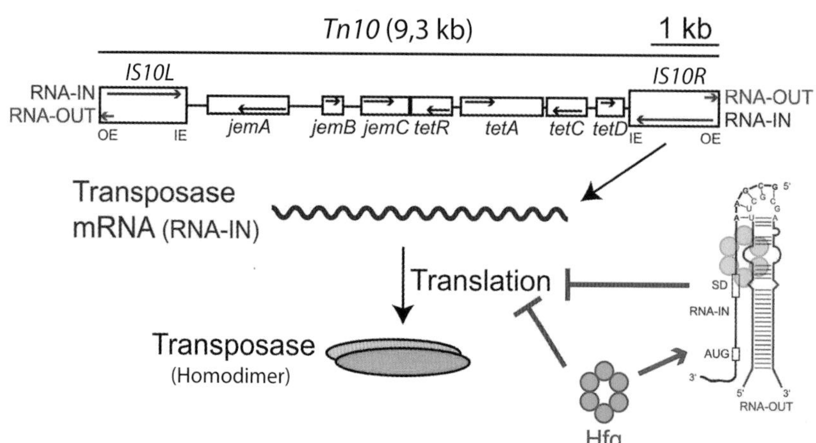

◻ Abb. 9.6 Bakterielles Transposon *Tn10*. *Tn10* besteht aus zwei gegeneinander invertierten, terminalen *IS10*-Sequenzen (1329 bp); die linke codiert eine defekte, die rechte eine funktionsfähige Transposase. Das Transposon enthält sieben offene Leserahmen; vier codieren eine Tetracyclinresistenz (*tetA*, *tetC; tetD* und *tetR*), die drei anderen (*jemA* bis *jemC*) haben keine definierte Funktion. Zusätzlich zur mRNA der Transposase (RNA-IN, *blau*) codiert das *IS10*-Element auch noch für eine Gegenstrang-RNA (RNA-OUT, *rot*), die die Translation der Transposase dadurch blockiert, dass sie die Ribosomenbindung der mRNA unterdrückt. Der Wirtsfaktor für den Phagen Q (engl. *host factor for phage Q*, Hfq) hemmt die Translation der Transposase, indem er eine Paarung der Gegenstrang-RNA ermöglicht. Die inneren (IE) bzw. äußeren Enden (OE) der *IS10*-Elemente sind dargestellt. AUG: Startcodon; SD: Shine-Dalgarno-Sequenz. (Nach Ellis et al. 2015, CC-by-Lizenz, ▶ http://creativecommons.org/licenses/)

9

und Wirt (eine lesenswerte Übersicht über *Tn7* bieten Parks und Peters 2009).

Allerdings bewirken beide Mechanismen zusammen eine gute Ausbreitungsmöglichkeit für *Tn7* und die Resistenzgene, die von *Tn7* übertragen werden. Das *Tn7*-Gen *aadA* ist für die Entstehung von Spectinomycin- und Streptomycinresistenz verantwortlich; es codiert für eine Adenylyltransferase (3″(9)-O-Nukleotidyltransferase), die Aminoglykoside durch Adenylierung modifiziert. Durch dieses Enzym werden auch die Aminoglykoside Spectinomycin und Streptomycin adenyliert und dadurch inaktiviert. Ein zweites Gen des *Tn7*, *dhfr*, codiert den Typ I der Dihydrofolatreduktase (DHFR), ein Enzym, das im Gegensatz zur genomischen DHFR eine gesteigerte Resistenz gegen einen Inhibitor dieses Enzyms aufweist (gegen Trimethoprim, ein Folsäureanalogon).

! Komplexe Transposons sind von zwei IS-Elementen flankiert und tragen dazwischen oft zusätzlich Gene für Antibiotikaresistenzen.

Die meisten Archaeen und viele Bakterien besitzen ein **anpassungsfähiges (adaptives) Immunsystem** gegen fremde DNA, sei es gegenüber mobilen Elementen wie Transposons, gegen Bakteriophagen oder gegen Plasmide. Ein adaptives Immunsystem ist gegen spezifische Pathogene gerichtet, und seine Besonderheit ist sein Gedächtnis: Ein Organismus, der den Angriff eines Pathogens überlebt hat, ist vor diesem bestimmten Pathogen sehr lange (oft lebenslang) geschützt. Das prokaryotische Abwehrsystem ist als **CRISPR-Cas-System** bekannt (engl. *clustered regularly interspaced short palindromic repeats*, CRISPR, und *CRISPR-associated proteins*, Cas). Und wie das bei einem Wettrüsten so üblich ist, bedient man sich auch gerne der Methoden der Gegner, um ihn wirksam bekämpfen zu können. Wir werden am Ende sehen, wie sich das adaptive CRISPR-Cas-Immunsystem der Prokaryoten aus Transposons heraus entwickelt hat – die Ähnlichkeit mit dem V(D)J-Immunsystem der Säuger liegt übrigens auf der Hand und wurde in ◻ Abb. 9.3 auch schon kurz angedeutet (das Immunsystem der Säuger werden wird im ▶ Abschn. 9.4 im Detail besprechen).

Das CRISPR-Cas-System besteht in seinen grundlegenden Komponenten aus einer Leitsequenz (engl. *leader sequence*), an die sich unmittelbar eine Reihe von CRISPR-Elementen anschließt; in der Nähe befindet sich eine Reihe von *Cas*-Genen. Die Leitsequenz und die CRISPR-Elemente enthalten keine offenen Leserahmen; sie ist oft mehrere Hundert Nukleotide lang und enthält viele Adenin- und Thymin-Nukleotide. Die CRISPR-Elemente bestehen aus einer Abfolge von kurzen direkten Wiederholungseinheiten (21–50 bp), die durch kurze, hochvariable Sequenzen ähnlicher Größe (20–84 bp) voneinander getrennt sind. Diese Zwischenstücke (engl. *spacer*) können Sequenzen enthalten, die mit Sequenzen von Bakteriophagen, Plasmiden oder Chromosomen identisch sind; sie stellen das immunologische Gedächtnis des Systems dar. Die Leitsequenz enthält einen Promotor, der die Transkription der CRISPR-Elemente in eine Prä-crRNA ermöglicht; die Prä-crRNA wird durch Cas-Proteine in die aktiven crRNAs gespalten, wobei jede crRNA (CRISPR-RNA) einen Teil der Wiederholungseinheit und ein Zwischenstück enthält.

Die Leitsequenz und die Zahl der Zwischenstücke unterscheidet sich durchaus zwischen den verschiedenen Organismen – die meisten CRISPR-Systeme haben etwa

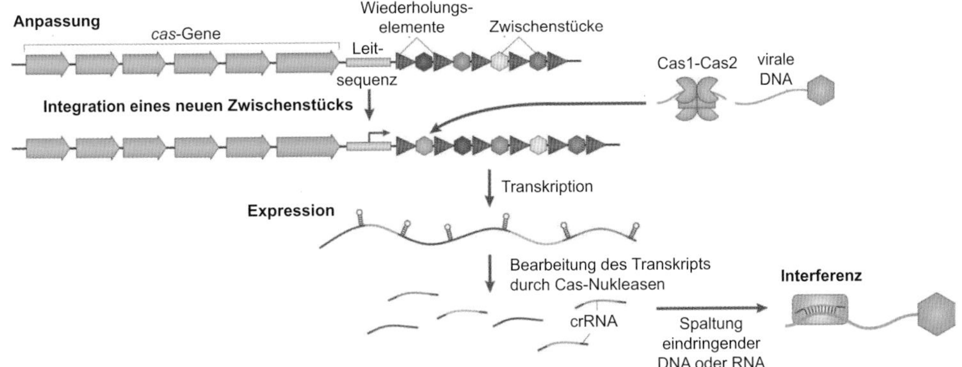

Abb. 9.7 Das CRISPR-Cas-System. Ein prokaryotischer CRISPR-Cas-Locus besteht aus den *cas*-Genen (*blaue Pfeile*), die für verschiedene Cas-Proteine codieren, und CRISPR-Elementen, die abwechselnd aus variablen Zwischenstücken (*gefärbte Sechsecke*) und direkten Wiederholungseinheiten (*rote Dreiecke*) bestehen. Die Leitsequenz (*graues Rechteck*) enthält einen Promotor für die Transkription der CRISPR-Elemente und markiert die Stelle, an der neue Zwischenstücke eingefügt werden können. Es sind drei Schritte der CRISPR-Cas-Immunität dargestellt: Während der Anpassungsphase nimmt ein Cas1-Cas2-Heterohexamer den Vorläufer eines neuen Zwischenstücks (engl. *protospacer*) von der angreifenden Plasmid- oder Virus-DNA (*grün*) auf und fügt es am Ende der Leitsequenz als vorderstes Zwischenstück ein. Im Expressionsstadium werden die CRISPR-Elemente in einem Stück transkribiert; diese lange, nicht-codierende RNA wird durch verschiedene Cas-Endonukleasen in kleine CRISPR-RNAs (crRNA) geschnitten. Bei der Interferenz wirkt die crRNA als Orientierungshilfe für die Spaltung der eindringenden Plasmid- oder Virus-DNA (oder RNA), da sie sich an Sequenzen anlagert, zu denen sie komplementär ist. (Nach Koonin und Krupovic 2015, mit freundlicher Genehmigung)

50 Wiederholungselemente, aber es kann auch zwischen zwei und mehreren Hundert Elementen variieren. Eine ähnliche Variabilität zeigen auch die *cas*-Gene; ihre Zahl schwankt zwischen vier und 20 Genen pro CRISPR-System. Die *cas*-Gene codieren für eine große Familie von Proteinen, die verschiedene funktionelle Domänen enthalten können, z. B. Integrase, Endo- oder Exonuklease, RNase, Helikase, Polymerase, Transkriptionsregulatoren oder RNA- bzw. DNA-bindende Domänen. Eine Übersicht über ein typisches CRISPR-Cas-System zeigt Abb. 9.7.

Wir hatten bereits darauf hingewiesen, dass die Zwischenstücke Sequenzen enthalten können, die mit Sequenzen von Bakteriophagen oder Plasmiden identisch sind. Das ist kein Zufall, sondern zentraler Bestandteil des adaptiven Prozesses des CRISPR-Cas-Systems. Das CRISPR-Cas-System beruht nämlich auf der Aufnahme von Fragmenten fremder DNA (d. h. von Viren oder Plasmiden) in die CRISPR-Kassetten (**Adaptionsphase**). Als Vorläufer der echten Zwischenstücke werden diese Fragmente der fremden DNA im internationalen Schrifttum als *protospacer* bezeichnet. Diese Fragmente werden nicht willkürlich ausgewählt, sondern aufgrund einer kurzen Sequenz von 2–5 bp, die als PAM (engl. *protospacer adjacent motif*) bekannt geworden ist. Diese Sequenz wird von Cas-Proteinen erkannt, und deswegen kann ein entsprechendes Fragment aus der DNA des fremden Organismus herausgeschnitten werden. Die PAM-Sequenzen kommen im Wirtsorganismus nicht vor und dienen dem CRISPR-Cas-System damit zur Unterscheidung zwischen „selbst" und „fremd": Wenn PAM-Sequenzen im eigenen Genom vorkämen, würde sich das CRISPR-Cas-System gegen den eigenen Organismus richten! Das neue Fragment wird unmittelbar hinter der Leitsequenz eingefügt; diese Insertion wird von einer Duplikation der Wiederholungseinheit des CRISPR-Bereichs begleitet.

Bei einer erneuten Infektion des Organismus werden die CRISPR-Elemente in einer einzigen langen, nicht-codierenden RNA transkribiert (**Expressionsphase**); die Regulation erfolgt über den Promotor in der Leitsequenz. Cas-Proteine oder zelluläre Ribonukleasen zerschneiden diese lange RNA (Prä-crRNA) in kleine Fragmente (zwischen 35 und 46 bp), wobei jedes Fragment einen Teil der Wiederholungseinheit an seinem 5′-Ende enthält; wir nennen diese kleinen RNAs „CRISPR-RNAs" oder kurz crRNA. Die kurzen Transkripte der einzelnen Zwischenstücke lagern sich bei einer neuen Attacke an die fremde DNA an, die dadurch inaktiviert und schließlich abgebaut wird (wie wir das in ▶ Abschn. 8.2 bereits kennengelernt haben); dieser letzte Schritt wird auch als **Interferenzphase** bezeichnet.

Die Evolution des CRISPR-Cas-Systems geht wahrscheinlich auf ein langes Transposon mit terminal invertierten Wiederholungseinheiten (engl. *terminal inverted repeat*, TIR) zurück, das unter anderem auch das Homolog des *cas1*-Gens enthält; daher hat sich für diese Transposonfamilie der Begriff „Casposons" eingebürgert und für die dazugehörige Transposase der Begriff „Casposase". Das Cas2-Protein zeigt andererseits deutliche Homologien zu einem typischen prokaryotischen Toxin, VapD (engl. *virulence-associated protein*), das sich durch eine mRNA-Interferase-Aktivität auszeichnet (also Ribosomen-assoziierte RNA spaltet). Durch Integration dieses ursprünglichen Casposons („Ur-Casposon") in der Nähe von Effektorgenen entstand über mehrere

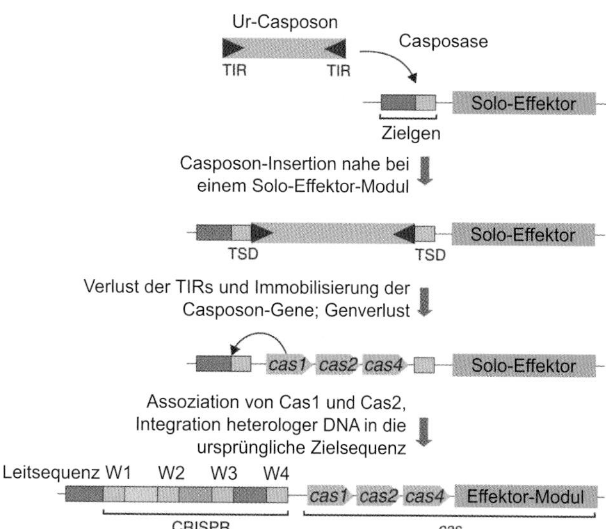

■ **Abb. 9.8** Mögliches Szenario für die Evolution des CRISPR-Cas-Systems. Es wird postuliert, dass das Ur-Casposon („Cas-Transposon") die Gene für die Proteine Cas1, Cas2 und Cas4 enthielt (*blau*) und mithilfe der Casposase („Cas-Transposase") in sein Zielgen eingebaut wurde (*braun*: Promotor; *ocker*: transkribierter Bereich). Dieses Zielgen war in der Nähe eines Effektorgens (Solo-Effektor), das möglicherweise mit einem Anti-Toxin-Modul assoziierte und sich so zu einem Effektor-Modul entwickelte. TIR: engl. *terminal inverted repeat*; TSD: engl. *target site duplication*; W: Wiederholungselement. (Nach Krupovic et al. 2017, mit freundlicher Genehmigung)

Zwischenschritte die charakteristische CRISPR-Cas-Struktur; ■ Abb. 9.8 vermittelt ein Eindruck dieses evolutionären Prozesses.

> Das CRISPR-Cas-System von Bakterien und Archaeen ist ein adaptives Immunsystem, das aus Transposons entstanden ist.

9.1.2 Eukaryotische DNA-Transposons

Bei Eukaryoten gelang die Identifikation von Transposons auf der molekularen Ebene zunächst nach Klonierung repetitiver DNA-Sequenzen von *Drosophila* und deren Analyse durch *in-situ*-Hybridisierung. Es stellte sich heraus, dass repetitive DNA-Sequenzen in den Riesenchromosomen verschiedener Individuen des gleichen *Drosophila*-Stamms teilweise an unterschiedlichen Stellen lokalisiert waren. Die genauere Analyse der DNA-Sequenz ergab, dass einige solcher repetitiven DNA-Sequenzen in ihrer Struktur große Ähnlichkeit mit **Retroviren** besitzen, d. h. dass sie Protein-codierende Abschnitte enthalten, deren Eigenschaften den bei Retroviren gefundenen Proteinen gleichen (▶ Abschn. 9.2.3).

In Eukaryoten findet man eine große Vielfalt von Transposons (■ Tab. 9.2). Wir wollen der Übersichtlichkeit wegen drei Gruppen unterscheiden. Es handelt sich um

- Transposons mit **terminalen invertierten Wiederholungseinheiten** („DNA-Transposons"),
- Retrovirus-ähnliche Transposons: **Retrotransposons**,
- Transposons ohne terminale Wiederholungseinheiten: **Retroposons**.

Retrotransposons und Retroposons wollen wir zusammen mit den Retroviren besprechen (▶ Abschn. 9.2); im Folgenden werden wir uns auf die Transposons mit terminalen invertierten Wiederholungseinheiten konzentrieren. Die verschiedenen Mechanismen sind in ■ Abb. 9.9 dargestellt.

> Transposons gehören verschiedenen Gruppen unterschiedlicher Struktur und Häufigkeit an. In allen Fällen sind sie jedoch durch flankierende Duplikationen der Insertionsstelle im Genom gekennzeichnet. Wir unterscheiden RNA-abhängige Transposons (Klasse 1) und DNA-abhängige Transposons (Klasse 2).

Die **grundlegenden Eigenschaften** eukaryotischer Transposons und die Konsequenzen ihrer Anwesenheit im Genom lassen sich folgendermaßen zusammenfassen: Normalerweise sind sie stabil mit mehreren Kopien ins Genom integriert. Die Anzahl der Kopien im Genom sind für verschiedene Familien von Transposons jeweils charakteristisch und können zwischen weniger als zehn Kopien und mehreren Hunderttausend Kopien liegen. Die verschiedenen Kopien einer Sequenzfamilie sind nicht identisch, sondern können sowohl in ihrer Nukleotidsequenz als auch in ihrer Struktur, z. B. durch interne oder terminale Deletionen, voneinander abweichen. Durch genetische oder Umwelteinflüsse (z. B. Hitze, Stress, Bestrahlung), die wir nur teilweise kennen, können Transposons dazu veranlasst werden, ihre Genompositionen zu verändern. Danach wird wiederum eine stabile Phase der Integration erreicht. Sie sind also in dieser Hinsicht in ihrem Verhalten einem λ-Prophagen sehr ähnlich, wenn sie auch gewöhnlich keine definierten Integrationsstellen haben.

Durch Transpositionen, die in der Regel mit zufälliger Integration in beliebige Genompositionen verbunden sind, können Mutationen induziert werden. Hierbei kann es vorkommen, dass ein Transposon benachbarte DNA-Bereiche aus seiner ursprünglichen Position in eine neue Genomposition überträgt. Neben einer – wahrscheinlich kleinen – Anzahl vollständiger Transposons enthält jedes Genom eine größere Anzahl defekter Transposons, die entweder gar nicht mehr zur Transposition in der Lage sind oder der Gegenwart vollständiger Elemente der gleichen Transposonfamilie bedürfen, um eine Ortsveränderung im Genom vorzunehmen. Die Ursachen hierfür sind uns durch die molekulare Analyse von Transposons verständlich geworden: Die vollständigen Transposons stellen die Genprodukte zur Verfügung, die erforderlich sind, um eine Transposition zu vollziehen. Viele partiell defekte transponierbare Elemente können hiervon zur Transposition Gebrauch machen.

Tab. 9.2 Sequenzstruktur eukaryotischer Transposons

Name	Gastgenom	Länge (bp)	Enden	Art	Duplikation (bp)
Ty1	*Saccharomyces cerevisiae*	5900	334	LTR	5
Cin4	*Zea mays*	ca. 7000	Poly(A)		3–16
Ac	*Zea mays*	4600	11	IR	8
Tc1	*Caenorhabditis elegans*	1610	54	IR	2
Tdd-1	*Dictyostelium discoideum*	4800	313	LTR	8–10
Ingi	*Trypanosoma brucei*	5200	253	DR	4
R2	*Bombyx mori*	4200	Poly(A)		14
P-Faktor	*Drosophila melanogaster*	2907	31	IR	8
I-Faktor	*Drosophila melanogaster*	5371	3′-Ende: $(TAA)_4$		10–14
F-Faktor	*Drosophila melanogaster*	4700	Nicht spezifiziert		8–13
gypsy	*Drosophila melanogaster*	7469	482	LTR	4
copia	*Drosophila melanogaster*	5164	302	LTR	5
micropia	*Drosophila hydei*	5461	239	LTR	4
mariner	*Drosophila mauritiana*	1286	28	IR	2
Alu	*Homo sapiens*	ca. 75–7500	Poly(A)		Variabel
L1	*Homo sapiens*	ca. 6000	Poly(A)		ca. 12 (variabel)
L1	*Mus musculus*	ca. 6000	Poly(A)		ca. 14 (variabel)

DR: direkte Wiederholungseinheit (engl. *direct repeat*); IR: invertierte Wiederholungseinheit (engl. *inverted repeat*); LTR: lange terminale Wiederholungseinheit (engl. *long terminal repeat*); Daten nach verschiedenen Autoren (siehe auch Berg und Howe 1989)

! Eukaryoten besitzen viele unterschiedliche Gruppen von Transposons. Ihre Häufigkeit im Genom variiert in weiten Grenzen. Transpositionen können durch Umwelteinflüsse oder genetisch induziert werden und führen dadurch oft zu Mutationen.

Die Gesamtlänge der terminalen invertierten Wiederholungseinheiten ist bei verschiedenen transponierbaren Elementen unterschiedlich. Sie variiert zwischen mehreren Hundert Basenpaaren und mehreren Kilobasen. Diese Längenvariabilität beruht auf der unterschiedlichen Anzahl interner Wiederholungseinheiten, aus denen sie zusammengesetzt sind. Die inneren Bereiche der Wiederholungselemente zwischen den terminalen invertierten Repeats sind in Länge und Sequenz im Allgemeinen sehr unterschiedlich und weisen wenig Verwandtschaft untereinander auf. Es gibt transponierbare Elemente mit einer identischen internen 4-kb-DNA-Region, die drei offene Leserahmen enthält (engl. *open reading frames*, ORFs). Möglicherweise handelt es sich dabei um die ursprünglichen Elemente dieser repetitiven DNA-Sequenzfamilie, die noch die benötigten enzymatischen Mechanismen für selbstständige Transpositionen beherbergen. Die übrigen transponierbaren Elemente könnten aus ihnen durch Deletionen entstanden sein und verwenden jetzt einen modifizierten Transpositionsmechanismus, der sich andere zelluläre Mechanismen zunutze macht. Solche defekten oder modifizierten transponierbaren Elemente enthalten noch andere Genomsequenzen oder sogar andere Transposons. Hierdurch können im Genom beliebige größere DNA-Abschnitte in neue Positionen umgelagert werden, die für die Evolution neuer Gene oder für Veränderungen in den Regulationseigenschaften von Genen Bedeutung erlangen können. Dabei führt die Insertion in Gene oder deren Regulationsregion nicht notwendigerweise zur Inaktivierung, sondern kann Änderungen in deren Regulation verursachen.

Eine besondere Klasse dieser transponierbaren Elemente mit invertierten Wiederholungseinheiten bei *Drosophila* sind die **P-Elemente**. Da dieses Transposon zudem große Bedeutung als Vektor für Transformationsexperimente in der Gentechnologie gewonnen hat (Technikbox 23), soll es hier etwas genauer besprochen werden.

Die Entdeckung des P-Faktors geht auf populationsgenetische Untersuchungen in den 1960er-Jahren zurück, die zeigten, dass in reziproken Kreuzungen zwischen bestimmten Stämmen von *D. melanogaster* bei den Nach-

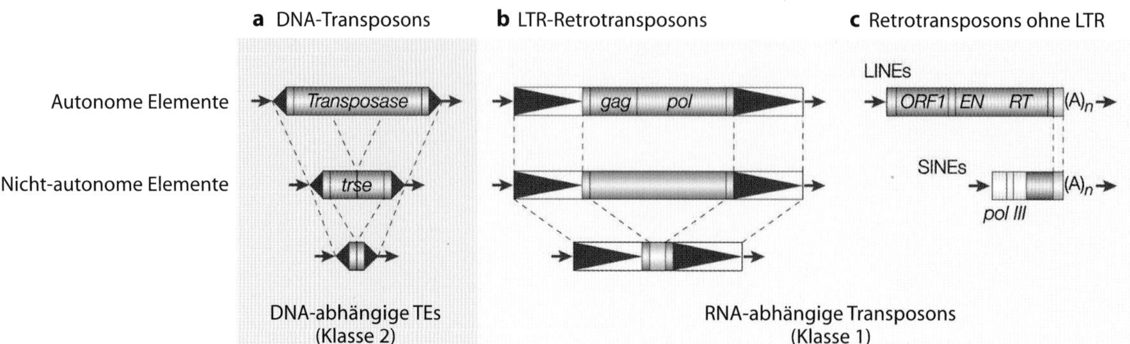

Abb. 9.9 Strukturelle Eigenschaften und Klassifikation transposabler Elemente. Eukaryotische transposable Elemente (TE) werden in zwei Klassen eingeteilt, je nachdem, ob das Zwischenprodukt der Transposition eine RNA (Klasse 1) oder eine DNA (Klasse 2) ist. Bei allen Klasse-1-Elementen bildet das Element-codierte Transkript (mRNA) und nicht das Element selbst (wie bei Klasse-2-Elementen) das Zwischenprodukt der Transposition. Jede Gruppe von TEs enthält autonome und nicht-autonome Elemente. Autonome Elemente enthalten offene Leserahmen (ORFs, *orangerot*) und codieren für Proteine, die für die Transposition notwendig sind. Die Integration von fast allen TEs führt zur Duplikation kurzer genomischer Sequenzen an der Stelle der Insertion. Diese Duplikationen (*Pfeile, die die Elemente flankieren*) variieren in ihrer Größe und Sequenz zwischen den verschiedenen Familien der TEs. **a** Klasse-2-Elemente: DNA-Transposons haben Wiederholungssequenzen (*schwarze Dreiecke*) und Duplikationen von Zielsequenzen (*Pfeile*) an ihren Enden. Nicht-autonome Mitglieder dieser Klasse leiten sich in der Regel von autonomen Mitgliedern durch interne Deletionen ab. **b, c** Klasse-1-Elemente können nach ihrem Transpositionsmechanismus und ihrer Struktur in zwei Gruppen unterteilt werden. **b** LTR-Transposons haben lange Wiederholungssequenzen an ihren Enden (engl. *long terminal repeats*, LTRs; *schwarze Dreiecke*). Autonome Elemente enthalten mindestens zwei Gene, *gag* und *pol*; *gag* codiert für ein Capsid-ähnliches Protein (gruppenspezifisches Antigen, GAG) und *pol* für ein Poly-Protein, das verschiedene enzymatische Aktivitäten enthält (Protease, Reverse Transkriptase, RNase H, Integrase). Nicht-autonome Elemente haben die meisten oder alle codierenden Elemente verloren. Ihre inneren Bereiche (*grün*) sind unterschiedlich groß und ohne Beziehung zu den autonomen Elementen. **c** Transposons ohne eine LTR enthalten stattdessen lange oder kurze Wiederholungselemente (LINEs bzw. SINEs). Die codierenden Regionen beinhalten *ORF1* (codiert für ein gag-ähnliches Protein), *EN* (Endonuklease) und *RT* (Reverse Transkriptase). LINEs und SINEs enden mit einer einfachen Sequenzwiederholung, üblicherweise Poly(A). Alle SINEs-Elemente, die bisher charakterisiert wurden, enthalten einen Promotor der RNA-Polymerase III (*schwarze Streifen*) in der Nähe des 5′-Endes. Im 3′-Bereich gibt es Übereinstimmungen zwischen SINE- und LINE-Elementen. (Nach Feschotte et al. 2002, mit freundlicher Genehmigung)

kommen unterschiedliche Effekte auftreten, die später als Hybriddysgenese (engl. *hybrid dysgenesis*) bezeichnet wurden (siehe unten). Durch **Rubin**, **Kidwell** und **Bingham** wurde dann 1982 gezeigt, dass für die mit Hybriddysgenese verbundenen Phänomene ein Transposon, eben das P-Element, verantwortlich ist (Bingham et al. 1982; Rubin und Spradling 1982). Es ist 2907 bp lang (Abb. 9.10), und seine Insertionsstelle in das Genom ist durch eine flankierende 8-bp-Genomduplikation gekennzeichnet. Das P-Element selbst besitzt zwei kurze terminale invertierte Wiederholungseinheiten von je 31 bp Länge, dem sich in geringem Abstand (ca. 100 bp) zwei kurze invertierte Wiederholungssequenzen von 11 bp anschließen. Diese beiden Wiederholungseinheiten sind für die Spezifität und Effizienz der Transposase verantwortlich. Der mittlere Sequenzbereich des P-Elementes enthält vier Exons, die für die Transposase codieren und als Exon 0, Exon 1, Exon 2 und Exon 3 bezeichnet werden. Die merkwürdige Nummerierung erklärt sich daraus, dass das Exon 0 zuletzt entdeckt wurde. Die Transposase wird von einer 2,5 kb langen mRNA translatiert, die durch Spleißen der Exons entsteht. Obwohl eine Transkription der Transposase auch in somatischen Zellen stattfindet, ist die funktionelle mRNA nur in der Keimbahn vorhanden. In somatischen Zellen findet man ausschließlich ein größeres Transkript. Es ist dadurch gekennzeichnet, dass das dritte Intron in ihm noch enthalten ist, sodass wegen des dadurch entstehenden vorzeitigen Stoppcodons (Abb. 9.10) eine funktionelle Transposase nicht synthetisiert werden kann. Ursache dafür ist ein Spleißrepressor in den somatischen Zellen; die resultierende, verkürzte Transposase ist nicht nur inaktiv, sondern wirkt als Repressor der Mobilität des P-Elementes. Aufgrund der im Exon 0 vorhandenen DNA-bindenden Aktivität wirken die Repressoren als kompetitive Inhibitoren der Transkription.

Der Unterschied zwischen Keimbahntranskripten und somatischen Transkripten der P-Elemente findet eine Parallele in der Fähigkeit zur Transposition im Genom: Während unter bestimmten Bedingungen (denen der Hybriddysgenese) Transpositionen in der Keimbahn mit hoher Frequenz vorkommen, fehlen unter gleichen Bedingungen jegliche somatischen Transpositionen. Ursache für diesen Unterschied ist die Unfähigkeit somatischer Zellen, das dritte Intron aus dem primären Transkript zu entfernen. Führt man jedoch in somatische Zellen experimentell ein P-Element ein, dessen ORFs 2 und 3 nicht mehr durch ein Intron getrennt sind, so erfolgen auch in somatischen Zellen Transpositionen mit hoher Frequenz. *Drosophila* hat also einen spezifischen Mechanismus entwickelt, der Transpositionen in den Keimzellen gestattet, sie aber gleichzeitig in somatischen Zellen ausschließt.

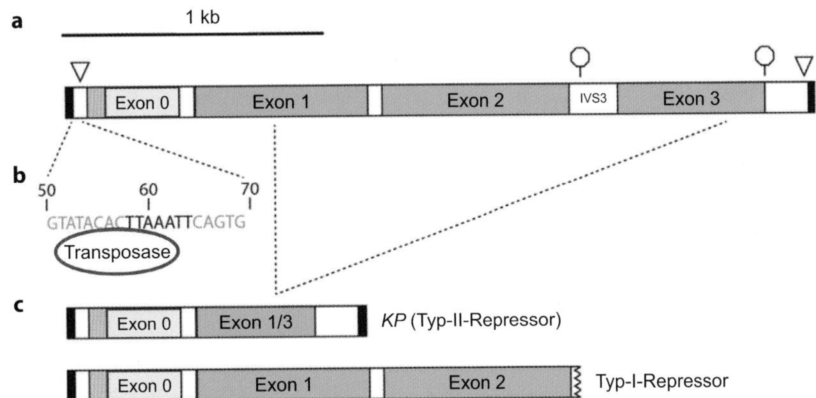

Abb. 9.10 Molekulare Struktur eines P-Elementes von *Drosophila melanogaster*. **a** Das 2907 bp lange P-Element enthält an seinen Enden invertierte Wiederholungseinheiten (*schwarz*). Die vier Exons, die in der Keimbahn für die Transposase (87 kDa) codieren, sind angegeben. Die Region, die im Exon 0 eine DNA-bindende Domäne codiert, ist *hellblau* gezeichnet. *Dreiecke* deuten die Position der 10-bp-Sequenz an, die durch die P-Transposase erkannt wird. Die Stoppsequenzen am Ende von Exon 3 und im Intron 3 (IVS3; engl. *intervening sequence*) sind als *offene Kreise* gekennzeichnet. **b** Die Consensussequenz, die von der P-Transposase erkannt wird, überlappt mit der TATA-Box (*schwarze Buchstaben*) in der Nähe der 5′-Region des P-Elementes und beeinträchtigt die Anlagerung der RNA-Polymerase. **c** In somatischen Zellen wird das Intron 3 (IVS3) nicht gespleißt, sodass wegen des neuen Stoppcodons ein 66-kDa-Repressorprotein gebildet wird (Typ-I-Repressor); ein alternatives Spleißprodukt führt zu dem Typ-II-Repressor (KP: P-Element aus Krasnodar/Russland). Die *gezackte Linie* am Ende des Typ-I-Repressors deutet verschiedene Varianten an, die aufgrund von Deletionen in verschiedenen Formen von P-Elementen entstanden sind. (Nach Kelleher 2016, mit freundlicher Genehmigung)

Diese Beobachtung ist bedeutungsvoll, da sie erneut dafür spricht, dass Transposons biologische Funktionen ausüben müssen. Die Inaktivierung des Transpositionsmechanismus in somatischen Zellen erscheint biologisch dann sehr sinnvoll, wenn dafür gesorgt werden soll, dass neue Transpositionsereignisse in den Keimzellen auf Nachkommen übertragen werden sollen. Erfolgen nämlich zugleich viele Transpositionsereignisse in somatischen Zellen, so ist die Wahrscheinlichkeit sehr groß, dass der Organismus ein Fortpflanzungsalter gar nicht erreicht: Durch hohe Transpositionsraten in somatischen Zellen steigt die Wahrscheinlichkeit, dass essenzielle Gene zerstört und dadurch letale Effekte hervorgerufen werden.

Die Transposase schneidet ein P-Element genau aus seiner Insertionsstelle heraus; dabei wird die ursprüngliche Genomkonstitution, wie sie vor der Insertion des P-Faktors bestand, wiederhergestellt: Man beobachtet genetisch eine **Reversion** der durch Insertion des P-Faktors verursachten Mutation. In vielen Fällen erfolgen Exzisionen jedoch ungenau. Das hat zur Folge, dass

- Teile des P-Faktors im ursprünglichen Insertionsplatz zurückgelassen werden oder
- dass Teile der flankierenden DNA – entweder an einer Seite des P-Faktors oder an beiden Seiten – zusammen mit dem P-Element aus dem Genom herausgeschnitten werden.

Solche **ungenauen Exzisionen** können auf der Anwesenheit von Sequenzwiederholungen innerhalb des P-Elementes beruhen, die bereits erwähnt wurden. Die für eine ungenaue Exzision erforderlichen Wiederholungssequenzen können sehr kurz sein: Es genügen bereits direkte Sequenzwiederholungen in der DNA von 2–6 bp. Es leuchtet daher ein, dass die Wahrscheinlichkeit groß ist, dass auch außerhalb des P-Elementes liegende Sequenzwiederholungen in solche Exzisionen einbezogen werden können.

Das Ergebnis ungenauer Exzisionsereignisse ist die Existenz zahlreicher **unvollständiger P-Elemente** im Genom. Diese sind selbst nicht mehr in der Lage zur Transposition, wenn ihre Transposase aufgrund der internen Deletionen defekt ist oder die invertierten Repeats durch terminale Deletionen unvollständig sind oder fehlen. Defekte in den terminalen Wiederholungseinheiten verhindern weitere Transpositionen vollständig. In Gegenwart von P-Elementen mit funktionsfähiger Transposase sind defekte P-Elemente hingegen dann noch zu Transpositionen imstande, wenn sie zumindest noch ihre terminalen invertierten Wiederholungselemente besitzen.

Das P-Element ist ein 2,9 kb langes Transposon mit terminalen invertierten Wiederholungseinheiten. Der mittlere Bereich des P-Elementes codiert für eine Transposase. Die Synthese der funktionellen Transposase wird durch einen keimbahnspezifischen Spleißmechanismus gesteuert.

Die Erscheinung der **Hybriddysgenese** äußert sich in Sterilität, degenerierten Gonaden (darum auch ursprünglich engl. *gonadal dysgenesis* genannt) oder – bei Fertilität – in hohen Mutationsraten, die insbesondere von Chromosomenrearrangements begleitet sind, sowie in männlicher

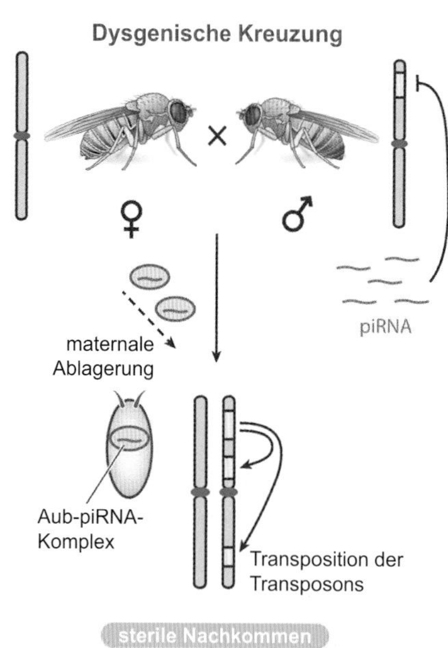

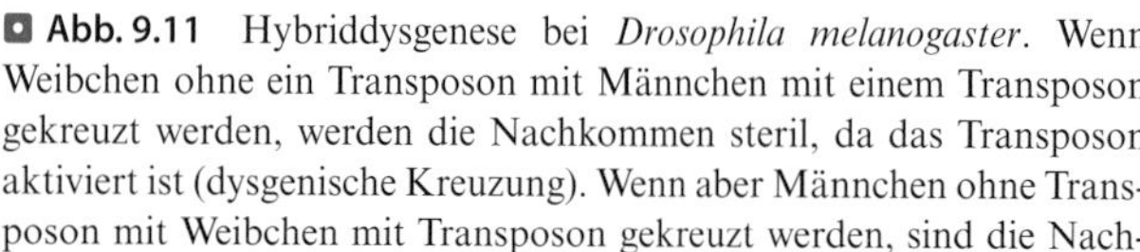

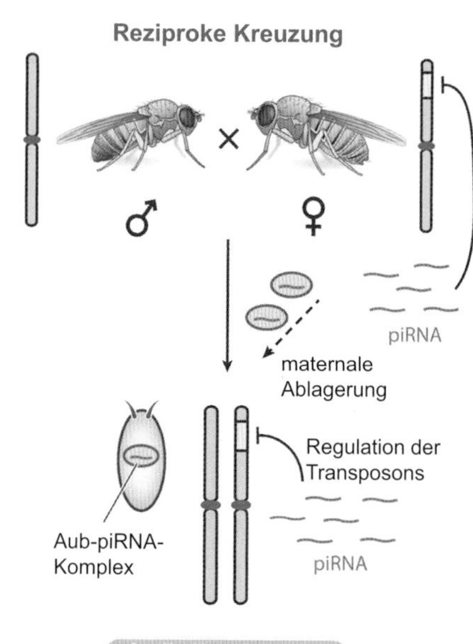

◘ Abb. 9.11 Hybriddysgenese bei *Drosophila melanogaster*. Wenn Weibchen ohne ein Transposon mit Männchen mit einem Transposon gekreuzt werden, werden die Nachkommen steril, da das Transposon aktiviert ist (dysgenische Kreuzung). Wenn aber Männchen ohne Transposon mit Weibchen mit Transposon gekreuzt werden, sind die Nachkommen fertil (reziproke Kreuzung), da die maternale Übertragung der piRNA die Aktivierung des Transposons hemmt. Das Piwi-Protein Aubergine (Aub) ist im posterioren Pol der Eizelle und des Embryos lokalisiert, was auf eine maternale Vererbung des Aub-piRNA-Komplexes hinweist. (Nach Iwasaki et al. 2015, mit freundlicher Genehmigung)

Rekombination (engl. *male recombination*); bei *Drosophila* gibt es im Männchen normalerweise keine Rekombination. Die Hybriddysgenese beschränkt sich auf Kreuzungen zwischen bestimmten Stämmen, z. B. zwischen P- und M-Stämmen (◘ Abb. 9.11). Eine Kreuzung zwischen diesen Stämmen ist nur dann **dysgenisch** (engl. *dysgenic*), wenn das Männchen aus einem P-Stamm, das Weibchen aus einem M-Stamm kommt. Die reziproke Kreuzung liefert völlig gesunde Nachkommen.

Die Erklärung für diese ungewöhnlichen Kreuzungsergebnisse liegt darin, dass alle P-Stämme **P-Elemente** im Genom besitzen, während M-Stämme keine P-Elemente im Genom enthalten. Gelangen P-Elemente über das männliche Genom in eine Eizelle, deren Genom keine P-Elemente enthält, so werden die P-Elemente aktiviert und beginnen mit hoher Frequenz zu transponieren. Hierdurch werden Mutationen und Chromosomenbrüche induziert, die zu defekten Gonaden bzw. zu hohen Mutationsraten in den Nachkommen führen.

Warum aber beobachtet man dann solche Effekte nicht auch in der reziproken Kreuzung? Der Grund hierfür liegt in der piRNA-vermittelten Inaktivierung von Transposons. In *Drosophila* bewirken piRNAs (▶ Abschn. 8.2.3) das Abschalten von Transposons in der männlichen und weiblichen Keimbahn sowie in den somatischen Nährzellen der Ovarien (▶ Abschn. 12.4.1). Die Wirkung des piRNA-Systems auf das Abschalten von Transposons hängt zunächst einmal davon ab, ob das entsprechende Transposon in einem piRNA-Gencluster mit einem entsprechenden Fragment repräsentiert ist. Bei *Drosophila* kommt noch ein zweiter Mechanismus hinzu, nämlich die maternale Ablagerung der piRNA und der Piwi- und Aubergine(Aub)-Proteine in den posterioren Polzellen der Oocyten, aus denen sich später die Urkeimzellen entwickeln. So bleibt der „Ping-Pong-Mechanismus" zur weiteren Herstellung von piRNAs auch noch in der nächsten Generation in Gang. Durch diesen maternalen, keimbahnspezifischen Mechanismus erfolgt eine Verstärkung der Transposonabwehr, in diesem Fall der P-Elemente.

❶ Hybriddysgenese beruht auf der Induktion von Transpositionen in genetischen Konstitutionen, bei denen in der Oocyte keine piRNA/Aub-Komplexe vorliegen. Dadurch werden bei der Befruchtung eingeführte Transposons (z. B. P-Elemente) mit eigener Transposase-Aktivität wirksam.

❀ Die Verwendung des P-Elementes zur Herstellung transgener Fliegen wurde erstmals von **Rubin** und **Spradling** (Rubin und Spradling 1982; Spradling und Rubin 1982) in die experimentelle Genetik eingeführt: Sie injizierten ein P-Element, das ein funktionelles *rosy*-Gen enthielt, in *Drosophila*-Embryonen mit einer *rosy*-Mutation und stellten dadurch die Wildtyp-Funktion in den Nachkommen wieder her. Seither wurde das P-Element zu einem vielfältigen Werkzeug in der *Drosophila*-Genetik weiterentwickelt; es kann für die spezifische Einführung von Mutationen (engl. *gene tagging*), Genunterbrechung (engl. *gene disruption*) und induzierbare Genexpression verwendet werden. Im Kern kommt es darauf an, durch ein Paar brauchbarer Enden ein transponierbares Konstrukt herzustellen, das durch eine in *trans* vorhandene Transposase aktiviert werden kann. Transposase wird entweder durch Co-Injektion eines Konstrukts zur Verfügung gestellt, das zwar Transposase produziert, aber sich selbst nicht bewegen kann (z. B. durch „beschädigte" Enden; engl. *wings-clipped elements*), oder durch Einführung des Konstrukts in einen Embryo, der eine autosomale Kopie der Δ2-3-Transposase besitzt. Die verschiedenen Möglichkeiten der P-Elemente in der experimentellen *Drosophila*-Genetik werden ausführlich von Ryder und Russell (2003) erörtert.

Eine weitere wichtige Gruppe der DNA-Transposons ist die **Tc1/*mariner*-Familie**. Als Scott **Emmons** und seine Mitarbeiter 1983 das transponierbare Element Tc1 im Genom von *Caenorhabditis elegans* entdeckten, realisierten sie vermutlich nicht, dass das nur die Spitze eines Eisbergs war. Wir wissen heute, dass Homologe von Tc1 und des nahe verwandten *mariner*-Transposons (aus *Drosophila mauritiana*) sowie des *pogo*-Transposons aus *Drosophila melanogaster* vermutlich die in der Natur am weitesten verbreiteten Transposons sind. Man findet sie in Pilzen, Pflanzen, Ciliaten und Tieren, einschließlich Namatoden, Arthropoden, Fischen, Fröschen und Menschen. Die Tc1/*mariner*-Elemente haben eine Länge von 1300–2400 bp und enthalten das Gen für eine Transposase; an den Enden enthalten sie invertierte Wiederholungseinheiten. Diese Wiederholungselemente haben eine unterschiedliche Länge; bei Tc1 enthalten sie weniger als 100 bp, bei Tc3 über 400 bp.

Die Tc1/*mariner*-Elemente, die in den Genomen von Vertebraten gefunden wurden, sind alle „tot", d. h. sie sind Überbleibsel ehemals aktiver Elemente, die aber nach erfolgreicher Kolonialisierung der Genome durch Mutationen inaktiviert wurden. Allerdings gelang es der Gruppe um Zsuzsanna **Izsvák** (Ivics et al. 1997), ein Tc1-ähnliches Transposon aus Lachs wieder zu rekonstruieren und zum Leben zu erwecken. Dazu konstruierten sie eine Consensussequenz der Transposase-Gene aus verschiedenen Vertretern der Lachs-Familie, indem sie die inaktivierenden Mutationen entfernten. Diese Transposase bindet spezifisch an die invertierten Wiederholungselemente von Transposons im Lachs und vermittelt präzise *cut-and-paste*-Transpositionen in Fischen, aber auch bei Mäusen und Menschen. Die Autoren nannten dieses rekonstruierte Transposon *sleeping beauty* (nach der englischen Übersetzung für „Dornröschen"); es kann experimentell zur genetischen Transformation und Insertionsmutagenese verwendet werden. Der Vorteil des Transposonsystems liegt darin, dass es damit möglich ist, relativ große therapeutische Transgene zu übertragen und stabil zu integrieren. Inzwischen wurden auch weitere gentherapeutische Transposonsysteme etabliert; die bekanntesten auf der Basis von *piggyBac* (aus einem Nachtfalter, der Aschgrauen Höckereule) und von *Tol2* aus dem Medaka-Fisch. In den ersten klinischen Tests wurden ermutigende Ergebnisse erzielt. Für weitere Details sei auf einschlägige Übersichtsartikel verwiesen (Kebriaei et al. 2017; Tipanee et al. 2017).

9.2 Retroviren und Retroelemente

Die Retroviren sind für eine ganze Klasse von transponierbaren Elementen das Standardparadigma, da sie nicht nur als infektiöses freies Virus vorkommen, sondern auch über ihre lange Wiederholungseinheit an den Enden (engl. *long terminal repeat*, LTR) in das Genom ihres Wirts integrieren können. Wenn sie in das Wirtsgenom integriert sind, werden sie als **endogene Retroviren** bezeichnet und unterliegen den Kräften der Evolution, Mutation und Selektion. Dabei können sich natürlich vielfältige Veränderungen ergeben, sodass wir heute eine breite Palette von Retroelementen im Genom beobachten können (◘ Abb. 9.12).

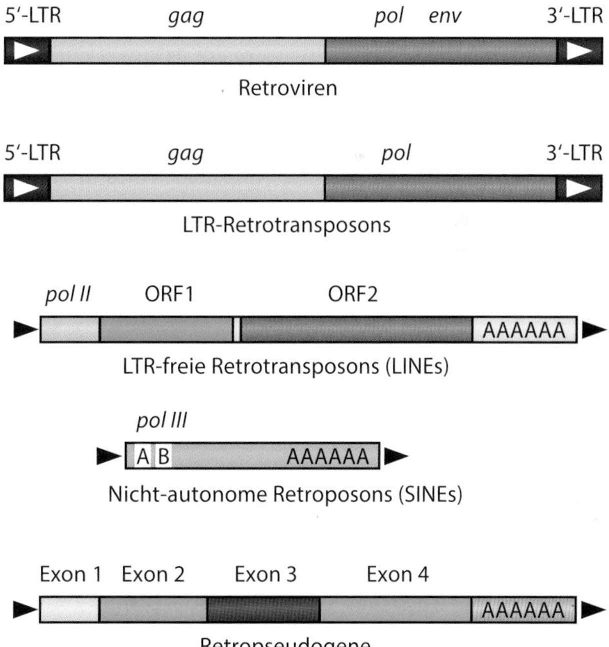

◘ **Abb. 9.12** Übersicht über Retroelemente. Es sind die wichtigsten Klassen von transponierbaren Retroelementen gezeigt. Retroviren sind infektiöse Agenzien, die über ihre LTRs (engl. *long terminal repeats*) in das Wirtsgenom integrieren und die Transkription ihrer Gene steuern (*gag*: *group-specific antigen*; *env*: *envelope*; *pol*: Reverse Transkriptase). LTR-Retrotransposons sind ähnlich, haben aber kein *env*-Gen. LINEs sind die wichtigsten Vertreter der LTR-freien Retrotransposons in Säugern. SINEs sind die wichtigsten Vertreter der nicht-autonomen Retroposons in Säugern; sie sind üblicherweise recht klein (< 300 bp). Retropseudogene entstehen, wenn mRNA die LINE-Maschinerie benutzt, um Kopien von sich selbst herzustellen und mit geringer Effizienz ins Genom einzubauen. (Nach Deininger et al. 2003, mit freundlicher Genehmigung)

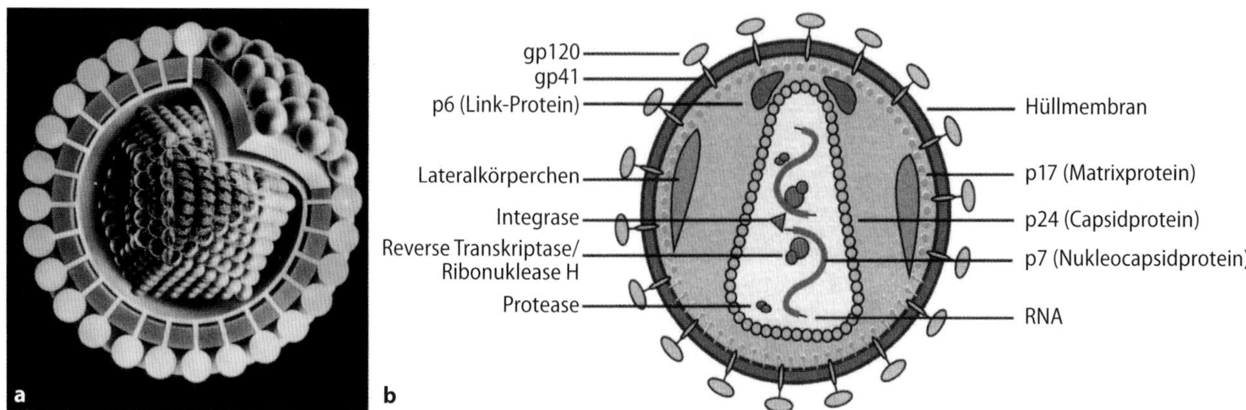

Abb. 9.13 Modell eines Retrovirus. **a** Dreidimensionales Modell. **b** Aufbau eines Retroviruspartikels am Beispiel des HIV-1. Im Inneren des Partikels findet man das konische Capsid, das aus dem Protein p24 besteht. Es enthält zwei virale RNA-Genome, die im Komplex mit dem Nukleocapsidprotein p7 vorliegen und alle Charakteristika einer zellulären mRNA haben. Das Capsid ist von einer Hüllmembran umgeben, welche die externen und transmembranen Glykoproteine gp120 und gp41 enthält. Die Innenseite der Membran wird von einer Schicht von Matrixproteinen (p17) ausgekleidet. Das Link-Protein p6 verbindet das Capsid mit der Membran. (**a** H. Frank, Tübingen; **b** nach Modrow und Falke 1997, mit freundlicher Genehmigung)

Bei Retroviren handelt es sich um infektiöse virale Partikel, deren Genom aus Einzelstrang-RNA besteht (Abb. 9.13). Die Wirkung von Retroviren wurde bereits sehr früh durch Experimente entdeckt, bei denen Leukämie durch zellfreie Substrate auf Hühner übertragen werden konnte. Peyton **Rous** (1911) erkannte in der Folge, dass das Rous-Sarkom-Virus (RSV) in Hühnern Tumoren zu induzieren vermag. Das RSV wird daher auch *avian sarcoma virus* (ASV) genannt. Die Fähigkeit, Tumoren zu induzieren, wurde auch für andere Retroviren nachgewiesen. Sie werden deshalb auch **Onkoviren** genannt; die Entdeckung der cancerogenen Wirkung der Onkoviren war auch ein wichtiger Schritt, genetische Aspekte von Krebserkrankungen zu definieren (▶ Abschn. 13.4.1).

Die Virussystematik (Tab. 9.3) basiert heute auf molekulargenetischen Kriterien. Die Retroviren mit einfachen Genomen lassen sich in α- bis ε-Retroviren unterteilen (in diese Gruppen gehören viele der Onkoviren); zu einer zweiten Gruppe mit komplexen Genomen gehören die Lentiviren und Spumaviren. Der heute bekannteste pathogene Vertreter der Lentiviren ist das menschliche Immunschwäche-Virus HIV (von engl. *human immunodeficiency virus*) oder AIDS-Virus (engl. *acquired immunodeficiency syndrome virus*; ▶ Abschn. 9.2.2). Spumaviren hingegen scheinen keine pathogenen Vertreter einzuschließen.

9.2.1 Genomstruktur von Retroviren

Das Genom von einfachen Retroviren zeigt eine charakteristische Grundstruktur (Abb. 9.14), nämlich lange invertierte Wiederholungselemente an den Enden (engl. *long terminal repeats*, LTR), die einen Protein-codierenden Bereich einschließen, dessen Länge zwischen 5 und 9 kb liegt. Ein **LTR** wird durch die folgenden Sequenzelemente charakterisiert:

- Die Enden der LTRs enthalten kurze terminale invertierte Wiederholungselemente; das eine Ende ist meistens durch eine 5′-TG-3′-Sequenz, das andere durch eine 5′-CA-3′-Sequenz gekennzeichnet;
- einen **Transkriptionspromotor**;
- eine **Kappe**;
- ein **Polyadenylierungssignal**;
- unmittelbar hinter dem 3′-Ende des linken LTR befindet sich die **Minusstrang-Primerbindungsstelle** (engl. *first* oder *(−)-strand primer binding site*), die für die reverse Transkription der RNA erforderlich ist; es handelt sich oft um eine tRNA-Bindungsstelle;
- vor dem 5′-Ende des rechten LTR befindet sich die – meist purinreiche – **Plusstrang-Primerbindungsstelle** (engl. *second* oder *(+)-strand primer binding site*).

Retroviren können über die LTRs ins Genom integrieren (**Proviren**) und können dann als endogene Bestandteile eukaryotischer Genome angesehen werden. Die Protein-codierenden Genbereiche sind für die Vermehrung des Virus erforderlich und enthalten die Information

- für Proteine, die mit der Nukleinsäure des Virus assoziieren und diese verpacken (*gag*, für engl. *group-specific antigen*),
- für eine **Protease** (*pro*),
- für eine **RNA-abhängige DNA-Polymerase**, auch **Reverse Transkriptase (RT)** genannt (*pol*, für engl. *polymerase*), und
- für die **Hüllproteine** (*env*, für engl. *envelope*), die in der Zellmembran für die äußere Verpackung des Virus sorgen.

Tab. 9.3 Virusklassifikation

Familie[a]	Beispiele
DNA-Viren (Einzelstrang-DNA)	
Inoviridae	Phage M13
Microviridae	Phage ΦX174
Geminiviridae	Maisstrichelvirus
Parvoviridae	B19-Virus
DNA-Viren (Doppelstrang-DNA)	
Myoviridae	Phage T4
Siphoviridae	Phage λ
Podoviridae	Phage T7
Poxviridae	Vaccinia-Virus
Herpesviridae	Humanes Herpesvirus 1
Polyomaviridae	Affenvirus 40 (SV40)
Papillomaviridae	Humanes Papillomvirus 16
Adenoviridae	Humanes Adenovirus C
DNA- und RNA-revers-transkribierende Viren	
Hepadnaviridae	Hepatitis-B-Virus
Retroviridae	Humanes Immunschwäche-Virus (HIV)
RNA-Viren (Doppelstrang-RNA)	
Cystoviridae	*Pseudomonas*-Phage Φ6
Reoviridae	Rotavirus A
RNA-Viren (Einzelstrang-RNA, Gegenstrang)	
Paramyxoviridae	Masern-Virus
Rhabdoviridae	Tollwut-Virus
Filoviridae	Ebola-Virus
Orthomyxoviridae	Influenza-A-Virus
RNA-Viren (Einzelstrang-RNA, Sinnstrang)	
Picornaviridae	Polio-Virus
Potyviridae	Kartoffelvirus Y
Tombusviridae	Tabak-Nekrosis-Virus A
Togaviridae	Röteln-Virus
Flaviviridae	Hepatitis-C-Virus

[a] Auswahl, keine vollständige Liste
Nach Pringle (1999)

Zum Verständnis der pathogenen Wirkungen von Retroviren ist es notwendig, ihren **Lebenszyklus** zu betrachten (Abb. 9.15). Die Infektion einer Wirtszelle erfolgt nach der Adsorption des Virus mithilfe seines Hüllproteins an Rezeptoren in der Zellmembran. Von der viralen RNA wird durch die virale Reverse Tran-

Abb. 9.14 Genomische Organisation eines humanen endogenen Retrovirus (HERV). Das Provirus enthält lange Wiederholungseinheiten an beiden Enden (engl. *long terminal repeats*, LTR), die in drei Regionen unterteilt werden: *U3* (engl. *unique to the 3′-end of the mRNA*), *R* (engl. *repeated terminus of the transcript*) und *U5* (engl. *unique to the 5′-end of the mRNA*). U3 enthält Enhancer- und Promotorsequenzen, die die virale Transkription antreiben; die R-Domäne enthält den Transkriptionsstart und das Poly(A)-Signal. PBS: Primerbindungsstelle, PPT: Polypurin-Bereich (engl. *polypurine track*). Die Gene *gag*, *pro*, *pol* und *env* sind Protein-codierende Regionen. Die *env*-mRNA enthält keine *gag-pol*-Sequenzen; sie werden herausgespleißt. Die funktionellen Domänen der Proteine sind angegeben: SU: Oberfläche (engl. *surface*), TM: Transmembrandomäne, RT: Retrotranskriptase, IN: Integrase, NC: Nukleocapsid, CA: Capsid, PR: Protease, MA: Matrix. (Nach Grandi und Tramontano 2018; CC-by-Lizenz, ► http://creativecommons.org/licenses/)

skriptase und die RNase H, unter Umständen noch innerhalb des Capsids, in der Zelle ein doppelsträngiges DNA-Molekül gebildet, das als Template zur Synthese von mRNA dient. Die Replikation des Virusgenoms beginnt mithilfe einer tRNA als Primer durch Synthese des Minusstrangs der DNA am 5′-Ende des Virusgenoms. Durch die RNase H wird anschließend der RNA-Strang des 5′-Endes entfernt. Das 5′-Ende des neu entstandenen DNA-Einzelstrangs bindet nunmehr an das 3′-Ende eines weiteren viralen RNA-Moleküls und kann über das restliche Genom hinweg durch die Reverse Transkriptase repliziert werden. Die Synthese des Plus-DNA-Strangs beginnt an der Primerbindungsstelle des 3′-Endes des Virusgenoms. Als Primer für die Replikation dienen wahrscheinlich Oligonukleotide, die durch die RNase H gebildet werden. Nach Synthese eines etwa 300 bp langen DNA-Fragments am 3′-Ende des Genoms im Bereich des rechten LTR kann diese Einzelstrang-DNA als Primer der Plus-DNA-Strangsynthese im linken LTR dienen. Dieser komplexe Replikationsmechanismus erklärt die veränderte Struktur der LTRs in der doppelsträngigen viralen DNA, die sich nunmehr, möglicherweise durch Bildung eines Rings, als Provirus in das Genom der Wirtszelle einfügen kann.

Nach Integration eines Retrovirus ins Genom kann es durch die wirtszelleigene RNA-Polymerase II nach Initiation am Promotor des LTR transkribiert werden. Hierdurch werden die für die Virusproduktion aus Virus-codierten Proteinen erforderlichen mRNAs hergestellt. Diese gestatten die erneute Produktion viraler Partikel, die aus der Zelle entlassen werden und damit infektiös sind. Die Virusproduktion ist oft letal für die Zelle. Besonders durch die intensive Untersuchung von HIV ist in den letzten Jahren erkannt worden, dass manche Retrovirusgenome komplexe Regulationssysteme für die Synthese der verschiedenen Virusbestandteile enthalten, die im Wesentlichen auf differenziellem

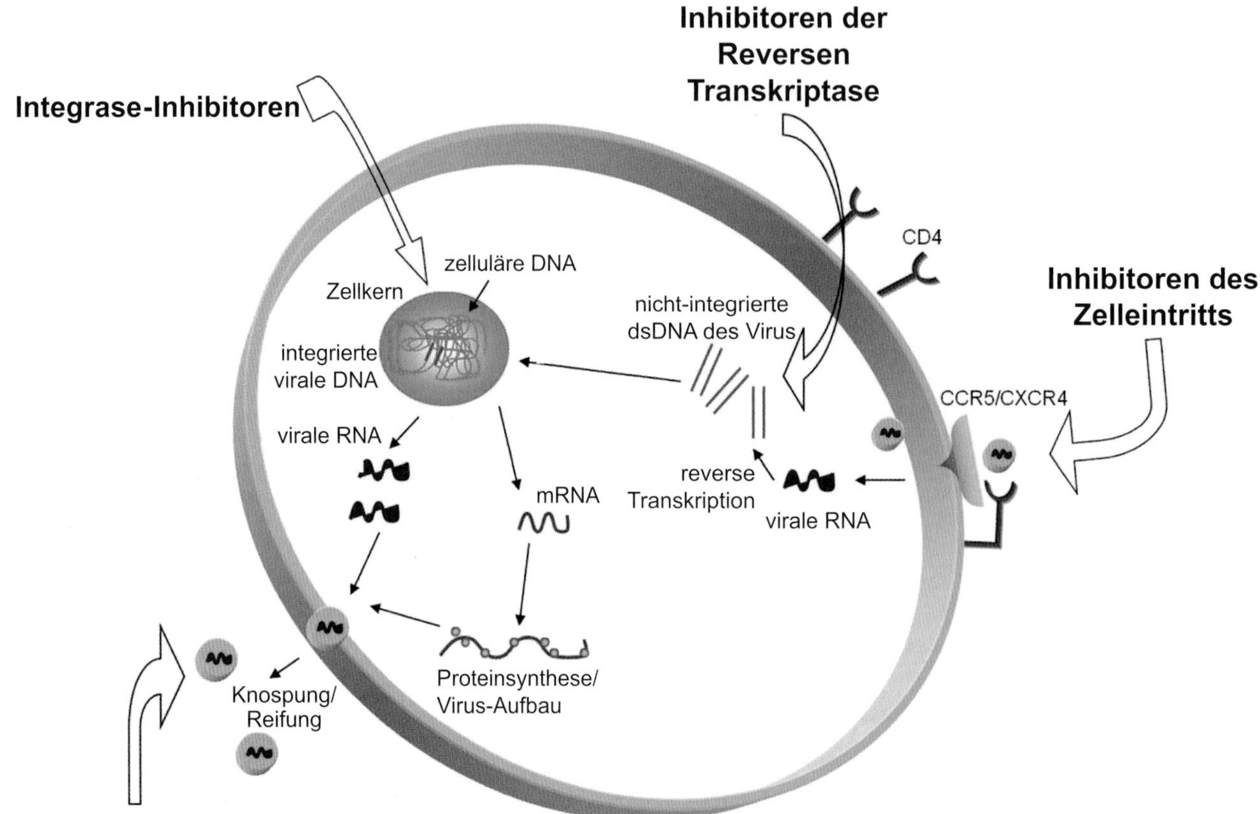

9

■ **Abb. 9.15** Infektionszyklus eines Retrovirus am Beispiel des HIV. Die Hüllproteine des Virus treten in Kontakt mit Rezeptoren an der äußeren Zellmembran (*rechts*), und das Virus dringt in die Zelle ein. Die virale RNA wird durch die Reverse Transkriptase in Doppelstrang-DNA umgewandelt (*blau*). Diese kann als Provirus ins Wirtszellgenom integriert werden. Polyadenylierte Transkripte (mRNA) sorgen für die Produktion neuer virusspezifischer Proteine, die anschließend zur Verpackung neu synthetisierter viraler RNA dienen. Die Zelle entlässt dann, meist unter Lyse, neue Viren. Es sind außerdem die wichtigsten Ansatzpunkte für eine antiretrovirale Therapie (bei einer HIV-Infektion) angegeben. (Nach Michaud et al. 2012, mit freundlicher Genehmigung)

Spleißen verschiedener Transkripte beruhen. Es ist durchaus möglich, dass vergleichbare komplexe Regulationsmechanismen auch für andere Retroviren bestehen.

Die Integration des Virusgenoms (■ Abb. 9.16) ins Wirtszellgenom erfolgt im Allgemeinen zufallsgemäß. Jedoch können bestimmte Genomsequenzen bevorzugt als Insertionsstellen dienen. Liegen die Insertionsstellen innerhalb eines Gens, kann die entsprechende Genfunktion verloren gehen; liegen die Insertionsstellen innerhalb regulatorischer Sequenzen (z. B. Promotor, 3′-UTR), kann die Regulation der Expression des jeweiligen Gens verändert sein. Wenn Retroviren ins Genom integriert sind, sprechen wir von **endogenen Retroviren**. Sie werden in den jeweiligen Populationen fixiert und als Mendel'sche Merkmale vererbt (▶ Abschn. 11.1). Die integrierte Provirus-DNA, deren Transkription am Promotor innerhalb des 5′-LTR beginnt, wird gelegentlich über den 3′-LTR hinweg abgelesen und bildet somit Transkripte, die flankierende Genombereiche enthalten. Solche RNA-Sequenzen können in ein Viruspartikel eingeschlossen werden. Vermutlich durch illegitime Rekombination zwischen den zwei hierin enthaltenen RNA-Molekülen während der reversen Transkription entstehen nach erneuter Infektion einer Zelle partiell defiziente retrovirale Genome mit Sequenzen zellulärer Gene. Als Folge hiervon kann das Virus zu einem Tumor-induzierenden Virus werden. Führt der Einschluss eines zelleigenen Gens in ein Virusgenom zur Entstehung eines Tumorvirus, so wird das betreffende Gen allgemein als **virales Onkogen** (*v-onc*) bezeichnet. Sein im Wirtszellgenom natürlich noch immer vorhandenes normales zelluläres Gegenstück bezeichnet man als **zelluläres Onkogen** (*c-onc*, von engl. *cellular oncogene*) oder auch als **Protoonkogen** (▶ Abschn. 13.4.1).

> ! Retroviren sind infektiöse virale Partikel, deren Genom aus RNA besteht. Sie können als Proviren ins Genom eingebaut und mit ihm als endogene Retroviren an Nachkommen weitervererbt werden. Manche Retroviren können die Bildung von Tumoren induzieren.

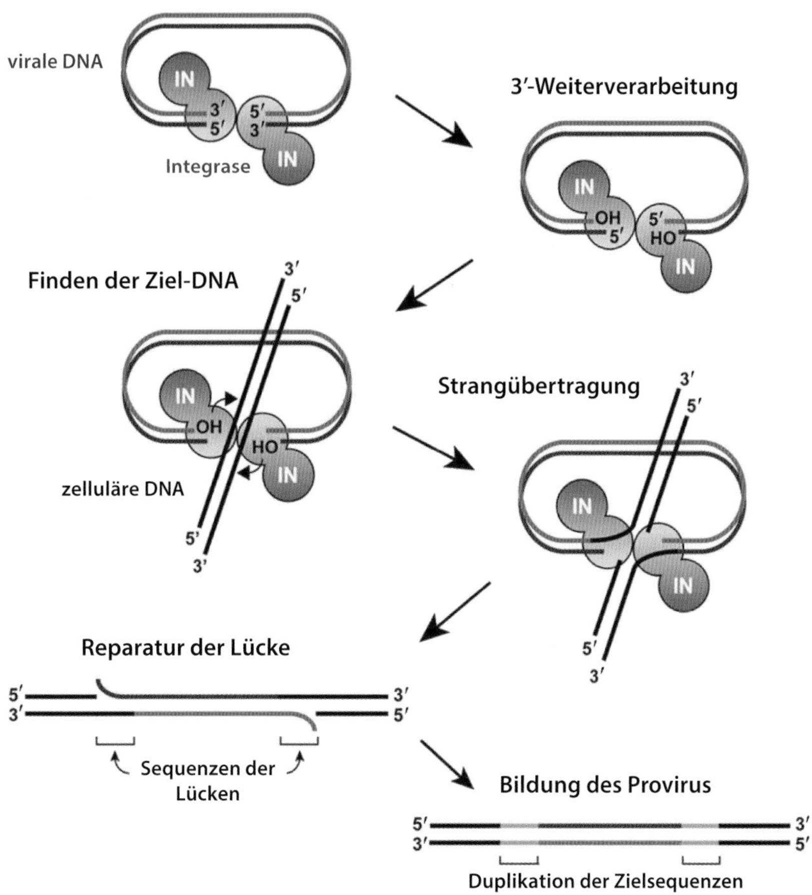

Abb. 9.16 Insertionsmechanismus eines Retrovirus. Die Integration eines Retrovirus beginnt mit der Erkennung der beiden Enden (LTRs) der viralen DNA (*rot*) durch die Integrase (IN; *blau*). Diesem Schritt folgt die Entfernung von zwei bis drei Nukleotiden von den 3′-Enden (3′-Weiterverarbeitung). Die Ziel-DNA (d. h. die zelluläre DNA; *schwarz*), die durch die Integrase erkannt wird, wird versetzt geschnitten. Dieser Schnitt an den 5′-Enden der Ziel-DNA erfolgt gleichzeitig mit dem Schnitt an den 3′-Enden der viralen DNA (Strangübertragung). Das Ausschneiden der nicht-gepaarten 5′-Enden der viralen DNA und das Auffüllen der einzelsträngigen Lücken wird von zellulären Enzymen durchgeführt. Die Integration der Virus-DNA, die jetzt als Provirus bezeichnet wird, ist damit abgeschlossen und durch eine Duplikation der Zielsequenz von 5 bp charakterisiert. (Nach Suzuki et al. 2012, mit freundlicher Genehmigung der Autoren)

Endogene Retroviren sind in den Genomen aller Vertebraten enthalten und werden als Überreste früherer Infektionen betrachtet. Da verschiedene Spezies endogene retrovirale Sequenzen gemeinsam haben, kann man daraus auf eine retrovirale Infektion eines gemeinsamen Vorläufers in der Evolution schließen. Die Insertion des Retrovirus wurde fixiert, bevor die Spezies sich getrennt haben – oder sie wurden später durch Reinfektion auf andere Spezies übertragen.

Viele endogene Retroviren reinfizieren nicht unmittelbar ihre eigenen Wirtszellen, sondern können *in vitro* und/oder *in vivo* auch andere Spezies infizieren. So infiziert beispielsweise das endogene ALV des Huhns (engl. *avian leukemia virus*) eher Zellen von Wachteln, Fasanen und Truthahn als Hühnerzellen. Ähnlich infiziert ein MLV der Maus (engl. *murine leukemia virus*) eher Zellen des Menschen oder der Ratte als der Maus selbst. Jay **Levy** prägte 1973 für Viren, die bevorzugt fremde Spezies infizieren, den Begriff „Xenotropismus" (im Gegensatz zu ecotrop bzw. amphotrop). Dies hat zum einen Konsequenzen für die biologische Medizin, denn man muss sicherstellen, dass Präparate (z. B. monoklonale Antikörper, rekombinante Therapeutika), die in tierischen Zellkulturen hergestellt werden, nicht durch Retroviren kontaminiert werden. Auf der anderen Seite können Retroviren offensichtlich auch in der Evolution als Vektoren für einen horizontalen Genaustausch dienen. So ist der Wirtswechsel bei endogenen Retroviren eine bekannte Tatsache und setzt in der Regel eine Infektion des neuen Wirts voraus, bevor die Insertion in das Genom stattfindet.

Bei Menschen wird der Anteil von endogenen retroviralen Sequenzen im Genom auf etwa 5–8 % des Gesamtgenoms geschätzt; das entspricht etwa 700.000 Stellen, und einige davon werden auch aktiv transkribiert. Es handelt sich dabei überwiegend um LINEs bzw. SINEs

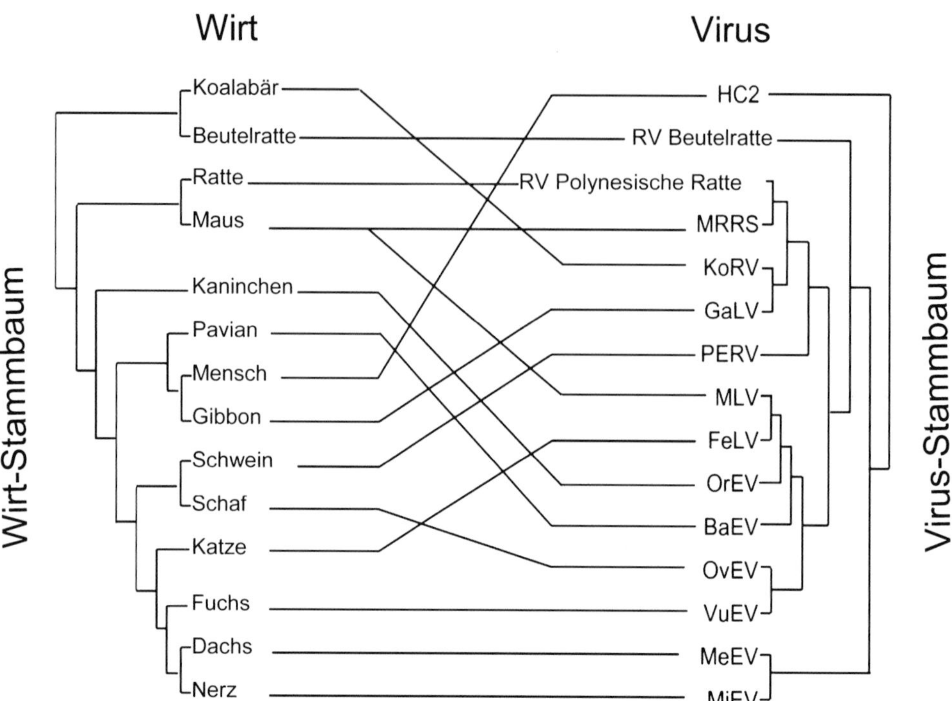

Abb. 9.17 Xenotropie und speziesübergreifende Ausbreitung von Retroviren. *Links* sind die Stammbäume der Wirte und *rechts* der Retroviren gezeigt. Die *horizontalen Linien* deuten eine Co-Evolution an, wohingegen die *schrägen Linien* Kreuzinfektionen über verschiedene Wirtsarten hinweg andeuten. Zwei eng verwandte Retroviren infizieren Affen (Gibbon) und Beuteltiere (Koalabär), und zwei verwandte endogene Retroviren wurden in Fleischfressern (Fuchs) und Wiederkäuern (Schaf) gefunden. BaEV: *baboon endogenous retrovirus*; FeLV: *feline leukemia retrovirus*; GaLV: *gibbon ape leukemia virus*; HC2: *human endogeneous retrovirus*; KoRV: *Koala retrovirus*; MeEV: *Meles endogenous retrovirus*; MiEV: *mink endogenous retrovirus*; MLV: *murine leukemia virus*; MRRS: *murine retrovirus-related sequence*; OrEV: *Oryctolagus endogenous retrovirus*; OvEV: *ovine endogenous retrovirus*; PERV: *porcine endogeneous retrovirus*; RV: Retrovirus; VuEV, *Vulpes endogenous retrovirus*. (Nach Weiss 2006, mit freundlicher Genehmigung des Autors)

(engl. *long* bzw. *short interspersed nuclear elements*), die wir im ► Abschn. 9.2.3 ausführlich besprechen werden. Die überwiegende Zahl menschlicher endogener retroviraler Sequenzen ist durch wiederholte Duplikationen einzelner Insertionen während verschiedener Phasen der Primatenevolution entstanden. ◻ Abb. 9.17 zeigt die Co-Evolution und Kreuzinfektionen mit MLV-verwandten Genomen in Säugern.

 Zurzeit können wir die Neuinfektion der Koalabären in Australien mit einem endogenen Retrovirus (KoRV) beobachten: Ausgehend von einem kleineren Gebiet im Norden Australiens vor etwa 100 oder 200 Jahren breitet sich das KoRV in der Keimbahn der Koalabären in unterschiedlicher Kopienzahl nach Süden aus (Ávila-Arcos et al. 2013). Dabei wurde eine Vielzahl unterschiedlicher Subtypen identifiziert, was darauf hindeutet, dass mehrere unabhängige Infektionen vorgekommen sind. Die KoRV-Infektionen stellen einen wichtigen Faktor für die Erkrankungen der Koalabären dar und damit verbunden auch für die Abnahme der Populationen in Australien. Eine interessante Feldstudie über die Evolution der KoRV-Sequenzen bei den Koalabären findet sich bei Chappell et al. (2017).

9.2.2 Humanes Immundefizienz-Virus (HIV)

Im Jahr 1981 kamen die ersten Anzeichen einer neuen Epidemie auf, als verschiedene Gruppen von Patienten in New York, San Francisco und Los Angeles an opportunistischen Infektionen, Kaposi-Sarkomen (braun-bläulichen Tumorknoten auf der Haut, an Schleimhäuten und im Darm) und Lungenentzündungen erkrankten und bald starben. Aufgrund einer stark geschwächten Immunantwort bei den Patienten bürgerte sich zunächst der Name AIDS (engl. *acquired immunodeficiency syndrome*) ein. Bald erkannte man aber, dass ein bis dahin unbekanntes Retrovirus die indirekte Ursache der verschiedenen Erkrankungen war; man nannte das neue Virus „HIV-1" (humanes Immundefizienz-Virus 1; ein Modell des Virus ist in ◻ Abb. 9.13 dargestellt). Für die Entdeckung von HIV erhielten Françoise **Barré-Sinoussi** and Luc **Montagnier** im Jahr 2008 den Nobelpreis für Physiologie und Medizin.

Die dadurch mögliche Diagnostik zeigte sehr schnell, dass HIV-Infektionen kein lokales Problem einiger Großstädte sind, sondern vielmehr ein globales Problem darstellen: Zurzeit (2018) sind über 37 Mio. Menschen an

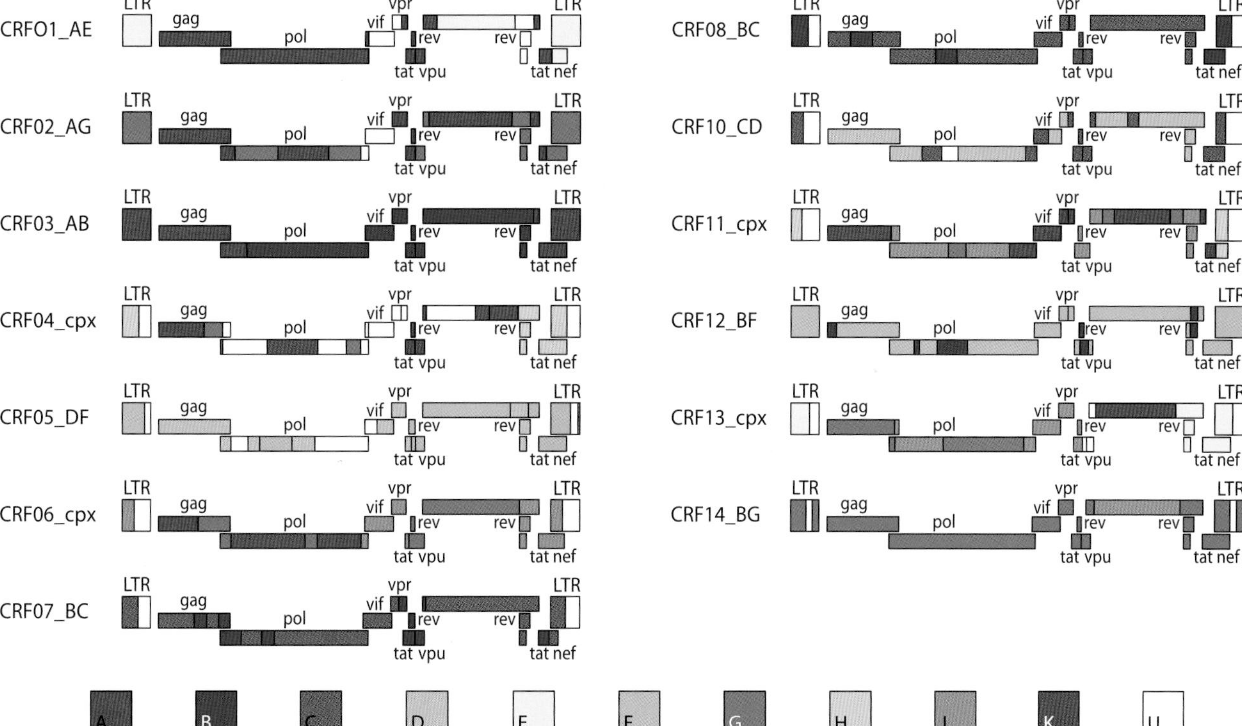

Abb. 9.18 Mosaikartige Struktur der HIV-1-Formen. Die Buchstaben und Farben stellen die unterschiedlichen Untergruppen der HIV-1-Hauptgruppe „M" dar. Die Buchstaben am Ende des Namens geben an, aus welchen Untergruppen die jeweilige Form zusammengesetzt ist (z. B. DF aus den Untergruppen D und F); cpx bedeutet eine komplexe Zusammensetzung. Zwischen den flankierenden LTR-Elementen befinden sich die Gene, die für die verschiedenen HIV-Proteine codieren. CRF: zirkulierende, rekombinierte Form; A–U: Untergruppen der HIV-1-Hauptgruppe M; die Untergruppen E und I sind nicht allgemein anerkannt; U: unbekannt. (Nach Thomson et al. 2002, mit freundlicher Genehmigung)

HIV erkrankt. Die Neuinfektionen sind zwischen 2000 und 2018 um 37 % gefallen, und aufgrund der antiviralen Therapie ist die Zahl der durch HIV verursachten Todesfälle um ein Drittel gesunken; im Jahr 2018 wurden dennoch 1,7 Mio. Menschen neu infiziert, und 770.000 Menschen sind an HIV gestorben (WHO 2019).

Im Gegensatz zu HIV-1 ist die Infektion durch HIV-2, das ebenfalls die Immunschwäche-Krankheit AIDS hervorrufen kann, aufgrund der geringeren Transmissionsraten wesentlich stärker regional begrenzt geblieben. Die HIV-1-Stämme haben sich in der Zwischenzeit durch Mutation und Rekombination sehr stark verändert: 24 zirkulierende Formen der wichtigsten HIV-1-Gruppe wurden allein bis zum Jahr 2002 registriert. Darunter sind 11 Untergruppen bzw. Unter-Untergruppen und 13 zirkulierende rekombinierte Formen. Neue genetische Formen entstehen weiterhin überall auf der Welt und verändern die molekulare Epidemiologie der Infektion ständig. Diese große Unterschiedlichkeit der einzelnen HIV-1-Viren und ihre außerordentliche Fähigkeit, auch ohne Selektionsdruck ein hohes Maß an genetischer Variabilität zu erzeugen, behindern vor allem die Entwicklung effektiver Impfstoffe. Eine gleichbleibend hohe Umsatzrate, bei der täglich Milliarden neuer Viren hergestellt werden, eine durchschnittliche Generationszeit von 2–6 Tagen, verbunden mit einer hohen Mutationsrate (eine Eigenschaft, die HIV mit vielen anderen Retroviren teilt, die Replikationsfehler nicht korrigieren können), und eine Selektion durch Immunität führten zu einer schnellen genetischen Evolution. Seit dem Beginn der HIV-1-Infektion haben die Unterschiede in den *env*-Aminosäuresequenzen schon 25–35 % innerhalb der verschiedenen Untergruppen erreicht. Diese hohe Mutationsrate wird möglich, weil die Retroviren eine spezifische, fehlerreiche Form der Replikation haben. Dazu gehören auch alternative „Sprünge" der Reversen Transkriptase zwischen den beiden genomischen RNA-Strängen, die in jedem Viruspartikel vorliegen, wodurch wieder neue, mosaikartige Formen hergestellt werden können (Abb. 9.18). Die Mutationsraten bei HIV sind etwa 33-mal höher als bei dem Pilz *Neurospora crassa*, aber 10-mal niedriger als bei dem Grippevirus Influenza A.

In früheren Klassifikationen wurden HIV-1-Isolate aufgrund ihrer *gag*- und *env*-Sequenzen klassifiziert, die zunächst von einem gemeinsamen Ursprung ausgingen. Die Entdeckung jeweils neuer Formen verlangte dann aber ein neues Klassifikationsschema. Derzeit unterscheidet man drei phylogenetische Gruppen (M = Hauptgruppe, O = Ausreißer, N = *non*-M/*non*-O); manche Autoren haben noch eine vierte Gruppe P hinzuge-

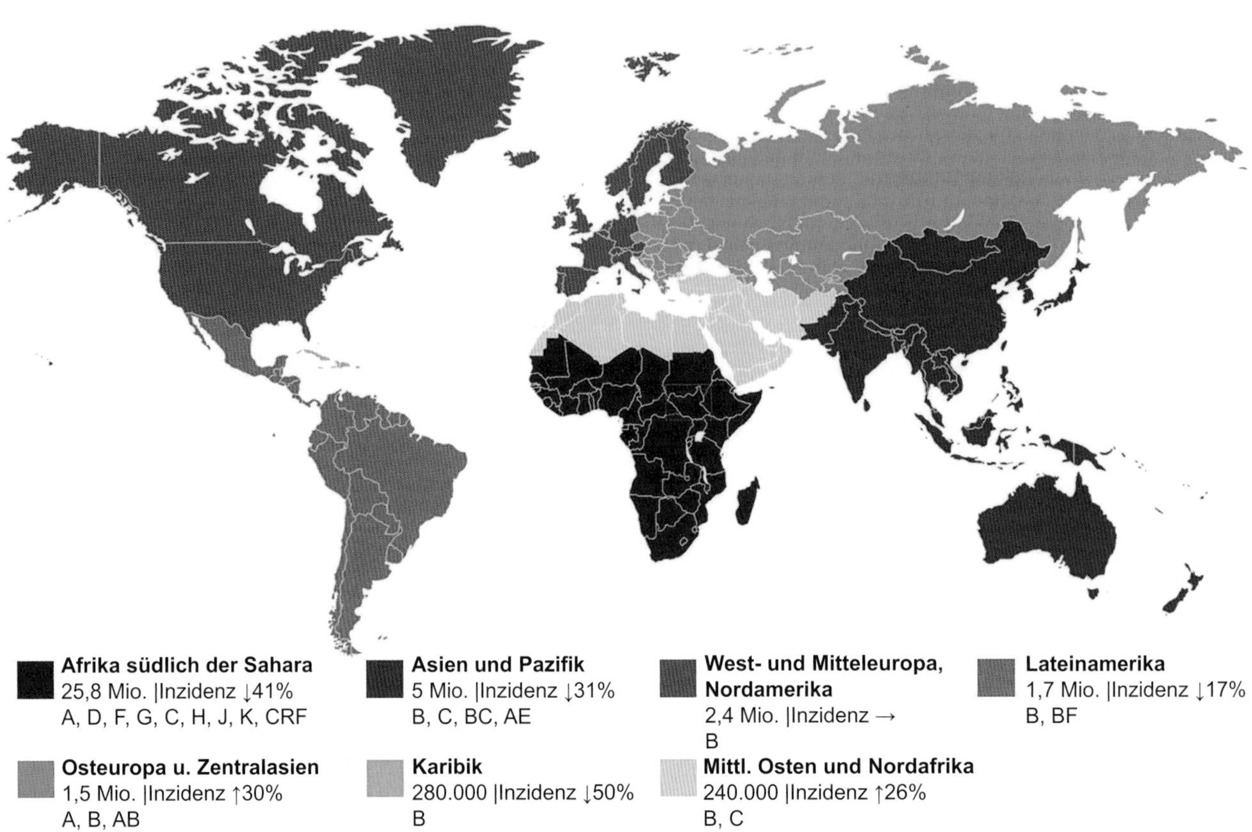

Abb. 9.19 Geographische Verteilung von HIV-1-Infektionen. Die Inzidenz der HIV-1-Infektionen ist für das Jahr 2014 angegeben; ebenso der Trend für Neuinfektionen (*Pfeil*) für die Zeit von 2000 bis 2014 und die Verteilung der Untergruppen in den verschiedenen Regionen der Welt. (Nach Becerra et al. 2016, CC-by-Lizenz, ► http://creativecommons.org/licenses/)

fügt. Weltweit werden die meisten Infektionen durch die M-Gruppe hervorgerufen, zu der auch alle ursprünglich identifizierten Untergruppen gehören. Die O-Gruppe ist im Wesentlichen auf Zentralafrika (Kamerun und dessen Nachbarländer) beschränkt, aber selbst dort ist die O-Gruppe eine Minderheit. Bisher wurden wenige N-Fälle bekannt, ebenfalls alle aus Kamerun.

Innerhalb der Hauptgruppe M wurden weitere Untergruppen identifiziert, die mit den Buchstaben A–D, F–H, J und K bezeichnet werden; die früher charakterisierten Untergruppen E und I werden nicht immer als eigene Untergruppen geführt. Die Untergruppen A, D und F können nochmals weiter unterteilt werden (z. B. A1–A7, D1–D3 sowie F1 und F2). Die Klassifizierung der Untergruppen ist dabei auch ständig Anpassungen an neue Sequenzierergebnisse unterworfen (Désiré et al. 2018) – Hintergrund ist aber auch die hohe Mutationsrate des HIV-1. Innerhalb der verschiedenen Untergruppen können auch regionale Cluster identifiziert werden, z. B. die Untergruppe C aus Indien und Äthiopien, G aus Spanien und Portugal oder B aus Thailand. Die Formenvielfalt wird noch dadurch verstärkt, dass zwischen den verschiedenen Untergruppen Rekombinationen auftreten können, wenn Patienten mit verschiedenen Untergruppen infiziert wurden. Diese im Blut zirkulierenden, rekombinierten Formen (engl. *circulating recombinant forms*, CRFs) wurden in vielen Fällen durch vollständige Sequenzierung der Virusgenome charakterisiert und sind in ◘ Abb. 9.18 in ihrer Mosaikform dargestellt. ◘ Abb. 9.19 zeigt die geographische Verteilung der verschiedenen genetischen Formen von HIV-1.

Zu Beginn der HIV-Epidemie rätselte man lange Zeit über den Ursprung der bis dahin unbekannten Erkrankung. Das Ergebnis einer Vielzahl von Untersuchungen ergab (vor allem auf der Basis der Evolution von DNA-Sequenzen und der jeweiligen geographischen Verteilung), dass die M-Gruppe von HIV-1 um das Jahr 1930 (±10 Jahre) von Schimpansen auf den Menschen „übergesprungen" ist (vgl. dazu auch ◘ Abb. 9.17); die frühesten HIV-Infektionen konnten im Nachhinein in zwei Proben aus dem Jahr 1960 in Westafrika nachgewiesen werden – und schon damals zeigten diese beiden Proben starke Sequenzunterschiede. Der Unterstamm B von HIV-1 erreichte den Menschen in Nordamerika wohl um das Jahr 1968 (±2 Jahre). Der Ursprung der HIV-2-Infektionen (Untergruppe A) im Menschen wird auf das Jahr 1940 (±16 Jahre) und das der Untergruppe B auf das Jahr 1945 (±14 Jahre) gelegt. Die Genauigkeit dieser Daten hängt allerdings an verschiedenen Annahmen in Bezug auf Mutations- und Rekombinations-

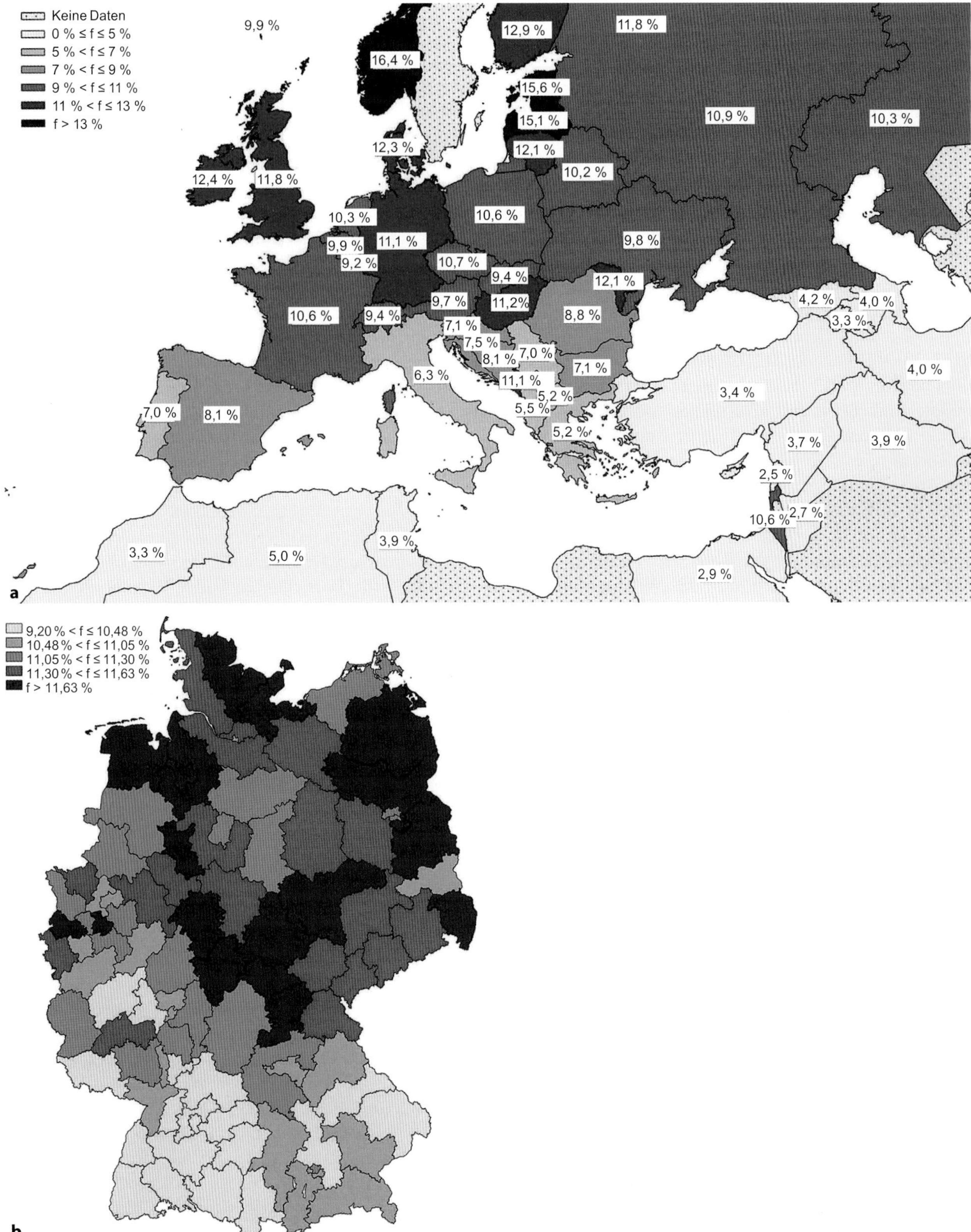

Abb. 9.20 Häufigkeitsverteilung des *CCR5-Δ32*-Allels. **a** Schematische Darstellung der Häufigkeit (f) des *CCR5-Δ32*-Allels in Europa; die Zuordnung zu den jeweiligen Ländern basiert auf Selbstauskünften potenzieller Knochenmarkspender über ihre geographische Herkunft. **b** Schematische Darstellung der Häufigkeit (f) des *CCR5-Δ32*-Allels in Deutschland. 891.294 Spender aus der Deutschen Knochenmarkspenderdatei (DKMS) wurden genotypisiert; die lokale Zuordnung erfolgte auf der Basis der Adresse der Spender. (Nach Solloch et al. 2017, CC-by 4.0, ► http://creativecommons.org/licenses/by/4.0/)

raten; außerdem ist es bei derartigen Berechnungen schwierig, die „molekulare Uhr" genau zu kalibrieren. Wir können auch davon ausgehen, dass es diesen Übergang von Schimpansen auf Menschen nicht nur einmal gab, sondern dass dies mehrfach und voneinander unabhängig geschah. Es gibt bei vielen Affenarten dem HIV entsprechende Retroviren, die als SIV bezeichnet werden (engl. *simian immunodeficiency virus*); das SIV der Schimpansen ist mit dem HIV am engsten verwandt. Entgegen früheren Vermutungen zeigte sich bei neueren Untersuchungen, dass auch infizierte Affen an ähnlichen Krankheitssymptomen gestorben sind wie AIDS-Patienten. Der interessierte Leser sei an dieser Stelle auf detaillierte Übersichtsarbeiten verwiesen (Castro-Nallar et al. 2012; Hemelaar 2012).

Die durch HIV hervorgerufene AIDS-Erkrankung endete zunächst in fast allen Fällen tödlich, weshalb in vielen Laboren an therapeutischen Ansätzen gearbeitet wurde. ◘ Abb. 9.15 gibt einen Hinweis auf die wichtigsten Ansatzpunkte: die Hemmung des Eintritts des Retrovirus in die Zelle, um weitere Infektionen zu verhindern; die Verhinderung der Überschreibung in doppelsträngige DNA durch Hemmung der Reversen Transkriptase; die Vermeidung der Integration in das Wirtsgenom durch Hemmung der Integrase; oder schließlich durch Protease-Inhibitoren, um die Reifung der Viren und damit eine Neuinfektion zu vermeiden. Die heute weitverbreitete hochaktive antivirale Therapie hat das Voranschreiten einer HIV-Infektion zu AIDS deutlich verlangsamt, sodass in den hoch entwickelten Ländern HIV zu einer chronischen Krankheit geworden ist, die aber eine lebenslange antivirale Therapie erforderlich macht. Allerdings können bei dieser langen Anwendungsdauer auch toxische Effekte bei den Patienten auftreten; außerdem ist die Entwicklung von Resistenzen des Virus gegenüber den verschiedenen Therapien aufgrund seiner hohen Mutationsraten ein deutlich zunehmendes Problem.

Bald nach Ausbruch der AIDS-Epidemie wurde deutlich, dass nicht alle HIV-Infizierten auch AIDS entwickelten: Das Virus kann bei diesen Infizierten nicht in die Zellen eindringen, weil der Andockpunkt, der Chemokin-Rezeptor CCR5 (◘ Abb. 9.15), defekt ist. Die weitere Untersuchung deckte verschiedene Mutationen in dem entsprechenden Gen auf; die häufigste ist ein Verlust von 32 bp (Gensymbol: *CCR5-Δ32*), was zu einer Verschiebung des Leserasters und einem vorzeitigen Stoppcodon führt. Dieses Allel ist vor allem in Nordosteuropa weitverbreitet (◘ Abb. 9.20) und erreicht im europäischen Durchschnitt eine Häufigkeit von etwa 10 %. Aufgrund populationsgenetischer Überlegungen (▶ Abschn. 11.5) kann man damit rechnen, dass etwa 1 % der europäischen Bevölkerung homozygot für diesen „Defekt" sind. Diese Menschen sind damit weitgehend resistent gegen eine HIV-Infektion. Wenn heterozygote Träger infiziert werden, verlangsamt es die Ausbildung des AIDS-Krankheitsbildes deutlich.

Verschiedene Autoren sind sich einig, dass das *CCR5-Δ32*-Allel nur einmal entstanden ist, und zwar lange, bevor es eine HIV-Infektion gab. Die zeitlichen Abschätzungen liegen zwischen 5000 v. Chr. und 1000 n. Chr. Aufgrund der Häufigkeitsverteilung in heutigen Populationen werden die Ursprünge in Skandinavien vermutet (◘ Abb. 9.20) – und eine Verteilung durch Wanderungen und Expansionen der jeweiligen Populationen. Für den Selektionsdruck werden auf der einen Seite die häufigen Pockeninfektionen diskutiert, da das *CCR5-Δ32*-Allel auch bei einer Pockeninfektion eine ähnliche Schutzwirkung hat, wie wir das für HIV bereits diskutiert haben. Eine andere Möglichkeit besteht darin, dass dieses Allel in der europäischen Population sehr weitverbreitet war und durch Eroberer aus dem Süden durch das heute vorherrschende Allel verdrängt wurde – und zwar vor allem durch die Römer, die vom Süden her bis in die Mitte Deutschlands vorgedrungen waren und neue Krankheiten mitgebracht haben. Insbesondere Infektionen durch das West-Nil-Virus werden durch einen funktionsfähigen CCR5-Rezeptor behindert, sodass unter diesem Infektionsdruck das Deletionsallel eher schädlich war. Für ausführliche Darstellungen beider Hypothesen siehe Galvani und Novembre (2005) bzw. Faure und Royer-Carenzi (2008).

Das HI-Virus ist ein typisches Retrovirus und vor ca. 90 Jahren von Schimpansen auf den Menschen übergesprungen. In den 1980er-Jahren haben die menschlichen Infektionen global epidemische Ausmaße angenommen. Eine 32-bp-Deletion im Chemokin-Rezeptor-Gen CCR5 verleiht einem kleinen Teil der europäischen Bevölkerung Resistenz gegen eine HIV-Infektion.

Im Jahr 1980, also kurz vor der Entdeckung und Charakterisierung von HIV, wurde von Robert Gallo und seinen Mitarbeitern (Poiesz et al. 1980) ein anderes Retrovirus beschrieben, das menschliche T-Zellen-Leukämie-Virus (engl. *human T-cell leukemia virus type-1*, HTLV-1). Ähnlich wie HIV hat es sich in der menschlichen Bevölkerung ausgebreitet, nachdem es von Affen auf den Menschen übertragen wurde. Man schätzt, dass heute etwa 5–10 Mio. Menschen davon infiziert sind. HTLV-1-Infektionen sind nicht gleichmäßig über die Welt verbreitet, sondern finden sich mit hoher Prävalenz in Japan, in Afrika südlich der Sahara, in der Karibik und in Südamerika. Im Gegensatz zu HIV führt eine Infektion mit HTLV-1 nicht immer zu Erkrankungen: 2–4 % der HTLV-1 infizierten Personen entwickeln eine adulte T-Zell-Leukämie/Lymphom (ATLL), und 1–2 % erkranken an einer chronisch-progressiven Myelopathie. Eine aktuelle und sehr detaillierte Darstellung des HTLV-1 wurde von Futsch et al. (2017) veröffentlicht.

9.2.3 Retroelemente

Eine wichtige Klasse transponierbarer DNA-Sequenzen wird aufgrund ihrer strukturellen Ähnlichkeit zu Retroviren unter der Bezeichnung **Retrotransposons** (◘ Tab. 9.1) zusammengefasst. Es gibt eine größere Anzahl von Familien unterschiedlicher Retrotransposons (in *Drosophila* etwa 50), die sich in der Sequenz und der Länge ihrer LTRs unterscheiden und auch im codierenden Bereich jeweils charakteristische Eigenschaften aufweisen, sodass es möglich ist, jedes dieser Elemente einer bestimmten Sequenzfamilie zuzuweisen. Die Struktur der LTRs ist sowohl für die Transkription als auch für den Transpositionsmechanismus von entscheidender Bedeutung. Funktionsfähige Retrotransposons bedürfen je zweier terminaler LTRs; Elemente mit nur einem LTR sind stets immobil. Die von Retrotransposons codierten Enzyme unterscheiden sich natürlich teilweise von denen der Retroviren (so wird z. B. kein Hüllprotein gebraucht). Im Einzelnen codieren Retrotransposons für:

- eine Protease,
- eine Reverse Transkriptase,
- eine Ribonuklease H,
- eine Integrase.

Die wesentlichen Schritte des Transpositionszyklus eines Retrotransposons bestehen in der Transkription des Elementes durch RNA-Polymerase II, die im Promotor des linken, also 5′-LTR die RNA-Synthese initiiert und das gesamte Element in ein primäres Transkript kopiert. Die Transkription endet im rechten, also 3′-LTR. Die Transkripte dienen zunächst zur Synthese der verschiedenen bereits erwähnten Enzyme. Durch die Reverse Transkriptase können dann an weiteren primären Transkripten (über die Zwischenstufe eines DNA/RNA-Hybridmoleküls) doppelsträngige DNA-Moleküle gebildet werden. Dieses Molekül stellt eine komplette Kopie des Transposons dar und kann linear oder zirkulär sein. Unter den zirkulären Molekülen findet man auch solche, die nur noch eine LTR besitzen, ähnlich wie es bei den RNA-Molekülen beobachtet wird, die das Retrovirusgenom bilden. Mithilfe der Integrase können die zirkulären DNA-Moleküle mit zwei LTRs dann an beliebigen Stellen ins Genom integriert werden (vgl. dazu auch den Insertionsmechanismus eines Retrovirus; ◘ Abb. 9.16). Allerdings besteht für die verschiedenen Transposons hinsichtlich der Integrationsstellen offenbar eine gewisse Präferenz für bestimmte Sequenzen. Solche Präferenzen können sich auf die allgemeine Basenzusammensetzung einer Region (meist AT-reich) oder aber auf bestimmte Nukleotidsequenzen beziehen. Ausgesprochene Sequenzspezifität der Insertion hat man beispielsweise bei einigen Insertionen des Transposons *copia* im *white*-Locus oder denen des Transposons *gypsy* im *bithorax*-Locus von *Drosophila* gefunden.

Die Struktur der primären Transkripte erklärt uns auch, auf welche Weise Retrotransposons flankierende Genomsequenzen bei Transpositionen mit sich führen können. Unterbleibt nämlich eine Termination der Transkription in der rechten (3′-)LTR, so liest die RNA-Polymerase die daran anschließenden Genom-DNA-Sequenzen mit. Bei einer reversen Transkription des Primärtranskripts werden diese dann zu Bestandteilen des Retrotransposons und können an neuen Genompositionen integriert werden.

Im Gegensatz zu Retroviren sind – zumindest die meisten – Retrotransposons nicht in der Lage, infektiöse (extrazelluläre) Partikel zu produzieren. Somit scheint eine **„horizontale“ Ausbreitung zwischen Individuen** nicht möglich. Allerdings gab es seit Anfang der 1980er-Jahre erste Hinweise darauf, dass Transposons bei *Drosophila* übertragen werden könnten. Man dachte zunächst, dass es sich dabei um Besonderheiten handelt, die im Detail aber nicht aufgeklärt wurden. In den folgenden Jahren nahmen aber entsprechende Berichte zu, und wir können heute von über 100 vermutlichen Ereignissen dieser Art allein bei *Drosophila* ausgehen – was natürlich an der weltweiten Verbreitung von *Drosophila* liegt, aber auch daran, dass *Drosophila* und seine verwandten Stämme genetisch so gut untersucht sind. Wenn man sich die übertragenen Transposons betrachtet, fällt auf, dass 52,4 % DNA-Transposons sind, gefolgt von 42,6 % LTR-Transposons und 5 % Nicht-LTR-Transposons. Dieses Spektrum erlaubt natürlich auch Hinweise auf den Mechanismus. Lange Zeit wurde *gypsy* als ein Retrotransposon betrachtet, bis seine Infektiosität entdeckt wurde; heute gilt *gypsy* als ein endogenes Retrovirus. Daher ist der Übergang zwischen einem Retrotransposon und einem Retrovirus auch etwas fließend. Andere Mechanismen des horizontalen DNA-Transfers schließen auch DNA-Viren (inklusive Bakteriophagen) ein sowie spezifische Wechselwirkungen zwischen Parasiten und ihren Wirten. In manchen Fällen ist aber auch noch nicht einmal die Richtung des Gentransfers klar (für eine Übersicht siehe Loreto et al. 2008 sowie Nefedova und Kim 2017).

Zumindest einige Retrotransposons werden sowohl in der Keimbahn als auch in somatischen Zellen intensiv transkribiert. Das erste bei *Drosophila* identifizierte Retrotransposon – *copia* – wurde aufgrund seines hohen Transkripttiters (Name!) aus kultivierten Zellen isoliert. In diesen kultivierten Zellen gibt es zwei Haupttranskripte von 5 und 2 kb Länge. Das längere umfasst das gesamte Retrotransposon: Es startet in der 5′-LTR und endet in der 3′-LTR; dabei hat es einen durchgehenden offenen Leserahmen für ein Protein aus 1409 Aminosäuren. Die Proteinsequenzen entsprechen den oben genannten vier Proteinen. Durch eine autokatalytische Protease wird das Protein in seine reife Form überführt; eine Mutation in dem Bereich, der für das aktive Zentrum der Protease codiert, verhindert die Ausbildung der reifen Virus-ähnlichen Partikel. Das kürzere Transkript (2 kb) ist offensichtlich ein alternatives Spleißprodukt und enthält die wesentlichen Informationen, um Virus-ähnliche Partikel (engl. *virus-like particles*, VLP) zu bilden, die im Elektronenmikroskop nachweisbar sind. Die Menge der gebildeten *copia*-Transkripte ist streng reguliert und hat ihr Maximum während des Larvenstadiums (Yoshioka et al. 1990).

Zur gleichen Gruppe wie *copia* werden auch die **Ty-Elemente** der Hefen gezählt (engl. *transposons in yeast*, Ty). Die Transposition in Hefe ist ein sehr seltener Prozess und kommt mit einer Frequenz von 10^{-5} bis 10^{-7} pro Ty-Element und Generation vor. Allerdings gibt es Situationen, in denen diese Frequenz deutlich erhöht wird. Dazu gehören Umweltveränderungen wie tiefe Temperaturen, UV-Strahlung oder Stress (z. B. Stickstoffmangel). Die erhöhte Transpositionsrate erlaubt möglicherweise eine schnellere Anpassung an veränderte Umweltbedingungen.

Nach der Transkription der genomischen Ty-Elemente im Zellkern werden die Ty-RNAs ins Cytoplasma exportiert, wo die entsprechenden Proteine hergestellt werden. Dabei verbinden sich die Strukturproteine zu Virus-ähnlichen Partikeln, und die Ty-RNA, tRNA und Ty-codierte Enzyme werden in diese Partikel eingeschlossen. In einem Reifeprozess werden die Partikel umgebaut, die RNA durch die Reverse Transkriptase umgeschrieben und der gesamte Komplex in den Zellkern zurücktransportiert; dort kann dann das Ty-Element in eine neue Stelle des Genoms integrieren. Die Bedeutung der Virus-ähnlichen Partikel für den Transpositionsprozess wurde durch die Beobachtung gestützt, dass Mutationen in den Genen für diese Strukturproteine *in vivo* vor der Transpositionsreaktion schützen können. Die Ähnlichkeit des Ty-Elementes mit Retroviren wird deutlich, wenn man sich die genomische Struktur dieses Elementes betrachtet (◘ Abb. 9.21). Mitglieder der *copia*/Ty-Element-Familie kommen nicht nur bei *Drosophila* und Hefen vor, sondern sind darüber hinaus in Pflanzen, Amphibien und Schlangen weitverbreitet. Üblicherweise beträgt die Kopienzahl im Genom 10 bis 100; in einigen Pflanzen (Gerste, Bohne) kann sie aber auch bis zu 100.000 betragen.

Die Häufigkeit, mit der Transposons in Pflanzen vorkommen, hängt von vielen Faktoren ab, darunter auch von der Kontrolle durch den Wirt und davon, welche selektiven Vorteile sie für den Wirt bieten. Zu diesen Vorteilen gehören sicherlich auch die Aktivierung der Transposons durch „Stress", d. h. ihre Mobilisierung im Genom und ihre Reintegration an anderen Stellen im Genom. Zu diesen Stressfaktoren gehören Angriffe durch Pathogene und entstandene Wunden, aber auch Elicitoren wie Jasmon- und Salicylsäure oder UV-Licht und zu große Hitze, wobei das Spektrum bei verschiedenen Pflanzen durchaus unterschiedlich sein kann. Gemeinsam ist aber allen, dass die mobilisierten Transposons an neuen Stellen im Genom integrieren können und – entsprechend ihres Integrationsorts – Gene inaktivieren oder ihre Expression verändern können. Dies erlaubt eine schnelle Anpassung an veränderte Umweltbedingungen, weil die Pflanzen durch die genetische Umorganisation in unterschiedlichem Ausmaß eine größere Chance zum Überleben haben. Eine ausführliche Diskussion dieser Aspekte finden wir bei Galindo-González et al. (2017).

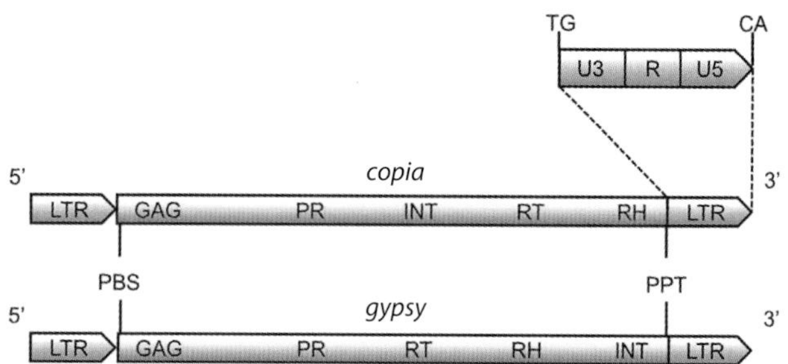

◘ **Abb. 9.21** Struktur und Organisation von typischen Ty-Elementen in Pflanzen, *copia* und *gypsy*. Die einzelnen Strukturelemente des Ty1-Genoms sind denen der Retroviren sehr ähnlich, insbesondere die flankierenden LTR-Regionen mit den Domänen U3, U5 und R. Die mRNA des Ty1-Transposons umfasst die Bereiche zwischen den beiden R-Domänen der flankierenden LTRs. Die codierende Sequenz enthält die Information für ein gruppenspezifisches Antigen (engl. *group-specific antigen*, GAG), eine Protease (PR), eine Integrase (INT), eine Reverse Transkriptase (RT) und für die Ribonuklease H (RH). PBS: tRNA-Primerbindestelle; PPT: Polypurin-Region (engl. *putative polypurine tract*). (Nach Galindo-González et al. 2017, mit freundlicher Genehmigung)

> Retrotransposons zeichnen sich durch eine genau festgelegte Struktur mit LTRs und einer Reihe Protein-codierender Gene aus, insbesondere durch eine Reverse Transkriptase. Trotz ihrer Ähnlichkeit zu Retroviren bilden sie im Allgemeinen keine infektiösen Partikel, sondern werden als Bestandteile des Genoms vererbt.

Neben den zuvor beschriebenen Gruppen von Transposons ist noch eine Vielzahl anderer Transposons bekannt, die keine auffälligen gemeinsamen Struktureigenschaften zeigen. Lediglich der zugrunde liegende Transpositionsmechanismus könnte ihnen allen gemein sein. Dafür spricht, dass viele dieser beweglichen Elemente eine Poly(A)-Region an einem Ende besitzen. Das wird als Anzeichen dafür angesehen, dass die Transposition über den Zwischenschritt von polyadenylierten Transkripten erfolgt, die mittels einer Reversen Transkriptase in DNA umgewandelt werden, wie wir es bereits für Retrotransposons gesehen haben. Man hat daher diese Gruppe von Transposons auch **Retroposons** genannt, im Unterschied zu den Retrotransposons, die durch LTRs und die übrigen Merkmale retroviraler

Elemente charakterisiert sind. Diese Bezeichnung erscheint sehr sinnvoll, da sie eine wesentliche Eigenschaft der betreffenden Transposons herausstellt – die Transposition durch einen Mechanismus, der eine Funktion der Reversen Transkriptase einschließt. Sie soll daher im Folgenden auch beibehalten werden, obwohl sie in der wissenschaftlichen Literatur nicht durchgängig verwendet wird. Im Übrigen besitzen Retroposons keine terminalen direkten oder invertierten Repeats. Ihre innere Struktur ist häufig durch ORFs gekennzeichnet, die für DNA-Bindeproteine, Reverse Transkriptasen und Invertasen codieren. Zu den Retroposons gehören auch prozessierte Pseudogene. Die bekanntesten Retroposons sind die **LINE**- und die **SINE**-Familie.

Retroposons sind durch einen Transpositionsmechanismus gekennzeichnet, der eine reverse Transkription polyadenylierter RNA einschließt.

LINEs

LINE-1 (engl. *long interspersed nuclear elements*; L1) ist das wichtigste Retroposon in Säugern. Dabei handelt es sich um repetitive DNA-Sequenzen von 4–10 kb Länge, die sich mit etwa 500.000 Kopien über das Genom verteilt zwischen anderen DNA-Sequenzen eingestreut finden; das macht in der Summe etwa 17–20 % des Genoms aus. L1-Elemente integrieren bevorzugt in A/T-reichen genomischen Regionen. Obwohl im menschlichen Genom nur etwa 80 bis 100 Kopien aktiv sind, wird die Frequenz der Retrotransposition auf etwa 1 pro 50 Spermien geschätzt; bei der Maus finden wir ca. 3000 potenziell aktive L1-Elemente.

Retroposons mit DNA-Sequenzen, die den L1-Elementen sehr ähnlich sind, wurden in vielen Säugergenomen nachgewiesen. Offenbar leiten sie sich alle von einem ursprünglichen Element ab, das zwei ORFs besaß. Der erste, kürzere ORF codiert für ein DNA-bindendes Protein, das Ähnlichkeit mit dem retroviralen *gag*-Genprodukt aufweist. Das Protein, das durch den zweiten ORF codiert wird, hat die Eigenschaften einer Endonuklease und einer Reversen Transkriptase; es ist dadurch in der Lage, sich nach der Transkription im Genom zu bewegen. Die Transkription erfolgt durch die RNA-Polymerase II. Innerhalb einer Art sind die verschiedenen Kopien der L1-Sequenzfamilie weniger divergent in ihren Nukleotidsequenzen als zwischen verschiedenen Organismen. Man muss daher davon ausgehen, dass die Sequenzfamilie einer Art aus einem oder einigen wenigen ursprünglichen Elementen abzuleiten ist.

Die Länge der L1-Elemente unterscheidet sich zwischen den verschiedenen Genomen. So ist die menschliche L1-Sequenz (L1Hs = L1 von *Homo sapiens*) 6,5 kb lang, während die der Maus (L1Md = L1 von *Mus musculus domesticus*) 7 kb lang ist. Komplette L1-Elemente besitzen einen Poly(A)-Bereich am 3′-Ende und haben flankierende Duplikationen der Insertionsstelle im Genom, die in der Länge zwischen 5 und 19 bp variieren können. Diese strukturellen Eigenschaften deuten darauf hin, dass der Insertionsmechanismus über ein polyadenyliertes Transkript und einen Reverse-Transkriptase-Mechanismus verläuft. Der überwiegende Teil der genomischen L1-Elemente (die auch die früher *Kpn*I-Familie genannten Sequenzen einschließen) ist defekt und meist am 5′-Ende unvollständig (engl. *truncated*), wie man es für unvollständige Produkte der Reversen Transkriptase erwartet. Nur wenige Tausend der Genomelemente haben ihre vollständige Länge. Für die kürzeren Elemente beobachtet man eine zunehmende Variabilität in der DNA-Sequenz der ORFs. Das deutet auf einen evolutionär älteren Ursprung solcher defekten Elemente hin, die allmählich durch Mutationen degenerieren. Eine Übersicht über die Struktur und den Insertionsmechanismus der L1-Elemente gibt ◘ Abb. 9.22. Üblicherweise ist die Transkription der L1-Sequenzen in somatischen Zellen durch Methylierung reprimiert; deswegen war man früher davon ausgegangen, dass die Mobilisierung und Neuintegration von LINEs nur in der Keimbahn und im frühen Embryo stattfindet. Heute wissen wir aber, dass eine aktive L1-vermittelte Transposition auch in Tumoren und sogar in gesunden neuronalen Zellen des Gehirns von Säugetieren vorkommen kann.

In Pflanzen wurde 1987 *Cin4* als erstes L1-Element charakterisiert, und zwar als eine Insertion im 3′-untranslatierten Bereich (3′-UTR) des *A1*-Gens von Mais. Im Folgenden wurden mehrere Kopien identifiziert, die im 3′-Bereich identisch mit *Cin4* waren, allerdings im 5′-Bereich eine große Heterogenität aufwiesen. Man schätzt, dass das Maisgenom etwa 50 bis 100 Kopien des *Cin4*-Elementes enthält; die größte ist 6,6 kb lang.

In *Drosophila* wurde neben dem P-Faktor noch ein weiteres Element beschrieben, das zur Hybriddysgenese (◘ Abb. 9.11) führen kann, nämlich der I-Faktor, der zur LINE-1-Familie gehört. Bei *Drosophila* gibt es in Bezug auf den I-Faktor zwei Stämme: induzierende Stämme (I-Stämme), die etwa zehn Kopien des I-Faktors an verschiedenen Stellen des Genoms integriert haben, und reaktive Stämme (R-Stämme) ohne funktionelle I-Faktoren. Die I-Faktoren des I-Stamms sind reprimiert und transponieren nicht in I-Stämmen. Wenn aber R-Weibchen mit I-Männchen gekreuzt werden, sind die I-Faktoren in der Keimbahn von Fliegenweibchen aktiv, die aus dieser Kreuzung hervorgehen. Dies führt zu vielfältigen Mutationen und im Extremfall auch zu embryonalem Tod (Hybriddysgenese). Diese beobachtete Sterilität ist vollständig maternal determiniert und unabhängig vom Genotyp des Embryos.

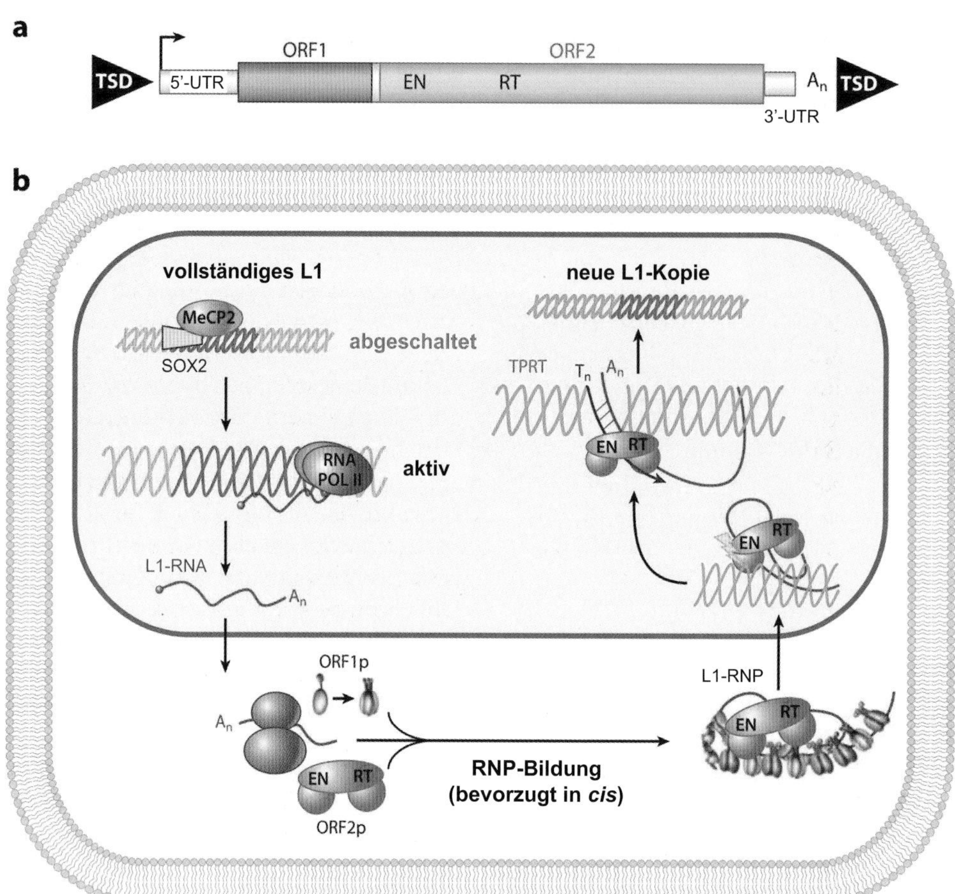

Abb. 9.22 LINE-1-Retroelemente. **a** Struktur eines transpositionsfähigen LINE-1-Elementes (L1). Die 5′-UTR enthält einen internen Promotor (*schwarzer Pfeil*). Ein L1-Element beherbergt zwei offene Leserahmen (ORF1: *dunkelblau*, ORF2: *hellblau*); ORF2 codiert für eine Endonuklease (EN) und eine Reverse Transkriptase (RT). Das L1-Transkript endet in der 3′-UTR und mit einem Poly(A)-Schwanz (A_n). Im Genom sind LINE-1-Elemente häufig von Verdopplungen der Zielsequenz flankiert (engl. *target-site duplications*, TSDs; *schwarze Dreiecke*). **b** Mechanismus der L1-Retrotransposition. Die L1-Expression wird durch verschiedene Faktoren dynamisch reguliert; die Darstellung hier betrifft neuronale Zellen und zeigt das Methylcytosin-bindende Protein MeCP2 und den Transkriptionsfaktor SOX2. Zur Retrotransposition wird das L1 durch RNA-Polymerase II transkribiert und anschließend translatiert; dabei entstehen mehrere Proteine aus ORF1 (ORF1p) und sehr wenige Proteine von ORF2 (ORF2p). Beide Proteine lagern sich mit ihrer eigenen RNA (bevorzugt in *cis*) zu einem Ribonukleoproteinkomplex (RNP) zusammen. Dieser L1-RNP-Komplex wird in den Zellkern transportiert, wo die L1-Endonuklease-Aktivität die genomische DNA an bestimmten Stellen schneidet (5′-TTTT/A-3′). Dabei wird ein freies 3′-OH-Ende generiert, das die Reverse Transkriptase von L1 als Startstelle für die reverse Transkription der eigenen L1-mRNA benutzt. Dieser Mechanismus, der im Englischen als *target-site primed reverse transcription* (TPRT) bezeichnet wird, führt zur Bildung einer neuen Insertion des L1-Elementes, wobei häufig das 5′-Ende des L1-Elementes fehlt. (Nach Richardson et al. 2014, mit freundlicher Genehmigung)

! Im Säugergenom gibt es Retroposons, deren vorherrschender Vertreter das LINE-1-Element ist. Seine Länge (4–10 kb) kennzeichnet es als *long interspersed nuclear element*. Es kommt im menschlichen Genom mit einer Häufigkeit von bis zu 1 Mio. Kopien vor. Die Transkription erfolgt durch RNA-Polymerase II.

SINEs

Die *short interspersed nuclear elements* sind ebenfalls repetitive DNA-Sequenzen mit etwa 1 Mio. Kopien im Genom, die zwischen andere DNA-Sequenzen eingefügt, aber nur einige Hundert Basenpaare (weniger als 500 bp) lang sind. SINEs repräsentieren damit immerhin etwa 10 % der menschlichen DNA; man findet im Mittel alle 5 kb ein solches Element (bevorzugt in G/C-reichen Regionen). Im Gegensatz zu den zuvor besprochenen Retroposons haben SINEs keine eigenen Protein-codierenden DNA-Sequenzen. Die Gesamtlänge von kompletten SINEs liegt bei 300 bp, wie sie z. B. die am besten charakterisierte SINE-Familie in Säugern besitzt, die menschliche **Alu-Familie**. Identifiziert wurde diese Familie von Retroposons als repetitive DNA-Sequenzfamilie, deren Kopien zwischen andere DNA-Sequenzen eingefügt sind und die durch das Restriktionsenzym *Alu*I geschnitten werden können.

Alu-Elemente besitzen eine interne Wiederholungsstruktur, die sich auf die Duplikation einer etwa 130 bp langen DNA-Sequenz zurückführen lässt (■ Abb. 9.23).

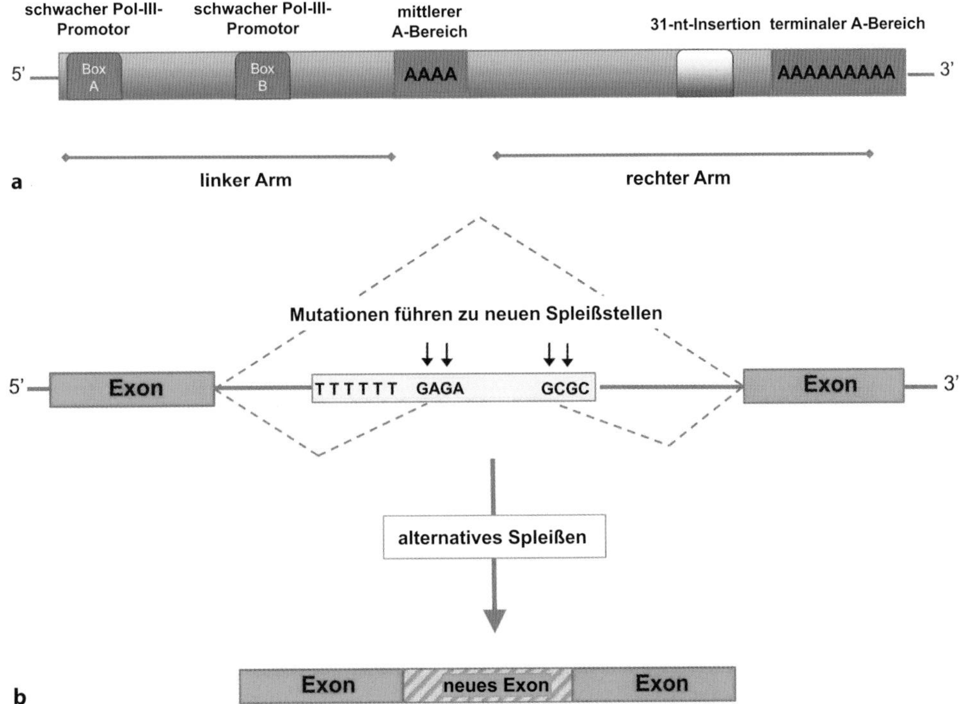

■ **Abb. 9.23** Molekulare Struktur eines Alu-Elementes. **a** Alu-Elemente sind ungefähr 300 bp lang; sie sind aus zwei ähnlichen, aber nicht äquivalenten Hälften aufgebaut (linker und rechter Arm). Der linke Arm enthält funktionelle, aber schwache A- und B-Boxen des internen Promotors der RNA-Polymerase III. Der rechte Arm enthält im Vergleich zum linken Arm eine 31-bp-Insertion. Die beiden Arme sind in der Mitte durch eine A-reiche Region getrennt; am rechten Ende befindet sich ein Poly(A)-Schwanz. **b** Exonisierung eines Alu-Elementes. Ein intronisches Alu-Element (*hellblaue Box*) kann während der Evolution verschiedene Mutationen ansammeln, die zur Bildung neuer funktioneller Spleißstellen führen können, infolge dessen ein Teil der Alu-Sequenz als Exon erkannt und in das reife Transkript gespleißt wird. Die meisten Exonisierungen erfolgen in der Gegenstrang-Orientierung, wahrscheinlich wegen des langen Poly(A)-Schwanzes. (Nach Daniel et al. 2015, mit freundlicher Genehmigung)

Allerdings unterscheiden sich die linke und rechte Hälfte des Elementes sowohl in ihrer allgemeinen Sequenz (da sie nur ca. 70 % Basenhomologie besitzen) als auch in der Tatsache, dass nur die linke Wiederholungseinheit einen RNA-Polymerase-III-Promotor besitzt. Die Alu-Elemente enthalten zwar keine Protein-codierenden DNA-Sequenzen, sie zeigen aber eine auffallende Homologie zu einer RNA, der 7SL-RNA, die zu den kleinen cytoplasmatischen RNAs (engl. *small cytoplasmic RNA,* scRNA) gehört. 7SL-RNA ist ein Bestandteil des intrazellulären Transmembrantransportsystems und wird, wie auch 5S-rRNA, U6-snRNA und tRNAs, durch die RNA-Polymerase III transkribiert (► Abschn. 3.5). In anderen Säugergruppen findet man SINEs, die sich von anderen RNA-Polymerase-III-transkribierten Genen, z. B. U3-snRNA oder t-RNA, ableiten. Auffallend ist hierbei, dass die SINEs oft im 3′-Bereich der ursprünglichen RNAs verkürzt (engl. *truncated*) sind. SINEs der Maus werden als B1 (von der 7SL-RNA abgeleitet) und B2 (von tRNA abgeleitet) bezeichnet. Es gibt viele Hinweise darauf, dass SINEs für ihre Transposition die von L1-Elementen codierten Proteine benötigen (■ Abb. 9.22).

Die neue Insertion von SINEs in Introns kann zu einem veränderten Spleißen führen, da die Alu-Elemente über verschiedene mögliche Spleißstellen verfügen oder zumindest über solche Sequenzen, die durch einfache Mutationen zu neuen Spleißstellen werden können. So führt eine Mutation im Intron 6 des *CTDP1*-Gens (C-terminale Domäne der RNA-Polymerase II, Phosphatase-Untereinheit) zunächst zu einem veränderten Spleißen eines Alu-Exons und schließlich zu einem komplexen Krankheitsbild aus angeborenen Katarakten, Fehlbildungen im Gesicht und Neuropathien. Aber auch ungleiche Rekombinationen und eine Kopf-zu-Kopf-Anordnung der Alu-Elemente können zu verschiedenen Krankheitsformen bzw. zu genomischer Instabilität der entsprechenden Region führen.

Alu-Elemente sind in den Vorläufern der Primaten und Nager aus der 7SL-RNA entstanden und hatten als monomeres Element zunächst eine Länge von nur ungefähr 150 bp. Später in der Evolution der Primaten fusionierten zwei Monomere zu dem ca. 300 bp langen Dimer. Im weiteren Verlauf der Evolution wurden einige SINEs durch Mutationen inaktiv, neue Gruppen entstanden und haben sich ausgebreitet. Dabei können die jeweiligen Insertionen als „diagnostische Marker" für evolutionsbiologische Analysen verwendet werden.

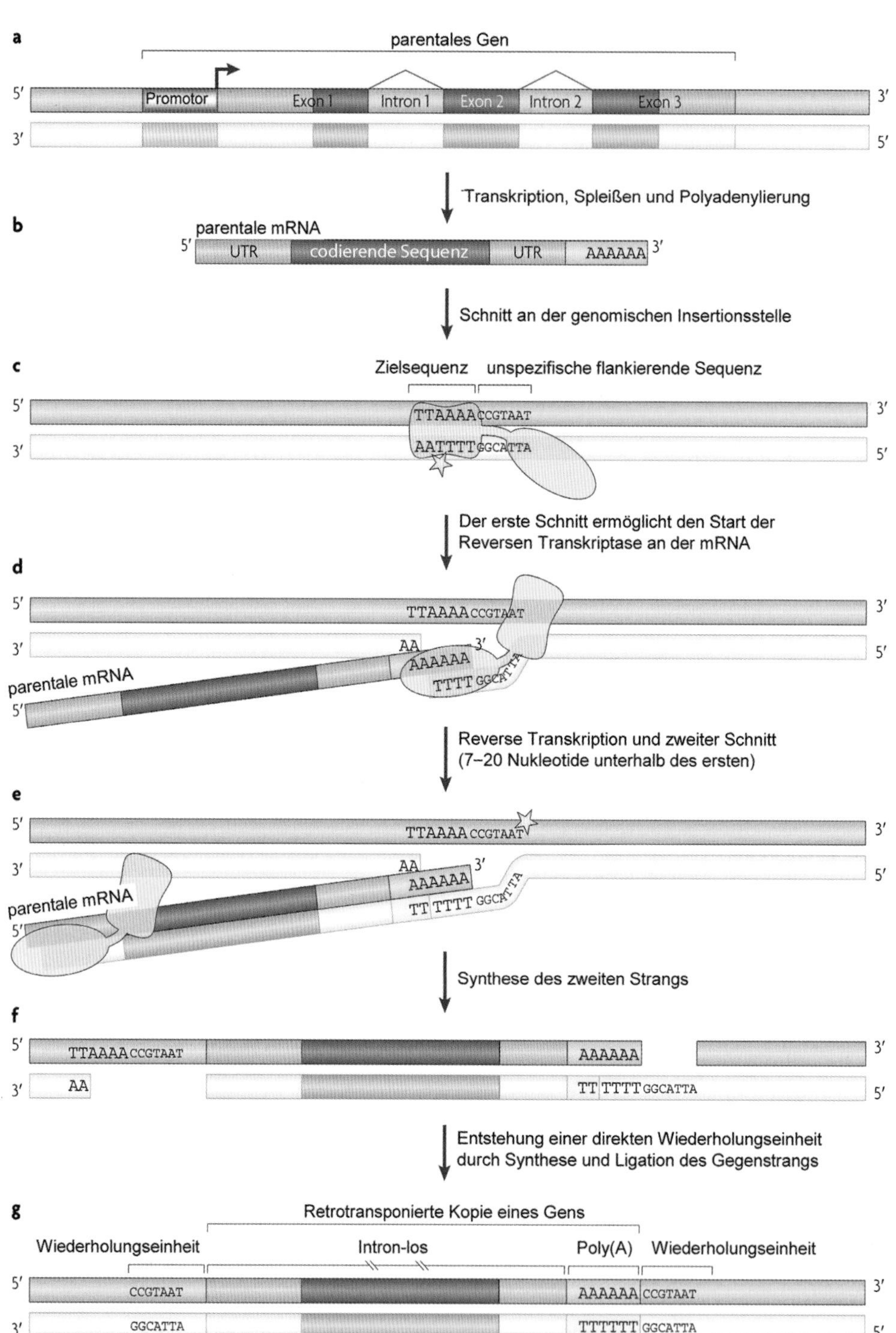

Abb. 9.24 Prozessierte Pseudogene. **a, b** Prozessierte Pseudogene werden gebildet, wenn das Gen transkribiert und die reife mRNA ausgebildet ist. **c** Die Retroposition des Gens wird durch die L1-Endonuklease-Domäne vermittelt (*rosa Rechteck*), die einen ersten Schnitt (*gelber Stern*) in der genomischen DNA an der Insertionsstelle setzt (Zielsequenz TTAAAA). **d** Dieser Schnitt ermöglicht es der L1-Reversen-Transkriptase (*rosa Oval*), an dieser Stelle zu starten und den parentalen mRNA-Strang als Matrize zu benutzen. **e, f** Es wird ein zweiter Schnitt gesetzt, und die Synthese des zweiten Strangs kann beginnen. **g** Durch die zwei Schnitte wird eine cDNA-Synthese in den Überhangregionen ermöglicht. Dieser Prozess führt zu einer Verdoppelung der Sequenzen, die der Zielsequenz benachbart waren. Dies ist ein molekulares Charakteristikum retrotransponierter Gene; weitere sind ihre Intronlosigkeit sowie die Anwesenheit von Poly(A)-Sequenzen. Die direkten Wiederholungseinheiten und die Poly(A)-Sequenzen degenieren allerdings im Laufe der Zeit und sind daher nur in evolutionär jungen Retrokopien zu identifizieren. (Nach Kaessmann et al. 2009, mit freundlicher Genehmigung)

! SINEs sind kurze Wiederholungselemente, die sehr häufig im menschlichen Genom vertreten sind (über 1 Mio.). Ihre Integration in Introns kann über wenige Mutationen neue Exons herstellen.

Prozessierte Pseudogene

Pseudogene haben große Sequenzähnlichkeiten mit funktionellen Genen; sie werden aber üblicherweise nicht transkribiert, weil ihnen entweder funktionelle Promotoren oder andere regulatorische Elemente fehlen. Prozessierte Pseudogene (auch als Retropseudogene bezeichnet; engl. *processed pseudogenes*) sind durch Retrotransposition der mRNA funktioneller Gene durch LINE-1-Elemente in das Genom eingefügt worden (◘ Abb. 9.24). Ihre typischen strukturellen Eigenschaften sind

- das Fehlen von Introns,
- der Besitz einer Poly(A)-Sequenz am 3′-Ende und
- das häufige Fehlen des 5′-Endes.

Prozessierte Pseudogene haben oftmals viele Mutationen angehäuft, wie Verschiebungen der Leseraster, Stoppcodons oder eingestreute Wiederholungselemente. Man kann sie als „molekulare Fossilien“ betrachten, da sie bedeutende Ressourcen für evolutionäre Betrachtungen und für die vergleichende Genomforschung darstellen. Experimentell können sie allerdings Schwierigkeiten bereiten, da ihre Sequenzen in der PCR oder in Hybridisierungsexperimenten mit den „elterlichen“ Genen interferieren. Einen Überblick über prozessierte Pseudogene gibt die Datenbank Pseudogene.org (▸ http://www.pseudogene.org).

Prozessierte Pseudogene sollten von einer anderen Klasse von Pseudogenen unterschieden werden, die durch Duplikationen von Genomsequenzen entstanden sind und durch Verlust ihrer Regulationselemente oder aufgrund von Mutationen (z. B. Deletionen) nicht funktionell sind. Beide Arten von Pseudogenen lassen sich strukturell aufgrund ihrer Entstehung leicht unterscheiden. Genduplikationen enthalten noch ihre Introns und besitzen keine 3′-terminalen Poly(A)-Regionen, da diese erst posttranskriptionell angefügt werden. Prozessierte Pseudogene hingegen enthalten häufig terminale Poly(A)-Bereiche, aber keine Introns, da diese bereits während der Transkription entfernt werden.

Wenn wir verschiedene Organismen vergleichen, folgt die Verteilung von Pseudogenen nicht der Größe der Genome. So hat der Mensch ca. 50-mal mehr Pseudogene als der Zebrafisch, 100-mal mehr als die Fliege, aber nur 15-mal mehr als ein Wurm. Eine Übersicht über die absoluten Zahlen gibt ◘ Abb. 9.25; dabei fällt auf, dass bei Säugetieren die Zahl der prozessierten Pseudogene die Zahl der durch Duplikation entstandenen Pseudogene um etwa das Vierfache übersteigt – das ist bei Wurm, Fliege und Zebrafisch genau umgekehrt. Wenn man die Evolution der prozessierten Pseudogene genauer betrachtet, fällt auf, dass die Bildung der prozessierten Pseudogene bei Säugern mit dem Aufkommen der Retrotransposons vor etwa 40 Mio. Jahren zusammenfällt. Charakteristisch dafür ist die gleichmäßige Verteilung der prozessierten Pseudogene über die Chromosomen und ihre leichte Anreicherung in Regionen mit niedrigen Rekombinationsraten, d. h. bei den Geschlechtschromosomen und in den Centromerregionen.

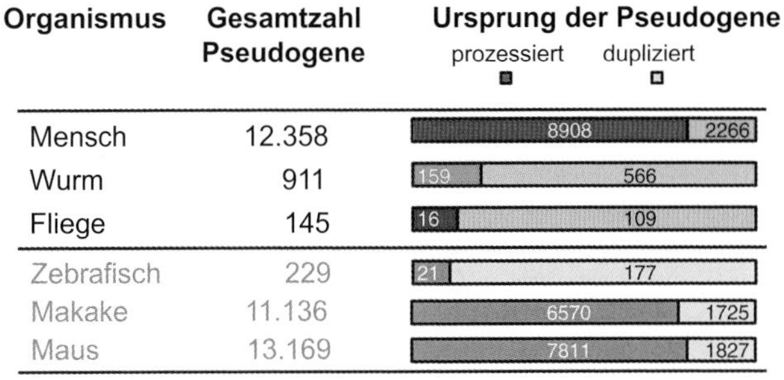

Organismus	Gesamtzahl Pseudogene	Ursprung der Pseudogene: prozessiert	Ursprung der Pseudogene: dupliziert
Mensch	12.358	8908	2266
Wurm	911	159	566
Fliege	145	16	109
Zebrafisch	229	21	177
Makake	11.136	6570	1725
Maus	13.169	7811	1827

◘ **Abb. 9.25** Pseudogene in verschiedenen Gruppen von Organismen. Wir unterscheiden prozessierte Pseudogene (durch Retrotransposition), duplizierte (unprozessierte) Pseudogene und weitere unprozessierte Pseudogene, die aktive Orthologe in anderen Spezies haben (ohne Zahlenangabe). Die Daten basieren auf unterschiedlichen Datenbanken (*schwarz*/*grau*). Bei Säugern überwiegen die prozessierten Pseudogene deutlich, wohingegen im Wurm, in der Fliege und im Zebrafisch die duplizierten Pseudogene die häufigeren Formen sind. (Nach Sisu et al. 2014, mit freundlicher Genehmigung)

! Prozessierte Pseudogene entstehen durch reverse Transkription polyadenylierter mRNAs und darauffolgende Integration ins Genom. Sie stellen bei Säugetieren die überwiegende Zahl der Pseudogene dar.

9.2.4 Mobile Elemente in Introns der Gruppe II

Introns der Gruppe II (▸ Abschn. 3.3.5) sind große RNA-Moleküle, die autokatalytische Spleißeigenschaften haben und daher auch als Ribozyme bezeichnet werden (siehe auch ▸ Abschn. 3.5.4). Sie kommen in Organellen von Protisten, Pilzen, Algen und Pflanzen vor, aber auch in Bakterien und Archaeen. Diese Introns bilden spezifische Sekundärstrukturen aus, die durch sechs größere Domänen gekennzeichnet sind (◘ Abb. 9.26a). Die Spleißreaktion der meisten Gruppe-II-Introns wird durch Proteine unterstützt, die durch das Intron selbst codiert werden (z. B. Maturase) oder die vom Wirt zur Verfügung gestellt werden. Einige der Protein-codierenden Introns der Gruppe II treten auch als mobile Elemente auf. Sie können effizient in intronlose Allele desselben Gens integrieren, aber mit geringerer Frequenz auch an anderen Stellen des Genoms. Die Mobilität hängt von den Funktionen der Proteine ab, die in dem Intron codiert werden (Endonuklease und Reverse Transkriptase; ◘ Abb. 9.26a, oben), aber natürlich auch von der Intron-RNA.

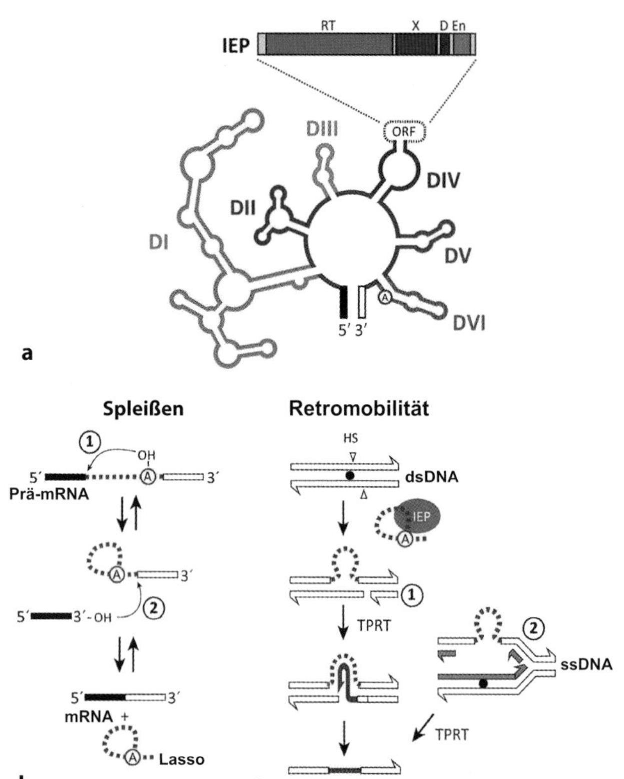

■ **Abb. 9.26** Allgemeine Eigenschaften der selbstspleißenden Introns der Gruppe II. **a** Struktur eines typischen bakteriellen Gruppe-II-Intron-RNP-Komplexes. In der Sekundärstruktur des noch nicht gespleißten Introns sind die sechs helikalen Ribozym-Domänen von I bis VI durchnummeriert (DI-DVI). Die Intron-codierten Proteine (engl. *intron encoded protein*, IEP) sind gezeigt; die Proteine enthalten mehrere Domänen der Reversen Transkriptase (RT), einer Maturase (X), eine DNA-bindende Domäne (D) und eine Endonuklease-Domäne (En). **b** RNA-Spleißen von Gruppe-II-Introns. Das Spleißen beinhaltet zwei Umesterungsreaktionen (*1* und *2* im Schema). In der ersten Reaktion wirkt das 2′-OH-Ende des Adenosins (*roter Kreis*) am Verzweigungspunkt des Introns als nukleophiles Agens und greift so die 5′-Spleißstelle an. Während der zweiten Reaktion greift das gerade freigesetzte 3′-OH-Ende des oberhalb liegenden Exons (*schwarzes* Rechteck) die 3′-Seite der Spleißstelle an. Im Ergebnis führen diese beiden reversiblen Reaktionen zu verbundenen Exons und zu einem Lasso-förmigen Intron. **c** Gruppe-II-Introns benutzen einen TPRT-Mechanismus (engl. *target-site primed reverse transcription*; ■ Abb. 9.22) für ihre Mobilität im Genom. Die Insertion erfolgt mit hoher Effizienz an eine spezifische Stelle (engl. *homing site*, HS, *schwarzer Kreis*) in der doppelsträngigen DNA (dsDNA). Ein Primer für den TPRT-Mechanismus wird oft durch den Schnitt der Endonuklease generiert, die durch das IEP codiert wird (*1*). Alternativ kann auch ein Okazaki-Fragment verwendet werden (*2*), wenn die DNA während des Integrationsprozesses teilweise einzelsträngig vorliegt. (Nach Novikova und Belfort 2017, mit freundlicher Genehmigung)

Da Gruppe-II-Introns ihre Ziel-DNA hauptsächlich über die Basenpaarung der Intron-RNA erkennen, können sie durch Veränderungen dieser Intron-RNA auch auf andere Ziele umgelenkt werden. Diese Eigenschaft – verbunden mit einer hohen Frequenz und Spezifität der Insertion – ermöglicht es, mobile Gruppe-II-Introns auch als programmierbare Vektoren zum Ausschalten spezifischer Gene in Bakterien zu verwenden („Targetron").

Die Bedeutung mobiler Retroelemente in Introns ist in ihrer vollen Breite noch unverstanden. Wie andere transponierbare Elemente könnten auch die mobilen Elemente der Gruppe-II-Introns eine wichtige Rolle bei der vertikalen Diversifikation durch Rekombination und genetische Umorganisationen gespielt haben. Die spezifischen Eigenschaften, nämlich ihr autokatalytisches Spleißen, das Vorkommen einer Reversen Transkriptase und die Mobilität deuten darauf hin, dass sie eine aktive Rolle in der Evolution der Bakterien spielten, aber auch der Chloroplasten und der Mitochondrien.

Introns der Gruppe II können auch Proteine codieren, die eine Mobilität dieser Introns im Genom ermöglichen.

9.3 Umlagerung von DNA-Fragmenten

9.3.1 Kerndualismus: Mikro- und Makronuklei in einer Zelle

Einzellige Organismen können auf unterschiedliche Anforderungen ihrer Umgebung nicht durch die differenzielle Funktion einzelner Zellgruppen reagieren, wie das bei multizellulären Organismen möglich ist. Dennoch können sie durch spezialisierte Mechanismen den wechselnden Anforderungen des Lebensraumes gerecht werden. Hierzu ist auch die Entstehung von Mechanismen zu rechnen, die es den Zellen gestatten, zwischen einem vegetativen und einem sexuellen Fortpflanzungsmodus zu wechseln.

Ciliaten zeichnen sich durch besonders komplizierte Mechanismen aus, die für einen Wechsel zwischen einem generativen und einem vegetativen Zustand der Zelle verantwortlich sind. Grundlage dieser Schaltmöglichkeit ist der Besitz zweier Zellkerne, der mit dem Begriff **Kerndualismus** beschrieben wird. Einer der beiden Zellkerne steht im Dienst generativer, also sexueller Prozesse, während der andere Zellkern für die vegetativen Funktionen der Zelle verantwortlich ist. Die Kontinuität der genetischen Konstitution ist, wie bei mehrzelligen Organismen, dadurch garantiert, dass der vegetative Kern aus dem generativen durch eine Kernteilung entsteht, der jedoch keine Zellteilung folgt. Bevor der vegetative Kern seine Funktion erfüllen kann, sind seine Chromosomen komplexen Veränderungen unterworfen. ■ Abb. 9.27 zeigt den Lebenszyklus der Ciliaten am Beispiel von *Paramecium* mit der Entwicklung des Makronukleus.

Der Kerndualismus mit einem generativen und einem vegetativen Kern ist ein allgemeines Kennzeichen aller Ci-

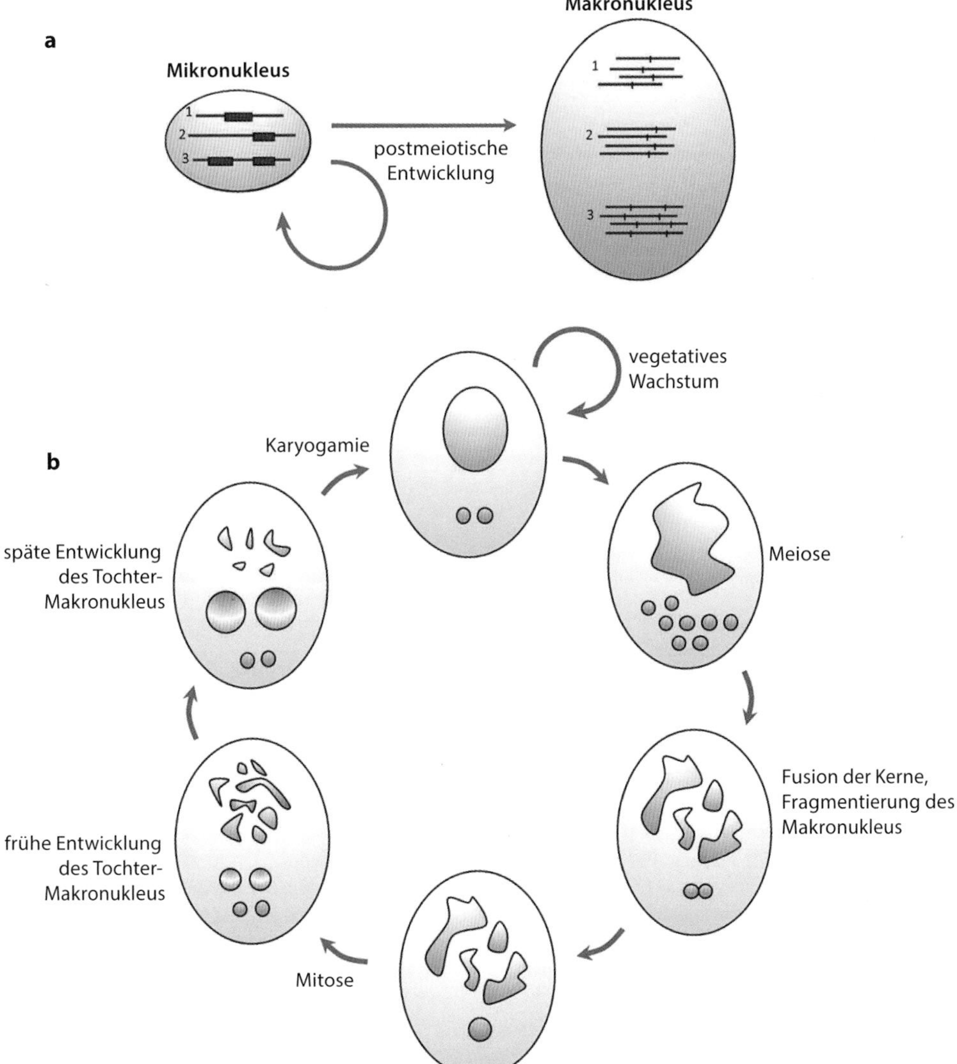

Abb. 9.27 Lebenszyklus von Ciliaten am Beispiel von *Paramecium*. **a** Während der sexuellen Entwicklung entsteht aus dem Mikronukleus der Keimbahn ein neuer somatischer Makronukleus; außerdem verdoppelt sich der Mikronukleus. Während der Entwicklung des Makronukleus nach der Mitose werden die intern eliminierten Sequenzen aus dem Mikrokern (*magenta*) entfernt und sind in dem codierenden Genom (*dunkelblau*) des Makrokerns nicht mehr enthalten. Das Genom des Makrokerns ist etwa um das 800-fache amplifiziert. **b** Stadien der sexuellen Entwicklung bei *Paramecium*. *Oben* ist eine vegetativ wachsende Zelle dargestellt. Nach Hungern beginnt entweder eine Konjugation oder Autogamie, und die beiden Mikrokerne teilen sich meiotisch und bilden acht haploide Produkte. Zwei von ihnen bilden einen diploiden Zellkern, während die übrigen abgebaut werden. Der fusionierte, diploide, zygotische Zellkern teilt sich zweimal mitotisch, um daraus später zwei Tochter-Makrokerne zu bilden. Die so entstehenden Tochter-Makrokerne ordnen sich vollständig neu an und entfernen dabei auch alle Transposons, schneiden die intern eliminierten Sequenzen aus und amplifizieren das gesamte Genom. (Nach Allen und Nowacki 2017, mit freundlicher Genehmigung)

liaten. Der generative **Mikronukleus** durchläuft vor dem sexuellen Paarungsprozess, der **Konjugation**, einen Meiosezyklus, der zur Bildung von vier haploiden Mikronuklei führt. Drei dieser Kerne degenerieren, während der vierte eine mitotische Teilung durchläuft, die zwei haploide Pronuklei ergibt. Während der Paarung zweier Zellen (die von entgegengesetzten Paarungstypen abstammen) wird jeweils ein haploider Mikronukleus ausgetauscht und bildet mit dem zelleigenen haploiden Pronukleus ein Synkaryon. Der nunmehr diploide generative Kern der Exkonjuganten teilt sich mitotisch. Einer der Tochterkerne bildet den neuen generativen Mikronukleus der Zelle, der andere entwickelt sich zum vegetativen Makronukleus. Der alte Makronukleus der Exkonjuganten ist während der Konjugation degeneriert, sodass die Zelle nunmehr wieder aus zwei Kernen mit prinzipiell identischer genetischer Information besteht (Abb. 9.28).

Wie der Name **Makronukleus** besagt, zeichnet sich dieser vegetative Kern durch seine Größe aus. Da Kerngrößen im Allgemeinen mit dem DNA-Gehalt korreliert sind, deutet die gegenüber dem Mikronukleus angewachsene Größe auf eine erhöhte Ploidie des Makronukleus

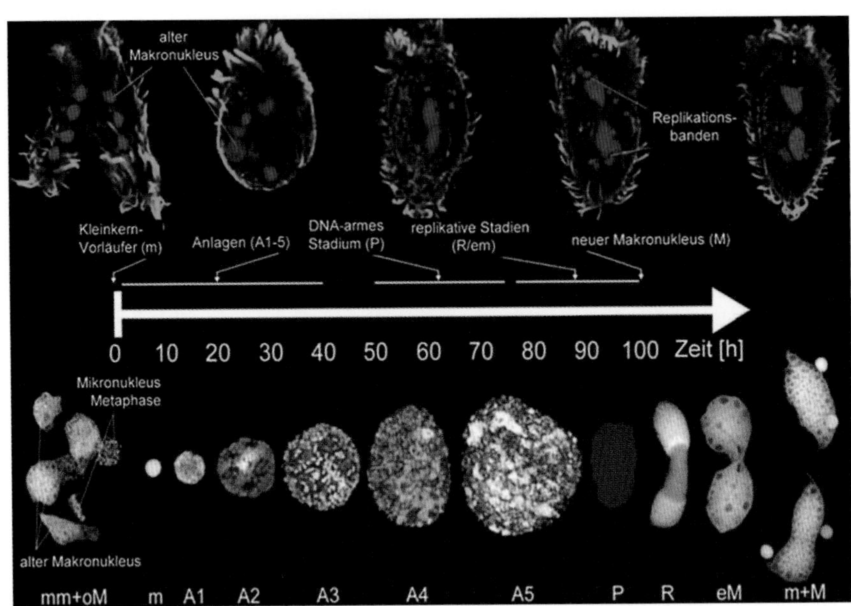

Abb. 9.28 Entwicklung des Makronukleus in *Stylonychia lemnae*. Die Cilien (*grün*) sind durch einen α-Tubulin-spezifischen Antikörper dargestellt; die DNA erscheint durch eine Gegenfärbung *blau*. In der Zeitachse ist das Auftreten der wichtigsten Stadien der Makrokernentwicklung angegeben. *Oben, von links nach rechts*: (1) Zwei *Stylonychia*-Zellen mit unterschiedlichem Paarungstyp während der Konjugation; der alte Makrokern wird abgebaut. (2) Eine *Stylonychia*-Zelle enthält Fragmente des alten Makrokerns und eine Makronukleus-Anlage, die wegen des geringen DNA-Gehalts nur schwach angefärbt ist. (3) Eine *Stylonychia*-Zelle in der zweiten DNA-Synthese-Phase; sie enthält einen vergrößerten zukünftigen Makronukleus. (4) Eine Zelle enthält einen reifen Makronukleus mit Replikationsbanden nahe an dessen distalen Spitzen. (5) *Stylonychia* mit einem reifen Makronukleus und zwei Mikronuklei. *Unten* sind morphologische Details der einzelnen Schritte dargestellt (*von links nach rechts*): (1) Mikrokerne während der Meiose (mm) und Fragmente des alten Makrokerns (oM). (2) Tochterkerne (m) aus einem diploiden Synkaryon bilden Vorläufer für neue Mikrokerne oder den zukünftigen Makronukleus. (3) Zunehmende Amplifikation der Chromosomen der Mikrokerne führt zu gebänderten polytänen Chromosomen in den Anlagen des Makronukleus (A1–A5). (4) Nach dem Abbau der polytänen Chromosomen enthält der zukünftige Makronukleus nur noch wenig DNA (P). (5) Die Replikation der verbleibenden DNA erfolgt in einer zweiten DNA-Synthese-Runde (R). (6, 7) Ein früher Makronukleus (eM) und ein verlängerter, reifer Makronukleus sind dargestellt. (Nach Postberg et al. 2006, mit freundlicher Genehmigung)

hin. Ein Vergleich zwischen der DNA eines Makronukleus und der eines Mikronukleus zeigt jedoch, dass bei der Entwicklung des Makronukleus das generative Genom nur partiell ploidisiert wird. Dieser differenzielle Vermehrungsprozess des Mikronukleusgenoms ist mit ungewöhnlichen Entwicklungsschritten verbunden.

> **!** Ciliaten zeichnen sich durch einen Kerndualismus aus: Sie besitzen einen Mikronukleus, der im Dienst der generativen Prozesse steht, und einen Makronukleus, der für die vegetativen Funktionen der Zelle verantwortlich ist.

Diese ungewöhnlichen Vorgänge auf dem Kernniveau werden von ebenso ungewöhnlichen Vorgängen auf der DNA-Ebene begleitet. Vergleicht man die DNA von Mikro- und Makronukleus in Renaturierungsexperimenten (▶ Abschn. 2.1.4), so fällt auf, dass im Mikronukleus ein erheblicher Anteil der DNA zur repetitiven DNA-Fraktion gehört (im Ciliaten *Stylonychia* etwa 55 %). Im Makronukleus kann man hingegen durch Renaturierungsexperimente keine repetitiven Sequenzen mehr nachweisen. Gleichzeitig mit der Verminderung der Genomgröße nimmt erwartungsgemäß die kinetische Komplexität des Genoms ab. Die Größe des Makronukleusgenoms von *Stylonychia* wird um einen Faktor von nahezu 100 gegenüber der Größe des Mikronukleusgenoms reduziert. Das Genom des Makronukleus enthält nur etwa 1,5 % der DNA-Sequenzen des generativen Genoms.

Die Sequenzen, die während der Makronukleusbildung entfernt werden, enthalten sowohl repetitive als auch Einzelkopiesequenzen; man fasst sie unter dem Begriff „intern eliminierte Sequenzen" (IES) zusammen. Sie sind über das Genom verstreut und können auch codierende Regionen unterbrechen. Die Mechanismen der DNA-Elimination sind in den beiden Klassen der Oligohymenophorea (*Paramecium* und *Tetrahymena*) und Spirotrichea (*Oxytricha* und *Stylonychia*) inzwischen gut untersucht. Trotz mancher Unterschiede im Detail gibt es in beiden Klassen eine gute Übereinstimmung, nämlich einen Suchmechanismus, bei dem die Eliminierung oder auch das Beibehalten von DNA-Sequenzen über die Identität mit kleinen RNAs gesteuert wird.

Tetrahymena besitzt einen Mikronukleus (MIC) mit einer Genomgröße von ca. 157 Mb; im Makronukleus (MAC) ist die Genomgröße auf etwa 103 Mb reduziert, aber das Genom insgesamt um das 10.000-fache amplifiziert. Bei *Tetrahymena* werden die fünf Chromosomen in Hunderte von somatischen Minichromosomen zerlegt;

die Spaltung erfolgt an einer Sequenz von 15 bp, die nur bei *Tetrahymena* vorkommt. Manche dieser Minichromosomen gehen etwa zehn Verdopplungsrunden nach der Konjugation verloren, während die meisten in dem neuen reifen Makronukleus erhalten bleiben. Dies stellt eine besondere Methode der Genomreduzierung dar. Die IES stellen etwa 30 % des Genoms eines Mikronukleus dar; sie werden entfernt, indem durch kleine RNAs Heterochromatin induziert wird. Dagegen werden die Sequenzen, die im Makronukleus erhalten bleiben sollen (engl. *macronucleus-destined sequences*, MDS), verbunden und bilden so die Minichromosomen im Makrokern. Anschließend wird die DNA des Makronukleus mehrfach repliziert (Endoreplikation), sodass sich die Kopienzahl von zwei auf ungefähr 45 erhöht.

Paramecium tetraurelia gehört zu derselben Klasse (Oligohymenophera) wie *Tetrahymena*. Trotzdem unterscheiden sich ihre Genomstrukturen deutlich: Das Genom von *P. tetraurelia* wurde insgesamt dreimal dupliziert, wobei die letzte Genomduplikation nach der Trennung der Evolutionslinien von *P. tetraurelia*, *P. caudatum* und *P. multimicronucleatum* geschah; Genomduplikationen sind in der Evolution von *Tetrahymena* nicht bekannt. Die Anreicherung im Makrokern von *P. tetraurelia* ist etwa 800-fach und damit deutlich höher als bei *Tetrahymena*. Die meisten IES von *P. tetraurelia* liegen in Intronbereichen oder zwischen Genen; allerdings gibt es auch einige kurze IES in Protein-codierenden Exons, die deshalb eine hohe Genauigkeit beim Herausschneiden erfordern, um eine richtige Translation zu gewährleisten.

Oxytricha gehört zu einer anderen Klasse der Ciliaten – den Spirotrichea, die über eine ganz andere Genomorganisation verfügen. Der Makronukleus ist bei *Oxytricha* (und ähnlich auch bei *Stylonychia*) stark fragmentiert – die durchschnittliche Fragmentgröße ist 3,3 kb, und 90 % dieser „Nanochromosomen" codieren für ein einziges Gen. Die Kopienzahl ist variabel und liegt bei etwa 2000.

In den genannten Ciliaten zeigte sich, dass kleine RNAs eine entscheidende Rolle dabei spielen, die IES-Fragmente in der Keimbahn und im somatischen Genom herauszuschneiden. Das heute weitgehend akzeptierte **„Scan-Modell"** kann wie folgt zusammengefasst werden:

Während der elterlichen Meiose des Mikronukleus werden durch die Polymerase II bidirektionale Transkripte hergestellt. Zu diesem Zeitpunkt haben sowohl der Makronukleus als auch der Mikronukleus noch dasselbe Genom und denselben DNA-Gehalt, sodass die Transkripte des Mikronukleus den Sequenzen im sich entwickelnden Makronukleus entsprechen. Dicer-ähnliche Ribonukleasen (Gensymbol *DCL1*) zerschneiden die Transkripte in kurze, doppelsträngige Fragmente (etwa 27–30 bp). Diese Fragmente werden als scanRNA (scnRNA) bezeichnet, da sie später zum Absuchen identischer Sequenzen verwendet werden. Die scnRNAs werden in das Cytoplasma transportiert und bilden dort Komplexe mit einem Protein der Argonaute/Piwi-Familie (Gensymbol *TWI1*). Die scnRNA wird durch Proteine der Argonaute/Piwi-Familie in den alten Makronukleus transportiert, wo sie an homologe Sequenzen bindet. Die scnRNAs mit Homologien zum elterlichen Makronukleus werden abgebaut, und die übrigen werden in den sich neu entwickelnden Makronukleus geschickt. Hier bindet die scnRNA an die Sequenzen, die im elterlichen Makronukleus nicht gefunden wurden, woraufhin diese Sequenzen abgebaut werden. Dieser Mechanismus wurde zunächst in Paramecien beschrieben und unterstreicht die Bedeutung der Erkennung von DNA-Sequenzen im Makronukleus, um sie für die nächste Generation zu erhalten. Eine Übersicht über diesen Prozess zeigt ◘ Abb. 9.29.

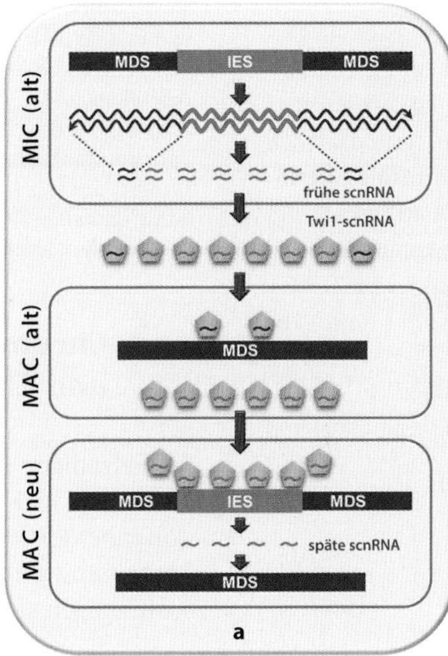

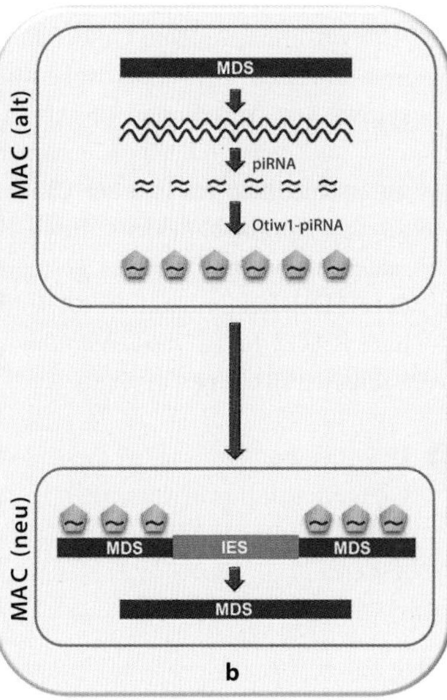

◘ **Abb. 9.29** Molekulares Modell der Makronukleusentwicklung. **a** Scan-RNA-Modell (scnRNA) von *Tetrahymena* und *Paramecium*: scnRNAs werden von dem Genom des Mikrokerns (MIC) gebildet und bewirken so den Abbau der intern eliminierten Sequenzen (IES) während der Entwicklung des neuen Makrokerns (MAC). **b** piRNA-Modell in *Oxytricha*: piRNAs werden von dem elterlichen MAC-Genom gebildet und bewahren so die für den Makronukleus vorgesehenen Sequenzen (engl. *macronucleus-destined sequences*, MDS) vor dem Abbau. *Otiw1*, *Twi1* codieren für Proteine aus der Piwi-Familie. (Nach Wang et al. 2017, mit freundlicher Genehmigung)

Während der Makronukleusentwicklung wird der größte Teil der Genom-DNA eliminiert. Die Gene verbleiben im Makronukleus in der Form von Gen-großen DNA-Fragmenten, die eigene Replikationsstartpunkte und Telomere besitzen.

In *Oxytricha* besteht der Mikrokern zu etwa 90 % aus IES, die während der Makrokernbildung eliminiert werden. Das Genom des Mikronukleus ist sehr komplex und enthält viele „verrührte" Gene (engl. *scrambled genes*). Entsprechend unterschiedlich ist auch der Mechanismus, um die IES zu eliminieren. Bei *Oxytricha* stammen die kleinen RNA-Moleküle (hier sind es piRNAs, ▶ Abschn. 8.2.3) vom elterlichen Makrokern, und sie sind umgekehrt dafür verantwortlich, dass die MDS-Sequenzen erhalten bleiben (◘ Abb. 9.29b). So müssen nur 10 % der genetischen Information überprüft werden; das System ist daher energetisch günstiger als das oben für *Tetrahymena* und *Paramecium* dargestellte Scan-RNA-System.

9

Außerdem sind die Gene von *Oxytricha* nicht linear angeordnet, wie wir das von anderen Genomen kennen, sondern die einzelnen Fragmente eines Gens liegen verstreut oder auch invertiert im Genom vor – daher hat sich die Bezeichnung *„scrambled genes"* im angelsächsischen Sprachraum eingebürgert (in Analogie zu den Rühreiern – *scrambled eggs*). Für das Entwirren und für das richtige Zusammensetzen der Fragmente dienen lange, nicht-codierende RNAs (lncRNAs) als Matrizen, die noch vom elterlichen Genom stammen. Eine Übersicht über diesen komplexen Prozess gibt ◘ Abb. 9.30.

Die Insertion von IES-Elementen in die Gene des Mikronukleus, die damit einhergehende Bildung der MDS-Elemente und ihr „Verrühren" in manchen Genen der Ciliaten repräsentieren ein neues evolutionäres Phänomen in der Molekulargenetik. Oberflächlich betrachtet weist die Entwirrung von Genen bei Ciliaten Ähnlichkeit zu anderen Umordnungsprozessen im Genom auf, z. B. zur V(D)J-Rekombination im Immunsystem von Vertebraten (▶ Abschn. 9.4). Allerdings sind die verwendeten Mechanismen grundsätzlich unterschiedlich. Im Fall der Ciliaten wird die Spezifität des Herausschneidens durch RNA-Moleküle des maternalen Makronukleus gesteuert, wohingegen bei der V(D)J-Rekombination die Endonukleasen RAG1 und RAG2 (engl. *recombination-activating gene*) die Schlüsselfunktionen innehaben.

IES-Elemente unterteilen Gene des Mikronukleus von Ciliaten zufällig in verschiedene Abschnitte. Bei der Entwicklung der Makrokerne werden diese Elemente entfernt.

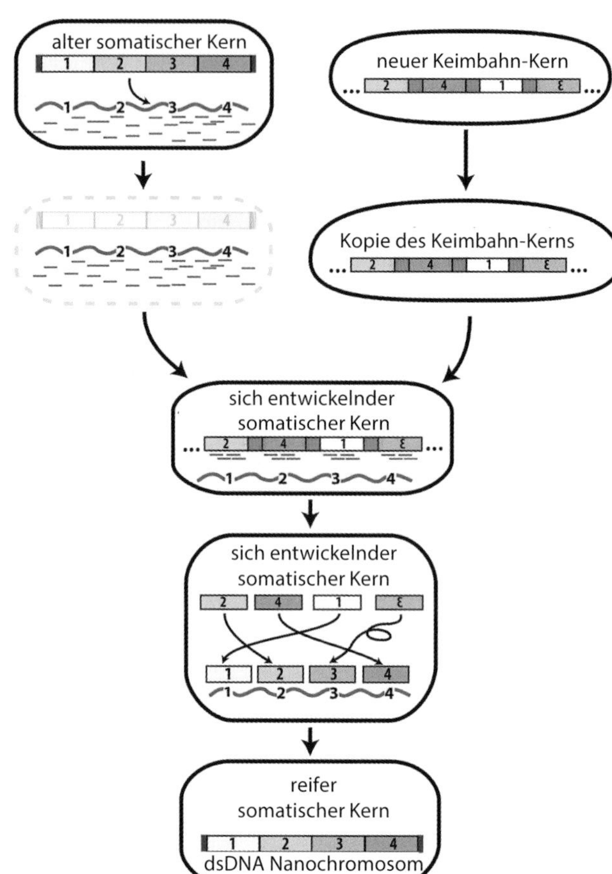

◘ **Abb. 9.30** „Verrührte" Gene bei dem Ciliaten *Oxytricha trifallax*. Die physikalische Übertragung der genomischen Information von DNA zu RNA und wieder zurück in DNA erfolgt bei *O. trifallax* nach der Paarung. RNA-Matrizen (*wellige, grüne Linien*) und piRNAs (*grüne, kurze Striche*) stammen von den RNA-Transkripten der somatischen Nanochromosomen der früheren Generation, bevor der alte somatische Kern abgebaut wird. Eine mitotische Kopie des neuen, zygotischen Keimbahngenoms stellt die Vorläufer-DNA-Segmente (*1–4*) zur Verfügung, die im sich entwickelnden somatischen Kern durch piRNA-Verbindungen zurückbehalten werden. Sie werden dann entsprechend den RNA-Matrizen aus der vorhergehenden Generation wieder neu arrangiert. Dabei müssen die Vorläufersegmente manchmal in eine neue Reihenfolge gebracht oder sogar invertiert werden, um das reife DNA-Molekül aufzubauen. Die *roten Rechtecke* stellen die Telomere dar, die an den Enden der somatischen Chromosomen angefügt werden. Zur Einfachheit ist nur eines der über 16.000 Nanochromosomen dargestellt, und es stammt von einem repräsentativen Genort, der vier verrührte Vorläufersegmente im Genom der Keimbahn enthalten hat. (Nach Goldman und Landweber 2016, mit freundlicher Genehmigung der Autoren)

9.3.2 Chromosomenelimination und Chromatindiminution

In vielzelligen Organismen mit der entsprechenden Unterteilung in Körper- und Geschlechtszellen ist es die Aufgabe der Keimzellen, die Integrität der genetischen Information für die nächste Generation zu sichern, wohingegen sich die Körperzellen ausdifferenzieren und spezialisieren. Üblicherweise ist dabei die genetische Ausstattung von Körper- und Keimzellen während der Lebensspanne eines Organismus identisch. Ausnahmen davon sind die Rekombinationsereignisse im Immunsystem der Wirbeltiere, die wir später besprechen werden (▶ Abschn. 9.4), und die entsprechenden Unterschiede zwischen dem Zellkern der Keimbahn und dem somatischen Zellkern bei eukaryotischen Einzellern (Ciliaten), die wir gerade in ▶ Abschn. 9.3.1 besprochen haben. In diesem Abschnitt wollen wir nun Unterschiede in der Genomstruktur von somatischen Zellen und Keimbahnzellen bei einigen Klassen von Tieren besprechen. Das Phänomen wurde zuerst beim Pferdespulwurm entdeckt und später auch bei einigen anderen Spezies. Wir können dabei **Chromosomenelimination** (Verlust ganzer Chromosomen) und **Chromatindiminution** (Verlust chromosomaler Fragmente) unterscheiden.

❀ Das klassische Beispiel für solche Prozesse ist die Elimination von Teilen der Chromosomen im Pferdespulwurm *Parascaris equorum*. Entdeckt wurde das Phänomen der Chromatindiminution bereits Ende des 19. Jahrhunderts durch Theodor **Boveri**, der sie anschließend auch cytologisch genau untersuchte (◘ Abb. 9.31a). Der Pferdespulwurm *Parascaris equorum var. univalens* besitzt in den Keimbahnzellen ein einziges Chromosomenpaar. Bereits während der zweiten Zellteilung nach der Befruchtung beobachtete Boveri, dass die Chromosomen in einem Teil der neu entstandenen Zellkerne zerfallen. Es verbleiben kleine Chromosomen (40–70), die in allen somatischen Zellen in gleicher Form zu finden sind. Dieser Prozess setzt sich über die ersten vier Zellteilungszyklen nach der Befruchtung fort. Zellkerne, die noch unveränderte Chromosomen enthalten, vergleichbar denen der Zygote, findet man danach nur noch in Zellen, die der Keimbahn angehören. Eine detailliertere Darstellung der Trennung von Keimbahn und somatischen Zellen gibt ◘ Abb. 9.31b für den Schweinespulwurm.

Chromatindiminution (in neueren Arbeiten auch als programmierte DNA-Eliminierung bezeichnet) wurde durch sorgfältige cytogenetische Analysen von Chromosomen identifiziert. In *Parascaris univalens* werden etwa 85 % des Keimbahngenoms in den somatischen Zellen abgebaut, bei *Ascaris suum* (Schweinebandwurm) sind es dagegen nur 13 %. Weitere Arten, bei denen das Phänomen der Chromatindiminution beschrieben ist, sind Insekten (Motten), Spinnentiere (Milben), Krustentiere (Ruderfußkrebse), Säuger (Nasenbeutler), Knorpelfische (Gefleckte Seeratte), Vögel (Zebrafinken), Schleimaale und Neunaugen. Es ist zu erwarten, dass das Phänomen der programmierten DNA-Eliminierung noch bei weiteren Arten beschrieben wird, wenn immer mehr Genome sequenziert werden.

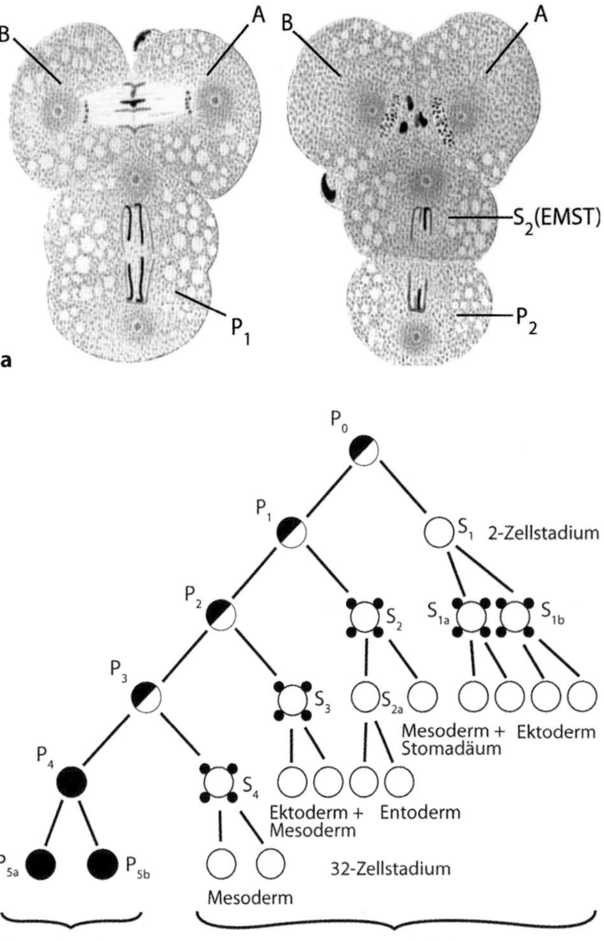

◘ **Abb. 9.31** Chromatindiminution bei Nematoden. **a** Schematische Darstellung der Chromatindiminution bei *Parascaris univalens*. *Links* ist die Anaphase der 2. Teilung im 2-Zell-Stadium gezeigt. Chromatindiminution findet nur in den oberen Zellen (A, B) statt, aber nicht in der unteren P_1-Zelle. *Rechts* sieht man den Embryo im 4-Zell-Stadium nach der 2. Teilung: Die Zellen A, B und S_2 entwickeln sich zu somatischen Zellen (EMST: Entoblast, Mesoblast, Stomatoblast), wohingegen die P_2-Zelle die Keimbahn repräsentiert. Eine ähnliche Bezeichnung der embryonalen Zellen wird übrigens heute auch bei *C. elegans* verwendet (◘ Abb. 12.15). **b** Keimbahn-Soma-Differenzierung im Schweinespulwurm (*Ascaris lumbricoides* var. *suum*, Nematoda). Während der ersten vier Teilungen nach der Befruchtung erfolgt eine Trennung von Keimbahn- und Somazellen durch Elimination eines Teils des Chromatins aus den künftigen somatischen Zellen (Chromatindiminution). Die Vorläufer der Urkeimzelle (P_0–P_3) sind durch *schwarz-weiße Halbkreise* dargestellt und die Urkeimzellen (P_4, P_{5a}, P_{5b}, aus denen alle späteren Keimzellen entstehen) durch *gefüllte Kreise*. Ab der 5. Zellteilung sind Keimbahn und Soma endgültig getrennt. Die präsomatischen Zellen S_{1a}, S_{1b} und S_2–S_4 sind der Chromatindiminution ausgesetzt (durch *weiße Kreise* dargestellt, umgeben von vier *schwarzen Punkten*). Die somatischen Zellen werden frühzeitig für die angegebenen Differenzierungswege determiniert. So bildet die S_1-Zelle nur Ektoderm, während Entoderm nur aus einem Teil der S_2-Nachkommen entsteht. Im Extremfall führt dies zu Organismen mit konstanter Zellzahl. Das bekannteste Beispiel ist ein anderer Nematode, *Caenorhabditis elegans*. (**a** nach Boveri 1899; **b** aus Tobler et al. 1992, mit freundlicher Genehmigung)

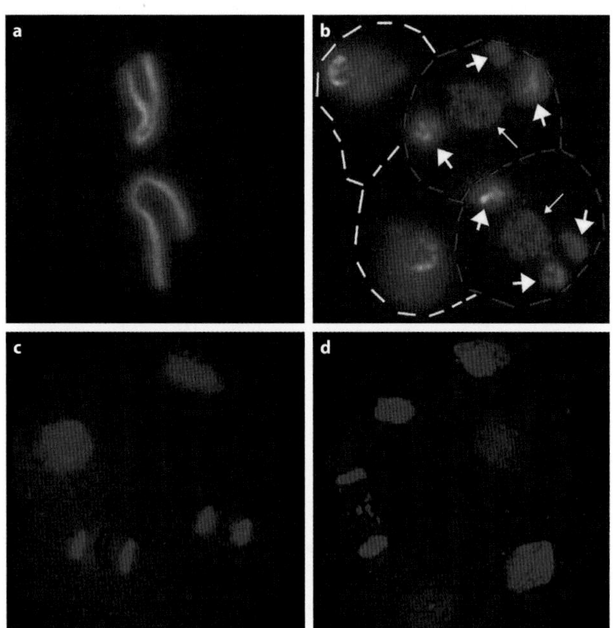

■ **Abb. 9.32** Chromatindiminution in *Parascaris* und *Ascaris*. **a, b** Embryos von *P. univalens*. **a** 1-Zell-Embryo mit einem einzigen Keimbahn-Chromosomenpaar. **b** 4-Zell-Embryo mit zwei Zellen mit Chromatindiminution (*rot* umrandet). Die erhaltenen Teile des Keimbahn-Chromosoms sind in viele kleine Chromosomen fragmentiert (*kleine Pfeile*). Die heterochromatischen Arme, die abgebaut werden (*dicke Pfeile*), bleiben noch sichtbar. **c, d** Embryos von *A. suum*. **c** 4-Zell-Embryo mit zwei Zellen mit Chromatindiminution. **d** 6-Zell-Embryo mit einer Zelle mit Chromatindiminution. Die DNA, die abgebaut wird, ist bereits fragmentiert (künstlich *rot* markiert) und liegt zwischen den Chromosomen, die in der frühen Anaphase auseinandergezogen werden. Die fein verteilten DNA-Fragmente (*rote* Punkte) stammen von einer früheren Diminution und können im Cytoplasma von Zellen gesehen werden (**d**). (Nach Wang und Davis 2014, mit freundlicher Genehmigung)

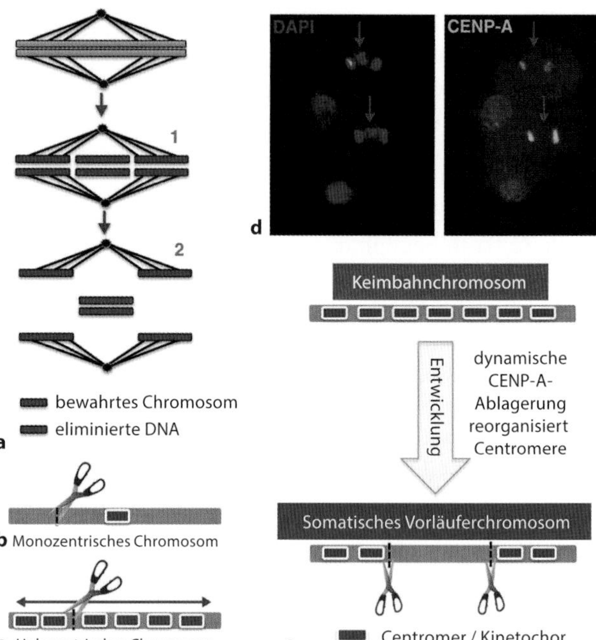

■ **Abb. 9.33** Modell der DNA-Eliminierung in *Ascaris*. **a** In den somatischen Zellen werden die Chromosomen nach der Paarung in der Metaphase geschnitten, sodass Chromosomenfragmente entstehen (*1*). Die Fragmente, die erhalten werden (*blau*), besitzen Centromere für die Anheftung der Mikrotubuli, um eine Segregation bei der Mitose zu ermöglichen. Chromosomen, die abgebaut werden (*rot*), bleiben dagegen in der Metaphaseebene liegen, werden nicht auf die Tochterzellen verteilt und gehen verloren (*2*). **b** Monozentrische Chromosomen haben nur ein einziges Centromer (*blaue Box*), an dem sich die Mitosespindeln anheften können. Fragmentierung eines monozentrischen Chromosoms würde daher zu einem Verlust der azentrischen chromosomalen Regionen während der Verteilung auf die Tochterzellen führen. **c** Holozentrische Chromosomen haben mehrere Centromerregionen, die über die Länge des Chromosoms verteilt sind und als Ansatzpunkte für die Mitosespindeln dienen können. Diese Verteilung der Ansatzpunkte für die Mitosespindeln sollte dann zu keinem Verlust von Chromosomenfragmenten führen. **d** Das Centromerprotein A (CENP-A) ist in den chromosomalen Regionen vermindert, die in der Metaphaseebene verbleiben und bei *Ascaris* verloren gehen. Die immunhistochemische Färbung von CENP-A in einem 4-Zell-Embryo zeigt, dass die zwei Zellen, deren DNA abgebaut wird, in der Mitose (Anaphase) deutlich weniger CENP-A aufweisen (*roter Pfeil*) als die DNA, die erhalten bleibt. **e** CENP-A und Centromere/Kinetochore sind in Keimbahnchromosomen von *Ascaris* über die ganze Länge des Chromosoms verteilt. Während der Embryonalentwicklung vermindert sich die Anlagerung von CENP-A an die Regionen, die später durch DNA-Elimination abgebaut werden. Dynamische CENP-A-Ablagerungen definieren und regulieren also, welche Teile der Chromosomen verloren gehen und welche Bereiche erhalten bleiben. (Nach Streit et al. 2016, mit freundlicher Genehmigung)

Am deutlichsten bleibt allerdings das Phänomen bei *Parascaris*, wo das ganze Genom in einem einzigen Chromosomenpaar vorliegt (jedes mit etwa 2,5 Gb!). Cytogenetische Untersuchungen dieses großen Chromosoms (■ Abb. 9.32) zeigen, dass zunächst ein Bruch an der Verbindung der zentralen „euchromatischen" Region mit den stark kondensierten (verdickten) Regionen an den Enden des Chromosoms entsteht. Diese großen (historisch als Heterochromatin beschriebenen) Regionen an den Enden des Chromosoms werden nicht an die somatischen Tochterzellen weitergegeben und gehen verloren. Die zentrale Region wird dagegen in viele neue Chromosomen aufgespalten, die durch neue Telomere stabilisiert werden.

Vergleichbare Eliminationsprozesse hat man nicht nur in anderen Nematoden, sondern auch bei anderen Tierstämmen beobachtet. Sehr ausführlich untersucht wurde die Chromatindiminution bei einer Reihe von Crustaceenarten der Gattung *Cyclops*. In manchen Wasserfloharten werden lange terminale Blöcke der Chromosomen zwischen der 5. und 7. Zellteilung nach der Befruchtung aus allen künftigen somatischen Zellen eliminiert, bei anderen Arten werden die Stücke der DNA entfernt, die zwischen Chromosomenbereichen liegen, die somatisch erhalten bleiben. Hierbei handelt es sich stets um Chromosomenabschnitte, die vor ihrer Elimination als Heterochromatin erscheinen. Die Chromatindiminution in *Cyclops* ist nicht, wie bei *Parascaris*, mit einem Zerfall der Chromosomen verbunden, sondern verläuft durch die Exzision von Teilbereichen der Chromosomen wahrscheinlich unter Ringbildung der eliminierten DNA. Die Kontinuität der Chromatiden wird nach dem Verlust eines Chromosomenbereiches offenbar wiederhergestellt.

> In manchen Organismen beobachtet man den Verlust von Chromosomenstücken während der embryonalen Frühentwicklung (Chromatindiminution). Dieser Verlust erfolgt ausschließlich in Zellen, die sich zu somatischen Zellen entwickeln.

Eine weitere Besonderheit dieses Prozesses ist, dass ein einziges Chromosom in mehrere Einzelchromosomen zerfällt, von denen jedes ein Centromer besitzt. Man bezeichnete daher früher das ursprüngliche Chromosom auch als **Sammelchromosom**. Ultrastrukturelle Untersuchungen sprechen dafür, dass in der Mitose die Spindelfasern über die gesamte Länge dieses Chromosoms hinweg angreifen können. Es wird daher auch als **holokinetisch** bezeichnet. Hier sind viele Centromer-ähnliche Regionen über das gesamte Chromosom verteilt, die nach einem Zerfall in viele kleinere Chromosomen dafür sorgen, dass jedes der neu entstandenen Chromosomen sein eigenes Centromer erhält und damit auf die Tochterzellen verteilt werden kann. Fragmente ohne Centromer gehen dagegen in der Anaphase verloren und werden anschließend abgebaut. Eine besondere Rolle spielt hierbei offensichtlich die Histon-H3-Variante CENP-A (Centromerprotein A), die üblicherweise dann verwendet wird, wenn spätere Centromerstellen markiert werden sollen. Die Keimbahnchromosomen von Ascariden zeigen zunächst eine einheitliche Verteilung von CENP-A, aber in den Regionen, die später abgebaut werden, zeigt sich bald eine Verminderung an CENP-A. Offensichtlich ist also die dynamische Verteilung von CENP-A ein wichtiger Regulator für die Verteilung der Centromerstellen. Eine schematische Darstellung dieser Überlegungen zeigt ◘ Abb. 9.33.

> Chromatindiminution kann durch den Zerfall holokinetischer Chromosomen in Stücke erfolgen. Stücke, die erhalten bleiben, besitzen ein eigenes Centromer und werden daher mitotisch normal verteilt.

9.3.3 DNA-Amplifikation

Zellen können auf verschiedene Weise ihren DNA-Gehalt erhöhen: Im einfachsten Fall erfolgt eine Vervielfachung oder **Ploidisierung** des gesamten Genoms (► Abschn. 10.2.2). Komplizierter verlaufen partielle Vermehrungen des Genoms, wie wir sie bei der Bildung von Riesenchromosomen durch **Polytänisierung** kennengelernt haben (► Abschn. 6.4.1). Dass Polyploidisierung dazu dient, einen besonders hohen Bedarf an bestimmten Genprodukten durch zellspezifische Vermehrung ihrer Gene sicherzustellen, haben wir bei der Besprechung der Polyploidisierung des Genoms des Seidenspinners in den hinteren Seidendrüsen gesehen (► Abschn. 7.1.1). Auch die Ausbildung polytäner Chromosomen bei Insekten steht im Dienst besonders hoher Stoffwechselproduktivität von solchen Zellen, die zellspezifische Genprodukte in großer Menge bereitstellen müssen. Allen Zellen, die eine Vermehrung ihres Genoms durch Polyploidisierung oder Polytänisierung erreichen, ist gemein, dass diese Vermehrung erst nach der letzten Zellteilung der betreffenden Zellen erfolgt. Dadurch ergeben sich auch aus solchen zellspezifischen Veränderungen in DNA-Gehalt und Zusammenstellung keine Probleme für die gleichmäßige Verteilung des genetischen Materials auf die Tochterzellen während späterer Zellteilungen.

Auf der anderen Seite beobachten wir Amplifikationen chromosomaler Regionen in Krebszellen; der Anstieg in der Kopienzahl von Onkogenen kann die Initiation und Progression verschiedener Tumorarten begünstigen. Dabei können cytogenetisch zwei Arten von Amplifikationen unterschieden werden (◘ Abb. 9.34): extra- und intrachromosomale Amplifikationen. **Extrachromosomale Amplifikationen** (Doppelchromatinstücke, engl. *double-minutes*) haben bis zu mehrere Hundert Kopien eines genomisches Segments und bilden Minichromosomen mit Spiegelsymmetrie. **Intrachromosomale Amplifikationen** werden auch als homogen gefärbte Regionen (engl. *homogeneously staining region*, HSR) bezeichnet und stellen hintereinander angeordnete Wiederholungselemente dar (in Kopf-Schwanz- oder Schwanz-Schwanz-Orientierung); im frühen Stadium der Amplifikation liegen zehn Kopien oder weniger vor.

Wahrscheinlich initiieren Doppelstrangbrüche den Prozess der Amplifikation. Doppelstrangbrüche können Genamplifikationen in vielfältiger Weise einleiten; dazu gehören unter anderem ungleiche Schwesterchromatid-Austausche, DNA-Replikation nach dem *rolling-circle*-Modell, Bruch-induzierte Replikation, Start der DNA-Synthese durch Rückfaltung und der Bruch-Fusion-Brücken-Zyklus (engl. *breakage-fusion-bridge cycle*). Letzterer wurde von Barbara **McClintock** schon 1941 vorgeschlagen, um intrachromosomale Amplifikation zu erklären. Der Zyklus beginnt mit einem Doppelstrangbruch, an den sich die Replikation des gebrochenen Moleküls und die Fusion der Schwesterchromatiden anschließt. In der Anaphase bildet sich eine Brücke; aufgrund mechanischer Spannung zerreißt das Molekül asymmetrisch und erzeugt ein Chromatid mit einem invertierten Wiederholungselement am abgebrochenen Ende. Wesentliche Elemente dieser Prozesse sind in ◘ Abb. 9.35 dargestellt.

> Unter bestimmten physiologischen Bedingungen kann es zur extrachromosomalen oder intrachromosomalen Vermehrung (Amplifikation) bestimmter Gene in der Zelle kommen. Extrachromosomale Genkopien erscheinen als kleine punktförmige Chromosomen

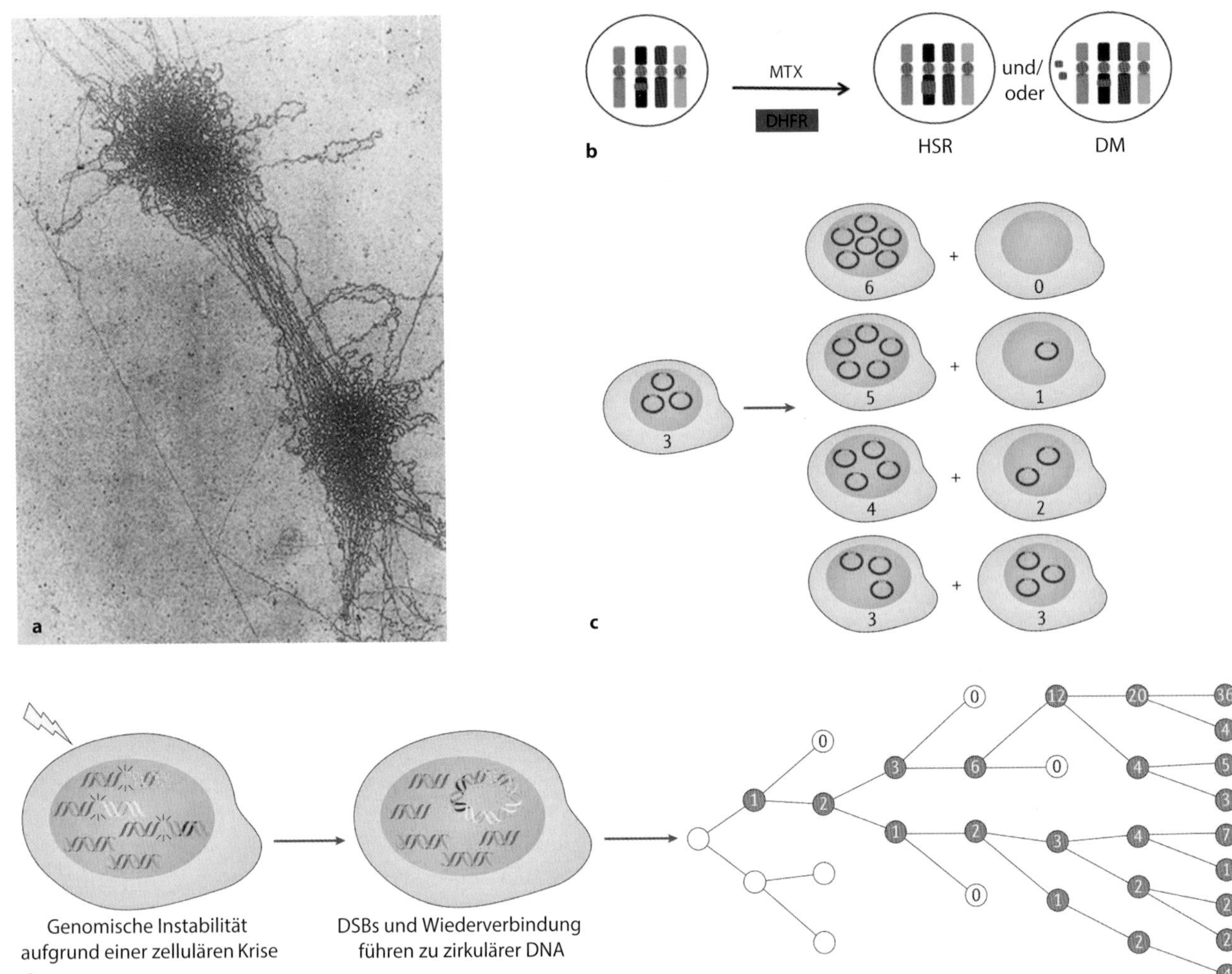

Abb. 9.34 Genamplifikation. **a** Extrachromosomale Doppelchromatinstücke (*double-minutes*). Elektronenmikroskopische Aufnahme, die den doppelten Charakter erkennen lässt und zugleich zeigt, dass keine Centromerregion vorhanden ist. **b** Behandlung mit Methotrexat (MTX) führt zur Amplifikation des *DHFR*-Gens (rot), das für das Enzym Dihydrofolatreduktase codiert. *DHFR* kann als eine stabile Struktur erhalten bleiben (HSR: engl. *homogenously staining region*) und/oder als unstabile Doppelchromatinstücke (*double minutes*, DM), die bei nachfolgenden Zellteilungen verloren gehen können. **c** Extrachromosomale DNA-Elemente besitzen keine Centromere und können deshalb bei einer Zellteilung ungleich auf die Tochterzellen verteilt werden. **d** Mögliche Reihenfolge bei der Bildung von extrachromosomaler DNA und Ausbreitung in Tumoren. Unter Bedingungen, die zu chromosomaler Instabilität führen, entstehen Chromosomenbrüche (DSB: Doppelstrangbruch). DNA-Fragmente, die dabei entstehen, können durch nicht-homologe Rekombination zirkuläre DNA-Strukturen bilden. Jedes dieser extrachromosomalen DNA-Elemente enthält keine Centromere und wird ungleichmäßig auf die Tochterzellen weitergegeben. Wenn das extrachromosomale Element ein Onkogen enthält (*rot*), haben die entsprechenden Zellen einen Überlebensvorteil; die Zahl der extrachromosomalen Elemente korreliert dabei mit der „Fitness" der Zellen und führt wegen der erhöhten Proliferationsrate zu einer schnellen Anhäufung extrachromosomaler Elemente in Krebszellen. (**a** Foto: Barbara Hamkalo, Irvine; **b** nach Mishra und Whetstine 2016, CC-by 4.0, ▶ http://creativecommons.org/licenses/by/4.0/; **c**, **d** nach Verhaak et al. 2019, mit freundlicher Genehmigung)

(*double-minutes*) ohne Centromer. Intrachromosomale Genvermehrung zeigt sich durch die Entstehung von homogen gefärbten Regionen.

In den molekularen Mechanismus einer **intrachromosomalen Amplifikation** haben uns die **Chorion-Gene** von *Drosophila melanogaster* Einblicke ermöglicht. Diese Gene, die im Chromosom 3 und im X-Chromosom liegen, also in zwei getrennten Gruppen angeordnet sind, sind für die Synthese großer Mengen von Strukturproteinen der Eihülle verantwortlich. Diese werden in den Stadien 11 bis 14 der Oogenese (▶ Abschn. 12.4.1) zur Entwicklung des Chorions benötigt und in den Follikelzellen des Ovariums gebildet. Durch Untersuchung der DNA-Sequenzen, die die Chorion-Gencluster flankieren, konnte nachgewiesen werden, dass die intrachromosomale Amplifikation der Chorion-Gengruppe deren eigentlichen Genbereich zu beiden Seiten um etwa 40–50 kb überschreitet. Insgesamt umfasst der amplifizierte Bereich knapp 100 kb DNA. Allerdings ist in diesen flan-

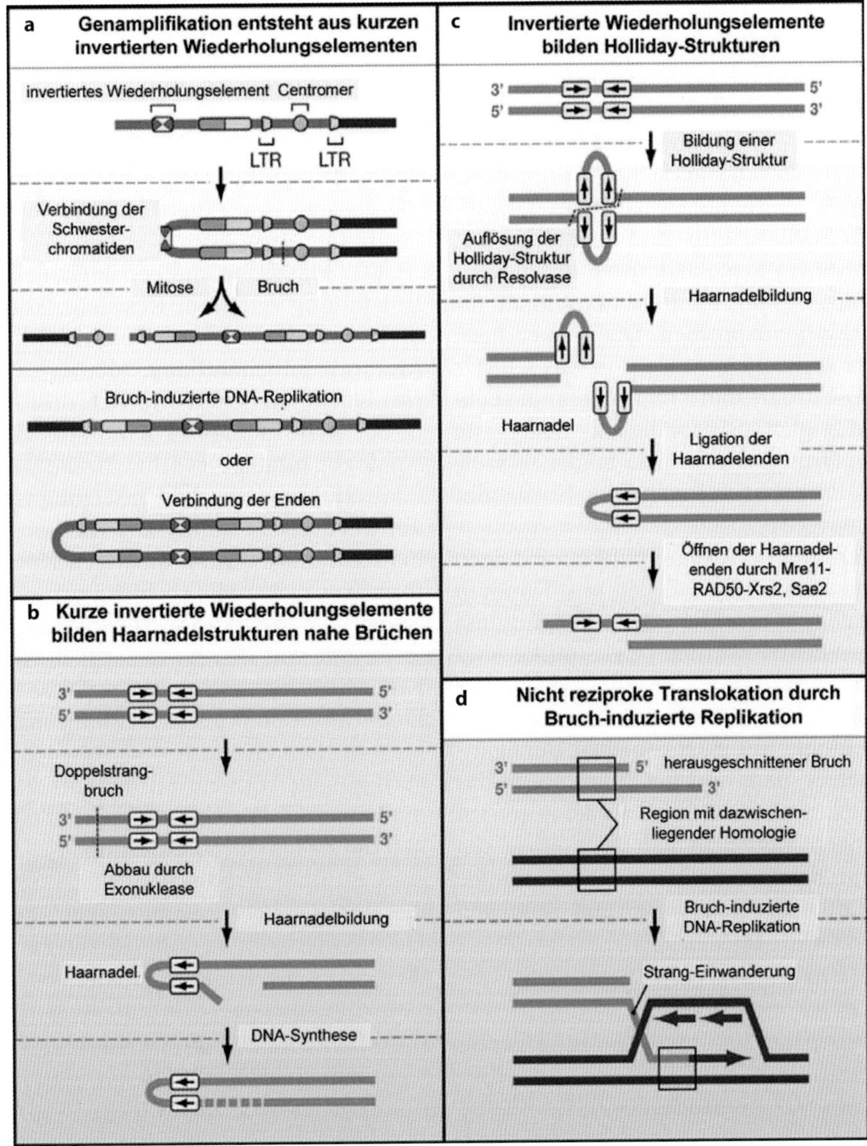

Abb. 9.35 Die Rolle von Palindromen bei der Genamplifikation. **a** Ein Palindrom, das zwei Schwesterchromatiden (*blau*) verbindet, kann auf verschiedenen Wegen entstehen; das gebildete palindromische Chromosom hat zwei Centromere. Nach einem Bruch kann es durch Rekombinations-abhängige, Bruch-induzierte Replikation zwischen den Wiederholungssequenzen (z. B. eine LTR, hier als *gelbes Trapez* gezeichnet) repariert werden; dabei kann die zweite LTR an einer anderen Stelle des Chromosoms lokalisiert sein. Alternativ können neue dizentrische Chromosomen gebildet werden. *Hell-* und *dunkelgrüne Flächen* deuten die Orientierung der Gene in den palindromischen Regionen an. **b** Die Bildung von Palindromen kann in der Nähe von Doppelstrangbrüchen durch kurze invertierte Elemente eingeleitet werden. Eine 5′→3′-Exonuklease baut die DNA so lange ab, bis die zwei komplementären Einzelstrangbereiche der zwei Wiederholungselemente sich aneinanderlagern und eine Haarnadelstruktur ausbilden, die nach einer DNA-Synthese (startend am 3′-Ende) ligiert werden. **c** Die invertierten Sequenzen bilden eine kreuzförmige Holliday-Struktur, die durch eine Resolvase aufgelöst wird. Die entstehenden Haarnadelstrukturen werden ligiert. In Hefen werden die Haarnadelenden durch den Mre-Rad50-Xrs2-Komplex zusammen mit Sae2 geöffnet; die offenen Enden neigen zur Rekombination. **d** Exponierte DNA-Enden können durch Bruch-induzierte Replikation repariert werden, nachdem Proteine eine Strang-Einwanderung nach dem Modell der homologen Rekombination eingeleitet haben. Dieser Mechanismus kann in Regionen stattfinden, in denen vereinzelte Homologien bestehen, sodass eine nicht-reziproke Translokation entsteht. (Nach Haber und Debatisse 2006, mit freundlicher Genehmigung)

kierenden Bereichen der Grad der Amplifikation nicht identisch mit dem der darin eingeschlossenen Chorion-Gene, sondern nimmt mit wachsendem Abstand vom Gencluster ab (◘ Abb. 9.36a,b).

Im Fall der intrachromosomalen Amplifikation der DNA ist das Verständnis der Kontrolle der Initiation der Replikation (▶ Abschn. 2.2.3) in den Replikationsstartpunkten hilfreich, um den Mechanismus der Überreplikation leichter zu verstehen. Insbesondere die Charakterisierung von *Drosophila*-Mutanten hat es ermöglicht, entsprechende *trans*-aktive Faktoren zu identifizieren, da betroffene *Drosophila*-Weibchen steril sind; der Phänotyp der fragilen Eihülle kann unter dem Mikroskop gut erkannt werden. Folgende Proteine sind an der Amplifikation der Chorion-Gene beteiligt: ORC2 (bindet die DNA am Replikationsstart), Cyclin E (aktiviert die Cdk2-Kinase), DBF4 (aktiviert die Cdc7-Kinase und bindet ORC2) und Proteine, die für die Replikation nötig sind (z. B. Cdt, Mcm2–7, Mcm6), bzw. Transkriptionsfaktoren, die in der S-Phase aktiv sind (z. B. E2F, DP, Rb). Weiterhin wurde ein Proteinkomplex identifiziert, der mit ORC assoziiert ist und Komponenten enthält, die dem Onkoprotein Myb entsprechen. Die notwendigen *cis*-regulatorischen Sequenzen wurden für das Cluster auf dem *Drosophila*-Chromosom 3 im Detail untersucht (◘ Abb. 9.36c) und zeigten insbesondere die Bedeutung des Replikationsursprungs *ori*-β. Eine eindrucksvolle Darstellung dieses Prozesses auf zellulärer Ebene gibt ◘ Abb. 9.37.

Eine weitere Variante der Genamplifikation zeigen cytologische Untersuchungen an Zellen aus Tumoren oder solche aus Zellkulturen, die unter dem Einfluss von **Cytostatika** gezüchtet wurden. Cytostatika sind Agenzien, die Zellteilungen durch die Blockierung der DNA-Replikation verhindern. Nach mehreren Zellgenerationen der Behandlung mit einem solchen Replikationshemmer beobachtet man, dass die Zellen gegen das Cytostatikum resistent werden und sich wieder mitotisch zu vermehren beginnen. Vergleicht man diese resistenten Zellen mit den ursprünglichen Zellen, so findet man die schon oben erwähnten *double-minutes* und homogen gefärbten Regionen (HSR; ◘ Abb. 9.34).

Die molekulare Analyse beider chromosomaler Elemente zeigt, dass sie auf Amplifikation von DNA-Abschnitten zurückgeführt werden können. Im Fall der *double-minutes* erfolgt diese Amplifikation extrachromosomal und führt zur Entstehung mehrerer kleiner Chromosomen. Die *double-minutes* besitzen zwar einen Replikationsstartpunkt, sind aber mitotisch instabil, da das Fehlen eines eigenen Centromers ihrer geregelten Verteilung während der Mitose im Wege steht. Sie werden daher, ähnlich wie häufig auch die keimbahnlimitierten B-Chromosomen (▶ Abschn. 6.4.3), zufallsgemäß auf die Tochterzellen verteilt. Ihre Doppelstruktur ist eine Folge der Replikation ohne darauffolgende Trennung der Chromatiden. Diese bleiben über die Mitosen hinweg gepaart. Anders verhält es sich bei den HSRs. Bei ihnen haben wir es mit intrachromosomalen Amplifikationen zu tun, die natürlich als feste Bestandteile des Chromosoms mit dem betreffenden Chromosom ganz normal mitotisch verteilt werden, auch wenn sie, wie gewöhnlich, heterozygot vorliegen. Beide Arten von Amplifikation findet man normalerweise in somatischen Zellen, insbesondere in Tumorzellen und in Zellkulturen. HSRs sind aber auch in Keimzellen beobachtet worden, sodass sie vererbt werden können.

Die Entstehung von *double-minutes* oder HSRs wird ausschließlich unter besonderen Umständen beobachtet, vor allem als Folge der Behandlung mit **Replikationsinhibitoren**. Es spricht aber vieles dafür, dass Amplifikationsereignisse in eukaryotischen Zellen regelmäßig, wenn auch nur mit geringer Häufigkeit, vorkommen. Unter Einfluss von Cytostatika kann es dann zur Selektion auf Zellen mit solchen Amplifikationsereignissen kommen, die geeignet sind, die Resistenz der Zellen gegen den Inhibitor zu erhöhen.

Das klassische und bestuntersuchte Beispiel für die Entstehung zellulärer Resistenz ist die Amplifikation der Gene für die **Dihydrofolatreduktase** (DHFR) unter Methotrexatbehandlung. Methotrexat (= Amethopterin) ist ein Analogon von Dihydrofolat, einer Vorstufe in der Synthese von Thymin aus Uracil. Als solches Analogon inhibiert es sehr effizient das Enzym Dihydrofolatreduktase, das die Umsetzung von Dihydrofolat in Tetrahydrofolat katalysiert (◘ Abb. 9.38). Behandelt man Zellkulturen mit niedrigen Konzentrationen Methotrexat (10^{-8} M), so blockiert man in den meisten Zellen die Replikation. Eine Minderheit von Zellen (etwa eine von 10^7) erweist sich als resistent gegen diese Konzentration des Inhibitors. Diese Zellen können ihre DNA replizieren und sich somit mitotisch weiter vermehren. Der Grund für die Resistenz ist eine zunächst geringfügige Vermehrung der Anzahl an Genkopien für die Dihydrofolatreduktase in der Zelle. Hierdurch können die Zellen die Blockierung ihrer Replikation durch eine erhöhte Produktion des Enzyms überwinden, das nunmehr eine geringe, aber ausreichende Menge Desoxythymidinmonophosphat zur Verfügung stellt (◘ Abb. 9.38). Kultiviert man diese Zellen unter langsam zunehmenden Konzentrationen von Methotrexat, die schließlich bis zum 10^5-fachen der Anfangskonzentration gesteigert werden können, so erfolgt eine allmähliche weitere Vermehrung der Dihydrofolatreduktase-Gene. Das hat eine weitere Erhöhung der Resistenz gegen den Inhibitor zur Folge. Die erhöhte Resistenz wird in den steigenden Anzahlen von *double-minutes* reflektiert. Offenbar selektiert man auf diejenigen Zellen, die bei der Zellteilung durch Zufallsverteilung die größeren Anzahlen an *double-minutes* erhalten und dadurch besonders effizient replizieren können. Ein einzelnes *double-minute* besitzt im Mittel zwei bis vier Kopien des Dihydrofolatreduktase-Gens, sodass die Zellen schließlich mehr als 100 zusätzliche Genkopien enthalten können. Vermehrt man diese Zellen unter abnehmenden Methotrexatkonzentrationen weiterhin, so nimmt die Anzahl der *double-minutes* wieder ab. Die Beibehaltung ihrer großen Anzahl wird allein durch die Selektion auf einen funktionsfähigen Zustand der DNA-Replikation der Zelle, nicht aber durch gezielte Verteilungsmechanismen in der Mitose erreicht. Entfällt der Selektionsdruck, so gehen die überzähligen Chromosomen verloren, da sich Zellen mit *double-minutes* unter normalen Wachstumsbedingungen langsamer vermehren und damit selektiv benachteiligt sind. Auch

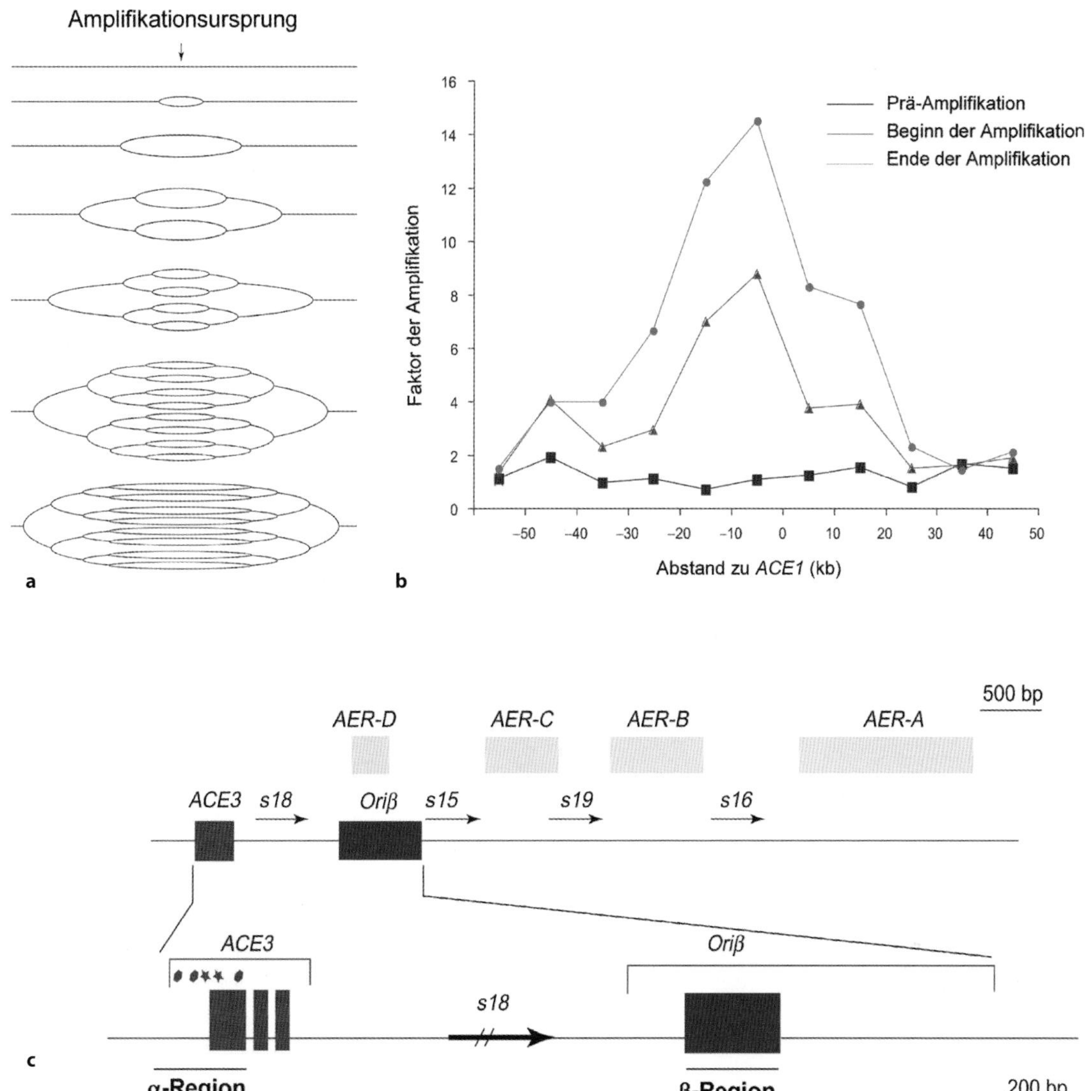

Abb. 9.36 Amplifikation der Chorion-Gene in *Drosophila*. **a** Die Zwiebelschalenstruktur der verschachtelten Replikationsgabeln wird durch das wiederholte „Feuern" des zentralen Replikationsursprungs verbunden mit einer bidirektionalen Fortbewegung der Replikationsgabel erzeugt. Diese Struktur wurde durch elektronenmikroskopische Verfahren (Abb. 9.34a) und durch zweidimensionale Gelelektrophorese während der Amplifikationsstadien in Fliegen beobachtet. **b** Die quantitative Analyse der veränderten Kopienzahlen zeigt die absolute Zunahme der Kopienzahlen, aber auch die Ausbreitung in die Bereiche links und rechts des Amplifikationskontrollelementes 1 (*ACE1*). **c** Organisation des Chorion-Locus auf dem Chromosom 3. Die genetische Karte zeigt, dass fünf Regionen, die für die Amplifikation wichtig sind – *ACE3* (*blau*, 440 bp) und *AER-A–D* (*hellblau*) –, durch vier Chorion-Transkriptionseinheiten (S18, S15, S19, S16) unterbrochen werden (*Pfeile*). Die Replikation startet meistens (70–80 %) in der Region *ori*-β (*lila*, 884 bp). Innerhalb des *ori*-β ist die β-Region von besonderer Bedeutung für die Initiation der Replikation. In der α-Region (*ACE3*) liegen die Bindestellen (BS) für Mip120 (*rote Kreise*) bzw. Myb (*rote Sterne*), die für die Amplifikation wichtig sind. In *AER-C* und *AER-D* gibt es zwei Sequenzen, die an 10 von 11 Positionen mit der ARS-Consensussequenz (ARS: autonom replizierende Sequenz von Hefen) identisch sind. ACE: *amplification control element*; AER: *amplification enhancing region*. (Nach Claycomb und Orr-Weaver 2005, mit freundlicher Genehmigung)

HSRs können bei nachlassendem selektivem Druck allmählich verloren gehen, obgleich das nicht regelmäßig beobachtet wird.

Die Analyse verschiedener Enzyme hat erkennen lassen, dass die induzierbare Amplifikation der Dihydrofolatreduktase kein Sonderfall ist, sondern dass vergleichbare Ereignisse auch bei anderen Genen auftreten. Die Frequenz induzierbarer Amplifikationsereignisse liegt etwa zwischen 10^{-4} und 10^{-7} je Zellzyklus. Die Größe der Grundeinheit eines amplifizierten Genombereichs umfasst etwa 10^5–10^6 bp. Bei einer Genomgröße von 10^9–10^{10} bp (das entspricht 10^4–10^5 potenziellen Amplifika-

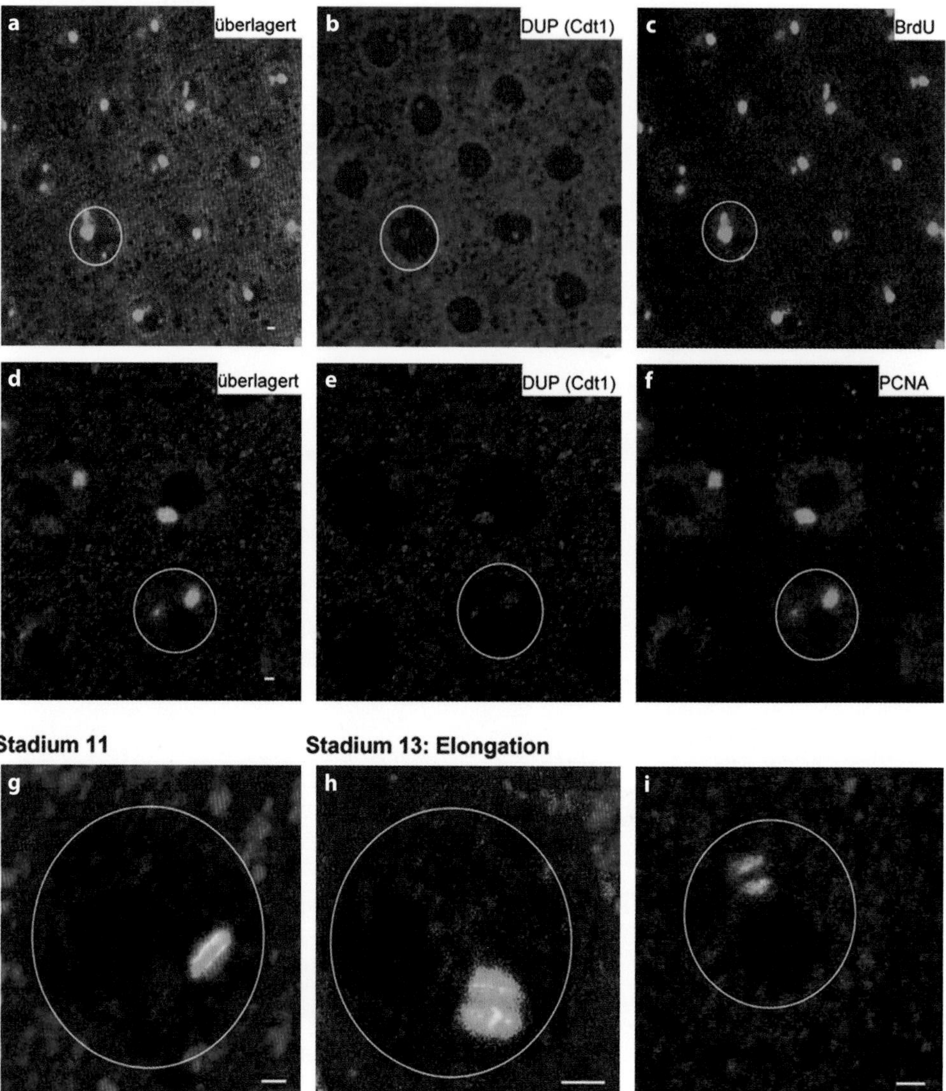

■ **Abb. 9.37** Visualisierung der Amplifikation in Follikelzellen von *Drosophila* durch Immunfluoreszenz. Die *Drosophila*-Amplikons in den Follikelzellen sind in besonderer Weise zur Visualisierung geeignet, da die Amplifikation erst stattfindet, wenn die genomische Replikation beendet ist. In der Reihe **a–f** sind Felder von Follikelzellen gezeigt, wohingegen in der Reihe **g–i** der Zellkern einer einzelnen Follikelzelle zu sehen ist. Die *weißen Kreise* skizzieren einzelne Zellkerne. **a–c** Das DUP-Protein (andere Bezeichnung: Cdt1, engl. *chromatin licensing and DNA replication factor 1*; ■ Abb. 2.25) ist während der Initiation der Replikation aktiv. Es ist in den Amplikons (*rot*, **b**, **e**) in der Initiationsphase (Stadium 10b) zusammen mit BrdU (*grün*, **c**) nachweisbar (**a**: überlagerte Darstellung von **b** und **c**, *hellgrüne/gelbe* Regionen deuten die gleichzeitige Anwesenheit einer roten und grünen Fluoreszenz an). **d–f** Ebenso werden Elongationsfaktoren der Replikation wie PCNA (engl. *proliferating cell nuclear antigen*; ■ Abb. 2.25) zunächst in den Startpunkten der Replikation sichtbar (**f**, *grün*) (**d**: überlagerte Darstellung von **e** und **f**, *hellgrüne/gelbe* Regionen deuten ebenfalls die gleichzeitige Anwesenheit einer roten und grünen Fluoreszenz an). **g** Im Stadium 11 endet die Initiationsphase und das DUP(Cdt1)-Protein (*rot*) bewegt sich vom zentralen Replikationsursprung weg, an den das Initiatorprotein ORC2 (engl. *origin recognition complex*, *grün*) noch gebunden ist. Kurze Zeit danach entfernt sich auch ORC2 von dem Komplex. **h** Im Stadium 13 bewegt sich die Replikationsgabel immer weiter vom Ursprungsort weg und mit BrdU (*grün*) ist ein Färbemuster zu erkennen, das einem doppelten Balken entspricht. Dazwischen (*gelb*) ist gleichzeitig auch noch das Protein DUP (Cdt1) anwesend, das rot fluoresziert. **i** Der Elongationsfaktor PCNA (*grün*) zeigt ein ähnliches Muster und befindet sich an der gleichen Stelle wie DUP (Cdt1; *rot*). Der *weiße Balken* entspricht 1 µm. (Nach Claycomb und Orr-Weaver 2005, mit freundlicher Genehmigung)

tionseinheiten) bedeutet das, dass mindestens jede zehnte, möglicherweise aber sogar jede einzelne Zelle einen amplifizierten Genbereich enthalten kann. Das bietet eine ausreichende Basis für sehr effektive Selektionsprozesse, wie sie unter dem Einfluss von Stoffwechselinhibitoren beobachtet werden. Die im Laufe der Behandlungszeit zunehmende Resistenz von Krebspatienten, die sich einer Chemotherapie durch Cytostatika unterziehen, ist somit leicht verständlich. Amplifikation dieser Art wird jedoch nicht in gesunden Zellen entdeckt (Frequenz $< 10^{-9}$),

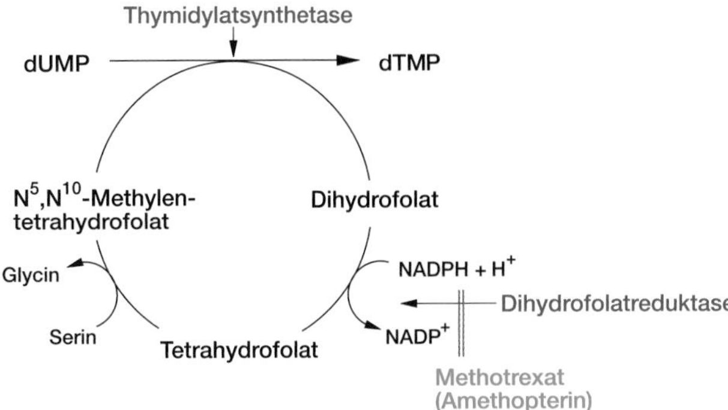

Abb. 9.38 Mechanismus der Hemmung der DNA-Replikation durch Methotrexat (Amethopterin). Stoffwechselprozesse bei der Umwandlung von Desoxyuridinmonophosphat (dUMP) in Desoxythymidinmonophosphat (dTMP): Die Umsetzung von dUMP in dTMP durch Methylierung wird von der Thymidylatsynthetase katalysiert. Als Kohlenstoffquelle dient ein Tetrahydrofolatderivat. Tetrahydrofolat wird mithilfe der Dihydrofolatreduktase (DHFR) aus Dihydrofolat regeneriert. Blockiert man die DHFR, so kann kein Tetrahydrofolat mehr gebildet werden und die Neusynthese von dTMP unterbleibt. Als Folge des Mangels an dTMP wird die Replikation gehemmt. Die Blockierung der DHFR erfolgt durch das Cytostatikum Methotrexat (= Amethopterin). Seine Wirkung erklärt sich aus seiner Eigenschaft als Dihydrofolatanalogon. In dieser Eigenschaft bindet es mit hoher Affinität an das Enzym, das damit dem Stoffwechsel entzogen wird

d. h. es gibt offensichtlich in gesunden Zellen Mechanismen, die eine Amplifikation verhindern (Albertson 2006).

Eukaryotische Zellen sind auf unterschiedliche Weise in der Lage, die im Genom vorhandene Zahl bestimmter Gene zu vermehren. Solche zellspezifische Vermehrung von Genen erfolgt, wenn der Bedarf an einem bestimmten Genprodukt die Kapazität des Genoms der betreffenden Zelle übersteigt. Zusätzliche Genkopien können entweder durch Polyploidisierung oder Polytänisierung des gesamten Genoms bereitgestellt werden. Alternativ kann es zur Vervielfachung begrenzter Genbereiche – entweder intra- oder extrachromosomal – kommen.

9.3.4 Wechsel des Paarungstyps bei Hefen

Hefezellen können haploid oder diploid sein (Abb. 5.29). Der **Generationswechsel** zwischen dem haploiden und diploiden Zustand ist mit der Konjugation, also der Fusion zweier haploider Zellen verbunden. Deren Fusionsprodukt kann sich entweder als diploide Zelle vermehren oder unter ungünstigen Umweltbedingungen (z. B. Nahrungsmangel) einen Meiosezyklus durchlaufen und unter Sporenbildung wieder in den haploiden Zustand übergehen. Die Konjugation zweier haploider Zellen kann nur zwischen Zellen eines unterschiedlichen **Paarungstyps** (engl. *mating type*) erfolgen. Bei *Saccharomyces cerevisiae*, der Bäckerhefe, werden diese beiden Zelltypen unterschiedlichen Paarungstyps als a- und α-Zellen bezeichnet. Der Paarungstyp der Zelle wird durch den *mating-type*-Locus (*MAT*) bestimmt, der (in diploiden Zellen) in der Form von zwei Allelen, *MAT*a und *MAT*α, vorkommen kann. Konjugieren können nur haploide Zellen mit verschiedenen Allelen (also: *MAT*a ∞ *MAT*α). Diploide Zellen sind demgemäß bezüglich des *MAT*-Locus grundsätzlich heterozygot.

Wenn haploide Zellen unterschiedlichen Paarungstyps aufeinandertreffen, erfolgt die Paarung schnell. Dieser Prozess wird über Pheromone und entsprechende G-Protein-gekoppelte Rezeptoren gesteuert, deren Expression über die unterschiedlichen Allele des MAT-Locus reguliert werden: Haploide a-Zellen exprimieren den Rezeptor Ste2, der das Pheromon des Paarungstyps α erkennt, das von haploiden α-Zellen gebildet wird. Umgekehrt exprimieren haploide α-Zellen den Rezeptor Ste3, der die a-Pheromone bindet, die von den a-Zellen gebildet werden. Mutationen in den Genen für die Rezeptoren führen zu einer Unfähigkeit zur Paarung – die Abkürzung „Ste" weist auf die Sterilität hin.

Der *MAT*-Locus liegt auf dem Chromosom 3 (Abb. 9.39); der zentrale Genabschnitt (a bzw. α) umfasst rund 700 bp und definiert die sexuelle Identität der Zelle. Die *MAT*a- und *MAT*α-Allele sind vollkommen unterschiedlich in ihrer Sequenz. In *S. cerevisiae* enthält das *MAT*α-Allel zwei Gene, *MAT*α*1* und *MAT*α*2*, wohingegen das *MAT*a-Allel nur ein einziges Gen enthält, *MAT*a1. Die drei Gene codieren für Transkriptionsregulatoren, die den jeweiligen Paarungstyp der haploiden Zellen durch Aktivierung oder Hemmung von a-spezifischen Genen (asg) oder α-spezifischen Genen (αsg) festlegen. Von diesen paarungstypspezifischen Genen kennen wir – je nach Spezies – etwa 5–12 verschiedene; darüber hinaus gibt es ungefähr 12–16 Gene, die nur in den haploiden Zellen vorkommen (unabhängig vom Paarungstyp), aber nicht in den diploiden Zellen; diese haploidspezifischen Gene ermöglichen überhaupt eine Paarung. Und schließlich gibt es eine größere Gruppe von etwa 100 Genen, die in haploiden Zellen durch Pheromone des jeweils anderen Paarungstyps aktiviert werden.

Das α1-Protein ist ein positives Regulationsmolekül, das α-spezifische Genfunktionen induziert. Zu diesen induzierten Genen gehört ein kleines, 13 Aminosäuren langes Peptid, MFα1, das als **Pheromon** wirkt. Dieses Pheromon wird von α-Zellen sezerniert und von einem MFα1-spezifischen Rezeptor in der Zellmembran von Paarungstyp-a-Zellen als Ligand gebunden. Es bewirkt eine Konformationsänderung des Rezeptors und aktiviert dadurch ein intrazelluläres, an den Rezeptor gebundenes **G-Protein** (Guaninnukleotid-bindendes Protein), das seinerseits eine Kaskade intrazellularer Stoffwechselprozesse induziert und unter anderem durch Phosphorylierung des p^{cdc28} zur Blockierung der Zelle in der G_1-Phase führt. Das **α2-Produkt** hingegen wirkt

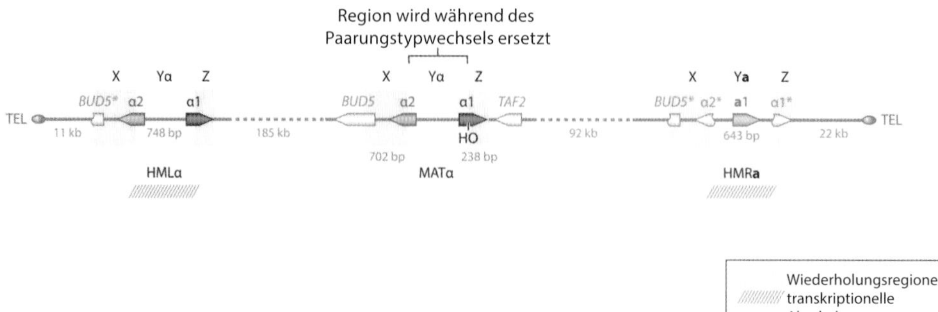

Abb. 9.39 *MAT*-Locus von *Saccharomyces cerevisiae*. Der *MAT*-Locus befindet sich auf dem Chromosom 3 und wird von zwei anderen DNA-Elementen links und rechts flankiert (*HML* und *HMR*; engl. *hidden mating type left* bzw. *right*). Die beiden Allele a (650 bp) oder α (750 bp) definieren die sexuelle Identität der Zelle. *HML* und *HMR* enthalten vollständige Kopien der Paarungstyp-Gene, die aber stillgelegt sind (*schraffiert*). (Nach Wolfe und Butler 2017, mit freundlicher Genehmigung)

als negativer Regulator (also Repressor) auf a-Zell-spezifische Gene, die damit in α-Zellen inaktiv bleiben.

Im Gegensatz dazu hat das **a1-Produkt** keinen Einfluss auf die Identität der a-Zellen; diese wird vielmehr über die Abwesenheit der α-Genprodukte definiert. Der a-Zelltyp ist also die „Standardeinstellung" einer Zelle bei *S. cerevisiae*, und die a-Zell-spezifischen Gene werden durch die konstitutiv exprimierten Gene *Mcm1* (engl. *minichromosome maintenance*) und *Ste12* (steril) angeschaltet. So ist es auch verständlich, dass Zellen ohne einen *MAT*-Locus mit α-Zellen konjugieren können. Das a1-Produkt wird aber auch in diploiden (a/α) Zellen gebildet (▪ Abb. 9.39). Hier inhibiert es, zusammen mit dem α2-Peptid, die Expression des *HO*-Gens (*homothallic*), des α1-Gens und einer Serie weiterer Gene, deren Funktionen zur Konjugation erforderlich sind.

Das *HO*-Gen codiert für eine Endonuklease, die für den **Wechsel des Paarungstyps** notwendig ist. In *ho*-Stämmen ist diese Endonuklease nicht aktiv, sodass diese *ho*-Stämme (die auch heterothallisch genannt werden) einen stabilen Paarungstyp (a oder α) haben. Bei homothallischen *HO*-Stämmen hingegen verändert sich der Paarungstyp der haploiden Zellen nach jeder Zellteilung (ausgenommen der ersten nach der Meiose) mit großer Häufigkeit spontan: Eine Zelle, deren ursprünglicher Paarungstyp a war, kann Tochterzellen hervorbringen, die dem α-Paarungstyp zugehören und umgekehrt. Es entsteht somit eine Zellpopulation, die aus sich selbst heraus zur Konjugation (also eigentlich Selbstbefruchtung) befähigt wird, indem sie selbst Zellen des entgegengesetzten Geschlechts liefert (sie ist homothallisch). Heterothallische Zellpopulationen benötigen hingegen zur Konjugation eine Population von Zellen entgegengesetzten Paarungstyps, da sie diese nicht selbst produzieren können.

Haploide *S. cerevisiae*-Stämme können spontan ihren Haplotyp verändern. Das Umschalten von *MAT*a nach *MAT*α oder umgekehrt erfolgt durch einen Genkonversionsprozess, bei dem die Information am *MAT*-Genort durch eine der stillen flankierenden Kassetten *HML*α oder *HMR*a ersetzt wird. Diese Genkonversion wird durch die HO-Endonuklease initiiert, die einen Doppelstrangbruch setzt (▪ Abb. 9.40).

An der **Veränderung des Paarungstyps** in haploiden *HO*-Zellen sind drei Loci beteiligt (▪ Abb. 9.39 und 9.40). Wie wir heute wissen, erfolgt die Umschaltung des Paarungstyps durch eine Interaktion des eigentlichen *MAT*-Locus mit zwei anderen DNA-Abschnitten, *HML*α und *HMR*a, die den *MAT*-Locus links (*HML*) und rechts (*HMR*) flankieren. Beide DNA-Bereiche sind Kopien des *MAT*-Locus, und zwar einmal des *MAT*α-Allels (*HML*), das andere Mal des *MAT*a-Allels (*HMR*). Im Gegensatz zum *MAT*-Locus selbst werden die *HML*- und *HMR*-Regionen nicht transkribiert. Dafür sorgen die vier *SIR*-Gene (engl. *silent information repressor, SIR*), die auf die Transkriptionskontrollelemente von a1, α1 und α2 in den *HML*- und *HMR*-Regionen einwirken und deren Transkription reprimieren. Dadurch wird sichergestellt, dass nur das jeweils im eigentlichen *MAT*-Locus vorhandene Allel transkribiert wird, obwohl im Genom prinzipiell beide Allele verfügbar sind.

Der **molekulare Mechanismus des Abschaltens** der *HM*-Regionen ist in den letzten Jahren relativ gut aufgeklärt worden. Es sind hierbei Multiproteinkomplexe beteiligt, wie sie auch in anderen chromosomalen Regionen mit inaktivem Chromatin (in Telomeren, Centromeren) und einzelnen inaktivierten Genen (rDNA u. a.) gefunden werden. Die Abgrenzung der Regionen (~ 3 kb), die durch Chromatinkondensation einer Abschaltung unterliegen, erfolgt durch spezifische DNA-Elemente (*HML-E, HML-I, HMR-E, HMR-I;* E = *essential,* I = *important*). Die Abschaltung des Chromatins im *MAT*-Locus reflektiert damit offenbar einen generellen Mechanismus der Chromatininaktivierung, dazu gehört auch die geringe Acetylierung von Histonen.

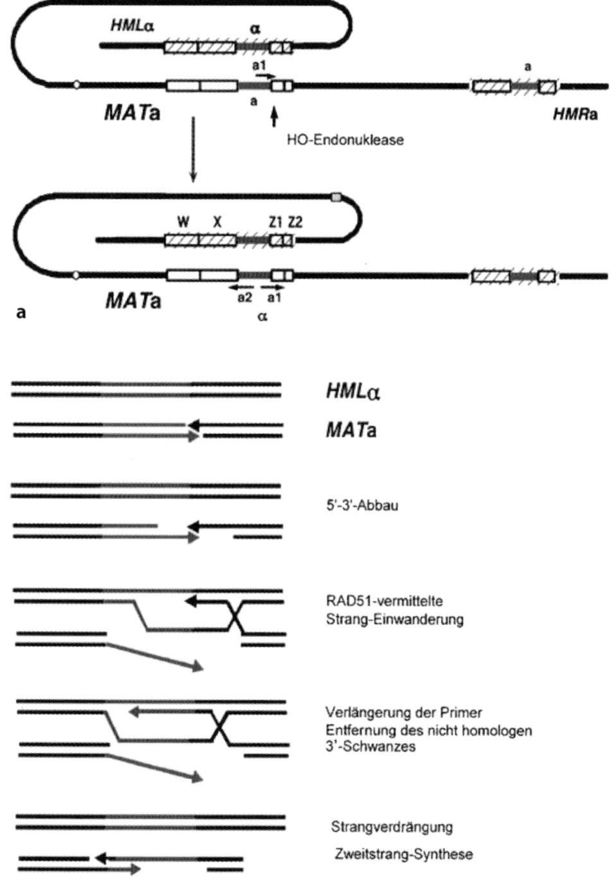

Abb. 9.40 Molekularer Mechanismus des Paarungstyp-Wechsels. **a** Durch die Aktivität der im *HO*-Gen codierten Endonuklease wird zunächst ein Doppelstrangschnitt im *MAT*a-Locus verursacht. Einer der freien DNA-Stränge dient dann, ähnlich wie bei der normalen Rekombination, nach Einwanderung des intakten DNA-Strangs des *HML*α-Locus als Primer für begrenzte DNA-Neusynthese. Als Resultat ist die α-Region (*blau*) des *HML*α-Bereichs in den aktiven *MAT*a-Locus (*rot*) kopiert, ohne dass der *HML*α-Bereich selbst verändert wurde. **b** Einzelschritte der Genkonversion beim Paarungstyp-Wechsel. (Nach Haber 2006, mit freundlicher Genehmigung)

Der Wechsel zwischen a- und α-Konstitution im *MAT*-Locus erfolgt durch replikatives Einlesen der jeweils entgegengesetzten Allelkonstitution in den *MAT*-Locus (Abb. 9.40). Hierzu wird zunächst ein versetzter Doppelstrangschnitt in die Z1-Region des *MAT*-Locus durch die HO-Endonuklease eingeführt. Danach erfolgt eine Paarung der *HML*- oder *HMR*-Region mit dem *MAT*-Locus. Dieser Paarung folgt ein Einlesen der DNA-Sequenz eines Teils der *HML*- bzw. *HMR*-Region durch Genkonversion.

Üblicherweise rekombinieren *MAT*a-Stämme mit *HML*α, auch wenn *HMR* α anstelle von a enthält. Diese **Donor-Präferenz** wird durch ein kurzes DNA-Element (244 bp) reguliert, das als Rekombinations-Enhancer (RE) bezeichnet wird; es liegt zwischen dem *HML*α-Element und dem Centromer (~ 16 kb unterhalb von *HML*α). In *MAT*a-Zellen binden die Transkriptionsfaktoren Mcm1 (engl. *minichromosome maintenance*) und Fkh1 (engl. *forkhead*) an den Rekombinations-Enhancer und aktivieren ihn dadurch. Mutationen an zwei Basenpaaren innerhalb der Mcm1-Bindestelle heben die RE-Aktivität vollständig auf. In *MAT*α-Zellen bindet dagegen das MATa2-Protein an den RE und verhindert dadurch dessen Aktivierung durch Mcm1 und Fkh1. Das führt dazu, dass im RE-unabhängigen Mechanismus *HMR* der bevorzugte Donor ist und sich eine Konversion von *MAT*α nach *MAT*a ergibt.

Ähnliche Mechanismen der Veränderung des *MAT*-Locus findet man auch in anderen Hefen, wenn auch zum Teil mit bemerkenswerten Unterschieden. Beispielsweise wird die Veränderung des Paarungstyps in *Schizosaccharomyces pombe* durch **Imprinting** (► Abschn. 8.4) eines der DNA-Stränge im Paarungstyp-Locus (hier *mat1* genannt) kontrolliert. Das hat zur Folge, dass bei *S. pombe* im Gegensatz zur Bäckerhefe jeweils nur eine der Tochterzellen einen veränderten Paarungstyp aufweist, während in *Saccharomyces cerevisiae* jeweils beide Tochterzellen im Paarungstyp verändert sind. Besondere Bedeutung kommt dabei einer Gruppe von Genen zu, die als *swi*-Gene bezeichnet werden, da sie für einen effizienten Wechsel (engl. *switching*) des Paarungstyps verantwortlich sind. Für eine Übersicht siehe Broach (2004).

Die Evolution des Paarungstyp-Wechsels in verschiedenen Spezies hat zu interessanten Entdeckungen geführt. Das System ist offensichtlich in einem zweistufigen Prozess entstanden, wobei zunächst die stillen *HML*/*HMR*-Kassetten erschienen und später das Gen für die HO-Endonuklease, das sich von einem mobilen Element ableiten lässt. Beides, HO-vermittelter Wechsel des Paartungstyps und die stillen *HM*-Kassetten, kommen in dieser Form nur in *Saccharomyces* und deren nächsten Verwandten vor. Die entfernter verwandte Spezies *Kluyveromyces lactis* hat zwar die stillen *HM*-Regionen, wechselt aber den Paarungstyp ohne die HO-Endonuklease. Sehr weit entfernte Verwandte wie *Candida albicans* und *Yarrowia lipolytica* haben keine stillen Kassetten, und in *Pichia angusta* liegen die Gene *MAT*α*2*, *MAT*α*1* und *Mata1* direkt nebeneinander auf demselben Chromosom. Einen Vergleich der Organisationsformen verschiedener *MAT*-Regionen in Hefen gibt Abb. 9.41.

Die Erkenntnisse aus dem Paarungstyp-Wechsel bei der Bäckerhefe haben aber nicht nur wissenschaftliche Bedeutung, sondern sie haben auch zu neuen Erkenntnissen bei dem Pilz *Candida albicans* geführt. Infektionen mit *C. albicans* sind für eine Reihe von Erkrankungen verantwortlich, die von Scheidenentzündungen bis zu Infektionen des Blutkreislaufs reichen und in zunehmendem Maße zum Tod führen. Der „Erfolg“ dieses Hefepilzes rührt daher, dass er sowohl als ein relativ

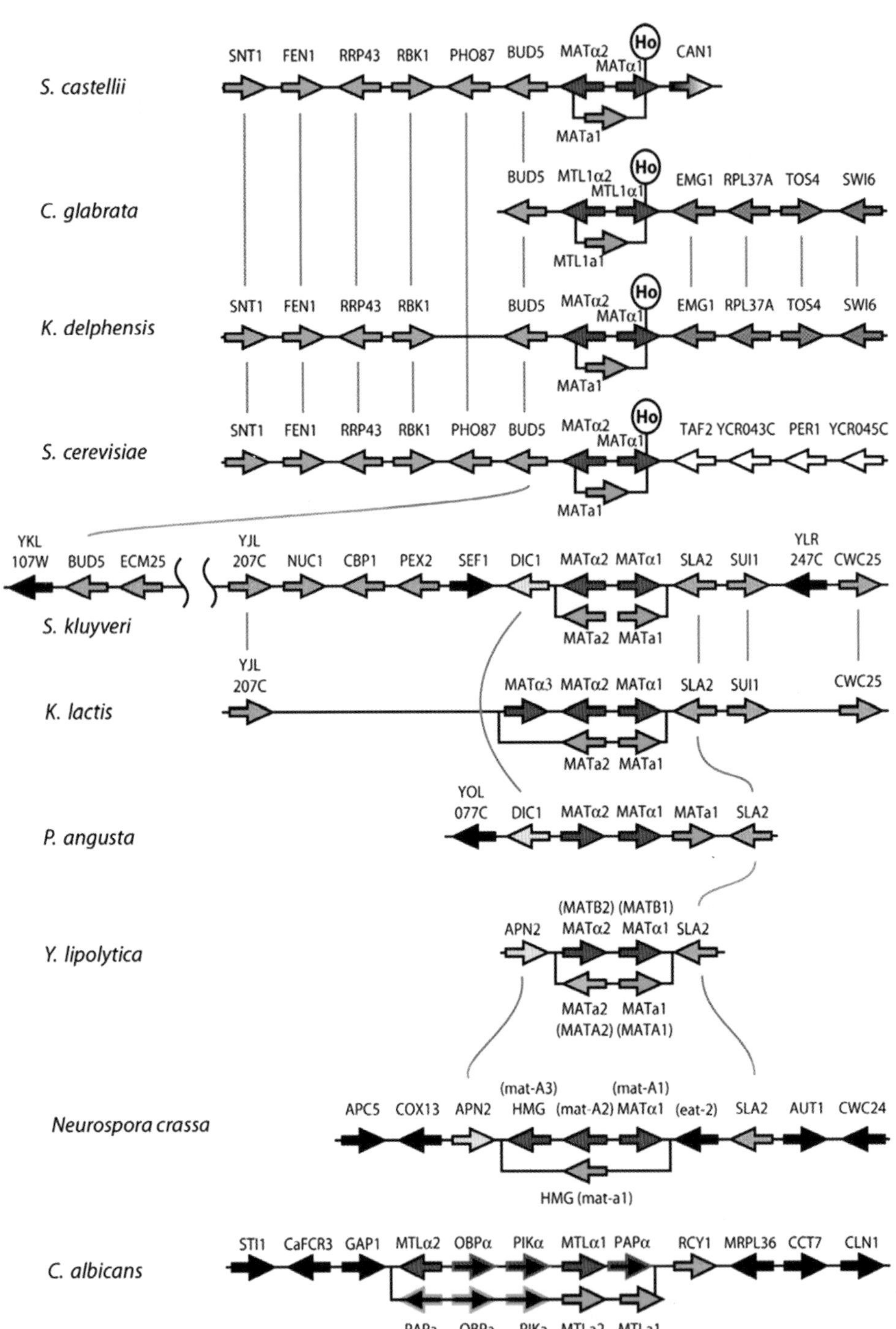

Abb. 9.41 Vergleich der Organisation der *MAT*-Region bei neun Hefespezies und *Neurospora*. Die Hauptlinie gibt die Organisation der α-Form an, wohingegen die a-Form jeweils darunter dargestellt ist; *vertikale Linien* verbinden orthologe Gene. Die Position der Schnittstelle der HO-Endonuklease ist angegeben, wenn sie vorhanden ist. Die Farben entsprechen konservierten Genen: *rot*: α-Typ; *grün*: a-Typ; *blau*: homologe Gene zum Chromosom 3 (Bereich *YCR033W-YCR038W*) von *S. cerevisiae*; *weiß*: homologe Gene zum Chromosom 3 (Bereich *YCR042W-YCR045W*); *orange*: homologe Gene zum Chromosom 10; *grau*: homologe Gene zum Chromosom 12; *hellviolett*: homologe Gene zum Chromosom 14; *grauer Gradient*: *CAN1*; *rosa*: *DIC1*; *gelb*: *APN2*. Die Gennamen in Klammern sind speziesspezifisch. (Nach Butler et al. 2004, mit freundlicher Genehmigung)

gutartiger Begleiter seines Wirts in dessen natürlicher Flora an vielen Stellen eines gesunden Körpers lebt – aber als Antwort auf veränderte Bedingungen der Wirtsphysiologie ist er in der Lage, in fast jedes Gewebe einzudringen. Seine Fähigkeit, Biofilme herzustellen, dem Immunsystem zu entkommen und sich gegen Antipilzmittel erfolgreich zur Wehr zu setzen, lässt auf ein hohes Maß an Plastizität und Adaptionsfähigkeit

Saccharomyces cerevisiae

a Wechsel der Paarungstypen

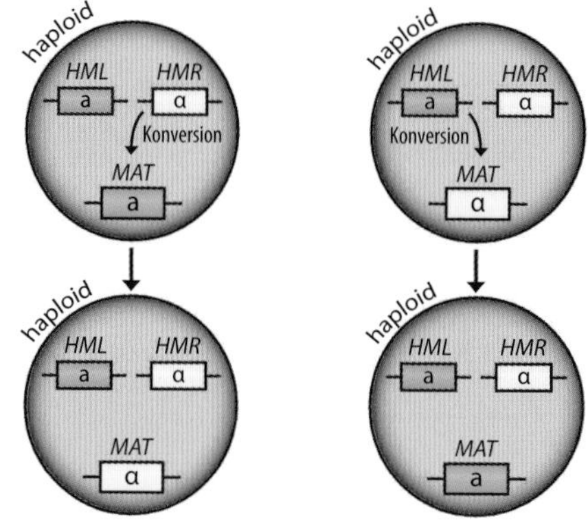

b Paarung von Haploiden a x α

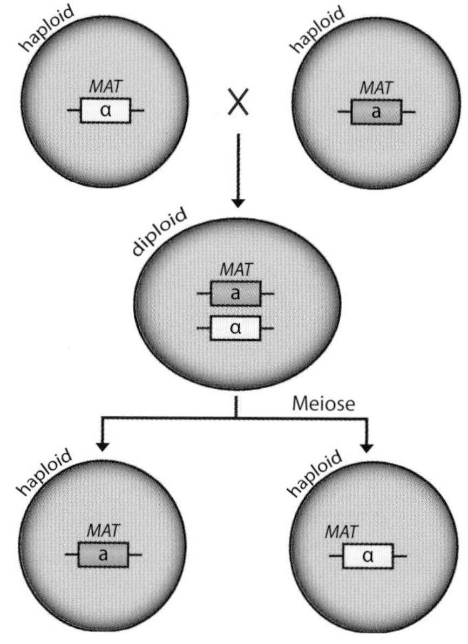

Candida albicans

c Homozygotie

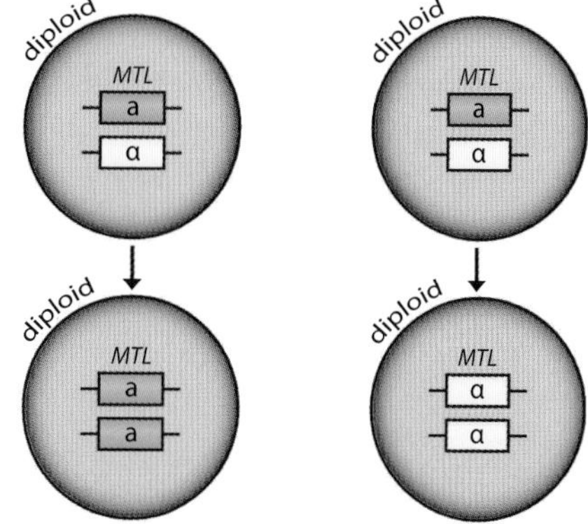

d Paarung von Homozygoten a/a x α/α

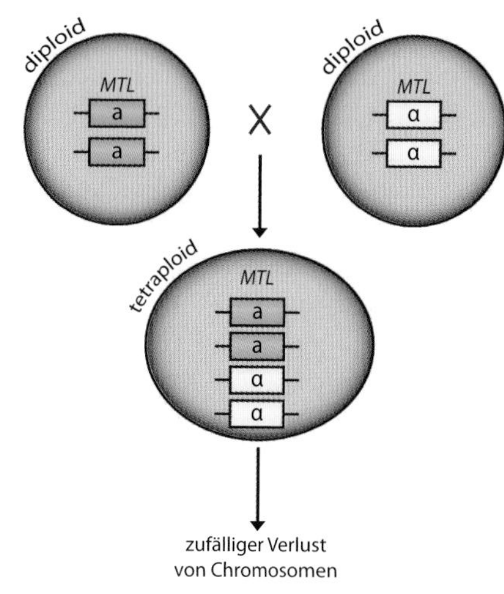

Abb. 9.42 Vergleich des Mechanismus des Paarungstyp-Wechsels zwischen *S. cerevisiae* und *C. albicans*. **a, c** Während *S. cerevisiae* den Paarungstyp-Wechsel durch eine Rekombination und Expression des stillen α- bzw. a-Allels vollzieht (**a**), muss *C. albicans* zunächst für α bzw. a homozygot werden (**c**). **b** Der Paarungsvorgang erzeugt bei *S. cerevisiae* eine diploide Zelle für *MAT* (α/a), die durch eine Meiose wieder in den haploiden Zustand zurückkehrt. **d** Bei *C. albicans* entsteht dagegen eine tetraploide, heterozygote Zelle (α/α/a/a) für *MTL* (engl. *mating type like locus*), die wahrscheinlich über einen zufälligen Verlust von Chromosomen wieder zum diploiden Zustand zurückkehrt. (Nach Soll 2003, mit freundlicher Genehmigung)

schließen. Bis 1985 wusste man nur, dass der Pilz zwischen Sprosszellen und Hyphen wechseln kann, und bis 1999 waren keine Paarungstyp-Gene bekannt. Daher dachte man lange Zeit, dass eine Paarung, der primäre Mechanismus der Rekombination, bei *C. albicans* nicht stattfindet. Inzwischen kennen wir aber eine Reihe von phänotypischen Wechsel-Systemen bei *C. albicans*, vor allem auch aus klinisch relevanten Isolaten. Auch die entsprechenden Gene für den Paarungstyp-Wechsel sind identifiziert; das entsprechende Gensymbol ist *MTL* (engl. *mating-type like locus*). Im Gegensatz zu *S. cerevisiae* durchläuft aber *C. albicans* ein tetraploides Stadium während des Paarungsprozesses (Abb. 9.42) – dadurch ist die Regulation des gesamten Prozesses wesentlich komplexer und erklärt auch seine späte Entdeckung. Es wird auch darüber spekuliert, dass die spezifische Pathogenität von *C. albicans* mit der Regulation seiner Paarungsfähigkeit zusammenhängt. Es scheint kein Zufall zu sein, dass die Paarungsfähigkeit erleichtert ist, wenn *C. albicans* auf der Haut immobilisiert ist, und dass ein bestimmter Phänotyp selektiv die Haut kolonisiert. Möglicherweise ergeben sich aus diesen Befunden auch neue therapeutische Möglichkeiten für die Bekämpfung der Candidosen.

Hefen sind als Haplonten oder Diplonten lebensfähig. Haploide Zellen unterschiedlicher Paarungstypen können fusionieren und diploide Zellen bilden. Der Paarungstyp von *Saccharomyces cerevisiae* wird durch die genetische Konstitution des *MAT*-Locus bestimmt. Spontane Veränderungen des Paarungstyps beruhen auf einer Endonuklease-kontrollierten DNA-Veränderung im *MAT*-Locus. Im Genom sind stets zwei zusätzliche Kopien des *MAT*-Locus vorhanden, je eines für den a- und den α-Paarungstyp. Durch Genkonversion kommt es zum Wechsel des Paarungstyps.

9.3.5 Oberflächenantigene von *Trypanosoma*

Der Erreger der Schlafkrankheit, der Flagellat *Trypanosoma brucei*, wird durch die Tsetse-Fliege *Glossina palpalis* (Muscidae) übertragen. Der Flagellat (Protozoa) vermehrt sich nach der Übertragung durch die Stechfliege im Blut des Menschen über einige Monate, bis er in die Cerebralflüssigkeit übergeht und einen tödlichen Krankheitsverlauf auslöst. Der Lebenszyklus von *T. brucei* ist in ◘ Abb. 9.43 schematisch dargestellt.

Zu Beginn der Infektion ist das Immunsystem in der Lage, sich weitgehend gegen die Erreger zu wehren. Eine kleine verbleibende Population des Flagellaten entkommt aber der Erkennung durch die Immunabwehr dadurch, dass er ein neues Oberflächenprotein bildet. Dessen Glykoproteine (engl. *variable surface glycoproteins*, VSGs) wirken als Antigendeterminanten und sind mit etwa 10^7 Molekülen in der Plasmamembran integriert. Jedes Individuum von *T. brucei* hat ein Repertoire von etwa 100 solchen Glykoproteinen mit unterschiedlichen Antigenvarianten verfügbar, die im Laufe des Infektionszyklus zur Ausprägung kommen. Ihr häufiger Wechsel (etwa ein- bis zehnmal in 10^6 Individuen) gestattet es dem Parasiten, der menschlichen Immunabwehr zu entrinnen.

VSGs sind glykosylierte Polypeptide mit einer Länge von etwa 500 Aminosäuren, die als Homodimere auftreten. Sie werden von einer **Multigenfamilie** von etwa 1500 Genen im Genom des Parasiten codiert. Jedes Gen besteht aus einer variablen und einer konstanten Region. Konstante Bereiche, die in der Plasmamembran fixiert sind, sind nicht vollständig identisch, sondern nur ähnlich. Hingegen enthält der Aminoterminus die voneinander verschiedenen Antigendeterminanten. Lediglich eines dieser Gene ist jeweils aktiv und befindet sich im Subtelomerbereich eines der vielen Chromosomen des Parasiten. Die Subtelomerbereiche können sich in der Evolution schnell verändern (sie liegen zwischen den Telomerbereichen und den konventionellen euchromatischen Regionen des Chromosoms). Es gibt vier Typen von Loci, die VSGs codieren – alle sind subtelomerisch lokalisiert:

- Das „stille Archiv“ der VSG-codierenden Gene beinhaltet lange Wiederholungseinheiten, die zwischen fünf und über 1500 Gene enthalten. Davon sind nur rund 4 % intakte Gene, 65 % Pseudogene, 21 % Genfragmente und 9 % wahrscheinlich unvollständige Gene.
- Die zweite Gruppe besteht aus ca. 100 Minichromosomen, die wahrscheinlich als Lager für stille VSG-codierende Gene dienen.

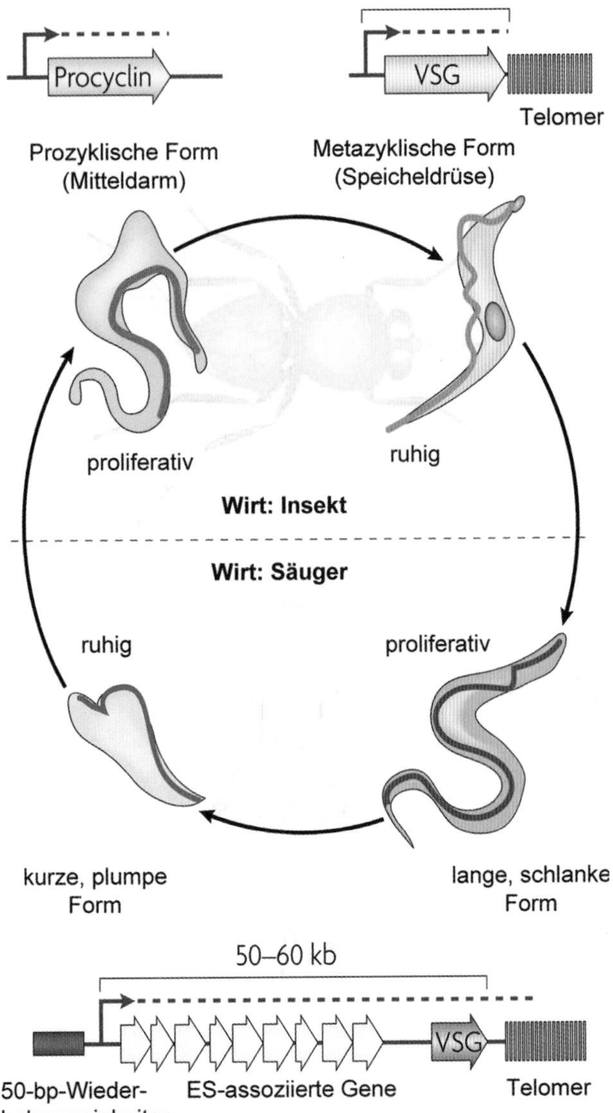

◘ **Abb. 9.43** Der Entwicklungszyklus von *Trypanosoma brucei*. Mit dem Stich einer Tsetse-Fliege gelangt der Erreger über die Haut in die Blut- und Lymphbahn, über die er sich als lange, schlanke Form verbreitet. Die Trypanosomen gelangen zurück in die Tsetse-Fliege, wenn diese nach einem Stich in einen infizierten Menschen die plumpe, gedrungene Form wieder aufnehmen. Im Mitteldarm des Insekts verwandeln sich die Erreger in die prozyklische Form und wandern in die Speicheldrüse ein. Dort entwickeln sie sich zu der infektionsfähigen, metazyklischen Form. Die ruhenden und metazyklischen Formen exprimieren ein variables Glykoprotein auf ihrer Oberfläche (VSG), das von einer der vielen Telomer-nahen Expressionsstellen (ES) abgelesen wird. Prozyklische Parasiten exprimieren dagegen Procycline, deren Genorte eher im Inneren der Chromosomen liegen. (Nach Dreesen et al. 2007, mit freundlicher Genehmigung)

- Die dritte Gruppe umfasst etwa 15 bis 20 spezialisierte Transkriptionseinheiten, von denen VSGs während des Aufenthaltes im Blut des Wirts abgelesen werden (engl. *bloodstream expression site*, BES). Diese Bereiche sind polycistronisch und üblicherweise etwa 50 kb lang. Alle BES-Elemente werden flankiert von Regionen, die viele Retrotransposons und 50-bp-Wiederholungselemente enthalten. Die BES dehnen sich unterhalb eines RNA-Polymerase-I-Promotors über mehrere Gene aus, die mit den Expressionsstellen assoziiert sind (engl. *expression site-associated genes*, ESAGs), und umfassen auch noch einen Bereich von mehreren Hundert unvollständigen Wiederholungseinheiten, die sehr TAA-reich sind und als „70-bp"-Elemente bezeichnet werden (und auch bei den VSGs vorkommen).
- Die vierte Gruppe umfasst einen Satz von Genen, die in der infektiösen, metazyklischen Population der Tsetse-Fliege aktiv sind und entsprechend für metazyklische VSGs (MVSG) codieren.

Da die subtelomere Region offensichtlich das gesamte VSG-System enthält, hat diese Region viele kritische Funktionen in der Antigenvariation zu erfüllen: Das „stille Archiv" muss sich weiterentwickeln können; es muss einen Mechanismus geben, um stille Information in die BES zu kopieren; es muss einen Mechanismus geben, der alle bis auf einen BES während des Aufenthaltes in der Blutbahn stilllegt; und die anderen Expressionsstellen müssen über die längsten Zeiträume während des Lebenszyklus ebenfalls abgeschaltet sein.

Der VSG-Wechsel, d. h. der Prozess der Antigenvariation, ist in mehreren Variationen möglich und schließt DNA-Rearrangements und Transkriptionskontrolle ein. Zuallererst kann **Genkonversion** dazu führen, dass ein stilles VSG-codierendes Gen in eine aktive Expressionsstelle hineinkopiert wird und dabei das bisherige VSG ersetzt. Dieser Mechanismus ist bei chronischen Infektionen bei Weitem der häufigste, da er es den Trypanosomen ermöglicht, irgendein VSG-codierendes Gen aus dem Genom in die aktive Expressionsstelle zu kopieren. Der Austausch durch Genkonversion wird durch die Anwesenheit von 70-bp-Wiederholungselementen oberhalb der stillen VSG-codierenden Gene erleichtert; die 3′-Homologie ergibt sich aus den VSG-codierenden Genen selbst; es können aber auch andere homologe Regionen verwendet werden.

Da über 90 % des Repertoires an VSG-codierenden Genen aus Pseudogenen besteht, die Stoppcodons, Verkürzungen und Leserasterverschiebungen enthalten, wird ein weiterer Mechanismus diskutiert, bei dem nur Teile dieser Gene kopiert werden; wir sprechen dann von **segmentaler Genkonversion**. Dieser Weg des VSG-Wechsels spielt sich wohl besonders häufig in den späten Phasen einer chronischen Infektion ab, da so eine Vielzahl von verschiedenen Segmenten verwendet werden kann, um neue Kombinationen von VSGs herstellen zu können, die vom Immunsystem nicht erkannt werden können. Zu den Mechanismen des VSG-Wechsels, die eher früh nach einer Infektion stattfinden, gehören die unterschiedliche **Aktivierung durch Transkription** und die **Genkonversion von VSG-codierenden Genen an Telomeren**; hierzu gehören vor allem die Minichromosomen, die so in aktive Expressionsstellen gelangen. Einen Überblick über die verschiedenen Mechanismen gibt ◘ Abb. 9.44.

Wie auch beim Paarungstyp-Wechsel der Hefen (▶ Abschn. 9.3.4) geht man davon aus, dass ein Doppelstrangbruch den Prozess des VSG-Wechsels einläutet, und zwar in den schon erwähnten 70-bp-Wiederholungseinheiten. Dieser Bereich der aktiven subtelomeren, VSG-codierenden Gene ist besonders anfällig für spontane Doppelstrangbrüche. Eine mögliche Form der DNA-Reparatur ist die Homologie-abhängige Rekombination (▶ Abschn. 10.6.4) unter Beteiligung von RAD51 und BRCA2; Mutationen in den entsprechenden Genen führen zu deutlich verminderten VSG-Wechseln (Mutationen im *BRCA2*-Gen führen bei Frauen zu Brustkrebs; ▶ Abschn. 13.4.1). Eine ausführliche Darstellung der Antigenvariationen bei Trypanosomen findet sich bei Horn (2014).

> **!** *Trypanosoma brucei*, der Erreger der Schlafkrankheit, zeichnet sich durch variable Oberflächenantigene an seiner Plasmamembran aus. Durch den Wechsel dieser Antigene nach der Infektion vermag der Parasit der Immunabwehr zu entrinnen. Der Wechsel des exprimierten Antigens ist mit DNA-Veränderungen verbunden.

9.4 Immunsystem

9.4.1 Funktion des Immunsystems der Säuger

Das Immunsystem ist ein Abwehrsystem eines Organismus, sich gegen infektiöse Agenzien wie Viren, Bakterien, Pilze etc. zu wehren. Wir können zwei grundsätzlich verschiedene Arten der Immunantwort unterscheiden, die „angeborene" Immunantwort (engl. *innate immunity*) und die adaptive oder erworbene Immunreaktion. Die **angeborene Immunantwort** richtet sich im Wesentlichen gegen Mikroben und Parasiten und ist weitverbreitet; die **erworbene Immunantwort** ist dagegen hochspezifisch und nur bei Wirbeltieren bekannt. Immunität wird also durch das Zusammenwirken vieler verschiedener Zellen erreicht; einige davon zirkulieren im Körper, andere sind in verschiedenen Organen des Lymphsystems konzentriert. Eine wichtige Säule der erworbenen Immunantwort sind **Antikörper**. Diese sind imstande, körperfremde Stoffe (**Antigene**) zu erkennen und sich daran anzulagern. Diese Anlagerung führt zur Bildung eines Antikörper-

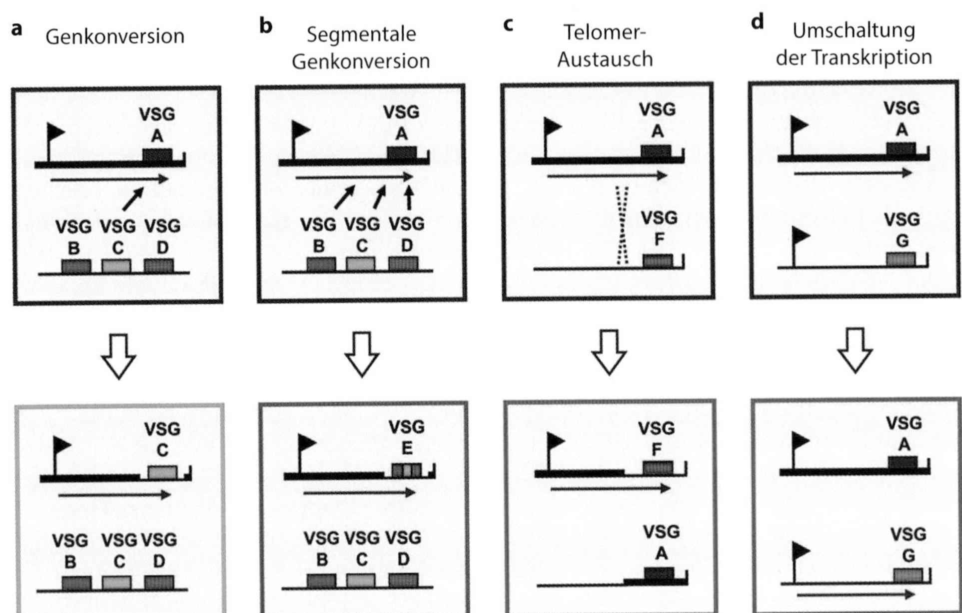

9

■ **Abb. 9.44** Verschiedene Mechanismen des VSG-Wechsels bei Trypanosomen. Das aktive VSG wird von einer aktiven, Telomer-nahen VSG-Expressionsstelle exprimiert; der Promotor ist durch ein *schwarzes Dreieck* gekennzeichnet und die Transkription durch einen *langen Pfeil*. **a** VSG-Wechsel durch Genkonversion bezieht ein stilles VSG ein, das in die aktive Expressionsstelle hineinkopiert wird und dabei das bisher aktive VSG ersetzt. **b** VSG-Wechsel durch segmentale Genkonversion wird durch die Rekombination von Segmenten vieler VSG-Kassetten und Pseudogenen ermöglicht, was dann zur Herstellung eines neuen, mosaikartigen VSG führt. **c** VSG-Wechsel durch den Austausch von Telomeren wird durch ein Rekombinationsereignis von zwei Telomerbereichen ermöglicht. Dieser Vorgang fügt ein bisher stilles Telomer-nahes VSG in die aktive Expressionsstelle ein und führt das bisher aktive VSG zu einem stillen Telomer. **d** VSG-Wechsel kann durch eine veränderte Transkriptionskontrolle ermöglicht werden; dadurch wird eine bisher stille Expressionsstelle aktiviert und die bisher aktive Expressionsstelle wird abgeschaltet. (Nach Vink et al. 2012, mit freundlicher Genehmigung)

Antigen-Komplexes, der anschließend durch spezialisierte Zellen des Immunsystems vernichtet werden kann.

Die Synthese von Antikörpern erfolgt ausschließlich in speziellen Zellen des Immunsystems, den **Lymphocyten**. Hauptklassen dieser Zellen sind die B- und die T-Lymphocyten. Sie erfüllen jeweils charakteristische Aufgaben im Bereich der Immunabwehr. Beide Lymphocytentypen gehören, wie auch die übrigen Zellen des Immunsystems und die Erythrocyten, dem hämatopoetischen (blutbildenden) System an. Sie entstehen, wie alle Blutzellen, aus Stammzellen im Knochenmark (■ Abb. 9.45).

Die Antikörper sind zunächst an die Membran naiver Lymphocyten gebunden; nach der Erkennung eines körperfremden Stoffes durch einen **B-Lymphocyten** beginnt dieser zu proliferieren und bildet eine große Anzahl von **Plasmazellen**. Alle von ihm abgeleiteten Plasmazellen produzieren den gleichen spezifischen Antikörper gegen ein bestimmtes Antigen (klonale Selektion; Burnet 1959; Talmage 1957). Dieser Antikörper wird nun jedoch nicht mehr vorwiegend als membrangebundene Form synthetisiert, sondern wird in einer löslichen Form ins Blut abgegeben.

T-Lymphocyten (auch T-Zellen genannt) werden ebenfalls im Knochenmark gebildet, müssen jedoch zunächst im Thymus eine Reifungsphase durchlaufen, um funktionsfähig zu werden. T-Zellen unterstützen die B-Lymphocyten in ihrer Funktion, indem sie mit ihrem an der Zellmembran gebundenen **T-Zell-Rezeptor** an B-Lymphocyten gebundene Antigene erkennen und an diese binden. Im Gegensatz zu B-Lymphocyten erkennen T-Zellen nur gebundene Antigene. Hierfür ist ein Erkennungssignal an der Antigen-tragenden Zelle, das **Histokompatibilitätsantigen**, erforderlich. Aufgabe der T-Zellen ist es nun, einerseits dieses Histokompatibilitätsantigen, andererseits den Antigen-Antikörper-Komplex am B-Lymphocyten mittels des T-Zell-Rezeptors zu erkennen. T-Zellen sind selbst nicht imstande, Antikörper zu sezernieren.

Es werden mehrere Typen von T-Zellen unterschieden, die **cytotoxischen T-Lymphocyten** (CTL) (auch **Killer-T-Zellen** genannt), **Helfer-T-Zellen** (T_H-Zellen) und **Suppressor-T-Zellen** (T_S-Zellen). Wie der Name andeutet, haben CTLs die Aufgabe, Zellen mit körperfremden Antigenen an ihrer Zelloberfläche zu vernichten. T_S-Zellen dämpfen eine immunologische Reaktion; T_H-Zellen dagegen sezernieren Proteinfaktoren, die die Immunreaktion anderer Zellen, beispielsweise von B-Lymphocyten, stimulieren. Sie sind ein unentbehrlicher Bestandteil des Immunsystems. Das wird besonders deutlich daran, dass sie die Wirtszellen des AIDS-Virus (HIV) (► Abschn. 9.2.2) sind, die durch das Virus letzt-

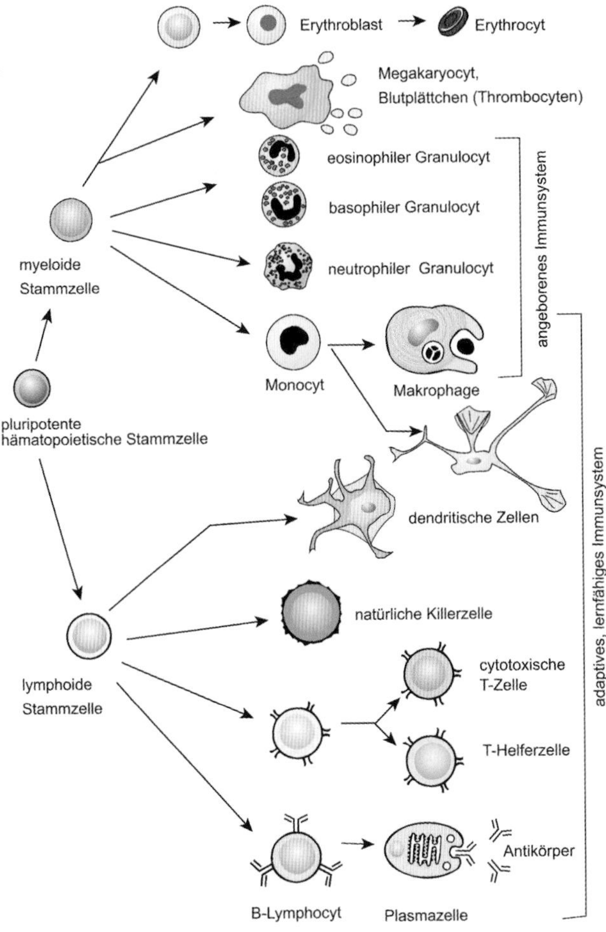

Abb. 9.45 Das hämatopoetische System. Aus den hämatopoetischen Stammzellen im Knochenmark entstehen einerseits die myeloiden Stammzellen, die sich zu Granulocyten und (kernlosen) Erythrocyten entwickeln, und andererseits über die lymphoiden Stammzellen die Zellen des Immunsystems. Hierzu gehören die Lymphocyten, die für die Antikörperproduktion verantwortlich sind. (Nach Müller und Hassel 2018, mit freundlicher Genehmigung)

lich zerstört werden. Hierauf beruht die Zerstörung der Funktionen des Immunsystems durch das AIDS-Virus.

> Antikörper werden in Lymphocyten synthetisiert. Ein Lymphocyt vermag nur ein bestimmtes Antigen zu erkennen. Nach der Erkennung eines körperfremden Antigens durch die Antikörper an der Zellmembran eines Lymphocyten beginnt dieser zu proliferieren und dadurch Plasmazellen zu erzeugen, die Antikörper gegen das gleiche Antigen erzeugen können.

Nicht alle B-Lymphocyten, die durch ein Antigen aktiviert werden, differenzieren zu Plasmazellen, die Antikörper freisetzen. Manche bleiben als Gedächtniszellen (engl. *memory cells*) zurück und können im Falle später erforderlicher Immunreaktionen besonders schnell aktiviert werden und eine sekundäre Immunreaktion einleiten. Der überwiegende Teil der peripheren Lymphocytenpopulation unseres Immunsystems gehört solchen Gedächtniszellpopulationen an. Auf der Existenz von Gedächtniszellen im Immunsystem beruht der erhöhte immunologische Schutz gegen Infektionen, der einem Organismus durch Impfung vermittelt werden kann. Durch die Injektion von Antigenen (Aktivimpfung) in Form eines bestimmten Krankheitserregers wird die primäre Immunreaktion eingeleitet. Als Antigene können entweder inaktivierte Erreger oder dem Erreger verwandte, aber nicht pathogene Organismen oder auch einzelne Antigene eines Erregers dienen. Die Immunreaktion verläuft mit einer gewissen Verzögerung, da zunächst B-Lymphocyten zur Proliferation aktiviert werden müssen. Erst nach deren Vermehrung kann die Immunabwehr voll zur Geltung kommen. Der entscheidende Effekt einer Schutzimpfung ist jedoch nicht das Einsetzen dieser Abwehrreaktion (primäre Immunreaktion), sondern die gleichzeitige Bereitstellung von Gedächtniszellen. Im Falle einer wiederholten Infektion setzt die Immunreaktion (sekundäre Immunreaktion) sehr viel schneller ein, da nunmehr die Gedächtniszellen zur Verfügung stehen. Diese Gedächtniszellen proliferieren wesentlich schneller als die B-Lymphocyten während der primären Antikörperreaktion. Das hat zur Folge, dass die Immunabwehr bei wiederholter Reizung durch das gleiche Antigen wesentlich schneller einsetzt und damit einen besseren Schutz bietet. Impft man fertige Antikörper (Passivimpfung), so wird das Immunsystem selbst nicht aktiviert und der Impfschutz ist zeitlich sehr begrenzt, da die Spenderimmunglobuline innerhalb weniger Wochen abgebaut werden.

> Der Nutzen von Schutzimpfungen beruht auf der Eigenschaft von Lymphocyten, bei einem ersten Kontakt mit einem Antigen mitotisch Zellen zu erzeugen, die eine langfristige Funktion als Gedächtniszellen besitzen. Bei erneuter Infektion mit einem Antigen ermöglichen sie eine sehr schnelle sekundäre Immunreaktion.

Die Erkennungssignale, die von Antikörpern erkannt werden, umfassen oft nur wenige (fünf bis zehn) Aminosäuren eines Proteins, sind also im Allgemeinen recht klein, verglichen mit der Größe eines Proteinmoleküls. Man bezeichnet den Molekülbereich, der durch einen bestimmten Antikörper erkannt wird, als **Antigendeterminante** (oder **Epitop**). Ein einzelnes Protein besteht demnach aus einer Vielzahl von Antigendeterminanten. Hierbei lässt sich zwischen stärker immunogenen, d. h. die Proliferation der B-Lymphocyten stärker induzierenden Epitopen und schwächer oder gar nicht immunogenen Epitopen unterscheiden. Da ein Lymphocyt nur jeweils einen bestimmten Antikörpertyp produzieren kann, sind zur Erkennung der unterschiedlichen Antigendeterminanten die Antikörper vieler verschiedener Lymphocyten erforderlich. Die Immunabwehr bedarf jedoch nur eines einzigen Lymphocytentyps, um ihre Aufgabe zu erfüllen.

Die geringe Ausdehnung eines durch einen Antikörper erkannten Epitops lässt erwarten, dass man gleiche oder sehr ähnliche Epitope in unterschiedlichen Proteinen wiederfindet, da kurze identische Aminosäuresequenzen in vielen Proteinen vorkommen. Dadurch wird die Anzahl möglicher unterschiedlicher Antigendeterminanten reduziert. Dennoch ist die **Anzahl unterschiedlicher Epitope**, die insgesamt durch Antikörper erkannt werden müssen, beträchtlich. Die Schätzungen der Anzahl unterschiedlicher Antigendeterminanten, auf die das Immunsystem funktionell vorbereitet sein muss, um einen vollständigen immunologischen Schutz zu bieten, liegen zwischen 10^6 und 10^7. Man könnte allerdings argumentieren, dass nicht alle Epitope eines Proteins durch einen Antikörper erkannt werden müssen, um dieses als körperfremd zu erkennen und zu inaktivieren. Die Anzahl der erforderlichen unterschiedlichen Antikörper wäre dann erheblich niedriger.

Das wirft sehr schwerwiegende Fragen hinsichtlich der genetischen Codierung des Immunsystems auf, wie sich aus der folgenden Abschätzung leicht erkennen lässt: Die genetische Information, die erforderlich ist, um einen bestimmten Antikörper zu codieren, liegt bei 6000 bp DNA (s. unten). Zur Codierung aller möglichen Antikörper wären daher mindestens 6×10^9 bp DNA ($10^6 \times 6000$ bp) erforderlich. Diese DNA-Menge würde bereits die Größe des menschlichen Genoms (2×10^9 bp) überschreiten. Die Vielfalt der Reaktionen des Immunsystems muss daher auf einem anderen genetischen Mechanismus beruhen als auf der getrennten Codierung vieler unterschiedlicher Gene. Diese Eigenschaften werfen daher schon bei oberflächlicher Betrachtung zwei grundlegende Fragen auf:

- Wodurch können so viele unterschiedliche Antikörper bereitgestellt werden, dass sie imstande sind, eine Diversität von über 10^6 Erkennungsstrukturen für unterschiedliche Antigendeterminanten abzudecken?
- Wie unterscheidet das Immunsystem zwischen körpereigenen Stoffen, die ja von der Immunabwehr nicht angegriffen werden dürfen, und körperfremden Antigenen, die zuverlässig entfernt werden müssen?

Auf beide Fragen können wir heute zumindest in prinzipieller Form Antworten geben. Zusammenfassend lauten die Antworten:

- Die große Vielfalt der verschiedenen Antikörper wird durch **Veränderungen in der DNA-Struktur** der betreffenden Gene im Laufe der Lymphocytendifferenzierung hervorgebracht.
- Der Schutz des Organismus gegenüber Angriffen durch das eigene Immunsystem erfolgt dadurch, dass Lymphocytenklone, die gegen körpereigene Antigene gerichtet wären, **deletiert** oder **anergisiert** (ruhiggestellt) werden.

Auf beide Antworten soll im Verlauf unserer weiteren Betrachtung etwas genauer eingegangen werden. Zuvor werden jedoch die zentralen molekularen Gesichtspunkte zusammengefasst, die zum Verständnis der Antikörperreaktionen erforderlich sind.

Die große Anzahl der benötigten Antikörper schließt die Möglichkeit aus, dass sie alle unabhängig voneinander im Genom codiert werden (**Keimbahnhypothese**). Auf welche Weise die Bildung einer Vielzahl verschiedener Antikörper erreicht wird und wie die zellspezifische Produktion jeweils nur eines dieser Antikörper gesteuert wird, wurde durch die Aufklärung der molekularen Struktur der Gene deutlich, die Antikörper codieren: der **Immunglobulin-Gene** (*Ig*). Ausgangspunkt dieser Erkenntnis war der Vergleich der *Ig*-Genstruktur in Antikörper-produzierenden Zelllinien (Mausmyelomazellen) mit der entsprechenden *Ig*-Genstruktur in beliebigen somatischen oder Keimbahnzellen von Mäusen. Hierbei stellte sich heraus, dass die Gene im Laufe der Differenzierung der Zellen zu Lymphocyten ihre DNA-Struktur verändern.

9.4.2 Immunglobulin-Gene

Die Grundzüge der Struktureigenschaften von Antikörpern lassen sich in den folgenden Punkten zusammenfassen (■ Abb. 9.46):

- Ein **Antikörper** besteht aus einem Komplex von zwei identischen schweren (**H-Ketten**, engl. *heavy chain*) und zwei identischen leichten (**L-Ketten**, engl. *light chain*) Proteinketten, die über Disulfidbrücken untereinander verbunden sind.
- Jede **leichte Kette** ist aus einer **variablen** (V für engl. *variable*) und einer **konstanten** (C für engl. *constant*) **Region** aufgebaut. Beide Regionen sind über eine **J-Region** (für engl. *joining*) miteinander verbunden.
- Jede **schwere Kette** besteht aus einer variablen und drei hintereinanderliegenden, nahezu identischen konstanten Regionen. Die **variablen** und die **konstanten Regionen** sind über eine **D-** (für engl. *diversity*) und eine **J-Region** miteinander verbunden.
- Die **variablen Regionen** einschließlich der D- und J-Region beider Ig-Ketten sind für jeden Antikörpertyp individuell charakteristisch und vermitteln die Antigenspezifität.
- Die V-, D-, J- und C-Regionen werden in unterschiedlichen Bereichen der DNA codiert. Während der Entwicklung eines B-Lymphocyten werden diese Bereiche durch **Rekombinationsereignisse** in der DNA aneinandergesetzt. Auf diese Weise entstehen die **unterschiedlichen** Antigenspezifitäten.
- Nach der Konstruktion eines funktionellen H- oder L-Ketten-Gens im Lymphocyten erfolgen zusätzliche **(somatische) Mutationen**, insbesondere auch in den

hypervariablen Bereichen der V-Region, die zur Erhöhung der Antigenspezifität beitragen.

- Die **DNA-Rearrangements**, die zur Bildung eines funktionellen *Ig*-Gens erforderlich sind, erfolgen nur in einem der beiden homologen Chromosomen, das Homologe bleibt genetisch inaktiv. Diese Erscheinung bezeichnet man als **allele Exklusion (Allelausschluss)** (engl. *allelic exclusion*).
- Es gibt zwei verschiedene Genloci für leichte Ketten, die auf unterschiedlichen Chromosomen liegen (beim Menschen in den Chromosomen 2 und 22, bei der Maus in den Chromosomen 6 und 16). Sie werden als κ- und **λ-Ketten** (L^{κ} und L^{λ}) bezeichnet. Beide Genloci kommen ausschließlich alternativ, nie gleichzeitig zur Expression.
- In den schweren Ketten, die beim Menschen auf dem Chromosom 14, bei der Maus auf dem Chromosom 12 codiert werden, können **unterschiedliche konstante Regionen** vorkommen. Sie bestimmen nicht die Antigenspezifität, sondern andere spezifische Funktionen der Antikörper (Membranbindung; Aktivierung des Komplementsystems – bestehend aus Proteinen, die Zellen abtöten, an die Antikörper gebunden sind; Aktivierung und Bindung von Makrophagen; Induktion von Phagocytose; Induktion von Histaminausschüttung der Mastzellen u. a.). Die Erkennungsspezifität des Antikörpers wird hierdurch nicht verändert. Die Änderung einer konstanten Region bezeichnet man als **Klassenwechsel** (engl. *class switch*).
- Evolutionär sind die verschiedenen V- und C-Regionen durch **Duplikationen** auseinander entstanden.

Das Modell lässt uns die evolutionäre Verwandtschaft der variablen, N-terminalen und der konstanten Regionen unmittelbar erkennen. Sowohl die variable als auch die konstante Region sind aus zwei β-Faltblättern zusammengesetzt, die durch Disulfidbrücken miteinander verknüpft sind. Die Proteinbereiche zwischen den beiden β-Faltblättern sind in ihrer sterischen Anordnung nach der Außenseite des Antikörpers gerichtet und bilden den Antigenerkennungsbereich.

> Ein Immunglobulinkomplex besteht aus zwei leichten und zwei schweren Proteinketten. Diese untergliedern sich in einen konstanten und einen variablen Abschnitt. Der variable Bereich vermittelt die Erkennung des Antigens. Die funktionellen Gene für Antikörper werden während der Differenzierung von Lymphocyten im Knochenmark durch komplexe intrachromosomale Rekombinationsereignisse aus Teilstücken zusammengesetzt. Durch Kombination unterschiedlicher Teilstücke vermag jeder Lymphocyt ein für ihn spezifisches Immunglobulin-Gen zusammenzustellen.

Dieser allgemeinen Zusammenfassung der wesentlichen Eigenschaften der *Ig*-Gene folgt nun eine tiefer gehende Besprechung verschiedener Phänomene, die die zusätzliche Komplexität dieses Gensystems deutlich werden lässt. In vielen Punkten stellt sie aber immer noch eine starke Vereinfachung der wirklichen Situation dar. Insbesondere erfolgt im Rahmen dieser Darstellung eine Beschränkung auf die Mechanismen, die bei der Bildung der schweren Kette (H-Kette) eines Antikörpers wichtig sind. Insgesamt gibt es sieben verschiedene Genorte, die durch ähnliche Mechanismen die Antigen-Rezeptoren für T- und B-Lymphocyten herstellen. Dabei handelt es sich um eine somatische Rekombination, die allgemein

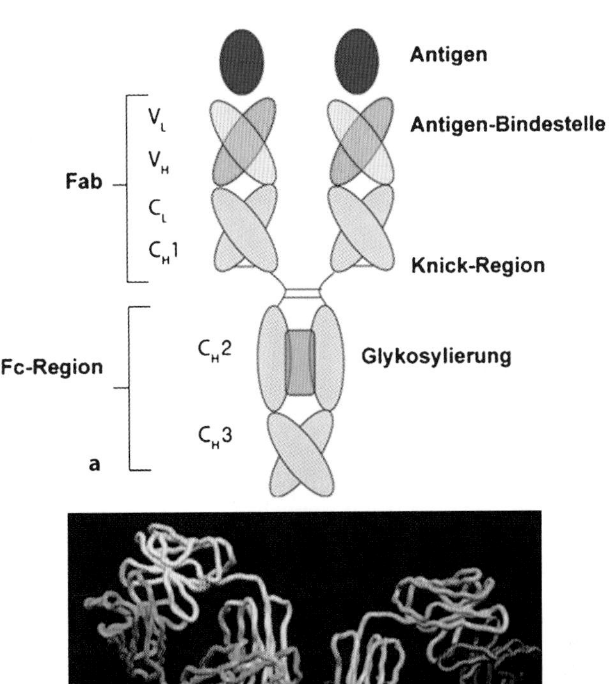

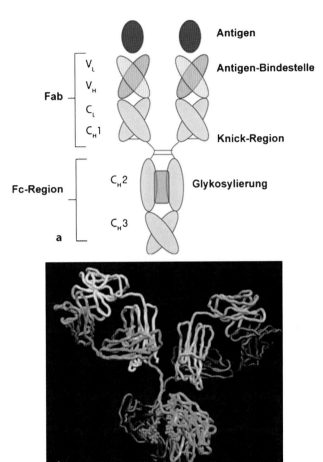

Abb. 9.46 Struktur eines IgG-Antikörpers. **a** Jede schwere Kette (engl. *heavy chain*, H) besteht aus drei konstanten Regionen (C_H1, C_H2, C_H3; *hellblau*; engl. *constant*, C) und einer variablen Region (V_H; *rosa*) am N-Terminus. Jede leichte Kette (engl. *light chain*, L) besteht aus einer konstanten Region (C_L; *hellblau*) und einer N-terminalen variablen Region (V_L; *orange*). Die variablen Regionen der schweren und leichten Ketten bilden die Antigen-bindende Domäne (Antigen: *blau*). Mögliche Glykosylierungsstellen in der C_H2-Region sind angedeutet (*rot*). Jedes IgG-Molekül lässt sich durch Proteasen spalten; Papain spaltet das Molekül in der „Knick"-Region (engl. *hinge*) in zwei Fragmente: Fab (engl. *fragment antigen binding*) und Fc (engl. *fragment crystallizable*). **b** Das Bändermodell eines Antikörpers zeigt einen IgG-Antikörper, der aus vier Polypeptidketten besteht: zwei identische leichte Ketten in *rosa* und *gelb* und zwei identische schwere Ketten in *lila* und *orange*. (**a** nach Zafir-Lavie et al. 2007; **b** nach Harris et al. 1998, beide mit freundlicher Genehmigung)

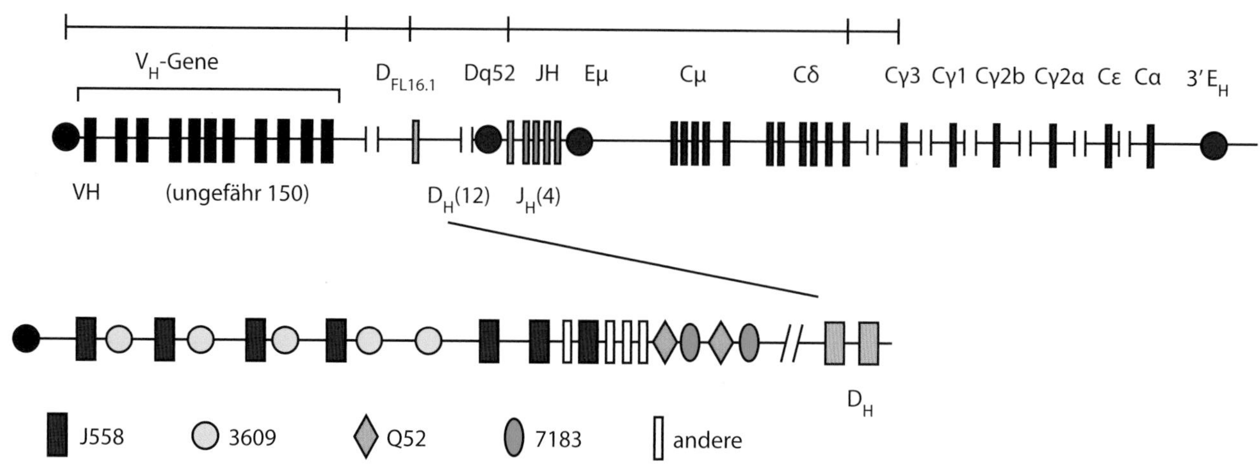

Abb. 9.47 Organisation des Genorts für die H-Kette und Entstehung eines aktiven Gens. Der Genort für die schwere Immunglobulinkette der Maus umfasst etwa 3 Mb. Etwa 150 V_H-Gensegmente befinden sich oberhalb der zwölf D_H- und der vier J_H-Segmente. Einige V_H-Familien sind darunter angedeutet. Drei bekannte *cis*-regulatorische Elemente (der intronische Enhancer *Eμ*, der *Dq52*-Promotor und die 3′-Locus-Kontrollregion) sind als *rote Kreise* angedeutet. Die *roten Rechtecke* symbolisieren Genabschnitte für verschiedene konstante Elemente (*Cμ* bis *Cα*). (Nach Chowdhury und Sen 2004, mit freundlicher Genehmigung)

9

als V(D)J-Rekombination bezeichnet wird. Zu diesen Genen gehören Loci für die schwere (*IgH*) und für die beiden leichten Immunglobulinketten (*Igλ* und *Igκ*), die den Antigen-Rezeptor sowie die sezernierten Antikörper der B-Zellen codieren, sowie die Gene für die T-Zell-Rezeptoren β, δ und α, γ. Der Umbau dieser Loci ist im Hinblick auf die jeweilige Zelllinie, das Entwicklungsstadium der Differenzierung und des jeweiligen Allels streng kontrolliert. Auf die Entstehung und Bedeutung des Haupthistokompatibilitäts-Komplexes (engl. *major histocompatibility complex*, MHC) kann in diesem Zusammenhang nicht eingegangen werden; es wird daher auf speziellere Literatur der Immungenetik verwiesen.

Wir wollen hier im Zusammenhang mit der Variabilität des Genoms den Genort für die schwere Kette der Immunglobuline (*IgH*) beispielhaft betrachten. Er befindet sich beim Menschen auf dem Chromosom 14 nahe dem Telomer (14q32). Bei der Maus umfasst der *IgH*-Genort etwa 3 Mb in der Nähe des Telomers des Chromosoms 12; eine Übersicht ist in ◘ Abb. 9.47 dargestellt. Wir kennen etwa 150 oder mehr funktionelle Segmente für die variable Region (V_H), die etwa 15 Segmentfamilien zugeordnet werden können. Diese Segmente sind allein über ca. 2,7 Mb verteilt und liegen ca. 100 kb oberhalb der etwa 12 bis 13 Gensegmente, die für die D-Region der H-Kette codieren (D_H). Diese D_H-Gensegmente liegen etwa 50 kb oberhalb der vier J-Abschnitte (J_H), die nur etwa 2 kb umfassen und gerade 700 bp unterhalb des letzten D_H-Gensegments liegen, das als *DQ52* bezeichnet wird. Die verschiedenen Exons der konstanten Region beginnen mit *Cμ* etwa 7 kb unterhalb der J_H-Gensegmente und umfassen etwa 200 kb. Ein starker Enhancer (*Eμ*) liegt in dem Intron zwischen J_H und *Cμ*.

Mehrere verschiedene Mechanismen führen zur Verschiedenheit der variablen Region der schweren Ketten. Dazu gehört in erster Linie die zufällige Rekombination jeweils eines der verschiedenen V_H-, D_H- und J_H-Segmente – V(D)J-Rekombination. Die einzelnen Segmente sind dabei durch Rekombinations-Signalelemente getrennt, die aus 7 bzw. 9 bp bestehen und durch Verbindungsstücke von 12 oder 23 bp voneinander getrennt sind. Die V_H- und J_H-Segmente sind im 3′-Bereich jeweils von einem 23-bp-Verbindungselement flankiert, wohingegen die D_H-Gensequenzen an beiden Seiten von 12-bp-Verbindungselementen flankiert sind. Die 12/23-Regel diktiert daher die große Mehrheit der *IgH*-V(D)J-Rearrangements. Enzymatisch unterstützt wird die V(D)J-Rekombination durch die RAG-Endonuklease, die durch die Genprodukte der beiden Gene *RAG1* und *RAG2* gebildet wird (engl. *recombination activating gene*, RAG). Die RAG-Endonuklease induziert Doppelstrangbrüche in der DNA, und zwar spezifisch an den Grenzen zwischen zwei codierenden Segmenten und ihren flankierenden Rekombinations-Signalsequenzen. Die RAG-Funktion benötigt Rekombinations-Signalsequenzen mit einem 12-bp-Verbindungsstück auf der einen und einem 23-bp-Verbindungsstück auf der anderen Seite. Aufgrund der verschiedenen Zufälligkeiten führt aber nicht jedes der verschiedenen Rekombinationsereignisse zu einem funktionsfähigen Translationsprodukt, da die V(D)J-Tripletts nicht immer einen offenen Leserahmen mit dem *Cμ*-Segment bilden. Einen Überblick über die Vielfältigkeit der V(D)J-Rekombination gibt ◘ Abb. 9.48.

Hinsichtlich der somatischen Rekombinationsereignisse bei der Bildung der funktionellen *Ig*-Gene ist es bemerkenswert, dass die Konstruktion eines funktionellen Gens nur innerhalb einer kontinuierlichen DNA-Sequenz erfolgt (also nur in *cis*). Eine Rekombination

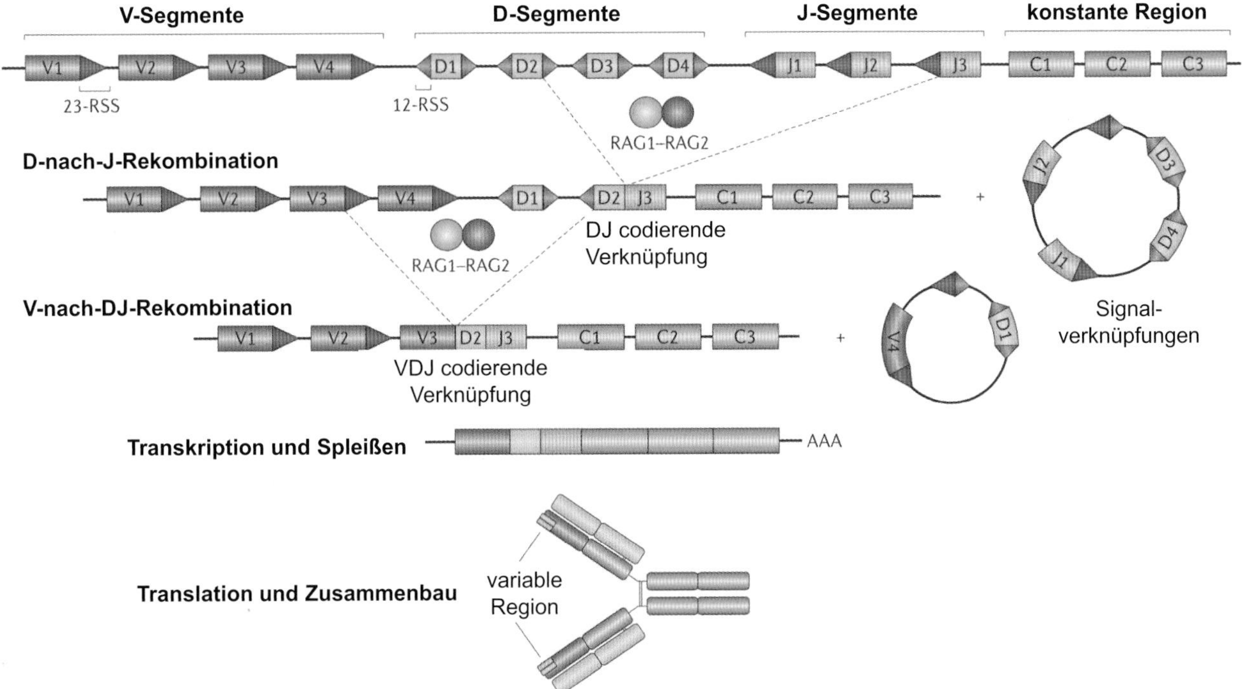

Abb. 9.48 Mannigfaltigkeit durch V(D)J-Rekombination in Lymphocyten. Die variable Region der schweren Kette des Immunglobulins wird durch die Rekombination der Gensegmente V (variabel, *blaues Rechteck*), D (engl. *diversity*, *grünes Rechteck*) und J (engl. *joining*, *gelbes Rechteck*) zusammengefügt. Die leichte Kette der Immunglobuline wird durch die Gensegmente V und J durch die VJ-Rekombination aufgebaut (hier nicht gezeigt). Für die Rekombination im Genom der Keimbahn stehen viele V, D, J und C (engl. *constant*, *rote Rechtecke*) zur Verfügung. Die Rekombination wird durch den RAG1-RAG2-Rekombinase-Komplex ausgeführt; es sind außerdem zwei Signalsequenzen für die Rekombination daran beteiligt (engl. *recombination signal sequences*, RSS), 23-RSS (*rote Dreiecke*) und 12-RSS (*rosa Dreiecke*), die jedes Gensegment flankieren. Die Verbindung der nicht-homologen DNA-Enden führt nach zwei Runden der Rekombination (D nach J und V nach DJ) eine codierende VDJ-Sequenz und zwei zirkuläre Moleküle (Signalverknüpfung); diese Signalverknüpfungen haben keine besondere Bedeutung und werden verworfen. Die Transkription der codierenden VDJ-Verknüpfung mit anschließendem Spleißen führt zum reifen Transkript der schweren Immunglobulinkette. Die Translation des reifen Transkripts, der Zusammenbau der schweren Kette und die Vereinigung mit der leichten Kette (*beige Rechtecke*) vervollständigen den Zusammenbau des Antigen-Rezeptors. (Nach Koonin und Krupovic 2015, mit freundlicher Genehmigung)

mit dem Allel des homologen Chromosoms oder gar mit den Genen einer anderen Kette, wie man es aus den Beobachtungen der Effekte meiotischer Rekombination bei den Globin-Genen erwarten könnte, erfolgt nicht. Diese **Allel-Exklusion** gibt es übrigens nicht nur bei *IgH*, sondern auch bei den Genorten für den T-Zell-Rezeptor β (*Tcrb*) und die beiden leichten Ketten der Immunglobuline (*Igk*, *Igl*). Obwohl diese Tatsache seit Mitte der 1960er-Jahre bekannt ist, ist der zugrunde liegende Mechanismus bisher immer noch rätselhaft. Mechanismen, wie wir sie von anderen Systemen mit monoallelischer Expression her kennen (z. B. genetische Prägung oder X-Inaktivierung), scheinen nicht in Betracht zu kommen. Für detaillierte aktuelle Überlegungen einschließlich stochastischer Modellrechnungen sei an dieser Stelle auf Übersichtsarbeiten von Outters et al. (2015) sowie von Arya und Bassing (2017) verwiesen.

Ein wichtiger Mechanismus für die Herstellung spezifischer Antikörper ist die somatische Rekombination zwischen verschiedenen Segmenten in den Genbereichen, die für die variablen Regionen der schweren bzw. der leichten Ketten der Immunglobuline codieren (V(D)J-Rekombination); diese Rekombination ist auf ein Allel beschränkt.

Die molekulare Struktur der **funktionellen** *Ig*-Gene nach Abschluss der V(D)J-Rekombination gleicht derjenigen anderer eukaryotischer Gene. Sie zeichnen sich durch den Besitz von Exons und Introns aus und besitzen ein Signalpeptid, wie es generell für Proteine erforderlich ist, die durch Membranen des endoplasmatischen Reticulums transportiert werden müssen. Die Transkription der *Ig*-Gene unterscheidet sich daher auch nicht prinzipiell von derjenigen anderer Protein-codierender eukaryotischer Gene. Es wird zunächst ein primäres Transkript gebildet, aus dem die Introns herausgeschnitten werden. Das mRNA-Molekül wird mit einer 5′-Kappe und einem Poly(A)-Schwanz versehen, bevor es ins Cytoplasma transportiert und im endoplasmatischen Reticulum an den Ribosomen translatiert wird. Wie bei anderen differenzierten Zelltypen mit einer hohen Rate an zellspezifischer Proteinproduktion, so ist auch bei den Immunglobulinen der Anteil der Ig-spezifischen mRNA an der gesamten RNA der Zelle sehr hoch. So umfasst die mRNA der H-Ketten in einer aktiv Ig-produzierenden Plasmazelle etwa 10 % der gesamten mRNA.

9.4.3 Klassenwechsel, Hypermutation und Genkonversion bei Immunglobulin-Genen

Antikörper lassen sich in **fünf verschiedene Klassen** einteilen, die durch die jeweiligen unterschiedlichen konstanten Regionen der schweren (H-)Ketten charakterisiert sind: IgM, IgG, IgA, IgD und IgE (Tab. 9.4). Von einigen dieser Klassen wiederum gibt es mehrere Unterklassen, die sich durch geringfügige Unterschiede in der Aminosäuresequenz der betreffenden konstanten Region unterscheiden. Die verschiedenen Klassen sind durch jeweils eigene DNA-Bereiche bestimmt, die in der zuvor genannten Folge im Genlocus der schweren Kette angeordnet sind (Abb. 9.47).

Zellen eines bestimmten B-Lymphocytenklons erkennen stets nur ein bestimmtes Antigen. Unterschiedliche Lymphocytenklone hingegen sind dagegen im Allgemeinen gegen unterschiedliche Antigene gerichtet. Das macht es notwendig, dass ein Lymphocytenidiotyp aber zugleich **verschiedene Funktionen bei der Antikörperproduktion** wahrnehmen kann. So muss er z. B. sowohl membrangebundene als auch in Blut- bzw. Lymphbahn sezernierbare Antikörper herstellen können. Diese verschiedenen Aufgaben werden durch die jeweils vorhandene konstante Region der schweren Kette gesteuert. Jeder B-Lymphocyt kann Antikörper gleicher Antigenspezifität mit unterschiedlichen konstanten Regionen (C_μ, C_δ, C_γ, C_α und C_ε) synthetisieren. Auf diese Weise entstehen Antikörper der unterschiedlichen Immunglobulinklassen IgM, IgD, IgG, IgA und IgE. Die Gensegmente für die verschiedenen konstanten Regionen schließen sich im *IgH*-Locus an die V-D-J-Region an. Von dieser sind sie, ebenso wie untereinander, durch Introns bzw. nicht Protein-codierende DNA-Abschnitte abgetrennt (Abb. 9.47). Die Synthese der verschiedenen H-Ketten in einer Antikörper-produzierenden Zelle erfolgt in der durch ihre Folge in der DNA festgelegten Sequenz. Die Umschaltung der Zelle zur Produktion einer neuen Antikörperklasse bezeichnet man als **Klassenwechsel** (engl. *class switching*).

Verschiedene Antikörper können sich auch in den konstanten Regionen der H-Ketten unterscheiden. Die fünf verschiedenen Antikörperklassen (IgM, IgG, IgA, IgD und IgE) sind durch eine jeweils charakteristische konstante Region gekennzeichnet und vermitteln unterschiedliche funktionelle Aufgaben, ohne die Antigenspezifität zu verändern.

Zur **Ausprägung der verschiedenen C_H-Regionen** bedient sich die Zelle zweier unterschiedlicher molekularer Mechanismen, dem der DNA-Rearrangements und dem des alternativen RNA-Spleißens. Eine Antikörper-produzierende Zelle beginnt zunächst stets mit der Synthese von IgM. Nach einem kurzen Zwischenstadium kommt als zweiter Isotyp in derselben Zelle auch IgD zur Ausprägung. Dieser erste Klassenwechsel wird durch alternatives RNA-Spleißen erreicht. Durch Änderungen im Terminationsverhalten bei der RNA-Synthese werden primäre Transkripte gebildet, die auch die unterhalb von C_μ liegende C_δ-Region umfassen. Durch RNA-Spleißen wird die C_δ-Region an die V-D-J-Region angefügt. Hierdurch wird die Synthese von IgD ermöglicht. In der gleichen Zelle wird jedoch auch noch IgM gebildet.

Die Umschaltung zwischen verschiedenen Antikörperklassen ist wahrscheinlich im Zusammenhang mit dem Differenzierungsprozess eines B-Lymphocyten zu sehen, der durchlaufen werden muss, bevor er einen

Tab. 9.4 Immunglobulinklassen des Menschen

Klasse	Schwere Kette	Leichte Kette	Molekulargewicht (kDa)	Eigenschaften/Vorkommen
IgA	α	κ oder λ	360–720	In Tränen, Nasensekret, Muttermilch, Darmsekret
IgD	δ	κ oder λ	160	In Plasmamembran von B-Zellen
IgE	ε	κ oder λ	190	Bindet an Mastzellen, setzt Histamin für allergische Reaktion frei
IgG	γ	κ oder λ	150	Lösliche Antikörper im Blut, passiert die Plazentaschranke
IgM	μ	κ oder λ	950	In Plasmamembran von B-Zellen, vermittelt Erstreaktion des Immunsystems; aktiviert Komplementsystem

Nach Karp (2005)

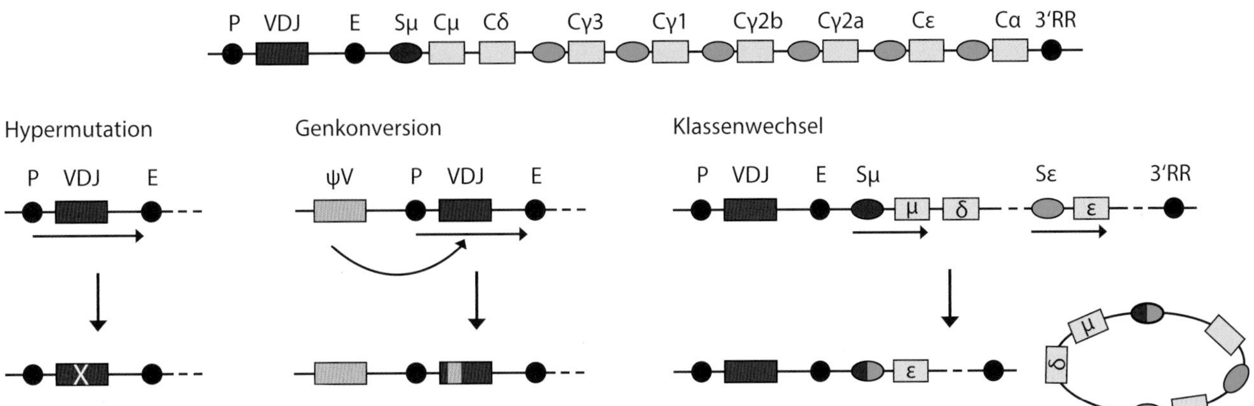

Abb. 9.49 Hypermutation, Genkonversion und Klassenwechsel. Am Beispiel des Genorts der schweren (H-) Kette werden die verschiedenen Mechanismen erläutert, die durch die aktivierungsinduzierte Cytidin-Desaminase (AID) hervorgerufen werden. Die variable Region (VDJ, *blaue Rechtecke*) und die konstante Region (*graue Rechtecke*) sind zusammen mit den *switch*-Regionen (*grüne Ovale*), dem Promotor (P), dem Enhancer (E) und der 3′-regulatorischen Region (RR; jeweils *schwarze Kreise*) angedeutet. Die *dünnen Pfeile* deuten die Transkriptionsrichtung an. Somatische Hypermutation bewirkt Punktmutationen (X) in der Nähe des V-Exons. Genkonversion beinhaltet die Übertragung (Kopie) von Sequenzinformation von einem Pseudogen (ψV) in die variable Region. Klassenwechsel beinhaltet die Schlaufenbildung und Deletion von DNA zwischen zwei *switch*-Regionen (hier zwischen Sμ und Sε), wobei die konstante Region der schweren (H-) Kette ausgetauscht wird. (Nach Papavasiliou und Schatz 2002, mit freundlicher Genehmigung)

funktionellen Zustand erreicht. Antikörper-produzierende Zellen unterliegen nach der Entstehung ihrer funktionellen *Ig*-Gene einer intensiven Selektion im Organismus. Würden alle nur möglichen Antigene durch Antikörper erkannt und unschädlich gemacht, müssten notwendigerweise auch die Antigene des Organismus selbst betroffen sein. B-Lymphocyten mit Antigenspezifitäten, die Antigendeterminanten des Organismus selbst betreffen würden, werden jedoch von der weiteren Entwicklung ausgeschlossen. Fehler in diesem Selektionsprozess führen zu Autoimmunkrankheiten. Die Produktion von IgM und IgD in einem B-Lymphocyten zeigt, dass diese Selektionsprozesse beendet sind. Von dem Zeitpunkt an, an dem beide Isotypen membrangebunden an einem B-Lymphocyten vorhanden sind, kann er unter Bildung von Plasmazellen und Gedächtniszellen proliferieren und damit seine immunologische Aufgabe im Rahmen des Immunsystems wahrnehmen.

Erst nach der Expression von IgM und IgD in B-Lymphocyten kann die Zelle zur Produktion anderer Ig-Klassen umprogrammiert werden. Dieser **Klassenwechsel** ist stets mit weiteren Rekombinationsereignissen des *IgH*-Genlocus verbunden. Sie führen zur Ausschaltung bestimmter C-Regionen durch Elimination ihrer DNA aus dem Gen. Im Gegensatz zu den Rearrangements, die zur Bildung der V-D-J-Regionen führen, kann die Rekombination der C-Regionen auch zwischen homologen Chromosomen ablaufen. Die Rekombination erfolgt zwischen repetitiven DNA-Abschnitten, die zwischen den verschiedenen C-Regionen liegen; hierbei spielen die sogenannten **S-Sequenzen** (S für engl. *switch*) eine Rolle, wie von Mark M. **Davis** und Mitarbeitern (1980) erkannt worden ist. Solche S-Sequenzen haben im Gegensatz zu den für die V-, D- und J-Rekombination wichtigen invertierten Wiederholungselementen keinen Palindromcharakter. Sie haben jedoch einen relativ hohen Guanosin-Gehalt im nicht-codierenden Strang. Im Elektronenmikroskop erkennt man in diesem Bereich ausgedehnte Schlaufen („G-Loops"), die aus DNA-RNA-Hybriden bestehen und während der Transkription entstanden sind. Die Guanosinreste in dieser Schlaufe sind jedoch Substrat für einen enzymatischen Mechanismus, der in der letzten Zeit immer deutlicher in den Mittelpunkt vieler Untersuchungen gerückt ist und zur Erklärung vieler Phänomene in der Erhöhung der Spezifität der Antikörper beigetragen hat: die aktivierungsinduzierte Cytidin-Desaminase (AID; Abb. 9.49). Dieses Enzym entfernt Aminoreste im Cytidin des Transkripts, das dadurch zu Uridin wird. Diese Veränderung ist die Voraussetzung, dass anschließend verschiedene weitere Veränderungen möglich sind, die unter den Stichworten Hypermutation, Genkonversion und Klassenwechsel zusammengefasst werden können.

Schon lange kennt man aber noch einen anderen Mechanismus, der zunächst als **Hypermutation** bekannt geworden ist und schließlich auch auf AID zurückgeführt werden konnte. Die Mutationsrate in B-Zellen beträgt ungefähr eine Mutation pro 1 kb und Zellzyklus; sie ist damit um das 10^6-fache höher als die spontane Mutationsrate in anderen somatischen Zellen. Diese Reaktion

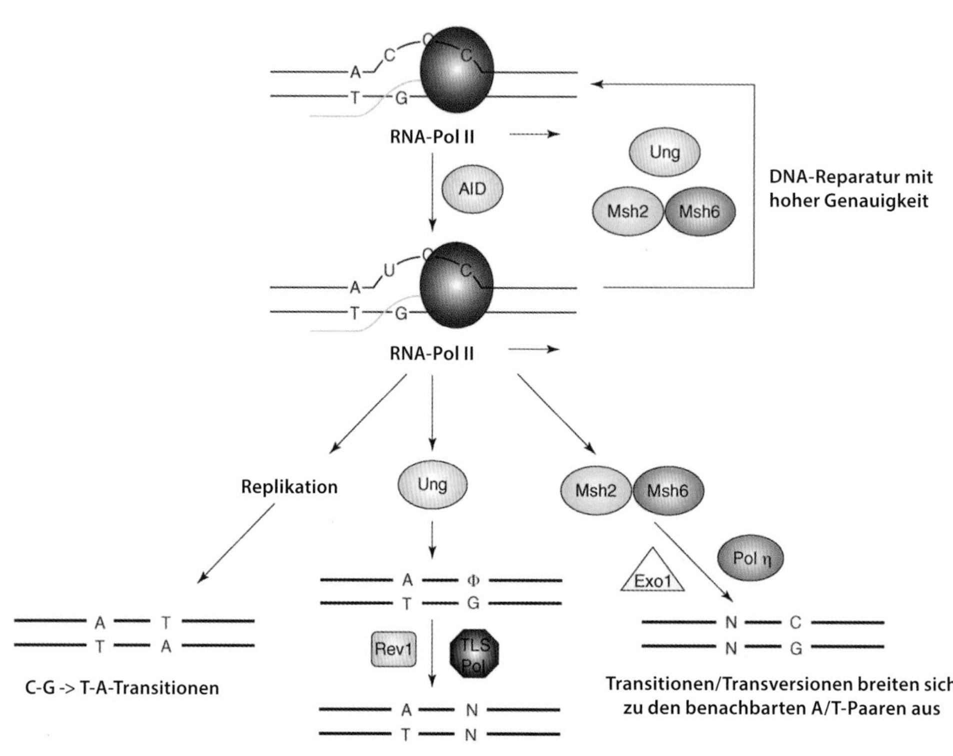

Abb. 9.50 Molekulares Modell der somatischen Hypermutation (SHM). Die Transkription durch RNA-Polymerase II (RNA-Pol II, *braunes Oval*) exponiert einen einzelsträngigen Bereich als Matrize für die aktivierungsinduzierte Cytidin-Desaminase (AID, *gelbes Oval*: C→U, *rot*). AID desaminiert ein Cytosin zu einem Uracil (*rot*), das dann auf unterschiedliche Weise weiterbearbeitet werden kann. Die Replikation des Uracils führt zu Mutationen von C nach T oder G nach A (Transitionen). Die Weiterbearbeitung durch Uracil-DNA-Glykosylase (Ung) erzeugt eine abasische Stelle (Φ, d. h. die Base fehlt), die repliziert oder in einer fehleranfälligen Weise repariert werden kann (möglicherweise durch Rev1 oder durch eine andere Polymerase im Rahmen der Transläsions-Reparatur [TLS-Pol]). Das führt dann zu Transversionen oder Transitionen an den G-C-Nukleotiden (gekennzeichnet als „N“). Wenn die U-G-Fehlpaarung von Msh2/Msh6 erkannt wird und daraufhin die Exonuklease 1 (Exo1) und die Polymerase η (Pol η) aktiv werden, breitet sich der Bereich der Mutationen auf die umgebenden A-T-Nukleotide aus. Ung und Msh2/Msh6 können aber auch Teile von DNA-Reparaturwegen sein, die mit hoher Genauigkeit ohne Mutationen arbeiten. (Nach Liu und Schatz 2009, mit freundlicher Genehmigung)

wird ausgelöst, wenn ein Antikörper an der Oberfläche von B-Zellen mit einem Antigen in Kontakt kommt; die Reaktion beinhaltet im Kern die Einführung von Punktmutationen in die variablen Regionen der Immunglobulin-Gene. Einige der mutagenisierten Antikörper werden eine höhere Affinität zu dem Antigen aufweisen, und Zellen, die diese Antikörper mit höherer Affinität besitzen, proliferieren mehr und überleben bevorzugt. Aufeinanderfolgende Zyklen von Mutation und Selektion führen dann zur Optimierung der Antikörperbindung.

Der Bereich der Hypermutation ist auf einen kurzen Abschnitt von 1–2 kb im Bereich des V-Exons der Immunglobulin-Gene (besonders die *CDR1*-Region) beschränkt und offensichtlich abhängig von der Aktivität des Promotors und damit von der Transkription. Es gibt außerdem Hinweise darauf, dass die Chromatinstruktur eine wichtige Rolle spielt, um den Bereich der Hypermutation einzugrenzen. In den für die Hypermutationen zugänglichen Bereichen arbeitet jedoch die AID auch an genomischer DNA; die entstehenden Uracilreste können durch verschiedene Reparaturmechanismen ersetzt werden (Abb. 9.50). In der Summe führt es zu vielen verschiedenen Punktmutationen.

Ein dritter Mechanismus (**Genkonversion**) zur Erhöhung der Antikörpervielfalt wird bei Hühnern und anderem Geflügel beobachtet. Dabei erzeugen AID und Uracil-Nukleosidglykosylase eine basenfreie Stelle, die geschnitten wird. Das resultierende 3′-Ende wird dadurch repariert, dass von einem benachbarten Pseudogen neue Sequenzinformation kopiert wird. Die belegte 5′→3′-Direktionalität der Genkonversion lässt vermuten, dass ein Einzelstrangbruch die Startstelle für die Genkonversion hervorbringt.

Klassenwechsel, Hypermutation und Genkonversion sind Mechanismen, die dazu beitragen, dass die Vielfalt der Antikörper noch weiter gesteigert werden kann. Alle Mechanismen lassen sich auf die Wirkung einer aktivierungsinduzierten Desaminase (AID) zurückführen.

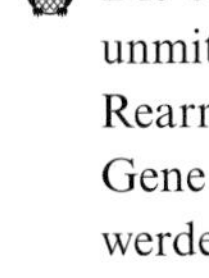
Die eben besprochenen Mechanismen leiten natürlich unmittelbar zu der Frage über, ob vergleichbare DNA-Rearrangements auch bei der Aktivierung anderer Gene ablaufen. Insgesamt muss jedoch festgestellt werden, dass DNA-Veränderungen in Zusammenhang mit zellulärer Differenzierung offenbar die Ausnahme sind, denn sie wurden nur bei einer kleinen Anzahl von Fällen beobachtet. Bemerkenswert ist allerdings, dass bei diesen Genomveränderungen der *Ig*-Gene molekulare Mechanismen eingesetzt werden, die wir bisher schon als Mechanismen kennengelernt haben, die von Bedeutung für Evolutionsprozesse sind: **Mutation** und **Rekombination**. Ganz offensichtlich machen multizelluläre Organismen zur Entwicklung ihrer hohen funktionellen Komplexität von allen verfügbaren molekularen Mechanismen oft mehrfachen, unterschiedlichen Gebrauch, um die Vielfalt ihrer Funktionen auszuweiten. Wenn allerdings das Immunsystem einen Fehler macht und sich gegen körpereigene Stoffe richtet, spricht man von Autoimmunkrankheiten. Dazu gehören die multiple Sklerose, der Jugenddiabetes, die Graves-Krankheit (Basedow'sche Krankheit), die rheumatoide Arthritis oder der systemische Lupus erythematodes.

9.5 Kernaussagen, Links, Übungsfragen, Technikboxen

Kernaussagen

- Mobile genetische Elemente (Transposons) sind wichtige Bestandteile vieler prokaryotischer und aller eukaryotischer Organismen.
- Transposons unterscheiden sich in ihrer molekularen Struktur und in den Transpositionsmechanismen.
- Transposons sind für evolutionäre Prozesse von Bedeutung.
- Das CRISPR-Cas-System von Bakterien und Archaeen ist ein adaptives Immunsystem, das aus Transposons entstanden ist.
- Retroviren sind infektiöse Partikel, die in ihrer Genomstruktur einer Gruppe von Transposons gleichen.
- Das Genom von Retroviren kann in das Genom der Wirtszelle integriert werden.
- Integration und Exzision von Retroviren können zur Entstehung von Tumor-induzierenden Retroviren führen. Die cancerogene Wirkung beruht auf der Integration zellulärer Gene oder Teilen davon in das Virusgenom (Onkogene).
- Das HI-Virus ist ein typisches Retrovirus und vor ca. 90 Jahren von Schimpansen auf den Menschen übergesprungen. In den 1980er-Jahren haben die menschlichen Infektionen global epidemische Ausmaße angenommen. Eine 32-bp-Deletion im Chemokin-Rezeptor-Gen *CCR5* verleiht einem kleinen Teil der europäischen Bevölkerung Resistenz gegen eine HIV-Infektion.
- Ciliaten zeichnen sich durch einen Kerndualismus aus: ein Mikronukleus im Dienst generativer Prozesse und ein Makronukleus für die vegetativen Funktionen. Bei der Bildung des Makronukleus wird der größte Teil der Genom-DNA eliminiert.
- Bei der zellulären Differenzierung kann eine gezielte Vermehrung bestimmter Gene erfolgen.
- Im Laufe der Differenzierung kann es zur Elimination von Teilen des in Keimzellen vorhandenen Genoms kommen.
- Zelluläre Differenzierung kann mit der Reorganisation von DNA zum Zweck der Bildung funktioneller Gene verbunden sein. Die höchste bekannte Komplexität solcher DNA-Veränderungen findet sich im Zusammenhang mit der Funktion des Säugerimmunsystems.

Links zu Videos

Transposons:
(▸ sn.pub/A77gBL)
Retroviren:
(▸ sn.pub/d4BzDr)
Paarungstypen bei Hefen:
(▸ sn.pub/A9OI1q)
Immunglobulingene:
(▸ sn.pub/LI7CtH)
V(D)J-Rekombination:
(1) (▸ sn.pub/qwb8cB)
(2) (▸ sn.pub/It1xnp)

Übungsfragen

1. Was sind „springende Gene"?
2. Erläutern Sie kurz die Bedeutung der Retroviren für die menschliche Gesundheit.
3. Was verstehen wir unter Kerndualismus?
4. Wie können Hefen diploide Zellen bilden?
5. Worauf beruht die Spezifität von Antikörpern?

Technikbox 22

Verwendung von Balancer-Chromosomen (*Drosophila*)

Anwendung: Stabilisierung von Mutationen in heterozygoten Stämmen zur Vermeidung des Verlustes der Mutation durch Crossing-over.

Voraussetzungen · Materialien: Die Methode beruht auf der Möglichkeit, durch heterozygote Inversionen die Entstehung von Nachkommen mit Rekombination im Inversionsbereich zu unterdrücken (▶ Abschn. 10.2.3). Eine wichtige Voraussetzung für die Anwendung dieser Methodik ist weiterhin die Verfügbarkeit von dominanten und rezessiv letalen Mutationen im Inversionschromosom.

Methode: Mutationen, die man als experimentell nützlich identifiziert hat, lassen sich bei *Drosophila* (und anderen diploiden Organismen) am einfachsten in homozygoter Konstitution in einer Stammkollektion halten. In vielen Fällen ist das jedoch nicht möglich, da ein homozygoter Zustand letal, semiletal oder steril ist. Eine heterozygote Konstitution würde eine ständige Selektion zur Vermeidung eines Verlustes dieser Mutation erforderlich machen. Diese Selektion würde bei rezessiven Mutationen sehr erschwert, da diese durch Crossing-over leicht verloren gehen können, selbst wenn das ursprünglich mutierte Chromosom mit genetischen Markern versehen ist. Aus diesen Gründen sind für *Drosophila* eine Reihe sogenannter Balancer-Chromosomen entwickelt worden, die es gestatten, für jede gewünschte Mutation einen stabilen Stamm aufzubauen. Dieser enthält die jeweilige Mutation in heterozygotem Zustand, und die ständige Selektion erübrigt sich, ohne dass die Gefahr des Verlustes besteht. Das Prinzip der Wirkung und Konstruktion eines Balancer-Chromosoms ist sehr leicht zu verstehen. Im Wesentlichen enthält ein solches Chromosom drei Elemente:

- eine längere einfache oder komplexe Inversion, die den größten Teil des Chromosoms abdeckt;
- einen dominanten Marker, der es gestattet, dieses Chromosom leicht zu identifizieren;
- einen rezessiven Letalfaktor, der verhindert, dass das Chromosom in einer homozygoten Konstitution vorkommt.

Hauptelement ist die Inversion, die durch die entstehenden Chromosomenaberrationen verhindert, dass Nachkommen mit Crossing-over überlebensfähig sind. Der Letalfaktor ist wichtig, da sich durch seine Anwesenheit eine Selektion in jeder Generation erübrigt, denn es kann keine Homozygotie für das Balancer-Chromosom entstehen. Homozygotie des Balancer-Chromosoms ist oft auch schon durch den dominanten Marker nicht möglich, da viele dominante Mutationen homozygot letal sind. Beispiele für häufig gebrauchte Markerchromosomen von *Drosophila* sind: *ClB*, *Muller 5* und *TM3*.

9

Technikbox 23

P-Element-Mutagenese (*Drosophila*)

Anwendung: Induktion von Mutationen mit gleichzeitiger molekularer Markierung des mutierten Gens. Reversion von Mutationen durch Exzision und gerichtete Mutagenese (engl. *targeted mutagenesis*).

Voraussetzungen · Materialien: Die Methode beruht in *Drosophila* auf der Möglichkeit, P-Elemente zum Transponieren zu induzieren (◘ Tab. 9.2, ◘ Abb. 9.10) und solche Transpositionsereignisse durch genetische Markierung des P-Elementes sichtbar zu machen (vgl. auch Enhancer-Trap-Elemente, Technikbox 24).

Methode: Voraussetzung für einen erfolgreichen Einsatz dieser Technik ist die Konstruktion zweier unterschiedlicher *Drosophila*-Stämme, die jeweils nur ein P-Element im Genom enthalten (◘ Abb. 9.51). Der eine Stamm besitzt ein P-Element, dessen Transposase funktionsunfähig ist und durch ein geeignetes Markergen (z. B. *white* [*w*] oder *rosy* [*ry*]) ersetzt ist. In den heute verwendeten Stämmen ist dieses P-Element auf dem X-Chromosom lokalisiert. Es kann infolge der defekten Transposase nicht transponieren. Der zweite Stamm enthält auf einem beliebigen anderen Chromosom ein anderes defektes P-Element. In diesem ist die Transposase funktionsfähig, jedoch verhindern defekte terminale Repeats die Exzision und unterbinden daher Transpositionen. Kombiniert man jedoch durch Kreuzung beide partiell defekten P-Elemente (vergleichbar den Hybriddysgenese-Experimenten; ◘ Abb. 9.11), so wird das Transposase-defiziente P-Element in die Lage versetzt zu transponieren, da das zweite P-Element eine funktionelle Transposase zur Verfügung stellt. Dieses P-Element mit funktioneller Transposase wird daher auch *Jump-starter*-Element (*Js*) genannt und das entsprechende Chromosom *Jump-starter*-Chromosom. Transpositionen sind in den folgenden Generationen dadurch sichtbar, dass der genetische Marker des Transposase-defekten P-Elementes nicht mehr geschlechtsgekoppelt (X-chromosomal) vorliegt. Die neue Lokalisation des transponierten P-Elementes lässt sich am einfachsten durch *in-situ*-Hybridisierung auf Riesenchromosomen mit den terminalen Regionen des P-Elementes oder einer Probe des Markergens ermitteln. Durch die Art der Kreuzung wird das *Jump-starter*-Chromosom aus dem Genom entfernt, das eine Transposition des Transposase-defekten Elementes enthält. Dadurch ist das transponierte P-Element in seiner neuen Position stabilisiert, denn es kann wegen seiner defekten Transposase nicht autonom transponieren. Andererseits besteht die Möglichkeit, durch Einkreuzen eines *Jump-starter*-Chromosoms das transponierte P-Element aus seiner neuen Position erneut transponieren zu lassen und dadurch eine komplette Exzision, also eine genetische Reversion des betroffenen Gens zu erzeugen. Die genetische Feinstruktur von Revertanten kann für die Funktionsanalyse eines Gens von großer Bedeutung sein.

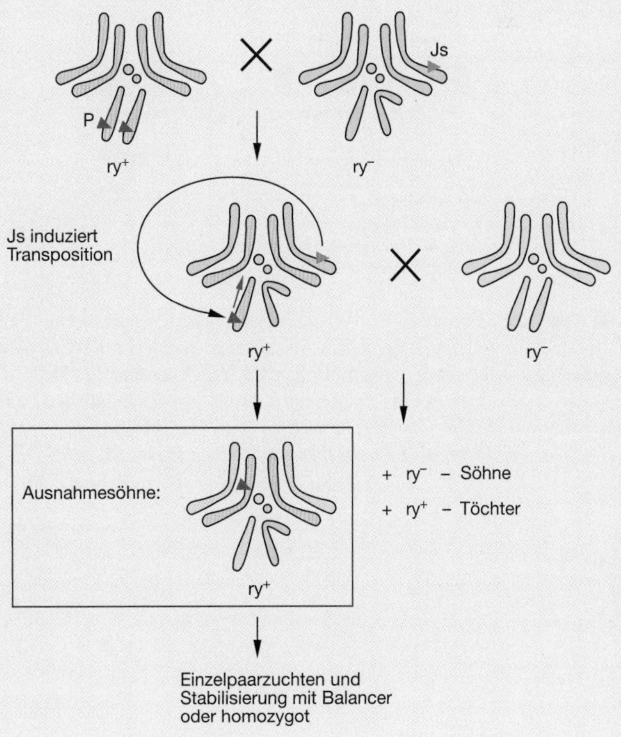

◘ **Abb. 9.51** P-Element-Mutagenese. Zur Mutagenese geht man von zwei Stämmen aus, von denen einer ein modifiziertes P-Element besitzt (meist im X-Chromosom), das selbst keine Transposase mehr codiert, aber ein Markergen zu seiner Erkennung besitzt. Der andere Stamm besitzt ein P-Element, das Transposase produziert, aber selbst nicht springen kann, da es an den Enden defekt ist. Durch die Kombination beider Elemente im Genom wird das X-chromosomale P-Element aktiviert und springt in eine andere Genomposition. Durch das Markergen lässt sich die Transposition erkennen und das mutierte Chromosom ermitteln. Die besondere Konstruktion des transponierten P-Elementes gestattet die direkte Isolierung des mutierten Genombereichs durch das im P-Element befindliche Plasmid. *ry*: *rosy*

9

Technikbox 24

Enhancer-Trap-Experimente

Anwendung: Induktion von Mutationen mit gleichzeitiger molekularer Markierung des mutierten Gens zur Isolierung des mutierten Gens durch molekulare Klonierung. Darstellung gewebespezifischer Expression des mutierten Gens im Organismus durch β-Galactosidase-Expression.

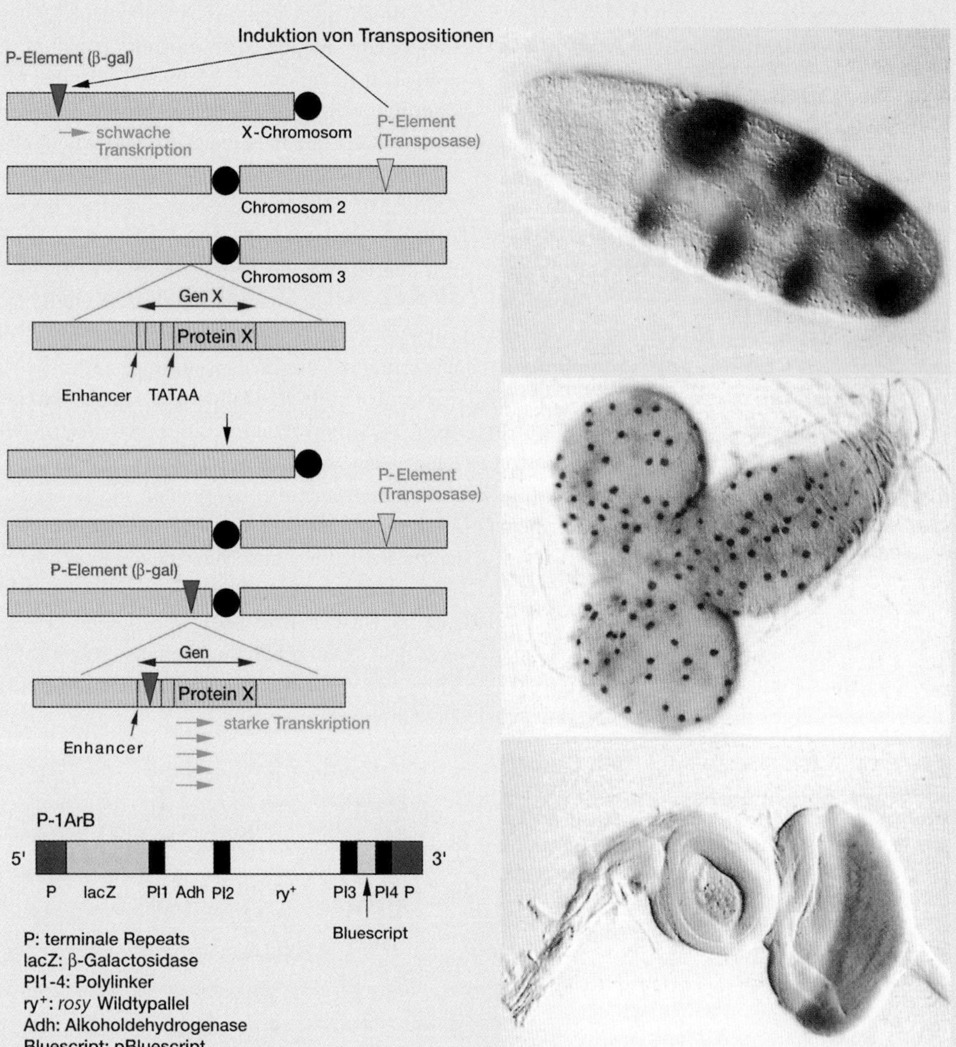

Abb. 9.52 Enhancer-Trap-Experimente. *Links*: Schematische Darstellung der experimentellen Anordnung. *Fotos rechts:* Expressionsmuster nach einem Enhancer-Trap-Experiment. Im vorliegenden Fall ist das betroffene Gen in unterschiedlichen Geweben aktiv. Das Gen liegt im rechten Arm des Chromosoms 3 von *Drosophila melanogaster*. *Oben*: Die sieben gefärbten Streifen entsprechen den geradzahligen Parasegmenten 2 bis 14 des Stadiums 10 der Embryonalentwicklung. *Mitte*: Färbungsmuster einzelner Zellen in einem larvalen Gehirn. *Unten*: Färbung von Zellen in der Augen-Antennen-Imaginalscheibe im Bereich der zukünftigen Ommatidien. (Foto: W. Janning, Münster)

Technikbox 24 *(Fortsetzung)*

Methode: In Enhancer-Trap-Experimenten (◘ Abb. 9.52) macht man, in vergleichbarer Weise wie in der P-Element-Mutagenese (Technikbox 23), Gebrauch von der Möglichkeit, Transpositionen von P-Elementen gerichtet zu induzieren. Das transponierende P-Element hat in dieser Versuchsanordnung jedoch eine komplexere Struktur. Seine wichtigste Komponente ist das *lacZ*-Gen von *Escherichia coli* (◘ Abb. 4.32), das unmittelbar auf den 5′-terminalen invertierten Repeat des P-Elementes folgt. Normalerweise erfolgt daher eine schwache Expression des *lacZ*-Gens durch die Promotoraktivität des linken invertierten Repeats des P-Elementes. Befindet sich das P-Element nach einer Transposition innerhalb der Regulationsregion eines Gens, z. B. hinter einem Enhancer-Element (▶ Abschn. 7.3.3), so wird die Expression des *lacZ*-Gens gesteigert. Untersucht man dann die jeweiligen Gewebe durch geeignete Farbreaktionen des Enzyms auf β-Galactosidase-Aktivität, so ist diese in allen Fällen zu erwarten, in denen die Regulationsregion (bzw. der Enhancer) zu einem Gen gehört, das in dem betreffenden Gewebe aktiv ist. Die Methode ermöglicht es daher, solche Gene aufzuspüren, die in bestimmten Zellen oder Entwicklungsstadien aktiv sind. Durch die Zufügung weiterer genetischer Elemente zum transponierenden P-Element wird die Untersuchung solcher Gene stark vereinfacht. Innerhalb des P-Elementes kann sich nämlich ein Klonierungsvektor befinden, der es gestattet, Genom-DNA-Bereiche in der Nachbarschaft des interessierenden Gens direkt zu isolieren. Hierzu genügt es, DNA einer einzigen Fliege zu isolieren und sie mit bestimmten Restriktionsenzymen zu schneiden. Die gewonnene Mischung von DNA-Fragmenten wird mit DNA-Ligase inkubiert und dient anschließend zur Transformation eines geeigneten Bakterienstamms. Der im P-Element enthaltene Vektor kann sich unter diesen Bedingungen unter Einschluss eines Stückes flankierender DNA zirkularisieren und die bakterielle Gastzelle transformieren. Besitzt der Vektor ein Gen für eine Antibiotikumresistenz, so kann die Kultivierung der Bakterien selektiv unter Zusatz dieses Antibiotikums erfolgen, sodass nur mit dem Vektor transformierte Bakterien wachsen. Die Transformanten, die unter selektiven Bedingungen isoliert werden, enthalten die gesuchten Genombereiche. Hat man auf diese Weise ein Stück flankierender DNA eines Gens kloniert, ist es mit konventionellen Klonierungsmethoden leicht, das betreffende Gen vollständig zu isolieren.

Literatur

Albertson DG (2006) Gene amplification in cancer. Trends Genet 22:447–455

Allen SE, Nowacki M (2017) Necessity is the mother of invention: ciliates, transposons, and transgenerational inheritance. Trends Genet 33:197–207

Arya R, Bassing CH (2017) V(D)J recombination exploits DNA damage responses to promote immunity. Trends Genet 33:479–489

Ávila-Arcos MC, Ho SY, Ishida Y et al (2013) One hundred twenty years of koala retrovirus evolution determined from museum skins. Mol Biol Evol 30:299–304

Becerra JC, Bildstein LS, Gach JS (2016) Recent insights into the HIV/AIDS pandemic. Microb Cell 3:451–475

Berg DE, Howe MM (1989) Mobile DNA. Am Soc Microbiol Press, Washington DC

Bingham PM, Kidwell MG, Rubin GM (1982) The molecular basis of P-M hybrid dysgenesis: the role of the P element in a P-strain-specific transposon family. Cell 29:995–1004

Boveri T (1899) Festschrift für Carl von Kupffer. Fischer, Jena, S 383–430

Broach JR (2004) Making the right choice – long-range chromosomal interactions in development. Cell 119:583–586

Burnet FM (1959) The clonal selection theory of antibody formation. Cambridge University Press, Cambridge

Butler G, Kenny C, Fagan A et al (2004) Evolution of the *MAT* locus and its Ho endonuclease in yeast species. Proc Natl Acad Sci USA 101:1632–1637

Castro-Nallar E, Pérez-Losada M, Burton GF et al (2012) The evolution of HIV: inferences using phylogenetics. Mol Phylogenet Evol 62:777–792

Chappell KJ, Brealey JC, Amarilla AA et al (2017) Phylogenetic diversity of koala retrovirus within a wild koala population. J Virol 91:e01820-16

Chowdhury D, Sen R (2004) Regulation of immunoglobulin heavy-chain gene rearrangements. Immunol Rev 200:182–196

Claycomb JM, Orr-Weaver TL (2005) Developmental gene amplification: insights into DNA replication and gene expression. Trends Genet 21:149–162

Curcio MJ, Derbyshire KM (2003) The outs and ins of transposition: from mu to kangaroo. Nat Rev Mol Cell Biol 4:865–877

Daniel C, Behm M, Öhman M (2015) The role of Alu elements in the *cis*-regulation of RNA processing. Cell Mol Life Sci 72:4063–4076

Davis MM, Kim SK, Hood LE (1980) DNA sequences mediating class switching in alpha-immunoglobulins. Science 209:1360–1365

Deininger PL, Moran JV, Batzer MA et al (2003) Mobile elements and mammalian genome evolution. Curr Opin Genet Dev 13:651–658

Désiré N, Cerutti L, Le Hingrat Q et al (2018) Characterization update of HIV-1 M subtypes diversity and proposal for subtypes A and D sub-subtypes reclassification. Retrovirology 15:80

Dreesen O, Li B, Cross GAM (2007) Telomere structure and function in trypanosomes: a proposal. Nat Rev Microbiol 5:70–75

Ellis MJ, Trussler RS, Haniford DB (2015) Hfq binds directly to the ribosome-binding site of IS10 transposase mRNA to inhibit translation. Mol Microbiol 96:633–650

Emmons SW, Yesner L, Ruan KS et al (1983) Evidence for a transposon in *Caenorhabditis elegans*. Cell 32:55–65

Faure E, Royer-Carenzi M (2008) Is the European spatial distribution of the HIV-1-resistant CCR5-Δ32 allele formed by a breakdown of the pathocenosis due to the historical Roman expansion? Infect Genet Evol 8:864–874

Feschotte C, Jiang N, Wessler SR (2002) Plant transposable elements: where genetics meets genomics. Nat Rev Genet 3:329–341

Futsch N, Mahieux R, Dutartre H (2017) HTLV-1, the other pathogenic yet neglected human retrovirus: from transmission to therapeutic treatment. Viruses 10:v10010001

Galindo-González L, Mhiri C, Deyholos MK et al (2017) LTR-retrotransposons in plants: engines of evolution. Gene 626:14–25

Galvani AP, Novembre J (2005) The evolutionary history of the CCR5-Δ32 HIV-resistance mutation. Microbes Infect 7:302–309

Goldman AD, Landweber LF (2016) What is a genome? PLoS Genet 12:e1006181

Grandi N, Tramontano E (2018) HERV envelope proteins: physiological role and pathogenic potential in cancer and autoimmunity. Front Microbiol 9:462

Haber JE (2006) Transpositions and translocations induced by site-specific double-strand breaks in budding yeast. DNA Repair 5:998–1009

Haber JE, Debatisse M (2006) Gene amplification: yeast takes a turn. Cell 125:1237–1240

Harris LJ, Skaletsky E, McPherson A (1998) Crystallographic structure of an intact IgG1 monoclonal antibody. J Mol Biol 275:861–872

Hemelaar J (2012) The origin and diversity of the HIV-1 pandemic. Trends Mol Med 18:182–192

Horn D (2014) Antigenic variation in African trypanosomes. Mol Biochem Parasitol 195:123–129

Ivics Z, Hackett PB, Plasterk RH et al (1997) Molecular reconstitution of *sleeping beauty*, a *Tc1*-like transposon from fish, and its transposition in human cells. Cell 91:501–510

Iwasaki YW, Siomi MC, Siomi H (2015) PIWI-interacting RNA: its biogenesis and functions. Annu Rev Biochem 84:405–433

Kaessmann H, Vinckenbosch N, Long M (2009) RNA-based gene duplication: mechanistic and evolutionary insights. Nat Rev Genet 10:19–31

Karp G (2005) Molekulare Zellbiologie. Springer, Berlin

Kebriaei P, Izsvák Z, Narayanavari SA et al (2017) Gene therapy with the Sleeping Beauty transposon system. Trends Genet 33:852–870

Kelleher ES (2016) Reexamining the P-element invasion of *Drosophila melanogaster* through the lens of piRNA silencing. Genetics 203:1513–1531

Kidwell MG (1983) Evolution of hybrid dysgenesis determinants in *Drosophila melanogaster*. Proc Natl Acad Sci USA 80:1655–1659

Koonin EV, Krupovic M (2015) Evolution of adaptive immunity from transposable elements combined with innate immune systems. Nat Rev Genet 16:184–192

Krupovic M, Béguin P, Koonin EV (2017) Casposons: mobile genetic elements that gave rise to the CRISPR-Cas adaptation machinery. Curr Opin Microbiol 38:36–43

Levy JA (1973) Xenotropic viruses: murine leukemia viruses associated with NIH Swiss, NZB, and other mouse strains. Science 182:1151–1153

Liu M, Schatz DG (2009) Balancing AID and DNA repair during somatic hypermutation. Trends Immunol 30:173–181

Loreto ELS, Carareto CMA, Capy P (2008) Revisiting horizontal transfer of transposable elements in *Drosophila*. Heredity 100:545–554

McClintock B (1941) The stability of broken ends of chromosomes in *Zea mays*. Genetics 26:234–282

McClintock B (1947) Cytogenetic studies of maize and *Neurospora*. Carnegie Inst Wash Year B 46:146–152

McClintock B (1948) Mutable loci in maize. Carnegie Inst Wash Year B 47:155–169

Michaud V, Bar-Magen T, Turgeon J et al (2012) The dual role of pharmacogenetics in HIV treatment: mutations and polymorphisms regulating antiretroviral drug resistance and disposition. Pharmacol Rev 64:803–833

Mishra S, Whetstine JR (2016) Different facets of copy number changes: permanent, transient, and adaptive. Mol Cell Biol 36:1050–1063

Modrow S, Falke D (1997) Molekulare Virologie. Spektrum Akademischer Verlag, Heidelberg

Müller WA, Hassel M (2018) Entwicklungsbiologie und Reproduktionsbiologie des Menschen und bedeutender Modellorganismen, 6. Aufl. Springer Spektrum, Heidelberg

9

Nefedova LN, Kim A (2017) Mechanisms of LTR-retroelement transposition: lessons from *Drosophila melanogaster*. Viruses 9:81

Novikova O, Belfort M (2017) Mobile group II introns as ancestral eukaryotic elements. Trends Genet 33:773–783

Outters P, Jaeger S, Zaarour N et al (2015) Long-range control of V(D)J recombination and allelic exclusion: modeling views. Adv Immunol 128:363–413

Papavasiliou FN, Schatz DG (2002) Somatic hypermutation of immunoglobulin genes: merging mechanisms for genetic diversity. Cell 109:S35–S44

Parks AR, Peters JE (2009) Tn7 elements: engendering diversity from chromosomes to episomes. Plasmid 61:1–14

Poiesz BJ, Ruscetti FW, Gazdar AF et al (1980) Detection and isolation of type C retrovirus particles from fresh and cultured lymphocytes of a patient with cutaneous T-cell lymphoma. Proc Natl Acad Sci USA 77:7415–7419

Postberg J, Alexandrova O, Lipps HJ (2006) Synthesis of pre-rRNA and mRNA is directed to a chromatin-poor compartment in the macronucleus of the spirotrichous ciliate *Stylonychia lemnae*. Chromosome Res 14:161–175

Pringle CR (1999) Virus taxonomy. Arch Virol 144:421–429

Ranzani M, Annunziato S, Adams DJ et al (2013) Cancer gene discovery: exploiting insertional mutagenesis. Mol Cancer Res 11:1141–1158

Richardson SR, Morell S, Faulkner GJ (2014) L1 retrotransposons and somatic mosaicism in the brain. Annu Rev Genet 48:1–27

Rous P (1911) Transmission of a malignant new growth by means of a cell-free filtrate. J Am Med Ass 56:198

Rubin GM, Spradling AC (1982) Genetic transformation of *Drosophila* with transposable element vectors. Science 218:348–353

Rubin GM, Kidwell MG, Bingham PM (1982) The molecular basis of P-M hybrid dysgenesis: the nature of induced mutations. Cell 29:987–994

Ryder E, Russell S (2003) Transposable elements as tools for genomics and genetics in *Drosophila*. Brief Funct Genom Proteom 2:57–71

Siguier P, Filée J, Chandler M (2006) Insertion sequences in procaryotic genomes. Curr Opin Microbiol 9:526–531

Siguier P, Gourbeyre E, Varani A et al (2015) Everyman's guide to bacterial insertion sequences. Microbiol Spectr. https://doi.org/10.1128/microbiolspec.MDNA3-0030-2014

Sisu C, Pei B, Leng J et al (2014) Comparative analysis of pseudogenes across three phyla. Proc Natl Acad Sci USA 111:13361–13366

Soll DR (2003) Mating-type locus homozygosis, phenotypic switching and mating: a unique sequence of dependencies in *Candida albicans*. BioEssays 26:10–20

Solloch UV, Lang K, Lange V et al (2017) Frequencies of gene variant CCR5-Ä32 in 87 countries based on next-generation sequencing of 1.3 million individuals sampled from 3 national DKMS donor centers. Hum Immunol 78:710–717

Spradling AC, Rubin GM (1982) Transposition of cloned P elements into *Drosophila* germ line chromosomes. Science 218:341–347

Streit A, Wang J, Kang Y et al (2016) Gene silencing and sex determination by programmed DNA elimination in parasitic nematodes. Curr Opin Microbiol 32:120–127

Suzuki Y, Chew ML, Suzuki Y (2012) Role of host-encoded proteins in restriction of retroviral integration. Front Microbiol 3:227.

Talmage DW (1957) Allergy and immunology. Annu Rev Med 8:239–257

Thomson MM, Pérez-Alvarez L, Nájera R (2002) Molecular epidemiology of HIV-1 genetic forms and its significance for vaccine development and therapy. Lancet Infect Dis 2:461–471

Tipanee J, Chai YC, VandenDriessche T et al (2017) Preclinical and clinical advances in transposon-based gene therapy. Biosci Rep 37:BSR2016061

Tobler H, Etter A, Müller F (1992) Chromatin diminution in nematode development. Trends Genet 8:427–432

Toleman MA, Bennett PM, Walsh TR (2006) *ISCR* elements: novel gene-capturing systems of the 21st century? Microbiol Mol Biol Rev 70:296–316

Verhaak RGW, Bafna V, Mischel PS (2019) Extrachromosomal oncogene amplification in tumour pathogenesis and evolution. Nat Rev Cancer 19:283–288

Vink C, Rudenko G, Seifert HS (2012) Microbial antigenic variation mediated by homologous DNA recombination. FEMS Microbiol Rev 36:917–948

Wang J, Davis RE (2014) Contribution of transcription to animal early development. Transcription 5:e967602

Wang Y, Wang Y, Sheng Y et al (2017) A comparative study of genome organization and epigenetic mechanisms in model ciliates, with an emphasis on *Tetrahymena*, *Paramecium* and *Oxytricha*. Eur J Protistol 61(Pt B):376–387

Weiss RA (2006) The discovery of endogenous retroviruses. Retrovirology 3:67

WHO (World Health Organization) (2019) HIV/AIDS. Fact sheets. http://www.who.int/en/news-room/fact-sheets/detail/hiv-aids/

Wolfe KH, Butler G (2017) Evolution of mating in the Saccharomycotina. Annu Rev Microbiol 71:197–214

Yoshioka K, Honma H, Zushi M et al (1990) Virus-like particle formation of *Drosophila copia* through autocatalytic processing. EMBO J 9:535–541

Zafir-Lavie I, Michaeli Y, Reiter Y (2007) Novel antibodies as anticancer agents. Oncogene 26:3714–3733

Veränderungen im Genom: Mutationen

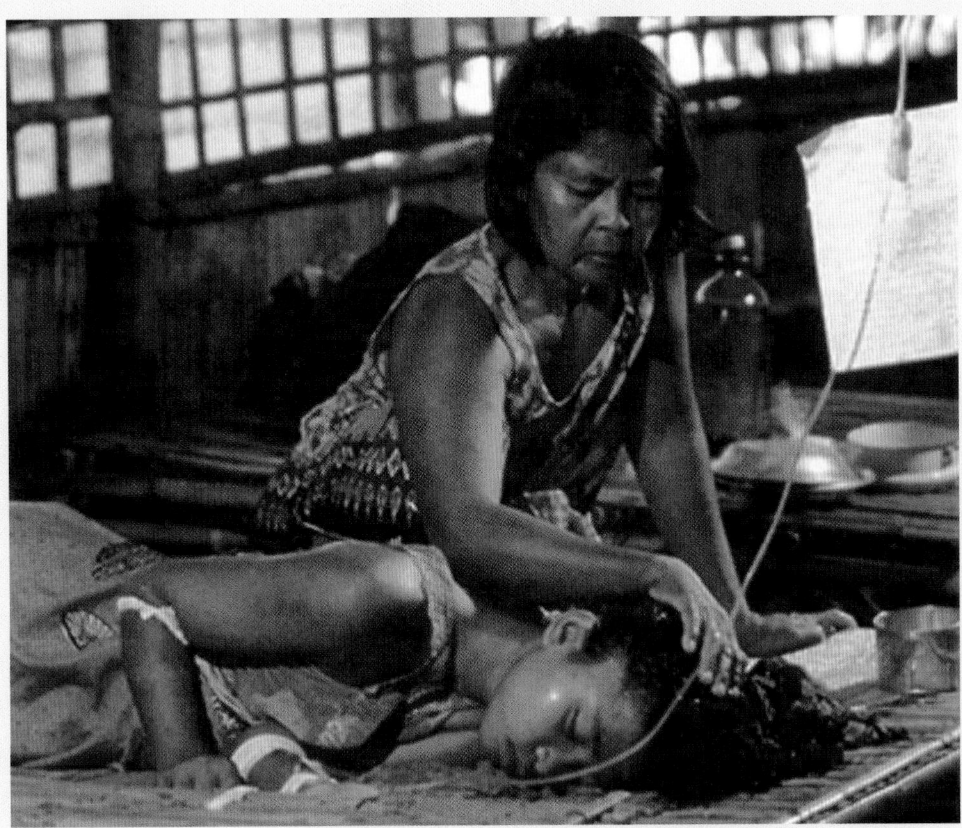

An Malaria erkranktes Mädchen an der thailändischen Grenze. Mutationen können Resistenz verleihen. (Foto: P. Charlesworth, JB Pictures, New York)

Inhaltsverzeichnis

J. Graw, *Genetik*, https://doi.org/10.1007/978-3-662-60909-5_10

Überblick

Ausgangspunkt aller Erkenntnisse über die Regeln und die molekularen Mechanismen der Vererbung sowie über die Umsetzung von erblicher Information in Stoffwechselfunktionen ist die Variabilität von Merkmalen. Diese Variabilität erst gestattet es uns, bestimmte biologische Eigenschaften und Prozesse auf ihre Ursachen hin zu untersuchen.

Biologische Variabilität dient aber nicht nur als eine Grundlage für die experimentelle Erforschung von Erbvorgängen. Sie bietet vielmehr die Voraussetzungen für die Evolution der Organismen. Sie ist somit ein grundlegender und unverzichtbarer Bestandteil der Natur. Es ist daher nicht verwunderlich, dass Mechanismen, die Veränderungen des genetischen Materials verursachen, also Variabilität erzeugen, zu den fundamentalen Genomfunktionen von Organismen gehören. So werden während der Replikation des genetischen Materials mit einer bestimmten Häufigkeit Fehler induziert. Außerdem kann es zu spontanen Basenveränderungen durch die chemische Instabilität einiger Nukleotide kommen, oder es treten Fehler im Zusammenhang mit Rekombinationsvorgängen auf. Neben solchen und anderen endogenen Mutationsmechanismen können Veränderungen aber auch von außen her induziert werden, so insbesondere durch natürliche oder technisch hergestellte energiereiche Strahlung sowie durch chemische Stoffe.

Da Genomveränderungen sehr oft eine schädliche Auswirkung haben, besitzen alle Zellen besondere Reparaturmechanismen, die einen erheblichen Teil neu entstandener Mutationen eliminieren können. Offenbar hat sich zwischen der Effektivität solcher Reparaturmechanismen und der Häufigkeit spontaner Mutationen ein Gleichgewicht eingestellt, das sich vom Gesichtspunkt der Evolution her als günstig erwiesen hat, um einerseits zu häufige Schäden im Genom zu vermeiden, andererseits aber Veränderungen mit einer ausreichenden Häufigkeit auszulösen, sodass Evolutionsprozesse und eine Anpassung an eine sich ständig verändernde Umwelt überhaupt erst ermöglicht werden.

Heute sind wir aber auch in der Lage, durch gentechnische Verfahren Mutationen gezielt selbst einzuführen – in Bakterien, Zellen, Pflanzen und viele tierische Modellorganismen. Diese Methoden sind in der modernen genetischen Forschung unverzichtbar geworden. Ebenso hat die Sicherheit vieler Arzneimittel durch die Umstellung auf gentechnische Verfahren zugenommen, da man jetzt nicht mehr auf möglicherweise kontaminierte Ausgangsmaterialien zurückgreifen muss (z. B. auf HIV-kontaminiertes Blut zur Herstellung von Blutgerinnungsfaktoren in der Bluter-Therapie). Am Ende des Kapitels werden wir die Auswirkungen gentechnischer Verfahren auf die moderne Landwirtschaft besprechen.

10.1 Klassifikation von Mutationen

Die Veränderung von Genen im Laufe der Evolution ist eine entscheidende Voraussetzung für die Entstehung und Evolution von Organismen. Schon bei der Betrachtung der phänotypischen Variabilität zwischen Organismen im ► Kap. 1 hatten wir festgestellt, dass eine der Ursachen für phänotypische Unterschiede zwischen den Individuen einer Population die genetische Variabilität, also die Existenz unterschiedlicher Allele ist. Ohne diese genetische Variabilität wäre es unmöglich gewesen, die Existenz einzelner Gene und die Regeln der Vererbung von Merkmalen zu erkennen. In diesem Kapitel wollen wir uns mit den molekularen Ursachen der Veränderungen von Genen und mit deren Folgen näher befassen.

Die Veränderung eines Gens bezeichnen wir als eine **Mutation**. Diese Bezeichnung wurde von Hugo **de Vries** 1901 eingeführt. Der Träger einer Mutation ist eine **Mutante**. Hat man zwei phänotypisch verschiedene Ausprägungen eines Gens vor Augen, so ist es nicht immer möglich, festzustellen, bei welcher dieser Formen eine Mutation vorliegt und welche als „normal" anzusehen ist. Die Frage nach „normal" (und dem Gegensatz „unnormal", „anomal" oder „abnormal") ist eher eine Frage der Philosophie – in der Genetik sprechen wir vom **Wildtyp** als derjenigen Form, die in der freien Natur überwiegend vorkommt. Ähnliches gilt dann unter Laborbedingungen für definierte Stämme von Bakterien, Hefen, Pflanzen, Fliegen, Fischen oder Mäusen.

❀ Eines der ersten Beispiele einer Mutation war die Augenfarbe der Fruchtfliege *Drosophila*: Sie kann beispielsweise rot oder weiß sein. Das gelegentliche Auftreten weißäugiger Fliegen in einem sonst rotäugigen Stamm hatte in diesem Fall die rote Augenfarbe als den Wildtyp ausgewiesen (auch durch das Zeichen „+" gekennzeichnet) und die weiße Augenfarbe als Mutation (auch durch das Zeichen „−" gekennzeichnet). Für diese Anwendung des Wildtypbegriffs auf rotäugige Fliegen lässt sich das Argument anführen, dass in rotäugigen Populationen gelegentlich weißäugige Fliegen auftreten, jedoch in weißäugigen Stämmen viel seltener rotäugige Fliegen.

Das ist verständlich, wenn man annimmt, dass Veränderungen in der Richtung des Ausfalls einer Genfunktion, die eine rote Augenfarbe bedingt, häufiger ablaufen als in der umgekehrten Richtung, d. h. die Wiederherstellung eines funktionellen Zustands eines defekten Gens. Wir wissen heute, dass die Ursache für die weiße Augenfarbe bei *Drosophila* tatsächlich im

Ausfall der Funktion eines Gens liegt (das Gen wurde aufgrund der phänotypischen Veränderung in der Mutante als „*white*" bezeichnet). Ein experimenteller Test hierfür lässt sich dadurch erbringen, indem man das *white*-Gen durch eine Deletion im Chromosom entfernt. Auf diese Weise lässt sich der Phänotyp einer **Nullmutation** ermitteln, d. h. der Ausfall einer Genfunktion (engl. *loss of function*). Wir wissen heute, dass das Protein eine ATPase-Aktivität besitzt, die an den Anionentransport über Membranen gekoppelt ist; außerdem ist das Protein an der Biosynthese der Augenpigmente der Fliege beteiligt – so erklärt sich der Verlust der roten Augenfarbe bei einem Ausfall seiner Funktion.

Natürlich gibt es auch Mutationen, bei denen unmittelbar ersichtlich ist, welches Allel den Wildtyp darstellt und welches eine Mutation enthalten muss. Man denke beispielsweise an Erbkrankheiten des Menschen, wie sie im ► Kap. 13 beschrieben werden. Auch die Ausbildung eines Beins anstelle einer Antenne am Kopf von *Drosophila*, wie es bei der Mutante *Antennapedia* der Fall ist (◘ Abb. 12.30), kann unmittelbar als Folge einer Mutation, also der Entstehung eines Allels mit einer neuen Funktion, verstanden werden. In diesem Fall haben wir es mit einer **neomorphen Mutation** zu tun, d. h. es entsteht ein neuer Phänotyp (engl. *gain of function*).

Wir wollen uns jetzt zunächst den Fragen zuwenden, in welchen Zelltypen Mutationen überhaupt auftreten können und welche Konsequenzen sie für die Zelle und den jeweiligen Organismus haben. Betrachten wir die unterschiedlichen Formen der Ausprägung eines Merkmals in einer Population und deren Verteilung zwischen den Individuen dieser Population genauer, so erkennen wir, dass diese Veränderungen von Genen in Keimzellen entstanden sein müssen, da sie sonst nicht erblich sein können. Dass Mutationen jedoch nicht ausschließlich in Keimzellen entstehen, haben wir bereits bei der Besprechung der Entstehung somatischer Mosaike gesehen (◘ Abb. 8.28). Wir sprechen hier von einer **somatischen Mutation**, da es sich um eine Veränderung in der genetischen Konstitution somatischer Zellen handelt. Diese ist natürlich in aufeinanderfolgenden Generationen von Organismen nicht erblich.

Wir können aus diesen Betrachtungen den allgemeinen Inhalt des Begriffs Mutation ableiten: Jede **Veränderung** der genetischen Konstitution einer Zelle, die nicht durch die normalen Fortpflanzungsmechanismen, also durch die Verschmelzung zweier haploider Gameten, hervorgerufen wird, ist eine Mutation. Der Begriff der Mutation beschränkt sich somit nicht auf Veränderungen einzelner Gene, wie wir sie am *white*-Locus gesehen haben, sondern beinhaltet auch Genomveränderungen größeren Ausmaßes, etwa den Verlust eines Chromosoms.

> **!** Jede Veränderung der genetischen Konstitution einer Zelle, die nicht mit sexueller Fortpflanzung in Zusammenhang steht, ist eine Mutation. Mutationen können in Keimzellen und in somatischen Zellen in gleicher Weise auftreten.

Die **biologischen Folgen** von Mutationen sind unterschiedlich, je nachdem, ob sie sich in der Keimbahn oder in somatischen Zellen ereignen. Zur sichtbaren Ausprägung kommt eine Neumutation in **somatischen Zellen** natürlich nur, wenn sie nicht zum Tod der betreffenden Zelle führt und wenn sie darüber hinaus phänotypisch überhaupt zu einer Ausprägung kommen kann, indem sie entweder dominant oder geschlechtsgekoppelt ist (eine rezessive Mutation kann sich phänotypisch nur dann ausprägen, wenn sie zweimal in einer Zelle vorkommt – ein sehr seltener Fall; siehe dazu aber auch die Diskussion um Tumorsuppressorgene, ► Abschn. 13.4.1). Das phänotypische **Ausprägungsmuster** somatischer Mutationen im Organismus können wir mit dem der Inaktivierung eines Säuger-X-Chromosoms (► Abschn. 8.3.2) vergleichen: Erfolgt eine somatische Mutation in einem frühen Entwicklungsstadium des Organismus, so erwarten wir, dass sie im adulten Organismus in einer größeren Anzahl von Zellen wiederzufinden ist, als wenn sie erst in einem späteren Stadium der Ontogenese eingetreten ist.

Für **Keimbahnmutationen** gilt selbstverständlich das Gleiche. Tritt eine Mutation in einem frühen Stadium der Keimzellentwicklung auf, also etwa in frühen Oogonien, in Spermatogonien oder sogar in Stammzellen, so wird eine größere Anzahl von Gameten diese Mutation besitzen, als wenn sich die Mutation erst postmeiotisch ereignet. In diesem Falle bleibt sie auf einen einzelnen Gameten beschränkt. In Kreuzungsexperimenten kommen frühe Mutationen in der Keimbahn im Auftreten mehrerer Nachkommenindividuen mit der gleichen Mutation zum Ausdruck.

> **!** Die Anzahl veränderter somatischer Zellen oder Keimzellen lässt Rückschlüsse auf den Zeitpunkt während der Entwicklung zu, zu dem diese Mutation erfolgt ist.

Bevor wir nun die Einzelheiten der Mechanismen und Folgen von Mutationen erörtern, muss noch ein weiterer wichtiger allgemeiner Gesichtspunkt hervorgehoben werden: Da Mutationen für die Evolution von Organismen als Grundlage für die Neuentstehung erblicher Eigenschaften und als Basis für Selektionsprozesse und anderer Evolutionsmechanismen unabdingbar sind, müssen wir sie zu den **grundlegenden Eigenschaften lebender Organismen** zählen. Das schließt aber nicht aus, dass Mutationen für einzelne Individuen sehr oft mit Nachteilen verbunden sind, da sie zufallsgemäß erfolgen und dadurch viel häufiger zur Zerstörung der Funktion genetischer Eigenschaften führen als zu nutzbringenden Veränderungen. Biologische Prozesse können also hinsichtlich ihres „Nutzens" von unterschiedlichen Gesichtspunkten aus bewertet werden, je nachdem, ob wir ein einzelnes Individuum oder eine ganze Population von Organismen betrachten.

Mutationen sind ein Grundphänomen lebender Systeme. Auf der Ebene des Einzelindividuums haben sie oft negative Folgen. Für die Evolution von Organismen sind sie unentbehrlich.

Eine Klassifikation von Mutationen ist nach verschiedenen Gesichtspunkten möglich. Neben den oben schon erwähnten neomorphen Mutationen bezeichnen „**antimorph**" und „**hypermorph**" verschiedene Ausprägungen von zusätzlichen Genfunktionen: Eine antimorphe Mutation ist eine dominante Mutation, die im Gegensatz zur Aktivität des Wildtyp-Gens steht (heute finden wir dafür auch häufig die Bezeichnung „**dominant-negativ**"). Eine hypermorphe Mutation bewirkt dagegen eine erhöhte Funktion des Wildtyp-Gens. Bei Funktionsverlust-Mutationen kann man zwei Formen unterscheiden: „**amorph**" und „**hypomorph**". Amorphe Mutationen zeigen einen vollständigen Funktionsverlust und werden daher auch häufig als „**Null-Allele**" bezeichnet; amorphe Allele sind häufig rezessiv, sie können aber auch dominant sein, wenn beide Wildtyp-Kopien zur Herstellung des Wildtyp-Phänotyps notwendig sind (hier sprechen wir auch von **Haploinsuffizienz**). Hypomorphe Allele verursachen nur einen Teilverlust der jeweiligen Genfunktion. Man beachte in diesem Zusammenhang, dass verschiedene Mutationen in einem Gen zu unterschiedlichen Schweregraden der Erkrankungen (oder allgemeiner: der Veränderungen des Phänotyps) führen können: Solche „allelische Serien" sind für viele Gene beschrieben und können jeweils alle Aspekte von amorph bis hypermorph zeigen.

Oft wird auch eine Unterscheidung zwischen **spontanen** und **induzierten Mutationen** getroffen. Andere Kategorisierungen unterscheiden verschiedene Haupt- und Unterklassen von Mutationen, etwa Chromosomenmutationen verschiedenen Charakters oder mehrere Klassen von Genmutationen. Häufig geschieht dies unter Gesichtspunkten der praktischen Anwendung; es verdeckt aber die Tatsache, dass die Grenzen fließend sind und vergleichbare Mutationsereignisse auf mehreren Ebenen auftreten können. So kann beispielsweise eine Deletion sowohl in einem Chromosom auftreten und eine größere Gruppe von Genen einschließen als auch innerhalb eines einzelnen Gens, wo sie nur einen Teilbereich der Nukleotidsequenz umfasst. Ein grundlegender Unterschied zwischen beiden Mutationstypen besteht nicht: In beiden Fällen ist ein (längeres oder kürzeres) Stück chromosomaler DNA verloren gegangen. Allerdings sind **Chromosomenmutationen** (▸ Abschn. 10.2) oft schon im Lichtmikroskop erkennbar, wohingegen **Punktmutationen** sich auf einzelne oder wenige, nebeneinanderliegende Nukleotide beziehen und molekulargenetisch festgestellt werden müssen.

Chromosomenmutationen sind also Änderungen in der Zahl oder Struktur der Chromosomen. Bei strukturellen Änderungen sind größere Abschnitte des Chromatins betroffen. Prinzipiell wird auf dieser Ebene zwischen folgenden Veränderungen unterschieden: **Deletion** (Verlust eines Chromosomenfragments), **Insertion** (Einschub eines Chromosomenfragments), **Inversion** (Umkehrung eines Chromosomenfragments) und **Translokation** (Verlagerung eines Chromosomenfragments). Diese Mutationen können häufig durch verschiedene Bänderungsverfahren (▸ Kap. 6) sichtbar gemacht werden.

Veränderungen der **Chromosomenzahl** werden auch als **Genommutationen** bezeichnet und betreffen entweder den gesamten Chromosomensatz oder ein einzelnes Chromosom. Bei der Reduzierung des normalen, diploiden Chromosomensatzes auf einen einfachen Chromosomensatz sprechen wir von **Haploidisierung**, während eine Vermehrung des Chromosomensatzes als **Polyploidisierung** bezeichnet wird (z. B. dreifacher Chromosomensatz: triploid). Auch das Fehlen oder zusätzliche Auftreten einzelner Chromosomen wird zu den Genommutationen gerechnet. Solch eine Veränderung wird als **Aneuploidie** bezeichnet und das betroffene Chromosom entsprechend benannt (z. B. Trisomie 21: Das Chromosom 21 des Menschen ist dreifach vorhanden).

Wenn nur ein Nukleotid oder wenige, aufeinanderfolgende Nukleotide verändert sind, sprechen wir von **Punktmutationen**. Auch hier können wir verschiedene Typen unterscheiden, besonders häufig sind **Substitutionen**, **Deletionen** oder **Insertionen**. Wird bei einer Substitution eine Pyrimidinbase durch eine andere Pyrimidinbase bzw. eine Purinbase durch eine andere Purinbase ersetzt (AT↔GC oder GC↔AT), spricht man von einer **Transition**. Erfolgt statt des Einbaus einer Purinbase ein Pyrimidineinbau (oder umgekehrt), wird diese Art der Mutation auch als **Transversion** bezeichnet (AT↔TA, AT↔CG, GC↔CG oder GC↔TA; ◘ Abb. 10.1).

Die Auswirkungen von Punktmutationen können sehr verschieden sein: Wenn die Mutationen im codierenden Bereich der Exons auftreten, finden wir häufig Veränderungen im Einbau von Aminosäuren (engl. *missense mutation*). Da aber eine Aminosäure oft durch mehrere Tripletts codiert werden kann, die sich nur in der 3. Base unterscheiden (▸ Abschn. 3.2), ist dies nicht immer der Fall; hat also eine Mutation keinen Einfluss auf die eingebaute Aminosäure, sprechen wir von einer **stillen Mutation**. Bei vielen Erbkrankheiten finden wir aber eine sehr wichtige Änderung: Es wird nämlich ein Stoppcodon erzeugt (TAG, TAA, TGA; engl. *nonsense mutation*), sodass die Synthese des Proteins an der betroffenen Stelle abbricht. Das umgekehrte Phänomen, dass ein vorhandenes Stoppcodon in ein Aminosäure-codierendes Codon umgewandelt und damit die Prote-

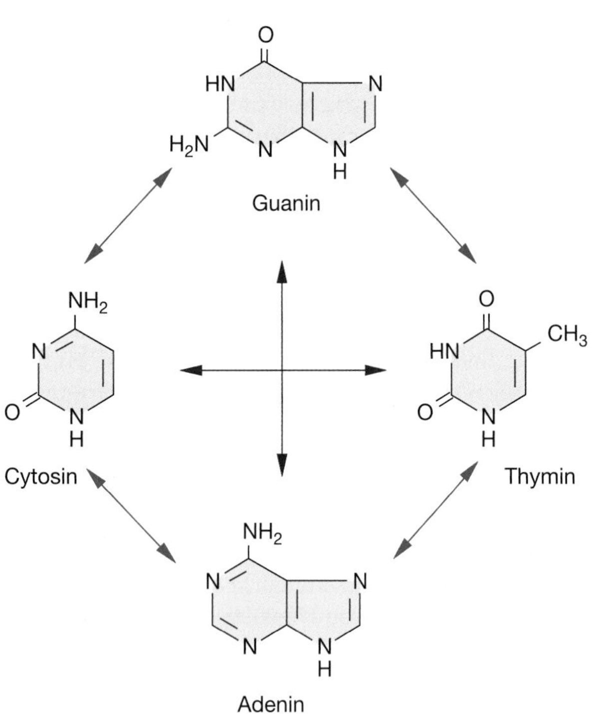

■ **Abb. 10.1** Basenaustausche. Bei Basensubstitutionen können Purine durch Purine bzw. Pyrimidine durch Pyrimidine ersetzt werden (*rote Pfeile*); hier sprechen wir von einer Transition. Wenn dagegen ein Purin durch ein Pyrimidin ausgetauscht wird (*blaue Pfeile*), sprechen wir von einer Transversion

■ **Tab. 10.1** Auswirkungen von Mutationen

Klassifikation	Leseraster				
Wildtyp	CTG	GGG	TAC	AGA	A
	Leu	Gly	Tyr	Arg	
Missense-Mutation (Aminosäureaustausch)	CCG	GGG	TAC	AGA	A
	Pro	Gly	Tyr	Arg	
Stille Mutation	CTC	GGG	TAC	AGA	A
	Leu	Gly	Tyr	Arg	
Nonsense-Mutation (Stoppcodon)	CTG	GGG	TAA	AGA	A
	Leu	Gly	**Stopp**		
Insertion	CTG	GGG	GTA	CAG	AA
	Leu	Gly	**Val**	**Gln**	
		G			
Deletion	CTG	GGT	ACA	GAA	
	Leu	Gly	**Thr**	**Glu**	

Oben: codierender Strang der DNA, *unten:* abgeleitete Aminosäuresequenz, *rot*: Mutation mit Auswirkung auf die Aminosäuresequenz, *grün*: stille Mutation

inkette verlängert wird, ist dagegen seltener. Auch die Veränderung des Startcodons ATG ist selten; in diesem Fall wird dann häufig ein anderes ATG unterhalb verwendet, was entweder zu einem verkürzten Protein führt (wenn das neue ATG im selben Leserahmen bleibt) oder zu einem ganz anderen Protein (wenn das zweite ATG in einem anderen Leserahmen liegt). Punktmutationen können außerdem das Spleißen betreffen (wenn sie in den entsprechenden konservierten Bereichen auftreten; ▶ Abschn. 3.3.5) oder die Regulation der Genexpression beeinflussen (wenn sie im Promotor auftreten; ▶ Abschn. 4.5 und 7.3). Durch Deletionen oder Insertionen innerhalb Protein-codierender Regionen kann sich der Leserahmen verändern; solche **Rasterschub-Mutationen** (engl. *frame shift mutation*) können zu einem völlig andersartigen Protein führen, auch wenn die mRNA selbst nur eine geringfügige Veränderung aufweist (z. B. Deletion von 1 oder 2 bp). Eine Übersicht über diese verschiedenen Formen von Punktmutationen gibt ■ Tab. 10.1.

Mutationen können nicht nur Protein-codierende Gene betreffen, sondern auch die verschiedenen RNA-Gene, sodass deren Funktion auf verschiedene Weise beeinträchtigt werden kann. Natürlich sind Mutationen nicht auf codierende Regionen des Genoms beschränkt. Vielmehr dürften die meisten Mutationen in Introns, in intergenischen Regionen oder in repetitiver DNA ohne phänotypisch sichtbare Folgen bleiben (siehe dazu aber auch ▶ Abschn. 3.5 über RNA-codierende Gene, ▶ Abschn. 8.2 über regulatorische RNAs sowie ▶ Abschn. 10.3.3 über dynamische Mutationen).

Mutationen, Veränderungen der DNA, können spontan auftreten und durch Strahlung oder Chemikalien induziert werden. Mutationen können nach ihrer Größe oder der Art ihrer DNA- bzw. Chromosomenveränderungen unterschiedlich klassifiziert werden.

10.2 Chromosomenmutationen

Chromosomenmutationen spielen sowohl in der Natur als auch in der experimentellen Genetik eine wichtige Rolle, da sie im Gegensatz zu den meisten Genmutationen Auswirkungen auf die Verteilungsmechanismen der Chromosomen in Meiose und Mitose (▶ Abschn. 6.3) ausüben können oder auch bestimmte Allelkombinationen im Genom stabilisieren können. Grundsätzlich lassen sich zwei Typen von Veränderungen auf dem Genomniveau unterscheiden:

- **numerische** Chromosomenaberrationen und
- **strukturelle** Chromosomenaberrationen.

Beide Typen von Chromosomenveränderungen lassen sich, je nach der speziellen Art der Veränderung, noch weiter untergliedern.

10.2.1 Numerische Chromosomenaberrationen

Unter diese Kategorie von Chromosomenmutationen fallen alle Veränderungen der Anzahl von Chromosomen im Genom. Diese können verursacht sein durch

- Verschmelzungen (**Fusionen**) von zwei Chromosomen,
- Spaltung (**Fissionen**) einzelner Chromosomen in zwei Chromosomen oder
- Vervielfachung der Chromosomenzahl (**Ploidisierung**).

Fusionen von Chromosomen

Fusionen von Chromosomen führen nicht notwendigerweise zu phänotypischen Veränderungen, da eine Verschmelzung von zwei Chromosomen nicht mit dem Verlust oder mit Veränderungen von Genen verbunden sein muss. Für die Vererbung von Merkmalen an Nachkommen haben Fusionen jedoch insofern Konsequenzen, als neue Kopplungsbeziehungen zwischen Genen entstehen können. Noch tiefer greifende Folgen haben Verschmelzungen eines Autosoms mit einem Geschlechtschromosom. Es kann in der Folge zur phänotypischen Expression rezessiver Allele des autosomalen Anteils des Fusionschromosoms kommen, die zuvor nur gelegentlich in seltenen homozygoten Konstitutionen sichtbar wurden. Außerdem haben solche Chromosomenaberrationen notwendigerweise Konsequenzen für die Genregulation, da die autosomalen Gene nunmehr einem Dosiskompensationsmechanismus unterstellt werden müssen.

Chromosomenverschmelzungen, die man im Prinzip auch als **Translokationen** ansehen kann (▶ Abschn. 10.2.3), haben in der Entwicklung der Säugergenome eine wichtige Rolle gespielt. Hier ist es häufig zur Verschmelzung akrozentrischer zu metazentrischen Chromosomen gekommen, einem Vorgang, der auch als **Robertson-Translokation** (engl. *Robertsonian translocation*) oder **zentrische Fusion** beschrieben wird. Offenbar sind mit der Verschmelzung oder dem Auseinanderfallen von Chromosomen kleine genetische Effekte verbunden, die im Einzelnen nur schwer nachweisbar sind, aber Vor- und Nachteile für Selektionsprozesse mit sich bringen.

❗ Chromosomenverschmelzungen und -spaltungen sind zwar nicht notwendigerweise mit einer Änderung der Genzusammensetzung verbunden, haben aber oft kleinere, schwer nachweisbare Veränderungen in der Genexpression zur Folge, die für einzelne Mechanismen bedeutsam sein können.

Spaltung von Chromosomen

Bei beiden Prozessen, sowohl der Verschmelzung als auch der Spaltung von Chromosomen, müssen strukturelle oder zumindest funktionelle Veränderungen der Chromosomen in den **Centromerbereichen** eintreten. Die Spaltung eines metazentrischen Chromosoms erfordert nicht nur die Entstehung zweier vollständiger Centromere, wenn man davon ausgeht, dass das vorhandene Centromer halbiert wird, sondern es müssen auch zwei **Telomere** gebildet werden, die die Bruchstelle verschließen. Die Art der Entstehung neuer Telomere war in der klassischen Cytologie ein kontroverser Diskussionspunkt. Heute ist sie für uns aufgrund der Kenntnisse der molekularen Eigenschaften von Telomeren leichter verständlich (▶ Abschn. 6.1.4).

Die Neuentstehung einer **Centromerregion** in einer Region, die vorher keine Centromerfunktion hatte, ist zwar selten, aber in der klassischen Cytologie ist die Existenz solcher inaktiver Centromerregionen, die unter bestimmten Umständen aktiviert werden können, schon lange bekannt. Beispiele hierfür sind die **polyzentrischen** oder **holokinetischen** Chromosomen, wie sie bei *Parascaris* und anderen Nematoden, aber auch bei Insekten und Pflanzen beobachtet werden. In diesen Chromosomen existieren mehrere DNA-Bereiche mit fakultativer Centromeraktivität. Die Bildung von neuen Centromeren stellt auch eine Möglichkeit dar, um nach Translokationen dem neuen Chromosom mitotische Stabilität zu verleihen.

Auch in der Humangenetik kennen wir solche Fälle. In einem Übersichtsaufsatz beschreibt Warburton (2004) 70 Fälle von Centromer-Neubildungen, die an 19 verschiedenen Chromosomen beobachtet werden. Einige Beispiele sind in ◘ Abb. 10.2 dargestellt. Offensichtlich handelt es sich dabei nicht um zufällige Prozesse im menschlichen Genom, denn die Regionen 3q, 13q und 15q sind dabei besonders häufig betroffen. Allerdings zeigt der Vergleich der entsprechenden DNA-Sequenzen, dass es keine typische „Neocentromersequenz" gibt. Vielmehr liegt der neuen Bildung von Centromeren ein epigenetischer Prozess zugrunde, der auf der Anwesenheit des Centromerproteins A (CENP-A, ▶ Abschn. 6.1.3) beruht. Dieser Prozess ist unabhängig von der primären Sequenz, an die CENP-A gebunden hat.

❗ Chromosomenfusionen und -spaltungen erfordern Veränderungen bzw. die Neuentstehung von Telomeren und Centromeren.

Die Neubildung von Centromeren ist aber nicht nur von der Anwesenheit von CENP-A abhängig, sondern offensichtlich auch von der Abwesenheit eines anderen Spezial-Histons, H2A.Z. H2A.Z behindert die Bildung von neuen Centromerregionen, da eine unkontrollierte Centromerbildung natürlich auch zu chromosomaler Instabilität führt. Auch wenn wir oben festgestellt haben, dass die Neubildung von Centromeren nicht an die Anwesenheit bestimmter Sequenzen gekoppelt ist, so wird doch beobachtet, dass die Neubildung von

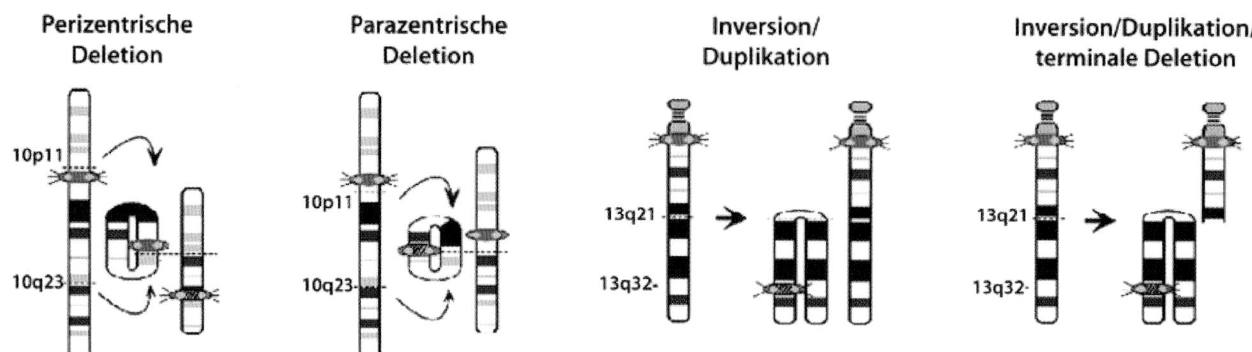

■ **Abb. 10.2** Chromosomale Rearrangements bei der Neubildung von Centromeren. Perizentrische Deletionen beinhalten das Ausschneiden eines zentrischen Fragments (üblicherweise ein Ringchromosom), das ein endogenes Centromer enthält, und die Fusion der zwei azentrischen Arme. Durch Neubildung eines Centromers können diese Chromosomen die Mitose erfolgreich durchlaufen. Parazentrische Deletionen beinhalten das Ausschneiden eines azentrischen Fragments, das durch Neubildung eines Centromers die Mitose erfolgreich durchlaufen kann, sowie die Fusion des zentrischen mit einem azentrischen Fragment. „Inv-dups" beinhalten die Inversion und Duplikation eines distalen Abschnitts des Chromosoms; manchmal wird dieser Prozess von komplementären terminalen Deletionen begleitet. (Nach Warburton 2004, mit freundlicher Genehmigung)

Centromeren häufig im Heterochromatin stattfindet. Das erklärt dann auch den häufigen Befund, dass die Gene in der Nähe neu gebildeter Centromere nur in geringem Maße transkribiert werden – obwohl es noch eine offene Frage ist, ob die verminderte Transkription Ursache oder Folge der Neocentromerbildung ist. Eine interessante Diskussion dieser Phänomene finden wir bei Scott und Sullivan (2014).

Vervielfachung der Chromosomenzahl (Polyploidie)

Einer **Ploidisierung** des Genoms sind wir bereits als Eigenschaft spezialisierter Zelltypen begegnet (▶ Abschn. 9.3.3, DNA-Amplifikation). Wir müssen jedoch diese somatische Form der Polyploidisierung als Antwort auf die Notwendigkeit entwicklungsbiologischer Prozesse von der erblichen Form der Polyploidisierung unterscheiden.

Unter der Ploidisierung versteht man eine Vermehrung der Chromosomenzahl des Genoms. Grundsätzlich kann diese gleichmäßig alle Chromosomen erfassen, etwa in Form einer Verdreifachung des Genoms, einer Triploidisierung. Man spricht dann allgemein von **Polyploidie**. Die Organismen bleiben in solchen Fällen euploid. Die Veränderung der Chromosomenanzahl kann sich aber auch auf einzelne Chromosomen beschränken, die vermehrt oder vermindert gegenüber den übrigen Chromosomenanzahlen vorkommen. In diesem Fall handelt es sich um **Aneuploidie**. Beispielen für aneuploide Genomkonstitutionen begegnen wir in der Monosomie oder Trisomie durch Fehlsegregation einzelner Chromosomen in der Mitose oder Meiose (engl. *nondisjunction*). Aneuploidie führt nur in Ausnahmefällen zu lebensfähigen genetischen Konstitutionen. Die Konsequenzen in der Humangenetik werden ausführlich im ▶ Abschn. 13.2 diskutiert.

Polyploidisierung führt in der Regel zunächst zu genomischer Instabilität während der Mitose und Meiose, aber auch zu Veränderungen der zellulären Architektur (vor allem Größe des Zellkerns und der Zellkernoberfläche). Sie spielt jedoch ebenso in der Evolution eine große Rolle, denn nach Durchgang durch diesen Flaschenhals genomischer Instabilität können sich neue, besser adaptierte Spezies etablieren. Dadurch wurde Ploidisierung ein unverzichtbares Mittel in der Praxis der Pflanzenzucht. Polyploidie ist auch in der Natur weitverbreitet, wenn es auch nicht mehr immer direkt erkennbar ist. So sind viele Genome von Vertebraten im Laufe der Evolution offenbar durch Ploidisierung entstanden. Während natürliche Polyploidie bei Tieren die Ausnahme ist, kann sie bei Pflanzen häufig beobachtet werden; bei Kulturpflanzen ist Polyploidie sogar die Regel (■ Tab. 10.2).

> ❗ Die Vervielfachung der Chromosomenzahl bezeichnet man als Polyploidie.

Bei Polyploidisierung ist generell die Vervielfachung des eigenen Genoms (**Autopolyploidie**) von der Vervielfachung der Chromosomen in der Folge von Kreuzungen verschiedener Arten (**Allopolyploidie**) zu unterscheiden. Allopolyploidie (■ Abb. 10.3) führt häufig zu Veränderungen in der Genexpression und in der epigenetischen Regulation; im Allgemeinen erwartet man bei der Allopolyploidisierung ein höheres adaptives Potenzial als bei der Autopolyploidie. Bei einer Hybridisierung stammen ja die homologen Chromosomen von Spezies, die sich bereits getrennt haben, sodass von Beginn an Unterschiede in der Sequenz und in den Genfunktionen bestehen. Dadurch erhöht sich die genetische Variabilität, und es entsteht ein anfänglicher Selektionsvorteil.

Tab. 10.2 Beispiele für Ploidie bei Kulturpflanzen

Polyploidie	Pflanze	Ausgangszahl der Chromosomen (n)	Heutiger 2n-Wert	Ploidie
Allopolyploide	*Prunus* ssp. (Pflaume)	8	48	6×
	Nicotiana tabacum (Tabak)	12	48	4×
	Fragaria ananassa (Erdbeere)	7	56	8×
	Triticum aestivum (Weich- oder Brotweizen)	7	42	6×
	Triticum turgidum (Hartweizen)	7	28	4×
	Coffea arabica (Kaffee)	11	44	4×
Autopolyploide	*Solanum tuberosum* (Kartoffel)	12	48	4×
	Musa acuminata (Banane)	11	33	3×
	Actinidia chinensis (Kiwi)	29	116	4×
	Citrullus vulgaris (Wassermelone)	11	33	3×
	Lilium (Lilie)	12	36, 48	3–4×

Nach Sattler et al. (2016)

In Autopolyploiden sind alle Homologen gleichwertige Paarungspartner. Das führt z. B. bei Autotetraploiden in der meiotischen Prophase normalerweise zur Bildung von Quadrivalenten (Abb. 10.4). Die Segregation in der Meiose führt dann zu einer normalen Verteilung der Homologen in den Gameten in einem Verhältnis von 1:1:1:1. Betrachten wir nun eine Situation, in der zwei verschiedene Allele eines Gens in beiden Eltern (Konstitution jeweils AAaa) vorhanden sind, so können in der Nachkommenschaft bereits fünf verschiedene Genotypen auftreten (AAAA, AAAa, AAaa, Aaaa, aaaa). Die Häufigkeit der verschiedenen Genotypen ist abhängig vom Abstand eines Gens vom Centromer, da Crossing-over zwischen jeweils zwei Chromatiden in unterschiedlichen Kombinationen die Häufigkeiten der Allelkombinationen verändern.

Gelegentlich kommt es in Autopolyploiden nicht zur Bildung von Quadrivalenten, sondern es entstehen beispielsweise ein Trivalent und ein Univalent oder zwei Bivalente (Abb. 10.4). In diesem Fall kann es zu ungleicher Segregation während der Meiose kommen, sodass die Meioseprodukte aneuploid (hyper- oder hypoploid) werden. Solche Aneuploidien sind in einigen Prozent der Nachkommen polyploider Pflanzen regelmäßig zu beobachten. Folge davon ist eine partielle Sterilität der Pflanzen in der Nachkommenschaft.

Es stellt sich die Frage, welche phänotypischen Folgen Polyploidie hat. Es gibt drei offensichtliche Vorteile der Polyploidie: Heterosis, genetische Redundanz und asexuelle Reproduktion. Wie wir bereits oben gesehen haben, zeigen polyploide Organismen eine größere genetische Vielfalt als diploide Organismen, daher können schädliche rezessive Allele länger durch dominante Wildtyp-Allele maskiert werden. Der doppelte Satz von Genen kann außerdem verstärkt zu evolutionären Experimenten genutzt werden. In manchen Fällen führt Polyploidie außerdem dazu, dass Selbstbefruchtung möglich wird (z. B. Allopolyploide von *Arabidopsis thaliana* oder Autopolyploide von *Petunia hybrida*).

Polyploidisierung ist eine mögliche Form der Speziesbildung. Polyploide Spezies sind von ihren Eltern in der Reproduktion isoliert, weil im Falle einer Paarung von Tetraploiden mit Diploiden triploide Nachkommen produziert werden, die zwar selbst lebensfähig, aber in der Regel steril sind. Polyploidisierung ist also ein einfacher evolutionärer Sprung, der etwa 2–4 % der Speziesbildung bei Blütenpflanzen erklärt. Untersuchungen der Flora unter extremen Bedingungen, z. B. in der Arktis, zeigen, dass 78 % von 161 Spezies polyploid sind (der durchschnittliche Ploidiegrad ist 6). Viele haben ihre Markerheterogenität fixiert, was eine vollständige Allopolyploidie bedeutet. Nach ihrer Bildung hatten die neuen allopolyploiden Hybride zunächst die üblichen Schwierigkeiten „hoffnungsvoller Monster": deutliche Unterschiede zu ihren Eltern, ohne adaptive Vorgeschichte zu irgendeiner ökologischen Nische und mit offensichtlich geringer Aussicht auf Überleben. Wenn es allerdings gelingt, neue ökologische Nischen zu besetzen, die zugleich frei und räumlich getrennt sind, können diese Nachteile überwunden werden. Beispiele dafür aus jüngerer Zeit sind die invasiven allopolyploiden Pflanzen *Senecio cambrensis* in Wales und *Spartina anglica* in England. In einer allgemeinen Form ist die Beziehung zwischen Polyploidisierung und Speziesbildung in Abb. 10.5 dargestellt.

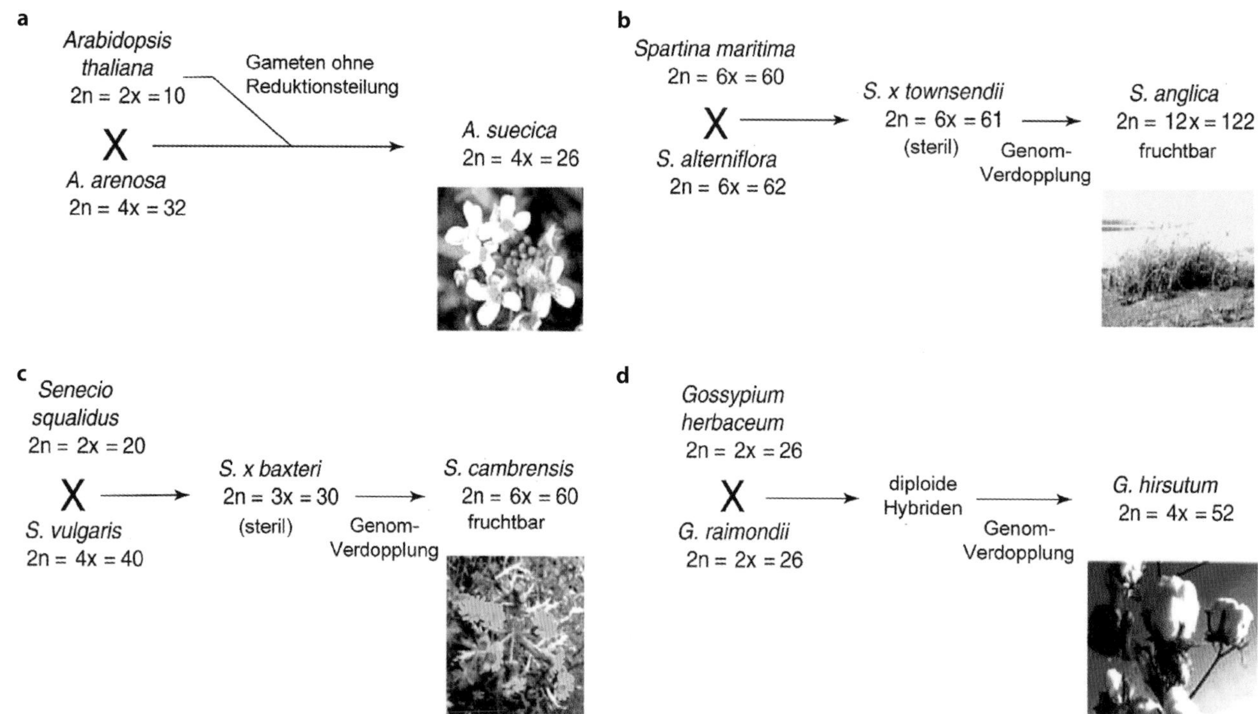

10

Abb. 10.3 Allopolyploider Ursprung verschiedener Pflanzenarten. **a** Fusion eines Pollens von *Arabidopsis thaliana* ohne Reduktionsteilung mit einer Eizelle der tetraploiden Art *A. arenosa* führt zur allotetraploiden Art *A. suecica*. **b** Die Hybridisierung zwischen den hexaploiden Arten *Spartina maritima* und *S. alterniflora* bringt *S.* × *townsendii* hervor, die wegen der unbalancierten Chromosomenzahl unfruchtbar ist. Autopolyploidisierung dieses ursprünglichen Hybrids führt zur lebensfähigen allododecaploiden Art *S. anglica*. **c** Die Hybridisierung der diploiden Art *Senecio squalidus* mit der tetraploiden Art *S. vulgaris* bildet die sterile triploide Form *S. x baxteri*. Eine folgende Genomduplikation ergibt die fertile, allohexaploide Art *S. cambrensis*. **d** Die frühere Hybridisierung der diploiden Arten *Gossypium herbaceum* und *G. raimondii* führte zu einer nicht lebensfähigen Form in der F_1-Generation. Die folgende Genomduplikation ergab eine fruchtbare allotetraploide Art, die sich heute in fünf verschiedene Baumwollsorten aufgespalten hat, einschließlich *G. hirsutum*. (Nach Hegarty und Hiscock 2008, mit freundlicher Genehmigung)

Polyploidie spielt bei der evolutionären Entstehung neuer Karyotypen eine wichtige Rolle. Allerdings können unterschiedliche Paarungen in der meiotischen Prophase zu Aneuploidien der Gameten führen (Flaschenhals genomischer Instabilität). Vorteile polyploider Organismen sind stärkere Heterosis und Genredundanz.

10.2.2 Polyploidie in der Pflanzenevolution und Pflanzenzucht

Viele Studien haben gezeigt, dass in der Evolution der Pflanzen mehrfach Polyploidisierungen aufgetreten sind. Diese Beobachtungen beruhten natürlich – definitionsgemäß – auf der Chromosomenzahl, und die Abschätzungen für die wichtigsten grünen Pflanzen unterschieden sich stark: sehr wenig Polyploidisierungen bei Bryophyten (Moose) bis zu 95 % bei Farnen. Allein für die Angiospermen (Blütenpflanzen) reichen die Abschätzungen von 30–35 % bis zu 70 %. Genomdaten für Pflanzen haben jetzt aber eine etwas kompliziertere Geschichte der Pflanzenevolution gezeigt, nämlich eine **wiederholte** Duplizierung des gesamten Genoms (engl. *whole genome duplication*, WGD). Sogar das kleine Genom von *Arabidopsis thaliana* (157 Mb) zeigt Spuren sehr früher Genomduplikationen. In den letzten Jahren ist daher die Unterscheidung der Pflanzen in „diploid" und „polyploid" etwas verschwommen, sodass wir zum Verständnis und zur Beschreibung der Pflanzenevolution ein etwas genaueres Vokabular benötigen. Eine Übersicht über Genomduplikationen in den gemeinsamen Vorläufern moderner Nutzpflanzen zeigt Abb. 10.6.

Die Entstehung neuer Spezies durch Polyploidisierung erfordert scheinbar viele Ereignisse, die mit geringer Wahrscheinlichkeit auftreten – dazu gehören Hybridisierung, Bildung von Keimzellen ohne Reduktionsteilung in der Meiose, Etablierung dieser Spezies und ihr Überleben. Trotz dieser offensichtlichen Barrieren kommen polyploide Spezies in allen Pflanzenfamilien der Welt vor und sind besonders häufig in hohen Breitengraden und in großen Höhen zu finden. Dieser „Erfolg" der Polyploidisierung liegt natürlich in der größeren genetischen Vielfalt begründet – allerdings zu einem gewissen „Preis", nämlich einer (zunächst) geringen Überlebens-

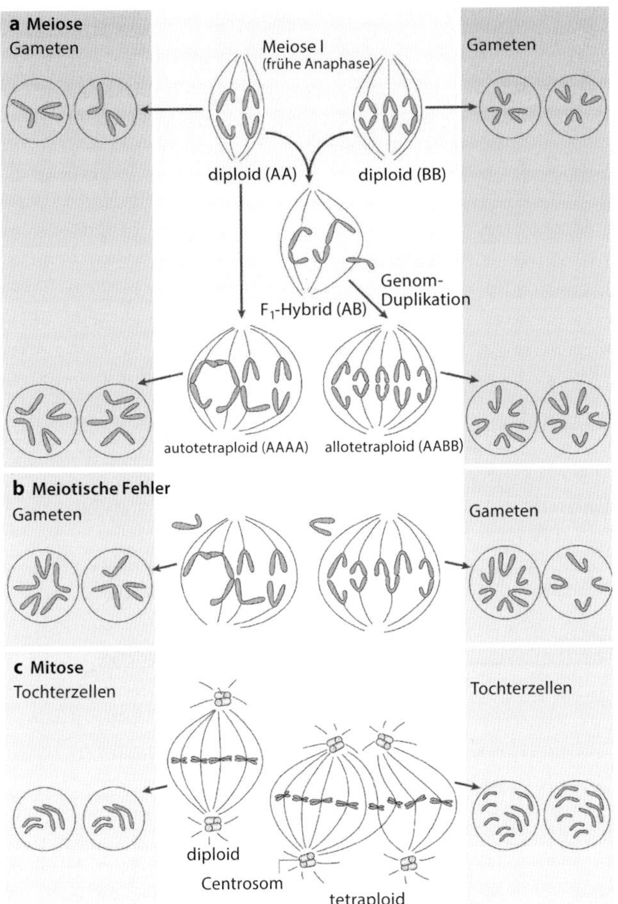

Abb. 10.4 Polyploidiebildung führt zu meiotischer und mitotischer Instabilität. **a** In der frühen Anaphase der Meiose I ist die Paarung homologer Chromosomen der F_1-Hybriden wegen der Unterschiedlichkeit in der Form und Zahl der Chromosomen gestört. Durch Genomduplikation wird die Paarungsfähigkeit wiederhergestellt; das führt zu Allotetraploiden, in denen die zwei homöologen Chromosomensätze unabhängig paaren (als homöolog bezeichnet man zwei sich entsprechende Chromosomen zweier unterschiedlicher Genome zur Unterscheidung von echten homologen Chromosomen). In Autotetraploiden führt die Paarung häufig zu Multivalenten, da vier Chromosomen desselben Typs vorhanden sind. **b** Zwei Beispiele meiotischer Unregelmäßigkeiten, die zum Verlust eines Chromosoms (*links*) bzw. zu Aneuploidie (*rechts*) führen. **c** In tierischen Zellen entspricht die Zahl der Centrosomen dem Anstieg der Genomgröße. Es werden mehrfache Spindeln gebildet, die zu unbalancierten Mitoseprodukten führen. (Nach Comai 2005, mit freundlicher Genehmigung)

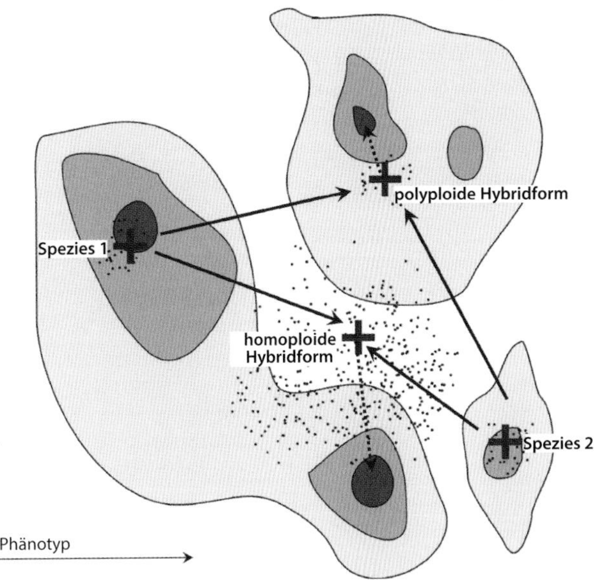

Abb. 10.5 Hybridbildung und die adaptive Landschaft. Der „Hyperspace" möglicher Phänotypen und Genotypen kann als eine adaptive Landschaft dargestellt werden. Fitness-Optima (engl. *adaptive peaks*) sind in *Blau* gezeichnet. Adaptive Landschaften sind nicht festgelegt, sondern können sich durch Veränderungen der Umwelt oder des Lebensraums ebenfalls ändern. Die durchschnittlichen Phänotypen der Spezies und ihrer Hybride sind als *Kreuze* gezeigt und die Verteilung der Nachkommen als *Punkte*. Die Spezies 1 und 2 sind jeweils an unterschiedliche Fitness-Optima angepasst. Natürliche Selektion agiert hauptsächlich innerhalb jeder Spezies, und die Hybriden sind „hoffnungsvolle Monster", weit entfernt von phänotypischen Optima (*durchgezogene Pfeile*). Man kann sich daher schlecht vorstellen, wie Hybride neue Optima erreichen. Polyploide Hybride können jedoch vielfältige Vorteile gegenüber ihren Eltern haben (z. B. Heterosis, extreme phänotypische Eigenschaften und reproduktive Isolation). Homoploide Hybride haben zwar anfangs geringe Vorteile, aber ihre Nachkommen können extrem hohe Variabilität besitzen. Diese Schübe in der Variabilität können dazu beitragen, dass Homoploide neue Fitness-Optima finden, die von denen ihrer Eltern weit entfernt sind (*gestrichelte Pfeile*). (Nach Mallet 2007, mit freundlicher Genehmigung)

wahrscheinlichkeit. Wenn Polyploidisierung *per se* immer eine erfolgreiche Strategie wäre, würde man wesentlich mehr Pflanzen mit dreifachem oder vierfachem Chromosomensatz finden und keine diploiden Pflanzen mit solch kleinen Genomen wie *A. thaliana*, obwohl sie früher auch eine Genomduplikation durchlaufen hatte. Offensichtlich gibt es also immer wieder Prozesse, die auf den Weg zurück zur Diploidisierung führen.

Daraus ergibt sich die Frage, welche evolutionären Prozesse dann dazu geführt haben, dass sich schließlich so kleine Genome wie das von *Arabidopsis* gebildet haben. Offensichtlich geht nach der Polyploidisierung ein Teil des redundanten Genommaterials wieder verloren: So hat z. B. der Mais in seiner Evolution die Hälfte aller verdoppelten Gene in den 11 Mio. Jahren seit der letzten Polyploidisierungsrunde wieder verloren. Häufige Ursachen sind illegitime Rekombination und ungleiche homologe Rekombination innerhalb desselben Strangs. Abb. 10.7 fasst die verschiedenen Effekte der Polyploidisierung einschließlich der diskutierten chromosomalen Rearrangements und Genverluste zusammen. Aus dieser Zusammenstellung wird aber auch klar, dass es viele Zwischenstufen zwischen den Extrempositionen „diploid" und „polyploid" gibt.

Die Entstehung allopolyploider Genotypen spielt auch eine wichtige Rolle in der Pflanzenzüchtung. Viele Kulturpflanzen, wie Getreide, Tabak, Kohl u. a., sind allopolyploid. Der erste Schritt zur Allopolyploidie sind gelegentliche **Fremdbefruchtungen**, die zur Bildung von

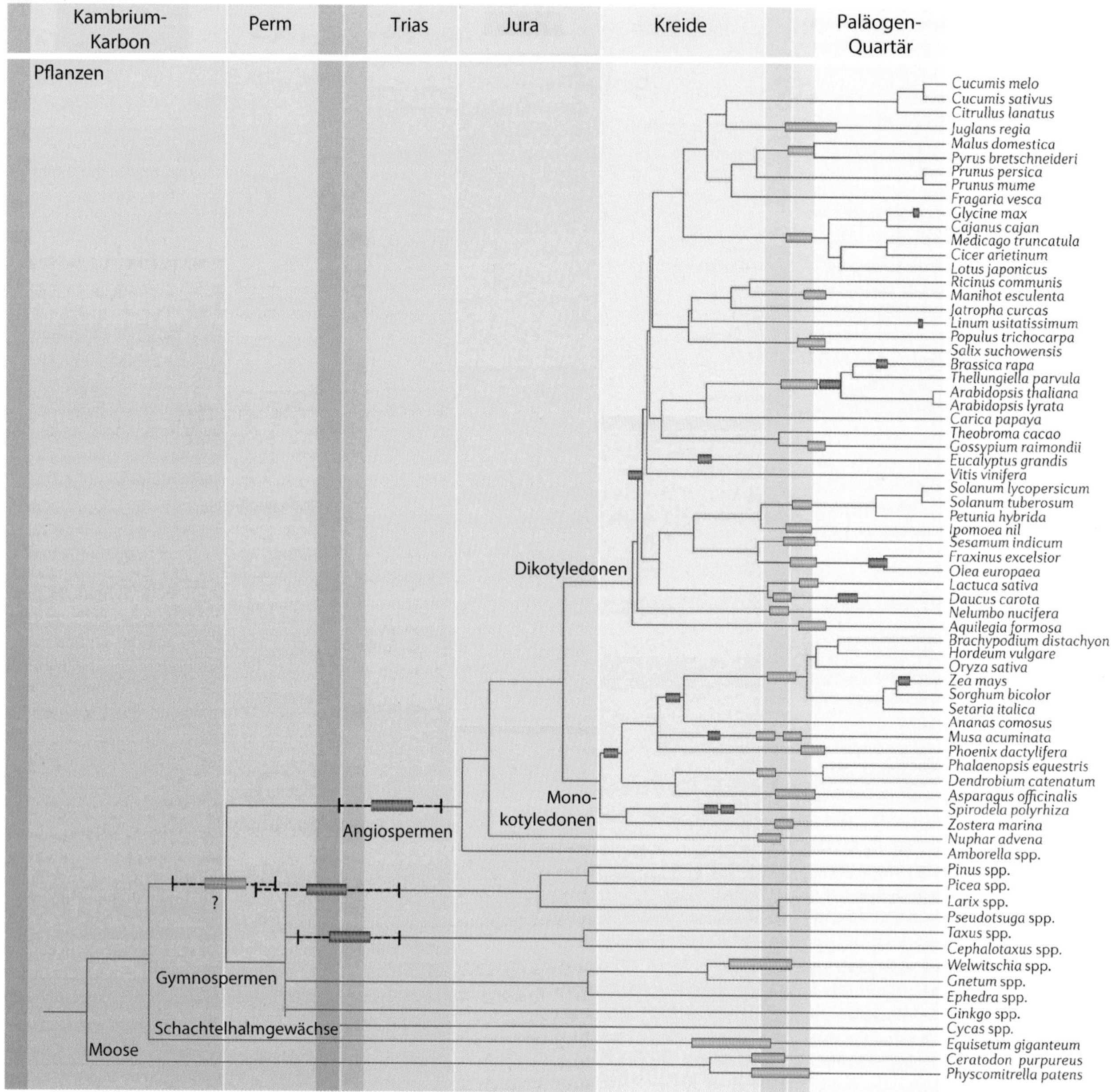

Abb. 10.6 Polyploidisierungsereignisse während der Evolution der Pflanzen. Der Stammbaum von Pflanzen stellt die evolutionären Zusammenhänge zwischen denjenigen Spezies dar, für die es genomische oder umfangreiche Transkriptomdaten gibt und die für die Frage der Polyploidie repräsentativ sind. Duplikationen des ganzen Genoms (*Rechtecke*) sind mit ihren Unsicherheitsbereichen (*gestrichelte schwarze Linien*) dargestellt. Die Genomduplikationen, die vor 75–55 Mio. Jahren stattgefunden haben, sind als *hellrote Rechtecke* in den schattierten Bereichen am Übergang von der Kreide zum Paläogen angegeben. Die Phasen massiven Artensterbens (am Übergang von Perm zu Trias und von der Kreide zum Paläogen) sind durch *rot schattierte* Bereiche dargestellt, die jeweils 10 Mio. Jahre vor und nach dem berechneten Zeitraum umfassen. Der *hellrot schattierte* Bereich am Übergang vom Kambrium zum Perm deutet die kambrische Artenexplosion an. (Nach van de Peer et al. 2017, mit freundlicher Genehmigung)

Hybriden führen. Arthybriden sind definitionsgemäß steril und damit nicht zur sexuellen Fortpflanzung imstande. Die Sterilität beruht vorwiegend auf der mangelnden Fähigkeit der Chromosomen, sich meiotisch richtig zu paaren. Eine Folge davon ist die ungerichtete Segregation, die zu Aneuploidie der Gameten führt und damit zur Letalität der Nachkommenschaft. Da sich solche Pflanzenhybriden jedoch oft vegetativ fortpflanzen und damit zahlenmäßig vermehren können, steigt die Wahrscheinlichkeit, dass sich bei zufälliger Segregation der Chromosomen gelegentlich einzelne Gameten bilden, die je einen haploiden Chromosomensatz beider Elternarten besitzen. Befruchten sich zwei solcher Gameten, so entsteht eine allotetraploide Zygote (◘ Abb. 10.4), die je ein diploides Genom beider Eltern enthält (auch als amphidiploid bezeichnet). Solche Zellen können sich auch

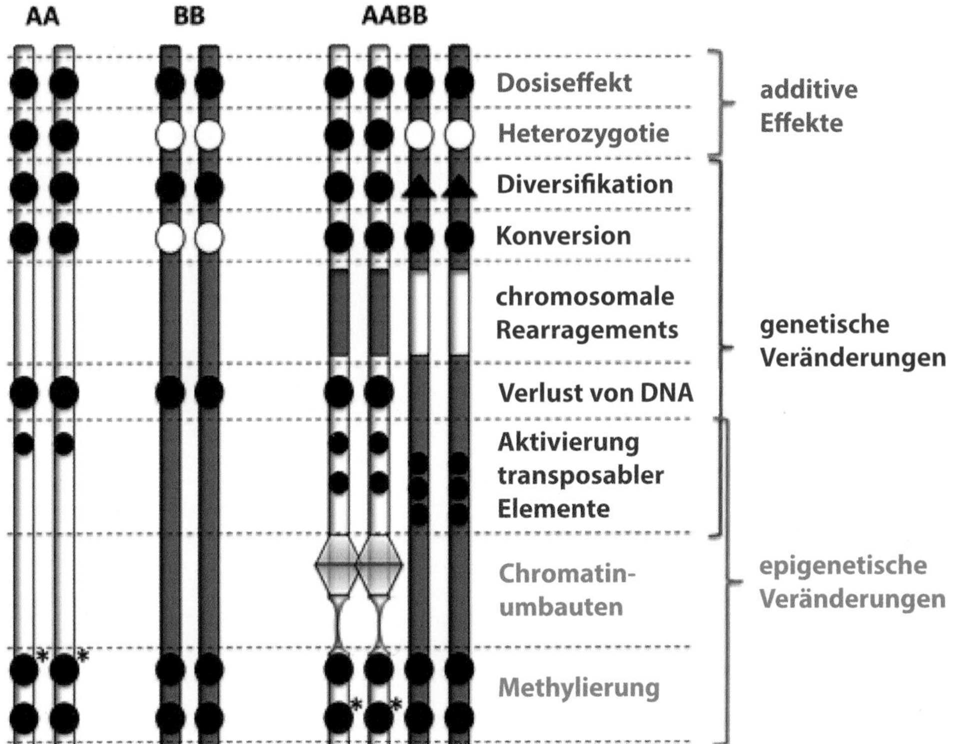

Abb. 10.7 Häufige Genomveränderungen nach Polyploidisierungen. Additive Effekte beinhalten Veränderungen der Gendosis, und das Ausmaß an Heterozygotie in polyploiden Organismen wird mit der Heterozygotie in Diplonten verglichen. Polyploide Organismen zeigen aber oft auch nicht-additive Effekte (d. h. Umorganisationen des Genoms), wie Restrukturierungen und funktionelle Modifikationen. Duplizierte Gene können ihre Funktionen auffächern (Diversifikation), indem sie neue Funktionen hinzugewinnen oder sich auf unterschiedliche Unterfunktionen spezialisieren. Eine andere Möglichkeit besteht in der Konversion durch nicht-reziproke homologe Austausche. Genomrekonstruktionen beinhalten chromosomale Rearrangements (z. B. Translokationen, Inversionen), Verlust von Sequenzen und Amplifikation repetitiver Sequenzen (z. B. transponierbare Elemente). Funktionelle Veränderungen sind auch ohne Modifikation der Nukleotidsequenz durch epigenetische Veränderungen möglich (z. B. Veränderung des Methylierungsmusters oder andere Formen der Chromatinveränderung). Die Methylierungsstellen sind durch einen *Stern* markiert. (Nach Tayalé und Parisod 2013, mit freundlicher Genehmigung)

meiotisch teilen, da nunmehr jedes Chromosom einen homologen Paarungspartner besitzt. Die Folge ist eine normale Segregation. Man kann die Zelle also hinsichtlich ihres Segregationsverhaltens mit einer diploiden Zelle mit der doppelten Chromosomenanzahl vergleichen. Sie unterscheidet sich jedoch von einer normalen diploiden Zelle dadurch, dass die sich entsprechenden Chromosomen beider Ausgangsgenome partiell homolog sind. Die Paarung – und damit auch das Crossing-over – erfolgt im Allgemeinen bevorzugt zwischen den beiden homologen Partnern eines allopolyploiden Genoms, sodass beide Genome gewissermaßen nebeneinander bestehen bleiben. Das ist auch bei Allopolyploiden höheren Grades (z. B. Hexapolyploiden) der Fall. Typische Beispiele für Allopolyploidie sind unsere heutigen Weizensorten; ▫ Abb. 10.8 zeigt verschiedene wilde und domestizierte Weizenarten.

Durch Chromosomenanalysen hat man schon früh festgestellt, dass die Evolution des Genoms des hexaploiden Weizens (*Triticum aestivum*, 2n = 42) in zwei Ploidisierungsschritten unter Einbezug des Genoms dreier diploider Arten verlaufen sein muss. Ausgangsarten waren vor mehr als 10.000 Jahren die diploiden Arten *Triticum urartu* (2n = 14 mit der Chromosomenkonstitution AA), das mit *Triticum monococcum* verwandt ist und noch heute als Einkorn kultiviert wird, und *Aegilops speltoides* (Synonym: *Triticum speltoides*) (2n = 14; mit der diploiden Konstitution SS). Ein natürliches tetraploides Hybrid beider Arten, *Triticum turgidum* (2n = 28), das seit etwa 10.000 Jahren bekannt ist, hat die Chromosomenkonstitution AABB. Es wird noch heute als Emmerweizen kultiviert; eine Untergruppe von *T. turgidum* (ssp. *durum*) ist als Hartweizen bekannt und wird besonders für Teigwaren verwendet. Nach einer Kreuzung mit der diploiden Art *Aegilops tauschii* (2n = 14; diploide Chromosomenkonstitution DD) entstand vor etwa 8000 Jahren der hexaploide Weizen *Triticum aestivum* (Chromosomenkonstitution AABBDD). Er besitzt 2n = 42 Chromosomen, die aus drei verschiedenen Ursprungsgenomen mit haploid je sieben Chromosomen abgeleitet sind. *T. aestivum* wird heute als Saat-, Brot- oder Weichweizen kultiviert und macht etwa 95 % des weltweiten Weizenanbaus aus. ▫ Abb. 10.9 gibt einen Überblick über die Evolution des Weizens und die Verbindungen zwischen heutigen Weizenarten.

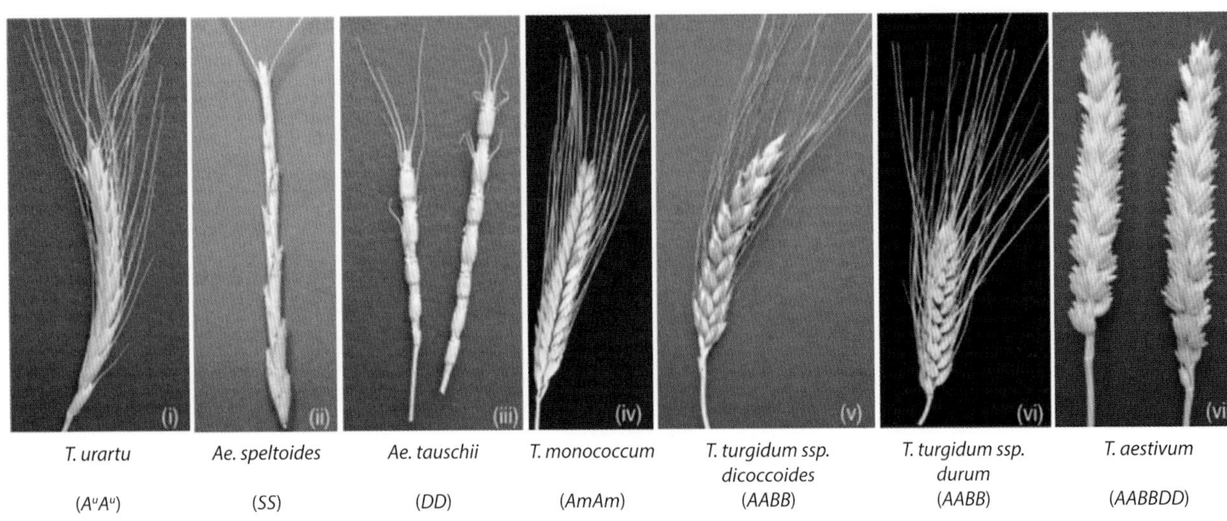

Abb. 10.8 Ähren von wilden und domestizierten Formen von Weizen. Diploide wilde Urformen, die mit den tetraploiden und hexaploiden Weizenarten verwandt sind: (i) *Triticum urartu* (A^uA^u), (ii) *Aegilops speltoides* (SS) und (iii) *Aegilops tauschii* (DD). (iv) Kultivierte diploide Weizenform *T. monococcum* (A^mA^m). Wilde und domestizierte Form von tetraploidem Weizen: (v) *Triticum turgidum* ssp. *dicoccoides* (AABB) und (vi) *Triticum turgidum* ssp. *durum* (AABB). (vii) *Triticum aestivum* (Saatweizen, AABBDD) ist aus der Hybridisierung zwischen der tetraploiden domestizierten Spezies *T. turgidum* ssp. *dicoccum* und der wilden diploiden Form *Aegilops tauschii* hervorgegangen. Die Genomkonstitution ist unter den jeweiligen Speziesnamen angegeben. (Nach Feuillet et al. 2008, mit freundlicher Genehmigung)

Der Chromosomensatz von *T. aestivum* besteht aus 21 Chromosomenpaaren; strukturell sind es (aufgrund der zwei Polyploidisierungsrunden) drei homöologische Sätze von sieben Chromosomen in den Subgenomen A, B und D. Genetisch verhält sich der Weizen jedoch wie ein diploider Organismus, da die Paarung der homöologen Chromosomen aufgrund der Aktivitäten der *Ph*-Gene (engl. *pairing homoeologous*) verhindert wird. Die *Ph*-Gene sind Regulatoren der Chromosomenpaarung und Rekombination und garantieren, dass während der Meiose Rekombinationen nur zwischen Homologenpaaren stattfinden und nicht auch homöologe Chromosomen einschließen. Das erhält das Genom stabil und sichert die Fertilität des Weizens. Jedes der Subgenome ist groß (~ 5,5 Gb) und enthält zusätzlich zu den verwandten Sätzen an Genen auch einen hohen Anteil hochrepetitiver transposabler Elemente (> 80 %; ▸ Abschn. 9.1). Diese große Zahl an repetitiven Sequenzen hat lange die Erstellung einer Gesamtsequenz des Weizens verhindert; erst 2018 konnte das Internationale Weizengenom-Sequenzierungskonsortium (IWGSC) ein vollständiges Referenzgenom veröffentlichen: Es umfasst 16 Gb pro haploidem Chromosomensatz und enthält knapp 108.000 Gene mit hoher Konfidenz. Das Weizengenom zeigt insgesamt (noch) eine große Ähnlichkeit der Sequenzen der einzelnen Subgenome mit den Genen, von denen sie abstammen; sie weisen nur einen begrenzten Verlust an Genen nach der Polyploidisierung auf. Es gibt ein hohes Maß an Autonomie hinsichtlich der Regulation der Transkription; eine Dominanz einzelner Subgenome wurde nicht beobachtet.

Die heutige hexaploide Kulturform des Weizens (*Triticum aestivum*) ist ein Beispiel für die Entstehung allopolyploider Formen durch stufenweise Hybridbildung zwischen verschiedenen diploiden Ausgangsarten.

Die Evolution der wilden Weizenarten zu domestizierten Feldfrüchten geschah vor ungefähr 10.000 Jahren in dem Gebiet, das als „fruchtbarer Halbmond" bezeichnet wird und im Wesentlichen das Land zwischen Euphrat und Tigris (Zweistromland, Mesopotamien) umfasst (also Teile des heutigen Irans und des Iraks, der südöstlichen Türkei), aber auch die Levante mit dem Libanon, Israel, Palästina und Teilen von Jordanien und Syrien. Moderne populationsgenetische Untersuchungen legen dabei nahe, dass es neben der Region um Diyarbakir (im Südosten der Türkei) noch eine zweite, südliche Region in der Levante gibt, in der vor allem der Emmerweizen domestiziert wurde. Die Region des „fruchtbaren Halbmondes" war für die Evolution des modernen Menschen von besonderer Bedeutung: Hier hat die neolithische Revolution stattgefunden – der Übergang von Jägern und Sammlern zu Ackerbauern und Viehzüchtern. Der Domestizierung des Weizens kam dabei sicherlich eine Schlüsselrolle zu; daneben entstanden aber auch domestizierte Formen der Gerste, Linsen, Erbsen, Linsen-Wicken und Kichererbsen. Für weitere Details sei der interessierte Leser auf den Aufsatz von Weide et al. (2018) verwiesen.

Der Vorteil allopolyploider Konstitutionen liegt letztlich in einem größeren Reichtum an unterschiedlichen Alle-

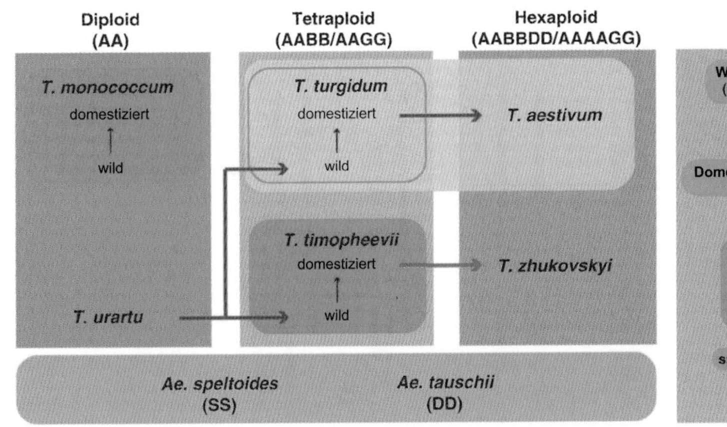

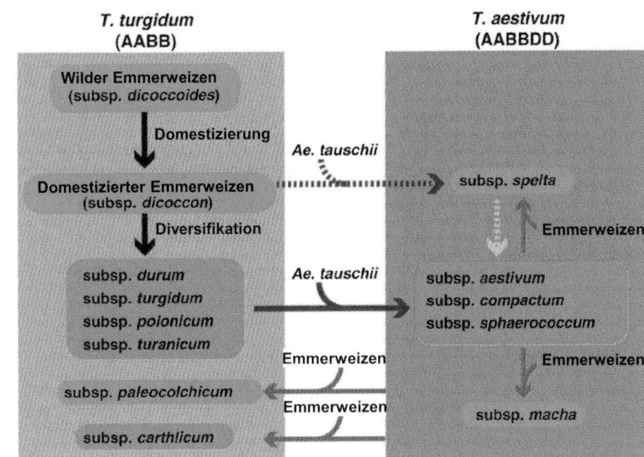

Abb. 10.9 Evolution der Weizenarten. **a** Es sind die beiden Allopolyploidisierungsschritte gezeigt (*rote Pfeile*), die zum modernen Weizen geführt haben. Dabei waren die beiden *Aegilops*-Spezies beteiligt (*blauer Hintergrund*). Der *grüne Pfeil* deutet eine Allopolyploidisierung der *Triticum*-Spezies an. Die genomischen Konstitutionen sind jeweils in *Klammern* angegeben. **b** Es sind die Hybridisierungen und Einkreuzungen von Weizenarten unterschiedlichen Ploidiegrades dargestellt, an denen *Ae. tauschii* (*rote Pfeile*) und wilder oder domestizierter Emmerweizen (*blaue Pfeile*) beteiligt sind. Der *gestrichelte rote Pfeil* bezeichnet einen möglichen Ursprung asiatischen Dinkels, wohingegen der *gestrichelte gelbe Pfeil* den möglichen Übergang von Dinkel (*T. aestivum* ssp. *spelta*) zu den freidreschenden *T. aestivum*-Arten andeutet. *Orange*: nicht-freidreschende Arten; *grün*: freidreschende Weizenarten. (Nach Matsuoka 2011, mit freundlicher Genehmigung)

len. Hierdurch sind die Pflanzen anpassungsfähiger (Vergrößerung des Genpools, ▶ Abschn. 11.5). Außerdem bewirkt die Vervielfachung der Kopienzahl eines Gens oft eine Erhöhung der Menge an Genprodukt, dem entscheidenden Kriterium in der kommerziellen Pflanzenzüchtung, wenn es sich um Nahrungspflanzen handelt.

Die Entstehung allopolyploider Konstitutionen ist nicht allein der natürlichen Selektion geeigneter Formen überlassen, sondern kann auch experimentell erfolgen. Ausgangsformen hierfür sind wiederum Amphidiploide, die durch Kreuzungen verschiedener Arten und anschließende Ploidisierung, beispielsweise durch Colchicinbehandlung, erhalten werden. Ein wichtiges Beispiel hierfür ist die Züchtung der Gattungshybride *Triticale* durch Kreuzungen von Weizen (*Triticum*) ($2n = 42$) und Roggen (*Secale*) ($2n = 14$). Durch Bestäubung von *Triticum* mit Pollen von *Secale* wurden zunächst (unfruchtbare) Hybriden erzeugt. Die Embryonen kultivierte man in Colchicin-haltigem Nährmedium und erhielt so tetraploide Pflanzen, die sich als fruchtbar erwiesen.

Schließlich haben in der klassischen Pflanzenzüchtung noch zwei weitere Möglichkeiten genetischer Eingriffe in das Genom Bedeutung erlangt. Sie werden als **Additions-** und **Substitutionsbastardisierung** bezeichnet. In Additionsbastarden findet sich ein überzähliges Chromosomenpaar aus einer anderen Art (**Fremdaddition**, engl. *alien addition*). So lassen sich zum Weizengenom einzelne Chromosomen des Roggens hinzufügen. Die allopolyploide genetische Konstitution des Weizengenoms ist in der Lage, solche „überzähligen" Chromosomen, die ja zu Aneuploidie führen, zu akzeptieren. In diploiden Genomen würden solche Aneuploidien zur Letalität führen. In ähnlicher Weise können einzelne Chromosomenpaare eines Allopolyploiden durch ein Chromosomenpaar fremden Ursprungs ersetzt werden (**Fremdsubstitution**, engl. *alien substitution*).

Die Kombination fremder Genombestandteile war eines der wichtigsten Mittel der klassischen Pflanzenzüchtung, um gewünschte Eigenschaften bei Kulturpflanzen, in erster Linie **hohen Ertrag** und **spezifische Resistenzen** sowie Adaptation an besondere Wachstumsbedingungen, herauszuzüchten. Die aufgeführten Beispiele lassen erkennen, welch mühsamen und oft weitgehend empirischen Weg der Züchter zu gehen hatte, um die gesuchten Varietäten zu erzeugen. Durch die Herstellung **transgener Pflanzen** (▶ Abschn. 10.7.1) werden entsprechende Gene direkt ins Genom eingefügt und somit züchterische Schritte vereinfacht.

Durch die gezielte Kreuzung von Arten lassen sich experimentell neue allopolyploide Arten erzeugen, die als Kulturpflanzen für die Ernährung von großer Bedeutung sein können, da sie vorteilhafte Eigenschaften der verschiedenen Ausgangsarten in sich vereinigen.

10.2.3 Strukturelle Chromosomenaberrationen

Strukturellen Chromosomenveränderungen sind wir bereits wiederholt begegnet. Es handelt sich hierbei stets um Abweichungen, die durch – meist mehrere – Brüche im Chromosom verursacht werden. Solche Brüche

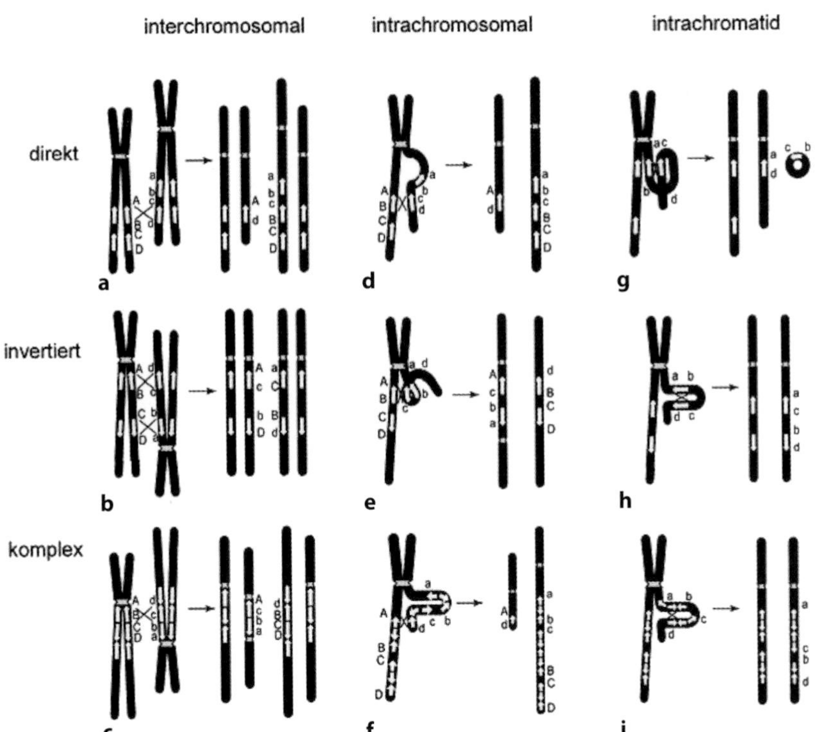

Abb. 10.10 Verschiedene Formen chromosomaler Umgestaltungen. Die Chromosomen sind *schwarz* gezeichnet und ihre Centromere *grau*. *Gelbe Pfeile* repräsentieren Sequenzen, die über einen längeren Bereich eine signifikante Übereinstimmung zeigen; die *Pfeilrichtung* gibt die jeweilige Orientierung an. Die chromosomalen Umgestaltungen und die (vorhergesagten) Rekombinationsprodukte sind *von links nach rechts* entsprechend der beteiligten Mechanismen sortiert (verschiedene Chromosomen: interchromosomal; innerhalb eines Chromosoms: intrachromosomal; innerhalb einer Chromatide: intrachromatid); *von oben nach unten*: gleichsinnige, invertierte und komplexe Umgestaltungen. **a, d, g** Falsche Anlagerung von Fragmenten in der gleichen Orientierung führt zu Deletionen bzw. Duplikationen, innerhalb einer Chromatide auch zu einem azentrischen Fragment. **b, e, h** Falsche Anlagerung von Fragmenten in der entgegengesetzten Orientierung führt zu Inversionen. **c, f, i** Komplexe Austausche zwischen Fragmenten mit Sequenzhomologien können auch für Deletionen oder Duplikationen (bei **c** u. U. auch mit Einschluss des Centromers) bzw. Inversionen verantwortlich sein. (Nach Stankiewicz und Lupski 2002, mit freundlicher Genehmigung)

können repariert und damit die strukturelle Integrität des Chromosoms wiederhergestellt werden. Liegen gleichzeitig mehrere Brüche in einem oder verschiedenen Chromosomen vor, so kann es zu „falschen" Reparaturen kommen. Ohne sie würde das Chromosom sein Centromer oder Telomer verlieren und wäre damit funktionsunfähig (▶ Abschn. 6.1.3 und 6.1.4). Falsche Reparaturen von Chromosomenbrüchen haben eine Veränderung der Anordnung der Gene im Genom zur Folge. Die verschiedenen Möglichkeiten, die sich hierbei ergeben, sind (◘ Abb. 10.10):

- Duplikationen,
- Deletionen,
- Inversionen und
- Translokationen.

Alle Arten von Chromosomenaberrationen (oder Chromosomenrearrangements) sind nicht nur in populationsgenetischer Hinsicht von Bedeutung, sondern waren es auch für die Kartierung von Genen in der experimentellen Genetik. Sie gestatteten die gezielte Herstellung bestimmter genetischer Konstitutionen und die Stabilisierung bestimmter Allelkombinationen. Auch in der Humangenetik spielen Chromosomenaberrationen eine wichtige Rolle bei der Entstehung von Erbkrankheiten.

Aberrationen können spontan entstehen oder induziert werden. Ihre Induktion erfolgt in erster Linie durch energiereiche Strahlung (Röntgenstrahlung), kann aber auch durch chemische Mutagenese erfolgen. Chromosomenaberrationen sind in vielen Fällen bereits cytologisch zu erkennen, da sie mit Veränderungen in der Form oder Länge der betroffenen Chromosomen, in den Paarungseigenschaften während der meiotischen Prophase oder in den Bandenmustern der Chromosomen (▶ Abschn. 6.1.2) verbunden sind.

Duplikationen und Deletionen

Bei der Entstehung von Duplikationen und Deletionen führen partielle Homologien in der DNA-Sequenz zu einer Verschiebung in der meiotischen Paarung und zu nicht homologem Crossing-over. Vergleichbare Ereignisse können sich natürlich auch über größere Abstände im Chromosom hinweg abspielen, sodass längere Chromosomenabschnitte dupliziert werden.

Allerdings stellen alle Duplikationen genetisch gesehen Aneuploidien dar, und wir wissen, dass diese meist letal sind. Daher werden im Genom – nach Maßgabe der beteiligten Gene – auch meist nur kürzere Deletionen vorgefunden.

Inversionen

Inversionen erscheinen auf den ersten Blick als genetisch nicht sehr interessant, da man erwarten würde, dass hier die genetische Information unverändert erhalten geblieben ist. Das ist insofern nicht ganz richtig, als im Bruchstellenbereich **Defekte** induziert werden können, die Konsequenzen des Bruchereignisses selbst sind (z. B. fehlerhafte Reparatur) und deren Folgen daher nicht auf der Tatsache der Invertierung eines Chromosomenbereichs beruhen.

Andererseits kommt es durch die Inversion eines Chromosomenbereichs jedoch zu Verlagerungen von Genen in andere Bereiche des Chromosoms. Hieraus können aufgrund einer veränderten Chromatinkonstitution Veränderungen in der Aktivität der Gene entstehen. Solche Effekte sind vor allem dann zu beobachten, wenn ein euchromatischer Chromosomenbereich durch eine Inversion (oder auch Translokation) in einen heterochromatischen Chromosomenabschnitt verlagert wird. Wie wir früher gesehen haben, unterscheiden sich heterochromatische Chromosomenbereiche sowohl durch ihre strukturelle Organisation als auch durch speziell mit ihnen assoziierte chromosomale Proteine von euchromatischen Chromosomenabschnitten. Wird ein Gen in solche Regionen verlagert, so kann es in die strukturelle Organisation des heterochromatischen Chromosomenbereichs einbezogen werden, sodass es zu einer Kondensation des Chromosoms auch in diesem Gen-tragenden Bereich kommt. Das wiederum kann die **Inaktivierung** der einbezogenen Gene zur Folge haben. Offenbar wird durch die Bruchstellen die Untergliederung der strukturellen Domänen eines Chromosoms teilweise zerstört, sodass deren Grenzen nicht mehr eindeutig definiert werden. Das führt zu einer Variabilität in den Grenzen des heterochromatischen Chromosomenbereichs in verschiedenen Zellen und damit zu Unterschieden in der Ausprägung der Gene in diesem Grenzbereich.

Eine andere pathologische Konsequenz einer Inversion ergibt sich, wenn der Bruchpunkt innerhalb eines Gens liegt. In der Humangenetik ist beispielsweise eine Inversion unter Beteiligung des Introns 22 des *F8*-Gens die häufigste Ursache der Hämophilie A (▶ Abschn. 13.3.3).

! Bei der Verlagerung von Genen in heterochromatische Chromosomenbereiche durch Inversionen oder Translokationen kann die andere Chromatinkonstitution der neuen chromosomalen Umgebung die normale Expression von Genen beeinflussen.

Die Anwesenheit **heterozygoter Inversionen** in einem diploiden Organismus kann schwerwiegende Folgen während der Meiose haben, wenn es im Inversionsbereich zu Crossing-over kommt. Da die Lage der Inversion relativ zur Lage des Centromers in dieser Hinsicht von großer Bedeutung ist, unterscheidet man zwischen Inversionen, die sich auf einen Chromosomenarm beschränken (**parazentrische Inversionen**), und solchen, die den Centromerbereich einschließen (**perizentrische Inversionen**). Im Falle eines Crossing-overs innerhalb einer perizentrischen Inversion entstehen Chromatiden mit partiellen Duplikationen und Deletionen, die in den Nachkommen zu Aneuploidien führen und damit im Allgemeinen eine letale Wirkung haben.

Erfolgt ein Crossing-over innerhalb einer parazentrischen Inversion, so kommt es bereits während der ersten meiotischen Anaphase zu Störungen, da die entstehenden Chromatiden entweder ihr Centromer verloren haben oder zwei Centromere besitzen. Cytologisch ist das in der Anaphase durch die Ausbildung von **Chromatidenbrücken** erkennbar, wie sie charakteristischerweise durch Chromatiden mit zwei Centromeren gebildet werden. Chromatidenbrücken zerbrechen gegen Ende der Anaphase. Da Chromatidenstücke ohne Centromer während der Zellteilung verloren gehen, entstehen sowohl bei Verlust des Centromers (azentrisches Fragment) als auch bei der Anwesenheit zweier Centromere (dizentrisches Fragment) aneuploide Gameten, die ebenfalls zur embryonalen Letalität führen, wenn sie nicht bereits als Keimzellen eliminiert werden. Unter den Nachkommen sind damit nur solche Individuen zu finden, die im Inversionsbereich kein Crossing-over aufweisen. Alle Chromosomen mit Crossing-over innerhalb der Inversion sind hingegen nicht lebensfähig. Daher sind heterozygote Inversionen, insbesondere, wenn sie längere Chromosomenbereiche einschließen, zur Stabilisierung bestimmter Allelkombinationen geeignet. Solche Chromosomenkonstitutionen kann man in der Natur bei bestimmten Organismen häufig finden. Zum Beispiel sind Chironomiden-Populationen (Diptera) oft durch eine sehr ausgiebige und populationsspezifische **Inversionsheterozygotie** gekennzeichnet. In der experimentellen Genetik werden Inversionen mit dem gleichen Ziel, der Verhinderung von Rekombination in bestimmten Chromosomenbereichen, verwendet. Sie sind daher ein wesentlicher Bestandteil eines **Balancer-Chromosoms** (Technikbox 22).

Cytologisch sind heterozygote Inversionen in polytänen Chromosomen ebenso gut wie heterozygote Deletionen oder Inversionen zu erkennen. Da Chromatiden stets eine starke Tendenz zur Paarung haben, ist auch der Inversionsbereich weitgehend gepaart. Um diese Paarung überhaupt zu gestatten, bildet sich zwischen den homologen Chromosomen eine Inversionsschleife aus, die lediglich im Bereich der ursprünglichen Bruchpunkte kurze ungepaarte Abschnitte zeigt. In *Drosophila* ist die exakte Kartierung von Inversionen auf diese Weise sehr einfach.

❀ Häufige Deletionen und Duplikationen chromosomaler Segmente in der Größenordnung von über 50 bp bis zu einigen Mb wurden erstmals im Jahr 2004 beschrieben (Iafrate et al. 2004; Sebat et al. 2004) und werden heute als **Kopienzahlvariationen** (engl. *copy number variants*, CNVs) bezeichnet. Kopienzahlmutationen entstehen häufiger als andere Mutationen, wobei der prinzipielle Mechanismus bei verschiedenen Organismen (z. B. Bakterien, Hefen und Menschen) ähnlich zu sein scheint. Allerdings haben Mäuse eine deutlich geringere Entstehungshäufigkeit als Primaten, ohne dass wir die Ursache dafür kennen. Man geht davon aus, dass etwa 10 % des menschlichen Genoms von Kopienzahlvariationen betroffen ist. Wie auch andere Polymorphismen kommen verschiedene Kopienzahlvariationen innerhalb von Populationen in unterschiedlicher Häufigkeit vor; liegt die Häufigkeit unter 1 % in einer Population, werden sie als selten bezeichnet. Einige Kopienzahlvariationen sind für das Entstehen von Krankheiten verantwortlich (z. B. für neurologische Krankheiten, Entwicklungsstörungen und Krebs), bei anderen besteht kein derartiger Zusammenhang. Für viele Kopienzahlvariationen ist aber der Zusammenhang noch unklar; eine interessante Zusammenfassung der aktuellen humangenetischen Diskussion finden wir bei Nowakowska (2017).

Kopienzahlvariationen können meiotisch und in somatischen Zellen entstehen und sind damit auch ein mögliches Unterscheidungsmerkmal eineiiger Zwillinge. Veränderungen in der Kopienzahl von chromosomalen Abschnitten (und damit der darin enthaltenen Gene) beeinflussen natürlich auch die Expressionsstärke dieser Gene; sie können aber auch Grundlage neuer evolutionärer Prozesse werden. Zur Erklärung des Entstehungsprozesses von Kopienzahlvariationen werden heute vor allem Störungen der DNA-Replikation und die Replikation von nicht zusammenhängenden DNA-Fragmenten favorisiert (◘ Abb. 10.11).

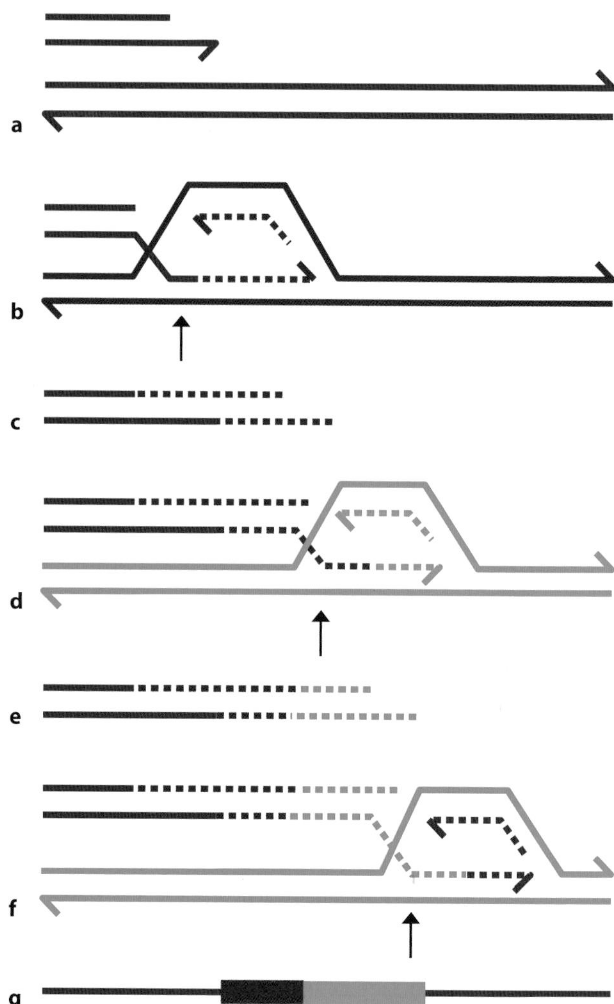

◘ **Abb. 10.11** Mögliche Entstehung von Kopienzahlvariationen. Es sind aufeinanderfolgende Sprünge der Replikationsgabel zu verschiedenen genomischen Positionen (*verschiedene Farben*) gezeigt, wobei sich jeweils kurze Homologiebereiche ausbilden. Die *Pfeilspitze* deutet die DNA-Syntheserichtung an. **a** Abgebrochener Arm einer Replikationsgabel, die eine neue fortschreitende Replikationsgabel (**b**) ausbildet. **c, e** Das verlängerte Ende löst sich wiederholt ab und bildet an einer anderen Stelle eine neue Replikationsgabel (**d**) aus. **f** Der Sprung führt zu dem ursprünglichen Schwesterchromatidenstrang (*blau*) zurück. Es wird eine neue Replikationsgabel ausgebildet, die die Replikation abschließt. **g** Das Endprodukt enthält Sequenzen unterschiedlicher genomischer Regionen. (Nach Hastings et al. 2009)

❶ Heterozygote Inversionen führen zu Chromosomenaberrationen, wenn ein Crossing-over innerhalb des invertierten Chromosomenabschnitts erfolgt. Die hierdurch bedingte Letalität der Nachkommen solcher Rekombinationschromatiden hat zur Folge, dass Allelkombinationen innerhalb einer heterozygoten Konstitution durch Crossing-over nicht verändert werden. Diese Möglichkeit zur Stabilisierung bestimmter Allelkombinationen ist sowohl in natürlichen Populationen als auch experimentell in Balancer-Chromosomen von Bedeutung.

Translokationen

Translokationen entstehen durch Brüche in zwei oder mehr verschiedenen Chromosomen. Es folgt eine Verheilung der chromosomalen Bruchstücke in neuen Kombinationen. Hierbei können auch multiple Translokationen entstehen, die komplexe meiotische Prophasepaarungsfiguren zur Folge haben. Erfolgt eine Translokation in Form eines Austausches von Chromosomenteilen zwischen zwei Chromosomen, so sprechen wir von einer **reziproken Translokation**. Wie wir schon für Deletionen, Duplikationen oder Inversionen gesehen haben, sind auch Translokationen in *Drosophila* und anderen Insekten an den Riesenchromosomen leicht zu erkennen, da sich hier komplexe Chromosomenpaarungen ergeben. Translokationen haben in der Humangenetik oft eine besondere Bedeutung (► Abschn. 13.2.2).

> Die Verlagerung von (terminalen) Chromosomenbereichen oder ganzen Chromosomenarmen an ein anderes Chromosom bezeichnet man als Translokation.

10.3 Spontane Punktmutationen

10.3.1 Fehler bei Replikation und Rekombination

Die Ursache von Replikationsfehlern in der DNA haben wir bereits bei der Besprechung der Replikationsmechanismen kennengelernt (▶ Abschn. 2.2). Der DNA-Polymerase unterlaufen beim Einbau von Nukleotiden aufgrund der Basenkomplementarität mit dem komplementären Strang in einem wachsenden DNA-Strang relativ häufig Fehler (ungefähr einer in 10^4 Nukleotiden). Obwohl der DNA-Polymerasekomplex solche Fehler unmittelbar im Zusammenhang mit der Replikation korrigieren kann (Korrekturleseaktivität der 3′→5′-Exonuklease im Polymerasekomplex, engl. *proof reading*), kommt es trotzdem zum Fehleinbau von Nukleotiden. Die trotz der Reparaturvorgänge verbleibende Fehlerrate liegt noch immer in einer Größenordnung von 10^{-6} bis 10^{-11} Nukleotiden. Das erscheint zwar niedrig, doch in einem Genom, das wie das menschliche $2{,}75 \times 10^9$ Nukleotidpaare enthält, hat diese Fehleinbaurate noch immer eine Mutationshäufigkeit von einem Nukleotid in mindestens einer von 100 replizierenden Zellen oder sogar in jedem Replikationszyklus zur Folge. Da in einem menschlichen Individuum bis zu 10^6 Zellen in jeder Sekunde replizieren, ist die gesamte Mutationshäufigkeit in jedem einzelnen Individuum außerordentlich hoch. Selbst bei *E. coli* erwartet man noch etwa acht Basensubstitutionen per Replikationszyklus in jeder Zelle. Auch wenn man davon ausgehen kann, dass ein Teil dieser Fehler noch durch andere, nicht an die Replikation gekoppelte Reparaturmechanismen korrigiert wird (▶ Abschn. 10.6), so verbleibt noch immer eine überraschend hohe basale Mutationsrate durch Replikationsfehler. Die Bedeutung der Korrekturleseaktivität wird deutlich, wenn man Mutationen des entsprechenden Gens betrachtet: *mutD*-Mutanten von *E. coli* zeigen eine 1000-fach höhere Mutationsrate als Wildtyp-Bakterien. Ursache sind Mutationen in dem Gen, das für die ε-Untereinheit der DNA-Polymerase III codiert.

Eine zweite Ursache für Replikationsfehler ist das Schlittern (engl. *slippage*) der DNA-Polymerase über repetitive Bereiche: Häufig löst sich die DNA-Polymerase kurzzeitig vom elterlichen Strang und setzt kurz darauf wieder neu an. Besonders in Bereichen, in denen sich ein Nukleotid mehrfach wiederholt (z. B. 7-mal Guanosin in Folge), kann dies zu einer Deletion oder auch einer Insertion führen (Folge: 6- oder 8-mal Guanosin an dieser Stelle), sodass dadurch der Leserahmen verändert wird.

> Eine wichtige Frage stellt sich im Zusammenhang mit Korrekturen von Replikationsfehlern: Wie ist das Korrektursystem in der Lage, den neu synthetisierten DNA-Strang vom alten Strang zu unterscheiden? Diese Unterscheidung wäre notwendig, wenn die Korrektur einer Base nicht dem Zufall unterliegen, sondern gezielt im richtigen Strang erfolgen soll, um eine Mutation zu vermeiden. Bei *E. coli* spielen hier methylierte Basen in der DNA eine Rolle, die mit geringer Frequenz im alten Strang, nicht jedoch im neu synthetisierten Strang vorkommen. Adenin und Cytosin werden innerhalb bestimmter DNA-Sequenzen methyliert (▶ Abschn. 8.1.2) und dienen so zur Kennzeichnung des ursprünglichen DNA-Strangs. Da die Methylierung postreplikativ und etwas verzögert erfolgt, sind neu replizierte DNA-Bereiche noch unmethyliert und dadurch als möglicherweise korrekturbedürftige Regionen gekennzeichnet.

Eine weitere häufige Mutationsursache sind spontane Basenveränderungen, die dann natürlich auch zu Fehlern in der Replikation führen, ohne dass der Replikationsmechanismus als solcher fehlerhaft arbeitet. Wir werden das im nächsten Abschnitt im Detail betrachten.

Ein anderer wesentlicher genetischer Prozess, nämlich die Rekombination (▶ Abschn. 4.4.2 und 6.3.3), ist störanfällig und Ursache vieler Mutationen. Auch hier sind repetitive Bereiche besonders gefährdet. Solche Sequenzwiederholungen können dazu führen, dass es während der meiotischen Homologenpaarung zu Fehlpaarungen und als Konsequenz zu Rekombinationsfehlern kommt. Das führt zu Duplikationen oder Deletionen im betroffenen DNA-Bereich. Eine besondere Rolle spielen diese Phänomene bei der Entstehung struktureller Chromosomenaberrationen (▶ Abschn. 10.2.3).

> Bei der Replikation der DNA werden mit hohen Fehlerraten der DNA-Polymerase auch falsche Nukleotide eingebaut. Die meisten Fehler werden jedoch durch einen Polymerase-eigenen Reparaturmechanismus korrigiert. Rekombinationsfehler aufgrund von Fehlpaarungen während der meiotischen Homologenpaarungen können zu Deletionen und Duplikationen führen.

10.3.2 Spontane Basenveränderungen

Nukleotidveränderungen können entweder spontan durch die chemischen Eigenschaften der Nukleotide selbst auftreten, oder sie können induziert sein. Als Ursachen für spontane Nukleotidsubstitutionen kommen in Betracht:

- spontane **Desaminierung**, insbesondere von Cytosin zu Uracil, seltener von Adenin zu Hypoxanthin;
- der **tautomere Charakter der Basen**, aufgrund dessen sie von der normalen Ketoform (Thymin, Guanin) in die seltenere Enolform übergehen können bzw. von

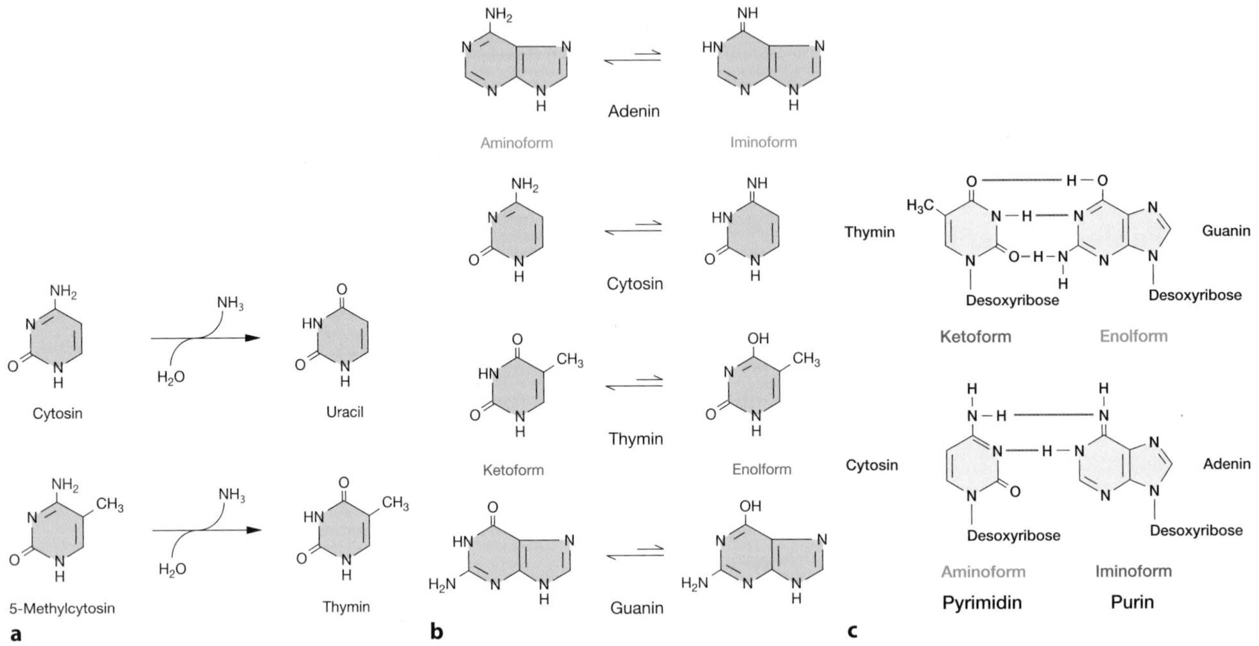

Abb. 10.12 Spontane Basenveränderungen. **a** Desaminierung von Cytosin und von 5-Methylcytosin hat unterschiedliche Folgen. Das aus Cytosin entstehende Uracil wird durch die endogene Uracil-Glykosylase entfernt, und Reparatursysteme korrigieren die DNA aufgrund des komplementären G. 5-Methylcytosin wird hingegen in Thymin verwandelt, sodass es als Folge der Desaminierung zu einem Basenaustausch kommt. **b** Tautomerie der Basen. Die Keto- und Aminoformen werden bevorzugt gebildet. **c** Ungewöhnliche Basenpaarungen durch die Bildung tautomerer Formen

der üblichen Aminoform (Cytosin, Adenin) in die seltene Iminoform;
- die **Instabilität der N-Glykosylbindungen** zwischen Basen und Desoxyribose, die bei Purinnukleotiden mit einer niedrigen Frequenz spontan gelöst werden kann. Sie ist temperaturabhängig und erfolgt bei einem pH-Wert von 7 bei 37 °C mit einer Häufigkeit von etwa einem von 300 Purinnukleotiden täglich.

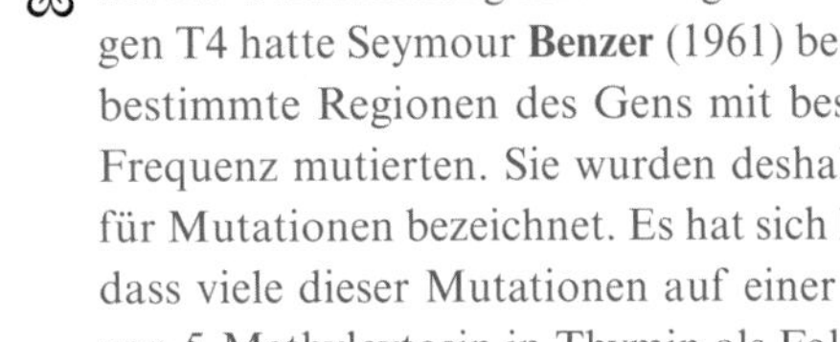

Bei der Untersuchung der *rII*-Region des Bakteriophagen T4 hatte Seymour **Benzer** (1961) beobachtet, dass bestimmte Regionen des Gens mit besonders hoher Frequenz mutierten. Sie wurden deshalb als *hotspots* für Mutationen bezeichnet. Es hat sich herausgestellt, dass viele dieser Mutationen auf einer Umwandlung von 5-Methylcytosin in Thymin als Folge einer Desaminierung beruhen. 5-Methylcytosin-Positionen in der DNA sind somit ein bevorzugter Angriffspunkt für Mutationen.

Cytosin und 5-Methylcytosin verlieren gelegentlich spontan ihre Aminogruppen (**Desaminierung**; Abb. 10.12a). Dadurch wird **Cytosin** in Uracil umgewandelt. Uracil kommt jedoch in der DNA als normale Komponente nicht vor. Es wird daher im Allgemeinen enzymatisch (durch die Uracil-Glykosylase) entfernt. Durch Reparaturenzyme wird nach Maßgabe des komplementären G wieder ein C in die DNA eingefügt, sodass normalerweise diese Desaminierung schließlich keine bleibende Mutation zur Folge hat. Anders sieht es jedoch aus, wenn die Umwandlung in Uracil kurz vor oder während der Replikation erfolgt, sodass zur Reparatur keine Zeit verbleibt. In diesem Fall wird als komplementäres Nukleotid im neuen DNA-Strang ein A eingefügt, sodass nach weiteren Replikationen schließlich ein AT-Basenpaar anstelle des ursprünglichen GC-Basenpaares steht. Desaminiertes **5-Methylcytosin** hingegen verhält sich hinsichtlich seiner Eigenschaften bei der Basenpaarung wie Thymin. Auch hier wird bei der Replikation ein AT-Basenpaar anstelle eines GC-Basenpaares erzeugt. Da methyliertes Thymidin durch Reparaturenzyme jedoch nicht aus der DNA entfernt wird, führt die Desaminierung von 5-Methylcytosin unabhängig von ihrem Zeitpunkt stets zu einer Basensubstitution. Wie wir in ▶ Abschn. 8.4.2 gesehen haben, spielt 5-Methylcytosin auch bei epigenetischen Regulationsvorgängen eine wichtige Rolle, sodass die Bedeutung dieser Base nicht zu unterschätzen ist.

Eine weitere Quelle für spontane Mutationen ist die **Tautomerie** (Wechsel zwischen zwei strukturell verschiedenen Formen) einiger Basen (Abb. 10.12b). Im tautomeren Zustand kommt es zu unüblichen Basenpaarungen (Abb. 10.12c), die in den folgenden Replikationen zu permanenten Basenveränderungen und damit zu Mutationen führen können.

Die häufigsten spontanen DNA-Schäden sind allerdings basenfreie Stellen. Sie entstehen durch Hydrolyse der Glykosylbindung zwischen der Purin- oder Pyrimidinbase und der 2′-Desoxyribose, wobei das Phosho-

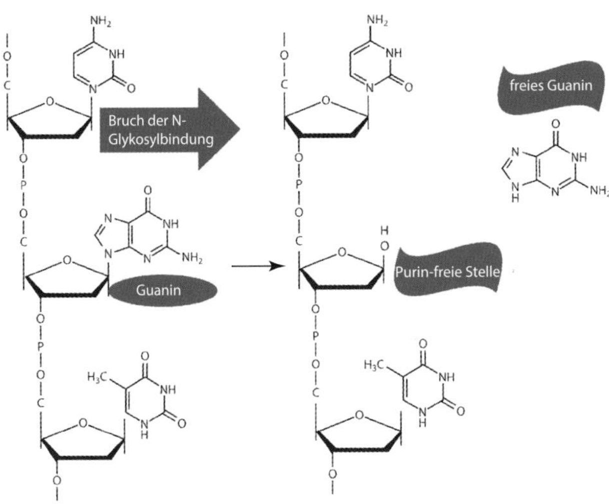

Abb. 10.13 Schematisches Diagramm der spontanen Depurinierung in einem DNA-Strang. Der Bruch der Glykosylbindung zwischen der Base Guanin und dem Zucker (ermöglicht durch Protonierung) führt zu einer Purin-freien Stelle (engl. *apurinic site*) in einem DNA-Strang. An dieser Purin-freien Stelle kann es später durch β-Elimination zu einem Strangbruch kommen. (Nach Fresco und Amosova 2017, mit freundlicher Genehmigung)

diester-Zucker-Rückgrat (zunächst) noch intakt bleibt (Abb. 10.13). Dabei ist die Glykosylbindung der Pyrimidine etwa 20-mal stärker als die der Purine, sodass wir fast ausschließlich purinfreie Stellen (engl. *apurinic sites, AP sites*) beobachten. Spontane **Depurinierung** ist eine Säure-katalysierte Reaktion, die mit steigender Temperatur beschleunigt wird. Außerdem gibt es N-Glykosylasen, die diesen Schritt auch katalysieren können. In Säugerzellen kommt die spontane Depurinierung mit einer Häufigkeit von ungefähr 10^4 Purin-freien Stellen pro Zelle und Tag vor – oder 3×10^{-9} pro min. In neuerer Zeit wurde zusätzlich über eine selbstkatalysierte Depurinierung berichtet: In diesem Fall wird eine besondere DNA-Konformation benötigt, nämlich eine Haarnadelschleife, bei der vier Basen in der Sequenz 5′-**G**(A/T)GG-3′ („G-Loop") oder 5′-GAGA-3′ („A-Loop") ungepaart vorliegen. Diese selbstkatalysierte Reaktion erfolgt wesentlich schneller als die spontane. Aufgrund der Sequenzabhängigkeit ergeben sich natürlich entsprechende „Mutations-*hotspots*": Einen davon finden wir im menschlichen β-Globin-Gen (*HBB*; ▶ Abschn. 7.2.1) im Codon 6 – und Mutationen in diesem Codon des *HBB*-Gens führen zu Sichelzellenanämie (▶ Abschn. 13.3.1). Eine detailliertere Darstellung würde den Rahmen dieses Lehrbuches sprengen, interessierte Leserinnen und Leser seien daher auf die Übersichtsarbeit von Fresco und Amosova (2017) verwiesen.

Spontane Basenveränderungen in der DNA können aufgrund der Instabilität der Aminogruppen von Cytosin und 5-Methylcytosin erfolgen, durch spontane Depurinierung oder wenn Basen während der Replikation in einen selteneren tautomeren Zustand übergehen.

10.3.3 Dynamische Mutationen

Der Begriff **dynamische Mutation** wurde eingeführt, um die einzigartigen Eigenschaften von expandierenden, instabilen repetitiven DNA-Sequenzen von anderen Mutationsformen zu unterscheiden. Im Jahr 1991 berichteten Kenneth H. **Fischbeck** (Kremer et al. 1991) sowie Robert I. **Richards** und Grant R. **Sutherland** (La Spada et al. 1991) das erste Mal von „expandierenden Triplettmutationen" als Ursache verschiedener Erbkrankheiten, dem fragilen X-Syndrom und einer besonderen Form der Muskelatrophie. In beiden Fällen ist eine einfache DNA-Wiederholungssequenz (CCG bzw. CAG) bei den betroffenen Patienten erhöht. Bei Gesunden variiert zwar die Zahl dieser Tripletts ebenfalls, ist aber deutlich niedriger und liegt unter einem bestimmten Schwellenwert. Seit ihrer Entdeckung ist die Zahl der bekannten menschlichen Krankheiten in fragilen chromosomalen Bereichen ständig gestiegen, und dynamische Mutationen wurden zu einer bedeutenden Ursache menschlicher Erkrankungen (Tab. 10.3).

Die bisherigen Arbeiten zur Aufklärung dieses Mechanismus zeigen:

- Die Mutation manifestiert sich als eine Veränderung (üblicherweise Erhöhung) der Kopienzahl der Wiederholungen (**Expansion**).
- Seltene Ereignisse führen zu Allelen mit erhöhter Wahrscheinlichkeit, die Kopienzahl zu erhöhen.
- Die Krankheit, die durch die Ausbreitung der Wiederholungen verursacht wird, zeigt eine Abhängigkeit ihres Schweregrades bzw. des Zeitpunktes (Alter) ihres Beginns von der Kopienzahl.

Diese Eigenschaften zusammengenommen führen dazu, dass die entsprechenden Krankheiten im Verlauf von Generationen immer früher im Leben auftreten und der Schweregrad zunimmt (**Antizipation**; Abb. 10.14; Details einiger Beispiele siehe auch ▶ Abschn. 13.3.2 [Huntington'sche Erkrankung] und ▶ Abschn. 13.3.3 [Fragiles-X-Syndrom]).

Die ersten expandierenden Wiederholungssequenzen, von denen berichtet wurde, waren die Trinukleotide CCG/CGG und CAG/CTG. Ursprünglich ging man daher davon aus, dass nur Trinukleotid-Wiederholungen expandieren könnten. Da außerdem diese beiden Formen der Wiederholungselemente Sekundärstrukturen ausbilden können, nahm man an, dass dies eine notwendige Vorbedingung für die genetische Instabilität sei. Allerdings wurden in der Zwischenzeit auch größere Wiederholungselemente gefunden (bis zu 42 bp).

Der Grenzwert der Kopienzahl, ab dem die Krankheit auftritt, hängt möglicherweise mit der Länge der Okazaki-Fragmente während der Replikation zusammen. Die Sekundärstruktur der CAG/CTG- und CGG-Wiederholungen ist in der Lage, die Bindung und Spaltung der bakteriellen Okazaki-Flap-Endonuklease (FEN1)

Tab. 10.3 Beispiele für Erkrankungen durch die Ausbreitung von kurzen Sequenzwiederholungen

Krankheit	Gen	Locus	Protein	Sequenz	Wiederholungshäufigkeit		Lokalisation
					Gesund	Krank	
Spino-cerebellare Ataxie 7 (SCA7)	*ATXN37*	3p14	Ataxin-7	CAG	7–17	38–120	Codierend (N-terminal)
Chorea Huntington (HD)	*HTT*	4p16.3	Huntingtin	CAG	10–35	> 35	Codierend (N-terminal)
Spino-cerebellare Ataxie 12 (SCA12)	*PPP2R2B*	5q31-33	Protein-Phosphatase PP2A	CAG	7–28	66–78	5′-UTR
Spino-cerebellare Ataxie 17 (SCA17)	*TBP*	6q27	TATA-Box-bindendes Protein	CAG	25–42	47–63	Codierend
Spino-cerebellare Ataxie 1 (SCA1)	*ATXN1*	6p23	Ataxin-1	CAG	6–35	49–88	Codierend (N-terminal)
C9ORF72-assoziierte frontotemporale Demenz und amyotrophe Lateralsklerose (C9FTD/ALS)	*C9ORF72*	9p21.2	C9ORF72	GGGGCC	2–25	> 25	Intron
Friedreich'sche Ataxie (FRDA)	*FXN*	9q21	Frataxin	GAA	8–33	> 90	Intron 1
Dentatorubral-pallidoluysische Atrophie (DRPLA)	*ATN1*	12p13	Atrophin-1	CAG	6–35	49–88	Codierend (N-terminal)
Spino-cerebellare Ataxie 2 (SCA2)	*ATXN2*	12q24.1	Ataxin-2	CAG	14–32	33–77	Codierend (N-terminal)
Spino-cerebellare Ataxie 8 (SCA8)	*ATXN8* *ATXN8OS*	13q21	Ataxin-8 Gegenstrang-RNA zu Ataxin-8	CTG	16–34	> 74	Codierend (N-terminal) 3′-UTR
Okulopharyngeale Muskeldystrophie (OPMD)	*PABPN1*	14q11.2	Poly(A)-bindendes Protein	GCG	6–10	12–17	Codierend
Spino-cerebellare Ataxie 3 (Machado-Joseph-Erkrankung; SCA3)	*ATXN3*	14q32	Ataxin-3	CAG	12–40	55–86	Codierend (N-terminal)
Huntington-ähnliche Erkrankung 2 (HDL2)	*JPH3*	16q24	Junctophilin-3	CAG/CTG	< 50	> 50	Codierend
Spino-cerebellare Ataxie 6 (SCA6)	*CACNA1A*	19p13	Calciumkanal	CAG	4–18	21–30	Codierend (N-terminal)
Myotone Dystrophie (DM1)	*DMPK*	19q13	Myotone-Dystrophie-Proteinkinase (DMPK)	CTG	5–37	50–10.000	3′-UTR
Spino-bulbare Muskelatrophie (Kennedy; SMAX1; SBMA)	*AR*	Xq12	Androgen-Rezeptor (AR)	CAG	9–36	38–62	Codierend (N-terminal)
Fragiles-X-Syndrom (FXS/FRAXA)	*FMR1*	Xq27.3	FMR-1-Protein	CGG	6–55	> 200	5′-UTR
Fragiles-X-assoziiertes Tremor/Ataxia-Syndrom (FXTAS)	*FMR1*	Xq27.3	FMR-1-Protein	CGG	6–55	55–200	5′-UTR
Fragiles-X-Syndrom (E) (FRAXE)	*AFF2*	Xq28	FMR-2-Protein	CCG	4–39	200–900	5′-UTR

Nach Rohilla and Gagnon (2017), nach aufsteigenden Chromosomen geordnet

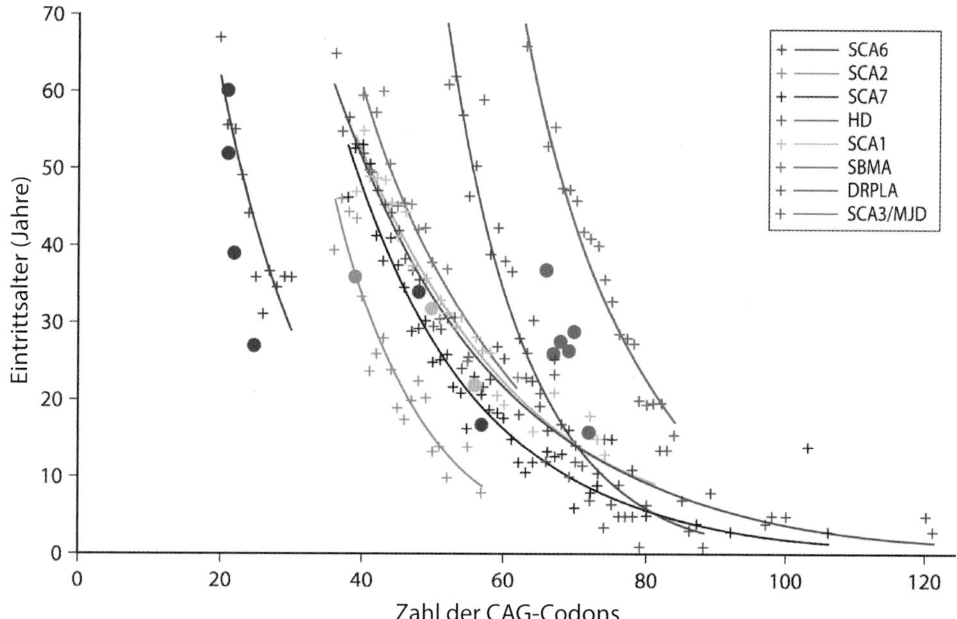

Abb. 10.14 Zusammenhang zwischen Anzahl der Triplettwiederholungen und Eintrittsalter der Erkrankung. Verschiedene Daten der Literatur wurden zusammengetragen, um die Abhängigkeit des Eintrittsalters der Erkrankung von der Anzahl der Triplettwiederholungen darzustellen. Die Kurven wurden an ein einfaches exponentielles Modell angepasst. Für einige Erkrankungen ist auch das Eintrittsalter der homozygoten Träger angegeben (*gefüllte Symbole*). DRPLA: Dentatorubral-pallidoluysische Atrophie; HD: Chorea Huntington; MJD: Machado-Joseph-Erkrankung (= SCA3); SBMA: Spino-bulbare Muskelatrophie; SCA: Spino-cerebellare Ataxie. (Nach Gusella und MacDonald 2000, mit freundlicher Genehmigung)

zu hemmen. Das eukaryotische Homolog der Hefe ist das Genprodukt von *Rad27*, ein Enzym, von dem man weiß, dass es eine wichtige Rolle bei der Instabilität von DNA-Wiederholungselementen spielt: Mutanten von *Rad27* zeigen häufig DNA-Brüche und Instabilitäten der Kopienzahl. Diese Befunde deuten darauf hin, dass auch hier Mechanismen aus dem Bereich der DNA-Replikation eine wichtige Rolle bei der Veränderung der Kopienzahl dieser DNA-Wiederholungselemente spielen. Allerdings zeigt das gewebespezifische Auftreten von expandierenden Tripletts in replikationsarmen Geweben (wie in Teilen des Gehirns), dass auch Reparaturprozesse dabei eine wichtige Rolle spielen, die Elemente der Replikationsmaschinerie mitbenutzen. Dieser Befund zeigt aber darüber hinaus auch, dass neben der ererbten Kopienzahl die weitere Erhöhung der Kopienzahl in bestimmten Geweben im Laufe des Lebens für den Zeitpunkt (und den Schweregrad) der Erkrankung entscheidend sein können.

Die expandierenden Tripletts betreffen vor allem drei Bereiche der Gene (Abb. 10.15):

- Nicht-codierende Elemente (Promotor oder Enhancer-Bereiche, 3′-UTR), die dazu führen, dass das betroffene Gen abgeschaltet wird (*loss of function* bzw. Haploinsuffizienz, z. B. beim Fragilen-X-Chromosom-Syndrom) oder das Transkript in seiner Stabilität betroffen ist (Spino-cerebellare Ataxie 8).
- Die Ausbildung von Glutamin(Gln)-reichen Wiederholungssequenzen im translatierten Protein (CAG = Codon für Gln, z. B. Chorea Huntington). Offensichtlich sind lange Poly-Glutamin-Bereiche toxisch für die Zelle (z. B. durch die Bildung größerer Aggregate im Zellkern, engl. *nuclear inclusions*).
- Die Wiederholungssequenzen können das Spleißen der RNA beeinflussen und verändern so die Funktion des betroffenen Proteins.

Neben den Faktoren, die die Wiederholungssequenzen direkt betreffen, gibt es auch noch weitere Faktoren, die einen Einfluss auf die Entwicklung der Krankheit haben. So spielt offensichtlich das Geschlecht eine wichtige Rolle bei der Übertragung von einer Generation auf die andere. Die meisten Fälle einer erblichen myotonen Dystrophie werden über die mütterliche Linie vererbt, wohingegen die jugendliche Form der Chorea Huntington über die Väter vererbt wird. Obwohl der grundlegende Mechanismus (expandierende Wiederholungssequenzen) offensichtlich einzigartig und charakteristisch für diese dynamischen Mutationen ist, ergeben sich für die jeweiligen Erkrankungen unterschiedliche Pathogenesemechanismen. Wie oben schon angedeutet, spielen dabei sowohl Störungen bei der DNA-Replikation als auch bei den DNA-Reparaturprozessen eine wichtige Rolle. Abb. 10.16 zeigt dies am Beispiel des fragilen X-Chromosoms (FX-Syndrom).

Dynamische Mutationen können über mehrere Generationen hinweg expandieren und schließlich zu schweren Erkrankungen führen. Häufig betroffen sind

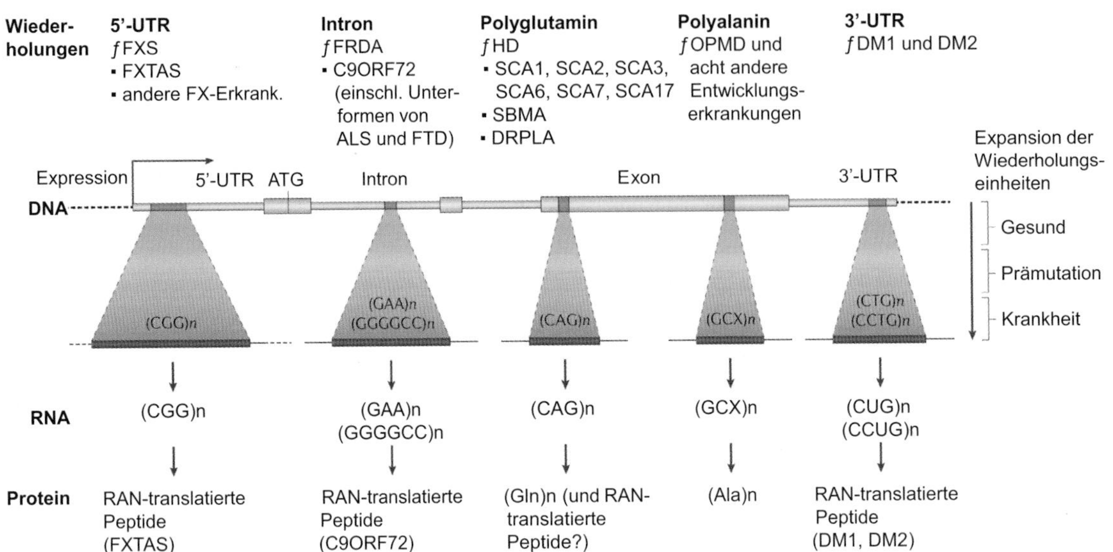

Abb. 10.15 Mögliche Position von Wiederholungseinheiten in Genen. Die schematische Darstellung zeigt alle wichtigen Wiederholungseinheiten mit ihren möglichen Positionen in einem Gen (*grün*): 5′-untranslatierte Region (5′-UTR), Intron, Exon und 3′-untranslatierte Region (3′-UTR). Die Wiederholungseinheiten in den Exons codieren häufig für einen Poly-Glutamin- oder Poly-Alanin-Bereich. Die Wiederholungseinheiten können auch dazu führen, dass die Translation an einem anderen Codon als ATG beginnt (engl. *repeat-associated non-ATG translation*, RAN). Entsprechend der Lokalisation der Wiederholungseinheiten im Gen zeigen sich Auswirkungen auf die DNA-Struktur, auf die RNA und auf das Protein, die zu den zellulären und pathologischen Folgen führen. Man beachte, dass manche der genannten Erkrankungen durch bidirektionale Transkription hervorgerufen werden; der Einfachheit halber ist hier aber nur der codierende Strang der DNA dargestellt. ALS: amyotrophe Lateralsklerose; C9ORF72: offener Leserahmen Nr. 72 auf dem Chromosom 9; DM (1 und 2): Myotone Dystrophie; DRPLA: dentatorubral-pallidoluysische Atrophie; FRDA: Friedreich'sche Ataxie; FX: fragiles X-Chromosom; FXS: Fragiles-X-Chromosom-Syndrom; FXTAS: fragiles X-Chromosom mit Tremor-Ataxia-Syndrom; Gln: Glutamin; HD: Huntington'sche Erkrankung; OPMD: okulopharyngeale Muskeldystrophie; SBMA: spino-bulbare Muskelatrophie; SCA: spino-cerebellare Ataxie. (Nach Hannan 2018, mit freundlicher Genehmigung)

CAG-Tripletts (expandierende Triplett-Erkrankungen); jede Erkrankung hat ihren eigenen Schwellenwert von Wiederholungseinheiten, oberhalb dessen die Erkrankung auftritt.

 Das Fragile-X-Syndrom ist die häufigste Form erblicher geistiger Behinderung; das allgemeine Erkrankungsrisiko für einen männlichen Embryo beträgt ca. 1:2500. Frauen mit einer Prämutation (55–200 Wiederholungseinheiten) haben ein Risiko von ca. 1:200, dass während der Meiose eine Vollmutation entsteht. In der väterlichen Keimbahn sind Prämutationen dagegen relativ stabil. Die ausführlichen Untersuchungen zu dieser schweren und häufigen Erkrankung haben außerdem zu einer differenzierten Betrachtung am Übergang der gesunden Formen zu den Prämutationen geführt: Wenn 49–54 Wiederholungseinheiten vorliegen, sprechen viele Autoren heute von einer „Grauzone" mit einer gewissen Wahrscheinlichkeit, dass sich daraus Vollmutationen entwickeln können. Die Häufigkeit solcher „Grauzonen-Allele" in der Bevölkerung ist relativ hoch und beträgt bei Männern ungefähr 1:30. Die Wahrscheinlichkeit, dass ein „Grauzonen-Allel" sich zu einer Vollmutation entwickelt, ist in der männlichen Keimbahn wesentlich höher als in der weiblichen. Die Variabilität der Erkrankung wird außerdem durch ein unterschiedliches Ausmaß an Methylierungen der CGG-Wiederholungen in den somatischen Zellen erhöht, sodass auch die mRNA des *FMR1*-Gens in unterschiedlichen Mengen gebildet wird. Eine ausführliche Darstellung dieser komplexen Verhältnisse findet sich bei Loesch und Hagerman (2012) sowie Owens et al. (2018).

10.3.4 Transkriptions-assoziierte Mutationen

Vielen Abschätzungen über die Zeiträume evolutionärer Prozesse liegt die Annahme zugrunde, dass Mutationsraten konstant sind. Aber seit dem Beginn der 1970er-Jahre wissen wir, dass diese Annahme nicht immer richtig ist. Robert **Herman** und Nomi **Dworkin** zeigten 1971, dass sich bei Bakterien die Mutationsrate von Genen erhöht, wenn auch ihre Expression stark erhöht wird. Später wurde das Phänomen auch bei Hefen beobachtet, und es etablierte sich dafür der Begriff der Transkriptions-assoziierten Mutationen. Die Frage ist, wie der Prozess der Transkription die DNA für Schäden empfindlich macht?

Die Transkription (▶ Abschn. 3.3) benötigt die vorübergehende Trennung der beiden DNA-Stränge und

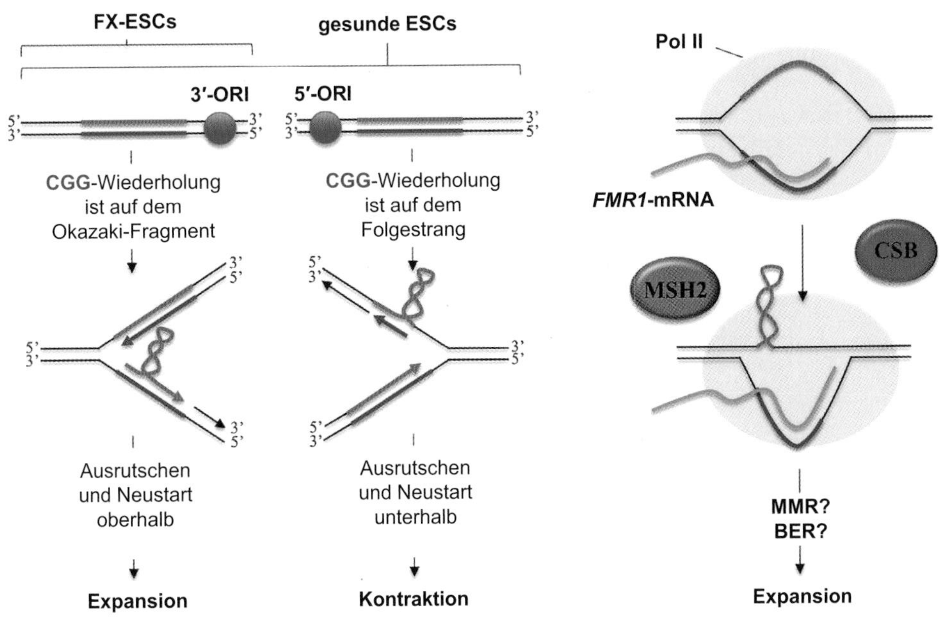

Abb. 10.16 Modelle zur Erklärung der Instabilität am *FX*-Locus. In beiden Modellen ist der CGG-reiche Strang, der die stabilste Sekundärstruktur ausbilden kann, in *Rot* gezeichnet, und der CCG-reiche Strang in *Grün*. **a** Wechsel des Replikationsstarts als Modell für Wiederholungsinstabilität. Das *FMR1*-Gen wird von zwei Replikationsursprüngen flankiert, wovon der eine 45 kb oberhalb (5′-ORI) und der andere 45 kb unterhalb des Gens liegt (3′-ORI). Während der Replikation kann es bei der Trennung der beiden Stränge zu einem Verrutschen (engl. *slippage*) der beiden Stränge relativ zueinander kommen, und der Start der Replikation kann dann von der verrutschten Position aus erfolgen. Man geht davon aus, dass das Verrutschen häufiger während der Synthese des Folgestrangs geschieht, und es wird öfter beobachtet, wenn entweder die Matrize oder der neu synthetisierte Strang die Möglichkeit hat, stabile Sekundärstrukturen auszubilden. Die Ausbildung von Sekundärstrukturen an der Matrize des Folgestrangs würde zu einem Verlust von Wiederholungseinheiten und damit zu deren Kontraktion führen, da ein Neustart der DNA-Synthese oberhalb der Strukturen bevorzugt wäre. Im Gegensatz dazu würde die Bildung solcher Strukturen an den entsprechenden Okazaki-Fragmenten ein Hinzufügen der Wiederholungseinheiten begünstigen, da ein Replikationsneustart am 3′-Ende wahrscheinlicher vorkommen würde. Die Replikation, die am 5′-ORI beginnt, führt dazu, dass der CGG-reiche Strang an der Matrize des Folgestrangs liegt (man beachte, dass nur die eine Hälfte der bidirektionalen Replikationsgabel gezeigt ist). Im Gegensatz dazu führt die Replikation vom 3′-ORI ausgehend dazu, dass der CGG-reiche Strang auf dem Okazaki-Fragment ist. In somatischen Zellen verläuft die Replikation von beiden Startpunkten aus gleich gut, sodass sich am Ende Expansion und Konzentration die Waage halten. Allerdings wird vermutet, dass die Replikation in embryonalen FX-Stammzellen bevorzugt am 3′-ORI beginnt und deswegen zu einer Expansion der Wiederholungselemente führt. **b** Modell zur Erklärung der Instabilität von Wiederholungselementen auf der Basis von DNA-Reparaturmechanismen. Die RNA-Polymerase II (Pol II) bedeckt den Matrizenstrang; der andere Strang kann Sekundärstrukturen ausbilden. Die Bildung von Sekundärstrukturen in der Region der Wiederholungselemente wird auch durch stabile RNA-DNA-Hybride erleichtert, die sich während der Transkription bilden können. Durch die Bindung von MSH2 (engl. *MutS homolog 2*) mit dem Faktor CSB (Cockayne-Syndrom B) an die Fehlpaarungsstellen können Reparaturwege gestartet werden (MMR: Fehlpaarungsreparatur; BER: Basen-Exzisionsreparatur; ► Abschn. 10.6). Während der Reparatur kann es aufgrund der Wiederholungssequenzen zur Ausbildung von Haarnadelstrukturen kommen, die dann in den „reparierten" Strang eingebaut werden und so zur Expansion der Wiederholungssequenzen führen. (Nach Usdin et al. 2014, mit freundlicher Genehmigung der Autoren)

die Entspiralisierung der Helix. Dabei entstehen vorübergehend kurze Bereiche einzelsträngiger DNA, die besonders verletzlich ist. Die einzelsträngigen Bereiche können auch größer sein, wenn das Transkript sich in die DNA einfädelt und sich DNA-RNA-Hybride ausbilden. Diese dreisträngige Struktur wird häufig auch als RNA-Schlaufe (engl. *R-Loop*) bezeichnet; der nicht-transkribierte DNA-Strang ist unter diesen Umständen besonders anfällig für Schäden. Diese Schäden werden häufig auch repariert – die Reparaturprozesse verlaufen aber nicht immer erfolgreich und können Ursache für Mutationen sein. Die transkriptionsabhängige DNA-Reparatur wird im ► Abschn. 10.6.2 besprochen. Während der Transkription ist die Konzentration an Ribose-Nukleotidtriphosphaten besonders hoch (rNTPs); man vermutet darin eine Ursache für deren häufigen Einbau in DNA, wenn die DNA-Replikation und eine besonders stark aktivierte Transkription zusammen ablaufen.

Darüber hinaus entstehen durch das Voranschreiten der RNA-Polymerase positive Überspiralisierungen vor der Polymerase und negative Überspiralisierungen dahinter. Beide Formen der Überspiralisierungen werden durch Topoisomerase 1 (Top1) gelöst, indem ein Einzelstrangbruch eingeführt wird und so der Spiralisierungsstress aufgehoben wird. Dabei kann es jedoch zu Fehlern kommen, die zu kleinen Deletionen führen; ◘ Abb. 10.17 gibt einige Hinweise auf die Mechanismen. Wenn – wie oben angedeutet – eine hohe Konzentration an Ribose-Nukleotidtriphosphaten besteht, werden diese auch bei der Replikation in die DNA eingebaut und sind somit für Schnitte durch Top1 besonders anfällig – wir sprechen dann von einer Ribonukleotid-abhängigen Bildung von kleinen Deletionen.

Neuronen sind langlebige Zellen, die sich nicht mehr teilen. Trotzdem ist ihr Genom empfindlich gegenüber DNA-Schäden. Anders als bei Mutationen in Krebszellen und in Zellen der Keimbahn, die mit der Replikation assoziiert sind, sind Mutationen in Neuronen mit der Transkription assoziiert. Das zeigt sich besonders im Spektrum der Mutationen, die häufig als Purin-Purin-Mutationen am nicht-codierenden Strang charakterisiert werden. Durch Einzelzell-Sequenzierungen menschlicher *post-mortem*-Neuronen im Hochdurchsatzverfahren können viele Einzelnukleotidvarianten (engl. *single-nucleotide variants*, SNVs) identifiziert werden, woraus sich sogar in manchen Fällen eine Abstammungslinie verwandter Neuronen bis in die Embryonalphase zurück aufstellen lässt. Etwa 1,5 % der identifizierten Mutationen treten in codierenden Regionen auf und betreffen funktionell wichtige Gene wie *SCN1A* (Epilepsie; ► Abschn. 14.4.2) oder *SLC12A2* (Schizophrenie; ► Abschn. 14.3.3). Weitere Analysen zeigten, dass SNVs im Gehirn langsam, aber unaufhaltsam mit dem Alter zunehmen. Im Alter von 1 Jahr enthalten postmitotische Neuronen von Kindern schon 300–900 SNVs, wobei 200–400 SNVs schon während der Embryonalentwicklung im Alter von 20 Wochen vorhanden sind. Gesunde erwachsene Personen haben etwa 1500 SNVs in einzelnen Zellen des Cortex. Eine ausführliche Darstellung dieser komplexen Verhältnisse findet sich bei Lodato et al. (2015, 2018).

10.4 Induzierte Mutationen

Im Gegensatz zu den Mutationen, die durch endogene Fehler hervorgerufen werden und die wir oben besprochen haben, stehen in diesem Abschnitt Mutationen im Vordergrund, die durch Umwelteinflüsse hervorgerufen werden. Dazu gehören Strahlung (UV-Licht, ionisierende Strahlung) und chemische Stoffe. Diese mutagenen Agenzien sind in unterschiedlicher Weise und in unterschiedlichem Ausmaß schon immer vorhanden oder von menschlichen Aktivitäten abhängig; daher wird hier beispielsweise nicht unterschieden, ob das UV-Licht von der Sonne oder aus dem Solarium kommt.

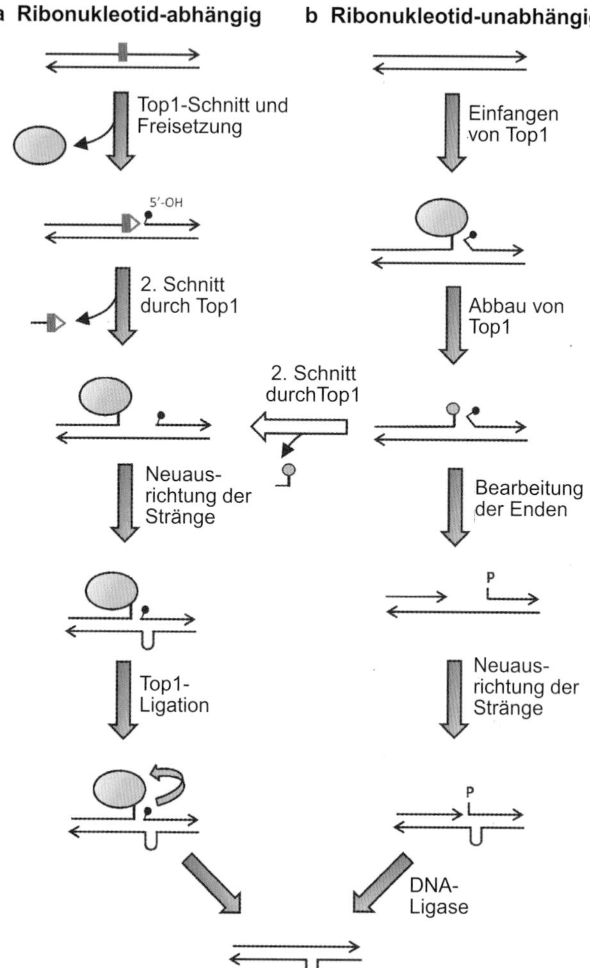

◘ **Abb. 10.17** Modell der Topoisomerase-1-abhängigen kleinen Deletionen. **a** Ribonukleotid-abhängige Deletionen werden initiiert, wenn Topoisomerase 1 (Top1; *gelbes Oval*) an einem Ribonukleotid schneidet. Wenn Top1 die DNA wieder verlässt, bleiben ein 2′-3′-zyklisches Phosphat (*rotes Dreieck*) und ein freies 5′-OH-Ende zurück (*schwarzer Kreis*). Ein zweiter Top1-Schnitt etwas oberhalb des ersten setzt ein kleines Oligonukleotid frei. Bei der Neuausrichtung der komplementären Stränge gelangt das freie 5′-OH-Ende wieder in die Nachbarschaft des ursprünglichen ersten Schnitts und steht damit für eine enzymatische Ligation zur Verfügung. **b** Die Ribonukleotid-unabhängige Bildung einer Deletion beginnt mit dem Einfangen von Top1 und einem Einzelstrangschnitt. Nach dem Abbau von Top1 schneidet ein zweites Top1-Enzym etwas oberhalb des ersten, und die weitere Bearbeitung erfolgt wie unter **a** beschrieben. Alternativ kann die Lücke durch eine Neuausrichtung der Stränge so verkleinert werden, dass die freien Enden durch eine Ligase verbunden werden können. (Nach Kim und Jinks-Robertson 2017, mit freundlicher Genehmigung)

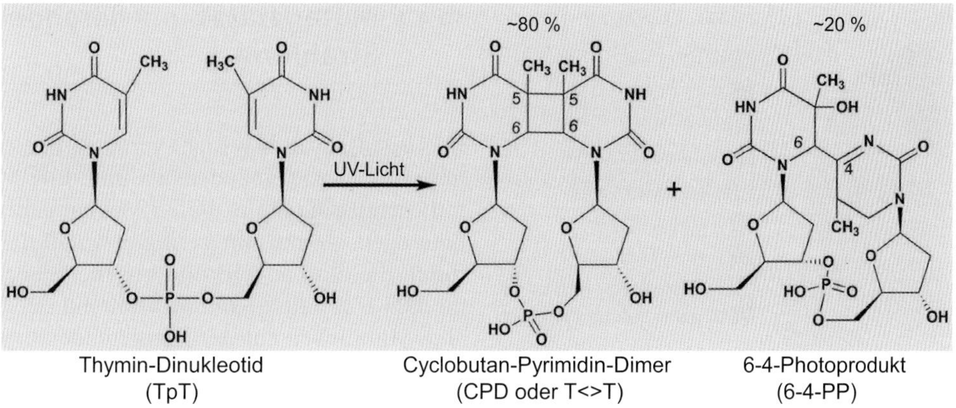

~80 %

~20 %

UV-Licht

Thymin-Dinukleotid (TpT)

Cyclobutan-Pyrimidin-Dimer (CPD oder T<>T)

6-4-Photoprodukt (6-4-PP)

Abb. 10.18 Mutagener Einfluss von UV-Strahlung. Zwischen nebeneinanderliegenden oder gegenüberliegenden Thymin-Basen werden unter dem Einfluss von UV-Strahlung überwiegend Cyclobutan-Pyrimidin-Dimere (CPD) gebildet; es entstehen aber auch in nennenswertem Umfang 6-4-Photoreaktionsprodukte (6-4-PP). (Nach Liu et al. 2015, mit freundlicher Genehmigung)

10.4.1 Mutationen durch ultraviolette Strahlung

Ultraviolette Strahlung wirkt direkt auf die DNA ein. Wir unterscheiden drei Wellenlängenbereiche: UV-A (320–400 nm), UV-B (280–320 nm) und UV-C (200–280 nm). UV-Strahlung verfügt nicht über genügend Energie, um tief in Gewebe einzudringen – daher ist ihr Einfluss begrenzter als der anderer Strahlungsformen. Die Effekte von UV-Strahlung werden daher praktisch ausschließlich bei Einzellern und in Zellen an der Oberfläche multizellulärer Organismen beobachtet. Zwar ist die höchste Eigenabsorption von Nukleinsäuren bei 254 nm (UV-C), die intensivste Wirkung entfalten UV-Strahlen allerdings im UV-B-Bereich.

Die Wirkung ultravioletter Strahlung besteht in der Induktion von unüblichen Pyrimidin-Dimeren (besonders **Thymin-Dimeren**) zwischen benachbarten Basen in der DNA. Durch Kohlenstoff-Kohlenstoff-Bindungen werden Cyclobutanringe (engl. *cyclobutane pyrimidine dimers*, CPD) gebildet, die zu einer Aufhebung der Basenpaarungen mit dem komplementären Strang der DNA führen (Abb. 10.18). Darüber hinaus spielen auch 6-4-Pyrimidin-Photoreaktionsprodukte eine wesentliche Rolle bei der Dimerbildung. Purin-Dimere und Pyrimidin-Monoaddukte sind demgegenüber seltener.

CPDs werden zwischen den 5,6-Bindungen von zwei an beliebigen Stellen nebeneinanderliegenden Pyrimidin-Basen gebildet. 6-4-Pyrimidin-Photoreaktionsprodukte sind durch stabile Bindungen zwischen den Positionen 6 und 4 zweier benachbarter Pyrimidine charakterisiert und scheinen bevorzugt an 5′-TC- und 5′-CC-Sequenzen gebildet zu werden. In Säugerzellen sind CPDs für über 80 % der UV-B-induzierten Mutationen verantwortlich. Dabei sind offensichtlich 5-Methylcytosin-Reste besonders häufig in Mutationsereignisse verwickelt: einmal über die spontane Desaminierung zu Thymidin (Abb. 10.12a) und zum anderen wegen der Verschiebung der Energieabsorption von 5-Methylcytosin zu höheren Wellenlängen gegenüber dem unmethylierten Cytosin. 5-Methylcytosin trägt in Säugerzellen signifikant zu Sonnenlicht-induzierten Mutationen bei. Demgegenüber ist die Bildung von Thymidin-Dimeren nicht die am häufigsten produzierte Dipyrimidin-Läsion nach Sonnenlichtexposition in Säugerzellen, auch wenn diese über Jahrzehnte als

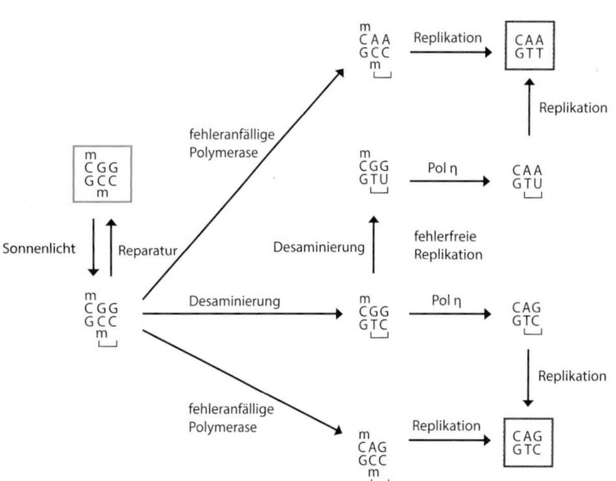

Abb. 10.19 Mechanismen der UV-Mutagenese an Cyclobutan-Pyrimidin-Dimeren (CPD). Der Sequenzkontext (5′-mCGG) ist besonders anfällig für CPD-Bildung durch Sonnenlicht wegen der Anwesenheit der Base 5-Methylcytosin (mC). Die Umgehung von CPD durch eine fehleranfällige DNA-Polymerase kann eine C→T- oder CC→TT-Mutation induzieren. Desaminierung kann innerhalb des CPD vorkommen und das 5-Methylcytosin alleine oder das 5-Methylcytosin und das benachbarte Cytosin zusammen betreffen (doppelte Desaminierung). Wenn das desaminierte CPD umgangen werden kann (hauptsächlich durch die fehlerfreie DNA-Polymerase η), wird eine C→T-Transition oder eine CC→TT-Tandemtransition entstehen. Die Startsequenz ist durch ein *grünes Kästchen* gekennzeichnet; die Sequenzen, die durch die Mutation entstehen, sind *rot* umrahmt. (Nach Pfeifer et al. 2005, mit freundlicher Genehmigung)

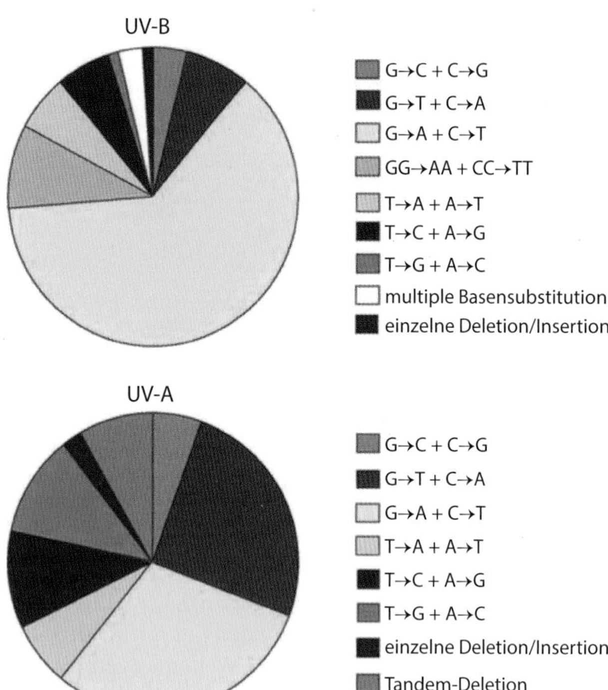

Abb. 10.20 Mutationsspektren von UV-B (*oben*) und UV-A (*unten*). Die Daten zeigen die Werte, wie sie in Maus-Fibroblastenzellen nach UV-A- (18 J/cm^2) bzw. UV-B-Bestrahlung (0,05 J/cm^2) mit einem Reportergen erhalten wurden. Die Mutationsraten stiegen insgesamt um das 4,6-fache (UV-A) bzw. das 12-fache (UV-B) an. Das UV-B-Spektrum unterscheidet sich vom UV-A-Spektrum vor allem durch den deutlich überwiegenden Anteil von C→T-Transitionen (inklusive der CC→TT-Tandemmutationen). UV-A erhöht dagegen deutlich den Anteil der G→T-Transversionen. (Nach Pfeifer et al. 2005, mit freundlicher Genehmigung)

10

Äquivalent für UV-Schäden dargestellt wurde (für einen ausführlichen Überblick dazu siehe Pfeifer et al. 2005). Verschiedene Mechanismen, die an der UV-induzierten Mutagenese an Cyclobutan-Dimeren beteiligt sind, zeigt Abb. 10.19.

Im Gegensatz zu UV-B induziert UV-A überwiegend **oxidative** Schäden an der DNA; entsprechend unterscheiden sich auch die Mutationsspektren, die durch UV-A und UV-B induziert werden. Typische oxidative DNA-Schäden sind die Bildung von 8-Oxo-7,8-dihydro-2′-desoxyguanosin (8-oxo-dG) und DNA-Strangbrüche. Ein Vergleich der UV-B- und UV-A-induzierten Mutationsspektren ist in Abb. 10.20 dargestellt.

UV-B-Strahlung induziert die Entstehung von Cyclobutanringen zwischen Pyrimidinen in der DNA. Eine besondere Rolle spielt dabei 5-Methylcytosin. Das Mutationsspektrum von UV-B unterscheidet sich deutlich von dem, das durch UV-A induziert wird.

10.4.2 Mutagenität ionisierender Strahlung

Im Gegensatz zu UV-Licht vermag kürzerwellige Strahlung in Gewebe einzudringen und dort Mutationen zu induzieren. Die molekularen Mechanismen sind hierbei heterogen, da nur ein geringer Anteil der Mutationen durch die direkte Wirkung kurzwelliger Strahlung auf die DNA zustande kommt, während der Hauptteil solcher Mutationen auf den ionisierenden Effekten energiereicher Strahlung beruht. Ionisierende Effekte üben sowohl **Röntgenstrahlung** (engl. *X-ray*) als auch **Protonen-, Neutronenstrahlung** und **α-, β- und γ-Strahlung** aus, wie sie von Radioisotopen emittiert wird.

Die durch Ionisierung entstehenden Radikale sind in der Lage, Einzel- und Doppelstrangbrüche in der DNA, aber auch Veränderungen einzelner Basen hervorzurufen. Während Einzelstrangbrüche repariert werden können und seltener zu Mutationen führen, führen **Doppelstrangbrüche** entweder zu Chromosomenumlagerungen oder sind spätestens nach der Mitose für die betroffene Zelle durch Verlust von Chromosomenstücken letal. Auch Umlagerungen führen oft zu Aneuploidie und damit zum Zelltod (▶ Abschn. 10.2.1). Doppelstrangbrüche sollten im Prinzip durch Reparaturprozesse entfernt werden können, da die Kontinuität des Chromosoms durch einen Bruch in der DNA nicht notwendigerweise sofort völlig zerstört wird. Vielmehr werden Chromosomen durch chromosomale Proteine in ihrer Struktur in einem ausreichenden Maß zusammengehalten, um eine Reparatur von DNA-Doppelstrangbrüchen zu gestatten. Doppelstrangbrüche sind auch das primäre Ereignis bei somatischer Rekombination (▶ Abschn. 10.3.1) sowie bei Transpositionsereignissen (▶ Abschn. 10.2.3).

Basenveränderungen als Folge energiereicher Strahlung erfolgen in Gegenwart von Sauerstoff durch freie Radikale, die durch die Ionisierung entstehen. Ihre Häufigkeit kann durch die in den Zellen vorhandenen Enzyme reduziert werden, deren spezielle Aufgabe es ist, freie Radikale oder entsprechende Oxidationsprodukte (z. B. H_2O_2) zu entgiften. Die Mutationsfrequenz ist hierbei stark abhängig vom physiologischen Zustand einer Zelle. Aktive Gene sind offenbar mutagenen Effekten besonders stark ausgesetzt. Das ist verständlich, da hier ja die DNA nicht durch eine Verpackung in chromosomale Proteine geschützt ist und somit der Radikaleinwirkung unmittelbar zugänglich ist. Umgekehrt sind Zellen, deren Genom sich in einem Ruhezustand befindet, wie etwa ruhende Pflanzensamen, weniger anfällig für mutagene Einflüsse.

Energiereiche Strahlung bewirkt vorwiegend Chromosomenbrüche. Diese Wirkung der Strahlung beruht vor allem auf ihrer ionisierenden Eigenschaft. Durch Strahlung entstehen auch freie Radikale und andere

Oxidationsprodukte in der Zelle. Sie führen zu Basenveränderungen.

Röntgenstrahlung

 Die mutagene Wirkung von **Röntgenstrahlung** war durch den späteren Nobelpreisträger Hermann J. **Muller** (1930) in genetischen Studien an *Drosophila* erkannt worden. In seinen Analysen ermittelte er geschlechtsgebundene Letal-Mutationen. Diese Arbeiten von Muller an *Drosophila melanogaster* hatten zwei grundlegende Parameter der **mutagenen** Wirkungen von Röntgenstrahlung erkennen lassen:

- Die Anzahl von geschlechtsgebundenen letalen Mutationen steigt, zumindest in einem mittleren Strahlungsbereich, **linear** mit der verabreichten Strahlungsdosis an;
- die Anzahl von Mutationen ist **kumulativ**, d. h. es ist (zumindest in einem mittleren Strahlungsbereich) nicht von Bedeutung, ob eine bestimmte Strahlungsmenge in einer einzigen Dosis (akute Bestrahlung) oder in mehreren geringen Dosen (chronische Bestrahlung) verabreicht wird.

Für **höhere** Strahlungsdosen verändert sich diese Relation, da hierbei einerseits nicht ohne Weiteres erkennbare Doppelmutationen auftreten können, die zu einer scheinbaren geringeren Zunahme der Mutationshäufigkeit führen. Vor allem aber verfälscht die mit der Strahlungsdosis zunehmende Häufigkeit des Zelltodes, der durch die physiologischen Auswirkungen der Strahlung verursacht wird, die Messung der Mutationsrate. Die Wirkung **niedriger** Strahlendosen ist dagegen Gegenstand vieler aktueller Untersuchungen.

Die Muller'schen Arbeiten wurden später an der Maus als Modellorganismus fortgesetzt. Die grundlegenden Arbeiten von Paula **Hertwig** (1935), Hildegard **Brennecke** (1937) und H. **Schäfer** (1939) an bestrahlten männlichen Mäusen zeigten, dass die Wurfgröße der Mäuse nach Verpaarung zunächst deutlich verkleinert ist und danach in eine vorübergehende sterile Phase übergeht. Da kein Effekt auf die Beweglichkeit der Spermien zu beobachten und die Zahl der befruchteten Eizellen unverändert war, musste man annehmen, dass die verminderte Wurfgröße auf den Tod der Embryonen nach der Befruchtung zurückzuführen war. In der Tat zeigten spätere Experimente, dass die Ursache dafür chromosomale Veränderungen waren, die durch die Bestrahlung an reifen Spermatozoen erzeugt wurden. In früheren Stadien der Spermatogenese werden überwiegend kleinere Deletionen erzeugt. Eine Übersicht über die verschiedenen Methoden zur Abschätzung des genetischen Risikos von Strahlung (aber auch von Chemikalien, ▶ Abschn. 10.4.3) in Mäusen gibt ◘ Abb. 10.21.

Strahlenbelastung des Menschen

Wir haben oben gesehen, dass ionisierende Strahlung zu Doppelstrangbrüchen führt, die zwar repariert werden können, aber nicht immer fehlerfrei. Diese Fehler führen dann auf cytogenetischer Ebene zu Chromosomenveränderungen und auf der Ebene betroffener Organe in der Regel zu Krebserkrankungen. Allerdings sind auch nichtcancerogene Effekte von ionisierender Strahlung bekannt, z. B. Trübungen der Augenlinsen und Verhaltensänderungen. Die Bestimmung von Chromosomenaberrationen in Lymphocyten des leicht zugänglichen peripheren Blutes kann daher auch zur Bestimmung der personenbezogenen Strahlendosis von Menschen verwendet werden. Im Gegensatz zu den physikalischen Verfahren, die die Strahlung an einem Ort bestimmen, wird dieses Verfahren als **biologische Dosimetrie** bezeichnet. Es kann eingesetzt werden, wenn der Verdacht besteht, dass eine Person einer erhöhten Strahlenbelastung ausgesetzt war.

Für die cytogenetischen Verfahren der biologischen Dosimetrie haben sich zwei Ansätze als besonders aussagekräftig und robust unter verschiedenen Laborbedingungen erwiesen: die Bestimmung der Zahl dizentrischer Chromosomen und von Translokationen, basierend auf der Technik der fluoreszierenden *in-situ*-Hybridisierung (FISH; ◘ Abb. 6.4). **Dizentrische Chromosomen** entstehen durch die Fusion von zwei Chromosomenfragmenten, die jeweils ein Centromer enthalten; dabei entsteht auch immer ein azentrisches Fragment durch die Fusion der beiden restlichen Fragmente. Da dizentrische Chromosomen aber bei Zellteilungen verloren gehen, eignet sich deren Bestimmung nur für eine Dosimetrie bei einer akuten (oder kurze Zeit zurückliegenden) Bestrahlung; wir können hier von einem Zeitraum von 0,5–3 Jahren ausgehen. Die Bestimmung **persistierender Translokationen** ist dagegen bei lange zurückliegenden bzw. chronischen Bestrahlungen die Methode der Wahl. In ◘ Abb. 10.22 ist dafür je ein Beispiel gezeigt (eine aktuelle Übersicht über die verschiedenen Methoden der retrospektiven Dosimetrie gibt der Aufsatz von Ainsbury et al. 2011). Man beachte jedoch, dass bei der Auswertung der Daten auch die Strahlenbelastung aus medizinischer Diagnostik miteinbezogen werden muss (insbesondere die Computertomographie). Die biologische Antwort ist aber nicht für jede Strahlenart gleich – Beispiele für die nicht immer linearen Dosis-Wirkungs-Beziehungen verschiedener Strahlenarten sind in ◘ Abb. 10.22c aufgeführt.

Mehrere Ereignisse haben uns die Wirkung von radioaktiver Strahlung in grausamer Weise vor Augen geführt: die Atombombenabwürfe auf Hiroshima und Nagasaki am Ende des 2. Weltkrieges (im August 1945) und der Unfall im Kernkraftwerk Tschernobyl (im April 1986 in der früheren Sowjetunion); der Störfall im amerikanischen Kernkraftwerk Harrisburg (1979) blieb dagegen weitgehend folgenlos. Die genetischen Auswirkungen der Katastrophe in Fukushima (2011) sind dagegen noch nicht absehbar (Ishikawa 2017).

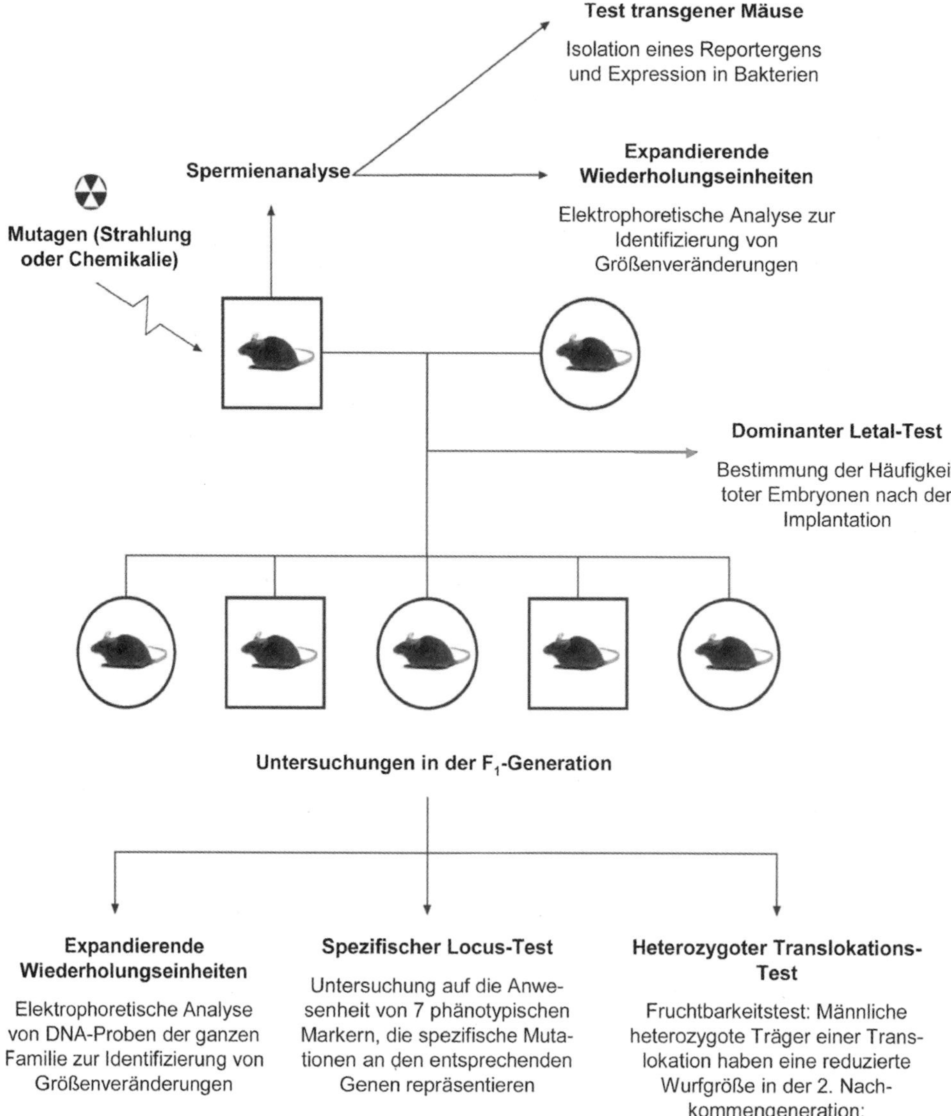

Abb. 10.21 Ansätze zur Erfassung von Keimbahnmutationen in der Maus. Die verschiedenen Methoden beinhalten die Analyse von Spermien exponierter Männchen (*Quadrate*), des Inhalts der Gebärmutter von unbehandelten Weibchen (*Kreise*), die mit behandelten Männchen verpaart waren, oder der ersten Generation von Nachkommen (F_1) aus Paarungen exponierter Männchen mit unbehandelten Weibchen. (Nach Singer et al. 2006, mit freundlicher Genehmigung)

10

Die Folgen der beiden Atombombenabwürfe wurden sehr intensiv untersucht. Neben den akuten Todesfällen wurde in den Folgejahren eine massive Zunahme an vielen Krebserkrankungen festgestellt. Dabei fällt auf, dass bei niedriger Dosisbelastung nicht immer eine Zunahme des zusätzlichen Krebsrisikos zu beobachten war (Abb. 10.23). Dies ist hier examplarisch für den Prostatakrebs gezeigt; auffällig ist auch das Fehlen jeglicher Dosisabhängigkeit des Gebärmutterhalskrebses. Hier wird der dominierende Einfluss der humanen Papillomviren (HPV) bei dieser Erkrankung deutlich (► Abschn. 13.4.1). Die dosisabhängige Zunahme der Krebserkrankungen bei den betroffenen Patienten ist auf eine Zunahme der Mutationen in den Körperzellen (somatische Zellen) zurückzuführen. Die Untersuchungen an etwa 50 % der **Nachkommen** überlebender Atombombenopfer zeigten auch nach über 50 Jahren keine signifikanten Unterschiede cytologisch messbarer chromosomaler Veränderungen (Übersicht in Verger 1997).

Die Belastung durch den radioaktiven Niederschlag nach dem Tschernobyl-Unfall war dagegen offensichtlich anders. Hier wurden vor allem ^{137}Cs, ^{90}Sr und ^{131}J, aber auch ^{239}Pu und ^{240}Pu freigesetzt. Die radioaktive Wolke breitete sich bis nach Skandinavien und Mitteleuropa aus; einen Überblick über die Verteilung des radioaktiven Niederschlags mit ^{137}Cs vermittelt Abb. 10.24a. Die Ablagerung von Radionukliden nach dem Unfall im Atomkraftwerk in Fukushima als Folge eines Erdbebens in Ostjapan und des folgenden Tsunamis blieb dagegen regional sehr begrenzt (Abb. 10.24b).

Bei einigen Arbeitern wurde nach dem Unfall in Fukushima die externe Strahlungsbelastung durch die Bestimmung der Zahl dizentrischer Chromosomen in Zellen des peripheren Blutes bestimmt. Dazu wurden

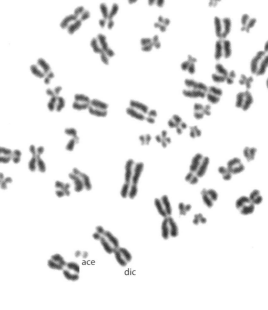

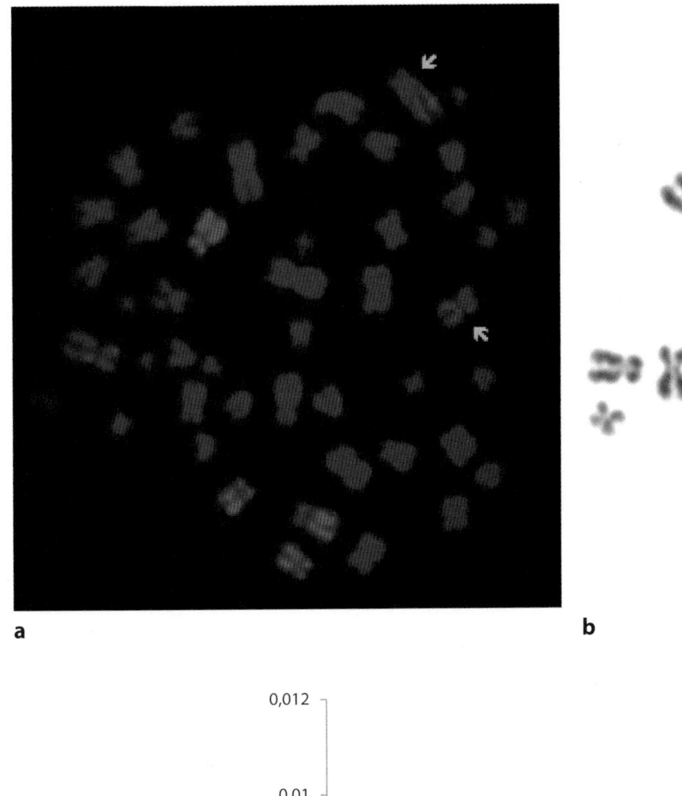

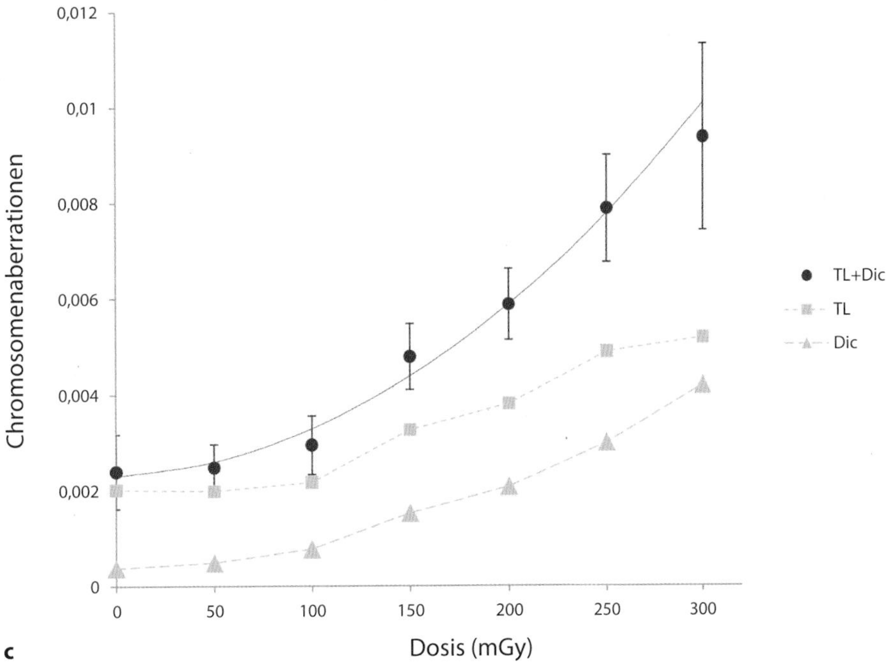

Abb. 10.22 Biologische Dosimetrie. **a** Die Chromosomen 2, 4 und 8 sind mit TexasRed (*rot*) farblich markiert (je zweimal vorhanden). Gleichzeitig werden alle anderen Chromosomen mit einem *blauen* Fluoreszenzfarbstoff (DAPI) gegengefärbt. Austausche zwischen markierten und gegengefärbten Chromosomen können als symmetrische Translokationen (*weiße Pfeile*) identifiziert werden; hier ist eine symmetrische Translokation unter Beteiligung von Chromosom 2 mit einem mit DAPI gefärbten Chromosom zu sehen. Die Chromosomenveränderung stammt aus den peripheren Lymphocyten einer weiblichen Person. Die Blutentnahme erfolgte mehrere Jahre nach einer vermuteten Inkorporation mit radioaktiven Nukliden. **b** Menschlicher Lymphocyt in Mitose aus dem peripheren Blut nach *in-vitro*-Bestrahlung mit Röntgenstrahlung (1,0 Gy). Zu sehen ist ein dizentrisches Chromosom (dic) und ein begleitendes azentrisches Fragment (ace). **c** Es ist die Ausbeute an Translokationen (TL) und dizentrischen Chromosomen (Dic) in Lymphocyten des peripheren Blutes bei Menschen in Abhängigkeit von der Strahlungsdosis (in mGy) dargestellt. (**a**, **b**: Fotos: Ursula Oestreicher, Bundesamt für Strahlenschutz, Oberschleißheim; **c** nach Suto et al. 2015, CC-by 4.0, ► http://creativecommons.org/licenses/by/4.0/)

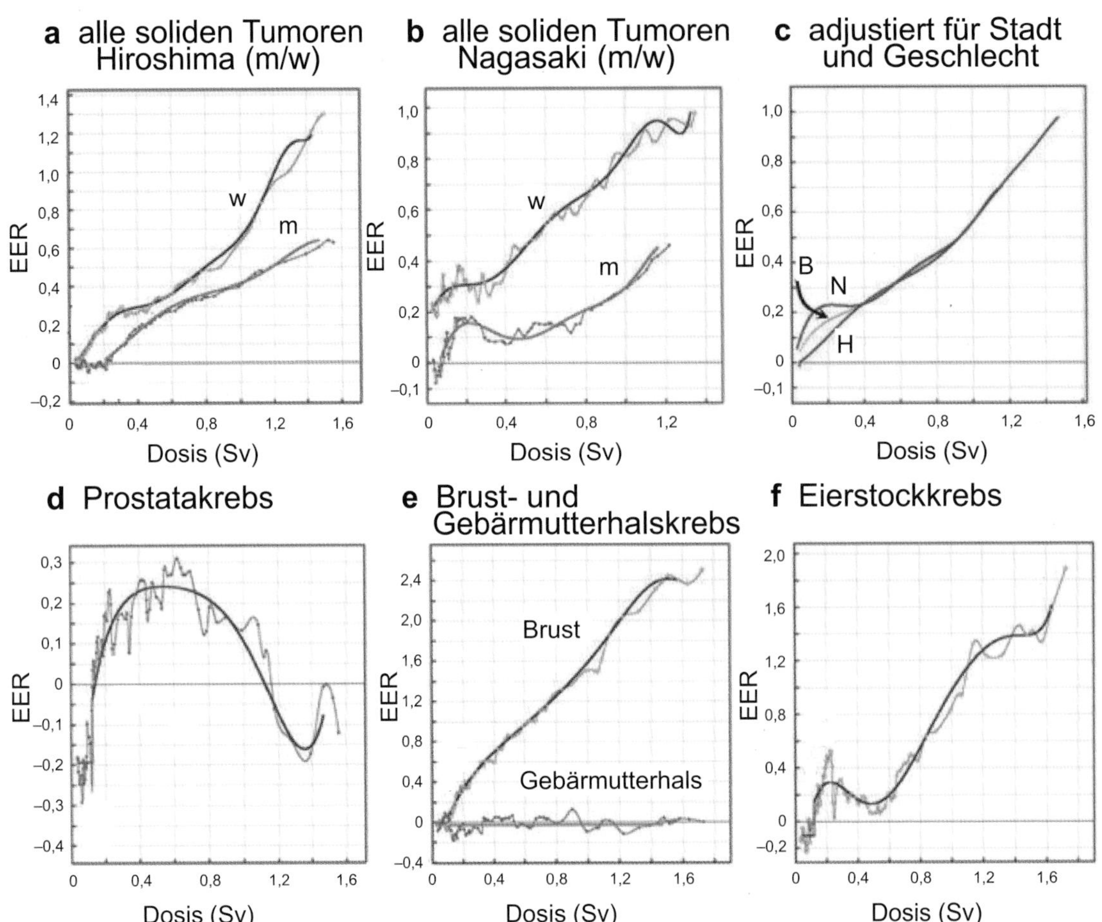

Abb. 10.23 Dosisabhängigkeit (in Sv) des zusätzlichen relativen Risikos (*excessive relative risk*, EER) für solide Tumoren bei den Überlebenden des Atombombenabwurfs auf Hiroshima (**a**) und Nagasaki (**b**), getrennt für männliche (m, *blau*) und weibliche (w, *rot*) Patienten. **c** Dosisabhängigkeit des zusätzlichen relativen Risikos für solide Tumoren adjustiert für das Geschlecht und für beide Städte (B; H: Hiroshima; N: Nagasaki). Der *schwarze Pfeil* deutet auf Unterschiede in den Daten der beiden Städte bei niedrigen Dosen hin. **d–f** Dosisabhängigkeit des zusätzlichen relativen Risikos für geschlechtsspezifische Krebserkrankungen – Prostatakrebs (**d**), Brust- und Gebärmutterhalskrebs (**e**) und Eierstockkrebs (**f**) – bei den Überlebenden des Atombombenabwurfs auf Hiroshima. *Blau* oder *hellrot*: Originalwerte; *rot*: angepasste Kurven. Die *graue* Nulllinie gibt das Risiko der allgemeinen Bevölkerung ohne Bestrahlung an. Es ist auffällig, dass Gebärmutterhalskrebs keinerlei Dosisabhängigkeit zeigt. (Nach Sasaki et al. 2014; CC-by 3.0, ► http://creativecommons.org/licenses/by/3.0)

ca. 1000 Metaphasen gezählt und die Zahl der dizentrischen (oder multizentrischen) Chromosomen bestimmt. Dabei ergaben sich Strahlenbelastungen für einzelne Arbeiter zwischen 26 und 171 mGy; für den niedrigsten Wert ergibt sich ein 95-%-Vertrauensbereich von 0–137 mGy und für den höchsten Wert ein Intervall zwischen 77 und 299 mGy. Diese Werte stimmen mit den entsprechenden physikalischen Dosimetern gut überein und demonstrieren die Leistungsfähigkeit dieser Methode unter standardisierten Bedingungen (Suto et al. 2013). Eine ausführliche Übersicht über die Belastung der Arbeiter und der Bevölkerung in Fukushima gibt der UNSCEAR-Report (2013).

Im Kerngebiet des Unfalls von Tschernobyl, im Dreiländereck von Russland, Weißrussland und der Ukraine, führte besonders die Belastung mit radioaktivem Jod in den auf den Unfall folgenden Jahren zu einer massiven Zunahme der Erkrankungen von Kindern und Jugendlichen an Schilddrüsenkrebs, wobei die Häufigkeit mit der aufgenommenen Schilddrüsendosis korreliert (Abb. 10.25a). Die nächsten Jahre werden zeigen, mit welchen weiteren Krankheitsbildern wir noch rechnen müssen. Das gilt in ähnlicher Weise auch für den Unfall in Fukushima; hier war aber die Belastung mit radioaktivem Jod deutlich geringer, sodass auch mit einer entsprechend deutlich geringeren Zahl von zukünftigen Schilddrüsenkrebserkrankungen gerechnet wird.

Unter histologischen Gesichtspunkten ist das papilläre Schilddrüsenkarzinom die häufigste Form einer Krebserkrankung der Schilddrüse. Das ist auch bei den Krebserkrankungen in der Region um Tschernobyl der Fall. Diese Erkrankungsform zeichnet sich dadurch aus, dass der Signalweg über die MAP-Kinase dauerhaft

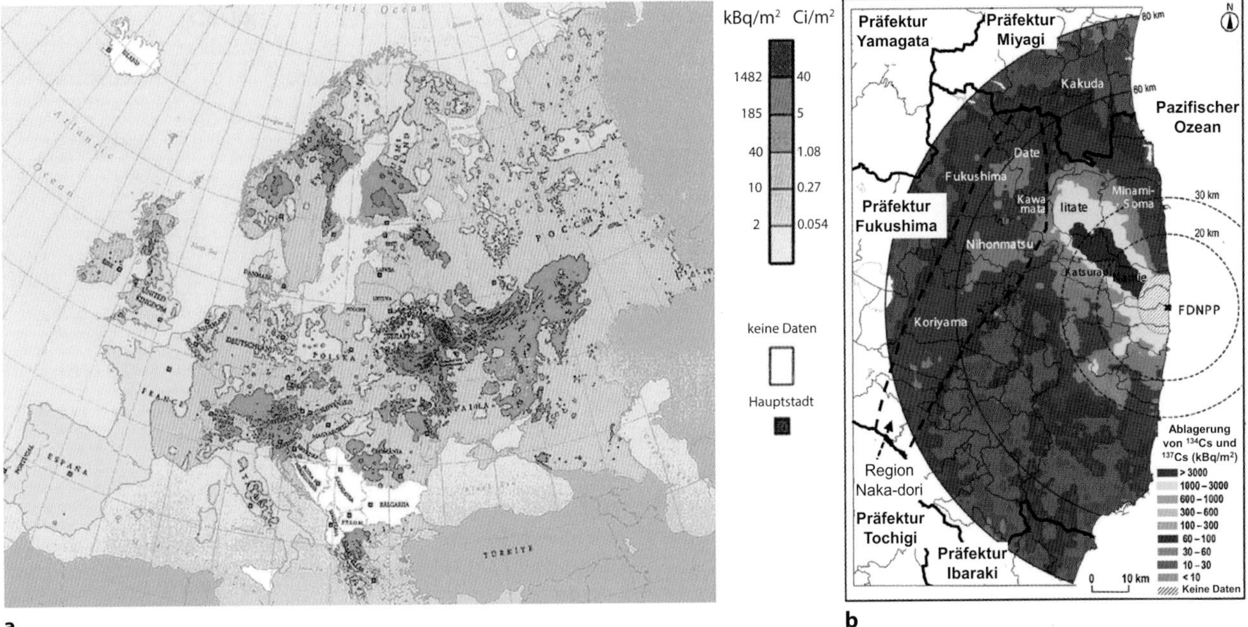

Abb. 10.24 Strahlenbelastung nach den Unfällen in den Atomkraftwerken in Tschernobyl und Fukushima. **a** Die Verteilung des radioaktiven Niederschlags in Europa nach dem Unfall in Tschernobyl ist am Beispiel des abgelagerten ^{137}Cs gezeigt. **b** Ablagerung von Cäsium nach dem Unfall in Fukushima (FDNPP); etwa die Hälfte davon ist ^{137}Cs. (**a** nach De Cort et al. 1998, mit freundlicher Genehmigung der Europäischen Kommission; **b** modifiziert nach Yoshida und Takahashi 2012, mit freundlicher Genehmigung)

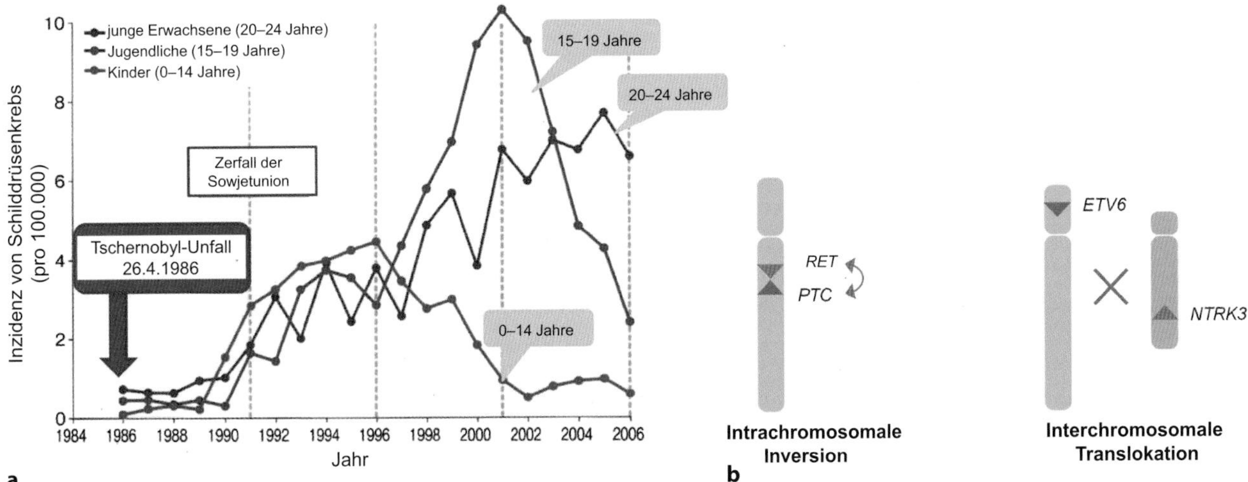

Abb. 10.25 **a** Schilddrüsenkrebs aufgrund der Strahlenbelastung nach dem Tschernobyl-Unfall. Es ist die Inzidenz der Schilddrüsenkrebserkrankungen pro 100.000 Einwohner in verschiedenen Altersgruppen angegeben (Alter zur Zeit der Diagnose). Die Spitze der Häufigkeit bei Kindern wurde etwa 1996 registriert, etwa 4 Fälle (pro 100.000). Ab dem Jahr 2000 erreichten die jüngsten Kinder das Alter der Jugendlichen – entsprechend nahm die Zahl der Erkrankungen bei Kindern ab, und die Zahl der erkrankten Jugendlichen (15–19 Jahre) stieg an. Entsprechend war in der Gruppe der jungen Erwachsenen (20–24 Jahre) eine Zunahme zu beobachten. **b** Schematische Darstellung chromosomaler Umorganisationen, die zu Schilddrüsenkrebs führen. *Links* ist eine intrachromosomale Inversion der *RET*/*PTC*-Gene auf dem Chromosom 10 gezeigt, die zur Fusion der Tyrosinkinase-Domäne des *RET*-Gens mit der N-terminalen Region des *PTC*-Gens führt. *Rechts* sehen wir eine Translokation zwischen dem *ETV6*-Gen auf dem kleinen Arm des Chromosoms 12 und dem *NTRK3*-Gen auf dem langen Arm des Chromosoms 15. Verursacht wird diese Translokation durch eine illegitime Rekombination zwischen den gebrochenen Chromosomen. *ETV6*: *ETS variant gene type 3*; *NTRK3*: *neurotrophic tyrosine kinase, receptor, type 3*; *PTC*: *papillary carcinoma of thyroid*; *RET*: *rearranged during transfection*. (**a** nach Miyakawa 2014, mit freundlicher Genehmigung; **b** nach Suzuki et al. 2019, CC-by 4.0, ► http://creativecommons.org/licenses/by/4.0/)

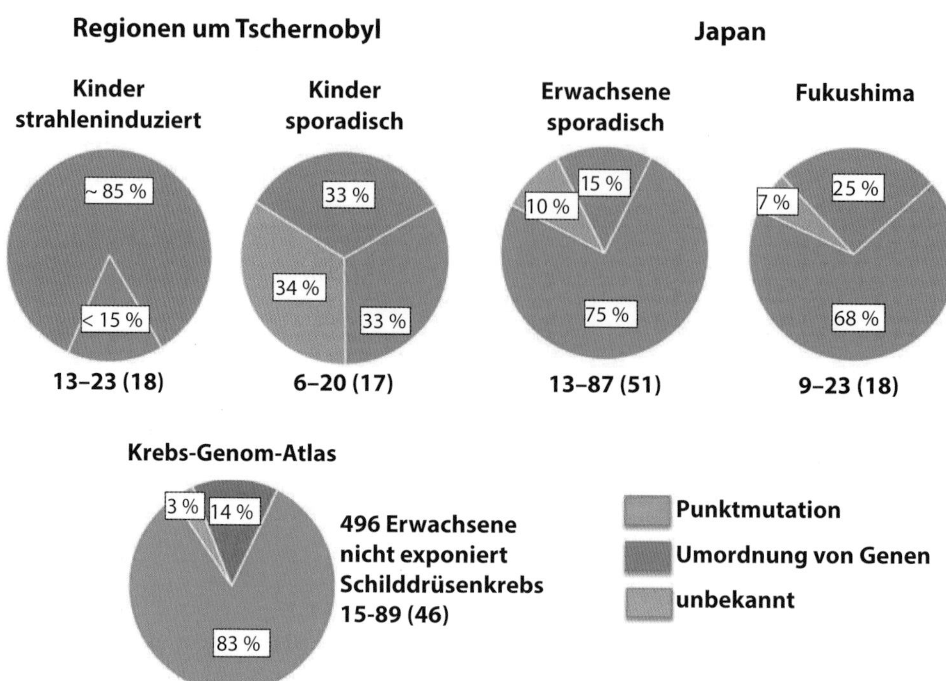

Abb. 10.26 Verteilung verschiedener Formen genetischer Veränderungen in papillären Schilddrüsenkarzinomen von Patienten aus den Regionen um Tschernobyl und Fukushima. Zum Vergleich dazu sind Daten aus dem Krebs-Genom-Atlas gezeigt. Die Daten geben die Altersspanne der Patienten an, in Klammern dahinter der gerundete Mittelwert. (Nach Yamashita et al. 2018, CC-by 4.0, ► http://creativecommons.org/licenses/by/4.0/)

10

eingeschaltet ist. Unter molekularen Gesichtspunkten sind dabei genetische **intrachromosomale Inversionen** der Gene der *RET*/*PTC*-Familie und **interchromosomale Translokationen** (Abb. 10.25b) besonders häufig sowie Punktmutationen in den Genen der *BRAF*- und *RAS*-Familien. In erwachsenen Patienten ohne besondere Strahlenexposition sind dagegen besonders Punktmutationen im *BRAF*-Gen häufig (solche genetischen Informationen sind im Krebs-Genom-Atlas zu finden; ► www.cancergenome.nih.gov). Aufgrund der Anreicherung von radioaktivem Jod in der Schilddrüse nach dem Tschernobyl-Unfall kam es im Genom der Schilddrüse natürlich verstärkt zu Doppelstrangbrüchen, die zwar repariert werden können (wie wir später im ► Abschn. 10.6 sehen werden), aber häufig eben auch mit Fehlern. Eine häufige Fehlerquelle ist offensichtlich eine Rekombination zwischen dem *RET*-Gen und dem *CCD6*-Gen innerhalb einer Schlaufenregion von ca. 16 Mb. Wenn wir nun die genetischen Signaturen von Patienten mit Schilddrüsenkrebserkrankungen von Tschernobyl mit denen aus Fukushima vergleichen, so stellen wir fest, dass letztere der Kontrollpopulation aus dem Krebs-Genom-Atlas ähnlicher sind und dass sich die Tschernobyl-Patienten davon deutlich unterscheiden (Abb. 10.26). Dies ist natürlich nur ein sehr grobes Raster, und wir dürfen auch nicht vergessen, dass der kurze zeitliche Abstand zu dem Fukushima-Unfall noch keine vollständigen Vergleiche zulässt (beachte dazu die Zeitachsen in Abb. 10.25).

Die Daten über die genetischen Signaturen zeigen – wie viele biologische Daten – eine gewisse Streuung und geben nur Durchschnittswerte und Wahrscheinlichkeiten an. Für den Einzelnen lassen sich damit nur sehr oberflächliche Aussagen treffen, denn auch die Anfälligkeit für bestimmte Erkrankungen hängt von vielen Faktoren ab, und ein solcher Faktor ist auch die individuelle genetische Ausstattung. Wir werden das im Zusammenhang mit komplexen Erkrankungen des Menschen im Detail besprechen (► Abschn. 13.4), hier wollen wir uns aber kurz mit der Frage der individuellen Strahlenempfindlichkeit beschäftigen. Wir haben schon mehrfach betont, dass ionisierende Strahlung zu Doppelstrangbrüchen in der DNA führt, die dann repariert werden müssen. Dazu stehen der Zelle mehrere Mechanismen zur Verfügung (► Abschn. 10.6). Mutationen in den Genen, die diese Reparaturmechanismen steuern, führen aber verständlicherweise zu einer höheren Strahlenempfindlichkeit – ausgedrückt in einer höheren Zahl von nicht-reparierten DNA-Brüchen. Abb. 10.27 gibt dazu einen Hinweis.

> Mithilfe der „biologischen Dosimetrie" lassen sich schon nach wenigen Stunden durch die Bestimmung dizentrischer Chromosomen im peripheren Blut exponierter Personen verlässliche Dosisabschätzungen bei einer externen Strahlenbelastung erhalten. Genetische Prädispositionen führen zu individuellen Unterschieden in der Strahlenempfindlichkeit.

10.4.3 Chemische Mutagenese

Nukleotidveränderungen können durch eine große Zahl chemischer Agenzien induziert werden, wobei eine Reihe unterschiedlicher chemischer Mechanismen eine Rolle

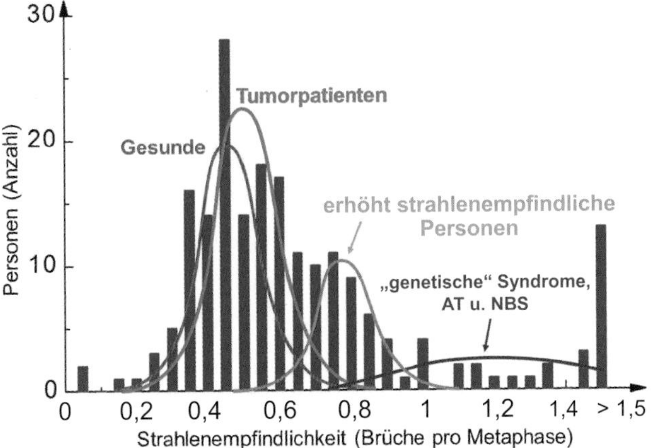

Abb. 10.27 Unterschiede in der individuellen Strahlenempfindlichkeit bei 202 Personen. Die Strahlenempfindlichkeit wird in Lymphocyten gemessen, die aus dem Blut isoliert wurden und mit einer Dosis von 2 Gy bestrahlt wurden. Nach 48 h werden Chromosomenveränderungen nach der Zellteilung (in der Metaphase) bestimmt und die zu ihrer Entstehung notwendige Mindestzahl der Brüche berechnet: Chromosomenfragmente benötigen zu ihrer Entstehung nur einen Bruch; reziproke Translokationen, dizentrische Chromosomen und Ringchromosomen benötigen zwei Brüche. Tumorpatienten haben eine leicht erhöhte Strahlenempfindlichkeit, und Patienten, die an Ataxia Telangiectasia (Gen: *Ataxia telangiectasia mutated*; Gensymbol: *ATM*) oder am Nijmegen-Bruch-Syndrom (Gensymbol: *NBS*) leiden, habe eine sehr stark erhöhte Strahlenempfindlichkeit. Dazwischen gibt es eine ganze Reihe von strahlenempfindlichen Personen, ohne dass wir derzeit den Grund dafür angeben können. (Bild: Luitpold V. Distel, Erlangen)

spielen. Solche chemisch induzierten Mutationen hatten eine große Bedeutung für die Aufklärung des genetischen Codes und haben damit wesentliche Beiträge zur Aufklärung der molekularen Grundlagen der Vererbung und Genfunktion geliefert und liefern sie auch heute noch. In zunehmendem Maße gewinnen sie heute eine praktische Bedeutung durch die weite Verbreitung mutagener Substanzen in unserer Umwelt, vor allem in unserer Nahrung. Die mutagenen Effekte solcher Substanzen übertreffen in ihrem Ausmaß gegenwärtig wahrscheinlich bei Weitem die der energiereichen Strahlung. Hierbei darf nicht unerwähnt bleiben, dass chemische Mutagene auch in normalen, d. h. natürlichen Nahrungsmitteln enthalten sind, ohne dass sie – etwa zur Stabilisierung, Färbung oder aus Geschmacksgründen – absichtlich hinzugefügt wurden oder unbeabsichtigt aus der Verpackung in Nahrungsmittel gelangen. Sie sind entweder natürliche Bestandteile der Nahrungsstoffe oder entstehen durch Stoffwechselprozesse im Körper. Zu solchen Nahrungsbestandteilen können z. B. Glykoside gehören. Diese können sich, nach Abspaltung des Zuckers (die im Darm bakteriell erfolgt) in reaktive und damit mutagene Verbindungen verwandeln. Solche Stoffwechselprozesse können z. B. zur Entstehung von Darmkrebs führen.

Nach der Art ihres Wirkungsmechanismus unterscheiden wir als chemische Mutagene die folgenden Gruppen mutagener Agenzien (Tab. 10.4):

- **Basenanaloga;**
- **basenmodifizierende Agenzien**, die sich grob unterteilen lassen in
  - alkylierende Agenzien,
  - depurinierende Agenzien,
  - desaminierende Agenzien,
  - hydroxylierende Agenzien u. a.;
- **interkalierende Agenzien;**
- **vernetzende Agenzien.**

Die Wirkungsweise chemischer Mutagene unterscheidet sich nicht nur von der vorher besprochenen strahleninduzierten Mutagenese, sondern jede Gruppe von Chemikalien hat auch ihr eigenes Wirkungsspektrum. Innerhalb der einzelnen Gruppen sind natürlich auch noch Unterschiede zu beachten, so z. B. in Bezug auf die Reaktionsgeschwindigkeit oder die Basenspezifität innerhalb der Gruppe der alkylierenden Agenzien. Allerdings kommt es auch immer auf den betrachteten Endpunkt an. So ist Ethylnitrosoharnstoff (engl. *ethylnitrosourea*, ENU; Abb. 10.28b) ein relativ schwaches Mutagen, wenn man seine Wirkung auf die Häufigkeit der Induktion von Schwesterchromatid-Austauschen betrachtet (Abb. 10.37). Allerdings hat es sich als besonders wirksam bei der Erzeugung von Punktmutationen in Keimzellen erwiesen. Es wurde daher lange Zeit in der experimentellen Mutationsforschung bei *Drosophila*, Pflanzen und Mäusen gerne eingesetzt, um eine große Zahl an Nachkommen mit erblichen Defekten zu erhalten (siehe dazu z. B. Hrabé de Angelis et al. 2000). Die Belastung mit chemischen Mutagenen ist für den Menschen von ähnlicher Bedeutung wie die Belastung mit Strahlung. Daher wurde auch die kombinierte Wirkung dieser beiden Klassen mutagener Agenzien untersucht. Dabei zeigte sich, dass in vielen Fällen eine überadditive Wirkung auftritt, wenn man es mit der jeweiligen individuellen Wirkung unter den entsprechenden Testbedingungen vergleicht (z. B. bei der Kombination von Röntgenstrahlen und alkylierenden Agenzien auf die Ausbildung einer Leukämie; UNSCEAR 2000).

❀ Aufgrund vieler experimenteller Hinweise wurde im Rahmen des 1981 erlassenen Chemikaliengesetzes vorgeschrieben, dass alle Chemikalien, die neu auf den Markt kommen, auch auf ihre mutagene Wirkung getestet werden müssen; für Stoffe, die schon länger am Markt waren, wurde diese Überprüfung nachträglich durchgeführt (dies geschah natürlich nicht in einem deutschen Alleingang, sondern war innerhalb der OECD und der EU eng abgestimmt; andere Staaten haben daher ähnliche Gesetze). Im ▶ Abschn. 10.5.1 werden einige Testsysteme dazu vorgestellt.

■ Tab. 10.4 Mutagene und ihre Wirkung

	Trivialname	Chemische Bezeichnung	Wirkung, Besonderheiten
Alkylierende Agenzien	Senfgas	Di-(2-chlorethyl)sulfid	Transitionen u. a.
	EMS	Ethylmethansulfonat	Ethylierung von Basen, aktiviert fehlerhafte Reparatur
	EES	Ethylethansulfonat	Ethylierung von Basen, aktiviert fehlerhafte Reparatur
	ENU	Ethylnitrosoharnstoff	Ethylierung von Basen, aktiviert fehlerhafte Reparatur
	MNNG	N-Methyl-N′-nitro-N-nitrosoguanidin	Desaminierung, besonders wirksam während der Replikation
Basenanaloga	5-BU	5-Bromuracil	Transitionen durch Tautomerie
	5-BrdU	5-Bromdesoxyuridin	Transitionen durch Tautomerie
	2-AP	2-Aminopurin	Transitionen durch Tautomerie
Acridinfarbstoffe	Proflavin	2,9-Diaminoacridin	Leserasterverschiebungen durch Interkalation
	Acridinorange	Dimethyl-2,8-diaminoacridin	Leserasterverschiebungen durch Interkalation
Desaminierende Verbindungen		Schweflige Säure (H_2SO_3)	Oxidative Desaminierung von A, G und C, ergibt Transitionen
		Salpetrige Säure (HNO_2)	Oxidative Desaminierung von A, G und C, ergibt Transitionen
Andere	HA	Hydroxylamin	GC→AT-Transitionen durch Hydroxylierung der NH_2-Gruppe von C
	Benzo(a)pyren	3,4-Benzpyren (reaktive Verbindung: 7,8-Diol-9,10-oxid)	Entstehung reaktiver Diol-Epoxid-Radikale im Stoffwechsel
	VC	Vinylchlorid	Indirekt durch Stoffwechselzwischenprodukte
	Aflatoxin B1	Aflatoxin B1	Indirekt durch Stoffwechselzwischenprodukte

10

Basenveränderungen können sich spontan aufgrund der chemischen Eigenschaften von Nukleinsäurekomponenten ereignen oder durch verschiedene Formen von Strahlung und durch chemische Einflüsse von außen induziert werden.

Basenverluste

Der Verlust von Basen kann spontan oder durch chemische Agenzien erfolgen. Er wird durch die AP-Endonuklease (engl. *apurinic acid endonuclease*) erkannt, die die Phosphodiesterbindung neben der fehlenden Base löst und damit für die DNA-Polymerase I ein freies 3′-Ende zur DNA-Neusynthese vorbereitet. Nach Einbau einer begrenzten Anzahl von Nukleotiden wird der reparierte DNA-Einzelstrang durch eine Ligase geschlossen. Normalerweise sollte hier also aufgrund des gewöhnlichen DNA-Synthesemechanismus automatisch das richtige Nukleotid eingebaut werden und keine Mutation resultieren. Ein Basenverlust kann jedoch auch durch Desaminierung eines Cytosins erfolgen, da die N-glykosidische Bindung dieser Base weniger stabil ist als die der übrigen Basen und insbesondere bei höheren Temperaturen destabilisiert wird. Wie wir bereits gesehen haben (■ Abb. 10.12a), wird hier eine Basensubstitution von GC nach AT induziert.

Basensubstitutionen durch Tautomerie und Basenanaloga

Obwohl die tautomeren Formen der Basen sehr instabil sind und daher selten vorkommen, können sie gelegentlich während der Replikation zu Basenaustauschen führen. So kann beispielsweise die Iminoform des Adenins mit Cytosin Wasserstoffbrücken ausbilden und damit zum Fehleinbau eines Nukleotids führen (■ Abb. 10.12b,c und 10.28a). Eine größere Rolle bei Mutationen spielen jedoch tautomere Formen von Basenanaloga, also Verbindungen, die anstelle einer bestimmten normalen Base in die DNA eingefügt werden können. Es handelt sich hierbei um geringfügig modifizierte Formen von Basen, die eine stärkere Tendenz zur Ausbildung ihrer tautomeren Formen besitzen als die normalen Basen. Experimentell häufig verwendete Basenanaloga sind:

- **5-Bromuracil** (5-BU) oder **5-Bromdesoxyuridin** (5-BrdU), die in ihrer stabileren Ketoform mit Adenin paaren, in der instabileren Enolform mit Guanin (■ Abb. 10.28a).

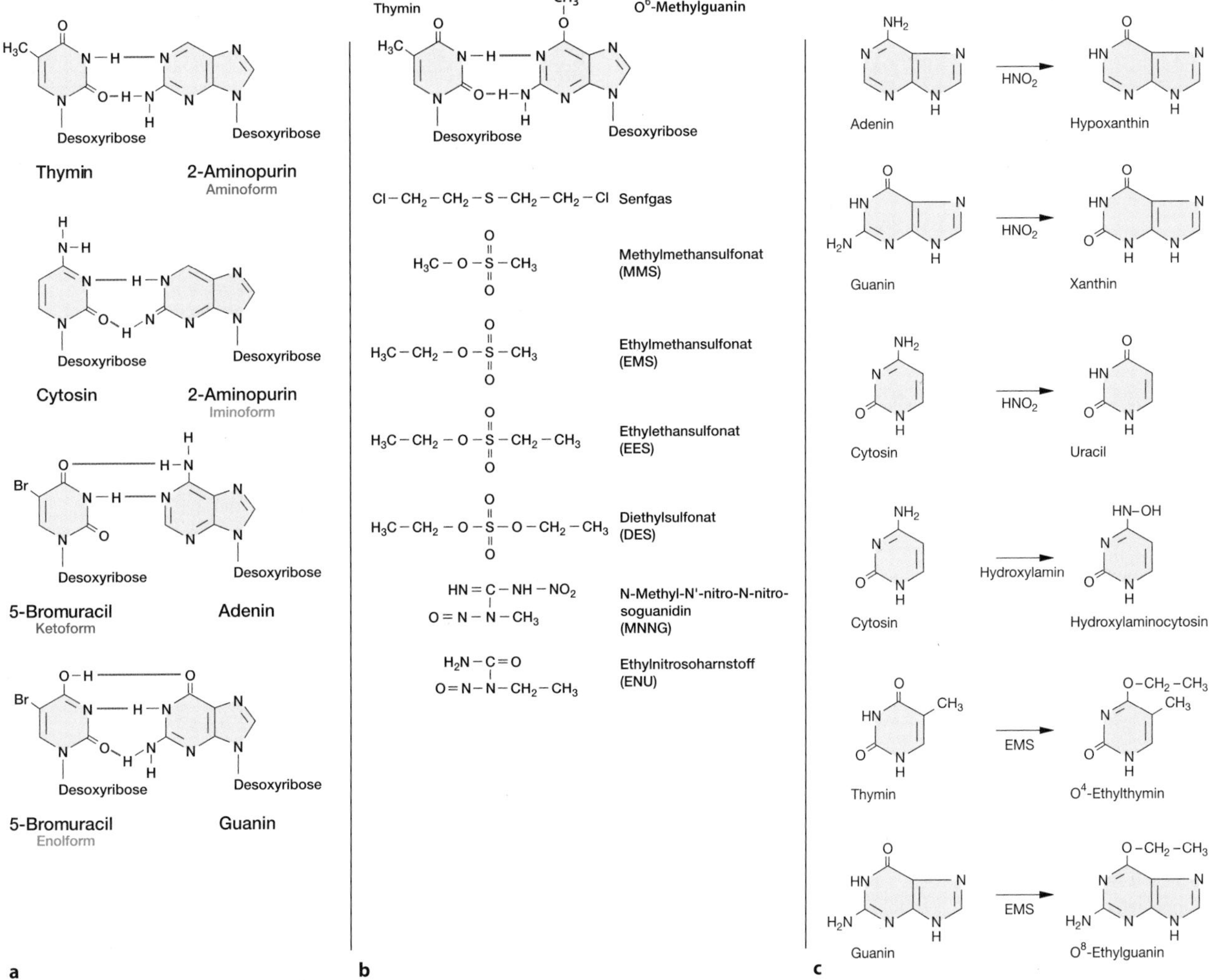

Abb. 10.28 Chemische Mutagene. **a** Basenpaarungen mit Basenanaloga. Die selteneren tautomeren Formen der Basenanaloga bilden sich mit größerer Häufigkeit als die der normalen Basen. **b** Mutagene Wirkung alkylierender Agenzien. Das an der Position O^6 alkylierte Guanin kann nicht mehr drei, sondern nur noch zwei Wasserstoffbrücken ausbilden (*rote Striche*). Es paart daher bei der Replikation nicht mehr mit Cytosin, sondern mit Thymin unter Ausbildung von zwei Wasserstoffbrücken. Bei der nächsten Replikationsrunde wird die Mutation dann dadurch fixiert, dass das Thymin sich wie üblich mit einem Adenin paart – aus einem G/C-Paar wird dann ein A/T-Paar. *Darunter:* einige wichtige alkylierende Verbindungen. **c** Die Wirkung verschiedener Mutagene (vgl. Tab. 10.4)

- **2-Aminopurin** (2-AP), das in seiner stabilen Aminoform mit Thymin paart, in der instabileren Iminoform mit Cytosin (Abb. 10.28a).

Die Ausbildung der seltenen tautomeren Basen (Imino- bzw. Enolformen der Basen) in der DNA oder die Substitution von Basen durch Basenanaloga (z. B. 2-Aminopurin oder 5-Bromuracil) führt zu Veränderungen von Basenpaaren im Zusammenhang mit der Replikation.

Die Wirkung alkylierender Agenzien

Das erste bekannte chemische Mutagen, **Senfgas** (engl. *mustard gas*; chemische Bezeichnung: Bis(2-chlorethyl) sulfid oder 2,2′-Dichlordiethylsulfid), wurde während des 2. Weltkrieges von Charlotte **Auerbach** in Edinburgh unter militärischer Geheimhaltung untersucht. Die Ergebnisse wurden nach Kriegsende veröffentlicht (eine Zusammenfassung findet sich bei Auerbach 1978). Alkylierende Agenzien gehören zu den effektivsten mutagenen Verbindungen. Agenzien wie Ethylmethansulfonat (engl. *ethylmethane sulfonate*, EMS) und Ethylnitrosoharnstoff (engl. *ethylnitrosourea*, ENU) werden daher, und aufgrund ihres **großen Wirkungsspektrums**, in der experimentellen Mutagenese bevorzugt verwendet (Abb. 10.28b). Sie können, wie alle übrigen basenmodifizierenden Verbindungen, die DNA auch ohne Replikation verändern, da sie vorhandene Basen in der DNA modifizieren. Angriffspunkte für die Alkylierung sind – neben den an der Wasserstoffbrückenbildung beteiligten Molekülpositionen – insbesondere der N^7 des Guanins und der N^3 des Adenins. Alkylierung dieser Positionen destabilisiert die N-glykosidischen

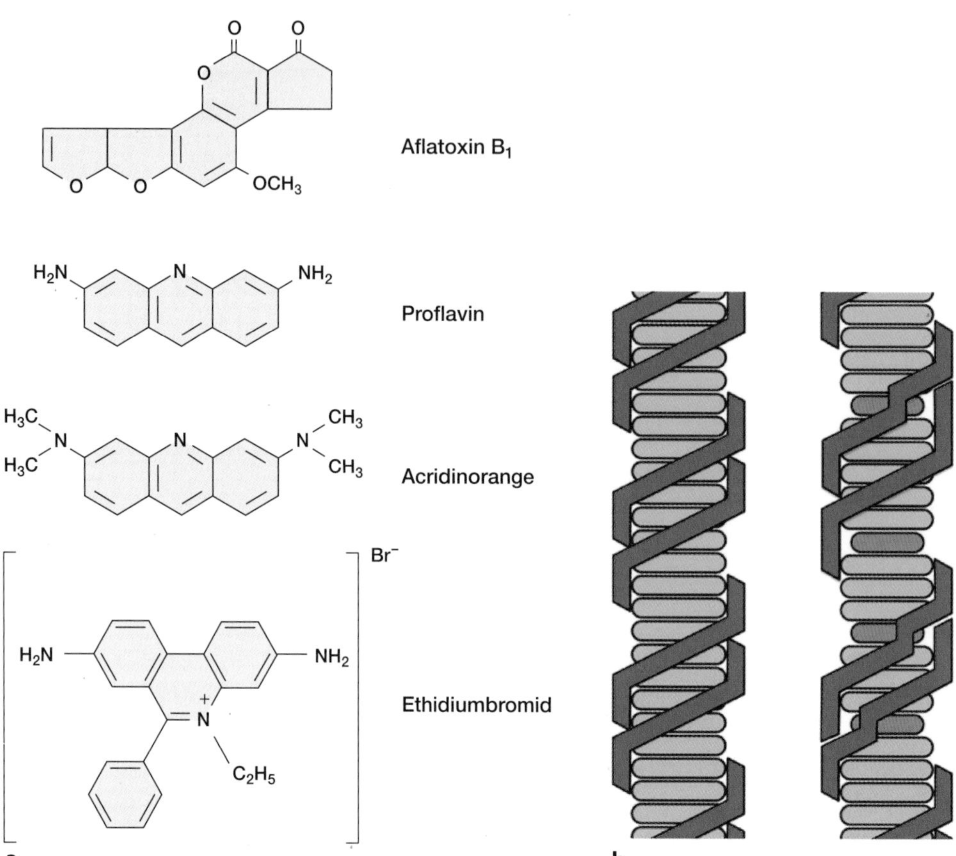

Abb. 10.29 Interkalation. **a** Interkalierende Verbindungen. Die flachen Ringe schieben sich zwischen die Basenpaare in der DNA-Doppelhelix und verursachen dadurch Deformationen der Doppelhelix. Hierdurch kommt es zu Replikationsfehlern, insbesondere zu Leserahmenverschiebungen. **b** Modell der Interkalation durch Acridinorange. *Links* ist schematisch ein ungestörtes DNA-Molekül zu sehen: Die Basenpaare (*hellblau*) sind in der Mitte angeordnet und das Zucker-Phosphat-Gerüst (*dunkelblau*) außen. *Rechts*: Aufgrund der flachen Molekülstruktur kann sich Acridinorange (*orange*) zwischen die gestapelten Basenpaare (*hellblau*) schieben. Dabei wird das Zucker-Phosphat-Gerüst überdreht (*gezackt*). Dadurch kann es während der Transkription und Replikation zu Störungen kommen (Einbau bzw. Verlust von Nukleotiden). (**b** nach Kuzminov 2019, mit freundlicher Genehmigung)

Bindungen der betreffenden Basen und führen daher zu **Depurinierung** mit ihren bereits besprochenen Konsequenzen.

Eine weitere besonders anfällige Stelle ist die O^6-Position des Guanosins (Abb. 10.28b), die leicht methyliert wird und dadurch O^6-Methylguanosin bildet. Diese modifizierte Base paart während der folgenden Replikationen häufig mit Thymin statt mit Cytosin. In *E. coli* dient eine O^6-Methylguanosin-Methyltransferase als Schutzmechanimus gegen diese Methylierung. Dieses Enzym wird vom *ada*-Gen codiert und kann bei Methylierungen des Zucker-Phosphat-Rückgrats die Methylgruppen aus der DNA entfernen. Das *ada*-Gen vermittelt der Zelle einen etwas ungewöhnlichen Adaptationsmechanismus (engl. *adaptive response*): Zellen, die man unter Zusatz einer niedrigen Dosis eines methylierenden Agens (z. B. Nitrosoguanidin, Abb. 10.28b) kultiviert hat, sind gegen methylierende Verbindungen resistenter, was auf einer stark erhöhten zellulären Konzentration des von *ada* codierten Enzyms beruht.

Vergleichbare Mechanismen der Entfernung von Methylgruppen durch Methyltransferasen wurden auch bei Eukaryoten gefunden. **DNA-Reparatur-Methyltransferasen** sind als Enzyme etwas ungewöhnlich, weil sie durch die Übernahme der Methylgruppe von der DNA inaktiviert werden, also keine wiederholbare katalytische Aktivität besitzen. Man bezeichnet sie auch als Selbstmord-Enzyme (engl. *suicide enzymes*). Andere alkylierte Basen werden mithilfe von Glykosylasen aus der DNA entfernt.

Durch Alkylierungen wird auch das Gleichgewicht der tautomeren Formen der Basen in Richtung der selteneren tautomeren Formen verschoben. Solche Basenmodifikationen führen zu:

- Basenpaarsubstitutionen während der Replikation;
- Fehlern in der RNA-Synthese mit allen Konsequenzen falscher Codons für die Proteinsynthese;
- Crosslinking innerhalb der DNA oder der DNA mit Proteinen;

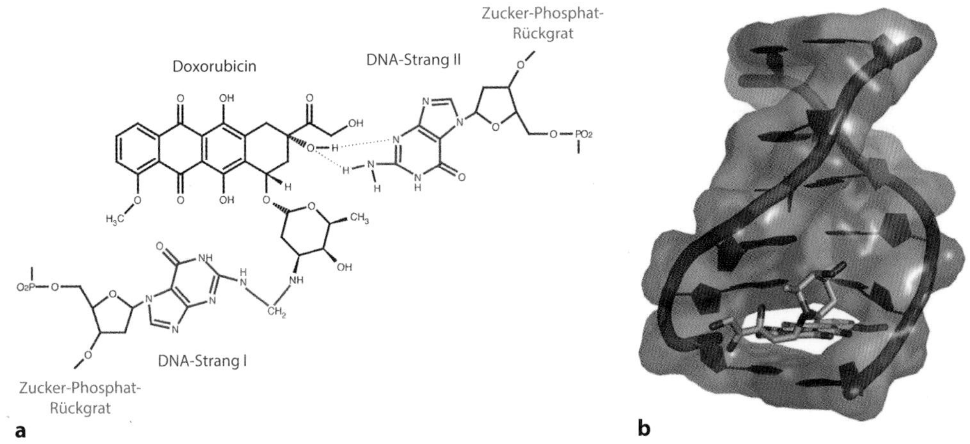

Zucker-Phosphat-Rückgrat
Doxorubicin
DNA-Strang II
DNA-Strang I
Zucker-Phosphat-Rückgrat
a
b

Abb. 10.30 Doxorubicin. **a** Das Anthracyclin Doxorubicin (und seine Derivate) kann DNA nach Interkalieren vernetzen. Doxorubicin ist hier in *Schwarz* dargestellt, die kovalente Bindung über eine Methylengruppe zum Guanin des einen DNA-Strangs in *Rot* und die komplementären DNA-Stränge in *Grün*. **b** Doxorubicin interkaliert in die DNA und drückt die beiden DNA-Stränge auseinander; das Doxorubicin-Molekül bindet in der kleinen Furche der DNA. (**a** nach Cutts et al. 2005; **b** nach Yang et al. 2014, beide mit freundlicher Genehmigung)

- DNA-Brüchen und als Folge davon Chromosomenaberrationen.

Alkylierung von Nukleinsäuren führt zu Depurinierung von Nukleotiden, Fehlpaarungen methylierter Basen, zu Verschiebungen im Gleichgewicht tautomerer Formen oder zur Vernetzung. Folgen davon sind Fehlpaarungen von Basen während der Replikation, Hemmung der Replikation, Fehler bei der RNA-Synthese und Chromosomenaberrationen.

Die Wirkung desaminierender und hydroxylierender Verbindungen

Wie der Name bereits anzeigt, werden durch desaminierende Verbindungen die Aminogruppen der Basen Adenin, Guanin und Cytosin abgespalten, sodass Hypoxanthin, Xanthin oder Uracil entstehen. Hypoxanthin paart mit Cytosin, sodass hierdurch eine Basenpaarsubstitution von AT nach GC erfolgt. Xanthin paart unverändert – wenn auch mit einer Wasserstoffbrückenbindung weniger – mit Cytosin, sodass eine Desaminierung von Guanosin ohne Folgen bleibt, während die Substitution von Cytosin zu Uracil und schließlich (durch Exzisionsreparatur) zu Thymin führt. Die wichtigste desaminierende Verbindung ist **salpetrige Säure** (HNO_2; Tab. 10.4, Abb. 10.28c).

Hydroxylamin (HA) induziert, wahrscheinlich durch Hydroxylierung der Aminogruppe des Cytosins, während der Replikation eine Paarung von Cytosin mit Adenin, sodass es zu einer Substitution von GC-Basenpaaren durch AT-Basenpaare kommt. Man bezeichnet solche Veränderungen von einer Purinbase in die andere (A in G oder G in A) oder von einer Pyrimidinbase in eine andere als **Transitionen**, während der Austausch von Purinbasen gegen Pyrimidinbasen (oder umgekehrt) **Transversionen** sind (Abb. 10.1).

Desaminierende und hydroxylierende Agenzien induzieren Basenveränderungen.

Die Wirkung interkalierender Verbindungen

Interkalierende Verbindungen haben ihren Namen daher erhalten, dass sie sich zwischen die Basen der DNA-Doppelhelix einfügen (Tab. 10.4 und Abb. 10.29). Es handelt sich meist um **polyzyklische Verbindungen** wie Acridinfarbstoffe (z. B. 2,8-Diaminoacridin = Proflavin oder Acridinorange), die sich aufgrund ihrer flachen Konformation zwischen die Basenpaare einschieben können. Sie erzeugen daher eine lokale Deformation der Doppelhelix, die zu Replikationsfehlern führt. Als Folge hiervon kann es zu Deletionen oder zum zusätzlichen Einbau von Basenpaaren kommen. Interkalierende Verbindungen können daher gezielt zur Erzeugung von Veränderungen des Leserasters (engl. *frameshift mutations*) eingesetzt werden.

Vernetzung

Verschiedene chemische Verbindungen können kovalente Bindungen mit den Basen einer DNA-Doppelhelix eingehen. Eine für experimentelle Vernetzung (engl. *cross-linking*; der Begriff wird auch im Deutschen häufig so verwendet) gebrauchte Verbindung ist Psoralen, das zunächst in der DNA interkaliert und dann unter Lichteinfluss (360 nm) sowohl mit einzelnen als auch mit zwei Basen kovalente Bindungen eingehen kann. Sind zwei Basen komplementärer DNA-Stränge eine Bindung mit einem Psoralenmolekül eingegangen, so wird die Replikation und Transkription der Doppelhelix unterbunden. Auch einige Antibiotika, wie Mitomycin C, verursachen solche Vernetzungen innerhalb der DNA. In der Krebstherapie sind jedoch die Anthracycline als Cytostatika von besonderer Bedeutung. Sie bestehen aus einem aromatischen Grundgerüst mit vier Ringen, das Anthrachi-

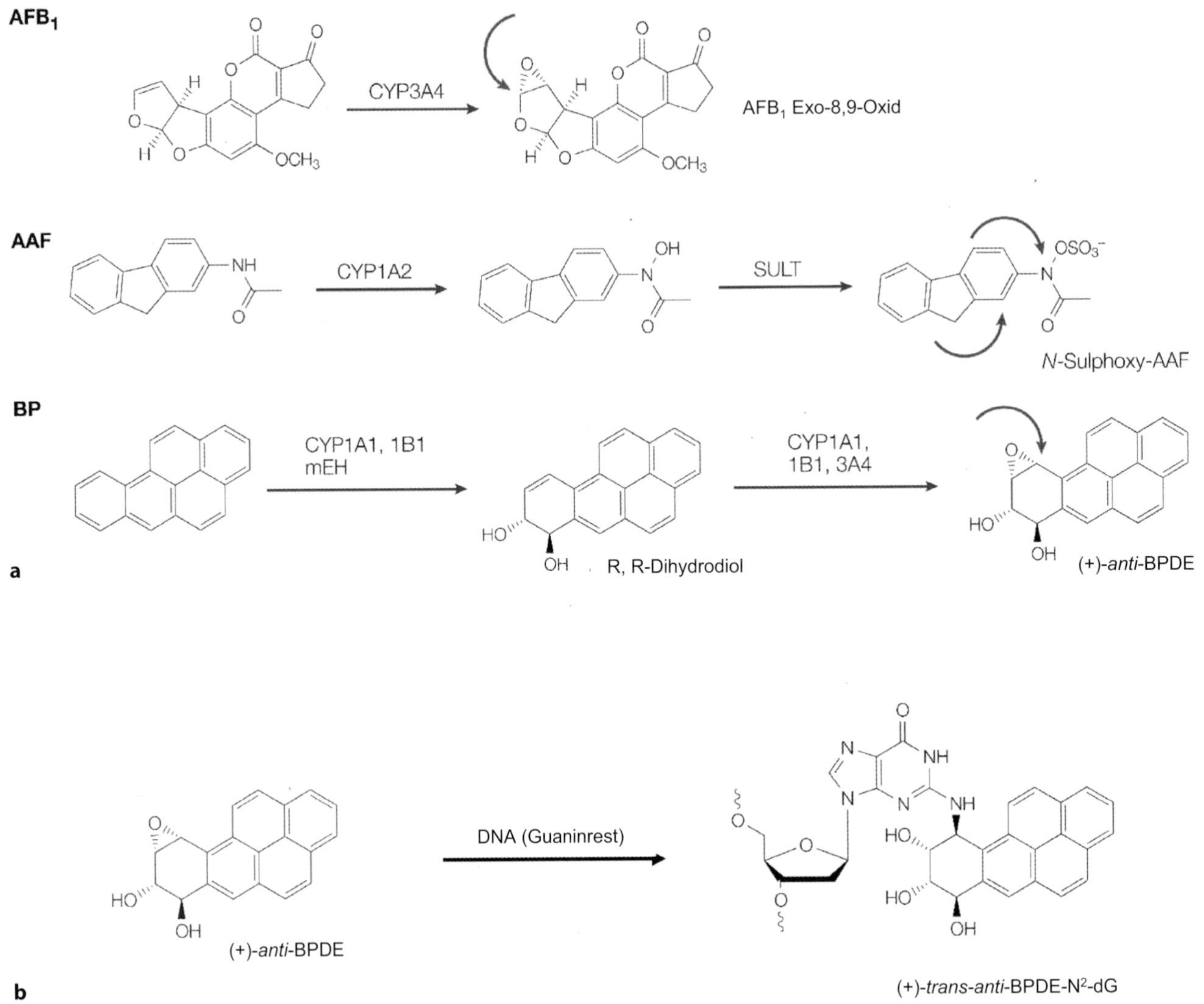

Abb. 10.31 Mutagene Wirkung von Benzolderivaten. **a** Die Aktivierung von Aflatoxin B_1 (AFB_1), 2-Acetylaminofluoren (AAF) und Benz[a]pyren (BP) benötigt die Aktivität der Cytochrom-P450-abhängigen Monooxygenasen (CYPs). Die an sich inerten Moleküle werden dadurch zunächst oxidiert und hydroxyliert und somit löslich. CYP3A4 aktiviert AFB_1 an der 8,9-Doppelbindung, wodurch das Exo-8,9-oxid entsteht. AAF wird durch CYP1A2 in das N-Hydroxy-AAF umgewandelt, was durch eine Sulfotransferase-Reaktion (SULT) schließlich in die genotoxische Form, das N-Sulphoxy-AAF, überführt wird. BP wird zunächst durch CYP1A1 oder CYP1B1 in das 7,8-Epoxid umgewandelt (nicht dargestellt). In der weiteren Umsetzung zu Benzpyren-7,8-diol-9,10-epoxid (BPDE) wird es stark reaktiv. **b** Von den verschiedenen stereoisomeren Formen hat das (+)-*anti*-BPDE das größte genotoxische Potenzial. Mit Guaninresten der DNA kann es eine kovalente Bindung eingehen. Diese Komplexe führen zur Deformation der Doppelhelix, die Reparaturmechanismen (▶ Abschn. 10.6) in Gang setzen, aber dabei zu G→T-Transversionen führen. Die *roten Pfeile* zeigen auf die Stellen, an denen der nukleophile Angriff durch die DNA erfolgen kann. (Nach Luch 2005, mit freundlicher Genehmigung)

non als Chromophor enthält. Ein Beispiel, **Doxorubicin**, ist in ◻ Abb. 10.30 gezeigt. Doxorubicin wird schnell in den Zellkern aufgenommen und bindet zunächst durch Interkalation an die DNA, und zwar bevorzugt an GC-Basenpaare. In weiteren Schritten bildet Doxorubicin dann kovalente Bindungen mit der DNA aus, sodass ein Öffnen der Stränge, wie es für die Replikation und Transkription notwendig ist, nicht mehr stattfinden kann. Auf diese Weise werden bevorzugt Krebszellen geschädigt.

Sowohl pro- als auch eukaryotische Zellen können Vernetzungen durch ihre Reparaturmechanismen entfernen. Hierbei sind jedoch oft eine direkte Exzision der betroffenen Basen und eine anschließende DNA-Neusynthese durch DNA-Polymerase nicht möglich, da das komplementäre Nukleotid aufgrund der Vernetzung nicht als Template dienen kann. In einem solchem Fall werden zur Reparatur der Nukleotid-Exzisionsmechanismus (NER) oder der Rekombinations-Reparaturmechanismus aktiviert (▶ Abschn. 10.6). An beiden Mechanismen ist bei Bakterien eine spezielle DNA-Polymerase beteiligt; bei *E. coli* ist es die DNA-Polymerase II (Gensymbol: *polB*).

Andere Mutagene

Es gibt eine große Anzahl anderer chemischer Mutagene, deren Wirkungsmechanismen oft nicht bekannt sind bzw. auf unterschiedlichen Wegen ablaufen können. Überraschenderweise gehören dazu auch viele **organische Verbindungen**, von denen man eine mutagene Wirkung wegen ihrer relativen chemischen Inaktivität und ihrer geringen Wasserlöslichkeit zunächst gar nicht erwarten würde. Solche Verbindungen entstehen unter anderem bei der Verbrennung organischen Materials (◘ Abb. 10.31).

❀ Ein Beispiel für ein solches Mutagen mit hoher krebserzeugender (cancerogener) Wirkung ist das **Benzpyren** (◘ Abb. 10.31), unter anderem ein Bestandteil des Zigarettenrauches. Als polyzyklischer aromatischer Kohlenwasserstoff ist seine chemische Reaktivität nicht sehr hoch. Im Organismus werden derartige inerte Kohlenwasserstoffe jedoch zu wasserlöslichen Verbindungen umgesetzt, die dann ausgeschieden werden können. Bei solchen Umsetzungen werden häufig Zwischenprodukte gebildet, die eine hohe mutagene Wirkung ausüben können. So werden Oxidationsprodukte geformt (z. B. stark reaktive Diol-Epoxid-Derivate), die dann mit der Aminogruppe des Guanins reagieren können.

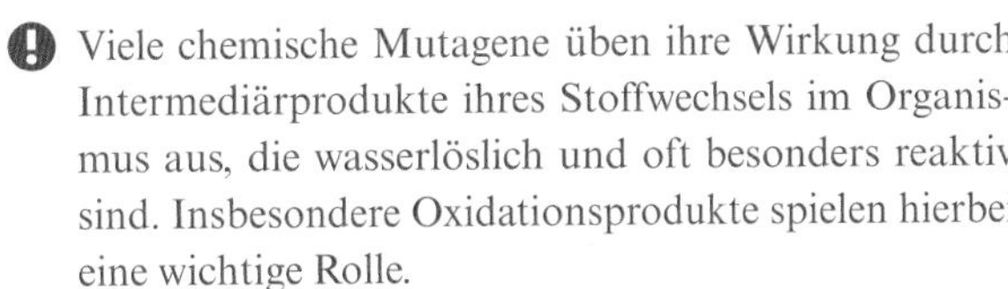

! Viele chemische Mutagene üben ihre Wirkung durch Intermediärprodukte ihres Stoffwechsels im Organismus aus, die wasserlöslich und oft besonders reaktiv sind. Insbesondere Oxidationsprodukte spielen hierbei eine wichtige Rolle.

10.5 Mutagenität und Mutationsraten

Wir haben in den vorhergehenden Abschnitten viel über die verschiedenen Mechanismen erfahren, die zu Mutationsereignissen führen. Die Frage ist aber, wie häufig sie stattfinden und zu welchen Ergebnissen sie bei den Nachkommen führen. Bevor wir uns aber den **Mutationsraten** (also die Häufigkeit, mit der Mutationen pro Generation auftreten) im Detail widmen, sei darauf hingewiesen, dass die beobachteten Mutationsraten das Ergebnis zweier gegenläufiger Prozesse ist: den Mutationen auf der einen Seite und den Reparaturprozessen auf der anderen. Die Reparaturprozesse werden wir im nächsten Abschnitt besprechen (▶ Abschn. 10.6).

Wenn wir die Mutationsraten betrachten, ist dabei nicht eine einzelne Mutation in einem einzigen Individuum (einer Bakterie, einer Hefe, einer Pflanze oder einem Tier) im Fokus, sondern wir betrachten immer große Gruppen (Populationen); in der Genetik hat sich zu diesem Thema eine eigene Subdisziplin entwickelt, die Populationsgene-

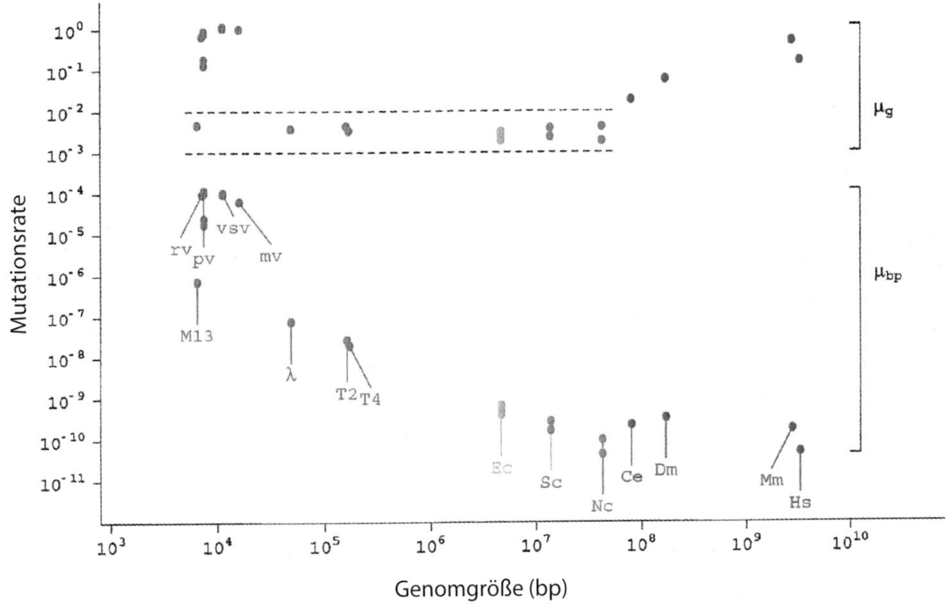

◘ **Abb. 10.32** Abschätzung von Mutationsraten pro Genom (μ_g, *obere* Bildhälfte) und pro Basenpaar (μ_{bp}, *untere* Bildhälfte), dargestellt in Abhängigkeit von der Genomgröße (logarithmische Skala). Wenn von einem Organismus mehrere unabhängige Angaben vorhanden sind, sind die Einzelpunkte dargestellt. Es sind keine Fehlerbalken angegeben – man muss aber annehmen, dass sie groß sind. RNA-Viren sind *rosa*: rv: Rhinovirus; pv: Poliovirus; vsv: vesikuläres Stomatitisvirus; mv: Masernvirus. Bakteriophagen sind *rot* dargestellt (M13, T2, T4 und λ). *Saccharomyces cerevisiae* (Sc) und *Neurospora crassa* sind *grün* und höhere Eukaryoten *blau*: Ce: *Caenorhabditis elegans*; DM: *Drosophila melanogaster*; Mm: *Mus musculus*; Hs: *Homo sapiens*. Die *gestrichelten Linien* deuten einen möglichen Bereich konservierter Mutationsraten für Mikroorganismen an. (Nach Sniegowski et al. 2000, mit freundlicher Genehmigung)

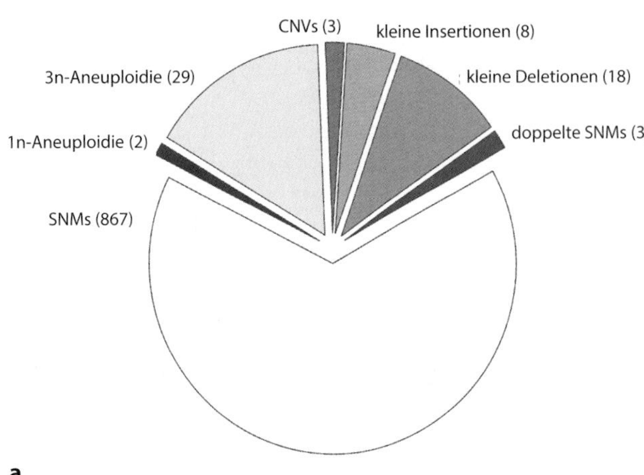

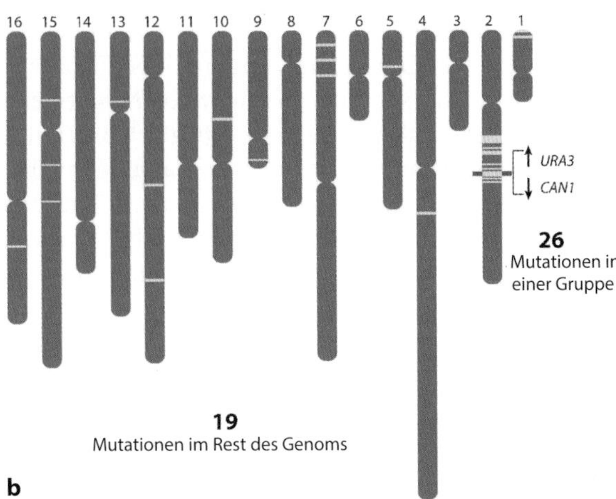

Abb. 10.33 Mutationsspektren in Hefe. **a** Zusammenfassung von knapp 1000 akkumulierten Spontanmutationen in *Saccharomyces cerevisiae* nach etwa 311.000 Generationen in ungefähr 145 Linien. Die Zahlen in Klammern geben die Anzahl der beobachteten Ereignisse in jeder Mutationsklasse an. CNV: Kopienzahlvariationen (engl. *copy number variation*); SNM: Basenaustausche (engl. *single nucleotide mutation*). 1n-Aneuploidie: Verlust eines Chromosoms; 3n-Aneuploidie: ein zusätzliches Chromosom. **b** Anhäufungen von Mutationen in proliferierenden Hefezellen nach chronischer Exposition mit Methylmethansulfonat (MMS). Durch Sequenzierung des ganzen Genoms zeigte sich eine Anhäufung von 26 Mutationen auf dem Chromosom 2 innerhalb von etwa 200 kb; dieser Bereich (*rot*) schließt auch die beiden Reportergene *URA3* (engl. *uracil requiring 3*) und *CAN1* (engl. *canavanine resistance*) ein. Im Rest des Genoms wurden nur 19 Mutationen entdeckt (*gelbe Striche*). (**a** nach Zhu et al. 2014; **b** nach Chan und Gordenin 2015; beide mit freundlicher Genehmigung)

tik (▶ Abschn. 11.5). Wenn wir uns nun die Mutationsraten verschiedener Organismen anschauen (▣ Abb. 10.32), fällt auf, dass sie genomweit über eine breite Spanne fast konstant erscheint, und zwar in der Größenordnung von 10^{-2} bis 10^{-3}. Viren haben dabei eine wesentliche höhere Mutationsrate, denn durch die größere Variabilität haben sie im Kampf gegen die Abwehrmechanismen ihrer Wirtszellen einen evolutionären Vorteil.

Betrachten wir nun die Mutationsraten in den verschiedenen Organismen, dann ist die nächste Frage nach dem **Mutationsspektrum**: Welche Arten von Mutationen tragen in welchem Umfang zu dem Gesamtergebnis bei? Die Antwort auf diese Frage ist im Prinzip ähnlich schwierig wie bei den Mutationsraten selbst, denn wir können ja nur die Mutationen erkennen, die nicht zum Absterben des jeweiligen Organismus führen. Wir werden deswegen auch im Weiteren verschiedene Verfahren zur Testung auf Mutationen kennenlernen (▶ Abschn. 10.5.1). Trotzdem sollen an dieser Stelle Ergebnisse von Hefeexperimenten vorgestellt werden, die Hinweise darauf geben, wie häufig die unterschiedlichen Mutationsereignisse sind. In ▣ Abb. 10.33a sieht man, dass die überwiegende Zahl von Mutationen durch Basenaustausche hervorgerufen wird; Veränderungen der Zahl der Chromosomensätze (Aneuploidien) und kleinere Insertionen und Deletionen (häufig auch als „Indels" bezeichnet) sind dagegen deutlich seltener.

Eine der häufigen Annahmen in den früheren Zeiten der Genetik war, dass Mutationen zufällig sind und sich entsprechend auch gleichmäßig über das Genom verteilen. Viele Mutagenese-Experimente der Vergangenheit haben aber gezeigt, dass die Annahme in dieser Allgemeingültigkeit nicht zutrifft. Immer wieder wurde davon berichtet, dass Mutationen an bestimmten Abschnitten im Genom bevorzugt auftreten. In ▣ Abb. 10.33b ist ein

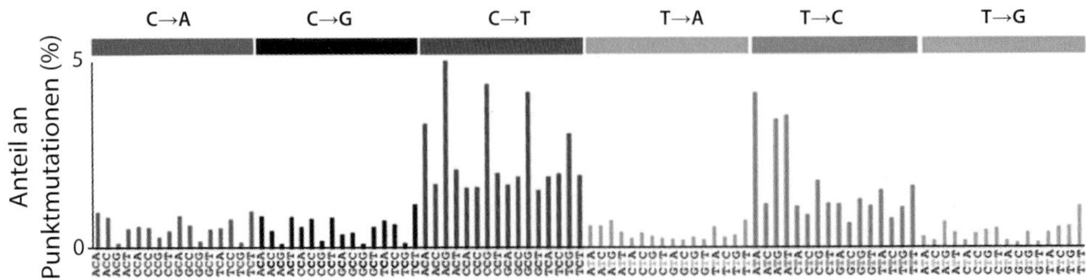

Abb. 10.34 Hochauflösendes Mutationsspektrum von *de-novo*-Punktmutationen in der menschlichen Keimbahn. Jede der sechs möglichen Punktmutationen ist auf der Basis der 3′- und 5′-flankierenden Nukleotide in 16 Unterklassen aufgeteilt. Man beobachtet, dass C:G→T:A- und T:A→C:G-Transitionen die häufigeren Mutationen sind. Innerhalb dieser Kategorien sind CpG-Mutationen besonders häufig. (Nach Rahbari et al. 2016, mit freundlicher Genehmigung)

solches Beispiel gezeigt: Bei proliferierenden Hefezellen treten nach einer Dauerbehandlung mit Methylmethansulfonat von insgesamt 45 beobachteten Mutationen 26 in einem kurzen Abschnitt von etwa 200 kb auf. Die Analyse der Ursache solcher *hotspots* für Mutationen ist schwierig und in ihrem Ergebnis nicht immer befriedigend – hier diskutieren die Autoren eine Anhäufung von einzelsträngiger DNA (Chan und Gordenin 2015).

Eine andere Möglichkeit liegt in der Anhäufung bestimmter Sequenzelemente. So wissen wir schon lange, dass die CpG-Inseln in vielen Promotoren (▶ Abschn. 7.3.1) eine höhere Mutationsrate aufweisen als andere Basenkombinationen. Durch die modernen Methoden der Hochdurchsatzsequenzierung (engl. *next generation sequencing*; Technikbox 7) ist es möglich geworden, ganze Genome in (relativ) kurzer Zeit sehr präzise zu sequenzieren. Dabei zeigt sich, dass in der menschlichen Keimbahn Transitionen (C↔T, A↔G) wesentlich häufiger sind als Transversionen (A↔C, A↔T, G↔C, G↔T; ◘ Abb. 10.34). Offensichtlich können aber auch benachbarte Basen einen verstärkenden Einfluss auf die Mutationsereignisse haben. Obwohl *de-novo*-Punktmutationen mit dem Alter der Väter zunehmen, ist dieses Muster unabhängig vom Alter und Geschlecht der Eltern.

10.5.1 Mutagenitätstests

Eine wichtige Aufgabe der angewandten Genetik ist es, die Mutagenität chemischer Verbindungen zu testen. Man hat hierfür eine Reihe von Testmöglichkeiten entwickelt, die ein abgestuftes Verfahren ermöglichen und bakterielle Testsysteme, Zellkulturen und verschiedene Tierversuche einschließen. Diese gestuften Verfahren ermöglichen eine gute Abschätzung der Eigenschaften von Verbindungen, die möglicherweise mutagen sind.

Ames-Test

Der gegenwärtig wichtigste mikrobiologische Test ist der **Ames-Test**, der durch Bruce **Ames** 1973 eingeführt wurde (◘ Abb. 10.35; Ames et al. 1973). Man verwendet dabei mehrere genetisch verschiedene Stämme von *Salmonella thyphimurium*. Diese besitzen:

- unterschiedliche Mutationen im *his*-Gen (Histidin-Gen) und sind zugleich durch eine *uvrB*-Mutation in ihrem Reparatursystem (▶ Abschn. 10.6) defekt und daher besonders empfindlich gegen Mutagene;
- zusätzliche erbliche Defekte in der Zellwand der Bakterien, die diese besonders permeabel für Chemikalien machen, und
- ein Plasmid, das die mutagene Wirkung durch Plasmid-Gene verstärkt, die dem *umu*-Gensystem verwandte Funktionen ausüben (▶ Abschn. 10.6.6).

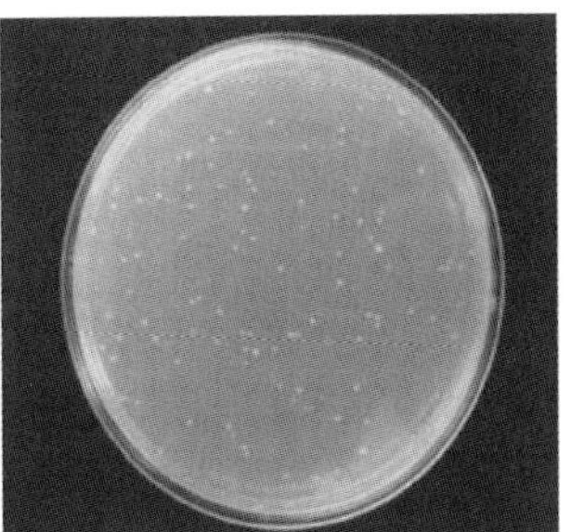
Kontrolle

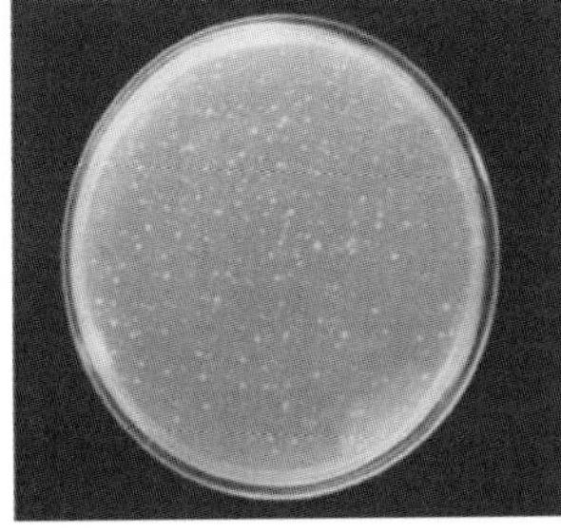
Dosis 1

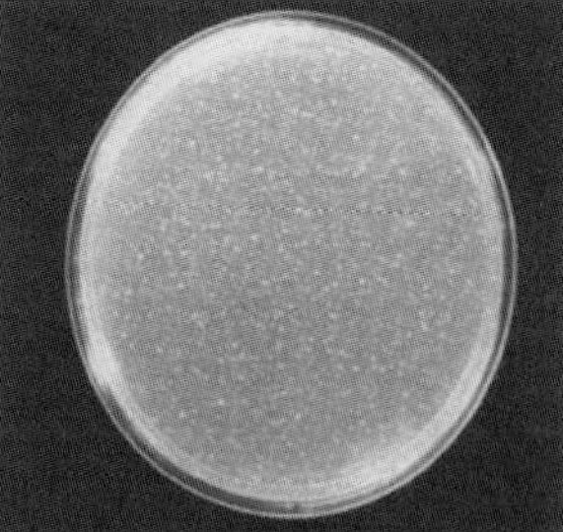
Dosis 2

◘ **Abb. 10.35** Ames-Test. Verschiedene Histidinmangelmutanten von *Salmonella typhimurium* werden mit einer Spur Histidin auf einem Glucose-Minimalmedium angezüchtet; nur die Zellen, die zur Histidin-Unabhängigkeit revertieren (His^+), können Kolonien bilden. Die ursprüngliche geringe Menge an Histidin erlaubt den Zellen einige wenige Teilungen, in denen eine Mutation auftreten und fixiert werden kann. Die His^+-Revertanten können als Kolonien gegenüber einem leichten Hintergrundwachstum leicht gezählt werden. Die Kontrolle zeigt die spontane Mutationsrate an. Wenn ein Mutagen zur Platte dazugegeben wird, erhöht sich die Zahl der Revertanten pro Platte; üblicherweise ist diese Zunahme dosisabhängig. Die Verwendung unterschiedlicher Histidinmutanten gestattet die Analyse der Art der mutagenen Wirkung (Basenpaarsubstitutionen oder Leserasterverschiebungen, vgl. ◘ Tab. 10.1). (Nach Mortelmans und Zeiger 2000, mit freundlicher Genehmigung)

Der Test beruht auf einer Suche nach Revertanten von einer *his*$^-$-Konstitution zur *his*$^+$-Konstitution der Zellen. Da in verschiedenen *Salmonella*-Stämmen unterschiedliche *his*-Mutationen verfügbar sind, die entweder Basensubstitutionen oder Leserastermutationen innerhalb der Protein-codierenden Region des *his*-Gens besitzen, kann man unterschiedliche Arten der mutagenen Wirkung erfassen. Hierzu plattiert man die Bakterienzellen auf Agarplatten mit einem niedrigen Titer von Histidin zusammen mit einer Mikrosomenfraktion aus Rattenleber aus, um ein limitiertes (auxotrophes) Wachstum und die Replikation der Zellen zu ermöglichen. Viele Mutagene werden erst in der Replikation wirksam, wie wir zuvor gesehen haben. Die Mikrosomenfraktion entsteht bei der Zellfraktionierung aus Membranfragmenten des endoplasmatischen Reticulums, die sich zu Vesikeln zusammenschließen. Sie enthalten Enzyme (z. B. Oxidasen), die imstande sind, potenzielle Mutagene umzusetzen. Dadurch ist es möglich, zugleich auch die mutagene Wir-

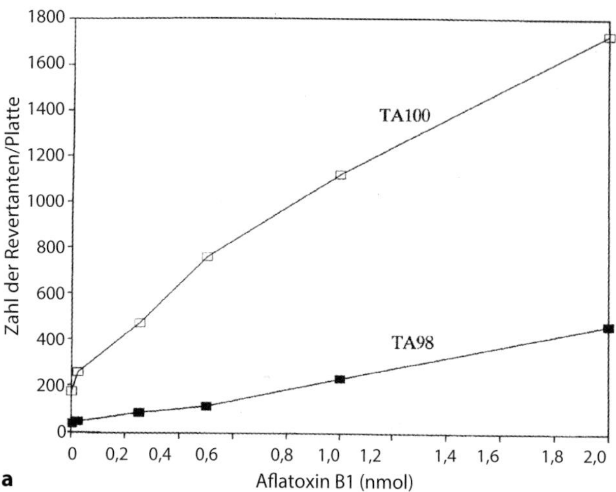

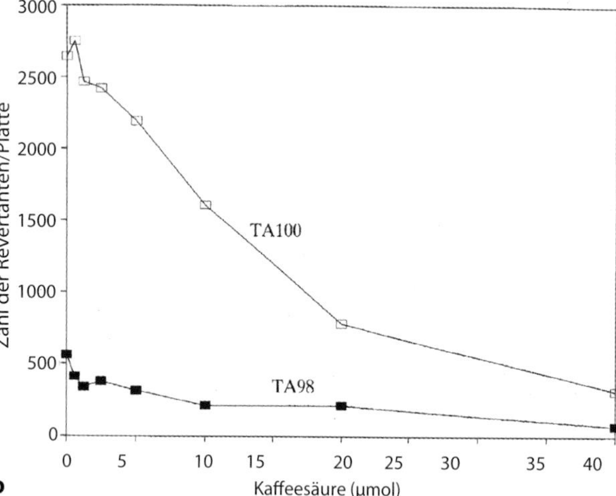

Abb. 10.36 Mutagene Wirkungen im Ames-Test. Zwei *Salmonella*-Histidinmangelmutanten (TA98, TA100) wurden in der in Abb. 10.35 beschriebenen Weise getestet. Reversionen im Stamm TA98 beruhen auf Leserastermutationen, wohingegen Reversionen im Stamm TA100 durch Basenpaarsubstitutionen hervorgerufen werden. **a** Aflatoxin B1 erweist sich im Ames-Test als starkes Mutagen, das vor allem Basensubstitutionen induziert. Hiervon unterscheidet sich seine Wirkung zur Induktion von Leserastermutationen im Stamm TA98, die nur vergleichsweise gering ist. **b** Kaffeesäure (3,4-Dihydroxyzimtsäure) zeigt im Ames-Test unter Verwendung des Teststamms TA100 eine deutliche, dosisabhängige antimutagene Antwort. Im Stamm TA98 ist dieser Effekt nicht so deutlich ausgeprägt. (Nach Karekar et al. 2000, mit freundlicher Genehmigung)

kung von zumindest einigen der Stoffwechselprodukte der getesteten Verbindung zu erfassen. Man bestimmt anschließend die Anzahl von Revertanten zu *his*$^{+}$ (also zu prototrophem Wachstum) auf normalen Agarplatten ohne Zusatz im Vergleich zu solchen, denen die Testverbindung zugefügt wird.

Umfangreiche Daten lassen heute erkennen, dass man größenordnungsmäßig etwa 80–90 % der krebserregenden Verbindungen mithilfe dieses Tests als mutagen identifizieren kann (Abb. 10.36). Ein ebenso hoher Prozentsatz nicht-karzinogener Verbindungen weist keine mutagenen Wirkungen in diesem Test auf. Damit hat dieser relativ billige und einfach durchzuführende Test eine Schlüsselrolle als **Mutagenitäts- und Karzinogenitätstest** erlangt. Durch den Einschluss von Säugerzellbestandteilen in Form der Lebermikrosomenfraktion schließt das Testsystem eine säugerspezifische Komponente ein. Die hohe Sensitivität des Tests wird deutlich, wenn man sich vor Augen hält, dass man mit ihm bereits nachweisen kann, dass Kondensate des Rauches von 1/100 einer Zigarette deutliche mutagene Effekte anzeigen.

> Der Ames-Test ist ein wichtiges bakterielles Testsystem zur ersten Abschätzung einer möglichen mutagenen Wirkung von chemischen Verbindungen.

Schwesterchromatid-Austausch

Für manche Mutagene ist jedoch die direkte Verwendung von Säugerzellkulturen als Testsystem wichtig, bevor man auf direkte Tierversuche an Ratten oder Mäusen übergeht, die nach wie vor unentbehrlich sind. In Zellkulturen kann die mutagene Wirkung durch die Häufigkeit der Induktion von Schwesterchromatid-Austauschen (engl. *sister chromatid exchange*, SCE) ermittelt werden. SCEs entstehen bei der DNA-Replikation, wenn die Replikationsgabel zusammenbricht; die Häufigkeit ist etwa 3- bis 4-mal pro Zelle und Zellzyklus. Die Zahl erhöht sich deutlich, wenn Einzelstrangbrüche der DNA induziert werden. Der Nachweis von SCEs beruht auf der Eigenschaft von Chromosomen, die über einen von zwei Zellzyklen in BrdU-haltigem Medium gewachsen sind, nach Giemsa-Färbung eine unterschiedlich starke Färbung der beiden Chromatiden zu zeigen. Die schwächere Färbung wird durch den Gehalt an BrdU in der einen Chromatide verursacht. Da die Zellen über einen Zellzyklus ohne BrdU gewachsen sind, besitzt die zweite Chromatide nur **einen** BrdU-markierten DNA-Strang. Lässt man die Zellen nun in Gegenwart von Mutagenen wachsen, so wird die Anzahl der SCEs drastisch erhöht (Abb. 10.37). Man konnte zeigen, dass die Häufigkeit von SCEs eine direkte Korrelation zur Mutagenität der betreffenden Induktorsubstanzen aufweist. Natürlich kann man auf diesem Wege nur Substanzen identifizieren, die Chromosomenbrüche verursachen, während Basensubstitutionen und andere Mutationen unentdeckt bleiben.

Test auf Aneuploidie

Aneuploidien führen bei Menschen oft zu Fehlbildungen oder – häufiger – zu Fehlgeburten (▶ Abschn. 13.2.1). Es ist daher wichtig zu wissen, ob Chemikalien diese Mutationsereignisse auslösen können. Als Testsystem eignen sich dafür natürlich Mäuse; es bedarf aber auch einer sehr sensitiven und spezifischen Methode, Fehlverteilungen einzelner Chromosomen nachzuweisen. Wie wir bereits an früherer Stelle gesehen haben (Abb. 6.4), können chromosomenspezifische DNA-Proben ein-

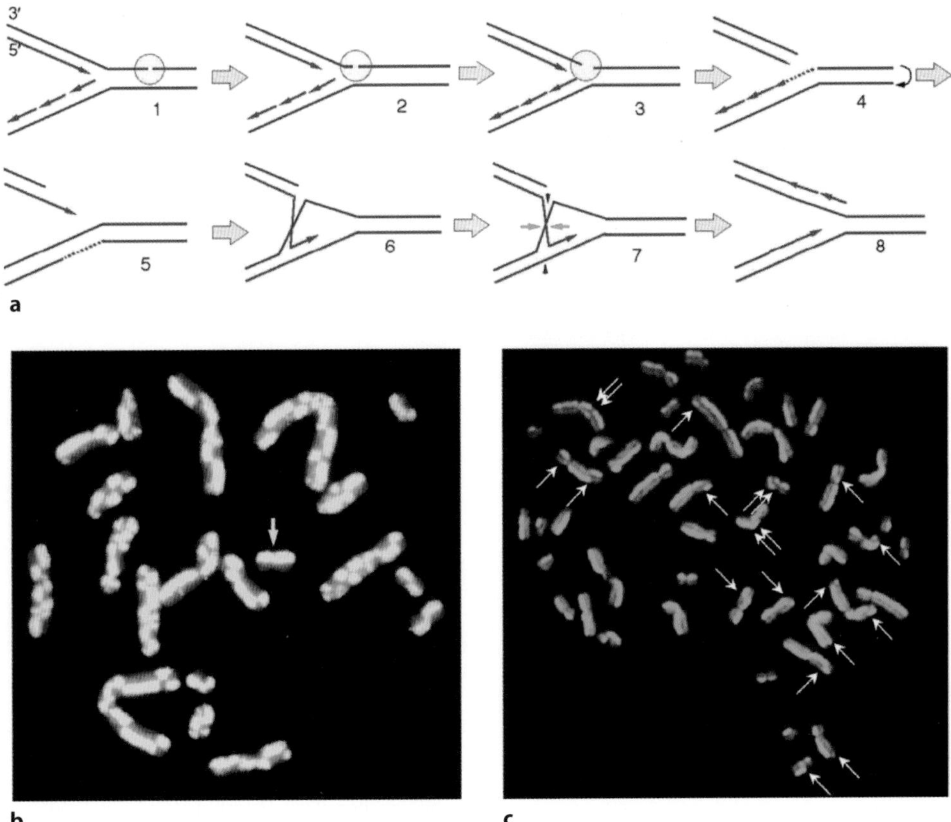

Abb. 10.37 Schwesterchromatid-Austausche (SCEs). **a** Mechanismus für das Auftreten von SCEs: Schritt 1 und 2: Der Leitstrang der Replikation nähert sich einem Einzelstrangbruch oder einer Lücke. Schritt 3: Bruch der Replikationsgabel. Schritt 4: Reparatursynthese an der intakten Chromatide. Der *gebogene schwarze Pfeil* am Ende deutet eine Konformationsänderung an, um die Visualisierung der nachfolgenden Ereignisse zu erleichtern. Schritt 5: Entstehung eines einzelsträngigen 3′-Überhangs am gebrochenen Doppelstrang. Schritt 6: RAD51 vermittelt die Einwanderung eines Strangs. Schritt 7: Auflösung der Holliday-Kreuzung (▶ Abschn. 6.3.3) in der durch die *grünen Pfeile* angedeuteten Orientierung führt zu einem SCE (angedeutet durch die *rot/blaue* Anordnung der Elternstränge). Eine Auflösung in der durch die *violetten Pfeilköpfe* angedeuteten Orientierung würde dagegen zu keinem SCE führen. Schritt 8: Die Replikationsgabel ist wiederhergestellt. **b** Außerordentlich viele SCEs in Metaphasen einer CHO-Zelllinie (engl. *chinese hamster ovary cells*); Färbung mit Propidiumiodid (DNA, *rot*) und einem Antikörper gegen BrdU-substituierte einzelsträngige DNA (*gelb*). Die Zellen sind einen Zellzyklus in BrdU-haltigem Medium gewachsen und den nachfolgenden Zyklus in normalem Medium. Der *Pfeil* deutet auf das einzige Chromosom, das nicht mindestens einen SCE aufweist. **c** Humane Fibroblasten nach zwei Zellzyklen; Färbung mit DAPI (DNA, *blau*) und einem Antikörper gegen BrdU-substituierte einzelsträngige DNA (*grün*). Die *Pfeile* markieren die Stellen der Austausche. (Nach Wilson und Thompson 2007, mit freundlicher Genehmigung)

gesetzt werden, um einzelne Chromosomen spezifisch anzufärben. Verbunden mit einer guten Bildverarbeitung ist es leicht möglich, Diploidien als eine besondere Form der Aneuploidie in Spermien behandelter Mäuse zu erkennen. Voraussetzung für diese Untersuchung ist allerdings, dass es in den Reifeprozessen der Spermien zu keinen Verzögerungen in den Meiosen kommt, was durch den spezifischen Einbau von BrdU überprüft wird (◘ Abb. 10.38a). Das Beispiel in ◘ Abb. 10.38b zeigt fünf disome Spermien (d. h. mit einem zusätzlichen Chromosom) und ein diploides Spermium nach Behandlung der Maus mit Chemikalien. In diesem Versuch zeigte sich, dass Diazepam (Valium) und Griseofulvin (ein Fungizid) Disomien **und** Diploidien induzieren können, wohingegen andere Stoffe **nur** Diploidien (z. B. Carbendazim, Pestizid; Thiobendazol, Wurmmittel) oder **nur** Disomien (z. B. Colchizin, Spindelgift; Trichlorfon, Pestizid) induzieren. Ein quantitativer Vergleich der Mausdaten nach Valiumbehandlung mit entsprechenden Proben männlicher Patienten mit chronischem Valium-Missbrauch deutet allerdings darauf hin, dass die Keimzellentwicklung bei Männern 10- bis 100-mal **empfindlicher** ist als die der Maus (Adler et al. 2002).

Mikrokerntest

Doppelstrangbrüche, die nicht repariert werden, oder chromosomale Rearrangements durch falsch reparierte Brüche führen zu chromosomalen Anomalitäten, die durch die oben genannten Tests nur unzureichend erfasst werden. Diese Veränderungen können zwar durch klassische cytogenetische Techniken erkannt werden, allerdings nur unter hohem Zeitaufwand. Für schnelle Routineun-

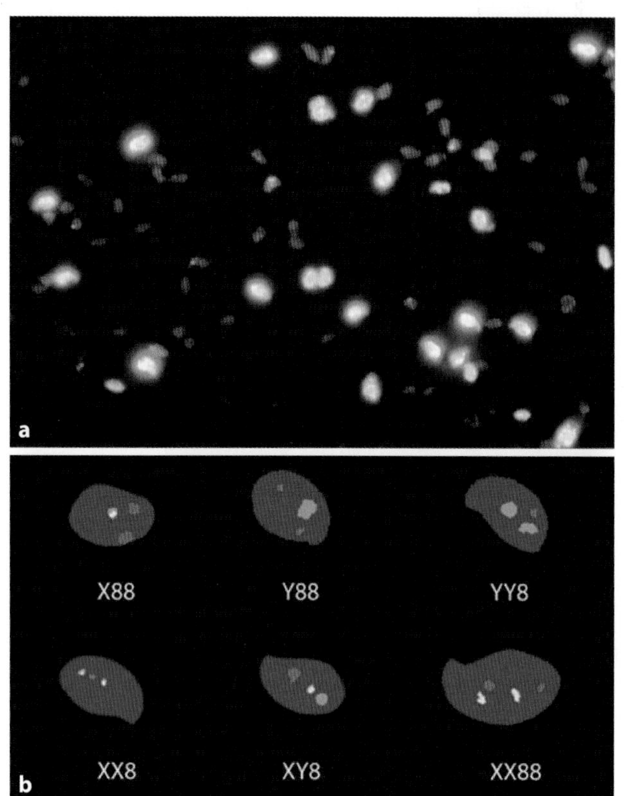

Abb. 10.38 Aneuploidie-Test mit Mausspermien. **a** Darstellung BrdU-positiver und -negativer Spermien der Maus. Die Spermien wurden mit einem fluoreszierenden Anti-BrdU-Antikörper markiert (*grün*) und mit Propidiumiodid gegengefärbt (*rot*). **b** Beispiel für fünf Disomien (*X88*, *Y88*, *YY8*, *XX8* und *XY8*) und eine Diploidie (*XX88*) in Mausspermien. Es wurden die Geschlechtschromosomen (X, Y) und das Chromosom 8 untersucht. (Nach Adler et al. 2002, mit freundlicher Genehmigung)

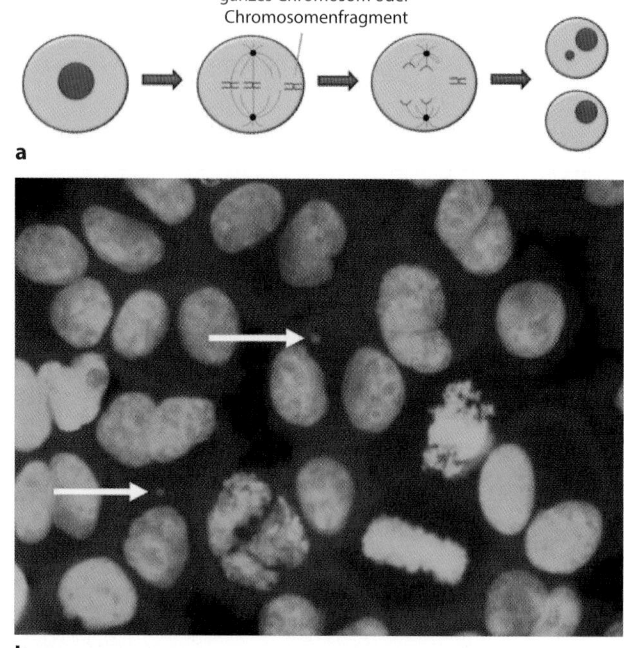

Abb. 10.39 Mikrokerne. **a** Entstehung von Mikrokernen: Während der Zellteilung lagern sich die Chromosomen in der Äquatorialebene an und sind über Mikrotubuli mit den Centrosomen verbunden. Unter pathologischen Bedingungen erfolgt diese Bindung nicht korrekt; es bleibt ein Chromosom während der Zellteilung zurück und wird nicht gleichmäßig auf die Tochterzellen verteilt. Um dieses Chromosom bildet sich eine Kernmembran, und es entsteht ein Mikrokern. Kommt es zu Strangbrüchen, entstehen Chromosomenfragmente, die aufgrund des Fehlens eines Centromers auch nicht korrekt mit den Centrosomen verbunden werden und ebenfalls zurückbleiben. **b** Mikrokerne (*weiße Pfeile*) in HeLa-Zellen nach Behandlung mit Etoposid und Cytochalasin B. (Nach Hintzsche et al. 2018, mit freundlicher Genehmigung)

tersuchungen wurde deshalb der Mikrokerntest entwickelt. Mikrokerne (Abb. 10.39) werden in Zellen sichtbar, die sich teilen und dabei Chromosomen enthalten, die keine Centromere (azentrische Chromosomen) mehr enthalten, und/oder solche Chromosomen, die nicht mehr zu den Polen wandern können. In der Telophase bildet sich um diese zurückgelassenen Chromosomen(fragmente) eine Hülle; später entspiralisieren sich die Chromosomen und erscheinen wie ein Interphasekern – eben nur kleiner, daher der Name „Mikrokern". Die Zahl der Mikrokerne in einem Präparat (z. B. aus dem Knochenmark behandelter Mäuse oder aus einer Zellkultur) ist ein Maß für induzierte Chromosomenbrüche bzw. -verluste. Der Mikrokerntest kann auch im peripheren Blut angewendet werden und steht deshalb auch als ein möglicher Schnelltest für die biologische Dosimetrie nach Belastung mit ionisierender Strahlung zur Verfügung.

Transgene Mäuse in der Mutagenitätstestung

Um quantitative Risikoabschätzungen an einem Säugetier durchzuführen, stand lange Zeit nur der schon beschriebene spezifische Locus-Test bei der Maus (Abb. 10.21) zur Verfügung. Allerdings versuchte man schon bald, auf der Basis transgener Mäuse empfindlichere Testsysteme zu etablieren. Diese sind unter der Bezeichnung „Muta-Mouse" und „Big Blue Mouse" bekannt geworden. Sie verwenden das bakterielle *lacZ* bzw. *lacI* als Reportergen für die Mutationen (Abb. 10.40a). Die Reportergene sind jeweils in das Mausgenom als Teil eines λ-„Shuttle"-Vektors integriert, der leicht als Phagenpartikel aus der genomischen Maus-DNA durch *in-vitro*-Verpackung erhalten werden kann. Die transgenen Mäuse, die den λ-Vektor tragen, werden mit der Testsubstanz behandelt, und die mutierten Phagen werden aufgrund der Farbe der Plaques bei der Anwesenheit von X-Gal erkannt. Im *lacZ*-System werden farblose oder hellblaue Plaques vor einem blauen Hintergrund als Mutanten bewertet, wohingegen im *lacI*-System blaue Plaques vor einem farblosen Hintergrund Mutationen anzeigen. Obwohl die Entwicklung dieses transgenen Assays zur Entdeckung von Mutationen in jedem Gewebe eines lebenden Tieres ein epochales Ereignis war, ist die Methode doch sehr zeitaufwendig und teuer. Daher wurde bald das *cII*-Gen als Reportergen eingesetzt, das eine Positivselektion ermöglicht

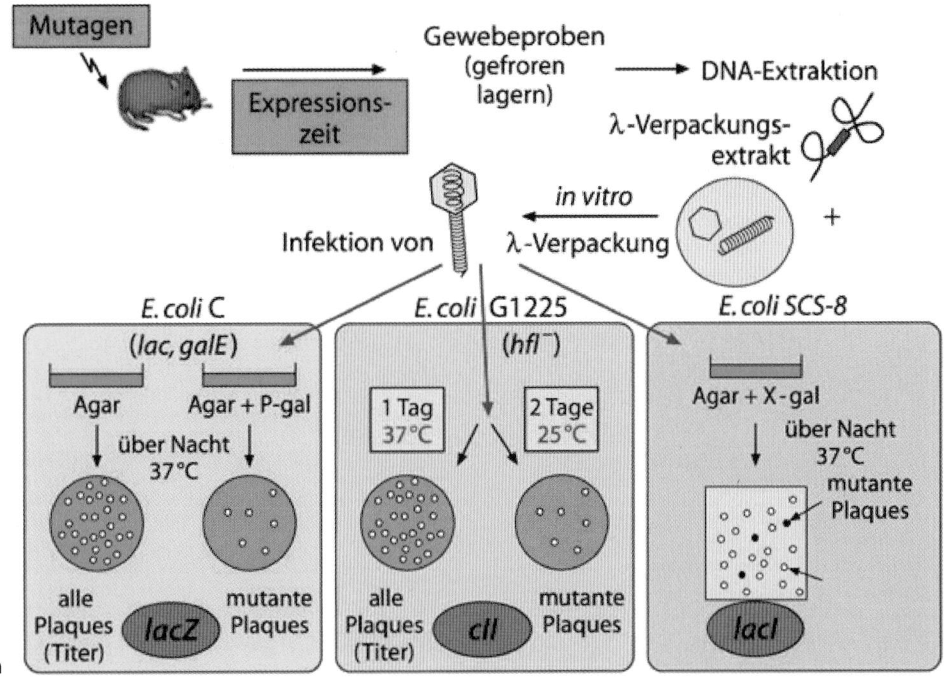

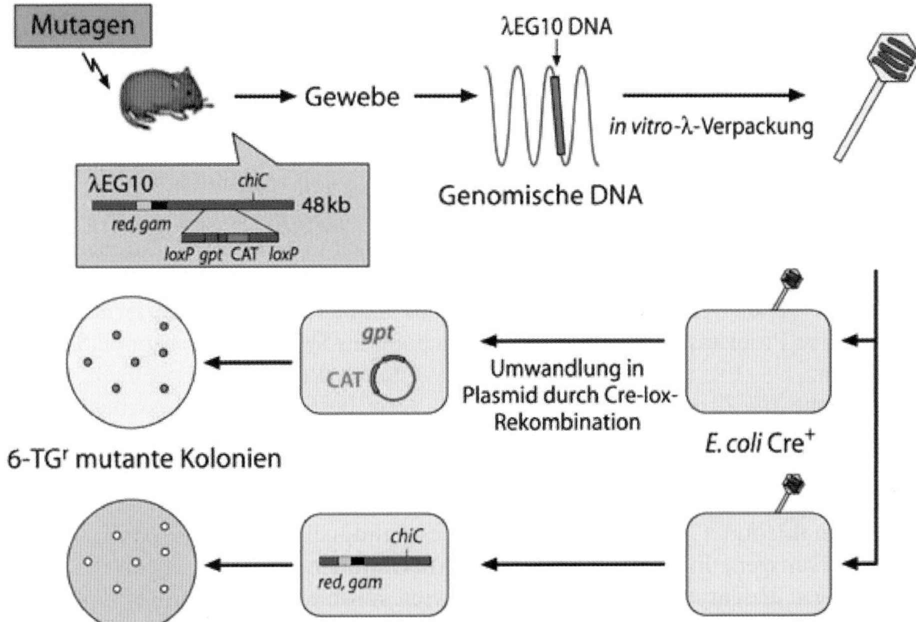

Abb. 10.40 Mutationstest mit transgenen Mäusen. **a** Schema des Mutationsassays mit *lacZ*-, *cII*- und *lacI*-Genen der MutaMouse oder der Big Blue Mouse. **b** Schema des *gpt*-delta-Mutagenitätstests: Zwei verschiedene *E. coli*-Wirtszellen werden mit einem λEG10-Phagen infiziert. Der eine *E. coli*-Stamm (YG6020) exprimiert Cre-Rekombinase für die 6-Thioguanin(6-TG)-Selektion und der andere ist lysogen für die *Spi*⁻-Selektion. In den Zellen, die Cre-Rekombinase exprimieren, wird die λEG10-DNA in ein Plasmid umgeformt, das die Gene *gpt* und *cat* (codiert für Chloramphenicol-Acetyltransferase) trägt. Die *E. coli*-Zellen, die Plasmide tragen, die im *gpt*-Gen mutiert sind, können auf Platten mit 6-TG und Chloramphenicol positiv selektioniert werden. Mutierte λEG10-Phagen, denen die *red/gam*-Genfunktion fehlt, können als *Spi*⁻-Plaques in P2-lysogenen *E. coli*-Zellen positiv selektioniert werden. Dadurch können die Mutationsraten von Punktmutationen und Deletionen in der gleichen DNA-Probe verglichen werden. (Nach Nohmi et al. 2000, mit freundlicher Genehmigung)

Tab. 10.5 EU-Testschema auf genotoxische Wirkungen von Chemikalien

Chemikalie	**Industrieprodukte**	**Pestizide**	**Pharmazeutische Stoffe**	**Tierarzneimittel**	**Kosmetika**	**Nahrungsmittelzusatzstoffe**	**Haarfärbemittel**
Erste Stufe	Bakterielle Genmutationen						
	In-vitro-Test auf CA (Säugerzellen)	*In-vitro*-Test auf Genmutationen (bevorzugt MLA)	*In-vitro*-MLA oder CA		*In-vitro*-Test auf Genmutationen (bevorzugt MLA)		
		In-vitro-MN oder CA			*In-vitro*-MN oder CA		*In vitro*-CA, *in vitro*-MN, *in vitro*-UDS, *in-vitro*-SHE-CT
		Wenn positiv: *in-vivo*-MN oder CA				Wenn positiv: *in-vivo*-Test	
Zweite Stufe	Wenn positiv, Test auf Keimzelleffekte	Wenn *in vivo* positiv, Test auf Keimzelleffekte					

In Einzelfällen können weitere Tests nötig werden. CA: Chromosomenaberration; MLA: Maus-Lymphoma-Assay; MN: Mikrokerntest; UDS: ungerichtete DNA-Synthese; SHE-CT: Zell-Transformationstest in Zellen des Syrischen Hamsters (für oxidative Substanzen). Nach Cimino (2006)

und mit seiner geringen Größe (300 bp) auch schnell sequenziert werden kann (es kann in beiden Maussystemen – MutaMouse und Big Blue Mouse – eingesetzt werden). Das λ-CII-Protein ist eine essenzielle Komponente in der Entscheidung über vegetative Vermehrung oder Lysogenisierung, die ein Bakteriophage nach der Infektion einer Wirtszelle trifft (► Abschn. 4.3.1). Dieses System ist ein exzellentes Beispiel einer fruchtbaren Zusammenarbeit verschiedener genetischer Teildisziplinen zur eleganten Lösung eines gemeinsamen Problems, hier der Abschätzung von Mutationsraten.

Alle drei Reportergene (*lacZ*, *lacI*, *cII*) haben in allen Geweben etwa die gleiche spontane Mutationsrate (10^{-5}). Man geht davon aus, dass die spontanen Mutationen im Wesentlichen durch Desaminierung von 5-Methylcytosin im Dinukleotid CpG hervorgerufen werden, da bakterielle Transgene in Säugerzellen sehr stark methyliert sind. Wegen diesem starken Hintergrund von Basenpaar-Austauschen sind seltene Mutationen wie Deletionen nur schwer zu erkennen. Es gibt auch Hinweise, dass dieses System gegenüber der genotoxischen Wirkung von γ-Strahlen unempfindlich ist. Daher wurde die *Spi*⁻-Selektion in das System eingeführt (engl. *sensitive to P2 interference*, Abb. 10.40b). Die Besonderheit dieser Form der *Spi*⁻-Selektion besteht darin, dass sie bevorzugt Deletionen im λ-Phagen erkennt und positiv selektioniert. Allerdings ist die Größe der Deletion wegen der Größenbeschränkung der Verpackung des λ-Genoms auf etwa 10 kb begrenzt (die lineare λ-DNA benötigt zwei *cos-sites*, die durch 38–51 kb DNA getrennt sein müssen; vgl. ► Abschn. 4.3.1). Um jetzt das System noch weiter zu optimieren, wurde das *gpt*-Gen als zusätzliches Reportergen für Punktmutationen eingeführt: Das *gpt*-Gen codiert für eine Guaninphosphoribosyl-Transferase und modifiziert 6-Thioguanin (6-TG) in eine Substanz, die für *E. coli* toxisch ist, sodass nur Mutanten überleben können, bei denen das *gpt*-Gen entweder durch Deletionen oder Punktmutationen zerstört ist. Da das *gpt*-Gen nur 456 bp groß ist, kann die Punktmutation auch schnell durch Sequenzierung charakterisiert werden; dieses System ist als „gpt delta" bekannt.

In der Praxis wird vielfach vorgeschlagen, eine Batterie bestehend aus verschiedenen einfachen Mutagenitätstests vor der Einführung neuer Chemikalien, pharmazeutischer Produkte o. Ä. durchzuführen. Dazu gehören in der Regel ein Mutagenitätstest auf der Basis des Salmonellen-Systems, ein Test auf chromosomale Aberrationen in CHO-Zellen oder humanen Lymphocyten sowie ein Mikrokerntest aus dem Knochenmark von Maus oder Ratte. Tab. 10.5 gibt einen Überblick über das derzeitige Testprotokoll, das die EU für die Überprüfung auf genotoxische Wirkungen einer Chemikalie vorschreibt. Das Protokoll ist abhängig von der jeweiligen Anwendung der Chemikalie; in anderen industrialisierten Ländern gibt es ähnliche Regularien.

Es gibt verschiedene Mutagenitätstests an Säugerzellen und an Tieren, die aber jeweils unterschiedliche Aussagekraft haben. Es muss deshalb für neue Chemikalien eine Testbatterie aus verschiedenen Untersuchungen durchgeführt werden.

 Diese Testbatterien haben sich im Grundsatz natürlich bewährt. Dennoch haben sich im Licht der Erkenntnisse der letzten Jahrzehnte Fragen herauskristallisiert, auf die die klassischen Testverfahren noch keine Antworten geben können. Dazu gehört z. B. die Frage, warum Individuen und einzelne Populationen unterschiedlich auf die Exposition bestimmter Chemikalien reagieren. Oder die Frage nach den Wirkungen, wenn Menschen verschiedenen Chemikalien über längere Zeit, aber in sehr niedrigen Dosen ausgesetzt sind. Dazu kommen natürlich auch die Fragen nach möglichen Einflüssen von Vorerkrankungen. Die Beantwortung der Fragen steht noch aus, einen Hinweis über den Stand der Diskussion in der genetischen Toxikologie des 21. Jahrhunderts gibt die Arbeit von Cote et al. (2016).

10.5.2 Mutationsraten und Evolution

Vor etwa 85 Jahren postulierte John B. S. **Haldane** (1935), dass die männliche Mutationsrate bei Menschen deutlich höher sei als die weibliche, da die männlichen Keimzellen wesentlich mehr Zellteilungen und damit DNA-Replikationsrunden pro Generation erleben, als dies bei weiblichen Keimzellen der Fall ist (▶ Abschn. 12.6.5). Diese Hypothese ist in der Zwischenzeit zwar weitgehend akzeptiert, allerdings war die Größenordnung des Verhältnisses der männlichen zur weiblichen Mutationsrate (ausgedrückt als Faktor α) lange Zeit umstritten. Die Kenntnis dieser Größenordnung ist wichtig, um zu wissen, ob die Mutationsrate im Wesentlichen durch Fehler während der DNA-Replikation verursacht wird. Darüber hinaus besteht die Frage, ob es eine schnellere „molekulare Uhr" für solche Organismen gibt, die eine kürzere Generationszeit haben als solche mit einer langen Generationszeit („Generationszeit-Hypothese").

Frühere Arbeiten benutzten eine direkte Methode, um Mutationsraten zu bestimmen (wobei sich die nachfolgenden Betrachtungen im Wesentlichen auf Punktmutationen beziehen). Am Beispiel der X-gekoppelten Bluterkrankheit Hämophilie A (▶ Abschn. 13.3.3) wurde bei 119 Patienten ein Wert für α von 15 berechnet; dieser Wert deckte sich zunächst mit vielen Beobachtungen an anderen Krankheiten. Allerdings treten die beobachteten Mutationen an wenigen Stellen gehäuft auf, die als CpG-Dinukleotide charakterisiert werden können. In Säugerzellen wird nämlich das C in einem CpG-Dinukleotid relativ häufig methyliert; **Desaminierung** verändert das Methylcytosin zu einem Thymin, das damit eine C→T-Transition bewirkt (▶ Abschn. 10.3.2). Da Methylierungen in der DNA der Spermien häufiger vorkommen als in Oocyten, scheint dies zunächst die höhere Mutationsrate zu erklären. Es werden allerdings auch C→G-Transversionen beobachtet, daher kann man die Methylierung dafür nicht verantwortlich machen. Zusammen gesehen wird deutlich, dass die unterschiedliche Methylierung und nachfolgende Transitionen nicht die Hauptursachen dafür sind, dass man bei Menschen einen relativ hohen Wert für α findet. So zeigen vergleichende Untersuchungen an ausgewählten Genen bei höheren Primaten, Katzen, Nagern und Vögeln, dass es offensichtlich tatsächlich einen deutlichen „Generationszeit-Effekt" gibt – der Wert für α ist bei höheren Primaten etwa dreimal so hoch wie bei Nagern und wird mit etwa 5 bis 6 angegeben (Li et al. 2002).

Weitere Daten zeigen, dass offensichtlich darüber hinaus auch die chromosomale Region die Mutationsrate beeinflusst. So haben benachbarte Gene ähnlich hohe (oder auch ähnlich niedrige) Mutationsraten. Dies gilt auch über Speziesgrenzen hinweg im Vergleich Maus – Mensch – Schimpanse. Dabei korrelieren Regionen mit einem hohen GC-Gehalt auch mit einer höheren Mutationsrate. Es deutet viel darauf hin, dass dabei **Rekombinationsereignisse** die Entstehung von Mutationen wesentlich beeinflussen. So korreliert die hohe Mutationsrate in der pseudoautosomalen Region des Y-Chromosoms deutlich mit ihrer hohen Rekombinationsrate. Warum Mutationsraten mit Rekombinationsraten verknüpft werden können, lässt sich nach Untersuchungen an Hefe und Säugetieren erklären. Offensichtlich ist die Reparatur von Doppelstrangbrüchen während der Rekombination ein mutagener Prozess. Es gibt Arbeiten, die darauf hindeuten, dass ein hoher GC-Gehalt die Rekombinationshäufigkeit erhöht. Neben der Desaminierung des C wäre dies eine weitere Erklärung dafür, dass Mutationen bevorzugt an CpG-Dinukleotiden auftreten.

Ein dritter wichtiger mutagener Mechanismus in der Evolution ist die **Verdopplung von Genomfragmenten**. Die Analyse des menschlichen Genoms hat gezeigt, dass es zu etwa 5 % aus verstreuten Verdopplungen besteht, die in den vergangenen 35 Mio. Jahren entstanden sind. Es können dabei zwei Kategorien unterschieden werden: segmentale Duplikationen zwischen nicht-homologen Chromosomen einerseits und andererseits Duplikationen, die im Wesentlichen auf ein Chromosom beschränkt bleiben. Letztere entstehen vor allem durch ungleiche Crossing-over und führen zur Bildung von Clustern eng verwandter Gene (z. B. Globin-Gene, *Hox*-Gene, einige Kristallin-Gene). Ein weiterer möglicher Mechanismus der Genduplikation besteht in der Wirkung von Transposons, wobei hier beide Möglichkeiten (intra- und interchromosomale Duplikation) in der Evolution realisiert wurden. Diese „segmentale Evolution" ist von Vorteil, denn durch sie können vielfach neue Funktionen ausprobiert werden, ohne alte zu verlieren, wie das normalerweise bei Mutationen der Fall ist.

Das menschliche Y-Chromosom (▶ Abschn. 13.3.4) liefert auch dafür ein gutes Beispiel. Denn der Bereich, der nicht zur pseudoautosomalen Region gehört (und das sind immerhin ca. 57 Mb der insgesamt 60 Mb), liegt als haploide Region in männlichen Zellen vor. Damit fehlt ihm der natürliche Rekombinationspartner, und so bleiben die Kombinationen der verschiedenen Allele auf dem Y-Chromosom in der Regel über Generationen männlicher Verwandter hinweg unverändert. Chromosomale Rearrangements sind also selten, sodass die überwiegende Zahl der Mutationen einfach verfolgt werden kann. Studien an Y-Chromosomen sind daher besonders interessant, weil sie überwiegend nur solche Mutationen zeigen, die das Ergebnis intraalleler Prozesse sind; rekombinatorische Prozesse, die in anderen Chromosomen hinzukommen, entfallen hier.

Durch die neuen Sequenziertechniken (Technikbox 7) ist es schneller und billiger geworden, ganze Genome durchzusequenzieren. Um die Mutationsrate in Menschen experimentell zu bestimmen, hat daher die Gruppe um Evan **Eichler** fünf Trios (beide Eltern und ein Kind) aus der Gruppe der Hutterer vollständig durchsequenziert. Die Hutterer sind eine Gruppe von Wiedertäufern, die in der 2. Hälfte des 19. Jahrhunderts von Europa nach Nordamerika auswanderten und heute in abgeschotteten Gemeinden im Norden der USA und Kanada leben. Die Gruppe, die Evan Eichler untersucht hat, umfasst heute insgesamt 1400 Menschen; sie basiert auf 64 Gründungsmitgliedern, und der Stammbaum umfasst 13 Generationen. In den ausgewählten Familientrios sind die Eltern über sechs bis acht Generationen miteinander verwandt. Die Autoren untersuchten dabei solche Einzelnukleotidvarianten (engl. *single nucleotide variants*, SNVs), die als Heterozygote in autozygoten Bereichen identifiziert wurden (ein autozygoter Locus ist homozygot; die beiden Allele sind jedoch herkunftsgleich [engl. *identity by descent*] – sie wurden also ausgehend von einem gemeinsamen Vorfahren sowohl über die väterliche als auch über die mütterliche Seite des Stammbaums weitergegeben). Sie beobachteten 72 solcher SNVs und berechneten daraus eine Mutationsrate (μ) von $1{,}20 \times 10^{-8}$ Mutationen pro Basenpaar und Generation (mit einem 95-%-Vertrauensbereich von 0,89–$1{,}43 \times 10^{-8}$). Es gibt darunter mehr Transitionen als Transversionen (Faktor 1,64); der Anteil der Mutationen, der CpG-Dinukleotide betrifft, ist knapp 10-fach höher als in anderen Bereichen des Genoms. Zu 84,6 % entstanden die Mutationen in der väterlichen Keimbahn (Campbell et al. 2012). Damit haben sich frühere Daten im Wesentlichen bestätigt; wir können aber erwarten, dass in nächster Zukunft noch viele derartige Studien durchgeführt werden und so die Daten auch für andere Organismen wesentlich präziser werden.

In diesem Zusammenhang wurde 2015 von **Harris** eine interessante Beobachtung publiziert: Er verglich **Mutationsraten** verschiedener Populationen von Menschen und stellte dabei fest, dass die Mutation TCC→TTC bei Europäern fast doppelt so häufig vorkommt wie bei Afrikanern und Asiaten. Dieses Phänomen ist vor etwa 80.000–40.000 Jahren aufgetreten; eine Erklärung gibt es dafür noch nicht. Der Autor spekuliert über eine höhere Empfindlichkeit von Europäern gegenüber UV-Strahlung. Neuere Arbeiten zeigen, dass dieses Phänomen nicht nur bei dem TCC-Trinukleotid auftritt und offensichtlich auch von den flankierenden Basen oberhalb und unterhalb abhängig ist (Aikens et al. 2019).

10.6 Reparaturmechanismen

Zellen verfügen über verschiedene Reparaturmechanismen, die Schäden an der DNA entfernen können. Die Mechanismen dafür sind zum Teil auch von der Art des Schadens abhängig, und sie haben unterschiedliche Genauigkeitsgrade, mit der die Reparatur durchgeführt wird: So ist zwar die SOS-Reparatur (▸ Abschn. 10.6.6) sehr störanfällig, erlaubt aber der Zelle trotz eines großen Schadens überhaupt zu überleben. Dagegen sind Reparaturmechanismen genauer, die eher über Rekombinationsmechanismen ablaufen. Die Überprüfung der DNA auf mögliche Schäden und deren erfolgreiche Reparatur ist häufig auch Voraussetzung für den Eintritt der DNA in die Mitose. Die Überprüfung an geeigneten „Checkpoints“ (▸ Abschn. 5.2.1) kann den Fortschritt im Zellzyklus so lange verlangsamen, bis die Reparatur stattgefunden hat. Diese Überprüfung mit Stoppen des Zellzyklus und anschließender DNA-Reparatur wird oft auch ganz allgemein als Antwort auf DNA-Schäden bezeichnet (engl. *DNA damage response*, DDR).

Reparaturprozesse können nach verschiedenen Kriterien charakterisiert werden – einmal nach den zugrunde liegenden Mechanismen, aber auch nach den verschiedenen Schadenstypen. Wir wollen hier die verschiedenen Mechanismen betrachten:
- lichtabhängige Reparatur UV-induzierter DNA-Schäden durch Photolyasen (direkte Reparatur);
- Exzisions-Reparaturmechanismen (Basen-Exzisionsreparatur, Nukleotid-Exzisionsreparatur);
- DNA-Fehlpaarungsreparatur;
- homologe Rekombinationsreparatur;
- nicht-homologes Verknüpfen von freien Enden;
- postreplikative DNA-Reparatur.

Wenn wir jedoch die Schäden betrachten, so finden wir häufig verschiedene Mechanismen, die an der Reparatur beteiligt sein können – so können strahleninduzierte Doppelstrangbrüche sowohl über die nicht-homologe Verbindung von freien Enden als auch durch homologe Rekombination repariert werden. Wichtige Untersuchungen zur DNA-Reparatur wurden nach Bestrahlung bei Hefen durchgeführt; daher tragen viele Gene aufgrund ihrer strahlenbiologischen Geschichte die Bezeichnung „*RAD*“ im Namen.

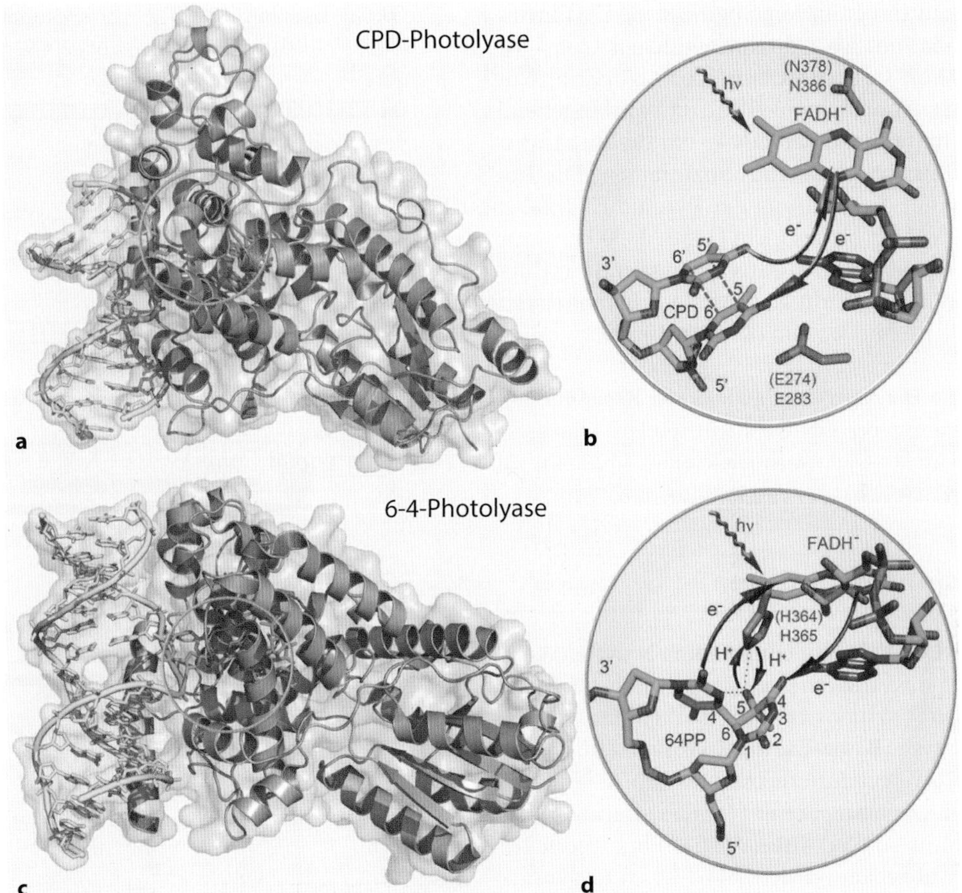

Abb. 10.41 Reparatur von UV-Schäden durch Photolyasen. **a, b** Kristallstruktur der CPD-Photolyase: Die Röntgenstrukturanalyse zeigt die CPD-Photolyase von *Aspergillus nidulans* mit einem reparierten Photoprodukt eines Thymin-Dimers (die Struktur der CPD-Photolyase von *E. coli* ist ähnlich). Das Thymin-Dimer ragt aus der DNA heraus und steckt im aktiven Zentrum. **b** Die Vergrößerung zeigt die relativen Positionen des katalytischen Cofaktors $FADH^-$ und des reparierten Substrats sowie den Weg der Elektronenübertragung während der Reparatur. **c, d** Röntgenstruktur der 6-4-Photolyase von *Drosophila melanogaster* mit einem gebundenen 6-4-Photoprodukt. Die Photolyase von *Arabidopsis thaliana* zeigt eine ähnliche Struktur und verfügt über einen konservierten Histidinrest im aktiven Zentrum (His-364 in *A. thaliana* und His-365 in *D. melanogaster*). Das 6-4-Photoprodukt ragt aus der DNA heraus und steckt im aktiven Zentrum. **d** Die Vergrößerung zeigt die relativen Positionen des katalytischen Cofaktors $FADH^-$, des konservierten His-364 (His-365) und des 6-4-Photoprodukts als Substrat. (Nach Liu et al. 2015, mit freundlicher Genehmigung)

10.6.1 Reparatur UV-induzierter DNA-Schäden durch Photolyasen

Einer der wichtigsten UV-induzierten DNA-Schäden ist die Bildung von Cyclobutan-Pyrimidin-Dimeren (CPDs). In archaischen Zeiten (vor 3,2–2,5 Mrd. Jahren) bestand kein Ozon-Schutzschild auf der Erde, sodass die UV-Strahlung der Sonne ungefiltert auf der Erde ankam. Man nimmt an, dass damals die DNA-schädigende Wirkung des UV-Lichts etwa drei Größenordnungen höher war als heute. Wenn man diese Umweltsituation annimmt, ist es nicht verwunderlich, dass sich bei Archaebakterien, Eubakterien und Eukaryoten ein effizientes Reparatursystem gegenüber UV-Schäden entwickelt hat. Das verantwortliche Enzym wurde als Flavoprotein charakterisiert und wegen der lichtabhängigen Reaktion zunächst als „photoreaktivierendes Enzym“ bezeichnet; heute hat sich die Bezeichnung „Photolyase“ allgemein eingebürgert. Die Photolyase ist neben der NAD(P)H-abhängigen Oxidoreduktase in der Chlorophyll-Biosynthese photosynthetischer Organismen das einzige lichtabhängige Enzym.

Photolyasen reparieren sowohl die CPDs als auch die 6-4-Photoprodukte (Abb. 10.18) in einer **lichtabhängigen** Reaktion. Es handelt sich dabei um monomere Proteine mit einem Molekulargewicht von 45–66 kDa. Abhängig von ihrer Substratspezifität können wir zwei Klassen unterscheiden: CPD-Photolyasen reparieren CPD-Schäden in doppel- und einzelsträngiger DNA, während die 6-4-Photoprodukte durch 6-4-Photolyasen repariert werden (Abb. 10.41); die CPD-Photolyasen können noch weiter in Klasse-I- und Klasse-II-CPD-Photolyasen unterteilt werden. Bei Tieren und Menschen zeigen die Cryptochrome eine hohe Sequenzähnlichkeit zu den Photolyasen (40–60 % Sequenzidentität). Alle

Photolyasen und Cryptochrome besitzen FAD (Flavin-Adenin-Dinukleotid) als lichtempfindlichen Cofaktor und Chromophor. In Photolyasen überträgt dieser Cofaktor nach der Anregung ein Elektron vorübergehend auf die schadhafte Stelle der DNA, um die Reparatur über einen Radikalmechanismus anzutreiben. Die Reparatur beinhaltet die Spaltung der Pyrimidin-Dimere, wobei nahes UV- oder blaues Licht (λ = 320–500 nm) zur Anregung verwendet wird. Voraussetzung für die erfolgreiche Reparatur ist allerdings die freie Zugänglichkeit der Schadstelle im Nukleosom (▣ Abb. 10.41).

UV-induzierte Dimere können mithilfe von Reparaturmechanismen aus der DNA entfernt werden. Durch Photolyasen werden Cyclobutan-Dimere und 6-4-Photoprodukte enzymatisch unter Lichteinwirkung entfernt.

10.6.2 Exzisionsreparaturen

Schäden in der DNA, die nur einen Strang betreffen, können auch durch das Ausschneiden der schadhaften Stelle repariert werden (Exzisionsreparatur). Wir unterscheiden dabei zwei Wege: Die **Basen-Exzisionsreparatur** (BER) entfernt vor allem UV-A-induzierte oxidative DNA-Schäden; die **Nukleotid-Exzisionsreparatur** (NER) entfernt UV-B-induzierte Photoprodukte, wobei die 6-4-Photoprodukte 5-mal schneller abgebaut werden als CPD; im Gegensatz zur Photolyase-Reaktion verläuft NER aber **lichtunabhängig**. Andere Substrate für NER sind DNA-Schäden, die durch polyzyklische aromatische Kohlenwasserstoffe hervorgerufen werden sowie durch Substanzen, die zur Vernetzung von DNA führen (z. B. Cisplatin).

Die Nukleotid-Exzisionsreparatur (NER) wurde bei *E. coli* durch den Befund nachgewiesen, dass eine Reparatur von CPDs auch **ohne Lichteinfluss** erfolgen kann. In UV-empfindlichen Mutanten von *E. coli* wurde das *Uvr*-System (engl. *UV repair*) entdeckt, das vier Gene (*uvrA*, *uvrB*, *uvrC* und *uvrD*) umfasst. Die Gene *uvrA* und *uvrB* codieren für Enzyme, die einen Proteinkomplex mit endonukleolytischer Aktivität (Ultraviolett-endo I) bilden. Dieser Proteinkomplex sucht in der DNA nach Fehlern oder wird an Stellen, an denen es zur Unterbrechung der Replikation kommt, an die DNA angelagert. Das UvrB-Protein bildet dann einen stabilen Komplex mit der DNA (*UvrB*-DNA), der vom UvrC-Protein erkannt wird. Der daraufhin gebildete UvrBC-Komplex induziert zunächst einen endonukleolytischen Einzelstrangschnitt an der 3′-Seite, dann einen Einzelstrangschnitt an der 5′-Seite der defekten DNA. Die Einzelstrangbrüche werden durch eine Exonuklease erkannt und haben die Entfernung von sechs Nukleotiden zur Folge. Danach ist die DNA-Polymerase I in der Lage, durch Neusynthese die entstandene Einzelstrangregion in der DNA aufzufüllen. Eine Ligase stellt abschließend, wie bei der normalen DNA-Replikation, die kovalente Bindung der neu synthetisierten Nukleotide mit dem DNA-Strang wieder her.

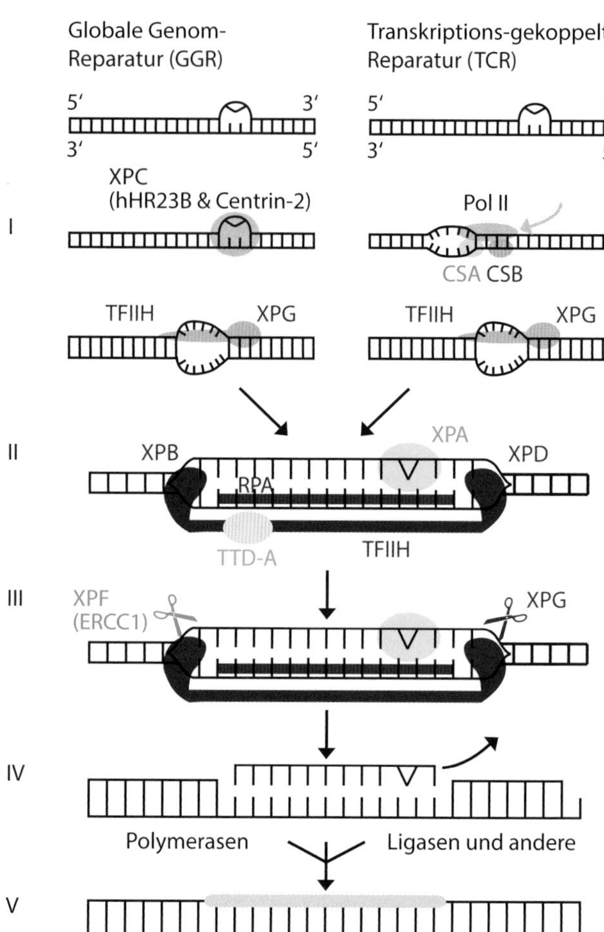

▣ **Abb. 10.42** Nukleotid-Exzisionsreparatur (NER). (I) Im globalen Genom-Reparaturmechanismus (*links*) wird der DNA-Schaden durch einen Komplex erkannt, dessen wesentliche Komponente XPC ist. Im Transkriptions-gekoppelten Reparaturmechanismus (*rechts*) wird durch den Schaden die Polymerase II blockiert. (II) Der Schaden wird eingegrenzt; daran sind das Replikationsprotein A (RPA) und der Transkriptionsfaktor IIH (TFIIH) beteiligt. (III) An beiden Seiten wird die DNA durch die Endonukleasen XPG (5–6 Nukleotide oberhalb) und XPF (20–22 Nukleotide unterhalb) geschnitten. (IV) Das schadhafte Oligonukleotid wird entfernt. (V) Der komplementäre Strang wird als Matrize benutzt, um ein neues Oligonukleotid zu synthetisieren, das die Lücke füllt. Daran sind vor allem die DNA-Polymerasen δ und/oder ε beteiligt. Ligase I schließt den verbleibenden Einzelstrangbruch. XPA-G: Proteine, deren Ausfall zu Xeroderma pigmentosum führt; CSA/CSB: Proteine, deren Ausfall zum Cockayne-Syndrom führt; TTD-A: Protein, dessen Ausfall zur Trichothiodystrophie führt (Untereinheit von TFIIH); hHR23B: homologes Protein des Menschen zu RAD23; ERCC1: *excision repair cross complementation group 1*. (Nach Leibeling et al. 2006, mit freundlicher Genehmigung)

Im Säugersystem ist der Prozess komplexer und umfasst 20–30 Proteine, die in einer definierten Reihenfolge tätig werden. Das allgemeine Schema ist in ▣ Abb. 10.42 angegeben. **Beim Menschen** sind für das NER-System im enge-

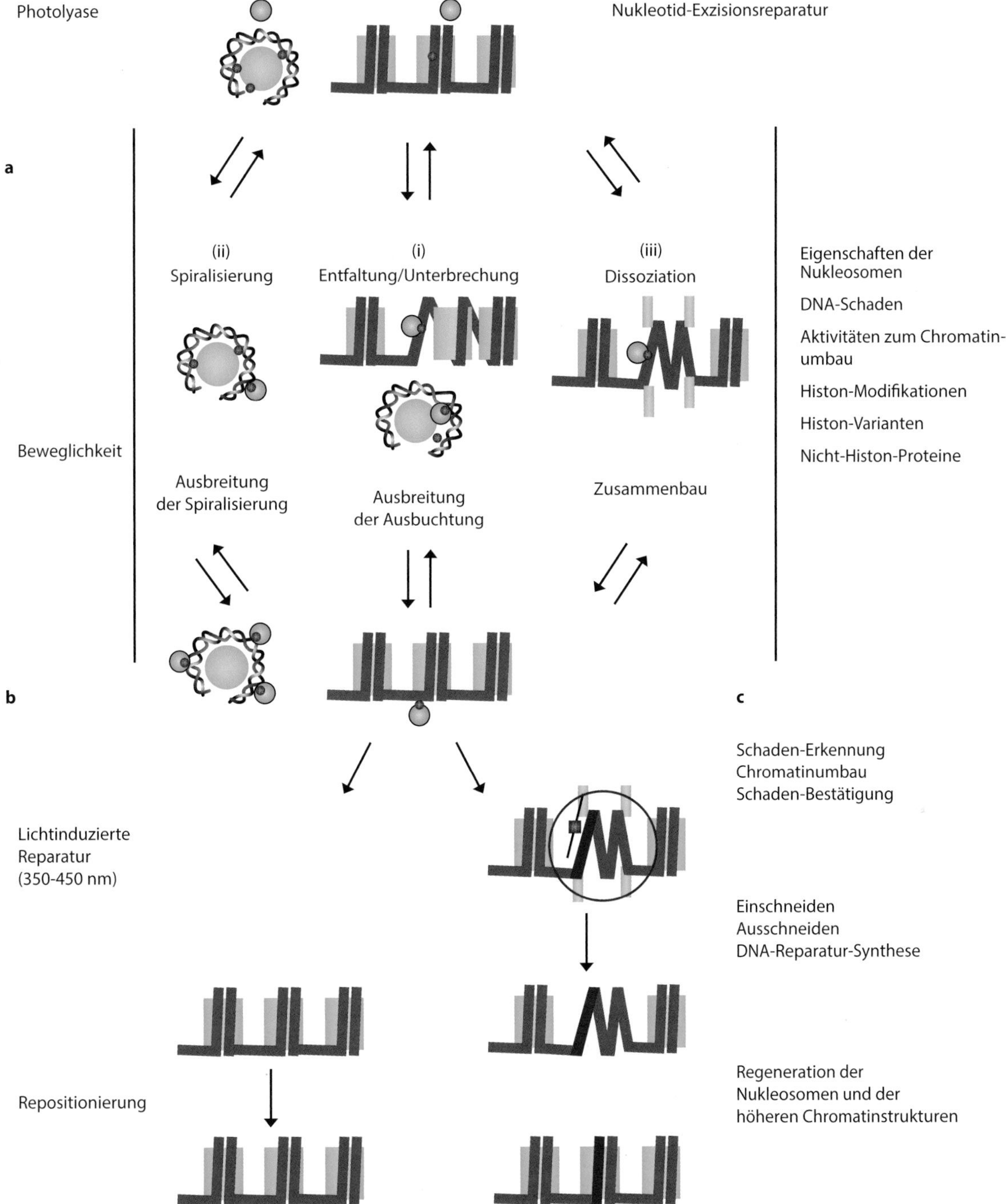

Abb. 10.43 Dynamische Eigenschaften von Nukleosomen erleichtern DNA-Schaden-Erkennung und Reparatur. **a** Nukleosomen befinden sich in verschiedenen Zuständen, die in einem dynamischen Gleichgewicht stehen (*Pfeile*) und zu veränderten Positionen führen (Beweglichkeit): (i) Teilweise Entfaltung führt dazu, dass die Enden der nukleosomalen DNA (die üblicherweise an H2A-H2B-Histone gebunden sind) bevorzugt freigesetzt werden und damit den Zugang zu DNA-Schäden erleichtern. Die Bindung der Verbindungs-DNA an die Histone führt zur Bildung einer Ausbuchtung; die Ausbreitung der Ausbuchtung bewirkt eine veränderte Nukleosomenposition. (ii) Über- oder Unterspiralisierung führt zu einer veränderten Einstellung der Rotation. Die Ausbreitung des Spiralisierungsdefekts bewirkt eine veränderte Nukleosomenposition. (iii) Nukleosomen können dissoziieren und sich neu zusammenfügen. Dabei sind die Histone H2A und H2B schwächer gebunden und werden bevorzugt freigesetzt. Der erneute Zusammenbau an einer anderen Stelle führt zu einer veränderten Nukleosomenposition. Die Gleichgewichte werden durch die Eigenschaften der Nukleosomen eingestellt (DNA-Sequenz, Histon-Zusammensetzung und ihrer Modifikationen) und können durch DNA-Schäden beeinflusst werden. **b** Photolyase erkennt DNA-Schäden bevorzugt in Verbindungsregionen oder in teilweise entfalteten bzw. unterbrochenen Nukleosomen und entfernt die Pyrimidin-Dimere mithilfe von Lichtenergie. **c** In Hefe benötigt NER eine Reihe verschiedener Cofaktoren sowie einen freien Bereich von ca. 100 bp. Der reparierte Strang (*rot*) ist empfindlich gegenüber Nukleasen und wird durch Nukleosomen-Rearrangements erneut in das Nukleosom eingebaut. *Blau*: Histone; *grau*: DNA; *rote Balken*: reparierte Bereiche; *rote Kreise*: DNA-Schaden; *grün*: Protein, das den DNA-Schaden erkennt. (Nach Thoma 2005, mit freundlicher Genehmigung)

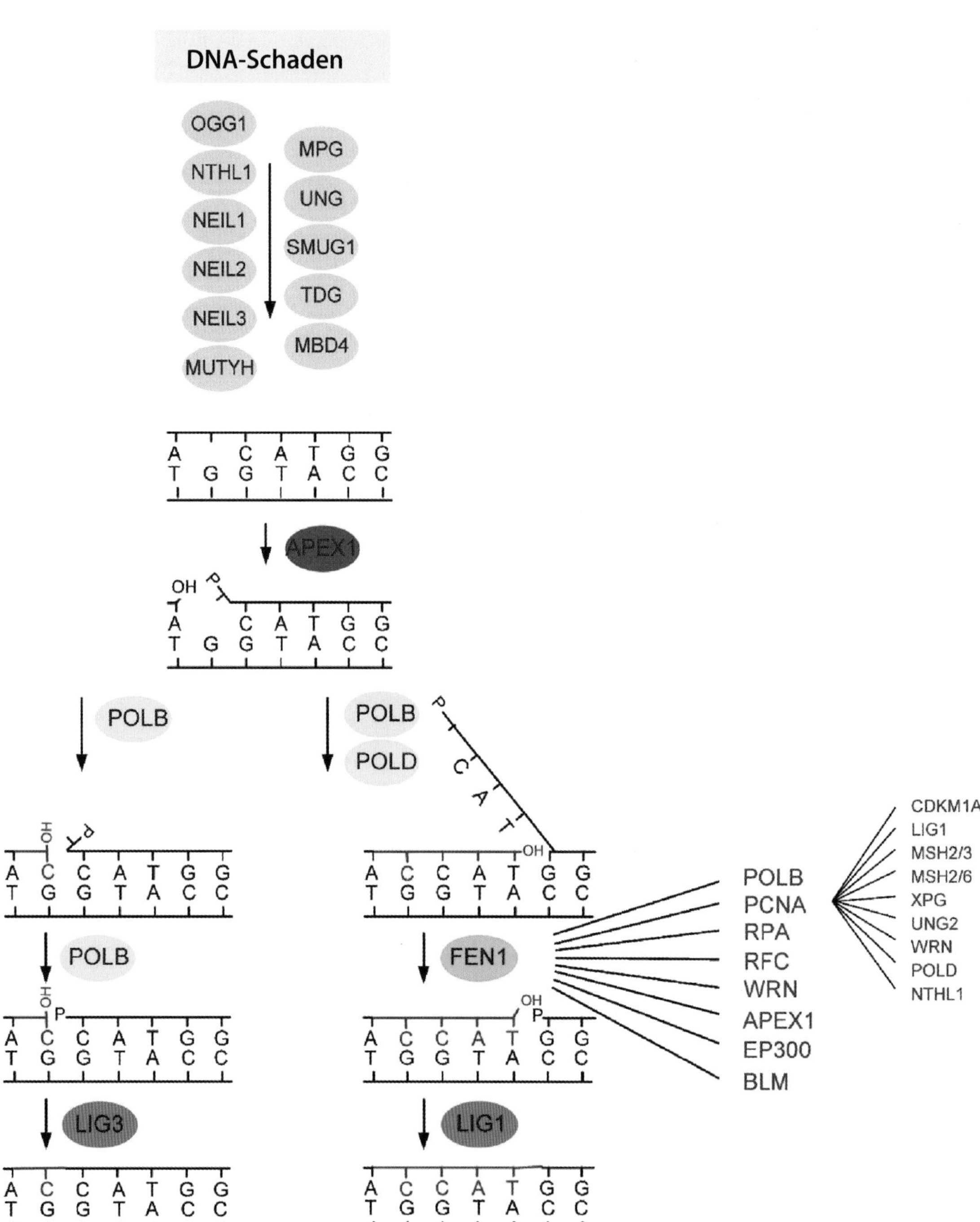

Abb. 10.44 Reparatur der DNA durch Basen-Exzisionsreparatur (BER). Nach einem DNA-Schaden katalysieren spezifische Glykosylasen die Entfernung der beschädigten Base, wodurch eine abasische Stelle entsteht. Die APEX1-Endonuklease öffnet dann den jeweiligen DNA-Strang direkt oberhalb der abasischen Stelle. Im *linken*, etwas kürzeren Reparaturweg ersetzt die Polymerase β (POLB) die abasische Stelle und füllt die Lücke dadurch wieder auf; eine Ligase (LIG3) katalysiert die Wiederherstellung der Phosphodiesterbindung und schließt damit die Reparatur ab. Die Abbildung zeigt im oberen Teil die Vielzahl der Glykosylasen und Endonukleasen, die an der Schadenserkennung beteiligt sein können: OGG1: 8-Oxoguanin-DNA-Glykosylase, NTHL1: ähnlich wie NTH-Endonuklease III; NEIL: ähnlich wie NEI-Endonuklease VIII; MUTYH: homolog zu MutY; MPG: N-Methylpurin-DNA-Glykosylase; SMUG1: monofunktionale Uracil-DNA-Glykosylase; TDG: Thymin-DNA-Glykosylase; MBD4: Protein, das eine Methyl-CpG-bindende Domäne enthält. Am *rechten*, etwas längeren Reparaturweg ist außer der Polymerase β auch die Polymerase δ (POLD) beteiligt sowie die Flap-Struktur-spezifische Endonuklease-1 (FEN1). Neben FEN1 sind einige Kooperationspartner genannt: PCNA: nukleares Antigen proliferierender Zellen; RPA: Replikationsprotein A; RFC: Replikationsfaktor C; WRN: Werner-Syndrom-Protein; EP300: E1A-bindendes Protein (auch p300); BLM: Bloom-Syndrom-Protein. (Nach Robertson et al. 2009, mit freundlicher Genehmigung)

ren Sinne sieben Gene (*XPA* bis *XPG*) verantwortlich; Mutationen führen zu Erbkrankheiten wie z. B. Xeroderma pigmentosum (XP; vgl. dazu auch ► Abschn. 13.4.1).

NER eliminiert DNA-Schäden aus allen Stellen des Genoms und wird daher auch als „globaler Genom-Reparaturmechanismus“ (GGR) bezeichnet. Im Gegensatz dazu wird ein DNA-Schaden in transkriptionsaktiven Genen viel schneller repariert als irgendwo im Genom; diese Form von NER wird als „Transkriptions-gekoppelte Reparatur“ bezeichnet (engl. *transcription coupled repair*, TCR). Beide Formen unterscheiden sich nur im ersten Schritt der Erkennung des DNA-Schadens (◘ Abb. 10.42): Der globale Schaden im Genom wird durch einen Komplex mit der wesentlichen Komponente XPC erkannt, wohingegen ein Schaden, der während der Transkription erkannt wird, zu einer Blockade der RNA-Polymerase II führt.

Wie oben schon für die Photolyase-Reaktion erwähnt, vermindert eine Verpackung der DNA in Nukleosomen auch die Effizienz des NER-Systems in Hefen. Die Korrelation der DNA-Reparatur-Raten mit bestimmten Positionen im Nukleosom lässt vermuten, dass manche Eigenschaften der Nukleosomen, wie ihre Beweglichkeit und vorübergehendes Auswickeln der nukleosomalen DNA, die Erkennung des Schadens erleichtern. Ein Modell über den Einfluss der Nukleosomenstruktur auf die Photolyase und das NER-System ist in ◘ Abb. 10.43 dargestellt.

Im Gegensatz zu NER wurden die Kernelemente des **BER-Systems** (◘ Abb. 10.44) in der Evolution wesentlich stärker konserviert. Grundsätzlich läuft BER in zwei Schritten ab: Zunächst wird der Schaden erkannt und die schadhafte **Base** ausgeschnitten (nicht das ganze Nukleotid – das Zucker-Phosphat-Rückgrat der DNA bleibt zunächst erhalten!). Daran sind unterschiedliche DNA-Glykosylasen beteiligt. Ein solches Enzym schneidet zunächst die Glykosylbindung zwischen der Base und dem Zucker-Phosphat-Rückgrat der DNA. Erst nach dem Ausschneiden der Base spaltet eine Endonuklease die zugehörige Zucker-Phosphat-Bindung an der Pyrimidin- bzw. Purin-freien Stelle (engl. *apyrimidine/apurine*, AP). Die 3′-Enden werden durch strukturspezifische Nukleasen (z. B. FEN-1) weiterbearbeitet, und die Lücke in der DNA wird durch eine DNA-Polymerase aufgefüllt und durch eine Ligase geschlossen. Dieser Reparaturmechanismus wird durch Glykosylasen mit jeweils unterschiedlichen Eigenschaften kontrolliert.

Eine faszinierende Eigenschaft von DNA-Reparaturenzymen ist es, aus einem Meer von Basen die wenigen herauszufinden, die modifiziert sind und somit in der nächsten Replikationsrunde zu einer „falschen“ Basenpaarung führen. **Banerjee** und Mitarbeiter (2005) haben dazu am Beispiel des Enzyms 8-Oxoguanin-Glykosylase einen interessanten Mechanismus vorgeschlagen: Dieses Enzym erkennt eine oxidierte Form des Guanins (oxoG), die ein zusätzliches Sauerstoffatom trägt (wenn diese Base nicht entfernt wird, führt das in der nächsten Replikationsrunde zum Einbau eines „T“ im neu synthetisierten Gegenstrang). Offensichtlich besteht die Erkennung von oxoG durch das Reparaturenzym in der Ausbildung einer Wasserstoffbrücke zu dem zusätzlichen Sauerstoffatom. Außerdem verfügt das Enzym über zwei „Taschen“ – eine spezifisch für oxoG und eine für das „normale“ G. Andererseits braucht die Glykosylase auch den Kontakt zu dem „richtigen“ C im Gegenstrang. Eine Reparatur erfolgt also nur im üblichen Basenpaar-Kontext **und** nach der Bindung in der oxoG-spezifischen Tasche. Die Wasserstoffbrückenbindung zum Sauerstoff ist offensichtlich notwendig, um in einem Zwischenschritt eine erneute Kontrolle zu ermöglichen und so den Ausbau einer „richtigen“ Base zu verhindern.

Die Exzisionsreparatur verläuft ohne Lichteinwirkung durch endonukleolytische Einzelstrangschnitte neben dem Schaden und durch die Entfernung der defekten Nukleotide, die dann durch DNA-Polymerasen neu eingefügt werden.

10.6.3 Fehlpaarungsreparatur

Eine hochkonservierte Reparaturvariante ist die **Fehlpaarungsreparatur** (engl. *mismatch repair*; MMR): Sie erkennt falsch gepaarte Basen oder kleine DNA-Schlaufen, die durch Fehler der DNA-Polymerase während der Replikation entstehen. Wichtig ist dafür in einem ersten Schritt die Unterscheidung zwischen dem Elternstrang und dem neu synthetisierten Strang. In *E. coli* ist zunächst nur der Elternstrang methyliert, der neu synthetisierte Strang aber noch nicht. Durch eine Reihe verwandter Mutatorproteine (MutS, MutL, MutH) sowie Exonukleasen, Helikasen, DNA-Polymerase III (oder Polymerase δ bei Eukaryoten), Einzelstrang-bindende Proteine (SSB) und Ligasen wird die fehlerhafte Stelle erkannt und repariert.

Mutatorproteine werden durch Gene codiert, die zunächst dadurch charakterisiert waren, dass Mutationen in diesen Genen die Mutationsrate in den betroffenen Organismen insgesamt erhöht haben. In *E. coli* wurde zuerst erkannt, dass die Gene *MutS*, *MutL* und *MutH* ein Reparatursystem aufbauen, sodass bei einer Störung der entsprechenden Komponenten Fehler in der DNA nicht mehr korrigiert werden. Später wurden aufgrund der Sequenzähnlichkeiten homologe Gene u. a. in Hefen, Mäusen und Menschen beschrieben. Mutationen in menschlichen Mutatorgenen führen zu frühen Krebserkrankungen (vor allem Dickdarm, Eierstöcke und Gebärmutterschleimhaut).

In *E. coli* wird die Fehlpaarungsreparatur durch die Bindung von MutS an eine Fehlpaarungsstelle initiiert. MutS tritt dabei mit der Gleitklammer in Wechsel-

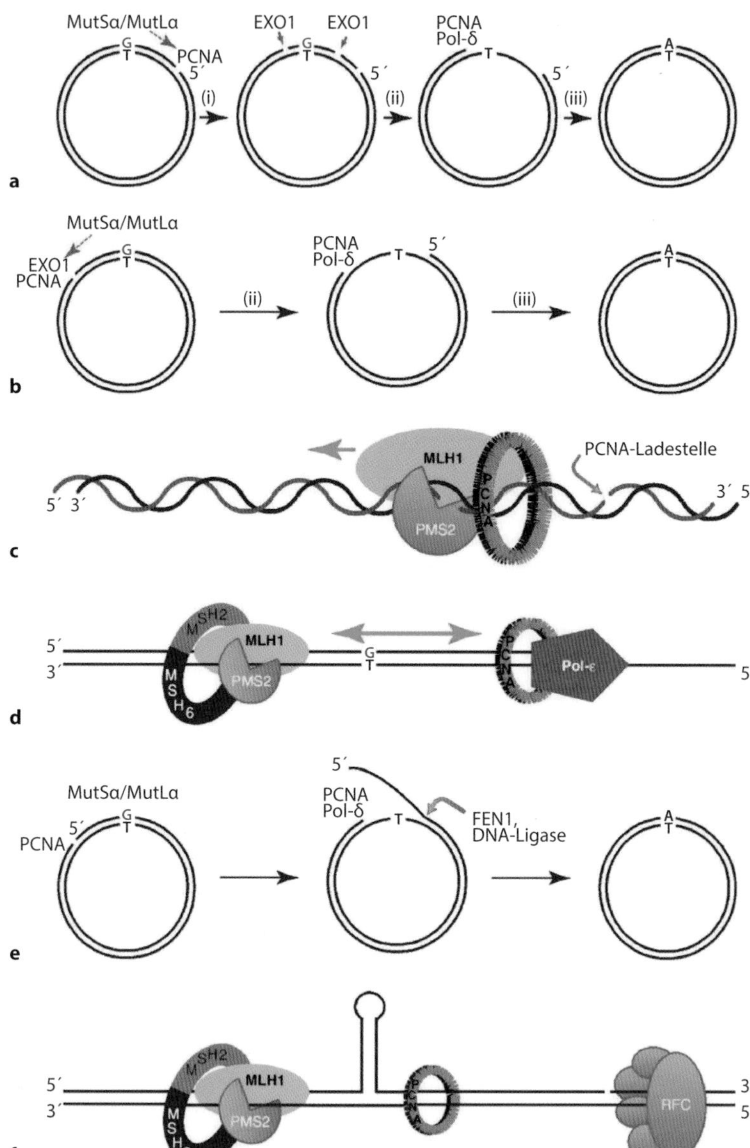

■ **Abb. 10.45** Schematische Darstellung der Schlüsselschritte in der Fehlpaarungsreparatur. In zellfreien Systemen benötigt der zirkuläre DNA-Strang einen Einzelstrangbruch zusätzlich zu der Fehlpaarung; dieser Bruch simuliert den neu synthetisierten Strang in der Replikation. Ist der Einzelstrangbruch im äußeren Strang auf der 5′- oder 3′-Seite der Fehlpaarung, erfolgt die Reparatur wie dargestellt entsprechend von G/T zu A/T (**a, b**); wäre der Bruch dagegen im inneren Strang, würde die Reparatur von G/T nach G/C erfolgen. Nach der Bindung von MutSα und MutLα an die Fehlpaarungsstelle tritt dieser Komplex mit der Gleitklammer PCNA und der Exonuklease EXO1 in Wechselwirkung; es wird die neu synthetisierte DNA um die Fehlpaarungsstelle herum abgebaut; durch die Polymerase δ zusammen mit der Ringklammer wird die Lücke wieder aufgefüllt. **c** Die Gleitklammer PCNA und der MutSα/MutLα-Komplex binden in gerichteter Weise aneinander; daher ergibt sich eine vorgegebene Orientierung für die Bewegung an der DNA entlang. Da die PMS2-Untereinheit von MutLα immer nur einen Typ der Phosphodiesterbindung schneiden kann, wird immer derselbe DNA-Strang geschnitten (hier der *rote*). **d** Wenn das Ende des wachsenden DNA-Strangs auf der 3′-Seite des falsch eingebauten Nukleotids liegt (hier im Leitstrang, der durch die Polymerase ε synthetisiert wird), muss MutLα zusätzliche Brüche auf der 5′-Seite einfügen. Die Gleitklammer kann sich in dieser Situation in beide Richtungen bewegen (*grüner Pfeil*); auf der 3′-Seite jedoch nicht über das Ende des Leitstrangs hinaus. **e** Wenn sich der Einzelstrangbruch auf der 5′-Seite der Fehlpaarungsstelle befindet, kann die Reparatur einfach durch die MutSα-aktivierte Strangverdrängungsaktivität der Polymerase δ erfolgen; der 5′-Überhang wird durch die FEN1-Endonuklease entfernt und der Einzelstrangbruch durch die DNA-Ligase I verschlossen. **f** Wenn sich zwischen der Ringklammer und dem MutSα/MutLα-Komplex eine größere Schlaufe befindet, ist die Kommunikation behindert und es muss ein anderer Weg zur Reparatur gewählt werden. RFC: Replikationsfaktor C. (Nach Peña-Diaz und Jiricny 2012, mit freundlicher Genehmigung)

10

wirkung, die zum Voranschreiten der DNA-Replikation benötigt wird (► Abschn. 2.2.2); dabei muss der neu synthetisierte Strang erkannt und vom elterlichen Strang unterschieden werden. MutS aktiviert dann zusammen mit MutL die verborgene Endonuklease-Aktivität von MutH. MutH gehört zur Familie der Typ-II-Restriktionsenzyme und schneidet den neuen Strang an einer noch hemimethylierten GATC-Stelle innerhalb von ungefähr 1 kb von der Fehlerstelle entfernt (beachte: In *E. coli* ist nach der Replikation zunächst nur der Elternstrang methyliert, der neu synthetisierte Strang aber noch nicht; die Dam-Methylase [DNA-Adenin-Methylase] methyliert das Adenin der Sequenz 5′-GATC-3′ in neu synthetisierter DNA). Der durch die Endonuklease entstandene Einzelstrangbruch kann entweder oberhalb oder unterhalb der Fehlpaarungsstelle sein und ist die Eintrittsstelle für die MutL-abhängige DNA-Helikase II und die Bindung von Einzelstrang-bindenden Proteinen. Die so entstandene einzelsträngige DNA wird durch Exonukleasen abgebaut. Dadurch wird auch die Fehlpaarung entfernt und die präzise DNA-Polymerase III kann den Strang korrekt neu synthetisieren. Eine DNA-Ligase verschließt den verbleibenden Einzelstrangbruch und beendet die Fehlpaarungsreparatur.

Die eukaryotische Fehlpaarungsreparatur läuft im Prinzip ähnlich ab; die Proteine, die an dem Prozess beteiligt sind, können in Abhängigkeit von der Schadensart etwas variieren. Ähnlich wie bei Bakterien beginnt die Reaktionskette, wenn eines der beiden MutS-Homologe an die Fehlpaarungsstelle bindet. Wir kennen bei Eukaryoten im Wesentlichen zwei Homologe, die als MutSα und MutSβ bezeichnet werden und jeweils aus zwei Untereinheiten bestehen, MSH2-MSH6 bzw.

MSH2-MSH3. Dabei ist MutSα offensichtlich überwiegend für die Reparatur von Ein-Basen-Fehlpaarungen bzw. Insertionen/Deletionen verantwortlich, wohingegen MutSβ eher Insertionen/Deletionen bis zu 16 bp erkennt. MutSα bzw. MutSβ treten dann mit der eukaryotischen Gleitklammer PCNA (▶ Abschn. 2.2.3) in Wechselwirkung sowie mit dem homologen Protein zu MutL – auch hier gibt es bei Eukaryoten verschiedene Heterodimere (MutLα und MutLβ, die aus jeweils zwei Untereinheiten bestehen, MLH1-PMS2 bzw. MLH1-PMS1). Das eukaryotische MutLα-Protein verfügt auch über eine Endonuklease-Aktivität, um einen Einzelstrangschnitt in der Umgebung der Fehlpaarungsstelle zu setzen; damit erklärt sich auch das Fehlen eines MutH-Homologen bei Eukaryoten. Zusammen mit der Exonuklease EXO1 kann dann der fehlerhafte Strang um die Fehlpaarungsstelle herum abgebaut werden (bis zu ungefähr 150 bp unterhalb der Fehlpaarungsstelle); an der Neusynthese sind die Gleitklammer PCNA, die DNA-Polymerase δ und die DNA-Ligase I beteiligt. Eine Übersicht über verschiedene Schritte der Fehlpaarungsreparatur bei Säugern zeigt ◘ Abb. 10.45.

Die Fehlpaarungsreparatur ist ein hochkonservierter Mechanismus. Nach dem Erkennen der Fehlpaarung während der DNA-Replikation wird der Bereich um die Fehlpaarungsstelle im neu synthetisierten Strang abgebaut und erneut neu synthesiert; der verbleibende Einzelstrangbruch wird durch eine Ligase geschlossen.

10.6.4 Homologe Rekombinationsreparatur

DNA-Reparatur über **homologe Rekombination** ist ein konservierter Mechanismus, der an vielen zellulären Prozessen beteiligt ist, besonders an der Reparatur von DNA-Doppelstrangbrüchen und der „Rettung" kollabierter oder angehaltener Replikationsgabeln. Homologe Rekombination haben wir außerdem schon im Zusammenhang mit dem horizontalen Gentransfer bei Bakterien (▶ Abschn. 4.4.2) und der Meiose bei Eukaryoten (▶ Abschn. 6.3.2) kennengelernt. Nach dem Doppelstrangbruch werden die 5′-Enden der DNA durch Exonukleasen abgebaut, sodass 3′-Einzelstrangüberhänge entstehen. An diese einzelsträngige DNA binden sehr schnell Einzelstrang-bindende Proteine (engl. *single-stranded DNA binding protein*, SSB) in Bakterien oder das Replikationsprotein A bei Eukaryoten, um die DNA vor weiterem Abbau zu schützen und um mögliche Sekundärstrukturen aufzubrechen. Proteine wie RecFOR (*E. coli*), RAD52 (*S. cerevisiae*) oder BRCA2 (*H. sapiens*) stimulieren den Ersatz der Einzelstrang-bindenden Proteine durch Rekombinasen der hochkonservierten RAD51/RecA-Familien – alles ATP-abhängige DNA-Bindeproteine, die ausgedehnte helikale Filamente an der DNA bilden. Diese Komplexe suchen die Schwesterchromatide oder das homologe Chromosom nach homologen Sequenzen ab. Ist eine solche Stelle gefunden,

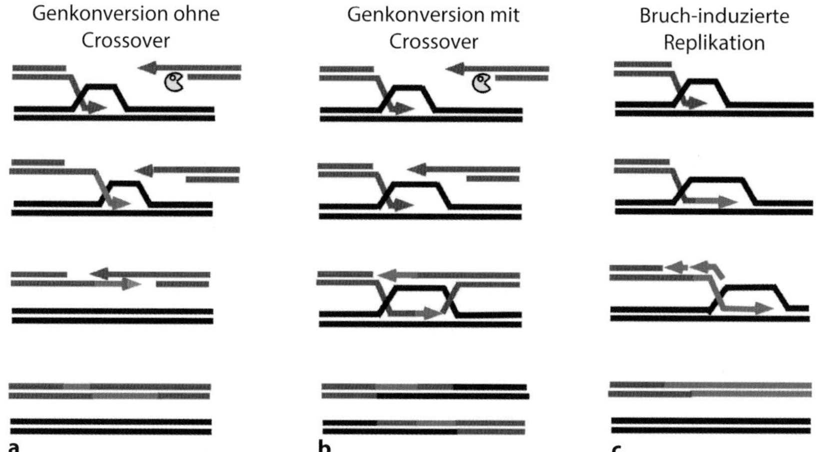

◘ **Abb. 10.46** Formen der Reparatur durch homologe Rekombination. **a, b** Die Reparatur eines Doppelstrangbruchs beginnt mit der Abspaltung der entstandenen 5′-Enden durch Nukleasen (*Pac-Man*-Symbol), sodass einzelsträngige 3′-Überhänge entstehen. **a** Synthese-abhängiges Aufschmelzen der Stränge (engl. *synthesis-dependent strand annealing*, SDSA) führt zur Einwanderung des DNA-Strangs und zum Kopieren der Matrize, aber der neue Strang löst sich vom Donorstrang und wird vom anderen Ende des Doppelstrangbruchs wieder eingefangen. Nach einer weiteren DNA-Synthese ist die Bruchstelle repariert. **b** An der Reparatur eines Doppelstrangbruchs mit einer Holliday-Verknüpfung als Übergangsstadium sind beide Enden des Doppelstrangbruchs beteiligt. Nach der Einwanderung eines freien Strang-Endes und nachfolgender DNA-Synthese zum Auffüllen der Lücken wird die doppelte Holliday-Verknüpfung aufgelöst, wobei entweder eine ähnliche Struktur wie in **a** entstehen kann oder ein Crossover wie hier dargestellt. **c** Eine Bruch-induzierte Replikation entsteht, wenn nur ein Ende des Doppelstrangbruchs eine ausreichende Homologie mit anderen Sequenzen im Genom aufweist. Die Reparatur erfolgt dabei durch eine wandernde Verdrängungsschlaufe (engl. *displacement loop*, D-Loop); der zweite Strang wird dabei erst nach einer gewissen zeitlichen Verzögerung eingebaut. (Nach Haber 2018, mit freundlicher Genehmigung)

Tab. 10.6 Beteiligte Enzyme bei der Reparatur über homologe Rekombination

	Bakteriophage T4	*E. coli*	Eukaryoten
Rekombinase	UvsX	RecA	Rad51/Rad54, Dmc1
Einzelstrang-Bindungs-protein	Gen 32	SSB	RPA
RMP	UvsY	RecFOR, RecBCD	Rad52, Rad55/Rad57
Helikase an der Replikationsgabel	UvsW	RecG, RuvAB	Sgs1-Top3-Rmi1, Rad43; BLM-TOPOIIIα-RMI1-RMI2
Abbau der Enden (5′→3′-Exonuklease)	gp46/gp47	SbcCD, RecBCD	Rad50, Mre11, Xrs2/Nbs1
Auflösung der Holliday-Strukturen	Endonuklease VII	RuvC/Rus	Yen1, GEN1
Replikations-Neustart-RMP	gp59	PriA, Restart-Primosom	Kein Homolog für PriA
Replikative Helikase	gp41	DnaB	MCM-Komplex
DNA-Polymerase	T4-Polymerase	DNA-Polymerasen II/III	DNA-Polymerasen α, δ, ε, RFC, PCNA etc.

RMP: an der Replikation beteiligte Proteine (engl. *replication-mediated proteins*). Nach Cox (2002), Verma und Greenberg (2016) und Kaniecki et al. (2017)

dringt der Komplex in die Doppelhelix ein, verdrängt den homologen und bindet den komplementären Strang. Dieser dient dann als Matrize zur Reparatur. Der verdrängte Strang paart sich mit dem Strang, der den DNA-Schaden aufweist; die entstehende Struktur wird auch als Verdrängungsschlaufe (engl. *displacement loop*, D-Loop) bezeichnet. Das 3′-Ende des eingedrungenen Strangs im D-Loop dient jetzt als Primer für DNA-Polymerasen, die die Information vom Gegenstrang kopieren. Der neue Strang löst sich vom Donorstrang und wird vom anderen Ende des Doppelstrangbruchs wieder eingefangen. Nach einer weiteren DNA-Synthese ist die Bruchstelle repariert. Dieser Reparaturweg wird als Synthese-abhängiges Aufschmelzen der Stränge (engl. *synthesis-dependent strand annealing*, SDSA) bezeichnet; hierbei entsteht kein Crossing-over (Abb. 10.46a). Seltener ist dagegen die Ausbildung einer Holliday-Struktur, die durch Endonuklease-Schnitte und anschließende Ligation mit oder ohne Rekombinationsereignis aufgelöst werden kann (Abb. 10.46b). Wenn nur ein Ende eines Doppelstrangbruchs erhalten ist (bei erodierenden Telomeren, oder an angehaltenen oder kollabierten Replikationsgabeln), kann die Reparatur über den Bruch-induzierten Reparaturweg (BIR) erfolgen, der meistens RAD51-abhängig ist. Im Gegensatz zur normalen Replikation gibt es bei BIR keine koordinierte Synthese von Leit- und Folgestrang, sondern einen wandernden D-Loop. Allerdings ist dieser Reparaturweg sehr fehleranfällig (Abb. 10.46c). Dieser Mechanismus der Reparatur über homologe Rekombination ist in Bakterien, Hefen und höheren Eukaryoten konserviert (Tab. 10.6).

Die Reparatur von Doppelstrangbrüchen über homologe Rekombination ist eine sehr genaue Reparatur, da sie anhand einer intakten Matrize erfolgt.

Im Kontext der Reparatur eines Doppelstrangbruchs spielt das phosphorylierte Histon H2AX (üblicherweise als γH2AX bezeichnet) eine interessante Rolle als „Marker" für Doppelstrangbrüche. Es tritt üblicherweise in einer Region von ca. 50 kb oberhalb und unterhalb der Bruchstelle auf, und zwar in der Regel zusammen mit TP53 und dem TP53-bindenden Protein (TP53BP). Die Phosphorylierung von H2AX (Serin an der Position 139) ist dabei Teil der Antwort bei der Zellzykluskontrolle, die durch die Kinasen ATM (engl. *ataxia telangiectasia mutated*), ATR (engl. *ataxia telangiectasia and Rad3-related*) und DNA-PK (DNA-abhängige Proteinkinase) ausgelöst werden. Durch immunhistochemische Färbungen gegen γH2AX lassen sich (indirekt!) Doppelstrangbrüche erkennen und quantifizieren. Wenn die Reparatur nach ca. einer Stunde abgeschlossen ist, verschwindet auch die Nachweismöglichkeit von γH2AX. γH2AX ist aber auch ein Marker für frühe Apoptose; hier erscheint die Färbung allerdings als ein Ring an der Peripherie des Zellkerns und ist deutlich von der punktförmigen Färbung im Fall einzelner Doppelstrangbrüche unterscheidbar. Der apoptotische Ring erscheint als eine Folge einer starken Anhäufung von Doppelstrangbrüchen an der Peripherie des Zellkerns zu Beginn der Apoptose. Da man die Bildung von γH2AX auch als ein Maß für die Stabilität des Genoms betrachten kann, gibt es vielfältige Überlegungen, den Nachweis von γH2AX auch als einen prognostischen Marker bei Krebserkrankungen einzusetzen. Interessante Über-

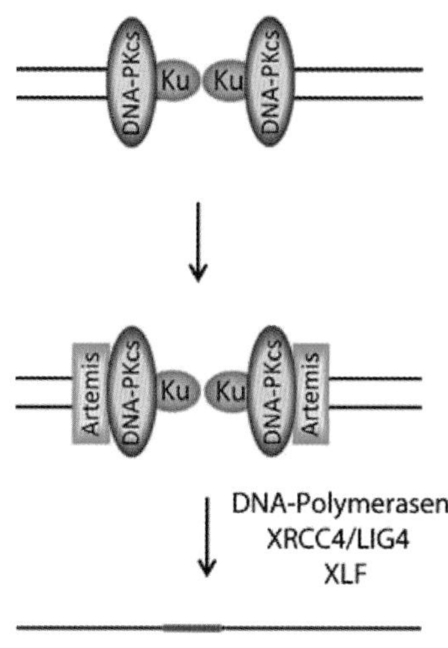

Abb. 10.47 Nicht-homologe Verbindung von DNA-Enden. Nach einem Doppelstrangbruch der DNA bindet der heterodimere Komplex aus Ku70 und Ku80 (*grün*) an die Bruchstelle und führt die katalytische Untereinheit der DNA-abhängigen Proteinkinase (DNA-PKcs; *blau*) an den Komplex heran. Durch Phosphorylierung wird die Endonuklease Artemis aktiviert (*orange*) und spaltet die DNA-Enden so versetzt, dass überhängende Enden entstehen. Durch einen Komplex aus DNA-Polymerasen, Ligase IV (LIG4), XRCC4 und XLF (engl. *XRCC4-like factor*) wird der Doppelstrangbruch geschlossen. (Nach Iyama und Wilson 2013, mit freundlicher Genehmigung)

sichtsartikel hierzu wurden von Solier und Pommier (2014) sowie von Palla et al. (2017) publiziert.

10.6.5 Nicht-homologe Verbindung von DNA-Enden

Die Reparatur über die nicht-homologe Verbindung von DNA-Enden (engl. *non-homologous end joining*, NHEJ) ist eine Möglichkeit, Doppelstrangbrüche in der DNA nach Bestrahlung mit UV-Licht oder mit ionisierenden Strahlen oder nach extremen Schädigungen durch alkylierende Agenzien zu reparieren. Im Gegensatz zu den meisten oben besprochenen Reparaturmechanismen ist die NHEJ relativ ungenau. Die freien DNA-Enden werden von dem heterodimeren Proteinkomplex Ku70/Ku80 erkannt. Hierbei handelt es sich um zwei Proteine mit einem Molekulargewicht von 70 bzw. 80 kDa; die Proteine werden (bei Menschen) von den Genen *XRCC6* (Ku70) bzw. *XRCC5* (Ku80; engl. *X-ray repair complementing defective repair in Chinese hamster cells*, *XRCC*) codiert. Weitere Proteine treten dann hinzu (Abb. 10.47), und es erfolgt eine Verknüpfung der freien DNA-Enden, ohne dass eine Matrize die richtige Form der Verknüpfung vorgibt. Dadurch ist diese Art der DNA-Reparatur relativ fehleranfällig. Die DNA-Reparatur über die nicht-homologe Verbindung von DNA-Enden hat in den vergangenen Jahren eine besondere Bedeutung erlangt, weil sie sehr effizient genutzt werden kann, um über Zinkfinger-Nukleasen, TALENs (engl. *transcription activator-like effector nucleases*) oder CRISPR-Cas9 (engl. *clustered regularly interspaced short palindromic repeats* – CRISPR-assoziiertes Protein 9) spezifische Punktmutationen in einen Wirbeltierorganismus einzuführen (Technikbox 33; ► Abschn. 10.7.2).

Eines der zentralen Proteine ist die Endonuklease Artemis (humanes Gensymbol: *DCLRE1C*; engl. *DNA cross-link repair 1C*). Neben seiner Rolle im NHEJ-Prozess ist es auch für die V(D)J-Rekombination (► Abschn. 9.4.2) von besonderer Bedeutung. Mutationen in diesem Gen führen deshalb nicht nur zu einer höheren Strahlenempfindlichkeit des jeweiligen Organismus (durch die Störung des NHEJ-Prozesses), sondern auch zu einer schweren Immundefizienz.

Die Reparatur von Doppelstrangbrüchen über eine nicht-homologe Verbindung von DNA-Enden ist relativ ungenau, da dieser Prozess unabhängig von einer Matrize erfolgt.

10.6.6 SOS-Rekombinationsreparatur oder postreplikative Reparatur

Die bisher besprochenen Mechanismen der Reparatur führen in der Regel zu einer vollständigen Reparatur von Dimeren und auch von anderen Defekten. Wenn diese Systeme aber ausgelastet oder nicht in der Lage sind, den Schaden zu reparieren, könnte das den Tod der Zelle zur Folge haben. Um den Zelltod zu vermeiden, verfügen alle Zellen über Mechanismen, Schäden zunächst in einem gewissen Umfang zu tolerieren.

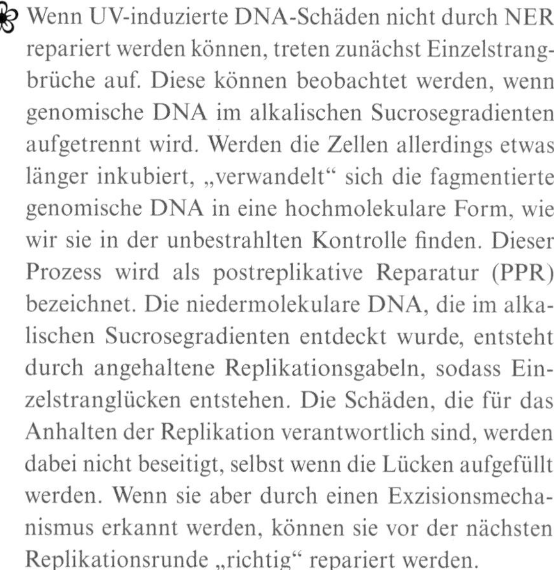
Wenn UV-induzierte DNA-Schäden nicht durch NER repariert werden können, treten zunächst Einzelstrangbrüche auf. Diese können beobachtet werden, wenn genomische DNA im alkalischen Sucrosegradienten aufgetrennt wird. Werden die Zellen allerdings etwas länger inkubiert, „verwandelt" sich die fagmentierte genomische DNA in eine hochmolekulare Form, wie wir sie in der unbestrahlten Kontrolle finden. Dieser Prozess wird als postreplikative Reparatur (PPR) bezeichnet. Die niedermolekulare DNA, die im alkalischen Sucrosegradienten entdeckt wurde, entsteht durch angehaltene Replikationsgabeln, sodass Einzelstranglücken entstehen. Die Schäden, die für das Anhalten der Replikation verantwortlich sind, werden dabei nicht beseitigt, selbst wenn die Lücken aufgefüllt werden. Wenn sie aber durch einen Exzisionsmechanismus erkannt werden, können sie vor der nächsten Replikationsrunde „richtig" repariert werden.

In *E. coli* ist dieses System Teil des SOS-Regulons und wird als Antwort auf Einzelstrangschäden in der DNA induziert. Dabei werden die Fehler allerdings oft nicht richtig

Tab. 10.7 Die UmuC/DinB-Superfamilie von DNA-Polymerasen

Name	Alternative Bezeichnung	Organismus
Pol V	UmuD'2C/UmuC	Bakterien
Pol IV	DinB	Bakterien
Pol η	Rad30	Hefe
XP-V	Pol η/Rad30A	Mensch
Pol ι	Rad30B	Mensch, Maus
Pol κ	DinB1	Mensch, Maus
Rev1	Desoxycytidyl-Transferase	Hefe, Mensch
Pol ζ[a]	Rev3–Rev7	Hefe

[a] Die Pol ζ gehört nicht direkt zur UmuC/DinB-Superfamilie; sie spielt aber eine wichtige Rolle in der TLS bei Hefen und Menschen und wurde deshalb in die Tabelle aufgenommen

Nach Sutton et al. (2000)

korrigiert, sondern führen im Gegenteil zu zusätzlichen Fehlern in der DNA. Die Funktion dieser sogenannten „SOS-Reparatursysteme" beruht im Prinzip auf einer Reduktion der Genauigkeit der Replikation. Es gibt in *E. coli* zwei SOS-abhängige Systeme, die DNA-Schäden tolerieren können: Das eine System wird als „**Transläsionssynthese**" bezeichnet (engl. *translesion synthesis*, **TLS**); den zweiten Mechanismus haben wir schon als homologe Rekombinationsreparatur kennengelernt (▶ Abschn. 10.6.4). In beiden Mechanismen nimmt das **RecA-Protein** eine Schlüsselstellung ein: Bei der TLS aktiviert es über seine Protease-Aktivität die entsprechenden Enzymsysteme.

Der Protease-Aktivität von RecA sind wir bereits bei der UV-Induktion des lytischen Zyklus des Bakteriophagen λ begegnet. Diese Protease-Funktion wird durch UV-Bestrahlung aktiviert (▶ Abschn. 4.3.1). Normalerweise wird das SOS-Reparatursystem durch das LexA-Protein, ein Produkt des *lexA*-Gens, reprimiert. Wird das LexA-Protein jedoch durch die Aktivität der RecA-Protease, die nur auf bestimmte Proteine proteolytisch wirkt und nur durch Störungen in der DNA-Replikation induziert wird, abgebaut, kommt es zur Induktion des TLS-SOS-Reparatursystems. Dieses System schließt die Funktion der Gene *umuC*, *umuD* und *dinB* ein. Nach der Induktion des SOS-Reparaturmechanismus wird das UmuD-Protein synthetisiert; durch die Wirkung des RecA-Proteins werden die 24 N-terminalen Aminosäuren abgespalten (das verkürzte Protein wird als UmuD′ bezeichnet). Das UmuC-Protein ist eine DNA-Polymerase (*E. coli*-DNA-Polymerase V), die jedoch alleine nur sehr geringe Polymerase-Aktivität besitzt. Erst in Kombination mit UmuD′, RecA und SSB erlangt diese Polymerase ihre volle Aktivität, die 10- bis 100-fach höher ist als die der *E. coli*-DNA-Polymerasen I, II oder III (Holoenzym). Allerdings verfügen die UmuC/UmuD′-Komplexe über keine 3′→5′-*proofreading*-Exonuklease-Aktivität.

Neben dieser eigenen Polymerase-Aktivität üben UmuC und UmuD auch eine Kontrollfunktion auf die DNA-Polymerase III von *E. coli* aus, die dazu führt, dass die Replikationsgeschwindigkeit des normalen Replikationsenzyms im Falle von DNA-Defekten vermindert wird. Die Gene des *umuDC*-Operons nehmen damit zugleich eine Kontrollfunktion (engl. *checkpoint*) für DNA-Schäden wahr. Vergleichbare Gene für DNA-Polymerasen hat man auch bei Hefen (*REV1*, *REV3*, *REV7*) und beim Menschen gefunden.

Die Sequenzierung des menschlichen Genoms und vieler Modellorganismen führte in jüngerer Zeit zur Entdeckung vieler konservierter prokaryotischer und eukaryotischer Gene, die ortholog oder paralog zu den *E. coli*-Genen *dinB*, *umuC* und *umuD* sind. Die zugehörigen Proteine gehören zu einer ausgedehnten Superfamilie der Y-DNA-Polymerasen (Tab. 10.7), die sich von den bisher bekannten Polymerasen in vier Punkten unterscheiden:

- Sie haben eine 2- bis 4-fach höhere Fehlerrate, wenn sie an unbeschädigter DNA arbeiten.
- Sie haben keine 3′→5′-*proofreading*-Exonuklease-Aktivität.
- Ihre Aktivität ist auf wenige Basen beschränkt.
- Sie unterstützen einen Prozess, der die Verlängerung eines DNA-Strangs über eine Schadensstelle hinaus ermöglicht.

Das induzierbare SOS-Reparatursystem mit Transläsionssynthese ist bei *E. coli* eine physiologische Antwort auf DNA-Schäden, wenn sie nicht vor der Replikation repariert wurden. Im Mittelpunkt steht dabei die UmuDC-Polymerasen-Aktivität. Durch ausgedehnte Speziesvergleiche ist bekannt, dass dieses System in vielen Organismen vorkommt.

10.7 Ortsspezifische Mutationen

Im Gegensatz zu den zufälligen und ungerichteten Mutationsereignissen, die wir bisher in diesem Kapitel besprochen hatten, verfügt die moderne Genetik über verschiedene Möglichkeiten, gezielt in das Erbgut von Modellorganismen einzugreifen (Technikbox 11, Technikbox 17, Technikbox 26). Diese gentechnisch veränderten Organismen (Bakterien, Pilze, Pflanzen, Tiere) werden auch als „transgen" bezeichnet.

Die Herstellung transgener Organismen war und ist bis heute ein umstrittenes Thema. Nach der Forderung nach einem „Moratorium" für die Herstellung gentechnisch veränderter Organismen auf der Konferenz von Asilomar (1975) (▶ Abschn. 1.4) wurden in vielen Ländern Gentechnik-Gesetze verabschiedet, die das Arbeiten mit gentechnisch veränderten Organismen (GVOs) und

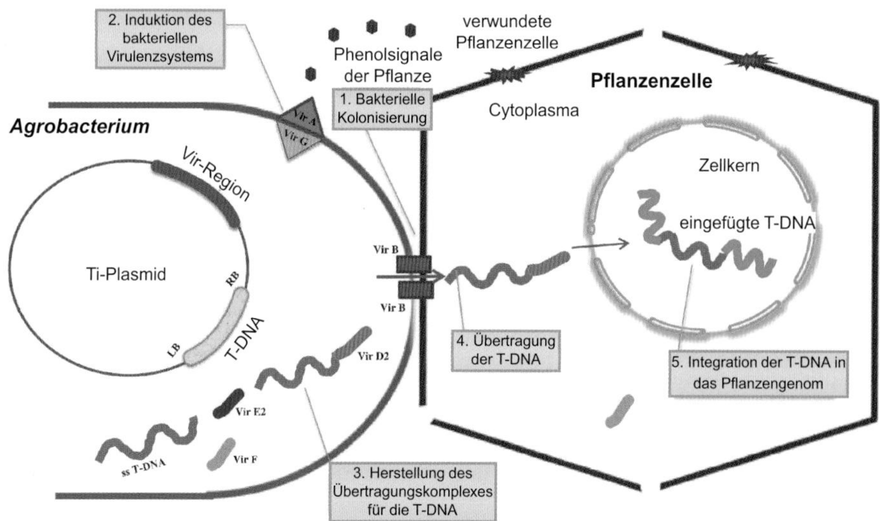

■ **Abb. 10.48** Mechanismus einer Transformation durch *Agrobacterium* in Pflanzen. Das Ti-Plasmid trägt dabei u. a. das für die Mobilisierung und den Transfer wichtige Fragment, die T-DNA (■ Abb. 4.12). Der Gentransfer durch *Agrobacterium* in eine Pflanze beinhaltet fünf wichtige Schritte: (1) eine Besiedelung der Pflanze durch Bakterien, (2) die Induktion des bakteriellen Virulenzsystems (Vir), (3) die Herstellung des T-RNA-Übertragungskomplexes, (4) die Übertragung der T-RNA und (5) die Integration der T-DNA in das Pflanzengenom. (Nach Mehrotra und Goyal 2012, mit freundlicher Genehmigung)

ihre Verbreitung regeln. In Deutschland gilt das Gentechnik-Gesetz (GenTG) seit 1990 (▶ www.gesetze-im-internet.de/gentg/BJNR110800990.html) und schreibt vor, dass gentechnische Verfahren nur in genehmigten Anlagen mit unterschiedlichen Sicherheitsstufen (S1–S4) durchgeführt werden dürfen und dass über die Versuche Aufzeichnungen zu führen sind. Ebenso ist im GenTG und den darauf aufbauenden Verordnungen geregelt, ob und wie GVOs freigesetzt und in Verkehr gebracht werden dürfen. Im Juli 2018 entschied der Europäische Gerichtshof, dass Organismen, deren Genom mit der CRISPR-Cas9-Methode (Technikbox 33) gezielt verändert wurde, ebenso als GVOs einzustufen sind und damit den Regularien des GenTG unterliegen. Im Folgenden sollen die Herstellung transgener Pflanzen und Tiere besprochen und mögliche Entwicklungstrends aufgezeigt werden.

10.7.1 Gentechnische Modifikationen von Pflanzen

In der pflanzlichen Gentechnik gibt es drei etablierte Methoden, DNA zu übertragen: durch Vektoren auf der Basis von *Agrobacterium tumefaciens*, die biolistische Transformation und die Protoplastentransformation. Wir wollen die verschiedenen Methoden im Folgenden kurz skizzieren.

Als Überträger der DNA wird häufig das **Bodenbakterium *Agrobacterium tumefaciens*** (▶ Abschn. 4.2.2) verwendet, das bei Pflanzen Tumoren verursacht. Dieses Bakterium besitzt ein Ti-Plasmid, auf dem die Tumor-induzierenden Eigenschaften codiert werden (■ Abb. 4.12). Ein kleiner Teil des Ti-Plasmids kann von *Agrobacterium* in zweikeimblättrige Pflanzen übertragen werden. Die ersten Arbeiten zur Übertragung einer fremden DNA (hier: Transposons *Tn5* und *Tn7*) durch *A. tumefaciens* wurden Ende der 1970er-Jahre durch Jozef S. **Schell** und Eugene W. **Nester** publiziert (Holsters et al. 1978; Garfinkel und Nester 1980), und schon wenige Jahre später wurden in grundlegenden Arbeiten von mehreren Forschergruppen Resistenzen gegen Antibiotika übertragen. Dabei wurde das Ti-Plasmid soweit modifiziert, dass es seine Tumor-induzierende Wirkung verloren hat. Seither wurde eine stetig wachsende Zahl von Pflanzen nahezu aller systematischen Gruppen erfolgreich transformiert.

Das Ti-Plasmid selbst ist über 200 kb groß und daher für Klonierungsarbeiten schwierig zu handhaben. Heute werden daher binäre Vektorsysteme verwendet, bei denen die Funktionen des Ti-Plasmids auf zwei Plasmide verteilt sind. Dabei trägt das „große" die Region, die für die Virulenz und damit die Übertragung der DNA in die Pflanzenzelle verantwortlich ist (Komplementationsgruppen *virA* bis *virG*). Das kleinere Plasmid enthält die Signalsequenzen, die zum Ausschneiden der später zu übertragenden DNA benötigt werden, und kann dazwischen Markergene zur Selektion und weitere erwünschte Gene enthalten. Dieses Plasmid kann in *E. coli*-Zellen vermehrt werden, sodass alle notwendigen Klonierungsarbeiten leicht durchführbar sind. Erst das fertige Plasmid muss dann in *A. tumefaciens*-Zellen übertragen werden, die bereits das größere Plasmid tragen. Einen schematischen Überblick dazu gibt ■ Abb. 10.48. Die Transformation selbst erfolgt dann an geeigneten Teilen der Pflanze (z. B. Blattstücken) oder auch an der ganzen Pflanze (z. B. *Arabidopsis*). Nach einer geeigneten Inkubationszeit mit den Agrobakterien werden diese mit Antibiotika abgetötet, die transformierten Pflanzenzellen selektioniert und mit Phytohormonen regeneriert. Nach 2 bis 6 Wochen bilden sich Spross und Kallus; wenn dann Blattstücke auf Medium ohne Phytohormone inkubiert werden, bilden sich nach weiteren 3 bis 6 Wochen Wurzeln, und es entsteht eine regenerierte transgene Pflanze.

Zur genetischen Veränderung stehen noch weitere Methoden zur Verfügung: 1985 wurde von Michael **Fromm** und seinen Kollegen die Transformation von

Maisprotoplasten beschrieben. Dabei wird die Zellwand durch Pektinasen (Abbau des Pektins) und Cellulasen (Abbau der Cellulose) abgebaut. Dadurch entstehen zellwandlose **Protoplasten**, die zur Stabilisierung in einem isoosmotischen Medium gehalten werden müssen. Für die Transformation in Protoplasten können einfache *E. coli*-Vektoren verwendet werden, die über ein Resistenzgen sowie einen pflanzenspezifischen Promotor und Terminator verfügen, zwischen die das gewünschte Gen kloniert werden kann. Die eigentliche Transformation der DNA erfolgt über Polyethylenglykol oder elektrische Depolarisierung (Elektroporation). Dieser Weg erscheint zwar zunächst einfacher, allerdings ist die Regeneration zur intakten Pflanze häufig schwierig, sodass die Anwendung dieser Methode eingeschränkt ist.

Seit 1987 wird außerdem die **biolistische Transformation** verwendet, bei der pflanzliche Zellen mit Gold- oder Wolframpartikeln beschossen werden, die DNA-beschichtet sind. Mit dieser Methode gelang die Transformation wichtiger einkeimblättriger Pflanzen (Reis: 1988, Mais: 1990, Weizen: 1992). Als Vektor wird ebenso wie bei der Protoplastentransformation ein einfaches *E. coli*-Plasmid verwendet.

Zur Herstellung transgener Pflanzen sind vor allem drei Transformationssysteme etabliert: Vektoren auf der Basis von *Agrobacterium tumefaciens*, die Protoplastentransformation und die biolistische Transformation.

Die modernen Methoden des Genomeditierens (engl. *genome editing*) mit der CRISPR-Cas-9-Methode (Technikbox 33) haben auch in der molekularen Pflanzengenetik breite Anwendungen gefunden. Die CRISPR-Reagenzien wie das *Cas9*-Gen und die *guide*-RNA (gRNA) werden üblicherweise durch *Agrobacterium* oder biolistisch auf die Pflanze übertragen und an zufälligen Stellen in das Pflanzengenom integriert. Das Pflanzengenom wird so lange kontinuierlich editiert (und zwar an den Zielsequenzen als auch unspezifisch), wie die *Cas9*- und gRNA-Gene aktiv sind, d. h. während der zellulären Differenzierung, Regeneration der Pflanze und in den folgenden Generationen der Pflanze. Üblicherweise ist der Ort der Integration von dem Ort der Wirkung der Nukleasen verschieden, sodass durch spätere Zuchtverfahren die inserierten *Cas9*- und gRNA-Gene eliminiert werden können. In der notwendigen Transformation des Pflanzengenoms liegt ein grundlegender Unterschied zur Anwendung von CRISPR-Cas-9 in Tieren, wo üblicherweise die CRISPR-Reagenzien als mRNA in die Zellen injiziert werden und so ein kontinuierliches Editieren des Genoms vermieden wird. Für eine ausführliche Darstellung der Methoden und der Sicherheitsaspekte sei auf die Arbeiten von Ahmad und Mukhtar (2017) sowie von Wolt (2017) verwiesen.

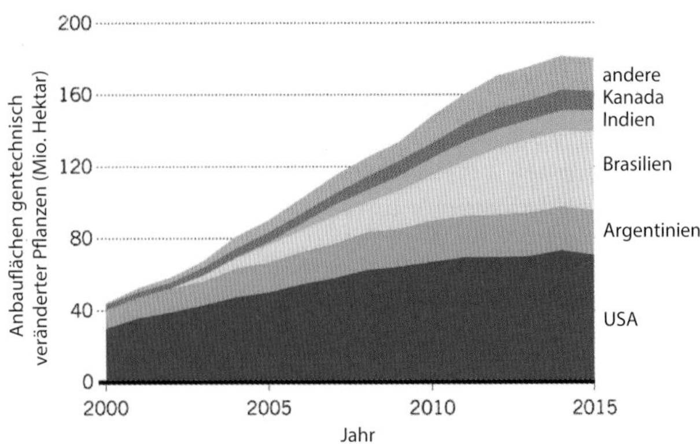

Abb. 10.49 Zunahme globaler Anbauflächen gentechnisch veränderter Kulturpflanzen von 2000 bis 2015. (Nach Ledford 2016, mit freundlicher Genehmigung)

Das **Anwendungsspektrum** transgener Pflanzen ist breit: So gibt es Bemühungen, die Erträge einzelner Pflanzen zu steigern, die Pflanzen resistent gegen Schädlinge zu machen oder gegen Unkrautvernichtungsmittel, um so die Unkrautbekämpfung zu erleichtern. 1985 wurden erstmals transgene Pflanzen beschrieben, denen **Resistenzen gegen ein Herbizid** verliehen worden waren. Mit der Generierung **insektenresistenter Tabak- und Tomatenpflanzen** wurde 1987 ein weiterer wichtiger Schritt in der pflanzlichen Gentechnik gemacht. Ein anderes bedeutendes Ereignis war 1988 die Kontrolle der Fruchtreife bei Tomaten, die ab 1994 als erstes gentechnisch verändertes Nahrungsmittel kommerziell erhältlich war; diese Tomate konnte sich aber am Markt nicht durchsetzen.

Pflanzen können auch zur gezielten Herstellung von Bioprodukten verwendet werden. Dazu können nicht nur die Kohlenhydrat- oder Fettsäurenzusammensetzungen geändert werden (z. B. Raps als „Biodiesel"). Es wurde auch bei der Tollkirsche die Alkaloidzusammensetzung verändert (1992), sodass Pflanzen auch für die Gewinnung von Arzneimitteln herangezogen werden können. Weitere Überlegungen sind, Pflanzen mit ganz neuen Eigenschaften als Bioreaktoren zur Herstellung nachwachsender Rohstoffe zu verwenden, nachdem bereits 1992 Pflanzen vorgestellt wurden, die bioabbaubaren Kunststoff synthetisieren.

Der kommerzielle Anbau von transgenen Nutzpflanzen in der Landwirtschaft ist seit 1996 kontinuierlich gestiegen, er betrug weltweit im Jahr 2013 über 175 Mio. Hektar (Abb. 10.49) – das sind etwa 11 % der gesamten Ackerfläche weltweit. In der Europäischen Union werden transgene Pflanzen vor allem in Spanien, Portugal, Rumänien, der Slowakei und der Tschechischen Republik angebaut (James 2013).

Ein wichtiges Produkt unter den gentechnisch veränderten Nutzpflanzen ist Bt-Mais, der ein Gen des Bakteriums ***Bacillus thuringiensis*** enthält. Dieses Gen codiert

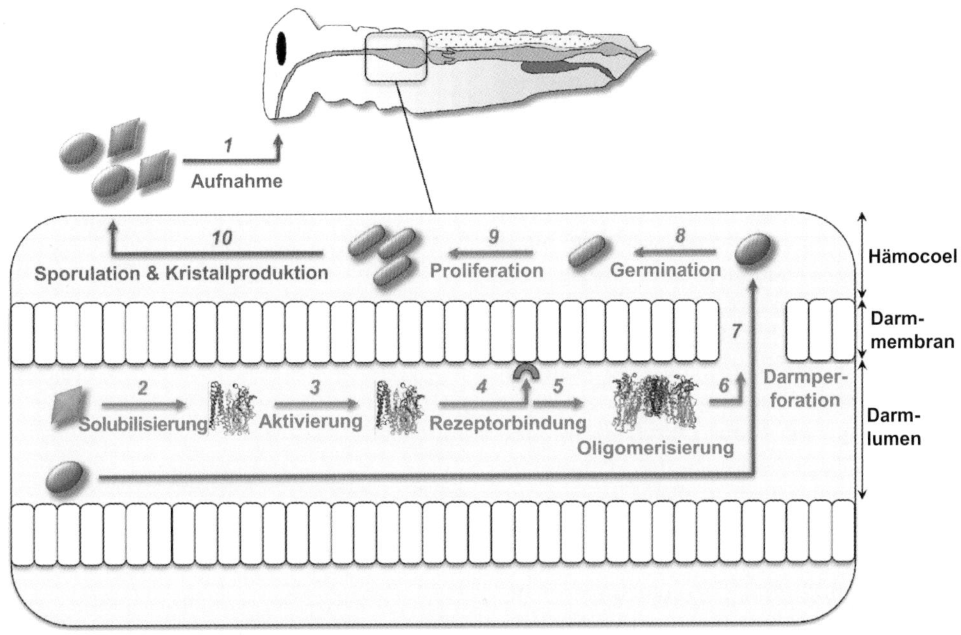

■ **Abb. 10.50** Wirkungsweise des Cry1A-Toxins in der Larve des Tabakschwärmers. (1) Die Larve nimmt das Cry1A-Protein mit der Nahrung auf (*lila*). (2) Aufgrund des hohen pH-Wertes im Mitteldarm wird das zunächst kristalline Protein (*grün*) löslich. (3) Durch Proteasen wird das Protein gespalten, sodass das toxische Fragment 3D-Cry1A entsteht (Aktivierung). (4) Das monomere 3D-Cry1A bindet an Aminopeptidasen bzw. alkalische Phosphatasen, die über Glykosylphosphatidylinositol (GPI) in der Membran verankert sind (Rezeptorbindung). (5) Bildung von Oligomeren. (6) Einbau der Cry1A-Oligomere in die Membran und Ausbildung von Poren, was zur Perforation des Darms führt. (7) Sporen (*blau*) können beim Durchtritt durch den zerstörten Darm die Hämolymphe erreichen. (8) Sie können auskeimen. (9) Die Bakterien (*orange*) proliferieren. (10) Die Abnahme des Nährstoffangebots löst die Sporulation und die Bildung der toxischen Kristalle (*lila*) aus. (Nach Tetreau 2018, CC-by 4.0, ► http://creativecommons.org/licenses/by/4.0/)

für ein kristallines Protein (Gensymbol *cry*), das auf Larven einiger Insekten, Schmetterlinge und Zweiflügler als Gift wirkt. Es soll damit einen wirksamen Schutz gegen Schädlinge wie den Maiszünsler (*Ostrinia nubilalis*) bieten und die Anwendung entsprechender versprühter Insektizide überflüssig machen. Wir kennen heute eine Vielzahl von *cry*-Genen, die sich hinsichtlich der Spezifität ihrer toxischen Wirkung unterscheiden: Die *cryI*-Gene codieren für Proteine, die auf Schmetterlinge (Lepidoptera) giftig wirken, *cryII*-Genprodukte sind für Schmetterlinge und Zweiflügler (Diptera) giftig, *cryIII* codiert für Toxine gegen Käfer (Coleoptera), und *cryIV*-Genprodukte sind für Zweiflügler giftig. Außer in gentechnisch verändertem Mais wurden verschiedene *cry*-Gene auch in Baumwolle, Kartoffeln und Reis eingeführt. Derart veränderte Maisarten wurden im Jahr 2013 weltweit auf 56,6 Mio. Hektar Ackerland angebaut (James 2013). Gentechnisch veränderter Mais ist die einzige Nutzpflanze, die auch in Europa angebaut werden darf, hauptsächlich in Spanien (107.749 ha), Portugal (8017 ha), in der Tschechischen Republik (997 ha), in der Slowakei (104 ha) und in Rumänien (2,5 ha) (Daten von 2015; de Santis et al. 2018). In der öffentlichen Diskussion ist vor allem die Spezifität der Toxinwirkung umstritten sowie mögliche Resistenzentwicklungen bei den Schädlingen und die Entwicklung von Allergien beim Verbraucher; eine aktuelle Übersicht über Bt-Toxine findet sich bei Tetreau (2018).

Die Wirtsspezifität eines Bt-Toxins entsteht dabei durch dessen Bindung an Oberflächenproteine in den Mikrovilli des Mitteldarms der Larven von Schmetterlingen (Lepidoptera), Zweiflüglern (Diptera) und Käfern (Coleoptera). Bei diesen Oberflächenproteinen handelt es sich im Wesentlichen um Cadherin-ähnliche Proteine oder um Aminopeptidasen bzw. alkalische Phosphatasen, die über Glykosylphosphatidylinositol (GPI) in der Membran verankert sind. In der transgenen Maissorte MON810 der früheren Firma Monsanto wird das *Cry1Ab*-Gen verwendet; es bindet an die Cadherine der Larven von mindestens sechs Schmetterlingsspezies: der Tabakschwärmer (*Manduca sexta*), der Seidenspinner (*Bombyx mori*), der Amerikanischen Tabakeule (*Heliothis virescens*), der Baumwoll-Kapseleule (*Helicoverpa armigera*), des Roten Baumwollkapselwurms (*Pectinophora gossypiella*) und des Maiszünslers (*Ostrinia nubilalis*). Durch Proteasen des Insekts wird das Cry1Ab-Protein in das eigentlich toxische Protein gespalten, das aus drei Domänen besteht („3D-Cry-Toxin-Familie"): Die Domäne 1 ist ein Bündel aus sieben α-Helices, die für die Einbettung in die Membran, für die Oligomerisierung des Toxins und für die Porenbildung verantwortlich ist. Die Domänen 2 und 3 enthalten drei (bzw. zwei) antiparallele β-Faltblätter, die für die Wirtsspezifität verantwortlich sind. Durch die Bindung des 3D-Toxins an die Cadherine wird die Bildung von cAMP stimuliert, das

10

dann wiederum die Proteinkinase A aktiviert, sodass damit der Zelltod herbeigeführt wird. Eine schematische Darstellung der Wirkungsweise des Cry1A-Toxins zeigt ◘ Abb. 10.50.

Ein Problem beim Anbau gentechnisch veränderter Pflanzen ist ihre Interaktion mit der Umwelt. Pollen werden von Wind und Insekten weiterverbreitet, sodass eine vollständige Beschränkung auf die Anbaufläche nicht möglich ist. Bei einer Untersuchung einer transgenen, herbizidresistenten Winterraps-Sorte wurden transgene Pollen trotz eines 8 m breiten Streifens von nicht-transgenen Rapspflanzen um das betroffene Feld noch im Umkreis von 200 m nachgewiesen; in Einzelfällen sogar bis in einer Entfernung von 4 km. Durch diese Ausbreitung kann es auch zu Kreuzungen mit verwandten Wildarten kommen und dabei auch zu einer Übertragung der Herbizidresistenz, was die Handhabung deutlich erschwert. In Untersuchungen zur Pollenverbreitung von transgenen Rapssamen und ihren Auskreuzungen wurden überraschend hohe Auskreuzungsraten von 0,26 % in Sareptasenf gefunden. Die Bastarde entwickelten sich gut, bildeten aber keine vermehrungsfähigen Samen. Aber auch das Ausfallen von Samen der transgenen Pflanzen selbst bei der Ernte kann zum Überdauern der Pflanzen beitragen. Das Überdauerungsvermögen ist vom Genotyp der Pflanze und der Art der Bodenbearbeitung abhängig. Diese Fragen werden uns sicherlich in den nächsten Jahren weiter beschäftigen, wenn immer mehr transgene Pflanzen kommerziell eingesetzt werden; eine interessante Zusammenfassung der Bedeutung von Genfluss, Invasivität und die ökologische Bedeutung gentechnisch veränderter Pflanzen findet sich bei Warwick et al. (2009) sowie bei Hellmich und Hellmich (2012).

Mit der weiteren Zunahme der Verwendung von Bt-Mais gewinnt das Resistenzproblem zunehmend an Bedeutung. Theoretisch kann Resistenz bei jedem der in ◘ Abb. 10.50 gezeigten Schritte auftreten. Laborexperimente haben gezeigt, dass dies auch geschieht. Die Mutationen betreffen vor allem Gene für die Rezeptoren von Cry1A und die Aktivitäten der beteiligten Proteasen. Je nach Typ der Modifikation sinkt damit die Empfindlichkeit der Larven gegenüber Cry1A um bis zum 10.000-fachen. Eine detaillierte Beschreibung dieser verschiedenen Resistenzmöglichkeiten findet sich bei Pardo-López et al. (2013). Ähnlich wie bei der zunehmenden Resistenz gegen Antibiotika wird ein Ausweichen auf andere *Cry*-Gene diskutiert (Chattopadhyay und Banerjee 2018).

Der Anbau gentechnisch veränderter Nutzpflanzen steigt global deutlich an. Dabei wird es zunehmend wichtiger, die Verbreitung gentechnisch veränderter Pflanzen auf den unmittelbaren Bereich der Anwendung zu beschränken. Andererseits entwickeln die Schädlinge unter dem entsprechenden Selektionsdruck zunehmend Abwehrmechanismen.

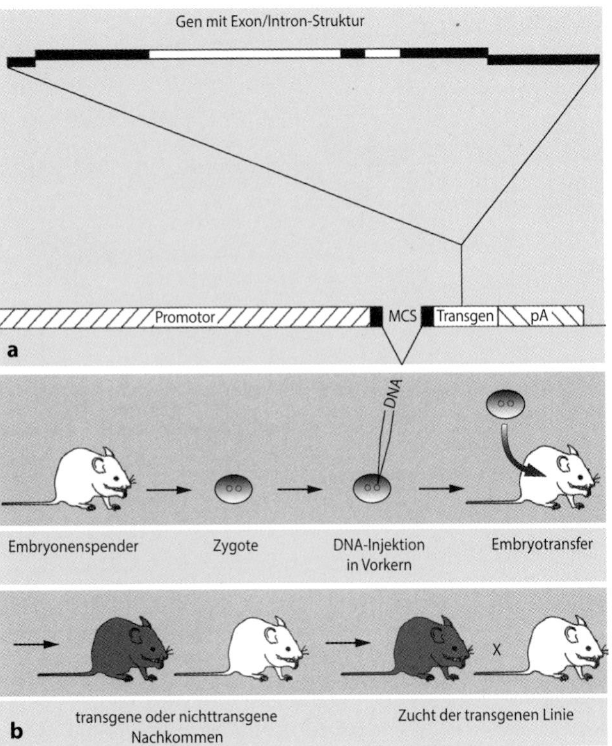

◘ **Abb. 10.51** Transgene Mäuse. **a** Bei dem Vektor für die Vorkerninjektion ist es wichtig, dass neben den codierenden Sequenzen ein Promotor vorhanden ist. Üblicherweise kloniert man die zu untersuchende Sequenz in einen Bereich, der viele Restriktionsschnittstellen aufweist (engl. *multiple cloning site*, MCS). Außerdem ist am 3′-Ende eine Poly(A)-Region (pA) notwendig. **b** Zur Erzeugung der transgenen Maus werden aus einem Spendertier nach Superovulation befruchtete Eizellen im Ein-Zell-Stadium entnommen. Die DNA (aus **a**) wird in einen der beiden sichtbaren Vorkerne injiziert und die Zygoten danach in den Eileiter einer scheinträchtigen Maus transferiert. Mit den transgenen Tieren kann eine Zucht aufgebaut werden. (Nach Schenkel 2006, mit freundlicher Genehmigung)

10.7.2 Gentechnische Modifikationen von Tieren

Der Transfer von DNA in Tiere unterscheidet sich von dem in Pflanzen vor allem in zweierlei Hinsicht: Da Tiere keine vegetative Form der Fortpflanzung kennen, muss der Transfer die Keimzellen erreichen, um in der nächsten Generation wirksam zu werden. Zum anderen sind Zellkulturtechniken bei tierischen Zellen leichter zu handhaben, da die aufwendigen Vorbereitungen zum Verdauen der Zellwände wegfallen. Von daher ist es nicht verwunderlich, dass die ersten transgenen Tiere vor transgenen Pflanzen hergestellt wurden (*Drosophila*: Spradling und Rubin 1982; Maus: Palmiter et al. 1982).

Einige wesentliche Aspekte der Herstellung transgener Tiere sollen am Beispiel der Maus besprochen werden.

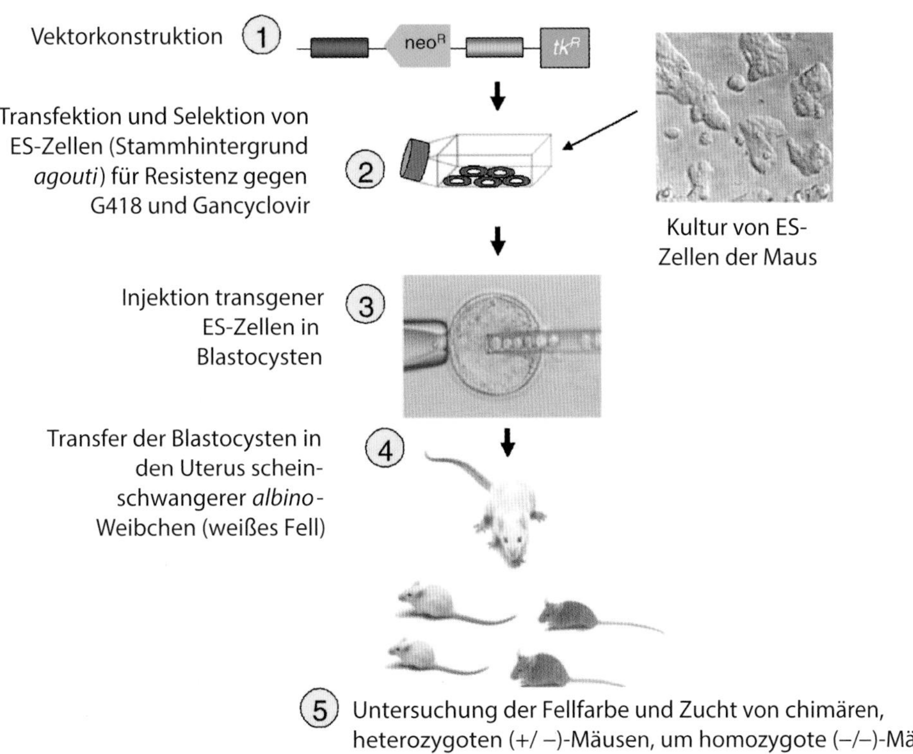

Abb. 10.52 Spezifische Geninaktivierung in der Maus. (1) Für die homologe Rekombination wird ein Vektor konstruiert, der in seinen Intron-Exon-Strukturen und flankierenden Regionen komplementär zum Chromosom ist. Um ein Gen gezielt auszuschalten (engl. *knockout*), wird eine positive Selektionskassette (hier: neo^R) in ein Exon kloniert; die Behandlung mit G418 überleben nur die Zellen, die den Vektor integriert haben. Die negative Selektionskassette (hier tk^R) befindet sich außerhalb des Homologiebereichs. Zellen, die dennoch das tk^R-Gen enthalten, überleben die Behandlung mit Gancyclovir nicht. (2) Der Vektor wird in embryonale Stammzellen (ES-Zellen; Stammhintergrund 129/Sv [*agouti*]: gelbe Pigmentierung auf schwarzem oder braunem Fellhintergrund) transfiziert. Findet eine Rekombination zwischen dem Vektor und der genomischen DNA der Wirtszelle statt, so erhält man ein Exon, das zusätzlich die positive Selektionskassette enthält; die tk^R-Kassette geht dagegen bei der Rekombination verloren. Nach einem Selektionsschritt werden Klone gepickt und mit PCR oder Southern-Blot auf homolog rekombinierte Produkte untersucht. (3) Die rekombinanten ES-Zellklone werden in Blastocysten injiziert, die aus C57BL/6-Mäusen stammen (Fellfarbe schwarz), die dann (4) in scheinschwangere Mäuse übertragen werden (CD1-Auszuchtmäuse [*albino*]: Fellfarbe weiß), um chimäre Mäuse zu generieren. (5) Die Chimären werden mit C57BL/6-Mäusen gekreuzt, um Keimbahntransmission zu erhalten. (Nach Belizário et al. 2012, mit freundlicher Genehmigung)

Dabei werden zwei Wege grundsätzlich unterschieden: das **Einbringen eines zusätzlichen Gens durch zufällige Integration**, ohne das Genom gezielt zu verändern (durch Vorkerninjektion in die befruchtete Eizelle; Abb. 10.51; Technikbox 26), und das **gezielte Verändern (oder Ausschalten) eines Gens durch homologe Rekombination** (in embryonalen Stammzellen mit nachfolgender Übertragung in die Blastocyste; Technikbox 27).

Eine dritte Methode der DNA-Übertragung soll nur kurz angedeutet werden: der somatische Kerntransfer. Dabei werden Zellkerne aus embryonalen oder adulten Körperzellen in kernlose Oocyten übertragen. Diese Methode war in der Entwicklungsbiologie schon lange etabliert (Abb. 12.57) und erlaubt prinzipiell das „Klonen“ eines Organismus, ohne dass dabei veränderte DNA eingesetzt wird (dies ist erst durch Kombination mit einer der beiden anderen Methoden möglich). Im ersten spektakulären Experiment an Säugern wurde einem Schaf aus einer Milchdrüsen-Epithelzelle der Zellkern entnommen und in eine kernlose Oocyte injiziert. Das entstandene Klonschaf Dolly (Abb. 12.58) bekam mehrere Nachkommen, alterte aber früh und musste eingeschläfert werden.

Da die spezifische Veränderung genetischer Information über homologe Rekombination bei der Maus ein komplexes Verfahren mit vielen Möglichkeiten darstellt (wegen seiner Zielgenauigkeit wird es im Englischen auch als *gene targeting* bezeichnet), wollen wir es etwas genauer betrachten. Hierzu werden zunächst Zellen aus frühen Embryonalstadien (z. B. Blastocysten) gewonnen und als pluripotente Zelllinien etabliert (embryonale Stammzellen, Abk.: ES-Zellen; ▶ Abschn. 12.7.2). Diese Zelllinien sind inzwischen für viele Mausstämme etabliert. Die ES-Zellen können wie in einer normalen Zellkultur mit Vektoren transfiziert werden, die in *E. coli* kloniert werden. Der Vektor enthält dabei das veränderte Gen mit

34-bp-*loxP*-Sequenz

ATAACTTCGTATA-GCATACAT-TATACGAAGTTAT

TATTGAAGCATAT-CGTATGTA-ATATGCTTCAATA

34-bp-*loxP*-Sequenz

Cre

Rekombination in *cis*

a

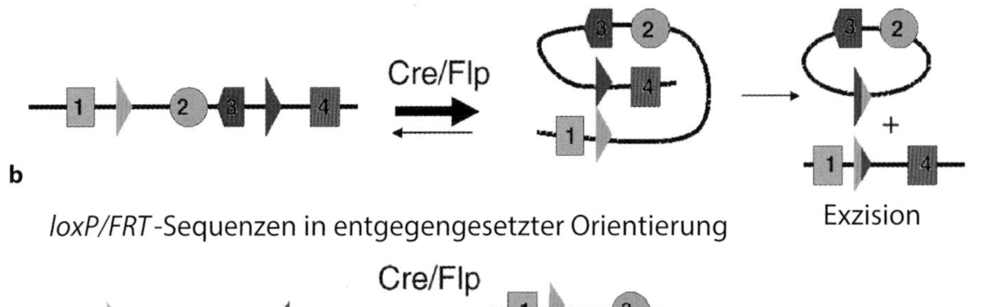

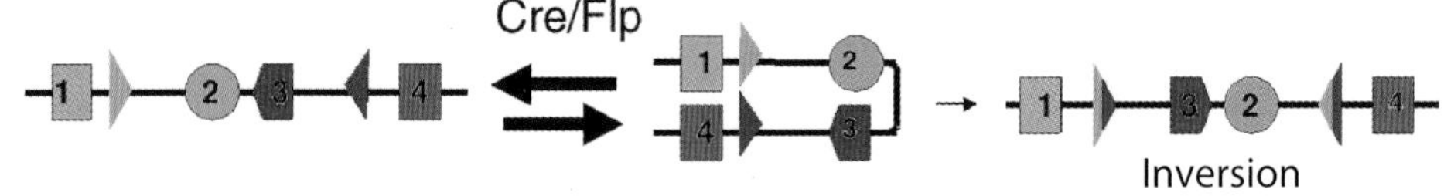

▪ Abb. 10.53 Konditionale Mutagenese in der Maus. **a** Die *loxP*-Sequenz (symbolisiert durch *hell-* bzw. *dunkelblaue Dreiecke*) besteht aus zwei 13 bp langen Wiederholungseinheiten und einem dazwischenliegenden 8 bp umfassenden Zentralelement. Die beiden Wiederholungseinheiten erlauben die Bindung der Cre-Rekombinase. Da die Zentraleinheit asymmetrisch ist, ergibt sich daraus die Orientierung des Abschnitts (angedeutet durch die *Spitze der Dreiecke*). Die *FRT*-Sequenz (die von der Flp-Rekombinase erkannt wird) ist entsprechend aufgebaut. Abhängig von der jeweiligen Position der *loxP*- bzw. der *FRT*-Sequenzen zueinander, sind verschiedene Rekombinationen desselben DNA-Moleküls möglich (angedeutet durch das *Kreuz* und die verschiedenen *Farbkombinationen der Dreiecke*), was als „Rekombination in *cis*" bezeichnet wird. **b** Im dargestellten Beispiel befinden sich zwei *loxP*-Sequenzen in derselben Orientierung in zwei Introns eines Gens, das aus vier Exons besteht. Die Cre-Rekombinase bewirkt das Ausschneiden des dazwischenliegenden DNA-Abschnitts (Exon 2 [*grün*] und Exon 3 [*rot*]); dabei bleibt ein *loxP*-Element zurück, das aus je einer Hälfte der beiden ursprünglichen *loxP*-Sequenzen besteht. Dieses Verfahren wird häufig angewendet, um konditionale Null-Allele herzustellen. **c** Wenn dagegen die beiden *loxP*-Sequenzen antiparallel angeordnet sind, bewirkt die Cre-Rekombinase eine Inversion, die dazu führt, dass die dazwischenliegende DNA (Exon 2 [*grün*] und Exon 3 [*rot*]) nicht ausgeschnitten und verworfen wird, sondern in der umgekehrten Richtung (Inversion) wieder eingebaut wird. (Nach Belizário et al. 2012, mit freundlicher Genehmigung)

flankierenden genomischen Sequenzen, um später eine homologe Rekombination (▶ Abschn. 6.3.3) zu ermöglichen. In der Regel wird nur eine spezifische Funktion des Zielgens verändert (z. B. Einführung eines Stoppcodons nach dem ersten Exon). Ein typischer Vektor ist in ▪ Abb. 10.52 (Schritt 1) dargestellt. Eine homologe Rekombination tritt nach der Transfektion einer Zelle nur mit sehr geringer Frequenz auf (10^{-6}–10^{-9}); deshalb müssen solche Zellen selektioniert werden können, in denen eine Rekombination tatsächlich stattgefunden hat. Die entsprechend identifizierten und angereicherten Zellen werden dann in Blastocysten einer anderen Linie injiziert. Nach dem Austragen durch eine Amme erhält man Mosaike (▪ Abb. 8.28), da nur manche Zellen der Maus Nachkommen der übertragenen ES-Zelle sind. Nur wenn sich aus den übertragenen ES-Zellen auch Keimzellen entwickelt haben, besteht die Möglichkeit, die Linie stabil zu etablieren. Das Verfahren ist in ▪ Abb. 10.52 schematisch dargestellt; für weitere Details siehe Technikbox 27.

❀ Die ersten Arbeiten zur Etablierung dieser Technik wurden in den 1980er-Jahren durchgeführt; 1987 erschien in der Zeitschrift *Cell* die erste Arbeit, die über das gezielte Ausschalten eines Gens in der Maus berichtete, das *Hprt*-Gen (codiert für das Enzym Hypoxanthin-Phosphoribosyl-Transferase 1; Mutationen beim Menschen sind ursächlich für das Lesch-Nyhan-Syndrom). Am Ende des Artikels schreiben die Autoren (Kirk R. Thomas und Mario R. Capecchi 1987) einfach: „Das hier beschriebene Protokoll könnte für gezielte Mutationen in jedem Gen benutzt werden." So ist es gekommen, und 20 Jahre später wurden Mario R. **Capecchi**, Martin J. **Evans** und Oliver **Smithies** für die Vorarbeiten, die zu diesem Durchbruch geführt haben, mit dem Nobelpreis für Medizin ausgezeichnet.

Beide Methoden sind in den letzten Jahren wesentlich ausgebaut und verfeinert worden. So lassen sich über Vorkerninjektion beispielsweise auch Reportergene einbringen (z. B. das Gen für das grün fluoreszierende Protein, GFP; Technikbox 34) oder RNA-Gene zur Inaktivierung definierter Zielsequenzen (RNAi, siRNA; ▶ Abschn. 8.2).

Besonders interessant ist die gewebespezifische Expression der Cre-Rekombinase des Phagen P1 (engl. *causes recombination*, Cre; ◼ Abb. 4.24). Durch die Aktivität der Cre-Rekombinase wird aus genomischer DNA ein Abschnitt dauerhaft entfernt, der durch *loxP*-Sequenzen flankiert ist (engl. *locus of cross-over (x)* des Phagen P1; *loxP*). Diese *loxP*-Stellen können natürlich in einen Vektor so eingefügt werden, dass sie eine Wunschsequenz flankieren (z. B. das erste Exon); im Laborjargon spricht man dann von „gefloxten Genen". Durch Kreuzung einer transgenen Maus, die die Cre-Rekombinase unter der Kontrolle eines spezifischen Promotors gewebespezifisch exprimiert, mit einer Maus, die *loxP*-flankierte Elemente enthält, wird in den Hybriden die mit *loxP*-flankierte Stelle nur in dem Gewebe entfernt, das die Cre-Rekombinase exprimiert („konditionale Mutagenese"). Dies erlaubt die Untersuchung von Mutanten, bei denen das Ausschalten einer Genfunktion im gesamten Organismus letal ist.

Der Methodenkasten der Mausgenetiker enthält jedoch noch weitere ortsspezifische Rekombinasen, um so für das Herausschneiden jeder Kassette eine eigene, spezifisch induzierbare Rekombinase zu erhalten. Eine davon ist die Flp-Rekombinase aus Hefe, die Genomfragmente entfernt, die durch FRT-Stellen flankiert sind (engl. *Flp recombinase target*). Diese Methoden sind schematisch in ◼ Abb. 10.53 dargestellt.

Einen Quantensprung in der gezielten Veränderung des Genoms stellen die Entwicklungen von Nukleasen dar, die sequenzspezifisch einen Doppelstrangbruch einführen; durch die Ausnutzung verschiedener Reparaturmechanismen (homologe Rekombination, ▶ Abschn. 10.6.4, bzw. nicht-homologe Verbindung freier DNA-Enden, ▶ Abschn. 10.6.5) können verschiedene Mutationen induziert werden. In einem modularen Aufbau wird der sequenzspezifische, N-terminale Teil der *Fok*I-Nuklease durch Elemente ersetzt, die die Bindung an jede gewünschte DNA-Sequenz ermöglichen; der C-Terminus der *Fok*I-Nuklease schneidet die DNA dann an der gewünschten Stelle. Zunächst wurden „Zinkfinger-Nukleasen" entwickelt, wobei wenige Aminosäuren in einem Zinkfinger (◼ Abb. 7.19) für die spezifische Bindung an etwa drei Basen verantwortlich sind. Eine neuere Entwicklung sind TALENs (engl. *transcription activator-like effector nucleases*) – hier ist das Design der sequenzspezifischen DNA-Bindemodule wesentlich einfacher als bei den Zinkfinger-Nukleasen; die Verknüpfung mit der *Fok*I-Nuklease ist jedoch gleich geblieben. Das neueste System zum Editieren von Genomen ist das CRISPR-Cas9-System; es ist in seinen Grundzügen einfacher als das TALENs-System. Es basiert auf einem bakteriellen Immunsystem gegenüber fremder DNA (▶ Abschn. 9.1.1), die durch einen RNA-gesteuerten Mechanismus gespalten wird (CRISPR, engl. *clustered regularly interspaced short palindromic repeats*). Das CRISPR-assoziierte Protein 9 (Cas9) besitzt eine Nuklease-Aktivität und schneidet die DNA an der gewünschten Stelle; die Reparatur des Doppelstrangbruchs erfolgt dann nach den bereits beschriebenen Mechanismen.
Die entsprechenden DNA- und/oder RNA-Fragmente, die für die Zinkfinger-Nukleasen, für TALENs oder für CRISPR-Cas9 codieren, werden in den Vorkern frisch befruchteter Eizellen injiziert; diese Eizellen werden dann in „Leihmütter" implantiert und die Nachkommen auf das Vorliegen der gewünschten Mutation untersucht. Diese Methoden können bei vielen Modellorganismen (Fliege, Zebrafisch, Frosch, Ratte, Maus) genauso eingesetzt werden wie bei Nutztieren, z. B. bei Schweinen und Rindern. Eine sehr detaillierte Darstellung der Methoden und ihrer möglichen Anwendungen in der Zukunft findet sich bei Joung und Sander (2013). Es zeichnet sich aber ab, dass vor allem das CRISPR-Cas9-System aufgrund seiner einfachen Handhabung die Genetik auf allen Feldern revolutionieren wird (Doudna und Charpentier 2014); diese beiden Entdeckerinnen des Systems erhielten 2020 den Nobelpreis für Chemie. Alle drei Systeme sind in der Technikbox 33 genauer beschrieben.

Wir haben gesehen, dass die Herstellung transgener Mäuse inzwischen in vielen Laboren etabliert ist – es kommt aber auch darauf an, diese Mutanten für die Nachwelt zu erhalten. Darum bemühen sich zwei Labore besonders um die Archivierung der Mutanten: in Europa das Europäische Mausmutanten-Archiv (EMMA: ▶ https://www.infrafrontier.eu) und in den USA das Jackson-Labor (▶ https://www.jax.org/). Von dort können viele wichtige Mausmutanten (auch Knockout-Mutanten) bezogen werden. Allerdings ist aus vielen Gründen die Maus nicht immer der geeignete Modellorganismus. Daher werden auch an anderen Tieren entsprechende Verfahren etabliert; im wissenschaftlichen Bereich betrifft das in erster Linie die Ratte (für eine schnelle Orientierung hilft ein Blick in die Rattengenom-Datenbank: ▶ https://rgd.mcw.edu/).

Aber auch in der Tierzucht wird versucht, bei Schafen, Rindern und Schweinen mithilfe der Gentechnik neue Zuchtziele zu erreichen bzw. die Ursachen für die Anfälligkeit für bestimmte Krankheiten (z. B. Scrapie beim Schaf und BSE bei Rindern) zu charakterisieren, um sie schließlich vermeiden zu können. Allein beim Schwein verursachen genetisch bedingte Erkrankungen einen Verlust von etwa 30 Mio. € pro Jahr. Eine wichtige Motivation für eine genbasierte Zucht ist auch der Tierschutzgedanke, der nicht nur „Qualzuchten" verbietet, sondern auch über die Erkennung von Genvarianten, die die Widerstandskraft gegenüber Infektionen beeinflussen, die Züchtung resistenter oder weniger anfälliger Tiere ermöglichen will. Langfristig gewinnt allerdings

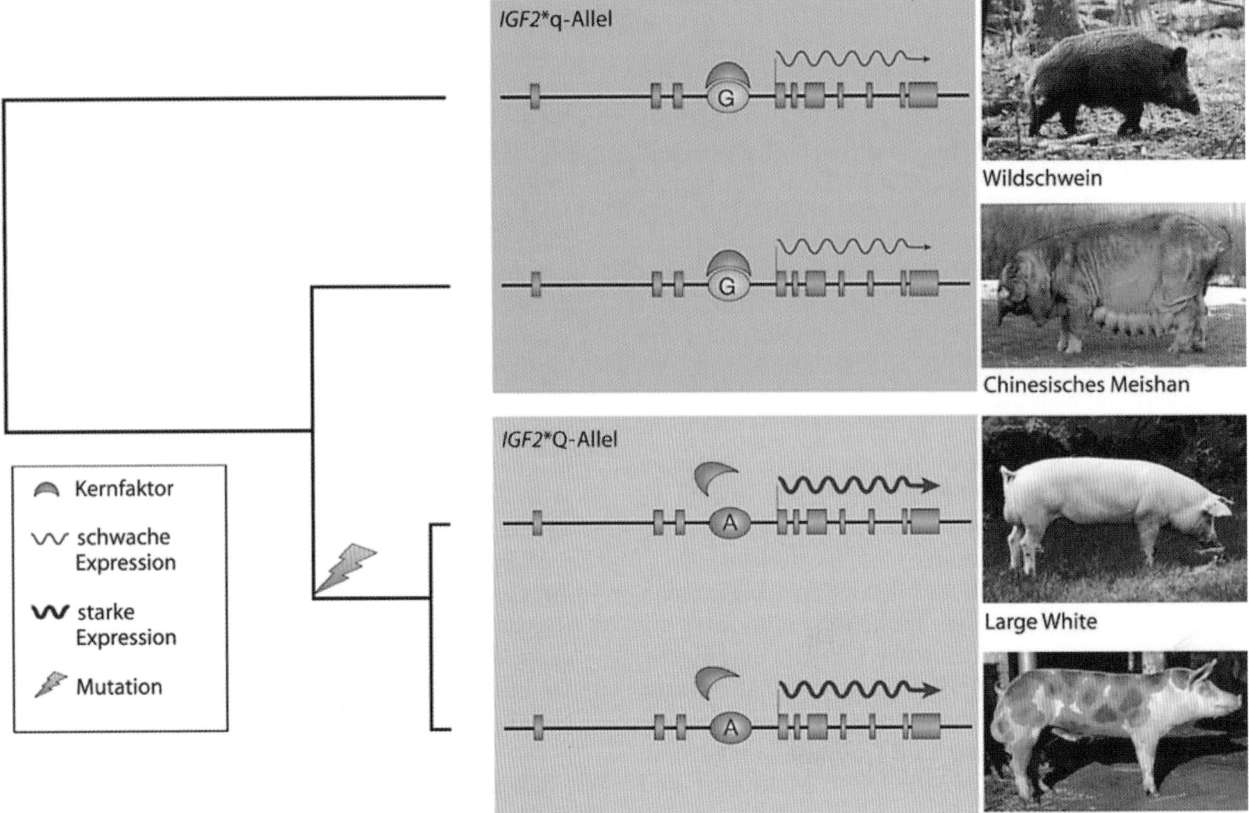

10

Abb. 10.54 Das *IGF2*-Gen und quantitative Merkmale beim Schwein. Die beobachteten Unterschiede zwischen den verschiedenen Schweinen (höhere Muskularität, weniger Rückenfett und ein größeres Herz bei den Hausschweinen) können auf einen Nukleotidaustausch (G→A) im Intron 3 des *IGF2*-Gens zurückgeführt werden: Diese Mutation hat keinen Einfluss auf die genetische Prägung des *IGF2*-Gens und verändert auch nicht die Methylierung dieser Region, die im Skelettmuskel untermethyliert ist. Die Wildtyp-Sequenz bindet einen Kernfaktor; diese Wechselwirkung wird durch die Mutation und durch Methylierung beseitigt. Aus Transfektionsanalysen ist bekannt, dass diese Intronsequenz als Silencer wirkt, wohingegen diese Wirkung der mutierten Sequenz signifikant schwächer ist. Schließlich ist die Expression von *IGF2* postnatal im Skelett- und Herzmuskel etwa dreimal höher, bleibt dagegen unverändert in der Leber und den pränatalen Stadien der Muskeln. Diese Ergebnisse erklären die phänotypischen Befunde: Das *IGF2**Q-Allel ist mit hohem Muskelwachstum und einem vergrößerten Herzen verbunden, hat aber keinen Einfluss auf das Geburtsgewicht oder die Leber. Damit ist der *IGF2*-QTL für die Schweinezucht besonders interessant, da er nur das Muskelwachstum nach der Geburt beeinflusst, nicht aber das Geburtsgewicht. (Nach Andersson und Georges 2004, mit freundlicher Genehmigung)

die Suche nach wirtschaftlich interessanten Genen immer mehr an Bedeutung: Dabei geht es darum, Gene zu identifizieren, die mit einer verbesserten Fleisch-, Fett- und Milchqualität in Zusammenhang stehen. Solche Leistungsmerkmale werden in der Regel als „quantitative Merkmale" vererbt (▶ Abschn. 11.3.4 und 11.4.5; Abb. 10.54).

Ein frühes Beispiel für die Verbesserung der Zucht ist die Erkennung des **Stress-Syndroms** bei Schweinen (malignes Hyperthermie-Syndrom, MHS). In Belastungssituationen können betroffene Tiere an Kreislaufversagen verenden. Zur Diagnose dieser autosomal-rezessiven Erkrankung mit variabler Penetranz wurden früher betroffene Tiere als Ferkel mit Halothan narkotisiert: Gesunde Tiere sacken dabei schlaff zusammen, während betroffene Tiere verkrampfen. Das verantwortliche Gen codiert für einen Ryanodin-Rezeptor (Gensymbol *RYR1*), dessen Defekt (Aminosäureaustausch von Arginin zu Cystein an der Codonposition 614: Arg614Cys) den Transport von Calcium-Ionen durch die Zellmembran und damit die Muskelkontraktion beeinflusst (Fujii et al. 1991). Tiere mit diesem Gendefekt setzen allerdings auch überdurchschnittlich viel mageres Fleisch an, sodass durch die Selektion auf eine höhere Fleischleistung die Anfälligkeit für MHS mitgezüchtet wurde.

Es gibt eine Reihe weiterer Beispiele dafür, dass bestimmte Allele mit Vergrößerungen einzelner Muskeln gekoppelt sind. Abb. 10.55 zeigt das Beispiel eines belgischen Bullen; Ursache in diesem Fall ist der homozy-

Abb. 10.55 Doppelmuskel in Rindern. Vergleich eines Blauen Belgiers (*oben*) mit dem Doppellender-Phänotyp mit einem Charolais-Bullen (*unten*), der dieses Merkmal nicht aufweist. Der Doppellender-Phänotyp wird durch eine homozygote Funktionsverlustmutation im Myostatin-Gen hervorgerufen. Die weiße Farbe des Weiß-Blauen Belgiers wird durch eine Mutation im Gen für den Mastzellwachstumsfaktor (*MGF*) hervorgerufen, der ein Ligand für den Kit-Rezeptor ist. (Nach Andersson 2001, mit freundlicher Genehmigung)

gote Funktionsverlust des Myostatin-Gens. Ein Aspekt moderner Tierzucht besteht darin, zur Zucht eine Vielzahl genetischer Tests heranzuziehen. Die vollständigen Sequenzen der für die Landwirtschaft wichtigsten Tiergenome liegen inzwischen auch komplett vor und können über die entsprechenden freien Datenbanken des Europäischen DNA-Sequenznetzwerks abgerufen werden (► http://www.ensembl.org/index.html).

Zu Zuchtzielen gehörte neben einer verbesserten Produktivität auch, Medikamente zu erzeugen. Das Schaf „Tracy" produzierte in seiner Milch das für die Lungenfunktion wichtige Protein α1-Antitrypsin (AAT), einen Proteinase-Inhibitor (codiert durch *SERPINA1*), der zur Behandlung von zystischer Fibrose (► Abschn. 13.3.1) und von Lungenemphysemen eingesetzt werden kann (50 % des Proteingehalts der Milch von „Tracy" war humanes AAT!). Zwar war der Integrationsort des humanen *AAT*-Gens nicht stabil, sodass es nicht in gewünschter Form auf die Nachkommen von „Tracy" übertragen werden konnte. Allerdings wurde dieses Phänomen bei einem anderen Tier nicht beobachtet, und schließlich konnte daraus eine Herde mit über 600 Tieren aufgebaut werden, die AAT jeweils in einer Konzentration von 13–16 g/l Milch lieferten. Das führte zu einer Produktion von über 1 kg klinischreinem AAT pro Woche (Reinheitsgrad > 99,999 %; Colman 1999). Allerdings sind bisher nur Präparate zugelassen, die aus menschlichem Blut isoliert wurden, da das Präparat aus Schafen Antikörperreaktionen ausgelöst hat – vermutlich aufgrund von unterschiedlichen Glykosylierungsmustern (zur aktuellen Übersicht siehe Hazari et al. 2017).

Bei Schweinen wird daran gearbeitet, die Zelloberflächen so zu verändern, dass sie vom menschlichen Immunsystem nicht als fremd erkannt werden. Sollte dies gelingen, könnten **Schweine als Organspender** infrage kommen. Ein erster Durchbruch gelang 2003 mit dem Ausschalten des Galactose-α-1,3-Galactose-Antigens. Dadurch konnten die Überlebenszeiten nach Organtransplantationen (besonders Herz und Niere) auf Primaten (außer Menschen) deutlich verlängert werden und betragen nach der Übertragung von Herzen heute schon mehr als 900 Tage; die ersten klinischen Prüfungen sind bald zu erwarten (Ekser et al. 2017). Aufgrund des zunehmenden Bedarfs an Transplantationsmaterial enthalten derartige Entwicklungen großes medizinisches Potenzial.

Gentechnische Modifikationen in Tieren haben sich in vielen Fällen zu einem Routineverfahren entwickelt, um gezielte Mutationen in Genen durchzuführen. In Modellorganismen erlauben diese Methoden die funktionelle Charakterisierung der jeweiligen Gene entweder auf der Ebene des ganzen Tieres oder in ausgewählten Geweben. Die derzeit verwendeten Technologien sind teilweise auch auf Nutztiere anwendbar.

10.8 Kernaussagen, Links, Übungsfragen, Technikboxen

Kernaussagen

- Mutationen sind ein Grundphänomen von Lebewesen. Sie sind die Grundlage für evolutionäre Prozesse. Für ein Individuum haben sie oft negative Folgen.
- Mutationen können sich in Keimzellen und in somatischen Zellen in gleicher Weise ereignen.
- Chromosomenmutationen können die Zahl (Aneuploidie, Polyploidie; Monosomie, Trisomie) oder die Struktur der Chromosomen (Deletion, Inversion, Translokation) betreffen.
- Verschiedenartige molekulare Mechanismen sind für spontane Mutationen verantwortlich. Mutatio-

nen können auch durch Strahlen und Chemikalien induziert werden; der Ort der Mutation ist in allen Fällen zufällig.
- Reparaturmechanismen sorgen für eine teilweise Korrektur von Mutationen. Spontane Mutationsraten und die Effektivität von Reparaturmechanismen stehen in einem Gleichgewicht, das durch die Erfordernisse der Evolution bestimmt wird.
- Mutagenitätstests gestatten eine allgemeine Abschätzung der mutagenen Wirkung von chemischen Verbindungen und ihren möglichen Metaboliten.
- Die gezielte Übertragung von Genen in verschiedene Organismen erlaubt deren Überexpression oder gezielte Hemmung; der neue Organismus wird als „transgen“ bezeichnet.
- Gentechnisch veränderte Pflanzen sollen den Ertrag steigern, neuartige Produkte („nachwachsende Rohstoffe“) liefern und einen effizienteren Einsatz von Pflanzenschutzmitteln ermöglichen.
- Transgene Modellorganismen (vor allem Fliegen und Mäuse) erlauben die funktionelle Charakterisierung definierter Gene; viele Arzneimittel werden in rekombinanten Zellkulturen oder Tieren hergestellt.
- In der Tierzucht werden transgene Tiere zur Verbesserung der Tiergesundheit und zur Steigerung des Ertrags eingesetzt.

Links zu Videos

Evolution von Weizen:
(► sn.pub/AgdUsQ)
Robertson'sche Translokation:
(► sn.pub/LGSbzg)
Entstehung von Down-Syndrom:
(► sn.pub/miObNc)
Fluktuationstest:
(► sn.pub/9HwQLJ)
DNA-Reparatur:
(► sn.pub/b1V0o6)
Rekombinante Pflanzen:
(► sn.pub/6bGHU4)
Transgene Mäuse:
(► sn.pub/2tHClA)
CRISPR/Cas9:
(► sn.pub/KH32b7)

Übungsfragen

1. Erläutern Sie, warum Mutationen möglich und notwendig sind.
2. Erläutern Sie die Bedeutung repetitiver Elemente für die Art der Mutation und ihre Frequenz.
3. Was sind tautomere Basen, und welche Bedeutung haben sie für die Ausprägung von Mutationen?
4. Erläutern Sie den möglichen cancerogenen Mechanismus bei Ethidiumbromid.
5. Warum werden konditionale Mausmutanten verwendet?

Technikbox 25

SSCP-Analyse (*single strand conformation polymorphism*-Analyse)

Eine der wichtigsten Aufgaben der Molekularbiologie in der Medizin ist die Identifikation von Punktmutationen und von Polymorphismen in der DNA einzelner Gene. Eine geeignete Möglichkeit hierfür bietet sich in der Gelelektrophorese von Einzelstrang-DNA unter nicht-denaturierenden Gelbedingungen. Einzelstrang-DNA erhält man durch Denaturierung der DNA (Technikbox 2). Die Einzelstränge bilden, abhängig von den Temperatur- und Salzbedingungen, eine komplexe Sekundärstruktur, die spezifisch für die Nukleotidsequenz ist und sich daher bei beiden Strängen unterscheidet. Als Folge unterschiedlicher Sekundärstrukturen wandern DNA-Stränge gleicher Länge, aber unterschiedlicher Basensequenzen unterschiedlich schnell im elektrischen Feld, da sie durch die Gelporen in unterschiedlichem Maße in ihrer Bewegung behindert werden. Die Gelzusammensetzung ist entscheidend für die Auflösung bei der Trennung.

Man kann durch diese Methode unter geeigneten Bedingungen Mutationen einzelner Basen erkennen. Sie hat daher in der Humangenetik eine wichtige Bedeutung für diagnostische Zwecke erlangt; das Gleiche gilt für die Überwachung von Zuchtergebnissen bei Tieren. Allerdings ist die Anwendung der SSCP-Analytik auf relativ kurze DNA-Stränge begrenzt (bis zu etwa 400 Nukleotide), für längere Moleküle erzielt man keine ausreichende Auflösung der elektrophoretischen Mobilität.

In der Praxis führt man SSCP-Experimente in Kombination mit der PCR-Technik aus. Man amplifiziert einen Genbereich, der aus diagnostischen Überlegungen interessant ist, mittels geeigneter Primer durch PCR an genomischer DNA und analysiert die PCR-Produkte auf nativen Polyacrylamidgelen. Ein verändertes Bandenmuster ist ein deutlicher Hinweis darauf, dass eine Mutation vorliegt – um die mutierte Stelle zu identifizieren, muss der Bereich aber sequenziert werden (Technikbox 6 und Technikbox 7). In ◘ Abb. 10.56 ist als Beispiel die Mutationsanalytik des menschlichen Opticin-Gens (*OPTC*) dargestellt, das für eine spezielle Form des Glaukoms (Grüner Star) verantwortlich ist.

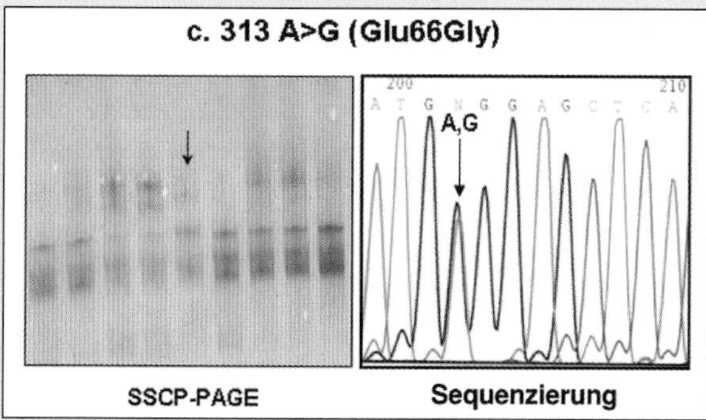

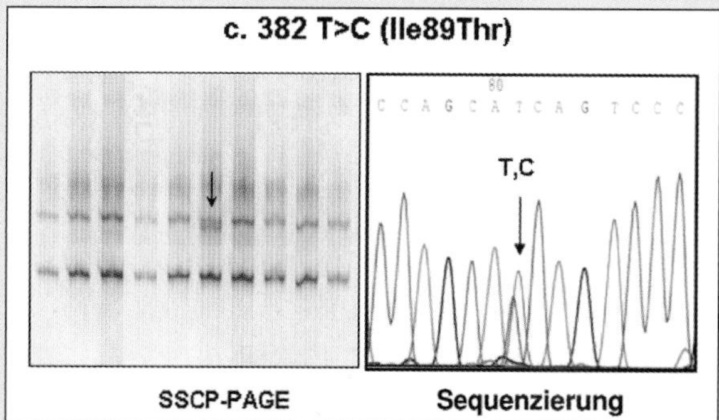

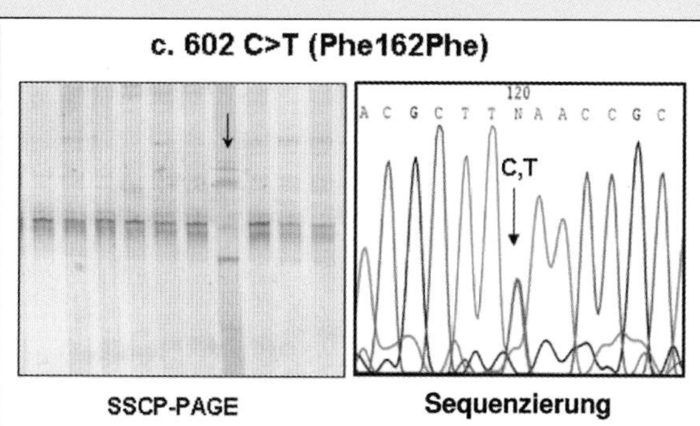

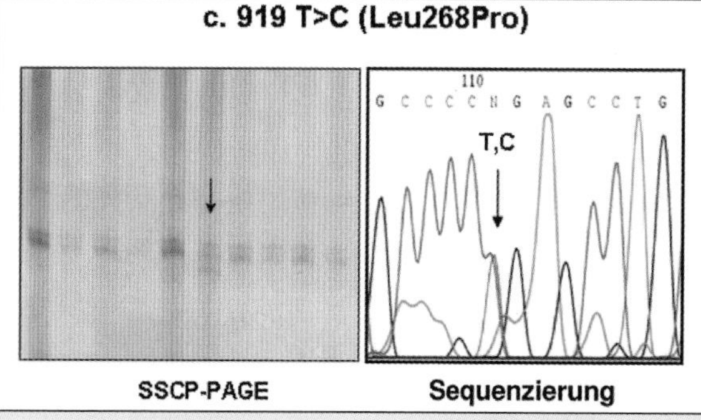

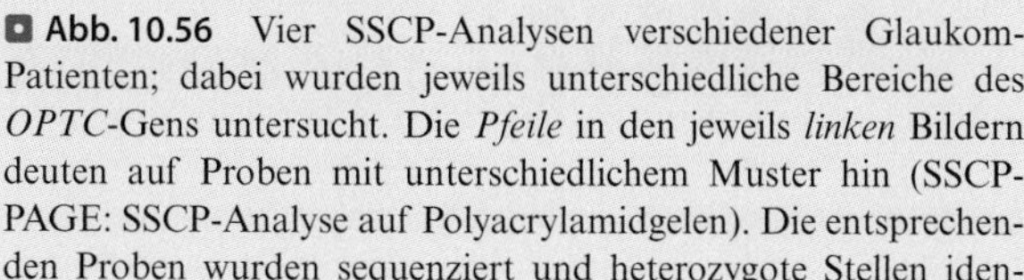

◘ **Abb. 10.56** Vier SSCP-Analysen verschiedener Glaukom-Patienten; dabei wurden jeweils unterschiedliche Bereiche des *OPTC*-Gens untersucht. Die *Pfeile* in den jeweils *linken* Bildern deuten auf Proben mit unterschiedlichem Muster hin (SSCP-PAGE: SSCP-Analyse auf Polyacrylamidgelen). Die entsprechenden Proben wurden sequenziert und heterozygote Stellen identifiziert (*Pfeile* in den Sequenzen mit Angabe der heterozygoten Basen). Über den jeweiligen Doppelbildern ist der Basenaustausch für die jeweilige Position der cDNA angegeben; in Klammern der dazugehörige Aminosäureaustausch an dem betroffenen Codon. (Nach Acharya et al. 2007, mit freundlicher Genehmigung des Autors)

10

Technikbox 26

Transgene Mäuse

Anwendung: Dauerhafter Transfer von fremdem Erbmaterial zur Herstellung neuer Eigenschaften in Tieren.

Voraussetzungen: Mikroinjektionsanlagen, Tierhaltungskapazitäten.

Methoden: Durch direkte DNA-Mikroinjektion in den Vorkern einer befruchteten Eizelle kann neue genetische Information in das Genom eines Tieres eingeführt werden; die Methode ist insbesondere für Mäuse etabliert (■ Abb. 10.51). In etwa 30 % der Fälle wird die von außen zugeführte DNA stabil in das Genom integriert; der Integrationsort ist weitgehend zufällig. Die Eizelle mit der fremden DNA wird chirurgisch in den Uterus von scheinschwangeren Ammenmüttern übertragen. Es werden transgene Tiere geboren, die die veränderte Erbinformation an die nächste Generation weitergeben. Die Herstellung transgener Tiere ist allerdings nicht auf die Maus beschränkt, sondern inzwischen in vielen Tierarten möglich, darunter auch Nutztiere wie Schweine und Rinder.

Die Herstellung transgener Tiere kann zu verschiedenen Zwecken verwendet werden:

- Zusätzliches Einführen von Wildtyp-Sequenzen eines Gens zur Korrektur von Mutationen; dabei wird allerdings die ursprüngliche Mutation nicht entfernt.
- Einführung eines neuen Gens zur Funktionsanalyse oder zur Herstellung spezifischer Produkte (z. B. Arzneistoffe in der Milch); dabei ist allerdings auf die Wahl eines geeigneten Promotors zu achten, um eine zeitlich/räumlich spezifische Expression zu erhalten.
- Expressionsanalyse: Durch Kopplung von Promotorfragmenten mit einem Reportergen (z. B. *lacZ*) ist es möglich, die zeitlichen und räumlichen Aktivitätsmuster von Promotorfragmenten *in vivo* zu untersuchen.

Spezialfall: induzierbare Systeme

Oft ist die Expression eines Transgens nur zu bestimmten Entwicklungsabschnitten oder zu bestimmten Zeitpunkten erwünscht. Diese Feinregulation ist mit der traditionellen Methode eines einzelnen Promotors in der Regel nicht möglich, sodass hierzu binäre Systeme verwendet werden. Am bekanntesten ist das *Tet-on*/*Tet-off*-System (Baron und Bujard 2000; ■ Abb. 10.57), das auf der Tetracyclin(Tet)-abhängigen Wirkung eines Transaktivators beruht (üblicherweise wird das Derivat Doxycyclin verwendet, das über das Trinkwasser verabreicht werden kann). Dieser Tet-abhängige Transaktivator (tTA) besteht aus einem gewebespezifischen Promotor, dem *tetR*-Gen (aus *E. coli*) und Sequenzen für die Aktivierungsdomäne des Proteins VP16 des Herpes-simplex-Virus. Der zweite, unabhängige Bestandteil enthält das zu exprimierende Gen unter einem Promotor, der Bindestellen für den Transaktivator enthält (*tetO*).

Beide Komponenten können zunächst als unabhängige Transgene in Mauslinien etabliert werden; durch Kreuzung werden die Komponenten in einer Maus zusammengebracht. In Abwesenheit von Doxycyclin können tTA-Dimere spezifisch an die *tetO*-Sequenzen binden, wodurch die Expression des Zielgens induziert wird. Durch Gabe von Doxycyclin im Trinkwasser kann diese Expression gestoppt werden. – Es wurde auch das umgekehrte System entwickelt (reverses *Tet-on*/*Tet-off*-System). Dabei wurde das *tetR*-Gen so mutiert, dass eine Bindung von tetR an *tetO* nur in Anwesenheit von Doxycyclin stattfinden kann.

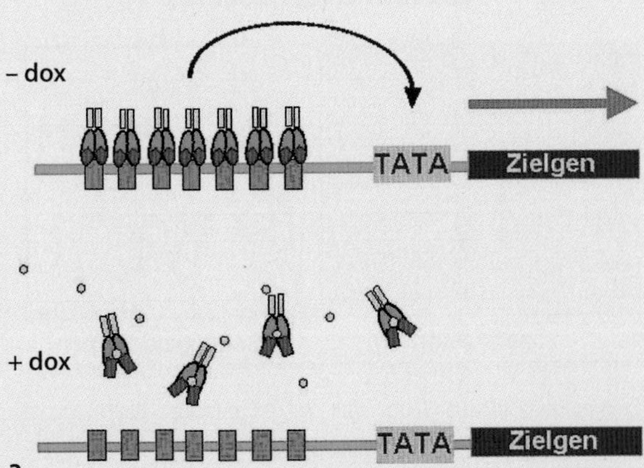

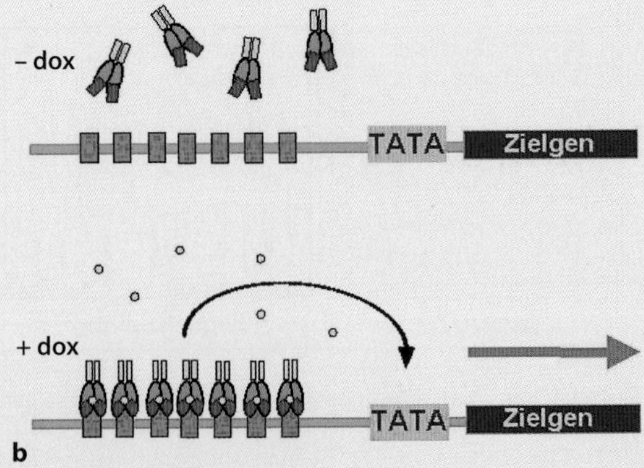

■ **Abb. 10.57** Das *Tet-on*/*Tet-off*-System. **a** Im klassischen System bindet tTA mit seiner DNA-Bindedomäne (*rot*) in Abwesenheit von Doxycyclin (dox, *gelb*) an die *tet*-Operatoren stromaufwärts der TATA-Box und aktiviert die Transkription des Zielgens. Ist Doxycyclin vorhanden, so bindet dieses an tTA. Es kommt zu einer Konformationsänderung (*rotes Viereck*), sodass tTA von *tetO* dissoziiert; die Aktivierung des Zielgens wird damit aufgehoben. **b** Im reversen System kann rtTA nicht an die *tet*-Operatoren binden, sodass die Transkription des Zielgens nicht aktiviert wird. Ist Doxycyclin vorhanden, so bindet dieses an rtTA. Es kommt zu einer Konformationsänderung, sodass rtTA jetzt an die *tet*-Operatoren stromaufwärts der TATA-Box binden kann; damit wird die Transkription des Zielgens aktiviert. (Nach Hillen und Berens 2002, mit freundlicher Genehmigung)

Technikbox 27

Geninaktivierung bei Mäusen

Anwendung: Funktionelle Genanalyse durch Ausschalten von Genen in Mäusen (Knock-out).
Voraussetzungen: Zellkultur von embryonalen Stammzellen der Maus, Tierhaltungskapazitäten.
Methoden: Eine der wichtigsten Methoden zur funktionellen Genanalyse ist die Untersuchung der Auswirkungen von Mutationen auf den Phänotyp des betroffenen Organismus. Die Analyse spontaner oder durch ein mutagenes Agens induzierter Mutationen erfordert jedoch immer als ersten Schritt die Kartierung und Identifikation des betroffenen Gens. Die Ausschaltung eines definierten Gens aufgrund homologer Rekombination in embryonalen Stammzellen (Capecchi 1989; Nobelpreis für Medizin 2007) erlaubt dagegen die präzise Analyse des Phänotyps, der durch den Verlust der jeweiligen Genaktivität entsteht (engl. *loss-of-function*; *knockout*; *gene targeting*). Allerdings kann die Funktion des ausgeschalteten Gens auch von anderen Genen übernommen werden, sodass keine besonderen Auffälligkeiten beobachtet werden. Eine andere Möglichkeit besteht darin, dass die Funktion des untersuchten Gens so wichtig ist, dass die Maus bestimmte Phasen in der Embryonalentwicklung nicht überlebt. Besonders für solche Fälle bieten sich konditionale Systeme an (siehe unten). Es wird auch häufig beobachtet, dass sich Knock-out-Allele von anderen Allelen des jeweiligen Gens in Bezug auf den ausgebildeten Phänotyp unterscheiden, sodass zum vollen Verständnis einer Genfunktion immer mehrere Allele eines Gens betrachtet werden sollten („allelische Reihe").

Die gezielte Ausschaltung eines Gens beruht auf der Induktion homologer Rekombination zwischen einem geeigneten Vektorkonstrukt mit der gewünschten Mutation und dem endogenen, homologen Gen in Zellkulturzellen (◘ Abb. 10.58). Durch Verwendung von Markern im Vektorkonstrukt (z. B. Neomycin-Resistenz) können nach Einführung des Vektorkonstrukts in die Zelle (z. B. durch Elektroporation) transformierte Zellen durch Hinzufügung des Neomycin-Derivats G418 zum Medium selektiert werden (nicht transformierte Zellen sterben in Gegenwart von G418). Durch PCR (Technikbox 4) oder Southern-Blot (Technikbox 13) kann experimentell überprüft werden, ob die gewünschte homologe Rekombination stattgefunden hat, d. h. ob die Mutation sich nunmehr anstelle des ursprünglichen Allels im Genom befindet.

Als Zellen für solche Transformationsexperimente werden embryonale Stammzellen verwendet (ES-Zellen), die man aus der inneren Zellmasse früher Mausembryonen erhält (◘ Abb. 12.44) und die sich leicht in Zellkultur halten lassen. Erfolgreich transformierte ES-Zellen kann man anschließend in Mäuse-Blastocysten injizieren, um auf diese Weise transformierte Mäuse zu erhalten. Diese Mäuse sind Mosaike (Chimären), da nur ein Teil von der transformierten Zelle abstammt. Wenn auch Keimbahnzellen von einer transformierten Zelle abgeleitet sind, erhält man unter den Nachkommen heterozygote, stabile Transformanten.

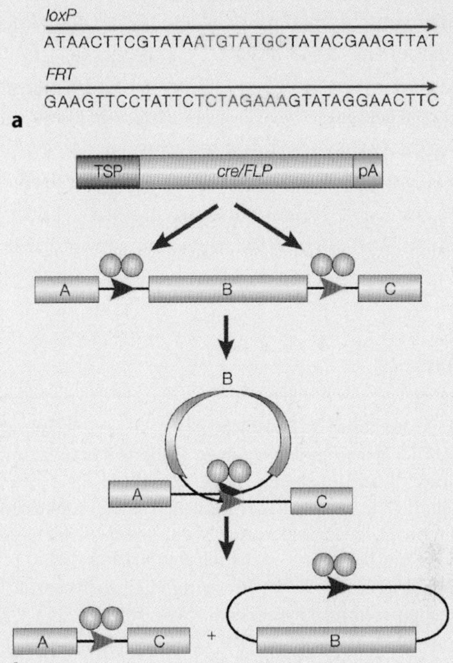

◘ **Abb. 10.58** **a** Die 34-bp-Fragmente der *loxP*- und FRT-Erkennungsstellen bestehen aus 13 bp als invertierte Wiederholungseinheiten (*schwarz*), die die rote *Core*-Sequenz aus 8 bp flankieren. Diese *Core*-Sequenz bestimmt die Orientierung dieser Erkennungsstellen (*rote Pfeile*). **b** Dimere der Cre- oder Flp-Rekombinase (*rosa*) katalysieren die Rekombination zwischen den beiden gleichsinnigen Erkennungsstellen (*orange* und *rote Pfeilspitzen*). Das führt zunächst zu einer Schlaufenbildung und dann zu einer direkten Verbindung der Regionen A und C; dabei geht die Region zwischen den beiden Erkennungsstellen zusammen mit einer der beiden Erkennungsstellen verloren. Wenn B eine essenzielle Region eines Gens ist, führt die Rekombination zu einer Inaktivierung des Gens. TSP: gewebespezifischer Promotor, *cre*/*FLP*: Gene der Cre- bzw. FLP-Rekombinase; pA: Polyadenylierungsstelle. (Nach Lewandoski 2001, mit freundlicher Genehmigung)

Spezialfall: konditionale Systeme
Um das zu untersuchende Gen nur ab einem bestimmen Zeitpunkt oder in einem bestimmten Gewebe auszuschalten, wurde ein binäres System entwickelt, das die Deletion eines Gens nur dann zulässt, wenn zwei Gen-codierte Komponenten gleichzeitig exprimiert werden (Lewandoski 2001). Das zu inaktivierende Gen wird dazu in einem Vektor von Schnittstellen für erkennungsspezifische Rekombinasen (engl. *site-specific recombinases*) flankiert; breite Verwendung findet dabei das Cre/*loxP*-System. Dabei schneidet die Cre-Rekombinase des Bakteriophagen P1 (◘ Abb. 4.24) eine DNA-Sequenz aus, die zwischen zwei antiparallelen *loxP*-Stellen liegt; dabei bleibt eine der beiden *loxP*-Stellen zurück (*loxP*-Stellen sind kurze DNA-

Technikbox 27 *(Fortsetzung)*

Fragmente mit 34 bp; die *Core*-Sequenz mit 8 bp bestimmt die Orientierung der jeweiligen *loxP*-Stelle).

Durch die regulierte Expression der Cre-Rekombinase (durch die geeignete Wahl eines Promotors) kann man das Zielgen gewebespezifisch ausschalten. Dies geschieht in der Regel durch die Herstellung eines zweiten Mausstamms, der den Rekombinase-Expressionsvektor unter der Kontrolle eines gewebespezifischen oder induzierbaren (Technikbox 26) Promotors trägt. Nach Kreuzung der zwei Mausstämme wird in den F_1-Tieren Cre-Rekombinase nur zu einem gewünschten Zeitpunkt (induzierbares System) oder in einem gewünschten Gewebe (gewebespezifischer Promotor) exprimiert; nur unter diesen Bedingungen wird das Zielgen deletiert. Ein anderes, aber ähnliches System verwendet die Flp-Rekombinase und ihre FRT-Erkennungsstellen aus Hefe.

Literatur

10

Acharya M, Mookherjee S, Bhattacharjee A et al (2007) Evaluation of the *OPTC* gene in primary open angle glaucoma: functional significance of a silent change. BMC Mol Biol 8:21

Adler ID, Schmid TE, Baumgartner A (2002) Induction of aneuploidy in male mouse germ cells detected by the sperm-FISH assay: a review of the present data base. Mutat Res 504:173–182

Ahmad N, Mukhtar Z (2017) Genetic manipulations in crops: challenges and opportunities. Genomics 109:494–505

Aikens RC, Johnson KE, Voight BF (2019) Signals of variation in human mutation rate at multiple levels of sequence context. Mol Biol Evol 36:955–965

Ainsbury EA, Bakhanova E, Barquinero JF et al (2011) Review of retrospective dosimetry techniques for external ionising radiation exposures. Radiat Prot Dosimetry 147:573–592

Ames BN, Durston WE, Yamasaki E et al (1973) Carcinogens are mutagens: a simple test system combining liver homogenates for activation and bacteria for detection. Proc Natl Acad Sci USA 70:2281–2285

Andersson L (2001) Genetic dissection of phenotypic diversity in farm animals. Nat Rev Genet 2:130–138

Andersson L, Georges M (2004) Domestic-animal genomics: deciphering the genetics of complex traits. Nat Rev Genet 5:202–212

Auerbach C (1978) Forty years of mutation research: a pilgrim's progress. Heredity 40:177–187

Banerjee A, Yang W, Karplus M et al (2005) Structure of a repair enzyme interrogating undamaged DNA elucidates recognition of damaged DNA. Nature 434:612–618

Baron U, Bujard H (2000) Tet repressor-based system for regulated gene expression in eukaryotic cells: principles and advances. Methods Enzymol 327:401–421

Belizário JE, Akamini P, Wolf P et al (2012) New routes for transgenesis of the mouse. J Appl Genet 53:295–315

Benzer S (1961) On the topography of the genetic fine structure. Proc Natl Acad Sci USA 47:403–415

Brennecke H (1937) Strahlenschäden von Mäuse- und Rattensperma, beobachtet an der Frühentwicklung der Eier. Strahlentherapie 60:214–238

Campbell CD, Chong JX, Malig M et al (2012) Estimating the human mutation rate using autozygosity in a founder population. Nat Genet 44:1277–1281

Capecchi MR (1989) The new mouse genetics: altering the genome by gene targeting. Trends Genet 5:70–76

Chan K, Gordenin DA (2015) Clusters of multiple mutations: incidence and molecular mechanisms. Annu Rev Genet 49:243–267

Chattopadhyay P, Banerjee G (2018) Recent advancement on chemical arsenal of *Bt* toxin and its application in pest management system in agricultural field. 3 Biotech 8:201

Cimino MC (2006) Comparative overview of current international strategies and guidelines for genetic toxicology testing for regulatory purposes. Environ Mol Mutagen 47:362–390

Colman A (1999) Dolly, Polly and other „ollys“: likely impact of cloning technology on biomedical uses of livestock. Genet Anal 15:167–173

Comai L (2005) The advantages and disadvantages of being polyploid. Nat Rev Genet 6:836–846

De Cort M, Dubois G, Fridman SD et al (1998) Atlas of caesium deposition on Europe after the Chernobyl accident. Rept EUR 16733. European Commission, Luxembourg

Cote I, Andersen ME, Ankley GT et al (2016) The next generation of risk assessment multi-year study-highlights of findings, applications to risk assessment, and future directions. Environ Health Perspect 124:1671–1682

Cox MM (2002) The nonmutagenic repair of broken replication forks via recombination. Mutat Res 510:107–120

Cutts SM, Nudelman A, Rephaeli A et al (2005) The power and potential of doxorubicin-DNA adducts. Iubmb Life 57:73–81

Doudna JA, Charpentier E (2014) Genome editing. The new frontier of genome engineering with CRISPR-Cas9. Science. https://doi.org/10.1126/science.1258096

Ekser B, Li P, Cooper DKC (2017) Xenotransplantation: past, present, and future. Curr Opin Organ Transplant 22:513–521

Feuillet C, Langridge P, Waugh R (2008) Cereal breeding takes a walk on the wild side. Trends Genet 24:24–32

Fresco JR, Amosova O (2017) Site-specific self-catalyzed DNA depurination: a biological mechanism that leads to mutations and creates sequence diversity. Annu Rev Biochem 86:461–484

Fromm M, Taylor LP, Walbot V (1985) Expression of genes transferred into monocot and dicot plant cells by electroporation. Proc Natl Acad Sci USA 82:5824–5828

Fujii J, Otsu K, Zorzato F et al (1991) Identification of a mutation in the porcine ryanodine receptor associated with malignant hyperthermia. Science 253:448–451

Garfinkel DJ, Nester EW (1980) *Agrobacterium tumefaciens* mutants affected in crown gall tumorigenesis and octopine catabolism. J Bacteriol 144:732–743

Gusella JF, MacDonald ME (2000) Molecular genetics: unmasking polyglutamine triggers in neurodegenerative disease. Nat Rev Neurosci 1:109–115

Haber JE (2018) DNA Repair: the search for homology. Bioessays 40:e1700229

Haldane JBS (1935) The rate of spontaneous mutation in the human gene. J Genet 31:317–326

Hannan AJ (2018) Tandem repeats mediating genetic plasticity in health and disease. Nat Rev Genet 19:286–298

Harris K (2015) Evidence for recent, population-specific evolution of the human mutation rate. Proc Natl Acad Sci USA 112:3439–3444

Hastings PJ, Ira G, Lupski JR (2009) A microhomology-mediated break-induced replication model for the origin of human copy number variation. PLoS Genet 5:e1000327

Hazari YM, Bashir A, Habib M et al (2017) Alpha-1-antitrypsin deficiency: genetic variations, clinical manifestations and therapeutic interventions. Mutat Res 773:14–25

Hegarty MJ, Hiscock SJ (2008) Genomic clues to the evolutionary success of polyploidy plants. Curr Biol 18:R435–R444
Hellmich RL, Hellmich KA (2012) Use and impact of Bt maize. Nat Edu Know 3:4
Herman RK, Dworkin NB (1971) Effect of gene induction on the rate of mutagenesis by ICR-191 in *Escherichia coli*. J Bacteriol 106:543–550
Hertwig P (1935) Sterilitätserscheinungen bei röntgenbestrahlten Mäusen. Z Indukt Abstamm Vererbungsl 70:517–523
Hillen W, Berens C (2002) Tetracyclin-gesteuerte Genregulation: Vom bakteriellen Ursprung zum eukaryotischen Werkzeug. BIOspektrum 8:355–358
Hintzsche H, Reimann H, Stopper H (2018) Schicksal von Mikrokernen und mikrokernhaltigen Zellen. BIOspektrum 24:379–381
Holsters M, de Waele D, Depicker A et al (1978) Transfection and transformation of *Agrobacterium tumefaciens*. Mol Gen Genet 163:181–187
Hrabé de Angelis MH, Flaswinkel H, Fuchs H et al (2000) Genomewide, large-scale production of mutant mice by ENU mutagenesis. Nat Genet 25:444–447
Iafrate AJ, Feuk L, Rivera MN et al (2004) Detection of large-scale variation in the human genome. Nat Genet 36:949–951
International Wheat Genome Sequencing Consortium (IWGSC) (2018) Shifting the limits in wheat research and breeding using a fully annotated reference genome. Science 361:aar7191
Ishikawa T (2017) Radiation doses and associated risk from the Fukushima nuclear accident. Asia Pac J Public Health 29(Suppl 2):18S–28S
Iyama T, Wilson DM 3rd (2013) DNA repair mechanisms in dividing and non-dividing cells. Dna Repair 12:620–636
James C (2013) Report 2013; International Service for the Acquisition of Agri-biotech Applications. (ISAAA; http://www.isaaa.org/)
Joung KJ, Sander JD (2013) TALENs: a widely applicable technology for targeted genome editing. Nat Rev Mol Cell Biol 14:49–55
Kaniecki K, De Tullio L, Greene EC (2017) A change of view: homologous recombination at single-molecule resolution. Nat Rev Genet 19:191–207
Karekar V, Joshi S, Shinde SL (2000) Antimutagenic profile of three antioxidants in the Ames assay and the *Drosophila* wing spot test. Mutat Res 468:183–194
Kim N, Jinks-Robertson S (2017) The Top1 paradox: friend and foe of the eukaryotic genome. DNA Repair 56:33–41
Kremer EJ, Pritchard M, Lynch M et al (1991) Mapping of DNA instability at the fragile X to a trinucleotide repeat sequence p(CCG)n. Science 252:1711–1714
Kuzminov A (2019) Half-intercalation stabilizes slipped mispairing and explains genome vulnerability to frameshift mutagenesis by endogenous "Molecular Bookmarks". Bioessays 41:e1900062
Ledford H (2016) GM crop planting declines for the first time. Nature. https://doi.org/10.1038/nature.2016.19766
Leibeling D, Laspe P, Emmert S (2006) Nucleotide excision repair and cancer. J Mol Hist 37:225–238
Lewandoski M (2001) Conditional control of gene expression in the mouse. Nat Rev Genet 2:743–755
Li W-H, Yi S, Makova K (2002) Male-driven evolution. Curr Opin Genet Dev 12:650–656
Liu Z, Wang L, Zhong D (2015) Dynamics and mechanisms of DNA repair by photolyase. Phys Chem Chem Phys 17:11933–11949
Lodato MA, Woodworth MB, Lee S et al (2015) Somatic mutation in single human neurons tracks developmental and transcriptional history. Science 350:94–98
Lodato MA, Rodin RE, Bohrson CL et al (2018) Aging and neurodegeneration are associated with increased mutations in single human neurons. Science 359:555–559
Loesch D, Hagerman R (2012) Unstable mutations in the *FMR1* gene and the phenotypes. Adv Exp Med Biol 769:78–114
Luch A (2005) Nature and nurture – lessons from chemical carcinogenesis. Nat Rev Cancer 5:113–125
Mallet J (2007) Hybrid speciation. Nature 446:279–283
Matsuoka Y (2011) Evolution of polyploid *Triticum* wheats under cultivation: the role of domestication, natural hybridization and allopolyploid speciation in their diversification. Plant Cell Physiol 52:750–764
Mehrotra S, Goyal V (2012) *Agrobacterium*-mediated gene transfer in plants and biosafety considerations. Appl Biochem Biotechnol 168:1953–1975
Miyakawa M (2014) Radiation exposure and the risk of pediatric thyroid cancer. Clin Pediatr Endocrinol 23:73–82
Mortelmans K, Zeiger E (2000) The Ames *Salmonella*/microsome mutagenicity assay. Mutat Res 455:29–60
Muller HJ (1930) Radiation and genetics. Am Nat 64:220–251
Nohmi T, Suzuki T, Masumura K-J (2000) Recent advances in the protocols of transgenic mouse mutation assay. Mutat Res 455:191–215
Nowakowska B (2017) Clinical interpretation of copy number variants in the human genome. J Appl Genet 58:449–457
Owens KM, Dohany L, Holland C et al (2018) FMR1 premutation frequency in a large, ethnically diverse population referred for carrier testing. Am J Med Genet A 176:1304–1308
Palla VV, Karaolanis G, Katafigiotis I et al (2017) gamma-H2AX: can it be established as a classical cancer prognostic factor? Tumour Biol 39:1010428317695931
Palmiter RD, Brinster RL, Hammer RE et al (1982) Dramatic growth of mice that develop from eggs microinjected with metallothionein-growth hormone fusion genes. Nature 300:611–615
Pardo-López L, Soberón M, Bravo A (2013) *Bacillus thuringiensis* insecticidal three-domain Cry toxins: mode of action, insect resistance and consequences for crop protection. FEMS Microbiol Rev 37:3–22
Peña-Diaz J, Jiricny J (2012) Mammalian mismatch repair: error-free or error-prone? Trends Biochem Sci 37:206–214
Pfeifer GP, You YH, Besaratinia A (2005) Mutations induced by ultraviolet light. Mutat Res 571:19–31
Rahbari R, Wuster A, Lindsay SJ et al (2016) Timing, rates and spectra of human germline mutation. Nat Genet 48:126–133
Robertson AB, Klungland A, Rognes T et al (2009) DNA repair in mammalian cells: base excision repair: the long and short of it. Cell Mol Life Sci 66:981–993
Rohilla KJ, Gagnon KT (2017) RNA biology of disease-associated microsatellite repeat expansions. acta neuropathol commun 5:63
de Santis B, Stockhofe N, Wal JM et al (2018) Case studies on genetically modified organisms (GMOs): potential risk scenarios and associated health indicators. Food Chem Toxicol 117:36–65
Sasaki MS, Tachibana A, Takeda S (2014) Cancer risk at low doses of ionizing radiation: artificial neural networks inference from atomic bomb survivors. J Radiat Res 55:391–406
Sattler MC, Carvalho CR, Clarindo WR (2016) The polyploidy and its key role in plant breeding. Planta 243:281–296
Schäfer H (1939) Die Fertilität von Mäusemännchen nach Bestrahlung mit 200 r. Z Mikrosk Anat Forsch 46:121–152
Schenkel J (2006) Transgene Tiere, 2. Aufl. Springer, Berlin
Scott KC, Sullivan BA (2014) Neocentromeres: a place for everything and everything in its place. Trends Genet 30:66–74
Sebat J, Lakshmi B, Troge J et al (2004) Large-scale copy number polymorphism in the human genome. Science 305:525–528
Singer TM, Lambert IB, Williams A et al (2006) Detection of induced male germline mutation: correlations and comparisons between traditional germline mutation assays, transgenic rodent assays and expanded simple tandem repeat instability assays. Mutat Res 598:164–193
Sniegowski PD, Gerrish PJ, Johnson T et al (2000) The evolution of mutation rates: separating causes from consequences. Bioessays 22:1057–1066

10

Solier S, Pommier Y (2014) The nuclear γ-H2AX apoptotic ring: implications for cancers and autoimmune diseases. Cell Mol Life Sci 71:2289–2297

La Spada AR, Wilson EM, Lubahn DB et al (1991) Androgen receptor gene mutations in X-linked spinal and bulbar muscular dystrophy. Nature 352:77–79

Spradling AC, Rubin GM (1982) Transposition of cloned P elements into *Drosophila* germ line chromosomes. Science 218:341–347

Stankiewicz P, Lupski JR (2002) Genomic architecture, rearrangements and genomic disorders. Trends Genet 18:74–82

Suto Y, Hirai M, Akiyama M et al (2013) Biodosimetry of restoration workers for the Tokyo Electric Power Company (TEPCO) Fukushima Daiichi nuclear power station accident. Health Phys 105:366–373

Suto Y, Akiyama M, Noda T et al (2015) Construction of a cytogenetic dose-response curve for low-dose range gamma-irradiation in human peripheral blood lymphocytes using three-color FISH. Mutat Res Genet Toxicol Environ Mutagen 794:32–38

Sutton MD, Smith BT, Godoy VG et al (2000) The SOS response: recent insights into *umuDC*-dependent mutagenesis and DNA damage tolerance. Annu Rev Genet 34:479–497

Suzuki K, Saenko V, Yamashita S et al (2019) Radiation-induced thyroid cancers: overview of molecular signatures. Cancers 11:E1290

Tayalé A, Parisod C (2013) Natural pathways to polyploidy in plants and consequences for genome reorganization. Cytogenet Genome Res 140:79–96

Tetreau G (2018) Interaction between insects, toxins, and bacteria: have we been wrong so far? Toxins 10:281

Thoma F (2005) Repair of UV lesions in nucleosomes – intrinsic properties and remodeling. DNA Repair 4:855–869

Thomas KR, Capecchi MR (1987) Site-directed mutagenesis by gene targeting in mouse embryo-derived stem cells. Cell 51:503–512

UNSCEAR (United Nations Scientific Committee on the Effects of Atomic Radiation) Report to the General Assembly (2000) Effects. Sources and Effects of Ionizing Radiation, Bd. 2. United Nations, New York

UNSCEAR (United Nations Scientific Committee on the Effects of Atomic Radiation) Report to the General Assembly (2013) korrigierte Fassung April 2014) Sources, Effects and Risks of Ionizing Radiation. United Nations, New York

Usdin K, Hayward BE, Kumari D et al (2014) Repeat-mediated genetic and epigenetic changes at the *FMR1* locus in the fragile X-related disorders. Front Genet 5:226

Van de Peer Y, Mizrachi E, Marchal K (2017) The evolutionary significance of polyploidy. Nat Rev Genet 18:411–424

Verger P (1997) Down syndrome and ionizing radiation. Health Phys 73:882–893

Verma P, Greenberg RA (2016) Noncanonical views of homology-directed DNA repair. Genes Dev 30:1138–1154

de Vries H (1901) Die Mutationstheorie Bd. 1. Veit, Leipzig

Warburton PE (2004) Chromosomal dynamics of human neocentromere formation. Chromosome Res 12:617–626

Warwick SI, Beckie HJ, Hall LM (2009) Gene flow, invasivness, and ecological impact of genetically modified crops. Ann NY Acad Sci 1168:72–79

Weide A, Riehl S, Zeidi M et al (2018) A systematic review of wild grass exploitation in relation to emerging cereal cultivation throughout the Epipalaeolithic and aceramic Neolithic of the Fertile Crescent. PLoS ONE 13:e189811

Wilson DM, Thompson LH (2007) Molecular mechanisms of sister-chromatid exchange. Mutat Res 616:11–23

Wolt JD (2017) Safety, security, and policy considerations for plant genome editing. Prog Mol Biol Transl Sci 149:215–241

Yamashita S, Suzuki S, Suzuki S et al (2018) Lessons from Fukushima: latest findings of thyroid cancer after the Fukushima nuclear power plant accident. Thyroid 28:11–22

Yang F, Teves SS, Kemp CJ et al (2014) Doxorubicin, DNA torsion, and chromatin dynamics. Biochim Biophys Acta 1845:84–89

Yoshida N, Takahashi Y (2012) Land-surface contamination by radionuclides from the Fukushima Daiichi nuclear power plant accident. Elements 8:201–206

Zhu YO, Siegal ML, Hall DW et al (2014) Precise estimates of mutation rate and spectrum in yeast. Proc Natl Acad Sci USA 111:E2310–E2318

Formalgenetik

Das Untersuchungsmaterial Gregor Mendels: die Erbse (*Pisum sativum*). (Tuschezeichnung: S. Erni, Luzern)

Inhaltsverzeichnis

J. Graw, *Genetik*, https://doi.org/10.1007/978-3-662-60909-5_11

Überblick

Die Ausprägung einzelner Merkmale ist über Generationen hinweg genetisch eindeutig festgelegt. Bestimmte Eigenschaften treten daher in Individuen aufeinanderfolgender Generationen immer wieder in gleicher Art und Weise auf. Gregor Mendel (1822–1884) hat sich diese Beobachtung zunutze gemacht und durch konsequente Kreuzungsanalyse von Pflanzen mit ausgewählten Merkmalen die Grundregeln der Vererbung erkannt.

Der erste Schritt für das Verständnis von Vererbungsvorgängen war die Erkenntnis, dass es konkrete erbliche Einheiten – die Gene – gibt (Mendel selbst sprach noch von „Merkmalen"). Für das Verständnis der Vererbung in Pflanzen und Tieren war als zweiter Schritt die Erkenntnis entscheidend, dass jedes Gen in jeder Zelle zweifach vorhanden ist (Diploidie). Schließlich folgte als dritter Schritt die Feststellung, dass die in Körperzellen doppelt vorhandenen Gene sich in den Keimzellen trennen müssen, um in den Gameten in einer einfachen Ausführung (haploid) an die Nachkommen übergeben werden zu können.

Eine wichtige Voraussetzung für Mendels Experimente war, dass es für Gene unterschiedliche Ausprägungsformen (Allele) gibt. In den diploiden Zellen eines Organismus können zwei identische (homozygote) oder zwei unterschiedliche (heterozygote) Allele vorhanden sein. Im heterozygoten Zustand ist häufig nur das eine Allel erkennbar, wenn man das Erscheinungsbild (den Phänotyp) des Organismus betrachtet. Mendel hat diese Eigenart als Dominanz einer Merkmalsform bezeichnet. Die nicht sichtbare Form des Gens nannte er rezessiv; sie ist nur dann sichtbar, wenn sie in einem Individuum homozygot auftritt.

Damit lässt sich die relative Anzahl unterschiedlicher Phänotypen der Nachkommen errechnen. Diese Vorhersage gilt auf statistischer Grundlage, da die Vereinigung von zwei Gameten in der Zygote dem Zufall unterliegt und man nur Aussagen über die mittleren Häufigkeiten bestimmter Kombinationen machen kann. Mendel hatte jedoch nur einen kleinen Ausschnitt aus der Vielfalt der Eigenschaften des Erbmaterials erfasst. So besitzen verschiedene Allele eines Gens nicht immer klare Dominanz-Rezessivitäts-Beziehungen.

Viele phänotypische Merkmale werden nicht durch ein einziges Gen bestimmt, sondern durch das Zusammenspiel mehrerer Gene (polygene Vererbung). Auch können einzelne Gene mehrere Merkmale in ihrer Ausprägung beeinflussen (Pleiotropie). Diese Eigenschaften von Genen führen zu Phänotypen, die sich nicht einfach nach den Mendel'schen Gesetzen vorhersagen lassen, sondern komplizierterer genetischer Analysen bedürfen.

Die Verteilung von Allelen kann nicht nur auf der Ebene von Individuen, sondern auch innerhalb von Populationen betrachtet werden. Die Gesamtheit der Gene in einer Generation (Genpool) ist von einer Reihe von Faktoren abhängig, z. B. Selektion, Gründereffekt (bei kleinen Gruppen) und Zu- oder Abwanderung von Individuen. Populationen unterliegen also im Laufe der Zeit Veränderungen, die dazu führen können, dass sich eine Population genetisch von anderen, zunächst gleichartigen Populationen entfernt und zu einer neuen Art weiterentwickelt.

11.1 Grundregeln der Vererbung: die Mendel'schen Regeln

Der Augustinerpater **Gregor Mendel** (1822–1884) gilt wegen der Auswertung und Interpretation seiner in großer Zahl angelegten Kreuzungsexperimente als Gründer der Genetik als wissenschaftlicher Disziplin. Er beschrieb diese Versuche und deren Ergebnisse in seiner Arbeit *Versuche über Pflanzen-Hybriden*, die 1866 vom Naturforschenden Verein zu Brünn veröffentlicht wurde (heute online unter ▶ http://www.deutschestextarchiv.de/book/show/mendel_pflanzenhybriden_1866 zu finden). Mendel bewies hier, dass erbliche Information in diskreten Einheiten, die er als **Merkmale** bezeichnete, an die Nachkommen weitergegeben werden: Er hatte damit die Existenz der **Gene** entdeckt. Zugleich aber konnte er durch seine Kreuzungsversuche die Grundregeln aufklären, die der Verteilung und der Wechselwirkung der Gene bei der Weitergabe an die nächste Generation zugrunde liegen. Die Versuche wurden hauptsächlich an der Erbse (*Pisum sativum*) durchgeführt, jedoch zum Teil an verschiedenen *Phaseolus*-Arten wiederholt, sodass Mendel von ihrer allgemeinen Gültigkeit überzeugt war.

Mendel hat seine Entdeckung zwei wichtigen methodischen Ansätzen zu verdanken, die er ganz bewusst zur Grundlage seiner Versuche gewählt hatte:

- Der Erfolg seiner Analyse beruhte zum einen auf der Wahl eindeutig und **klar gegeneinander abgrenzbarer Merkmale**, die er durch die Kreuzungen hinweg leicht verfolgen konnte. Die klare Abgrenzbarkeit des Charakters eines Merkmals ist bis heute eine der wichtigsten Forderungen für seine Verwendung in genetischen Versuchen geblieben.
- Ein zweites, bis dahin in der Biologie ganz ungebräuchliches Mittel war die **Verwendung statistischer Methoden** für die Auswertung seiner Kreuzungsexperimente. Mendel war als Physiker ausgebildet, sodass ihm die Anwendung mathematischer Methoden und die Forderung nach klarer Abgrenzung experimenteller Parameter in naturwissenschaftlichen Versuchen vertraut waren.

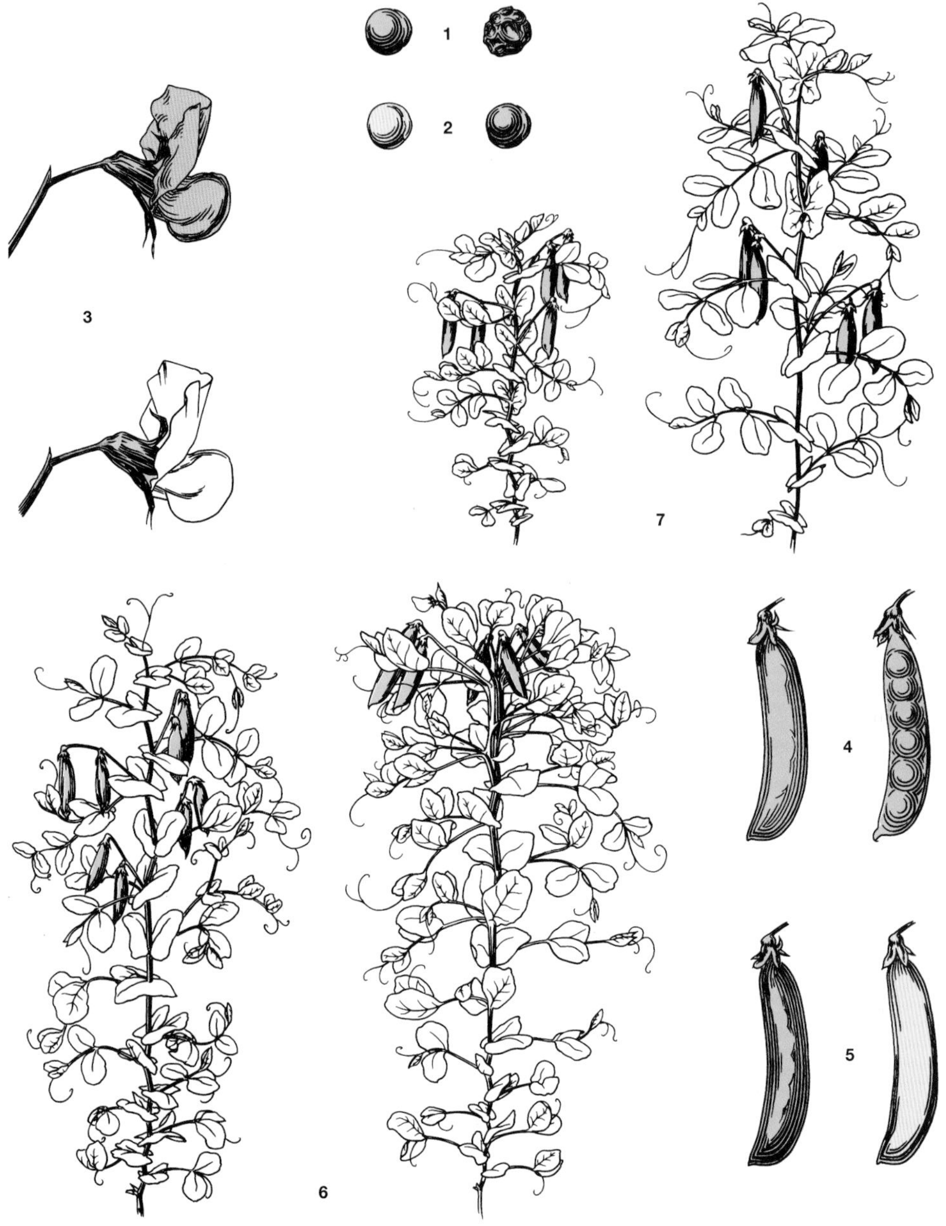

Abb. 11.1 Die von Gregor Mendel untersuchten sieben Merkmale von *Pisum sativum* (Nummerierung wie in Tab. 11.1). (Originalzeichnung: S. Erni, Luzern)

Die Beobachtungen Mendels sind zunächst völlig unverstanden geblieben und bis zur Jahrhundertwende nicht weiter beachtet worden. Das ist umso überraschender, als Darwins **Deszendenztheorie** 1859, also kurz vor der Veröffentlichung von Mendels Schrift *Versuche über Pflanzen-Hybriden*, der Öffentlichkeit vorgelegt worden war. Hätte Charles **Darwin** (1809–1882) die Mendel'schen Arbeiten in ihrer Bedeutung wahrgenommen, wäre er vielleicht zu Erkenntnissen über den Verlauf der Evolution der Organismen gekommen, die erst im 20. Jahrhundert von anderen Wissenschaftlern formuliert wurden. Genau zur Jahrhundertwende, im Jahre 1900, begann sich die Genetik endgültig als eine eigene biologische Disziplin zu profilieren. Vier Wissenschaftler – Hugo **de Vries** (1848–1935), Carl Erich **Correns** (1864–1933), Erich **von Tschermak-Seysenegg** (1871–1962) und dessen Bruder Armin (1870–1952) – erkannten gleichzeitig aufgrund eigener neuer Experimente die Bedeutung der Arbeiten Mendels. In den folgenden Abschnitten wollen wir zunächst Mendels Experimenten und deren Ergebnissen – in den wichtigsten Abschnitten mit seinen eigenen Worten – nachgehen.

Mendel wählte für seine Versuchsserien an Erbsen sieben Merkmale aus Unterschieden „in der Länge und Färbung der Stengel, in der Grösse und Gestalt der Blätter, in der Stellung, Farbe und Grösse der Blüthen, in der Lage der Blüthenstiele, in der Farbe, Gestalt und Grösse der Hülsen, in der Gestalt und Grösse der Samen, in der Färbung der Samenschale und des Albumens". Er begründet diese Auswahl damit, dass ein Teil der vorhandenen Merkmale

Tab. 11.1 Mendels sieben Merkmale

Merkmal	Ausprägungsform dominant	Ausprägungsform rezessiv
(1) Gestalt der reifen Samen	Kugelrund bis rundlich	Unregelmäßig kantig, tief runzelig
(2) Farbe des Endosperms	Blassgelb, hellgelb, orange	Mehr oder weniger intensiv grün
(3) Färbung der Blüte (und Samenschale)	Violette Fahne und purpurne Flügel (Samenschale grau, graubraun oder lederbraun mit oder ohne violette Punktierung; rötliche Stengel an den Blattachsen)	Weiße Blüte (Samenschale weiß)
(4) Form der reifen Hülse	Einfach gewölbt	Eingeschnürt und mehr oder weniger runzelig
(5) Farbe der unreifen Früchte	Licht- bis dunkelgrün	Lebhaft gelb
(6) Stellung der Blüten	Achsenständig	Endständig
(7) Achsenlänge	Lang	Kurz
Nach Mendel (1866)		

„eine sichere und scharfe Trennung nicht" zulässt, „indem der Unterschied auf einem oft schwierig zu bestimmenden ‚mehr oder weniger' beruht … Solche Merkmale waren für die Einzelversuche nicht verwendbar, diese konnten sich nur auf Charactere beschränken, die an den Pflanzen deutlich und entschieden hervortreten". Die von Mendel gewählten Merkmale und ihre alternativen Formen sind in Abb. 11.1 und Tab. 11.1 zusammengefasst.

Mendel kombinierte in seinen Versuchen jeweils zwei alternative Formen eines Merkmals und führte **reziproke Kreuzungen** damit durch. Als reziproke Kreuzungen bezeichnet man Kreuzungen, bei denen Individuen einer bestimmten genetischen Konstitution einmal als **weiblicher Partner** (bei Pflanzen also als Pollenempfänger), das andere Mal als **männlicher Partner** (bei Pflanzen als Pollenspender) dienen. Pflanzen bieten für solche Versuche besondere Vorteile, wenn sie **einhäusig (monözisch)** sind, da in diesem Fall die männlichen und weiblichen Blüten auf *einer* Pflanze zu finden sind. Man kann mit ihnen **Selbstbefruchtungen** durchführen, sodass die genetische Konstitution der Gameten einheitlich ist. Erzeugt man durch wiederholte Selbstbefruchtung **reine Linien**, d. h. Pflanzen, die in allen Nachkommengenerationen ein Merkmal stets nur in derselben Ausprägungsform aufweisen, sind die Ausgangsbedingungen der mit diesen Linien durchgeführten Versuche eindeutig festgelegt. Neue Merkmalsformen oder Merkmalskombinationen in der Nachkommenschaft können dann ausschließlich ein Ergebnis der Kreuzungsbedingungen sein.

Als erstes Ergebnis solcher Kreuzungen zeigte es sich, dass stets nur eine der beiden alternativen Merkmalsformen in den Hybriden (wir sprechen heute von der **F_1-Generation** oder **1. Filialgeneration**) zur Ausprägung kommt, während die alternative Form eines Merkmals nicht sichtbar ist (Abb. 11.2). Diese Beobachtung, dass reziproke Kreuzungen reiner Linien stets gleiche Nachkommen ergeben, ist heute unter der Bezeichnung **1. Mendel'sche Regel** oder als **Uniformitäts- oder Reziprozitätsregel** eine der Grundregeln der Genetik.

Die Interpretation dieser Beobachtungen ist in Abb. 11.3a gegeben. Mendel nahm an, dass der Organismus zwei Ausführungen eines jeden Merkmals (im Beispiel also für die **Parentalgeneration** P: *AA* oder *aa*) besitzt. In den Nachkommen (F_1) sind ebenfalls zwei Ausführungen zu finden, nun jedoch in veränderter Kombination: Es ist je eine Ausführung des väterlichen und des mütterlichen Merkmals vorhanden. Wie erklärt sich diese Neukombination, und wie kommt sie zustande? Die Erklärung finden wird in Abb. 11.3b. Während gewöhnliche Zellen eines Organismus jeweils zwei Ausführungen des Merkmals besitzen, enthalten Gameten (Keimzellen) nur eine dieser beiden Ausführungen, d. h. diese werden während der Keimzellentwicklung auf verschiedene Zellen verteilt. Bei der Befruchtung verschmelzen eine väterliche und eine mütterliche Keimzelle zur Zygote, und es entsteht so wieder eine Zelle mit zwei Ausführungen des Merkmals.

Zur leichten formalen Analyse von Kreuzungsexperimenten und den zu erwartenden Ergebnissen führte Reginald C. **Punnett** (1911) zu Beginn des 20. Jahrhunderts die in Abb. 11.3c gezeigte Darstellung ein, das heute als **Punnett-Viereck** bezeichnete Schema. In diesem Schema werden in den äußeren horizontalen und vertikalen Positionen alle möglichen genetischen Konstitutionen der väterlichen und mütterlichen Keimzellen eingetragen. In den inneren Feldern des Vierecks ergeben sich dann aus den Kombinationen beider Gametenkonstitutionen alle genetischen Konstitutionen der Nachkommen. Diese Art der Auswertung hat sich als besonders übersichtlich erwiesen, und wir werden noch sehen, dass sie auch bei komplexeren genetischen Konstitutionen der Gameten und bei der Untersuchung der

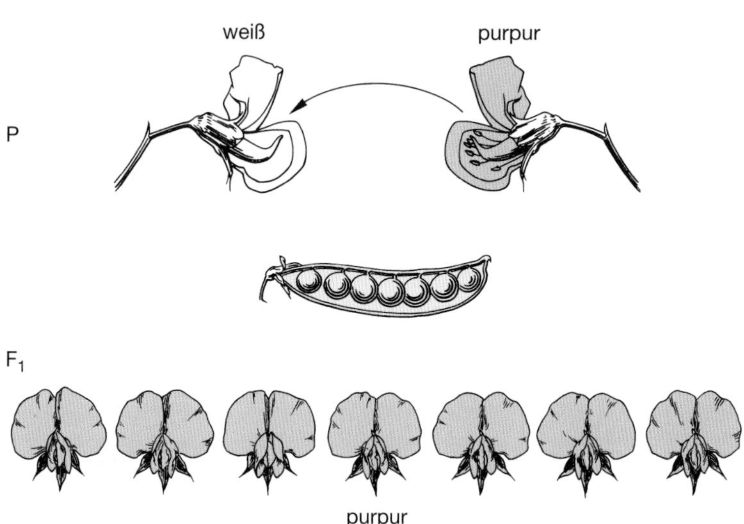

Abb. 11.2 1. Mendel'sche Regel. Monohybride Kreuzung zweier reiner Linien unterschiedlicher Blütenfarbe von *Pisum sativum*. Die Staubfäden des weiblichen Kreuzungspartners (*links*) sind entfernt worden, um Selbstbefruchtung zu verhindern. Der Pollen wird mit einem Pinsel auf die Narbe der Samenpflanze übertragen. Die Nachkommen (F_1-Generation) zeigen alle einheitlich die dominante Blütenfarbe (*purpur*), unabhängig davon, welche Linie als Pollen- oder Samenpflanze für die Kreuzung verwendet wurde

Häufigkeiten der unterschiedlichen F_2-Konstitutionen sehr gute Dienste leistet. Sie ist daher anderen Kreuzungsschemata vorzuziehen.

Mendel führte zur Kennzeichnung der in den Hybriden sichtbaren Merkmalsform den Begriff **dominant**, für die unsichtbare Form des Merkmals die Bezeichnung **rezessiv** ein. „Der Ausdruck ‚recessiv' wurde deshalb gewählt, weil die damit benannten Merkmale in den Hybriden zurücktreten oder ganz verschwinden, jedoch unter den Nachkommen derselben, wie später gezeigt wird, wieder unver-

11

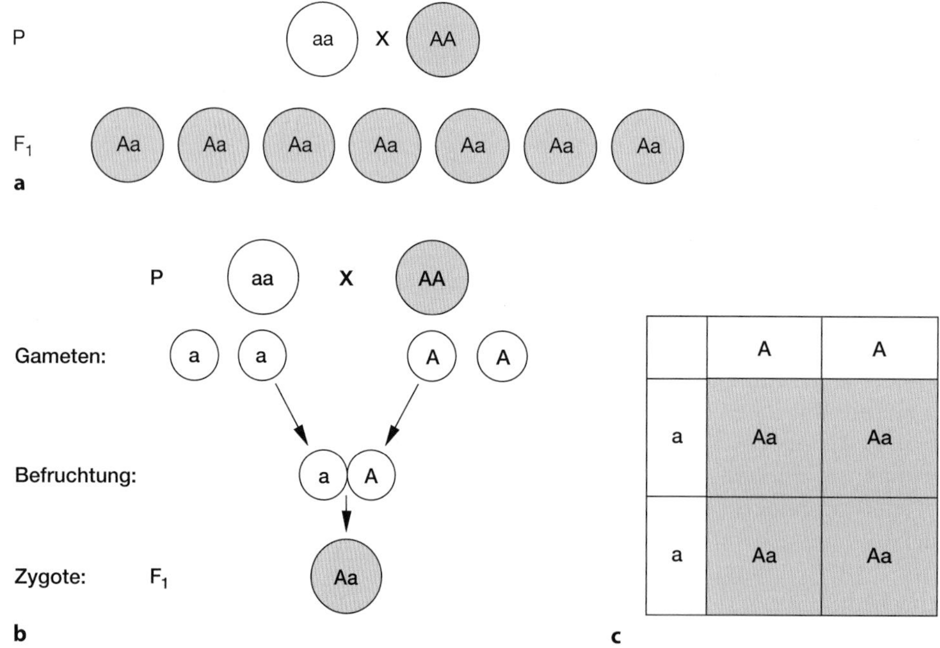

Abb. 11.3 **a** Mendels Interpretation der Ergebnisse der monohybriden Kreuzung: Schema der Verteilung der Merkmale auf zellulärer Ebene. Die dominanten Merkmale (Blütenfarbe purpur) sind mit *großen Buchstaben*, die rezessiven Merkmale (Blütenfarbe weiß) mit *kleinen Buchstaben* charakterisiert. Mendel nahm an, dass jede gewöhnliche Zelle der Pflanze zwei Ausführungen jedes Merkmals enthält, die sich nur bei der Keimzellentwicklung voneinander trennen und auf einzelne Gameten verteilen (Haploidie). Bei der Befruchtung wird der Zustand mit zwei Merkmalen wiederhergestellt (Diploidie). **b** Genetische Konstitution der in **a** gezeigten Individuen. Das Schema gestattet es, die genetische Konstitution dieser Individuen zu erklären. Die reinen Linien der Parentalgeneration (P) besitzen jeweils homozygot das dominante (*AA*) oder das rezessive (*aa*) Merkmal. Durch Aufspaltung in den Gameten kommt es zur heterozygoten Konstitution (*Aa*) in der Filialgeneration (F_1). Nur die dominante Merkmalsform (Allel) *A* kommt zur Ausprägung im Phänotyp. **c** Die geeignete Darstellung der Kreuzung und ihrer Ergebnisse ist das Viereck nach Punnett. In den horizontalen und vertikalen Außenreihen werden alle jeweils möglichen Gametenkonstitutionen der Eltern eingetragen. Die genetischen Konstitutionen der Nachkommen und ihre Häufigkeiten können dann im Inneren des Vierecks direkt abgelesen werden

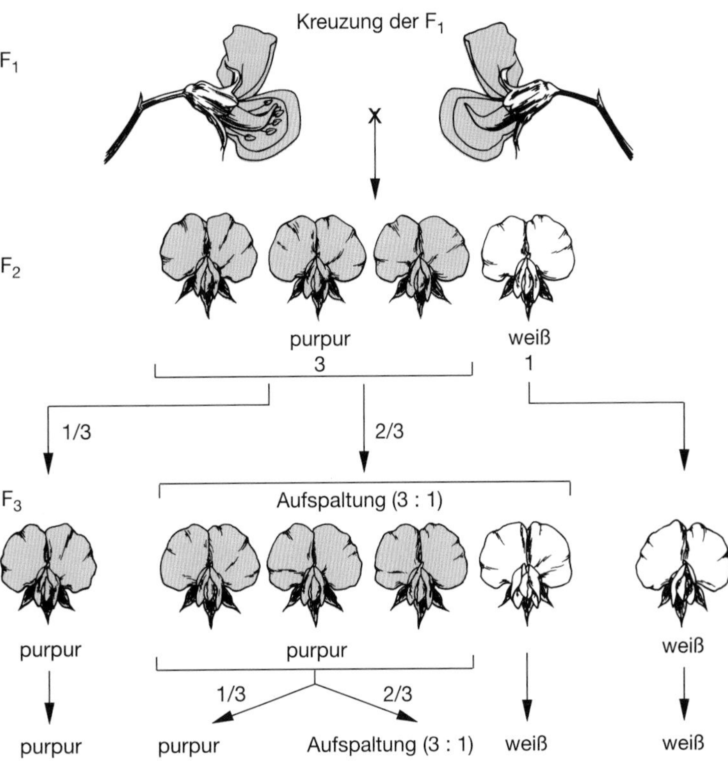

Abb. 11.4 2. Mendel'sche Regel. Kreuzung der F_1-Individuen der in Abb. 11.2 dargestellten Kreuzung durch Selbstbefruchtung. Die Nachkommen (F_2) spalten sich im Verhältnis 3:1 auf und zeigen in 25 % der Individuen das rezessive Merkmal der P-Generation (weiße Blüten). Diese Individuen behalten ihren rezessiven Phänotyp bei Kreuzungen mit anderen Individuen rezessiven Phänotyps bei. Sie sind also reinerbig für das rezessive Merkmal. Kreuzt man hingegen die Individuen mit dominantem Phänotyp (purpurfarbige Blüten) durch Selbstbefruchtung weiter, so erhält man in der folgenden Generation (F_3) bei 2/3 der Individuen erneut eine Aufspaltung in Pflanzen mit rezessivem oder dominantem Phänotyp im Zahlenverhältnis 1:3. Das restliche Drittel der Individuen mit dominantem Phänotyp behält diesen unverändert auch in den folgenden Generationen bei. Die genetische Konstitution der F_2-Individuen ist somit zu 25 % reinerbig (homozygot) für das rezessive Merkmal (weiß: *aa*), zu 25 % reinerbig (homozygot) für das dominante Merkmal (purpur: *AA*) und zu 50 % mischerbig (heterozygot; *Aa*) (vgl. Abb. 11.5)

ändert zum Vorschein kommen" (Mendel 1866). Dieses Ergebnis bedeutete zugleich, dass alle Hybriden das gleiche Erscheinungsbild aufweisen. Es ist hierbei ohne Bedeutung, aus welcher der beiden reziproken Kreuzungen die dominante Form des Merkmals kommt. Mendel verweist übrigens auch darauf, dass diese Beobachtung bereits zuvor von anderen Beobachtern beschrieben worden war und von ihm praktisch nur bestätigt wird.

Für die Darstellung dominanter und rezessiver Merkmale in Kreuzungen ist es üblich, dominante Merkmale mit großen, rezessive mit kleinen Buchstaben anzugeben. Die Buchstaben sind Abkürzungen der Bezeichnungen der Merkmale und werden *kursiv* gesetzt.

1. Mendel'sche Regel: Nachkommen reziproker Kreuzungen reiner Linien besitzen einen einheitlichen Phänotyp (Uniformitätsregel).

Es soll noch erwähnt werden, dass bei dem letzten der in Tab. 11.1 verzeichneten Merkmale (Achsenlänge) die Hybriden größer sind als beide Homozygoten. Mendel selbst schreibt hierzu: „Was das letzte Merkmal anbelangt, muss bemerkt werden, dass die längere der beiden Stammaxen von der Hybride gewöhnlich noch übertroffen wird, was vielleicht nur der großen Ueppigkeit zuzuschreiben ist, welche in allen Pflanzentheilen auftritt, wenn Axen von sehr verschiedener Länge verbunden sind." Man bezeichnet diese Erscheinung, dass Hybriden in ihren Erscheinungsformen Homozygote übertreffen, heute als **Heterosis** oder **Überdominanz** (Shull 1908). Wir werden hierauf in anderem Zusammenhang zurückkommen (▶ Abschn. 11.5.3 und 11.3.4).

Die in den zuvor beschriebenen Experimenten erhaltenen Hybriden wurden nun von Mendel untereinander weitergekreuzt. Es zeigte sich, dass in der Nachkommenschaft (heute **F_2-Generation** oder **2. Filialgeneration** genannt) beide ursprünglichen Merkmale wieder sichtbar werden. Allerdings treten diese nicht mit gleicher Häufigkeit auf, sondern das rezessive Merkmal wird nur in 25 % aller Nachkommen gefunden. Das Gleiche gilt auch für die reziproke Kreuzung (Abb. 11.4).

Wir wollen uns diese Ergebnisse anhand der von Mendel selbst beobachteten Zahlenverhältnisse vor Augen führen. In Tab. 11.2 sind die Ergebnisse Mendels für die sieben zuvor beschriebenen Merkmale zusammengestellt. Das 3:1-Verhältnis wird in diesen Versuchen innerhalb gewisser Grenzen recht gut erreicht. Wir erkennen aber auch, von welcher Bedeutung es ist, dass eine ausreichende Anzahl von Nachkommen untersucht wird, um dem theoretischen Wert möglichst nahezukommen.

Kreuzt man die verschiedenen Individuen der F_2-Generation durch Selbstbefruchtung weiter, so stellt sich heraus, dass die Individuen mit der rezessiven Form eines Merkmals diese Form in allen weiteren Generationen konstant zur Ausprägung bringen (Abb. 11.4). Bei den F_2-Individuen mit dominanten Merkmalsformen zeigt jedoch in den folgenden Generationen nur 1/3 unverändert die dominante Merkmalsausprägung, während die übrigen 2/3 wiederum bei 25 % ihrer Nachkommen die rezessive Merkmalsform sichtbar werden lassen. 75 %

Tab. 11.2 F_2-Generation einer monohybriden Kreuzung

Merkmal	Phänotyp F_1	Phänotypen F_2	Anzahl F_2-Individuen	Verhältnis der F_2-Phänotypen
(1) Samenform	Rundlich	Rundlich	5474	
		Kantig	1850	2,96:1
(2) Endosperm	Blassgelb	Blassgelb	6022	
		Grün	2001	3,01:1
(3) Blütenfarbe	Violett	Violett	705	
		Weiß	224	3,15:1
(4) Hülse	Gewölbt	Gewölbt	882	
		Eingeschnürt	299	2,95:1
(5) Früchte	Dunkelgrün	Dunkelgrün	428	
		Gelb	152	2,82:1
(6) Blütenstellung	Achsenständig	Achsenständig	651	
		Endständig	207	3,14:1
(7) Achsenlänge	Lang	Lang	787	
		Kurz	277	2,84:1

Nach Mendel (1866)

11

der Individuen der folgenden Generation tragen die dominante Merkmalsform. Auch in den folgenden Generationen verhalten sie sich bei Kreuzungen untereinander jeweils so, wie es für die Individuen der F_2-Generation beschrieben wurde.

„Das Verhältnis 3:1, nach welchem die Vertheilung des dominanten und recessiven Characters in der ersten Generation erfolgt, löst sich demnach für alle Versuche in die Verhältnisse 2:1:1 auf, wenn man zugleich das dominirende Merkmal in seiner Bedeutung als hybrides Merkmal und als Stamm-Character unterscheidet" (Mendel 1866).

Mendel zieht nun auf der Grundlage dieser Versuche den folgenden Schluss: „Bezeichnet A das eine der beiden constanten Merkmale, z. B. das dominirende, a das recessive, und Aa die Hybridform, in welcher beide vereinigt sind, so ergibt der Ausdruck:

$$A + 2\,Aa + a$$

die Entwicklungsreihe für die Nachkommen der Hybriden je zweier differirender Merkmale."

In Abb. 11.5 ist dieses Ergebnis in Anlehnung an Abb. 11.3 durch Darstellung der genetischen Konstitutionen der verschiedenen Individuen wiedergegeben.

2. Mendel'sche Regel: Kreuzungen der heterozygoten (mischerbigen) Nachkommen (F_1) zweier reinerbiger Elternlinien untereinander führen zur Aufspaltung der Phänotypen nach bestimmten Zahlenverhältnissen (Spaltungsregel).

Durch diese Versuche beweist Mendel, dass es Merkmale in verschiedenen Ausführungsformen gibt, die Varianten desselben genetischen Elementes (oder wie wir heute sagen: Gens) sind. Man bezeichnet diese alternativen Formen als verschiedene **Allele** eines Gens. In jedem Individuum sind jeweils zwei Allele desselben Gens vorhanden. Diese beiden Allele innerhalb eines Organismus können identisch oder verschieden sein. Sind beide Allele in einem Organismus identisch, so nennt man die genetische Konstitution des Organismus **homozygot**, es liegt **Homozygotie** vor. Sind die beiden Allele verschieden, so ist die genetische Konstitution **heterozygot**, es liegt **Heterozygotie** vor. Diese genetische Konstitution eines Organismus bezeichnet man – zur Unterscheidung von seinem Erscheinungsbild (**Phänotyp**) – als seinen **Genotyp**.

Gene liegen in den somatischen Zellen eines Individuums jeweils zweifach vor: Jede Zelle besitzt zwei Allele. Diese beiden Allele können identisch oder verschieden sein. Der rezessive Phänotyp kommt nur in solchen Individuen zum Ausdruck, die homozygot für das rezessive Allel sind. Sind beide Allele unterschiedlich, kommt nur der dominante Phänotyp zur Ausprägung.

In den bisher beschriebenen Experimenten wurde die Vererbung jeweils *eines* Merkmalspaares untersucht. Man bezeichnet solche Kreuzungen daher auch als **monohybride Kreuzungen**. Als einen konsequenten weiteren

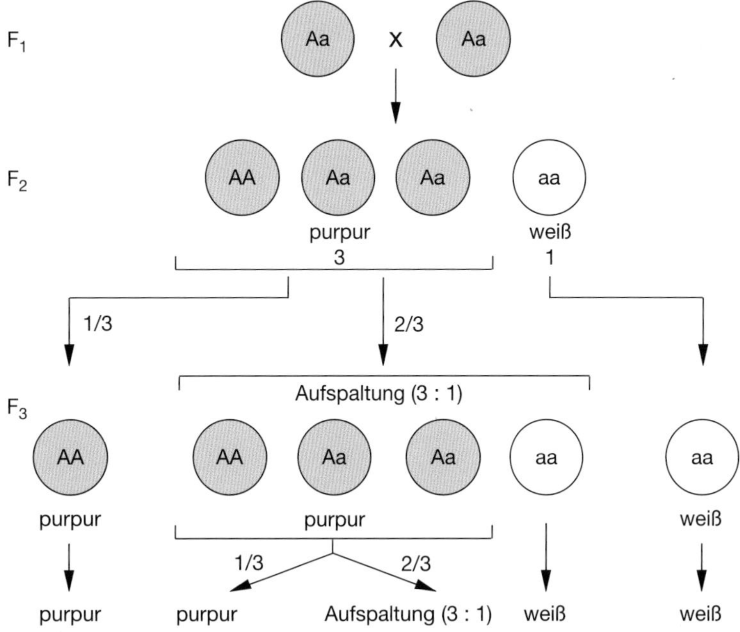

Abb. 11.5 Mendels Interpretation der Ergebnisse der monohybriden Kreuzung. Schema der Verteilung der Merkmale in der in Abb. 11.4 dargestellten Kreuzung auf zellulärer Ebene. Einzelheiten der Abbildung sind in der Legende zu Abb. 11.3 erklärt

Schritt führte Mendel Kreuzungen mit Pflanzen durch, die sich in *mehreren* Merkmalspaaren unterschieden. Je nach der Anzahl der untersuchten Merkmalspaare spricht man dann von **dihybriden Kreuzungen, trihybriden Kreuzungen** usw. Für solche **polyhybriden Kreuzungen** erwiesen sich insbesondere Samenmerkmale als besonders geeignet, da sie am leichtesten zu analysieren sind (Abb. 11.1). Mendels Beispiel für eine dihybride Kreuzung ist in Abb. 11.6 dargestellt.

Das Wesentliche der Ergebnisse **dihybrider Kreuzungen** lässt sich wie folgt zusammenfassen: Unter neun verschiedenen Gruppen von Nachkommen, die sich aufgrund ihrer Merkmalskombinationen unterscheiden lassen, findet man bei weiteren Kreuzungen in den folgenden Generationen, dass sie hinsichtlich ihrer Merkmalsausprägung drei Hauptgruppen zuzuordnen sind (Kombinationen I + IV, II, III; Tab. 11.3). Die erste Gruppe (I + IV) zeigt nur eine Form der Merkmale, und

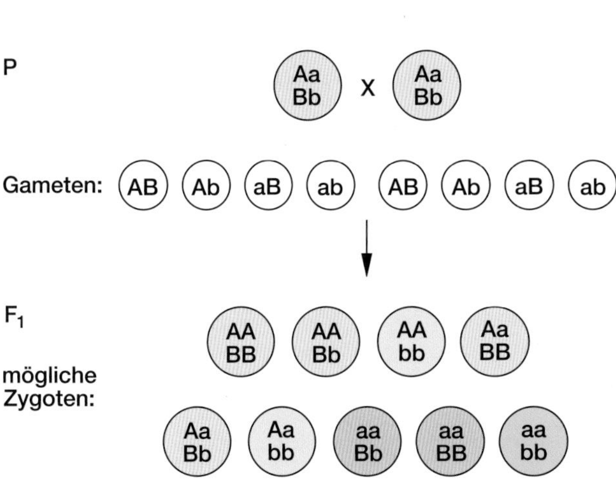

	AB	Ab	ab	aB
AB	AABB	AABb	AaBb	AaBB
Ab	AABb	AAbb	Aabb	AaBb
ab	AaBb	Aabb	aabb	aaBb
aB	AaBB	AaBb	aaBb	aaBB

b

Abb. 11.6 3. Mendel'sche Regel. Dihybride Kreuzung (vgl. Tab. 11.3). Die Eltern sind für zwei verschiedene Merkmale (*A* und *B*) heterozygot. **a** Die Abbildung zeigt (entsprechend Abb. 11.3 und 11.5) den Erbgang auf zellulärer Ebene. Die Konstitution der Gameten der P-Generation repräsentiert alle möglichen Kombinationen der in den diploiden Zellen vorhandenen Allele. Durch die zufällige Kombination der Gameten in der Zygote können neun verschiedene Genotypen entstehen. **b** Darstellung der Kreuzung im Punnett-Viereck. Hieraus ist das für eine dihybride Kreuzung zweier heterozygoter Eltern charakteristische Zahlenverhältnis der Phänotypen von 9:3:3:1 leicht abzuleiten

Tab. 11.3 Verlauf, Ergebnisse und Interpretation von Mendels dihybrider Kreuzung

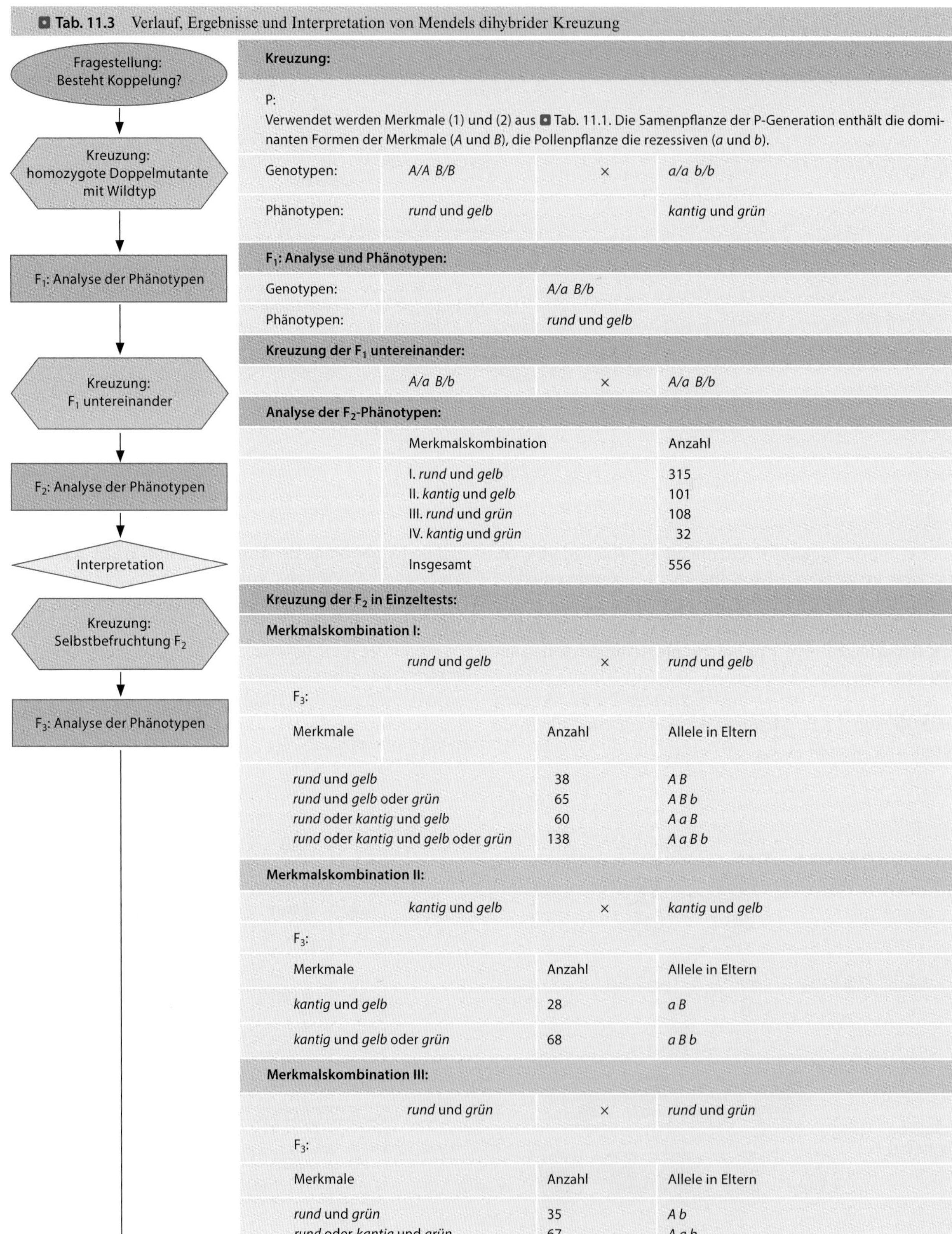

Kreuzung:			
P: Verwendet werden Merkmale (1) und (2) aus Tab. 11.1. Die Samenpflanze der P-Generation enthält die dominanten Formen der Merkmale (*A* und *B*), die Pollenpflanze die rezessiven (*a* und *b*).			
Genotypen:	*A/A B/B*	×	*a/a b/b*
Phänotypen:	*rund* und *gelb*		*kantig* und *grün*
F_1: Analyse und Phänotypen:			
Genotypen:		*A/a B/b*	
Phänotypen:		*rund* und *gelb*	
Kreuzung der F_1 untereinander:			
	A/a B/b	×	*A/a B/b*
Analyse der F_2-Phänotypen:			
	Merkmalskombination		Anzahl
	I. *rund* und *gelb* II. *kantig* und *gelb* III. *rund* und *grün* IV. *kantig* und *grün*		315 101 108 32
	Insgesamt		556
Kreuzung der F_2 in Einzeltests:			
Merkmalskombination I:			
	rund und *gelb*	×	*rund* und *gelb*
F_3:			
Merkmale		Anzahl	Allele in Eltern
rund und *gelb* *rund* und *gelb* oder *grün* *rund* oder *kantig* und *gelb* *rund* oder *kantig* und *gelb* oder *grün*		38 65 60 138	*A B* *A B b* *A a B* *A a B b*
Merkmalskombination II:			
	kantig und *gelb*	×	*kantig* und *gelb*
F_3:			
Merkmale		Anzahl	Allele in Eltern
kantig und *gelb*		28	*a B*
kantig und *gelb* oder *grün*		68	*a B b*
Merkmalskombination III:			
	rund und *grün*	×	*rund* und *grün*
F_3:			
Merkmale		Anzahl	Allele in Eltern
rund und *grün* *rund* oder *kantig* und *grün*		35 67	*A b* *A a b*

Tab. 11.3 (*Fortsetzung*)

Interpretation

Resultat: unabhängige Vererbung oder nicht

Merkmalskombination IV:			
	kantig und *grün*	×	*kantig* und *grün*
F_3:			
Merkmale		Anzahl	Allele in Eltern
kantig und grün		30	a b
Interpretation: Mendel teilt die Nachkommen aus Selbstbefruchtung aller Merkmalskombinationen in drei Gruppen ein. Deren erste ist dadurch gekennzeichnet, dass die jeweiligen Merkmale in allen folgenden Generationen unverändert auftreten. Diese Gruppe muss also homozygot für jedes der Merkmale sein.			
Gruppe 1:	Merkmale	Pflanzen	Konstitution
	AB	38	*A/A B/B*
	Ab	35	*A/A b/b*
	aB	28	*a/a B/B*
	ab	30	
	Gemittelt:	33	
Die zweite Gruppe ist nur für eines der beiden Merkmale homozygot, spaltet aber bei Selbstbefruchtung für das andere in der folgenden Generation auf.			
Gruppe 2:	Merkmale	Pflanzen	Konstitution
	ABb	65	*A/A B/b*
	aBb	68	*a/a B/b*
	AaB	60	*A/A b/B*
	Aab	67	*A/a b/b*
	Gemittelt:	65	
Die dritte Gruppe spaltet für beide Merkmale in der folgenden Generation auf, ist also für beide Merkmale heterozygot.			
Gruppe 3:	Merkmale	Pflanzen	Konstitution
	AaBb	138	*A/a B/b*
Ergebnis: Das Zahlenverhältnis der Pflanzen in den Gruppen 1 bis 3 ist: 33:65:138 = 1:1,97:4,18, also etwa 1:2:4			
Resultat: Mendel erkannte, dass sich alle Genotypen und ihre Häufigkeiten durch die folgende mathematische Formulierung ermitteln lassen:			

	$(A+2Aa+a)\ (B+2Bb+b) =$ $AB + 2ABb + Ab + 2AaB + 4AaBb + 2Aab + aB + 2aBb + ab$								
Häufigkeiten im Experiment:	38	65	35	60	138	67	28	68	30
Gerundet:	1	2	1	2	4	2	1	2	1

Diese Feststellung besagt, dass sich alle Merkmale in den Nachkommen untereinander frei miteinander kombinieren können, d. h. dass sie unabhängig voneinander auf die Keimzellen verteilt werden.

Daten nach Mendel (1866)

diese kommt auch in allen folgenden Generationen unverändert zum Ausdruck. In einer zweiten Gruppe (II) ist jeweils eines der Merkmalspaare in den folgenden Generationen unverändert, während das andere in beiden alternativen Formen vorkommen kann. In der dritten Gruppe (III) treten für beide Merkmale beide alternative Formen in den Nachkommen auf (■ Tab. 11.3, Analyse der F_1-Phänotypen). Mendel schreibt: „Daher entwickeln sich die Nachkommen der Hybriden, wenn in denselben zweierlei differierende Merkmale verbunden sind, nach dem Ausdrucke:

$$AB+Ab+aB+ab+2ABb+2aBb+2AaB+2Aab+4AaBb$$

Diese Entwicklungsreihe ist unbestritten eine Combinationsreihe, in welcher die beiden Entwicklungsreihen für die Merkmale *A* und *a*, *B* und *b* gliedweise verbunden sind. Man erhält die Glieder der Reihe vollzählig durch Combinirung der Ausdrücke:

$$A+2\,Aa+a$$

$$B+2\,Bb+b.“$$

Ein gleicher Versuch wurde mit drei Merkmalen durchgeführt und ergab ein dementsprechendes Ergebnis. Mendel schloss daraus, dass alle Merkmalsformen in allen denkbaren Kombinationen auftreten können, wenn man eine ausreichende Anzahl künstlicher Befruchtungen ausführt. Mendel hatte damit erkannt, dass Merkmale im Prinzip unabhängig voneinander auf die Nachkommen übertragen werden. Dieser Befund wird allgemein als **3. Mendel'sche Regel** oder als **Prinzip der unabhängigen Segregation von Merkmalen** (engl. *independent assortment*) bezeichnet.

> ! 3. Mendel'sche Regel: Allele verteilen sich im Prinzip unabhängig voneinander und unabhängig von den Allelen anderer Gene auf die Nachkommen (Unabhängigkeitsregel).

Eine weitere Versuchsreihe Mendels war nun der Frage gewidmet, wie die „Keim- und Pollenzellen der Hybriden“ (Mendel 1866) beschaffen sein müssen, um die Ergebnisse seiner Kreuzungen zu erklären. Die Erklärung gibt Mendel mit den folgenden Worten (Mendel 1866): „Da die verschiedenen constanten Formen an **einer** Pflanze, ja in **einer** Blüthe derselben [d. h. Hybridpflanze] erzeugt werden, erscheint die Annahme folgerichtig, dass in den Fruchtknoten der Hybriden so vielerlei Keimzellen (Keimbläschen) und in den Antheren so vielerlei Pollenzellen gebildet werden, als **constante** Combinationsformen möglich sind, und dass diese Keim- und Pollenzellen ihrer inneren Beschaffenheit nach den einzelnen Formen entsprechen.

In der That lässt sich auf theoretischem Wege zeigen, dass diese Annahme vollständig ausreichen würde, um die Entwicklung der Hybriden in den einzelnen Generationen zu erklären, wenn man zugleich voraussetzen dürfte, dass die verschiedenen Arten von Keim- und Pollenzellen an der Hybride durchschnittlich in gleicher Anzahl gebildet werden.“

Mendel führte auf der Grundlage dieser Überlegungen Kreuzungsversuche durch, die diese Annahmen bestätigen sollten. Auch sie wurden in reziproken Ansätzen ausgeführt, um die Gleichwertigkeit von Samen- und Pollenzellen zu prüfen. Die Ergebnisse bestätigten die Annahmen vollständig, und Mendel hat damit erkannt, dass während der Bildung der Geschlechtszellen eine Verteilung der Allele erfolgt. Bei der Befruchtung wird je ein Allel eines jeden Gens durch die beiden Gameten in der **Zygote** vereinigt. Wir sprechen daher von einem **haploiden** Zustand (**Haploidie**) der reifen **Keimzellen** und einem **diploiden** Zustand (**Diploidie**) der übrigen (= **somatischen**) Zellen eines Organismus.

> ! In höheren Organismen erfolgt ein Wechsel zwischen Diploidie in somatischen Zellen und Haploidie in Geschlechtszellen. Bei der Verschmelzung zweier haploider Geschlechtszellen entsteht eine diploide Zygote, deren Tochterzellen ebenfalls diploid sind.

11.2 Statistische Methoden

Es ist wiederholt darauf hingewiesen worden, dass der Erfolg der Mendel'schen Versuchsanordnung auf der Verwendung statistischer Methoden beruht. Das wird aus seinen Versuchsdaten deutlich, wenn wir uns die ■ Tab. 11.2 ansehen. Für alle Merkmale sind relativ große Anzahlen von Nachkommen auf ihren Phänotyp hin untersucht worden. Es ist deutlich, dass die Abweichung vom theoretischen Wert 3:1, der nach den Mendel'schen Vorstellungen erwartet werden muss, umso größer ist, je geringer die Anzahl der ausgezählten Phänotypen ist (Merkmale 3, 5, 6 und 7). Das ist auch nach den Regeln der Statistik verständlich, denn bei kleineren Mengen sind **Zufallsschwankungen** stets stärker ausgeprägt.

Hiernach stellt sich die Frage, wann eine genügende Anzahl von Phänotypen untersucht worden ist, um sicher zu sein, dass das Ergebnis richtig interpretiert wird und man nicht durch Zufallsschwankungen falsche Rückschlüsse über einen Vererbungsgang zieht. Dieses Problem stellt sich vor allem dann, wenn man in Mehrfaktoren-Kreuzungen eine große Anzahl unterschiedlicher Phänotypen erhält und man sicherstellen muss, dass diese nicht falsch interpretiert werden. Für die Kartierung von Genen durch Crossing-over ist es besonders wichtig zu entscheiden, wie groß die Genauigkeit eines ermittelten Wertes ist.

11.2.1 Mathematische Grundlagen

Bei einer statistischen Behandlung von Kreuzungsergebnissen geht man davon aus, dass ein experimentell ermittelter Wert im Rahmen einer Zufallsverteilung (**Normalverteilung**) schwankt. Eine solche Normalverteilung wird durch den Mittelwert μ und die Standardabweichung σ charakterisiert. Die Standardabweichung σ lässt erkennen, ob eine Gauß-Verteilungskurve schmal (σ klein) oder sehr breit (σ groß) ist. Unter Einbezug des Wertes der Standardabweichung kann man die Verteilungskurve normieren und erhält dann eine **normierte Normalverteilung**. Diese normierte Normalverteilung ist eine Verteilung mit dem Mittelwert $\mu = 0$ und der Standardabweichung $\sigma = 1$ (◘ Abb. 11.7). Beschreibt man die Fläche unter einer Normalverteilungskurve als Funktion von x (also: $\Phi(x)$), so gibt der Flächenanteil jedes einzelnen Teilelementes dieser Fläche $d\Phi(x) = \phi(x)\,dx$ die Wahrscheinlichkeit wieder, in einem Experiment einen x-Wert zu erhalten, der zwischen den Grenzwerten x und $x + dx$ dieses Flächenelementes liegt. Je kleiner ein Flächenelement ist, das durch zwei experimentell erhaltene x-Werte begrenzt wird, desto geringer wird die Wahrscheinlichkeit, dass ein experimentell erhaltener Wert dem Mittelwert μ zugeordnet werden kann. In ◘ Abb. 11.7 ist das jeweils für ein Vielfaches von σ angegeben: Wir sehen dabei, dass etwa 95 % aller Werte innerhalb des Bereichs von $\mu - 2\sigma$ und $\mu + 2\sigma$ liegen; der genaue Wert für 95 % beträgt dabei $\mu \pm 1{,}96\sigma$ (und entsprechend für 99 % $\mu \pm 2{,}58\sigma$).

Diese mathematischen Grundlagen gestatten es also, Aussagen über die Wahrscheinlichkeit zu machen, dass ein experimenteller Wert innerhalb eines Schwankungsbereichs liegt, der noch als zulässig angesehen wird. Die Größe dieses Bereichs kann vom Experimentator festgelegt werden. Natürlich sind die Ergebnisse umso zuverlässiger, je kleiner die zugestandene Schwankungsbreite ist. Diese Überlegungen machen deutlich, dass es kein eindeutiges Maß dafür gibt, ob ein experimenteller Wert tatsächlich dem theoretisch erwarteten Wert entspricht. Vielmehr lassen uns statistische Behandlungen nur sehen, wie groß die **Wahrscheinlichkeit** ist, dass ein experimentell ermittelter Wert der Erwartung entspricht.

Wir erkennen aus dieser Diskussion ein weiteres wichtiges Element der statistischen Behandlung von Daten: Es muss zunächst eine theoretische Grundlage dessen formuliert werden, was geprüft werden soll. Die statistische Behandlung besteht dann darin, mathematisch zu testen, ob ein experimentelles Ergebnis dieser theoretischen Vorgabe *wahrscheinlich* entspricht oder nicht. Man bezeichnet einen solchen Vorgang der Formulierung einer theoretischen Grundlage, die mit dem Ergebnis übereinstimmen soll, als Hypothesentest. Es ist ein Prüfverfahren, das Auskunft darüber gibt, ob die Hypothese richtig oder falsch ist, d. h. ob sie „angenommen" oder „verworfen" werden soll. Sind die Abweichungen von der Hypothese klein, d. h. sind sie rein zufallsbedingt, dann wird die Hypothese angenommen. Sind die Abweichungen hingegen durch den Zufall allein nicht erklärbar – handelt es sich also um **signifikante** Abweichungen –, dann wird die Hypothese abgelehnt. Die Hypothese, dass Abweichungen dem Zufall zuzuschreiben sind, nennt man die **Nullhypothese** (H_0). Die **Gegen**- oder **Alternativhypothese** wird in der Statistik mit H_A bezeichnet.

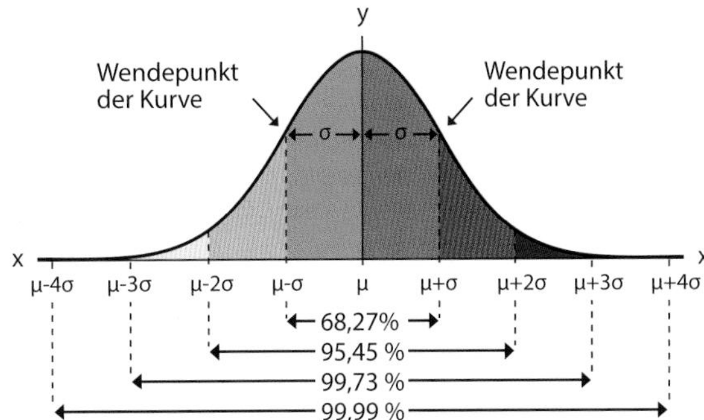

◘ **Abb. 11.7** Normalverteilung. Die Kurve zeigt die Wahrscheinlichkeit einer Zufallsabweichung von Beobachtungsdaten vom theoretischen Mittelwert μ. Die Standardabweichung σ wird durch die Wendepunkte der Kurve definiert. Rund 95 % aller Beobachtungen liegen zwischen $\mu - 2\sigma$ und $\mu + 2\sigma$; weitere Flächenanteile der Normalverteilung sind in der Abbildung angegeben. (Nach Sachs 2002, mit freundlicher Genehmigung von Springer)

Es sei nur nebenbei bemerkt, dass dieses Vorgehen ganz generell der Methodik empirischer naturwissenschaftlicher Forschung entspricht: Aufgrund bereits vorhandener Daten formulieren wir **Arbeitshypothesen**, die wir dann durch geeignete Experimente zu bestätigen versuchen. Gelingt das in ausreichendem Maße, so akzeptieren wir eine Hypothese als richtig und bezeichnen sie dann als eine Theorie (z. B. Chromosomentheorie der Vererbung). Ist es jedoch nicht möglich, diese Hypothese zu bestätigen und widersprechen die Ergebnisse unserer Experimente, die zur Bestätigung gedacht waren, ihren Annahmen, so müssen wir diese Hypothese als unrichtig verwerfen (► Abschn. 1.3).

Eine Methode zur Bestätigung oder Ablehnung von Hypothesen kann übrigens auch in dem Versuch bestehen, Möglichkeiten zur Widerlegung (**Falsifizierung**) der Aussage zu prüfen. Gelingt es trotz aller Bemühungen nicht, eine Hypothese zu widerlegen, so wird meistens auch das als ein Argument für ihre Richtigkeit akzeptiert.

> Statistische Methoden dienen dazu, die Wahrscheinlichkeit zu ermitteln, mit der experimentell ermittelte Daten den theoretisch geforderten Ergebnissen eines Experiments entsprechen. Die theoretischen Werte erhält man durch Formulierung einer Nullhypothese.

11.2.2 Die χ^2-Methode

Experimentelle Daten kann man als verschiedene x-Werte unserer normierten Zufallsverteilung ansehen. Um den Grad der Wahrscheinlichkeit zu prüfen, dass sie einem erwarteten Mittelwert μ zugeordnet werden dürften, hat man durch mathematische Anwendung der Kurvenfunktion $\phi(x)$ einen Wert χ^2 (chi-Quadrat, engl. *chi-square*) eingeführt, mit dessen Hilfe die Wahrscheinlichkeit der Richtigkeit einer bestimmten Hypothese leicht abgeschätzt werden kann. Dieser Wert χ^2 errechnet sich nach der Gleichung

$$\chi^2 = \sum \frac{\left[|B - E| - \frac{1}{2}\right]^2}{E},$$

wobei B der Beobachtungswert und E der erwartete Wert ist.

Die Verminderung um 1/2 vom Absolutwert der Abweichung (beobachtet – erwartet) wird als Yates-Kor-

Tab. 11.4 Die χ^2-Verteilung. Kritische Werte χ^2 (p, f)

f	Irrtumswahrscheinlichkeit p											
	0,99	**0,975**	**0,95**	**0,90**	**0,70**	**0,50**	**0,30**	**0,10**	**0,05**	**0,025**	**0,01**	**0,001**
1	0,00016	0,001	0,004	0,0158	0,148	0,455	1,07	2,71	3,84	5,02	6,62	10,8
2	0,0201	0,0506	0,103	0,211	0,713	1,39	2,41	4,61	5,99	7,38	9,21	13,8
3	0,115	0,216	0,352	0,584	1,42	2,37	3,67	6,25	7,81	9,35	11,3	16,3
4	0,297	0,484	0,711	1,06	2,19	3,36	4,88	7,78	9,49	11,1	13,3	18,5
5	0,554	0,831	1,15	1,61	3,00	4,35	6,06	9,24	11,1	12,8	15,1	20,5
6	0,872	1,24	1,64	2,20	3,83	5,35	7,23	10,6	12,6	14,4	16,8	22,5
7	1,24	1,69	2,17	2,83	4,67	6,35	8,38	12,0	14,1	16,0	18,5	24,3
8	1,65	2,18	2,73	3,49	5,53	7,34	9,52	13,4	15,5	17,5	20,1	26,1
9	2,09	2,70	3,33	4,17	6,39	8,34	10,7	14,7	16,9	19,0	21,7	27,9
10	2,56	3,25	3,94	4,87	7,27	9,34	11,8	16,0	18,3	20,5	23,2	29,6
11	3,05	3,82	4,57	5,58	8,15	10,3	12,9	17,3	19,7	21,9	24,7	31,3
12	3,57	4,40	5,23	6,30	9,03	11,3	14,0	18,5	21,0	23,3	26,2	32,9
13	4,11	5,01	5,89	7,04	9,93	12,3	15,1	19,8	22,4	24,7	27,7	34,5
14	4,66	5,63	6,57	7,79	10,8	13,3	16,2	21,1	23,7	26,1	29,1	36,1
15	5,23	6,26	7,26	8,55	11,7	14,3	17,3	22,3	25,0	27,5	30,6	37,7
16	5,81	6,91	7,96	9,31	12,6	15,3	18,4	23,5	26,3	28,8	32,0	39,3
17	6,41	7,56	8,67	10,1	13,5	16,3	19,5	24,8	27,6	30,2	33,4	40,8
18	7,01	8,23	9,39	10,9	14,4	17,3	20,6	26,0	28,9	31,5	34,8	42,3
19	7,63	8,91	10,1	11,7	15,4	18,3	21,7	27,2	30,1	32,9	36,2	43,8
20	8,26	9,59	10,9	12,4	16,3	19,3	22,8	28,4	31,4	34,2	37,6	45,3
30	15,0	16,8	18,5	20,6	25,5	29,3	33,5	40,3	43,8	47,0	50,9	59,7
40	22,2	24,4	26,5	29,1	34,9	39,3	44,2	51,8	55,8	59,3	63,7	73,4
50	29,7	32,4	34,8	37,7	44,3	49,3	54,7	63,2	67,5	71,4	76,2	86,7
60	37,5	40,5	43,2	46,5	53,8	59,3	65,2	74,4	79,1	83,3	88,4	99,6
70	45,4	48,8	51,7	55,3	63,3	69,3	75,1	85,5	90,5	95,0	100,4	112,3
80	53,5	57,2	60,4	64,3	72,9	79,3	86,1	96,6	101,9	106,6	112,3	124,8
90	61,8	65,6	69,1	73,3	82,5	89,3	96,5	107,6	113,1	118,1	124,1	137,2
100	70,1	74,2	77,9	82,4	92,1	99,3	106,9	118,5	124,3	129,6	135,8	149,4

f: Anzahl der Freiheitsgrade

rektur bezeichnet. Sie erhöht die Genauigkeit der χ^2-Bestimmung, wenn die Zahlen in beiden erwarteten Klassen klein sind. Die Yates-Korrektur entfällt jedoch immer, wenn die Freiheitsgrade größer als 1 sind (d. h. bei der Auswertung dihybrider Kreuzungen mit der Erwartung einer 9:3:3:1-Aufspaltung).

Ein weiterer Parameter ist zur Berechnung noch zu berücksichtigen. Wollen wir nämlich mehrere Werte, die miteinander zusammenhängen, wie etwa die 9:3:3:1-Verteilung einer dihybriden Kreuzung, auf ihre Signifikanz beurteilen, so müssen wir die Anzahl der **Freiheitsgrade** berücksichtigen. Die Anzahl der Freiheitsgrade ist im Allgemeinen um 1 geringer als die Gesamtzahl der Möglichkeiten. Das ist leicht einzusehen, wenn wir uns die 9:3:3:1-Verteilung betrachten. Von den vier Möglichkeiten verschiedener Phänotypen hat man, von einem Phänotyp aus gesehen, nur noch drei alternative Möglichkeiten, d. h. die Anzahl seiner Freiheitsgrade ist $4 - 1 = 3$.

Die Korrelation zwischen dem experimentell ermittelten χ^2-Wert, der Anzahl der Freiheitsgrade und der Wahrscheinlichkeit (p) (engl. *probability*) ist komplex und wird daher in Tabellen zusammengefasst (■ Tab. 11.4). Je höher die Wahrscheinlichkeit, je größer also der Wert von p, desto verlässlicher entsprechen die experimentellen Daten der aufgestellten Nullhypothese. Nach allgemeiner Übereinkunft wird ein Wert von $p \geq 0{,}05$ als **statistisch signifikant** angesehen, d. h. Werte, die in einen solchen p-Wertbereich fallen, sprechen mit großer Wahrscheinlichkeit für die Richtigkeit der Hypothese. Es steht natürlich jedem frei, das Kriterium für die Wahrscheinlichkeit zu erhöhen und erst höhere Werte von p als statistisch signifikant anzusehen. In unserer normierten Normalverteilung (■ Abb. 11.7) würde damit der vom Mittelwert μ als zufällige Abweichung zulässige Bereich der Verteilungskurve stärker eingeengt. Einen Überblick über die verschiedenen Größen, die für diese statistischen Überlegungen relevant sind, gibt ■ Abb. 11.8.

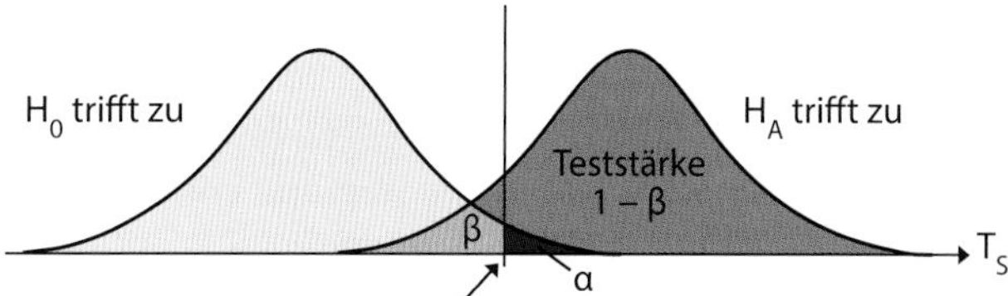

■ **Abb. 11.8** Trennschärfe von Stichprobenverteilungen. Es sind zwei Stichprobenverteilungen angegeben: Die *linke* repräsentiert die Nullhypothese (H_0), die *rechte* die Alternativhypothese (H_A). Der *Balken* markiert den kritischen Wert (Schwellenwert): Erreicht oder überschreitet dieser Wert der Teststatistik den kritischen Wert, dann wird die Nullhypothese abgelehnt, d. h. die Alternativhypothese akzeptiert. Wird der kritische Wert durch die Teststatistik nicht erreicht, dann besteht keine Veranlassung, die Nullhypothese abzulehnen, d. h. sie wird beibehalten. Mit kleiner werdender Irrtumswahrscheinlichkeit α nimmt die Trennschärfe (Teststärke: $1 - \beta$) ab. Häufig begnügt man sich mit $\alpha = 0{,}05$ (= 5 %) und einer Teststärke von etwa 80 %. (Nach Sachs 2002, mit freundlicher Genehmigung)

Zur Veranschaulichung wollen wir diese Berechnungen am praktischen Beispiel der Mendel'schen Experimente für die F_2-Generation einer monohybriden Kreuzung durchführen (■ Tab. 11.2). Zum Vergleich wurden die Resultate der Kreuzung mit der niedrigsten und der höchsten Anzahl ermittelter Phänotypen (Merkmale 5 und 2) ausgewählt und dem χ^2-Test unterworfen (■ Tab. 11.5). Die Berechnung lässt uns erkennen, dass beide Datensätze einen p-Wert von deutlich über 0,05 haben, also mit einer sehr hohen Wahrscheinlichkeit dafür sprechen, dass die Nullhypothese einer 1:3-Verteilung richtig ist. Wir können aus dem Beispiel auch erkennen, dass die größere Anzahl ausgewerteter Phänotypen (Merkmal 2) eine größere Wahrscheinlichkeit für die Richtigkeit der Nullhypothese mit sich bringt. Beurteilungen von Kreuzungsdaten können auch mit anderen statistischen Mitteln erfolgen, z. B. mithilfe der Varianz. Die χ^2-Methode ist jedoch am gebräuchlichsten.

■ **Tab. 11.5** Berechnung des χ^2-Wertes für ausgewählte F_2-Generationen der Experimente in ■ Tab. 11.2

Hypothese	**Merkmal**	**Beobachtet B**	**Erwartet E**	**$\lvert B-E\rvert - 1/2 = A$**	**$A^2/E = \chi^2$**
Merkmal (2)					
3/4	blassgelb	6022	6017	4,5	0,00337
1/4	grün	2001	2006	4,5	0,01009
					$\Sigma\,\chi^2 = 0{,}01346$
p liegt nach ■ Tab. 11.4 zwischen 0,95 und 0,90					
Merkmal (5)					
3/4	dunkelgrün	428	434	5,5	0,0697
1/4	gelb	152	145	6,5	0,2914
					$\Sigma\,\chi^2 = 0{,}3611$
p liegt nach ■ Tab. 11.4 zwischen 0,7 und 0,5					

Die am häufigsten verwendete statistische Methode zur Prüfung von Kreuzungsergebnissen ist die χ^2-Methode. Sie dient dazu, die Wahrscheinlichkeit zu ermitteln, mit der ein experimentell ermittelter Wert dem erwarteten Mittelwert einer normierten Zufallsverteilung entspricht.

11.3 Mendel aus heutiger Sicht – Ergänzungen seiner Regeln

Mendel hat durch seine Versuche das Prinzip der Vererbung erkannt und es in beeindruckender Weise wissenschaftlich dokumentiert. Obwohl viele Einzelbeobachtungen über die Vererbung von Eigenschaften bereits vor ihm beschrieben worden waren, haben diese einen rein deskriptiven Charakter behalten, und es ist erst ihm gelungen, seine Beobachtungen durch eine sorgfältige Wahl des Versuchsmaterials und durch die Anwendung statistischer Methoden in einem theoretischen Konzept zusammenzufassen und in einen kausalen Zusammenhang zu bringen.

In den letzten Jahren ist in der wissenschaftlichen Literatur wiederholt Kritik an Mendel geübt worden, und man hat die Korrektheit seiner Daten aus statistischer Sicht angezweifelt. Die quantitativen Analysen der Kreuzungsdaten geben eine von der Zufallserwartung abweichende Verteilung, die wohl nur damit erklärt werden kann, dass Mendel stark abweichende Ergebnisse in seine publizierten Datensammlungen nicht eingeschlossen hat. Der Vorwurf besteht also letztlich darin, dass Mendel seine Ergebnisse manipuliert hat, um seine Schlüsse deutlicher herauszustellen. Es erscheint durchaus denkbar, dass Mendel in der Tat extrem abweichende Kreuzungsdaten nicht in seine Dokumentation einbezogen hat (Edwards 1986). Nach unseren heutigen Vorstellungen muss das als Manipulation angesehen werden.

Ganz unabhängig von der Frage, ob die Behauptung der Manipulation gerechtfertigt ist, geht die Kritik an der Tatsache vorbei, dass Mendel auf der Grundlage seiner Beobachtungen Erkenntnisse formulieren konnte, die völliges Neuland in der Biologie darstellten und die sich als sachlich richtig erwiesen haben. Es lässt sich heute kaum ermessen, welchen Stellenwert biologische Experimente und zudem die Auswertung quantitativer Daten zu einer Zeit hatten, in der die Biologie als rein deskriptive Wissenschaft betrieben wurde. Es ist zudem ein fragwürdiger Versuch, die wissenschaftliche Aufrichtigkeit Mendels mit den Augen moderner Wissenschaftler zu beurteilen. Uns kommt aufgrund der sich in den letzten Jahren zunehmenden Häufigkeit versuchter Manipulation von Daten ein solcher Verdacht nur allzu leicht auf, zumindest, wenn es sich um Ergebnisse von grundlegender Bedeutung handelt. Wir müssen uns jedoch vor Augen halten, dass der Stellenwert der Wissenschaft zu Mendels Zeit zu gering war, als dass die Manipulation von Daten von irgendeinem Vorteil gewesen wäre oder praktische Bedeutung gehabt hätte. Die Bedeutungslosigkeit der Mendel'schen Befunde für nahezu ein halbes Jahrhundert spricht für sich selbst.

Obwohl sich Mendels Interpretationen seiner Versuchsergebnisse auch von unserer heutigen Kenntnis der molekularen Grundlagen der Vererbung her als richtig erwiesen haben, lassen sich einige Beobachtungen über die Vererbung bestimmter Merkmale nicht ohne zusätzliches Wissen verstehen. Man hat daher bisweilen von „Ausnahmen von den Mendel'schen Regeln" gesprochen, um anscheinend abweichende Erbgänge zu erklären. Die Bezeichnung „Ausnahme" wird jedoch den Tatsachen nicht gerecht: Die Grundannahme Mendels, dass ein Wechsel zwischen Diploidie und Haploidie besteht und dass Merkmale bei der Bildung der Gameten im Prinzip unabhängig voneinander verteilt werden, behält auch für scheinbar abweichende Vererbungsphänomene ihre prinzipielle Geltung. Die vermeintlichen Ausnahmen sind dadurch bedingt, dass zusätzliche Eigenschaften im Charakter und in der Art der Verteilung des genetischen Materials vorliegen, die Mendels Regeln nicht erfassen. Diese Regeln bedürfen daher der Ergänzung.

Eine dieser Ergänzungen betrifft das Konzept der cytoplasmatischen Vererbung. Dieser Begriff wurde von Carl Erich **Correns** geprägt; darunter versteht man die Tatsache, dass nicht alle genetischen Informationen auf den Chromosomen des Zellkerns lokalisiert sind. Vielmehr verfügen die Mitochondrien aller eukaryotischen Zellen sowie die Chloroplasten der Pflanzenzellen jeweils über eine eigene DNA, die unabhängig vom Kerngenom vererbt wird (vgl. ► Abschn. 5.1.3 und 5.1.4). Weitere Ergänzungen werden im Folgenden besprochen.

11.3.1 Unvollständige Dominanz und Codominanz

Ein Beispiel für eine scheinbare Ausnahme von den Mendel'schen Regeln bietet die Blütenfarbe der Wunderblume *Mirabilis jalapa*, wenn man eine reine weiße und eine reine rote Rasse kreuzt (■ Abb. 11.9). Die F_1-Hybriden sind weder weiß noch rot, wie nach Mendel zu erwarten wäre, sondern rosa. Sie zeigen also eine Merkmalsausprägung, die wie eine Mischung der Elternmerkmale aussieht. Man hat diese Art der Vererbung daher früher auch als intermediär bezeichnet. Kreuzt man solche F_1-Hybriden untereinander, so findet man unter den Nachkommen solche mit weißer, mit roter und mit rosa Blütenfarbe. Die relativen Anzahlen dieser drei Merkmalstypen entsprechen denen, die nach den Mendel'schen Regeln für eine Aufspaltung erwartet werden (1:2:1, ■ Abb. 11.4 und 11.5).

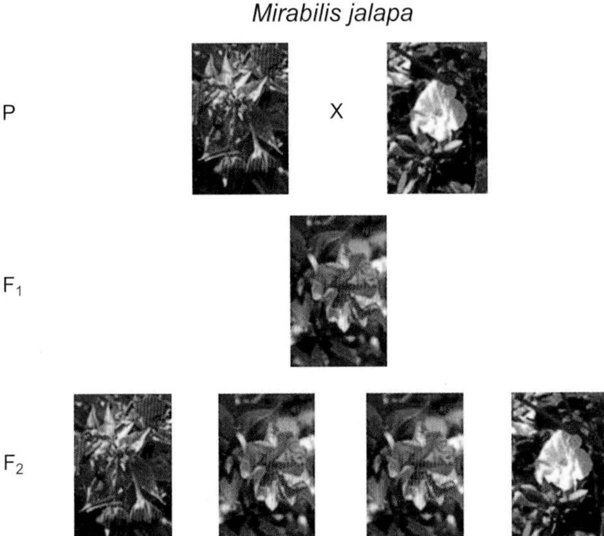

◻ **Abb. 11.9** Unvollständige Dominanz. Bei Kreuzung einer roten und einer weißen Rasse der Wunderblume *Mirabilis jalapa* zeigt die F_1 eine rosa Blütenfarbe. Kreuzungen der F_1 untereinander führt in der F_2 zur Aufspaltung in Pflanzen mit roten, rosa und weißen Blüten im Verhältnis 1:2:1. Die heterozygoten und die homozygoten Konstitutionen sind also zu unterscheiden und lassen im Gegensatz zu Kreuzungen von Heterozygoten mit einem dominanten und einem rezessiven Allel die Zahlenverhältnisse der verschiedenen Genotypen direkt erkennen (vgl. ◻ Abb. 11.4 und 11.5). (Daten aus Showalter 1934; Blütenbilder aus Storch et al. 2013, mit freundlicher Genehmigung)

Allerdings bedürfen alle neu beobachteten Phänotypen einer sorgfältigen Überprüfung der 1:2:1-Aufspaltung hinsichtlich ihres monogenen Charakters, um sie von ähnlichen Aufspaltungen zu unterscheiden, die durch Interaktionen zwischen mehreren Genpaaren hervorgerufen werden können. Dies ist anhand einer Analyse der F_3-Nachkommen in einfacher Weise möglich: Die als homozygot beurteilten F_2-Individuen dürfen nach einer *inter-se*-Kreuzung in der F_3-Generation niemals eine Aufspaltung zeigen, während die als heterozygot eingestuften Individuen stets erneut eine 1:2:1-Aufspaltung zeigen.

Zurück zur Wunderblume: Die Pflanzen mit weißen und roten Blüten erweisen sich in weiteren Kreuzungen als homozygot, während Pflanzen mit rosa Blüten sich stets wieder in gleicher Weise in Nachkommen mit weißer, roter und rosa Blütenfarbe aufspalten (◻ Abb. 11.5). Das zeigt uns, dass die rosa Farbe durch das Zusammenspiel beider Allele, dem für weiße und dem für rote Blütenfarbe, zustande kommt. Von unserem heutigen Wissen lässt sich diese Erscheinung relativ leicht verstehen: Das Allel für weiße Farbe ist nicht in der Lage, überhaupt Pigment zu erzeugen, während das für rote Farbe in heterozygotem Zustand nicht genügend roten Farbstoff zu bilden vermag, sodass eine Zwischenfarbe als Merkmal entsteht.

Für diesen Fall erscheint die Bezeichnung „intermediäre Vererbung" durchaus als angemessen. Wir werden jedoch noch sehen, dass die Vererbungsverhältnisse nicht immer so leicht zu überblicken sind. Beispielsweise führt die Kreuzung von weißäugigen und rotäugigen *Drosophila melanogaster* durchaus nicht zu Nachkommen mit rosa Augen. Außerdem lässt sich eine „gemischte" Ausprägung eines Merkmals oft nicht ohne Weiteres erkennen. Man bezeichnet daher diese Art eines Erbgangs heute etwas neutraler als **unvollständig dominant**. In unserem Beispiel hat sowohl das Allel für rote Blütenfarbe als auch das für weiße Blütenfarbe den Charakter einer unvollständigen Dominanz: Keines von beiden herrscht in der Ausprägung vollständig vor.

Übrigens hat Mendel in seinen Experimenten bereits beobachtet, dass eine solche Mischung von Merkmalscharakteren vorkommt, allerdings nicht bei *Pisum sativum*, sondern bei *Phaseolus*-Arten. „Aber auch diese räthselhafte Erscheinungen würden sich wahrscheinlich nach den für *Pisum* geltenden Gesetzen erklären lassen, wenn man voraussetzen dürfte, dass die Blumen- und Samenfarbe des *Ph. multiflorus* aus zwei oder mehreren ganz selbständigen Farben zusammengesetzt sei, die sich einzeln ebenso verhalten, wie jedes andere constante Merkmal an der Pflanze" (Mendel 1866). Mendel neigte also dazu, seine abweichenden Beobachtungen nicht mit Mischung (unvollständiger Dominanz) der Merkmale, sondern durch eine multifaktorielle Vererbung zu erklären.

Eine Überraschung erlebten allerdings Lolle und Mitarbeiter (2005), als sie eine Mutante bei *Arabidopsis* untersuchten, die Fusionen der Blüte zeigt (engl. *HOTHEAD*, Gensymbol *HTH*). Die Autoren haben insgesamt elf Mutationen an diesem Genort entdeckt. Wenn sie nun homozygote Mutanten durch Selbstbestäubung weiterzüchten wollten, traten unter den Nachkommen Wildtyp-Pflanzen auf, und zwar mit einer Häufigkeit von 10^{-1} bis 10^{-2}. Die molekulare Analyse zeigte in allen Fällen, dass diese Wildtyp-Nachkommen heterozygote *HTH*-Gene tragen. Noch komplizierter wird die Sache durch den Befund, dass dieses Phänomen wohl im Wesentlichen über die männliche Keimbahn (den Pollen) hervorgerufen wird. Die weitere Analyse zeigte, dass die Reversion zum Wildtyp mit gängigen Hypothesen, wie verminderte Penetranz, Epistasie (▶ Abschn. 11.3.3) oder Genkonversion, nicht erklärbar ist. Die Autoren spekulieren deshalb über einen „Speicher", in dem die genetische Information früherer Generationen aufbewahrt wird. Neuere Arbeiten geben aber eine viel einfachere Erklärung: eine Bestäubung durch Wildtyp-Pollen, die offensichtlich durch eine Kontamination hervorgerufen wurde. Unter vollständigen Isolationsbedingungen bleiben auch die Mutanten stabil (Mercier et al. 2008).

Bestimmte Allele erzeugen bei Heterozygotie einen neuen Phänotyp, der als eine Mischung der Eigenschaf-

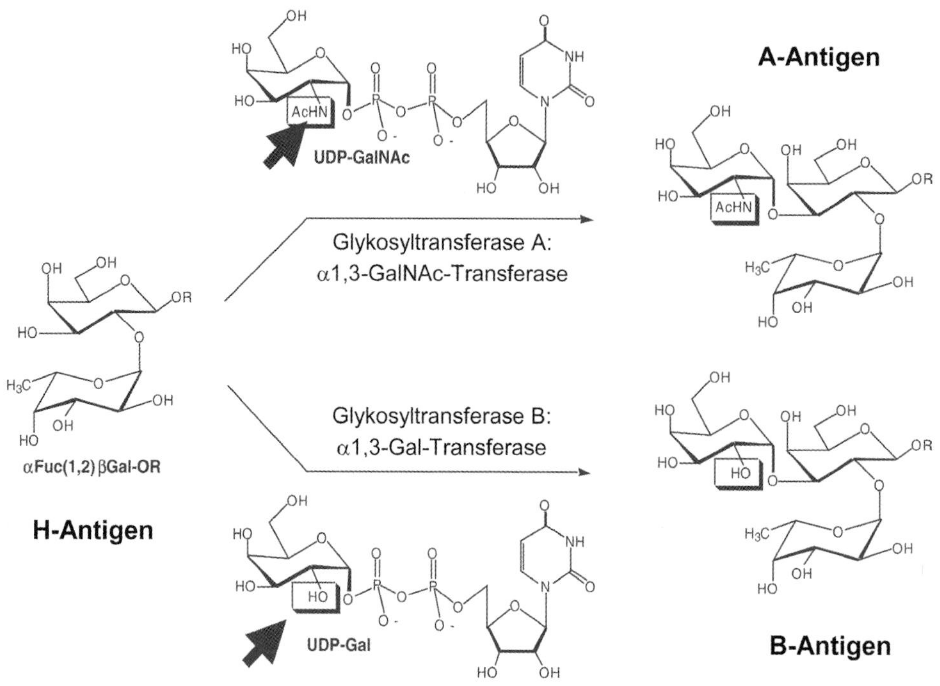

Abb. 11.10 Biosynthese der Oberflächenantigene des AB0-Blutgruppensystems. Die Blutgruppenspezifität liegt in dem hier dargestellten Bereich von Glykoproteinen, die sich an der Oberfläche von Erythrocyten befinden. Das A-Antigen unterscheidet sich vom B-Antigen lediglich in einer N-Acetylgruppe (*Pfeil*). Die genetische Ursache liegt in der unterschiedlichen Spezifität der Glykosyltransferase, die im Fall der Blutgruppe A ein UDP-N-Acetylgalactosamin (α1,3-GalNac) auf das α-Fucose-(1,2)-β-Galactose-Disaccharid überträgt. Im Fall der Blutgruppe B wird dagegen eine UDP-Galactose (α1,3-Gal) ohne die entsprechende N-Acetylgruppe übertragen. Bei der Blutgruppe „0" ist die Glykosyltransferase inaktiv, sodass das α-Fucose-(1,2)-β-Galactose-Disaccharid ohne Zusatz bleibt (es wird auch als H-Antigen bezeichnet). (Nach Yazer 2005, mit freundlicher Genehmigung)

ten beider Allele angesehen werden kann. Man bezeichnet eine solche Merkmalsausprägung als unvollständige Dominanz der Allele.

Wir haben nun gesehen, dass die klassische Einteilung von Merkmalsformen in solche mit rezessiven und dominanten Eigenschaften der tatsächlichen Vielfalt der Merkmalsausprägung nicht gerecht wird. Unser Beispiel von unvollständiger Dominanz haben wir zunächst mit der Möglichkeit erklärt, dass eines der beiden Allele nicht wirksam ist und dass das andere Allel nicht imstande ist, den Ausfall dieses Allels funktionell völlig zu kompensieren. Nun könnte man aber auch annehmen, dass jedes von zwei Allelen funktionell, jedoch jeweils für eine etwas anders geartete Merkmalsausprägung verantwortlich ist. In diesem Fall könnten stets beide Allele voll zur Ausprägung kommen, unabhängig davon, ob sie homozygot oder heterozygot vorliegen.

Eine solche Situation lässt sich aus dem Bereich der Humangenetik besonders gut veranschaulichen. Wir wollen dazu das Beispiel der verschiedenen Blutgruppenallele des **AB0-Blutgruppensystems** betrachten. Das AB0-Blutgruppensystem wurde von Karl **Landsteiner** 1901 entdeckt und ist bis heute das wichtigste Blutgruppensystem in der Transfusionsmedizin (Landsteiner erhielt dafür 1930 den Nobelpreis für Medizin). Die antigenen Determinanten des Systems sind Oligosaccharide an Glykoproteinen und Glykolipiden. Als solche sind sie natürlich nicht direkt die Produkte des *AB0*-Gens, das auf dem Chromosom 9q34 lokalisiert ist. Das *AB0*-Gen codiert eine Glykosyltransferase, die Zuckerreste auf das H-Antigen überträgt – erst dadurch werden die A- oder B-Antigene produziert. Es gibt im Wesentlichen drei Allele (*A*, *B*, *0*): Das *A*-Allel codiert eine α1→α3-N-Acetyl-Galactosylaminotransferase, und das *B*-Allel codiert eine α1→α3-Galactosylaminotransferase; das *0*-Allel produziert kein aktives Enzym (Abb. 11.10). Inzwischen kennen wir über 100 verschiedene Allele des *AB0*-Gens. Abb. 11.11 zeigt die Genstruktur des *AB0*-Gens und die wichtigsten Allele.

Die unterschiedlichen Blutgruppenarten A, B, AB und 0 werden mithilfe immunologischer Methoden identifiziert. Glykosidgruppen sind sehr immunogen und induzieren, z. B. nach Injektion in Kaninchen, eine intensive Antikörperproduktion (▶ Abschn. 9.4). Mithilfe solcher Antikörper sind Glykosidgruppen an den Erythrocytenmembranen leicht nachweisbar, da sie eine Agglutination der Erythrocyten bewirken. Das ist auch die Ursache, warum Bluttransfusionen beim Menschen in Fällen unterschiedlicher Blutgruppencharaktere gegebenenfalls zu Unverträglichkeiten führen: Werden bei-

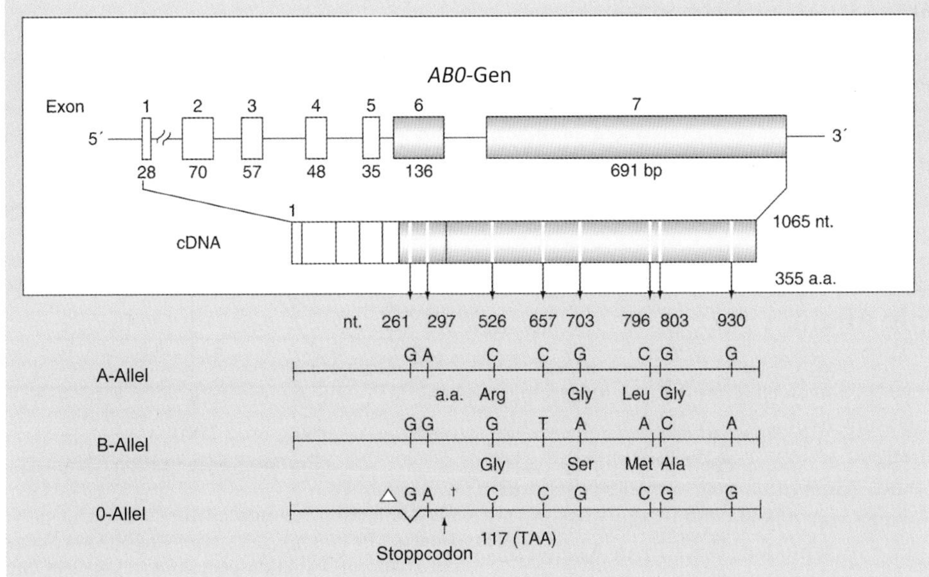

Abb. 11.11 Das *AB0*-Gen und seine wichtigen Allele. Das *AB0*-Gen liegt auf dem menschlichen Chromosom 9q34 und enthält sieben Exons, die wichtigen Exons 6 und 7 sind *grau schattiert*. Es codiert für eine Glykosyltransferase mit 355 Aminosäuren. Die wichtigsten Allele A und B unterscheiden sich in vier Aminosäuren an den Positionen 176 (nt 526), 235 (nt 703), 266 (nt 796) und 268 (nt 803). Das *0*-Allel hat eine Deletion (ΔG261), die zu einer Verschiebung des offenen Leserahmens führt: Die veränderte Aminosäuresequenz beginnt nach Codon 88 und endet nach insgesamt 117 Aminosäuren an einem Stoppcodon; das Protein besitzt keine enzymatische Aktivität. (Nach Rummel und Ellsworth 2016; CC-by 4.0, ► http://creativecommons.org/licenses/by/4.0/)

spielsweise in ein Individuum mit der Blutgruppeneigenschaft A Erythrocyten mit dem Blutgruppenantigen B transfundiert, so beginnt das **Immunsystem** mit einer Antikörperproduktion gegen diese organismusfremden Erythrocyten: Die entstehenden Antikörper verursachen eine Agglutination der Erythrocyten.

Betrachten wir nun die **Genetik des AB0-Blutgruppensystems**, so ist diese aus dem zuvor Gesagten leicht zu verstehen: Im diploiden Zustand sind jeweils zwei der drei Allele – *A*, *B* oder *0* – vorhanden. Möglich sind also die Genotypen *A*/*A*, *B*/*B*, *A*/*B*, *0*/*A*, *0*/*B* und *0*/*0*, die durch die speziellen Zelloberflächenantigene charakterisiert werden. So reagieren die Erythrocyten homozygoter *A*/*A*- oder heterozygoter *0*/*A*-Individuen mit Anti-A-Antiserum, die Erythrocyten homozygoter *B*/*B*- und heterozygoter *0*/*B*-Individuen mit Anti-B-Antiserum und die Erythrocyten heterozygoter *A*/*B*-Individuen sowohl mit Anti-A- als auch mit Anti-B-Antiserum. Homozygote *0*/*0*-Erythrocyten hingegen agglutinieren mit keinem der Antikörper.

Dieses Beispiel zeigt, dass bestimmte Merkmale, wie hier die Blutgruppenantigene, gleichwertig im Phänotyp zur Ausprägung kommen, also keine Beziehungen zueinander zeigen, die durch die Begriffe „rezessiv“ oder „dominant“ beschrieben werden können. Vielmehr sind beide dominant, d. h. sie kommen bei ihrer Anwesenheit im Genom unabhängig von der Konstitution des zweiten Allels auch voll zur Ausprägung. Man bezeichnet solche Merkmale als **codominant** (Abb. 11.12).

In Fällen, in denen zwei Allele ihren jeweiligen Charakter nebeneinander im Phänotyp ausprägen, sprechen wir von Codominanz der Allele.

Um die Blutgruppensystematik zu ergänzen, sei darauf hingewiesen, dass es noch weitere Unterscheidungsmerkmale gibt. Dazu gehört das *I*/*i*-System, das von Alexander S. **Wiener** und Mitarbeitern 1956 beschrieben wurde. Die entsprechenden Antigene werden durch lineare bzw. verzweigte Poly-N-Acetyllac-

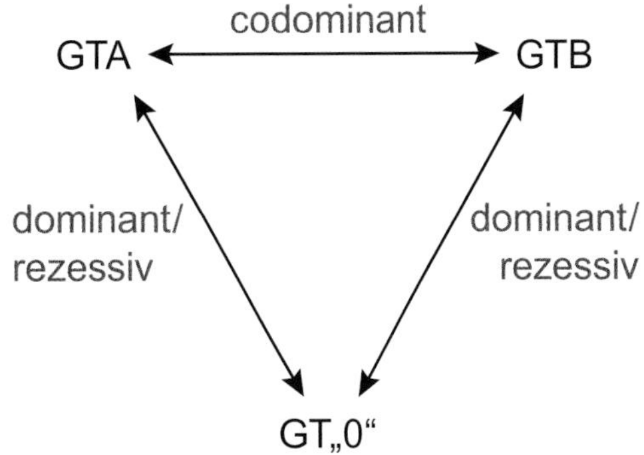

Abb. 11.12 Die Allele, die für die Glykosyltransferase A (GTA) bzw. für die Glykosyltransferase B (GTB) codieren, sind gegeneinander codominant: Wenn beide Allele vorliegen, führt das zur Blutgruppe AB. Sie sind aber jeweils dominant über das rezessive Allel GT„0“, das keine enzymatische Aktivität besitzt. (Nach Zschocke 2008, mit freundlicher Genehmigung)

tosaminoglykane determiniert. Dabei wird die lineare Form (i) während der Embryonalzeit ausgebildet und ist im Erwachsenen durch die verzweigte Form (I) ersetzt. Diese Umwandlung ist von dem Enzym β1,6-N-Acetylglucosamintransferase abhängig, das im Englischen auch als *I-branching enzyme* bezeichnet wird. Das entsprechende Gen liegt auf dem Chromosom 6p24-p23.

11.3.2 Multiple Allelie

Aus den vorangegangenen Beispielen für die unterschiedliche Ausprägung von verschiedenen Allelen bestimmter Merkmale können wir ableiten, dass es nicht nur zwei Ausführungen eines Merkmals gibt, sondern sehr **unterschiedliche Formen von Allelen**. Man kann nach der Art der Ausprägung verschiedene Arten von Allelen unterscheiden (Hermann J. **Muller** 1932), wobei die Übergänge fließend sein können. So gibt es:

- Allele, die nicht funktionsfähig sind (**Null-Allele**). Sie werden vielfach auch als **amorphe Allele** bezeichnet, da durch den Ausfall einer Funktion der Phänotyp oft zerstört wird;
- Allele, die nur partiell funktionell sind (**hypomorphe Allele**). Sie zeigen einen variablen Phänotyp;
- Allele, die über das normale Maß hinaus aktiv sind (**hypermorphe Allele**);
- Allele, die als Antagonisten zu den Wildtyp-Allelen wirken (**antimorphe Allele**);
- Allele, die voll funktionell, aber für eine veränderte Eigenschaft verantwortlich sind (**neomorphe Allele**). Sie zeigen einen neuen Phänotyp, der sich qualitativ von dem des Wildtyps unterscheidet.

Die verschiedenen Arten von Allelen können im Prinzip bei jedem Gen vorkommen; es gibt also eine sehr große mögliche Anzahl unterschiedlicher Allele für jedes Merkmal. Wir fassen die Erscheinung der Möglichkeit zur Ausbildung so verschiedenartiger Allele nach der Definition von Thomas H. **Morgan** unter dem Begriff der **multiplen Allelie** zusammen. So sind beispielsweise für das wichtige Kontrollgen der Augenentwicklung (► Abschn. 12.4.6, 12.5.3, 12.6.4), *PAX6*, bis jetzt (August 2018) über 490 verschiedene Allele bekannt und für das *F8*-Gen, dessen Mutationen für die Ausprägung der Bluterkrankheit (Hämophilie A; ► Abschn. 13.3) verantwortlich sind, über 3000 verschiedene Allele. Diese verschiedenen Allele sind in öffentlichen Datenbanken allgemein zugänglich (► http://pax6.hgu.mrc.ac.uk; ► https://f8-db.eahad.org/) eine genaue Betrachtung dieser Listen zeigt, dass einige Allele bei mehreren Patienten vorkommen.

Es ist an dieser Stelle allerdings hilfreich, sich noch etwas genauer über die Wirkungsmöglichkeiten verschiedener Allele Gedanken zu machen. So lassen sich

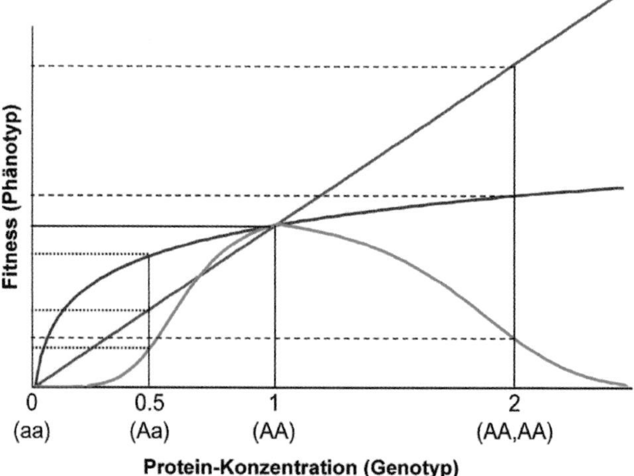

Abb. 11.13 Zusammenhang zwischen der Gendosis und der Fitness (Phänotyp). „A" repräsentiert das Wildtyp-Allel, und „a" ein Allel mit Funktionsverlust; AA,AA stellt eine Duplikation des Wildtyp-Allels dar (Kopienzahlvariation). Die *rote Gerade* zeigt einen linearen Zusammenhang zwischen der Gendosis und dem Phänotyp; dieser Verlauf ist typisch für einfache Strukturproteine und regulatorische Proteine. Der phänotypische Unterschied zwischen homozygoten Wildtypen (AA) und Heterozygoten (Aa, mit der Hälfte der funktionellen Gendosis) ist für solche Gene gering, die für Enzyme codieren, die nur geringe Veränderungen über einen weiten Dosisbereich zeigen (*violette Parabel*; Michaelis-Menten-Kinetik). Einige Gene (vor allem solche, die für Untereinheiten in Proteinkomplexen codieren) können zu einer Abnahme der Fitness des Organismus sowohl bei der Verminderung als auch bei der Erhöhung ihrer Gendosis führen (*grün*). Die verschiedenen *schwarzen Linien* deuten die relative Fitness bei definierten Gendosen und verschiedenen Dosis-Wirkungs-Beziehungen an. (Nach Kondrashov und Koonin 2004, mit freundlicher Genehmigung)

die oben genannten Kategorien der amorphen und hypomorphen Allele auch unter dem Gesichtspunkt des Funktionsverlustes (engl. *loss of function*) zusammenfassen. Wenn das verbleibende, funktionsfähige Allel aber nicht ausreicht, die Genfunktion aufrechtzuerhalten, sprechen wir auch von **Haploinsuffizienz**. Allele, die Haploinsuffizienz zeigen, fallen in zwei Kategorien: Einige wenige codieren für große Mengen gewebespezifischer Proteine (z. B. Typ-I-Collagen, Globin), andere betreffen regulatorische Proteine, die nahe an ihrem Schwellenwert arbeiten. Dies betrifft eine Reihe von Transkriptionsfaktoren wie Pax3 oder Pax6. Eine Besonderheit in diesem Zusammenhang sind Genduplikationen, die auch als Kopienzahlvariationen bezeichnet werden (engl. *copy number variations*, CNVs); sie stellen eine wichtige Triebfeder für die Evolution dar. Einen Überblick über den Zusammenhang zwischen Gendosis und der biologischen Wirkung bei unterschiedlichen Funktionen gibt ◻ Abb. 11.13.

Andere Kategorien (hypermorph, antimorph und neomorph) sind mit einer Änderung der Funktion verbunden (engl. *gain of function*). Ein Spezialfall dieses Mutationstyps wird auch als „**dominant negativ**" bezeichnet: So kann es beispielsweise für die Aktivität eines Proteins notwendig sein, dass es sich mit anderen zu einem Komplex zusammenlagert. ◘ Abb. 11.14 zeigt ein Beispiel für ein Kanalprotein, das aus vier gleichen Untereinheiten aufgebaut ist (homotetramerer Komplex). Die Mischung der Proteine des Wildtyp- und Mutanten-Allels im Verhältnis von 1:1 (wie es bei Heterozygoten der Fall ist) führt aber dann nur in einem von 16 Kombinationsmöglichkeiten zu normalen Dimeren, aber in 15 von 16 Möglichkeiten zu einer veränderten Funktion. Für monomere Proteine können dominant-negative Effekte dann auftreten, wenn die Verfügbarkeit eines Substrats der geschwindigkeitsbestimmende Schritt in einer Reaktionskette ist: Eine Mutation führt beispielsweise dazu, dass ein Enzym das Substrat zwar noch binden, aber nicht mehr umsetzen kann. Dies gilt nicht nur für komplexe Stoffwechselwege, sondern auch für Signalkaskaden und Funktionen in der Transkriptionskontrolle.

Es ist für das Verständnis von Erbvorgängen und die richtige Interpretation von Merkmalsanalysen entscheidend, sich zu vergegenwärtigen, dass nicht das Vorkommen zweier unterschiedlicher Allele, wie es vielleicht durch die Erscheinung der Diploidie impliziert werden könnte, sondern die multiple Allelie in einer Population der Normalfall ist. Das Vorkommen verschiedener Allele mit unterschiedlichen Konsequenzen für den Phänotyp (beim Menschen oftmals verbunden mit unterschiedlichen Formen oder Schweregraden der Erkrankung) ist auch für das funktionelle Verständnis der betroffenen Domänen des jeweiligen Proteins von besonderer Bedeutung. ◘ Tab. 11.6 verdeutlicht das am Beispiel des Gens, das für den „Mikrophthalmie-assoziierten Transkriptionsfaktor“ (*Mitf*) codiert. Wie der Name andeutet, führen Mutationen oft zu kleinen Augen (bei Mäusen, Hamstern, Menschen); es wird aber deutlich, dass die Auswirkungen der verschiedenen Allele ein sehr breites Spektrum aufweisen. Nicht jede Mutation führt zu einem veränderten Phänotyp (bzw. zum Ausbruch einer Krankheit). Inwieweit solche **Polymorphismen** aber empfindlicher gegenüber bestimmten Erkrankungen machen, wird derzeit von der genetischen Epidemiologie bei der Analyse multifaktorieller Krankheiten, wie Asthma, Herz-Kreislauf-Erkrankungen oder Allergien, untersucht (► Abschn. 13.4).

Das Vorkommen unterschiedlicher Allele eines Merkmals erfordert eine **klare Nomenklatur** zu ihrer Kennzeichnung. Man hat sich darauf geeinigt, das am häufigsten vorkommende Allel als **Wildtyp-Allel** zu bezeichnen. Es wird in genetischer Schreibweise durch den Zusatz eines „+“-Zeichens zur Genbezeichnung (z. B. *w*+) oder einfach durch ein „+“ in der genetischen Formel gekennzeichnet (z. B. *w*/+ statt *w*/*w*+). Mutante Allele, d. h. vom Wildtyp abweichende Allele, werden durch die Genbezeichnung (z. B. *w*) und gegebenenfalls durch eine nähere hochgestellte Bezeichnung des Allels (z. B. w^a für *white apricot*) gekennzeichnet. **Generell werden Gene und ihre Symbole *kursiv* gesetzt**; die entsprechenden Abkürzungen für die Proteine bleiben aber zur Unterscheidung unverändert und in Großbuchstaben (z. B. *Mitf* – Gen; MITF – Protein). Rezessive Gene werden durch einen kleinen Anfangsbuchstaben gekennzeichnet, dominante Gene haben einen großen Anfangsbuchstaben. Menschliche Gensymbole erscheinen im Unterschied zu denen der Maus in der Regel immer mit Großbuchstaben. Es gibt aber zunehmend auch den Versuch, dasselbe Gensymbol mit dem Zusatz „h“ (für human), „m“ (für *mouse*), „d“ (für *Drosophila*), „x“ (für *Xenopus*) oder „z“ (für Zebrafisch) zu kennzeichnen.

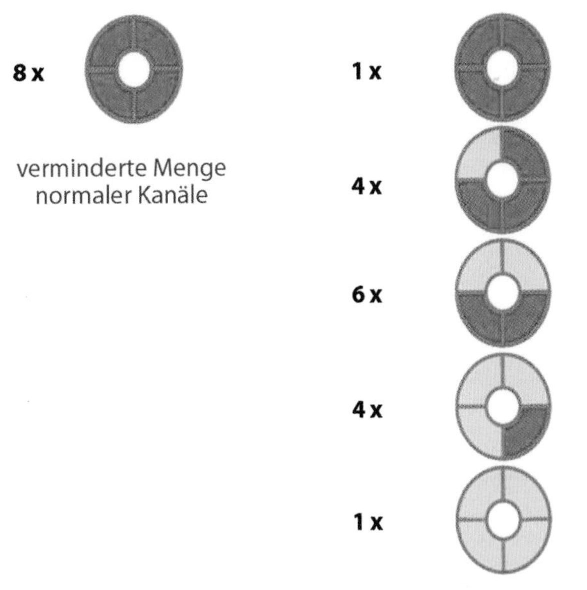

◘ **Abb. 11.14** Schematische Darstellung eines dominant-negativen Effektes bei einem homotetrameren Membrankanal. Heterozygotie für eine Nullmutation, die zu einem instabilen Protein führt, bewirkt nur die verminderte Anzahl (8 von 16) strukturell normaler Kanäle (*links*). Im Gegensatz dazu führt Heterozygotie einer dominant-negativen Form dazu, dass zufällig ein stabiles, aber falsch gefaltetes Protein eingebaut wird, sodass eine wesentlich größere Anzahl von Kanälen betroffen ist. Theoretisch besteht nur einer von 16 gebildeten Kanälen aus vier Wildtyp-Untereinheiten und ist entsprechend funktionsfähig (*rechts*); die 15 anderen Formen mit stabilen, aber falsch gefalteten Untereinheiten sind funktionsunfähig (die *Zahlen* deuten die unterschiedlichen Häufigkeiten an). *Grün*: Wildtyp-Protein; *gelb*: mutiertes Protein. (Nach Zschocke 2008, mit freundlicher Genehmigung)

> Wir sprechen von multipler Allelie, wenn mehrere Allele eines Merkmals vorhanden sind. Grundsätzlich muss multiple Allelie für alle Merkmale als gegeben angesehen werden, da jede Veränderung im Gen ein eigenes Allel hervorbringt, unabhängig davon, ob man es in seiner phänotypischen Ausprägung von anderen Allelen unterscheiden kann oder nicht.

Tab. 11.6 Multiple Allelie des *Mitf*-Gens der Maus

Allel		Phänotyp		Molekularer Defekt
		Heterozygot	Homozygot	
Unvollständige Dominanz	*Mitf*^{or} (*Oak Ridge*)	Leichte Abschwächung der Haarfarbe, blasse Ohren und Schwanz, Bauchstreifen oder Kopfflecken	Weiße Haut, kleine oder abwesende Augen, Probleme beim Durchbruch der Schneidezähne, Osteopetrosis	Arg216Lys
	Mitf^{wh} (*white*)	Abschwächung der Haarfarbe, verminderte Pigmentierung am Auge, Flecken an Zehen, Schwanz und Bauch, Innenohrdefekte, keine Melanocyten in der Haut	Weiße Haut, kleine Augen, innere Iris schwach pigmentiert, Spinalganglien kleiner als normal, Innenohrdefekte, Mastzell-Defizienz	Ile212Asn
	Mitf^{ws} (*white spot*)	Weißer Bauchfleck, Zehen und Schwanz oft weiß	Weiße Haut, rote Augen von annähernd normaler Größe	Deletion am N-Terminus
Rezessiv	*Mitf*^{ew} (*eyeless-white*)	Ohne Befund	Weiße Haut, Augen meist nicht gebildet, Augenlider geschlossen	Deletion
	Mitf^{ce} (*cloudy-eyed*)	Ohne Befund	Weiße Haut, blasse und kleine Augen (neblig weiß), Innenohrdefekte	Arg263Stopp
	Mitf^{rw} (*red-eyed white*)	Ohne Befund	Weiße Haut mit einem oder mehreren pigmentierten Flecken am Kopf und/oder Schwanz, kleine rote Augen	Deletion im 5′-Bereich
	Mitf^{vit} (*vitiligo*)	Ohne Befund	Die ersten Haare haben noch Flecken an Brust und Bauch, späte graduelle Depigmentierung, retinale Degeneration	Asp222Asn
Kein Phänotyp	*Mitf*^{sp} (*spotted*)	Ohne Befund	Ohne besonderen Befund; verminderte Tyrosinase-Aktivität in der Haut	Insertion von C; Spleißeffekt: 18 bp alternatives Exon

Nach Steingrimsson et al. (1994)

11.3.3 Der Ausprägungsgrad von Merkmalen

Vergleichen wir verschiedene Individuen hinsichtlich der Ausprägung bestimmter Merkmale miteinander, so können wir bisweilen feststellen, dass sie sich in der Intensität der Ausprägung unterscheiden. Zeigt ein Teil der Individuen gleichen Genotyps die erwartete Merkmalsform nicht, spricht man von **unvollständiger Penetranz** (geringer als 100 %). Sind alle Individuen des gleichen Genotyps identisch, ist die **Penetranz vollständig** (oder 100 %). Diese Kennzeichnung kann sowohl auf dominante als auch auf rezessive oder unvollständig dominante Allele angewendet werden. Man beachte aber, dass die Penetranz ein „Alles-oder-nichts-Phänomen" ist: Individuen zeigen den Phänotyp oder nicht.

❀ Als Beispiel für eine unvollständige Penetranz können wir die Myoclonus-Dystonie beim Menschen betrachten. Diese Krankheit ist eine Bewegungsstörung, die durch eine Kombination von schnellen, kurzen Muskelkontraktionen (Myoclonus) und anhaltendem Verdrehen und wiederholten Bewegungen charakterisiert ist, was zu ungewöhnlichen Körperhaltungen führt. Die Krankheit wird durch Mutationen im ε-Sarcoglykan-Gen verursacht (Gensymbol: *SGCE*). Kürzlich wurde berichtet, dass bei einem paternalen Erbgang die Penetranz der Erkrankung vermindert ist: Der Vater war klinisch unauffällig, aber der Träger der Mutation. Die Erklärung dafür ist maternales Imprinting (▶ Abschn. 8.4), das das mutierte Gen im Vater offensichtlich stillgelegt hat und einen autosomal-rezessiven Erbgang vortäuschte (Müller et al. 2002). Die Autoren vermuten, dass die Großmutter (die für die Analyse nicht mehr zur Verfügung stand) das mutierte, aber durch Imprinting stillgelegte Gen auf ihren Sohn übertragen haben könnte. In der männlichen Keimbahn wird das Imprinting aufgelöst, und bei den Kindern wird dadurch die Mutation wieder wirksam. Vermutlich liefert die Analyse solcher nicht-mendelnder Erbgänge unter epigenetischen Gesichtspunkten

(▶ Abschn. 8.4) in vielen Fällen eine Erklärung für zunächst nicht erklärbare Phänomene wie verminderte Penetranz, wobei die klinische Erkrankung eine oder mehrere Generationen überspringt. Dies erschwert dann die genetische Beratung.

Unter der **Expressivität** verstehen wir dagegen den **Grad der Ausprägung** eines Merkmals. Auch hier kann die unvollständige Expression auf regulatorische Faktoren im Genom oder auf Einflüsse der Umwelt zurückzuführen sein.

Als Beispiel kann eine Form der Mikrophthalmie der Maus dienen, die als „*Small eye*“ in die Literatur eingegangen ist und durch eine Mutation im Hauptkontrollgen der Augenentwicklung, *Pax6*, verursacht wird. Selbst wenn wir nur jeweils ein Allel betrachten, fällt auf, dass heterozygote Tiere verschiedene Schweregrade zeigen (z. B. unterschiedliche Augengröße, Hornhaut- und/oder Linsentrübung, Verbindung zwischen Hornhaut und Linse). Oftmals ist die beobachtete Variabilität noch größer, wenn die Mutation in verschiedene Laborstämme eingekreuzt wird (homozygote Tiere sind nicht lebensfähig).

Wir haben also gesehen, dass sich gleiche Allele unter bestimmten Bedingungen nicht immer in gleicher Form auswirken. Man hat dafür auch den Begriff der **Reaktionsnorm** geprägt, der zum Ausdruck bringt, wie Umwelteinflüsse (z. B. Licht, Temperatur, Nährstoffangebot, Standort) die Ausprägung der Phänotypen bei einem gegebenen, konstanten Genotyp beeinflussen.

Penetranz und Expressivität werden also sowohl von anderen genetischen Faktoren als auch von der Umwelt beeinflusst und bereiten einer genetischen Analyse daher oft große Probleme. Für genetische Experimente sind Merkmale mit wechselnder Expressivität und unvollständiger Penetranz meist wenig geeignet.

Allele können in allen oder nur in einzelnen Individuen zur Ausprägung kommen, je nachdem, ob ihre Penetranz vollständig oder reduziert ist. Auch der Grad der Ausprägung eines Merkmals kann variieren. Dieser Grad der Ausprägung wird als Grad der Expressivität eines Allels bezeichnet.

In unseren bisherigen Beispielen für die verschiedenen Arten von Genfunktionen sind wir davon ausgegangen, dass die Wirkung eines Gens auf ein oder mehrere Merkmale unabhängig von der Funktion anderer Gene ist. Diese Annahme ist jedoch fragwürdig. Vielmehr müssen wir davon ausgehen, dass viele Merkmale durch Wechselwirkungen mehrerer Gene hervorgerufen werden können. Für diese Wechselwirkung verschiedener Gene zur Ausprägung eines Phänotyps wurde von William **Bateson** (1909) der Begriff **Epistasie** geprägt. Im engeren Sinne versteht man darunter allerdings die Wechselwirkung zweier nicht-alleler Gene, wobei das eine Gen die Wirkung des anderen unterdrückt. Dadurch verändert sich die in der F_2-Generation beobachtete Aufspaltung gegenüber den nach den Mendel'schen Gesetzen erwarteten Werten von 9:3:3:1 (dihybride Kreuzungen) zu 15:1, 9:7, 12:3:1 oder 13:3. Die Kreuzung von Linien mit klaren parentalen Phänotypen und erwarteten Aufspaltungen erlaubt daher, Hierarchien in Genwirkungsketten aufzubauen. Oftmals legen derartige genetische Experimente die Grundlagen für die spätere biochemische Aufklärung der entsprechenden Mechanismen. Die Analyse epistatischer Phänomene hat in den letzten Jahren besonders bei der Erforschung komplexer Erkrankungen des Menschen an Bedeutung gewonnen (Wei et al. 2014; ▶ Abschn. 13.4).

Die Folgen eines relativ einfachen Zusammenspiels mehrerer Gene können wir uns an einem Stoffwechselprozess verdeutlichen, der ausgehend von den Arbeiten von George **Beadle** und Boris **Ephrussi** (1937) bereits relativ frühzeitig in der Geschichte der *Drosophila*-Genetik aufgeklärt wurde (für eine Übersicht siehe Lloyd et al. 1998). In ◘ Abb. 11.15 ist der Stoffwechselweg für eine Farbstoffklasse dargestellt, die **Ommochrome** genannt wird. Diese Farbstoffe bilden die Hauptpigmente der Augen und einiger innerer Organe von Insekten. Sie kommen jedoch auch in vielen anderen Arthropoden sowie in Mollusken vor, hier hauptsächlich im Pigment des Integuments. In den Metamorphosesekreten vieler Arthropoden sind sie möglicherweise als biologische Endprodukte des Tryptophanstoffwechsels bei Tryptophanüberschuss vorhanden. Das gilt insbesondere für Insekten, die eine geringere Auswahl zwischen verschiedenen Tryptophanstoffwechselwegen haben als andere Organismen.

Es gibt in den Komplexaugen der Insekten noch eine zweite Gruppe von **Augenfarbstoffen**, die **Drosopterine** (Pteridinfarbstoffe). Sie verleihen den Augen einen roten Farbanteil, während Ommochrome bräunliche Pigmenttöne verursachen. Der Ausfall von Drosopterin führt bei normaler Ausbildung von Ommochromen daher zu bräunlichen Augentönen. Beide Pigmentsorten sind für die Augenfunktion wichtig, da sie die Abschirmung des Lichteinfalls zwischen den Ommatidien herstellen. Die ◘ Abb. 11.15 zeigt, dass die Ommochrome ausgehend von der Aminosäure Tryptophan durch mehrere enzymatisch katalysierte Schritte gebildet werden.

Aus der *Drosophila*-Genetik sind uns verschiedene **Augenfarbenmutanten** bekannt, deren Untersuchung ergeben hat, dass sie auf Defekten im Stoffwechselprozess der Ommochrome beruhen. Der Ausfall eines Enzyms führt zu einem Block in diesem Stoffwechselweg. Werden überhaupt keine Ommochrome gebildet, kommen nur noch die durch die Drosopterine verursachten Far-

Abb. 11.15 Augenfarbstoffe (Xanthommatin) von *Drosophila melanogaster* und die Augenfarbenmutanten *vermilion* (*v*) und *cinnabar* (*cn*). **a** Stoffwechselweg des Tryptophans mit den zugehörigen Enzymen, ihren Genen und der phänotypischen Ausprägung von Mutationen. **b** Umsetzung von L-Tryptophan in Xanthommatin

a

Verbindung	Enzym	Gen	Mutation	Augenfarbe
Tryptophan				
↓	Tryptophanpyrrolase	(*vermilion*$^+$)	v	hellrot
N-Formylmethionin				
↓	Formamidase			
Kynurenin				
↓	Kynurenin-3-Hydroxylase	(*cinnabar*$^+$)	cn	hellrot
3-Hydroxykynurenin				
↓	Phenoxazinonsynthase			
Xanthommatin				dunkelrot

b

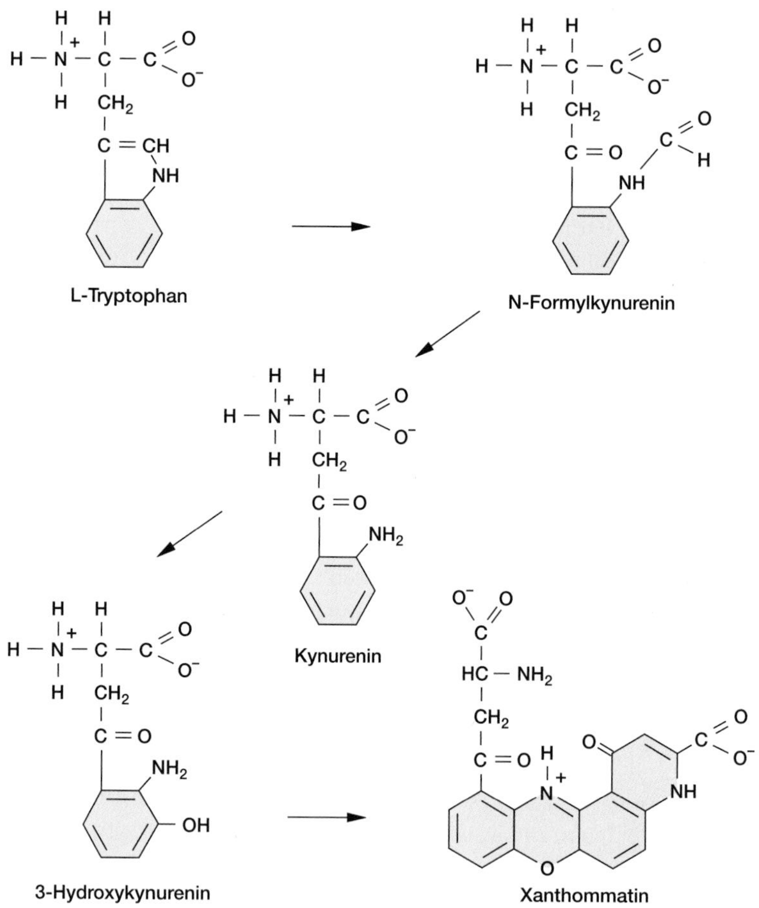

L-Tryptophan → N-Formylkynurenin → Kynurenin → 3-Hydroxykynurenin → Xanthommatin

ben zur Geltung. Die Augen sind dann leuchtend rot, wie es bei der Mutation *vermilion* (*v*) der Fall ist, wenn sie homozygot (*v*/*v*) vorliegt. Hier ist das Enzym Tryptophanpyrrolase (oder Tryptophanoxygenase) nicht mehr funktionell (■ Abb. 11.15), und alle späteren Schritte des Stoffwechselweges sind damit blockiert. In der Mutante *cinnabar* (*cn*), die homozygot hellrote Augen zeigt, ist das Enzym Kynurenin-3-Hydroxylase, das die Umsetzung von Kynurenin in 3-Hydroxykynurenin katalysiert, nicht funktionsfähig. Wie man leicht erkennen kann, wirkt sich eine Mutation in *cinnabar* (*cn*/*cn*) aber dann nicht mehr aus, wenn bereits eine homozygot mutante Konstitution in *vermilion* (*v*/*v*) vorliegt (Genotyp also: *cn*/*cn*; *v*/*v*. Phänotyp: *vermilion*). Der Phänotyp der Doppelmutante unterscheidet sich nicht von dem der Einfachmutante (Genotyp: cn^+/cn^+; *v*/*v*. Phänotyp: *vermilion*). Hingegen ist aus dem Stoffwechselschema leicht zu verstehen, dass die alternative Einfachmutante (*cn*/*cn*; v^+/v^+) sehr wohl einen anderen Phänotyp (nämlich *cinnabar*) aufweist (■ Tab. 11.7). Entscheidend ist also, an welcher Stelle in der Hierarchie des Stoffwechselweges die Mutation liegt. Mutationen in frühen,

Tab. 11.7 Augenfarbenmutanten von *Drosophila*

Genetische Konstitution				Phänotyp (Augenfarbe)
white	*vermilion*	*cinnabar*	*scarlet*	
+/+	+/+	+/+	+/+	rot (Wildtyp)
w/w	+/+	+/+	+/+	white
w^a/w^a	+/+	+/+	+/+	white-apricot
w^e/w^e	+/+	+/+	+/+	white-eosin
w^{ch}/w^{ch}	+/+	+/+	+/+	white-cherry
w^{co}/w^{co}	+/+	+/+	+/+	white-coral
w/+	+/+	+/+	+/+	rot (Wildtyp)
+/+	*v*/+	+/+	+/+	rot (Wildtyp)
+/+	+/+	*cn*/+	+/+	rot (Wildtyp)
+/+	+/+	+/+	*st*/+	rot (Wildtyp)
+/+	*v/v*	+/+	+/+	vermilion
+/+	+/+	*cn/cn*	+/+	cinnabar
+/+	+/+	+/+	*st/st*	scarlet
+/+	*v/v*	*cn/cn*	+/+	vermilion
+/+	*v/v*	*cn/cn*	*st/st*	vermilion
+/+	+/+	*cn/cn*	*st/st*	cinnabar
+/+	*v/v*	+/+	*st/st*	vermilion

Die Tabelle fasst verschiedene Augenfarbenmutanten von *Drosophila* zusammen, die in verschiedenen Kapiteln genannt werden. Die Mutanten des *white*-Gens sind in der Reihenfolge der Intensität der Augenfärbung (ansteigend) angeordnet. Die Intensität ist durch die Menge an Pigment im Auge bestimmt. Die Mutation w^a beruht auf der Insertion eines Transposons (*copia*) in den *white*-Locus, der hierdurch nicht vollständig inaktiviert wird. Die Gene *vermilion, cinnabar und scarlet* codieren für Enzyme des Ommochrom-Stoffwechselweges (Abb. 11.15). Sie sind in der Reihenfolge ihrer katalytischen Wirkung im Xanthommatin-Syntheseweg angegeben. Hieraus wird ihre jeweilige epistatische Funktion im Vergleich zu den übrigen Enzymen des gleichen Stoffwechselweges deutlich. Die generelle epistatische Wirkung von *white*-Mutationen ist ebenfalls dargestellt.

übergeordneten Stufen überdecken solche auf späteren, nachgeordneten Stufen. Die Mutation *vermilion* ist also funktionell **epistatisch** über *cinnabar*. Die Erscheinung der Epistasie von Mutationen ist für alle Stoffwechselwege zu erwarten, wenn nicht Teile davon auf Nebenwegen umgangen werden können.

Am Beispiel der Augenfarbe von *Drosophila* lässt sich noch ein weiterer Fall von Epistasie darstellen, der uns einen zusätzlichen Einblick in das funktionelle Zusammenwirken von Genen verschafft. Für die Augenfarbe ist es nicht allein erforderlich, dass die Pigmente gebildet werden, sondern diese müssen auch an ihre zellulären Positionen gebracht und dort fixiert werden. Eine Rolle in diesem Lokalisationsprozess der Augenfarbstoffe spielt das uns bereits bekannte Gen *white* (*w*), das im X-Chromosom von *Drosophila* liegt. Das Genprodukt ist für den Transport von Vorläufern von Augenpigmenten über Zellmembranen verantwortlich. Im Falle einer Mutation ist dieser Prozess gestört und das Komplexauge bleibt ungefärbt, also weiß, wie der Name des Gens anzeigt; wir kennen heute (November 2019) über 1000 klassische Allele dieses Gens (d. h. ohne transgene Fliegen; Datenbank „Flybase“: ▶ http://flybase.org). Diese Expression des *white*-Gens selbst ist unabhängig davon, ob die Augenpigmente gebildet werden oder nicht. Ein *w/w*-Genotyp führt also stets zu weißen Augen, unabhängig von der genetischen Konstitution der übrigen Augenfarben-Gene. Das Gen *white* wirkt mithin epistatisch über die Gene, die zur Bildung der Ommochrome und Drosopterine beitragen.

Unterdrückt ein Gen die Ausprägung anderer, nichtalleler Gene, so sprechen wir von Epistasie.

11.3.4 Polygene Vererbung – Genetik quantitativer Merkmale

Wir sind bisher davon ausgegangen, dass Merkmale durch jeweils ein Gen bestimmt werden, wie es aufgrund der Mendel'schen Kreuzungsversuche zunächst als richtig erscheinen könnte. Aber Mendel selbst hatte bereits darauf hingewiesen, dass Merkmale auch durch mehrere Gene beeinflusst sein können (▶ Abschn. 11.3.1). Sehr bald nach der Wiederentdeckung der Mendel'schen Regeln wurde deutlich, dass in sehr vielen Fällen Merkmale nicht durch einzelne Gene, sondern durch das Zusammenwirken mehrerer Gene bestimmt werden. Man spricht in einem solchen Fall von **Polygenie** oder **multifaktorieller Vererbung**. Dieses Zusammenspiel mehrerer Gene bei der Merkmalsausprägung macht es oft sehr schwierig, die erblichen Komponenten eines Phänotyps zu identifizieren und zu analysieren. In vielen Fällen helfen hier nur quantitative Analysen weiter (engl. *quantitative trait loci*, QTL). Eine besondere Bedeutung gewinnt die quantitative Analyse in der Praxis der Tier- und Pflanzenzüchtung, wenn es darum geht, günstige erbliche Eigenschaften wirtschaftlich nutzbar zu machen. Hierzu ist oft zunächst die Kenntnis des Anteils der erblichen Komponenten am Phänotyp eines Tieres oder einer Pflanze entscheidend für eine praktische Nutzung.

Ein gut untersuchtes Beispiel für die Wirkung mehrerer Gene ist die Körnerfarbe von **Weizen**, die 1909 durch den Pflanzengenetiker Hermann **Nilsson-Ehle** (1873–1949) untersucht wurde. Kreuzt man eine Weizensorte mit einheitlich dunkelroter Körnerfarbe mit einer anderen Sorte, die eine sehr helle Körnerfarbe hat, so findet man in der F_1 eine einheitliche hellrote Körnerfarbe, die zwischen der der beiden Elternsorten liegt. Nach unseren bisherigen Kenntnissen würden wir daraus schließen, dass es sich um eine unvollständige Dominanz handelt. Kreuzen wir jedoch die F_1 untereinander weiter, so finden wir in der F_2-Generation Ähren mit fünf verschiedenen Körnerfarben (dunkelrot, rot, hellrot, schwach rot und weiß), die mit einer relativen Häufigkeit von 1:4:6:4:1 zu beobachten sind. Eine dihybride Kreuzung scheint wegen der größeren Anzahl verschiedener Phänotypen (dihybrid: 4) und aufgrund der dafür charakteristischen Zahlenverhältnisse (dihybrid: 9:3:3:1) nicht in Betracht zu kommen. Dies gilt aber nur, wenn man die Ergebnisse unter dem Gesichtspunkt einer voneinander unabhängigen Vererbung zweier verschiedener Merkmale betrachtet.

Nilsson-Ehle hat jedoch seine Ergebnisse auf einen dihybriden Vererbungsgang zurückführen können, bei dem beide Gene auf dasselbe Merkmal – die Körnerfarbe – einwirken und zudem noch zwei verschiedene Allele eine Rolle spielen. Dabei muss man in Betracht ziehen, dass die weißen Eltern zum Farbpigment nichts beitragen (*aabb:* **nicht-additive Allele**), wohingegen die roten Eltern nur solche Allele enthalten, die zur Farbintensität einen Beitrag leisten (*AABB*: **additive Allele**). Noch komplexere Ergebnisse erhält man, wenn man die Einwirkung von drei Genen auf die Weizenfarbe untersucht. Hierbei entstehen – bei jeweils zwei Allelen – insgesamt sieben verschiedene Körnerfarben im Verhältnis 1:6:15:20:15:6:1.

Beide Beispiele verdeutlichen, dass eine **quantitative Analyse** von Kreuzungsergebnissen entscheidend dafür sein kann, ob es gelingt, die Anzahl erblicher Komponenten zu ermitteln, die zur Ausprägung eines Merkmals beitragen. Dabei stellt sich natürlich die Frage, wie man die Zahl der beteiligten Gene abschätzen kann. Für **kleine Zahlen** beteiligter Gene hat sich die (2n + 1)-Regel bewährt: Wenn n die Zahl der additiven Gene darstellt, gibt 2n + 1 die Gesamtzahl der möglichen Phänotypen in der F_2-Generation an. Bei unserem obigen Beispiel mit zwei Genen erhalten wir damit die beobachteten fünf verschiedenen Phänotypen; bei drei Genen entsprechend sieben verschiedene Phänotypen. Für **große Zahlen** beteiligter Gene hat sich dagegen die Regel bewährt, dass der Anteil der Individuen mit einem der beiden extremen Phänotypen jeweils $1/4^n$ beträgt. In unserem obigen Beispiel waren die dunkelroten **oder** die weißen Ähren jeweils mit einem Anteil von 1/16 vertreten. Wenn wir das entsprechend einsetzen ($1/4^n = 1/16$), erhalten wir $1/4^2 = 1/16$ und damit n = 2. Es muss aber an dieser Stelle betont werden, dass diese Abschätzungen der Zahl beteiligter Gene Folgendes zur **Voraussetzung** hat: Alle relevanten Allele sind in gleicher Weise und additiv an der Ausprägung des Phänotyps beteiligt, und Umweltfaktoren spielen keine Rolle.

Leider trifft diese Vereinfachung selten zu. Die besprochenen quantitativen Beispiele für Vererbungsgänge lassen erkennen, welche Schwierigkeiten sich bei einer genetischen Analyse von Merkmalen ergeben müssen, die multifaktoriell beeinflusst werden und vielleicht in ihrer Ausprägung sogar noch starken Umwelteinflüssen unterworfen sind. Mithilfe moderner Methoden aus der Genomforschung wird es jedoch immer mehr möglich, auch solche komplexen Phänotypen genetisch zu analysieren (vgl. dazu auch ► Abschn. 11.4.5 und 13.4).

❗ Wirken mehrere Gene auf ein Merkmal ein, so spricht man von Polygenie. Polygenie kann für viele Merkmale als Regelfall angesehen werden.

Als Beispiel dafür kann die Fellfarbe der Maus dienen, die durch viele Gene kontrolliert wird. Wir kennen über 120 Gene mit insgesamt über 800 Allelen, die bei der Maus für die verschiedenen Fellfarben verantwortlich sind. Eine kleine Auswahl ist in ◘ Abb. 11.16 zusammengestellt. Ursprünglich wurde jede Fellfarbe durch Kreuzungsexperimente mit einem spezifischen Genort verknüpft, z. B. *A* für *agouti* (wildfarben), *B* für *black* (schwarz) oder *C* für *chromogen* (farbig). Später wurden Wechselwirkungen zwischen den verschiedenen Genen identifiziert: So haben rein braune Mäuse den Genotyp *a*/*a b*/*b C*/−, schwarze *agouti*-Mäuse haben den Genotyp *A*/− *B*/− *C*/− und *albino*-Mäuse (weiß) den Genotyp −/− −/− *c*/*c* (dabei geben die Großbuchstaben ein dominantes Allel und Kleinbuchstaben ein rezessives Allel an; das Minuszeichen bedeutet eine Deletion).

Das graue Fell der Wildtyp-Mäuse (*agouti*) entsteht durch eine Mischung gelber und schwarzer Segmente in den einzelnen Haaren. Schwarze Mutanten (*aa*) bilden kein gelbes Pigment mehr aus, *albino*-Mutanten (*cc*) haben die Fähigkeit zur Pigmentbildung insgesamt verloren. Die Kreuzung zwischen schwarzen (*CCaa*) und *albino*-Tieren (*ccAA*) führt zu einer *agouti*-F_1 (*CcAa*) und in der F_2 zu der für eine Modifikation charakteristischen Aufspaltung von (9 *agouti*):(3 schwarz):(4 *albino*):

- Alle Mäuse, die mindestens ein *C*- und ein *A*-Allel haben, sind *agouti*;
- Homozygotie für *aa* führt zu schwarzen Mäusen, wenn mindestens ein *C*-Allel vorhanden ist;
- Homozygotie für *cc* führt immer zu *albino*-Mäusen, unabhängig von der Allelkonfiguration am *agouti*-Locus.

In der Maus wurde die Formalgenetik der Fellfarben-Mutationen zunächst durch Clarence C. **Little** (1913) ausgiebig beschrieben, ohne dass zu diesem Zeitpunkt die molekularen Zusammenhänge bekannt waren. Heute kennen wir viele der Wirkungsketten, die für Fellfarben verantwortlich sind. Ein zentraler Stoffwechselweg in

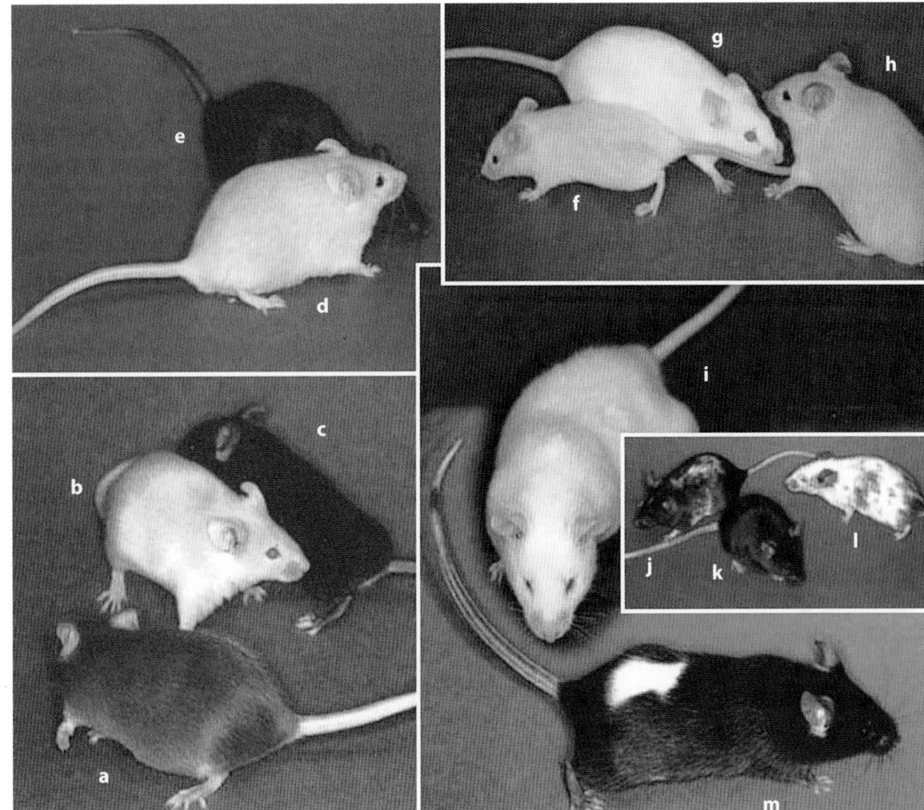

Abb. 11.16 Polygenie der Fellfarben der Maus. Es sind Beispiele verschiedener Maus-Mutanten mit veränderter Fellfarbe gezeigt. Mit Ausnahme von (**l**) sind alle Mutationen im Stamm C57BL/6J; im Folgenden sind die Gennamen und Allelsymbole angegeben. **a** *ashen* ($Rab27a^{ash}/Rab27a^{ash}$); **b** *cappuccino* (*cno*/*cno*); **c** C57BL/6J, Wildtyp; **d** *underwhite* ($Matp^{uw}/Matp^{uw}$); **e** C57BL/6J, Wildtyp; **f** *black-eyed white* ($Tyr^{c\text{-}bew}/Tyr^{c\text{-}bew}$); **g** *albino* (Tyrosinase-Null: $Tyr^{c\text{-}2J}/Tyr^{c\text{-}2J}$); **h** *acromelanic* ($Tyr^{c\text{-}a}/Tyr^{c\text{-}a}$); **i** Transgen-Insertion ($Mitf^{mi\text{-}vga9}/Mitf^{mi\text{-}vga9}$); **j** *dominant spotting 2* ($Kit^{W\text{-}2J}/Kit^{W\text{-}2J}$); **k** derselbe Stamm wie in j, aber eine Unterlinie, die für minimale Fleckenzahl selektioniert wurde; **l** dieselbe Mutation wie in j, ergibt aber in einem anderen Inzuchtstamm (JU/CtLm) einen stärkeren Phänotyp; **m** *belted* ($Adamts20^{bt}/Adamts20^{bt}$). (Nach Bennett und Lamoreux 2003, mit freundlicher Genehmigung)

diesem Zusammenhang ist die Synthese von Melanin aus Tyrosin; das Gensymbol für das erste Enzym dieser Kette, die Tyrosinase, war früher *C*; das heutige Symbol ist *Tyr* (da früher die Allele mit dem alten Gensymbol *C* bezeichnet wurden, nehmen die neuen Allelbezeichnungen vielfach noch darauf Bezug, z. B. $Tyr^{c\text{-}bew}$; Abb. 11.16). In Abb. 11.17 sind die beiden Stoffwechselwege zu Eumelanin und Phäomelanin gezeigt, die beide zunächst die Tyrosinase-Aktivität voraussetzen. Auf dem Weg zum Eumelanin werden noch weitere Enzyme benötigt, die durch die Gene *Tyrp1* und *Tyrp2* codiert werden (engl. *tyrosinase-related protein*). Hier müssen wir also auch wieder mit epistatischen Effekten rechnen, wie wir das bereits bei den Augenfarbstoffen von *Drosophila* gesehen haben.

Neben diesen direkten genetischen Wechselwirkungen gibt es aber auch modifizierende Wechselwirkungen. Wir sprechen von **Modifikation**, wenn das Produkt eines Gens durch ein nicht-alleles Gen verändert wird. Die Vielfältigkeit der Fellfarben der Maus eignet sich auch besonders gut zur Untersuchung dieser Effekte; in Abb. 11.16j–l sind dafür Beispiele gegeben. Besonders interessant sind dabei die Phänomene, wenn dieselbe Mutation in unterschiedlichen Inzuchtstämmen zu verschieden starken Phänotypen führt. Hier verfügen dann die beiden Inzuchtstämme über unterschiedliche Modifikatoren, die prinzipiell einer genetischen Analyse zugänglich sind.

Wenn die Modifikation die phänotypische Ausprägung der mutierten Gene unterdrückt, obwohl diese immer noch vorhanden sind, bezeichnen wir solche Gene als **Suppressorgene**. Ihre Aktivitäten wurden in vielen Organismen untersucht, besonders aber bei *Drosophila*. So unterdrückt beispielsweise ein Gen mit der Bezeichnung *su-Hw* den Phänotyp, der durch das Mutanten-Allel *Hairy-wing* (behaarte Flügel; Gensymbol: *Hw*) verursacht wird.

In der Tier- und Pflanzenzüchtung ist die Kenntnis der genauen genetischen Einflüsse von großer Bedeutung für die Isolierung optimaler genetischer Konstitutionen. Jedoch lassen sich diese oft nicht eindeutig analysieren. Man ist daher vielfach auf rein empirische Verfahren zur Erzeugung von Rassen mit gewünschten Eigenschaften angewiesen. Man beginnt mit Kreuzungen zweier hinsichtlich eines Merkmals reiner Linien und isoliert aus der F_1 phänotypisch besonders vorteilhafte Pflanzen. Diese werden, soweit möglich, durch Selbstbefruchtung weitergezüchtet, und in den folgenden Generationen werden wiederum die geeignetsten Phänotypen zur weiteren Vermehrung ausgewählt. Hierbei kann es entweder gelingen, neue reine Linien zu gewinnen, oder man findet Phänotypen, die durch bestimmte, genau definierte Kreuzungen reproduzierbar erzeugt werden können. Ein wichtiger Gesichtspunkt hierbei ist, dass sich Heterozygote häufig als besonders vorteilhaft hin-

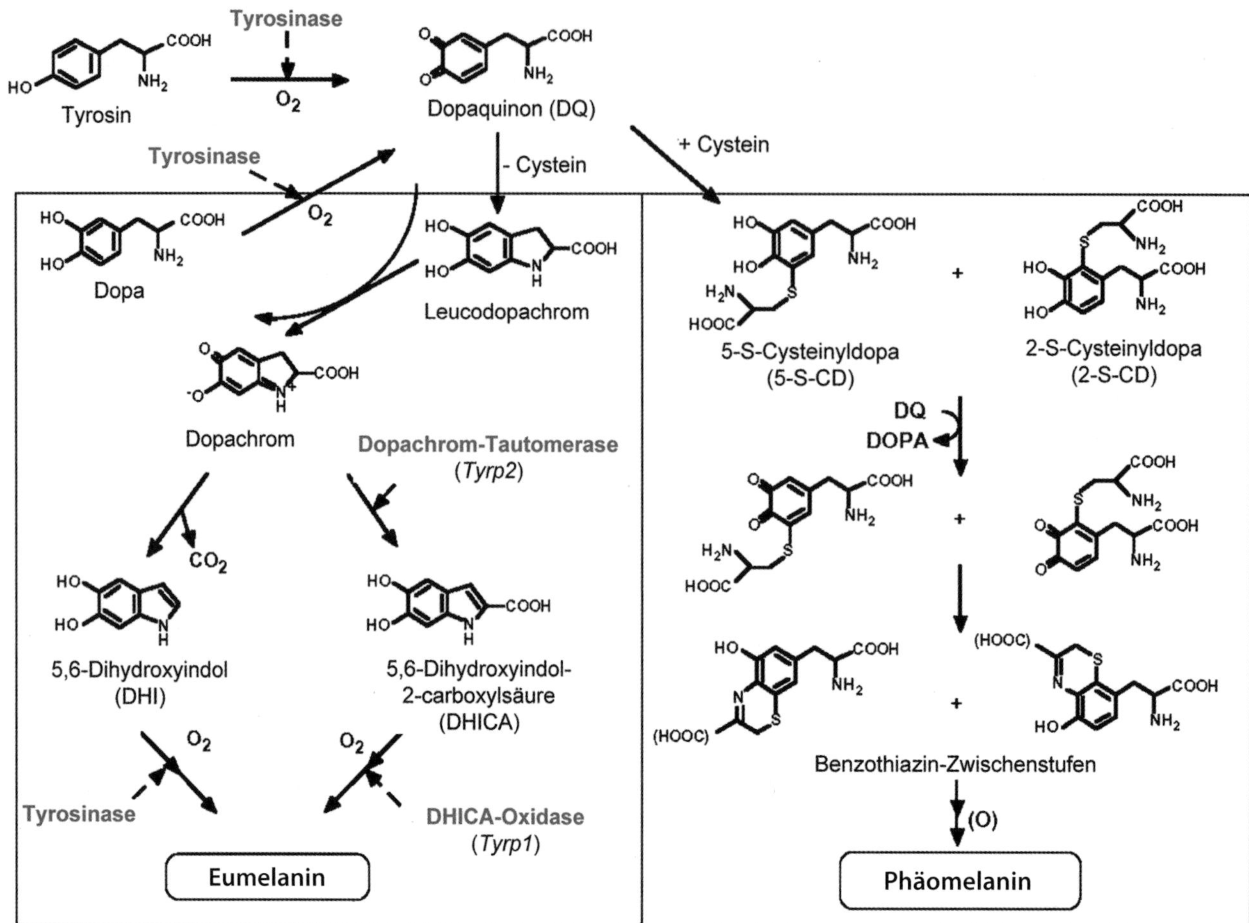

Abb. 11.17 Biosynthesewege zu Eumelanin und Phäomelanin. Zur Herstellung von Eumelanin werden Aktivitäten von Tyrosinase, Tyrp1 und Tyrp2 benötigt, wohingegen zur Synthese von Phäomelanin nur Tyrosinase und Cystein notwendig sind. Die Enzyme sind *grün* hervorgehoben. (Nach Wakamatsu und Ito 2002, mit freundlicher Genehmigung)

sichtlich ihrer Eigenschaften erweisen. Man bezeichnet diese Eigenschaft, der wir bereits in Zusammenhang mit den Mendel'schen Experimenten begegnet sind (Größe der Hybride, ▶ Abschn. 11.1), als **Heterosis** oder **Überdominanz**. Solche Heterosis-Effekte sind auch populationsgenetisch besonders interessant, da sie eine Selektion auf Beibehaltung verschiedener Allele zur Folge haben (▶ Abschn. 13.3.1). Heterosis spielt auch eine wichtige Rolle, wenn es um die Steigerung von Ernteerträgen geht. ◻ Abb. 11.18 zeigt ein Beispiel für die Tomate. Durch Verwendung spezifischer Linien (engl. *introgression line*) gelingt es, die genomischen Bereiche, die für den Effekt der Überdominanz von Heterozygoten verantwortlich sind, immer weiter einzugrenzen.

Ein Beispiel für den Erfolg solcher züchterischen Praxis ist die Tomate. Sie wurde von den Ur-Einwohnern Amerikas (wahrscheinlich in Mexiko) domestiziert; die Beere der ursprünglichen Wildform (*Lycopersicon esculentum*) wiegt nur wenige Gramm, wohingegen moderne Sorten bis zu 1 kg wiegen können. Zusätzlich zum Gewicht variiert auch die Form erheblich. Der quantitative Charakter der Veränderung der Fruchtgröße hat lange Zeit die Anwendung klassischer Mendel'scher Techniken verhindert. Bisher konnten zwei Gene identifiziert werden, deren Modifikationen zu größeren Fruchtgewichten führen: Das erste Gen, das charakterisiert werden konnte (*FW2.2*; engl. *fruit weight*), codiert für ein Protein, das in der Plasmamembran verankert ist und als negativer Regulator der Zellteilung wirkt. Eine Mutation im Promotor bewirkt eine zeitliche Verschiebung der Genexpression während der Fruchtentwicklung und führt so zu Unterschieden in der Fruchtgröße. Das zweite Gen, *FW3.2*, codiert für ein Cytochrom-P450-Homolog. Eine Mutation 512 bp oberhalb des vorhergesagten Transkriptionsstarts ist für die Veränderung im Fruchtgewicht der Tomate verantwortlich, und zwar primär durch eine Erhöhung der Zellzahl. Eine breitere Darstellung der Genetik morphologischer Variabilität bei Nachtschattengewächsen (Solanaceae) findet der interessierte Leser bei Wang et al. (2015).

Die Komplexität der Interaktionen erblicher Eigenschaften setzt in der züchterischen Praxis der gezielten

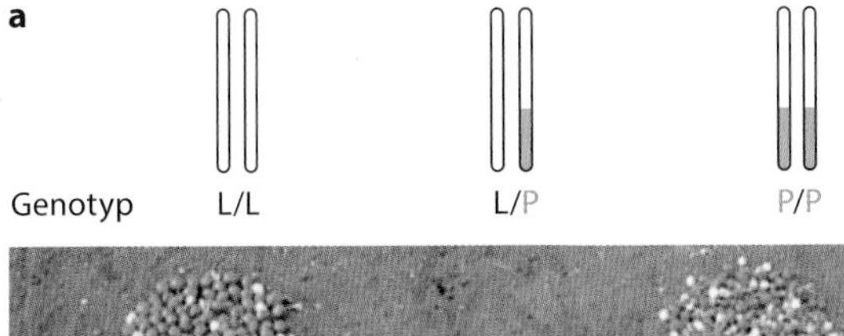

Abb. 11.18 Ertragssteigerung durch Heterosis bei Tomaten. In kultivierten Tomaten (*Solanum lycopersicum*) kann die Ertragssteigerung durch Heterosis durch die Verwendung spezifischer Linien zum Einkreuzen in individuelle Komponenten aufgeteilt werden. **a** Genotypen der beiden Linien; die Linie P enthält ein unterschiedliches Fragment des Chromosoms 8. **b** Repräsentative Pflanzen und Ernteerträge der verschiedenen Genotypen sind dargestellt. Das heterozygote Element auf dem Chromosom 8 erhöht den Ernteertrag um mehr als 50 % gegenüber den beiden homozygoten. (Nach Lippman und Zamir 2007, mit freundlicher Genehmigung)

Erzeugung neuer Zuchtrassen oft Grenzen. Neue Methoden der Genomforschung erlauben es aber heute, die einzelnen Komponenten gezielt zu charakterisieren.

11.3.5 Pleiotropie

Haben wir im vorangegangenen Abschnitt gelernt, dass in vielen Fällen ein Merkmal durch eine Vielzahl von Genen beeinflusst werden kann, so muss unser Bild von der Komplexität genetischer Mechanismen noch dadurch erweitert werden, dass umgekehrt ein Gen auch auf mehrere Merkmale einwirken kann. Man bezeichnet solche genetischen Effekte als **Pleiotropie** (Ludwig **Plate** 1910). Als Beispiele für pleiotrope Genwirkungen wollen wir im Folgenden die Globin-Gene betrachten (▶ Abschn. 7.2.1), deren Produkte in Form des Hämoglobins für den Sauerstofftransport im Organismus verantwortlich sind.

Eine Erbkrankheit des Menschen ist die **Sichelzellenanämie**. Diese Blutkrankheit ist in bestimmten Regionen der Erde sehr weit verbreitet und spielt daher medizinisch eine wichtige Rolle (▶ Abschn. 11.5.3). Wie schon der Name Anämie besagt, leiden Patienten an Blutarmut oder genauer gesagt an einem Mangel an funktionsfähigen Erythrocyten. Dieser Mangel wird durch ein verändertes β-Globinprotein verursacht. Durch veränderte physikochemische Eigenschaften des β-Globins kommt es in einem Teil der Erythrocyten zu einer Kristallisation von Hämoglobin, das dadurch seine Funktion nicht mehr wahrnehmen kann. Hämoglobin ist für die Bindung und den Transport von Sauerstoff sowie für den Abtransport von CO_2 im Blut verantwortlich. In der defekten Form sind seine Bindungsaffinitäten stark verändert, und in kristalliner Form kann das Hämoglobin überhaupt keinen Sauerstoff mehr binden. Die Kristallisation des Hämoglobins führt zu einer Formveränderung der Erythrocyten, da diese durch die Hämoglobinkristalle eine sichelförmige Gestalt annehmen (■ Abb. 13.17). **Sichelzellenerythrocyten** sind nicht mehr funktionsfähig und werden dem Blut durch Phagocytose entzogen. Das Krankheitsbild äußert sich für uns sichtbar im Wesentlichen in Heterozygoten, da homozygote Individuen meist kurz nach der Geburt sterben. Das ist nicht überraschend, da wir davon ausgehen müssen, dass in homozygotem Zustand kein funktionsfähiges Hämoglobin gebildet werden kann. Lediglich noch vorhandene mütterliche Erythrocyten, die die plazentale Blutbarriere durchschritten haben, sind neben fötalem Hämoglobin für kurze Zeit (einige Wochen) verfügbar und ermöglichen ein begrenztes Überleben. Die molekulare Ursache dieser Krankheit ist bekannt (▶ Abschn. 13.3.1).

An dieser Stelle wollen wir nur die Folgen der Krankheit in Heterozygoten näher betrachten. Vergegenwärtigen wir uns die biologische Bedeutung der Versorgung der Zellen mit Sauerstoff, so lässt sich ein sehr komplexes Krankheitsbild erwarten. In ■ Tab. 11.8 finden wir eine Zusammenstellung der Symptome, die an einem Patienten zu beobachten sind, der an Sichelzellenanämie leidet: Tatsächlich ist eine Vielzahl körperlicher Funktionen betroffen, und es gelingt nicht einmal, dem genetischen Defekt auch nur ein einziges Merkmal, abgesehen von dem der Sichelzellbildung, als besonders charakteristisch zuzuordnen. Dieses Beispiel macht deutlich, in welchem unerwarteten Ausmaß komplexe Phänotypen auf die Wirkung eines einzelnen in seiner Funktion gestörten Allels zurückführbar sein können. Wahrscheinlich muss man für sehr viele Gene solche pleiotropen Wirkungen annehmen.

Wir erkennen mit der fortschreitenden Erörterung von Genfunktionen in zunehmendem Maße, dass es erst deren funktionelle Verknüpfung ist, die die Organismen existenzfähig macht. Bei näherer Betrachtung ist das aber auch nicht verwunderlich, da die verschiedenen Bauteile eines Individuums letztlich keine voneinander getrennten Aufgaben haben, sondern nur im Zusammenwirken ihre richtige Funktion finden. Das spiegelt sich bereits im Zusammenspiel der Gene wider.

Tab. 11.8 Krankheitssymptome bei Sichelzellenanämie

Ursache	Effekt
Primäre Effekte im Blut	
Bildung von Sichelzellen, deren Abbau	Anämie, allgemeine schlechte physische Konstitution
Sekundäre Effekte im Blutkreislauf	
Sauerstoffmangel	Herzfehler, Schäden im Gehirn, Schäden an verschiedenen Organen, Lungenentzündung, Nierenfehler
Weitere Effekte	
Akkumulation von Sichelzellen	Milzschäden

Viele Gene beeinflussen verschiedene Merkmale zugleich. Diesen Einfluss eines Gens auf mehrere Merkmale bezeichnet man als Pleiotropie.

11.4 Kopplung, Rekombination und Kartierung von Genen

11

Die Mendel'schen Regeln besagen, dass Merkmale unabhängig voneinander vererbt werden. Dieses zentrale Dogma hat sich in 150 Jahren moderner Genetik im Wesentlichen bestätigt, wenngleich wir in den letzten Abschnitten einige Modifikationen im Detail anbringen mussten. Wir haben aber andererseits auch gesehen, dass die Chromosomen Träger der genetischen Information sind. Es scheint nun ein offensichtlicher Widerspruch zwischen den Mendel'schen Regeln und den cytologischen Beobachtungen zu bestehen: Die Anzahl der Chromosomen erscheint zu niedrig, um mit der Vorstellung vereinbar zu sein, dass jedes Chromosom einer Erbeigenschaft zuzuordnen ist. Obwohl die tatsächliche Anzahl der Protein-codierenden Gene verschiedener Organismen noch immer nicht ganz genau bekannt ist (Ensembl-Datenbank: Mensch: 20.444; Maus: 23.148; Ratte: 22.940; Oktober 2019), wurde doch sehr bald erkannt, dass jedes Chromosom Hunderte oder sogar Tausende von Genen tragen muss. Dieser Schluss widerspricht aber der Regel Mendels, wonach sich Merkmale unabhängig auf die Nachkommen verteilen, da die in einem Chromosom gelegenen Gene gekoppelt bleiben, also nicht unabhängig voneinander verteilt werden. Dieser scheinbare Widerspruch zu Mendels experimentellen Ergebnissen konnte durch die Genetiker gelöst werden, als sie erkannten, dass die in Mendels Untersuchungen beobachteten Merkmale auf unterschiedlichen Chromosomen liegen oder in einigen Fällen im Chromosom so weit entfernt liegen, dass stets Rekombinationsereignisse (▶ Abschn. 6.3.3) zwischen den gekoppelten Genen stattfinden. Daher verteilen sie sich während der Meiose tatsächlich scheinbar unabhängig voneinander auf die Keimzellen.

Gene, die so nahe beieinander auf einem Chromosom liegen, dass Rekombinationsereignisse selten stattfinden, bezeichnet man als „gekoppelt".

11.4.1 Geschlechtsgebundene Vererbung

Ein besonderer Fall von Kopplung tritt auf, wenn Gene gemeinsam auf dem Geschlechtschromosom liegen. Bereits ein einfaches Schema des Erbgangs von Genen, die in den Geschlechtschromosomen von *Drosophila* liegen, zeigt, dass dieser sich in zwei Punkten deutlich von den Erwartungen nach den Mendel'schen Regeln unterscheidet (Abb. 11.19):

- Die Nachkommen einer Kreuzung haben im Hinblick auf geschlechtsgekoppelt vererbte Allele nicht unbedingt alle den gleichen Phänotyp.
- Die Ergebnisse **reziproker Kreuzungen sind nicht identisch**. Die Ursachen für diese scheinbare Unstimmigkeit mit den Mendel'schen Regeln sind im Punnett-Viereck leicht zu erkennen (Abb. 11.19c,d). Der hemizygote (also haploide) Zustand des X-Chromosoms im Männchen lässt rezessive Allele sichtbar werden, die im heterozygoten Weibchen durch ein dominantes Allel verborgen bleiben.

Diese Parallelität in der Merkmalsexpression geschlechtsgekoppelter Gene und der cytologisch sichtbaren meiotischen Verteilung von Geschlechtschromosomen ließ auch die letzten Zweifel an der Richtigkeit der Chromosomentheorie der Vererbung, d. h. der Annahme, dass die Chromosomen die Träger der erblichen Information sind, verstummen.

Geschlechtsgekoppelte Vererbung äußert sich durch nicht identische Phänotypen in reziproken Kreuzungen: Rezessive Allele werden im heterogametischen Geschlecht aufgrund der Hemizygotie stets sichtbar.

Calvin Blackman **Bridges** (1889–1939) erzielte durch seine genetischen Experimente mit **geschlechtsgekoppelten Merkmalen** von *Drosophila* wichtige Einsichten (Bridges 1916). Er beobachtete nämlich, dass in Kreuzungen von Weibchen, die für das X-chromosomale Gen *white* homozygot das Wildtyp-Allel besaßen (+/+), mit weißäugigen Männchen (*w*/*Y*) entgegen der Erwartung gelegentlich weißäugige Männchen auftraten, die steril waren. Umgekehrt fand er in der F_1 einer Kreuzung homozygot weißäugiger Weibchen (*w*/*w*) mit rotäugigen Männchen (+/*Y*) Weibchen mit weißen Augen, die sich als fertil erwiesen. Die Ergebnisse seiner genetischen Analyse dieser Ausnahmetiere sind in Abb. 11.19e zusammengefasst. Sie führten zu

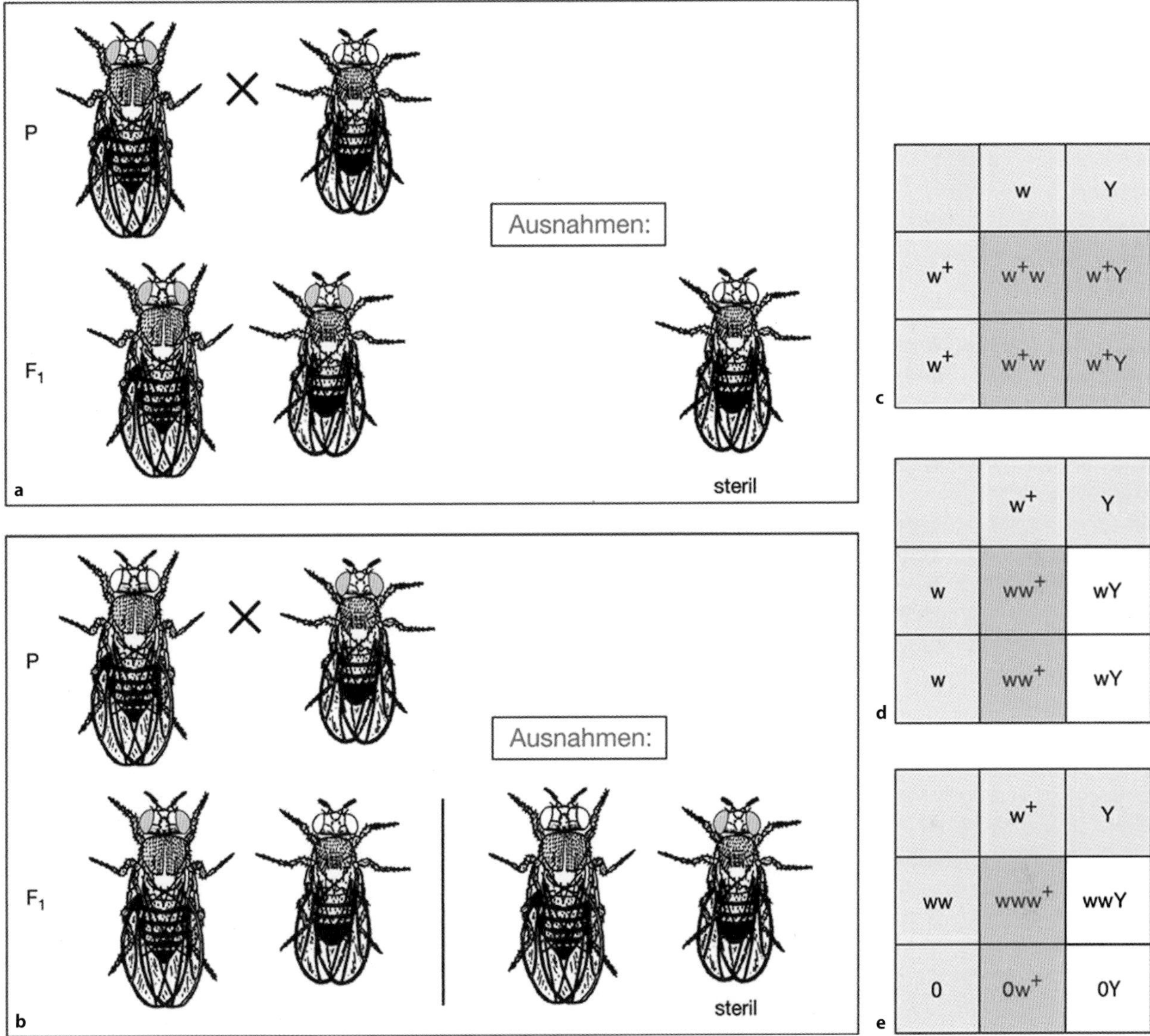

◘ Abb. 11.19 Erbgang eines geschlechtsgekoppelten Merkmals bei *Drosophila*, dargestellt am Beispiel des *white*-Gens (*w*) im X-Chromosom. Geschlechtsgekoppelte Merkmale sind daran zu erkennen, dass die Phänotypen der Nachkommen (F_1) zweier für unterschiedliche Allele homozygoter Eltern in Abweichung von der 1. Mendel'schen Regel in reziproken Kreuzungen nicht gleich sind. **a** In der dargestellten Kreuzung trägt das Männchen das rezessive mutante Allel von *white* (*w*, weiße Augen). Die F_1 zeigt durchweg das dominante Wildtyp-Allel w^+ (also rote Augen). **b** In der dargestellten, reziproken Kreuzung trägt das Weibchen das rezessive mutante Allel von *white*. In der F_1 der reziproken Kreuzung wird bei 50 % der Tiere (d. h. alle Männchen) der *white*-Phänotyp ausgeprägt. **c, d** Diese Ergebnisse werden bei der Betrachtung des Erbgangs X-chromosomaler Gene anhand der Punnett-Vierecke verständlich. Da das Y-Chromosom kein *white*-Allel trägt, kann das einzelne, hemizygote X-chromosomale Allel voll zur Ausprägung kommen. **e** Gelegentlich findet man in Kreuzungen Nachkommen, deren Phänotyp von den nach dem normalen Erbgang zu erwartenden Phänotypen abweicht (ungefähr 1 in 1000; Ausnahmen in **a** bzw. **b**). Von diesen erweisen sich die Männchen als steril. Bridges (1916) vermutete, dass es sich bei den Ausnahmetieren um Individuen handelt, die durch fehlerhafte Geschlechtschromosomenverteilung während der elterlichen Meiose entstehen. Er führte daher eine Testkreuzung durch, in der er die weißäugigen Ausnahmeweibchen mit Wildtyp-Männchen auskreuzte. Die Phänotypen der Nachkommenschaft scheinen seine Annahme zu bestätigen: Alle Nachkommen dieser Kreuzung zeigen einen Wildtyp-Phänotyp (*0Y*-Zygoten sind letal)

der Erkenntnis, dass mit geringer Häufigkeit Fehler in der Verteilung der Geschlechtschromosomen während der Meiose auftreten können (◘ Abb. 11.20), und zwar sowohl in der ersten als auch in der zweiten Reifeteilung (◘ Abb. 11.20a,b). Im einen Fall werden die homologen Chromosomen (1. Reifeteilung) nicht voneinander getrennt, sondern wandern zusammen zum gleichen Spindelpol. In der zweiten meiotischen Teilung werden dann die Chromatiden normal getrennt, sodass einerseits *X*/*X*- oder *X*/*Y*-Gameten entstehen, andererseits aber auch Gameten, denen beide Geschlechtschromosomen fehlen. Man spricht dann von einer **primären Nondisjunction**, d. h. einer Nichttrennung der Homologen während der ersten

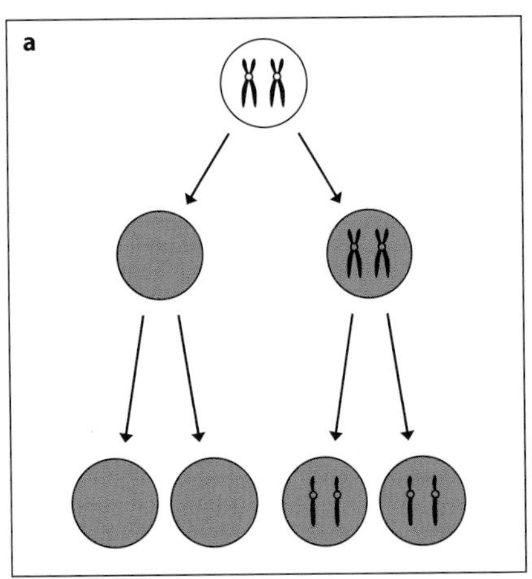

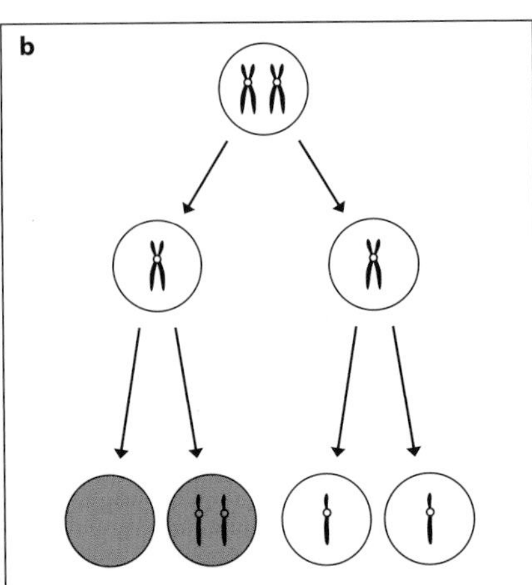

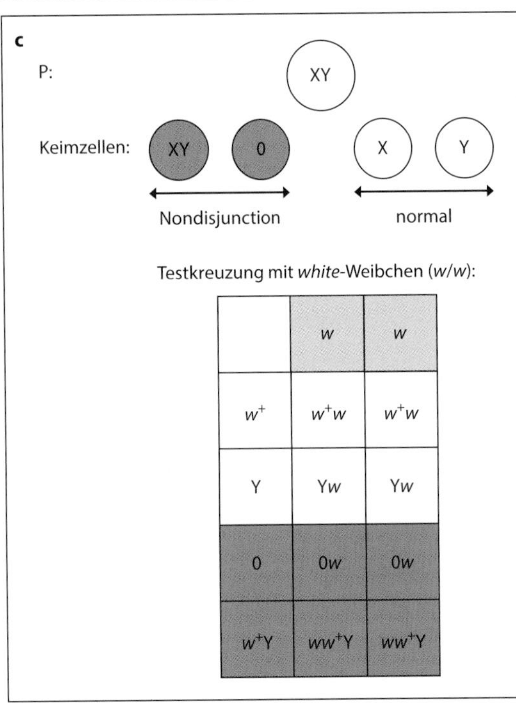

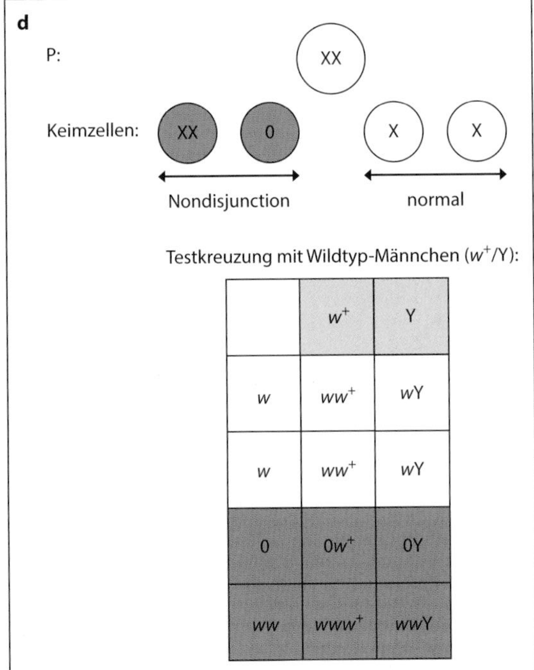

e

Genotyp	Phänotyp	Genotyp	Phänotyp	Genotyp	Phänotyp
ww^+	wildtyp ♀	wwY	*white* ♀	w^+Y	wildtyp ♂
www^+	wildtyp ♀	$0w^+$	*white* ♂ (steril)	wY	*white* ♂
ww^+Y	wildtyp ♀	$0w$	*white* ♂ (steril)	0Y	(letal)

Abb. 11.20 Ursache der in Abb. 11.19 dargestellten Ausnahmen. **a, b** Während der ersten (primäre Nondisjunction, **a**) oder der zweiten Reifeteilung (sekundäre Nondisjunction, **b**) kann eine Fehlverteilung von Chromosomen auftreten. Die jeweils entstehenden Gameten sind dargestellt. Während der Meiose der Eltern(P)-Generation kann es zu fehlerhafter Verteilung (Nondisjunction) der Geschlechtschromosomen kommen. **c, d** Als Folge dieser Fehlverteilungen (*rot*) entstehen Keimzellen mit zwei Geschlechtschromosomen (XX oder XY) oder ohne jedes Geschlechtschromosom (0). Daher findet man in der Nachkommenschaft Weibchen mit drei X-Chromosomen (XXX) und Männchen ohne Y-Chromosom (X0) (vgl. Abb. 11.19e). Diese Chromosomenkonstitutionen lassen sich genetisch durch Testkreuzungen bestätigen. **e** Phänotypen der verschiedenen aus Testkreuzungen resultierenden Nachkommen. X0-Männchen sind steril, 0Y-Zygoten letal und Weibchen mit drei X-Chromosomen reduziert vital. XXY-Tiere sind fertile Weibchen

Reifeteilung. Ein gleicher Fehler kann aber auch erst während der zweiten meiotischen Teilung auftreten. In diesem Fall werden in einer der sekundären Meiocyten die Chromatiden nicht getrennt und wandern zum gleichen Spindelpol. Es entstehen dann zwar ebenfalls X/X- oder X/Y-Gameten, aber auch Gameten ohne Geschlechtschromosom. Man nennt diesen Fall **sekundäre Nondisjunction**, d. h. eine Nichttrennung der Chromatiden während der zweiten Reifeteilung. Bridges hat damit einen – relativ häufigen – Fehler bei der Chromosomenverteilung entdeckt, der generell bei allen Chromosomen auftreten kann, und der nicht nur während der Meiose auftritt, sondern auch während der Mitose beobachtet werden kann. Die Interpretation des Vererbungsgangs bei Nondisjunction-Ereignissen ist in ◻ Abb. 11.20c–e zusammengefasst.

11.4.2 Kopplung von Merkmalen auf autosomalen Chromosomen

In den Grundzügen ist die Zuordnung von Genen zu einem bestimmten Chromosom (Kopplung; engl. *linkage*) bei einem autosomalen Erbgang gleich wie bei der geschlechtsgebundenen Vererbung. Allerdings entfällt natürlich der genetische Marker „Geschlecht", sodass man zusätzliche genetische Informationen benötigt. Daher muss bei einer autosomalen Kopplungsanalyse die F_2-Generation betrachtet werden (Rückkreuzung, engl. *back-cross*); bei X-gekoppelten Erbgängen wird der Zusammenhang schon in der F_1 sichtbar.

Die wichtigsten Erkenntnisse hierzu wurden von den *Drosophila*-Genetikern bereits in den Frühzeiten genetischer Studien an diesem Modellorganismus gewonnen. Thomas Hunt **Morgan** (1866–1945) zeigte in einem klassischen Experiment als Erster die **Kopplung** von Genen, die dadurch nachweisbar wird, dass bestimmte Merkmale in den Nachkommen stets zusammen bleiben (gekoppelt sind). Chromosomen wurden daher in der genetischen Nomenklatur oft auch als **Kopplungsgruppen** (engl. *linkage groups*) bezeichnet. Morgan verwendete in seinem Experiment Merkmale für die Augenfarbe (pr = violett/*purple* und pr^+ = rot) und die Flügelform (vg = stummelflügelig/*vestigial* und vg^+ = normal). Dabei ist das Wildtyp-Allel (rote Augen und normale Flügel) jeweils dominant über das Mutanten-Allel. Er kreuzte dabei als Elterntiere (Parentalgeneration: P) Wildtyp-Fliegen mit solchen, die sowohl Stummelflügel als auch violette Augen hatten. Die erste Generation von Nachkommen (Filialgeneration 1: F_1) ist heterozygot für beide Marker und zeigt damit den Phänotyp der Wildtyp-Tiere. Bei der Kreuzung dieser F_1-Tiere untereinander hätte man nun entsprechend der Unabhängigkeitsregel für dihybride Kreuzungen eine 9:3:3:1-Aufspaltung der Phänotypen erwartet (◻ Abb. 11.6). Morgan hatte aber 1339 Wildtypen, 1195 Stummelflügler mit violetten Augen, 151 Tiere mit violetten Augen und normalen Flügeln sowie 154 Fliegen mit Stummelflügeln und normalen, roten Augen beobachtet. Man braucht in diesem Fall keinen χ^2-Test, um zu erkennen, dass das beobachtete Ergebnis deutlich vom Erwartungswert abweicht. Die jeweiligen Allele von *pr* und *vg* werden offensichtlich überwiegend gemeinsam (gekoppelt) vererbt, und andere Kombinationen als die in den beiden Elternstämmen sind eher die Ausnahme. Morgan (1911) erklärte dies damit, dass die Gene in einer linearen Anordnung vorliegen.

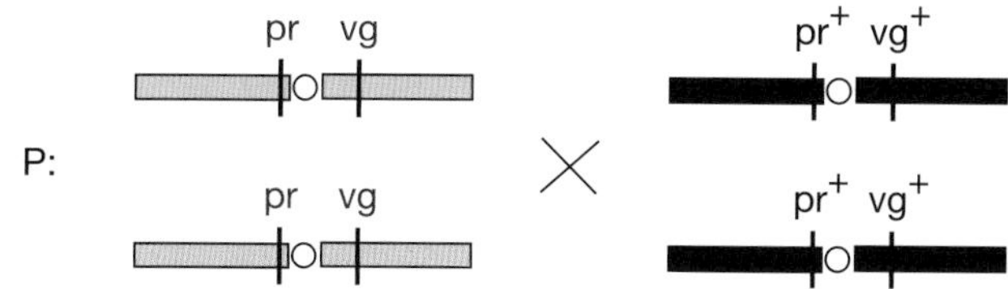

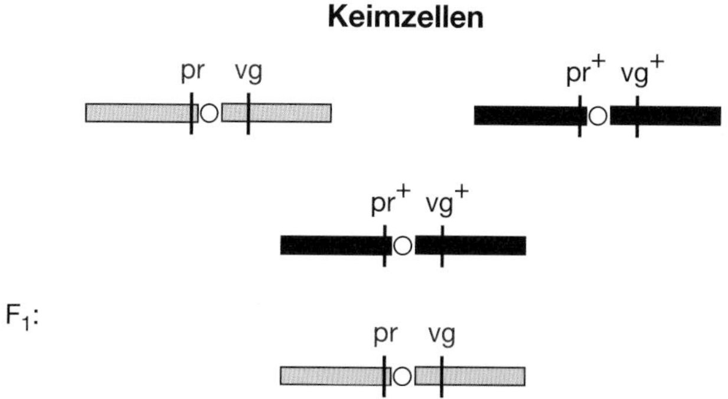

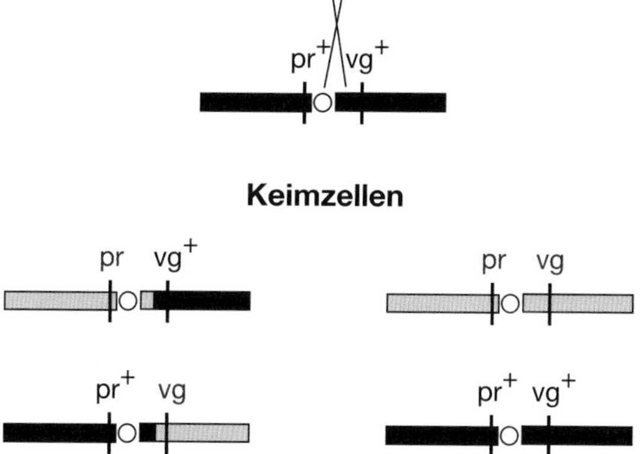

◻ **Abb. 11.21** Schematische Darstellung der Experimente Morgans zum Nachweis von Kopplung von Genen in *Drosophila melanogaster*. Im *oberen* Teil der Abbildung wird der Erbgang der beiden Merkmale *purple* (*pr*) und *vestigial* (*vg*) dargestellt, wie er ohne Rekombination erfolgt. Im *unteren* Teil ist eine einfache Rekombination gezeigt. Während der meiotischen Prophase werden Stücke homologer Chromatiden ausgetauscht. Die Folge ist eine Neuverteilung der elterlichen Allele. Im Mittel erfolgt eine Rekombination in jedem Chromosom in jeder meiotischen Prophase

Ein Austausch kann offensichtlich nur in seltenen Fällen durch Rekombinationen zwischen den homologen Chromosomen väterlicher und mütterlicher Allele erfolgen (◻ Abb. 11.21). Die entsprechenden Merkmale werden damit in der Nachkommenschaft voneinander getrennt. Morgan schlug vor, dass die bereits früher beobachteten Chiasmata während der meiotischen Prophase eine Folge von Rekombinationsereignissen sind.

Weitere detaillierte Untersuchungen ließen bald erkennen, dass die Rekombinationshäufigkeiten proportional zum Abstand zweier Merkmale auf dem Chromosom zunehmen: Die Wahrscheinlichkeit, dass eine Rekombination zwischen zwei Genen innerhalb eines Chromosoms stattfindet, ist umso größer, je weiter sie voneinander entfernt liegen. Morgans Schüler Alfred Harry **Sturtevant** (1891–1970) erkannte, dass man hierdurch genetische **Chromosomenkarten** erstellen kann, in denen alle zugänglichen Merkmale eingetragen sind (Sturtevant 1913). Für die relativen Abstände der Merkmale wurden deren relative Rekombinationshäufigkeiten zugrunde gelegt. Der Abstand zweier Merkmale in einer solchen Karte gibt die relative Anzahl von Rekombinationsereignissen zwischen diesen Merkmalen während einer Meiose an. Für diese relativen Abstände führte John B. S. **Haldane** (1892–1964) als Maß die **Morgan-Einheit** (1919) ein. Eine Morgan-Einheit (cM, Centi-Morgan) ist als 1 % Rekombination definiert. In unserem Beispiel sind die 151 Fliegen mit violetten Augen und normalen Flügeln und die 154 Tiere mit Stummelflügeln und normalen Augen Folgen von Rekombinationsereignissen. Da die Gesamtzahl der untersuchten Tiere 2839 beträgt, errechnet sich die Rekombinationsfrequenz R zu 0,107 (Verhältnis der **beobachteten** Rekombinanten zu der Gesamtzahl der F_2-Tiere = 305:2839). Anders formuliert: Die Rekombinanten haben einen Anteil von 10,7 % an den F_2-Nachkommen, d. h. der genetische Abstand beträgt 10,7 cM.

Solche Chromosomenkarten wurden natürlich in der Vergangenheit für viele Organismen erstellt. In ◘ Abb. 11.22 ist eine Karte des Chromosoms 24 des Rindes aus einer früheren Phase des Sequenzierprojektes des Rindergenoms dargestellt. Die Abbildung gibt auch einen Eindruck von den Grenzen der genetischen Kartierung, da nicht in allen Fällen die Reihenfolge der Gene und Marker aufgelöst werden kann. Inzwischen ist auch das Rindergenom vollständig sequenziert und kann unter ▶ http://www.ensembl.org/Bos_taurus/Info/Index eingesehen werden. Es enthält 2,7 Mio. Nukleotide und codiert für 21.880 Proteine (Stand: November 2019).

Es muss an dieser Stelle allerdings betont werden, dass die genetischen Abstände, die in cM angegeben werden, keine physikalisch exakten Abstände sind, wie sie in den modernen Sequenz-Datenbanken zu finden sind und in Mb (Megabasen) angegeben werden. Sie sind vielmehr das rechnerische Ergebnis eines **Zufallsereignisses** (der Rekombination), dessen Häufigkeit vor allem auch von der Sequenzumgebung abhängt. Rekombinationen sind während der Meiose in Weibchen meist häufiger als in Männchen und an den Telomeren in der Regel häufiger als in der Nähe der Centromere. Daher wird der genetische Abstand zweier Gene, insofern er in einem Experiment bestimmt wurde, auch in der Regel mit einer Standardabweichung für eine Wahrscheinlichkeit von 95 % angegeben. Wie bei Wahrscheinlichkeitsbetrachtungen üblich, wird die Standardabweichung umso kleiner, je größer die Zahl der beobachteten Tiere oder Pflanzen ist. In einer historischen Chromosomenkarte von *Drosophila* (Strickberger 1988) finden wir einen Abstand dieser beiden Gene *pr* und *vg* von 12,5 cM – es besteht also kein großer Unterschied zwischen den Werten von Morgan und der späteren Chromosomenkarte. Es ist dabei allerdings auch zu beachten, dass *pr* auf dem linken und *vg* auf dem rechten Arm des Chromosoms 2 von *Dro-*

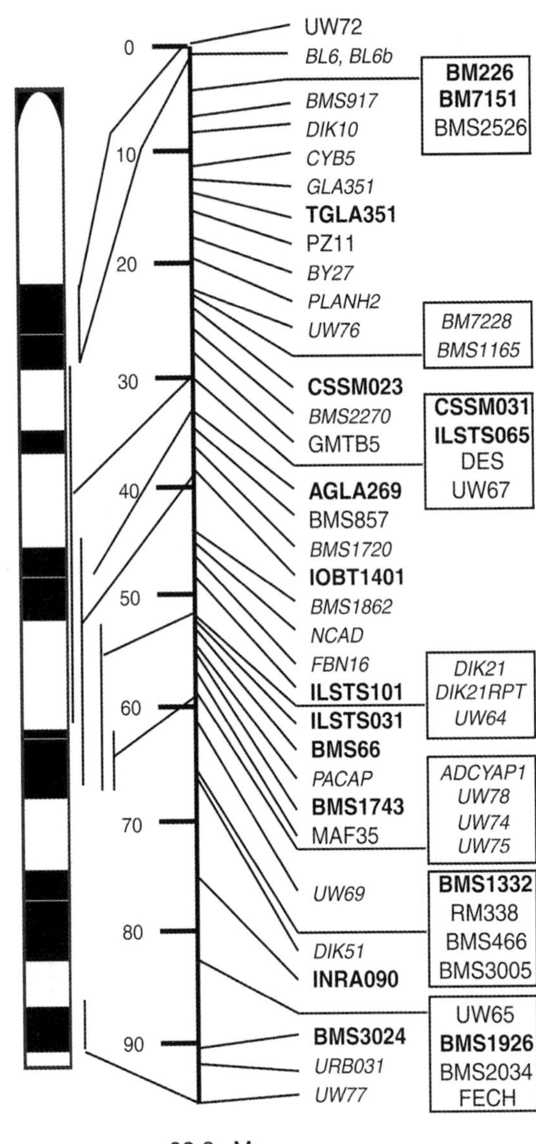

◘ **Abb. 11.22** Ausschnitt aus der genetischen Karte des Rindes. Im Chromosom 24 werden die genetischen Abstände (in cM) mit ihrer cytogenetischen Lage verglichen (die *schwarz-weißen Blöcke links* zeigen schematisch das Ergebnis einer Giemsa-Färbung des Chromosoms). Auf der *rechten Seite* sind einige Marker und Gene in ihrer relativen Anordnung zueinander dargestellt; Genorte in den *Boxen* sind durch Rekombination noch nicht aufgelöst, sodass deren Reihenfolge willkürlich ist. Die Lokalisation einiger Gene ist nur näherungsweise angegeben, da die Genauigkeit der genetischen Kartierung begrenzt ist (*kursiv*). (Nach Kurar et al. 2002, mit freundlicher Genehmigung)

sophila liegt. In die Berechnung von Chromosomenkarten gehen jedoch viele Kartierungsdaten ein; Haldane hat dafür eine Kartierungsfunktion eingeführt.

Eine Komplikation in solchen Kartierungen ist das Auftreten von mehreren Rekombinationsereignissen zwischen zwei Merkmalen. Für kurze Abstände ist die Wahrscheinlichkeit von **Doppelrekombinationen** gering und kann daher vernachlässigt werden. Mehrfache Rekombinationen sind jedoch umso häufiger zu erwarten, je weiter entfernt zwei Merkmale auf dem Chromosom liegen. Bei der Erstellung von **Chromosomenkarten** müssen hierfür geeignete Korrekturen eingeführt werden. Bei der experimentellen Durchführung solcher Kartierungsversuche mithilfe zweier Merkmale stellt sich das Problem, dass Doppelrekombinationen in den Nachkommen nicht sichtbar werden und dass dreifache Rekombinationen nicht von einfachen Rekombinationen zu unterscheiden sind. Dreifachrekombinationen können jedoch meist wegen ihrer geringen Wahrscheinlichkeit vernachlässigt werden und sollen daher nicht weiter betrachtet werden.

In der Praxis umgeht man diese Kartierungsprobleme dadurch, dass man aus dem Vergleich aller Rekombinationsfrequenzen, die man zwischen mehr als zwei Merkmalen experimentell ermittelt, die Häufigkeit von Mehrfachrekombinationen errechnet. Das ist rechnerisch leicht möglich, da sie sich aus dem Produkt der beobachteten Rekombinationshäufigkeiten der verschiedenen Markergene ergibt. Heute gibt es verschiedene Computerprogramme, die uns die Lage einer (unbekannten) Mutation auf dem Chromosom berechnen; ein häufig genutztes Programm ist MAPMAKER (▶ https://www.softpedia.com/get/Science-CAD/MapMaker.shtml).

Im Unterschied zum genetischen Abstand, der durch die Rekombinationshäufigkeit bestimmt wird, kann man den physikalischen Abstand heute nach Abschluss der großen Sequenzierprojekte messen und in bp (bzw. Mb) ausdrücken. Er beträgt in unserem Beispiel 15,8 Mb (▶ http://www.ensembl.org/Drosophila_melanogaster/Info/Index; Stand: November 2019. Man beachte dabei: Das Centromer liegt bei 23 Mb des linken Arms und 0 Mb des rechten Arms; *pr* liegt auf dem linken Arm bei Position 20,1 Mb und *vg* auf dem rechten Arm bei Position 12,9 Mb).

11.4.3 Klassische Dreipunkt-Kreuzung

In ◘ Tab. 11.9 sind die Kreuzungsergebnisse zusammengestellt, die man bei einer Kreuzung von Mais zwischen drei gekoppelten rezessiven Markergenen erhält: *virescent* (*v*), *glossy* (*gl*) und *variable sterile* (*va*). Ausgangsmaterial der Kreuzung waren zwei reine Linien, die eine homozygot mutant für alle drei Markergene, die andere Wildtyp für alle drei Markergene. Die heterozygote Nachkommenschaft ist nach der 1. Mendel'schen Regel erwartungsgemäß phänotypisch reiner Wildtyp. Kreuzt man diese Pflanzen in einer Testkreuzung mit dem rezessiv homozygoten Elter zurück (siehe auch ◘ Abb. 11.27b), so können wir die genetische Konstitution der Gameten in den Nachkommen dieser Kreuzung direkt erkennen (letzte Spalte in ◘ Tab. 11.9). Wir erkennen, dass in den Gameten erwartungsgemäß die ursprünglichen genetischen Konstitutionen (also + + + und *gl va v*) wieder auftreten, dass zusätzlich aber auch Zusammensetzungen auftreten, die nur durch Rekombination zu verstehen sind (*gl va* +, + *va* +, + *va v*, *gl* + +, *gl* + *v* und + + *v*). Zugleich sehen wir, dass die Häufigkeiten dieser Konstitutionen sehr unterschiedlich sind. Man kann zunächst einmal davon ausgehen, dass Doppelrekombinationen durch die Phänotypen mit der geringsten Häufigkeit repräsentiert werden (obwohl das dann nicht unbedingt der Fall zu sein braucht, wenn zwei Marker einen sehr großen Abstand haben, zwei andere aber einen sehr geringen). Wir stellen daher zunächst eine hypothetische Folge der drei Markergene auf. Die niedrigste Austauschfrequenz besteht für die beiden (komplementären) Konstitutionen + *va v* und *gl* + +. Um solche Strukturen durch Doppelrekombination zu erhalten, muss *gl* zwischen den beiden anderen Markergenen liegen: *v gl va*. Einzelaustausche können also zwischen *v* und *gl* (wobei *va* mit *gl* gekoppelt bleibt) oder zwischen *gl* und *va* (wobei *v* mit *gl* gekoppelt bleibt) erfolgen (◘ Abb. 11.23).

Die Errechnung der Genabstände ergibt für *v* und *gl* einen Abstand von (62 + 4 + 7 + 60)/726 = 133/726 = 18,3 cM und für *gl* und *va* einen Abstand von (40 + 4 + 7 + 48)/726 = 99/726 = 13,6 cM. (Hierbei müssen natürlich die Doppelrekombinationen mitgezählt werden, da sie jeweils eine Rekombination zwischen den Markern durchlaufen haben!)

❀ Die Folgen der Doppelrekombination für die Ermittlung von Abständen werden deutlich, indem wir aus ◘ Tab. 11.9 errechnen, welchen Abstand wir zwischen den äußeren Markern erhalten, wenn wir diesen direkt aus einer Zweifaktoren-Kreuzung ermitteln. In ◘ Tab. 11.9 ist die Gesamthäufigkeit der Austausche zwischen *v* und *va* (62 + 40 + 48 + 60)/726 = 210/726 = 0,289 oder 28,9 %. Aus unserer Kartierung mithilfe der Dreifaktoren-Kreuzung errechnet sich der Gesamtabstand zwischen *v* und *va* auf 18,3 cM + 13,6 cM = 31,9 cM. Wir sehen, dass der Abstand zu klein wird, wenn wir zu große Abstände für die Kartierung wählen, da die Doppelrekombinationen nicht zu erkennen sind.

Durch umfangreiche Kartierungsexperimente hat man, vor allem bei *Drosophila*, dennoch sehr genaue Chromosomenkarten erstellen können. Ihre Auflösung wurde in den bestuntersuchten Chromosomenabschnitten am *rosy*-Locus von *D. melanogaster* bis nahezu zum Nukleotidniveau vorangetrieben.

Tab. 11.9 Dreipunkt-Kreuzung beim Mais

Phänotypen der Nachkommen aus der Testkreuzung	Anzahl der Individuen	Genotyp der Gameten des hybriden Elters
Wildtyp	235	+ + +
variable sterile, glossy	62	+ *gl va*
variable sterile	40	+ + *va*
virescent, variable sterile	4	*v* + *va*
virescent, variable sterile, glossy	270	*v gl va*
glossy	7	+ *gl* +
virescent, glossy	48	*v gl* +
virescent	60	*v* + +
Aus Srb et al. (1965)		

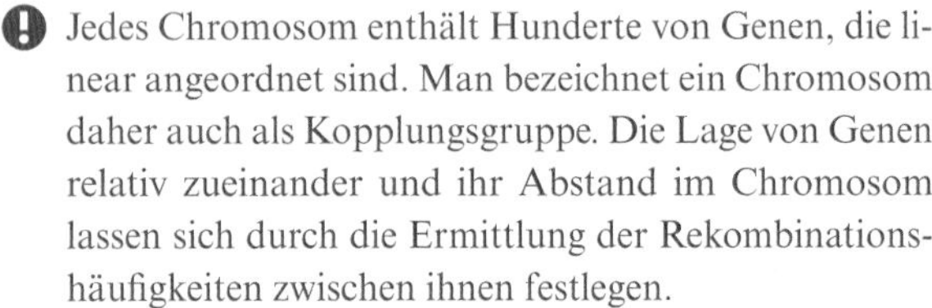
Jedes Chromosom enthält Hunderte von Genen, die linear angeordnet sind. Man bezeichnet ein Chromosom daher auch als Kopplungsgruppe. Die Lage von Genen relativ zueinander und ihr Abstand im Chromosom lassen sich durch die Ermittlung der Rekombinationshäufigkeiten zwischen ihnen festlegen.

Eine zusätzliche Schwierigkeit für die genaue **Genlokalisation** im Chromosom hatte die Beobachtung von Hermann Joseph **Muller** (1890–1967) aufgeworfen, dass eine Rekombination die Wahrscheinlichkeit einer zweiten Rekombination in seiner unmittelbaren Nachbarschaft entweder erhöhen oder erniedrigen kann. Man hat demgemäß von **negativer** oder **positiver Interferenz** gesprochen. Auch in unserem Beispiel in Tab. 11.9 können wir diese Erscheinung wiederfinden. Nach einer allgemeinen Regel ergibt sich die Häufigkeit, mit der zwei voneinander unabhängige Ereignisse gleichzeitig eintreffen, aus dem Produkt der Häufigkeiten, mit dem jedes der beiden Ereignisse allein auftritt. Damit kann man in erweiterten Kartierungsfunktionen Interferenzen berücksichtigen.

Für die Doppelrekombination zwischen *v* und *va* erwarten wir eine Häufigkeit von 0,183 × 0,136 = 0,025 oder 2,5 %. In Tab. 11.9 finden wir jedoch nur 11/726 = 0,0149 oder 1,49 % Doppelrekombinationen. Die Frequenz ist demnach niedriger, als für zwei voneinander unabhängige Ereignisse zu erwarten ist. Es muss also eine gegenseitige Beeinflussung zweier Rekombinationsereignisse bestehen. Diese Erscheinung wird als **intrachromosomale Interferenz** bezeichnet. Abb. 11.24a veranschaulicht diesen Mechanismus.

Interferenz beobachtet man nicht nur auf dem Niveau der generellen intrachromosomalen Rekombination, sondern auch auf der Ebene der Chromatiden.

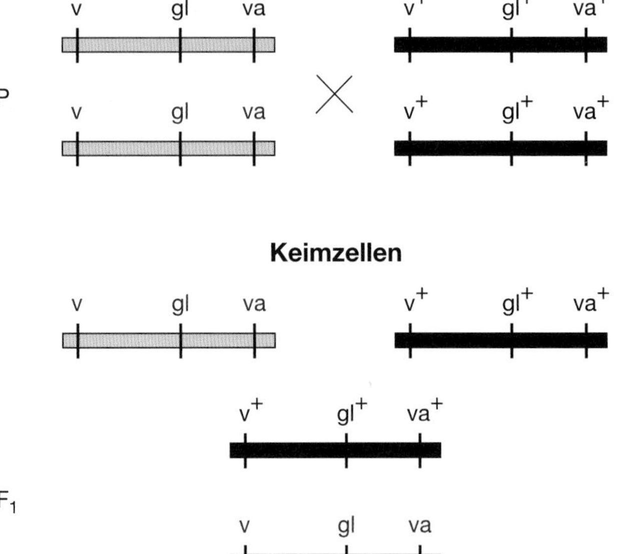

Rekombination in Keimzellen

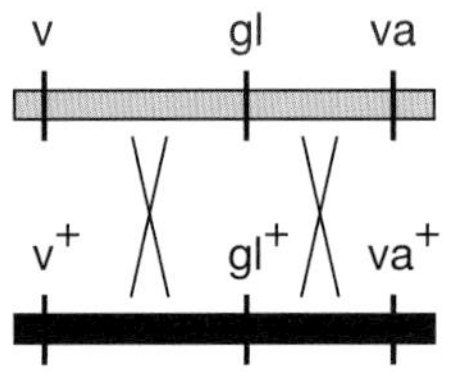

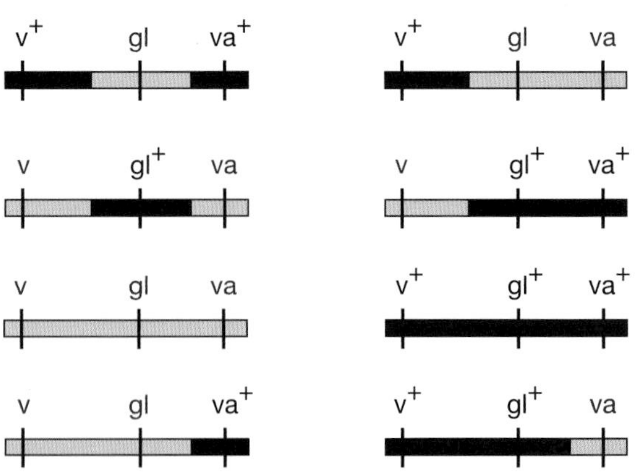

Abb. 11.23 Folgen einer doppelten Rekombination in einem Chromosom zwischen drei Markergenen (vgl. Tab. 11.9). In den Keimzellen einer heterozygoten F_1-Nachkommenschaft der Kreuzung zweier verschiedener homozygoter Linien des Mais können aufgrund von Rekombination und Doppelrekombination neben den Wildtyp-Chromosomen sechs weitere Kombinationen von Allelen der heterozygoten Markergene (*virescent* [*v*], *variable sterile* [*va*], *glossy* [*gl*]) auftreten. Die ursprünglichen Chromosomenbereiche der beiden elterlichen Chromosomen sind *rot* bzw. *schwarz* gekennzeichnet, sodass der rekombinante Charakter der Chromosomen leicht erkennbar ist. Die Häufigkeit, mit der die verschiedenen Kombinationen auftreten, ergibt sich aus den Abständen der Markergene (Tab. 11.9)

Generell ist zu erwarten, dass die Häufigkeit, mit der in der Meiose die vier verschiedenen Chromatiden eines Chromosomenpaares an der Rekombination teilnehmen, für alle Chromatiden im Mittel gleich ist. Es können jedoch Abweichungen von den erwarteten Zufallshäufigkeiten auftreten, die als **Chromatiden-Interferenz** bezeichnet werden. Liegt Chromatiden-Interferenz vor, sind bestimmte Chromatiden eines Bivalentes häufiger oder zu selten an Rekombinationsereignissen beteiligt. ◻ Abb. 11.24b zeigt dazu ein formales Beispiel.

Diese Beobachtungen, die zunächst rein formaler Natur waren, gaben natürlich Anlass, nach den molekularen Mechanismen zu fragen, die derartigen Abweichungen vom Erwartungswert zugrunde liegen. Wir erinnern uns, dass Rekombinationen in der Meiose auftreten (▶ Abschn. 6.3.3) und dass dazu die Ausbildung des synaptonemalen Komplexes, d. h. die Aneinanderlagerung homologer Chromosomen in der meiotischen Prophase I, eine wichtige Voraussetzung ist. Die Ausbildung meiotischer Crossing-over setzt als Nächstes die Ausbildung eines Doppelstrangbruchs voraus – und dieser erfolgt aber nicht zufällig, sondern enzymatisch kontrolliert, und zwar durch die Endonuklease SPO11 (in Zusammenarbeit mit einigen anderen Proteinen). Dieses Protein wurde ursprünglich in Sporulationsmutanten in Hefe identifiziert, die keine meiotische Rekombination ausführen können (daher das Gensymbol *Spo*). Weitere Arbeiten haben schließlich gezeigt, dass die Einführung des Doppelstrangbruchs sequenzabhängig erfolgt (bei Menschen ist es ein 13-bp-Element: 5′-CCNCCNTNNCCNC-3′) und zusätzlich durch epigenetische Markierungen gesteuert wird (erhöhte Acetylierung des Lys-5-Restes im Histon H2A). Neben Proteinen wie SPO11, die die Bildung von Crossing-over und damit von Rekombinationen fördern, gibt es aber auch solche, die sie verhindern. Dazu gehört u. a. RTEL-1 (engl. *regulator of telomer length-1*), das zunächst in *C. elegans* als „Anti-Rekombinase" charakterisiert wurde und eine Reparatur des SPO11-induzierten Doppelstrangbruchs ohne Crossing-over fördert. In *rtel1*-Mutanten ist entsprechend die Zahl der Rekombinationen und die Empfindlichkeit gegenüber DNA-schädigenden Agenzien erhöht; weitere Details findet der interessierte Leser bei Youds und Boulton (2011), Vannier et al. (2014) sowie Wang et al. (2015).

> Besonderheiten der molekularen Mechanismen bei der Rekombination führen zu Veränderungen gegenüber den bei einer Zufallsverteilung zu erwartenten Häufigkeiten bei benachbarten Genen. Es kann hierbei zu einer Erhöhung oder Erniedrigung der Rekombinationsfrequenz kommen.

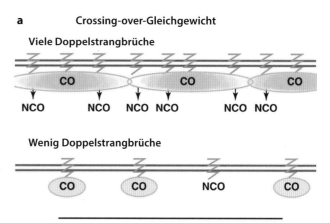

a Crossing-over-Gleichgewicht

Viele Doppelstrangbrüche

CO CO CO

NCO NCO NCO NCO NCO NCO

Wenig Doppelstrangbrüche

CO CO NCO CO

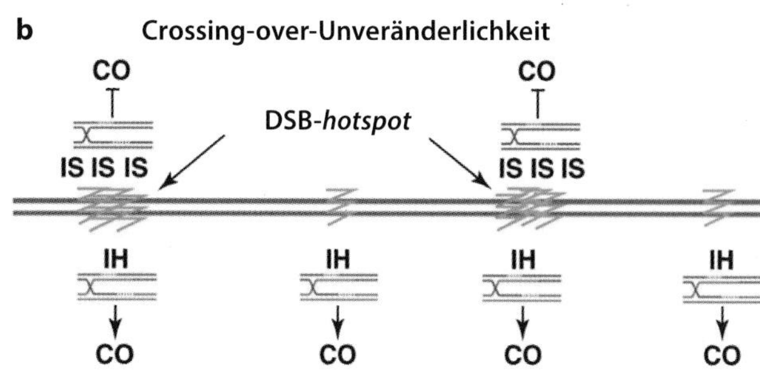

◻ **Abb. 11.24** Zwei Beispiele zur Crossing-over-Verteilung über ein Chromosom. **a** Crossing-over-Gleichgewicht bei *Saccharomyces cerevisiae*. Ein Crossing-over (CO), das an einem Doppelstrangbruch (DSB; *grüne Zickzacklinie*) während der Meiose erzeugt wurde, verhindert, dass in der unmittelbaren Nähe ein weiterer Doppelstrangbruch zu einem Crossing-over führt (Crossing-over-Interferenz). Dieses Phänomen ist durch *gelbe Wolken* dargestellt; die intensivere Farbe deutet eine stärkere Interferenz an. Diese Doppelstrangbrüche werden dann auf anderem Wege repariert (Nicht-Crossing-over: NCO). Die Zahl der Doppelstrangbrüche in der Meiose kann von Zelle zu Zelle variieren, aber die Gesamtzahl der Crossing-over bleibt konstant. Dieses Crossing-over-Gleichgewicht ist auch in anderen Spezies bekannt. **b** Crossing-over-Unveränderlichkeit wird bei *Schizosaccharomyces pombe* beobachtet. Hier gibt es viele *hotspots* von Doppelstrangbrüchen, die in weitem Abstand über das Genom verteilt sind; die Zahl der Crossing-over pro Kilobase ist jedoch konstant. Ein genetischer Abschnitt mit einem DSB-*hotspot* in der Meiose hat also annähernd die gleiche Crossing-over-Zahl wie ein Abschnitt ohne solche *hotspots*. An diesen *hotspots* ist die Reparatur über die Schwesterchromatiden (engl. *intersister*, IS) häufiger als über die homologen Chromatiden (engl. *interhomolog*, IH) – abseits der *hotspots* ist dagegen die Reparatur über die homologen Chromatiden eher der Regelfall. Da die Reparatur über die Schwesterchromatiden nicht zu einem genetisch beobachtbaren Crossing-over führt, ist deren Zahl an *hotspots* nahezu gleich der Crossing-over-Zahl an den anderen Stellen im Genom, was dann zu der beobachteten Unveränderlichkeit der Crossing-over-Zahl führt. (Nach Phadnis et al. 2011, mit freundlicher Genehmigung)

Die Beobachtung von Chiasmata während der meiotischen Prophase hatte Morgan zu der Annahme veranlasst, dass Rekombination in direktem Zusammenhang mit der meiotischen Paarung der Chromosomen während der frühen Prophase steht. Rekombination wäre in diesem Fall eindeutig dem **4-Strang-Stadium** (4C) zuzuordnen. Man kann sich aber die Frage stellen, ob Rekombination nicht bereits vor der S-Phase, also im **2-Strang-Stadium** (2C) erfolgen kann. Diese Frage erscheint zunächst als rein formalistisch – ihre Beantwortung hat aber Konsequenzen für die quantitative Verteilung der Rekombinanten in der Nachkommenschaft.

Die Frage des **Zeitpunktes meiotischer Rekombination** lässt sich am einfachsten an Untersuchungsmaterial beantworten, bei dem wir die Produkte einer Meiose vollständig analysieren können. Hierzu hat sich in der klassischen Genetik der Ascomycet *Neurospora crassa* als besonders geeignet erwiesen. In diesem Organismus sind die Meioseprodukte (**Ascosporen**) in einem Fruchtkörper (**Ascus**) in der gleichen räumlichen Anordnung zu finden, wie sie aus den beiden meiotischen Teilungen hervorgehen. Man nennt diese haploiden Meioseprodukte **Tetraden**. Der Schimmelpilz *Neurospora* unterscheidet sich von vielen anderen Organismen außerdem dadurch, dass sich der Meiose noch eine mitotische Teilung anschließt, sodass ein Ascus insgesamt acht haploide Ascosporen in genau der räumlichen Orientierung enthält, in der sie entstanden sind (siehe auch ► Abschn. 5.3.2 und 6.3.3). Die Ascosporen lassen sich manuell leicht voneinander trennen und daher auch getrennt auf ihre genetische Konstitution untersuchen. Im einfachsten Fall kann jedoch bereits die Farbe der Ascosporen dazu

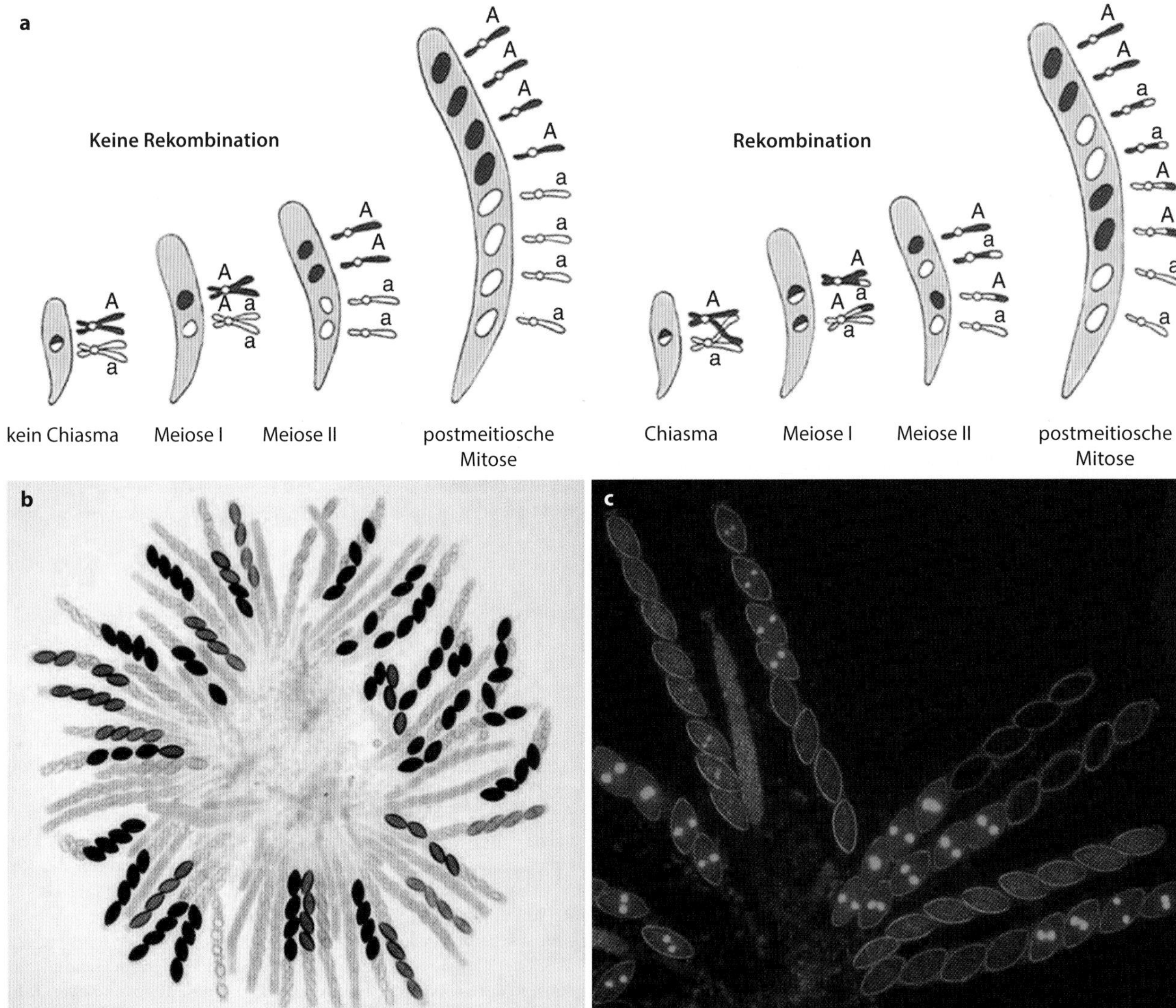

Abb. 11.25 Tetradenanalyse. **a** Die Meioseprodukte von Ascomyceten bleiben als die vier Produkte einer einzelnen Meiose zusammen; in manchen Organismen folgt auf die Tetradenbildung eine Mitose, sodass sich acht Ascosporen in den Asci befinden. Die Lagebeziehungen der Chromatiden im Ascus bleiben vom Beginn der ersten meiotischen Anaphase an erhalten. Dadurch bleiben sämtliche aus einem Rekombinationsereignis abstammenden Rekombinationsprodukte in ihren ursprünglichen Lagebeziehungen erhalten. Hat keine Rekombination stattgefunden, sind die jeweils vier Sporen, die aus der Verteilung der Chromatiden eines Elternchromosoms entstehen, von denen des anderen Elters getrennt. Die Häufigkeit von Rekombinationen zwischen zwei Markern entspricht deren Abstand auf den Chromatiden. **b, c** Rosetten von Asci bei *Neurospora*. **b** Kreuzung aus einer *N. sitophila*-Mutante und des Wildtyps mit der erwarteten 4:4-Aufspaltung. Jeder reife Ascus enthält vier große, schwarze, lebensfähige Ascosporen und vier kleine, weiße, nicht lebensfähige (helle Asci sind noch nicht reif). **c** Kreuzung aus einem *N. crassa*-Wildtyp mit einer Mutante, die zur Ausbildung eines Hybridproteins aus dem Histon H1 und dem grün fluoreszierenden Protein (GFP) führt; vier Ascosporen zeigen jeweils die Fluoreszenz, und vier andere bleiben ungefärbt. (**a** nach Rédei 2008; **b, c** nach Raju 2007, beide mit freundlicher Genehmigung)

dienen, Rekombinationsereignisse zu erkennen. Einen Eindruck der Tetradenanalyse vermittelt ◘ Abb. 11.25.

Durch die Tetradenanalyse können in einigen Organismen Rekombinationsereignisse direkt sichtbar gemacht werden. Sie zeigt, dass Rekombination im 4C-Stadium erfolgt. Die Tetradenanalyse kann auch zur Kartierung von Merkmalen verwendet werden.

Die Tetradenanalyse war über viele Jahrzehnte ein wichtiges Handwerkszeug der Genetiker zum Kartieren von Genen (▶ Abschn. 11.4) in den geeigneten Organismen. Limitierend war allerdings die manuelle Trennung der Ascosporen. Es gibt allerdings heute auch automatisierte Formen der Tetradenanalyse, die sich als Hochdurchsatzmethode entsprechend etablieren lässt (Ludlow et al. 2013).

11.4.4 Moderne genomweite Kartierung mit Mikrosatelliten- und SNP-Markern

Wir haben gesehen, dass in der Frühphase der Genetik Abstände zwischen den Genen aufgrund äußerlich sichtbarer Marker bestimmt wurden (z. B. Flügelform und Augenfarbe bei *Drosophila*; Blatt- und Samenfarbe beim Mais); ähnlich war die Situation lange Zeit in der Mausgenetik (Augen- und Fellfarben). Daher war es zunächst notwendig, für die Untersuchung von Kopplungsgruppen (d. h. zur Analyse, auf welchem Chromosom eine neue Mutation lokalisiert ist) jeweils eine eigene Kreuzung mit Trägern von Markergenen durchzuführen. Besondere Teststämme erlaubten später die Möglichkeit, die Kopplung mit mehreren Genen in einer Kreuzung zu erfassen. Diese Situation blieb im Prinzip unverändert bis in die 1980er-Jahre.

Mit dem Beginn des internationalen Humangenomprojekts wurden dann allerdings zunehmend molekulare Marker entwickelt, die sich leicht durch PCR-Methoden (Technikbox 4) analysieren lassen. Besonders geeignet sind dafür Mikrosatelliten, die kurze repetitive Elemente enthalten, die von spezifischen Sequenzen flankiert sind und dadurch eindeutige chromosomale Zuordnungen erlauben. Für viele genetische Modellsysteme (z. B. *Drosophila*, Zebrafisch, Maus, Ratte) und für den Menschen gibt es inzwischen mehrere Tausend solcher Mikrosatelliten-Marker, sodass eine sehr hohe Markerdichte auf den einzelnen Chromosomen vorhanden ist. Charakteristisch für diese Marker ist neben ihrer Lage auf dem Chromosom die Länge ihres jeweiligen repetitiven Elementes, die sich zwischen verschiedenen Stämmen einer Art unterscheiden kann. In ◘ Abb. 11.26 ist als Beispiel der Marker *D11Mit36* gezeigt (dabei bezeichnet „D11" das Chromosom 11 der Maus, „Mit" den Hersteller – hier das Massachusetts Institute of Technology, und „36" ist die laufende Nummer des Herstellers).

Für eine genomweite Kopplungsanalyse einer unbekannten Mutation ist es notwendig, die Aufspaltung in der F_2-Generation zu betrachten (▶ Abschn. 11.4.2); eine geschlechtsgebundene Vererbung wird in der Regel schon bei der Zucht einer Mutante offensichtlich. Wir wollen uns das Vorgehen am Beispiel einer fortschreitenden Trübung der Augenlinse bei der Maus betrachten, die dominant vererbt wird (dieser Phänotyp der Maus ist ein gutes Modell für den „Grauen Star" des Menschen). Die Mutation ist im Mausstamm C3H (braune Fellfarbe) aufgetreten; für die Kopplungsanalyse hat es sich bewährt, eine Auskreuzung nach dem Stamm C57BL/6 (schwarzes Fell) durchzuführen. Für die Auswahl der Mikrosatelliten-Marker bedeutet das, dass sich die Länge ihrer Wiederholungselemente zwischen den Stämmen C3H und C57BL/6 so unterscheiden müssen, dass diese Unterschiede in Agarosegelen nach der PCR eindeutig und leicht identifizierbar sind – andernfalls sind diese Marker nicht informativ.

◘ Abb. 11.27a gibt nun das Kreuzungsschema einer solchen Analyse wieder. Da es sich um ein **dominantes Merkmal** handelt, bleibt der Phänotyp in allen Generationen erhalten. Bei Verwendung von homozygoten Mutanten ist die F_1-Generation uniform heterozygot. Die Rückkreuzung zu dem Wildtyp-Stamm ergibt dann

Beispiel für einen Mikrosatelliten-Marker: *D11Mit36*

Sequenz:

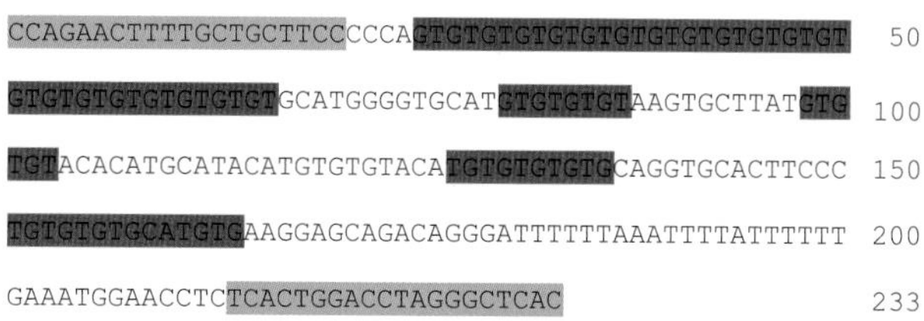

Polymorphismus zwischen verschiedenen Mausstämmen:

Mus castaneus	302 bp
Mus spretus	326 bp
C57BL/6J	234 bp
C3H/HeJ	240 bp
DBA/2J	220 bp
BALB/cJ	236 bp
AKR/J	234 bp

◘ **Abb. 11.26** Beispiel für einen Mikrosatelliten-Marker: *D11Mit36*. Es ist die Sequenz eines typischen Mikrosatelliten-Markers der Maus dargestellt. Mit den *grünen* Primern wird in der PCR ein Fragment amplifiziert, dessen Größe in den unterschiedlichen Mausstämmen verschieden ist (zwischen 220 und 326 bp). Ursache sind unterschiedliche Längen der Wiederholungssequenzen (*rot*). Dieser Marker ist auf dem Chromosom 11 lokalisiert, und zwar in einer Entfernung von 51 cM vom Centromer an der Position 83.842.594 bp. Die Stämme C57BL/6J, C3H/HeJ, DBA/2J, BALB/cJ und AKR/J gehören zu *Mus musculus* und repräsentieren gängige Laborstämme. (Quelle: ▶ http://www.informatics.jax.org/)

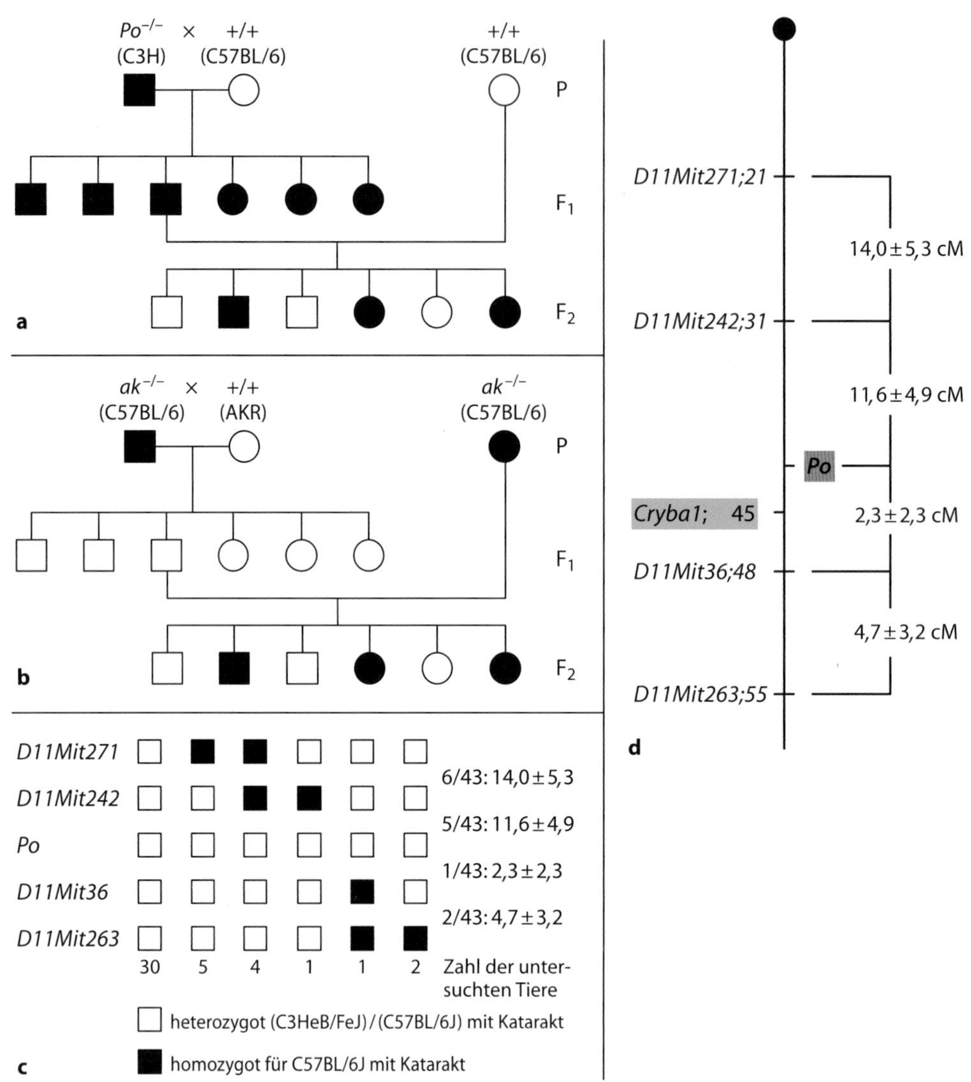

◘ Abb. 11.27 Kartierung einer unbekannten Mutation bei der Maus. **a** Kartierungsschema für Kopplungsanalyse. Eine dominante Mutation (fortschreitende Linsentrübung, engl. *progressive opacity*, *Po*) liegt homozygot vor (Merkmalsträger *schwarze Symbole*, auf dem Hintergrund des Laborstamms C3H) und wird mit einer Wildtyp-Maus (*weiße Symbole*) des Stamms C57BL/6 gekreuzt. Die Nachkommen in der F_1-Generation sind in allen Genen heterozygot. Ein Tier dieser F_1-Generation wird mit einem Wildtyp der Parentalgeneration zurückgekreuzt. Die Nachkommen in der F_2-Generation spalten entsprechend den Mendel'schen Regeln auf und können auf Kopplung des Phänotyps mit verschiedenen Markern untersucht werden. (Wenn keine homozygoten Mutanten zur Verfügung stehen, kann man den Ansatz mit heterozygoten Eltern durchführen: Man erhält in der F_1-Generation 50 % Träger und muss für die Aufspaltung in der F_2-Generation einen Träger mit einem Wildtyp zurückkreuzen.) **b** Eine rezessive Mutation (ohne Augenlinse, engl. *aphakia*, *ak*) liegt auf dem Hintergrund des Stamms C57BL/6 vor und wird mit Wildtypen des Laborstamms AKR gekreuzt. In der F_1-Generation zeigt kein Tier das Merkmal; alle Nachkommen sind heterozygot. Ein Tier dieser F_1-Generation wird mit einer homozygoten Mutante der Parentalgeneration zurückgekreuzt. Die Nachkommen in der F_2-Generation spalten entsprechend den Mendel'schen Regeln auf und können jetzt auf Kopplung des Phänotyps mit verschiedenen Markern untersucht werden. **c** Haplotyp-Analyse der unbekannten Mutation *Po*. 43 Merkmalsträger einer F_2-Rückkreuzungsgeneration werden auf Kopplung mit verschiedenen Markern des Chromosoms 11 untersucht. Dabei sind 30 Tiere heterozygot für alle Marker und damit nicht informativ. Die *schwarzen Kästchen* deuten an, in welchen Tieren offensichtlich Rekombinationen stattgefunden haben, da die Kataraktträger homozygot für die jeweiligen Marker sind. Die Mutation befindet sich also zwischen den Markern *D11Mit242* (5 Rekombinationen zwischen diesem Marker und der unbekannten Mutation) und *D11Mit36* (1 Rekombination). Der genetische Abstand berechnet sich zu 11,6 bzw. 2,3 cM; mithilfe der Formel aus ► Abschn. 11.4.2 kann auch die 95-%-Vertrauensgrenze angegeben werden. **d** Die Daten der Haplotyp-Analyse werden in eine Karte des Maus-Chromosoms 11 eingetragen; *rechts* sind die Abstände aus der Haplotyp-Analyse angegeben. Das Kandidatengen *Cryba1* (*grün*; 45 cM vom Centromer entfernt) codiert für ein Strukturprotein der Augenlinse (βA1/A3-Kristallin); die für die Linsentrübung (*Po*; *rot*) kausale Mutation wurde tatsächlich in diesem Gen identifiziert. (**c, d** nach Graw et al. 1999, mit freundlicher Genehmigung)

in der F_2-Generation eine 1:1-Aufspaltung der Phänotypen; die Analyse der F_2-Generation erlaubt damit die Bestimmung der Kopplung mit einem Chromosom mithilfe der Mikrosatelliten-Marker. ◻ Tab. 11.10 zeigt das Ergebnis; dabei wurden nur Merkmalsträger verwendet. Obwohl in die Analyse nur wenige Tiere der F_2-Generation einbezogen wurden, ist das Ergebnis eindeutig: Die Mutation liegt auf dem Chromosom 11. Eine genauere Analyse des Chromosoms, das die Mutation trägt (Haplotyp-Analyse; ◻ Abb. 11.27c) erlaubt die Bestimmung der Reihenfolge der verwendeten fünf Marker und ihrer relativen Abstände; die Genkarte für diese fünf Marker zeigt ◻ Abb. 11.27d. Aufgrund der Lage auf dem Chromosom können in den vorhandenen Datenbanken nun diejenigen Gene herausgesucht werden, die innerhalb des kritischen Intervalls zwischen den flankierenden Markern liegen und damit als Kandidaten für diesen Phänotyp (hier: Grauer Star) infrage kommen. Dieser Ansatz wird als **positionelle Kandidatengenanalyse** bezeichnet. Ein wichtiges Zusatzkriterium ist natürlich, dass das Kandidatengen auch in den entsprechenden Geweben (hier: Augenlinse) exprimiert wird. In diesem Fall wurde eine Punktmutation im *Cryba1*-Gen als Ursache identifiziert; das *Cryba1*-Gen codiert für ein Strukturprotein (βA1/A3-Kristallin) der Augenlinse.

❀ Wir verstehen dabei unter einem **Haplotyp** (Abkürzung aus „haploider Genotyp“) eine Kombination von gekoppelten Allelen eines Chromosoms, die gemeinsam vererbt werden. In ◻ Abb. 11.27c können wir in dem untersuchten Bereich sechs verschiedene Haplotypen unterscheiden, die jeweils durch eine unterschiedliche Zahl von Tieren repräsentiert werden (zur Anwendung von Haplotyp-Analysen unter populations- und evolutionsgenetischen Gesichtspunkten siehe ► Abschn. 11.6.1).

Bei der **Kartierung rezessiver Merkmale** wird im Prinzip ähnlich verfahren (◻ Abb. 11.27b). Dabei muss in der Elterngeneration der Mutanten-Phänotyp homozygot vorliegen, da rezessive Merkmale nur in der homozygoten Situation ausgeprägt werden. Nach der Auskreuzung zu einem homozygoten Wildtyp-Stamm entspricht die F_1-Generation phänotypisch dem Wildtyp, ist aber genotypisch heterozygot. Die Rückkreuzung wird nun immer zum homozygoten Mutanten-Stamm erfolgen, da nur so in der F_2-Generation der Mutanten-Phänotyp erscheint (50 % der Nachkommen sind homozygot für das rezessive Merkmal; die anderen 50 % sind heterozygot und zeigen daher den Phänotyp des Wildtyps). Genauso wie für einen dominanten Erbgang kann damit die Kopplung mit entsprechenden Markern untersucht und eine positionelle Kandidatengenanalyse durchgeführt werden.

Neben den oben erwähnten Mikrosatelliten-Markern (◻ Abb. 11.26) wurden in den letzten Jahren – vor allem

◻ **Tab. 11.10** Genomweite Kopplungsanalyse für eine unbekannte Mutation (progressive Linsentrübung; Gensymbol: *Po*)

Marker	Zahl der getesteten Tiere	% Homozygote	Kopplung[a]
D1Mit211	46	37	Nein
D1Mit216	46	50	Nein
D2Mit148	46	57	Nein
D2Mit206	43	63	Nein
D3Mit307	46	50	Nein
D3Mit44	46	41	Nein
D3Mit77	46	39	Nein
D4Mit203	46	47	Nein
D5Mit138	46	39	Nein
D6Mit102	46	48	Nein
D7Mit31	46	57	Nein
D8Mit121	45	53	Nein
D8Mit242	46	83	Nein
D9Mit12	45	58	Nein
D9Mit95	45	60	Nein
D10Mit42	46	63	Nein
D10Mit86	41	66	Nein
D11Mit36	**46**	**2**	**Ja**
D11Mit224	**39**	**21**	**Ja**
D11Mit242	**45**	**11**	**Ja**
D11Mit263	**46**	**9**	**Ja**
D11Mit271	**44**	**20**	**Ja**
D12Mit221	46	57	Nein
D12Mit259	46	52	Nein
D13Mit14	46	54	Nein
D13Mit53	45	47	Nein
D13Mit64	46	54	Nein
D13Mit67	46	57	Nein
D15Mit171	44	50	Nein
D15Mit85	46	57	Nein
D16Mit146	45	44	Nein
D16Mit189	44	41	Nein
D17Mit185	46	54	Nein
D18Mit60	42	62	Nein
D19Mit10	46	52	Nein

[a] Kopplung wird angenommen, wenn die Zahl der homozygoten Tiere für den jeweiligen C57BL/6-Marker kleiner als 25 % ist. Die Marker, bei denen Kopplung festgestellt wurde, sind in *Fettschrift* ausgezeichnet. (Nach Graw et al. 1999)

im Zusammenhang mit den großen Sequenzierprojekten – sehr viele Einzelbasen-Polymorphismen identifiziert (engl. *single nucleotide polymorphisms*, SNPs). Beim Menschen rechnet man damit, dass ca. alle 1000 bp ein SNP zu finden ist – die Markerdichte ist also extrem hoch. Verbunden mit einem schnellen Nachweis erlaubt es diese hohe Markerdichte, Mutationen zügig zu kartieren.

> Durch die hohe Dichte verschiedener Marker in vielen Modellorganismen ist es möglich, Mutationen sehr präzise und schnell zu kartieren. Dadurch können positionelle Kandidatengene für eine Mutation erkannt werden; in der Regel erlaubt dies auch eine zügige molekulare Charakterisierung der Mutation.

> Durch die neuen Sequenziertechniken (*next generation sequencing*; Technikbox 7) hat sich das Sequenzieren von Säugetiergenomen so stark beschleunigt (und verbilligt), dass das ganze Genom von Mausmutanten innerhalb weniger Wochen durchsequenziert werden kann. Wenn geeignete Kontrollen vorliegen, kann auch auf eine vorherige Kartierung verzichtet werden, sodass die Mutation direkt identifiziert werden kann.

11.4.5 Kartierung von quantitativen Merkmalen und Modifikatorgenen

Wie wir bereits oben gesehen haben (▶ Abschn. 11.3.4), werden quantitative (d. h. stetige) Merkmale (z. B. Körpergröße, -gewicht) durch mehrere Gene vererbt. Wenn man nun die einzelnen Gene dazu (engl. *quantitative trait locus*, **QTL**) kartieren möchte, steht man vor Problemen, da eine Kartierung in der Regel ungenaue Ergebnisse bringt und im besten Fall Kopplung mit verschiedenen Chromosomen deutlich wird. Verschärft wird das Problem möglicherweise durch Phänomene, die wir als Epistasie, Codominanz etc. bereits kennengelernt haben. Es ist daher sinnvoll, von vornherein eine möglichst große Zahl von Individuen zu sammeln, um die Population möglichst vollständig abzubilden. Außerdem ist es sinnvoll, einen komplexen Phänotyp in einfachere Merkmale zu unterteilen (z. B. Beschränkung bei der „Größe" auf nur 10 % aller Werte an den jeweiligen Enden der Skala).

Der erste Schritt in einer QTL-Kartierung besteht üblicherweise darin, solche Populationen zu gewinnen, die von homozygoten Inzuchtlinien abstammen. Die daraus hervorgehenden F_1-Populationen werden in der Regel heterozygot für alle Marker und auch die QTLs sein. Ausgehend von der F_1-Population werden Kreuzungen angesetzt (z. B. Rückkreuzungen, F_2-„*inter-se*"-Kreuzung und Kreuzungen, um reine Inzuchtlinien zu erhalten), und die Aufspaltungen der Marker und QTLs werden statistisch modelliert. Im Allgemeinen nimmt man natürlich an, dass die Marker unabhängig aufspalten, aber häufig ist das Ergebnis verzerrt. Wenn die einzelnen Daten vorhanden sind, werden statistische Beziehungen zwischen den Markern und den quantitativen Merkmalen hergestellt; dabei können einfache Techniken (Varianz-Analyse, engl. *analysis of variance*, ANOVA) oder komplexere Verfahren herangezogen werden. Die

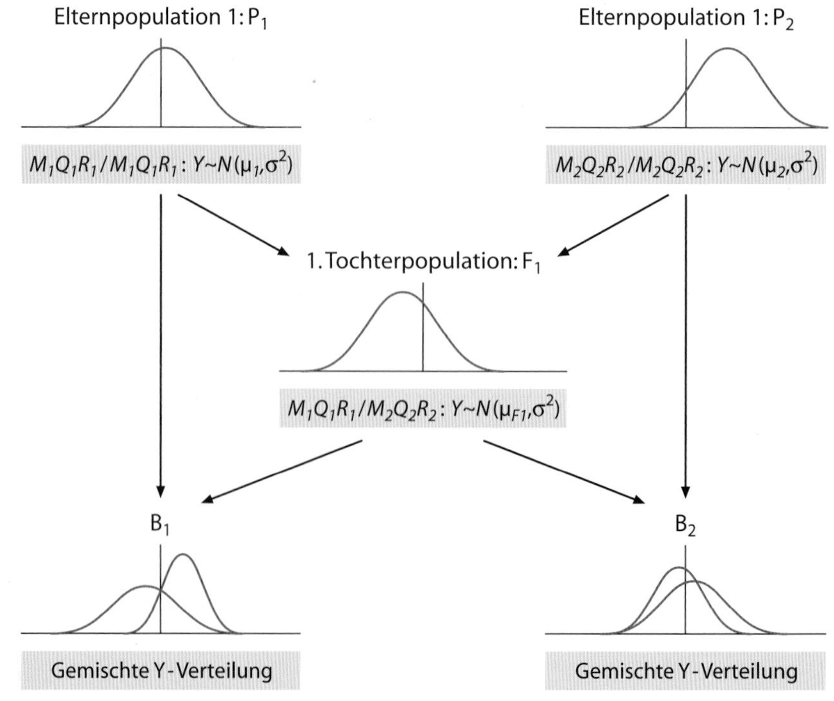

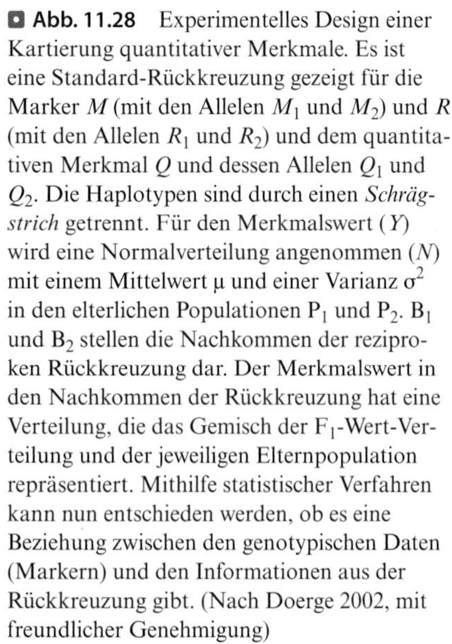
Abb. 11.28 Experimentelles Design einer Kartierung quantitativer Merkmale. Es ist eine Standard-Rückkreuzung gezeigt für die Marker M (mit den Allelen M_1 und M_2) und R (mit den Allelen R_1 und R_2) und dem quantitativen Merkmal Q und dessen Allelen Q_1 und Q_2. Die Haplotypen sind durch einen *Schrägstrich* getrennt. Für den Merkmalswert (Y) wird eine Normalverteilung angenommen (N) mit einem Mittelwert μ und einer Varianz σ^2 in den elterlichen Populationen P_1 und P_2. B_1 und B_2 stellen die Nachkommen der reziproken Rückkreuzung dar. Der Merkmalswert in den Nachkommen der Rückkreuzung hat eine Verteilung, die das Gemisch der F_1-Wert-Verteilung und der jeweiligen Elternpopulation repräsentiert. Mithilfe statistischer Verfahren kann nun entschieden werden, ob es eine Beziehung zwischen den genotypischen Daten (Markern) und den Informationen aus der Rückkreuzung gibt. (Nach Doerge 2002, mit freundlicher Genehmigung)

Lokalisation des QTLs benötigt aber auf alle Fälle wenigstens eine grobe genetische Karte mit bekannten Abständen der Marker und Berechnungen einer maximierten Wahrscheinlichkeitsfunktion.

Im einfachen Fall wird man zunächst Einzelmarker-Tests durchführen und dabei die entsprechenden statistischen Testverfahren anwenden (t-Test, Varianz-Analyse, einfache Regressionsanalyse); ein allgemeines Beispiel dafür ist in ◻ Abb. 11.28 angegeben. Die Intervall-Kartierung wurde von Eric **Lander** und David **Botstein** 1989 in die Literatur eingeführt und benutzt die vorhandenen genetischen Karten als Rahmen für die Kartierung von QTLs. Die Intervalle, die durch eine geordnete Serie von Markerpaaren vorgegeben sind, werden schrittweise abgesucht (z. B. in 2-cM-Schritten), und mithilfe statistischer Verfahren wird überprüft, ob ein QTL innerhalb eines Intervalls vorhanden ist oder nicht. Dabei ist es wichtig zu wissen, dass die Intervall-Kartierung statistisch die Kopplung mit einem einzigen Gen innerhalb jedes Intervalls überprüft. Das Ergebnis wird üblicherweise als „LOD-Score" angegeben (engl. *logarithm of the odds*; siehe dazu aber auch die Kartierung in der Humangenetik, ► Abschn. 13.1.3). Dabei wird die Wahrscheinlichkeitsfunktion unter der Nullhypothese (kein QTL) mit der alternativen Hypothese (QTL an der Testposition) verglichen, um so wahrscheinliche Orte für einen QTL zu ermitteln.

Wir haben oben gesehen, dass die Intervall-Kartierung die geordneten genetischen Marker in einer systematischen und linearen Form durchsucht. Es wird bei jedem Schritt immer dieselbe Nullhypothese überprüft und dieselbe Wahrscheinlichkeit angenommen. Wenn schließlich alle LOD-Scores zusammengenommen werden, erhält man ein Profil über die genetische Karte (◻ Abb. 11.29). Überprüft man, welches der verschiedenen Maxima einem einzigen QTL entspricht, muss man fragen, wann Ergebnisse als statistisch signifikant zu bezeichnen sind. Es ist nicht einfach, einen QTL sicher zu definieren: einmal, weil die Wahrscheinlichkeit üblicherweise eine Funktion von Mischungen von Normalverteilungen ist, und zum anderen, weil die Teststatistik nicht mehr einer Standardverteilung der Statistik folgt, wenn vorher die Daten unter der Null- und der Alternativhypothese maximiert wurden. Es sind daher die Ergebnisse von entsprechenden Computerprogrammen mit einer gewissen Vorsicht zu interpretieren; eine Übersicht über gängige Kartierungsprogramme enthält die Webseite ► http://www.jurgott.org/linkage/home.html.

Die Kartierung quantitativer Merkmale (QTLs) ist von besonderer Bedeutung zum Verständnis komplexer Erkrankungen beim Menschen und zur Optimierung der Erträge in der Tier- und Pflanzenzucht. Erforderlich sind allerdings in der Regel komplexe Zuchtschemata und entsprechende Auswertungsprogramme.

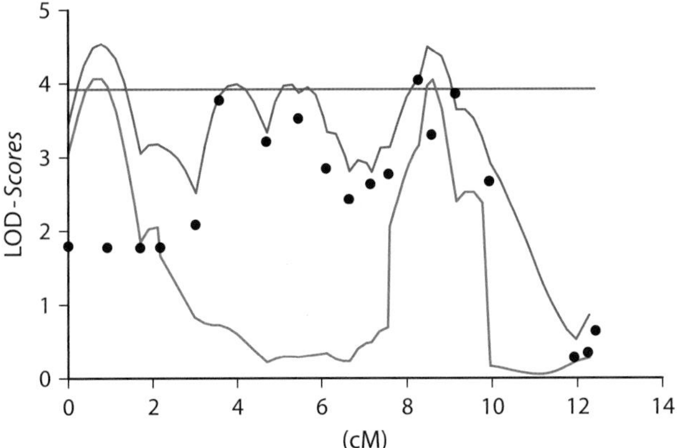

◻ **Abb. 11.29** Analyse einer Kartierung quantitativer Merkmale. Die dargestellten Daten stammen ursprünglich aus einer Untersuchung am Chromosom 11 der Maus zur Kartierung des Schweregrades einer experimentellen, allergischen Encephalomyelitis (Entzündungen im Gehirn und Rückenmark). Diese Erkrankung der Maus wird als Modell für multiple Sklerose beim Menschen verwendet. Verschiedene Mikrosatelliten-Marker wurden in 633 F_2-Mäusen genotypisiert; die Schwere der Erkrankung wurde über mehrere Messungen des Hängenlassens ihrer Schwänze bestimmt. Die Analyse wurde mithilfe des Programms „QTL-Cartographer" (► http://statgen.ncsu.edu/qtlcart/WQTLCart.htm) und verschiedener Ansätze durchgeführt; die *rote Linie* repräsentiert das 95-%-Signifikanz-Niveau: Die Einzelmarker-Analyse mithilfe des t-Tests (*schwarze Punkte*) erkennt einen signifikanten Marker (*D11Mit36*; ◻ Abb. 11.26). Die Intervall-Kartierung (*blaue Linie*) identifiziert vier Maxima und damit mögliche Lokalisationen für die QTLs. Die zusammengesetzte Intervall-Kartierung (*grüne Linie*) findet zwei signifikante QTLs. Der wesentliche Unterschied zwischen den verwendeten Verfahren liegt darin, dass die zusammengesetzte Intervall-Kartierung „Fenster" definiert und damit mögliche Assoziationen mit Merkmalen ausschließt, die außerhalb dieses Fensters liegen. (Nach Doerge 2002, mit freundlicher Genehmigung)

In den letzten Jahren wurden neue Mauslinien etabliert, die unter dem Stichwort *„Collaborative Cross"* diskutiert werden. Wir können uns darunter ein groß angelegtes internationales Kreuzungsexperiment bei der Maus vorstellen, in dem verschiedene Inzuchtstämme der Maus nach einem detailliert geplanten Zuchtschema untereinander verpaart wurden, um so die genetische Heterogenität menschlicher Populationen nachzubilden und dennoch die Vorteile der Maus als genetisches Modellsystem auch für komplexe menschliche Erkrankungen (► Abschn. 13.4) nutzen zu können. Dabei ist es möglich, Wechselwirkungen von Allelkombinationen zu untersuchen, was bei der Verwendung von reinen Inzuchtlinien nicht möglich wäre. Durch moderne Analysemethoden ist es selbstverständlich möglich, die Ursprungsallele an jeder Stelle des Genoms zu identifizieren. Eine gute Darstellung dieser neuen Methode der Mausgenetik findet der interessierte Leser bei Leist und Baric (2018).

Modifikatorgene (engl. *modifier genes* oder kurz *modifiers*) sind nicht-allelische genetische Variationen, die die Genotyp-Phänotyp-Beziehung verschieben können. Sie gehören zu den „alten" Themen der Genetik und werden bei vielen Erkrankungen für intrafamiliäre Unterschiede im klinischen Erscheinungsbild von Erkrankungen verantwortlich gemacht (z. B. Schweregrad, Eintrittsalter der Erkrankung etc.). In der Mausgenetik hat man den Einfluss von Modifikatorgenen durch die Züchtung von Inzuchtstämmen vermindert, wenngleich man ihn natürlich nicht vollständig ausschließen kann.

Ein schönes Beispiel für die eher zufällige Entdeckung eines Modifikatorgens war die Rückkreuzung einer *Mertk*-Knock-out-Mutante von dem ursprünglich gemischten Hintergrund C57BL/6 und 129 nach einem reinen C57BL/6-Hintergrund: Nach sechs Generationen war die Degeneration der Photorezeptoren verschwunden, die auf dem gemischten Hintergrund nach 45 Tagen gut nachweisbar war. Eine detaillierte genetische Analyse lokalisierte ein Modifikatorgen auf dem Chromosom 2 der Maus innerhalb einer Region von 2,1 Mb. Von den Kandidatengenen innerhalb dieser Region zeigte das Gen *Tyro3* eine unterschiedliche Expressionsstärke zwischen den Stämmen 129 und C57BL/6: $Tyro3^{B6/B6} > Tyro3^{129/B6} > Tyro3^{129/129}$. Die Hypothese, dass die Expression von *Tyro3* den Verlust des *Mertk*-Gens (engl. *MER proto-oncogene tyrosine kinase*) kompensieren kann, wurde schließlich experimentell bestätigt. Eine Vielzahl weiterer Modifikatorgene für Augenerkrankungen der Maus zeigt die Arbeit von Meyer und Anderson (2017). Obwohl die Frage des genetischen Hintergrunds von Mausmutanten häufig vernachlässigt wird, weist dieses Beispiel deutlich darauf hin, dass der genetische Hintergrund oftmals eine viel stärkere Bedeutung hat als vielfach angenommen.

Die Betrachtung von Modifikatorgenen mit größerem oder kleinerem Einfluss auf den untersuchten Phänotyp führt natürlich bei komplexeren Erkrankungen zur Charakterisierung von Empfindlichkeitsgenen (engl. *susceptibility genes*) und zur Etablierung genomischer Netzwerke anstelle einfacher und direkter genetischer Wirkungen. Diese eher systembiologische Betrachtungsweise führt vielfach zur Aufdeckung interessanter neuer Wechselwirkungen; es würde aber den Rahmen eines Buches der allgemeinen Genetik sprengen, diese bioinformatischen Methoden genauer zu besprechen. Zum Einstieg sei der interessierte Leser auf den Aufsatz von Charitou et al. (2016) verwiesen.

11.5 Populationsgenetik

Die Beobachtung phänotypischer Variabilität innerhalb von Populationen hat zu der Erkenntnis geführt, dass auch für die Vererbung von Genen innerhalb von Populationen Regeln bestehen. So entstand eine besondere Teilwissenschaft der Genetik – die Populationsgenetik. Zu den Aufgaben der **Populationsgenetik** gehört das Studium der Variabilität der Organismen in Raum und Zeit und die Aufklärung der hierauf einwirkenden Faktoren. Ziel der Populationsgenetik ist es, auf diese Weise die Wege und Parameter evolutionärer Prozesse zu verstehen. Neben der klassischen Populationsgenetik entwickelt sich heute die genetische Epidemiologie als eine Disziplin, die vor allem versucht, die Beiträge bestimmter Allele zur Entstehung weitverbreiteter Krankheiten zu ermitteln.

Definition des Populationsbegriffs

Die Bezeichnung Populationsgenetik besagt, dass sich dieses Wissensgebiet mit Populationen von Organismen beschäftigt. Was aber verstehen wir unter einer Population? Wäre es nicht angemessener, von Arten (engl. *species*) zu sprechen, da diese oft als Grundelemente der Evolution angesehen werden?

Die genauere Betrachtung des Begriffs **Art** lässt uns erkennen, dass unter diesem Begriff eine Vielzahl von Individuengruppen zusammengefasst ist, die sich in manchen Fällen über die gesamte Erde verteilen können. Jede dieser Gruppen wird als **Population** bezeichnet. Obwohl der Artbegriff so definiert ist, dass alle Organismen, die sich untereinander fortpflanzen können, zu einer gemeinsamen Art zu zählen sind, hat eine solche Definition bei weltweit verstreuten Populationen wenig praktische Bedeutung. Tatsächlich erfolgt die Vermehrung von Organismen – und damit auch ihre Evolution – innerhalb meist recht kleiner Gruppen oder **Fortpflanzungsgemeinschaften**, die weitgehend oder vollständig voneinander getrennt existieren. Da die Eigenschaften eines Biotops im Allgemeinen selbst in kleinen Arealen schnell wechseln, genügen solche Biotopunterschiede häufig zur Abtrennung einer Organismengruppe von der nächsten Population der gleichen Art. Beispielsweise kann ein Berg oder ein Fluss zur Trennung einzelner Populationen voneinander führen.

In der Genetik sind es diese Fortpflanzungsgemeinschaften, die im Mittelpunkt des Interesses stehen und denen wir den Begriff Population zuweisen (Johannsen 1903). Wenn künftig von Population gesprochen wird, ist daher eine geschlossene Fortpflanzungsgemeinschaft gemeint, die meist nur einen kleinen Teil der Organismen umfasst, die einer Art zugehören. Alle Allele, die die Mitglieder einer Population besitzen, werden als **Genpool** bezeichnet.

Grundelemente der Evolution sind Fortpflanzungsgemeinschaften oder Populationen.

11.5.1 Hardy-Weinberg-Regel

Bereits kurz nach der Wiederentdeckung der Mendel'schen Regeln hatten 1908 zwei Wissenschaftler, Godfrey Harold **Hardy** (1877–1947) und Wilhelm Robert **Weinberg** (1862–1937), unabhängig voneinander erkannt, dass bestimmte Regeln für die quantitative und qualitative Verteilung von Allelen unter den Individuen einer Population zwischen aufeinanderfolgenden Generationen von Organismen bestehen, sofern bestimmte Randbedingungen über die Generationen hinweg unveränderlich bleiben. Zu diesen Randbedingungen gehört,

- dass alle Organismen **diploid** sind und
- sich **sexuell fortpflanzen**,
- dass keine Beschränkungen in der **Fortpflanzungsfähigkeit** zwischen den verschiedenen Individuen der Population – ausgenommen das Geschlecht – bestehen (**Panmixie**),
- dass die **Mendel'schen Regeln** gelten und
- dass es sich um eine genügend **große Population** handelt (idealerweise um eine unendlich große Population), um zufällige Verteilungsabweichungen auszuschließen.

Diese Randbedingungen definieren eine solche Population als **Mendel-Population**. Zu den Randbedingungen kommt die Forderung hinzu, dass auf die Zusammensetzung der Population **keine Einflüsse von außen** (z. B. Selektion oder Zuwanderung von Individuen aus anderen Populationen) ausgeübt werden.

Wenn diese Voraussetzungen gegeben sind, sprechen wir davon, dass sich die Population in einem Gleichgewicht befindet. Die Verteilung der Allele lässt sich nach Hardy und Weinberg durch eine einfache Beziehung darstellen, die sich direkt aus den Mendel'schen Regeln ableiten lässt: Beschreibt man die Häufigkeiten zweier Allele *A* und *B* in einer Population mit p und q, wobei deren Summe natürlich 100 % ergeben muss (also p + q = 1), so lässt sich die Verteilung dieser Allele in einer Population im Gleichgewicht wie folgt beschreiben:

$$p_A^2 + 2\,(p_A q_B) + q_B^2 = 1$$

Diese mathematische Formulierung lässt sich unmittelbar aus einem Punnett-Viereck verstehen, wenn wir diesem die Häufigkeiten der Allele hinzufügen (◘ Abb. 11.30). Dieses Kreuzungsschema veranschaulicht, dass die Allelfrequenzen und Allelverteilung in aufeinanderfolgenden Generationen unverändert bleiben müssen.

	0,4 A	0,6 a
0,4 A	0,4 x 0,4 AA (=0,16)	0,4 x 0,6 Aa (=0,24)
0,6 a	0,4 x 0,6 Aa (=0,24)	0,6 x 0,6 aa (=0,36)

◘ **Abb. 11.30** Die Ermittlung von Allelfrequenzen innerhalb einer Population ist leicht möglich, wenn man alle möglichen Gametenkombinationen mit ihren jeweiligen Frequenzen in einem Punnett-Viereck analysiert. Die Produkte aus den jeweiligen Allelfrequenzen zeigen ihre Frequenz in den verschiedenen Genotypen bei den Nachkommen an. Es ergibt sich für Homozygote der Konstitution *AA* die Häufigkeit $0{,}4^2 = 0{,}16$, für Heterozygote (*Aa*) die Häufigkeit $2 \times 0{,}4 \times 0{,}6 = 0{,}48$ und für Homozygote der Konstitution *aa* die Häufigkeit $0{,}6^2 = 0{,}36$. Diese Verteilung bleibt in den folgenden Generationen erhalten, sofern nicht die freie Kombinierbarkeit der Gameten gestört oder die Häufigkeit einzelner Genotypen durch Selektion, Migration oder andere Eingriffe verändert werden

Die Hardy-Weinberg-Regel besagt, dass in einer Mendel-Population Allelfrequenzen und Allelverteilungen in aufeinanderfolgenden Generationen gleich bleiben.

Ein solcher Schluss erscheint uns bei genauerer Betrachtung als wenig überraschend. Er verbirgt jedoch verschiedene interessante Einzelheiten über den **Aufbau von Populationen**. Unabhängig davon leistet die Hardy-Weinberg-Regel wertvolle Dienste bei der Analyse von Populationen, da sie beispielsweise Hinweise zu geben vermag, ob bestimmte Allele möglicherweise unter Selektionsdruck stehen, und sie gibt uns die Möglichkeit, Veränderungen in den Allelfrequenzen unter Selektionsdruck zu errechnen.

Die Anwendungsmöglichkeiten für die **Hardy-Weinberg-Regel** sollen zunächst an einem Beispiel dargestellt werden (◘ Tab. 11.11). Die Blutgruppenallele *M* und *N* des Menschen sind codominant und werden immunologisch aufgrund ihrer Antigene auf den Erythrocytenmembranen ermittelt. Die Tabelle zeigt uns, dass beide Blutgruppenallele in allen untersuchten menschlichen Populationen vertreten, aber in ihren Häufigkeiten sehr unterschiedlich verteilt sind. Dennoch lässt sich ihre Verteilung in allen Fällen recht genau durch die Hardy-Weinberg-Formel beschreiben. Das spricht zunächst einmal dafür, dass sich die betreffenden Allele in der Population in einem **Gleichgewichtszustand** befinden. Diese Annahme könnte dann falsch sein, wenn sich die Population in einem Zustand schneller Veränderungen befindet und sich die Allelverteilung, obwohl sie unter Selektionsdruck steht, zufällig annähernd in einem Zustand befindet, der einem Gleichgewichtszustand entspricht. Hierüber müssten Untersuchungen in folgenden Generationen Aufschluss geben, bei denen man Veränderungen erkennen würde. Natürlich sind solche Analysen bei menschlichen Populationen durch die lange Generationsdauer starken Einschränkungen unterworfen.

Tab. 11.11 Prüfung eines Populationsgleichgewichts für die Blutgruppenallele *M* und *N*

Population	Genetische Konstitution (*M* und *N*) und Allelfrequenzen (p und q)						
	Beobachtet			Errechnet		Erwartet nach Hardy-Weinberg	
	M/*M*	*M*/*N*	*N*/*N*	p(*M*)	q(*N*)	2pq(*MN*)	p^2(*NN*)
Eskimos	0,835	0,150	0,009	**0,914**	*0,086*	*0,157*	*0,0074*
Australische Aborigines	0,024	0,304	0,672	**0,176**	*0,824*	*0,290*	*0,679*
Ägypter	0,278	0,489	0,233	**0,523**	*0,477*	*0,499*	*0,228*
Deutsche	0,297	0,507	0,196	**0,545**	*0,455*	*0,496*	*0,207*
Chinesen	0,332	0,486	0,182	**0,575**	*0,425*	*0,489*	*0,181*
Nigerianer	0,301	0,495	0,204	**0,549**	*0,451*	*0,495*	*0,245*

Die beobachteten Häufigkeiten der verschiedenen genetischen Konstitutionen sind in den betreffenden Spalten (*M*/*M*, *M*/*N* und *N*/*N*) angegeben. Die beobachteten Werte sind normal gesetzt, der zunächst errechnete Wert für p(*M*) ist halbfett hervorgehoben und dient zur rechnerischen Ermittlung der übrigen Werte (kursiv). Aus der Häufigkeit von homozygoten *M*-Individuen (Spalte: *M*/*M*) wurde die Allelfrequenz von *M* zunächst nach Hardy-Weinberg errechnet (Spalte: p(*M*)). Die Allelfrequenz von *N* (Spalte: q(*N*)) wurde dann nach der Formel $q = 1 - p$ errechnet. Die erwarteten Häufigkeiten der Heterozygoten (Spalte: erwartet 2pq(*MN*)) und der Individuen, die homozygot für *N* sind, (Spalte: erwartet p^2(*NN*)) wurden aus den errechneten Allelfrequenzen von *M* und *N* ermittelt. Die verschiedenen Populationen zeigen eine gute Übereinstimmung der Frequenzen der verschiedenen Genotypen mit der Erwartung aufgrund der Hardy-Weinberg-Regel. Es ist anzunehmen, dass in diesen Populationen ein Gleichgewicht hinsichtlich der Blutgruppenallele *M* und *N* besteht. Die Tabelle veranschaulicht, dass ein Gleichgewicht für sehr unterschiedliche Allelfrequenzen eingestellt werden kann. Verändert nach Boyd (1950)

11

Die Verteilung der *M*- und *N*-Blutgruppenallele lehrt uns, dass unterschiedliche Gleichgewichtszustände innerhalb verschiedener Populationen bestehen können (Abb. 11.31). Die Beziehungen zwischen der Verteilung zweier Allele in Homo- und Heterozygoten im Gleichgewichtszustand lassen sich am besten durch Grafiken veranschaulichen (Abb. 11.32). Diese Grafiken zeigen uns, dass in vielen Fällen ein relativ großer Anteil eines Allels in den **Heterozygoten** vorliegt. Handelt es sich um ein rezessives Allel, tritt es in dieser Form nicht in Erscheinung. Als Folge davon erscheint uns die Population phänotypisch relativ gleichförmig, obwohl sie genotypisch aus Individuen dreier verschiedener Konstitutionen besteht (Abb. 11.31).

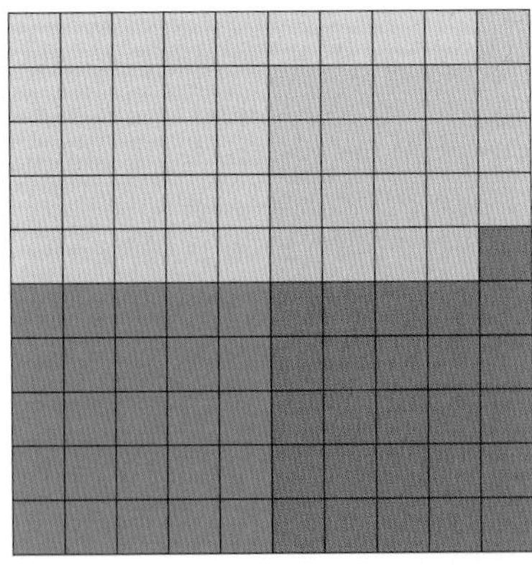

Abb. 11.31 Verteilung von homo- und heterozygoten Individuen in einer Population. Als Beispiel ist die Häufigkeit der Allelfrequenz *M* (*blau*) und *N* (*rot*) aus Tab. 11.11 für die Verteilung der Blutgruppenallele bei Deutschen gewählt. Ein großer Anteil der Allele befindet sich in Heterozygoten (*dunkelblau und dunkelrot*). Im Falle rezessiver und dominanter Allele sind die Heterozygoten im Phänotyp nicht direkt sichtbar, sodass die Population einheitlicher erscheint als sie ist

Dieser Gesichtspunkt wird uns im Zusammenhang mit humangenetischen Aspekten der Populationsgenetik noch näher beschäftigen. An dieser Stelle soll zur Verdeutlichung der Anwendungsweise der Hardy-Weinberg-Regel diesen Betrachtungen bereits etwas vorgegriffen und ein weiteres Beispiel aus der Humangenetik besprochen werden, die Phenylketonurie (PKU; Abb. 13.18 und 13.20). Diese wichtige autosomal-rezessive Erbkrankheit beruht auf einem Enzymdefekt im Phenylalaninstoffwechsel und tritt in europäischen Populationen mit einer Häufigkeit von etwa 1 Homozygoten in 10.000 Individuen auf. Die Häufigkeit des PKU-Allels in Homozygoten ist mithin

$$q^2_{PKU} = \frac{2}{20.000}$$

oder

$$q_{PKU} = \sqrt{10^{-4}}.$$

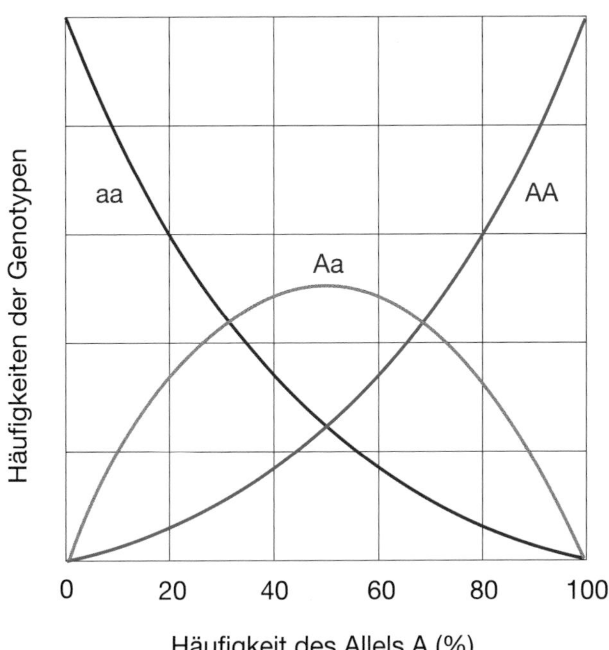

Abb. 11.32 Beziehungen der Häufigkeit der verschiedenen Genotypen zueinander. Das Feld ist in Rasterflächen von 20 % unterteilt. Jeweils senkrecht untereinander liegende Kurvenpunkte gehören zusammen

Die Allelfrequenzen sind also

$q_{PKU} = 0{,}01$

und

$p = 0{,}99.$

Die Häufigkeit des PKU-Allels in Heterozygoten ist damit $2 \times 0{,}01 \times 0{,}99 = 0{,}0198$. Das veranschaulicht uns die Bedeutung der in Abb. 11.32 dargestellten Allelverteilung. Bei einer geringen Allelfrequenz befindet sich der größere Anteil dieses Allels in Heterozygoten (in unserem Beispiel: 2 % Heterozygote gegenüber 0,01 % Homozygote!).

Bei geringer Allelfrequenz befindet sich der größere Anteil des Allels in Heterozygoten.

In unseren bisher besprochenen Beispielen haben wir uns mit der Frequenzverteilung unterschiedlicher Allele autosomaler Gene befasst, d. h. von Genen, die stets mit zwei Allelen im Genom vertreten sind.

Die quantitativen Verhältnisse ändern sich jedoch, wenn wir die Allelverteilung **geschlechtsgekoppelter Gene** betrachten. Es ist offensichtlich, dass in einem solchen Fall die genetische Konstitution des Individuums des hemizygoten Geschlechts stets direkt im Phänotyp zum Ausdruck kommt. Das hat zur Folge, dass wir die Frequenzen beider Allele eines geschlechtsgekoppelten Gens direkt aus den relativen Häufigkeiten beider Allele im hemizygoten Geschlecht ablesen können (Abb. 11.33). Ein Beispiel für ein Merkmal des Menschen, das X-chromosomal vererbt wird, ist die **Rot-Grün-Farbenblindheit**. Die Häufigkeit des Allels für Protanopie (Rotblindheit) bei europäischen Männern beträgt 2 %, die des Allels für Deuteranopie (Grünblindheit) 6 %. Demgemäß sind die Häufigkeiten homozygoter Ausprägung von Protanopie bei Frauen 0,04 %, die von Deuteranopie 0,36 %. Diese Zahlen veranschaulichen uns die großen Unterschiede in der Gefährdung beider Geschlechter bezüglich der Ausprägung X-chromosomaler Erbkrankheiten.

Abb. 11.33 Häufigkeit von Allelen bei geschlechtsgekoppelter Vererbung im hemizygoten Geschlecht. Die Häufigkeiten der Phänotypen reflektieren hier direkt die Häufigkeit der Allele in der Population

Die Frequenz geschlechtsgekoppelter Allele lässt sich im hemizygoten Geschlecht direkt erkennen.

Die Betrachtung von zwei Allelen an einem Locus ist nur ein Beispiel. Für Gene, von denen es mehr als zwei Allele gibt (und das ist im Allgemeinen der Fall!), kann man verschiedene Ansätze wählen (nach Strickberger 1988):

Wenn wir uns für die genotypischen Häufigkeiten interessieren, die nur durch eines der Allele (z. B. A) bestimmt werden, dann können wir die Häufigkeit von A_1 als p bezeichnen und die Häufigkeiten aller anderen Allele an diesem Locus ($A_2, A_3, \ldots, A_n$) zur Häufigkeit q zusammenfassen. Die Gleichgewichtshäufigkeit wird dann wie für zwei Allele berechnet:

$$p^2\,(A_1A_1) + 2p\,(A_1)\,q\,(A_2 \ldots A_n) + q^2\,(A_2 \ldots A_n) = 1$$

Das letzte Glied besteht aus zahlreichen Heterozygoten. Da uns aber nur die Genotypen von A_1 im Verhältnis zu allen anderen interessieren, ist die genaue Zusammensetzung dieses Gliedes für unsere Betrachtung nicht wichtig.

Tab. 11.12 Häufigkeit dreier Phänotypen in einer natürlichen Population der Schnecke *Cepaea nemoralis*

Phänotypen			Genotypen	Erwartungswerte bei Panmixie
Farbe	**Anzahl**	**Anteil**		
braun	88	0,413	*BB, Bb′, Bb*	$p^2 + 2pq + 2pr$
rosa	83	0,390	*b′b′, b′b*	$q^2 + 2qr$
gelb	42	0,197	*bb*	r^2
Summe	**213**	**1,0**		**1,0**

In der Population sind drei multiple Allele vorhanden (*B*, *b′* und *b*); die zugehörigen Allelfrequenzen sind p, q und r.
Auswertung:
1. Schritt: $r = \sqrt{r^2} = \sqrt{0{,}197} = 0{,}444$
2. Schritt: rosa + gelb: $q^2 + 2qr + r^2 = (q + r)^2 = 0{,}587$
(Wurzel ziehen) $q + r = 0{,}766$
(Ergebnis für r einsetzen) $q + 0{,}444 = 0{,}766 \rightarrow q = 0{,}322$
3. Schritt: Gleichgewichtsansatz: $p + q + r = 1 \rightarrow q + r = 1 - p$
(Einsetzen und Auflösen nach p) $p = 0{,}234$
Nach Cain et al. (1960)

Wenn es unser Ziel ist, Gleichgewichtswerte für die Genotypen von drei oder mehr Allelen zu finden, müssen wir jede Allelhäufigkeit als ein Element in einer polynomischen Entwicklung betrachten. Wenn es beispielsweise nur drei mögliche Allele (A_1, A_2, A_3) eines Gens gibt, die die jeweiligen Häufigkeiten p, q und r aufweisen, gilt im Gleichgewicht zunächst die Hardy-Weinberg-Formel analog:

$$p + q + r = 1$$

Die genotypischen Gleichgewichtshäufigkeiten werden durch die trinomische Entwicklung $(p + q + r)^2$ bestimmt. Die Werte für die Genotypen sind dann:

$$p^2\,(A_1A_1) + 2pq\,(A_1A_2) + 2pr\,(A_1A_3) + q^2\,(A_2A_2) + 2qr\,(A_2A_3) + r^2\,(A_3A_3) = 1$$

Dass das Gleichgewicht in einer Generation erreicht wird, gilt so lange, wie wir unsere Betrachtung auf ein einziges Gen beschränken, ohne uns darum zu kümmern, was bei anderen Genen geschieht. Ein Beispiel ist in Tab. 11.12 dargestellt: Dabei wird an der Schnecke *Cepaea nemoralis* die Häufigkeit der Farbe der Gehäusebänderung untersucht. Daran sind drei Allele eines Gens beteiligt (Dominanzreihe: $B > b' > b$).

Wenn wir jedoch die Produkte von zwei unabhängig aufspaltenden Genpaaren gleichzeitig betrachten (z. B. *Aa* und *Bb*), dann steigt die Zahl möglicher Genotypen auf 3^2 (d. h. *AABB*, *AABb*, *AaBB*, *AaBb* usw.). Es nehmen nun noch mehr Glieder an der polynomischen Entwicklung teil: Wenn wir die Genhäufigkeiten von *A*, *a*, *B* und *b* mit p, q, r und s bezeichnen, dann werden die Gleichgewichtsverhältnisse ausgedrückt als

$$(pr + ps + qr + qs)^2 = 1$$

oder

$$p^2r^2\,(AABB) + 2p^2rs\,(AABb) + 2p^2s^2\,(AAbb) + 2pqr^2\,(AaBB) + \ldots + q^2s^2\,(aabb) = 1.$$

Wir können nun kurz überlegen, wie lange es wohl dauert, bis in einer Population diese Gleichgewichtsbedingung erfüllt ist. Wenn wir nur von den Heterozygoten ausgehen (*AaBb* × *AaBb*), bei denen die Häufigkeit aller Gene gleich sind (z. B. p = q = r = s = 0,5), dann werden alle vier Gametentypen (*AB*, *Ab*, *aB* und *ab*) sofort mit den Gleichgewichtshäufigkeiten (0,25) gebildet und das genotypische Gleichgewicht wird in einer Generation erreicht. Dies ist aber die einzige Situation, in der das Gleichgewicht so schnell erreicht wird.

Wenn wir uns die andere Extremsituation vorstellen, nämlich eine Population, die mit den beiden homozygoten Genotypen beginnt (*AABB* × *aabb*), dann werden nur zwei Gametentypen (*AB* und *ab*) gebildet und das Gleichgewicht kann in der F_1-Generation noch nicht erreicht werden, da noch zahlreiche Genotypen fehlen (z. B. *AAbb*, *aaBB* usw.). Erst über die doppelt Heterozygoten (*AaBb*) können Gameten des Typs *ab* und *AB* gebildet werden. Bei völliger Unabhängigkeit der Gene erfolgt diese Umkombination mit der Wahrscheinlichkeit von 0,5; sie ist aber seltener, wenn die beiden Gene gekoppelt sind. Die Annäherung an das Gleichgewicht ist in diesem Fall von der Rekombinationsfrequenz abhängig und ist umso langsamer, je geringer die Rekombinationshäufigkeit (d. h. je enger die Kopplung) ist. Im Gegensatz zu diesen theoretischen Überlegungen erreichen nicht alle Gameten mit gekoppelten Genen in natürlichen Populationen die Gleichgewichtshäufigkeiten. Eine mögliche Erklärung ist, dass gewisse Kombinationen gekoppelter Allele vorteilhafter sind. Dieses Phänomen wird als **Kopplungsungleichgewicht** bezeichnet und spielt bei der Kartierung in der Humangenetik eine wichtige Rolle.

11.5.2 Genetische Zufallsveränderungen (*random drift*)

Die Kriterien für die Gültigkeit der Hardy-Weinberg-Regel schließen einen Parameter ein, den wir im Folgenden näher betrachten wollen: Die Hardy-Weinberg-Regel ist streng genommen nur für Populationen unendlicher Größe gültig. Natürlich gibt es derartige Populationen gar nicht. Im Allgemeinen kann man davon ausgehen, dass Individuenzahlen über 1000 einer solchen Forderung nach unendlicher Größe weitgehend genügen können. Immerhin sollte dabei nicht übersehen werden, dass solche Individuenanzahlen in vielen Populationen gar nicht vorhanden sind. Vielmehr sind lokale Populationen häufig durch viel geringere Individuenzahlen gekennzeichnet, insbesondere, wenn ihre Areale sehr eng begrenzt sind. Bei vielen größeren Tieren sind hohe Individuenzahlen eher die Ausnahme. Oft hat man es gerade bei großen Tieren mit extrem kleinen Populationen zu tun, da einzelne Individuen häufig große Gebiete beanspruchen. Ein eindringliches Beispiel dieser Art ist der **Große Panda** (*Ailuropoda melanoleuca*), bei dem jedes einzelne Individuum einen Lebensraum von 2–4 km^2 beansprucht. In solchen Fällen ist die Anwendung der Hardy-Weinberg-Regel wegen der geringen Individuenanzahlen nicht mehr zulässig.

Welche Folgen hat eine geringe Populationsgröße auf die Allelverteilung? Betrachten wir die ◘ Abb. 11.30, so ist nicht ersichtlich, warum die Hardy-Weinberg-Regel nicht auch für solche kleinen Populationen gelten sollte. Ein wichtiger Grund für die Ungültigkeit dieser Regel liegt jedoch darin, dass in allen Populationen **zufällige Fluktuationen** in der Allelverteilung vorkommen. Solche Fluktuationen verlaufen in kleinen Populationen besonders auffallend, und sie können bei kleinen Individuenzahlen leicht zum Verschwinden eines Allels aus der Population führen. Die Ursache lässt sich leicht veranschaulichen, wenn wir uns vorstellen, dass wir eine Münze werfen und nach der Häufigkeitsverteilung von „Zahl" oder „Bild" sehen. Wirft man die Münzen sehr häufig, etwa 10.000-mal, so würde man erwarten, dass man im Mittel in 50 % der Fälle das Bild und in den übrigen 50 % die Zahl findet. Allerdings würde man dieses Mittel normalerweise nicht genau erzielen, sondern die Häufigkeiten würden sich nach Maßgabe einer Gauß-Kurve um diesen Mittelwert verteilen. Letztlich wäre es, mit allerdings außerordentlich geringer Wahrscheinlichkeit, sogar möglich, dass alle Würfe dieselbe Seite der Münze zeigen. Werfen wir die Münze hingegen nur wenige Male, so ist die Wahrscheinlichkeit, dass wir stets nur die Zahl oder nur das Bild erhalten, wesentlich größer.

Dieses Beispiel lässt sich auf die **Gametenverteilung** bei der Fortpflanzung anwenden. Bei einer großen Population ist die Wahrscheinlichkeit, dass zwei verschiedene Allele mit der ihrer Häufigkeit in der Population entsprechenden Frequenz zur Fortpflanzung beitragen, viel größer als in einer kleinen Population. In kleinen Populationen sind daher große Schwankungen in der Allelverteilung unter den Nachkommen zu erwarten.

Die Konsequenzen von kleinen Populationsgrößen auf die Allelverteilung lassen sich in **populationsgenetischen Experimenten** veranschaulichen (◘ Abb. 11.34). In solchen Experimenten macht man Gebrauch von Populationskäfigen, in denen bestimmte Anzahlen von Individuen mit anfangs genau festgelegter genetischer Konstitution, in unserem Beispiel Heterozygotie für das Gen *brown* (*bw*) von *Drosophila*, gehalten werden. Entnimmt man jeder neuen Generation eine kleine Anzahl von Individuen zur Ermittlung ihrer genetischen Konstitution, so kann man den Verlauf zufälliger Veränderungen in der Allelzusammenstellung verfolgen. Das Experiment zeigt, dass nach anfänglicher Heterozygotie aller Tiere der Grad der Heterozygotie rasch abnimmt. Bereits nach relativ wenigen Generationen (im Bild in der 7. Generation) gibt es einzelne Populationen, in denen nur noch eines der ursprünglichen zwei Allele vorhanden ist. Die Anzahl solcher homozygoter Populationen nimmt sehr schnell zu. Hierbei werden beide möglichen homozygoten Konstitutionen mit gleicher Wahrscheinlichkeit erreicht. Würde der Verlauf der Veränderungen in unserem Beispiel über weitere Generationen verfolgt, so würden wir beobachten, dass schließlich alle Populationen für das eine oder das andere Allel homozygot sind. Man nennt diesen Vorgang **Fixierung** (engl. *fixation*) eines Allels. Verantwortlich hierfür ist allein die zufällige Veränderung der Allelzusammenstellung, die man insbesondere in kleinen Populationen leicht verfolgen kann. Der Prozess wird als **genetische Zufallsdrift** (engl. *random drift*) bezeichnet.

❗ Zufällige Veränderungen (Zufallsdrift) in den Allelfrequenzen haben insbesondere in kleinen Populationen einen großen Einfluss. Zufallsdrift führt zu unvorhersehbaren Veränderungen im Genpool, die zur Fixierung des einen oder anderen Allels führen können.

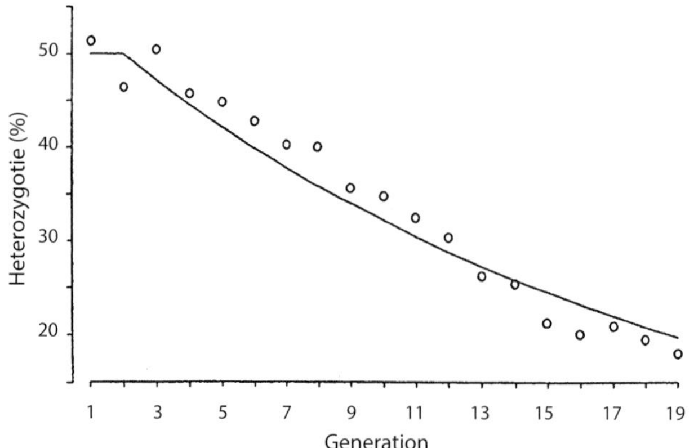

Abb. 11.34 Experiment zur Demonstration der Folgen von Zufallsveränderungen der Allelzusammenstellung bei kleinen Populationen bei *Drosophila melanogaster*. In Populationskäfigen werden in 19 aufeinanderfolgenden Generationen jeweils 16 Individuen nach zufälliger Auswahl weitergekreuzt. Die ursprüngliche Häufigkeit des Allels *bw* (*brown*) von 50 % nimmt ab und verschiebt sich mit gleicher Wahrscheinlichkeit zu den Extremen (Wildtyp bzw. homozygot *bw*). (Nach Buri 1956, mit freundlicher Genehmigung)

Es muss nochmals betont werden, dass sich derartige genetische Zufallsdriftphänomene in allen Populationen ereignen. Wie schnell sie allerdings die Allelzusammensetzung in einer Population beeinflussen, hängt von der Größe der Population, also der Anzahl der Individuen ab. Die klassische Populationsgenetik hat dazu mit idealisierten Populationen gearbeitet („Wright-Fischer-Population"), die aus diploiden, hermaphroditischen Individuen bestehen und durch zufällige Paarung charakterisiert sind. Die Population reproduziert sich in diskreten Generationen, wobei jede Generation bei der Geburt gezählt wird. Die neuen Individuen entstehen aus den Gameten der Eltern, die unmittelbar nach der Reproduktion sterben. Damit hat jedes Elternteil eine gleich große Wahrscheinlichkeit, eine Keimzelle zu einem Individuum beizutragen, das überlebt und in der nächsten Generation erneut Nachkommen hervorbringt. Wenn diese idealisierte Population groß genug ist, ist die Zahl der Nachkommen von Individuen in einer Population normal verteilt (Abb. 11.7). Dieser idealisierten Population kommen übrigens hermaphroditische marine Organismen ziemlich nahe, die eine große Zahl von Eiern und Samen ablegen, aus denen sich dann zufällig neue Zygoten bilden. Das Ausmaß, mit dem genetische Drift einen Anstieg in der Unterscheidbarkeit bei neutralen Allelen (also ohne Selektion) zwischen isolierten Populationen oder die Variabilität innerhalb einer Population bewirkt, beträgt in diesem Modell 1/(2N), wobei N die Zahl der diploiden hermaphroditischen Individuen darstellt; der Faktor 2 kommt wegen der Diploidie hinzu. Es leuchtet allerdings unmittelbar ein, dass sich dieses idealisierte Modell nur mit starken Einschränkungen eignet, die Realität abzubilden.

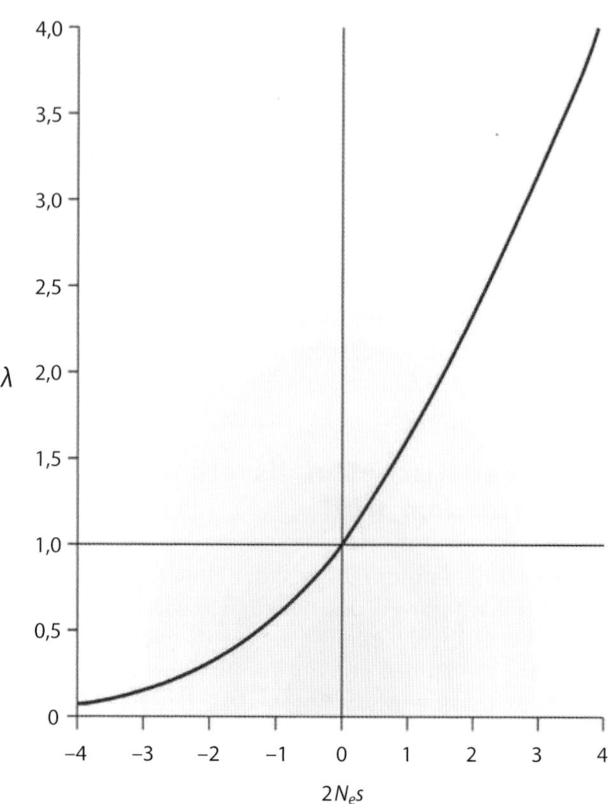

Abb. 11.35 Wahrscheinlichkeit der Fixierung einer Mutation. In einer begrenzten Population können auch schädliche Mutationen durch genetische Drift fixiert werden und günstige Mutationen können verloren gehen, wie das Ergebnis von Modellrechnungen zeigt. λ ist die Wahrscheinlichkeit, mit der eine semidominante Mutation in einer Population fixiert wird. Sie steigt mit zunehmendem Produkt aus effektiver Populationsgröße (N_e) und Selektionskoeffizient s. Der Vorzeichenwechsel deutet den Übergang von einer schädlichen (negativer s) zu einer günstigen Mutation an (positiver s). (Nach Charlesworth 2009, mit freundlicher Genehmigung)

Die moderne Populationsgenetik hat deshalb den Begriff der **effektiven Populationsgröße** eingeführt; diese ist dabei von mehreren Faktoren abhängig. Sie kann reduziert werden, wenn

- von zwei Geschlechtern eines nur in geringer Zahl von Individuen vorkommt;
- die Zahl der Nachkommen deutlicher schwankt als durch Zufall zu erwarten wäre;
- die Population altersmäßig stark strukturiert ist.

Es gibt natürlich noch weitere Einflussfaktoren auf die effektive Populationsgröße, wie das Vorkommen von Inzucht oder der Erbgang (autosomal, X-gekoppelt, Y-gekoppelt oder über Organellen). Außerdem spielen regionale Verteilungen und Wanderungsbewegungen eine Rolle. Dabei ist insbesondere zu beachten, dass Wanderungsbewegungen in gewissem Umfang die effektive Populationsgröße erhöhen können (▶ Abschn. 11.5.4). In besonderem Maße ist zu beachten, welche Auswirkung eine Mutation auf die betroffenen Organismen hat – führt sie eher dazu, dass die Organismen mehr Nachkommen haben, oder führt sie umgekehrt dazu, dass die betroffenen Organismen krank sind und somit weniger Nachkommen haben werden? Diese Auswirkungen auf die **Fitness** spiegeln sich dann in den Auswirkungen der **Selektion** wider, was wir im ► Abschn. 11.5.3 ausführlich besprechen werden. Wenn wir allerdings die Frage beantworten wollen, wie groß die Wahrscheinlichkeit ist, dass sich eine Mutation durchsetzt (fixiert wird), dürfen wir diesen Faktor aber nicht vergessen. Für die mathematische Darstellung hat man deshalb den **Selektionskoeffizienten** eingeführt, der die Auswirkungen der Mutation in Bezug auf die Fitness der Wildtypen angibt (bei diploiden Organismen wird er an homozygoten Mutanten gemessen). Den Zusammenhang zwischen der Wahrscheinlichkeit einer Fixierung der Mutation, der effektiven Populationsgröße und des Selektionskoeffizienten zeigt ◘ Abb. 11.35: Je größer das Produkt aus effektiver Populationsgröße und Selektionskoeffizient ist, desto höher ist die Wahrscheinlichkeit, dass sich eine Mutation in der Population durchsetzt.

11.5.3 Natürliche Selektion

Mit der genetischen Zufallsveränderung haben wir einen Mechanismus kennengelernt, der die genetische Zusammenstellung von Populationen verändert. Hinsichtlich der von Charles **Darwin** (1859) erkannten Evolutionsprozesse erscheint aber dieser Prozess in seiner rein zufallsorientierten Wirkung wenig geeignet, die Entwicklung von Organismen in Richtung auf eine zunehmende Komplexität zu unterstützen, wie sie im Verlauf der Evolution entstanden ist. Das kann nur heißen, dass andere, wirksamere Evolutionsmechanismen die Weiterentwicklung des genetischen Materials beeinflussen müssen.

Von Darwin selbst wurde hierfür der Prozess der **natürlichen Selektion** als wesentliches Hilfsmittel der Evolution erkannt. Da über die Begriffe der Evolution und der natürlichen Selektion oft Missverständnisse herrschen, ist es wichtig, die Vorstellung der Evolution der Organismen durch Abstammung voneinander, also nach der Deszendenztheorie, und die Vorstellungen über die dabei wirksamen evolutionären Mechanismen auseinanderzuhalten.

Natürliche Selektion ist ein wichtiger Evolutionsmechanismus.

Im Gegensatz zur allgemeinen Akzeptanz der Deszendenztheorie durch die Biologen herrschen über die dafür verantwortlichen Mechanismen und ihre relative Bedeutung für die Evolution durchaus unterschiedliche Auffassungen. In der Geschichte des 20. Jahrhunderts hat die Selektionstheorie Darwins als Erklärung für evolutionäre Prozesse vielerlei Kontroversen ausgelöst. Dennoch kann es keinen Zweifel darüber geben, dass natürliche Selektion einen der wesentlichen Evolutionsmechanismen darstellt.

Selektion wird als Hilfsmittel für die Erzeugung aus der Sicht des Menschen besonders vorteilhafter Individuen (Kulturpflanzen oder Haustiere) verwendet. Unsere wichtigsten Nahrungspflanzen sind auf diese Weise ebenso entstanden, wie etwa die vielerlei Rassen von Hunden, denen wir täglich begegnen können und deren nahe genetische Verwandtschaft nicht immer direkt einsichtig ist. Gerade dieses Beispiel vermittelt uns einen guten Eindruck von den Möglichkeiten, Organismen durch Selektion auf bestimmte Eigentümlichkeiten gezielt zu verändern. Wir wollen nun die Erfolge von Züchtungsprozessen anhand einiger quantitativer Beispiele noch etwas genauer darstellen.

Im Folgenden sind die Ergebnisse von gezielten **Züchtungsversuchen** an Tieren und Pflanzen dargestellt, die den Ertrag an bestimmten Produkten, die aus den betreffenden Organismen gewonnen werden, steigern sollen.

- Erhöhung der Eierproduktion bei Hühnern der Rasse White Leghorn flock unter Selektionsdruck (nach Lerner 1958, 1968):

Jahr	Zahl Eier/Jahr
1933	125,6
1965	249,6

- Öl- und Proteingehalt von Mais als Selektionskriterien (nach Woodworth et al. 1952):

Generation	Ölgehalt (%)	Proteingehalt (%)
Selektion auf hohen Öl- bzw. Proteingehalt:		
1	4,7	10,9
50	15,4	19,4
Selektion auf niedrigen Öl- bzw. Proteingehalt:		
1	4,7	10,9
50	1,0	4,9

Die hier zusammengestellten Daten lassen deutlich erkennen, dass die Eigenschaften der Versuchsorganismen unter selektivem Druck in die gewünschte Richtung verändert werden können. Es ist hierbei wichtig, herauszustellen, dass diese Selektionseffekte nicht auf der Selektion einzelner Gene aufgrund ihrer besonderen Wirkungen beruhen, sondern dass sie den Genotyp aufgrund meist komplexer genetischer Interaktionen in eine bestimmte Richtung treiben.

Die modernen Möglichkeiten, auch sehr alte DNA zu untersuchen und zu sequenzieren, erlauben auch einen Blick auf die Triebkräfte der Selektion durch

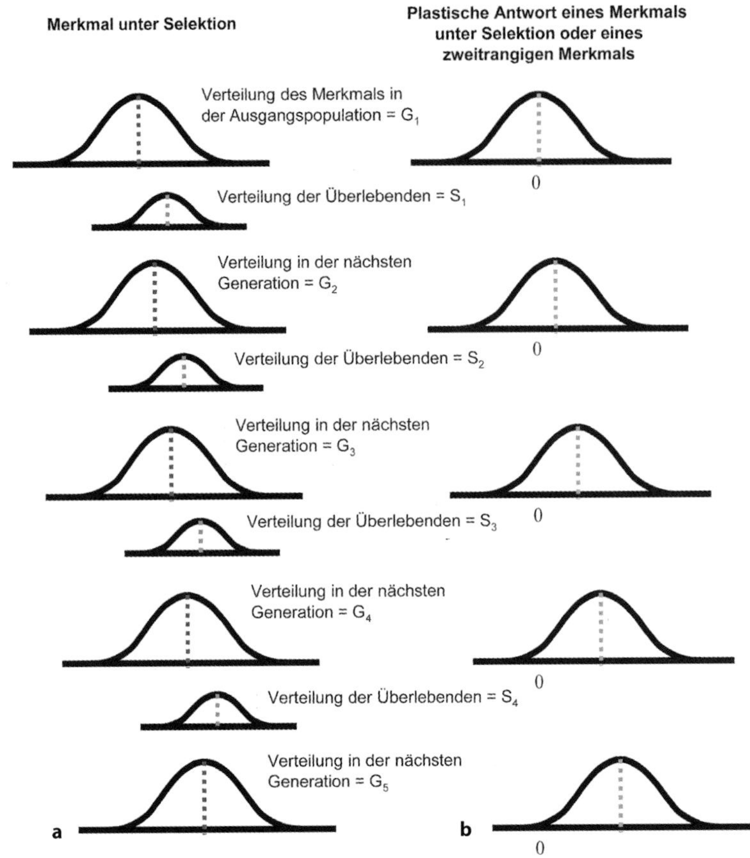

Abb. 11.36 Hypothetisches Beispiel der Wirkung einer positiven gerichteten Selektion auf den Mittelwert eines bestimmten Merkmals. Dabei werden Individuen bevorzugt, die für eine bestimmte Eigenschaft einen höheren Wert haben. **a** Die Erwartung für die Wirkung einer positiven gerichteten Selektion auf die Verteilung eines bestimmten Merkmals (z. B. Hitzetoleranz). In der ersten Generation tötet ein selektives Ereignis (z. B. Hitze über mehrere Tage) die Mehrzahl der Individuen einer Population (G_1) vor der Paarungsfähigkeit. Die Überlebenden (S_1) verpaaren sich, und der Mittelwert der Hitzetoleranz der Nachkommen (G_2) ist etwas größer als der ihrer Eltern. Der Unterschied im Mittelwert der Populationen zwischen G_1 und G_2 deutet an, dass eine Evolution stattgefunden hat. Dieser Prozess wiederholt sich für mehrere Generationen, sodass sich in der 5. Generation (G_5) der Mittelwert des Merkmals deutlich von dem der ersten Generation (G_1) unterscheidet. **b** Eine Hypothese zur korrelierten Evolution der Plastizität der Hitzetoleranz oder eines zweitrangigen Merkmals, das die Hitzetoleranz verstärkt (z. B. die Expression von Hitzeschockproteinen). In der Originalpopulation führt die Exposition gegenüber Hitze für ein paar Stunden oder Tage zum Anstieg der Hitzetoleranz in einigen Individuen, was zu einer guten Anpassung führen würde, wenn die Hitze anhält. Allerdings zeigt eine gleich große Anzahl von anderen Individuen eine Abnahme der Hitzetoleranz, was offensichtlich zu einer schlechten Anpassung führen würde, wenn die hohe Temperatur anhält. Für die Population als Ganzes ist die durchschnittliche plastische Antwort null. Wenn sich allerdings nach einem solchen selektiven Ereignis die Überlebenden (S_1) verpaaren und eine neue Generation (G_2) entsteht, tendiert die plastische Antwort dieser neuen Generation zu einem Anstieg der Hitzetoleranz. So kann natürliche Selektion einen evolutionären Anstieg sowohl in Bezug auf die „angeborene" (oder „konstitutive" bzw. „intrinsische") Hitzetoleranz (**a**) bewirken als auch eine Verschiebung in der durchschnittlichen Plastizität von Individuen (**b**), sodass sie – im Durchschnitt – toleranter gegenüber Hitze werden, wenn sie erhöhten Temperaturen ausgesetzt sind (adaptive Plastizität). (Nach Garland und Kelly 2006, mit freundlicher Genehmigung)

die Verknüpfung von Daten über die Veränderung von Allelverteilungen über die Zeit und Veränderungen in der Umwelt oder kulturellen Praktiken. Ein interessantes Beispiel ist die Allelverteilung bei zwei Genen des Haushuhns, *TSHR* (engl. *thyroid-stimulating hormone receptor*) und *BCDO2* (engl. *β-carotene dioxygenase 2*). Dabei zeigte sich, dass das „neue" Allel des *TSHR*-Gens (verantwortlich für eine niedrigere Aggressivität gegenüber anderen Hühnern und einen früheren Beginn des Eierlegens) vor rund 1100 Jahren entstanden ist und durch eine religiös inspirierte, intensivere Haltung des Haushuhns bevorzugt gezüchtet wurde. Das „neue" Allel des *BCDO2*-Gens wurde dagegen wahrscheinlich erst in jüngerer Zeit über importierte Hühner aus Asien in die europäischen Hühnerpopulationen eingeführt und breitet sich vor allem bei kommerziellen Züchtern aus (Loog et al. 2017).

Die Art der in unserem Beispiel vorgenommenen **Selektion** lässt sich auch grafisch veranschaulichen (Abb. 11.36). Gehen wir von einer Verteilung einer bestimmten Eigenschaft eines Organismus, im Beispiel also der **Hitzetoleranz**, innerhalb einer Population aus, so ist natürlich nicht zu erwarten, dass alle Individuen dieser Population eine genau identische Hitzetoleranz aufweisen, sondern es herrscht eine gewisse Variabilität. Diese lässt sich gewöhnlich in einer Verteilungskurve darstellen, die der einer Gauß-Verteilung gleicht. Der Prozess der Selektion lässt sich nun dadurch veranschaulichen, dass sich aus dieser Verteilung bevorzugt (oder ausschließlich) die Individuen fortpflanzen (bzw. weitergezüchtet werden), deren Eigenschaften besonders ausgeprägt in der gewünschten Richtung liegen. Man hat also eine **gerichtete Selektion** vorliegen. Die Folge einer solchen gerichteten Selektion ist eine allmähliche Weiterentwicklung. Wenn sich dabei der Mittelwert des Merkmals verschiebt, kann dies auch zu einer Verringerung der genetischen Variabilität führen; wir sprechen dann von einer **stabilisierenden Selektion**. Diese Selektion resultiert in einer Verringerung der Breite phänotypischer Unterschiede, also in einer Vereinheitlichung des Phänotyps. Das Ausmaß der Verringerung der genetischen Variabilität ist natürlich abhängig von der Neumutationsrate in der Population; in ◘ Abb. 11.36 ist eine Verringerung der genetischen Variabilität nicht berücksichtigt.

Die Tatsache, dass Selektion in der Tier- und Pflanzenzüchtung erfolgreich angewandt werden kann, beweist natürlich noch nicht, dass Selektion auch in der Natur eine wesentliche Rolle spielt. Beweise hierfür haben jedoch populationsgenetische Beobachtungen geliefert. Das wohl bekannteste Beispiel dieser Art sind Populationsstudien mit dem **Birkenspanner** (*Biston betularia*), die in den 1950er-Jahren in Großbritannien durchgeführt wurden. Der Birkenspanner kommt in der Natur in zwei Formen vor, einer schwarz-weißen Form (bezeichnet als „typica") und einer dunklen Form (bezeichnet als „carbonaria") (◘ Abb. 11.37a). Die dunkle carbonaria-Form wurde in dieser Zeit überwiegend in den Industriegebieten Großbritanniens gefunden, während die gefleckte, hellere Form in den Wäldern ländlicher Regionen vorkam (◘ Abb. 11.37b). Der Verdacht, dass die Verbreitung der dunkleren Variante von *B. betularia* eine Folge der Industrialisierung war, begründete sich darauf, dass in älteren Sammlungen ausschließlich die hellere, gefleckte Variante vorkommt, die den Farbschutzanforderungen ihres ursprünglichen Lebensraumes (Name!), der durch den Flechtenbewuchs der Birken gekennzeichnet ist, viel mehr entspricht. Die eigentlich helle Rinde der Birke war dort durch den Rauch aus den Industrieschloten (Ruß) dunkler gefärbt, und die empfindlichen Flechten sind abgestorben, sodass die helle, gefleckte Form leichter zu entdecken war als eine gleichmäßig dunkle Form und damit einen **Selektionsnachteil** hatte (entsprechend hatte die dunkle Form einen **Selektionsvorteil**, da sie nicht so leicht entdeckt wurde). Diese Anpassung bezeichnet man als **Industriemelanismus**.

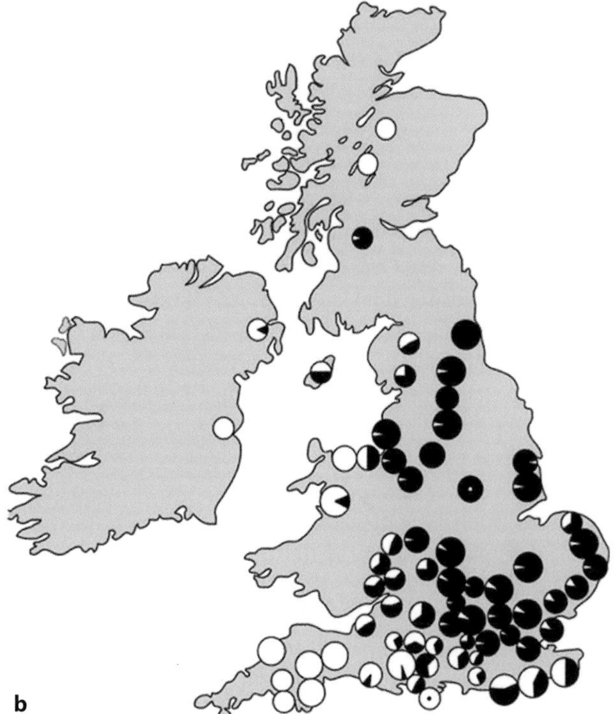

◘ **Abb. 11.37** Der Birkenspanner (*Biston betularia*) in Aussehen und Verteilung. **a** *Biston betularia; links*: Form typica, *rechts*: Form carbonaria. **b** Verteilung von *Biston betularia* in natürlichen Populationen in Großbritannien. Die dunklen Formen (carbonaria und insularia) herrschten in den 1950er-Jahren in Industriegebieten vor, während die helle Form (typica) in eher ländlichen Gebieten überwog. (**a** nach Hopkin 2004; **b** nach Kettlewell 1958, jeweils mit freundlicher Genehmigung)

Ein bekanntes Beispiel für natürliche Selektion ist der Industriemelanismus, d. h. eine Anpassung an durch Industrieverschmutzungen veränderte Umweltgegebenheiten.

Neuere Arbeiten zeigen allerdings, dass mit dem Verschwinden des Rußes aus den Industrieschloten aufgrund verstärkter Umweltschutzmaßnahmen bzw. aufgrund veränderter wirtschaftlicher Strukturen auch die dunkle Form des Birkenspanners wieder verschwindet (Saccheri et al. 2008). Und wir kennen inzwischen auch

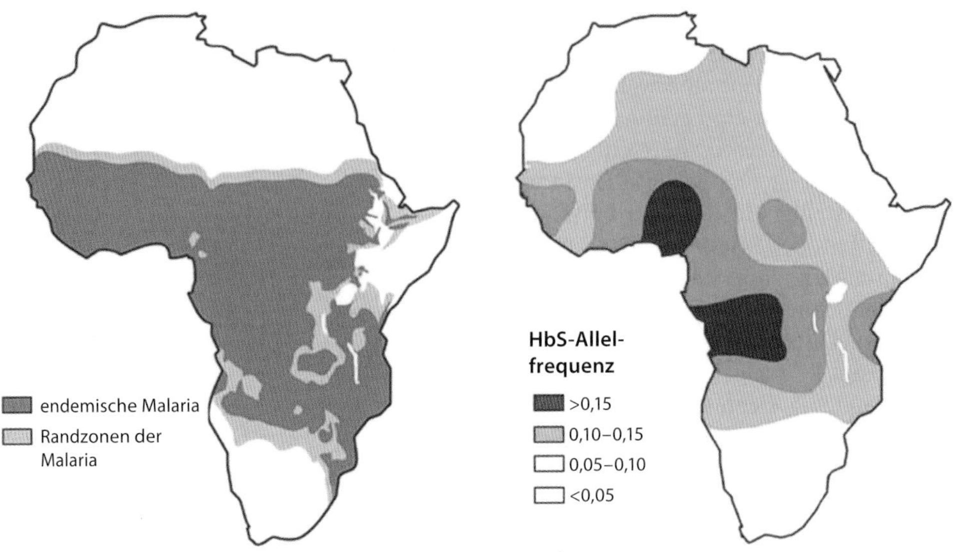

■ **Abb. 11.38** Vergleich der Verbreitung von Sichelzellenhämoglobin (HbS) und Malaria (*Plasmodium falciparum*) in Afrika. Die teilweise Überlagerung beider Verbreitungsgebiete wurde zuerst von Haldane erkannt und in ihrer genetischen Grundlage interpretiert. (Nach Wellems und Fairhurst 2005, mit freundlicher Genehmigung)

die molekularen Ursachen des Phänomens: Ein Transposon (▶ Abschn. 9.1.2) ist um das Jahr 1819 in das erste Intron des Gens *cortex* hineingesprungen und führte so zu der dunklen Form des Birkenspanners. Die Insertion von knapp 22 kb bewirkt eine verstärkte Expression des *cortex*-Gens; das entsprechende Protein spielt eine wichtige Rolle bei der Regulation des Zellzyklus während der frühen Entwicklung der Flügel (van't Hof et al. 2016).

Es muss noch betont werden, dass nicht alle populationsspezifischen Unterschiede notwendigerweise auf Selektionsprozessen beruhen müssen. Beispielsweise sind die bereits mehrfach erörterten Blutgruppenunterschiede menschlicher Populationen (■ Tab. 11.11) höchstwahrscheinlich auf natürliche Zufallsdrift, nicht aber auf Selektion zurückzuführen. Menschliche Populationen haben sich im Allgemeinen aus sehr kleinen Gruppen von Individuen entwickelt, sodass unterschiedliche Allelfrequenzen in erster Linie als Folge von Gründereffekten (▶ Abschn. 11.5.4) anzusehen sind, wenn nicht direkte Hinweise auf Selektionsprozesse bestehen.

Wir haben gesehen, dass sich aufgrund von Selektionsmechanismen bestimmte Individuen einer Population besser fortpflanzen als andere Individuen derselben Population. Man kann diesen Unterschied in der Fortpflanzungsfähigkeit quantitativ erfassen, indem man die relativen Beiträge der verschiedenen Genotypen der Individuen zur Nachkommenschaft zueinander in Beziehung setzt. Man erhält dann ein relatives Maß für den Fortpflanzungserfolg der verschiedenen Genotypen innerhalb einer Population, das als **Fitness** (W) des betreffenden Genotyps bezeichnet wird. Individuen mit der relativ höchsten Fortpflanzungsrate erhalten dabei definitionsgemäß die Fitness W = 1 (also 100 %), während alle übrigen Genotypen eine dazu in Bezug gesetzte niedrigere Fitness besitzen. Hieraus wird deutlich, dass es sich bei der Fitness um einen Relativwert handelt, der nur innerhalb einer Population von Bedeutung ist. Die Fitness von Individuen in unterschiedlichen Populationen ist daher nicht vergleichbar.

> Fitness ist ein Maß für den relativen Fortpflanzungserfolg eines bestimmten Genotyps in einer bestimmten Umwelt.

Es ist möglich, die relative Fitness auf ein einziges Allelpaar zu beziehen und einen Vergleich der verschiedenen möglichen Genotypen (also *A*/*A*, *A*/*a* und *a*/*a*) hinsichtlich ihrer Fitness durchzuführen. Im Allgemeinen wird man jedoch die Gesamtheit der Eigenschaften im Hinblick auf die Fortpflanzungsfähigkeit vergleichen, da Fortpflanzungsfähigkeit durch eine Vielzahl komplexer Parameter bestimmt wird. So kommt es nicht nur auf die Lebensfähigkeit und physische Vitalität eines Individuums an, sondern auch auf die Fertilität, die niedrig sein oder sogar fehlen kann (in diesem Fall ist die Fitness W = 0), oder auf das Paarungsverhalten und andere individuelle Eigenschaften.

Wir wollen im Folgenden dieses Konzept der Fitness an einem Beispiel darstellen, das wir bereits in anderen Zusammenhängen aus unterschiedlichen Gesichtspunkten betrachtet haben (▶ Abschn. 11.3.5), dem der erblichen Krankheit **Sichelzellenanämie** (▶ Abschn. 13.3.1). Diese Krankheit wird durch eine Mutation im β-Globin-Gen (Gensymbol *HBB*; ▶ Abschn. 7.2.1) hervorgerufen und nimmt in der Medizin insofern eine Sonderstellung ein, als sie trotz ihrer schwerwiegenden Folgen unter bestimmten Lebensumständen, zumindest für Heterozygote, von Vorteil sein kann. Solche Heterozygoten

Tab. 11.13 Verteilung von adultem Hämoglobin (*A*) und Sichelzellenhämoglobin (*S*) sowie Fitnesswerte der verschiedenen Genotypen

Population	Genetische Konstitution (*A* und *S*) und Allelfrequenzen (p und q)						
	Beobachtet			**Errechnet**		**Erwartet nach Hardy-Weinberg**	
	A/*A*	*A*/*S*	*S*/*S*	p(*A*)	q(*S*)	2pq(*AS*)	p^2(*SS*)
Kinder	0,6585	0,3101	0,0314	0,8114	0,1886	0,3060	0,0356
Erwachsene	0,6116	**0,3807**	**0,0076**	0,7820	0,2180	**0,3410**	**0,0475**
Relative Fitness[a]	0,9288	1,2277	0,2420				
Fitness[b]	0,7570	1	0,1971				
Selektionskoeffizient	s_{AA} = 0,2430		s_{SS} = 0,8029				

[a] Die relative Fitness ergibt sich aus dem Verhältnis der Häufigkeit eines Genotyps bei Kindern und der Häufigkeit des betreffenden Genotyps bei Erwachsenen. Hierbei wird angenommen, dass bei Kindern eine Selektion noch nicht stattgefunden hat.
[b] Die höchste Fitness ist definitionsgemäß 1.
Die hervorgehobenen Daten in der Tabelle zeigen, dass bei Erwachsenen die relative Anzahl von *S*/*S*-Individuen stark abgenommen hat, während der Anteil von Heterozygoten (*A*/*S*) an der Gesamtpopulation der untersuchten Individuen (654 Erwachsene) deutlich gestiegen ist. Der selektive Nachteil der *S*/*S*-Individuen kommt in einer geringen Fitness bzw. einem hohen Selektionskoeffizienten zum Ausdruck. Individuen, die homozygot für *A* sind, haben hingegen eine relativ hohe Fitness und demgemäß einen niedrigen Selektionskoeffizienten. Daten nach Allison (1956)

sind in diesem Fall sogar besser fortpflanzungsfähig als homozygote Individuen, d. h. die genetische Konstitution der Heterozygoten führt zu einer relativ höheren Fitness als beide homozygote Konstitutionen (Wildtyp oder homozygote Mutation). Man kennzeichnet eine solche Situation auch mit dem Begriff **Heterozygotenvorteil** (oder **Heterosis**, ► Abschn. 11.1). Wie lässt sich der Heterozygotenvorteil erklären? Zum Verständnis des Vorteils der Heterozygoten müssen wir zunächst untersuchen, an welche äußeren Bedingungen dieser Vorteil geknüpft ist.

Bei der Betrachtung der Verbreitung von Sichelzellenanämie fällt auf, dass die Verbreitung eine recht gute Übereinstimmung mit Regionen aufweist, in denen **Malaria** herrscht (■ Abb. 11.38). Malaria ist eine Blutkrankheit, die durch Parasiten der Gattung *Plasmodium* verursacht wird, die Erythrocyten als Nahrungsquelle gebrauchen und dadurch Anämie und andere Krankheitserscheinungen verursachen. Die Krankheit kann, je nach dem Erregertyp, tödlich verlaufen. Sie wird durch Mückenstiche (Gattung *Anopheles*) übertragen. Die Analyse der Übereinstimmung zwischen der Verbreitung von Malaria und einer erhöhten Frequenz von *HbS*-Allelen in der Population der betreffenden Gebiete hat gezeigt, dass Heterozygote für *HbS* eine erhöhte Resistenz gegen die Infektion aufweisen. Offenbar werden die Parasiten bevorzugt zusammen mit den Sichelzellen, die auch bei Heterozygoten auftreten, phagocytiert.

Wenden wir auf dieses Beispiel die Hardy-Weinberg-Regel an, so sehen wir in ■ Tab. 11.13, dass die Heterozygoten überrepräsentiert sind. Wir können hieraus die relative Fitness der verschiedenen Genotypen errechnen. Ein zur Fitness in Bezug stehender Parameter der Populationsgenetik ist der **Selektionskoeffizient** (s). Er ergibt sich aus der Fitness W nach der Gleichung

$$s = 1 - W.$$

Dieser Wert gibt mithin den selektiven Nachteil eines Genotyps an: Ist die Fitness W = 1, so ist s = 0, d. h. der betreffende Genotyp hat in der betreffenden Population keinen selektiven Nachteil.

Wir sehen an diesem Beispiel deutlich, dass Fitness eine relative Größe ist: Während heterozygote Individuen in malariaverseuchten Gebieten einen Fitnessvorteil gegenüber allen anderen Konstitutionen haben, ist ihre Fitness in anderen Regionen, die nicht durch Malariainfektionen belastet sind, deutlich niedriger als die der Homozygoten. Fitnesswerte aus verschiedenen Populationen sind allerdings nicht vergleichbar.

❗ Unter bestimmten Umweltbedingungen haben Heterozygote die höchste Fitness. Man spricht dann von Heterozygotenvorteil, Überdominanz oder Heterosis.

Der zuvor besprochene Vergleich wirft die Frage auf, ob es auch einen **Heterozygotennachteil** gibt. Tatsächlich findet man auch solche Situationen. Ein Beispiel ist die Inkompatibilität des **Rhesusfaktors** beim Menschen. Der Rhesusfaktor ist ein Blutgruppenantigen, vergleichbar denen des AB0- oder MN-Blutgruppensystems

Tab. 11.14 Genetische Konstitution des Rhesusfaktors

Konstitution der Mutter:	**Konstitution des Vaters:**		
	D/D	*D/d*	*d/d*
D/D	*D/D*	*D/D* *D/d*	*D/d*
D/d	*D/D* *D/d*	*D/D* *D/d* *d/d*	*D/d* *d/d*
d/d	*d/D**	*d/D** *d/d*	*d/d*

*Gefährdete Eltern/Kind-Konstitutionen. Nach Vogel und Motulsky (1996)

(► Abschn. 11.3.1 und 11.5.1). Erkannt wurde er durch Karl **Landsteiner** und Alexander S. **Wiener** im Jahr 1940. Seine wichtigste Bedeutung in der Humanmedizin lässt sich vereinfacht dadurch veranschaulichen, dass Rh^--Mütter nach der Geburt eines Rh^+-Kindes Antikörper gegen den Rhesusfaktor entwickelt haben. Während einer weiteren Schwangerschaft mit einem Rh^+-Kind kommt es zu Abwehrreaktionen und infolgedessen zu schweren Hämolyseerscheinungen, die oft noch vor der Geburt zum Tode des Kindes führen.

Genetisch lässt sich diese Situation wie folgt erklären: Der Rhesusfaktor wird vom Rh^--Allel nicht gebildet. Das Rh^+-Kind eines Rh^+-Vaters induziert daher in einer homozygoten Rh^--Mutter die Immunabwehr, da sich der Rhesusfaktor aufgrund seiner heterozygoten Konstitution dem mütterlichen Immunsystem gegenüber als körperfremdes Antigen verhält. Wir haben es also hier mit einem bedingten Heterozygotennachteil zu tun. In vereinfachter Form wollen wir hier davon ausgehen, dass er durch ein Allelpaar *D* und *d* bestimmt wird, dessen rezessive Form (*d*) kein Antigen produziert. Man erhält dann die in Tab. 11.14 dargestellten Möglichkeiten der genetischen Konstitutionen von Eltern und Kindern. Der Selektionskoeffizient von *D/d*-Kindern homozygot Rhesus-negativer Frauen ist relativ gering (kleiner als 0,05), sodass die Selektion gegen das *d*-Allel sehr langsam verläuft.

Heterozygote können unter bestimmten Bedingungen gegenüber den Homozygoten auch benachteiligt sein. Man spricht dann von Heterozygotennachteil.

Wir haben bisher im Wesentlichen Aspekte einer negativen Selektion erörtert. Es gibt aber auch die Sichtweise, dass ein signifikanter Anteil der Variationen die Fähigkeit eines Organismus zum Überleben und zur Reproduktion verstärkt. Diese **positive Selektion** stört die Muster der genetischen Variation im Verhältnis zu dem, was unter einem üblichen neutralen Modell zu erwarten wäre. Anzeichen einer positiven Selektion sind beispielsweise eine Asymmetrie in der Verteilung der Allelhäufigkeiten, verminderte genetische Variationen und verstärkte Kopplungsungleichgewichte im Verhältnis zu den Erwartungen unter neutralen Bedingungen. Eine einfache Möglichkeit, positive Selektion zu erkennen, ist der **d_n/d_s-Test**: Dabei wird das Verhältnis nicht-synonymer Substitutionen (d_n) zu synonymen Substitutionen (d_s) in Protein-codierenden Sequenzen verglichen (bei einer synonymen Substitution führt der Austausch einer Base zu keiner Änderung der Aminosäure; ► Abschn. 3.2). Das d_n/d_s-Verhältnis vermittelt Informationen über die evolutionären Kräfte, die auf ein bestimmtes Gen einwirken. Unter neutralen Bedingungen ist $d_n/d_s = 1$ und bei negativer Selektion ist das Verhältnis < 1. Ein d_n/d_s-Verhältnis > 1 gibt einen deutlichen Hinweis auf positive Selektion.

Für detailliertere Darstellungen sei der interessierte Leser auf weiterführende Fachartikel hingewiesen (z. B. Booker et al. 2017); positive Selektion spielt auch in der Evolution des Menschen eine besondere Rolle (► Kap. 15).

Eine Besonderheit von Selektionseffekten beobachten wir, wenn die Selektion auf männliche und weibliche Mitglieder einer Population in unterschiedlicher Weise wirkt; manche Autoren sprechen dann auch von einem „sexuellen Konflikt in der Populationsgenetik". Dies betrifft natürlich nicht die Gene der Geschlechtschromosomen, sondern Gene der Autosomen. Ein Beispiel bei *Drosophila* betrifft die mögliche Resistenz gegen Pestizide, die durch ein Allel des Cytochrom-P450-Gens *Cyp6g1* hervorgerufen wird. In Anwesenheit von Pestiziden dominiert dieses Resistenzallel. In manchen genetischen Hintergründen und ohne Anwesenheit von Pestiziden führt die Expression des Resistenzallels bei Weibchen zu erhöhter Fruchtbarkeit und kürzerer Larvenentwicklung; bei Männchen dagegen führt die Expression des Resistenzallels zu verminderten Paarungserfolgen. Da sich die positiven und negativen Wirkungen aufheben (engl. *balancing selection*), bleibt der Polymorphismus in der Population erhalten und führt zu einer größeren genetischen Vielfalt als erwartet. Weitere Beispiele werden von Mank (2017) im Detail diskutiert.

11.5.4 Migration und Isolation

Bei der Definition des Begriffs einer Mendel-Population hatten wir als eines der Kriterien erwähnt, dass keine äußeren Einflüsse auf eine solche Population einwirken dürfen, um der Hardy-Weinberg-Regel Gültigkeit zu verleihen. Ein solcher unzulässiger Einfluss ist, wie wir bereits gesehen haben, die natürliche Selektion. Es gibt aber noch weitere Gründe, warum sich der Genpool einer Population verändern kann. Eines der einfachsten Ereignisse, das zu Genpoolveränderungen führen muss, ist der Zustrom von Individuen aus anderen Populationen mit einem anderen Genpool. Man kennzeichnet diese Art von Veränderungen einer Population mit dem Begriff **Migration**. Durch Migration kann es nicht nur zu Verschiebungen in den Allelfrequenzen in der Population kommen, sondern, wie auch bei Mutationen, zum Erwerb gänzlich neuer Allele. Der Zeitraum, der erforderlich ist, bis sich wesentliche Veränderungen im Genpool einer Population durch Zuwanderung von Individuen ergeben, ist von der Anzahl hinzugewanderter Individuen und von deren genetischer Konstitution abhängig. Relativ schnelle Veränderungen sind durchaus möglich, wenn eine regelmäßige Zuwanderung erfolgt. Anderenfalls sind neue Allele natürlich den gleichen Selektionsmechanismen aufgrund ihrer Fitness in der neuen Population unterworfen, die wir bereits besprochen haben. Strömen hingegen regelmäßig Individuen ein, so kann es, insbesondere bei kleinen Populationen, zu relativ schnellen Veränderungen des Genpools kommen.

Migrationseffekte können im Übrigen nicht allein auf der Einwanderung von Individuen beruhen, sondern auch auf deren Auswanderung, denn einwandernde Individuen gehen naturgemäß einer anderen Population verloren. Solche Wanderungsbewegungen, die zwischen benachbarten Populationen eine erhebliche Rolle spielen können, führen zur Ausbildung von Gradienten in der Häufigkeit bestimmter Allele zwischen benachbarten Populationen. Ein Beispiel hierfür ist die Verteilung des *CCR5*-Δ32-Allels des Gens, das für den Chemokin-Rezeptor CCR5 codiert. Chemokine und ihre Rezeptoren spielen eine zentrale Rolle bei der Immunabwehr. Der CCR5-Rezeptor wird von den meisten HIV-Stämmen benutzt, um in $CD4^+$-T-Zellen und in Makrophagen einzudringen. Das *CCR5*-Δ32-Allel enthält eine 32-bp-Deletion, die zu einem vorzeitigen Stoppcodon führt und den Rezeptor ausschaltet. Dieses Allel hat in Europa eine durchschnittliche Häufigkeit von etwa 10 %; das bedeutet, dass etwa 1 % der Europäer für diese Mutation homozygot sind und damit weitgehend resistent gegen eine HIV-Infektion; Heterozygote haben im Vergleich mit Wildtypen eine erhöhte Resistenz gegenüber HIV. Die Mutation entstand vermutlich vor etwa 700 Jahren, und ihre weite Verbreitung deutet auf eine starke positive Selektion hin. Das *CCR5*-Δ32-Allel kommt in nennenswerter Häufigkeit nur in Europa vor; innerhalb von Europa ist die Häufigkeit im Norden am höchsten und nimmt nach Süden hin ab (◘ Abb. 11.39). Zwischen diesen Regionen großer und geringer Häufigkeit ist ein Gradient in der Allelfrequenz zu finden, der sicher eine Konsequenz von Migrationsprozessen der letzten 700 Jahre ist.

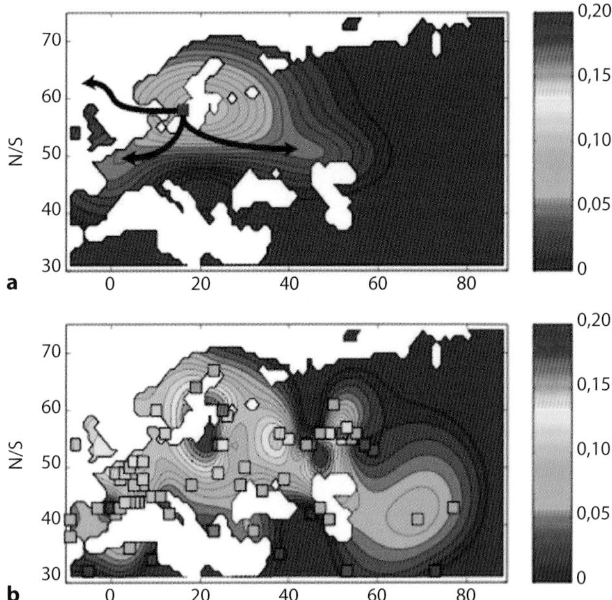

◘ **Abb. 11.39** Häufigkeitsgradient in der Verteilung der *CCR5*-Δ32-Mutation in Europa. Die Deletionsmutation Δ32 im Gen des Chemokin-Rezeptors CCR5 verleiht eine Resistenz gegenüber einer HIV-Infektion. Die Allelfrequenz beträgt im Durchschnitt in Europa 10 %, was eine Häufigkeit für homozygote Träger von etwa 1 % ergibt. **a** Diese Mutation entstand wahrscheinlich vor etwa 700 Jahren in Skandinavien und hat sich von dort über Europa ausgebreitet. Die *schwarzen Pfeile* deuten entsprechende Wanderungsbewegungen der Wikinger an. Die *Farbskala* deutet die Allelfrequenz in einem mittleren Stadium der Wanderungsbewegung an. **b** Die heutigen Allelfrequenzen zeigen eine weite Verbreitung in Europa. Die *Quadrate* geben Regionen an, in denen die Allelfrequenzen experimentell bestimmt wurden; der *Farbgradient* dazwischen ist extrapoliert. N/S: Breitengrad; die x-Achse gibt den Längengrad an. Die Allelfrequenzen sind farbcodiert; 1 = 100 %. (Nach Galvani und Novembre 2005, mit freundlicher Genehmigung)

Migration, d. h. Ein- oder Auswanderungen von Individuen, kann zu Änderungen im Genpool einer Population führen.

Eine wichtige Frage ist, wie es überhaupt zur Entstehung völlig getrennter Populationen kommen kann, wie wir sie z. B. oben für die Entstehung der unterschiedlichen *CCR5*-Allele kennengelernt haben. Man vermutet, dass hierfür vornehmlich **Gründereffekte** (engl. *founder effects*) durch geographische Isolation von Organismengruppen eine Bedeutung haben. Solche Gründereffekte führen praktisch stets zur Entstehung neuer Populationen mit einem charakteristischen eigenen Genpool. Das ist einfach zu verstehen, da ja eine geringe Anzahl von Individuen, die gewöhnlich den Anstoß zur Entstehung einer solchen neuen Population geben, genetisch kaum jemals repräsentativ für den Genpool ihrer Ursprungspopulation sein dürften. Zudem spielt in solchen neuen, zunächst meist sehr kleinen Populationen die Zufallsveränderung des Genpools (Zufallsdrift oder *random drift*; ► Abschn. 11.5.2) eine erhebliche Rolle. Daher kann es auch nach der Gründung einer neuen Population in einer geographischen Isolation noch zu erheblichen Verschiebungen im Genpool kommen.

Der Neugründung von geographisch isolierten Populationen sehr ähnlich sind übrigens Situationen, in denen lokale Populationen plötzlich zusammenbrechen und danach aus wenigen Individuen neu aufgebaut werden. Solche zeitlichen Einschränkungen in der Individuenzahl einer Population, wie sie etwa bei Kleinsäugern (z. B. Mäusen) häufig auftreten können, bezeichnet man in ihrer Auswirkung auf die Populationsstruktur auch als **Flaschenhalseffekt**. Ein Flaschenhalseffekt kann durch die starke Auswirkung von Zufallsdrift, Mutation und der nicht repräsentativen Auswahl weniger überlebender Individuen kurzfristig zu drastischen Veränderungen in der Zusammensetzung des Genpools einzelner Populationen führen.

Viele populationsgenetische Hinweise sprechen dafür, dass die **Entwicklung des Menschen** auf der Erde sehr stark durch Gründereffekte bestimmt wurde. Der Art *Homo sapiens* werden drei ethnische Gruppen zugeordnet, die **Afrikanische**, die **Kaukasische** und die **Orientalische**. Obwohl sich die genetischen Eigenheiten dieser ethnischen Gruppen noch unterscheiden lassen, sind sie heute über alle Kontinente verteilt und unterliegen in zunehmendem Maße der Vermischung. Genetische Studien haben gezeigt, dass der Grundbestand an Genen und Allelen in allen ethnischen Gruppen praktisch identisch ist, dass aber die Allelfrequenzen zwischen den ethnischen Gruppen deutliche Unterschiede zeigen. Das lässt sich aus der getrennten Evolution der ethnischen Gruppen verstehen.

Ursprünglich bestanden nur kleine menschliche Populationen, deren Individuenzahl durch die natürlichen Lebensbedingungen beschränkt wurde. Hierdurch konnten sich sehr unterschiedliche Genpools entwickeln, wie sie sich noch heute in der Allelfrequenz mancher menschlicher Populationen reflektieren. Wir haben beispielsweise gesehen, dass Eskimos in ihren MN-Blutgruppenallelen eine von anderen Populationen stark abweichende Allelfrequenz zeigen (◘ Tab. 11.11), obwohl sie eigentlich den Orientalen zuzuordnen sind, also in der MN-Allelfrequenz den asiatischen Populationen vergleichbar sein sollten. Die ursprünglichen Eskimopopulationen sind jedoch als kleine Gruppen von Asien nach Nordamerika eingewandert und zeigen somit alle Kennzeichen einer durch einen Gründereffekt entstandenen Population.

Eine ähnliche Situation können wir in der kanadischen Provinz Quebec beobachten: In dieser Region siedelten zwischen 1608 und 1759 ca. 8500 französische Siedler, die heute zu einer Population von ungefähr 6 Mio. Einwohnern angewachsen sind. Die räumliche und kulturelle Isolation (Sprache und Religion) führte zu einer Reihe von Gründereffekten, die sich in geographischen Häufungen bestimmter Erkrankungen manifestieren. So wurde z. B. eine bestimmte Form der Ataxie (Störungen der Bewegungskoordination) zuerst in der Region Quebec charakterisiert: die autosomal-rezessive spastische Ataxie von Charlevoix-Saguenay (Gensymbol *SACS*); ein weiteres Beispiel ist der französisch-kanadische Typ des Leigh-Syndroms (eine fortschreitende mitochondriale Erkrankung mit spezifischen Schädigungen des Hirnstamms und der Basalganglien). Eine interessante Übersicht einschließlich der historischen Zusammenhänge findet sich bei Laberge et al. (2005).

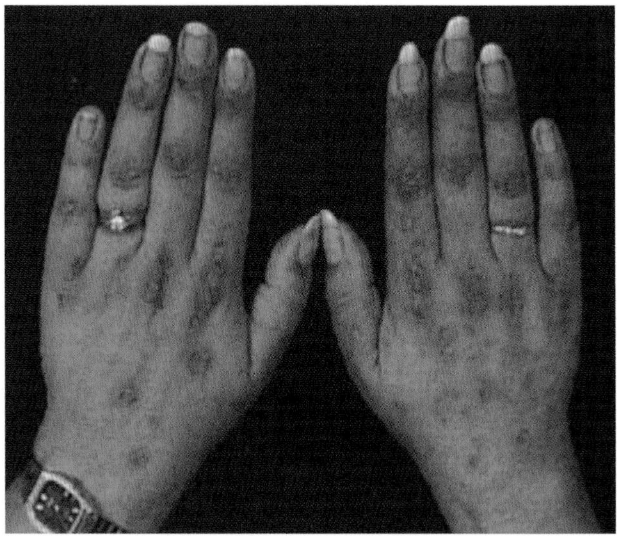

◘ **Abb. 11.40** Hände einer typischen Patientin mit Porphyria variegata. Die Abbildung zeigt verschiedene Formen dieser Hauterkrankung von lichtempfindlichen Verletzungen bis zu pigmentierten Narben. (Nach Meissner et al. 1996, mit freundlicher Genehmigung)

Die quantitativen Folgen eines Gründereffektes lassen sich an einem Beispiel vor Augen führen, an dem man die Ausbreitung einer dominanten Form der **Porphyrie** (Porphyria variegata) in Afrika untersuchen konnte. Diese Stoffwechselkrankheit ist neben anderen Symptomen durch eine bestimmte Art der Hautentzündung, die besonders an Fleckungen der Hände sichtbar wird (◘ Abb. 11.40), gekennzeichnet. Sie erhielt nach dem Namen der zuerst untersuchten Familie die Bezeichnung „**van Rooyen-Hände**" (Stine und Smith 1990). Ihren Ausgang nahm diese Krankheit von dem Ehepaar Ariaantje und Gerrit Janz in Kapstadt. Das Ehepaar ließ sich 1688 zur Zeit der holländischen Kolonisierung Südafrikas durch die Niederländische Ostasien-Kompanie in Kapstadt auf neu erworbenem Farmland nieder. Die Frau war ein Waisenkind, das man mit sieben anderen Waisenmädchen aus Holland nach Südafrika gesandt hatte, um den Frauenmangel im neu besiedelten Gebiet zu beheben. Das Ehepaar Janz hatte nach 300 Jahren etwa 8000 lebende Nachkommen, die durch das Merkmal der „van Rooyen-Hände“ leicht identifizierbar waren. Die Möglichkeit zur Ausbreitung in unbesiedeltem Land bei im Übrigen günstigen Lebensbedingungen gestattete also die Entstehung einer so großen neuen Population mit spezifischen genetischen Eigenschaften; der geschätzte Selektionskoeffizient liegt zwischen 0,02 und 0,07. Die ursächliche Mutation ist ein Arg→Trp-Austausch im Codon 59 (R59W) des Gens, das für die Protoporphyrinogen-Oxidase codiert (Gensymbol: *PPOX*); die Mutation führt zu einem Verlust der enzymatischen Aktivität aufgrund der verminderten Bindung des essenziellen Cofaktors Flavin-Adenin-Dinukleotid (FAD).

❗ Durch die Isolation einiger Individuen einer Population kann es zur Neugründung von Populationen mit verändertem Genpool kommen. Man bezeichnet die genetischen Konsequenzen der durch Isolation neu entstandenen Populationen als Gründereffekte. Bei der Evolution des Menschen haben Gründereffekte an vielen Stellen eine wichtige Rolle gespielt.

11.6 Evolutionsgenetik

Wir haben uns in den letzten beiden Abschnitten immer wieder mit genetischen Aspekten der Evolution beschäftigt und wollen das jetzt noch etwas vertiefen. Im ► Abschn. 11.6.1 wollen wir uns der Frage widmen, wie genetische Veränderungen über die Zeit fixiert werden, wie wir diese Mechanismen erkennen und was sie uns über die Vergangenheit sagen können. Im ► Abschn. 11.6.2 wollen wir uns dann den Mechanismen widmen, die eine unterschiedliche Entwicklung so weit vorantreiben, bis aus einer Art zwei neue werden.

11.6.1 Der letzte gemeinsame Vorfahre

In der Evolution begegnen wir immer wieder der Frage nach dem letzten gemeinsamen Vorfahren, bevor sich die Entwicklungslinien unwiederbringlich getrennt haben. Über lange Zeit wurden dazu aufgrund von Knochenfunden vor allem morphologische Parameter analysiert; im Kontext der Populations- und Evolutionsgenetik wollen wir uns hier auf den Aspekt beschränken, der sich mit DNA-Sequenzen beschäftigt. Diese Methode wurde in den letzten Jahren auf verschiedene Organismen angewendet, vom Menschen bis zu Viren.

Diese Form der Analyse sucht in den jetzt lebenden Populationen nach den Spuren der Vergangenheit. Dabei stehen vor allem SNPs im Mittelpunkt der Analyse. SNPs sind Austausche einzelner Nukleotide (engl. *single nucleotide polymorphisms*); sie erlauben die Untersuchung von genetischen Unterschieden innerhalb einer Spezies – im menschlichen Genom kennen wir inzwischen etwa 10 Mio. solcher SNPs. Sie kommen sowohl in codierenden Regionen als auch in nicht-codierenden Bereichen vor und können somit funktionelle Auswirkungen haben (Aminosäureaustausche, Spleißen, Genregulation) oder einfach „nur“ als neutrale Mutationen vorkommen.

In ◘ Abb. 11.41a ist ein vereinfachtes Schema gezeigt, bei dem drei von 20 Genkopien betrachtet werden. Dabei wird ihr Stammbaum bis zurück zum letzten gemeinsamen Vorfahren rekonstruiert, also bis zu dem Punkt, an dem die drei Entwicklungslinien zusammenfließen (**Koaleszenz**). Man sieht in diesem Schema auch, dass verschiedene Entwicklungslinien den letzten Zeitpunkt nicht erreicht haben – sie sind zu unterschiedlichen, früheren Zeitpunkten ausgestorben. Wenn man also DNA-Sequenzen aus Knochenfunden mit in die Analyse heute existierender Populationen einbezieht, kann man daraus einen wesentlich informativeren Stammbaum entwickeln. Ein wichtiger Punkt in der Analyse ist dabei die Kalibrierung der molekularen Uhr, also die Frage nach der Zeit von einer Generation bis zur nächsten, aber auch die möglichst genaue Datierung historischer Funde. Die ursprünglichen Computerprogramme zur Berechnung des letzten gemeinsamen Vorfahren (engl. *most recent common ancestor*, MRCA) setzten eine konstante Populationsgröße voraus; heutige Programme berücksichtigen dagegen auch Wachstum und Unterteilungen von Populationen, genetische Rekombination sowie natürliche Selektion. In ◘ Abb. 11.41b ist gezeigt, wie Stammbäume wachsender oder schrumpfender Populationen sich von denen mit konstanter Größe unterscheiden.

Bei einer anderen Form der Analyse interessieren nicht nur die einzelnen Basenaustausche selbst, sondern vor allem auch die noch erhaltenen flankierenden Bereiche – und inwieweit sie sich bei den heute lebenden Individuen der jeweiligen Population unterscheiden. ◘ Abb. 11.42 macht diesen Ansatz deutlich: SNPs sind – wie andere genetische Polymorphismen auch – nicht unabhängig, sondern unterliegen komplexen gegenseitigen Abhängigkeiten. In den meisten Fällen führt ein einziges Mutationsereignis in der Vergangenheit zu den zwei Allelen, die heute vorkommen. Das mutierte Allel war Bestandteil eines spezifischen **Haplotyps**, der zu einem bestimmten Individuum einer bestimmten Population gehörte (zum Begriff „Haplotyp“ siehe ◘ Abb. 11.27d und die Erläuterungen im Text).

Im Verlauf der Zeit hat sich das mutierte Allel aber in andere Haplotypen ausgebreitet – durch Rekombination, Genkonversion oder wiederholte Mutationen in der Nachbarschaft. Es kann sich auch in andere Populationen ausgebreitet haben, weil sein Träger ausgewandert ist; es kann aufgrund natürlicher Selektion seine Häufigkeit verändert haben – kurzum: Diese Prozesse führen zu einem bestimmten Muster des Kopplungsungleichgewichts (engl. *linkage disequilibrium*) und zu

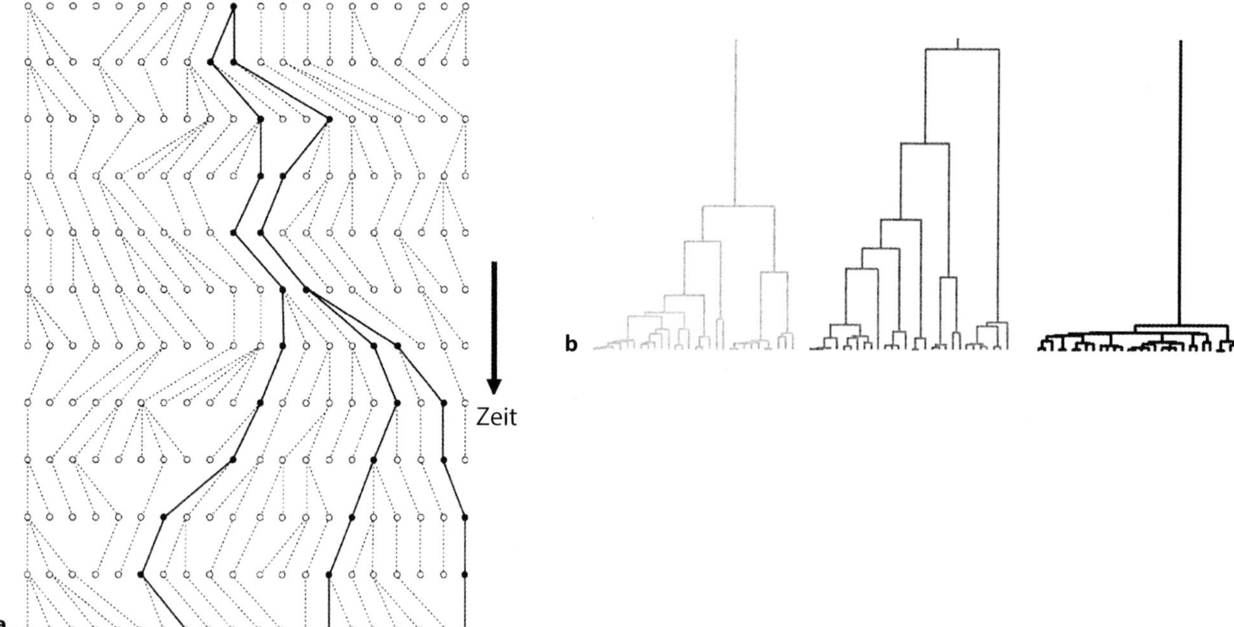

■ **Abb. 11.41** Populationsstrukturen. **a** Koaleszenz. Eine Population von 20 Genkopien zeigt den letzten gemeinsamen Vorfahren (Koaleszenz) in einem 12-Generationen-Stammbaum von drei untersuchten Genkopien. **b** Wachstums-Charakteristika von Populationen: *Links* ist der Stammbaum einer Population konstanter Größe dargestellt, in der *Mitte* eine exponentiell schrumpfende und *rechts* eine exponentiell wachsende Population. (Nach Kuhner 2009, mit freundlicher Genehmigung)

einer bestimmten Populationsstruktur in den jetzt lebenden Populationen. (Wir erinnern uns: Liegen zwei Gene dicht beieinander auf einem Chromosom, bezeichnen wir das als Kopplung, d. h. sie werden nicht mehr zufällig gemeinsam erscheinen, sondern öfter als erwartet. Es besteht also kein ausgewogenes Verhältnis mehr, sondern das Gleichgewicht ist auf eine Seite verschoben; siehe auch ► Abschn. 11.4.2)

Eine der wichtigsten Anwendungen des Kopplungsungleichgewichts (in der Humangenetik) besteht in der Untersuchung seltener Erkrankungen in isolierten Populationen. Zusätzlich zu größerer phänotypischer Homogenität (und entsprechend verminderter genetischer Vielfältigkeit) zeigen solche Populationen aufgrund der genetischen Drift oft ein hohes Maß an Kopplungsungleichgewichten. Daher besitzen in diesen Populationen mehrere betroffene Individuen sehr große (bis zu mehrere Megabasen) gemeinsame Haplotypen, die das Krankheitsallel umfassen. Beispiele haben wir in ► Abschn. 11.5.4 für die französische Population in der Provinz Quebec kennengelernt; ein weiteres liefern die in ► Abschn. 10.5.2 bereits erwähnten Hutterer.

Ein besonders ehrgeiziges Projekt in diesem Zusammenhang war die Erstellung einer Haplotyp-Karte (engl. *haplotype map*) des menschlichen Genoms durch das Internationale HapMap-Konsortium (2002–2016). Dazu wurden zunächst 270 Proben von vier Populationen mit unterschiedlicher geographischer Herkunft genotypisiert. Diese Proben enthielten 30 Trios (Vater, Mutter, Kind) von den Yoruba (Ibadan, Nigeria), 30 Trios von Einwohnern aus Utah (USA), die ursprünglich aus Nord- und Westeuropa stammen, 45 Proben von nicht-verwandten Han-Chinesen (Peking) und ebenso viele von nicht-verwandten Japanern (Tokio). Später wurde das Projekt ausgeweitet, und es wurden in 1184 DNA-Proben von elf Populationen 1,6 Mio. SNPs untersucht. Zusammen mit anderen Studien sind damit über 10 Mio. allgemein verbreitete DNA-Variationen bekannt, davon sind die meisten SNPs (International HapMap Consortium 2005, 2010). Ein Nachfolger ist das Projekt „1000 Genomes" (► http://www.internationalgenome.org/; The 1000 Genomes Project Consortium 2015). Diese Untersuchungen stellen eine wichtige Grundlage für genomweite Assoziationsstudien dar (GWAS), bei denen SNPs mit bestimmten Krankheiten assoziiert werden (► Abschn. 13.1.4 und 13.4; ■ Abb. 13.56).

Wie wir bereits gesehen haben (► Abschn. 11.5.3), kann bei SNPs, die in codierenden Regionen vorkommen, das Verhältnis von nicht-synonymen zu synonymen Basenaustauschen (d_n/d_s) in einem Gen als Kriterium für positive bzw. negative Regulation verwendet werden. Dabei geht man davon aus, dass nicht-synonyme Basenaustausche zu einer Aminosäure-Veränderung führen, synonyme Austausche dagegen nicht. Das Überwiegen nicht-synonymer Basenaustausche wird dabei als „positive Selektion" interpretiert, weil es zum Fixieren einer

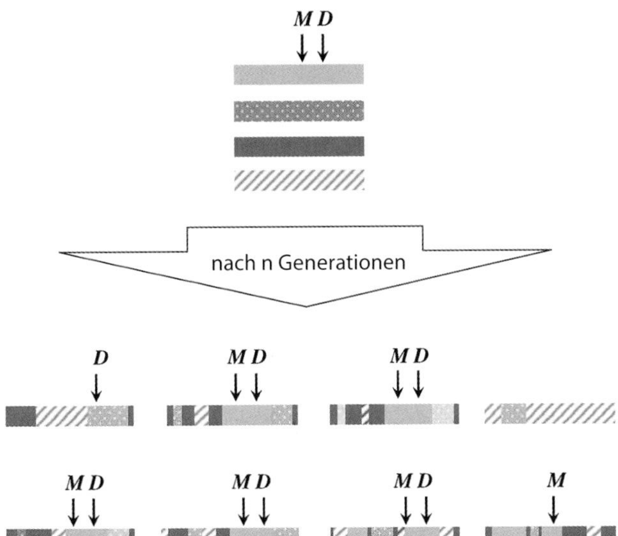

Abb. 11.42 Schematische Darstellung des Ursprungs eines Kopplungsungleichgewichts. Die meisten SNPs entstanden als Mutation (M) in einem Ur-Chromosom; hier flankiert von einer Mutation, die zu einer Krankheit führt (D). Dieses hypothetische Ur-Chromosom ist als *grauer Balken* dargestellt; andere mögliche Formen der entsprechenden chromosomalen Region sind in unterschiedlichen *Schraffuren* dargestellt. Die heutigen Träger des mutierten Krankheitsallels tragen noch einen kurzen Abschnitt des Ur-Chromosoms, und der Marker (M) ist nicht zufällig assoziiert, sondern erscheint häufig in derselben Anordnung wie auf dem Ur-Chromosom („Kopplungsungleichgewicht"). Die genaue Länge des konservierten Bereiches hängt von den verschiedenen Rekombinationsraten, Genkonversionen und weiteren Mutationen ab – und alle diese Prozesse vermindern das ursprüngliche Signal. (Nach Collins 2009, mit freundlicher Genehmigung)

möglicherweise positiven neuen Funktion gekommen ist (wäre die Funktion negativ bzw. schädlich, so wären die entsprechenden Individuen bald ausgestorben). Dabei bleibt unberücksichtigt, dass Basenaustausche in codierenden Regionen auch das Spleißen beeinflussen können. Außerdem kommen tRNAs, die zwar für die gleiche Aminosäure codieren, aber über verschiedene Anticodons verfügen, in unterschiedlicher Menge in der Zelle vor. Somit können Basenaustausche auch aufgrund der vorhandenen tRNAs die Menge der entsprechenden Proteine regulieren (vgl. ► Abschn. 3.3.5 und 3.5.3).

Die Gruppe um Lawrence **Grossman** (Bordeaux) hat die HapMap-Daten codierender SNPs des Menschen in bestimmten Genfamilien auf positive bzw. negative Evolution untersucht. Dabei wurde schnell klar, dass in allen Populationen für fast alle SNPs mit entsprechenden Computerprogrammen eher schädliche Konsequenzen vorhergesagt werden – mit zwei Ausnahmen: In Genen, die für die Geruchswahrnehmung verantwortlich sind, haben SNPs keine besonderen Auswirkungen. Und das stimmt mit früheren Beobachtungen überein, dass die Zahl der Geruchsrezeptoren beim Menschen im Vergleich zu anderen Primaten deutlich abgenommen hat. Überraschender ist dagegen ein ähnlicher Befund in Testes-spezifischen Genen (auf Autosomen). Die Autoren schließen daraus auf anhaltende Veränderungen im männlichen Reproduktionssystem (Pierron et al. 2013, 2014) (vgl. ► Abschn. 15.2.4).

Aus den verschiedenen Polymorphismen in den heute lebenden menschlichen Populationen lassen sich Rückschlüsse auf die evolutionäre Entwicklung ziehen und Szenarien entwickeln, die zur Beschreibung des letzten gemeinsamen Vorfahren führen. Diese Szenarien können von Gen zu Gen leicht voneinander abweichen.

11.6.2 Genetische Aspekte der Artbildung

Wir haben gesehen, wie es durch Verschiebungen des Hardy-Weinberg-Gleichgewichts aufgrund unterschiedlicher Mechanismen (genetische Drift, Selektion, Migration) zum Aufbau neuer Populationen kommen kann. Eine fundamentale Frage ist allerdings, ob diese Mechanismen auch geeignet sind, weiter gehende evolutionäre Prozesse zu erklären. Die Bildung neuer Arten ist eine dieser fundamentalen Fragen. Dabei wird bei Organismen, die sich sexuell fortpflanzen, Artbildung so verstanden, dass durch die Evolution Variationen innerhalb einer Population so in taxonomische Unterschiede überführt werden, dass inhärente Schranken gegenüber einem Genfluss errichtet werden. Damit können sich schließlich Mitglieder nur noch innerhalb, aber nicht mehr zwischen Populationen fortpflanzen. Man unterscheidet in der Evolutionsbiologie allgemein zwischen allopatrischer Artbildung (d. h. Populationen entwickeln sich in geographischer Isolierung), parapatrischer Artbildung (d. h. Populationen grenzen aneinander) und sympatrischer Artbildung (d. h. Populationen überlappen sich).

Als Isolationsmechanismen kommen z. B. in Betracht:

- **Inkompatibilität** von Gameten, auch durch Neumutationen,
- **ungewöhnliche Chromosomenverteilung** in Gameten (engl. *meiotic drive*),
- **sexuelle Isolation**, die auf Unterschieden im **Paarungsverhalten** beruht,
- die Besetzung unterschiedlicher **ökologischer Nischen** oder Isolation durch **Rhythmusverschiebungen** sexueller Vorgänge (Blütezeit, Paarungsfähigkeit).

Darwin selbst hatte nur vage Vorstellungen davon, welche Mechanismen bei der Artbildung wirksam sind – etwa ein Kontinuum, ausgehend von adaptiven Unterschieden innerhalb der Arten. Der russische Genetiker Theodosius **Dobzhansky** und der deutsche Systematiker

Ernst **Mayr** entwickelten Mitte des 20. Jahrhunderts drei konzeptionelle Anstöße:

- Dobzhansky und Mayr stellten Listen von Merkmalen auf, die einen Genfluss zwischen Arten verhindern, wie z. B. unterschiedliche Lebensräume und Sterilität von Hybriden („Barrieren"). Sie beobachteten dabei, dass einige dieser Barrieren die Nachkommen von Hybriden verhindern, andere den Erfolg und die Weiterverbreitung von Hybriden verhindern, wenn sie gebildet werden.
- Arten können im Hinblick auf diese Merkmale definiert werden. Dadurch werden auch Ansatzpunkte für genetische Untersuchungen der Artbildung deutlich.
- Und schließlich untersuchten sie diese Barrieren direkt: So korrelierte Dobzhansky die Testisgröße in Hybriden verschiedener Arten von *Drosophila pseudoobscura* mit sieben verschiedenen genetischen Markern (das ist im Prinzip ähnlich wie die modernen Methoden der QTL-Analyse, ◻ Abb. 11.28).

11

In der Zwischenzeit konnten einige dieser „Barrieren-Gene" isoliert werden, die meisten davon in *Drosophila*. Diese Gene sind oft mit der Unfähigkeit verbunden, in Hybriden lebensfähige Nachkommen zu produzieren (**Hybridinkompatibilität**). Hybridinkompatibilität verursacht reproduktive Isolation zwischen verschiedenen Populationen und trägt dadurch zur Bildung neuer Spezies bei. Ein Beispiel dafür sind die Gene *Hmr* (engl. *hybrid male rescue*) und *Lhr* (*lethal hybrid rescue*), die für männliche Hybriden aus *Drosophila melanogaster* und *D. simulans* letal sind (◻ Abb. 11.43) – Mutationen in den jeweiligen Genen sind dagegen durchaus mit dem Überleben vereinbar. Beide Gene zeigen in den jeweiligen Spezies eine starke positive Selektion. Die von *Hmr* und *Lhr* codierten Proteine bilden mit weiteren Proteinen heterochromatische Komplexe, die Transkripte von Satelliten-DNA und von transposablen Elementen reprimieren. Aufgrund der schnellen Evolution der transposablen Elemente unterscheiden sich die jeweiligen Zielgene zwischen *D. melanogaster* und *D. simulans*. Außerdem sind die Genprodukte von *Hmr* und *Lhr* an der Regulation der Telomerlänge beteiligt. Insgesamt sind die beiden Gene *Hmr* und *Lhr* offensichtlich Teil eines Abwehrsystems, das die Expression sich schnell ausbreitender repetitiver Sequenzen unterdrücken soll – insbesondere von Transposons.

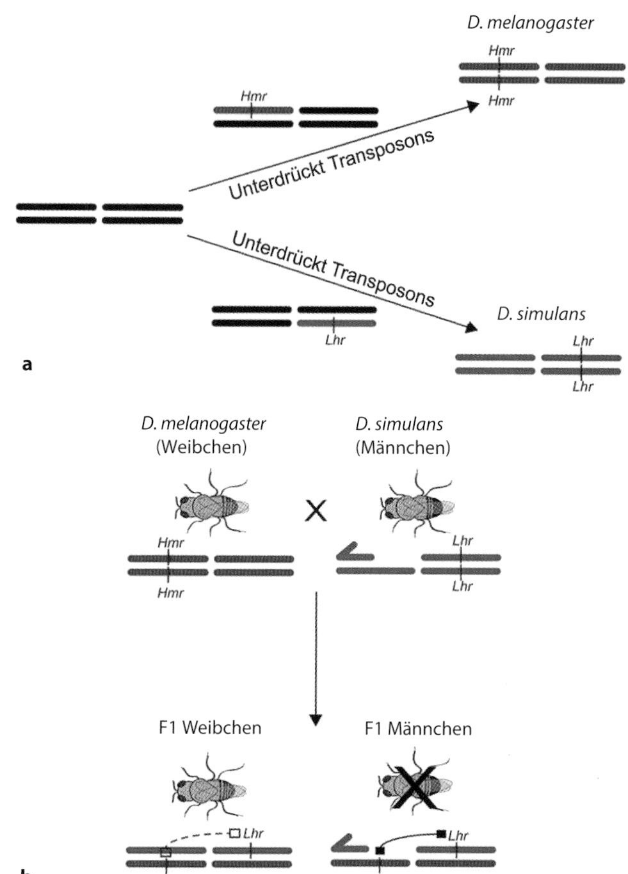

◻ **Abb. 11.43** Dobzhansky-Muller-Modell der Unverträglichkeit von Hybriden, dargestellt an der unterschiedlichen Entwicklung der Gene *Hmr* (engl. *hybrid male rescue*) und *Lhr* (*lethal hybrid rescue*) bei *Drosophila melanogaster* und *D. simulans*. **a** Die *Hmr*- und *Lhr*-Allele entwickeln sich in unterschiedliche Richtungen. **b** Wenn die beiden Allele wieder zusammengebracht werden, entstehen negative epistatische Effekte (dargestellt durch die *durchgezogene Linie*), die zum Absterben der männlichen F_1-Hybriden führt. Aufgrund der Unvereinbarkeit der beiden Allele bei Weibchen (*gestrichelte Linie*) zeigen diese eine verminderte Überlebensfähigkeit und Fruchtbarkeit. An diesen Wechselwirkungen sind allerdings noch andere Gene beteiligt. (Nach Castillo und Barbash 2017, mit freundlicher Genehmigung)

✿ Weitere Untersuchungen zeigen, dass die Sterilität der Hybriden-Männchen aus *D. melanogaster* und *D. simulans* auch im Verlust eines Gens begründet ist, das für die männliche Fertilität essenziell ist (*JYα*). Das Gen ist bei *D. melanogaster* auf dem Chromosom 4 lokalisiert, bei *D. simulans* aber auf dem Chromosom 3. Die genetische und molekulare Analyse zeigt, dass *JYα* während der Evolution von *D. simulans* auf das Chromosom 3 übertragen wurde. Aufgrund dieser Transposition fehlt das *JYα*-Gen bei einem Teil der Hybriden vollständig, sodass es zur Sterilität kommt. Das JYα-Protein hat eine Na^+/K^+-ATPase-Aktivität (Kationenaustauscher). Diese Veränderung der chromosomalen Struktur ist ein weiteres schönes Beispiel für die sprunghafte Entstehung einer reproduktiven Isolation von Arten (Masly et al. 2006).

Neben der erwähnten Sterilität von Hybriden finden wir im Tierreich auch viele Beispiele für sexuelle Isolation, die auf unterschiedlichem Paarungsverhalten beruht. Dabei gibt es unterschiedliche Signale, die die Partner aussenden, und entsprechend unterschiedliche Kriterien der Empfänger bei der Partnerwahl. Solche Signale kön-

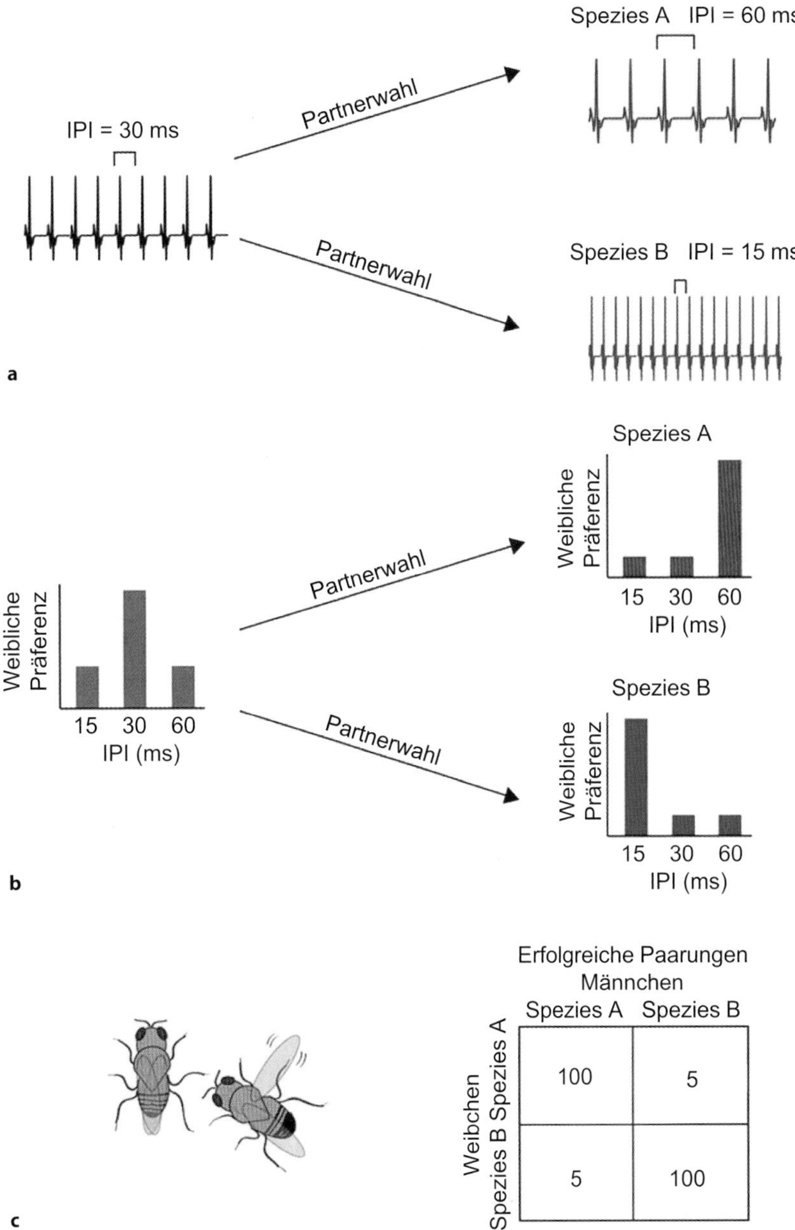

Abb. 11.44 Unterschiedliche Partnerwahl führt dazu, dass ein männliches Signal und die weibliche Präferenz für dieses Signal sich auseinanderentwickeln, was schließlich zu reproduktiver Isolation führt. In diesem vereinfachten Schema besteht der Balzgesang von *Drosophila* aus Pulselementen, wobei die Intervalle zwischen den Pulsen (IPI) gemessen werden können. **a** Das IPI unterscheidet sich zwischen zwei Linien. **b** Die weibliche Präferenz für eine der beiden Pulsschemata beginnt sich ebenfalls zu unterscheiden. **c** In Paarungsversuchen sind die Paarungen der Artgenossen erfolgreich, aber nicht die Paarungen aus unterschiedlichen Linien: Die Art des Balzgesangs und die weibliche Präferenz passen nicht (mehr) zusammen. (Nach Castillo und Barbash 2017, mit freundlicher Genehmigung)

nen akustischer, optischer oder chemischer Natur sein; Abb. 11.44 zeigt ein Beispiel für Variationen im Muster des Balzgesangs zweier *Drosophila*-Spezies. In diesem Beispiel verändert sich das Muster des männlichen Balzgesangs, sodass es nicht mehr innerhalb weiblicher Reaktionsnormen (engl. *female preference*) liegt. Auf molekularer Ebene liegt der Unterschied zwischen *D. simulans* und *D. mauritiana* in der Insertion eines Retroelements in ein Intron des Gens *slo* (engl. *slowpoke*). Das *slo*-Gen codiert für einen Ca^{2+}-aktivierten Kaliumionenkanal; die Insertion führt zu veränderten Spleißprodukten, die allerdings auch weniger stark exprimiert werden. Und die verminderte *slo*-Expression führt zu einer geringeren Frequenz des sinusförmigen Anteils des männlichen Balzgesangs, der (zunächst) nur noch von wenigen Weibchen erkannt wird. Das gezielte Ausschalten der Insertion revertiert den Phänotyp des Balzgesangs in seine ursprüngliche Form. Die Trennung der beiden *Drosophila*-Spezies erfolgte vor etwa 240.000 Jahren und erfordert natürlich auch eine Veränderung der weiblichen Präferenz, damit die neue Spezies auch weiterexistiert und nicht ausstirbt.

Ein weiteres Beispiel, das bei *Drosophila* zu reproduktiver Isolation führen kann, betrifft die Kohlenwasserstoffe der Cuticula (engl. *cuticular hydrocarbons*). Das sind in der Regel Alkohole oder Fette mit einer Kettenlänge zwischen C22 und C37, die in den Önocyten gebildet und auf die Cuticula abgesondert werden. Sie haben dabei zwei Funktionen: Sie schützen die Fliegen vor dem Austrocknen und wirken als Pheromone, die das Verhalten während der Paarung regulieren. Die Wirkung der cuticulären Kohlenwasserstoffe auf die Widerstandsfähigkeit gegen Austrocknung einerseits und auf die Partnerwahl andererseits ermöglicht es Umweltfaktoren, auch die Partnerwahl zu beeinflussen. In diesem Zusammenhang sind die Desaturase-Gene bei *Drosophila* interessant. Das Gen *desatF* codiert für ein Enzym, das für die Synthese von cuticulären Kohlenwasserstoffen bei Weibchen spezifisch ist. Es trägt zu den Unterschieden zwischen *D. simulans* und *D. sechellia* sowie zwischen *D. simulans* und *D. melanogaster* bei, da *D. simulans desatF* nicht exprimiert. In der Konsequenz sind Männchen und Weibchen von *D. simulans* monomorph für bestimmte cuticuläre Kohlenwasserstoffe (einschließlich 7-Tricosen), wohingegen in den anderen beiden Spezies die Männchen 7-Tricosen und die Weibchen das Dien 7,11-Heptacosadien produzieren. Da die Männchen der monomorphen Spezies aber Weibchen mit geringem Anteil von 7-Tricosen deutlich weniger umwerben, führt die Bildung der Diene zu einer reproduktiven Isolation (◘ Abb. 11.45).

Das Desaturase-Gen *desat2* ist mit *desatF* eng verwandt, wirkt aber im Reaktionsweg oberhalb von *desatF* (◘ Abb. 11.45a). In den Populationen von *D. melanogaster* wird das funktionelle Allel besonders häufig in Südafrika gefunden (Z-Typ, aufgrund des ersten Fundorts in Simbabwe, engl. *Zimbabwe*). Das häufigere Allel (M-Typ) besitzt dagegen eine 18-bp-Deletion in der regulatorischen Region, sodass es nur schwach exprimiert wird. Die beiden Weibchen-Typen unterscheiden sich daher auch in ihrem Profil an cuticulären Kohlenwasserstoffen: Weibchen des M-Typs produzieren 7,11-Heptacosadien, Weibchen des Z-Typs 5,9-Heptacosadien, und die Männchen entsprechend 7-Tricosen bzw. 5-Tricosen (◘ Abb. 11.45c). Als Konsequenz weisen die Z-Typ-Weibchen das Werben von M-Typ-Männchen strikt ab, sodass die Isolation der südafrikanischen Z-Typ-Population von *D. melanogaster* aufrechterhalten bleibt.

Eine besondere Herausforderung für die molekulare Evolutionsforschung ist der **Artenreichtum der Cichliden (Buntbarsche)**. Mit mehr als 3000 Spezies ist dieser Fisch eine der umfangreichsten Familien der Vertebraten. Cichliden kommen in Süd- und Zentralamerika, Afrika, Madagaskar und Indien vor; diese Verteilung beruht auf dem erdgeschichtlich alten Zusammenhang des Südkontinents (Gondwanaland) in der frühen Jurazeit (vor ca. 200 Mio. Jahren). Die größte Artenvielfalt finden wir in den großen Seen Ostafrikas (◘ Abb. 11.46), wo sich anpassungsfähige Radiationen gebildet haben, die aus Hunderten von endemischen Arten bestehen (d. h. Arten, die nur hier vorkommen). Merkwürdigerweise zeigen aber nur die Cichliden diesen Artenreichtum – andere Fischarten in diesen Seen zeigen dieses Phänomen nicht. Eine zweite offene Frage ist, warum die verschiedenen Cichlidenarten nicht miteinander konkurrieren, sondern vielmehr nebeneinander existieren können. Es gibt ver-

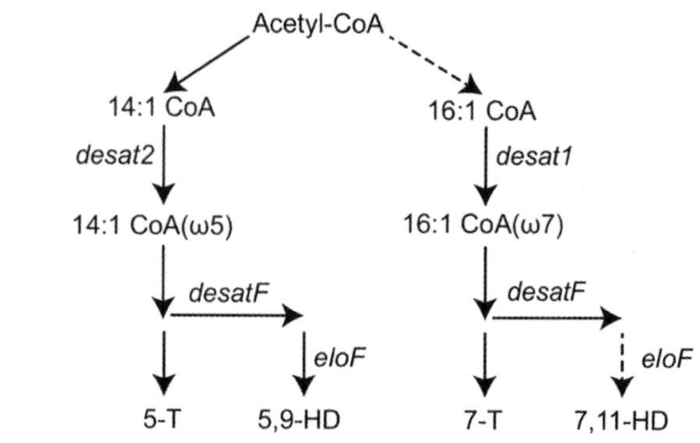

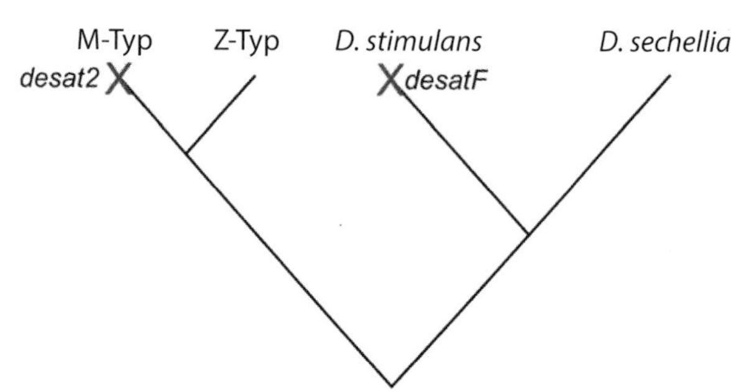

c

	CHC-Hauptkomponente			
Spezies/Typ	5-T	5,9-HD	7-T	7,11-HD
D. mel Z-Typ	♂	♀		
D. mel M-Typ			♂	♀
D. simulans			♂ ♀	
D. sechellia			♂	♀

◘ **Abb. 11.45** Veränderungen in zwei Desaturase-Genen führen zu Unterschieden in cuticulären Kohlenwasserstoffen, was schließlich zu reproduktiver Isolation führt. **a** Vereinfachtes Schema der Synthese von cuticulären Kohlenwasserstoffen bei *Drosophila melanogaster*. **b** Die bekannten Veränderungen in den Desaturase-Genen sind in einem Stammbaum dargestellt. Die Veränderung in *desatF* in der Linie von *D. simulans* von einem funktionellen zu einem nicht-funktionellen Allel ist mit einem *roten X* dargestellt. In ähnlicher Weise führt die Mutation im *desat2*-Gen des M-Typs von *D. melanogaster* zu einem funktionslosen Allel. Sowohl *desatF* als auch *desat2* stammen aus einer Duplikation von *desat1*. Das Retrotransposon, das zur Entstehung von *desatF* führte, und die Duplikation, die zur Bildung von *desat2* führte, gehen der Aufspaltung von *Drosophila* und *Sophophora* voraus. **c** Die abstammungsspezifischen Veränderungen in den Desaturase-Genen führen zu Unterschieden in den Hauptkomponenten der cuticulären Kohlenwasserstoffe (CHC, engl. *cuticular hydrocarbons*) zwischen den Spezies. 5-T: 5-Tricosen; 7-T: 7-Tricosen; 5,9-HD: 5,9-Heptacosadien; 7,11-HD: 7,11-Heptacosadien; 14:1: Myristoleinsäure; 16:1: Palmitoleinsäure; *eloF*: Gen für eine Elongase, das nur in Weibchen exprimiert wird. (Nach Castillo und Barbash 2017, mit freundlicher Genehmigung)

schiedene Erklärungsmöglichkeiten; drei sollen hier skizziert werden:

- Die Buntbarsche verfügen über zwei Kiefer: ein „normales" Maul zum Saugen, Schaben, Beißen und ein

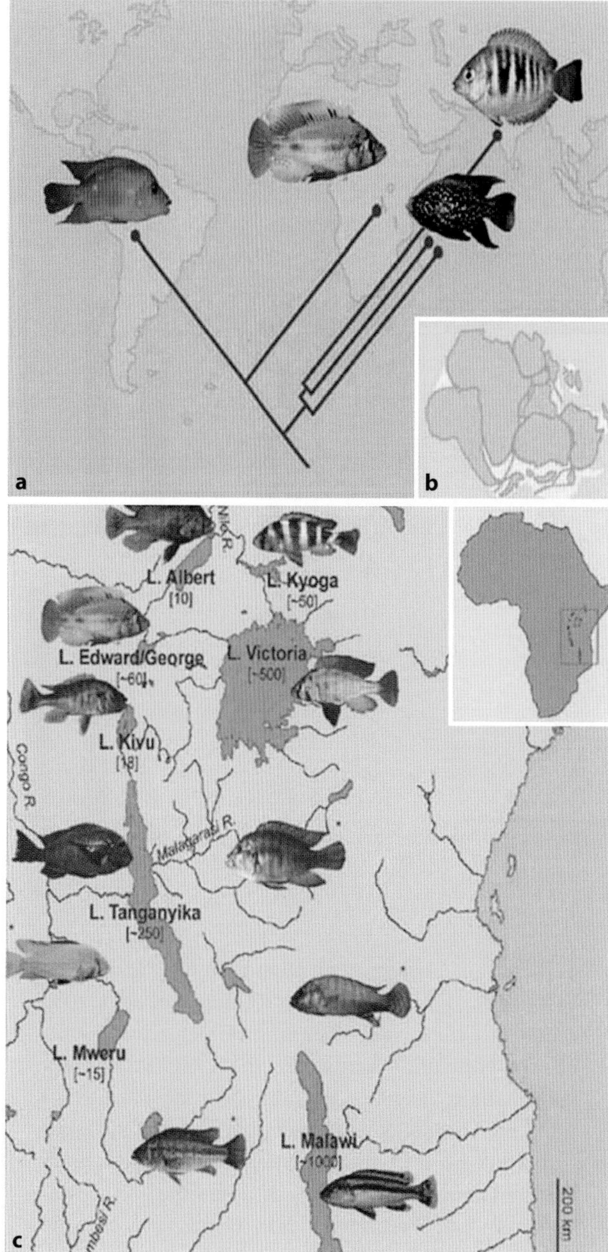

■ **Abb. 11.46** Die Evolution der Cichliden. **a** Das Verteilungsmuster der Cichliden ist gezeigt, mit Vertretern aus Indien, Sri Lanka und Madagaskar, die die ältesten Linien bilden, und dazu die monophyletischen Linien der afrikanischen und amerikanischen Linien als Geschwistergruppen. Diese Darstellung stimmt mit der ursprünglichen Verteilung auf dem Urkontinent Gondwanaland überein. **b** Der Urkontinent Gondwanaland in seiner Form vor ca. 200 Mio. Jahren. **c** Das Zentrum der Cichliden-Artenvielfalt liegt in Ostafrika, wo sie die Flüsse und Seen bewohnen. Mehr als 2000 Cichlidenarten sind dort bekannt. Die meisten Arten befinden sich in den großen Seen Ostafrikas, dem Tanganjika-, Malawi- und Victoriasee (die geschätzten Zahlen der Arten sind in *eckigen Klammern* angegeben); mehr als 200 Arten leben in den Flüssen. (Nach Salzburger und Meyer 2004, mit freundlicher Genehmigung)

anderes „inneres", das aus dem 5. Kiemenbogen gebildet wurde und sich im Pharynx befindet; es dient dazu, die Bissen zu zerquetschen, aufzuweichen und zu zerteilen, bevor sie aufgenommen werden. Die Mäuler sind äußerst vielseitig und anpassungsfähig; sie können ihre Form auch im Laufe des Lebens eines einzelnen Individuums ändern. Genetische Analysen deuten darauf hin, dass eines der beteiligten Gene *bmp4* (engl. *bone morphogenetic protein 4*) sein könnte.

- Ein zweiter Punkt sind das ausgeklügelte Zuchtverhalten und vor allem die verschiedenen Formen der Brutpflege: Die meisten der ostafrikanischen Buntbarsche sind Maulbrüter, d. h. die Weibchen picken die Eier auf und inkubieren sie in ihrem Maul für mehrere Wochen.
- Neue Befunde zeigen auch, dass die sexuelle Auswahl der Männchen durch die Weibchen zur Paarung aufgrund unterschiedlicher Färbungen eine wichtige Rolle spielt. Offensichtlich hängen die reproduktiven Barrieren, die dieses Auswahlverfahren bildet, von den Lichtverhältnissen in den Seen ab.

Für die Wirkung unterschiedlicher Färbungsmuster spielt natürlich die Bildung des Musters eine Rolle, aber auch die Entwicklung der Sehfähigkeit. Die spektrale Antwort der Stäbchen- und Zapfenzellen der Retina wird durch die Aminosäuresequenz des Opsins bestimmt, das die Proteinkomponente des Sehpigments darstellt. Menschen verfügen über drei Opsine in den Zapfen (rot, grün und blau); jedes Opsin wird durch ein eigenes Gen codiert. Im Gegensatz dazu verfügen die Cichliden über fünf Opsin-Gene, deren Genprodukte für langwelliges (LWS), grünes (RH2), blaugrünes (S2b), blaues (S2a) und ultraviolettes Licht (S1) empfindlich sind. Ein einzelner Fisch exprimiert allerdings nur drei Gene in den Zapfenzellen, die in einem „Volkstanz-Muster" (engl. *square-dance mosaic*) in der Retina angeordnet sind (■ Abb. 11.47). Eine einzelne Zapfenzelle, die für kurzwelliges Licht empfindlich ist (und entweder S1 oder S2a exprimiert), ist umgeben von vier Paaren von Zapfenzellen, die Opsine exprimieren, die für längerwelliges Licht empfindlich sind. Die spektrale Feinabstimmung der Zapfen erfolgt bei den Cichliden im Wesentlichen durch zwei Mechanismen: Kleine Verschiebungen in der Wellenlänge (um 5–10 nm) der maximalen Absorption werden durch wenige Aminosäureaustausche im entsprechenden Opsin verursacht. Stärkere Unterschiede in der visuellen Empfindlichkeit werden durch die Expression unterschiedlicher Opsin-Gene hervorgerufen: Einige Arten exprimieren die Gene für das rot-empfindliche, das grün-empfindliche und das blau-empfindliche Opsin (z. B. *Dimidiochromis compressiceps*), wohingegen andere die Gene für das grün-empfindliche, das blaugrün-empfindliche und das ultraviolett-empfindliche Opsin exprimieren (z. B. *Metriaclima zebra*). Veränderungen in der visuellen Empfindlichkeit sind von besonderem Interesse, da sie wahrscheinlich direkt die Partnerwahl beeinflussen.

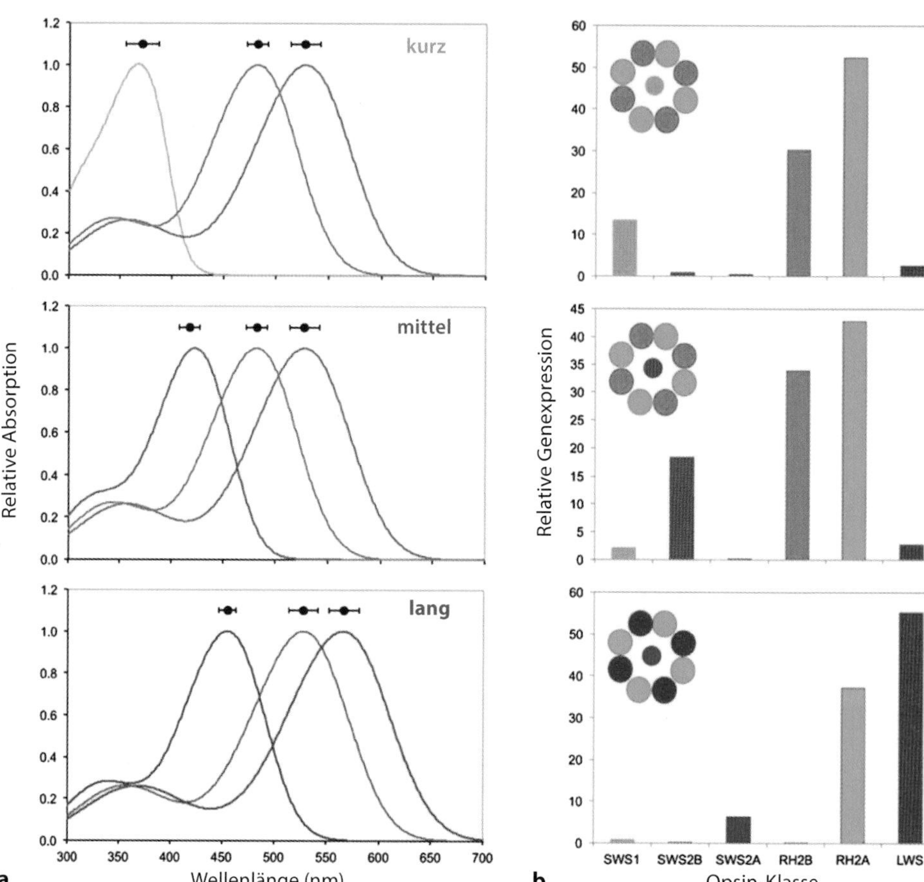

Abb. 11.47 Typische Kombinationen von Sehpigmenten bei Cichliden mit Empfindlichkeiten im kurzwelligen (*oben*), mittelwelligen (*Mitte*) und langwelligen Bereich (*unten*). **a** Absorptionsmaxima (Mittelwerte ± 2 Standardabweichungen) für Cichliden aus dem Malawi-, Tanganjika- und Victoriasee. **b** Die Opsin-Expression bei drei Spezies führt zu unterschiedlichen Farbpaletten: *Metriaclima zebra* (*oben*), *Melanochromis vermivorus* (*Mitte*), *Trematocranus placodon* (*unten*). Die unterschiedlichen Farbpaletten resultieren aus der Expression verschiedener Genkombinationen: *SWS1*, *RH2B* und *RH2A* für den kurzwelligen Bereich; *SW2B*, *RH2B* und *RH2A* für den mittelwelligen Bereich und *SWS2A*, *RH2A* und *LWS* für den langwelligen Bereich (SWS: engl. *short wavelength sensitive*; RH: *rhodopsin-like*; LWS: *long wavelength sensitive*). Ein typisches retinales Mosaik ist für jede Spezies gezeigt. (Nach Carleton et al. 2016, mit freundlicher Genehmigung)

11

Die Evolution der weiblichen Vorlieben bei der Partnerwahl ist wahrscheinlich für die spektakulären Variationen im männlichen Färbungsmuster verantwortlich, das für die Cichliden so charakteristisch ist (Abb. 11.47).

Durch die Variationen in den Sehpigmenten verändert sich die Sehfähigkeit und damit schließlich auch die Paarungspräferenzen. So verfügen einige der Cichliden im Malawisee über Sehpigmente in den Zapfen der Retina, die UV-sensitiv sind und damit die UV-Reflexionen erkennen können, wie es bei vielen blauen Cichliden üblich ist. Die Unterschiede in der visuellen Empfindlichkeit zwischen den Buntbarschen des Malawisees sind zum großen Teil durch die Expression von veränderten Opsin-Genen verursacht. Eine positive Selektion (▶ Abschn. 11.5.3) wurde außerdem in der Evolution des Rhodopsin-Gens sowie der Opsin-Gene gefunden, die für lange Wellenlängen empfindlich sind. Wie aus einer heterogenen Population dann schließlich zwei Spezies entstehen können, zeigt Abb. 11.48.

Eine Art „Turbo-Evolution" konnte bei Schmetterlingen in der Südsee beobachtet werden und hat die Art *Hypolimnas bolina* vor dem Aussterben gerettet. Der Schmetterling ist durch ein maternal vererbtes *Wolbachia*-Bakterium infiziert. Dieses Bakterium tötet spezifisch männliche Embryonen – im Jahr 2001 gab es daher nur noch ca. 1 % männliche Schmetterlings-Individuen. Bei der nächsten Zählung im Jahr 2006 zeigte sich ein ausgeglichenes 1:1-Geschlechtsverhältnis; die Population hatte sich erholt. Genetische Untersuchungen zeigten, dass die *Wolbachia*-Bakterien weiterhin vorhanden und auch durchaus infektiös sind – aber nur noch in anderen Stämmen. Vielmehr hatte dieser Stamm einen Suppressor gegen die *Wolbachia*-Bakterien eingekreuzt, der dazu führte, dass sich die Population innerhalb von nur zehn Generationen wieder erholen konnte. Die Autoren (Charlat et al. 2007) vermuten, dass sich ähnliche Flaschenhalsprozesse häufiger in der Evolution ereignet haben.

Durch evolutionäre Prozesse entstehen aus Variationen innerhalb von Populationen inhärente Barrieren, sodass keine Fortpflanzung zwischen den isolierten Populationen möglich ist – eine neue Art ist entstanden.

Zum Abschluss dieser Betrachtungen über die Entstehung von neuen Arten wollen wir uns noch einmal den eher formalen Aspekten evolutionsgenetischer Prozesse zuwenden. Diese haben natürlich allgemeinen Charakter; im Zusammenhang dieses Buches werden sie aber für das letzte Kapitel über die Evolution des Menschen wichtig (▶ Kap. 15).

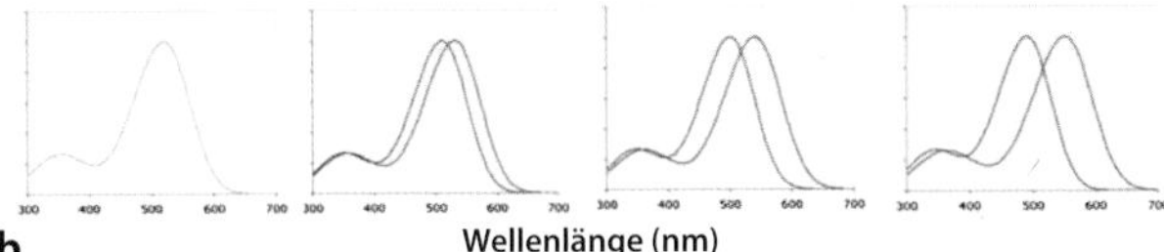

Abb. 11.48 Sensorisch gesteuerte Evolution. **a** Eine heterogene Population entwickelt sich als Antwort auf einen Gradienten in ihrem Lebensraum auseinander. Es ist hier die unterschiedliche Tiefe gezeigt, die sich in unterschiedlicher Farb- bzw. Helligkeitswahrnehmung äußert. Die Fische entwickeln sich im Laufe der Zeit immer weiter auseinander. **b** Die Selektion verändert im Laufe der Zeit zunächst die Empfindlichkeiten der Absorptionsspektren der Sehpigmente. Die Fische im flacheren Wasser werden sensitiver für das kurzwelligere (blaue) Licht, während die Fische im tieferen Wasser sensitiver für das langwelligere (rote) Licht werden. Die visuellen Empfindlichkeiten selektieren dann für solche männlichen Reize, die diese Empfindlichkeiten am besten treffen, sodass sich die Farbe der Männchen allmählich ändert. Am Ende eines solchen Prozesses haben die Fische im flachen und im tiefen Wasser unterschiedliche Empfindlichkeiten und auch unterschiedliche visuelle Reize, die damit zur verhaltensmäßigen Isolation und zur Ausbildung zweier neuer Spezies beitragen. (Nach Carleton 2014, mit freundlicher Genehmigung)

Wir haben gesehen, dass es innerhalb von Populationen ein großes Maß an Unterschiedlichkeit geben kann und dass Populationen sich unter dem Einfluss selektiver Kräfte verändern können. Nun wirken aber selektive Kräfte nicht auf alle Allele in gleicher Weise: Manche sind davon vollkommen unbeeinflusst – wir sprechen dann von **neutralen Allelen**. Andere wirken sich eher schädlich aus (**negative Allele**), wohingegen andere sich unter den gegebenen Umständen durchsetzen (**positive Allele**); wir können hier auch von **positiver Selektion** sprechen. Als ein Maß für diese Selektionswirkung haben wir bereits den Selektionskoeffizienten s kennengelernt (▶ Abschn. 11.5.2). Wir haben auch gesehen, dass die Wahrscheinlichkeit, mit der eine (positive) Mutation in einer Population fixiert wird, mit dem Produkt aus effektiver Populationsgröße (N_e) und Selektionskoeffizient steigt (Abb. 11.35). Dabei berücksichtigt die effektive Populationsgröße nur die Individuen einer Population, die tatsächlich fortpflanzungsfähig sind (die tatsächliche Populationsgröße ist also immer größer als die effektive Populationsgröße).

Eine der wichtigsten Messgrößen für die genetische Differenzierung einer Population ist der **Fixierungsindex F_{ST}**; in der Tier- und Pflanzenzucht wird er in abgeleiteter Form auch als Inzuchtwert bezeichnet. Er wird in vereinfachter Form aus der Varianz (σ^2) der Allelfrequenzen einer Teilpopulation S im Verhältnis zur Gesamtpopulation T berechnet; in einer mathematischen Form erscheint die Definition von F_{ST} so:

$$F_{ST} = \frac{\sigma_S^2}{\overline{p}(1-\overline{p})}$$

wobei $\overline{p}$ die durchschnittliche Frequenz eines Allels in der Gesamtpopulation darstellt. Diese Formulierung ist gleichwertig mit dem entsprechenden Quotienten des Anteils an Heterozygoten ($H = 2pq$) bei zufälligen Paarungen in der Gesamtpopulation T und der Subpopulation S:

$$F_{ST} = \frac{H_T - H_S}{H_T}$$

Damit ist F_{ST} ein Maß für die Abnahme der Heterozygotie der Subpopulation (H_S) bezogen auf die Heterozygotie der Gesamtpopulation (H_T). Im Fall idealer Populationen (Gültigkeit des Hardy-Weinberg-Gleichgewichts) ist $H = 2pq$ und damit $H_T = H_S$, sodass sich in diesem Fall (gleicher Grad an Heterozygotie in beiden Subpopulationen) $F = 0$ ergibt. Umgekehrt gibt es bei vollständiger Inzucht in der Subpopulation S gar keine Heterozygotie ($H_S = 0$), sodass $F_{ST} = 1$ wird – in diesem Fall unterscheidet sich die Subpopulation S von der Gesamtpopulation T deutlich. Wir ersehen daraus, dass F_{ST} entsprechend Werte zwischen 0 und 1 annehmen kann.

Durch Umformungen kann man den F-Wert auch dazu benutzen, die Abnahme der Heterozygotie pro Generation zu berechnen. Dafür vergleicht man die Heterozygotie der Generation 0 (H_0) mit der Heterozygotie der Generation 1 (H_1):

$$F = \frac{H_0 - H_1}{H_0}$$

Man kann diese Gleichung natürlich auch für t Generationen rechnen und nach H_t auflösen:

$$H_t = H_0(1 - F)$$

Man ersieht daraus unmittelbar, dass sich dieser Ansatz der F-Statistik prinzipiell auch dazu verwenden lässt, die Zahl der Generationen bis zum letzten gemeinsamen Vorfahren zurückzurechnen. Streng genommen gelten alle diese Betrachtungen nur für biallelische Marker an einem

Genort; die Berechnungen werden komplexer, wenn die Daten stark polymorph sind. Beispiele dafür sind die Ergebnisse aus SNP-Untersuchungen (▶ Abschn. 15.1.4). Die Darstellung dieser komplexen statistischen Verfahren würde allerdings den Rahmen dieser allgemeinen Einführung sprengen; interessierte Leser seien daher auf entsprechende Spezialliteratur verwiesen (Holsinger und Weir 2009; Kalinowski 2002; Weir und Hill 2002).

! Mithilfe der F-Statistik lassen sich Unterschiede in der Struktur zwischen verschiedenen Populationen der gleichen Art erkennen.

11.7 Kernaussagen, Links, Übungsfragen, Technikboxen

Kernaussagen

- Die 1. Mendel'sche Regel (Uniformitäts- oder Reziprozitätsregel) besagt, dass reziproke Kreuzungen reiner Linien stets Nachkommen mit gleichen Merkmalen ergeben.
- Die 2. Mendel'sche Regel (Spaltungsregel) besagt, dass Kreuzungen der zuvor beschriebenen F_1-Generation untereinander zur Aufspaltung in verschiedene Phänotypen mit genau festgelegter Häufigkeitsverteilung führen.
- Die 3. Mendel'sche Regel (Prinzip der unabhängigen Segregation von Merkmalen) besagt, dass Merkmale im Prinzip unabhängig voneinander auf die Nachkommen übertragen werden.
- Das genetische Verhalten von Merkmalen ist, vor allem bei komplexen Kombinationen, oft nur durch statistische Analysen von Kreuzungsergebnissen interpretierbar.
- Aus den Mendel'schen Beobachtungen ist zu schließen, dass die Vererbung durch die Weitergabe von Genen erfolgt. Diese sind bei höheren Organismen in jeder somatischen Zelle in zwei Kopien (Allele) vorhanden (Diploidie), die bei der Bildung der Geschlechtszellen verteilt und somit einzeln (Haploidie) an die Nachkommen weitergegeben werden. Für alle Gene gibt es unterschiedliche Formen der Ausprägung (verschiedene Allele), die dominant oder rezessiv sein können.
- Die Erscheinung der unvollständigen Dominanz lässt sich so verstehen, dass keines von zwei Allelen imstande ist, sich im Phänotyp voll gegen das andere durchzusetzen. Hierdurch entsteht ein neuer Phänotyp, der sich vom Phänotyp der homozygoten genetischen Konstitutionen unterscheidet.
- Die Erscheinung der Codominanz beruht darauf, dass zwei Allele sich unabhängig voneinander voll manifestieren und sich an ihrer jeweils spezifischen Ausprägung erkennen lassen.
- Merkmale sind oft durch die Existenz mehrerer verschiedener Allele in einer Gruppe von Organismen gekennzeichnet. Man spricht dann von multipler Allelie.
- Ein Merkmal kann durch mehrere Gene beeinflusst werden. Man bezeichnet das als Polygenie.
- Ein Gen kann Einflüsse auf mehrere phänotypische Merkmale ausüben. Man bezeichnet eine solche Genwirkung als Pleiotropie.
- Merkmale können in unterschiedlichem Maße oder gar nicht zur Ausprägung kommen. Man spricht dann von unterschiedlicher Expressivität und Penetranz eines Merkmals.
- Manche Gene können in mutanter Form die Ausprägung anderer Gene unterdrücken. Man spricht dann von Epistasie.
- Populationen sind der Angriffspunkt für evolutionäre Prozesse.
- Die Hardy-Weinberg-Regel besagt, dass in idealen Populationen Allelfrequenzen und Allelverteilungen in aufeinanderfolgenden Generationen gleich bleiben.
- Die Allelzusammenstellung einer Population wird durch Zufallsveränderungen beeinflusst (engl. *random drift*).
- Selektion ist ein wichtiger Mechanismus der Evolution. Es gibt verschiedene Arten der Selektion (gerichtete, stabilisierende und disruptive).
- Neben der Selektion und Zufallsveränderungen gibt es noch eine Vielzahl weiterer Evolutionsmechanismen wie Migration, Isolation und Gründereffekte, die Auswirkungen auf den Genpool von Populationen haben.
- Zur Charakterisierung des relativen Fortpflanzungserfolgs bestimmter Genotypen innerhalb einer Population und unter bestimmten Umweltbedingungen dient der Begriff Fitness. Die Häufigkeiten der verschiedenen Genotypen stellen sich so ein, dass die Population die größtmögliche Gesamtfitness erzielt.
- Fitnesswerte gelten nur innerhalb einer Population und können zwischen verschiedenen Populationen nicht verglichen werden.
- Aus den verschiedenen Polymorphismen in den heute lebenden menschlichen Populationen lassen sich Rückschlüsse auf die evolutionäre Entwicklung ziehen und Szenarien entwickeln, die zur Beschreibung des letzten gemeinsamen Vorfahren führen. Diese Szenarien können von Gen zu Gen voneinander abweichen.
- Durch evolutionäre Prozesse entstehen aus Variationen innerhalb von Populationen inhärente Barrieren, sodass keine Fortpflanzung zwischen den isolierten Populationen möglich ist.
- Mithilfe der F-Statistik lassen sich Strukturunterschiede zwischen verschiedenen Populationen der gleichen Art erkennen.

Links zu Videos

Die Mendel'schen Regeln:
(► sn.pub/wCkNym)
Kartierung einer unbekannten Mutation:
1) (► sn.pub/JbIiUw)
2) (► sn.pub/c98C8B)
Populationsgenetik (Hardy-Weinberg-Gesetz):
(► sn.pub/g129dr)
Populationsgenetik (genetische Drift):
(► sn.pub/ZtwSUc)
Populationsgenetik (Artbildung):
(► sn.pub/li9cDu)

Übungsfragen

1. Wo liegt der Unterschied zwischen der genetischen Fitness und der Fitness aus dem Fitnessstudio?
2. Warum ist die effektive Populationsgröße kleiner als die tatsächliche Größe einer Population?
3. Erläutern Sie das Prinzip einer Haplotyp-Analyse.
4. Nennen Sie verschiedene Mechanismen, die zu sympatrischer Artbildung beitragen können.
5. Erläutern Sie, warum Mutationen in kleinen Populationen oft eine größere Wirkung entfalten als in großen Populationen.

Technikbox 28

Kartierung genetischer Merkmale

Anwendung: Methode zur Lokalisation genetischer Merkmale auf einem Chromosom.

Voraussetzungen: Einfache Erkennung des genetischen Merkmals; Vielzahl von Polymorphismen zwischen verwandten Stämmen des jeweiligen Modellorganismus.

Methode: Die klassische Kartierung durch Rückkreuzung ist die wichtigste Methode zur Lokalisierung genetischer Merkmale (in der Regel Mutationen) bei höheren Organismen (Pflanzen und Tiere). Voraussetzung dafür ist, dass zwei Stämme nicht nur für das zu lokalisierende Gen bzw. Merkmal polymorph sind, sondern sich auch noch in einer Vielzahl von genetischen Markern (in der Regel Mikrosatelliten oder Polymorphismen einzelner Basen – engl. *single nucleotide polymorphism*, SNP) unterscheiden. Die Markerdichte entscheidet über die Genauigkeit der Kartierung. Bei der Maus gibt es derzeit mehr als 12.000 Mikrosatelliten (▶ http://www.informatics.jax.org/mgihome/homepages/stats/all_stats.shtml – „*PCR polymorphism records*"; ◘ Abb. 11.26) und mehr als 15 Mio. SNPs (▶ http://www.informatics.jax.org/strains_SNPs.shtml).

Verschiedene Paarungsschemata für die unterschiedlichen Erbgänge sind in ◘ Abb. 11.27 dargestellt: Zunächst werden Tiere der beiden ausgewählten Elternlinien (P: parental) gekreuzt, danach werden die erhaltenen Tiere der F_1-Nachkommen (F: filial) mit einem der Elternstämme zurückgekreuzt. Die Analyse der Rekombinationshäufigkeit kann dann in den Nachkommen dieser Kreuzung durchgeführt werden (F_2). Waren die Elternstämme in Bezug auf das zu untersuchende Merkmal beide homozygot (homozygot für die Mutation bzw. homozygot Wildtyp), sind alle Tiere der F_1-Generation heterozygot. Waren die mutanten Elterntiere heterozygot, ist auch nur die Hälfte der F_1-Tiere heterozygot. Bei einem **rezessiven** Merkmal erfolgt die Rückkreuzung der heterozygoten F_1-Tiere immer zu der Linie, die das Merkmal trägt (sonst wird in der F_2-Generation das zu untersuchende Merkmal nicht sichtbar); bei **dominanten** Mutationen wird dagegen zu dem parentalen Wildtyp-Stamm zurückgekreuzt, da im anderen Fall die F_2-Tiere keine phänotypischen Unterschiede aufweisen (hetero- bzw. homozygot für die Mutation). Der Abstand R der Mutation von den untersuchten Markern (in cM) hängt ab von der Zahl der beobachteten Rekombinanten (a) bezogen auf die Zahl (n) der untersuchten F_2-Nachkommen:

$$\mathrm{R}\,[\mathrm{cM}] = (a/n)100.$$

Die Standardabweichung ist abhängig von der Zahl der untersuchten F_2-Nachkommen:

$$\mathrm{SD}\,[\mathrm{cM}] = 100\sqrt{[(1-\mathrm{R})\mathrm{R}]/n}.$$

Ein Beispiel für die Kartierung einer Mutation, die zu einer Linsentrübung der Maus führt, ist in ◘ Tab. 11.10 angegeben.

11

Technikbox 29

Immunologische Nachweismethoden

Anwendung: Nachweis und Lokalisation von Antigenen (Proteine, andere Makromoleküle, auch DNA oder DNA/RNA-Hybride usw.) in Chromosomen, Zellen oder Geweben oder an elektrophoretisch fraktionierten und auf Membranfilter übertragenen Proteinen.

Voraussetzungen · Materialien: Der Nachweis beruht auf Antigen-Antikörper-Reaktionen mit Antiseren, die durch Immunfluoreszenz, Färbung oder Autoradiographie sichtbar gemacht werden.

Methode: Zunächst wird durch Immunisierung eines geeigneten Tieres (Kaninchen, Maus, Ratte, Ziege, Huhn) mit dem zu untersuchenden Antigen ein Antiserum erzeugt, das dieses Antigen spezifisch erkennt (zum theoretischen Hintergrund: ► Abschn. 9.4). Dieses Antiserum lässt man dann mit dem Untersuchungsmaterial reagieren. Da die Antikörper dieses Antiserums im Allgemeinen nicht markiert sind, also auch nicht sichtbar werden, verwendet man zu ihrer Erkennung ein sekundäres Antiserum, das gegen die konstante Region der primären Antikörper gerichtet ist. Die sekundären Antikörper binden daher an die primären Antikörper. Sie sind in geeigneter Weise markiert, d. h. sie werden mit Fluoreszenzfarbstoffen (FITC, Rhodamin usw.), mit Enzymen (Peroxidase, alkalische Phosphatase), die eine Erkennung durch die Produktion von Farbstoffen bei Reaktion mit geeigneten Substraten gestatten, oder – für die Verwendung in der Elektronenmikroskopie – mit Goldpartikeln gekoppelt. Die Fluoreszenzfarbstoffe sind direkt sichtbar. Enzyme lassen sich durch eine Substratreaktion, die zur Färbung führt, nachweisen (◻ Abb. 11.49). Die Verwendung markierter sekundärer Antikörper hat den großen Vorteil, dass man diese Kopplung mit geeigneten Markermolekülen nur einmal durchzuführen braucht, den gleichen Antikörper dann aber zur Erkennung vieler unterschiedlicher primärer Antikörper einsetzen kann. So erkennt z. B. ein in einer Ziege gegen die konstante Region einer IgG-Kette des Kaninchens erzeugter Antikörper (bezeichnet als Ziege-anti-Kaninchen-IgG, engl. *goat-anti-rabbit-IgG*) alle IgG-Antikörper des Kaninchens. Er kann daher zum Nachweis sehr vieler unterschiedlicher primärer Antikörper eingesetzt werden, ohne dass es jedes Mal erforderlich ist, eine neue Kopplungsreaktion mit einem Markermolekül auszuführen.

Immunreaktionen sind nicht nur auf dem histologischen bzw. cytologischen und ultrastrukturellen Niveau möglich, sondern können auch mit Proteinen durchgeführt werden, die an Membranfilter gebunden sind. In solchen Versuchen werden Proteingemische zunächst durch geeignete elektrophoretische Methoden in Polyacrylamidgelen nach Ladung oder Größe aufgetrennt und anschließend auf eine Membran (Nitrocellulose o. a.) übertragen, an der sie irreversibel fixiert bleiben. Auf dieser Membran ist der immunologische Nachweis möglich, sodass man ein

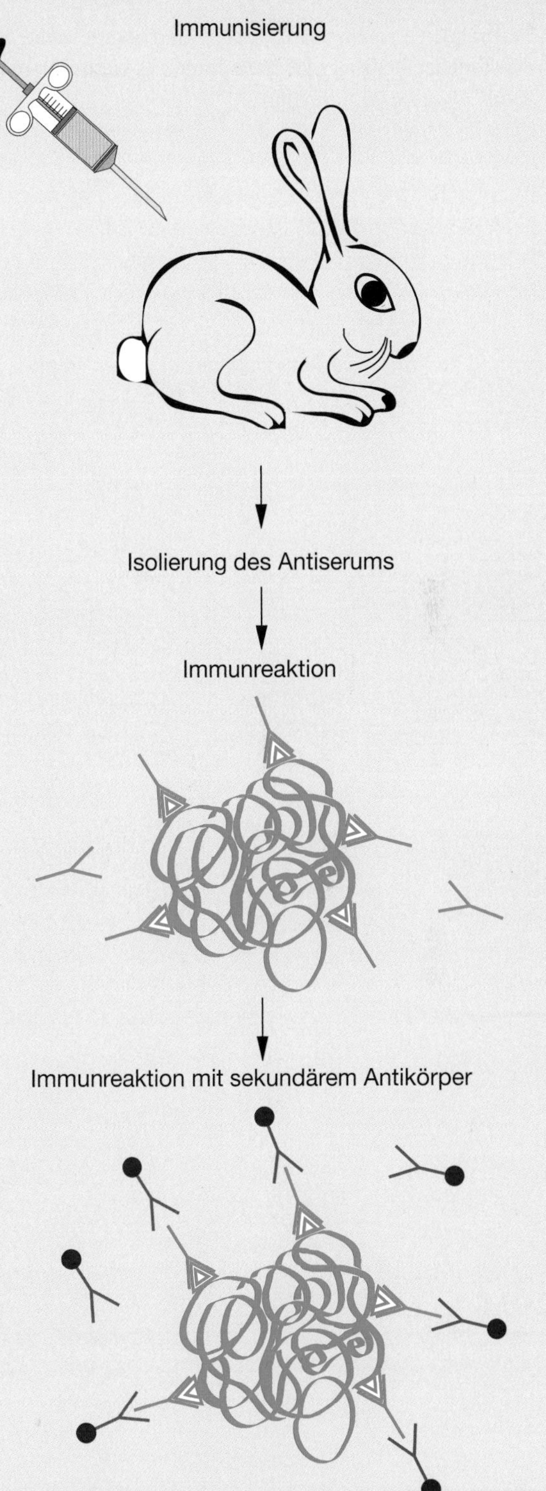

◻ **Abb. 11.49** Zur zellulären Lokalisation eines Antigens (Proteins) bindet man zunächst primäre Antikörper, die gegen dieses Protein gerichtet sind, an das Antigen. In einem zweiten Schritt werden dann sekundäre Antikörper gebunden, die gegen den konstanten Teil der primären Antikörper gerichtet und damit universell verwendbar sind. Diese sind mit fluoreszierenden Gruppen oder Enzymen gekoppelt, die den Nachweis dieser sekundären Antikörper gestatten

Technikbox 29 (*Fortsetzung*)

bestimmtes Protein identifizieren und damit seine elektrophoretischen Eigenschaften erkennen kann. Diese Methode wird als Western-Blotting bezeichnet.

Verwandte Techniken: Northern-Blotting (Technikbox 14), Southern-Blotting (Technikbox 13), Autoradiographie (Technikbox 15).

Literatur

Allison AC (1956) The sickle-cell and haemoglobin C genes in some African populations. Hum Genet 21:67–89

Bateson W (1909) Mendel's principles of heredity. Cambridge University Press, Cambridge

Beadle GW, Ephrussi B (1937) Development of eye colors in *Drosophila*: diffusible substances and their interrelations. Genetics 22:479–483

Bennett DC, Lamoreux ML (2003) The color loci of mice – a genetic century. Pigment Cell Res 16:333–344

Booker TR, Jackson BC, Keightley PD (2017) Detecting positive selection in the genome. BMC Biol 15:98

Boyd WC (1950) Genetics and the races for man. DC Health, Boston

Bridges CB (1916) Non-disjunction as a proof of the chromosome theory of heredity. Genetics 1:1–52, 107–162

Buri P (1956) Gene frequency in small populations of mutant *Drosophila*. Evolution (N Y) 10:367–402

Cain AJ, King JMB, Sheppard PM (1960) New data on the genetics of polymorphism in the snail *Cepeanemoralis* L. Genetics 45:393–411

Carleton KL (2014) Visual photopigment evolution in speciation. In: Hunt DM, et al (Hrsg) Evolution of visual and non-visual pigments. Springer, New York, S 241–267

Carleton KL, Dalton BE, Escobar-Camacho D et al (2016) Proximate and ultimate causes of variable visual sensitivities: insights from cichlid fish radiations. Genesis 54:299–325

Castillo DM, Barbash DA (2017) Moving speciation genetics forward: modern techniques build on foundational studies in *Drosophila*. Genetics 207:825–842

Charitou T, Bryan K, Lynn DJ (2016) Using biological networks to integrate, visualize and analyze genomics data. Genet Sel Evol 48:27

Charlat S, Hornett EA, Fullard JH et al (2007) Extraordinary flux in sex ratio. Science 317:214

Charlesworth B (2009) Effective population size and patterns of molecular evolution and variation. Nat Rev Genet 10:195–205

Collins A (2009) Allelic association: linkage disequilibrium structure and gene mapping. Mol Biotechnol 41:83–89

Darwin C (1859) On the origin of species. John Murray, London

Dobzhansky T (1951) Genetics and the origin of species, 3. Aufl. Columbia University Press, New York

Doerge RW (2002) Mapping and analysis of quantitative trait loci in experimental populations. Nat Rev Genet 3:43–52

Edwards AWF (1986) Are Mendel's results really too close? Biol Rev Camb Philos Soc 61:295–312

Galvani AP, Novembre J (2005) The evolutionary history of *CCR5*-Δ32 HIV-resistance mutation. Microbes Infect 7:302–309

Garland T Jr, Kelly SA (2006) Phenotypic plasticity and experimental evolution. J Exp Biol 209:2344–2361

Graw J, Jung M, Löster J et al (1999) Mutation in the βA3/A1-crystallin encoding gene *Crybal* causes a dominant cataract in the mouse. Genomics 62:67–73

Haldane JBS (1919) The combination of linkage values, and the calculation of distances between the loci of linked factors. J Genet 8:299–309

Hardy GH (1908) Mendelian proportions in mixed populations. Science 28:49–50

Holsinger KE, Weir BS (2009) Genetics in geographically structured populations: defining, estimating and interpreting $F_{(ST)}$. Nat Rev Genet 10:639–650

Hopkin M (2004) Dark prospects. Nature 430:522

Johannsen W (1903) Über Erblichkeit in Populationen und reinen Linien. Ein Beitrag zur Beleuchtung schwebender Selektionsfragen. Fischer, Jena

Kalinowski ST (2002) Evolutionary and statistical properties of three genetic distances. Mol Ecol 11:1263–1273

Kettlewell HBD (1958) A survey of the frequencies of *Bistonbetularia* (L.) (Lep.) and its melanic forms in Great Britain. Heredity 12:51–72

Kondrashov FA, Koonin EV (2004) A common framework for understanding the origin of genetic dominance and evolutionary fates of gene duplications. Trends Genet 20:287–291

Kuhner MK (2009) Coalescent genealogy samplers: windows into population history. Trends Ecol Evol 24:86–93

Kurar E, Barendse W, Bottema CDK et al (2002) Consensus and comprehensive linkage map of bovine chromosome 24. Anim Genet 33:460–463

Laberge AM, Michaud J, Richter A et al (2005) Population history and its impact on medical genetics in Quebec. Clin Genet 68:287–301

Lander ES, Botstein D (1989) Mapping Mendelian factors underlying quantitative traits using RFLP linkage maps. Genetics 121:185–199 (*Corrigendum* in: Genetics 1994, 136:705)

Landsteiner K (1901) Über Agglutinationserscheinungen normalen menschlichen Blutes. Wien Med Wochenschrift 14:1132–1134

Landsteiner K, Wiener AS (1940) An agglutinable factor in human blood recognized by immune sera for rhesus blood. Proc Soc Exp Biol Med 43:223–246

Leist SR, Baric RS (2018) Giving the genes a shuffle: using natural variation to understand host genetic contributions to viral infections. Trends Genet 34:777–789

Lerner IM (1958) The genetic basis of selection. Wiley, New York

Lerner IM (1968) Heredity, evolution and society. Freeman, San Francisco

Lippman ZB, Zamir D (2007) Heterosis: revisiting the magic. Trends Genet 23:60–66

Little CC (1913) "Yellow" and "agouti" factors in mice. Science 38:205

Lloyd V, Ramaswami M, Krämer H (1998) Not just pretty eyes: *Drosophila* eye-colour mutations and lysosomal delivery. Trends Cell Biol 8:257–259

Lolle SJ, Victor JL, Young JM et al (2005) Genome-wide non-mendelian inheritance of extra-genomic information in *Arabidopsis*. Nature 434:505–509

Loog L, Thomas MG, Barnett R et al (2017) Inferring allele frequency trajectories from ancient DNA indicates that selection on a chicken gene coincided with changes in medieval husbandry practices. Mol Biol Evol 34:1981–1990

Ludlow CL, Scott AC, Cromie GA et al (2013) High-throughput tetrad analysis. Nat Methods 10:671–675

Mank JE (2017) Population genetics of sexual conflict in the genomic era. Nat Rev Genet 18:721–730

Masly JP, Jones CD, Noor MAF et al (2006) Gene transposition as a cause of hybrid sterility in *Drosophila*. Science 313:1448–1450

Mayr E (1959) Where are we? Cold Spring Harb Symp Quant Biol 24:1–14

Meissner PN, Dailey TA, Hift RJ et al (1996) A R59W mutation in human protoporphyrinogen oxidase results in decreased enzyme activity and is prevalent in South Africans with variegate porphyria. Nat Genet 13:95–97

Mendel G (1866) Versuche über Pflanzen-Hybriden Bd. 4. Verhandlungen des Naturforschenden Vereines, Brünn

Mercier R, Jolivet S, Vignard J et al (2008) Outcrossing as an explanation of the apparent unconventional genetic behavior of *Arabidopsis thalania hth* mutants. Genetics 180:2295–2297

Meyer KJ, Anderson MG (2017) Genetic modifiers as relevant biological variables of eye disorders. Hum Mol Genet 26:R58–R67

Morgan TH (1911) Random segregation versus coupling in mendelian inheritance. Science 34:384

Muller HJ (1932) Further studies on the nature and causes of gene mutations. In: Jones DF (Hrsg) Proceedings of the 6th International Congress of Genetics. Brooklyn Botanic Gardens, Brooklyn, S 213–255

Müller B, Hedrich K, Kock N et al (2002) Evidence that paternal expression of the ε-*sarcoglycan* gene accounts for reduced penetrance in myoclonus-dystonia. Am J Hum Genet 71:1303–1311

Nilsson-Ehle H (1909) Kreuzungsuntersuchungen an Hafer und Weizen. Lund Univ Aarskr N F Afd Ser 2 5:1–122

Phadnis N, Hyppa RW, Smith GR (2011) New and old ways to control meiotic recombination. Trends Genet 27:411–421

Pierron D, Cortés NG, Letellier T et al (2013) Current relaxation of selection on the human genome: tolerance of deleterious mutations on olfactory receptors. Mol Phylogenet Evol 66:558–564

Pierron D, Razafindrazaka H, Rocher C et al (2014) Human testis-specific genes are under relaxed negative selection. Mol Genet Genomics 289:37–45

Plate L (1910) Vererbungslehre und Deszendenztheorie. Festschr f Hertwig R II. Fischer, Jena, S 537

Punnett RC (1911) Mendelism. Macmillan, New York

Raju NB (2007) David D. Perkins (1919–2007): a lifetime of *Neurospora* genetics. J Genet 86:177–186

Rédei GP (2008) Tetrad Analysis. In: Encyclopedia of Genetics, Genomics, Proteomics and Informatics. Springer, Dordrecht

Rummel SK, Ellsworth RE (2016) The role of the histoblood ABO group in cancer. Future Sci OA 2:FSO107. https://doi.org/10.4155/fsoa-2015-0012

Saccheri IJ, Rousset F, Watts PC et al (2008) Selection and gene flow on a diminishing cline of melanic peppered moths. Proc Natl Acad Sci USA 105:16212–16217

Sachs L (2002) Angewandte Statistik, 10. Aufl. Springer, Berlin

Salzburger W, Meyer A (2004) The species flocks of East African cichlid fishes: recent advances in molecular phylogenetics and population genetics. Naturwissenschaften 91:277–290

11

Showalter HM (1934) Self flower-color inheritance and mutation in *Mirabilis jalapa* L. Genetics 19:568–580

Shull GH (1908) The composition of a field of maize. Am Breed Assoc 4:296–301

Srb AM, Owen RD, Edgar RS (1965) General genetics, 2. Aufl. Freeman, San Francisco

Steingrimsson E, Moore KJ, Lamoreux ML et al (1994) Molecular basis of mouse *microphthalmia (mi)* mutations helps explain their developmental and phenotypic consequences. Nat Genet 8:256–263

Stine OC, Smith KD (1990) The estimation of selection coefficients in Africaners: Huntington disease, Porphyria variegata, and lipoid proteinosis. Am J Hum Genet 46:452–458

Storch V, Welsch U, Wink M (2013) Evolutionsbiologie, 3. Aufl. Springer, Berlin

Strickberger MW (1988) Genetik. Hanser, München

Sturtevant AH (1913) The linear arrangement of six sexlinked factors in *Drosophila*, as shown by their mode of association. J Exp Zool 14:43–59

The 1000 Genomes Project Consortium (2015) A global reference for human genetic variation. Nature 526:68–78

The International HapMap 3 Consortium (2010) Integrating common and rare genetic variation in diverse human populations. Nature 467:52–58

The International HapMap Consortium (2005) A haplotype map of the human genome. Nature 437(7063):1299–1320

Van't Hof AE, Campagne P, Rigden DJ et al (2016) The industrial melanism mutation in British peppered moths is a transposable element. Nature 534:102–105

Vannier JB, Sarek G, Boulton SJ (2014) RTEL1: functions of a disease-associated helicase. Trends Cell Biol 24:416–425

Vogel F, Motulsky AG (1996) Human genetics – problems and approaches, 3. Aufl. Springer, Berlin

Wakamatsu K, Ito S (2002) Advanced chemical methods in melanin determination. Pigment Cell Res 15:174–183

Wang L, Li J, Zhao J et al (2015) Evolutionary developmental genetics of fruit morphological variation within the Solanaceae. Front Plant Sci 6:248

Wei WH, Hemani G, Haley CS (2014) Detecting epistasis in human complex traits. Nat Rev Genet 15:722–733

Weinberg W (1908) Über den Nachweis der Vererbung beim Menschen. Jahreshefte Ver Vaterl Naturk Württemb 64:369–382

Weir BS, Hill WG (2002) Estimating F-statistics. Annu Rev Genet 36:721–750

Wellems TE, Fairhurst RM (2005) Malaria-protective traits at odds in Africa? Nat Genet 37:1160–1162

Wiener AS, Unger LJ, Cohen L et al (1956) Type-specific cold autoantibodies as a cause of acquired hemolytic anemia and hemolytic transfusion reactions: biologic test with bovine red cells. Ann Intern Med 44:221–240

Woodworth CM, Leng ER, Jungenheimer RW (1952) Fifty generations of selection for protein and oil in corn. Agron J 44:60–66

Yazer MH (2005) What a difference 2 nucleotides make: a short review of AB0 genetics. Transfusion Med Rev 19:200–209

Youds JL, Boulton SJ (2011) The choice in meiosis – defining the factors that influence crossover or non-crossover formation. J Cell Sci 124:501–513

Zschocke J (2008) Dominant versus recessive: molecular mechanisms in metabolic disease. J Inherit Metab Dis 31:599–618

Entwicklungsgenetik

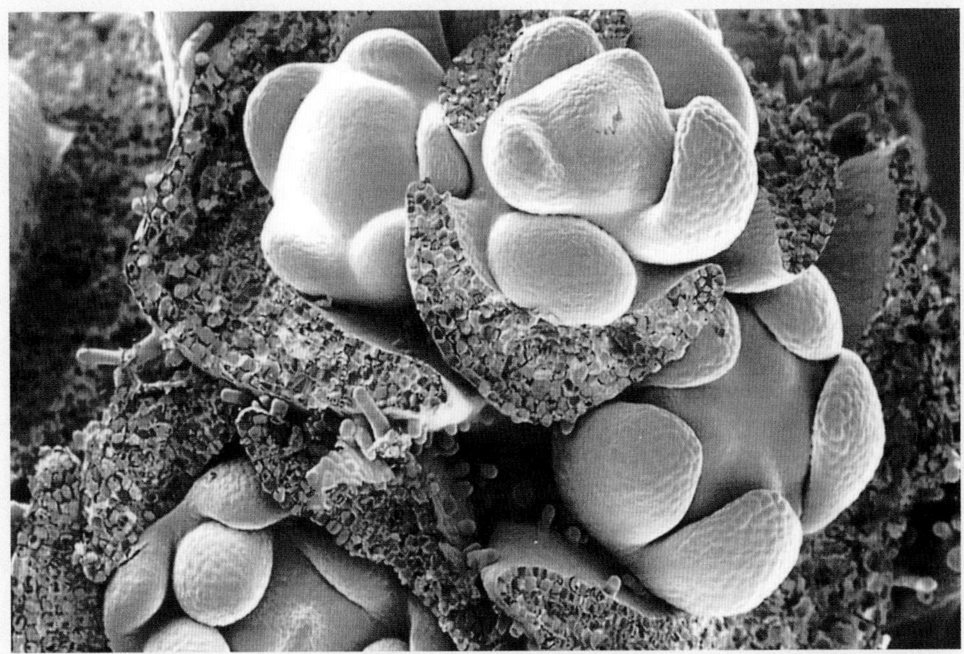

Rasterelektronenmikroskopische Aufnahme eines Blütenstandes von *Antirrhinum majus*. Das Foto zeigt das apikale Meristem während der ersten Blütenentwicklung. Es ist erkennbar, wie sich die verschiedenen Organe in konzentrischer Weise entwickeln. (Foto: P. Huijser, Köln)

Inhaltsverzeichnis

J. Graw, *Genetik*, https://doi.org/10.1007/978-3-662-60909-5_12

Überblick

Die Genetik hat in den letzten Jahren zu großen Fortschritten im Verständnis der molekularen Grundlagen von Entwicklungsprozessen beigetragen. So ist es bei *Arabidopsis*, *Caenorhabditis*, *Drosophila*, dem Zebrafisch, der Maus und anderen Organismen gelungen, durch die Untersuchung von Mutanten den Mechanismus der Embryonalentwicklung zumindest in seiner allgemeinen Grundlage zu verstehen: Die Embryonalentwicklung wird durch ein hierarchisches System von Genen gesteuert. An den frühen Differenzierungsschritten des *Drosophila*-Embryos sind DNA-bindende Transkriptionsfaktoren und RNA-bindende Regulationsproteine beteiligt, die die Aktivität nachgeordneter Gene regulieren. Nukleinsäure-bindende Proteine spielen als molekulare Signale (Morphogene) für die Determination der Achsen des Embryos eine wichtige Rolle. So wird die Grundlage für die beiden embryonalen Achsen (anterior – posterior und dorsal – ventral) bereits während der Oogenese gelegt. Das sich entwickelnde Ei enthält in seinem Cytoplasma positionelle Informationen. Diese Information besteht aus mRNA, die nach der Befruchtung im frühen Embryo translatiert wird, wobei Proteine entstehen, die durch ihre asymmetrische Lokalisation und durch Diffusion Gradienten ausbilden. Durch unterschiedliche Konzentrationen der Proteine kommt es zur unterschiedlichen Regulation der Aktivität funktionell nachgeordneter Proteine. Wir können also sagen, dass lokal auftretende Transkriptionsfaktoren eine differenzielle Genaktivität in unterschiedlichen Bereichen des Embryos induzieren, die zu weiterer zellulärer Differenzierung führt.

Die Untersuchungen von Entwicklungsprozessen an Tieren und Pflanzen deuten darauf hin, dass die molekularen Grundprinzipien von Determinations- und Differenzierungsprozessen evolutionär sehr alt sind. Es zeichnet sich ab, dass zelluläre Differenzierung bei allen lebenden Organismen auf ähnlichen molekularen Grundlagen erfolgt. Es gehört zu den überraschenden Befunden der molekularen Genetik, dass eine ganz unerwartet große Anzahl von Genen mit grundlegenden Funktionen in der Zelldifferenzierung und Zellfunktion evolutionär über alle höheren Organismen hinweg erhalten geblieben ist.

Die verschiedenen Zelltypen eines multizellulären Organismus besitzen im Prinzip alle die gleichen genetischen Fähigkeiten. Aus embryologischen Experimenten (Gewebe-, Zell- und Kerntransplantationen) wurde die Möglichkeit abgeleitet, dass Zellen unter bestimmten Bedingungen in die Lage versetzt werden können, einen vollständigen Organismus neu entstehen zu lassen. Das Klonschaf „Dolly" war dafür das bekannteste Beispiel, bevor es unerwartet jung starb.

Über die Klonierung von Organismen aus Körperzellen wird ebenso diskutiert wie über den Nutzen von Stammzellen. Seien es embryonale Stammzellen aus der Blastocyste, adulte Stammzellen aus dem Knochenmark oder induzierte pluripotente Stammzellen – in Kultur können sie zu Zellen unterschiedlicher Gewebe heranwachsen. Viele erhoffen sich hiervon ein präzise steuerbares Ersatzteillager für Patienten.

12.1 Einführung

Die Entwicklung zu einem vielzelligen Organismus ist der komplizierteste Vorgang, den eine Zelle erfahren kann. Darauf beruhen auch die Faszination und Herausforderung der Entwicklungsbiologie im Allgemeinen. Eine Vielzahl genetischer Netzwerke steuert diese komplexen Prozesse. Mithilfe von Mutanten können wir entwicklungsbiologische Vorgänge bei Pflanzen und Tieren viel besser verstehen. In der Entwicklungsbiologie werden im Wesentlichen fünf Entwicklungsprozesse unterschieden, die sich natürlich in der Realität teilweise überlagern und wechselseitig beeinflussen. Die Kenntnis dieser Systematik erleichtert das Verständnis der komplexeren Prozesse, die wir später besprechen werden; wir finden sie sowohl im Pflanzen- als auch im Tierreich:

- Die **Furchungsteilungen** folgen als Periode schneller Zellteilungen unmittelbar auf die Befruchtung. Dabei kommt es zu keinem Zellwachstum; es gibt nur die Phasen der DNA-Replikation und Mitose mit Zellteilung.
- Bei der **Musterbildung** wird innerhalb des Embryos ein räumliches und zeitliches Muster von Zellaktivitäten aufgebaut, sodass eine erste wohlgeordnete Struktur entsteht. Dabei werden zunächst die **Achsen** des Embryos definiert. Die anterior-posteriore Achse entspricht bei Tieren der Kopf-Schwanz-Orientierung und bei Pflanzen der von der Wachstumsspitze zu den Wurzeln (auch als apikal-basale Achse bezeichnet). Die dorso-ventrale Achse beschreibt bei Tieren die Achse, die zur Bildung einer Rück- bzw. Vorderseite führt. Auch die daran anschließende Ausbildung der unterschiedlichen **Keimblätter** (Ektoderm, Mesoderm, Entoderm) gehört noch zur Phase der Musterbildung.
- Der dritte wichtige Schritt ist die **Morphogenese** (Formentstehung). Embryonen ändern dabei in charakteristischer Weise ihre dreidimensionale Form; die erste Phase wird im Tierreich als **Gastrulation** bezeichnet. Hier zeichnet sich schon der Bauplan in seinen Grundzügen ab.
- Der vierte Schritt ist die **Zelldifferenzierung**. Dabei kommt es zu gerichteten Zellteilungen, räumlich ver-

schiedenen Mitoseraten oder gerichteten Zellstreckungen.

- Der letzte Schritt ist das **Wachstum**, das auf verschiedenen Wegen erfolgen kann (Zellvermehrung, Zunahme der Zellgröße, Ablagerung extrazellulären Materials wie Knochen oder Schale). Das Wachstum kann auch gestaltbildend wirken.

In diesem Kapitel wollen wir uns aber im Wesentlichen auf die ersten drei Punkte konzentrieren und kennenlernen, welche Gene hier steuernd eingreifen. Wir können dabei natürlich nicht alle Details der Morphologie ansprechen; interessierte Leser mögen an dieser Stelle auf grundlegende Werke der Entwicklungsbiologie und Embryologie zurückgreifen. Es werden im Zusammenhang mit der **Entwicklungsgenetik** vor allem die Prozesse besprochen, die durch die Analyse von Mutanten funktionell charakterisiert werden konnten.

12.2 Entwicklungsgenetik der Pflanze

Im ► Abschn. 5.3.3 haben wir bereits die Pflanzen als genetische Modellsysteme kennengelernt. Im Allgemeinen lässt sich der Lebenszyklus einer Blütenpflanze grob in drei große Abschnitte gliedern: Embryogenese, postembryonale (vegetative) Entwicklung und generative Entwicklung. Der **Embryo** entwickelt sich in der Samenanlage nach der Befruchtung der Eizelle durch ein Pollenkorn; der entstandene Embryo reift und geht in einen Ruhezustand über, in dem der trockene Samen mit dem voll entwickelten Embryo ungünstigen Bedingungen widersteht und zugleich verbreitet werden kann. Mit der Keimung des Samens wird der Embryo zum **Keimling**, der an den Enden der apikal-basalen Körperachse **primäre Meristeme** (Bildungsgewebe) trägt, aus denen Spross und Wurzel hervorgehen. Das Sprossmeristem bildet während der vegetativen Entwicklungsphase vor allem Blätter. Physiologische Veränderungen, als **Blühinduktion** bezeichnet, leiten die generative Phase ein. Das Sprossmeristem bringt nun Blüten hervor, in denen männliche und weibliche Organe durch Meiose haploide Sporen bilden. Die Sporen entwickeln sich zu Gametophyten, die die Gameten enthalten.

Einen wichtigen Einfluss auf die Entwicklung hat die Organisation der Pflanzenzelle. Die Zellwand sorgt dafür, dass die Zellen ihre Nachbarschaft nicht verlassen können. Gestaltveränderungen (Morphogenesen) in der Entwicklung einer Pflanze werden daher durch lokale Aktivitäten von Zellen ausgeführt. Zur Koordination von Entwicklungsvorgängen sind andererseits langreichende Signale (z. B. Phytohormone) notwendig. Für die Kommunikation zwischen den Zellen einer Pflanze können die Plasmodesmen eine zusätzliche Rolle spielen, da sie Zellen miteinander verbinden.

12.2.1 Musterbildung in der frühen Embryogenese

Der Embryo entwickelt sich an der Mutterpflanze in einer Samenanlage, die zum Zeitpunkt der Befruchtung einen weiblichen Gametophyten (den Embryosack) enthält, der in seiner reifen Form aus sieben Zellen besteht. Von diesen Zellen werden zwei befruchtet: die haploide Eizelle und die diploide Zentralzelle. Dadurch entstehen die Zygote und eine triploide Zelle, aus der das Endosperm hervorgeht. Blütenpflanzen unterscheiden sich danach bei der Bildung der Keimlinge: Die Keimlinge von Monokotylen entwickeln eine Keimblattanlage, die das Sprossmeristem überwächst und in eine seitliche Lage drängt. Dikotyle (wie *Arabidopsis*) entwickeln dagegen zwei Keimblattanlagen, die das Sprossmeristem symmetrisch flankieren.

Bei *Arabidopsis* dauert die Entwicklung von der Befruchtung zum fertigen Embryo etwa 9 Tage, die anschließende Reifung noch einmal einige Tage. In dieser Zeit wächst der Embryo auf fast 20.000 Zellen und etwa 500 µm Größe heran. Die Embryogenese von *Arabidopsis* (◘ Abb. 12.1) wird anhand morphologischer Kriterien in mehrere Stadien eingeteilt; die frühen Stadien werden nach der Zellzahl des Pro-Embryos (Quadrant, Oktant) bezeichnet. Die darauffolgenden verschiedenen Stadien der Morphogenese sind entsprechend ihrer charakteristischen Formen benannt: Kugel, Herz und Torpedo. Die frühembryonale Phase der Musterbildung, bei der die Körpergrundgestalt entsteht, endet mit dem Herzstadium.

Die **apikal-basale Polaritätsachse** ist die Hauptachse der Pflanze. Sie wird bereits nach der Befruchtung etabliert, wenn sich die Zygote auf die etwa dreifache Länge streckt und dann asymmetrisch in eine kleine apikale und eine große basale Zelle teilt (◘ Abb. 12.1). Die basale Zelle teilt sich wiederholt horizontal, wodurch ein Zellstrang aus sieben bis neun Zellen entsteht. Von diesen Zellen bilden alle bis auf die oberste den embryonalen Suspensor, der den Embryo mit der Samenanlage verbindet; die oberste Zelle nimmt sekundär ein embryonales Schicksal an und trägt zur Bildung des Wurzelmeristems bei. Die apikale Zelle dagegen durchläuft zwei Runden vertikaler Zellteilungen und dann eine Runde horizontaler Zellteilungen und erreicht damit das Oktantstadium. In diesem Stadium besteht der Pro-Embryo aus zwei Lagen von je vier Zellen und kann insgesamt in drei Regionen unterteilt werden: Die apikale Region besteht aus der oberen Lage und entwickelt sich später zum Sprossmeristem und den Keimblättern. Die untere Lage repräsentiert die zentrale Region und wird zu den Schulterregionen der Keimblätter, dem Hypokotyl, der Wurzel und den Stammzellen des Wurzelmeristems. Die oberste Zelle des sieben- bis neunzelligen Zellstrangs geht auf die basale Tochterzelle der Zygote

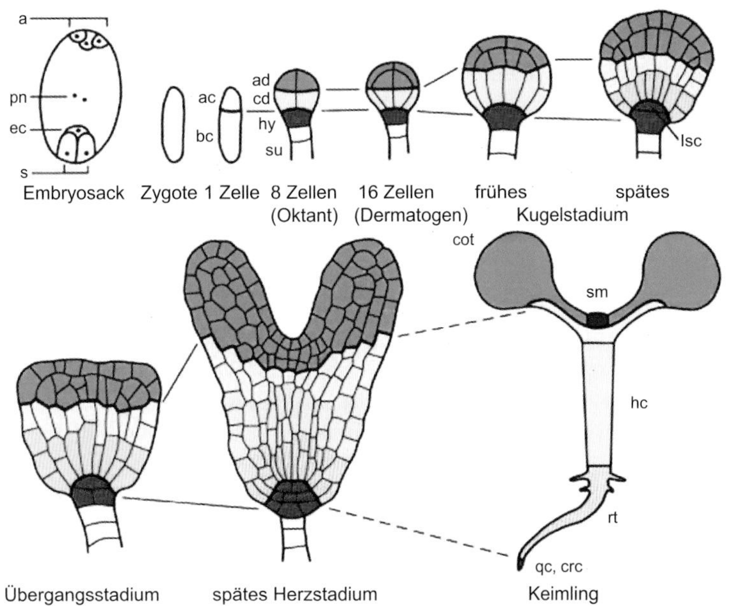

Abb. 12.1 Schematische Darstellung der Embryonalentwicklung von *Arabidopsis thaliana* in mittigen Längsschnitten. Die *oberen* und *unteren dicken Linien* repräsentieren die klonalen Grenzen zwischen den Nachkommen der apikalen und basalen Tochterzellen der Zygote und den zentralen embryonalen Domänen. Die Zygote hat sich asymmetrisch in eine apikale (ac) und basale (bc) Tochterzelle geteilt. Der Pro-Embryo, der sich aus der apikalen Zelle entwickelt hat, besteht im Oktantstadium aus zwei Lagen von je vier Zellen (ad: obere Lage oder apikale embryonale Domäne, *grün*; cd untere Lage oder zentrale embryonale Domäne, *gelb*). Die Zellen in beiden Lagen teilen sich tangential, sodass im Dermatogenstadium acht epidermale Zellen und acht innere Zellen vorhanden sind. Im Kugelstadium werden die inneren Zellen der unteren Lage zu Vorläufern des Grund- und des Leitgewebes. Die Hypophyse (hy, *blau*) teilt sich asymmetrisch in eine obere linsenförmige Zelle (lsc; das spätere Ruhezentrum, qc) und eine untere trapezförmige Zelle (die spätere zentrale Wurzelhaube, crc). Im Herzstadium ist die Körpergrundgestalt des Keimlings angelegt. Die Größe der Embryonen ist nicht maßstabsgerecht. a: Antipoden; cot: Kotyledonen; ec: Eizelle; hc: Hypokotyl; pn: Polkern; rt: Wurzel; s: Synergiden; sm: Sprossmeristem; su: Suspensor. (Nach Laux et al. 2004, mit freundlicher Genehmigung)

zurück; sie wird zur Hypophyse, die das Ruhezentrum und die untere Lage der Stammzellen des Wurzelmeristems hervorbringt. Diese Spezifizierung der verschiedenen Zellidentitäten während der Embryonalentwicklung ist durch entsprechende Signalwege streng kontrolliert und in der Regel durch bestimmte Genexpressionsmuster charakterisiert. Mutationen in den entsprechenden Genen und entsprechende phänotypische Veränderungen geben oft erste Hinweise.

 Die Gruppe von Gerd **Jürgens** hat eine der ersten Mutationen beschrieben, die die stabile Festlegung der apikal-basalen Achse des Embryos beeinflusst, sie betrifft das Gen *GNOM* (*GN*). Die mutanten Keimlinge sind klein und verdickt; es fehlt die Wurzel, und sie zeigen verdickte, fusionierte Keimblätter. Der früheste Defekt ist eine variable Teilung der Zygote. Das *GN*-Gen codiert für einen Guaninnukleotid-Austauschfaktor für kleine G-Proteine der Familie Auxin-sensitiver Gene, die eine wichtige Rolle beim intrazellulären Membranfluss spielen (Transport von Membranproteinen zur Plasmamembran). Das Gnom-Protein wird für die koordinierte polare Lokalisierung des Auxin-efflux-Carriers PINFORMED1 (*PIN1*) in der basalen Plasmamembran benötigt. Weitere Mutationen in der apikal-basalen Musterbildung betreffen die Gene *MONOPTEROS* (*MP*) und *BODENLOS* (*BDL*). Sie verändern die Zellteilungsebene der apikalen Tochterzelle der Zygote und verhindern später die Entstehung der Hypophyse. MP ist ein Transkriptionsfaktor und bindet an Auxin-Bindestellen im Promotorbereich solcher Gene, die durch Auxin aktiviert werden. BDL ist ein Protein, das als negativer Regulator der Auxin-Antwort wirkt. Auxin, das wichtigste Phytohormon der Pflanze, hat also auch schon in der frühesten Phase der Pflanzenentwicklung eine zentrale Rolle (Busch et al. 1996; Hamann et al. 1999).

Heute kennen wir die wesentlichen Gene, die an der Ausbildung der apikal-basalen Polaritätsachse beteiligt sind (■ Abb. 12.2). Für die Polarität der Zygote ist bei *Arabidopsis* der Transkriptionsfaktor WRKY2 wichtig; dabei handelt es sich um ein DNA-Bindungsprotein mit der Aminosäuredomäne WRKY (im Ein-Buchstaben-Code für Aminosäuren). WRKY2 aktiviert das Gen *WOX8* (engl. *WUSCHEL-RELATED HOMEOBOX*) und wahrscheinlich auch das Gen *WOX9*, die jeweils für Transkriptionsfaktoren codieren. Die Elongation der Zygote hängt nicht nur von GNOM ab (das wir oben schon kennengelernt haben), sondern auch von Phosphorylierungskaskaden, an denen die Proteinkinase YODA beteiligt ist (Mutationen im *YODA*-Gen [Gen-

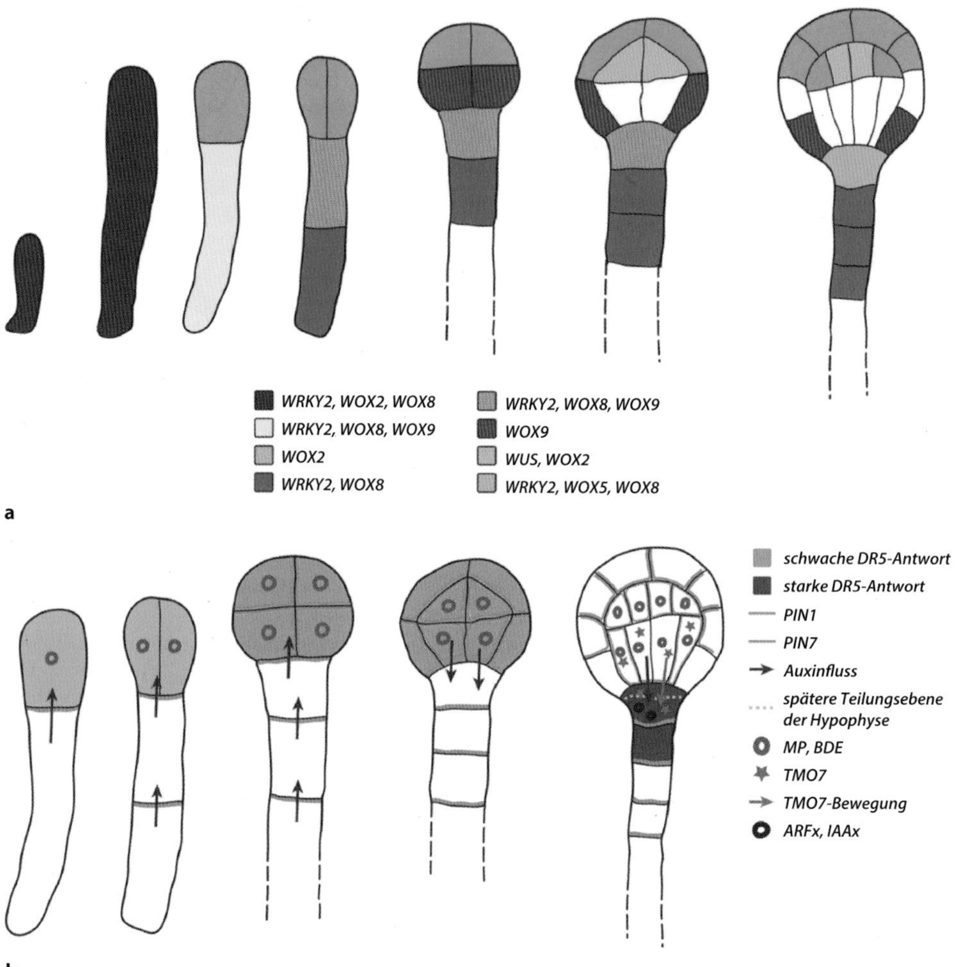

Abb. 12.2 Apikal-basale Musterbildung und Spezifizierung der Hypophyse in der frühen Embryogenese von *Arabidopsis thaliana*. **a** Von den Genen, die für die Ausbildung des apikal-basalen Musters wichtig sind, werden in der Zygote nach der Befruchtung (und nach der Elongation der Zelle, *violett*) *WRKY2*, *WOX2* und *WOX8* exprimiert. Nach der asymmetrischen Teilung der Zygote wird in der apikalen Zelle (*orange*) *WOX2* exprimiert, während in der basalen Zelle (*gelb*) *WRKY2*, *WOX8* und *WOX9* exprimiert werden. Dieses Muster bleibt nach der Teilung in der oberen Zelle erhalten, die wegen des anderen Zellschicksals jetzt *braun* gezeichnet ist; in der basalen Zelle (*dunkelblau*) wird *WOX9* abgeschaltet. Nach der apikalen Segregation bleibt *WOX2* apikal (*orange*) exprimiert, darunter *WOX9* in der zentralen Region (*rot*). Nach der Trennung zwischen Epidermis und subepidermalen Zellen werden im Innern zusätzlich *WUS* und *WOX2* exprimiert. Im frühen Kugelstadium wird zusätzlich *WOX5* (hellblau) exprimiert. WUS (*grün*) und WOX5 (*hellblau*) sind für die Entstehung von Spross- und Wurzelmeristem besonders wichtig. **b** Die Auxin-Signalkette steuert die Spezifizierung der Hypophyse. Die Anwesenheit von Auxin wird durch das Auxinreportersystem (*DR5*) nachgewiesen. ARFx/IAAx: Antwortfaktoren auf Auxin bzw. Indol-3-essigsäure; WOX: WUSCHEL RELATED HOMEOBOX; WRKY2: WRKY DNA-BINDING PROTEIN 2; WUS: WUSCHEL. Die Größe der Embryonen ist nicht maßstabsgerecht. (Nach Lau et al. 2012, mit freundlicher Genehmigung)

symbol: *YDA*] führen zu einem zwergenhaften Phänotyp, der die namensgebenden Forscher an Yoda aus den *Star-Wars*-Filmen erinnerte). Außerdem ist neben den Transkriptionsfaktoren WOX8, WOX9 und WOX2 auch ein Auxin-abhängiger Signalweg an der Ausbildung der apikal-basalen Achse beteiligt. Dazu gehört der Auxin-Effluxregulator PIN-FORMED 7 (PIN7) ebenso wie die schon erwähnten Transkriptionsregulatoren MONOPTEROS (MP) und BODENLOS (BDL). MP als Antwortfaktor auf Auxin (engl. *auxin response factor*, ARF) und BDL als Auxin-Inhibitor bilden dabei eine Rückkopplungsschleife, die durch Auxin moduliert wird. Ein Zielgen von MONOPTEROS ist *TMO7* (engl. *target of monopteros 7*), ein Transkriptionsregulator, der zur Spezifikation der Hypophyse beiträgt. WUSCHEL (Gensymbol: *WUS*) ist ein Transkriptionsfaktor mit einer Homöodomäne; es ist zuerst während des Dermatogenstadiums in den vier inneren Zellen der apikalen Region exprimiert. Mutationen des *WUS*-Gens führen zu einem funktionslosen Sprossmeristem (► Abschn. 12.2.2).

Neben dem apikal-basalen Muster wird auch ein **radiales Muster** aufgebaut (Abb. 12.3). Die acht Zellen des Oktant-Pro-Embryos teilen sich parallel zur Oberfläche (perikline Zellteilungen), sodass außen liegende Epidermis-

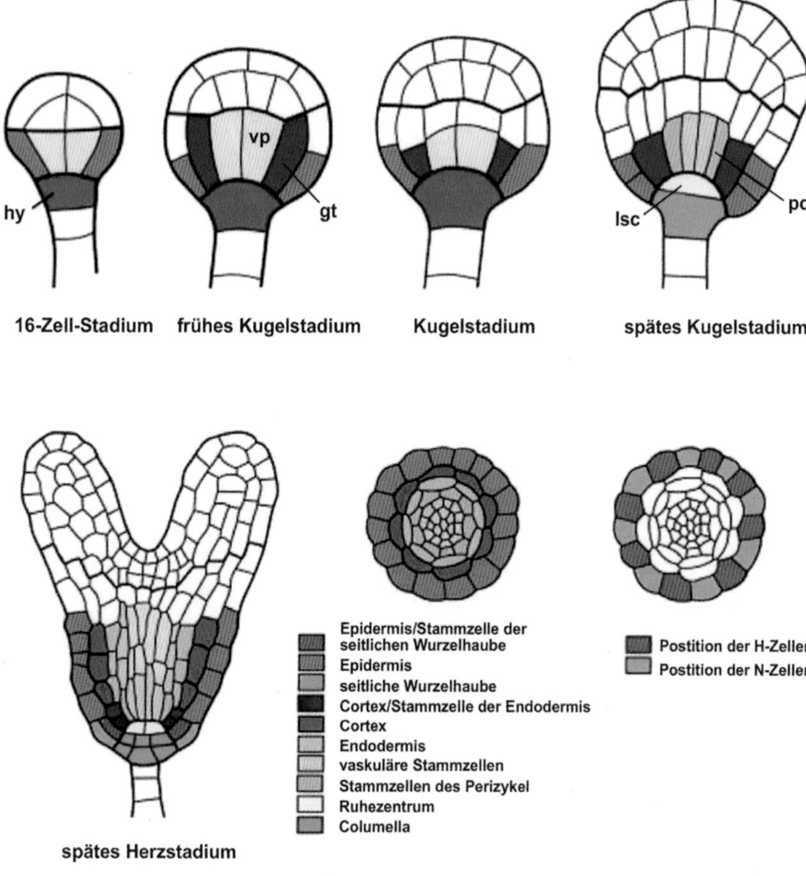

Abb. 12.3 Entwicklung des radialen Musters. Die *obere Reihe* und das Bild *unten links* zeigen schematische Längsschnitte; die Bilder *unten rechts* zeigen Querschnitte durch eine Wurzel. Die *unteren* und *oberen dicken Linien* markieren klonale Grenzen zwischen den Abkömmlingen der apikalen und der basalen Tochterzelle der Zygote und zwischen der apikalen und der zentralen embryonalen Domäne. Der *Farbcode* der einzelnen Zelltypen ist angegeben, die Stammzellen sind jeweils *dunkler* gefärbt; gt: Grundgewebe; hy: Hypophyse; lsc: linsenförmige Zelle; pc: Perizykel; vp: vaskuläres Primordium. (Nach Laux et al. 2004, mit freundlicher Genehmigung)

zellen und innen liegende subepidermale Zellen entstehen. Die weitere Entwicklung der Epidermis erfolgt durch Zellteilungen, deren Teilungsebene senkrecht zur Oberfläche liegt (antikline Teilungen); die periklinen Zellteilungen bleiben auf die zentrale Region des jungen Embryos beschränkt. Das Ergebnis der radialen Musterbildung ist eine konzentrische Anordnung von Gewebeschichten.

Ein zentrales Gen für die Entstehung des radialen Musters ist *ATML1* (engl. *ARABIDOPSIS THALIANA MERISTEM LAYER 1*). Das *ATML1*-Gen codiert für einen Leucin-Zipper-Transkriptionsfaktor, der auch eine Homöodomäne enthält; das Gen wird schon im 1-Zell-Stadium exprimiert. Die anatomische Abgrenzung der äußeren Schicht und der inneren Zelle fällt mit der Änderung des Expressionsmusters des *ATML1*-Gens zusammen. Beim Übergang vom Oktant- zum Dermatogenstadium wird seine Expression auf die protodermale Schicht beschränkt. Wir betrachten heute ATML1 als den hauptsächlichen Regulator der epidermalen Zellspezifizierung im Spross. Das Gen, das am nächsten mit *ATML1* verwandt ist, codiert für den protodermalen Faktor 2 (Gensymbol: *PDF2*, *PROTODERMAL FACTOR 2*) und ist im 4-Zell-Stadium ubiquitär exprimiert; im frühen Kugelstadium ist die Expression von *PDF2* aber auf die äußerste Schicht beschränkt. Im Kugelstadium des Embryos werden für die Trennung der Entwicklungswege der inneren und äußeren Zellen zwei Rezeptor-ähnliche Kinasen (RPK1 und RPK2, engl. *RECEPTOR-LIKE PROTEIN KINASE*) benötigt. Eine ausführliche Diskussion dieser Prozesse finden wir bei ten Hove et al. (2015).

Wir haben oben schon mehrfach auf die Bedeutung des Pflanzenhorms Auxin hingewiesen. Die Auxin-Verteilung verändert sich dynamisch an den entscheidenden Punkten der pflanzlichen Embryonalentwicklung: Nach der Befruchtung ist die Auxin-Aktivität in der apikalen Zelle (und ihren Tochterzellen) höher als in der basalen (was bis zum 32-Zell-Stadium so bleibt). Danach ist ein inverses Muster der Auxin-Maxima zu beobachten, wobei die höchste Auxin-Aktivität in den obersten Suspensorzellen gefunden wird – einschließlich der Hypophyse, dem Vorläufer des Wurzelmeristems. Später wiederum wird Auxin-Aktivität in den Apizes der Kotyledonen (Keimblätter) und in den provaskulären Zellen gefunden. Dabei spielt der polare Auxin-Transport eine zentrale Rolle, wobei Auxin in spezifische Zellen oder Gewebe der Pflanze geleitet wird, um bestimmte Entwicklungsprozesse anzustoßen oder aufrechtzuerhalten; ◻ Abb. 12.4 verdeutlicht das schematisch. Die Gene der *WOX*-Familie (*WOX2*, *WOX8*, *WOX9*) markieren die Zellschicksale entlang der apikal-basalen Achse, und die Gene der *PIN*-Familie (*PIN1*, *PIN7*) sind wesentlich an der Polarität des Auxin-Flusses beteiligt.

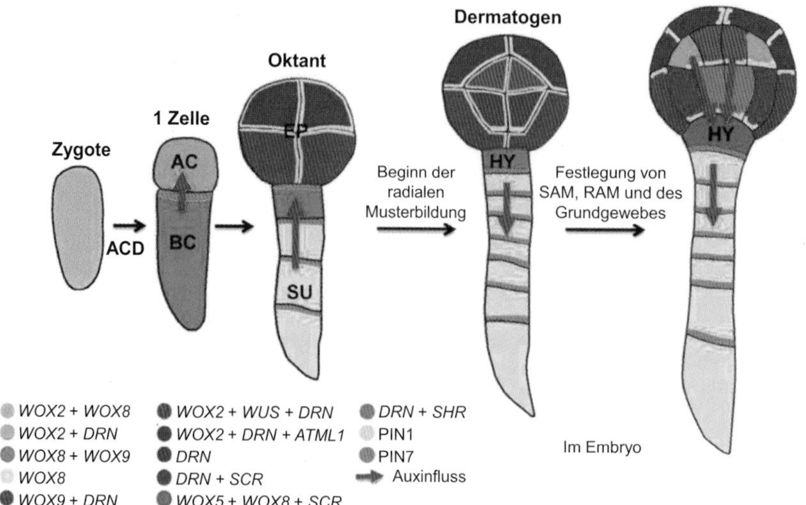

Abb. 12.4 Muster der Expression wichtiger Gene, Regulation des Auxinflusses und Festlegung von Zellschicksalen während der Embryonalentwicklung von *Arabidopsis thaliana*. Die Expression von Genen bzw. der Kombination von Genen ist farbcodiert (Legende); Transkripte sind *kursiv* und Proteine steil geschrieben. Der Auxinfluss ist durch *rote Pfeile* dargestellt. Die verschiedenen Entwicklungsstadien und die wesentlichen Differenzierungsmechanismen sind angegeben. AC: apikale Zelle; ACD: asymmetrische Zellteilung; BC: basale Zelle; EP: eigentlicher Embryo (*embryo proper*); HY: Hypophyse; RAM: apikales Wurzelmeristem; SAM: apikales Sprossmeristem; SU: Suspensor. (Nach Zhao et al. 2017, mit freundlicher Genehmigung)

Bei der frühen Embryonalentwicklung von *Arabidopsis* werden zunächst die apikal-basale Polaritätsachse und danach ein radiales Muster aufgebaut. Mutationen in den beteiligten Genen führen zu massiven Störungen in der frühen Musterbildung. Das Pflanzenhormon Auxin ist bereits an vielen frühen Entwicklungsprozessen beteiligt.

12.2.2 Wurzel-, Spross- und Blattentwicklung

Vom Herzstadium bis zum reifen Embryo werden die frühembryonal angelegten Regionen und Gewebe weiter untergliedert. Aus dem apikal-basalen Muster bilden sich Meristeme mit den dazwischenliegenden Keimlingsstrukturen (Keimblätter, Hypokotyl und embryonale Wurzel). Aus dem zweiten, radialen Muster werden die hauptsächlichen Gewebetypen (von außen nach innen Epidermis, Grundgewebe und Leitgefäße) aufgebaut. Das nun aktive **primäre Wurzelmeristem** bildet den größten Teil der embryonalen Wurzel. Es setzt sich aus zwei Teilen zusammen, die von verschiedenen Regionen des jungen Embryos abstammen: Das Ruhezentrum des Wurzelmeristems und die Initialen (Stammzellen) für die zentrale Wurzelhaube sind Abkömmlinge der Hypophyse und gehen somit auf die basale Tochterzelle der Zygote zurück. Die Initialen des Wurzelmeristems, die Zellstränge nach oben abgeben und so zur embryonalen Wurzel beitragen, sind dagegen von der unteren Lage des Oktant-Pro-Embryos abgeleitet und damit Nachkommen der apikalen Tochterzelle der Zygote (Abb. 12.3).

Das Wurzelmeristem wird im Herzstadium aktiv; es weist eine charakteristische radiale Organisation auf, die sich in der konzentrischen Anordnung der Wurzelgewebe widerspiegelt. Je acht Zellstränge sind in den Schichten von Cortex und Endodermis zu finden; in der Epidermis gibt es etwa 16 Zellstränge und doppelt so viele in der lateralen Wurzelhaube. Um das Ruhezentrum, das aus vier teilungsinaktiven Zellen besteht, gruppieren sich die Initialen. Nach unten hin bildet eine Lage von Initialen immer wieder Zellen für den zentralen Teil der Wurzelhaube, die sich beim Eindringen in den Boden abnutzt und von den neu gebildeten Zellschichten ersetzt wird. Nach oben hin bildet eine Lage von Initialen Zellen, die sich zu Strängen anordnen und so die bestehende Wurzel verlängern.

Die Primärwurzel wächst vor allem durch Teilung der Stammzellen in der meristematischen Zone. Die neu entstandenen Zellen verlängern die embryonal gebildete Wurzel. Wenn die Zellen das Meristem verlassen, kommen sie in die Streckungszone, wo sie sich in der Längsachse der Wurzel strecken; auch diese Zellstreckung trägt zum Wurzelwachstum bei. Schließlich gelangen die Zellen in die Differenzierungszone, in der sie ihre charakteristischen Merkmale ausbilden (z. B. Wurzelhaare, Caspari'sche Streifen, Seitenwurzel, Leitgewebe Phloem und Xylem).

Arabidopsis-**Mutanten**, die die Wurzelbildung betreffen (Abb. 12.5), zeigen im Wesentlichen einen Einfluss auf das radiale Muster und deuten damit darauf hin, dass es während der Wurzelbildung vor allem auf den radialen Informationsfluss ankommt. Besonders zwei Mutanten (*scarecrow*, *scr* und *short-root*, *shr*) haben dieses Bild geprägt. Beide sind Funktionsverlustmutationen

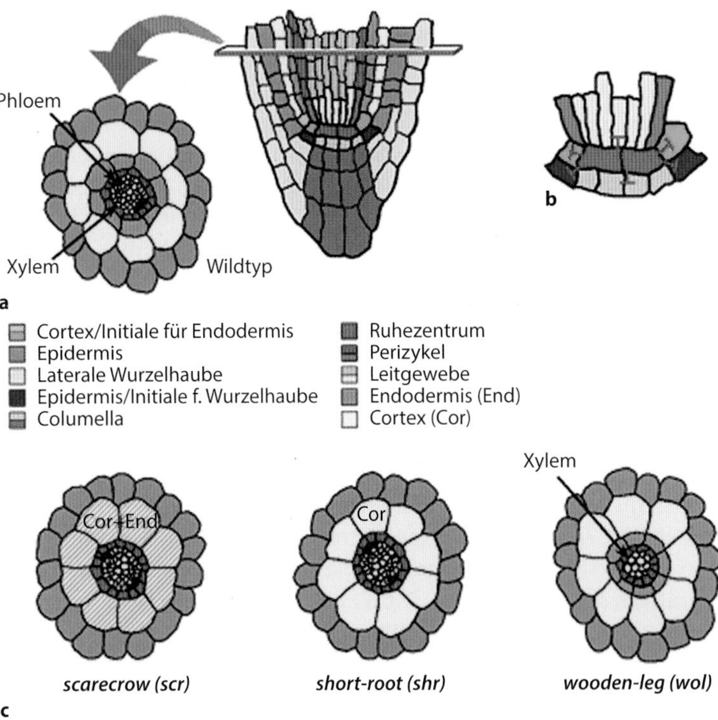

Abb. 12.5 Schematische Darstellung von Wildtyp und Wurzelmutanten bei *Arabidopsis*. **a** Wildtyp-Wurzel: Die verschiedenen Zelltypen sind durch einen *Farbcode* erläutert. **b** Das Ruhezentrum wirkt durch die Hemmung der Differenzierung der umliegenden Initialzellen als Organisationszentrum des Wurzelmeristems. **c** Unvollständige radiale Muster der drei *Arabidopsis*-Mutanten *scr*, *shr* und *wol*. (Nach Nakajima und Benfey 2002, mit freundlicher Genehmigung)

in Genen, die für Transkriptionsfaktoren codieren. Die initialen Tochterzellen in der Epidemis bzw. des Cortex teilen sich nicht in der üblichen asymmetrischen Weise, sodass nur eine einzige Schicht des Grundgewebes gebildet wird, wo sonst die zwei Schichten von Cortex und Endodermis entstehen. Die beiden Mutanten unterscheiden sich allerdings in einem wichtigen Detail: So hat die eine Grundgewebeschicht in *scr*-Mutanten differenzierte Anteile des Cortex und der Endodermis, wohingegen die *shr*-Mutanten nur Cortex-Eigenschaften aufweisen. Mutationen im Gen *WOODEN-LEG* (*WOL*) führen zu einer verringerten Zahl an Zellen im Leitgewebe der Wurzel, und alle Zellen des Leitgewebes differenzieren in Xylemgewebe. *WOL* kontrolliert Zellteilungen, aber nicht die Differenzierung. Die molekulare Analyse hat gezeigt, dass das Gen für eine Histidinkinase codiert, die auch als Cytokin-Rezeptor bekannt ist (CRE1) und offensichtlich für die Übertragung des Cytokin-Signals von der Oberfläche der Zellen des Leitgewebes zu deren Zellkernen verantwortlich ist.

Im Herzstadium ist sowohl die apikal-basale als auch die radiale Organisation des Embryos definiert. Aber es gibt noch eine andere Form der Musterbildung, die zwischen epidermalen Zellschicksalen in der Wurzel und im Hypokotyl in Bezug auf ihre Umgebung entscheidet: Zellen, die mit dem interzellulären Raum von zwei darunterliegenden Cortexzellen in Kontakt sind (H-Zellen), werden sich zu Haarzellen in der Wurzel und zu Spaltöffnungen (Stomata) im Hypokotyl entwickeln, wohingegen die Zellen, die nur in Kontakt mit einer cortikalen Zelle sind (N-Zellen), sich weder zu Haar- noch zu Stomatazellen entwickeln. Möglicherweise erreichen die entsprechenden Signalmoleküle ihre Zielzellen über den interzellulären Raum (Laux et al. 2004).

Die oberirdischen Teile der vegetativen Pflanze, **Spross und Blätter**, entwickeln sich aus dem primären **Sprossmeristem** des Keimlings. Das primäre Sprossmeristem besteht im reifen Embryo aus annähernd 100 Zellen und ist im Durchmesser etwa 50 µm groß. Es ist charakteristisch in **Schichten und Zonen** organisiert: Die äußere der drei Schichten ist aus der Epidermis des Embryos hervorgegangen; sie bildet später die epidermalen Abschlussgewebe von Spross, Blättern und Blütenorganen. Die Zellen der inneren Schichten sind aus subepidermalen Zellen des Embryos hervorgegangen und bringen unter anderem die sporogenen Gewebe der Blüten hervor, die die Keimzellen bilden.

Das Sprossmeristem ist außerdem in Zonen gegliedert, die verschiedene Funktionen erfüllen. Eine zentrale Zone an der Spitze ist für die Integrität des Sprossmeristems wichtig und enthält teilungsaktive Zellen, die das Meristem laufend erneuern, aber auch Tochterzellen zur Seite und nach unten abgeben. Die zentrale Zone wird flankiert von der peripheren Zone, in der Blätter mit den dazugehörigen Achselmeristemen angelegt werden. Die Blattanlagen werden durch neue Zellen, die aus der zentralen Zone stammen, verdrängt und verlassen das Meristem. Durch perikline Teilungen der subepidermalen Zellen werden die Anlagen dann in Blattprimordien umgewandelt. Die darin enthaltenen Achselmeristeme bleiben inaktiv, solange die zentrale Zone des primären Sprossmeristems inhibierend wirkt (apikale Dominanz). Unterhalb der zentralen Zone ist die Rippenzone angesiedelt, deren Zellen zum Wachstum des Sprosses beitragen.

Die **Analyse von Mutanten** hat auch viel zum Verständnis der Sprossentwicklung beigetragen. Im Zentrum steht dabei die Beschränkung der Zellzahl im Sprossmeristem durch ein einfaches Rückkopplungssystem und damit die Aufrechterhaltung dieser Stammzellnische im zentralen Bereich. Verlustmutationen in diesem Rückkopplungssignalweg haben entsprechend unterschiedliche Auswirkungen: Mutationen in einem der drei *CLAVATA*(*CLV*)-Gene führen zu einem 1000-fachen Anstieg der Zellzahlen im apikalen Sprossmeristem, wohingegen Mutationen in dem Homöoboxgen *WUSCHEL* (*WUS*) dazu führen, dass das apikale Sprossmeristem nicht erhalten bleibt. CLV-Proteine schränken die Aktivität von *WUS* ein, wohingegen WUS die Aktivität von *CLV3* erhöht – damit wird ein Rückkopplungsmechanismus aufgebaut, der die Größe des Meristems erhält. Allerdings ist darüber hinaus noch die Aktivität des Transkriptionsfaktors KNOX wichtig. Die entsprechende Mutation *knotted-1* (*kn1*) wurde zuerst in Mais entdeckt und verursacht dort Knoten in den Blättern, die durch undeterminiertes Gewebe gebildet werden. In *Arabidopsis* eng verwandt damit ist das Gen *STM* (*SHOOTMERISTEMLESS*), dessen Funktionsverlust dazu führt, dass das Sprossmeristem nicht erhalten bleiben kann. Zu dieser Genfamilie gehören insgesamt vier Gene: *STM*, *KNAT1*, *KNAT2* und *KNAT6* (*KNAT*: engl. *KNOTTED-LIKE FROM ARABIDOPSIS THALIANA*). ◘ Abb. 12.6 zeigt die massiven Auswirkungen einer Funktionsverlust-Mutation (*stm-1*) im Gen *STM*.

Wie wir oben gesehen haben, gibt es im Pflanzenembryo neben dem apikal-basalen Muster auch ein radiales Muster. In *Arabidopsis* und anderen Dikotyledonen durchläuft der apikale Teil ein bilaterales Symmetriestadium; dabei stehen die beiden embryonalen Blätter (die Kotyledonen) einander direkt gegenüber. Missbildungen oder offensichtliche Fusionen der Kotyledonen in frühen Keimlingen können Defekte bei diesem Übergangsprozess anzeigen. Eine Reihe von *Arabidopsis*-Mutanten zeigt genau derartige Phänotypen, darunter *pin-formed* (*pin*), *monopteros* (*mp*) und *pinoid* (*pid*) (die den Auxin-Transport und/oder dessen Signalweg beeinflussen) oder *shoot meristemless* (*stm*) und *cup-shaped cotyledon 1* und *2* (*cuc1* und *cuc2*), die zusätzliche Defekte bei der Bildung des apikalen Sprossmeristems zeigen.

12

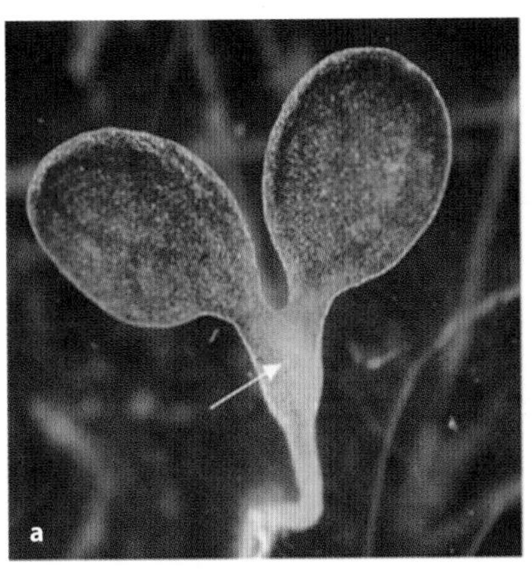

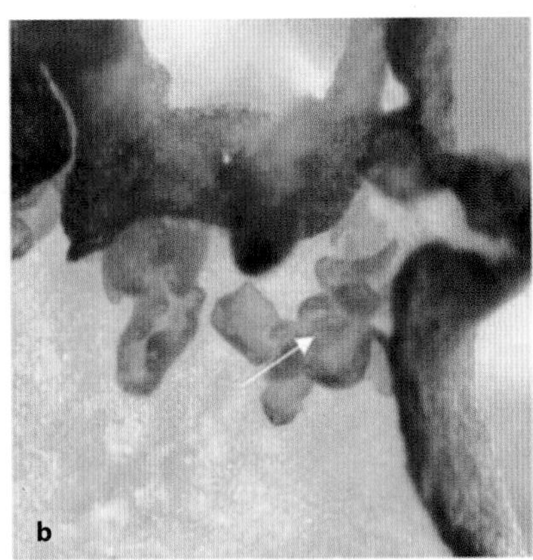

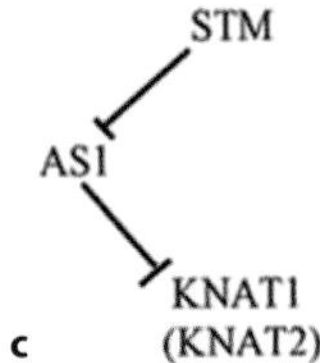

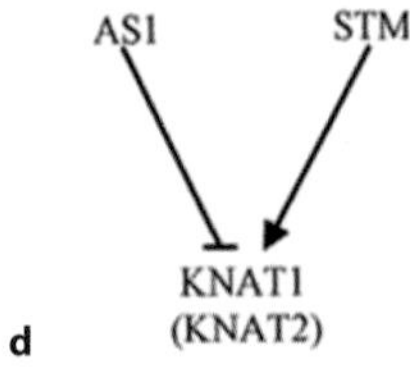

◘ **Abb. 12.6** Signale zwischen Meristem und Blättern. **a** Es ist ein Keimling dargestellt, der für die starke Funktionsverlust-Mutation *stm-1* homozygot ist. Es wird kein apikales Sprossmeristem gebildet, und die Keimblätter sind fusioniert (*Pfeil*). **b** Es ist das Blatt einer Pflanze gezeigt, die ektopisch *STM* exprimiert. An der adaxialen Blattoberfläche werden ektopische Sprossmeristeme gebildet (*Pfeil*). **c** Das Modell zeigt eine mögliche Wechselwirkung zwischen *STM*, *AS1* und *KNAT1/2*: *SHOOTMERISTEMLESS* (*STM*) codiert für einen KNOX-Homöodomänen-Transkriptionsfaktor, der im ganzen apikalen Sprossmeristem exprimiert wird, *ASYMMETRIC LEAVES1* (*AS1*) codiert für einen MYB-Transkriptionsfaktor und KNAT1 (und KNAT2; *KNAT*: engl. *KNOTTED-LIKE FROM ARABIDOPSIS THALIANA*, auch als *BREVIPEDICELLUS* bezeichnet, Gensymbol: *BP*) für einen KNOX-Homöodomänen-Transkriptionsfaktor. Genetische Analysen deuten darauf hin, dass STM im apikalen Sprossmeristem *AS1* negativ reguliert, das seinerseits die Expression von *KNAT1* bzw. *KNAT2* hemmt. **d** Als Alternative wird diskutiert, dass AS1 und STM antagonistisch auf die Expression von *KNAT1* (bzw. *KNAT2*) einwirken. (Nach Scofield und Murray 2006, mit freundlicher Genehmigung)

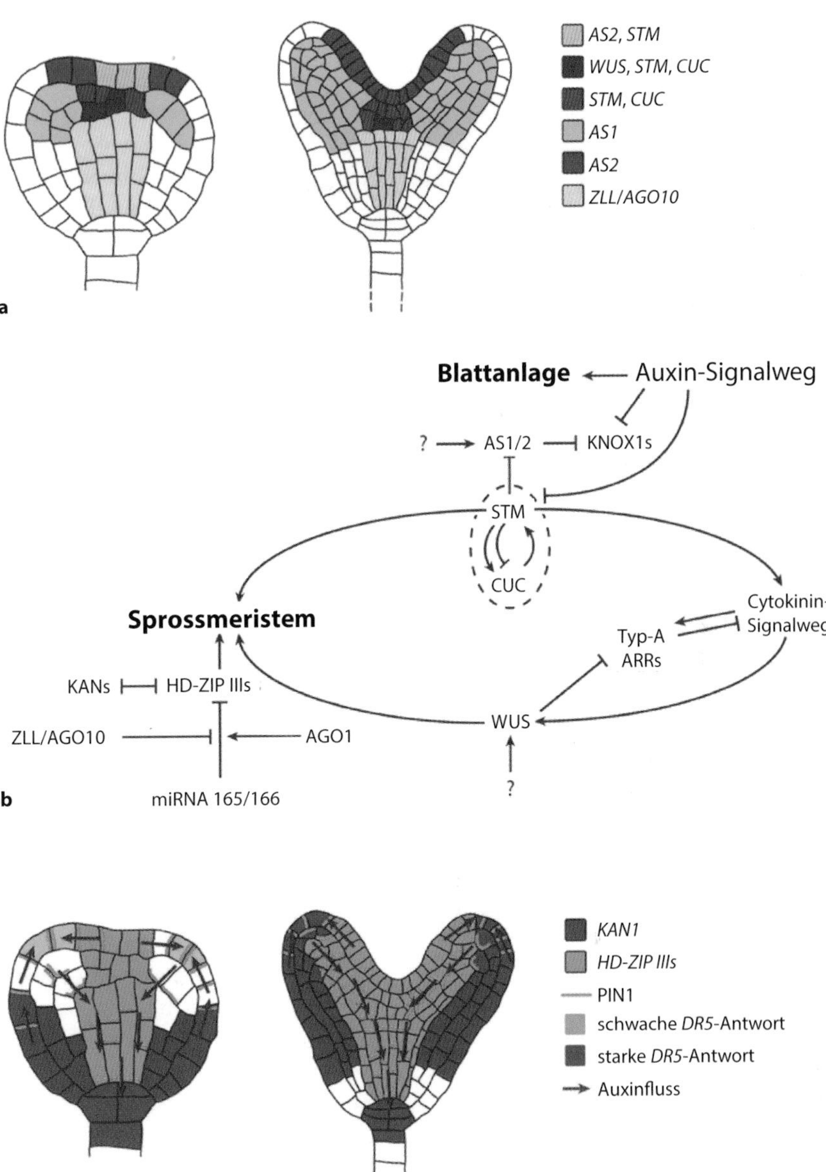

Abb. 12.7 Bildung des apikalen Sprossmeristems und der Keimblätter bei *Arabidopsis*. **a** Expressionsmuster von Genen, die für die Etablierung des Sprossmeristems und die Bildung der Keimblätter im Übergangs- und Herzstadium bei *Arabidopsis* wichtig sind. Die Expression von *CUC1–3* ist allgemein als *CUC* dargestellt. Die verschiedenen Expressionsdomänen sind durch einen *Farbcode* erläutert. **b** Signalwege und hormonelle Regulation bei der Bildung des Sprossmeristems und der Keimblätter. **c** Es sind die Expressionsmuster der *KAN1*- und *HD-ZIP-III*-Gene (exemplarisch gezeigt für *REV*, das die Domänen aller anderen Mitglieder einschließt) und der Auxinfluss, der durch PIN1 vermittelt wird (idealisierte Darstellung), gezeigt. Auxin wird über die *DR5*-Antwort bestimmt; die Darstellung der Embryonen ist nicht maßstabsgerecht. *ARR*: *ARABIDOPSIS RESPONSE REGULATOR*; *AS*: *ASYMMETRIC LEAVES*; *CUC*: *CUP-SHAPED COTYLEDON*; *HD-ZIP III*: *CLASS III HOMEODOMAIN-LEUCINE ZIPPER*; *KAN1*: *KANADI*; KNOX: KNOTTED1-LIKE HOMEOBOX; PIN: PINFORMED; REV: *REVOLUTA*; *STM*: *SHOOTMERISTEMLESS*; *WUS*: *WUSCHEL*; *ZLL/AGO10*: *ZWILLE/ARGONAUTE 10*. (Nach Lau et al. 2012, mit freundlicher Genehmigung)

Eine allgemeine Voraussetzung für die Entstehung des Sprossmeristems ist neben der Expression von *STM* auch die Aktivität der Transkriptionsfaktoren HD-ZIP III (engl. *CLASS III HOMEODOMAIN-LEUCINE ZIPPER*). Zu dieser Familie von Transkriptionsfaktoren gehören PHABULOSA (Gensymbol: *PHB*), PHAVOLUTA (Gensymbol: *PHV*) und REVOLUTA (Gensymbol: *REV*). Diese Gene werden schon in frühen Embryonalstadien exprimiert und überlappen auch teilweise mit der Expressionsdomäne von *ZLL/AGO10* (*ZWILLE/ARGONAUTE 10*). Mitglieder der *KANADI*-Familie (Gensymbol: *KAN*) sind dagegen offensichtlich Gegenspieler zu den HD-ZIP-III-Transkriptionsfaktoren, da sie in Zellen exprimiert werden, die *HD-ZIP III* nicht exprimieren. Die Expressionsmuster von Genen, die für die Ausbildung des Sprossmeristems und die Bildung der Keimblätter wichtig sind, sind in ◘ Abb. 12.7 gezeigt.

Ein entscheidender Schritt bei der **Keimung** des Pflanzenembryos ist die Phase, wenn er aus dem Boden durch die Erdoberfläche herauswächst. Die Keimlinge der Mono- und Dikotyledonen haben dazu unterschiedliche Schutzstrategien entwickelt: Während die Monokotyledonen ein Koleoptil als „Schutzschild" entwickelt haben, ist bei den meisten Dikotyledonen das apikale Sprossmeristem durch zwei kleine, gefaltete Kotyledonen geschützt, die sich an der Spitze des Hypokotylhakens befinden (◘ Abb. 12.8a). Dieser Prozess wird durch mehrere Hormone reguliert, vor allem durch Gibberelline (besonders Gibberellinsäure) und Ethylen. Durch die Verwendung charakteristischer Mutanten bei *Arabidopsis*, verbunden mit deren Behandlung durch ver-

12

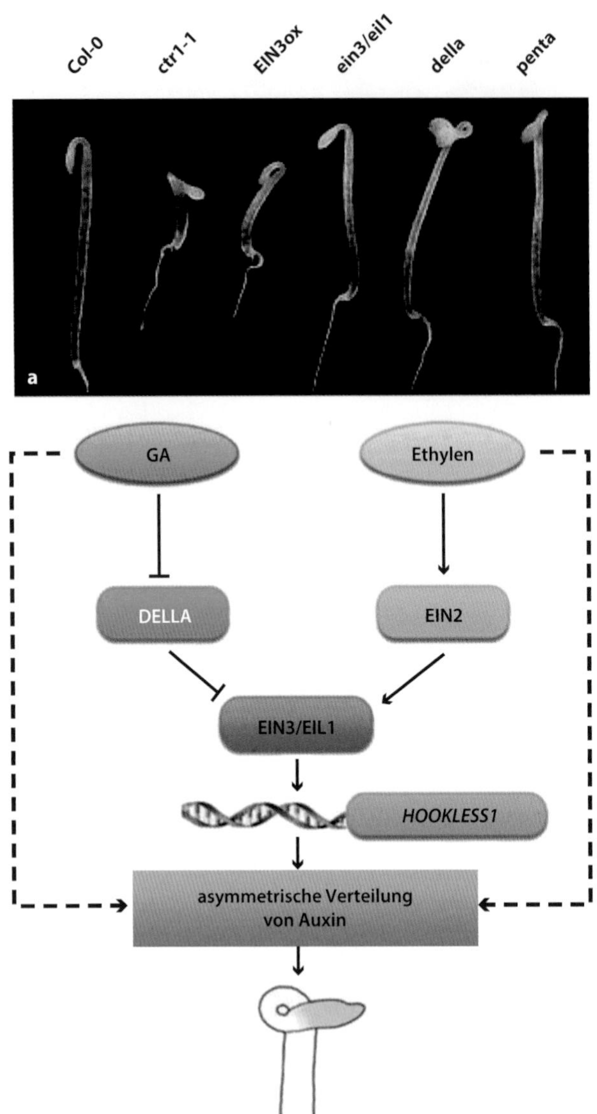

◘ Abb. 12.8 Bildung des Hypokotylhakens bei der Keimung. **a** Verschiedene Phänotypen des Hypokotylhakens bei 3 Tage alten etiolierten Keimlingen von *Arabidopsis*-Mutanten. Die jeweils mutierten Gene sind angegeben und werden mit dem Wildtyp verglichen (*links*, Col-0: Ökotyp Columbia; ctr1-1: *constitutive triple response*; EIN3ox: Überexpression von EIN3; della und penta: verschiedene Kombinationen von Mutationen in fünf Genen der DELLA-Familie). **b** Modell zur Erklärung der gemeinsamen Wirkung von Gibberellinen (GA) und Ethylen zur Ausbildung der Krümmung des Hypokotylhakens. Dabei wirkt EIN3/EIL1 als Integrationsknoten und verknüpft die Signalwege der beiden Hormone so, dass schließlich die Expression von *HOOKLESS1* (*HLS1*) induziert wird. Gibberelline vermindern dabei die Hemmung der DELLA-Proteine auf EIN3/EIL1. Außerdem initiieren Gibberelline und Ethylen HLS1-unabhängige Signalwege, um über eine asymmetrische Verteilung von Auxin die Krümmung des Hypokotylhakens zu regulieren. Die *durchgezogenen Linien* stehen für experimentell belegte Regulationen, wohingegen die *gestrichelten Linien* vermutete Regulationswege andeuten. Die Behandlung eines etiolierten Wildtyp-Keimlings von *Arabidopsis* mit Gibberellinsäure, Aminocyclopropancarbonsäure (Vorstufe der Ethylen-Biosynthese) und Paclobutrazol führt nach 6 Tagen zu der Form, die *unten* dargestellt ist. (Nach An et al. 2012, mit freundlicher Genehmigung)

schiedene Phytohormone bzw. deren Vorläufermolekülen in unterschiedlichen Kombinationen, entsteht derzeit ein erstes Bild eines komplexen regulatorischen Netzwerks. Eine stark vereinfachte Darstellung findet sich in ◘ Abb. 12.8b. Dabei wirken Gibberelline (vor allem die Gibberellinsäure) und Ethylen zusammen, um so die Bildung des Hypokotylhakens zu erreichen.

Gibberellinsäure hemmt dabei zunächst die DELLA-Proteine, eine Familie von fünf Proteinen, die in der Signalkette der Gibberelline eine große Bedeutung haben. Diesen Proteinen ist die DELLA-Domäne gemein, deren ersten fünf Aminosäuren (im Ein-Buchstaben-Code) der Proteinfamilie den Namen gegeben haben. Die DELLA-Proteine interagieren dabei mit der DNA-Bindungsdomäne von EIN3 (ETHYLENE INSENSITIVE 3) und EIL1 (ETHYLENE INSENSITIVE 3-LIKE 1) und hemmen dadurch deren Bindung an den Promotor des *HOOKLESS-1*-Gens (*HLS1*). Durch die Wirkung der Gibberelline ergibt sich im Ergebnis eine Aktivierung von *EIN3*/*EIL1*, die durch die Ethylen-Wirkung über EIN2 (ETHYLENE INSENSITIVE 2) verstärkt wird. Dadurch wird das *HLS1*-Gen aktiviert und der Hypokotylhaken ausgebildet. *HLS1* codiert für eine N-Acetyltransferase und ist nicht nur notwendig, sondern auch ausreichend für die Bildung des Hypokotylhakens. Das Ausschalten des *HLS1*-Gens führt zu einem Verlust der Hakenbildung und zur Unterdrückung der übersteigerten Krümmung, die bei Behandlung von etiolierten *Arabidopsis*-Keimlingen durch Ethylen beobachtet wird.

Die Folge der HOOKLESS-1-Aktivität ist die Ausbildung einer asymmetrischen Verteilung von Auxin – diese fehlt in den *hls1*-Mutanten in der apikalen Zone, wo später der Hypokotylhaken gebildet wird; das war der erste Hinweis auf die besondere Bedeutung dieses Gens. Inhibitoren des Auxin-Transports zeigen außerdem denselben Phänotyp wie *hls1*-Mutanten (Phänokopie), sodass daraus auf einen Zusammenhang zwischen Auxin-Transport und der Wirkung des *HLS1*-Gens geschlossen werden kann. Die Wirkung von HLS1 kann außerdem durch Mutationen im *ARF2*-Gen (*AUXIN RESPONSE FACTOR 2*) unterdrückt werden, womit ein weiterer Zusammenhang zwischen Auxin-Verteilung und HLS1 hergestellt wird.

Ein weiterer wichtiger Faktor nach dem Durchstoßen des Bodens für den Keimling ist natürlich Licht – es wird auch benötigt, um die Krümmung des Hypokotylhakens wieder zu beseitigen und ein aufrechtes Wachstum der Pflanze zu ermöglichen. Um die entsprechende photomorphogenetische Antwort auszulösen, ist infrarotes Licht besonders wirksam. Das deutet darauf hin, dass an der Beseitigung des Auxin-Gradienten Phytochrome und Phytochrom-induzierte Transkriptionsfaktoren beteiligt sind. Auch dabei spielt HLS1 offensichtlich eine zentrale Rolle: Das Protein verschwindet relativ schnell, wenn etiolierte Keimlinge mit Licht bestrahlt werden (wenn *HLS1* unter einem konstitutiven Promotor exprimiert wird, bleibt es auch bei Belichtung erhalten). Gleichzeitig mit dem Verschwinden von HLS1 wird ein Konzentrationsanstieg von ARF2 beobachtet. Licht ist also offensichtlich ein Gegenspieler des Gibberellin-Ethylen-Signals, das zur Bildung des Hypokotylhakens führt. Eine sehr ausführliche Darstellung dieser Prozesse insgesamt findet sich bei Abbas et al. (2013).

Blätter entstehen aus Gruppen von Gründerzellen, die die periphere Zone des Sprossmeristems verlassen. Die Blattanlage umfasst Zellen aus allen drei Schichten des Meristems. Erkennbar wird die Blattanlage als seitlicher Höcker; offensichtlich ändert sich mit der Ausgliederung der Blattanlage die Orientierung der Zellen. Das neu gebildete Blattprimordium besteht aus etwa 100 Zellen, während die Zellzahl in einem fertig ausgebildeten Primärblatt von *Arabidopsis* auf annähernd 130.000 Zellen geschätzt wurde.

Das Blatt wird in drei Regionen gegliedert: die Spreite, die Mittelrippe und den Stiel (Petiole). In der Spreite können wir weiterhin die Epidermis, das Palisadenparenchym, das Schwammparenchym und die Leitbündel unterscheiden. Die Abfolge dieser Gewebe in der Spreite spiegelt die dorso-ventrale Achse des Blattes wider. Als dorsal wird die Oberfläche zum Spross hin (adaxial), als ventral die vom Spross wegzeigende (abaxiale) Unterseite bezeichnet. Die von der Basis zur Spitze des Blattes verlaufende Längsachse wird proximo-distal genannt. Auch die Blattformen werden durch das Zusammenspiel verschiedener Gene erzeugt, wobei Gene, die wir bisher schon kennengelernt haben, wichtige Rollen spielen (z. B. *CUC*, *KNAT1*, *KNOX*, *PIN1*, *STM*); allerdings sind hier noch die Gene *AS1* und *AS2* beteiligt.

Das Wurzelmeristem wird im Herzstadium aktiv und weist eine radiale Organisation auf. Mutationen, die die Wurzelbildung betreffen, beeinflussen im Wesentlichen das radiale Muster. Das Sprossmeristem ist dagegen in Schichten und Zonen gegliedert. Diese Gliederung wird durch eine Rückkopplung aufrechterhalten, an der die Genprodukte von *CLV* und *WUS* beteiligt sind. An der Krümmung des Hypokotylhakens des Keimlings sind die Hormone Gibberellinsäure und Ethylen beteiligt und führen zur Aktivierung von HLS1. Die Form der Blätter wird durch verschiedene aktivierende und reprimierende Prozesse unter wesentlicher Beteiligung des Transkriptionsfaktors KNOX gesteuert.

Verschiedene Experimente in den letzten Jahren deuten darauf hin, dass „kleine" RNA-Moleküle (▶ Abschn. 8.2) eine bedeutende Rolle bei der Ausbildung der Asymmetrie der Blätter spielen: Die Oberseite (adaxial) entwickelt sich in größerer Nähe zum apikalen Sprossmeristem als die Unterseite (abaxial). An der Aufrechterhaltung dieser Polarität sind eine ganze Reihe verschiedener Transkriptionsfaktoren beteiligt. Einige dieser Transkriptionsfaktoren werden aber nicht nur über ein hierarchisches Netz von anderen Transkriptionsfaktoren reguliert, sondern sind darüber hinaus auch Zielgene verschiedener miRNAs. Offensichtlich sind diese miRNAs wichtig, um Grenzen verschiedener Expressionsdomänen zu schärfen, indem sie bei Expressionsgradienten die Aktivität der mRNA in den Bereichen niedriger Konzentration ganz verhindern. In diesem Zusammenhang wurde auch eine neue Klasse von siRNAs beschrieben: *trans*-aktive siRNA (Abk. ta-siRNA). Dies ist in der Entwicklungsbiologie bisher einmalig, und man wird beobachten müssen, ob sich hier ein neues entwicklungsbiologisches Paradigma herausbildet oder ob es auf (einige) Pflanzenarten beschränkt bleibt. Eine Übersicht über dieses Phänomen bietet Pulido und Laufs (2010).

12.2.3 Blütenentwicklung

Blüten entsprechen einem modifizierten Spross, in dem das Längenwachstum in den Internodien unterbleibt und dadurch mehrere Blattrosetten dicht übereinander zu liegen kommen. Diese Blattrosetten (Wirtel, engl. *whorl*) bilden bei *Arabidopsis* und *Antirrhinum* die unterschiedlichen Bestandteile der Blüte, die Blütenhülle (Perianth) aus den Kelchblättern (Sepalen, engl. *sepals*) und den Blütenblättern (Petalen, engl. *petals*) sowie den reproduktiven Organen, d. h. den Staubblättern (Stamina, engl. *stamens*) und den Fruchtblättern (Karpelle, engl. *carpels*).

Die jeweils charakteristische Morphologie der verschiedenen Blütenbestandteile bietet die Möglichkeit, nach Mutationen dieser verschiedenen Strukturen zu suchen und ihre funktionelle Hierarchie zu bestimmen. Mutationen, die Blütenbildung betreffen, lassen sich in zwei Hauptgruppen einordnen:

- Mutationen in der **Blühinduktion** (engl. *floral evocation*) und
- **Entwicklungsveränderungen** der Blüten.

Die Induktion der Blütenbildung erfolgt durch ein internes und umweltbedingtes Signal im apikalen Meristem der Sprossachse, das zur Entstehung eines Blütenmeristems führt und die Ausbildung der blütenspezifischen Strukturen zur Folge hat. Zu den umweltbedingten Signalen gehören in erster Linie Temperatur und Licht. In der ◻ Abb. 12.9a sind Beispiele für *Arabidopsis*-Mutanten gezeigt, deren Blütenentwicklung verändert wird: In der *agamous*-Mutante werden die Staubblätter durch Blütenblätter ersetzt, und statt der Fruchtblätter beobachten wir eine Wiederholung der Abfolge Kelch-

Abb. 12.9 Blüten bei *Arabidopsis*. **a** Die *agamous(ag)*-Mutante im Vergleich zum Wildtyp. In der *ag*-Mutante entwickeln sich Blütenblätter an den Positionen, die üblicherweise von Staubblättern eingenommen werden, und ein anderes Blütenmeristem ersetzt die Fruchtblätter. **b** Die Herstellung von Funktionsgewinn-Mutanten durch konstitutive Überexpression der Gene *APETALA3* (*AP3*) und *PISTILLATA* (*PI*) führt zu Blüten mit Blütenblättern an Stellen, wo sich sonst Kelchblätter befinden, und mit Staubblättern, wo sich üblicherweise Fruchtblätter entwickeln (*oben*). Wenn auch noch SEPALLATA (*SEP*) ektopisch exprimiert wird, werden alle Blätter (außer den Keimblättern) in Blütenblätter umgewandelt (*unten*). Werden alle derartigen Gene ausgeschaltet (*Mitte*: *ap2 pi ag spt*), führt das zu Blüten, die nur aus Blättern bestehen. (Nach Pruitt et al. 2003, mit freundlicher Genehmigung)

blätter-Blütenblätter-Blütenblätter. Diese Veränderung entspricht einer homöotischen Transformation, wie sie ursprünglich bei *Drosophila* entdeckt und beschrieben wurde (► Abschn. 12.4.5). Bei einer Überexpression von *APETALA3* (*AP3*) und *PISTILLATA* (*PI*) bilden sich Blütenblätter, wo sich normalerweise Kelchblätter befinden, und Staubblätter an der Stelle von Fruchtblättern (■ Abb. 12.9b). Unter diesen Bedingungen werden keine Blätter in Blütenorgane umgeformt, sondern erst dann, wenn auch *SEPALLATA* zusätzlich konstitutiv exprimiert wird. Mutationen, die die strukturelle Differenzierung der Blüte betreffen, lassen sich verschiedenen Klassen zuordnen:

- Eine erste Gruppe von Mutationen betrifft die **frühen Ereignisse** nach der Blüteninduktion: Sie verhindern die Ausbildung der eigentlichen Blüten (des Blütenprimordiums). So werden bei manchen Mutanten nur Hochblätter gebildet, bei anderen unterbleibt die normale Differenzierung der Blüte völlig, und es werden stattdessen nur sprossartige Gebilde anstelle der Blüte geformt.
- Eine zweite Gruppe von Mutationen führt zu **Symmetrieveränderungen** der Blüte.
- Eine dritte Gruppe von Mutationen bewirkt die Veränderungen der Identität der Wirtel innerhalb der Blüte (**homöotische Mutationen**).

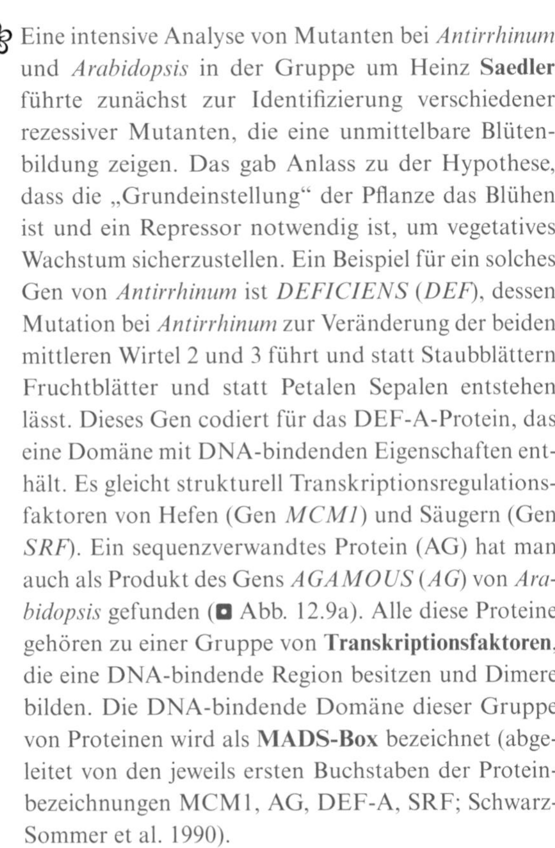
Eine intensive Analyse von Mutanten bei *Antirrhinum* und *Arabidopsis* in der Gruppe um Heinz **Saedler** führte zunächst zur Identifizierung verschiedener rezessiver Mutanten, die eine unmittelbare Blütenbildung zeigen. Das gab Anlass zu der Hypothese, dass die „Grundeinstellung" der Pflanze das Blühen ist und ein Repressor notwendig ist, um vegetatives Wachstum sicherzustellen. Ein Beispiel für ein solches Gen von *Antirrhinum* ist *DEFICIENS* (*DEF*), dessen Mutation bei *Antirrhinum* zur Veränderung der beiden mittleren Wirtel 2 und 3 führt und statt Staubblättern Fruchtblätter und statt Petalen Sepalen entstehen lässt. Dieses Gen codiert für das DEF-A-Protein, das eine Domäne mit DNA-bindenden Eigenschaften enthält. Es gleicht strukturell Transkriptionsregulationsfaktoren von Hefen (Gen *MCM1*) und Säugern (Gen *SRF*). Ein sequenzverwandtes Protein (AG) hat man auch als Produkt des Gens *AGAMOUS* (*AG*) von *Arabidopsis* gefunden (■ Abb. 12.9a). Alle diese Proteine gehören zu einer Gruppe von **Transkriptionsfaktoren**, die eine DNA-bindende Region besitzen und Dimere bilden. Die DNA-bindende Domäne dieser Gruppe von Proteinen wird als **MADS-Box** bezeichnet (abgeleitet von den jeweils ersten Buchstaben der Proteinbezeichnungen MCM1, AG, DEF-A, SRF; Schwarz-Sommer et al. 1990).

Die dritte Gruppe, die homöotischen Mutationen, zeigt einige formale Ähnlichkeiten mit bestimmten Aspekten (Ausbildung der Organidentität) der Embryogenese von *Drosophila* (► Abschn. 12.4.6) und soll deshalb hier besprochen werden. Die Blütenorgane der meisten Dikotyledonen sind in Wirteln angeordnet; die vier Blütenwirtel enthalten von außen nach innen die Sepalen (Kelchblätter, w1), Petalen (Blütenblätter, w2), Stamina (Staubblätter, w3) und zum Fruchtknoten verwachsene Karpelle (Fruchtblätter, w4). Die Zahl der Organe, ihre Typen und ihre Anordnung charakterisieren den „Bauplan" einer Blüte (■ Abb. 12.10a).

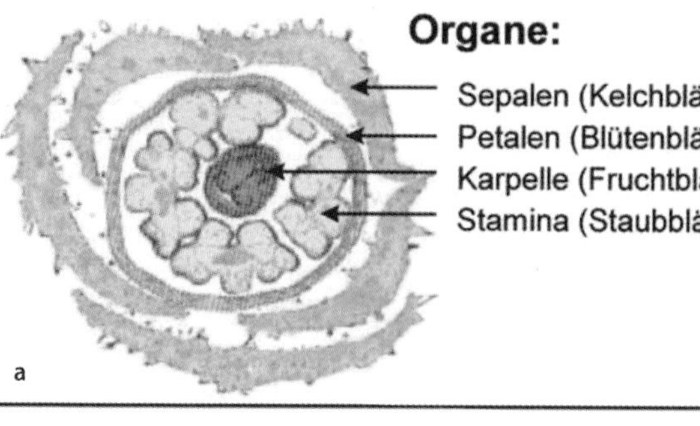

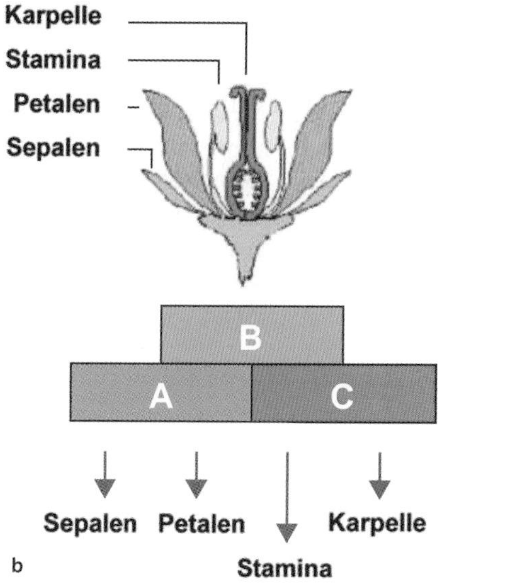

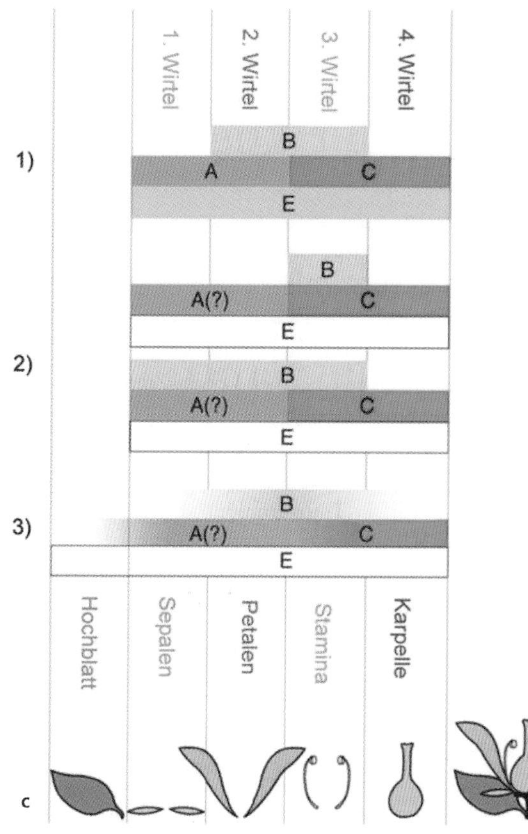

Schließlich führten weitere Untersuchungen zur Unterscheidung von drei Mutantengruppen:

- A-Mutanten ersetzen die Organe in w1 und w2: Statt Sepalen und Petalen werden Stamina- bzw. Karpellen-ähnliche Strukturen gebildet;
- B-Mutanten haben veränderte Organe in w2 und w3, wo Sepalen und Karpelle gebildet werden; diese sind steril;
- C-Mutanten zeigen keinerlei Geschlechtsorgane; Petalen und Sepalen ersetzen Stamina und Karpelle in w3 bzw. w4.

Die drei Funktionen scheinen die Organidentität in einer kombinatorischen Weise zu spezifizieren: Die A-Funktion spezifiziert Sepalen und – zusammen mit der B-Funktion – die Petalen, wohingegen B- und C-Funktionen für Stamina benötigt werden und die C-Funktion alleine die Karpellenbildung determiniert. Allerdings ist dieses Modell (◘ Abb. 12.10b) stark vereinfacht und bildet die Wirklichkeit nicht vollständig ab – so gibt es in *Antirrhinum* keine rezessive Mutante der A-Klasse (und der A-Phänotyp wird durch eine dominante C-Klasse-Mutation hervorgerufen).

Auf der Grundlage weiterer Arbeiten an Petunien wurde das ursprüngliche ABC-Modell um eine weitere Kategorie (D) erweitert; die D-Funktionsgene führen bei Überexpression in transgenen Petunien zur ektopischen Bildung von Samenanlagen im Perianth und wurden deshalb auch als Hauptgen (engl. *master control gene*) der Samenanlagen (engl. *ovule*) bezeichnet. Das klassische Beispiel eines D-Klasse-Gens ist *SEEDSTICK*, das aber mit *AGAMOUS* aus der C-Klasse eng verwandt ist. Die Gene der D-Klasse sind außerdem nicht immer ortholog. Von besonderer Bedeutung für die Bildung der gesamten Blütenorgane bei *Arabidop-*

◘ **Abb. 12.10** Das ABC-Modell. **a** Bauplan von *Anthirrhinum majus*. Von außen nach innen enthalten die Blütenwirtel fünf Sepalen (w1); w2 ist hier sichtbar als Ring (Petalen); w3 bildet die Stamina und w4 den Fruchtknoten (Karpelle). **b** Das vereinfachte ABC-Modell der Identitätsgene für die Blütenorgane. Das Schema gibt einen Längsschnitt durch eine Blütenhälfte wieder, der alle vier Typen von Blütenorganen repräsentiert. Im Wildtyp sind die genetischen A-, B- und C-Funktionen räumlich so verteilt, dass A in Wirtel 1 und 2, B in Wirtel 2 und 3 und C in Wirtel 3 und 4 aktiv sind. **c** Modell der genetischen Kontrolle der Identität von Blütenorganen. *Oben* (1) ist das erweiterte ABCE-Modell für Wildtypen gezeigt; die Identitäten sind *unten* angegeben. Das Modell der „gleitenden Grenzen" (*Mitte*, 2; engl. *sliding boundary*) erklärt die Anwesenheit morphologisch identischer petaloider innerer und äußerer Wirtel (wie bei Lilien und Tulpen). Das Modell der „verblassenden Grenzen" (*unten*, 3; engl. *fading borders*) versucht die graduellen Übergänge zwischen Blütenteilen in einigen basalen Angiospermen zu erklären. (**a, b** nach Saedler et al. 2001, mit freundlicher Genehmigung von Panstwowe Wydawnictwo Naukowe; **c** nach Soltis et al. 2007, mit freundlicher Genehmigung)

sis sind Gene, die in der E-Klasse zusammengefasst werden; sie sind mit dem ABC-System eng verbunden. Als aktuelles Modell für die Blütenbildung bei Angiospermen ist daher das ABCE-Modell dargestellt (◻ Abb. 12.10c). Neuere Arbeiten zeigen, dass an der Feinregulation dieses Systems auch miRNA-Gene beteiligt sind (der interessierte Leser sei beispielsweise auf die Arbeit von Luo et al. 2013 verwiesen).

Die Untersuchungen zur Sequenz der Gene des ABCE-Systems haben auch gezeigt, dass die Herausbildung der Identitäten der reproduktiven Organe vor etwa 300 Mio. Jahren erfolgte; ein Stammbaum innerhalb der zweikeimblättrigen Pflanzen ist in ◻ Abb. 12.11 dargestellt. Man nimmt an, dass es eine ursprüngliche Funktion der C-Gene ist, zwischen reproduktiven (C-Expression „an") und nicht-reproduktiven Organen (C-Expression „aus") zu unterscheiden. Überlagert wird dies durch die unterschiedliche Expression der B-Gene, um zwischen männlichen und weiblichen reproduktiven Organen zu unterscheiden.

Das ABC-Modell erlaubt auch, einige „Sprünge" in der Evolution der Pflanzen zu erklären: Eine Verschiebung im Expressionsmuster der A-, B-, C-Genfunktionen führt zu einem völlig anderen Muster der Blütenorgane (wie in ◻ Abb. 12.10c gezeigt ist). Solche homöotischen Mutanten können durchaus kritische Schritte in den makroevolutionären Übergangsperioden darstellen, wenn sich die wenigen einzelnen Individuen in großen Wildtyp-Populationen zunächst halten und dann durchsetzen können. Eine solche Mutante ist die *Spe*-Mutante (engl. *stamenoid petals*) in *Capsella bursa-pastoris* (Hirtentäschelkraut). Diese Mutante wurde schon vor etwa 200 Jahren beschrieben (Opiz 1821) und ist in der Natur verbreitet. Sie zeichnet sich durch eine staminale Pseudopetalie aus und wurde auch schon als eigene Art bezeichnet (*C. apetala*). Die molekulare Erklärung ist eine Verschiebung der Expressionsmuster der A- und C-Funktionsgene im 2. Wirtel: Verlust der A-Aktivität auf Kosten der C-Aktivität.

Homöotische Gene, die bei Pflanzen im Rahmen des ABC-Systems identifiziert wurden, codieren für Transkriptionsfaktoren. Die DNA-bindende Domäne wird als MADS-Box bezeichnet.

Wir haben oben schon angedeutet, dass Licht und Temperatur wichtige Umweltfaktoren für die **Blühinduktion** sind, und wir wollen diese Aspekte jetzt ein wenig vertiefen. Wir wollen uns hier auf einige Aspekte der Modellpflanze *Arabidopsis* (▶ Abschn. 5.3.3) beschränken; für weitere Details sei auf die entsprechenden Lehrbücher der Botanik verwiesen. Im Falle des Umweltfaktors „Licht" ist dabei vor allem die Tageslänge entscheidend, wobei lange Tage im Allgemeinen die Ausbildung von Blüten begünstigen. Die Tageslänge (engl. *photoperiod*) wird dabei in den Blättern „gemessen"; das Messergebnis wird als „Florigen" (lat. für „was die Blüte macht") über weite Entfernungen bis zur Spitze des Pflanzensprosses übertragen, um dort die Zeit der Blüte zu steuern. Die Photorezeptoren der Blätter erkennen dabei blaues Licht (Phototropine und Cryptochrome) sowie rotes bzw. infrarotes Licht (Phytochrome). Eine der ersten *Arabidopsis*-Mutanten, die unabhängig von Veränderungen der Tageslänge zur Blüte kommt, wurde von György Pál **Rédei** schon 1962 gefunden und als *constans*-Mutante bezeichnet. Das *CONSTANS*-Gen (*CO*) codiert für einen Zinkfinger-Transkriptionsfaktor, dessen räumliches und zeitliches Expressionsmuster eine Schlüsselstellung für die Regulation der Tageslängen-abhängigen Blühinduktion darstellt. Die Expression des *CO*-Gens wird durch die „zirkadiane Uhr" reguliert (▶ Abschn. 14.1.3), sodass die Expression von *CO* eine Grundschwingung mit einer Phase von 24 h aufweist; das Maximum wird etwa 20 h nach der Morgendämmerung erreicht. An der Feinsteuerung der *CO*-Expression ist natürlich noch eine Vielzahl weiterer Faktoren beteiligt – dazu gehören nicht nur andere Transkriptionsfaktoren, sondern auch Proteine, die die Stabilität von CO beeinflussen, so beispielsweise COP1 (engl. *CONSTITUTIVELY PHOTOMORPHOGENIC 1*), eine E3-Ubiquitin-Ligase; einen Überblick vermittelt ◻ Abb. 12.12. Das Zielgen des Transkriptionsfaktors CO ist *FT* (engl. *FLOWERING LOCUS T*) – das lange gesuchte „Florigen", das das Signal von den Blättern über das Phloem an die Sprossspitze weiterleitet. Die lichtabhängige Regulation des Transkriptionsfaktors CO ist damit das Kernelement des **photoperiodischen Signalweges** zur Regulation der Blütezeit.

Wie oben schon kurz angedeutet, wirkt das FT-Protein als Signal zwischen den Blättern und dem Sprossmeristem. Das *FT*-Gen codiert dabei für ein Protein mit Ähnlichkeiten zu einem inhibitorischen Protein der Raf-Kinase (engl. *Raf kinase inhibitory protein*, RKIP; es wird auch als *phosphatidylethanolamine binding protein* bezeichnet, PEBP). Allerdings fehlen dem FT-Protein einige hochkonservierte Schlüsselaminosäuren, sodass die Funktion dieses Proteins lange unklar blieb. Weitere Untersuchungen deuten darauf hin, dass FT im Sprossmeristem an einen basischen Leucin-Zipper-Transkriptionsfaktor bindet und so das Meristem vom Entwicklungsweg eines Blattes zu dem der Blütenbildung umprogrammiert. Das Zielgen des Komplexes aus FT und dem Leucin-Zipper-Transkriptionsfaktor ist das homöotische Gen *APETALA1* (*AP1*), das die Identität des Blütenmeristems spezifiziert und für die Entwicklung der Sepalen und Petalen verantwortlich ist (Wigge 2011).

Der zweite wichtige Umweltfaktor, der zur Blütenentwicklung beiträgt, ist die **Temperatur**. Neben der Umgebungstemperatur ist für viele Pflanzen eine längere Kälteperiode im Winter (in der Regel zwischen 1 und 7 °C für eine Zeitdauer von 1–3 Monaten) Voraussetzung für eine Blüte im Frühjahr – dieser Effekt wird auch als **Vernalisation** bezeichnet (lat. *vernalis* = „frühlingshaft").

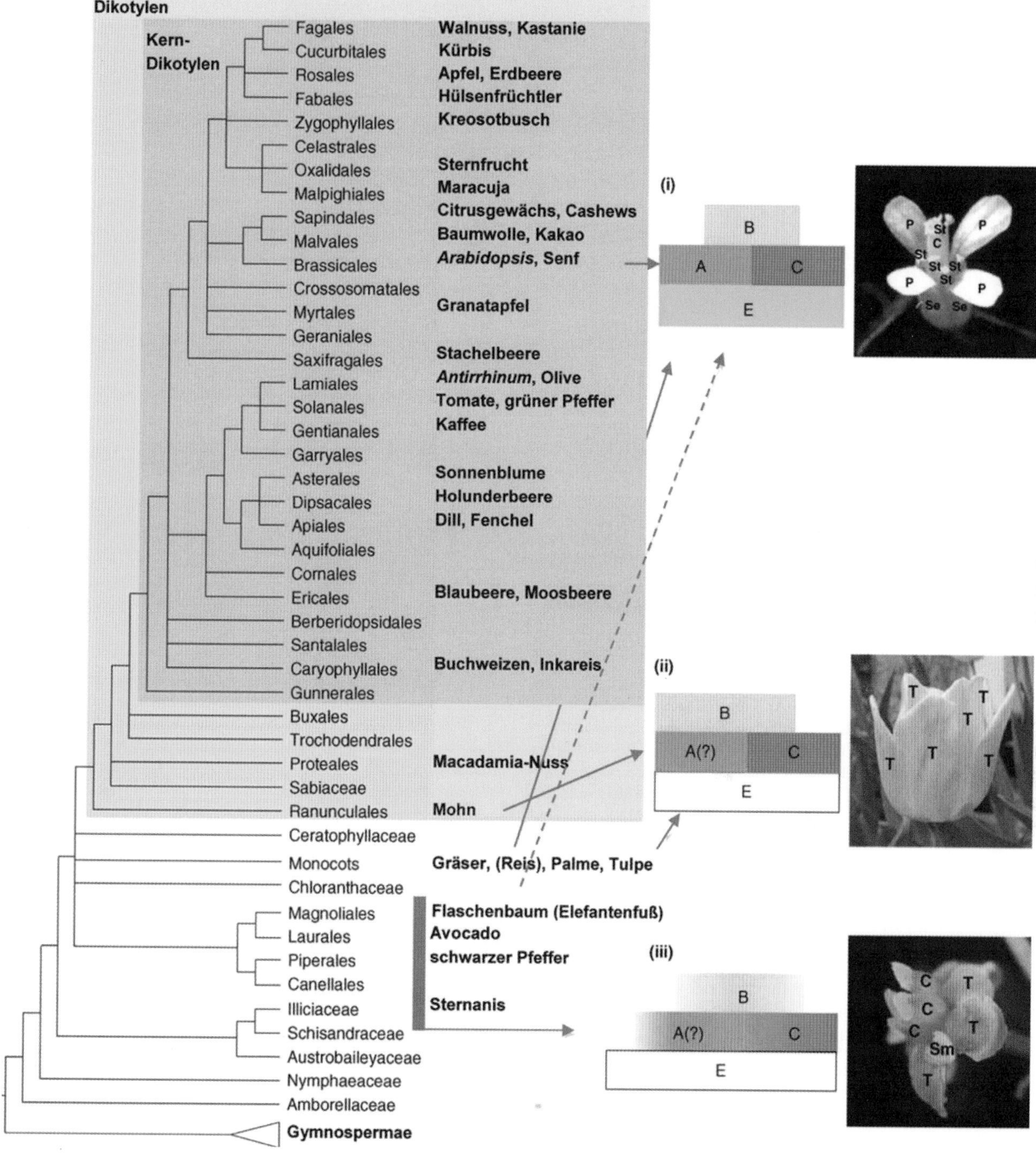

◻ Abb. 12.11 Evolution des Expressionsmusters von MADS-Box-Genen in Blüten von Angiospermen. Der Stammbaum der Blütenpflanzen zeigt für die verschiedenen Regulationsmodelle (◻ Abb. 12.10c) die dazugehörigen Modellorganismen: (i) das klassische ABC-Modell, wie es für die Kern-Eudikotylen und einige Monokotylen entwickelt wurde. (ii) Das Modell der „gleitenden Grenzen" ist auf einige basale Eudikotylen sowie Monokotylen anwendbar. (iii) Das Modell der „verblassenden Grenzen" kann die Erscheinungsformen bei basalen Angiospermen erklären. Der *gestrichelte Pfeil* weist darauf hin, dass mindestens bei einer Angiospermen (*Asimina*, Flaschenbaum bzw. Elefantenfuß) ein Schema existiert, das dem klassischen ABC-Schema entspricht. Der Stamm der Eudikotylen ist *grau* unterlegt; die Kern-Eudikotylen sind *dunkler grau*. C: Karpelle; P: Petalen; Se: Sepalen; Sm: Staminodien; St: Stamina; T: Tepalen. (Nach Soltis et al. 2007, mit freundlicher Genehmigung)

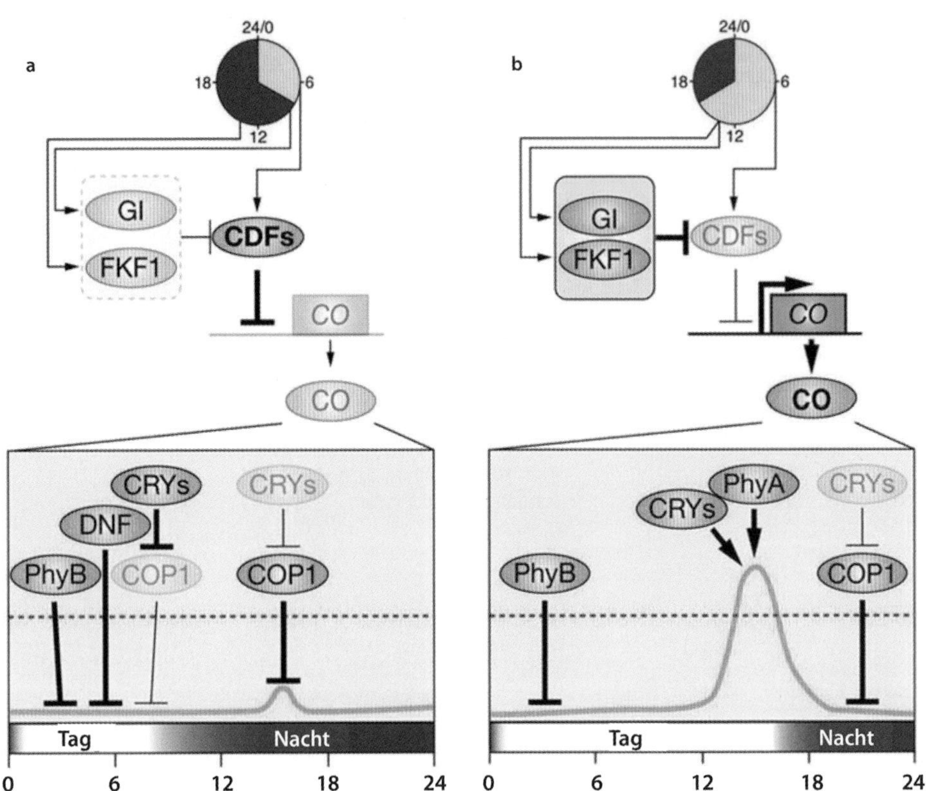

Abb. 12.12 Regulation von *CONSTANS* (*CO*) auf der Ebene der Transkription und des Proteins. **a** An kurzen Tagen erreichen die Proteine FKF1 und GI zu unterschiedlichen Zeiten ihr Expressionsmaximum und können daher CDF1 nicht effizient reprimieren, sodass dieser die *CO*-Expression deutlich hemmt. Am Beginn der kurzen Tage (nach Mitternacht) wird der CO-Spiegel auch durch PhyB niedrig gehalten; später (zwischen 4 und 7 Uhr) wird diese Rolle durch DNF übernommen. Durch das Tageslicht werden aber CRYs aktiviert, sodass COP1, eine Ubiquitin-Ligase, seine Wirkung nicht entfalten kann. Das ändert sich in der Nacht, wenn die Cryptochrome wieder inaktiviert werden, sodass CO durch COP1 zum Abbau markiert werden kann. **b** An langen Tagen erreichen FKF1 und GI ihr Expressionsmaximum ca. 13 h nach Sonnenaufgang und führen dadurch zu einer Hemmung von CDF1, sodass *CO* transkribiert werden kann. In den frühen Morgenstunden werden die Proteinspiegel durch PhyB reguliert; während des Tages wird aber PhyB durch aktive Cryptochrome und PhyA gehemmt. Aktive CRY-Proteine binden an COP1-Proteine und verhindern dadurch deren Transport in den Zellkern und die Ubiquitinierung von CO. Gene sind *grün* dargestellt, Proteine *orange*. *Blasse Farben* repräsentieren inaktive Gene bzw. Proteine, wohingegen aktive Gene bzw. Proteine *fett* gedruckt sind. *Gestrichelte Linien* markieren schwache Komplexbildungen; *graue Kästchen* stellen aktive Komplexe dar. Die Kurve stellt die *CO*-Expression während eines Tages dar, die Tageslänge ist an der x-Achse angegeben. CDF1: CYCLING DOF FACTOR 1; CO: CONSTANS; COP1: CONSTITUTIVELY PHOTOMORPHOGENIC 1; CRY: CRYPTOCHROME; FKF1: FLAVIN-BINDING, KELCH-REPEAT, F-BOX 1; GI: GIGANTEA; PhyA, PhyB: PHYTOCHROME A bzw. B. (Nach Srikanth und Schmid 2011, mit freundlicher Genehmigung)

Meistens vergeht allerdings eine längere Zeitspanne zwischen dem auslösenden Temperaturereignis und dem tatsächlichen Beginn der Blüte – die Pflanze muss sich also „daran erinnern, dass Winter war".

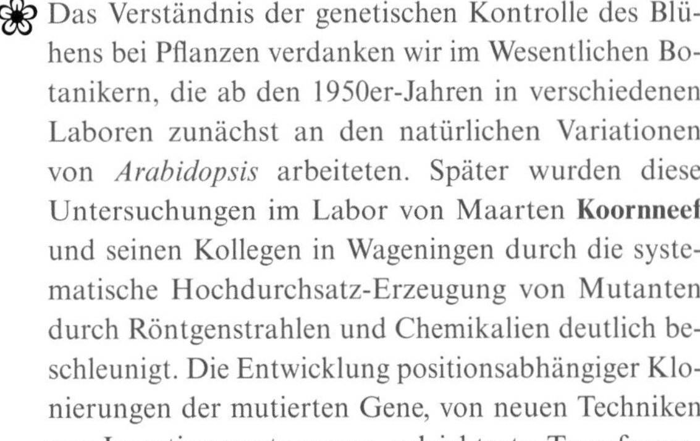

Das Verständnis der genetischen Kontrolle des Blühens bei Pflanzen verdanken wir im Wesentlichen Botanikern, die ab den 1950er-Jahren in verschiedenen Laboren zunächst an den natürlichen Variationen von *Arabidopsis* arbeiteten. Später wurden diese Untersuchungen im Labor von Maarten **Koornneef** und seinen Kollegen in Wageningen durch die systematische Hochdurchsatz-Erzeugung von Mutanten durch Röntgenstrahlen und Chemikalien deutlich beschleunigt. Die Entwicklung positionsabhängiger Klonierungen der mutierten Gene, von neuen Techniken zur Insertionsmutagenese, erleichterte Transformationen, die Vielzahl gut charakterisierter natürlicher Varianten und umfangreicher Mutanten-Sammlungen sowie schließlich die vollständige Sequenzierung des *Arabidopsis*-Genoms haben die detaillierte Analyse der Blütenkontrolle bei *Arabidopsis* entscheidend beschleunigt. Wir haben daher heute eine Vorstellung von den Rahmenbedingungen der genetischen Hierarchie, die in *Arabidopsis* das Blühen kontrolliert, und wir haben Ideen, wie sich die Regulation zwischen den verschiedenen Varietäten und Arten unterscheidet. Das gilt natürlich auch für den Einfluss der Temperatur. So definierten Mutanten, die sowohl mit langen als auch kurzen Lichtperioden sehr spät blühen, den autonomen Signalweg, der schließlich zur Regulation von FLC führt. Der spät blühende Signalweg wird jedoch durch Vernalisation überwunden, sodass wir heute den autonomen Signalweg und den durch Ver-

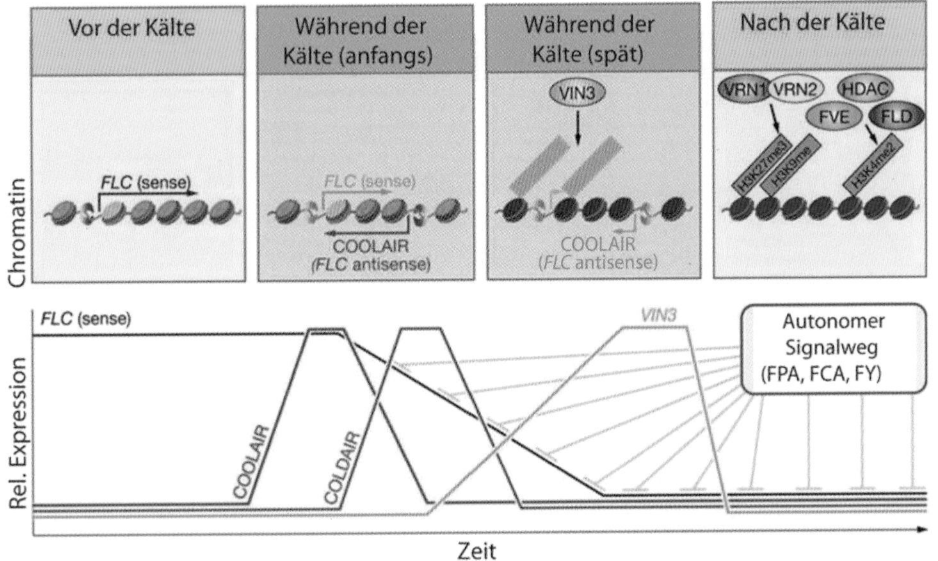

Abb. 12.13 Regulation der *FLC*-Expression. In Pflanzen mit Vernalisation liegt das *FLC*-Gen zunächst in einem aktiven Zustand vor. Bei Einsetzen von Kälte wird *FLC* durch die Expression seiner *antisense*-RNA (*COOLAIR*) inaktiviert, die etwas später durch die Wirkung der nicht-codierenden RNA *COLDAIR* unterstützt wird; die Transkription von *COLDAIR* beginnt im 1. Exon des *FLC*-Gens. Nach dem Beginn der Vernalisation (später in der Kälteperiode) methyliert VIN3 Lysinreste des Histons H3 (H3K27me3, H3K9me, H3K4me2). Dieser vernalisierte Zustand wird später durch VRN1 und VRN2 aufrechterhalten, auch wenn die Temperaturen wieder ansteigen. Die Regulatoren des autonomen Signalweges, FLD und FVE, kontrollieren ebenfalls die Methylierung von Lysinresten des Histons H3. Zusätzliche Faktoren wie die RNA-bindenden Elemente Cst64 und Cst77 sowie die Regulatoren des autonomen Signalweges FPA, FCA und FY sind an der Regulation der Konzentration der *FLC*-Transkripte beteiligt. Die relative Expression des *FLC*-Gens (*schwarz*) ist bei den verschiedenen Kältezuständen dargestellt; im Vergleich dazu die Expressionsstärke der *COOLAIR*-RNA (*rot*), der *COLDAIR*-RNA (*grün*) und des VIN3-Proteins (*gelb*). *FCA*: *FLOWERING CONTROL ARABIDOPSIS; FLD*: *FLOWERING LOCUS D*; *FVE*: Gen für späte Blüte; HDAC: Histon-Deacetylase; *VIN3*: *VERNALIZATION INSENSITIVE 3*; *VRN*: *VERNALIZATION*; *FPA*, *FY* sind „Blüh"-Gene (engl. *flowering*) aus den systematischen Untersuchungen von Koornneef et al. (1991). (Nach Srikanth und Schmid 2011, mit freundlicher Genehmigung)

nalisation induzierten Signalweg als Parallelwege betrachten. In vielen Fällen ist der autonome Signalweg der Hauptweg zur Regulation des Gens *FLOWERING LOCUS C* (*FLC*); wir kennen heute mehrere Mitglieder des autonomen Signalweges: die Kontrollgene für die Blütenzeit *FCA*, *FY*, *FPA*, *FVE*, *LUMINIDEPENDENS* (*LD*), *FLOWERING LATE KH MOTIF* (*FLK*) und *FLOWERING LOCUS D* (*FLD*). Unter historischen Gesichtspunkten ist dabei die Arbeit von Maarten Koornneef et al. (1991) besonders interessant, da hier viele der Mutanten zuerst beschrieben sind, die für das heutige Gesamtverständnis wichtig sind.

Eine Reihe neuerer Arbeiten zeigt nun, dass Vernalisation zu einem epigenetischen Wechsel im klassischen Sinn des Wortes führen kann: einer Veränderung, die auch in Abwesenheit des Signals stabil bleibt. Ein wichtiges Gen in diesem Zusammenhang ist *FLC*, das wir bereits kennengelernt haben: Es codiert für einen MADS-Box-Transkriptionsfaktor und ist ein starker Repressor der Blütenentwicklung (u. a. durch Repression der *FT*-Expression). In der ersten Wachstumsperiode verhindert eine hohe *FLC*-Konzentration die Blüte – bis zur Vernalisation. Die *FLC*-Expression wird durch ausgedehnte Kälteeinwirkung reprimiert, und diese Repression von *FLC* wird für den Rest des Pflanzenlebens aufrechterhalten, auch wenn die Kälteperiode endet: Die „Erinnerung an den Winter" manifestiert sich also als stabile Repression von *FLC*, und Vernalisation ist ein epigenetischer Wechsel in der *FLC*-Expression. Der „Winter-Code" für die Abschaltung von *FLC* liegt offensichtlich in einer Methylierung des Chromatins im Bereich des *FLC*-Gens (Methylierung von Histon H3 an den Positionen K9 und K27: H3K9 und H3K27; ► Abschn. 8.1.3). Zusätzlich zur Abschaltung durch Methylierung des Chromatins im Bereich des *FLC*-Gens spielen aber auch lange, nicht-codierende RNAs eine wesentliche Rolle: *COOLAIR* und *COLDAIR*. *COOLAIR* ist eine „klassische" *antisense*-RNA, wohingegen *COLDAIR* ein *sense*-Transkript ist, das vorübergehend zu Beginn der Vernalisation exprimiert wird; der Startpunkt dieser RNA befindet sich im ersten Intron. *COLDAIR* bewirkt, dass ein Bestandteil des Polycomb-Komplexes an das *FLC*-Gen herangeführt wird und damit die Abschaltung des Gens besiegelt. Es sei an dieser Stelle darauf hingewiesen, dass bei der Inaktivierung des X-Chromosoms in weiblichen Säugern ähnliche Mechanismen wirksam werden (lange, nicht-codierende RNAs und Einbeziehung von Polycomb-Komplexen; ► Abschn. 8.3.2). Einen Überblick über diesen Aspekt der Blütenentwicklung gibt ■ Abb. 12.13.

12

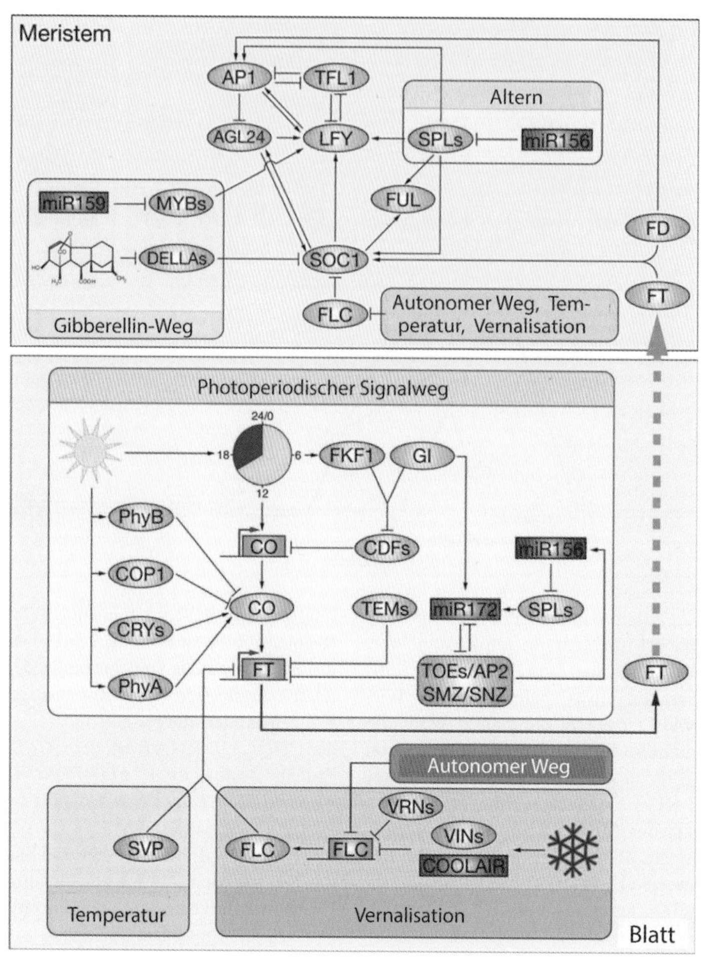

Abb. 12.14 Integration der verschiedenen Signalwege zur Regulation des Blütezeitpunktes. In den Blättern wird Licht von Photorezeptoren wie PhyA, PhyB, CRY1 und CRY2 aufgenommen und reguliert dadurch die Expression von Genen wie *GI*, *FKF1* und *CDF1*, die alle direkt oder indirekt die *CO*-Expression beeinflussen. Das CO-Protein ist ein Aktivator der *FT*-Transkription. miR172 wird sowohl durch die zirkadiane Uhr als auch durch SPLs reguliert, die wiederum durch miR156 beeinflusst werden. Zielgene von miR172 sind Gene, die für Transkriptionsfaktoren der AP2-Familie codieren und die für die Hemmung der *FT*-Transkription in Blättern wichtig sind. Die verschiedenen Gene des autonomen Signalweges regulieren *FLC*, einen Suppressor von *FT* und *SOC1*. Temperatur ist ein weiterer Umweltfaktor, der *FLC* beeinflusst. FRI aktiviert *FLC*, während *FLC* durch die Histon-modifizierenden Proteine VIN3 und VRN1/2 gehemmt wird, wodurch schließlich das Blühen gefördert wird. Die Umgebungstemperatur beeinflusst einen anderen Repressor von *FT*, nämlich SVP. Wenn sich das Florigen FT von den Blättern zum Apex bewegt hat, aktiviert es dort (mithilfe des bZIP-Transkriptionsfaktors FD) *AP1* und *SOC1*. Im Gibberellin-Signalweg regulieren Gibberelline die Expressionsniveaus der DELLA-Proteine, die umgekehrt miR159 reprimieren, einen Repressor von MYB. Die MYBs kontrollieren positiv den LFY-Spiegel im Meristem. Die verschiedenen Signalwege werden also auf der Ebene von LFY, FT und/oder SOC1 integriert. SOC1 und AGL24 regulieren sich wechselseitig und wirken zusammen, um die *LFY*-Transkription zu aktivieren. TFL1 und LFY hemmen sich gegenseitig; SOC1 aktiviert *FUL*, das auch ein Zielgen der SPL-Proteine ist. Die Hemmung der SPLs durch miR156 stellt einen neuen Signalweg dar, der im Zusammenhang mit dem Altern steht. SPL-Proteine aktivieren LFY, API, FUL und SOC1. Damit aktivieren die verschiedenen Integratoren direkt oder indirekt AP1 und markieren damit den Beginn der Bildung der Blüte. Alle Gene sind *grün*, miRNAs *rot* und Proteine *orange*. Die aktivierende oder hemmende Wirkung der Proteine ist durch *Pfeile* bzw. *Querstriche* angedeutet. Gensymbole: *CO*: *CONSTANS*; *FLC*: *FLOWERING LOCUS C*; *FT*: *FLOWERING LOCUS T*. Beteiligte Proteine: AP: APETALA; CDF: CYCLING DOF FACTOR; COP: CONSTITUTIVE PHOTOMORPHOGENIC; CRY: Cryptochrom; FKF1: FLAVIN-BINDING, KELCH REPEAT, F-BOX 1; FD: Interaktionspartner von FT; FUL: FRUITFULL; GI: GIGANTEA; LFY: LEAFY; PhyA/B: Phytochrome A/B; SMZ: SCHLAFMÜTZE; SNZ: SCHNARCHZAPFEN; SOC: SUPPRESSOR OF OVEREXPRESSION OF CONSTANS; SPL: SQUAMOSA PROMOTER BINDING PROTEIN-LIKE; SVP: SHORT VEGETATIVE PHASE; TEM: TEMPRANILLO; TFL: TERMINAL FLOWER; TOE: TARGET OF EAT; VIN: VERNALIZATION INSENSITIVE; VRN: VERNALIZATION. (Nach Srikanth und Schmid 2011, mit freundlicher Genehmigung)

Zu diesem „Winter-Code" kommen aber auch noch die Umgebungstemperatur und die Gibberelline als Impulsgeber für das Blühen von Pflanzen. Es ist eine Alltagserfahrung, dass viele Pflanzen bei wärmerer Umgebungstemperatur (z. B. 23–27 °C) eher blühen als in der Kälte (12–16 °C). Auch hier zeigen Mutanten, die in Bezug auf ihren Blühzeitpunkt nicht mehr auf Temperaturunterschiede reagieren, den Weg zu den zentralen Faktoren. Ein wichtiges Gen in diesem Kontext ist *SHORT VEGETATIVE PHASE* (*SVP*); es codiert für ein MADS-Box-Protein, das an die Promotoren der Gene *FT* und *SOC1* bindet und dadurch als ein Repressor der Blütenentwicklung wirkt. Es gibt außerdem Hinweise auf epigenetische Prozesse im Zusammenhang mit der Regulation des Blühzeitpunktes: *arp6*-Mutanten zeigen eine konstitutive Antwort auf warme Temperaturen. Das betroffene ACTIN RELATED PROTEIN 6 ist ein Kernprotein, das die Entwicklung einer Blüte verhindert, ohne die Expression von *FLC* zu verändern. ARP6 ist Teil des Chromatin-Umformungskomplexes und bewirkt, dass anstelle des Histons H2A das Histon H2A.Z in die Nukleosomen eingebaut wird; H2A.Z bewirkt eine dichtere Packung der Nukleosomen, die dadurch eine höhere Umgebungstemperatur benötigen, um wieder entpackt zu werden – ein möglicher Mechanismus einer Temperatur-abhängigen Regulation der Genexpression (Srikanth und Schmid 2011).

Die Gibberelline und die DELLA-Proteine sind uns bereits bei der Bildung des Hypokotylhakens im Keimling begegnet (▶ Abschn. 12.2.2) – und sie spielen auch bei der Blühinduktion eine wichtige Rolle. Sie aktivieren den Transkriptionsfaktor MYB, der wiederum das Gen *LEAFY* (*LFY*) aktiviert. Wie in ◘ Abb. 12.14 gezeigt ist, ist *LFY* ein zentrales Gen bei der Integration der verschiedenen Signalkaskaden.

Blühen (und die darauffolgende Fruchtentwicklung) setzt natürlich nicht nur Licht und angenehme Umgebungstemperaturen voraus, sondern auch die Verfügbarkeit von Kohlenhydraten als Energielieferant. In den letzten Jahren hat sich dafür Trehalose-6-phosphat (T6P) als wichtiger Indikator herausgestellt, das durch die TREHALOSE-6-PHOSPHAT SYNTHASE 1 (TPS1) aus Glucose-6-phosphat und Uridindiphosphat-Glucose hergestellt wird. In den meisten Pflanzen findet man T6P nur in Spuren, sodass man heute vermutet, dass T6P als Signalmolekül für die Pflanze dient und dabei Informationen über die Verfügbarkeit von Kohlenhydraten weitergibt. *TPS1*-Null-Mutanten sind letal; konditionale Mutanten sind zwar lebensfähig, blühen aber sehr spät mit sterilen Blüten. Weitere Experimente deuten darauf hin, dass TPS1 in den Blättern gemeinsam mit Licht für die Aktivierung von *FT* verantwortlich ist. Im apikalen Sprossmeristem ist *TPS1* ebenfalls aktiv, und man vermutet dort eine Aktivierung des Blühsignals nur bei ausreichender Versorgung mit Kohlenhydraten. Einen interessanten Review dazu publizierten Tsai und Gazzarrini (2014).

Verschiedene Umweltreize (Vernalisierung, Licht, Wärme) zusammen mit autonomen Signalwegen führen in den Blättern zur Aktivierung des Florigens (*FT*), das als „Ferntransporter" dieses Signal in das Meristem weitergibt, wo sich dann unter dem Einfluss von Gibberellinen und anderen Faktoren die Blüte entwickeln kann.

Duplikationen von Genen stellen für die Evolution eines Organismus immer wieder neue Möglichkeiten zu Anpassungen an veränderte Umweltbedingungen dar. Für das *FLC*-Gen gibt es bei *Arabidopsis* weitere fünf verwandte Gene, die heute als *MAF*-Gene bezeichnet werden (engl. *MADS AFFECTING FLOWERING*). Die Gruppe der Gene *MAF2–5* ist durch mehrere Duplikationen nacheinander entstanden und heute innerhalb von 24 kb auf dem Chromosom 5 organisiert. Es können zwar die evolutionären Zusammenhänge der einzelnen Gene erkannt werden, aber dennoch unterscheiden sich die einzelnen Mitglieder der Familie. Mehrere Studien haben gezeigt, dass diese polymorphe Region der Gene *MAF2–5* mit natürlichen Variationen in der Blühzeit assoziiert sind. Günther Theißen und seine Gruppe diskutieren deswegen (2018) die Hypothese, dass diese Gruppe von *MAF*-Genen eine schnelle Anpassung der Blühinduktion an veränderte Umweltbedingungen (z. B. zunehmende Erwärmung) ermöglichen könnte.

12.3 Entwicklungsgenetik des Fadenwurms *Caenorhabditis elegans*

12.3.1 Embryonalentwicklung von *C. elegans*

Den Fadenwurm *Caenorhabditis elegans* haben wir bereits im ▶ Abschn. 5.3.4 als einen wichtigen Modellorganismus der modernen Genetik kennengelernt. Die Embryonalentwicklung von *C. elegans* (◘ Abb. 12.15) verläuft sehr schnell – die Larve schlüpft bei einer Inkubationstemperatur von 20 °C nach ca. 15 h. Allerdings erfordert die Reifung der verschiedenen Larvenstadien bis zum erwachsenen Tier dann noch einmal etwa 50 h.

Die Eizelle von *C. elegans* hat einen Durchmesser von 50 µm; die Polkörper bilden sich nach der Befruchtung. Bevor der männliche und weibliche Zellkern verschmelzen, kommt es schon zu einer unvollständigen Furchung; sie wird aber erst nach der Fusion vollendet. Diese erste Furchung verläuft asymmetrisch; dabei entstehen eine größere anteriore AB-Zelle und eine kleinere posteriore P_1-Zelle (◘ Abb. 12.16). Bei der zweiten Teilung entsteht aus der AB-Zelle die anteriore AB_a- und die posteriore AB_p-Zelle, während aus der P_1-Zelle die P_2- und die EMS-Zelle entsteht. Die EMS-Zelle entwickelt sich zu Epidermis, Muskel- und sensorischen Zellen weiter (Name!). In diesem Stadium kann man bereits die Hauptachsen erkennen, da P_2 posterior und AB_p dorsal liegt. Durch weitere Furchungen der AB-Zellen entstehen vor allem Hypodermis (die

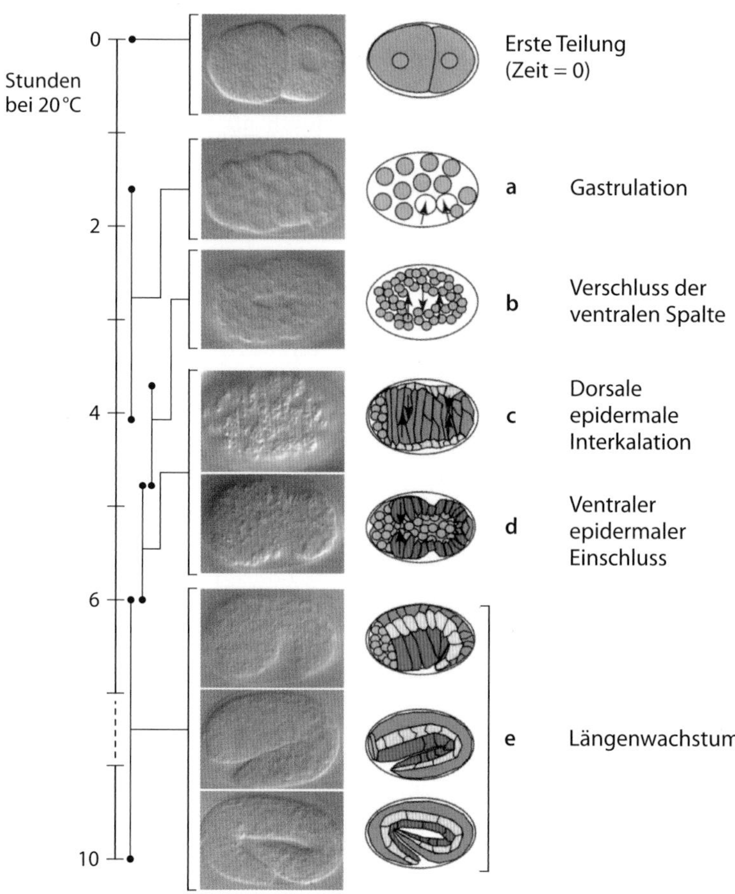

Abb. 12.15 Übersicht über die Embryonalentwicklung von *C. elegans*. Es sind die wichtigsten morphogenetischen Veränderungen in der Embryonalentwicklung von *C. elegans* dargestellt; *links* in differenziellem Interferenzkontrast („Nomarski-Optik"), *rechts* schematisch. Die Ansicht auf den Embryo ist von lateral oder ventral; die anteriore Seite ist immer links. Der Startpunkt ist die erste Furchungsteilung; die Zeitangaben beziehen sich auf eine Kultur bei 20 °C. **a** Gastrulation: Die ersten Zellen, die von der Bauchseite nach innen wandern, sind Vorläufer der Eingeweidezellen, gefolgt von Vorläuferzellen des Mesoderms und der Keimbahn. **b** Der Verschluss der ventralen Spalte erfolgt durch kleinräumige Bewegungen der ventralen ektodermalen Zellen. **c** Bildung der Epidermis und der dorsalen Interkalation: Die zwei Reihen der dorsalen epidermalen Zellen verschieben sich zu einer einzigen dorsalen Zellreihe, was zu einer Verlängerung der dorsalen Epidermis im Verhältnis zur ventralen führt. **d** Ventraler epidermaler Einschluss durch Ausbreitung der epidermalen Zellschichten. **e** Vierfaches Längenwachstum des Embryos; die Bildung der Cuticula beginnt ca. 650 min nach der ersten Furchungsteilung. Das Längenwachstum ändert die Form des Embryos nicht mehr wesentlich. (Nach Chin-Sang und Chisholm 2000, mit freundlicher Genehmigung)

12

Außenschichten des Wurms) und zu einem geringeren Anteil auch Muskulatur. EMS teilt sich in E (entwickelt sich später zum Darm) und MS (entwickelt sich zu Muskeln, Drüsen und zu einem geringen Anteil auch zu Neuronen). Aus P_2 gehen P_3 und C hervor: C bildet Muskeln, Hypodermis und Neurone, und P_3 teilt sich in P_4 und D. Während sich die D-Zelle ebenfalls zu Muskulatur weiterentwickelt, entstehen aus P_4 die Keimzellen.

Auch im Weiteren ist das Geschick einer Zelle genau vorherbestimmt. Im 28-Zell-Stadium setzt die Gastrulation ein, sobald die Nachkommen der E-Zelle, die den Darm bilden, nach innen wandern. Die Embryonalentwicklung gilt mit dem Erreichen des „Brezelstadiums" und des daran anschließenden Schlüpfens der Larve als beendet. Die frisch geschlüpfte Larve hat jetzt 558 Zellkerne. Eine Übersicht über die Zellgenealogie in der frühen Phase von *C. elegans* gibt ◘ Abb. 12.17a.

Eine Besonderheit, die wir schon an anderer Stelle (▶ Abschn. 5.3.4) und insbesondere im Zusammenhang mit Apoptose (▶ Abschn. 5.2.2) kennengelernt haben, ist die definierte Zellzahl des erwachsenen Wurms. Von den 1090 somatischen Zellen des Zwitters sterben 131 in reproduzierbarer Art und Weise während der Entwicklung zum erwachsenen Wurm ab („programmierter Zelltod"). Davon sterben 113 während der Embryonalentwicklung, und 98 Zellen von diesen 113 sind Nachfahren der ursprünglichen AB-Zelllinie, die hauptsächlich die neuronale Zellpopulation bilden. Eine Gesamtübersicht über die Zellgenealogie des Fadenwurms gibt ◘ Abb. 12.17b.

Wenn wir uns nun die molekularen Spieler in diesen Prozessen ansehen wollen, so können wir bei *C. elegans* auf eine Reihe von Mutanten mit charakteristischen Phänotypen zurückgreifen (siehe Übersicht bei Rose und Kemphues 1998). Die erste Gruppe umfasst Mutationen, die für den Embryo letal sind und die Gene betreffen, die in der Eizelle bereits exprimiert werden (**maternale Gene**). Eine Gruppe davon wird als *Par*-Gene bezeichnet (*partitions defective*) und beeinflusst die Polarität der ersten Furchungsteilung. Mutationen in einem der sechs *Par*-Gene führen zu Änderungen in den frühen Teilungsmustern und zu einem Stopp der Embryonalentwicklung, ohne dass sich die Gesamtzellzahl ändert. Durch die PAR-Proteine wird offensichtlich die Verteilung von solchen Faktoren reguliert, die für die Etablierung der Zellstammbäume notwendig sind, z. B. SKN-1 (*skin in exzess*), GLP-1 (*germline proliferation defective*), PIE-1 (*pharynx and intestine in excess*) und MEX-3 (*muscle in excess*). Die PAR-Proteine enthalten wichtige Motive für die intrazelluläre Signalgebung (z. B. Kinase-Aktivitäten, ATP-Bindungsstellen, PDZ-Domänen), sie sind außerdem meistens an der Peripherie solcher Zellen asymmetrisch verteilt, die sich asymmetrisch teilen. Sie

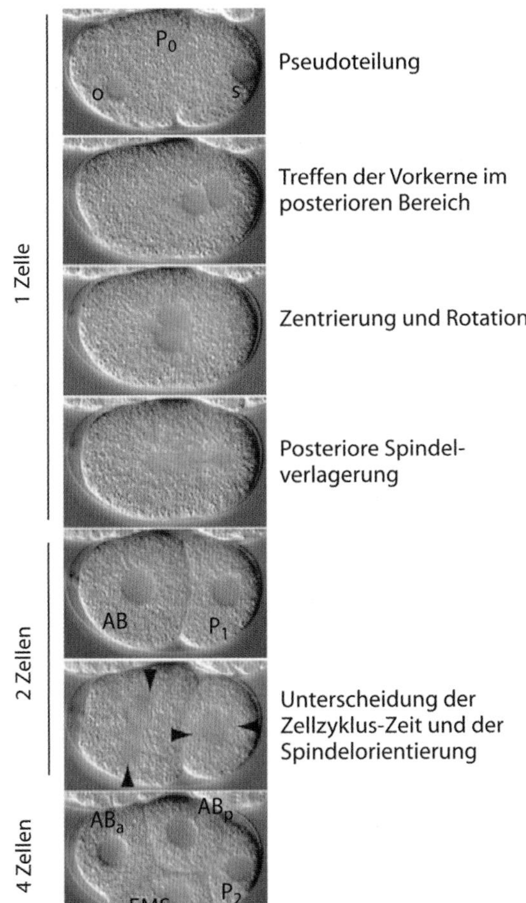

Abb. 12.16 Die ersten beiden mitotischen Teilungen des *C. elegans*-Embryos. Die maternalen (o) und paternalen (s) Vorkerne erscheinen üblicherweise an den entgegengesetzten Polen der befruchteten Eizelle und wandern dann so, dass sie sich am posterioren Pol treffen. Danach drehen sie sich und bewegen sich in die Mitte, wobei die ersten mitotischen Spindelfasern entlang der anterior-posterioren Achse gebildet werden. Die kleinere, posteriore Zelle teilt sich nach der größeren, anterior gelegenen Tochterzelle. Die Spindel der AB-Zelle bleibt transversal, während sich die P_1-Spindel dreht, um mit der anterior-posterioren Achse übereinzustimmen. Die Blastomeren des 4-Zell-Stadiums definieren damit die dorso-ventrale Achse (dorsal: AB_p, ventral: EMS; anterior: *links*, ventral: *unten*). (Nach Lyczak et al. 2002, mit freundlicher Genehmigung)

definieren damit nicht-überlappende anterior-posteriore Domänen in der Zygote und in der P_1-Zelle sowie dorsoventrale Domänen in den P_2- und P_3-Zellen.

Ein zweiter wichtiger Schritt ist der Aufbau der Zelllinien, die aus der EMS-Zelle hervorgehen. In genetischen Screens wurden unter anderem Gene identifiziert, die zu verstärkter Mesodermbildung führen (*more mesoderm*, Gensymbol: *mom*). Drei *mom*-Gene codieren für Mitglieder des **Wnt-Signalweges**: *mom-2* ist homolog zu *Wnt-2*, *mom-5* entspricht Mitgliedern der *frizzled*-Rezeptor-Genfamilie und *mom-1* entspricht *porcupine*, das in anderen Systemen eine Rolle bei der Wnt-Sekretion spielt. In *mom*-Mutanten hat die E-Zelle dieselben hohen Konzentrationen des Proteins POP-1 (*posterior pharynx defective*) wie die MS-Zelle. Das POP-1-Protein zeigt Homologie zu den LEF-1/TCF-1-Transkriptionsfaktoren, die im Wnt-Signalweg wichtig sind. Eine weitere Auswirkung der *mom*-Mutationen betrifft die Orientierung der Spindelapparate und hat damit ebenfalls Konsequenzen für die Orientierung der Tochterzellen.

Ein dritter Signalweg, der uns auch später noch (Vulva-Entwicklung) und in anderen Organismen immer wieder begegnen wird, ist der **Delta/Notch-Signalweg**. In *apx-1*-Mutanten (*anterior pharynx in excess*) bilden die Nachkommen der AB_p-Zellen nicht ihren üblichen Phänotyp aus und produzieren stattdessen Pharynxzellen mit anderen AB_a-ähnlichen Zellen. Die molekulare Analyse dieses Gens hat gezeigt, dass es für ein Protein codiert, das dem Delta-Protein bei *Drosophila* ähnlich ist. Delta ist ein Ligand des Notch-Rezeptors, und das homologe Gen für *Notch* ist *Glp-1*; das GLP-1-Protein ist an der Oberfläche beider AB-Zellen lokalisiert. Daher arbeiten die beiden Proteine APX-1 und GLP-1 vermutlich als Signal und Rezeptor bei der Wechselwirkung der P_2- mit der AB_p-Zelle, und die Spezifität der Wechselwirkung wird durch die Lokalisation von APX-1 kontrolliert.

Die frühe Embryonalentwicklung von *C. elegans* läuft nach einem genau festgelegten Teilungsschema seiner Zellen ab. Faktoren der Wnt- und Delta/Notch-Signalwege spielen dabei eine wichtige Rolle.

12.3.2 Organentwicklung bei *C. elegans*

Die frisch geschlüpfte Larve ähnelt in ihrem Aufbau dem erwachsenen Tier; sie ist jedoch noch nicht geschlechtsreif. Die postembryonale Entwicklung vollzieht sich im Laufe von vier aufeinanderfolgenden Häutungen. Die Zellen, die jetzt beim reifenden Tier dazukommen, stammen im Wesentlichen von der posterioren P-Zelle ab. Diese Nachkommen sind als Vorläuferzellen entlang der Körperachse verteilt. Jede dieser Vorläuferzellen gründet eine eigene Zelllinie, die bis zu acht Zellteilungen durchläuft.

Als Beispiel für diese weitere Differenzierung wird hier die **Entwicklung der Vulva** vorgestellt, die für die Reproduktion erforderlich ist. Sie entsteht aus den Vorläuferzellen P5p, P6p und P7p (Abb. 12.18). Diese drei Zellen gehören zu einer Gruppe von sechs hypodermalen Vorläuferzellen, aus denen primär P6p ausgewählt wird, den Entwicklungsweg zu einer Vulva einzuschlagen. Aus dieser Zelle gehen acht Tochterzellen hervor, die zum Vulvagewebe beitragen. Die flankierenden Zellen P5p und P7p schlagen den sekundären Entwicklungsweg ein und bringen nur sieben Tochterzellen hervor. Aus diesen insgesamt 22 Abkömmlingen wird schließlich die Vulva gebildet.

Die weiter außen liegenden Zellen P3p, P4p und P8p schlagen einen dritten Weg ein: Aus ihnen gehen je zwei Tochterzellen hervor, die zu einer mehrkernigen hypoder-

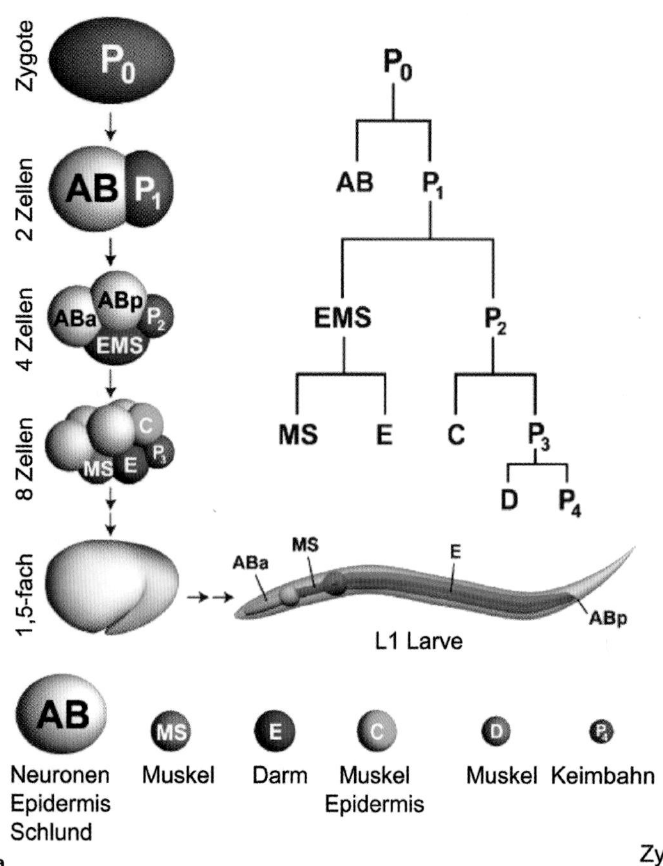

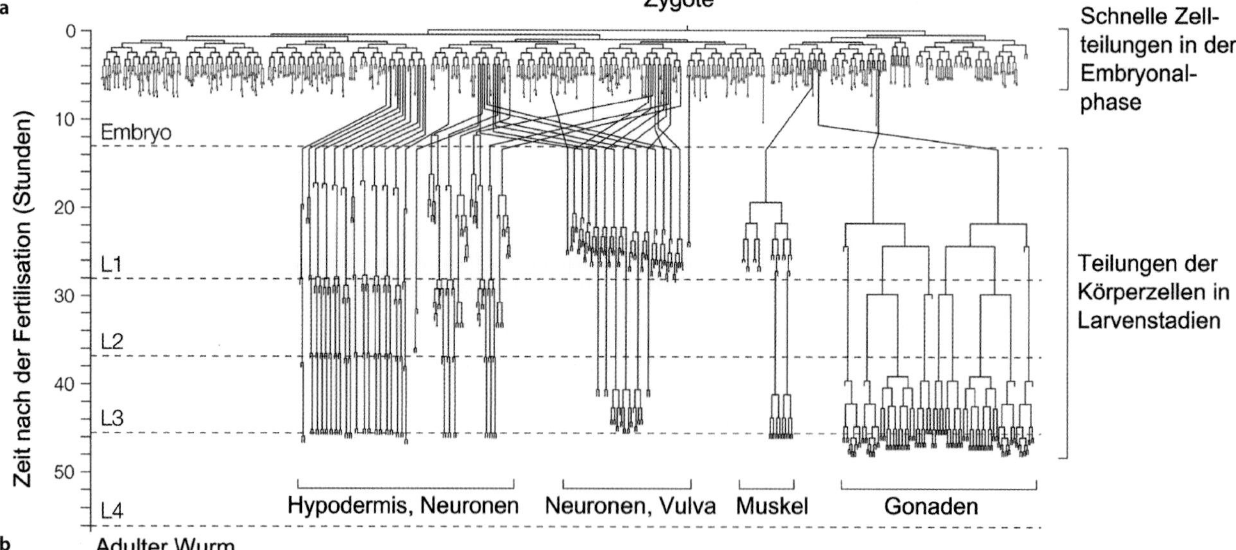

Abb. 12.17 Zellgenealogie von *C. elegans*. **a** Die frühe Abstammungslinie von *C. elegans* zeigt den Ursprung der sechs Gründerzellen und die wichtigsten daraus entstehenden Organe, wie anteriorer und posteriorer Pharynx, Darm und Rectum. Aus Gründen einer besseren Übersicht sind weitere Organe, die von einigen wenigen Nachkommen der AB-, MS- und C-Zellen gebildet werden, nicht dargestellt. **b** Die Abstammungslinien eines Zwitters von *C. elegans* während der Embryonalphase und den vier Larvenstadien. Die Gewebe, die während der Larvenstadien angelegt werden, sind jeweils *unten* angegeben. Die Linien, die während der Larvenstadien den Darm bilden, sind nicht dargestellt, da diese keine neuen Zellen produzieren. (**a** nach Maduro 2006, mit freundlicher Genehmigung; **b** nach Kipreos 2005, mit freundlicher Genehmigung)

malen Zelle verschmelzen, die als hyp7 bezeichnet wird. Obwohl üblicherweise die Entwicklungswege dieser sechs Vorläuferzellen P3p bis P8p nicht verändert werden, hat eine Reihe genetischer und zellbiologischer Experimente (vor allem gezieltes Abtöten einzelner Vorläuferzellen) gezeigt, dass alle sechs Zellen prinzipiell jeden der drei Wege einschlagen können. Diese Zellen haben also das gleiche entwicklungsbiologische Potenzial.

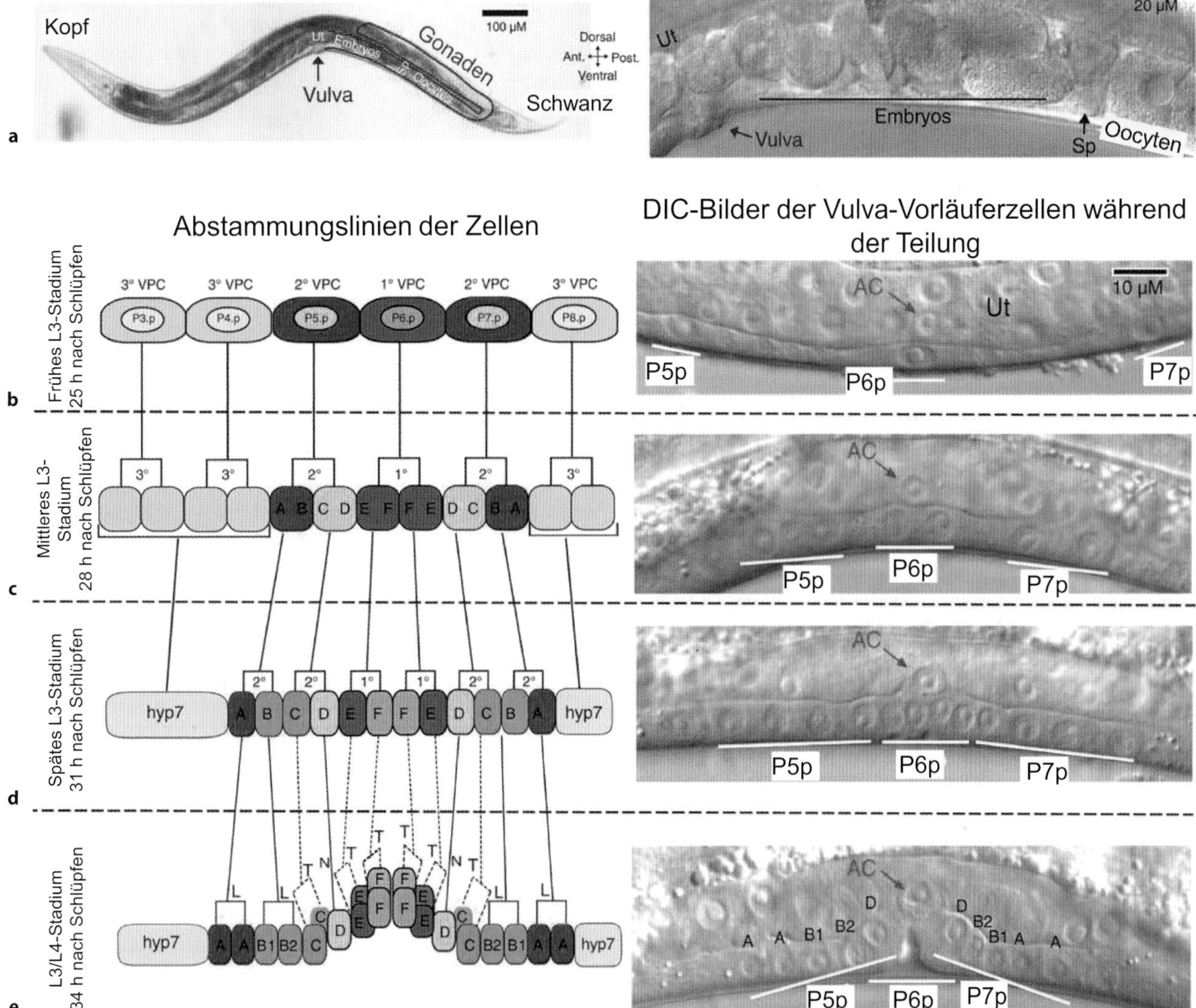

Abb. 12.18 Die Vulva-Entwicklung bei *C. elegans*. **a** Ein erwachsener Wurm in kleiner (*links*) und starker (*rechts*) Vergrößerung; es sind einige Komponenten des reproduktiven Systems dargestellt. Die Oocyten in den Gonaden (*rot*) wandern zur Samentasche (Spermathek, Sp) und werden dort befruchtet. Die Embryonen gelangen zum Uterus (Ut) und durchlaufen dort die ersten Runden der Zellteilung. Muskelkontraktionen drücken die Embryonen nach draußen, wo sich die Embryonalentwicklung bis zum Schlüpfen fortsetzt. Es ist nur die posteriore Gonade gezeigt, die anteriore Gonade ist identisch aufgebaut. **b–e** Zellteilungen im 3. Larvenstadium: schematische Darstellung (*links*), Bilder eines Wurms mit differenzieller Interferenzmikroskopie (DIC) in der Seitenansicht (anterior ist *links* und dorsal *oben*) (*rechts*). **b** Die P6p-Zelle wird die primäre Vulva-Vorläuferzelle (engl. *vulval precursor cell*, VPC), die Zellen P5p und P7p werden Vulva-Vorläuferzellen 2. Grades, und P3p, P4p und P8p nehmen als Vulva-Vorläuferzellen 3. Grades einen anderen Weg. Die Ankerzelle (engl. *anchor cell*, AC) ist im Epithel des Uterus lokalisiert und liegt oberhalb von P6p (DIC-Bild). **c** Alle sechs Vulva-Vorläuferzellen teilen sich in der Mitte des 3. Larvenstadiums; die Vulva-Vorläuferzellen 3. Grades teilen sich nicht mehr weiter, sondern verschmelzen zum hyp7-Syncytium. Die primäre Vulva-Vorläuferzelle differenziert zu vulE- und vulF-Zellen; die Vulva-Vorläuferzellen 2. Grades differenzieren zu vulA-, vulB-, vulC- und vulD-Zellen. **d** Die dritte Teilung der Vulva-Vorläuferzellen findet in der Mitte und am Ende des 3. Larvenstadiums statt und produziert 12 Zellen in einer lang gestreckten Anordnung. **e** Die letzte Teilung der Vulva-Vorläuferzellen erfolgt am Übergang des 3. zum 4. Larvenstadiums; vulC-, vulE- und vulF-Zellen teilen sich transversal (T, *gestrichelte Linien*); vulA- und vulB-Zellen teilen sich longitudinal (L), und vulD-Zellen teilen sich nicht (N). Im DIC-Bild sind nur die vulD-Zellen im Fokus. (Nach Schindler und Sherwood 2013, mit freundlicher Genehmigung)

Das initiierende und auch über das weitere Zellschicksal entscheidende Signal zur Vulva-Entwicklung geht von einer Zelle aus, die als Ankerzelle bezeichnet wird und über der Zelle P6p liegt. Sie aktiviert durch den epidermalen Wachstumsfaktor (engl. *epidermal growth factor*, EGF) in der P6p-Zelle eine Ras-MAP-Kinase-Signalkette, sodass diese Zelle den primären Entwicklungsweg einschlägt. Im nächsten Schritt zwingt die P6p-Zelle die benachbarten Zellen P5p und P7p über die Aktivierung eines Notch-ähnlichen Rezeptors (LIN-12, engl. *abnormal cell lineage*) in den sekundären Entwicklungsweg und verhindert damit die Ausbildung mehrerer Initiationszentren (**laterale Inhibition**). Störungen in diesem Signalweg führen zur Ausbildung von Phänotypen, die entweder keine Vulva besitzen (*Vulvaless*; Verlust des aktivierenden Signals der Ankerzelle) oder zusätzliche Vulvae ausbilden (*Multivulva*; Verlust der lateralen Inhibition). Insgesamt ist dieses intensiv untersuchte System der Vulva-Entwicklung ein besonders gutes Beispiel, wie robust solche Entscheidungen über zelluläre Entwicklungswege in der embryonalen Musterbildung angelegt sind.

❶ Die Vulva entsteht durch schrittweise Differenzierung von Vorläuferzellen, die zunächst das gleiche entwicklungsbiologische Potenzial haben. Dieser Prozess wird durch den epidermalen Wachstumsfaktor (EGF) und eine Ras-MAP-Kinase-Signalkette einerseits und laterale Inhibition andererseits gesteuert.

12.4 Entwicklungsgenetik von *Drosophila melanogaster*

Die Taufliege *Drosophila melanogaster* (▶ Abschn. 5.3.5) ist einer der wichtigsten Modellorganismen der Genetik allgemein, aber auch der Entwicklungsgenetik. Die Forschung der letzten Jahre hat uns gezeigt, dass viele grundlegende morphologische Prozesse bei der Ausbildung von Körperachsen, der Musterbildung und der Organentwicklung bei *Drosophila* von Genen gesteuert werden, die auch in höheren Tieren und dem Menschen von entscheidender Bedeutung sind. Von daher kommt *Drosophila* in der modernen Entwicklungsgenetik eine zentrale Rolle zu. Im Folgenden sollen einige der wichtigsten Aspekte kurz und exemplarisch dargestellt werden; für weiterführende Darstellungen sei der interessierte Leser auf die angegebenen Übersichtsartikel verwiesen.

12.4.1 Keimbahnentwicklung bei *Drosophila*

Die wichtigsten grundlegenden morphologischen Eigenschaften eines Embryos werden bei *Drosophila* bereits während der Oogenese festgelegt. Hierbei handelt es sich nicht nur um die Hauptachsen des bilateralsymmetrischen Körpers des Embryos (also die anterior-posteriore und die dorso-ventrale Achse), sondern es werden gleichzeitig mit den Achsen auch die Hauptabschnitte der Längsgliederung der Embryonen (Kopf, Thorax, Abdomen) in ihrer relativen Position im Embryo vorprogrammiert. Erreicht wird dies durch eine lokalisierte Positionierung von Molekülen im Cytoplasma des (unbefruchteten) Eis.

Die Frage nach den Mechanismen, die solchen Induktionsvorgängen zugrunde liegen, richtet sich im Wesentlichen auf zwei Aspekte:

- Wie wird eine differenzielle räumliche Verteilung von Molekülen während der Oogenese erreicht?
- Um was für Moleküle handelt es sich, und wie sind diese Moleküle in der Lage, unterschiedliche Entwicklungswege von Zellen zu induzieren?

Die Entwicklung der weiblichen Gameten von *Drosophila*, wie die einiger anderer Insekten, weist einige Besonderheiten auf. Die Oogonien (Urkeimzellen) entwickeln sich nämlich nicht ausschließlich zu Oocyten, sondern ein Teil von ihnen bildet Nährzellen (engl. *nurse cells*), die das Wachstum der Oocyten unterstützen, wie ihr Name andeutet. Außerdem tragen zur Entwicklung der Oocyten noch die somatischen Follikelzellen bei, die ihren Ursprung in den somatischen mesodermalen Zellen der Gonadenanlagen haben. Die Ovarien bestehen somit aus unterschiedlichen Zelltypen und werden auch als meroistische Ovarien bezeichnet. Sie unterscheiden sich damit von den holistischen Ovarien anderer Insekten, in denen sich alle Oogonien zu Oocyten weiterentwickeln und das Ovarium somit überwiegend aus wachsenden Keimzellen besteht.

Ein *Drosophila*-Ovarium ist in ein Bündel von **Ovariolen** gegliedert. In jeder Ovariole finden wir eine Reihe von Oocyten in unterschiedlichen Entwicklungsstadien, die sich in jeweils getrennten **Eikammern** befinden (◻ Abb. 12.19). Distal in jeder Ovariole findet sich zunächst ein nicht weiter untergliederter Bereich, der als **Germarium** bezeichnet wird. Am distalen Ende des Germariums liegen die **Stammzellen**, die durch eine mitotische Zellteilung eine **primäre Oogonie** und eine neue Stammzelle bilden. Jede dieser Oogonien teilt sich weitere vier Mal. Damit ist das Ende der mitotischen Aktivität der weiblichen Keimzellen erreicht. Zu diesem Zeitpunkt beginnen sich einzelne Eikammern auszubilden. Jede dieser Eikammern enthält alle 16 Zellen, die sich von einer gemeinsamen primären Oogonie herleiten, also klonalen Ursprungs sind. Eine dieser Zellen entwickelt sich als **Oocyte** weiter, während die übrigen 15 **Nährzellen** bilden. Innerhalb jeder Eikammer entwickelt sich mithin nur eine einzige Oocyte zum Ei.

Da die Nährzellen sich von Oogonien ableiten, sind sie (im Gegensatz zu den Follikelzellen) ihrer Herkunft nach als Keimzellen anzusehen. Dieser ontogenetische Ursprung ist deshalb von Bedeutung, weil von diesen Zellen der überwiegende Teil der genetischen Information für die Entwicklung der Oocyte geliefert wird. Das Oocytengenom selbst vollbringt nur eine geringfügige eigene RNA-Syntheseleistung. Die 15 Nährzellen sind untereinander und mit der Oocyte durch **cytoplasmatische Brücken** verbunden. Die Lage der Oocyte in Bezug zu den Nährzellen wird durch ihre Entstehung während der Zellteilungen festgelegt und bleibt im Laufe der Entwicklung erhalten. Sie liegt im proximalen Teil der Eikammer (◻ Abb. 12.19), dehnt sich jedoch im Laufe

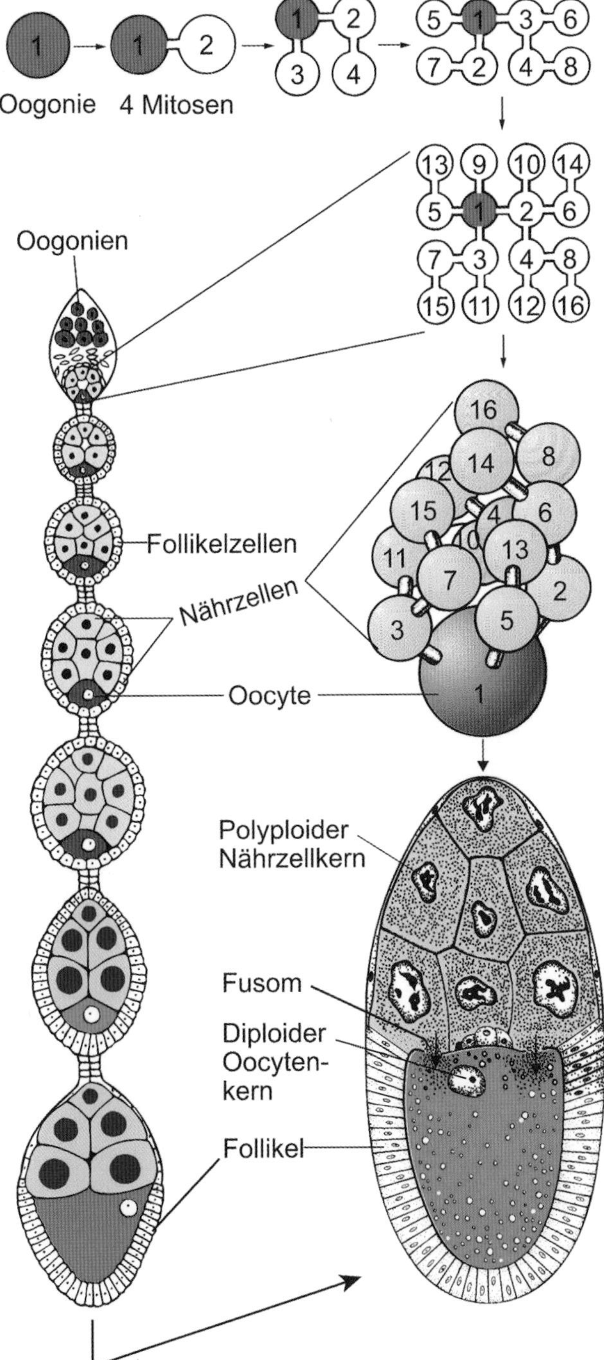

Abb. 12.19 Oogenese in einem Ovarialschlauch bei *Drosophila*. Die weibliche Urkeimzelle (Oogonie) teilt sich in vier Mitosen in 16 Zellen, die durch cytoplasmatische Schläuche miteinander verbunden sind. Eine dieser Zellen wird zur Oocyte und die 15 anderen zu Nährzellen. Während die Oocyte zunächst diploid bleibt und erst später durch eine meiotische Teilung haploid wird, werden die Nährzellen polytän. Follikelzellen umgeben die Nährzellen und die Oocyte. Die so entstandene Struktur schnürt sich vom Keimstock ab und bildet eine Eikammer. Die nacheinander erzeugten Eikammern sind noch an ihren Polen miteinander verbunden. Die Oocyte wächst, während ihr die Nährzellen über die cytoplasmatischen Brücken Material zuführen (z. B. Vitellogenine und Phosphovitine). (Nach Müller und Hassel 2018, mit freundlicher Genehmigung)

der Entwicklung immer mehr in distaler Richtung aus und füllt am Ende ihrer Entwicklung die gesamte Eikammer, während die Nährzellen degenerieren. Die insgesamt etwa 1000 Follikelzellen umschließen anfänglich die gesamte Eikammer. Ab Stadium 8/9 der Oogenese beschränken sie sich jedoch darauf, die wachsende Oocyte zu umgeben, um am Ende der Oogenese ebenfalls zu degenerieren. Einer der wichtigen Beiträge der Follikelzellen zur Entwicklung des Eis ist die Sekretion des **Chorions**, die mit einer Amplifikation der Chorion-Gene in diesen Zellen verbunden ist, wie bereits früher dargestellt wurde (▶ Abschn. 9.3.3, ◘ Abb. 9.36). Außerdem liefern sie wichtige Informationen für die Polarität des Embryos.

In den Nährzellen werden aber nicht nur solche Gene exprimiert, die für die Entwicklung der Oocyte wichtig sind, sondern auch solche, die für die ersten Entwicklungsschritte der Eizelle nach der Befruchtung von Bedeutung sind. Entscheidend für ihre Funktion ist es, dass sie zwar während der Oogenese transkribiert werden, ihre eigentliche Wirkung aber erst im Embryo, also in den Nachkommen, ausüben. Für diese Wirkung ist daher ausschließlich die **mütterliche genetische Konstitution** entscheidend, während die genetische Konstitution dieser Gene im Embryo für dessen eigene Entwicklung ohne Bedeutung bleibt. Wir bezeichnen diese Gene als **maternale Gene**; im Gegensatz dazu werden die zygotischen Gene vom Embryo selbst exprimiert.

Der Transport der mRNA aus den Nährzellen in die Oocyte erfolgt offenbar mithilfe des Cytoskeletts der Nährzellen unter der Beteiligung von Myofibrillen und anderen Mikrofibrillen des Nährzellcytoplasmas. Dieser Transport bedarf der Mitwirkung bestimmter Gene, zu denen unter anderem das Gen *chickadee* gehört. L. Cooley und Mitarbeiter zeigten 1992, dass bei dem Ausfall der Genfunktion von *chickadee* die Ausbildung des cytoplasmatischen Aktinnetzwerks unterbleibt, das unter anderem die Nährzellkerne in einer festen Position verankert (Cooley et al. 1992). Das Gen *chickadee* codiert für **Profilin**, ein Protein, das für die Filamentbildung von Aktin erforderlich ist. Durch die Störungen im Cytoskelett der Nährzellen wird der Materialtransport in die Oocyte weitgehend verhindert.

> Die Nährzellen stehen über cytoplasmatische Brücken untereinander und mit der Oocyte in Verbindung. Sie liefern den überwiegenden Teil der genetischen Information, die zur Entwicklung der Oocyte benötigt wird. Bei den Genen, die für die Entwicklung des Embryos erforderlich sind, unterscheidet man zwischen maternalen und zygotischen Genen.

Wichtige maternale Gene, die für die frühe Einrichtung der Körperachsen benötigt werden, sind *bicoid*, *oskar* und *gurken* (▶ Abschn. 12.4.3). Wir wollen uns die Festlegung

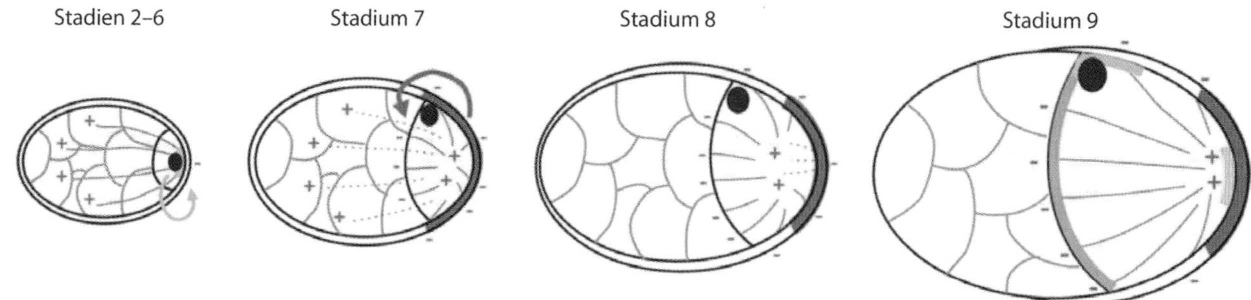

■ **Abb. 12.20** Die Wechselwirkung zwischen Keimbahn und Körperzellen etabliert die anterior-posteriore Achse bei *Drosophila*. In den Stadien 2–6 der Oocyten-Entwicklung sind die Mikrotubuli der Keimbahn (*rot*) mit ihren Minus-Enden am posterioren Pol der Oocyte organisiert und ihre Plus-Enden ragen bis in die Nährzellen hinein. Während dieser Stadien exprimiert die Oocyte das *gurken*-Gen (*grün*). Das GURKEN-Protein aktiviert den Rezeptor des epidermalen Wachstumsfaktors (EGFR) in den posterioren Follikelzellen (*violett*) und setzt damit eine Phosphorylierungskaskade in Gang (*violetter Pfeil*). Die Mikrotubuli in den Nährzellen werden abgebaut (*gestrichelte rote Linien*) und in der Oocyte neu aufgebaut (*durchgezogene rote Linien*). Der Zellkern wandert in die anterior-dorsale Ecke. Im Stadium 8 werden die posterioren Mikrotubuli in der Eizelle abgebaut (*gestrichelte rote Linien*). Im Stadium 9 dirigieren die Mikrotubuli die mRNA von *bicoid* (*blau*) und von *oskar* (*gelb*) an den anterioren bzw. posterioren Pol der Eizelle und organisieren damit die spätere anterior-posteriore Achse des Embryos. Der Zellkern in der anterior-dorsalen Ecke exprimiert erneut *gurken* (*grün*) und definiert damit die dorso-ventrale Achse. (Nach Steinhauer und Kalderon 2006, mit freundlicher Genehmigung)

in der Eizelle während ihrer Reifung daher etwas genauer betrachten. Sie erfolgt während des mittleren Abschnitts der Oogenese (Stadium 7–9; ■ Abb. 12.20) und benötigt dabei die Hilfe von Mikrotubuli. Mikrotubuli sind polare Cytoskelettproteine, die unter Verbrauch von ATP den Transport von Molekülen und Organellen über eine größere Distanz unterstützen. Der Auf- und Umbau des gerichteten Mikrotubuli-Gerüsts in den Nährzellen, die die Eizelle umgeben, ist in ■ Abb. 12.20 gezeigt. Mikrotubuli ermöglichen den Transport von *bicoid*-mRNA an den anterioren Bereich und von *oskar*-mRNA (und später auch *nanos*) an den posterioren Bereich der sich entwickelnden Oocyte. Außerdem erlaubt die Mikrotubuli-Umorganisation die Wanderung des Zellkerns der Oocyte vom posterioren Ende der Eizelle an ihren anterior-dorsalen Cortex. Dort wird *gurken*-mRNA exprimiert (und in diesem Fall auch das Protein gebildet!); die entsprechende *gurken*-Kappe über dem Zellkern definiert die dorsale Seite der Eikammer. Die verschiedenen RNA-Moleküle bleiben auch nach dem weiteren Umbau der Mikrotubuli mit dem Cortex der Eizelle verankert, um so eine Störung der Lokalisation zu vermeiden.

12.4.2 Der frühe Embryo

Nach der Befruchtung beginnt der Zygotenkern sich in schneller Folge in Abständen von etwa 8 min zu teilen und durchläuft zunächst sieben **synchrone Kernteilungszyklen**, ohne in diesem Entwicklungsabschnitt jedoch Zellen zu formen (Syncytium; ■ Abb. 12.21). Die hierdurch entstandenen 128 Zellkerne (auch **Energiden** genannt) liegen, von einer dünnen Lage Cytoplasma umgeben, im Dotter im Inneren des Eis. Sie teilen sich ein weiteres Mal (Teilung 8), und anschließend beginnen zwei bis sechs der Tochterkerne dieser Teilung ins posteriore Cytoplasma des Eis (auch **Polplasma** genannt) einzuwandern. Sie bilden dort die **Polzellen** als Vorläufer der künftigen Keimzellen. Das Polplasma ist durch **granuläre Partikel** (engl. *polar granules*) vom übrigen Cytoplasma unterschieden. Diese Granula enthalten die für die Keimzellinduktion verantwortlichen Moleküle (**Keimbahndeterminanten**).

Alle übrigen, noch im Dotter liegenden Energiden entwickeln sich zu somatischen Zellen. Sie durchlaufen zunächst zwei weitere Kernteilungen (Teilungen 9 und 10) und wandern dann – ausgenommen etwa 25 Kerne, die die Dotterzellen bilden – ins periphere Cytoplasma. Hier bilden sie das aus einer Lage von Kernen bestehende syncytiale Blastoderm ohne diffusionshemmende Zellmembranen, innerhalb dessen sie durch Aktin-haltige Mikrofilamente und Tubulin-haltige Mikrotubuli gegeneinander abgegrenzte Bereiche des Periplasmas besetzen. Es bilden sich jedoch noch immer keine Zellen, sondern es werden in diesem syncytialen Zustand zunächst drei weitere nahezu synchrone Kernteilungen (Teilungen 11–13) durchlaufen, die an den Polen des Embryos einsetzen und von hier aus wellenförmig zur Mitte hin fortschreiten. Sie ergeben schließlich eine einschichtige Lage von 5000 bis 6000 Zellkernen in der Peripherie des Eis. Erst zu diesem Zeitpunkt beginnt die Zellularisierung des Blastoderms durch die Ausbildung von Kernmembranen von der Peripherie des Eis her. Obwohl die Zellen zunächst noch zum Dotter hin offen bleiben, spricht man nun vom zellulären Blastoderm. Es folgt eine weitere Kernteilung (Teilung 14), der sich schließlich die Gastrulation anschließt. Erst mit Beginn der Gastrulation werden die inneren cytoplasmatischen Brücken zwischen den Zellen endgültig geschlossen, und die Zellen erlangen ihre volle Individualität.

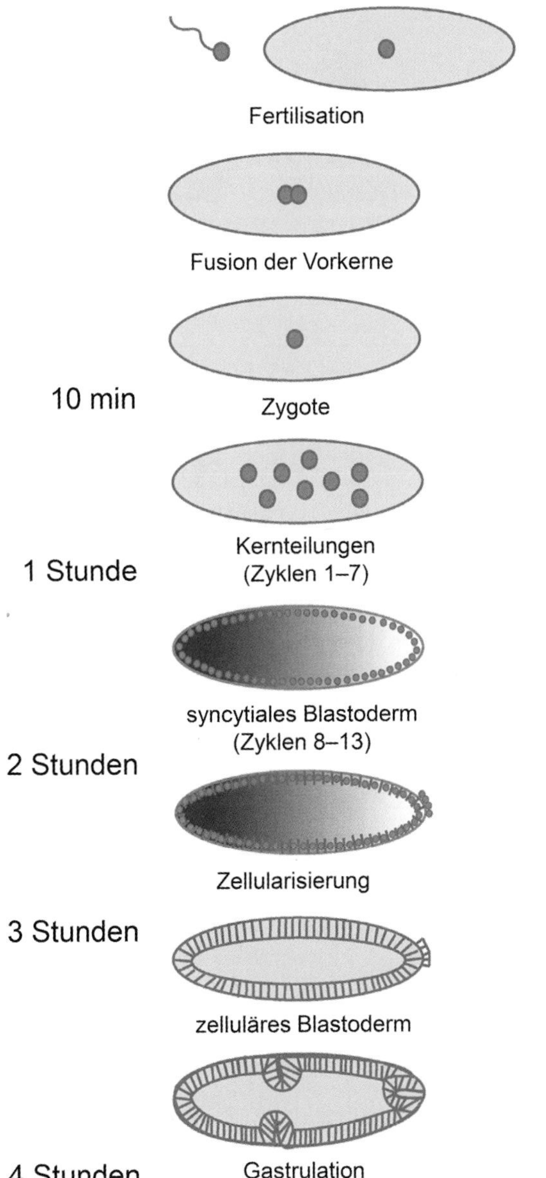

Abb. 12.21 Frühe Embryonalentwicklung von *Drosophila*. Nach der Verschmelzung der Zellkerne von Ei- und Samenzelle finden rasche Kernteilungen statt, wobei sich keine Zellwände bilden. Dadurch entsteht ein Syncytium mit vielen Zellkernen in einem gemeinsamen Cytoplasma. Nach der 9. Teilung wandern die Zellkerne an die Peripherie und bilden das syncytiale Blastoderm. Nach etwa 3 h entstehen Zellwände (zelluläres Blastoderm). Etwa 15 Polzellen bilden eine abgetrennte Gruppe am posterioren Ende des Embryos; daraus entwickeln sich später die Keimzellen. Nach etwa 4 h beginnt die Gastrulation (anterior: *links*; posterior: *rechts*). (Nach Boija und Mannervik 2015, mit freundlicher Genehmigung)

Tab. 12.1 Genetik der Eientwicklung in *Drosophila*: Determinanten embryonaler Musterbildung

Embryonales Muster:			
Termini	**Anterior**	**Posterior**	**Dorso-ventral**
torsolike	*exuperantia*	(*cappuccino*)	*pipe*
trunk	*swallow*	(*spire*)	*nudel*
fs(1) Nasrat	*staufen*	*staufen*	*windbeutel*
fs(1)pole hole	*bicoid*[b]	*oskar*	*gastrulation defective*
torso[a]		*vasa*	*snake*
l(1)pole hole		*pumilio*	*easter*
capicua[c]		*hunchback*[b]	*spätzle*
		nanos[b]	*valois*
			tudor
			mago nashi
			Toll[a]
			tube
			pelle
			cactus

Nach Johnston und Nüsslein-Volhard (1992); Jiménez et al. (2000)
[a] Gene der dorso-ventralen Achsendetermination und der Termini, die das zum Signaltransduktionsweg gehörende Transmembranprotein codieren
[b] Morphogene
[c] Wirkung durch tor-vermittelte Hemmung der Repression (tor: *target of rapamycin*); vgl. ▶ Abschn. 12.4.4

Nach einer Serie von Kernteilungen bildet sich im *Drosophila*-Embryo zunächst ein syncytiales, dann ein zelluläres Blastoderm mit einer einschichtigen peripheren Lage von Zellkernen bzw. Zellen.

Da sich im *Drosophila*-Embryo zunächst keine zelluläre Struktur ausbildet, sondern das syncytiale Blastoderm lange erhalten bleibt, können die maternalen Gene ihre Funktion im Embryo durch die ortsspezifische Lokalisation ihrer Genprodukte im Periplasma des Eis ausüben. Diese Genprodukte haben die Aufgabe, jeweils spezifische zygotische Gene in ihrer embryonalen Expression zu steuern. In der klassischen Embryologie hat man solche Genprodukte auch als **morphogene Substanzen** (oder einfach **Morphogene**) bezeichnet, da sie die Entwicklung bestimmter morphologischer Muster regulieren. Wir haben oben schon *bicoid*, *oskar*, *nanos* und *gurken* kennengelernt, deren Genprodukte in der noch unbefruchteten Eizelle an bestimmten Stellen vorkommen und die Achsen vorherbestimmen. In Tab. 12.1 ist eine Übersicht mit weiteren maternalen Genen und einigen der ihnen zugeordneten Genfunktionen zusammengestellt. Die Tabelle lässt erkennen, dass für die **strukturelle Längsgliederung** des Embryos drei verschiedene Gruppen von

Genen erforderlich sind, zu denen jeweils ein Morphogen gehört. Diese drei Gruppen von Genen bestimmen

- die **anteriore Region**,
- die **posteriore Region** und
- die Enden des Embryos (**Akron- bzw. Telsonbereich**).

Eine weitere, vierte Gruppe von Genen ist für die Ausbildung der **dorso-ventralen Achse** des Embryos verantwortlich.

Die Anzahl der beteiligten Gene in jeder dieser vier Gruppen ist offensichtlich unterschiedlich. Bemerkenswert ist aber auch, dass diese Gengruppen **unterschiedliche Mechanismen** zur Erfüllung ihrer Aufgaben gebrauchen, sodass wir sie getrennt betrachten müssen.

Die Längsgliederung des Embryos erfolgt durch Gengruppen, die eine anteriore, eine posteriore Region und die terminalen Regionen festlegen. Eine vierte Gruppe von Genen bestimmt die dorso-ventrale Achse.

Ein Vergleich der verschiedenen Mechanismen wird uns erkennen lassen, dass einem Morphogen kein einheitlicher chemischer Charakter und keine einheitliche Funktion zugeschrieben werden kann. Verschiedene Morphogene haben vielmehr unterschiedliche Wirkungsweisen, sodass auch ihre unterschiedliche molekulare Natur verständlich wird. Die Definition des Begriffs Morphogen ist daher rein funktionell und bezieht sich auf die Fähigkeit einer Substanz, ein Spektrum von Reaktionen zu induzieren, die zur Entwicklung spezifischer Strukturen führen. Alle übrigen beteiligten Gene unterstützen die morphogenetischen Funktionen eines Morphogens. Dieses skizzierte Modell der morphologischen Organisation eines Embryos geht davon aus, dass es im Eicytoplasma eine **positionelle Information** gibt, die für eine differenzielle Regulation zygotischer Gene sorgt und dadurch die unterschiedliche Differenzierung der (späteren) Zellen in verschiedenen Bereichen des Embryos steuert. Wir wollen nun betrachten, um was für Moleküle es sich bei dieser positionellen Information handelt und wie sie die Regulation zygotischer Gene bewirken. Für die Aufklärung der genetischen Kontrolle der frühen Embryonalentwicklung von *Drosophila* erhielt Christiane **Nüsslein-Volhard** zusammen mit Edward **Lewis** und Eric **Wieschaus** 1995 den Nobelpreis für Medizin.

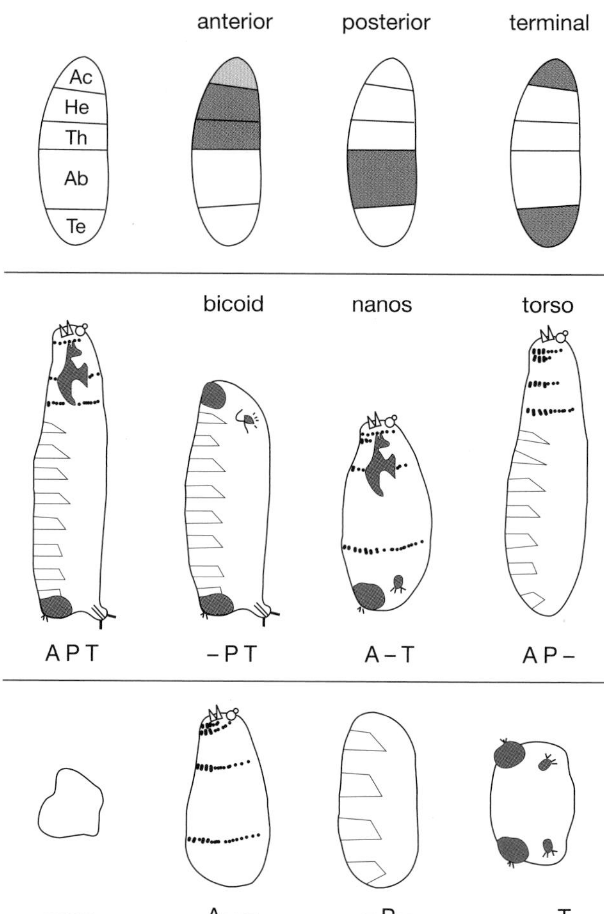

Abb. 12.22 Historische Darstellung der Morphologie embryonaler Mutanten von *Drosophila melanogaster*. Die *obere Reihe* zeigt schematisch die im Wildtyp (*links*) aufgrund des Ausfalls in Mutanten identifizierten Regionen. Bei den Mutanten ist die jeweils ausgefallene Region des Embryos *farbig hervorgehoben*: anterior (*links*) mit Kopf (He) und Thorax (Th), posterior (*Mitte*) mit Teilen des Abdomens (Ab) und terminal (*rechts*) mit Akron (Ac) und Telson (Te). Die *hellrote* Färbung markiert den anterioren Bereich in *bicoid*-Mutanten, der sich zu einem Telson statt zu einem Akron entwickelt. Die *mittlere Reihe* zeigt die bei den jeweiligen Mutanten gefundenen Phänotypen der Embryonen. *Links*: Wildtyp, *zweite von links*: anteriore Mutation (hier: *bicoid*), *zweite von rechts*: posteriore Mutation (hier: *nanos*) und *rechts*: terminale Mutation (hier: *torso*). Die *untere Reihe* zeigt die embryonalen Phänotypen einer dreifachen Mutante (*links*) und von Doppelmutanten (*alle übrigen*), bei denen Gene, die in den angezeigten Regionen normalerweise aktiv sind, mutiert sind. Der *Strich* zeigt jeweils den Ausfall eines Gens an, das für die betreffende Region des Embryos erforderlich ist. A: anterior, P: posterior, T: terminal. (Nach Johnston und Nüsslein-Volhard 1992, mit freundlicher Genehmigung)

12.4.3 Ausbildung der anterior-posterioren Körperachse

Der maternale Ursprung der genetischen Information für die Organisation des anterioren Bereichs bedingt, dass der mütterliche Genotyp für die Entwicklung dieser Region im Embryo ausschlaggebend ist, nicht jedoch der des Embryos. Das lässt sich experimentell dadurch belegen, dass rezessive Mutationen in maternal aktiven Genen bei Homozygotie der Mutter (nicht jedoch des Vaters!) eine defekte Entwicklung des Embryos verursachen.

Solche Effekte zeigen z. B. Mutationen im Gen *bicoid* von *D. melanogaster*. Im Falle maternaler Homozygotie von Nullmutationen dieses Gens (*bcd*/*bcd*) fehlt dem Embryo der gesamte anteriore Bereich, der Kopf und Thorax umfasst. Es differenziert sich allein das Abdomen zusammen mit den Termini (Abb. 12.22). Ein solcher Befund besagt zunächst natürlich noch sehr wenig über die tatsächliche Funktion des *bicoid*-Gens, da der Ausfall der anterioren Region auch ein indirekter Effekt sein könnte. Diese Möglichkeit einer indirekten Wirkung scheint dadurch unterstrichen zu werden, dass auch durch Mutationen in drei anderen Genen – *swallow* (*swa*), *exuperantia* (*exu*) und *staufen* (*stau*) – in den entsprechenden homozygot mutanten mütterlichen Konstitutionen ganz ähnliche Defekte hervorgerufen werden wie durch *bicoid*. Zugleich wird uns aber durch die Identifikation mehrerer Gene des gleichen embryonalen Phänotyps deutlich, dass es durch die **Analyse von Phänotypen** möglich ist, Gruppen von Genen zu erkennen, die eine Rolle bei der Entwicklung bestimmter morphologischer Strukturen spielen (◘ Tab. 12.1). In unserem Beispiel lässt sich aufgrund der vergleichbaren Effekte der verschiedenen Mutationen annehmen, dass insgesamt vier Gene (*bicoid, swallow, exuperantia, staufen*) an der Organisation der anterioren Region des Embryos beteiligt sind.

❶ Die Mutantenanalyse zeigt, dass an der Organisation des Kopf- und Thoraxbereichs des Embryos eine Gruppe von vier Genen beteiligt ist, die bei Veränderungen ihrer Funktion gleiche phänotypische Auswirkungen zeigen.

Die funktionelle Abfolge der Funktionen der verschiedenen Gene einer solchen Gengruppe lässt sich durch die Überlegung ermitteln, dass beim Vergleich zweier mutierter Gene das jeweils übergeordnete Gen einen **epistatischen Effekt** über den Funktionszustand des untergeordneten Gens ausübt (► Abschn. 11.3.3). Wird ein Genprodukt durch Mutation so verändert, dass es seine normale Funktion auf Genprodukte, die in nachfolgenden Schritten erforderlich sind, nicht mehr ausüben kann, so ist eine Reversion dieser Mutation entweder durch Hinzufügen des funktionellen Genproduktes selbst oder durch geeignete Genprodukte, die nachgeordnet funktionell sind, nicht aber durch zuvor benötigte Genprodukte möglich.

Bei der Untersuchung der Embryonalentwicklung von *Drosophila* haben wir besonders günstige Voraussetzungen für derartige Experimente vorliegen. Da während der gesamten Frühentwicklung ein **Syncytium** ohne diffusionshemmende Zellmembranen vorliegt, können Transplantationsexperimente durch **Injektion von Cytoplasma** mit dem gewünschten Genprodukt durchgeführt werden. Sind diese Genprodukte in der Lage, den Effekt einer Mutation zu kompensieren, sprechen wir von einer **Rettung** (engl. *rescue*) des Embryos. So kann im Falle eines bei der Mutter defekten *bicoid*-Gens der Embryo durch Injektion von Cytoplasma aus der anterioren Region eines Wildtyp-Embryos gerettet werden, in der das *bicoid*-Genprodukt vorhanden ist.

❶ Die Hierarchie in der Funktion von Genen lässt sich aufgrund ihrer epistatischen Effekte ermitteln. Eine ausgefallene Genfunktion kann durch Zugabe des betreffenden Genproduktes, z. B. durch Injektion (Cytoplasmatransplantation), gerettet werden.

Solche Injektionsexperimente sind für den Nachweis entscheidend, dass ein Genprodukt mit morphogenem Charakter vorliegt. Im Falle der anterioren Region des Embryos war es für dessen Identifikation entscheidend, dass die Injektion von anteriorem Cytoplasma aus unbefruchteten Wildtyp-Eiern in das anteriore Ende eines Eis einer homozygot mutanten *bicoid*-Mutter den Ausfall der anterioren Region im Embryo weitgehend kompensieren kann, nicht jedoch die Injektion von Cytoplasma aus *swallow*-, *exuperantia*- oder *staufen*-Mutanten. Die Annahme einer morphogenen Wirkung des *bicoid*-Genproduktes im Eicytoplasma wird zusätzlich dadurch gestützt, dass eine Injektion von anteriorem Cytoplasma aus Eiern von Wildtyp-Weibchen auch in anderen Eiregionen eine Bildung von Kopfstrukturen induziert.

Weiterführende Informationen über den Charakter des *bicoid*-Genproduktes und seine Funktion ergab die Isolierung dieses Gens und seine Nukleotidsequenzanalyse. Aus der Nukleotidsequenz des Gens war abzuleiten, dass es sich um ein Protein-codierendes Gen handelt. Das Protein wurde aufgrund seiner Struktur als **Transkriptionsfaktor** der Homöoboxfamilie identifiziert (◘ Abb. 7.19). Die Synthese von Proteinen dieses Gens in Bakterien ermöglichte die Herstellung eines Antiserums. Durch die Verfügbarkeit der DNA des *bicoid*-Gens und von Antiserum gegen das von ihm codierte Protein konnten die Synthese und Lokalisation der Genprodukte während der Oogenese und im Embryo sowohl auf der mRNA-Ebene als auch auf der Proteinebene analysiert werden (◘ Abb. 12.23). Diese Experimente bewiesen, dass die mRNA des Bicoid-Proteins vom Stadium 6–9 der Oogenese in den Nährzellen der Eikammer synthetisiert und von hier in den anterioren Bereich der Oocyte importiert wird. In der Oocyte bleibt die mRNA bis in die Embryonalentwicklung hinein nachweisbar. Das Bicoid-Protein hingegen lässt sich immunologisch erst vom Zeitpunkt der Ablage des befruchteten Eis an nachweisen. Besonders auffallend ist seine Verteilung im Ei: Im syncytialen Blastoderm bildet dieses Protein einen deutlichen Gradienten über etwa zwei Drittel der Eilänge mit seiner höchsten Konzentration im anterioren Bereich des Embryos. Bemerkenswert ist auch die Lokalisation des Bicoid-Proteins: Bis zum syncytialen Blastoderm befindet es sich im Cytoplasma, wandert dann aber in die Zellkerne ein. Hier übt es seine eigentliche Wirkung als Transkriptionsfaktor aus, indem es zygotische Gene reguliert, die zur Ausbildung der anterioren Region des Embryos erforderlich sind.

❀ Wichtige Aufschlüsse über die Funktion der verschiedenen Gene, die an der Organisation des anterioren Bereichs des Embryos beteiligt sind, hat die Analyse der Verteilung des Bicoid-Antigens in Embryonen

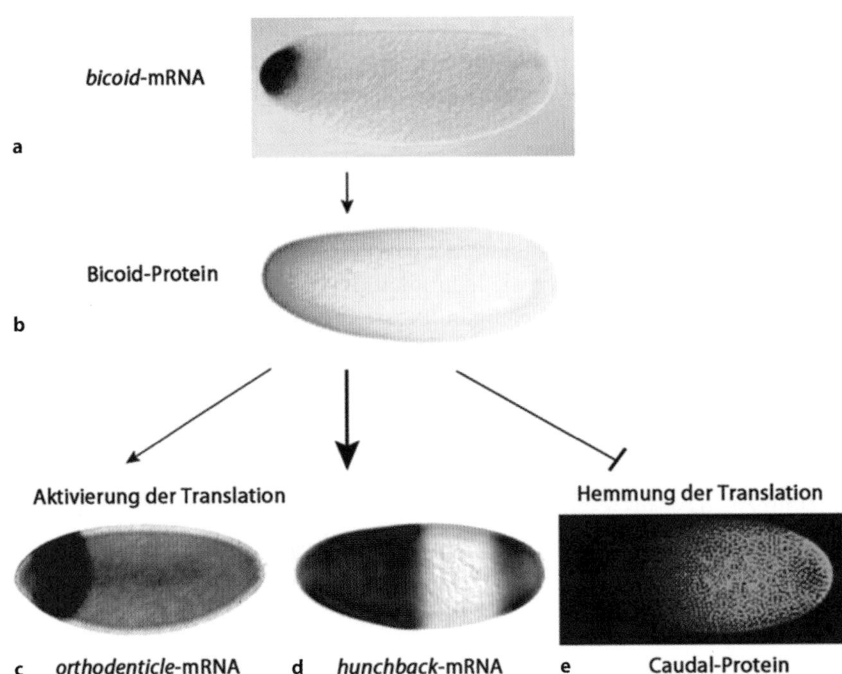

Abb. 12.23 Der Gradient des Morphogens Bicoid im *Drosophila*-Ei. **a** *bicoid*-mRNA ist ausschließlich im anterioren Teil des Cytoplasmas der Eizelle lokalisiert. **b** Nach der Befruchtung wird das Bicoid-Protein translatiert und diffundiert nach posterior, wobei es einen Gradienten ausbildet, der etwa 60 % der Länge des Embryos erfasst. **c** Hohe Konzentrationen von Bicoid aktivieren die Transkription von *orthodenticle* im anterioren Bereich des Embryos. **d** Bei niedrigerer Konzentration von Bicoid wird die Transkription von *hunchback* aktiviert. (Beachte, dass der posteriore Streifen von *hunchback* unter unabhängiger Kontrolle durch das terminale System steht!) **e** Bicoid reprimiert die Translation von *caudal*-mRNA und bewirkt damit einen umgekehrten Gradienten des Caudal-Proteins (von posterior nach anterior). (Nach Ephrussi und Johnston 2004, mit freundlicher Genehmigung)

12

aus homozygot mutanten *exuperantia-*, *staufen-* oder *swallow*-Müttern gegeben. In allen drei Fällen ist das Bicoid-Protein nicht mehr im anterioren Bereich des Eis lokalisiert, sondern findet sich im gesamten Periplasma verteilt. Es hat sich zeigen lassen, dass diese drei Gene für die anteriore Lokalisation der *bicoid*-mRNA verantwortlich sind.

Wodurch lässt sich beweisen, dass tatsächlich das *bicoid*-Gen das für die Ausbildung der anterioren Region verantwortliche Morphogen ist, nicht aber eines der Gene *swallow*, *exuperantia* oder *staufen*? Die zuvor beschriebenen Injektionsversuche mit anteriorem Cytoplasma zeigen ja nur, dass in diesem Bereich des Eis Substanzen lokalisiert sind, die die Induktion anteriorer Strukturen verursachen, ohne diese Substanzen selbst zu identifizieren. Die Antwort wurde durch die Injektionen von *bicoid*-mRNA in Embryonen gegeben. Sie zeigten, dass *bicoid*-mRNA ausreicht, um die Ausbildung anteriorer Strukturen zu induzieren. Diese Induktion erfolgt nicht nur in der anterioren Region, sondern kann **ektopisch** beispielsweise auch in posterioren Embryobereichen erfolgen, wenn die Injektion hier erfolgt.

Warum aber werden dann in *swallow-*, *exuperantia-* und *staufen*-Mutanten keine anterioren Strukturen im gesamten Eibereich ausgebildet, obwohl hier die *bicoid*-mRNA ja über das gesamte Ei verteilt ist? Die Antwort liegt in der Art der Verteilung des Bicoid-Proteins: Seine Konzentration muss einen bestimmten Mindestwert erreichen, um eine induktive Wirkung zu erzielen. Mithin ist die Wirkung des Morphogens **konzentrationsabhängig**.

Aufgrund dieser (und anderer hier nicht erörterter) Befunde lässt sich die Morphogenese der anterioren (also Kopf- und Thorax-) Region des Embryos zusammenfassend folgendermaßen beschreiben: Während der Oogenese wird mRNA der *swallow-*, *staufen-* und *exuperantia*-Gene in den Nährzellen synthetisiert. Die Produkte dieser Gene sorgen für einen Transport der *bicoid*-mRNA durch die interzellulären Brücken in die Oocyte und für deren Verankerung im Cytoplasma des anterioren Bereichs des Eis. Diese Verankerung im Cytoplasma verhindert eine Diffusion der *bicoid*-mRNA im Ei. Erst nach der Fertilisation des Eis beginnt die Translation der *bicoid*-mRNA. Das hierbei produzierte Bicoid-Protein diffundiert nunmehr frei im Cytoplasma und verbreitet sich dadurch in einem Gradienten mit abnehmender Proteinkonzentration nach dem posterioren Pol des Embryos zu.

! Das Morphogen der anterioren Region eines *Drosophila*-Embryos ist das Bicoid-Protein, ein Transkriptionsfaktor der Homöoboxfamilie. Die mRNA von *bicoid* wird mithilfe der Genprodukte anderer maternaler Gene im anterioren Periplasma des Eis verankert. Nach ihrer Translation im Blastoderm bildet sich durch Diffusion ein Gradient des Bicoid-Proteins.

Die Verteilung in Form eines Gradienten ist für die Funktion des Bicoid-Proteins entscheidend. Bevor wir diese weiterverfolgen, wollen wir jedoch zunächst die Entwicklung in der posterioren Region der Oocyte und des Embryos bis zum Blastoderm betrachten. Eine dem Bicoid-Protein vergleichbare Funktion als Morphogen hat das Gen *nanos* (*nos*) für den posterioren Bereich (◘ Tab. 12.1). Dieses Gen ist das posteriore Morphogen und verhält sich hinsichtlich seiner Lokalisation ganz analog dem *bicoid*-Gen: Die mRNA wird während der Oogenese in den Nährzellen synthetisiert und im posterioren Abschnitt des Eis deponiert. Wie die *bicoid*-mRNA, so wird auch die *nanos*-mRNA im Cytoplasma der posterioren Eiregion verankert. Hierfür sind noch die Produkte weiterer Gene (◘ Tab. 12.1) notwendig, die auch die Bildung der Polzellen induzieren. Das Gen *nanos* codiert für ein Protein, das nach seiner Synthese einen Gradienten in anteriorer Richtung bildet. Diese Verteilung scheint durch das *pumilio*-Genprodukt unterstützt zu werden. Im Gegensatz zum Bicoid-Protein ist das Nanos-Protein jedoch kein Transkriptionsfaktor. Seine Wirkung ist vielmehr die eines Repressors, der die Translation bestimmter mRNAs in der posterioren Region des Embryos verhindert.

Am posterioren Pol des Eis bildet sich ein Proteingradient des *nanos*-Genproduktes aus, der ebenfalls von maternalen Genen während der Oogenese vorprogrammiert wird.

Nach der Ermittlung der genetischen Elemente, die an der Entstehung der embryonalen Längsachse beteiligt sind, müssen wir uns der Frage zuwenden, auf welchem Wege die beteiligten Gene die Regionalisierung des Embryos bewirken. Betrachten wir zunächst die Funktion des Bicoid-Proteins. Die Funktion dieses Proteins als Morphogen für die anteriore Region des Embryos lässt sich dadurch demonstrieren, dass man die Anzahl der Genkopien von *bicoid* in der Mutter erhöht: Der vom Bicoid-Protein erzeugte anterior-posteriore Gradient verschiebt sich in Richtung auf das posteriore Ende des Embryos. Das resultiert im Embryo in einer Verschiebung der anterioren Region nach hinten, wie sich durch die Expressionsmuster zygotischer Gene, die in der anterioren Region transkribiert werden (◘ Tab. 12.1), zeigen lässt. Zumindest zwei zygotische Gene stehen direkt unter der Transkriptionskontrolle des Bicoid-Proteins (◘ Abb. 12.23). Eines dieser Gene ist das Gen *hunchback* (*hb*). Sein zygotisches Transkriptionsmuster entspricht dem des Bicoid-Proteingradienten: Es wird nur im anterioren Bereich des Embryos aktiviert. Bei Fehlen des Bicoid-Gradienten (z. B. in *bcd*/*bcd*-Mutanten) wird das Gen zygotisch im anterioren Bereich des Embryos nicht transkribiert. Die Untersuchung des *hunchback*-Gens hat erwiesen, dass das Gen mehrere Bicoid-Proteinbindungsstellen in seiner Promotorregion besitzt, die aber jeweils unterschiedliche Bindungsaffinitäten für das Bicoid-Protein haben. Die Bindung von Bicoid-Protein an die verschiedenen Promotorregionen ist stark konzentrationsabhängig. Damit wird eine prinzipielle Funktion des Bicoid-Proteingradienten im Embryo deutlich: Bindungsstellen niedriger Affinität für ein regulatorisches Protein erfordern eine hohe Konzentration des betreffenden Proteins, Bindungsstellen hoher Affinität eine niedrigere Konzentration für dessen Bindung. Geht man davon aus, dass es mehrere Gene mit Bindungsstellen unterschiedlicher Affinität für das Bicoid-Protein gibt, so wird verständlich, dass diese durch die unterschiedlichen Bicoid-Proteinkonzentrationen entlang dem Gradienten differenziell reguliert werden können. Mithin wird die kontinuierliche Verteilung des Bicoid-Proteins in einem diffusionsbedingten Gradienten in ein diskretes Muster unterschiedlicher Genaktivitäten umgesetzt. Der Gradient dient also dazu, eine bestimmte **positionelle Information** im Embryo zu schaffen, die in differenzielle Genaktivität umgesetzt wird.

Wenn eine solche positionelle Information, die in einem Gradienten niedergelegt ist, tatsächlich eine Bedeutung für die Entwicklung des Embryos hat, müssen wir annehmen, dass nicht allein *hunchback* durch das Bicoid-Protein reguliert wird, sondern noch weitere Gene mit zumindest teilweise unterschiedlicher Affinität ihrer Promotorregionen zum Bicoid-Protein. In ◘ Tab. 12.1 sind weitere Gene aufgeführt, die für die Entwicklung der anterioren Region bedeutsam sind.

Das zuvor beschriebene Modell der differenziellen Genregulation durch eine Kombination unterschiedlicher Konzentrationen von Transkriptionsfaktoren mit Promotorregionen unterschiedlicher Affinität lässt sich auch auf die Entwicklung der posterioren Region des Embryos anwenden. Wir hatten bereits gesehen, dass das Nanos-Protein, das posteriore Morphogen, ebenfalls einen Gradienten, nun aber vom posterioren Ende des Embryos in anteriore Richtung, ausbildet. Die Funktion des Nanos-Proteins unterscheidet sich allerdings grundsätzlich von der des Bicoid-Proteins. Das Nanos-Protein wirkt als Repressor auf die Translation von mRNA; Ziel dieser Translationskontrolle ist insbesondere die mRNA des Gens *hunchback* (Struhl et al. 1992; Schulz und Tautz 1994). Die Transkription dieses Gens wird nämlich nicht allein durch den Bicoid-Gradienten im anterioren Bereich des Embryos induziert, sondern *hunchback* wird bereits während der Oogenese transkribiert, und man findet diese maternale mRNA gleichförmig über den gesamten Embryo verteilt. Das Nanos-Protein dient offenbar dazu, die Translation von *hunchback*-mRNA im posterioren Bereich des Embryos zu reprimieren. Hierdurch wird wiederum die Transkription zweier zygotischer Gene – *knirps* und *giant* – ermöglicht, die für die Differenzierung der posterioren Region erforderlich sind.

Die Entwicklung der posterioren Region des Embryos verläuft damit im Prinzip vergleichbar der der anterioren Region: Durch Bildung eines Gradienten in der Verteilung eines Morphogens (posterior: Nanos-Protein, anterior: Bicoid-Protein) wird eine positionelle Information erzeugt, die anschließend zur differenziellen Aktivierung von Genen ausgewertet wird. Wir werden die weitere Entwicklung des *Drosophila*-Embryos im ▶ Abschn. 12.4.5 über Segmentierung besprechen (◘ Abb. 12.25 und 12.26).

❗ Der nach posterior abfallende Konzentrationsgradient des Bicoid-Proteins und der nach anterior abnehmende Gradient des Nanos-Proteins bestimmen die räumliche Expression des *hunchback*-Gens im Embryo durch Induktion und Repression. Die Konzentrationsgradienten der Morphogene werden auf diese Weise in Genexpressionsmuster umgesetzt.

12.4.4 Ausbildung der dorso-ventralen Körperachse

Einem vollständig anderen Prinzip der Funktion eines Morphogens begegnen wir bei der Entwicklung der **Termini** des Embryos (Akron und Telson) und bei der Festlegung der **dorso-ventralen Achse**. Beide Differenzierungsprozesse machen von vergleichbaren molekularen Mechanismen Gebrauch. Diese sollen im Folgenden am Beispiel der Entwicklung der dorso-ventralen Achse dargestellt werden.

12

Durch Veränderungen des Musters der dorso-ventralen Morphologie in Mutanten konnte eine Reihe von Genen identifiziert werden, die an der Entwicklung der dorso-ventralen Symmetrie beteiligt sind (◘ Tab. 12.1). Ihre Mutation führt entweder

- zu einer **Dorsalisierung** oder
- zu einer **Ventralisierung** des Embryos.

Morphologisch lassen sich diese Effekte besonders gut durch die Untersuchung der ventralen Cuticula erkennen, da hier normalerweise Reihen von Dentikeln (Härchen) gebildet werden. Diese Cuticularborstenreihen sind in dorsalisierten Embryonen verkürzt oder fehlen ganz. Anders als bei der Körperlängsachse lassen sich solche Mutationen nicht durch die lokalisierte Transplantation von Cytoplasma (oder durch Entfernen von Cytoplasma) kompensieren. Das weist darauf hin, dass die Festlegung der dorso-ventralen Achse im Gegensatz zur anterior-posterioren Körperachse nicht durch cytoplasmatische lokalisierte Determinanten im unbefruchteten Ei erfolgt.

Als wichtige genetische Elemente des dorso-ventralen Systems haben sich die Gene *Toll* und *dorsal* erwiesen. Beide sind maternal in der Keimbahn exprimierte Gene. Ihre Funktion bedarf weiterer maternaler Gene, von denen einige in den somatischen Zellen der Ovarien, den **Follikelzellen** aktiv sind. Das Genprodukt von *Toll* hat sich als ein **Transmembranprotein** erwiesen, das als Rezeptor für ein lokalisiertes **externes Signal** in der Eimembran vorhanden ist. Dieses Signal wird durch das Transmembranprotein ins Zellinnere übertragen und leitet die spezifischen Genfunktionen ein, die zur Ausbildung der dorso-ventralen Achse erforderlich sind. Die **Lokalisation** des Zielbereichs dieses Signals im Ei lässt sich aus dem Effekt von Mutationen von *Toll* ableiten. Funktionsverlust-Mutationen führen zu dorsalisierten Embryonen, Mutationen mit einer Überexpression dagegen zu ventralisierten Embryonen. Die Überexpressions-Mutation bedarf also keines externen Signals, um die Übertragungsfunktion des Transmembranproteins auszuführen, sondern der Signaltransduktionsweg ist konstitutiv aktiviert. Das normal wirksame Signal muss somit die **ventrale Seite** des Embryos definieren. Damit stimmt der Effekt der Funktionsverlust-Mutation von *Toll* überein. Hier entstehen dorsalisierte Embryonen, d. h. das zur Entstehung der ventralen Seite notwendige Signal kann durch das Fehlen des Toll-Transmembranproteins nicht mehr ins Zellinnere übertragen werden. Ligand des Toll-Rezeptors ist ein Fragment des Genprodukts von *spätzle*.

Auch das Gen *dorsal* wird während der Oogenese transkribiert und in ein Protein translatiert, das im gesamten Eicytoplasma bis zum syncytialen Blastoderm gleichförmig verteilt ist. Dann erfährt es eine auffallende Veränderung seiner Lokalisation. Im ventralen Bereich des Embryos wandert es in die Kerne ein, während es im dorsalen Bereich im Cytoplasma verbleibt. Der molekulare Mechanismus für diesen Übergang vom Cytoplasma in den Zellkern ist in seinen Grundzügen bekannt: Die Bindung des extrazellulären Liganden (das Spätzle-Fragment) aktiviert den Transmembranrezeptor Toll, was dazu führt, dass das Tube-Protein die cytoplasmatische Serin/Threoninkinase Pelle aktiviert. Die Pelle-Aktivität wiederum kontrolliert den Abbau des Cactus-Proteins, das mit dem Dorsal-Protein einen Komplex im Cytoplasma bildet. Wenn Cactus in der Folge der Signalkette abgebaut wird, wird das Dorsal-Protein frei und kann in den Zellkern eindringen, wo es die Transkription spezifischer Zielgene reguliert. Hierzu gehören die Gene *twist* und *snail*; eine etwas vereinfachte Darstellung zeigt ◘ Abb. 12.24. Wie *bicoid* kann *dorsal* daher als **Morphogen** angesehen werden.

❗ Die dorso-ventrale Achse des Embryos wird mithilfe eines Transmembranproteins und eines lokalisierten extrazellulären Signals in der Perivitellinflüssigkeit über einen Signaltransduktionsmechanismus festgelegt. Das Signal wird in den ventralen Follikelzellen der Eikammer gebildet. Signalempfänger als Morphogen ist das (maternale) Dorsal-Protein im Eiperiplasma.

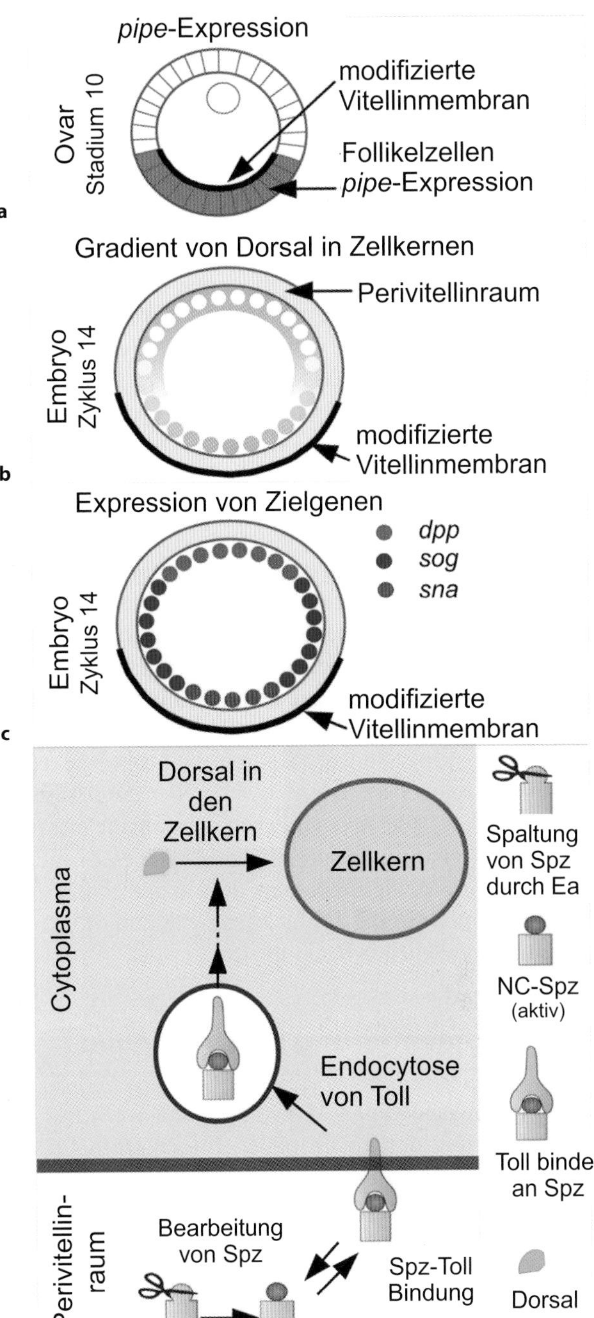

Abb. 12.24 Differenzierung der dorso-ventralen Achse des *Drosophila*-Embryos. **a** Schematischer Querschnitt durch ein Ovar im Stadium 10: Die Expression von *pipe* (*blau*) ist im Follikelepithel auf eine homogene Domäne beschränkt, die 40 % der ventralen Zellen umfasst. Pipe führt zu einer Modifikation der Vitellinmembran, die die späte Oocyte und den frühen Embryo umgibt. **b, c** Schematischer Querschnitt durch einen frühen Embryo. **b** Ein Gradient des Transkriptionsfaktors Dorsal (Dl) wird in den Zellkernen aufgebaut; der Gradient erreicht sein Maximum in der ventralen Mittelline. **c** Dl reguliert die Expression zygotischer Gene, die die Differenzierung der Zellen entlang der dorso-ventralen Achse des Embryos festlegen. Eine hohe Konzentration von Dl im Zellkern aktiviert *sna* (*snail*, *rot*; beschränkt auf ungefähr 20 % der ventralen Region), wohingegen eine niedrige Konzentration von Dl *sog* (*short gastrulation*, *blau*) induziert; *dpp* (*decapentaplegic*, *violett*) wird dagegen in Zellen ohne Dl im Zellkern exprimiert. **d** Die Serinprotease Easter (Ea) ist in der Perivitellinflüssigkeit enthalten und wird im Bereich der ventralen Region aktiviert, der durch die Expression von *pipe* definiert ist. Aktiviertes Ea spaltet Spätzle (Spz) und bildet NC-Spz, das sowohl die N-terminale als auch die C-terminale Domäne von Spz enthält. NC-Spz bindet an den Rezeptor Toll (Tl) und löst damit den Transport von Dl in den Zellkern aus. (Nach Haskel-Ittah et al. 2012, mit freundlicher Genehmigung)

Der **Lokalisationsmechanismus** für das Dorsal-Protein unterscheidet sich jedoch grundlegend von dem des Bicoid- und des Nanos-Proteins. Während die anterior-posterioren Determinanten während der Oogenese in denjenigen cytoplasmatischen Regionen niedergelegt werden, die ihrer Funktion im Embryo bedürfen, erfolgt die endgültige Lokalisation von Dorsal-Protein am Ort seiner Wirkung erst im Blastoderm unter Vermittlung eines Signaltransduktionsmechanismus. Nur die Dorsal-Proteinmoleküle, die das Signal am Ende dieser Signaltransduktion empfangen, sind fähig, ihre intranukleäre Position zu erreichen. Für die Funktion dieses Mechanismus sind nicht nur die Keimbahnkomponenten der Oogenese entscheidend, wie bei *bicoid* und *nanos*, sondern auch die somatischen Follikelzellen. Auch diese weisen eine topologische Differenzierung auf, die es ihnen gestattet, je nach ihrer Position relativ zur Oocyte den ventralen Bereich des Embryos festzulegen. Das verdeutlicht, welche entscheidende Bedeutung die topologische Organisation des Ovars für die Entwicklung des Embryos hat.

Die Entstehung der **Termini** der longitudinalen Achse des Embryos (Akron und Telson) unterliegen einem vergleichbaren Signaltransduktionsmechanismus wie die dorso-ventrale Differenzierung. Im Falle der Termini funktioniert das Produkt des Gens *torso* als **Transmembranrezeptorprotein**. Auch *torso* wird während der Oogenese transkribiert. Das Genprodukt von *torso-like* hat sich als der **Ligand** des Torso-Rezeptorproteins erwiesen. Es wird von einer kleinen Gruppe von Follikelzellen an den Polen der Oocyte synthetisiert, in die Perivitellinflüssigkeit ausgeschieden und aktiviert an den Polenden den Rezeptor Torso, der gleichmäßig in der Plasmamembran verteilt ist. Der Ligand wird nach seiner Freisetzung nur über eine kurze Distanz diffundieren, da er durch die Bindung an die extrazelluläre Domäne des Rezeptors schnell weggefangen wird. Durch diesen Mechanismus wird die Rezeptor-Tyrosinkinase-Aktivität von Torso nur an den beiden Eipolen stimuliert, die daraufhin eine Ras-Raf-Signalkaskade in Gang setzt. Die Mitglieder dieser evolutionär stark konservierten Signalkette sind wiederum Kinasen, die hier das Genprodukt von *capicua* (Gensymbol: *cic*), einen Transkriptionsrepressor, so modifizieren, dass die zygotischen Gene *tailless* und *huckebein* an den terminalen Bereichen des Embryos exprimiert werden können. Der Transkriptionsrepressor *cic* wird überall im Embryo exprimiert und wirkt, wenn er nicht wie an den Enden durch das Torso-Signal gehemmt wird, zusammen mit Groucho (Gro) als Repressor von *tailless* und *huckebein* (Jiménez et al. 2000).

Auch die Termini des Embryos werden mithilfe eines Signaltransduktionsmechanismus festgelegt, der von dem Transmembranprotein des Gens *torso* und seinem Liganden (Gen: *torso-like*) Gebrauch macht. Der Ligand wird in Follikelzellen gebildet, die an den Eipolen liegen. Durch Torso, eine Rezeptor-Tyrosinkinase, wird ein Trankriptionsrepressor, Capicua (Gen: *cic*), gehemmt, sodass die zygotischen Gene *tailless* und *huckebein* spezifisch an den Termini exprimiert werden können.

Die Darstellung der Achsenentwicklung des *Drosophila*-Embryos hat uns gelehrt, wie eine kleine Gruppe von etwa 30 Genen eine positionelle Information im Ei aufbauen kann, die die Entwicklung des Embryos in seinen Grundcharakteren festlegt. Die Interaktion dieser Gene resultiert in der Bereitstellung spezieller Transkriptionsfaktoren, die spezifische Muster von Genaktivitäten im Embryo induzieren und damit seine weitere Entwicklung festlegen. Die Aufklärung dieser grundlegenden Vorgänge biologischer Entwicklungsprozesse wurde durch die beeindruckende Kombination genetischer, morphologischer, cytologischer und molekularer Techniken möglich. Obwohl die hier dargestellten Mechanismen speziell den *Drosophila*-Embryo betreffen, können wir annehmen, dass vergleichbare Mechanismen auch bei der Embryogenese anderer Organismen eine grundlegende Rolle spielen.

12

12.4.5 Segmentierung bei *Drosophila*

In den vorangegangenen Abschnitten haben wir uns mit der Entstehung der positionellen Information für die embryonalen Achsen beschäftigt. Nun wollen wir uns der Frage zuwenden, welche Aufgaben diese positionelle Information im Embryo im Einzelnen erfüllt. Wir haben gesehen, dass die Verteilung des Bicoid- und des Caudal-Proteins im syncytialen Blastoderm (▢ Abb. 12.23) durch ihre jeweiligen Konzentrationen **drei Regionen des Embryos** definieren:

- eine **anteriore**, die durch eine hohe Konzentration des Bicoid-Proteins gekennzeichnet wird,
- eine **posteriore** mit einer hohen Konzentration des Nanos-Proteins und
- eine **mittlere** Region, die durch niedrige Konzentrationen (oder Abwesenheit) dieser beiden Proteine charakterisiert ist. Welche Bedeutung hat diese Verteilung?

Der Embryo von *Drosophila* wird stufenweise in kleinere Längseinheiten unterteilt, deren niedrigstes Niveau die **Segmente** sind (▢ Abb. 5.37). Segmente sind die charakteristischen Bauelemente des Grundbauplans der

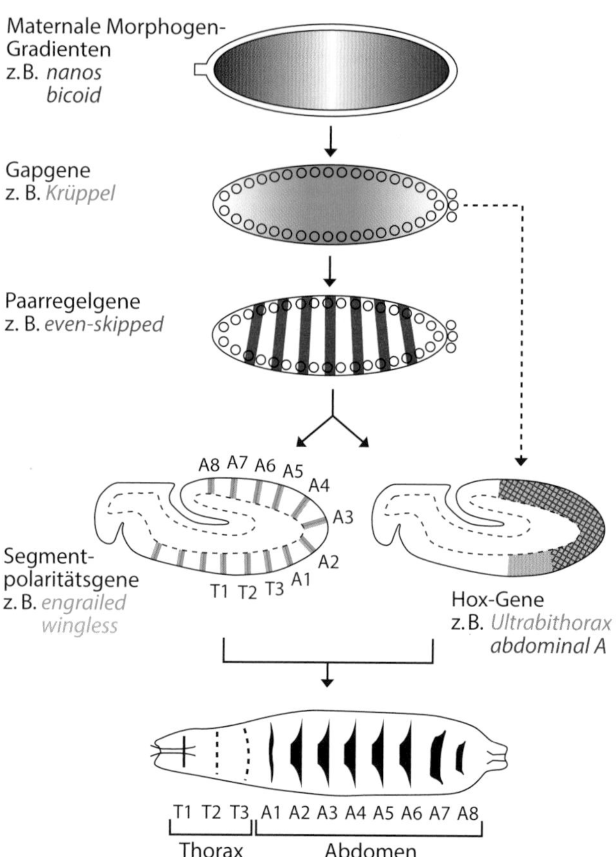

▢ **Abb. 12.25** Genetische Grundlage der Segmentierung von *Drosophila*. In einer hierarchischen Folge werden durch Gradienten maternaler Morphogene zunächst die Gapgene, dann die Paarregelgene und schließlich die Segmentpolaritätsgene aktiv. Sie untergliedern den Embryo in stets kleinere Untereinheiten. Als Beispiele für maternale Morphogene sind die Verteilungsmuster der Aktivitätszonen von *nanos* (*blau*) und *bicoid* (*lila*) angegeben. Gapgene werden durch *Krüppel* (*grün*) repräsentiert und Paarregelgene durch *even-skipped* (*rot*). Als Segmentpolaritätsgene sind die Aktivität von *engrailed* (*hellblau*) und *wingless* (gelb) dargestellt, die in einem gegeneinander versetzten Muster zur Ausprägung kommen. Die Hox-Gene werden durch *Ultrabithorax* (*rosa*) und *abdominal A* (*violett*) repräsentiert. Segementpolaritätsgene und Hox-Gene wirken zusammen, um die Differenzierung in den Segmenten der zukünftigen Larve zu steuern. (Nach Sanson 2001, mit freundlicher Genehmigung)

Articulata. In der hierarchischen Folge sind für die Längsgliederung des Embryos folgende Gengruppen verantwortlich (▢ Abb. 12.25):

- Für die grobe Untergliederung des Embryos sind die **Gapgene** (engl. *gap* = Lücke) zuständig, da ihr Ausfall zu jeweils spezifischen strukturellen Lücken in der anterior-posterioren Organisation des Embryos führt.
- Die Längseinheiten in der Größe von Doppelsegmenten werden durch **Paarregelgene** (engl. *pair rule genes*) definiert.
- Gene, die die Segmentstruktur festlegen, werden als **Segmentpolaritätsgene** bezeichnet (engl. *segment polarity genes*).

! Der *Drosophila*-Embryo wird unter der Kontrolle verschiedener Gruppen von Genen allmählich in Segmente unterteilt. Diese bilden die Grundstruktur des Körpers für die weitere Differenzierung.

Gapgene

Gapgene (Lückengene) haben ihre Bezeichnung daher erhalten, dass bei Ausfall dieser Gene (*loss-of-function*-Mutationen) bestimmte Regionen des Embryos nicht ausgebildet werden. Zu den Gapgenen gehören die folgenden sechs Gene, deren Mutation zum Fehlen oder der Fehlentwicklung der dabei vermerkten Regionen des Embryos führt:

- *hunchback* (*hb*): Deletion von Kopf und Thorax;
- *Krüppel* (*Kr*): Deletion von Thorax und vorderen Abdominalsegmenten;
- *knirps* (*kni*): Deletion des Abdomens;
- *giant* (*gt*): Kopf und Abdomendefekte;
- *tailless* (*tll*): Defekte der Termini;
- *huckebein* (*hkb*): Defekte der Termini.

Alle diese Gene codieren für **Transkriptionsfaktoren**. Das von *kni* codierte Protein trägt eine **Leucin-Zipper**-Region, die von anderen Transkriptionsfaktoren her bekannt ist. Die übrigen fünf Gene gleichen dem Transkriptionsfaktor TFIIIA und besitzen als DNA-bindende Region einen **Zinkfinger**-Bereich (◘ Abb. 7.19).

Die Analyse der Funktion der **Gapgene** beruht vor allem auf der Untersuchung der Auswirkungen von Mutationen in den betreffenden Genen und auf der Transplantation von Cytoplasma. Sie hat das folgende, hier nur grob umrissene Bild ihrer Wirkung im frühen Embryo ergeben. Die Expression von *hunchback* wird nach dem 10. Kernteilungszyklus im Embryo durch das Bicoid-Protein induziert, wie man es von diesem Protein in seiner Eigenschaft als Transkriptionsfaktor erwartet. Die Transkription erfolgt nur im vorderen Bereich des Embryos, der dem Bereich des anterioren Bicoid-Gradienten entspricht (◘ Abb. 12.22). Zusätzlich erfolgt noch eine Transkription im posterioren Bereich des Embryos, die durch das Gen *torso* induziert wird. Die Expression von *Krüppel* hingegen ist auf einen mittleren Bereich des Embryos beschränkt. Diese Region entspricht der Region des Embryos mit den niedrigsten Konzentrationen von Bicoid- und Nanos-Protein. Diese beiden Proteine wirken offenbar als **Repressor** von *Krüppel*: Die Expression von *Krüppel* wird sowohl durch das Bicoid-Protein als auch durch das Nanos-Protein unterdrückt. Die Aktivierung und Repression von *Krüppel* stehen zudem unter der Kontrolle des vom Hunchback-Protein geformten Gradienten. Die Hunchback-Proteinkonzentration nimmt auch Einfluss auf andere Gapgene. Damit wird das Hunchback-Protein selbst zum Morphogen, das die Expression anderer Gene konzentrationsabhängig reguliert.

! Gapgene codieren Transkriptionsfaktoren, deren Lokalisation und Aktivität durch die Konzentration der anterior-posterioren Achsendeterminanten (Morphogene) und durch gegenseitige Repression bestimmt wird. Sie erzeugen eine grobe Untergliederung der Längsachse des Embryos.

Wir erkennen aus diesem vereinfacht wiedergegebenen Regulationsmodell, dass im Embryo eine intensive Verknüpfung verschiedener regulativer Genfunktionen erfolgt. Wie schon bei den primären maternalen Achsendeterminanten, so ist auch bei den zygotischen Gapgenen festzustellen, dass die Proteinkomponenten, die von ihnen codiert werden, einer gewissen Diffusion im Cytoplasma des syncytialen Blastoderms unterliegen. Die Abgrenzung der verschiedenen, von ihnen kontrollierten Regionen des Embryos ist daher nicht sehr scharf. In diesen Grenzregionen kommt es zu Interaktionen zwischen den verschiedenen Transkriptionsfaktoren mit den durch sie regulierten Genen. Diese Interaktionen sind für die endgültige Festlegung der Grenzen der verschiedenen strukturellen Bereiche des Embryos wichtig.

Es soll noch erwähnt werden, dass für die Organisation der Abdominalsegmente, die nicht unter der Kontrolle des *Krüppel*-Gens stehen, das Gen *knirps (kni)* verantwortlich ist, das die Entwicklung der Abdominalsegmente 7–12 kontrolliert.

Interaktion zwischen Gap- und Paarregelgenen

Mutationen in Paarregelgenen führen zum Verlust der Hälfte aller Segmente. Das bedeutet, dass Paarregelgene die Ausbildung jedes zweiten Segmentes kontrollieren. Hierbei fehlen in Mutanten jeweils die Segmente, in denen das mutierte Paarregelgen normalerweise zur Ausprägung kommt. Die meisten, wenn nicht alle Paarregelgene codieren wie die ihnen übergeordneten Gapgene wiederum **Transkriptionsfaktoren**. Jedes Paarregelgen wird durch bestimmte Gapgene in seiner Transkription kontrolliert. Die Aktivierung der verschiedenen Paarregelgene erfolgt für unterschiedliche Paarregelgene phasenverschoben relativ zum Segmentmuster, sodass ihre Wirkungsbereiche insgesamt 15 solcher embryonalen Regionen definieren (◘ Abb. 12.25).

Primäre Zielgene der von den Gapgenen codierten Transkriptionsfaktoren sind die Paarregelgene *hairy* (*h*), *even-skipped* (*eve*) und *runt* (*run*). Deren Promotoren können durch unterschiedliche Konzentrationen der Transkriptionsfaktoren differenziell reguliert werden, sodass hierdurch eine regionale Feinregulation der Genexpression möglich wird. Die Bildung von Diffusionsgradienten der Transkriptionsfaktoren im Cytoplasma ermöglicht also bei unterschiedlichen relativen Konzentrationen der verschiedenen Proteine unterschiedliche Induktionsmuster der Gene. Verschiedene Zellen sind

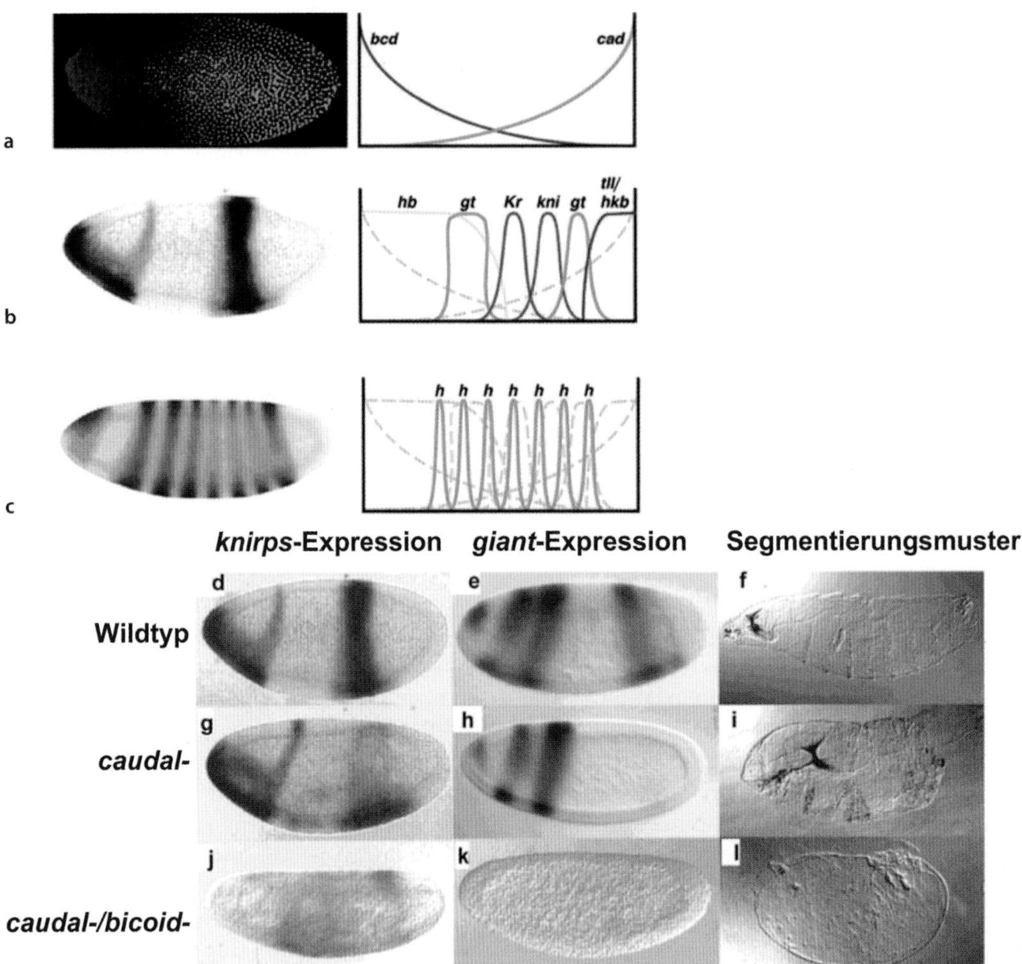

12

Abb. 12.26 Beispiele der musterbildenden Genexpression bei *Drosophila*, die zur Segmentierung führt. Der anteriore Teil der Embryonen ist jeweils *links* und dorsal *oben*. **a** Muster von Bicoid (*rot*) und Caudal (*grün*) und ihre Verteilung entlang der anterior-posterioren Achse im präblastodermalen Embryo. **b** Beispiel der Expression von Gapgenen (*knirps, kni*; *links*) und Verteilung der verschiedenen Transkriptionsfaktoren, die durch Gapgene codiert werden, entlang der Längsachse (zusätzlich zu den schon vorhandenen Gradienten; *grau gestrichelt*, *rechts*). **c** Expression eines Paarregelgens (*hairy*, *h*), das eine Serie von sieben Streifen im gleichen Abstand entlang der anterior-posterioren Achse hinzufügt (*rechts*). Die schon vorher angelegten Gradienten sind *grau gestrichelt*. **d–l** Die Analyse von Mutanten war von besonderer Bedeutung (z. B. von *caudal*- und *bicoid*-defizienten Mutanten). Expression der Gapgene *kni* und *giant* (*gt*) im Wildtyp (**d**, **e**), in *caudal*-Mutanten (**g**, **h**) sowie in *caudal*(*cad*)-*bicoid*(*bcd*)-Doppelmutanten (**j**, **k**). Präparationen der Cuticula zeigen das Wildtyp-Muster (**f**), den Phänotyp der *cad*-Mutante (**i**) und den Verlust der Segmentation in Embryonen ohne *cad*- und *bcd*-Aktivität (**l**). Beachte in **i** die Bildung der abdominalen Segmente in der *cad*-Mutante aufgrund der Aktivierung der posterior wirksamen Gene durch Bicoid. *hb*: *hunchback*; *hkb*: *huckebein*; *Kr*: *Krüppel*; *tll*: *tailless*. (Nach Niessing et al. 1997, mit freundlicher Genehmigung)

durch ihre jeweils spezifische Kombination von Regulationssignalen individuell gekennzeichnet.

Die Ausbildung der Expressionsstreifen wird nicht allein durch die Konzentration der Gapgenprodukte gesteuert, sondern gleichzeitig auch durch **gegenseitige Repression** der Paarregelgenprodukte. So regulieren die primären Paarregelgene *hairy* (*h*), *even-skipped* (*eve*) und *runt* (*run*) die Paarregelgene *paired* (*prd*) und *fushi tarazu* (*ftz*). So kontrolliert das Genprodukt von *even-skipped* die Expression von *fushi tarazu*. Aktivierungs- und Inhibitionseffekte der Paarregelgene und der Gapgene zusammen ermöglichen die Bildung von Zonen alternierender Genexpression der Paarregelgene und führen gleichzeitig zu einer Verschärfung der gegenseitigen Abgrenzungen der Wirkungsbereiche dieser Gene. Einen Eindruck von der Präzision dieses Regulationsmechanismus vermittelt die longitudinale Ausdehnung der verschiedenen Expressionsbereiche. So umfasst der endgültige Aktivitätsbereich der Gene *even-skipped* und *fushi tarazu* nur jeweils etwa drei Zellen in longitudinaler Richtung bei einer gesamten Segmentlänge von fünf Zellen.

In Abb. 12.26 sind die Zusammenhänge zwischen maternal codierten Transkriptionsfaktoren, Gap- und Paarregelgenen sowie das Wechselspiel mit anderen, terminalen Regulationsfaktoren im Zusammenhang dargestellt. Dabei wird die hierarchische Struktur des genetischen Netzwerks deutlich, die letztlich zu einer klaren morphologischen Struktur führt. Von besonderer Bedeutung für die Charakterisierung der einzelnen Gene und ihrer Stellung innerhalb der Kaskade war die detaillierte Analyse von Mutanten. Die frühe Embryonalentwicklung von *Drosophila* ist damit zu einem Paradigma der modernen Entwicklungsgenetik geworden, und es wird sich zeigen, inwieweit diese Mechanismen auch bei der Entwicklung höherer Organismen anzutreffen sind.

Die unter der Transkriptionskontrolle der Gapgene stehenden Paarregelgene erzeugen das segmentale Muster des Embryos. Hierbei spielen Interaktionen dieser Gene untereinander und mit Gapgenen eine Rolle und führen zur Präzisierung des Segmentierungsmusters.

Die Musterbildung in den frühen Embryonalstadien von *Drosophila* wurde aber auch als intellektuelle Herausforderung verstanden, die vorhandenen genetischen Daten mit weiteren zellbiologischen, biochemischen und biophysikalischen Daten zusammenzuführen und die biologischen Prozesse mathematisch zu modellieren. Dazu ist es nötig, die Expressionsmuster der einzelnen Gene quantitativ zu erfassen und dann in entsprechenden Netzwerken darzustellen. In ◘ Abb. 12.27a sind quantitative Angaben zur Expression und die Wechselwirkungen einiger der wichtigsten Gene für die Ausbildung der anterior-posterioren Musterbildung dargestellt und in ◘ Abb. 12.27b ein Netzwerk der Interaktionen.

Segmentpolaritätsgene

Die Segmentpolaritätsgene haben die Aufgabe, das Zellmuster innerhalb eines Segmentes zu kontrollieren. Demgemäß führen Mutationen in diesen Genen auch zu Deletionen, Duplikationen oder zu veränderten Polaritätsmustern der Zellen innerhalb eines Segmentes.

Die Segmentpolaritätsgene stehen unter der Regulationskontrolle der Paarregelgene. Eine besonders schöne, klassische Darstellung ihres embryonalen Genaktivitätsmusters durch *in-situ*-Hybridisierung sehen wir in ◘ Abb. 12.28; die Aktivität wird durch die Ausbildung von transversalen Streifen angezeigt. Die Expression bestimmter Segmentpolaritätsgene wird durch die Konzentration des Genproduktes bestimmter Paarregelgene bestimmt: So wird bei hoher Konzentration der Genprodukte von *even-skipped* oder *fushi tarazu* das Segmentpolaritätsgen ***engrailed*** (*en*) aktiviert. Da das *engrailed*-Gen unter der Kontrolle zweier Paarregelgene mit alternierender Aktivität steht, kommt es seinerseits in jedem einzelnen Segment zur Expression. Innerhalb des Segmentes definiert das *engrailed*-Produkt die Zellen an der posterioren Segmentgrenze. In ähnlicher Weise stehen andere Segmentpolaritätsgene unter der Kontrolle unterschiedlicher Paarregelgene, sodass die Individualität aller Zellen innerhalb jedes Segmentes genau festgelegt wird.

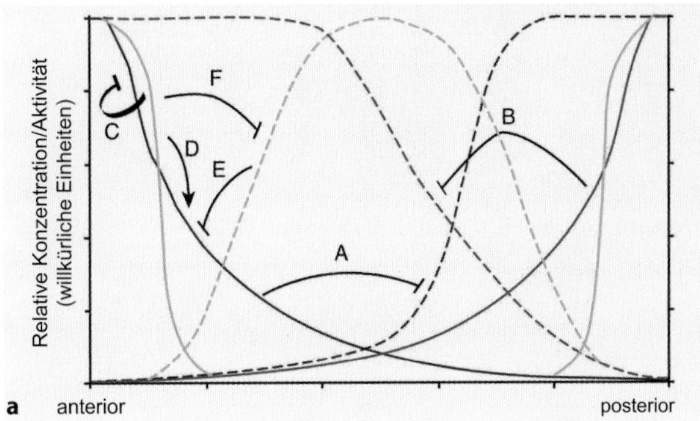

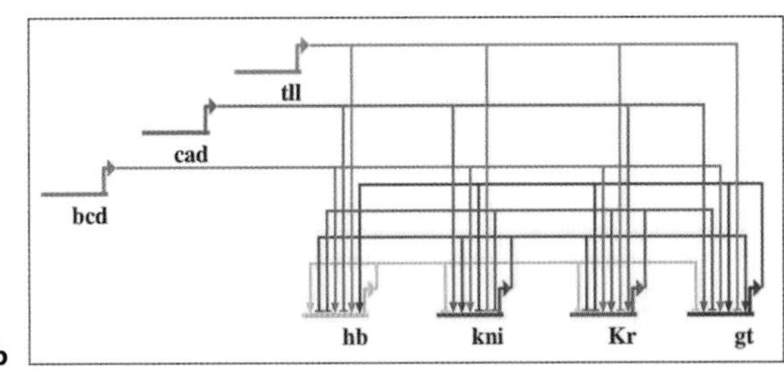

◘ **Abb. 12.27** Genetische Wechselwirkungen führen zur Musterbildung. **a** Die Expression oder Aktivität von maternalen Proteinen ist durch eine *durchgezogene Linie* dargestellt; die Expression der jeweiligen Zielgene durch *gestrichelte Linien*. Das Bicoid-Protein (*rot*) ist als ein Konzentrationsgradient entlang der anterior-posterioren Achse des *Drosophila*-Embryos exprimiert und hemmt die Translation von Caudal im anterioren Bereich, was zu einem Konzentrationsgradienten von Caudal führt. Das Nanos-Protein (*blau*) ist in einem Gradienten von posterior nach anterior exprimiert und hemmt die Translation des maternalen *hunchback*-Gens (*hb*), sodass das Protein in einem anterior-posterioren Gradienten vorliegt. Die Aktivierung des Torso-Rezeptors (*grün*) am anterioren Pol hemmt die Expression der Zielgene von Bicoid am anterioren Pol. Die Aktivität von Bicoid (Bcd) wird durch seine Phosphorylierung durch den Torso-Signalweg verstärkt. Die Aktivierung von Torso an den Polen hemmt außerdem allgemeine Repressoren wie Capicua (Cic) oder Groucho (Gr). **b** Netzwerkdarstellung einiger wichtiger Gene der Musterbildung in frühen Embryonen von *Drosophila*. Die Verbindungen, die aktivierende Einflüsse haben, sind mit einem *Pfeil* dargestellt, hemmende Einflüsse mit einem *Balken*. Gene: *cad*: *caudal*, *gt*: *giant*, *kni*: *knirps*, *Kr*: *Krüppel*, *tll*: *tailless*. (**a** nach Porcher und Dostatni 2010; **b** nach Montagna et al. 2015, beide mit freundlicher Genehmigung)

Es soll noch darauf hingewiesen werden, dass die genetische Analyse der Funktion von *engrailed* dazu geführt hat, eine zur klassischen Aufteilung des Insektenkörpers in **Segmente**, die im Wesentlichen auf morphologischen Kriterien beruht, alternative Untergliederung als Grundprinzip der Längsgliederung vorzustellen. Die **Parasegmente** bestehen aus dem posterioren Teil eines Segmentes und dem anschließenden anterioren Teil des folgenden Segmentes.

In ◘ Abb. 12.29 ist ersichtlich, wie diese Signalkaskade wirkt: In schmalen Streifen an beiden Seiten der Grenze der Parasegmente findet man Zellen, die die Proteine Wingless und Hedgehog sezernieren. Die Paarregelgene, die die Transkription von *wingless* (*wg*) und *hedgehog*

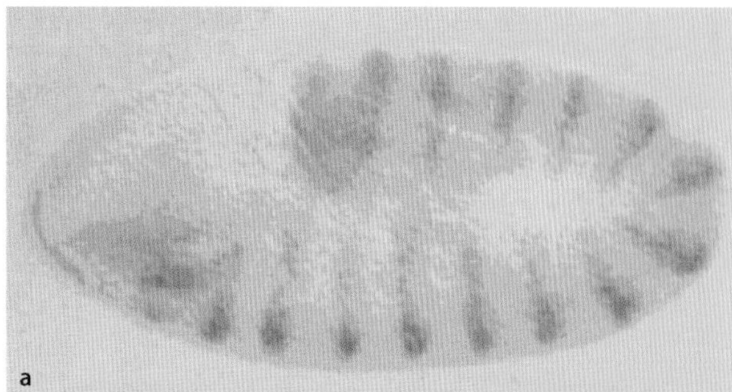

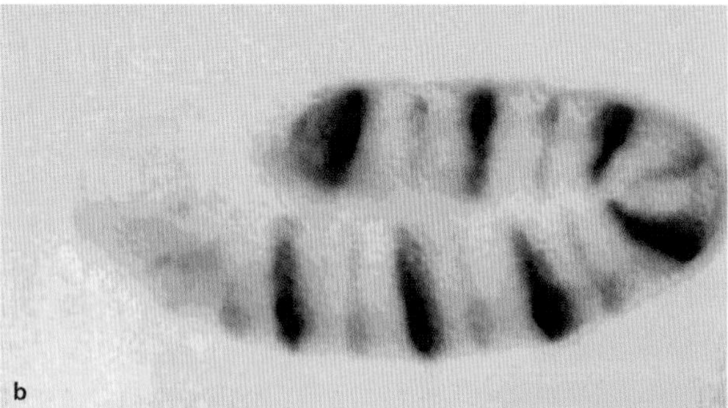

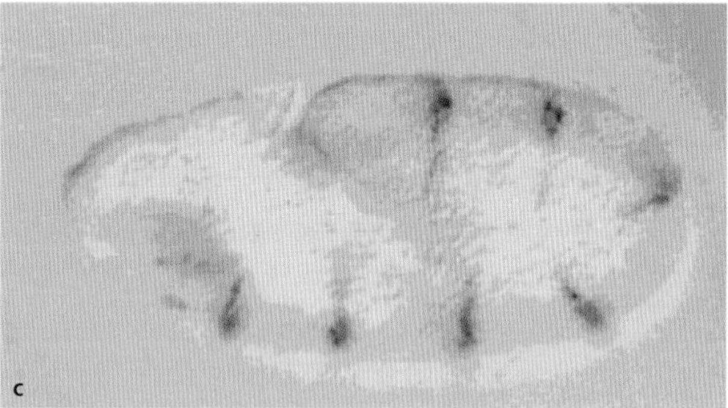

◻ Abb. 12.28 Streifenbildung des Segmentpolaritätsgens *engrailed* (*en*). **a** Das En-Protein wird in einem charakteristischen 14-Banden-Muster während der frühen Embryonalentwicklung von *Drosophila* exprimiert (Nachweis durch einen monoklonalen Antikörper gegen das En-Protein). **b** Jeder zweite En-Streifen (*dunkelbraun*) überlappt mit Fushi-tarazu-Streifen (Ftz; *hellbraun*). **c** Ftz ist für die Ausbildung jedes zweiten En-Streifens verantwortlich: In Embryonen von *ftz*-Mutanten fehlen die Ftz-abhängigen En-Streifen. (Nach Pick 1998, mit freundlicher Genehmigung)

(*hh*) stimulieren, etablieren also zwei weitere Streifen pro Segment. Die Proteine Wingless und Hedgehog wiederum sorgen dafür, dass die Gene *spitz* (*spi*) und *Serrate* (*Ser*) aktiviert werden. Die entsprechenden Genprodukte codieren für Liganden des epidermalen Wachstumsfaktors (EGFR) bzw. des Notch-Signalweges. Diese vier Signale wirken auf kurze Distanz, und gemeinsam kontrollieren sie die epidermale Differenzierung auf dem Ein-Zell-Niveau innerhalb eines Segmentes. Dieses Beispiel von *Drosophila* ist ein Paradigma dafür geworden, wie in einem naiven Feld präzise Muster gebildet werden und schließlich zur Differenzierung verschiedener Zelltypen führen.

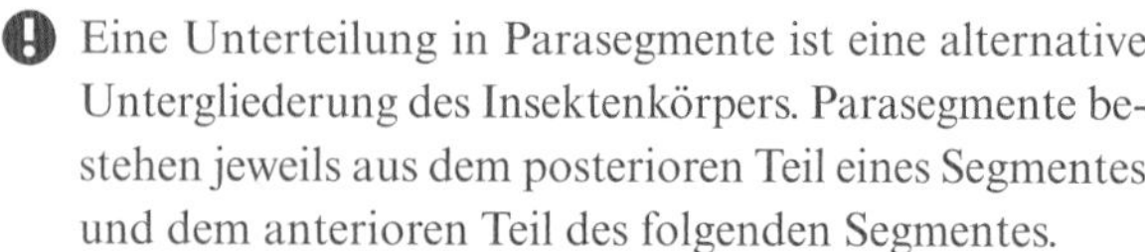

Eine Unterteilung in Parasegmente ist eine alternative Untergliederung des Insektenkörpers. Parasegmente bestehen jeweils aus dem posterioren Teil eines Segmentes und dem anterioren Teil des folgenden Segmentes.

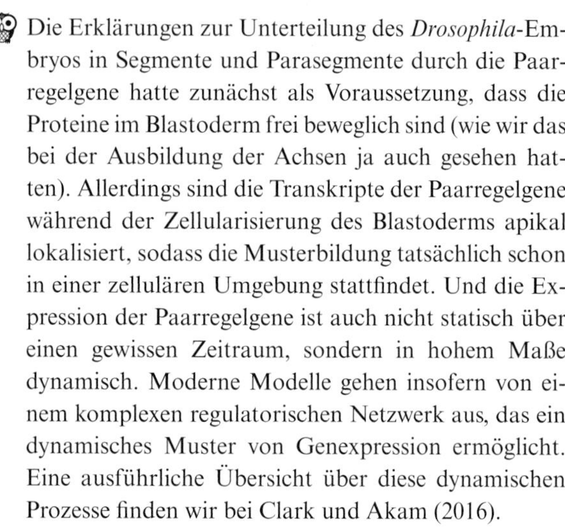

Die Erklärungen zur Unterteilung des *Drosophila*-Embryos in Segmente und Parasegmente durch die Paarregelgene hatte zunächst als Voraussetzung, dass die Proteine im Blastoderm frei beweglich sind (wie wir das bei der Ausbildung der Achsen ja auch gesehen hatten). Allerdings sind die Transkripte der Paarregelgene während der Zellularisierung des Blastoderms apikal lokalisiert, sodass die Musterbildung tatsächlich schon in einer zellulären Umgebung stattfindet. Und die Expression der Paarregelgene ist auch nicht statisch über einen gewissen Zeitraum, sondern in hohem Maße dynamisch. Moderne Modelle gehen insofern von einem komplexen regulatorischen Netzwerk aus, das ein dynamisches Muster von Genexpression ermöglicht. Eine ausführliche Übersicht über diese dynamischen Prozesse finden wir bei Clark und Akam (2016).

Homöotische Gene

Nach Festlegung der Segmentgrenzen und der innersegmentalen Organisation verbleibt als letzter Schritt die Identifikation jedes Segmentes in seiner jeweils **spezifischen Identität**: Am leichtesten lässt sich das am Thorax aufzeigen. Jedes Thoraxsegment besitzt seine besonderen Eigenheiten neben anderen, die es mit den anderen Thoraxsegmenten teilt. So besitzt einerseits jedes Thoraxsegment ein Beinpaar. Andererseits gibt es Flügel bei Dipteren nur im zweiten Thorakalsegment (Mesothorax), im dritten (Metathorax) hingegen Halteren, während das erste (Prothorax) keine von beiden Strukturen besitzt. Jedem Segment muss also seine eigene spezifische Identität vermittelt werden.

Veränderungen dieser Segmentidentität kann man durch Mutationen erhalten: Mutationen im *bithorax*-Genkomplex (*BX-C*) können zur Umwandlung des Meta- in einen (zweiten) Mesothorax führen. Als Folge davon besitzt die Fliege zwei Paar Flügel. Da durch solche Mutationen ein Segment den Charakter eines anderen Segmentes annimmt, hat man sie als **homöotische Mutationen** bezeichnet. Die betroffenen Gene heißen dementsprechend homöotische Gene (oder homöotische Selektorgene).

Der Begriff „Homöosis" wurde 1894 von William **Bateson** geprägt, als er eine Klasse von biologischen Variationen beschrieb, in der ein Element einer segmentförmig wiederholten Struktur in die Identität eines anderen überführt werden kann. Er beobachtete dies sowohl bei Pflanzen (► Abschn. 12.2.3) als auch bei Skeletten von Tieren. Die ersten Gene, die bei *Drosophila* in den 1920er- und 1930er-Jahren als ho-

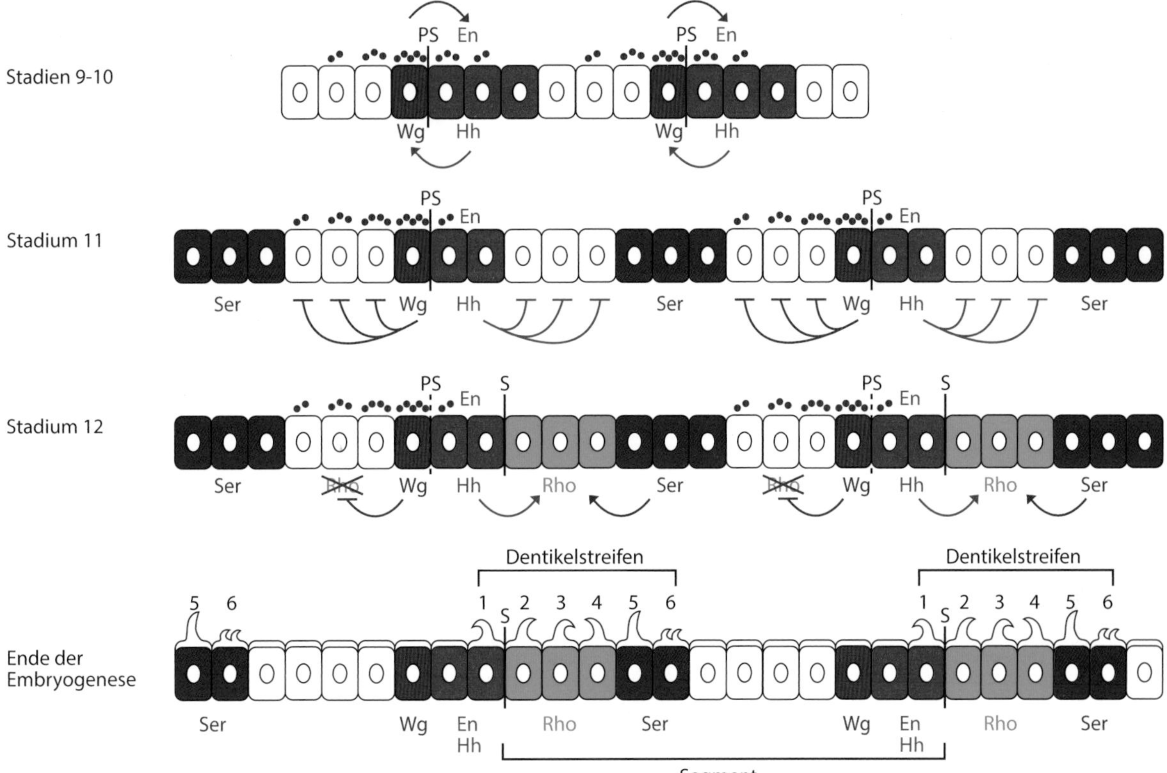

■ **Abb. 12.29** Musterbildung innerhalb eines Segmentes während der Embryonalentwicklung von *Drosophila*. Die Darstellung der einzelnen Schritte gilt für die ventrale Seite des Abdomens. PS bezeichnet die Grenze der Parasegmente und S die der Segmente; anterior ist *links* und posterior *rechts*. Die apikale Seite der Zellen ist *oben*, die basale *unten*. *Kleine blaue Punkte* repräsentieren den extrazellulären Gradienten des Wg-Proteins. Stadien 9–10: Die Expression von Wg und En/Hh sind voneinander abhängig, und der Wg-Gradient ist symmetrisch. Stadium 11: Die Expression von Wg und En/Hh werden voneinander unabhängig, und der Wg-Gradient wird unsymmetrisch. Zur gleichen Zeit wird die Expressionsdomäne von Ser durch die repressive Wirkung von Wg und Hh begrenzt. Dadurch entsteht ein Ser-Streifen mit einer Breite von zwei bis drei Zellen pro Parasegment. Stadium 12: Hh aktiviert die Expression von Rho in zwei Reihen von Zellen posterior zur En/Hh-Domäne, und Ser aktiviert Rho in einer Reihe von Zellen anterior von dieser Domäne. Das führt zu einem Streifen von Rho, der genau drei Zellen breit ist, da anterior zur En/Hh-Domäne Wg-Signale die Rho-Expression verhindern. Am Ende des Stadiums 12 sind die PS-Grenzen nicht länger sichtbar und die Segmentfurchen haben sich unmittelbar hinter den En-Zellen gebildet. Am Ende der Embryogenese sezernieren die posterioren En-Zellen sowie die Rho- und Ser-Zellen Dentikel, die den ventralen Dentikelstreifen des Abdomens der Larve bilden. En: Engrailed, Hh: Hedgehog, Rho: Rhomboid, Ser: Serrate, Wg: Wingless. (Nach Sanson 2001, mit freundlicher Genehmigung)

möotische Gene identifiziert wurden, waren *bithorax*, *aristapedia* und *proboscipedia*. Wir sollten aber nicht vergessen, dass das Phänomen als solches auch noch früher beschrieben wurde (z. B. Goethe: *Die Metamorphose der Pflanzen*).

Seit Mitte der 1980er-Jahre wissen wir, dass sich die meisten **homöotischen Gene** zwei Genkomplexen im Chromosom 3 von *D. melanogaster* zuordnen lassen, dem *Antennapedia*-Komplex (*ANT-C*) und dem *bithorax*-Komplex (*BX-C*). Zum *BX-C* gehören die Gene *Ultrabithorax* (*Ubx*), *abdominal-A* (*abd A*) und *Abdominal-B* (*Abd B*). *Ultrabithorax* ist für die Ausbildung des dritten thorakalen Segmentes verantwortlich. Sein Ausfall führt zur Umbildung des dritten in ein zusätzliches zweites Thoraxsegment, wie es in der Ausbildung eines zweiten Flügelpaares zum Ausdruck kommt. Die beiden anderen Gene, *abd A* und *Abd B*, kontrollieren die Eigenschaften der Segmente des Abdomens. *BX-C* enthält zusätzlich zu diesen Protein-codierenden Genen eine komplexe Zusammenstellung von Regulationselementen, die über die gesamte 300 kb lange Region dieses Genbereichs verteilt sind. Diese Regulationselemente kontrollieren die Segmentspezifität der Abdominalsegmente.

Der *ANT*-Komplex besteht aus fünf Genen: *labial* (*lab*), *Antennapedia* (*Antp*), *Sex comb reduced* (*Scr*), *Deformed* (*Dfd*) und *proboscipedia* (*pb*). Unter die Kontrolle dieses Genkomplexes fallen die Kopf- und Thoraxsegmente. Ein klassisches Beispiel für die Auswirkung einer homöotischen Mutation zeigt ■ Abb. 12.30, nämlich die Ausbildung eines Beines anstelle einer Antenne aufgrund einer Mutation im *Antp*-Gen.

Alle homöotischen Gene haben ein Sequenzelement, das als **Homöobox** bezeichnet wird. Es handelt sich um eine 180 bp lange DNA-Sequenz, die ein 60 Aminosäu-

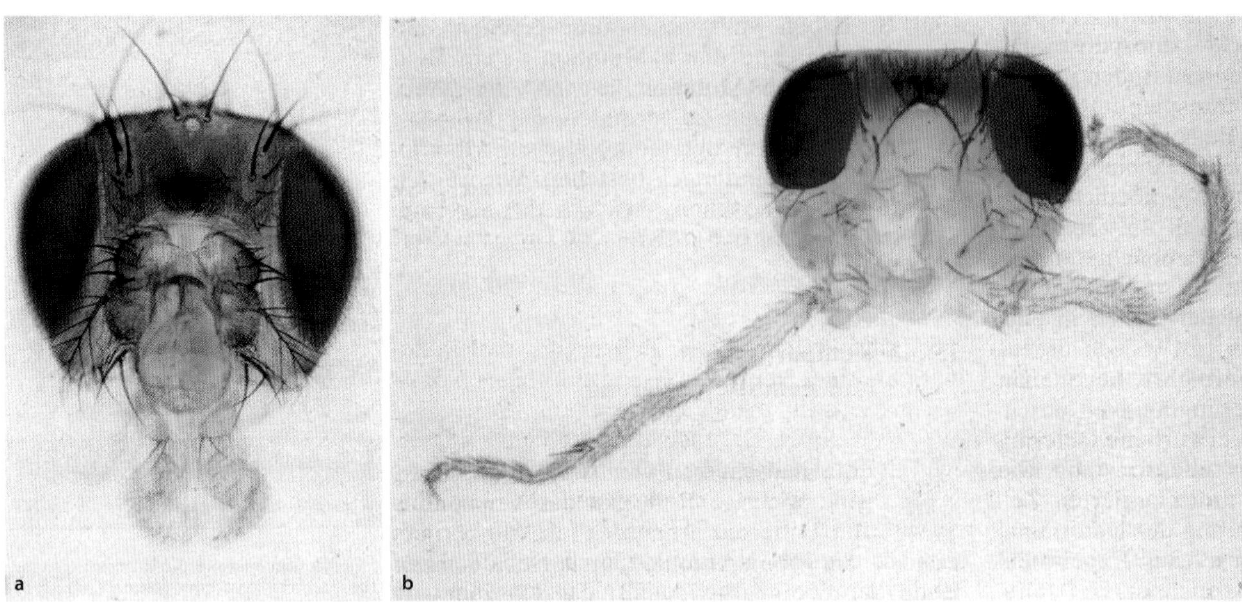

Abb. 12.30 Homöotische Mutation. **a** Wildtyp-Kopf von *Drosophila melanogaster*. **b** Durch die homöotische Mutation *Antennapedia* wird die Antenne in ein (phylogenetisch homologes) Bein verwandelt. (Foto: Walter Gehring, Basel)

12

ren langes Proteinfragment codiert: die Homöodomäne (Abb. 7.19). Die klassische Homöodomäne besteht aus drei α-Helices, deren erste und zweite eine antiparallele Richtung gegeneinander einnehmen, während die dritte Helix im rechten Winkel gegen die beiden ersten Helices angeordnet ist. Die dritte Helix greift sequenzspezifisch in die große Furche der DNA ein. Proteine, die diese Homöodomäne besitzen, sind durchweg Transkriptionsfaktoren, die mit ihrer Hilfe sequenzspezifisch an DNA binden. Die Homöodomänen anderer homöotischer Gene haben prinzipiell vergleichbare Strukturen, obwohl ihre Aminosäuresequenzen und damit ihre Bindungsspezifitäten unterschiedlich sind. Aber auch eine Reihe anderer Transkriptionsfaktoren besitzt eine Homöodomäne (z. B. auch die, die durch das maternale Gen *bicoid* oder das zygotische Gen *engrailed* codiert werden). Man beachte daher, dass nicht jedes Gen mit einer Homöobox auch ein homöotisches Gen ist.

Vergleichbare Cluster von Homöoboxgenen finden wir auch bei Säugern. Bei Mäusen und Menschen wurde das Cluster bestehend aus dem *ANT*- und *BX*-Komplexes vervierfacht (Abb. 12.31) und wird heute als *HoxA*-, *HoxB*-, *HoxC*- und *HoxD*-Cluster bezeichnet. Wir kennen insgesamt 39 *Hox*-Gene bei der Maus; *Hox*-Gene werden aufgrund ihrer Sequenzähnlichkeiten und der Position im Cluster in 13 paraloge Gruppen eingeteilt (beachte, dass nicht jedes Cluster vollständig ist!). Ein charakteristisches Merkmal der *Hox*-Cluster ist, dass die Anordnung der Gene auf dem Chromosom der relativen Position ihrer Expression entlang der anteriorposterioren Achse entspricht, wobei sich die jeweilige Expressionsdomäne der Gene am 3′-Ende des Clusters am vorderen Körperende befindet.

Homöotische Gene bestimmen zusammen mit Gap-, Paarregel- und Segmentpolaritätsgenen die Segmentidentitäten. Mutationen in homöotischen Genen (homöotische Mutationen) verschieben die Identität eines Segmentes. Alle homöotischen Gene haben eine Homöobox (aber nicht alle Gene mit einer Homöobox sind homöotische Gene!).

Drosophila-Männchen besitzen am ersten Beinpaar schwarze Geschlechtskämme (engl. *sex combs*). Durch Mutationen können u. a. auch Phänotypen mit zusätzlichen Geschlechtskämmen an den anderen Beinen entstehen – eines der ersten Gene wurde als *polycomb* bezeichnet (Gensymbol *Pc*). Hatte man zunächst diese Phänotypen als spezifisch für die Beine betrachtet, erkannte Edward **Lewis** 1978, dass es sich hierbei um eine Transformation der Thoraxsegmente und der ersten sieben Abdominalsegmente in das achte Abdominalsegment handelt und dass Pc ein globaler Repressor des Bithorax-Komplexes (BX-C) ist. Dieser Befund hat den Blick auf das *Pc*-Gen grundsätzlich verändert. Heute kennen wir vor allem zwei Komplexe, an denen Proteine der Polycomb-Gruppe (PcG) beteiligt sind, PRC1 und PRC2 (engl. *polycomb repressive complex*). PRC2 besitzt eine Histon-Methyltransferase-Aktivität und methyliert das Histon H3 am Lysinrest 27 dreifach (H3K27me3). Diese Markierung wird von PRC1 erkannt, und die Ubiquitinierung des Histons H2A am Lysinrest 119 führt zu einer Kondensierung des Chromatins und zum Abschalten der RNA-Polymerase II in diesem Bereich. Die PcG-Proteine sind evolutionär hochkonserviert und spielen eine große

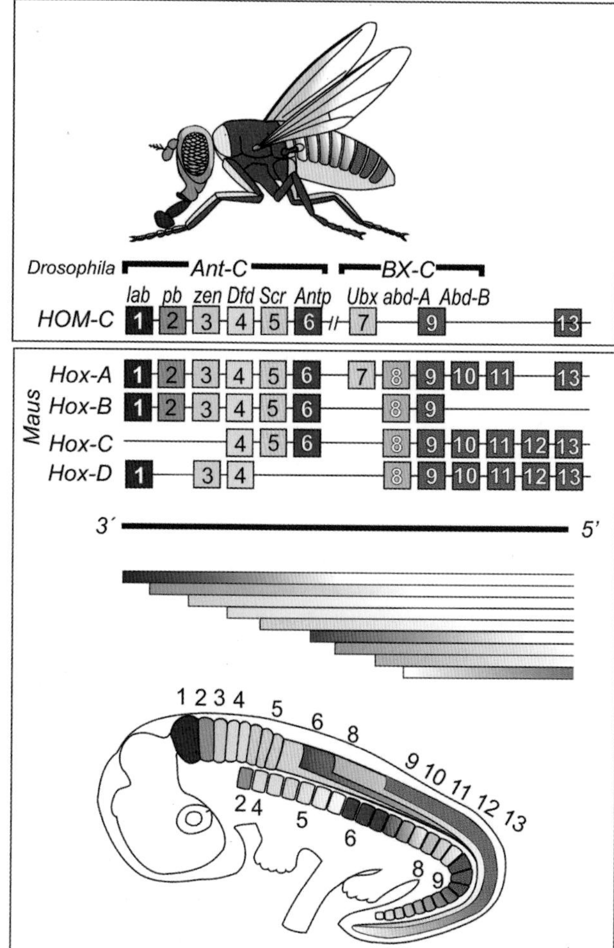

■ **Abb. 12.31** Organisation des *Hox*-Clusters und seine Konservierung in der Evolution. Der *Hox*-Gencluster bei *Drosophila* – bestehend aus dem *Antennapedia*-Komplex (Ant-C) und dem *Bithorax*-Komplex (BX-C) – findet sich im Prinzip bei den Säugetieren (hier in der Maus) in vierfacher Form (*Hox-A* bis *Hox-D*); die Gene eines Clusters sind paralog. Einander entsprechende *Nummern* bzw. *Farben* kennzeichnen orthologe Gene, die eine besonders hohe Sequenzübereinstimmung haben. Beachte auch, dass die 3′-5′-Anordnung auf dem Chromosom dem anterior-posterioren Expressionsmuster entspricht – bei der Fliege und bei der Maus. (Nach Müller und Hassel 2018, mit freundlicher Genehmigung)

Rolle bei vielen Prozessen, die eine weiträumige Abschaltung von Genen benötigen (z. B. bei der Inaktivierung des X-Chromosoms, ▶ Abschn. 8.3.2). Für eine detaillierte Darstellung sei der interessierte Leser auf den aktuellen Übersichtsartikel von Kassis et al. (2017) verwiesen.

Bei der Serie der Regulationsvorgänge der *Hox*-Gene handelt es sich um ein komplexes Netzwerk, an dem viele Faktoren beteiligt sind, die wir in früheren Kapiteln jeweils für sich betrachtet haben:

- **Bildung von Kompartimenten im Zellkern:** Aktives Chromatin ist eher im Inneren des Zellkerns lokalisiert (▶ Abschn. 5.1.5);
- **Chromatin-Elemente:** Insulatoren und andere Abgrenzungselemente (engl. *boundary elements*) grenzen die Domänen der Expression gegenüber anderen Regulationsbereichen ab (▶ Abschn. 5.1.5);
- **Enhancer und Promotoren:** Weitreichende Enhancer und direkte Regulationen von Transkriptionsfaktoren an ihren spezifischen Promotoren führen zum korrekten Transkriptionszustand (▶ Abschn. 7.3);
- **Regulation auf RNA-Ebene:** Eine Feinregulation erfolgt durch miRNAs, die zwischen den einzelnen Genen des *Hox*-Clusters lokalisiert sind – Mutationen in solchen miRNA-Genen können ebenfalls zu homöotischen Transformationen führen (▶ Abschn. 8.2);
- **posttranslationale Modifikationen** und das Zusammenspiel mit vielen Cofaktoren schließen den Regulationsmechanismus ab.

Der interessierte Leser sei für eine ausführliche Darstellung auf die Arbeit von Pick (2016) verwiesen, deren breitere Darstellung den Rahmen dieses Genetik-Lehrbuches sprengen würde.

12.4.6 Imaginalscheiben, Metamorphose und Organentwicklung bei *Drosophila*

Die Funktion der homöotischen Selektorgene wird durch ein Zusammenspiel von Gap-, Paarregel- und Segmentpolaritätsgenen zum Zeitpunkt der Zellularisierung bestimmt, also nach Festlegung der segmentalen Organisation. Zu diesem Zeitpunkt werden auch die Anlagen der **Imaginalscheiben** festgelegt, aus denen sich während der Metamorphose die meisten Strukturen der Imago entwickeln (■ Abb. 12.32). Die Imaginalscheiben entstammen dem embryonalen Ektoderm und stülpen sich als einfache epitheliale Säckchen ins Körperinnere ein. Sie bleiben als solche bis zur Metamorphose erhalten. Die Entwicklung der adulten Strukturen aus den Imaginalscheiben verläuft unter **Bildung von Kompartimenten**. Die Grenzen zwischen den verschiedenen Kompartimenten entsprechen den Grenzen der Funktion von homöotischen Genen oder von Segmentpolaritätsgenen. Während der Metamorphose zur Fliege proliferieren die Zellen der Imaginalscheiben weiter und differenzieren schließlich zu verschiedenen Organen wie Labialanhängen, Antennen, Augen, Flügeln oder Halteren, Beinen und Genitalplatten. Die Differenzierung von larvalen Imaginalscheiben in Strukturen der Fliege wird durch das **Metamorphosehormon Ecdyson** ausgelöst.

❗ Unter der Kontrolle homöotischer Gene bilden sich während der Differenzierung der Imaginalscheiben Kompartimente aus, die bestimmte Bereiche der Strukturen der Imago umfassen.

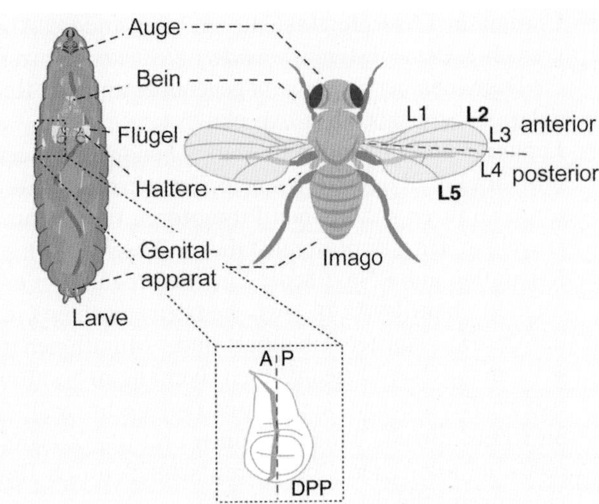

◘ Abb. 12.32 Imaginalscheiben von *Drosophila melanogaster*. Lokalisation der Imaginalscheiben in der Larve und die zugehörigen Strukturen in der Imago. Während der Metamorphose entwickelt sich jede Imaginalscheibe in eine spezifische äußere Struktur der adulten Fliege (Auge, Flügel, Bein, Genitalapparat etc.). Während des Larvenstadiums wachsen die Imaginalscheiben und bilden spezifische Muster aus. Während des 1. Larvenstadiums bestehen die Imaginalscheiben aus etwa 50 Zellen und wachsen auf etwa 50.000 Zellen bis zum Beginn der Verpuppung an. Hier ist das 3. Larvenstadium gezeigt. In der Vergrößerung sehen wir eine Flügelimaginalscheibe mit ihrer anterior-posterioren Achse (A, P, *gestrichelte Linie*), an deren Grenze zunächst ein schmaler Streifen von Decapentaplegic (DPP; *grün*) nachweisbar ist. L1–L5 bezeichnen die Flügelvenen. Die Grenzen der Expressionsdomänen von *sal* (*spalt*) und *omb* (*optomotor-blind*) entsprechen den späteren anatomischen Merkmalen im erwachsenen Flügel wie den Positionen der Flügelvenen L2 und L5. (Nach Restrepo et al. 2014, mit freundlicher Genehmigung)

Wir wollen im Folgenden die Organentwicklung an zwei Beispielen diskutieren: die **Entwicklung der Flügel und der Augen**.

Flügelentwicklung bei *Drosophila*

Im Falle der Flügelimaginalscheiben wird die Bildung eines Flügels und seines ersten Grundmusters noch im embryonalen Epithel festgelegt, also zu einer Zeit, in der auch das Segmentmuster entsteht und die einzelnen Segmente ihre Identität erhalten. Aus 15–20 Zellen, die sich während der Embryogenese vom lateralen Ektoderm des mittleren Thoraxsegmentes einstülpen, entstehen während der Larvalstadien 50.000 Zellen. Die Flügelimaginalscheiben sind durch eine Kompartimentgrenze in eine anteriore und eine posteriore Entwicklungsregion unterteilt (◘ Abb. 12.33).

In der Flügelimaginalscheibe bilden Zellen an der Grenze zwischen **anteriorem und posteriorem Kompartiment** eine Signalregion, die die Musterbildung entlang der anterior-posterioren Flügelachse steuert. Dieses Signalzentrum entsteht aufgrund einer Folge von Ereignissen, die hier kurz skizziert werden sollen. Das Gen *hedgehog* (*hh*) wird im posterioren Kompartiment der Imaginalscheibe exprimiert; das Hedgehog-Protein sorgt für die Expression des Gens *decapentaplegic* (*dpp*) in der benachbarten Zelle auf der anderen Seite der Grenze, indem es die Wirkung von Proteinen hemmt, die normalerweise *dpp* reprimieren. Das DPP-Protein, ein Signalprotein aus der TGF-β-Familie, wird nunmehr an der Kompartimentgrenze sezerniert und dient sowohl im anterioren als auch im posterioren Kompartiment als Positionssignal zur Musterbildung längs der anterior-posterioren Achse. Eines der Zielgene der weitreichenden Wirkung des DPP-Proteins ist *spalt* (*sal*). Das *sal*-Gen wird in einem Bereich exprimiert, der sich mit dem von *dpp* nur teilweise deckt; die *sal*-Expression setzt vielmehr in einer Region ein, wo die Konzentration des DPP-Proteins gerade bestimmte obere bzw. untere Schwellenwerte überschreitet (◘ Abb. 12.34).

Eine zweite Orientierungsachse bildet sich zwischen der Flügelober- und -unterseite aus. Wir haben es hier mit einem **dorsalen bzw. ventralen Kompartiment** zu tun. Die beiden Kompartimente entstehen im zweiten Larvalstadium, nachdem sich die Flügelscheibe gebildet hat. Sie unterscheiden sich in der Expression des homöotischen Selektorgens *apterous* (*ap*), das nur im dorsalen Kompartiment aktiv ist. Die *ap*-Expression führt zur Sekretion von Proteinen, die von den Genen *fringe* und *Serrate* codiert werden. An der Kompartimentgrenze treten dorsale Zellen mit ventralen Zellen in Wechselwirkung: Die dorsalen Zellen bilden das Serrate-Protein, ein Transmembranprotein, das als Ligand an einen Rezeptor (Notch) in der Nachbarzelle bindet. Das *fringe*-Gen codiert für eine UDP-Glykosyltransferase, die bestimmte Motive des Notch-Rezeptors so modifiziert, dass er mit dem Liganden Serrate nicht mehr so gut in Wechselwirkung treten kann, aber umgekehrt die durch Delta (einen anderen Transmembranliganden von Notch aus dem ventralen Kom-

◘ Abb. 12.33 Die Flügelimaginalscheibe von *Drosophila* ist ein zweiseitiger Sack, der das zukünftige Flügelblatt, die Thoraxregionen sowie eine darüberliegende, schuppenartige peripodiale Membran ausbildet. Die Imaginalscheibe wird durch Decapentaplegic (DPP) in ein anteriores (A) und posteriores (P) Kompartiment unterteilt. DPP diffundiert aus einem dünnen Streifen von Zellen im Zentrum der Imaginalscheibe und hemmt die Expression von *brinker* (*brk*). Die daraus resultierende Aktivität von DPP und BRK führt zu verschachtelten Expressionsdomänen von *spalt* (*sal*) und *optomotor-blind* (*omb*). Die Grenzen der Expressionsdomänen von *sal* und *omb* entsprechen anatomischen Merkmalen (Flügelvenen L2 und L5) im Flügel adulter Fliegen. (Nach Restrepo et al. 2014, mit freundlicher Genehmigung)

12

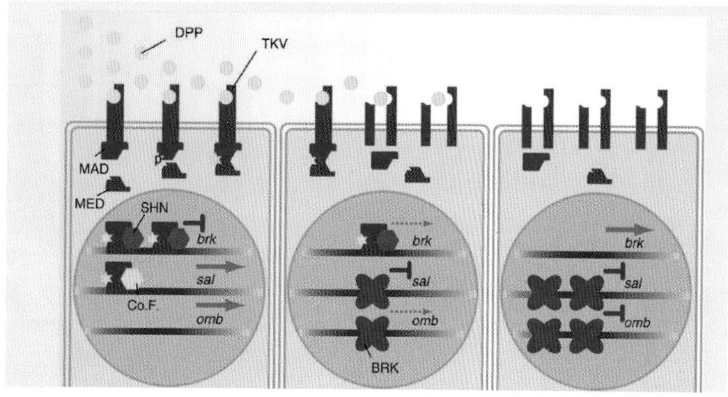

a Die DPP-Signalkette

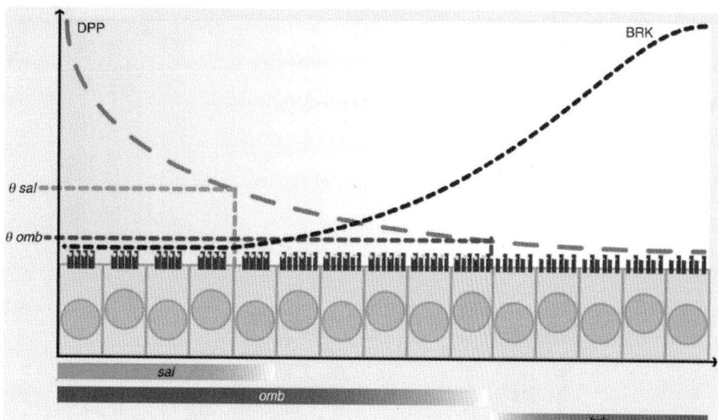

b Modell der DPP-Wirkung

Abb. 12.34 Musterbildung in der Flügelimaginalscheibe durch Decapentaplegic (DPP). **a** DPP aktiviert durch die Bindung an seinen Rezeptor TKV (engl. *thickveins*) eine Signalkaskade: Der aktivierte Rezeptor phosphoryliert den Transkriptionsfaktor MAD (engl. *mothers against dpp*), und diese phosphorylierte Form von MAD (pMAD) bindet an seine Interaktionspartner Medea (MED) und Schnurri (SHN). Dieser Komplex aus pMAD, MED und SHN hemmt die Expression von *brk*, das für einen Transkriptionsrepressor codiert. Manche Zielgene (wie z. B. *omb*) brauchen nur die Aufhebung der Hemmung von BRK, um exprimiert zu werden; andere Gene benötigen darüber hinaus die direkte Aktivierung durch den pMAD/MED/SHN-Komplex und weitere Cofaktoren (Co.F.). **b** Schwellenwertabhängige Musterbildung durch DPP. DPP beschränkt die Expression von *brk* auf die seitlichen Ränder der A-P-Achse (Abb. 12.33). Das Gen *sal* hat eine hohe Empfindlichkeit gegenüber BRK (und braucht daher einen hohen Schwellenwert von DPP, θ *sal*), und seine Expression ist auf die zentralen Regionen der A-P-Achse beschränkt, wo BRK vollständig fehlt; *omb* hat dagegen einen niedrigen θ-Wert und kann mit höheren Konzentrationen von BRK umgehen, sodass es in einer breiteren Domäne exprimiert wird. Im Ergebnis führen diese unterschiedlichen Gradienten zu scharfen Grenzen auf der zellulären Ebene. (Nach Restrepo et al. 2014, mit freundlicher Genehmigung)

partiment) verstärkt. So sind diejenigen Zellen, die die höchsten Konzentrationen von Notch aufweisen, genau die Zellen an der dorso-ventralen Grenze, wo Serrate auf ventrale Zellen einwirken kann (die kein *fringe* exprimieren) und wo das ventrale Delta sein Signal stärker an die dorsalen Zellen vermitteln kann, die *fringe* exprimieren.

Neben diesen Signalen, die über kurze Distanzen ausgetauscht werden, gibt es auch ein weiter reichendes Signalsystem. Damit fungiert auch die Grenze zwischen dem dorsalen und ventralen Kompartiment als Organisationszentrum (wie wir das an der Grenze zwischen anteriorem und posteriorem Kompartiment bereits gesehen haben). Als Signalmolekül dient hier das Wingless-Protein, ein sezerniertes Glykoprotein. Wingless ist vor allem für die Ausbildung der Borsten am Rand der Flügel verantwortlich.

Die Flügel von *Drosophila* entwickeln sich aus den entsprechenden Imaginalscheiben, die bereits früh in ein anteriores und posteriores Kompartiment unterteilt sind. Der Grenzbereich fungiert als Organisator; dort wird das Gen *decapentaplegic* aktiviert. Eine zweite Organisationsachse entwickelt sich an der Grenze zwischen dem dorsalen und ventralen Kompartiment; hier wird *wingless* exprimiert.

Der Ursprung der Wingless-Forschung liegt in den 1970er-Jahren, als R. P. **Sharma** und V. L. **Chopra** (1976) eine flügellose *Drosophila*-Mutante beschrieben haben. Sie charakterisieren *wingless* als eine rezessive Mutation auf dem Chromosom 2. Allerdings erschien die Mutation zunächst komplex, denn unter den Nachkommen von flügellosen Mutanten waren nicht nur wieder flügellose (wie es für einen klassischen rezessiven Erbgang zu erwarten wäre), sondern auch Fliegen mit einem oder zwei Flügeln in einem Verhältnis von 2:1:1. Die Autoren beschrieben dieses Verhalten damals als unvollständige Penetranz und Expressivität, und jeder Versuch, eine homogene flügellose Population zu etablieren, schlug fehl; nach fünf Generationen betrug der Anteil der flügellosen Nachkommen 70 % (gegenüber 40 % in der Ausgangspopulation). Die Autoren beobachteten allerdings auch zusätzliche Effekte der Mutation auf die Ausprägung des Mesothorax und die Anordnung der Haare, insbesondere das Fehlen der Borsten. Die Mutation in der ursprünglichen *wingless*-Mutante besteht in einer Deletion von ungefähr 300 bp in der 3′-UTR des *wingless*-Gens und stellt ein hypomorphes Allel dar (► www.flybase.org); das ursprüngliche Gensymbol war *wg1* (aktuell: *Wnt*). Heute wissen wir, dass das sezernierte Wingless-Pro-

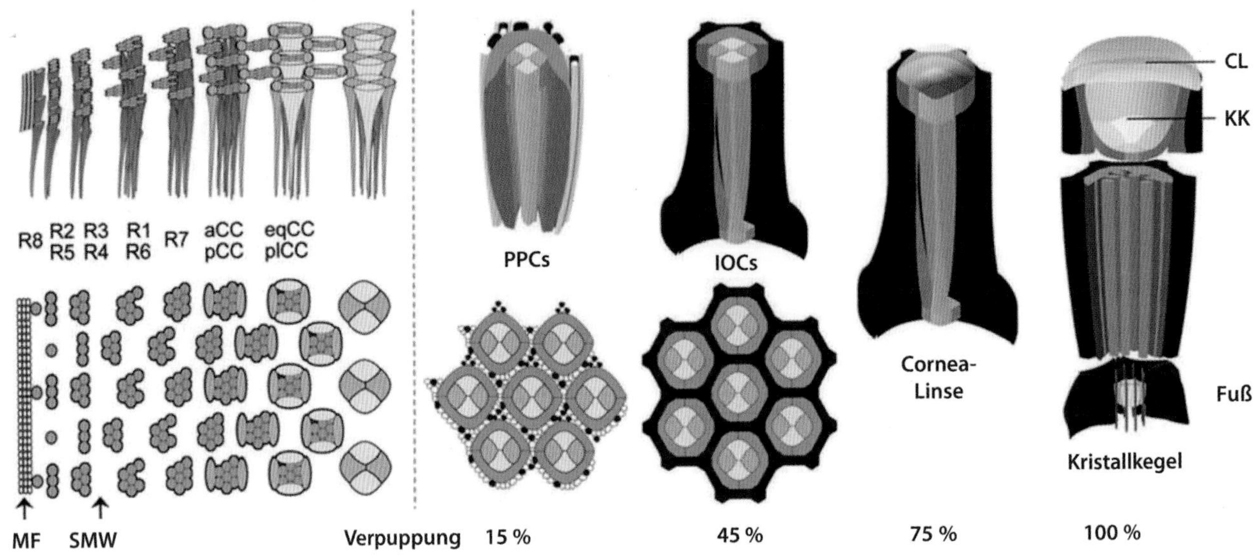

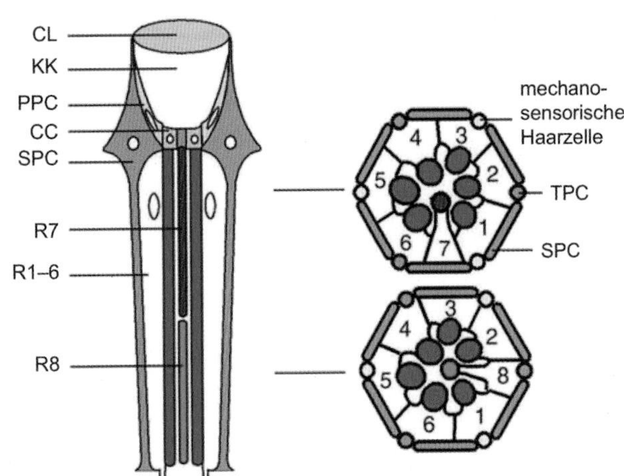

Abb. 12.35 Augenentwicklung bei *Drosophila*. **a** Im 3. Larvenstadium bewegt sich die morphogenetische Furche (MF) nach anterior über die Imaginalscheibe des Auges und arretiert dabei die sich teilenden Vorläuferzellen in der G_1-Phase. Aus dem Vorrat dieser Vorläuferzellen entstehen die Retinulazellen R8, R2/R5 und R3/R4 der neuralen Retina (*hellblau*). Darauf folgt eine zweite mitotische Welle (SMW), wobei sich die verbleibenden Vorläuferzellen erneut teilen. Aus diesen Vorläuferzellen bilden sich dann die restlichen Photorezeptoren, R1/R6 und R7. Nachdem die Bildung der Photorezeptoren abgeschlossen ist, werden jeweils paarweise die beiden anterioren und posterioren Kristallkegelzellen (aCC/pCC; *hellbraun*) sowie die beiden äquatorialen und polaren (eqCC/plCC; *hellbeige*) gebildet. In der frühen Verpuppungsphase werden die primären Pigmentzellen (PPCs; *orange*) hinzugefügt, die zusammen mit den Kristallkegelzellen (CC) die Linsen-sezernierenden Zellen bilden. Kurze Zeit später werden die interommatidialen Pigmentzellen (IOCs; *dunkelrot*) gebildet, und alle nicht weiter differenzierten Zellen werden durch Apoptose abgebaut. In der mittleren Verpuppungsphase beginnen alle Zellen mit ihrer terminalen Differenzierung; in der Linse beinhaltet das die Sezernierung der Cornea-Linse (CL), gefolgt von der Sekretion des Kristallkegels (KK). Die IOCs häufen Pigment an, während die apikalen, Licht wahrnehmenden Membranen (Rhabdomere) der Photorezeptoren elongieren. Die Kristallkegelzellen erstrecken sich über die ganze Länge der Retina, wobei ihre Füße die Axone der Photorezeptoren proximal umhüllen und die apikalen Oberflächen die Cornea-Linse und den Kristallkegel sezernieren. **b** Adultes Ommatidium im Längsschnitt (*links*) und im Querschnitt (*rechts*). Man beachte die Anordnung der R7- (*lila*) und R8-Rhabdomere (*grün*) übereinander und die entsprechenden Unterschiede des oberen und unteren Querschnitts. Die Retinulazellen sind einfach nummeriert; die Rhabdomere liegen innen (*blaue Ovale*). Die sekundären (SPC) und tertiären (TPC) Pigmentzellen liegen außen und bewirken, dass die einzelnen Ommatidien erkannt werden können (daher auch die Bezeichnung als interommatidiale Pigmentzellen, IOCs); die Lage der mechanosensorischen Haarzellen ist angedeutet. (**a** nach Charlton-Perkins et al. 2011; **b** nach Wang und Montell 2007, beide mit freundlicher Genehmigung)

12

tein der Ligand für seinen Rezeptor Frizzled-2 ist und damit eine ganze Signalkaskade in Gang setzt – den Wnt-Signalweg.

Augenentwicklung bei *Drosophila*

Die Augen von *Drosophila* sind **Facetten-** oder **Komplexaugen**, die aus vielen morphologisch identischen Untereinheiten, den **Ommatidien**, bestehen (◘ Abb. 12.35). Die Anzahl der Ommatidien innerhalb eines Auges schwankt; innerhalb des normalen Temperaturbereichs, in dem *Drosophila* normalerweise fortpflanzungsfähig ist (18–25 °C), werden je nach Temperatur zwischen 750 und 1020 Ommatidien gebildet.

Jedes Ommatidium besteht aus acht Photorezeptorneuronen (Retinulazellen, R1–R8), vier darüberliegenden transparenten Kegelzellen, die einen lichtbündelnden Kristallkegel bilden, und zusätzlichen (roten) Pigmentzellen. Das Auge entwickelt sich ab der Mitte des 3. Larvenstadiums aus dem einlagigen Epithelblatt der Augenimaginalscheibe, die sich im Kopf befindet. Eines der frühesten Ereignisse der Augendifferenzierung ist die Bildung einer Rinne in der Imaginalscheibe, der **morphogenetischen Furche** (engl. *morphogenetic furrow*), die von posterior über das Scheibenepithel nach anterior wandert (◘ Abb. 12.35a). Die Furche bewegt sich langsam und braucht etwa 2 Tage, um die gesamte Imaginalscheibe zu überqueren. Sie hinterlässt dabei alle 2 h eine Reihe zukünftiger Ommatidien. Während sie sich vorwärtsbewegt, beginnen sich die Zellen hinter ihr zu differenzieren und in Reihen angeordnete sechseckige Ommatidien zu bilden. Jede Reihe ist gegenüber der vorherigen um ein halbes Ommatidium versetzt, sodass ein charakteristisches Wabenmuster entsteht.

Zuerst entstehen die R8-Photorezeptorneurone. Sie erscheinen in regelmäßigen Abständen in jeder Ommatidienreihe und sind durch etwa acht Zellen getrennt. Jede R8-Zelle leitet eine Reihe von Signalen ein, die dazu führen, dass um R8 herum eine Gruppe von 20 Zellen ein Ommatidium bildet: Zunächst differenzieren R2 und R5 auf einander entgegengesetzten Seiten zu zwei funktionell identischen Neuronen; zwischen R2 und R5 entstehen auf einer Seite R3 und R4. Nachdem sich so ein Halbkreis um R8 gebildet hat, kommen R1 und R6 hinzu; mit der Differenzierung von R7 wird dann der Kreis geschlossen. Im reifen Ommatidium (◘ Abb. 12.35b) wird diese Anordnung dann später weiter modifiziert.

Der entscheidende Schritt in der Augenentwicklung von *Drosophila* ist die Wanderung der morphogenetischen Furche: Da die Augenimaginalscheiben im Gegensatz zur oben besprochenen Flügelimaginalscheibe nicht von vorneherein in ein anteriores und posteriores Kompartiment unterteilt ist, kommt diese Unterteilung hier der Furche zu. Das lässt sich auch an unterschiedlichen Expressionsmustern deutlich machen. Anterior der Furche wird das Gen *eyeless* (*ey*) exprimiert, das für die Entwicklung der Augen essenziell ist. Mutationen in diesem Gen führen bei betroffenen Fliegen zur Verkümmerung oder zum völligen Fehlen der Komplexaugen (◘ Abb. 12.36a). Eine Reihe von Experimenten hat gezeigt, dass seine ektopische Expression in anderen Imaginalscheiben dort ebenfalls eine Augenentwicklung in Gang setzt (z. B. in Flügeln, an Beinen oder Antennen). Daher wird ***eyeless*** auch als **Schlüsselgen** (engl. ***master control gene***) **der Augenentwicklung** bezeichnet. Das Gen *eyeless* gehört zur Klasse der *Pax*-Gene (so genannt nach ihrem charakteristischen Merkmal, der *paired*-Box, die zuerst bei dem *Drosophila*-Gen *paired* definiert wurde und für eine DNA-bindende Domäne codiert). Entsprechende Gene finden sich auch bei Säugern, und Mutationen in dem homologen Gen *Pax6* führen ebenfalls zu schweren Störungen in der frühen Augenentwicklung. Walter **Gehring** und seinen Kollegen gelang 1995 ein klassisches Experiment (Halder et al. 1995), in dem sie zeigten, dass das *Pax6*-Gen der Maus in der Lage ist, in *Drosophila* ektopisch die Entwicklung funktioneller Ommatidien-Augen zu induzieren (◘ Abb. 12.36b). Damit wurde von genetischer Seite ein **zentrales Dogma der**

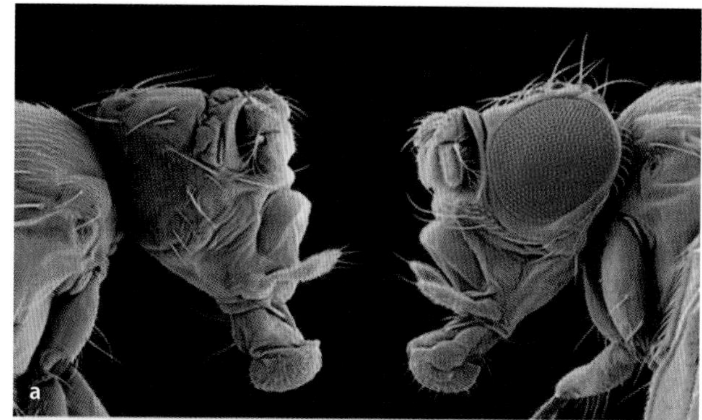

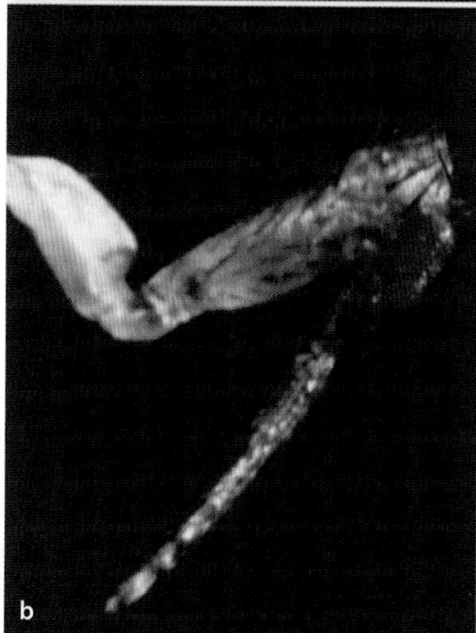

◘ **Abb. 12.36** Komplexauge von *Drosophila*. **a** Elektronenmikroskopische Aufnahme des Kopfes von *Drosophila*: *rechts* der Wildtyp mit dem typischen roten Facettenauge, *links* eine *eyeless*-Mutante ohne Augen. **b** Ektopische Bildung von Ommatidien am Bein von *Drosophila*. (**a** Foto: Ralf Dahm und Jürgen Berger, Tübingen; **b** Foto: Walter J. Gehring, Basel)

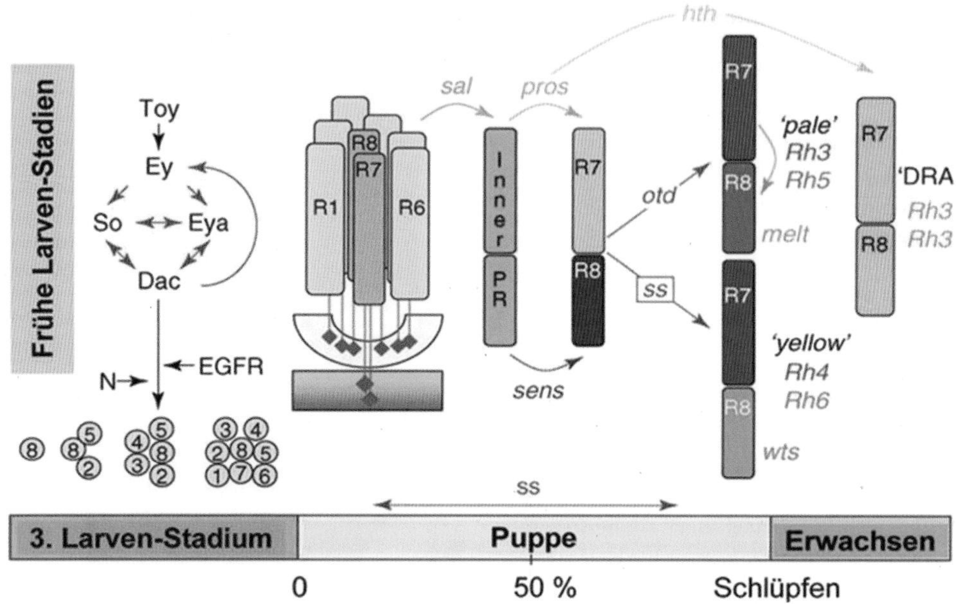

Abb. 12.37 Genexpressionsmuster in der frühen Augenentwicklung bei *Drosophila*. Die Spezifizierung des Augenfeldes erfolgt durch eine Gruppe von Proteinen (DAC: Dachshund, EY: Eyeless, EYA: Eyes absent, SO: Sine oculis, TOY: Twin of eyeless). Während des 3. Larvenstadiums läuft eine Differenzierungswelle („morphogenetische Furche") über die Imaginalscheibe hinweg – und hinter dieser Welle entstehen die Photorezeptorzellen (PR). Der Prozess wird durch Notch (N) und den epidermalen Wachstumsfaktor (EGFR) unterstützt. Während des Puppenstadiums bilden sich unter dem Einfluss des Gens *spalt* (*sal*) die inneren Photorezeptoren (*inner PR*) R1–R6; die Gene *prospero* (*pros*) und *senseless* (*sens*) sind an der Differenzierung von R7 und R8 beteiligt. Die weitere Differenzierung in die einzelnen Subtypen der Retinulazellen (blass [*pale*] oder gelb [*yellow*]) wird von den Genen *orthodenticle* (*otd*), *spineless* (*ss*), warts (*wts*) und *melted* (*melt*) unterstützt. Das Gen *homothorax* (*hth*) ist verantwortlich für die Ausbildung Polarisations-sensitiver Photorezeptoren an der dorsalen Randzone (engl. *dorsal rim area*, DRA). Rh: verschiedene Rhodopsine mit unterschiedlichen spektralen Empfindlichkeiten. (Nach Morante et al. 2007, mit freundlicher Genehmigung)

12

Evolutionsbiologie aufgehoben, dass nämlich die Entwicklung der Komplexaugen bei Fliegen und der Linsenaugen bei Säugern unabhängig verlaufen sei. Offensichtlich sind die genetischen Signalketten in der Evolution zwischen diesen verschiedenen Spezies konserviert, sodass wir von einem gemeinsamen Entwicklungsweg ausgehen müssen (siehe auch den Abschnitt über die Augenentwicklung bei Säugern, ▶ Abschn. 12.6.4).

Allerdings ist das Konzept eines einzigen Schlüsselgens durch weitere Untersuchungen ins Wanken geraten. Denn bevor die morphogenetische Furche startet, wird im gesamten Augenfeld *dpp* exprimiert (noch unter der Kontrolle des maternalen Dorsal-Gradienten); *dpp* ist offensichtlich notwendig, um die erste Welle der morphogenetischen Furche auszulösen. Dazu gehört dann auch die Expression von *ey*, aber auch anderer Gene wie *sine oculis* (*so*) und *eyes absent* (*eya*; ◘ Abb. 12.37). Diese Gene sind nach entsprechenden Mutanten bei *Drosophila* benannt, die über keine Augenstrukturen verfügen. Auch für sie gibt es entsprechende homologe Gene bei Säugern. Erwähnenswert ist in diesem Zusammenhang aber noch das Gen *twin of eyeless* (*toy*), das über eine Genduplikation mit *ey* eng verwandt ist. Wie oft in solchen Fällen, überlappen die Funktionen von *ey* und *toy* teilweise; für *toy* gibt es interessanterweise kein homologes Gen bei Vertebraten.

Die Zellen hinter der morphogenetischen Furche von *Drosophila* kann man auch als posteriore Zellen auffassen, da sie das *hedgehog*(*hh*)-Gen exprimieren. Durch die Sekretion dieses Signalproteins wird *decapentaplegic* (*dpp*) wieder in den Zellen der Furche aktiviert und die Differenzierung der R8-Zellen eingeleitet. Das System ist dynamisch, denn nach einer Weile schalten die Zellen in der Furche *dpp* wieder ab und beginnen dafür *hh* zu exprimieren, dessen Genprodukt wiederum die *dpp*-Expression in den weiter anterioren Zellen aktiviert – so schiebt sich die Furche vorwärts. Der dritte Spieler, den wir ebenso bereits bei der Flügelentwicklung kennengelernt haben, ist *wingless*. Dieses Gen wird an den Seitenrändern exprimiert und verhindert, dass die Furche dort ihren Anfang nimmt.

Ein weiterer interessanter Prozess führt zur regelmäßigen Anordnung der R8-Photorezeptorzellen. Zunächst haben alle nach der Furche entstehenden Zellen das gleiche Potenzial. Allerdings beginnen nach der Furchenwanderung die einen Zellen etwas früher und die anderen etwas später mit ihrer Differenzierung. Zum Differenzierungsprogramm gehört auch, dass eine R8-Zelle im Umkreis von etwa drei Zellen keine weitere R8-Zelle duldet (◘ Abb. 12.35a). Daher werden Signalketten aktiviert, die die Differenzierung zu R8-Zellen in den benachbarten Zellen unterdrücken („laterale Inhibition"). An diesem Prozess ist das *scabrous*-Gen (*sca*) beteiligt (das für ein Fibrinogen-ähnliches, sezerniertes Protein codiert), der Notch/Delta-Signalweg, dem wir auch schon bei der Flügelentwicklung begegnet sind, sowie das einen Inhibitor codierende Gen *hairless* (*H*). Zu den wichtigen Genen, die an der Differenzierung der R8-Zellen beteiligt sind, gehört auch *atonal* (*ato*), das durch *eya*, *so* und *hh* reguliert wird. Die *ato*-positiven Zellen werden auch als larvale „Augengründerzellen" bezeichnet. Sie senden das Signalprotein aus, das durch das Gen *spitz* (*spi*) codiert wird. Es bewirkt in den Nachbarzellen von R8 über den EGF-Rezeptor-Signalweg die Spezialisierung der Zellen zu den Photorezeptoren R2–R7.

Unter den verschiedenen *Drosophila*-Mutanten mit Störungen in der Augenentwicklung sollen an dieser Stelle noch zwei weitere erwähnt werden: *sevenless (sev)* und *bridge-of-sevenless (boss)*. In beiden Fällen entwickelt sich keine R7-Zelle, sondern eine zusätzliche Kegelzelle. Detaillierte genetische Experimente zeigten nun, dass *sev* für einen Transmembranrezeptor mit Tyrosinkinase-Aktivität codiert; dieses Gen wird normalerweise in den zukünftigen R7-Zellen exprimiert. Umgekehrt codiert *boss* für einen membrangebundenen Liganden, der in den R8-Zellen exprimiert wird. Die Bindung des Boss-Proteins an den Sev-Rezeptor setzt eine intrazelluläre Signalkette in Gang, die zur Aktivierung verschiedener Transkriptionsfaktoren und zur endgültigen Differenzierung der R7-Photorezeptorzelle führt.

Das Komplexauge von *Drosophila* besteht aus ca. 800 wabenmusterförmig angeordneten Ommatidien. Sie entwickeln sich aus der Augenimaginalscheibe. Durch die wandernde morphogenetische Furche wird die Imaginalscheibe vorübergehend in ein anteriores und ein posteriores Kompartiment unterteilt. Hinter der Furche beginnt die Differenzierung der Photorezeptorzellen R1–R8. Das Gen *eyeless* ist das Schlüsselgen für die Augenentwicklung; es kann in anderen Imaginalscheiben ektopisch funktionelle Ommatidien induzieren. Es ist verwandt mit dem Säugergen *Pax6*, das in *Drosophila* vergleichbare Effekte zeigt. Die genetischen Grundprinzipien der Augenentwicklung sind offensichtlich zwischen Fliegen und Säugern stark konserviert.

12.5 Entwicklungsgenetik bei Fischen

Seit den 1980er-Jahren ist der Zebrafisch (*Danio rerio*; ▶ Abschn. 5.3.6) besonders für Entwicklungsgenetiker immer interessanter geworden. Ein wesentlicher Vorteil des Zebrafisches ist die Transparenz seiner Embryonen, wodurch ihre Entwicklung genau verfolgt werden kann. Sie verläuft wie die eines typischen Teleostiers und ist als Modell auch für die Entwicklung anderer Vertebraten geeignet.

12.5.1 Allgemeine Embryonalentwicklung des Zebrafisches

Im Gegensatz zu dem frühzeitig festgelegten Schicksal der Blastodermzellen in *Drosophila*, die eine als **Mosaikentwicklung** gekennzeichnete frühembryonale Entwicklung durchlaufen, ist die Entwicklung des Zebrafisches **regulativ**. Das bedeutet, dass frühembryonale Zellen relativ lange undeterminiert bleiben oder lange die Fähigkeit zur Änderung ihrer Determination behalten.

Die abgelaichten Eier sind transparent und messen ca. 0,6–0,7 mm, die Embryonalentwicklung ist, je nach Temperatur, in 2 bis 4 Tagen abgeschlossen. Der erwachsene Zebrafisch ist etwa 2–3 cm groß und braucht ungefähr 12 Wochen, um fortpflanzungsfähig zu werden. Nach der Befruchtung bildet sich im Ei durch cytoplasmatische Strömungen und Umschichtung der Komponenten eine animale Kappe mit klarem Plasma, in dem sich der Eikern befindet; darunter (im vegetativen Bereich) ist das Ei reich mit Dottermaterialien angefüllt (◘ Abb. 5.41). Die ersten Zellen, die sich am animalen Pol der Eikugel bilden, sind anfänglich nach unten hin zum dottergefüllten Restei offen. Es wird also nicht die ganze Eizelle vollständig in Tochterzellen zerlegt (**partiell discoidale Furchung**). Wenn 16 und mehr Zellen vorliegen, bilden sie einen scheibenförmigen Verband, der dem Restei aufliegt. Dieser Zellverband wird durch Zellteilungen zu einer mehrschichtigen **Keimscheibe** (Blastoderm). Sie nimmt durch anhaltende Zellteilungen und durch Abflachung an Umfang zu und umwächst die Dotterkugel. Nach etwa 5,5 h erstrecken sie sich schon über die halbe Strecke (man spricht je nach Position des Umwachsungsrandes von z. B. 40, 70 oder 100 % **Epibolie**).

Jetzt setzt die **Gastrulation** ein: Die zukünftigen Entoderm- und Mesodermzellen der tieferen Schicht am Rande des Blastoderms wechseln die Richtung und wenden sich nach innen; sie wandern zur zukünftigen Dorsalseite. Dabei strebt das Gewebe von allen Seiten auf die Mittellinie des Embryos zu und dehnt sich gleichzeitig aus, während sich der Embryo in anterior-posteriorer Richtung in die Länge zieht. Das Mesoderm und Entoderm kommen schließlich unter dem Ektoderm zu liegen. Nach 9 h kann man die Chorda erkennen, und nach 10 h ist mit der Bildung der ersten Somiten anterior die Gastrulation abgeschlossen.

Als Nächstes folgen die **Neurulation** und die **Bildung der Somiten**. Dabei streckt sich der Embryo in die Länge, und die Anlagen der primären Organsysteme sind zu erkennen. Das Nervensystem entwickelt sich schnell. Die optischen Bläschen, aus denen sich die Augen entwickeln, kann man nach 12 h als Ausstülpungen des Gehirns erkennen. Die Somiten bilden sich in Intervallen von 2–3 h; nach insgesamt 18 h sind 18 Somiten vorhanden. In diesem Alter beginnt der Körper zu zucken, nach

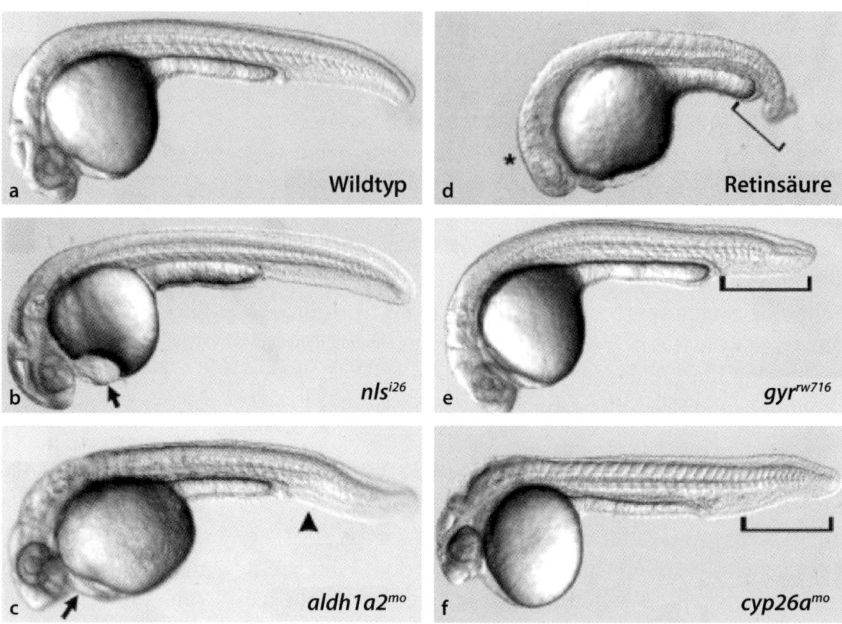

Abb. 12.38 Mutanten des Zebrafisches. **a** Wildtyp-Embryo eines Zebrafisches im Alter von 30 h nach der Fertilisation (hpf). **b** Embryo mit einer Mutation im *aldh1a2*-Gen (*nls*, *neckless*). **c** Wildtyp-Embryo, dem im 1-Zell-Stadium ein Morpholino gegen *aldh1a2* injiziert wurde. **d** Wildtyp-Embryo, der ab 8 hpf mit Retinsäure (10^{-7} M) behandelt wurde. **e** Embryo mit einer Mutation im *cyp26a*-Gen (*gir*, *giraffe*). **f** Wildtyp-Embryo, dem im 1-Zell-Stadium ein Morpholino gegen *cyp26a* injiziert wurde. *Stern*: Kopfdefekte, *Pfeil*: Herzödem, *Pfeilspitze*: Schwanzknick, *Klammer*: Schwanzverkürzung. (Nach Skromne und Prince 2008, mit freundlicher Genehmigung)

12

48 h schlüpft der Embryo, und der junge Fisch beginnt zu schwimmen und zu fressen.

In Abb. 12.38 sind zwei Beispiele für Mutanten mit Entwicklungsstörungen gezeigt, die aufgrund äußerer Merkmale einfach erkannt werden konnten: Die Mutation *neckless* (*nls*) betrifft das *aldh1*-Gen – die Mutanten zeigen Störungen in Hinterhirn, Flossen, Pankreas und Herz. Die Mutation *giraffe* (*gir*) betrifft das *cyp26a*-Gen, und die betroffenen Fischembryonen weisen einen verkürzten Schwanz auf. Beide Mutationen greifen in den Retinsäure-Signalweg ein. Wenn in das Schwimmbecken mit Wildtyp-Fischen Retinsäure (10^{-7} M) gegeben wird, zeigen sich ähnliche charakteristische Merkmale (verkürzter Schwanz und Defekte in der Kopfentwicklung). Der Zebrafisch bietet aber über die einfache Identifikation von Mutanten hinaus noch einen weiteren Vorteil, nämlich die Möglichkeit, durch Injektion von Morpholino-*antisense*-RNA die Aktivität von Genen gezielt auszuschalten (Technikbox 31). Dies erleichtert die funktionelle Charakterisierung von Genen; in Abb. 12.38c, f sind zwei Beispiele gezeigt, und zwar für das *aldh1*-Gen sowie für das *cyp26a*-Gen. Die mit Morpholinos behandelten Tiere zeigen ähnliche Störungen wie die Mutanten, bei denen die Gene durch Punktmutationen verändert sind.

Die Mutanten haben wesentlich dazu beigetragen, die Wirkungsweise der Retinsäure während der Embryonalentwicklung des Zebrafisches aufzuklären, insbesondere wie der Retinsäuregradient während der frühen Embryonalentwicklung dynamisch reguliert wird. Einen Überblick über die Synthese, die Bindung an seine Rezeptoren und den Abbau von Retinsäure gibt Abb. 12.39a. Im posterioren Bereich des Embryos wird *aldh1a2* exprimiert und damit auch dort die Retinsäure synthetisiert. Allerdings entsteht der Gradient nicht einfach durch Diffusion aus der Zone seiner Entstehung heraus. So wird Retinsäure im anterioren Bereich durch die CYP26-Enzyme abgebaut. Während der Gastrulation ist das Enzym CYP26A1 das Hauptenzym, das Retinsäure abbaut – es wird aber durch Retinsäure selbst induziert. Diese einfache Rückkopplungsschleife wird durch eine FGF-Signalkette (auf der Basis von FGF8; engl. *fibroblast growth factor*) ergänzt, die die *cyp26a1*-Expression hemmt. Dadurch entsteht in der Summe ein zweiseitiger Retinsäuregradient, dessen Form durch die Expression von *aldh1a2* und *cyp26* bestimmt wird. Die höchste Konzentration erreicht die Retinsäure damit in der Mitte des Körpers und die niedrigsten an Kopf und Schwanz. Einen Überblick über dieses dynamische Muster des Retinsäuregradienten gibt Abb. 12.39b.

Der Zebrafisch ist ein sehr interessantes Objekt zur entwicklungsgenetischen Untersuchung von Wirbeltieren. Seine Vorteile sind die hohe Geschwindigkeit der Embryonalentwicklung und die Durchsichtigkeit der Embryonen.

12.5.2 Frühe Embryonalentwicklung des Zebrafisches

Viele frühere entwicklungsbiologische Arbeiten wurden an Fröschen durchgeführt. Als der Zebrafisch neu als entwicklungsgenetisches Modell eingeführt wurde, begann bald auch die Suche nach solchen Genen, die sich bei Fröschen als wichtig für bestimmte Entwicklungsstufen herausgestellt hatten. Dies wurde allerdings dadurch erschwert, dass das Zebrafischgenom in weiten Bereichen

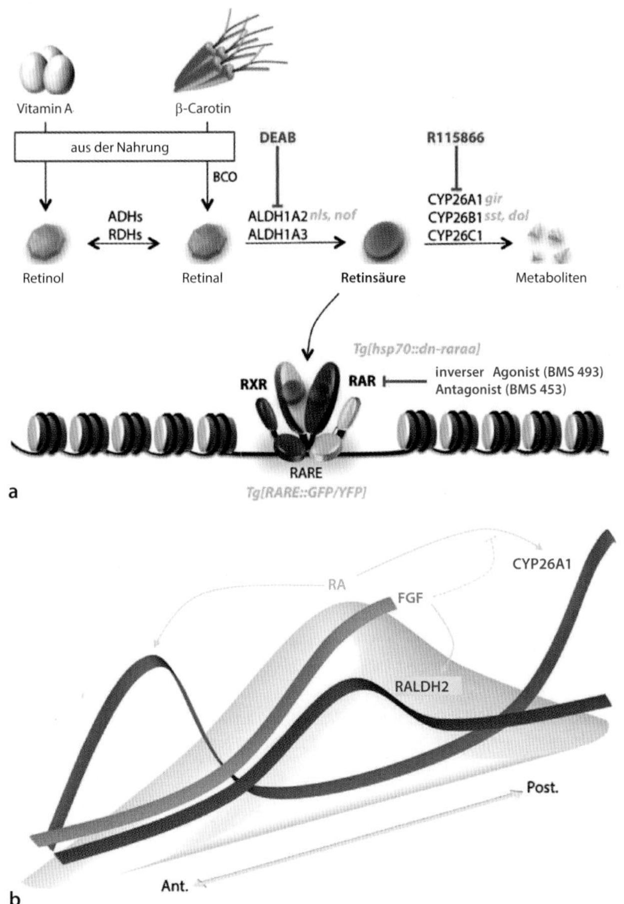

Abb. 12.39 Funktion der Retinsäure. **a** Die Hauptquelle für Retinol ist das Vitamin A aus der Nahrung. Es wird durch Alkohol-Dehydrogenasen (ADH) und Retinol-Dehydrogenasen (RDH) reversibel in Retinal umgewandelt. Retinal kann auch durch Spaltung von β-Carotin durch β-Carotin-Oxidase (BCO) gebildet werden. Retinsäure entsteht durch Oxidation von Retinal durch Aldehyd-Dehydrogenasen (ALDH1A, im Zebrafisch zwei Enzyme). Diese Enzyme können durch Diethylaminobenzaldehyd (DEAB) gehemmt werden. Zwei Mutanten sind für *aldla2* beschrieben: *no-fin* (*nof*) und *neckless* (*nls*). Retinsäure-Rezeptoren (RAR, RXR) binden als Heterodimere an ihre Zielsequenzen auf der DNA (engl. *retinoic acid responsive element*, RARE) und reprimieren zunächst die entsprechenden Promotoren. Erst durch die Bindung von Retinsäure werden sie aktiviert. Die RAR-Aktivierung kann durch inverse Agonisten oder Antagonisten gehemmt werden (BMS: Substanzen des Arzneimittelherstellers Bristol-Myers Squibb). Außerdem kann eine dominant-negative Form von RARaA nach einem Hitzeschock in einer spezifischen transgenen Linie des Zebrafisches [*Tg(hsp70::dn-raraa)*] überexprimiert werden. Retinsäure kann durch Cytochrom-P450-Enzyme (CYP26, im Zebrafisch drei Enzyme) zu polareren Metaboliten oxidiert werden. In der Mutante *giraffe* (*gir*) ist das Gen *cyp26al* betroffen; zwei weitere Mutanten mit *nonsense*-Mutationen im Gen *cyp26b1* wurden beschrieben: *stocksteif* (*sst*) und *dolphin* (*dol*). Die Transkriptionsaktivität der RARs kann durch transgene Reporterlinien sichtbar gemacht werden, die das grün oder gelb fluoreszierende Protein (GFP bzw. YFP) unter der Kontrolle von RARE exprimieren [*Tg(RARE::GFP/YFP)*]. **b** Der Retinsäuregradient im Zebrafisch-Embryo. Die *farbigen Kurven* stellen die relative Häufigkeit der verschiedenen molekularen Marker entlang der anterior-posterioren Achse dar. Die starke Expression von *cyp26al* an den beiden äußeren Enden des Embryos wird durch Retinsäure (RA) unterstützt (*Pfeile*); allerdings wird durch die Aktivität von CYP26A1 die Anwesenheit von Retinsäure an den Enden verhindert. Die posteriore Expression des FGF-Signalweges aktiviert die Expression von *raldh2* zur Synthese von Retinsäure (*raldh2* codiert für Retinaldehyd-Dehydrogenase 2) und verhindert gleichzeitig die Aktivierung von *cyp26al* durch Retinsäure (*gestrichelte Linie*). Im Ergebnis führt dieses molekulare Netzwerk zur Ausbildung eines zweiseitigen Gradienten von Retinsäure mit der höchsten Konzentration im Rumpf. (Nach Samarut et al. 2015, mit freundlicher Genehmigung)

dupliziert ist und daher viele Gene überlappende Funktionen haben.

Einige der besonders eindrucksvollen Mutanten des Zebrafisches haben hier jedoch weitergeholfen. In Embryonen, die für die *dino*-Mutation homozygot sind, zeigen dorsale Zellen schon im Gastrulastadium ventrale Eigenschaften – und umgekehrt ahmen in *swirl*-Embryonen die ventralen Zellen dorsale Eigenschaften nach. Diese Phänotypen ließen vermuten, dass die beiden Gene für dorsalisierende bzw. ventralisierende Aktivitäten codieren. In Übereinstimmung damit kann der *dino*-Phänotyp durch die Zugabe von *BMP4*-mRNA unterdrückt werden, wohingegen die Funktion von *swirl* durch Injektion von *BMP4*-mRNA (teilweise) wiederhergestellt werden kann. Die Analyse dieser beiden Mutanten unterstützte also das Modell, das von *Xenopus* her bekannt

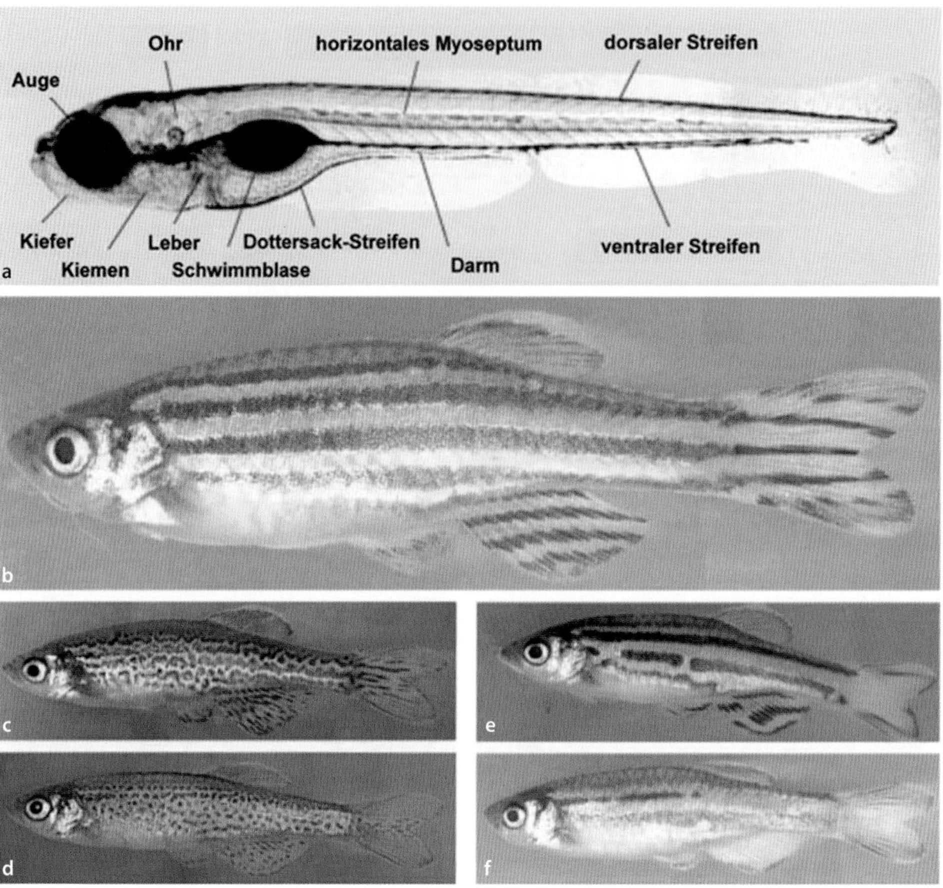

Abb. 12.40 Streifenmustermutanten des Zebrafisches. **a** Die wichtigen inneren Organe und Streifenmuster einer Zebrafisch-Larve. **b** Das Streifenmuster eines erwachsenen Zebrafisches. Die Melanophorenstreifen bestehen aus ca. sechs Zellreihen, wohingegen die Xanthophorenstreifen aus ca. neun Zellreihen aufgebaut sind. **c** In der (heterozygoten) *leopard*-Mutante ist die Streifengrenze verbreitert. **d** In der homozygoten *leopard*-Mutante ist nur noch ein Punktmuster sichtbar. **e** Die heterozygote *obelix*-Mutante zeigt breite und unterbrochene Streifen. **f** In der homozygoten *obelix*-Mutante erscheinen die Streifenzellen vermischt. (Nach Moreira und Deutsch 2005, mit freundlicher Genehmigung)

12

war, dass nämlich gegenläufige Gradienten von BMP und BMP-Antagonisten das dorso-ventrale Muster aufbauen. Spätere Untersuchungen zeigten dann auch im Detail, dass bei der *dino*-Mutante das *Chordin*-Gen des Zebrafisches (Gensymbol: *chd*) betroffen ist und in der *swirl*-Mutante das *BMP2*-Gen.

Das Streifenmuster des erwachsenen Zebrafisches ist ein weiteres imposantes Beispiel über die Konsequenzen frühembryonaler Musterbildung und ihrer genetischen Kontrolle. Zebrafische übertreffen dabei sogar die Komplexität der Hautfärbungen bei Säugern, da sie nicht nur die schwarzen Melanocyten haben, sondern darüber hinaus die gelben Xanthophoren und silbernen Iridophoren. Die genaue genetische Analyse des Streifenmusters weist die meisten Mutanten zwei Epistasie-Gruppen zu. Eine Epistasie-Gruppe beeinflusst die Melanocyten der späten Streifen (engl. *late stripe melanocytes*, LSM) und enthält Mutationen der Gene *rose*, *primrose*, *leopard* und *panther*. Die zweite Gruppe ist durch Defekte der frühen Streifenbildung gestört (engl. *early stripe melanocytes*, ESM); dazu gehört aber nur eine Mutation: *sparse*. Doppelmutanten von *sparse* mit einem Mitglied der LSM-Gruppe führt zum Verlust aller Streifen. Beispiele für diese Streifenbildung zeigt ◘ Abb. 12.40. Die molekulare Analyse hat gezeigt, dass die *sparse*-Mutation das Gen *kit* betrifft, das bei der Maus für Veränderungen der Fellfarbe verantwortlich ist und in Fischen und Mäusen für eine Rezeptor-Tyrosinkinase codiert (bei der Maus ist die vergleichbare Mutation als *dominant spotting* bekannt). Die Mutation im *kit*-Gen verhindert das Auswandern der Melanocyten-Vorläuferzellen aus der Neuralleiste und deren Überleben. Die *rose*-Mutation betrifft das Gen *ednrb*, das für den Endothelin-Rezeptor B codiert. Auch hier gibt es vergleichbare Mausmutanten (*piebald-lethal*). Allerdings unterscheiden sich die genetischen Verhältnisse zwischen Zebrafisch und der Maus insoweit, dass die Maus beide Gene braucht, damit sich die Melanocyten entwickeln können, wohingegen beim Zebrafisch ein Gen für eine Klasse benötigt wird. Weitere Untersuchungen haben ergeben, dass die in ◘ Abb. 12.40 ebenfalls dargestellte *obelix*-Mutante durch eine Mutation in *Kir7.1* verursacht wird; dieses Gen codiert für einen K^+-Kanal und wird in Melanophoren benötigt, um deren Aggregation zu fördern und die Integrität der Grenzen zu kontrollieren.

Der Zebrafisch eignet sich hervorragend zur Untersuchung früher Musterbildung bei Vertebraten. Das gilt nicht nur für die Ausbildung der zentralen anterior-posterioren und dorso-ventralen Körperachsen, sondern auch für Muster, die beim erwachsenen Fisch als Streifen sichtbar werden.

12.5.3 Organentwicklung beim Zebrafisch: Herz und Auge

Die Durchsichtigkeit des Zebrafisch-Embryos macht diesen Organismus in ganz besonderer Weise geeignet, die Herzentwicklung zu studieren. Ein zweites prominentes Organ des Zebrafisches – dieses Mal aufgrund seiner relativen Größe – ist das Auge. Bei der Besprechung der genetischen Regulation der Organentwicklung beim Zebrafisch wollen wir uns deshalb auf diese beiden Organe als Beispiele konzentrieren.

Die Vorläuferstrukturen des **Herzens** beim Zebrafisch kann man aufgrund des Expressionsmusters des Transkriptionsfaktors Nkx2.5 ungefähr 16 h nach der Fertilisation erkennen. Zunächst zeigen sich zwei diskrete Domänen, die die Mittellinie flankieren; diese fusionieren etwa 3 h später und bilden den primitiven Herzschlauch (engl. *heart tube*). Obwohl das Fischherz nicht in eine linke und rechte Kammer getrennt ist, vollzieht es dennoch dieselbe rechtsgerichtete Drehung, die den Beginn der Kammertrennung bei Luft atmenden Wirbeltieren kennzeichnet. Dieser Prozess findet etwa 36 h nach der Befruchtung statt; etwa 12 h vorher geht ihm eine vorübergehende Biegung in die Gegenrichtung voraus, die durch die asymmetrische Expression von *bmp-4* in dem sich entwickelnden Herzschlauch sichtbar wird.

Im Zebrafisch kennen wir jetzt eine ganze Reihe von Mutanten, bei denen die Links-rechts-Asymmetrie entweder umgekehrt wird oder nur zufällig ausgebildet wird. Allerdings weisen diese Mutanten auch noch weitere Defekte in der Entwicklung auf, vor allem des Notochords und der Bodenplatte (z. B. *floating head* [*flh*], *no tail* [*ntl*] und *cyclops* [*cyc*]). Andere Mutanten weisen Defekte in der späteren Entwicklung auf und betreffen die Entwicklung der Herzschläuche, die Entwicklung und Orientierung der Kammern, die Bildung der Herzklappen und das konzentrische Wachstum. Beispiele sind *cloche* (*clo*), *pandora* (*pan*; SPT6, ein Elongationsfaktor der Transkription), *miles apart* (*mil1*; Sphingosin-1-phosphat-Rezeptor), *bonnie and clyde* (*bon*; Homöobox-Transkriptionsfaktor der Mix-Familie), *tremblor* (*tre*; Na^+/K^+-Austauscher, SLC8A1A), *silent partner* (*sil*; Troponin C1, TNNC1) oder *island beat* (*isl*; Ca^{2+}-Kanal, CACNA1C); die durch die Mutation betroffenen Proteine sind – soweit bekannt – in Klammern angegeben.

Eine besonders eindrucksvolle Möglichkeit ist die Anwendung bildgebender Verfahren (Antikörperfärbung mit konfokaler Mikroskopie) und die Beobachtung von Zellwanderungen *in vivo*. So wandern Herzmuskel-Vorläuferzellen während ihrer Reifung zur Mittellinie und bilden zusammenhängende Populationen mit Fibronectin. Die Mutantenanalyse hat gezeigt, dass diese Anheftung an Fibronectin für die Wanderung selbst nicht essenziell ist, wohl aber für den zeitlichen Verlauf. Die Ablagerung von Fibronectin um die Myokardzellen herum ist allerdings unbedingt nötig, damit sich die Zellen richtig anheften können und die wandernde Population ihre epitheliale Integrität erhält. Diese *in-vivo*-Untersuchungen machen deutlich, dass Fibronectin für die Reifung des Myokard-Epithels notwendig ist und dass Zell-Substrat-Wechselwirkungen die Zellform und auch die Morphogenese beeinflussen. In *hand2*-Mutanten (■ Abb. 12.41) sind die Myokard-Vorläuferzellen aber nicht nur in der Zahl vermindert, sie zeigen auch keinerlei Anzeichen einer Polarisation. Damit konnte mit *in-vivo*-Verfahren gezeigt werden, dass der Transkriptionsfaktor Hand2 die Polarität der wandernden Myokardzellen reguliert.

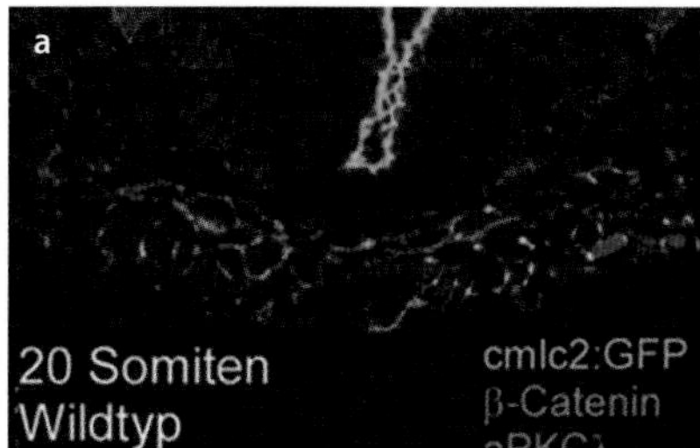

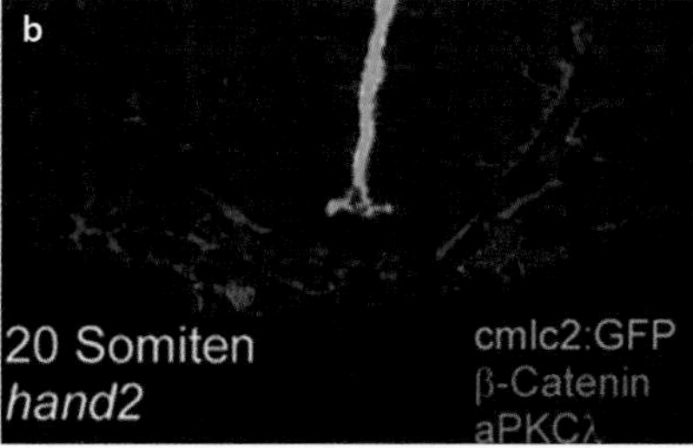

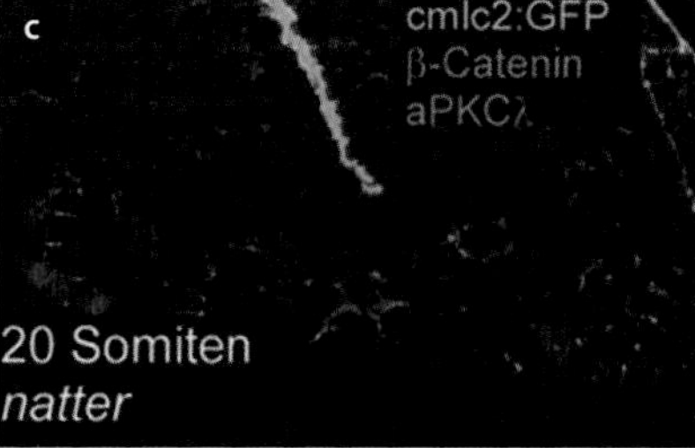

■ **Abb. 12.41** Fluoreszenz-Immunhistochemie in Verbindung mit konfokaler Mikroskopie bewirken eine Auflösung auf zellulärer Ebene und ermöglichen die Aufklärung von pathologischen Mechanismen während der Embryonalentwicklung. Aufgrund eines Falschfarbeneffekts zeigen die *blauen* Zellen die Expression eines Myosin-Proteins an (codiert durch *cmlc2*), das an das grün fluoreszierende Protein (GFP) gekoppelt ist. **a** Myokard-Vorläuferzellen des Wildtyps bilden im 20-Somiten-Stadium ein polarisiertes Epithel, wobei eine atypische Proteinkinase C (aPKCλ; *grün*) in den apikolateralen Membranen exprimiert wird und β-Catenin (*rot*) in den basolateralen Membranen lokalisiert ist. **b, c** In den *hand2*- (**b**) und *natter*-Mutanten (**c**) ist dieser Prozess gestört; die *hand2*-Mutation betrifft den Transkriptionsfaktor Hand2 und die *natter*-Mutation das Gen, das für Fibronectin codiert. Die einfache Struktur und die geringe Zahl von Zellen erlauben die detaillierte Untersuchung der Entwicklung der Herzklappen. (Nach Beis und Stainier 2006, mit freundlicher Genehmigung)

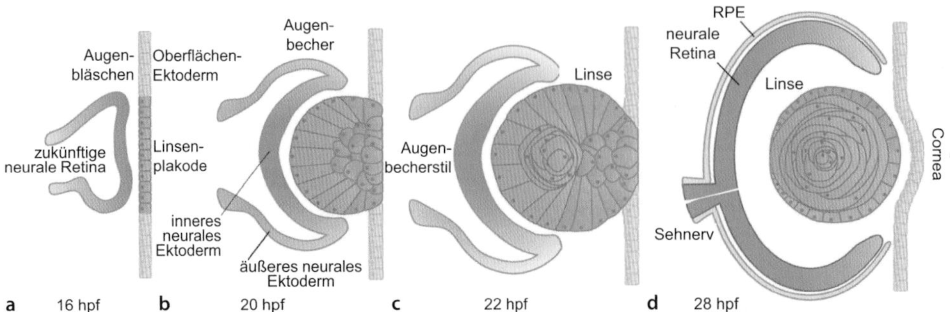

◼ **Abb. 12.42** Augenentwicklung beim Zebrafisch. **a** Die Linsenplakode und das Augenbläschen bilden sich, nachdem sich das zentrale Augenfeld 16 h nach der Befruchtung (engl. *hours post fertilization*, hpf) aufgespalten hat. **b** Der distale Teil des Augenbläschens stülpt sich ein, sodass die zukünftige neurale Retina in einer doppelwandigen Becherstruktur dicht an das zukünftige retinale Pigmentepithel (RPE) anliegt. **c** Der Augenbecher wächst ringsum. Die innere Schicht entwickelt sich zur neuralen Retina, während die äußere Schicht zum RPE wird. Gleichzeitig entwickelt sich auch die Linse: Zellen der zentralen Linsenplakode wandern zu der posterioren Linsenmasse, elongieren und differenzieren zu den primären Linsenfaserzellen (*blau*). **d** Zellen der peripheren Linsenplakode wandern zu der anterioren Linsenmasse und bilden das anteriore Linsenepithel (*orange*). Die Cornea (*gelb*) entwickelt sich aus dem Oberflächenektoderm, wenn es sich nach der Ablösung der Linsenmasse wieder geschlossen hat. (Nach Richardson et al. 2017, mit freundlicher Genehmigung)

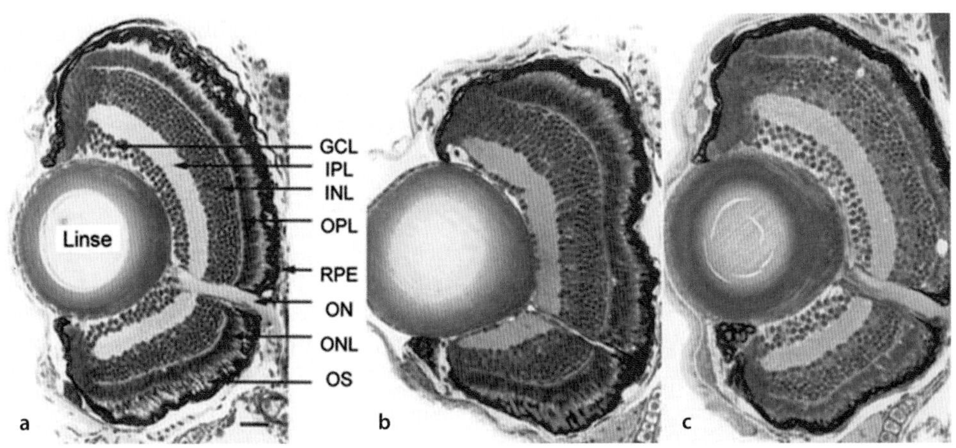

◼ **Abb. 12.43** Retina-Mutationen des Zebrafisches. Es sind transversale Schnitte eines 5 Tage alten Zebrafisch-Embryos gezeigt. **a** Die Retina des Wildtyps ist voll entwickelt. GCL: Ganglienzellschicht; INL: innere Körnerschicht; IPL: innere plexiforme Schicht; ON: Sehnerv; ONL: äußere Körnerschicht; OPL: äußere plexiforme Schicht; OS: äußere Segmente der Photorezeptoren; RPE: retinales Pigmentepithel. Balken: 50 µm. **b** In der *lakritz*-Mutante fehlt die Ganglienzellschicht fast vollständig, dafür ist die innere Körnerschicht dicker. **c** In der *oval*-Mutante sind die Photorezeptoren spezifisch betroffen: Die Löcher werden durch degenerierte Zellen hervorgerufen, und die verbleibenden Photorezeptoren sind deutlich verkürzt oder fehlen in den äußeren Segmenten vollständig. (Nach Neuhauss 2003, mit freundlicher Genehmigung)

Das **Auge** des Zebrafisches ist mit dem Ende der Embryonalphase vollständig entwickelt, da die frei schwimmende Larve auf selbstständige Nahrungssuche (Protozoen und kleine Larven von Metazoen) angewiesen ist. Die Augenentwicklung kann 11 h nach der Befruchtung beobachtet werden, wenn die Augenvorläufer als Ausstülpungen des Diencephalons sichtbar werden. Die ventralen Ganglienzellen in der Retina sind 28 h nach der Befruchtung (engl. *hours post fertilization*, hpf) ausgebildet, das Chiasma opticum wird nach 32 hpf gebildet, die Retina insgesamt ist im Alter von 60 hpf voll entwickelt, das visuelle System einschließlich des Tectum opticum nach 65 hpf. Eine Detailübersicht über die Augenentwicklung gibt ◼ Abb. 12.42.

Durch einfache Verhaltenstests, aber auch durch aufwendige elektrophysiologische Verfahren (Elektroretinogramm), konnte eine Vielzahl von Mutanten beim Zebrafisch identifiziert und charakterisiert werden, deren Augenentwicklung oder die Entwicklung des visuellen Systems „hinter dem Auge" gestört ist. Zwei Beispiele dazu sind in ◼ Abb. 12.43 dargestellt: Die *lakritz*-Mutante hat keine Ganglienzellen (Ursache: Mutation im Gen *ath5*, das für den Transkriptionsfaktor Atonal codiert), und die *oval*-Mutante besitzt keine Photorezeptoren (Ursache: Mutation im Gen *ift88*, das für ein intraflagellares Transportprotein codiert).

❗ Im Zebrafisch können bestimmte Organe in ihrer Entwicklung besonders gut verfolgt werden. Dazu gehören das Herz wegen der Durchsichtigkeit des Embryos und das Auge wegen seiner Größe. Es wurde eine Vielzahl von Mutanten identifiziert und charakterisiert, die als Modelle für entsprechende Erbkrankheiten des Menschen dienen.

12.6 Entwicklungsgenetik bei Säugern

In diesem Abschnitt sollen kurz einige entwicklungsgenetische Aspekte des Menschen und des wichtigsten genetischen Modells für Säugetiere, der Maus, zusammen angesprochen werden. Für Details der Entwicklungsbiologie und der Embryologie sei aber auf die einschlägige zoologische bzw. medizinische Fachliteratur verwiesen.

12.6.1 Embryonalentwicklung von Säugern

Der Lebenszyklus der Maus von der Befruchtung bis zum geschlechtsreifen Tier dauert ca. 9 Wochen – für einen Säuger eine relativ kurze Zeitspanne. Das Ei wird noch im Eileiter befruchtet; hier erfolgt auch die erste Furchungsteilung nach etwa 24 h. In diesem Stadium ist das befruchtete Ei bzw. der sich entwickelnde Embryo von einer äußeren Schutzhülle umgeben, der **Zona pellucida**, die aus Mucopolysacchariden und Glykoproteinen besteht. Alle weiteren Furchungsteilungen folgen in Intervallen von 12 h. Auf diese Weise entsteht eine kompakte Zellkugel, die **Morula**. Im 8-Zell-Stadium vergrößern die Blastomere die Kontaktflächen, über die sie sich berühren (Verdichtung). Danach sind die Zellen polarisiert: Auf ihren äußeren Oberflächen befinden sich Mikrovilli, die inneren sind dagegen glatt. Die weiteren Furchungsteilungen verlaufen in unterschiedlichen Orientierungen, sodass eine Morula im 32-Zell-Stadium zehn innere und 22 äußere Zellen enthält.

Eine Eigenheit der Säugerentwicklung ist, dass aus den schon im Morulastadium angelegten zwei Zellgruppen zwei unterschiedliche Gewebe hervorgehen: Die inneren Zellen bilden die **innere Zellmasse** (engl. *inner cell mass*, ICM), aus der sich der eigentliche Embryo entwickelt (und auch Amnion und Dottersack); die äußeren Zellen bilden das **Trophektoderm**, das sich zu extraembryonalen Strukturen wie der Plazenta entwickelt. In diesem Stadium (3,5 Tage nach der Befruchtung) bezeichnet man den Embryo als **Blastocyste**. Das Trophektoderm pumpt jetzt Flüssigkeit in das Innere der Blastocyste, sodass sie sich zu einem Vesikel weitet (◘ Abb. 12.44).

Nun teilt sich die innere Zellmasse: Aus der Schicht an der Oberfläche wird das **primitive Entoderm**, das an der Bildung der extraembryonalen Membranen beteiligt ist, und aus den übrigen Zellen der inneren Zellmasse

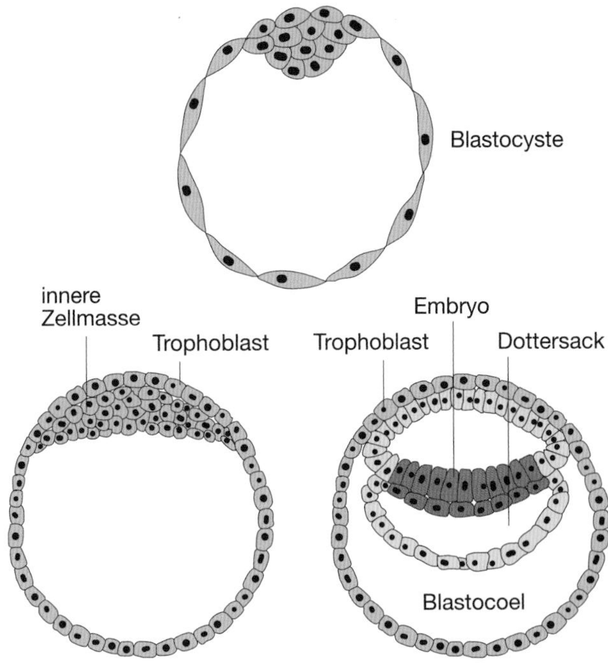

◘ **Abb. 12.44** Frühentwicklung der Säuger. Nach den ersten Furchungen bildet sich zunächst eine Morula, die sich nach weiteren Zellteilungen zur Blastocyste weiterentwickelt. Die Blastocyste enthält die innere Zellmasse, die sich zum eigentlichen Embryo weiterentwickelt, und die äußersten Trophoblasten, die das extraembryonale Gewebe bilden

entwickelt sich das **primitive Ektoderm** (auch Epiblast genannt). Erst nach 4,5 Tagen nistet sich der Embryo in der Gebärmutterwand ein, nachdem er die Zona pellucida verlassen hat. In dieser Phase sind dann auch die anterior-posteriore und dorso-ventrale Achse des Embryos endgültig festgelegt. Es gibt aber deutliche Hinweise darauf, dass schon die Eintrittsstelle des Spermiums und die Position des zweiten Polkörperchens an der Definition der Achsen beteiligt sind.

Für das spätere Verständnis der Diskussion und Verwendung von embryonalen Stammzellen (▶ Abschn. 12.7.2) ist es wichtig zu wissen, dass embryonale Stammzellen aus dem frühen Morulastadium totipotent sind. Ein wichtiges Gen zur Aufrechterhaltung der Totipotenz in diesem Stadium ist *Oct4*. Während noch alle Blastomeren bis hin zur Morula *Oct4* exprimieren, findet sich nach der Differenzierung in innere Zellmasse und Trophektoderm eine *Oct4*-Expression nur noch in der inneren Zellmasse und wird später auf das primitive Ektoderm und die Vorläuferzellen der Keimzellen beschränkt. Ein Verlust der *Oct4*-Genaktivität ist für den Embryo letal, da er dann die Fähigkeit verliert, das primitive Ektoderm auszubilden.

Die **Gastrulation** findet während der nächsten Tage statt. Im Epiblasten hat sich 6 Tage nach der Befruchtung eine innere Höhle mit der Form eines Bechers mit einem U-förmigen Querschnitt gebildet. Aus dieser gekrümmten Epithelzellschicht (in diesem Stadium

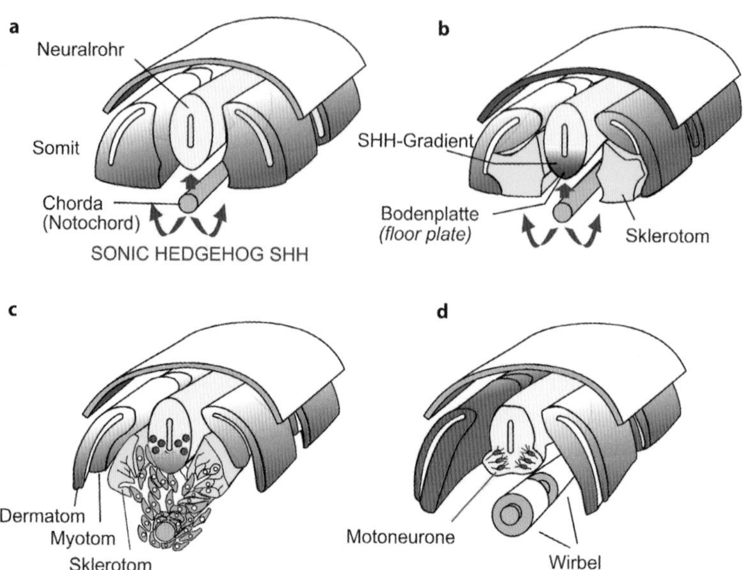

Abb. 12.45 Sonic-Hedgehog-Signale im Wirbeltierembryo. Das vom Gen *sonic hedgehog* (*Shh*) codierte Protein kann in einer Membran-assoziierten Form exprimiert werden oder in einer Form, die sich von der Oberfläche der produzierenden Zelle ablöst und in die Zellzwischenräume diffundiert, wo es entfernte Ziele erreichen kann. **a** SHH, das von der Chorda direkt dem darüberliegenden Neuralrohr präsentiert wird, induziert die Bildung der Bodenplatte (engl. *floor plate*) im Neuralrohr. **b** Anschließend produziert die Bodenplatte selbst ein SHH-Signal, das die Neuroblasten stimuliert, zu Motoneuronen zu werden (**c**, **d**). SHH, das von der Chorda in die umgebenden Räume entlassen wird, stimuliert die Zellen des Sklerotoms, aus den Somiten auszuwandern (**b**) und sich um die Chorda zu scharen. Hier bilden sie einen Teil der Wirbelkörper (**d**). (Nach Müller und Hassel 2018, mit freundlicher Genehmigung)

12

ca. 1000 Zellen) entwickelt sich der eigentliche Embryo. Seine Körperachse wird nach etwa 6,5 Tagen erstmals sichtbar, wenn mit der Bildung des **Primitivstreifens** (engl. *primitive streak*) die Gastrulation einsetzt. Der Streifen beginnt als eine lokale Verdickung an einer Stelle außen am Becher; hier befindet sich das spätere Hinterende des Embryos. Die Innenseite wird dann zur Dorsalseite des Embryos. Proliferierende Epiblastenzellen wandern durch den Primitivstreifen hindurch, breiten sich zur Seite und nach vorne hin zwischen dem **Ektoderm** und dem viszeralen **Entoderm** aus und bilden so das **Mesoderm**. Der Primitivstreifen verlängert sich zunächst in Richtung des späteren Vorderendes des Embryos. Dort bildet sich ein Bereich, in dem die Zellen dicht gepackt sind und der als **Primitivknoten** (engl. *Hensen's node*) bezeichnet wird. Aus Zellen, die durch den Primitivknoten nach vorne wandern, entsteht direkt in der Mittellinie die **Chorda dorsalis** (engl. *notochord;* dieser Begriff wird auch im Deutschen häufig verwendet). Auf beiden Seiten bildet sich in zwei Streifen das **paraxiale Mesoderm**. Es liefert die Zellpopulationen für das somitische Mesoderm, aus dem durch Abknospung die ersten segmentierten Strukturen des Embryos, die **Somiten** (engl. *somites*), entstehen. Somiten differenzieren unter dem Einfluss des Notochords und des darüberliegenden Oberflächenektoderms in **Sklerotom** (später entwickelt sich daraus das Skelett), **Myotom** (später entwickelt sich daraus das Muskelgewebe) und **Dermatom** (später entwickelt sich daraus das Hautgewebe).

Die erste Phase der Embryonalentwicklung der Säugetiere umfasst zunächst die Bildung der Morula und der Blastocyste. Aus der inneren Zellmasse entwickelt sich der Embryo, aus dem umgebenden Trophoblasten entsteht extraembryonales Gewebe. In der Gastrulation werden die drei Keimblätter angelegt (Ektoderm, Entoderm, Mesoderm).

Eine zentrale Rolle in dieser Phase der Gastrulation spielt das Gen *sonic hedgehog* (*Shh*), das mit dem *hedgehog*-Gen von *Drosophila* eng verwandt ist. Es wird im Notochord exprimiert und beeinflusst als Morphogen alle umliegenden Gewebe. Mutationen im *Shh*-Gen führen bei der Maus zu massiven Defekten bei der Ausbildung der Mittellinie; es findet keine Bildung der Somiten statt und die spätere Induktion der Neuralplatte unterbleibt. Eine Übersicht über den Einfluss von *Shh* gibt Abb. 12.45. Es wurde noch eine Reihe weiterer Mausmutanten mit Defekten in der Gastrulation identifiziert und molekular charakterisiert. Dies im Detail zu erörtern, würde allerdings den Rahmen dieses Buches sprengen.

Ein Aspekt soll aber dennoch angesprochen werden, der bereits bei der homöotischen Transformation von *Drosophila* erwähnt wurde. Wir haben dort gesehen, dass die segmentale Identität durch die Gene des *Antp*- bzw. *Bx*-Komplexes vermittelt werden. Das *Hox*-Cluster ist bei Säugetieren durch zweifache Duplikation vervierfacht (Abb. 12.31). Die Reihenfolge der Gene auf dem Chromosom entspricht der Reihenfolge, in der die Gene entlang der anterior-posterioren Körperachse aktiviert werden (Colinearität zwischen der Position der Gene auf dem Chromosom und den Orten ihrer Expression). Das bedeutet, dass die Gene am 3′-Ende des Clusters früh und anterior und die Gene am 5′-Ende später und weiter hinten im Embryo exprimiert werden. Man sieht dabei wechselnde Expressionsmuster, die sich wellenförmig über große Bereiche des Embryos ausbreiten. Bei Ausbildung der longitudinalen Körperachse werden alle Vertreter der vier *Hox*-Cluster mit scharfen anterioren Grenzen exprimiert, doch sind die Vordergrenzen nicht für alle entsprechenden Gene gleich. Daraus ergibt sich für die Definition bestimmter Segmentbereiche eine Zuordnung zur Expression der jeweiligen *Hox*-Gene – dies wird auch als **Hox-Code** bezeichnet (Kessel und Gruss 1991). Gesteuert wird die Expression der *Hox*-Gene unter anderem durch einen Gradienten von Retinsäure (engl. *retinoic acid*, Oxidationsprodukt von Vitamin A; ► Abschn. 12.5.1). In hohen Dosen hat Vitamin A daher teratogene Effekte (► Abschn. 12.6.3), die sich in der Verkrüppelung der Extremitäten darstellen.

Am Ende der Gastrulation beginnt die Entwicklung des Nervensystems, ein Prozess, der auch als **Neurulation** bezeichnet wird. Durch Induktion des sich bildenden Mesoderms entsteht in dem darüberliegenden Oberflächenektoderm die Neuralplatte. Durch Proliferation wächst die Neuralplatte und faltet sich dabei zunächst nach innen (Neuralfalte), bevor sich die Neuralfalten annähern und verbinden. Damit schnüren sie sich vom Oberflächenektoderm ab und schließen sich zum **Neuralrohr** (engl. *neural tube*). Im Kopfbereich des Neuralrohrs entsteht die Anlage des Gehirns, während sich die eher posterioren Teile zum Rückenmark ausbilden. An den Rändern der sich auffaltenden Neuralplatte entsteht eine Population von Zellen, die als **Neuralleistenzellen** (engl. *neural crest cells*) bezeichnet werden. Sie zeichnen sich durch hohe Mobilität aus und bilden die Stammzellen für viele verschiedene Zelltypen (z. B. Pigmentzellen, Spinalganglien, Ganglien des vegetativen Nervensystems, Nervenzellen des Gastrointestinaltrakts oder Zellen des Nebennierenmarks).

Ein entscheidender Schritt in diesem Prozess ist das Schließen des Neuralrohrs, das offensichtlich an drei verschiedenen Bereichen unabhängig initiiert wird: Zunächst im Bereich des Übergangs des Hinterhirns zur (späteren) Wirbelsäule im Stadium von sechs bis sieben Somiten (Tag 8,5 der Embryonalentwicklung, E 8,5); von hier breitet sich der Verschluss des Neuralrohrs nach rostral (zur Kopfvorderseite) und caudal (zum Schwanz hin) weiter aus. Der zweite Initiationspunkt liegt an der Grenze zwischen Vorder- und Mittelhirn, und der dritte Initiationspunkt befindet sich an der äußerst rostralen Seite des Vorderhirns. ◘ Abb. 12.46 zeigt

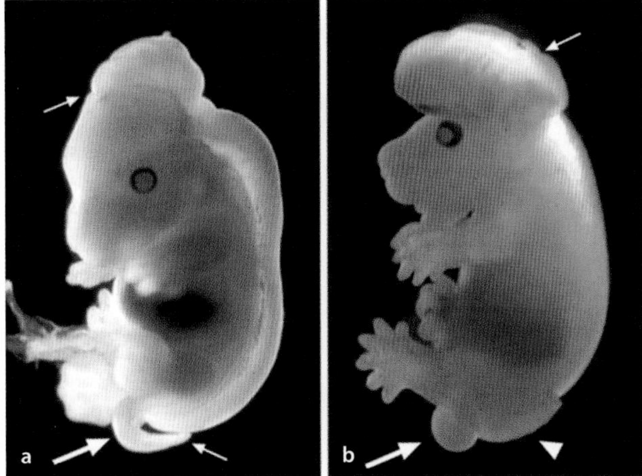

◘ **Abb. 12.46** Mausmutanten mit Neuralrohrdefekten. Mäuseembryonen nach 15,5 Tagen der Embryonalentwicklung zeigen das Auftreten von **a** Craniorachischisis in der *Celsr1*-Mutante und **b** Exencephalie und eine offene Spina bifida in einer *curly tail*(*ct*)-Mutante. Bei der Craniorachischisis ist das Neuralrohr vom Mittelhirn bis zum unteren Bereich der Wirbelsäule offen (**a**: zwischen den *dünnen Pfeilen*). In dem in **b** gezeigten Embryo ist die Exencephalie auf das Mittelhirn beschränkt (**b**: *dünner Pfeil*), wohingegen die Spina bifida die lumbosakrale Region betrifft (**b**: *Pfeilspitze*). Beachte den geringelten Schwanz in beiden Embryonen (**a**, **b**: *dicke Pfeile*). (Nach Copp et al. 2003, mit freundlicher Genehmigung)

zwei verschiedene Mausmutanten am Tag 15,5 der Embryonalentwicklung mit klassischen Neuralrohrdefekten, die auf Fehler im Schluss des Neuralrohrs basieren (das *Celsr1*-Gen codiert für einen siebenfachen Transmembranrezeptor; das betroffene Gen der *curly tail*-Mutante codiert für den Transkriptionsfaktor *grainyhead-like 3* [Gensymbol: *Grhl3*]).

In der Neurulation bilden sich die grundlegenden Elemente des Nervensystems: das Neuralrohr, an dessen Vorderende sich das Gehirn entwickelt und dessen posteriorer Bereich zum Rückenmark wird. Die Neuralleistenzellen zeichnen sich durch eine hohe Mobilität aus und sind Ausgangspunkt vieler neuronaler Zelltypen.

Nach 8,5 Tagen, im Endstadium der Gastrulation, kommt es im Embryo auch zu umfassenden Faltungen, in deren Verlauf sich das Entoderm, das zunächst die ventrale Oberfläche des Embryos bedeckt, nach innen verlagert und den Darm bildet. Herz und Leber nehmen ihre endgültige Stellung im Verhältnis zum Darm ein, und der Kopf beginnt sich abzuzeichnen. Der Embryo dreht sich dann so, dass er von seinen extraembryonalen Membranen eingehüllt ist. Nach 9 Tagen ist die Gastrulation beendet: Der Kopf des Embryos ist deutlich zu erkennen, und die Vorderextremitäten beginnen sich zu entwickeln. Am 10. Tag nach der Befruchtung hat bereits die Entwicklung aller Organe eingesetzt.

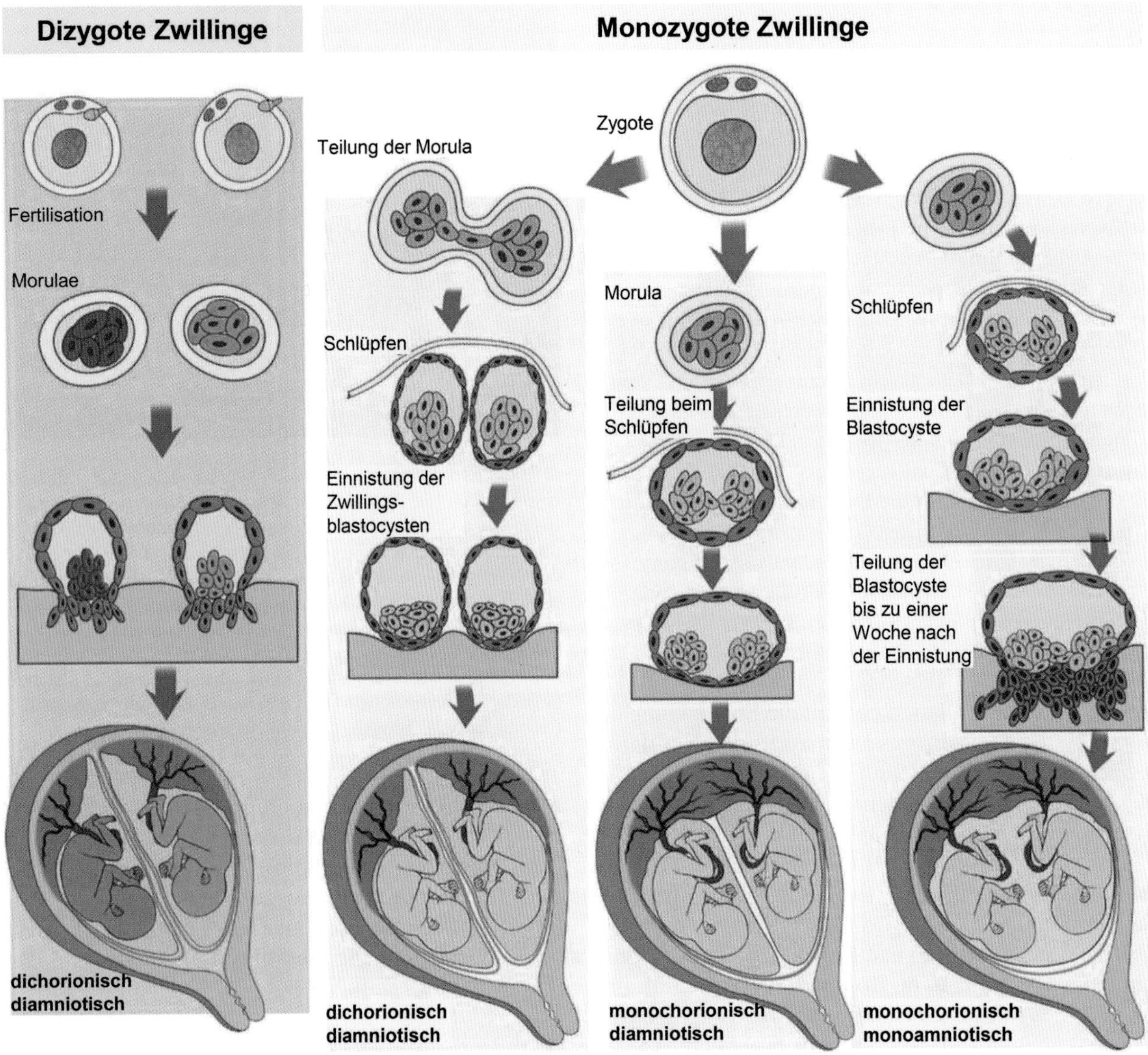

Abb. 12.47 Zwillinge im Uterus. Dizygote Zwillinge sind das Produkt von zwei individuellen Befruchtungen, die sich zu zwei genetisch unterschiedlichen Zwillingen in je einem Chorion und je einer Amnionhülle entwickeln. Monozygote Zwillinge entwickeln sich durch eine Teilung nach einer einzigen Befruchtung. Die Teilung in den Tagen 1–3 nach der Befruchtung (bis zum Morulastadium) führt zu Zwillingen in je einem Chorion und je einer Amnionhülle. Wenn die Teilung in den Tagen 3–8 nach der Befruchtung erfolgt (wenn die Blastocyste schlüpft), haben die Zwillinge ein gemeinsames Chorion, aber je eine Amnionhülle. Erfolgt die Teilung in den Tagen 8–13 nach der Befruchtung, haben die Zwillinge ein gemeinsames Chorion und eine gemeinsame Amnionhülle. Wenn bis zum Tag 13 keine Teilung stattfindet, sind die Zwillinge miteinander verwachsen („siamesische Zwillinge"; hier nicht dargestellt). In der Zygote sind zwei der drei Polkörperchen dargestellt, die sich aus der Oocyte entwickelt haben. (Nach McNamara et al. 2016, mit freundlicher Genehmigung)

12.6.2 Entwicklung von Zwillingen beim Menschen

Genetische Einflüsse auf die menschliche Entwicklung lassen sich in der Humangenetik (▶ Kap. 13) durch die **Zwillingsforschung** erkennen. Wie wir oben in der Zusammenstellung gesehen haben, ist die Ausbildung der Embryonalhäute (Amnion und Chorion) ein wichtiger Schritt in der frühen Embryonalentwicklung.

Diese Embryonalhäute üben einerseits Schutzfunktionen, andererseits aber auch Ernährungsfunktionen aus. Für uns ist an dieser Stelle die Ausbildung der äußeren Embryonalhaut, des Chorions, von besonderem Interesse. Bei der Entwicklung von Zwillingen können zwei Arten des Chorions entstehen (Abb. 12.47): entweder ein einheitliches, das beide Embryonen umschließt, oder zwei getrennte Embryonalhäute, jede für einen der Embryonen. Dizygote Zwillinge haben stets getrennte Embryonalhäute, während bei mehr als zwei Drittel der monozygoten Zwillinge ein gemeinsames Chorion gebildet wird. Bei diesen Zwillingen ist die Entstehung der beiden Individuen erst nach der Bildung der

Blastocyste durch Teilung der inneren Zellmasse erfolgt, da die äußere Zelllage der Blastocyste (das Trophektoderm) das Chorion bildet (◘ Abb. 12.44). Ist die Teilung der Individuen bereits im 2-Zell-Stadium oder spätestens bis zum **Morulastadium** (etwa 16 Zellen) erfolgt, bilden sich zwei Blastulae und damit zwei getrennte Chorions. Ob sich monozygote Zwillinge in einem Chorion oder in getrennten Embryonalhäuten entwickelt haben, ist deshalb von Bedeutung, weil Individuen in einem einzigen Chorion ein viel einheitlicheres Milieu während der gesamten pränatalen Entwicklung vorfinden als im Falle getrennter Embryonalhäute. Der Vergleich monozygoter Zwillinge monochorionischen Ursprungs mit solchen dichorionischen Ursprungs sollte uns Aufschlüsse über das Ausmaß entwicklungsbedingter (also umweltbedingter) Einflüsse auf die Ausprägung erblicher Eigenschaften gestatten, da ja die erblichen Eigenschaften identisch sind.

Zwillinge können eineiig (monozygot) oder zweieiig (dizygot) sein. Dizygote Zwillinge entstehen durch gleichzeitige Befruchtung zweier Eizellen durch zwei Spermien. Die genetische Konstitution entspricht daher derjenigen beliebiger Geschwisterpaare. Monozygote Zwillinge gehen auf ein einziges befruchtetes Ei zurück. Sie entstehen durch Teilung der sich entwickelnden inneren Zellmasse zu einem früheren Zeitpunkt in der Embryonalentwicklung. Die weitere Embryogenese kann, abhängig vom Zeitpunkt der Teilung, in einem einzigen Chorion oder in zwei getrennten Chorions verlaufen. Die Untersuchung der Ausprägung von Merkmalen bei eineiigen Zwillingen vermag durch einen diskordanten oder konkordanten Phänotyp Hinweise über die erblichen Komponenten eines bestimmten Merkmals zu geben.

Über ein ungewöhnliches Zwischenglied zwischen mono- und dizygoten Zwillingen berichteten Gabbett et al. (2019): Sie beobachteten bei einer Zwillingsschwangerschaft mit einem gemeinsamen Chorion, aber getrennten Amnionhüllen einen Geschlechtsunterschied der beiden Zwillinge. Die Genotypisierung ergab, dass die maternalen Allele der Zwillinge identisch waren, aber die paternalen nur zu 78 % – damit liegen sie genetisch zwischen monozygoten und dizygoten Zwillingen. Die Autoren bezeichnen diese seltene Form der Zwillinge als „sesquizygot" (siehe auch den Link zu dem Video über Zwillingsformen).

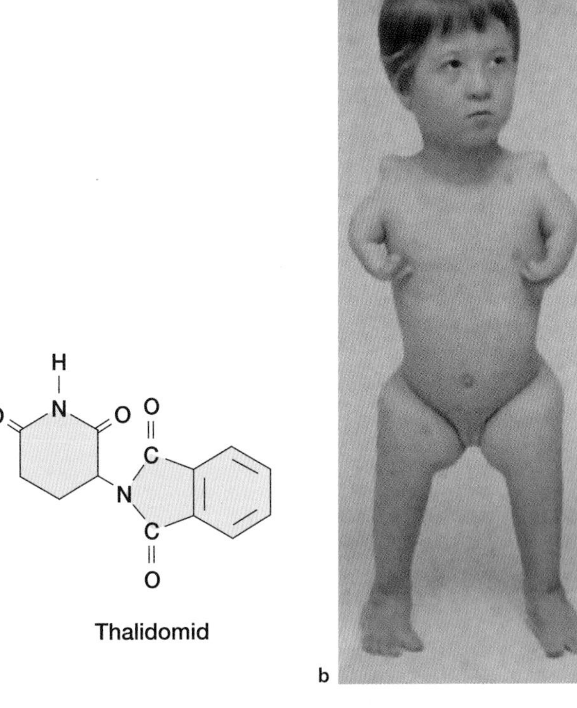

◘ **Abb. 12.48** a Chemische Struktur von Thalidomid. b Thalidomid-Embryopathie. Phänotyp eines Kindes mit Entwicklungsstörungen aufgrund der Einnahme von Thalidomid durch die Mutter während der Schwangerschaft. Das Medikament wurde während der Entwicklung der Gliedmaßen eingenommen (vgl. ◘ Tab. 12.2) und verhinderte deren normale Entwicklung. (Aus Tariverdian und Buselmaier 2004, mit freundlicher Genehmigung)

12.6.3 Teratogene Effekte

Wir haben in den früheren Abschnitten über Modellorganismen der Entwicklungsgenetik gesehen, dass die molekulare Charakterisierung von Mutanten wesentlich dazu beiträgt, die jeweiligen Mechanismen zu verstehen. Dies gilt auch in besonderer Weise für die Säugetiere und insbesondere für den Menschen, wie wir in ► Kap. 13 über Humangenetik noch sehen werden. Allerdings gibt es in der Medizin immer wieder Krankheitsformen, die durch Schädigungen des Embryos von außen hervorgerufen werden. Solche Erkrankungen nennen wir **teratogen**. Oftmals muss aber das schädigende Agens auf eine ganz spezielle Entwicklungssituation treffen, um seine Wirkung zu entfalten. In der experimentellen Biologie kann man natürlich auch die Wirkung bestimmter Stoffe auf die Embryonalentwicklung systematisch untersuchen.

Ein besonders erschütterndes Beispiel ist mit dem Namen Contergan verbunden. Zwischen 1957 und Ende 1961 wurde das Medikament **Thalidomid** (Firmenproduktbezeichnung: **Contergan**; ◘ Abb. 12.48a) als Schlaf- und Beruhigungsmittel häufig verkauft; zudem wirkte es auch gegen die morgendliche Schwangerschaftsübelkeit. Allmählich fiel auf, dass nach Einnahme dieses Präparats während früher Phasen einer Schwangerschaft häufig Kinder geboren wurden, die unvollständig entwickelte Gliedmaßen besaßen, also eine Entwicklungsstörung aufwiesen, die als **Phocomelie** bezeichnet wird (◘ Abb. 12.48b). Die nähere Untersuchung dieses Phänomens zeigte, dass Thalidomid in der Tat während einer eng begrenzten Periode der Embryonalentwicklung eine Anzahl unterschiedlicher Entwicklungsstörungen her-

Tab. 12.2 Contergan-Schäden

Entwicklungstag	Missbildung
21	Gehörlosigkeit, Facialislähmung, Augenmuskellähmung
23	Missbildung des Daumens
24–26	Fehlen oder weitgehender Verlust der Arme
27–29	Nierenmissbildungen, Analatresie
29–31	Armmissbildungen, Fehlen der Beine, Herzmissbildungen, Duodenalmissbildungen
30–33	Beinmissbildungen, Herzmissbildungen
36	Triphalangie des Daumens, Analstenose

Tage nach Konzeption, berechnet unter der Annahme, dass diese 14 Tage nach der Menstruation erfolgte. Es können Abweichungen von bis zu 5 Tagen auftreten. Aus Lenz (1970)

vorzurufen vermag (Tab. 12.2). Diese teratogene Wirkung des Medikaments wird ausschließlich zwischen dem 21. und 36. Tag der Embryonalentwicklung beobachtet. Das frühe und zudem zeitlich sehr begrenzte Wirkungsspektrum machte es natürlich zunächst schwierig, die Wirkung des Medikaments zu erkennen und genauer zu analysieren, bis nach der Geburt von etwa 7000 betroffenen Kindern in den frühen 1960er-Jahren die Ursache von Widukind **Lenz** erkannt wurde: Eine einzige Tablette mit Thalidomid im kritischen Entwicklungszeitraum genügte, eine Missbildung beider Arme und Beine hervorzurufen (eine sehr persönliche Darstellung der Problematik findet sich bei Lenz 1992). Nach vielen weiteren Untersuchungen wird Thalidomid heute bei der Behandlung von Lepra, des multiplen Myeloms und anderer schwer behandelbarer Krankheiten erfolgreich eingesetzt.

Unter Thalidomideinfluss konnte in Einzelfällen eine **diskordante Ausprägung von Entwicklungsdefekten** bei Zwillingen beobachtet werden. Diese Beobachtung ist in Zusammenhang mit unseren vorangehenden Beobachtungen über Differenzen in den Ommatidienzahlen in Komplexaugen von *Drosophila* interessant. Wie bereits dort erörtert (► Abschn. 12.4.6), können während der Entwicklung geringfügige Differenzen in der Entwicklungsgeschwindigkeit der Embryonen auftreten, die wiederum Folgen für die Ausprägung von Merkmalen haben können. Offenbar treten bei Zwillingen bisweilen Unterschiede von mehreren Tagen in der Entwicklungsgeschwindigkeit auf, die zur Folge haben, dass bei Thalidomidgabe einer der Embryonen medikamentös geschädigt wird, der andere aber nicht, da er sich nicht mehr oder noch nicht im kritischen Entwicklungsstadium befand.

Die Untersuchung der Thalidomidembryopathie macht uns auf ein weiteres praktisches Problem aufmerksam. Der teratogene Effekt ist nämlich in Tierexperimenten mit Mäusen und Ratten nicht nachweisbar. Allein bei Primaten sind begrenzte Effekte beobachtet worden, die im Wesentlichen in einer reduzierten Anzahl von Neuronen in den Spinalganglien bestanden. Möglicherweise ist das sogar der primäre Effekt des Thalidomids. Es könnte sekundär einen Effekt auf die Induktionsprozesse ausüben, die zur Entwicklung der Gliedmaßen erforderlich sind. Wir wissen, dass die korrekte Innervation entscheidenden Einfluss auf die Differenzierung von Organen ausüben kann. An diesem Beispiel wird die Schwierigkeit deutlich, Ergebnisse von Tierexperimenten und ihrer Interpretation hinsichtlich der Auswirkungen von Medikamenten auf den Menschen zu übertragen, wenn man mögliche Unterschiede im Wirkmechanismus nicht genau kennt.

Uns interessiert in diesem Zusammenhang aber auch die Tatsache, dass einige der in Tab. 12.2 beschriebenen Missbildungen in ähnlicher Form auch als angeborene erbliche Defekte beobachtet werden können. Sie gleichen stark Phänotypen des Holt-Oram-Syndroms (verursacht durch Mutationen im *TBX5*-Gen), des Okihiro-Syndroms (verursacht durch Mutationen im *SALL4*-Gen) oder des TAR-Syndroms (*thrombocytopenia absent radius*; verursacht durch Mikrodeletionen auf dem Chromosom 1). Wir haben es also bei der Thalidomidembryopathie mit dem Beispiel einer Phänokopie einer Erbkrankheit zu tun, die durch das Medikament Thalidomid verursacht wird.

Wenn wir die Ursachen für die **Entstehung von Phänokopien** (► Abschn. 1.2.2) verstehen wollen, müssen wir uns darüber bewusst sein, dass diese durchaus identisch mit den genetischen Ursachen für einen bestimmten Phänotyp sein können. Stellen wir uns einerseits vor, dass ein (erblicher) Phänotyp durch die permanente Inaktivierung eines Gens (also dessen Ausfall) verursacht wird, so ist es ebenso gut auch vorstellbar, dass dasselbe Gen, obwohl in voll funktioneller Form im Genom vorhanden, durch äußere Einflüsse, etwa durch eine spezifisch darauf einwirkende chemische Verbindung, während des maßgeblichen Zeitraums in seiner Funktion gestört wird. Das würde zu dem gleichen Phänotyp führen, wie er bei einem defekten Gen entsteht. Der einzige Unterschied ist, dass die umweltbedingte Inaktivität nicht erblich ist, sodass also alle Nachkommen gesund sind.

Trotz über 50 Jahre intensiver Forschung blieb der Wirkungsmechanismus von Thalidomid lange völlig unklar. Heute wissen wir, dass Thalidomid von dem Protein Cereblon (Gensymbol: *CRBN*; Chromosom 3p26) direkt gebunden wird. Cereblon ist eine Untereinheit der E3-Ubiquitin-Ligase und reguliert gemeinsam mit DBB1 (*DNA damage-binding protein 1*; Chromosom 11q12) und CUL4 (Cullin; *CUL4A*, Chromosom 13q34; *CUL4B*, Chromosom Xp24) die Entwicklung

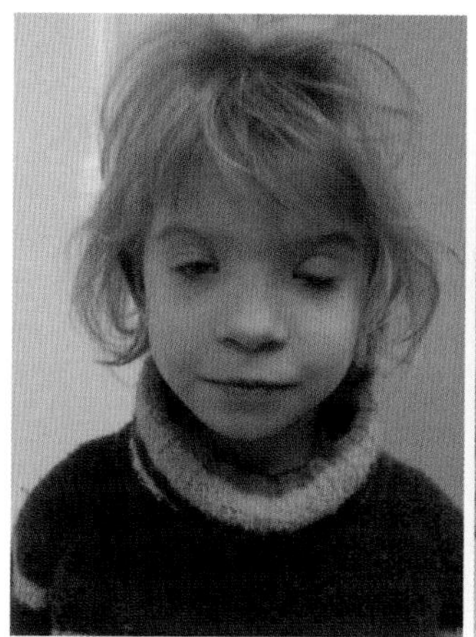
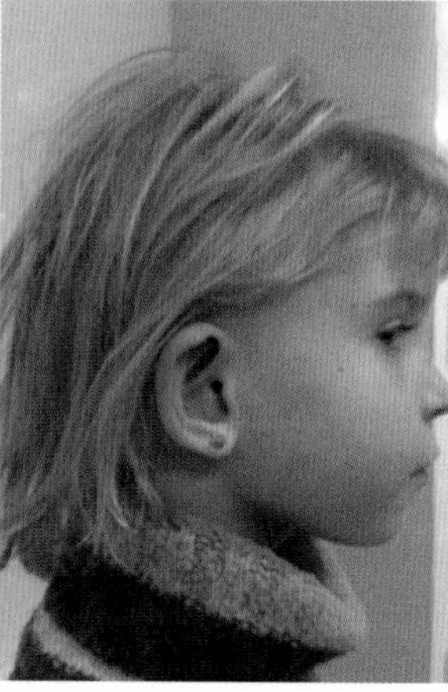

Abb. 12.49 Kind mit Alkoholembryopathie. Alkoholkonsum während der Schwangerschaft führt zu schweren Entwicklungsstörungen des Kindes, Verzögerung der geistigen Entwicklung, aber auch Organmissbildungen. Die Abbildung zeigt ein Kind mit typischen Veränderungen im Gesicht: *links*: vergrößerter Augenabstand (Hypertelorismus) mit sehr kurzen Lidspalten, prominenten Augenwinkeln (Epikanthus-Falte), beidseitig herabhängenden Augenlidern (Ptosis) und flache Vertiefung zwischen Nase und Oberlippe (Philtrum); *rechts*: Mittelgesichtshypoplasie und veränderte Form der Ohren (engl. *railroad track ears*). (Nach del Campo und Jones 2017, mit freundlicher Genehmigung)

der Extremitäten. Die E3-Ubiquitin-Ligase-Aktivität ist für die *Fgf8*-Expression wichtig, die wiederum für die Extremitätenentwicklung besonders bedeutsam ist. Auch die Culline sind Bestandteile des Ubiquitin-Ligase-Komplexes (Ito und Handa 2012). Allerdings bleibt es trotz dieses Fortschritts weiterhin unklar, wie es Thalidomid vermag, die Entwicklung eines menschlichen Embryos in einem so kurzen Zeitfenster so spezifisch und so massiv zu schädigen. Eine Mutation im *CRBN*-Gen führt zu geistiger Behinderung ohne Konsequenzen für die Extremitätenentwicklung.

Teratogene Wirkungen können durch die unterschiedlichsten Medikamente, durch Nikotingenuss und andere umweltbedingte Einflüsse während der Schwangerschaft verursacht werden. In vielen Fällen sind Embryopathien in ihren Ursachen noch viel schwieriger zu ermitteln als beim Thalidomid, das wegen seines charakteristischen Wirkungsspektrums noch relativ schnell als Ursache erkannt worden war.

Zu den schwerwiegenden Embryopathien gehört das **fötale Alkoholsyndrom** (auch als **Alkoholembryopathie** bekannt), das durch Alkoholgenuss während der Schwangerschaft ausgelöst wird. Zu den charakteristischen Merkmalen gehören dauerhafte Schädigungen des Gehirns (einschließlich kognitiver und emotionaler Defizite, Verhaltensauffälligkeiten und Defizite in der Anpassungsfähigkeit), pränatale oder postnatale Wachstumsverzögerungen (einschließlich Mikrocephalie) sowie charakteristische Dysmorphologien des Gesichts (dazu gehören kleine Augen, glatte Mittelrinne zwischen Mund und Nase [Philtrum] und schmale Oberlippe; Abb. 12.49). In Deutschland können wir davon ausgehen, dass jährlich 5–20 betroffene Kinder pro 10.000 Geburten diagnostiziert werden (Inzidenz); das ergibt etwa 600–1200 Neugeborene pro Jahr, die an fötalem Alkoholsyndrom leiden. Wenn man auch leichtere Fälle (Krankheiten aus dem Spektrum des fötalen Alkoholsyndroms) hinzurechnet, verdreifacht sich diese Zahl – und man kann vermuten, dass die Dunkelziffer hoch ist (Daten in Spohr und Steinhausen 2008). Neuere Arbeiten mit einem globaleren Ansatz zeigen ein ähnliches Bild: So müssen wir in Europa insgesamt mit 37 Fällen des fötalen Alkoholsyndroms pro 10.000 Geburten rechnen, mit den höchsten Raten in Weißrussland (69), Italien (82), Irland (89) und Kroatien (115); der weltweite Durchschnitt liegt bei 14 (immer pro 10.000 Geburten; Daten aus Popova et al. 2017). Die betroffenen Kinder sind aber nicht nur klein und untergewichtig (mit über 50 % Mikrocephalie), sie leiden auch an Essstörungen, motorischer Unruhe und Schlafstörungen. Eine unerwartet hohe Anzahl (ca. 66 %) der Kinder ist hyperaktiv und zeigt sprunghaftes und unkontrolliertes Verhalten mit Konzentrationsschwierigkeiten. Insgesamt gilt das fötale Alkoholsyndrom heute als die häufigste angeborene Ursache für reduzierte Intelligenz, noch vor dem Down-Syndrom (▶ Abschn. 13.2.1).

Die Einwirkung bestimmter Substanzen wie Medikamente, Alkohol, Nikotin u. a. während der Embryonalentwicklung kann schwere irreversible, aber nicht-erbliche Schäden hervorrufen. Diese Schäden gleichen oft Phänotypen (Phänokopie), die auch erblich bedingt sein können, da sie auf der Störung von Genfunktionen beruhen können, wie sie auch durch Mutationen induziert werden.

12.6.4 Organentwicklung bei Säugern

Nach der endgültigen Festlegung der Körperachse entsteht im Verlauf der weiteren Embryonalentwicklung eine Vielzahl von Organen. Die Entscheidung, an welcher Stelle und zu welchem Zeitpunkt Organe ausgebildet werden, wird durch verschiedene Induktionsprozesse gesteuert, deren detaillierte molekulare Untersuchung derzeit Gegenstand vieler experimenteller Arbeiten ist. Eine Reihe von Genfamilien taucht dabei in Variationen immer wieder auf; wir haben auch einige Vertreter schon bei *Drosophila* (▶ Abschn. 12.4), *Caenorhabditis* (▶ Abschn. 12.3) und beim Zebrafisch (▶ Abschn. 12.5) kennengelernt: Es sind die *Hox*-, *Pax*-, *BMP*-, *hedgehog*-, *Fgf*- und *Wnt*-Gene, die wichtige Funktionen in diesen Prozessen ausüben. Wir wollen uns im Rahmen dieses Buches auf eine kurze Darstellung der Entwicklung der Augen und der Gliedmaßen beschränken. Wir hatten

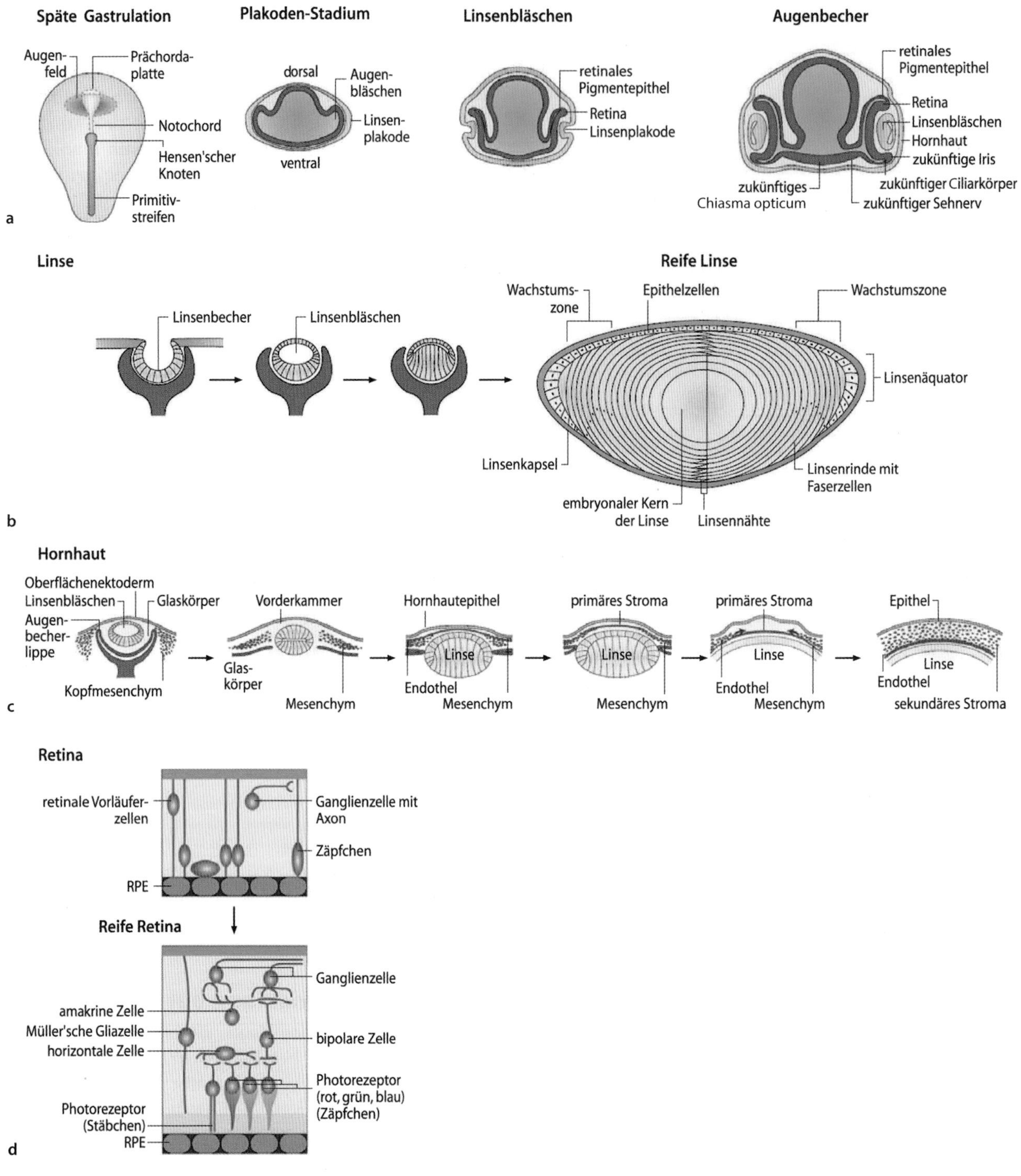

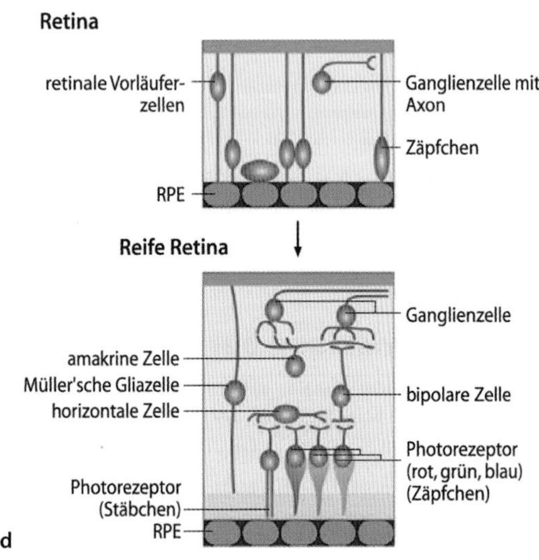

Abb. 12.50 Schema der Augenentwicklung bei Säugern. **a** In den frühen Phasen der Embryonalentwicklung teilt sich das zentrale Augenfeld in zwei Augenanlagen. Die Linsenplakoden stülpen sich ein und bilden nach dem Abschnüren vom Oberflächenektoderm das Linsenbläschen. Aus dem Linsenbläschen entwickelt sich die Linse (**b**), aus dem Oberflächenektoderm bildet sich die Hornhaut (**c**), und die Retina entsteht aus den beiden Schichten des Augenbechers (**d**) (RPE: retinales Pigmentepithel). (Nach Graw 2003, mit freundlicher Genehmigung)

dabei die Aspekte der Augenentwicklung sowohl bei *Drosophila* als auch beim Zebrafisch besprochen, sodass interessante Querbeziehungen hergestellt werden können.

Augenentwicklung bei Säugern

Während der Gastrulation ist das sich entwickelnde Auge noch als ein zentrales Augenfeld im vorderen Kopfbereich lokalisiert (Abb. 12.50a). Unter dem Einfluss von Genen, die für die Ausbildung der Mittellinie verantwortlich sind (also vor allem *Shh*), teilt sich das Augenfeld auf und wandert seitwärts. Der Ausfall von *Shh* in einer entsprechenden Knock-out-Mutante der Maus führt zur Ausbildung einer zentralen Augenanlage („Zyklopenauge"), die sich aber nicht weiterentwickelt. Die Auswirkungen auf die Entwicklung des Gehirns und des gesamten Kopfbereichs sind jedoch so massiv, dass diese Mausmutanten in der Regel nicht lebensfähig sind. Eine vergleichbare Erbkrankheit des Menschen ist die Holoprosencephalie.

Üblicherweise beginnt die Darstellung der Augenentwicklung mit der paarigen Entstehung der **Linsenplakode** als Verdickung des Oberflächenektoderms (bei der Maus am Tag 9,5 der Embryonalentwicklung, E 9,5). Die Plakoden können allgemein als Anlagen der Sinnesfelder im Ektoderm des Embryos aufgefasst werden. Die Linsenplakode steht in engem Kontakt mit dem darunterliegenden Neuroektoderm des Diencephalons. Dadurch wird die Einstülpung der Linsenplakode induziert. Die gebildete Linsengrube schließt sich zu einem Linsenbläschen zusammen (E 11,5) und schnürt sich vom Oberflächenektoderm ab. Das neu gebildete Oberflächenektoderm entwickelt sich weiter zur Hornhaut (Cornea), während das doppelwandige Neuroektoderm zur Netzhaut (Retina) wird: Der äußere Teil bildet das retinale Pigmentepithel und der innere Teil die Neuroretina. An der Spitze des doppelwandigen Augenbechers entwickeln sich Iris und Ciliarkörper, wohingegen die Verbindung des Augenbechers zum Zwischenhirn (der Augenbecherstil) den Platz bereitstellt, in dem der Sehnerv retrograd zum Gehirn auswächst.

Die **Linse** (■ Abb. 12.50b) entwickelt sich aus dem Linsenbläschen, indem von posterior zunächst die primären Linsenfasern in das Lumen des Linsenbläschens einwachsen und es ausfüllen. In einem zweiten Schritt lagern sich die sekundären Linsenfaserzellen appositionell auf die primären Faserzellen auf. Dieser Prozess der Bildung sekundärer Faserzellen aus der germinativen Zone des anterioren Linsenepithels hält ein Leben lang an. Da aber umgekehrt keine Zellen in der Linse absterben, enthält der zentrale Linsenkern Zellen, die so alt sind wie der Organismus selbst. Im Zuge der terminalen Faserzelldifferenzierung werden im Zentrum der Linse alle Zellorganellen (Zellkerne und Mitochondrien) abgebaut. Die inneren Zellen werden über kleine Membrankanäle (engl. *gap junctions*) mit Metaboliten aus den anterioren Epithelzellen versorgt. Die Augenentwicklung beim Menschen verläuft im Prinzip ähnlich. Das Augenbläschen bildet sich in der 4. Schwangerschaftswoche und 1 Woche später das Linsenbläschen. Am Ende der 5. Woche ist die Linse mit den primären Linsenfasern gefüllt, und der Differenzierungsprozess kann beginnen.

Die **Hornhaut** bildet sich als Ergebnis verschiedener Induktionsprozesse während der Augenentwicklung, wobei am Ende ein typisches Oberflächenektoderm in ein transparentes, vielschichtiges Gewebe transformiert wird (■ Abb. 12.50c). Dazu tragen Zellen verschiedenen Ursprungs bei, vor allem Neuralleistenzellen. Unter dem Einfluss von Thyroxin und Hyaluronidase wird das Stroma der Hornhaut dehydratisiert und seine Kollagen-haltige Matrix wird transparent.

Die **Retina** bildet sich aus den zwei Schichten des Augenbechers (■ Abb. 12.50d). Die Zellen der äußeren Schicht bilden das retinale Pigmentepithel. An den Rändern, wo die innere und die äußere Schicht ineinander übergehen, entwickelt sich die Iris und das Epithel des Ciliarkörpers (der Ciliarmuskel wird durch einwandernde Mesenchymzellen gebildet). Aus den Zellen der inneren Schicht entwickelt sich das vielschichtige Netzhautgewebe mit Gliazellen, Ganglienzellen und den lichtempfindlichen Photorezeptorzellen.

Ein erster systematischer Ansatz zur Sammlung von Augenmutanten der Maus wurde Ende der 1970er-Jahre von Jana **Kratochvilova** und Udo H. **Ehling** (1979) begonnen, als sie männliche Keimzellen mit Röntgenstrahlen behandelten und die Nachkommen auf induzierte, erbliche Katarakte und äußerlich sichtbare Veränderungen der Augen (z. B. kleine Augen = Mikrophthalmie; engl. *small eye*) untersuchten. Die Methode wurde später auf die Induktion von Mutationen durch das chemische Mutagen Ethylnitrosoharnstoff (ENU) ausgeweitet und wurde in vielen großen Laboren in genetischen Screens angewendet. Aus diesen Experimenten sind über 200 unabhängige Linien dominanter Augenmutanten der Maus hervorgegangen und in der Neuherberger Sammlung vorhanden (Favor und Neuhäuser-Klaus 2000). Eine Übersicht über die wichtigsten Gene vermittelt ■ Tab. 12.3.

Dabei zeigte sich, dass eine große Gruppe von Mutanten mit Mikrophthalmie auf Veränderungen im ***Pax6***-Gen zurückgeführt werden können. Wir haben schon bei der Besprechung der *Drosophila*-Augenentwicklung gesehen, dass das *Pax6*-Gen der Säuger dem *eyeless*-Gen von *Drosophila* entspricht und dass es oft als Schlüsselgen (engl. *master control gene*) der Augenentwicklung bezeichnet wird. Heterozygote Mutanten der Maus zeichnen sich durch kleine Augen aus, homozygote Mutanten haben keine Augen und sind oft wegen weiterer Missbildungen nicht lebensfähig. Heterozygote Merkmalsträger des Menschen leiden an Aniridie (Verlust der Iris), Katarakten (Linsentrübung) oder Peter's Anomalie. *Pax6* ist außerdem für die Entwicklung des Gehirns und des Pankreas wichtig.

Die ektopische Expression des *Pax6*-Gens der Maus in *Drosophila* setzt die Kaskade der Augenentwicklung in Gang: In einem bahnbrechenden Experiment (Halder et al. 1995) konnten Walter **Gehring** und seine Mitarbeiter 1995 zeigen, dass dadurch an Antennen oder Gliedmaßen von *Drosophila* elektrophysiologisch aktive Ommatidien-Augen gebildet werden. Damit hat sich die Hypothese der getrennten

Tab. 12.3 Wichtige Gene der Augenentwicklung bei Säugern

Gen	Chromosom		Phänotyp bei Mutationen	
	Mensch	Maus[a]	Mensch	Maus
Transkriptionsfaktoren:				
CHX10	14q24	12 (39)	Mikrophthalmie und Katarakt	Mikrophthalmie
Eya1	8q13	1 (4)	Peter's Anomalie, Katarakt, Nystagmus; Erkrankungen des Ohrs und der Niere	Viele Symptome außerhalb des Auges; homozygot: letal
FoxC1	6p25	13 (13)	Fehlbildungen im vorderen Augenabschnitt	Heterozygot: Fehlbildungen im vorderen Augenabschnitt; homozygot: letal
FoxE3	1p33	4 (52)	Fehlbildungen im vorderen Augenabschnitt	Heterozygot: milde Linsenanomalien; homozygot: keine Linse
Maf	16q23	8 (62)	Katarakt, Mikrophthalmie, Fehlbildungen im vorderen Augenabschnitt	Heterozygot: Katarakt; homozygot: Mikrophthalmie, Katarakt und Erkrankungen in anderen Organen (z. B. Niere)
Mitf	3p13	6 (45)	Waardenburg-Syndrom	Mikrophthalmie; verschiedene rezessive und dominante Allele
Msx2	5q35	13 (27)	Missbildungen des Gesichtsschädels inkl. des Auges	Bei Überexpression Apoptose im Augenbläschen
Pax2	10q24	19 (38)	Anomalien am Auge (Kolobom) und an der Niere	Anomalien am Auge (Kolobom) und an der Niere
Pax6	11p13	2 (55)	Aniridie, Peter's Anomalie, einige mit Katarakt und Glaukom	Mikrophthalmie, Katarakt, Hornhauttrübung; homozygot: keine Augen und nicht lebensfähig; auch hypomorphe Allele möglich
Pitx2	4q25	3 (57)	Rieger-Syndrom	Heterozygot: Rieger-Syndrom; homozygot: letal
Pitx3	10q24	19 (38)	Katarakt; Fehlbildungen im vorderen Augenabschnitt	Homozygot: keine Linse
Prox1	1q32	1 (96)	Kein Krankheitsbild beschrieben	Heterozygot: leere Linse, postnatal letal; homozygot: letal
Rx	18q21	18 (39)	Anophthalmie, Mikrophthalmie	Homozygot: Anophthalmie
Six3	2p21	17 (55)	Holoprosencephalie	Heterozygot: kein auffälliger Phänotyp; homozygot: perinatal letal
Six5	19q13	7 (9)	Branchiootorenales Syndrom	Trübungen der Augenlinse (Katarakt)
Sox2	3q26	3 (17)	Anophthalmie, Mikrophthalmie	Heterozygot: kein Phänotyp; homozygot: letal
Signalmoleküle:				
BMP4	14q22	14 (24)	Anophthalmie/Mikrophthalmie mit zusätzlichen Erkrankungen	Heterozygot: Fehlbildungen im vorderen Augenabschnitt; homozygot: keine Linseninduktion
BMP7	20q13	2 (95)	Keine Augenerkrankungen	Bei Überexpression Schädigung der Retina und der Linse
Shh	7q36	5 (14)	Holoprosencephalie	Zyklopenauge; schwere allgemeine Entwicklungsstörungen

[a] in Klammern: Position in cM, nach ▶ http://www.informatics.jax.org/marker
Nach Graw (2003); ergänzt nach OMIM (▶ http://www.ncbi.nlm.nih.gov/omim; Oktober 2020)

12

Evolution der Ommatidien- und Linsenaugen unter genetischen Gesichtspunkten als falsch herausgestellt (▶ Abschn. 12.4.6; ◘ Abb. 12.36b).

Das Gen ***Pax2*** ist für die Entwicklung des posterioren Augenabschnitts und des Sehnervs verantwortlich. Heterozygote *Pax2*-Mutanten der Maus zeichnen sich durch ein Kolobom des Sehnervs aus (Erhalt der embryonalen Augenbecherspalte); entsprechende Erbkrankheiten des Menschen sind ebenso beschrieben. Sowohl bei der Maus wie auch beim Menschen treten zusätzlich zu den Störungen der Augenentwicklung auch Nieren- und Gehirnschäden auf.

Ein weiteres interessantes Gen ist ***Pitx3***. Es ist ein Transkriptionsfaktor mit dem charakteristischen Merkmal einer Homöobox, der während der frühen Linsenentwicklung exprimiert wird. Mutationen dieses Gens zeigen bei Menschen in verschiedenen Familien dominante Fehlentwicklungen des vorderen Augenabschnitts, die mit Katarakten verbunden sind; das humane *PITX3*-Gen liegt auf dem Chromosom 10q24. Bei der Maus liegt es auf dem Chromosom 19 und wird bei der rezessiven Mutante *aphakia* nicht exprimiert. Die homozygote Mutante *aphakia* (*ak*) wurde als beidseitig aphak („ohne Linse") beschrieben; auch eine Pupille wird nicht gebildet. Die anomale Augenentwicklung homozygoter *ak*-Mäuse wird zuerst im Stadium des Linsenbläschens beobachtet und führt zu einem Stillstand der Linsenentwicklung auf der Stufe des Linsenstils; dieses Stadium ist üblicherweise nur ein Zwischenschritt bei der Abschnürung des Linsenbläschens. Die späteren Veränderungen betreffen die Entwicklung des gesamten Auges und führen schließlich zu einem vollständigen Zusammenbruch der morphologischen Augenstrukturen.

Pitx3 spielt außer in der Augenentwicklung auch bei der Gehirnentwicklung eine wichtige Rolle, wo es in der Substantia nigra exprimiert wird: Diese Region bildet Nervenzellen mit Dopamin als Neurotransmitter, und der Verlust von Dopamin gehört zu den wichtigen molekularen Charakteristika der Parkinson'schen Erkrankung (▶ Abschn. 14.5.3). In *Pitx3*-Mutanten fehlen auch die dopaminergen Neurone, sodass sie auch als Parkinson-Modelle betrachtet werden (Smidt et al. 2004; Rosemann et al. 2010). Unterstützt wird dieser Befund durch epidemiologische Untersuchungen, die zeigen, dass Parkinsonismus auch mit einem Polymorphismus im Promotor des *PITX3*-Gens assoziiert ist (Fuchs et al. 2009).

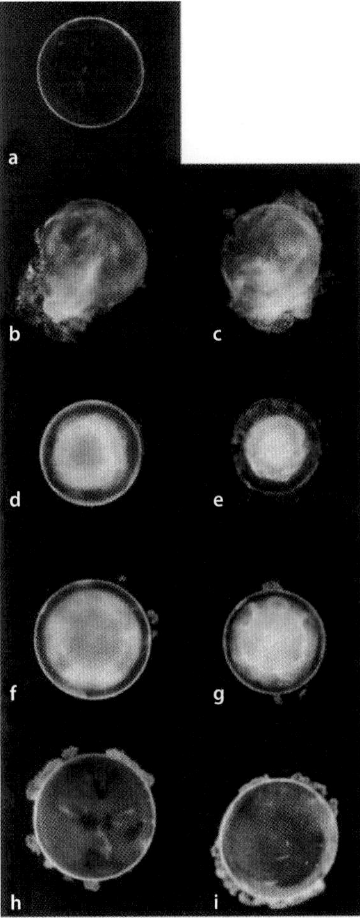

Abb. 12.51 Linsen von Mäusen mit angeborenen dominanten Katarakten. Die Linsen wurden von Mäusen im Alter von 3 Wochen präpariert. In **a** ist eine Wildtyp-Linse zum Vergleich gezeigt. Obwohl alle acht Mutationen Gene betreffen, die für γ-Kristalline codieren (Gensymbol: *Cryga–Crygf*), ist die Stärke der Schädigung unterschiedlich. Eine Korrelation mit der Art der Mutation ist nicht möglich. In vielen Fällen ist ein semi-dominanter Effekt zu beobachten (d. h. in homozygoten Trägern ist das Merkmal stärker ausgeprägt; *links*: heterozygote Träger, *rechts*: homozygote Träger). Die Mutationen betreffen die Gene *Cryga* (**b**, **c**), *Crygc* (**d**, **e**), *Crygd* (**f–i**). (Nach Graw et al. 2004, mit freundlicher Genehmigung)

Innerhalb der Sammlungen von Augenmutanten der Maus nimmt die Gruppe der γ-Kristallin-Mutanten den größten Platz ein. Die γ-Kristalline gehören zur Familie der β/γ-Kristalline (▶ Abschn. 7.2.4). Das sind Strukturproteine der Augenlinse mit charakteristischen Faltungsmotiven (vier griechische Schlüsselmotive), die von insgesamt 14 Genen codiert werden. Die Gene für die γ-Kristalline sind in einem Cluster von sechs Genen (*Cryga* → *Crygf*) auf dem Chromosom 1 der Maus lokalisiert. Diese eng verwandten Gene codieren mit drei Exons jeweils ein Protein mit einem Molekulargewicht von 20 kDa. Die *Cryg*-Gene werden bei Säugetieren überwiegend in der Linse exprimiert. Allerdings kommen beim Menschen nur noch vier der sechs *CRYG*-Gene vor; die beiden fehlenden Gene sind nur noch als Pseudogene aufgrund ihrer Sequenzähnlichkeit erkennbar. Alle bekannten *Cryg*-Mutationen bewirken Veränderungen der Linsenfaserzellen; die Katarakt-Augen sind allerdings insgesamt immer kleiner als die Augen des Wildtyps (Abb. 12.51). Die wesentlichen Effekte der Mutationen in den *Cryg*-Genen sind Veränderungen im Differenzierungszustand der Linsenfaserzellen, die bereits am Tag 15 der Embryonalentwicklung einsetzen. Auch beim Menschen sind Mutationen in den *CRYG*-Genen als Ursache für angeborene Katarakte beschrieben. Überraschenderweise findet man in den *Cryg*-Genen der Maus und den *CRYG*-Genen des Menschen eine ganze Reihe von Polymorphismen, die aber nicht mit den angeborenen Linsentrübungen zusammenhängen. Es könnte aber sein, dass sie einen Einfluss auf die Ausbildung der Alterskatarakt (*Cataracta senilis*) beim Menschen haben.

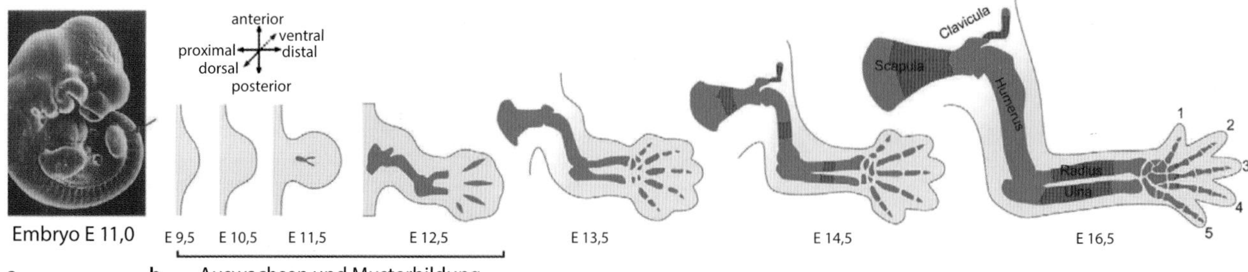

Abb. 12.52 Gliedmaßenentwicklung bei Mäusen. **a** Rasterelektronenmikroskopische Aufnahme eines Mausembryos im Alter von von 10,5 Tagen (E 10,5). Die Knospen der vorderen Gliedmaßen bilden sich auf der Höhe des Herzens; die Entwicklung der hinteren Gliedmaßen (hier nicht gezeigt) ist gegenüber den vorderen Gliedmaßen um einen halben Tag verzögert und findet auf der Höhe der Nieren statt. Die eingefügte Vergrößerung zeigt die vordere Gliedmaßenknospe mit den wichtigsten Entwicklungsachsen. Der apikale epidermale Kamm (engl. *apical epidermal ridge*, AER) ist in *grün* dargestellt. **b** Die schematische Darstellung der Skelettelemente der vorderen Gliedmaßen sind so gezeigt, wie sie bei einer Alcianblaufärbung (für reifen Knorpel) bzw. bei einer Alizarinrotfärbung (für mineralisierten Knochen) erscheinen. Die Bezeichnungen der einzelnen Knochen sind angegeben und die Finger sind von 1 bis 5 von anterior (Daumen) nach posterior (kleiner Finger) nummeriert. Das Schulterblatt (Scapula) ist im Körper lokalisiert. Die beiden Hauptachsen der Gliedmaßenknospe sind ebenfalls angegeben. (a nach Zeller et al. 2009; b nach Lopez-Rios 2016, beide mit freundlicher Genehmigung)

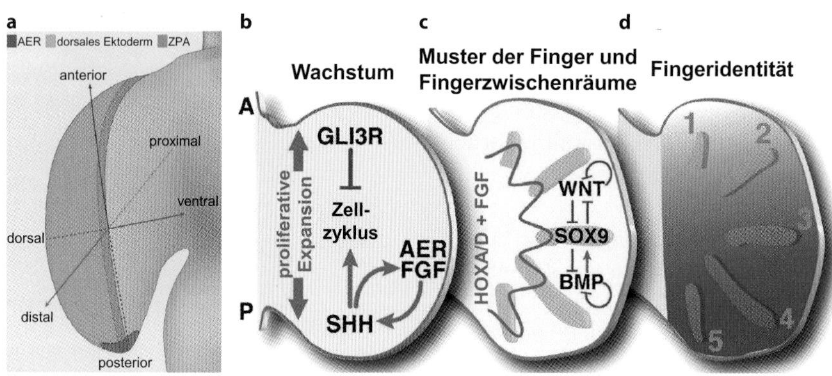

Abb. 12.53 Gennetzwerk bei der Gliedmaßenentwicklung. **a** In Vertebraten wird die Entwicklung der Gliedmaßen entlang von drei Achsen arrangiert: Die proximal-distale Achse (von der Schulter zu den Fingern) wird durch den apikal-ektodermalen Kamm (engl. *apical epidermal ridge*, AER; *blau*) kontrolliert; das Signalzentrum liegt an der dorsoventralen Grenze der Gliedmaßenknospe und ist für das Auswachsen der Gliedmaßen verantwortlich. Signale der Fibroblastenwachstumsfaktoren (FGF) spielen hier eine besondere Rolle. Die anterior-posteriore Achse (von den Fingern 1–5) ist durch die Zone polarisierender Aktivität (ZPA; *rot*) gekennzeichnet und ist in der posterioren Region des Mesenchyms lokalisiert. Hier spielt der Signalweg, der durch Sonic Hedgehog (SHH) getrieben wird, eine besondere Rolle. Die dorso-ventrale Achse (vom Handrücken zur Handfläche) wird im Wesentlichen durch den WNT-Signalweg reguliert. **b–c** Überlappende Mechanismen bei der Fingerentwicklung. **b** SHH treibt die proliferative Expansion der Vorläuferzellen für die Finger entlang der anterior-posterioren Achse. Wesentliche Komponenten dieses Mechanismus sind die Rückkopplungsschlaufe zwischen ZPA und AER und die direkte Kontrolle des Zellzyklus durch SHH. **c** Gleichzeitig kontrollieren BMP, SOX9 und WNT den Beginn der chondrogenen Differenzierung der Vorläuferzellen der Finger. Distale *Hox*-Gene und FGFs modulieren den Abstand der Finger. **d** Die Morphologien (= Identitäten) der Finger werden durch die asymmetrische Expression des *Hoxd*-Gens spezifiziert, das durch SHH reguliert wird. A: anterior; BMP: *bone morphogenetic protein*; GLI3R: reprimierende Form von GLI3 (engl.: *Glioma-Associated Oncogene Family Zinc Finger*); P: posterior; SOX9: SRY: (*sex determining region Y*)-*box 9*; WNT: *wingless-type MMTV integration site*. (**a** nach Petit et al. 2017; b–d nach Lopez-Rios 2016; alle mit freundlicher Genehmigung)

Gliedmaßenentwicklung bei der Maus

Eine Übersicht über die Entwicklung der Gliedmaßen der Maus ist in Abb. 12.52 gezeigt; sie ist der Entwicklung bei Menschen und Hühnern sehr ähnlich. Die Gliedmaßen entwickeln sich aus kleinen Knospen (engl. *limb buds*), die an den entsprechenden Stellen entlang der Kopf-Schwanz-Achse des Embryos entstehen und im Kern aus undifferenzierten Mesenchymzellen bestehen.

Die Gliedmaßenknospe hat drei Polaritätsachsen (Abb. 12.53a):

- die proximo-distale Achse (Schulter zur Fingerspitze);
- die anterio-posteriore Achse (Daumen zu kleinem Finger);
- die dorso-ventrale Achse (Handrücken zur inneren Handfläche).

Als besonders wichtige Areale in der Gliedmaßenentwicklung sind die **Polaritätszone** (engl. *zone of polarizing activity*, ZPA) und der **apikale epidermale Kamm** (engl. *apical epidermal ridge*, AER) zu nennen. In der zuletzt genannten Region sind insbesondere verschiedene **Fibroblasten-Wachstumsfaktoren** (engl. *fibroblast growth factor*, FGF) aktiv. Einer der Schlüsselfaktoren ist dabei FGF10; *Fgf10*-Mutanten (*Fgf10*$^{-/-}$) haben keine Arme und Beine. Entsprechende Phänotypen findet man auch, wenn der Rezeptor im Ektoderm nicht aktiv ist.

Neben den FGFs spielen Mitglieder der **Wnt-Familie** eine wichtige Rolle: *Wnt7a* ist für die dorso-ventrale Musterbildung verantwortlich. Es wird im dorsalen Ektodem exprimiert, aber nicht im AER oder im ventralen Ektoderm. Neben *Wnt7a* wird *Wnt5a* in einem Gradienten im Mesenchym der Gliedmaßenknospe exprimiert. *Wnt5a*-Knock-out-Mäuse haben stark verkürzte Gliedmaßen, wobei die eher distalen Regionen stärker betroffen sind.

Die Signalmoleküle in der ZPA sind vor allem Retinsäure (ein Vitamin-A-Derivat; vgl. auch ► Abschn. 12.5.1), Sonic Hedgehog (SHH) und BMPs (engl. *bone morphogenetic proteins*). Die wichtigsten BMPs der Säuger (BMP2 und BMP4) entsprechen dabei dem *Drosophila*-Protein Decapentaplegic (DPP), und SHH gehört zur Familie der Hedgehog-Proteine, die wir ebenfalls von *Drosophila* her bereits kennen (siehe dort den Abschnitt über Flügelentwicklung, ► Abschn. 12.4.6). Dabei kontrolliert SHH die Breite der Gliedmaßen, und die BMPs determinieren den Fingertyp. Endogene Retinoide sind wahrscheinlich dafür verantwortlich, dass die ZPA etabliert und der proximale Teil der Gliedmaßen ausgebildet wird (Schultergürtel und Oberarm), wohingegen SHH und BMPs zusammenwirken, um die mittleren (Elle und Speiche) und distalen Segmente (Finger) zu bilden. Dies erklärt auch die teratogene Wirkung von Vitamin A.

Eine dritte Gruppe von Genen umfasst zwei Mitglieder des ***Hox*-Genclusters**, *Hoxa* (*Hoxa9*–*Hoxa13*) und *Hoxd* (*Hoxd9*–*Hoxd13*), die in überlappenden Domänen in den frühen Gliedmaßenknospen exprimiert werden. Dabei werden die 5′-liegenden Gene später und eher distal exprimiert. Die Analyse einiger Mutanten der Maus zeigt, dass die *Hoxa11*- und *Hoxd11*-Gene beispielsweise das mittlere Segment der Gliedmaßen betreffen und *Hoxa13* und *Hoxd13* eher die Entwicklung der Finger. Einen Überblick über die Spezifizierung der Fingerentwicklung gibt ◘ Abb. 12.53b.

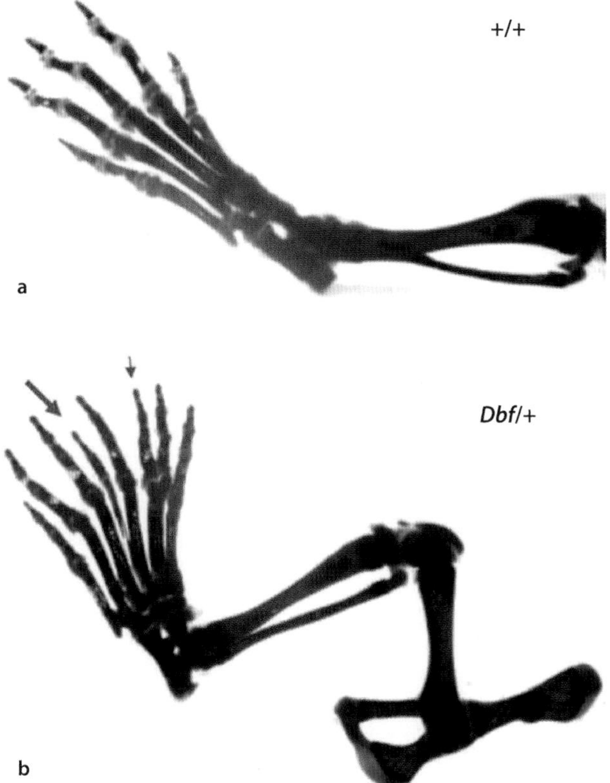

◘ **Abb. 12.54** Skelettmuster im rechten Hinterbein einer Maus. **a** Wildtyp-Embryo (+/+). **b** *Doublefoot*-Mutante (*Dbf*/+) am Tag 17,5 der Embryonalentwicklung. Dieses Beispiel des *Doublefoot*-Phänotyps zeigt einen Zeh „zwischen den Zehen" (*dicker roter Pfeil*) und eine Gabelung eines Zehs (*kleiner roter Pfeil*); beachte auch die Abwesenheit des zweigliedrigen 1. Zehs. (Nach Crick et al. 2003, mit freundlicher Genehmigung)

Ein schönes Beispiel für die Bedeutung des SHH-Signalweges ist die Mutante *Doublefoot* (Gensymbol: *Dbf*). Dabei handelt es sich um eine spontane Mutante, die eine ausgeprägte Polydaktylie (Überzahl von Fingern und/oder Zehen) ohne eine anterior-posteriore Achse aufweist (◘ Abb. 12.54). Die Mutation kartiert auf dem Maus-Chromosom 1 in einer Region, die dem menschlichen Chromosom 2q25 entspricht – einer Region, in der zwei Genorte für Brachydaktylie (Verkürzung der Finger) vorkommen. Die Mutante zeigt zwar ein normales Expressionsmuster von *Shh* und *Ptc1*, aber *Ihh* wird ektopisch exprimiert und führt zur Vergrößerung der Extremitätenknospe. Doppelmutanten (*Shh*$^{-/-}$, *Dbf*$^{+/-}$) zeigen den *Doublefoot*-Phänotyp an den Zehen, aber den *Shh*-Null-Phänotyp am Kopf; offensichtlich beeinflusst *Dbf* also den SHH-Signalweg bei der Gliedmaßenentwicklung (*Shh*$^{-/-}$-Mutanten haben nur einen rudimentären Zeh), nicht aber bei der Entwicklung des Kopfskeletts. Die *Doublefoot*-Mutante enthält eine große Deletion (~ 600 kb), die etwa 25 Gene oberhalb des *Ihh*-Gens liegt (Babbs et al. 2008).

Wie bei den schon früher besprochenen Beispielen gilt auch hier, dass die erwähnten Gene nur einige wenige ausgewählte Beispiele repräsentieren und die Entwicklung der Gliedmaßen ein wesentlich komplexerer Prozess ist, der in einem allgemeinen Lehrbuch der Genetik nur angedeutet werden kann. Eine Übersicht über wichtige Gene in der Entwicklung der Extremitäten gibt ◘ Tab. 12.4.

Die Organentwicklung bei Säugern wird – ähnlich wie bei *Drosophila* und dem Zebrafisch – durch hierarchisch

Tab. 12.4 Molekulare Basis der Musterbildung während der Extremitätenentwicklung

Gene für Signalmoleküle	Gene für Rezeptoren	Phänotyp bei Mutationen
Fibroblasten-Wachstumsfaktor (FGF):		
Fgf4	*Fgfr2*	Apert-Syndrom, Pfeiffer-Syndrom, Jackson-Weiss-Syndrom
Fgf8	*Fgfr1*	Pfeiffer-Syndrom
Fgf9	*Fgfr3*	Achondroplasie
Fgf10	*Fgfr2*	Aplasie der Tränen- und Speicheldrüse
Wnt-Signale:		
Wnt7a	*frizzleds*	Abwesenheit von Elle und Wadenbein
Wnt3a	*frizzleds*	Abwesenheit von Elle und Wadenbein
Wnt5a	*frizzleds*	Abwesenheit von Elle und Wadenbein
Hedgehog-Signale:		
Ihh (Knorpel)	*Hip (Hedgehog interacting protein)*	Maus: Tod bei Geburt (vergrößerter Embryo); Anophthalmie
Shh	*Patched (Ptch1, Ptch2), Smoothened (Smo)*	Holoprosencephalie
	Gli3	Greig-Cephalosyndaktylie, Pallister-Hall-Syndrom
Morphogenetische Knochenproteine (BMPs):		
Bmp2	BMP-Rezeptoren (*Bmpr1a, Bmpr1b, Bmpr2*)	Brachydaktylie; Maus: Tod während der Embryonalentwicklung (Herzentwicklung)
Bmp4		Polydaktylie, Mikrophthalmie
Bmp7		Maus: Tod nach der Geburt; schwere Skelett- und Knochendefekte
Gene, die als Antwort auf Signale exprimiert werden:		
Hoxa9–Hoxa13		Hand-Fuß-Genital-Syndrom
Hoxd9–Hoxd13		Polysyndaktylie
Lmx1		Erkrankungen an Finger- und Zehennägeln sowie der Kniescheibe
Spalt		Townes-Brockes-Syndrom
Tbx3		Erkrankungen an der Elle und den Brustdrüsen
Tbx4		Kleine Kniescheibe
Tbx5		Holt-Oram-Syndrom

Nach Tickle (2002); ergänzt nach OMIM (▶ http://www.ncbi.nlm.nih.gov/omim) und MGI (▶ http://www.informatics.jax.org/) (November 2018)

gesteuerte Netzwerke von Transkriptionsfaktoren, Signalproteinen und ihren Rezeptoren sowie durch Strukturproteine gesteuert. Diese genetischen Netzwerke sind in der Evolution konserviert; Mutationen machen sich durch Veränderungen des Phänotyps bzw. congenitale Erbkrankheiten bemerkbar. Häufig sind diese phänotypischen Veränderungen bzw. Erbkrankheiten nicht auf ein Organsystem beschränkt, sondern haben pleiotrope Effekte.

12.6.5 Keimzellentwicklung und Geschlechtsdeterminierung bei Säugern

Die Keimzellen üben auf viele Genetiker, Zell- und Entwicklungsbiologen eine einzigartige Faszination aus: Sie sind für die Reproduktionsfähigkeit aller Arten essenziell, die von sexueller Fortpflanzung abhängen, und

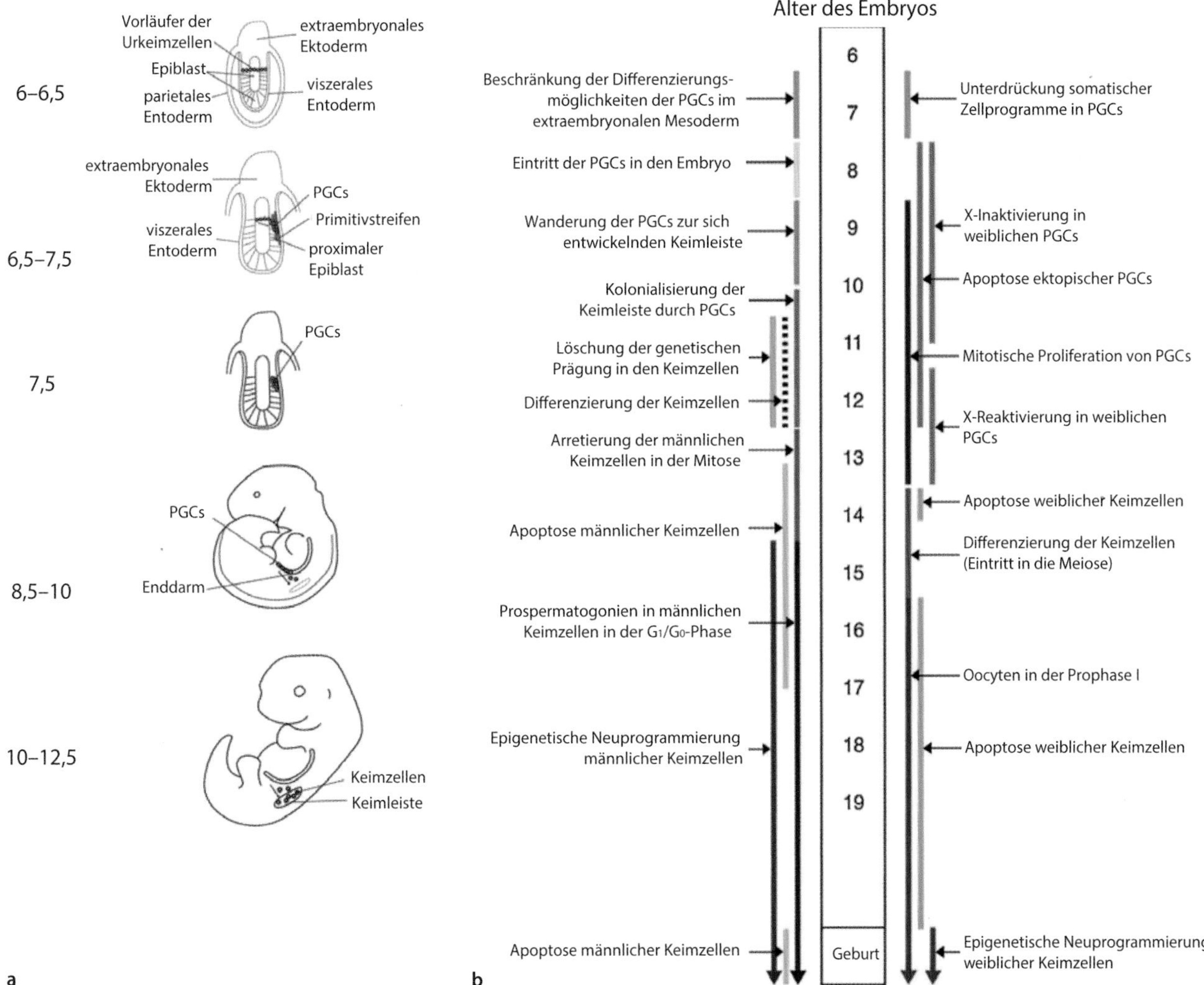

Abb. 12.55 Keimzellentwicklung der Maus. **a** Die Festlegung der Urkeimzellen (engl. *primordial germ cells*, PGCs) erfolgt in zwei Schritten: Am Tag 6,5 der Embryonalentwicklung erlangen die Zellen des Epiblasten, die direkt am extraembryonalen Ektoderm liegen, die Kompetenz, sich zu Urkeimzellen zu entwickeln. Am Tag 7,5 ist dann ein Teil dieser Zellen als Urkeimzellen spezifiziert. Danach erfolgt die Wanderung der Urkeimzellen in drei Phasen: Wenn sich ab Tag 7,5 der Enddarm einfaltet, wandern auch die Urkeimzellen in den Embryo ein. Zwischen den Tagen 8,5 und 10 wandern die Urkeimzellen vom Enddarm zu den sich bildenden Keimleisten, die danach von den Keimzellen besiedelt werden. **b** Zeitliche Abfolge der wichtigsten Schritte in der Keimzellentwicklung: Spezifikation, Proliferation, Apoptose, Besiedelung der Keimleiste, genetische Reprogrammierung, Aktivität des X-Chromosoms und Differenzierung der Keimzellen (für Details siehe Haupttext). *Links*: Spermien; *rechts*: Oocyten; die Zahlenangaben sind die Tage nach der Befruchtung. (Nach Ewen und Koopman 2010, mit freundlicher Genehmigung)

sie sind das einzige Mittel, um genetische Information auf die nachfolgenden Generationen zu übertragen. Aus einer kleinen Gruppe von Urkeimzellen entwickeln sie sich durch eine Vielzahl genetischer, epigenetischer und morphologischer Schritte zu reifen Spermien oder Oocyten. Die Meiose, durch die die diploiden Keimzellen zu haploiden Gameten werden, ist unter den Tausenden von Zellen im Körper ein einzigartiger Prozess (▶ Abschn. 6.3.2). Die Gameten, die schließlich auf diesem Wege entstehen, sind hochspezialisiert für einen eigentlich unwahrscheinlichen Vorgang, die Befruchtung – ein Flaschenhals, von dem das Überleben der Art unmittelbar abhängt.

Morphologisch können Keimzellen während der frühembryonalen Entwicklung bereits kurze Zeit nach der Zygotenbildung erkannt werden, wenn sie aus dem Dottersack auswandern und den Keimstreifen (engl. *gonadal ridge*) besiedeln. Danach beginnt die sexuelle Differenzierung der Keimzellen. Einen kurzen Überblick über die Keimzellentwicklung der Maus gibt ◘ Abb. 12.55. Die morphologischen Details sind in den einschlägigen entwicklungsbiologischen oder zoologischen Lehrbüchern genauer ausgeführt; wir wollen uns im Folgenden vor allem der Frage widmen, welche genetischen Faktoren für die sexuelle Differenzierung der Keimzellen verantwortlich sind.

Die **Spezifizierung** der Urkeimzellen beginnt – also die „Geburt" der Zellen der Keimbahn –, wenn einige wenige (sechs) Zellen des extraembryonalen Ektoderms durch Einwirkungen von BMPs (engl. *bone morphogenetic proteins*) und ihren Signalüberträgermolekülen (engl. *small body size* und *mothers against decapentaplegic*, SMADs) die Kompetenz zur Keimzellentwicklung erhalten. Andererseits müssen zu diesem Zeitpunkt die Wege der somatischen Differenzierung abgeschaltet werden. Dies wird durch das Protein Blimp1 bewirkt (engl. *B lymphocyte-induced maturation protein 1*), das die meisten Gene abschaltet, die in der Nachbarschaft der Urkeimzellen sonst aktiv sind. Homozygote *Blimp1*$^{-/-}$-Mäuse bilden dagegen eine kompakte Gruppe von etwa 20 Zellen, die zwar den Urkeimzellen ähneln, aber nicht wie Urkeimzellen zur Keimleiste wandern. Zusammen mit Prdm14 (engl. *PR domain-containing transcriptional regulator 14*) ist Blimp1 für die Aufrechterhaltung eines pluripotenten Zustandes der Urkeimzellen verantwortlich, der sich unter anderem in der Expression der Gene für die Transkriptionsfaktoren Nanog (benannt nach dem mystischen keltischen „Land der ewigen Jugend", Tir nan Og) und Oct4 (engl. *octamer 4*) ausdrückt.

Die Urkeimzellen wandern dann zunächst vom extraembryonalen Ektoderm zu dem darunterliegenden Entoderm, das sich später zum Enddarm entwickelt. Das Entoderm stülpt sich ein und nimmt dabei die Urkeimzellen mit. Diese wandern dann entlang der Mittellinie durch das dorsale Mesenterium und besiedeln zwischen den Tagen 10 und 12,5 der Embryonalentwicklung in zwei lateralen Gruppen die sich bildenden Keimleisten. Für diese Wanderung sind natürlich viele Signalmoleküle erforderlich: Für die Initiation ist der Ligand von c-Kit entscheidend (engl. *kit ligand*, auch als *stem cell factor* oder *mast-cell growth factor* bekannt); das Gen wurde wegen der entsprechenden Fellfarbe der Mäuse als *Steel* bezeichnet (Gensymbol: *Sl*). Die Anwesenheit des Kit-Liganden führt zur Autophosphorylierung von Kit und damit zur Aktivierung einer Signalkaskade, die letztlich zur Aktivierung der Proteinkinase AKT (alternative Bezeichnung: Proteinkinase Bα) führt. Weiterhin sind eine Reihe chemotaktischer Signale und Proteine der extrazellulären Matrix (z. B. Kollagene, Fibronectin, Laminin, Tenascin-C, E-Cadherin) an der Festlegung der Wanderungsroute beteiligt. Während der Wanderung zur Keimleiste und nach deren Besiedelung teilen sich die Urkeimzellen ständig, sodass die Population am Tag 13,5 der Embryonalentwicklung auf ca. 25.000 Zellen angewachsen ist.

Nach dem Eintritt in die Keimleiste durchlaufen die Keimzellen bemerkenswerte Veränderungen im Hinblick auf ihren Methylierungszustand. Zuvor sind sie schon weitgehend hypomethyliert (wenn man sie mit somatischen Zellen vergleicht), danach werden sie aktiv und genomweit demethyliert; das gilt sowohl für die geprägten Gene als auch für das inaktivierte X-Chromosom in weiblichen Zellen. Im Zusammenhang mit der Demethylierung wird auch das Chromatin umorganisiert; heterochromatische Strukturen und die entsprechenden repressiven Histonmarkierungen (wie H3K27me3 und H3K9me3) gehen verloren und werden durch aktive Histonmarkierungen ersetzt (wie H3K4me und H3K9ac). Dieser Zustand bleibt erhalten, bis die männlichen Keimzellen ihren eigenen Weg eingeschlagen haben; bei den weiblichen Keimzellen sogar bis kurz vor dem Beginn der Ovulation (▶ Abschn. 8.3.2 und 8.4).

Unter dem Einfluss des SRY-Proteins (engl. *sex-determining region on the Y-chromosome*) wird die Wanderung der Urkeimzellen in männlichen Organismen beendet; am Tag 12,5 der Embryonalentwicklung beginnt die Ausbildung der Hoden und damit der Leydig'schen Zellen, die Testosteron synthetisieren. Männliche Keimzellen arretieren in der Mitose (G_0/G_1-Phase) etwa am Tag 13 der Embryonalentwicklung und verbleiben in diesem Ruhezustand bis zur Geburt, wenn sie sich wieder zu teilen beginnen und zu der peripheren Basalmembran der Hodenkanälchen (Tubuli seminiferi) wandern. Dort differenzieren sie zu Spermatogonien (spermatogoniale Stammzellen), die sich selbst erneuern können und Tochterzellen produzieren, die beide Runden der Meiose durchlaufen und sich dabei zunächst zu Spermatiden entwickeln und schließlich zu reifen, funktionellen Gameten (Spermatozoen) differenzieren.

Beim Fehlen des Einflusses von SRY im weiblichen Organismus wandern die Urkeimzellen weiter in den Cortex und induzieren dort am Tag 13,5 der Embryonalentwicklung die Bildung der Eierstöcke und die Umbildung der Müller'schen Gänge zu Tuben, Uterus und Vagina. Die damit eingeleitete sexuelle Differenzierung bei weiblichen Keimzellen beinhaltet auch den Beginn der Meiose; nach Erreichen der Diakinese der meiotischen Prophase I bei der Geburt bleiben sie in diesem Ruhestadium (**Dictyotän**) bis zur Ovulation. Dann beenden sie die erste meiotische Teilung. Die zweite meiotische Teilung stoppt vor der Metaphase II; sie wird erst nach der Befruchtung beendet.

> **!** Weibliche Keimzellen teilen sich nur während der embryonalen Entwicklung. Zum Zeitpunkt der Geburt treten sie im Diakinesestadium der ersten meiotischen Teilung in eine Ruhephase ein, die nach Erlangung der Geschlechtsreife beendet wird; die dann weitergeführte Meiose wird erst bei der Befruchtung beendet.
>
> Männliche Keimzellen teilen sich in der Embryonalphase nicht; nach der Geburt bilden sich spermatogoniale Stammzellen, die beide meiotischen Teilungen durchlaufen und zu reifen Spermien differenzieren.

Eine wichtige Frage in diesem Zusammenhang ist, durch welche genetischen Faktoren das Geschlecht festgelegt wird. Wir haben oben schon gesehen, dass nur bei An-

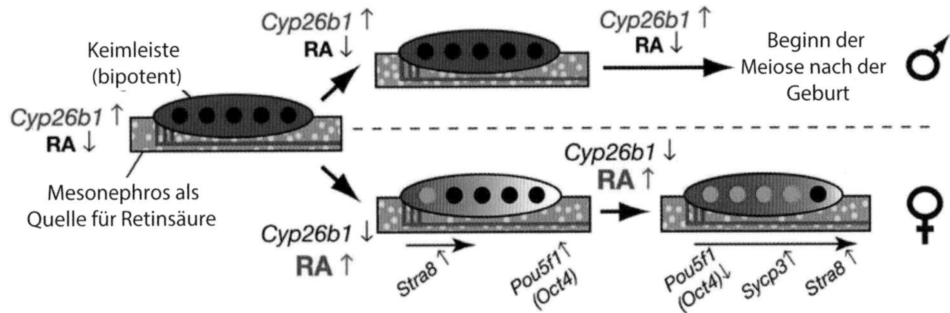

Abb. 12.56 Bedeutung der Retinsäure bei der Keimbahnentwicklung. Das Gen *Aldh1a2* wird in der Urniere (Mesonephros) exprimiert und codiert für eine Retinaldehyd-Dehydrogenase (*gelb*); die dadurch gebildete Retinsäure (RA, engl. *retinoic acid*) wirkt unmittelbar auf weibliche Keimzellen. Nicht-meiotische Keimzellen (*schwarze Kreise*) werden von der Retinsäure nicht beeinflusst, da hier die Retinsäure durch das Enzym Cyp26b1 (*blau*) schnell abgebaut wird. Da Cyp26b1 nur in der bipotenten Keimleiste und in den männlichen Keimzellen exprimiert wird, bleiben diese in der Mitose arretiert und können nicht in die Meiose eintreten. In der weiblichen Keimbahn bewirkt die Anwesenheit eines Retinsäuregradienten den Eintritt in die Meiose in Form einer anterio-posterioren Welle, die von einer Erhöhung der Expression von *Stra8* (engl. *stimulated by retinoic acid 8*) und *Sycp3* (engl. *synaptonemal complex protein 3*) sowie einer Verminderung der Expression von *Pou5f1* (engl. *POU domain class 5, transcription factor 1*; auch als *Oct4*, engl. *octamer-binding transcription factor 4*, bezeichnet) begleitet wird (meiotische Zellen sind *grün* dargestellt). (Nach Rodríguez-Marí et al. 2013)

wesenheit und ausreichender Aktivität des ***SRY*-Gens** die männliche Keimbahn gebildet wird; bei Abwesenheit entsteht automatisch ein weiblicher Organismus. Untersuchungen an Maus-Chimären haben gezeigt, dass *SRY* in mesodermalen Sertolizellen aktiv ist und für die Produktion eines Hormons (AMH, abgeleitet vom engl. *anti-Müllerian duct hormone*) verantwortlich ist, das für die Degeneration der (weiblichen) Müller'schen Gänge sorgt. Möglicherweise ist es zudem für die Repression von Genen verantwortlich, die die Differenzierung der Ovarien induzieren. In beiden Geschlechtern sorgen die von den Gonaden produzierten geschlechtsspezifischen Sexualhormone für die weitere Entwicklung des jeweiligen Geschlechts. Somit ist bei Säugern die Geschlechtsbestimmung kein zellautonomer Prozess wie bei *Drosophila*, sondern wird durch die Gonaden über eine **hormonelle Steuerung** auf den gesamten Organismus ausgeübt.

Neben SRY gibt es ein zweites Signalmolekül, das für die getrennten Wege in der weiblichen und männlichen Keimbahnentwicklung wichtig ist: Retinsäure. Retinsäure wird in der Urniere (Mesonephros) gebildet und erreicht dann die Keimzellen in der benachbarten Keimleiste. In der weiblichen Keimbahn ist es dafür verantwortlich, dass es dort die Meiose induziert. Das geschieht dadurch, dass eine Reihe von Genen eingeschaltet wird, die für die Einleitung der Meiose verantwortlich sind, wie z. B. *Stra8* (engl. *stimulated by retinoic acid 8*) und *Sycp3* (engl. *synaptonemal complex protein 3*). Der Start in die Meiose folgt dabei dem Retinsäuregradienten in anterior-posteriorer Orientierung. Dem *Stra8*-Gen kommt hierbei eine besondere Bedeutung zu: In *Stra8*-Null-Mutanten (Knock-out-Mäuse) wird kein Eintritt der weiblichen Keimzellen in die Meiose beobachtet, und es wird auch das zweite wichtige Gen, *Sycp3*, nicht exprimiert.

In der männlichen Keimbahn wird Retinsäure allerdings durch das Cytochrom-P450-Enzym Cyp26b1 abgebaut und kann somit seine Meiose-induzierende Wirkung nicht entfalten; wir können Cyp26b1 insofern als einen „Verhütungsfaktor" der männlichen Meiose verstehen. Cyp26b1 ist damit für die Arretierung der männlichen Keimzellen in der Mitose zumindest mitverantwortlich. Abb. 12.56 zeigt eine Zusammenfassung der komplexen Situation während dieser entscheidenden Phase der Entwicklung männlicher und weiblicher Keimzellen.

Bei Säugern erfolgt die Geschlechtsbestimmung durch *SRY*, ein Y-chromosomales Gen, das die embryonalen Gonadenanlagen als Testes determiniert. Bei Abwesenheit dieses Gens differenzieren sich die Gonadenanlagen zu Ovarien. Retinsäure stimuliert den Eintritt in die Meiose in weiblichen Keimzellen. Die Ausprägung der geschlechtsspezifischen Merkmale erfolgt unter hormonaler Kontrolle.

12.7 Stammzellen

12.7.1 Totipotenz von Zellkernen

Wir wissen, dass es möglich ist, genetisch identische Pflanzen durch vegetative Vermehrung zu erzeugen. Hierzu zerteilt man z. B. Wurzelstöcke. Eine alternative Möglichkeit der vegetativen Vermehrung ist die *in-vitro*-Kultur von Protoplasten, die es erlaubt, genetisch identische Individuen aus Einzelzellen zu gewinnen. Zwei in diesem Zusammenhang wichtige Fragen haben wir jedoch bisher noch nicht gestellt: Sind alle Zellen eines Individuums genetisch völlig identisch? Besitzen sie die gleiche genetische Information, die die Zygote besessen hat, von der sie abstammen? Beide Fragen gehören zu den Grundfragen der Entwicklungsbiologie und haben demgemäß die Biologen bereits in den Frühzeiten der experimentellen Forschung interessiert. Beobachtungen der klassischen Cytologen zeigen, dass man bei geeigneten Organismen im Mikroskop Unterschiede im Karyotyp zwischen Keimbahn- und Somazellen erkennen kann (▶ Abschn. 6.4.3 und 9.3.2). Solche Befunde lassen es nicht als abwegig erscheinen zu vermuten, dass **zelluläre Differenzierung** mit dem teilweisen Verlust – oder zumindest mit Veränderungen – genetischer Information verbunden ist. Versuche von Hans **Driesch** (1867–1941) gegen Ende des 19. Jahrhunderts hatten jedoch andererseits gezeigt, dass die verschiedenen Blastomeren von Seeigelembryonen in der Lage sind, einen vollständigen Organismus entstehen zu lassen (Driesch 1900). Gleiche Schlüsse wurden auch später hinsichtlich der Zellen in der inneren Zellmasse in Säugerblastulae gezogen (▶ Abschn. 12.6.1), von denen jede einzelne in der Lage ist, einen vollständigen Embryo entstehen zu lassen. Experimente Hans **Spemanns** (1868–1941) ließen auch erkennen, dass Säugerzellen ganz allgemein in hohem Maße zu Regenerationsprozessen befähigt sind und daher, wenn überhaupt, nur geringe Restriktionen hinsichtlich ihrer genetisch programmierten Fähigkeiten aufzuweisen scheinen (Spemann 1938).

Allerdings zeigen die gleichen embryologischen Experimente auch Einschränkungen der Differenzierungsfähigkeit an. Vor allem Experimente an Seeigeln hatten erkennen lassen, dass die Differenzierungskapazität von Seeigelblastomeren bereits vom 32-Zell-Stadium an begrenzt ist. Auch solche Einschränkungen der Entwicklungsfähigkeiten von Zellen erweisen sich bei genauerer Untersuchung als eine allgemeine Erscheinung, die mit zellulärer Differenzierung verbunden ist. Diese Feststellung wirft erneut die Frage auf, inwiefern solche Einschränkungen auf Veränderungen im genetischen Material zurückzuführen sind. Sie könnten auch rein epigenetisch bedingt sein, d. h. durch sekundäre Faktoren, die auf die Expression des genetischen Materials einwirken. Um diese Problemstellung besser beurteilen zu können, wollen wir uns zunächst auf die Beantwortung der Frage nach der **Unveränderlichkeit des genetischen Materials** in somatischen Zellen konzentrieren.

Eine geeignete experimentelle Technik zur Beantwortung der Frage nach der Gleichheit des genetischen Materials in differenzierten Zellen eines Organismus ist die der **Kerntransplantation**. Führt man beispielsweise den Zellkern einer ausdifferenzierten Zelle eines adulten Individuums nach Entfernung der beiden Pronuklei in eine befruchtete Eizelle ein, so sollte man erwarten, dass diese nunmehr mit einem Zellkern einer differenzierten Zelle ausgestattete Eizelle in der Lage ist, sich zu einem vollständigen Individuum zu entwickeln, wenn tatsächlich alle Informationen des Genoms unverändert vorhanden sind (◘ Abb. 12.57).

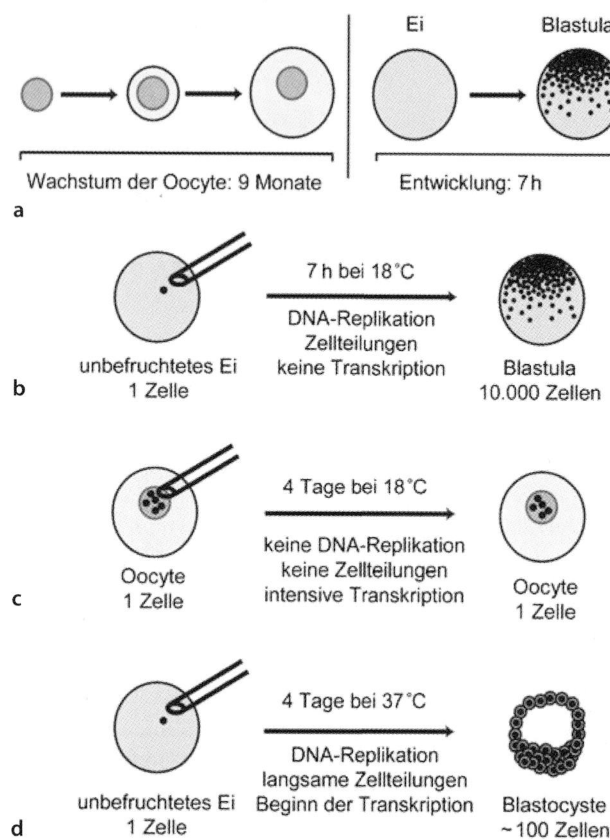

◘ **Abb. 12.57** Kerntransplantation bei *Xenopus* und der Maus. **a** Oogenese und frühe Entwicklung bei *Xenopus*. **b** In Eizellen von *Xenopus* wird nach einem Kerntransfer eine reprogrammierte Genexpression im späten Blastulastadium nach mindestens zwölf Zellteilungen beobachtet. **c** In Oocyten von *Xenopus* wird nach einem Kerntransfer eine reprogrammierte Genexpression ohne DNA-Replikation und Zellteilungen beobachtet. **d** In der Maus wird nach einem Kerntransfer in Eizellen die reprogrammierte Genexpression im Blastocystenstadium beobachtet. (Nach Gurdon et al. 2003, mit freundlicher Genehmigung)

❀ Solche Versuche wurden von Thomas J. **King** und Robert **Briggs** (1956) an *Rana pipiens* unternommen. Sie zeigten, dass Zellkerne aus Blastulae die Entwicklung bis hin zur Kaulquappe gestatten. In Versuchen, in denen sie Zellkerne späterer Entwicklungsstadien verwendeten, etwa aus späten Gastrulae oder sogar von somatischen Zellen aus Kaulquappen, nahm die Entwicklungsfähigkeit in den Transplantationsexperimenten jedoch mit fortschreitender Differenzierung der Donorzellen drastisch ab, sodass schließlich keine entwicklungsfähigen Embryonen mehr erzeugt wurden. Lediglich bei der Verwendung von Keimzellkernen aus Kaulquappen blieb die Differenzierungsfähigkeit erhalten. Diese Versuche scheinen daher eine zunehmende Restriktion der funktionellen Fähigkeiten des Genoms somatischer Zellen mit zunehmendem Differenzierungsgrad der Zelle anzuzeigen. Die Frage, ob es sich um irreversible Veränderungen des genetischen Materials oder lediglich um sekundäre Restriktionen der Expressionsfähigkeit bestimmter Gene handelt, konnte jedoch durch diese Experimente nicht beantwortet werden.

Ähnliche Versuche wurden von John **Gurdon** (1968) an *Xenopus* durchgeführt. Seine Ergebnisse wichen von denen der Experimente an *Rana* ab. Gurdon gelang es in einigen Fällen, wenn auch mit geringer Häufigkeit, durch Kerntransplantationen von Darmzellkernen fertile *Xenopus*-Individuen zu erhalten. Übereinstimmend sprechen somit embryologische Experimente, insbesondere an Tieren, für eine gewisse Beschränkung der Differenzierungsfähigkeit somatischer Zellen. Diese Klonierungsversuche sprechen aber auch dafür, dass solche Beschränkungen experimenteller Natur sind und dass vielen somatischen Zellen eine Pluripotenz oder sogar Totipotenz ihrer Differenzierungsfähigkeit erhalten bleibt. John Gurdon erhielt für seine Arbeiten 2012 den Nobelpreis für Medizin – zusammen mit Shinya **Yamanaka** für dessen Entwicklung der induzierbaren pluripotenten Stammzellen (iPS-Zellen; ▸ Abschn. 12.7.3).

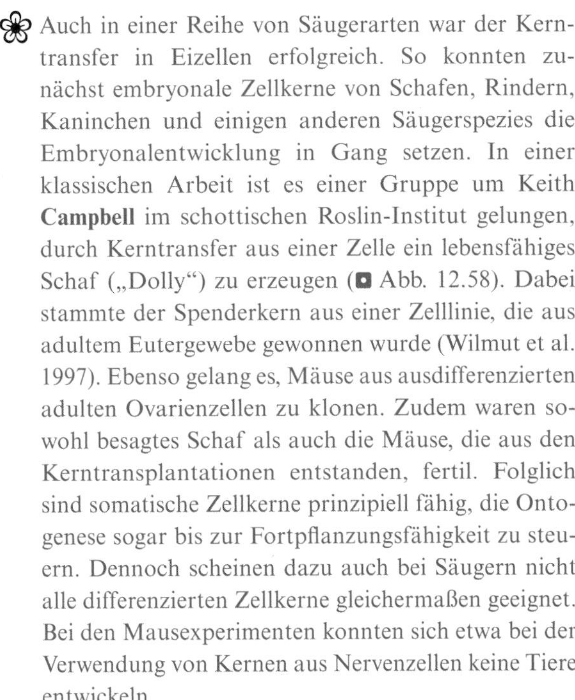

Auch in einer Reihe von Säugerarten war der Kerntransfer in Eizellen erfolgreich. So konnten zunächst embryonale Zellkerne von Schafen, Rindern, Kaninchen und einigen anderen Säugerspezies die Embryonalentwicklung in Gang setzen. In einer klassischen Arbeit ist es einer Gruppe um Keith **Campbell** im schottischen Roslin-Institut gelungen, durch Kerntransfer aus einer Zelle ein lebensfähiges Schaf („Dolly") zu erzeugen (◘ Abb. 12.58). Dabei stammte der Spenderkern aus einer Zelllinie, die aus adultem Eutergewebe gewonnen wurde (Wilmut et al. 1997). Ebenso gelang es, Mäuse aus ausdifferenzierten adulten Ovarienzellen zu klonen. Zudem waren sowohl besagtes Schaf als auch die Mäuse, die aus den Kerntransplantationen entstanden, fertil. Folglich sind somatische Zellkerne prinzipiell fähig, die Ontogenese sogar bis zur Fortpflanzungsfähigkeit zu steuern. Dennoch scheinen dazu auch bei Säugern nicht alle differenzierten Zellkerne gleichermaßen geeignet. Bei den Mausexperimenten konnten sich etwa bei der Verwendung von Kernen aus Nervenzellen keine Tiere entwickeln.

In allen Experimenten war die Erfolgsquote äußerst niedrig. Nur ein kleiner Prozentsatz der jeweiligen behandelten Oocyten entwickelte sich über Frühstadien hinaus. Das berühmte Schaf „Dolly" war das einzige lebende Lamm unter 277 Versuchen. In der Regel gilt: Je fortgeschrittener das Entwicklungsstadium einer Zelle ist, desto geringer ist die Wahrscheinlichkeit, dass ihr Kern die Embryonalentwicklung vollständig unterstützen kann. Dieses Experiment revolutionierte die Biowissenschaften und Reproduktionsmedizin. Die Herstellung von „Dolly" durch den Transfer eines Zellkerns aus einer erwachsenen Zelle hat auch das Interesse an der Klonierung von Menschen wieder geweckt. Was lange undenkbar schien, bekommt auf einmal realistischere Züge, nimmt aber auch in der Wissenschaft selbst beängstigende Formen an: So hat der südkoreanische Forscher Hwang **Woo** viele seiner bahnbrechenden Stammzellstudien gefälscht. Die gesellschaftliche Diskussion ist kontrovers, wenn auf der einen Seite der Kinderwunsch unfruchtbarer Paare oder das Bedürfnis nach maßgeschneiderten Spenderorganen und auf der anderen Seite grundsätzliche ethische und religiöse Überzeugungen stehen (Spiegel 2013). Wir werden diese Aspekte auch in den nächsten beiden Abschnitten über embryonale Stammzellen (ES-Zellen; ▸ Abschn. 12.7.2) und über induzierte pluripotente Stammzellen (iPS-Zellen; ▸ Abschn. 12.7.3) immer wieder zu beachten haben.

◘ **Abb. 12.58** Das Schaf Dolly. Das Lamm Nr. 6LL3 (später als „Dolly" bekannt geworden) entstand aus dem Zellkern einer Brustdrüsenzelle eines finnischen „Dorset"-Muttertieres und einer schottischen „Blackface" als Empfängerin. Dolly starb im Alter von 6 Jahren an einer schweren Lungenkrankheit. (Nach Wilmut et al. 1997, mit freundlicher Genehmigung)

Obwohl tierische Zellen im Allgemeinen noch einen hohen Grad an Differenzierungsfähigkeit besitzen (sie sind pluripotent), ist ein Teil der Zellen nicht mehr zur Entwicklung eines ganzen Organismus fähig (sie sind nicht totipotent). Bei Pflanzen sind mehr Zellen totipotent, jedoch kann auch hier nicht von einer allgemeinen Totipotenz gesprochen werden.

12.7.2 Embryonale Stammzellen

Wir haben gesehen, dass Zellen und ihre Zellkerne offensichtlich in unterschiedlichem Ausmaß in der Möglichkeit ihrer weiteren Entwicklung festgelegt sind: So zeigen beispielsweise die mesenchymalen Vorläufer der Muskelzellen (▶ Abschn. 12.6.1) noch keine Anzeichen für die komplexe Anordnung der kontraktilen Filamente, die sie in ihrem Inneren später entwickeln werden. Die Unterschiede zwischen den einzelnen Zellen bestehen wahrscheinlich in kleinen Veränderungen, die durch Aktivitätsänderungen einiger weniger Gene (Transkriptionsfaktoren) verursacht werden. In diesem Zustand werden die Zellen hinsichtlich ihrer weiteren Entwicklungsmöglichkeiten **determiniert**. Es können z. B. aus mesodermalen Zellen der Somiten (▶ Abschn. 12.6.1) noch Muskel-, Knorpel-, Unterhaut- und Gefäßgewebe entstehen, aber keine anderen Gewebe. Ist die Entwicklungsrichtung einer Zelle einmal festgelegt, so „vererbt" sie diesen Determinierungszustand auf alle ihre Nachkommen.

Die Frage ist daher, worauf diese Unterschiede in der Differenzierungskapazität zurückzuführen sind: auf Veränderungen in der Genomstruktur oder auf epigenetische Mechanismen. Wir werden sehen, dass Differenzierungsprozesse auf beiden Ebenen bestimmt werden können. Zunächst aber wollen wir uns die Zellen etwas genauer betrachten, die als **Stammzellen** bezeichnet werden. Diese sind in der Lage, in **verschiedene** Zelltypen zu differenzieren und sich an der Entwicklung aller embryonalen Gewebe einschließlich der späteren Keimzellen zu beteiligen. Diese Definition gilt in besonderem Maße für die embryonalen Stammzellen (ES-Zellen), die die Blastocysten von Säugetieren bilden (▶ Abschn. 12.6.1). In eingeschränktem Maße gilt dies aber auch noch für Zellen adulter Gewebe, die die Fähigkeit zur wiederholten differenziellen Zellteilung haben, wobei die Mutterzelle eine Stammzelle bleibt und die Tochterzelle sich differenziert. So leiten sich sämtliche Blutzellen in erwachsenen Säugetieren aus einer Population pluripotenter Stammzellen im Knochenmark ab. Ähnliches gilt für männliche Keimzellen, die fortwährend Spermatogonien produzieren. Weiterhin kennen wir retinale Stammzellen oder neuronale Stammzellen.

In den frühen Embryonalstadien besitzen Wirbeltiere ein beachtliches Regulationspotenzial, wenn Teile des Embryos entfernt oder anders angeordnet werden. Allerdings haben dabei verschiedene Organismen an unterschiedlichen Stellen ihre jeweiligen Grenzen. Isoliert man die animalen und vegetativen Hälften eines 8-Zell-Embryos des Krallenfrosches *Xenopus*, so entwickeln sich diese nicht mehr normal. Anders dagegen bei der Maus: Hier sind die Zellen der inneren Zellmasse (Morulastadium mit insgesamt 32 Zellen; ▶ Abschn. 12.6.1) noch nicht determiniert. Die Zellen der inneren Zellmasse der Maus sind bis zu 4,5 Tage nach der Befruchtung noch pluripotent und können daher in dieser Zeit in viele verschiedene Zelltypen differenzieren. Schleust man sie in die innere Zellmasse einer anderen Blastocyste vergleichbaren Alters ein, können sie an der Bildung aller embryonalen Gewebe einschließlich der zukünftigen Keimzellen beteiligt sein.

Diese Eigenschaft ermöglicht die Erzeugung von **chimären** Mäusen, die Zellen mit zwei verschiedenen Genotypen besitzen. Man kann dazu Zellen der inneren Zellmasse eines Tieres entnehmen und sie in einen Wirtsembryo injizieren, wo sie sich wie die übrigen Zellen der inneren Zellmasse verhalten. Sowohl der Verlust als auch das Hinzufügen von Zellen kann durch den Mausembryo ausgeglichen werden. Verschiedene Embryonen der Maus können auch im Morulastadium durch Anlagerung verschmelzen (Morula-Aggregation). Daraus entsteht dann ebenfalls eine Chimäre. Bilden sich aus der hinzugefügten Zelle Keimzellen, so stammen alle Nachkommen des erwachsenen Tieres von der hinzugefügten Zelle ab.

1981 gelang es Martin **Evans** und Matthew **Kaufman**, Zellen aus der inneren Zellmasse der Maus zu isolieren und *in vitro* zu kultivieren. Diese Zellen werden als embryonale Stammzellen (ES-Zellen) bezeichnet. Unter geeigneten Kulturbedingungen wachsen solche ES-Zellen unbegrenzt, ohne ihre Pluripotenz zu verlieren. So wie sich durch die Übertragung von Zellen aus der inneren Zellmasse eines Mausembryos in einen anderen Mausembryo Chimären herstellen lassen, so lassen sich auch einzelne ES-Zellen nach einer *in-vitro*-Kultur wieder mit frühen Mausembryonen kombinieren. Nach der Injektion von ES-Zellen in „Empfänger-Blastocysten" können sie sich in den entwickelnden Embryo integrieren und bilden so eine Chimäre.

Dieses System eröffnete die Möglichkeit, genetisch veränderte DNA zunächst in ES-Zellen zu transfizieren und nach geeigneter Selektion auch stabil zu integrieren. Die anschließende Einschleusung dieser veränderten ES-Zellen in Embryonen und die Produktion von Chimären haben den Grundstein für die enorm gestiegene Bedeutung der Maus als Tiermodell für genetische Untersuchungen gelegt. Es können im Prinzip Mausmutanten mit Mutationen in praktisch jedem Gen auf diese Weise gezielt hergestellt werden (Technikbox 27). Für die Entwicklung dieser Methode wurden Mario **Capecchi**, Martin **Evans** und Oliver **Smithies** 2007 mit dem Nobelpreis für Medizin ausgezeichnet.

Analog zu den ES-Zellen der Maus wurden auch ES-Zellkulturen von menschlichen Embryonen hergestellt. Diese menschlichen Embryonen aus der Prä-Implantationsphase stammten in der Regel aus „überzähligen" Embryonen von *in-vitro*-Fertilisationen. Die Frage, wie mit solchen „überzähligen" Embryonen und daraus entwickelten ES-Zellen umgegangen werden soll, ist seit Jahren Gegenstand heftiger Kontroversen zwischen Wissenschaftlern, aber in noch stärkerem Maße innerhalb der Gesellschaft. Offensichtlich handelt es sich doch um menschliche Embryonen, die ausschließlich zu Menschen werden können. Da sie sich aber noch nicht eingenistet haben, sprechen ihnen viele die volle Menschenwürde ab. Dieser Standpunkt erscheint

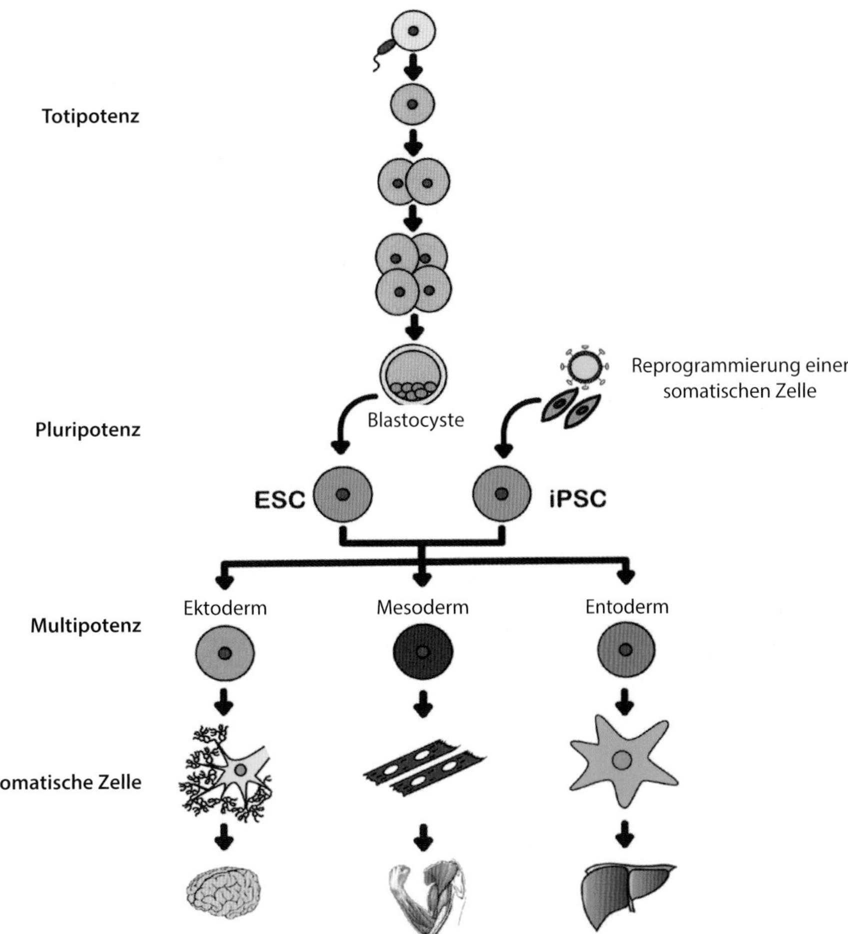

Abb. 12.59 Von Stammzellen zu Körperzellen. Nach der Befruchtung behalten die Zellen zunächst die Fähigkeit, alle drei Keimblätter (Ektoderm, Mesoderm, Entoderm) zu bilden sowie extraembryonales Gewebe und die Plazenta; sie werden daher als totipotent bezeichnet. Im Blastocystenstadium können Zellen der inneren Zellmasse entnommen und als embryonale Stammzellen (engl. *embryonic stem cells*, ESC) in Kultur gehalten werden. Diese schon eher spezialisierten Zellen behalten weiterhin die Fähigkeit, sich zu erneuern und in die drei Keimblätter zu differenzieren; sie können aber kein extraembryonales Gewebe mehr bilden und werden daher als pluripotent bezeichnet. Reprogrammierte somatische Zellen (engl. *induced pluripotent cells*, iPSC) verfügen über die gleichen Eigenschaften. Adulte oder somatische Stammzellen sind undifferenzierte Zellen, die in postnatalen Geweben gefunden werden. Diese spezialisierten Zellen werden als multipotent bezeichnet; sie haben nur geringe Möglichkeiten, sich zu erneuern, und sind auf spezifische Differenzierungsschritte festgelegt. (Nach Menon et al. 2016, mit freundlicher Genehmigung der Autoren)

dem Autor allerdings mit der „Unantastbarkeit der Menschenwürde" nicht vereinbar zu sein.

Ein erstes Ergebnis der gesellschaftlichen Debatte über die Verwendung menschlicher ES-Zellen in Deutschland ist die Verabschiedung des **Stammzellgesetzes** im Juni 2002 durch den Deutschen Bundestag (die aktuelle Fassung findet man auf der Seite des Bundesjustizministeriums: ▶ http://www.gesetze-im-internet.de/stzg/index.html). Es verbietet zwar grundsätzlich die Einfuhr und Verwendung menschlicher ES-Zellen, kann dies allerdings ausnahmsweise auf Antrag für Forschungszwecke genehmigen, wenn die Zellen vor dem 1. Mai 2007 hergestellt wurden. Über den Antrag entscheidet das Robert-Koch-Institut nach Anhörung seiner Zentralen Ethik-Kommission für Stammzellenforschung (ZES; alle wichtigen Informationen dazu findet man unter ▶ http://www.rki.de/DE/Content/Kommissionen/ZES/zes_node.html).

ES-Zellen der Maus – und in etwas eingeschränkterem Umfang auch ES-Zellen des Menschen – können unter definierten Bedingungen wie „normale" Zellkulturen gehandhabt werden (Passier und Mummery 2003). In Suspensionskulturen von ES-Zellen der Maus führt Zellaggregation zu einer Differenzierung in mehrschichtige Strukturen, die als „embryoide Körper" (engl. *embryoid bodies*) bezeichnet werden. Zwar fehlt eine Körperachse, doch die Differenzierung schreitet wie bei einem frühen Mausembryo fort und führt zu einer Reihe differenzierter Gewebe, wie Dottersack, Herz- und Skelettmuskelzellen, embryonalen und definitiven hämatopoetischen Zellen, Endothelzellen, Nerven- und Gliazellen (Abb. 12.59). Es ist möglich, diese Differenzierung von ES-Zellen der Maus durch Wachstumsfaktoren und/oder Retinsäure oder durch die Hemmung spezifischer Signalwege zu steuern. So führt die ektopische Expression der Transkriptionsfaktoren GATA-4 oder GATA-6 in ES-Zellen der Maus zur Differenzierung in viszerales Entoderm.

Während bei ES-Zellen der Maus die wesentlichen Differenzierungsschritte in den embryoiden Körpern ablaufen, differenzieren ES-Zellen des Menschen auch in der Zellkultur z. B. zu Neuronen, Pankreaszellen, Herzmuskelzellen, hämatopoetischen Zellen oder Endothelzellen. Es ist klar, dass für diese Differenzierungsschritte hohe lokale Zelldichten notwendig sind, und die zusätzliche Anwesenheit von Wachstumsfaktoren beeinflusst das Differenzierungsprogramm. Diese Technologien sollen in der Transplantationsmedizin Anwendung finden, insbesondere für Herzinfarktpatienten und Patienten mit neurodegenerativen Erkrankungen.

Die Parkinson'sche Krankheit (▶ Abschn. 14.5.3) ist eine neurodegenerative Erkrankung, die in erster Linie durch einen Verlust von dopaminergen Neuronen im Mittelhirn charakterisiert ist. Dementsprechend setzt eine Therapie auch primär an der Substitution des Neurotransmitters Dopamin an. Dopaminerge Neurone, die aus menschlichen ES-Zellen entstanden sind, wurden in Gehirne von Mäusen und Ratten eingeführt, bei denen diese Zellen vorher entfernt wurden. In allen Fällen wurde eine lang anhaltende Wiederherstellung der entsprechenden Gehirnareale in Verbindung mit den entsprechenden Bewegungs- und Verhaltensparametern festgestellt. Diese Arbeiten zeigen, dass diese Abkömmlinge von ES-Zellen prinzipiell in der Lage sein können, zur Therapie von Parkinson-Patienten eingesetzt zu werden (Krigs et al. 2011). Allerdings sind dabei noch viele Probleme ungelöst, sodass mit einer Standardtherapie in nächster Zukunft eher nicht zu rechnen sein wird (Parmar et al. 2018).

12

Embryonale Stammzellen werden aus der inneren Zellmasse von Blastocysten vor der Implantation in den Uterus gewonnen. Stammzellen haben die Fähigkeit zur wiederholten differenziellen Teilung, wobei die Mutterzelle eine Stammzelle bleibt und die Tochterzelle differenzieren kann. Totipotente Stammzellen haben dabei die Möglichkeit, wieder einen vollständigen Organismen zu generieren. Pluripotente Stammzellen können viele Gewebe eines Organismus aufbauen (zu dieser Gruppe gehören die embryonalen Stammzellen). Multipotente Stammzellen können zu einigen spezialisierten Geweben oder Zelltypen differenzieren; so können hämatopoetische Stammzellen Erythrocyten, Leukocyten und Thrombocyten bilden, aber keine Zellen außerhalb des Blutsystems.

12.7.3 Somatische Stammzellen

Stammzellen werden nicht nur aus embryonalem Gewebe gewonnen, sondern kommen auch in vielen Geweben eines erwachsenen Organismus vor (sie werden daher oft auch als „adulte" Stammzellen bezeichnet). Solche Gewebe sind z. B. Haut, Knochenmark, Gehirn, Leber, Pankreas oder Darm. Obwohl ursprünglich angenommen wurde, dass sich diese somatischen Stammzellen nur zu den Geweben weiterentwickeln können, aus denen sie entnommen wurden, wissen wir heute, dass somatische Stammzellen unter geeigneten experimentellen Bedingungen auch in völlig andere Zelltypen differenzieren können. Eine Übersicht über die verschiedenen technischen Möglichkeiten gibt ◘ Abb. 12.60.

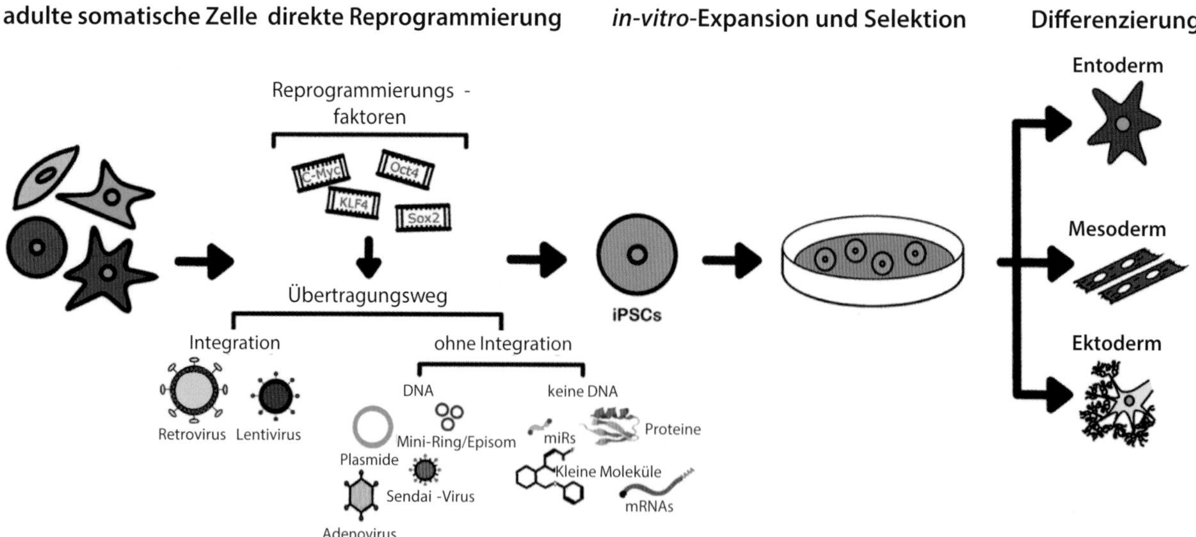

◘ **Abb. 12.60** Strategien zur Reprogrammierung von somatischen Zellen. Die direkte Reprogrammierung von somatischen Zellen zu iPS-Zellen (engl. *induced pluripotent stem cells*, iPSC) kann durch die ektopische Expression der Transkriptionsfaktoren Oct4, Sox2, KLF4 und c-Myc erreicht werden. Diese Faktoren können der Zelle auf unterschiedlichen Wegen zugeführt werden. Die ursprüngliche Methode verwendete integrierende retrovirale oder lentivirale Vektoren. Neuere Verfahren benutzen nicht-integrierende Methoden, die noch weiter untergliedert werden können, je nachdem, ob sie auf DNA basieren oder andere Moleküle verwenden. Sobald die Zellen in einen pluripotenten Zustand reprogrammiert sind, können die iPSC *in vitro* expandiert werden und anschließend in Ektoderm, Mesoderm oder Entoderm differenziert werden. Diese Zellen können dann für unterschiedliche Zwecke weiterverwendet werden. miRs: miRNAs. (Nach Menon et al. 2016, mit freundlicher Genehmigung der Autoren)

Wir hatten im ▶ Abschn. 12.7.2 im Zusammenhang mit humanen embryonalen Stammzellen die grundlegenden ethischen Probleme diskutiert, die damit verbunden sind, befruchtete menschliche Eizellen zu verwenden, denen eine noch nicht realisierte individuelle Menschenwürde zukommt. Es gab deshalb schon bald vielfältige Bestrebungen, somatische Zellen so zu „programmieren", dass sie Pluripotenz zurückgewinnen und dadurch in jedes gewünschte Gewebe differenzieren können. Kazutoshi **Takahashi** und Shinya **Yamanaka** (Kyoto) ist dies 2006 gelungen: Durch Einführen von nur vier Genen (*Sox2*, *Oct4*, *Klf4* und *c-Myc*) konnten sie Fibroblasten (der Maus) in pluripotente Stammzellen umwandeln; aufgrund dieser erzwungenen Reprogrammierung nannten sie diese Zellen „induzierte pluripotente Stammzellen", kurz iPS-Zellen. Die Autoren konnten außerdem zeigen, dass diese iPS-Zellen in der Lage sind, in verschiedene Zelltypen auszudifferenzieren, z. B. Fibroblasten, Nerven- oder Darmzellen. Wie bereits erwähnt, erhielt Shinya Yamanaka dafür nur sechs Jahre später (2012) den Nobelpreis für Physiologie und Medizin (zusammen mit Sir John **Gurdon** für dessen Experimente zur Kerntransplantation in Fröschen aus den 1960er-Jahren).

Adulte Stammzellen können aus allen Geweben der drei Keimblätter und der Plazenta gewonnen werden. Etliche Studien haben in der Zwischenzeit gezeigt, dass die hohe Plastizität von Stammzellen aus dem Nabelschnurblut und aus dem Knochenmark routinemäßig dazu genutzt werden kann, um zerstörte Organe in therapeutischen Verfahren wiederherzustellen. Aus diesen verschiedenen Zweigen entwickelt sich derzeit eine neue Disziplin, die regenerative Medizin, deren komplexe Verfahren den Rahmen eines Buches über allgemeine Genetik sprengen. Der interessierte Leser sei deshalb auf die einschlägige Fachliteratur verwiesen (z. B. Chhabra 2017; Chakrabarty et al. 2018; Soldner und Jaenisch 2018).

! Somatische (oder adulte) Stammzellen kommen in Menschen und Tieren in verschiedenen Organen vor, z. B. im Knochenmark. Über ein komplexes Steuerungssystem machen es diese somatischen Stammzellen möglich, dass sich hochspezialisierte Gewebe kontinuierlich erneuern. Unter bestimmten experimentellen Bedingungen ist es möglich, aus spezialisierten Geweben wieder pluripotente Stammzellen zu erzeugen (iPS-Zellen); am Einsatz für therapeutische Verfahren wird intensiv gearbeitet (regenerative Medizin).

12.8 Kernaussagen, Links, Übungsfragen, Technikboxen

Kernaussagen

- Zentrale Differenzierungsprozesse, insbesondere in der Frühentwicklung von Tieren, aber auch bei der Organdifferenzierung von Pflanzen, werden hierarchisch auf dem Niveau der Transkription reguliert. Hierbei spielen sowohl DNA-bindende Transkriptionsfaktoren als auch Hormone und andere Signalmoleküle eine wichtige Rolle (z. B. Auxine, Ethylen und Gibberelline bei Pflanzen, Steroide und Retinsäure bei Tieren).
- Die frühe embryonale Entwicklung von *Drosophila* wird durch Gene, die während der Oogenese in der Mutter aktiv sind (maternale Gene), und durch Gene, die im Embryo aktiviert werden (zygotische Gene), bestimmt. Maternale Gene sorgen für die gezielte Lokalisation von Molekülen (Morphogenen) im Ei, die im Embryo als Transkriptionsfaktoren die Transkription zygotischer Gene differenziell regulieren.
- Die Determination von Körperregionen in *Drosophila* erfolgt durch Lokalisation von Molekülen in bestimmten Regionen des Eicytoplasmas oder durch Signaltransduktion, deren Initiation von somatischen Zellen des Ovars ausgeht.
- Während der Embryogenese werden durch die Lokalisation von Morphogenen insbesondere die beiden Achsen des Embryos festgelegt. Außerdem bedingt die Lokalisation der Achsendeterminanten zugleich auch eine Untergliederung der Körperlängsachse. Morphogene sind Moleküle, die verschiedene Differenzierungsprozesse steuern. Sie können durch unterschiedliche Mechanismen wirksam werden.
- Regulationsgene, die in ihrer Funktion den Regulationsgenen bestimmter Entwicklungswege von *Drosophila* entsprechen (homöotische Gene), werden auch bei Vertebraten und Pflanzen gefunden. Die in der Frühentwicklung von *Drosophila* vorgefundenen Regulationsmechanismen sind daher von allgemeiner biologischer Bedeutung.
- Bei Säugern erfolgt die Geschlechtsdifferenzierung durch ein zentrales Regulationsgen (*SRY*). Das männliche Geschlecht wird als Folge der Aktivierung dieses Gens (bei Anwesenheit des Y-Chromosoms) durch männliche Geschlechtshormone festgelegt. Inaktivität des Schlüsselgens führt zur Ausprägung des weiblichen Geschlechts durch die Wirkung weiblicher Geschlechtshormone.
- Pflanzliche Zellen sind im Allgemeinen totipotent.

- Die meisten tierischen Zellen sind nicht totipotent, behalten jedoch eine relativ große Plastizität ihrer Entwicklungsfähigkeit (sie sind pluripotent). Dazu gehören auch embryonale Stammzellen.
- Viele tierische Zellen werden während der Frühentwicklung eines Organismus für ihre spätere Funktion determiniert. Die Differenzierung tritt erst später ein. Stammzellen haben die Fähigkeit zur wiederholten Teilung, wobei die Mutterzelle eine Stammzelle bleibt und die Tochterzelle differenzieren kann.
- Die Differenzierung von Zellen wird durch spezielle Signale ausgelöst. Dies kann unter Kulturbedingungen mit embryonalen und adulten Stammzellen nachgeahmt werden.

Links zu Videos

***Arabidopsis* – Wachstum und Musterbildung**:
(► sn.pub/PL4l6H)
***C. elegans*-Entwicklung**:
(► sn.pub/kPcRlB)
***Drosophila*-Entwicklung**:
(► sn.pub/BBFJeV)
***Drosophila* – Eric Wieschaus und die Entdeckung von Entwicklungskontrollgenen**:
(► sn.pub/9xhjOl)
Zebrafisch – Zellwanderungen *in vivo*:
(► sn.pub/Jz1sxk)
Typische und atypische Zwillingsformen bei Menschen:
(► sn.pub/JqP0pH)
iPS-Zellen:
(► sn.pub/yPtGrE)

Übungsfragen

1. Beschreiben Sie die Rolle des Florigens sowie die Einflüsse von Licht und Temperatur auf die Blühinduktion bei Pflanzen.
2. Erläutern Sie die Bedeutung des Begriffs „homöotische Mutation“ jeweils an einem Beispiel aus dem Pflanzen- und Tierreich.
3. Welche besondere Eigenschaft des Fadenwurms *Caenorhabditis elegans* führte zu der Formulierung des Konzepts der Apoptose?
4. Erläutern Sie das Wirkungsprinzip von Morpholinos beim Zebrafisch. Warum können sie in diesem Organismus besonders gut eingesetzt werden?
5. Begründen Sie, warum wir heute nicht mehr von einer getrennten Evolution von Facetten- und Linsenaugen sprechen können.

Technikbox 30

In-situ-Hybridisierung von Nukleinsäuren

Anwendung: Nachweis von DNA- oder RNA-Molekülen in ihrer natürlichen zellulären Lokalisation durch mikroskopische Analyse.

Voraussetzungen · Materialien: Die *in-situ*-Hybridisierungsmethodik umfasst eine Reihe unterschiedlicher Techniken, die sich auf verschiedene Fragestellungen zur Lokalisation einer Nukleinsäuresequenz beziehen. Es lässt sich Folgendes nachweisen:

- chromosomale DNA,
- wachsende Transkripte in ihrer Position am Chromosom,
- RNA-Fraktionen im Cytoplasma und
- DNA von Viren oder Bakteriophagen.

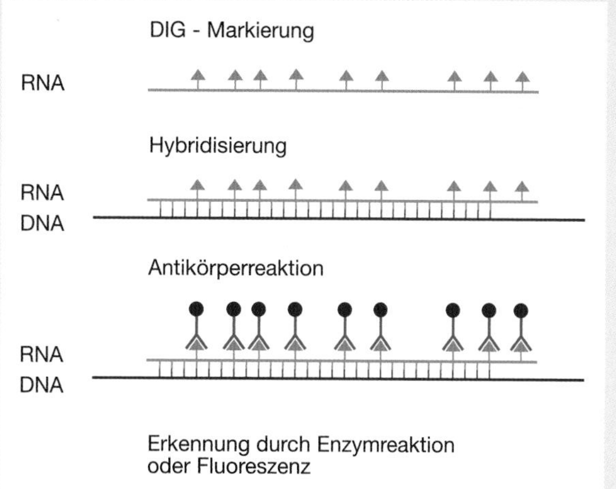

Abb. 12.61 *In-situ*-Hybridisierung. Auf Chromosomen- oder Gewebepräparaten wird zunächst eine normale Hybridisierungsreaktion mit markierten Nukleinsäuren ausgeführt. Die markierten Hybride können durch Autoradiographie oder mithilfe von Antikörpern (je nach Markierungsverfahren) nachgewiesen werden; DIG: Digoxigenin

Je nach den unterschiedlichen Eigenschaften dieser verschiedenen Nukleinsäuremoleküle sind Modifikationen der Grundtechnik erforderlich.

Methode: Die Grundtechnik der *in-situ*-Hybridisierung besteht in der Inkubation cytologischer (histologischer) Präparate mit einer markierten Nukleinsäureprobe. Nach der Inkubation werden überschüssige, nicht-hybridisierte, markierte Nukleinsäuren durch Waschen entfernt. Anschließend wird eine zur mikroskopischen Untersuchung der Lokalisation der gebildeten Hybride geeignete Nachweisreaktion ausgeführt. Markierung von Nukleinsäuren kann durch radioaktive Nukleotide erfolgen, wobei infolge der niedrigen Strahlungsenergie und der daher geringen Reichweite der Strahlung (β-Strahlung) vor allem Tritium (^{3}H) geeignet ist (Technikbox 15). Es wird aber auch radioaktiver Schwefel (^{35}S) bzw. Phosphor (^{32}P, ^{33}P) eingesetzt. Neuerdings werden jedoch vorwiegend nicht-radioaktive Markierungsmethoden, z. B. durch Biotin oder Digoxigenin, verwendet. In beiden Fällen kann der Nachweis entweder durch Farbreaktionen oder durch Fluoreszenz erfolgen. Einen Überblick über die Methode gibt Abb. 12.61, und ein Beispiel für den Nachweis der *Crygd*-Expression in der Augenlinse eines Mäuseembryos zeigt Abb. 12.62.

Beachte: Der Umgang mit radioaktiven Stoffen unterliegt der Strahlenschutzverordnung; dabei sind geeignete Maßnahmen zu ergreifen.

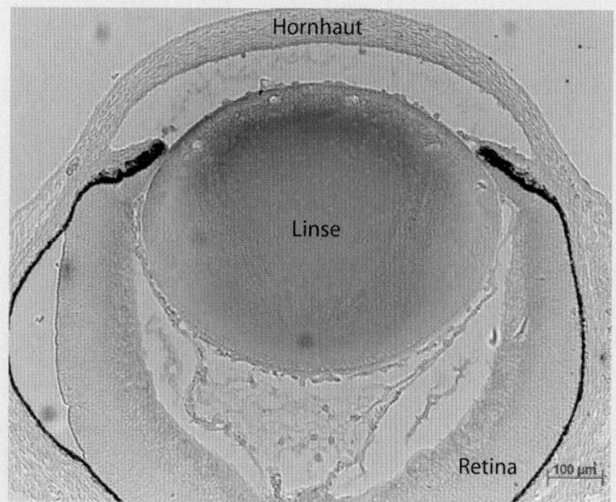

Abb. 12.62 *In-situ*-Hybridisierung mit einer *Crygd*-Probe am Auge. Dargestellt ist das Auge eines 15,5 Tage alten Embryos der Maus; der Schnitt wurde mit einer RNA-Sonde hybridisiert, die dem Gegenstrang des *Crygd*-Transkripts entspricht (codiert für das γD-Kristallin). Die RNA ist mit Digoxigenin markiert, das über eine Enzym-gekoppelte Antikörperreaktion erkannt wird. Die Blaufärbung tritt vor allem im vorderen Bereich der Linse auf und markiert damit den Bereich, in dem die *Crygd*-mRNA vorhanden ist. Der schwarze Ring entspricht dem stark pigmentierten retinalen Pigmentepithel. (Bild: Jochen Graw, Neuherberg)

Technikbox 31

Morpholinos

Anwendung: Methode zur gezielten Ausschaltung eines Gens durch *antisense*-RNA.

Voraussetzungen: Kenntnis der DNA-Sequenz des zu inaktivierenden Gens.

Methode: *Antisense*-Oligonukleotide sind Nukleotide, die an eine kurze komplementäre Sequenz einer mRNA binden und dadurch deren Translation verhindern. Sie sind gut geeignet, die Funktion eines Gens zu untersuchen, weil sie sehr schnell eingesetzt werden können, schnell wirken und ihr Einsatz sehr billig ist. Kurze mRNA wird aber rasch von Nukleasen abgebaut (siehe dazu auch Technikbox 20, RNAi und siRNA). Durch den Einsatz von Morpholinos werden nun diese Schwierigkeiten überwunden. Dabei handelt es sich um kurze Oligonukleotide, in denen die Ribose in der mRNA durch einen Morpholinring ersetzt ist (■ Abb. 12.63). Diese Morpholinos werden so konstruiert, dass sie möglichst an oder in der Nähe der Initiationsstelle für die Translation binden. Sie haben darüber hinaus wesentlich bessere *antisense*-Eigenschaften als mRNA-Oligonukleotide. Sie können leicht in kultivierte Zellen eingebracht werden. Ein weiteres umfangreiches Anwendungsgebiet in der Entwicklungsgenetik ist die Ausschaltung von Genen beim Zebrafisch: Durch Injektion von Morpholinos auf der einen Seite des Fischembryos wird das zu untersuchende Gen ausgeschaltet, während die andere Seite eine endogene Kontrolle darstellt (ein Beispiel dazu ist in ■ Abb. 12.64 gezeigt).

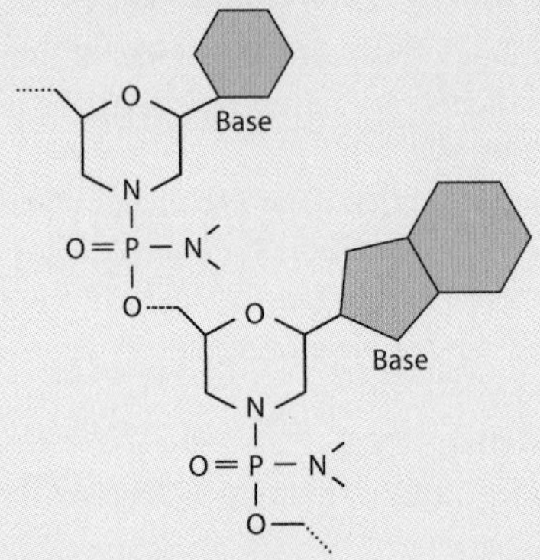

■ **Abb. 12.63** Schematische Darstellung des Rückgrats eines Morpholin-Oligonukleotids. Anstelle der Vernetzung der Basen über ein Ribosemolekül (wie in der RNA) und Phosphatreste sind die Morpholinos über einen Morpholinring und Phosphoamidgruppen verbunden. Die Basen, die mit dem Morpholinring verbunden sind, bleiben allerdings dieselben, sodass die üblichen Basenpaar-Reaktionen ablaufen können

Weitere Vorteile von Morpholinos sind:

- Sie werden nicht durch Nukleasen abgebaut.
- Sie binden sehr effektiv an den komplementären mRNA-Teil.
- Sie zeigen eine äußerst geringe Tendenz, sich an nicht-komplementäre Sequenzen zu binden.
- Sie verteilen sich schnell im Cytosol und im Kern.

Dadurch werden sie zu idealen Instrumenten für die Untersuchung der Funktion eines Gens.

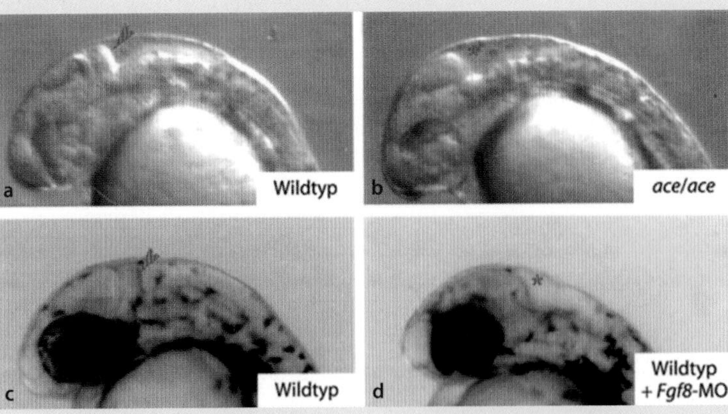

■ **Abb. 12.64** Vergleich von genetischem und Morpholino-induziertem Funktionsverlust von *Fgf8* im Zebrafisch. Gezeigt sind Geschwister von Zebrafisch-Embryonen im Alter von 24 h (**a**, **c**: Wildtyp; **b**: homozygote *ace*-Mutation). Die *ace*-Mutanten exprimieren kein *Fgf8*, was zum Verlust der Bildung des Kleinhirns (Cerebellum) führt (*Pfeilspitzen* in **a** deuten auf das Kleinhirn; der *Stern* in **b** zeigt den Verlust des Kleinhirns). In **d** ist ein Zebrafisch-Embryo gezeigt, dem im 1-Zell-Stadium ein Morpholino injiziert wurde, der für den Gegenstrang von *Fgf8* codiert und die Translation von *Fgf8*-mRNA verhindert. Man beachte, dass der Phänotyp des *Fgf8*-Morpholino-induzierten Fischembryos sich nicht von der homozygoten *ace*-Mutante (**b**) unterscheidet. Die Embryonen sind von der Seite fotografiert, die anteriore Seite ist oben, die dorsale Seite unten. (Bild: Laure Bally-Cuif, Institute Pasteur, Paris)

Literatur

Abbas M, Alabadí D, Blázquez MA (2013) Differential growth at the apical hook: all roads lead to auxin. Front Plant Sci 4:441

An F, Zhang X, Zhu Z et al (2012) Coordinated regulation of apical hook development by gibberellins and ethylene in etiolated *Arabidopsis* seedlings. Cell Res 22:915–927

Babbs C, Furniss D, Morriss-Kay GM et al (2008) Polydactyly in the mouse mutant *doublefoot* involves altered Gli3 processing and is caused by a large deletion in cis to *Indian hedgehog*. Mech Dev 125:517–526

Bateson W (1894) Materials for the study of variation treated with especial regard to discontinuity in the origin of species. Macmillan, London

Beis D, Stainier DYR (2006) *In vivo* cell biology: following the zebrafish trend. Trends Cell Biol 16:105–112

Boija A, Mannervik M (2015) A time of change: dynamics of chromatin and transcriptional regulation during nuclear programming in early *Drosophila* development. Mol Reprod Dev 82:735–746

Busch M, Mayer U, Jürgens G (1996) Molecular analysis of the *Arabidopsis* pattern formation of gene *GNOM*: gene structure and intragenic complementation. Mol Gen Genet 250:681–691

Del Campo M, Jones KL (2017) A review of the physical features of the fetal alcohol spectrum disorders. Eur J Med Genet 60:55–64

Chakrabarty K, Shetty R, Ghosh A (2018) Corneal cell therapy: with iPSCs, it is no more a far-sight. Stem Cell Res Ther 9:287

Charlton-Perkins M, Brown NL, Cook TA (2011) The lens in focus: a comparison of lens development in *Drosophila* and vertebrates. Mol Genet Genomics 286:189–213

Chhabra A (2017) Derivation of human induced pluripotent stem cell (iPSC) lines and mechanism of pluripotency: historical perspective and recent advances. Stem Cell Rev 13:757–773

Chin-Sang ID, Chisholm AD (2000) Form of the worm: genetics of epidermal morphogenesis in *C. elegans*. Trends Genet 16:544–551

Clark E, Akam M (2016) Odd-paired controls frequency doubling in *Drosophila* segmentation by altering the pair-rule gene regulatory network. Elife 5:e18215

Cooley L, Verheyen E, Ayers K (1992) *chickadee* encodes a profilin required for intercellular cytoplasm transport during *Drosophila* oogenesis. Cell 69:173–184

Copp AJ, Greene NDE, Murdoch JN (2003) The genetic basis of mammalian neurulation. Nat Rev Genet 4:784–793

Crick AP, Babbs C, Brown JM et al (2003) Develomental mechanisms underlying polydactyly in the mouse mutant *Doublefoot*. J Anat 202:21–26

Driesch H (1900) Studien über das Regulationsvermögen der Organismen. 4. Die Verschmelzung der Individualität bei Echinidenkeimen. Arch Entw Mech 10:411–434

Ephrussi A, Johnston StD (2004) Seeing is believing: the bicoid morphogen gradient matures. Cell 116:143–152

Evans MJ, Kaufman MH (1981) Establishment in culture of pluripotential cells from mouse embryos. Nature 292:154–156

Ewen KA, Koopman P (2010) Mouse germ cell development: from specification to sex determination. Mol Cell Endocrinol 323:76–93

Favor J, Neuhäuser-Klaus A (2000) Saturation mutagenesis for dominant eye morphological defects in the mouse *Mus musculus*. Mamm Genome 11:520–525

Fuchs J, Mueller JC, Lichtner P et al (2009) The transcription factor PITX3 is associated with sporadic Parkinson's disease. Neurobiol Ageing 30:731–738

Gabbett MT, Laporte J, Sekar R et al (2019) Molecular support for heterogonesis resulting in sesquizygotic twinning. N Engl J Med 380:842–849

Graw J (2003) The genetic and molecular basis of congenital eye defects. Nat Rev Genet 4:876–888

Graw J, Neuhäuser-Klaus A, Klopp N et al (2004) Genetic and allelic heterogeneity of *Cryg* mutations in eight distinct forms of dominant cataract in the mouse. Invest Ophthalmol Vis Sci 45:1202–1213

Gurdon JB (1968) Transplanted nuclei and cell differentiation. Sci Amer 219:24–35

Gurdon JB, Byrne JA, Simonsson S (2003) Nuclear reprogramming and stem cell creation. Proc Natl Acad Sci USA 100:11819–11822

Halder G, Callaerts P, Gehring WJ (1995) Induction of ectopic eyes by targeted expression of the *eyeless* gene in *Drosophila*. Science 267:1788–1792

Hamann T, Mayer U, Jürgens G (1999) The auxin-insensitive *bodenlos* mutation affects primary root formation and apical-basal patterning in the *Arabidopsis* embryo. Development 126:1387–1395

Haskel-Ittah M, Ben-Zvi D, Branski-Arieli M et al (2012) Self-organized shuttling: generating sharp dorsoventral polarity in the early *Drosophila* embryo. Cell 150:1016–1028

ten Hove CA, Lu KJ, Weijers D (2015) Building a plant: cell fate specification in the early *Arabidopsis* embryo. Development 142:420–430

Ito T, Handa H (2012) Deciphering the mystery of thalidomide teratogenicity. Congenit Anom 52:1–7

Jiménez G, Guichet A, Ephrussi A et al (2000) Relief of gene expression by Torso RTK signaling: role of *capicua* in *Drosophila* terminal and dorsoventral patterning. Genes Dev 14:224–231

Johnston DS, Nüsslein-Volhard C (1992) The origin of patterns and polarity in the *Drosophila* embryo. Cell 68:201–219

Kassis JA, Kennison JA, Tamkun JW (2017) Polycomb and Trithorax group genes in *Drosophila*. Genetics 206:1699–1725

Kessel M, Gruss P (1991) Homeotic transformation of murine vertebrae and concomitant alteration of Hox codes induced by retinoic acid. Cell 67:89–104

King TJ, Briggs R (1956) Serial transplantation in amphibia. Cold Spring Harb Symp Quant Biol 21:271–289

Kipreos ET (2005) *C. elegans* cell cycles: invariance and stem cell divisions. Nat Rev Mol Cell Biol 6:766–776

Koornneef M, Hanhart CJ, van der Veen JH (1991) A genetic and physiological analysis of late flowering mutants in *Arabidopsis thaliana*. Mol Gen Genet 229:57–66

Kratochvilova J, Ehling UH (1979) Dominant cataract mutations induced by γ-irradiation of male mice. Mutat Res 63:221–223

Krigs S, Shim JW, Piao J et al (2011) Dopamine neurons derived from human ES cells efficiently engraft in animal models of Parkinson's disease. Nature 480:547–551

Lau S, Slane D, Herud O et al (2012) Early embryogenesis in flowering plants: setting up the basic body pattern. Annu Rev Plant Biol 63:483–506

Laux T, Würschum T, Breuninger H (2004) Genetic regulation of embryonic pattern formation. Plant Cell 16 (Suppl):S190–S202

Lenz W (1970) Medizinische Genetik, 2. Aufl. dtv und Thieme, Stuttgart

Lenz W (1992) A personal perspective on the thalidomide tragedy. Teratology 46:417–418

Lewis EB (1978) A gene complex controlling segmentation in *Drosophila*. Nature 276:565–570

Lopez-Rios J (2016) The many lives of SHH in limb development and evolution. Semin Cell Dev Biol 49:116–124

Luo Y, Guo Z, Li L (2013) Evolutionary conservation of microRNA regulatory programs in plant flower development. Dev Biol 380:133–144

Lyczak R, Gomes JE, Bowerman B (2002) Heads or tails: cell polarity and axis formation in the early *Caenorhabditis elegans* embryo. Dev Cell 3:157–166

Maduro MF (2006) Endomesoderm specification in *Caenorhabditis elegans* and other nematodes. Bioessays 28:1010–1022

McNamara HC, Kane SC, Craig JM et al (2016) A review of the mechanisms and evidence for typical and atypical twinning. Am J Obstet Gynecol 214:172–191

12

Menon S, Shailendra S, Renda A et al (2016) An overview of direct somatic reprogramming: the ins and outs of iPSCs. Int J Mol Sci 17:E141

Montagna S, Viroli M, Roli A (2015) A framework supporting multicompartment stochastic simulation and parameter optimisation for investigating biological system development. Simulation 91:666–685

Morante J, Desplan C, Celik A (2007) Generating patterned arrays of photoreceptors. Curr Opin Genet Develop 17:314–319

Moreira J, Deutsch A (2005) Pigment pattern formation in zebrafish during late larval stages: a model based on local interactions. Dev Dyn 232:33–42

Müller W, Hassel M (2018) Entwicklungsbiologie und Reproduktionsbiologie des Menschen und bedeutender Modellorganismen, 6. Aufl. Springer Spektrum, Heidelberg

Nakajima K, Benfey PN (2002) Signaling in and out: control of cell division and differentiation in the shoot and root. Plant Cell 14(Suppl):S265–S276

Neuhauss SCF (2003) Behavioral genetic approaches to visual system development and function in zebrafish. J Neurobiol 54:148–160

Niessing D, Rivera-Pomar R, La Rosée A et al (1997) A cascade of transcriptional control leading to axis determination in *Drosophila*. J Cell Physiol 173:162–167

Opiz PM (1821) 2. *Capsella apetala* Opiz. Eine neue merkwürdige Pflanze. Flora Oder Bot Zeitung 4:436–443

Parmar M, Torper O, Drouin-Ouellet J (2018) Cell-based therapy for Parkinson's disease: a journey through decades toward the light side of the Force. Eur J Neurosci 49:463–471

Passier R, Mummery C (2003) Origin and use of embryonic and adult stem cells in differentiation and tissue repair. Cardiovasc Res 58:323–335

Petit F, Sears KE, Ahituv N (2017) Limb development: a paradigm of gene regulation. Nat Rev Genet 18:245–258

Pick L (1998) Segmentation: painting stripes from flies to vertebrates. Dev Genet 23:1–10

Pick L (2016) *Hox* genes, evo-devo, and the case of the *ftz* gene. Chromosoma 125:535–551

Popova S, Lange S, Probst C et al (2017) Estimation of national, regional, and global prevalence of alcohol use during pregnancy and fetal alcohol syndrome: a systematic review and meta-analysis. Lancet Glob Health 5:e290–e299

Porcher A, Dostatni N (2010) The bicoid morphogen system. Curr Biol 20:R249–R254

Pruitt RE, Bowman JL, Grossniklaus U (2003) Plant genetics: a decade of integration. Nat Genet 33 (Suppl):294–304

Pulido A, Laufs P (2010) Co-ordination of developmental processes by small RNAs during leaf development. J Exp Bot 61:1277–1291

Rédei GP (1962) Supervital mutants of *Arabidopsis*. Genetics 47:443–460

Restrepo S, Zartman JJ, Basler K (2014) Coordination of patterning and growth by the morphogen DPP. Curr Biol 24:R245–R255

Richardson R, Tracey-White D, Webster A et al (2017) The zebrafish eye – a paradigm for investigating human ocular genetics. Eye (Lond) 31:68–86

Rodríguez-Marí A, Cañestro C, BreMiller RA et al (2013) Retinoic acid metabolic genes, meiosis, and gonadal sex differentiation in zebrafish. Plos One 8:e73951

Rose LS, Kemphues KJ (1998) Early patterning of the *C. elegans* embryo. Annu Rev Genet 32:521–545

Rosemann M, Ivashkevich A, Favor J et al (2010) Microphthalmia, parkinsonism, and enhanced nociception in *Pitx3* (416insG) mice. Mamm Genome 21:13–27

Saedler H, Becker A, Winter KU et al (2001) MADS-box genes are involved in floral development and evolution. Acta Biochim Polon 48:351–358

Samarut E, Fraher D, Laudet V et al (2015) ZebRA: an overview of retinoic acid signaling during zebrafish development. Biochim Biophys Acta 1849:73–83

Sanson B (2001) Generating patterns from fields of cells. EMBO Rep 2:1083–1088

Schindler AJ, Sherwood DR (2013) Morphogenesis of the *Caenorhabditis elegans* vulva. Wiley Interdiscip Rev Dev Biol 2:75–95

Schulz C, Tautz D (1994) Autonomous concentration-dependent activation and repression of *Krüppel* by *hunchback* in the *Drosophila* embryo. Development 120:3043–3049

Schwarz-Sommer Z, Huijser P, Nacken W et al (1990) Genetic control of flower development by homeotic genes in *Antirrhinum majus*. Science 250:931–936

Scofield S, Murray JAH (2006) *KNOX* gene function in plant stem cell niches. Plant Mol Biol 60:929–946

Sharma RP, Chopra VL (1976) Effect of the *wingless* (*wg*[1]) mutation on wing and haltere development in *Drosophila melanogaster*. Dev Biol 48:461–465

Skromne I, Prince VE (2008) Current perspectives in zebrafish reverse genetics: moving forward. Dev Dyn 237:861–882

Smidt MP, Smits SM, Bouwmeester H et al (2004) Early developmental failure of substantia nigra dopamine neurons in mice lacking the homeodomain gene *Pitx3*. Development 131:1145–1155

Soldner F, Jaenisch R (2018) Stem cells, genome editing, and the path to translational medicine. Cell 175:615–632

Soltis DE, Ma H, Frohlich MW et al (2007) The floral genome: an evolutionary history of gene duplication and shifting patterns of gene expression. Trends Plant Sci 12:358–367

Spemann H (1938) Embryonic Development and Induction. Yale University Press, New Haven

Spiegel AM (2013) The stem cell wars: a dispatch from the front. Trans Am Clin Climatol Assoc 124:94–110

Spohr HL, Steinhausen HC (2008) Fetal alcohol spectrum disorders and their persisting sequelae in adult life. Dtsch Arztebl Int 105:693–698

Srikanth A, Schmid M (2011) Regulation of flowering time: all roads lead to Rome. Cell Mol Life Sci 68:2013–2037

Steinhauer J, Kalderon D (2006) Microtubule polarity and axis formation in the *Drosophila* oocyte. Dev Dyn 235:1455–1468

Struhl G, Johnston P, Lawrence PA (1992) Control of *Drosophila* body pattern by the hunchback morphogen gradient. Cell 69:237–249

Takahashi K, Yamanaka S (2006) Induction of pluripotent stem cells from mouse embryonic and adult fibroblast cultures by defined factors. Cell 126:663–676

Tariverdian G, Buselmaier W (2004) Humangenetik, 3. Aufl. Springer, Berlin

Theißen G, Rümpler F, Gramzow L (2018) Array of MADS-box genes: facilitator for rapid adaptation? Trends Plant Sci 23:563–576

Tickle C (2002) Molecular basis of vertebrate limb patterning. Am J Med Genet 112:250–255

Tsai AY, Gazzarrini S (2014) Trehalose-6-phosphate and SnRK1 kinases in plant development and signaling: the emerging picture. Front Plant Sci 5:119

Wang T, Montell C (2007) Phototransduction and retinal degeneration in *Drosophila*. Pflugers Arch 454:821–847

Wigge PA (2011) FT, a mobile developmental signal in plants. Curr Biol 21:R374–R378

Wilmut I, Schnieke AE, McWhir J et al (1997) Viable offspring derived from fetal and adult mammalian cells. Nature 385:810–813

Zeller R, López-Ríos J, Zuniga A (2009) Vertebrate limb bud development: moving towards integrative analysis of organogenesis. Nat Rev Genet 10:845–858

Zhao P, Begcy K, Dresselhaus T et al (2017) Does early embryogenesis in eudicots and monocots involve the same mechanism and molecular players? Plant Physiol 173:130–142

Genetik menschlicher Erkrankungen

Gleichheit und Individualität (hier ein Tibeter) – diese beiden Charakteristika des Menschen wurden durch das Humangenomprojekt noch deutlicher. (Foto: W. Hennig, Mainz)

Inhaltsverzeichnis

J. Graw, *Genetik*, https://doi.org/10.1007/978-3-662-60909-5_13

Überblick

Obgleich sich die Vererbung von Eigenschaften des Menschen in ihren Grundprinzipien und Regeln nicht von denen anderer Organismen unterscheidet, stellt sie den Genetiker vor besondere Probleme. Die Erforschung der genetischen Grundlage menschlicher Krankheiten wird oft durch die Familiengröße limitiert. In der klassischen Humangenetik waren Familienstammbäume das wichtigste Werkzeug. Manche grundsätzlichen Fragen ließen sich zudem durch die vergleichende Untersuchung von Zwillingen lösen. In der Praxis boten diese Analysen aber meistens nur die Möglichkeit, Wahrscheinlichkeitsaussagen über das Vorkommen von Erbkrankheiten bei Kindern betroffener Eltern zu machen.

Durch die Entwicklung gentechnologischer Methoden hat die Humangenetik einen revolutionären Wandel erlebt. Es war gelungen, eine Anzahl von Genen zu isolieren, deren Mutation schwere Erbkrankheiten zur Folge hat. Die molekulare Analyse dieser Gene hat dabei in vielen Fällen neue Einsichten in die molekulare Struktur und Funktion von Genen vermittelt. Nach der vollständigen Sequenzierung des menschlichen Genoms und vieler Modellorganismen (z. B. Maus, *Drosophila*, Hefe) ist dieser Prozess mit noch höherer Geschwindigkeit vorangeschritten. Dabei sind durch die Einbeziehung von immer mehr Menschen in gendiagnostische Verfahren auch die individuellen Unterschiede stärker zum Vorschein gekommen. Es eröffnen sich dadurch auch neue Ansätze zur Therapie genetischer Defekte, z. B. durch geeignete Eingriffe in den Stoffwechsel, um bestehende erbliche Defekte zu kompensieren. Andererseits besteht im Prinzip die Möglichkeit der Korrektur des Erbmaterials. Gegenwärtig stehen wir erst am Beginn eines neuen Zeitalters der Humangenetik, dessen Möglichkeiten erst allmählich deutlich werden. Besonders wichtige Konsequenzen ergeben sich gegenüber den moralischen und ethischen, aber auch den rechtlichen Fragen, die sich in diesem Zusammenhang stellen.

Die größten Fortschritte wurden bisher bei den monogenen Erkrankungen gemacht, die in klaren Formen den Mendel'schen Regeln folgen. Hier gibt es in vielen Fällen eine ausgefeilte molekulare Diagnostik und eine sichere Therapie auf gentechnischer Grundlage. Durch die Kombination pränataler Diagnostik mit den Techniken der Molekulargenetik ist es heute möglich, eindeutige Aussagen über die genetische Konstitution selbst von heterozygoten rezessiven Krankheiten bei Eltern und ihren Kindern zu erhalten. Hierdurch wird die genetische Familienberatung erleichtert, ohne damit jedoch die ethischen Fragen zu lösen, die der Humangenetik durch diese neuen Methoden zunehmend gestellt werden.

Die Untersuchung menschlicher Krankheiten lässt auch erkennen, dass viele Erbkrankheiten auf komplexen genetischen Konstitutionen beruhen (z. B. Asthma, Diabetes). Dabei spielen oft Umweltfaktoren eine so große Rolle, dass präventive Diagnosen sehr schwer sind. Das bedeutet aber zugleich, dass für diese Krankheiten Therapien in naher Zukunft noch nicht wahrscheinlich sind.

13.1 Methoden der Humangenetik

Obgleich die Vererbung von Eigenschaften beim Menschen sich in keiner Weise von der bei anderen Organismen unterscheidet, hat die Humangenetik eine besondere Stellung in der Genetik erlangt. Diese wird einerseits durch ihre Bedeutung für die Medizin bedingt, andererseits aber auch durch das allgemeine Bedürfnis des Menschen, die biologischen Grundlagen seiner Existenz zu verstehen. Der Erforschung dieses Hintergrundes steht, wie in allen auf den Menschen direkt bezogenen Wissenschaften, das ethische Verbot gegenüber, Experimente am Menschen auszuführen. Um zu einer Einsicht zu gelangen, mussten wir in der Vergangenheit in erster Linie auf Experimente zurückgreifen, die uns die Natur selbst zur Verfügung stellt, d. h. es wurde versucht, aus Veränderungen in der Nachkommenschaft auf erbliche Eigenschaften und deren Erbgänge zu schließen. Die beiden wichtigsten Methoden der klassischen Humangenetik hierfür waren die **Zwillingsforschung** und die Analyse von **Familienstammbäumen**. Allerdings stellt das internationale Humangenomprojekt, das um die Jahrtausendwende abgeschlossen wurde, eine Zäsur für die Humangenetik insgesamt dar: Im Rückblick war es nicht der Höhepunkt der Humangenetik, sondern vielmehr die Initialzündung für eine moderne, molekulare und ganzheitlich orientierte Humangenetik. Die notwendigen technischen Innovationen haben (zusammen mit den neuen Möglichkeiten der Datenverarbeitung) eine enorme Schubkraft entwickelt.

❀ Das Humangenomprojekt (engl. *Human Genome Project*) geht in seiner Grundidee in die Zeit zurück, in der die DNA-Sequenzierungstechniken von Frederick **Sanger** sowie Allan **Maxam** und Walter **Gilbert** entwickelt wurden (Sanger und Gilbert erhielten dafür 1980 den Nobelpreis in Chemie) (Technikbox 6). Öffentliche Diskussionen begannen um 1986, als Renato **Dulbecco** den Bezug zwischen Krebsforschung und der Sequenzierung des menschlichen Genoms herausgestellt hatte. Ein solches Programm einzuführen, war keine triviale Frage der Organisation von Forschungsprojekten, denn seine Durchführung musste notwendigerweise mit einem erheblichen finanziellen Aufwand verbunden sein. Man hat damals die Kosten für die Sequenzierung des menschlichen Genoms auf etwa 3 Mrd. Dollar geschätzt. Dieser Betrag liegt in der Größenordnung von Projekten der Hochenergiephysik, und ein solcher Betrag an Forschungsgeldern wurde in vergleichbarer Weise noch nie für ein biologisches Projekt verfügbar gemacht. Doch das Projekt wurde von vielen Wissenschaftlern unterstützt, darunter den Nobelpreisträgern Walter **Gilbert** und James D. **Watson**, sodass seine Realisierung schließlich möglich wurde.

Die **Durchführung des Humangenomprojektes** in einer sinnvollen und koordinierten Weise verlangte erhebliche technische Vorbereitungen. Es war nicht nur erforderlich, die Aufgaben der DNA-Sequenzierung über die beteiligten Laboratorien zu verteilen, sondern es musste z. B. auch neue Computersoftware zur Auswertung der erhaltenen Sequenzdaten geschaffen werden, oder es waren Entscheidungen darüber zu treffen, in welcher Weise die Klonierung des menschlichen Genoms erfolgen sollte. Sollten die erhaltenen Klone in zentralen Sammlungen aufbewahrt werden? Wie und von wem dürfen die Daten verwendet werden? Die Frage der Aufbewahrung klonierter DNA-Bereiche hat sich mittlerweile durch die technischen Möglichkeiten der PCR-Technik (Technikbox 4) erübrigt, da es bei der Kenntnis einer DNA-Sequenz mithilfe geeigneter Primer leicht möglich ist, diese Sequenz jederzeit erneut aus genomischer DNA zu erhalten.

Die durch die Sequenzierung des menschlichen Genoms aufgeworfenen ethischen und sozialen Probleme sowie die rechtlichen Aspekte konnten ebenfalls nicht unbeachtet gelassen werden, obgleich sie sich kaum von den Problemen unterscheiden, die durch die Verwendung gentechnologischer Methoden ganz allgemein entstehen.

Inzwischen ist das menschliche Genom vollständig sequenziert und in Datenbanken der weiteren Untersuchung zugänglich (z. B. ► https://www.ensembl.org/Homo_sapiens/Info/Index). In großen Sonderheften berichteten *Nature* (Vol. 409, Feb. 2001) und *Science* (Vol. 291, Feb. 2001) damals über die fast vollständige Rohfassung. Der Eindruck jedoch, der durch Presseveröffentlichungen oft erweckt wurde, dass damit die Probleme von Erbkrankheiten gelöst seien und der Mensch nun für jede Manipulation verfügbar sei, reflektiert den Mangel an Information in der Öffentlichkeit über die tatsächliche Bedeutung des *Human Genome Projects* und seiner Konsequenzen: Durch die Kenntnis der DNA-Sequenz des menschlichen Genoms ist noch nicht mehr über seine **Funktion** bekannt, als wir ohne die Kenntnis der DNA-Sequenz gewusst haben. Die Sequenz versetzt uns jedoch in die Lage, die codierten Proteinsequenzen abzuleiten und die betreffenden Gene auf ihre **Regulation und Funktion** hin zu untersuchen. Die DNA-Sequenz hat somit eine Schlüsselfunktion, die uns die Tür öffnet, um weitere Erkenntnisse zu sammeln; sie hat aber ohne weitere Forschung ebenso wenig Konsequenzen wie der Besitz eines Schlüssels, wenn man nicht weiß, wo das Schloss ist, in das er passt.

Die Sequenzierung kompletter Genome hat sich naturgemäß nicht auf das menschliche Genom beschränkt, sondern umfasst eine Vielzahl von Modellorganismen, wie z. B. das Genom von *E. coli* und *Saccharomyces cerevisiae*, *Caenorhabditis elegans*, *Drosophila melanogaster*, der Maus, der Ratte, des Huhns und vieler Pflanzen (z. B. *Arabidopsis thaliana*). Die Liste aller bisher sequenzierten Genome (und der entsprechenden annotierten Sequenzen) findet sich bei Ensembl (► www.ensembl.org).

Das menschliche Genom umfasst $3{,}6 \times 10^9$ Basenpaare (Gbp) DNA in 23 Chromosomen (haploid; diploid: 44 Autosomen und ein Geschlechtschromosomenpaar: XX bei der Frau, XY beim Mann), und die Anzahl der Protein-codierenden Gene wird heute mit 20.418 angegeben. Dazu kommen noch 4871 Gene für kleine, nicht-codierende RNAs, 15.014 Gene für lange, nicht-codierende RNAs (► Abschn. 8.2), 2222 andere Gene für nicht-codierende RNAs sowie 15.195 Pseudogene. Insgesamt kennen wir heute 206.762 Transkripte (Ensembl-Datenbankversion 94.38 vom Juli 2018).

Wenn wir uns diese Zahlen genauer anschauen, sehen wir, dass nur **knapp 1 % der DNA** auf Protein-codierende Genombereiche entfällt: Nehmen wir die mittlere Größe eines Gens mit 1500 Basenpaaren (500 Aminosäuren) an, so umfassen ca. 21.000 Gene nur $3{,}15 \times 10^7$ Basenpaare oder 1 % der gesamten Genom-DNA. Das bedeutet aber nicht, dass es nur knapp 21.000 menschliche Proteine gäbe: So ist inzwischen bekannt, dass viele eukaryotische Gene multiple Promotorregionen mit einem dazugehörenden ersten Exon besitzen, die in verschiedenen Geweben unterschiedlich aktiv werden. Hinzu kommt die Kenntnis von alternativem Spleißen (► Abschn. 3.3.5), bei dem in unterschiedlichen Zellen unterschiedliche Exons zu Proteinen kombiniert werden können. Durch solche funktionellen Unterschiede im Gebrauch von Gensequenzen wird das Ausmaß der im Genom tatsächlich enthaltenen Informationen für Proteinsequenzen gegenüber der reinen Anzahl von Genen deutlich erhöht, die aus einer vereinfachten Genomanalyse sichtbar werden und bei der lediglich die Anzahl Protein-codierender Einheiten ermittelt wird.

Wir wissen von der Besprechung der Genstruktur (► Kap. 7), dass eukaryotische Gene in der Form von Introns DNA-Sequenzbereiche enthalten, die keine Proteine codieren und im Genprodukt nicht mehr wiederzufinden sind. Der Anteil von Introns ist bei menschlichen Genen besonders groß und kann mehr als das 10-fache der eigentlichen Protein-codierenden Sequenz betragen. Unter der Annahme, dass das generell für alle Gene gilt, ließen sich etwa 20 % der Größe des menschlichen Genoms durch die Anwesenheit großer Intronabschnitte in den Genen erklären. Etwa 60 % des Genoms entspricht Einzelkopie-DNA oder ist **niedrigrepetitiv**. Die restlichen 30–40 % des menschlichen Genoms entfallen zum größten Teil auf hoch- und mittelrepetitive DNA-Sequenzen. Hiervon sind etwa 10 % hochrepetitive

Sequenzen, und 20 % des Genoms werden durch mittelrepetitive Sequenzen repräsentiert. Zur **hochrepetitiven DNA** im menschlichen Genom zählen neben Mikrosatellitensequenzen auch Telomersequenzen (TTAGG-Repeats, ▶ Abschn. 6.1.4) und Centromer-DNA. **Mittelrepetitive DNA-Sequenzen** umfassen zu einem erheblichen Teil Transposons, zu denen unter anderem LINEs und SINEs zählen (▶ Abschn. 9.2.3), aber auch Pseudogene (▶ Abschn. 7.2.1), die im menschlichen Genom relativ häufig vorkommen.

Durch das Humangenomprojekt wurde es möglich, das gesamte menschliche Genom zu sequenzieren (3,3 Mrd. Basenpaare, über 20.000 Protein-codierende Gene). Ein großer Anteil des Genoms (30–40 %) enthält repetitive Sequenzen.

13.1.1 Stammbaumanalyse und Kartierung von Erbkrankheiten

Mithilfe der **Stammbaumforschung** (teilweise zusammen mit cytologischen Chromosomenuntersuchungen) hat man eine Reihe der wichtigsten monogenen Erbkrankheiten des Menschen erkennen und zunächst bestimmten Chromosomen oder Chromosomenregionen zuordnen können. Durch die Ermittlung der Häufigkeit von Rekombinationsereignissen zwischen Genen, die zu Erbkrankheiten führen, und geeigneten Markergenen war es gelungen, genetische Chromosomenkarten des menschlichen Genoms zu erstellen. Aus praktischen Gründen – auch rezessive Allele sind im männlichen Geschlecht aufgrund der Hemizygotie leicht zu erkennen – waren **geschlechtsgekoppelte Krankheiten** oder morphologische Merkmale besonders einfach zu kartieren, sodass die Genkarte des **X-Chromosoms** besonders früh gut untersucht war. Die besonderen Erfordernisse der Humangenetik, deren wichtigste Grundlage Familienstammbäume sind, haben zu einer besonderen genetischen Symbolik geführt, die in ◘ Abb. 13.1 zusammengefasst ist. Diese Symbolik gestattet es, den Erbgang von Krankheiten (oder anderen Merkmalen) übersichtlich darzustellen.

Solche Stammbäume sind eine wichtige Grundlage, um die Lokalisation von (primär monogenen) Erbkrankheiten auf dem jeweiligen Chromosom zu lokalisieren. Im ▶ Abschn. 11.4 haben wir bereits einiges über das Kartieren von Genen erfahren; wir haben uns dort allerdings auf die experimentellen Systeme beschränkt. Dabei stand im Vordergrund, wie man das experimentelle System optimieren kann, um möglichst präzise Kartierungsinformationen zu erhalten (z. B. über Erhöhung der Zahl untersuchter Nachkommen in der F_2-Generation oder Auskreuzungen zu anderen Stämmen etc.). In der Humangenetik ist die Ausgangssituation umgekehrt: Hier haben wir vorgegebene Familien und müssen die Methoden so optimieren, dass auch für kleine Familien die maximalen Informationen möglich sind. Dabei hat uns das Humangenomprojekt riesige Schritte vorangebracht, denn jetzt steht nicht nur die vollständige Sequenz des Genoms (und damit eine exakte „**physikalische Karte**") zur Verfügung, sondern auch ein umfangreiches molekulares und statistisches Methodenspektrum. Dazu gehört neben der Möglichkeit der schnellen Sequenzierung mit großer Reichweite die hohe Dichte an Mikrosatelliten-Markern, die Möglichkeit, Polymorphismen auf der Ebene einzelner Basen zu erkennen (SNPs) und als Marker einzusetzen, sowie die PCR-Technologie (Technikbox 4).

Die genetische Kartierung menschlicher Krankheitsgene funktioniert also im Prinzip genauso wie die

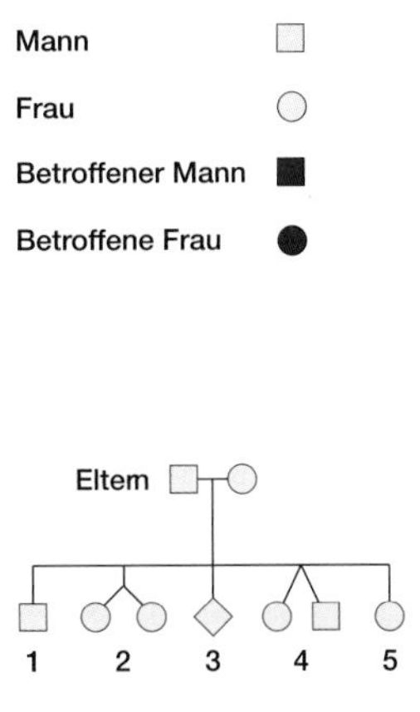

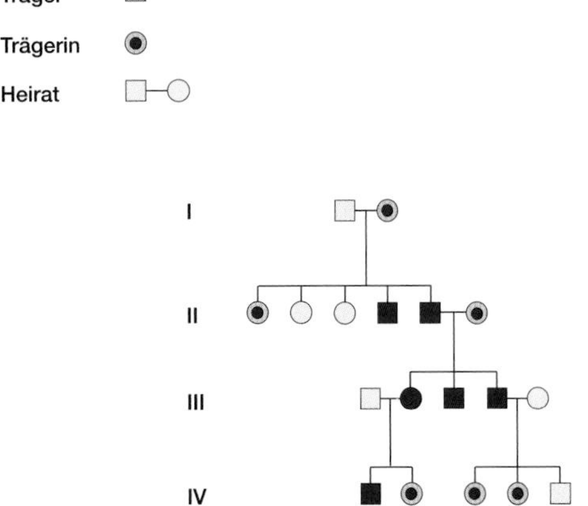

◘ **Abb. 13.1** Symbole in humangenetischen Stammbäumen. Bei der Anordnung der Symbole steht der Vater (wenn möglich) links, die Mutter rechts; die Anordnung der jeweiligen Kinder erfolgt von links nach rechts mit absteigendem Alter. Durchgestrichene Familienmitglieder (hier nicht dargestellt) sind bereits verstorben. Ein derartiger Stammbaum kann auch noch zusätzliche Informationen enthalten (für weitere Details siehe Bennett et al. 2008)

genetische Kartierung eines jeden anderen diploiden Organismus, der sich sexuell fortpflanzt. Das Ziel besteht darin, herauszufinden, wie häufig zwei Genorte durch meiotische Rekombination getrennt werden, um auf diese Weise den **genetischen Abstand** (ausgedrückt in cM, ► Abschn. 11.4.2) sowie die Lage des gesuchten Krankheitsgens in Bezug auf die ausgewählten Marker bestimmen zu können. Eine Rekombination ist aber, wie wir bereits früher gesehen haben, umso wahrscheinlicher, je weiter entfernt die betrachteten Gene oder Marker voneinander sind. Umgekehrt werden Allele umso wahrscheinlicher gemeinsam vererbt, je dichter sie beieinander liegen. Solch ein Block von gemeinsamen Allelen wird auch als **Haplotyp** bezeichnet. Haplotypen markieren also chromosomale Bereiche, die sich durch Stammbäume und Bevölkerungsgruppen verfolgen lassen. Die Analyse der Haplotypen in einer Familie ist in der Regel sehr informativ, um innerhalb eines gegebenen kritischen Intervalls einzelne Rekombinationsereignisse zu erkennen, die dann die Region der möglichen Kandidatengene weiter einengen können (◘ Abb. 13.2).

Wenn es nun zwischen den betrachteten Genorten in der Meiose zu einem Crossing-over kommt, entstehen zwei rekombinierte Chromatiden mit neuen Allelkombinationen. In der Prophase I der Meiose (► Abschn. 6.3.2) liegen zwar vier Chromatiden vor, aber an einem Rekombinationsereignis sind immer nur jeweils zwei Chromatiden beteiligt – die anderen beiden bleiben unverändert. Daher erzeugt ein Crossing-over immer zwei rekombinierte und zwei nicht rekombinierte Chromatiden, was einer Rekombinationshäufigkeit von 50 % (oder 0,5) entspricht. Die Rekombinationshäufigkeit ist also nie größer als 50 %, unabhängig von der Länge des physikalischen Abstands. Der Zusammenhang zwischen der Rekombinationshäufigkeit und dem genetischen Abstand gehorcht unter mathematisch-statistischen Gesichtspunkten dabei einer Normalverteilung und unterstellt ein rein zufälliges Auftreten von Rekombinationen, die sich außerdem nicht beeinflussen. Aufgrund dieser Überlegungen hat John **Haldane** (1919) die nach ihm benannte **Kartierungsfunktion** aufgestellt (► Abschn. 11.4.2).

Allerdings hat sich im Laufe der Jahre gezeigt, dass die oben genannten Voraussetzungen nicht immer zutreffen. Insbesondere sind die Crossing-over nicht zufällig verteilt, sondern hängen auch vom Vorkommen ähnlicher Sequenzen und von der chromosomalen Region ab (im Allgemeinen finden wir besonders in männlichen Meiosen Rekombinationen häufiger an den Telomeren, wohingegen die Regionen nahe am Centromer eher in weiblichen Meiosen Rekombinationen zeigen). Generell treten in der weiblichen Meiose Rekombinationen häufiger auf als in männlichen, und außerdem behindert natürlich die Entstehung eines Crossing-overs das Entstehen eines zweiten in seiner Umgebung; dieser Vorgang wird als **Interferenz** bezeichnet. Moderne Computerprogramme können diese Phänomene berücksichtigen.

Mithilfe solcher Computerprogramme und geschlechtsspezifischer Rekombinationsdaten von 28.121 Markern (ohne das Y-Chromosom) errechnet sich eine genetische Länge des männlichen Genoms von 2867 cM. Das

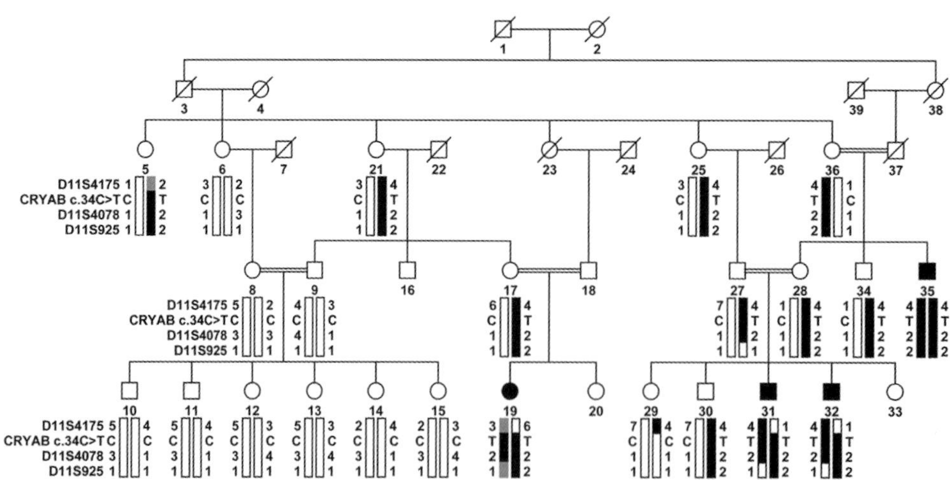

◘ **Abb. 13.2** Haplotyp-Analyse. Eine große Familie, in der einige Mitglieder an rezessivem grauen Star (Katarakt) leiden (*schwarze Symbole*), wurde zunächst genomweit auf Kopplung mit einem Chromosom untersucht; eine Haplotyp-Analyse mit polymorphen Mikrosatelliten-Markern erfolgte für die Region mit Kopplung auf dem Chromosom 11. Der Risikohaplotyp ist jeweils in *Schwarz* gezeigt. Heterozygote Allele, die Teil des Risikohaplotyps sind, sind *grau* dargestellt, und Allele, die nicht mit dem Kataraktphänotyp co-segregieren, sind in *Weiß* angegeben. *Quadrate*: Männer; *Kreise*: Frauen; *gefüllte Symbole*: kranke Personen; der *doppelte Strich* zwischen zwei Partnern bedeutet Konsanguinität. *Durchgestrichene Symbole* bedeutet, dass die jeweiligen Personen bei der Untersuchung bereits verstorben waren. Die Zahl unter dem Symbol ist der Laborcode, und die Zahlen neben dem senkrechten Balken geben die jeweiligen Allele der Mikrosatelliten an (*D11S4175*, *D11S4078*, *D11S925*). Die ursächliche Mutation (c.34C>T) liegt im Gen, das für das αB-Kristallin codiert (Gensymbol *CRYAB*). Zur Nomenklatur von Mutationen im menschlichen Erbgut siehe ► Abschn. 13.3. (Nach Jiaox et al. 2015)

weibliche Genom umfasst dagegen 4596 cM bei einer physikalischen Länge des menschlichen Genoms von ungefähr 3000 Mb (Matise et al. 2007). Daraus ergibt sich, dass im Durchschnitt 1 männliches cM etwa 1,05 Mb entspricht und 1 weibliches cM 0,65 Mb; als Faustregel kann man sich merken, dass beim Menschen der genetische Abstand von 1 cM einen physikalischen Abstand von etwa 1 Mb bedeutet.

In der klinisch orientierten Humangenetik richtete sich das wesentliche Interesse lange Zeit zunächst auf die Kartierung und Charakterisierung der Krankheitsgene in betroffenen Familien. Dazu bedarf es einer großen Zahl von Markern, die in hoher Dichte über das gesamte Genom verteilt sind und außerdem schnell zu analysieren sind. Die in der ersten Hälfte des 20. Jahrhunderts als Marker verwendeten Blutgruppen umfassen nur etwa 20 Genorte, und auch die später entwickelten biochemischen Verfahren haben keine wesentliche Verbesserung gebracht. Es sind heute insbesondere drei Kategorien von Markern, die diesen Ansprüchen genügen:

- **Restriktionsfragmentlängenpolymorphismen** (engl. *restriction fragment length polymorphism*, RFLP): Sie erforderten früher ein Hybridisierungsverfahren (Southern-Blot; Technikbox 13); heute kann es aber vielfach durch PCR-basierte Verfahren ersetzt werden;
- **Mikrosatelliten** (Di-, Tri- und Tetrarepeats) mit hohem Informationsgehalt;
- **SNPs** (engl. *single nucleotide polymorphisms*) können in automatischen Verfahren schnell nachgewiesen werden.

Für alle drei Kategorien liegt die Zahl der bekannten Marker über 10^5, bei SNPs sogar noch einmal eine Größenordnung darüber. Der Informationsgehalt der RFLP-Verfahren ist allerdings in der Humangenetik begrenzt, da es maximal zwei Allele gibt: Restriktionsschnittstelle vorhanden oder nicht. Bei den Mikrosatelliten gilt diese Einschränkung nicht – hier ist natürlich durch die Vielzahl der Wiederholungsmöglichkeiten auch eine entsprechend hohe Zahl an Allelen möglich, womit die Wahrscheinlichkeit steigt, auch in kleinen Familien informative Marker verwenden zu können.

Hat man nun eine Familie mit klarem Mendel'schen Erbgang und informativen Markern gefunden, stellt sich die Frage, wie man Kopplung statistisch sichern kann. In ◘ Abb. 13.3 sind zwei Varianten einer Familie mit unterschiedlichem Informationsgehalt gezeigt. In ◘ Abb. 13.3a ist klar, dass die Krankheit zunächst mit dem Allel A_1 assoziiert ist: von der Großmutter (I-2) über die Mutter (II-1) zu den Kindern III-1, III-3 und III-4; bei III-6 liegt offensichtlich eine Rekombination vor. In der Situation von ◘ Abb. 13.3b ist das nicht mehr klar: Da über die Generation der Großeltern keine Informationen vorliegen, kann bei der Mutter (II-1) die Krankheit mit beiden Allelen, A_1 oder A_2, assoziiert sein. Allerdings lässt das Verhältnis in der 3. Generation eine Assoziation mit A_1 wahrscheinlicher erscheinen als mit A_2.

Im Stammbaum in ◘ Abb. 13.3b ist es also nicht möglich, **zweifelsfrei** die Rekombinationsereignisse zu bestimmen. Es ist aber möglich, die **Wahrscheinlichkeit** der beiden Alternativen zu berechnen, ob die beiden Genorte (Krankheit und Marker A_1) gekoppelt sind (Rekombinationshäufigkeit = Θ) oder nicht (Rekombinationshäufigkeit = 0,5 – d. h. maximale Rekombinationshäufigkeit). Das Verhältnis dieser beiden Wahrscheinlichkeiten zeigt an, welche Wahrscheinlichkeit überwiegt (engl. *odds*), und der Logarithmus daraus wird als **LOD-Score** bezeichnet (engl. *logarithm of the odds*). Newton **Morton** hat 1955 gezeigt, dass die Berechnung der LOD-Scores die effizienteste statistische Methode darstellt, um Stammbäume auf Kopplung zu untersuchen, und er entwickelte Formeln, um den LOD-Score für bestimmte Standardsituationen als Funktion von Θ zu erhalten. Die entsprechenden Daten für unsere zwei Standardfamilien

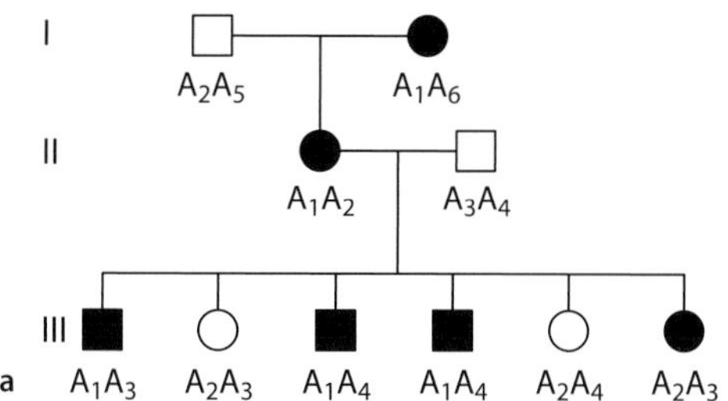

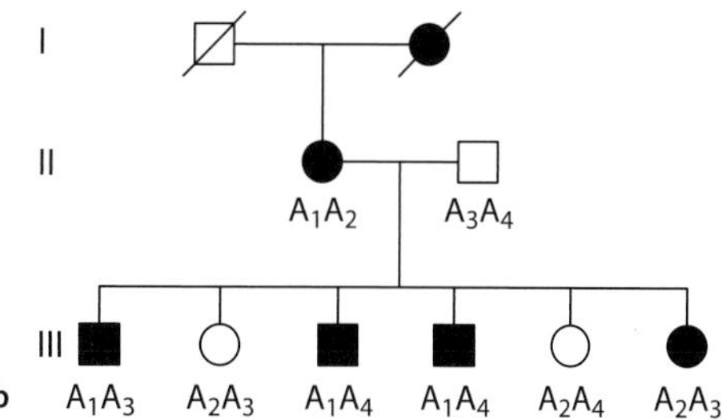

◘ **Abb. 13.3** Erkennung von Rekombinationen. Es sind zwei Versionen einer Familie mit einer autosomal-dominanten Erkrankung angegeben, die mit dem Marker A assoziiert ist. Dieser Marker kommt in verschiedenen Allelen (A1–A6) vor. **a** Wir können zweifelsfrei erkennen, dass bei den Familienmitgliedern III-1 bis III-5 keine Rekombinationen vorliegen; bei III-6 hat dagegen eine Rekombination stattgefunden. **b** Wenn in derselben Familie allerdings Informationen über die Großeltern (Generation I) fehlen, erscheint die Situation nicht mehr so eindeutig: Bei der Mutter (II-1) könnte die Krankheit mit dem Allel A1 oder A2 assoziiert sein. Entsprechend könnten formal entweder die Kinder III-1 bis III-5 rekombinant sein und III-6 nicht rekombinant oder umgekehrt (III-1 bis III-5 nicht rekombinant und III-6 rekombinant). Da aber Rekombinationsereignisse selten sind, erscheint die zweite Interpretation wahrscheinlicher. (Nach Strachan und Read 2005, mit freundlicher Genehmigung)

Tab. 13.1 Berechnung der LOD-Werte der Familien aus Abb. 13.3

Familie A[a]						
Θ	0	0,1	0,2	0,3	0,4	0,5
Z	–∞	0,58	0,62	0,51	0,30	0
Familie B[b]						
Θ	0	0,1	0,2	0,3	0,4	0,5
Z	–∞	0,28	0,32	0,22	0,08	0

Vorbemerkungen: Unter der Annahme, dass die Gene wirklich gekoppelt sind (Rekombinationshäufigkeit Θ), beträgt die Wahrscheinlichkeit, dass eine Meiose nicht rekombinant ist, 1 − Θ. Wenn die Gene tatsächlich aber nicht gekoppelt sind, beträgt die Wahrscheinlichkeit, dass eine Meiose rekombinant oder nicht rekombinant ist, in gleicher Weise 1/2.

[a] Es gibt 5 Nicht-Rekombinante und 1 Rekombinante. Die Gesamtwahrscheinlichkeit für Kopplung ist $(1 - \Theta)^5 \times \Theta$. Die Wahrscheinlichkeit für keine Kopplung ist $(1/2)^6$. Das Verhältnis der Wahrscheinlichkeiten ist $(1 - \Theta)^5 \times \Theta / (1/2)^6$. Der LOD-Wert (Z) ist der Logarithmus des Verhältnisses beider Wahrscheinlichkeiten; bei verschiedenen beobachteten Rekombinationshäufigkeiten ergeben sich obige LOD-Werte.

[b] Wenn A_1 mit der Erkrankung gekoppelt ist, gibt es 5 Nicht-Rekombinante und 1 Rekombinante; wenn A_2 mit der Erkrankung gekoppelt ist, gibt es 5 Rekombinante und 1 Nicht-Rekombinante. Die Gesamtwahrscheinlich ist 1/2 $[(1 - \Theta)^5 \times \Theta / (1/2)^6] + 1/2\,[(1 - \Theta) \times \Theta^5 / (1/2)^6]$. Der LOD-Wert (Z) ist der Logarithmus des Verhältnisses beider Wahrscheinlichkeiten; bei verschiedenen beobachteten Rekombinationshäufigkeiten ergeben sich obige LOD-Werte (Nach Strachan und Read 2005).

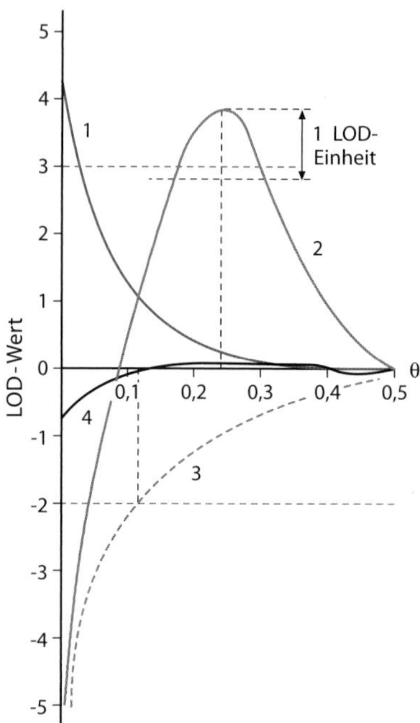

Abb. 13.4 Kurven von LOD-Werten. Aufgetragen sind die LOD-Werte gegen die Rekombinationshäufigkeit bei einem Satz hypothetischer Kopplungsexperimente. Kurve 1: Nachweis einer Kopplung (Z > 3) ohne Rekombination. Kurve 2: Hinweis auf eine Kopplung (Z > 3), wobei die wahrscheinlichste Rekombinationshäufigkeit einen Wert von 0,23 erreicht. Kurve 3: Ausschluss einer Kopplung (Z < −2) für Rekombinationshäufigkeiten von unter 0,12; über größere Rekombinationshäufigkeiten sind keine Aussagen möglich. Kurve 4: Für keine der Rekombinationshäufigkeiten lässt sich eine Aussage machen. (Nach Strachan und Read 2005, mit freundlicher Genehmigung)

13

aus Abb. 13.3 sind in Tab. 13.1 angegeben. Positive LOD-Scores lassen eine Kopplung wahrscheinlicher erscheinen, wohingegen negative LOD-Scores eher für eine Ablehnung dieser Hypothese sprechen. Man beachte aber, dass nur Rekombinationshäufigkeiten Θ zwischen 0 und 0,5 aussagekräftig sind; bei Θ = 0,5 lässt sich aber Kopplung und Nicht-Kopplung nicht mehr unterscheiden (beide Möglichkeiten sind gleich wahrscheinlich), sodass der Quotient 1 und damit der entsprechende Logarithmus 0 wird. Computerprogramme können die entsprechenden Kurven grafisch darstellen (Abb. 13.4).

Die nächste Frage betrifft den Schwellenwert, ab dem wir einen LOD-Wert als signifikant betrachten können. Es hat sich allgemein durchgesetzt, dafür einen Wert von 3 anzunehmen. Das beruht darauf, dass dann die Wahrscheinlichkeit der Kopplung 1000-fach über der Wahrscheinlichkeit der Nicht-Kopplung liegt (der Logarithmus von 1000 ist 3). Mathematische Überlegungen können zeigen, dass dieser 1000-fache Überschuss der Wahrscheinlichkeit dem allgemein üblichen Grenzwert von $p < 0{,}05$ entspricht, den man in der Statistik als Signifikanzschwelle für eine Irrtumswahrscheinlichkeit von 5 % wählt. Umgekehrt wird eine Kopplung mit einem LOD-Wert kleiner als −2 ausgeschlossen; LOD-Werte zwischen −2 und +3 lassen keine klaren Aussagen zu.

Wir haben uns aus Gründen der Einfachheit nur auf die Kopplung mit einem Marker beschränkt; die Aussagekraft der Methode wird jedoch deutlich verbessert, wenn mehr Marker in die Untersuchung einbezogen werden. Die Auswertung über entsprechende Computerprogramme ergibt dann ein „kritisches Intervall", innerhalb dessen das gesuchte Gen zu finden sein sollte – ein Beispiel dafür zeigt Abb. 13.5, wobei aufgrund der Vielzahl der Marker auch ein LOD-Wert zwischen 2 und 3 eine klare Interpretation liefert. Es sei abschließend darauf hingewiesen, dass die Aussagekraft der Methode sehr davon abhängt, dass der Phänotyp eindeutig bestimmt werden kann (krank/nicht krank) und dass die Marker klar voneinander unterschieden werden können. Falsche Klassifizierungen auf der einen oder anderen Seite können leicht zu unklaren Ergebnissen führen. Wir werden später sehen (► Abschn. 13.4), wie diese Methode auch bei komplexen Erkrankungen angewendet werden kann.

Die Notwendigkeit, sich auf ein vollständiges genetisches Modell festlegen zu müssen, erweist sich bei einer Kopplungsanalyse von nur eingeschränkt mendelnden Merkmalen als ernsthaftes Problem. **Modellfreie Kopplungsanalysen** bieten eine Möglichkeit zur Lösung. Da-

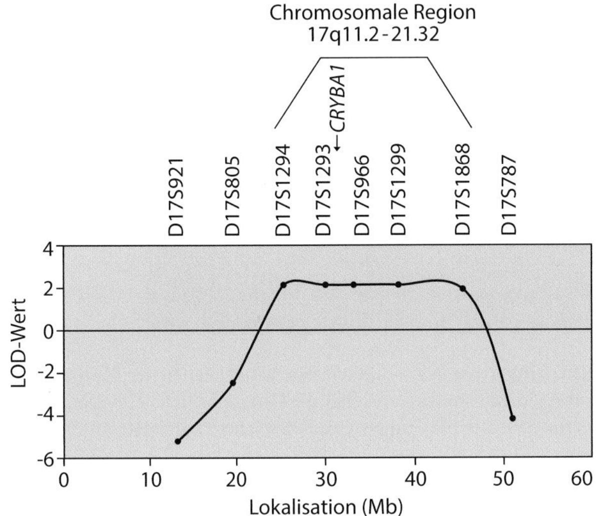

Abb. 13.5 Kartierung unter Verwendung mehrerer Marker. Die waagrechte Achse gibt die genetischen Abstände in Megabasen (Mb) an, die senkrechte Achse die LOD-Werte. In der Nähe von Markern, die mit dem Krankheitsgen rekombinieren, werden die Werte stark negativ. Der höchste Wert der Kurve zeigt die wahrscheinlichste Position für das Krankheitsgen an. Fünf Marker aus der chromosomalen Region 17q11.2–21.32 zeigen positive LOD-Werte > 2; die Region enthält das Kandidatengen *CRYBA1*, in dem die kausale Mutation beobachtet wurde. (Nach Lu et al. 2007, mit freundlicher Genehmigung)

bei lässt man nicht betroffene Personen außer Acht und sucht stattdessen nach chromosomalen Abschnitten, die bei betroffenen Personen übereinstimmen. Wie wir im ▶ Abschn. 13.1.2 sehen werden, ist es dabei wichtig, zwischen Abschnitten zu unterscheiden, die aufgrund der Abstammung übereinstimmen (engl. *identical by descent*), und solchen, bei denen die Übereinstimmung rein zufällig ist (engl. *identical by state*). Verfahren, die übereinstimmende Abschnitte untersuchen, lassen sich innerhalb von Kernfamilien (Geschwisterpaar-Analysen, engl. *sib-pair analysis*), bei ausgedehnten Familien oder bei Bevölkerungsgruppen anwenden, die sich auf eine kleine Ursprungsgruppe zurückführen lassen.

Neue statistische Verfahren, verbunden mit verfeinerten Methoden zur Bestimmung von SNPs und DNA-Sequenzierungen (Technikbox 6 und Technikbox 7) erlauben es heute, die Herkunft von Haplotypen über eine gemeinsame Abstammung (engl. *identity by descent*) auch über mehrere Generationen zurückzuverfolgen, ohne dass für alle Familienmitglieder experimentelle Daten vorliegen. Damit können auch solche Stammbäume, wie wir sie in Abb. 13.3b kennengelernt haben, für eine humangenetische Analyse nutzbar gemacht werden.

Die Kartierung von Erbkrankheiten in größeren Familien erfolgt durch die Verwendung von Mikrosatelliten-Markern, die die Bestimmung von LOD-Werten erlaubt. Bei LOD-Werten, die größer als 3 sind, wird eine Kopplung als sehr wahrscheinlich angenommen.

13.1.2 Zwillingsforschung und Geschwisterpaar-Analyse

Die Zwillingsforschung gehört zu den ältesten Methoden der Humangenetik; sie vergleicht die Gemeinsamkeiten und Unterschiede zwischen genetisch identischen und nicht identischen Individuen. Wir haben bereits bei der Besprechung der Meiose gesehen, dass allein die Kombinationsmöglichkeiten zwischen väterlichen und mütterlichen Chromosomen bei der Gametenbildung so groß sind (▶ Abschn. 6.3.2), dass zufällig identische genetische Konstitutionen bei den Nachkommen praktisch ausgeschlossen werden können. Das gilt selbst dann, wenn man von möglichen Rekombinationsereignissen ganz absieht. So scheint es, dass es genetisch identische Individuen gar nicht gibt. Dieser Schluss ist jedoch nicht ganz richtig.

Zwillinge (Abb. 13.6) entstehen, wenn sich embryonale Zellen, die aus der Zygote durch mitotische Teilungen entstanden sind, zu einem sehr frühen Zeitpunkt in der Embryonalentwicklung in zwei (oder mehr) Zellgruppen organisieren, die sich unabhängig voneinander zu einem vollständigen Organismus entwickeln. Da diese beiden (oder mehr) Organismen von der gleichen befruchteten Zygote abstammen, sind sie genetisch identisch. Beim Menschen kennen wir solche genetisch identischen Individuen als **eineiige (= monozygote) Zwillinge**. Es ist einleuchtend, dass eineiige Zwillinge das gleiche Geschlecht haben. Die einzigen Unterschiede monozygoter Zwillinge sind Merkmale, die auf somatisch-genetischen Veränderungen nach dem Zygotenstadium zurückzuführen sind, z. B. das Muster der X-Inaktivierung bei Frauen oder das Repertoire der funktionellen Immunglobulin-Gene, aber auch eine ungleichmäßige Verteilung der Mitochondrien.

Im Gegensatz hierzu sind **zweieiige (= dizygote) Zwillinge** durch eine gleichzeitige Befruchtung zweier reifer Eizellen durch zwei verschiedene Spermatozoen entstanden (Abb. 12.47). Sie sind also genetisch nicht identisch und können daher auch ein unterschiedliches Geschlecht haben. Die vergleichende Untersuchung von mono- und dizygoten Zwillingen hat der Humangenetik wichtige Einsichten vermittelt. Aufgrund des enormen technischen Fortschritts erlebt die Zwillingsforschung derzeit eine Renaissance in großen Studien.

Als ein Sonderfall monozygoter Zwillinge sind die **Siamesischen Zwillinge** bekannt, die mit einer Häufigkeit von etwa einer in 500 aller Zwillingsgeburten auftreten. Sie entstehen durch eine unvollständige Trennung der **inneren Zellmasse** (Abb. 12.44) in der Blastocyste. Das führt zur (teilweisen) Entwicklung zweier Individuen, die nicht vollständig getrennt sind. Daher sind, wie beim ersten – aus Siam (dem heutigen Thailand; „Siamesische" Zwillinge) – beschriebenen

Abb. 13.6 Zwillinge. Monozygote Zwillinge sind Basis vielfältiger Studien. Früher waren es vor allem die Ähnlichkeiten der Morphologie und im äußeren Aussehen (unterstrichen durch ähnliche Kleidung und Frisuren); heute interessieren eher die Unterschiede in epigenetischen Mechanismen, somatischen Mutationen oder Veränderungen im X-Inaktivierungsmuster bei Frauen. (Nach Speicher et al. 2010, mit freundlicher Genehmigung)

Fall, die beiden Individuen in einer mehr oder weniger begrenzten Körperregion miteinander verbunden. Sie lassen sich chirurgisch voneinander trennen, wenn jedes Individuum alle Organe besitzt. Im Falle einer weniger vollständigen Trennung haben die miteinander verwachsenen Individuen beispielsweise zwei Köpfe, teilen sich aber im Übrigen einen gemeinsamen Körper. In wieder anderen Fällen haben sie nur einen Kopf und sind im unteren Körperbereich verdoppelt. Solche partiellen Zwillinge sterben oft noch vor ihrer Geburt oder kurz danach. Die Häufigkeit Siamesischer Zwillinge, bezogen auf alle Geburten, ist mit 5×10^{-4} niedrig im Vergleich zu anderen genetischen Veränderungen. Vergleichbare Entwicklungsstörungen werden natürlich auch bei Tieren beobachtet.

13

Die mittels der Zwillingsforschung erzielten Ergebnisse liegen auf zwei Ebenen der genetischen Forschung. Zunächst gestattet es die genetische Identität monozygoter Zwillinge, durch direkten Vergleich Hinweise auf die erbliche Grundlage morphologischer oder anderer Merkmale zu erhalten, da eine phänotypische Identität in diesem Falle mit hoher Wahrscheinlichkeit zugleich auch die Identität der Erbeigenschaften anzeigt. Vielleicht wichtiger noch sind aber Schlüsse über die **Variabilität** erblicher Ausprägungsformen, die wir aus der vergleichenden Untersuchung monozygoter Zwillinge ziehen können. Der Phänotyp eines Organismus ist stets das Ergebnis der Funktion der erblichen Anlagen in ihrer Zusammenwirkung mit den Umweltgegebenheiten. Betrachten wir diese Feststellung im Hinblick auf Zwillinge etwas genauer, so werden wir erkennen, dass sowohl monozygote als auch dizygote Zwillinge uns kaum anderweitig zu erlangende Informationen über die Einflüsse der Umwelt auf die Ausprägung menschlicher Erbanlagen im Phänotyp verfügbar machen können.

Umweltfaktoren Eine interessante Beobachtung ist es, dass die Entstehung monozygoter Zwillinge selbst offenbar vorwiegend entwicklungsphysiologisch (also durch Umwelteinflüsse) bedingt ist, wenn auch erbliche Faktoren nicht ganz ohne Bedeutung sind. Die Häufigkeit dizygoter Zwillinge hingegen ist sowohl durch äußere Faktoren als auch genetisch beeinflusst. Als äußere Faktoren sind hierbei Außentemperaturen und das Lebensalter der Mutter zu nennen: Bei niedrigeren Außentemperaturen steigt der Anteil dizygoter Zwillinge ebenso wie mit dem Lebensalter der Mutter.

Überblick In den Vereinigten Staaten liegt die Häufigkeit dizygoter Zwillinge von Müttern, die jünger als 30 Jahre alt sind, bei 0,6 %. Von Müttern, deren Lebensalter bei Ende 30 liegt, werden etwa 1,3 % dizygote Zwillinge geboren. Genetische Faktoren, die die Häufigkeit von Zwillingen beeinflussen, werden bei Familien sichtbar, bei denen vorwiegend Mehrfachgeburten vorkommen. In manchen Populationen ist die Häufigkeit dizygoter Zwillinge offenbar aufgrund genetischer Faktoren beträchtlich erhöht. Beispielsweise liegt der Anteil von Zwillingen bei Nigerianern bei etwa 4 % aller Geburten. Die Häufigkeit monozygoter Zwillinge hingegen ist nicht altersabhängig. Ihr mittlerer Anteil liegt bei etwa 0,4 % aller Geburten.

Ausprägung von Merkmalen Die Zwillingsforschung hat in der Geschichte der Humangenetik eine wichtige Rolle bei der Erforschung genetisch bedingter Merkmale gespielt:

Die erste klassische Zwillingsstudie wurde von Francis **Galton** bereits 1875 publiziert. Die systematische Analyse von Ähnlichkeiten bei mono- und dizygoten Zwillingen wurde durch den Dermatologen Hermann Werner **Siemens** 1924 eingeführt, der die Korrelationsanalyse mit Zwillingsdaten verband: Er bestimmte die Zahl der Muttermale in dem einem und im anderen Zwilling und verglich die Korrelation in mono- und dizygoten Zwillingspaaren. Die Korrelation in eineiigen

Tab. 13.2 Abschätzung der Erblichkeit von Merkmalen oder Erkrankungen aufgrund von Zwillingsstudien

Merkmal/Erkrankung	Erblichkeit	Anzahl der Zwillingspaare in der Studie
Größe	Männer: 0,87–0,93 Frauen: 0,68–0,90	30.111
Body-Mass-Index	Männer: 0,65–0,84 Frauen: 0,64–0,79	37.000
Diabetes Typ 1	0,88	22.650
Diabetes Typ 2	0,64	13.888
Asthma	0,60	21.135
Schizophrenie	0,81	Meta-Analyse
Alzheimer'sche Erkrankung	0,48	662
Schwere Depression	0,37	Meta-Analyse
Parkinson'sche Erkrankung	0,34	46.436
Migräne	0,34–0,57	29.717
Prostatakrebs	0,42	21.000
Brustkrebs	0,27	23.788
Telomerlänge	0,56	175
Alkoholmissbrauch	0,50–0,70	Keine Angabe

Nach van Dongen et al. 2012

Zwillingen beträgt 0,4 und nur noch 0,2 in zweieiigen Zwillingen – diese Untersuchung machte zunächst zwar „nur" den genetischen Beitrag bei der Variation der Zahl der Muttermale deutlich (die „Erblichkeit" beträgt 40 %; siehe unten), die Methode wurde in der Folgezeit aber auf eine Vielzahl von Merkmalen angewendet.

Der Vergleich monozygoter Zwillinge kann uns also Aufschluss darüber verschaffen, ob die Ausprägung eines Merkmals stark von der Umwelt beeinflusst oder weitgehend genetisch festgelegt ist. Man untersucht hierzu monozygote und dizygote Zwillinge und stellt den Prozentsatz an übereinstimmender (**Konkordanz**) und abweichender Ausprägung (**Diskordanz**) fest. In Tab. 13.2 sind die Ergebnisse von Zwillingsstudien für einige komplexe Merkmale und Erkrankungen (▶ Abschn. 13.4, ▶ Kap. 14) zusammengestellt. Wir erkennen, dass viele der untersuchten Eigenschaften auch bei monozygoten Zwillingen ein großes Maß an Diskordanz aufweisen, also in einem hohen Maße durch die Umwelt beeinflusst sind. Eine Ausnahmestellung nehmen monogene Erbkrankheiten ein (▶ Abschn. 13.3), für die bei monozygoten Zwillingen in der Regel eine 100 % konkordante Ausprägung zu beobachten ist. Solche Krankheiten sind rein genetisch bedingt, wie es aufgrund der Ursache (z. B. Ausfall eines Genproduktes) auch zu erwarten ist.

Ein wichtiger Aspekt der Zwillingsforschung besteht in der Bestimmung der Erblichkeit. **Erblichkeit** (engl. *heritability*, h^2) wird in der Humangenetik als das Verhältnis der genetischen Varianz zu der gesamten Varianz betrachtet; häufig findet man dafür die Formel

$$h^2 = \frac{G}{V} = \frac{A + D}{A + D + E},$$

wobei G die genetische Varianz darstellt (bestehend aus der Varianz aufgrund additiver genetischer Effekte, A, und der Varianz aufgrund dominanter Effekte, D). V bedeutet die gesamte Varianz des Phänotyps; sie setzt sich aus der genetischen Varianz und der umweltbedingten Varianz (E) zusammen. Viele psychische Krankheiten haben zwar eine beträchtliche erbliche Komponente in ihrer Expression, ihre Ausprägung wird aber auch durch einen nicht unerheblichen Beitrag der Umwelt gesteuert. Expressivitäts- und Penetranzunterschiede machen es in solchen Fällen besonders schwierig, den Anteil des genetischen Beitrags genauer zu bestimmen. Das gilt insbesondere für alle Verhaltensmerkmale. Aussagen über angeblich erblich bedingte „abnormale" Verhaltensweisen (z. B. Kriminalität) sind daher mit größter Zurückhaltung zu bewerten.

Um große Zahlen wie in Tab. 13.2 für Zwillingsstudien zu erreichen, sind entsprechende landesweite Register hilfreich. In Europa gibt es solche Zwillingsregister unter anderem in Dänemark, Großbritannien, Finnland, der Niederlande, Norwegen und Schweden. Diese Register werden häufig über Jahrzehnte geführt und enthalten vielfältige Angaben zu Merkmalen und zum Gesundheitszustand der Zwillinge; darüber hinaus werden oft Blutproben entnommen, um Metaboliten zu bestimmen und auch, um DNA zu isolieren. Wenn Langzeitstudien durchgeführt werden, können damit somatische Mutationen und epigenetische Veränderungen erfasst werden – dies ist natürlich insbesondere für das Verständnis altersabhängiger Prozesse hilfreich. Für weitere Details sei der interessierte Leser auf aktuelle Übersichtsarbeiten verwiesen (van Dongen et al. 2012; Tan et al. 2015).

In Zwillingsstudien kann eine Vielzahl von Parametern untersucht werden. Eine Übersicht über Zwillingsstudien der vergangenen 50 Jahre (Polderman et al. 2015) zeigt, dass das höchste Maß an Erblichkeit im ophthalmologischen Bereich beobachtet werden kann, gefolgt von Hals-, Nasen- und Ohrenerkrankungen, Hauterkrankungen und Skelettanomalien. Umgekehrt ist die Erblichkeit am geringsten in den Bereichen, die stärker mit sozialen Kontakten einhergehen. Wir finden heute viele Zwillingsstudien im neurowissenschaftlichen Bereich mit dem Ziel, die Erblichkeit von kognitiven Fähigkeiten und Suchtverhalten besser zu verstehen. Wir werden das im Detail im ▶ Kap. 14 besprechen; eines der ungelösten Probleme in diesem Kontext ist aber auch der Widerspruch zwischen genomweiten Assoziationsstudien (▶ Abschn. 13.1.4) und den Zwillingsstudien, weil die genomweiten Assoziationsstudien die in den Zwillingsstudien gefundene Erblichkeit nicht im gleichen Umfang bestätigen können (engl. *missing heritability*; Reynolds und Finkel 2015; Iacono et al. 2018).

13

In gleicher Weise wie dizygote Zwillinge weisen **Geschwister** ein hohes Maß an genetischer Ähnlichkeit auf. Geschwisterpaare unterscheiden sich nur durch wenige Rekombinationen, sodass große Chromosomenabschnitte übereinstimmen. Für ein zufällig ausgewähltes Chromosomensegment ist zu erwarten, dass Geschwisterpaare keinen, einen oder zwei elterliche Haplotypen (◘ Abb. 13.2) gemeinsam haben (die entsprechenden Häufigkeiten sind 25 %, 50 % bzw. 25 %). Wenn beide Geschwister von einer genetisch bedingten Krankheit betroffen sind (engl. *affected sib pairs*), dann ist es wahrscheinlich, dass sie ein Chromosomensegment gemeinsam haben, das das Krankheitsgen enthält (bei dominanten Krankheiten besitzen sie mindestens einen übereinstimmenden Haplotyp; bei rezessiven Krankheiten müssen beide Haplotypen übereinstimmen). Dabei ist es wichtig, zwischen Segmenten zu unterscheiden, die aufgrund der Abstammung identisch sind (engl. *identical by descent*), und solchen, bei denen die Herkunft unklar ist, weil beide Eltern dasselbe Allel besitzen (engl. *identical by state*). Um eine Identität nach Abstammung festzustellen, sind Mikrosatelliten-Marker mit mehreren Allelen für derartige Untersuchungen wesentlich effizienter als Marker mit nur zwei Allelen (SNPs). Wenn dazu mehrere Marker verwendet werden, wird die Spezifität weiter erhöht, da jeder einzelne Haplotyp wahrscheinlich selten ist.

Eine Vielzahl betroffener Geschwisterpaare lässt sich ohne vorherige Annahmen über den Erbgang (autosomal, rezessiv, X-gekoppelt) der Erkrankung analysieren. Es ist auch oft viel einfacher, die Daten von erkrankten Geschwisterpaaren zu sammeln als von ausgedehnten Familien. Ein Nachteil der Geschwisterpaar-Analysen besteht aber darin, dass die ermittelten Kandidatenregionen oft zu groß sind, um allein aufgrund dieser Positionsangabe das betroffene Gen zu erkennen (Positionsklonierung). Wir haben diesen Aspekt im ▶ Abschn. 13.1.1 über Kartierungen von Erbkrankheiten bereits besprochen.

! Zwillings- und Geschwisterpaar-Analysen sind wichtige Werkzeuge der Humangenetik und haben viel dazu beigetragen, genetische Ursachen bei komplexen Erkrankungen zu erkennen. Zwillingsstudien erlauben dabei auch, den genetischen und umweltbedingten Anteil an Erkrankungen abzuschätzen.

13.1.3 Molekulare Diagnostik: von der Familienberatung zu Reihenuntersuchungen

Im Mittel sind etwa 2 % aller Neugeborenen klinisch auffällig – das macht deutlich, welchen wichtigen Stellenwert die Kenntnis (und Diagnostik!) von Erbkrankheiten hat, um so rechtzeitig die angemessene medizinische Hilfe anbieten zu können. Erbkrankheiten werden auf absehbare Zeit ein schwerwiegendes medizinisches Problem bleiben – daran werden auch alle Fortschritte der Humangenetik (und der Medizin) in nächster Zeit noch nichts Grundsätzliches ändern. Die an sie gestellten Erwartungen werden allerdings häufig durch unangemessene Übertreibungen zu hoch angesetzt.

Ein wesentliches Kriterium für eine genetische Diagnostik ist die Frage, ob bestimmte Krankheitsbilder in einer Familie gehäuft auftreten. **Stammbäume** (▶ Abschn. 13.1.1) sind häufig entscheidend für die Erkenntnis, dass in einer Familie eine bestimmte Erbkrankheit vorhanden ist und welchem Erbgang sie folgt. Da die heutigen molekularen Marker (Mikrosatelliten und SNPs) einfach zu handhaben sind, werden **Familienanalysen** sicherlich weiter zunehmen. Außerdem können durch eine Optimierung der statistischen Analysen auch eher Aussagen für kleine Familien gemacht werden.

Bei Vorliegen entsprechender Vorerkrankungen wird sicherlich auch in der Zukunft zu einer pränatalen Diagnostik geraten. Die lange angewandten invasiven Methoden sind in ◘ Abb. 13.7 dargestellt. Bei der Chorionzottenbiopsie werden in der 11. Schwangerschaftswoche 10–15 mg Zottengewebe entnommen. Bei der

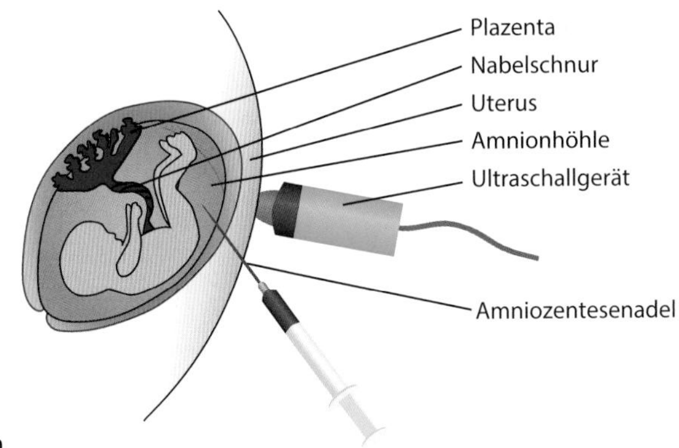

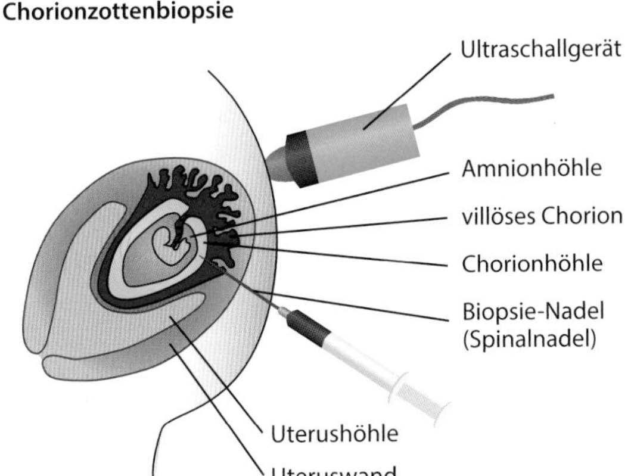

Abb. 13.7 Amniozentese und Chorionzottenbiopsie. **a** Amniozentese (ca. 15. Schwangerschaftswoche): Das Fruchtwasser enthält embryonale Zellen. Zu deren Analyse werden etwa 10–20 ml Fruchtwasser entnommen, die Zellen werden durch Zentrifugation gesammelt und *in vitro* kultiviert. Nach etwa 2 Wochen können Zellen auf ihren Karyotyp (Abb. 6.2 und 6.4) und mit biochemischen und molekulargenetischen Methoden analysiert werden. **b** Chorionzottenbiopsie (ab der 11. Schwangerschaftswoche): Es wird etwa 10–15 mg Zottengewebe entnommen; daraus kann direkt DNA zur molekulargenetischen Untersuchung gewonnen werden. Für weitere Untersuchungen müssen verschiedene Kulturen angelegt werden. (Nach Schaaf und Zschocke 2018, mit freundlicher Genehmigung)

Fruchtwasserpunktion werden in der 15. Schwangerschaftswoche 10–20 ml Fruchtwasser entnommen, um eine Kultur zur Chromosomenanalyse bzw. DNA-Extraktion anlegen zu können. Dabei können nicht nur Untersuchungen auf Chromosomenaberrationen durchgeführt werden (▸ Abschn. 10.2 und 13.2). Vielmehr hat die einfache, schnelle und präzise Durchführung der Polymerasekettenreaktion (engl. *polymerase chain reaction*, PCR; Technikbox 4) das Anwendungsspektrum deutlich erweitert und damit zu einer rasanten Zunahme gendiagnostischer Verfahren geführt. Etwa 90 % der Embryonen mit Trisomie 21 werden mithilfe einer der beiden Methoden erfasst; allerdings ist die Zahl der falsch-positiven Fälle mit 5 % hoch.

Das Risiko einer Fehlgeburt bei der Chorionzottenbiopsie liegt bei 1 % und bei der Fruchtwasserpunktion bei 0,5 %.

Inzwischen stehen aber zuverlässige nicht-invasive Alternativen zu Amniozentese und zur Chorionzottenbiopsie zur Verfügung. Es hat sich nämlich gezeigt, dass das mütterliche Blut schon sehr früh in der Schwangerschaft zellfreie, kurze Fragmente von Nukleinsäuren des Embryos enthält; dieses Phänomen wurde von Lo et al. erstmals 1997 beschrieben. Im Blutplasma der Mutter findet sich zellfreie DNA als Abbauprodukt der Erythrocyten; diese DNA hat eine durchschnittliche Größe von 166 bp. Bei Schwangeren kann man aber ab der 5. Schwangerschaftswoche zusätzlich auch zellfreie fötale Nukleinsäuren mit einer durchschnittlichen Fragmentgröße von 143 bp nachweisen; sie stammen aus apoptotischen Prozessen der Trophoblastenzellen der Plazenta. Die Fragmente der mütterlichen DNA und des Embryos decken dabei beide Genome jeweils relativ gleichmäßig ab. Der Anteil der fötalen DNA an der zellfreien DNA im maternalen Plasma beträgt immerhin etwa 10–20 %; nach der Geburt sind die embryonalen DNA-Fragmente aus dem mütterlichen Blut innerhalb weniger Stunden verschwunden. Mithilfe der empfindlichen modernen Sequenziertechnologien ist es möglich, diese DNA des Embryos anzureichern und zu charakterisieren (Abb. 13.8). Dabei stehen die Tests auf Aneuploidien (besonders Trisomie 21, ▸ Abschn. 13.2) im Vordergrund, aber es können auch subchromosomale Erkrankungen und besondere monogene Erkrankungen zunehmend diagnostiziert werden. Gegenüber den herkömmlichen invasiven Screening-Methoden können die nicht-invasiven Verfahren früher eingesetzt werden, sie stellen kein Risiko für die Mutter dar und haben eine höhere Sensitivität (so werden z. B. über 99 % der Trisomie-21-Fälle erfasst, und der Anteil von falsch-positiven Ergebnissen liegt bei 0,1 %). Diese nicht-invasiven Tests werden seit 2011 in der Praxis erfolgreich durchgeführt und sollen in Deutschland ab Ende 2021 auch von den Krankenkassen in begründeten Einzelfällen (Risikoschwangerschaft) bezahlt werden.

In der **humangenetischen Beratung** spielt die PCR-basierte Gendiagnostik eine zentrale Rolle, da sie in vielen Fällen andere diagnostische Verfahren ergänzt oder sogar abgelöst hat und damit auch Voraussetzung für eine effiziente Therapie ist. So ist z. B. in manchen Fällen eine Abgrenzung der Hämophilie A von bestimmten Formen der von-Willebrand-Jürgens-Erkrankungen nur über eine entsprechende molekulare Diagnostik möglich. Technisch ist es dabei unerheblich, ob die PCR an Präimplantationsembryonen, pränatal, an Kleinkindern oder Erwachsenen durchgeführt wird, da die Empfindlichkeit der analytischen Methodik außerordentlich hoch ist.

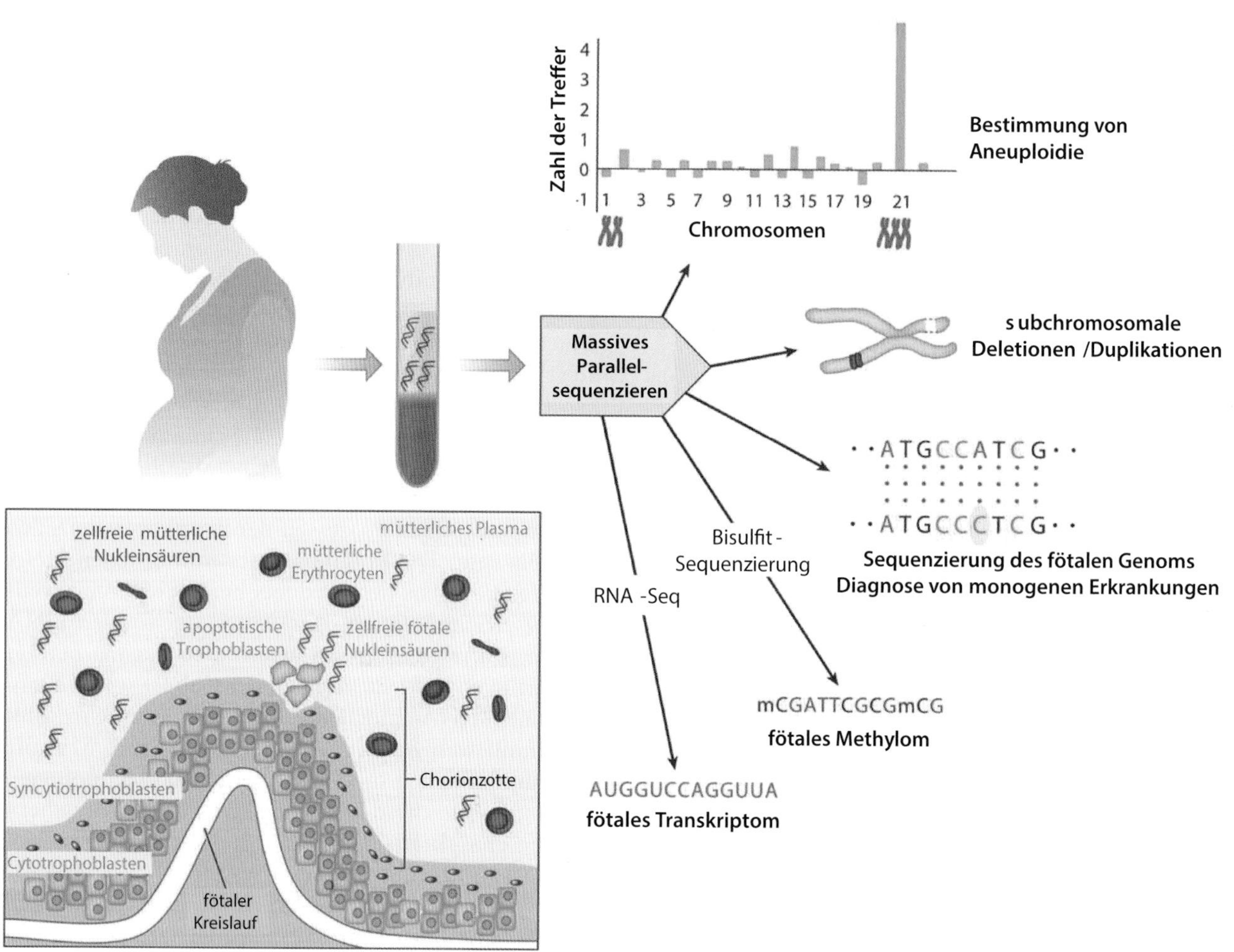

Abb. 13.8 Nicht-invasive pränatale Diagnostik. Durch massive Parallelsequenzierung zellfreier fötaler Nukleinsäuren (DNA und RNA) im mütterlichen Blut kann das Genom des Fötus entziffert werden. Die fötalen Nukleinsäurefragmente stammen wohl von apoptotischen Trophoblasten. RNA-Seq: RNA-Sequenzierung; mC: Methylcytosin. (Nach Wong und Lo 2016, mit freundlicher Genehmigung)

Die PCR wird nicht nur in der Diagnostik von familiären Erbkrankheiten, sondern auch in der forensischen Medizin und Kriminalistik eingesetzt. Hier nutzt man die hohe Empfindlichkeit der PCR-Reaktionen, da einzelne Haare, Blutflecken auf der Kleidung oder auch Schleimhautabstriche im Mund ausreichen, um genügend DNA für eine molekularbiologische Analyse zu gewinnen. Beim genetischen Fingerabdruck führt eine Spur zu einem unter 100 Mrd. Menschen. Es gibt keine zwei gleichen genetischen Fingerabdrücke (Ausnahme: eineiige Zwillinge). Es besteht insofern kein Zweifel daran, dass beim Vergleich verschiedener Marker eine eindeutige Zuordnung zu einer individuellen Person möglich ist (Vec 2001). Diese DNA-basierten forensischen Methoden haben die Aufklärungsraten von Verbrechen deutlich erhöht.

Die Methode des „genetischen Fingerabdrucks" verwendet im Wesentlichen Mikrosatelliten (engl. *short tandem repeats*, STR), die mittels PCR amplifiziert und danach in einem Elektropherogramm analysiert werden. Die STRs enthalten dabei im Allgemeinen bis zu 50-mal kurze DNA-Wiederholungseinheiten, die aus zwei bis sechs Basen bestehen. Um ein „Stottern" der DNA-Polymerase während der PCR-Reaktion zu vermeiden, werden gerne STRs mit 4er-Wiederholungssequenzen verwendet (z. B. GATA). Die unterschiedliche Häufigkeit der Wiederholungssequenz führt zu unterschiedlichen Längen der Fragmente (Abb. 11.26). Dieser Fragmentlängenpolymorphismus von STRs zeigt ein hohes Maß an Heterozygotie. Dennoch müssen, um eine hohe Spezifität zu erzielen, in einer Probe mehrere solcher STRs oder Mikrosatelliten untersucht werden. Die Wahrscheinlichkeit, dass zwei Menschen bei acht verschiedenen STRs das gleiche Muster haben, liegt bei etwa $1:10^{13}$. Zur Bestimmung des männlichen Geschlechts wird eine kleine Deletion im 1. Intron der Y-spezifischen Form des Amelogenin-Gens verwendet (Gensymbol: *AMELY*; Abb. 13.39). Marker auf dem Chromosom 21 (z. B. *D21S11*) können verwendet werden, um eine Trisomie 21 (▶ Abschn. 13.2.1) zu identifizieren. In Abb. 13.9 wird ein Beispiel eines automatischen STR-Profils gezeigt;

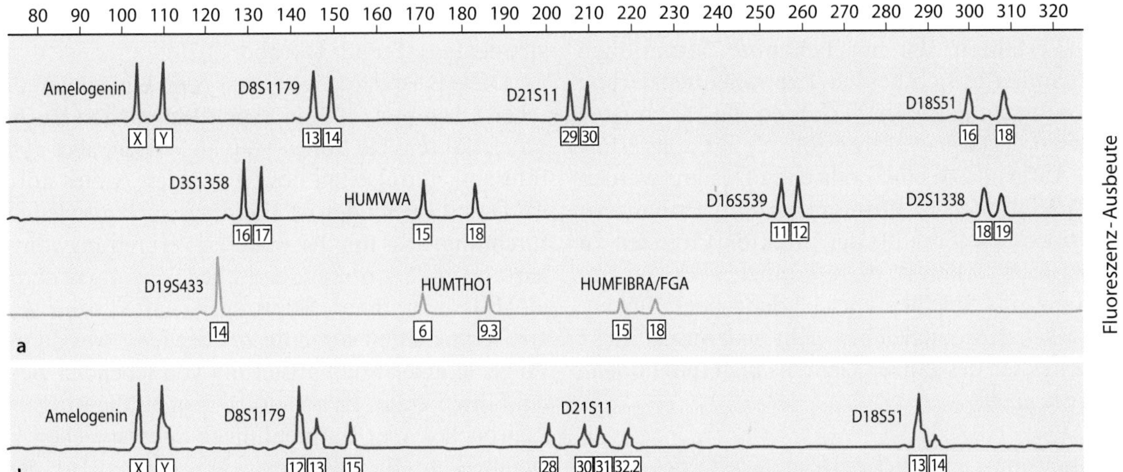

Abb. 13.9 DNA-Fingerabdruck. **a** Der DNA-Fingerabdruck einer Multiplex-Analyse mit der Markerkombination „SGM-Plus" (engl. *second generation multiplex*) identifiziert einen Mann anhand der beiden X- und Y-spezifischen Markerlängen für das Amelogenin-Gen (106 bzw. 112 bp). Die meisten übrigen STRs sind heterozygot und zeigen etwa eine 1:1-Verteilung (charakterisiert durch die Peakhöhe); der Marker *D19S433* ist dagegen homozygot. Die Zahlen unterhalb des Peaks bezeichnen die Nummer des jeweiligen Allels, wie es sich aus seiner Länge bestimmen lässt. Es sind drei Fluoreszenzkanäle angegeben (*grün*, *blau* und *gelb*). Die *rote* Markerspur ist nicht gezeigt. **b** Die Mischung **zweier** männlicher DNA-Proben (nur der *grüne* Kanal ist gezeigt) wird deutlich am Auftreten von mehr als zwei Allelen in unterschiedlichem Mischungsverhältnis: vier Allele von *D21S11* in einem 1:1:1:1-Verhältnis sind dafür der deutlichste Hinweis; die Marker *D8S1179* und *D18S51* zeigen davon abweichende Verhältnisse (2:1:1 bzw. 3:1). (Nach Jobling und Gill 2004, mit freundlicher Genehmigung)

diese Methode geht auf Arbeiten von Diethard **Tautz** (1989) zurück.

Der Übergang sowohl von der humangenetischen Beratung als auch der gruppenweisen Untersuchung bei Gewaltverbrechen bis hin zu einem **bevölkerungsweiten Screening** ist fließend. Schon seit langer Zeit wird von jedem Neugeborenen in Deutschland innerhalb weniger Tage nach der Geburt ein Tropfen Blut aus der Ferse abgenommen und in einem enzymatischen Test auf das Vorliegen von Phenylketonurie (► Abschn. 13.3.1) getestet. Durch das Einleiten einer frühen Diät können Schäden durch diese Erbkrankheit vermieden werden. Es gibt Überlegungen, solche Reihenuntersuchungen auch auf andere Erkrankungen auszuweiten; so ist beispielsweise die Allelhäufigkeit für die Δ508-Mutation bei der zystischen Fibrose (Mukoviszidose; ► Abschn. 13.3.1) mit ca. 1:25 in der deutschen Bevölkerung sehr hoch. Da die therapeutischen Verfahren natürlich umso besser wirken, je früher sie angewendet werden, kann eine derartige Reihenuntersuchung durchaus gerechtfertigt werden. Dagegen wird immer wieder auch das „Recht auf Nicht-Wissen" über die genetische Konstitution eines Individuums ins Feld geführt. Allerdings sollte bei diesem Argument im Zusammenhang mit Reihenuntersuchungen an Neugeborenen auch bedacht werden, dass Kindern mögliche therapeutische Erleichterungen verloren gehen können, wenn man sich gegen eine Reihenuntersuchung entscheidet. Dieser Punkt wird sicherlich noch für viele weitere Erbkrankheiten zu diskutieren sein, und zwar in dem Maße, wie die Möglichkeiten der Diagnostik **und** der Therapie (► Abschn. 13.5) verbessert werden.

 In Deutschland wurde diese Debatte besonders intensiv in den Jahren 2007 bis 2009 geführt, als im Deutschen Bundestag das **Gendiagnostik-Gesetz** beraten und schließlich beschlossen wurde. Leider beschränkt dieses Gesetz genetische Diagnostik nicht auf die genetische Untersuchung (DNA- und Chromosomenuntersuchungen), sondern schließt auch bildgebende und proteinanalytische Verfahren ein, sodass jede biochemische oder Ultraschalluntersuchung zu einer gendiagnostischen Untersuchung werden kann. Hier besteht noch erheblicher Änderungsbedarf. Dies wurde inzwischen auch von der Gendiagnostik-Kommission [kurz GEKO] in ihrem ersten Tätigkeitsbericht 2013 eingeräumt. Die GEKO bewertet im Auftrag des Bundesministeriums für Gesundheit die Entwicklung in der genetischen Diagnostik und ist beim Robert-Koch-Institut angesiedelt (► http://www.rki.de/DE/Content/Kommissionen/GendiagnostikKommission/GEKO_node.html).

Möglich wurden diese dramatischen Fortschritte in der Sequenziertechnik durch die vielfache Anwendung des *„next generation sequencing"* (Technikbox 7). Besonders das Verfahren, das als Exom-Sequenzierung bekannt ist, wird sehr häufig angewendet (hier werden alle bekannten Exons und ihre flankierenden Regionen sequenziert). Die Ergebnisse liegen innerhalb kurzer

Zeit vor und erfassen etwa 85 % der monogenen Erbkrankheiten (▶ Abschn. 13.3). Im Gegensatz zu SNP-basierten Verfahren, die nur bekannte Mutationen erfassen, handelt es sich bei der Exom-Sequenzierung um ein voraussetzungsloses Verfahren, das auch neue Mutationen (bei geeigneten Kontrollen!) in Exons erfassen kann. Aufgrund des methodischen Designs werden dagegen Mutationen in Promotoren und Enhancern sowie in Introns außerhalb der direkten Grenzen zu den Exons nicht erkannt; diese können aber die Expression bzw. das Spleißen entscheidend beeinflussen. Um dieses Defizit auszugleichen, geht man immer mehr zum Sequenzieren des ganzen Genoms über (engl. *whole genome sequencing*).

Die Verfeinerung genbasierter Diagnoseverfahren ermöglicht es heute in vielen Fällen, frühzeitig und präzise Krankheiten zu diagnostizieren; entsprechende Verfahren können auch dazu verwendet werden, umstrittene Familienverhältnisse zu klären und in der Kriminaltechnik Personen zweifelsfrei zu identifizieren.

Die technische Verfeinerung genetischer Diagnostik hinsichtlich der Genauigkeit und Geschwindigkeit hat zu einer deutlichen Zunahme entsprechender Untersuchungen geführt. Schon Ende des Jahres 2007 haben zwei Firmen Billiganalysen des menschlichen Erbguts angeboten (▶ http://www.decode.com/; ▶ https://www.23andme.com/): Dazu musste der Interessent eine Speichelprobe einschicken. Untersucht wurden etwa 1 Mio. SNPs; der Einsender bekam nach etwa 4 Wochen die Informationen über Hinweise auf Risiken bei einigen ausgewählten Krankheiten. Die Liste der Krankheiten wurde dabei zunächst ständig erweitert, sodass der Einsender mit dem wissenschaftlichen Fortschritt auch ein „Update" seiner eigenen Daten erhielt. Das zeigt einerseits den enormen technischen Fortschritt, aber auch mögliche Gefahren, die nicht nur im möglichen Missbrauch der genetischen Daten durch Versicherungen, Arbeitgeber oder andere Interessierte liegen. Ein großes Problem dabei ist, dass sicherlich viele Einsender mit der Interpretation der Ergebnisse überfordert sind und vielmehr der Unterstützung eines fachlich ausgebildeten Genetikers bedürfen. Inzwischen hat die amerikanische Behörde zur Überwachung von Lebens- und Arzneimitteln (engl. *Food and Drug Administration*, FDA) darauf reagiert und ein Verkaufsverbot des Zubehörs für den Speichelabstrich und den personalisierten Genom-Service angeordnet. deCODEme bietet diesen Service überhaupt nicht mehr an; von 23andMe wird jetzt der personalisierte Gesundheitsservice (150 Krankheiten) nur noch zusammen mit der Auswertung zur Ahnenforschung angeboten (Kosten: 79 $, mit Kit zum Abstrich aus der Mundhöhle; ▶ https://www.23andme.com/dna-health-ancestry/?nav2=true&sub=ver1). DNA-Tests zur Ahnenforschung alleine gibt es heute sogar noch billiger: bei MyHeritage für 49 € (▶ https://www.myheritage.de) oder bei AncestryDNA für 69 € (▶ https://www.ancestry.de/dna) (Stand: Oktober 2020).

Diese Beispiele zeigen, dass beim Umgang mit genetischen Diagnoseverfahren (vor allem mit den Hochdurchsatzverfahren) ein hohes Maß an Wissen, aber auch Einfühlsamkeit aufseiten des beratenden Arztes notwendig ist. Damit verbunden ist allerdings auch die vielfache Befürchtung, dass mit der weiteren Verbreitung von schnellen und präzisen diagnostischen Verfahren der Druck auf Eltern zunimmt, Schwangerschaften beim Vorliegen von Krankheiten vorzeitig zu beenden – was dann in der Folge zu einer Stigmatisierung von lebenden Behinderten führen kann. Es ist natürlich nicht die Aufgabe eines Lehrbuches, hier Empfehlungen auszusprechen, aber es ist umgekehrt die Pflicht eines Wissenschaftlers, den Blick über den Tellerrand hinaus auch auf die (möglichen) gesellschaftlichen Auswirkungen zu lenken. Eine beachtenswerte Übersicht wurde dazu von Minear et al. (2015) publiziert; die Deutsche Gesellschaft für Humangenetik (GfH) diskutiert und veröffentlicht entsprechende Leitlinien (▶ https://www.gfhev.de/de/leitlinien/index.htm).

13.1.4 Genetische Epidemiologie

Die Suche nach statistischen Assoziationen zwischen der Krankheit und einem Markergenotyp in der allgemeinen Bevölkerung ist eine zunehmend interessanter werdende Alternative zur Kopplungskartierung in Familien. Kopplungen und Assoziation sind unterschiedliche Phänomene, wobei der wesentliche Unterschied darin besteht, dass **Kopplung eine Beziehung zwischen zwei Genorten** und **Assoziation eine Beziehung zwischen Allelen** darstellt. Bei einer Kopplungsanalyse ist die Kausalität zwischen der Veränderung in der kritischen chromosomalen Region und der beobachteten (seltenen monogenischen) Krankheit in der Regel gegeben und durch Co-Segregation in den betroffenen Familien nachweisbar (liegt keine Co-Segregation vor, bedeutet dies, dass die beobachteten genetischen Unterschiede für die Krankheit nicht kausal sind!). Assoziationsstudien werden dagegen in der Regel für häufige und komplexe Erkrankungen durchgeführt; die beobachteten Allele stellen (selten) gekoppelte Marker dar, sondern erhöhen bzw. erniedrigen als funktionelle DNA-Veränderungen das Risiko, mit dem eine Erkrankung auftritt. Für die Aussagekraft von Assoziationsstudien auf Populationsbasis ist die Auswahl der Kontrollen von ganz entscheidender Bedeutung. Es reicht oft nicht aus, Studenten oder Personal der Universität als Kontrollen zu verwenden, da sie möglicherweise nicht typisch für die Population sind, aus der die Patienten stammen.

Aus derartigen Überlegungen heraus hat sich ein neues Feld entwickelt – die **genetische Epidemiologie**. Der Begriff wurde von James **Neel** und William **Schull** 1954 geprägt, um das Zusammenwirken zweier Disziplinen zu

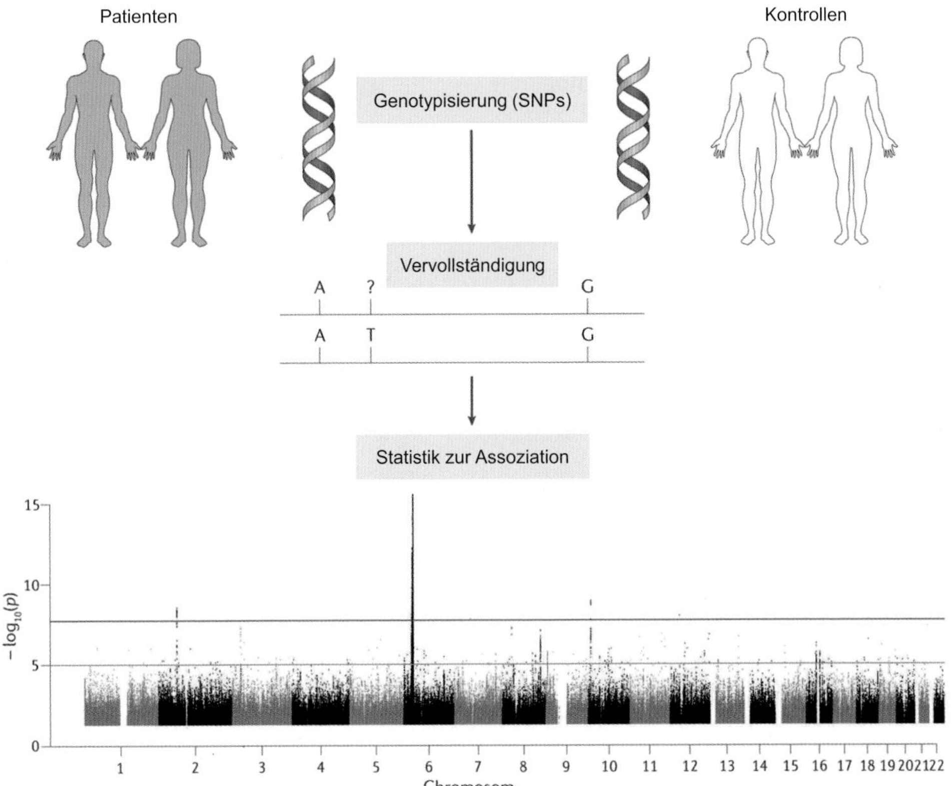

◘ Abb. 13.10 Design genomweiter Assoziationsstudien (GWAS). Um GWAS durchzuführen, werden DNA-Proben von Patienten und Kontrollen in Bezug auf Einzelbasenpolymorphismen (engl. *single nucleotide polymorphism*, SNPs) genomweit genotypisiert. Nach einer Qualitätskontrolle und Vervollständigung der Daten (engl. *imputation*) wird eine Assoziation zwischen der Verteilung der SNPs und der Krankheit berechnet. Die Darstellung erfolgt in Form von „Manhattan-Plots", weil die Form an die Skyline von Manhattan erinnert. Auf der x-Achse sind die einzelnen Chromosomen aufgetragen und auf der y-Achse die statistische Kennzahl – hier $-\log_{10}(p)$. In der Abbildung sind hochsignifikante SNPs auf dem Chromosom 6 dargestellt. Die *rote Linie* entspricht dabei einem korrigierten p-Wert von 5×10^{-8}, d. h. einer Bonferroni-Korrektur auf der Ebene eines Signifikanzniveaus von 5 % bei 1 Mio. unabhängigen Tests. SNPs, die oberhalb liegen, werden als statistisch signifikant betrachtet und weiter untersucht. Die *Punkte* zwischen der *blauen Linie* (korrigierter p-Wert von 1×10^{-5}) und der *roten* repräsentieren SNPs von möglichen Kandidatengenen. (Nach Sud et al. 2017, mit freundlicher Genehmigung)

beschreiben, die zur Erklärung verbreiteter Krankheiten ihre Ursache und die Verbreitung in der Bevölkerung analysieren wollen. Aufgrund ihrer „Hybrid-Natur" zehrt die genetische Epidemiologie von verschiedenen, benachbarten Arbeitsrichtungen: Populationsgenetik (▶ Abschn. 11.5), quantitativer Genetik, Epidemiologie und Biostatistik. Im Zentrum der genetischen Epidemiologie steht der Versuch, genetische und umweltbedingte Einflüsse auf die Krankheitsentstehung zu unterscheiden. Dazu wurden in den letzten Jahren viele verschiedene Verfahren entwickelt, die alle einen großen statistischen Aufwand betreiben, um Genorte zu identifizieren, die mit komplexen Krankheiten assoziiert sind.

Besondere Bedeutung haben dabei die **genomweiten Assoziationsstudien (GWAS)** gewonnen. Dabei werden in ausreichend großen Kohorten Patienten, die an Volkskrankheiten leiden, mit gesunden Kontrollen verglichen. Für die Assoziation mit genetischen Markern werden 500.000 oder mehr SNPs verwendet, die zufällig über das gesamte Genom verteilt sind. Dieser **hypothesenfreie Ansatz** ermöglicht auch die Entdeckung von Genen, von denen man bisher nicht wusste, dass sie an der Ausbildung der entsprechenden Krankheit beteiligt sind. Einen Überblick über das Design und ein mögliches Ergebnis einer GWAS gibt ◘ Abb. 13.10.

Volkskrankheiten wie Herz-Kreislauf-Erkrankungen, Diabetes, Asthma, Autoimmunerkrankungen oder psychiatrische Erkrankungen sind ihrer Natur nach häufig und genetisch komplex (d. h. viele Gene sind an der Ausbildung der Krankheit beteiligt). Wir werden später einige Ergebnisse dazu vorstellen (▶ Abschn. 13.4 über komplexe Erbkrankheiten; ▶ Kap. 14 über Verhaltens- und Neurogenetik).

Wie oben bereits erwähnt, lassen sich die Ergebnisse der GWAS nicht mit Kartierungsdaten aus Familienuntersuchungen vergleichen. Ihre Stärke liegt vielmehr darin, dass sie für komplexe Erkrankungen ein zusätzliches (relatives) Risiko angeben können, wenn eine bestimmte genetische Konstitution vorliegt (wir sprechen daher von Risikoallelen oder Anfälligkeitsgenen; engl. *susceptibility genes*). Deswegen werden die Ergebnisse häufig in Form eines Quotenverhältnisses (engl. *odds ratio*, OR) angegeben, oft zusammen mit einem Vertrauensintervall von 95 %. Übliche Ergebnisse zeigen signifikante Quotenverhältnisse unter 1,5 an – d. h. der jeweilige SNP erhöht das Erkrankungsrisiko um weniger als den Faktor 1,5 (oder um weniger als 50 %). Daraus ergibt sich natürlich im Umkehrschluss, dass es für die Volkskrankheiten viele genetische Komponenten geben muss (abgesehen von den Umwelteinflüssen, die bei diesen Erkrankungen eine große Rolle spielen, aber in einem genetischen Kontext nicht weiter erörtert werden können).

Es gibt verschiedene Möglichkeiten, wie mehrere Gene zum Entstehen von Volkskrankheiten beitragen. Ein entscheidendes Argument dabei ist die Häufigkeit der Risikoallele in der untersuchten Population. Wir können dabei grob drei Gruppen unterscheiden:

- Seltene Allele mit großer Wirkung: Häufige Erkrankungen sind sehr heterogen in ihrer Ursache; jedes Risikoallel kommt in der Bevölkerung zwar selten vor (~ 1 %), leistet aber einen großen Beitrag zur Krankheitsentstehung, besonders in homozygotem Zustand. Diese Form ist nahe an der klassischen Genetik rezessiver Erbgänge.
- Häufige Erkrankungen durch häufige genetische Varianten: Jedes Risikoallel hat eine Häufigkeit von etwa 5 % in der Bevölkerung – damit ergeben sich für jede Krankheitsform ca. 20 Varianten als Ursache.
- Das infinitesimale Modell: Bei komplexen Erkrankungen erhöht jedes Risikoallel das relative Risiko um weniger als 20 % (*odds ratio* < 1,2) – damit tragen Hunderte von Varianten zur Krankheit bei.

13

Üblicherweise sind bei komplexen Volkskrankheiten alle Möglichkeiten realisiert: ein oder zwei Allele mit hohem Anteil, einige mit mittlerem und andere, die nur einen geringen Beitrag leisten. Eine grafische Darstellung dieser Überlegungen zeigt ◻ Abb. 13.11.

Wenn wir nun die signifikanten SNP-Daten im Detail interpretieren wollen, stehen wir vor verschiedenen Möglichkeiten:

- Viele SNPs liegen in nicht-codierenden Regionen (Introns oder zwischen Genen). Hier können sie entweder als Marker dienen, d. h. die genetisch relevante Veränderung befindet sich in der „Nähe", oder es handelt sich um eine funktionelle Veränderung, die die Regulation eines Gens betrifft (Enhancer, Promotor, nicht-codierende RNA etc.).
- Wenn SNPs in einem Exon liegen, können sie einen Aminosäureaustausch andeuten (nicht-synonyme SNPs) oder nicht (synonyme SNPs). Auch synonyme SNPs können funktionelle Bedeutung haben, da nicht für jedes Codon dieselbe Menge an tRNA zur Verfügung stehen muss, sodass es deswegen zur Veränderung der synthetisierten Menge des entsprechenden Proteins kommen kann.
- Wenn SNPs in einem Intron oder Exon liegen, können sie auch das Spleißen beeinflussen, indem eine neue Spleißstelle geschaffen oder eine bestehende zerstört wird. In der Folge kann ein neues Exon entstehen, ein bestehendes Exon übersprungen oder Exons verlängert oder verkürzt werden.

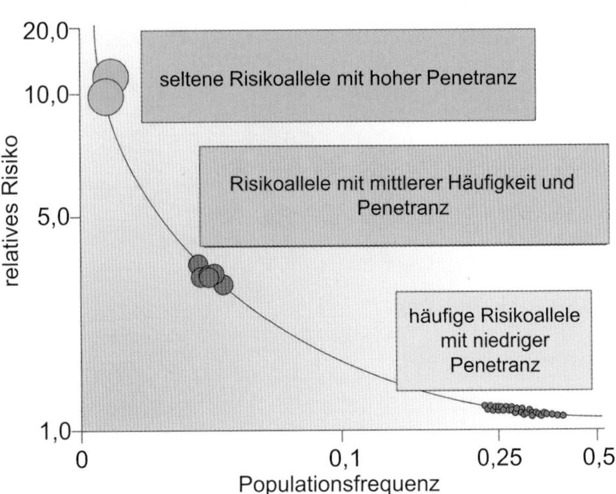

◻ **Abb. 13.11** Genetische Architektur des Risikos komplexer Erkrankungen. Die schematische Darstellung zeigt, dass ein niedriges relatives Risiko mit häufigen genetischen Varianten mit niedriger Penetranz assoziiert ist. Hier finden wir meistens die SNPs, die in GWAS identifiziert werden. Ein mittleres relatives Risiko ist dagegen mit Varianten assoziiert, die eine mittlere Häufigkeit und Penetranz haben. Ein hohes relatives Risiko ist mit seltenen Varianten assoziiert, die eine hohe Penetranz haben. Diese Varianten sind häufig pathogene Mutationen, die auch einem Mendel'schen Erbgang folgen können. (Nach Sud et al. 2017, mit freundlicher Genehmigung)

In allen Fällen stimuliert die Identifizierung eines signifikanten SNPs in einer GWAS eine Vielzahl biochemischer, molekularbiologischer und genetischer Experimente, um die funktionelle Bedeutung des jeweiligen SNPs für die untersuchte Krankheit herauszuarbeiten. Die Zahl der Gene, die mit Volkskrankheiten in Verbindung gebracht werden, hat sich durch die GWAS vervielfacht (für weitere Details siehe Visscher et al. 2012).

! Die genetische Epidemiologie gewinnt durch die technischen Möglichkeiten der automatisierten, genomweiten Markeranalyse mithilfe von SNPs eine Genauigkeit, die es erlaubt, viele Krankheiten molekular zu charakterisieren, wenn sie in der Bevölkerung häufig genug vorkommen. Dazu werden populationsbezogene Studien und keine familienbezogenen Studien durchgeführt.

Eine besondere Form der Assoziationsstudie ist der Transmissions-Disequilibrium-Test (TDT): ein Test auf Kopplung in einer Assoziationsstudie. Dabei wird eine Besonderheit der Populationsgenetik berücksichtigt, dass nämlich Heterogenitäten in einer Population (Schichtung der Population oder Stratifikation) bestehen können und damit möglicherweise eine Kopplung vortäuschen. Beim TDT werden zunächst erkrankte Probanden ermittelt und mit ihren Eltern auf ausgewählte Markerallele getestet. Um herauszufinden, ob ein bestimmtes Markerallel mit der Krankheit assoziiert ist, werden diejenigen Eltern herausgesucht, die für dieses Markerallel heterozygot sind. Im Kern besteht der entscheidende Test im Vergleich der Häufigkeiten, mit denen das eine oder das andere Allel von den Eltern auf die erkrankten Kinder weitergegeben wird. Dabei kann das Markerallel selbst ein Anfälligkeitsgen sein oder mit einem benachbarten Anfälligkeitsgen gekoppelt sein (Ewens und Spielman 2005).

13.2 Chromosomenanomalien

Im ▶ Kap. 6 haben wir bereits viel über die Struktur und den Aufbau menschlicher Chromosomen erfahren. Insbesondere wurden dort auch die verschiedenen Färbetechniken vorgestellt, mit denen in der humanen Cytogenetik gearbeitet werden kann (◘ Abb. 6.2 und 6.4). Ein klassisches Karyogramm (◘ Abb. 6.2) zeigt einen haploiden menschlichen Chromosomensatz mit 22 Autosomen und einem Geschlechtschromosom (X oder Y). Menschliche Chromosomen sind in der Regel metazentrisch mit einem kurzen (p = *petit*) und einem langen (q = *queue*) Arm. Chromosomenmutationen haben wir in allgemeiner Form bereits im ▶ Abschn. 10.2 besprochen und dabei einige Konsequenzen in der Evolution der Pflanzen kennengelernt. Im Folgenden wollen wir uns auf die humangenetischen Konsequenzen konzentrieren. Hier standen numerische und strukturelle Veränderungen der Chromosomen wegen ihrer leichten Analyse am Mikroskop lange Zeit im Zentrum der Untersuchungen.

13.2.1 Numerische Chromosomenanomalien

Bei den numerischen Chromosomenanomalien kann der basale Chromosomensatz (**Euploidie**) vervielfacht sein – wir sprechen dann von **Polyploidie** (Beispiel: 3n = **Triploidie**). Andererseits kann auch ein einzelnes Chromosom in seiner Zahl erhöht (**Hyperploidie**; Beispiel: 2n + 1 = **Trisomie**) oder erniedrigt sein (**Hypoploidie**; Beispiel: 2n − 1 = **Monosomie**). Da hierbei das Gleichgewicht der Chromosomenzahl gestört ist, sprechen wir ganz allgemein von **Aneuploidien**. Diese wichtige Klasse von Krankheiten wird durch einen Fehler in den meiotischen Teilungen verursacht, den wir bereits kennengelernt haben: durch Nondisjunction, also eine unvollständige Verteilung der Chromosomen oder Chromatiden während einer der meiotischen Teilungen (▶ Abschn. 6.3.2, ◘ Abb. 6.22). Nondisjunction kann theoretisch alle Chromosomen eines Genoms betreffen, und zwar mit ungefähr der gleichen Wahrscheinlichkeit. In den meisten Fällen sind Aneuploidien letal, d. h. Organismen mit fehlenden oder überzähligen Chromosomen sind nicht lebensfähig.

Nur in Ausnahmefällen werden Kinder geboren, die abweichende Chromosomenzahlen besitzen. Im Allgemeinen sind auch diese Individuen mehr oder weniger schwer behindert. Zu diesen Ausnahmen gehören **Monosomien** (d. h. Konstitutionen, bei denen eines der beiden homologen Chromosomen fehlt) des X-Chromosoms (X/0). **Trisomien**, also eine Triplikation eines der Chromosomen, können hingegen offenbar zumindest in einigen wenigen Fällen besser kompensiert werden. Kinder mit aneuploiden Chromosomenzahlen werden nur dann lebend geboren, wenn diese die Geschlechtschromosomen oder die Autosomen 13, 18 oder 21 betreffen. Dass Aneuploidien der übrigen Autosomen nicht gefunden werden, bedeutet aber nicht, dass für diese Chromosomen keine Nondisjunction vorkommt. Derartige Abweichungen haben vielmehr so schwerwiegende Entwicklungsstörungen in der Embryonal- und Fötalentwicklung zur Folge, dass es bereits frühzeitig zum Abort kommt, oft bereits in den ersten Wochen der Schwangerschaft.

Die Geburt von Kindern mit Aneuploidien (◘ Tab. 13.3) der Chromosomen 13 (Pätau-Syndrom, Karyotyp 47,XY,+13) und 18 (Edwards-Syndrom, Karyotyp 47,XY,+18) besagt jedoch nichts über die Lebensfähigkeit solcher Kinder. Entwicklungsstörungen, wie sie durch diese Chromosomenkonstitutionen verursacht werden, manifestieren sich bisweilen erst so spät in der Embryonalentwicklung, dass ein Teil der Kinder noch lebend geboren wird, dann aber innerhalb kurzer Zeit stirbt. Lediglich Individuen mit Aneuploidien von Chromosom 21 oder der Geschlechtschromosomen sind in einem gewissen Prozentsatz der Fälle lebensfähig. Offenbar spielt hierfür die übrige genetische Konstitution eine Rolle, denn auch Individuen mit Aneuploidien des Chromosoms 21 und der Geschlechtschromosomen sterben zu einem erheblichen Anteil bereits während der Frühentwicklung. Insgesamt beobachten wir eine deutliche Zunahme der Trisomien der Chromosomen 13, 16 und 21 mit dem Alter der Mutter (◘ Abb. 13.12).

Die tatsächliche Häufigkeit fehlerhafter Chromosomenverteilung während der Meiose ist wahrscheinlich noch höher als in ◘ Tab. 13.3 angegeben. ◘ Tab. 13.4 deutet an, dass eine Vielzahl spontaner Aborte (> 35 %) auf Aneuploidien zurückzuführen ist.

Wie aus der ◘ Tab. 13.4 deutlich hervorgeht, gehen die meisten menschlichen Aneuploidien auf Fehler während der Eizellentwicklung zurück; Fehler in der Spermienentwicklung spielen mit 1–4 % bei diesem Krankheitstyp eine untergeordnete Rolle. Eine genauere Analyse der Entwicklung von Ei- und Samenzellen deutet darauf hin, dass schon in der frühen Entwicklungsphase Unterschiede zwischen beiden Geschlechtszellen bestehen: So sind im Pachytän offensichtlich fast alle

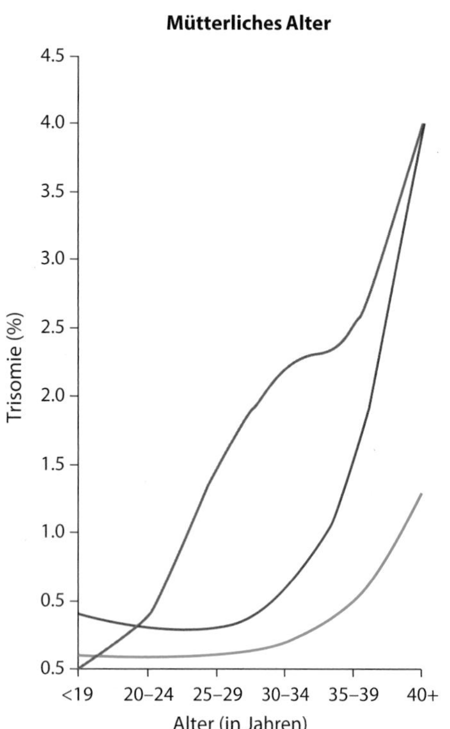

Abb. 13.12 Abhängigkeit der Häufigkeit von Trisomien vom Alter der Mutter. Dabei nimmt die Häufigkeit der meisten Trisomien mit dem mütterlichen Alter zu (*blau*: Trisomie 16; *grün*: Trisomie 18; *rot*: Trisomie 21). Allerdings unterscheiden sich die Steigungen der Kurven, sodass auf unterschiedliche Mechanismen geschlossen werden kann. (Nach Nagaoka et al. 2012, mit freundlicher Genehmigung)

13

Chromosomen in den Spermatocyten durch mindestens ein Crossing-over verbunden – in menschlichen Oocyten enthalten dagegen mehr als 10 % der Zellen mindestens ein Chromosomenpaar ohne Crossing-over. Etwa die Hälfte dieser Zellen ohne Crossing-over führt zu Aneuploidien. Der Hauptunterschied zwischen Spermatogenese und Oogenese wird aber nach dem Pachytän (Abb. 6.22) offensichtlich: Die männlichen Keimzellen durchlaufen rasch die weiteren Stadien der Meiose, wohingegen die Oocyten in einem späten Stadium der Prophase I (Diktyotän) für Jahre, wenn nicht gar für Jahrzehnte stehen bleiben (▶ Abschn. 6.3.2, 12.6.5). Dabei wird während der Prophase ein meiosespezifischer Proteinkomplex gebildet, dessen zentrale Komponente aus einem Cohesinring besteht (▶ Abschn. 6.3.3). Der Cohesinring ist aber nicht so stabil, dass er diesen langen Zeitraum unbeschädigt übersteht bzw. erhalten bleibt; Abb. 13.13 fasst diese Überlegungen schematisch zusammen.

Chromosomenanomalien sind für viele Fehlgeburten verantwortlich; betroffene Individuen sind offensichtlich nicht lebensfähig. Aneuploidien nehmen mit dem Alter der Mutter zu.

Tab. 13.3 Häufigkeit der verschiedenen Chromosomenstörungen bei Neugeborenen

Chromosomenstörung	Häufigkeit bei der Geburt
Trisomie 21 (Down-Syndrom)	1/700
Trisomie 18 (Edwards-Syndrom)	1/3000
Trisomie 13 (Pätau-Syndrom)	1/5000
47,XXY (Klinefelter-Syndrom)	1/1000 ♂
47,XYY (XYY-Syndrom)	1/1000 ♂
47,XXX (Triple-X-Syndrom)	1/1000 ♀
45,X0 (Turner-Syndrom)	1/2000–5000 ♀

Nach Buselmaier und Tariverdian (2007)

Seit Langem wird darüber spekuliert, ob Umwelt- und Lebensstilfaktoren einen Einfluss auf die Aneuploidie-Häufigkeit haben könnten. In den letzten Jahren gibt es jedoch überzeugende Hinweise darauf, dass die Umweltchemikalie Bisphenol A und Methoden der künstlichen Befruchtung Auswirkungen auf die Aneuploidie haben. Bisphenol A wird als Weichmacher in vielen Plastikmaterialien verwendet und kann in Körperflüssigkeiten nachgewiesen werden; die Reifung von Eizellen und Befruchtungshäufigkeiten sind umgekehrt proportional zur Konzentration von Bisphenol A im Blut. Untersuchungen in Modellorganismen legen die Vermutung nahe, dass es die frühe Eizellentwicklung beeinflusst und dabei seine Wirkung durch die Bindung an Östrogen-Rezeptoren entfaltet. Dieser Mechanismus ist bei Menschen schwierig nachzuweisen, da die Wirkung *in utero* erfolgt, die Konsequenzen aber erst Jahrzehnte später bei den erwachsenen Frauen beobachtet werden können. Ähnlich verhält es sich bei der künstlichen Befruchtung: Es gibt deutliche Hinweise darauf, dass niedrigere Dosen des gonadotropen Hormons bei der künstlichen Befruchtung mit niedrigeren Aneuploidie-Raten der befruchteten Eizelle bzw. des heranwachsenden Embryos korreliert sind. Eine ausführliche Darstellung mit einer Vielzahl von Literaturstellen findet sich bei Nagaoka et al. (2012).

Das Down-Syndrom

Die wohl bekannteste Chromosomenaberration des Menschen ist eine triploide Konstitution des Chromosoms 21, auch **Trisomie 21** oder **Down-Syndrom** (Morbus Langdon-Down) genannt (Abb. 13.14). Die früher übliche Bezeichnung Mongolismus weist auf eine oberflächliche phänotypische Ähnlichkeit der Augenform der Symptomträger mit denen von Individuen mongolider Abstammung hin; sie wird heute aber nicht mehr gebraucht. Die Ähnlichkeit mit Individuen der asiatischen Population beruht auf einer schmalen Falte am inneren Augenwinkel.

Tab. 13.4 Häufigkeiten von Aneuploidien während der Embryonalentwicklung

	Häufigkeit von Aneuploidien in %	Häufigste Aneuploidien
Spermien	1–4	XY-Disomie; +13; +21; +22
Oocyten	10–35	+15; +16; +17; +18; +21; +22
Embryonen vor der Implantation	20–40	+15; +16; +17; +18; +21; +22
Spontane Aborte	> 35	45,X; +15; +16; +21; +22
Totgeburten	4	45,X; +13; +18; +21; XXX; XXY
Neugeborene	0,3	+13; +18; +21; XXX; XXY; XYY

Nach Nagaoka et al. (2012)

Symptome Patienten mit Trisomie 21 zeichnen sich generell durch eine mentale Retardation aus. Hinzu kommen physische Gebrechen wie eine verzögerte Entwicklung des Skeletts und eine generelle Verminderung des Tonus der Muskulatur. Das verursacht auch den für ein Down-Syndrom typischen Gesichtsausdruck (Abb. 13.14). Dieser entwickelt sich häufig erst bei älteren Kindern, sodass es oft schwierig ist, eine Trisomie 21 bereits nach der Geburt zu erkennen. Ein relativ zuverlässiges Indiz für das Vorliegen eines Down-Syndroms beim Neugeborenen ist der ungewöhnliche Verlauf der Falten in den Handinnenflächen. Ein großer Prozentsatz der betroffenen Individuen hat zudem Herzanomalien und Störungen des Immunsystems, die früher meist zum Tode der Kinder um das 9. Lebensjahr herum führten. Die Lebenserwartung hat sich heute durch die Verfügbarkeit von Antibiotika zur Abwehr von Infektionen trotz der allgemeinen Schwäche des Immunsystems erheblich erhöht, sodass Patienten mit Trisomie 21 heute 60 Jahre und älter werden können.

Häufigkeit und Lebensalter der Mutter Die Häufigkeit des Down-Syndroms ist relativ hoch (1:700, also $1{,}25 \times 10^{-3}$) und unterscheidet sich zwischen verschiedenen menschlichen Populationen kaum. Allerdings korreliert die Häufigkeit der Erkrankung des Kindes stark mit dem Lebensalter der Mutter: Die Wahrscheinlichkeit, ein Kind mit einer Trisomie 21 zu gebären, steigt ab dem 30. Lebensjahr von etwa 0,5 % auf 6 % bei einem Mutterschaftsalter von 45 und mehr (Abb. 13.12).

Die Diagnostik des Down-Syndroms war in den vergangenen Jahrzehnten eine ständige Herausforderung, die nicht befriedigend gelöst werden konnte. Die biochemischen Verfahren (Triple-Test bzw. Vierfach-Test) testeten auf „Marker“ wie α-Fetoprotein (AFP), Choriongonadotropin (engl. *human chorionic gonadotropin*, hGC), unkonjugiertes Östriol, Inhibin A und später noch das schwangerschaftsassoziierte Plasmaprotein A (PAPP-A). Zusammen mit Ultraschalluntersuchungen auf eine verdickte Nackenfalte des Embryos erfassten diese nichtgenetischen Verfahren (durchgeführt im ersten Trimester der Schwangerschaft) zusammen etwa 85–90 % der Fälle von Down-Syndrom – bei einer Rate von falsch-positiven Ergebnissen von ungefähr 5 %! Einen Überblick über die geschichtliche Entwicklung der Testverfahren des Down-Syndroms gibt die Arbeit von Sillence et al. (2013). Durch die verbesserten genetischen Diagnosemöglichkeiten (► Abschn. 13.1.3) werden heute Trisomien wie das Down-Syndrom wesentlich genauer erkannt (so werden z. B. über 99 % der Trisomie-21-Fälle erfasst, und der Anteil von falsch-positiven Ergebnissen liegt bei 0,1 %). In vielen industrialisierten Ländern steigt das Alter der Mütter an, sodass wir im Prinzip eine erhöhte Rate von Aneuploidien erwarten (Abb. 13.12). In Ländern, in denen Schwangerschaftsabbrüche aus medizinischen Gründen nicht unter Strafe stehen, beobachten wir aber auch eine Zunahme entsprechender Abtreibungen. Eine genauere Analyse der Zahlen in Europa zeigt, das sich diese gegenläufigen Prozesse die Waage halten und die Prävalenz, also die Zahl der Kinder, die mit Down-Syndrom geboren werden, etwa konstant bleibt (Loane et al. 2013).

Die Trisomie des Chromosoms 21 ist die häufigste Trisomie bei Menschen.

Das Chromosom 21 des Menschen enthält ungefähr 310 Gene, und es ist eine der interessanten Fragen, welche dieser Gene dosisempfindlich sind und damit zu dem komplexen und variablen Phänotyp des Down-Syndroms beitragen. Einen wesentlichen Beitrag zur Klärung dieser Frage leisten Patienten mit partieller Trisomie 21: Hierdurch konnte man Regionen auf dem Chromosom 21 bestimmen, die mehr als andere zu dem Krankheitsbild beitragen. Ergänzt werden diese Untersuchungen durch vergleichende Untersuchungen mit Trisomie-Mutanten der Maus, wobei zu beachten ist, dass das menschliche Chromosom 21 auf drei Chromosomen der Maus verteilt ist (10, 16 und 17). Eine interessante Region ist wohl das distale Ende des langen Arms des menschlichen Chromosoms 21: Hier liegen Gene, die für neurodegenerative Erkrankungen verantwortlich sind (z. B. *APP*; ► Abschn. 14.5.2) oder auch für Herz-Kreislauf-Erkrankungen (z. B. *COL6A1*). Eine detaillierte Diskussion verschiedener Kandidatengene und -regionen findet sich bei Lana-Elola et al. (2011).

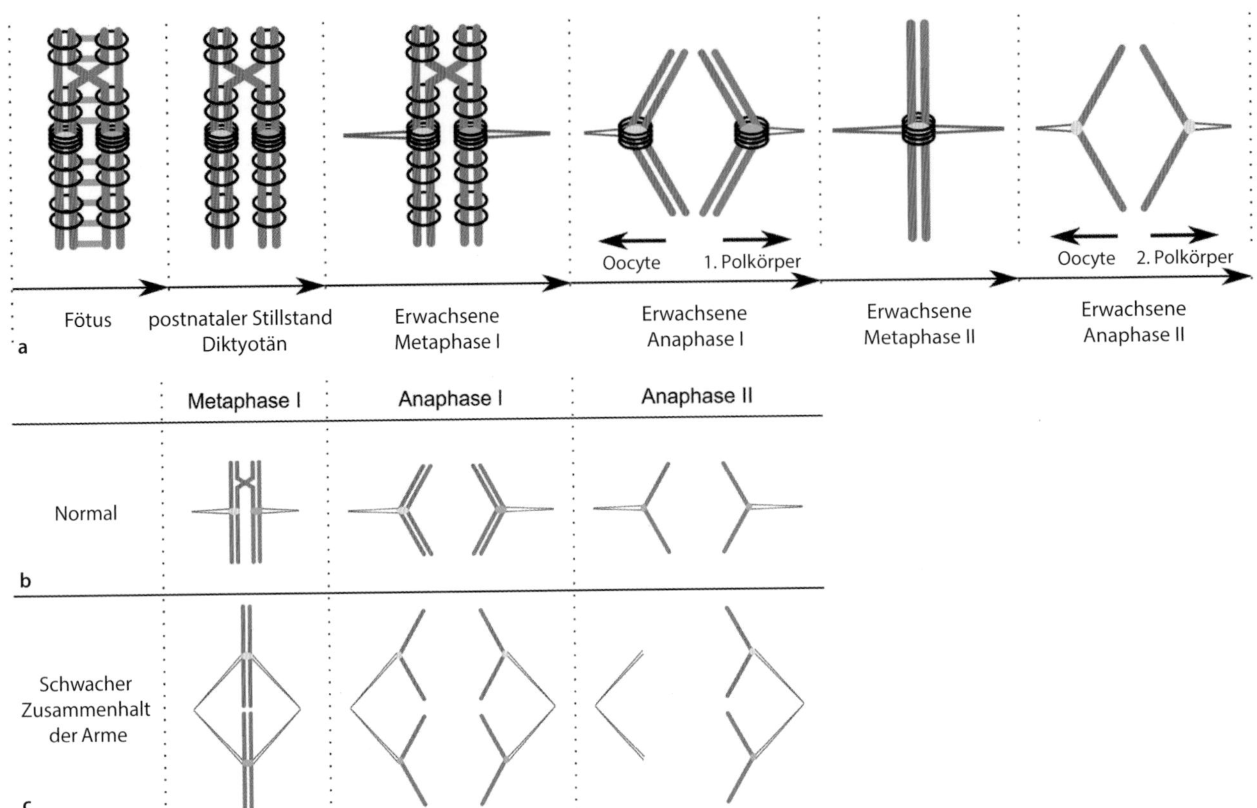

Abb. 13.13 Besonderheiten in der Oocytenentwicklung als Ursache von Trisomien. **a** Vorgänge während der Embryonalentwicklung beeinflussen die Verteilung der Chromosomen in der Meiose I bei erwachsenen Frauen. Das Schema zeigt zwei homologe Chromosomen (*blau, orange*), bestehend aus je zwei Schwesterchromatiden und Centromeren (*hellblau, gelb*). Die Cohesinringe sind durch *schwarze Kreise* dargestellt, der synaptonemale Komplex durch *grüne Linien* und die meiotischen Spindeln durch *graue Linien*. Die Cohesinringe und die Crossing-over-Austausche (Chiasmata), die während der fötalen Entwicklung gebildet werden, stellen eine physikalische Verbindung zwischen den homologen Chromosomen dar, die auch nach der Auflösung des synaptonemalen Komplexes und während des Diktyotäns erhalten bleibt. Chiasmata und Cohesinringe ermöglichen eine Biorientierung der bivalenten Chromosomen an der meiotischen Spindel während der Metaphase I in Oocyten erwachsener Frauen. Das Entfernen der Cohesinringe an den Chromosomenarmen und das Auflösen der Chiasmata erlauben es den Chromosomen, sich in der Anaphase I auf die gegenüberliegenden Spindelpole zu verteilen, wohingegen die Cohesinringe am Centromer erhalten bleiben und die Schwesterchromatiden in diesem Stadium zusammenhalten. Das Entfernen der Cohesinringe am Centromer ermöglicht dann die Trennung der Schwesterchromatiden in der Anaphase II. Beide meiotischen Teilungen sind asymmetrisch, da jeweils ein Chromosomensatz in eine Oocyte gelangt und der andere einen kleinen Polkörper bildet, der während der Präimplantationsphase abgebaut wird. **b** Schematische Darstellung einer normalen meiotischen Verteilung der Chromosomen. **c** Ein Verlust der Chiasmata durch altersabhängige Abschwächung der Cohesinringe an den Chromosomenarmen kann wegen der Biorientierung der Univalente an der Spindel der Metaphase I und wegen vorzeitiger Trennung der Schwesterchromatiden in der Metaphase I eine Fehlverteilung bewirken. (Nach MacLennan et al. 2015, mit freundlicher Genehmigung)

Geschlechtschromosomenaberrationen

Die Häufigkeit von Anomalien der **Geschlechtschromosomen** gleicht etwa der von Autosomen. Das ist nach unseren Überlegungen im vorangehenden Abschnitt auch zu erwarten. Die phänotypischen Effekte von Geschlechtschromosomenaberrationen sind jedoch insgesamt weniger schwerwiegend als bei autosomalen Trisomien. Im Gegensatz zu autosomalen Aneuploidien sind auch Individuen mit Monosomie des X-Chromosoms lebensfähig (korrekte Schreibweise: 45,X0; abgekürzt: X0-Konstitution; Turner-Syndrom). Zu erklären ist diese offenbar geringere Empfindlichkeit des Organismus gegen Veränderungen der Geschlechtschromosomenzahl durch deren besondere Stellung im Genom: Das heterogametische Geschlecht besitzt ja ebenfalls nur eine Dosis des X-Chromosoms. Auch Triploidien des X-Chromosoms (Triple-X) haben weniger schwerwiegende Effekte als die von Autosomen. Das ist auf einen Mechanismus zurückzuführen, der dafür sorgt, dass die im homo- und heterogametischen Geschlecht ungleiche Anzahl von Allelen durch eine Veränderung ihrer Stoffwechselaktivität kompensiert wird (Dosiskompensation; ▶ Abschn. 8.3.2). Dieser Mechanismus wirkt nicht nur geschlechtsabhängig, sondern ist in der Lage, die Anzahl an Geschlechtschromosomen in jeder genetischen Konstitution zu zählen und für eine funktionelle Angleichung der betreffenden Genaktivitäten an einen haploiden Zustand des X-Chromosoms durch Inaktivierung überzäh-

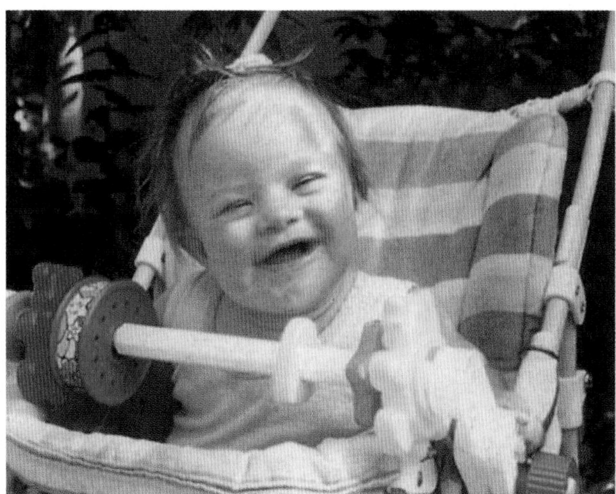

Abb. 13.14 Phänotyp eines Kindes mit Down-Syndrom. (Foto: J. v. d. Burgt, Nijmegen)

liger X-Chromosomen zu sorgen. Fehlt das X-Chromosom allerdings völlig, so entsteht eine frühembryonal letale **Nullisomie**. Das gilt auch, wenn das Y-Chromosom alleiniges Geschlechtschromosom (Konstitution 0Y) ist; die 0Y-Konstitution ist letal.

Man könnte erwarten, dass Frauen mit X-Trisomie oder Männer mit XYY-Konstitution in ihren Nachkommen eine erhöhte Anzahl von Aneuploidien der Geschlechtschromosomen aufweisen. Das ist jedoch nicht der Fall. Offenbar unterliegen aneuploide Keimzellen bevorzugt dem Zelltod während ihrer Entwicklung und werden wohl schon während prämeiotischer Mitosen eliminiert.

Turner-Syndrom Ein **X0-Genotyp**, der postnatal selten zu finden ist (eine unter 5000 Geburten: Frequenz 2×10^{-4}), führt zwar zu einem weitgehend normalen weiblichen Phänotyp, hat aber das Ausbleiben sexueller Reifung und damit Sterilität zur Folge. Diese genetische Konstitution ist als Turner-Syndrom bekannt. Der Genotyp tritt mit 1 % bei einem relativ hohen Prozentsatz aller Schwangerschaften auf und ist zu 75 % auf die Befruchtung mit Spermien ohne Geschlechtschromosom zurückzuführen, ist also väterlichen Ursprungs. Der geringe Anteil von X0-Genotypen bei der Geburt ist auf den frühzeitigen spontanen Abort der meisten X0-Embryonen zurückzuführen, die einen erheblichen Anteil (nahezu 20 %) der chromosomalen Aberrationen bei spontanen Aborten darstellen.

Trisomie des X-Chromosoms Eine Trisomie des X-Chromosoms führt zu weitgehend gesunden, fertilen Frauen mit gelegentlich auftretender Veranlagung zu mentaler Retardation. Auch bei diesem Phänotyp dürfte der bereits erwähnte Dosiskompensationsmechanismus eine wichtige Rolle spielen. Die Häufigkeit der X-Trisomien beträgt unter neugeborenen Mädchen etwa 1:1000 und nimmt mit dem Lebensalter der Mutter zu. Wegen des klinisch häufig unauffälligen Phänotyps schätzt man, dass aber nur etwa 10 % der Fälle tatsächlich bekannt sind. Triple-X-Patientinnen sind eher groß und zeigen eine Epikanthus-Falte am Auge, wie wir sie auch bei Patienten mit Down-Syndrom finden (Abb. 13.15). Schwerwiegendere Symptome sind eine vorzeitige Ovarialinsuffizienz (engl. *premature ovarian failure*), Lernbehinderungen und Einschränkungen der Feinmotorik; Stimmungsschwankungen bis zu Angstzuständen und Depressionen sind häufiger als im Durchschnitt der Bevölkerung. Ursache der Krankheitsbilder sind vermutlich Gene, die der X-Inaktivierung entkommen und daher überexprimiert werden.

Aneuploidien des Y-Chromosoms Diese haben insgesamt weniger schwerwiegende phänotypische Folgen als diejenigen anderer Chromosomen. Das dürfte nicht zuletzt auf die geringere Anzahl von Genen zurückzuführen sein, die im Y-Chromosom liegen (▶ Abschn. 13.3.4). So ist die Anwesenheit eines zusätzlichen Y-Chromosoms im männlichen Geschlecht (korrekte Schreibweise: 47,XYY; Kurzform: XYY) nicht besonders auffällig und bleibt oft unerkannt. Die Männer sind fertil. Es wird gelegentlich behauptet, dass Männer dieses Genotyps in erhöhtem Maße zu Kriminalität neigen. Diese Behauptung ist experimentell nicht belegbar. Allerdings scheinen XYY-Männer in Intelligenztests schlechter abzuschneiden als XY-Männer.

Klinefelter-Syndrom Die Anwesenheit eines Y-Chromosoms zusätzlich zu einem normalen weiblichen X-Chromosomensatz (XXY) bewirkt die Ausbildung eines männlichen Phänotyps, da das Y-Chromosom Träger männlicher geschlechtsbestimmender Gene ist; man bezeichnet diese Konstitution als Klinefelter-Syndrom. Man kann deshalb die XXY-Konstitution auch als eine XY-Konstitution mit einem zusätzlichen X-Chromosom interpretieren; XXY-Männer besitzen zwar Penis, Skrotum und Testes, diese allerdings in verminderter Größe. Aufgrund von Störungen der Spermatogenese sind sie steril, und sie erscheinen oft mental retardiert. Die Häufigkeit des Klinefelter-Syndroms nimmt, ähnlich wie die anderer Aneuploidien, mit dem Alter der Mutter zu; allerdings ist das überzählige X-Chromosom zur Hälfte väterlichen Ursprungs. Gegenüber XY-Männern sind wahrscheinlich die Gene der pseudoautosomalen Region des X-Chromosoms sowie die Gene, die der X-Inaktivierung entkommen (▶ Abschn. 8.3.2), überexprimiert und daher für die Krankheitssymptome verantwortlich. Das Klinefelter-Syndrom ist die häufigste chromosomale Aberration bei Männern; im Durchschnitt wird eine unter 500–1000 männlichen Geburten mit dem Klinefelter-Syndrom beobachtet. Da das Krankheitsbild aber recht variabel ist, geht man davon aus, dass nur etwa 25 % der XXY-Männer als solche diagnostiziert werden (durchschnittlich im Alter von etwa 35 Jahren). Eine Übersicht über die genetischen Aspekte des Klinefelter-Syndroms geben Tüttelmann und Gromoll (2010).

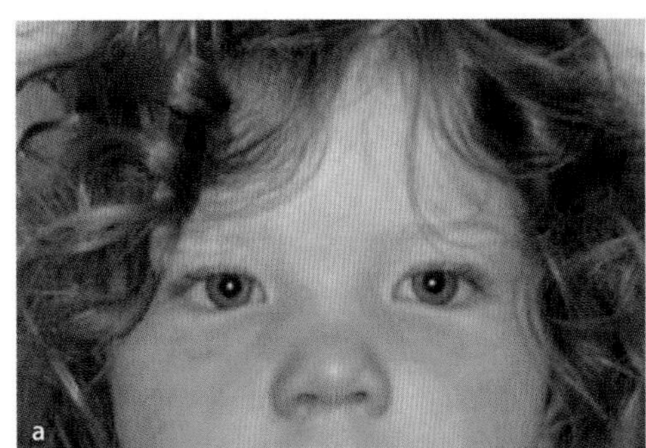

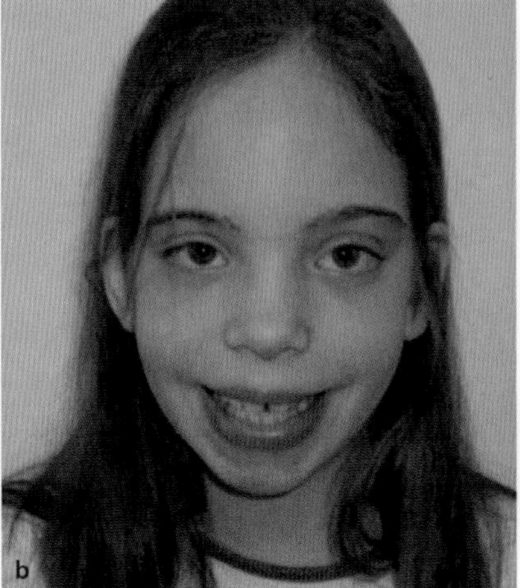

Abb. 13.15 Variable Gesichtsformen bei Triple-X-Patientinnen. **a** Epikanthus-Falte und vergrößerter Augenabstand (Hypertelorismus) bei einem 2-jährigen Mädchen; **b** Hypertelorismus bei einem 9-jährigen Mädchen; **c** 19-jährige Triple-X-Patientin ohne Fehlbildungen. (Nach Tartaglia et al. 2010)

13

Beobachtungen an Patienten mit Aneuploidien der Geschlechtschromosomen, wie Turner- oder Klinefelter-Syndrom, haben auch dazu beigetragen, unser Verständnis von geschlechtsabhängigen Unterschieden in der Empfindlichkeit gegenüber manchen Krankheiten zu verbessern. Dazu gehören kognitive und metabolische Erkrankungen oder Herz-Kreislauf- und Autoimmunkrankheiten. Diese Unterschiede haben offensichtlich zwei Ursachen: Zum einen erfolgt die Inaktivierung eines der beiden X-Chromosomen bei gesunden Frauen nicht vollständig – die beiden terminalen pseudoautosomalen Bereiche bleiben davon vollständig ausgenommen. Zum anderen entkommen weitere 15 % der Gene auf dem menschlichen X-Chromosom der X-Inaktivierung (bei der Maus sind es übrigens nur 3–6 %). Diese Gene sind natürlich bei X0-Frauen im Turner-Syndrom geringer exprimiert als bei Gesunden und umgekehrt bei Männern mit Klinefelter-Syndrom eher überexprimiert. Ein schönes Beispiel ist das Gen *SHOX* (engl. *short stature homeobox-containing gene*) aus der pseudoautosomalen Region; dieses Gen ist für die Körpergröße (mit)verantwortlich: Es trägt zur geringeren Körpergröße bei Frauen mit Turner-Syndrom bei, da hier das Gen nur einmal vorkommt. Umgekehrt trägt es zur erhöhten Körpergröße bei Klinefelter-Männern bei, da es hier dreifach vorkommt und entsprechend dreifach exprimiert wird. Ein zweiter Grund liegt offensichtlich darin begründet, dass X-Chromosomen hinsichtlich ihres elterlichen Ursprungs unterschiedliche Genexpressionen aufweisen (Imprinting; siehe auch ► Abschn. 8.4). So gibt es deutliche neuropsychologische Unterschiede innerhalb der Patientinnen mit Turner-Syndrom in Abhängigkeit des Ursprungs des einen X-Chromosoms vom Vater oder der Mutter. Eine ausführliche Zusammenfassung dieser Effekte bieten Abramowitz et al. (2014).

Häufigkeit von Aborten

Bei der Berechnung von Häufigkeiten **chromosomal bedingter spontaner Aborte** ist ein erheblicher Unsicherheitsfaktor dadurch gegeben, dass spontane Aborte innerhalb der ersten beiden Schwangerschaftsmonate meist gar nicht als solche erkannt werden. In vielen Fällen werden solche Schwangerschaften sogar überhaupt nicht wahrgenommen. Es wird vermutet, dass die Anzahl spontaner Aborte innerhalb dieser ersten zwei Monate wenigstens ebenso hoch ist wie während der gesamten darauffolgenden Schwangerschaftsperiode. Da der Anteil spontaner Abbrüche von Schwangerschaften bei etwa 15 % liegt, muss man davon ausgehen, dass insgesamt wenigstens 30 % aller Schwangerschaften vorzeitig beendet werden, meist vor dem 5. Schwangerschaftsmonat. Es ist sogar nicht auszuschließen, dass bis zur Hälfte aller Schwangerschaften spontan abbrechen. Ein nicht unerheblicher Anteil spontaner Aborte beruht auf Chromosomenaberrationen. Nehmen wir noch eine – unbekannte – Anzahl anderer, nicht leicht sichtbarer genetischer Defekte wie Homozygotien letaler Allele oder Neumutationen hinzu, so wird offensichtlich, dass ein hoher Prozentsatz der spontanen Schwangerschaftsabbrüche genetische Ursachen hat.

> Geschlechtschromosomenaberrationen führen zu unterschiedlichen phänotypischen Defekten. Überzählige Chromosomen (XXX, XXY oder XYY) zeigen geringere Effekte, während das Fehlen des zweiten X-Chromosoms (X0) oder nur ein Y-Chromosom im Genom (0Y) zu schweren Störungen führen. Spontane Aborte sind häufig durch Chromosomenaberrationen verursacht.

13.2.2 Strukturelle Chromosomenanomalien

Veränderungen in der Struktur der Chromosomen gibt es in vielfältiger Weise. In ◘ Abb. 6.2 haben wir bereits ein klassisches Karyogramm des Menschen kennengelernt, und die wichtigsten Nomenklaturregeln sind in ◘ Abb. 6.3 beschrieben. Veränderungen in der Struktur der Chromosomen bezeichnet man je nach ihrer Art als:

- Deletionen,
- Duplikationen,
- Inversionen oder
- Translokationen.

Wir haben diese Veränderungen bereits allgemein im ▸ Abschn. 10.2.3 besprochen (◘ Abb. 10.10); dies gilt natürlich auch für strukturelle Chromosomenaberrationen des Menschen. Grundsätzlich können diese Strukturveränderungen an jeder Stelle im Chromosom auftreten und ein unterschiedliches Ausmaß erreichen. Wir sprechen aber nur dann von **Chromosomenanomalien**, wenn sie sich mit cytogenetischen Methoden, d. h. mit den verschiedenen Methoden der Chromosomenanalytik im Mikroskop nachweisen lassen. Können die Mutationen nicht mehr mit dem Mikroskop erkannt werden, werden sie eher dem Bereich der Molekulargenetik zugeordnet. Obwohl die Grenze natürlich im Einzelfall fließend sein mag, hat sie dennoch aufgrund des unterschiedlichen methodischen Repertoires weiterhin Bestand.

Bei **Deletionen** (Verlust eines Teils des Chromosoms) können wir unterscheiden zwischen terminalen Deletionen, bei denen Endfragmente entstehen, und interstitiellen Deletionen, bei denen das Fragment aus einem mittleren Chromosomenbereich stammt. Geht ein Telomerfragment verloren, so wird das Chromosom instabil und in den meisten Fällen abgebaut. Wenn der Bruchbereich bei interstitiellen Deletionen auch das Centromer einschließt, entsteht ein zentrisches und ein azentrisches Chromosomenfragment. Das azentrische Fragment geht im Verlauf der Mitose oder Meiose jedoch verloren, da es keine Ansatzstelle für die Spindelfaser besitzt. Dieser Verlust von genetischem Material ist die Ursache, dass größere Deletionen häufig bereits im heterozygoten Zustand letal sind.

Translokationen sind chromosomale Strukturveränderungen, in deren Verlauf entweder ein Chromosomenfragment in eine neue Lage im gleichen Chromosom eingebaut wird oder auf ein anderes Chromosom übertragen wird. Es können auch zwei Fragmente zwischen Chromosomen wechselseitig ausgetauscht werden. Dabei müssen zwei verschiedene Chromosomenstücke abbrechen, die dann wechselseitig ausgetauscht werden (reziproke Translokation); von einer nicht-reziproken Translokation spricht man, wenn ein Chromosomenfragment direkt auf ein anderes Chromosom übertragen wird.

Bei stabilen reziproken Translokationen besitzt nach dem Austausch der Fragmente jedes der beiden beteiligten Chromosomen ein Centromer; weitere mitotische Zellteilungen können ungestört ablaufen. Es wurde weder genetisches Material hinzugefügt noch entfernt, „nur" die Anordnung der Kopplungsgruppen wurde verändert. Allerdings kommen dadurch in vielen Fällen Gene in eine andere chromosomale Umgebung, wodurch sich ihr Expressionsmuster verändert. Wir werden sehen, dass damit oft Krankheiten verbunden sind (besonders Krebserkrankungen; ▸ Abschn. 13.4.1). Wird jedoch auch das Centromer durch die Translokation erfasst, entsteht ein azentrisches und ein dizentrisches Chromosom. Wie bereits oben erwähnt, wird das azentrische Chromosom in der Mitose bzw. Meiose verloren gehen. In dem dizentrischen Chromosom wird entweder eines der beiden Centromere inaktiviert, oder es wird durch die zwei Ansatzpunkte für die Spindelfasern in der Mitose zerrissen und damit zerstört, da für die Stabilität der gebrochenen Chromosomen funktionsfähige Telomerstrukturen notwendig wären.

Ein Spezialfall ist die **Robertson'sche Translokation** (auch als „zentrische Fusion" bekannt); davon spricht man, wenn bei zwei akrozentrischen Chromosomen (die Chromosomen 13–15, 21 und 22) die kurzen Arme in der Nähe des Centromers abbrechen und die beiden langen Chromosomenarme in der Gegend des Centromers verschmelzen. Dabei entsteht ein Translokationschromosom, das die beiden langen Arme der beteiligten Chromosomen enthält. Das reziproke Translokationsprodukt, bestehend aus den beiden kurzen Armen, geht verloren. Die Träger solcher Translokationen haben nur 45 Chromosomen, wobei ihnen das genetische Material der kurzen Arme zweier akrozentrischer Chromosomen fehlt, was aber in der Regel ohne besondere Auswirkungen bleibt. Allerdings treten in der ersten meiotischen Teilung Probleme bei der Paarung mit den homologen Chromosomen und vor allem bei der anschließenden Verteilung auf die Tochterzellen auf, die zur Weitergabe der Translokation sowohl in balancierter als auch in nicht balancierter Form führen kann (wobei balanciert heißt, dass kein Verlust oder Zugewinn von Chromosomensegmenten stattfindet).

Unter einer **Duplikation** versteht man ein zweimaliges Auftreten desselben Chromosomenfragments im haploiden Chromosomensatz. Als Ursache wird im Allgemeinen ein illegitimes Crossing-over angenommen. Dabei kommt es zu einem Kontakt zwischen zwei homologen Chromosomen an nicht homologen Stellen, und ein Chromatidenstück des einen Chromosoms wird mit dem des anderen Chromosoms vereinigt. Duplikationen spielen in der Evolution eine wichtige Rolle (vgl. dazu die Evolution der *Hox*-Gencluster von *Drosophila* zu den Säugern, ◘ Abb. 12.31).

Bei einer **Inversion** liegt eine Drehung eines Chromosomenstücks um 180° vor. Hierzu sind zwei Brucherereignisse innerhalb des Chromosoms notwendig. Das herausgebrochene Stück dreht sich und wird umgekehrt in die Bruchstelle wieder eingebaut. Oftmals sind an den Bruch- und Wiedervereinigungsreaktionen ähnliche Sequenzelemente beteiligt (als Beispiel siehe die schwere Form der Hämophilie A; ◼ Abb. 13.32).

Strukturelle Chromosomenveränderungen können als Deletionen, Duplikationen, Inversionen oder Translokationen auftreten, die mikroskopisch identifiziert werden können.

13.3 Monogene Erbkrankheiten

Mutagenese-Studien in vielen Organismen haben gezeigt, dass die Mehrzahl (über 90 %) der Mutationen rezessiv gegenüber dem Wildtyp ist. Entsprechend sind auch die meisten erblichen Krankheiten des Menschen autosomal-rezessiv. Dominanz und Rezessivität sind keine Eigenschaften von Genen *per se* (wir hatten das Problem auch schon allgemein im ▸ Abschn. 11.3 angesprochen). Ein **dominantes** Allel bestimmt bei Heterozygoten den Phänotyp. Es gibt unterschiedliche Dominanzgrade; Semidominanz bezeichnet einen intermediären Phänotyp. Dominante Mutationen betreffen meist Struktur- oder regulatorische Proteine. Für die verschiedenen Auswirkungen dominanter Mutationen beschreiben die Begriffe amorph, hypomorph und hypermorph qualitative Veränderungen gegenüber dem Wildtyp; antimorph bezeichnet antagonistische Wechselwirkungen mit dem Wildtyp (dominant-negativ) und neomorph einen neuen Phänotyp (toxisches bzw. neues Protein oder die ektopische Expression eines Gens). Die Begriffe amorph und hypomorph entsprechen der molekularen Klassifikation von Haploinsuffizienz (Verlust einer Genfunktion: *loss of function*); hypermorph beruht auf einer Erhöhung der Gendosis bzw. der konstitutiven Proteinaktivität. **Rezessivität** bedeutet, dass nur homozygote Allelträger das Krankheitsmerkmal klinisch ausprägen, während Heterozygote sich nicht von Gesunden mit zwei Wildtyp-Allelen unterscheiden. Rezessive Mutationen betreffen meist Gene, die für Enzyme codieren, und defekte Gene führen meist zum Ausfall des Genproduktes; oft reicht aber ein Wildtyp-Allel zur Aufrechterhaltung der Funktion aus.

Wenn wir nun im Folgenden jeweils einzelne Krankheiten beispielhaft ansprechen, so wird dazu immer die **OMIM-Nummer** angegeben. Dies ist eine ständig aktualisierte Datenbank menschlicher Erbkrankheiten; für aktuelle Entwicklungen sei der interessierte Leser daher dorthin verwiesen (*Online Mendelian Inheritance in Man*; ▸ http://www.ncbi.nlm.nih.gov/omim). Hier finden sich auch die anerkannten Gensymbole und ihre – oft historisch bedingten – Synonyme; **menschliche Gensymbole werden immer mit Großbuchstaben abgekürzt und kursiv geschrieben**.

Bevor wir uns einzelnen Krankheiten und den zugrunde liegenden Mutationen zuwenden, sollten wir uns darüber Klarheit verschaffen, wie wir eine kausale Mutation erkennen und von einem Polymorphismus unterscheiden können. Im Gegensatz zu komplexen Krankheiten (▸ Abschn. 13.1.4 und 13.4) haben wir es hier mit **monogenischen** Krankheiten zu tun, die einem Mendel'schen Erbgang folgen. Das bedeutet aber auch, dass die Mutation in allen erkrankten Mitgliedern einer Familie nachweisbar sein muss und in den Gesunden entsprechend nicht (**Co-Segregation**). Weiterhin brauchen wir auch eine ausreichend große **Populationskontrolle** (ca. 100 Personen), die weder an der entsprechenden Krankheit leiden noch die jeweilige Mutation zeigen – damit können wir ausschließen, dass es sich um einen Polymorphismus handelt. Und drittens muss das mutierte Gen auch in dem betroffenen Organ exprimiert sein (**Expressionsanalyse**), um seine Wirkung entfalten zu können. Hilfreich ist weiterhin, wenn es entsprechende **Tiermodelle** gibt, die diese Mutation tragen und einen vergleichbaren Phänotyp zeigen. Knock-out-Mutanten der Maus (Null-Allele) sind aber nicht immer geeignet, da die Wirkung einer Funktionsverlust-Mutation sich in ihrer physiologischen Wirkung oft von einer Mutation unterscheidet, bei der eine Aminosäure ausgetauscht ist. Hier kommen zusätzlich wichtige strukturelle Aspekte der betroffenen Strukturproteine oder Enzyme ins Spiel, die bei Nullmutationen oft unbemerkt bleiben. Eine derartige **Funktionsanalyse** kann auch in geeigneten zellulären Systemen durchgeführt werden.

Für eine präzise und einheitliche Verständigung über den Ort einer Mutation ist eine einheitliche **Nomenklatur** notwendig. Es sollen deshalb hier einige allgemeingültige Regeln für die Beschreibung von Mutationen in menschlichen Genen gegeben werden. Im Allgemeinen bezieht man sich dabei auf die codierende Sequenz der mRNA und startet mit dem Zählen beim Startcodon ATG: Das „A" bekommt in der cDNA-Sequenz die „1"; entsprechend wird ein Austausch von „G" nach „A" an der Nukleotidposition 254 des codierenden Bereichs des *CFTR*-Gens (▸ Abschn. 13.3.1: Mukoviszidose) als „c.254G>A" bezeichnet. Hierdurch wird im Protein die Aminosäure Glycin an der Aminosäureposition 85 durch ein Glutamin ersetzt; wir schreiben „p.Gly85Glu" oder im Ein-Buchstaben-Code „G85E". Eine andere Mutation, c.3484C>T, führt zur Bildung eines Stoppcodons an der Aminosäureposition 1162 (statt des Einbaus eines Arginins); wir schreiben dann „p.Arg1162X" oder kurz „R1162X". Die Deletion der Aminosäure Phenylalanin an der Position 508 (eine der häufigsten Mutationen im *CFTR*-Gen) beschreiben wir kurz als „ΔF508"; ausführlicher als „p.Phe508del" und auf cDNA-Ebene als „c.1521_1523delCTT". Entsprechende Nomenklaturregeln gibt es natürlich für Insertionen, für Mutationen in Introns, in den 5′- bzw. 3′-nicht-translatierten Regionen (5′-UTR, 3′-UTR) oder in genomischen Regionen, die aber hier nicht weiter erörtert werden sollen; der interessierte Leser sei auf die einschlägige Literatur (Ogino et al. 2007) bzw. entsprechende Internetseiten verwiesen (▶ http://varnomen.hgvs.org/).

13.3.1 Autosomal-rezessive Erkrankungen

Die meisten rezessiven Allele haben Häufigkeiten zwischen 1:100 und 1:1000; entsprechend kommen die Erkrankungen mit Häufigkeiten zwischen 1:10.000 und 1:1.000.000 vor; allerdings ist die Häufigkeit bei Verwandtenehen größer. Im Allgemeinen ist aber der Erbgang oft schwierig zu ermitteln, denn rezessive Erkrankungen gelangen innerhalb einer Familie nur gelegentlich zur Ausprägung (◘ Abb. 13.16). Der Kranke stammt nämlich von gesunden (aber heterozygoten) Eltern ab; beide Geschlechter sind von der Krankheit in gleicher Weise betroffen. Oft ist es daher nicht ohne Weiteres möglich, den erblichen Charakter einer Krankheit nachzuweisen, vor allem in Fällen, in denen die Frequenz des betreffenden Allels niedrig ist.

Die Aufklärung der molekularen Ursachen der **Sichelzellenanämie** (OMIM 603903) gehört sicherlich zu den Meilensteinen der Genetik und soll daher hier kurz skizziert werden (manche Aspekte wurden bereits in früheren Abschnitten besprochen, z. B. ▶ Abschn. 11.3.5 und 11.5.3). Die erste Beschreibung findet sich bei James B. **Herrick**, der 1910 den Begriff der sichelförmigen roten Blutkörperchen prägte, die er bei einem Patienten beobachtet hatte (◘ Abb. 13.17). E. A. **Beet** und James **Neel** beschrieben 1949 unabhängig voneinander,

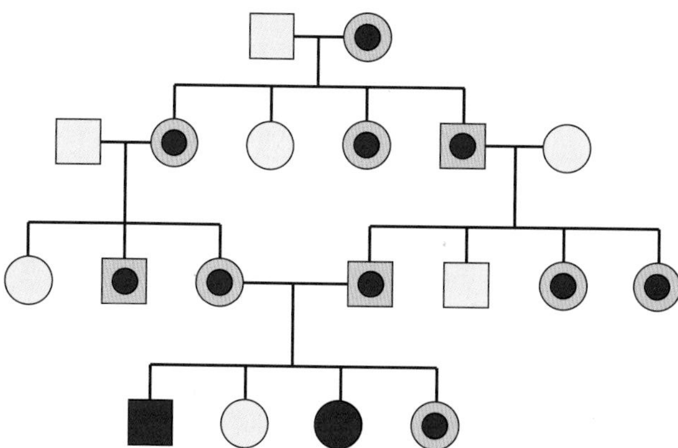

◘ **Abb. 13.16** Autosomal-rezessiver Familienstammbaum. Erbkrankheiten werden nur gelegentlich sichtbar, und heterozygote Träger sind phänotypisch nicht ohne Weiteres erkennbar. In vielen Fällen gestatten jedoch bereits molekulare Analysen der DNA die Erkennung einer Heterozygotie. Das Schema zeigt auch die erhöhte Gefährdung durch Homozygotie von Kindern aus Verwandtenehen. (Symbole wie in ◘ Abb. 13.1)

dass es sich bei der Sichelzellenanämie um eine erbliche Krankheit mit rezessivem Erbgang handelt. Linus **Pauling** und seine Mitarbeiter legten 1949 die Grundlage für die folgende Periode der biochemischen Analyse des Hämoglobins. Sie fanden, dass die Sichelzellenanämie an das Auftreten eines elektrophoretisch veränderten Hämoglobins (HbS) im Blut gebunden ist, das in Homozygoten anstelle des Hämoglobins A (HbA) gefunden wird und in Heterozygoten neben dem HbA in gleicher Menge wie dieses gebildet wird. Schließlich konnte Vernon **Ingram** 1956 zeigen, dass der Unterschied zwischen HbA und HbS in der Veränderung einer einzigen Aminosäure liegt: Anstelle der Glutaminsäure an der Position 6 des β-Globins (HbA; ▶ Abschn. 7.2.1) ist bei HbS ein Valin vorhanden (GAG→GTG). Wegen der zentralen Bedeutung der Erythrocyten für die Sauerstoffversorgung ist es jedoch nicht erstaunlich, dass diese Mutation eine Vielzahl von Organsystemen betrifft (**pleiotroper Effekt**; ▶ Abschn. 11.3.5). Dabei kommt es zu Verschlüssen kleiner Arterien mit Durchblutungsstörungen in vielen Organen, was häufig zu starken Schmerzen und Versagen der entsprechenden Organe führt (◘ Abb. 13.17).

Sichelzellenanämie ist besonders häufig in Malaria-Gebieten. Die Ursache dafür ist, dass Heterozygte in Malaria-Gebieten einen selektiven Vorteil haben, da sich der Malaria-Erreger in den sichelzellförmigen Erythrocyten schlecht vermehren kann (Heterosis-Effekt; ▶ Abschn. 11.5.3; ◘ Abb. 11.38). Das spiegelt sich auch heute noch in New York in unterschiedlichen Häufigkeitsraten von Sichelzellenanämie bei Neugeborenen verschiedener ethnischer Zugehörigkeit wider: Die Gruppe mit der häufigsten Rate von Kindern mit Sichelzellenanämie werden von Müttern schwarzafrikanischer Herkunft (1:230) geboren, gefolgt von hispanischen Müttern (1:2320). Weiße, nicht-hispanische Mütter gebären nur in 1:41.647 Fällen Kinder mit Sichelzellenanämie. In vielen Regionen Zentralafrikas erreicht die Frequenz des Sichelzellenallels über 15 % der Gesamtbevölkerung.

Die weite Verbreitung der Sichelzellenanämie hat immer wieder die Frage nach dem Ursprung der Erkrankung aufgeworfen: Ist die GAG→GTG(Glu→Val)-Mutation im *HBB*-Gen an verschiedenen Stellen unabhängig voneinander entstanden, oder geht sie auf eine Mutation zurück? Die Haplotyp-Analyse mit Restriktionsenzymen bei heute lebenden Patienten legte lange Zeit den Schluss nahe, dass die Sichelzellenanämie an mehreren Orten entstanden sei, da man fünf Haplotypen unterscheiden kann (Arabien/Indien, Benin, Kamerun, Zentralafrikanische Republik und Senegal). Neuere Arbeiten, bei denen auch die Sequenzdaten des *1000 Genomes Project* (▶ http://www.internationalgenome.org/home) verwendet wurden, zeigten jedoch, dass die Mutation nur einmal entstanden ist, und zwar vor etwa 7300 Jahren in der – damals grünen – Sahara oder im westlichen Zentralafrika (Shriner und Rotimi 2018).

13

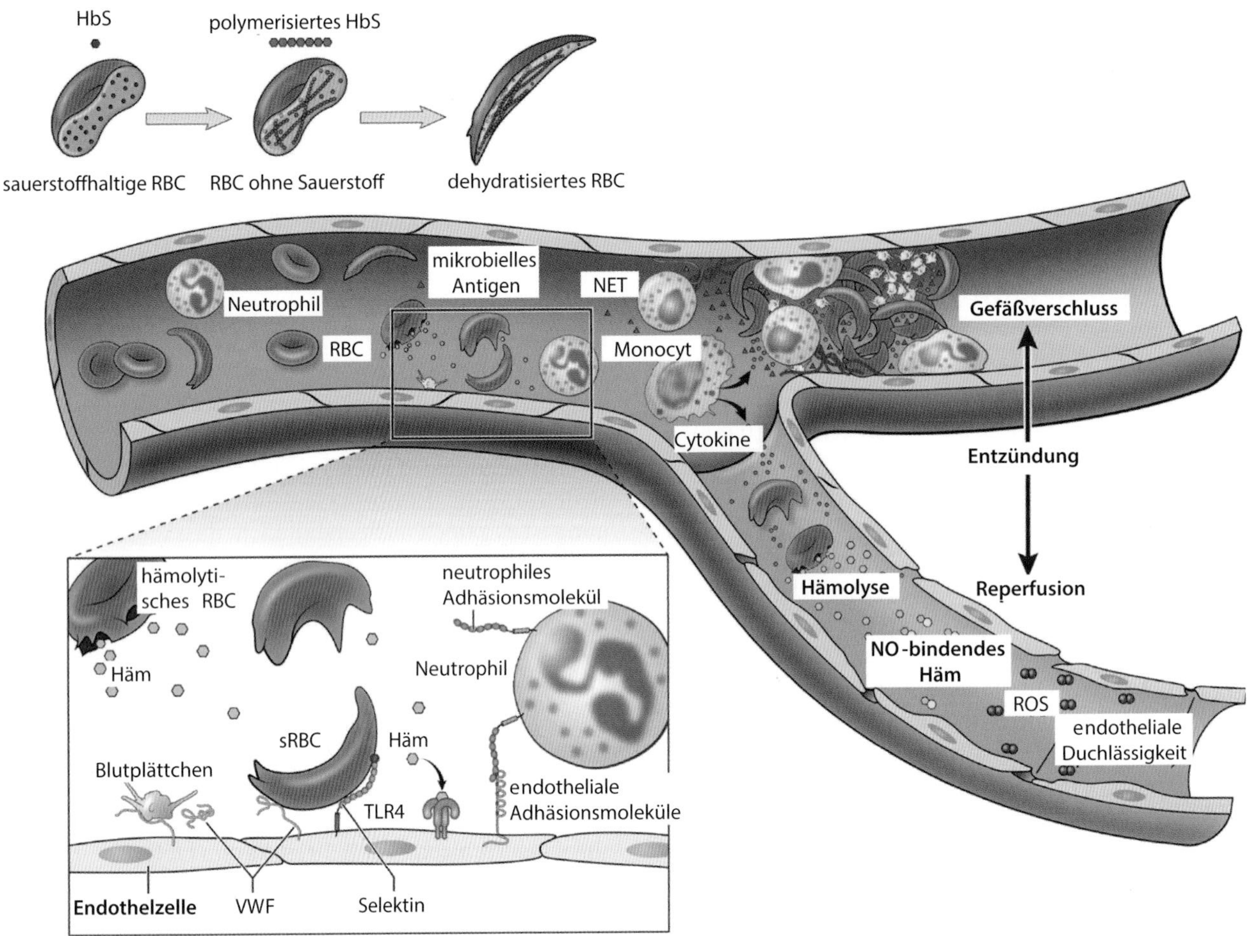

Abb. 13.17 Sichelzellenanämie. Die Polymerisation des sauerstofffreien Sichelzellen-Hämoglobins (HbS) führt schließlich zur Bildung von dehydratisierten und verformten Erythrocyten (engl. *red blood cells*, RBC) mit der typischen Sichelform. Die sichelförmigen Zellen lösen durch ihre Wechselwirkung mit aktivierten Neutrophilen und mit Blutplättchen einen Verschluss von kleinen Gefäßen aus, indem sie sich an das Endothel des Gefäßes anheften. Das führt zunächst zu einer mangelhaften Durchblutung (Ischämie) sowie einer Unterversorgung des Gewebes mit Sauerstoff und in der Folge zu einer Erweiterung des Gefäßes und einer Verletzung, wenn der Verschluss aufgelöst wird und das But wieder fließen kann (Reperfusion). Die verformten Erythrocyten haben nur eine kurze Lebensdauer und setzen kontinuierlich Hämoglobin frei; das oxidierte Hämoglobin setzt wiederum Häm frei. Häm seinerseits aktiviert Endothelzellen, Makrophagen und Neutrophile und fördert die Bildung von NETs (engl. *neutrophil extracellular traps*) durch die Bindung von TLR4 (engl. *toll like receptor 4*). NO: Stickstoffmonoxid; ROS: reaktive Sauerstoffspezies; sRBC: Sichelzellen-Erythrocyt; VWF: von-Willebrand-Faktor. (Nach Williams und Thein 2018, mit freundlicher Genehmigung)

Der Schweregrad der Erkrankung an Sichelzellenanämie ist durchaus variabel; die Suche nach Modifikatoren hat vor allem unterschiedliche Aktivitäten von fötalem Hämoglobin (Abb. 7.8a) ergeben, das bei jungen Erwachsenen über 10 % des Gesamt-Hämoglobins ausmachen kann. Die Produktion des fötalen Hämoglobins (HbF) kann auch durch eine Behandlung mit Hydroxyharnstoff erhöht werden, sodass damit die relative Konzentration des Sichelzellen-Hämoglobins gesenkt wird und in deutlich stärkerem Maße funktionsfähiges Hämoglobin gebildet werden kann. Diese Behandlung bedeutet in vielen Aspekten eine Verbesserung für die Patienten: Vor allem werden die Schmerzepisoden vermindert, Krankenhausaufenthalte verkürzt und die Zahl der notwendigen Bluttransfusionen verringert. Eine ausführliche und aktuelle Darstellung der Sichelzellenanämie und ihrer Behandlungsmöglichkeiten findet sich bei Williams und Thein (2018).

Zu den am längsten bekannten Beispielen für einen autosomal-rezessiven erblichen Stoffwechseldefekt gehört auch der **okulokutane Albinismus 1** (Gensymbol: *OCA1*; OMIM 203100). Diese Form von Albinismus (Häufigkeit ca. 1:40.000) wird durch Mutationen im Tyrosinase-Gen (Gensymbol: *TYR*; Chromosom 11q14–21) verursacht und führt dazu, dass Epidermiszellen keine funktionelle Form des Enzyms **Tyrosinase** synthetisieren und damit auch den Farbstoff **Melanin** nicht bilden können (Abb. 13.18). Der Enzymdefekt führt zu einer blassen Haut, nicht pigmentiertem, fast weißem Haar und schwach blauen oder rötlichen Augen, da durch die fehlenden Pigmente die Blutkapillaren in der Iris durchscheinen (Abb. 13.19). Hieraus

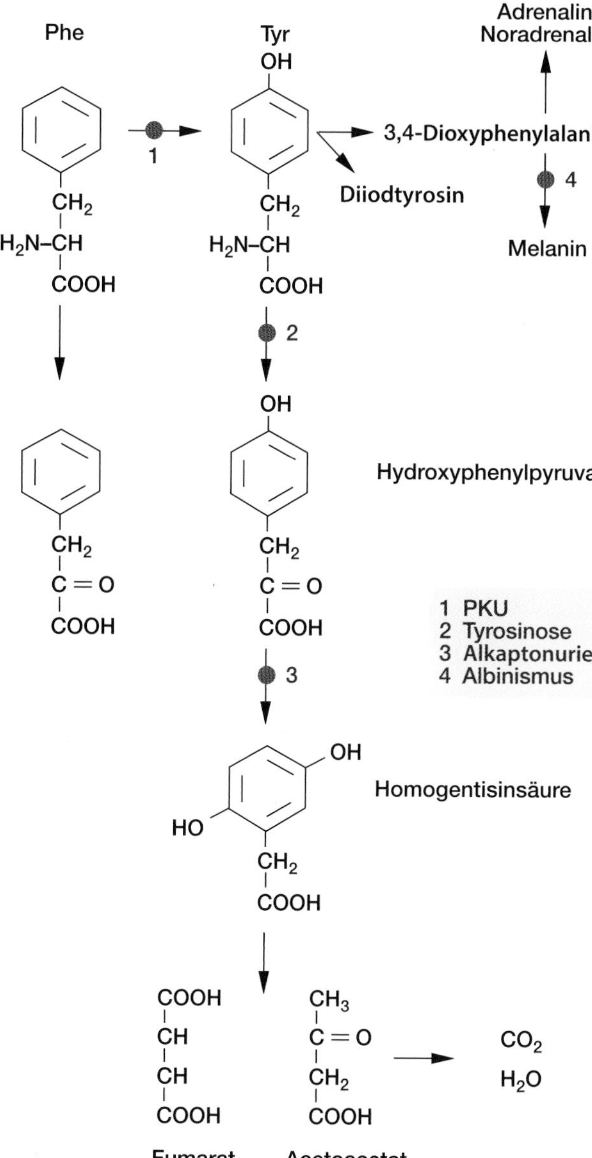

■ **Abb. 13.18** Stoffwechsel des Phenylalanins. Im normalen Stoffwechsel wird Phenylalanin durch Hydroxylierung in Tyrosin umgewandelt. Tyrosin wird entweder über mehrere Schritte zu CO_2 und Wasser abgebaut oder in andere organische Verbindungen umgewandelt. Durch Ausfall von an diesen Stoffwechselschritten beteiligten Enzymen kann es zu Blockierungen des betreffenden Stoffwechselweges kommen. Solche Enzymdefekte führen entweder zu Erbkrankheiten wie Phenylketonurie (PKU), Tyrosinose oder Alkaptonurie oder, im Falle der Blockierung der Umsetzung von Tyrosin in Melanin, zum Ausfall von Pigmenten, die Albinismus zur Folge haben

resultieren Sehstörungen (die Sehkraft beträgt oft nur 1/10) und eine hohe Empfindlichkeit für Sonnenbrand sowie, damit verbunden, ein hohes Risiko für Hautkrebs (▸ Abschn. 13.4.1).

Okulokutaner Albinismus wird aber nicht nur durch Mutationen im *TYR*-Gen hervorgerufen, sondern kann auch durch Mutationen in anderen Genen hervorgerufen werden, die für die Pigmentierung essenziell sind. Unter

■ **Abb. 13.19** Augen eines Patienten mit okulokutanem Albinismus 1, der durch eine Mutation im *TYR*-Gen verursacht ist. Die Iris ist fast rosa und vollständig durchsichtig. (Nach Grønskov et al. 2007)

Schwarzafrikanern sind Mutationen im *OCA2*-Gen (verantwortlich für den okulokutanen Albinismus 2) sehr häufig (1:4000–1:10.000; unter weißen Europäern: 1:36.000; OMIM: 611409; Chromosom 15q12). Dieses Gen codiert für ein Membranprotein, das den pH-Wert in Melanosomen kontrolliert. Die entsprechende Mausmutante wurde schon 1915 durch John **Haldane** als *„pink-eyed dilution"* (Gensymbol: *p*) beschrieben (Haldane et al. 1915). In Afrika ebenfalls weitverbreitet (1:8500) sind Mutationen in einem Gen, das für ein Tyrosinase-ähnliches Protein codiert (engl. *tyrosinase-related protein 1*; Gensymbol: *TYRP1*; OMIM: 115501; okulokutaner Albinismus 3; Chromosom 9p23). Selten sind dagegen Mutationen in einem Membran-assoziierten Transporterprotein (MATP; Gensymbol: *SLC45A2*; OMIM: 606574; okulokutaner Albinismus 4; Häufigkeit bei Europäern: 1:85.000; Chromosom 5p13.2). Im Gegensatz zu den verschiedenen Formen des okulokutanen Albinismus ist bei dem **okulären Albinismus** (Gensymbol: *OA1*; OMIM 300500) die Haut regulär pigmentiert und das Krankheitsbild auf das Auge beschränkt (Nystagmus, verminderte Sehschärfe, Hypopigmentierung der Iris, albinotischer Fundus und Makulahypoplasie). Ursache sind hier Mutationen im Gen *GPR143*, das für den G-Protein-gekoppelten Rezeptor 143 codiert; dieses Gen wird ausschließlich in Melanocyten und im retinalen Pigmentepithel exprimiert, wodurch sich auch die Einschränkung der Krankheit auf das Auge erklärt. Das *GPR143*-Gen liegt auf dem X-Chromosom (Xp22.2); die Krankheit folgt einem X-chromosomalen, rezessiven Erbgang (▸ Abschn. 13.3.3).

Albinismus ist ein Merkmal, bei dem man auch **somatische Mutationen** nachweisen konnte. Kommt es während der Embryonalentwicklung bei Heterozygoten zu einer Neumutation des zweiten (Wildtyp-)Allels, so können an den entsprechenden Stellen des Körpers Albinismusflecken sichtbar werden, die durch Gruppen von homozygot mutanten Zellen verursacht werden, die keine Tyrosinase synthetisieren können (Mosaike). Albinismus ist auch bei Tieren häufig zu finden.

Eine andere autosomal-rezessive Erbkrankheit, die **Phenylketonurie** (PKU; OMIM 261600), bietet für die Betroffenen eine günstige Aussicht auf eine erfolgreiche Therapie bei rechtzeitiger Diagnose. Die Ursache dieser Krankheit – das Fehlen des Enzyms **Phenylalanin-Hydroxylase** – wurde bereits 1934 durch Abjørn **Følling** beschrieben. Das Enzym wird auf dem Chromosom 12 (Genort:

12q22-q24.1; Gensymbol: *PAH*) codiert. Es ist im Katabolismus der Aminosäure Phenylalanin erforderlich, um eine Umwandlung von Phenylalanin in Tyrosin zu katalysieren (◘ Abb. 13.18). Unterbleibt diese Umsetzung, wird ein Nebenstoffwechselweg eingeschlagen, der über Phenylpyruvat zu einer Reihe von Stoffwechselprodukten führt, die nicht effektiv ausgeschieden werden, sondern sich im Blut anreichern. Andererseits ist wegen der geringeren Konzentration von Tyrosin auch die Entwicklung mancher Neurotransmitter wie Dopamin und Serotonin herabgesetzt. Beide Aspekte wirken hemmend auf die postnatale Entwicklung des kindlichen Gehirns, sodass eine irreversible mentale Retardation auftritt, die schließlich zum frühen Tod des Individuums führt.

Die Kenntnis der Stoffwechselfunktion des betroffenen Enzyms hat es ermöglicht, in den vergangenen über 60 Jahren eine Therapie zu entwickeln, die zu einer relativ normalen Entwicklung der homozygoten PKU-Patienten führt, wenn sie rechtzeitig durchgeführt wird, d. h. von der Geburt an bis mindestens ins 6. Lebensjahr, besser allerdings für die ganze Lebensdauer. Sie besteht aus einer Phenylalanin-armen Diät, die so abgestimmt wird, dass die Aminosäure, die ja für den Organismus als Bestandteil vieler Proteine unentbehrlich ist, in gerade ausreichender Menge vorhanden ist (die empfohlene Konzentration im Blut liegt bei 120–360 µmol/l). Auf diesem Wege können die schädlichen hohen Konzentrationen der Abbauprodukte vermieden werden, sodass es zu einer normalen Entwicklung des Gehirns kommt. Es muss bei der Diät allerdings auch auf eine ausreichende Versorgung mit Mineralstoffen (besonders mit Kupfer, Mangan, Zink und Selen) und Vitaminen (B6 und B12) geachtet werden. Eine Zusammenfassung aktueller Diätempfehlungen findet man bei Singh et al. (2014).

Diese Therapie setzt eine frühzeitige Erkennung der Homozygoten voraus, da eine Behandlung nach dem Auftreten deutlicher Symptome zu spät wäre. Heute wird dazu im Rahmen des Neugeborenenscreenings die Konzentration von Phenylalanin im Blut bestimmt. Die Diagnose ist von erheblicher Bedeutung, da die Häufigkeit der Krankheit mit einem Homozygoten in 10.000 Individuen relativ hoch ist und eine Diättherapie, ganz abgesehen von den humanitären Gesichtspunkten, erhebliche Kosten für die Patientenversorgung vermeiden hilft.

Hierzu wurde Anfang der 1960er-Jahre ein einfacher Test (**Guthrie-Test**) (◘ Abb. 13.20) entwickelt, der bis in die 1980er-Jahre routinemäßig bei Neugeborenen zur Früherkennung eingesetzt wurde. Der Test beruht auf der Verwendung von Bakterienstämmen, die aufgrund eines Hemmstoffs kein eigenes Phenylalanin synthetisieren können. Phenylalanin muss im Kulturmedium in höheren Konzentrationen enthalten sein, damit die Bakterien wachsen können. Man kann also eine Blutprobe mit Kulturmedium versetzen und dann testen, ob die Bakterien auf diesem Medium wachsen können oder nicht. Der Test ist so aufgebaut, dass die Bakterienstämme mit der Phenylalaninmenge, die im normalen Blut vorhanden ist, nicht wachsen, da die Konzentration zu niedrig ist. Bei homozygoten PKU-Individuen hingegen reicht die erhöhte Konzentration an Phenylalanin im Blut aus, um ein Wachstum der Bakterien zu ermöglichen. Die Bedeutung dieses Tests lag darin, dass hiermit zum ersten Mal ein spezifischer genetischer Routinetest durchgeführt wurde; die Akzeptanz war deshalb hoch, weil mit dem Test auch gleichzeitig eine Erfolg versprechende Therapieoption angeboten werden konnte.

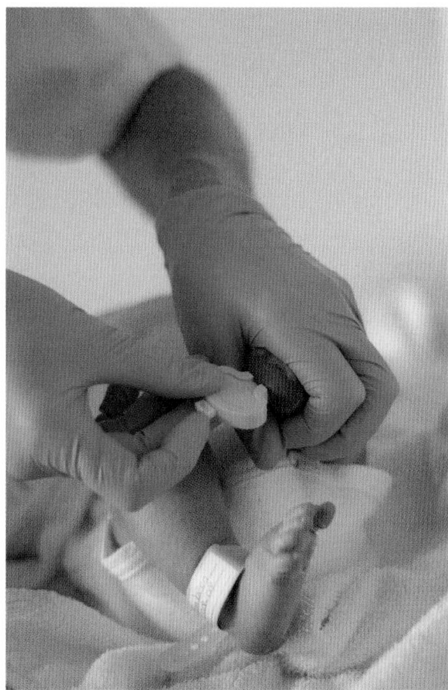

◘ **Abb. 13.20** Blutabnahme bei einem Neugeborenen für den Guthrie-Test. Der Guthrie-Test ist ein Screening-Test bei Neugeborenen auf Phenylketonurie. ©Getty Images/Hemera

Die **Mukoviszidose**, auch als **zystische Fibrose** bezeichnet (OMIM 219700), ist die häufigste autosomal-rezessive Erbkrankheit und wurde zuerst 1938 von Dorothy **Anderson** beschrieben. Sie tritt fast nur unter der kaukasischen Bevölkerung auf, also wesentlich seltener unter Farbigen oder Asiaten. Bis in die 1950er- und frühen 1960er-Jahre starben die meisten Erkrankten bereits im Säuglings- oder Kindesalter. Durch eine erhebliche Verbesserung der Therapie liegt die mittlere Lebenserwartung heute geborener Patienten im Durchschnitt bei über 50 Jahren (▶ https://www.muko.info/informieren/ueber-die-erkrankung/lebenserwartung/; Stand 2019). Die Wahrscheinlichkeit, an Mukoviszidose zu erkranken, beträgt in Europa und den USA etwa 1:2500.

In Europa leben etwa 50.000 (▶ https://www.lungeninformationsdienst.de/krankheiten/mukoviszidose/verbreitung/index.html; Stand 2018) an Mukoviszidose Erkrankte; die Häufigkeit der Heterozygoten beträgt etwa 4 %. Damit ist die zystische Fibrose bei der weißen Bevölkerung die **häufigste autosomal-rezessive** Erbkrankheit. Die Krankheit wird meist aufgrund häufig wiederkehrender Erkältungskrankheiten im Kindesalter diagnostiziert.

Ursache der Erkrankung sind Mutationen in einem Gen, das für ein Membranprotein codiert (engl. *cystic fibrosis transmembrane conductance regulator*, Gensymbol: *CFTR*; Chromosom 7q31.2). Die erste Mutation im *CFTR*-Gen wurde 1989 beschrieben – heute kennen wir über 2000 verschiedene Krankheitsallele (▶ http://www.genet.sickkids.on.ca/cftr/StatisticsPage.html). Allerdings beobachtet man eine interessante Häufung einzelner Mutationen: Bei etwa 70 % der Mukoviszidose-Patienten fehlt in diesem Membranprotein an der Position 508 die Aminosäure Phenylalanin (ΔF508; ◘ Abb. 13.21a). Ursache dieser hohen Allelfrequenz ist ein **Gründereffekt**; es wird vermutet, dass die ΔF508-Mutation zur Zeit des Neolithikums in der Umgebung Dänemarks ihren Ursprung gefunden hat (◘ Abb. 13.21b). Das CFTR-Protein reguliert den Chloridtransport durch die Zellmembran; bei dem mutierten Protein ist dieser Transport gestört. Die Mutation beeinflusst damit die Sekretion in der Lunge, der Bauchspeicheldrüse, der Leber, dem Dünndarm, der Haut sowie den Geschlechtsorganen.

In der **Lunge** entsteht aufgrund des gestörten Chloridaustausches ein zähflüssiger Schleim, der die Bronchien, die Bronchiolen und Alveolen verstopft. Ihre mit Flimmerhärchen ausgestattete Wand ist normalerweise mit einer dünnen Schleimschicht überzogen, auf der eingeatmete Partikel haften bleiben und ausgehustet werden können. Der zähe, dicke Schleim der erkrankten Person führt dagegen zur Verengung der Luftwege und behindert das Atmen. Zugleich entwickeln sich Infektionen, da Bakterien ebenfalls nicht entfernt werden und in den Atemwegen verbleiben. Solche immer wiederkehrenden Infektionen schädigen das Lungengewebe. Die Zerstörung und Verengung der Bronchien schreitet mit der Zeit so weit fort, bis schließlich die Lunge versagt.

Infolge der nicht normal funktionierenden **Schweißdrüsen** enthält der Schweiß erheblich mehr Kochsalz (NaCl) als der von gesunden Personen. Das hauptsächlich aus Wasser bestehende Sekret wird bei gesunden Menschen am Grund der Drüsen gebildet und fließt dann durch einen Gang zur Hautoberfläche. Anfangs ist es reich an Natrium- und Chlorid-Ionen, aber während seiner Passage werden diese wieder resorbiert, sodass die ausgeschwitzte Flüssigkeit nur noch schwach salzhaltig ist. Bei Patienten mit Mukoviszidose hingegen nimmt das

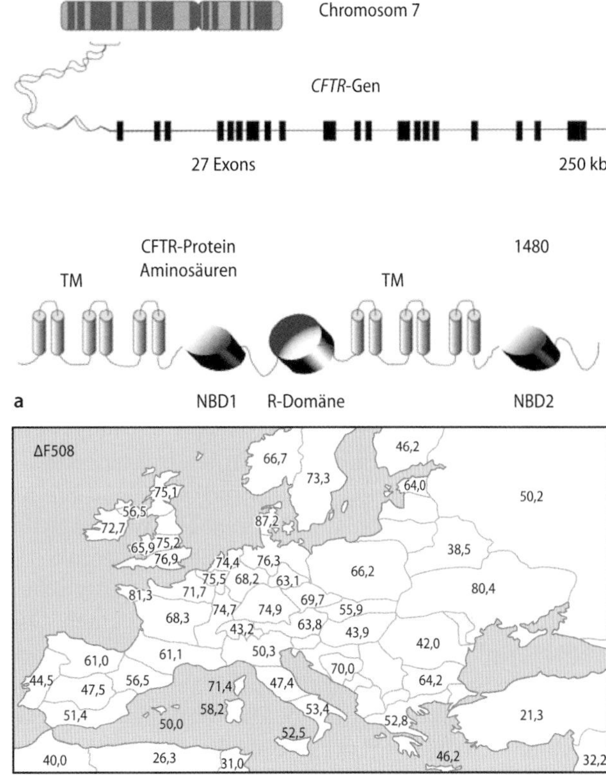

◘ **Abb. 13.21** Das *CFTR*-Gen. **a** Das *CFTR*-Gen und sein Protein. Das Gen, dessen Mutation für Mukoviszidose verantwortlich ist, wurde 1989 durch Positionsklonierung auf dem Chromosom 7q31.2 entdeckt. Der genomische Bereich umfasst 250 kb und enthält 27 Exons. Es codiert für ein Transmembranprotein mit 1480 Aminosäuren, das als CFTR bezeichnet wird (engl. *cystic fibrosis transmembrane conductor*). Das Protein besteht aus zwei hydrophoben Bereichen (TM) mit jeweils sechs transmembranen α-Helices, außerdem enthält es zwei Nukleotid-bindende Domänen (NBD1 und 2) zur Bindung von ATP und eine regulatorische cytoplasmatische Domäne (R), die zahlreiche geladene Aminosäurereste und die Mehrzahl der potenziellen Phosphorylierungsstellen enthält. **b** Die regionale Verteilung der ΔF508-Mutation in Europa weist auf einen Ursprung in Nordeuropa hin (vermutlich Dänemark). Der prozentuale Anteil der ΔF508-Mutation an den *CFTR*-Mutationen nimmt nach Süden deutlich ab; erstaunlich ist die große Häufigkeit in der Ukraine. (**a** nach Romey 2006, mit freundlicher Genehmigung; **b** nach Estivill et al. 1997, mit freundlicher Genehmigung)

Epithel keine Chlorid-Ionen (und damit auch schlechter Natrium-Ionen) auf, sodass der Schweiß ungewöhnlich salzig bleibt. Auf dieser veränderten Schweißzusammensetzung beruht auch der „Schweißtest", der bei Mukoviszidose-Verdacht durchgeführt wird.

Bei rund 90 % der Erkrankten verhindert ein durch zähen Schleim ausgelöster Verschluss der entsprechenden Kanäle den Abfluss der in der **Bauchspeicheldrüse** gebildeten Verdauungsenzyme. Durch fibrös verändertes Gewebe kann weiterhin die Produktion des Hormons Insulin gestört werden, sodass ein Diabetes die Folge sein kann.

Zurzeit gibt es noch **keine kausale Therapie**. Bis jetzt lassen sich nur bestimmte Symptome verbessern, mildern oder sogar zum Verschwinden bringen. Die Problematik des Verdauungsapparats ist mittlerweile gut behandelbar. Gegen das Versagen der Bauchspeicheldrüse werden den Patienten Kapseln mit entsprechenden Verdauungsenzymen eingegeben. Dazu werden eine kalorien- und vitaminreiche Nahrung und fettlösliche Vitamine empfohlen. In über 90 % ist der Tod oder die Invalidität auf Manifestationen in der Lunge zurückzuführen.

Im Zentrum vieler Bemühungen steht deshalb der Versuch, die Lungenfunktion der Mukoviszidose-Patienten zu verbessern. Seit 2012 ist ein Medikament (Ivacaftor; Handelsname in den USA: Kalydeco^{TM}) zugelassen, das den Chloridkanal des CFTR-Proteins aktiviert. Das Medikament ist ein Oxochinolincarboxamid und gehört zur Gruppe der CFTR-Potenziatoren. Die Wirkung von Ivacaftor schien zunächst auf Patienten beschränkt zu sein, die die G551D-Mutation tragen; in Deutschland betrifft dies knapp 1 % der Mukoviszidose-Patienten. Die G551D-Mutation hat ihren Ursprung in der keltischen Population und ist deswegen in Irland, Schottland und in der Bretagne am häufigsten (3–6 % der Mukoviszidose-Patienten). Interessanterweise erreicht sie fast dieselben hohen Werte in der Tschechischen Republik, in Toronto, Australien und Neuseeland; in Maine (USA) ist sie in der Bevölkerung nicht-französischen Ursprungs mit 2,6 % ebenfalls erstaunlich hoch (Bobadilla et al. 2002). Aus diesen Daten lassen sich interessante Rückschlüsse auf historische Wanderungsbewegungen ziehen. Die G551D-Mutation führt zu einer verminderten Regulation der Kanalaktivität als Antwort auf ATP und damit zu einem verminderten Chloridtransport; das Protein selbst ist in seiner Menge und Konzentration unverändert. Ivacaftor bewirkt einen effektiveren Chloridtransport; es beeinflusst nicht die Faltung des Proteins oder gar die Transkription/Translation-Maschinerie. Weitere Untersuchungen zeigten jedoch, dass Ivacaftor auch bei anderen CFTR-Mutationen (auch der Δ508F-Mutation) als Therapeutikum sinnvoll eingesetzt werden kann und häufig zu deutlichen Verbesserungen für die Patienten führt (Spielberg und Clancy 2016).

Ausgedehnte populationsgenetische Untersuchungen haben nicht nur große Unterschiede in der regionalen Häufung der zystischen Fibrose gezeigt, sondern auch eine hohe Zahl heterozygoter Träger in den betroffenen Populationen, die bei etwa 1:20 bis 1:25 liegt. Die Häufigkeit der Erkrankten beträgt in Mitteleuropa etwa 1:2000 bis 1:2500. Obwohl die Krankheit für die betroffenen Kinder in früheren Jahrhunderten tödlich war, hat sich die Zahl der Heterozygoten auf hohem Niveau gehalten. Daraus können wir schließen, dass die Heterozygoten gegenüber beiden homozygoten Formen einen deutlichen Selektionsvorteil hatten (**Heterosis-Effekt**, ▸ Abschn. 11.5.3). Sherif **Gabriel** und seine Mitarbeiter berichteten 1994, dass im Mausmodell Heterozygote im Vergleich mit Wildtypen einen deutlichen Resistenzvorteil gegenüber dem Choleratoxin haben, was dieses Phänomen erklären kann.

> Die meisten Erbkrankheiten sind autosomal-rezessiv und oft schwierig zu erkennen. Der Anteil an Trägern kann auch bei geringer Häufigkeit von Homozygoten hoch sein. Die Gefahr der Homozygotie ist bei Verwandtenehen besonders groß. In Mitteleuropa ist die zystische Fibrose (Mukoviszidose) die häufigste autosomal-rezessive Erkrankung.

13.3.2 Autosomal-dominante Erkrankungen

Seltener als mit rezessiven Erkrankungen haben wir es mit dominanten Erbkrankheiten zu tun. Dabei tritt die Erkrankung schon bei Heterozygoten auf. Es genügt also eine einfache Dosis des veränderten Allels, damit eine Krankheit ausbricht. Ein Beispiel für einen autosomal-dominanten Erbgang gibt ◘ Abb. 13.3. Von autosomal-dominanter Erkrankung spricht man, wenn das betroffene Gen auf einem Autosom und nicht auf einem Geschlechtschromosom liegt und wenn außerdem der Phänotyp eines Heterozygoten dem Phänotyp des homozygoten Trägers entspricht. In der klinischen Praxis sind aber Homozygote häufig stärker erkrankt (**Semidominanz**).

Die Übertragung eines autosomal-dominanten Merkmals erfolgt in der Regel von einem erkrankten Elternteil auf die Hälfte der Kinder, wobei das Geschlecht keinerlei Rolle spielt. Aber auch **Neumutationen** treten sofort in Erscheinung, da schon die Veränderung eines Allels das entsprechende Krankheitsbild hervorruft. Verringerte Penetranz und Expressivität (▸ Abschn. 11.3.3) erschweren manchmal eine klare genetische Analyse in einer Familie. Viele autosomal-dominante Erkrankungen haben Häufigkeiten in der Größenordnung von 1:10.000. Wir wollen im Folgenden einige Beispiele für dominante Erkrankungen diskutieren, ohne dass diese Liste einen Anspruch auf Vollständigkeit hätte.

Das **Marfan-Syndrom** (OMIM 154700; ◘ Abb. 13.22) bezeichnet eine Störung im Aufbau des Bindegewebes, die sich auf das Skelettsystem, die Augen und auf das kardiovaskuläre System auswirkt. Charakteristische Symptome sind lange und schmale Extremitäten (Spinnenfinger), überstreckbare Gelenke und Herzfehler, die meist zum Tode führen. Die Krankheit hat eine Häufigkeit von etwa 1:5000; ungefähr ein Viertel aller Fälle wird durch Neumutationen hervorgerufen. Das durchschnittliche Alter der Väter von am Marfan-Syndrom erkrankten Kindern ist gegenüber dem allgemeinen Durchschnitt erhöht. Obwohl es eine Reihe klarer Merkmale für diese Krankheit gibt, ist eine Diagnose nicht immer ganz einfach, da sie auch in verschiedenen Schweregraden auftreten kann.

Das verantwortliche Gen *Fibrillin1* (*FBN1*, Chromosom 15q21; OMIM 134797) umfasst etwa 235 kb genomischer DNA und besteht aus 65 Exons. Die mRNA ist knapp 10 kb lang und codiert für ein Glykoprotein (MW: ~ 320 kDa), das aus vielen Domänen besteht (◻ Abb. 13.23). Diese lassen sich in verschiedene Klassen Cystein-reicher Wiederholungsmotive unterteilen; die wichtigste weist starke Homologien zum epidermalen Wachstumsfaktor (EGF) auf. Die Fibrillin-Proteine (ein weiteres Fibrillin-Gen, *FBN2*, ist auf dem Chromosom 5 lokalisiert; Mutationen im *FBN2*-Gen führen zu ähnlichen, aber nicht identischen Symptomen) sind die Hauptkomponenten der extrazellulären Mikrofibrillen (Durchmesser: etwa 10–12 nm), die in vielen Geweben vorkommen. Die Mikrofibrillen treten entweder alleine auf (wie in den Zonulafasern des Ciliarkörpers im Auge) oder zusammen mit Elastin in elastischen Fasern (z. B. der Aorta).

Die funktionelle Analyse der über 3000 verschiedenen Mutationen (▶ http://www.umd.be/FBN1/) hat das Wissen über den Mechanismus der Krankheitsentstehung verbessert. Die bekannten Mutationen des *FBN1*-Gens sind sehr vielfältig, aber etwa zwei Drittel davon sind Punktmutationen, die zu Aminosäureaustauschen führen. Diese ersetzen üblicherweise Cysteinreste, die Disulfidbrücken zwischen einer der cbEGF- oder 8-Cys-Domänen bilden (cbEGF: engl. *Calcium-binding EGF-like*); umgekehrt kennen wir aber auch Mutationen, die zum Einbau neuer Cysteinreste führen. Etwa ein Viertel der Mutationen mit Aminosäureaustauschen betreffen die anderen Module des Proteins. Kleine Insertionen oder Deletionen („Indels") oder Duplikationen repräsentieren 10–15 % der bekannten Mutationen; die meisten davon führen zu einem vorzeitigen Stoppcodon. Weitere 10–15 % der bekannten Mutationen betreffen Spleißstellen, wobei hier überwiegend die klassischen Spleißsequenzen an den Exon/Intron-Grenzen betroffen sind (▶ Abschn. 3.3.5). Viele der *FBN1*-Spleißmutationen führen zum Verlust eines Exons, ohne dass dabei der Leserahmen verändert wird – so geht dann eine ganze cbEGF-Domäne verloren. Daneben gibt es aber auch Spleißmutationen, die zu Verschiebungen des Leserahmens und damit zu einem vorzeitigen Stoppcodon führen. Größere Rearrangements, Insertionen oder Deletionen, wurden nur bei einer geringen Anzahl von Marfan-Patienten beobachtet, und die Deletion des ganzen Gens ist sehr selten.

Wir haben gesehen, dass zwar im Prinzip das gesamte Gen Ziel von Mutationen ist, es ist aber auffallend, dass die Mutationen in den mittleren Exons 24 bis 32 zu den schweren Formen des Marfan-Syndroms führen. Mutationen in diesem Bereich betreffen vor allem die hochkonservierten Cysteinreste sowie diejenigen Aminosäuren, die an der Calciumbindung beteiligt sind. Insgesamt ist es jedoch schwierig, eine klare Genotyp-Phänotyp-Korrelation aufzustellen.

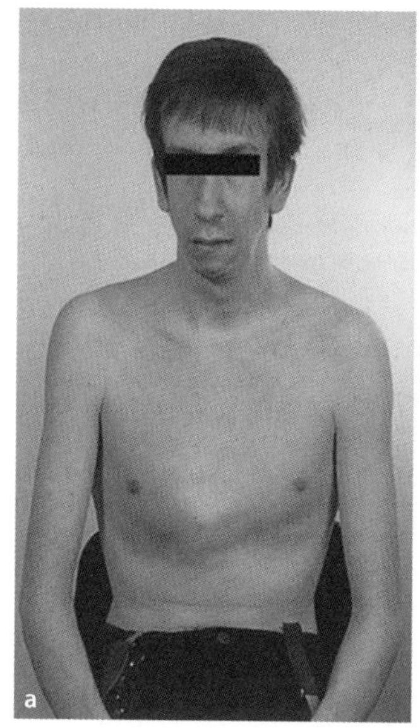

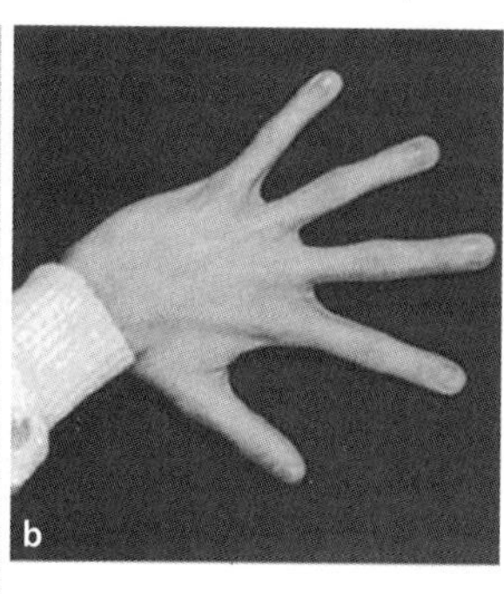

◻ **Abb. 13.22** Marfan-Syndrom. **a** Krankheitsbild eines Patienten. **b** Spinnenfingrigkeit bei Marfan-Syndrom. (Nach Buselmaier und Tariverdian 2007, mit freundlicher Genehmigung)

Die klinische und genetische Situation wird allerdings noch dadurch verkompliziert, dass etwa 3 % der Träger von *FBN1*-Mutationen nicht die klassischen Marfan-Symptome zeigen, sondern an einer erblichen Erkrankung der Aorta leiden (engl. *heritable thoracic aortic disease*, HTAD) – und keiner dieser Patienten erfüllte die klinischen Kriterien des Marfan-Syndroms. Und umgekehrt kennen wir auch einige Mutationen in anderen Genen, die zu Symptomen führen, die wir vom Marfan-Syndrom her kennen. Zu diesen anderen Genen gehören *FBN2* und *TGFBR2*, das für einen Rezeptor des TGFβ (engl. *transforming growth factor β*) codiert. Eine ausführliche Darstellung dieser komplexen Situation wurde von Sakai et al. (2016) publiziert.

Ursprünglich dachte man, dass die Funktion von Fibrillin hauptsächlich darin besteht, als Gerüst für die Bildung elastischer Fasern zu dienen. Auch aufgrund der humangenetischen Daten und der Domänenstruktur der Fibrillin-Proteine wissen wir heute, dass sie auch mit Wachstumsfaktoren der TGFβ-Familie interagieren (siehe dazu auch die TB-Domäne; engl. *transforming growth factor β-binding protein-like domain;* ◻ Abb. 13.23). Dadurch tragen die Fibrilline wesentlich zur Form und Funktion des Bindegewebes bei.

Die **familiäre Hypercholesterinämie** (OMIM 143890) ist die häufigste autosomal-dominante Erkrankung mit einer weltweiten Häufigkeit von 1:500. Allerdings tritt sie aufgrund von Gründereffekten in einigen Populationen häufiger auf (Afrikaner in Transvaal, christliche Libanesen, Finnen, Schotten und Franko-Kanadier). Bei Heterozygoten ist die Konzentration von Serum-Cholesterin, das an eine bestimmte Klasse von Lipo-

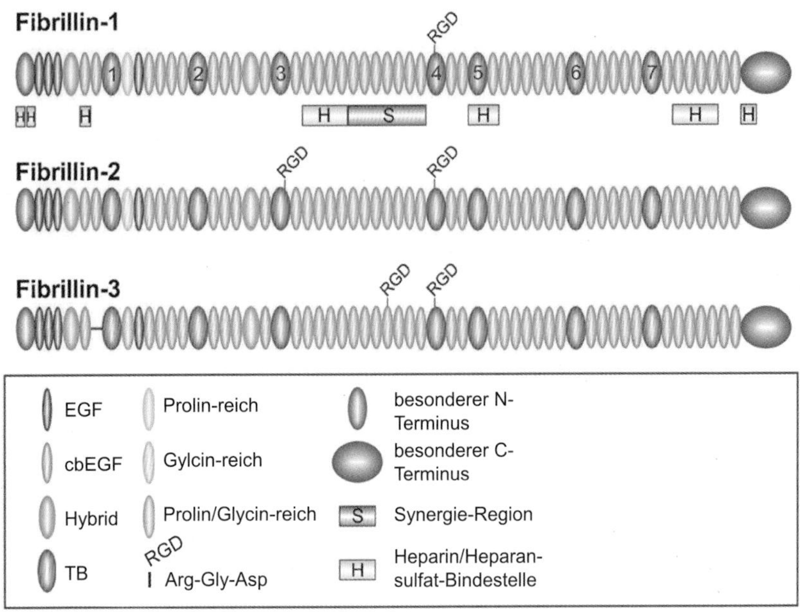

◘ Abb. 13.23 Fibrillin-Proteine. Die drei Fibrillin-Proteine sind schematisch mit ihren verschiedenen Modulen dargestellt. Besonders auffällig sind die vielen Calcium-bindenden Motive, die dem epidermalen Wachstumsfaktor (EGF) ähnlich sind (cbEGF). TB: engl. *transforming growth factor β-binding protein-like domain*. (Nach Zeyer und Reinhardt 2015, mit freundlicher Genehmigung)

proteinen (*low density lipoprotein*, LDL) gebunden ist, auf das 2- bis 3-fache der Norm erhöht (200–400 mg LDL-Cholesterin/dl statt 75–175 mg/dl bei Gesunden). Herzanfälle treten aufgrund koronarer Arteriosklerose (im englischsprachigen Raum auch als Atherosklerose bezeichnet; Ablagerung von Cholesterin-Plaques in den Herzkranzgefäßen) bereits im 3. Lebensjahrzehnt auf. Bei Homozygoten (Häufigkeit 1:250.000) beobachten wir einen Gendosis-Effekt: Hier sind die Werte noch einmal deutlich erhöht (über 450 mg/dl, und zwar unabhängig von Diät und Lebensstil!), sodass Herzanfälle bereits im frühen Kindesalter auftreten können. Neben den Herzerkrankungen treten in unterschiedlichem Ausmaß auch Cholesterin-Ablagerungen unter der Haut und im Auge auf (◘ Abb. 13.24).

Die genetischen Ursachen liegen dabei nicht primär in einer gesteigerten Cholesterin-Synthese, wie man zunächst vermuten könnte, sondern vielmehr im unvollständigen Recycling des LDL-Cholesterins. Dieser Mechanismus ist in ◘ Abb. 13.25 schematisch dargestellt – und daraus wird auch ersichtlich, dass Mutationen in dem Gen, das für den LDL-Rezeptor codiert, (Gensymbol: *LDLR*, Chromosom 19p13; OMIM 606945) von zentraler Bedeutung sind. Das *LDLR*-Gen umfasst 45 kb und enthält 18 Exons. Homozygote Patienten werden aufgrund unterschiedlicher Schweregrade in zwei Gruppen eingeteilt (weniger als 2 % Restaktivität des LDL-Rezeptors und 2–25 % Restaktivität); die Restaktivität des LDL-Rezeptors verhält sich umgekehrt proportional zu den Plasmaspiegeln des LDL-Cholesterins. Dabei ver-

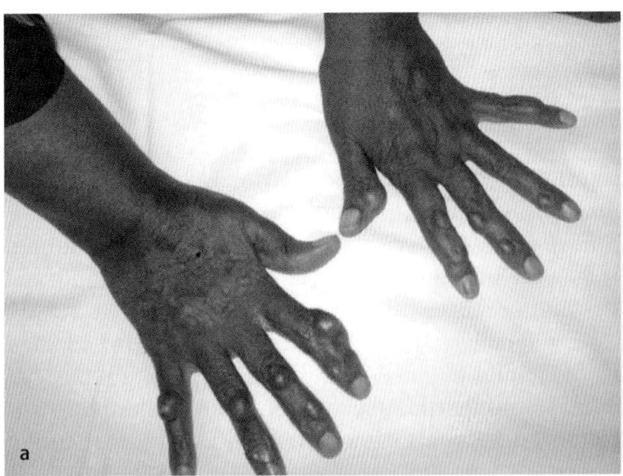

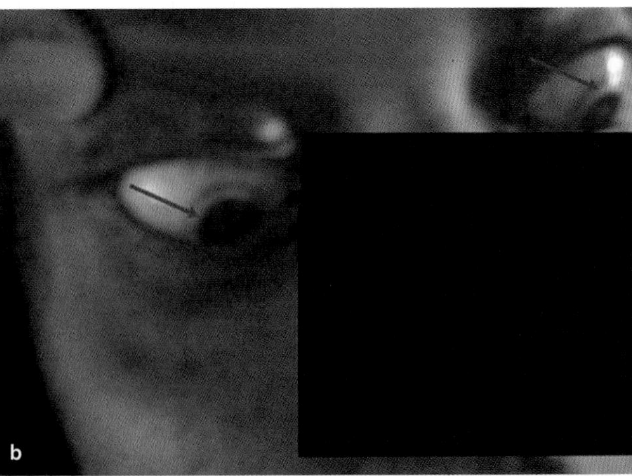

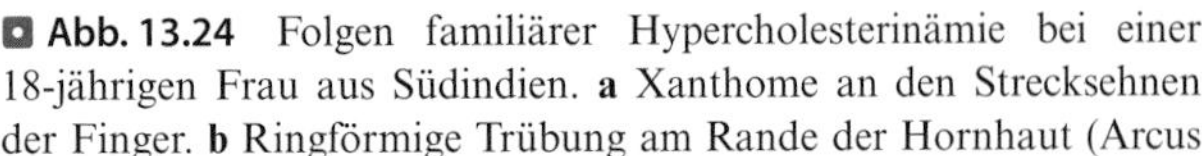

◘ Abb. 13.24 Folgen familiärer Hypercholesterinämie bei einer 18-jährigen Frau aus Südindien. **a** Xanthome an den Strecksehnen der Finger. **b** Ringförmige Trübung am Rande der Hornhaut (Arcus lipoides corneae; *rote Pfeile*). Zur Anonymisierung wurde ein Teil des Gesichts abgedeckt. (Nach Kumar et al. 2008, mit freundlicher Genehmigung)

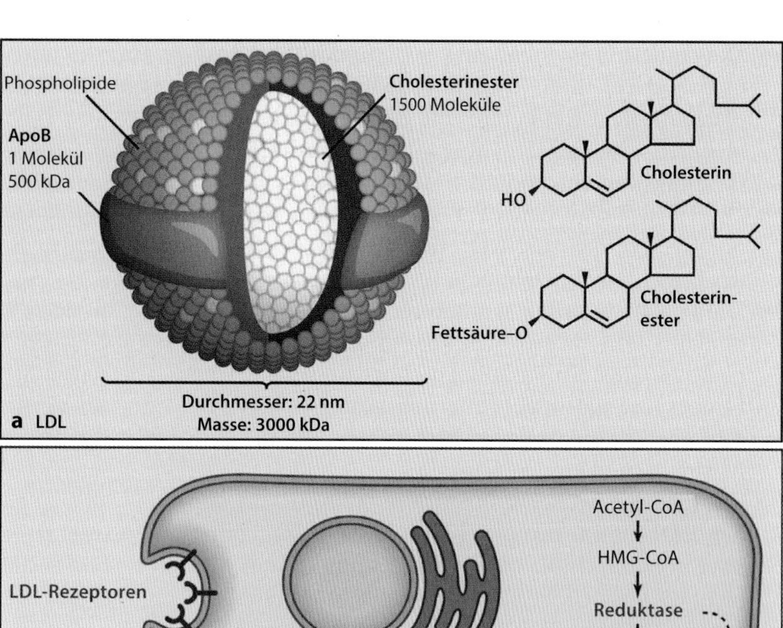

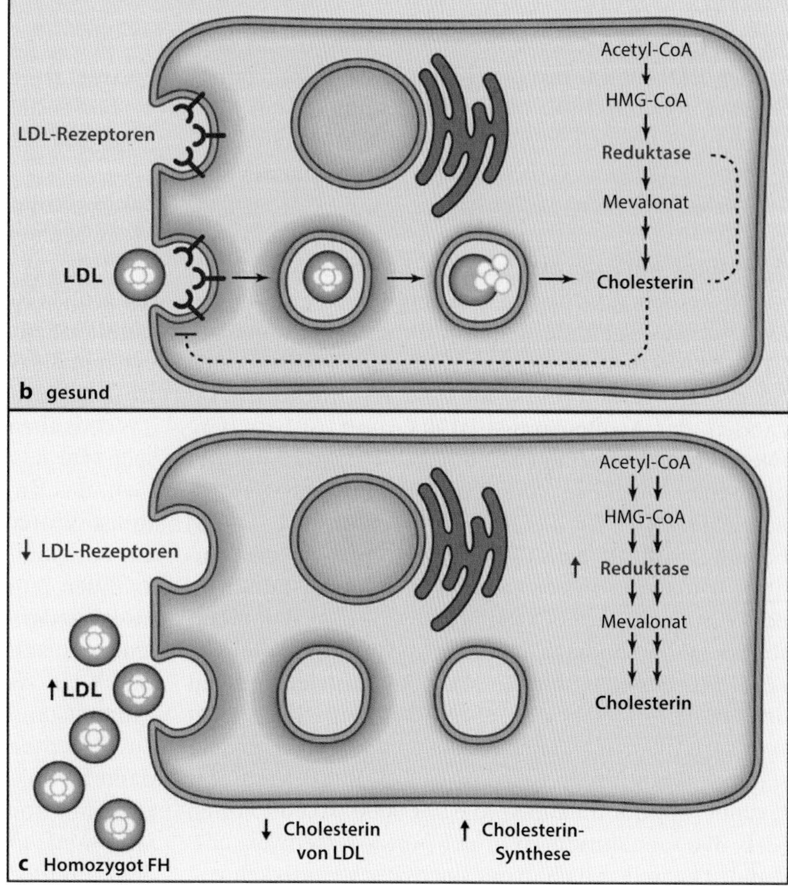

Abb. 13.25 LDL und Cholesterin. **a** LDL ist ein sphärisches Molekül mit einem Durchmesser von ca. 220 nm und einer Masse von ungefähr 3000 kDa. Jedes Partikel enthält ca. 1500 Moleküle Cholesterinester in einem öligen Kern, der durch eine hydrophile Hülle aus etwa 800 Molekülen Phospholipiden und etwa 500 Molekülen nicht-verestertem Cholesterin sowie einem Molekül Apolipoprotein B (ApoB; 500 kDa) vom wässrigen Plasma abgeschirmt wird. **b** Gesunde Zellen erhalten ihr Cholesterin aus zwei Quellen: durch endogene Synthese und durch die Rezeptor-vermittelte Aufnahme von LDL und dessen anschließende Auflösung in den Lysosomen. Wenn die dadurch erreichte Cholesterinkonzentration hoch genug ist, wird die Synthese von Cholesterin durch einen Rückkopplungsmechanismus (*gestrichelte Linie*) blockiert. Dabei wird der geschwindigkeitsbestimmende Schritt der Cholesterin-Synthese (katalysiert durch die HMG-CoA-Reduktase, *rot*) gehemmt. **c** Wenn die LDL-Rezeptoren bei familiärer Hypercholesterinämie (FH) fehlen, halten die Zellen ihren üblichen Cholesterinspiegel durch eine verstärkte Synthese von Cholesterin aufgrund einer erhöhten Aktivität der HMG-CoA-Reduktase aufrecht, was zu einem Überschuss an LDL führt. (Nach Goldstein und Brown 2015, mit freundlicher Genehmigung)

mittelt der LDL-Rezeptor die Endocytose von LDL und des daran gebundenen Cholesterins. In der Zelle wird das gebundene Cholesterin wieder freigesetzt und hemmt das Enzym 3-Hydroxy-3-methylglutaryl-Coenzym-A-Reduktase (HMG-CoA-Reduktase), das Schlüsselenzym der endogenen Cholesterin-Biosynthese. Auf diese Weise wird bei Gesunden ein Gleichgewicht zwischen Cholesterin-Aufnahme über die Nahrung und eigener Cholesterin-Synthese eingestellt. Dieses hemmende Signal fehlt, wenn der LDL-Rezeptor durch Mutationen verändert ist. In der klinischen Therapie wird dieses fehlende Signal durch Inhibitoren der HMG-CoA-Reduktase ersetzt (Statine).

Wie bei vielen häufigen Erbkrankheiten steigen auch die Informationen über Mutationen im *LDLR*-Gen ständig an; zum Zeitpunkt des Drucks (Oktober 2020) waren über 3700 Einträge in Datenbanken verzeichnet (davon 2034 verschiedene Allele; ► http://www.ucl.ac.uk/fh). Die Listen beinhalten Punktmutationen und große Deletionen. Unter funktionellen Gesichtspunkten können fünf Gruppen unterschieden werden:

- Die Mutationen führen dazu, dass kein immunpräzipitierbares Protein gebildet wird (Null-Allel); Ursache dafür können Mutationen im Promotor, an Spleißstellen, Veränderungen im Leserahmen oder große Deletionen sein.

- Die codierten Proteine sind – zumindest teilweise – in Bezug auf ihren Transport zwischen dem endoplasmatischen Reticulum und dem Golgi-Komplex blockiert. Die meisten Transportdefekte betreffen die Bindungsdomäne und die EGF-ähnliche Domäne.
- Die Proteine werden zwar synthetisiert und transportiert, können aber LDL nicht binden (Defekte in der Liganden-Bindedomäne).
- Die Proteine werden synthetisiert, transportiert und binden LDL, können sich aber in der Zellmembran nicht zu Clustern zusammenschließen, sodass keine Endocytose stattfindet (Internalisierungsdefekt). Die Ursachen dafür liegen in Mutationen, die die cytoplasmatische Domäne betreffen.
- Die Proteine werden synthetisiert, transportiert, binden LDL und transportieren es in die Zelle, können dort aber das LDL nicht entladen und damit auch nicht an die Zelloberfläche zurückkehren. Diese Recycling-Defekte werden durch Veränderungen in der Vorläuferdomäne verursacht.

Allerdings muss in diesem Zusammenhang auch erwähnt werden, dass das Erscheinungsbild der familiären Hypercholesterinämie nicht nur durch Mutationen am LDL-Rezeptor-Gen, sondern auch durch Mutationen verursacht werden kann, die das Gen für seinen Liganden, das **Apolipoprotein B100** ($ApoB_{100}$) betreffen. Diese Form betrifft etwa 2–6 % der Patienten mit der klinischen Diagnose einer familiären Hypercholesterinämie. Das Gen für das $ApoB_{100}$ (Gensymbol: *APOB*) befindet sich auf dem Chromosom 2p23-24; die häufigste Mutation führt zu einem Arg→Gln-Austausch an der Position 3527 des Proteins und verändert damit entscheidend die Domäne, mit der das $ApoB_{100}$-Protein an den LDL-Rezeptor binden kann. In Mitteleuropa hat der familiäre Defekt des *APOB*-Gens eine Häufigkeit von ca. 1:1000; in anderen Regionen der Welt ist er aber seltener. Man nimmt an, dass es sich hierbei um eine Gründermutation handelt, die vor 6000–10.000 Jahren (270–390 Generationen) in der Nordwestschweiz entstanden ist und sich dann mit einer Geschwindigkeit von 2 km pro Generation ausgebreitet hat. Abschließend sei darauf hingewiesen, dass wir nach intensiver Forschung auf diesem Gebiet wissen, dass weitere Gene an der Erhöhung der Cholesterinkonzentration im Blut beteiligt sind. Dazu gehören *PCSK9* (engl. *proprotein convertase subtilisin/kexin type 9*; OMIM 607789; Chromosom 1p34.1-p32) und *LDLRAP1* (engl. *LDL receptor adaptor protein*; OMIM 603813; Chromosom 1p36-p35); Mutationen im *LDLRAP1*-Gen sind auch für eine rezessive Form der Hypercholesterinämie (ARH, autosomal-rezessive Hypercholesterinämie) verantwortlich. Damit wird deutlich (wie wir das auch aus den biochemischen Abläufen schließen können; ◘ Abb. 13.25), dass die Erhöhung der LDL-Cholesterinkonzentration im Blut und damit das Risiko für Arteriosklerose, Herzinfarkt und Schlaganfall einem komplizierten Regelmechanismus unterliegt.

13

Die autosomal-rezessive Hypercholesterinämie ist besonders häufig in Sardinien, wobei zwei *LDLRAP1*-Mutationen in den betroffenen Familien beobachtet wurden: eine 1-bp-Insertion im Exon 4 (c.432_433insA, p.A145Sfs*26) und eine Mutation, die schon im Exon 1 zu einem Stoppcodon führt (c.65G>A; p.W22*). Etwa 0,7 % der Sarden sind heterozygote Träger einer dieser beiden Mutationen ohne einen signifikanten Einfluss auf die Konzentration von LDL oder das Risiko von Erkrankungen der Herzkranzgefäße. Durch Haplotyp-Analysen stellte sich heraus, dass beide Mutationen sehr alt sind und wahrscheinlich das Ergebnis von genetischer Drift, geographischer Isolation und Inzucht sind. Eine ausführliche Darstellung der autosomal-rezessiven Hypercholesterinämie findet sich bei Fellin et al. (2015).

Zwergwüchsigkeit (Achondroplasie) betrifft etwa 250.000 Menschen weltweit und wird autosomal-dominant vererbt. Die Erkrankung betrifft im Wesentlichen das Wachstum der großen Röhrenknochen, sodass die Kinder stark verkürzte Gliedmaßen aufweisen, weil zu wenige Chondrocyten in die Epiphysenfugen einwandern. Die Krankheit ist lange bekannt; wir kennen historische Abbildungen aus dem alten Ägypten, aus Griechenland und Rom. Ursache für das Krankheitsbild sind Mutationen in einem Gen, das für einen Rezeptor für Fibroblasten-Wachstumsfaktoren (FGFs) codiert (Gensymbol: *FGFR3*; Chromosom 4p16.3; OMIM 134934). Die Mutationsanalysen der letzten Jahrzehnte haben gezeigt, dass mehr als 95 % der Patienten dieselbe Mutation tragen, die zu einem Austausch des Glycinrestes an der Position 380 durch ein Arginin führt (Gly380Arg). Dieser Aminosäureaustausch betrifft die Transmembrandomäne des Rezeptors und führt dazu, dass der Rezeptor auch dann Signale weiterleitet, wenn kein Ligand gebunden ist (Funktionsgewinn-Mutation, engl. *gain-of-function mutation*). Dadurch wird die inhibitorische Funktion des Rezeptors aufgehoben, wodurch eine Vielzahl von Komplikationen entsteht. Heute wissen wir, dass bei den Patienten nicht nur das Knochenwachstum beeinflusst wird, sondern häufig auch andere Organe (u. a. der Magen-Darm-Trakt, die Langerhans'schen Inseln im Pankreas und die Nebennierenrinde).

Bei der Gly380Arg-Mutation handelt es sich aber nicht um eine Gründermutation (wie wir das oft in solchen Fällen sehen, z. B. bei der zystischen Fibrose, ► Abschn. 13.3.1). Vielmehr sind ca. 80 % der Gly380Arg-Mutationen Neumutationen, die in der Keimbahn älterer Väter (über 35 Jahre) entstehen. Als Ursache dafür wird diskutiert, dass Spermien, die diese Mutation tragen, einen selektiven Vorteil gegenüber anderen Spermien zeigen. Damit kann erklärt werden, dass ein Reservoir von prä-meiotischen Zellen, das diese Mutation trägt, mit zunehmendem Alter relativ schnell an Größe zunehmen kann und dadurch zu der beobachteten Korrelation mit dem höheren väterlichen Alter führen kann. Therapeutische Bemühungen konzentrieren sich im Wesentlichen auf eine Hemmung des FGFR3-vermittelten Signalweges. Eine interessante Darstellung dieser Zusammenhänge findet man bei Horton et al. (2007) sowie bei Klag und Horton (2016).

Bei autosomal-dominanten Erbkrankheiten entspricht der Phänotyp der heterozygoten Genträger weitgehend dem der homozygoten; beide Geschlechter sind gleichmäßig betroffen. Die Übertragung erfolgt in der Regel von einem der Eltern auf die Hälfte der Kinder; sporadische Fälle beruhen meistens auf Neumutationen. Viele autosomal-dominante Erkrankungen haben Häufigkeiten von 1:10.000. Die häufigste autosomal-dominante Erkrankung ist die familiäre Hypercholesterinämie.

Unter der Überschrift „**dynamische Mutationen**" haben wir bereits im ► Abschn. 10.3.3 in allgemeiner Form expandierende Triplettmutationen erörtert. Sie fallen natürlich unter die dominanten Erkrankungen, da bereits ein mutiertes Allel ausreicht, um das Krankheitsbild auszulösen. Sie werden hier aber doch etwas gesondert behandelt, da die Natur der Mutationen zu einem variablen Krankheitsbild führt, das sich auch innerhalb einer betroffenen Familie im Laufe der Generationen verstärken kann. Als Beispiel wird hier die Chorea Huntington besprochen.

Die **Chorea Huntington** (auch Veitstanz genannt, OMIM 143100) äußert sich im fortgeschrittenen Zustand in Bewegungsstörungen, die durch eine allmähliche Degeneration der Neurone in den Basalganglien des Gehirns bedingt werden. Damit verbunden sind Gedächtnisverlust, Abnahme der kognitiven Fähigkeiten, Gefühlsstörungen und Persönlichkeitsveränderungen. Die Patienten sterben etwa 10–20 Jahre nach dem Ausbruch der Erkrankung an Herz- oder Lungenerkrankungen. Die Neuropathologie zeigt eine Atrophie des Nucleus caudatus und des Putamen; eine diffuse Degeneration des Neostriatums ist pathologisch besonders charakteristisch. Die Krankheit bricht erst relativ spät aus, meist um das 40. Lebensjahr. Die Häufigkeit der Chorea Huntington beträgt etwa 1:7300; aufgrund verbesserter genetischer Diagnostik hat sich die Zahl der bekannten Fälle in den letzten 20 Jahren deutlich erhöht. Formal folgt die Erkrankung einem klassischen autosomal-dominanten Erbgang mit vollständiger Penetranz.

Das betroffene Gen, Huntingtin (Gensymbol: *HTT*; Chromosom 4p16.3; OMIM 613004), umfasst etwa 185 kb und enthält 67 Exons. Es gibt mehrere Spleißprodukte, aber nur eines codiert für das Huntingtin-Protein mit 3144 Aminosäuren und einem Molekulargewicht von ca. 350 kDa; die entsprechende mRNA ist 13,5 kb lang. Das Gen wurde erstmalig 1993 von einer internationalen Forschergruppe beschrieben.

Die Lokalisierung eines genetischen Markers am Ende des kurzen Arms des Chromosoms 4 im Jahr 1983 war ein bedeutender Meilenstein in der genetischen Charakterisierung der Huntington'schen Erkrankung. Es dauerte aber noch weitere 10 Jahre, bis Mutationen in dem damals neu entdeckten Gen Huntingtin als ursächlich für die Erkrankung identifiziert wurden – das *HTT*-Gen war außerdem eines der ersten, bei dem expandierende Triplettwiederholungen als Ursache für eine Krankheit beschrieben wurden. Eine ausführliche Darstellung der Geschichte der Genetik der Chorea Huntington findet sich bei Testa und Jankovic (2018).

Ursache für den Ausbruch der Chorea Huntington ist eine CAG-Triplettwiederholung im ersten Exon, die stark polymorph ist und für eine unterschiedliche Anzahl von Glutaminresten codiert. In Gesunden liegt die Anzahl der Triplettwiederholungen unter 35; bei Kranken beträgt sie typischerweise etwa 40–50 (◘ Abb. 13.26a); liegen allerdings mehr als 70 Wiederholungen vor, tritt die Krankheit bereits im Jugendalter auf (◘ Abb. 13.26b). Homozygote Patienten unterscheiden sich dagegen in ihrem Schweregrad nicht von den heterozygoten Geschwistern, was den dominanten Charakter der Erkrankung unterstreicht.

Eine Übertragung über die männliche Keimbahn ist oft mit einer deutlichen Zunahme der Anzahl von Triplettwiederholungen verbunden (◘ Abb. 13.26d). Dies wird in der weiblichen Keimbahn nicht beobachtet. Offensichtlich findet die Verlängerung der Triplettwiederholungen bevorzugt während der Spermatogenese statt und kann als Unterschied in der Länge der Triplettwiederholungen in der DNA von Spermien nachgewiesen werden. Auch die Tatsache, dass eineiige Zwillinge dieselbe Anzahl von Triplettwiederholungen aufweisen, deutet darauf hin, dass es sich hierbei nicht um einen somatischen Vorgang handelt, sondern dass die Expansion der Tripletts offensichtlich während der Entwicklung der (männlichen) Keimzellen stattfindet (siehe auch ► Abschn. 10.3.3). Es ist in diesem Zusammenhang erwähnenswert, dass die Zahl der CAG-Wiederholungseinheiten im weltweiten Maßstab nicht homogen verteilt ist, sondern bei Europäern (und ihren außereuropäischen Nachfahren) deutlich höher ist als bei schwarzen Südafrikanern und bei Menschen aus Ostasien (Japan, Hongkong und Taiwan; ◘ Abb. 13.26e).

Besondere Beachtung, auch in der humangenetischen Beratung, kommt den Trägern mit einer mittleren Anzahl (zwischen 27 und 35) von Triplettwiederholungen zu. Aus den Trägern dieser mittleren Tripletthäufigkeit rekrutieren sich nämlich die Erkrankten der nächsten Generation. Allerdings gibt es eine Reihe von genetischen Modifikatoren, die das Eintrittsalter der Erkrankung beeinflussen können.

Der Bereich der CAG-Wiederholungen codiert für einen Polyglutamin-Abschnitt im N-terminalen Bereich des Huntingtin-Proteins (die Abkürzung im Ein-Buchstaben-Code für Glutamin ist Q). Wenn wir diesen Ab-

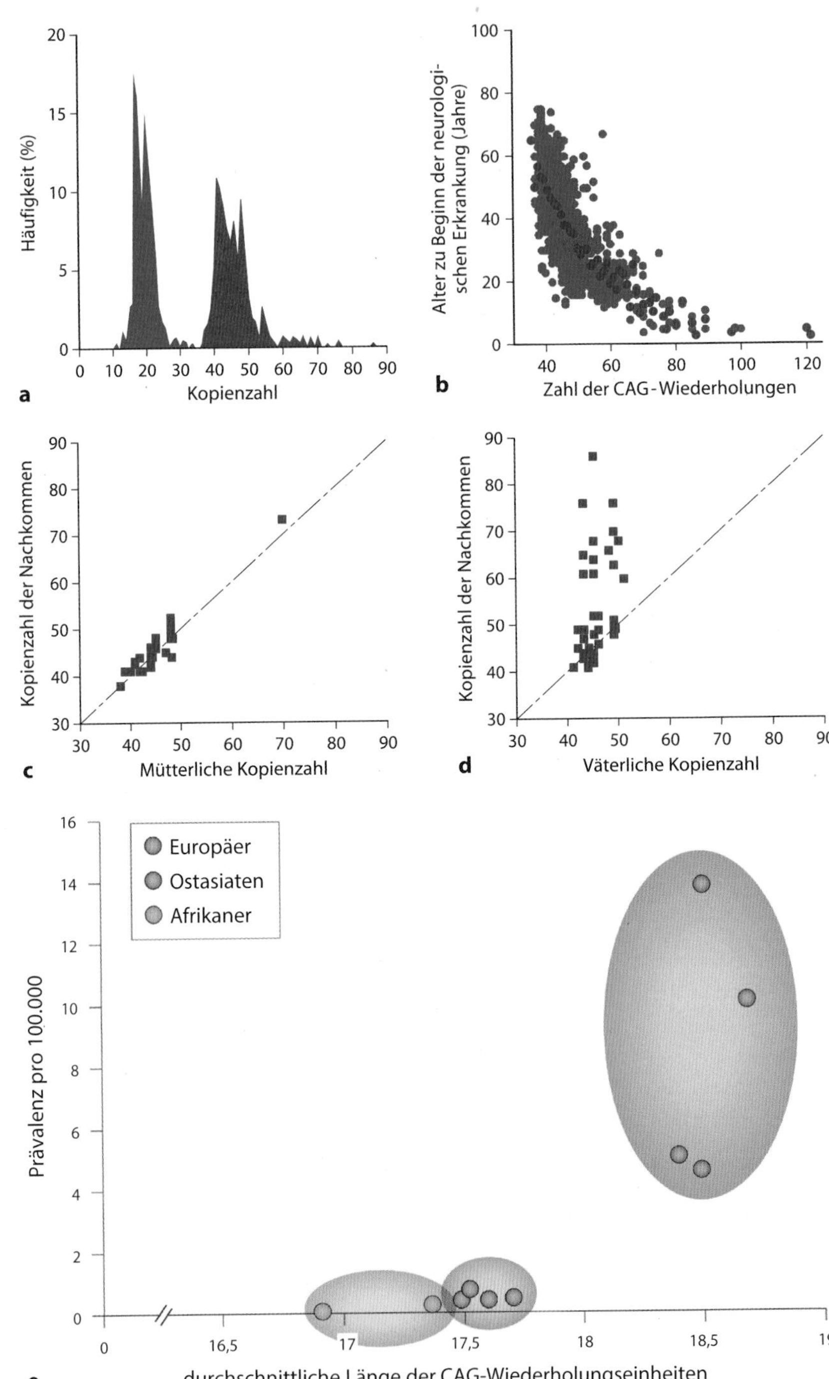

Abb. 13.26 CAG-Kopienzahl bei der Chorea Huntington. **a** Verteilung der CAG-Kopienzahl in Chromosomen von Patienten, die an der Erkrankung Chorea Huntington leiden, und bei Gesunden. Die Häufigkeit der gesunden CAG-Allelgröße (*blau*) und der Krankheitsallele (*rot*), gezeigt als Anteil an der Gesamtheit, ist gegen die Kopienzahl aufgetragen. Diese Chromosomen wurden von Individuen mit unterschiedlichem genetischen Hintergrund aus verschiedenen Teilen der Welt gewonnen. **b** Beziehung zwischen der Kopienzahl und dem Eintrittsalter der Erkrankung. Die Zahl der CAG-Wiederholungen in 1226 Patienten mit Chorea Huntington ist gegen das Eintrittsalter der Erkrankung aufgetragen. Zwar ist die Korrelation zwischen dem Eintrittsalter und der Kopienzahl hoch signifikant, aber aufgrund der großen Spannbreite des möglichen Eintrittsalters insgesamt lassen sich keine individuellen Vorhersagen treffen. *Blaue Punkte*: individuelle Fälle; *rote Punkte*: durchschnittliches Eintrittsalter bei der jeweiligen Kopienzahl. **c, d** Die Zahl der CAG-Kopien zwischen verschiedenen Generationen. Die Länge der expandierenden CAG-Wiederholungen, die zu Erkrankungen führen, in Müttern (**c**) und in Vätern (**d**) ist jeweils gegen die Kopienzahl in den jeweiligen erkrankten Kindern aufgetragen. Die *diagonale, gestrichelte Linie* zeigt die Beziehung an, wenn keine Veränderung in der Kopienzahl auftritt. Bei der Mehrzahl der Übertragungen (insgesamt 25 über die Mutter und 37 über den Vater) hat sich die Kopienzahl nur um einige wenige Einheiten nach oben oder unten verändert; allerdings zeigen ca. 1/3 der Fälle, die über den Vater übertragen wurden, eine deutliche Erhöhung der Kopienzahl. **e** Ethnische Unterschiede in der Häufigkeit der Huntington'schen Erkrankung korrelieren mit der durchschnittlichen Länge der CAG-Wiederholungseinheiten in den jeweiligen Populationen. Längere CAG-Wiederholungen bei Europäern erklären die höheren Raten der Expansion von CAG-Wiederholungseinheiten und von *de-novo-HTT*-Mutationen. (**a–d** nach MacDonald 1998; **e** nach Bates et al. 2015; alle mit freundlicher Genehmigung)

13

schnitt unter evolutionären Gesichtspunkten betrachten (Abb. 13.27), stellen wir fest, dass wir die ersten vier Glutaminreste bei Fischen, Vögeln und Amphibien finden. Der Poly-Q-Bereich expandiert dann bei den Säugern, wobei die Nager (Ratten und Mäuse) einen relativ kurzen Poly-Q-Bereich aufweisen – nur sieben bis acht Glutaminreste; der Mensch hat den längsten Abschnitt und zeigt dabei aber auch die größte Heterogenität. Diesem Poly-Q-Abschnitt folgt bei höheren Vertebraten, und besonders bei Säugern, ein Polyprolin-Bereich. Man nimmt an, dass er dazu beiträgt, den Poly-Q-Bereich zu stabilisieren und löslich zu halten; es ist auffallend, dass das Auftreten des Poly-P-Abschnitts evolutionär mit der Verlängerung des Poly-Q-Abschnitts assoziiert ist.

Das Huntingtin-Protein gehört mit einem Molekulargewicht von ca. 350 kDa zu den großen Proteinen und besitzt mehrere funktionelle Domänen (Abb. 13.28). Es enthält neben dem wichtigen Poly-Q-Bereich auch drei HEAT-Domänen, die nach den vier Proteinen benannt sind, in denen man dieses Aminosäure-Motiv zunächst gefunden hatte (**H**untingtin, **E**longationsfaktor 3, Proteinphosphatase 2**A** und **T**OR1). Diese HEAT-

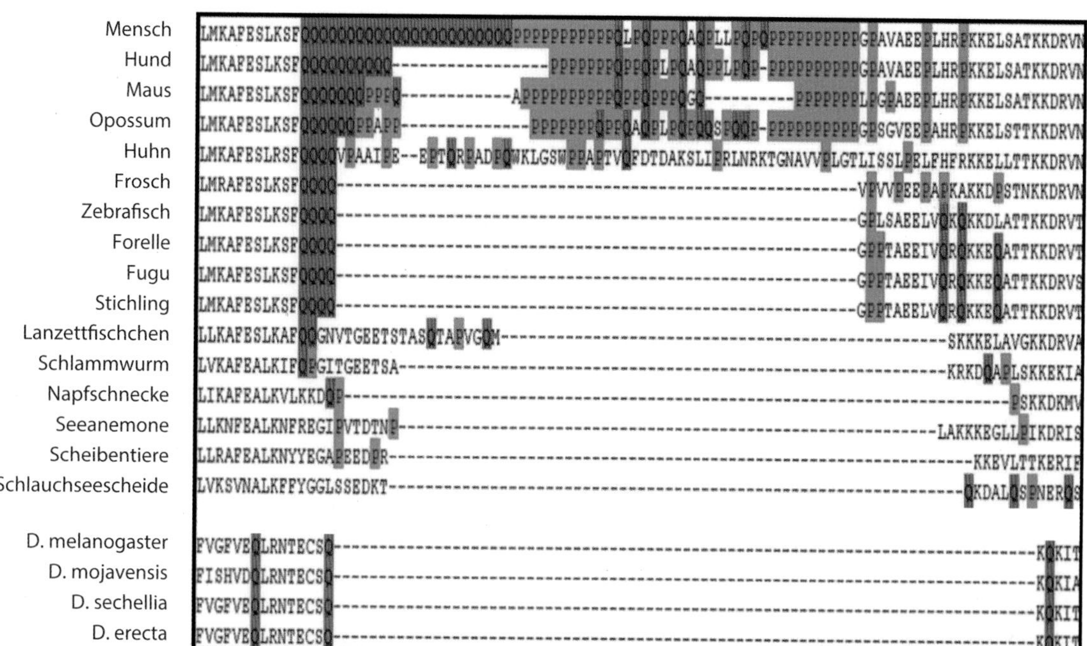

Abb. 13.27 Die Evolution des Polyglutamin-Abschnitts (Q) im Huntingtin-Protein (HTT). Die N-terminalen Aminosäuresequenzen sind im Detail vergleichend dargestellt. Die verschiedenen *Drosophila*-Arten besitzen keinen Poly-Q-Bereich (Q; *rot*) im N-terminalen Bereich, ähnlich auch die Seeanemone, Scheibentiere, Schlauchseescheide und der Schlammwurm. Erst die Lanzettfischchen zeigen ein doppeltes Q; in Fischen wurde zuerst ein echter Poly-Q-Abschnitt (4-fach) ausgebildet, der sich auch in Amphibien und Vögeln findet. Der Poly-Q-Abschnitt expandiert schrittweise vom Opossum über die Maus und den Hund bis zum Menschen, der den längsten und am meisten polymorphen Poly-Q-Abschnitt enthält. Auf den Poly-Q-Bereich folgt bei den höheren Gattungen häufig ein Polyprolin-Abschnitt (P; *grün*). (Nach Schaefer et al. 2012, mit freundlicher Genehmigung der Autoren)

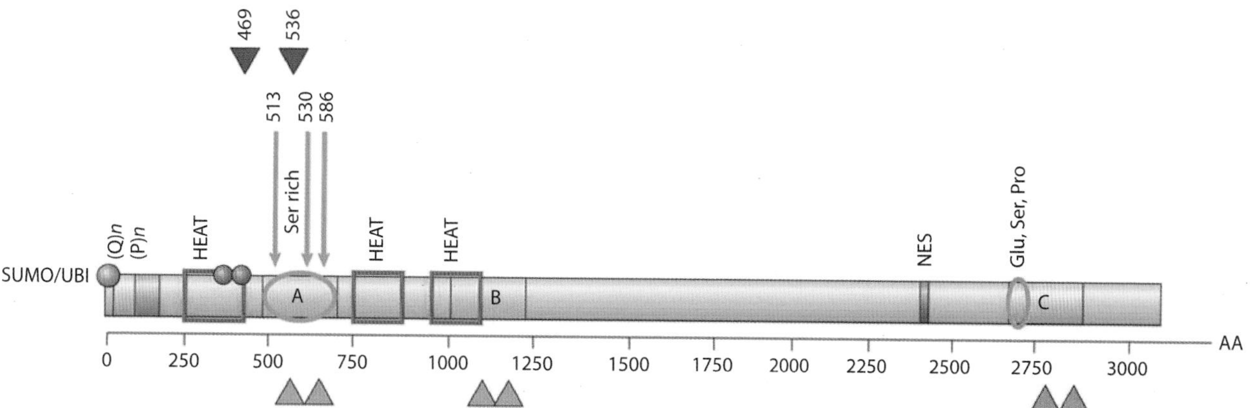

Abb. 13.28 Schematische Darstellung funktionell wichtiger Bereiche des Huntingtin-Proteins (HTT). (Q)n deutet den Polyglutamin-Abschnitt an, dem ein Polyprolin-Abschnitt, (P)n, folgt. Die *roten Rechtecke* deuten die drei wichtigsten HEAT-Wiederholungseinheiten an. Die *grünen Pfeile* repräsentieren Caspase-Schnittstellen mit ihren jeweiligen Aminosäurepositionen (AA, engl. *amino acid*) 513, 530 und 586; die *blauen Dreiecke* entsprechen den Calpain-Schnittstellen (Position 469 und 536). Die *grünen* und *orangen Dreiecke* weisen auf Stellen hin, die durch Proteasen geschnitten werden können; die entsprechenden Schnitte erfolgen bevorzugt entweder im cerebralen Cortex (B) oder im Striatum (C) oder in beiden Gehirnregionen (A). Die Lage der Kernexportsequenz (NES) ist angedeutet. Es gibt eine Vielzahl von Stellen, an denen posttranslationale Modifikationen möglich sind (*rote* und *blaue Kreise*): Ubiquitinierung (UBI) und/oder SUMOylierung (SUMO; *rot*), Phosphorylierung an den Serinresten 421 und 434 (*blau*). Die Glu-Ser-Pro-reichen Regionen sind mit einem *grünen Kreis* markiert. (Nach Cattaneo et al. 2005, mit freundlicher Genehmigung)

Domänen sind genauso wie die Poly-Q-Bereiche für Protein-Protein-Wechselwirkungen verantwortlich, wobei sie auch zur Bildung der Amyloid-ähnlichen zelltoxischen Huntingtin-Aggregate beitragen. Das Huntingtin-Protein kann posttranslational an vielen Stellen modifiziert werden (Phosphorylierung, Glykosylierung, Ubiquitinierung); die wichtigste Modifikation ist aber wohl die proteolytische Spaltung durch Calpaine, Caspasen oder andere Endoproteinasen. Von besonderem Interesse ist in diesem Zusammenhang ein N-terminales Fragment

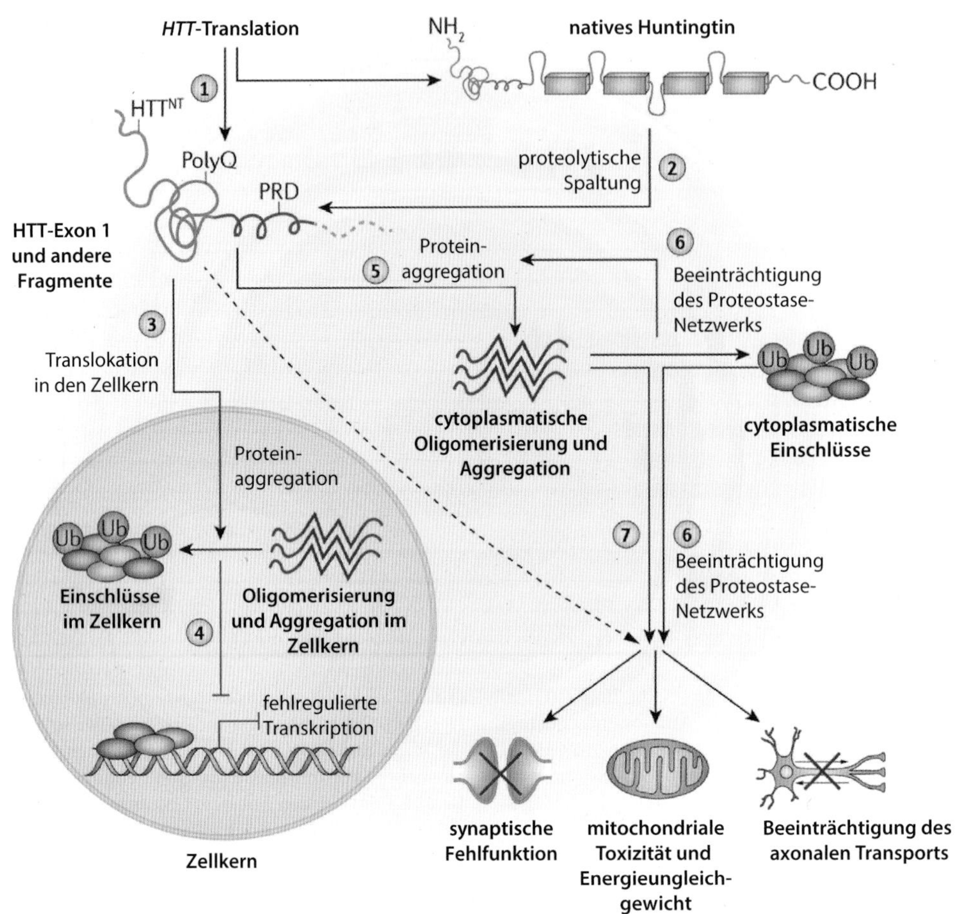

13

Abb. 13.29 Pathogene zelluläre Mechanismen bei der Chorea Huntington. (1) Bei der Translation von *HTT* entsteht neben dem nativen Huntingtin mit der vollen Länge durch alternatives Spleißen auch ein N-terminales Fragment aus dem Exon 1. (2) Das native Huntingtin wird durch Proteasen geschnitten, sodass weitere Fragmente entstehen. (3) Proteinfragmente dringen in den Zellkern ein. (4) Die Fragmente werden im Zellkern zurückgehalten, da sie Oligomere und Aggregate bilden. Das führt zu Einschlüssen im Zellkern, was wiederum zu Störungen in der Transkription führt, da auch andere Proteine in die Aggregate eingeschlossen werden. (5) Huntingtin-Fragmente bilden auch im Cytoplasma Oligomere und Aggregate. (6) Die Aggregation der Huntingtin-Fragmente wird durch die krankheitsbedingte Störung des Abbaus von Proteinen verschlimmert, sodass sich die Schwächung der Zelle weiter verstärkt. (7) Die abweichenden Formen des Huntingtins führen zur allgemeinen Schwächung der Zelle, einschließlich Fehlfunktionen der Synapsen, Toxizität gegenüber den Mitochondrien und einem verminderten axonalen Transport. HTT^{NT}: N-terminales Fragment von HTT (Exon 1); PRD: Prolin-reiche Domäne; Ub: Ubiquitin. (Nach Bates et al. 2015, mit freundlicher Genehmigung)

(HTT^{NT}) von etwa 100 Aminosäuren, das sowohl die CAG-Wiederholungselemente als auch die Prolin-reiche Domäne einschließt. Es liegt als Monomer ohne besondere Struktur vor, aber es entwickelt eine α-helikale Struktur, sobald es an Membranen bindet oder sich zu Oligomeren organisiert.

Die häufig berichtete Aggregation von HTT^{NT} bietet viele Möglichkeiten, die Zelltoxizität der Polyglutamin-Formen zu erklären. Diese Aggregate reihen die Huntington'sche Erkrankung in die Gruppe der neurodegenerativen Erkrankungen wie Alzheimer (► Abschn. 14.5.2), Parkinson (► Abschn. 14.5.3), amyotrophe Lateralsklerose und spongiforme Encephalitis ein. Bei Huntington-Patienten können wir Aggregate beobachten, die über 100 Mio. Moleküle von Huntingtin-Fragmenten enthalten, und die Größe der Aggregate korreliert mit der Zahl der Polyglutamin-Wiederholungen. Der Startpunkt für die Aggregation ist offensichtlich die Bildung α-helikaler Oligomere von HTT^{NT}, die dann bei weiterem Wachstum β-Faltblattstrukturen und stabile amyloide Fasern ausbilden. Ähnliche Aggregationen können auch durch andere HTT-Fragmente hervorgerufen werden, die durch Proteasen aus dem Huntingtin-Protein herausgeschnitten werden. Einen Überblick über die verschiedenen cytotoxischen Aspekte der Aggregatbildung durch HTT-Fragmente vermittelt ◘ Abb. 13.29. Wir beobachten im Übrigen eine Beschleunigung des ganzen Prozesses, wenn kleine Aggregate in benachbarte Zellen eindringen können und dort als Ausgangspunkte für eine stärkere Aggregatbildung dienen. Dieser Mechanismus erinnert stark an die Funktion von Prionen, wie wir sie bei der Creutzfeldt-Jakob-Erkrankung kennenlernen werden (► Abschn. 14.5.1).

Autosomal-dominante Erkrankungen sind dadurch charakterisiert, dass sie schon in Heterozygoten klinisch manifest werden, und zwar geschlechtsunabhängig. Dominante Mutationen betreffen häufig Gene, die für Strukturproteine codieren.

13.3.3 X-chromosomale Krankheiten

Genauso wie bei autosomalen Erkrankungen können wir auch bei Erkrankungen, deren Mutationen in Genen auf dem X-Chromosom liegen, dominante und rezessive Allele unterscheiden. Der wesentliche Unterschied bei den X-chromosomal vererbten Erkrankungen liegt darin, dass die beiden Geschlechter in unterschiedlichem Ausmaß betroffen sind. Da die Männer nur ein X-Chromosom haben, die Frauen aber zwei, gibt es im Falle einer X-gekoppelten Mutation für Männer und Frauen unterschiedliche Möglichkeiten. Die Männer können jeweils **hemizygot** für das mutierte oder Wildtyp-Allel sein (Hemizygotie: Gen kommt nur einmal im Genotyp vor), während die Frauen entweder heterozygot oder homozygot für jedes Allel sein können. Das spielt bei dominanten Allelen in der Regel keine Rolle (Ausnahme: semidominante Allele), ein rezessives Allel dagegen wird sich beim Mann unmittelbar manifestieren, da er im Gegensatz zum weiblichen Geschlecht kein zweites (Wildtyp-)Allel besitzt.

X-chromosomal-dominante Allele können ohne umfangreiche Familiendaten relativ schwer als solche identifiziert werden, da sich der Erbgang nur dann von einem autosomal-dominanten Erbgang unterscheiden lässt, wenn Kinder von väterlichen Trägern vorhanden sind. In diesem Fall sind nur weibliche Nachkommen von der Krankheit betroffen, diese aber ohne Ausnahme. Generell sind Männer von X-chromosomalen dominanten Erbkrankheiten oft stärker betroffen als Frauen, wenn die Krankheiten bei Männern nicht sogar letal sind. Eine solche verstärkte Expression in einem Geschlecht scheint mit der Definition eines dominanten Allels nicht im Einklang zu stehen. Die Ursache hierfür liegt jedoch darin, dass das defekte Allel als Folge der Inaktivierung eines der beiden X-Chromosomen nicht in allen Zellen des weiblichen Organismus zur Ausprägung kommt (◘ Abb. 8.28). Diese Inaktivierung des zweiten X-Chromosoms in weiblichen Säugern dient zur Dosiskompensation, die erforderlich ist, um die Dosisunterschiede X-chromosomaler Gene im männlichen und weiblichen Geschlecht auszugleichen. Der Dosiskompensationsmechanismus wurde bereits an anderer Stelle ausführlich besprochen (▸ Abschn. 8.3.2). Folge dieses Mechanismus ist es, dass in der Hälfte der Zellen einer heterozygoten Frau das funktionelle X-chromosomale Gen aktiv ist und somit für einen Ausgleich der Fehlfunktion des zweiten Allels in anderen Zellen sorgen kann.

X-chromosomal-dominante Erbkrankheiten sind selten. Bei der Stammbaumanalyse fallen sie dadurch auf, dass die männlichen Nachkommen betroffener Männer stets gesund sind. Frauen erkranken erwartungsgemäß doppelt so häufig wie Männer, jedoch ist der Ausprägungsgrad der Krankheit aufgrund der Inaktivierung eines X-Chromosoms in Zusammenhang mit der Dosiskompensation oft geringer als beim Mann.

Im Gegensatz zu den X-chromosomal-dominanten Erkrankungen kommen **X-chromosomal-rezessive Erkrankungen** häufiger vor. Dabei erfolgt die Übertragung über alle gesunden Töchter kranker Väter bzw. über die Hälfte der gesunden Schwestern kranker Männer. Die phänotypisch gesunden, aber genotypisch heterozygoten Überträgerinnen werden auch als **Konduktorinnen** bezeichnet. Umgekehrt können Söhne erkrankter Väter das Krankheitsallel nicht von ihrem Vater erben (das eine X-Chromosom des Mannes kommt immer von seiner Mutter). Wir wollen uns hier auf drei wichtige und bekannte Beispiele beschränken: Hämophilie A, Duchenne'sche Muskeldystrophie und das Fragile-X-Syndrom.

Eine der wohl bekanntesten Erbkrankheiten des Menschen ist die **Hämophilie A** (OMIM 306700), eine X-gekoppelte rezessive Krankheit, die auf einem Blutgerinnungsdefekt beruht. Anhand der Bluterkrankheit (Hämophilie A) in europäischen Fürstenhäusern ist in ◘ Abb. 13.30 ein klassischer Stammbaum für X-chromosomal-rezessive Krankheiten dargestellt.

Der Blutgerinnungsdefekt wird durch die fehlende Aktivität eines Proteins – **Blutgerinnungsfaktor VIII** (Gensymbol: *F8*) – verursacht. Dieses Protein ist als einer der vielen zur Blutgerinnung erforderlichen Faktoren unentbehrlich. Als Folge eines defekten Gens können äußere Verletzungen oder auch spontane innere Blutungen neben der Bildung von großen Hämatomen (◘ Abb. 13.31) zu gefährlichen Blutverlusten führen.

Die Bekanntheit dieser Krankheit, obwohl ihre Häufigkeit mit einem unter 7000 bis 10.000 Männern geringer ist als die vieler anderer erblicher Defekte, beruht zum Teil darauf, dass sie als Erbkrankheit in den europäischen Königsfamilien weitverbreitet ist. Ihr Ursprung konnte bis zu **Königin Victoria von England** (1819–1901) zurückverfolgt werden, deren Sohn Leopold als erster Familienangehöriger an Hämophilie A litt (◘ Abb. 13.30). Durch ihre Enkeltöchter, die als heterozygote **Träger** (engl. *carrier*) das rezessive Allel weitervererbten, gelangte es in das spanische und russische Königshaus. Der Ursprung des für die Hämophilie A verantwortlichen defekten Gens in dieser Familie ist nicht bekannt, da es zuvor in der Familie nie aufgetreten war. Es ist also wahrscheinlich auf eine Mutation in einer der elterlichen Keimzellen oder, weniger wahrscheinlich, sehr früh in der Entwicklung der Keimzellen von Königin Victoria zurückzuführen. Zwischen diesen beiden Möglichkeiten kann nicht unterschieden werden, da nicht bekannt ist, ob Königin Victoria

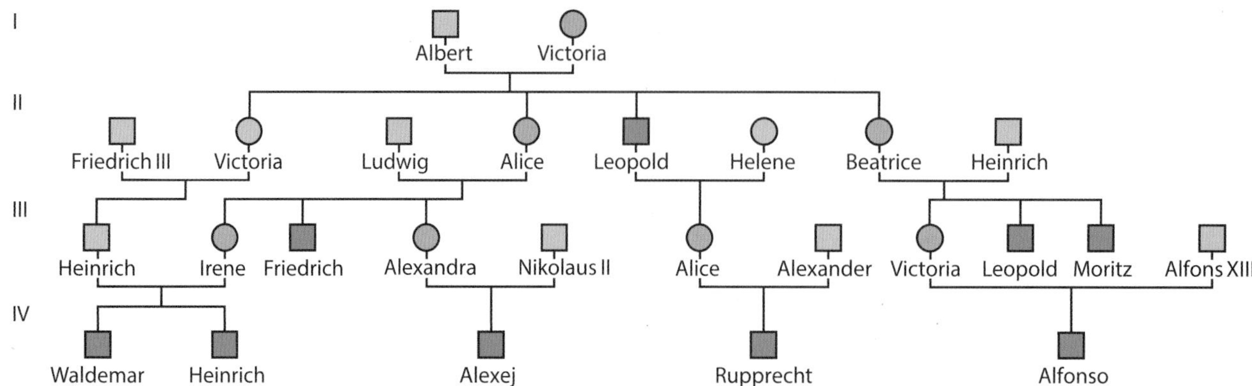

Abb. 13.30 Stammbaum der Nachkommen von Königin Victoria. Er zeigt das charakteristische Muster einer geschlechtsgekoppelten rezessiven Erbkrankheit, der Hämophilie A. Männliche Nachkommen zeigen die Krankheit (*dunkelgrün*), während weibliche Nachkommen Überträgerinnen sind (*rosa*). Die ersten Erkrankungen in diesem Familienstammbaum wurden in den Nachkommen von Königin Victoria beobachtet. Die Mutation muss daher entweder in der Keimbahn der Mutter von Königin Victoria erfolgt sein oder in (frühen) mitotischen Zellen der Keimbahn von Königin Victoria, da mehrere ihrer Kinder erkrankten bzw. Träger waren. Gesunde Familienmitglieder sind *hellgrün* gezeichnet. (Nach Vogel und Motulsky 1997, mit freundlicher Genehmigung)

selbst heterozygote Trägerin des Allels war. Jedenfalls haben mindestens drei ihrer neun Kinder das Allel geerbt. In den folgenden Generationen starben zehn ihrer männlichen Nachkommen innerhalb von fünf Generationen an dieser Krankheit. Das berühmteste Beispiel ist der Zarewitsch Alexej, der Sohn des Zaren Nikolaus II von Russland und Alix von Hessen-Darmstadt (Alexandra von Russland), der die Krankheit von seiner Mutter erbte.

13

Wie wir aus dem Stammbaum ablesen können, kommen rezessive X-gekoppelte Allele bei der Frau definitionsgemäß nicht sichtbar zur Ausprägung, wenn das X-Chromosom heterozygot ist (Abb. 13.30). Hingegen spielt der rezessive Charakter in der hemizygoten Konstitution des Mannes keine Rolle, da sich das Allel hier voll manifestieren kann. Die Wahrscheinlichkeit, dass eine Frau homozygot ist, wird durch die Häufigkeit des Allels in Männern angezeigt (▶ Abschn. 11.5.1): Ist die Häufigkeit 1/10.000 (10^{-4}), so ist die Wahrscheinlichkeit, dass eine Frau heterozygote Trägerin ist, 1/5000 (2×10^{-4}). Unterstellt man, dass das Allel durch zufällige Partnerwahl weitervererbt wird, so ist die Häufigkeit, mit der Träger der Krankheit Kinder bekommen, $10^{-4} \times 2 \times 10^{-4}$. Homozygote Frauen sind also mit einer Wahrscheinlichkeit von $0{,}5 \times 2 \times 10^{-8} = 10^{-8}$ zu erwarten, da nur die Hälfte der Töchter aus einer solchen Verbindung das Hämophilie-A-Allel der Mutter erhält.

Wenn wir allerdings die biochemischen Daten betrachten, zeigen Frauen mit heterozygoter *F8*-Mutation im Durchschnitt auch eine um ca. 50 % verminderte Aktivität des Faktors VIII an. Aufgrund der zufälligen X-Inaktivierung können die individuellen Werte davon nach oben und unten deutlich abweichen und zu längeren Menstruationszyklen mit höherem Blutverlust füh-

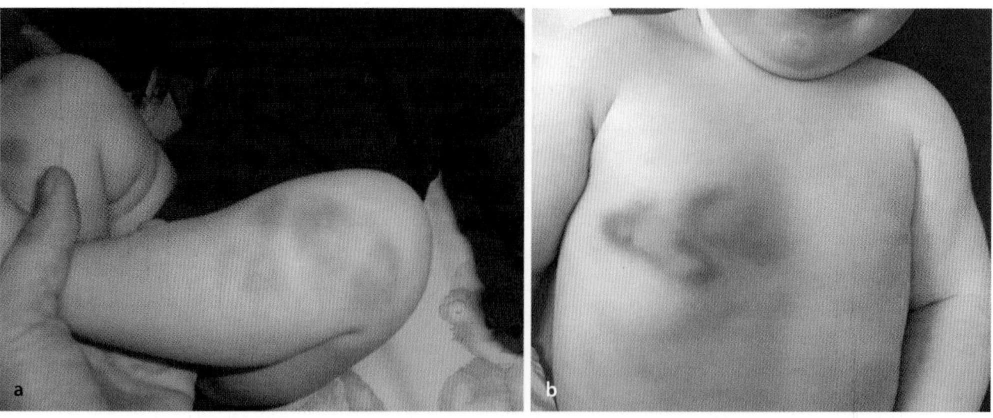

Abb. 13.31 Typische Hämatome von Jungen mit Hämophilie A. **a** Hämatome an den Knien und am oberen Schienbein; **b** im Brustbereich. (Fotos: **a** Dr. Karin Kurnik; **b** Dr. Christoph Bidlingmaier, beide Pädiatrisches Hämophiliezentrum München, Ludwig-Maximilians-Universität)

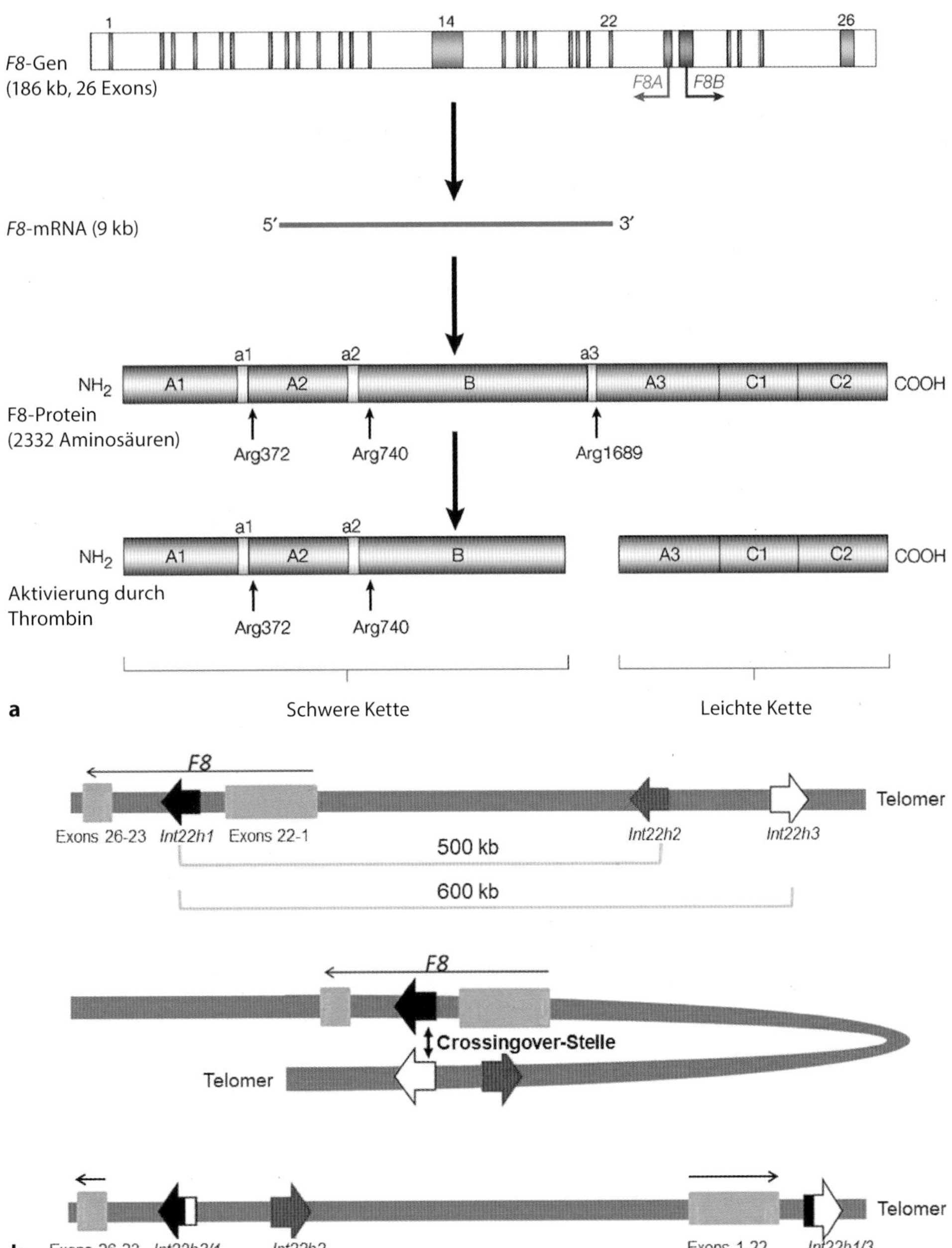

Abb. 13.32 Struktur und Funktion des *F8*-Gens. **a** Die 26 Exons des *F8*-Gens werden in eine ca. 9 kb große mRNA übersetzt; das reife Protein wird durch Thrombin in vier Fragmente gespalten (*Pfeile* an den Arginin[Arg]-Resten). Dabei wird die B-Domäne entfernt, und die drei verbleibenden Fragmente (A1, A2 und A3-C1-C2) bilden das aktive FVIII-Protein, das für die Blutgerinnung essenziell ist. Der Wildtyp des *F8*-Gens besteht aus einer Transkriptionseinheit von 9 kb, die für das FVIII-Protein in seiner vollen Länge (Exons 1–26) codiert. Die Funktion der Intron-22-Gene *F8A* und *F8B* ist unbekannt. **b** Die wichtigste Mutation, die zu einer schweren Hämophilie A führt, ist die Intron-22-Inversion. Sie entsteht durch eine homologe Rekombination zwischen *int22h1* (*schwarzer Pfeil*; im Intron 22) und einem ähnlichen Sequenzelement im telomeren Bereich des X-Chromosoms (*int22h3*; *weißer Pfeil*). Diese Intron-22-Inversion führt zu einem verkürzten, inaktiven Protein, das die Exons 1–22 enthält sowie 16 neue Aminosäuren. (**a** nach Graw et al. 2005; **b** nach Lannoy und Hermans 2018, beide mit freundlicher Genehmigung)

ren. Das Risiko, an einer Blutungskrankheit zu leiden, wird außerdem erhöht, wenn in Genen für andere Blutgerinnungsfaktoren Polymorphismen oder heterozygote Mutationen vorhanden sind. Besonders häufig ist dabei das Gen des von-Willebrand-Faktors betroffen, der eng mit dem Faktor VIII assoziiert ist. Ein erhöhtes Risiko ist in diesen Fällen vor allem bei einer Schwangerschaft und Geburt zu beachten (James 2010).

Das gesamte *F8*-Gen ist mit über 2000 kb sehr groß; aus 26 Exons entsteht eine mRNA von knapp 10 kb, die für ein Protein aus 2332 Aminosäuren codiert (◘ Abb. 13.32a). Durch Spaltung mit Thrombin wird der inaktive Vorläufer in die aktive Form überführt; die B-Domäne des Proteins geht dabei verloren. Mutationen, die zu Hämophilie A führen, können überall im Gen vorkommen. Sie haben aber unterschiedlich starke Konsequenzen für die Restaktivität des Faktors VIII und damit für den Schweregrad der Erkrankung (0–2 %: schwer; 2–5 %: mittel; 5–25 %: leicht). Der Faktor VIII bildet mit weiteren Komponenten der Blutgerinnungskaskade einen Komplex. Etwa die Hälfte aller schweren Fälle wird durch Inversionen verursacht, wobei aufgrund von Sequenzhomologien Teile des Introns 1 bzw. des Introns 22 mit Bereichen außerhalb des *F8*-Gens in Wechselwirkung treten (◘ Abb. 13.32b). Durch die Inversion zwischen den jeweiligen Bruchpunkten werden funktionell inaktive Proteine gebildet, da das mutierte Protein (bestehend aus den Exons 1–22 des *F8*-Gens sowie einer neuen, kurzen flankierenden Sequenz) nicht an die Blutbahn abgegeben, sondern in den Zellen zurückgehalten wird. Die „Intron-22-Inversion" weist auf ein interessantes Phänomen hin, nämlich auf die Anwesenheit von zwei längeren Sequenzelementen am telomeren Ende des X-Chromosoms, die deutliche Homologien zu einer Region im Intron 22 des *F8*-Gens aufweisen und damit diese Inversion durch homologe Rekombination ermöglichen.

Die Therapie der Hämophilie A bestand in früheren Jahren zunächst in Bluttransfusionen. Mit fortschreitender Kenntnis der Biochemie gelang es, den Faktor VIII über verschiedene säulenchromatographische Verfahren so weit zu reinigen, dass er gefriergetrocknet gelagert und in medizinisch überwachter Heimselbstbehandlung in kleinen Volumina intravenös appliziert werden kann. Wegen der kurzen Halbwertszeit (ca. 13 h) muss dies daher bei schweren Fällen zur Vorbeugung von Blutungen etwa alle 2–3 Tage wiederholt werden. Allerdings haben der Ausbruch von AIDS und unzureichende Kontrollen bei der Verwendung von Blutplasma bei der Herstellung der Präparate Ende der 1980er-Jahre zu massiven HIV-Infektionen bei Bluterkranken und damit zu einer dramatischen Erhöhung der Todesrate geführt. Heute werden viele Präparate gentechnologisch hergestellt, wobei sowohl bei den Zellkulturen (keine Wachstumsfaktoren aus Rinderserum) als auch bei der Stabilisierung des gereinigten Faktors (kein Albumin aus Rinderserum) auf Komponenten aus Rinderblut wegen einer möglichen BSE-Kontamination verzichtet wird. Insgesamt hat jedoch die Einführung der Heimselbstbehandlung zu einer deutlichen Verbesserung der Lebensqualität und Verlängerung der Lebensdauer der Hämophilie-A-Patienten geführt. Neuere Therapieverfahren zielen darauf ab, die Halbwertszeit der rekombinanten FVIII-Präparate deutlich zu verlängern, um eine Verlängerung der Behandlungsintervalle zu erreichen und damit eine Verbesserung der Lebensqualität der Patienten.

Eine weitere wesentliche Komplikation bei der Hämophilie-Behandlung, die vor allem bei den schweren Fällen auftritt, ist die Entwicklung von Antikörpern gegen den therapeutisch gegebenen Faktor VIII, womit dessen Wirkung zunächst zunichte gemacht wird. Durch eine lang dauernde Therapie mit stark erhöhter Gabe von Faktor VIII kann der Körper in vielen Fällen allerdings dazu gebracht werden, den exogenen Faktor VIII quasi als „körpereigenes Protein" zu erkennen.

Die **Muskeldystrophien vom Typ Becker bzw. Duchenne** sind klassische Beispiele für Pioniertaten in der Molekulargenetik einerseits und für allelische Heterogenität andererseits. Die Duchenne'sche Form (Chromosom Xp21; OMIM 310200) ist durch eine Muskelschwäche gekennzeichnet, die von den Beinmuskeln ausgehend auf Rumpf und Schultergürtel übergreift. Es entwickelt sich schließlich eine Muskelatrophie, die dazu führt, dass die Kinder mit ca. 12 Jahren einen Rollstuhl brauchen. Mit

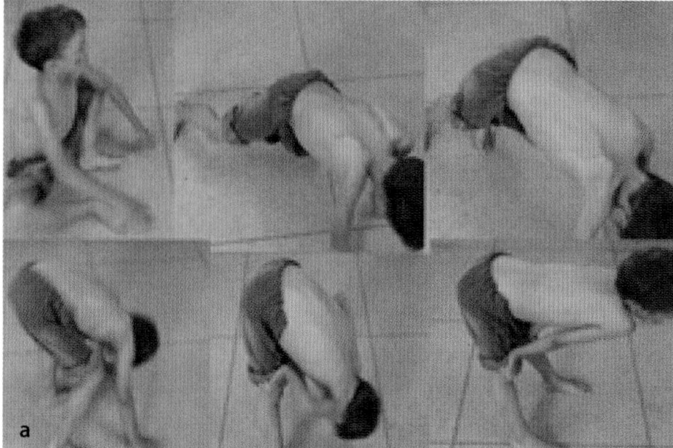

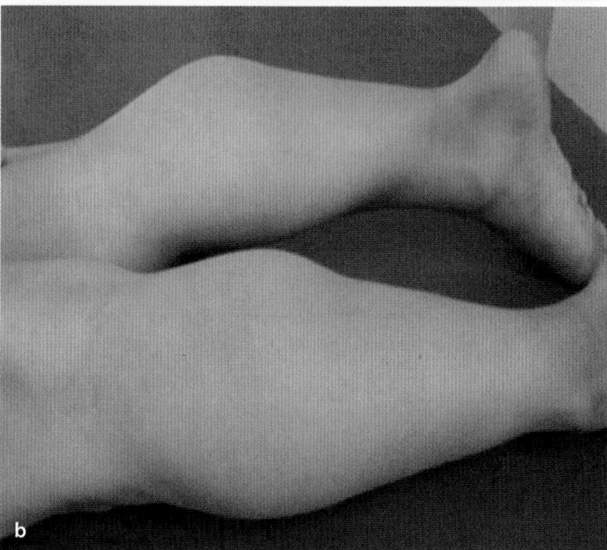

Abb. 13.33 Duchenne'sche Muskeldystrophie. **a** Ein 8-jähriger Patient verwendet wegen seiner Muskelschwäche beim Aufstehen das Gowers-Manöver. **b** Vergrößerte Waden des Patienten. Dabei ist allerdings die Muskulatur verschwunden und durch Binde- und Fettgewebe ersetzt, weswegen dieses Phänomen auch als Pseudohypertrophie bezeichnet wird. (Nach Sohail und Imtiaz 2015, CC-by-Lizenz)

der Zeit werden auch die Atemmuskeln schwächer und die Jugendlichen benötigen Atemhilfen. Veränderungen am Herzmuskel werden bei etwa 90 % der Patienten beobachtet. Trotz verbesserter Therapieverfahren (z. B. intensive Cortison-Therapie) liegt die Lebenserwartung bei etwa 40 Jahren. Die Patienten sterben überwiegend an Atemwegserkrankungen; zweithäufigste Todesursache sind Herzprobleme. Die Duchenne'sche Muskeldystrophie hat eine Häufigkeit von etwa 1:3500 neugeborenen Jungen und gehört damit zu den häufigsten schweren Erbkrankheiten (Abb. 13.33).

Der Becker'sche Typ (OMIM 300376) hat etwa das gleiche Erscheinungsbild, jedoch einen gutartigeren und langsamer fortschreitenden Verlauf; dieser Typ ist wesentlich seltener (1:20.000). Die Krankheit beginnt in der Regel jenseits des 10. Lebensjahres, und Invalidität tritt erst im Alter von 40 oder 50 Jahren auf. Die Lebenserwartung ist nur wenig verkürzt. Von medizinischer Seite

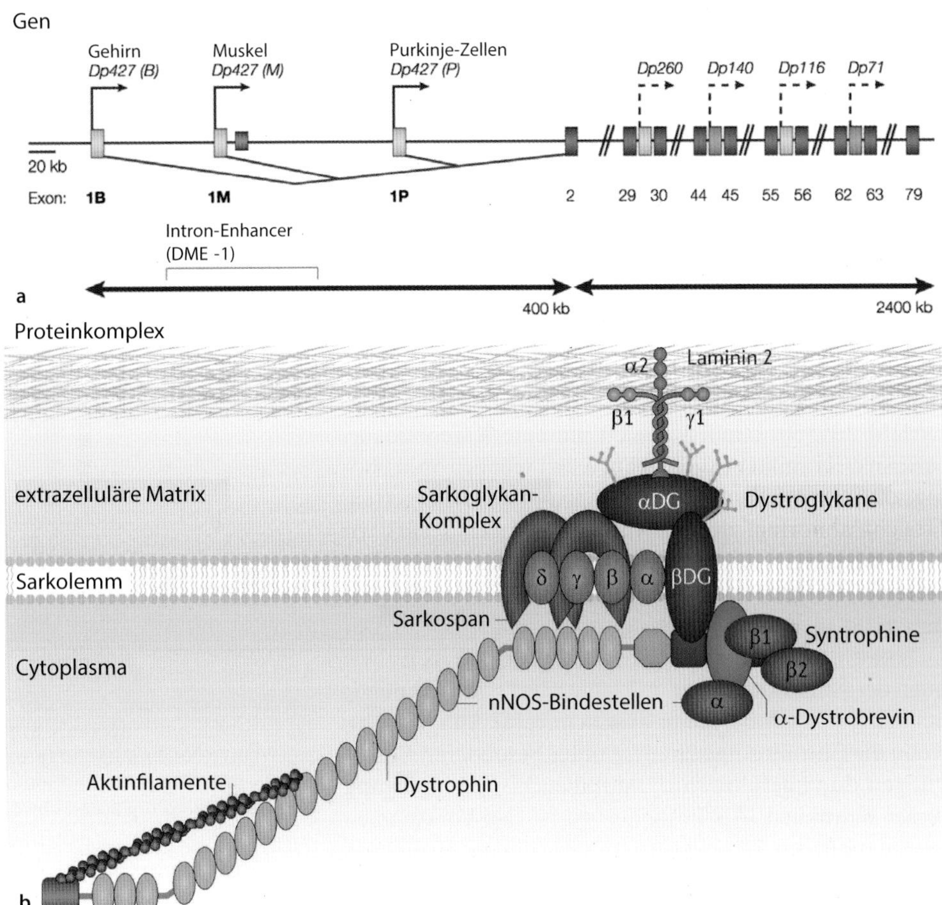

Abb. 13.34 Dystrophin: Gen und Protein. **a** Das Dystrophin-Gen wird in verschiedenen Geweben durch unterschiedliche Promotoren gesteuert (z. B. B: Gehirn, M: Muskel, P: Purkinje-Zellen). Das jeweils erste Exon ist *beige*, gemeinsame Exons sind *blau* und nicht-translatierte Exons sind *türkis* dargestellt. Die *Pfeile* deuten den Transkriptionsstart an, und die *rote Box* markiert einen charakterisierten Enhancer. Die entsprechenden Dystrophin-Proteine (Dp) sind mit ihrem Molekulargewicht (in kDa) angegeben. **b** Dystrophin ist ein wichtiges Verbindungsstück zwischen dem Aktin-haltigen Cytoskelett im Innern der Zelle und der extrazellulären Matrix. Die neuronale Stickoxid-Synthase (nNOS) bindet an α-Syntrophin, hat aber ebenso eine Bindestelle in der Wiederholungseinheit 17 der Stäbchendomäne von Dystrophin. αDG: α-Dystroglykan; βDG: β-Dystroglykan. (**a** nach Khurana und Davies 2003; **b** nach Fairclough et al. 2013; beide mit freundlicher Genehmigung)

wird aber betont, dass es sich hier nicht um eine gutartige Verlaufsform der Muskeldystrophie vom Typ Duchenne, sondern um ein eigenständiges Krankheitsbild handelt (Buselmaier und Tariverdian 2007).

Beide Krankheiten sind auf dem X-Chromosom lokalisiert (Xp21.2) und werden durch Mutationen im Dystrophin-Gen (Gensymbol: *DMD*) verursacht. Das Dystrophin-Gen ist das mit Abstand größte Gen, das im Menschen für ein Protein codiert: Seine 79 Exons umfassen etwa 2,6 Mio. bp (Abb. 13.34a). Diese Größe macht es anfällig für Rearrangements und Rekombinationen, die zu Mutationen führen. In den meisten Fällen sind die Mutationen Deletionen von einem oder mehreren Exons (60 %); daneben werden auch Punktmutationen (32 %), Duplikationen (6 %) und Translokationen gefunden. Im Allgemeinen kann man sagen, dass Mutationen, die den offenen Leserahmen unterbrechen und zu einem vorzeitigen Abbruch der Dystrophin-Synthese führen, eine Duchenne'sche Muskeldystrophie verursachen. Mutationen, die den Leserahmen nicht verändern, resultieren eher in der milderen Form der Becker'schen Muskeldystrophie.

Dystrophin ist ein bedeutendes Strukturelement in den Muskelzellen, das die Proteine des internen Cytoskeletts mit denen in der Zellmembran verbindet (Abb. 13.34b). Ein Verlust dieser Funktion führt zur Zerstörung der Muskelfasern, zu Lecks in der Zellmembran und zu Veränderungen in Signalkaskaden.

In den letzten Jahren wurden verschiedene Ansätze einer somatischen Gentherapie erprobt. Ausgangspunkt war zunächst die Applikation von Dystrophin-DNA in einem Plasmid unter der Kontrolle des sehr aktiven CMV-Promotors. Zur Optimierung wurden neue Adeno-assoziierte Viren mit vergrößerter Verpackungskapazität und verkürzten Mikrodystrophin-DNAs im Tierversuch erprobt. Klinische Untersuchungen zeigten jedoch Störungen in der Immunantwort.
Zu neueren Technologien gehört die Entwicklung von *antisense*-Oligonukleotiden, die das Spleißmuster verändern und so dazu führen, dass die defekte Stelle aus der Dystrophin-mRNA herausgeschnitten wird, ohne den Leserahmen zu verändern. Das ist möglich, weil lange Abschnitte des Dystrophin-Gens redundant sind und ihr Verlust eine geringe Funktionseinschränkung darstellt. Eine weitere Möglichkeit besteht darin, dass die Muskelzellen dazu gebracht werden, ein vorzeitiges Stoppcodon zu überlesen. Klinische Studien deuten an, dass das Antibiotikum Gentamycin in dieser Richtung wirksam ist. Weitere Möglichkeiten in der vorklinischen Untersuchung sind die Induktion der Expres-

sion von Dystrophin-ähnlichen Genen (z. B. Utrophin) in Muskelzellen oder zellbasierte Therapieverfahren (Rodino-Klapac et al. 2013).

X-chromosomale rezessive Erbkrankheiten kommen im männlichen Geschlecht stets zur Ausprägung, im weiblichen nur bei Homozygotie und daher mit wesentlich geringerer Häufigkeit. Allele, deren Ausprägung vor dem Erreichen der Geschlechtsreife zum Tod des Individuums führen, können nur im heterozygoten Zustand weitervererbt werden und sind stets rezessiv.

Bei dem **Fragilen-X-Syndrom** (Martin-Bell-Syndrom, OMIM 309550) handelt es sich um eine X-gebundene, rezessive Krankheit, die neben verschiedenen morphologischen Anomalien (◘ Abb. 13.35a), wie verlängertem Gesicht, abnormal großen Ohren und großen Testes, vor allem mit geistiger Retardierung, Hyperaktivität und Autismus verbunden ist. Die Häufigkeit liegt bei Männern bei ca. 1:4000 und bei Frauen bei etwa 1:6000–1:8000. Der Defekt ist in der Region Xq27.3 lokalisiert, die sich – wie auch der Name anzeigt – durch eine hohe Bruchempfindlichkeit des X-Chromosoms auszeichnet (◘ Abb. 13.35b), wenn die Chromosomenanalyse unter besonderen Bedingungen durchgeführt wird. Auffallend ist der Erbgang dieser Krankheit: Als Besonderheit ist das Vorkommen von männlichen Überträgern zu bezeichnen. Bei diesen Männern kommt die Krankheit trotz ihrer hemizygoten Konstitution nicht zur Ausprägung. In deren Töchtern zeigen sich ebenfalls keine Anzeichen der Krankheit. In den männlichen Nachkommen der folgenden Generation kommt sie aber mit einer Häufigkeit von 40 %, in Männern der übernächsten Generation mit der normalerweise zu erwartenden Häufigkeit von 50 % zum Ausbruch.

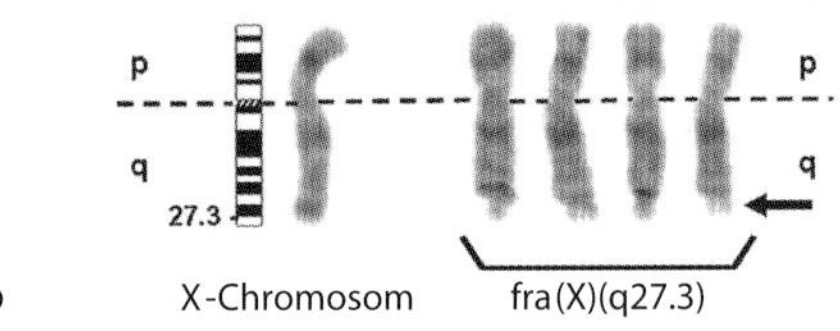

◘ **Abb. 13.35** Fragiles-X-Syndrom. **a** Es sind die charakteristischen Merkmale in den Gesichtern zweier Geschwister mit Fragilem-X-Syndrom zu sehen: langes Gesicht, große und prominente Ohren, lange Lidspalten, breite Oberlippenrinne und Hypotonie des Gesichts. **b** Metaphasechromosomen zeigen die auffälligen Einschnürungen am Ende des langen Arms des X-Chromosoms (*rechts*, *Pfeil*), die für Patienten mit Fragilem-X-Syndrom charakteristisch sind. *Links*: ein Wildtyp-X-Chromosom. (**a** nach Mila et al. 2018, mit freundlicher Genehmigung; **b** nach Floriani et al. 2017, CC-by 4.0, ► http://creativecommons.org/licenses/by/4.0)

Die Erklärung dieses ungewöhnlichen Erbgangs besteht darin, dass im nicht-translatierten Teil des ersten Exons (5′-UTR) des *FMR1*-Gens (engl. *fragile X mental retardation*) eine $(CGG)_n$-Wiederholungseinheit vorhanden ist. Die Anzahl der CGG-Repeats variiert und ist bei Patienten mit Fragilem-X-Syndrom mehr als 200-

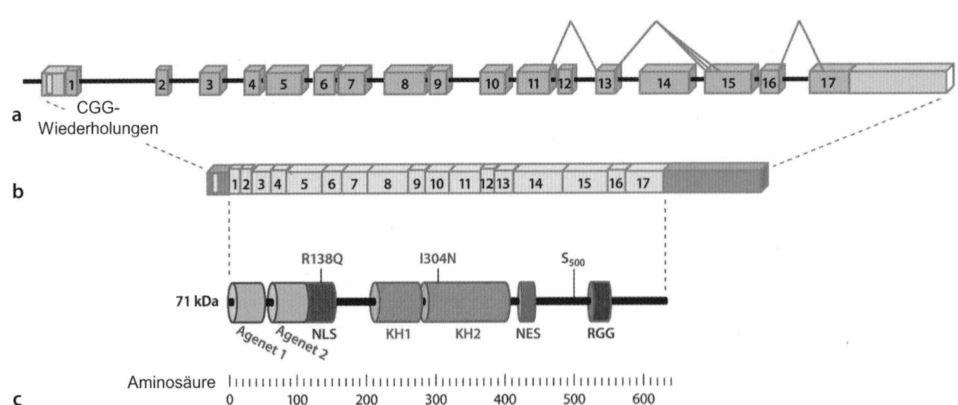

◘ **Abb. 13.36** Das *FMR1*-Gen und sein Protein. **a** Es sind die codierenden Exons des *FMR1*-Gens (*dunkelgrün*) gezeigt, ebenso deren nicht-codierenden Regionen (*hellgrün*) sowie die Introns (*schwarze Linie*). Die *blauen Linien* zeigen alternatives Spleißen. **b** Die Exons (*hellblau*) in der mRNA sind oberhalb der entsprechenden Aminosäuren angegeben. Die variablen CGG-Wiederholungen sind *gelb* dargestellt (sowohl in der DNA als auch in der mRNA). **c** Die wichtigsten Domänen des FMR1-Proteins sind angegeben: Agenet1 und 2: Chromatin-bindende Domänen (methylierte Lysine); NLS: Kernlokalisationssignal; KH1 und 2 (K-homologe Domänen): RNA-bindende Domänen; NES: Kernexportsignal; RGG: Arg-Gly-Gly-Box (Ein-Buchstaben-Code), bindet auch an RNA; S_{500}: primäre Phosphorylierungsstelle. R138Q ist eine Mutation, die in Patienten zu einer Entwicklungsverzögerung führt; I304N ist eine Mutation, die die Assoziation mit den Ribosomen aufhebt. (Nach Santoro et al. 2012, mit freundlicher Genehmigung)

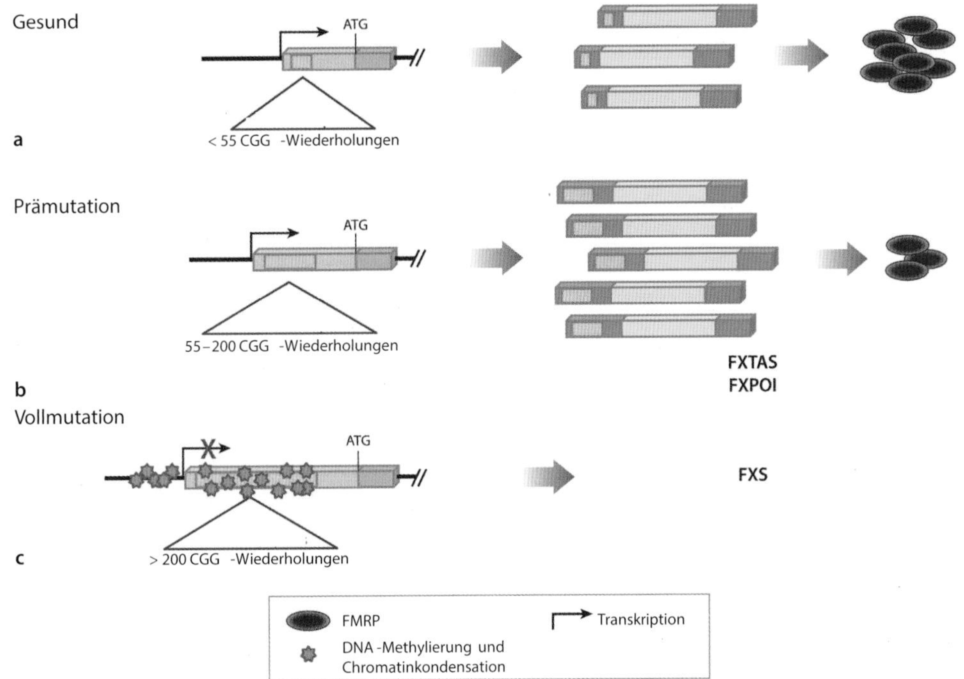

Abb. 13.37 Abschalten des *FMR1*-Gens. **a** Das Wildtyp-Allel (< 55 CGG-Wiederholungen) ermöglicht die physiologisch angemessene Transkription von *FMR1* und die Translation zu dem entsprechenden Protein FMRP. **b** Die Allele der Prämutationen (55–200 CGG-Wiederholungen) sorgen für eine deutlich erhöhte Transkription von *FMR1*. Dennoch wird weniger FMRP als bei Gesunden gebildet, da die längere Wiederholungssequenz zu einer Trennung von bestimmten mRNA-Bindeproteinen und damit zu einer ineffizienten Translation führt. Klinisch bedeutet die höhere Konzentration von *FMR1*-Transkripten die Ausprägung von Tremor und Ataxie (FXTAS, engl. *fragile X-associated tremor/ataxia syndrome*) sowie einer Eierstockinsuffizienz (FXPOI, engl. *fragile X-related primary ovarian insufficiency*). **c** Allele mit der Vollmutation (> 200 CGG-Wiederholungen) führen zu epigenetischen Veränderungen an den CGG-Wiederholungen und im Promotor des *FMR1*-Gens und damit zum Abschalten des Gens. Die Symptome des Fragilen-X-Syndroms (FXS) sind durch den Verlust des FMR-Proteins (FMRP) charakterisiert. (Nach Santoro et al. 2012, mit freundlicher Genehmigung)

mal vorhanden, während Gesunde nur 6–54 Kopien der CGG-Wiederholungseinheit besitzen (Abb. 13.36). In Überträgern ist eine Vergrößerung des fraglichen DNA-Bereichs auf 55–200 Wiederholungseinheiten festzustellen, der in den folgenden Generationen weiter ausgedehnt wird (über 200-fache Wiederholungen) und erst dann zur Ausprägung der Krankheit führt. Das Anwachsen der Länge des DNA-Bereichs auf eine Länge zwischen 55 und 200 CGG-Wiederholungseinheiten bezeichnet man als **Prämutation** (engl. *premutation*). Die Häufigkeit der Prämutationen wird mit 1:200–1:370 bei Frauen und 1:300–1:800 bei Männern angegeben; Vollmutationen werden nur durch Frauen übertragen. Das Fragile-X-Syndrom gehört damit zur Gruppe der „dynamischen Mutationen“ bzw. der „expandierenden Triplettmutationen“, die wir bereits im ► Abschn. 10.3.3 allgemein besprochen haben; im ► Abschn. 13.3.2 haben wir die Huntington’sche Erkrankung als ein Beispiel für autosomal-dominante Erkrankungen mit expandierender Triplettmutation kennengelernt.

Das *FMR1*-Gen ist in vielen Geweben des Embryos und des erwachsenen Menschen exprimiert; seine höchste Konzentration erreicht es im Gehirn. Das *FMR1*-Genprodukt FMRP (FMR-Protein) ist ein selektiv RNA-bindendes Protein, das verschiedene RNA-bindende Domänen enthält, die als Agenet, KH- bzw. RGG-Domänen bezeichnet werden; es zirkuliert zwischen dem Zellkern und Cytoplasma. Im Cytoplasma ist das FMRP an mRNA gebunden (Ribonukleoprotein-Komplex) und mit Polyribosomen oder Ribosomen des endoplasmatischen Reticulums assoziiert. FMRP bindet an ca. 4 % der mRNA des Gehirns und ist am Transport der mRNA an die entsprechenden Ribosomen beteiligt. In Neuronen ist das FMRP mit der Translationsmaschinerie in den Dendriten assoziiert; es wird diskutiert, dass es eine wichtige Rolle bei der neuronalen Reifung spielt.

Es ist bekannt, dass die räumliche Regulation der Proteinsynthese für das Zellwachstum, die Zellpolarität und das Management der synaptischen Plastizität verantwortlich ist (wichtig für Lern- und Gedächtnisleistungen). In betroffenen Männern mit über 200 CGG-Wiederholungseinheiten wird eine Methylierung des CGG-Bereichs und des Promotors des *FMR1*-Gens beobachtet, die in gesunden Männern fehlt. Verbunden ist diese Hypermethylierung offenbar mit einer Inaktivierung des betroffenen Gens und damit mit einem Funktionsverlust des FMRP (Abb. 13.37). Die pleiotropen Effekte des Fragilen-X-Syndroms lassen sich über den gestörten mRNA-Metabolismus erklären, wenn das FMRP nicht zur Verfügung steht.

Allerdings zeigen neuere Arbeiten, dass auch die Träger einer Prämutation nicht immer ohne klinische Symptome sind. Etwa 45 % der Männer und 17 % der Frauen mit einer Prämutation zeigen im Alter über 50 Jahren Tremor und Ataxie (engl. *fragile X-associated tremor/ataxia syndrome*, FXTAS) und etwa 20 % der weiblichen Trägerinnen auch eine Eierstockinsuffizienz (engl. *fragile X-related primary ovarian insufficiency*, FXPOI). Dabei korreliert die Zahl der CGG-Wiederholungen mit der Penetranz der Erkrankung, wobei der Zusammenhang nicht linear ist. Im Gegensatz zur Vollmutation führt die weniger starke Erhöhung der CGG-Wiederholungen bei der Prämutation zu einer Zunahme der *FMR1*-Transkripte. Überraschenderweise ist aber die Konzentration der FMR1-Proteine niedriger als bei Gesunden. Die Ursache liegt in einer Aggregatbildung der *FMR1*-mRNA im Zellkern, an der auch einige mRNA-bindende Proteine beteiligt sind, die sich an die CGG-Wiederholungseinheiten anlagern.

Die Ausprägung des Fragilen-X-Syndroms beruht auf einer funktionellen Inaktivität des FMR1-Gens aufgrund der Vermehrung von CGG-Tripletts in der 5′-UTR des Gens. Die Inaktivität des FMR1-Gens wird durch die Methylierung der CGG-Tripletts hervorgerufen, die auch den Promotorbereich erfasst.

Kürzlich wurde auch von einem Gegenstrang-Transkript des *FMR1*-Gens berichtet (ASFMR1 [engl. *antisense*] oder FMR1OS [engl. *opposite strand*]). Die Funktion dieses Gegenstrang-Transkripts ist allerdings noch unklar. Bei Vorliegen einer Prämutation wird es ebenfalls verstärkt exprimiert, und bei Patienten mit einer Vollmutation ist seine Expression auch stark vermindert. Eine ausführliche Darstellung der Vielzahl epigenetischer Vorgänge am *FMR1*-Locus findet man bei Kraan et al. (2019).

13

13.3.4 Y-chromosomale Gene

Zu den geschlechtsgekoppelten Merkmalen zählen natürlich auch solche auf dem Y-Chromosom. **Y-chromosomale Merkmale** erkennt man dadurch, dass stets nur männliche Nachkommen Träger dieses Merkmals sind und es – im Gegensatz zu X-chromosomalen Merkmalen (► Abschn. 13.3.3) – stets auch zur Ausprägung bringen. Insofern ist das Y-Chromosom ein ungewöhnlicher Teil des menschlichen Genoms: ein großer Block von DNA, der weitgehend nicht rekombiniert, permanent in hemizygotem Zustand gehalten und ausschließlich durch Männer weitergegeben wird. Man geht davon aus, dass die X- und Y-Chromosomen ursprünglich homologe Chromosomen waren, und sich vor ca. 300 Mio. Jahren voneinander getrennt haben; heute ist das Y-Chromosom aufgrund mangelnder Rekombination mit dem Partnerchromosom wesentlich kleiner als das X-Chromosom. Die Y-Chromosomen haben sich in vielen verschiedenen Gruppen von Tieren und Pflanzen unabhängig entwickelt; die Y-Chromosomen der Säuger haben einen gemeinsamen Ursprung, aber nichts gemeinsam mit den entsprechenden Chromosomen in Vögeln oder *Drosophila*. Insgesamt sind die Y-Chromosomen reich an repetitiver DNA (transponierbare Elemente und Satelliten-DNA), wie wir es oft in genomischen Regionen

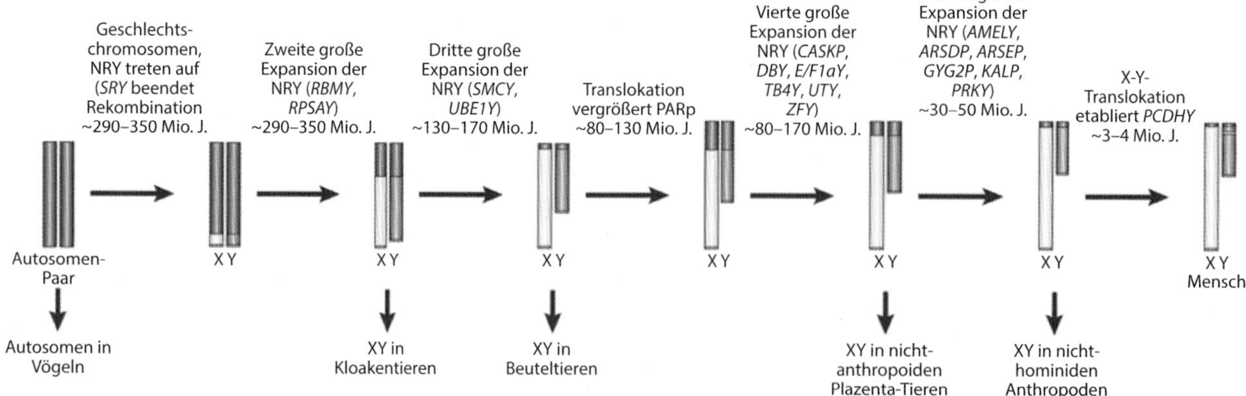

Abb. 13.38 Evolution des menschlichen Y-Chromosoms. Gezeigt sind die Verkürzung des Y-Chromosoms und die blockweise Ausweitung seiner nicht-rekombinierenden Regionen (NRY). Die wichtigsten Ereignisse sind angegeben und zeitlich grob geschätzt (in Mio. Jahren). Neue nicht-rekombinierende Gene sind in Klammern gesetzt und die phylogenetischen Verzweigungen durch *Pfeile* angedeutet. In den *blauen Regionen* ist freie Rekombination möglich (pseudoautosomale Regionen); die *roten Bereiche* sind spezifisch für das Y-Chromosom und erlauben keine Rekombination. Die kleine *grüne Region* am distalen Ende repräsentiert die PCDHX/Y-Sequenz (Protocadherin X/Y), die vom X-Chromosom auf das Y-Chromosom übertragen wurde (andere ebenso wahrscheinliche Translokationen wurden der Einfachheit wegen weggelassen). Die Abbildung ist nicht maßstabsgerecht gezeichnet; die Centromere wurden weggelassen, da ihre Lokalisierung in vielen Stadien des Evolutionsprozesses unklar ist. (Nach Lahn et al. 2001, mit freundlicher Genehmigung)

geringer Rekombinationshäufigkeit finden; ein großer Teil des Y-Chromosoms ist heterochromatisch. Einen Überblick über die heutigen Vorstellungen der Evolution des menschlichen Y-Chromosoms gibt ◘ Abb. 13.38.

Das heutige Y-Chromosom des Menschen umfasst 57,2 Mb und enthält nur noch eine relativ geringe Anzahl von Genen: 64 Protein-codierende Gene, 108 nicht-codierende Gene, aber 394 Pseudogene (ENSEMBL, release 101, Oktober 2020) – zum Vergleich: Das X-Chromosom umfasst etwa 156 Mb und enthält 852 Protein-codierende Gene. Allerdings hat das Y-Chromosom an seinen beiden Enden je eine Region mit Homologie zum X-Chromosom (**pseudoautosomale Regionen**, PAR) (◘ Abb. 13.39). Diese Bereiche können mit den entsprechenden Regionen des X-Chromosoms rekombinieren und unterscheiden sich damit nicht von der Situation von Autosomen; die entsprechenden Merkmale kommen also nicht geschlechtsgekoppelt zur Ausprägung. Der Bereich zwischen den pseudoautosomalen Regionen wird als Männer-spezifische Region des Y-Chromosoms (engl. *male-specific region of the Y chromosome*, MSY) bezeichnet; es gibt dabei einen großen heterochromatischen Block von ca. 35 Mb auf dem langen Arm des Y-Chromosoms (Yq).

Eines der am besten untersuchten Gene auf dem Y-Chromosom ist das ursprünglich als *TDF* (engl. *testis determining factor*) bezeichnete, jetzt *SRY*genannte Gen (engl. *sex determining region on Y*). *SRY* hat eine entscheidende Bedeutung für die männliche Geschlechtsbestimmung (▶ Abschn. 12.6.5) und wirkt offenbar mit einer Reihe autosomaler Gene (z. B. *SOX9* und *DAX1*) zusammen. Mehrere weitere Y-chromosomale Gene, die *AZF*-Gene (engl. *azoospermic factor*), sind für die männliche Fertilität von Bedeutung. Wir kennen drei Gruppen von *AZF*-Genen (*a–c*; ◘ Abb. 13.39). Zu ihnen gehören auch *RBMY* (abgeleitet von engl. *RNA-binding motif on Y*) und *DAZ* (engl. *deleted in azoospermia*). Beide Gene codieren für Sequenzmotive in den abgeleiteten Proteinsequenzen, wie sie für Proteine charakteristisch sind, die an RNA binden.

Zwei Krankheiten korrespondieren mit zwei Genklassen auf dem Y-Chromosom, das Turner-Syndrom und die männliche Unfruchtbarkeit. Das Turner-Syndrom haben wir im ▶ Abschn. 13.2.1 bereits als 45,X0-Karyotyp kennengelernt. Das Turner-Syndrom kann als Verlust eines X-Chromosoms angesehen werden (bezogen auf XX-Frauen), aber auch als Verlust eines Y-Chromosoms (bezogen auf XY-Männer). Insbesondere für die untersetzte Statur der Turner-Patientinnen wird der Mangel eines Gens aus der pseudoautosomalen Region verantwortlich gemacht, *SHOX* (engl. *short stature homeobox*).

Ein weiterer Hinweis auf die Beteiligung des (fehlenden) Y-Chromosoms auf den Phänotyp des Turner-Syndroms kommt von Untersuchungen von Patienten mit X-Y-Translokationen, die durch Crossing-over an unüblichen Stellen verursacht werden (◘ Abb. 13.40). Es gibt XY-Frauen, die Träger solcher unüblichen Translokationen sind und Merkmale des Turner-Syndroms zeigen, wobei das Lymphödem das häufigste Merkmal ist. Dabei ist bemerkenswert, dass diese Frauen zwei intakte Kopien der pseudoautosomalen Regionen besitzen. Es wird deshalb angenommen, dass sich auf dem Y-Chromosom noch ein oder zwei Gene befinden, deren Fehlen zum Turner-Phänotyp beiträgt. Molekulare Kartierungsstudien haben den Bereich auf dem Y-Chromosom auf eine Region eingegrenzt, die das Gen *RPS4Y* (engl. *ribosomal protein S4, Y-linked*) enthält. Dieser Befund wird durch

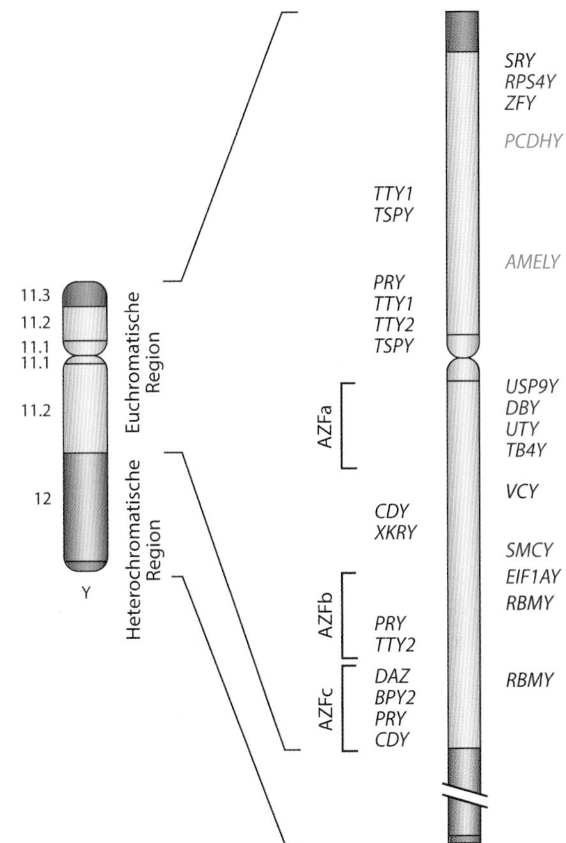

◘ **Abb. 13.39** Aktive Gene des menschlichen Y-Chromosoms. Die Gene auf der *rechten Seite* des Chromosoms haben aktive Homologe auf dem X-Chromosom, wohingegen die Gene auf der *linken Seite* spezifisch für das Y-Chromosom sind. Gene in *Rot* sind in vielen Geweben exprimiert („Haushaltsgene"); Gene in *Schwarz* sind nur in den Testes exprimiert, und Gene in *Grün* sind weder allgemein noch Testes-spezifisch exprimiert; *AMELY* (Amelogenin Y) wird in den sich entwickelnden Zähnen exprimiert, wohingegen *PCDHY* (Protocadherin Y) im Gehirn exprimiert wird. Mit Ausnahme von *SRY* (engl. *sex-determining region Y*) liegen alle Testes-spezifischen Gene in mehreren Kopien vor; einige dieser Familien bilden dichte Cluster. *AZFa*, *AZFb* und *AZFc* (Azoospermie-Faktoren) markieren drei Regionen, die bei unfruchtbaren Männern häufig deletiert sind. Bereiche auf dem Chromosom: *gelb*: euchromatische Region der nicht rekombinierenden Region (NRY); *schwarz*: heterochromatischer Anteil des NRY; *grau*: Centromer; *rot*: pseudoautosomale Regionen (die Gene wurden aus Gründen der Vereinfachung weggelassen). (Nach Lahn et al. 2001, mit freundlicher Genehmigung)

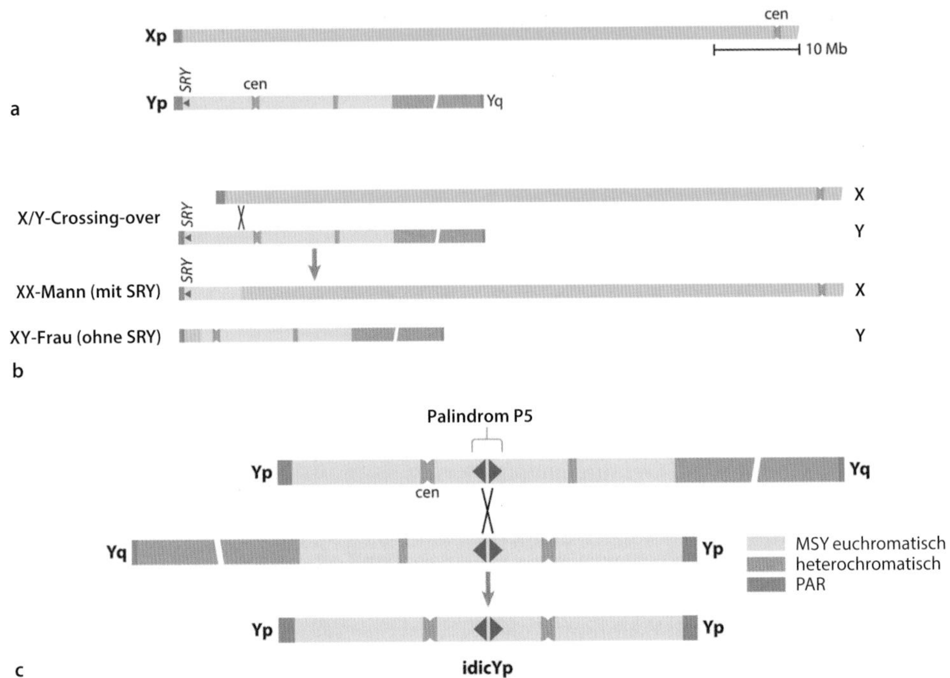

Abb. 13.40 Fehler der Rekombination zwischen X- und Y-Chromosomen. **a** Der kurze Arm des X-Chromosoms und das ganze Y-Chromosom sind gezeigt. Die euchromatischen Bereiche des X-Chromosoms sind in *Rosa* und diejenigen des Y-Chromosoms in *Hellblau* dargestellt. Die pseudoautosomalen Regionen (PAR) sind *grün* und heterochromatische Bereiche *grau*. cen: Centromer. **b** Es ist eine der vielen Möglichkeiten einer verlagerten Rekombination dargestellt. Die Rekombinationsprodukte sind *unten* angegeben; dabei gelangt das *SRY*-Gen auf das X-Chromosom, sodass XX-Männer bzw. XY-Frauen daraus hervorgehen können. **c** Verlagerte Rekombination zwischen Schwesterchromatiden innerhalb der Männer-spezifischen Region des Y-Chromosoms (MSY) am Palindrom P5 (Abb. 13.41). Die Schwesterchromatiden sind dabei spiegelbildlich orientiert; das Palindrom ist durch ein Paar *dunkelblauer Dreiecke* gekennzeichnet. Bei dieser Form der Rekombination wird ein instabiles isodizentrisches Chromosom (idicYp) gebildet. Diese Form der Rekombination ist an den meisten Palindromen möglich. (Nach Hughes und Page 2015, mit freundlicher Genehmigung)

13

die Tatsache unterstrichen, dass das homologe Gen auf dem X-Chromosom, *RPS4X*, der X-Inaktivierung entkommt und funktionell seinem Gegenstück auf dem Y-Chromosom sehr ähnlich ist.

Das zweite Krankheitsbild, das mit Mutationen auf dem Y-Chromosom assoziiert ist, ist männliche Unfruchtbarkeit. Sie kommt bei Männern mit einer Häufigkeit von 1:1000 vor und ist im Wesentlichen durch Fehler der Spermatogenese verursacht; davon wiederum entstehen etwa 10 % der Fälle durch neue Deletionen im Y-Chromosom. Die häufigste Deletion wird im Bereich des *AZFc*-Clusters beobachtet. Ursachen für diese Deletionen sind acht Palindrome mit sehr vielen Wiederholungselementen (Abb. 13.41). Die meisten Deletionen führen zu dem Verlust einiger oder aller Kopien der Testes-spezifischen Genfamilien. Die Kenntnis dieser Palindromstrukturen ermöglichte die Entwicklung von Hochdurchsatz-Testsystemen, um die Häufigkeit solcher Deletionen in der männlichen Bevölkerung zu bestimmen. In einer Gruppe von mehr als 20.000 Männern (ohne besondere Selektion auf ihren Spermatogenese-Phänotyp) befanden sich 775 Männer mit Deletionen in der *AZFc*-Region – was eine Häufigkeit von 1:26 ergibt.

Die Anzahl Y-chromosomaler Merkmale ist gering. Sie treten nur im männlichen Geschlecht auf. Das wichtigste Gen auf dem Y-Chromosom bestimmt das männliche Geschlecht (SRY), einige weitere sind für die Fertilität der Spermien notwendig.

Die genauere Kenntnis der Sequenzen des Y-Chromosoms und insbesondere der Männer-spezifischen Region (MSY) hat die Frage aufgeworfen, inwieweit diese Gene über ihre Beteiligung an der männlichen Fertilität auch für die unterschiedliche Empfindlichkeit der beiden Geschlechter für bestimmte Erkrankungen eine Rolle spielen. So sind einige Erkrankungen bei Frauen häufiger (Lupus erythematodes [6:1], rheumatische Arthritis [3:1] und unipolare Depressionen [2:1]), andere dagegen bei Männern (Autismus [5:1], dilatative Kardiomyopathie [3:1], Spondylitis ankylosans [5:1]). Historisch wurden diese Unterschiede auf hormonelle Einflüsse oder extrinsische Faktoren zurückgeführt. Es wird aber auch diskutiert, dass biochemische Unterschiede zwischen XX- und XY-Zellen biologische Konsequenzen auf den gesamten Körper haben (z. B. auch auf Krebserkrankungen). So ist inzwischen klar, dass das *SRY*-Gen nicht nur in den Testes, sondern auch

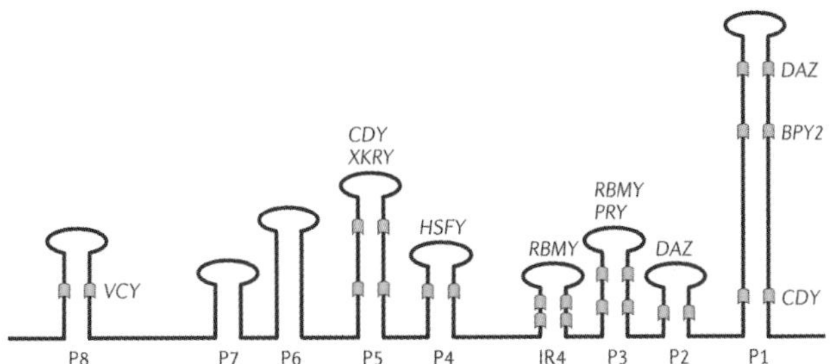

Abb. 13.41 Palindrome auf dem menschlichen Y-Chromosom. Genaue Sequenzanalysen haben gezeigt, dass das menschliche Y-Chromosom acht Palindrome unterschiedlicher Größe besitzt. Die meisten enthalten mehrere Protein-codierende Gene, die zu unterschiedlichen Genfamilien gehören, z. B. *DAZ* (engl. *deleted in azoospermia*) in P1 und P2 oder *CDY* (engl. *chromodomain protein, Y-linked*) in P1 und P5. (Nach Bachtrog 2013, mit freundlicher Genehmigung)

im Gehirn exprimiert wird. Die bisherigen Befunde an Menschen und Modellorganismen werden im Detail von Hughes und Page (2015), Kido und Lau (2015) sowie Rosenfeld (2017) diskutiert, und wir dürfen gespannt sein, wie sich das Wissen auf diesem Gebiet in den nächsten Jahren weiterentwickelt.

13.3.5 Mitochondriale Erkrankungen

Wie wir bereits in ▶ Abschn. 5.1.4 gesehen haben, verfügen die Mitochondrien über ein eigenes ringförmiges Genom von 16.569 bp, das für 37 Gene codiert (13 Gene für die Atmungskette, 2 rRNA-Gene, 22 tRNA-Gene). Die meisten Proteine der Mitochondrien werden zwar im Kerngenom codiert (etwa 1500 Gene), dennoch wollen wir uns wegen einiger Besonderheiten der mitochondrialen Vererbung in diesem Kapitel auf die Gene des mitochondrialen Genoms beschränken. Da die Mitochondrien nur über die Eizellen vererbt werden (und die Samenzellen bei der Befruchtung keine Mitochondrien weitergeben), sprechen wir von einem **matrilinearen Erbgang**. Wie wir in Abb. 13.42a sehen, unterscheidet sich dieser Erbgang von den bisher besprochenen: Ähnlich wie bei einem X-gekoppelten Erbgang wird die Erkrankung immer über die Mutter vererbt, aber es sind in der Regel Männer und Frauen in gleicher Weise betroffen. Da eine Zelle aber über Hunderte oder 1000 Mitochondrien verfügt, tragen nicht alle Mitochondrien die Mutation; in diesem Fall sprechen wir von **Heteroplasmie** (die DNA der Mitochondrien einer Zelle unterscheidet sich). Eine **homoplasmische** Zelle dagegen enthält nur Mitochondrien einer einheitlichen DNA-Sequenz. Ein Beispiel für das unterschiedliche Ausmaß der Heteroplasmie in einer Familie zeigt Abb. 13.42b: Bei der gesunden Mutter des Patienten tragen nur etwa 0,5 % der Mitochondrien die Mutation; eine ungünstige Verteilung der betroffenen Mitochondrien bei der Entwicklung der Oocyten führt aber dazu, dass etwa 50 % der Mitochondrien ihres Sohnes die Mutation tragen und es deswegen zum Ausbruch der Erkrankung kommt. Diese unterschiedliche Verteilung führt dazu, dass weniger Mitglieder einer Familie erkranken, als man bei der formalen Anwendung Mendel'scher Regeln erwarten würde; wir sprechen deswegen von einer **verminderten** (oder **unvollständigen**) **Penetranz** (was die Analyse dieses Erbgangs schwierig macht).

Mitochondriale Mutationen betreffen in besonderer Weise den Energiestoffwechsel der Zellen (Abb. 13.43). Sie machen sich daher besonders in solchen Geweben zuerst bemerkbar, die einen hohen Energiebedarf haben. Dazu zählen das Gehirn (einschließlich der Retina), das periphere Nervensystem, die Muskulatur (Skelett- und

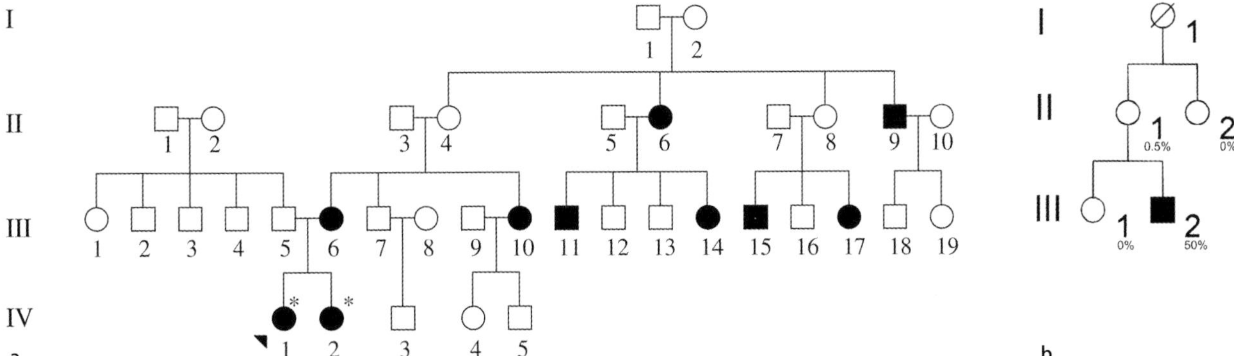

Abb. 13.42 Stammbaum einer mitochondrialen Erkrankung. **a** Ein Stammbaum einer chinesischen Familie über vier Generationen zeigt die matrilineare Form der Vererbung einer nicht-syndromischen Hörschädigung. Es sind Männer und Frauen betroffen; die Penetranz der Erkrankung ist unvollständig. Die mit *Stern* gekennzeichneten Kinder wurden mit einem Aminoglykosid-haltigen Antibiotikum behandelt, das bei vorhandener Mutation in der mitochondrialen DNA zu Taubheit führt. Die *Pfeilspitze* kennzeichnet den ursprünglichen Probanden der Studie. **b** Stammbaum einer kleinen heteroplasmatischen Familie über drei Generationen mit einer Mutation in der mitochondrialen DNA, die zur Leber'schen Opticusneuropathie führt (Abb. 13.45). Die Prozentzahlen geben den Anteil der mutierten mitochondrialen DNA im Blut an. (**a** nach Liao et al. 2007, mit freundlicher Genehmigung; **b** nach Huoponen 2001, mit freundlicher Genehmigung)

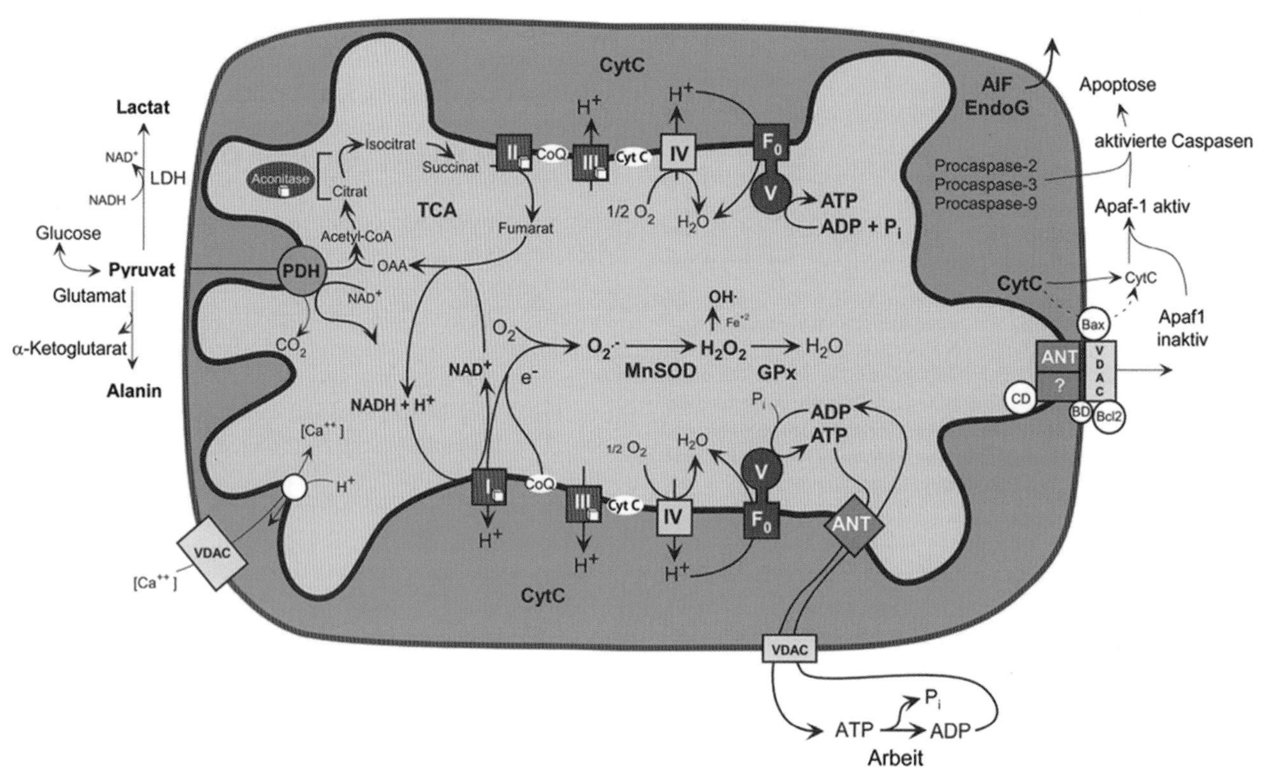

Abb. 13.43 Drei Kennzeichen des mitochondrialen Metabolismus mit besonderer Bedeutung für die Pathophysiologie von Erkrankungen. (1) Die Energieproduktion durch oxidative Phosphorylierung, (2) die Entstehung reaktiver Sauerstoffmoleküle (Superoxid-Anion, OH-Radikale) als Nebenprodukt der oxidativen Phosphorylierung und (3) die Regulation der Apoptose. Erklärung der wichtigsten Abkürzungen: I, II, III, IV und V: Komplexe I–V der oxidativen Phosphorylierung; AIF: Apoptose-induzierender Faktor; ANT: Adeninnukleotid-Translokator; BD: Benzodiazepin-Rezeptor; CD: Cyclophilin D; CoQ: Ubiquinon; CytC: Cytochrom *c*; EndoG: Endonuklease G; GPx: Glutathion-Peroxidase; LDH, Lactat-Dehydrogenase; MnSOD: Mangan-abhängige Superoxiddismutase; PDH: Pyruvat-Dehydrogenase; TCA: Tricarbonsäure-Zyklus; VDAC: spannungsabhängiger Anionenkanal. (Nach Wallace 2005, mit freundlicher Genehmigung)

Herzmuskel), Leber und Nieren. Eine repräsentative Übersicht über Mutationen und dazugehörige Krankheitsbilder gibt Abb. 13.44.

Das **MELAS-Syndrom** (OMIM 540000) umfasst eine mitochondriale Encephalomyopathie, Lactat-Acidose und Schlaganfall-ähnliche Episoden, die schon im Alter von 4–15 Jahren beginnen. Das Krankheitsbild kann auch verbunden sein mit Kleinwuchs, Diabetes und Migräne; die Expressivität ist innerhalb einer Familie sehr variabel. Die molekulare Ursache ist eine Punktmutation (3243A→G) im $tRNA^{Leu}$-Gen.

Das **MERRF-Syndrom** (engl. *myoclonic epilepsy with red-ragged fibers*; OMIM 545000) ist charakterisiert durch Myoklonusepilepsien (kurze ruckartige Muskelzuckungen), Demenz, Taubheit, Ataxie und Neuropathien. Die molekulare Ursache ist eine Punktmutation (8344G→A) im $tRNA^{Lys}$-Gen.

Die erbliche **Leber'sche Opticusneuropathie** (engl. *Leber hereditary optic neuropathy*, LHON; Häufigkeit: 1:10.000; OMIM 535000) betrifft nur den Sehnerv und führt zu einem plötzlichen Visusverlust (zuerst einseitig, später beidseitig). Typischerweise sind Männer im Alter von 23–26 Jahren betroffen. Die molekularen Ursachen sind in den meisten Fällen eine von drei Mutationen (11778G→A im *ND4*-Gen [56 %], 3460G→A im *ND1*-Gen [31 %] oder 14484T→C im *ND6*-Gen [6,3 %]); es sind 15 weitere Mutationen in der mtDNA beschrieben. Ein Beispiel für die Degeneration der Ganglienzellschicht in der Retina eines LHON-Patienten ist in Abb. 13.45 gezeigt.

Die Behandlung von mitochondrialen Erkrankungen ist oft schwierig. Ein Ansatz war, mithilfe von Coenzym Q_{10} (Synonym: Ubichinon-10) Defizite bei der Elektronentransportkette auszugleichen – diese Versuche hatten aber nicht den gewünschten Effekt. Bessere Wirkungen erzielte man dagegen mit Idebenon, das mit dem Coenzym Q_{10} strukturell verwandt ist. Idebenon erleichtert die Umgehung des Komplexes I und leitet die Elektronentransportkette direkt auf den Komplex III um. Es führt zu einer deutlichen Verbesserung der Sehkraft bei LHON-Patienten. Eine Übersicht über die vielfältigen Studien wurde von Peragallo und Newman (2015) veröffentlicht.

Mutationen im Mitochondriengenom somatischer Zellen haben vielfältige Auswirkungen auf altersabhängige Prozesse und neurodegenerative Erkrankungen. Durch die Aktivität der Atmungskette ergibt sich eine

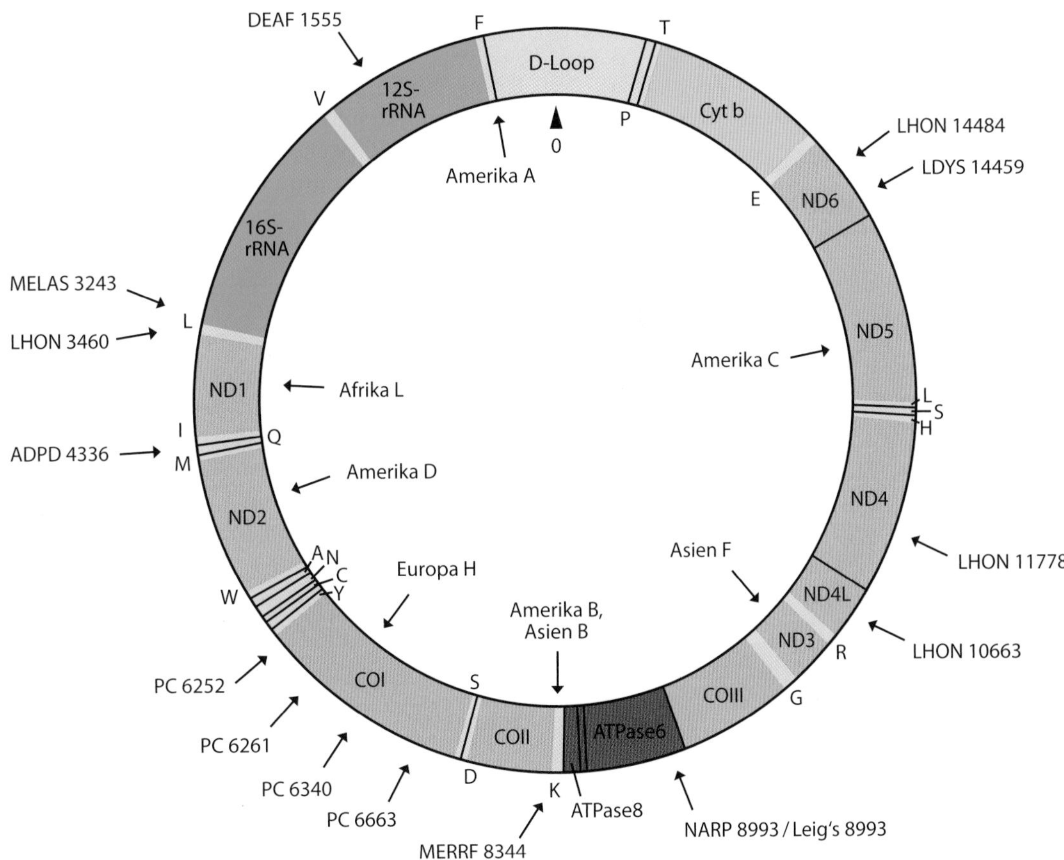

Abb. 13.44 Erbkrankheiten durch Mutationen in der mitochondrialen DNA. Die zirkuläre Anordnung der mitochondrialen DNA und die Darstellung der Gene bzw. Kontrollregionen (sowie deren Abkürzungen) entsprechen weitgehend der Abb. 5.9. Die *Buchstaben innen und außen* deuten die tRNA-Gene für die jeweiligen Aminosäuren an (im Ein-Buchstaben-Code; siehe „Hilfreiche Daten", S. XIII). Die *Pfeile im Inneren*, gefolgt von Kontinentbezeichnungen mit Buchstaben, zeigen die Positionen von Polymorphismen an, die in der jeweiligen geographischen Region vorherrschend sind. Die *Pfeile außerhalb* des Kreises deuten die Positionen repräsentativer pathogener Mutationen an (Zahl: Nukleotidposition der Mutation). DEAF: Taubheit; MELAS: mitochondriale Encephalomyopathie, Lactat-Acidose und Schlaganfall-ähnliche Episoden; LHON: Leber'sche erbliche Opticusneuropathie; ADPD: Alzheimer'sche und Parkinson'sche Erkrankungen; MERRF: Myoklonische Epilepsie mit zottigen roten Muskelfasern (engl. *ragged red fibers*); NARP: Neuropathie, Ataxie und Retinitis pigmentosa; LDYS: LHON mit Dystonie; PC: Prostatakrebs. (Nach Wallace 2005, mit freundlicher Genehmigung)

relativ hohe Konzentration reaktiver Sauerstoffspezies, die zu Strangbrüchen an der mitochondrialen DNA führen kann. Es gibt zunehmend Hinweise darauf, dass Störungen in der oxidativen Phosphorylierung, besonders im Komplex I, mit der Alzheimer'schen und Parkinson'schen Erkrankung (▶ Abschn. 14.5.2 und 14.5.3) in Verbindung stehen. Das betrifft sowohl mögliche Mutationen in der mitochondrialen DNA als auch in Genen, die für Proteine codieren, die mit Mitochondrien bzw. mitochondrialen Proteinen in Wechselwirkung treten. Diese Untersuchungen sind aber noch nicht so weit fortgeschritten, dass allgemeingültige Schlüsse und therapeutische Ansätze abgeleitet werden können (Morán et al. 2012).

Mutationen in der mitochondrialen DNA werden matrilinear vererbt und führen zu Erkrankungen, die überwiegend Gewebe mit hohem Energiebedarf betreffen

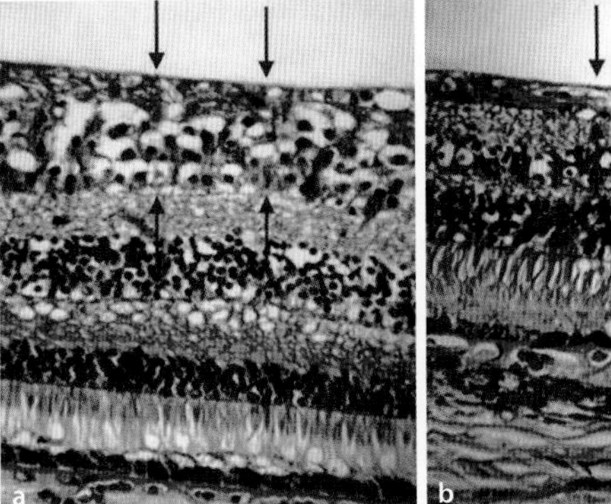

Abb. 13.45 Horizontalschnitt einer Retina (Färbung mit Hämatoxylin und Eosin). **a** Kontroll-Retina mit retinalen Ganglienzellen und Nervenfaserschichten *zwischen den Pfeilen*. **b** Die Retina eines Patienten mit Leber'scher Opticusneuropathie (LHON/3460) zeigt einen deutlichen Verlust an retinalen Ganglienzellen und Nervenfaserschichten (*zwischen den Pfeilen*). (Nach Carelli et al. 2002, mit freundlicher Genehmigung)

(Gehirn einschließlich der Retina, das periphere Nervensystem, die Muskulatur, Leber und Nieren). Wegen des heteroplasmischen Zustands vieler Zellen zeigen diese Erkrankungen häufig verminderte Penetranz.

13.4 Komplexe Erkrankungen

Viele Krankheiten lassen sich nicht dem klassischen Muster „mendelnder" Erbgänge zuordnen. Man beobachtet zwar eine familiäre Häufung, die aber nicht den Erwartungen einfacher rezessiver oder dominanter Erbgänge entspricht. Diese komplexen Erkrankungen umfassen multifaktorielle Merkmale (Interaktion zwischen Genen und Umwelt, z. B. Körperhöhe, Gewicht, Intelligenz, Hautfarbe, Fruchtbarkeit) und polygene Merkmale (Zusammenspiel vieler Gene, z. B. Brustkrebs, Asthma, Hypertonie, Diabetes mellitus, Alkoholismus). Diese Erkrankungen zeigen eine kontinuierliche Variabilität. Die **genetische Prädisposition** bildet den Rahmen für ein Gesamtbild, das durch Umwelteinflüsse mitgestaltet wird. Pathologische Abweichungen vom Normbereich werden durch Festlegung empirischer Grenzwerte definiert.

Wir haben im Kapitel über die formalen Aspekte der Genetik (▸ Abschn. 11.3.4) bereits einen Eindruck von der Schwierigkeit erhalten, die Einzelkomponenten solcher Krankheiten zu charakterisieren. In diesem Abschnitt wollen wir von der Seite der Krankheit her einige Beispiele vorstellen (Krebs, Asthma und Diabetes). Dabei wird deutlich, dass die genetischen Aspekte in einigen Fällen schon klar herausgearbeitet worden sind. Eine wichtige Methode in diesem Kontext ist die genomweite Assoziationsstudie (GWAS), die wir allgemein bereits im einführenden Abschnitt über genetische Epidemiologie besprochen haben (▸ Abschn. 13.1.4). Dabei haben wir auch verschiedene Modelle diskutiert, wie viele Gene zum Entstehen von Volkskrankheiten beitragen. Ein entscheidendes Argument dabei ist die Häufigkeit der Risikoallele in der untersuchten Population, sodass der jeweilige ethnische Hintergrund oft einen wichtigen Faktor darstellt. Wir werden im Folgenden sehen, dass es kein einheitliches Erklärungsmuster gibt, sondern in vielen Fällen Mischformen, wobei ein oder zwei Gene mit ihren Allelen einen hohen Anteil zur Krankheit beitragen, andere Gene einen mittleren und wieder andere Gene nur einen geringen Beitrag leisten. Und abhängig von verschiedenen Kultur-, Umwelt- und Lebensstilfaktoren kann sich dieses Muster selbstverständlich verschieben. In diesem Kontext spielen dann häufig auch epigenetische Aspekte eine wichtige Rolle (▸ Kap. 8).

13.4.1 Gene und Krebs

Eine Krebszelle unterscheidet sich von einer gesunden Zelle durch ihre unbegrenzte Teilungsfähigkeit (unabhängig von Wachstumsfaktoren; Fehlen von Wachstumsbegrenzungen wie z. B. Kontaktinhibition). Krebsgewebe hat die Fähigkeit, in gesundes Gewebe einzuwandern und eine neue Kolonie außerhalb des ursprünglichen Gewebeverbands zu gründen (Metastasierung). Ursachen dafür sind Mutationen, die bestimmte Signalwege an- oder ausschalten. Mutationen können die Körperzellen und die Keimzellen betreffen; die entsprechenden Tumoren unterscheiden sich im Zeitpunkt ihres Auftretens und ihrer Organspezifität. Wir können zunächst drei Gruppen von Genen unterscheiden: **Onkogene, Tumorsuppressorgene** und **Mutatorgene**. In jeder dieser drei Gruppen finden wir eine Vielzahl von Genen, die in unterschiedlichem Ausmaß zu den verschiedenen Krebserkrankungen beitragen, sodass wir allein dadurch ein relativ hohes Maß an Komplexität vorfinden. Die hier vorgenommene Gliederung stellt daher in vielen Fällen eine Vereinfachung dar, wie sie im Rahmen eines allgemeinen Lehrbuches vorgenommen werden muss; für weitere Details sei deshalb auf die entsprechende Spezialliteratur verwiesen.

Onkogene

Onkogene wurden in den 1960er-Jahren zunächst in Viren entdeckt, die Tumoren induzieren (DNA-Tumorviren und Retroviren, ▸ Abschn. 9.2). Dazu gehören unter anderem zwei Mitglieder der Familie der Herpesviren (das Epstein-Barr-Virus und das humane Herpesvirus Typ 8), humane Papillomviren (HPV), Hepatitis-B- und -C-Viren (HBV, HCV), das humane T-lymphotrope Retrovirus (HTLV-1) und das humane Immunschwäche-Virus (HIV). Es soll in diesem Zusammenhang aber nicht unerwähnt bleiben, dass auch Bakterien und Parasiten bei der Krebsentstehung eine wichtige Rolle spielen können; dazu gehören *Helicobacter pylori* beim Magenkrebs bzw. *Schistosoma haematobium* beim Blasenkrebs (in Ägypten).

Der italienische Mediziner Domenico **Rigoni-Stern** untersuchte Mitte des 19. Jahrhunderts die Totenscheine von Frauen, die in Verona zwischen 1760 und 1839 verstorben waren. Er stellte dabei eine große Zahl von Gebärmutterhalskrebs bei verheirateten Frauen, Witwen und Prostituierten fest, wohingegen diese Krebserkrankung bei Jungfrauen und Nonnen selten vorkam. Eine Vielzahl von Untersuchungen kulminierte schließlich Anfang der 1980er-Jahre in molekulargenetischen Befunden, dass bestimmte Typen von Papillomviren (HPV) eine wesentliche Ursache dieser Krebserkrankung sind. Heute wissen wir, dass etwa 70 % der Fälle von Gebärmutterhalskrebs durch Papillomviren der Typen 16 und 18 hervorgerufen werden; weltweit betrachtet ist Gebärmutterhalskrebs die zweithäufigste Krebserkrankung bei Frauen. Es wurden deshalb Impfstoffe gegen diese Papillomviren entwickelt, die eine hohe Wirksamkeit (über 93 %)

Tab. 13.5 Beispiele für virale Onkogene

Onkogen	Virus	Spezies	Tumor	Biochemische Funktion
sis	Simian-Sarkom-Virus	Affe	Sarkom	Wachstumsfaktor
erbB	Erythroblastose-Virus der Vögel	Huhn	Leukämie	Tyrosinkinase
fms	Felines Sarkom-Virus	Katze	Leukämie	Tyrosinkinase
kit	Felines Sarkom-Virus	Katze	Sarkom	Tyrosinkinase
src	Rous-Sarkom-Virus	Huhn	Sarkom	Tyrosinkinase
abl	Abelson-Leukämie-Virus der Maus	Maus	Leukämie	Tyrosinkinase
raf	Murines Sarkom-Virus	Maus	Sarkom	Tyrosinkinase
Ha-ras	Harvey-Sarkom-Virus	Ratte	Sarkom	GTP-Bindungsprotein
Ki-ras	Kirsten-Sarkom-Virus	Ratte	Sarkom	GTP-Bindungsprotein
akt	AKT8-Virus	Maus	Thymuskarzinom	Serinkinase
myc	Myelocytomatose-Virus der Vögel	Huhn	Leukämie	Transkriptionsfaktor
myb	Myeloblastose-Virus der Vögel	Huhn	Leukämie	Transkriptionsfaktor
rel	Reticuloendotheliose-Virus der Vögel	Truthahn	Leukämie	Transkriptionsfaktor
fos	Murines Osteosarkom-Virus	Maus	Osteosarkom	Transkriptionsfaktor
jun	Sarkom-Virus der Vögel	Huhn	Sarkom	Transkriptionsfaktor
erbA	Erythroblastose-Virus der Vögel	Huhn	Leukämie	Transkriptionsfaktor
tax	HTLV1	Mensch	Leukämie, Lymphom	Transkriptionsregulator

Nach Schulz (2005)

zeigen, wenn Frauen vor dem ersten Sexualkontakt geimpft werden. Die Wirksamkeit nimmt mit zunehmendem Alter ab, da dann bereits häufig Infektionen mit HPV vorliegen. Die Weltgesundheitsorganisation hat deswegen 2009 empfohlen, mit höchster Priorität Mädchen in einem Alter zu impfen, das üblicherweise vor dem ersten Sexualkontakt liegt. Für die Untersuchungen zu Virus-induzierten Krebserkrankungen haben Harald **zur Hausen**, Luc **Montagnier** und Françoise **Barré-Sinoussi** 2008 den Nobelpreis für Medizin erhalten. Weitere Details findet man bei zur Hausen (2009) und Noronha et al. (2014).

Die viralen Onkogene sind häufig endogene Retroviren oder deren evolutionäre Nachfahren: Zelluläre Gene, die die Zellproliferation aktiv fördern, wurden im Laufe der Evolution von Viren aufgenommen, wobei die Virus-codierte Reverse Transkriptase eine entscheidende Rolle gespielt hat (▶ Abschn. 9.2.1). Ein einziges mutiertes Allel kann den Phänotyp der Zellen beeinträchtigen (dominant); die nicht mutierten Formen dieser Gene bezeichnete man früher häufig als Protoonkogene; heute sprechen wir eher von aktivierten Onkogenen. Die viralen Onkogene wurden vielfach als mutierte Versionen zellulärer Gene klassifiziert, die an der Regulation wichtiger zellulärer Funktionen beteiligt sind: Wachstumsfaktoren (z. B. *SIS*), Zelloberflächenrezeptoren (z. B. *ERBB*, *FMS*), Teile von Signalkaskaden (*RAS*-Familie), DNA-bindende Kernproteine (Transkriptionsfaktoren, z. B. *MYC*, *JUN*), Regulatoren des Zellzyklus (Cycline, Cyclin-abhängige Kinasen und ihre Inhibitoren). Für die Entdeckung des zellulären Ursprungs der retroviralen Onkogene erhielten John Michael **Bishop** und Harold Eliot **Varmus** 1989 den Nobelpreis für Physiologie oder Medizin. Eine Übersicht über virale Onkogene gibt ◘ Tab. 13.5.

Onkogene können durch verschiedene Mechanismen aktiviert werden: Eine **Amplifikation** von Genen wie *ERBB* und *MYC* wird in vielen Brustkrebsformen gefunden und führt zu einer Erhöhung der Genexpression. **Punktmutationen** führen zu Aktivierungen von Genen in Signalkaskaden, z. B. *RAS*, wie es bei einer Reihe von Tumoren (Dickdarmkrebs, Lungenkrebs, Brustkrebs, Blasenkrebs) gefunden wird. **Translokationen** können neuartige, chimäre Gene schaffen, z. B. das ABL-BCR-Produkt, das zu einer konstitutionell aktiven Tyrosinkinase führt. Ein bekanntes Beispiel dafür ist das sogenannte „Philadelphia-Chromosom", das bei einer chronisch-myeloischen Leukämie gefunden wurde. Einige zelluläre Onkogene sind in ◘ Tab. 13.6 aufgeführt.

Ein wichtiges Beispiel für Onkogene ist *RAS*. Bei Menschen sind drei verschiedene Typen des *RAS*-Gens

Tab. 13.6 Beispiele für zelluläre Onkogene

Onkogen	Chromosomenposition[a]	Tumor	Aktivierungsmechanismus	Biochemische Funktion
TGFA	2p13	Karzinome	Überexpression	Wachstumsfaktor
FGF1	5q31	Solide Tumoren	Überexpression	Wachstumsfaktor
WNT1	12q12	Karzinome	Überexpression	Wachstumsfaktor
IGF2	11p15.5	Versch. Krebserkrankungen	Überexpression	Wachstumsfaktor
ERBB1	7p12	Karzinome	Überexpression, Mutation	Tyrosinkinase
ERBB2	17q21.1	Karzinome	Überexpression	Tyrosinkinase
KIT	4q12	Krebserkrankungen (Hoden, Darm, Bindegewebe)	Mutation	Tyrosinkinase
RET	10q11.2	Krebserkrankungen (Schilddrüse und andere endogene Drüsen)	Mutation, Inversion	Tyrosinkinase
MET	7q31	Karzinome (bes. Niere)	Überexpression, Mutation	Tyrosinkinase
IGF1R	15q25	Karzinome (bes. Leber)	Überexpression	Tyrosinkinase
SMO	7q32	Krebserkrankungen (Haut, Gehirn)	Mutation	G-Protein-gekoppelter Rezeptor
HRAS	11p15.5	Versch. Krebserkrankungen	Mutation	GTP-bindendes Protein
NRAS	1p13.2	Versch. Krebserkrankungen	Mutation	GTP-bindendes Protein
KRAS	12p12.1	Karzinome	Mutation	GTP-bindendes Protein
BRAF	7q34	Melanome, Krebserkrankungen (bes. Dickdarm)	Mutation	Tyrosinkinase
CTNNB1	3p22	Karzinome (bes. Dickdarm, Leber)	Mutation	Cytoskelett, Transkriptionsaktivator
MYC	8q24.12	Versch. Krebserkrankungen	Translokation, Überexpression, Mutation	Transkriptionsfaktor
MYCN	2p24.1	Krebserkrankungen	Überexpression	Transkriptionsfaktor
MYCL1	1p34.3	Karzinome	Überexpression	Transkriptionsfaktor
RELA	11q12	Leukämie	Translokation	Transkriptionsfaktor
MDM2	12q14.3	Sarkome und andere solide Tumoren	Überexpression	Transkriptionsregulator, Ubiquitin-Ligase
SKP2	5p13	Krebserkrankungen	Überexpression	Ubiquitin-Ligase
CCND1	11q13	Versch. Krebserkrankungen	Überexpression	Zellzyklus-Regulation
CCDN2	12p13	Krebserkrankungen	Überexpression	Zellzyklus-Regulation
CDK4	12q14	Krebserkrankungen	Überexpression, Mutation	Zellzyklus-Regulation
BCL2	18q21.3	Lymphome und versch. Krebserkrankungen	Translokation, Überexpression	Apoptose-Regulation

[a] nach OMIM; nach Schulz (2005)

13

bekannt (*HRAS*, OMIM 190020; *KRAS*, OMIM 190070; *NRAS*, OMIM 164790). Sie codieren für kleine Proteine (21 kDa; daher auch die Bezeichnung „p21-Proteine"), die zur Superfamilie der Guaninnukleotid-bindenden Proteine gehören (kurz: G-Proteine). Sie oszillieren alle zwischen einer aktiven Form (GTP-Bindung) und einer inaktiven Form (GDP-Bindung) (Abb. 13.46). Die aktive Konformation wird durch die im RAS-Protein enthaltene GTPase-Aktivität wieder in die inaktive Form umgewandelt. Unter normalen Bedingungen haben ruhende Zellen nur 5 % des gesamten RAS-Proteins im aktiven Zustand – im aktivierten Zustand steigt dieser Anteil dagegen auf 50 % an. RAS-Proteine sind an der inneren Seite der Zellmembran lokalisiert, wo sie eine

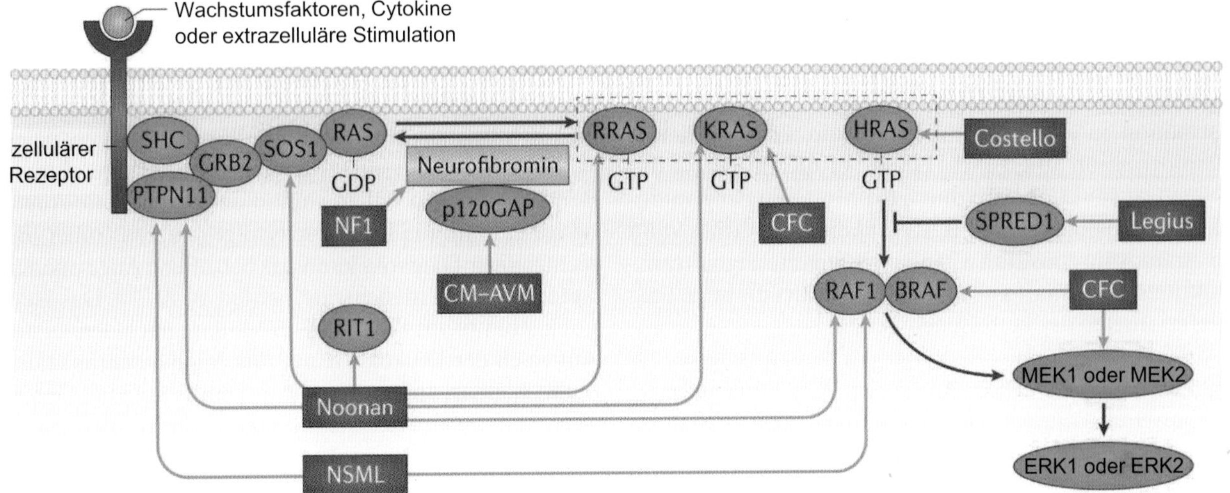

Abb. 13.46 RASopathien prädisponieren Patienten zu Krebserkrankungen (Leukämie, Rhabdomyosarkom oder Neuroblastom), Kleinwüchsigkeit, Entwicklungsverzögerungen und Herzfehlern. Die Syndrome, die mit jedem Gen verbunden sind, sind *dunkelrot* hinterlegt. RASopathien sind sowohl häufigere Erkrankungen wie Neurofibromatose Typ 1 (NF1, betrifft etwa 1:3000 Personen) und das Noonan-Syndrom (betrifft etwa 1:2000 Personen) als auch seltene Erkrankungen wie das Costello-Syndrom. Mutationen in verschiedenen Genen der RAS-MAPK-Signalkaskade können zum Noonan-Syndrom führen, aber auch zu einem Noonan-Syndrom mit *Lentigines* (NSML; früher auch als Leopard-Syndrom bezeichnet), oder zu einem Kardio-fazio-kutanen Syndrom (CFC). Das Legius-Syndrom ist mit Mutationen im *SPRED1*-Gen verbunden (engl. *sprouty-related, EVH1 domain-containing-1*), und multiple kapilläre Malformationen mit arteriovenösen Malformationen (CM-AVM) haben ihre Ursache in Mutationen in *RASA1* (das für das Protein p120GAP codiert). Weitere Gene, deren Mutationen für RASopathien verantwortlich sind, sind *PTPN11* (engl. *protein tyrosine phosphatase non-receptor type 11*), *CBL* (engl. *Casitas B-lineage lymphoma*), *SOS1* (engl. *son of sevenless homologue 1*), *RAF1* (engl. *rapidly accelerated fibrosarcoma-1*), *HRAS*, *KRAS*, *NRAS*, *BRAF* (engl. *rapidly accelerated fibrosarcoma*, Isoform B), *MAP2K2* (engl. *mitogen-activated kinase kinase 2*) und SHOC2 (engl. *suppressor of clear homolog*). Neue Gene kommen kontinuierlich hinzu, z. B. *RRAS (engl. related RAS viral oncogene homolog)*, *RIT1* (engl. *RIC-like without CAAX 1*), *MAP2K1* oder *RASA2*. ERK: extrazellulär regulierte Kinase; GRB2: *growth factor receptor-bound protein 2*; MEK: MAP/ERK-Kinase; SHC: *SRC homology 2 domain-containing*. (Nach Ratner und Miller 2015, mit freundlicher Genehmigung)

wichtige Rolle als GTPase-Schalter in verschiedenen Signalketten spielen (RAS-MAPK-Signalkaskade). RAS-Proteine werden durch verschiedene extrazelluläre Signale (Wachstumsfaktoren wie EGF oder PDGF) aktiviert. Für die Entdeckung der G-Proteine und ihrer Rolle bei der intrazellulären Signalübertragung erhielten Alfred G. **Gilman** und Martin **Rodbell** 1994 den Nobelpreis in Physiologie oder Medizin. Mutationen in den Genen dieser Signalkaskade werden unter dem Oberbegriff „RASopathien" zusammengefasst (Abb. 13.46).

Die RAS-Signalkaskade ist in allen menschlichen Tumoren ein wichtiger Stoffwechselweg, denn in ca. 30 % aller Fälle wird sie falsch reguliert: Mutationen in den *RAS*-Genen sind die häufigsten Mutationen, die man in menschlichen Tumoren entdeckt. Allerdings ist die Frequenz gewebe- und tumorspezifisch: *RAS*-Mutationen kommen in fast allen Pankreas-Adenokarzinomen vor, zu 50 % bei Dickdarmkrebs, in 25–50 % der Lungen-Adenokarzinome, aber so gut wie nicht bei Brust- und Gebärmutterkrebs. Außerdem sind diese Mutationen im *RAS*-Gen offensichtlich nicht zufällig auf die verschiedenen Isoformen verteilt, sondern betreffen überwiegend das *KRAS* (vor allem bei Dickdarmkrebs); Mutationen in *NRAS* findet man bei Leukämien und Mutationen in *HRAS* bei Blasenkrebs.

Insgesamt werden vier verschiedene RAS-Proteine gebildet, da durch differenzielles Spleißen zwei Transkripte des *KRAS*-Gens entstehen, die für zwei unterschiedliche Proteine codieren. Das *HRAS*-Onkogen codiert ein 189 Aminosäuren langes Protein mit einem Molekulargewicht von $M_r = 21.000$, das $p21^{RAS}$-Protein. In vielen Krebszellen ist dieses Protein in einer einzigen Aminosäure in der Position 12 verändert: An der Stelle eines Glycins ist ein Valin zu finden (G12V). Diese Aminosäureveränderung wird durch eine Basenveränderung (Transversion) im Codon 12 von GGC nach GTC verursacht. Durch die Expression zellulärer Gene aus Karzinomzellen in Zellkulturen (von präneoblastischen Zellen, also Zellen, die nicht von einem Tumor abstammen) konnten Robert **Weinberg** und Mitarbeiter (McCoy et al. 1984) zeigen, dass das zelluläre RAS-Onkoprotein (mit einem Valin in der Aminosäureposition 12) eine karzinogene Wirkung besitzt. Erwartungsgemäß war das Proto-*RAS*-Gen, welches in den gesunden Zellen desselben Krebspatienten vorhanden war, in einem solchen Test nicht karzinogen. Wir müssen daraus schließen, dass zelluläre Onkogene, d. h. mutierte Allele der Protoonkogene, zur Entstehung bösartiger (maligner) Tumoren beitragen.

Das RAS-Protein ist membrangebunden und besitzt sowohl GTP/GDP-Bindungsaktivität als auch GTPase-Aktivität. Die Membranbindung wird durch posttranslationale Modifikationen erreicht (Farnesylierung). Die

Aufgabe von RAS ist es, durch Wachstumsfaktoren an der Zelloberfläche ausgelöste Proliferationssignale in das Zellinnere zu übertragen. Dabei wird es durch extrazelluläre Signale von einer GDP-bindenden, inaktiven Konformation in eine signalübertragende, GTP-bindende Konformation überführt. Diese Autotermination der Signaltransduktion wird durch die Mutation der Aminosäure 12 gestört, sodass RAS-Onkoproteine (mit Valin in Aminosäureposition 12) eine gesteigerte Signaltransduktionseigenschaft aufweisen. Das erklärt die hohe Proliferationsrate der betroffenen Zellen.

Aufgrund des hohen Anteils an *RAS*-Mutationen in verschiedenen Krebsarten versucht man, die so daueraktivierte Form des RAS-Proteins zu blockieren. Das Abschalten der RAS-Aktivität kann auf vielen Wegen erfolgen: Hemmung der RAS-Proteinsynthese durch *antisense*-Oligonukleotide oder RNA-Interferenz, Hemmung der Verankerung in der Membran durch Hemmung der Farnesyltransferase; Blockade der Wechselwirkung von RAS mit seinen Kooperationspartnern durch den Einsatz spezifischer Antikörper gegen die mutierte Form des RAS-Proteins. Diese Strategien waren bisher *in vitro* oder in Tierversuchen erfolgreich. Verschiedene klinische Tests der Phase II mit Reovirus, einem Replikations-kompetenten RNA-Virus, waren Erfolg versprechend (Galanis et al. 2012; Mahalingam et al. 2018).

13

Die Analyse von Virus-induzierten Krebserkrankungen hat gezeigt, dass Viren Gene enthalten können, die homolog zu Wachstumsfaktoren, ihren Rezeptoren oder zu Transkriptionsfaktoren sind; gemeinsam mit ihren entsprechenden zellulären Homologen fassen wir sie unter dem Begriff „Onkogene" zusammen. Wenn sie aufgrund von Mutationen dauerhaft angeschaltet sind, führt das zu Krebserkrankungen in den entsprechenden Geweben.

Tumorsuppressorgene

Das **Retinoblastom** (OMIM 180200) ist bei Kindern die häufigste Krebserkrankung am Auge; die Erkrankung wird durch Mutationen im *RB1*-Gen verursacht (engl. *retinoblastoma gene*, *RB1*; Chromosom 13q14). Das Retinoblastom repräsentiert den Prototyp einer erblichen Krebserkrankung mit autosomal-dominantem Erbgang. Es tritt mit einer Häufigkeit von 1:16.000 bis 1:18.000 Geburten auf; davon sind 40 % erblich, und alle somatischen Zellen sind heterozygot für die Mutation. Unter diesen erblichen Fällen sind nur 25 % familiär bedingt, aber 75 % der erblichen Fälle entstehen durch Neumutationen in der Keimbahn. 60 % der Retinoblastomerkrankungen sind allerdings nicht erblich und beruhen ausschließlich auf anderen somatischen Mutationen in der Retina. Dabei gibt es keinen signifikanten Einfluss des Geschlechts, ethnischer Zugehörigkeiten, Umwelt- oder sozioökonomischer Faktoren. Der Tumor befällt die Retina des menschlichen Auges (◘ Abb. 13.47). Die einseitige Erkrankung wird in der Regel durch somatische Mutationen in einer Retina hervorgerufen und im Alter zwischen 27 Monaten (in entwickelten Ländern) und 36 Monaten (in Entwicklungsländern) diagnostiziert – häufig aufgrund einer weißen Pupille (Leukokorie). Bei den erblichen Fällen sind in der Regel beide Augen betroffen, und die Diagnose erfolgt deutlich früher. Bei rechtzeitiger Diagnose kann das betroffene Auge operiert werden, die Überlebensrate beträgt 95–97 %. Das Retinoblastom bleibt für etwa 3–6 Monate nach dem ersten Auftreten der Leukokorie auf das Auge beschränkt und damit heilbar; später greift der Tumor auf das Gehirn über, und die Überlebensrate sinkt auf etwa 30 %.

Das erbliche Retinoblastom tritt bei einer heterozygoten Mutation im *RB1*-Gen auf, weshalb der Erbgang als dominant bezeichnet wird. Es kommt jedoch nur dann zur Ausprägung des Tumors, wenn eine zweite (somatische) Mutation in dem anderen Allel des Gens in einer retinalen Zelle auftritt, sodass somit eine gemischte Heterozygotie vorliegt (engl. *compound heterozygosity*). Da bei etwa 90 % der Träger Tumoren entstehen, lässt sich die Anwendung des Dominanzbegriffs aus der medizinischen Praxis rechtfertigen. Diese Patienten haben außerdem ein erhöhtes Risiko, später im Leben an weiteren primären Tumoren zu erkranken (u. a. Sarkome, Melanome, Lungen- und Blasenkrebs); diese Prädisposition wird durch eine vorausgehende Strahlentherapie signifikant erhöht.

Die Untersuchungen des erblichen Retinoblastoms waren in zweierlei Hinsicht bahnbrechend: In der nicht-erblichen Form bedarf es zweier somatischer Mutationen, bis das Retinoblastom ausbricht. Daher tritt die erbliche Form bereits im Kindesalter auf und täuscht einen dominanten Erbgang vor, während die nicht-erbliche Form erst später im Leben zu Krebs führt. Dies führte 1971 zur Formulierung der „Zwei-Treffer-Theorie" durch Alfred **Knudson** (Übersicht in Knudson 2001): Erst wenn beide Allele des Retinoblastom-Gens in einer retinalen Zelle ausgeschaltet sind, kommt es zur unkontrollierten Teilung der Zellen. Bei sporadischen Krebserkrankungen werden im Laufe des Lebens zufällig beide Allele ausgeschaltet, und die Erkrankung tritt spät auf. Wenn dagegen schon ein Allel in der Keimbahn ausgeschaltet ist, bedarf es nur noch einer spontanen somatischen Mutation, und die Erkrankung tritt früher auf; in diesem Fall sprechen wir von einer genetischen Disposition. Heute wissen wir allerdings, dass – zumindest beim Retinoblastom – noch ein drittes Mutationsereignis dazu kommen muss (◘ Abb. 13.48).

Der zweite Aspekt, den wir aus der Analyse des erblichen Retinoblastoms lernen können, betrifft die Tatsache, dass beide Allele mutiert sein müssen, damit es zu einer Krebserkrankung kommen kann. Offensichtlich handelt es sich also nicht um eine Funktionsgewinn-Mutation (wie bei den Onkogenen), sondern um eine Funktionsver-

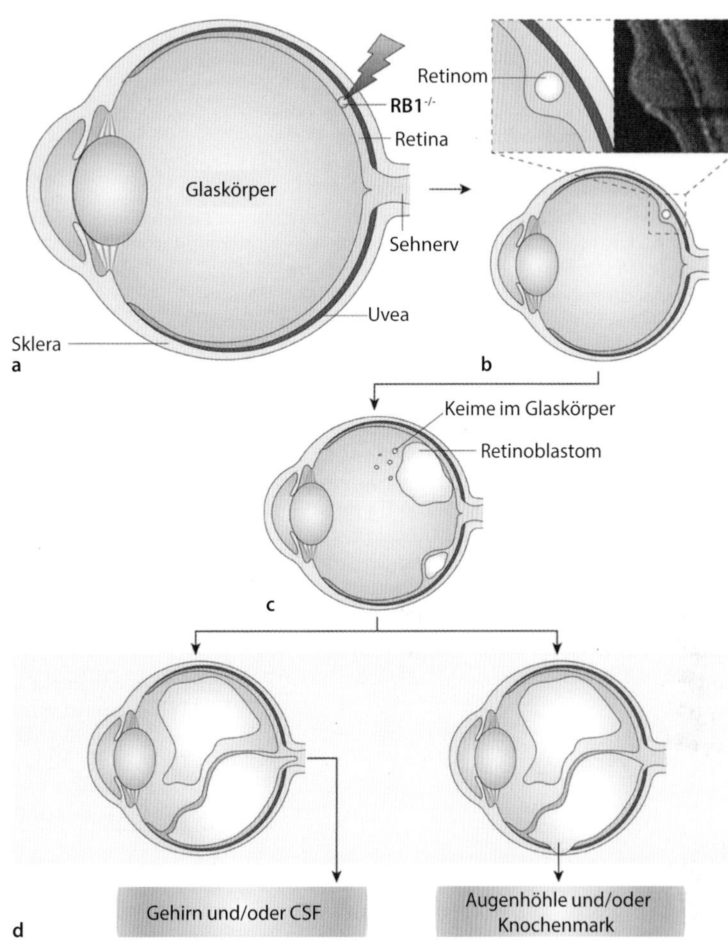

▣ Abb. 13.47 Retinoblastom. **a** Anatomische Merkmale eines gesunden Auges. Ein genetischer Schaden (*Blitz*) führt zu einer Mutation des Retinoblastom-Gens (*RB1*), die zu einem Funktionsverlust in beiden Allelen des *RB1*-Gens in einer retinalen Zelle führt (sehr wahrscheinlich in einer Vorläuferzelle der Photorezeptoren, die von der Funktion des Retinoblastom-Proteins abhängig ist, um die Proliferation zu beenden). **b** Genomische Instabilität führt zur Bildung eines gutartigen Retinoms. Nur 55 % der Patienten haben ein Retinom ohne ein Retinoblastom. Die Vergrößerung zeigt ein kleines Retinom, das nur durch optische Kohärenztomographie (OCT) erkannt werden kann. **c** Retinoblastome entstehen in der Retina, wenn weitere Veränderungen im Genom eine unkontrollierte Proliferation begünstigen: Der Tumor wächst, Wachstumskeime werden unabhängig und gleiten unter die Retina und in den Glaskörper. **d** Retinoblastome können benachbarte Gewebe angreifen, z. B. den Sehnerv, die Uvea (mittlere Augenhaut) oder die Sklera (Lederhaut), was ein sehr hohes pathologisches Risiko darstellt. Am Ende kann das Retinoblastom auch aus dem Auge herauswuchern und Metastasen in der Augenhöhle und dem Knochenmark oder im Gehirn bilden (direkt oder indirekt über die Cerebrospinalflüssigkeit [CSF]). (Nach Dimaras et al. 2015, mit freundlicher Genehmigung)

lust-Mutation, nämlich um den Verlust der Fähigkeit, die Bildung von Tumoren zu verhindern. Daher ist das Retinoblastom-Gen zum Paradigma eines Tumorsuppressorgens geworden. Inzwischen kennen wir eine Reihe solcher Gene, von denen einige in ▣ Tab. 13.7 genannt sind. Im Allgemeinen hemmen die Produkte von Tumorsuppressorgenen die Zellproliferation. Ein wichtiges Charakteristikum für die Funktion von Tumorsuppressorgenen ist außerdem der Verlust der Heterozygotie im Krebsgewebe (meist durch Deletion eines größeren DNA-Abschnitts einschließlich des Tumorsuppressorgens selbst).

Das *RB1*-Gen ist ein besonders großes Gen, das sich über 190 kb erstreckt und 27 Exons enthält. Es codiert für ein Protein (pRb) mit einem Molekulargewicht von $M_r = 110.000$ (928 Aminosäuren). Das pRb ist heute als ein negativer Regulator des Zellzyklus charakterisiert und an Differenzierungsprozessen und Apoptose beteiligt. Es bindet an die E2F-Transkriptionsfaktoren und unterbindet dadurch die Transkription vieler Gene, die für die S-Phase benötigt werden (▣ Abb. 13.49). Diese E2F-Proteine besitzen auch eine CDK-Bindedomäne und aktivieren solche Gene, die für den Übergang der G_1- in die S-Phase verantwortlich sind. Eine zweite Gruppe von E2F-Proteinen besitzt nur eine Bindungsdomäne für pRb; sie werden in der G_0- und G_1-Phase in den Zellkern transportiert. Die Aktivität des pRb wird durch das Ausmaß seiner Phosphorylierung gesteuert: Der Phosphorylierungszustand des Proteins ist während der G_1-Phase und in G_0-Zellen niedrig, in der späten G_1- und der S-Phase dagegen erhöht. Dieses Verhalten erinnert uns stark an das Zellzyklus-regulierender Proteine. Wie bereits zuvor besprochen, spielt in der Regulation des Zellzyklus insbesondere der Übergang zur S-Phase (▣ Abb. 5.20, 5.22) eine Rolle. Dieser Zeitpunkt wird durch eine Phosphokinase, das p34^{CDC2}-Protein, kontrolliert. Die Zellzyklus-regulierende Funktion von pRb ist plausibel, wenn man annimmt, dass dieses Protein im funktionellen Zustand ein Festhalten der Zelle in der G_1- (oder G_0-)Phase zur Aufgabe hat. Eine Mutation zur Funktionsunfähigkeit würde damit den Übergang in die S-Phase und damit die Proliferationsfähigkeit der Zelle freigeben und zur Tumorentstehung führen.

> **!** Tumoren können genetisch prädisponiert sein und durch somatische Mutation zur Ausbildung kommen. Ein klassisches Beispiel ist die heterozygote Konstitution des Retinoblastom-Gens. Weitere (somatische) Mutationen im Wildtyp-Allel erfolgen mit so großer Häufigkeit, dass 90 % der Heterozygoten ein Retinoblastom entwickeln.

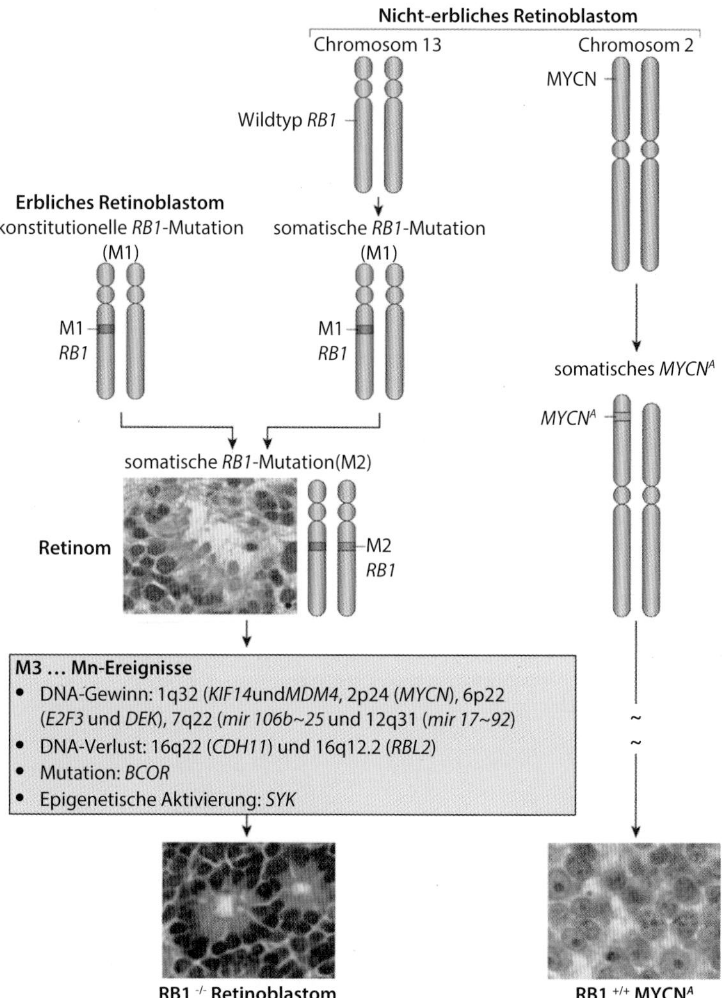

Abb. 13.48 Genetische Ursachen für ein Retinoblastom. Es sind drei genetische Untertypen des Retinoblastoms bekannt. Patienten mit einem erblichen Retinoblastom haben eine konstitutive inaktivierende Mutation (Mutation 1, M1) des Retinoblastom-Gens *RB1*, die in allen Körperzellen vorliegt. Eine zweite, somatische Mutation (M2) in einer empfindlichen Retinazelle kann zu einem gutartigen Retinom führen. Weitere genetische und/oder epigenetische Ereignisse (M3 … Mn) sind aber notwendig, um ein Retinom in ein Retinoblastom zu überführen. Ein nicht-erbliches Retinoblastom entwickelt sich ähnlich, allerdings ereignen sich die Mutationsereignisse M1 und M2 in einer einzigen anfälligen Retinazelle. Die somatische Amplifikation des Protoonkogens *MYCN* (→*MYCN*^{A}) führt zu einem seltenen, nicht-erblichen Retinoblastom, bei dem das *RB1*-Gen nicht mutiert ist. Die Histologie dieser Retinoblastome zeigt unterschiedliche Bilder. *BCOR*: BCL-6-Co-Repressor; *CDH11*: Cadherin 11; *KIF14*: engl. *kinesin family member 14*; *RBL2*: engl. *retinoblastoma-like 2*; *SYK*: engl. *spleen tyrosine kinase*. (Nach Dimaras et al. 2015, mit freundlicher Genehmigung)

Ein zweites wichtiges Beispiel eines Tumorsuppressorgens codiert für das **p53-Protein**. Das zugehörige Gen, *TP53*, liegt auf dem Chromosom 17p13. Homozygote Mutationen führen zum **Li-Fraumeni-Syndrom** (OMIM 151623). In den betroffenen Familien treten bereits in einem niedrigen Lebensalter mehrfache primäre Tumoren auf, so unter anderem Brustkrebs, Gehirntumoren, Osteosarkome und Leukämie. Die molekulare Analyse hat gezeigt, dass bereits eine Veränderung der Dosis von p53-Protein zur Tumorbildung führen kann.

Bei dem p53-Protein handelt es sich um einen **Transkriptionsfaktor**, der als Homotetramer an DNA bindet und die Transkription von Genen induzieren kann, die unter seiner Kontrolle stehen. Das 393 Aminosäuren lange Protein hat aber – ähnlich wie pRb – eine Schlüsselfunktion in der Zellzykluskontrolle am Übergang von der G_1- zur S-Phase (Abb. 5.22). Eine der Funktionen des p53-Proteins liegt in der Aufgabe, die DNA-Replikation zu verhindern, wenn die DNA Schäden aufweist; das p53-Protein wird daher auch als „Wächter des Genoms" bezeichnet. Die Replikation wird erst nach Reparatur dieser Schäden freigegeben, oder es kommt – bei zu großen Schäden – zur Apoptose. Bei Deletion des *TP53*-Gens (oder einer *loss-of-function*-Mutation) wird die DNA jedoch ungehindert repliziert. Als Folge davon kommt es zu Mutationen, die unter anderem wiederum onkogenen Charakter haben können.

Es ist in den letzten Jahren erkannt worden, dass **genetisch programmierter Zelltod (Apoptose)** eine wichtige Rolle beim Schutz des Organismus vor Tumorerkrankungen spielt. Das p53-Protein ist eines der wichtigen **Kontrollproteine**, die normalerweise dafür sorgen, dass defekte Zellen einem kontrollierten Zelltod unterliegen. Bei seiner Abwesenheit entfällt dieser Kontrollmechanismus, und die Zellen können sich durch den Ausfall der Replikationskontrolle zu Tumorzellen entwickeln. Eine Zusammenfassung der wichtigsten Funktionen von p53 findet sich in Abb. 13.50.

Die **Therapie** von p53-induzierten Tumoren erweist sich als **besonders problematisch**, da herkömmliche Chemotherapien im Allgemeinen auch mutagene Effekte haben. Durch Ausfall der DNA-Reparaturkontrolle bei p53-Mutation werden daher die Auswirkungen von Mutationen noch verstärkt und können damit erst recht

Tab. 13.7 Beispiele für Tumorsuppressorgene und die entsprechenden Erkrankungen

Erkrankung	Chromosomale Lokalisation	Gen
Ataxia telangiectasia (Luis-Bahr-Syndrom)	11q22–q23	*ATM*
Brust- und Ovarialkrebs	13q12–q13	*BRCA1*
Brustkrebs	17q13	*BRCA2*
Wilms-Tumor (Nephroblastom)	11p13	*WT1*
Li-Fraumeni-Syndrom	17p13	*TP53*
Neurofibromatose I (v. Recklinghausen'sche Krankheit)	17q12–q22	*NF1*
Neurofibromatose II	22q12.2	*NF2*
Polyposis intestinalis I (familiäre adenomatöse Polypose, FAP)	5q21	*APS*
Malignes Melanom	9p21	*CDKN2*

zu Tumor-induzierenden Neumutationen führen. Es zeigt sich in diesem Fall, dass die Kenntnis der molekularen Bedeutung eines Genproduktes Hinweise auf die Zweckmäßigkeit oder Unzweckmäßigkeit von Therapieansätzen geben kann. Beim Li-Fraumeni-Syndrom ist der **Einsatz einer Chemotherapie offensichtlich unzweckmäßig**. Auch präventive Röntgenuntersuchungen (z. B. durch Mammographie) sollten vermieden werden, da sie durch die hohe Mutationsfähigkeit durch Ausfall des DNA-Reparatursystems leicht zu Tumor-induzierenden Mutationen führen können.

Das Tumorsuppressorgen TP53 ist an der Kontrolle des Zellzyklus beteiligt. Bei Ausfall der normalen Funktion unterbleibt die Kontrolle auf DNA-Schäden, und es wird keine Apoptose eingeleitet, sodass es zur unkontrollierten Proliferation von Zellen und zur Tumorbildung kommt.

Ein weiteres Beispiel für genetische Prädisposition bei Krebserkrankungen ist **Brustkrebs** (OMIM 114480), nach Hautkrebs die bei Frauen zweithäufigste diagnostizierte Krebserkrankung. Zwar tritt die überwiegende Mehrzahl (70–80 %) der Fälle sporadisch auf, aber die restlichen 20–30 % zeigen doch Häufungen in Familien; das Auftreten von Brustkrebs in solchen Familien ist auch mit einem erhöhten Risiko für Eierstockkrebs verbunden. Man nimmt an, dass etwa 5–10 % der erblichen Brustkrebserkrankungen mit Mutationen in den Genen *BRCA1* und *BRCA2* (engl. *breast cancer*) verbunden sind (auf den Chromosomen 17q21 bzw. 13q12). Keimbahnmutationen in *BRCA1* und *BRCA2* führen zu einem

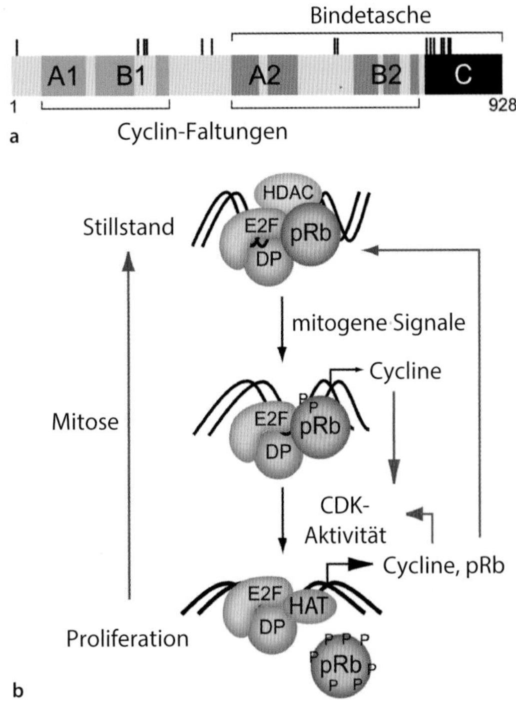

Abb. 13.49 Das Rb-Protein und seine Funktionen im Zellzyklus. **a** Das Rb-Protein besteht aus 928 Aminosäuren; zu seinen wichtigen strukturellen und funktionellen Elementen gehören die Bindetasche (zur Bindung von Zielmolekülen wie den Transkriptionsfaktor E2F und viralen Onkogenen), die beiden Cyclin-Faltungsdomänen (A1 und B1 sowie A2 und B2) und der unstrukturierte C-terminale Bereich (C). Die *farbigen* Bereiche markieren die Positionen der α-Helices, die für die Cyclin-Faltungsdomänen charakteristisch sind. Die *Striche* über den Proteindomänen deuten die vielen Serin- und Threonin-Phosphorylierungsstellen an (Serin an den Positionen 230, 249, 567, 608, 612, 780, 788, 795, 807 und 811 sowie Threonin an den Positionen 5, 252, 356, 373, 821 und 826). **b** Eine besonders wichtige Aufgabe des Rb-Proteins ist die Regulation des Zellzyklus durch die Bindung des Transkriptionsfaktors E2F. In der nicht-phosphorylierten Form bindet pRb an E2F und unterdrückt die Expression der entsprechenden Zielgene, indem es Histon-Deacetylasen (HDACs), weitere Co-Repressoren und Chromatin-modifizierende Enzyme bindet (DP: Heterodimerisierungs-Partner). Dadurch wird das Chromatin in einen eher kondensierten Zustand überführt. Mitogene Signale, Cycline und Cyclin-abhängige Kinasen (CDKs) führen zu einer starken Phosphorylierung des Rb-Proteins, das dadurch nicht mehr an E2F binden kann: Die Expression der entsprechenden Zielgene wird nicht mehr unterdrückt (z. B. Histon-Acetyltransferasen, HAT) und das Chromatin in einen eher offenen Zustand überführt. Zu diesen Zielgenen gehören auch Regulatoren des Übergangs von der G_1- in die S-Phase, Enzyme der DNA-Synthese, Protoonkogene und Regulatoren der Apoptose. Das Schema deutet auch an, dass das Rb-Protein im Zentrum verschiedener positiver und negativer Rückkopplungsschleifen steht. (Nach Chinnam und Goodrich 2011, mit freundlicher Genehmigung)

Risiko für Brust- und Eierstockkrebs, das deutlich über dem Bevölkerungsdurchschnitt liegt; allerdings ist das genaue Risiko nicht bekannt und vom Kontext abhängig (Stärke der familiären Belastung, Zugehörigkeit zu ethnischen Gruppen, Umweltfaktoren etc.). Frauen, die Mutationen im *BRCA1*-Gen tragen, haben ein Risiko von 51–85 % für Brustkrebs und 22–66 % für Eierstock-

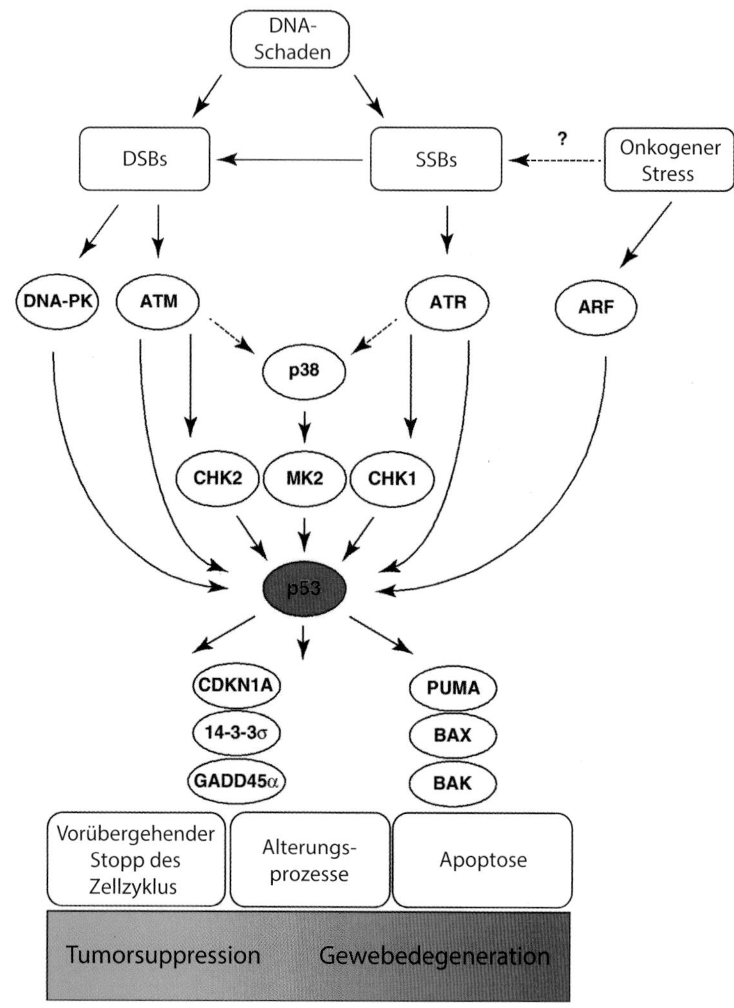

Abb. 13.50 p53 wird am Ende der Signalkette aktiviert, die durch DNA-Schäden ausgelöst wird. Die dargestellten Komplexe der einzelnen Kontrollpunkte beinhalten die DNA-abhängige Proteinkinase (DNA-PK), zwei Proteine, die an der Ausbildung der Ataxia telangiectasia beteiligt sind (ATM: *ataxia telangiectasia mutated*; ATR: *ATM and rad-3 related*), zwei Kontrollpunkt-Kinasen (CHK1, CHK2: *checkpoint kinase 1* bzw. *2*) und die MAPK-aktivierte Proteinkinase 2 (MK2). Nach seiner Aktivierung induziert p53 die Transkription von Zielgenen, die zu einem vorübergehenden Anhalten des Zellzyklus führen, um Zeit zur DNA-Reparatur zu gewinnen. Die Proteine, die am Stopp des Zellzyklus beteiligt sind, sind ein Cyclin-abhängiger Kinase-Inhibitor (CDKN1A) sowie die Proteine 14-3-3σ und GADD45α (engl. *growth arrest and DNA damage-inducible gene*). Falls die DNA-Reparatur nicht erfolgreich ist, beginnen die Zellen zu altern und werden apoptotisch abgebaut; daran sind die Proteine PUMA (engl. *p53 upregulated modulator of apoptosis*) sowie das Bcl2-assoziierte Protein X (BAX) und der Bcl2-Antagonist/Killer (BAK) beteiligt. Die Balance zwischen diesen verschiedenen p53-vermittelten Antworten entscheidet über die physiologischen Konsequenzen zwischen einem Schutz vor Krebserkrankungen und Altern. ARF: *p19 alternative reading frame protein*; DSB: Doppelstrangbruch; SSB: Einzelstrangbruch. (Nach Reinhardt und Schumacher 2012, mit freundlicher Genehmigung)

13

krebs; Mutationen im *BRCA2*-Gen führen zu einem geringeren Risiko (33–95 % für Brustkrebs und 4–47 % für Eierstockkrebs). Umgekehrt führen aber *BRCA2*-Keimbahnmutationen zu einem höheren Risiko für Krebserkrankungen an Prostata, Pankreas, Galle und Magen sowie für maligne Melanome und **männlichen** Brustkrebs.

Jedes der beiden *BRCA*-Gene wird als Tumorsuppressorgen charakterisiert:

- Der Erbgang innerhalb der betroffenen Familien folgt einem dominanten Muster.
- In den beiden Genorten wird bei den betroffenen Familien im Krebsgewebe ein Verlust der Heterozygotie festgestellt, wobei das Krebs-prädisponierende Allel erhalten bleibt.

Homologe Gene zu *BRCA1* und *BRCA2* gibt es auch bei anderen Säugern; die Gene werden ubiquitär exprimiert. Wir gehen heute davon aus, dass beide Proteine Teil eines Netzwerks sind, das für die irrtumsfreie Reparatur von DNA-Doppelstrangbrüchen und damit die Integrität und Stabilität des Genoms insgesamt verantwortlich ist. Dies geschieht im Wesentlichen durch Wechselwirkung mit Proteinen, die an der Rekombinationsreparatur beteiligt sind (► Abschn. 10.6); eine Übersicht vermittelt Abb. 13.51.

Außer den hier erwähnten Genen *BRCA1* und *BRCA2* tragen auch Mutationen in anderen Genen zu einem erhöhten Brustkrebsrisiko bei; dazu gehören neben *BRIP1* und *PALB2* (Abb. 13.51) auch *ATM* (engl. *ataxia telangiectasia mutated*) und *CHEK2* (engl. *checkpoint kinase 2*). Zu dieser Reihe gehört noch ein weiteres Gen: *RAD51C*. Dieses Gen wurde ursprünglich im Rahmen strahlenbiologischer Untersuchungen an Hefen (daher die Bezeichnung „RAD") identifiziert; das entsprechende Protein ist ebenfalls an der Rekombinationsreparatur beteiligt. Mutationen in *RAD51C* führen – wie *BRCA1* und *BRCA2* – mit hoher Penetranz zu Brustkrebs und Krebserkrankungen der Eierstöcke; es ist zu etwa 1,5–4 % an der Ausprägung familiärer Brustkrebserkrankungen beteiligt. Neben den Mutationen mit hoher Penetranz gibt es auch eine Reihe von Mutationen, die mit geringer Penetranz zum Krebsrisiko beitragen; in diesen Fällen können wir erwarten, dass eine Kombination von mehreren Muta-

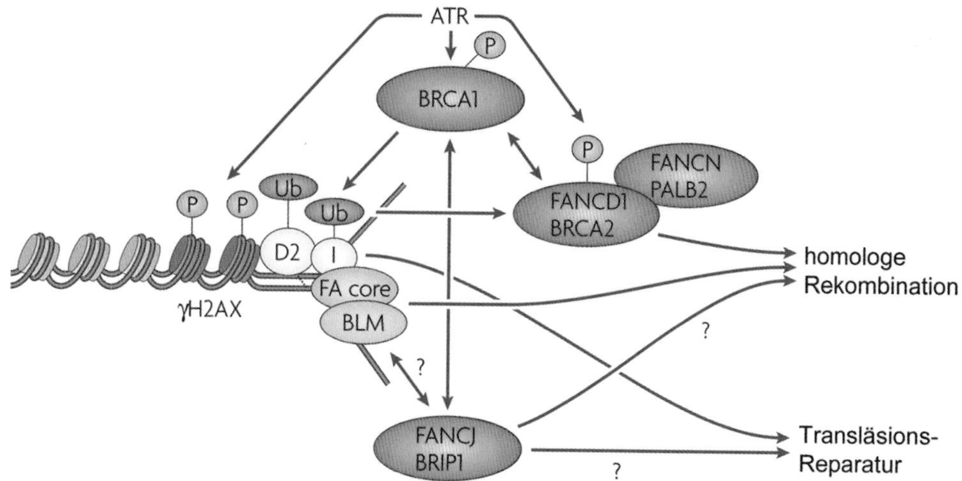

Abb. 13.51 BRCA-Reparatur-Netzwerk. Eine aufgrund eines Doppelstrangsbruchs angehaltene Replikationsgabel führt zur Aktivierung des ATR-Proteins. Diese Kinase phosphoryliert eine Variante des H2A-Histons (γH2AX), aber auch BRCA1 und BRCA2 (auch als FANCD1 bezeichnet). Durch diverse Protein-Protein-Wechselwirkungen werden viele Reparaturkomplexe an die defekte Stelle herangeführt. Die Proteine der Komplementationsgruppe einer Fanconi-Anämie (FANC) haben für die DNA-Reparatur weitere wichtige enzymatische Funktionen (FANCJ/BRIP1 ist eine DNA-Helikase; FANCN/PALB2 bindet und stabilisiert BRCA2; FANCD2 [D2] und FANCI [I] werden bei einem DNA-Schaden phosphoryliert und ubiquitiniert). Der FA-*core*-Komplex enthält weitere FANC-Proteine. ATR: *ataxia telangiectasia/Rad3 related protein*; BLM: *Bloom syndrome protein*; P: Phosphorylierung; Ub: Ubiquitinierung. (Nach Wang 2007, mit freundlicher Genehmigung)

tionen in den oben genannten Genen zusammenwirken (müssen), damit Brustkrebs entstehen kann (Meindl et al. 2011).

Mutatorgene

Das Konzept eines „Mutator-Phänotyps" in der Krebserkrankung gründet auf Beobachtungen, die Theodor **Boveri** vor über 100 Jahren (1902) publizierte. Er vermutete, dass die charakteristischen Wachstumsmuster menschlicher Krebszellen von chromosomaler Aneuploidie verursacht sein könnten. Hermann Josef **Muller** (1951) baute diese Hypothese dahingehend aus, dass Krebs dann entsteht, wenn eine einzige Zelle viele verschiedene Mutationen enthält. Spätere Beobachtungen der „Mutator-DNA-Polymerasen" (Mutationen in DNA-Polymerasen, die dadurch eine geringere Genauigkeit haben; Kunkel 1992) und die Identifikation von Mutationen in DNA-Reparatur-Genen, die mit Krebserkrankungen verbunden waren (siehe oben), haben die Hypothese verstärkt, dass Krebszellen einen „Mutator-Phänotyp" aufweisen. Entsprechend bezeichnet man als Mutatorgene solche Gene, die zu Veränderungen in der DNA-Replikation (▶ Abschn. 2.2) oder der Reparatur der DNA (▶ Abschn. 10.6) führen können. Mutationen in Mutatorgenen sind rezessiv erblich, und es besteht ebenfalls ein „Zwei-Treffer-Mechanismus".

Ein klassisches Beispiel ist die seltene autosomal-rezessive Hautkrebserkrankung **Xeroderma pigmentosum** (Abb. 13.52). Sie beruht auf erblichen Defekten im UV-Reparatursystem. Patienten mit dieser Krankheit sind hochgradig empfindlich gegen Sonnenlicht oder andere Formen von UV-Bestrahlung. Es entstehen bei ihnen mit hoher Frequenz Hauttumoren an exponierten Körperregionen, besonders im Gesicht oder an den Händen. Außerdem zeigen sie neben veränderter Pigmentierung weitere Krankheitssymptome, wie etwa neurale Degeneration und mentale Retardierung, deren Bezug zu Defekten in den DNA-Reparatursystemen weniger offensichtlich ist. Diese Krankheit ist bei verschiedenen Individuen nicht notwendigerweise auf den gleichen Defekt im UV-Reparatursystem zurückzuführen. Vielmehr sind mittlerweile bereits acht verschiedene Gene (bezeichnet als Komplementationsgruppen *XP-A* bis *XP-G* sowie Komplementationsgruppe *XP-V*) bekannt, deren Mutation zu einem Xeroderma-Phänotyp führen kann. Der Xeroderma-Phänotyp lässt sich Mutationen in zwei unterschiedlichen Reparaturwegen zuordnen (Abb. 10.42; ▶ Abschn. 10.6.2): der Nukleotid-Exzisionsreparatur (NER; auch globaler Genom-Reparaturmechanismus genannt, **GGR**; Gene *XP-A* bis *XP-G*) und der Transkriptions-gekoppelten Nukleotid-Exzisionsreparatur (**TCR**; Gen *XP-V*). Die Gene der Gruppe *XP-A* bis *XP-G* codieren für eine Gruppe von Helikasen, die für Einzelstrangschnitte in der DNA erforderlich sind, die schließlich zur Entfernung von Thymin-Dimeren führt. Außer *XP-C* sind sie sowohl bei der GGR als auch bei der TCR erforderlich. Das Gen *XP-V* codiert die DNA-Polymerase η.

Es gibt darüber hinaus noch andere Erbkrankheiten, die ihre Ursache ebenfalls in Defekten in DNA-Reparatursystemen haben, beispielsweise das seltene **Cockayne-Syndrom**. Diese Krankheit zeigt einige Symptome, die auch bei Xeroderma sichtbar werden, z. B. Defekte im

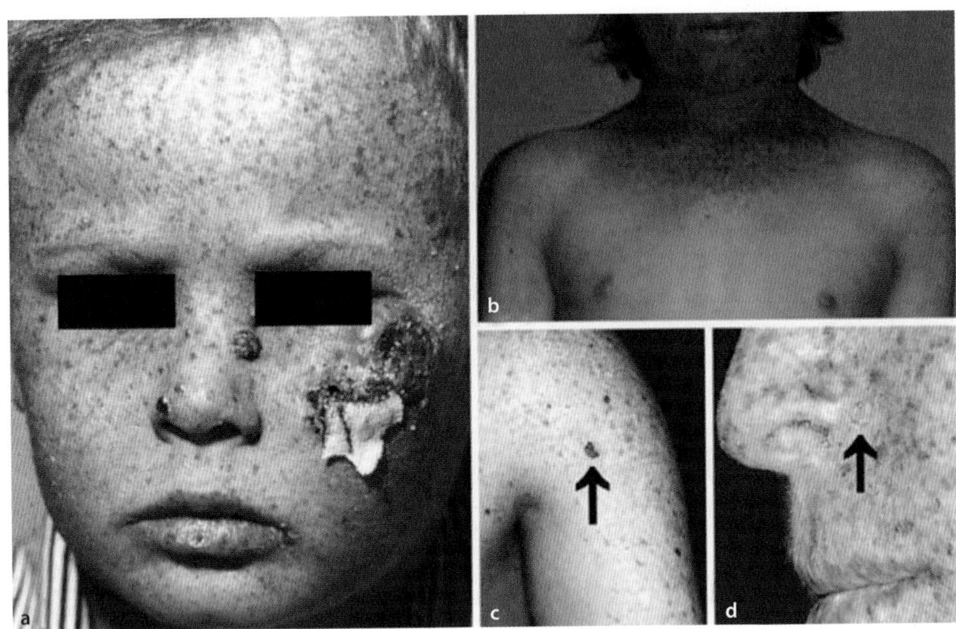

Abb. 13.52 Klinische Symptome von Xeroderma pigmentosum (XP). **a** Trockene Haut mit verschiedenen Hauttumoren (hauptsächlich Strahlenkeratose und großen squamösen Karzinomen an der linken Backe). **b** Relativ scharfe Abgrenzung von XP-Veränderungen der Haut an Sonnen-exponierten Flächen. **c** Hautmelanom (*Pfeil*) mit Flecken. **d** Basalzellkarzinom (*Pfeil*) inmitten typischer unter- und überpigmentierter Haut. (Nach Leibeling et al. 2006, mit freundlicher Genehmigung)

13

Nervensystem und mentale Retardierung, aber auch Tremor, Trübungen der Augenlinsen und Gehörstörungen. Für diese Krankheit hat man zwei Komplementationsgruppen, *CS-A* und *CS-B*, identifiziert, die ebenfalls für Proteine mit Helikase-Funktionen codieren. Diese Enzyme zeigen enge Verwandtschaft zu den von *E. coli* bekannten Reparaturenzymen des *Uvr*-Systems.

Genetische Defekte in den UV-Reparatursystemen führen unter anderem zur Entstehung von Hauttumoren in Körperregionen, die einer UV-Bestrahlung ausgesetzt werden.

Diese Beispiele lassen uns einige wesentliche Gesichtspunkte der Tumorbildung zusammenfassen:

- Tumoren sind auf die **Fehlfunktion** von Genen zurückzuführen, die wichtige zentrale Aufgaben im Zellstoffwechsel haben. Oft handelt es sich um Gene, deren Produkte für die Regulation des Zellzyklus, der Proliferationsfähigkeit oder der Differenzierung von Zellen erforderlich sind.
- Fehlfunktionen in Onkogenen oder Tumorsuppressorgenen entstehen durch **Mutation**.
- Als Tumor-verursachende Mutationen sind nicht nur der Ausfall oder die strukturelle **Veränderung** eines Proteins anzusehen, sondern sie können auch durch fehlerhafte **Regulation** (Überproduktion, konstitutive Proteinsynthese in Zellen, in denen ein Gen normalerweise inaktiv ist), durch überzählige **Genkopien**, die durch Retroviren in die Zelle eingeführt werden, oder auch durch **Translokation** in den Funktionsbereich anderer Gene verursacht werden.

Generell kommen somit alle Arten von Mutationen als mögliche Ursachen für die Tumorinduktion in Betracht. Die hohen spontanen Mutationsraten, denen jede einzelne Zelle unterworfen ist, erklären auch, warum mit steigendem **Lebensalter** die Gefahr der Tumorentstehung größer wird: Die Effektivität der Reparatursysteme sinkt mit steigendem Lebensalter, sodass damit die Gefahr einer unkorrigiert verbleibenden Mutation essenzieller Gene erhöht wird.

Es wurde eine Anzahl von Genen identifiziert, deren Deletion oder Mutation zur Tumorbildung führt. Als Folge kann es zu erblicher Prädisposition für die Ausbildung bestimmter Tumoren kommen. Diese entstehen jedoch in vielen Fällen erst in Kombination mit auslösenden Umweltfaktoren.

Für die „richtige" Therapie des einzelnen Patienten ist es oftmals wichtig, zwei Aspekte in der Tumordiagnostik zu beachten: einmal die individuelle genetische Prädisposition und zum anderen die genetische Entwicklung, die das Tumorgewebe selbst genommen hat, nämlich welche Gene **zusätzlich** mutiert sind. Diese Zahl schwankt zwischen 4 und 140 Genen pro Tumor – prädisponierende Keimbahnmutationen werden dagegen bei 3 % der untersuchten Patienten identifiziert. Ohne diesen Vergleich zwischen Keimbahnmutation und somatischen Mutationen im Tumorgewebe wäre also die Zahl möglicher falsch-positiver Sequenzergebnisse deutlich höher. Diese Art der Tumordiagnostik wird durch die vereinfachten und zunehmend kostengünstigen Sequenzierverfahren (*next generation sequencing*) in naher Zukunft deutlich zunehmen (Jones et al. 2015).

13.4.2 Asthma

Asthma (OMIM 600807) ist eine chronische Entzündung und Überempfindlichkeit der (oberen) Atemwege mit wiederholten Anfällen von Atemnot, Husten und Kurzatmigkeit. Ursache ist eine krankhafte Reaktion der Atemwegsschleimhaut auf verschiedene Reize. Bei einem Asthmaanfall schwillt die schon entzündlich gereizte Bronchialschleimhaut an. Eine oftmals vermehrte, zähe Schleimproduktion verengt die Atemwege weiter. Zudem zieht sich die Muskulatur der kleineren Atemwege (Bronchien und Bronchiolen) krampfartig zusammen. Durch diese Vorgänge wird die Atmung, vor allem die Ausatmung, erschwert und damit die Sauerstoffversorgung der Lunge verschlechtert. Viele Asthmafälle werden durch spezifische äußere Reize wie Pollen, Staub, Tierhaare, Schimmel und einige Lebensmittel (Allergene) hervorgerufen. Auch Infektionen der Atemwege führen unter Umständen zu Asthma. Ein großer Teil der Patienten leidet unter Belastungsasthma, das nach körperlicher Anstrengung auftritt und zusätzlich durch unspezifische Reize (z. B. kalte, trockene Atemluft, Rauch, Parfüm, Staub, Abgase) ausgelöst werden kann. Asthma ist damit ein klassisches Beispiel für eine komplexe Erkrankung.

Die Entzündung ist durch die Freisetzung von Mediatoren gekennzeichnet (unter anderem Histamine, Proteasen, Leukotriene und Cytokine) und mit Verletzungen des Epithels, Veränderungen der Permeabilität und Übersekretion von Schleim verbunden. Sie führen schließlich zu einer erhöhten bronchospastischen Antwort auf verschiedene chemische (Staub, Allergene) oder physikalische Reize (Kälte). Asthma ist oft verbunden mit erhöhtem IgE-Spiegel im Serum und der Prädisposition für andere atopische Erkrankungen (Heuschnupfen, Neurodermitis).

Die Häufigkeit von Asthma hat in den letzten Jahrzehnten deutlich zugenommen; in Deutschland betrug die Prävalenz 2012 im Durchschnitt der erwachsenen Bevölkerung 8,8 %, wobei Frauen deutlich häufiger betroffen sind (9,6 %) als Männer (7,9 %); im Jahr 2003 waren nur 6 % der Frauen und 5,2 % der Männer betroffen. Bei Kindern und Jugendlichen zwischen 11 und 17 Jahren ist das Geschlechterverhältnis umgekehrt: Hier sind etwa 7,9 % der Jungen betroffen und 6,1 % der Mädchen (Aumann et al. 2014). In Polen stieg die Häufigkeit von Asthma von 3,4 % im Jahr 1993 auf 12,6 % im Jahr 2014. Ähnliche Zahlen gibt es auch aus den USA: Hier hat die Gesamthäufigkeit von Asthma von 3,0 % (1970) über 5,5 % (1996) auf 8,4 % im Jahr 2015 zugenommen; die Geschlechtsunterschiede sind in den USA ähnlich wie in Deutschland. In den USA fallen aber besonders auch Unterschiede zwischen den verschiedenen ethnischen Gruppen auf: Bewohner von Puerto Rico haben die höchste Asthma-Prävalenz (17,0 %), Schwarze 11,2 %, Weiße 7,7 % und mexikanische Amerikaner dagegen nur 3,9 % (Loftus und Wise 2016).

Die ersten systematischen Untersuchungen zur Genetik von Asthmaerkrankungen wurden schon zu Beginn des 20. Jahrhunderts publiziert (Cooke und van der Veer 1916). Heute wissen wir, dass das Risiko, an Asthma zu erkranken, mit einem betroffenen Elternteil bei 25 % liegt, mit beiden betroffenen Eltern bei 50 %, und monozygote Zwillinge haben ein Risiko von 75 % (ohne eine positive Familiengeschichte liegt das Risiko bei etwa 5 %; Thomsen 2015). Es müssen aber auch in erheblichem Maße „Umweltfaktoren" hinzukommen, damit Asthma zum Ausbruch kommt oder eben auch nicht. So ist die Zahl der Asthmaerkrankungen in dem Gebiet der früheren DDR nach der Wiedervereinigung sehr schnell auf Westniveau angestiegen. Umgekehrt ist die Zahl der Asthmaerkrankungen in ländlichen Gebieten bzw. bäuerlicher Umgebung gering. Man hat daraus die Hypothese abgeleitet, dass ein sehr früher Kontakt mit Krankheitserregern und Mikroben das sich entwickelnde Immunsystem stimuliert und ein späteres Risiko für Asthma vermindert („Hygiene-Hypothese"; Schröder et al. 2015). Auf der anderen Seite zeigen genomweite Untersuchungen für Asthma-Gene Assoziationen mit einigen Genen des Immunsystem, sodass auch vonseiten der genetischen Epidemiologie die Bedeutung des Immunsystems für die Entwicklung von Asthma unterstrichen wird. Unser grundlegendes Wissen über diese komplexe Erkrankung verdeutlicht ◘ Abb. 13.53.

❀ Im Jahr 2002 wurde in einer Asthmastudie mit 460 Kaukasiern in Großbritannien und den USA das erste Gen direkt mit Asthma und bronchialer Überreaktion assoziiert (van Eerdewegh et al. 2002). Dazu wurden zunächst Geschwisterpaare untersucht, die neben Asthma auch an bronchialer Überreaktion leiden oder einen erhöhten Serumspiegel von IgE aufweisen. LOD-Werte von knapp 4 deuteten auf die Region 20p13 hin – die kritische Region umfasst aber immerhin 4,3 cM. Durch eine Analyse von 135 Basenaustauschen (engl. *single nucleotide polymorphisms*, SNPs) in 23 Genen (was 90 % der kritischen Region entsprach) wurde *ADAM33* als das Gen mit dem höchsten Assoziationsgrad identifiziert. Da möglicherweise eine Kombination bestimmter SNPs das Risiko für eine Asthmaerkrankung erhöht, wurden entsprechende Haplotypen erstellt und mit einer Kontrolle von 2000 Gesunden verglichen. Insgesamt 14 Haplotypen ergaben dabei eine hohe oder sehr hohe Signifikanz.

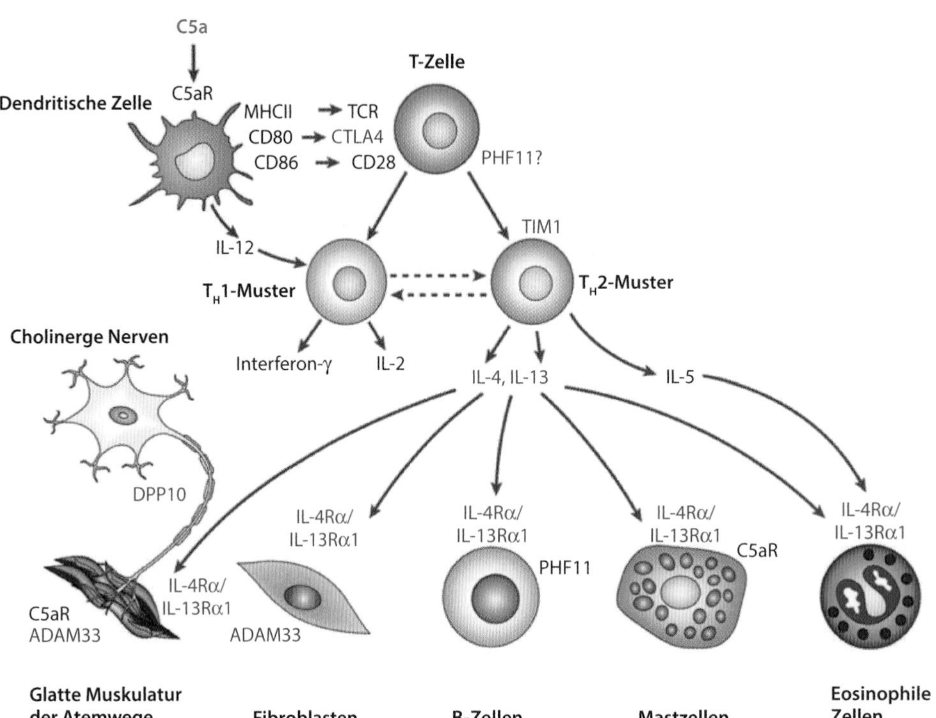

Abb. 13.53 Asthma als komplexe Erkrankung. Asthma ist eine komplexe Erkrankung, die eine Überreaktion, verstärkte Schleimproduktion und Entzündungen der Atemwege sowie erhöhte IgE-Werte im Serum beinhaltet. In genetisch prädisponierten Personen lösen anomale Reaktionen der T-Zellen auf äußere Reize (z. B. virale Infektionen oder Allergene) diese Symptome aus. Kandidatengene, für die eine Assoziation mit Asthma gezeigt wurde, sind in *Rot* dargestellt. ADAM33: Disintegrin und Metalloproteinase; C5a(R): Komplementfaktor 5a (Rezeptor); CD(Zahl): Oberflächenantigene; CTLA4: *cytotoxic T lymphocyte associated protein 4*; DPP10: Dipetidylpeptidase 10; IL-(Zahl/R): Interleukine (Rezeptoren); MCHII: *major histocompatibility complex II*; PHF11: *plant homeodomain (PHD) finger protein-11*; TIM1: *T-cell immunoglobulin and mucin-domain containing protein 1*; TCR: T-Zell-Rezeptor. (Nach Wills-Karp und Ewart 2004, mit freundlicher Genehmigung

13

ADAM33 (OMIM 607114) gehört zur Familie von membrangebundenen Metalloproteasen (engl. *a disintegrin and metalloprotease domain*). Die ADAM-Proteine waren zunächst als Zelloberflächenproteine identifiziert worden. Sie haben aber auch Funktionen in der Zelladhäsion, in der Weitergabe zellulärer Signale und der Proteolyse. Die Expression von *ADAM33* in Fibroblasten der Lunge und Muskelzellen der Bronchien (aber nicht in Epithelzellen der Bronchien) unterstützen ebenfalls seine Rolle bei Asthma. Insbesondere die Kombination einzelner Basenaustausche ist mit Asthma hoch signifikant assoziiert.

In den Folgejahren wurden viele weitere Gene identifiziert, die mit Asthma (und auch anderen allergischen Erkrankungen) assoziiert sind. Dabei müssen natürlich viele Methoden kombiniert werden, um die Beteiligung einzelner Gene in einem komplexen Ursache-Wirkungs-Zusammenhang zu identifizieren. Ein besonders gelungenes Beispiel ist dabei die Entdeckung des Gens ***TIM1*** (engl. *T-cell immunoglobulin and mucin-domain containing protein 1*). Die mögliche Beteiligung dieses Gens an der Ausprägung von Asthma wurde durch einen Vergleich mit entsprechenden Fragmenten der Maus ermöglicht (Details des experimentellen Ansatzes zeigt Abb. 13.54). Interessant dabei ist, dass dieses Gen schon vorher als *HAVCR1*-Gen identifiziert wurde – weil es nämlich den zellulären Rezeptor für das Hepatitis-A-Virus codiert (engl. *hepatitis A virus cellular receptor 1*; das Gen liegt auf dem Chromosom 11 des Menschen; OMIM 606518). Außerdem wurde gezeigt, dass eine Variante des *TIM1*-Gens mit einem Einschub von sechs Aminosäuren (in der extrazellulären Mucindomäne) nach einer Hepatitis-A-Infektion in der Lage ist, vor Asthma zu schützen. Eine Untersuchung an italienischen Rekruten aus dem Jahr 1997 ergab, dass Hepatitis-A-Serum-positive Individuen ein geringeres Asthmarisiko hatten als andere (Schröder et al. 2015).

Die ersten Hypothesen-freien, genomweiten Assoziationsstudien (GWAS) wurden etwa ab 2007 durchgeführt. Die erste chromosomale Region, die dadurch mit Asthma in Verbindung gebracht wurde, umfasst den Bereich 17q12-21 und wurde in der Folgezeit vielfach bestätigt, aber nicht in Amerikanern afrikanischer Herkunft, was erneut die ethnischen Unterschiede in der Prädisposition zu Asthma unterstreicht. Diese Region enthält die Gene *IKZF3*, *ZPBP2*, *GSDMB* und

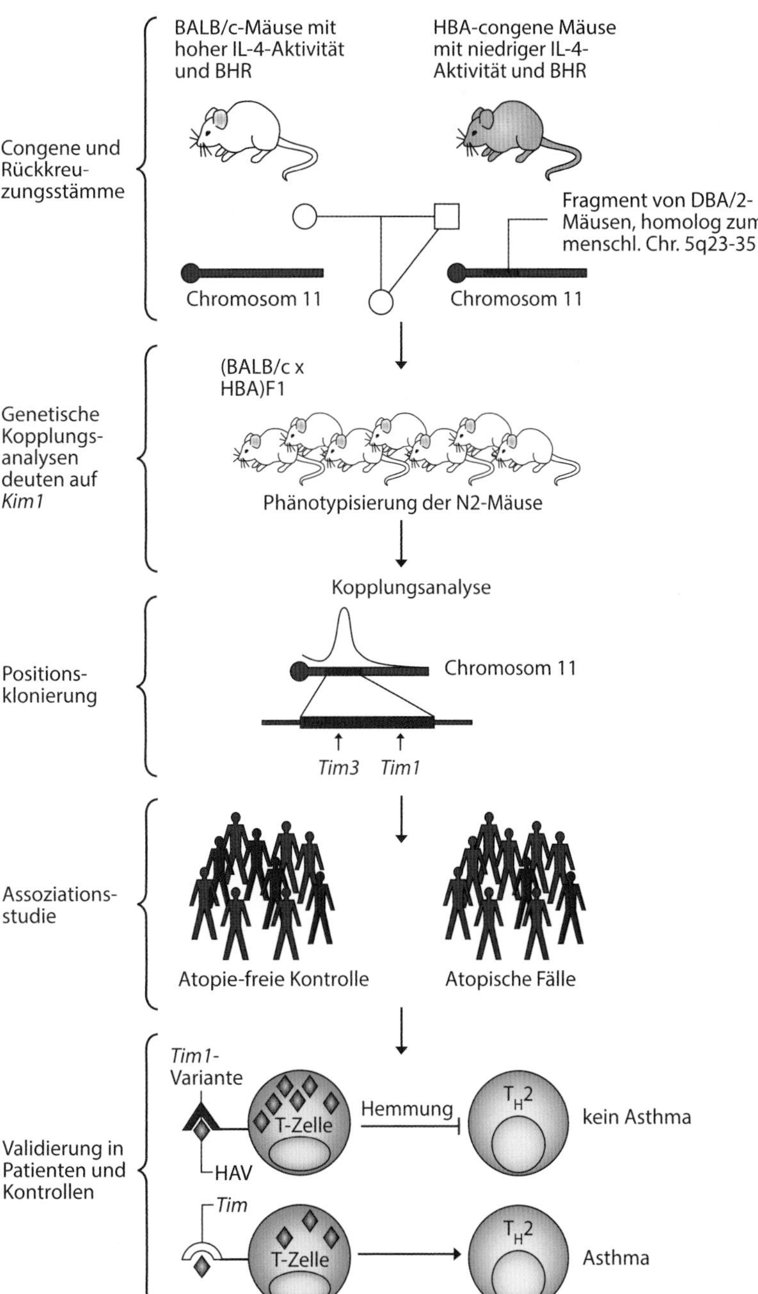

Abb. 13.54 Identifizierung von *TIM1* als mögliches Asthma-Empfindlichkeitsgen. In diesem Ansatz wurde die Aussagekraft congener Mausstämme verwendet, um neue Kandidatengene zu identifizieren. Die Mäuse der verschiedenen Stämme (BALB/c bzw. HBA) unterscheiden sich in ihrer physiologischen Konstitution (hohe bzw. niedrige IL-4-Aktivität und bronchiale Überempfindlichkeit, BHR); genetisch sind die HBA-Mäuse durch ein Fragment des DBA/2-Stamms charakterisiert, das diese geringe Aktivität auf einem BALB/c-Hintergrund vermittelt. Die Asthmaanfälligkeit war gering wie bei den ursprünglichen DBA-Mäusen und zeigt, dass es sich dabei um einen rezessiven Phänotyp handelt. Auskreuzung nach BALB/c und Rückkreuzung erlaubt die Aufspaltung der Phänotypen und ermöglicht eine Kopplungsanalyse. Die Feinkartierung auf dem Chromosom 11 ergab Hinweise auf Mitglieder der *Tim*-Genfamilie (engl. *T-cell immunoglobulin and mucin-domain containing protein*) in dem Fragment, das ursprünglich aus den DBA/2-Mäusen kam. *Tim1* der Maus ist homolog zu dem Gen *HAVCR1* des Menschen, das für den zellulären Rezeptor des Hepatitis-A-Virus codiert (die ältere Bezeichnung *Kim1* bezieht sich auf die Niere: *kidney injury molecule*). Eine Insertion von sechs Aminosäuren in diesem Gen ist offensichtlich in der Lage, nach einer Hepatitis-A-Infektion das Ausbrechen von Asthma zu vermeiden – oder umgekehrt: Eine Deletion von sechs Aminosäuren führt zu einer erhöhten Empfindlichkeit. (Nach Wills-Karp und Ewart 2004, mit freundlicher Genehmigung)

ORMDL3. *ORMDL3* ist mit dem *ORM1*-Gen aus *Saccharomyces cerevisiae* verwandt (ORM1: Orosomucoid 1) und hemmt die Sphingolipid-Synthese; es wird auch mit der indirekten Regulation der Ca^{2+}-Signalwirkung des endoplasmatischen Reticulums in Verbindung gebracht. Die Asthma-relevante Variation von *ORMDL3* besteht wahrscheinlich in der Veränderung seiner Expressionsstärke. Ein funktioneller SNP in der Region beeinflusst die Bindung des CCCTC-Faktors und verändert damit die Regulation der Transkription in diesem Bereich (▶ Abschn. 5.1.5). Eines der benachbarten Gene ist *GSDMB*, das für das Protein Gasdermin B codiert (OMIM 611221). Weitere Gene, die in GWAS gefunden wurden und die Empfindlichkeit für Asthma erhöhen können, betreffen u. a. *IL1RL1* (*Interleukin 1 receptor-like 1*; OMIM 601203) und *IL18R1* (*Interleukin 18 receptor 1*; OMIM 604494) auf dem Chromosom 2, *IL33* (Interleukin 33; OMIM 608678) auf dem Chromosom 9, *SMAD3* (*mothers against decapentaplegic, Drosophila, homolog of 3*; OMIM 603109) auf dem Chromosom 15 und *IL2RB* (*interleukin-2 receptor beta*; OMIM 146710) auf dem Chromosom 22. Insgesamt wurden durch verschiedene GWAS über 50 Gene identifiziert, die mit der Entstehung von Asthma assoziiert sind. Diese Gene zeigen natürlich unterschiedliche Allelfrequenzen und Effektstärken, wie wir es bereits in allgemeiner Form im ► Abschn. 13.1.4 (■ Abb. 13.11) diskutiert haben.

Allerdings erklären diese Varianten nur einen Teil des genetischen Risikos, wobei *ORMDL3* einen relativ großen Anteil hat. Eine Erklärung kann darin liegen, dass die bisherigen GWAS im Wesentlichen häufige Varianten mit einer Frequenz der selteneren Allele (engl. *minor allele frequency*, MAF) von über 5 % berücksichtigt haben. Es wird interessant zu sehen, ob seltenere Allele größere Beiträge zum Asthmarisiko leisten können. Außerdem ist Asthma ein sehr heterogenes Krankheitsbild, und es zeichnet sich ab, dass der zugrunde liegende Mechanismus bei Kindern und Jugendlichen (unter 16 Jahren) ein anderer ist als bei Erwachsenen (Lee et al. 2015). Es zeichnet sich außerdem ab, dass durch eine genauere klinische Diagnostik des Asthmas, verbunden mit einer genetischen Analyse, eine bessere Therapie für Asthmapatienten möglich ist, die auf die jeweilige individuelle Ausprägungsform besser zugeschnitten ist. So reagieren beispielsweise homozygote Träger des G-Allels des *IL4R*-Gens (Interleukin-4-Rezeptor, OMIM 147781) dosisabhängig auf eine Behandlung mit einem Antagonisten, wohingegen Heterozygote bzw. Träger des AA-Genotyps überhaupt nicht auf eine derartige Behandlung ansprechen. Diese eher pharmakogenetischen Aspekte werden in Zukunft sicherlich in ihrer Bedeutung zunehmen (Meyers et al. 2014).

13

Asthma ist eine chronische Entzündung und Überempfindlichkeit der oberen Atemwege, die häufig durch äußere Reize hervorgerufen wird. Wie für komplexe Erkrankungen typisch, werden mehrere chromosomale Regionen für Gene diskutiert, die die Empfindlichkeit dafür erhöhen.

13.4.3 Diabetes

Unter normalen physiologischen Bedingungen führt der Eintritt von Glucose in die β-Zellen des Pankreas zur Sekretion von Insulin. Das abgegebene Insulin wird über das Blut zu den peripheren Geweben transportiert, wo es an die Insulin-Rezeptoren bindet. Die Insulin-Rezeptoren gehören zur Klasse der Tyrosinkinasen und setzen eine Kaskade biochemischer Prozesse in Gang, die am Ende die Aufnahme von Glucose durch die Zelle bewirken und seine Umwandlung in Energie oder in die Speicherform Glykogen. Die dauerhafte Erhöhung des Blutzuckerspiegels ist dagegen eine Krankheitsform und wird als **Diabetes** bezeichnet. Sie ist in der Bevölkerung der westlichen Welt eine wichtige Ursache von Herzinfarkt, Schlaganfall, Nierenversagen, Gefäßschäden und Blindheit. Klinisch unterscheidet man verschiedene Formen (OMIM zeigt über 370 Einträge zu diesem Stichwort!), die aber im Wesentlichen zwei Grundtypen zugeordnet werden können:

- Typ I ist **Insulin-abhängig** und tritt meist im Adoleszenzalter auf (0,2–0,3 % der Gesamtbevölkerung, 5–10 % aller Diabetesformen, OMIM 222100);
- Typ II (2–5 % der Gesamtbevölkerung, 90–95 % aller Diabetesfälle, OMIM 125853) ist **nicht von Insulin abhängig** und tritt meist in späterem Alter auf.

Weiterhin können von diesen beiden Grundtypen noch weitere Formen abgegrenzt werden. Die eine Form wird als „**Schwangerschaftsdiabetes**" bezeichnet: Etwa 1–3 % der Frauen zeigen während der Schwangerschaft eine Glucoseintoleranz; die meisten davon (90 %) entwickeln später Diabetes. Die andere Gruppe beinhaltet monogene Diabetes-Formen, die innerhalb der ersten 6 Monate nach der Geburt (**Neugeborenen-Diabetes**) oder bei jungen Menschen unter 25 Jahren diagnostiziert werden (**MODY-Diabetes**, engl. *maturity-onset diabetes of the young*; OMIM 125850). Der Neugeborenen-Diabetes ist sehr selten (1:200.000 Geburten); für diese Erkrankung sind Mutationen im Gen für Glucokinase (*GCK*), in Genen für Untereinheiten eines K^+-Kanals (*KCNJ11* und *ABCC8*) und im Insulin-Gen selbst (*INS*) verantwortlich. Diese Krankheitsform ist üblicherweise mit vermindertem intrauterinem Wachstum und einem verringerten Geburtsgewicht verbunden; wenn die Funktion des K^+-Kanals betroffen ist, kommen häufig neurologische Symptome hinzu.

Typ-I-Diabetes wird durch eine Unfähigkeit zur Insulinproduktion aufgrund der Zerstörung der β-Zellen des Pankreas verursacht. Die genetische Analyse dieses Typs gestaltete sich lange Zeit sehr schwierig und hat viel dazu beigetragen, Diabetes als den „Alptraum der Genetiker" zu bezeichnen: Die Konkordanz unter eineiigen Zwillingen im Alter von 40 Jahren liegt über 50 %, wohingegen dizygote Zwillinge eine Konkordanzrate haben, die sich von derjenigen anderer Geschwister nicht unterscheidet (5–6 %) – Umweltfaktoren spielen neben genetischen Faktoren also eine wichtige Rolle. In diesem Kontext ist auch die Beobachtung von Interesse, dass bei verschiedenen ethnischen Gruppen große Unterschiede in der Häufigkeit von Typ-I-Diabetes auftreten: Am häufigsten finden wir Typ-I-Diabetes bei Europäern und am seltensten in Ostasien; Afrikaner nehmen eine mittlere Position ein. Aber sogar in Europa ist ein starkes Nord-Süd-Gefälle zu beobachten: Im Norden ist das Risiko, an Typ-I-Diabetes zu erkranken, 7-mal größer als im Mittelmeerraum.

Beim Diabetes Typ I handelt es sich im Wesentlichen um eine **Autoimmunerkrankung**, d. h. körpereigene Stoffe werden als „fremd" erkannt. Die Hinweise dazu kamen aus drei Quellen: die Anwesenheit entzündlicher Infiltrate in den Langerhans'schen Inseln und die Anwesenheit von Autoantikörpern, die mit Autoantigenen der Langerhans'schen Inseln reagieren. Unter genetischen

Gesichtspunkten ist aber besonders die Kopplung an den Haupthistokompatibilitäts-Komplex (engl. *major histocompatibility complex*, MHC) von besonderem Interesse. Das relative Risiko für Geschwister, an Typ-I-Diabetes zu erkranken, ist in Bezug auf die MHC-Genregion 3,5-fach erhöht.

Der Haupthistokompatibilitäts-Komplex wird bei Menschen auch als humaner Leukocyten-Antigen-Komplex bezeichnet (engl. *human leucocyte antigen complex*, HLA). Der Genort auf dem Chromosom 6 enthält über 200 Gene, die die Proteine der HLA-Klassen I und II codieren. Die Hauptaufgabe der HLA-Proteine ist die Präsentation von Peptiden als Antigene für die entsprechenden Rezeptoren auf $CD4^+$- und $CD8^+$-T-Zellen. Die Moleküle der Klasse I werden in den meisten kernhaltigen Zellen exprimiert und von den Genorten HLA-A, -B oder -C codiert. Die Klasse-II-Proteine werden meistens in Antigen-präsentierenden Zellen gefunden (z. B. Makrophagen und dendritische Zellen) und von den Genorten HLA-DP, -DQ und -DR codiert. Die Gene für beide Klassen zeigen einen hohen Grad an Polymorphismen und entsprechend viele Allele. Im Typ-I-Diabetes konnten nun ganz deutlich Risiko-Patienten von Nicht-Risiko-Patienten aufgrund spezifischer HLA-Allel-Kombinationen (Haplotypen) unterschieden werden. Die deutlichste Kopplung ergab sich dabei zu den Genen der DQ- und DR-Gruppen der HLA-II-Klasse.

Unter den Autoantigenen ragen drei in besonderer Weise heraus: Das erste ist Glutaminsäure-Decarboxylase (GAD2). Dieses Enzym besteht aus 585 Aminosäuren und hat ein Molekulargewicht von 65 kDa; das entsprechende Gen ist auf dem Chromosom 10 (10p12.1; OMIM 138275) lokalisiert. Etwa 60–80 % der neu diagnostizierten Typ-I-Diabetiker besitzen Autoantikörper gegen dieses Enzym, die überwiegend gegen bestimmte Oberflächenstrukturen (Epitope) des mittleren und C-terminalen Bereichs des Enzyms gerichtet sind.

Das zweite wichtige Autoantigen gehört zur Familie der membrangebundenen Protein-Tyrosinphosphatasen und wird als IA2 (engl. *islet antigen 2*) bezeichnet. Es besteht aus 979 Aminosäuren, die zu einem Molekulargewicht von 106 kDa führen; das Gen ist auf dem Chromosom 2 (2q35; Gensymbol: *PTPRN*, engl. *protein tyrosine phosphatase, receptor type N*; OMIM 60177) lokalisiert. Das Protein kommt in sekretorischen Vesikeln endokriner und neuronaler Zellen vor; Untersuchungen an Knock-out-Mäusen deuten darauf hin, dass es für die Sekretion von Insulin wichtig ist. Auch gegen dieses Enzym hat eine große Anzahl neu diagnostizierter Diabetiker (60–70 %) Antikörper, die exklusiv die intrazelluläre Domäne von IA-2 erkennen.

Das dritte wichtige Autoantigen ist das Insulin selbst. Es ist nur aus 51 Aminosäuren aufgebaut; das Gen ist auf dem Chromosom 11 (11p15.5; Gensymbol: *INS*; OMIM: 176730) lokalisiert. Die Mehrzahl der Autoantikörper erkennt Oberflächenstrukturen der B-Kette. Autoantikörper gegen Insulin findet man schon bei sehr jungen Kindern in vordiabetischen Stadien; allerdings ist die Zahl der jugendlichen Typ-I-Diabetiker mit Autoantikörpern gegen Insulin geringer (nur 30–50 %) als bei den oben genannten Gruppen.

Der Nachweis dieser Autoantikörper ist schon lange vor dem Ausbruch der Erkrankung möglich, was deutlich macht, dass Typ-I-Diabetes eine chronische Erkrankung darstellt. Andererseits hat diese Untersuchung auch gewisse Vorhersagekraft hinsichtlich der Ausbruchswahrscheinlichkeit von Diabetes. Bei Anwesenheit aller drei Autoantikörper besteht eine Wahrscheinlichkeit von 60–80 %, dass die Krankheit auch ausbricht. Eine genetische Ursache für die Bildung der Autoantikörper liegt wahrscheinlich in verschiedenen Kombinationen von *HLA*-Haplotypen, die unter bestimmten Umweltbedingungen zu einer Autoimmunreaktion führen. Eine detaillierte Darstellung der Genetik von Typ-I-Diabetes findet sich bei Robertson und Rich (2018).

Eine weitere Ursache für die Anfälligkeit eines Typ-I-Diabetes liegt in Variationen des Insulin-Gens (unterschiedliche Zahl von Wiederholungssequenzen oder SNPs) begründet (◘ Abb. 13.55). Die unterschiedliche Anzahl der Wiederholungselemente (VNTR, engl. *variable number of tandem repeats*) im Promotor des *INS*-Gens beeinflusst die Expression von Insulin im Thymus und ist in unterschiedlicher Weise mit dem Risiko assoziiert, an Diabetes zu erkranken: Homozygotie für eine niedrige Zahl von Wiederholungseinheiten (26–63 Wiederholungen: Klasse I) ist mit einem hohen Risiko für Diabetes verbunden, wohingegen die hohe Zahl von Wiederholungseinheiten (140–200 Wiederholungen: Klasse III) eher eine dominante Schutzwirkung hat. Die Klasse-I-Wiederholungen kommen bei Europäern zu etwa 70 % vor; Klasse-III-Wiederholungen dagegen nur zu etwa 30 % (die mittlere Häufigkeitsgruppe – Klasse II – spielt bei Europäern keine Rolle). Klasse-III-Allele führen zu höherer Expression von Insulin im Thymus und beeinflussen damit die negative Auswahl von autoreaktiven T-Zellen, die spezifisch auf Peptide reagieren, die aus Insulin entstanden sind.

Typ-II-Diabetes ist eine komplexe Volkskrankheit, bei der viele genetische Faktoren und Umwelteinflüsse eine Rolle spielen. Menschen mit einer deutlichen Familiengeschichte (wenn beispielsweise ein Elternteil an Typ-II-Diabetes leidet) haben ein 30–40 % höheres Risiko, während ihres Lebens ebenfalls an Typ-II-Diabetes zu erkranken, als Menschen ohne eine derartige Familiengeschichte. Typ-II-Diabetes hat einen klaren Bezug zu Fettleibigkeit (gemessen als Körpermassenzahl, engl. *body mass index*; Risiko ab 30 kg/m^2), und die klinischen Bilder zeigen ein vermindertes Ansprechen in den peripheren Geweben auf Insulin („Insulin-Resistenz").

Krankheitsformen mit einem frühen Eintrittsalter sind häufig leichter genetisch zu charakterisieren. Das gilt auch für die Formen des Typ-II-Diabetes, die unter

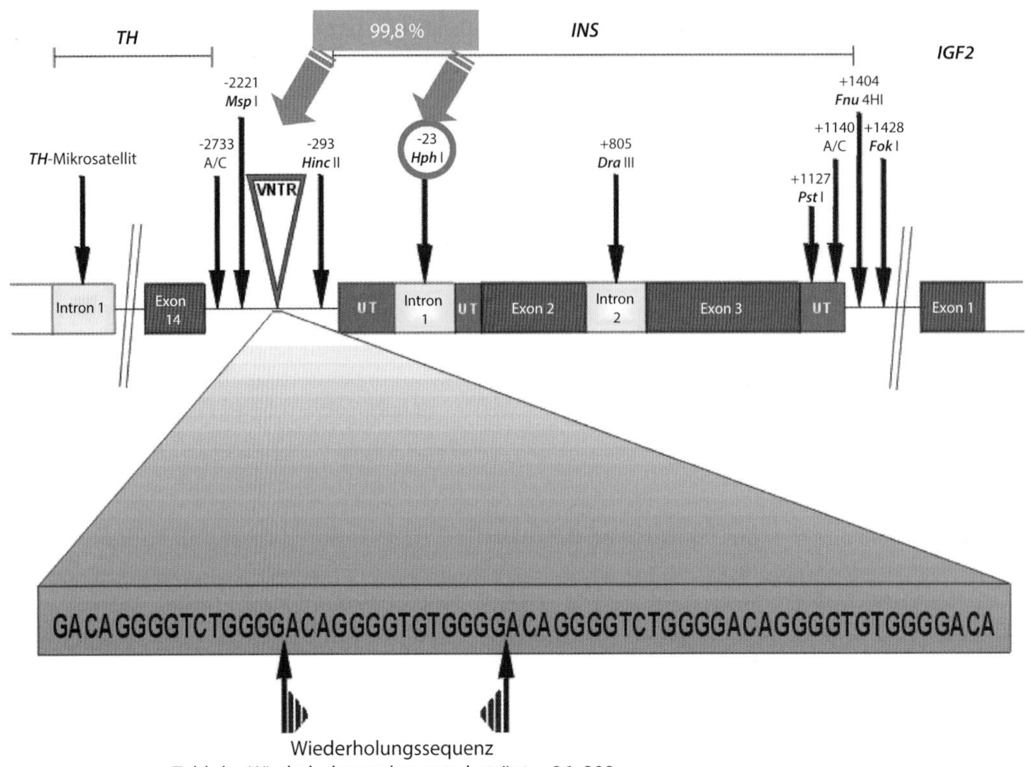

Abb. 13.55 Polymorphismen im Insulin-Gen. Variationen im Insulin-Gen (*INS*) spielen eine wichtige Rolle in der Anfälligkeit gegenüber Diabetes, besonders die VNTR-Region (engl. *variable number of tandem repeats*) in seinem Promotor. Die Anzahl der Wiederholungen des 14-bp-Elementes korreliert mit der Expression von Insulin im Pankreas und Thymus, aber auch mit der Expression des *IGF2*-Gens (Insulin-Wachstumsfaktor 2) in der Plazenta; dieses Gen liegt unmittelbar unterhalb des Insulin-Gens. Eine niedrige Zahl der Wiederholungseinheiten (26–63) ist mit einem hohen Risiko für Diabetes verbunden, wohingegen eine hohe Anzahl der Wiederholungseinheiten (140–200) als Schutz vor Diabetes betrachtet wird. Oberhalb des Insulin-Gens befindet sich das Gen für die Tyrosin-Hydroxylase (*TH*), ein wichtiges Enzym bei der Herstellung von Dopamin. Weitere Polymorphismen sind durch ihre relative Lage zum Transkriptionsstart (in bp) und die entsprechenden Restriktionsenzyme angegeben. UT (*blau*): nicht-translatierte Bereiche des Transkripts. (Nach Černá 2008, mit freundlicher Genehmigung)

25 Jahren diagnostiziert werden (MODY). MODY folgt einem autosomal-dominanten Erbgang und ist für etwa 1–2 % der Fälle von Typ-II-Diabetes verantwortlich; die wichtigsten Gene sind in Tab. 13.8 zusammengestellt. Durch den amerikanischen Diabetes-Verband und die Weltgesundheitsorganisation wurde eine überarbeitete Klassifikation eingeführt, die eher auf den Krankheitsursachen beruht, und entsprechend ist MODY jetzt in die Gruppe der „genetischen Defekte der β-Zell-Funktion" eingeordnet, wobei die genauere Unterteilung entsprechend den beteiligten Genen erfolgt. Dabei fällt auf, dass Mutationen in *GCK* und *INS* auch für MODY verantwortlich sind – wir hatten sie oben auch schon als kausal für den Neugeborenen-Diabetes kennengelernt.

Besonders die Anwendung der schon mehrfach erwähnten SNP-Technologie bei systematischen, genomweiten Assoziationsstudien (GWAS) hat interessante Hinweise auf bestimmte Chromosomenabschnitte gebracht (Abb. 13.56). Insgesamt haben diese Studien elf Regionen identifiziert, die das Risiko für Typ-II-Diabetes in der europäischen Bevölkerung beeinflussen. Den größten Einzelbeitrag leistet das Gen ***TCF7L2*** (frühere Bezeichnung *TCF4*; Chromosom 10q25; OMIM 602228), das für einen Transkriptionsfaktor codiert und über die Proglucagon-Hemmung und den Wnt-Signalweg die Insulin-Sekretion beeinflusst. Das entsprechende Risikoallel trägt etwa ein Drittel der Bevölkerung in Europa, aber nur 2 % in Ostasien; das *TCF7L2*-Risikoallel erhöht das Risiko einer Diabeteserkrankung um den Faktor 1,7. *TCF7L2* ist darüber hinaus auch an der Entstehung von Dickdarmkrebs beteiligt.

Das zweite Gen, das in vielen GWAS eine signifikante Assoziation zu Typ-II-Diabetes aufweist, ist ***FTO*** (engl. *fat mass and obesity-associated*); es erhöht in Populationen europäischen Ursprungs zusätzlich das Risiko für allgemeine Fettleibigkeit um 22 %. Es scheint, dass das Risikoallel zu einer erhöhten Energieaufnahme führt, indem es die Appetitkontrolle des Hypothalamus verändert. Den Zusammenhang zwischen *FTO*-Allelen und Fettleibigkeit konnte man allerdings in Untersuchungen verschiedener afrikanischer Populationen nicht bestätigen. Offensichtlich ist *FTO* also nur in europäischen

Tab. 13.8 Gene für autosomal-dominanten Typ-II-Diabetes (MODY)

Krankheit	Protein/Gen (OMIM)	Chromosom
MODY 1	Hepatocyten-Kernfaktor 4α (*HNF4A*)	20q13.12
MODY 2	Glucokinase (*GCK*)	7p13
MODY 3	Hepatocyten-Kernfaktor 1α (*HNF1A*)	12q24.31
MODY 4	Pankreas/Duodenum-Homöobox-Protein-1 (*PDX1*)	13q12.2
MODY 5	Hepatocyten-Kernfaktor 2β (*TCF2*; alternatives Gensymbol: *HNF1B*)	17cen-q21.3
MODY 6	Neurogene Differenzierung (*NeuroD1*)	2q31.3
MODY 7	Krüppel-ähnlicher Transkriptionsfaktor 11 (*KLF11*)	2p25.1
MODY 8	Carboxylester-Lipase (*CEL*)	9q34.13
MODY 9	*Paired-box*-Gen 4 (*PAX4*)	7q32.1
MODY 10	Insulin (*INS*)	11p15.5
MODY 11	B-lymphoide Tyrosinkinase (*BLK*)	8p23.1
MODY 13	K^+-Kanal (*KCNJ11*)	11p15.1
MODY 14	Adapter-Protein (*APPL1*)	3p14.3

Nach OMIM 606391 (Stand: November 2019)

Bevölkerungsgruppen mit Fettleibigkeit assoziiert; der Bezug zu Diabetes verschwindet übrigens, wenn die Statistik für Fettleibigkeit korrigiert wird. Es handelt sich also wohl eher um einen indirekten Beitrag von *FTO* zur Entstehung von Typ-II-Diabetes.

Insgesamt ist jedoch festzustellen, dass die Effektgrößen der genomweiten Assoziationsstudien insgesamt nur mäßig sind: Das Risikoallel des *TCF7L2*-Gens führt zu einer Erhöhung des Typ-II-Diabetes-Risikos um ca. 40 %, und es kommt mit einer Häufigkeit von 30 % in der europäischen Bevölkerung vor. Und dabei ist das *TCF7L2*-Gen in der Liste der 80 Gene, die bei Europäern mit der Entstehung von Typ-II-Diabetes assoziiert sind, der Spitzenreiter! Ähnlich ist die Situation bei dem oben erwähnten *FTO*-Gen, das in dieser Liste auf Rang 10 steht (Erhöhung des Risikos um 13 %, und die Häufigkeit des Risikoallels beträgt 39 %; Dorajoo et al. 2015). Diese Erfahrung – die im Übrigen typisch ist für die Erkenntnisse aus den genomweiten Assoziationsstudien bei vielen komplexen Erkrankungen – führte zu immer größeren Studien und auch zur Berücksichtigung von seltenen Allelen (Häufigkeit unter 5 %). Besonders hiervon erwartete man sich größere Effektstärken. Aber es zeigte sich, dass die bisherigen Daten im Wesentlichen repliziert werden konnten, und seltene Allele waren im Prinzip auch durch die Untersuchungen der Patienten mit frühem Eintrittsalter und Mendel'schem Erbgang bekannt (Tab. 13.8). Man wird also annehmen müssen, dass Typ-II-Diabetes durch eine Vielzahl von weitverbreiteten Varianten mit jeweils kleinen Effekten hervorgerufen wird. Interessante Daten ergeben sich allerdings durch den Vergleich verschiedener Populationen. So zeigen Varianten des Gens *SLC16A11* (engl. *solute carrier family 16, member 11*) ein höheres Risiko für Typ-II-Diabetes in Ostasien und bei amerikanischen Ureinwohnern. Das entsprechende Risikoallel hat bei den amerikanischen Ureinwohnern eine Häufigkeit von 50 % und in Ostasien von ungefähr 10 % – und es ist in Proben aus Europa und Afrika sehr selten. Eine detaillierte Diskussion dieses Aspekts findet sich bei Fuchsberger et al. (2016).

Diabetes führt zu einer dauerhaften Erhöhung des Blutglucosespiegels. Diabetes Typ I ist Insulin-abhängig und im Wesentlichen eine Autoimmunerkrankung. Diabetes Typ II ist Insulin-unabhängig und beruht auf verschiedenen Störungen in der Insulin-Signalkette.

In den letzten Jahren haben epidemiologische Studien darauf hingewiesen, dass ein deutlicher Zusammenhang besteht zwischen (dauerhafter) Mangelernährung des Embryos bzw. Kindern und einem erhöhten Risiko, an Diabetes zu erkranken. Hierzu gibt es bemerkenswerte Untersuchungen in den Niederlanden, wobei die Auswirkungen der Hungersnot in einigen Teilen des Landes im Winter 1944/45 am Endes 2. Weltkrieges auf die Ausbildung von Diabetes untersucht wurden. Die Analyse zeigte, dass Mädchen, die im Alter von 11–14 Jahren unter schwerer Unterernährung zu leiden hatten, im Alter (zwischen 60 und 76 Jahren) signifikant häufiger an Diabetes erkranken; dieser Zusammenhang gilt übrigens nicht für Jungen (Portrait et al. 2011). Aus der gleichen Zeit stammen Beobachtungen aus Norwegen, wo alle neuen Fälle von Diabetes bei Erwachse-

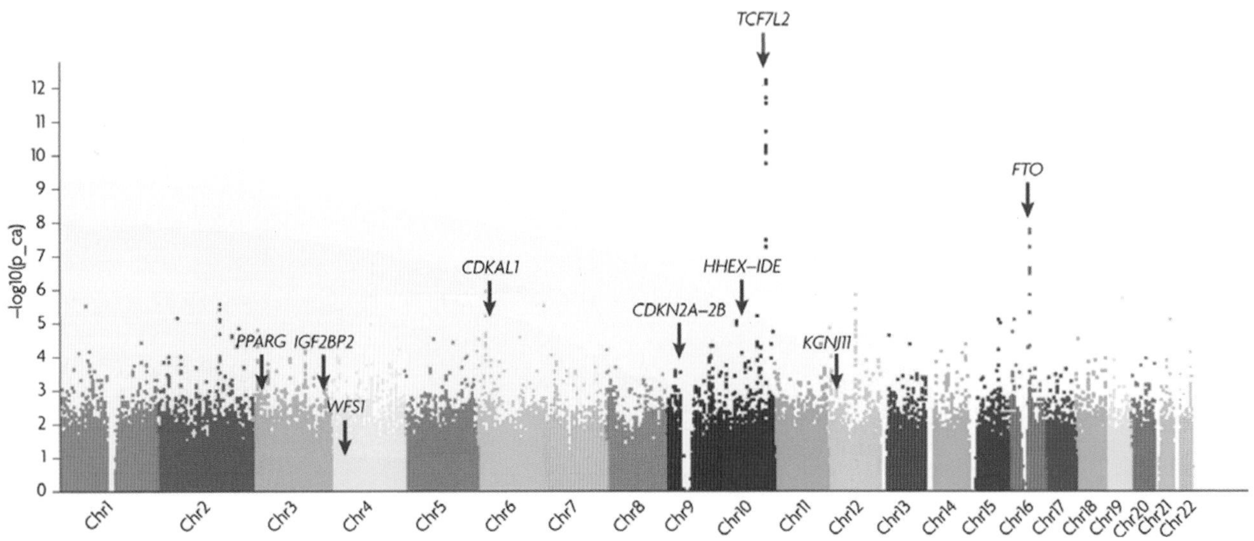

Abb. 13.56 Genomweite Assoziationsstudien für Diabetes-Typ-II-Gene. Die Abbildung gibt eine Übersicht über die chromosomalen Regionen, die mögliche Kandidatengene für Diabetes Typ II enthalten. Die y-Achse repräsentiert die p-Werte in einer logarithmischen Skala (−log10) und die x-Achse jeden der 400.000 untersuchten SNPs. Der Punkt an den *Pfeilen* gibt den Ort des am höchsten assoziierten SNPs in jeder der neun bekannten Diabetes-Typ-II-Regionen an. *CDKAL1*: *CDK5 regulatory subunit-associated protein 1-like 1*; *CDKN2A-2B*: CDK-Inhibitor; *FTO*: *fat mass and obesity-associated*; *HHEX*: *haematopoietically expressed homeobox*; *IDE*: Insulin-abbauendes Enzym; *IGF2BP2*: *insulin-like growth factor 2 mRNA-binding protein 2*; *KCNJ11*: *K^+ inwardly-rectifying channel, subfamily J, member 11*; *PPARG*: *peroxisome proliferator-activated receptor-γ gene*; *TCF7L2*: *transcription factor 7-like 2* (spezifisch für T-Zellen, HMG-Box); *WFS1*: Wolframin (Mutationen führen zum Wolfram-Syndrom). (Nach Frayling 2007, mit freundlicher Genehmigung)

nen statistisch erfasst werden. Dabei beobachtete man in den Jahren 1940–1945 während des 2. Weltkrieges ein Absinken der neu diagnostizierten Fälle von Typ-II-Diabetes bei über 60-jährigen Menschen von etwa 10–12 % der Gesamtbevölkerung auf ca. 2 % – in der Nachkriegszeit stieg diese Zahl dann rasch wieder auf das frühere Niveau. Typ-I-Diabetes zeigte übrigens keine besonderen Schwankungen in dieser Zeit (Ashcroft und Rorsman 2012). Obwohl beide Phänomene deutliche Hinweise auf die Ernährungslage als Teil einer Erklärungsstrategie für Diabetes liefern, bedürfen sie noch funktioneller Erklärungsmuster. Eine aktuelle Diskussion epigenetischer, generationenübergreifender Auswirkungen der Ernährungslage der Mütter während der Schwangerschaft, aber auch der Väter vor der Zeugung findet sich bei Desai et al. (2015).

13.5 Genbasierte Therapieverfahren

13.5.1 Gentechnische Aspekte bei der Herstellung von Medikamenten

In den vergangenen Jahren wurden viele gentechnische Prozesse in Gang gesetzt, die zunächst nur als Verheißung gesehen worden waren. Meilensteine in der **biotechnischen Herstellung von Medikamenten** waren einmal die Herstellung von Insulin zur Diabetesbehandlung (► Abschn. 13.4.3) und zum anderen des Blutgerinnungsfaktors VIII zur Behandlung der Hämophilie A (► Abschn. 13.3.3). Durch regelmäßige Injektion von Insulin können viele Komplikationen des Diabetes vermieden werden. **Insulin** zur Therapie wurde lange aus dem Pankreas von Rindern oder Schweinen gewonnen, was jedoch mit mehreren Problemen verbunden war. Erstens unterscheiden sich Schweine- und Rinderinsulin in einer bzw. drei Aminosäuren vom menschlichen Protein. Zweitens war die Reinheit der Präparate nicht immer gesichert, sodass sich bei langfristiger Applikation durch die mehrfache tägliche Injektion oft Komplikationen durch Immunreaktionen ergaben. Außerdem können Kontaminationen des aus Tieren gewonnenen Insulins, beispielsweise durch Viren, weitere Gesundheitsprobleme auslösen. Die gentechnologische Herstellung von Insulin in Bakterien oder Hefen vermeidet solche Probleme und gewährleistet prinzipiell, dass menschliches Insulin mit großer Reinheit in ausreichender Menge zur Verfügung steht.

Einen ähnlichen Weg hat die Bluterbehandlung genommen: Zunächst wurden in den 1970er-Jahren Präparate entwickelt, die darauf basierten, dass aus menschlichem Blut der **Gerinnungsfaktor VIII** in relativ guten Ausbeuten und guter Reinheit isoliert werden konnte. Allerdings deutete sich Ende der 1980er-Jahre eine Katastrophe an, als immer mehr Bluter an HIV erkrankten, weil die Kontamination des Spenderblutes mit HIV zunächst nicht erkannt und später nicht ausreichend überwacht wurde. Dies hatte zur Folge, dass fast eine ganze Generation von Hämophilie-Patienten gestorben ist. Die gentechnische Alternative beruht auf der Nutzung von tierischen Zellkulturen, die allerdings zunächst Rinderserum zum optimalen Wachstum benötigten. Aufgrund der BSE-Krise am Ende des 20. Jahrhunderts wurde dann die Herstellung rekombinanter Faktor-VIII-Präparate weitgehend auf eine serumfreie Produktion umgestellt. Dieses Beispiel zeigt deutlich, wie die gentechnischen Verfahren die Herstellung von Medikamenten nicht nur vereinfachen und standardisieren, sondern auch von äußeren Risikofaktoren abkoppeln können. Die Arbeiten bei vielen gentechnischen Präparaten gehen jetzt dazu über, die Produkte in ihren Eigenschaften zu verbessern. So sind jetzt Faktor-VIII-Präparate am Markt, die eine wesentlich längere Halbwertszeit haben – dadurch kann die Häufigkeit entsprechender intravenöser Injektionen herabgesetzt werden, was die Lebensqualität der Patienten deutlich verbessert.

Durch gentechnologische Verfahren ist es in vielen Fällen (z. B. Insulin, Faktor VIII) möglich, Medikamente in ihrer humanen Form und hochrein herzustellen. In weiteren Schritten können die Präparate dann zusätzlich optimiert werden (z. B. Verlängerung der Halbwertszeit). Dadurch wird die Wirkungsweise dieser Medikamente standardisiert und die Möglichkeit von Nebenwirkungen reduziert.

13.5.2 Pharmakogenetik, Pharmakogenomik und personalisierte Medizin

Die unterschiedlichen Reaktionen von Patientengruppen auf ihre Medikamente in der Form von Unwirksamkeit bzw. starken Nebenwirkungen sind die Grundlagen einer noch jungen Disziplin: personalisierte Medizin und damit verbunden eine individualisierte Behandlung. Ausgangspunkt dabei ist die Annahme, dass ein unterschiedlicher genetischer Hintergrund bei verschiedenen Gruppen von Patienten dafür verantwortlich ist, dass sie auf dasselbe Medikament in unterschiedlicher Weise reagieren, auch wenn Umwelteinflüsse und psychische Faktoren („Placebo-Effekte") eine Rolle spielen mögen. Um die Beziehung zwischen Humangenetik und die Reaktion auf Medikamente besser zu verstehen, hat sich die neue Disziplin der Pharmakogenetik als ein Zweig der Pharmakologie entwickelt, um genetische Varianten von Kandidatengenen zu identifizieren, die mit dem Metabolismus von Arzneistoffen, ihrem Transport und ihrem jeweiligen molekularen Ziel in Verbindung stehen. Wegen des genomweiten Ansatzes hat sich heute die Pharmakogenetik allmählich zu einer Pharmakogenomik weiterentwickelt.

Im Einzelnen muss die zukünftige Entwicklung von Pharmaka folgende Punkte berücksichtigen:

- Wir haben bei den komplexen Erkrankungen gesehen, dass es oft eine Vielzahl genetischer Faktoren gibt, die zur Entstehung von Krankheiten beitragen. Entsprechend vielfältig müssen auch die eingesetzten Präparate sein – und für jeden Patienten bzw. für jede Patientin muss unter Umständen das „richtige" Präparat durch entsprechende genetische Diagnostik herausgefunden werden.
- Wechselwirkung des Medikaments mit seinen entsprechenden „Rezeptoren" bzw. Interaktionspartnern: Durch Mutationen der entsprechenden Bindestellen können diese Wechselwirkungen von der Medikamentenseite her verstärkt werden; umgekehrt können Patienten bei der Anwesenheit von Polymorphismen auf den Reaktionspartner unterschiedlich reagieren. Die Entwicklung leistungsfähiger SNP-Hochdurchsatzverfahren kann diese Unterschiede erkennen.
- Aufnahme und Verteilung des Medikaments im Körper: Daran sind in vielfacher Weise Transportprozesse beteiligt, die von entsprechenden Proteinen gesteuert werden. Es ist denkbar, dass SNPs in Transportergenen die pharmakokinetischen Eigenschaften von Stoffen entscheidend beeinflussen; diese müssen daher mit untersucht werden bzw. schon bei der Herstellung der Medikamente berücksichtigt werden.
- Ausscheidung des Medikaments aus dem Körper: Dazu gehören aktive und passive Prozesse. Die vielfache Arzneimittelresistenz (engl. *multiple drug resistance*, MDS) ist ein Phänomen, das bei Krebspatienten bekannt ist und das nicht nur bei der Therapie berücksichtigt werden muss, sondern auch schon bei der Entwicklung neuer Medikamente. Pharmakogenetische Unterschiede von Patienten haben oft ihre Ursache in populationsbedingten Unterschieden in Fremdstoff-metabolisierenden Enzymen.

Daher werden zukünftig Medikamente nicht nur auf ihre möglichen Einflüsse auf den Metabolismus am Computer getestet werden (solche Vorhersage-Programme gibt es bereits), sondern auch mit ihren zum jeweiligen Zeitpunkt vorhandenen Varianten verglichen werden. Umgekehrt wird sich auf der Patientenseite eine genomische Voruntersuchung entwickeln, wobei zunächst die molekulare Diagnostik der Erkrankung im Vordergrund steht. Es werden sicherlich aber auch bestimmte Allele routinemäßig überprüft werden, von denen bekannt ist, dass sie bei der Antwort des Körpers auf ein Medikament die Wirkung beeinflussen (siehe oben: Diagnostik, Aufnahme, Transport und Elimination). Damit wird sich das Bild der pharmazeutischen Industrie in den nächsten Jahren deutlich ändern.

Ein klassisches Beispiel ist das nicht-kleinzellige Lungenkarzinom. Daran erkranken in Deutschland jähr-

lich 32.000 Menschen. Die meisten Patienten sterben trotz Chemotherapie innerhalb eines Jahres; in nur ca. 10 % der Fälle wird der Krebs mit Iressa™ erfolgreich therapiert. Iressa™ (allgemeiner Name: Gefitinib, ein Anilinchinazolin) hemmt die Kinase-Aktivität des Rezeptors für den epidermalen Wachstumsfaktor (EGFR). In den klinischen Studien wurde beobachtet, dass der Lungenkrebs bei Japanern besser auf Iressa ansprach als bei Amerikanern. Es wurden daraufhin 58 Japaner und 61 Amerikaner auf somatische Mutationen im *EGFR*-Gen untersucht. In 15 japanischen und in einem amerikanischen Patienten wurden Mutationen in der Kinasedomäne identifiziert, die zu einer erhöhten Aktivität führen. Die weiteren Untersuchungen zeigten, dass nur die Patienten mit einer Mutation, die die EGFR-Kinasedomäne betrifft, auf Iressa™ ansprechen, und erklären damit die geringen Therapieerfolge. Umgekehrt können jetzt Untersuchungen auf Mutationen im *EGFR*-Gen die Notwendigkeit einer Iressa-Therapie begründen (Lynch et al. 2004; Paez et al. 2004).

Bei manchen Erkrankungen reagieren Patienten auf bestimmte Therapieformen nicht oder sehr unterschiedlich. „Personalisierte Medizin“ versucht, die individuelle genetische Konstitution zu berücksichtigen und so eine „maßgeschneiderte“ Therapie zu ermöglichen.

13

13.5.3 Somatische Gentherapie

Somatische Gentherapien entwickeln sich zunehmend als eine zwar technisch anspruchsvolle, aber dennoch praktisch durchführbare Methode zur Behandlung menschlicher Erbkrankheiten. Dabei wird der Begriff „Gentherapie“ breit genutzt, um solche Veränderungen des Genoms zu beschreiben, bei denen die Funktion eines defekten, aber wichtigen Gens wiederhergestellt oder die Fehlfunktion eines mutierten Gens beseitigt wird. Die ursprüngliche Strategie bestand darin, den Körperzellen eine funktionelle Version eines mutierten Gens zur Verfügung zu stellen. In jüngerer Zeit wurden darüber hinaus Strategien entwickelt, die die zelleigenen Reparatursysteme benutzen, um mutierte Gene zu korrigieren. Als Ziele für eine Gentherapie kommen dabei zunächst diejenigen Erkrankungen in Betracht, die als monogene Erbkrankheiten bekannt sind.

Einer der ersten vielversprechenden Ansätze einer somatischen Gentherapie gelang bei der Behandlung der X-gekoppelten, angeborenen, schweren kombinierten Immunschwäche (engl. *severe combined immunodeficiency*, SCID; OMIM 300400). Diese Krankheit wird durch eine Mutation im *IL2RG*-Gen hervorgerufen, das für die γ-Kette des Interleukin-2-Rezeptors codiert. Bei zehn betroffenen Kindern wurde das Knochenmark entnommen und die Knochenmarkszellen *ex vivo* mit einem Replikations-defizienten retroviralen Vektor behandelt, der die funktionelle γ-Kette exprimiert. Die so behandelten Knochenmarkszellen wurden wieder reimplantiert, besiedelten das lymphoide System und stellten die Funktion des Immunsystems wieder her. Allerdings hatte diese Methode bei vier Patienten eine unerwartete Nebenwirkung, nämlich eine unkontrollierte Proliferation der rekombinanten T-Zellen (ausgelöst durch eine Insertion in ein Onkogen in den behandelten Zellen), sodass vier Patienten eine T-Zell-Leukämie entwickelten, die nur in drei Fällen durch Chemotherapie geheilt werden konnte; der vierte Patient verstarb. Diese Arbeiten unterstreichen die Notwendigkeit, die Expression der rekombinanten Gene präzise zu regulieren und die Integrationsorte genau zu überwachen, um solche Nebenreaktionen zu vermeiden (Zusammenfassung nach Humbert et al. 2012).

Ein zentraler Aspekt jeder Art von Gentherapie ist die Notwendigkeit, DNA in eine Zelle zu bringen. Dies geschieht üblicherweise mithilfe **viraler Vektoren**. Wir kennen heute weitgehend die Vor- und Nachteile bestimmter Vektorsysteme: So benötigen Viren spezifische Zelloberflächen für ihre Infektionen und können deshalb nur bestimmte Zellen bzw. Gewebe infizieren (erwünschte Zell- bzw. Gewebespezifität). Andererseits ist ihre Packungsgröße oft limitiert, sodass große Genfragmente nur schwer übertragen werden können.

Vektoren auf der Basis von Retroviren und Lentiviren wurden häufig zum Gentransfer genutzt, weil sie mit hoher Effizienz und Stabilität Gene übertragen; sie bergen aber ein deutliches Risiko einer Insertionsmutagenese (wegen der offenen Chromatinstrukturen bevorzugt in der Nähe von aktiven Promotoren). Die effektive Größe von DNA, die übertragen werden kann, beträgt 5–8 kb, da zwar die viralen *gag*-, *pol*- und *env*-Gene nicht benötigt werden, dafür aber alle Gene, die für die Verpackung, Replikation und Integration der viralen DNA sowie für die Transkription des Transgens notwendig sind. Um das Risiko der Insertionsmutagenese zu minimieren, wurden integrationsdefiziente Lentiviren entwickelt, die dadurch allerdings das Transgen nur transient exprimieren können (Retroviren wurden allgemein im ▶ Abschn. 9.2 besprochen).

Adenoviren haben eine große Bedeutung als Vektoren in der Gentherapie erlangt. Sie sind doppelsträngige DNA-Viren mit einem Kapsid, aber ohne Hülle. Die ikosaedrischen Viruspartikel haben einen Durchmesser von 80–120 nm und enthalten ein lineares Genom von ungefähr 26–44 kb. Es gibt über 50 verschiedene Adenoviren, die bei Menschen nachgewiesen werden können. Einige Adenoviren führen auch zu Infektionskrankheiten beim Menschen, z. B. zu Infektionen der Atemwege. Die Popularität der Adenoviren für die Gentherapie basiert auf verschiedenen Vorteilen, wie z. B. effiziente Übertragung der DNA, Transduktion von teilungsaktiven und teilungsinaktiven Zellen, leichte Handhabung und effiziente Herstellung, episomale Persistenz des Adenogenoms im Zellkern mit geringer Neigung zur Integration und eine hohe Kapazität, fremde DNA aufzunehmen. Und dennoch gibt es auch schwerwiegende Nachteile, wobei vor allem die starke immunogene Aktivität der Adenoviren eine große Rolle spielt. Und da Adenoviren auch Menschen infizieren können, haben viele Menschen bereits Antikörper gegen Adenoviren entwickelt.

Adeno-assoziierte Viren (AAVs) wurden ursprünglich als Kontaminationen in Präparationen von Adenoviren entdeckt – daher auch der Name. Adeno-assoziierte Viren verfügen nur über ein kleines einzelsträngiges DNA-Genom (4,8 kb); für eine effiziente Replikation benötigen AAVs in der Regel Helferviren. Um dennoch Mutationen in größeren Genen (z. B. im Dystrophin-Gen) behandeln zu können, versucht man, entsprechende „Minigene" zu entwickeln, die nur die absolut notwendigen Informationen enthalten. Es hat sich in der Anwendung gezeigt, dass Gentransfers in immunprivilegierte Regionen mit teilungsinaktiven Zellen (Gehirn: Parkinson'sche Erkrankung; Retina: Leber'sche congenitale Amaurose) erfolgreich durchgeführt werden können; hier bleibt das rekombinante AAV-Genom wahrscheinlich als Episom in den Zellen erhalten.

Vektor-freier Gentransfer ist in vielen Formen möglich: durch Mikroinjektion, Elektroporation, Lipofektion oder in Nanopartikeln (▶ Abschn. 2.1.5). Die Plasmid-DNA verfügt allerdings nur über eine begrenzte Überlebenszeit im Zellkern, hat aber dafür ein geringeres Risiko für Integration. Zirkuläre Mini-DNA ist eine weitere, neue und Erfolg versprechende Methode: Sie basiert auf Plasmiden, bei denen alle unnötigen Bestandteile entfernt wurden; sie sind nicht immunogen und werden offensichtlich durch die Wirtszelle nicht abgeschaltet.

Für die Jahre 1989 bis 2018 wurden **über 2660 klinische Untersuchungen zur somatischen Gentherapie** bereits begonnen oder sind abgeschlossen (▶ https://www.genetherapynet.com/clinical-trials.html). Davon wurden über 60 % in den USA durchgeführt, 8 % in Großbritannien und knapp 4 % in Deutschland. Weltweit sind davon fünf Projekte (0,2 %) in der klinischen Phase IV und 113 (4 %) in der Phase III. Diese Zahlen machen deutlich, dass die klinischen Erfolge der Gentherapie lange Zeit weit hinter ihren ursprünglichen Versprechungen zurückgeblieben sind. Da im Zusammenhang mit einem allgemeinen Lehrbuch der Genetik nicht alle Aspekte detailliert dargestellt werden können, sei hier ein Aspekt beispielhaft dargestellt, nämlich der Versuch einer somatischen Gentherapie der Hämophilie (▶ Abschn. 13.3.3). Viele Versuche waren lange Zeit daran gescheitert, dass entweder keine ausreichende Aktivität der Faktoren VIII oder IX erreicht werden konnten und/oder dass die erreichten Aktivitäten sehr schnell wieder verschwunden sind, weil das eingeführte Konstrukt vom Körper abgebaut oder inaktiviert wurde. So konnten Ende 2017 erstmals zwei Gruppen in einer klinischen Studie der Phase I/II zeigen, dass sowohl für Hämophilie A als auch für Hämophilie B die entsprechenden Konstrukte über ein Jahr lang in einer therapeutisch relevanten Dosierung in den Patienten aktiv waren. Das prinzipielle Schema dazu zeigt ◻ Abb. 13.57.

Als Vektor verwendeten die Autoren in beiden Fällen einen modifizierten AAV5-Vektor, dessen Codon für die Translation in menschlichen Zellen optimiert war. Die *F8*-Sequenz wurde zwischen die beiden invertierten Wiederholungseinheiten an den Enden des Virusgenoms kloniert; dabei wurde die B-Domäne zwischen Ser-743 und Gln-1638 entfernt, sodass die Zielzellen sofort aktiven Faktor VIII herstellten (▶ Abschn. 13.3.3, ◻ Abb. 13.32). Der Promotor war spezifisch für eine Expression in der Leber. Die Strategie war insofern erfolgreich, da hiermit erstmals für die Hämophilie A bei allen Patienten, die die hohe Dosis erhalten haben, ab etwa 12 Wochen nach der Gabe eine therapeutische Dosis zwischen 50 und 150 IU/dl Blut erreicht wurde, die dann über 52 Wochen nach der Applikation stabil geblieben

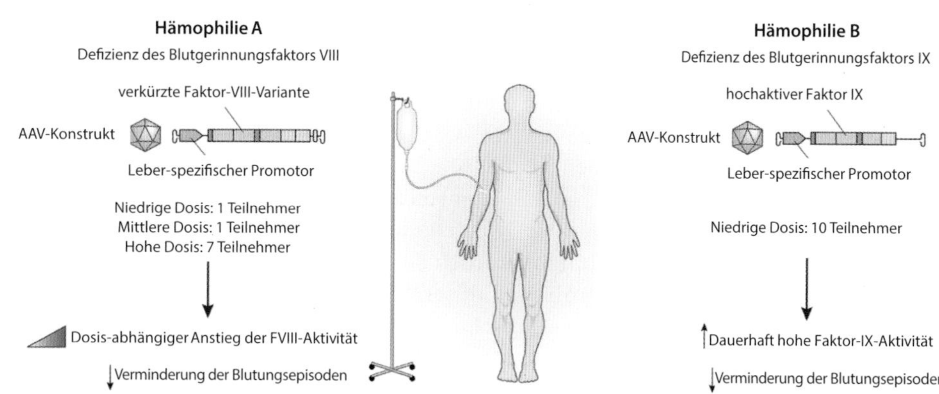

◻ **Abb. 13.57** Gentherapie-Strategien für Hämophilie. Hämophilie A (*links*) konnte durch eine einzige hohe Dosis eines verkürzten *F8*-Gens, verpackt in einen modifizierten AAV-Vektor erfolgreich behandelt werden. Ähnlich erfolgreich verlief die Behandlung der Hämophilie B (*rechts*) mit einem hochaktiven *F9*-Gen nach Transfer mit einem modifizierten AAV-Vektor. (Nach Pickar und Gersbach 2018, mit freundlicher Genehmigung)

ist. Der Vektor war nach einem Jahr in den Körperflüssigkeiten fast nicht mehr nachzuweisen. Der noch zusätzlich verbrauchte Faktor VIII in der Substitutionstherapie fiel hauptsächlich in der Zeit an, bevor der im Körper neu synthetisierte Faktor VIII seinen kritischen Spiegel erreicht hatte; im Durchschnitt auf das gesamte Jahr gerechnet waren es ungefähr 1–10 % der ohne gentherapeutische Maßnahmen notwendigen Menge. Die Originalarbeiten kann man bei Rangarajan et al. (2017) bzw. bei George et al. (2017) nachlesen. Folgestudien müssen nun nicht nur die Wirksamkeit, sondern auch die Sicherheit und Nachhaltigkeit der Therapie zeigen.

Offensichtlich bieten AAV-Vektoren insgesamt gute Voraussetzungen für eine somatische Gentherapie bei Erbkrankheiten. Hämophilie und Augenerkrankungen sind bei den entsprechenden klinischen Studien besonders häufig vertreten; für die Leber'sche congenitale Amaurose befindet sich eine Studie bereits in der Phase III. Augenerkrankungen (besonders solche am hinteren Augenabschnitt mit Retina und Sehnerv) eignen sich dafür besonders, da hier eine Injektion in den subretinalen Spalt genügt, um den Vektor an sein Zielgewebe heranzuführen. Für eine aktuelle Übersicht siehe Naso et al. (2017).

Es sollen an dieser Stelle aber noch zwei andere Entwicklungslinien skizziert werden, da sie ebenfalls für bestimmte Anwendungen in der somatischen Gentherapie Entwicklungspotenzial besitzen:

***Antisense*-Oligonukleotide** können verwendet werden, um Spleißdefekte entweder zu reparieren oder große Deletionen mit einem vorzeitigen Stoppcodon wenigstens so zu modifizieren, dass ein größerer Teil des jeweiligen Gens wieder translatiert werden kann. Dazu werden chemisch modifizierte Oligonukleotide (2′-O-Methyl-phosphorthioat- oder Phosphordiamidat-Morpholinos) intravenös injiziert, um sich bei der unreifen mRNA der Zielgene so anzulagern, dass das Spleißen eines mutierten Exons übersprungen wird (engl. *exon skipping*) oder eine neue Spleißstelle benutzt wird. Diese Methode wird derzeit vor allem bei Mutationen in großen Genen (z. B. dem Dystrophin-Gen) erprobt (Robinson-Hamm und Gersbach 2016).

Die **Verwendung von RNAi** basiert auf der Möglichkeit, dass durch *antisense*-RNA Gene ausgeschaltet werden können (▶ Abschn. 8.2.1). Dies ist natürlich besonders dann von großem Interesse, wenn das mutierte Gen dominant-negative Wirkungen hat, wie wir das beispielsweise bei den expandierenden Triplettmutationen kennengelernt haben (▶ Abschn. 10.3.3; aber auch das Fragile-X-Syndrom im ▶ Abschn. 13.3.3). Zur Behandlung der Huntington'schen Erkrankung werden deshalb im Tierexperiment Methoden erprobt, mit denen kurze, nicht-codierende RNA-Fragmente (▶ Abschn. 8.2) über ein virales Vektorsystem oder über Lipofektion in das Gehirn der Tiere übertragen werden können. Allerdings gibt es hierzu bisher nur vorklinische Untersuchungen. (Für eine Übersicht der Therapieoptionen bei der Huntington'schen Erkrankung einschließlich der RNA-Interferenz siehe Shannon und Fraint 2015).

Somatische Gentherapie bietet eine realistische Zukunftschance, viele erbliche Erkrankungen kausal und dauerhaft bei Patienten zu behandeln.

Neue Entwicklungen eröffnen dagegen **Zinkfinger-Nukleasen, TAL-Effektor-Nukleasen (TALENs)** und **CRISPR/Cas9-Endonukleasen**. Sie sind künstliche Nukleasen, die sequenzspezifisch Doppelstrangbrüche in der genomischen DNA induzieren, um auf diese Weise ein genomisches „Editieren" von DNA zu ermöglichen. Bei den Zinkfinger-Nukleasen erkennt jede Domäne (Zinkfinger) eine Region von 3 bp – es müssen also mehrere Zinkfinger zusammenkommen, um längere Sequenzabschnitte zu erkennen. Diese werden dann mit der Nukleasedomäne des Restriktionsenzyms *Fok*I fusioniert, um so eine Nuklease zu erhalten, die je nach Design jede beliebige DNA-Sequenz spezifisch schneiden kann. TALENs arbeiten nach demselben Prinzip, sind aber leichter herzustellen, da hier jede Domäne ein Basenpaar erkennt. Durch diese präzisere Herstellung der Sequenzspezifität werden gegenüber der Zinkfingertechnologie Schnitte an der falschen Stelle (engl. *off-target effects*) eher vermieden. Die Doppelstrangbrüche werden dann über zelluläre DNA-Reparatursysteme (homologe Rekombinationsreparatur, ▶ Abschn. 10.6.4) oder nicht-homologe Verknüpfung von DNA-Enden (▶ Abschn. 10.6.5) repariert. In einem menschlichen Zellkultursystem wurde auf diese Weise gezeigt, dass die Mutation, die zur Sichelzellenanämie führt (▶ Abschn. 13.3.1) erfolgreich repariert werden konnte (Sun et al. 2012). Die neueste Entwicklung beruht auf einem bakteriellen Immunsystem (CRISPR: *clustered regularly interspaced short palindromic repeats*) und einer CRISPR-assoziierten Nuklease, Cas9. Dieses System ist einfacher in seiner Konstruktion als die beiden oben genannten und hat sich entsprechend durchgesetzt. Einen Überblick über diese Methoden gibt Technikbox 33.

Das CRISPR-Cas9-System findet bevorzugt in der Zellkultur Anwendung. Und hier eröffnen sich mit den induzierten pluripotenten Stammzellen (iPS-Zellen; ▶ Abschn. 12.7.3, ◼ Abb. 12.60) ungeahnte Möglichkeiten der Gentherapie: So können Fibroblastenzellen von Patienten entnommen und zu pluripotenten iPS-Zellen reprogrammiert werden. Durch geeignete Vektoren kann das mutierte Gen ausgetauscht oder repariert werden und zu dem gewünschten Zelltyp zur Transplantation ausdifferenzieren (autologe Transplantation; ◼ Abb. 13.58). Dieses Verfahren bietet natürlich gegenüber einem allogenen Verfahren den großen Vor-

13

teil, dass auf das sehr aufwendige Suchen nach geeigneten Spendern für die Gewebeverträglichkeit verzichtet werden kann. Inzwischen gibt es schon klinische Studien der Phase I für die Übertragung von iPS-Zellen, und zwar für neu differenzierte retinale Epithelzellen in die Retina von Patienten, die an der altersabhängigen Makuladegeneration leiden. Es ist zu erwarten, dass in naher Zukunft Verfahren auch für eine somatische Gentherapie auf der Basis von CRISPR-Cas9 entwickelt werden.

13.5.4 Genetik, Keimbahntherapie und Reproduktionsmedizin

Im Unterschied zur somatischen Gentherapie ist die **Keimbahntherapie** auf eine Veränderung der genetischen Konstitution der Keimzellen gerichtet und beabsichtigt damit die Veränderung der Erbeigenschaften der zukünftigen Generationen. Experimente in dieser Richtung sind derzeit unter Wissenschaftlern **geächtet** und in Deutschland **verboten**. Allerdings sind derzeit Tendenzen zu beobachten, die Veränderungen im allgemeinen ethischen Konsens andeuten.

Neben der Genetik haben in den letzten Jahren die Fortschritte in der Reproduktionsbiologie bzw. -medizin immer wieder für großes öffentliches Interesse gesorgt. Künstliche Befruchtungen für Paare, die sonst keine Kinder bekommen können, wurden Ende der 1970er-Jahre erstmals durchgeführt und sind heute Routine. Dabei stellt sich immer wieder neu die Frage, wann individuelles menschliches Leben beginnt (und damit dem Schutz der allgemeinen Menschenwürde unterliegt): mit der Befruchtung oder erst mit der Einnistung in die Gebärmutter einige Tage später? Diese Frage ist nicht rein akademischer, sondern von eminenter praktischer Bedeutung, weil nämlich für die künstliche Befruchtung durch Superovulation eine größere Zahl von Eizellen entnommen und auch befruchtet wird – es werden aber nur ein bis maximal drei Embryonen wieder zurückübertragen. Hier setzt dann auch die zweite Frage an: Soll man den Embryo vor der Rückübertragung auf mögliche Erbkrankheiten untersuchen und gegebenenfalls nur gesunde Embryonen übertragen (Präimplantationsdiagnostik), oder soll man mit dieser Untersuchung einige Monate warten und dann den größeren Embryo möglicherweise aufgrund einer medizinischen Indikation abtreiben? In vielen europäischen Ländern ist die Präimplantationsdiagnostik gesetzlich geregelt (aber durchaus unterschiedlich); in Deutschland ist sie bei Vorliegen einer schweren Erbkrankheit erlaubt (Embryonenschutzgesetz § 3a). Wenn man die Schutzwürdigkeit menschlichen Lebens erst ab Einnistung definiert, gäbe es natürlich auch keinen Grund, die Verwendung „überzähliger Embryonen" für Forschungszwecke zu verbieten und daraus z. B. embryonale Stammzellen herzustellen (das ist derzeit in Deutschland aufgrund des Embryonenschutzgesetzes verboten, und die überzähligen Embryonen müssen aufbewahrt werden).

Dazu kommt eine weitere neue Entwicklung, die wir im ▶ Abschn. 12.7 über Stammzellen bereits angesprochen haben: das Klonen von Organismen über somatische Zellen bzw. über entkernte Eizellen. Bereits im Jahr 2004 hatte ein japanisch-koreanisches Forscherteam (Kono et al. 2004) eine Eizelle der Maus hergestellt, in die zwei weibliche Chromosomensätze implantiert wurden. Darüber hinaus wurden in den verwendeten weiblichen Zellkernen die paternal bzw. maternal geprägten Gene *Igf2* und *H19* (▶ Abschn. 8.4) so verändert, dass der Eizelle und dem gesamten Entwicklungsapparat die übliche Anwesenheit eines väterlichen und eines mütterlichen Chromosomensatzes vorgegaukelt wurde. Das Experiment ist geglückt – es wurden Mäuse geboren, die sich normal entwickelten und auch auf „klassischem" Wege Nachwuchs erhalten haben.

Mitochondriale Erkrankungen sind sehr heterogen (▶ Abschn. 13.3.5) und auch vom klinischen Bild her variabel, da der Schweregrad der Erkrankung auch davon abhängt, ob die Zellen neben den Mitochondrien mit der mutierten DNA auch noch Mitochondrien mit Wildtyp-DNA enthalten (Heteroplasmie) – und wenn ja, wie viele. Eine seltene mitochondriale Erkrankung ist das Leigh-Syndrom (OMIM 256000), eine subakut nekrotisierende Encephalomyelopathie mit schlechter Prognose; die Lebenserwartung beträgt oft nur wenige Jahre, wenn der Anteil der Mitochondrien mit der Mutation 90 % oder höher ist. Aufsehen erregte 2017 John **Zhang** (New York/Guadalajara), der bei einer Trägerin des Leigh-Syndroms eine künstliche Befruchtung durchführte. Sie besitzt eine Mutation im *ATPASE6*-Gen der mitochondrialen DNA (m8993T>G) und hatte bereits mehrfache Fehl- und Totgeburten. John Zhang hat einer Eizelle dieser Frau den Zellkern entnommen und in das Cytoplasma einer ebenfalls entkernten Eizelle einer gesunden Spenderin übertragen. Nach der Rekonstruktion der Oocyte durch einen Transfer der Spindelfasern und anschließender künstlicher Befruchtung wurde ein gesunder Junge geboren, der die Mutation nur in 2,4–9,2 % seiner Zellen trägt (Zhang et al. 2017). Formal betrachtet besitzt dieser Junge jetzt die DNA von drei Eltern, nämlich neben der DNA seiner beiden Eltern (für das Kerngenom) auch noch die DNA der Spenderin für seine mitochondriale DNA. Da ein derartiger Eingriff in den USA verboten ist, wurden die Arbeiten in Mexiko durchgeführt. Übrigens haben Aufsichtsbehörden in Großbritannien ein ähnliches Verfahren zum Austausch von Mitochondrien bei bestimmten Patienten bereits 2015 unter Auflagen genehmigt (Garone und Viscomi 2018).

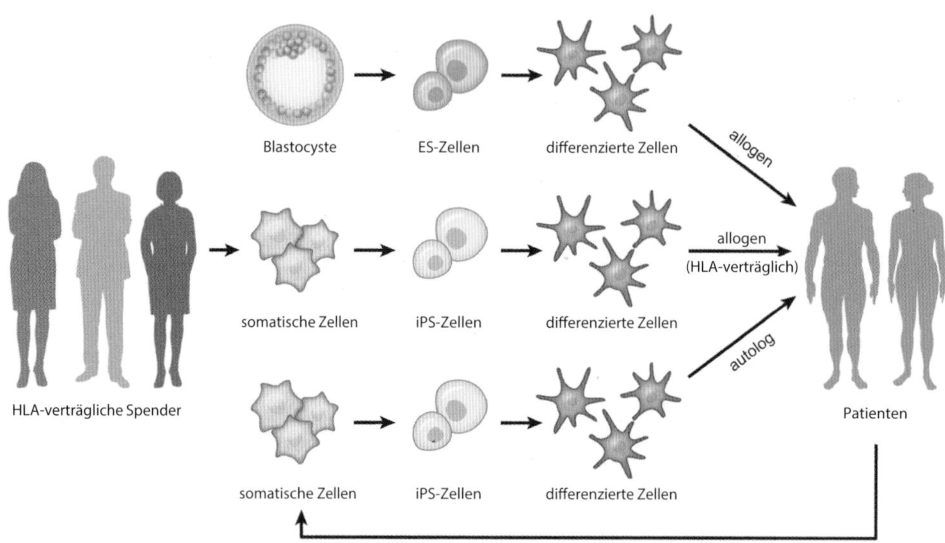

Abb. 13.58 Stammzell-vermittelte Gentherapie. Es gibt grundsätzlich drei Verfahren für die Gentherapie mit menschlichen Stammzellen: Menschliche embryonale Stammzellen (ES-Zellen) werden aus Embryonen im Blastocystenstadium entnommen; dieser Prozess ist abhängig von der Verfügbarkeit solcher Embryonen aufgrund ethischer Überlegungen (wie in den meisten europäischen Ländern ist auch in Deutschland die Herstellung von embryonalen Stammzellen verboten – es gilt hier das Embryonenschutzgesetz). Zwei andere Verfahren verwenden stattdessen somatische Zellen, die zunächst in induzierte pluripotente Stammzellen (iPS-Zellen) reprogrammiert werden und dann zu dem gewünschten Zelltyp ausdifferenzieren. Die Zellen können von dem Patienten selbst stammen (autologer Weg) oder von HLA-verträglichen Spendern (allogener Weg). Wenn die Zellen vom Patienten selbst stammen, kann das mutierte Gen mithilfe von CRISPR-Cas korrigiert und die differenzierten Zellen dem Patienten wieder zugeführt werden. HLA: humanes Leukocytenantigen, auch als Histokompatibilitätsantigen oder Transplantationsantigen bezeichnet. (Nach Hotta und Yamanaka 2015, mit freundlicher Genehmigung)

Die Möglichkeiten der CRISPR-Cas9-Technologie gab auch dem Thema Keimbahntherapie neuen Aufwind: Chinesische Forscher versuchten zunächst, eine Mutation des β-Globin-Gens (*HBB*) in befruchteten menschlichen Eizellen mithilfe der CRISPR-Cas9-Technik zu reparieren (Liang et al. 2015) – dieser Versuch war allerdings vergeblich. Aber im November 2018 war es dann so weit mit der ersten Keimbahntherapie am Menschen: Jiankui **He** (Shenzen) berichtete auf der 2. Internationen Gipfelkonferenz zur Editierung des menschlichen Genoms, dass er in künstlich befruchteten Embryonen das *CCR5*-Gen durch die CRISPR-Cas9-Technik inaktiviert habe und so das HIV-Infektionsrisiko (das durch den HIV-infizierten Vater bestand) verringert oder gar ausgeschaltet sei (▶ Abschn. 9.2.2, 11.5.4). Die beiden Kinder seien gesund zur Welt gekommen. Die Arbeiten wurden bisher (November 2019) nicht publiziert und führten nicht nur zur Suspendierung der an den Experimenten Beteiligten, sondern auch zu intensiven Diskussionen über das generelle Verbot von gentherapeutischen Maßnahmen in der Keimbahn (Gießelmann 2018). Da die bisherigen Argumente der unüberwindbaren technischen Schwierigkeiten und unvorhersehbaren Folgen für die betroffenen Kinder offensichtlich obsolet geworden sind, werden wir in den nächsten Jahren dazu eine intensive ethische Debatte zu führen haben, ob – und wenn ja, unter welchen Bedingungen – Keimbahntherapien zugelassen werden können oder sogar müssen (eine ausführliche Darstellung des „Falls He" und kritische Diskussionen dazu findet der interessierte Leser bei Li et al. 2019).

Gentherapie von Erbkrankheiten über die Keimbahn ist natürlich die eine Seite der Medaille. Allerdings ist es hiervon auch nicht weit, einen anderen Weg zu gehen, nämlich die so gewonnenen Stammzellen als embryonale Stammzellen zu verwenden, wachsen zu lassen und zu einem geeigneten Zeitpunkt in die Gebärmutter einzupflanzen. Und wenn es bei Schafen (Dolly; ▶ Abschn. 12.7.1, ◘ Abb. 12.58) funktioniert, wird es auch bei Affen gehen, und es gibt wahrscheinlich ähnliche technische Möglichkeiten auch beim Menschen. Und man wird mit Sicherheit davon ausgehen können, dass dieses „Experiment" irgendwo auf der Welt auch durchgeführt werden wird. „Alles Denkbare wird einmal gedacht, jetzt oder in der Zukunft" und: „Was einmal gedacht wurde, kann nicht mehr zurückgenommen werden." (Friedrich Dürrenmatt: *Die Physiker*, 1961).

> **!** Die Keimbahntherapie wird eine realistische Option für die Zukunft der Humangenetik. Die Verbindung molekulargenetischer Techniken mit entsprechenden verbesserten Fertigkeiten der Reproduktionsmedizin wird es ermöglichen, auch Menschen zu klonen.

13.6 Kernaussagen, Links, Übungsfragen, Technikboxen

Kernaussagen

- Die Methoden der klassischen Humangenetik beruhten im Wesentlichen auf der Stammbaum- und Zwillingsforschung. Dieser Ansatz wird heute ergänzt durch Geschwisterpaar-Analysen und Methoden der genetischen Epidemiologie.
- Für Kopplungsanalysen steht eine Vielzahl von Mikrosatelliten-Markern und SNPs zur Verfügung; computergestützte Auswerteverfahren erlauben die Berechnung von LOD-Werten. Kartierungen mit LOD-Werten > 3 sind statistisch signifikant.
- Fehlerhafte Chromosomenverteilungen während der meiotischen Teilungen sind häufig. Von den möglichen Aneuploidien sind jedoch nur wenige lebensfähig (vor allem Trisomie 21 und Monosomie X). Chromosomenaberrationen führen häufig zu spontanen Aborten.
- Die meisten Erbkrankheiten sind autosomal-rezessiv und damit schwer zu diagnostizieren; die Gefahr der Homozygotie ist bei Verwandtenehen besonders hoch. Die häufigste autosomal-rezessive Erkrankung in Mitteleuropa ist die zystische Fibrose (Mukoviszidose).
- Autosomal-dominante Erkrankungen haben eine Häufigkeit von ca. 1:10.000; die häufigste autosomal-dominante Erkrankung ist die familiäre Hypercholesterinämie. X-chromosomal-dominante Erbkrankheiten sind selten; häufiger sind X-chromosomal-rezessive Erkrankungen, die bei Männern immer zum Ausbruch kommen (Hemizygotie).
- Eine besondere Gruppe von Krankheiten zeichnet sich durch Triplettwiederholungen aus, die von einer Generation zur nächsten massiv zunehmen können. Die Zunahme der Triplettwiederholungen führt in vielen Fällen zu einem früheren Eintrittsalter und einer schwereren Erkrankung. Beispiele sind die Chorea Huntington und das Fragile-X-Syndrom.
- Mitochondriale Erkrankungen mit Mutationen in der mitochondrialen DNA werden matrilinear vererbt und weisen häufig eine unvollständige Penetranz auf.
- Eine Vielzahl von Krebserkrankungen beruht auf Mutationen in Keim- und Somazellen. Wir unterscheiden Onkogene (z. B. *RAS*, *FOS*, *MYC*), Tumorsuppressorgene (z. B. *TP53*, *RB1*) und Mutatorgene (z. B. *XP-A* bis *XP-G*).
- Viele Krankheiten haben „komplexe" Ursachen, d. h. an ihrer Entstehung sind mehrere Gene und/oder Gen-Umwelt-Wechselwirkungen beteiligt. Sie gehorchen nicht den Mendel'schen Regeln für monogene Erkrankungen. Beispiele sind Asthma oder Diabetes.
- Bei manchen Erkrankungen reagieren Patienten auf bestimmte Therapieformen nicht oder sehr unterschiedlich. „Personalisierte Medizin" versucht, die individuelle genetische Konstitution zu berücksichtigen und so eine „maßgeschneiderte" Therapie zu ermöglichen.
- Somatische Gentherapie bietet eine realistische Zukunftschance, viele erbliche Erkrankungen kausal und dauerhaft bei Patienten zu behandeln.

Links zu Videos

Kopplungsanalyse in Familien (2 Videos, die aufeinander aufbauen):
(► sn.pub/4cZVqr)
(► sn.pub/5xZOyU)
Zwillingsforschung:
(► sn.pub/AB9AmV)
Nicht-invasiver pränataler Test:
(► sn.pub/I0gIs5)
Die Bedeutung nicht-invasiver Tests (Vortrag):
(► sn.pub/83Ra85)
Leben mit Down-Syndrom:
(► sn.pub/ydDH6b)
Fragiles-X-Syndrom:
(► sn.pub/qgO6vK)
Sichelzellenanämie:
(► sn.pub/yRfzKR)
Marfan-Syndrom:
(► sn.pub/knq4tj)
Familiäre Hypercholesterinämie:
(► sn.pub/mMNPrE)
Hämophilie:
(► sn.pub/TfJLTs)
Duchenne'sche Muskeldystrophie:
(► sn.pub/vCSLId)
Retinoblastom:
(► sn.pub/3YkJF1)
CRISPR-Cas9 (1):
(► sn.pub/vXssiB)
CRISPR-Cas9 (2):
(► sn.pub/biXYzl)

Übungsfragen

1. Betrachten Sie den Stammbaum dieser Familie:

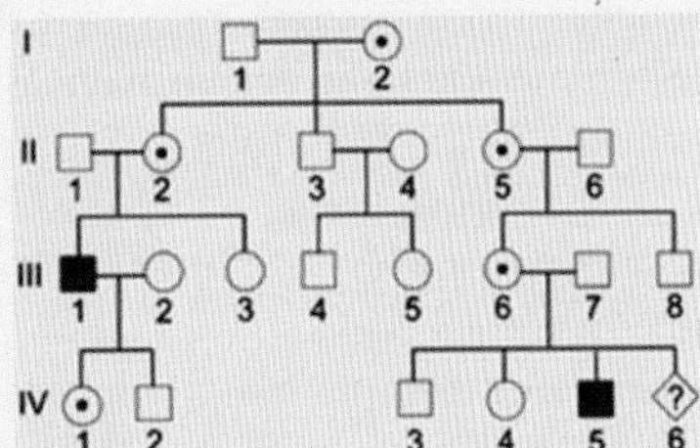

   Um welchen Erbgang handelt es sich? Betrachten Sie das Kind mit dem Fragezeichen, dessen Geschlecht nicht bekannt ist. Beschreiben Sie das Risiko, dass das Kind erkrankt, und begründen Sie kurz Ihre Meinung, wenn es ein Mädchen bzw. wenn es ein Junge wird.
2. Was ist eine pseudoautosomale Region? Und was geschieht, wenn das *SRY*-Gen in die pseudoautosomale Region gerät?
3. Wie werden Mutationen im Mitochondriengenom übertragen? Diskutieren Sie die Konsequenzen für die humangenetische Beratung im Hinblick auf die Konsequenzen für ein Kind, je nachdem ob der Vater oder die Mutter an einer Erkrankung leidet, die auf einer Mutation im Mitochondriengenom basiert.
4. Angenommen, Sie betreuen eine kleine Familie, in der einige Mitglieder an der Leber'schen congenitalen Amaurose erkrankt sind. Zur molekularen Diagnostik wenden Sie den funktionellen Kandidatengen-Ansatz an, dabei finden Sie in dem Probanden eine Mutation, die in einem Gen zu einem Aminosäureaustausch führt. Nennen Sie vier **allgemeine** Kriterien, die erfüllt sein müssen, um die Kausalität der Mutation für das klinische Erscheinungsbild zu beweisen.
5. Nennen Sie die wichtigsten Klassen krebserregender Viren. Welcher Virus ist für die Entstehung des Gebärmutterhalskrebses verantwortlich? Und welche Konsequenz hat das für eine mögliche Prävention?

Technikbox 32

Differenzielle Genexpression

Anwendung: Methode zur Untersuchung der Genexpression in unterschiedlichen Geweben, zu unterschiedlichen Zeiten oder zwischen Wildtypen und Mutanten.

Voraussetzungen: Quantitativ und qualitativ reproduzierbare RNA-Isolierung.

Methoden: Die erste einfache Technik zur Analyse von Genexpressionsprofilen war das *differential display*. Dieses Verfahren vergleicht die Genexpression von zwei oder mehreren Experimenten miteinander, die sich aus den Basistechniken der reversen Transkription (Technikbox 8) und PCR (Technikbox 4) zusammensetzen:

Durch die Auswahl der Primer wird festgelegt, welche Untermenge der mRNA-Proben in cDNA-Kopien überführt wird. Zufällige Fragmente dieser cDNA-Sequenzen (in der Regel so viele, wie auf einem Polyacrylamidgel nebeneinander charakterisiert werden können) mit einer Größe von einigen Hundert Basenpaaren werden in einer PCR-Reaktion mithilfe von Zufallsprimern amplifiziert. Die Bandenmuster werden ausgewertet, indem die relativen Intensitäten von Banden aus verschiedenen experimentellen Proben verglichen werden. Nur in einer Probe existierende Banden oder mit unterschiedlicher relativer Intensität in mehreren Proben existierende Banden repräsentieren potenziell unterschiedlich synthetisierte mRNA-Sequenzen. Um diese zu identifizieren, werden die entsprechenden Gelstücke ausgeschnitten, gereinigt und die erhaltenen cDNA-Fragmente mittels PCR erneut amplifiziert und sequenziert.

Durch den Vergleich der Bandenintensität der verschiedenen Proben können solche Gene erkannt werden, die unterschiedlich stark exprimiert werden. Die *differential display*-Methode neigt allerdings zu einem großen Anteil falsch-positiver Kandidaten, sodass diese Ergebnisse durch unabhängige Experimente, etwa Hybridisierung mit Northern-Blotting (Technikbox 14) oder Real-Time-PCR (Technikbox 4) bestätigt werden müssen. Eine andere Möglichkeit ist die Analyse differenzieller Genexpression auf Chips (Technikbox 35) oder durch die moderne Methodik der RNA-Sequenzierung (Technikbox 10).

Technikbox 33

Gezieltes Editieren von Genomen

Anwendung: Veränderungen in Genomen aller Art.
Voraussetzungen: Kenntnis der Zielsequenzen; embryonale Stammzellen oder befruchtete Zygoten; Tierstallkapazitäten.
Methoden: Zinkfinger-Nukleasen, TAL-Effektor-Nukleasen (TALENs), CRISPR-Cas9.

Im vergangenen Jahrzehnt wurden neue Methoden entwickelt, die es erlauben, nahezu jedes Gen in jedem Organismus gezielt zu verändern; im englischen Schrifttum hat sich dabei der Begriff *genome editing* durchgesetzt. Die Basis dieser neuen Technologie sind gentechnisch umgearbeitete Nukleasen, die mit einer sequenzspezifischen DNA-Bindedomäne fusioniert sind. Diese chimären Nukleasen ermöglichen eine effiziente und präzise genetische Modifikation durch die Einführung gezielter DNA-Doppelstrangbrüche (DSBs), die wiederum die zellulären DNA-Reparaturmechanismen stimulieren, besonders die homologe Rekombinationsreparatur (engl. *homology-directed repair*, HDR; ▶ Abschn. 10.6.4) und die nicht-homologe Verbindung von DNA-Enden (engl. *nonhomologous end joining*, NHEJ; ▶ Abschn. 10.6.5). Es haben sich insbesondere drei Systeme herausgebildet: Zinkfinger-Nukleasen, TALENs und CRISPR-Cas9, die in ihren Grundlagen kurz vorgestellt werden. Ein grundsätzliches Problem, das bei der jeweiligen Anwendung besonders beachtet werden muss, ist die Möglichkeit der Nebenreaktion, d. h. dass die Nukleasen die DNA auch an einer anderen Stelle als der gewünschten schneiden können (engl. *off-target cleavage*). Die Systeme eignen sich zur Anwendung in verschiedenen zellulären Systemen, embryonalen Stammzellen oder befruchteten Eizellen. Gegenüber den hier dargestellten Standardsystemen gibt es für verschiedene Anwendungen viele Abwandlungen im Detail; therapeutische Anwendungen sind in Aussicht und befinden sich in Bezug auf eine HIV-Therapie (Veränderung des *CCR5*-Locus) sogar schon in der klinischen Prüfung.

Zinkfinger-Nukleasen

Die Cys_2-His_2-Zinkfinger-Domäne ist bei Eukaryoten eine der am weitesten verbreiteten DNA-Bindedomänen (▶ Abschn. 7.3.2). Ein individueller Zinkfinger besteht aus ca. 30 Aminosäuren; drei davon binden spezifisch an die DNA. Durch einen modularen Aufbau von sechs Zinkfingern können Sequenzen von 18 bp spezifisch erkannt werden. Zur Spaltung der DNA werden diese Zinkfinger mit der Restriktionsendonuklease *Fok*I gekoppelt. Die optimale spezifische Spaltung wird erreicht, wenn zwei unabhängige Zinkfinger so konstruiert werden, dass sie an beide Stränge der DNA in einem geeigneten Abstand voneinander binden. Durch die eingefügten Doppelstrangbrüche wird bevorzugt das NHEJ-DNA-Reparatursystem aktiviert, sodass aufgrund der Ungenauigkeiten bei der Reparatur verschiedene Mutationen an der Bruchstelle entstehen können. Durch gleichzeitige Zugabe eines DNA-Fragments mit homologen Armen zu der Zielsequenz wird der HDR-Mechanismus bevorzugt, sodass gezielte Mutationen möglich sind. Eine Übersicht gibt ◘ Abb. 13.59.

Technikbox 33 (*Fortsetzung*)

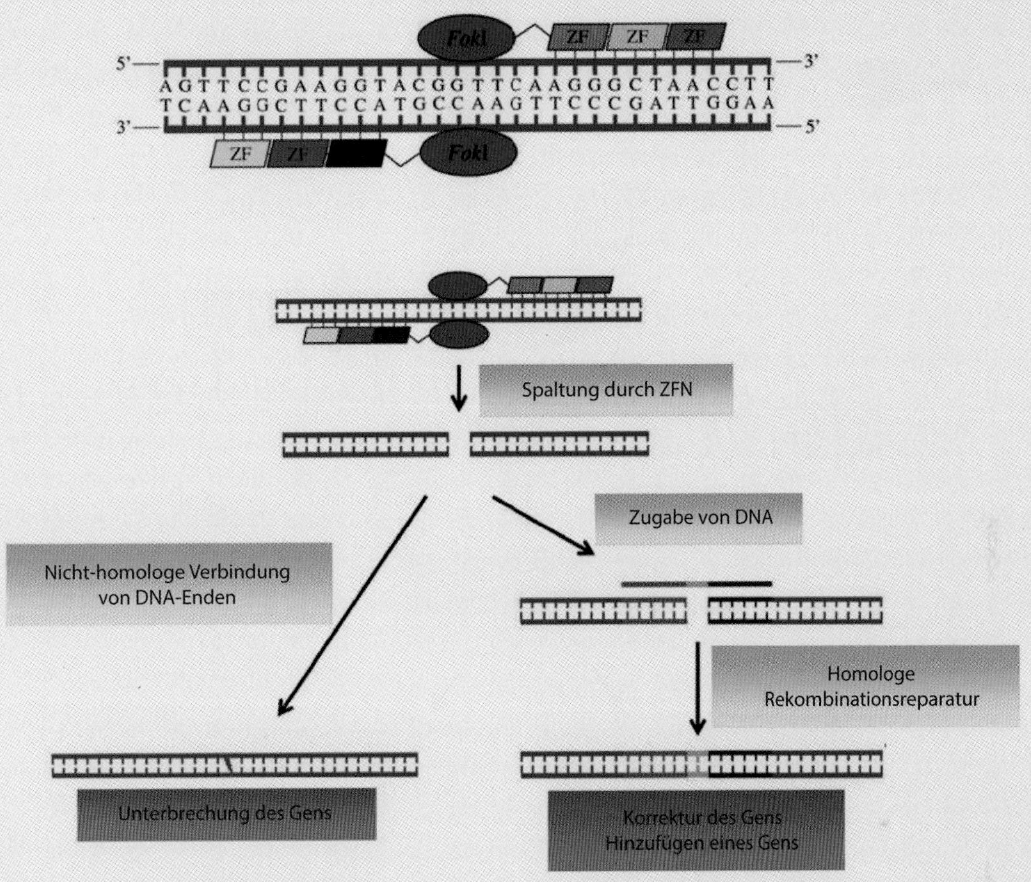

Abb. 13.59 Eine Zinkfinger-Nuklease (ZFN), bestehend aus drei Zinkfingern (ZF), ist mit der katalytischen Domäne des *Fok*I-Restriktionsenzyms fusioniert. Jede Zinkfingerdomäne bindet an drei Nukleotide und kann so die ZFN insgesamt an eine spezifische Stelle im Genom heranführen. Zwei ZFN, die eine spezifische Sequenz an beiden Strängen der DNA erkennen, sind nötig, damit eine Dimerisierung von zwei unspezifischen *Fok*I-Nukleasen möglich wird. Dadurch wird ein Doppelstrangbruch in der DNA erzeugt, der von der Zelle repariert werden kann. Die fehlerbehaftete NHEJ-Reparatur führt dabei zur Unterbrechung des Gens; alternativ kann durch Zugabe einer DNA-Reparatur-Vorlage die HDR bevorzugt werden, sodass eine gezielte Korrektur oder ein Hinzufügen eines Gens möglich wird. (Nach Wijshake et al. 2014, mit freundlicher Genehmigung)

TALENs

Das TALEN-System (engl. *transcription activator-like effector nuclease*) arbeitet ähnlich wie das Zinkfinger-Nukleasen-System mit einem Hybrid aus einer DNA-bindenden Proteindomäne mit der *Fok*I-Nuklease. In diesem Fall handelt es sich um Proteine von *Xanthomonas*, einem pflanzenpathogenen Bakterium. TALE-Proteine haben Domänen, die aus 33–35 Aminosäuren bestehen und jeweils eine Base spezifisch erkennen. Verantwortlich dafür ist eine hypervariable Region aus zwei Aminosäuren (engl. *repeat variable di-residue*) an der Position 12 und 13 der Domäne. Daraus ergibt sich ein einfacher „Code“: Asn–Asn für G, Asn–Ile für A, His–Asp für C und Asn–Gly für T. Durch die Verbindung mit der *Fok*I-Nuklease ergibt sich eine ähnliche Anwendung wie bei den Zinkfinger-Nukleasen. Eine Übersicht gibt Abb. 13.60.

Technikbox 33 (*Fortsetzung*)

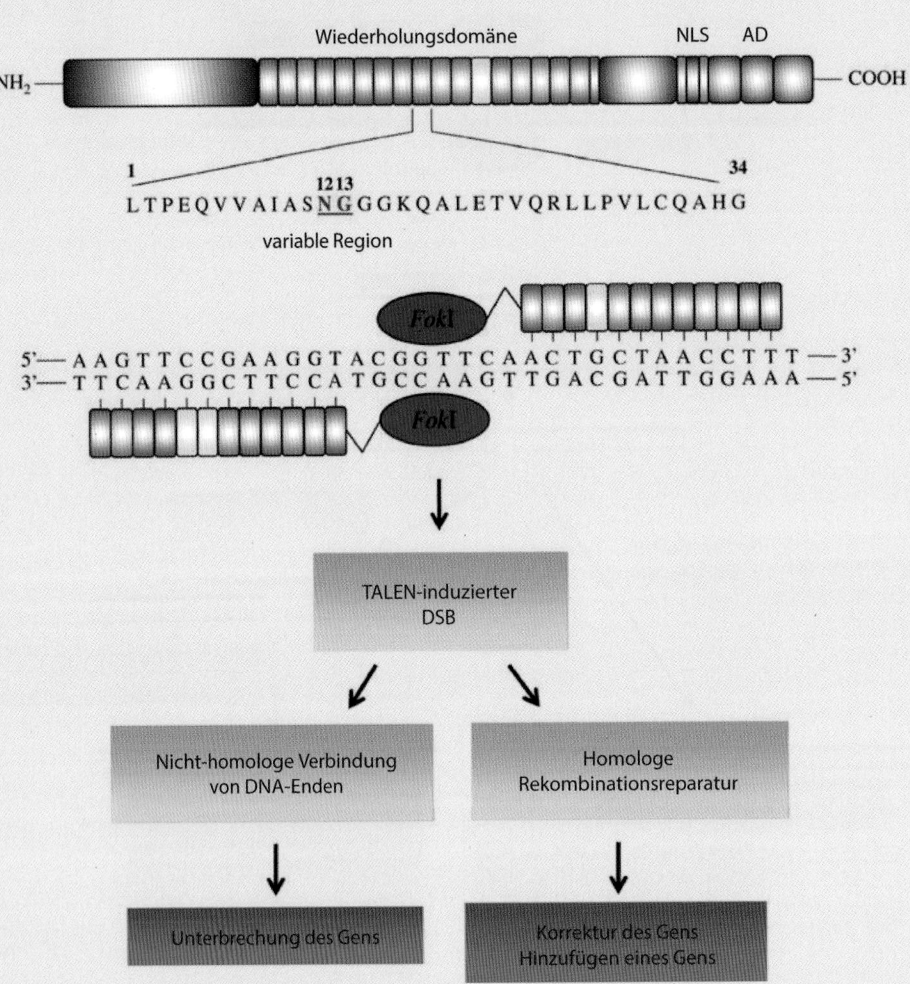

Abb. 13.60 Ein TALE ist durch seine zentrale DNA-bindende Wiederholungsdomäne charakterisiert; der C-Terminus enthält außerdem eine Kernlokalisationssequenz (NLS) und eine Aktivierungsdomäne (AD). Die vergrößerte Sequenz einer DNA-bindenden Domäne enthält als variablen Bereich (*rot*) die beiden Aminosäuren Asn und Gly (NG) und erkennt damit das T in der darunter dargestellten DNA-Sequenz. Durch die Fusion der DNA-bindenden Wiederholungsdomäne mit der katalytischen Domäne des *Fok*I-Restriktionsenzyms wird an diesem T ein Doppelstrangbruch (DSB) eingeführt. Die DNA-bindende Wiederholungsdomäne ist farbcodiert: *rot* erkennt T, *grün* C, *blau* A und *gelb* G. Zwei TALENs, die eine spezifische Sequenz an beiden Strängen der DNA erkennen, sind nötig, damit eine Dimerisierung von zwei unspezifischen *Fok*I-Nukleasen möglich wird. Der DSB kann von der Zelle repariert werden. Die fehlerbehaftete NHEJ-Reparatur führt dabei zur Unterbrechung des Gens; alternativ kann durch Zugabe einer DNA-Reparatur-Vorlage die HDR bevorzugt werden, sodass eine gezielte Korrektur oder ein Hinzufügen eines Gens möglich wird. (Nach Wijshake et al. 2014, mit freundlicher Genehmigung)

CRISPR-Cas9

Das CRISPR-Cas9-System wurde aufgrund seiner besonders einfachen und effizienten Handhabung als Alternative zu Zinkfinger-Nukleasen und TALENs entwickelt. Es basiert auf einem bakteriellen Immunsystem gegenüber fremder DNA, die durch einen RNA-gesteuerten Mechanismus gespalten wird. Der *CRISPR*-Genort ist durch eine Reihe von DNA-Wiederholungseinheiten von 20–50 bp charakterisiert, die durch Zwischenstücke ähnlicher Größe voneinander getrennt sind (engl. *clustered regularly interspaced short palindromic repeats*, CRISPR). Die Zwischenstücke entstehen durch Abbau von DNA aus einer Phageninfektion; sie werden entsprechend in den *CRISPR*-Locus eingebaut und bei einer erneuten Infektion abgelesen. Die RNA wird so gespalten, dass jeweils ein Palindrom mit einem Zwischenstück als *CRISPR*-RNA (crRNA) entsteht; die crRNA bildet zusammen mit dem CRISPR-assoziierten Protein (Cas) einen Komplex, der die fremde DNA aufgrund der Komplementarität mit dem Zwischenstück erkennt und durch die Nuklease-Aktivität von Cas schneidet. Für eine korrekte Spaltung werden noch zwei weitere Elemente benötigt: eine *trans*-aktivierende crRNA (tracrRNA) und ein kurzes DNA-Motiv (3 bp), das dem Vorläufer des

Technikbox 33 (*Fortsetzung*)

Zwischenstücks benachbart ist (engl. *protospacer adjacent motiv*, PAM). Für die Anwendung in der Editierung des Genoms hat sich das Cas-Protein 9 aus *Streptococcus pyogenes* als besonders effizient erwiesen – daher hat sich CRISPR-Cas9 als Bezeichnung für das Gesamtsystem eingebürgert. Eine Übersicht gibt ◘ Abb. 13.61.

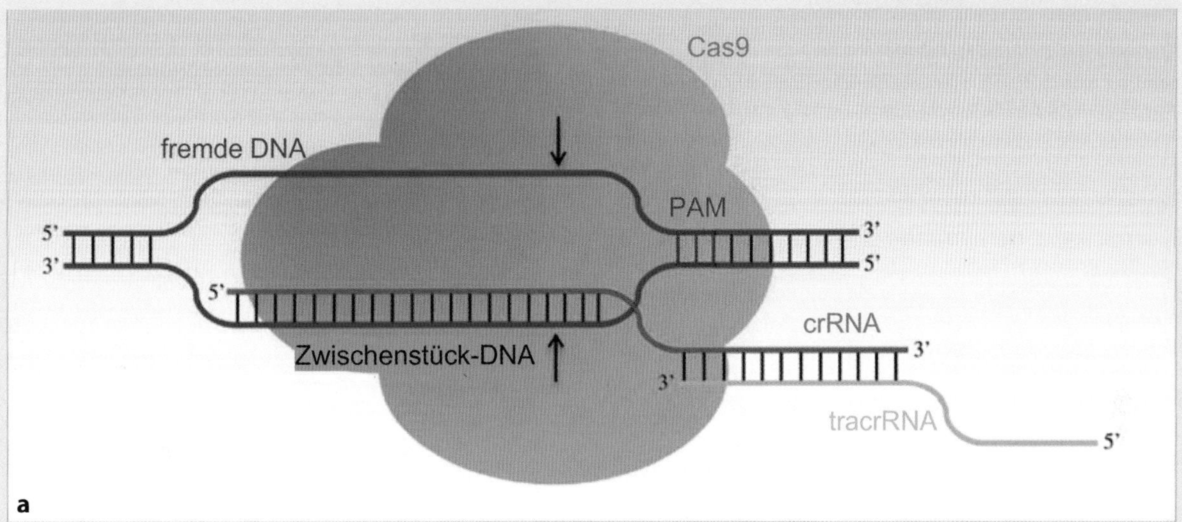

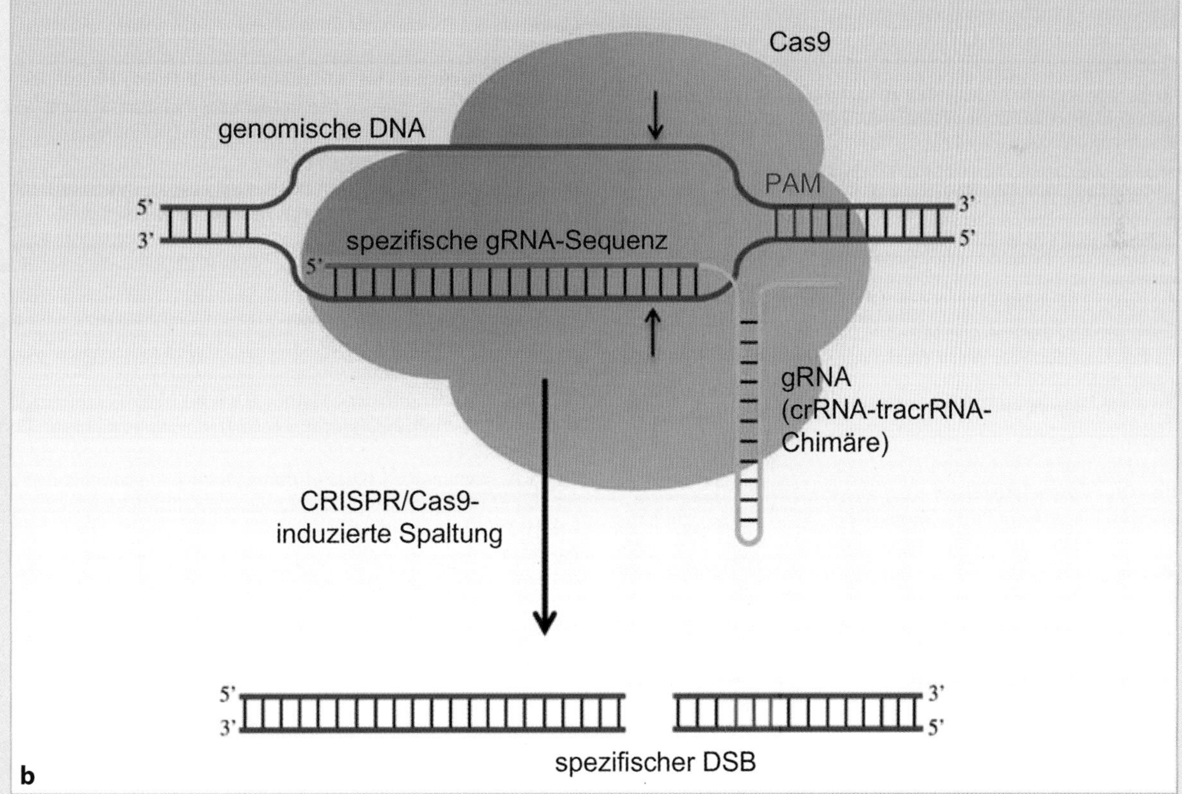

◘ **Abb. 13.61** Mechanismus des CRISPR-Cas9-Systems. **a** Zerstörung fremder DNA-Sequenzen. Nach der Infektion durch Viren oder Plasmide erkennt die crRNA die Zwischenstücksequenz der fremden DNA und bindet daran (zusammen mit der anhängenden PAM-Sequenz). Die *trans*-aktivierende crRNA (tracrRNA) verstärkt die Bindung an die entsprechende DNA-Sequenz und leitet damit den crRNA-vermittelten Doppelstrangbruch durch die Verbindung mit der Cas9-Nuklease ein. Der Doppelstrangbruch ist ortsspezifisch und entsteht 3 bp oberhalb der PAM-Sequenz (*schwarze Pfeile*). **b** Editieren des Genoms durch das CRISPR-Cas9-System. Eine konstruierte gRNA (Leit-RNA, engl. *guide RNA*), bestehend aus einem crRNA-Element und tracrRNA, erkennt die Zielsequenz in der genomischen RNA mit der benachbarten PAM-Sequenz. Dadurch entsteht ein Komplex mit Cas9, sodass in die Zielsequenz spezifisch ein Doppelstrangbruch (DSB) eingeführt werden kann. Dieser wird dann durch das zelluläre Reparatursystem wieder repariert. (Nach Wijshake et al. 2014, mit freundlicher Genehmigung)

13

Literatur

Abramowitz LK, Olivier-Van Stichelen S, Hanover JA (2014) Chromosome imbalance as a driver of sex disparity in disease. J Genomics 2:77–88

Anderson D (1938) Cystic fibrosis of the pancreas and its relation to celiac disease. Am J Dis Child 56:344–399

Ashcroft FM, Rorsman P (2012) Diabetes mellitus and the β cell: the last ten years. Cell 148:1160–1171

Aumann I, Prenzler A, Welte T et al (2014) Epidemiologie und Kosten von Asthma bronchiale in Deutschland – eine systematische Literaturrecherche. Pneumologie 68:557–567

Bachtrog D (2013) Y-chromosome evolution: emerging insights into processes of Y-chromosome degeneration. Nat Rev Genet 14:113–124

Bates GP, Dorsey R, Gusella JF et al (2015) Huntington disease. Nat Rev Dis Primers 1:15005

Beet EA (1949) The genetics of sickle cell trait in a Bantu tribe. Ann Eugen 14:279

Bennett RL, French KS, Resta RG et al (2008) Standardized human pedigree nomenclature: update and assessment of the recommendations of the National Society of Genetic Counselors. J Genet Couns 17:424–433

Bobadilla JL, Macek M Jr, Fine JP et al (2002) Cystic fibrosis: a worldwide analysis of *CFTR* mutations-correlation with incidence data and application to screening. Hum Mutat 19:575–606

Boveri T (1902) Über mehrpolige Mitosen als Mittel zur Analyse des Zellkerns. Verh Phys Med Ges Würzburg 35:67–90 (Neue Folge)

Buselmaier W, Tariverdian G (2007) Humangenetik, 4. Aufl. Springer, Heidelberg

Carelli V, Ross-Cisneros FN, Sadun AA (2002) Optic nerve degeneration and mitochondrial dysfunction: genetic and acquired optic neuropathies. Neurochem Intern 40:573–584

Cattaneo E, Zuccato C, Tartari M (2005) Normal huntingtin function: an alternative approach to Huntington's disease. Nat Rev Neurosci 6:919–930

Černá M (2008) Genetics of autoimmune diabetes mellitus. Wien Med Wochenschr 158:2–12

Chinnam M, Goodrich DW (2011) RB1, development, and cancer. Curr Top Dev Biol 94:129–169

Cooke RA, van der Veer A (1916) Human sensitization. J Immunol 1:201–305

Desai M, Jellyman JK, Ross MG (2015) Epigenomics, gestational programming and risk of metabolic syndrome. Int J Obes 39:633–641

Dimaras H, Corson TW, Cobrinik D et al (2015) Retinoblastoma. Nat Rev Dis Primers 1:15021

van Dongen J, Slagboom PE, Draisma HH et al (2012) The continuing value of twin studies in the omics era. Nat Rev Genet 13:640–653

Dorajoo R, Liu J, Boehm BO (2015) Genetics of type 2 diabetes and clinical utility. Genes 6:372–384

Dulbecco R (1986) A turning point in cancer research: sequencing the human genome. Science 231:1055–1056

van Eerdewegh P, Little RD, Dupuis J et al (2002) Association of the ADAM33 gene with asthma and bronchial hyperresponsiveness. Nature 418:426–430

Estivill X, Bancells C, Ramos C et al (1997) Geographic distribution and regional origin of 272 cystic fibrosis mutations in European populations. Hum Mutat 10:135–154

Ewens WJ, Spielman RS (2005) What is the significance of a significant TDT? Hum Hered 60:206–210

Fairclough RJ, Wood MJ, Davies KE (2013) Therapy for Duchenne muscular dystrophy: renewed optimism from genetic approaches. Nat Rev Genet 14:373–378

Fellin R, Arca M, Zuliani G et al (2015) The history of autosomal recessive hypercholesterolemia (ARH). From clinical observations to gene identification. Gene 555:23–32

Floriani MA, Vilas Boas MR, Rosa RFM et al (2017) Report of a patient with fragile X syndrome unexpectedly identified by karyotype analysis. J Bras Patol Med Lab 53:87–88

Følling A (1934) Über Ausscheidung von Phenylbrenztraubensäure in den Harn als Stoffwechselanomalie in Verbindung mit Imbezillität. Z Physiol Chem 227:169–176

Frayling TM (2007) Genome-wide association studies provide new insights into type 2 diabetes aetiology. Nat Rev Genet 8:657–662

Fuchsberger C, Flannick J, Teslovich TM et al (2016) The genetic architecture of type 2 diabetes. Nature 536:41–47

Gabriel SE, Brigman KN, Koller BH et al (1994) Cystic fibrosis heterozygote resistance to cholera toxin in the cystic fibrosis mouse model. Science 266:107–109

Galanis E, Markovic SN, Suman VJ et al (2012) Phase II trial of intravenous administration of Reolysin® (Reovirus Serotype-3-dearing Strain) in patients with metastatic melanoma. Mol Ther 20:1998–2003

Galton F (1875) The history of twins as a criterion of the relative powers of nature and nurture. J R Anthropol Inst Gb Irl 5:391–406

Garone C, Viscomi C (2018) Towards a therapy for mitochondrial disease: an update. Biochem Soc Trans 46:1247–1261

Gendiagnostik-Kommission (2013) Tätigkeitsbericht. Robert-Koch-Institut, Berlin

George LA, Sullivan SK, Giermasz A et al (2017) Hemophilia B gene therapy with a high-specific-activity factor IX variant. N Engl J Med 377:2215–2227

Gießelmann K (2018) Die ersten CRISPR-Babies. Dtsch Arztebl 115:A2278–A2279

Goldstein JL, Brown MS (2015) A century of cholesterol and coronaries: from plaques to genes to statins. Cell 161:161–172

Graw J, Brackmann HH, Oldenburg J et al (2005) Haemophilia A: from mutation analysis to new therapies. Nat Rev Genet 6:488–501

Grønskov K, Ek J, Brondum-Nielsen K (2007) Oculocutaneous albinism. Orphanet J Rare Dis 2:43

Haldane JBS (1919) The combination of linkage values, and the calculation of distances between the loci of linked factors. J Genet 8:299–309

Haldane JBS, Sprunt AD, Haldane NM (1915) Reduplication in mice. J Genet 5:133–135

zur Hausen H (2009) Papillomaviruses in the causation of human cancers – a brief historical account. Virology 384:260–265

Herrick JB (1910) Peculiar elongated and sickle-shaped blood corpuscules in a case of severe anemia. Arch Int Med 6:517–521

Horton WA, Hall JG, Hecht JT (2007) Achondroplasia. Lancet 370:162–172

Hotta A, Yamanaka S (2015) From genomics to gene therapy: induced pluripotent stem cells meet genome editing. Annu Rev Genet 49:47–70

Hughes JF, Page DC (2015) The biology and evolution of mammalian Y chromosomes. Annu Rev Genet 49:507–527

Humbert O, Davis L, Maizels N (2012) Targeted gene therapies: tools, applications, optimization. Crit Rev Biochem Mol Biol 47:264–281

Huoponen K (2001) Leber hereditary optic neuropathy: clinical and molecular genetic findings. Neurogenetics 3:119–125

Iacono WG, Heath AC, Hewitt JK et al (2018) The utility of twins in developmental cognitive neuroscience research: how twins strengthen the ABCD research design. Dev Cogn Neurosci 32:30–42

Ingram VM (1956) A specific chemical difference between the globins of normal human and sickle-cell anaemia haemoglobin. Nature 178:792–794

James AH (2010) Women and bleeding disorders. Haemophilia 16(Suppl 5):160–167

Jiaox X, Khan SY, Irum B et al (2015) Missense mutations in *CRYAB* are liable for recessive congenital cataracts. PLoS ONE 10:e137973

Jobling MA, Gill P (2004) Encoded evidence: DNA in forensic analysis. Nat Rev Genet 5:739–751

Jones S, Anagnostou V, Lytle K et al (2015) Personalized genomic analyses for cancer mutation discovery and interpretation. Sci Transl Med 7:283ra53

Khurana TS, Davies KE (2003) Pharmacological strategies for muscular dystrophy. Nat Rev Drug Discov 2:379–390

Kido T, Lau YF (2015) Roles of the Y chromosome genes in human cancers. Asian J Androl 17:373–380

Klag KA, Horton WA (2016) Advances in treatment of achondroplasia and osteoarthritis. Hum Mol Genet 25:R2–R8

Knudson AG (2001) Two genetic hits (more or less) to cancer. Nat Rev Cancer 1:157–162 (170)

Kono T, Obata Y, Wu Q et al (2004) Birth of parthenogenetic mice that can develop to adulthood. Nature 428:860–864

Kraan CM, Godler DE, Amor DJ (2019) Epigenetics of fragile X syndrome and fragile X-related disorders. Dev Med Child Neurol 61:121–127

Kumar AA, Shantha GP, Srinivasan Y et al (2008) Acute myocardial infarction in an 18 year old South Indian girl with familial hypercholesterolemia: a case report. Cases J 1:71

Kunkel TA (1992) DNA replication fidelity. J Biol Chem 267:18251–18254

Lahn BT, Pearson NM, Jegalian K (2001) The human Y chromosome, in the light of evolution. Nat Rev Genet 2:207–216

Lana-Elola E, Watson-Scales SD, Fisher EM et al (2011) Down syndrome: searching for the genetic culprits. Dis Model Mech 4:586–595

Lannoy N, Hermans C (2018) Review of molecular mechanisms at distal Xq28 leading to balanced or unbalanced genomic rearrangements and their phenotypic impacts on hemophilia. Haemophilia 24:711–719

Lee JU, Kim JD, Park CS (2015) Gene-environment interactions in asthma: genetic and epigenetic effects. Yonsei Med J 56:877–886

Leibeling D, Laspe P, Emmert S (2006) Nucleotide excision repair and cancer. J Mol Hist 37:225–238

Li JR, Walker S, Nie JB et al (2019) Experiments that led to the first gene-edited babies: the ethical failings and the urgent need for better governance. J Zhejiang Univ Sci B 20:32–38

Liang P, Xu Y, Zhang X et al (2015) CRISPR/Cas9-mediated gene editing in human tripronuclear zygotes. Protein Cell 6:363–372

Liao Z, Zhao J, Zhu Y et al (2007) The ND4 G11696A mutation may influence the phenotypic manifestation of the deafness-associated 12S rRNA A1555G mutation in a four-generation Chinese family. Biochem Biophys Res Commun 362:670–676

Lo YMD, Corbetta N, Chamberlain PF et al (1997) Presence of fetal DNA in maternal plasma and serum. Lancet 350:485–487

Loane M, Morris JK, Addor MC et al (2013) Twenty-year trends in the prevalence of Down syndrome and other trisomies in Europe: impact of maternal age and prenatal screening. Eur J Hum Genet 21:27–33

Loftus PA, Wise SK (2016) Epidemiology of asthma. Curr Opin Otolaryngol Head Neck Surg 24:245–249

Lu S, Zhao C, Jiao H et al (2007) Two Chinese families with pulverulent congenital cataracts and ΔG91 *CRYBA1* mutations. Mol Vis 13:1154–1160

Lynch TJ, Bell DW, Sordella R et al (2004) Activating mutations in the epidermal growth factor receptor underlying responsiveness of non-small-cell lung cancer to Gefitinib. N Engl J Med 350:2129–2139

MacDonald ME (1998) Molecular genetics of Huntington's disease. In: Oostra BA (Hrsg) Trinucleotide Diseases and Instability. Springer, Berlin, S 47–75

MacLennan M, Crichton JH, Playfoot CJ et al (2015) Oocyte development, meiosis and aneuploidy. Semin Cell Dev Biol 45:68–76

Mahalingam D, Goel S, Aparo S et al (2018) A phase II study of Pelareorep (REOLYSIN®) in combination with Gemcitabine for patients with advanced pancreatic adenocarcinoma. Cancers 10:E160.

Matise TC, Chen F, Chen W et al (2007) A second-generation combined linkage physical map of the human genome. Genome Res 17:1783–1786

McCoy MS, Bargmann CI, Weinberg RA (1984) Human colon carcinoma Ki-*ras2* oncogene and its corresponding proto-oncogene. Mol Cell Biol 4:1577–1582

Meindl A, Ditsch N, Kast K et al (2011) Hereditary breast and ovarian cancer – new genes, new treatments, new concepts. Dtsch Arztebl Int 108:323–330

Meyers DA, Bleecker ER, Holloway JW et al (2014) Asthma genetics and personalised medicine. Lancet Respir Med 2:405–415

Mila M, Alvarez-Mora MI, Madrigal I et al (2018) Fragile X syndrome: an overview and update of the *FMR1* gene. Clin Genet 93:197–205

Minear MA, Alessi S, Allyse M et al (2015) Noninvasive prenatal genetic testing: current and emerging ethical, legal, and social issues. Annu Rev Genomics Hum Genet 16:369–398

Morán M, Moreno-Lastres D, Marín-Buera L et al (2012) Mitochondrial respiratory chain dysfunction: implications in neurodegeneration. Free Radic Biol Med 53:595–609

Morton NE (1955) Sequential tests for the detection of linkage. Am J Hum Genet 7:277–318

Muller HJ (1951) Radiation damage to genetic material. Sci Prog 7:93–165

Nagaoka SI, Hassold TJ, Hunt PA (2012) Human aneuploidy: mechanisms and new insights into an age-old problem. Nat Rev Genet 13:493–504

Naso MF, Tomkowicz B, Perry WL 3rd et al (2017) Adeno-associated virus (AAV) as a vector for gene therapy. BioDrugs 31:317–334

Neel JV (1949) The inheritance of sickle cell anaemia. Science 110:64–66

Neel JV, Schull WJ (1954) Human Heredity. University of Chicago Press, Chicago

Noronha AS, Markowitz LE, Dunne EF (2014) Systematic review of human papillomavirus vaccine coadministration. Vaccine 32:2670–2674

Ogino S, Gulley ML, den Dunnen JT et al (2007) Standard mutation nomenclature in molecular diagnostics: practical and educational challenges. J Mol Diagn 9:1–6 (Erratum in: J Mol Diagn (2009) 11:494)

Paez JG, Jänne PA, Lee JC et al (2004) *EGFR* mutations in lung cancer: correlation with clinical response to Gefitinib therapy. Science 304:1497–1500

Pauling L, Itano HA, Singer SJ et al (1949) Sickle cell anemia, a molecular disease. Science 110:543–548

Peragallo JH, Newman NJ (2015) Is there treatment for Leber hereditary optic neuropathy? Curr Opin Ophthalmol 26:450–457

Pickar AK, Gersbach CA (2018) Gene therapies for hemophilia hit the mark in clinical trials. Nat Med 24:121–122

Polderman TJ, Benyamin B, de Leeuw CA et al (2015) Meta-analysis of the heritability of human traits based on fifty years of twin studies. Nat Genet 47:702–709

Portrait F, Teeuwiszen E, Deeg D (2011) Early life undernutrition and chronic diseases at older ages: the effects of the Dutch famine on cardiovascular diseases and diabetes. Soc Sci Med 73:711–718

Rangarajan S, Walsh L, Lester W et al (2017) AAV5-factor VIII gene transfer in severe hemophilia A. N Engl J Med 377:2519–2530

Ratner N, Miller SJ (2015) A RASopathy gene commonly mutated in cancer: the neurofibromatosis type 1 tumour suppressor. Nat Rev Cancer 15:290–301

Reinhardt HC, Schumacher B (2012) The p53 network: cellular and systemic DNA damage responses in aging and cancer. Trends Genet 28:128–136

Reynolds CA, Finkel D (2015) A meta-analysis of heritability of cognitive aging: minding the "missing heritability" gap. Neuropsychol Rev 25:97–112

Robertson CC, Rich SS (2018) Genetics of type 1 diabetes. Curr Opin Genet Dev 50:7–16

Robinson-Hamm JN, Gersbach CA (2016) Gene therapies that restore dystrophin expression for the treatment of Duchenne muscular dystrophy. Hum Genet 135:1029–1040

Rodino-Klapac LR, Mendell JR, Sahenk Z (2013) Update on the treatment of Duchenne muscular dystrophy. Curr Neurol Neurosci Rep 13:332

Romey MC (2006) Caractérisation fonctionnelle de mutants *CFTR* naturels: intérêt pour la mucoviscidose. Ann Biol Clin 64:429–438

Rosenfeld CS (2017) Brain sexual differentiation and requirement of SRY: why or why not? Front Neurosci 11:632

Sakai LY, Keene DR, Renard M et al (2016) *FBN1*: the disease-causing gene for Marfan syndrome and other genetic disorders. Gene 591:279–291

Santoro MR, Bray SM, Warren ST (2012) Molecular mechanisms of fragile X syndrome: a twenty-year perspective. Annu Rev Pathol 7:219–245

Schaaf CP, Zschocke J (2018) Basiswissen Humangenetik. Springer, Heidelberg

Schaefer MH, Wanker EE, Andrade-Navarro MA (2012) Evolution and function of CAG/polyglutamine repeats in protein-protein interaction networks. Nucleic Acids Res 40:4273–4287

Schröder PC, Li J, Wong GW et al (2015) The rural-urban enigma of allergy: what can we learn from studies around the world? Pediatr Allergy Immunol 26:95–102

Schulz WA (2005) Molecular Biology of Human Cancers. Springer, Dordrecht

Shannon KM, Fraint A (2015) Therapeutic advances in Huntington's disease. Mov Disord 30:1539–1546

Shriner D, Rotimi CN (2018) Whole-genome-sequence-based haplotypes reveal single origin of the sickle allele during the Holocene wet phase. Am J Hum Genet 102:547–556

Siemens HW (1924) Die Zwillingspathologie: Ihre Bedeutung, ihre Methodik, ihre bisherigen Ergebnisse. Springer, Berlin

Sillence KA, Madgett TE, Roberts LA et al (2013) Non-invasive screening tools for Down's syndrome: a review. Diagnostics (Basel) 3:291–314

Singh RH, Rohr F, Frazier D et al (2014) Recommendations for the nutrition management of phenylalanine hydroxylase deficiency. Genet Med 16:121–131

Sohail A, Imtiaz F (2015) A classical case of Duchenne muscular dystrophy. Hereditary Genet 4:1

Speicher M, Antonarakis SE, Motulsky AG (2010) Vogel and Motulsky's Human Genetics: Problems and Approaches, 4. Aufl. Springer, Berlin

Spielberg DR, Clancy JP (2016) Cystic fibrosis and its management through established and emerging therapies. Annu Rev Genomics Hum Genet 17:155–175

Strachan T, Read AP (2005) Molekulare Humangenetik, 3. Aufl. Spektrum Akademischer Verlag, Heidelberg

Sud A, Kinnersley B, Houlston RS (2017) Genome-wide association studies of cancer: current insights and future perspectives. Nat Rev Cancer 17:692–704

Sun N, Liang J, Abil Z et al (2012) Optimized TAL effector nucleases (TALENs) for use in treatment of sickle cell disease. Mol BioSyst 8:1255–1263

Tan Q, Christiansen L, von Bornemann Hjelmborg J et al (2015) Twin methodology in epigenetic studies. J Exp Biol 218:134–139

Tartaglia NR, Howell S, Sutherland A et al (2010) A review of trisomy X (47,XXX). Orphanet J Rare Dis 5:8

Tautz D (1989) Hypervariability of simple sequences as a general source for polymorphic DNA markers. Nucleic Acids Res 17:6463–6471

Testa CM, Jankovic J (2018) Huntington disease: a quarter century of progress since the gene discovery. J Neurol Sci 396:52–68

Thomsen SF (2015) Genetics of asthma: an introduction for the clinician. Eur Clin Respir J. 2:24643

Tüttelmann F, Gromoll J (2010) Novel genetic aspects of Klinefelter's syndrome. Mol Hum Reprod 16:386–395

Vec M (2001) Die Spur des Täters. Juridikum 2:89–94

Visscher PM, Brown MA, McCarthy MI et al (2012) Five years of GWAS discovery. Am J Hum Genet 90:7–24

Vogel F, Motulsky AG (1997) Human Genetics, 3. Aufl. Springer, Berlin

Wallace DC (2005) The mitochondrial genome in human adaptive radiation and disease: on the road to therapeutics and performance enhancement. Gene 354:169–180

Wang W (2007) Emergence of a DNA-damage response network consisting of Fanconi anaemia and BRCA proteins. Nat Rev Genet 8:735–748

Wijshake T, Baker DJ, van de Sluis B (2014) Endonucleases: new tools to edit the mouse genome. Biochim Biophys Acta 1842:1942–1950

Williams TN, Thein SL (2018) Sickle cell anemia and its phenotypes. Annu Rev Genomics Hum Genet 19:113–147

Wills-Karp M, Ewart SL (2004) Time to draw breath: asthma-susceptibility genes are identified. Nat Rev Genet 5:376–387

Wong FC, Lo YM (2016) Prenatal diagnosis innovation: genome sequencing of maternal plasma. Annu Rev Med 67:419–432

Zeyer KA, Reinhardt DP (2015) Fibrillin-containing microfibrils are key signal relay stations for cell function. J Cell Commun Signal 9:309–325

Zhang J, Liu H, Luo S et al (2017) Live birth derived from oocyte spindle transfer to prevent mitochondrial disease. Reprod Biomed Online 34:361–368

Verhaltens- und Neurogenetik

Mönchsgrasmücken dienen zur Untersuchung der genetischen Grundlagen des Zugverhaltens der Vögel. (Foto: Peter Berthold, Radolfszell)

Inhaltsverzeichnis

J. Graw, *Genetik*, https://doi.org/10.1007/978-3-662-60909-5_14

Überblick

Sehen ist einer der wichtigsten Wege, um Signale aus der Umwelt aufzunehmen und sich in der Umwelt orientieren zu können. Wir diskutieren hier einige Aspekte der Sehbahn und der genetischen Elemente, wie die Neurone des Sehnerven ihren Weg finden, um sich im *Chiasma opticum* zu kreuzen – oder auch nicht. Wir werden sehen, dass die Wahrnehmung von Licht für viele zyklisch ablaufende Prozesse von entscheidender Bedeutung ist.

Verhaltensgenetische Experimente, die in den letzten Jahren systematisch an verschiedenen Modellorganismen durchgeführt wurden, zeigen, dass wesentliche Teile tierischen und menschlichen Verhaltens genetisch bestimmt werden. Das gilt für verschiedene rhythmische Verhaltensweisen bei Pflanzen, Pilzen, Insekten und Säugern genauso wie für so schwer verständliche und komplexe Verhaltensweisen wie z. B. das Zugverhalten von Vögeln. Verhalten ist vielfach genetisch in polygenen Regulationssystemen festgelegt; die individuelle Ausprägung von Verhaltensweisen wird jedoch in unterschiedlichem Ausmaß durch Umwelteinflüsse mitbestimmt. Das macht es zunächst schwierig, festzustellen, wie hoch die erblichen Komponenten solcher Verhaltensweisen sind.

Vergleichende Untersuchungen an verschiedenen Modellorganismen und dem Menschen haben aber auch gezeigt, dass viele genetische Elemente auch beim Menschen konserviert sind und so beispielsweise Einfluss auf unseren Schlaf haben („innere Uhr" und „zirkadiane Rhythmik") oder unser Gedächtnis und Lernverhalten beeinflussen. Die Komplexität dieser Regelsysteme gestattet eine schnelle mikroevolutive Anpassung an geänderte Umweltbedingungen.

Besonders der Vergleich von Mausmutanten mit ähnlichen Erkrankungen des Menschen hat viel zum neuen Verständnis der genetischen Komponenten bei noch komplexeren Verhaltensweisen beigetragen. Dazu gehören Angst und Depression genauso wie das Suchtverhalten, z. B. gegenüber Alkohol. Die eher im Alter auftretenden neurodegenerativen Erkrankungen wie Alzheimer oder Parkinson waren zwar als Krankheit schon lange akzeptiert (im Gegensatz etwa zu Suchterkrankungen), allerdings hat auch hier erst die Genetik wesentlich dazu beigetragen, die Entstehung der jeweiligen Krankheit besser zu verstehen. Bei psychiatrischen Erkrankungen wie der Schizophrenie steht man dagegen in diesem Punkt noch am Anfang. Aber auch hier ist es so, dass es nicht nur bestimmte chromosomale Kandidatenregionen gibt, in denen wir Empfindlichkeitsgene für Schizophrenie vermuten können, sondern dass bereits erste Gene mit ihren Mutationen identifiziert wurden – ähnlich wie wir das bei anderen komplexen Erkrankungen (Diabetes, Asthma) bereits kennengelernt haben.

Auf der Grundlage der Untersuchungen von Verhaltensforschern kann es keinen Zweifel geben, dass tierisches (und natürlich somit auch menschliches) Verhalten auf einer **genetischen Grundlage** beruht. Man kann sich hierbei die Tatsache des artspezifischen Paarungsverhaltens von Tieren ebenso vor Augen halten wie das universelle Verständnis menschlicher Gestik in verschiedenen Kulturkreisen – beides Verhaltensweisen, die offenbar genetisch weitgehend festgelegt sind. Dazu gehört auch das Verhalten von Graugänsen, die nach dem Schlüpfen auf ein bestimmtes Bild als „Muttertier" festgelegt werden. Zu den Charakteristika dieser genetischen Festlegungen gehört aber auch, dass sie in begrenzter Weise in ihrer spezifischen Ausprägung durch Wechselwirkungen mit einer (variablen) Umwelt veränderbar sind (umweltbedingte Variabilität, ▶ Abschn. 1.2.1; komplexe Erkrankungen, ▶ Abschn. 13.4): Genetisch sind bestimmte Muster programmiert, die aber erst durch das Einwirken von spezifischen Umwelteinflüssen in der einen oder anderen Form zur Ausprägung kommen. **Verhalten** kann daher als ein Phänotyp von Tieren angesehen werden, der den gleichen genetischen Regeln unterworfen ist wie alle übrigen biologischen Funktionen. Wir wollen uns in diesem Kapitel dabei zunächst der Modulation durch die Umwelt widmen – sie wird im Wesentlichen durch die Sinnesorgane vermittelt: sehen, riechen, hören, schmecken und alle Empfindungen über die Haut. Wir greifen dabei exemplarisch das Sehen heraus und betrachten dabei vor allem die genetischen Komponenten, die dazu beitragen, dass die Signale aus der Retina an die „richtigen" Stellen im Gehirn kommen (und wir werden dabei feststellen, dass verschiedene Spezies diese „richtigen" Stellen durchaus unterschiedlich interpretieren). Wir wollen uns im Weiteren eher mit den endogenen Aspekten beschäftigen und dabei einen weiten Bogen spannen von einigen Verhaltensweisen, die durch die endogene Rhythmik gesteuert werden, über die Fähigkeit zu lernen bis hin zu einigen genetischen Aspekten des Suchtverhaltens, neurologischen und neurodegenerativen Erkrankungen.

Wenn es feststeht, dass wesentliche Teile tierischen (und damit auch menschlichen) Verhaltens genetisch programmiert sind, ist die zentrale Frage, in welchem Ausmaß Verhaltensweisen unwiderruflich festgelegt bzw. in ihrer Ausprägung von Umwelteinflüssen abhängig sind. Die Frage muss ähnlich beantwortet werden wie die nach der genetischen Grundlage von Krankheiten: Für unterschiedliche Verhaltensweisen ist das Ausmaß der genetisch festgelegten Programmierung unterschiedlich. In vielleicht noch größerem Ausmaß als Krankheiten sind **Verhaltensweisen polygen** beeinflusst und daher bezüglich ihres genetischen und ihres umweltbedingten Anteils im Detail sehr schwer analysierbar.

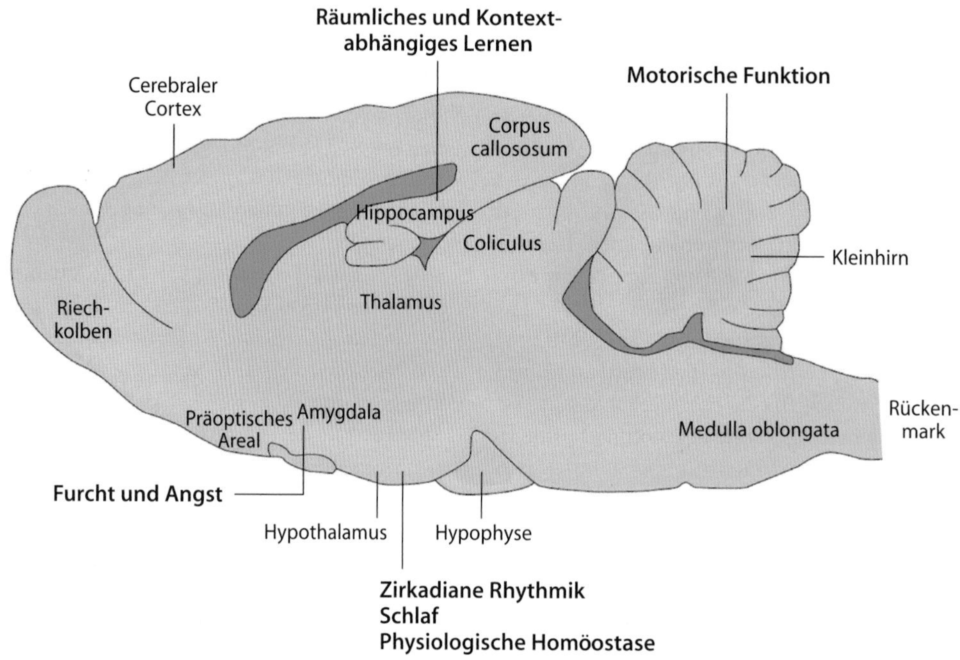

Abb. 14.1 Regionale Zuordnung von Verhalten im Gehirn. Studien an Gehirnverletzungen, pharmakologische Ansätze und die Analyse genetisch veränderter Mäuse sowie von Patienten mit Gehirnerkrankungen haben zur funktionellen Definition verschiedener Gehirnareale in Bezug auf Verhalten geführt: Der Hippocampus ist wichtig für räumliches und kontextabhängiges Lernen, wohingegen die Amygdala (Mandelkern) bei Furcht und Angst eine wichtige Rolle spielt. Der Hypothalamus ist für die zirkadiane Rhythmik verantwortlich und reguliert Schlaf-Wach-Zyklen sowie die physiologische Homöostase. Das Cerebellum (Kleinhirn) ist für das Lernen von Bewegungsabläufen und ihre Koordination bedeutsam. Durch geeignete Verhaltenstests kann die Funktion einzelner neuraler Systeme in mutanten Mäusen getestet werden. (Nach Bućan und Abel 2002, mit freundlicher Genehmigung)

14

Dazu kommt: Die Analyse von Verhalten und seiner genetischen Komponenten macht die Zusammenarbeit auf Gebieten notwendig, die bisher nur wenig miteinander zu tun hatten. Die Zusammenarbeit von Genetikern mit Biochemikern, mit Mathematikern, mit Anatomen und mit klinischen Medizinern aller Spezialgebiete ist etabliert. Kooperationen im Bereich der Verhaltensbiologie, Psychologie und gar Psychiatrie sind noch eher etwas ungewohnt – allerdings ist es gerade die Genetik, die mit den genomweiten Assoziationsstudien ein neues Instrument zur Verfügung gestellt hat, mit dessen Hilfe viele alte Fragen neu gestellt werden können. Dazu kommt, dass die Maus als zentrales Modellsystem auch bei Verhaltens- und Neurogenetikern große Bedeutung gewinnt: Die Kombination moderner molekulargenetischer Methoden bei der Herstellung von Mutanten mit Verhaltenstests, die man früher an Ratten unternommen hatte, hat uns viele neue Erkenntnisse gebracht, die wir im Laufe des Kapitels immer wieder diskutieren werden. Damit wurde eine (relativ) schnelle funktionelle Charakterisierung von mutierten Genen möglich, die zu einem reproduzierbar unterschiedlichen Verhalten führen. Im Vordergrund steht dabei, den **Phänotyp so genau zu definieren**, dass eine genetische Charakterisierung möglich wird.

Ergänzt wird diese genetische Analyse durch einen enormen Fortschritt in der Auflösung der morphologischen Analyse der Genexpression. Die regionale und zelltypspezifische Expression von Genen im Gehirn – während der Embryonalentwicklung und später – haben dazu geführt, dass bestimmte Gruppen von Verhaltensweisen einzelnen Regionen zugeordnet werden können (z. B. Angst und Furcht der Amygdala, zirkadiane Rhythmik dem Hippocampus usw.; Abb. 14.1). Im Folgenden sollen nun einzelne Beispiele aus der Neuro- und Verhaltensgenetik im Detail betrachtet werden. Dabei werden wir auch immer wieder genetische Aspekte von anderen Spezies heranziehen, um Hinweise auf entsprechende Verhaltensweisen bzw. Erkrankungen beim Menschen zu gewinnen. Dabei handelt es sich um eine bewusste Beschränkung auf die Genetik – es ist vollkommen klar, dass es auch andere Ansätze gibt, die wichtige Beiträge zu der jeweiligen Fragestellung leisten.

! Verhaltensweisen sind komplex und damit experimentell schwieriger zu analysieren als monogene Phänotypen. Sie gehorchen aber prinzipiell den gleichen Gesetzen wie andere komplexe Phänotypen. Die aktuelle Kombination präziser phänotypischer Charakterisierung mit genomorientierten Methoden der Genetik ermöglicht eine rasante Zunahme unseres Wissens über genetische Grundlagen von Verhalten.

14.1 Visuelles System und endogene Rhythmik

Viele Verhaltensweisen weisen eine gewisse Periodizität auf – sie kehren also immer wieder. Die zeitliche Schwankungsbreite ist dabei sehr groß und reicht von Sekundenbruchteilen bis zu einem Jahr. Dabei stellen wir fest, dass zwar viele rhythmische Prozesse ohne einen äußeren Impuls ablaufen können, aber es bedarf meistens eines äußeren Zeitgebers, der die Übereinstimmung des endogenen Rhythmus mit den Umweltbedingungen herstellt – ohne diesen Zeitgeber ist dann die Periodizität oft verlängert oder verkürzt. Zu diesen Licht-abhängigen Zyklen gehört der Tag/Nacht-Wechsel ebenso wie der jahreszeitliche Wechsel. Ein wesentliches Element ist dabei nicht nur die Fähigkeit, Hell und Dunkel zu unterscheiden, sondern auch, sich im Raum zu orientieren. Wir wollen daher zunächst mit der Darstellung einiger beispielhafter genetischer Elemente zum Aufbau des visuellen Systems beginnen und dann mit dem jahreszeitlichen Wechsel und seinem Einfluss auf das Verhalten der Zugvögel fortfahren. Im Weiteren werden wir uns der zirkadianen Rhythmik und den verschiedenen Bedingungen und Einflüssen auf das Schlafverhalten widmen.

14.1.1 Genetik des visuellen Systems

In früheren Kapiteln dieses Buches haben wir an verschiedenen Stellen genetische Aspekte besprochen, die das Sehen beeinträchtigen können: die Familie der Kristallin-Gene der Augenlinse (▶ Abschn. 7.2.4) oder unter entwicklungsgenetischen Aspekten die Augenentwicklung in verschiedenen Spezies (▶ Abschn. 12.4.6, 12.5.3 und 12.6.4). Wir wollen diesen Gedanken hier fortführen und am Beispiel der Kreuzung der Sehbahn im *Chiasma opticum* zeigen, wie Gene die Ausbildung komplexer Strukturen des Gehirns steuern können.

Alle Wirbeltiere entwickeln aus einer zentralen Augenanlage zwei Augen, deren Gesichtsfelder zumindest teilweise überlappen. In ◘ Abb. 14.2a ist die menschliche Situation dargestellt: Die Objekte werden auf beiden Retinae abgebildet, und es muss dann natürlich eine Möglichkeit geben, diese Information im Gehirn zu einem Bild zusammenzuführen und auszuwerten. Dies gelingt, indem sie – jedenfalls teilweise – die Seite des Gehirns wechseln; beim Menschen verlaufen etwa 60 % der retinalen Ganglienzellen kontralateral; dabei handelt es sich um die Axone, die aus dem nasalen Bereich der Retina kommen. Die Axone der retinalen Ganglienzellen aus dem temporalen Bereich verbleiben auf der gleichen Seite und werden als ipsilaterale Bahnen bezeichnet. Beide Bahnen enden jeweils in den seitlichen Kniehöckern des Thalamus (*Nucleus geniculatus lateralis*). Die Axone der retinalen Ganglienzellen werden bis zum *Chiasma opticum* als Sehnerv bezeichnet und vom *Chiasma opticum* zu den seitlichen Kniehöckern als *Tractus opticus* oder Sehbahn.

Beim Menschen projizieren etwa 90 % der Axone der retinalen Ganglienzellen in den *Nucleus geniculatus lateralis*, eine Relaisstation, die ihrerseits ihre Axone in den visuellen Cortex projiziert. Die restlichen 10 % der retinalen Ganglienzellen projizieren in andere Gehirnstrukturen wie den *Colliculus superior* (zur Kontrolle der Augenbewegungen), das Prätectum (für den Pupillenreflex) oder den *Nucleus suprachiasmaticus* (zur Aufrechterhaltung des zirkadianen Rhythmus; ▶ Abschn. 14.1.3). Der *Nucleus geniculatus lateralis* ist in sechs unterschiedliche Schichten gegliedert, wobei die magnozellulären Zellen (M-Zellen) die ventralen Schichten 1 und 2 bilden, und die parvozellulären Zellen (P-Zellen) die dorsalen Schichten (3–6) bilden. Jede dieser Schichten ist durch eine Schicht koniozellulärer Zellen (K-Zellen) voneinander getrennt (◘ Abb. 14.2b). M-, K- und P-Zellen des *Nucleus geniculatus lateralis* erhalten ihre Signale von den entsprechenden M-, K- und P-Zellen der retinalen Ganglienzellen. Dabei beobachten wir, dass die Axone des ipsilateralen Auges ihre Synapsen in den Schichten 2, 3 und 5 des *Nucleus geniculatus lateralis* besitzen und die Axone des kontralateralen Auges in den Schichten 1, 4 und 6.

Im *Nucleus geniculatus lateralis* erfolgt eine synaptische Umschaltung; die visuelle Information gelangt von dort als Sehstrahlung (*Radiatio optica*) zum primären Sehzentrum in der Hirnrinde (V1; ◘ Abb. 14.3). Das primäre Sehzentrum stellt die Repräsentation der Retina auf der Hirnrinde dar, wobei die Sehzellen von Punkt zu Punkt auf die entsprechenden Rindenareale projizieren (retinotope Abbildung bzw. retinotektale Projektion). Im primären Sehzentrum werden vor allem Kontraste, Konturen und Bewegungen herausgearbeitet; in den höheren Sehzentren (V2–V5) werden diese Informationen weiterverarbeitet (z. B. Bewegungsrichtungen, Objektanalysen nach Form, Größe und Farbe etc.).

In den seitlichen Kniehöckern (*Nucleus geniculatus lateralis*) zweigen aber auch Bahnen zu den Augenmuskelkernen, Akkomodationsmuskeln und Pupillenmuskeln ab, um entsprechende Reflexe zu steuern (Augenbewegungen, Akkomodation und Pupillenreflex). Diese Fasern ziehen zu den oberen Hügeln (*Colliculi superiores*) der Vierhügelplatte (*Lamina quadrigemina* oder auch *Lamina tecti*) im Mittelhirn oder zum *Nucleus suprachiasmaticus* (zur Aufrechterhaltung des zirkadianen Rhythmus; ▶ Abschn. 14.1.3). Die *Colliculi superiores* fungieren als optische Reflexzentren. Bei Tieren sprechen wir aufgrund der nicht aufrechten Körperhaltung stattdessen von vorderen Hügeln. Bei Vögeln sind nur diese vorderen Hügel ausgebildet und sehr stark entwickelt. Hier liegt das primäre Sehzentrum der Vögel, es wird auch als *Tectum opticum* bezeichnet.

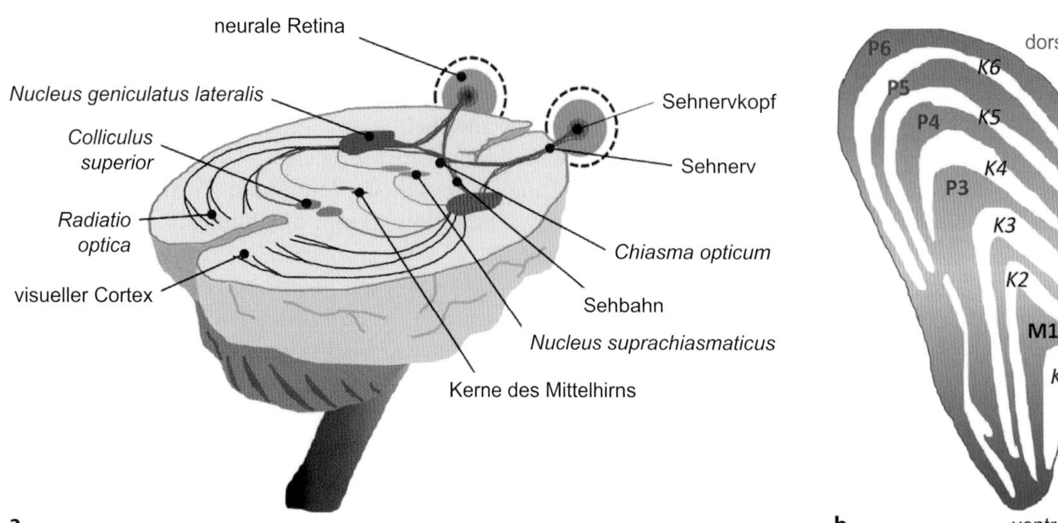

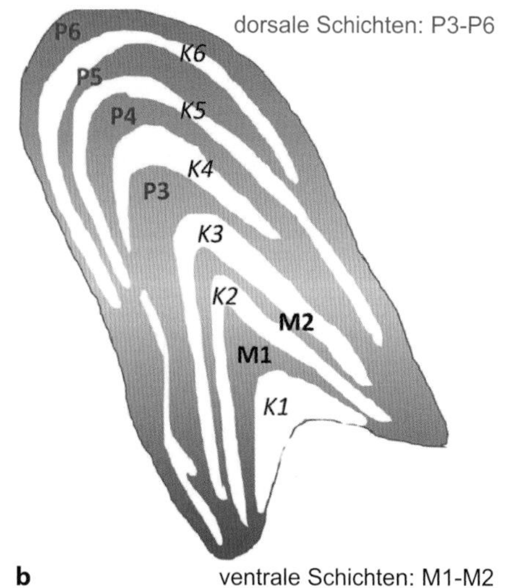

Abb. 14.2 Die Sehbahn des Menschen. **a** Die Nervenzellen der Retina werden im Sehnerv gebündelt und erreichen zunächst die Sehnervenkreuzung (*Chiasma opticum*). Dort kreuzt der nasale Teil des Sehnervs auf die andere Seite des Gehirns (kontralateral), während der temporale Teil auf derselben Seite (ipsilateral) verbleibt. Die erste Relaisstation für die meisten Axone der Sehbahn ist in beiden Fällen der *Nucleus geniculatus lateralis*, der seitliche Kniehöcker im Thalamus, wo sich die temporalen Axone des einen Auges mit den nasalen Axonen des anderen Auges treffen. In den Kniehöckern wird synaptisch auf weiterführende Neurone umgeschaltet; einer der wichtigsten weiterführenden Stränge ist die retinotektale Projektion (über die *Radiatio optica*) in die primäre Sehrinde (visueller Cortex, V1-Region oder *Cortex striatum* – nicht zu verwechseln mit dem *Corpus striatum* der Basalganglien). Die räumliche Anordnung der Retina findet sich auf diese Weise im Sehzentrum wieder (retinotope Abbildung): Das Objekt wird entsprechend von beiden Retinae wahrgenommen, und die entsprechenden Informationen werden in einem Teil des primären Sehzentrums zusammengeführt. Einige Axone der retinalen Ganglienzellen führen zum *Nucleus suprachiasmaticus* (paarig im ventralen Hypothalamus) und zum *Colliculus superior* (paarig in der Vierhügelplatte des Mittelhirns). **b** Überblick über die Struktur des *Nucleus geniculatus lateralis* mit der Organisation der magnozellulären (M-Zellen), parvozellulären (P-Zellen) und koniozellulären Zellen (K-Zellen). (**a** nach Ratnayaka und Lynn 2016; **b** nach Davis et al. 2016, CC-by 4.0, ► http://creativecommons.org/licenses/by/4.0/)

14

Wir haben oben schon gesehen, dass sich im Bereich der Sehnervkreuzung (*Chiasma opticum*) ein Teil der Sehnerven kreuzt und ein Teil auf der gleichen Seite des Gehirns weiterläuft. Der Anteil der gekreuzten und nicht-gekreuzten Sehnerven ist in verschiedenen Spezies unterschiedlich (■ Abb. 14.4a,b): Bei Primaten und Menschen liegt der Anteil der nicht-gekreuzten Sehnerven bei ca. 40 %, bei Mäusen nur bei etwa 3–5 %, und bei Fischen und Vögeln erfolgt keine ipsilaterale Weiterleitung der Sehbahn (viele Albino-Wirbeltiere zeigen übrigens eine verminderte ipsilaterale Projektion). Amphibien zeigen ein weiteres, interessantes Phänomen: Der Krallenfrosch *Xenopus* hat als Larve lateral lokalisierte Augen, kein binokulares Sehen und vollständig gekreuzte Axone der retinalen Ganglienzellen. In der Metamorphose rotieren die Augen nach vorne, die adulten Frösche erwerben binokulares Sehen, und es entwickelt sich eine neue Population ipsilateral projizierender retinaler Ganglienzellen. Daraus ergibt sich ein klarer Hinweis, dass der Weg der Sehnerven genetisch festgelegt ist und nicht durch Zufall dem einen oder anderen Weg folgt. Erste Hinweise dazu kamen von Beobachtungen an *Drosophila*: Slit, ein sezerniertes Protein der extrazellulären Matrix, hält Axone davon ab, die Mittellinie zu überschreiten (■ Abb. 14.4c). Für seine Wirkung braucht es einen Rezeptor in den entsprechenden neuronalen Zellen, Robo, ein Transmembranprotein. Das Slit/Robo-System ist evolutionär konserviert und findet sich in vielen Modellorganismen. In Wirbeltieren kontrolliert es, *wo* die retinalen Axone die Mittellinie kreuzen. Die Frage, *ob*

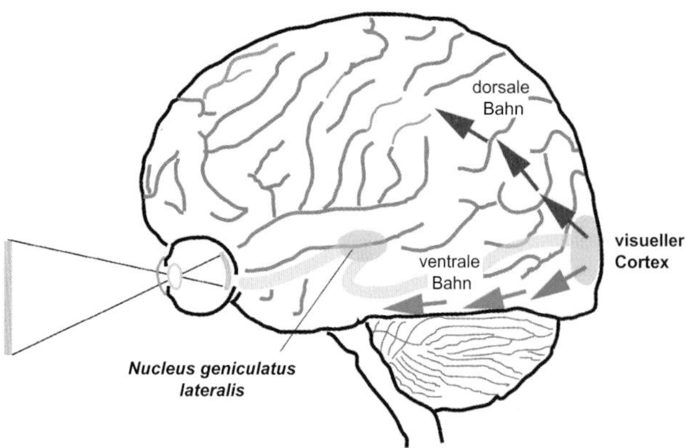

Abb. 14.3 Visuelle Bahnen im Gehirn. Nachdem die Information von der Retina über den *Nucleus geniculatus lateralis* im visuellen Cortex angekommen ist, wird sie dort in die höheren Zentren des Cortex zur Weiterverarbeitung weitergeleitet. Wir unterscheiden dabei eine dorsale und eine ventrale Bahn, wobei offensichtlich die dorsale Verarbeitungsbahn über den Parietallappen der genauen Lokalisation von Objekten dient („Wo"-Bahn) und die ventrale Bahn über den Temporallappen der Erkennung und Erinnerung von Objekten („Was"-Bahn). (Nach Sheth und Young 2016)

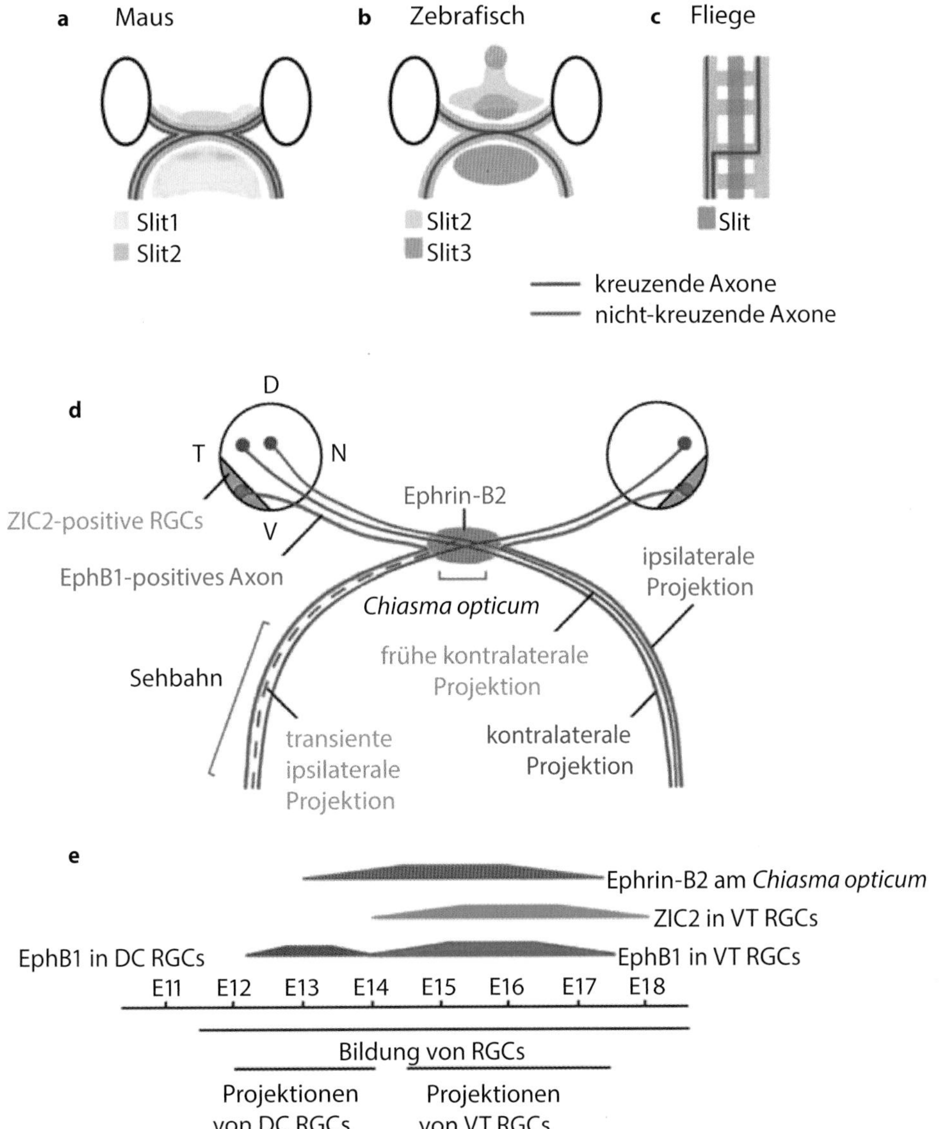

Abb. 14.4 Kreuzung der Sehbahnen am *Chiasma opticum*. Maus (**a**) und Zebrafisch (**b**) weisen unterschiedliche Formen der Kreuzung der Sehbahnen auf; zum Vergleich dazu der ventrale Nervenstrang bei *Drosophila* (**c**). Im visuellen System der Vertebraten fungieren die Slit-Proteine als „Leitplanken" am *Chiasma opticum*; wohingegen Slit am ventralen Nervenstrang von *Drosophila* als „Schrankenwärter" wirkt. **d** Ausbildung des *Chiasma opticum* während der Embryonalentwicklung der Maus. ZIC2-exprimierende retinale Ganglienzellen (RGCs) bilden die ipsilateral projizierenden Axone; sie exprimieren auch den Ephrin-Rezeptor B1 (EphB1) und haben daher die Möglichkeit, die Ephrin-B2-Signale am *Chiasma opticum* zu empfangen. Axone, die EphB1 nicht exprimieren, kreuzen die Mittellinie und treffen dann auf die kontralaterale Sehbahn. **e** In der Zeitachse ist gezeigt, dass die ersten RGCs in der Maus in der dorsozentralen (DC) Retina am Tag 12 der Embryonalentwicklung (E12) gebildet werden. Die meisten davon projizieren kontralateral, aber einige wenige auch vorübergehend ipsilateral. Die dauerhaft ipsilateral projizierenden Axone entstehen zwischen E14,5 und E17,5 in der ventrotemporalen (VT) Retina. Diese Axone exprimieren ZIC2 und den Ephrin-Rezeptor B1; Ephrin-B2 wird am *Chiasma opticum* zwischen E13,5 und E17,5 beobachtet. D: dorsal, N: nasal; V: ventral, T: temporal. (Nach Rasband et al. 2003, mit freundlicher Genehmigung)

Axone die Mittellinie kreuzen, wird dagegen eher durch den Transkriptionsfaktor ZIC2 und EphB1 (Ephrin-Rezeptor B1) entschieden. Abb. 14.4d, e geben einen Überblick über die Situation bei der Maus.

❀ Das erste Gen, dessen Bedeutung für die Kreuzung der Sehbahnen herausgearbeitet werden konnte, ist *Zic2*, das für einen Zinkfinger-Transkriptionsfaktor codiert. ZIC2 ist für die Herausbildung des ipsilateralen Weges wichtig: In *Zic2*-Knock-down-Mäusen ist der ipsilaterale Anteil deutlich vermindert. Wenn dagegen umgekehrt die Expression von *Zic2* in dorsotemporalen Retina-Explantaten erhöht wird, werden mehr Axone von *Chiasma*-Zellen zurückgewiesen, und der Anteil der ipsilateralen Axone steigt. Dieser Mechanismus der *Zic2*-Wirkung ist offensichtlich evolutionär konserviert, da dessen Expression in *Xenopus*-Fröschen und in Frettchen mit dem Anteil an ipsilateralen Axonen korreliert. Die Zurückweisung der Axone am *Chiasma* ist auch wesentlich abhängig von der Expression von *EphB1*, das für den Ephrin-Rezeptor B1 codiert. Offensichtlich arbeiten ZIC2 und EphB1 im gleichen Signalweg, und man vermutet, dass der Transkriptionsfaktor ZIC2 die Expression von *EphB1* reguliert. Umgekehrt sind der Transkriptionsfaktor Islet2 und das neuronale Zelladhäsionsmolekül NrCam für die kontralaterale Wegfindung verantwortlich, wie entsprechende Mausmutanten und die Analyse der entsprechenden Expressionsmuster in den retinalen Ganglienzellen zeigen (eine ausführliche Darstellung findet sich bei Diao et al. 2018).

Auf der Basis verschiedener genetischer Modelle bei der Maus können wir heute vier Gruppen von Phänotypen unterscheiden: Ipsilaterale Projektionen sind vermindert bei Mutationen in *Zic2*, *EphB1*, *Brn3b*, *Brn3b*/*Brn3c* und *Foxd1*; ipsilaterale Projektionen sind erhöht bei Mutationen in *Foxg1*, *NrCam*, *Gap43* und *Isl2*; Mutationen in *Pax2* und *Vax1* führen dazu, dass kein *Chiasma opticum* gebildet wird, und Doppel-Nullmutationen in den *Slit1*/*Slit2*-Genen der Maus führen zur Bildung von zwei *Chiasmata*. Viele dieser Mutationen führen wegen der Veränderungen am *Chiasma opticum* ebenso zu Veränderungen am *Nucleus geniculatus lateralis*. Mutationen in weiteren Genen beeinflussen aber auch die Entwicklung des *Nucleus geniculatus lateralis*: Homozygote Nullmutationen im Gen *Mecp2* (codiert für das Methyl-CpG-bindende Protein 2) führen zu einer verstärkten Innervierung des *Nucleus geniculatus lateralis* durch retinale Axone. Das humane *MECP2*-Gen hat eine besondere Bedeutung beim Rett-Syndrom (▶ Abschn. 14.4.1). Homozygote Nullmutationen im *Reln*-Gen (codiert für Reelin) führen zu einer Lücke in einer schmalen Zellschicht zwischen dem dorsalen und ventralen Teil des *Nucleus geniculatus lateralis* und dadurch zu einer Verkleinerung des ventralen Teils; der dorsale Teil ist unbeeinflusst. Das humane *RELN*-Gen ist auch an der Entwicklung von Schizophrenie (▶ Abschn. 14.3.3) und von Krankheiten aus dem Autismus-Spektrum (▶ Abschn. 14.4.3) beteiligt.

14

Der Verlauf der Sehbahn und insbesondere der Anteil der gekreuzten und nicht-gekreuzten Axone der retinalen Ganglienzellen sind genetisch festgelegt. Eine besondere Rolle spielen dabei der Transkriptionsfaktor ZIC2 und der Ephrin-Rezeptor B1 für die ipsilateralen Axone sowie der Transkriptionsfaktor Islet2 und das Zelladhäsionsmolekül NrCam für die kontralateralen Axone.

14.1.2 Zugverhalten bei Vögeln

Es gibt Verhaltensweisen, bei denen wir zunächst eher an einen starken Umwelteinfluss denken würden, die aber tatsächlich strikt genetisch festgelegt sind. Als ein eindrucksvolles Beispiel für eine solche Situation hat sich in letzter Zeit die **genetische Programmierung des Vogelzuges** herausgestellt. Die Genetik dieses Verhaltens soll im Folgenden in einigen Grundaspekten zusammengefasst werden, da sie bemerkenswerte Parallelen zu anderen Erkenntnissen der Biologie aufweist; sie verspricht neue Einsichten in bisher ganz unverstandene biologische Mechanismen.

Die Existenz von Zugvögeln und Standvögeln ist ein biologisches Phänomen, das bereits seit Jahrtausenden Interesse gefunden hat. Nach heutiger Sicht ist die verfügbare Futtermenge ein wesentliches Kriterium, das die Entscheidung zwischen Verbleib am Brutort und der Wanderung in Winterquartiere bestimmt. Bisher wurde es als nahezu selbstverständlich angesehen, dass das Zugverhalten ein abgeleitetes, d. h. sekundäres erworbenes Verhalten ist. Das würde zugleich auf eine polyphyletische (d. h. mehrfache und voneinander unabhängige) Entstehung deuten. Diese Annahme wird durch die neuere genetische Analyse des Zugverhaltens und damit verbundener anderer Merkmale infrage gestellt. Ähnlich wie es sich bereits für die entwicklungsgenetischen Vorgänge der Augenentstehung von Insekten (◘ Abb. 12.36) und Säugern (◘ Abb. 12.50) gezeigt hatte, scheint das Zugverhalten der Vögel **evolutionär sehr alt** und daher monophyletischen Ursprungs zu sein.

Für das Vogelzugverhalten sind mindestens zwei genetische Merkmalskomplexe getrennt zu betrachten:

- Zum einen sind es die sich jährlich wiederholenden **Zugrhythmen**, die genetisch programmiert sind. Dass es eine genetisch festgelegte Verhaltensperiodizität gibt, ist für den Tagesrhythmus bereits seit Langem bekannt. Man bezeichnet sie als **Tagesperiodizität** (engl. *circadian rhythm;* ▶ Abschn. 14.1.3). Beim Vogelzug zeigt sich nun eine genetisch bedingte **Jahresperiodizität** oder zirkannuale Rhythmik (engl. *circannual rhythm*). Bestimmend ist in beiden Fällen die Lichtperiodik (Tageslichtdauer).
- Ein zweites genetisch festgelegtes Element des Vogelzuges ist die **Wanderungsrichtung und -dauer**.

Beide Parameter sind in einem – in seiner sinnesphysiologischen Basis noch unbekannten – Navigationssystem genetisch festgelegt.

Die Genetik beider Merkmalskomplexe, die wahrscheinlich eng miteinander verknüpft sind, wurde durch Peter **Berthold** und Mitarbeiter (Pulido et al. 1996) vor allem am Zugverhalten der **Mönchsgrasmücke** (*Sylvia atricapilla*) und des **Garten- und Hausrotschwanzes** (*Phoenicurus phoenicurus* und *P. ochruros*) (◘ Abb. 14.5) unter-

Abb. 14.5 Rotschwänze eignen sich für Artkreuzungen, sodass die genetischen Grundlagen des Zugverhaltens untersucht werden können: Der Gartenrotschwanz (*links*) ist ein Langstreckenzieher, der Hausrotschwanz (*2. von links*) ein Kurzstreckenzieher. Hybride (*3. und 4. von links*) und der Rückkreuzungshybrid mit einem Hausrotschwanz (*rechts*) gestatten ein detailliertes Studium der genetischen Komponenten des Zugverhaltens. (Foto: Peter Berthold, Radolfszell)

sucht. Während die Mönchsgrasmücke sowohl als Zugvogel als auch als Standvogel und mit unterschiedlichen Zugrichtungen in Eurasien und Afrika vorkommt, ist der Gartenrotschwanz ein Langstreckenzugvogel (Zugziel: Afrika südlich der Sahara), der Hausrotschwanz jedoch ein Kurzstreckenzieher (in den Mittelmeerraum). Die Rotschwanzarten sind miteinander kreuzbar, sodass Hybride untersucht werden können.

Die Versuche zur **Erblichkeit des Zugverhaltens** wurden an südfranzösischen Mönchsgrasmücken durchgeführt, deren Population etwa 25 % Standvögel enthielt. Die Ermittlung des Charakters (d. h. Stand- oder Zugvogel) kann durch Messung der Migrationsaktivität der Individuen während der Zugperioden erfolgen, d. h. es werden die Bewegungshäufigkeiten des Vogels im Käfig registriert. Kreuzt man Individuen mit hoher Migrationsaktivität, so erhält man bereits in der F_3 praktisch ausschließlich Individuen, die sich wie Zugvögel verhalten. Kreuzt man hingegen Individuen mit Standvogelcharakter (keine Migrationsaktivität), so besteht die F_3 zu 80 % aus Standvögeln, und nach sechs Generationen sind ausschließlich Nichtzieher vorhanden (Abb. 14.6a). Dieses Ergebnis belegt einerseits, dass das Zugverhalten genetisch festgelegt ist. Andererseits zeigt es, dass genetisch bedingte Verhaltensänderungen in einer Population sehr schnell erfolgen können, d. h. dass eine Adaption an Milieuveränderungen durch Selektion mit großer Effektivität erreicht werden kann.

Wie Abb. 14.6b zeigt, betrifft das aber nicht nur die Zugaktivität an sich, sondern auch ihre Dauer. Aus den quantitativen Beziehungen zwischen Elterntieren und ihren Nachkommen in Bezug auf die Zugaktivität kann man abschätzen, dass etwa 40 % erblich bedingt sind (Heritabilität = 0,4). In der Anwendung bedeutet das, dass bei einer mittleren Fortpflanzungsrate von 70 %

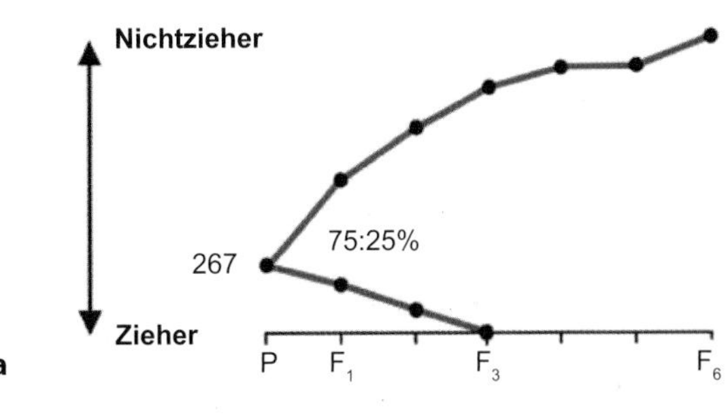

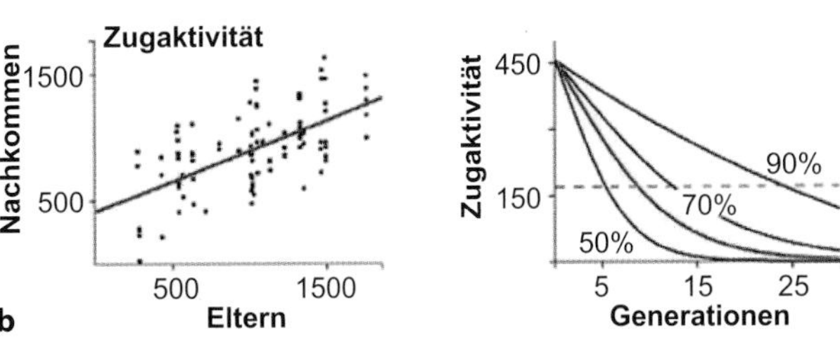

Abb. 14.6 Erblichkeit des Zugverhaltens. **a** Durch Selektion gelingt es, aus teilziehenden Mönchsgrasmücken aus Südfrankreich innerhalb weniger Generationen entweder ein Verhalten zum Nichtzieher oder zum ausschließlichen Zugverhalten zu erreichen. Die Mikroevolution verläuft mit einer überraschenden Geschwindigkeit innerhalb von drei Generationen. **b** *Links* ist die Beziehung der Zugaktivität der ersten Wegzugperiode von Mönchsgrasmücken, die in Volieren gezüchtet wurden („Nachkommen"), in Beziehung zu der ihrer Elternvögel gezeigt. Die Steigung der Regressionsgeraden der positiven Korrelation ergibt die Erblichkeit (Heritabilität); sie beträgt etwa 0,4. Basierend auf diesen Daten wurde eine Modellrechnung durchgeführt (*rechts*): Würde die Zugaktivität der ersten Wegzugperiode auf niedrigere Werte selektiert, könnten die jetzigen Populationen der Mönchsgrasmücken (450 h Zugaktivität) bereits nach etwa zehn Generationen aus Kurzstreckenziehern (150 h Zugaktivität) bestehen (*gestrichelte Linie*); das gilt für die Voraussetzung, dass sich 70 % der Vögel erfolgreich fortpflanzen (die Alternativen mit 50 und 90 % sind ebenfalls gezeigt). (Nach Berthold 2001, mit freundlicher Genehmigung)

bei Anwesenheit geeigneter Umweltbedingungen als Selektionsfaktoren innerhalb weniger Generationen eine vollständige Änderung des Zugverhaltens möglich wäre.

In ähnlichen Versuchen lässt sich die **Richtungspräferenz des Zugverhaltens** ermitteln. Durch Messung der Richtungspräferenz im Orientierungskäfig wurde gezeigt, dass sie ebenfalls genetisch fixiert ist. In den Experimenten wurden Mönchsgrasmücken aus Süddeutschland einerseits (Zugrichtung: Südwesten) oder Österreich (Zugrichtung: Südosten) gepaart. Die Nachkommen zeigten eine Orientierung ihrer Zugpräferenz, die etwa in der Mitte der Elternindividuen liegt (◻ Abb. 14.7a).

Dass sich die **genetisch festgelegte Zugrichtung in relativ kurzer Zeit ändern** kann, wurde ebenfalls an Mönchsgrasmücken festgestellt. Vögel aus Süddeutschland ziehen gewöhnlich in den Mittelmeerraum. In den letzten 30 Jahren hat sich jedoch eine Teilpopulation entwickelt, die nach England zieht. Die bevorzugte Wanderungsrichtung von Mönchsgrasmücken, die in England gefangen wurden, wurde mit denen aus Süddeutschland verglichen. Die englischen Vögel bevorzugten dabei eine westliche Richtung, wohingegen die süddeutschen Vögel eher in Richtung Südwesten starteten. Diese Vorzugshaltung wurde auch bei den Nachkommen der in England gefangenen Vögel beibehalten (◻ Abb. 14.7b). Der populationsgenetische Vorteil (▶ Abschn. 11.5), d. h. eine höhere Fitness, dürfte darin liegen, dass der Abstand zum Winterquartier (England) kürzer und die Konkurrenz um Futter geringer ist. Der kürzere Abstand ermöglicht eine frühere Rückkehr, die einen zeitigeren Brutbeginn zur Folge hat und dadurch günstigere Brutpflegebedingungen ergibt. Die daraus resultierende Auswahl mit gleichartigen Artgenossen (engl. *assortative mating*) beschleunigt dabei solche Evolutionsprozesse (Bearhop et al. 2005).

Eine große – und noch immer im Prinzip ungelöste – Frage ist, wie die Zugvögel sich über die weiten Strecken orientieren können. Infrage kommen dafür das magnetische Feld der Erde, der Sonnenstand, Muster des Sternenhimmels und Muster polarisierten Lichts. Viele Arbeiten deuten darauf hin, dass in der Vorbereitungsphase die visuellen Eindrücke wichtig sind, um ein magnetosensorisches System zu kalibrieren. Während des Zuges verwenden die Vögel wohl eher das magnetische System zu ihrer Orientierung. Dabei gibt es zwei Formen: Die einfachste Form ist eine Richtungsinformation, also wie bei einem Kompass die Nord-Süd-Richtung (oder eine konstante Abweichung davon) zu erkennen. Die zweite Form besteht im Erkennen einer magnetischen Karte – im Prinzip also ein GPS (engl. *global positioning system*), das den Tieren die Möglichkeit gibt, ihren Ort in Bezug auf ihr Ziel zu bestimmen. Dazu benutzen die Tiere die Stärke des Magnetfeldes und dessen Inklination (Neigungswinkel der Feldlinien zur Horizontalen). Eine ausführliche und detaillierte Darstellung der verschiedenen Aspekte bietet der Aufsatz von Mouritsen (2018).

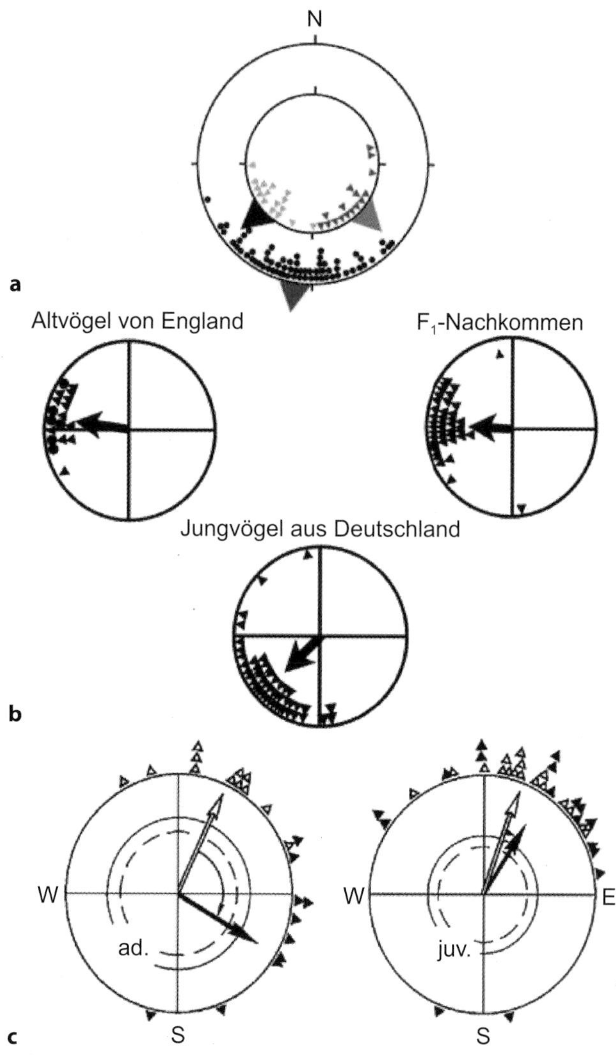

◻ **Abb. 14.7** Zugrichtung von Mönchsgrasmücken. **a** In Orientierungskäfigen können die Richtungspräferenzen bei Startversuchen von Mönchsgrasmücken und deren Hybriden durch Messungen zur Zugzeit ermittelt werden. Der *innere Kreis* zeigt die Richtungspräferenzen von Mönchsgrasmücken aus Süddeutschland (*grün*, SW) und Österreich (*rot*, SO) sowie *außen* die Richtungspräferenz von Hybriden aus beiden Populationen, die sich intermediär verhalten. Jedes *Dreieck* stellt ein Individuum dar; *große Dreiecke*: Mittelwerte. **b** Der *linke Kreis* zeigt die Richtungspräferenz von Mönchsgrasmücken, die in England gefangen und in Süddeutschland getestet wurden: Ihre Richtungspräferenz ist nicht standortgebunden, sondern bleibt erhalten. Das bestätigt sich auch bei ihren Nachkommen (*rechter Kreis*). *Unten*: Kontrollvögel aus Süddeutschland. Jedes *Dreieck* stellt ein Individuum dar; *Pfeile*: Mittelwerte. **c** Ein kurzer, aber starker magnetischer Puls kann bei adulten Zugvögeln (hier australische Silberaugen: *Zosterops lateralis*; *links*) die Orientierung verändern, nicht aber bei juvenilen Tieren (*rechts*). Die *offenen Symbole* zeigen die Kontrolldaten vor dem Magnetpuls, die *schwarzen Symbole* danach. (**a**, **b** nach Berthold 2001; **c** nach Wiltschko und Wiltschko 2006, beide mit freundlicher Genehmigung)

Eine interessante Beobachtung machte die Gruppe von Henrik **Mouritsen** auf dem Campus der Universität Oldenburg: Wenn sie dort Rotkehlchen in nicht abgeschirmten Holzhütten auf ihre Orientierungsfähigkeit untersuchten, konnten sie ihren magnetischen

Kompass nicht benutzen. Ihre Orientierungsfähigkeit kehrte zurück, sobald die Hütten geerdet und mit Aluminium abgeschirmt waren; die Abschirmung war in einem Bereich von 50 kHz bis 5 MHz wirksam. Dieser Wechsel konnte mehrfach wiederholt werden und zeigt, dass der Magnetsinn dieser Vögel durch anthropogene elektromagnetische Hintergrundstrahlung stark beeinflusst werden kann (Engels et al. 2014).

Voraussetzung für die Wahrnehmung eines Magnetfeldes und seiner Änderungen sind natürlich entsprechende Strukturen in der Zelle, die dafür die physikalischen Voraussetzungen bieten. Von Bakterien (z. B. *Magnetospirillum gryphiswaldense* aus Greifswald oder *Magnetospirillum magneticum*) wissen wir, dass sie ihre Bewegungsrichtung an einem Magnetfeld ausrichten können. Gemeinsam ist diesen Bakterien, dass sie Eisen-reiche, Membran-umschlossene Strukturen bilden, die als Magnetosomen bezeichnet werden und eine bakterielle Organelle darstellen. Die genetische Grundlage dafür sind drei Operons, die als Insel von 35 kb im Genom angeordnet sind; da die Gene für den Aufbau des Magnetosoms codieren, sprechen wir auch von einer Magnetosominsel. Genominseln bei Bakterien enthalten viele IS-Elemente und sind flankiert von direkten Wiederholungselementen (▶ Abschn. 9.1), sodass sie im Bakteriengenom beweglich sind; es ist aber auch horizontaler Gentransfer möglich. Die Gene des *mamAB*-Genclusters in der Magnetosominsel codieren für Proteine, die für die Biogenese der Membran, den gezielten Einbau von Proteinen in das Kompartiment und für einige Schritte der Magnetitproduktion benötigt werden – und Deletionen dieser Gene führen dazu, dass keine Magnetosomen aufgebaut werden können (Murat et al. 2010).

Entsprechend wurde auch für Eukaryoten eine „Magnetit-Hypothese“ entwickelt, die darauf beruht, dass mineralisches Magnetit (Fe_3O_4) die physikalischen Voraussetzungen für die Wahrnehmung des Magnetfeldes bietet. ◘ Abb. 14.8 zeigt, wie man sich ein solches System vorstellen kann. Dabei spielen Magnetiteinschlüsse in Nervenzellen eine wichtige Rolle, da sie sich in einem magnetischen Feld entsprechend anordnen können.

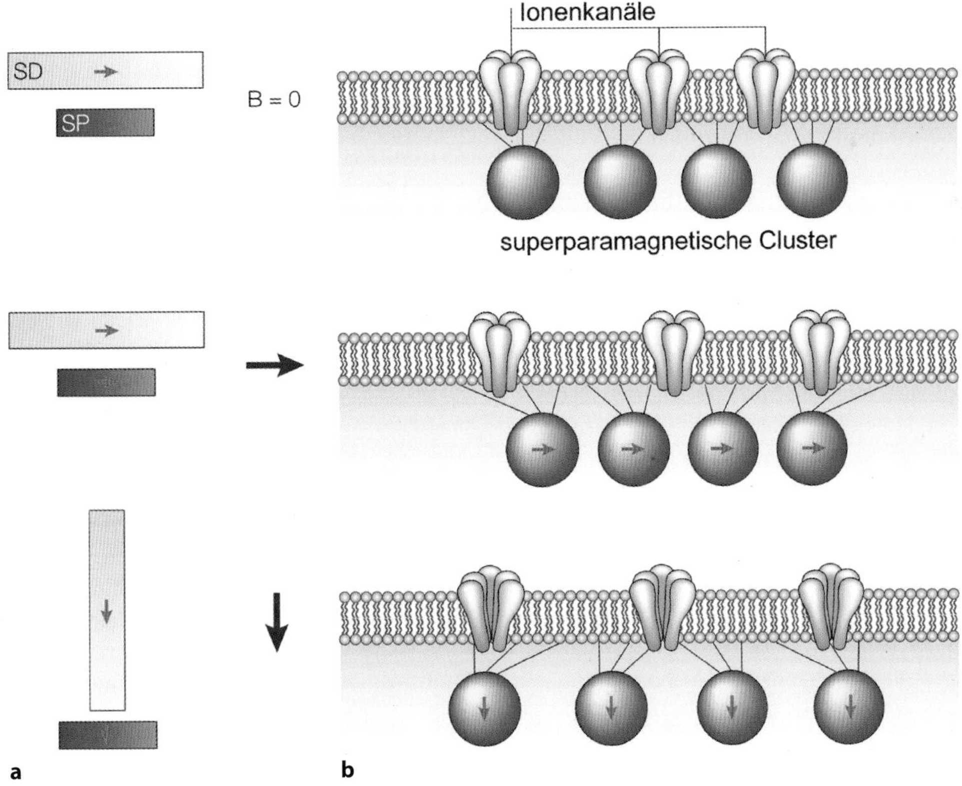

◘ **Abb. 14.8** Magnetische Eigenschaften von Magnetitkristallen. **a** Magnetitkristalle aus Einzeldomänen (SD) und superparamagnetischen Clustern (SP) haben unterschiedliche magnetische Eigenschaften. Einzeldomänen haben ein permanentes Magnetmoment (*roter Pfeil*) auch in Abwesenheit eines externen Magnetfeldes (B = 0). Wenn ein externes Feld (*schwarzer Pfeil*) angelegt wird und sie frei rotieren können, werden sie sich nach dem Magnetfeld ausrichten. Die superparamagnetischen Cluster können sich dagegen bei Anwesenheit eines äußeren Feldes auch ohne freie Rotationsmöglichkeit nach dem äußeren Feld ausrichten. **b** Ein hypothetisches Modell eines Signalübertragungsmechanismus basiert auf dem Zusammenwirken von superparamagnetischen Clustern in den Membranen von Neuronen. In diesem Modell ziehen sich die Cluster in Abhängigkeit vom äußeren Feld an oder stoßen sich ab und verändern dabei die Form der Membran, wobei sie möglicherweise Ionenkanäle öffnen oder schließen. Solche superparamagnetischen Cluster wurden in Nervenenden von Tauben gefunden. (Nach Johnsen und Lohmann 2005, mit freundlicher Genehmigung)

Eine wichtige Rolle spielt bei der Verarbeitung offensichtlich der *Nervus ophthalmicus* (◘ Abb. 14.9): Wenn er bei Tauben operativ ausgeschaltet wird, zeigen die behandelten Vögel keine Antwort auf Veränderungen im Magnetfeld. Elektrophysiologische Untersuchungen deuten außerdem darauf hin, dass spezifische Neurone im Trigeminal-Ganglion (in das der *Nervus ophthalmicus* projiziert) auf kleine Veränderungen des Magnetfeldes reagieren.

Ein weiteres Phänomen berichtete die Gruppe um Henrik **Mouritsen** aus Oldenburg bei entsprechenden Untersuchungen an Rotkehlchen (Mouritsen und Hore 2012). Bei Rotkehlchen sind spezialisierte Photopigmente (Cryptochrome) in der Retina dafür verantwortlich, dass in einem Licht-abhängigen Prozess Radikale gebildet werden. Ungewöhnliche biochemische Reaktionen („chemische Magnetorezeption"), die zur flüchtigen Bildung von paarweisen Radikalen führen (engl. *radical-pairs hypothesis*), werden durch das Magnetfeld der Erde beeinflusst. Daran sind Flavin-Semichinone als wichtige Reaktionspartner beteiligt; da diese Reaktionsmechanismen seit den 1970er-Jahren im Prinzip bekannt sind, kann dieser Aspekt als gesichert gelten (◘ Abb. 14.10; für die physikalisch-chemischen Details dieser Reaktionen, die den Rahmen eines Genetik-Lehrbuches bei Weitem sprengen würden, sei der interessierte Leser auf die Arbeiten von Rodgers und Hore (2009) bzw. Hore und Mouritsen (2016) verwiesen). Die entsprechenden magnetsensitiven Zellen der Retina projizieren bei Vögeln in die Region N im Vorderhirn; werden diese Projektionsareale beidseitig ausgeschaltet, zeigen die Rotkehlchen keine Orientierung im Magnetfeld.

❀ Die Cryptochrome (Gensymbol: *Cry*) sind für UV-A bzw. für blaues Licht empfindliche Photorezeptoren und in *Drosophila* für eine Licht-abhängige magnetsensitive Antwort verantwortlich. In einem binären Verhaltenstest für den Magnetsinn (Auswahl zwischen zwei Armen in einem T-System) zeigen Wildtyp-Fliegen signifikante Antworten auf ein Magnetfeld, wenn das volle Lichtspektrum (300–700 nm) angeboten wird; sie reagieren jedoch nicht, wenn der UV-A- bzw. Blaulichtanteil (unterhalb von 420 nm) ausgeblendet wird. Bemerkenswerterweise reagieren *Cry*-defiziente Fliegen auch bei vollem Licht in keiner Weise auf ein magnetisches Feld. Damit wurde zum ersten Mal ein magnetsensitives System in Tieren gezeigt (Gegear et al. 2008). Im Folgenden wurde dann beobachtet, dass das menschliche *CRY2*-Gen, wenn es in *Cry*-defizienten *Drosophila*-Mutanten exprimiert wird, die Funktion des fehlenden *Drosophila*-Gens übernehmen kann und ebenso als Licht-abhängiger Magnetsensor wirkt (Foley et al. 2011). Dieses Experiment erinnert stark an den Ansatz, der für die genetische Analyse der Augenentwicklung gewählt wurde und zur Entdeckung der wichtigen Rolle des *PAX6*-Gens beigetragen hat (► Abschn. 12.4.6, ◘ Abb. 12.36b).

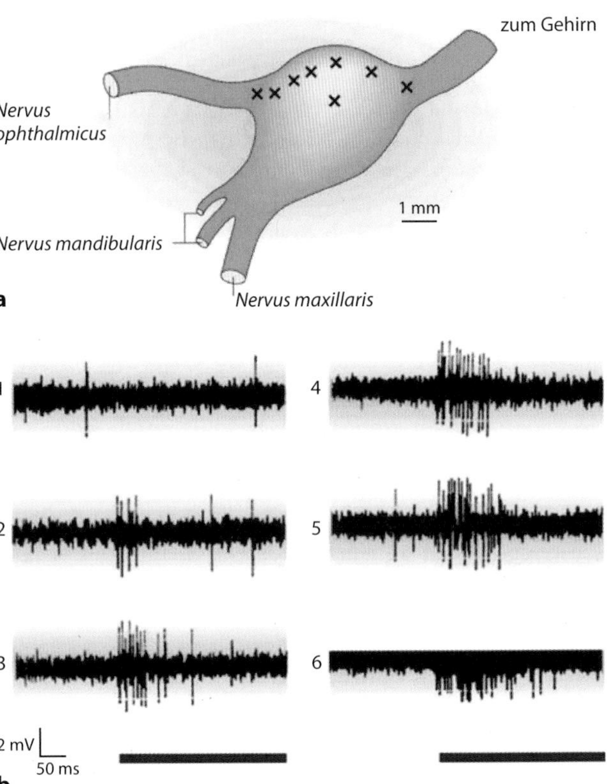

◘ **Abb. 14.9** Elektrophysiologie der Magnetorezeption. **a** Es ist der Trigeminus-Nerv des Bobolink (*Dolichonyx oryzivorus*, Reisstärling) mit seinen drei Hauptästen gezeigt. Die Neurone, die auf Veränderungen des Magnetfeldes in der Umgebung mit veränderter elektrischer Aktivität reagieren, sind durch *Kreuze* markiert. **b** Aufzeichnungen einer Ganglienzelle während unterschiedlicher Veränderungen in den Intensitäten des vertikalen Magnetfeldes: (1) Spontanaktivität; (2) Antwort auf Veränderungen um 200 Nanotesla (nT), (3) um 5000 nT, (4) um 15.000 nT, (5) um 25.000 nT, (6) um 100.000 nT. Zum Vergleich: Die Flussdichte des Magnetfeldes der Erde beträgt ungefähr 50.000 nT. Der Beginn des Reizes ist durch den *Strich* unterhalb der Messreihen angegeben. (Nach Johnsen und Lohmann 2005, mit freundlicher Genehmigung)

Neben Vögeln verfügen unter den Wirbeltieren auch Mäuse, Maulwürfe, Schildkröten, Fledermäuse, Hummer und Molche über einen Magnetsinn. So können C57BL/6-Mäuse lernen, ihre Nester nur in nördlicher Orientierung zu bauen (Muheim et al. 2006) oder die Richtung eines magnetischen Feldes zu erkennen, um eine Unterwasserplattform zu finden (Phillips et al. 2013; siehe dazu ◘ Abb. 14.21). Maulwürfe reagieren auf Wechseln des Magnetfeldes mit veränderter *c-Fos*-Expression in verschiedenen Gehirnregionen, darunter vor allem in den ***Colliculi superiores*** (die oberen zwei Hügel der Vierhügelplatte des Mittelhirndachs). Die *Colliculi superiores* werden von der Retina über den Sehnerv und die Sehbahn innerviert; sie gehören zum retinotektalen System (► Abschn. 14.1.1). Der Weg zu den *Colliculi superiores* zweigt am *Nucleus geniculatus lateralis* dem seitlichen Kniehöcker im Thalamus, ab.

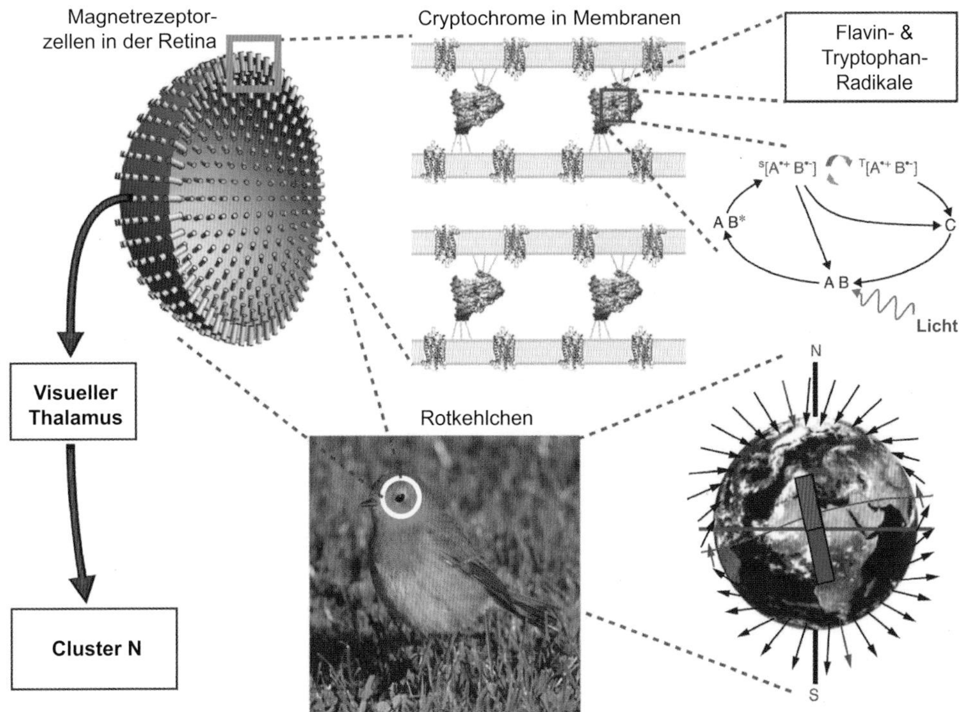

Abb. 14.10 Möglicher Magnetsinn in Vögeln. Die meisten Experimente wurden dazu am Rotkehlchen durchgeführt. Die Bezugsrichtung, die durch das Erdmagnetfeld bereitgestellt wird, wird von den Augen der Vögel erkannt. Dort sind Cryptochrome als Licht-abhängige Magnetsensoren vorhanden. Man vermutet, dass die Lichtabsorption in den Cryptochrom-Proteinen der Retina langlebige Flavin-Tryptophan-Radikalpaare erzeugt, deren Reaktionsausbeute durch die Orientierung der Moleküle in Bezug auf den Vektor des Magnetfeldes bestimmt wird. Die Licht-abhängige Information des magnetischen Kompasses wird von der Retina über den Sehnerv zum visuellen Thalamus und von dort zum Cluster N des Vorderhirns übertragen (thalamofugale Sehbahn). Wenn der Cluster N zerstört wird, kann das Rotkehlchen seinen Magnetkompass nicht mehr benutzen. (Nach Mouritsen und Hore 2012, mit freundlicher Genehmigung)

Es bleibt zu zeigen, ob dieses System auch bei anderen Säugern Teil eines Magnetsinns ist (Němec et al. 2005; Burger et al. 2010).

Die oben dargestellte Licht-abhängige Reaktion funktioniert natürlich nicht bei Tieren, die im Dunkeln leben, wie bei Maulwürfen oder auch Würmern. Hier müssen wir einen Licht-unabhängigen Mechanismus postulieren, und bei *Caenorhabditis elegans* ist jetzt ein solches System zumindest in Teilen beschrieben. Es handelt sich dabei um ein Photorezeptor-ähnliches System, das einen cGMP-abhängigen Amplifikationsmechanismus benutzt und in einem sensorischen Neuronenpaar lokalisiert ist, das im Englischen als *amphid neurons with finger-like (AfD) ciliated endings* bezeichnet wird; wir wollen es im Folgenden vereinfacht *Amphid*-Finger-Neuron nennen. Sowohl die Orientierung des Wurms im Magnetfeld als auch die Antworten dieses magnetsensitiven Neuronenpaars benötigen Elemente der cGMP-abhängigen Signalkette, die so die Kationenkanäle TAX-4 und TAX-2 steuert. Einen Eindruck vermittelt Abb. 14.11.

Das Zugverhalten von Vögeln hat eine ausgeprägte genetische Komponente, deren molekulare Basis noch unbekannt ist. Ein wesentlicher Bestandteil ist der Magnetsinn. Es verdichten sich Hinweise aus vielen Experimenten an verschiedenen Tieren, dass Eisen-reiche Organellen sowie die Cryptochrome in der Retina eine wichtige Rolle als Magnetsensoren spielen.

Zusätzlich zu den bisher bekannten Organismen mit Magnetsinn wurde auch von den frei lebenden Rötelmäusen ein Verhalten berichtet, das mit der Wahrnehmung magnetischer Signale erklärt wird: Sie bauen ihre Nester und schlafen bevorzugt in Nord-Süd-Richtung. Allerdings erscheint ihr Magnetsinn nicht in dem Maße ausgeprägt, wie wir das von Mäusen und Hamstern kennen (Oliveriusová et al. 2014). Bei Mäusen wurde außerdem über den Einfluss eines extrem schwachen magnetischen Wechselfeldes (44 μT bei einer Frequenz von 30 Hz) auf das Schmerzempfinden berichtet (Prato et al. 2013). Über Magnetfeld-abhängige Verhaltensänderungen berichteten Myklatun et al. (2018) bei Zebrafisch und Medaka. Die Liste der Tiere, die Magnetfelder und ihre Veränderungen wahrnehmen können, wird also immer länger, und es ist wohl zu erwarten, dass wir in absehbarer Zukunft auch von der morphologischen, physiologischen und genetischen Charakterisierung des Magnetsinns erfahren werden.

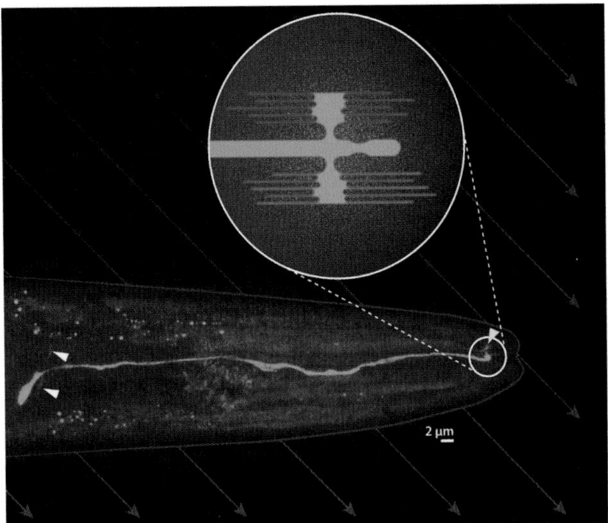

Abb. 14.11 Magnetsensitives *Amphid*-Finger-Neuron bei *C. elegans*. Es ist das rechte *Amphid*-Finger-Neuron dargestellt, das das grün fluoreszierende Protein (GFP) exprimiert. Der Zellkörper hat ein gebogenes Axon (*weiße Pfeilspitzen*) und einen Dendriten, der zum Kopf des Wurms orientiert ist und dort eine komplexe sensorische Struktur ausbildet (*Kreis*). Elektronenmikroskopische Untersuchungen legen nahe, dass diese sensorische Struktur ein Cilium enthält sowie Mikrovilli, die an der dorsalen und ventralen Seite des Neurons in anterior-posteriorer Orientierung angeordnet sind (schematische Darstellung in der Detailvergrößerung). Obwohl der größte Teil des linken *Amphid*-Fingers verdeckt ist, ist seine sensorische Struktur sichtbar (*gelbe Pfeilspitze*). Wenn die Mikrovilli mit Eisen assoziiert sind, kann das Magnetfeld der Erde (*rote Pfeile*) eine mechanische Kraft auf die Mikrovilli ausüben, die von der Orientierung des Wurms abhängt. (Nach Clites und Pierce 2017, mit freundlicher Genehmigung)

14

14.1.3 Zirkadiane Rhythmik

Die zirkadiane Rhythmik ist in vielerlei Hinsicht ein gutes Beispiel, um die Verbindung zwischen Genen und Verhalten zu verdeutlichen. Außerdem wird hier auch klar, wie Umwelteinflüsse die Expression von Genen beeinflussen, sodass wir am Ende sehen können, wie das Wechselspiel zwischen Genen und äußeren Einflüssen das sichtbare Verhalten beeinflusst.

Zirkadiane Rhythmik ist vielen Organismen eigen – von Bakterien bis hin zu Menschen. Sie ist wahrscheinlich zunächst als eine Konsequenz des ständigen Wechsels zwischen Tag und Nacht entstanden. Allerdings folgen die endogenen Rhythmen einer 24-h-Periodizität auch in Abwesenheit fluktuierender äußerer Einflüsse. Für Pflanzen wurde von Erwin **Bünning** schon 1935 dafür eine genetische Grundlage beschrieben (für eine Übersichtsarbeit siehe McWatters et al. 2001). Die Abhängigkeit der Blütenbildung von der Tageslänge hatten wir auch schon im ► Kap. 12 über Entwicklungsgenetik besprochen (Abb. 12.14).

Bei Tieren wurde die „innere Uhr" erst Ende der 1960er-Jahre entdeckt (Pittendrigh 1967). Pioniermodell war hier – wie oft in der Genetik – die Taufliege *Drosophila*, deren rhythmisches Verhalten ab Beginn der 1970er-Jahre systematisch untersucht wurde (Konopka und Benzer 1971). Diese Arbeiten wurden durch Experimente an Algen (Bruce 1972), Pilzen (Feldman und Hoyle 1973) und schließlich an Mäusen ergänzt (Vitaterna et al. 1994).

Um einen Prozess als zirkadianes Verhalten zu bezeichnen, muss er über drei Eigenschaften verfügen (Abb. 14.12):

- einen Rhythmus, der Maxima und Minima hat sowie eine Periodizität von etwa 24 h (auch in Abwesenheit eines Umweltreizes: frei schwingende Periode);
- die Phase der Maxima und Minima kann durch Umweltreize verschoben werden (Zurücksetzen der Phase);
- die Schwingungsdauer ist leicht von der Temperatur abhängig.

In Abb. 14.13 sind einige Modellorganismen gezeigt, bei denen zirkadiane Rhythmen nachgewiesen wurden und einfache, nicht-invasive Nachweisverfahren etabliert sind. So ähnlich die verschiedenen Systeme hinsichtlich ihres grundlegenden Ablaufs sind, so können sie dennoch nicht (noch nicht?) als ein einheitliches System betrachtet werden, das eine gemeinsame Evolution durchlaufen hätte. Das zirkadiane System bei Eukaryoten beruht in erster Linie auf einer Serie von heterodimeren Transkriptionsfaktoren, die ihre eigene Expression (direkt oder indirekt) stimulieren oder hemmen. Einige dieser Proteine bewegen sich innerhalb der Zelle, und ihre Lebensdauer wird durch chemische Modifikationen (Phosphorylierung oder Abbau) oder durch Bindung an andere Partner so beeinflusst, dass eine Zu- oder Abnahme der aktiven Proteinkonzentrationen in einem annähernden 24-h-Rhythmus bewirkt wird. Die meisten Komponenten in *Drosophila* haben eine Entsprechung bei Säugern, aber in einigen Fällen sehen wir Redundanz, in anderen Fällen sind die Funktionen der gleichen Proteine unterschiedlich. So gibt es in der Maus drei Homologe des *period*-Gens von *Drosophila* mit ähnlichen Funktionen – andererseits sind die Cryptochrom-Proteine in Fliegen und Nagern von der Sequenz her sehr ähnlich, aber in ihren Funktionen unterschiedlich. Und für die Schlüsselkomponenten der Uhr von *Neurospora crassa* gibt es keine Homologien in den sequenzierten Genomen von Säugern, Pflanzen und Cyanobakterien (Blaualgen). Und trotzdem regelt der Pilz die Bildung von Konidien (Sporen) und die entsprechende Genexpression mit ähnlichen Mechanismen, wie sie in *Drosophila* und Nagern charakterisiert wurden.

Wenn wir die Zentraleinheit der „inneren Uhr" genauer betrachten, können wir im Wesentlichen drei Komponenten erkennen:

- einen „Eingang" für die Aufnahme umweltbedingter Signale;

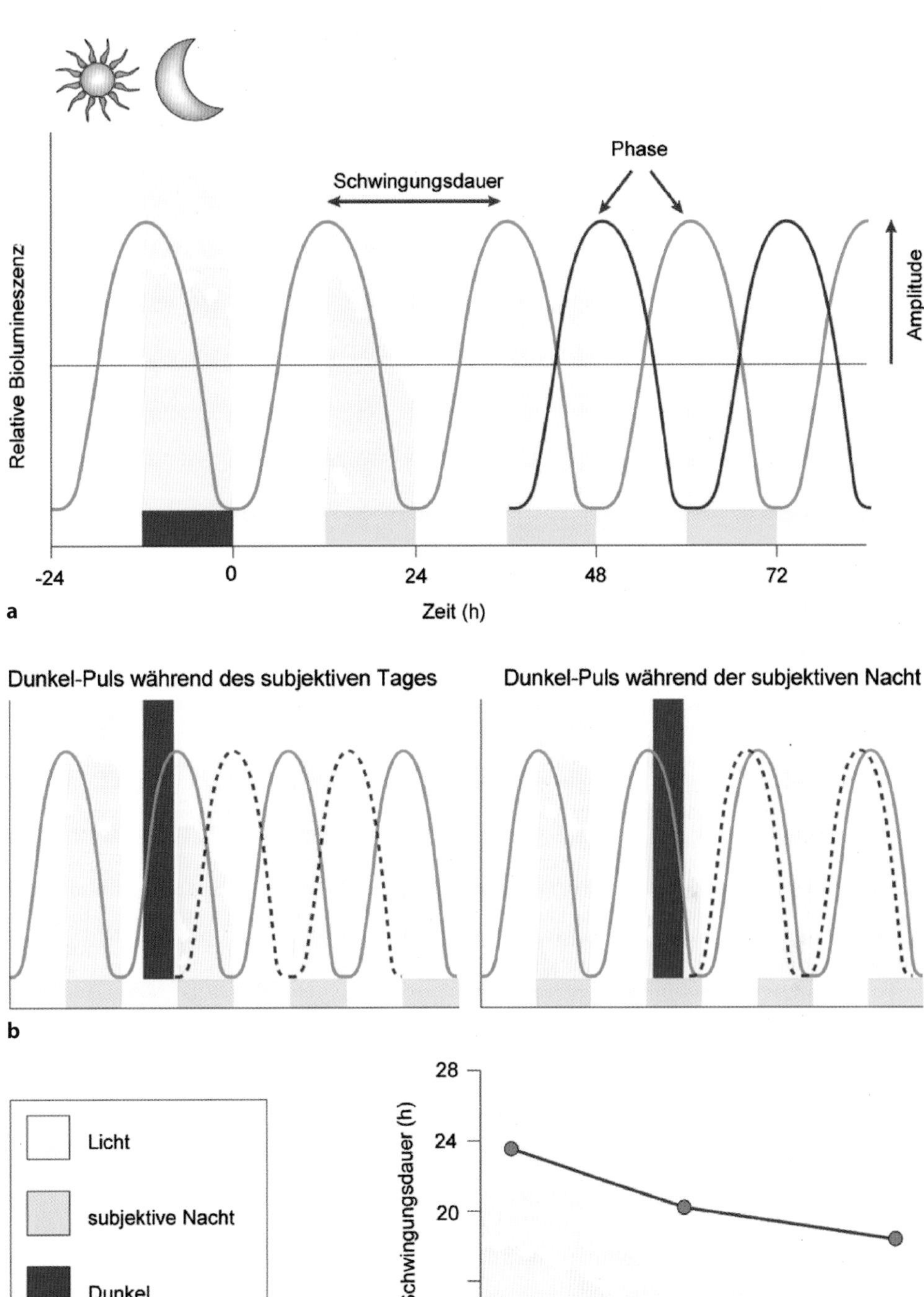

Abb. 14.12 Grundsätzliche Eigenschaften eines zirkadianen Rhythmus. **a** Ein zirkadianer Rhythmus kann durch externe Reize eingestellt werden (z. B. Hell-Dunkel- oder Temperaturzyklen) und behält diesen Rhythmus auch unter konstanten Bedingungen bei. Eigenschaften der Kurven, die üblicherweise bestimmt werden, sind die Schwingungsdauer, die Amplitude und die Phase. Die negativen Werte bezeichnen den Zeitpunkt, zu dem die Uhr eingestellt wurde; positive Werte kennzeichnen die Zeit unter konstanten Bedingungen. **b** Die Phase des Rhythmus kann durch denselben Reiz wieder zurückgesetzt werden, durch den er eingestellt wurde: Ein 5-stündiger Dunkelheitspuls, der Cyanobakterien während ihres subjektiven Tages gegeben wird, kann die Phase des Rhythmus um 10 h verschieben, wohingegen derselbe Puls während der subjektiven Nacht nur eine schwache Phasenverschiebung hervorruft. **c** Bei Temperaturen innerhalb der physiologischen Schwankungsbreite des Organismus bleibt der Rhythmus sehr nahe an einer Schwingungsdauer von 24 h. (Nach Golden und Canales 2003, mit freundlicher Genehmigung)

- einen zentralen Oszillator;
- eine physiologische Wirkung („Ausgang").

Der zentrale Oszillator wirkt dabei als ein endogener und autarker Erzeuger eines Rhythmus mit einer ungefähr 24-stündigen Periode. Die Periodenlänge des Rhythmus, der durch zirkadiane Uhren kontrolliert wird, ist bei verschiedenen Umgebungstemperaturen nahezu gleich – das deutet darauf hin, dass es einen Kompensationsmechanismus geben muss. Dieses Merkmal ist für das Konzept der „inneren Uhr" besonders wichtig und unterscheidet diesen Mechanismus von anderen biochemischen Zyklen, z. B. dem Zellzyklus. Allerdings sind „innere Uhren" nicht unempfänglich gegenüber der Temperatur;

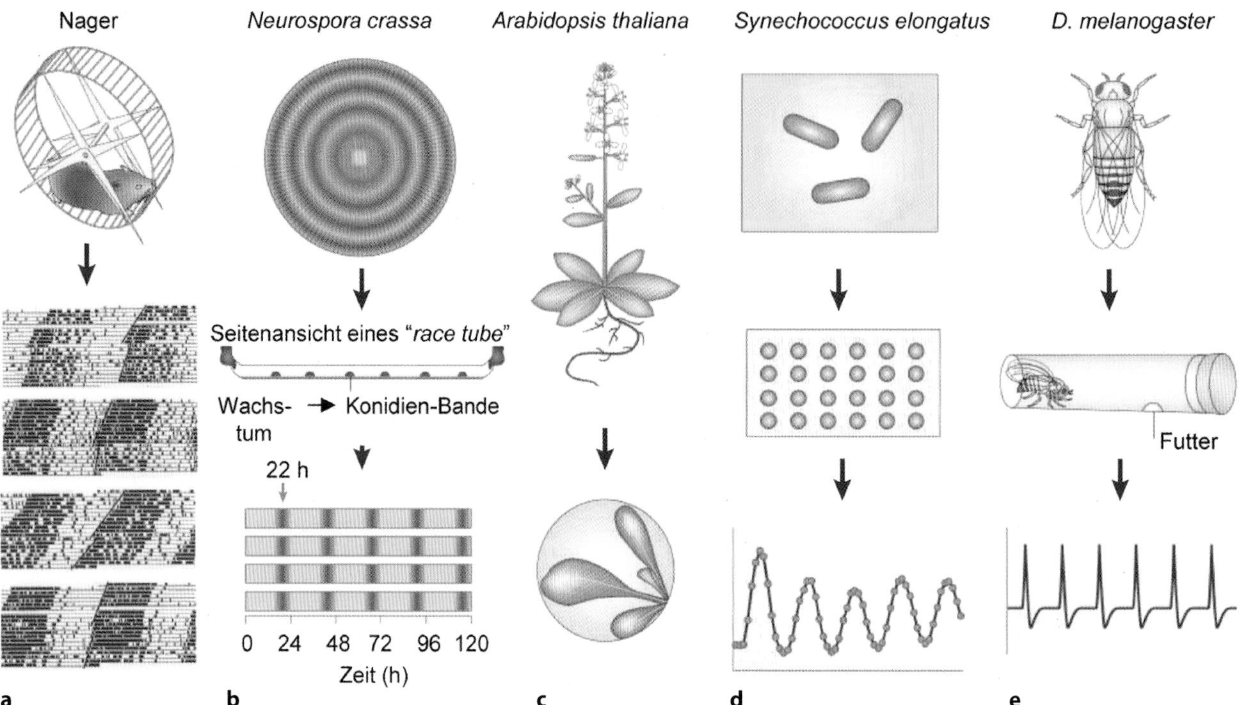

Abb. 14.13 Verschiedene Modellsysteme für die Erforschung zirkadianer Rhythmik. Jedes System bietet eine eigene Methode zur nicht-invasiven oder automatischen Aufzeichnung des Tagesrhythmus an. **a** Die Tagesaktivität von Nagern wird im Laufrad bei konstanter Dunkelheit gemessen und in der Form eines „Aktogramms" aufgezeichnet. Zeiten der Aktivität erscheinen in *Schwarz* und geben Informationen über die Schwingungsdauer und Phase der inneren Uhr von Säugern. **b** Der Pilz *Neurospora crassa* bildet unter der Kontrolle einer biologischen Uhr asexuelle Sporen. Diese Konidienbildung kann in speziellen Wachstumskammern gemessen werden (diese *race tubes* sind 30–40 cm lange Glasröhrchen mit nach oben gebogenen Enden und einem Agarnährboden). **c** Pflanzen zeigen einen Tagesrhythmus der Blattbewegung. In *Arabidopsis thaliana* kann der Rhythmus der Biolumineszenz durch Fusionsproteine mit der Luciferase für mehrere Tage bei konstanter Helligkeit sichtbar gemacht werden. **d** Im einzelligen Cyanobakterium *Synechococcus elongatus* werden Fusionsprodukte mit Luciferase dazu benutzt, den Tagesrhythmus der Promotoraktivität im Hochdurchsatzverfahren zu testen. Diese Methode erlaubt es, alle Komponenten des Oszillators sowie der Ein- und Ausgangssignale zu bestimmen. **e** Durch die Flugbewegungen von *Drosophila melanogaster* wird ein Infrarotstrahl in einem speziellen Röhrchen unterbrochen; die Zahl der Unterbrechungen kann elektronisch aufgezeichnet werden, um so ein zirkadianes Muster der Bewegungsaktivität zu erhalten. (Nach Golden und Canales 2003, mit freundlicher Genehmigung)

sie sind vielmehr allgemein mit der Wahrnehmung von Licht- und Temperaturreizen verbunden, die wichtige Zeitinformationen aus der Umwelt zur Verfügung stellen. Damit wird die innere Uhr in angemessener Weise mit der äußeren Zeit in Einklang gebracht, sodass die biochemischen, physiologischen oder Verhaltensaktivitäten zu den angemessenen Tageszeiten ablaufen können. Die folgenden Merkmale sind die wichtigsten Charakteristika, die einen biologischen Rhythmus zu einem zirkadianen Rhythmus machen:

- etwa 24-stündige Periode;
- Fortdauer auch in Abwesenheit der Umweltreize;
- Kompensationsmechanismen, um die Periodenlänge auch unter unterschiedlichen Temperatur- und Ernährungsbedingungen aufrechtzuerhalten;
- die Fähigkeit, Umweltveränderungen als Zeitgeber zu nutzen.

Als Ronald **Konopka** und Seymour **Benzer** Ender der 1960er-Jahre begannen, *Drosophila*-Mutanten auf gestörte zirkadiane Rhythmen zu untersuchen, waren viele Kollegen skeptisch, ob die Mutation in einem Gen ein so komplexes Verhalten so massiv beeinflussen kann. Es wurden zunächst vor allem zwei Parameter untersucht: die Laufaktivität und die Periodizität des Schlüpfens der reifen Fliegen. Letzteres erfolgt in der Regel in den frühen Morgenstunden (daher auch der Name „Taufliege"). Beide Verhaltensweisen werden in einem Hell-Dunkel-Rhythmus (12:12 h) untersucht und anschließend unter konstanten Bedingungen (Dauerdunkel) weitergeführt, um so den Einfluss eines exogenen Zeitgebers auszuschalten. Konopka und Benzer hatten Erfolg und beschrieben 1971 ihre ersten drei Mutanten, die alle das *period(per)*-Gen betreffen: ein Nullallel (per^0), das zu einem vollständigen Verlust rhythmischen Verhaltens führt, und zwei Allele, die den Rhythmus zwar intakt lassen, aber zu einer verkürzten (19 h) bzw. verlängerten (27 h) Schwingungsdauer im Dauerdunkel führen.

Die Arbeiten der vergangenen 50 Jahre machen deutlich, dass das Herzstück der „inneren Uhr" bei *Drosophila* aus zwei Rückkopplungsschleifen besteht. Dabei wird die Aktivierung der Uhr-Gene durch Proteine gehemmt, die durch eben diese Gene codiert werden – so entsteht eine rhythmische Genexpression. In *Drosophila* sind es mehrere Gene, die zur zentralen Funktion der „inneren Uhr" beitragen, darunter *period (per), timeless (tim), Clock (Clk), cycle (cyc), cryptochrome (cry), shaggy (sgg), vrille (vri), double-time (dbt)* und das Gen für den Transkriptionsfaktor PDP1, ein PAR-Domänenprotein. Die Proteine, die von *Clk* und *cyc* codiert werden, gehören zur Familie der basischen Helix-Loop-Helix(bHLH)-Transkriptionsfaktoren und binden als Heterodimere an spezifische Bindestellen in den Promotoren der *per*- und *tim*-Gene, um deren Transkription zu aktivieren (◘ Abb. 14.14). Die Akkumulation der Proteine PER und TIM und ihre Translokation in den Zellkern wird durch die Funktion der durch *dbt* codierten Proteinkinase verzögert. Als Ergebnis können CLK und CYC deren Transkription weiterhin aktivieren, während PER und TIM zunächst im Cytoplasma weiter akkumulieren. Erst wenn sie in den Zellkern gelangen, stoppen sie die Transkription ihrer Gene dadurch, dass sie als Heterodimere direkt an die CLK-CYC-Heterodimere binden. Diese Abschaltung bleibt so lange bestehen, bis PER und TIM wiederum selbst abgebaut werden, woran die bereits erwähnte Proteinkinase DBT beteiligt ist. Damit wird eine neue Runde der Transkription von *per* und *tim* ermöglicht. Dieser Rückkopplungsmechanismus wird durch einen zweiten verstärkt, der die Expression von *Clk* rhythmisch reprimiert; an diesem zweiten Mechanismus ist *vri (vrille)* beteiligt, das für einen bZip-Transkriptionsfaktor codiert. Für die grundlegenden Arbeiten und die Charakterisierung der molekularen Funktionen der Gene *per, tim* und *dbt* haben Jeffrey **Hall** und Michael **Rosbash** (Boston) sowie Michael **Young** (New York) 2017 den Nobelpreis für Medizin oder Physiologie erhalten.

Zwar läuft die innere Uhr bei *Drosophila* auch im Dauerdunkel, dennoch reagiert die Uhr auf äußere Zeitgeber, um sich an verändernde Umweltsituationen anzupassen. Dazu gehören im Wesentlichen **drei Komponenten: Licht, Wärme und soziale Signale**. Das primäre Signal ist das Licht, das die Fliegen während des Tages aktiviert und während der Nacht schlafen lässt. *Drosophila* empfängt über zwei Wege Informationen über Licht: durch den Blaulicht-Rezeptor Cryptochrom und über das Auge. Projektionen von den Photorezeptorzellen des Auges haben Kontakt mit den Lateralneuronen; der Rhythmus von Fliegenmutanten, denen Photorezeptoren und CRY fehlen, kann durch Licht nicht beeinflusst werden. Der am besten charakterisierte Effekt von Licht auf die Uhr von *Drosophila* besteht im Abbau von TIM, und dieser schnelle Abbau ermöglicht es der molekularen Uhr, auf die täglichen und saisonalen Schwankungen von Licht zu reagieren. Auf der Verhaltensebene verzögert oder beschleunigt ein Lichtpuls während der Nacht den Aktivitätsbeginn am nächsten Tag, abhängig davon, wann der Impuls gesetzt wird: Ein Lichtpuls am frühen Abend degradiert das cytoplasmatische TIM, das die PER-Anhäufung verzögert und damit das Fortschreiten der molekularen Uhr. Folglich ist damit auch die Aktivität für den nächsten Tag verzögert. Umgekehrt führt ein Lichtpuls spät in der Nacht zum Abbau von TIM im Zellkern und „befreit" PER, sodass es die Aktivität von CLK/CYC früher am Tag reprimieren kann als normal und damit den Aktivitätsbeginn am nächsten Tag beschleunigt.

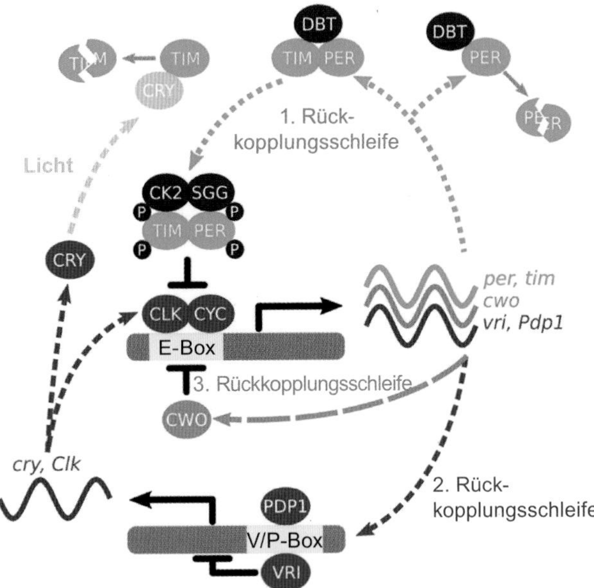

◘ **Abb. 14.14** Die molekulare Uhr bei *Drosophila* und ihre Rückkopplungsschleifen. Die Proteine Period (PER) und Timeless (TIM) wirken hemmend auf ihre eigene Transkription, sodass daraus die erste (primäre) negative Rückkopplungsschleife entsteht. Dabei bestehen zwischen der Transkription von *per* und *tim* und der Lokalisation der aus der mRNA gebildeten Proteine in den Zellkern Verzögerungen. Im Zellkern sind PER und TIM in der Lage, mit den Transkriptionsfaktoren Clock (CLK) und Cycle (CYC) in Wechselwirkung zu treten und dadurch die Transkription ihrer eigenen Gene zu hemmen. Erst wenn durch den Abbau von PER und TIM deren Konzentration wieder so weit zurückgegangen ist, dass CLK und CYC wieder frei werden, kann die Transkription von *per* und *tim* wieder neu starten. Durch diesen indirekten Mechanismus entsteht ein Rhythmus mit einer Periode von ungefähr 24 h. An verschiedenen Stellen dieser zunächst einfachen Schleife kann eingegriffen werden, um die molekulare Uhr genau einzustellen. Das PER-Protein ist instabil und Doubletime (DBT) lenkt es zu seinem Abbau, wenn es nicht durch TIM stabilisiert wird. So werden der Zeitpunkt des Eintritts in den Zellkern und die Stabilität von PER und TIM durch die Shaggy(SGG)- und Caseinkinase-2(CK2)-abhängige Phosphorylierung (P) kontrolliert. In einer zweiten Schleife wirken das PAR-Domänenprotein PDP1 als Aktivator und Vrille (VRI) als Repressor der *Clk*- und *cry*-Transkription. Die Lichtaktivierung von CRY führt zum Abbau von TIM und wirkt damit als molekulare Nullstellung der ersten Rückkopplungsschleife. Der Transkriptionsfaktor *Clockwork orange* (CWO) ist Teil der dritten Rückkopplungsschleife und wirkt ebenso als Repressor der CLK-CYC-Aktivität. (Nach Somers et al. 2018; CC-by-Lizenz, ▶ http://creativecommons.org/licenses)

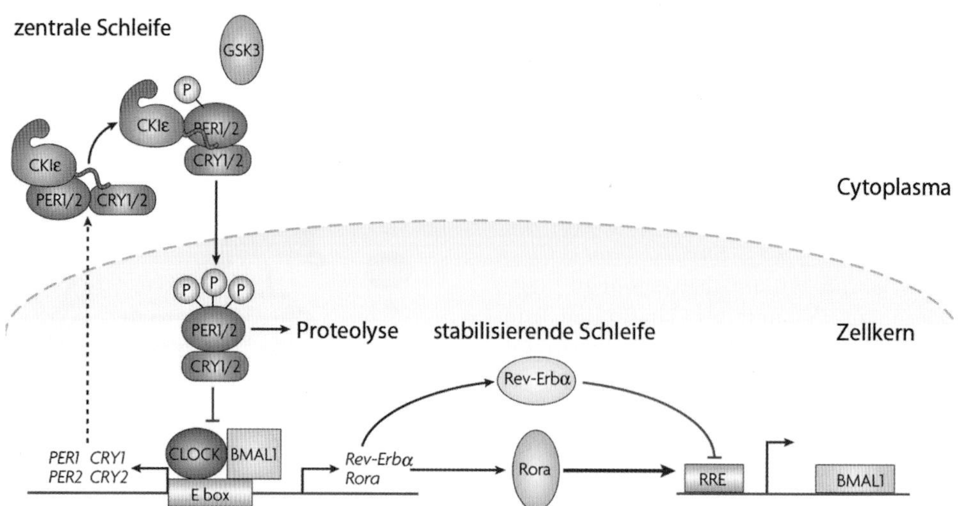

Abb. 14.15 Rückkopplungsschleifen kontrollieren die Tagesuhr bei Säugern. Die Zentraleinheit der Tagesuhr bei Säugern ist eine negative Transkriptions-Translationsrückkopplungsschleife mit einer Verzögerung zwischen der Transkription und der negativen Rückkopplung. Die Uhr wird durch einen heterodimeren Transkriptionsfaktor gestartet, der aus CLOCK und BMAL1 besteht. Diese beiden Proteine treiben die Expression ihrer eigenen Repressoren an, der beiden „period"-Proteine PER1 und PER2 sowie der Cryptochrome CRY1 und CRY2. Im Tagesverlauf häufen sich die PER- und CRY-Proteine an und multimerisieren im Cytoplasma, wo sie durch die Caseinkinase 1ε (CKIε) und die Glykogensynthase-Kinase-3 (GSK3) phosphoryliert werden. In einer phosphorylierungsabhängigen Reaktion werden sie dann in den Zellkern transportiert, wo sie mit dem CLOCK-BMAL1-Komplex in Wechselwirkung treten und ihren eigenen Aktivator reprimieren. Am Ende des Tageszyklus sind PER- und CRY-Proteine in einer CKI-abhängigen Reaktion abgebaut; damit wird die Hemmung der Transkription aufgehoben und der Start der nächsten Runde ermöglicht. Eine zusätzliche, stabilisierende Rückkopplungsschleife beinhaltet die Gene *Rora* (codiert für den Aktivator Rora, engl. *retinoic acid receptor-related orphan receptor* α) und *Rev-Erba* (codiert für den Inhibitor Rev-Erbα, einen Kernrezeptor); sie kontrolliert die BMAL1-Expression und verstärkt die Oszillation. RRE: *Rev-responsive element*. (Nach Gallego und Virshup 2007, mit freundlicher Genehmigung)

14

Am CRY-abhängigen Abbau von TIM ist auch das F-Box-Protein JETLAG (Gensymbol: *jet*) beteiligt: Hypomorphe *jet*^{c}-Mutanten haben eine veränderte Aminosäure in der Leucin-reichen Wiederholungseinheit; sie sind rhythmisch im Dauerlicht, haben aber ein normales Verhalten im Dauerdunkel und zeigen verminderte Antworten auf Lichtpulse, was auf einen Defekt im Licht-abhängigen Signalweg schließen lässt. Der Effekt ist abhängig vom genetischen Hintergrund der Fliegenmutanten: Er tritt nur dann auf, wenn die Fliegen das *tim*^{ls}-Allel besitzen, das 23 andere Aminosäuren am N-Terminus hat und weniger lichtempfindlich ist (L-Tim) (Peschel et al. 2009).

Drosophila-Fliegen zeigen auch während des Tages ein interessantes Phänomen: Sie halten in der heißen Mittagszeit des Sommers Siesta. Bei kühleren Temperaturen und wenn die Tage kürzer werden, ist auch die Siesta-Phase verkürzt. Diese Antwort wird durch ein alternatives Spleißen von *per* reguliert; dieses alternative Spleißen eines Introns in der 3′-UTR wurde zunächst intensiv in Photorezeptorzellen studiert. Die Regulation des alternativen Spleißens wird über die NorpA-Phospholipase-C vermittelt. NorpA ist ein Faktor, der allgemein ein Temperatur-abhängiges Verhalten vermittelt, und *NorpA*-Mutanten sind nicht in der Lage, ihr Verhalten an Temperaturänderungen anzupassen. Die Temperaturkompensation, d. h. die Unabhängigkeit der Rhythmik über einen engeren Temperaturbereich (Abb. 14.12c), wird dagegen durch die Verwendung unterschiedlicher *per*-Allele erreicht, die sich in der Zahl von Thr-Gly-Wiederholungen unterscheiden und zu unterschiedlichen Temperaturoptima des PER-Proteins führen: PER-Proteine mit 20 Thr-Gly-Wiederholungseinheiten zeigen eine Schwingungslänge von ungefähr 23,7 h über einen breiten Temperaturbereich und sind eher in Nordeuropa verbreitet; PER-Proteine mit 17 Thr-Gly-Wiederholungseinheiten finden sich dagegen eher im Süden, da diese Variante ein höheres Temperaturoptimum hat.

Obwohl *Drosophila* im Allgemeinen nicht als ein soziales Tier gilt, wird die molekulare Uhr offensichtlich auch durch soziale Signale beeinflusst. Fliegen, die vor dem Test gemeinsam gehalten wurden, zeigen im Einzeltest unter Freilaufbedingungen eine größere Übereinstimmung als die Fliegen, die vorher schon getrennt gehalten wurden. Wenn man beispielsweise arhythmische *per*^{0}-Mutanten zu einer Gruppe rhythmischer Fliegen gibt, wird die Synchronisation vermindert. Weitere Detailuntersuchungen zeigten schließlich, dass die entsprechenden Signale über die Luft übertragen und über das Geruchssystem verarbeitet werden.

Die Hauptkomponenten der molekularen Uhr sind bei *Drosophila* in einem neuronalen Netzwerk exprimiert, das etwa 150 Neurone umfasst. Diese Neurone sind in

Tab. 14.1 Einige Rhythmus-Mutationen bei Säugern

Gen	Organismus	Molekulare Veränderung	Phänotyp
Clock	Maus	Basenaustausch an einer Spleißstelle (Verlust eines Exons und Deletion von 51 Aminosäuren)	Perioden von 26- bis 29-stündigen Bewegungen folgt ein vollständiger Verlust der zirkadianen Rhythmik nach 14 Tagen
CLOCK	Mensch	C/T-Polymorphismus an Pos. 3111 in der 3′-UTR der *CLK*-cDNA	Verzögerung der morgendlichen Aktivitäten bzw. des abendlichen Schlafbeginns
Csnk1e	Hamster	Arg178Cys	20-h-Rhythmus des Verhaltens
Per1	Maus	Nullmutante (Knock-out)	Verkürzung der Rhythmen um 0,6–1 h
Per2	Maus	Nullmutante (Knock-out)	Arhythmie nach einigen Tagen im Dauerdunkel
PER2	Mensch	Ser662Gly	CK1ε-Bindestelle; verlängerte Schlafphasen
Per3	Maus	Nullmutante (Knock-out)	Verkürzung der Rhythmen um 0,5 h
PER3	Mensch	Val647Gly	Schwache Kopplung mit verlängerten Schlafphasen
Bmal1 (Mop3)	Maus	Nullmutante (Knock-out)	Arhythmie nach einigen Tagen im Dauerdunkel
Cry1	Maus	Nullmutante (Knock-out)	Verkürzung der Rhythmen um 0,8–1,3 h
Cry2	Maus	Nullmutante (Knock-out)	Verlängerung der Rhythmen um 0,6–0,9 h
dbp	Maus	Nullmutante (Knock-out)	Verkürzung der Rhythmen um 0,5 h

Nach Stanewsky (2003)

verschiedenen Gruppen organisiert: in drei Gruppen von dorsalen Neuronen und in vier Gruppen von lateralen Neuronen. Die molekularen Hauptkomponenten der Zellen sind untereinander gut synchronisiert. Ein wichtiges Signalmolekül für diese Synchronisation und für die Aktivität des Organismus ist das Neuropeptid PDF (engl. *pigment-dispersing factor*), das in den lateralen Neuronen exprimiert wird und über den PDF-Rezeptor aufgenommen wird. Der PDF-Rezeptor wird nur in einigen Neuronen der molekularen Uhr exprimiert, die aber über das ganze Netzwerk verstreut sind. Mutanten in den entsprechenden Genen (*Pdf* bzw. *Pdfr*) zeigen morgens keinen Aktivitätshöhepunkt, dafür aber am frühen Abend; im Dauerdunkel verschwindet der zirkadiane Rhythmus nach kurzer Zeit.

In **Säugetieren** ist dasselbe Prinzip wie bei *Drosophila* verwirklicht, und auch die beteiligten Gene sind homolog (Abb. 14.15). In der entscheidenden morphologischen Struktur, den suprachiasmatischen Kernen des Hypothalamus, sind auch mehrere Gene an der Wirkung der „inneren Uhr" beteiligt, darunter *mPer1*, *mPer2*, die Cryptochrom-Gene *mCry1* und *mCry2*, *mClk*, *Bmal1* (oder *Mop3* als das Homolog zu *cyc*) sowie *Ck1e* (homolog zu *dbt*; codiert für Caseinkinase 1ε). Dabei erfüllen die mCRY-Proteine die repressive Funktion von *tim*: Wie bei *Drosophila* aktivieren die Genprodukte von *mClk* und *Bmal1* die *mPer*-Promotoren, aber auch (und im Gegensatz zu *Drosophila*) die *mCry*-Promotoren selbst. Die Caseinkinase 1ε (CK1ε) wird durch CK1δ unterstützt und destabilisiert die PER-Proteine der Maus. Dadurch verzögert sich die Akkumulation dieser reprimierenden Proteine und ihre Translokation in den Zellkern. Nach dem Eintritt des mCRY-mPER-CK1ε-CK1δ-Komplexes in den Zellkern wird die Transkription durch die direkte Bindung an die mCLK-BMAL1-Heterodimere unterbunden. Wie bei den Fliegen existiert auch in der Maus ein zweiter, verstärkender Rückkopplungsmechanismus, wobei mPER2 die *Bmal1*-Transkription positiv beeinflusst. Dabei spielt auch ein Vrille-Homolog eine Rolle, das zur Gruppe der basischen Leucin-Zipper-Transkriptionsfaktoren gehört (Gensymbol: *vri*). Wesentlichen Einblick in die Funktion der Gene haben wir durch die Untersuchung entsprechender Mutanten erhalten; einige davon werden in der Tab. 14.1 vorgestellt.

Auch wenn die Zusammenstellung der grundlegenden Mechanismen der zirkadianen Rhythmik den Eindruck vermitteln mag, dass die zentralen Bereiche der „inneren Uhr" klar und einfach geregelt sind, muss aber doch darauf hingewiesen werden, dass das Gesamtsystem wesentlich komplexer ist. Das zirkadiane System bei Säugetieren ist ein hierarchisches Netzwerk, bei dem die suprachiasmatischen Kerne des Hypothalamus über den retinohypothalamischen Weg (▶ Abschn. 14.1.1) die Informationen über den Hell-Dunkel-Rhythmus erhalten und so als zentraler Regulator wirken. Die suprachiasmatischen Kerne enthalten etwa 20.000 Neurone, die in der Lage sind, Tagesrhythmen in neuronale Aktivität umzusetzen. Zusätzlich zu den suprachiasmatischen Kernen enthält der Hypothalamus aber auch noch weitere Bereiche, die an der Regulation der Tagesrhythmik beteiligt sind; dazu

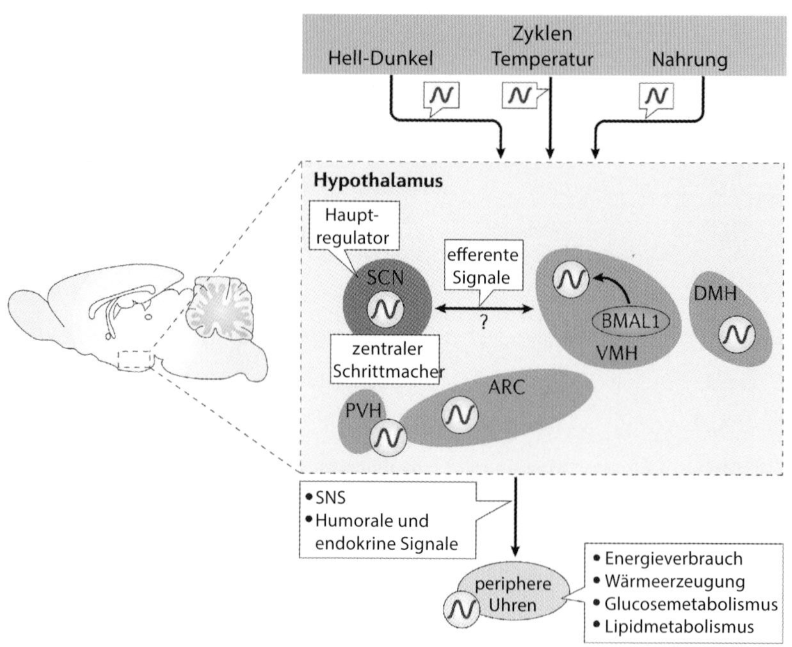

Abb. 14.16 Integration externer Signale im oszillatorischen Netzwerk des Hypothalamus (der Maus). Der zentrale Zeitgeber sind die Hell-Dunkel-Zyklen, die im *Nucleus suprachiasmaticus* (engl. *suprachiasmatic nucleus*, SCN) verarbeitet werden. Entsprechend ist der SCN der Hauptregulator und zentrale Schrittmacher, wobei er aber mit anderen regulatorischen Zentren zusammenwirkt, um einen zirkadianen Rhythmus von 24 h zu erzeugen. Die Uhren im *Nucleus arcuatus* (ARC), im *Nucleus paraventricularis* des Hypothalamus (PVH), im dorsomedialen Hypothalamus (DMH) und im ventromedialen Hypothalamus (VMH) integrieren externe Signale wie Temperaturschwankungen und Schwankungen in der Nahrungsversorgung. Die zentralen Ausgangssignale werden über das sympathische Nervensystem (SNS) und über humorale Faktoren an die peripheren Gewebe vermittelt, wodurch der periphere Metabolismus und das Gleichgewicht des Energieverbrauchs reguliert werden. (Nach Greco und Sassone-Corsi 2019, mit freundlicher Genehmigung)

gehören der dorsomediale Kern, der ventromediale Kern, der *Nucleus arcuatus* und der paraventrikuläre Kern. Ein zentraler Weg, über den die suprachiasmatischen Kerne den Stoffwechsel des Körpers regulieren, besteht in der Aktivierung der Achse Hypothalamus-Hypophyse-Nebennierenrinde (engl. *hypothalamic-pituitary-adrenal axis*, HPA). Dabei wird über Projektionen aus den suprachiasmatischen Kernen in die Hypophyse die rhythmische Sekretion des adrenocorticotropen Hormons (ACTH) in der Hypophyse ausgelöst und dadurch wiederum die Synthese von Corticoiden in der Nebennierenrinde reguliert – und darüber dann schließlich Aktivitäten in vielen Organen. Neben dem Licht wirken aber auch weitere Zeitgeber auf das Gesamtsystem, wie z. B. die Nahrungsaufnahme und Temperaturschwankungen. Einen Überblick gibt Abb. 14.16.

14

Zirkadiane Rhythmen werden bei Drosophila und Säugern durch autoregulatorische Rückkopplungsschleifen gesteuert. Daran sind Transkriptionsfaktoren, Proteinkinasen und Repressoren von Transkriptionsfaktoren essenziell beteiligt. Die zentrale morphologische Struktur der Säugetiere sind die suprachiasmatischen Kerne des Hypothalamus.

Außer der Sonne kann offensichtlich auch der Mond als Zeitgeber wirken: Der Kaninchenfisch (*Siganus guttatus*) lebt über Riffen des Indischen Ozeans und des westlichen Pazifiks und hat einen Laich-Zyklus, der sich an den Mondphasen orientiert (lunare Rhythmik). Sugama und seine Mitarbeiter haben 2008 darüber berichtet, dass die Expression des Gens *Period2* (Gensymbol: *Per2*) in der Zirbeldrüse (Epiphyse) des Kaninchenfisches deutlich ansteigt, wenn der Fisch während der Nacht Licht ausgesetzt wird (erfolgt der Lichtreiz am Tag, hemmt er dagegen die *Per2*-Expression). Dabei ist die *Per2*-Expressionsstärke von der Stärke des Lichts in der Nacht abhängig und kann somit Vollmond von Neumond unterscheiden. Dieser Effekt ist auf die Nachtphase beschränkt, denn *Per2* wirkt ansonsten als wichtiger Zeitgeber im zirkadianen System. (Eine interessante Zusammenfassung über die „Chronobiologie des Mondlichts" findet sich bei Kronfeld-Schor et al. 2013).

14.1.4 Schlafstörungen des Menschen

Ebenso wie bei *Drosophila* und der Maus ist bei Menschen eine Reihe physiologischer Funktionen durch endogene zirkadiane Rhythmik gesteuert. Dazu gehören nicht nur der Schlaf-Wach-Rhythmus, sondern auch kognitive Funktionen, die Körpertemperatur und die Sekretion von Hormonen. Als Zeitgeber fungieren dabei verschiedene Umweltreize, vor allem Licht. Patienten mit Störungen ihrer zirkadianen Rhythmik sind nicht in der Lage, ihren Schlaf-Wach-Rhythmus an diese Umweltsignale anzupassen.

Jeder 3. Erwachsene leidet gelegentlich unter Ein- und/oder Durchschlafstörungen, allerdings liegt etwa bei jedem 10. Erwachsenen bereits eine chronische Schlafstörung vor, die die Stimmung und Leistungsfähigkeit am Tage erheblich beeinträchtigt. Schlafstörungen zählen damit (neben Kopfschmerzen) zu den häufigsten psychosomatischen Beschwerden. Offensichtlich nimmt die Häufigkeit dieser Symptome mit dem Alter zu, denn etwa 40 % der über 65-Jährigen klagen über unzureichenden Schlaf bzw. Schlafprobleme.

Wir können verschiedene Formen der Schlafstörungen unterscheiden:

- Ein- und Durchschlafstörungen (Insomnien);
- Störungen mit vermehrter Tagesschläfrigkeit (Hypersomnien);
- Störungen des Schlaf-Wach-Rhythmus (wesentlich frühere oder spätere Einschlafrhythmen);
- Schlafstörungen (Parasomnien, z. B. Schlafwandeln).

Einige der Störungen des Schlaf-Wach-Rhythmus treten familiär gehäuft auf; ◘ Abb. 14.17 zeigt Beispiele für eine derartige Situation bei einzelnen Probanden. Dabei leiden die einen Patienten daran, dass sie bereits am frühen Abend einschlafen (engl. *advanced sleep phase syndrome*, ASPS), andere dagegen daran, dass sie erst zu spät einschlafen können (engl. *delayed sleep phase syndrome*, DSPS). Modelle in bestimmten Hamster- bzw. Mausmutanten zeigen ähnliche Verhaltensmerkmale, sodass auch hier auf vergleichbare Funktionen der beteiligten Gene geschlossen werden kann.

Ein klassisches Beispiel für eine erbliche Veranlagung zum frühen Einschlafen ist ein Stammbaum über vier Generationen, von dem Toh et al. (2001) berichteten (OMIM 604348): Neben drei polymorphen Stellen im Exon 17 des *PER2*-Gens gibt es darüber hinaus eine Punktmutation (A2106G), die zu einem Austausch von Ser durch Gly an Position 662 führt (S662G). Diese Mutation wurde außerhalb der Familie nicht beobachtet und führt zu einer verringerten Phosphorylierung durch Caseinkinase 1ε.

Eine weitere Mutation, die zu familiär gehäuftem frühem Einschlafen führt, wurde im Gen für die Caseinkinase 1δ beschrieben. Der Aminosäureaustausch T44A im *CSNK1D*-Gen führt *in vitro* zu einer verminderten enzymatischen Aktivität. Transgene *Drosophila*-Fliegen, die diese Mutation tragen, zeigen eine **verlängerte** zirkadiane Rhythmik. Im Gegensatz dazu zeigen transgene Mäuse mit derselben Mutation eine **verkürzte** Periode, was eher der Situation beim Menschen entspricht. Dieses Ergebnis zeigt nicht nur, dass die Caseinkinase 1 eine zentrale Komponente der „inneren Uhr" ist – offensichtlich haben wir hier ein interessantes Beispiel für unterschiedliche regulatorische Mechanismen bei den verschiedenen Klassen des Tierreiches vor uns (Xu et al. 2005).

Umgekehrt berichteten Patke et al. (2017) von einer Mutation im *CRY1*-Gen, die zu einer dominanten Form einer verzögerten Einschlafphase führt. Die Mutation betrifft die 3. Base des Introns 12 (A→C) und führt zu einer Spleißvariation, sodass in der mRNA das Exon 11 fehlt (da dieses Exon 72 bp hat, resultiert daraus ein Verlust von 24 Aminosäuren, ohne dass der Leserahmen verändert wird). Das CRY1-Protein ohne das Exon 11 zeigt eine verstärkte Bindung an den Komplex aus BMAL1 und CLOCK (◘ Abb. 14.15), sodass es eine stärkere inhibitorische Wirkung auf diesen Komplex ausübt als das Wildtyp-Protein. In der Folge werden einige Schlüsselgene der „inneren Uhr" in geringerem Umfang

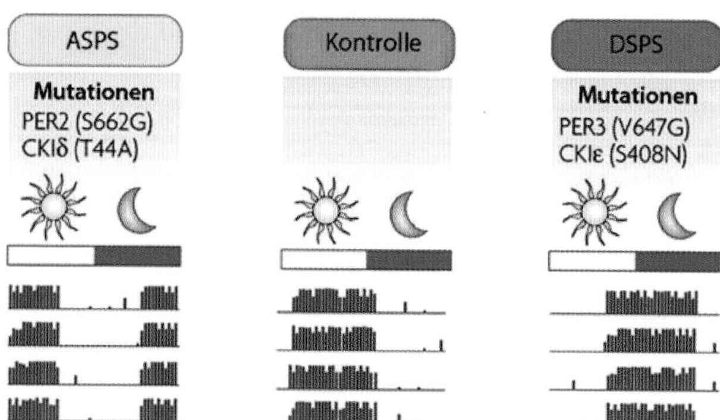

◘ **Abb. 14.17** Schlafstörungen des Menschen. Die Phase des Tagesrhythmus wird durch Schlafunterbrechungen bestimmt; die *schwarzen Balken* symbolisieren die Aktivitätsphasen. *Links* wird die anomale Frühphase einer Schlafstörung mit vorgezogener Einschlafphase (engl. *advanced sleep phase syndrome*, ASPS) gezeigt, in der *Mitte* eine Kontrolle und *rechts* die verzögerte Einschlafphase (engl. *delayed sleep phase syndrome*, DSPS). Mutationen in den *PER*-Genen und den Genen für Caseinkinase-Inhibitoren (*CKI*) sind dafür verantwortlich. (Nach Gallego und Virshup 2007, mit freundlicher Genehmigung), *syndrome*

exprimiert und die Periode des zirkadianen Rhythmus verlängert. Da diese Mutation mit einer Frequenz von 0,6 % in der menschlichen Population vorkommt, kann man davon ausgehen, dass sie einen beträchtlichen Anteil der Schlafstörungen bei Menschen erklären kann.

Größere epidemiologische Untersuchungen konnten für zwei Polymorphismen eine Assoziation mit Veränderungen im Schlaf-Wach-Rhythmus zeigen: In der 3′-flankierenden Region des menschlichen *Clock*-Gens *CLK* gibt es einen Polymorphismus (T3111C; ◘ Tab. 14.1), der offensichtlich mit verschiedenen Schlaf-Wach-Rhythmen assoziiert ist. Homozygote Träger des C-Allels schlafen demnach später ein bzw. haben ein geringeres Schlafbedürfnis. Dabei sind diese Daten offensichtlich unabhängig von demographischen Größen wie Alter, Geschlecht und ethnischer Herkunft (Serretti et al. 2003).

Ein zweiter Polymorphismus ist im menschlichen *PER3*-Gen beschrieben. Dieses Gen besteht aus 21 Exons; Exon 18 enthält eine repetitive Sequenz von 54 bp, die entweder vier- oder fünfmal hintereinander vorkommt. Dabei ist offensichtlich das längere Allel mit einem „Morgentyp" und das kürzere mit einem „Abendtyp" assoziiert; Homozygotie für das kürzere Allel ist darüber hinaus bei Patienten mit Einschlafstörungen (engl. *delayed sleep phase syndrome*) deutlich überrepräsentiert (Archer et al. 2003).

Diese Beispiele zeigen, dass die moderne Genetik schrittweise durch die Kombination verschiedener methodischer Ansätze (Populationsgenetik bzw. genetische Epidemiologie, funktionelle Speziesvergleiche, Hochdurchsatzverfahren in der Sequenzanalyse) in der Lage ist, auch komplexe Verhaltensweisen wie Schlaf-Wach-

Rhythmen beim Menschen aufzuklären und die Einzelkomponenten zu identifizieren und zu charakterisieren.

Zirkadiane Rhythmen des Menschen sind in ähnlicher Weise wie bei anderen Säugetieren genetisch kontrolliert. Polymorphismen in *CLK-*, *CRY1-* oder *PER-*Genen können mit unterschiedlichen Schlaf-Wach-Rhythmen assoziiert werden.

Zunehmend wird auch der Beitrag der molekularen Uhr zu psychiatrischen Erkrankungen diskutiert. So geben genetisch-epidemiologische Untersuchungen Hinweise darauf, dass Polymorphismen der Gene, die die zirkadiane Rhythmik steuern, mit Schizophrenie assoziiert sind. Viele Untersuchungen an bipolaren Erkrankungen zeigen außerdem ebenfalls solche Assoziationen. Ähnliches gilt auch für Alkoholabhängigkeit. Es ist deswegen nicht verwunderlich, dass viele neurologische, psychiatrische und auch neurodegenerative Erkrankungen mit Schlafstörungen verbunden sind. Diese Arbeiten stehen gerade erst am Anfang, zeigen aber eine interessante neue Forschungsrichtung auf (Bassetti et al. 2015; Bellivier et al. 2015; Perreau-Lenz und Spanagel 2015).

14.2 Lernen und Gedächtnis

Erinnerung ist ein Prozess, durch den aufgenommene Informationen verarbeitet und gespeichert werden. Das kann nur für Minuten (**Kurzzeitgedächtnis**) oder für Stunden, Tage, Monate oder ein ganzes Leben sein (**Langzeitgedächtnis**). Unser Gehirn ist in der Lage, verschiedene Arten von Informationen zu speichern und verschiedene Formen von Gedächtnis zu bilden, die in zwei grundsätzliche Kategorien fallen: implizit und deklarativ. Das **implizite Gedächtnis** beinhaltet die einfache klassische Konditionierung, nicht-assoziatives Lernen, Wahrnehmungsvermögen und motorische Geschicklichkeit. Fahrradfahren und Klavierspielen erfordern ebenso die Entwicklung eines impliziten Gedächtnisses. Das **deklarative Gedächtnis** dagegen speichert Informationen über spezielle Ereignisse und dazugehörende zeitliche und persönliche Assoziationen. Diese Art von Gedächtnis benutzen wir täglich, um Leute, Gesichter und Plätze wiederzuerkennen und um uns an Geschehnisse aus unserer Vergangenheit zu erinnern. Diese Art von Erinnerung beinhaltet auch unsere sensorische Wahrnehmung, unsere Gefühle und Motivationen. Wenn wir uns an eine Erfahrung erinnern, rufen wir auch alles ab, was wir gesehen, gehört, gerochen, geschmeckt, gefühlt und erfühlt haben. In diesem Abschnitt werden in groben Zügen die genetischen Grundlagen unserer Erinnerung, des Gedächtnisses und auch des Lernens dargestellt. Auch hier kommen die grundlegenden Erkenntnisse zunächst von niederen Tieren wie der Schnecke *Aplysia* oder der Fliege *Drosophila*, und erst später konnten entsprechende Mausmutanten identifiziert und charakterisiert werden. Damit lassen sich jetzt auch kognitive Störungen beim Menschen besser verstehen.

14.2.1 Lernverhalten von *Drosophila*

Systematische Untersuchungen zum Lernverhalten an *Drosophila* begannen zu Beginn der 1970er-Jahre, als Seymour **Benzer** mit seiner Gruppe (Quinn et al. 1974) Fliegen mithilfe eines Elektroschocks trainierte, bestimmte Gerüche zu meiden (**klassische Konditionierung**; ◻ Abb. 14.18). Eine andere Gruppe (Lofdahl et al. 1992) züchtete aus einer homogen erscheinenden Population von Fliegen nach über 20 Generationen zwei Gruppen heraus, die sich in ihrer Antwort auf konditionales Lernen signifikant unterscheiden: Hatte die Ausgangspopulation etwa 19 % Fliegen, die gut konditioniert werden konnten, so hatte die Gruppe der „guten Lerner" am Ende 77 %, die der „schlechten Lerner" dagegen nur 0–4 %. Die lange Dauer, bis diese Züchtungsergebnisse erreicht wurden, deutet darauf hin, dass hier keine einfachen Mendel'schen Zusammenhänge vorliegen, sondern komplexe Gen-Gen-Wechselwirkungen für den Phänotyp verantwortlich sind (**Epistasie**; ◻ Abb. 14.19). Dieses **„Züchten auf Extreme"** hat sich auch in anderen Zusammenhängen bewährt, z. B. bei der Frage, welche Gene bei der Alkoholabhängigkeit von Mäusen und Ratten eine Rolle spielen (▶ Abschn. 14.3.2).

Benzers Experimente der klassischen Konditionierung führten schnell zur Identifikation und Charakterisierung von Genen, die zu einem erfolgreichen Lernverhalten beitragen. Die ersten Mutanten, die nicht in der Lage waren zu lernen, dass dem Wohlgeruch ein Elektroschock folgt, wurden als *dunce* (das Gen wurde später auf dem X-Chromosom von *Drosophila* lokalisiert) bzw. als *rutabaga* bezeichnet. Weitere biochemische und molekulare Analysen zeigten, dass *dunce* für eine cAMP-abhängige Phosphodiesterase und *rutabaga* für eine Adenylatcyclase codieren. In der Folgezeit wurden mit diesem System noch weitere *Drosophila*-Mutanten mit Lerndefekten isoliert (z. B. *radish, amnesiac, cabbage* und *turnip*). Ihre molekulare Charakterisierung zeigte ein gemeinsames Grundmuster: Sie alle betreffen – auf unterschiedliche Weise – die cAMP-Signalkaskade. Auch Mutationen in der cAMP-abhängigen Proteinkinase A (PKA) stören die olfaktorischen Lernerfolge. Ein Substrat der PKA-abhängigen Phosphorylierung ist CREB, ein Transkriptionsfaktor, der an cAMP-Antwortelemente (engl. *cAMP-responsive elements*) bindet, die in Promotoren entsprechender Zielgene vorhanden sind. Eine Übersicht über die biochemische Signalkaskade, die durch Lernmutanten definiert wird, vermittelt ◻ Abb. 14.20. In ◻ Tab. 14.2 sind Ergebnisse verschiedener genetischer Ansätze zur Charakterisierung von Lern- und Gedächtnisprozessen bei *Drosophila* zusammengefasst.

14

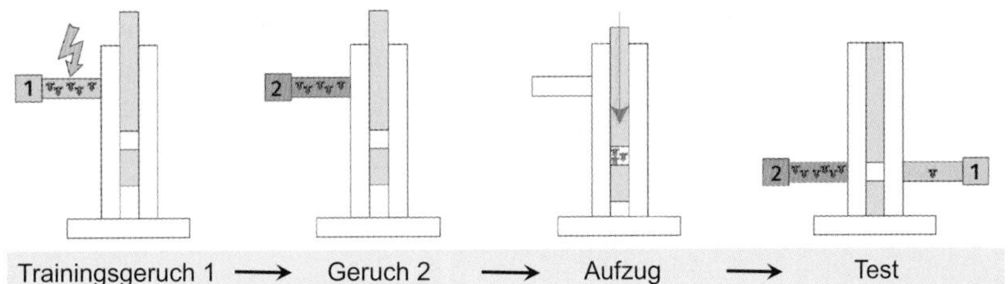

Abb. 14.18 Geruchsvermeidungslernen bei *Drosophila*. Während des Trainings erfahren die Fliegen einen Geruch im Zusammenhang mit einer Bestrafung durch einen elektrischen Schock. Durch wiederholtes Testen vermeiden die Fliegen vorzugsweise den mit Schock verbundenen Geruch. Eine Gruppe von ca. 100 Fliegen wird in der Kammer trainiert, wobei die innere Oberfläche mit einem elektrifizierbaren Metallgitter ausgekleidet ist. Die Gerüche werden mit dem Luftstrom eingeblasen, wobei die Tiere zunächst einem Trainingsgeruch und einem Elektroschock ausgesetzt werden. Danach erfahren sie einen zweiten Geruch ohne Schock. Die Fliegen werden dann auf ihre Lern- oder Gedächtnisleistung getestet. Dazu werden sie über einen Aufzug in eine Position gebracht, an der sie zwischen den beiden einströmenden Gerüchen wählen können. Nach 2 min werden die Fliegen gefangen und es wird gezählt, wie viele zu dem jeweiligen Geruch gelaufen sind. Die jeweiligen Quotienten entsprechen der Lernleistung, wenn der Abstand zwischen Training und Test kurz war (2 min). Gedächtnisleistungen können im Prinzip auf die gleiche Weise gemessen werden, nur wird dabei der zeitliche Abstand zum Training verlängert. (Nach Tumkaya et al. 2018, mit freundlicher Genehmigung der Autoren)

Die anatomische Lokalisation des olfaktorischen Lernverhaltens führte aufgrund verschiedener Experimente, nicht nur genetischer Untersuchungen, zu den Pilzkörpern (engl. *mushroom bodies*) im Gehirn von *Drosophila* (Abb. 14.20b). Die Pilzkörper haben eine enge Verbindung zu den Riechorganen, und so ist es nicht verwunderlich, dass die Pilzkörper für das olfaktorische Kurzzeitgedächtnis verantwortlich sind. Umgekehrt sind die Pilzkörper nicht notwendig, wenn Fliegen lernen, auf einfache visuelle Berührungs- oder Bewegungsreize zu reagieren. Allerdings gibt es auch Hinweise, dass komplexeres Lernverhalten die Beteiligung der Pilzkörper auch bei visuellen Stimuli erforderlich macht (z. B. beim Ausfiltern von Hintergrundrauschen). Offensichtlich sind die Pilzkörper nicht nur für die Integration des olfaktorischen Lernens wichtig, sondern auch für integratives Lernverhalten insgesamt.

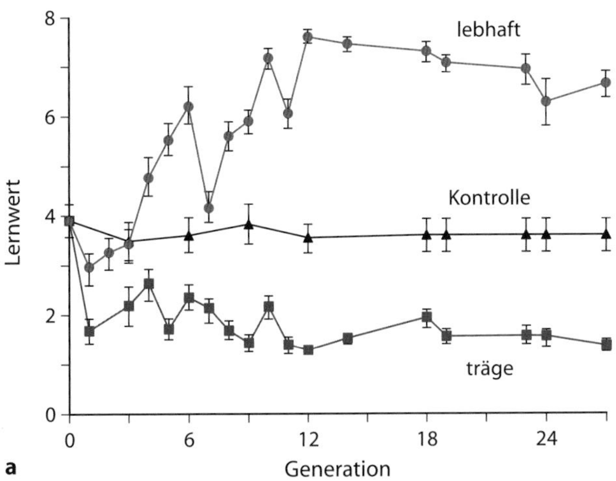

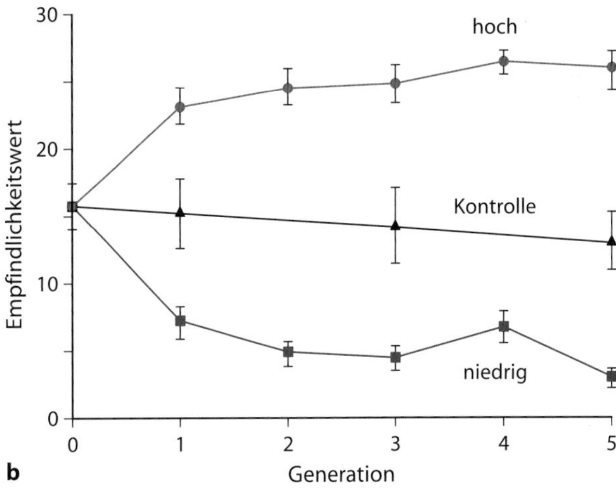

Abb. 14.19 Bidirektionale Züchtung von Lernverhalten bei *Drosophila*. **a** Hungrige Fliegen wurden klassisch konditioniert, wobei einer von zwei chemosensorischen Reizen (Wasser oder Salzlösung; konditionierter Reiz) am Fuß mit einem Zucker-Reiz (unkonditioniertem Reiz) an den Rüssel verbunden wurde. Normalerweise bewirkt der Zucker-Reiz eine deutliche Verlängerung des Rüssels. Nach einigen paarweisen konditionierten/unkonditionierten Versuchen begann der konditionierte Reiz allein eine entsprechende Verlängerung des Rüssels hervorzulocken. Der Lerneffekt („Lernwert") bestimmt sich aus der Zahl der Rüsselverlängerungen, die in den letzten acht Trainingseinheiten durch den konditionierten Reiz hervorgerufen wurde. Acht Paare mit den höchsten bzw. niedrigsten Lernwerten wurden verpaart. Nach etwa zwölf Generationen nähern sich die Lernwerte einer Asymptote, und die Mittelwerte der lebhaften und trägen Tiere unterscheiden sich signifikant voneinander sowie jeweils von der Ausgangspopulation. Diese lange Dauer spricht für eine polygene Grundlage der Verhaltensunterschiede. **b** Hungrige Fliegen (aber mit ausreichend Wasser) wurden am Fuß zunächst mit Wasser vorgetestet und unmittelbar darauf mit Zucker stimuliert. Nach 15, 30, 45 oder 60 s wurden sie erneut mit Wasser getestet und die Rüsselverlängerung bestimmt („Empfindlichkeitswert"). Jede Fliege wurde insgesamt dreimal getestet. Acht Paare mit den höchsten bzw. niedrigsten Empfindlichkeitswerten wurden verpaart. Nach nur einer Generation nähern sich die Lernwerte einer Asymptote, und die Mittelwerte der hoch- und niedrigempfindlichen Tiere unterscheiden sich signifikant voneinander sowie jeweils von der Ausgangspopulation. Diese kurze Dauer spricht für die Beteiligung nur eines einzigen Gens. (Nach Tully 1996, mit freundlicher Genehmigung)

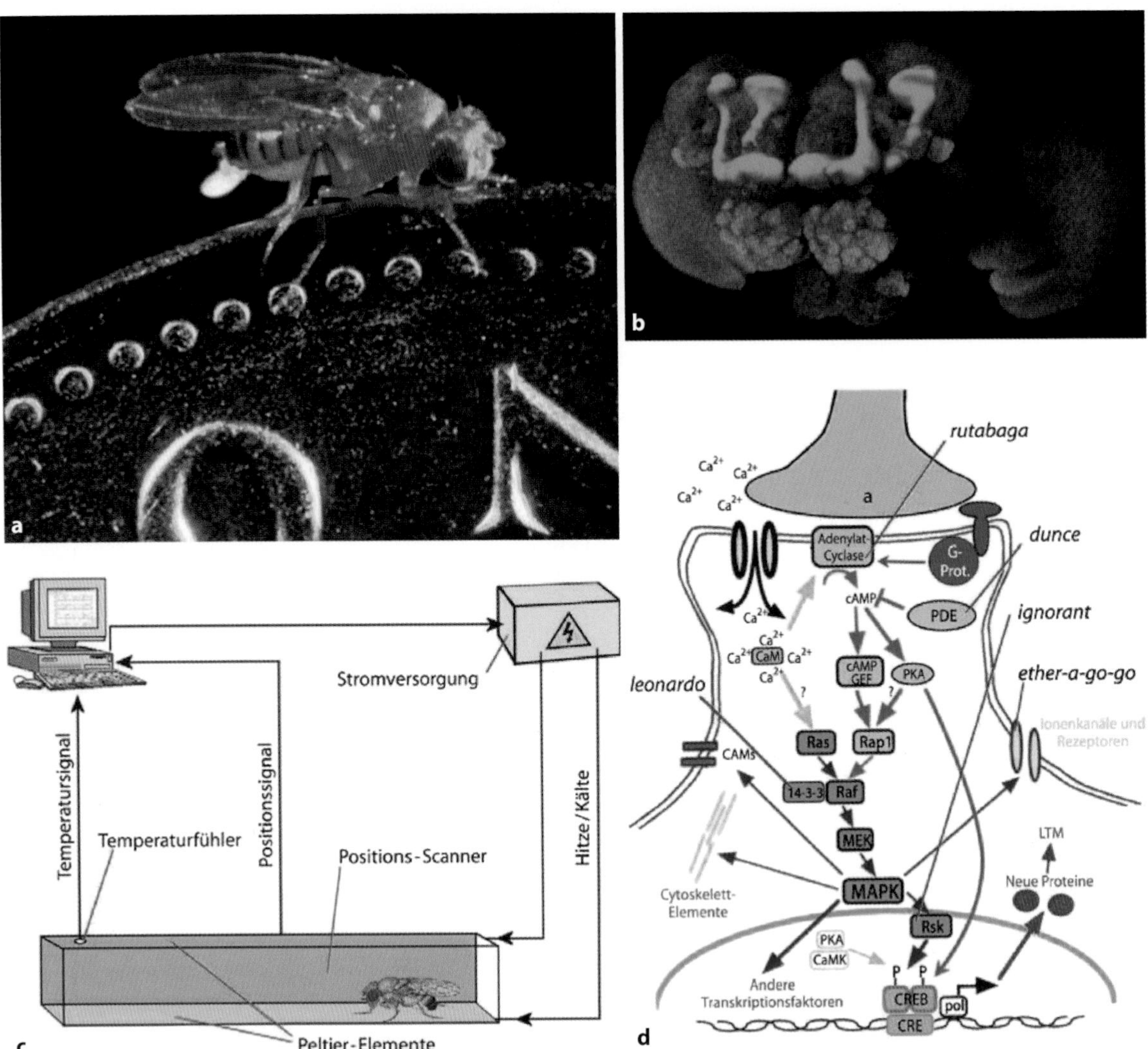

14

■ **Abb. 14.20** Operante Konditionierung und cAMP-Kaskade bei *Drosophila*. **a** Die Fruchtfliege *Drosophila* auf einer britischen Penny-Münze. **b** 3D-Rekonstruktion des *Drosophila*-Gehirns. Die paarigen *grünen* Strukturen stellen die Pilzkörper dar. **c** Schematische Darstellung des Lernens in der Hitzekammer. 15–30 solcher Kammern können gleichzeitig und parallel betrieben werden. Die Fliegen laufen dabei in einer kleinen, rechteckigen, geschlossenen Kammer in vollständiger Dunkelheit hin und her. Die obere und untere Oberfläche sind mit Peltier-Elementen zur schnellen Heizung und Kühlung ausgestattet. Die Position der Fliege wird automatisch bestimmt, und ein Thermosensor hält die Temperatur auf dem gewünschten Stand. Wenn die Fliege die „verbotene Zone" erreicht, wird die ganze Kammer auf 40 °C aufgeheizt; wenn die Fliege diesen Bereich verlässt, wird die Kammer wieder auf 20 °C heruntergekühlt. Innerhalb von Minuten lernen die Fliegen, die verbotene Zone zu meiden. Sie behalten die Präferenz für die erlaubte Zone sogar dann bei, wenn die Bestrafung durch Hitze abgeschaltet wird. **d** Modell der postsynaptischen cAMP-Kaskade. Einige ausgewählte *Drosophila*-Mutanten sind dabei herausgegriffen. Ein Rezeptor-gekoppeltes, cGMP-bindendes Protein („G-Protein") und der Einstrom von Ca^{2+} aktivieren die *rutabaga*-Adenylatcyclase, die cAMP produziert. Das Ca^{2+}- und cAMP-Signal vereinigen sich möglicherweise bei Raf, das durch das *leonardo*-codierte 14-3-3-Protein moduliert wird. Nach einem weiteren Phosphorylierungsschritt aktiviert die Mitogen-aktivierte Proteinkinase (MAPK) das CREB-Protein (engl. *cAMP-responsive element binding protein*) über P90, die ribosomale S6-Kinase (Rsk), die durch *ignorant* codiert wird. Durch die Bindung von CREB an Promotoren verschiedener Gene werden neue Proteine synthetisiert, die für das Langzeitgedächtnis wichtig sind (LTM; engl. *long-term memory*). Die *dunce*-Phosphodiesterase (PDE) vermindert dann die cAMP-Konzentration wieder. Diese Kaskade führt zu Veränderungen an vielen zellulären Strukturen wie z. B. den Zelladhäsionsmolekülen (CAM) oder an Ionenkanälen (wie dem K^+-Kanal, der durch *ether-a-go-go* codiert wird). (Nach Brembs 2003, mit freundlicher Genehmigung)

Dies wird deutlich, wenn bei *Drosophila* ein anderes Lernsystem verwendet wird, das einen Hitzeschock ohne zusätzlichen vorherigen äußeren Reiz verwendet (**operante Konditionierung**): Dabei sitzt die Fliege in einer Kammer, deren zweite Hälfte beim Betreten erhitzt wird (■ Abb. 14.20c). Nach kurzer Zeit hat die Fliege gelernt, diese Hälfte der Kammer zu meiden. Die Mutanten, die wir oben mit Defekten in den Genen der cAMP-Signalkaskade bereits kennengelernt haben, zeigen auch in der Hitzekammer deutliche Lerndefizite. Von besonderem Interesse waren in diesem Testsystem aber verschiedene *ignorant*-Allele, da sie unterschiedliche Phänotypen auf-

■ **Tab. 14.2** Genetische Untersuchungen zur Charakterisierung von Lern- und Gedächtnisleistungen bei *Drosophila*

Mutante (Gensymbol)	Produkt	Biochemischer Weg	Expression	Verhaltensdefizit
Vorwärts-Screen (EMS)				
dunce (dnc)	cAMP-PDE	cAMP	Pilzkörper	Lernen
rutabaga (rut)	Ca^{2+}/Calmodulin-aktivierte Adenylatcyclase	cAMP	Pilzkörper	Kurzzeitgedächtnis
amnesiac (amn)	Neuropeptid	cAMP	Dorsale paarweise mediale Neurone	Kurzzeitgedächtnis
ala	α-Lappen abwesend	Pilzkörper-Entwicklung		Langzeitgedächtnis
Screen mit P-Elementen				
linotte (lio)	Rezeptor-Tyrosinkinase	Pilzkörper-Entwicklung	Pilzkörper, Zentralkomplex	Lernen
latheo (lat)	Bestandteil des Komplexes zur *origin*-Erkennung	Pilzkörper-Entwicklung	Pilzkörper, neuromuskuläre Verbindungen	Lernen
milord (pum)	Ribonukleoprotein	RNA-Transport	Pilzkörper	Langzeitgedächtnis
norka (osk)	Ribonukleoprotein	RNA-Transport	Pilzkörper	Langzeitgedächtnis
krasavietz (eIf-5C)	Translationsfaktor	RNA-Transport	Pilzkörper	Langzeitgedächtnis
Enhancer-Screens				
DC0	Katalytische Untereinheit der Proteinkinase A	cAMP	Pilzkörper	Kurzzeitgedächtnis
leonardo (leo)	14-3-3	Ras/Raf/MAPK?	Pilzkörper	Lernen
volado (Vol)	α-Integrin	Zelladhäsion	Pilzkörper	Kurzzeitgedächtnis
fasciclinII (FasII)	Fasciklin II	Zelladhäsion	Pilzkörper	Kurzzeitgedächtnis
Mikroarray-Screens				
pumillio (pum)	Ribonukleoprotein	RNA-Transport	Pilzkörper	Langzeitgedächtnis
oskar (osk)	Ribonukleoprotein	RNA-Transport	Pilzkörper	Langzeitgedächtnis
eIf-5C	Translationsfaktor	RNA-Transport	Pilzkörper	Langzeitgedächtnis
Kandidaten-Ansatz				
CamKII	Ca^{2+}/Calmodulin-abhängige Kinase II	CamKII	Gehirn	Lernen
PKA-RI	Regulatorische Untereinheit der Proteinkinase A	cAMP	Pilzkörper	Kurzzeitgedächtnis
synapsin (syn)	Synapsin	cAMP	Gehirn	Lernen
TH-Dopamin	Dopamin-Rezeptoren	cAMP	Gehirn	Lernen

Nach Skoulakis und Grammenoudi (2006) und Keene und Waddell (2007)

wiesen (das *ignorant*-Gen codiert für eine phosphorylierbare, ribosomale S6-Kinase mit einem Molekulargewicht von 90 kDa – daher „p90").

Die ursprüngliche Mutante (ign^{P1}) enthält ein transposables P-Element im 1. Exon des Gens und zeigt in der Hitzekammer geschlechtsabhängige Veränderungen, denn unter diesen Bedingungen können nur die Männchen nicht lernen. Allerdings sind im klassischen olfaktorischen Konditionierungsexperiment beide Geschlechter dieser Linie von den Kontrollen nicht zu unterscheiden. Die zweite Mutante ist eine Nullmutante ($ign^{58/1}$), der die Kinasedomäne fehlt. Dieses Allel führt zu Lerndefiziten in der klassischen Konditionierung, nicht aber in der Hitzekammer. Daraus lässt sich schließen, dass die Kinase-Aktivität

und andere Domänen des Proteins für unterschiedliche Prozesse im Lernverhalten benötigt werden (Brembs 2003).

Die beiden Mutanten *rutabaga* und *dunce* sollen hier noch etwas genauer besprochen werden: *rutabaga* codiert für eine Ca^{2+}/Calmodulin-abhängige Adenylatcyclase, wohingegen *dunce* für eine Phosphodiesterase codiert. Beide werden bevorzugt in den Pilzkörpern exprimiert, wo die basale cAMP-Konzentration sehr niedrig ist. Die Wirkung der beiden Mutationen auf die cAMP-Konzentrationen ist allerdings sehr unterschiedlich: Die Mutation in der Adenylatcyclase verhindert die Bildung von cAMP (und führt damit zu einer niedrigen cAMP-Konzentration), wohingegen die Mutation in der Phosphodiesterase den Abbau von cAMP verhindert (und damit zu einer hohen cAMP-Konzentration führt). In beiden Fällen ist das Ergebnis aber eine verringerte synaptische Plastizität, da ankommende Signale nicht zu einer wesentlichen Veränderung der cAMP-Konzentration führen können. Außerdem gibt es experimentelle Hinweise darauf, dass in beiden Mutanten die Beweglichkeit der Wachstumskegel von Axonen eingeschränkt ist (Lee 2015).

Genetische Untersuchungen zum Lernverhalten an Drosophila haben eine Reihe von Genen identifiziert, deren mutierte Allele die Lernfähigkeit deutlich vermindern. Diese Gene codieren in vielen Fällen für Enzyme, Rezeptoren oder Transkriptionsfaktoren in der cAMP-Signalkaskade.

14

Mikro-RNAs (▶ Abschn. 8.2.2) werden in vielen Bereichen der Genetik auf mögliche Funktionen in biologischen Prozessen untersucht – so auch in Bezug auf ihre Rolle bei Lern- und Gedächtnisvorgängen. Ein genetischer Screen bei *Drosophila* identifizierte fünf miRNAs (*miR-9c*, *miR-31a*, *miR-305a*, *miR-974* und *miR-980*), die mit Lernen und Gedächtnisfunktionen in Zusammenhang gebracht wurden. Von diesen miRNAs ist *miR-980* besonders interessant, da ihre Hemmung die Gedächtnisfunktion deutlich verbessert! Diese Wirkung der *miR-980* Hemmung wird damit erklärt, dass sie neuronale Erregbarkeit erhöht und dadurch die sensorischen Informationen deutlicher hervorstechen. Es wird vermutet, dass *miR-980* das Gen *A2bp1* hemmt, das für ein RNA-bindendes Protein codiert (auch als Rbfox1 bekannt), und das darüber hinaus auch mit Autismus (▶ Abschn. 14.4.3) und Epilepsie (▶ Abschn. 14.4.2) in Verbindung gebracht wird (Busto et al. 2017). Diese Aspekte werden in der Zukunft sicherlich noch viel zum tieferen Verständnis von Lern- und Gedächtnisprozessen beitragen.

14.2.2 Lernverhalten bei Mäusen

Wie wir in früheren Kapiteln immer wieder gesehen haben, entwickelt sich die Maus in vielen Teilgebieten der modernen Genetik zu einem der wichtigsten Modellorganismen. Dies gilt auch für die Neurogenetik, wo sie zwischen Erkenntnissen an Invertebraten und den Fragestellungen vermittelt, die wir im Hinblick auf die Humangenetik haben. Die für Lernen und Gedächtnis wichtige morphologische Struktur im Mausgehirn ist der Hippocampus (hier insbesondere der *Gyrus dentatus* und die Regionen CA1–CA4). Der Hippocampus gehört zu den entwicklungsgeschichtlich alten Teilen des Säugergehirns, den es auch im menschlichen Gehirn gibt.

Um bei der Maus den am Lernvorgang beteiligten Mechanismen auf die Spur zu kommen, werden verschiedene Verhaltenstests angewendet; in ◼ Abb. 14.21 werden dazu zwei Beispiele vorgestellt. Bei dem „Wasserlabyrinth" (engl. *water maze*) muss die Maus beispielsweise lernen, in einem großen Wasserbehälter eine Unterwasserplattform wiederzufinden. Das „Y-Labyrinth" (engl. *Y-maze*) besteht dagegen aus drei identischen Armen, die in einem Winkel von 120° von einem Zentrum ausgehen. Wildtyp-Mäuse werden in der Regel den Arm besuchen, den sie bisher am wenigsten erkundet haben. Abweichungen von der gleichmäßigen Verteilung der Besuche auf die drei Arme zeigen daher Defizite im retrograden Arbeitsgedächtnis an. Zu Beginn derartiger Untersuchungen bei der Maus stand zunächst die Erhebung von Basisdaten im Vordergrund, z. B. der Vergleich verschiedener Inzuchtstämme der Maus. Dabei zeigten sich interessante Unterschiede: Beispielsweise sind C57BL/6J-Mäuse offensichtlich „gute Lerner", wohingegen CBA/J-Mäuse eher zu den „schlechteren Lernern" gehören (Nguyen und Gerlai 2002).

Da es nur sehr wenige spontane oder induzierte Lernmutanten der Maus gibt (zur chemischen Mutagenese vgl. ▶ Abschn. 10.4.3), hat man sich im Wesentlichen zunächst einmal darauf beschränkt, einige Gene auszuschalten, deren Produkte aufgrund von pharmakologischen oder elektrophysiologischen Untersuchungen als wichtige Kandidaten infrage kamen. Dabei ergab sich auch schon eine gewisse Übereinstimmung mit den Untersuchungen an *Drosophila*, sodass auch die genetische Lernforschung an der Maus das cAMP-System in den Mittelpunkt stellt. Allerdings zeigt sich hierbei ein wesentlicher Unterschied zu *Drosophila* in der Komplexität des Säugerorganismus: Das cAMP-System ist ja an vielen zellulären Antworten auf verschiedene Reize als Signalüberträger beteiligt. So sind zunächst einmal viele Mutanten überhaupt nicht lebensfähig, bei denen ein beteiligtes Gen ausgeschaltet wurde. Oder sie zeigen keinen auffälligen Phänotyp, weil ein anderes, ähnliches Gen die Funktion übernommen hat. Daher kommt bei

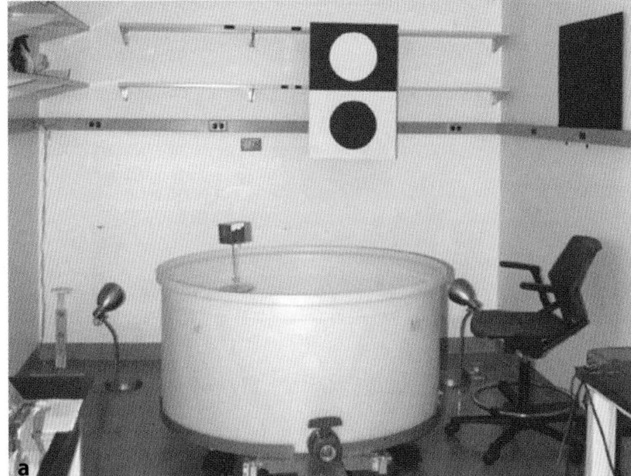

■ **Abb. 14.21** Lern- und Gedächtnistraining bei Mäusen. **a** Ein „Wasserlabyrinth" (engl. *water maze*) wird verwendet, um das Hippocampus-abhängige räumliche Lernen zu testen. Dabei müssen Mäuse eine untergetauchte Plattform in einem kreisförmigen Pool lokalisieren. **b** Das „Y-Labyrinth" (engl. *Y-maze*) wird verwendet, um das retrograde Arbeitsgedächtnis zu testen. Eine Maus mit Beeinträchtigungen des Arbeitsgedächtnisses kann sich nicht daran erinnern, welchen Arm sie zuletzt besucht hat, und zeigt deswegen weniger spontane Wechselfolgen. (**a** Nach Crawley 2008; **b** nach Hölter et al. 2015b; beide mit freundlicher Genehmigung)

diesen Untersuchungen in besonderem Maße die gewebespezifische Form der Knock-out-Technologie zum Einsatz (*Cre*/*lox*-System oder induzierbare Mutationen über das *tTA*-System; Technikbox 27). Die aktuelle Datenbank des Jackson-Labors enthält zur Zeit der Drucklegung dieses Buches (Oktober 2020) Hinweise auf 1459 verschiedene Gene, die zu veränderten Phänotypen zum Stichwort *„learning and memory"* führen; ein kleiner Teil davon ist in ■ Tab. 14.3 aufgeführt. Im Folgenden werden einige Beispiele vorgestellt, wobei zunächst von den Signalrezeptoren (im Wesentlichen ein Glutamat-Rezeptor – NMDA) die Rede sein soll, dann von der Umschaltung des Signals via αCaMKII und PKA auf CREB und die Synthese der Transkriptionsfaktoren Zif268 und C/EBP.

Die wichtige Rolle des **NMDA-Rezeptors** (N-Methyl-D-aspartat) ist in der Lern- und Gedächtnisforschung schon lange bekannt, vor allem durch Untersuchungen seiner Inhibitoren. Es handelt sich um einen Ionenkanal für Na^+, K^+ und Ca^{2+}, der allerdings bei normalem Membranpotenzial durch Mg^{2+}-Ionen „verstopft" ist. Erst bei leichter Depolarisation verlassen mehr und mehr Mg^{2+}-Ionen den Kanal, und er kann durch die Agonisten Glutamat **und** Glycin geöffnet werden. Die Potenzial-abhängige Funktionsweise des NMDA-Rezeptors entspricht damit einer logischen „UND"-Verknüpfung und verleiht der Informationsübertragung durch NMDA-Rezeptoren die Plastizität, die für Lernen und Gedächtnis wichtig ist. Glutamat wirkt dabei als Neurotransmitter, da es von den präsynaptischen Membranen aktivitätsabhängig ausgeschüttet wird. Glycin dagegen ist ständig in geringen Konzentrationen in der extrazellulären und cerebrospinalen Flüssigkeit anwesend; diese Konzentration reicht zur Sättigung des Rezeptors im Prinzip aus. Allerdings können Glycin-Transporter diese Konzentration lokal verändern. Der NMDA-Rezeptor besteht aus vier bis fünf Untereinheiten (Gensymbole: *Grin1*, *Grin2a–d*), die zu unterschiedlichen Zeiten exprimiert werden. Das Ausschalten eines dieser Gene führt in der Regel zur Letalität der Maus.

❀ Um dennoch bestimmte Effekte des NMDA-Rezeptors untersuchen zu können, haben Kew und seine Mitarbeiter (2000) eine Punktmutation eingefügt, die die Aminosäure Asparagin (N) an der Position 481 des NMDA-Rezeptors 1 anstelle von Asparaginsäure (D) in der Glycin-Bindestelle enthält. Die entsprechenden Mutanten sind lebensfähig; biochemisch bewirkt diese Mutation eine leichte Abnahme der Bindung von Glycin an diese Untereinheit (aber nicht von Glutamat). Diese Mutanten zeigten keine Unterschiede in ihren Reflexen und in ihrer Antwort auf Licht-Dunkel-Reize. Allerdings konnte in diesen Mäusen elektrophysiologisch keine Langzeitpotenzierung erzeugt werden – und der Verhaltenstest mit der Unterwasserplattform ergab deutliche Lerndefizite dieser Mutanten.

Es gibt eine ganze Reihe verschiedener Proteine, die mit dem NMDA-Rezeptor in Wechselwirkung treten können. Eine große Familie sind die Rezeptor-Tyrosinkinasen – Membran-assoziierte Proteine, die sich selbst phosphorylieren, wenn ihr jeweiliger Ligand gebunden hat. Wichtige Mitglieder dieser Familien, die im Hippocampus zusammen mit dem NMDA-Rezeptor exprimiert werden, sind Ephrin-Rezeptoren A und B sowie der Tyrosinkinase-Rezeptor B (TrkB), der durch die Protease Presenilin 1 prozessiert wird (wir werden die wichtige Rolle der Preseniline bei der Alzheimer'schen Erkrankung später noch kennenlernen, ▶ Abschn. 14.5.2). Mutationen in

Tab. 14.3 Auswahl einiger Lernmutanten bei der Maus

Allel	Konstruktion und biochemische Folge	Phänotyp
Aal	Spontan (Gen unbekannt; Chromosom 1)	Lerndefekt bei aktivem Vermeidungsverhalten
Camkk2^{tm1Kpg}	Entfernung von Exon 5 durch Cre/*loxP*; Verlust der katalytischen Domäne in allen β-Isoformen der CaM-Kinase-Kinase	Verlust von LPT und Langzeitgedächtnis
Creb1^{tm1Gsc}	Knock-out durch Neomycin-Kassette in Exon 2; Verlust der α- oder δ-Isoform von CREB, aber Kompensation durch Erhöhung der β-Isoform	Verlust von Lernfähigkeit und Langzeitgedächtnis
Creb1^{tm2Gsc}	Knock-out durch Neomycin-Kassette in Exon 10; Verlust der DNA-Bindedomäne und des Leucin-Zippers	Verlust von Lernfähigkeit und Langzeitgedächtnis
Crebbp$^{Gt(U\text{-}san)112Imeg}$	Genfallen-Mutation; Expression eines verkürzten CREB-Bindeproteins	Verlust des Langzeitgedächtnisses (heterozygot)
Egr1^{tmLch}	Knock-out durch Neomycin-Kassette zwischen Promotor und Exon 1; Abwesenheit des Genproduktes	Stimulation der Genexpression durch LTP; Verlust des Langzeitgedächtnisses
Pde1b^{tm1Cvv}	Knock-out durch PGK-HPRT-Kassette anstelle der Exons 6–9	Lerndefizit und Hyperaktivität
tmgc31	ENU-induziert, Gen unbekannt (Chromosom 7)	Lern- und Gedächtnisanomalie

CaMKK: Ca^{2+}/Calmodulin-Kinase-Kinase-β; CREB: *cAMP responsive Element binding protein*; CREBBP: CREB-bindendes Protein; Egr: *early growth response*; ENU: Ethylnitrosoharnstoff; HPRT: Hypoxanthin-Guanin-Phosphoribosyltransferase; LTP: hippocampale Langzeitpotenzierung; Pde: Phosphodiesterase; PGK: Phosphoglyceratkinase; *tmgc*: Tennessee Mouse Genome Consortium (▸ http://www.tnmouse.org/).

Nach The Jackson-Laboratory: Mouse Genome Informatics (Datenbank *Learning/memory*; Stand: 22.01.2019; ▸ http://www.informatics.jax.org/allele)

den Genen, die für diese Proteine codieren, ergeben in verschiedenen Tests Defizite im Lernverhalten.

Ein weiteres Enzym, das mit dem NMDA-Rezeptor interagiert, ist die **αCaMKII**, eine **Ca^{2+}/Calmodulin-abhängige Kinase**, die im Hippocampus und im Cortex des Gehirns stark exprimiert ist. Diese Kinase nimmt eine weitere zentrale Position beim Lernen ein. Der durch die Aktivierung des NMDA-Rezeptors hervorgerufene Ca^{2+}-Einstrom bewirkt auch eine Autophosphorylierung der αCaMKII am Threonin der Position 286 – damit wird diese Kinase Ca^{2+}/Calmodulin-unabhängig und aktiv. Heterozygote Nullmutanten (also *CaMK2a*$^{+/-}$) zeigen unter verschiedenen Testbedingungen normales Lernverhalten im Hippocampus. Allerdings sind diese Mäuse nicht in der Lage, sich das Gelernte über einen längeren Zeitraum (hier 3 Tage) zu merken. An diesem Langzeitgedächtnis sind offensichtlich noch zusätzliche Strukturen im Neocortex beteiligt; hier ist die Expression von αCaMKII geringer als im Hippocampus, und die Verminderung um ca. 50 % in den heterozygoten Nullmutanten ist offensichtlich nicht mehr ausreichend, um die Funktion im Neocortex aufrechtzuerhalten. Homozygote *CaMK2a*-Nullmutanten dagegen hatten auch deutliche Defizite in kurzzeitigen Lerntests: Sie versagten völlig darin, die Unterwasserplattform (Abb. 14.21a) wiederzufinden (wenn die Plattform allerdings sichtbar blieb, hatten sie auch keine Probleme).

Einen interessanten Ansatz zur Untersuchung der αCaMKII-Funktion wählten Ohno und Mitarbeiter (2001): Eine Maus, heterozygot für die T286A-Mutation in *CaMK2a*, unterscheidet sich im kurzzeitigen Lerntraining nur geringfügig von den Wildtyp-Geschwistern. Der Austausch von Threonin durch Alanin verhindert die Autophosphorylierung an der Aminosäure-Position 286. Wird dieser heterozygoten Maus nun vor dem Lerntraining ein Antagonist des NMDA-Rezeptors in einer Konzentration verabreicht, der bei Wildtypen keine veränderte Lernreaktion hervorruft, so ist bei den heterozygoten *CaMK2a*-Mutanten eine deutliche Verschlechterung der Lern- und Gedächtnisleistung zu beobachten. Dies ist nicht der Fall, wenn der Antagonist später zugegeben wird. Diese Kombination von pharmakologischen und genetischen Ansätzen erlaubt nicht nur, Einzelaspekte des Lern- und Gedächtnismechanismus voneinander zu trennen, sondern erklärt auch unterschiedliche Reaktionsprofile auf gleiche Umwelteinflüsse.

Der Einstrom von Ca^{2+}-Ionen über den NMDA-Rezeptor kann aber auch die Signalkette aktivieren, in der die **Proteinkinase A** (PKA) eine zentrale Rolle einnimmt. Hohe cAMP-Konzentrationen (hervorgerufen beispielsweise durch Ca^{2+}-abhängige Adenylatcyclasen, AC) aktivieren die PKA, die dann wiederum verschiedene Substrate phosphorylieren kann (z. B. den NMDA-Rezeptor oder CREB); verschiedene Phosphatasen (z. B. Proteinphosphatase 1A oder Calcineurin) arbeiten entgegengesetzt, da sie die PKA-Substrate wieder dephosphorylieren können. Calcineurin ist eine Ca^{2+}-sensitive Ser/Thr-Phosphatase und in hohen Konzentrationen im Hippocampus vorhanden. Wir kennen etwa zehn verschiedene Adenylatcyclasen, die in vielen Geweben gleichzeitig exprimiert werden; im Hippocampus sind neun ACs vorhanden. Zwei davon, AC1 und AC8, werden durch Ca^{2+}/Calmodulin stimuliert. Deletionen eines der beiden AC1- bzw. AC8-codierenden Gene haben keinen Einfluss auf das Lernverhalten der Mäuse; werden aber beide Gene gemeinsam ausgeschaltet, so zeigen sich deutliche Auswirkungen auf die späte Phase der Langzeitpotenzierung. Der Unterschied zu den Wildtypen wird noch deutlicher, wenn das Langzeitgedächtnis nach 8 Tagen untersucht wird. Durch Gabe von Forskolin, einem chemischen Aktivator **aller** Adenylatcyclasen, kann das Defizit der Ca^{2+}-abhängigen ACs ausgeglichen werden.

Wie ◻ Abb. 14.22 zeigt, münden alle Signalketten in eine Aktivierung von **CREB**, einem Transkriptionsfaktor, dessen phosphorylierte Form spezifisch an Promotoren bindet, die über cAMP-Antwortelemente verfügen (engl. *cAMP responsive elements, CRE*). *CREs* sind in den Promotoren einer Vielzahl von Genen enthalten und spiegeln damit die Funktionsvielfalt des cAMP-Systems wider, das nicht nur auf Lernen und Gedächtnis beschränkt ist. Allerdings zeigen die Deletionen der α- und δ-Isoformen von *Creb* in der Maus deutliche Effekte auf das Langzeitgedächtnis, jedoch nicht auf das Kurzzeitgedächtnis. Gleichzeitig versucht der Organismus offensichtlich, den Ausfall dieser beiden Isoformen durch eine verstärkte Expression der β-Isoform und anderer Spleißvarianten zu kompensieren, sodass Unterschiede der Wirkung dieser Deletionen in verschiedenen Mausstämmen beobachtet werden können. Umgekehrt erleichtert eine Erhöhung der CREB-Konzentrationen durch virale Expressionssysteme die Trainingsbedingungen für die Bildung des Langzeitgedächtnisses. Verfeinerte experimentelle Bedingungen deuten darauf hin, dass CREB insbesondere dafür benötigt wird, Wissen zu verfestigen.

Die Zielgene von CREB können, wie schon erwähnt, sehr vielfältig sein. In Bezug auf Lernen und Gedächtnis spielen offensichtlich zwei Gene eine wichtige Rolle, die als ***Zif268*** und ***Cebpa*** bezeichnet werden und ebenso für Transkriptionsfaktoren codieren. *Cebpa* codiert für das CCAA/*enhancer binding protein* α; das Protein wird daher als C/EBP abgekürzt. Da das C/EBP-Protein an dieselben *CREs* bindet wie CREB selbst, wird hier ein negativer Rückkopplungsmechanismus vermutet. Diese

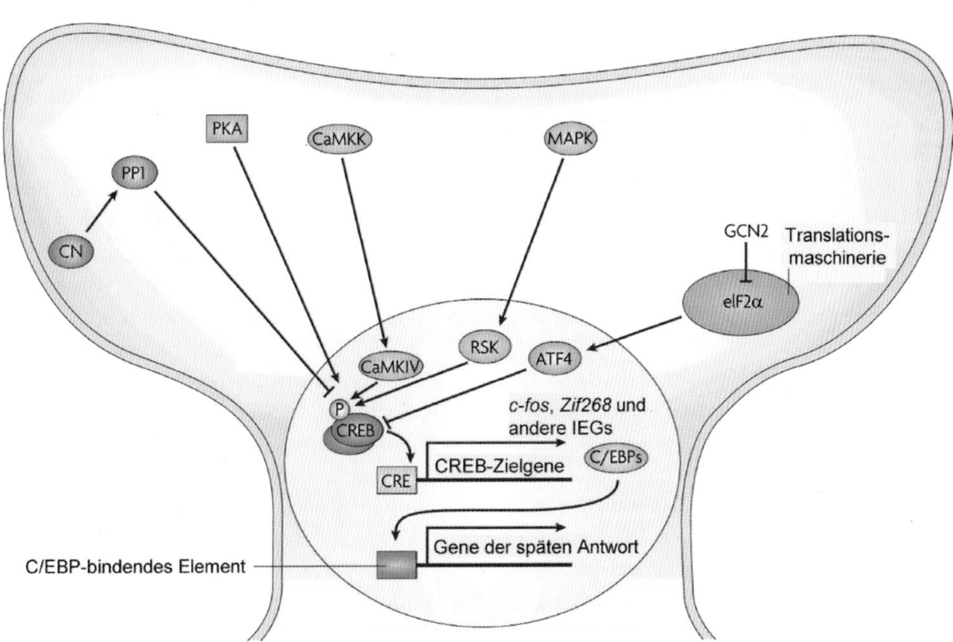

◻ **Abb. 14.22** CREB als zentraler Transkriptionsfaktor für Lernen und Gedächtnis bei Mäusen. Ausgehend von verschiedenen Rezeptoren (NMDAR, AMPAR, EphB2, TrkB) werden über Ca^{2+}-abhängige oder über G-Protein-abhängige Signalwege eine Reihe von Kinasen aktiviert (CaMKIV, CaMKK, MAPK, PKA, RSK), die schließlich alle zur Phosphorylierung und damit Aktivierung des Transkriptionsfaktors CREB führen. Die anschließende Expression von C/EBP leitet eine negative Rückkopplungsschleife ein, wohingegen die Aktivierung des Zinkfinger-Transkriptionsfaktors Zif268 für die Verfestigung des Gelernten wichtig ist. ATF4: Aktivierender Transkriptionsfaktor 4; CaMKIV: Ca^{2+}/Calmodulin-abhängige Kinase IV; CaMKK: Ca^{2+}/Calmodulin-abhängige Kinase-Kinase; C/EBP: CCAAT/Enhancer-bindendes Protein; CN: Calcineurin; CREB: *cAMP-responsive element binding protein*; GCN2: *general control, non depressible-2*; IEGs: unmittelbar frühe Gene; PKA: Proteinkinase A; MAPK: Mitogen-aktivierte Proteinkinase; PP1: Proteinphosphatase 1; RSK: ribosomale S6-Kinase. (Nach Lee und Silva 2009, mit freundlicher Genehmigung)

Interpretation wird durch Untersuchungen an *Cebpa*$^{-/-}$-Mäusen gestützt, die räumliche Informationen offensichtlich schneller verarbeiten können als Wildtyp-Mäuse. Das zweite Gen, dessen Expression durch CREB hochreguliert wird, codiert für den Transkriptionsfaktor Zif268 (auch bekannt unter den Abkürzungen Egr-1, Krox-24, NGFI-A oder Zenk) und wurde ursprünglich als frühe Antwort (engl. *immediate early gene*, IEG) auf einen Nervenwachstumsfaktor in Zellkulturen identifiziert. Dieser Transkriptionsfaktor enthält drei Zinkfingermotive und erkennt GC-reiche Elemente in den Promotoren seiner Zielgene. *Zif268* wird in verschiedenen Arealen des Neocortex, des Hippocampus, der Amygdala, des Striatum und des Cerebellum exprimiert. Deletionen von *Zif268* führen in der Maus nicht zu offensichtlichen histologischen Veränderungen, aber diese Deletionsmutanten zeigen Defizite im Langzeitgedächtnis, ohne dass das Kurzzeitgedächtnis betroffen ist. Wenn allerdings das Trainingsverhalten in längere Intervalle unterteilt wird, führt diese Lernform bei den *Zif268*$^{-/-}$-Mutanten zu Ergebnissen, wie wir sie vom Wildtyp her kennen. Insgesamt deuten diese Ergebnisse darauf hin, dass Zif268 Teil der Signalkette ist, die das Langzeitgedächtnis in Abhängigkeit von der Expression einiger spezifischer Zielgene ausbildet. Zif268 ist dabei offensichtlich wichtig, um Erinnerungen zu festigen und reaktivierte Erinnerungen erneut zu speichern (Bozon et al. 2003).

Lernen und Gedächtnis sind vielschichtige Phänomene, die auf der genetischen Ebene untersucht werden können. Ergebnisse mit Knock-out-Mutanten der Maus machen deutlich, dass die cAMP-Signalkette im Hippocampus dabei eine zentrale Rolle spielt. Wesentliche Komponenten dabei sind der NMDA-Rezeptor, αCaMKII, PKA und CREB und schließlich die Synthese von Transkriptionsfaktoren wie Zif268 und C/EBPs. Damit wurde bei der Maus ein ähnliches System charakterisiert wie bei *Drosophila*.

Wie wir in ▶ Abschn. 8.1 gesehen haben, wird die Bedeutung epigenetischer Histon-Markierungen immer besser erkannt. Derartige Umorganisationen des Chromatins spielen wahrscheinlich auch bei Lern- und Gedächtnisleistungen eine wichtige Rolle. Das CREB-bindende Protein (CBP bzw. CREBBP) stellt eine Verbindung zwischen CREB und dem Transkriptionsstartpunkt her; dabei wirkt es auch als Histon-Acetyltransferase und öffnet die Chromatinstruktur zumindest in diesem lokalen Rahmen. Darüber hinaus gibt es zunehmend Spekulationen über einen epigenetischen „Code" für das Gedächtnis (Roth und Sweatt 2009). Solche Spekulationen werden unter anderem auch durch das konditionale Ausschalten von *HDAC4* (codiert für die Histon-Deacetylase 4) im Vorderhirn von Mäusen genährt, was zu einer verminderten Lern- und Gedächtnisleistung führt – zumindest bei Mäusen (Ronan et al. 2013).

14.2.3 Kognitive Störungen bei Menschen

Lernunfähigkeit bei Menschen ist ein deskriptives Konzept, mit dem Ursachen und Bedingungen menschlicher Lernschwierigkeit beschrieben werden. Schwere Lernunfähigkeit wurde schon länger als pathologisch charakterisiert, wohingegen milde Formen der Lernunfähigkeit weitgehend als soziokulturell und multifaktoriell bedingt betrachtet wurden. Im Gegensatz dazu mehren sich Berichte, die zeigen, dass auch Veränderungen bei einzelnen Genen und kleinere chromosomale Rearrangements für Lernunfähigkeiten verantwortlich sind. Die Tatsache, dass mehr Männer als Frauen von Lernunfähigkeiten betroffen sind, ist seit über 100 Jahren bekannt und hat viel damit zu tun, dass auf dem X-Chromosom eine Reihe von Genen liegt, deren Mutationen zu mentaler Retardierung führen (z. B. das Fragile-X-Syndrom; ▶ Abschn. 13.3.3).

Ein Beispiel für Lernunfähigkeit, die durch ein einzelnes Gen verursacht wird, ist die **Neurofibromatose I** (NF1; früher auch als „von-Recklinghausen-Erkrankung" bezeichnet). NF1 ist eine dominante Erkrankung (OMIM 162200, Chromosom 17q11, Häufigkeit 1:3000 bis 1:4000), die zunächst durch gutartige und bösartige Tumoren des Nervensystems gekennzeichnet war. Es zeigte sich aber bald, dass der Phänotyp sehr variabel ist; weitere häufige Merkmale sind Lisch-Knötchen in der Iris und Café-au-lait-Flecken auf der Haut, seltener dagegen verschiedene Skelettanomalien. In unserem Zusammenhang hier ist aber hervorzuheben, dass etwa 30–65 % der Kinder mit *NF1*-Mutationen auch an Lerndefiziten leiden. Die im Kindesalter beobachteten Einschränkungen werden in qualitativ identischer Form ins Erwachsenenalter tradiert (Uttner et al. 2003). Verständlicherweise konzentrierten sich die früheren Arbeiten vor allem auf das Verständnis der Tumorerkrankung. Neuere Arbeiten zeigen aber, dass derselbe Signalweg, der zur Bildung von Nerventumoren führt, auch bei Lernprozessen benötigt wird: Es ist der **Ras-Signalweg** (◘ Abb. 13.46). Neurofibromin, das Protein, das durch *NF1* codiert wird, ist für eine Reihe biochemischer Funktionen verantwortlich (z. B. GTPase-Aktivierung, Modulation der Adenylatcyclase und Bindung an Mikrotubuli) und in diesen Funktionen hochkonserviert bei *Drosophila*, der Maus und dem Menschen. Der vollständige Verlust des *NF1*-Gens in Homozygoten ist sowohl bei der Maus als auch beim Menschen letal, und ältere, heterozygote *Nf1*$^{+/-}$-Mäuse weisen klinische Symptome auf, die wir von NF1-Patienten kennen. Es zeigte sich nun, dass eine der verschiedenen Funktionen des *Nf1*-Genproduktes für das Lernverhalten der Mäuse wichtig ist. Es handelt sich dabei um die Regulation der GTPase-aktivierenden Funktion von Nf1 durch die Wechselwirkung zwischen Nf1 und

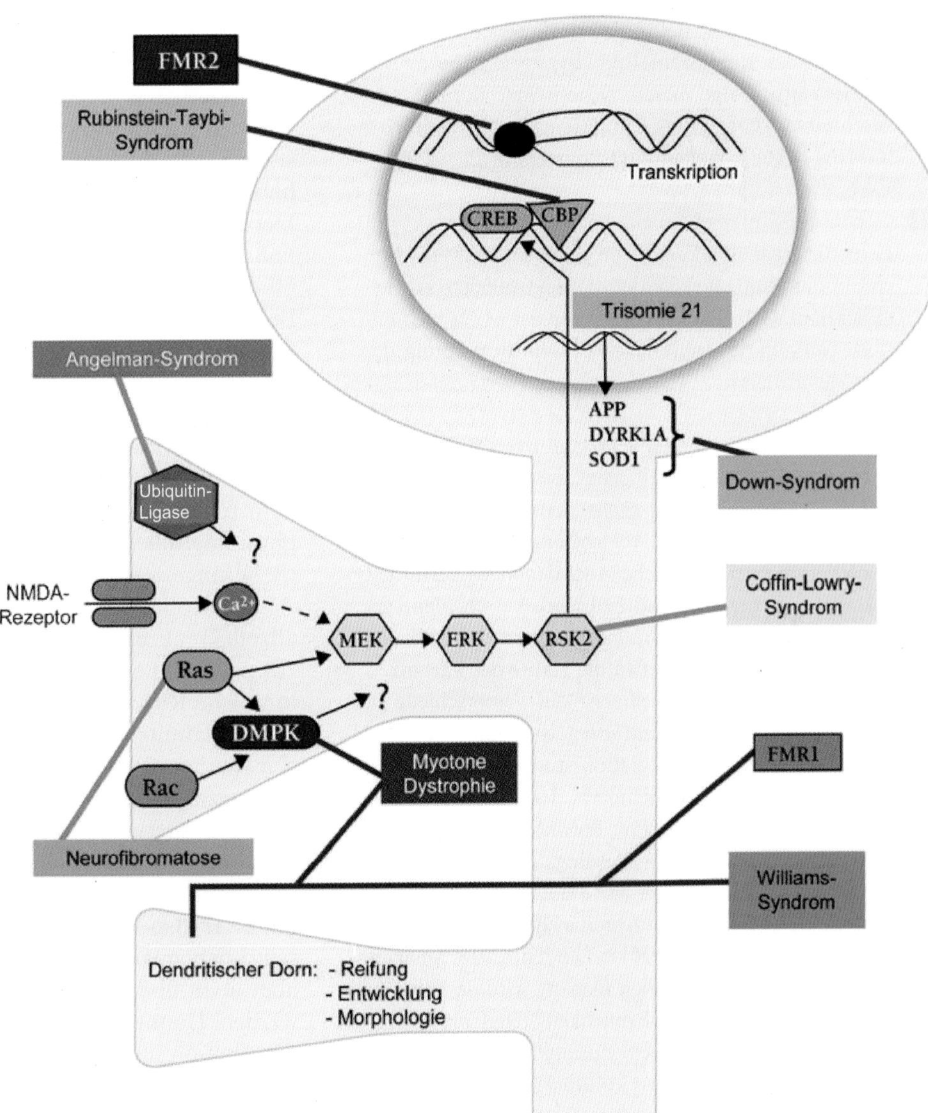

Abb. 14.23 Unterbrechungen der molekularen Signalkaskade der Gedächtnisbildung führen zu kognitiven Störungen des Menschen. Die Gedächtnisbildung beginnt mit der Aktivierung der Signalwege an der Membran der dendritischen Dornfortsätze. Die Signalkaskade erreicht den Zellkern, wo die Aktivität der Transkriptionsfaktoren moduliert wird und sich dadurch die Genexpression ändert. Neu synthetisierte Proteine bewirken lang dauernde Veränderungen der Zellfunktion. Störungen einzelner Schritte führen zu bestimmten Erkrankungen. APP: *amyloid precursor protein*; CBP: CREB-bindendes Protein (alternative Abkürzung: CREBBP); CREB: cAMP-Antwortelement-bindendes Protein; DMPK: Dystrophia-myotonica-Proteinkinase; DYRK1A: *dual specificity tyrosine phosphorylation-regulated kinase 1A*; ERK: extrazelluläre Signal-regulierte Kinase; FMR: Fragiles-X-Chromosom/mentale Retardierung; MEK: MAPK(Mitogen-aktivierte Proteinkinase)/ERK-Kinase; Rac: GTPase-aktivierendes Protein; Ras: Onkogen des Ratten-Sarkom-Virus (G-Protein); RSK2: ribosomale S6-Kinase 2; SOD1: Superoxiddismutase 1. (Nach Weeber et al. 2002, mit freundlicher Genehmigung)

Ras. Der Verlust dieser Nf1-Funktion führt zur Überaktivierung von Ras und in Konsequenz dessen zu einer unangemessenen Aktivierung der Erk-Kaskade (Abb. 13.46). Costa et al. (2002) konnten in einem eleganten Experiment zeigen, dass durch Gabe eines pharmakologisch wirksamen Ras-Inhibitors in den heterozygoten $Nf1^{+/-}$-Mäusen die Lerndefizite erfolgreich behandelt werden konnten.

Der Ras-Signalweg ist übrigens noch für weitere Erbkrankheiten wichtig, die mit Syndromen geistiger Retardierung beim Menschen verbunden sind. Es handelt sich dabei um das **Coffin-Lowry-Syndrom** (OMIM 303600; chromosomale Lokalisation: Xp22.2) und das **Rubinstein-Taybi-Syndrom** (OMIM 180849; chromosomale Lokalisation: 16p13.3). Im ersten Fall ist das *RSK2*-Gen mutiert (dessen Genprodukt CREB phosphoryliert) und im zweiten das *CREBBP*-Gen, dessen Genprodukt an CREB bindet und mit CREB die Expression der Zielgene steuert (Sweatt und Weeber 2003); eine zusammenfassende Übersicht über verschiedene kognitive Erkrankungen des Menschen zeigt Abb. 14.23.

Das Rubinstein-Taybi-Syndrom (OMIM 180849) ist durch mentale Retardierung (IQ von ~ 34 im Alter von 25 Jahren), breite Daumen und Zehen sowie Gesichtsanomalien charakterisiert, häufig verbunden mit einem Glaukom. Es ist eine seltene Erkrankung, die mit einer Häufigkeit von 1:125.000 bis 1:720.000 Geburten vorkommt und auf dem Chromosom 16p13 lokalisiert ist. Etwa 3 % der Patienten, die wegen mentaler Retardierung in eine geschlossene psychiatrische Klinik eingewiesen werden, leiden an dem Rubinstein-Taybi-Syndrom. Die molekulargenetische Analyse zeigt häufig chromosomale Brüche und Mikrodeletionen, aber auch heterozygote Funktionsverlust-Mutationen im *CREBBP*-Gen. Es gibt jedoch auch vereinzelt Mutationen in einem Gen, das für das Protein EP300 codiert und auf dem Chromosom 22q13 lokalisiert ist; dieses Protein hat funktionelle und strukturelle Ähnlichkeiten mit CBP. Dieser Befund zeigt die genetische Heterogenität des Rubinstein-Taybi-Syndroms; die neuere Nomenklatur folgt diesem genetischen Befund und beschreibt es korrekt als Rubinstein-Taybi-Syndrom 2 (OMIM 613684; Hallam und Bourtchouladze 2006).

Genetische Untersuchungen von Krankheiten, die mit Lernstörungen und kognitiven Defiziten bei Menschen verbunden sind, zeigen deutliche Parallelen zu den molekularen Mechanismen, die von der Maus bekannt sind. Detaillierte Analysen zeigen die Beteiligung des Ras-Signalweges.

Eine der seit Jahrzehnten sehr kontrovers diskutierten Fragen ist, inwieweit Intelligenz (verstanden als Fähigkeit zu lernen, über etwas nachzudenken und Probleme zu lösen) angeboren und vererbt oder vielmehr durch soziale und gesellschaftliche Anstrengungen vermittelt und durch Erziehung erworben wird. Verschiedene genetische Untersuchungen in Familien und an Zwillingen deuten darauf hin, dass etwa die Hälfte der Varianz in den Messungen von Intelligenz auf Unterschiede in DNA-Sequenzen zurückzuführen ist. Nun zeigt eine Reihe genomweiter Assoziationsstudien (GWAS) mit Zehntausenden von Teilnehmern, dass tatsächlich eine Vielzahl von Genen und ihre Polymorphismen mit Intelligenz assoziiert sind – allerdings mit sehr geringen Effektstärken, die auch in der Summe die oben angegebenen 50 % genetischen Anteil nicht erklären können (Plomin und von Stumm 2018; Lee et al. 2018; Sniekers et al. 2017). In der aktuellen Debatte wird deshalb immer wieder die „fehlende Erblichkeit“ (engl. *missing heritability*) beklagt. In diesem Zusammenhang wird deswegen auch diskutiert, dass kulturelle Weitergabe (engl. *cultural transmission*) von Eltern auf ihre Kinder genetische Erblichkeit imitieren könne (für eine Zusammenfassung dieses Aspekts siehe Feldman und Ramachandran 2018). Es bleibt also eine spannende Diskussion!

14

14.3 Angst, Sucht und psychiatrische Erkrankungen

Wir haben bis jetzt einige genetische Komponenten kennengelernt, die für rhythmisches Verhalten, für Lernen und Gedächtnis (mit)verantwortlich sind. Wie sieht das aber mit noch komplexeren Verhaltensweisen aus, mit Stimmungen und Gefühlen? Beispielsweise macht man die Erfahrung, dass jeder mit Stress anders umgeht oder dass verschiedene Menschen in vergleichbaren Situationen ganz unterschiedlich reagieren. Es gibt aber einige Merkmale, die aus dem üblichen Verhaltensrepertoire herausfallen und als psychiatrische Erkrankungen bezeichnet werden. Sie leiten sich aus den Extremen üblicher Variationen von Gemütslagen, Angst, kognitiver Verarbeitung und Volition ab, die in einer Population vorkommen (der Begriff „Volition“ bezeichnet den Willen oder den Antrieb, etwas mit Energie und Aktivität zu tun). Zu diesen psychiatrischen Erkrankungen gehören unter anderem Angst- und Panikstörungen, Depressionen und Schizophrenie. Viele dieser Erkrankungen haben einen relativ hohen erblichen Anteil (schwere Depressionen: ~ 40 %, Angststörungen: 40–50 %, Alkoholabhängigkeit: 50–60 %, bipolare Erkrankungen: 60–85 %, Schizophrenie: 70–85 %). Trotz vielfältiger Bemühungen gelingt es aber nur in Ansätzen, diese genetischen Komponenten der komplexen psychiatrischen Erkrankungen im Detail zu beschreiben. Ein Problem ist die häufig schwierige diagnostische Abgrenzung der einzelnen Krankheitsbilder, die häufig durch graduelle Übergänge charakterisiert sind (▣ Abb. 14.24). Außerdem fehlen in den meisten Fällen biochemische oder physiologische Korrelate bzw. Marker, die zur Diagnostik herangezogen werden könnten.

Wir wollen im Folgenden versuchen, einen Teil der allgemein akzeptierten genetischen Befunde zusammenzutragen, um so eine Vorstellung davon zu bekommen, in welche Richtung sich eine genetische Psychiatrie entwickeln könnte. Eine wichtige Rolle bei diesen Überlegungen werden die Vorgänge an den Übergängen von einer Nervenzelle auf die andere spielen – an den Synapsen. Je nach Transmittertyp werden dopaminerge, adrenerge oder serotonerge Synapsen unterschieden (▣ Abb. 14.25). Mit der Untersuchung von Mutationen, die Synthese, Bindung, Transport und Abbau der Transmitter beeinflussen, können wichtige Informationen über Krankheiten, aber auch über veränderte Verhaltensweisen gewonnen werden. Damit soll natürlich nicht einer genetischen Determination das Wort geredet werden, aber es kann den Rahmen aufzeigen, innerhalb dessen wir uns bewegen, und welche Möglichkeiten (aber auch Unmöglichkeiten) sich daraus für Therapien abzeichnen. Für viele andere Aspekte dieser Thematik sei jedoch auf Lehrbücher der Physiologie, Psychologie und Psychiatrie verwiesen.

14.3.1 Angst und Depression

Angst ist ein Gefühl der Bedrängtheit, das von der Vorstellung zukünftigen Übels verursacht wird. Im Gegensatz zur Furcht ist die Angst auf keinen bestimmten Gegenstand bezogen und damit anonym und unbestimmbar. Weil Angst auch in Situationen auftritt, in denen keine konkrete, objektive Bedrohung feststellbar ist, wird sie von der Psychologie als krankhafte Störung aufgefasst (Angststörung), bei der körperliche Symptome wie Beschleunigung von Atmung und Herzfrequenz, Schweißausbruch usw. mit einer Beeinträchtigung des problemlösenden Denkens einhergehen.

Als **Depression** bezeichnet man eine Krankheit, die mit Niedergeschlagenheit und vielen weiteren körperlichen und psychischen Störungen einhergeht. Derzeit

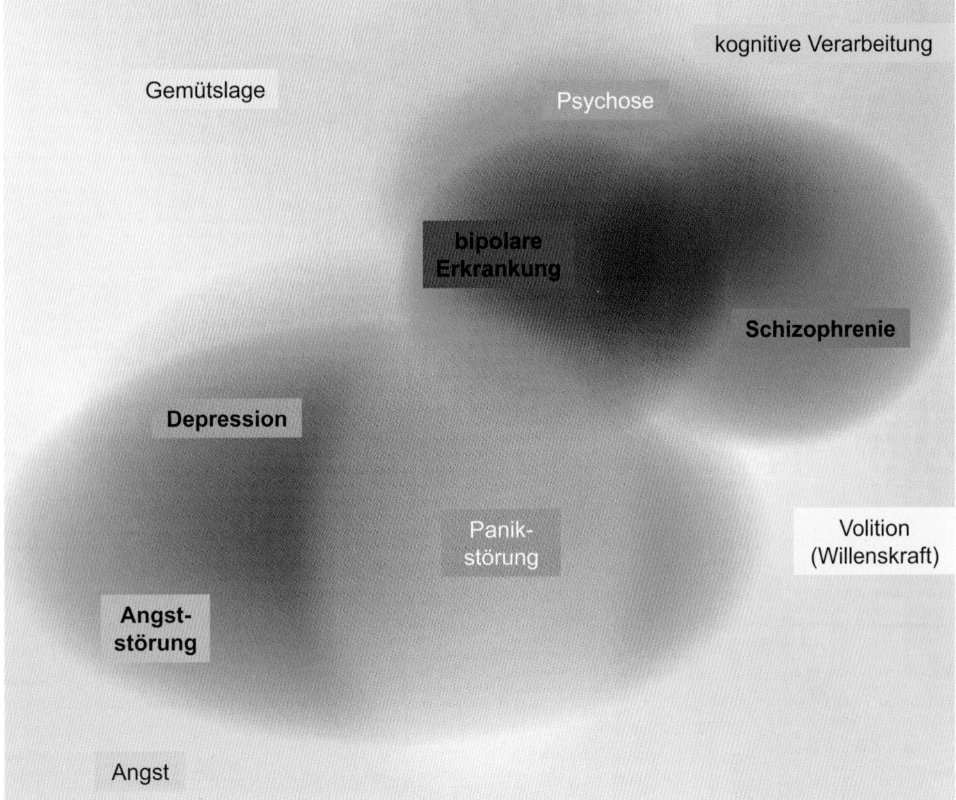

Abb. 14.24 Psychiatrische Erkrankungen überlappen und können Extrempositionen von Persönlichkeitsmerkmalen darstellen. Die Anfälligkeit für psychiatrische Erkrankungen aufgrund genetischer Eigenschaften entwickelt sich aus den extremen Enden der üblichen Variationen in einer Population, illustriert durch die unterschiedlichen *Schattierungen* des Hintergrundes für Gemütslagen, Angst, kognitive Verarbeitung und Volition. Genetische Faktoren, die das Ausmaß beeinflussen, das diesen Merkmalen zugrunde liegt, können im Zusammenspiel mit zusätzlichen genetischen und Umweltfaktoren zum Ausbruch psychiatrischer Erkrankungen führen. Hier sind bipolare Erkrankungen, Schizophrenie, Depressionen und Angststörungen dargestellt. Die jeweiligen Symptome und genetischen Risikofaktoren sind zum Teil einzigartig, zum Teil überlappen sie aber auch. Psychosen und Panikstörungen sind pathologische Merkmale und keine formalen diagnostischen Kategorien, sie sind aber mit verschiedenen psychiatrischen Diagnosen verknüpft. Sicherlich können nicht alle Erkrankungen in einer zweidimensionalen Form dargestellt werden – Wechselwirkungen und Überlappungen gibt es in viel mehr Dimensionen als hier abgebildet werden können (so kommen z. B. Angst und Depressionen auch bei Schizophrenie-Erkrankungen vor). (Nach Burmeister et al. 2008, mit freundlicher Genehmigung)

sind schätzungsweise 5 % der Bevölkerung in Deutschland an einer behandlungsbedürftigen Depression erkrankt. Etwa dreimal so groß ist die Zahl derjenigen, die irgendwann im Laufe ihres Lebens an einer Depression erkranken. Hat man bereits einmal eine Depression durchlebt, so besteht ein erhöhtes Risiko für das erneute Auftreten dieser Krankheit. Wenn sich depressive Phasen mit Phasen gehobener Stimmung, Aggression, Reizbarkeit, gesteigerter Impulsivität und Spontaneität abwechseln, spricht man von einer manischen Depression (auch bipolare affektive Störung). Diese Krankheit hat eine Häufigkeit von etwa 1 % in allen untersuchten Kulturkreisen. Beiden Krankheitsformen (Angst und Depression) ist gemeinsam, dass sie sich durch Medikamente behandeln lassen, die mit der Funktion des **Neurotransmitters Serotonin** zusammenhängen.

Aufgrund früherer neuroanatomischer Untersuchungen und Reizungen bestimmter Gehirnareale mit Stromstößen bei Tierversuchen konnte man davon ausgehen, dass „Angst" in der Amygdala (Mandelkern), einer Gehirnregion unterhalb des Schläfenlappens, lokalisiert ist. Weitere Hinweise kamen aus pharmakologischen Erfahrungen, die zeigten, dass man mit Hemmstoffen der Wiederaufnahme des Neurotransmitters Serotonin wirkungsvoll Ängste und Depression behandeln kann. In Abb. 14.25c sind einige Komponenten des serotonergen Systems dargestellt, dabei spielt der Biosyntheseweg des Serotonins (auch als 5-Hydroxytryptamin bezeichnet, Abk.: 5-HT) aus Tryptophan eine wichtige Rolle. Ergänzt wird das System durch Rezeptoren (5-HT_1, 5-HT_2 und 5-HT_3), die postsynaptisch das Serotonin wieder aufnehmen, und die Transporter und Autorezeptoren, die es aus der Synapse wieder wegfangen. Serotonerge Neurone entspringen den Raphe-Kernen in Mesencephalon, Pons und *Medulla oblongata*. Aszendierende Bahnen verlaufen zum Hypothalamus, Thalamus, Neostriatum, den Struk-

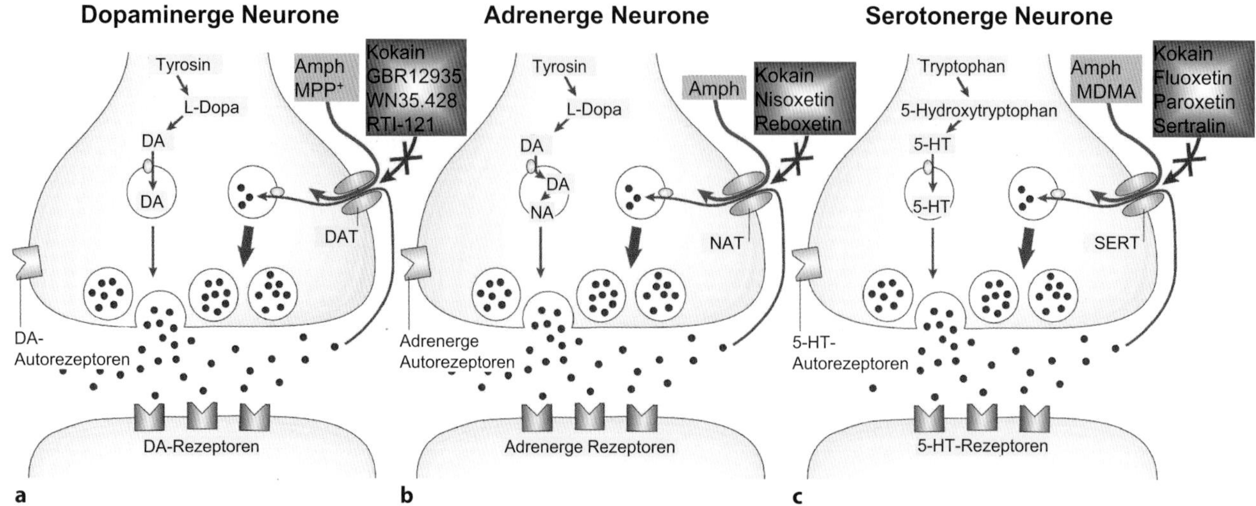

Abb. 14.25 Neurotransmitter an Synapsen. **a** Dopaminerge Neurone. Aus Tyrosin entsteht zunächst Dihydroxyphenylalanin (Dopa) und dann Dopamin (DA); DA wird von entsprechenden Rezeptoren postsynaptisch gebunden. Dopamin kann seine eigene Freisetzung über präsynaptische Autorezeptoren hemmen. Über den Dopamin-Transporter (DAT) kann die Nervenzelle Amphetamine (Amph) und 1-Methyl-4-phenylpyridin (MPP^+) aufnehmen; der DAT wird durch Kokain und synthetische Inhibitoren gehemmt. Dopamin wird zu Dihydroxyphenylessigsäure, Methoxytyramin und Homovanillinsäure metabolisiert. **b** In adrenergen Neuronen mit Noradrenalin (NA) als Transmitter wird NA aus Dopamin durch Hydroxylierung in der Seitenkette gebildet. Postsynaptisch wird NA durch adrenerge Rezeptoren gebunden; NA kann seine eigene Freisetzung über präsynaptische Autorezeptoren hemmen. Über den Noradrenalin-Transporter (NAT) kann die Nervenzelle Amphetamine aufnehmen; der NAT wird durch Kokain und synthetische Inhibitoren gehemmt. **c** Serotonerge Transmission an Synapsen. Der erste wichtige Schritt in der Biosynthese von Serotonin (5-HT, 5-Hydroxytryptamin) ist die Aufnahme von Tryptophan (Trp) in die präsynaptische Zelle. Die Umwandlung von Trp in 5-Hydroxytryptophan wird durch die Tryptophan-Hydroxylase katalysiert; der letzte Schritt ist eine Decarboxylierung zu 5-Hydroxytryptamin (5-HT). 5-HT wird anschließend in den synaptischen Spalt freigesetzt und kann an die postsynaptischen 5-HT-Rezeptoren oder an die präsynaptischen Autorezeptoren binden. Über den Serotonin-Transporter (SERT) kann die Nervenzelle Amphetamine (Amph) und 3,4-Methylendioxymethamphetamin (MDMA) aufnehmen; der SERT wird durch Kokain und synthetische Inhibitoren gehemmt. (Nach Torres et al. 2003, mit freundlicher Genehmigung)

turen des limbischen Systems und dem Neocortex. Eine cerebellare Bahn versorgt Kerne und den *Cortex cerebelli*. Deszendierende Bahnen versorgen die pontine und medulläre *Formatio reticularis* sowie den *Locus coeruleus*. Bulbospinale deszendierende Bahnen laufen zu den Vorder- und Hinterhörnern des Rückenmarks sowie zum *Nucleus intermediolateralis*. Serotonin wird außerdem in der Retina als Transmittersubstanz verwendet.

Wir haben uns bei unseren vorherigen Überlegungen oft von Mutanten bei *Drosophila* und Mäusen leiten lassen, wenn wir etwas über die genetischen Hintergründe von Krankheiten wissen wollten. Auch in diesem Fall hilft das weiter, da die moderne Verhaltensbiologie durchaus in der Lage ist, bei Tieren – z. B. bei der Maus – Angstverhalten nachzuweisen. Ein Testverfahren beruht auf dem Vermeidungsverhalten der Maus gegenüber unbekannten und ungeschützten Arealen: Je ängstlicher eine Maus ist, desto eher wird sie diese Bereiche vermeiden. In der Hell-Dunkel-Box (Abb. 14.26a) kann die Maus zwischen einem hellen, größeren und einem dunklen, kleineren Areal wählen, wobei die Aufenthaltsdauer des Tieres in dem jeweiligen Bereich Rückschlüsse über dessen emotionalen Zustand erlaubt. Ähnlich verhält es sich bei dem Test auf erhöhten, kreuzweise angeordneten schmalen Plattformen (engl. *elevated plus maze*; Abb. 14.26b).

Aus klinischen Untersuchungen ist bekannt, dass Agonisten des **Serotonin-Rezeptors 1A** Angst auflösen können. René **Hen** und seine Mitarbeiter (Gross et al. 2002) haben das Gen für den Serotonin-Rezeptor 1A in der Maus mit dem Ergebnis ausgeschaltet, dass die entsprechenden Knock-out-Mäuse erhöhtes Angstverhalten zeigten. Durch gewebespezifisches Wiedereinschalten des Gens konnten Hen und seine Mitarbeiter zeigen, dass das Ausschalten des Serotonin-Rezeptors 1A nur im Hippocampus und im Cortex, nicht aber in den Raphe-Kernen für das Angstverhalten verantwortlich ist. Außerdem deuten die Ergebnisse darauf hin, dass eine kritische Phase (in der Maus zwischen dem 5. und 21. Tag nach der Geburt) darüber entscheidet, ob eine Maus als erwachsenes Tier ängstlich ist oder nicht. Wurde der Serotonin-Rezeptor hingegen erst bei erwachsenen Tieren inaktiviert, schien sich das nicht auf das Verhalten auszuwirken. Die Ergebnisse legen die Interpretation nahe, dass gängige Medikamente nicht unbedingt die Ursache der Störung behandeln, sondern die Symptome eines Ereignisses lindern, das vor langer Zeit eingetreten ist. Für eine Zusammenfassung dieser Überlegungen sei auf die Arbeit von Leonardo und Hen (2006) verwiesen.

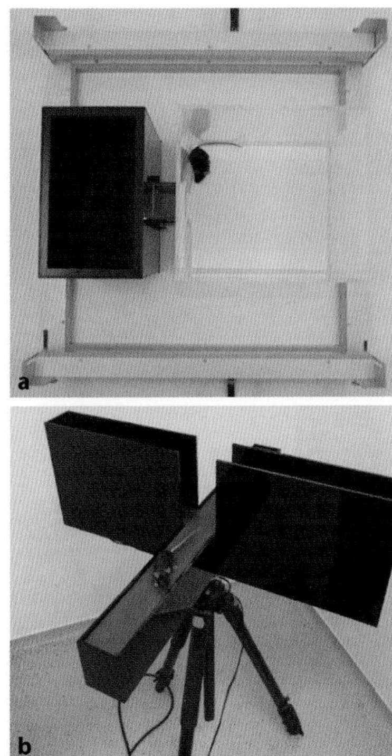

◘ **Abb. 14.26** Test auf Angstverhalten bei der Maus. **a** In der Hell-Dunkel-Box (hier in der Aufsicht gezeigt) kann die Maus zwischen einem hellen, größeren und einem dunklen, kleineren Areal wählen. Die Aufenthaltsdauer in dem jeweiligen Kompartiment erlaubt Rückschlüsse über den jeweiligen emotionalen Zustand. **b** Bei dem erhöhten Kreuz (engl. *elevated plus maze*) besteht ebenfalls die Wahl zwischen geschützten und ungeschützten, offenen Arealen. Die Bewegungen der Maus werden durch Kameras über der jeweiligen Apparatur verfolgt und können dann entsprechend analysiert werden. (Nach Hölter et al. 2015a, mit freundlicher Genehmigung)

Neben Mutationen im codierenden Bereich eines Gens können natürlich auch Veränderungen in Promotoren zu unterschiedlichen Genaktivitäten führen. Ein funktioneller Polymorphismus (C1019G) in der Kontrollregion des Gens, das für den **Serotonin-Rezeptor 1A** codiert (OMIM 109760; Chromosom 5q11; Gensymbol: *HTR1A*, engl. *5-Hydroxytryptamin-receptor 1A*), ist mit Persönlichkeitsmerkmalen verbunden, die mit Angst und Depressionen verwandt sind. *In-vitro*-Experimente zeigten dann, dass das G-Allel eine andere Bindungseffizienz für Regulatoren der Transkriptionsaktivität hat und damit zu einer veränderten Expression des Rezeptors führen kann.

Ein solcher funktioneller Polymorphismus wurde auch im Falle des **Serotonin-Transporter-Gens** des Menschen (und Affen) festgestellt (◘ Abb. 14.27). Dieses Gen ist auf dem Chromosom 17q11 lokalisiert und umfasst 14 Exons (OMIM 182138; Gensymbol: *SCL6A4*, engl. *solute carrier family 6, member 4*; alternativ verwendete Gensymbole sind SERT [engl. *serotonin transporter*] oder *5-HTT* [engl. *5-hyxdroxytryptamine transporter*]). Es gibt zwei Allele, die sich in der Länge des Promotors unterscheiden; die Häufigkeit des homozygoten kurzen Genotyps beträgt 19 % (heterozygot lang/kurz: 49 %, homozygot lang: 32 %). Frühere Studien deuten darauf hin, dass Menschen mit der kürzeren Version ängstlicher sind. David Weinberger und seine Mitarbeiter (Hariri et al. 2002) zeigten nun Probanden Bilder von erschreckten Gesichtern. Dies gilt als Standardmethode, um im menschlichen Gehirn unter experimentellen Bedingungen eine Reaktion auf eine Angstsituation auszulösen. Mittels funktioneller Magnetresonanztomographie wurde untersucht, wie energisch die Amygdala auf die verängstigten Gesichter reagiert. Es zeigte sich, dass Probanden, die für den kurzen Promotor hetero- oder homozygot waren, eine „hyperaktive" Amygdala hatten.

Eine ähnliche Untersuchung hatten Psychologen und Genetiker an 847 Neuseeländern durchgeführt. Auch diese prospektive Langzeitstudie zeigte, dass Individuen, die heterozygot oder homozygot für die kurze Version des 5-HTT-Promotors waren, in Stresssituationen eher **depressive Symptome** entwickelten als die Homozygoten der Langform. Diese Ergebnisse deuten darauf hin, dass auch beim Menschen eine genetische Variation innerhalb des Serotonin-Systems mit Angst und Depressionen in Zusammenhang steht. Die Studien weisen aber darüber hinaus auch darauf hin, dass es offensichtlich Gen-Umwelt-Wechselwirkungen gibt, wobei die Möglichkeiten der individuellen Reaktion durch die genetische Konstitution des Individuums eingeschränkt werden.

Außer dem schon erwähnten kurzen oder langen Polymorphismus im *5-HTT*-Promotor gibt es noch eine Reihe weiterer Polymorphismen im *5-HTT*-Gen: Dazu gehören zusätzliche SNPs im Promotor und eine unterschiedliche Anzahl von Wiederholungseinheiten im Intron 2. Aber auch auf der RNA-Ebene gibt es vier verschiedene Spleißvarianten im Exon 1 sowie zwei verschiedene Polyadenylierungsstellen, die die Stabilität der mRNA beeinflussen können (◘ Abb. 14.28a). Dennis Murphy und Klaus-Peter Lesch (2008) haben aus den zugänglichen funktionellen Daten der verschiedenen Genvarianten abgeschätzt, dass sich aus unterschiedlichen Kombinationen der Polymorphismen ein vier- bis fünffacher Unterschied der Konzentration des Serotonin-Transporters ergeben kann (◘ Abb. 14.28b). Sie sehen darin eine Möglichkeit, die Vielfalt der Krankheitssymptome zu erklären, die mit dem *5-HTT*-Gen assoziiert sind. Außerdem kann man über die Bedeutung solcher relativ präziser Regulationsmöglichkeiten unter evolutionären Gesichtspunkten nachdenken.

In Rhesusaffen unterliegt die Metabolisierungsrate von Serotonin im Gehirn einer starken erblichen Komponente und verhält sich wie ein Merkmal, das über die gesamte Lebensdauer eines Individuums stabil ist. Allerdings haben frühe Erfahrungen lang andauernde Konsequenzen

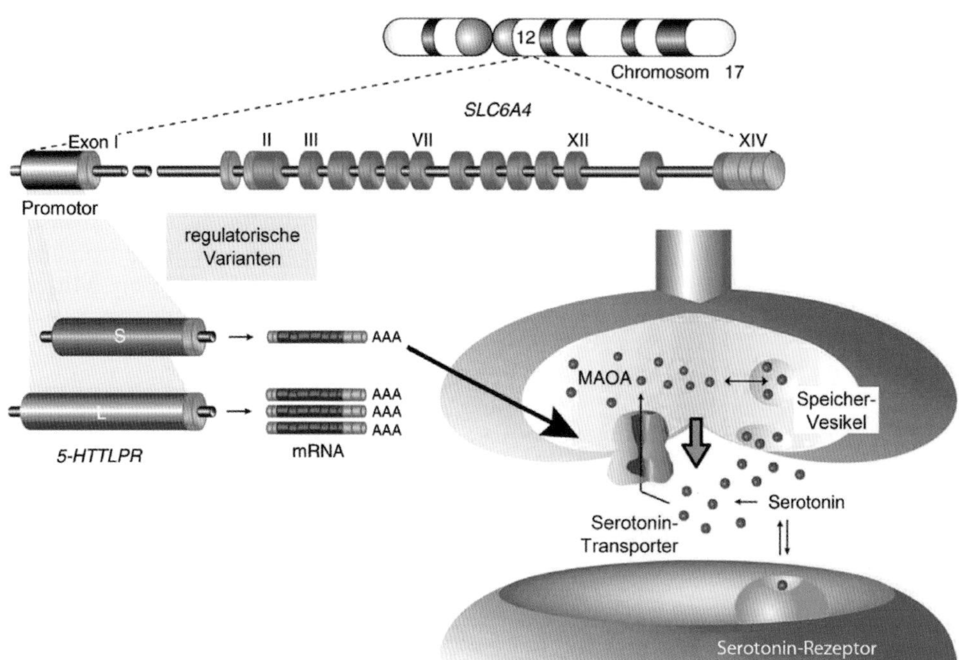

■ **Abb. 14.27** Polymorphismus im Promotor des humanen 5HT-Transporter-Gens. Das Gen für den humanen Serotonin-Transporter (Gensymbole: *5-HTT*, *SERT*, *SLC6A4*) ist auf dem langen Arm des Chromosoms 17 lokalisiert und besteht aus 14 Exons. Eine 44-bp-Insertion bzw. -Deletion repetitiver Sequenzen in seinem Promotor kennzeichnet das lange (L, *rot*) bzw. kurze (S, *violett*) Allel (*5-HTTLPR*: *5-HTT-linked polymorphic region*). Die kurze Variante produziert signifikant weniger *5-HTT*-mRNA und führt damit auch zu einer geringeren Konzentration des Serotonin-Transporters als die lange Variante des Promotors. Die kurze Variante ist mit Persönlichkeitsmerkmalen assoziiert, die mit Angstgefühlen verbunden sind und Risikofaktoren für Gemütskrankheiten darstellen. MAOA: Monoaminoxidase A. (Nach Canli und Lesch 2007, mit freundlicher Genehmigung)

14

für die Funktion des Serotonin-Systems, wie aus der Metabolit-Analyse deutlich wird. Eine solche wichtige Erfahrung ist die Trennung des Affenbabys von der Mutter nach der Geburt und das Aufwachsen unter Gleichaltrigen. Diese frühe Erfahrung beeinflusst offensichtlich die Rate des Serotonin-Metabolismus und damit auch die Funktion des Serotonin-Systems. Wie oben bereits angedeutet, gibt es auch bei den Rhesusaffen das lange und kurze Allel im Promotor des Serotonin-Transporters, und so ist es möglich, den Einfluss dieser beiden Allele auf die Reaktion der Affen gegenüber der frühkindlichen Trennung von der Mutter zu untersuchen. Dabei zeigten die Affen mit der kurzen Variante eine stärkere Stressantwort als die homozygoten Träger der langen Variante. Eine Zusammenfassung dieser Ergebnisse zeigt ■ Abb. 14.29.

Aus den bisher vorliegenden Untersuchungen an Knock-out-Mäusen zeichnet sich aber neben dem Serotonin-System noch ein ganz anderer Bereich ab, der mit Angstverhalten in Zusammenhang steht, und zwar die Rezeptoren von Peptidhormonen. Als ein Beispiel soll hier der **Rezeptor für das Gastrin-freisetzende Peptid** (engl. *gastrin-releasing peptide*, Gensymbol: *Grp*; OMIM 137260) vorgestellt werden. *Grp* ist auf dem Chromosom 18q21 lokalisiert und wird stark im Seitenkern der Amygdala exprimiert, wo die Assoziationen für das erlernte Angstverhalten gebildet werden, aber auch in den Regionen, die angstbesetzte akustische Informationen an den Seitenkern weiterleiten. Grp wirkt über die Bindung an seinen Rezeptor; dieser Grp-Rezeptor (Gen: *Grpr*) wird in Neuronen exprimiert, die GABA (γ-Aminobuttersäure) als Transmittersubstanz verwenden (man spricht daher auch von GABAergen Neuronen; ■ Abb. 14.30). Beim Menschen ist *GRPR* auf dem X-Chromosom lokalisiert (Xp22.3; OMIM 305670). *Grpr*$^{-/-}$-Mäuse erinnern sich länger an erlernte Angst: Die Wissenschaftler brachten den Tieren bei, Angst vor einem bestimmten Ton zu bekommen. Dazu spielten sie den Tieren einen Ton vor und lösten daraufhin mit einem unangenehmen Elektroschock Angst aus. Danach beobachteten sie, wie die Nager auf den Ton allein reagierten. Die Knock-out-Mäuse reagierten deutlich ängstlicher auf den Ton als die Wildtyp-Tiere. Der Defekt betraf nur die erlernte Angst; weder die instinktive Angst noch die Schmerzfähigkeit der Tiere sind durch die Mutation beeinflusst. Diese Ergebnisse deuten darauf hin, dass es einen negativen Rückkopplungsmechanismus gibt, der Angst reguliert und bei dem der Rezeptor für GRP eine wichtige Rolle spielt (■ Abb. 14.31).

❗ Angststörungen und Depressionen lassen sich beide mit Medikamenten behandeln, die mit der Funktion des Neurotransmitters Serotonin zusammenhängen. Ursachen sind unter anderem Mutationen in Genen, die für Rezeptoren bzw. Transporter des Serotonins codieren.

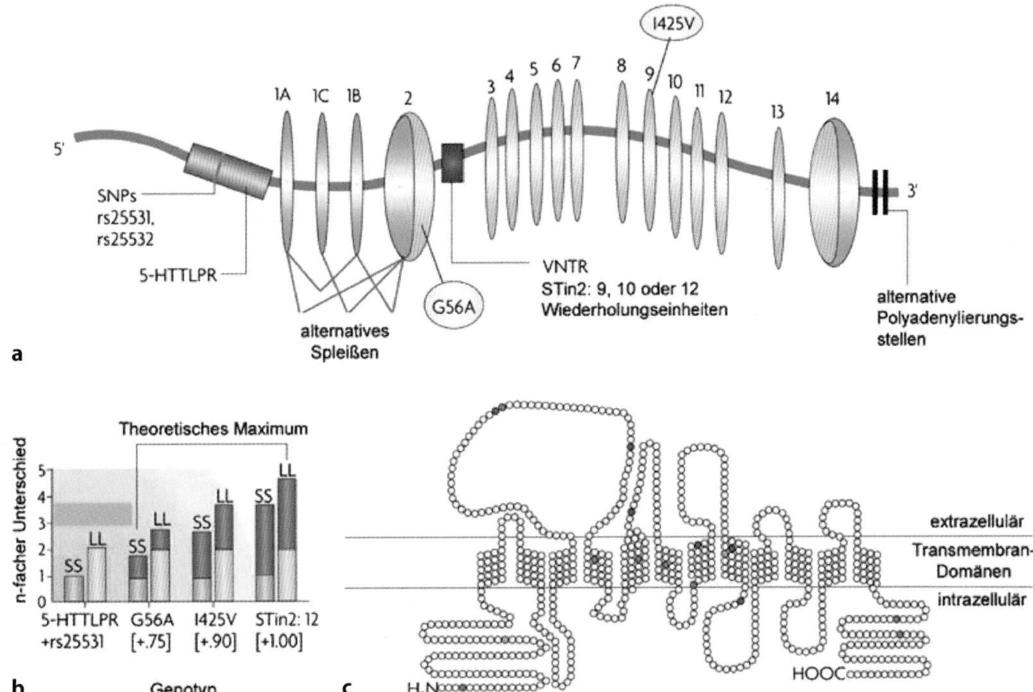

Abb. 14.28 Polymorphismen im humanen 5HT-Transporter-Gen. **a** Das *5-HTT*-Gen enthält außer *5-HTTLPR* (*5-HTT-linked polymorphic region*; Abb. 14.27) noch weitere einzelne Nukleotid-Polymorphismen (SNPs, mit Datenbank-Nummern), eine variable Anzahl von Wiederholungseinheiten (VNTR) im Intron 2 (zwischen 9 und 12 Wiederholungseinheiten; STin2) sowie verschiedene Spleißvarianten des ersten Exons. **b** Es sind relative, möglicherweise additive Werte der *5-HTT*-Expression für Kombinationen der wichtigsten *5-HTT*-Polymorphismen angegeben. Dabei besteht theoretisch ein 4,65-facher Unterschied in der SERT-Konzentration zwischen der Kombination der Varianten mit den geringsten Aktivitäten und den Varianten mit der höchsten Aktivität: Die beiden *linken Balken* zeigen die gemessenen Unterschiede der *5-HTT*-Expression (Abb. 14.27) für die homozygoten Situationen (SS: kurzes *5-HTTLPR*-Element, *hellblau*; LL: langes *5-HTTLPR*-Element, *gelb*), verbunden jeweils mit dem SNP rs25531. Die folgenden sechs *Balken* kombinieren diese Information mit funktionellen Konsequenzen zusätzlicher Varianten (G56A, I425V und den variablen Wiederholungseinheiten im Intron 2), die aus *in-vitro*-Untersuchungen abgeleitet sind (*dunkelblau*). **c** Die Proteinstruktur des Serotonin-Transporters zeigt den N- und C-Terminus auf der intrazellulären Seite, die 12 Transmembrandomänen sowie die Schlaufen im extrazellulären Bereich. SNPs, die eine Aminosäure verändern, sind in *Rot* angegeben (Ausnahme: die funktionell bestätigten Austausche G56A und I425V sind *gelb* dargestellt); synonyme Austausche sind *blau*. (Nach Murphy und Lesch 2008, mit freundlicher Genehmigung)

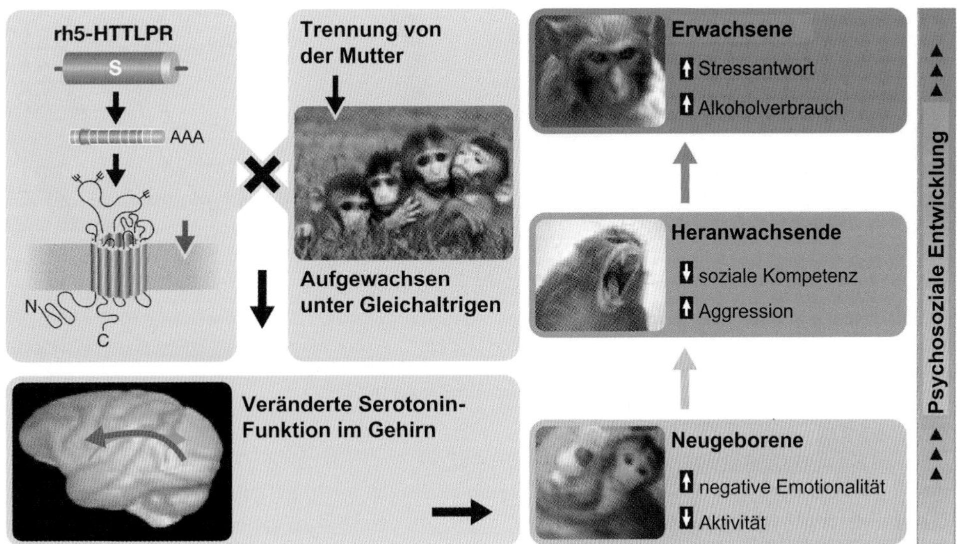

Abb. 14.29 Einfluss der Trennung von der Mutter und des Promotortyps des *5-HTT*-Gens auf die psychosoziale Entwicklung einschließlich der Gehirnfunktion, der Regulation der Emotion, sozialer Kompetenzen, der Stressantwort, des Verhaltens und der Psychopathologie. *rh5-HTTLPR*: *5-HTT-linked polymorphic region* des Rhesusaffen; S: kurze Form der Wiederholungssequenz im Promotor (Abb. 14.27). (Nach Lesch 2007, mit freundlicher Genehmigung)

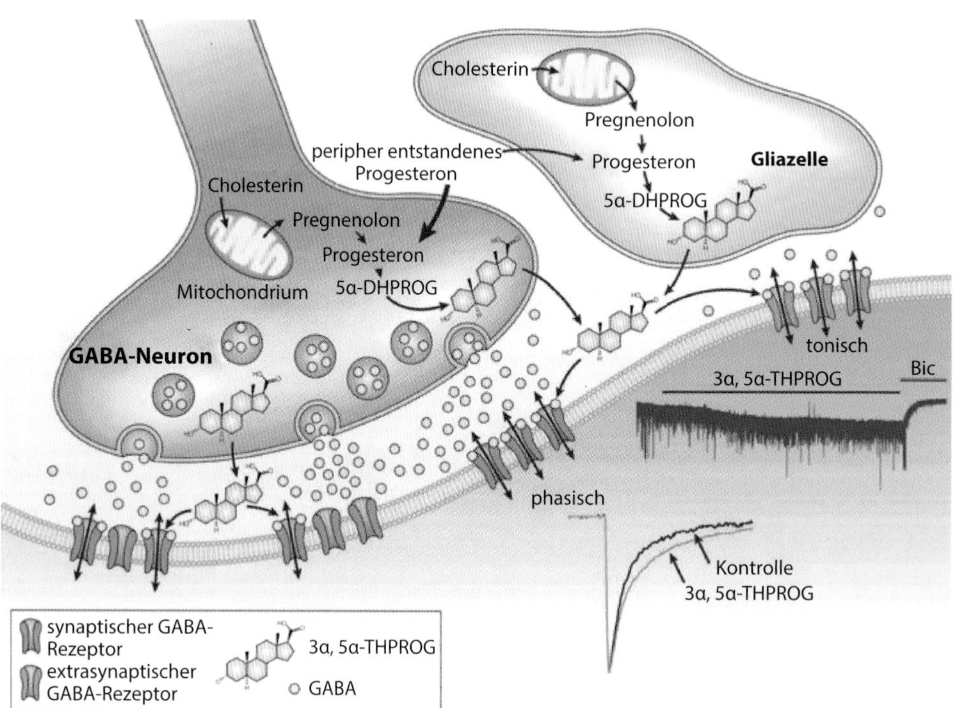

Abb. 14.30 Synaptische Übertragung durch GABA. Der Neurotransmitter GABA (γ-Aminobuttersäure) wird aus Vesikeln freigesetzt und aktiviert postsynaptisch $GABA_A$-Rezeptoren (*braun*). Dadurch entsteht vorübergehend ein geringer inhibitorischer Stromfluss (phasische Antwort). Neurosteroide, die lokal von Neuronen oder Gliazellen freigesetzt werden, verlängern und verstärken die inhibitorische Wirkung. Zusätzlich besitzen manche Neurone extrasynaptische GABA-Rezeptoren (*blau*) und erzeugen dadurch einen „tonischen" Hintergrundstrom. Dies manifestiert sich bei Spannungsmessungen (engl. *voltage clamp*) als eine unruhige Basislinie und wird bei der Zugabe des $GABA_A$-Rezeptor-Agonisten Bicucullin (Bic) sichtbar, da Bicucullin diese extrasynaptischen Rezeptoren schließt. 3α,5α-THPROG: 3α,5α-Tetrahydroprogesteron; 5α-DHPROG: 5α-Dihydroprogesteron. (Nach Belelli und Lambert 2005, mit freundlicher Genehmigung)

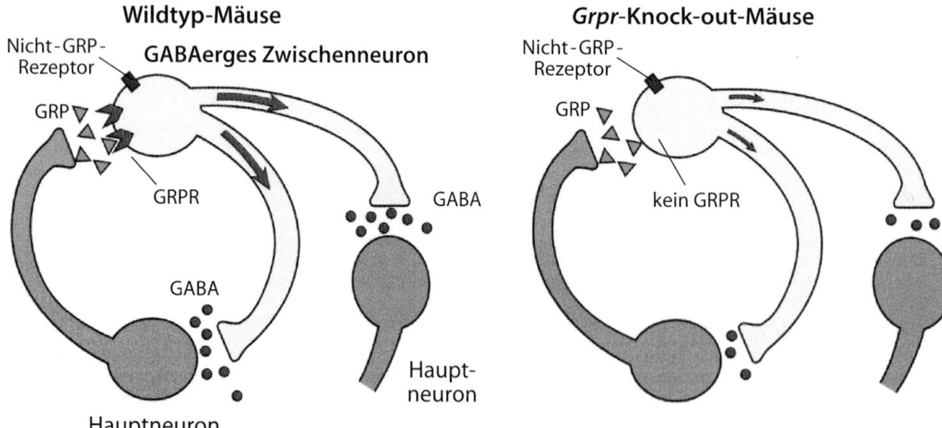

Abb. 14.31 Negative Rückkopplung für gelernte Angst. Das Gastrin-freisetzende Peptid (GRP) bindet an seinen Rezeptor (GRPR) und stimuliert dabei das (inhibitorische) GABAerge Transmittersystem. *Links* ist das Modell der GRPR-abhängigen negativen Rückkopplung zu den Hauptneuronen in der Amygdala im Wildtyp gezeigt, *rechts* hingegen die schwächere Wirkung in *Grpr*-Knock-out-Mäusen. (Nach Shumyatsky et al. 2002, mit freundlicher Genehmigung)

 Wir haben oben gesehen, dass eine ganze Reihe von biologischen Kandidatengenen interessante Mutationen und Polymorphismen zeigen, die mit Angst und Depression in einem funktionellen Zusammenhang stehen. Es ist allerdings erstaunlich, dass diese Gene in den hypothesenfreien, genomweiten Assoziationsstudien nicht gefunden werden konnten. Mögliche Ursachen sind zu kleine, aber auch zu heterogene Kohorten. Eine ausführliche und detaillierte Diskussion (die den Rahmen dieses Lehrbuches bei Weitem sprengen würde) findet sich bei Smoller (2016).

14.3.2 Suchtkrankheiten

Unter Sucht versteht man im Allgemeinen eine chronische Abhängigkeit, die durch wiederholtes und zwanghaftes Begehren und Aufnehmen von Stoffen wie Alkohol, Koffein, Opiaten, Kokain etc. gekennzeichnet ist, und zwar unabhängig von negativen physikalischen, psychologischen oder sozialen Konsequenzen. Zu den Charakteristika von Sucht gehört auch die Schwierigkeit des Entzugs (z. B. Unruhe, Schwitzen, Herzrasen). Sicherlich gibt es auch noch weitere Definitionen, die auch zwanghafte Handlungen anderer Art berücksichtigen (z. B. Spielsucht); diese sollen hier jedoch nicht betrachtet werden. Es geht in diesem Abschnitt auch nicht darum, die gesamte Bandbreite von Suchtproblemen darzustellen, sondern nur um den Anteil, den die Genetik zur Charakterisierung des Problems beitragen kann (und damit auch Lösungsansätze aufzeigen kann). Dieser Anteil beträgt für verschiedene Suchtkrankheiten etwa 50 % (◘ Abb. 14.32). Beispielhaft sollen hier Phänomene des Alkoholismus, des Kokain- und Cannabismissbrauchs dargestellt werden.

Alkoholismus (OMIM 103780) kann man definieren als Konsum von Alkohol, der über das sozial tolerierte, für Individuum und/oder Gesellschaft ungefährliche Maß hinausgeht. Dabei wird sowohl der gewohnheitsmäßige, übermäßige Alkoholkonsum ohne Abhängigkeitsentwicklung als auch die echte Alkoholabhängigkeit unter dem Begriff **Alkoholismus** zusammengefasst. In Deutschland schätzt man die Zahl der Alkoholiker auf etwa 2 Mio.; Alkoholmissbrauch ist der Grund für etwa 30 % der Einweisungen in psychiatrische Kliniken. Während vor 50 Jahren Männer noch acht- bis zehnmal so häufig betroffen waren wie Frauen, steigt der Anteil der alkoholabhängigen Frauen seither ständig an; 2014 ging man davon aus, dass nur noch doppelt so viele Männer an Alkoholismus erkrankt sind wie Frauen.

Die Diagnose Alkoholismus ist oft nicht leicht zu stellen, da auch verschiedene Formen des Alkoholismus unterschieden werden. Bei abhängigen Alkoholikern treten bei einem erzwungenen Alkoholverzicht (z. B. durch einen Krankenhausaufenthalt wegen einer anderen Erkrankung) sehr bald Entzugserscheinungen auf. Das Robert-Koch-Institut (2017) gibt als Grenzwerte für riskante Alkoholtrinkmengen 10 g pro Tag für Frauen und 20 g für Männer an (Lange et al. 2017); bei diesem Wert sind gesundheitsschädigende Konsequenzen für die Mehrheit der Bevölkerung unwahrscheinlich (Bier enthält etwa 5 % Alkohol; eine Flasche Bier mit 0,5 l enthält also etwa 25 g Alkohol; bei Wein mit 10 % Alkoholgehalt erreicht man diesen Wert beim Konsum von ¼ l). In Deutschland konsumieren 18 % der Männer und 14 % der Frauen mehr. Dabei wird die gesundheitlich verträgliche Alkoholzufuhrmenge in der oberen Bildungsgruppe besonders häufig überschritten.

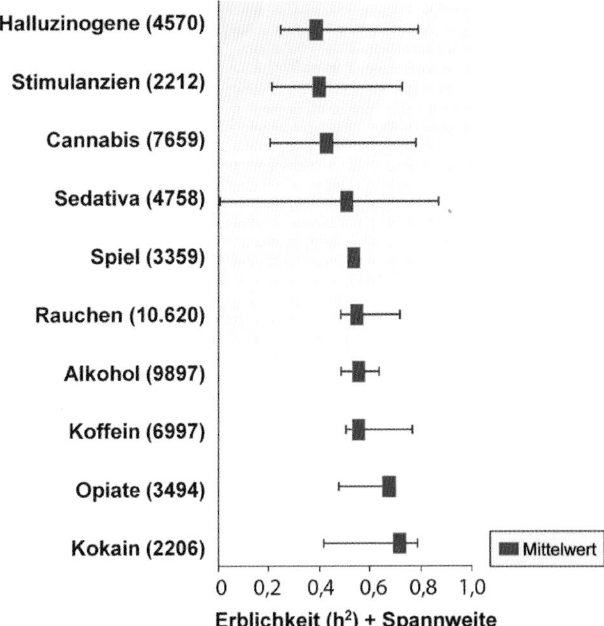

◘ **Abb. 14.32** Erblichkeit von Suchtkrankheiten. Aufgrund verschiedener Daten nationaler Zwillingsstudien wurde die Erblichkeit von zehn wichtigen Suchtkrankheiten mit den entsprechenden Schwankungsbreiten berechnet. (Nach Goldman et al. 2005, mit freundlicher Genehmigung)

Als Folge eines chronischen Alkoholmissbrauchs können neben der Sucht zahlreiche weitere Komplikationen auftreten: So zeigen Alkoholiker im psychischen Bereich nicht selten zugleich Depressionen, eine übermäßige Aggressivität und eine allgemeine Veränderung ihrer Persönlichkeit; es kann zu optischen und akustischen Halluzinationen kommen. Sehr ernste Komplikationen des Alkoholismus sind das Korsakow-Syndrom und die Wernicke-Encephalopathie, die mit einem Verlust von Raum- und Zeitgefühl sowie Gedächtnislücken verbunden sind. Daneben kommt es außerdem zu Nervenschädigungen, die sich in Gangunsicherheit (Ataxie), Empfindungsstörungen an Armen und Beinen sowie Zittern und epileptischen Anfällen zeigen können. Außerdem sind oft Schädigungen der inneren Organe Folge des Alkoholismus: Neben Fettleber oder Leberzirrhose kann es auch zu Magen- und Darmgeschwüren, zu Krebserkrankungen der Speiseröhre, zu einer Entzündung der Bauchspeicheldrüse (Pankreatitis) sowie zu Erkrankungen des Herzmuskels kommen.

Der Hauptabbauweg von Alkohol besteht in seiner Oxidation zu Acetaldehyd (durch Alkohol-Dehydrogenasen, ADHs) und weiter zu Acetat (durch Aldehyd-Dehydrogenasen, ALDHs). Das Acetat kann in seiner aktivierten Form als Acetyl-CoA weiterverarbeitet werden; ◘ Abb. 14.33 gibt dazu insgesamt eine Übersicht. Darüber hinaus gibt es weitere Stoffwechselwege, die zur Bildung von Ketonkörpern, Fettsäuren, Aminosäuren

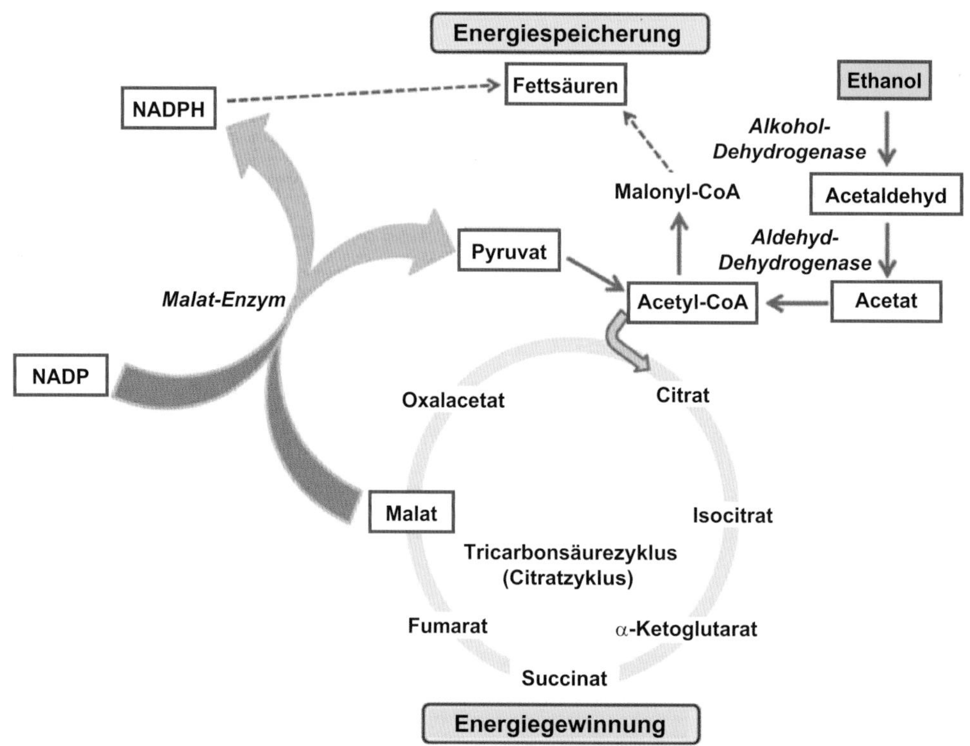

Abb. 14.33 Schematische Darstellung der Auswirkungen von Alkohol auf den Intermediärstoffwechsel. Ethanol wird zunächst durch Alkohol-Dehydrogenasen (ADHs) zu Acetaldehyd und weiter durch Aldehyd-Dehydrogenasen (ALDHs) zu Acetat abgebaut. Acetat verbindet sich mit dem Coenzym A zu Acetyl-CoA und kann so entweder im Tricarbonsäurezyklus metabolisiert werden oder für den Aufbau von Fettsäuren verwendet werden. Die Reaktion des Malat-Enzyms ist besonders hervorgehoben, da es bei hoher Alkoholkonzentration den Fluss des Energiestoffwechsels durch die Herstellung der Vorläufer der Fettsäure-Biosynthese von der Energiegewinnung auf Energiespeicherung umstellt. Die zentralen Komponenten des Stoffwechselweges sind durch *rote Boxen* gekennzeichnet. (Nach Morozova et al. 2014, mit freundlicher Genehmigung)

oder Steroiden führen können. Bei hohen Alkoholkonzentrationen wird der Weg zur Bildung von Fettsäuren und damit zum Aufbau von Fetten bevorzugt.

Unter genetischen Gesichtspunkten von Alkoholismus ist an diesem Abbauweg des Alkohols besonders interessant, dass es mehrere Gene (und davon jeweils mehrere polymorphe Allele) gibt, die für ADHs und ALDHs codieren. Diese Gene und ihre Allele unterscheiden sich in ihrem Expressionsniveau und in den enzymkinetischen Eigenschaften, d. h. der Geschwindigkeit, mit der sie ihre Substrate (Alkohol bzw. Acetaldehyd) umsetzen. Im Schnitt beträgt die Abbaurate von Alkohol 0,08–0,10 g pro Stunde und Kilogramm Körpergewicht (das entspricht etwa 0,15 ‰ pro Stunde).

Wir kennen beim Menschen sieben Gene für **Alkohol-Dehydrogenasen**, die auf dem Chromosom 4q23 innerhalb von 400.000 bp in einer Gruppe angeordnet sind (*ADH1A, ADH1B, ADH1C, ADH4, ADH5* und *ADH6*). Dabei ist das Allel *ADH1B*2* von besonderem Interesse: Der Austausch Arg48His (*rs1229984*) führt zu einer ungefähr 100-fach höheren Enzymaktivität und damit (bei gleichbleibender Abbaurate des gebildeten Acetaldehyds) zu einer Erhöhung der Acetaldehydkonzentration. Die hohe Konzentration von Acetaldehyd führt zu starker Rötung im Gesicht, verbunden mit Bluthochdruck, Kopfschmerzen und Erbrechen (*Flushing*-Syndrom; OMIM 610251) – diese Alkoholunverträglichkeit führt zu einem deutlichen Vermeidungsverhalten gegenüber Alkohol. Somit schwächt dieses Allel die Entwicklung einer Toleranz ab, d. h. es hat eine Schutzwirkung gegenüber einer Alkoholabhängigkeit. Die Frequenz des His48-Allels ist in ostasiatischen Populationen besonders hoch (oftmals über 80 %) – es ist aber in Populationen unterhalb der Sahara, in Europa und unter den amerikanischen Ureinwohnern fast abwesend. Die große Häufigkeit des abgeleiteten His48-Allels in Asien kann auf zwei evolutionären Wegen zustande gekommen sein: entweder durch einen selektiven Vorteil, der nur in Asien für dieses Allel bestand, oder durch zufällige genetische Drift, die zu einer Zunahme der Allelhäufigkeit nur in Ostasien geführt hat (OMIM 103720). Eine ähnliche Wirkung hat das *ADH1B*3*-Allel, der hier vorhandene Austausch Arg370Cys (*rs2066702*) ist besonders bei Afrikanern südlich der Sahara häufig. Der mögliche Beitrag einer dritten *ADH*-Variante (*ADH1C*1*; *rs698*) ist in Bezug auf Alkoholunverträglichkeit weniger klar.

Des Weiteren kennen wir beim Menschen verschiedene Gene für **Aldehyd-Dehydrogenasen** (ALDHs): Der

Hauptabbau läuft in der Leber ab und erfolgt durch die mitochondriale ALDH2 (Chromosom 12q24); daneben gibt es eine weitere mitochondriale ALDH (Gensymbol: *ALDH1B1*; Chromosom 9p13) und eine cytosolische ALDH (Gensymbol: *ALDH1A1*, Chromosom 9q21). Unter diesen *ALDH*-Genen ist das Allel *ALDH2*2* besonders bedeutsam: Der Austausch Glu504Lys bewirkt eine Inaktivierung des Enzyms und dadurch eine Anreicherung des Acetaldehyds (*Flushing*-Syndrom, siehe oben). In verschiedenen asiatischen Populationen wird das defiziente *ALDH2*-Allel (*rs671*) in 40–80 % der Bevölkerung gefunden, wohingegen es unter Europäern und Afrikanern nicht vorkommt. Eine sehr detaillierte Diskussion dieser Thematik findet sich bei Wall et al. (2016).

Für weiter gehende genetische Fragestellungen ist es zunächst wieder hilfreich, Modellorganismen wie *Drosophila*, die Maus und die Ratte zu betrachten. Zu den natürlichen Habitaten von ***Drosophila*** gehören fermentierende Pflanzen, die oft einen gewissen Alkoholgehalt (~ 3 %) aufweisen. Daher ist die Fruchtfliege resistent gegenüber den toxischen Wirkungen des Alkohols und kann Alkohol effizient zur Energiegewinnung oder als Ausgangssubstanz zur Herstellung von Lipiden nutzen. Unter verschiedenen experimentellen Bedingungen hat sich die Exposition von *Drosophila* gegenüber Alkoholdampf (◘ Abb. 14.34) als diejenige erwiesen, die der akuten Alkoholvergiftung von Säugetieren (z. B. Verlust der motorischen Kontrolle oder sedierende Wirkung) am nächsten kommt. Auf diese Weise konnten verschiedene Mutanten isoliert werden, die sich deutlich in der Menge Alkohol unterscheiden, die für eine sedierende Wirkung nötig ist: So brauchen *barfly*-Mutanten größere und *tipsy*-Mutanten geringere Mengen an Alkohol als eine Wildtyp-Fliege. Eine interessante Mutante ist *cheap date*: Diese Mutanten haben eine erhöhte Sensitivität gegenüber Alkohol, und die Detailanalyse zeigte, dass dem Verhalten eine Mutation in dem Gen *amnesiac* zugrunde liegt; *amnesiac* codiert für ein Neuropeptid, das die Adenylatcyclase aktiviert. Dieses System ist uns von der Genetik der Lernvorgänge bereits bekannt (◘ Tab. 14.2). Weitere Untersuchungen bestätigten den Zusammenhang zwischen dem cAMP-System und einer erhöhten Sensitivität gegenüber Alkohol. Aber auch Nager zeigen genetische Unterschiede in ihrem Verhalten gegenüber Alkohol. Wenn man verschiedene **Mausstämme** hinsichtlich ihrer Alkoholpräferenz betrachtet, findet man große Unterschiede zwischen verschiedenen Inzuchtstämmen: So mögen DBA/2-Stämme keinen Alkohol, wohingegen C57BL-Stämme Alkohol gegenüber Wasser deutlich bevorzugen (◘ Abb. 14.35).

Auch bei **Ratten** kann man aus einer homogenen Population durch bidirektionale Selektion „starke“ (HAD) und „schwache Trinker“ (LAD) herauszüchten, was zunächst nur auf das Vorhandensein genetischer Komponenten hindeutete. Eine erste genetische Analyse zeigte, dass der Phänotyp des „starken Trinkers“ bei diesen Ratten mit mehreren chromosomalen Regionen

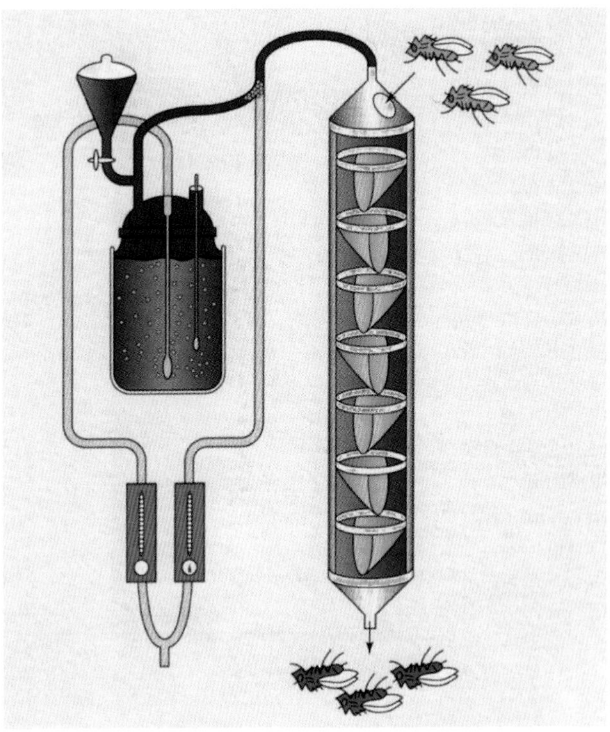

◘ **Abb. 14.34** Alkoholtest bei *Drosophila*. Der Alkohol wird mit Luft gemischt, um einen Ethanoldampf zu erzeugen (Kanister *links*). Das Ethanolgemisch wird durch die Säule und über die Plastikablenkplatte geschickt. Unbehandelte Fliegen werden oben in die Säule hineingegeben und können auf den Platten bleiben, bis sie betäubt sind. Wenn sie betäubt sind, fallen sie die Säule hinunter und auf den Boden. Die Zeit, die die Fliegen brauchen, um aus der Säule herauszufallen, kann gemessen werden und variiert erheblich zwischen Wildtypen und Mutanten (z. B. *cheap date*). (Nach Browman und Crabbe 1999, mit freundlicher Genehmigung)

assoziiert ist; besonders mit Regionen auf den Chromosomen 10 und 16, aber auch auf den Chromosomen 5 und 12 (Carr et al. 2003). Die weitere Untersuchung der HAD-Ratten brachte zusätzlich das **Neuropeptid Y** (NPY) ins Spiel. Dabei handelt es sich um ein kleines Protein, das aus 36 Aminosäuren besteht und offensichtlich neurobiologische Antworten auf Alkohol moduliert. Seine Wirkung entfaltet es über die Bindung an verschiedene Rezeptoren, die alle mit G-Proteinen gekoppelt sind und über das cAMP-System wirken. Die HAD-Ratten zeigen geringere Spiegel des NPY in der Amygdala; wird aber NPY zentral infundiert, sinkt die Alkoholaufnahme dieser Ratten (bei den LAD-Ratten zeigt sich dagegen kein Effekt). Ergänzende Untersuchungen wurden an Mäusen durchgeführt, bei denen die NPY-Rezeptoren ausgeschaltet wurden. Dabei führte das Ausschalten des NPY-Rezeptors 1 zu einer Erhöhung, das Ausschalten des Rezeptors 2 dagegen zu einer Verminderung der Ethanolaufnahme der Mäuse. Untersuchungen an Polymorphismen des *NPY*-Gens bei Menschen ergänzen die Ergebnisse aus den Tiermodellen zur Beteiligung von NPY und seinen Rezeptoren an der Modulation der Al-

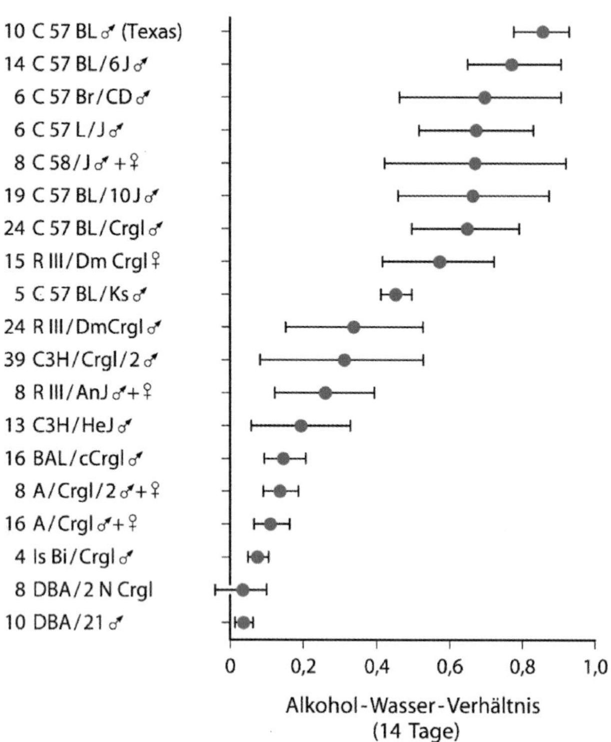

Abb. 14.35 Unterschiede in der Alkoholpräferenz verschiedener Mausstämme. Es ist das Verhältnis der aufgenommenen Alkoholmenge im Verhältnis zur aufgenommenen Wassermenge über 14 Tage bei der angegebenen Anzahl von Mäusen verschiedener Stämme dargestellt. Die *horizontalen Linien* geben die Standardabweichung an. (Nach Vogel und Motulsky 1997, mit freundlicher Genehmigung)

14

koholantworten und deuten an, dass eine Substitution von Leucin an der Position 7 durch Prolin (Leu7Pro) mit einer deutlich höheren durchschnittlichen Alkoholaufnahme korreliert ist (OMIM 162640).

 Untersuchungen, die an einem anderen Rattenstamm gewonnen wurden, der dem oben erwähnten HAD/LAD-System ähnlich ist, führten zu der Entdeckung eines weiteren Gens, das mit Alkoholismus in engem Zusammenhang steht: Vor über 25 Jahren wurden aus einer Wildtyp-Kolonie von Wistar-Ratten durch selektive Zucht zwei extreme Linien gebildet: Die eine Linie „bevorzugt" Alkohol in hohem Maße (engl. *alcohol preferring rats*, P), die andere Linie aber gar nicht (engl. *non preferring*, NP). Jetzt ist es gelungen, dieses P/NP-System der Ratte genetisch zu entschlüsseln und einen weiteren Spieler im komplexen Geschehen des Alkoholismus zu identifizieren: den metabotropen Glutamat-Rezeptor 2 (Gensymbol: *Grm2*). Durch Exom-Sequenzierung (Technikbox 7) identifizierten Zhou et al. (2013) zunächst knapp 130.000 Einzelbasen-Unterschiede zwischen P- und NP-Ratten; 25.000 davon zeigten einheitliche homozygote Unterschiede zwischen beiden Linien. Zusätzlich haben die Autoren nach längeren chromosomalen Abschnitten gesucht, auf denen SNPs zwischen den beiden Linien in entgegengesetzter Weise fixiert waren. Als dann noch Computerprogramme zur Abschätzung der biochemischen Bedeutung der verschiedenen Mutationen herangezogen wurden, blieben zwei Stoppcodon-Mutationen übrig, die die Gene *Grm2* sowie *Lcn2* (codiert für Lipocalin-2) betreffen. Die Autoren konnten schließlich durch pharmakologische Experimente die Wirkung des GRM2-Proteins in Wildtyp-Ratten hemmen und zeigen, dass dadurch eine erhöhte Bereitschaft zum Trinken von Alkohol wie in den P-Ratten hervorgerufen wird; dasselbe gilt auch für für *Grm2*-Knock-out-Mutanten der Maus. Das *Grm2*-Gen ist bei Neurobiologen nicht unbekannt: Die zwei beschriebenen Knock-out-Mutanten des *Grm2*-Gens der Maus zeigen unter anderem Auswirkungen auf das Angstverhalten, Bevorzugung von Kokain, Koordinationsstörungen, Hyperaktivität und erhöhte Dopaminspiegel. *GRM2* wird auch im Zusammenhang mit kognitiven Störungen des Menschen bei Erkrankungen aus dem Formenkreis der Schizophrenie diskutiert. Das Beispiel zeigt aber auch, dass durch die neuen Sequenziertechniken viele offene Fragen der Genetik lösbar werden, weil ihre Auflösung und Interpretationsfähigkeit für komplexe genetische Fragen oft erheblich besser ist als bei älteren Technologien.

Ähnliche Untersuchungen wurden auch an der Maus durchgeführt. Auch hier konnten aus einem heterogenen Hintergrund (d. h. keine Inzucht-Mäuse) Kolonien als „starke Trinker" (HAP1) bzw. „schwache Trinker" (LAP1) gezüchtet werden. Eine genomweite Kartierung zeigte eine Kopplung des „starken Trinkers" vor allem mit Chromosom 9, aber auch mit Regionen auf den Chromosomen 1 und 3 (Bice et al. 2011). Weitere konkrete Hinweise über die Beteiligung bestimmter Gene kommen aus Untersuchungen von Knock-out-Mäusen, bei denen Gene für **Dopamin-Rezeptoren** bzw. für den **GABA$_A$-Rezeptor** ausgeschaltet wurden. Diese Daten werden im Übrigen auch von Kopplungsanalysen in betroffenen Familien durch Zwillingsstudien und Geschwisterpaar-Analysen gestützt, die darauf hindeuten, dass Alkoholabhängigkeit mit Regionen auf den Chromosomen 11p und 4p gekoppelt ist. Dort kartieren auch die Gene für einen Dopamin-Rezeptor (*DRD4*) und für die Tyrosin-Hydroxylase (*TH*) bzw. für den GABA-β1-Rezeptor (*GABRB1*). Diese Arbeiten zeigen insgesamt, dass wir uns schrittweise an die genetischen Bedingungen zum Verständnis der Alkoholabhängigkeit herantasten.

Die dargestellten Beispiele machen deutlich, dass wir auch anfangen können, genetische Aussagen über die Ursachen von Alkoholismus zu machen. Andererseits handelt es sich aber um ein komplexes Krankheitsbild, wie wir es bei anderen Volkskrankheiten (▶ Abschn. 13.4) schon gesehen haben – und die anzuwendenden Methoden sind entsprechend ähnlich. Die Vielfältigkeit und Komplexität der Daten erfordert deswegen auch vermehrt den Einsatz

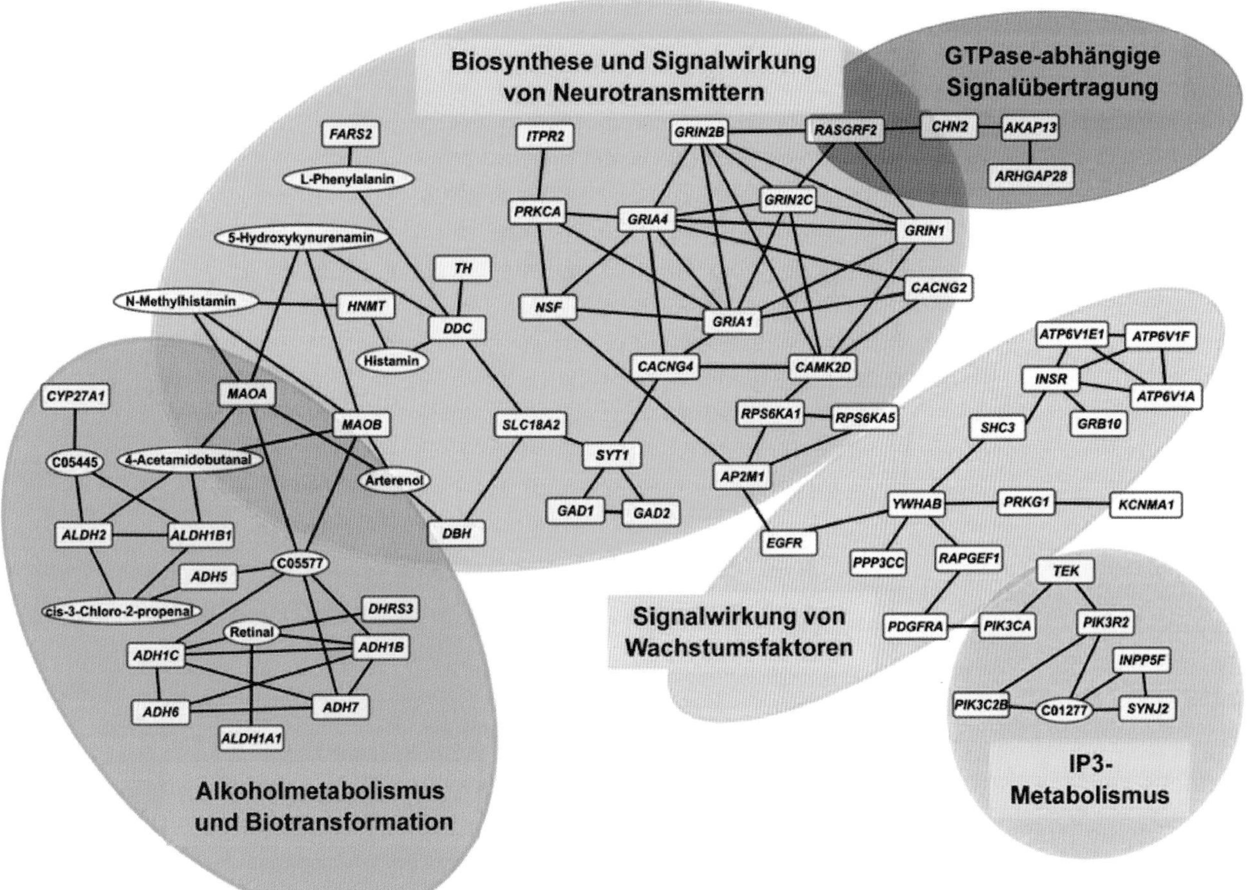

Abb. 14.36 Genetisches Netzwerk für Alkohol-relevante Phänotypen. Die Darstellung des Netzwerks enthält Kandidatengene aus GWAS und differenziell exprimierte Gene aus Expressionsprofilen von Patienten und Modellorganismen. Die großen Ovale fassen Gruppen von Metaboliten zusammen, die verschiedene Genprodukte verbinden. Die zugrunde liegende Analyse umfasst ca. 4000 menschliche Gene und kombiniert signalgebende und metabolische Reaktionswege verschiedener Datenbanken und berücksichtigt dabei bekannte Wechselwirkungen von Genen. Die Signifikanz wurde durch verschiedene Computersimulationen getestet; das hier dargestellte Netzwerk besteht aus 58 Kandidatengenen, die in einer signifikanten Verbindung stehen ($p < 0{,}05$). IP3: Inositol-3-phosphat. (Nach Morozova et al. 2014, mit freundlicher Genehmigung der Autoren)

von **bioinformatischen Methoden** und **Netzwerkanalysen**. Ein aktuelles Beispiel für alkoholabhängige Phänotypen ist in Abb. 14.36 dargestellt; es fasst die Elemente aus verschiedenen Bereichen zusammen: Wir hatten die Aspekte des Alkohol-Stoffwechsels sowie der Neurotransmitter und ihrer Rezeptoren bereits angesprochen; weitere Aspekte umfassen die Signaltransduktion durch GTPasen, Wachstumsfaktoren und Inositol-3-phosphat (IP3). In der Abbildung werden die wichtigsten Knotenpunkte durch eine höhere Liniendichte deutlich; die höchste Liniendichte ist im Bereich der Glutamat-Rezeptoren.

Wir haben oben sowohl aus genetischer Sicht als auch auf der Basis bioinformatischer Analysen gesehen, dass dem Glutamat und seinen Rezeptoren eine entscheidende Rolle bei der Entwicklung der Sucht, aber auch bei den starken Entzugserscheinungen zukommt. Da Alkohol den Glutamat-Rezeptor blockiert, reagieren die Neurone mit einer verstärkten Freisetzung von Glutamat auf der präsynaptischen Seite und mit einer verstärkten Synthese von Glutamat-Rezeptoren auf der postsynaptischen Seite. Durch diese Anpassung wird natürlich die Menge an Alkohol für die „gewünschte" Wirkung immer größer. Wenn jetzt nach chronischem Alkoholmissbrauch Alkohol abgesetzt wird, entsteht in der Synapse ein hyperglutamaterger Zustand – d. h. es ist zu viel Glutamat für die eigentliche Reizweiterleitung vorhanden, sodass es auf der postsynaptischen Seite zu einer starken Überreaktion führt – eine typische Entzugssituation. An diesem Prozess ist natürlich eine Vielzahl verschiedener Proteine und Glutamat-Rezeptortypen beteiligt; eine solche Situation zeigt Abb. 14.37.

Alkoholismus entwickelt sich oft als Reaktion auf bestimmte Lebenssituationen, z. B. Stress. Um den Zusammenhang zwischen Stress und der Entwicklung von Suchtverhalten zu untersuchen, haben Inge Sillaber und

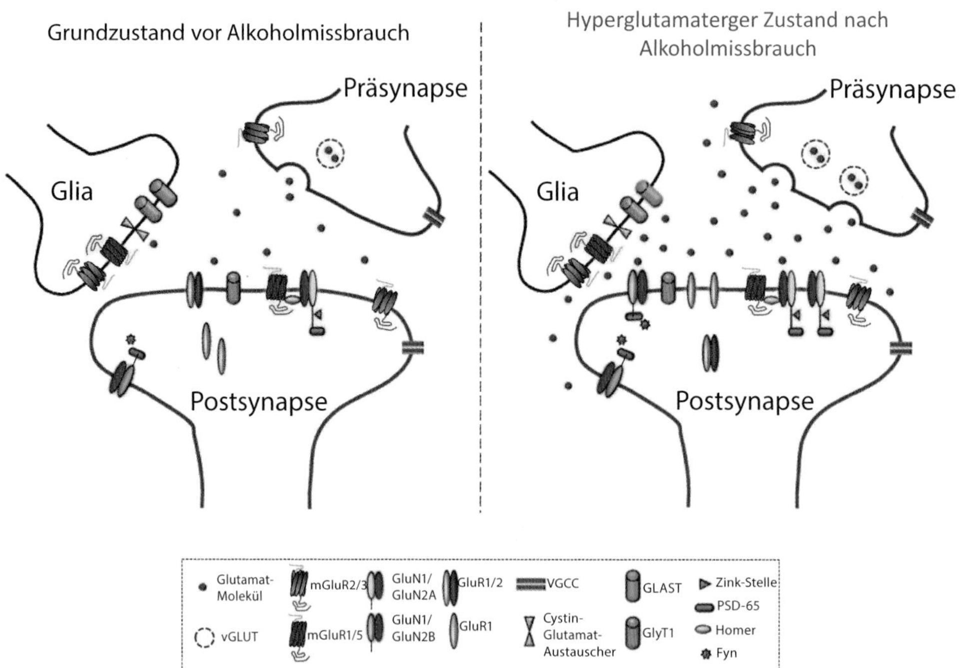

Abb. 14.37 Anpassung des Glutamat-Systems als Ergebnis chronischen Alkoholmissbrauchs. Chronischer Alkoholmissbrauch führt zu einem „hyperglutamatergen" Zustand während der Abstinenz. Dieser Zustand ist durch erhöhte Spiegel von extrazellulärem Glutamat gekennzeichnet. Außerdem beobachtet man Veränderungen der Expression und Lokalisation verschiedener Glutamat-Rezeptoren, einschließlich der Hochregulierung der NMDARs, und möglicherweise eine Abnahme der Calcium-begrenzenden GluA1/2-Heteromere unter Begünstigung der Calcium-durchlässigen GluA1-Homomere. Abkürzungen: vGLUT: vesikulärer Glutamat-Transporter; mGluR: metabotroper Glutamat-Rezeptor; GluN1, GluN2A, GluN2B: NMDAR-Untereinheiten; GluA1/2, GluA1: AMPAR-Untereinheiten; VGCC: spannungsabhängiger Calciumkanal (engl. *voltage-gated calcium channel*); GLAST: Glutamat-Aspartat-Transporter; GlyT1: Glycin-Transporter; PSD-95: Protein an der postsynaptischen Membranverdickung (engl. *postsynaptic density protein 95*). (Nach Holmes et al. 2013, mit freundlicher Genehmigung)

14

ihre Kollegen (2002) bei Mäusen ein Gen aus der zentralen Schaltstelle für die Stressreaktion ausgeschaltet: Das Corticotropin-freisetzende Hormon (engl. corticotropin-releasing hormon, CRH) steuert normalerweise nicht nur die hormonelle Stressantwort, sondern koordiniert auch eine ganze Reihe von Verhaltensweisen, die geeignet sind, eine Stresssituation zu bewältigen. Es beeinflusst auch Regionen, die für emotionales Verhalten wie Angst relevant sind. Damit CRH wirken kann, muss es an einen Rezeptor gebunden werden. Wenn man nun Mäusen, bei denen das Gen für den **CRH-Rezeptor 1** ausgeschaltet wurde, Alkohol anbietet, so unterscheiden sie sich in ihrem Trinkverhalten zunächst nicht von den Wildtyp-Mäusen. Wurden die Knock-out-Mäuse jedoch durch die Anwesenheit einer fremden Maus im Käfig oder durch Schwimmen in einem Becken gestresst, so reagierten die Tiere nach 3 Wochen mit einer vermehrten Aufnahme von Alkohol, die auch 5 Monate nach der Stresseinwirkung noch erhalten blieb. Im Gehirn dieser Crhr1$^{-/-}$-Mäuse ist – bedingt durch das Fehlen des CRH-Rezeptors – das *Grin2b*-Gen überexprimiert, und zwar vor allem im *Nucleus accumbens*, einem Teil des Hippocampus, der für das Belohnungssystem beim Lernen verantwortlich ist (das *Grin2b*-Gen codiert für den ionotropen Glutamat-Rezeptor NMDA2B). Wir haben also eine Form des hyperglutamatergen Zustands vorliegen, wodurch offensichtlich das Verlangen der Mäuse nach Alkohol gesteigert wird. Dieser neurogenetische Mechanismus erklärt ein spezifisches Erscheinungsbild von alkoholkranken Patienten, die besonders anfällig für Stress sind und darauf mit dem Trinken von Alkohol reagieren. Therapien zur Bewältigung von Stresssituationen könnten eine Hilfe sein, die Anfälligkeit für Alkoholismus dieser Form zu verringern. Eine aktuelle allgemeine Diskussion der Corticotropin-freisetzenden Hormone (oder auch Corticotropin-freisetzenden Faktoren, CRF) im Zusammenhang mit der Stressantwort bieten Deussing und Chen (2018).

> **!** Alkoholismus ist eine komplexe Erkrankung mit hoher Prävalenz. Genetische Untersuchungen an *Drosophila*, Mäusen und Ratten deuten darauf hin, dass neben dem cAMP-System auch Polymorphismen in verschiedenen Genen des Alkoholmetabolismus für eine Alkoholbevorzugung (oder Vermeidung) verantwortlich sind. Alkoholabhängigkeit steht auch im Zusammenhang mit den dopaminergen, glutamatergen und GABAergen Neurotransmittersystemen sowie mit der Hypothalamus-Hypophyse-Nebenniere-Achse.

Kokain ist ein weitverbreitetes Rauschmittel mit hohem Abhängigkeitspotenzial. Es wurde Mitte des 19. Jahrhunderts in verschiedenen Laboren aus Cocasträuchern isoliert; 1923 publizierte der Chemie-Nobelpreisträger des Jahres 1915, Richard **Willstätter**, mit seinen Mitarbeitern die Reinsynthese des Alkaloids. Kokain ist das älteste bekannte Lokalanästhetikum; seine Verwendung als Rauschmittel basiert aber auf der Eigenschaft, Stimmungsaufhellungen, Euphorie und Gefühle gesteigerter Leistungsfähigkeit und Aktivität hervorzurufen – dabei verschwinden Hunger- und Müdigkeitsgefühle. Nach dem Ausklingen der Wirkung kommt es häufig zu depressionsartigen Zuständen. Kokain hemmt die Wiederaufnahme von Transmittern an dopaminergen, adrenergen und serotonergen Neuronen (◘ Abb. 14.25). Der verhinderte Transport (und somit die Wiederaufnahme) von Dopamin, Noradrenalin und Serotonin in die präsynaptische Zelle führt zu einer Erhöhung der Transmitterkonzentration im synaptischen Spalt und damit zu einem erhöhten Signalaufkommen am Rezeptor (◘ Abb. 14.38).

Ähnlich wie bei der Alkoholwirkung können Fliegen auch zur Untersuchung der Kokainwirkung herangezogen werden. Wenn Fliegen geringen Dosen von (flüchtigem) Kokain ausgesetzt werden, so äußert sich das in einem exzessiven Putzverhalten; mittlere Dosen bewirken schnelle Drehungen sowie Seitwärts- und Rückwärtslaufen; starke Dosen verursachen Zittern (Tremor) und Lähmung (Paralyse). Diese Effekte können in der Fliege durch akute Gaben von Inhibitoren der Dopamin-Synthese vermindert werden. Werden dagegen dopaminerge und serotonerge Neurone chronisch während der Entwicklungsphase gehemmt, so werden die Fliegen empfindlicher gegenüber Kokain. Das gilt aber nicht für Fliegen, die eine verminderte Konzentration von Tyramin aufweisen oder für Mutanten mit verminderter cAMP-vermittelter PKA-Aktivität (für eine Übersicht siehe Greenspan und Dierick 2004).

Weiterführende Informationen geben wieder Untersuchungen an Mäusen und Ratten. Wie bei der unterschiedlichen Präferenz verschiedener Mausstämme gegenüber Alkohol finden wir ähnliche stammspezifische Unterschiede auch gegenüber Kokain. So zeigen im Allgemeinen die C57BL/6- und BALB/c-Stämme ein starkes Belohnungsverhalten gegenüber Kokain, wohingegen bei DBA/2-Mäusen keine Reaktion beobachtet wird. Andere Stämme, wie AKR, C3H, CBA oder SJL, zeigen eher mittlere Antworten (Crawley et al. 1997). Neuere Arbeiten deuten darauf hin, dass für diese Stammunterschiede die Expression des *Pdyn*-Gens eine wichtige Rolle spielt. Das *Pdyn*-Gen codiert für Prodynorphin, das bei seiner weiteren Verarbeitung in verschiedene Peptide gespalten wird: Dynorphin A, Dynorphin B und α/β-Neoendorphine. Der Rezeptor dieser „endogenen Opiate" ist der Opiat-Rezeptor κ; die Bindung der Dynorphine an ihren Rezeptor führt zu einem verringerten Schmerzempfinden und zu Sedierung – im Extremfall auch zu depressiven Verhaltensweisen. In DBA/2J-Mäusen findet man eine stärkere *Pdyn*-Expression als in C57BL/6J-Mäusen und erklärt damit die geringere Anfälligkeit gegenüber Kokain. Wenn die DBA/2J-Mäuse vorher aber mit einem Antagonisten des Opiat-Rezeptors κ behandelt wurden, zeigen sie eine stärkere Anfälligkeit. Diese Experimente deuten also auf eine wichtige Beteiligung dieses Opiat-Rezeptors bei der Entstehung der Kokainabhängigkeit hin (Butelman et al. 2012).

Außer den bereits erwähnten endogenen Opiaten kennen wir noch die Endorphine und Enkephaline, die durch spezifische Proteasen aus Proopiomelanocortin (Gensymbol *POMC*; humanes Chromosom 2p23) oder Präproenkephalin (Gensymbol *PENK*; humanes Chromosom 8q12) herausgeschnitten werden. Und neben dem oben erwähnten Opiat-Rezeptor κ (Gensymbol *OPRK1*; humanes Chromosom 8q11) kennen wir noch zwei weitere ähnliche und wichtige Opiat-Rezeptoren: δ (Gensymbol *OPRD1*; humanes Chromosom 1p35) und μ (Gensymbol *OPRM1*; humanes Chromosom 6q25). Insgesamt haben wir also ein komplexes System von Opiat-Rezeptoren und Liganden, die im Wesentlichen für das Schmerzempfinden verantwortlich sind; eine Suchtgefahr über endogene Liganden besteht zwar nicht, sie sind aber an der Modulation der Sucht beteiligt. Wir wissen, dass Psychostimulanzien (wie Amphetamine und Kokain) die Konzentration von Enkephalinen in manchen Gehirnstrukturen signifikant erhöhen. Diese adaptiven Veränderungen können einen ersten Schritt in der langfristigen Veränderung des Verhaltens und der neuronalen Plastizität darstellen, der durch diese Drogen hervorgerufen wird. Eine aktuelle Übersicht über diese Aspekte bietet Mongi-Bragato et al. (2018).

Einige Aspekte können auch aus der Analyse unterschiedlicher Knock-out-Mutanten der Maus abgeleitet werden. Insbesondere das Ausschalten der Gene für die verschiedenen Rezeptoren und Transporter für Serotonin, Dopamin und Noradrenalin eröffnete die Möglichkeit, die Beteiligung der jeweiligen Transmitter, ihrer Agonisten und der damit verbundenen Signalwege zu untersuchen. Für die Kokainabhängigkeit scheint – zumindest bei Mäusen – der Dopamin-D1-Rezeptor eine wichtige Rolle zu spielen: Mäusen, denen das Gen für den Dopamin-D1-Rezeptor (*Drd1a*) fehlt, verzichten in entsprechenden Verhaltenstests darauf, sich Kokain selbst zu verabreichen (dies gilt aber nicht für Nahrung oder Opiate; Caine et al. 2007).

Die Hinweise auf die Bedeutung des Dopamin-Systems werden auch in anderen Tiermodellen gefunden: Der hauptsächliche akute Effekt von Kokain ist ein Anstieg des extrazellulären Dopaminspiegels; die wiederholte Aufnahme von Kokain (wie es üblicherweise bei Abhängigen vorkommt) führt zu aufeinanderfolgenden Spitzen von hohen Dopaminkonzentrationen in bestimmten Regionen des Gehirns (vor allem im *Nucleus*

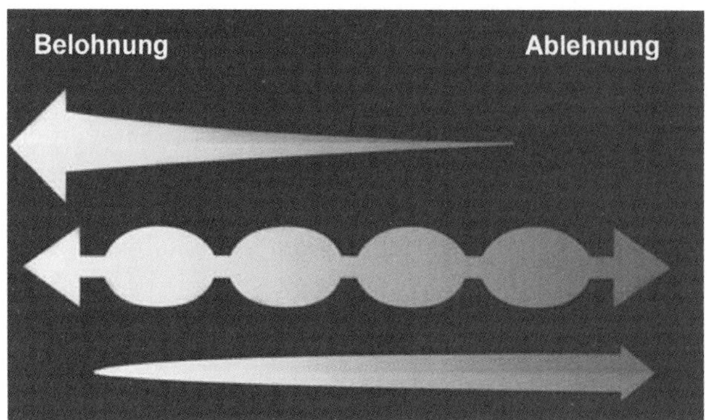

◘ **Abb. 14.38** Modell für die relativen Beiträge der Blockade der Transporter für Dopamin (DAT), Serotonin (SERT) und Noradrenalin/Norepinephrin (NAT) auf die Kokain-Belohnung bzw. -Ablehnung in Wildtyp-Mäusen. DAT (*oben*): Die Blockade des Dopamin-Transporters trägt wesentlich zum Belohnungsverhalten bei. SERT (*Mitte*): Die Serotonin-Transporter-Blockade führt zu einer Kombination aus Belohnungs- und Ablehnungsverhalten; die ungleiche Verteilung der Einflüsse verdeutlicht die unterschiedlichen Beiträge einzelner Serotonin-Rezeptoren. NAT (*unten*): Die Blockade des Noradrenalin/Norepinephrin-Transporters führt zunehmend zu ablehnendem Verhalten. (Nach Uhl et al. 2002, mit freundlicher Genehmigung)

accumbens). Dort wird nach chronischer Exposition mit Kokain auch eine Erhöhung des Opiat-Rezeptors μ beobachtet. Interessanterweise ist der Dopamin-Regelkreis auf zweifache Weise mit Opiat-Rezeptoren verbunden: Die Aktivierung des Opiat-Rezeptors μ führt ebenfalls zu einer Freisetzung von Dopamin, während umgekehrt die Aktivierung des Opiat-Rezeptors κ die extrazellulären Dopaminspiegel vermindert – nach chronischer Kokainaufnahme findet man auch eine Verminderung des Opiat-Rezeptors κ im *Nucleus caudatus* und Putamen.

Dieser Zusammenhang lenkt natürlich den Blick auf genetische Unterschiede im Dynorphin/Opiat-Rezeptor-System, wie wir es oben schon für die DBA/2J- und C57BL/6J-Mäuse kurz angesprochen haben. Eine besonders auffallende Region im menschlichen *PDYN*-Gen liegt etwa 1250 bp oberhalb des ersten Exons und enthält 68 bp, die ein- bis fünfmal wiederholt werden können. Amerikaner afrikanischer Herkunft mit drei bis vier Kopien dieser Wiederholungseinheit zeigen eine größere Tendenz zur Kokainabhängigkeit – dies gilt aber nicht für andere Bevölkerungsgruppen. Unter Japanern wurde ein signifikanter Zusammenhang zwischen der höheren Kopienzahl und einer Abhängigkeit von Methamphetamin („Crystal Meth") beobachtet, und unter Chinesen wurde ein Zusammenhang zwischen SNPs in der 3′-UTR des *PDYN*-Gens mit Heroinabhängigkeit gefunden. SNPs im *PDYN*-Gen wurden auch mit Alkoholismus in Verbindung gebracht. Experimentelle Untersuchungen an Zellkulturen, in Tierversuchen und an Gehirnen Verstorbener deuten darauf hin, dass diese SNPs einen Einfluss auf die Regulation der *PDYN*-Expression haben. Ähnliche

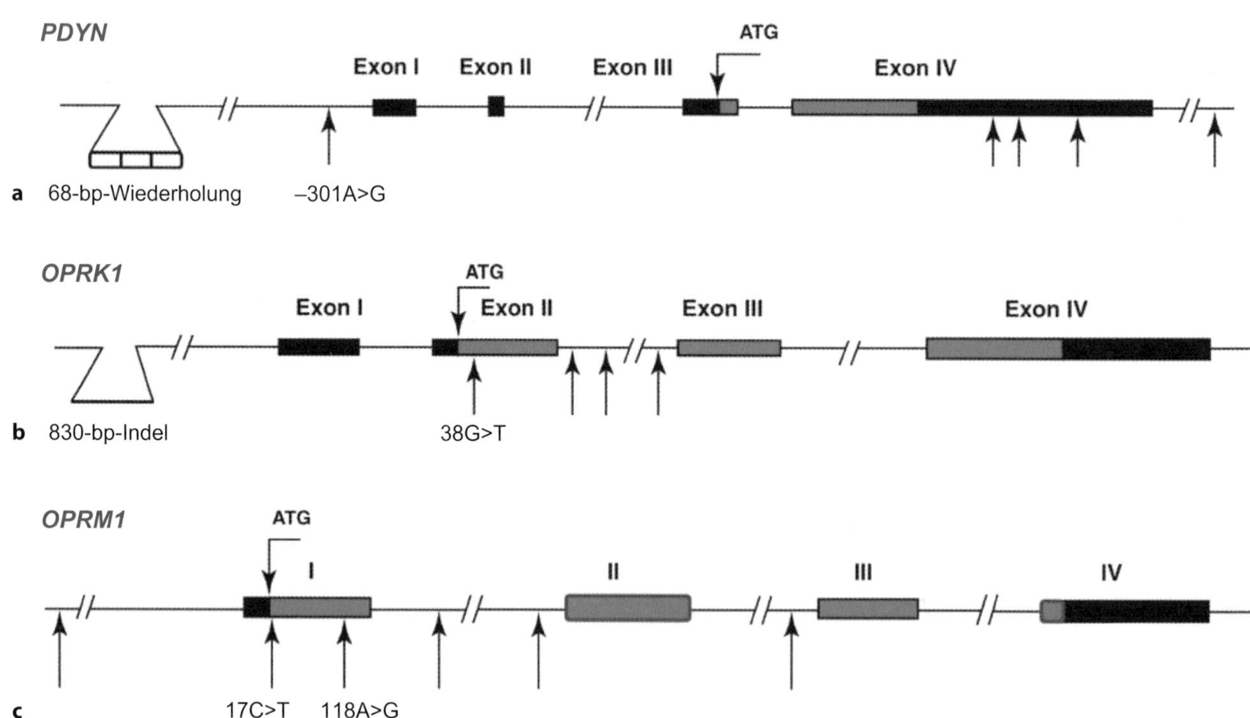

◘ **Abb. 14.39** Genstruktur und ausgewählte Stellen genetischer Variabilität im menschlichen *PDYN*- (**a**), *OPRK1*- (**b**) und *OPRM1*-Gen (**c**). Polymorphismen (*Pfeile*) stehen im Zusammenhang mit einer veränderten Anfälligkeit für eine Drogenabhängigkeit (z. B. Kokain, Heroin, Methamphetamin und Alkohol). Die codierenden Regionen der Exons sind *grün* und die 5′- und 3′-nicht-translatierten Regionen (UTR) *schwarz* dargestellt. Die Positionsangabe des SNPs „−301A>G" im *PDYN*-Gen bezieht sich auf den Transkriptionsstart; die Angabe aller anderen SNPs auf das Startcodon der Translation. (Nach Butelman et al. 2012, mit freundlicher Genehmigung)

Zusammenhänge lassen sich auch zwischen Polymorphismen der Gene für die beiden Opiat-Rezeptoren κ und μ (*OPRK1* und *OPRM1*) und einer veränderten Anfälligkeit für eine Drogenabhängigkeit (Kokain, Heroin, Alkohol) feststellen. ◼ Abb. 14.39 gibt einen Überblick über die Struktur der entsprechenden menschlichen Gene und die relative Lage der einzelnen Polymorphismen.

Kokain führt zur verstärkten Freisetzung von Dopamin aus synaptischen Vesikeln und zur Hemmung seiner Wiederaufnahme aus der Synapse. Kokain ist durch ein starkes Abhängigkeitspotenzial gekennzeichnet. Polymorphismen in den Genen PDYN, OPRK1 und OPRM1 haben einen Einfluss auf die Anfälligkeit für Drogenabhängigkeit.

Von zunehmendem Interesse ist auch das Zusammenspiel von Kokain und Chromatinveränderungen, insbesondere der Histon-Acetylierungen. Bei chronischer Kokainaufnahme zeigt sich interessanterweise keine genomweite Veränderung der Histon-Acetylierungen; vielmehr wurde eine zunehmende Acetylierung der H3-Histone an Promotoren der Gene *BDNF* (engl. *brain-derived neurotrophic factor*) und *CDKL5* (engl. *cyclin-dependent kinase-like 5*) beobachtet. Es gibt keine Überlappung an Acetylierungen zwischen dem Histon H3 und H4 (Ausió 2016). Die Frage der spezifischen Histon-Acetylierungen wird sicherlich in den nächsten Jahren weitere Beachtung erfahren.

Cannabis, ein Rauschmittel der Hanfpflanze, ist seit über 4000 Jahren dafür bekannt, dass es massive Auswirkungen auf die Psyche hat. Es ist für Patienten mit chronischen Schmerzen oder multipler Sklerose (zur Kontrolle der Spasmen) von großer Bedeutung – umgekehrt gibt es eine Reihe von Arbeiten, die darauf hinweisen, dass der Genuss von Cannabis das Risiko für Psychosen vergrößert. Der wichtigste psychoaktive Bestandteil des Cannabis ist Δ^9-Tetrahydrocannabinol (THC), dessen Struktur in den 1960er-Jahren aufgeklärt wurde. THC wirkt über den Cannabinoid-1(CB1)-Rezeptor, der 1988 identifiziert und 1990 kloniert wurde. Der CB1-Rezeptor ist der häufigste mit einem G-Protein gekoppelte Rezeptor im Gehirn; seine Expression ist besonders stark im Hippocampus, Kleinhirn, den Basalganglien und im Neocortex. Endogene Liganden des CB1-Rezeptors sind Arachidonylethanolamid und 2-Arachidonylglycerol, die bei Bedarf aus den Phospholipiden der Membranen hergestellt werden. Die Endocannabinoide wirken als retrograde Signale an Synapsen und hemmen die Ausschüttung von schnell wirkenden Neurotransmittern. Sie werden in Nervenzellen synthetisiert, die Information übermitteln, wie den Purkinje-Zellen des Kleinhirns, den Pyramiden-Neuronen des Hippocampus und des Cortex oder den dopaminergen Neuronen des Mittelhirns. Der CB2-Rezeptor zeigt ein

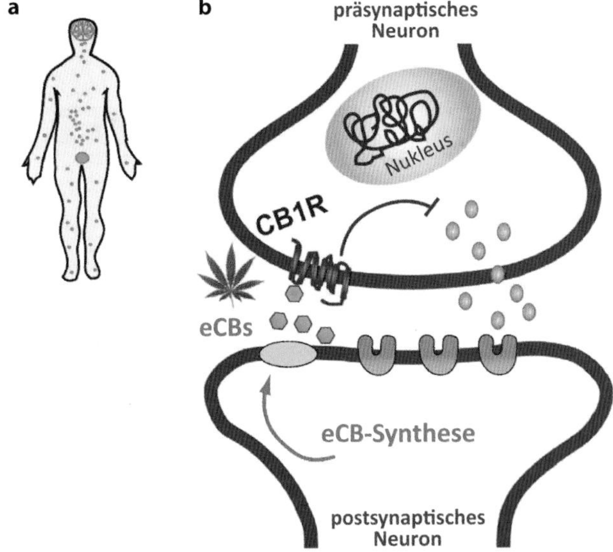

◼ **Abb. 14.40** Biologische Prozesse, die von einer Cannabis-Exposition betroffen sind. **a** Die aktiven Komponenten von Cannabis zielen auf die Cannabis-Rezeptoren Typ 1 (CB1R) und Typ 2 (CB2R). Das Expressionsmuster im Körper ist durch die *grünen Punkte* in der menschlichen Figur dargestellt. Der CB1R ist am häufigsten im Gehirn exprimiert, aber auch in der Lunge, der Leber, der Niere, im Immunsystem, im Darm und in Keimzellen. Der CB2R ist am häufigsten im Immunsystem und in hämatopoetischen Zellen anzutreffen – und dafür nur in geringen Mengen im Gehirn. **b** Cannabis-Rezeptoren sind G-Protein-gekoppelte Transmembranrezeptoren. Der CB1R (*rot*) ist das primäre Ziel von Δ^9-Tetrahydrocannabinol. Endogen werden CBRs aber durch Endocannabinoide (eCBs; *grüne Sechsecke*) aktiviert und sind an einem retrograden Signalweg beteiligt: Im Gehirn von Erwachsenen vermindert die Aktivierung des CB1R an der Oberfläche präsynaptischer Neurone die Freisetzung von Neurotransmittern (*gelbe Kreise*), die an ihre spezifischen Rezeptoren (*hellblau*) in der postsynaptischen Zelle binden, wodurch die Kommunikation der beiden Neurone verändert wird. (Nach Szutorisz und Hurd 2016, mit freundlicher Genehmigung)

anderes Expressionsmuster, wobei vor allem auffällt, dass der CB2-Rezeptor im Gehirn nur sehr schwach exprimiert ist. Einen Überblick über das cannabinoide System gibt ◼ Abb. 14.40.

Im Zusammenhang mit Suchterkrankungen haben sich die Forschungen bisher auf zwei Gene fokussiert, *CNR1* (codiert für den Cannabis-Rezeptor Typ1, CB1R) und *FAAH* (codiert für eine Fettsäureamid-Hydrolase, engl. *fatty acid amid hydrolase*). Im *CNR1*-Gen gibt es mehrere Polymorphismen, die mit verschiedenen Formen von Abhängigkeiten gegenüber Drogen assoziiert sind; Träger des C-Allels des SNPs *rs2023239* haben beispielsweise einen höheren Verbrauch an Cannabis, eine stärkere Cannabisabhängigkeit und zeigen stärkere Entzugserscheinungen. Das Bild wird deutlicher, wenn man verschiedene Kombinationen von SNPs (Haplotypen) im *CNR1*-Gen analysiert. Im *FAAH*-Gen gibt es einen SNP, der im Zusammenhang mit Drogenabhängigkeit diskutiert wird: Er liegt im 3. Exon und führt zu einem Pro→Thr-Austausch an der Position 129 und zu einer

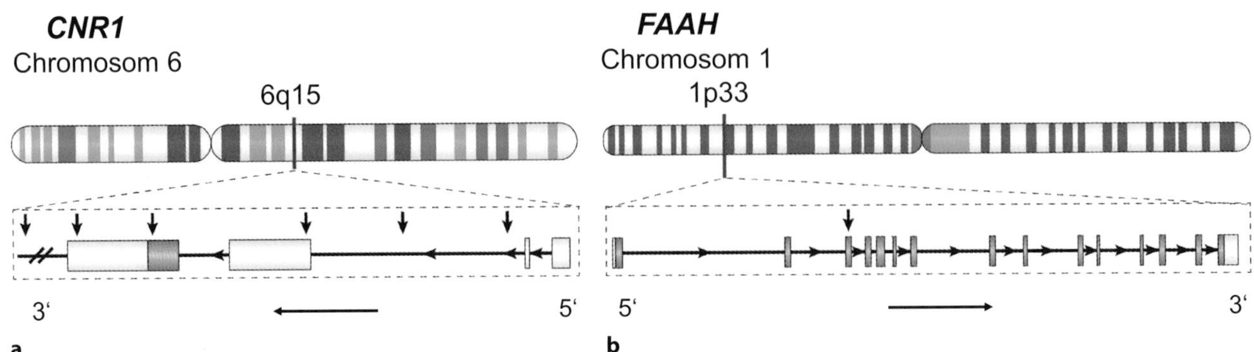

■ **Abb. 14.41** *CNR1* und *FAAH* – die beiden Gene des endocannabinoiden Systems, die mit Sucht in Verbindung gebracht werden. **a** Das humane Gen *CNR1*, das für den Cannabis-Rezeptor 1 codiert (CB1R), ist auf dem Chromosom 6 (6q15) lokalisiert und enthält vier Exons. Das *CNR1*-Gen wird vom Minusstrang der DNA abgelesen; die Transkriptionsrichtung ist durch *Pfeile* dargestellt. Es gibt mehrere Transkriptionsprodukte, wobei das Hauptprodukt für ein Protein mit 472 Aminosäuren codiert; der codierende Bereich ist nur im Exon 4 lokalisiert (*hellbraun*). **b** Das *FAAH*-Gen ist auf dem Chromosom 1 (1p33) lokalisiert und enthält 15 Exons; die codierenden Bereiche (für 579 Aminosäuren) sind *hellbraun* gefärbt. Genetische Varianten, die mit Sucht und verwandten Endophänotypen in Verbindung gebracht werden, sind durch *senkrechte Pfeile* dargestellt. (Nach Parsons und Hurd 2015, mit freundlicher Genehmigung)

verminderten FAAH-Aktivität. Der A/A-Genotyp ist mit einer verminderten Verwundbarkeit durch Cannabis assoziiert, wohingegen der C/C-Genotyp mit verstärkten negativen Wirkungen beim Cannabis-Entzug einhergeht. ■ Abb. 14.41 gibt einen Überblick über die Organisation der beiden Gene.

In der Diskussion um Cannabis ist eine wichtige Frage, inwieweit der fortdauernde Gebrauch zur Entwicklung von Psychosen beiträgt. Epidemiologische Studien deuten sehr deutlich darauf hin – wenngleich auch offensichtlich ist, dass es sich nicht um ein grundsätzliches Phänomen handelt, sondern nur einen Teil der untersuchten Populationen betrifft. In solchen Situationen ergibt sich der Verdacht auf eine genetische Prädisposition. Und tatsächlich zeigte die Untersuchung der Catechol-O-Methyltransferase (COMT) einen Zusammenhang mit der Entwicklung von Psychosen durch Cannabis-Gebrauch auf: COMT ist am Abbau von Dopamin beteiligt, und es gibt einen funktionellen Polymorphismus im *COMT*-Gen (OMIM 116790), der zu einem Austausch von Valin durch Methionin im Codon 158 führt (V158M). Die COMT-Aktivitäten unterscheiden sich um das 3- bis 4-fache, wenn sie in roten Blutkörperchen oder auch in der Leber gemessen werden, wobei drei Stufen unterschieden werden können (niedrig, mittel, hoch). Dieser stufenartige Unterschied lässt sich gut mit der Anwesenheit eines autosomalen codominanten Allels erklären – nämlich der G→A-Transition im Codon 158 des *COMT*-Gens, die zu dem oben erwähnten V158M-Austausch führt. Die beiden Allele können übrigens leicht durch eine Behandlung mit dem Restriktionsenzym *Nla*III nachgewiesen werden; das Val-Allel ist mit einem höheren Dopaminspiegel in den Mittelhirn-Neuronen assoziiert, die zum ventralen Striatum projizieren. Den möglichen Zusammenhang zwischen der genetischen Konstitution hinsichtlich des V158M-Polymorphismus im *COMT*-Gen und dem Risiko, bei Cannabis-Anwendungen an Schizophrenie zu erkranken, zeigt ■ Abb. 14.42; es sei an dieser Stelle aber auch auf die Diskussion des V158M-Polymorphismus im Zusammenhang mit der allgemeinen Entstehung von Schizophrenie verwiesen (▶ Abschn. 14.3.3).

In diesem Zusammenhang ist natürlich auch die Frage nach der **Suchtwirkung** von Cannabis wichtig. Epidemiologische Studien zeigen, dass etwa einer von neun Anwendern von Cannabis den klinischen Kriterien für eine Cannabisabhängigkeit genügt, wobei diese Abhängigkeit eher mittelmäßig als schwer ist. Auch scheinen die Entzugserscheinungen nicht so dramatisch zu sein wie bei anderen Suchtmitteln, was aber möglicherweise durch den langsamen Abbau von Cannabis begründet ist. Drogen, die zur Abhängigkeit führen, haben eines gemeinsam: Sie erhöhen die Freisetzung von Dopamin im *Nucleus accumbens*, und man glaubt, dass diese Eigenschaft zentral für die Entfaltung des Suchtprozesses ist. Die Fähigkeit von Alkohol, Nikotin und Opiaten, die Dopamin-Freisetzung im *Nucleus accumbens* zu erhöhen, wird durch Agonisten des CB1-Rezeptors blockiert und fehlt vollständig in Mausmutanten, denen der CB1-Rezeptor fehlt. So zeigen Mäuse ohne den CB1-Rezeptor keine konditionierte Platzpräferenz und keine „Selbstbedienung" mit Alkohol, Nikotin und Opiaten. Eine ausführliche Darstellung der Genetik des Endocannabinoid-Systems findet sich bei Parsons und Hurd (2015).

! Cannabis ist ein Rausch- und Anästhesiemittel. Abhängigkeit wird über den CB1-Rezeptor vermittelt. Bei Vorliegen des Val/Val-Genotyps in Bezug auf den V158M-Polymorphismus im *COMT*-Gen erhöht sich das Risiko deutlich, bei Cannabis-Gebrauch zusätzlich an Schizophrenie zu erkranken.

14

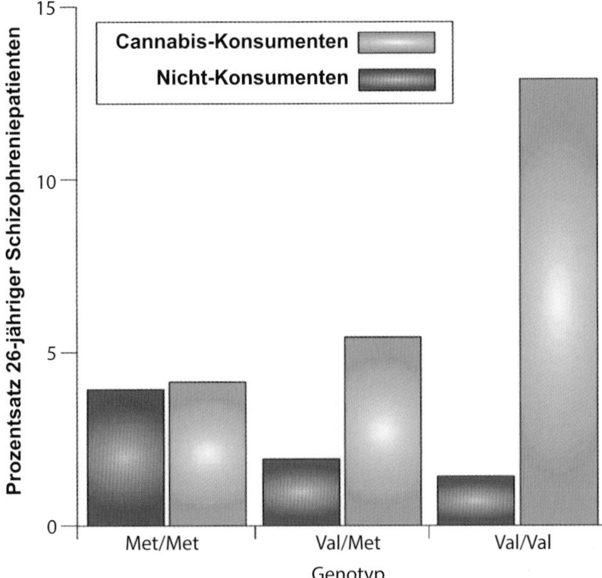

■ **Abb. 14.42** Modulation der Entstehung von Schizophrenie bei Cannabis-Konsumenten durch einen Polymorphismus im *COMT*-Gen. Das Gen für Catechol-O-Methyltransferase (Gensymbol: *COMT*) hat am Codon 158 einen Polymorphismus, der zum Austausch von Valin (Val) durch Methionin (Met) führt (V158M). Der Aminosäureaustausch beeinflusst die Geschwindigkeit, mit der Dopamin abgebaut wird. Bei einer Untersuchung von 800 Cannabis-Konsumenten im Alter von 26 Jahren zeigte sich, dass die Träger des Val-Allels ein deutlich höheres Risiko haben, an Schizophrenie zu erkranken, als die Nicht-Konsumenten. (Nach Murray et al. 2007, mit freundlicher Genehmigung)

In den letzten Jahren wurden einige provokative Ergebnisse publiziert. Das erste betrifft die generationsübergreifende Wirkung von Cannabis-Expositionen bei Ratten. Die Exposition von heranwachsenden männlichen und weiblichen Ratten vor der Verpaarung (Keimbahn-Exposition) führte zu Veränderungen im Verhalten bei den nicht-exponierten Nachkommen. Als Erwachsene zeigten diese nicht-exponierten Nachkommen erhöhte Anstrengungen, um sich selbst mit Heroin zu versorgen. Die Autoren weisen besonders darauf hin, dass vor der Verpaarung kein THC mehr im Körper der Ratten war und dass die Nachkommen von unbehandelten Ammenmüttern aufgezogen wurden, um ein verändertes Brutpflegeverhalten der behandelten Mütter als Ursache auszuschließen (Szutorisz und Hurd 2018). Das zweite unerwartete Ergebnis betrifft die Wiederherstellung kognitiver Funktionen durch niedrige Dosen von THC (3 mg pro kg Körpergewicht über 28 Tage) bei älteren Mäusen. Da das Endocannabinoid-System im Laufe des Alters abnimmt, haben die Autoren Mäuse im Alter von 2, 12 und 18 Monaten für 28 Tage mit THC exponiert. Sie beobachteten bei den älteren behandelten Mäusen kognitive Leistungen, eine Synaptogenese, Histon-Acetylierungen und eine Expression altersabhängiger Gene wie bei den 2 Monate alten Mäusen. Die nichtbehandelten Tiere zeigten dagegen ein Verhalten, wie es üblicherweise bei älteren Tieren beobachtet wird (Bilkei-Gorzo et al. 2017).

14.3.3 Schizophrenie

Emil **Kraepelin** beschrieb 1899 ein Symptom, das er *Dementia praecox* nannte und das heute als Schizophrenie (Gensymbol: *SCZD*, OMIM 181500) bezeichnet wird. Es ist durch Halluzinationen, Wahnvorstellungen, unorganisierte Sprache, Affekt- und Antriebsstörungen sowie kognitive Störungen (z. B. der Aufmerksamkeit, des Gedächtnisses, allgemeiner intellektueller Fähigkeiten) gekennzeichnet. Psychiatrische Erkrankungen wie Schizophrenie wurden jedoch lange Zeit nicht unter genetischen Gesichtspunkten betrachtet. Allerdings gab es am Ende des 20. Jahrhunderts zunehmend Berichte über familiäre Häufungen psychiatrischer Erkrankungen, sodass eine starke genetische Komponente offensichtlich war. Heute gilt eine positive Familiengeschichte als das größte Risiko für Schizophrenie: Beträgt das Lebenszeitrisiko in der allgemeinen Bevölkerung etwa 1 %, so steigt es auf 6,5 % bei Verwandten 1. Grades und auf 40–50 % bei eineiigen Zwillingen betroffener Eltern. Die Erblichkeit (Heritabilität) der Schizophrenie wird heute mit ungefähr 80 % angegeben. Allerdings zeigte sich auch, dass diese genetische Komponente nicht den klassischen Mendel'schen Gesetzen folgt, sondern eher den Gesetzen komplexer Erkrankungen, wie wir es vorher bereits bei Asthma und ähnlichen Erkrankungen mit vielfältigen genetischen Ursachen kennengelernt haben.

Im Gegensatz zu den später zu besprechenden Krankheiten wie Alzheimer oder Parkinson (► Abschn. 14.5.2 und 14.5.3) gibt es bei der Schizophrenie keine diagnostische Neuropathologie oder andere biologische Marker des Syndroms. Allerdings erlauben moderne bildgebende Verfahren wie die funktionelle Kernspintomographie (engl. *functional magnetic resonance imaging*, fMRI) auch einen Einblick in die Gehirne schizophrener Patienten. Die am besten übereinstimmenden strukturellen Veränderungen bei Schizophrenie beinhalten eine laterale Vergrößerung des 3. Ventrikels, aber eine Volumenminderung des medialen Schläfenlappens (*Formatio hippocampi*, *Subiculum*, *Gyrus parahippocampalis*) und des *Gyrus temporalis superior*. Ein typisches Beispiel zeigt ■ Abb. 14.43.

Die genetisch-epidemiologischen Untersuchungen mit Geschwisterpaar-Analysen zeigen eine Vielzahl möglicher Genorte an, oft allerdings mit niedrigen Signifikanzwerten (► Abschn. 13.1.4), und viele Studien fügen der langen Liste neue Kandidatenregionen hinzu, ohne dass frühere Arbeiten bestätigt werden können. Unter der Vielzahl dieser Kandidatenregionen (■ Abb. 14.44) ragen aber einige heraus, bei denen die Ergebnisse mit

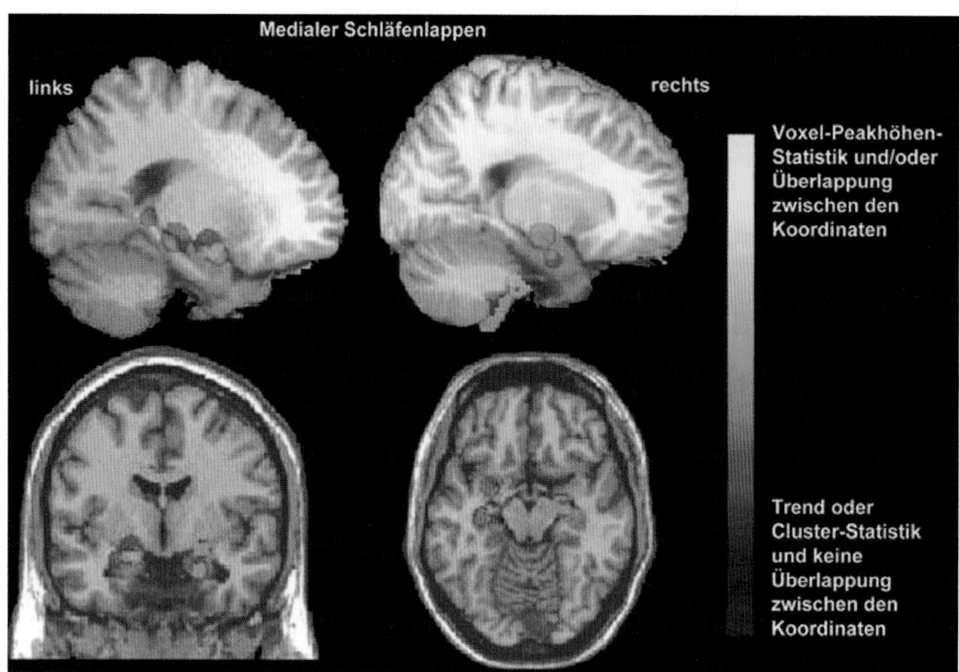

Abb. 14.43 Strukturveränderungen bei der Schizophrenie. Die Voxel-basierte Morphometrie lokalisiert signifikante Volumenverminderungen im medialen Schläfenlappen (einschließlich der Amygdala und des Hippocampus) in Schizophrenie-Patienten. Die *oberen* Bilder stellen 3D-Bilder von der rechten bzw. linken Seite dar; das Bild *links unten* ist eine koronare Ansicht, das Bild *rechts unten* eine axiale Darstellung. Die *Farbskala* deutet die statistische Stringenz der Studien an. (Nach Ross et al. 2006, mit freundlicher Genehmigung)

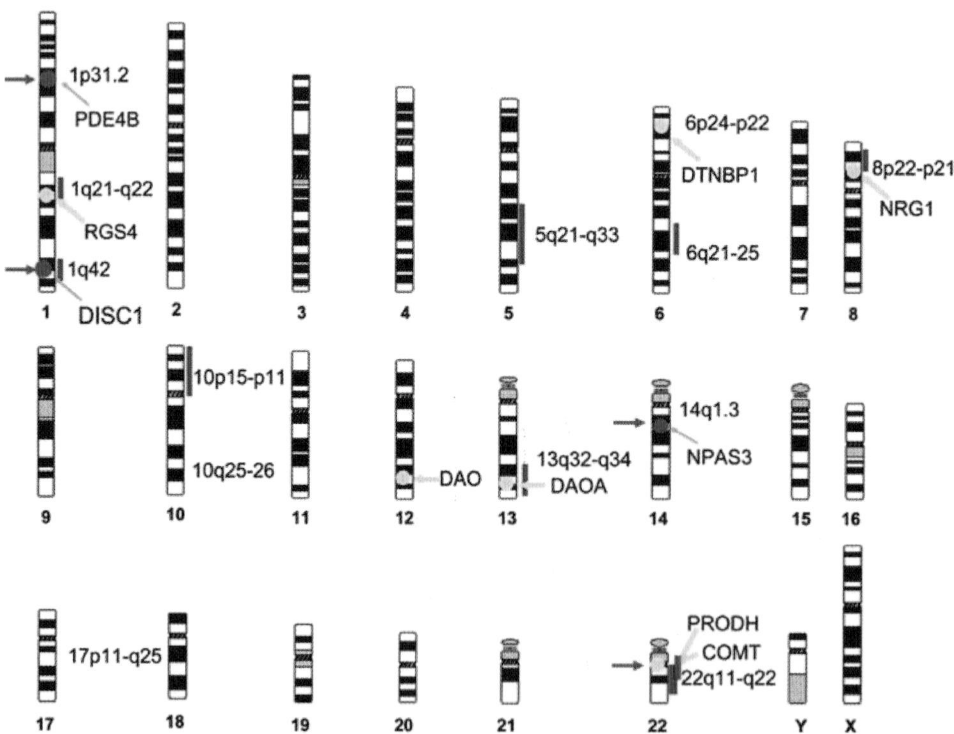

Abb. 14.44 Chromosomale Lokalisation von Schizophrenie-Genen. Chromosomale Regionen mit signifikanter Kopplung mit Schizophrenie sind durch *blaue Balken* gekennzeichnet, Deletionen durch *rote Balken*. Die *gelben Pfeile* und *Kreise* geben die Regionen an, die durch Kopplungsanalysen und Assoziationsstudien identifiziert wurden. Die *roten Pfeile* und *Kreise* deuten Gene an, die durch Translokationen identifiziert wurden. Einige Gensymbole sind angegeben. (Nach Ross et al. 2006, mit freundlicher Genehmigung)

früheren Kartierungsdaten übereinstimmen, die wiederholbar und biologisch plausibel sind und zu denen es einen vergleichbaren Phänotyp in einer transgenen Maus gibt. Die Untersuchungen bei der Maus werden dadurch erleichtert, dass es inzwischen einige objektivierbare Verhaltenstests gibt; dazu gehören die Messung der sozialen Interaktion, Präimpulshemmung, Aggression und Bewegungsaktivität.

Große, isolierte Bevölkerungsgruppen sind für Humangenetiker häufig eine wahre Fundgrube. Das trifft beispielsweise für die Bevölkerung Islands zu, deren Gene in vielerlei Hinsicht durch die *Islandic deCODE Genetics Group* analysiert werden. Diese Gruppe führte zunächst eine genomweite Übersicht durch und fand das Chromosom 8p als eine Kandidatenregion für Schizophrenie. Sie identifizierten daraufhin mehrere Marker im Gen **Neuregulin-1** (NRG1), die den harten Kern eines Haplotyps aufbauen, der mit Schizophrenie assoziiert ist und das Risiko für Nachkommen, an Schizophrenie zu erkranken, um den Faktor 2,1 erhöht (Stefansson et al. 2002). Die gleiche Gruppe hat diese Ergebnisse später an schottischen (Stefansson et al. 2003) und chinesischen (Li et al. 2004) Patienten bestätigt. Neuregulin kommt in glutaminergen synaptischen Vesikeln vor und wirkt auf die Expression der NMDA-Rezeptoren über ErbB-Rezeptoren. Eine Neuregulin-hypomorphe Maus zeigt außerdem Verhaltensweisen, die der Schizophrenie ähnlich sind.

Das zweite Gen, das den oben genannten Kriterien genügt, codiert für die Catechol-O-Methyltransferase (Gensymbol: *COMT*; Chromosom 22q11). Das Enzym ist am Abbau von Catecholaminen beteiligt und spielt im Dopamin-Stoffwechsel eine wichtige Rolle (◘ Abb. 14.25). Ein SNP im *COMT*-Gen (V158M) beeinflusst die Aktivität des Enzyms und die präsynaptische Dopaminwirkung. Wir haben diesen Polymorphismus bereits in anderem Zusammenhang kennengelernt, nämlich im Zusammenhang mit Cannabis-Rauchern, die zugleich an Schizophrenie erkranken (► Abschn. 14.3.2, ◘ Abb. 14.42). Weitere Gene, für die eine Beteiligung an Schizophrenie diskutiert wird, sind die Gene für Dysbindin (Gensymbol: *DTNBP1*; Chromosom 6p) und eine Prolin-Dehydrogenase (Gensymbol: *PRODH*; Chromosom 22q11). Eine Übersicht über die genetische Heterogenität der Schizophrenie gibt ◘ Tab. 14.4.

◘ **Tab. 14.4** Genetische Heterogenität der Schizophrenie

Bezeichnung	OMIM	Chromosom	Gen
SCZD1	181510	5q23–35	*EPN4*?, *GABRA1*?, *GABRP*?
SCZD2	603342	11q14-21	*FXYD6*?, *TYR*?
SCZD3	600511	6p23	*DTNBP1*?, *MHC*?
SCZD4	600850	22q11	*PRODH*
SCZD5	603175	6q13-26	*TRAR4*?
SCZD6	603013	8p21	*NRG1*?, *PPP3CC*?
SCZD7	603176	13q32	?
SCZD8	603206	18p	*GNAL*?
SCZD9	604906	1q42	*DISC1*
SCZD10	605419	15q15	*LAMA2*?, *DPYD*?, *TRRAP*?, *VPS39*?
SCZD11	608078	10q22	*NRG3*
SCZD12	608543	1p36	?
SCZD13	613025	15q13	*CHRNA7*?
SCZD14	612361	2q32	*ZNF804A*?
SCZD15	613950	22q13	*SHANK3* (vgl. Autismus, ► Abschn. 14.4.3)
SCZD16	613959	7q36	Duplikation von 362 kb (inkl. *VIPR2*)
SCZD17	614332	2p16	*NRXN1* (vgl. Autismus, ► Abschn. 14.4.3)
SCZD18	615232	9p24	*SLC1A1*
SCZD19	617629	20q11	*RBM12*

Nach OMIM 181500 (Oktober 2020)

 Durch Analyse einer balancierten Translokation zwischen den Chromosomen 1 und 11 wurde in einer großen schottischen Familie auf dem Chromosom 1 das Gen *DISC1* identifiziert (engl. *disrupted in schizophrenia 1*) – das Gen wird durch die Translokation zwischen den Exons 8 und 9 gespalten; auf dem Chromosom 11 gibt es kein Gen an dieser Stelle, sodass es zu einem reinen Funktionsverlust kommt, ohne dass neue Hybridproteine gebildet werden, wie wir das bei vielen anderen Translokationen gesehen haben, die zur Aktivierung von Onkogenen führen (▶ Abschn. 13.4.1). In dieser Familie segregiert die Translokation mit einem breiten Spektrum psychischer Erkrankungen (Schizophrenie, bipolaren Erkrankungen und anderen schweren psychischen Erkrankungen; St Clair et al. 1990). Eine Deletion von 4 bp im Exon 12 des *DISC1*-Gens wurde später auch in einer nordamerikanischen Familie mit hohem Anteil an Schizophrenie-Patienten identifiziert (Sachs et al. 2005). Eine Mausmutante mit einer spontanen Deletion im Exon 6 des *Disc1*-Gens zeigt neben anderen Merkmalen auch einen verstärkten Schreckeffekt und eine verstärkte Vorimpulshemmung – beides diagnostische Hinweise auf Schizophrenie, die auch beim Menschen angewendet werden. Diese Deletion kommt in verschiedenen Inzuchtstämmen der Maus vor, z. B. 101/RI, LP/J, FVB/NJ, SJL/J und SWR/J (▶ http://www.informatics.jax.org/allele/MGI:3623217).

DISC1 wird in mehreren Isoformen exprimiert; die stärkste Expression ist im Hippocampus zu finden. Die Proteinsequenz gibt einige Hinweise auf die Funktion:

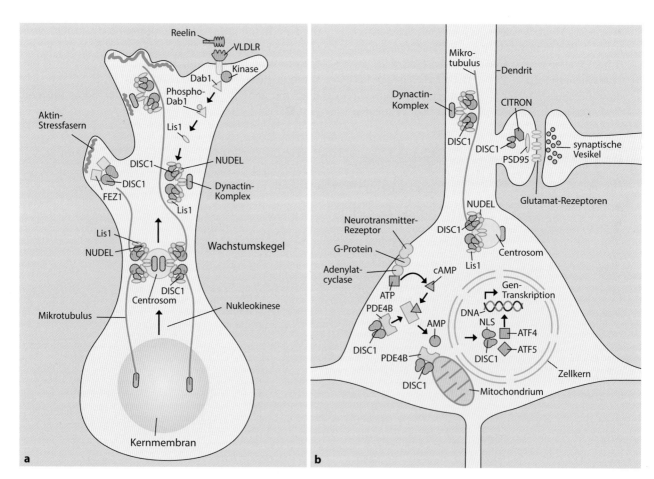

■ **Abb. 14.45** Funktion von DISC1. **a** In der sich entwickelnden Nervenzelle ist DISC1 Teil eines Komplexes mit NUDEL und Lis1 und steht dabei in Wechselwirkung mit dem Dynein/Dynactin-Motorkomplex, der am Transport der Mikrotubuli und ihrer Organisation am Centrosom beteiligt ist. Dieser Komplex ist für die Nukleokinese und damit auch für die Wanderung der Neuronen verantwortlich; dieser Prozess ist dem Reelin-Signalweg über Dab1 (engl. *disabled*) nachgeordnet. DISC1 hat auch eine Schlüsselfunktion beim Auswachsen der Neurite und ihrer Organisation über die Wechselwirkung mit FEZ1 und den Aktin-haltigen Stressfasern. **b** In der erwachsenen Nervenzelle hat DISC1 weiterhin eine wichtige Funktion beim Transport über die Mikrotubuli; DISC1 interagiert auch mit CITRON (eine postsynaptische Serin-/Threoninkinase) und beeinflusst damit die synaptischen Antworten. DISC1 moduliert wahrscheinlich auch die Neurotransmission und Neuroplastizität durch seine Fähigkeit, die Hydrolyse von cAMP durch PDE4B zu regulieren (wahrscheinlich an der äußeren Mitochondrienmembran). Im Zellkern interagiert DISC1 mit Transkriptionsfaktoren und beeinflusst auf diese Weise insbesondere die Stress-induzierte Transkription. (Nach Ross et al. 2006, mit freundlicher Genehmigung)

Die vielen *coiled-coil*-Proteindomänen (umeinander gewundene α-Helices) am C-Terminus bieten gute Interaktionsmöglichkeiten mit anderen Proteinen; bestätigte Interaktionspartner sind die Phosphodiesterase 4B (Gensymbol: *PDE4B*), eine Endooligopeptidase (engl. *nuclear distribution element-like*, Gensymbol: *NUDEL*), eine Acetylhydrolase (engl. *platelet-activating factor acetylhydrolase isoform 1B*, Gensymbol: *PAFAH1B1*; auch bezeichnet als *lissencephaly-1*, Gensymbol: *LIS1*) und das Faszikulations- und Elongationsprotein ζ1 (Gensymbol: *FEZ1*). Es wird vermutet, dass das DISC1-Protein sowohl eine wichtige Funktion während der Entwicklung des Gehirns als auch im adulten Gehirn bei Lern- und Gedächtnisprozessen hat; eine Übersicht über die Mechanismen gibt ◻ Abb. 14.45.

Die Beobachtungen zur Funktion von DISC1 im sich entwickelnden Gehirn, aber auch epidemiologische Arbeiten, haben deutlich gemacht, dass viele Gene, deren Veränderungen mit Schizophrenie assoziiert sind, neurobiologische Entwicklungsprozesse wie die neuronale Differenzierung und die Reifung des Gehirns beeinflussen – Schizophrenie kann man also (auch) als eine Erkrankung des sich entwickelnden Gehirns bezeichnen. Eine ausführliche Darstellung dieses Konzepts findet sich bei Birnbaum und Weinberger (2017).

Kürzlich wurde ein weiteres Kandidatengen für Schizophrenie in drei frankokanadischen Patientenkohorten identifiziert: *SLC12A2* (engl. *solute carrier family 12, member 2*) ist auf dem Chromosom 5 (5q23) lokalisiert und codiert für einen Kation-Chlorid-Cotransporter, wobei Chloridionen in die Zelle hineintransportiert werden. In den oben genannten Kohorten von Schizophrenie-Patienten wurde eine heterozygote Y199C-Variante identifiziert, die zu einem erhöhten Chlorideintritt in die Zelle führt (Merner et al. 2016). Schon früher wurde in Mäusen gezeigt, dass *SLC12A2* an der Neurogenese im Hippocampus beteiligt ist. Fall-Kontroll-Studien haben außerdem darauf hingewiesen, dass *DISC1* und *SLC12A2* epistatisch in Wechselwirkung treten und dadurch das Risiko für Schizophrenie beeinflussen (Kim et al. 2012).

Schizophrenie ist eine psychische Erkrankung, die durch Halluzinationen, Wahnvorstellungen, Störungen in der sozialen Interaktion und kognitive Störungen gekennzeichnet ist. Es gibt keine klare neuropathologische Diagnostik. Kopplungsanalysen bei Familien von Patienten sowie transgene bzw. Knock-out-Mutanten der Maus deuten darauf hin, dass Mutationen in den Genen für DISC1, NRG1 und COMT das Risiko erhöhen, an Schizophrenie zu erkranken. Es ist aber sicherlich noch eine Reihe weiterer Gene an dieser Erkrankung beteiligt; Umweltfaktoren haben einen modulierenden Einfluss.

Eine breite genomweite Assoziationsstudie zeigte eine besonders starke Assoziation von Schizophrenie mit dem Haupthistokompatibilitäts-Komplex und hier vor allem mit den Genen des Komplementfaktors C4. Der Komplementfaktor C4 kommt vor allem im Hippocampus vor, aber auch in der weißen und grauen Substanz des Gehirns. Dabei kommt er an neuronalen Synapsen, Dendriten und Axonen vor. Die Expression des Komplementfaktors C4 ist bei Schizophrenie-Patienten deutlich erhöht und möglicherweise für die Eliminierung von Synapsen (mit)verantwortlich. Diese Beobachtung eröffnet völlig neue Sichtweisen auf die Entstehung von Schizophrenie, und man wird in den nächsten Jahren sehen, wie sich dieser Befund auf das Verständnis der Pathogenese von Schizophrenie auswirkt. Experimentelle Details findet der interessierte Leser bei Sekar et al. (2016).

14.4 Neurologische Erkrankungen

Unter neurologischen Erkrankungen werden üblicherweise Erkrankungen des Nervensystems (Gehirn, Rückenmark und periphere Nerven) sowie der Muskulatur zusammengefasst; die Grenze zu psychiatrischen Erkrankungen (von denen wir einige schon besprochen haben) ist fließend. Das Krankheitsspektrum ist entsprechend vielfältig, und auch die genetischen Aspekte können hier nicht in ihrer ganzen Breite dargestellt werden. Wir wollen uns in diesem Abschnitt auf das Rett-Syndrom, Migräne und Epilepsie sowie einige Formen des Autismus beschränken. Die neurodegenerativen Erkrankungen (Alzheimer, Parkinson und Creutzfeldt-Jakob) werden im ▸ Abschn. 14.5 besprochen.

14.4.1 Rett-Syndrom

Das Rett-Syndrom (OMIM 312750) wurde zuerst 1966 von dem Wiener Kinderarzt Andreas **Rett** als eine schwere neuronale Entwicklungsstörung beschrieben, die fast ausschließlich Mädchen betrifft. Es dauerte allerdings 17 Jahre, bis der deutschsprachige Bericht in der englischen Fachliteratur bekannt wurde. Wir wissen heute, dass das Rett-Syndrom eine der häufigsten Erkrankungen mit mentaler Retardierung bei Frauen ist – die Häufigkeit beträgt 1:10.000. Die Krankheit zeichnet sich durch eine unauffällige Prä- und Perinatalperiode aus; ab dem Alter von etwa 6 Monaten verlangsamt sich das Schädelwachstum (bis hin zur Entwicklung einer Mikrocephalie) und sinnvolle Handbewegungen gehen verloren; stattdessen zeigen die Patientinnen typische waschende bzw. knetende Bewegungen. Es folgen ein Verlust der Sprache und eine zunehmende soziale Isolierung. Später entwickeln sich weitere körperliche und geistige

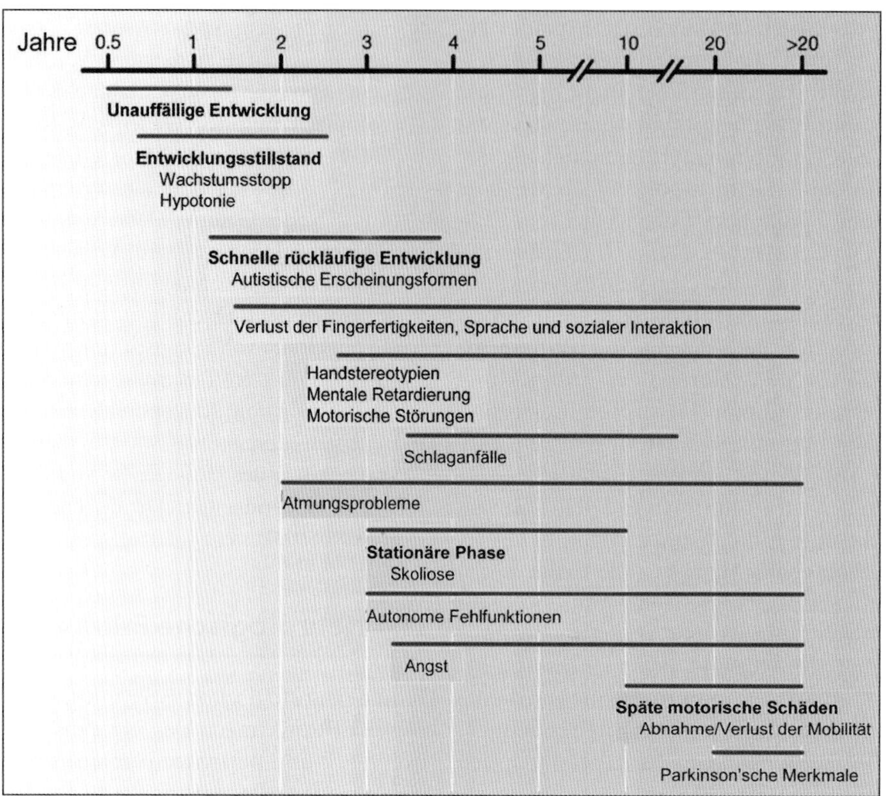

Abb. 14.46 Klinische Merkmale des Rett-Syndroms. Nach einer unauffälligen Entwicklungsphase stagniert die Entwicklung und führt schnell zu einer deutlichen Verschlechterung des Zustands: Verlust der bisher erworbenen Sprache und Ersatz zielgerichteter Bewegungen der Hände durch unablässige Stereotypien. Die Patientinnen entwickeln außerdem soziale Verhaltensauffälligkeiten. Der Gesundheitszustand verschlechtert sich mit dem Verlust der motorischen Fähigkeiten und tief greifenden kognitiven Beeinträchtigungen. Zusätzlich haben die Patientinnen häufig Angstgefühle und Schlaganfälle. (Nach Chahrour und Zoghbi 2007, mit freundlicher Genehmigung)

Behinderungen, z. B. Skoliosen, vermindertes Wachstum und Epilepsien. Das Endstadium der Erkrankung ist oft schon im Alter von 10 Jahren erreicht und durch Mobilitätsverlust gekennzeichnet. Obwohl manche Patientinnen ein Alter von 60–70 Jahren erreichen, sterben viele plötzlich an Herzversagen oder Atmungsstörungen; eine kausale Therapie für das Rett-Syndrom ist nicht bekannt. Eine Übersicht über den Krankheitsverlauf zeigt Abb. 14.46.

Das Gen, dessen Mutationen für die Erkrankung verantwortlich sind, wurde auf dem langen Arm des X-Chromosoms lokalisiert (Xq28). Krankheitsursache sind überwiegend spontane Mutationen (bevorzugt in der männlichen Keimbahn), die das *MECP2*-Gen betreffen, das für ein Methyl-CpG-bindendes Protein codiert. Der Erbgang ist dominant, d. h. für Jungen ist eine Mutation im *MECP2*-Gen in der Regel letal. Wir kennen heute über 900 verschiedene Mutationen, die das gesamte Gen betreffen (RettBASE, ▶ http://mecp2.chw.edu.au/). Es ist allerdings auffallend, dass acht *missense*- oder *nonsense*-Mutationen für knapp die Hälfte aller Fälle verantwortlich sind.

Klinische Unterschiede können unter Umständen darauf zurückgeführt werden, dass das Protein verschiedene funktionelle Domänen besitzt (Abb. 14.47). Es gibt verschiedene Genotyp-Phänotyp-Korrelationen, die darauf hindeuten, dass Mutationen, die zu einem Translationsstopp im N-terminalen Bereich des Proteins führen oder die Kernlokalisationssequenz betreffen, zu schwereren Krankheitsbildern führen als Mutationen, die zu Aminosäureaustauschen führen oder zu einem Verlust der C-terminalen Domäne. Die R133C-Mutation bewirkt einen allgemein milden Krankheitsverlauf, wohingegen die R270X-Mutation mit einer erhöhten Sterblichkeitsrate verbunden ist. Es muss an dieser Stelle aber auch darauf hingewiesen werden, dass es Mutationen im *MECP2*-Gen gibt, die zu anderen neurologischen Erkrankungen führen, z. B. die X-gekoppelte mentale Retardierung (XLMR; OMIM 300260), oder zu Erkrankungen aus dem Spektrum des Autismus (▶ Abschn. 14.4.3). Zusätzlich beeinflusst offensichtlich die väterliche oder mütterliche Herkunft des mutierten Gens das Ausmaß der X-Inaktivierung (▶ Abschn. 8.3.2) des *MECP2*-Gens, sodass hierdurch ein weiterer Kom-

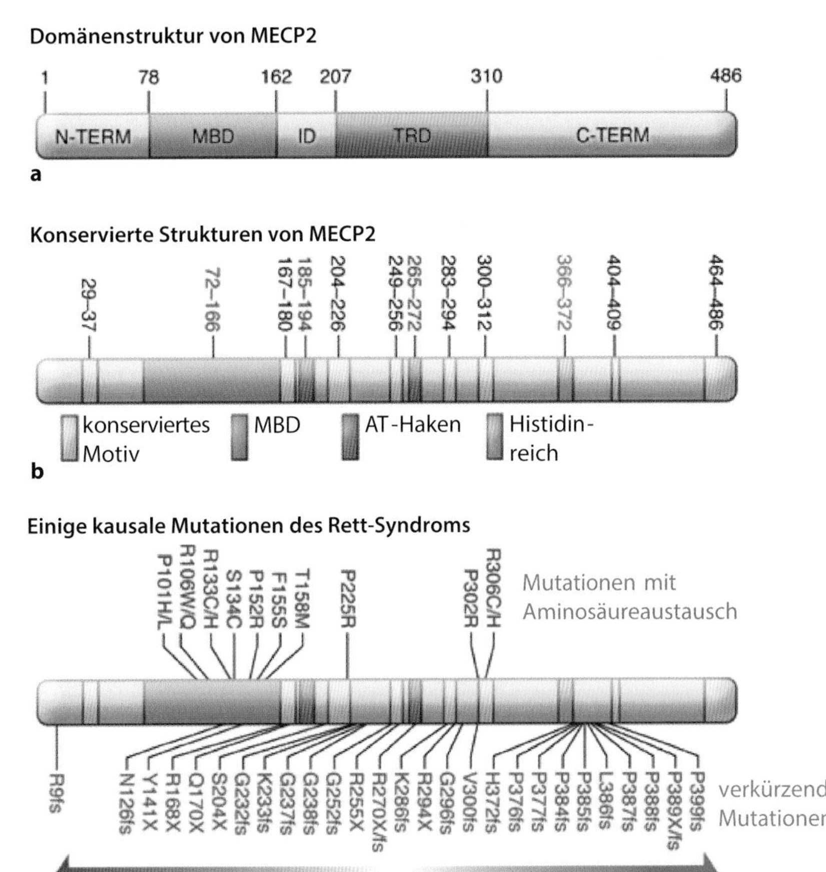

Abb. 14.47 Das *MECP2*-Gen und seine Mutationen. **a** Das humane *MECP2*-Gen besteht aus vier Exons; es gibt zwei Spleißvarianten, die sich nur in der Einbeziehung des 2. Exons unterscheiden (MeCP2E1: 498 Aminosäuren, MeCP2E2: 486 Aminosäuren); hier ist die kürzere Variante dargestellt. Die beiden Proteine unterscheiden sich nur in der Länge der N-terminalen Domäne (N-TERM; *grau*). Weitere Domänen sind eine C-terminale Domäne (C-TERM; *grau*), eine Methyl-CpG-bindende Domäne (MBD; *grün*) und eine Domäne zur Hemmung der Transkription (TRD, engl. *transcription repression domain*; *rot*); die letzteren beiden sind durch Zwischendomänen getrennt (ID, engl. *inter-domain*; *grau*). **b** Die konservierten Domänen des MeCP2-Proteins sind auf der Basis von Vergleichen orthologer Sequenzen verschiedener Wirbeltiere angegeben. Zwei AT-Domänen (engl. *AT-hook*; *rot*) erlauben eine Bindung an AT-reiche DNA. Ein hochkonservierter, Histidin-reicher Abschnitt (*orange*) ist in der C-terminalen Domäne lokalisiert. **c** Es sind einige häufige Mutationen, die zum Rett-Syndrom führen, angegeben. Oberhalb des Proteins sind Mutationen dargestellt, die zu Aminosäureaustauschen in konservierten Bereichen führen, und unterhalb solche, die zu einem vorzeitigen Kettenabbruch führen. (Nach Lombardi et al. 2015, mit freundlicher Genehmigung)

plexitätsgrad hinzugefügt wird. Außerdem sind rund 10 % der Fälle, die als Rett-Syndrom diagnostiziert werden, auf Mutationen in anderen Genen zurückzuführen (*CDKL5*, *FOXG1*).

Das *MECP2*-Gen wird in vielen Organen exprimiert, vor allem im Gehirn, in der Lunge und in der Milz, aber auch in geringerem Ausmaß in der Leber, im Herzen und in den Nieren. Es gibt zwei Spleißvarianten des *MECP2*-Gens; dabei ist das MeCP2E2-Protein im Gehirn etwa 10-fach häufiger als die etwas längere Form MeCP2E1. Das Protein findet sich im Zellkern und hat vermutlich wichtige Funktionen in der Hemmung der Transkription sowie beim Spleißen (◘ Abb. 14.48). Das MeCP2-Protein gehört zur Familie der Methyl-CpG-bindenden Proteine und führt im Zusammenspiel mit anderen, Chromatin-modifizierenden Enzymen (z. B. Histon-Deacetylasen) zu einer dichteren Verpackung des Chromatins. Weitere Daten von *Mecp2*-Mausmutanten deuten darauf hin, dass das MeCP2-Protein im Zusammenspiel mit dem Y-Box-Bindungsprotein YB1 auch an Spleißvorgängen beteiligt ist.

Das Rett-Syndrom ist eine X-gekoppelte, dominante, schwere neurologische Erkrankung. Ursache sind überwiegend spontane Mutationen im *MECP2*-Gen, das für ein Methyl-CpG-bindendes Protein codiert. Das entsprechende Protein findet sich im Zellkern und hat vermutlich wichtige Funktionen bei der Hemmung der Transkription sowie beim Spleißen.

Es gibt verschiedene Mausmodelle für das Rett-Syndrom mit unterschiedlichen Mutationen im *Mecp2*-Gen. Knock-out-Mutanten bilden dabei wesentliche Elemente des Rett-Syndroms nach: Homozygote Weibchen oder hemizygote Männchen sterben früh und zeigen verschiedene neurologische Auffälligkeiten und Verhaltensänderungen, Atmung und Hören sind gestört. Dabei wurde zunächst auch festgestellt, dass die im Wildtyp MeCP2-positiven Neurone in der Mutante nicht absterben, sondern erhalten bleiben. Das Rett-Syndrom erscheint also nicht als eine neurodegenerative, sondern als eine neurologische Erkrankung. Wenn in solchen *Mecp2*-defizienten Mäusen, auch nach dem Auftreten der Symptome, die Genfunktion durch viralen Gentransfer teilweise wiederhergestellt wird, können sich auch die Krankheitssymptome bei der Maus verbessern. Dies erscheint als ein hoffnungsvoller Ansatz für eine somatische Gentherapie (Gadalla et al. 2013).

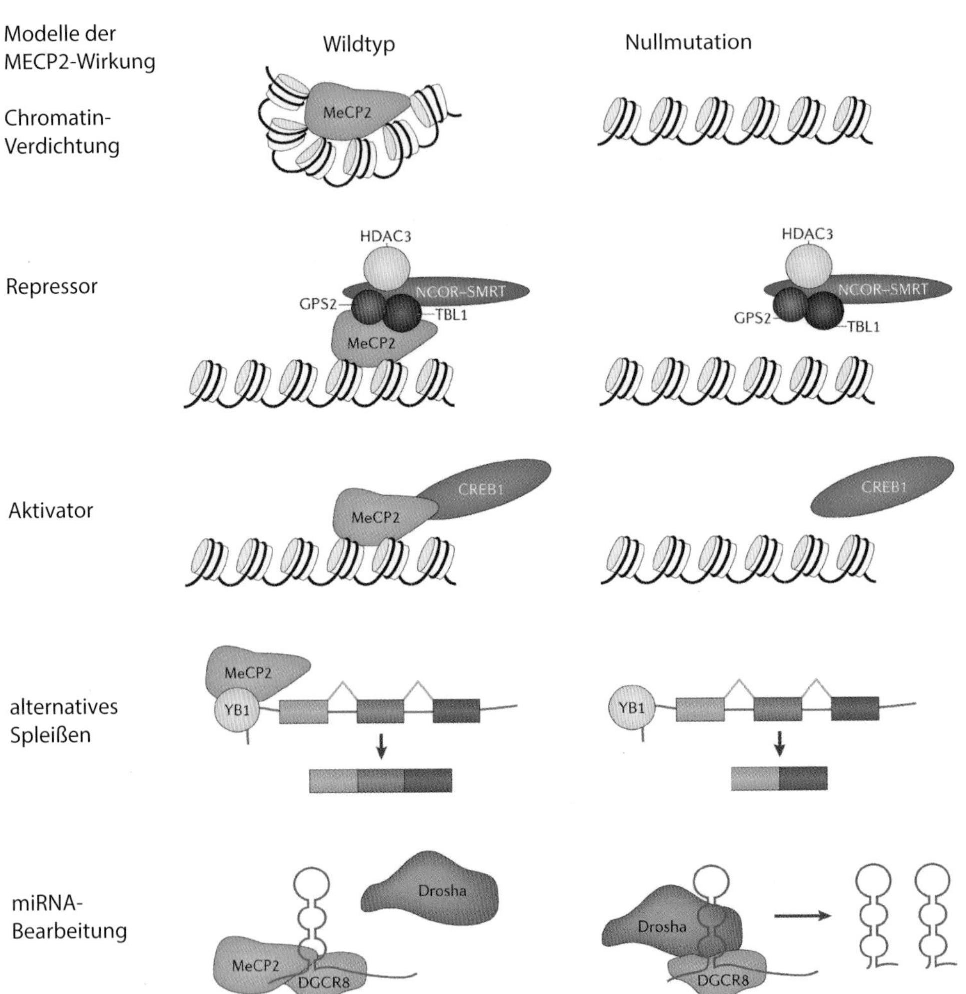

14

Abb. 14.48 Modelle der MeCP2-Wirkungen. Das Methyl-CpG-bindende Protein hat verschiedene Funktionen. Dazu gehört zunächst die Verdichtung des Chromatins, aber auch die Beeinflussung der Transkription: zur Unterdrückung der Transkription bildet MeCP2 einen Komplex mit NCOR (engl. *nuclear receptor co-repressor*) und SMRT (engl. *silencing mediator of retinoic acid and thyroid receptor*). Zur Aktivierung der Transkription bildet MeCP2 dagegen einen Komplex mit CREB1 (engl. *cAMP-responsive element binding protein 1*). MeCP2 ist durch die Wechselwirkung mit YB1, einem Y-Box-Transkriptionsfaktor, auch an der Regulation des Spleißens beteiligt. In Abwesenheit von MeCP2 werden diese Transkripte falsch gespleißt. Eine weitere Möglichkeit zur Steuerung wichtiger Regulationswege besteht durch die Wechselwirkung von MeCP2 mit DGCR8 und der miRNA, wodurch die Bildung des Drosha-DGCR8-Komplexes und damit die Reifung der miRNA (► Abschn. 8.2.2) verhindert wird. DGCR8: engl. *DiGeorge syndrome critical region 8*; GPS2: engl. *G protein pathway suppressor 2*; HDAC3: Histon-Deacetylase 3; TBL1: engl. *transducin β-like protein 1*. (Nach Lyst und Bird 2015, mit freundlicher Genehmigung)

14.4.2 Migräne und Epilepsie

Migräne und Epilepsie gehören zu den häufigsten neurologischen Erkrankungen: Migräne betrifft – mit regionalen Unterschieden – etwa 12 % der Erwachsenen weltweit, und Epilepsie (Fallsucht, Krampfleiden) hat eine Prävalenz von 0,5–1 %; Epilepsie ist durch spontan auftretende Krampfanfälle gekennzeichnet. Schon seit Langem ist Migräne als „Begleiterkrankung" der Epilepsie bekannt, und umgekehrt haben Migräne-Patienten ein höheres Risiko, an Epilepsie zu erkranken. Diese wechselseitige Co-Morbidität geht weit über Zufallsbefunde hinaus und ist statistisch signifikant (Bianchin et al. 2010). Beide Erkrankungen gehören zur größeren Gruppe der neurologischen Ionenkanal-Erkrankungen (engl. *channelopathies*), d. h. die genetischen Ursachen liegen – soweit bekannt – in Mutationen von Genen, die für Ionenkanäle der Nervenzellen codieren.

Migräne ist eine chronische neurovaskuläre Erkrankung, die in jedem Alter auftreten kann; es sind in Europa etwa 17 % der Frauen und 8 % der Männer betroffen. Migräne ist charakterisiert durch wiederkehrende Anfälle von typischen pochenden, einseitigen schweren Kopfschmerzen mit Begleiterscheinungen wie Erbrechen und Überempfindlichkeit gegen Geräusche und Licht. Wir unterscheiden Migräne ohne Aura (~ 80 %) und Migräne mit Aura (~ 20 %); die Aura ist dabei im Wesentlichen durch sich verändernde visuelle Eindrücke charakterisiert, die allerdings nicht im Auge, sondern im

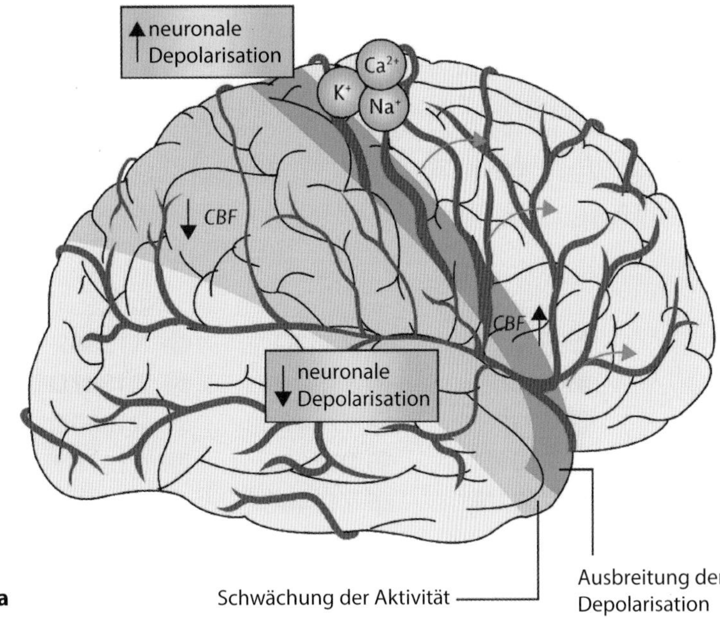

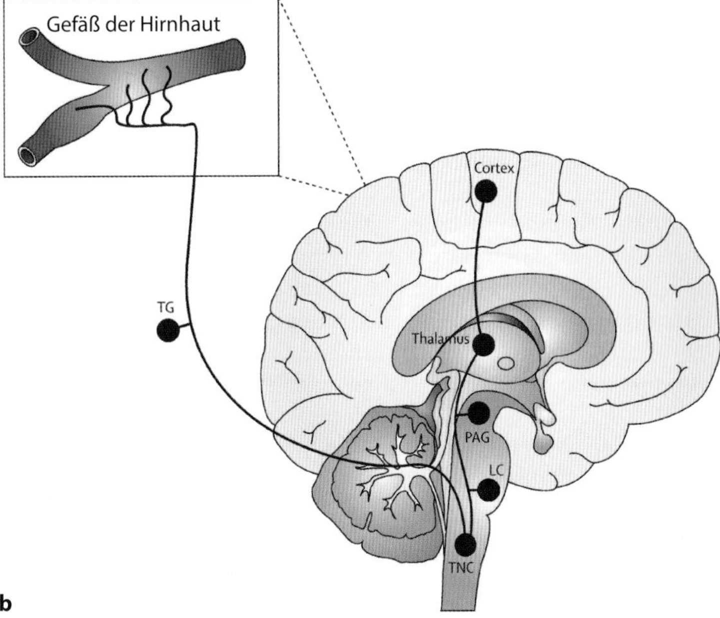

Abb. 14.49 Migräne. **a** Migräne wird durch eine kurze, intensive Welle einer Depolarisation von Neuronen und Gliazellen verursacht, die sich langsam (2–4 mm/min) über den Cortex hinweg ausbreitet. Die Depolarisationswelle wird von massiven Ionenströmen (z. B. Ca^{2+}, K^+, Na^+) über die Membranen entlang eines Konzentrationsgradienten begleitet. In der Folge kommt es zu einer langanhaltenden Hemmung von spontanen und evozierten Potenzialen. Diese biphasischen elektrophysiologischen Veränderungen sind mit einer Abnahme des cerebralen Blutstroms (CBF) verbunden. Die Veränderungen des Blutstroms beginnen im okzipitalen Cortex (Hinterhauptlappen) und breiten sich nach vorne aus. **b** Die starken Kopfschmerzen bei Migräne werden durch die Aktivierung des Trigeminus-Nervs hervorgerufen, dessen afferente Bahnen die cranialen Blutgefäße umschließen. Die Signale werden über das Ganglion des Trigeminus (TG) mithilfe von CGRP (engl. *calcitonin gene-related peptide*) als Neurotransmitter an den Thalamus weitergeleitet, der alle Schmerzsignale integriert. Die Symptome, die den Kopfschmerz begleiten (wie gesteigerte Schmerz-, Licht- und Geräuschempfindlichkeit), werden durch die Sensibilisierung der Neurone entlang des „Schmerzweges" hervorgerufen; dazu gehören das periaquäduktale Grau (PAG), der *Locus coeruleus* (LC) und der *Nucleus caudalis* des Trigeminus (TNC). (Nach Ferrari et al. 2015, mit freundlicher Genehmigung)

Gehirn entstehen. Einen Überblick über die wichtigsten physiologischen Prozesse gibt ◘ Abb. 14.49.

Man schätzt die Erblichkeit von Migräne auf etwa 50 % mit einem komplexen polygenen Erbgang. Aufgrund einiger seltener familiärer Formen mit Muskelschwäche und dominantem Erbgang (familiäre hemiplegische Migräne) ist es gelungen, drei Gene zu identifizieren, deren Mutationen für das Auftreten von Migräne verantwortlich sind: *CACNA1A* (Chromosom 19p13; OMIM 601011) codiert für einen Calciumkanal und *ATP1A2* (Chromosom 1q21; OMIM 182340) für eine ATPase. Das dritte Gen ist *SCN1A* (Chromosom 2q24; OMIM 182389); es ist Teil eines Genclusters von drei Genen (*SCN1A-SCN2A-SCN3A*) auf dem langen Arm des Chromosoms 2, codiert für die α-Untereinheit eines spannungsgesteuerten Natriumkanals (engl. *sodium channel, neuronal type I, α subunit*) und enthält 26 Exons in über 100 kb.

Wir wollen uns im Folgenden eines der Migräne-Gene, *CACNA1A*, etwas genauer ansehen. Es codiert für die Poren-bildende α1-Untereinheit des spannungsgesteuerten Calciumkanals $Ca_V2.1$. Diese Kanäle sind in den präsynaptischen Enden und in den dendritischen Membranen des Gehirns und des Rückenmarks lokalisiert und spielen bei der Freisetzung der Neurotransmitter bei einem Aktionspotenzial eine wichtige Rolle. Das Protein besteht aus vier großen Arealen mit jeweils sechs Transmembrandomänen; der N- und C-Terminus

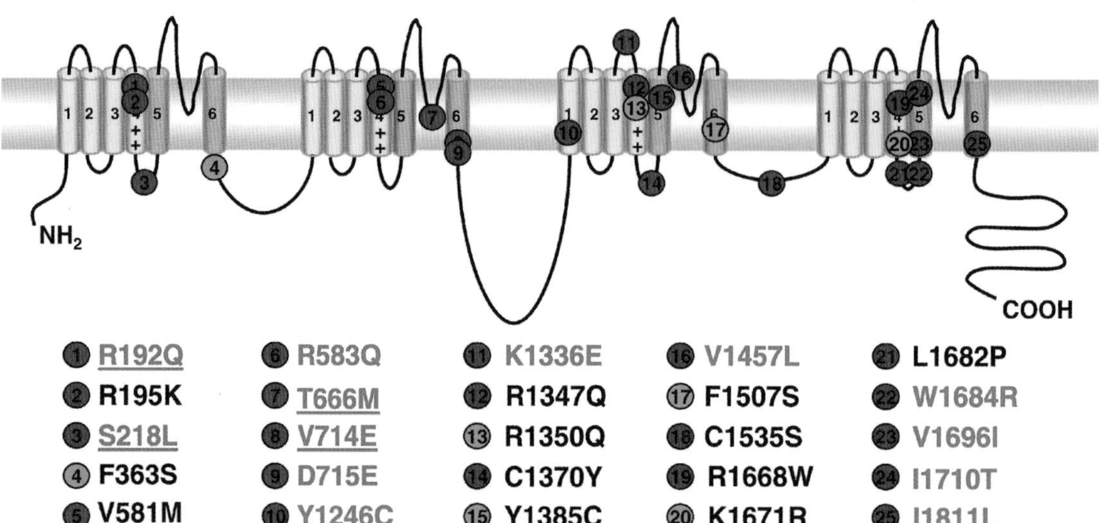

Abb. 14.50 Der $Ca_V2.1$-Kanal besteht aus vier Arealen mit jeweils sechs Transmembrandomänen (*gelb*); der N- und C-Terminus liegen im Cytoplasma. In dieser Sekundärstruktur des $Ca_V2.1$-Kanals ist die Lokalisation einiger Mutationen gezeigt, die zur Ausbildung einer familiären (*rot*) oder einer spontanen (*blau*) Form der hemiplegischen Migräne führen. Die in *Grün* geschriebenen Mutationen wurden im Hinblick auf ihre biophysikalischen Eigenschaften in heterologen Expressionssystemen untersucht; die *unterstrichenen* Mutationen sind auch in transfizierten Neuronen von *Cacna1a*$^{-/-}$-Mutanten der Maus untersucht worden. (Nach Pietrobom 2013, mit freundlicher Genehmigung)

sind jeweils intrazellulär (■ Abb. 14.50). Die bekannten Mutationen, die zur Ausbildung der Migräne führen, bewirken Austausche konservierter Aminosäuren in funktionell wichtigen Regionen (z. B. des Spannungssensors).

Durch Untersuchungen an mehreren Mausmutanten hat sich ein gemeinsames Erklärungsmuster für die hemiplegische Migräne herausgebildet: eine erhöhte Glutamatkonzentration im synaptischen Spalt exzitatorischer Neurone. Diese wird durch eine erhöhte Freisetzung von Glutamat in den synaptischen Spalt erzielt (Mutationen in *CACNA1A*), durch eine verminderte Wiederaufnahme in Gliazellen (Mutationen in *ATP1A2*) oder durch eine reduzierte Aktivität inhibitorischer Interneurone (Mutationen in *SCN1A*). Eine Übersicht zeigt ■ Abb. 14.51.

In den letzten Jahren ist das CGRP-Protein (engl. *calcitonin gene-related peptide*) verstärkt in den Fokus der Migräne-Forschung gerückt. Wir haben es in ■ Abb. 14.49 bereits als Neurotransmitter bei der Signalübertragung des Trigeminus-Nervs kennengelernt. Es entwickelt sich zu einem interessanten Ziel verschiedener therapeutischer Ansätze der Migräne (Russo 2015).

Unter **Epilepsie** sind klinische Manifestationen eines vorübergehenden cortikalen neuronalen Ungleichgewichts zusammengefasst; ihr Erscheinungsbild ist durch den Ausgangspunkt der Übererregbarkeit und deren Ausbreitungsgeschwindigkeit festgelegt. Üblicherweise erfordert die Diagnose des Krankheitsbildes „Epilepsie", dass der Patient mindestens zwei nicht provozierte Anfälle erlitten hat. Dabei können die Anfälle wenige Sekunden dauern, aber auch bis zu einigen Minuten anhalten. Wir können dabei unterscheiden zwischen fokalen Anfällen, bei denen das Anfallsgeschehen in einer umschriebenen Region der Hirnrinde stattfindet, und generalisierten Anfällen, bei denen das gesamte Gehirn betroffen ist. Bei einem generalisierten Anfall ist der Patient in der Regel deutlich bewusstseinsgetrübt oder bewusstlos; diese Anfälle können mit Muskelzuckungen (myoklonische Anfälle) verbunden sein. Zu den generalisierten Anfällen rechnet man Absencen, myoklonische Anfälle, klonische Anfälle (zuckende Bewegungen von Armen und Beinen), tonische Anfälle (Versteifungen von Armen und Beinen), tonisch-klonische Anfälle und atonische Anfälle.

Auch für Epilepsien gibt es deutliche Hinweise auf eine erbliche Komponente: Die Konkordanzrate bei Epilepsien beträgt bei eineiigen Zwillingen ungefähr 76 % und bei zweieiigen Zwillingen ungefähr 33 %. Autosomal-rezessive Erbgänge sind häufig bei Epilepsien mit einem frühen Eintrittsalter der Erkrankung und einem progressiven Verlauf. Dagegen folgen ca. 2 % der Epilepsien einem dominanten Erbgang. Diese sind meist monogenen Ursprungs und weisen mildere Verlaufsformen auf; allerdings ist die Penetranz nicht immer 100 %, was auf modifizierende Faktoren hindeutet. Wir kennen aber auch autosomale und X-chromosomale Formen, mitochondriale Erbgänge und komplexe Vererbungsmuster der Epilepsie.

Mutationen im *SCN1A*-Gen sind die häufigste bisher bekannte genetische Ursache von Epilepsien (■ Abb. 14.52). Mutationen in diesem Gen sind uns oben schon als eine Ursache der familiären Migräne begegnet; wir kennen aber auch mehr als 700 Mutationen im SC*N1A*-Gen, die überwiegend zu einer generalisierten Epilepsie mit fiebrigen Anfällen führen (engl. *generalized*

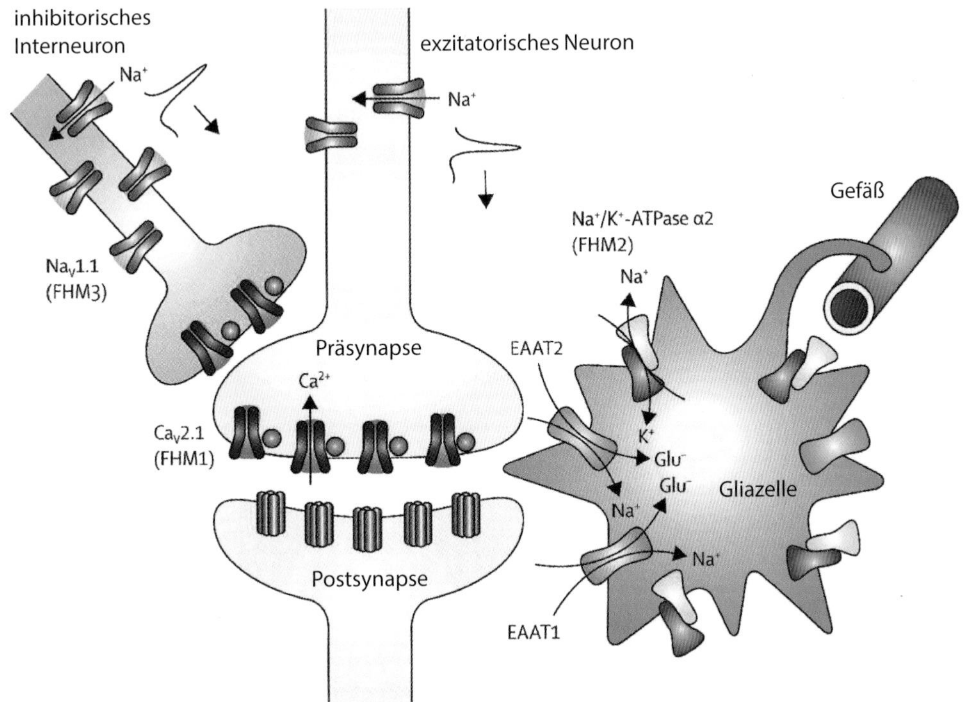

▪ **Abb. 14.51** Gemeinsamer Signalweg für Mutationen in Genen, die eine familiäre hemiplegische Migräne (FHM) verursachen. Mutationen in den Genen *CACNA1A* (FHM1), *ATP1A2* (FHM2) und *SCN1A* (FHM3) führen zunächst zu einer Erhöhung von Glutamat im synaptischen Spalt. Dabei bewirkt eine Funktionsverlust-Mutation im *CACNA1A*-Gen einen verstärkten Ca^{2+}-Einstrom und durch Aktionspotenziale eine erhöhte Freisetzung von Glutamat in den synaptischen Spalt. Bei gesunden Personen wird das Glutamat von den Gliazellen aufgenommen, wobei eine Na^+/K^+-ATPase-Pumpe wesentlich beteiligt ist. Eine Funktionsverlust-Mutation in dem *ATP1A2*-Gen führt zu einer verminderten Wiederaufnahme des Glutamats durch die Gliazelle und damit zu einer erhöhten Glutamatkonzentration im synaptischen Spalt. Eine erhöhte Aktivität exzitatorischer, glutamaterger Neurone wird bei gesunden Personen durch eine erhöhte Aktivität von inhibitorischen, GABAergen Interneuronen kompensiert. Funktionsverlust-Mutationen im *SCN1A*-Gen, das für einen Na^+-Ionenkanal codiert, vermindern die hemmende Aktivität der Interneurone. Dadurch kommt es zu einer unkompensierten Aktivität exzitatorischer Neurone und schließlich zu einer erhöhten Freisetzung von Glutamat. EAAT: exzitatorischer Aminosäuretransporter. (Nach Ferrari et al. 2015, mit freundlicher Genehmigung)

epilepsy with febrile seizurs plus, GEFS+). *SCN1A*-Mutationen führen aber auch zu epileptischen Gehirnerkrankungen bei Kindern mit unterschiedlichem Schweregrad. Des Weiteren sind auch einige Mutationen in *SCN2A*- und *SCN9A*-Genen bekannt, die zu Epilepsien führen (Meisler et al. 2010).

Die Hälfte der *SNC1A*-Mutationen in Epilepsie-Patienten führt zu einem verkürzten Protein; die andere Hälfte sind Mutationen, die zu einem Aminosäureaustausch und damit zu einem Funktionsgewinn oder zu einem Funktionsverlust führen können. Nur wenige sind tatsächlich auch funktionell untersucht worden; die R1648H-Mutation wurde beispielsweise auch in der Maus untersucht und führt dort zu einem Funktionsverlust.

Weitere Epilepsie-relevante Gene codieren ebenfalls für Ionenkanäle und sind teilweise zugleich Rezeptoren für Neurotransmitter; eine Übersicht dazu gibt ▪ Tab. 14.5. Andere Formen der Epilepsie sind komplexer Natur und durch Mutationen in mehreren Genen verursacht (Polygenie). Wir kennen auch mitochondriale Erkrankungen mit epileptischen Komponenten (z. B. das MERRF-Syndrom; ► Abschn. 13.3.5).

> ❗ Epilepsie ist eine häufige neurologische Erkrankung und durch spontan auftretende Krampfanfälle gekennzeichnet. Mutationen im *SCN1A*-Gen sind die häufigste bisher bekannte genetische Ursache von Epilepsien. Weitere Epilepsie-relevante Gene codieren für Ionenkanäle und sind teilweise zugleich Rezeptoren für Neurotransmitter.

Neben der teilweisen genetischen Übereinstimmung (Mutationen im *SCN1A*-Gen) gibt es auch im Krankheitsbild Übereinstimmungen, nämlich die cortikale Streudepolarisierung (engl. *cortical spreading depression*; ▪ Abb. 14.49). Neben diesen mechanistischen Überlegungen deutet auch die erfolgreiche Anwendung einiger Antiepileptika (z. B. Valproinsäure, Topiramat und Gabapentin) in der Migräneprophylaxe auf Gemeinsamkeiten zwischen Migräne und Epilepsie hin (Bianchin et al. 2010). Epidemiologische Studien verstärken die Vorstellung einer bidirektionalen Assoziation zwischen Migräne und Epilepsie (Bauer et al. 2013).

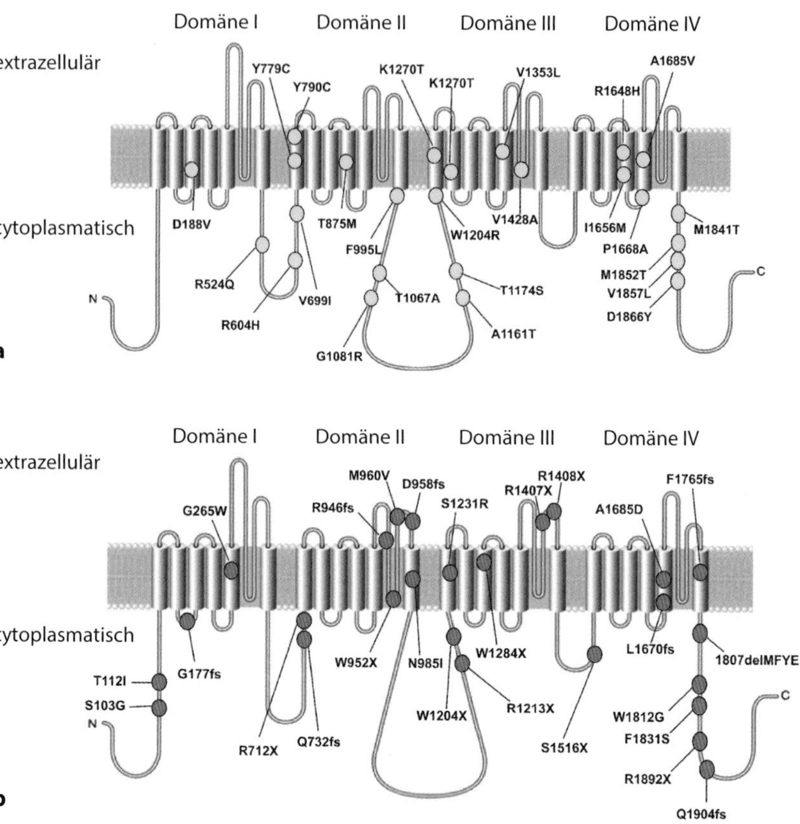

Abb. 14.52 Schematische Repräsentationen wichtiger Mutationen im *SCN1A*-Gen, die zu Epilepsie führen. Das Protein besteht aus vier Domänen (I–IV) mit je sechs Transmembrandomänen; der N- und C-Terminus liegen im Cytoplasma. **a** Hier sind erbliche Mutationen dargestellt, die zu generalisierten Epilepsie mit fiebrigen Anfällen (GEPS+) führen. Man beachte, dass alle Mutationen *missense*-Mutationen sind, die zu Aminosäureaustauschen führen. **b** Hier sind *de-novo* Mutationen im *SCN1A*-Gen dargestellt, die zu schwer behandelbaren Formen von Epilepsie führen, die noch dazu mit schwerer geistiger Behinderung, Ataxie und Autismus verbunden sind (Dravet-Syndrom). Man beachte, dass hier die meisten Mutationen (17 von 26, 65 %) auf ein vorzeitiges Stoppcodon zurückzuführen sind. (Nach Yamakawa 2016, mit freundlicher Genehmigung)

14

Tab. 14.5 Wichtige Gene für Epilepsie-Erkrankungen des Menschen

Gen	OMIM	Chromosom	Epilepsie-Typ
ARX	300382	Xp21.3	EIEE1
CDKL5	300203	Xp22.13	EIEE2
CHRNA2	118502	8p21.2	ENFL4
CHRNA4	118504	20q13.33	ENFL1
CHRNB2	118507	1q21.3	ENFL3
GABRG2	137164	5q34	GEFS$^+$3, ECA2, FSF8
GABRA1	137160	5q34	EJM5, ECA4
KCNQ2	602235	20q13.33	BFNS1, EIEE7
KCNQ3	602232	8q24.22	BFNS2
LGI1	604619	10q23.33	ADLTE, ADEAF
PCDH19	300460	Xq22.1	EIEE9
PLCB1	607120	20p12.3	EIEE12
SCN1A	182389	2q24.3	GEFS$^+$2
SCN1B	600235	19q13.12	GEFS$^+$1
SCN2A	182390	2q24.3	BFNIS3, EIEE11
SLC2A1	138140	1p34.2	GLUT1-Defizienz-Syndrom
STXBp1	602926	9q34.11	EIEE4

ADLTE: autosomal-dominante Seitenlappenepilepsie; ADEAF: autosomal-dominante Epilepsie mit auditorischen Auren; BFNS: benigne familiäre Neugeborenenkrämpfe; BFNIS: benigne familiäre Krämpfe bei Neugeborenen und Kindern; ECA: kindliche Absence-Epilepsie; EIEE: frühkindliche epileptische Encephalopathie; EJMS: juvenile myoklonische Epilepsie; ENFL: nächtliche Frontallappenepilepsie; FSF: familiäre Fieberkrämpfe; GEFS$^+$: generalisierte Epilepsie mit Fieberkrämpfen plus; GLUT: Glucose-Transporter; die Zahlen geben jeweils verschiedene Untertypen an.

Nach Hildebrand et al. (2013); vollständige und aktuelle Listen von Epilepsie-relevanten Genen finden sich in öffentlichen Datenbanken: ► http://www.epigad.org/ und ► http://www.carpedb.ua.edu/

14.4.3 Autismus

Autismus (OMIM 209850) ist eine häufige Entwicklungsstörung des Nervensystems (Prävalenz: 0,2–0,6 %); es sind mehr Jungen als Mädchen betroffen (3:1). Das Krankheitsbild ist vielseitig, sodass wir heute eher von „Krankheiten aus dem Autismus-Spektrum" sprechen. Dazu gehören stereotype Verhaltensweisen, Kommunikationseinschränkungen, verändertes Sozialverhalten, Kognitionsstörungen, Probleme in der Sprachentwicklung, geistige Retardierung und auch Epilepsie. Eine Diagnose ist zwischen 14 Monaten und 3 Jahren möglich, vor allem aufgrund des veränderten Wachstums des Gehirns: Zwar ist die Kopfgröße bei der Geburt vermindert, aber im Alter von etwa einem halben Jahr zeigt das Gehirn plötzlich ein exzessives Wachstum. Später (zwischen dem 2. und 4. Lebensjahr) wachsen vor allem die Frontallappen, das Kleinhirn und das limbische System. Insgesamt gesehen zeigen verschiedene Untersuchungsverfahren, dass die Krankheiten aus dem Autismus-Spektrum auf Fehlern der neuronalen-cortikalen Organisation beruhen, die zu Veränderungen der Informationsverarbeitung auf verschiedenen Stufen des Nervensystems führen – dabei sind die synaptische und dendritische Organisation, die Verbindung der Signalübertragungswege und die Gehirnstruktur insgesamt betroffen.

Die besondere Rolle der Genetik bei Autismus wurde zunächst durch Zwillingsuntersuchungen deutlich: Die Konkordanzrate beträgt bei eineiigen Zwillingen 60–90 %, bei dizygoten Zwillingen dagegen nur 10 %. Die ersten Hinweise auf Kandidatengene erhielt man allerdings durch Untersuchungen von Geschwisterpaaren. So sind einige **monogene Formen des Autismus** durch Mutationen in Genen verursacht, die für synaptische Adhäsionsmoleküle codieren (◘ Abb. 14.53): Neuroligin-3 und -4 (Gen: *NLGN3*, Chromosom Xq13, OMIM 300336; Gen: *NLGN4*, Chromosom Xp22, OMIM 300427), SHANK3 (Chromosom 22q13, OMIM 606230), Neurexin-1α und -1β (codiert von einem Gen, *NRXN1*, Chromosom 2p16, OMIM 600565).

Es zeigte sich aber bald, dass diese zunächst gefundenen Mutationen in einzelnen Genen nur die Spitze eines Eisbergs darstellen: Mithilfe der neuen genomweiten Sequenziertechniken konnten schnell neue Mutationen in weiteren Genen identifiziert werden. Durch Exom-Sequenzierung (Technikbox 7) von vielen „Trios" (Vater, Mutter, Kind – manchmal auch zum „Quartett" erweitert, wenn zwei Kinder eingeschlossen werden konnten) wurden mehrere *de-novo*-Mutationen identifiziert, also solche Mutationen, die entweder in der väterlichen oder mütterlichen Keimbahn neu entstanden waren und dann beim Kind zu der Erkrankung führen. In diesen Untersuchungen zum Autismus-Krankheitsbild zeigte sich auch eine Zunahme der Mutationshäufigkeit mit steigendem Alter der Väter. Durch die Exom-Sequenzierung (mit nachfolgender Bestätigung durch eine „klassische" Sequenzierung) wurden vor allem Punktmutationen identifiziert, die einen Funktionsverlust zur Folge haben: *missense*-Mutationen, Spleißmutationen oder Mutationen, die zu einem vorzeitigen Stoppcodon führen. Einige Gene, in denen häufig Mutationen gefunden wurden, sind in ◘ Tab. 14.6 zusammengestellt.

Die Zusammenstellung macht deutlich, dass die Krankheiten des Autismus-Spektrums nicht nur klinisch, sondern auch genetisch äußerst heterogen sind und sich nicht ohne Weiteres in ein einfaches Schema bringen lassen, aber viele der oben erwähnten Gene (◘ Tab. 14.6) wirken an der Synapse. Dazu gehört auch *RIMS1* – Mutationen in diesem Gen sind aber auch für Degenerationen von Photorezeptoren der Retina verantwortlich. Das *SCN2A*-Gen codiert für einen Natriumkanal; wir haben dieses Gen bereits als Ursache

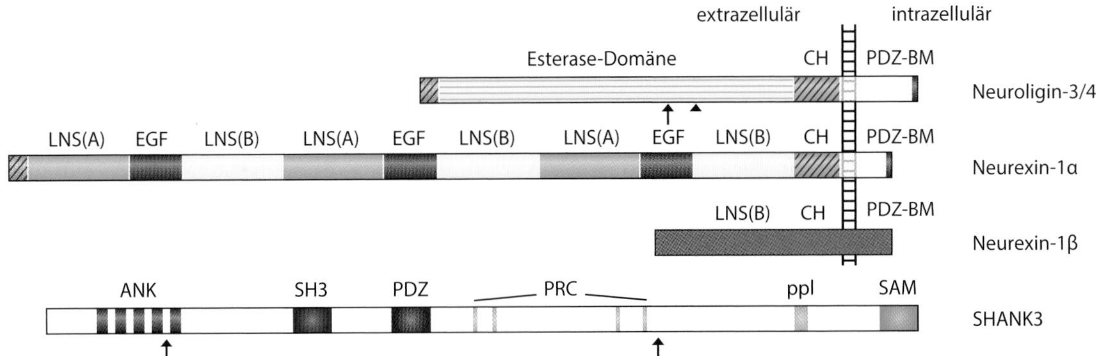

◘ **Abb. 14.53** Domänenstrukturen von Neuroligin-3 und -4, Neurexin-1α und -1β sowie von SHANK3. *Pfeile* unter den jeweiligen Domänenstrukturen zeigen die Sequenzbereiche von Neuroligin-4 und SHANK3 an, in denen die in autistischen Patienten identifizierten Mutationen zu Abbrüchen führen. Die Position des Aminosäureaustauschs R451C, der durch die Mutation im *NLGN-3*-Gen entsteht, ist durch eine *Pfeilspitze* gekennzeichnet. ANK: Ankyrin-Wiederholungseinheiten; CH: O-Glykosylierungsstellen; EGF: EGF-ähnliche Domäne; LNS: engl. *laminin-A/neurexin/sex hormone-binding globulin repeats*; PDZ: *postsynaptic density-95/discs large/zona occludens*-1-Domäne; PDZ-BM: PDZ-Domänen-Bindungsmotiv; ppl: Cortactin-Bindungsdomäne; PRC: Prolin-reiche Region; SAM: engl. *sterile alpha motif*; SH3: Src-Homologiedomäne 3. (Nach Brose 2007, mit freundlicher Genehmigung)

Tab. 14.6 Gene, die an der Pathogenese von Erkrankungen aus dem Autismus-Spektrum beteiligt sind

Gensymbol	Chromosom	OMIM	Gen-Name (engl.)	Bemerkung
ADNP	20q13	611386	*Activity-dependent neuroprotector homeobox*	Transkriptionsfaktor; Genexpression, Neurogenese
ARID1B	6q25.3	614556	*AT-rich interactive domain 1B*	Chromatin-Umstrukturierung
CHD8	14q11	610528	*Chromodomain helicase DNA binding protein 8*	Wnt-Signalweg
CNTNAP2	7q35-q36	604569	*Contactin-associated protein-like 2*	Neuronales Transmembranprotein
DYRK1A	21q22	600855	*Dual-specificity tyrosine-(Y)-phosphorylation regulated kinase 1A*	Kinase, Down-Syndrom
GRIN2B	12p13	138252	*Glutamate receptor, ionotropic, N-methyl D-aspartate subunit 2B*	Mentale Retardierung
KATNAL2	18q21	614697	*Katanin p60 subunit A-like 2*	ATPase
MECP2	Xq28	300005	*Methyl-CpG-binding protein 2*	Bindet an methylierte CpG-Dinukleotide im Chromatin
NLGN3	Xq13	300336	*Neuroligin-3*	Neuronale Zell-Zell-Wechselwirkungen
NLGN4	Xp22	300427	*Neuroligin-4*	Neuronale Zell-Zell-Wechselwirkungen
POGZ	1q21	614787	*Pogo transposable element with ZNF domain*	Zinkfinger-Transkriptionsfaktor
RIMS1	6q13	606629	*Regulating synaptic membrane exocytosis 1*	Erblindung, Synapse
RPL10	Xq28	312173	*Ribosomal protein L10*	Proteinsynthese
SCN2A	2q24	182390	*Sodium channel, voltage gated, type II, α-subunit*	Epilepsie
SHANK2	11q13	603290	*SH3 and multiple ankyrin repeat domains 2*	Synapse und Bildung der Dornenfortsätze der Dendriten
SLC9A9	3q24	608396	*Solute carrier family 9, member A9*	Ionentransport
TBR1	2q24	604616	*T-box, brain 1*	Transkriptionsfaktor
TMLHE	Xq28	300777	*Trimethyllysine hydroxylase epsilon*	Carnitin-Biosynthese

Nach Murdoch und State (2013), Ronemus et al. (2014); OMIM 209850 (Oktober 2020)

14

einiger seltener Fälle der Epilepsie kennengelernt. Das *DYRK1A*-Gen liegt auf dem Chromosom 21 in der Region, die bei der Trisomie 21 in besonderer Weise für die Ausbildung des Down-Syndroms verantwortlich gemacht wird (▶ Abschn. 13.2.1). Und das *TBR1*-Gen codiert für einen Transkriptionsfaktor, der unter anderem für die Regulation des Reelin-Gens (Gensymbol: *RELN*) verantwortlich ist – eine verminderte *RELN*-Expression findet man auch bei Patienten, die an Schizophrenie erkrankt sind. Wir sehen also, dass Mutationen in den Genen, die mit der Ausprägung von Krankheiten aus dem Autismus-Spektrum assoziiert sind, oft auch an der Ausprägung anderer neurologischer oder psychiatrischer Erkrankungen beteiligt sind.

Auch rezessive Formen der Autismus-Erkrankungen sind genetisch charakterisiert: Zwei blutsverwandte Familien mit Autismus und Epilepsie sind homozygote Träger einer Mutation in dem *BCKDK*-Gen (engl. *branched chain ketoacid dehydrogenase kinase*; Chromosom 16p11.2; OMIM 614901). Die Mutation führt zu einem Funktionsverlust der Kinase und damit zu einer Verminderung von verzweigtkettigen Aminosäuren im Plasma. Entsprechende Mausmutanten zeigen zunächst auffällige Verhaltensweisen; es gelingt aber durch entsprechende Umstellungen in der Ernährung, den Verlust der verzweigtkettigen Aminosäuren zu kompensieren und die auffälligen Verhaltensweisen zu vermindern. Diese Ergebnisse legen zweifelsohne einen möglichen Therapieweg für dieses spezielle Krankheitsbild aus dem Autismus-Formenkreis nahe.

❗ Autismus ist eine häufige Entwicklungsstörung des Nervensystems, die sich im veränderten sozialen Umgang mit Mitmenschen und in sich stets wiederholenden Handlungen äußert. Autismus betrifft mehr Jungen als Mädchen (3:1). Monogene Formen des Autismus sind vor allem durch Mutationen in Genen verursacht, die für die Funktion der Synapsen und Signalübertragung wichtig sind.

Neben den klassischen Punktmutationen, **In**sertionen und **Del**etionen („Indels") treten immer mehr auch Variationen der Kopienzahl von Genen in den Vordergrund (CNV, engl. *copy number variants*). Ähnlich wie SNPs stellen sie zunächst Polymorphismen dar, in manchen Fällen können sie aber (wie SNPs) mit Krankheiten assoziiert sein. In Bezug auf Krankheiten des Autismus-Spektrums wird vor allem eine Duplikation im Bereich des Chromosoms 16 (16p11.2) diskutiert. Die Mehrheit der 25 Gene dieser Region sind besonders während der Entwicklung des Nervensystems aktiv; eines dieser Gene ist das bereits oben erwähnte *BCKDK*-Gen. Ein weiteres interessantes Gen dieser Region ist *KCTD13* (engl. *potassium channel tetramerization domain containing 13*); Duplikationen oder Deletionen dieses Gens sollen die synaptische Übertragung beeinflussen. Viele Arbeiten deuten aber darauf hin, dass es nicht einzelne Gene sind, sondern Wechselwirkungen verschiedener Gene. Eine weitere CNV-Region ist 15q11 – Duplikationen dieser Region sind häufig mit Krankheiten des Autismus-Spektrums verbunden. Ein wichtiges Gen in dieser Region ist *UBE3A* (engl. *ubiquitin protein ligase E3A*), das wir bereits im Zusammenhang mit dem Angelman-Syndrom kennengelernt haben (▶ Abschn. 8.4.2). *UBE3A* ist ein wichtiger epigenetischer Regulator und deutet darauf hin, dass auch epigenetische Prozesse eine wichtige Komponente bei den Erkrankungen des Autismus-Spektrums sind. Eine ausführliche aktuelle Darstellung dieser Aspekte findet sich bei Rylaarsdam und Guemez-Gamboa (2019).

14.5 Neurodegenerative Erkrankungen

Neurodegenerative Erkrankungen zeichnen sich durch einen schleichenden Verlust zentraler Funktionen des Gehirns aus, wobei das Eintrittsalter der Erkrankung stark schwankt (oft auch unter eineiigen Zwillingen), sodass man lange Zeit nicht wusste, welche genetischen Komponenten hier eine Rolle spielen könnten. Dazu kommt, dass aufgrund des vielschichtigen Krankheitsbildes einheitliche diagnostische Kriterien nicht immer klar waren. Nach der vollständigen Analyse des menschlichen Genoms und vieler Modellorganismen hat jedoch die molekulare Analyse neurodegenerativer Erkrankungen einen Aufschwung erfahren, und es zeichnet sich ab, dass wir auch diese Erkrankungstypen bald verstehen können und damit auch eine kausale Therapie möglich wird. Zu diesem Mosaikbild, das sich zurzeit vor unseren Augen entwickelt und in seinen Details immer klarer wird, gehört aber auch, dass es nicht ein Gen gibt, das für die jeweilige neurodegenerative Erkrankung verantwortlich ist, sondern dass Mutationen in verschiedenen Genen dazu beitragen und damit die klinische Heterogenität begründen. Umgekehrt werden wir auch sehen, dass Mutationen in einem Gen für unterschiedliche Krankheitsbilder verantwortlich sind. Das kann mittelfristig auch dazu führen, dass die Krankheiten von den betroffenen Genen her definiert werden und weniger über ihr klinisches Erscheinungsbild.

Wir wollen hier jedoch der „alten" Nomenklatur folgen und die Alzheimer'sche und Parkinson'sche Krankheit als klassische Beispiele neurodegenerativer Erkrankungen besprechen. In diesem Zusammenhang muss auch die Chorea Huntington als progressive neurodegenerative Erkrankung erwähnt werden: Dabei handelt es sich um expandierende Triplettmutationen, die wir schon im Zusammenhang mit autosomal-dominanten Erkrankungen behandelt haben (▶ Abschn. 13.3.2). Zu Beginn dieses Abschnitts werden wir aber die genetischen Aspekte der Creutzfeldt-Jakob-Erkrankung besprechen, weil das Paradigma der autokatalytischen Konformationsänderung von Proteinen, das an dieser Erkrankung entwickelt wurde, beispielhaft für die anderen neurodegenerativen Erkrankungen sein könnte.

14.5.1 Creutzfeldt-Jakob-Erkrankung

Die Creutzfeldt-Jakob-Erkrankung (engl. *Creutzfeldt-Jakob disease*, CJD) gelangte in Deutschland Mitte der 1980er-Jahre in das allgemeine Bewusstsein, als in Großbritannien plötzlich bei Kälbern und Rindern „Rinderwahnsinn" diagnostiziert wurde. Die wissenschaftliche Bezeichnung ist bovine spongiforme Encephalopathie; die entsprechende Abkürzung „**BSE**" ist sogar in die Alltagssprache eingegangen. Das wesentliche Charakteristikum dieser Erkrankung ist eine schnell fortschreitende Neurodegeneration, die schließlich zu einem löchrigen, schwammartigen („spongiformen") Gehirn und zum Tod führt. In Großbritannien hat BSE epidemiologische Ausmaße angenommen, und es mussten ca. 3 Mio. Kälber wegen dieser Erkrankung notgeschlachtet und anschließend verbrannt werden. Der Höhepunkt war im Jahr 1992; danach konnte die Seuche eingedämmt werden und ist heute auf Einzelfälle beschränkt. In anderen europäischen Ländern hat BSE bei Weitem nicht das Ausmaß wie in Großbritannien erreicht. BSE gehört zur Gruppe der übertragbaren spongiformen Encephalopathien und wurde vermutlich durch Tierfutter übertragen. Ursache dafür waren verschiedene Lockerungen im europäischen Tierfutterrecht; aufgrund der BSE-Seuche wurde das Tierfutterrecht so verschärft, dass bei Einhaltung der Vorschriften eine neue BSE-Seuche vermieden werden kann. In der Folge dieser Seuche starben (bis 2012) über 200 Menschen an der humanen Form, die als neue Variante der Creutzfeldt-Jakob-Erkrankung (vCJD) bezeichnet wird (davon 176 Menschen in Großbritannien, 27 in Frankreich und Einzelfälle in einigen anderen Ländern).

Unter Tierärzten war die **Traberkrankheit** bei Schafen schon lange bekannt: Die erste bekannte Darstellung kam im Jahr 1732 aus der Wollindustrie in Großbritannien. Es wurde davon berichtet, dass manche Schafe offensichtlich einen solchen Juckreiz haben, dass sie sich ihr Fell geradezu zwanghaft an Felsen, Bäumen oder Büschen abkratzen – aus dem englischen Wort dafür (*to scrape*) hat sich dann die Bezeichnung „Scrapie" entwickelt, die seit 1853 verwendet wird. Weitere klinische Zeichen sind vor allem charakteristische Veränderungen des Gangs, weshalb sich im deutschen Sprachgebrauch auch die Bezeichnung „Traberkrankheit" eingebürgert hat. Da andere Tierbestände diese Krankheitszeichen nicht aufweisen, hat man lange geglaubt, dass sich diese Erkrankung nur bei Schafen findet. Inzwischen wissen wir, dass eine Reihe anderer Tierarten entsprechende Krankheiten entwickeln kann – dazu gehören auch Ziegen, Katzen und Hirsche (Lee et al. 2013).

Lange Zeit war der Übertragungsweg der Erkrankung unklar. Insbesondere eine Übertragung durch Viren wurde lange diskutiert. Heute wissen wir, dass es sich um ein besonderes Protein handelt, das **Prion-Protein** (PrP; Gensymbol bei Menschen: *PRNP*), das in verschiedenen Konformationen vorkommen kann. Das *PRNP*-Gen liegt beim Menschen auf dem kurzen Arm des Chromosoms 20 (20p12; OMIM 176640) und codiert für ein Protein aus 253 Aminosäuren mit einem Molekulargewicht von etwa 28 kDa. Die menschliche Prionen-Erkrankung kommt spontan oder als erworbene Erkrankung vor; etwa 15 % sind aber erblich und mit Mutationen im *PRNP*-Gen assoziiert. Diese erblichen Prionen-Erkrankungen werden als familiäre Creutzfeldt-Jakob-Erkrankung (OMIM 123400), Gerstmann-Sträussler-Erkrankung (OMIM 137440) und tödliche familiäre Schlaflosigkeit (OMIM 600072) bezeichnet. Die oben erwähnte neue Variante der Creutzfeldt-Jakob-Erkrankung (vCJD) wird zu den erworbenen Prionen-Erkrankungen gezählt.

In ◘ Abb. 14.54 ist die genomische Organisation des menschlichen *PRNP*-Gens dargestellt. Das 1. Exon wird nicht translatiert (5′-untranslatierte Region, 5′-UTR); das 2. Exon ist unüblich lang (2380 bp) und enthält 759 bp für 253 Aminosäuren, dadurch ergibt sich eine lange 3′-UTR. Die N-terminale Region aus 22 Aminosäuren dirigiert das Protein zu dem Sekretionsweg über das endoplasmatische Reticulum, wo es an zwei Asn-Resten (181 und 197) glykosyliert wird; die C-terminale Domäne (23 Aminosäuren) wird bei der Anheftung des Glykophosphatidylinositol-Restes abgespalten. Das reife Prion-Protein (PrP) befindet sich dann in dem äußeren Bereich der Zellmembran. Wir finden das PrP fast überall im Körper, es kommt allerdings am häufigsten in Neuronen des zentralen Nervensystems vor. Das Protein bildet drei α-Helices sowie zwei kurze antiparallele β-Faltblätter; die Struktur wird durch eine Disulfidbrücke zwischen den Helices 2 und 3 stabilisiert.

Das Prion-Protein kommt in zwei Konformationen vor: PrP^c und PrP^{Sc}, wobei die Scrapie-Form (Sc) die neurotoxische Form darstellt. Der pathologische Mechanismus beruht im Wesentlichen darauf, dass die PrP^{Sc}-Form in der Lage ist, die PrP^c-Form in die thermodynamisch stabilere PrP^{Sc}-Form zu überführen. Wenn also PrP^{Sc} spontan entsteht oder in das Gehirn gelangt, breitet es sich im Gehirn aus, indem immer mehr PrP^c in PrP^{Sc} umgewandelt wird (der genaue biochemische Mechanismus ist dabei noch Gegenstand intensiver Untersuchungen). Besonders hohe Konzentrationen an PrP^{Sc} findet man außer im Gehirn auch in den Augen, im Rückenmark, in den Mandeln und im Darm; bei Rindern und Schafen gelten diese Organe als „Risiko-Organe" für den Verzehr. Die PrP^{Sc}-Form hat einen niedrigeren α-Helix-Anteil (30 % statt 40 % in der PrP^c-Form), dafür aber einen wesentlich höheren Anteil an β-Faltblattstrukturen (40 % statt 3 % in der PrP^c-Form). Das PrP^{Sc}-Protein ist weitgehend stabil gegen Hitze und UV-Licht, sodass eine Sterilisation nur unter 3 atm Druck für 18 min bei 134–138 °C möglich ist (Lee et al. 2013).

Wie wir in ◘ Abb. 14.54 gesehen haben, sind einige Mutationen im *PRNP*-Gen bekannt. Neben Insertionen in der Region der Oktamer-Wiederholungen gibt es einige Punktmutationen, von denen die E200K-Mutation weltweit am häufigsten vorkommt. Es lassen sich aber derzeit nur schwer Genotyp-Phänotyp-Korrelationen herstellen, da die Zahl der Patienten relativ klein und die Variabilität der Erkrankung hoch ist. Eine gewisse Ausnahme stellt die Mutation D178N dar, die mit der tödlichen familiären Schlaflosigkeit assoziiert ist.

Anders ist es dagegen bei den verschiedenen Polymorphismen, die auch in ◘ Abb. 14.54 dargestellt sind. Der M129V-Polymorphismus ist offensichtlich in sehr deutlichem Ausmaß mit dem Risiko assoziiert, von der Creutzfeldt-Jakob-Krankheit betroffen zu werden. In der gesunden kaukasischen Bevölkerung sind 40 % homozygot für das Methionin-Allel, 50 % sind heterozygot und 10 % homozygot für Valin. Von den untersuchten Fällen, die in Großbritannien von der neuen Variante der CJD betroffen waren, waren aber fast alle homozygot für das Methionin-Allel. In Übertragungsexperimenten bei Mäusen zeigte sich ein ähnliches Muster: Die homozygoten M129M-Mäuse waren am empfindlichsten, und die V129V-Mäuse zeigten die größte Barriere gegenüber einer Übertragung (die Heterozygoten waren eher intermediär). Allerdings gibt es bislang keine überzeugende biochemische oder biophysikalische Erklärung für das Phänomen.

Die **Kuru-Krankheit** wurde in den 1950er-Jahren bei Einwohnern entlegener Dörfer von Papua-Neuguinea beobachtet; die Symptome entsprechen denen

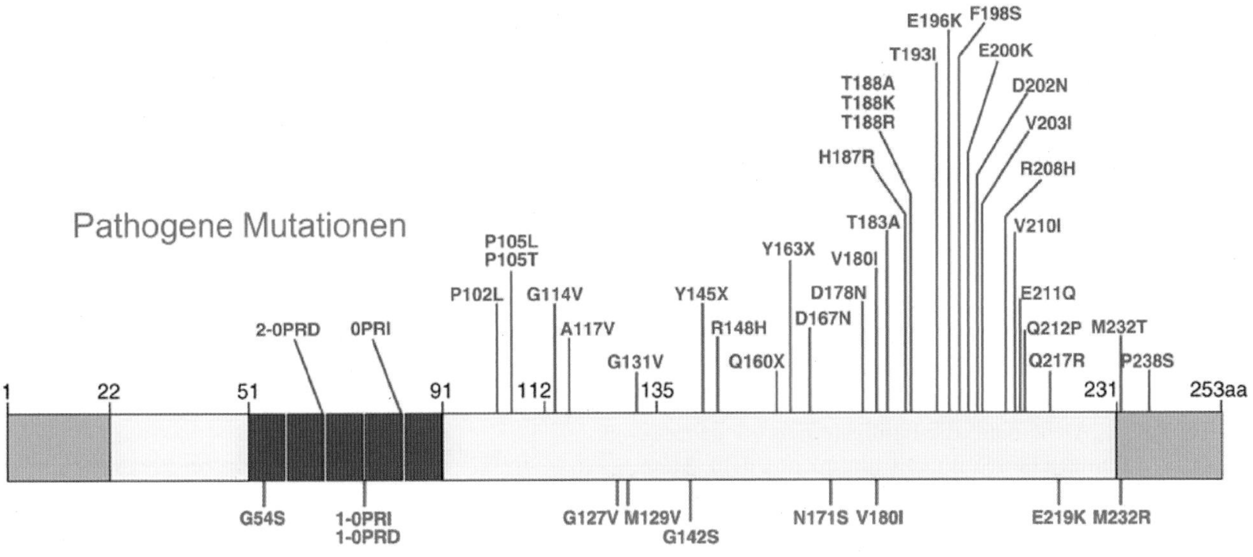

Abb. 14.54 Mutationen und Polymorphismen, die das Prion-Protein betreffen. Das Prion-Protein umfasst 253 Aminosäuren (aa). Die *grauen* Bereiche repräsentieren Signalsequenzen, die abgespalten werden können; die Region der Oktapeptid-Wiederholungsstelle befindet sich zwischen den Aminosäuren 51 und 91 und ist in *Lila* dargestellt (OPRD: Deletion im Bereich der Oktapeptid-Wiederholungseinheit; OPRI: Insertion im Bereich der Oktapeptid-Region). Einige Polymorphismen (*grün*) und pathogene Mutationen (*rot*) sind *unterhalb* bzw. *oberhalb* des Schemas angegeben. (Nach Lloyd et al. 2013, mit freundlicher Genehmigung)

der neuen Variante von CJD. Als Ursache gilt heute, dass die Eingeborenen im Rahmen von Beerdigungsritualen Fleisch (und vermutlich auch das Gehirn) verstorbener Stammesgenossen gegessen und sich dabei infiziert haben. Ausgangspunkt war wahrscheinlich ein spontaner Fall von CJD. Die Krankheit hat eine durchschnittliche Inkubationszeit von 12 Jahren und gilt heute als ausgerottet. Eine retrospektive DNA-Analyse zeigte, dass die Erkrankten mit der kürzesten Inkubationszeit homozygot für den M129V-Polymorphismus waren, also entweder Met/Met oder Val/Val. Die Mehrheit der letzten Patienten, die über 40 Jahre später erkrankten, nachdem auch diese Form des Kannibalismus in Papua-Neuguinea verboten wurde, waren dagegen heterozygot für den M129V-Polymorphismus (Saba und Booth 2013).

Die Creutzfeldt-Jakob-Erkrankung wird durch eine Konformationsänderung des Prion-Proteins ausgelöst, die sich im Gehirn betroffener Personen ausbreitet und schließlich zum Tod führt. Es gibt neben erblichen Fällen auch einen Polymorphismus (M129V), der mit der Erhöhung des Erkrankungsrisikos assoziiert ist.

Wir haben oben gesehen, dass Scrapie bei Schafen die älteste bekannte Prionen-Krankheit ist und natürlich aufgrund der großen Herden auch gut untersucht werden kann. So ist es nicht verwunderlich, dass populationsgenetische Untersuchungen an Schafen in Bezug auf Scrapie weitverbreitet sind. Dabei zeigte sich, dass Schafe mit homozygoten Allelen für Ala-136, Arg-154 und Arg-171 nahezu resistent gegen Scrapie sind. Aufgrund der vielfältigen Allelkombinationen wurden fünf Risikoklassen definiert – von G1 „extrem niedrig (resistent)“ bis G5 „sehr hohes Risiko“. Diese Risikoklassifikation hat auch Eingang gefunden in Regularien der Europäischen Union, wie im Falle einer Scrapie-Erkrankung in den entsprechenden Herden zu verfahren ist (Hunter 2007).

Nach Jahrzehnten intensiver Prionenforschung hat man eine ganze Reihe von Prionen-ähnlichen Proteinen identifiziert, die sich durch ein Umschalten von Monomeren zu stabilen Oligomeren auszeichnen. Einige von diesen Proteinen besitzen die Fähigkeit, an RNA zu binden. Es entwickelte sich deshalb die Hypothese, das Prion-ähnliche, RNA-bindende Proteine evolutionär früh wichtige Rollen bei der Stabilisierung katalytischer RNAs gehabt haben können (► Abschn. 3.5.4). Eine Prion-basierte Umschaltung zwischen zwei funktionellen Zuständen erscheint damit möglich. In diesem Szenario betreffen Wechselwirkungen zwischen „funktionellen Prionen“ und „toxischen Prionen“ zelltypspezifische Funktionen in einem frühen Stadium der Erkrankung, und ein späterer pathologischer Zustand ergibt sich durch eine allgemeine Abnahme des Proteingleichgewichts. Für interessante Details dieser Hypothese siehe aktuelle Übersichten von Si (2015), Sanders et al. (2016) sowie Harrison und Shorter (2017).

14.5.2 Alzheimer'sche Erkrankung

Mehr als ein Jahrhundert ist vergangen, seit der bayerische Nervenarzt Alois **Alzheimer** 1906 die Beschreibung seiner Patientin „Auguste" publizierte und damit die Grundlage für die Alzheimer'sche Erkrankung (OMIM 104300) schuf: „Eine Frau von 51 Jahren zeigte als erste auffällige Krankheitserscheinung Eifersuchtsideen gegen den Mann. Bald machte sich eine rasch zunehmende Gedächtnisschwäche bemerkbar, sie fand sich in ihrer Wohnung nicht mehr zurecht, schleppte Gegenstände hin und her, versteckte sie, zuweilen glaubte sie, man wolle sie umbringen und begann, laut zu schreien."

Heute ist „Alzheimer" die häufigste neurodegenerative Erkrankung. Die Häufigkeit nimmt mit dem Alter zu (◘ Abb. 14.55), und die früh einsetzenden Formen unterscheiden sich nicht von denen, die erst bei höherem Alter auftreten. Es wird angenommen, dass in der Gruppe der 60- bis 64-Jährigen etwa 1 % erkrankt sind. Die Häufigkeit nimmt dann bei steigendem Alter gleichmäßig zu und bei den über 85-Jährigen sind etwa 35–40 % betroffen.

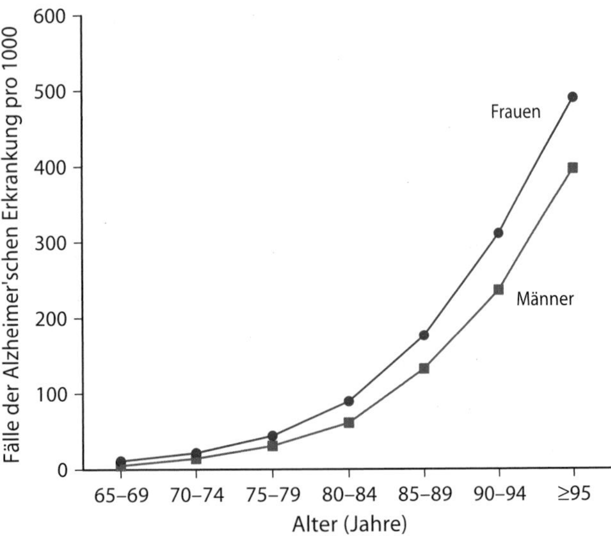

◘ **Abb. 14.55** Altersabhängigkeit der Alzheimer'schen Erkrankung. Die Abbildung zeigt die Prävalenz der Alzheimer'schen Erkrankung als Funktion des Alters bei Frauen und Männern. (Nach Nussbaum und Ellis 2003, mit freundlicher Genehmigung)

Die alltägliche klinische Praxis zeigt, dass in etwa 40–60 % der Fälle eine positive Familiengeschichte mit einer ähnlichen Demenz bei Verwandten ersten Grades beobachtet werden kann. Da allerdings nur in wenigen Fällen eine Bestätigung der Diagnose über eine Autopsie vorliegt, kann man nur in etwa 10–15 % der Fälle von einem bestätigten autosomal-dominanten Erbgang sprechen (Selkoe und Podlisny 2002). Die ersten klinischen Anzeichen sind Defizite im Kurzzeitgedächtnis, die sich zu Sprachproblemen ausweiten und den Rückzug von sozialen Kontakten sowie Verfall geistiger Funktionen zur Folge haben. Obwohl die Demenz im Allgemeinen erst ab einem Alter von 65 Jahren einsetzt, gibt es eine Untergruppe von Patienten, deren Erkrankung deutlich früher beginnt. Zwar schließt eine definitive Diagnose die neuropathologische Diagnose *post mortem* ein (der linke Teil der ◘ Abb. 14.56a zeigt ein typisches immunhistochemisches Bild), aber Neurologen und Neuropsychologen haben heute klinische Kriterien entwickelt, die zu einer Trefferquote von ca. 90 % in der Diagnose führen. Dazu tragen auch massive Verbesserungen nicht-invasiver, bildgebender diagnostischer *in-vivo*-Verfahren bei.

Die Genetik der Alzheimer'schen Erkrankung erscheint zunächst nicht ganz klar. Wie oben bereits angedeutet, unterscheiden viele Autoren zwischen „familiären" Formen von Alzheimer und „spontanen" Formen. Wenn eine Autopsie vorgenommen wird, unterscheiden sich die beiden Typen allerdings nicht hinsichtlich ihrer pathologischen Befunde. Dazu kommt: Wenn wir wie in den früheren Kapiteln zunächst einmal nach *Drosophila*- oder Mausmutanten für dieses Krankheitsbild suchen, so werden wir enttäuscht – Mäuse entwickeln spontan keine Erkrankungen, deren neuropathologisches Bild mit der klassischen Alzheimer-Diagnostik übereinstimmt. Wir werden daher in diesem Fall einen anderen Weg beschreiten und zunächst einmal feststellen, welche Erkenntnisse die Humangenetik zusammengetragen hat, um dann zu sehen, dass sich über die Herstellung von transgenen und Knock-out-Mäusen hervorragende Modelle züchten lassen.

Das wichtigste biochemische Charakteristikum ist die Bildung der amyloiden Fibrillen. Die auffälligen sternförmigen amyloiden Fibrillen in den extrazellulären Ablagerungen und die intrazellulären neurofibrillären Knäuel (engl. *neurofibrillary tangles,* NFT) in den Gehirnen der Patienten enthielten offensichtlich den Schlüssel zum Verständnis des pathogenen Mechanismus. In den amyloiden Fibrillen wurden vor allem Fragmente des **amyloiden Vorläuferproteins** (engl. *amyloid precursor protein*, Gensymbol: ***APP***) identifiziert, die β-Amyloide (Abk. Aβ; ◘ Abb. 14.56a). Die neurofibrillären Knäuel enthalten dagegen vor allem hyperphosphoryliertes **Tau**, ein **Mikrotubuli-assoziiertes Protein** (◘ Abb. 14.56b). Tau ist am Aufbau der Mikrotubuli beteiligt und für ihre Stabilität mitverantwortlich. Das Gen ist auf dem Chromosom 17q21 lokalisiert (OMIM 157140); im menschlichen Gehirn gibt es sechs Isoformen, die durch alternatives Spleißen entstehen: Die Proteine enthalten 352–441 Aminosäuren. Die Isoformen unterscheiden sich durch die An- oder Abwesenheit von Einschüben mit 29 bzw. 58 Aminosäuren in der Nähe des N-Terminus und einer Wiederholungseinheit von 31 Aminosäuren am C-Terminus. Filamentöse Tau-Ablagerungen finden sich in vielen neurodegenerativen Erkrankungen; es ist unklar, ob Fehlfunktionen für die Entstehung der Alzheimer'schen Erkrankung (mit)verantwortlich sind. Mutationen im *TAU*-Gen sind zwar beschrieben, sie führen aber nicht zu

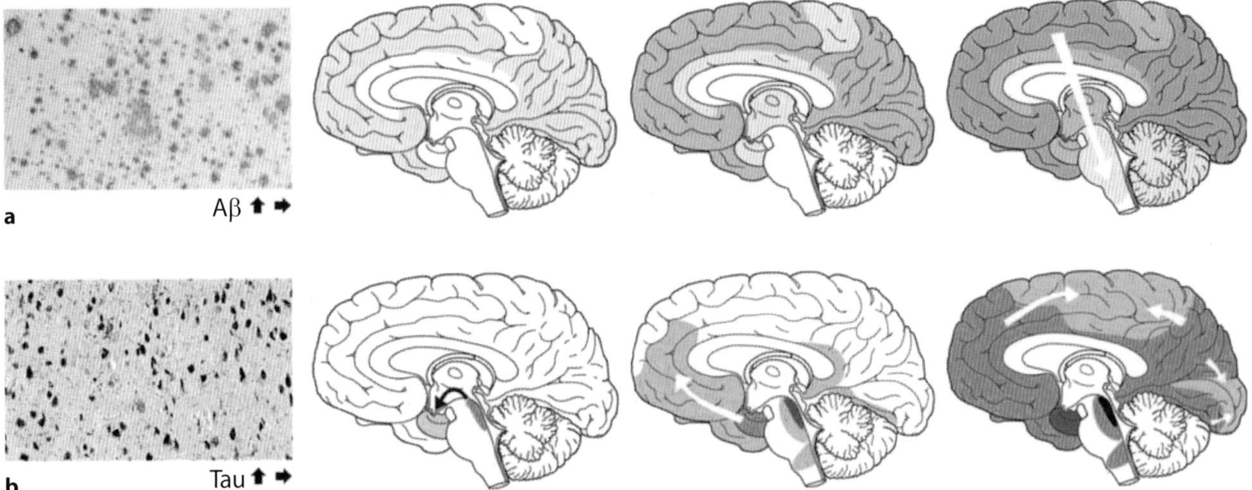

■ **Abb. 14.56** Klassischer neuropathologischer Befund bei der Alzheimer'schen Erkrankung. *Links* sind jeweils die typischen neuropathologischen Schädigungen der Krankheit zu sehen: Aβ-positive Plaques (**a**) und Tau-positive neurofibrilläre Knäuel (**b**). *Rechts*: Die Anhäufung der falsch gefalteten Proteine folgt charakteristischen und vorhersagbaren Mustern: Querschnitte durch Gehirne verstorbener Patienten zeigen, dass Aβ-Plaques zuerst im Neocortex auftreten, später im Allocortex und schließlich in subcortikalen Regionen (**a**). Die neurofibrillären Knäuel erscheinen zuerst im *Locus coeruleus* und der transentorhinalen Region und breiten sich von dort zur Amygdala und damit verbundenen Regionen des Neocortex aus (**b**). Diese relativ stereotypen Ausdehnungsmuster lassen darauf schließen, dass neuronale Transportmechanismen an der Ausbreitung dieser neurotoxischen Proteinformen beteiligt sind. Die ansteigende Farbintensität deutet eine schwere Erkrankung an. (Nach Jucker und Walker 2011, mit freundlicher Genehmigung)

Alzheimer'schen Erkrankungen, sondern zu einer weniger häufigen Demenz, die einige klinische und neuropathologische Gemeinsamkeiten mit Alzheimer hat. Sie wird als frontotemporale Demenz mit Parkinsonismus (FTDP-17) bezeichnet (▶ Abschn. 14.5.3); die R406W-Mutation im *TAU*-Gen kann jedoch ein klinisches Bild verursachen, das stark an die Alzheimer'sche Krankheit erinnert.

Humangenetische Untersuchungen konzentrierten sich zunächst auf die früh einsetzenden Formen der Alzheimer'schen Erkrankung. Außer im Zeitpunkt des Erkrankungsalters unterscheidet sich der neuropathologische Befund nicht von dem klassischen Bild. In einigen dieser Fälle wurden Punktmutationen im ***APP*-Gen** identifiziert, und in einigen großen Familien konnte gezeigt werden, dass diese Mutationen mit dem Krankheitsbild co-segregieren. Es ist überraschend, dass diese Mutationen überwiegend in den Exons 16 und 17 des *APP*-Gens auftreten und durch Basenpaaraustausche charakterisiert sind. Das *APP*-Gen ist auf dem Chromosom 21q21 lokalisiert (OMIM 104760) und codiert für drei Spleißvarianten des APP-Proteins von jeweils ungefähr 700 Aminosäuren. In diesem Zusammenhang soll auch darauf hingewiesen werden, dass schon seit der Mitte des 20. Jahrhunderts bekannt war, dass Patienten mit Down-Syndrom (Trisomie 21; ▶ Abschn. 13.2.1) unabwendbar die klassischen neuropathologischen Befunde der Alzheimer'schen Erkrankung entwickeln, sodass schon damals das Chromosom 21 als ein Kandidat für die genetische Lokalisation dieser Erkrankung diskutiert wurde. Heute wird das Auftreten der Alzheimer'schen Erkrankung bei Patienten mit Down-Syndrom über einen „Gendosis-Effekt" erklärt.

Das humane *APP*-Gen und das davon codierte Amyloid-Vorläuferprotein gehört zu einer evolutionär konservierten Familie von transmembranen Glykoproteinen, die auch die paralogen Proteine APLP 1 und 2 (engl. *amyloid precursor-like proteins*) einschließt. Diese Proteine sind funktionell redundant, verfügen aber nicht über die Aβ-Sequenz. Die evolutionäre Konservierung des APP-Proteins dehnt sich bis zu den Invertebraten aus und schließt auch *D. melanogaster* und *C. elegans* mit ein. Der Zebrafisch enthält aufgrund der Duplikation seines Genoms (▶ Abschn. 5.3.6) zwei *APP*-Gene, *Appa* und *Appb*. Alle diese Proteine haben innerhalb der großen extrazellulären Region mehrere konservierte Domänen gemeinsam und enthalten eine kurze cytoplasmatische Domäne, die die höchste Homologie zeigt; einen Überblick über die Domänenstruktur bei verschiedenen APP-Proteinen gibt ■ Abb. 14.57a.

Ein weiterer Durchbruch gelang mit den Charakterisierungen von Mutationen in den **Presenilin-Genen** *PSEN1* und *PSEN2* auf den Chromosomen 14q24 (OMIM 104311) und 1q31 (OMIM 600759). Mutationen in diesen Genen, die für Membranproteine mit mehreren Transmembrandomänen codieren, sind für etwa 90 % der Fälle der früh einsetzenden Alzheimer-Erkrankungen verantwortlich. Die Preseniline interagieren mit verschiedenen Proteinen und Enzymen, die mit der Membran assoziiert sind. Zu diesen Interaktionspartnern gehören vor allem Proteasen, die unterschiedliche Schnittstellen im APP-Protein haben und als **α-, β- oder γ-Sekretase** bezeichnet werden. Da die Preseniline Bestandteil des γ-Sekretase-Komplexes sind, beeinflussen

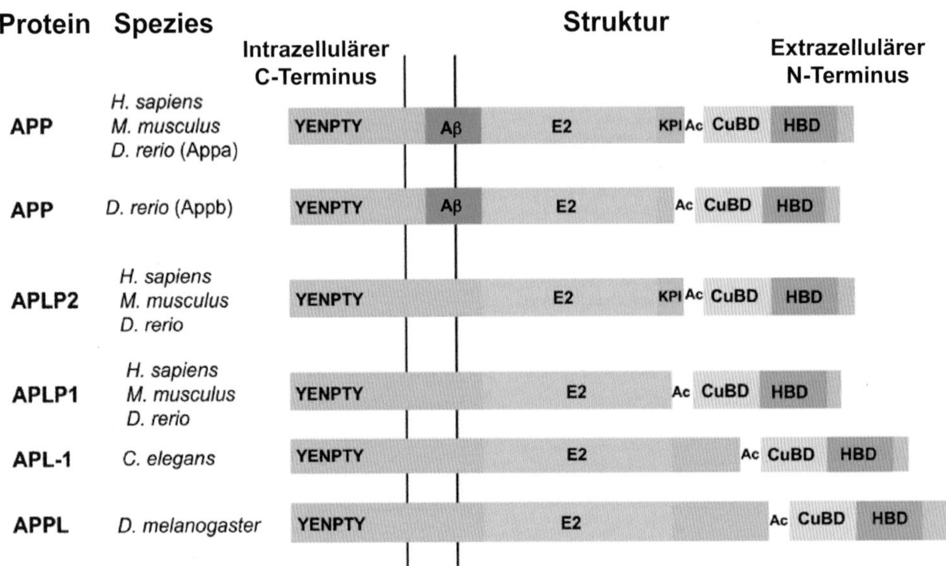

a

b

▪ Abb. 14.57 **a** Es ist die Domänenstruktur des humanen (*Homo sapiens*) Amyloid-Vorläuferproteins (APP) und seiner Homologen in der Maus (*Mus musculus*), dem Zebrafisch (*Danio rerio*), dem Wurm (*Caenorhabditis elegans*) und der Fruchtfliege (*Drosophila melanogaster*) gezeigt. Die extrazelluläre Region enthält eine E2-Domäne, eine saure (Ac) Domäne, eine Kupfer-bindende Domäne (CuBD) und eine Heparin-bindende Domäne (HBD); alle sind zwischen den Spezies hochkonserviert. Eine Protease-Inhibitor-Domäne (KPI) ist Gegenstand alternativen Spleißens und sowohl im APP enthalten als auch im verwandten APLP2 (engl. *amyloid precursor-like protein 2*). Die intrazelluläre Domäne zeigt die größte Homologie und enthält das YENPTY-Motiv, das in allen Homologen enthalten ist. Die Aβ-Sequenz ist dagegen nur im APP vorhanden. **b** Generierung des β-Amyloid-Proteins durch proteolytische Spaltung des β-Amyloid-Vorläuferproteins durch α-, β- und γ-Sekretasen; die Schnittstellen sind im vollständigen APP im Zentrum des Bildes gezeigt. APP kann dabei den amyloiden Weg (*rechts*) oder den nicht-amyloiden Weg (*links*) gehen. Im amyloiden Weg führt die Spaltung durch die β-Sekretase zur Bildung des löslichen APP (sAPPβ) und des C-terminalen Fragments (CTF) von APP. Die folgende Spaltung des CTF durch die β-Sekretase setzt das Aβ von der intrazellulären Domäne des APP (AICD) frei. Im nicht-amyloiden Weg verhindert die Spaltung durch die α-Sekretase die Bildung von Aβ, da die α-Sekretase innerhalb der Aβ-Sequenz spaltet. Dadurch entsteht ein lösliches sAPPα und ein membranständiges αAPP, das durch die γ-Sekretase gespalten wird und zur Freisetzung des P3-Peptids und AICD führt. (Nach Nicolas und Hassan 2014)

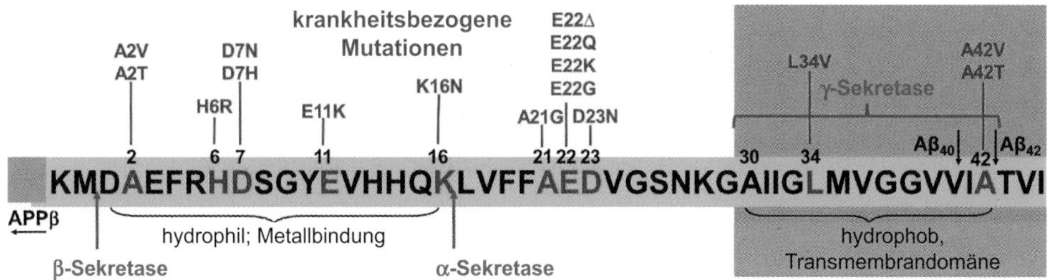

Abb. 14.58 Es ist ein Abschnitt des β-Amyloid-Vorläuferproteins (APP) gezeigt, der sich nahe der Transmembrandomäne befindet. Die α-, β- und γ-Sekretase-Schnittstellen sind durch *grüne Pfeile* gekennzeichnet. Die Aminosäuresequenz ist im Ein-Buchstaben-Code angegeben. Die Positionen, an denen Aminosäureaustausche zu einer früh einsetzenden Form der Alzheimer'schen Erkrankung führen können, sind *rot* markiert. Die hydrophile Metallbindungsstelle ist angegeben und die Transmembrandomäne ist *grau* hinterlegt. (Nach Kepp 2016, mit freundlicher Genehmigung)

Mutationen im *PSEN1*-Gen die γ-Sekretase-Aktivität, sodass APP nicht mehr richtig prozessiert werden kann und das Amyloidβ_{42}-Protein (Aβ_{42}) gegenüber dem Amyloidβ_{40}-Protein (Aβ_{40}) überrepräsentiert ist – eine der biochemischen Charakteristika der Alzheimer'schen Erkrankung. Dabei unterscheiden sich die beiden Spaltprodukte in der Zahl der Aminosäuren – eben 40 bzw. 42. Aufgrund der höheren Hydrophobizität des Aβ_{42}-Peptids kommt es damit schneller zur Bildung der amyloiden Fibrillen. Einen Überblick über die proteolytische Spaltung von APP, die Lage der verschiedenen Schnittstellen, die Entstehung unterschiedlicher Spaltprodukte und damit die Entscheidung zwischen einem amyloiden und einem nicht-amyloiden Weg gibt ◘ Abb. 14.57b.

Wenn wir nun die oben erwähnte, auffällige Konzentration der Mutationen in den Exons 16 und 17 des *APP*-Gens genauer betrachten, so stellen wir fest, dass sie die Schnittstellen der β- oder γ-Sekretase entweder genau treffen oder zumindest dicht in der Nähe liegen. So führt eine Doppelmutation, die die β-Sekretase-Schnittstelle des APP-Proteins betrifft, zu einer effizienteren Spaltung, sodass die beiden kleinen Fragmente Aβ_{40} und Aβ_{42} verstärkt gebildet werden. Andere Mutationen, die das C-terminale Ende des APP-Proteins betreffen, erhöhen das Verhältnis von Aβ_{42}:Aβ_{40}. Eine Übersicht über die Aminosäureveränderungen einiger bekannter Mutationen im *APP*-Gen zeigt ◘ Abb. 14.58.

Bei der Sequenzierung der Genome von knapp 1800 Isländern fanden Jonsson et al. (2012) eine Variante des *APP*-Gens (A673T), die signifikant seltener unter Alzheimer-Patienten war und entsprechend häufiger in der Populationskontrolle der über 85-Jährigen (*odds ratio* 5,3). Die genauere Untersuchung zeigte, dass die A673T-Variante zu einer um ca. 40 % geringeren Bildung der amyloidogenen Peptide führt als der Wildtyp. Damit hat diese Variante eine deutliche Schutzwirkung gegenüber dem Wildtyp – nicht jede Mutation ist also schädlich!

Weiter gehende biochemische Untersuchungen der amyloiden Ablagerungen zeigten, dass das **Apolipoprotein E** (APOE) an das β-amyloide Protein gebunden ist. APOE ist das wichtigste Apolipoprotein im Gehirn (LDL und APOB werden im Gehirn nicht exprimiert); es ist an der Neuverteilung der Lipide und des Cholesterols beteiligt. Genetische Untersuchungen machten dann deutlich, dass insbesondere die Allelvariante E4 zum Ausbruch der Alzheimer'schen Erkrankung prädisponiert. APOE ist ein polymorphes Protein mit 299 Aminosäuren. Das Gen auf dem Chromosom 19q13 (OMIM 107741) codiert für drei Hauptallele: *APOE2*, *APOE3* und *APOE4*. Die verschiedenen Proteine unterscheiden sich nur in den Aminosäuren 112 und 158: APOE3 hat an der Position 112 ein Cystein und an 158 ein Arginin, wohingegen APOE4 ein Arginin an beiden Positionen hat und APOE2 ein Cystein an beiden Positionen (◘ Abb. 14.59a).

Epidemiologische Untersuchungen weisen darauf hin, dass das *APOE*-Gen der größte Risikofaktor für die Alzheimer'sche Erkrankung ist: Das Vorhandensein von einem *APOE4*-Allel führt zu einem etwa 3-fach erhöhten Risiko (*APOE2*/*APOE4*: 2,6-fach, *APOE3*/*APOE4*: 3,2-fach), aber die homozygote Form von *APOE4* erhöht das Risiko um den Faktor 14,9 (vgl. dazu die niedrigen Risikofaktoren, die in GWA-Studien zu anderen komplexen Erkrankungen wie Asthma [► Abschn. 13.4.2] oder Diabetes [► Abschn. 13.4.3] gefunden werden, die oft nur einen Faktor von etwa 1,2 erreichen). Die Allelfrequenz für die drei *APOE*-Allele betragen 8,4 % für *APOE2*, 77,9 % für *APOE3* und 13,7 % für *APOE4*. Bei Alzheimer-Patienten sieht das aber ganz anders aus: Hier kommt das *APOE2*-Allel sehr selten vor (3,9 % – Schutzwirkung!), und auch das *APOE3*-Allel ist mit 59,4 % seltener als bei Gesunden. Die Häufigkeit des *APOE4*-Allels steigt dagegen bei Alzheimer-Patienten auf 36,7 % an – um fast das 3-fache. Und wenn wir jetzt die Kombinationen der Allele betrachten, so erkranken 91 % der *APOE4*-Homozygoten an „Alzheimer", aber nur 20 % der homozygoten *APOE2*-Träger. Homozygote *APOE2*-Träger entwickeln die Alzheimer'sche Erkrankung (wenn überhaupt) mit ungefähr 84 Jahren, wohingegen das Eintrittsalter der Erkrankung bei homozygoten *APOE4*-Trägern bei etwa 68 Jahren liegt (und das mit einer Wahrscheinlichkeit von

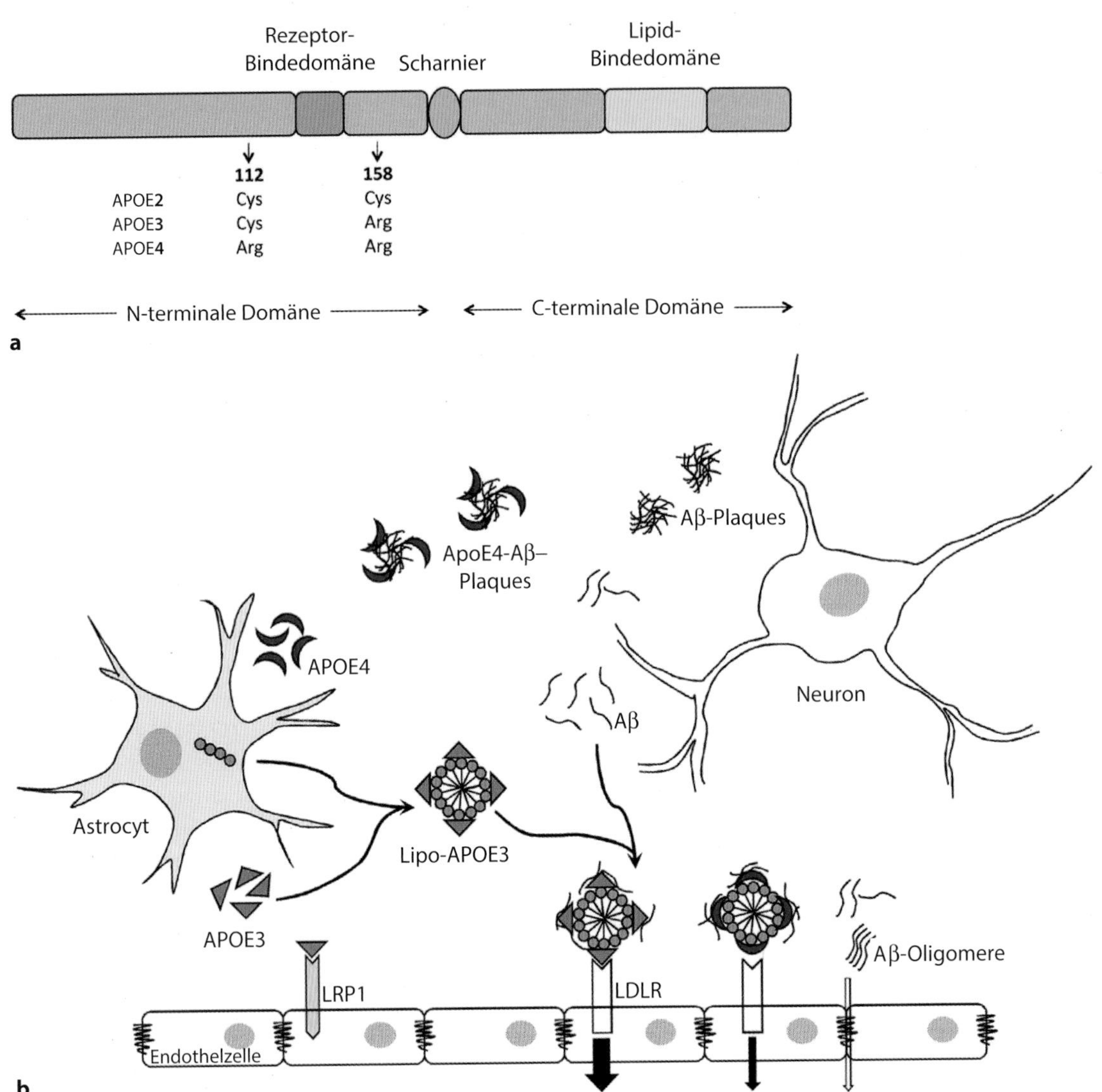

◘ Abb. 14.59 **a** Schematische Darstellung von Apolipoprotein E (APOE). Die drei Isoformen von APOE enthalten 299 Aminosäuren (Molekulargewicht: 34 kDa) und unterscheiden sich in zwei Austauschen von Arginin zu Cystein: APOE2 (Cys-112, Cys-158), APOE3 (Cys-112, Arg-158) und APOE4 (Arg-112, Arg-158). Die beiden Austausche verändern die Struktur des Proteins und entsprechend auch die Funktionen von APOE, das aus einer Rezeptor-Bindedomäne im N-Terminus und einer Lipid-Bindedomäne im C-Terminus besteht; die beiden Domänen sind durch eine Scharnierregion verbunden. **b** APOE und der Aβ-Metabolismus im Gehirn. APOE wird in Astrocyten hergestellt und (in der Form von APOE3) mit Lipiden beladen; die so gebildeten Lipoprotein-Vesikel binden lösliches Aβ und ermöglichen so dessen Beseitigung über die Blut-Hirn-Schranke in den Blutstrom. Die Beeinträchtigung der Aβ-Beseitigung (durch schlechte Bindung von APOE4 oder Konkurrenz um die Rezeptoren für Lipoproteine) kann zur Anhäufung im Gehirn führen und die Bildung von Aβ-Oligomeren und von amyloiden Plaques auslösen. APOE4 kann auch mit Aβ in Wechselwirkung treten und unlösliche Plaques bilden. LDLR: engl. *low density lipoprotein receptor*; LRP1: engl. *low density lipoprotein receptor-related protein 1*. (Nach Lee et al. 2017, mit freundlicher Genehmigung)

91 %). Diese Risikobetrachtungen werden ausführlich von Liu et al. (2013) diskutiert.

Wenn wir nun nach den molekularen Mechanismen für diese Unterschiede fragen, so stellen wir fest, dass das ApoE4 mit Aβ so reagiert, dass die Bildung von amyloiden Plaques deutlich begünstigt wird, wohingegen die anderen Formen eher dazu beitragen, dass Aβ aus den Gehirnzellen entfernt wird (◘ Abb. 14.59b). Aufgrund des vielfältigen Eingriffs in den Lipidstoffwechsel der Neuronen ist es allerdings nicht verwunderlich, dass das *APOE4*-Allel auch bei anderen neurodegenerativen Erkrankungen eine wichtige Rolle spielt (z. B. Parkinson; ▸ Abschn. 14.5.3).

Neben *APOE* ergaben neuere genomweite Assoziationsstudien weitere Hinweise auf Risiko-Gene. Dabei zeigte sich, dass neben *APOE* noch weitere Gene des **Lipidstoffwechsels** eine Rolle spielen: *SORL1* codiert für ein Protein, dass nicht nur beim Abbau des APP-Proteins eine wichtige Rolle spielt, sondern auch an das APOE-Protein bindet. *CLU* codiert für ApoJ und übernimmt

■ Tab. 14.7 Gene, die an der Pathogenese der Alzheimer'schen Erkrankung beteiligt sind

Gensymbol	Chromosom	OMIM	Gen-Name (engl.)	Bemerkung
Gene für dominante Formen der Alzheimer'schen Erkrankung				
APOE	19q13	107741	*Apolipoprotein E*	Lipidstoffwechsel
APP	21q21	104760	*Amyloid precursor protein*	β-Amyloid
PSEN1	14q24	104311	*Presenilin 1*	Bestandteile des γ-Sekretase-Komplexes
PSEN2	1q42	600759	*Presenilin 2*	
Gene mit erhöhtem Risiko für das Auftreten der Alzheimer'schen Erkrankung				
ABCA7	19q13	605414	*ATP-binding cassette, subfamily A, member 7*	Lipidstoffwechsel
ADAM10	15q21	602192	*A desintegrin and metalloproteinase domain-containing protein 10*	Oberflächenprotein mit Protease-Funktion
BIN1	2q14	601248	*Bridging integrator 1*	Endocytose
CD2AP	6p12	604241	*CD2-associated protein*	Endocytose
CD33	19q13	159590	*CD33 antigen*	Immunität
CLU	8p21	185430	*Clusterin*	Lipidstoffwechsel
CR1	1q32	120620	*Complement component receptor*	Immunität
EPHA1	7q34–35	179610	*Ephrin receptor EphA1*	Zelladhäsion
*MS4A4A**	11q12	606547	*Membrane-spanning 4-domains, subfamily A, member 4A*	Immunität
PICALM	11q14	603025	*Phosphatidylinositol-binding clathrin assembly protein*	Endocytose
SORL1	11q24	602005	*Sortilin-related receptor 1*	Lipidstoffwechsel

*Die GWAS können nicht zwischen den benachbarten Genen *MS4A4A*, *MS4A4E* und *MS4A6E* unterscheiden.
Nach Schellenberg und Montine (2012); OMIM 104300 (Oktober 2020); siehe auch die Funktionsbeschreibungen der jeweiligen Proteine unter ► www.uniprot.org

ähnliche Aufgaben beim Lipidtransport wie APOE. Der ABC-Reporter ABCA7 gehört zur Familie von Transmembranproteinen, die am ATP-abhängigen Transport von Substraten über die Membran beteiligt sind, in diesem Fall von Cholesterol. Eine weitere Gruppe von Genen lässt sich unter der Überschrift „angeborene und adaptive **Immunität**" zusammenfassen: *CR1* codiert für einen Zelloberflächenrezeptor des Komplementsystems, und CD33 (ein Zelloberflächenantigen) ist mit einer verminderten Internalisierung des $A\beta_{42}$-Peptids assoziiert. Die Proteine der MS4A-Familie weisen Sequenzähnlichkeiten zu einem anderen Zelloberflächenantigen auf (CD20); ihre Funktion ist weitgehend unbekannt. Die Rolle von *EPHA1* im Zusammenhang mit der Alzheimer'schen Erkrankung ist noch unklar; das Gen codiert für eine Rezeptor-Tyrosinkinase, die Ephrin-A bindet und an der Wegfindung von Axonen (engl. *axon guidance*) beteiligt ist. Eine vierte Gruppe von Genen steht im Zusammenhang mit **Endocytose** und intrazellulärem Vesikeltransport. Die Genprodukte von *BIN1* und *PICALM* sind beide an der Clathrin-vermittelten Endocytose beteiligt. Das CD2-assoziierte Protein (Gensymbol: *CD2AP*) bindet direkt an Aktin, Nephrin oder andere Proteine des Cytoskeletts und ist dadurch am Umbau des Cytoskeletts während der Endocytose beteiligt. Eine zusammenfassende Darstellung der verschiedenen Gene, die an der Entstehung der Alzheimer'schen Erkrankung beteiligt sind, gibt ■ Tab. 14.7.

Aufgrund der Sequenzierung ganzer Genome verschiedener Modellorganismen einschließlich *Drosophila* und *Caenorhabditis elegans* wurden auch in diesen Spezies Gene gefunden, die den „Alzheimer-Genen" des Menschen entsprechen – einschließlich ihrer mutierten Allele. So codieren die Genome von *Drosophila* und *C. elegans* jeweils ein Gen, das mit dem menschlichen *APP* verwandt ist (*C. elegans*: *apl-1*; *Drosophila*: *Appl*; ■ Abb. 14.57). Ähnlich wie beim Menschen sind die invertebraten Mitglieder der *APP*-Familie Transmembranproteine, die mit einer Domäne in der Membran verankert sind und deren lange C-terminale Domäne sich im Cytoplasma befindet. Die kürzere N-terminale Domäne reicht in den intrazellulären Bereich, und durch Proteasen werden Fragmente in den intrazellulären und extrazellulären Bereich freigesetzt. Da die APP-ähnlichen Proteine der Invertebraten kein cytotoxisches Fragment wie Amyloid β_{42} enthalten, können sie nicht direkt als Modell für die Alzheimer'sche Erkrankung verwendet werden. Dennoch kann die Analyse des neuronal exprimierten *Appl*-Gens in Fliegen dazu dienen, die zugrunde liegenden Mechanismen besser zu verstehen. *Drosophila*-Mutanten, denen das *Appl*-Gen fehlt, zeigen Verhaltensänderungen gegenüber Schock, die durch die transgene Expression des humanen *APP*-Gens wieder normalisiert werden können. *Drosophila-Appl*-Mutanten zeigen außerdem Defekte, die offensichtlich auf der Störung des axonalen Transports beruhen, an dem das Appl-Protein beteiligt ist. Auch für das oben erwähnte Tau-Protein, das in den neurofibrillären Knäueln gefunden wurde, gibt es entsprechende *Drosophila*-Gene.

Sowohl *C. elegans* als auch *Drosophila* codieren außerdem Homologe zu Presenilin, die dazu beitragen, dass Mitglieder der LIN-12/Notch-Transmembranrezeptorfamilie proteolytisch gespalten werden und sie so Informationen der Zell-Zell-Kommunikation weitergeben können. Umgekehrt können die invertebraten Preseniline die Amyloid-β_{42}-Herstellung in Säugerzellen beeinflussen. Ähnliches gilt auch für das *C. elegans*-Gen *sel-12*, dessen Funktion durch Säuger-Preseniline komplementiert werden kann. Und weiterhin konnten durch die genaue Analyse der beteiligten Proteine in *Drosophila* neue Kandidaten für die humane Alzheimer'sche Erkrankung identifiziert werden.

Unter den üblichen Modellsystemen ist die **Maus** normalerweise dem Menschen am ähnlichsten. Allerdings entwickelt sie **spontan keine Neuropathie**, die der Alzheimer'schen Erkrankung vergleichbar ist. Durch die Konstruktion von transgenen und Knock-out-Mäusen konnten jedoch interessante Modelle in der Maus hergestellt werden, die dieselben neuropathologischen Charakteristika aufweisen wie betroffene Patienten. Amyloide Ablagerungen waren – je nach der Art des Transgens – nach 3–13 Monaten zu sehen.

14

Die Untersuchungen dieser Mausmodelle ergaben dann auch noch einen weiteren wichtigen Mechanismus, nämlich die Beteiligung des APP an der Aufrechterhaltung der Cu^{2+}-Homöostase im Körper. Offensichtlich besteht eine inverse Beziehung zwischen den Cu^{2+}-Spiegeln und den amyloiden Ablagerungen. Dies ist insofern nicht weiter verwunderlich, da Aβ ein Metalloprotein ist und eine hohe Bindungsaffinität für Cu^{2+}-, Zn^{2+}- und Fe^{3+}-Ionen besitzt. Außerdem verfügt Aβ über ein starkes Reduktionspotenzial und reduziert Cu^{2+} und Fe^{3+} schnell zu Cu^{+} und Fe^{2+}, wobei reaktive Sauerstoffspezies entstehen. Obwohl sich die wichtigsten Cu^{2+}-Bindestellen am N-Terminus des APP befinden, zeigen auch die Aminosäuren 36–40 des C-terminalen Aβ-Peptids einen deutlichen Einfluss auf die Bindung von Cu^{2+} und damit auf die Konformation des Peptids und seine Fähigkeit, Aggregate zu bilden. Möglicherweise liegt hier ein Schlüssel für die pathologischen Konformationsänderungen (Huang et al. 2014).

Die Alzheimer'sche Erkrankung ist eine progressive Neurodegeneration, die über Defizite im Kurzzeitgedächtnis schließlich zu Demenz führt. Neuropathologisch zeichnet sie sich durch amyloide Ablagerungen und neurofibrilläre Knäuel im Gehirn ab. Die amyloiden Ablagerungen enthalten in hoher Konzentration das Fragment $A\beta_{42}$ des amyloiden Vorläuferproteins APP. Einige bekannte Ursachen dafür sind Mutationen im *APP*-Gen oder in den Presenilin-codierenden Genen *PSEN1* bzw. *PSEN2*, die mit Proteasen in Wechselwirkung treten, die APP prozessieren. Durch genomweite Assoziationsstudien wurden weitere Risiko-Gene identifiziert, von besonderer Bedeutung ist dabei ein Polymorphismus im *APOE*-Gen.

Im Jahr 1999 wurden zum ersten Mal Mausmodelle für die Alzheimer'sche Erkrankung mit Antikörpern gegen Aβ behandelt. Die so behandelten Mäuse waren nahezu frei von β-amyloiden Plaques; dieser Effekt wurde in verschiedenen Mausmodellen bestätigt. Aufgrund dieser vielversprechenden Ergebnisse in Tierversuchen wurden entsprechende klinische Tests begonnen. Nach einigen schwerwiegenden Nebenwirkungen in der Phase II (einige Patienten erkrankten an Meningoencephalitis) wurden die Untersuchungen zunächst abgebrochen und erst später unter veränderten Bedingungen fortgesetzt. Insgesamt gleichen die Ergebnisse der klinischen Untersuchungen einer Achterbahnfahrt aus einigen positiven und vielen negativen Ergebnissen. Allerdings müssen noch viele Details optimiert werden, bevor eine Therapie tatsächlich möglich wird (Panza et al. 2019).

14.5.3 Parkinson'sche Erkrankung

Die Parkinson'sche Erkrankung (OMIM 168600; benannt nach ihrem Entdecker James **Parkinson** (1817)) ist nach der Alzheimer'schen Krankheit die zweithäufigste progressive neurodegenerative Erkrankung und betrifft etwa 1–2 % der über 50-jährigen Bevölkerung und über 4 % der über 85-Jährigen. Sie zeichnet sich durch eine Degeneration der dopaminergen Neurone (◻ Abb. 14.25) aus und betrifft überwiegend die *Substantia nigra*. Das klinische Charakteristikum ist eine Trias aus Zittern, Gesichtsstarre und einer Verlangsamung der Bewegungen. Neuropathologische Befunde zeigen charakteristische cytoplasmatische Einschlüsse (Lewy-Körperchen) in den Neuronen der *Substantia nigra*, die überwiegend durch Fibrillen aus α-Synuklein (Gensymbol: *SNCA*) und Ubiquitin angefüllt sind (◻ Abb. 14.60).

Wie bereits für die Creutzfeldt-Jakob-Krankheit (▶ Abschn. 14.5.1) und für die Alzheimer'sche Erkrankung (▶ Abschn. 14.5.2) wird heute auch für die Parkinson'sche Erkrankung ein Mechanismus

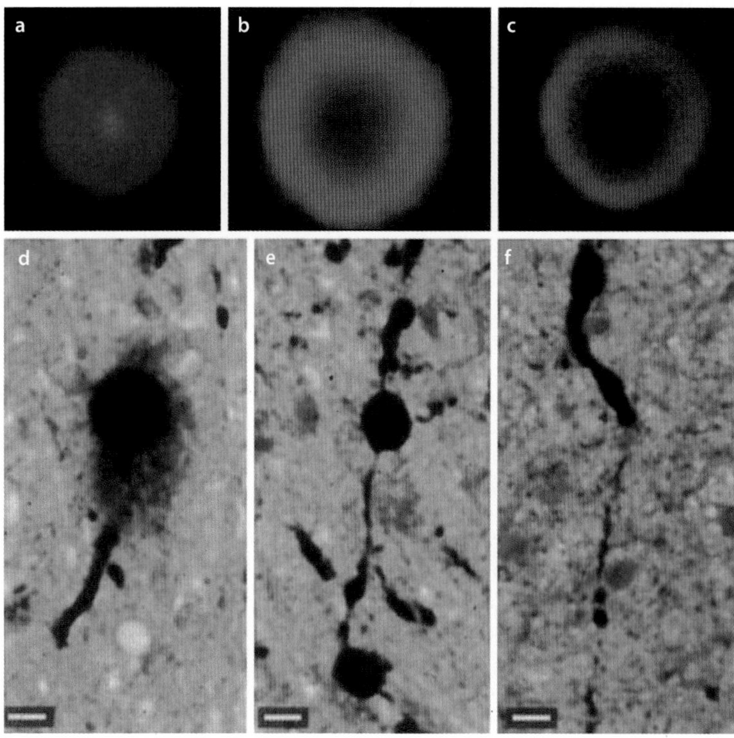

Abb. 14.60 Immunhistochemische Analyse der Lewy-Körperchen. Lewy-Körperchen sind mit Antikörpern gegen Ubiquitin (**a**, *grün*) bzw. α-Synuklein (**b**, *rot*) angefärbt; die Überlagerung der beiden Aufnahmen (**c**) zeigt, dass die Ringe um die Lewy-Körperchen im Zentrum überwiegend ubiquitinierte Proteine enthalten, wohingegen die Peripherie überwiegend α-Synuklein enthält (Vergrößerung 3000-fach). Die *unteren Bilder* (**d–f**) zeigen Neurone aus der *Substantia nigra* eines Parkinson-Patienten, in dem die Neuriten aufgebläht erscheinen und mit Antikörpern gegen α-Synuklein (hier *schwarz*) angefärbt werden können; der *weiße Balken* entspricht 10 µm. (Nach Nussbaum und Ellis 2003, mit freundlicher Genehmigung)

diskutiert, der darauf basiert, dass sich die Konformationsänderung eines Proteins über weite Teile des Gehirns ausbreitet und dadurch die charakteristischen Krankheitsmerkmale hervorruft. In diesem Fall ist es das α-Synuklein, das dafür verantwortlich sein soll. Es ist üblicherweise unstrukturiert oder liegt in einer α-helikalen Form vor, aber in den pathologischen Fibrillen hat es überwiegend eine β-Faltblattstruktur. α-Synuklein in dieser β-Faltblattstruktur kann in *vivo* von Zellen zu Zellen übertragen werden, und im Laufe der Zeit bilden sich Aggregate. Der Auslöser der Aggregatbildung ist allerdings noch unbekannt (Dunning et al. 2013).

Bis vor wenigen Jahren galt die Parkinson'sche Erkrankung als der Archetyp einer nicht genetischen Erkrankung; unter den umweltbedingten Faktoren werden Pestizide besonders intensiv diskutiert. Allerdings hat die Genetik inzwischen mehrere Gene identifiziert, deren Mutationen für den Ausbruch der Erkrankung verantwortlich sind. Die Charakterisierung verschiedener Gene und Kandidatenregionen erklärt auch in gewisser Weise die klinische Heterogenität der Erkrankung, insbesondere in Bezug auf den Zeitpunkt des Beginns der Erkrankung als auch in Bezug auf die Geschwindigkeit ihres Fortschreitens. Eine Übersicht über die genetische Heterogenität der Parkinson'schen Erkrankung vermittelt ▢ Tab. 14.8.

Die erste genetische Kopplung der Parkinson'schen Erkrankung wurde von Polymeropoulos und Mitarbeitern 1996 für das Chromosom 4q berichtet und zunächst als *PARK1* bezeichnet, eine dominante Form der Parkinson'schen Erkrankung. Diese Region enthält das oben schon erwähnte Gen *SNCA*, das für **α-Synuklein** codiert. In den beiden Folgejahren wurden dann die ersten beiden Mutationen als Punktmutationen im *SNCA*-Gen molekular charakterisiert (A53T und A30P). Es gibt außerdem Hinweise, dass Mutationen im Promotor des *SNCA*-Gens, die eine Erhöhung seiner Genexpression bewirken, ebenfalls für die Parkinson'sche Erkrankung verantwortlich sind.

In diesem Zusammenhang soll ein transgenes Mausmodell vorgestellt werden, das die humane A53T-α-Synuklein-Mutation trägt. Wenn in Neuronen des Zentralnervensystems nur die mutierte Form exprimiert wird, entwickeln die Mäuse schwere und komplexe motorische Störungen, die zu Paralyse und Tod führen. Altersabhängig und parallel mit dem Einsetzen der Erkrankung entwickeln diese Mäuse außerdem Einschlusskörperchen von α-Synuklein im Cytoplasma von Neuronen, die Fibrillen bilden, wie wir sie von der Situation bei Patienten kennen. Diese Mausmutanten zeigen, dass die A53T-Mutation im *SCNA*-Gen zur Bildung „toxischer" Filamente führt, die eine neuronale Degeneration verursacht.

PARK2, der zweite Genort, der für die Parkinson'sche Erkrankung verantwortlich ist, befindet sich auf dem Chromosom 6q. Dieser Genort enthält das ***PARKIN***-Gen, dessen Mutationen zu juvenilen, rezessiven Formen des Parkinsonismus führen. Die Beziehung zwischen den Mutationen im *PARKIN*-Gen und Parkinsonismus sind allerdings etwas komplexer: Der *PARKIN*-Promotor enthält funktionelle Varianten (ähnlich dem des *SNCA*-Gens); diejenigen Menschen, deren *PARKIN*-Promotor

Tab. 14.8 Genetische Heterogenität der Parkinson'schen Erkrankung

Bezeichnung	OMIM	Art der Vererbung	Chromosom	Gen
PARK1	168601	Dominant	4q22	*SNCA*
PARK2	600116	Rezessiv	6q26	*PARKIN*
PARK3	602404	Dominant	2p13	?
PARK4	605543	Dominant	4q22	*SNCA*
PARK5	613643	Dominant	4p13	*UCHL1*
PARK6	605909	Rezessiv	1p36	*PINK1*
PARK7	606324	Rezessiv	1p36	*DJ1*
PARK8	607060	Dominant	12q12	*LRRK2*
PARK9	606693	Rezessiv	1p36	*ATP13A2*
PARK11	607688	Dominant	2q37	*GIGYF2*
PARK12	300557	Modifizierend	Xq21–25	?
PARK13	610297	Dominant	2p13	*HTRA2*
PARK14	612953	Rezessiv	22q13	*PLA2G6*
PARK15	260300	Rezessiv	22q12	*FBOX7*
PARK16	613164	?	1q32	?
PARK17	614203	Dominant	16q11	*VPS35*
PARK18	614251	Dominant	3q27	*EIF4G1*
PARK19	615528	Rezessiv	1p31	*DNAJC6*
PARK20	615530	Rezessiv	21q22	*SYNJ1*
PARK21	616361	Dominant	3q22	*TMEM230*
PARK22	616710	Dominant	7p11.2	*CHCHD2*
PARK23	616840	Rezessiv	15q22	*VPS13C*

Nach Deng et al. (2018) und OMIM 168600 (Oktober 2020); *PARK10* wurde gestrichen, da die Kopplung mit Chromosom 1p32 nicht bestätigt werden konnte.

14

zu einer verminderten Transkriptionsaktivität führt, tragen ein erhöhtes Risiko, an Parkinsonismus zu erkranken. *PARKIN* selbst ist ein großes Gen (> 1 Mb) und enthält 12 Exons, die in ein 52-kDa-Protein (Parkin) translatiert werden. In Patienten mit rezessivem, juvenilem Parkinsonismus wurden große Deletionen gefunden; viele Patienten sind entweder hemizygot oder repräsentieren Nullmutationen und damit klassische Funktionsverlust-Mutationen. Andererseits gibt es auch eine Reihe von Punktmutationen, die zu Aminosäureaustauschen und dominanten Krankheitsbildern führen – sie werden als „dominant negative" Formen angesehen. Wir haben es hier also mit einer Allelserie zu tun, die zu unterschiedlichen Schweregraden der Erkrankung führen kann (Ähnliches haben wir ja auch bereits bei anderen Krankheitsbildern gesehen, z. B. der Hämophilie; ► Abschn. 13.3.3).

Die biochemische Charakterisierung des *PARKIN*-Genproduktes als eine Ubiquitin-Ligase verbindet *PARK2* funktionell mit *PARK5*, die mit einer Mutation im Gen der **carboxyterminalen Ubiquitin-Hydrolase L1** (Gensymbol: *UCHL1*; Chromosom 4p13) assoziiert ist. Offensichtlich ist also eine Störung der Proteasom-Funktion für die Akkumulation toxischer Proteine in bestimmten Gehirnregionen (hier die *Substantia nigra*) von entscheidender Bedeutung. Eine weitere rezessive, früh einsetzende Form des Parkinsonismus (*PARK7*) ist auf dem Chromosom 1p36 lokalisiert und mit Mutationen im Gen *DJ1* verbunden, das ursprünglich als Onkogen charakterisiert wurde.

Die genetischen Defekte, die mit den familiären Formen der Parkinson'schen Erkrankung verbunden sind, erlauben uns, einige Aspekte der biochemischen Zusammenhänge zu verstehen, die zum Absterben der Neurone führen. Eine Übersicht bietet Abb. 14.61; die beiden wichtigsten Aspekte sind hier zusammengefasst:

- *SNCA*-Mutationen führen zu einer Anhäufung toxischer Proteine mit pleiotropen Effekten, die auch die Hemmung der Proteasom-Funktion und die Permeabilisierung von Vesikeln einschließen. Dabei sind

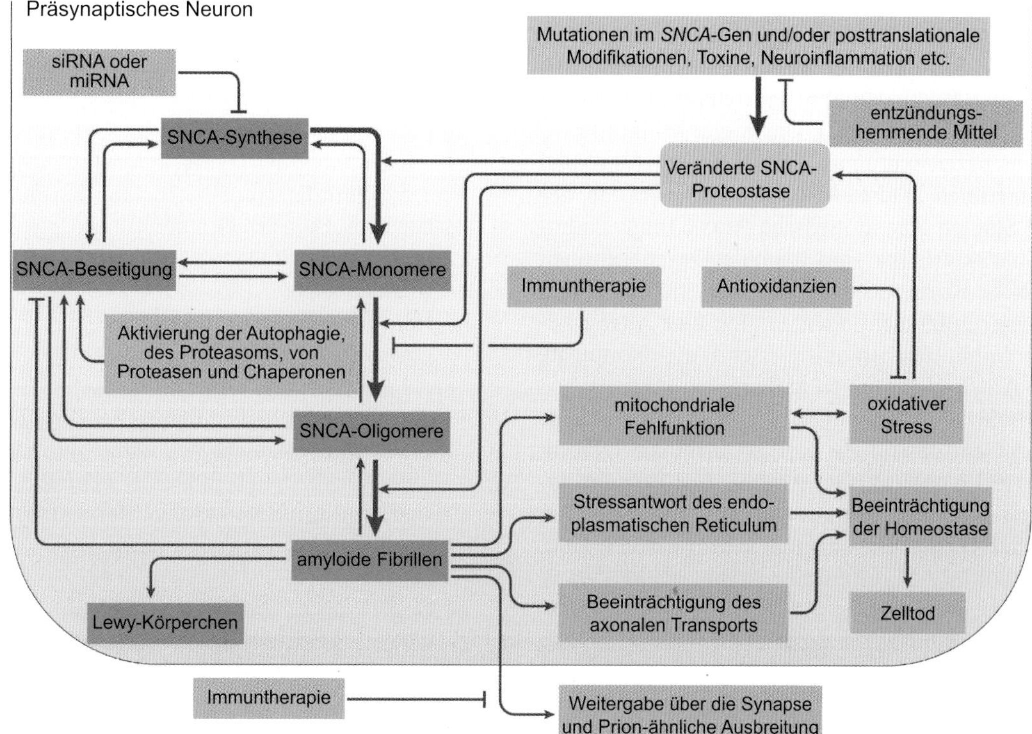

Abb. 14.61 Pathogene Mechanismen bei der Parkinson'schen Erkrankung. Das Schema zeigt die wichtigsten molekularen Zusammenhänge der Parkinson'schen Erkrankungen und mögliche therapeutische Strategien (*graue Kästchen*), um die Krankheit zu bekämpfen. Obwohl α-Synuklein (SNCA) als Hauptakteur in der Pathophysiologie der Parkinson'schen Erkrankung dargestellt ist, kann Zelltod auch in seiner Abwesenheit durch alle anderen dargestellten Mechanismen (*blaue Kästchen*) erreicht werden. Die intrazellulären Konzentrationen von SNCA sind durch das Gleichgewicht zwischen der Syntheserate, dem Abbau und der Aggregation des Proteins streng reguliert. Veränderungen, die die SNCA-Proteostase modifizieren (einschließlich Mutationen im *SNCA*-Gen, posttranslationale Modifikationen, externe Giftstoffe, Neuroinflammation oder oxidativer Stress) können die intrazellulären SNCA-Konzentrationen erhöhen und seine Aggregation fördern (*orange Kästchen*). SNCA-Monomere, die sich anhäufen, können Oligomere bilden, die zu amyloiden Fasern und Lewy-Körperchen anwachsen (*lila Kästchen*). Der zelluläre Schaden, der durch die toxischen Formen von SNCA induziert wird, führt zu Beeinträchtigungen des axonalen Transports, mitochondrialer Fehlfunktion und Stressantworten des endoplasmatischen Reticulums, die schließlich zum Zelltod führen. Fehlfunktionen in diesen Prozessen können allerdings auch unabhängig von SNCA zum Zelltod führen. Toxische Formen von SNCA können zwischen Zellen ausgetauscht werden und dadurch die Ausbreitung der Erkrankung in andere Gehirnregionen fördern. Mechanismen zur Neuroprotektion sind die Verminderung der SNCA-Synthese durch siRNA (▶ Abschn. 8.2.1) oder miRNA (▶ Abschn. 8.2.2), der verstärkte Abbau von SNCA durch Aktivierung der Autophagie, des Proteasoms, von Proteasen und Chaperonen, oder die Blockade der SNCA-Aggregation bzw. Ausbreitung der Aggregate durch Immuntherapie. Zusätzlich können entzündungshemmende Medikamente und Antioxidanzien verwendet werden. (Nach Charvin et al. 2018, mit freundlicher Genehmigung)

offensichtlich zwei Mechanismen betroffen: einmal die Entleerung der ATP-Vorräte, die die Fehlfunktion der Proteasomen verstärken, und zum anderen die Freisetzung von Dopamin in das Cytosol, womit weitere Oligomerisierungen gefördert werden.

- *PARKIN*-Mutationen vermindern die Fähigkeit der Neuronen der *Substantia nigra*, zellulärem Stress zu widerstehen, vermutlich bedingt durch den Verlust der Parkin-Funktion als Protein-Ubiquitin-Ligase. Damit ist die Bildung der fibrillären α-Synuklein-Einschlüsse nicht das hauptsächliche pathogene Ereignis, obwohl die Bildung dieser Lewy-Körperchen im Verlauf der Krankheit erfolgt.

Ein weiterer wichtiger Aspekt ist die *post-mortem*-Beobachtung von Veränderungen in der *Substantia nigra*, die als Anzeichen eines oxidativen Stresses gedeutet werden können, wie die Erhöhung der Konzentrationen von Eisen, Ferritin und Stickoxid (NO) sowie Markern allgemeiner oxidativer Schäden an Proteinen, Lipiden und DNA (so liegt z. B. das α-Synuklein in den Lewy-Körperchen in nitrierter Form vor). Umgekehrt sind die Konzentrationen der Marker eines Oxidationsschutzes vermindert (z. B. reduziertes Glutathion, der mitochondriale Komplex I, Calbindin oder Transferrin). Offensichtlich wird so der Apoptose-Weg initiiert.

Im Gegensatz zur Alzheimer'schen Erkrankung gibt es **spontane Mausmutanten**, die Symptome aufweisen, die mit Parkinsonismus vergleichbar sind. Das ist einmal die *weaver*-Maus, deren Mutation ein Gen betrifft, das für einen Kaliumkanal codiert (Gensymbol: *Kcnj6*). *Weaver*-Mäuse zeigen in der *Substantia nigra* einen deutlichen Verlust von

Dopamin-D2-Rezeptoren, weniger Dendriten und Synapsen sowie degenerative Veränderungen. Dadurch wird die funktionelle Wirksamkeit der Basalganglien beeinflusst, und später treten Parkinson-ähnliche Symptome in diesen Mutanten auf (Xu et al. 1999). Die zweite Mutante wird als *gad*-Maus bezeichnet (engl. *gracile axonal dystrophy*) und zeigt in frühen Stadien eine sensorische Ataxie, der in späteren Stadien eine motorische Ataxie folgt. Pathologische Charakteristika sind axonale Degenerationen und sphärische Körperchen an den Nervenendigungen. Biochemische Untersuchungen zeigten eine retrograd-progressive Anhäufung ubiquitinierter Proteinkonjugate und von β-Amyloid-Proteinen entlang den sensorischen und motorischen Nervenbahnen. Ursache dafür ist eine Deletion im Gen, das für die carboxyterminale Ubiquitin-Hydrolase L1 codiert (Gensymbol: *Uchl1*) – wir haben oben gesehen, dass Mutationen im homologen Gen des Menschen für Parkinsonismus verantwortlich sind. Eine dritte spontane Mausmutante ist die *aphakia*-Maus, die zwei Deletionen im *Pitx3*-Promotor aufweist, sodass dieser Transkriptionsfaktor nicht exprimiert wird. Die Mutante wurde zunächst wegen ihrer massiven Entwicklungsstörung am Auge identifiziert (aphak: ohne Linse); weitere Untersuchungen zeigten, dass sie auch keine dopaminergen Neuronen im Striatum bildet, weil *Pitx3* auch die Tyrosin-Hydroxylase-Expression reguliert; heute ist die *aphakia*-Maus ein etabliertes Parkinson-Modell. Viele weitere Mausmodelle beruhen auf dem gezielten Ausschalten der Gene, die für die Parkinson-Erkrankung im Menschen diskutiert werden (◘ Tab. 14.8). Eine detaillierte Übersicht würde den Rahmen dieses Buches sprengen, sodass hier nur auf entsprechende Review-Artikel (und die dort zitierte Literatur) verwiesen werden kann (z. B. Verstraeten et al. 2015; Kalinderi et al. 2016; van der Merwe et al. 2015).

! Die Parkinson'sche Erkrankung ist eine progressive, neurodegenerative Erkrankung mit unterschiedlichen Verlaufsformen. Aus genetischen Untersuchungen ist bekannt, dass Mutationen in mehreren Genen die Krankheit verursachen, z. B. im *SNCA*-, *PARKIN*-, *UCHL1*-, *PINK1*-, *LRRK2*- und *DJ1*-Gen. Eine Beteiligung von Umweltfaktoren (z. B. Pestizide) wird diskutiert. Im Anfangsstadium der Erkrankung bewirkt eine Therapie mit Dopamin-Agonisten eine Verbesserung für die Patienten.

14.6 Kernaussagen, Links, Übungsfragen, Technikboxen

Kernaussagen

- Verhaltensweisen sind komplex und damit experimentell schwieriger zu analysieren als monogene Phänotypen. Sie gehorchen aber prinzipiell den gleichen Gesetzen wie andere komplexe Phänotypen.
- Mikroevolutive Prozesse können zu schnellen Verhaltensänderungen ganzer Populationen führen.
- Bei der Kreuzung der Sehbahn sind für die ipsilateralen Axone der Transkriptionsfaktor ZIC2 und der Ephrin-Rezeptor B1 wichtig; für die kontralateralen Axone spielen der Transkriptionsfaktor Islet2 und das Zelladhäsionsmolekül NrCam eine wichtige Rolle.
- Das Zugverhalten von Vögeln hat eine ausgeprägte genetische Komponente; ein wesentlicher Bestandteil ist der Magnetsinn.
- Zirkadiane Rhythmen werden bei *Drosophila*, der Maus und dem Menschen durch autoregulatorische Rückkopplungsschleifen gesteuert. Daran sind Transkriptionsfaktoren, Proteinkinasen und Repressoren von Transkriptionsfaktoren essenziell beteiligt.
- Gedächtnisleistungen lassen sich auf cAMP-abhängige Signaltransduktionskaskaden zurückführen, die über Transkriptionsfaktoren spezifische, an den Speichervorgängen beteiligte Gene aktivieren.
- Angststörungen und Depressionen ist gemeinsam, dass sie sich mit Medikamenten behandeln lassen, die mit der Funktion des Neurotransmitters Serotonin zusammenhängen. Ursachen sind unter anderem Mutationen in Genen, die für Rezeptoren bzw. Transporter des Serotonins und des Corticotropin-freisetzenden Hormons codieren.
- Alkoholismus ist eine komplexe Erkrankung mit hoher Prävalenz. Genetische Untersuchungen an Modellorganismen und dem Menschen zeigen, dass Alkoholbevorzugung im Wesentlichen auf Mutationen zurückzuführen ist, die die cAMP-Signalkette beeinflussen, während die Alkoholabhängigkeit mit genetischen Veränderungen der dopaminergen und GABAergen Signaltransduktion assoziiert ist.
- Schizophrenie ist eine psychische Erkrankung, die durch Halluzinationen, Wahnvorstellungen, Störungen in der sozialen Interaktion und durch kognitive Störungen gekennzeichnet ist. Kopplungsanalysen bei Familien von Patienten sowie Untersuchungen an Mausmodellen deuten darauf hin, dass Mutationen in den Genen für DISC1, Neuregulin-1 und die Catechol-O-Methyltransferase ein erhöhtes Risiko darstellen, an Schizophrenie zu erkranken; Umweltfaktoren haben einen modulierenden Einfluss.
- Das Rett-Syndrom ist eine X-gekoppelte, dominante, schwere neurodegenerative Erkrankung. Ursache sind überwiegend spontane Mutationen im *MECP2*-Gen, das für ein Methyl-CpG-bindendes Protein codiert. Das Protein findet sich im Zellkern und hat vermutlich wichtige Funktionen

in der Hemmung der Transkription sowie beim Spleißen.

- Epilepsie ist eine der häufigsten neurologischen Erkrankungen und durch spontan auftretende Krampfanfälle gekennzeichnet. Mutationen im *SCN1A*-Gen sind die häufigste bisher bekannte genetische Ursache von Epilepsien. Mutationen im *SCN1A*-Gen sind auch verantwortlich für Migräne. Weitere Epilepsie-relevante Gene codieren für Ionenkanäle und sind teilweise zugleich Rezeptoren für Neurotransmitter.
- Autismus ist eine häufige Entwicklungsstörung des Nervensystems, die sich im veränderten sozialen Umgang mit Mitmenschen und in sich stets wiederholenden Handlungen äußert. Autismus betrifft mehr Jungen als Mädchen (3:1). Monogene Formen des Autismus sind durch Mutationen in Genen verursacht, die für synaptische Adhäsionsmoleküle codieren.
- Die Creutzfeldt-Jakob-Erkrankung wird durch eine Konformationsänderung des Prion-Proteins ausgelöst. Es gibt neben erblichen Fällen auch einen Polymorphismus (M129V), der mit der Erhöhung des Erkrankungsrisikos assoziiert ist.
- Die Alzheimer'sche Erkrankung ist eine progressive Neurodegeneration, die sich neuropathologisch durch amyloide Ablagerungen und neurofibrilläre Knäuel im Gehirn auszeichnet. Ursachen sind entweder Mutationen im *APP*-Gen oder in den Presenilin-codierenden Genen *PS1* bzw. *PS2*.
- Die Parkinson'sche Erkrankung ist eine progressive, neurodegenerative Erkrankung mit unterschiedlichen Verlaufsformen. Aus genetischen Untersuchungen ist bekannt, dass Mutationen in mehreren Genen die Krankheit verursachen. Eine Beteiligung von Umweltfaktoren wird diskutiert.

Links zu Videos

Visuelles System:
(► sn.pub/95Rh9z)
(► sn.pub/ifDMDg)
Zirkadiane Rhythmik:
(► sn.pub/L22JEr)
Lernen der Maus:
(► sn.pub/ZgT1V0)
Rett-Syndrom:
(► sn.pub/U0QajG)
Migräne:
(► sn.pub/5QyKl6)
Alzheimer'sche Erkrankung:
(► sn.pub/MvgxPP)
Parkinson'sche Erkrankung:
(► sn.pub/BOTC2P)

Übungsfragen

1. Beschreiben Sie, wie man in der Maus genetische Modelle für Schlafstörungen im Menschen etablieren kann und welches Gen tatsächlich gefunden wurde.
2. Wozu können bei Modellorganismen (z. B. *Drosophila*, Maus) Zuchten auf extreme Phänotypen verwendet werden?
3. Warum erkranken beim Rett-Syndrom nur Mädchen?
4. Beschreiben Sie zwei charakteristische Merkmale von Migräne und geben Sie die Häufigkeiten von Migräne für Frauen und Männer an. Nennen Sie drei Gene, deren Mutationen für monogene Formen der Migräne verantwortlich sind, und beschreiben Sie kurz ihre wichtigsten Funktionen. Welches dieser drei Gene spielt auch bei Epilepsie eine Rolle?
5. Welche Gene führen zu einem dominanten Erbgang bei der Alzheimer'schen Erkrankung? Erläutern Sie kurz den Mechanismus.

Technikbox 34

In-vivo-Reportergen: das grün fluoreszierende Protein (GFP)

Anwendung: Das grün fluoreszierende Protein (GFP) wird als Markermolekül verwendet. Das Protein ist von Cofaktoren zur Induktion von Fluoreszenz unabhängig, da es autokatalytisch ein Chromatophor bildet, das in beliebigen Zellen als fluoreszierender Marker dienen kann. Daher wird es als Marker (Reportergen) für Genexpression nach Transformationsexperimenten, als Marker in Zelldifferenzierungsprozessen oder als Marker für die Lokalisation von Proteinen in der Zelle verwendet. Ein Beispiel zeigt ◘ Abb. 14.62.

Voraussetzungen · Materialien: Durch posttranslationale Modifikation, Zyklisierung und Oxidation eines Tripeptids aus Ser-Tyr-Gly wird das Chromatophor im Inneren des Proteins autokatalytisch gebildet. Diese Reaktion ist temperaturabhängig, und das Protein ist in seiner gefalteten Form sehr stabil. Es hat Anregungswellenlängen von 395 und 475 nm und emittiert grünes Licht bei 509 nm (Name!). Das Protein stammt von der Qualle *Aequorea victoria.* In letzter Zeit wurden Varianten von anderen Organismen isoliert, und das ursprüngliche GFP wurde gentechnologisch umgeformt, sodass alternative Emissionswellenlängen bzw. eine erhöhte Fluoreszenz erzielt werden können (z. B. rote oder gelbe Fluoreszenz). Für die Entdeckung des GFP und die Etablierung seiner Anwendungsmöglichkeiten bekam Roger Tsien im Jahr 2008 den Nobelpreis für Chemie.

Methode: GFP kann in unterschiedlicher Weise verwendet werden:

Es kann als Reportergen dienen, um Promotorregionen von Genen auf ihre Funktion und Gewebespezifität zu testen. So lässt sich z. B. ermitteln, zu welchem Zeitpunkt in der Entwicklung ein Gen angeschaltet wird. In gleicher Weise können Enhancer und andere Regulationselemente untersucht werden, indem man das *GFP*-Gen mit den zu untersuchenden DNA-Sequenzen kombiniert und transformiert. Fluoreszenz der transformierten Zellen zeigt die Funktion der Regulationselemente an, da diese nunmehr – statt der ursprünglichen Gene – das *GFP*-Gen regulieren.

Viele Proteine bleiben funktionsfähig, wenn man den *GFP*-ORF an das C-terminale Ende eines Proteins anfügt. Auf diese Weise lässt sich die intrazelluläre Lokalisation eines Proteins ermitteln, da sie nun durch das angehängte GFP sichtbar wird. Durch Kontrollen muss sichergestellt werden, dass das GFP die Lokalisation eines anderen Proteins nicht beeinflusst.

Das *GFP* kann auch als reines Markergen für Transformationen dienen, wenn es z. B. anstelle des *white*-Gens in einen P-Element-Transformationsvektor (Technikbox 23) eingefügt wird. Man selektiert dann Fliegen unter dem Fluoreszenz-Stereomikroskop auf grüne Fluoreszenz.

14

◘ **Abb. 14.62** GFP-Expression in der anterioren (*obere Reihe*) oder posterioren (*untere Reihe*) Hemisphäre der Linse einer Maus 2–24 Wochen nach Aktivierung des GFP-Reportergens. (Nach Shi und Bassnett 2007, mit freundlicher Genehmigung)

Technikbox 35

Mikroarrays und DNA-Chips

Anwendung: Untersuchung der Genexpression.
Voraussetzungen: Auftrag von sehr vielen cDNA-Proben auf Trägermaterial (Glas, Nylon); Bildanalyse.
Methoden: Auf Trägermaterialien wie Glas oder Nylon wird DNA (10–150 pmol) punktförmig (Radius: 50–250 µm) aufgetragen (engl. *to spot*; Laborslang: „gespottet"; verwendeter Laborroboter: Spotter). Durch diese kleine Auftragsfläche ist es möglich, auf einem Objektträger (Chip) 5000 bis zu mehr als 1 Mio. Proben unterzubringen. Diese DNA kann für Hybridisierungsexperimente verwendet werden.

Chips mit Oligonukleotiden können auch durch direkte Synthese der benötigten Sequenzen auf der Glasmatrix hergestellt werden. Die Synthese erfolgt dabei über ortsspezifische Photoreaktivierung des zuletzt eingebauten Nukleotids unter Verwendung von Masken, die festlegen, welche Positionen in der Matrix beim nächsten Syntheseschritt aktiviert werden.

Die Hybridisierungsproben werden meist mit fluoreszierenden Farbstoffen (z. B. CY5-dUTP oder CY3-dUTP) markiert. Die Auswertung erfolgt photometrisch und gestattet die Quantifizierung der Signale.

Als Beispiel werden Untersuchungen zur differentiellen Genexpression dargestellt.

Zur Untersuchung quantitativer Unterschiede in der **Genexpression** verwendet man DNA-Chips, auf denen sich Proben vieler oder aller Gene eines Genoms befinden (▪ Abb. 14.63a). Hybridisiert man diese Chips mit fluoreszenzmarkierter RNA, so lässt sich ermitteln, welche Gene aktiv sind. Bei Verwendung unterschiedlich markierter RNA (z. B. grün und rot) aus verschiedenen Geweben (z. B. Leber versus Niere; Krebsgewebe versus gesundes Gewebe; Mutante versus Wildtyp) lässt sich die Expressionsrate von Genen in beiden Zelltypen direkt vergleichen (▪ Abb. 14.63b).

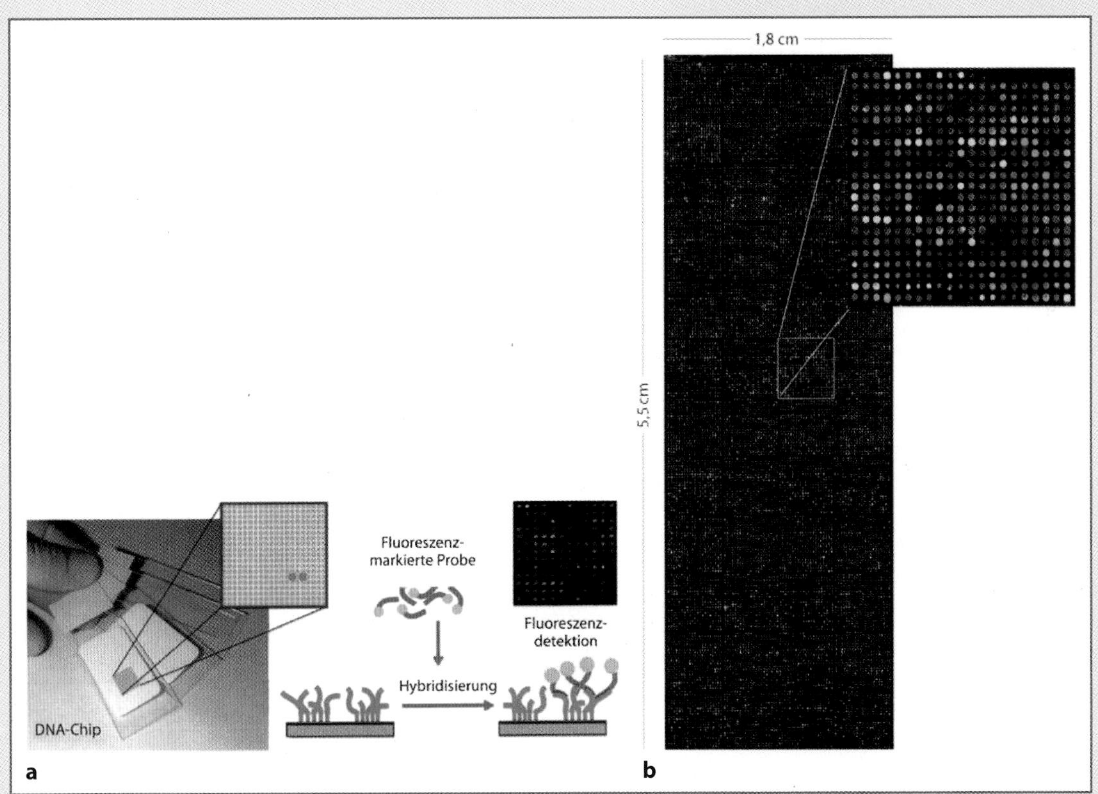

▪ **Abb. 14.63** Expressionsanalyse mit DNA-Chips. **a** Überblick über die Schritte bei der Expressionsanalyse durch DNA-Chips. **b** So sieht ein DNA-Chip aus: Auf einer Glasplatte (5,5 × 1,8 cm) befinden sich 21.168 DNA-Proben. Jeder Auftragspunkt hat einen Durchmesser von ca. 100 µm. Jeweils 21 × 21 Punkte sind in einem Block zusammengefasst; insgesamt befinden sich auf dem Chip 4 × 12 solcher Blöcke. (**a** nach Beckers 2003; **b** Foto: Johannes Beckers, Neuherberg)

Literatur

Alzheimer A (1906) Über einen eigenartigen schweren Krankheitsprozess der Hirnrinde. Zentralblatt Nervenkrankheiten 25:1134

Archer SN, Robilliard DL, Skene DJ et al (2003) A length polymorphism in the circadian clock gene Per3 is linked to delayed sleep phase syndrome and extreme diurnal preference. Sleep 26:413–415

Ausió J (2016) MeCP2 and the enigmatic organization of brain chromatin. Implications for depression and cocaine addiction. Clin Epigenetics 8:58

Bassetti CL, Ferini-Strambi L, Brown S et al (2015) Neurology and psychiatry: waking up to opportunities of sleep. State of the art and clinical/research priorities for the next decade. Eur J Neurol 22:1337–1354

Bauer PR, Carpay JA, Terwindt GM et al (2013) Headache and epilepsy. Curr Pain Headache Rep 17:351

Bearhop S, Fiedler W, Furness RW et al (2005) Assortative mating as a mechanism for rapid evolution of a migratory divide. Science 310:502–504

Beckers J (2003) Von der Sequenz zur Funktion. In: GSF-Forschungszentrum für Umwelt und Gesundheit, Neuherberg (Hrsg) Was verraten unsere Gene? Mensch + Umwelt Spezial, Bd. 16, S 11–20

Belelli D, Lambert JJ (2005) Neurosteroids: endogenous regulators of the $GABA_A$ receptor. Nat Rev Neurosci 6:565–576

Bellivier F, Geoffroy PA, Etain B et al (2015) Sleep- and circadian rhythm-associated pathways as therapeutic targets in bipolar disorder. Expert Opin Ther Targets 19:747–763

Berthold P (2001) Vogelzug als Modell der Evolutions- und Biodiversitätsforschung. Jahrb Max-Planck-Gesellschaft:27–48

Bianchin MM, Londero RG, Lima JE et al (2010) Migraine and epilepsy: a focus on overlapping clinical, pathophysiological, molecular, and therapeutic aspects. Curr Pain Headache Rep 14:276–283

Bice PJ, Lai D, Zhang L et al (2011) Fine mapping quantitative trait loci that influence alcohol preference behavior in the High and Low Alcohol Preferring (HAP and LAP) mice. Behav Genet 41:565–570

Bilkei-Gorzo A, Albayram O, Draffehn A et al (2017) A chronic low dose of Δ^9-tetrahydrocannabinol (THC) restores cognitive function in old mice. Nat Med 23:782–787

Birnbaum R, Weinberger DR (2017) Genetic insights into the neurodevelopmental origins of schizophrenia. Nat Rev Neurosci 18:727–740

Bozon B, Davis S, Laroche S (2003) A requirement for the immediate early gene *zif268* in reconsolidation of recognition memory after retrieval. Neuron 40:695–701

Brembs B (2003) Operant conditioning in vertebrates. Curr Opin Neurobiol 13:710–717

Brose N (2007) Autismus – wenn Nervenzellen kontaktscheu sind. BIOspektrum 13:614–616

Browman KE, Crabbe JC (1999) Alcohol and genetics: new animal models. Mol Med Today 5:310–318

Bruce VG (1972) Mutants of the biological clock in *Chlamydomonas reinhardtii*. Genetics 70:537–548

Bućan M, Abel T (2002) The mouse: genetics meets behaviour. Nat Rev Genet 3:114–123

Bünning E (1935) Zur Kenntnis der erblichen Tagesperiodizität bei den Primärblättern von *Phaseolus multifloras*. Jb Wiss Bot 81:411–418

Burger T, Lucová M, Moritz RE et al (2010) Changing and shielded magnetic fields suppress c-Fos expression in the navigation circuit: input from the magnetosensory system contributes to the internal representation of space in a subterranean rodent. J R Soc Interface 7:1275–1292

Burmeister M, McInnis MG, Zöllner S (2008) Psychiatric genetics: progress amid controversy. Nat Rev Genet 9:527–540

Busto GU, Guven-Ozkan T, Davis RL (2017) MicroRNA function in *Drosophila* memory formation. Curr Opin Neurobiol 43:15–24

Butelman ER, Yuferov V, Kreek MJ (2012) κ-opioid receptor/dynorphin system: genetic and pharmacotherapeutic implications for addiction. Trends Neurosci 35:587–596

Caine SB, Thomsen M, Gabriel KI et al (2007) Lack of self-administration of cocaine in dopamine D_1 receptor knock-out mice. J Neurosci 27:13140–13150

Canli T, Lesch KP (2007) Long story short: the serotonin transporter in emotion regulation and social cognition. Nat Neurosci 10:1103–1109

Carr LG, Habegger K, Spence J et al (2003) Analyses of quantitative trait loci contributing to alcohol preference in HAD1/LAD1 and HAD2/LAD2 rats. Alcohol Clin Exp Res 27:1710–1717

Chahrour M, Zoghbi HY (2007) The story of Rett syndrome: from clinic to neurobiology. Neuron 56:422–437

Charvin D, Medori R, Hauser RA et al (2018) Therapeutic strategies for Parkinson disease: beyond dopaminergic drugs. Nat Rev Drug Discov 17:804–822

St. Clair D, Blackwood D, Muir W et al (1990) Association within a family of a balanced autosomal translocation with major mental illness. Lancet 336:13–16

Clites BL, Pierce JT (2017) Identifying cellular and molecular mechanisms for magnetosensation. Annu Rev Neurosci 40:231–250

Costa RM, Federov NB, Kogan JH et al (2002) Mechanism for the learning deficits in a mouse model of neurofibromatosis type 1. Nature 415:526–530

Crawley JN (2008) Behavioral phenotyping strategies for mutant mice. Neuron 57:809–818

Crawley JN, Belkamp JK, Collins A (1997) Behavioral phenotypes of inbred mouse strains: implications and recommendations for molecular studies. Psychopharmacol 132:107–124

Davis BM, Crawley L, Pahlitzsch M et al (2016) Glaucoma: the retina and beyond. Acta Neuropathol 132:807–826

Deng H, Wang P, Jankovic J (2018) The genetics of Parkinson disease. Ageing Res Rev 42:72–85

Deussing JM, Chen A (2018) The corticotropin-releasing factor family: physiology of the stress response. Physiol Rev 98:2225–2286

Diao Y, Chen Y, Zhang P et al (2018) Molecular guidance cues in the development of visual pathway. Protein Cell 9:909–929

Dunning CJ, George S, Brundin P (2013) What's to like about the prion-like hypothesis for the spreading of aggregated α-synuclein in Parkinson disease? Prion 7:92–97

Engels S, Schneider NL, Lefeldt N et al (2014) Anthropogenic electromagnetic noise disrupts magnetic compass orientation in a migratory bird. Nature 509:353–356

Feldman JF, Hoyle MN (1973) Isolation of circadian clock mutants of *Neurospora crassa*. Genetics 75:605–613

Feldman MW, Ramachandran S (2018) Missing compared to what? Revisiting heritability, genes and culture. Philos Trans R Soc Lond B Biol Sci. 373:20170064

Ferrari MD, Klever RR, Terwindt GM et al (2015) Migraine pathophysiology: lessons from mouse models and human genetics. Lancet Neurol 14:65–80

Foley LE, Gegear RJ, Reppert SM (2011) Human cryptochrome exhibits light-dependent magnetosensitivity. Nat Commun 2:356

Gadalla KK, Bailey ME, Spike RC et al (2013) Improved survival and reduced phenotypic severity following AAV9/MECP2 gene transfer to neonatal and juvenile male Mecp2 knockout mice. Mol Ther 21:18–30

Gallego M, Virshup DM (2007) Post-translational modifications regulate the ticking of the circadian clock. Nat Rev Mol Cell Biol 8:139–148

Gegear RJ, Casselman A, Waddell S et al (2008) Cryptochrome mediates light-dependent magnetosensitivity in *Drosophila*. Nature 454:1014–1018

Golden SS, Canales SR (2003) Cyanobacterial circadian clocks – timing is everything. Nat Rev Microbiol 1:191–199

Goldman D, Oroszi G, Ducci F (2005) The genetics of addictions: uncovering the genes. Nat Rev Genet 6:521–532

Greco CM, Sassone-Corsi P (2019) Circadian blueprint of metabolic pathways in the brain. Nat Rev Neurosci 20:71–82

Greenspan RJ, Dierick HA (2004) 'Am not I a fly like thee?' From genes in fruit flies to behavior in humans. Hum Mol Genet 13:R267–R273

Gross C, Zhuang X, Stark K et al (2002) Serotonin1A receptor acts during development to establish normal anxiety-like behaviour in the adult. Nature 416:396–400

Hallam TM, Bourtchouladze R (2006) Rubinstein-Taybi syndrome: molecular findings and therapeutic approaches to improve cognitive dysfunction. Cell Mol Life Sci 63:1725–1735

Hariri AR, Mattay VS, Tessitore A et al (2002) Serotonin transporter genetic variation and the response of the human amygdala. Science 297:400–403

Harrison AF, Shorter J (2017) RNA-binding proteins with prion-like domains in health and disease. Biochem J 474:1417–1438

Hildebrand MS, Dahl HH, Damiano JA et al (2013) Recent advances in the molecular genetics of epilepsy. J Med Genet 50:271–279

Holmes A, Spanagel R, Krystal JH (2013) Glutamatergic targets for new alcohol medications. Psychopharmacology 229:539–554

Hölter SM, Einicke J, Sperling B et al (2015a) Tests for anxiety-related behavior in mice. Curr Protoc Mouse Biol 5:291–309

Hölter SM, Garrett L, Einicke J et al (2015b) Assessing cognition in mice. Curr Protoc Mouse Biol 5:331–358

Hore PJ, Mouritsen H (2016) The radical-pair mechanism of magnetoreception. Annu Rev Biophys 45:299–344

Huang SH, Ke SC, Lin TH et al (2014) Effect of C-terminal residues of Aβ on copper binding affinity, structural conversion and aggregation. Plos One 9:e90385

Hunter N (2007) Scrapie: uncertainties, biology and molecular approaches. Biochim Biophys Acta 1772:619–628

Johnsen S, Lohmann KJ (2005) The physics and neurobiology of magnetoreception. Nat Rev Neurosci 6:703–712

Jonsson T, Atwal JK, Steinberg S et al (2012) A mutation in APP protects against Alzheimer's disease and age-related cognitive decline. Nature 488:96–99

Jucker M, Walker LC (2011) Pathogenic protein seeding in Alzheimer disease and other neurodegenerative disorders. Ann Neurol 70:532–540

Kalinderi K, Bostantjopoulou S, Fidani L (2016) The genetic background of Parkinson's disease: current progress and future prospects. Acta Neurol Scand 134:314–326

Keene AC, Waddell S (2007) *Drosophila* olfactory memory: single genes to complex neural circuits. Nat Rev Neurosci 8:341–354

Kepp KP (2016) Alzheimer's disease due to loss of function: a new synthesis of the available data. Prog Neurobiol 143:36–60

Kew JNC, Koester A, Moreau JL et al (2000) Functional consequences of reduction in NMDA receptor glycine affinity in mice carrying targeted point mutations in the glycine binding site. J Neurosci 20:4037–4049

Kim JY, Liu CY, Zhang F et al (2012) Interplay between DISC1 and GABA signaling regulates neurogenesis in mice and risk for schizophrenia. Cell 148:1051–1064

Konopka RJ, Benzer S (1971) Clock mutants of *Drosophila melanogaster*. Proc Natl Acad Sci USA 68:2112–2116

Kraepelin E (1899) Psychiatrie – Ein Lehrbuch für Studierende und Ärzte, 5. Aufl. Barth, Leipzig

Kronfeld-Schor N, Dominoni D, de la Iglesia H et al (2013) Chronobiology by moonlight. Proc Biol Sci 280:20123088

Lange C, Manz K, Kuntz B (2017) Alkoholkonsum bei Erwachsenen in Deutschland: riskante Trinkmengen. J Health Monit. https://doi.org/10.17886/RKI-GBE-2017-031

Lee D (2015) Global and local missions of cAMP signaling in neural plasticity, learning, and memory. Front Pharmacol 6:161

Lee YS, Silva AJ (2009) The molecular and cellular biology of enhanced cognition. Nat Rev Neurosci 10:126–140

Lee J, Kim SY, Hwang KJ et al (2013) Prion diseases as transmissible zoonotic diseases. Osong Public Health Res Perspect 4:57–66

Lee JJ, Wedow R, Okbay A et al (2018) Gene discovery and polygenic prediction from a genome-wide association study of educational attainment in 1.1 million individuals. Nat Genet 50:1112–1121

Lee LC, Goh MQL, Koo EH (2017) Transcriptional regulation of APP by apoE: to boldly go where no isoform has gone before. ApoE, APP transcription and AD: hypothesised mechanisms and existing knowledge gaps. Bioessays. 39:10.1002/bies.201700062

Leonardo ED, Hen R (2006) Genetics of affective and anxiety disorders. Annu Rev Psychol 57:117–137

Lesch KP (2007) Linking emotion to the social brain. EMBO Rep 8:S24–S29

Li T, Stefansson H, Gudfinnsson E et al (2004) Identification of a novel neuregulin 1 at-risk haplotype in Han schizophrenia Chinese patients, but no association with the Icelandic/Scottish risk haplotype. Mol Psychiatry 9:698–704

Liu CC, Kanekiyo T, Xu H et al (2013) Apolipoprotein E and Alzheimer disease: risk, mechanisms and therapy. Nat Rev Neurol 9:106–118

Lloyd SE, Mead S, Collinge J (2013) Genetics of prion diseases. Curr Opin Genet Dev 23:345–351

Lofdahl KL, Holliday M, Hirsch J (1992) Selection for conditionability in *Drosophila melanogaster*. J Comp Psychol 106:172–183

Lombardi LM, Baker SA, Zoghbi HY (2015) MECP2 disorders: from the clinic to mice and back. J Clin Invest 125:2914–2923

Lyst MJ, Bird A (2015) Rett syndrome: a complex disorder with simple roots. Nat Rev Genet 16:261–275

McWatters HG, Roden LC, Staiger D (2001) Picking out parallels: plant circadian clocks in context. Phil Trans R Soc Lond 356B:1735–1743

Meisler MH, O'Brien JE, Sharkey LM (2010) Sodium channel gene family: epilepsy mutations, gene interactions and modifier effects. J Physiol 588:1841–1848

Merner ND, Mercado A, Khanna AR et al (2016) Gain-of-function missense variant in *SLC12A2*, encoding the bumetanide-sensitive NKCC1 cotransporter, identified in human schizophrenia. J Psychiatr Res 77:22–26

van der Merwe C, Jalali Sefid Dashti Z, Christoffels A et al (2015) Evidence for a common biological pathway linking three Parkinson's disease-causing genes: parkin, PINK1 and DJ-1. Eur J Neurosci 41:1113–1125

Mongi-Bragato B, Avalos MP, Guzmán AS et al (2018) Enkephalin as a pivotal player in neuroadaptations related to psychostimulant addiction. Front Psychiatry 9:222

Morozova TV, Mackay TF, Anholt RR (2014) Genetics and genomics of alcohol sensitivity. Mol Genet Genomics 289:253–269

Mouritsen H (2018) Long-distance navigation and magnetoreception in migratory animals. Nature 558:50–59

Mouritsen H, Hore PJ (2012) The magnetic retina: light-dependent and trigeminal magnetoreception in migratory birds. Curr Opin Neurobiol 22:343–352

Muheim R, Edgar NM, Sloan KA et al (2006) Magnetic compass orientation in C57BL/6J mice. Learn Behav 34:366–373

Murat D, Quinlan A, Vali H et al (2010) Comprehensive genetic dissection of the magnetosome gene island reveals the step-wise assembly of a prokaryotic organelle. Proc Natl Acad Sci USA 107:5593–5598

Murdoch JD, State MW (2013) Recent developments in the genetics of autism spectrum disorders. Curr Opin Genet Dev 23:310–315

Murphy DL, Lesch KP (2008) Targeting the murine serotonin transporter: insights into human neurobiology. Nat Rev Neurosci 9:85–96

Murray RM, Morrison PD, Henquet C et al (2007) Cannabis, the mind and society: the hash realities. Nat Rev Neurosci 8:885–895

Myklatun A, Lauri A, Eder SHK et al (2018) Zebrafish and medaka offer insights into the neurobehavioral correlates of vertebrate magnetoreception. Nat Commun 9:802

Němec P, Burda H, Oelschläger HHA (2005) Towards the neural basis of magnetoreception: a neuroanatomical approach. Naturwissenschaften 92:151–157

Nguyen PV, Gerlai R (2002) Behavioural and physiological characterization of inbred mouse strains: prospects for elucidating the molecular mechanisms of mammalian learning and memory. Genes Brain Behav 1:72–81

Nicolas M, Hassan BA (2014) Amyloid precursor protein and neural development. Development 141:2543–2548

Nussbaum RL, Ellis CE (2003) Alzheimer's disease and Parkinson's disease. N Engl J Med 348:1356–1364

Ohno M, Frankland PW, Chen AP et al (2001) Inducible, pharmacogenetic approaches to the study of learning and memory. Nat Neurosci 4:1238–1243

Oliveriusová L, Němec P, Pavelková Z et al (2014) Spontaneous expression of magnetic compass orientation in an epigeic rodent: the bank vole, *Clethrionomys glareolus*. Naturwissenschaften 101:557–563

Panza F, Lozupone M, Dibello V et al (2019) Are antibodies directed against amyloid-β (Aβ) oligomers the last call for the Aβ hypothesis of Alzheimer's disease? Immunotherapy 11:3–6

Parkinson J (1817) An essay on the shaking palsy. Sherwood Nesly & Jones, London

Parsons LH, Hurd YL (2015) Endocannabinoid signalling in reward and addiction. Nat Rev Neurosci 16:579–594

Patke A, Murphy PJ, Onat OE et al (2017) Mutation of the human circadian clock gene *CRY1* in familial delayed sleep phase disorder. Cell 169:203–215

Perreau-Lenz S, Spanagel R (2015) Clock genes × stress × reward interactions in alcohol and substance use disorders. Alcohol 49:351–357

Peschel N, Chen KF, Szabo G et al (2009) Light-dependent interactions between the *Drosophila* circadian clock factors Cryptochrome, Jetlag, and Timeless. Curr Biol 19:241–247

Phillips JB, Youmans PW, Muheim R et al (2013) Rapid learning of magnetic compass direction by C57BL/6 mice in a 4-armed 'plus' water maze. Plos One 8:e73112.

Pietrobom D (2013) Calcium channels and migraine. Biochim Biophys Acta 1828:1655–1665

Pittendrigh CS (1967) Circadian systems. I. The driving oscillation and its assay in *Drosophila pseudoobscura*. Proc Natl Acad Sci USA 58:1762–1767

Plomin R, von Stumm S (2018) The new genetics of intelligence. Nat Rev Genet 19:148–159

Polymeropoulos MH, Higgins JJ, Golbe LJ et al (1996) Mapping of a gene for Parkinson's disease to chromosome 4q21–q23. Science 274:1197–1199

Prato FS, Desjardins-Holmes D, Keenliside LD et al (2013) Magnetoreception in laboratory mice: sensitivity to extremely low-frequency fields exceeds 33 nT at 30 Hz. J R Soc Interface 10:20121046

Pulido F, Berthold P, van Noordwijk AJ (1996) Frequency of migrants and migratory activity are genetically correlatead in a bird population: evolutionary implications. Proc Natl Acad Sci USA 93:14642–14647

Quinn WG, Harris WA, Benzer S (1974) Conditional behavior in *Drosophila melanogaster*. Proc Natl Acad Sci USA 71:708–712

Rasband K, Hardy M, Chien CB (2003) Generating X: formation of the optic chiasm. Neuron 39:885–888

Ratnayaka JA, Lynn S (2016) Alzheimer's-related amyloid beta peptide aggregates in the ageing retina: implications for sight loss and dementia. In: Moretti D (Hrsg) Update in Dementia. IntechOpen, London

Rett A (1966) Über ein eigenartiges hirnatrophisches Syndrom bei Hyperammoniämie im Kindesalter. Wien Med Wschr 116:723–738

Rodgers CT, Hore PJ (2009) Chemical magnetoreception in birds: the radical pair mechanism. Proc Natl Acad Sci USA 106:353–360

Ronan JL, Wu W, Crabtree GR (2013) From neural development to cognition: unexpected roles for chromatin. Nat Rev Genet 14:347–359

Ronemus M, Iossifov I, Levy D et al (2014) The role of *de novo* mutations in the genetics of autism spectrum disorders. Nat Rev Genet 15:133–141

Ross CA, Margolis RL, Reading SAJ et al (2006) Neurobiology of schizophrenia. Neuron 52:139–153

Roth TL, Sweatt JD (2009) Regulation of chromatin structure in memory formation. Curr Opin Neurobiol 19:336–342

Russo AF (2015) Calcitonin gene-related peptide (CGRP): a new target for migraine. Annu Rev Pharmacol Toxicol 55:533–552

Rylaarsdam L, Guemez-Gamboa A (2019) Genetic causes and modifiers of Autism spectrum disorder. Front Cell Neurosci 13:385

Saba R, Booth SA (2013) The genetics of susceptibility to variant Creutzfeldt-Jakob disease. Public Health Genomics 16:17–24

Sachs NA, Sawa A, Holmes SE et al (2005) A frameshift mutation in Disrupted in Schizophrenia 1 in an American family with schizophrenia and schizoaffective disorder. Mol Psychiatry 10:758–764

Sanders DW, Kaufman SK, Holmes BB et al (2016) Prions and protein assemblies that convey biological information in health and disease. Neuron 89:433–448

Schellenberg GD, Montine TJ (2012) The genetics and neuropathology of Alzheimer's disease. Acta Neuropathol 124:305–323

Sekar A, Bialas AR, de Rivera H et al (2016) Schizophrenia risk from complex variation of complement component 4. Nature 530:177–183

Selkoe DJ, Podlisny MB (2002) Deciphering the genetic basis of Alzheimer's disease. Ann Rev Genomics Hum Genet 3:67–99

Serretti A, Benedetti F, Mandelli L et al (2003) Genetic dissection of psychopathological symptoms: insomnia in mood disorders and *CLOCK* gene polymorphism. Am J Med Genet 121B:35–38

Sheth BR, Young R (2016) Two visual pathways in primates based on sampling of space: exploitation and exploration of visual information. Front Integr Neurosci 10:37

Shi Y, Bassnett S (2007) Inducible gene expression in the lens using tamoxifen and a GFP reporter. Exp Eye Res 85:732–737

Shumyatsky GP, Tsvetkov E, Malleret G et al (2002) Identification of a signaling network in lateral nucleus of amygdala important for inhibiting memory specifically related to learned fear. Cell 111:905–918

Si K (2015) Prions: what are they good for? Annu Rev Cell Dev Biol 31:149–169

Sillaber I, Rammes G, Zimmermann S et al (2002) Enhanced and delayed stress-induced alcohol drinking in mice lacking functional CRH1 receptors. Science 296:931–933

Skoulakis EMC, Grammenoudi S (2006) Dunces and da Vincis: the genetics of learning and memory in *Drosophila*. Cell Mol Life Sci 63:975–988

Smoller JW (2016) The genetics of stress-related disorders: PTSD, depression, and anxiety disorders. Neuropsychopharmacology 41:297–319

Sniekers S, Stringer S, Watanabe K et al (2017) Genome-wide association meta-analysis of 78,308 individuals identifies new loci and genes influencing human intelligence. Nat Genet 49:1107–1112 (erratum in: Genetics 49:1558)

Somers J, Harper REF, Albert JT (2018) How many clocks, how many times? On the sensory basis and computational challenges of circadian systems. Front Behav Neurosci 12:211

Stanewsky R (2003) Genetic analysis of the circadian system in *Drosophila melanogaster* and mammals. J Neurobiol 54:111–147

Stefansson H, Sigurdsson E, Steinthorsdottir V et al (2002) *Neuregulin 1* and susceptibility to schizophrenia. Am J Hum Genet 71:877–892

Stefansson H, Sarginson J, Kong A (2003) Association of neuregulin 1 with schizophrenia confirmed in a Scottish population. Am J Hum Genet 72:83–87

Sugama N, Park JG, Park YJ et al (2008) Moonlight affects nocturnal *Period2* transcript levels in the pineal gland of the reef fish *Siganus guttatus*. J Pineal Res 45:133–141

Sweatt JD, Weeber EJ (2003) Genetics of childhood disorders: LII. Learning and memory, Part 5: Human cognitive disorders and the ras/ERK/CREB pathway. J Am Acad Child Adolesc Psychiatry 42:873–876

Szutorisz H, Hurd YL (2016) Epigenetic effects of Cannabis exposure. Biol Psychiatry 79:586-594

Szutorisz H, Hurd YL (2018) High times for cannabis: epigenetic imprint and its legacy on brain and behavior. Neurosci Biobehav Rev 85:93–101

Toh KL, Jones CR, He Y et al (2001) An h*Per2* phosphorylation site mutation in familial advanced sleep phase syndrome. Science 291:1040–1043

Torres GE, Gainetdinov RR, Caron MG (2003) Plasma membrane monoamine transporters: structure, regulation and function. Nat Rev Neurosci 4:13–25

Tully T (1996) Discovery of genes involved with learning and memory: an experimental synthesis of Hirschian and Benzerian perspectives. Proc Natl Acad Sci USA 93:13460–13467

Tumkaya T, Ott S, Claridge-Chang A (2018) A systematic review of *Drosophila* short-term-memory genetics: meta-analysis reveals robust reproducibility. Neurosci Biobehav Rev 95:361–382

Uhl GR, Hall FS, Sora I (2002) Cocaine, reward, movement and monoamine transporters. Mol Psychiatry 7:21–26

Uttner I, Wahlländer-Danek U, Danek A (2003) Kognitive Einschränkungen bei erwachsenen Patienten mit Neurofibromatose Typ 1. Fortschr Neurol Psychiat 71:157–162

Verstraeten A, Theuns J, Van Broeckhoven C (2015) Progress in unraveling the genetic etiology of Parkinson disease in a genomic era. Trends Genet 31:140–149

Vitaterna MH, King DP, Chang AM et al (1994) Mutagenesis and mapping of a mouse gene, Clock, essential for circadian behavior. Science 264:719–725

Vogel F, Motulsky AG (1997) Human Genetics. Springer, Berlin

Wall TL, Luczak SE, Hiller-Sturmhöfel S (2016) Biology, genetics, and environment: underlying factors influencing alcohol metabolism. Alcohol Res 38:59–68

Weeber EJ, Levenson JM, Sweatt JD (2002) Molecular genetics of human cognition. Mol Interv 2:376–391

Willstätter R, Wolfes D, Mäder H (1923) Synthese des natürlichen Cocaïns. Justus Liebigs Ann Chem 434:111–139

Wiltschko R, Wiltschko W (2006) Magnetoreception. Bioessays 28:157–168

Xu SG, Prasad C, Smith DE (1999) Neurons exhibiting dopamine D2 receptor immunoreactivity in the substantia nigra of the mutant weaver mouse. Neuroscience 89:191–207

Xu Y, Padiath QS, Shapiro RE et al (2005) Functional consequences of a *CKIΔ* mutation causing familial advanced sleep phase syndrome. Nature 434:640–644

Yamakawa K (2016) Mutations of voltage-gated sodium channel genes *SCN1A* and *SCN2A* in epilepsy, intellectual disability, and autism. In: Sala C, Verpelli C (Hrsg) Neuronal and Synaptic Dysfunction in Autism Spectrum Disorder and Intellectual Disability. Academic Press, New York, Boston, London, Oxford

Zhou Z, Karlsson C, Liang T et al (2013) Loss of metabotropic glutamate receptor 2 escalates alcohol consumption. Proc Natl Acad Sci USA 110:16963–16968

Genetik und Anthropologie

In unserer Ahnengalerie befinden sich (*oben, v. l. n. r.*) *Homo neanderthalensis, Homo habilis, Paranthropus boisei* und *Australopithecus afarensis*. In der *unteren Reihe (v. l. n. r.)* sind *Homo rudolfensis, Australopithecus anamensis, Homo erectus* und *Australopithecus africanus* abgebildet. (Nach Schrenk et al. 2002, mit freundlicher Genehmigung)

Inhaltsverzeichnis

J. Graw, *Genetik*, https://doi.org/10.1007/978-3-662-60909-5_15

Überblick

Dieses Kapitel ist ein Versuch, sich der Frage nach der *conditio humana* von der genetischen Seite zu nähern. Der Blick des Genetikers wird dabei notwendigerweise etwas eingeschränkt sein, da er sich im Wesentlichen auf das beschränkt, was seine Thematik ist: die Beobachtung der Veränderung des Erbmaterials in der Zeit, aber auch in verschiedenen geographischen Bereichen und in verschiedenen Spezies. Daraus lassen sich interessante Rückschlüsse ziehen, die anderen Disziplinen so nicht möglich sind – und so kann die Genetik viel dazu beitragen, Licht in die grauen Vorzeiten der Menschwerdung zu bringen und dadurch auch die Rahmenbedingungen zu zeigen, wie wir wurden, was wir heute sind.

Die vergleichende Untersuchung der Genome verschiedener Primaten mit denen des Menschen macht klar, dass der Schimpanse unser nächster Verwandter ist; die Entwicklungslinien haben sich vor etwa 7–5 Mio. Jahren getrennt. Ein wichtiger Meilenstein in dieser Trennung war die Fusion zweier akrozentrischer Chromosomen der Affen zu dem Chromosom 2, wie wir es beim Menschen finden. Die Forschung konzentriert sich jetzt darauf, die humanspezifischen Aspekte der weiteren Evolution herauszuarbeiten.

Die Aussage, dass die Wiege der Menschheit in Afrika stand, findet sich heute in den meisten Lehrbüchern. Allerdings häufig verknüpft mit der Hypothese, dass es nur eine relativ kleine Population war, die vor ungefähr 100.000 Jahren von dort ausgewandert ist und die Grundlage der modernen Menschen sei. Wir werden dabei sehen, dass der moderne Mensch alle anderen vorher in verschiedenen Bereichen der Welt bereits existierenden Menschenformen zwar vollständig verdrängt hat – aber dabei hat es auch Vermischungen gegeben, deren Spuren wir im Genom heute lebender Menschen finden können.

Ein Beispiel ist das Verhältnis des modernen Menschen zum Neandertaler. Hatten die Ausgrabungen darauf hingedeutet, dass die Neandertaler vor knapp 30.000 Jahren in Europa einfach verschwanden, so schien die Genetik auf der Basis der Untersuchungen des Mitochondriengenoms diese These zu bestätigen. Allerdings zeigt sich bei genauerer Betrachtung des gesamten Genoms, dass einzelne Bereiche des Genoms der Neandertaler – unterstützt durch positive Selektion – sich bei modernen Menschen wiederfinden.

Des Weiteren wollen wir uns mit der spezifischeren Frage nach der Evolution unseres Gehirns und mit der Evolution der Sprache (und dabei mit ihren genetischen Grundlagen) beschäftigen. Die molekulare Verhaltensgenetik, verbunden mit molekular-genetischen Aspekten aus Psychologie und Psychiatrie, gibt uns auch einige Hinweise darauf, welche genetischen Bedingungen unserem Verhalten zugrunde liegen können. Dies gilt auch für die Frage, inwieweit genetische Veränderungen in der Evolution auch eine kulturelle Evolution ermöglicht haben. Es ist dann allerdings nicht mehr die Aufgabe der Genetik, daraus Konsequenzen zu ziehen.

Verändert die Genetik damit unser Menschenbild? Die Würde des Menschen wird an ihrem Anfang und Ende infrage gestellt, und in zentralen Bereichen scheint die Kombination der Polymorphismen die Individualität und Freiheit eines Menschen zu bestimmen. Ist der Mensch mehr als das Ensemble seiner genetischen Bedingungen?

Die vorangegangenen Kapitel dieses Buches haben uns gezeigt, welche Entwicklung die moderne Genetik als Wissensgebiet in nur etwas mehr als 150 Jahren durchlaufen hat: In der 2. Hälfte des 19. Jahrhunderts standen die „Mendel'schen Gesetze" im Mittelpunkt – entdeckt an Erbsen im Klostergarten von Brünn. Sie markierten den Beginn der modernen Genetik – und am Anfang des 21. Jahrhunderts gelang die Entschlüsselung des menschlichen Genoms als bisheriger Höhepunkt. Die überraschend niedrige Zahl von „nur" ca. 20.000 Genen bei Menschen schärft allerdings den Blick auch für andere genetische Mechanismen, die den Komplexitätsgrad der Information erhöhen können. Die starken Übereinstimmungen der genomischen DNA-Sequenzen zwischen den Säugetieren im Allgemeinen, aber auch zwischen dem Menschen und seinen nächsten Verwandten, den Affen, wirft erneut die alte Frage auf, was denn den Menschen zum Menschen macht und ihn von den Affen unterscheidet (◘ Abb. 15.1). Die Genetik kann heute einige neue Aspekte zur Antwort auf die Frage nach dem „Wesen des Menschen" beisteuern. In diesem Kapitel soll der Ver-

◘ **Abb. 15.1** Warum bin ich nicht so wie er? (Foto: Knut Finstermeier, Max-Planck-Institut für Molekulare Anthropologie, Leipzig)

such gemacht werden, wichtige Ergebnisse der Genetik zur Anthropologie zusammenzutragen, wobei uns aber immer klar sein muss, dass die genetische Sicht auf den Menschen nur ein Ausschnitt aus dem Spektrum verschiedener Ansichten sein kann und die der Psychologie, Soziologie, Philosophie oder der Theologie nicht ersetzt, aber um interessante Facetten ergänzen kann.

15.1 Genetische Aspekte zur Evolution des Menschen

Die Geschichte des Lebens zeigt, dass die Evolution von komplexen Organismen wie Tieren und Pflanzen grundlegende Veränderungen in der Morphologie und das Auftreten neuer Erscheinungsformen beinhaltet. Dennoch sind die evolutionären Veränderungen nicht eine direkte Transformation der erwachsenen Vorgängerformen in die erwachsenen Formen der Nachfahren. Häufig macht die Evolution scheinbar „Sprünge" – erklärbar durch Veränderungen in einem Promotor, in ein oder zwei Basen eines Gens oder in einer Verdopplung eines Gens. Wir werden einige solcher kleinen Veränderungen mit großen Wirkungen in diesem Kapitel kennenlernen. Wir werden vielleicht aber auch etwas mehr über unsere nächsten Verwandten und unsere Vorfahren erfahren – und über ihre Fähigkeiten staunen.

15.1.1 Menschen und Affen

In der zoologischen Ordnung gehört der Mensch zu den **Primaten**. Zu den wichtigsten Unterscheidungsmerkmalen des Menschen von anderen Primaten gehören die Bipedie, das hoch entwickelte Gehirn, veränderte Lebenslaufparameter (z. B. lange Kindheits- und Jugendphase), der intensivere Gebrauch und die Herstellung von Werkzeug, das Vorkommen entwickelter und stabiler Sozialsysteme sowie die Sprache. Diese Parameter sind aber im Wesentlichen morphologischer oder soziobiologischer Natur und daher einer genetischen Analyse nicht ohne Weiteres zugänglich. Um von der genetischen Seite her einen Zugang zu bekommen, werden wir uns auf die Parameter konzentrieren, die die Genetik im Fokus ihrer Untersuchungen hat, und das ist die DNA.

Der Mensch (*Homo sapiens*) bildet zusammen mit den großen Affen, den Schimpansen (*Pan*), den Gorillas (*Gorilla*) und den Orang-Utans (*Pongo*) die Familie der Menschenaffen (Hominidae; deutsch auch Hominiden) innerhalb der Primaten. Inzwischen ist das menschliche Erbgut entschlüsselt, und auch viele Affengenome sind sequenziert: des Schimpansen (Chimpanzee Sequencing and Analysis Consortium 2005), des Makaken (Rhesus Macaque Genome Sequencing and Analysis Consortium 2007), des Orang-Utans (Locke et al. 2011) und des Gorillas (Scally et al. 2012). So können wir die Evolution des

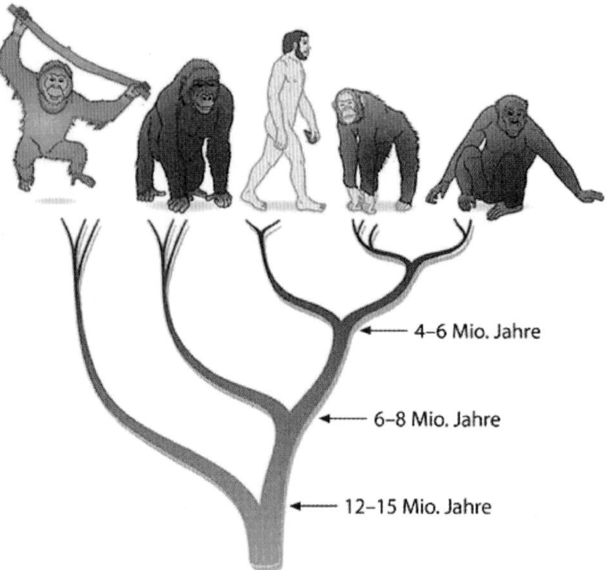

Abb. 15.2 Gemeinsamer Stammbaum des Menschen und der großen Affen. Der gemeinsame Stammbaum der Evolution von großen Affen und Menschen zeigt auch den ungefähren Zeitrahmen an, ab wann von einer getrennten Entwicklung der verschiedenen Spezies ausgegangen werden kann. *V. l. n. r.*: Orang-Utan, Gorilla, Mensch, Bonobo und Schimpanse. (Nach Pääbo 2003, mit freundlicher Genehmigung)

Menschen genauer nachzeichnen. Diese Analysen zeigen, dass die afrikanischen Affen, besonders die Schimpansen und Bonobos (Zwergschimpanse, *Pan paniscus*), aber auch die Gorillas, mit dem Menschen näher verwandt sind als die Orang-Utans in Asien (Abb. 15.2). Obwohl die Schimpansen die nächsten Verwandten des Menschen sind, gibt es chromosomale Regionen, die eine größere Verwandtschaft zwischen Mensch und Gorilla (oder zwischen Gorilla und Schimpansen) zeigen. Vor diesem Hintergrund kann man den Menschen als einen afrikanischen Affen bezeichnen (Pääbo 2003).

Die Trennung zweier Arten erfolgt allerdings über einen längeren Zeitraum; man nimmt heute an, dass Menschen und Schimpansen in den ersten ca. 1,2 Mio. Jahren nach der Trennung der Entwicklungslinien noch genetisches Material ausgetauscht haben (Abb. 15.3). Eine derartige „unordentliche" **Trennung zwischen Schimpansen und Menschen** ist nicht so überraschend, da es unter den Altweltaffen viele Beispiele für Kreuzungen zwischen verschiedenen Spezies und daraus folgend entsprechende Hybride gibt. So ist es möglich, dass sich die Art *Macaca arctoides* (Bären- oder Stummelschwanzmakak) durch Hybridisierung aus den Arten *Macaca fascicularis* (Langschwanzmakak) und *M. assamensis* (Assam-Makak) gebildet hat. Außerdem hybridisieren in der Wildnis die verschiedenen Spezies der Paviane, die sich vor ca. 2 Mio. Jahren getrennt haben. So sollte es nicht allzu schockierend sein, davon auszugehen, dass auch bei der Trennung der Schimpansen- und Menschen-

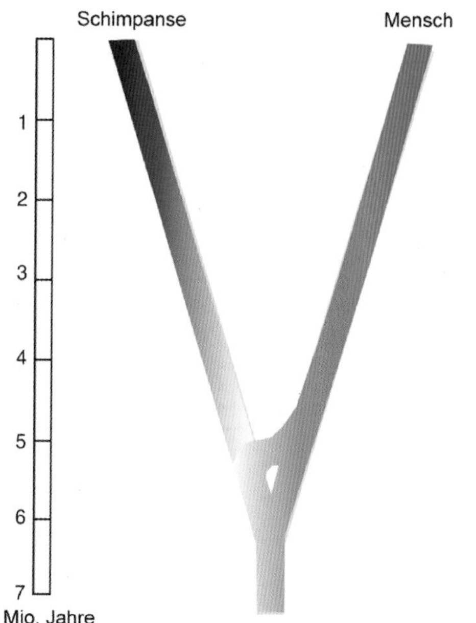

Abb. 15.3 Vermutliches Szenario zur Trennung der Entwicklungslinien von Schimpansen und Menschen. Der anfänglichen Trennung der beiden Linien folgte eine Periode der Hybridisierung und schließlich die endgültige Bildung der unabhängigen Spezies. (Nach Disotell 2006, mit freundlicher Genehmigung des Autors)

linie ein gewisses Zeitfenster anzunehmen ist, innerhalb dessen es noch zu Kreuzungen kommen konnte.

Wenn man verschiedene Datierungstechniken anwendet, sollen sich Menschen und Schimpansen frühestens vor etwa 6,3 Mio. Jahren getrennt haben; der späteste Zeitpunkt liegt etwa 5,4 Mio. Jahre zurück. Diese immer präzisere Datierung ist bedeutsam, weil nach der bisher am stärksten favorisierten Interpretation der fossile Fund des *Sahelanthropus tchadensis* (datiert in die Zeit von vor 7,4–6,5 Mio. Jahren) als ein Hominide betrachtet wird; Ähnliches gilt für den *Orrorin tugenensis* (vor ca. 5,8 Mio. Jahren). Die bisherige Zuordnung basiert im Wesentlichen auf morphologischen Kriterien, wie unterschiedliche Zahnformen und Bipedie, die für Schimpansen nicht zutreffen.

Auf der **cytogenetischen** Ebene fällt zunächst auf, dass Schimpansen (und alle großen Affen) einen Karyotyp mit 2n = 48 haben, wohingegen der moderne Mensch einen Karyotyp von 2n = 46 hat. In der Evolution des Menschen sind die ehemaligen akrozentrischen Chromosomen 12 und 13 (bzw. 11 und 12) der Affen miteinander verschmolzen und bilden jetzt das große metazentrische menschliche Chromosom 2 (Abb. 15.4).

Die Fusion der beiden akrozentrischen Chromosomen zu dem humanen Chromosom 2 wurde in der Vergangenheit intensiv untersucht. Cytogenetische Untersuchungen ergaben, dass es sich dabei um Kopf-zu-Kopf-Fusionen der Telomere der beiden kurzen Arme handelt. Dabei wurde eines der beiden Centromere stillgelegt, sodass die Verteilung der Chromosomen auf die Tochterzellen bei der Zellteilung sichergestellt ist. Durch Sequenzanalysen oder auch durch Fluoreszenz-*in-situ*-Hybridisierung (Technikbox 19 und Technikbox 30) findet man noch die „alten" Telomersequenzen sowie die Sequenzen der Centromer-nahen α-Satelliten. Diese Fusion zum neuen menschlichen Chromosom 2 hat vor etwa 5–4 Mio. Jahren stattgefunden.

In diesem Kontext wollen wir uns noch einem besonderen Phänomen zuwenden, dem Y-Chromosom. Wir wissen, dass das Y-Chromosom nur an den Enden des kurzen bzw. langen Arms mit dem X-Chromosom rekombinieren kann; diese Bereiche werden deswegen auch als pseudoautosomale Regionen bezeichnet. Die nicht-rekombinierende Region gilt dagegen als spezifisch männ-

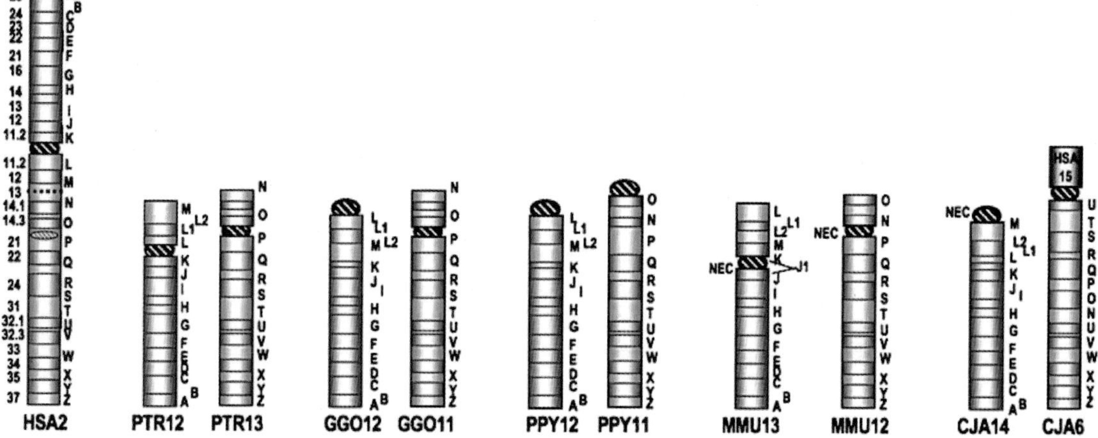

Abb. 15.4 Bildung des menschlichen Chromosoms 2. Der einzige große cytogenetische Unterschied, der Menschen von Affen unterscheidet, ist die Fusion, die zur Bildung des menschlichen Chromosoms 2 führt. Es sind Hybridisierungsergebnisse (▶ Abschn. 6.1.2) von Proben des menschlichen Chromosoms 2 mit Chromosomen von Affen gezeigt. Die Centromerregion ist *schraffiert* dargestellt; *rot* entspricht dem p-Arm und *grün* dem q-Arm. NEC: Neocentromer; HSA: *Homo sapiens*; PTR: *Pan troglodytes*; GGO: *Gorilla gorilla*; PPY: *Pongo pygmaeus*; MMU: *Macaca mulatta*, CJA: *Callathrix jacchus*. (Nach Stanyon et al. 2008, mit freundlicher Genehmigung)

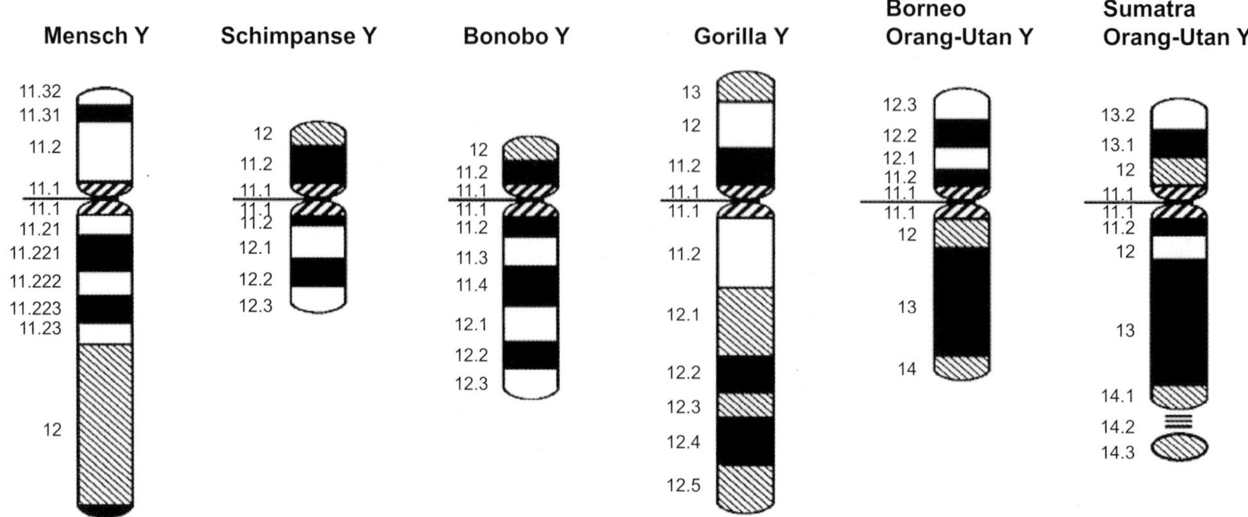

Abb. 15.5 Giemsa-Banden-Ideogramme der Y-Chromosomen von Menschen und Menschenaffen. (Nach Schempp 2011, mit freundlicher Genehmigung)

lich: Hier liegen das *SRY*-Gen, dessen Anwesenheit für die Ausprägung des männlichen Phänotyps verantwortlich ist, sowie viele Gene, die mit der Fertilität des Mannes verbunden sind (▸ Abschn. 6.4.4 und 13.3.4). Aufgrund der fehlenden Rekombinationsmöglichkeiten wurde nun lange darüber spekuliert, dass sich Mutationen anhäufen und das Y-Chromosom langfristig degeneriert. Dies müsste natürlich für alle Säugetiere gelten, aber ein Blick allein in die Gruppe der Hominiden zeigt eine beträchtliche Heterogenität der Y-Chromosomen (Abb. 15.5). Zwar führen Mutationen in den einzelnen Genen häufig zu Störungen in der Geschlechtsdifferenzierung oder der Fertilität und gehen dadurch evolutionär verloren – Mutationen in den Bereichen zwischen den Genen oder auch Amplifikationen von Bereichen, die Gene einschließen, ohne die Fertilität zu beeinträchtigen, erhöhen aber die genetische Vielfalt und können deswegen unter bestimmten Umwelteinflüssen von Vorteil sein. Die in Abb. 15.5 dargestellte hohe Variation unter den Hominiden stellt eine wirksame Barriere gegen Hybridisierungen dar; wir haben das oben bereits angedeutet (Abb. 15.3).

Da das Y-Chromosom (im Gegensatz zu allen anderen Chromosomen) ausschließlich in der männlichen Linie vom Vater auf den Sohn weitergegeben wird, können hier evolutionär alle Veränderungen akkumulieren, die der erhöhten männlichen Fitness bei der Fortpflanzung dienen, ohne dass eine Gegenselektion durch mögliche Nachteile bei der weiblichen Fitness möglich ist. Offensichtlich hat die **Amplifikation vieler Bereiche des menschlichen Y-Chromosoms** einen solchen evolutionären Vorteil. Wir kennen heute acht große Palindrome (Abb. 13.41), die stabil in der menschlichen Population vorkommen. Viele dieser durch Amplifikation entstandenen Palindrome enthalten Fertilitätsgene, z. B. *DAZ* (engl. *deleted in azoospermia*). Aufgrund vieler routinemäßig durchgeführter cytogenetischer Untersuchungen (vor allem in Zentren der Reproduktionsmedizin) wurden weitere (seltene) Varianten in der Kopienzahl entdeckt; so sind für *DAZ* zwischen zwei und zwölf Kopien auf den Y-Chromosomen fertiler Männer beschrieben. Insgesamt zeigen etwa 5 % der Y-Chromosomen Variationen in ihrer Länge. Im Rahmen des Vergleichs mit den nächsten Verwandten des Menschen fällt auf, dass nur die Schimpansen eine ähnliche Variabilität des Y-Chromosoms zeigen, nicht aber die Bonobos, die Gorillas oder die Orang-Utans.

> Der wichtigste cytogenetische Unterschied zwischen Affen und Menschen besteht in der Fusion zweier Chromosomen der Affen zum menschlichen Chromosom 2. Das Y-Chromosom des Menschen zeichnet sich durch viele evolutionär junge Palindrome aus, die eine intrachromosomale Rekombination ermöglichen.

Weitere cytogenetisch sichtbare Unterschiede zwischen Menschen und Affen sind die humanspezifischen konstitutiven heterochromatischen C-Banden auf den Chromosomen 1, 9, 16 und Y sowie perizentrische Inversionen auf den Chromosomen 1 und 18. In diesen Abschnitten finden wir eine Reihe von Genduplikationen, die zur Entstehung vieler humanspezifischer Gene und Kopienzahlvariationen geführt haben. In Abb. 15.6 sehen wir die humanspezifische Evolution am Chromosom 1q21.1.

Ein wichtiges **molekulares Maß für die Evolutionsgeschwindigkeit** ist das Verhältnis nicht-synonymer (K_A) zu synonymen Basenaustauschen (K_S). Wenn in Protein-codierenden Genen K_A/K_S signifikant kleiner als 1 ist, gibt es eine starke negative Selektion gegen das fragliche Allel in der menschlichen Linie (siehe dazu auch frühere allgemeine Betrachtungen im ▸ Abschn. 11.6.1).

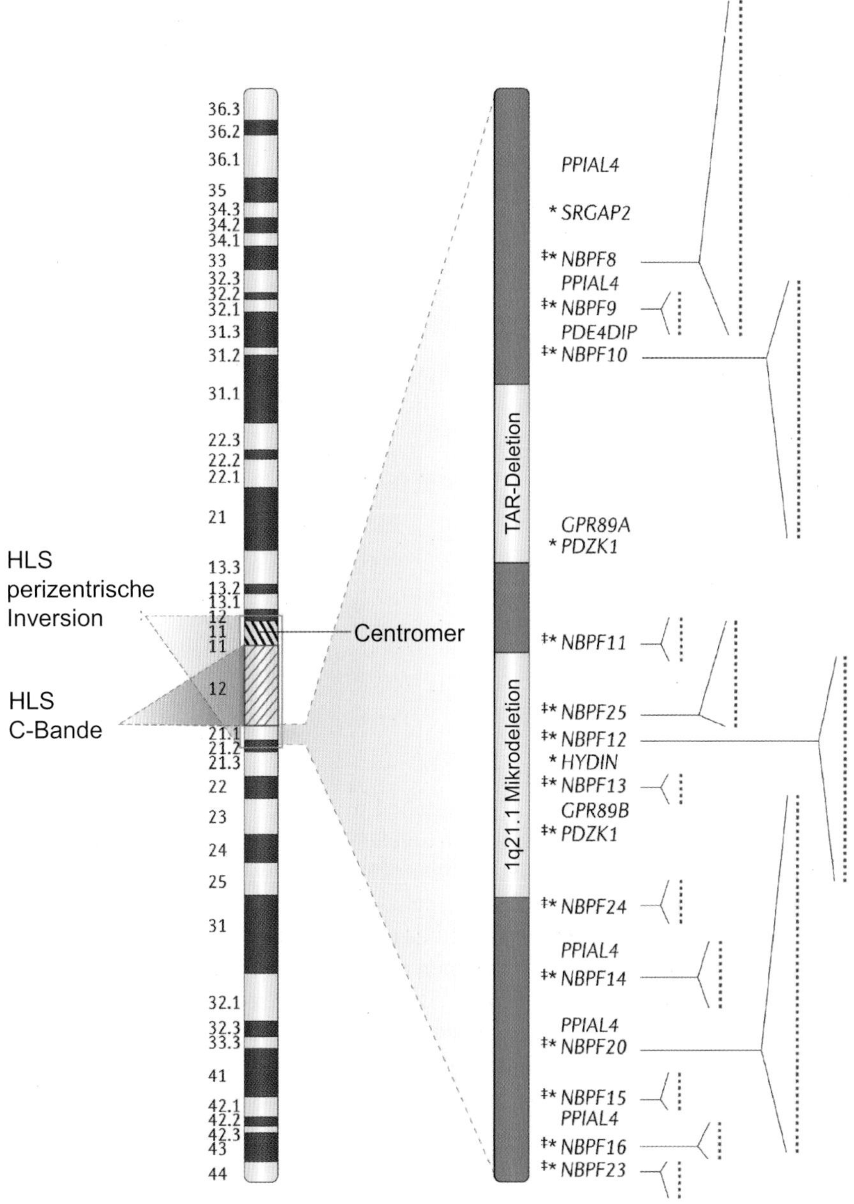

Abb. 15.6 Humanspezifische Veränderungen am Chromosom 1q21.1. Große, cytogenetisch sichtbare Veränderungen in der Chromosomenstruktur waren die ersten humanspezifischen Veränderungen, die untersucht werden konnten. Solche Regionen sind in der Nähe von vielen Genduplikationen und von neu entstandenen Genen; hier ist als Beispiel die humanspezifische, perizentrische Inversion am Chromosom 1q21.1 gezeigt. Dieser Bereich ist bei Menschen deutlich vergrößert und weist viele Genduplikationen und Kopienzahlveränderungen auf (*grüne* Abschnitte im Ausschnitt). Dazu tragen vor allem die vielen DUF1220-Domänen bei (ca. 240 Kopien; *rote Punkte*), aber auch duplikative Transpositionen (*SRGAP2*, *HYDIN*) von außerhalb. Viele dieser Gene sind Kandidaten, um Störungen in der neuronalen Entwicklung, Autismus und Schizophrenie zu erklären. HLS: engl. *human-lineage specific*. (Nach O'Bleness et al. 2012, mit freundlicher Genehmigung)

Das Konsortium zur Sequenzierung des Schimpansengenoms hat nun 13.454 orthologe Genpaare von Mensch und Schimpanse miteinander verglichen (das entspricht etwa der Hälfte der Gene) und erhält in der gemeinsamen Linie von Schimpansen und Menschen einen Wert von 0,23 – was im Durchschnitt eine starke negative Selektion gegen Neumutationen in codierenden Regionen bedeutet. Anders gesagt: 77 % der Aminosäuresubstitutionen in menschlichen Peptiden haben negative Auswirkungen. Wenn man nun die menschliche Linie allein betrachtet, erhält man einen Wert von 0,208 und bei den Schimpansen 0,194 – was keinen signifikanten Unterschied bedeutet. Dies ist aber deutlich höher als beispielsweise bei der Maus, deren Wert mit 0,142 angegeben wird. Das bedeutet, dass die negative Selektion in der Mauslinie noch wesentlich stärker ist als bei Schimpansen und Menschen.

Von besonderem Interesse in diesem Zusammenhang ist aber die Frage, welche Gene sich in der Evolution besonders schnell entwickelt haben, d. h. einer positiven Selektion unterliegen. Dazu vergleicht man die K_A-Werte der codierenden Regionen mit den entsprechenden Werten der nicht-codierenden Regionen (K_I); ein Wert über 1 deutet dabei eine positive Selektion an. Unter den untersuchten 13.454 Genen gibt es 585 Gene, die eine deutliche positive Selektion zeigen – dies sind die Kandidaten, die das Spezifische der jeweiligen Spezies ausmachen können.

Tab. 15.1 Beispiele für Gene mit humanspezifischen Veränderungen

Gen	OMIM	Veränderung	Funktion
ASPM (engl. *abnormal spindle-like; microcephaly associated*)	605481	Positive Selektion	Vergrößertes Gehirn
CCL3L1 (engl. *chemokine, CC-motif, ligand 3-like 1*)	601395	Neue Genvariante	Immunsystem
CHRM3 (engl. *cholinergic receptor, muscarinergic, 3*)	118494	Neues Exon	Reproduktion
CHRFAM7A (*CHRNA7*: engl. *cholinergic receptor, neuronal nicotinic, α7-subunit*; FAM7A: engl. *family with sequence similarity 7*)	609756	Fusionsgen aus partieller Duplikation von *CHRNA7* und *FAM7A*	Höhere Gehirnfunktion
DUF1220/*NBPF*-Duplikationen (engl. *neuroblastoma breakpoint family*)	610501	Veränderung der Anzahl von Proteindomänen	Vergrößertes Gehirn
FOXP2 (engl. *forkhead box* P2)	605317	Aminosäureaustausche	Sprache
HAR1F (engl. *human accelerated region 1*)	610556	Positive Selektion	Entwicklung des Neocortex
MCPH1 (Microcephalin)	607117	Positive Selektion	Vergrößertes Gehirn
SRGAP2 (engl. *slit-robo RHO-GTPase activating protein 2*)	606524	Kopienzahl	Neuronale Verzweigung
SPANXB, *SPANXC* (engl. *sperm protein associated with the nucleus, X chromosome, family B, C*)	300669, 300330	Kopienzahl	Postmeiotische Spermatogenese

Nach O'Bleness et al. (2012)

Interessante Kandidatengene für spezifische Entwicklungen im Menschen sind natürlich auch solche Gene, die spezifisch beim Menschen dupliziert oder deletiert (bzw. als Pseudogene inaktiviert) sind.

Diese Methoden der **vergleichenden Genomforschung** haben dazu geführt, dass wir inzwischen im ganzen Genom des Menschen (und nicht nur in den codierenden Regionen) die Bereiche kennen, in denen es solche (beschleunigten) evolutionären Veränderungen gegeben hat, die für die menschliche Abstammungslinie einzigartig sind. Dabei wurden Sequenzen heute lebender Menschen mit Sequenzen heute lebender Primaten verglichen und daraus die humanspezifischen Elemente abgeleitet (engl. *human-lineage specific*, HLS). Wenn wir alle inzwischen bekannten Sequenzunterschiede zwischen Menschen und Schimpansen zusammennehmen, betrifft der Unterschied etwa 5 % des Genoms.

Viele duplizierte Gene oder Kopienzahlvariationen betreffen die humanspezifischen perizentrischen C-Banden, die wir oben bereits erwähnt hatten. Weitere wichtige Beiträge für humanspezifische Sequenzen liefern repetitive Elemente und hier vor allem LINE-1-Elemente (engl. *long interspersed nuclear elements*, ► Abschn. 9.2.3). 80–100 LINE-1-Insertionen im menschlichen Genom sind aktiv; man vermutet, dass sie eine zentrale Rolle bei der neuronalen Plastizität spielen. Wenn wir Gene betrachten, bei denen humanspezifische Veränderungen zu beobachten sind, so betreffen sie vor allem die Entwicklung des Gehirns und die kognitiven Fähigkeiten des Menschen (► Abschn. 15.2.1), das Immunsystem, den Metabolismus, die morphologischen Veränderungen und das Reproduktionssystem. Die beobachteten Veränderungen manifestieren sich in einem veränderten Spleißmuster, Amplifikationen von Proteindomänen, Veränderungen in der Aminosäuresequenz, aber auch im Abschalten von Genen („Pseudogenisierung"). Genfunktionen können sich auch ändern aufgrund von Genkonversion (► Abschn. 6.3.3), Kopienzahlveränderungen, Veränderungen in der Genexpression oder auch durch die Bildung neuer Gene. Einige Beispiele sind in Tab. 15.1 aufgeführt.

Eine Übersicht über die verschiedenen Bereiche des menschlichen Genoms, an denen sich humanspezifische Veränderungen manifestieren, gibt Abb. 15.7. Wir sehen, dass diese humanspezifischen Veränderungen über viele Bereiche des menschlichen Genoms verteilt sind. Über die Hälfte der Veränderungen betreffen dabei das Gehirn, seine Entwicklung und kognitive Fähigkeiten. Wir werden diese Gene im Abschnitt über die Gehirnentwicklung im Detail besprechen (► Abschn. 15.2.1).

! Menschen und die anderen großen Menschenaffen sind durch eine lange gemeinsame Evolution verbunden; die Schimpansen sind die nächsten Verwandten des Menschen. Durch den Vergleich der Genome werden die genetischen Gemeinsamkeiten und Unterschiede sichtbar; Hinweise für unterschiedliche Entwicklungen gibt es vor allem für Gene des Gehirns, des Immunsystems und der Reproduktion.

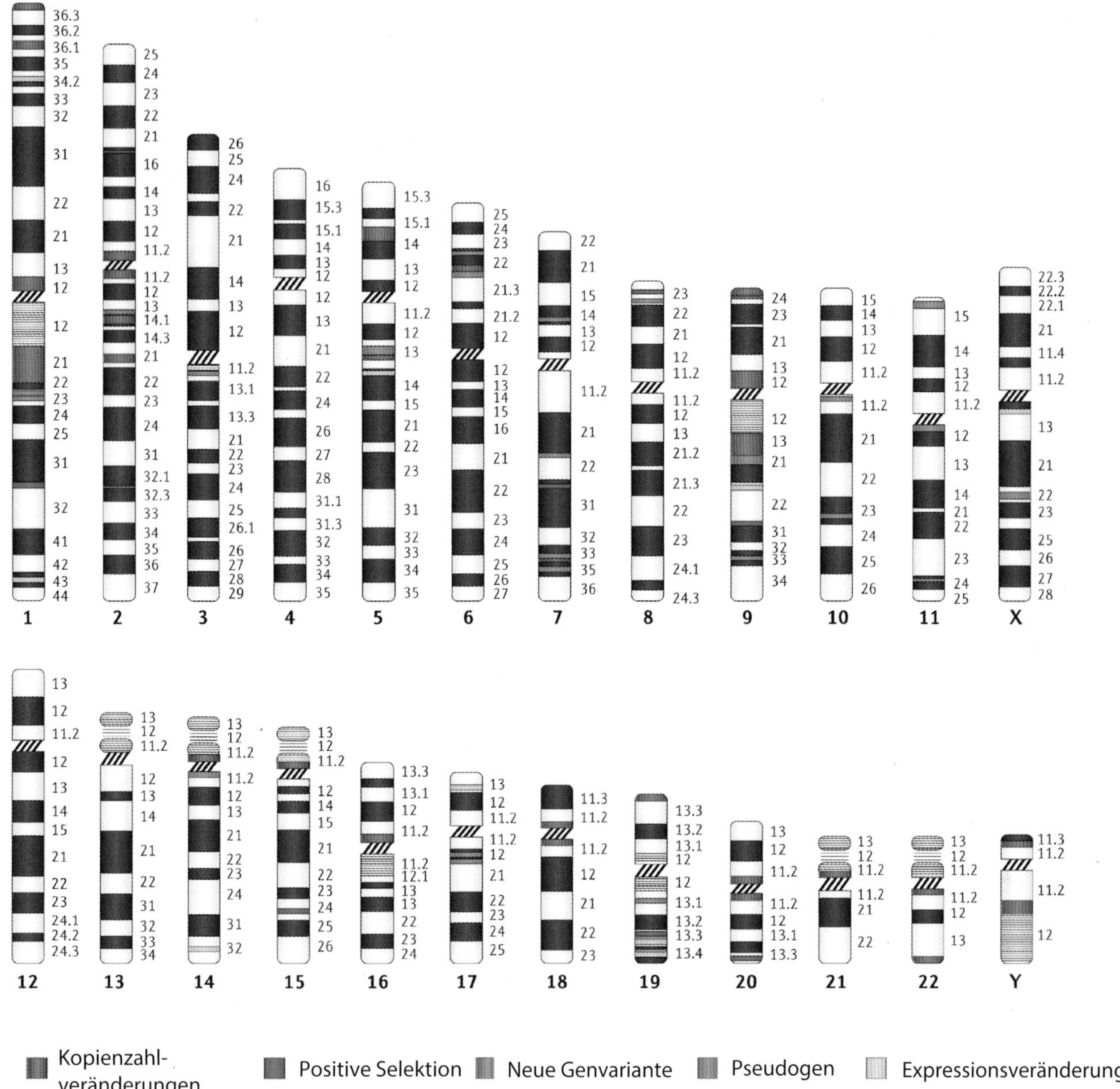

Abb. 15.7 Chromosomale Positionen humanspezifischer Veränderungen. Die verschiedenen Mechanismen sind *farbcodiert*; die Größe der einzelnen Bereiche ist nicht maßstabsgerecht. (Nach O'Bleness et al. 2012, mit freundlicher Genehmigung)

15.1.2 Out of Africa

Die Entwicklung der Menschen nach der Abspaltung der Schimpansenlinie vor 7–5 Mio. Jahren ist in vielen Bereichen noch unverstanden. Es gibt einige unvollständige fossile Funde, die als die frühesten Vertreter der menschlichen Linie gelten: Dazu gehören der *Sahelanthropus tchadensis* (Fundort: Tschad, Alter: 6–7 Mio. Jahre), der *Ardipithecus ramidus kadabba* (Fundort: Äthiopien, Alter: 4,4–5,8 Mio. Jahre) und *Orrorin tugenensis* (Fundort: Kenia, Alter: 6 Mio. Jahre). Auf der nächsten Stufe stehen dann die **Australopithecinen** (auch Vormenschen genannt), die sich durch eine erhebliche Formenvielfalt auszeichnen. Sie lebten vor etwa 4–3 Mio. Jahren und wurden bisher nur in Äthiopien, Ost- und Südafrika und im Tschad nachgewiesen (Abb. 15.8a).

Die ersten Angehörigen der Gattung ***Homo*** entstanden wohl vor 2,5 Mio. Jahren in Ostafrika; als Ursprungsart werden *Australopithecus garhi* oder *africanus* angenommen. Eine mögliche Übergangsform, *Australopithecus sediba*, wurde in Südafrika entdeckt; das Alter der beiden Skelettfragmente wurde auf etwa 1,78–1,95 Mio. Jahre geschätzt (Berger et al. 2010).

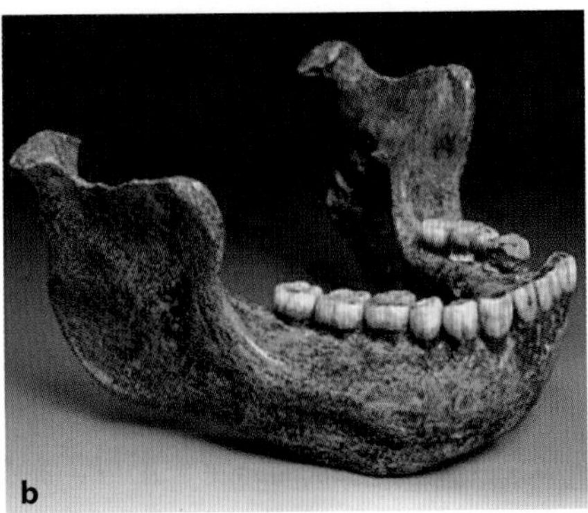

Abb. 15.8 Fossile Menschenfunde. **a** Fundstellen von frühen Menschen befinden sich in Süd-, Ost- und Nordwestafrika sowie im Nahen Osten. **b** *Homo heidelbergensis*: Dieser Unterkiefer wurde in Mauer (in der Nähe von Heidelberg) gefunden und gab dieser Art ihren Namen. Er ist etwa 500.000 Jahre alt und damit eines der ältesten menschlichen Fossilien in Europa. (**a** nach Storch et al. 2013, mit freundlicher Genehmigung; **b** Foto: K. Schacherl, Archiv *Homo heidelbergensis* von Mauer e. V.)

Die ältesten Formen der Gattung *Homo* sind der *Homo habilis* (vor 2,3–1,6 Mio. Jahren in Ostafrika) und der *Homo ergaster* (vor 1,9–1 Mio. Jahren in Ost- und Südafrika). Die ersten Funde, die der Gattung *Homo* zugerechnet werden und die außerhalb Afrikas gefunden wurden, sind etwa 1,8 Mio. Jahre alt; nach ihrem Fundort im Kaukasus werden sie als *Homo georgicus* bezeichnet. Auch in Asien (Java, China, Indien, Thailand) wurden Skelette und Skelettreste gefunden, denen ein Alter von etwa 85.000–1,8 Mio. Jahren zugeschrieben wird; manche neueren Funde (*Homo floresiensis*) werden allerdings in noch jüngere Zeiten datiert (12.000–95.000 Jahre alt). Diese heute als *Homo erectus* bezeichneten Menschen haben sich wahrscheinlich aus dem afrikanischen *Homo ergaster* entwickelt. Eine grobe Abschätzung ergibt, dass bei einer durchschnittlichen Wanderungsgeschwindigkeit von 1 km pro Jahr *Homo ergaster* in 15.000 Jahren von Kenia nach Java gelangt sein könnte.

In Europa wurden die ältesten Überreste menschlicher Skelette bei Burgos in Spanien und bei Rom in Italien entdeckt; sie sind knapp 800.000 Jahre alt und werden als *Homo antecessor* bezeichnet. In Nordwestafrika (Tanger, Casablanca, Rabat) gibt es vergleichbare Funde, die etwa 400.000 Jahre alt sind. In dieses Zeitfenster (200.000–600.000 Jahre) fällt aber auch eine Reihe von Funden aus Europa, die dem *Homo heidelbergensis* zugeordnet werden. Diese Art hat ihren Namen nach einem Unterkieferknochen (▪ Abb. 15.8b), der 1907 in einem Steinbruch in Mauer bei Heidelberg entdeckt wurde. Morphologisch ähnliche Funde gibt es auch aus dem Süden Afrikas (*Homo rhodesiensis*), Indien, China und Indonesien. Vor etwa 200.000–30.000 Jahren lebte in Europa und im Nahen Osten der Neandertaler (*Homo neanderthalensis*),

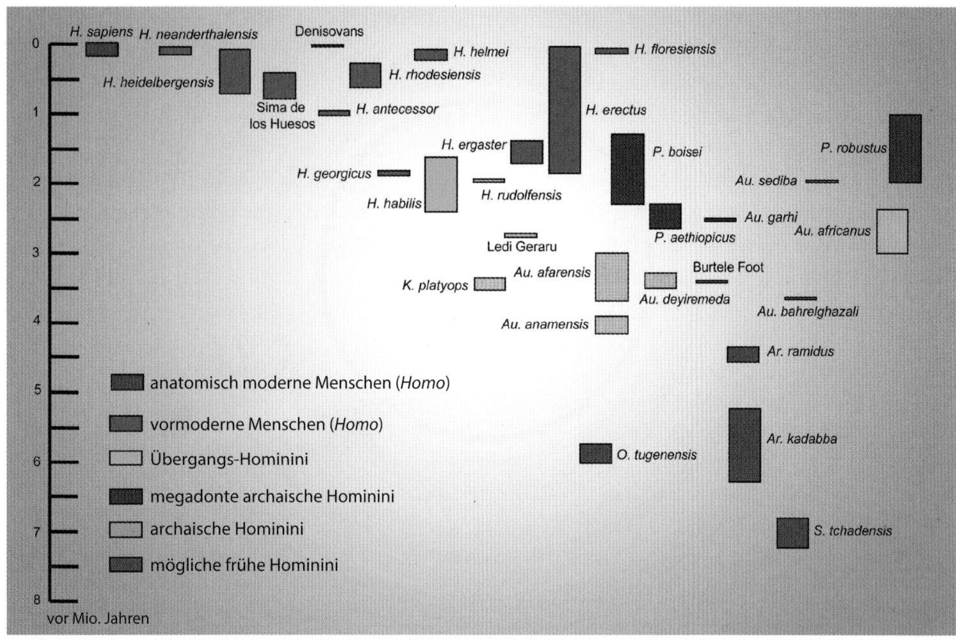

Abb. 15.9 Die Entwicklung der frühen Menschen. Die *Kästen* deuten die Perioden an, in denen die angegebenen Arten wahrscheinlich existierten. Sima de los Huesos, Ledi Geraru und Burtele Foot bezeichnen bislang namenlose Arten von Vormenschen aufgrund ihrer Fundorte. (Nach Wood und Boyle 2016, mit freundlicher Genehmigung)

benannt nach dem Ort Neandertal (alte Schreibweise: Neanderthal) in der Nähe von Düsseldorf, wo 1856 zwei Skelette gefunden wurden (▶ Abschn. 15.1.3).

Die ältesten Funde, die dem *Homo sapiens* zugerechnet werden, sind etwa 160.000 Jahre alt und stammen aus Äthiopien. In ganz Afrika wurden Überreste des *Homo sapiens* entdeckt, die nur unwesentlich jünger sind (Alter: 80.000–130.000 Jahre). Der älteste *Homo sapiens* außerhalb Afrikas wurde am See Genezareth in Israel gefunden und ist etwa 90.000–100.000 Jahre alt; in Europa liegt die Fundstätte des ältesten *Homo sapiens* in Südwestfrankreich (Cro-Magnon-Mensch); sein Alter wird auf ca. 40.000 Jahre geschätzt. Relativ alte Funde (31.000–36.000 Jahre) stammen aber auch aus Rumänien, Kroatien, der Tschechischen Republik, Bulgarien, England und Russland. In Asien wurden Überreste des *Homo sapiens* gefunden, die 35.000–50.000 Jahre alt sind.

Eine zusammenfassende Übersicht über die frühe Entwicklung der Menschen zeigt ◘ Abb. 15.9; es soll aber an dieser Stelle betont werden, dass sowohl die Klassifikation als auch die Zeitangaben in verschiedenen Quellen variieren können – das ist Ausdruck der Unsicherheiten in der Interpretation der Daten aufgrund der oft fragmentarischen Funde und der schwierigen Altersbestimmung. Für viele Details sei auch auf einschlägige Fachliteratur verwiesen (z. B. Storch et al. 2013); hervorragende Bilder und ausführliche Beschreibungen archäologischer Funde gibt es in Johanson und Edgar (2006).

Von einer interessanten Korrelation zwischen einer Genmutation und morphologischen Veränderungen bei der Auseinanderentwicklung von Affen und Menschen haben Stedman et al. (2004) berichtet: Sie analysierten die Sequenz des Gens *MYH16*, ein Mitglied der Genfamilie, die für die schwere Kette des Myosins codiert (engl. *myosin heavy chain*). Dabei stellten sie fest, dass das Gen beim Menschen im Exon 18 eine Deletion von zwei Basen hat, die zu einer Rasterverschiebung und kurz darauf zu einem vorzeitigen Stoppcodon führt. Bei allen Affen läuft dagegen der Leserahmen durch. Die Mutation ist wahrscheinlich vor ca. 2,4 Mio. Jahren entstanden, als sich die ersten Mitglieder der Gattung *Homo* entwickelten. Die vorher existierenden Arten *Australopithecus* und *Paranthropus* zeichnen sich dagegen alle noch durch einen mächtigen Kaumuskel aus – und das ist genau der Muskel, in dem *MYH16* exprimiert wird. Im Gegensatz dazu ist dieser Muskel bei den modernen und fossilen Menschen deutlich kleiner; der Verlust dieses Muskelproteins ist also mit einer deutlichen Verminderung der Größe der individuellen Muskelfasern und des ganzen Kaumuskels verbunden.

Eine molekulargenetische Analyse der menschlichen Evolution ist naturgemäß von hohem Interesse, aber wegen der großen Zeiträume nicht trivial; Antonio **Amorim** hat dafür 1999 den eleganten Begriff der **Archäogenetik** geprägt. Die direkte Untersuchung von DNA aus Mumien wurde zum ersten Mal 1985 von Svante **Pääbo** berichtet; inzwischen haben es neue technische Methoden jedoch möglich gemacht, DNA aus Zähnen und Knochen fossiler Funde so zu isolieren, dass daraus in einigen spezialisierten Laboren kurze DNA-Fragmente mithilfe der PCR amplifiziert und danach sequenziert werden können.

Für die Untersuchung der früheren Abstammungsverhältnisse wird auch noch auf andere Verfahren zurückgegriffen. Dabei werden die DNA-Sequenzen heute lebender Menschen in den verschiedenen Regionen der Welt untersucht (▸ Abschn. 15.1.4), und man versucht zu ermitteln, wann der „letzte gemeinsame Vorfahre" (engl. *most recent common ancestor*, MRCA) gelebt hat bzw. wann die heute getrennten Entwicklungslinien in der Vergangenheit zusammenlaufen (engl. *coalescence;* ▸ Abschn. 11.6.1).

Aufgrund seiner geringen Größe, aber der großen Anzahl von Mitochondrien in den Zellen, war das Mitochondriengenom (▸ Abschn. 5.1.4 und 13.3.5) natürlich das erste Untersuchungsobjekt. In einer klassischen Arbeit berichteten Cann et al. (1987) von ihren Untersuchungen an 147 Personen, die aus fünf geographischen Populationen stammten. Sie isolierten die mitochondriale DNA (mtDNA) und untersuchten sie auf unterschiedliche Restriktionsschnittstellen. Sie konnten zeigen, dass alle Mitochondrien auf eine Frau zurückgehen, die vermutlich vor weniger als 200.000 Jahren in Afrika gelebt hat („afrikanische Eva"). Alle untersuchten Populationen – mit Ausnahme der afrikanischen – sind nur etwa 50.000 Jahre alt. Das bedeutet, dass alle archaischen Populationen in den Mitochondrien keine Spuren hinterlassen haben – jedenfalls soweit man das mit dieser Methode damals nachweisen konnte. Diese Arbeit bildete die Grundlage für die grundlegende evolutionäre Nomenklatur der mtDNA, wie wir sie auch heute noch kennen. Nach neueren Sequenzdaten des Y-Chromosoms ergab sich übrigens auch für die männliche Linie eine Zeitspanne von 120.000–165.000 Jahren bis zum letzten gemeinsamen Vorfahren, sodass man annehmen kann, dass sich Adam und Eva tatsächlich in der gleichen Zeit am gleichen Ort getroffen haben können – irgendwo in Afrika (Poznik et al. 2013).

Durch die Analyse der mitochondrialen DNA können heute Kombinationen verschiedener Basenaustausche

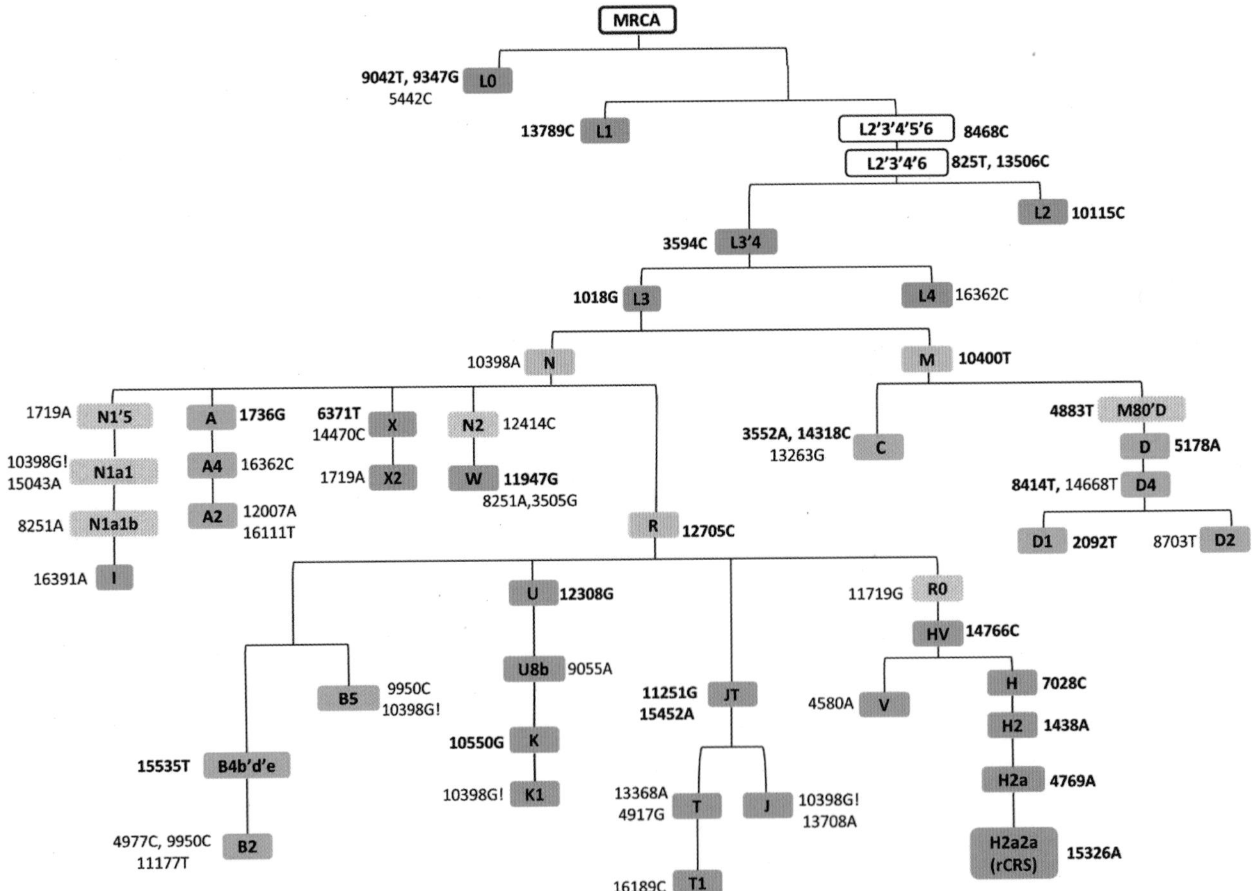

Abb. 15.10 Stammbaum der mitochondrialen Haplotypen. Es ist eine vereinfachte Darstellung eines mitochondrialen Stammbaums für die Klassifikation einiger wichtiger Gruppen von Menschen gezeigt: Afrikaner (*rot*), Europäer (*blau*), amerikanische Ureinwohner und Asiaten (*grün*) und Eurasier (*gelb*). *Fett gedruckte* mitochondriale SNPs werden nur in einem Haplotyp gefunden, und SNPs mit einem *Ausrufezeichen* sind Reversionen. MRCA: letzter gemeinsamer Vorfahre. (Nach Mitchell et al. 2014, mit freundlicher Genehmigung)

(SNPs) zur Definition von Haplotypen verwendet werden, die damit zu einem Stammbaum der heute lebenden Menschen führen (◘ Abb. 15.10). Dabei stellen wir fest, dass es in Afrika nicht nur die ältesten Haplotypen gibt (L1–L4), sondern auch, dass sich alle anderen mitochondrialen Haplotypen aus einem einzigen afrikanischen Haplotyp, nämlich L3, entwickelt haben. Dieser Befund ist die Grundlage für die Hypothese, dass der Mensch seinen **Ursprung in Afrika** hat („*Out-of-Africa*-Hypothese"), wie sie Ende der 1980er-Jahre formuliert wurde (Cann et al. 1987).

Die genetischen Untersuchungen wurden in der Folgezeit verfeinert: Zunächst umfassten sie das gesamte Mitochondriengenom, später nicht-rekombinierende Stellen auf dem Y-Chromosom, variable Bereiche auf dem X-Chromosom und einiger Autosomen; einen Überblick gibt ◘ Tab. 15.2. Sie belegen im Kern den Ursprung des Menschen in Afrika und seine Wanderung nach Asien (vor 1,7 Mio. Jahren). Eine zweite (vor 840.000–420.000 Jahren) und dritte Welle (vor 150.000–80.000 Jahren) aus Afrika nach Südasien folgte, bevor dann Nordafrika und Südeuropa, später auch Nordasien, der pazifische Raum und zuletzt Amerika (von Sibirien aus über die Beringsee) von Menschen besiedelt wurde.

Wenn man die *Out-of-Africa*-Hypothese akzeptiert, dann stellt sich natürlich als Erstes die Frage, wo dieser Auszug aus Afrika erfolgte, welche Gruppen und wie viele Menschen daran beteiligt waren. Die aktuellen Interpretationen der Daten lassen sich in Modellen zusammenfassen, die in ◘ Abb. 15.11 gezeigt sind. Hier gibt es im südlichen Zentralafrika verschiedene Populationen, die zwar unter sich im Austausch standen, aber von einer weiteren Population in Nordostafrika weitgehend isoliert waren; Kreuzungsereignisse in Afrika waren also nicht zufällig, und die südlicheren Populationen könnten alte Haplotyplinien erhalten haben. Populationen südlich der Sahara zeigen eine größere genetische Vielfalt als Nordostafrikaner oder Populationen außerhalb Afrikas. Daraus kann man schließen, dass nordostafrikanische Populationen in regem Austausch mit den nach Asien und Europa auswandernden Populationen standen, sodass hier immer ein gewisser Genfluss möglich war. Es kommt darauf an, die statistische Aussagekraft der bisherigen Untersuchungen weiter zu verbessern, um derartige Modelle zu überprüfen.

Die Phylogenie der mütterlich vererbten mitochondrialen DNA spielt bei der Evolutionsanalyse der Menschheit eine zentrale Rolle. Ein großes internationales Team um Dahor Behar et al. (2008) hat aus 624 vollständigen mitochondrialen Genomen verschiedener heute südlich der Sahara lebender Populationen einen Stammbaum konstruiert. Dabei legten die Autoren besonderen Wert auf die Khoi- und San-Völker in Südafrika – zunächst deshalb, weil diese als einzigartige Überreste einer Jäger-und-Sammler-Kultur gelten. Die Daten zeigen aber auch, dass sich die mitochondriale DNA dieser beiden Völker vor etwa 150.000–90.000 Jahren vom Rest des menschlichen Genpools abgespalten hat. In dieser Zeit bildeten sich offensichtlich ca. 40 verschiedene Abstammungslinien im südafrikanischen Raum. Erst viel später, nämlich während der späten Steinzeit vor etwa 40.000 Jahren, wurden wieder Allele anderer Populationen durch wiederholte Kreuzungen und Rückkreuzungen in den mitochondrialen Genpool eingefügt (engl. *introgression*); dieser Prozess hat sich durch die jüngere Expansion der Bantu weiter beschleunigt. Diese Arbeit gibt natürlich Anlass zu vielfältigen Spekulationen: Hätten sich zwei Menschheiten entwickeln können, wenn die Isolation der ursprünglichen Populationen im südlichen Afrika noch länger angedauert hätte? Im Übrigen stimmen die Untersuchungen der mitochondrialen DNA mit denen männlicher Y-Chromosomen überein: Der ursprünglichste Ast des Y-chromosomalen Stammbaums ist unter den Khoi-San-Völkern weitverbreitet, kommt aber in anderen Populationen nur selten vor. Auch bei linguistischen Merkmalen haben diese Völker eine größere Ähnlichkeit untereinander als mit anderen Populationen in Afrika.

Diese Arbeiten wurden ergänzt durch vollständige Genomsequenzierungen von einem Vertreter der Khoi-San und einem Vertreter der Bantus; bei drei weiteren Khoi-San-Männern wurden alle Exons sequenziert. Dabei zeigte sich, dass die genetische Heterogenität der Khoi-San untereinander größer ist als die Unterschiede zwischen anderen Populationen, z. B. zwischen Europäern und Asiaten (Schuster et al. 2010).

Eine der Hauptfragen, die in der Literatur zurzeit diskutiert werden, ist, ob nur die letzte Auswanderungswelle alle anderen, früheren Formen ersetzte (**unireginale oder** ***replacement*****-Hypothese**) oder ob es aufgrund der zeitlichen und räumlichen Nähe doch Durchmischungen der Menschen gab, die aus den verschiedenen Migrationswellen hervorgegangen sind (**multiregionale Hypothese**). Beide Modelle sind wahrscheinlich zu stark vereinfacht, da sie verschiedenen Aspekten im Detail nicht Rechnung tragen (z. B. Untergliederung innerhalb der Kontinente, mögliche klimatische Einflüsse auf Wanderungsbewegungen, Populationsgrößen, technische, kulturelle und soziale Veränderungen einschließlich des Paarungsverhaltens).

In einer ausführlichen statistischen Untersuchung hat Templeton (2002) gezeigt, dass die Menschwerdung komplex verlaufen ist und dass ein permanenter, wenn auch nicht immer gleichmäßiger Genfluss zwischen den verschiedenen Populationen stattgefunden hat. Dabei gibt es selbstverständlich zeitweise isolierte Populationen, aber auch eine rasche Ausdehnung der Siedlungsgebiete. Die Hauptargumente gegen die Ablehnung der reinen *repla-*

Tab. 15.2 Wichtige Evolutionsmarker

Ort	Gen	Länge (kb)	d[a]	N[b]	Zeit[c] (1000 Jahre)	D[d]
mtDNA	Gesamtes Genom	16,5	–	53	170	−1,22 Af −2,28 nAf
mtDNA	HVRI (nicht-codierend)	0,4	62	2778	–	−1,18
mtDNA	Codierendes Genom	15,5	5	179	240	–
Yp11.3	*ZFY*	0,7	15	205	–	−0,95
NRY	*SMCY*	40	5	53	41–68	−2,31
NRY	*DBY*	9	5	70	39–100	−2,04
NRY	*DFFRY*	15	5	70	40–65	−1,79
Xp11.4-3	*MAO-A* (5 Segmente)	18,8	8	56	–	0,33
Xp21.3	*GK* (Intron 1)	1,9	8	10	410	0,02
Xp21.3	*ZFX* (Intron)	1,1	15	336	1090	−0,95
Xp22.2-1	*PDHA1* (Introns 9, 10)	1,7	8	10	1050	1,13
Xp22.2-1	*PDHA1* (Introns 7–10)	4,2	8	35	1780	0,78
Xq13.3	Nicht-codierende Region	10	–	69	540	−1,61
Xq21	*DMD* (Intron 7)	2,3	4	41	210	−1,79
Xq21	*DMD* (Intron 44)	1,4	8	10	1350	0,06
Xq21	*DMD* (Intron 44)	3	4	41	1560	−0,16
Xq21-22	*PLP* (Intron 5)	0,7	8	10	1280	0,12
Xq26.1	*HPRT* (Introns 2, 8)	2,7	8	10	530	−125
Xq27.2-1	*F9* (Intron 4)	3,7	11	36	282	−171
1q24	Meist Introns	10	3	61	1376	−1,22
1q21	*ψGBA*	5,4	12	100	91–199	−0,76
8p22	*LPL*	10	3	71	–	0,91
11p15.5	*HBB*	3	9	326*	800	1,06
14q24	*EDN*	1,2	4	67	1150	−1,28
14q31	*ECP*	1,2	4	54	1090	0,04
16q24.3	*MC1R*	0,95	16	672*	1000	−0,28 Af −0,07 As −0,97 Eu
16q24.3	*MC1R* (Promotor)	6,7	3	54	1520	−1,64
16p13.3	*MS205* (5′-Region, Intron)	11,7	5	50	1040	−1,54 Af −2,18 nAf
17q23	*ACE*	24	2	11	1113	0,23
19q13.2	*APOE*	5,5	4	96	311	−0,62
22q11.2	Nicht-codierende Region	9,9	16	64	1288	−1,03

[a] Zahl der gesammelten Populationen; [b] Zahl der gesammelten Individuen; [c] Zeit bis zum letzten gemeinsamen Vorfahren aller gesammelten Gene; [d] Tajimas D-Statistik, berechnet auf alle Proben, durchschnittliche D-Statistik für 62 Populationen; * Zahl der sequenzierten Chromosomen. Af: Afrikaner; nAf: Nicht-Afrikaner; As: Asiaten; Eu: Eurasier; NRY: nicht-rekombinierende Region auf dem Y-Chromosom.

Nach Excoffier (2002)

15

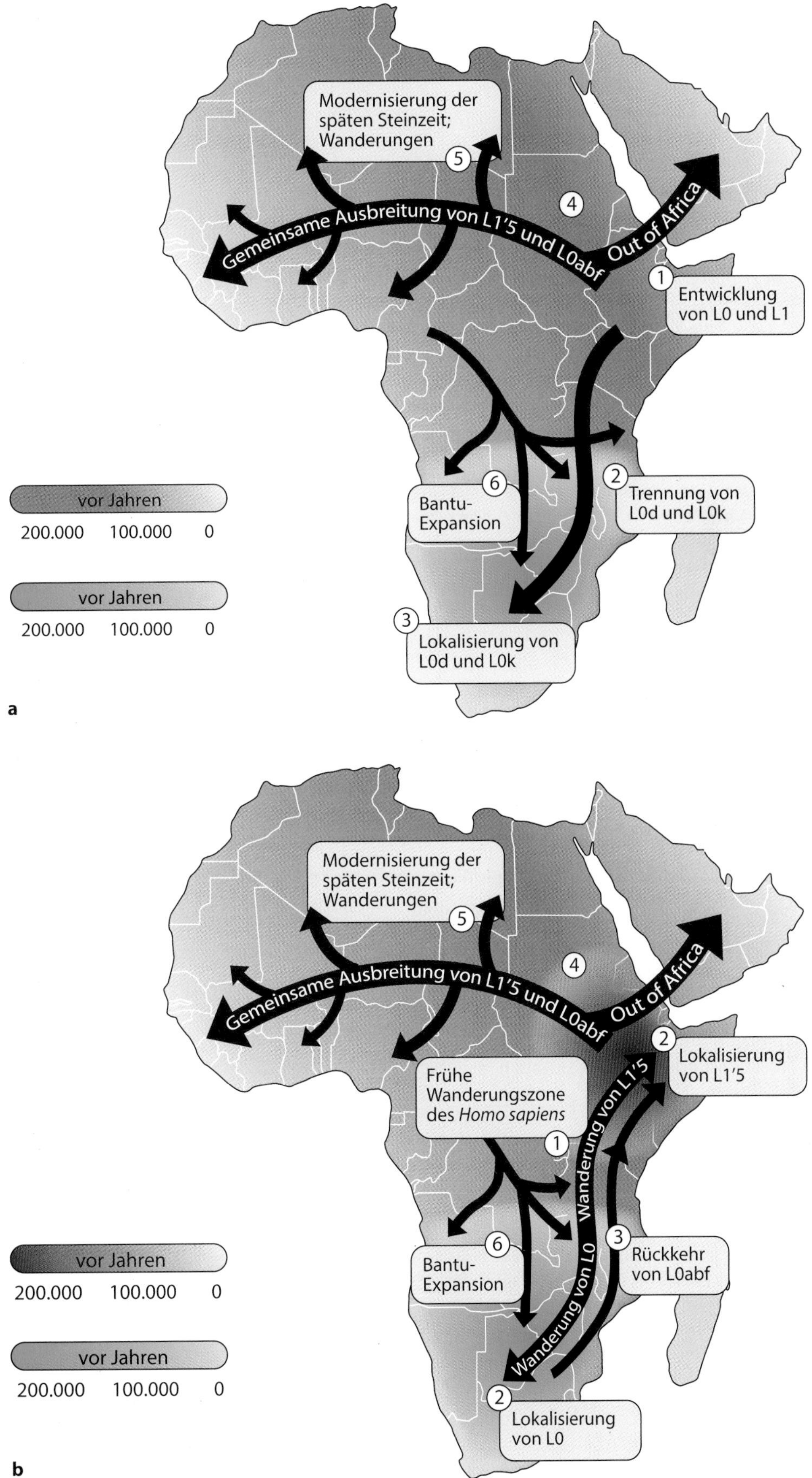

◻ Abb. 15.11 Maternaler Genfluss in Afrika vor 200.000–100.000 Jahren. Die graduellen maternalen Bewegungen in Afrika sind durch *aufsteigende Zahlen* markiert. Ein Gradientenfarbsystem wird verwendet, um die zeitliche Abfolge der Ereignisse zu illustrieren. Die Richtung der *Pfeile* sowie die Zeitangaben sind allgemein und sollen nicht als genaue Wanderrouten verstanden werden. Für die Verwandtschaftsbeziehungen der verschiedenen mitochondrialen Haplotypen siehe auch ◻ Abb. 15.10. **a** Einer ersten längeren Kolonialisierung (*grau*) durch den modernen Menschen (1) folgt eine Ausbreitungswelle (*grün*) und ein Auseinanderbrechen der Population (2); die mitochondrialen Haplotypen L0d und L0k befinden sich jetzt im südlichen Afrika. **b** Eine frühe Aufspaltung des *Homo sapiens* in einer hypothetischen Wanderungszone führt zu zwei Populationen, die sich unabhängig voneinander entwickeln; der mitochondriale Haplotyp L0 (*grün*) befindet sich dann im südlichen Afrika und der Haplotyp L1′5 (*rot*) im östlichen Afrika. Es wird vermutet, dass darauf die Aufspaltung der L0abf-Untergruppe aus der südlichen Population erfolgte und eine Verschmelzung mit der östlichen Population (*grau*; 3), sodass die erste Population nur noch aus den mitochondrialen Haplotypen L0d und L0K besteht und die zweite aus L1′5 und L0abf. Spätere Ausbreitungswellen vom östlichen Afrika her erfolgen parallel mit der späten Steinzeit in Afrika (vor ca. 70.000 Jahren). Schnelle Wanderungen während der späten Steinzeit (5) bringen Abkömmlinge der ostafrikanischen Population in wiederholten Kontakt mit der südlichen Population (hauptsächlich während der Bantu-Expansion). (Nach Behar et al. 2008, mit freundlicher Genehmigung)

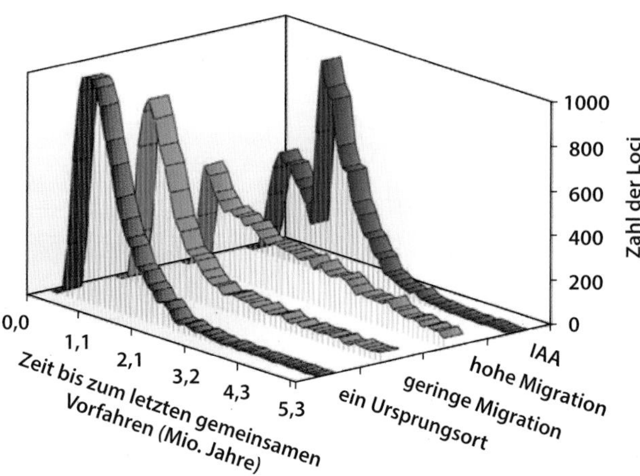

Abb. 15.12 Genetische Vorhersagen verschiedener Modelle über die Ursprünge der Menschen. Dabei wurde für vier Modelle die Zeit berechnet, bis ein letzter gemeinsamer Vorfahre ermittelt werden kann. Alle Modelle mit einem einzigen Ursprung und mehr oder weniger langen Wanderungszeiten zeigen einen unimodalen Verlauf; der letzte gemeinsame Vorfahre ist bei etwa 800.000 Jahren erreicht. Allein das Isolations- und Mischungsmodell (engl. *isolation and admixture*, IAA) zeigt einen bimodalen Verlauf (die Annahmen hier sind 5 % Durchmischungsgrad und Trennung der Populationen vor ca. 2 Mio. Jahren). (Nach Garrigan und Hammer 2006, mit freundlicher Genehmigung)

cement-Hypothese und für eine deutlich ältere Expansion aus Afrika basiert im Wesentlichen auf drei Genorten, dem Gen für β-Globin (*HBB*), *MC1R* (Melanocortin-Rezeptor 1) und dem Minisatellitenmarker *MS205*. Insbesondere der Haplotyp 92 des *MC1R*-Gens im Verhältnis zum älteren Haplotyp 942 zeigt eine Aufspaltung, die etwa 640.000 Jahre zurückliegt. In ähnlicher Weise zeigen das *HBB*-Gen und vier weitere Gene einen frühen und immer wiederkehrenden Genfluss. Damit hat die Expansion aus Afrika heraus, die durch die Untersuchungen der mtDNA und des Y-Chromosoms schon in früheren Arbeiten angedeutet wurde, die Signale einer früheren Expansion und den wiederholten Genfluss zwischen afrikanischen und nichtafrikanischen Bevölkerungen nicht ausgelöscht. Es ist daher vernünftig, anzunehmen, dass auch die jüngste Ausbreitung aus Afrika mit Kreuzungen verbunden war.

Es bleibt allerdings die Frage, wie der Effekt einer mehrfachen *Out-of-Africa*-Expansion aussähe, wenn er in eine multiregionale Hypothese eingefügt würde. Wenn einerseits jede Expansion zu einem vollständigen Ersatz der vorher bestehenden Populationen führt, dann führen alle nichtafrikanischen Haplotypen letztlich doch nach Afrika zurück, und diese Möglichkeit kann von der uniregionalen Hypothese nur schwer unterschieden werden. Wenn aber andererseits der Ersatz unvollständig ist und Kreuzungen möglich sind, könnte eine unterschiedliche Situation entstehen. Allerdings würde selbst ein großes Ausmaß von Kreuzungen nicht den hohen Anteil afrikanischer Populationen erklären, der in dem letzten gemeinsamen Vorfahren enthalten ist.

Daniel Garrigan und Michael Hammer haben 2006 ein Modell vorgestellt, das zwischen verschiedenen Möglichkeiten unterscheiden kann (Abb. 15.12). Dabei zeigt eine Version dieses Rechenmodells, das neben Phasen der Isolation von Populationen auch Phasen der Vermischung von Populationen enthält (engl. *isolation and admixture*, IAA), eine bimodale Verteilung der Zeit, zu der der letzte gemeinsame Vorfahre auftritt. Bei diesem Modell wurden der Vermischungsgrad mit 5 % und eine Trennung der Populationen vor 2 Mio. Jahren angenommen; eine Veränderung des Vermischungsgrades führt auch zu einer Veränderung der relativen Verteilungsmaxima. Aufgrund der vorliegenden Daten schließen die Autoren entweder auf einen Flaschenhalseffekt oder auf häufiges Aussterben und Wiederbesiedeln von Kleinbezirken, die als Fortpflanzungsgemeinschaften wirkten. Die Autoren verweisen darauf, dass eine zunehmende Anzahl von Genen gegen ein Modell mit einem einzigen Ursprung spricht; sie schließen aus ihren Daten eher, dass die Ablösung des archaischen Menschen durch Populationen anatomisch moderner Menschen von einem gewissen Maß an genetischer Assimilation begleitet war. Man darf dabei nicht vergessen, dass die effektive Populationsgröße des Menschen außerhalb Afrikas in diesen Zeiten in der Größenordnung von etwa 10.000 Menschen lag (Kaessmann und Pääbo 2002).

Die Bestimmung des „letzten gemeinsamen Vorfahren" hängt von den Markern ab, die betrachtet werden. Die Marker weisen ein unterschiedliches Maß an Heterogenität auf, wobei mittels Mitochondrien-DNA nur etwa 150.000 Jahre zurückgeschaut werden kann – autosomale Loci erlauben dagegen fast 1 Mio. Jahre. Der Flaschenhalseffekt (vermutlich durch die kleine Auswanderergruppe aus Afrika) verschärft diese Schwierigkeit, weil dadurch die Heterogenität der Ausgangspopulation stark eingeschränkt war. Einen Überblick dazu gibt Abb. 15.13.

Die molekulare Analyse ermöglicht es auch, den Weg nach Asien nachzuzeichnen, den die Menschen bei ihrem (dritten) Auszug aus Afrika wohl genommen haben. Der Auszug aus Afrika fand vor ungefähr 85.000–55.000 Jahren statt und die „Wegbeschreibung" ergibt sich aus der Analyse von mtDNA (L2- und L3-Typen, vgl. Abb. 15.10) sowie des Y-Chromosoms. Die Analyse isolierter, ursprünglicher Bevölkerungsgruppen in Südostasien unterstützt die Hypothese, dass es eine Route entlang der asiatischen Küste nach Indien gegeben hat und von dort nach Südostasien und Australien (Abb. 15.14). Modellrechnungen zeigten außerdem, dass ursprünglich etwa 500–2000 Frauen an diesem Auszug aus Afrika beteiligt waren. Die Detailanalyse der mitochondrialen Genome ergab auch, dass

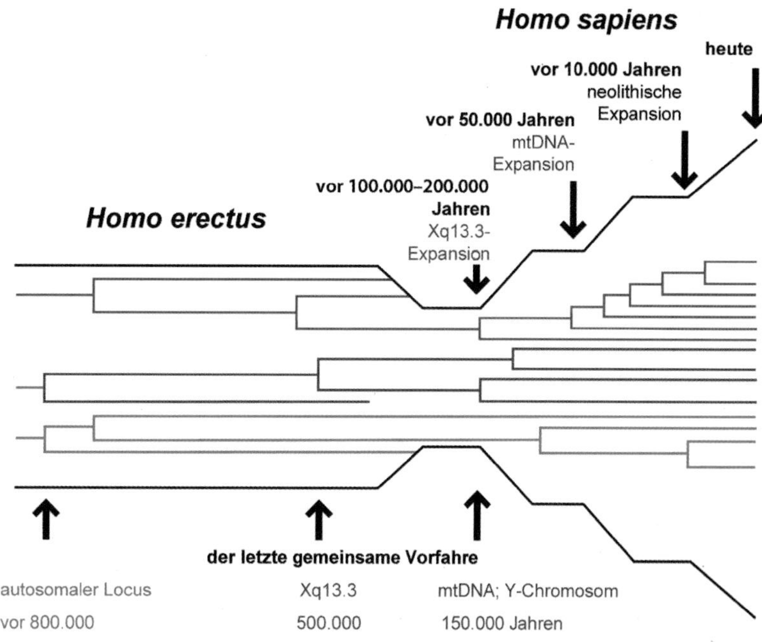

■ **Abb. 15.13** Illustration des Alters der letzten gemeinsamen Vorfahren für verschiedene genomische Regionen. Ein Flaschenhals ist angegeben, wie er wahrscheinlich mit der Entwicklung des modernen Menschen verbunden ist. Danach beginnt die Ausbreitung der Populationen, wie es sich in den Allelfrequenzen der verschiedenen Marker widerspiegelt. Die neolithische Expansion wurde durch die Entwicklung der Landwirtschaft im Nahen Osten begünstigt. (Nach Kaessmann und Pääbo 2002, mit freundlicher Genehmigung)

die Besiedelung des Nahen Ostens und Europas durch den modernen Menschen von Indien aus erfolgte (sozusagen auf dem „Rückweg"); allerdings ging die Hauptrichtung vor ca. 65.000 Jahren von Indien nach Australien und dauerte bei einer Wanderungsgeschwindigkeit von 0,7–4 km pro Jahr wohl nur wenige Tausend Jahre (Stanyon et al. 2009).

Die Entwicklung des modernen Menschen begann wohl im südlichen zentralen Afrika. Danach hat sich der Mensch in mehreren Wellen aus Afrika nach Asien, Europa und später Amerika ausgebreitet. Die Untersuchung verschiedener charakteristischer Genorte legt es nahe, auf allen Stufen dieser Entwicklung ein gewisses Maß an Durchmischung der verschiedenen Populationen anzunehmen.

Wie wir gesehen haben, lässt die Analyse der Daten mitochondrialer DNA, die nur matrilinear vererbt wird, Rückschlüsse auf den Frauenanteil in der ursprünglichen Population zu, in verschiedenen Arbeiten wird er in einer Größenordnung von etwa 1000 Frauen angegeben. Entsprechend lässt sich natürlich auch der Anteil der Männer über die Evolution des Y-Chromosoms abschätzen. Dabei zeigt sich, dass die effektive männliche Populationsgröße (► Abschn. 11.5.2) lange Zeit kleiner war als die der Frauen – offensichtlich haben in jeder Generation wenige Männer einen relativ großen Anteil zum Pool des Y-Chromosoms beigetragen. Die Autoren (Dupanloup et al. 2003) interpretieren ihre Daten dahin gehend, dass über weite Teile der menschlichen Entwicklung Polygynie das vorherrschende Charakteristikum der Fortpflanzungsgemeinschaften war. Erst evolutionsgeschichtlich kurz habe der Umschwung zu einer monogamen Form stattgefunden, was sich in einer Vergrößerung der effektiven männlichen Populationsgröße ausdrückt und von den Autoren mit dem Übergang von einer mobilen zu eher sesshaften Kulturformen erklärt wird.

Ein wichtiger Aspekt in der Evolutionsgenetik, besonders auch in der Frage der menschlichen Evolution, ist die **Bestimmung der Mutationsrate** pro Generation bzw. pro Jahr – es ist offensichtlich, dass hiermit auch ganz wesentlich die Zeit bis zum letzten gemeinsamen Vorfahren bestimmt wird. Aus Familienuntersuchungen, die im Wesentlichen aus Exom-Sequenzierungen stammen, ergibt sich eine Mutationsrate des Menschen von 1,3–2,0 × 10^{-8} pro Basenpaar und Generation oder 0,5 × 10^{-9} pro Basenpaar und Jahr. Dabei wird eine Generationszeit von 30 Jahren angenommen. Die Mutationsrate der großen Affen heute liegt in der gleichen Größenordnung. Allerdings zeigen Untersuchungen, dass die Mutationsraten in früheren Phasen der Evolution deutlich höher lagen. Ausführliche Diskussionen dieses Problems finden sich bei Scally und Durbin (2012) sowie Scally (2016). Auf der anderen Seite ist auch die zeitliche Einordnung der Funde aufgrund physikalischer Messungen immer noch Veränderungen unterworfen. So berichtete kürzlich ein internationales Forscherteam, dass die marokkanischen Funde in Jebel Irhoud etwa 300.000 Jahre alt seien (Richter et al. 2017) – und nicht „nur" 160.000 Jahre (■ Abb. 15.14).

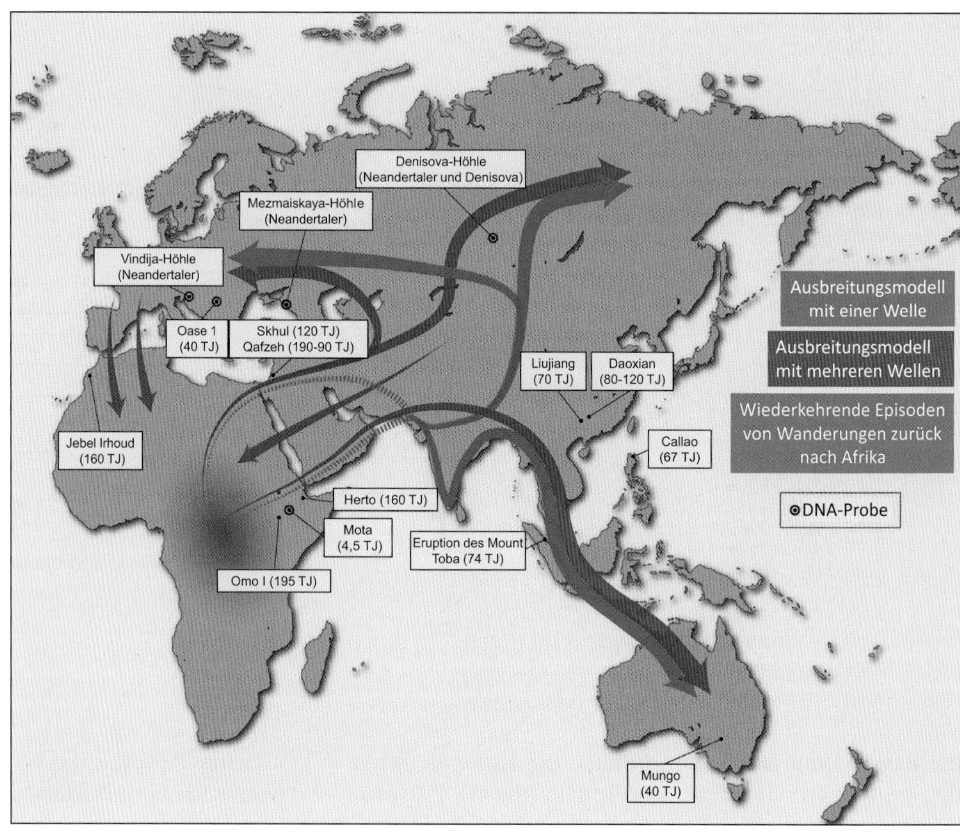

Abb. 15.14 Ein vereinfachtes Szenario der menschlichen Wanderungsrouten. Es sind mögliche Wanderungswellen aus Afrika heraus dargestellt. Die jeweils wichtigsten Fundstellen der sterblichen Überreste der Urmenschen sind angegeben; die *Pfeile* deuten die jeweiligen Orte an. TJ: vor 1000 Jahren. (Nach López et al. 2015, CC-by 3.0, ► http://creativecommons.org/licenses/by/3.0/)

15.1.3 Neandertaler: ausgerottet, ausgestorben oder assimiliert?

In Europa gibt es einige Funde, die sich sehr ursprünglichen Formen des Menschen zuordnen lassen; die *Homo antecessor*-Funde in Spanien sind ca. 800.000 Jahre alt. Etwas jünger ist der *Homo heidelbergensis*; der Unterkieferknochen, der dieser Art den Namen gab, ist etwa 500.000 Jahre alt. Vom *Homo heidelbergensis* leitet sich vermutlich der *Homo neanderthalenis* ab, der vor ca. 200.000 Jahren auftrat und vor etwa 30.000 Jahren verschwunden ist. Zur gleichen Zeit lebten im Süden Sibiriens, im Altai-Gebirge, Menschen, die nach ihrem Fundort als „Denisova-Menschen" bezeichnet werden. Wir fassen diese Linien, die in den vergangenen 500.000 Jahren gelebt haben, unter dem Stichwort „archaische Menschen" zusammen und grenzen sie damit von den anatomisch modernen Menschen, dem *Homo sapiens*, ab. Vor ca. 40.000 Jahren wanderten die modernen Menschen in Europa ein; die Cro-Magnon-Menschen gehören zu den frühesten Repräsentanten dieser Gruppe. Neben dieser hier nur sehr grob und oberflächlich skizzierten zeitlichen Abfolge, die sich aus den archäologischen Funden ergibt, steht natürlich die Frage nach den verwandtschaftlichen Beziehungen. Ein besonders großes Fragezeichen der humanen Evolutionsforschung steckt aber vor allem hinter der Beobachtung, dass in Europa keine Spuren der Neandertaler gefunden werden, die vor kürzerer Zeit als vor ca. 28.000 Jahren gelebt haben.

Im März 2010 berichtete die Gruppe um Svante **Pääbo** aus Leipzig von der molekularen Analyse der mitochondrialen DNA aus einem menschlichen Knochen, der in der Denisova-Höhle im Altai-Gebirge in Russland gefunden wurde (Krause et al. 2010). Der Knochen stammt aus einer Schicht, die etwa 30.000–48.000 Jahre alt ist und somit dem Zeitrahmen entspricht, in dem die Neandertaler auch in dieser Region lebten. Die Überraschung war aber groß, als sich zeigte, dass sich diese mitochondriale DNA deutlich von der mitochondrialen DNA des Neandertalers unterscheidet. Man hat deswegen und aufgrund des Fundorts diese Menschen als „Denisova-Menschen" bezeichnet. Aus den Sequenzdaten konnte man schließen, dass der letzte gemeinsame weibliche Vorfahre der Denisova-Menschen, der Neandertaler und der modernen Menschen etwa vor 1 Mio. Jahren lebte. Andererseits zeigen andere Funde aus derselben Region des Altai-Gebirges, dass dort in der Zeit vor etwa 40.000 Jahren Neandertaler, moderne Menschen und eben die Denisova-Menschen zusammengelebt haben.

Die Rekonstruktion des Skeletts eines Neandertalers ist in Abb. 15.15 dargestellt. Im Vergleich zu einem anatomisch modernen Menschen erscheint der Neandertaler

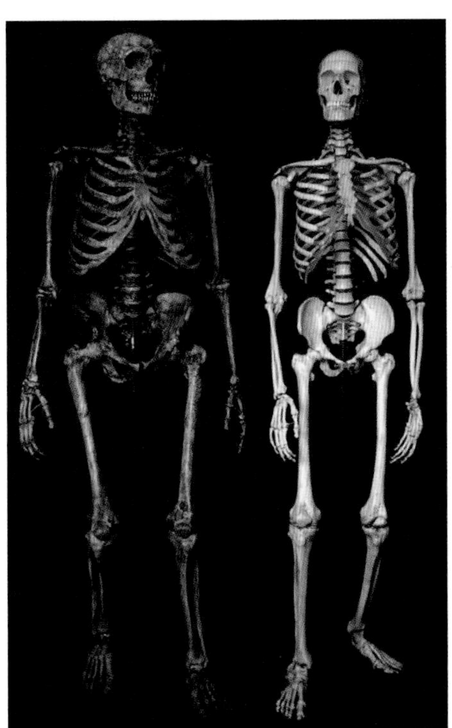

◻ Abb. 15.15 Rekonstruktion des Skeletts eines Neandertalers (*links*) und Vergleich mit einem anatomisch modernen Menschen (*rechts*). (Nach Sawyer und Maley 2005, mit freundlicher Genehmigung)

größer und breiter, er war stämmig und muskulös – etwa 30 % schwerer als ein moderner Mensch gleicher Größe. Sein Gehirnvolumen war im Vergleich zum modernen Menschen größer, und er hatte einen langen, niedrigen Schädel mit kräftigen Brauenwülsten (mit luftgefüllten Hohlräumen). Der Neandertaler war somit gut an die eiszeitliche Jägersituation angepasst.

Viele Anthropologen argumentieren, dass die Neandertaler ausgestorben und durch moderne Menschen ersetzt worden seien (dieses Argument gilt entsprechend auch für die modernen Menschen, die nach Asien gewandert sind und die dortigen archaischen Formen verdrängt haben). Lange Zeit war man – wie auch bei der *Out-of-Africa*-Hypothese – nur auf Knochenfunde und ihre entsprechende Einordnung aufgrund morphologischer und archäologischer Befunde angewiesen. In den letzten Jahren hat man aufgrund verbesserter technischer Möglichkeiten die Untersuchung der genetischen Unterschiede auch auf den Neandertaler und den Denisova-Menschen ausgedehnt. ◻ Abb. 15.16 gibt einen Überblick über die Fundorte von Neandertalern und Denisova-Menschen, an denen man auch DNA-Proben entnehmen konnte und für entsprechende evolutionsgenetische Untersuchungen verwendet hat. Allerdings steht man dabei vor zwei Problemen: Das erste ist die Verunreinigung durch DNA des modernen Menschen, besonders durch die Untersuchenden selbst. Hier hat man schon gelernt, durch geeignete technische Schutzmaßnahmen Kontaminationen weitgehend zu vermeiden. Zum Zweiten kommt es durch den Abbau der DNA nach dem Tod häufig zur Desamidierung am Cytosin – es entsteht Uracil, das bei der Sequenzierung als Thymin erkannt wird und damit eine C→T- bzw. G→A-Mutation vortäuscht. Dieses Problem kann allerdings durch wiederholte Sequenzierung unterschiedlicher Proben erkannt werden.

Unter Berücksichtigung der oben genannten methodischen Schwierigkeiten ist es damit in den letzten Jahren gelungen, einige interessante Informationen über die Neandertaler und ihre Beziehung zu den modernen Menschen zu erhalten. Das **Mitochondriengenom** (▶ Abschn. 5.1.4 und 13.3.5) war natürlich das erste

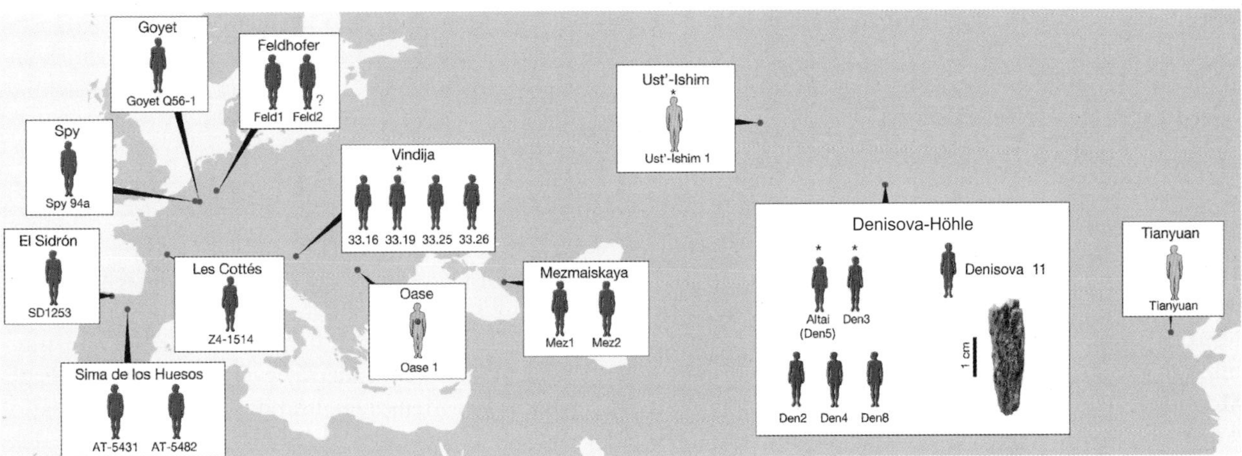

◻ Abb. 15.16 Fundorte von Neandertalern und Denisova-Menschen. Es sind Fundorte gezeigt, an denen DNA von Neandertalern (*blau*), Denisova-Menschen (*rot*) und archaischen modernen Menschen (*gelb*) isoliert werden konnte. Die Orte und Bezeichnungen der Individuen sind angegeben. In der Denisova-Höhle ist das Fragment eines Röhrenknochens von „Denisova 11" gezeigt, dessen DNA zur Sequenzanalyse verwendet wurde. „Denisova 11" hatte eine Neandertal-Mutter und einen Denisova-Vater. Ein *Stern* deutet an, dass das Kerngenom sequenziert werden konnte. Man beachte, dass Oase 1 und Den3 noch über Neandertaler-Verwandte verfügen (*blaue Punkte*). (Nach Slon et al. 2018, mit freundlicher Genehmigung)

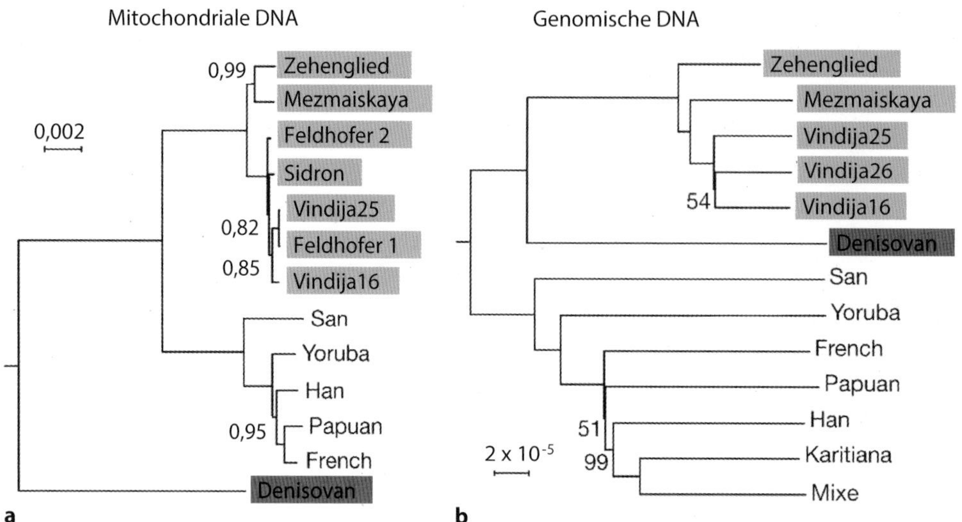

Abb. 15.17 Verwandtschaftsbeziehungen der Neandertaler. Mitochondriale und genomische DNA wurden aus einem Zehenglied eines Neandertalers aus dem Altai-Gebirge isoliert und mit bekannten anderen Sequenzen von Neandertalern, heute lebenden Menschen und Denisova-Menschen verglichen. **a** Der Vergleich der mitochondrialen Sequenzen gruppiert die Neandertaler (*blau*) in eine Gruppe, die von den heute lebenden Menschen und auch von den Denisova-Menschen (*rot*) getrennt ist. **b** Die genomischen Sequenzen verwenden Unterschiede in autosomalen Transversionen zur Generierung des Stammbaums; hier wird auch der Unterschied der Denisova-Menschen (*rot*) zu den Neandertalern (*blau*) deutlich, aber insgesamt sind beide von den heute lebenden Menschen getrennt. Die *Zahlen* in **a** und **b** geben die Bootstrap-Werte für Verzweigungen an, die durch weniger als 100 % bei 1000 Bootstrap-Wiederholungen gestützt werden. Die Ortsangaben für die Neandertaler entsprechen der Darstellung in Abb. 15.16; French: Frankreich; Han: China; Karitiana: Südamerika; Mixe: Mexiko; Papuan: Papua; San: Südafrika; Yoruba: Westafrika. (Nach Prüfer et al. 2014, mit freundlicher Genehmigung)

15

Untersuchungsobjekt für Sequenzuntersuchungen bei Neandertaler-Funden. Dabei wurden in der Regel kurze, nicht-codierende mtDNA-Sequenzen von Neandertalern mit alten, aber anatomisch modernen Menschen aus verschiedenen Regionen Europas und Australiens verglichen. Diese Vergleiche zeigten, dass die mtDNA der Neandertaler sich von der mtDNA heutiger Menschen, aber auch von der aus Fossilien der anatomisch modernen Menschen unterscheidet. Gleichzeitig mehren sich aber auch die Hinweise auf die Heterogenität der Neandertaler selbst. Abb. 15.17 zeigt das Ergebnis einiger mtDNA-Sequenzuntersuchungen an Neandertaler-Proben aus verschiedenen Gebieten Europas, die auch zu verschiedenen Zeiten gelebt haben.

Die bisherigen Darstellungen zeigen eine deutliche Trennung der Stammbäume der Neandertaler und der modernen Menschen. Wir wollen uns nun aber doch der Frage zuwenden, inwieweit es vielleicht doch Durchmischungen der Neandertaler, der Denisova-Menschen und der modernen Menschen gegeben hat, die ja immerhin zur gleichen Zeit im gleichen Gebiet gelebt haben. Abb. 15.18 zeigt zunächst die Verteilung von paarweisen Sequenzvergleichen bei **mitochondrialer DNA** unter 53 Menschen aus der ganzen Welt – zunächst untereinander, dann im Vergleich mit Neandertalern und schließlich mit Schimpansen. Innerhalb der modernen Menschen gibt es 2–118 Unterschiede mit zwei Gipfeln. Im Gegensatz dazu ist die Zahl der Unterschiede zu den Neandertalern größer (201–235) und zeigt nur einen Gipfel. Damit fällt die mitochondriale DNA der Neandertaler außerhalb der Variationsbreite menschlicher DNA. Wenn man allerdings den Vergleich auf die hypervariablen Regionen (HVR) beschränkt, so überlappen die Verteilungen der paarweisen Unterschiede (knapp bei HVRI und deutlich bei HVRII). Der Vergleich mit den Schimpansen zeigt jeweils große Unterschiede. Diese Daten der mitochondrialen DNA wurden zunächst dahin gehend interpretiert, dass die Neandertaler und die modernen Menschen zwar in einem gewissen Zeitfenster im gleichen Gebiet nebeneinander gelebt haben (Sympatrie, ► Abschn. 11.6.2), dass aber keine Vermischung stattgefunden habe – zumindest nicht über die weibliche Seite der Neandertaler.

Die Frage, ob die Neandertaler ausgerottet wurden, ausgestorben sind oder sich assimiliert haben, ist damit natürlich noch nicht ganz beantwortet. Nachdem jetzt immer mehr Datensätze von Neandertaler-Genomen zur Verfügung stehen, zeichnet sich aber eine Erklärungsmöglichkeit ab: Offensichtlich war die genetische Unterschiedlichkeit der Neandertaler deutlich geringer als die der modernen Menschen, und das Muster der Variationen in den codierenden Regionen lässt vermuten, dass die Populationen der Neandertaler klein und voneinander isoliert waren. Das Ausmaß der Heterozygotie von drei kürzlich sequenzierten Genomen von Neandertalern beträgt nur 25–36 % des Heterozygotiegrades moderner Menschen – über längere Bereiche des Genoms sind sie sogar homozygot. Offensichtlich waren Paarungen der

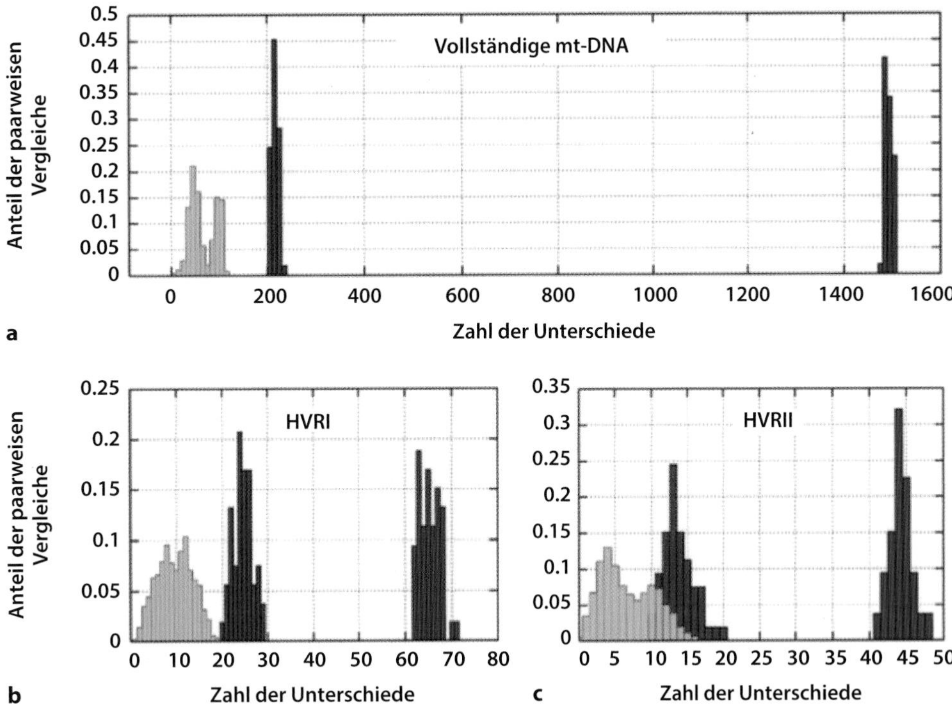

Abb. 15.18 Verteilung von paarweisen Sequenzunterschieden in der mitochondrialen DNA (mtDNA). Es sind Häufigkeiten von Sequenzunterschieden in der mtDNA innerhalb von 53 Menschen (*grün*), zwischen Menschen und Neandertalern (*rot*) sowie zwischen Menschen und Schimpansen (blau) angegeben. **a** Vollständige mtDNA. **b** Hochvariable Region 1 (HVRI; Neandertaler-Position 16.044–16.411). **c** Hochvariable Region 2 (HVRII; Neandertaler-Position 57–372). (Nach Green et al. 2008, mit freundlicher Genehmigung)

Neandertaler unter Verwandten relativ häufig, und möglicherweise ist ein derartiger Inzuchteffekt für das Aussterben der Neandertaler und der Denisova-Menschen (mit)verantwortlich. Abb. 15.19 gibt dazu ein paar Beispiele.

Da es inzwischen sehr gute Daten der genomischen Sequenzen von Neandertalern und den Denisova-Menschen gibt, können auch genaue Vergleiche mit den Genomen heute lebender Menschen angestellt werden. Und man kann entsprechend in den Genomen heute lebender Menschen nach Resten möglicher Vermischungen mit Neandertalern suchen. Und was beim Vergleich mitochondrialer DNA zu keinem Erfolg führte, gelang bei genomischer DNA: Im Durchschnitt haben die modernen Menschen weltweit (mit Ausnahme der Menschen südlich der Sahara) einen Anteil von ungefähr 2 % Neandertaler-Sequenzen in ihrem Genom. Dieses Ergebnis ist nicht vereinbar mit der Hypothese, dass alle modernen Menschen nur auf eine kleine afrikanische Population zurückgehen, die sich ohne Vermischung mit früheren homininen Formen über die Erde ausgebreitet hat. Vielmehr ist es eine Bestätigung der Vermutung, dass es zu Vermischungen gekommen ist – wie wir das auch an anderer Stelle schon gesehen haben.

Ähnliches gilt für die Denisova-Menschen: Die Sequenzdaten zeigen deutlich, dass es einen gemeinsamen Vorfahren der Neandertaler und der Denisova-Menschen gab, von dem sich die Denisova-Menschen aber früh abgespalten hatten. Ein weiterer unerwarteter Befund war, dass die Sequenz der Denisova-Menschen etwa 5 % zum Genom heute in Ozeanien lebender Menschen beiträgt.

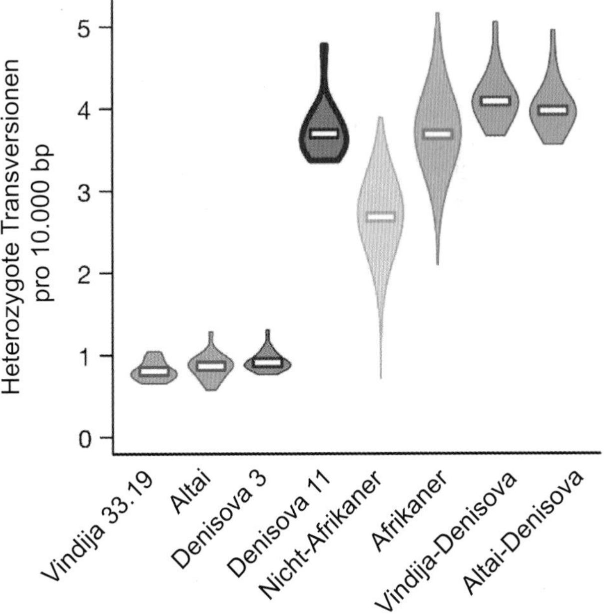

Abb. 15.19 Starke Homozygotie bei Neandertalern und Denisova-Menschen. Es ist die Verteilung der Heterozygotie in zwei Neandertalern (*blau*; Vindija und Altai) sowie von einem Denisova-Menschen (*rot*; Denisova 3) gezeigt. Denisova 11 (*violett*) ist die Tochter einer Neandertaler-Mutter und eines Denisova-Vaters. Sie zeigt ein Ausmaß an Heterozygotie, wie wir es bei heute lebenden Menschen finden (Nicht-Afrikaner: *gelb*; Afrikaner: *orange*). In *Grau* sind theoretische Erwartungswerte für Kreuzungen zwischen Neandertalern und Denisova-Menschen dargestellt – sie stimmen gut mit der Beobachtung bei Denisova11 überein. Die *„Violinen"* repräsentieren die Verteilungen von den minimalen zu den maximalen Heterozygotiewerten der Autosomen und die *weißen Rechtecke* die Abschätzungen für Mittelwerte. (Nach Slon et al. 2018, mit freundlicher Genehmigung)

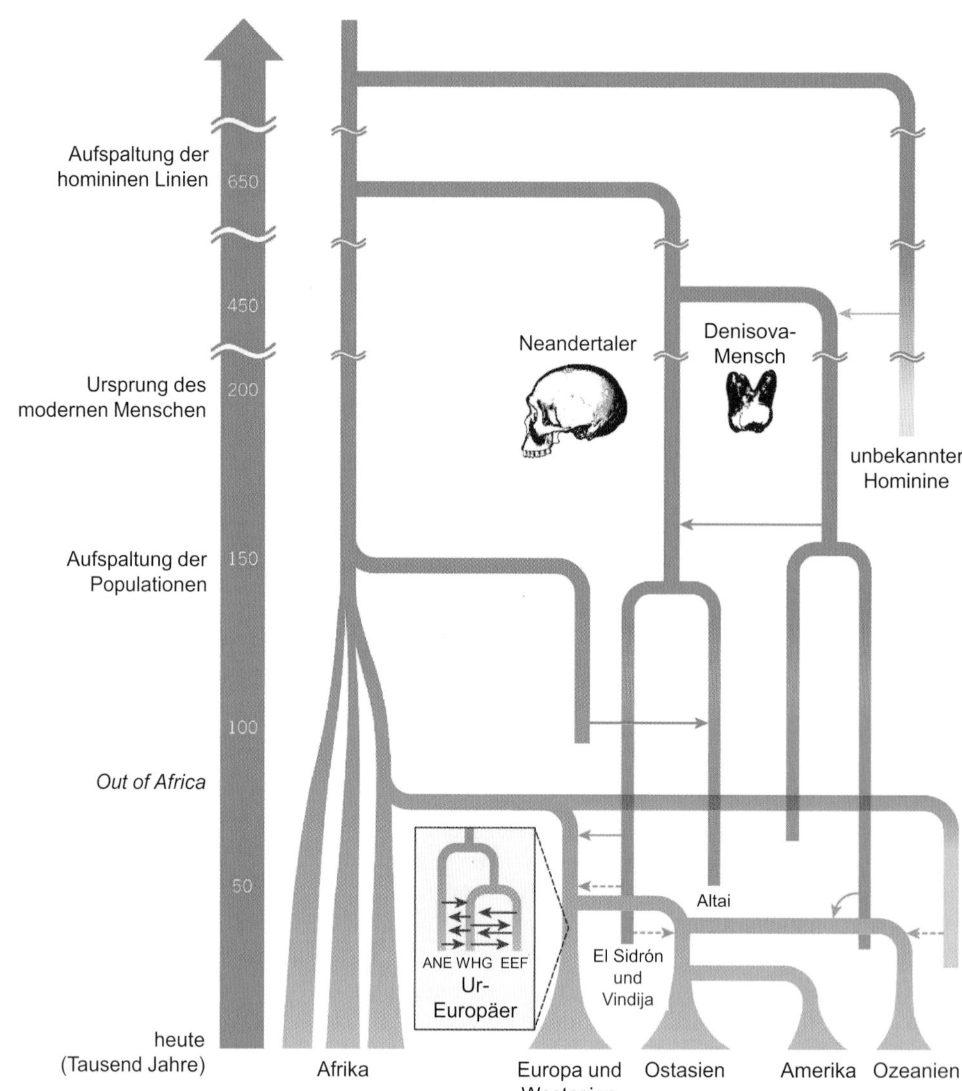

◻ Abb. 15.20 Vereinfachtes Modell der menschlichen Evolutionsgeschichte. Es sind die Beziehungen zwischen zeitgenössischen Populationen gezeigt und auch die ungefähren Zeiträume ihrer Aufspaltung. Die *durchgezogenen Pfeile* deuten wichtige, gut etablierte Vermischungen zwischen Gruppen moderner Menschen, aber auch zwischen archaischen Gruppen und modernen Menschen an, wohingegen die *gestrichelten Pfeile* vermutete Vermischungen andeuten. Das Modell zeigt auch den möglichen, geringen Anteil unbekannter Hominine an den Menschen in Ozeanien auf; diese unbekannten Hominine stammen vermutlich aus einer früheren Auswanderungswelle aus Afrika (*türkis*). Untersuchungen an altertümlicher DNA ermöglichen hochauflösende Einblicke in die Geschichte von Populationen und zeigten, dass die heutigen Europäer Mischungen aus drei früheren Gruppen enthalten (ANE: alte Nordeurasier; EEF: frühe europäische Bauern; WHG: westeuropäische Jäger und Sammler). (Nach Nielsen et al. 2017, mit freundlicher Genehmigung)

15

Die Veröffentlichungen des Neandertaler-Genoms und des Genoms der Denisova-Menschen sind Meilensteine in der noch jungen Disziplin der Paläogenetik, und sie relativieren unsere bisherigen Vorstellungen von „klaren Verhältnissen" bei unseren Vorfahren doch etwas. In ◻ Abb. 15.20 wird das derzeitige Wissen über die verschiedenen Abstammungslinien zusammengefasst.

Was ist geblieben von den Neandertalern? Wenn man den Vergleich der genomischen Sequenzen weitertreibt, kann man Sequenzen der Neandertaler mit den Datensätzen aus dem 1000-Genom-Projekt moderner Menschen aus Europa (CEU) und Ostasien (CHB) vergleichen und darin nach Resten der Neandertaler-Sequenz suchen. Dabei stellt sich heraus, dass im Prinzip in allen Autosomen ein gleichmäßiger Anteil von Sequenzen des Neandertalers enthalten ist – das X-Chromosom ist dagegen weitgehend frei von Sequenzen des Neandertalers. Man kann daraus ableiten, dass männliche Hybriden aus Neandertalern und modernen Menschen offensichtlich häufig steril waren. Im Detail finden wir knapp 32.000 Einzelnukleotidpositionen, an denen sich alle heutigen lebenden Menschen von unseren archaischen Vorfahren unterscheiden. Davon liegen etwa 10 % in regulatorischen Regionen, 32 Positionen betreffen mögliche Spleißstellen und 96 Positionen in insgesamt 87 Genen führen zu Aminosäureaustauschen. Diese Liste ist erfreulicherweise kurz und bietet die Möglichkeit, diese Fälle genauer zu betrachten.

Von den 87 Genen, deren Unterschiede zu Aminosäureaustauschen führen, sind fünf in der ventrikulären Zone des sich entwickelnden Gehirns exprimiert (*CASC5*, *KIF18A*, *TKTL1*, *SPAG5*, *VCAM1*); drei davon (*CASC5*, *KIF18A*, *SPAG5*) sind mit der mitotischen Spindel und den Kinetochoren assoziiert. Die Anordnung der mitotischen Spindel in der Teilungsebene der Mitose in neuralen Vorläuferzellen ist für das weitere Schicksal dieser Zellen wichtig. Von einem anderen Gen aus dieser Liste, *VCAM1*, wissen wir, dass es an der Aufrechterhaltung der neuralen Stammzellen in der subventrikulären Zone von Erwachsenen beteiligt ist. Wir werden diesen Gedanken erneut aufgreifen, wenn wir uns mit der Evolution der Gehirnentwicklung noch etwas detaillierter beschäftigen (► Abschn. 15.2.1). Eine ausführliche Darstellung findet sich bei Prüfer et al. (2014).

Es scheint also so zu sein, dass die bisher weitverbreitete Theorie der Verdrängung des Neandertalers durch den modernen Menschen neu durchdacht und zumindest in Teilen neu geschrieben werden muss. Allerdings scheinen solche adaptive Allele von archaischen Menschen eine gewisse Paradoxie darzustellen: Wir erkennen ja die archaischen Menschen gerade an ihrer Morphologie, und diese Morphologie ist ausgestorben. Wenn daher moderne Menschen noch adaptive Allele von archaischen Menschen enthalten, müssen wir für diese Vorläufer nach Fossilien suchen, die gerade nicht als archaisch angesehen werden – sie müssen vielmehr den modernen Menschen ähnlicher sein, und so werden sie nicht unbedingt als archaisch erkannt. Hier kann also die moderne Genetik eine neue Sichtweise in die evolutionäre Anthropologie einbringen. Die Denisova-Menschen sind die erste Gruppe archaischer Menschen, die allein aufgrund ihrer DNA-Sequenzen klassifiziert wurden – die gefundenen Knochenfragmente würden dazu nicht ausreichen.

In Europa ist der Neandertaler ein Vorgänger des modernen Menschen; für etliche Jahrtausende bewohnten beide Arten denselben Lebensraum (Sympatrie). Zwar ergab die Analyse des mitochondrialen Genoms keinen zwingenden Hinweis darauf, dass es zu einer Durchmischung des genetischen Materials gekommen ist; die Analyse des Kerngenoms zeigt aber, dass das Genom moderner Menschen etwa 2 % Neandertaler-Sequenzen enthält. Es gibt außerdem eine zweite Gruppe archaischer Menschen, die Denisova-Menschen, die sich früh von der Neandertaler-Linie abgespalten haben; ihre DNA ist zu ca. 5 % in dem Genom heute lebender Menschen in Ozeanien enthalten.

Eine besondere Herausforderung stellt die Entdeckung der Skelette von Zwergmenschen in Indonesien im Jahr 2004 dar, die nach ihrem Fundort als *Homo floresiensis* bezeichnet werden. Es handelt sich dabei um Menschen, die mit den modernen Menschen während des späten Pleistozäns zusammengelebt haben. Für ihre Existenz werden verschiedene Erklärungsmöglichkeiten diskutiert, z. B. eine Abstammung von *Homo erectus* oder eines früheren Vorfahren, pathologische Individuen einer *Homo sapiens*-Population oder eine zwergwüchsige Evolution aufgrund der isolierten Insellage aus einer ursprünglichen *Homo sapiens*-Population. In einer ausführlichen Übersicht diskutiert Karen Baab (2016) die verschiedenen Erklärungsmöglichkeiten und schließt aus allen vorliegenden Befunden, dass es sich um einen späten Überlebenden einer frühen Form des Menschen handelt, die aufgrund der morphologischen Ähnlichkeiten dem frühen *Homo erectus* bzw. *Homo ergaster* zuzurechnen wäre. Dazu gehören vor allem die morphometrische Analyse des Schädel- und Gesichtsskeletts. Pathologische Befunde zur Erklärung der Kleinwüchsigkeit und der Mikrocephalie gibt es nicht. Auch hier wird erst die Sequenzierung der DNA das Rätsel lösen können.

15.1.4 Die Unterschiedlichkeit moderner Menschen

Schon lange werden Daten zur genetischen Variabilität des Menschen gesammelt – zunächst auf Proteinebene, in jüngerer Zeit selbstverständlich über die DNA. Seit der Mitte der 1980er-Jahre dient dabei das Centre d'Etude du Polymorphisme Humain (CEPH) in Paris als zentrale Sammelstelle. Zunächst wurden hier Lymphoblasten-Zelllinien von 40 großen Familien gehalten, aus denen beliebige Mengen DNA gewonnen werden kann. Später wurden weitere Zelllinien angelegt; es sind 52 Populationen von allen fünf Kontinenten mit insgesamt 1063 Zelllinien von 1050 Individuen vertreten (◘ Abb. 15.21a). Diese Datensammlung (► http://www.cephb.fr/en/hgdp_panel.php) hat viele Schlussfolgerungen über die Evolution des Menschen erst ermöglicht.

Eine erste Analyse der genetischen Struktur menschlicher Populationen auf der Basis von 377 Mikrosatelliten-Polymorphismen zeigt ◘ Abb. 15.21b. Wenn man dabei die Populationen in nur zwei Gruppen unterteilen möchte, fallen die Populationen aus Afrika, Europa, Mittel-, Süd- und Westasien zusammen; die andere Gruppe wird aus Ostasien, Ozeanien und Amerika gebildet. Erlaubt man dagegen eine Unterteilung in fünf Gruppen, so spalten sich in der ersten Gruppe Populationen aus Afrika südlich der Sahara ab; in der zweiten Gruppe trennen sich die Bevölkerungsgruppen aus Amerika und die aus Ozeanien von den ostasiatischen Populationen. In Europa ist es wegen häufiger Wanderungsbewegungen offensichtlich schwierig, Substrukturen der Bevölkerungen zu erkennen. Mit geeigneten Verfahren lassen sich auch die Basken und Sardinier als ausgeprägte Gruppen erkennen (Rosenberg et al. 2002).

Eine etwas andere Strategie verfolgte das HapMap-Projekt, das zunächst auf der Basis von genomischen SNPs Haplotypen erstellt hat. Wir finden unter 1000 Basen etwa einen SNP – das bedeutet eine Gesamtzahl von etwa 3 Mio. SNPs. Aus den Arbeiten über Rekombinationshäufigkeiten wissen wir, dass Marker immer in Gruppen übertragen werden; dafür hat sich der Begriff der Haplotypen eingebürgert (◘ Abb. 11.27); ein Haplotyp umfasst im Mittel etwa 20 SNPs. Daraus ergibt sich eine „mosaikartige Struktur" des menschlichen Genoms. Das HapMap-Konsortium analysierte zunächst SNPs in drei Populationen (Ostasien: China/Japan; Amerika/

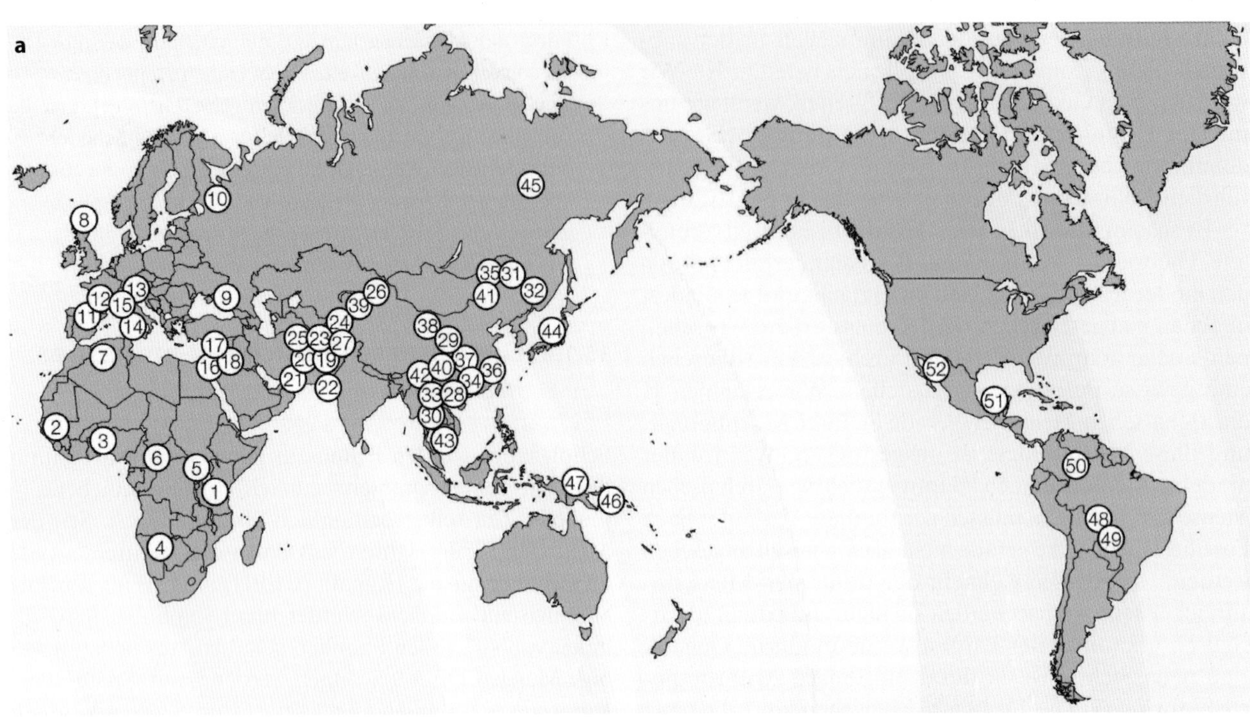

Afrikaner

1 Bantu
2 Mandenka
3 Yoruba
4 San
5 Pygmäen (Mbuti)
6 Pygmäen (Biaka)
7 Mozabiten

Europäer

8 Orkadier
9 Adygei
10 Russen
11 Basken
12 Franzosen
13 Norditaliener
14 Sardinier
15 Toskaner

Westasiaten

16 Beduinen
17 Drusen
18 Palästinenser

Zentral- und Südasiaten

19 Balochi
20 Brahui
21 Makrani
22 Sindhi
23 Pathan
24 Burusho
25 Hazara
26 Uygur
27 Kalash

Ostasiaten

28 Han (S. China)
29 Han (N. China)
30 Dai
31 Daur
32 Hezhen
33 Lahu
34 Miao
35 Oroqen
36 She
37 Tujia
38 Tu
39 Xibo
40 Yi
41 Mongola
42 Naxi
43 Kambodschaner
44 Japaner
45 Jakuten

Ozeanier

46 Melanesier
47 Papuaner

Ureinwohner Amerikas

48 Karitiana
49 Surui
50 Kolumbianer
51 Maya
52 Pima

Abb. 15.21 Populationen im *Human Genome Diversity Project*. **a** Geographische Verteilung der untersuchten Populationen. **b** Analyse der genetischen Struktur verschiedener Bevölkerungsgruppen. Es wurden dafür 1056 Individuen aus 52 Populationen und allen Kontinenten in Bezug auf Polymorphismen an 377 Mikrosatelliten untersucht. Die *Farben* sind willkürlich gewählt, um den Grad der Mischung bei Individuen darzustellen; jeder *Strich* bedeutet ein Individuum. Wenn man alle Daten auf nur zwei Gruppen aufteilt, trennt sich Ostasien und Ozeanien/Amerika von den westlichen Populationen in Afrika, Europa und West-, Süd- und Zentralasien. Diese Verteilung spiegelt die Tatsache wider, dass die erste Wanderung aus Afrika nach Ostasien ging. Bei einer Aufteilung auf drei Gruppen spalten sich die Populationen aus dem südlichen und zentralen Afrika von den anderen ab. Bei einer Unterteilung in vier Gruppen gibt es die Spaltung der ostasiatischen Populationen von denen der amerikanischen Ureinwohner, und bei fünf Gruppen erscheinen die ozeanischen Populationen als deutlich unterscheidbar von den anderen. (Nach Cavalli-Sforza 2005, mit freundlicher Genehmigung)

Europa: Utah; Westafrika: Nigeria) und stellte sie der Öffentlichkeit zur Verfügung. Diese erste Sammlung enthält die DNA von 270 verschiedenen Personen. In einer erweiterten Fassung gibt es jetzt Informationen von 1184 Referenzpersonen aus insgesamt elf weltweiten Populationen, darunter auch aus der Toskana. Neben den SNPs enthält der Datensatz auch Informationen über Kopienzahl-Polymorphismen (engl. *copy number polymorphisms*, CNPs) (International HapMap Consortium 2010). Die Daten dazu finden sich jetzt im *1000 Genomes Project* (▶ http://www.internationalgenome.org/), das die aktuellste globale Referenz für die genetischen Variationen des Menschen darstellt (The 1000 Genomes Project Consortium 2015). Es umfasst die genomweite

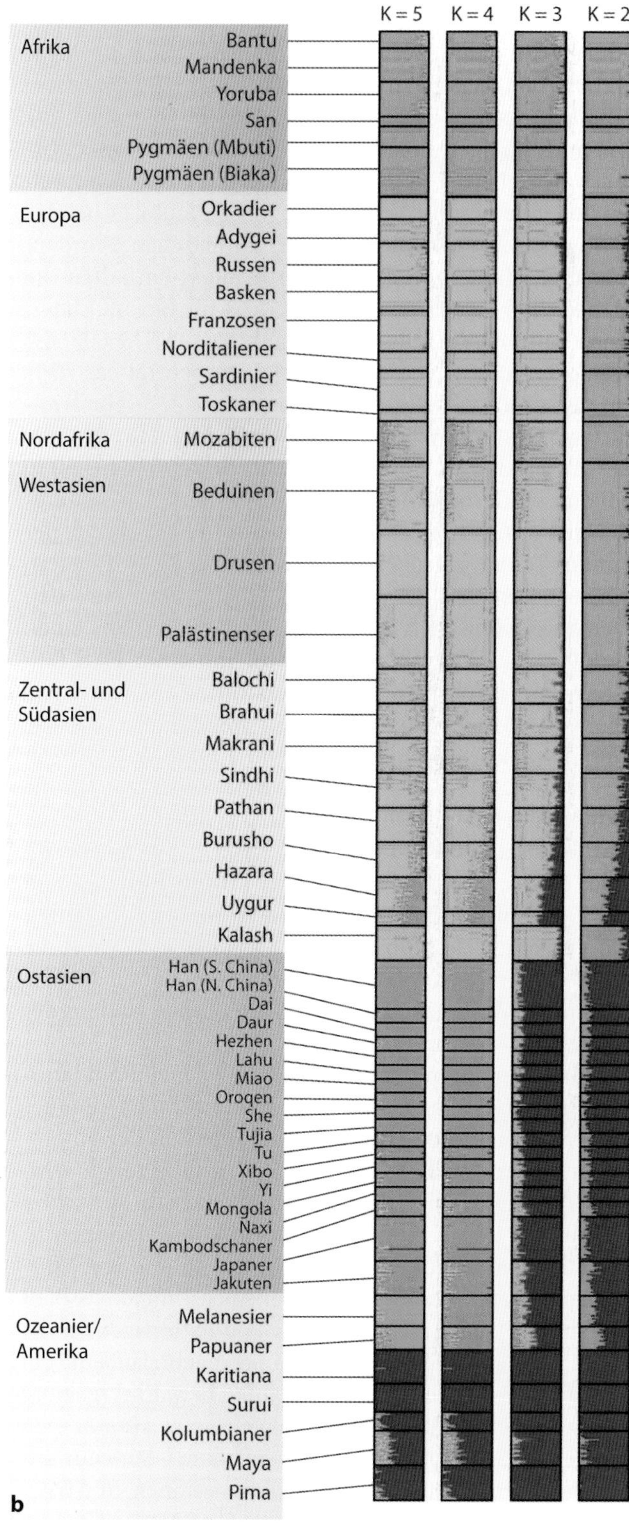

Analyse von 2504 Individuen aus 26 Populationen, die 84,7 Mio. SNPs aufweisen, 3,6 Mio. kleine Insertionen oder Deletionen („Indels") und 60.000 strukturelle Varianten.

Die Zahl der Abweichungen vom Referenzgenom unterscheidet sich deutlich zwischen den verschiedenen Populationen: Individuen afrikanischen Ursprungs zeigen die größte Zahl an Variationen – wie man es nach der *Out-of-Africa*-Hypothese ja auch erwartet. Die meisten Varianten sind sehr selten: Ungefähr 64 Mio. Variationen der Autosomen haben eine Allelfrequenz von < 0,5 %, 12 Mio. zwischen 0,5 und 5 %, und nur 8 Mio. sind häufiger als 5 %. Trotzdem sind die meisten Variationen innerhalb eines einzelnen Genoms häufig, und nur 40.000–200.000 Variationen (1–4 %) eines typischen Genoms sind selten (Allelfrequenz < 0,5 %). Unter funktionellen Gesichtspunkten enthält ein Genom etwa 150–180 Stellen, an denen Proteine vorzeitig abbrechen, 10.000–20.000 Stellen, an denen die Aminosäuresequenz verändert ist, und 460.000–565.000 Stellen, die mit bekannten regulatorischen Regionen überlappen (untranslatierte Regionen, Promotoren, Insulatoren, Enhancer und Transkriptionsfaktor-Bindestellen). Auch hier sind afrikanische Genome durchgängig am oberen Ende der Skala zu finden.

❀ Ein interessantes Beispiel für Informationen aus diesen Haplotyp-Analysen ist das Gen für das Mikrotubulin-assoziierte Protein Tau (*MAPT;* ► Abschn. 14.5.2 und 14.5.3). Für das *MAPT*-Gen existieren zwei unterschiedliche Haplogruppen (H1 und H2) in der Bevölkerung, die sich vor ungefähr 3 Mio. Jahren getrennt haben. Die H2-Haplogruppe ist bei Europäern relativ häufig, kommt aber bei Afrikanern sehr selten vor. Im Gegensatz zur H1-Gruppe, die viele Polymorphismen aufweist, sind derartige Sequenzunterschiede bei der H2-Gruppe eher selten. Die Entstehung der H2-Gruppe wird auf einen Zeitraum vor ungefähr 30.000 Jahren geschätzt, sodass eine Einkreuzung über den Neandertaler möglich erscheint. Die H2-Haplogruppe hat offensichtlich eine deutliche Schutzwirkung gegenüber der Parkinson'schen Erkrankung (► Abschn. 14.5.3) und anderen Neuropathien, was einen deutlichen Selektionsdruck erklärt (für eine Übersicht siehe Hawks et al. 2008).

Aus der Untersuchung heute lebender Menschen können wir auch Rückschlüsse darauf ziehen, welche Bereiche der Neandertaler bzw. der Denisova-Menschen für die Evolution des modernen Menschen, des *Homo sapiens*, wichtig und vorteilhaft waren. Die Neandertaler und Denisova-Menschen lebten für Tausende von Jahren unter den sehr verschiedenen Umweltbedingungen in Eurasien und waren daran optimal angepasst. Als die modernen Menschen aus Afrika nach Europa und Asien auswanderten, verfügten sie natürlich noch nicht über ein derartig angepasstes Genom. Die Vermischung mit archaischen Menschengruppen ergab offensichtlich in manchen Bereichen die Möglichkeit zur Verbesserung ihrer Fitness, sodass wir heute in manchen Regionen unseres Genoms besonders hohe Anteile des Genoms der Neandertaler sehen. Andere chromosomale Regio-

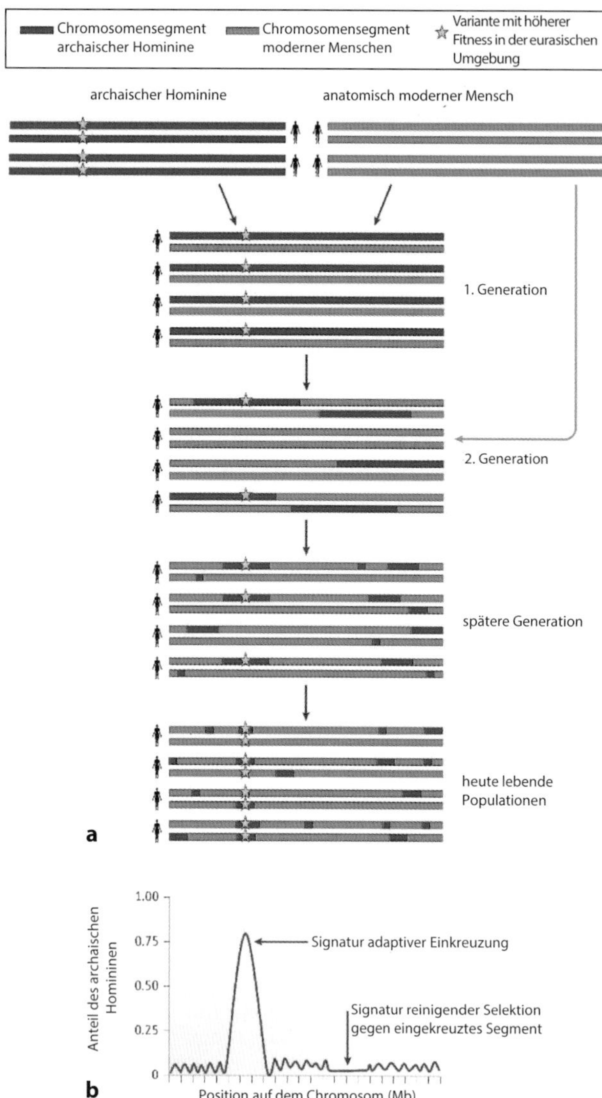

Abb. 15.22 Adaptive archaische Einkreuzungen. Die Abbildung zeigt ein schematisches Beispiel für eine genetische Mischung zwischen archaischen Menschen (Neandertalern oder Denisova-Menschen) und modernen Menschen, die auch heute noch als variables Muster in Genomen moderner Menschen nachweisbar ist. **a** Es ist jeweils ein autosomales Chromosomensegment mit einem Anteil archaischer Sequenzen (*blau*) und einem Anteil von Sequenzen moderner Menschen (*orange*) dargestellt. In jeder Generation erfolgen in der Meiose Rekombinationen zwischen den Chromosomen, sodass die archaischen Segmente über die Zeit immer kleiner werden. Die Lage einer archaischen Variante, die zu einem Vorteil der Fitness beiträgt, ist durch einen *Stern* markiert. Nach der Mischung und Einkreuzung erhöht sich der Anteil dieser Variante (und der flankierenden Regionen, soweit sie nicht durch Rekombinationen unterbrochen werden) in den modernen Menschen mit der Zeit aufgrund positiver natürlicher Selektion. **b** Repräsentation des Anteils von Haplotypen archaischen Ursprungs (*y-Achse*) entlang eines chromosomalen Segments (*x-Achse*), wie er in heute lebenden Populationen als Nachkommen der ursprünglichen Vermischung beobachtet werden kann. Der Anteil archaischer Sequenzen in der Region, die die adaptive Einkreuzung enthält, ist sehr hoch. Andere Regionen des Genoms sind dagegen arm an archaischen Haplotypen, wenn die entsprechenden Allele für moderne Menschen eher schädlich waren. (Nach Marciniak und Perry 2017, mit freundlicher Genehmigung)

nen sind dagegen völlig frei von archaischen Sequenzen – hier wäre dann eher mit schädlichen Allelen aus dem archaischen Genom zu rechnen. Abb. 15.22 zeigt diese Überlegungen in einer schematischen Form. Gene, die einem derartigen positiven Selektionsdruck unterworfen waren, betreffen die hellere Haut und die dadurch entstehende bessere Versorgung mit Vitamin D bei der geringeren UV-Einstrahlung im eurasischen Norden. Wichtige Haplotypen in diesem Kontext enthalten die archaischen Allele von *BNC2* (codiert für Basonuklin-2, einen Zinkfinger-Transkriptionsfaktor; OMIM 608669; der Anteil des archaischen Haplotyps beträgt ca. 70 % bei den modernen Europäern) und *POU2F3* (ein Transkriptionsfaktor mit einer Pou-Domäne; OMIM 607394; der Anteil des archaischen Haplotyps beträgt ca. 60 % bei den modernen Menschen in Ostasien). Ein weiteres Beispiel positiver Selektion ist der *EPAS1*-Haplotyp, der mit der Toleranz großer Höhe bei den heutigen Tibetern assoziiert ist und dessen ursprüngliche Form von den Denisova-Menschen kommt. *EPAS1* codiert für einen endothelialen Transkriptionsfaktor mit einer PAS-Domäne, der durch Hypoxie (Sauerstoffmangel) aktiviert wird (OMIM 603349). In ähnlicher Weise sind archaische Haplotypen der Gene *WARS2* und *TBX15* zu 100 % in den Inuits von Grönland fixiert. *WARS2* codiert für die mitochondriale Tryptophan-tRNA-Synthetase (OMIM 604733), und *TBX15* für einen Transkriptionsfaktor mit einer T-Box (OMIM 604127). Das TBX15-Protein ist an der Differenzierung von braunen Adipocyten beteiligt; man vermutet deshalb, dass TBX15 eine wichtige Rolle bei der Wärmeproduktion während der kalten Jahreszeit spielt. Weitere konservierte Haplotypen sind an der Pathogenabwehr und Immunantwort beteiligt.

Man kann Haplotypen bei verschiedenen Populationen auch dazu benutzen, Abstammungslinien genauer zu definieren, wenn man direkt die Identität der Haplotypen aufgrund der Abstammung bestimmt (engl. *identity by descent*). Wir haben einen ähnlichen Ansatz schon einmal bei der Bestimmung von Rekombinationen in Familien kennengelernt, als wir die Kopplung von Markern mit bestimmten Erbkrankheiten bestimmen wollten (▶ Abschn. 13.1.1). Im Falle der Populationsgenetik ist die Länge der gemeinsamen Chromosomenfragmente ein Maß für die Zeit seit der Vermischung bzw. Einkreuzung und bietet eine Abschätzung gemeinsamer Haplotypen (und Gene). In Abb. 15.23 werden diese Überlegungen auf das Verhältnis europäischer Populationen zu Afrika und zum Nahen Osten angewandt. Die Daten erlauben Rückschlüsse auf Wanderungsbewegungen von Afrika nach Europa, die vor 6–10 Generationen (vor etwa 240–300 Jahren) in Spanien und vor 5–7 Generationen in Frankreich und Italien stattgefunden hatten. So zeigen südwesteuropäische Populationen (und hier besonders die Bevölkerung der Kanaren) das größte Ausmaß gemeinsamer Haplotypen mit den Populationen in Nord-

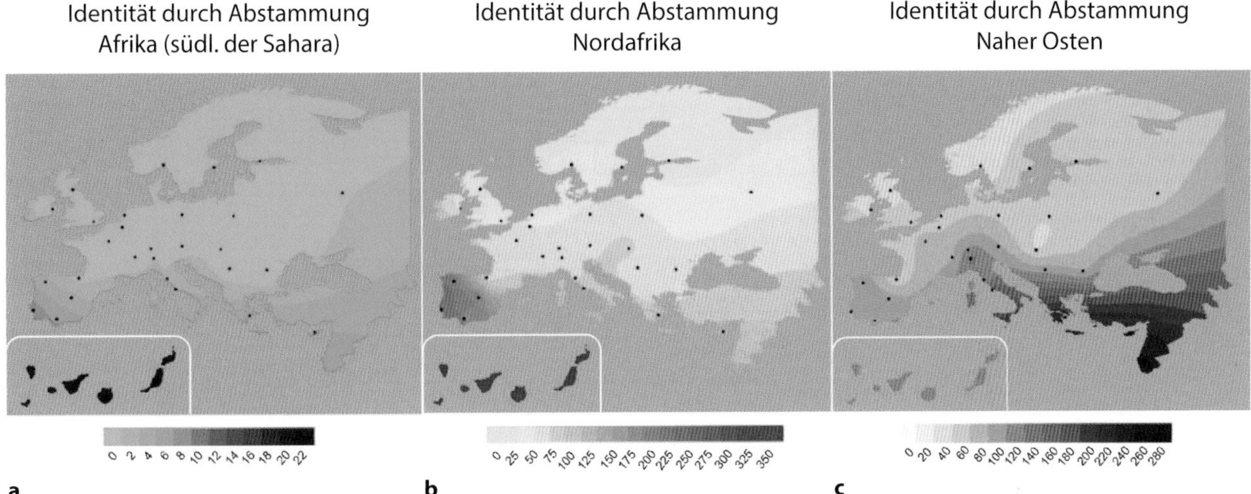

Abb. 15.23 Genetische Gemeinsamkeiten von Europäern und Afrikanern. Die haplotypbasierte Abschätzung gemeinsamer Gene zwischen Europäern und Afrikanern zeigt in Europa einen deutlichen Gradienten von Südwesten nach Nordosten; der größte Anteil gemeinsamer Gene findet sich auf der iberischen Halbinsel und auf den Kanaren. Der Anteil gemeinsamer Haplotypen zwischen verschiedenen geographischen Regionen wird durch eine Intensitätskarte dargestellt, wobei die Summe der Länge gemeinsamer Chromosomensegmente (in cM) für 30 europäische Populationen angegeben ist; es wurden nur Segmente benutzt, die länger als 1,5 cM waren. Die Haplotypen sind aufgrund der Abstammung identisch, und zwar **a** mit Afrika südlich der Sahara, **b** mit Nordafrika und **c** mit dem Nahen Osten. Die Kanarischen Inseln sind jeweils links unten im Bild dargestellt. (Nach Botigué et al. 2013, mit freundlicher Genehmigung)

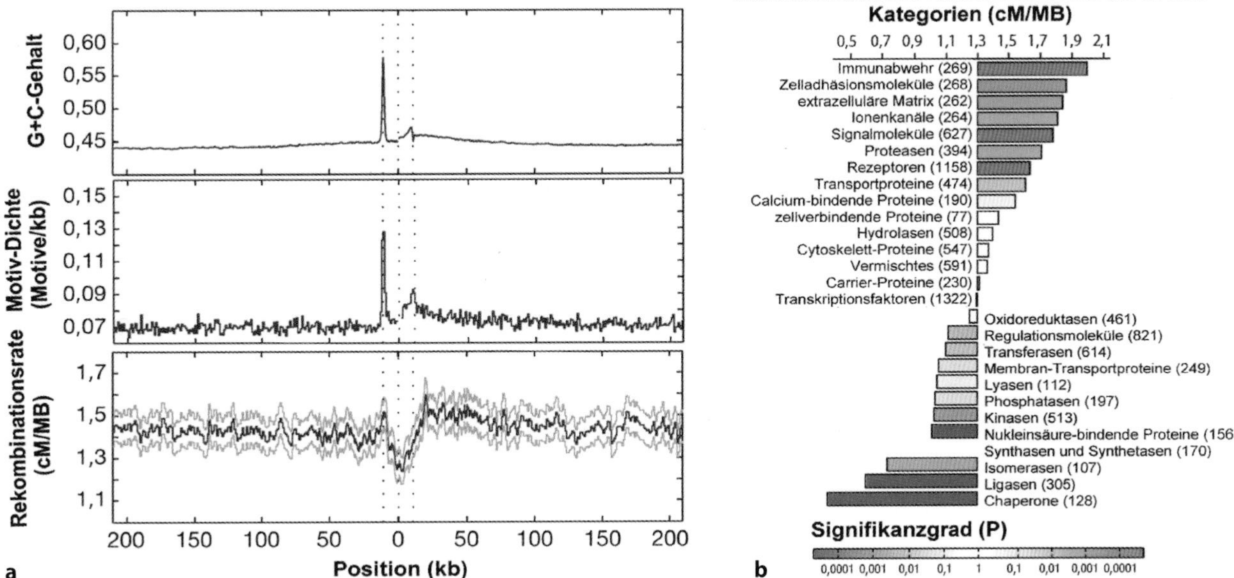

Abb. 15.24 Rekombinationsraten in der Nachbarschaft von Genen. **a** Es sind die Rekombinationsrate, die Häufigkeit des Sequenzelementes (5′-CCTCCCTNNCCAC-3′), das mit hoher Rekombinationshäufigkeit assoziiert ist, und der G+C-Gehalt in der Umgebung von Genen angegeben; die *blaue Linie* markiert den Mittelwert. Für die Rekombinationsrate geben die *grauen Linien* die Quartilen der Verteilung an (d. h. 50 % aller Werte liegen zwischen diesen beiden Kurven). Die *mittlere punktierte Linie* gibt den medianen Mittelpunkt der Transkriptionseinheit an; die *Linie links* davon den 5′-Bereich und *rechts* den 3′-Bereich. Beachte den scharfen Abfall der Rekombinationshäufigkeit innerhalb der Transkriptionseinheit sowie die lokalen Anstiege in der Umgebung des Transkriptionsstarts und der langsame Abfall am 3′-Ende. **b** Rekombinationsraten innerhalb von Genen mit unterschiedlichen Aufgaben. Die Abbildung zeigt die Abweichungen vom genomischen Mittelwert. Die *Zahlen in Klammern* geben die Anzahl der untersuchten Gene an. (Nach International HapMap Consortium 2007, mit freundlicher Genehmigung)

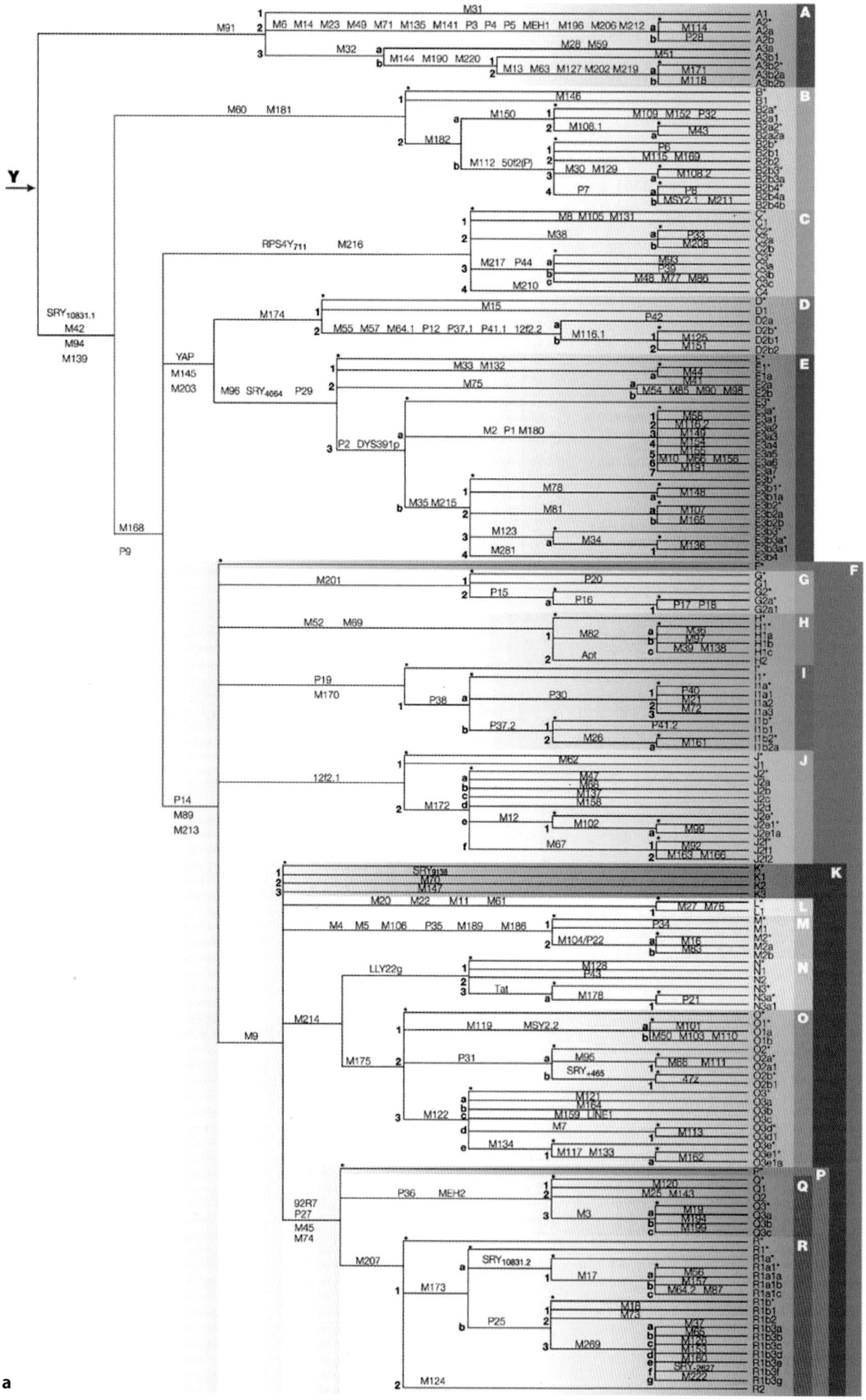

a

westafrika (Maghreb, Marokko, Westsahara, Algerien und Tunesien), wohingegen die südosteuropäische Bevölkerung die höchste Übereinstimmung mit Ägyptern und den Populationen des Nahen Ostens zeigen. Obwohl diese Untersuchungen im Prinzip keine Direktionalität beinhalten, kann man aber natürlich auch umgekehrt fragen, ob die nordafrikanischen Populationen europäische Haplotypen beinhalten. Das ist fast nicht der Fall, sodass wir daraus schließen können, dass die Migration von Nordafrika nach Europa erfolgte.

Unabhängig von den globalen evolutionären Aspekten hat die Analyse der Haplotypen auch deutliche Hinweise auf Bereiche in menschlichen Genomen ergeben, an denen **besonders häufig Rekombinationsereignisse** stattfinden – es sind knapp 33.000! Offensichtlich sind die Stellen hoher Rekombinationshäufigkeit (engl. *recombination hot spots*) besonders häufig in den G/C-haltigen Promotorbereichen von Genen, wohingegen innerhalb der codierenden Sequenz deutlich weniger Rekombinationsereignisse stattfinden. Ein zweiter Gipfel erhöhter Rekombinationshäufigkeit findet sich am 3′-Ende der Gene. Allerdings scheinen unterschiedliche Gene in verschiedenem Ausmaß von der Rekombinationshäufigkeit betroffen zu sein: Dabei liegen die Gene der Immunabwehr an der Spitze (▶ Abschn. 9.4), gefolgt von Genen für Zelladhäsionsmoleküle und für Proteine der extrazellulären Matrix; am anderen Ende der Skala, d. h. Gene mit ausgesprochen niedriger Rekombinati-

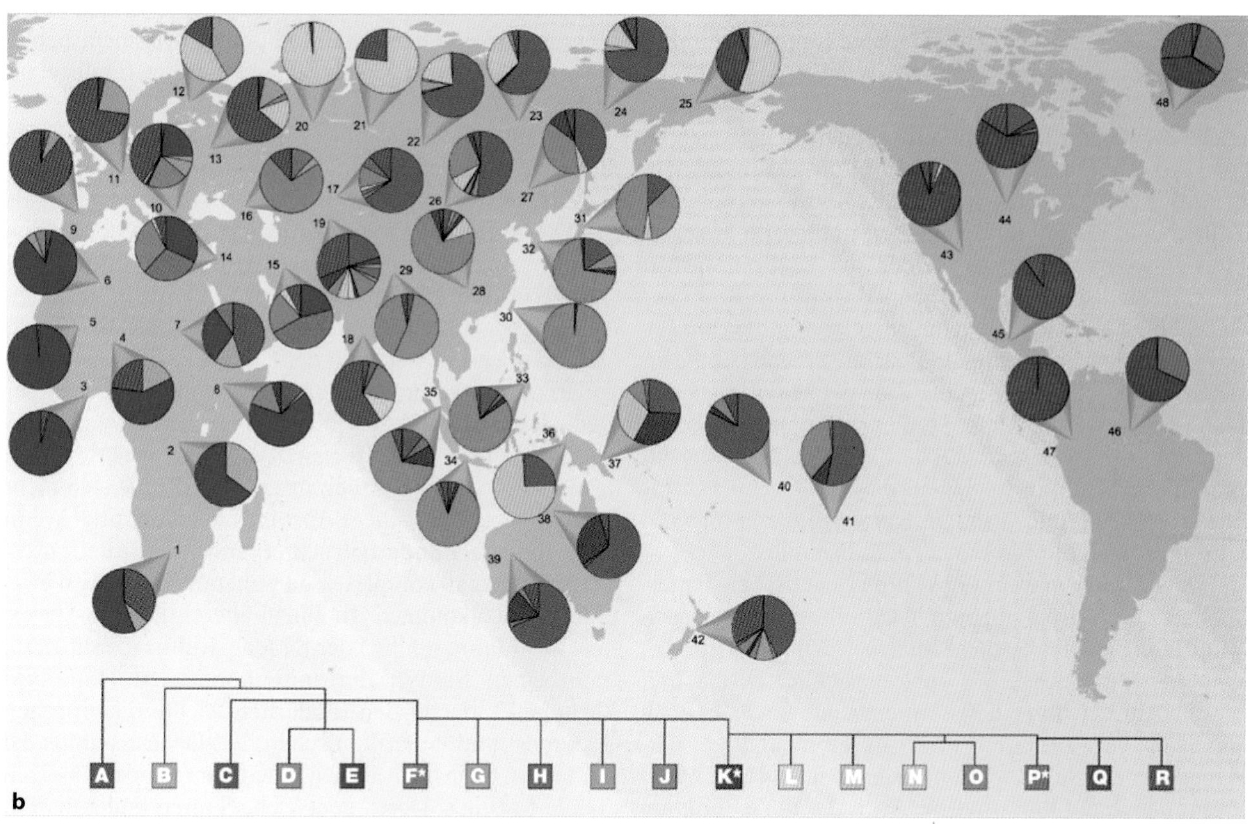

◘ Abb. 15.25 Evolution des Y-Chromosoms und geographische Verteilung seiner Haplotypen. **a** Der Stammbaum des Y-Chromosoms ist als Funktion seiner Haplotypen A bis R dargestellt. Untergruppen, die nicht durch die Existenz von Markern belegt werden können, sind durch ein *Sternchen* hervorgehoben (z. B. P*). Das Nomenklatursystem erlaubt auch die Vereinigung zweier Haplotypen wie D und E (= DE). **b** Die weltweite Verteilung der Y-chromosomalen Haplotypen ist durch die *bunten Kreise* angedeutet; jeder *Kreis* entspricht einer Bevölkerungsgruppe mit einem definierten Haplotyp (siehe **a**). Es ist auffallend, dass zwischen direkt benachbarten Bevölkerungsgruppen große Ähnlichkeiten herrschen, dass aber große Unterschiede zu weiter entfernt wohnenden Populationen bestehen. Die Populationen sind folgendermaßen bezeichnet: 1, !Kung;2, Pygmäen; 3, engl. *Bamileke*; 4, engl. *Fali*; 5, Senegalesen; 6, Berber; 7, Äthiopier; 8, Sudanesen; 9, Basken; 10, Griechen; 11, Polen; 12, Samen; 13, Russen; 14, Libanesen; 15, Iraner; 16, Georgier; 17, Kasachen; 18, Punjabis; 19, Usbeken; 20, Nentsi (Ural); 21, Chanten; 22, Östliche Evenken; 23, Burjaken; 24, Evenen; 25, Eskimos; 26, Mongolen; 27, Evenken; 28, Han (Nordchina); 29, Tibeter; 30, Taiwanesen; 31, Japaner; 32, Koreaner; 33, Philipinos; 34, Javanesen; 35, Malayen; 36, Neu-Guineaner (Hochland); 37, Neu-Guineaner (Küste); 38, Australier (Arnhem); 39, Australier (Sandwüste); 40, Bewohner der Cook-Inseln; 41, Tahitianer; 42, Maori; 43, Navajo-Indianer; 44, Cheyenne-Indianer; 45, Mixteken; 46, Makiritare; 47, Cayapa-Indianer; 48, Grönländische Inuit. (Nach Jobling und Tyler-Smith 2003, mit freundlicher Genehmigung)

onsrate, stehen Gene, die für Chaperone, Ligasen oder Isomerasen codieren (◘ Abb. 15.24).

Die Sequenzierung der menschlichen mtDNA sowie die Analyse von rund 3 Mrd. SNPs in vielen Bevölkerungsgruppen der Welt bestätigen den Ursprung der Menschheit in Afrika. Eine genaue Analyse ergibt, dass nur ein kleiner Teil davon nach Europa eingewandert ist. Am Ende der letzten Eiszeit erfolgte die Wiederbesiedelung Europas aus den Rückzugsgebieten in Südwestfrankreich/Nordspanien.

Auch das menschliche Y-Chromosom ist für evolutionsgenetische Untersuchungen hervorragend geeignet (zur Evolution des menschlichen Y-Chromosoms siehe auch ► Abschn. 13.3.4, besonders ◘ Abb. 13.38 sowie ◘ Abb. 15.5). Im Gegensatz zur mtDNA wird das Y-Chromosom nur über die väterliche Linie vererbt und bietet damit ein komplementäres Abbild zu den Erkenntnissen, die über die mtDNA gewonnen werden. Der Bereich, der nicht zur pseudoautosomalen Region gehört (und das sind immerhin ca. 57 Mb der insgesamt 60 Mb; ◘ Abb. 13.39), liegt als haploide Region in männlichen Zellen vor. Damit fehlt ihm der natürliche Rekombinationspartner, und so bleiben die Kombinationen der verschiedenen Allele auf dem Y-Chromosom in der Regel über Generationen männlicher Verwandter hinweg unverändert. Chromosomale Rearrangements sind also selten, sodass die überwiegende Zahl der Mutationen einfach verfolgt werden kann. Studien an Y-Chromosomen sind daher besonders interessant, weil sie überwiegend nur solche Mutationen zeigen, die das Ergebnis intraalleler Prozesse sind – andere Faktoren, die in anderen Chromosomen hinzukommen, entfallen hier.

15

Daher kann man in populationsgenetischen Untersuchungen erwarten, dass im Y-Chromosom eine geringere Häufigkeit von Sequenzunterschieden als im übrigen Genom zu finden ist, was auch tatsächlich beobachtet wurde. Auf der Basis dieser Untersuchungen ist es auch möglich, verwandtschaftliche Zusammenhänge verschiedener menschlicher Populationen im evolutionären Zusammenhang darzustellen. Auch die Forschung am Y-Chromosom stützt die These, dass Vorfahren der heutigen Menschen vor etwa 70.000–50.000 Jahren aus Afrika ausgewandert sind und dass offensichtlich zwei verschiedene Untergruppen den Rest der Welt besiedelten: eine Südostasien und Australien und die andere Nordwestasien und Europa (Nord- und Südamerika wurden erst wesentlich später besiedelt; ◘ Abb. 15.25).

Nach diesen eher globalen Betrachtungen wollen wir uns abschließend noch etwas den eher regionalen Besonderheiten widmen. Durch die Vielzahl der vorhandenen Daten und die Anwendung geeigneter statistischer Verfahren (vor allem der Hauptkomponenten-Analyse; engl. *principal component analysis*, Abk.: PCA) ist man heute in der Lage, auch eher regionale Wanderungen innerhalb der Kontinente zu untersuchen.

Die Besiedelung **Amerikas** erfolgte erst vor ca. 20.000 Jahren über die Beringstraße aus Sibirien; innerhalb Amerikas verteilten sich die Einwanderer dann relativ rasch von Norden in den Süden. Den Zusammenhang mit nordasiatischen Gruppen zeigen besonders gut Untersuchungen der mitochondrialen DNA und der DNA des Y-Chromosoms von Eingeborenen der südlichen Altai-Region (nicht der nördlichen!) mit denen der indianischen Bevölkerung Amerikas. Allerdings wird diese These auf der Ebene der mitochondrialen Sequenz nur für einige wenige Untergruppen aus den Haplogruppen C und D (◘ Abb. 15.10) gestützt. Dagegen sind Informationen der nicht-rekombinierenden Region des Y-Chromosoms aussagekräftiger; die Haplotypen Q und C (◘ Abb. 15.25) in Bewohnern der südlichen Altai-Region und auf dem amerikanischen Kontinent haben offensichtlich einen gemeinsamen Ursprung (Dulik et al. 2012).

In ganz Amerika gibt es über 60 Stellen, an denen historische Skelette gefunden wurden; die ältesten sind in Oregon (USA) und in Chile (beide sind älter als 14.000 Jahre). Die dort identifizierten mitochondrialen Haplotypen gehören zu den Gruppen A und B; die oben erwähnte Haplotyp-Gruppe D wurde in Skeletten (Alter über 10.000 Jahre) aus einer Höhle in Alaska gefunden und ist heute an der ganzen Pazifikküste Südamerikas weitverbreitet. In Nevada wurde in einem über 9000 Jahre alten Skelett mitochondriale DNA der Haplotyp-Gruppe C identifiziert. Viele alte Skelette lassen sich allerdings hinsichtlich ihrer DNA-Sequenzen nicht analysieren, sodass diese Aussagen begrenzt sind. Wenn man jüngere Funde betrachtet, wird die Situation erwartungsgemäß komplexer, da weitere Wanderungsbewegungen dazukommen. In einem älteren Eskimo-Skelett (ca. 4000 Jahre v. Chr.) der Saqqaq-Kultur identifizierte man einen Subtyp der mitochondrialen Haplotyp-Gruppe D, der in den modernen Aleuten, sibirischen Eskimos und amerikanischen Na-Dené-Eskimos zu finden ist, aber nicht in den Nachkommen der jüngeren Thule-Eskimos. Deren genetische Spuren findet man in der arktischen Region des amerikanischen Kontinents seit etwa 1000 n. Chr.: Damals kam es zu einer deutlichen Zuwanderung von Thule-Eskimos, die seither die Grundlage der Bevölkerung im Nordosten des amerikanischen Kontinents bilden. Von großem Interesse sind natürlich auch die mittel- und südamerikanischen Hochkulturen der Inka, Maya und Azteken. Allerdings sind hier die genetischen Daten noch eher spärlich: Einige Daten aus der untergegangenen Maya-Stadt Copán (Honduras) zeigen, dass die mitochondriale DNA der dort untersuchten Skelette (~ 1000 v. Chr.) zum Haplotyp D gehört, obwohl die heutige mittelamerikanische Bevölkerung hauptsächlich dem Haplotyp A zugerechnet wird.

In der Bevölkerung von Argentinien kann man auch die Spuren der spanischen Invasion von vor ungefähr 500 Jahren beobachten: Während kein prähistorischer Fund die 9-bp-Deletion zeigt, die für die mitochondriale Haplotyp-Gruppe B steht, findet sich diese in der modernen argentinischen Bevölkerung in hoher Frequenz – ein Ausdruck der drastischen Bevölkerungsabnahme unter den Inkas und des Genflusses nach dem Kontakt mit den spanischen Einwanderern. Ausführliche Darstellungen dieser genetischen Aspekte der Populationsgeschichte des amerikanischen Kontinents findet sich bei Raff et al. (2011) und – bezogen auf Lateinamerika – bei Salzano und Sans (2014).

In unserem kulturell so vielfältigen und heterogenen **Europa** gab es natürlich auch viele interessante Entwicklungen; wir haben einen Hauptaspekt, nämlich das Verhältnis der Neandertaler zu den anatomisch modernen Menschen, bereits besprochen. Wir wollen uns zum Abschluss dieses Abschnitts der Frage zuwenden, woher die Etrusker kamen. Die Etrusker gelten als ein geheimnisvolles Volk, das in der heutigen Toskana lebte und dessen Ursprung aus archäologisch-historischer Sicht im Dunkeln liegt. Basierend auf dem römischen Historiker Vergil („Aeneis") ist eine viel diskutierte Hypothese, dass die Überlebenden des untergegangenen Troja die Gründerpopulation der Etrusker bildeten. Die ersten genetischen Untersuchungen verwendeten mitochondriale DNA heutiger Bewohner der Toskana, vor allem aus drei Regionen (Murlo, Volterra und Casentino), und verglichen die Sequenzen mit denen aus dem Nahen Osten. In Murlo war der Anteil nahöstlicher Sequenzen relativ hoch (17,5 %), in den anderen Regionen mit etwa 5 % dagegen deutlich geringer. Neuere Arbeiten unter Einschluss mittelalterlicher und etruskischer Skelette machen deutlich, dass unter den Bewohnern der heutigen Toskana zwar auch Nachfahren der früheren Etrusker sind (dies gilt eher für die isolierten Regionen der Toskana; sie werden natürlich in den größeren Städten von vielfältigen Einwanderungen innerhalb der letzten Jahrhunderte überlagert). Die möglichen gemeinsamen Wurzeln zwischen der Toskana und Anatolien liegen allerdings ca. 5000 Jahre zurück – insofern ist die etruskische Hochkultur um 1000 v. Chr. nicht unmittelbarer Ausdruck einer Einwanderung aus Kleinasien (Ghirotto et al. 2013). Und damit bleibt weiterhin viel Raum für Spekulationen – zumindest so lange, bis weitere genetische Informationen (über die Y-chromosomalen Ähnlichkeiten oder anderer Sequenzen des Kerngenoms) zur Verfügung stehen.

> **!** Moderne Verfahren der genetischen Analyse heute lebender Menschen bzw. Skelette aus (prä)historischer Zeit machen es möglich, Wanderungsbewegungen nachzuvollziehen und zumindest teilweise zeitlich und räumlich aufzulösen.

15.1.5 Die bunte Menschheit

Die Farben der Haut, der Haare und der Augen sind vielfältige äußerliche Unterscheidungsmerkmale der Menschen (■ Abb. 15.26). Insbesondere die **Hautfarbe** war (und ist noch immer) Anlass für rassistische Diskriminierungen, insofern Aussagen über den „Wert" der jeweiligen Populationen mit deren Hautfarbe verbunden werden. Sie ist jedoch Ausdruck vielfältiger und lang dauernder evolutionärer Anpassungsprozesse an die geographisch unterschiedliche UV-Belastung mit entsprechenden Konsequenzen für die Gesundheit der jeweiligen Populationen. Im Mittelpunkt steht dabei das Pigment Melanin und dessen Wirkung, die UV-Strahlung von den Zellen abzuhalten und dadurch die Häufigkeit von Hautkrebs zu vermindern. Andererseits darf die Schutzwirkung nicht zu stark sein, um die UV-abhängige Bildung von Vitamin D bzw. dessen Vorstufen zu verhindern. Dieser Zusammenhang erscheint evident, denn die Verteilung der Hautfarbe stimmt mit der Verteilung der UV-Strahlung auf der Erde gut überein. Die UV-Strahlung steigt aber nicht nur zum Äquator hin an, sondern auch mit den Höhenmetern; sie ist also in Tibet und in den Anden besonders hoch. Im Gegensatz zur Hautfarbe sind aber Veränderungen der **Haar- und Augenfarbe** wesentlich stärker geographisch begrenzt. Die meisten Menschen sind dunkelhaarig und haben auch dunkle Augen. Rote und blonde Haare findet man dagegen hauptsächlich unter Europäern: Die meisten Rothaarigen findet man in Großbritannien und Irland, und die meisten Blonden in nordischen Ländern, obwohl es auch in einigen australischen und melanesischen Populationen blonde Menschen gibt.

Die Farbe der menschlichen Haut und des menschlichen Haares wird weitgehend durch die Menge und die Art des Pigments Melanin bestimmt, das durch die Melanocyten der Haut und der Haarfollikel produziert wird. Wir kennen prinzipiell zwei Klassen von Melanin: Eumelanin (das braun oder schwarz sein kann) und Phäomelanin (das durch die Einlagerung von Cystein eher gelb oder rot wird). Für die Klassifikation des Pigmentstatus ist schließlich entscheidend, wie viel Melanin überhaupt gebildet wird und wie das Verhältnis von Eumelanin zu Phäomelanin ist. Allerdings ist die Färbung des Körpers nicht einheitlich, da es Unterschiede in der Pigmentierung zwischen den verschiedenen Körperregionen gibt (z. B. Innen- und Außenflächen der Hand); das gilt auch für die Haarfarbe, die sich im Laufe des Lebens ändert und an verschiedenen Körperregionen unterschiedlich sein kann. Auch ein scheinbar gleicher Pigmentstatus bei verschiedenen Menschen kann sich unter UV-Belastung unterschiedlich verhalten (stärkere oder schwächere Pigmentierung nach Sonneneinstrahlung bzw. Gefahr eines Sonnenbrands).

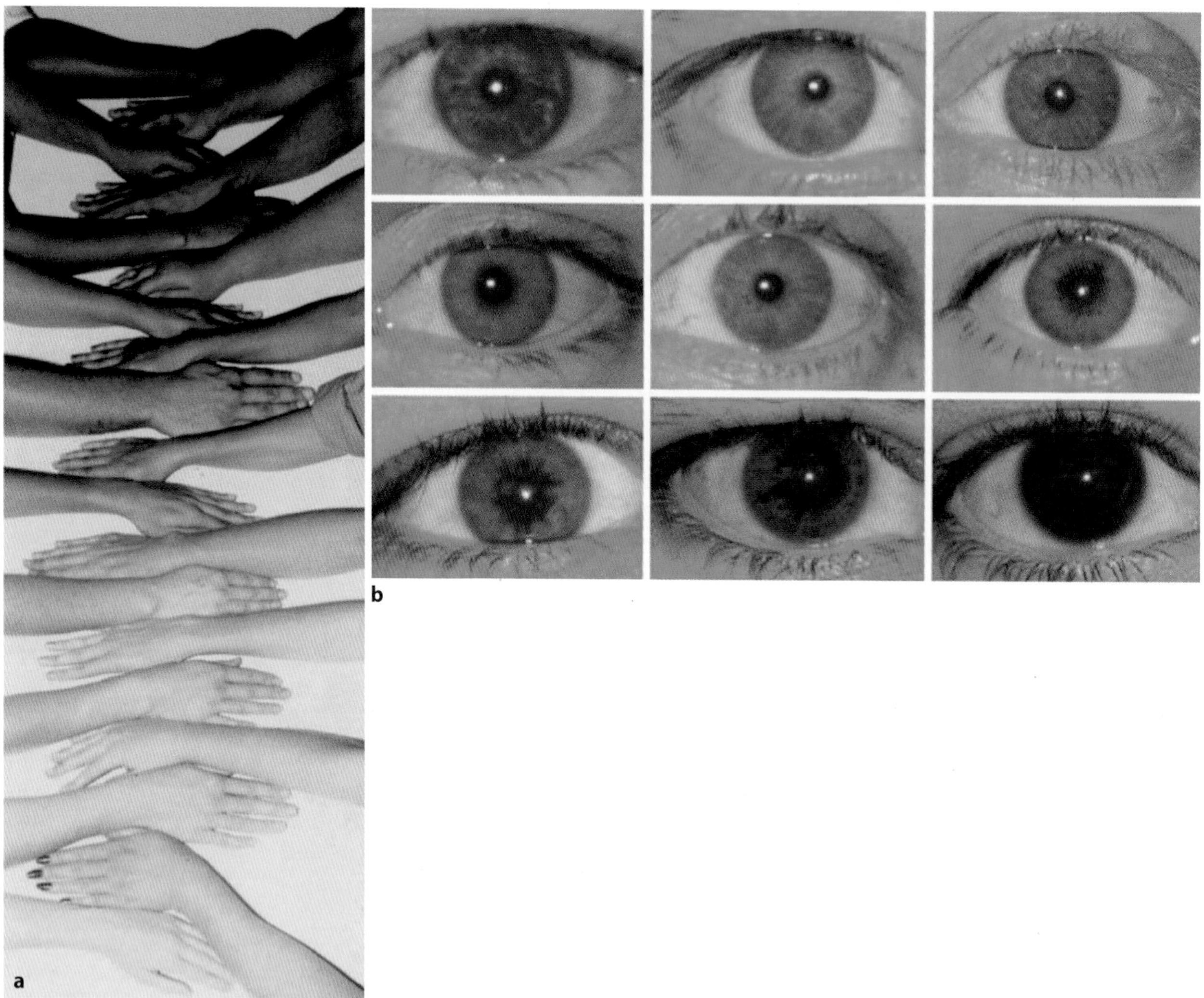

Abb. 15.26 Variationen der Haut- und Augenfarben der Menschen. **a** Variationen der Hautfarbe des Menschen aufgrund graduell unterschiedlicher Pigmentierung. Die Anordnung der Hände und Unterarme illustriert die Bandbreite der verschiedenen Hauttypen. **b** Repräsentative Augenfarben, die von blau über grau, grün, nussbraun, hellbraun bis dunkelbraun reichen. (**a** nach Sturm 2009, mit freundlicher Genehmigung des Autors; **b** nach Sturm und Frudakis 2004, mit freundlicher Genehmigung)

Melanin wirkt als ein natürliches Sonnenschutzmittel und ist besonders wirksam gegen UV-Licht mit einer Wellenlänge von ungefähr 300 nm. In diesem Zusammenhang ist es wichtig, darauf hinzuweisen, dass Albinos in Regionen mit hoher UV-Strahlung (z. B. in Afrika) schon als Teenager prämaligne Symptome oder Hautkrebs entwickeln; in Tansania und Nigeria überleben weniger als 10 % der Albinos das 30. Lebensjahr. Es ist deshalb vernünftig, anzunehmen, dass die Menschen, die aus Afrika ausgewandert sind, dunkelhäutig waren, und die Aufhellung der Haut später und unter solchen Umweltbedingungen entstand, für die eine dunkle Haut nicht notwendig war, sodass sich in den verschiedenen Genen, die für eine dunkle Hautfarbe verantwortlich sind, Polymorphismen entwickeln konnten, die sich auf die Fortpflanzung der Individuen unter einer geringen UV-Belastung nicht schädlich auswirkten.

Konstitutive Pigmentierung ist ein polygenes Merkmal; viele Gene sind bei verschiedenen Säugern charakterisiert worden, die für unterschiedliche Fellfarben, aber auch damit verbundene Erkrankungen verantwortlich sind. Auf diese Weise wurden zunächst auch einige Gene bei Menschen identifiziert, dazu gehören *OCA2* (engl. *oculocutaneous albinism type 2*; OMIM 611409; früheres Gensymbol: *P*), *TYR* (engl. *tyrosinase*; OMIM 606933), *TYRP1* (engl. *tyrosinase-related protein 1*; OMIM 115501) oder *SLC45A5* (engl. *solute carrier family 45 member 5*; OMIM 609802; früheres Gensymbol: *MATP* für engl. *membrane-associated transporter protein*).

Eines der wichtigsten Systeme im Zusammenhang mit der Regulation menschlicher Hautpigmentierung ist jedoch der Melanocortin-1-Rezeptor (MC1R), ein G-Protein-gekoppelter Transmembranrezeptor an der Oberfläche der Melanocyten. Die Bindung des Mela-

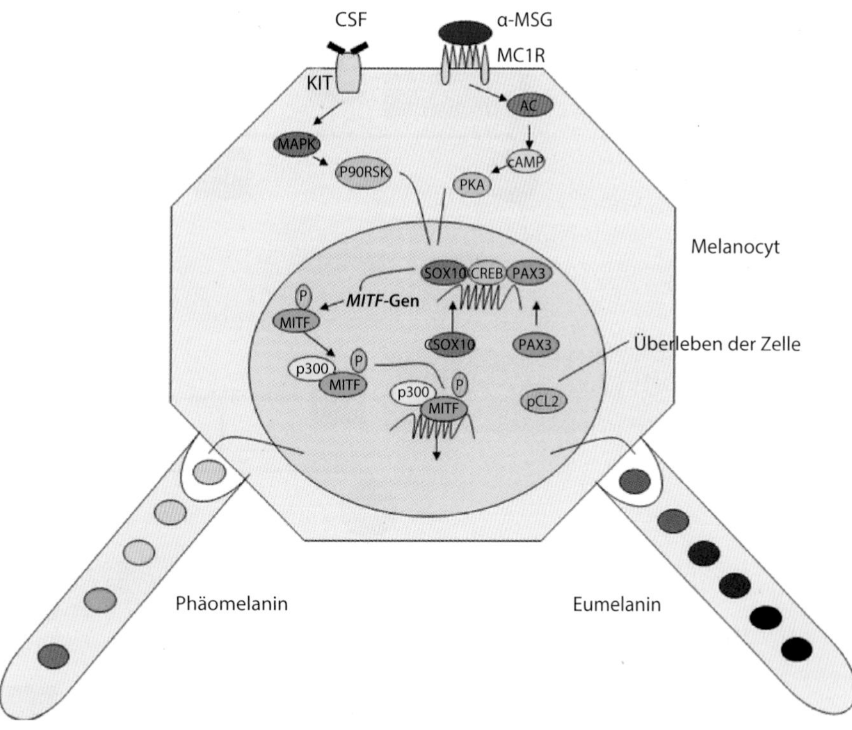

Abb. 15.27 Die Rolle des Melanocortin-1-Rezeptors für die Melanogenese. α-MSH bindet an den Melanocortin-1-Rezeptor (MC1R), der dadurch den PKA/cAMP-Signalweg aktiviert. Außerdem kann über die Bindung des Kolonie-stimulierenden Faktors (CSF) an seinen Rezeptor KIT der MAP-Kinase-Signalweg aktiviert werden. Am Ende beider Signalwege wird die Expression von Genen wie *TYR*, *TYRP1* und *TYRP2* induziert, sodass die entsprechenden melanogenen Enzyme aktiv werden. (Nach Dessinioti et al. 2011, mit freundlicher Genehmigung der Autoren)

nocyten-stimulierenden Hormons α (α-MSH) führt zur Synthese von Eumelanin. Die Bindung von ASIP (engl. *agouti signalling protein*; OMIM 600201) führt dagegen zur Produktion von Phäomelanin, da das gebundene ASIP die Bindung von α-MSH (und damit die sonst initiierte Signalkette zur Bildung von cAMP) verhindert und so die Bildung von Eumelanin abschwächt. Der Nettoeffekt ist ein Anstieg der Synthese von Phäomelanin. Die Signalkette, die durch den Melanocortin-1-Rezeptor in den Melanocyten gesteuert wird, ist in Abb. 15.27 dargestellt.

In der kaukasischen Bevölkerung ist das ***MC1R*-Gen** (OMIM 155555) sehr stark polymorph. Die SNPs R151C, R160W und D294H wirken sich besonders stark auf die Bildung von roten Haaren, heller Haut und Sommersprossen aus; sie stören auf unterschiedliche Weise die Wirksamkeit des Rezeptors für die Stimulierung der Proteinkinase A(PKA)/cAMP-Signalkette. Die Allelfrequenzen dieser drei Varianten nehmen in Europa von Norden nach Süden hin ab: 21,5 % in Großbritannien und Irland, 16 % in Holland, 9,6 % in Frankreich, 8,5 % in Italien und 2,9 % in Griechenland. Für weitere Detaildiskussionen einzelner SNPs des *MC1R*-Gens sei auf die Übersichtsarbeit von Dessinioti et al. (2011) verwiesen.

Ein weiterer Polymorphismus, der zur Aufhellung der Haut führt, betrifft das ***SLC24A5*-Gen** (OMIM 609802). Es codiert für einen Kationenaustauscher, der offensichtlich für die Morphogenese der Melanocyten wichtig ist; die erste Mutation wurde im Zebrafisch gefunden und ist in diesem Modellorganismus für den *golden*-Phänotyp verantwortlich. Der wichtige Polymorphismus bei Menschen betrifft das Alanin an der Position 111, das in europäischen Populationen vollständig durch Threonin ersetzt wurde. Es wird geschätzt, dass dieses neue Allel etwa ein Drittel der Unterschiede im Melanin-Index zwischen den europäischen und ursprünglichen afrikanischen Populationen erklärt. Das neue Threonin-Allel ist auch in den benachbarten Regionen des mittleren Ostens, Nordafrika und Pakistan deutlich überrepräsentiert (62–100 %); das ursprüngliche Allel kommt dagegen mit großer Häufigkeit in Ostasien, Südostasien, Melanesien und bei den amerikanischen Ureinwohnern vor.

Der andere wichtige Aspekt der UV-Strahlung ist die **Vitamin-D-Synthese**. Obwohl einige Nahrungsmittel Vitamin D enthalten, ist die Hauptquelle die Bildung von Vitamin D in der Haut aus entsprechenden Vorstufen; Vitamin-D-Mangel führt bei Kindern zu Rachitis und bei Erwachsenen zu Osteomalazie, einer schmerzhaften Knochenerweichung, hervorgerufen durch unzureichende Mineralisierung der Knochengrundsubstanz. Menschen mit dunkler Hautfarbe benötigen eine etwa 10-mal längere Expositionszeit gegenüber Sonnenlicht als Menschen mit heller Haut, um dieselbe Menge an Vitamin D herzustellen. In Regionen mit geringerer UV-Strahlung hatten also Menschen mit dunkler Hautfarbe in prähistorischen Zeiten deutliche selektive Nachteile: Die Polymorphismen in den europäischen Populationen entstanden etwa vor 40.000–20.000 Jahren. Damit ist auch ein wesentlicher Unterschied zu allen anderen genetischen Merkmalen offensichtlich, bei denen die afrikanischen Populatio-

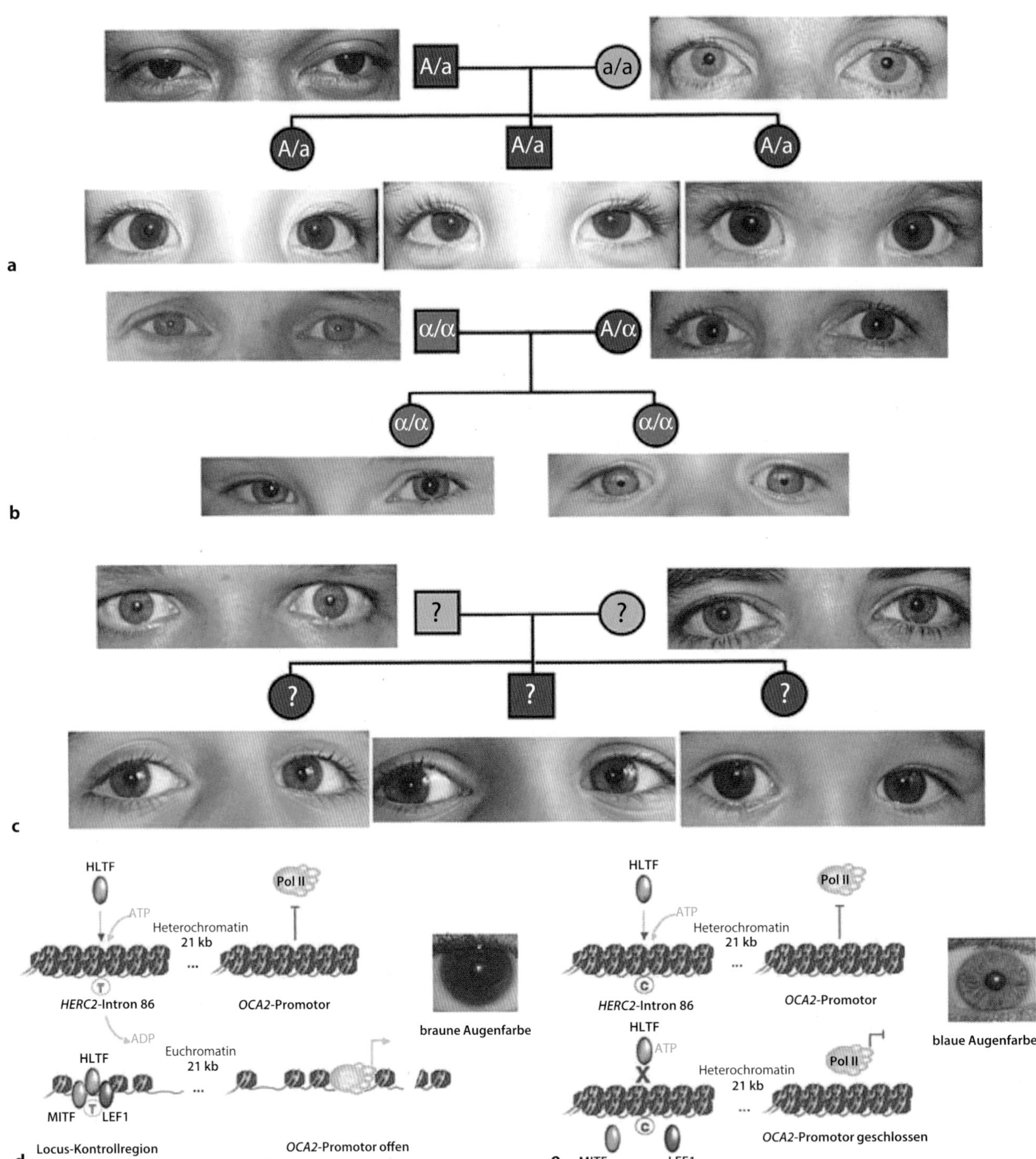

15

Abb. 15.28 Erblichkeit der Augenfarben. **a, b** Beispiele für einen klassischen Erbgang, bei dem *braun* (A/a, A/α oder A/A) dominant über *blau* (α/α) *und grün* (a/a) ist: **a** *braun* (A/a) x *grün* (a/a) ergibt *braun* (A/a). **b** *blau* (α/α) x *braun* (A/α) ergibt *blau* (α/α). **c** Hier ist dagegen ein Erbgang zu sehen, der nicht dem Mendel'schen Schema (*braun* dominant über *blau*) entspricht: Helle Augen der Eltern ergeben dunkle Augen bei den Kindern. **d, e** Modell für die Festlegung der blauen bzw. braunen Augenfarbe aufgrund der Regulation des *OCA2*-Gens. Eine Kaskade molekularer Wechselwirkungen führt dazu, dass die ursprünglich geschlossene heterochromatische Form des *OCA2*-Promotors geöffnet wird (**d**). Dabei bindet der Helikase-ähnliche Transkriptionsfaktor (HLTF; *blau*) sequenzspezifisch an das T-Allel des SNPs *rs12913832* im Intron 86 des *HERC2*-Gens. Die DNA (*hellblau*) ist um die Nukleosomen (*rot*) gewunden, und gemeinsam mit den Transkriptionsfaktoren MITF (*microphthalmia-associated transcription factor*; *grün*) und LEF1 (engl. *lymphoid enhancer-binding factor 1*; *violett*) bewirkt HLTF unter ATP-Verbrauch (*grüner runder Pfeil*) die Öffnung des Chromatins, sodass die RNA-Polymerase II (Pol II; *gelb*) den *OCA2*-Promotor 21 kb unterhalb der DNA-Bindestelle ablesen kann (*grüner eckiger Pfeil*). Das OCA2-Protein stimuliert die vollständige Ausreifung der Melanosomen, was zu einer hohen Melaninkonzentration in den Melanocyten der Iris und damit zu einer dunklen Augenfarbe führt. Wenn dagegen das C-Allel des SNPs *rs12913832* im Intron 86 des *HERC2*-Gens vorhanden ist, kommt die Wechselwirkung von HLTF mit dem Heterochromatin nicht zustande (*rotes X*); als Folge bleibt die Promotorregion des *OCA2*-Gens geschlossen (*roter blockierter eckiger Pfeil*), und die Melanocyten in den Melanosomen der Iris können nicht ausreifen, sodass daraus eine blaue Augenfarbe resultiert (**e**). (Nach Sturm und Larsson 2009, mit freundlicher Genehmigung)

Tab. 15.3 Häufigkeit des SNPs *rs12913832* im *HERC2*-Gen in verschiedenen menschlichen Populationen

Population[a]	Zahl der untersuchten Chromosomen	Genotypen (%)[b]			Allelfrequenz (%)[b]	
		T/T	T/C	C/C	T	C
Westeuropäer (CEU)	226	3,5	34,5	61,9	20,8	79,2
Chinesen (HCB)	90	100	0	0	100	0
Japaner (JPT)	90	100	0	0	100	0
Nigerianer (YRI)	120	100	0	0	100	0
Afrikaner in den USA (ASW)	98	73,5	22,4	4,1	84,7	15,3
Indianer (GIH)	176	81,8	18,2	0	90,9	9,1
Mexikaner (MEX)	100	66,0	22,0	12,0	77,0	23,0
Maasai in Kenia (MKK)	286	99,3	0,7	0	99,7	0,3
Bewohner der Toskana (TSI)	176	31,8	53,4	14,8	58,5	41,5
J. Craig Venter	2	0	0	100	0	100
James D. Watson	2	0	0	100	0	100

[a] Beschreibung der Populationen nach dem HapMap-Projekt (► http://www.ncbi.nlm.nih.gov/SNP/snp_viewTable.cgi?pop=12163);
[b] Zur Übereinstimmung mit Abb. 15.28d, es ist der SNP im Gegenstrang angegeben.
Quelle: ► http://www.ncbi.nlm.nih.gov/SNP/snp_ref.cgi?rs=12913832 (Dezember 2019)

nen eine größere Variabilität zeigen als diejenigen, die aus Afrika ausgewandert sind.

Neben der Haut- und Haarfarbe ist die **Augenfarbe** (genauer: die Farbe der Iris; Abb. 15.26b) ein wichtiges äußeres Merkmal einer Person. Es existiert ein Kontinuum von einem leichten Schimmer von Blau bis zu einem sehr dunklen Braun oder gar Schwarz. Die Erblichkeit der Augenfarbe hat Genetiker von Anbeginn interessiert – aber neben Berichten über Mendel'sche Erbgänge der Augenfarbe über mehrere Generationen hinweg gab es auch Beobachtungen, die nicht in dieses klassische Schema passen. Beispiele dazu sind in Abb. 15.28a–c gezeigt. Die genetische Analyse von verschiedenen Familien mit Mendel'schem Erbgang lieferte dann im Prinzip dieselben Gene, die wir auch schon bei der Haut- und Haarfarbe als wichtig kennengelernt haben: *TYR*, *TYRP1*, *TYRP2*, *SLC24A4*, *SLC45A2* und *ASIP*.

Im Gegensatz zu den Variationen bei der Haut- und Haarfarbe spielt bei der Augenfarbe das ***OCA2*-Gen** eine bedeutende Rolle. Polymorphismen in diesem Gen und einem benachbarten Enhancer sind für etwa drei Viertel der Unterschiede in den Augenfarben verantwortlich. Im Intron 1 des *OCA2*-Gens bilden drei SNPs einen Haplotyp, der eine hohe diagnostische Bedeutung für die Vorhersage von blauen Augen hat. Der zweite Bereich befindet sich im Intron 86 des benachbarten *HERC2*-Gens (engl. *HECT domain and RCC1-like domain 2*; OMIM 605837); dieser SNP (*rs12913832*) hat sogar einen noch höheren diagnostischen Wert als der Haplotyp im *OCA2*-Gen. Der SNP im Intron 86 liegt in einer hochkonservierten Region, von der man vermutet, dass das eine Allel eine Bindestelle für eine DNA-Helikase darstellt, die das Chromatin lockern kann, damit es für Transkriptionsfaktoren wie MITF (engl. *microphthalmia-associated transcription factor*; OMIM 156845) und LEF1 (engl. *lymphoid enhancer-binding factor 1*; OMIM 153245) zugänglich wird und dadurch *OCA2* exprimiert wird; das andere Allel stellt keine Bindestelle für die Helikase dar, sodass das Chromatin an dieser Stelle in einer geschlossenen Konformation bleibt und *OCA2* nicht exprimiert wird (Abb. 15.28d,e). Eine Übersicht über die Genotypen und Allelfrequenz des SNPs *rs12913832* gibt Tab. 15.3.

Im Gegensatz zu den selektiven Vorteilen einer helleren Haut bei geringer UV-Strahlung ist der Vorteil einer helleren Augenfarbe nicht offensichtlich. Blaue Augen gibt es auch bei zwei Affenarten, Makaken und Lemuren. In beiden Fällen ist aber der *OCA2*/*HERC2*-Polymorphismus dafür nicht verantwortlich. Die Suche nach dem letzten gemeinsamen Vorfahren datiert die Entstehung dieses Polymorphismus bei den Europäern etwa 10.000 Jahre zurück; es gibt Hinweise darauf, dass die Träger des neuen Allels die saisonale affektive Depression in der längeren Dunkelperiode des neolithischen Winters in Europa besser überstanden haben.

! Die Aufhellungen der Haut-, Haar- und Augenfarben betreffen im Wesentlichen die außerafrikanischen Populationen der Menschen und stellen unter verschiedenen Gesichtspunkten eine Anpassung an die geringere Sonneneinstrahlung in den nördlicheren Breiten dar.

15.2 Der Mensch und sein Gehirn

Unter den Merkmalen, die den modernen Menschen von den anderen Primaten, aber auch von seinen früheren Vorfahren unterscheidet, ist das größere (und leistungsfähigere) Gehirn von herausragender Bedeutung. Wir wollen uns in diesem Abschnitt zunächst noch einmal der Evolution zuwenden und der Frage nachgehen, ob es Gene gibt, die sich auf die Gehirnentwicklung auswirken und sich durch besondere Charakteristika während der Evolution auszeichnen. Mit der Gehirnentwicklung unmittelbar verknüpft sind Leistungen wie Sprache und Schrift, die auch vielfach als spezifisch menschlich betrachtet werden. Auch die Frage des Bewusstseins und des sozialen Verhaltens wird häufig als ein Charakteristikum des Menschen bezeichnet, das untrennbar mit der besonderen Komplexität seines Gehirns verbunden sei. Schließlich wird uns dieser Abschnitt zu der häufig diskutierten Frage der Willensfreiheit führen. Auch wenn die Genetik hier (noch) keine befriedigenden Antworten geben kann, können vielleicht doch einige Ansätze aufgezeigt werden, wie man eine Antwort finden könnte.

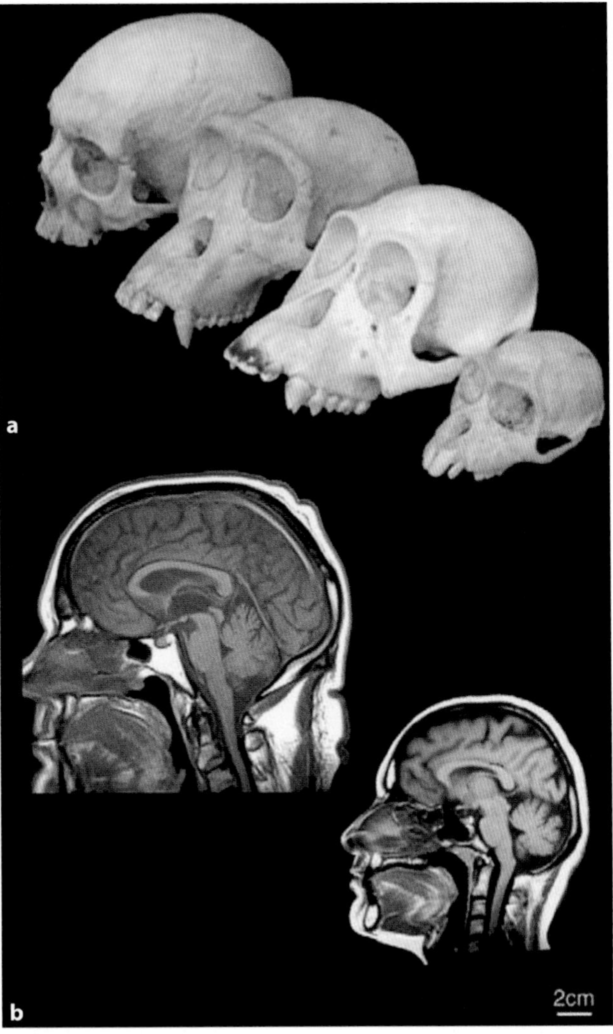

■ **Abb. 15.29** Die evolutionäre Vergrößerung des Primatenhirns steht in starkem Kontrast zur pathologischen Reduktion der Gehirngröße bei primärer Mikrocephalie. **a** Die Primatenschädel zeigen eine deutliche Zunahme der Gehirngröße während der Evolution (*von unten nach oben*: Makake: 100 g; Orang-Utan: 400 g; Schimpanse: 400 g; Mensch: 1350 g). **b** Magnetresonanzbilder eines gesunden Menschen (*links*) und eines Patienten mit primärer Mikrocephalie und einer *MCPH1*-Mutation (*rechts*). In der primären Mikrocephalie ist das Gehirnvolumen deutlich vermindert; insbesondere ist der cerebrale Cortex wesentlich kleiner und zeigt eine verminderte Faltung und ein vereinfachtes gyrales Muster. (Nach Ponting und Jackson 2005, mit freundlicher Genehmigung)

15.2.1 Evolution des menschlichen Gehirns

Nachdem die entscheidenden genomweiten DNA-Sequenzen nicht nur des modernen Menschen, sondern auch des Neandertalers, des Schimpansen, Gorillas, Orang-Utans und Makaken jetzt vorliegen, gibt es jetzt die Möglichkeit, gezielt nach den Unterschieden zu suchen, die mit der beschleunigten Entwicklung des Gehirnwachstums zusammenhängen könnten. In Ergänzung dieses Ansatzes, der zunächst nur auf dem reinen Sequenzvergleich beruht, werden auch verstärkt Anstrengungen unternommen, systematisch nach Unterschieden im Expressionsmuster bzw. der Expressionsstärke von Genen zwischen den verschiedenen Spezies zu suchen, um so auch Ansätze für funktionelle Untersuchungen zu finden.

Unter den Genen, die einzigartige Muster in Bezug auf ihre Evolution zeigen, sind einige, die mit besonderen kognitiven Fähigkeiten des Menschen in Verbindung gebracht werden. In Bezug auf die Gehirngröße werden besonders zwei Gene diskutiert: *MCPH1* (Mikrocephalin) und *ASPM*, ebenfalls ein Mikrocephalie-assoziiertes Gen, das Homologien zum *Drosophila*-Gen *abnormal spindle* aufweist (engl. *abnormal spindle-like, microcephaly-associated*). Mutationen in beiden Genen führen bei Menschen zu **primärer Mikrocephalie**, einer Entwicklungsstörung des Gehirns, die zu einer Verminderung der Gehirngröße auf ein Drittel führt; die Gehirngröße dieser Menschen liegt damit in der Größenordnung früher Hominiden (■ Abb. 15.29). Die Erkrankung folgt einem klassischen rezessiven Erbgang und ist mit einem moderaten Verlust kognitiver Fähigkeiten verbunden, aber überraschenderweise nicht mit signifikanten neurologischen Fehlfunktionen. Der cerebrale Cortex hat dabei ein vereinfachtes gyrales Muster ohne größere Veränderungen der cortikalen Architektur. Zusammen mit den charakteristischen Veränderungen der Gesichtsform haben diese Befunde zu der Annahme geführt, dass es sich bei der primären Mikrocephalie um eine atavistische Erkrankung handelt, die zu einer Urform zurückführt. Wir wollen im Folgenden zwei Gene diskutieren, die an

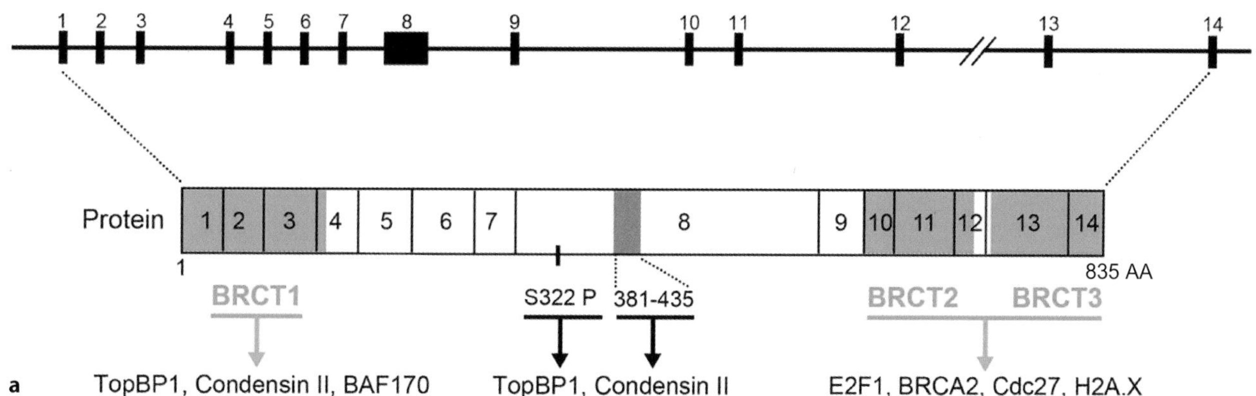

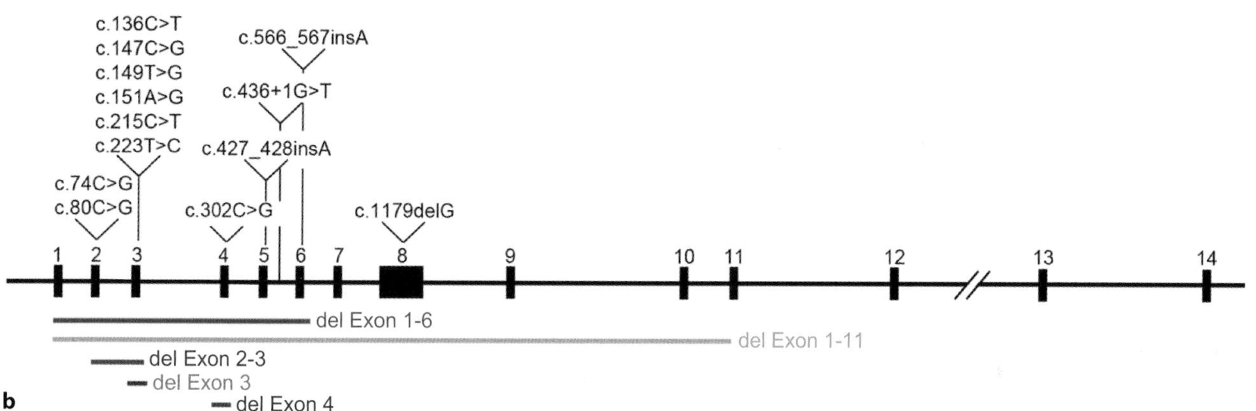

Abb. 15.30 Das Mikrocephalin-Gen des Menschen (*MCPH1*). **a** Schematische Darstellung des *MCPH1*-Gens mit seiner Intron-Exon-Struktur (*oben*) und seinen Proteindomänen (*unten*), die zwischen Maus und Mensch hochkonserviert sind. Die codierende Sequenz des *MCPH1*-Gens enthält 14 Exons (*schwarze Rechtecke* 1–14). Die drei BRCA1-C-terminalen (BRCT) Domänen sind *grün* dargestellt. Faktoren, die mit den BRCT-Domänen in Wechselwirkung treten, sind jeweils darunter angegeben. Die Domäne für die Wechselwirkungen mit Condensin II und TopBP1 im großen Exon 8 (Aminosäuren 381–435) ist *grau* dargestellt. Die Phosphorylierungsstelle (Ser-322) ist ebenfalls angegeben; sie ist für die Einleitung der Wechselwirkung mit TopBP1 (DNA-Topoisomerase-2 bindendes Protein) wichtig. **b** Es sind die bekannten Mutationen im *MCPH1*-Gen angegeben, die zu primärer Mikrocephalie führen; es wird dabei dasselbe Gen-Schema verwendet wie in **a**. Die Deletionen mit ihrem Ausmaß sind unterhalb des Gens als *bunte Balken* dargestellt. (Nach Pulvers et al. 2015, CC-by-Lizenz erstellt, ► http://creativecommons.org/licenses)

der Ausprägung einer primären Mikrocephalie beteiligt sind: *MCPH1* und *ASPM*. Es sei an dieser Stelle auch noch einmal auf die Hypothese hingewiesen, dass die „Flores-Menschen" an einer derartigen Erkrankung gelitten haben könnten.

Das ***MCPH1*-Gen** war das erste Gen, dessen Mutationen für primäre Mikrocephalie verantwortlich gemacht wurden. Das *MCPH1*-Gen (Chromosom 8p23; OMIM 607117) enthält 14 Exons und umfasst insgesamt 220 kb. Das MCPH1-Protein besteht aus 835 Aminosäuren; Sequenzvergleiche mit anderen humanen Genen deuten auf eine Verwandtschaft zu Genen, die für das Topoisomerase-II-Bindungsprotein und das Tumorsuppressorprotein BRCA1 codieren. MCPH1 enthält vor allem drei BRCA1-C-terminale Domänen (BRCT), die für spezifische Protein-Protein-Wechselwirkungen verantwortlich sind (Abb. 15.30). Die Funktionen des MCPH1-Proteins sind vielfältig und umfassen Chromatinkondensation, Zellzykluskontrolle und DNA-Reparatur. Beim Menschen ist eine Reihe von Mutationen bekannt, die vor allem die ersten Exons (und damit die N-terminale BRCT-Domäne) betreffen und im homozygoten Zustand zur Ausprägung einer primären Mikrocephalie führen. Eine wahrscheinliche Ursache dafür ist die Beteiligung von MCPH1 an der Neurogenese in der ventrikulären Zone des dorsalen Telencephalon.

Das *MCPH1*-Gen ist dabei nicht nur wegen seiner pathologischen Mutationen interessant – es zeigt auch

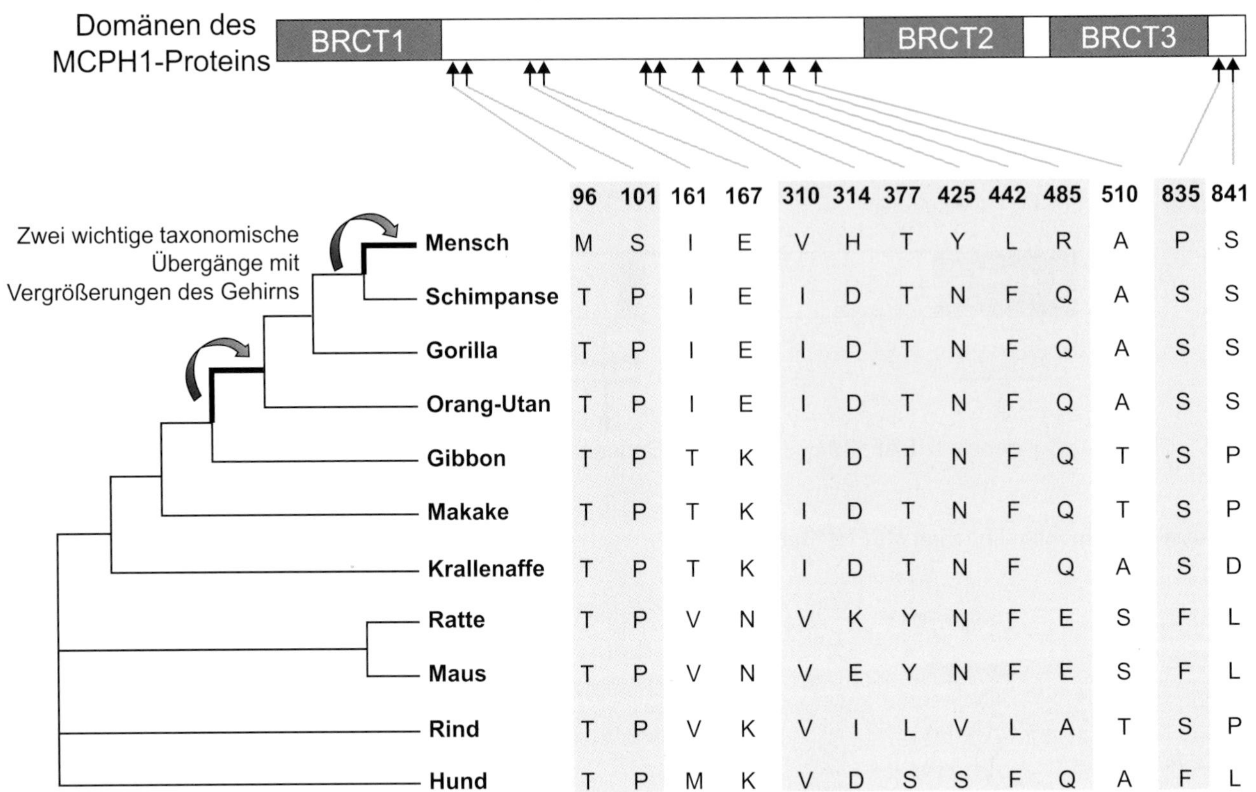

Abb. 15.31 Schematische Darstellung der Domänen des MCPH1-Proteins und der Aminosäureaustausche, die für die jeweilige Abstammungslinie spezifisch sind. Die *Ziffern* geben die jeweiligen Aminosäurepositionen im Protein an; die Aminosäuren sind im Ein-Buchstaben-Code angegeben. Die Stellen, die für die humane Entwicklung spezifisch sind, sind *schattiert*. Die beiden Ereignisse, die zu den deutlichen Vergrößerungen des Gehirns geführt haben, sind durch *Pfeile* angedeutet; sie fallen mit molekularen Signaturen einer positiven Selektion während der Primatenentwicklung zusammen. (Nach Shi et al. 2013, mit freundlicher Genehmigung der Autoren)

eine beschleunigte Evolution in der Entwicklungslinie der gemeinsamen Vorläufer von Affen und Menschen. In den vergangenen 25–30 Mio. Jahren wurden etwa 45 vorteilhafte Aminosäureveränderungen fixiert, was die Hypothese unterstützt, dass das *MCPH1*-Gen für die Vergrößerung des Gehirns in der menschlichen Entwicklung bedeutsam war. Auch das *MCPH1*-Gen des modernen Menschen zeigt eine auffällige Heterogenität, nämlich 22 SNPs in der codierenden Region, wovon 15 zu Aminosäureveränderungen führen.

Wenn man die Sequenzen verschiedener Säugetiere und insbesondere auch die der großen Affen genauer betrachtet, entdecken wir viele Veränderungen besonders in dem längeren Bereich zwischen der ersten und zweiten BRCT-Domäne – die meisten von diesen Sequenzänderungen können mit der humanspezifischen Entwicklung assoziiert werden und zeigen eine positive Selektion in der humanen Entwicklungslinie (Abb. 15.31). Das MCPH1-Protein kann direkt mit dem Transkriptionsfaktor E2F1 in Wechselwirkung treten; zusammen bilden die beiden Proteine einen Komplex und können so an Promotoren ihrer Zielgene binden. Zu diesen Zielgenen gehört eine Reihe von Zellzyklus-regulierenden Genen, aber auch die Reverse Transkriptase der humanen Telomerase (hTERT). Neben seiner aktivierenden Wirkung zusammen mit E2F1 wirkt das MCPH1-Protein alleine aber auch als Repressor. Funktionelle Untersuchungen zeigen nun, dass die regulatorischen Effekte des humanen MCPH1-Proteins sich an vielen Stellen von denen der Affen-Proteine unterscheiden, sodass wir davon ausgehen können, dass das *MCPH1*-Gen und seine Evolution in der menschlichen Entwicklungslinie tatsächlich von herausragender Bedeutung für die Entwicklung unseres Gehirns ist.

Eine Haplotyp-Analyse (Abb. 11.27) in 89 menschlichen DNA-Proben, die die globale Verteilung der wichtigsten menschlichen Populationen repräsentieren, ergab, dass ein bestimmter Haplotyp („D"; Abb. 15.32a) vor ca. 37.000 Jahren aus einer Kopie entstanden ist und heute mit einer großen Häufigkeit von 70 % in der Menschheit verbreitet ist; dies ist ein deutliches Zeichen für eine „positive Selektion" und nicht kompatibel mit der Annahme einer neutralen genetischen Drift. Dieser Haplotyp D hatte sich vor ca. 1,1 Mio. Jahren zunächst von der Linie des modernen Menschen getrennt, wurde aber vor ca. 37.000 Jahren wieder „eingekreuzt"

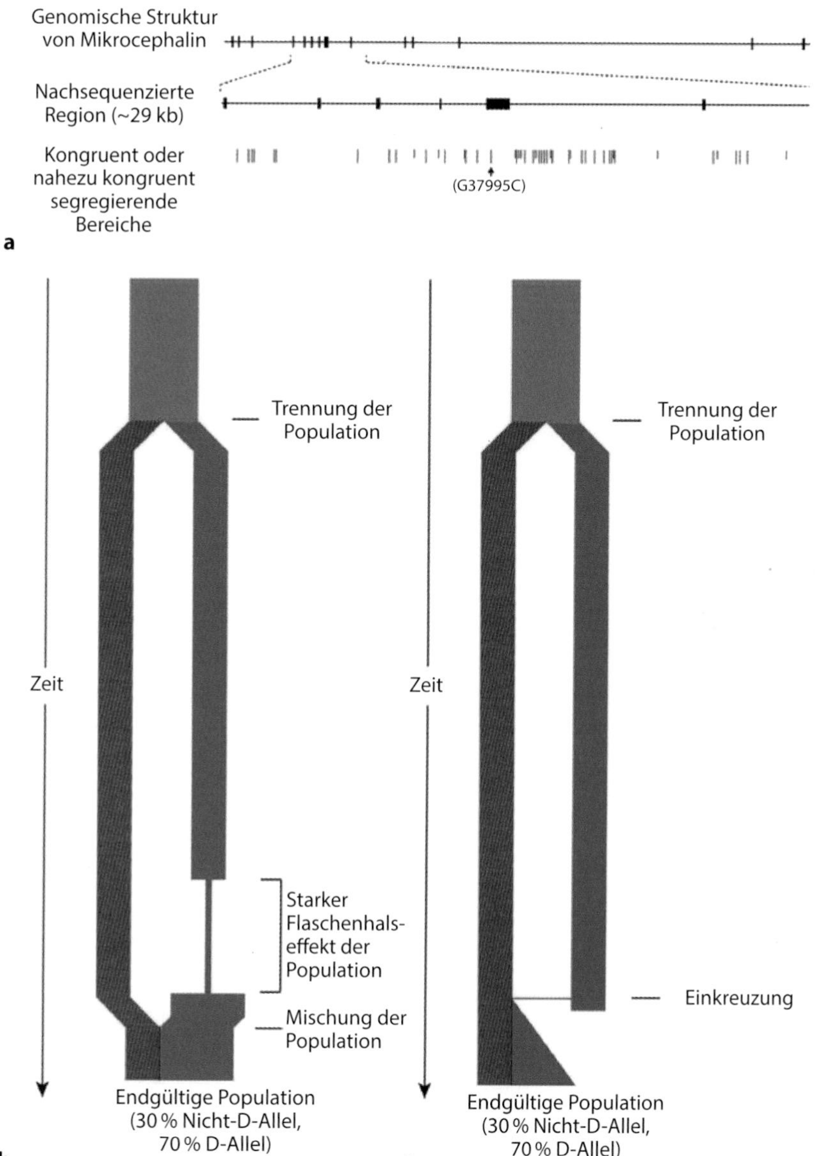

Abb. 15.32 **a** Verteilung der Bereiche, die in der 29-kb-Region des Mikrocephalin-Gens (*MCPH1*) kongruent oder nahezu kongruent segregieren. Kongruente Bereiche sind so definiert, dass sie immer unterschiedliche Allele zwischen den „D"- und „Nicht-D"-Haplotypen zeigen; nahezu kongruente Bereiche sind solche, die sich in nicht mehr als vier Basen von den kongruenten Bereichen unterscheiden. Die Abschnitte, die für das abgeleitete D-Chromosom charakteristisch sind, sind durch *lange blaue Striche* gekennzeichnet; die Bereiche, die für das alte („Nicht-D") Chromosom charakteristisch sind, sind mit *kurzen roten Strichen* gekennzeichnet. Der SNP G37995C kann als diagnostischer Marker verwendet werden: G ist das alte Allel und C das neue. **b, c** Schematische Darstellung von zwei möglichen demographischen Szenarien, die mit der beobachteten Genealogie des Mikrocephalin-Locus vereinbar sind. In beiden Annahmen teilt sich eine ursprüngliche Population (*grün*) in zwei reproduktiv isolierte Populationen. Eine Population (*rot*) fixiert das „Nicht-D"-Allel, während die andere (*blau*) das „D"-Allel fixiert. **b** Im ersten Szenario wird die *blaue* Population stark verkleinert, was auch die genetische Diversität deutlich vermindert (Flaschenhalseffekt). Danach expandiert sie aber wieder und verschmilzt mit der anderen Population. **c** Im zweiten Fall ereignet sich eine seltene Kreuzung zwischen den beiden Populationen, die eine Kopie des „D"-Allels von der *blauen* in die *rote* Population bringt. Diese Kopie vervielfältigt sich anschließend in hoher Frequenz aufgrund eines positiven Selektionsdrucks. Da das erste Modell nur von der Demographie abhängt und keinerlei Selektion benötigt, sollte es sich auf das gesamte Genom in gleicher Weise auswirken. Das zweite Szenario benötigt stattdessen die Wirkung positiver Selektionskräfte in Bezug auf das eingekreuzte Allel und sollte daher keinen genomweiten Effekt haben. Die Beobachtung, dass die Genealogie von Mikrocephalin nicht repräsentativ für das gesamte Genom ist, spricht für die zweite Variante. (Nach Evans et al. 2006, mit freundlicher Genehmigung)

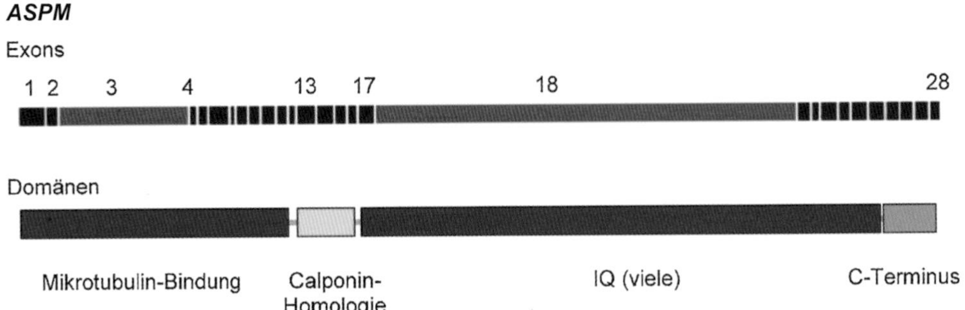

Abb. 15.33 Das *ASPM*-Gen. Das *ASPM*-Gen (engl. *abnormal spindle-like, microcephaly-associated*) hat 28 Exons und codiert für ein sehr großes Protein (3477 Aminosäuren), das in vier Bereiche eingeteilt werden kann: eine N-terminale Mikrotubulin-bindende Region, eine Calponin-homologe Region, viele IQ-Calmodulin-bindende Regionen (IQ: Isoleucin- und Glutamin-haltige Bereiche) und eine C-terminale Region. Die Exons 3 und 18 (*rot*) waren in hohem Maße einer adaptiven Evolution ausgesetzt (signifikante Erhöhung des K_A/K_S-Verhältnisses). (Nach Ponting und Jackson 2005, mit freundlicher Genehmigung)

(Abb. 15.32b,c). Der „D"-Haplotyp ist global weitverbreitet, aber nicht bei den Neandertalern – der evolutionäre Ursprung bleibt somit unbekannt.

Wie *MCPH1* wurde auch ***ASPM*** durch positionelle Klonierung konsanguiner Familien mit Mikrocephalie-Erkrankungen als betroffenes Gen identifiziert. Bisher wurden über 20 Mutationen in diesem Gen identifiziert – alle führen zu vorzeitigem Kettenabbruch und dem vollständigen Funktionsverlust des Gens. Das *ASPM*-Gen (OMIM 605481; Chromosom 1q31) umfasst 28 Exons in über 60 kb und bildet eine mRNA von ungefähr 9,5 kb; es codiert entsprechend für ein sehr großes Protein von 3477 Aminosäuren (Abb. 15.33).

Das ASPM-Protein ist – wie der Name schon sagt – für die Funktionsfähigkeit der Spindel während der Mitose verantwortlich. Die Verminderung seiner Expression durch siRNA in der Maus führt zu einer Abnahme der symmetrischen Zellteilungen während der embryonalen Entwicklung des Neocortex. Das homologe Protein (ASP) bei *Drosophila* hat eine wichtige Aufgabe bei der Organisation der Mikrotubuli und dem Aufbau des Spindelapparates während der Mitose. In Neuroblasten der Fliege muss die mitotische Spindel rechtwinklig zur Epitheloberfläche angeordnet sein, um so eine korrekte Orientierung der Furchung während der asymmetrischen Zellteilung zu ermöglichen. Es wird daher derzeit

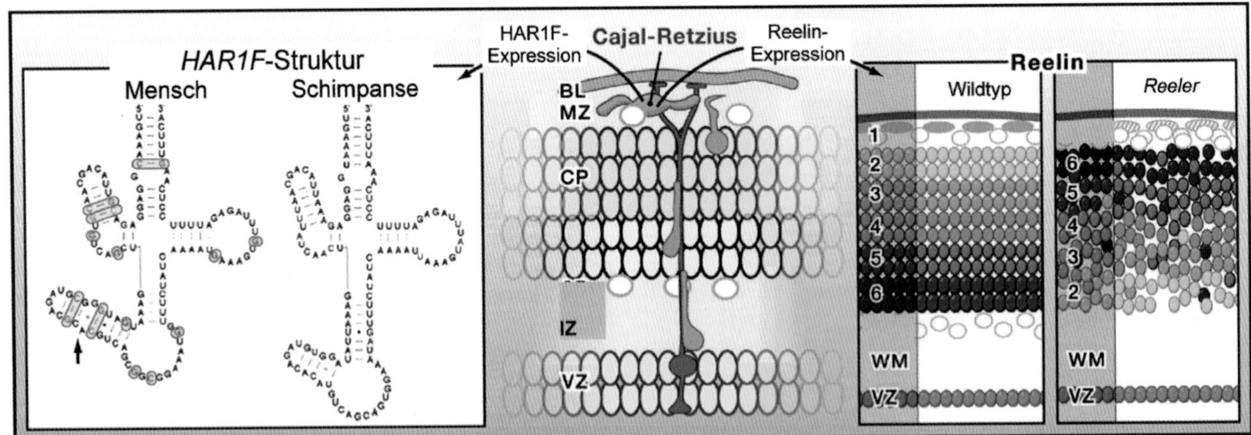

Abb. 15.34 *HAR1F* und die Entwicklung des cerebralen Cortex. *Links:* In der *HAR1*-Region, die in einem mutmaßlich nicht-codierenden RNA-Gen liegt, sind 18 humanspezifische Nukleotidsubstitutionen fixiert (*hellgrün*), seit sich die Entwicklungslinien des Menschen und des Schimpansen vor ca. 7 Mio. Jahren getrennt haben. Die vorhergesagte Sekundärstruktur dieser Region ist für das Vorwärtstranskript (*HAR1F*) des Menschen und des Schimpansen dargestellt. In der humanen Struktur ist eine RNA-Helix selektiv verlängert (*Pfeil*). *Mitte:* Es ist ein Ausschnitt aus dem sich entwickelnden Cortex gezeigt. Neurone (*grün*) wandern entlang der radialen Glia (*blau*; VZ: ventrikuläre Zone; BL: Basallamina; CP: cortikale Platte; IZ: intermediäre Zone). Cajal-Retzius-Zellen (*rot*) in der marginalen Zone (MZ) exprimieren sowohl HAR1F als auch Reelin; Reelin ist an der richtigen Ausbildung der Schichtung des Cortex beteiligt. *Rechts:* In Wildtyp-Mäusen bilden sich sechs Schichten, die die weiße Substanz überlagern (engl. *white matter*, WM). In *Reelin*-Mutanten (*Reeler*) erscheinen diese Schichten desorganisiert bzw. invertiert; weitere Arbeiten müssen zeigen, inwieweit auch *HAR1* an dieser Musterbildung beteiligt ist. (Nach Amadio und Walsh 2006, mit freundlicher Genehmigung)

darüber spekuliert, dass die bekannten *ASPM*-Mutationen die Orientierung der Spindel während der Mitose beeinflussen und dadurch die Zahl der neuralen Zellen aufgrund eines veränderten Verhältnisses von asymmetrischen zu symmetrischen Zellteilungen vermindert wird. In der Summe kann dies zu einer Verringerung der Gehirngröße führen – die entsprechende *asp*-Mutante bei *Drosophila* war die erste mit einem „Mini-Gehirn".

Das *ASPM*-Gen des Menschen hat offensichtlich einige adaptive Veränderungen in der jüngeren Phase der menschlichen Evolution erfahren. Seit der Abspaltung vom gemeinsamen Vorfahren mit den Schimpansen haben sich an 15 Stellen Veränderungen ergeben. Besonders betroffen davon sind die beiden großen Exons 3 und 18, wohingegen die konservierten Domänen von evolutiven Veränderungen nur in geringerem Ausmaß erfasst wurden. Eine besondere genetische Variante entstand im *ASPM*-Gen erst vor etwa 5800 Jahren und ist heute mit hoher Frequenz in den menschlichen Populationen verbreitet, was auf eine starke positive Selektion hindeutet. Es konnte bisher jedoch keine Assoziation der verschiedenen nicht-pathogenen Allele zur Größe des Gehirns nachgewiesen werden. Eine interessante Beobachtung ist allerdings, dass die entwicklungsgeschichtlich älteren Allele in Populationen vorkommen, die eine tonale Sprache entwickelt haben (Bishop 2009).

Neben den beiden hier besprochenen Genen *MCPH1* und *ASPM* kennen wir inzwischen insgesamt 18 Gene, die beim Menschen mit Mikrocephalie assoziiert sind. In dieser Liste ist *MCPH1* natürlich als Namensgeber der Gruppe das erste; *ASPM* wird entsprechend auch als *MCPH5* geführt (Naveed et al. 2018).

Nachdem wir nun Beispiele von Genen kennengelernt haben, die für die menschliche Evolution des Gehirns wichtig waren, können wir natürlich auch die Frage stellen, ob es regulatorische Regionen gibt, die für die humane Evolution eine besondere Bedeutung haben. Hier können oft kleine Veränderungen ausreichen, um die Expression von Genen zeitlich, räumlich oder in ihrer Stärke zu verändern. Allerdings ist das Auffinden solcher Veränderungen oft nicht einfach, und die Vorhersage ihrer Wirkung bzw. die experimentelle Überprüfung ist in gleicher Weise schwierig. Dennoch kennen wir inzwischen einige solcher Regionen, die als *HAR* (engl. *human accelerated regions*) bezeichnet werden; für eine interessante Übersicht siehe auch Franchini und Pollard (2017). Wir wollen im Folgenden ein Beispiel dazu diskutieren: HAR1F (engl. *human accelerated region 1F*). Unter 49 Regionen, die im menschlichen Genom einer beschleunigten Evolution ausgesetzt waren, ist *HAR1* diejenige, die sich am schnellsten entwickelt hat; es handelt sich dabei um einen Abschnitt von 118 bp in der letzten Bande des langen Arms auf dem Chromosom 20. Die *HAR1*-Sequenz (◘ Abb. 15.34) ist unter den Amnioten hochkonserviert und unterscheidet sich in nur zwei Positionen zwischen Hühnern und nicht-menschlichen Primaten – sie hat aber 18 fixierte Substitutionen in der kurzen Entwicklungszeit, die die Menschen von ihren gemeinsamen Vorfahren mit den Schimpansen trennt.

HAR1 wird als Teil zweier überlappender Gene transkribiert: *HAR1F*, das *HAR1* in seinem ersten Exon enthält, und *HAR1R*, ein alternativ gespleißtes Gen, das *HAR1* in seinem letzten Exon enthält. Mit Ausnahme des *HAR1*-Segmentes sind die beiden Transkripte *HAR1F* und *HAR1R* nur schwach konserviert. Da weder *HAR1F* noch *HAR1R* für Proteine codieren, stellt sich die Frage nach der biologischen Funktion dieser nicht-codierenden RNA (ncRNA), die auch keinerlei Homologie zu bekannten tRNAs oder miRNAs aufweist (▶ Abschn. 3.5.3 und 8.2.2). Für das *HAR1*-Segment wird eine stabile Sekundärstruktur vorhergesagt, die fünf Helices enthält. Die Sequenz des Schimpansen unterscheidet sich in ihrer Struktur deutlich von der humanen Sequenz, bei der eine Helix sich auf Kosten der benachbarten deutlich vergrößert hat. Genaue Sequenzvergleiche machen auch

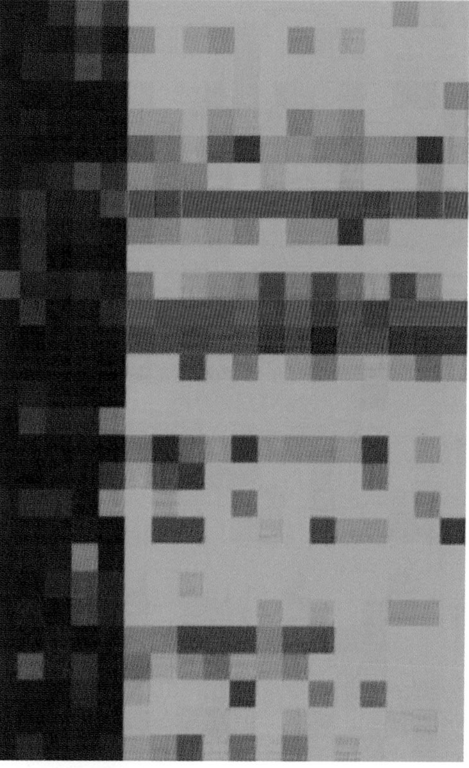

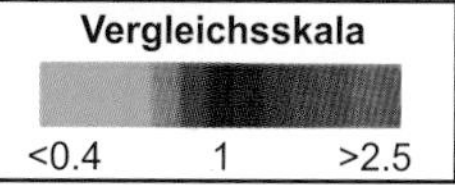

◘ **Abb. 15.35** Array-basierte genomweite Untersuchung von cDNA für Gene, die in der humanen Entwicklungslinie verändert exprimiert werden und mit der Gehirnentwicklung assoziiert sein können. Die Gensymbole sind angegeben. H: Mensch; B: Bonobo; C: Schimpanse; G: Gorilla; O: Orang-Utan. (Nach Sikela 2006)

deutlich, dass alle 18 humanspezifischen Austausche von A/T nach G/C erfolgt sind, also eine Verstärkung der Basenpaarbindung bewirken (▶ Abschn. 2.1). Erstaunlicherweise betrifft diese Verstärkung der Basenpaarbindung nicht nur das *HAR1*-Element, sondern umfasst eine wesentlich größere Region von insgesamt 1,2 kb.

HAR1F (nicht aber *HAR1R*!) wird während der Embryonalentwicklung im menschlichen Gehirn zwischen der 7. und 19. Schwangerschaftswoche exprimiert – einer Zeit, die für die Wanderung cortikaler Neuronen als besonders kritisch angesehen wird. Außerdem wird *HAR1F* offensichtlich zusammen mit Reelin exprimiert, das an der Ausbildung der verschiedenen Schichten des cerebralen Cortex beteiligt ist. Es wird diskutiert, dass *HAR1R* möglicherweise später exprimiert wird und als *antisense*-Transkript die Expression von *HAR1F* reguliert. Das Beispiel der nicht-codierenden *HAR1F*/*HAR1R*-Gene zeigt, dass es jenseits der Protein-codierenden Gene wichtige Aspekte gibt, die sicherlich ihren Beitrag zur spezifischen Evolution des Menschen und seines Gehirns leisten – es ist aber noch ein weiter Weg bis zum vollen Verständnis ihrer Funktion.

Neben der spezifischen Änderung einzelner Basen spielen zwei andere Mechanismen in der Evolution allgemein, aber auch in der Evolution des Menschen eine wichtige Rolle: Das sind zum einen Duplikationen im Genom, die zu einer Erhöhung der Gendosis führen und in vielen Fällen auch zu einer entsprechenden Erhöhung der Zahl entsprechender Transkripte, und andererseits die Veränderung der Regulation der Genexpression, die sich natürlich auch auf die Transkriptzahl auswirkt. Beide Mechanismen können durch entsprechende gewebespezifische Untersuchungsverfahren nachgewiesen werden, die auf Hybridisierungsarrays basieren (Technikbox 35).

15

Eine solche regulatorische Deletionsmutante betrifft den Enhancer des Gens *GADD45g* (engl. *growth arrest- and DNA damage-inducible gene GADD45, gamma*; OMIM 604949); dieses Gen begrenzt wahrscheinlich die Zellteilungen in der subventrikulären Zone der Gehirnrinde. Dieses Szenario könnte mit der Expansion des Volumens des menschlichen Gehirns in Zusammenhang stehen.

Derartige Untersuchungen der Genexpression sind immer relativ, d. h. die Frage nach Ursache und Wirkung bleibt oft unklar. Dennoch bleibt es interessant, festzuhalten, dass im menschlichen Gehirn relative Veränderungen der Genexpression sowohl auf mRNA-Ebene als auch auf Proteinebene bei etwa 30 % der exprimierten Gene anzutreffen sind (Carroll 2003). Ein experimentelles Beispiel zeigt ◘ Abb. 15.35.

❗ Einige Gene, die an der Entwicklung des Gehirns beteiligt sind, zeigen eine positive Selektion in der menschlichen Linie. Dazu gehören Gene wie *MCPH1* und *ASPM*, bei denen Mutationen zu Mikrocephalie führen, als auch Gene, die die Information für nicht-codierende RNAs enthalten (*HAR1F*).

15.2.2 Genetische Aspekte zur Evolution der Sprache

Die menschliche Sprache erscheint in der Natur einzigartig. Die tierische Kommunikation ist überwiegend auf einfache Botschaften wie Alarmrufe und Identifikationssignale beschränkt. Im Gegensatz dazu verfügt der Mensch über ein Vokabular von Zehntausenden von Worten und kann diese in einer komplexen grammatika-

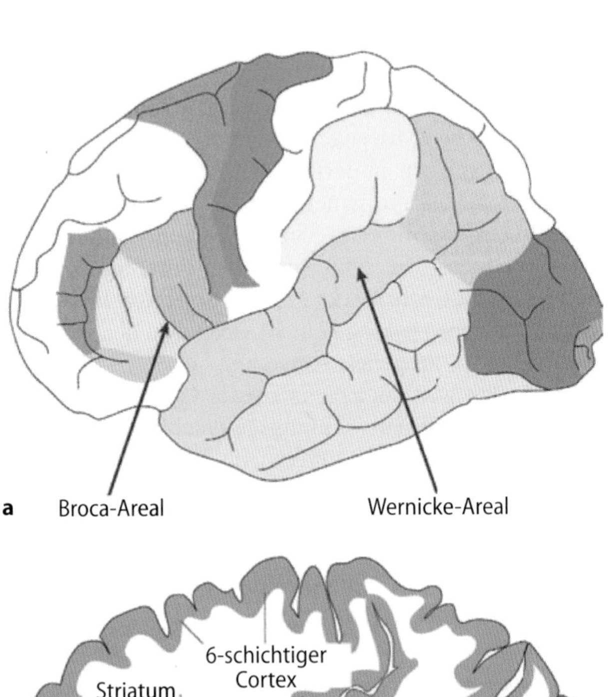

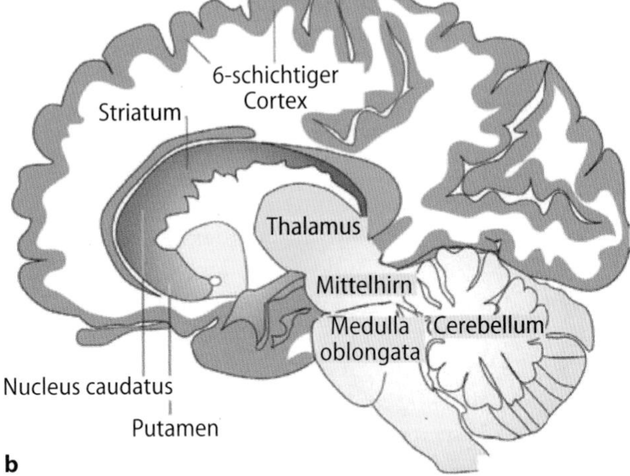

◘ **Abb. 15.36** Die neuronale Basis der Sprache. **a** Die neuronale Basis wird häufig in zwei diskreten Regionen des lateralen Cortex gesehen: dem Broca-Areal am *Gyrus inferior frontalis* und dem Wernicke-Areal im *Gyrus superior temporalis* und in den verbindenden Fasern (*Fasciculus arcuatus*). Beide Regionen wurden aufgrund von Ausfallserscheinungen nach Gehirnverletzungen definiert: Die Broca-Aphasie erlaubt nur eine schlecht artikulierte Sprache mit wenigen Worten, wohingegen die Wernicke-Aphasie zwar eine flüssige Sprache ermöglicht, die aber durch zerrissene Inhalte und von Defiziten im Sprachverständnis gekennzeichnet ist. Weitere Gehirnregionen, die an der Sprachfähigkeit möglicherweise beteiligt sind, sind *farbig* dargestellt. **b** Sagittaler Schnitt durch ein menschliches Gehirn; es sind einige weitere Strukturen angegeben, die möglicherweise an der Ausbildung von Sprache beteiligt sind. (Nach Fisher und Marcus 2006, mit freundlicher Genehmigung)

lischen Struktur benutzen. Auch wenn einige Schimpansen ein gewisses Sprachverständnis entwickeln, so bleibt ihr Wortschatz doch sehr beschränkt (etwa 500 Worte) und kommt über den eines Kleinkindes nicht hinaus.

Als **Sprachzentren** (◘ Abb. 15.36) werden in der Hirnrinde (auf der linken Seite) das Broca-Areal (für die motorische Erzeugung von Sprache und Grammatik) und das Wernicke-Areal bezeichnet (für das Verstehen von Sprache); sie sind über den *Fasciculus arcuatus* verbunden. Die entsprechenden Regionen der rechten Gehirnhälfte sind dagegen eher für die Sprachmelodie verantwortlich. Allerdings sind weder das Broca- noch das Wernicke-Areal vollständig der Sprachverarbeitung gewidmet, und sie sind auch nicht spezifisch für den Menschen. Es ist vielmehr allgemein akzeptiert, dass die Sprachfähigkeit die Beteiligung eines komplexen Netzwerks cortikaler und subcortikaler Schaltkreise erfordert. Weitere wichtige Regionen für die Sprachfähigkeit sind Bereiche des Striatum, Thalamus und Cerebellum.

Wenn wir uns jetzt den genetischen Aspekten der Evolution unserer Sprache zuwenden wollen, so werden wir analog vorgehen müssen wie in anderen Bereichen auch. Dazu gehören Fragen nach der Evolution der morphologischen Strukturen, des Weiteren genomweite Sequenzvergleiche unter Primaten, aber auch die Untersuchung spezifischer Krankheitsbilder, die die Sprechfähigkeit massiv beeinträchtigen und außerdem eine erbliche Grundlage haben.

Einer der aufregendsten Berichte der jüngeren Zeit beschreibt in einer Drei-Generationen-Familie die Analyse eines Gens für Sprachschwächen (engl. *language impairment*; *developmental verbal dyspraxia*; OMIM 602081), das zunächst auf dem langen Arm des Chromosoms 7 (7q31) lokalisiert wurde. Die betroffenen Patienten haben massive Artikulationsstörungen, die von sprachlichen und grammatikalischen Beeinträchtigungen begleitet werden. Genauere molekulare Analysen machten eine Punktmutation im *FOXP2*-Gen (OMIM 605317) dafür verantwortlich (◘ Abb. 15.37a). FOXP2 ist ein Transkriptionsfaktor mit einem Polyglutamin-Bereich und einer „Forkheadbox"-DNA-Bindedomäne (benannt nach dem *Drosophila*-Gen *forkhead*).

Wie viele Gene für Transkriptionsfaktoren kommt auch das *FOXP2*-Gen in anderen Spezies vor. Expressionsstudien (in der Maus) zeigen, dass das *FoxP2*-Gen im Cerebellum, der Medulla, dem *Nucleus caudatus* und in der cortikalen Platte exprimiert wird. Das menschliche Protein unterscheidet sich von dem des Gorillas oder des Schimpansen nur in zwei Aminosäuren – der Abstand zum Orang-Utan und zur Maus beträgt drei Aminosäuren (◘ Abb. 15.37b). Damit gehört das *FOXP2*-Gen zu den 5 % von Genen, die am höchsten konserviert sind (Vargha-Khadem et al. 2005, Enard et al. 2002).

Wenn die menschliche Form des *FOXP2*-Gens in der Maus exprimiert wird, verändert sich in den transgenen Mäusen deren Ausdrucksmöglichkeit (engl. *ultrasonic vocalization*) sowie die Länge der Dendriten und die synaptische Plastizität in den Neuronen des Striatum (Holden 2004, Enard et al. 2009). Der Unterschied in den zwei Aminosäuren der menschlichen Linie gegenüber den Affen ist also für die Ausbildung der Sprache offensichtlich von funktioneller Bedeutung. Eine Abschätzung der Zeitspanne, wann der Unterschied im *FOXP2*-Gen zwischen Affen und Menschen fixiert wurde, ergibt eine Größenordnung von ca. 100.000–200.000 Jahren, und er war auch schon im Genom der Neandertaler und Denisova-Menschen fixiert. Man kann vermuten, dass damit möglicherweise die kulturelle Explosion ausgelöst wurde, die vor etwa 50.000 Jahren begann. Ein wichtiger Punkt ist die Tatsache, dass durch die veränderte Sequenz eine zusätzliche Phosphorylierungsstelle eingeführt wird. Um der Frage nachzugehen, warum Affen nichts sagen, wohl aber Menschen, untersuchten Gruppen in Los Angeles und Atlanta mögliche Zielgene des menschlichen FOXP2-Transkriptionsfaktors und verglichen sie mit denen des Schimpansen (Konopka et al. 2009). Dabei fanden sie, dass der menschliche FOXP2-Transkriptionsfaktor einen anderen Einfluss auf die Regulation nachgeschalteter Gene hat als FOXP2 des Schimpansen.

Das humane *FOXP2*-Gen weist aber noch eine andere interessante Stelle auf: Im Intron 8 befindet sich eine hochkonservierte Bindestelle für den Transkriptionsfaktor POU3F2, die bei allen Vertebraten einschließlich Affen und Neandertalern (und den Denisova-Menschen) gleich ist – nur bei den meisten modernen Menschen ist ein A durch ein T ersetzt. Das führt dazu, dass der Transkriptionsfaktor POU3F2 schlechter bindet und die Expressionsstärke vermindert ist. Man vermutet daher, dass sich durch die Veränderung in der codierenden Sequenz (siehe oben) die Funktion von FOXP2 verändert hat und in der Folge ebenso das Expressionsmuster. In einigen afrikanischen Populationen findet man bei ca. 10 % der modernen Menschen noch das „alte" Allel im Intron 8 – bei etwa 1 % in seiner homozygoten Form (Maricic et al. 2013). Allerdings zeigen neuere Arbeiten, dass bei Verwendung einer größeren Anzahl von Proben (z. B. aus dem *1000 Genomes Project*) die signifikanten Hinweise auf eine positive Selektion im *FOXP2*-Gen moderner Menschen verschwinden (Atkinson et al. 2018).

Mutationen im FOXP2-Gen sind kausal für schwere Sprachstörungen des Menschen. Da das Gen eine spezifische Evolution in der menschlichen Linie zeigt, wird es als essenziell für die Evolution der Sprachfähigkeit des Menschen angesehen.

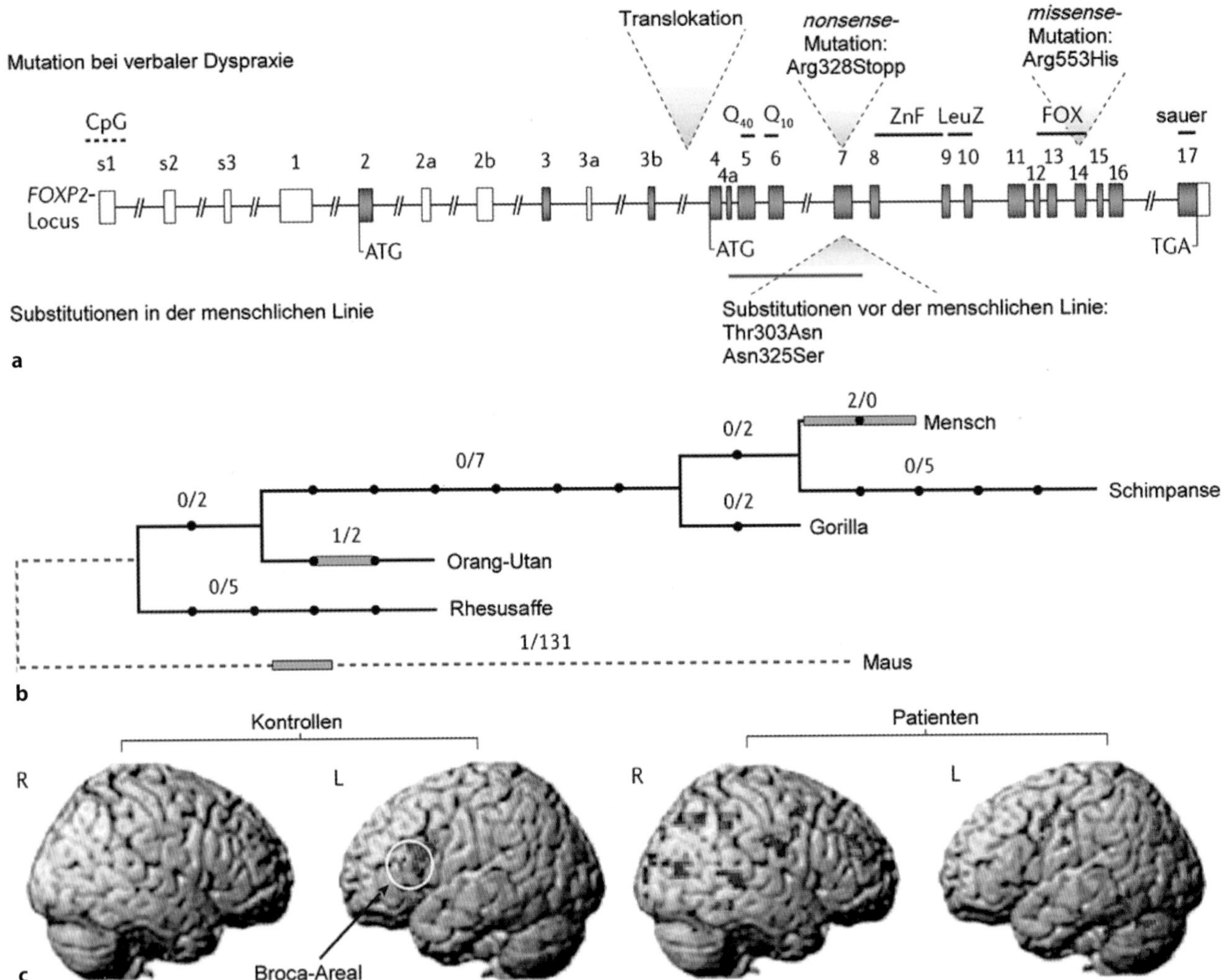

Abb. 15.37 Ein multidisziplinärer Blick auf die Evolution von Sprache. **a** Genetik: Die genomische Struktur des menschlichen Forkheadbox-Gens P2 (*FOXP2*) zeigt die Stellen der Mutationen, die verbale Dyspraxie verursachen und die sich von den Stellen unterscheiden, an denen in der Evolution der menschlichen Linie Substitutionen aufgetreten sind (*gefüllte Rechtecke*: codierende Exons; *ungefüllte Rechtecke*: nicht-codierende Exons). Der *rote Balken* weist auf die Region hin, die Hinweise auf selektive Entwicklung erkennen lässt. Einige Exons codieren für Polyglutamin-Bereiche (Q_{40}, Q_{10}), ein Zinkfinger-Motiv (ZnF), einen Leucin-Zipper (LeuZ), die Forkhead-Domäne (FOX) und einen sauren C-terminalen Bereich (sauer); s1–s3 sind alternativ gespleißte, nicht-translatierte 5′-Exons. **b** Evolution: Die Nukleotidsubstitutionen (*schwarze Punkte*) in der codierenden Region von *FOXP2* verschiedener Entwicklungslinien der Primatenevolution sind als Verhältnis nicht-synonymer Austausche zu synonymen Austauschen dargestellt (Vergleichssequenz: Maus; *rote gestrichelte Linie*). Die *hellblauen Balken* deuten das Gen an und die *schwarzen Punkte* darin die Lage der veränderten Aminosäuren. **c** Bildgebende Verfahren der Neurobiologie: Patienten mit funktionsunfähigem *FOXP2*-Gen zeigen funktionelle Veränderungen, wenn sie sprachliche Prozesse durchführen, sogar wenn sie Wortbildungen nur gedanklich und nicht laut durchführen. Die Veränderungen beinhalten eine zu geringe Aktivierung des Broca-Areals und im Gegensatz dazu eine beidseitige Aktivierung in verschiedenen cortikalen Regionen (L: links; R: rechts). (Nach Fisher und Marcus 2006, mit freundlicher Genehmigung)

Außer der oben erwähnten Erkrankung sind noch zwei weitere Spracherkrankungen erwähnenswert, aus deren Untersuchung möglicherweise ähnliche Hinweise auf die Evolution von Sprachfähigkeit folgen können. Dazu gehören *SLI1* und *SLI2* (engl. *specific language impairment*) sowie *DYX1*–*DYX9* (Dyslexie). Die spezifische Sprachunfähigkeit ist charakterisiert durch eine Diskrepanz zwischen den verbalen und nicht-verbalen Fähigkeiten trotz angemessener Erziehung und Ausbildung; andere neurologische Schäden sind ausgeschlossen. Genomweite Untersuchungen haben zwei chromosomale Bereiche für *SLI1* und *SLI2* besonders beleuchtet: 16q24 und 19q13 (OMIM 606711 bzw. 606712). Diese Bereiche enthalten einige Gene, die in der menschlichen Entwicklungslinie eine spezifische Zunahme der Kopienzahl zeigen. Die Liste der *SLI*-Gene ist damit aber nicht abgeschlossen; es gibt heute noch drei weitere *SLI*-Gene: *SLI3* (OMIM 607134) auf Chromosom 13q21, *SLI4* (OMIM 612514) auf Chromosom 7q35-36 und *SLI5* (OMIM 615432), verursacht durch eine Mutation im *TM4SF20*-Gen (engl. *transmembrane 4 superfamily, member 20*; OMIM 615404) auf Chromosom 2q36.

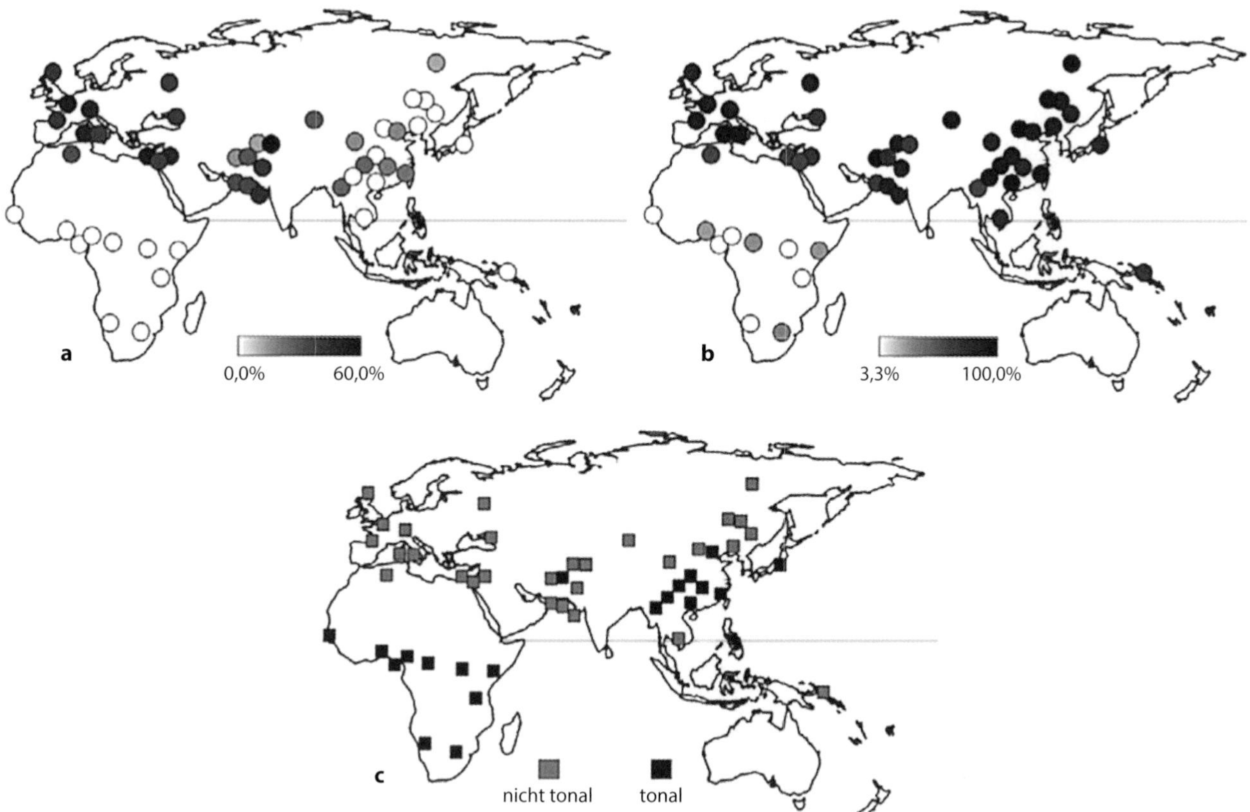

Abb. 15.38 Geographische Verteilung von Haplogruppen von *ASPM* (**a**), *MCPH* (**b**) und tonalen Sprachen (**c**). **a**, **b** Die *Grauschattierungen* repräsentieren die Allelhäufigkeiten der abgeleiteten Haplogruppen vom Minimum (*weiß*: 0 % für *ASPM* und 3,3 % für *MCPH*) zum Maximum (*schwarz*: 60 % für *ASPM* und 100 % für *MCPH*). **c** *Schwarz* repräsentiert tonale Sprachen und *grau* nicht-tonale Sprachen. Man beachte, dass die *Quadrate* jeweils nur Populationen kennzeichnen, von denen genetische Daten bekannt sind (so liegen für Australien und Papua-Neuguinea keine Informationen vor). (Nach Dediu 2011, mit freundlicher Genehmigung)

Patienten, die unter Dyslexie leiden, lernen schwer zu lesen und haben Schwierigkeiten beim Buchstabieren, obwohl ihre sonstigen verbalen Fähigkeiten der Ausbildung und Erziehung entsprechen. Dyslexie findet man in verschiedenen Formen und Schweregraden bei etwa 5–17 % der Bevölkerung mit einer nennenswerten familiären Häufung. Oft tritt sie das erste Mal im Rahmen einer Lese-Rechtschreib-Schwäche in den ersten Schuljahren zutage, obwohl die Patienten über eine normale Intelligenz verfügen. Für dieses Krankheitsbild werden verschiedene Genorte diskutiert; für zwei gibt es schon vielversprechende Kandidatengene (*DYX1* auf 15q21: *DYX1C1* [OMIM 127700]; *DYX2* auf 6p22.2: *KIAA0319* [OMIM 600202]). Es ist durch die Untersuchung dieser Krankheiten und der ihnen zugrunde liegenden genetischen Mechanismen zu erwarten, dass es dadurch neue zusätzliche Hinweise auf die Evolution der Sprach- und Sprechfähigkeit des Menschen geben wird, wie wir das bei *FOXP2* beispielhaft gesehen haben (für eine interessante Zusammenfassung siehe Graham und Fisher 2015).

Ein ganz anderer Aspekt soll in diesem Zusammenhang noch angedeutet werden. Linguisten unterscheiden tonale und nicht-tonale Sprachen. Bei tonalen Sprachen geht mit der Veränderung der Tonhöhe oder des Tonverlaufs in einer Silbe auch eine Veränderung der Wortbedeutung einher; dazu gehören vor allem die chinesische Sprache, aber auch viele Sprachen in Afrika und indigene amerikanische Sprachen. Nicht-tonale Sprachen verwenden Unterschiede in der Tonhöhe dagegen nur auf der Ebene eines Satzes, z. B. bei einem Fragesatz; dazu gehören unter anderem Russisch, Deutsch und Englisch. Intermediäre Formen sind Japanisch, Schwedisch/Norwegisch und Baskisch. Wenn wir uns jetzt die Verteilung tonaler und nicht-tonaler Sprache in Afrika, Asien und Europa ansehen (■ Abb. 15.38c), fällt auf, dass es sich hierbei nicht um ein Sprachengemisch handelt, sondern dass sich hier Schwerpunkte finden lassen, die auch mit früheren Formen der modernen Menschen zusammenfallen (ohne Indien; ■ Abb. 15.14).

Wir haben im ► Abschn. 15.2.1 über die Entwicklung des menschlichen Gehirns schon die beiden Mikrocephalie-Gene *ASPM* (engl. *abnormal spindle-like, microcephaly-associated*) und *MCPH1* (engl. *microcephalin*) kennengelernt. In beiden Genen gibt es relativ junge Polymorphismen: Das G-Allel (SNP A44871G) im *ASPM*-Gen trat vor 5800 Jahren auf und das C-Allel

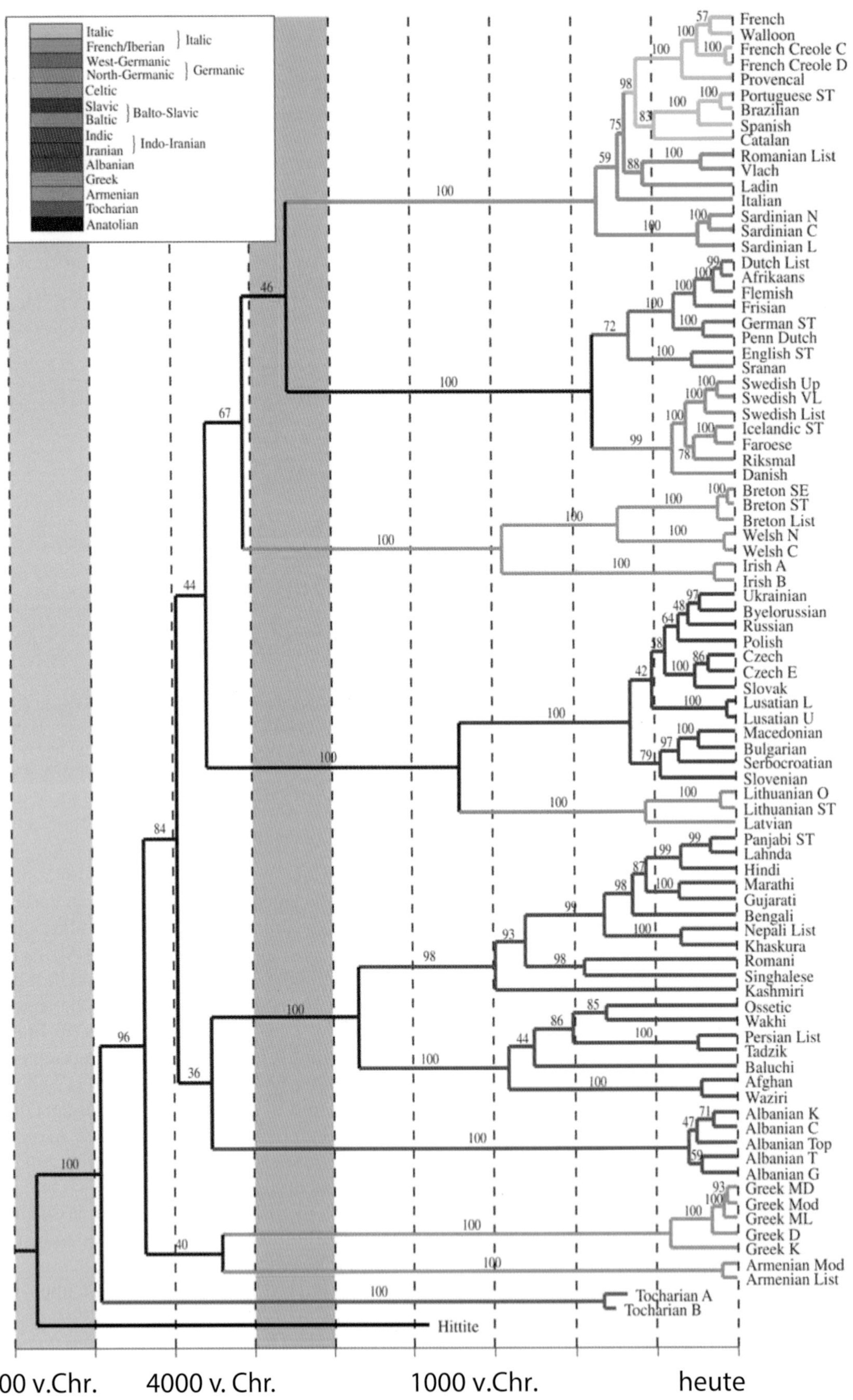

■ **Abb. 15.39** Stammbaum von 87 indogermanischen Sprachen. Der Stammbaum beginnt etwa vor 9000 Jahren in Anatolien (*grüne Fläche*). Die hauptsächliche Auffächerung der wichtigsten indogermanischen Untergruppen vollzog sich vor 5000–4000 Jahren (*blaue Fläche*). Offensichtlich gab es eine Wanderung *„out of Anatolia"* vor knapp 9000 Jahren und eine weitere aus dem südlichen Russland bzw. der Ukraine. Die Namen der Sprachen wurden wie im Original in Englisch belassen. (Nach Gray et al. 2011, mit freundlicher Genehmigung)

(SNP G37995C) im *MCPH*-Gen vor etwa 37.000 Jahren. Die beiden jungen Polymorphismen werden als „abgeleitet" (engl. *derived*) bezeichnet und die entsprechenden Haplotypen der Gene als *ASPM-D* bzw. *MCPH-D*. Die phänotypischen Auswirkungen sind nicht im Detail bekannt; es wird aber ausgeschlossen, dass sie sich auf die Intelligenz, Gehirngröße, Kopfumfang, allgemeine mentale Eigenschaften, soziale Intelligenz oder auf die Häufigkeit von Schizophrenie auswirken. Es wurde aber die Hypothese verfolgt, dass sie sich auf die Art des Sprechens auswirken. ◘ Abb. 15.38a, b zeigen die regionale Verteilung der beiden neuen Allele, und beim Vergleich mit ◘ Abb. 15.38c zeigt sich, dass die Verteilung der tonalen Sprachen mit der Verteilung der ursprünglichen Allele gut übereinstimmt; durch geeignete statistische Verfahren lässt sich diese Korrelation auch als signifikant darstellen (Dediu 2011). Es kommt jetzt natürlich darauf an, diese statistische Korrelation durch mechanistische Untersuchungen zu stützen oder als zufällig zu verwerfen.

Linguistische Methoden gehen heute auch noch einen Schritt weiter. Insofern Sprachen zu Sprachfamilien zusammengefasst werden, können auch zeitliche Zusammenhänge ihrer Entwicklung dargestellt werden – ähnlich einem Stammbaum, wie wir es aus genetischen Analysen und der Suche nach dem letzten gemeinsamen Vorfahren kennen. ◘ Abb. 15.39 zeigt ein Beispiel für die indogermanische Sprachfamilie. Der letzte gemeinsame Vorfahre lebte vor etwa 8700 Jahren (ca. 6700 v. Chr.) in Anatolien, und zusammen mit den Fortschritten der Landwirtschaft breitete sich auch die indogermanische Sprache aus. Wir haben also mit der Analyse der Sprachfamilien ein weiteres Instrument in der Hand, um Wanderungsbewegungen moderner Menschen zu betrachten. Es wird sich zeigen, inwieweit die beiden Methoden – die genetische und die linguistische – zukünftig kongruente Aussagen machen können.

❗ Entwicklungsgeschichtlich junge Polymorphismen in den Genen *ASPM* und *MCPH* korrelieren mit der Verbreitung nicht-tonaler Sprachen – molekulare mechanistische Erklärungen dazu fehlen allerdings.

15.2.3 Genetische Aspekte zu aggressivem Verhalten des Menschen

Nachdem wir nun einige der genetischen Besonderheiten kennengelernt haben, die zur Ausbildung des Gehirns, der Sprechfähigkeit und der Entwicklung vieler Sprachen beim Menschen geführt haben, wollen wir uns nun genetischen Aspekten einer Verhaltensform zuwenden, die häufig kritisch gesehen wird: Aggression und impulsives Verhalten. Unter evolutionären Gesichtspunkten kann man Aggression bei Menschen natürlich als einen positiven Charakterzug betrachten, da er Erfolg in den verschiedenen Formen von Auseinandersetzungen verspricht. Auf der anderen Seite verhindert Aggression aber die Möglichkeit einer sozialen Konsolidierung, sodass es im gesellschaftlichen Interesse liegen muss, aggressives Verhalten einzudämmen. Das Wissen um die genetischen Rahmenbedingungen dafür ist insofern wichtig, weil der Erfolg pädagogischer oder sonstiger kultureller Einflussnahmen davon abhängt, ob er diesen genetischen Rahmenbedingungen Rechnung trägt oder nicht.

Sowohl in Menschen als auch Tieren umfasst der Begriff Aggression ein breites Spektrum von Verhaltensweisen. Wegen des Einflusses vieler kultureller Variablen ist die einfache Extrapolation aggressiver Phänotypen der Maus auf menschliche Merkmale schwierig. Auf der Basis unterschiedlicher Ansätze kann man menschliche Aggression hinsichtlich mehrerer Merkmale unterscheiden: Vorhandensein einer bestimmten Motivation, Art des Auslösemechanismus, Form der Manifestation oder Richtung und Funktion von Aggression. So ist es beispielsweise oft sinnvoll, proaktive und reaktive Aggression zu unterscheiden (manchmal wird das auch als offensive oder defensive Aggression bezeichnet). Und eine weitere Komponente wird gerne diskutiert, die man als „Frustrations-Aggressions-Hypothese" bezeichnen kann, nämliche das frustrierende Ausbleiben einer Belohnung (engl. *frustrative non-reward*). Diese komplexe Situation sollte uns immer bewusst sein, wenn wir im Folgenden über genetische Aspekte von Aggression sprechen.

In einem ersten Ansatz ist es deshalb interessant, mono- und dizygote Zwillinge zu vergleichen – und dabei stellen wir fest, dass über alle Altersklassen hinweg eineiige Zwillinge ein deutlich höheres Maß an Übereinstimmung zeigen als zweieiige Zwillinge (◘ Abb. 15.40). Das zeigt, dass über die gesamte Lebenszeit hinweg aggressives Verhalten durch genetische Faktoren bestimmt wird. Anderseits sehen wir aus der Abbildung, dass der genetische Einfluss mit zunehmendem Lebensalter abnimmt – und offensichtlich der kulturelle Einfluss entsprechend zunimmt. Interessanterweise macht es keinen Unterschied, ob zweieiige Zwillinge dem gleichen Geschlecht angehören oder gemischt-geschlechtlich sind. Aus den verschiedenen Zwillingsstudien, die mit verschiedenen Altersgruppen, aber auch mit unterschiedlichen Begrifflichkeiten gearbeitet haben, ergeben sich Schätzungen für die Erblichkeit aggressiven Verhaltens bei Kindern im Alter zwischen 2 und 6 Jahren zwischen 40 und 60 % und für Kinder zwischen 6 und 14 Jahren in derselben Größenordnung. Mit zunehmendem Alter nimmt dann der Anteil der Erblichkeit bis auf ungefähr 32 % ab (Veroude et al. 2016).

 Ähnlich wie bei *FOXP2* und erblichen Sprachstörungen gab es auch bei der Frage nach genetischen Bedingungen aggressiven Verhaltens einen wichtigen

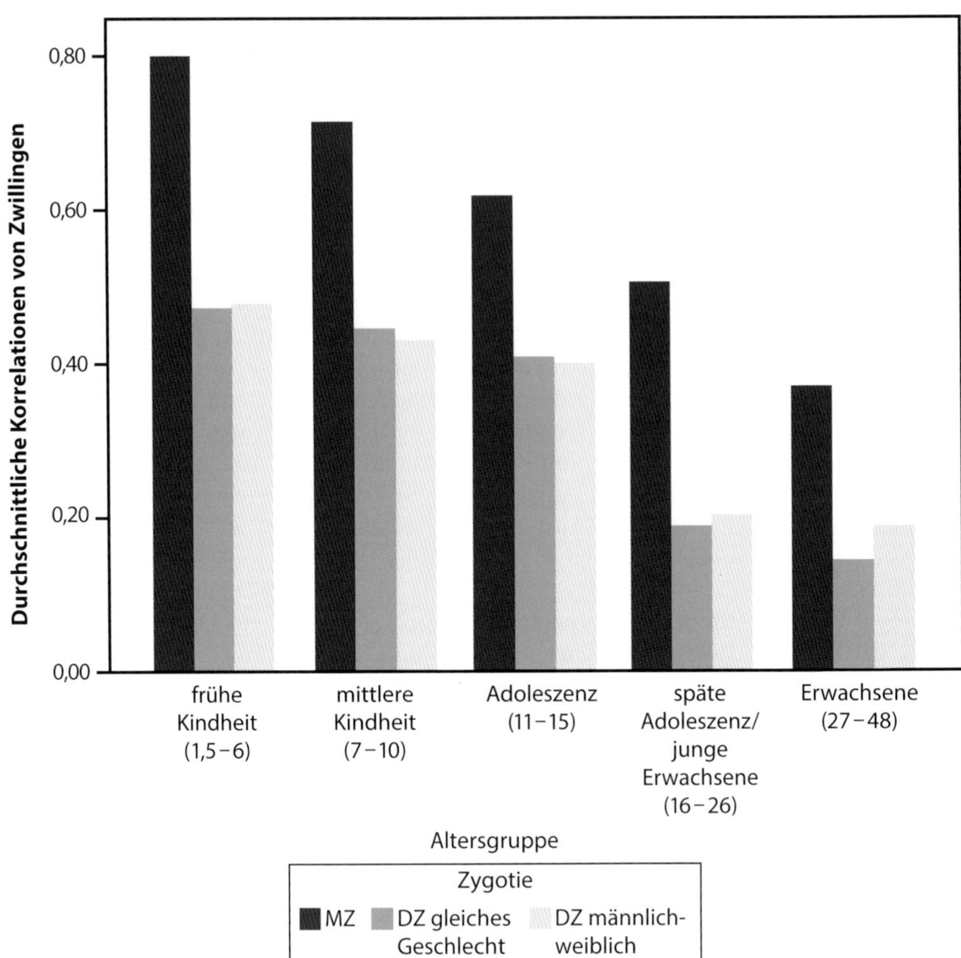

Abb. 15.40 Korrelationen bei Aggressionen von Zwillingen über verschiedene Altersgruppen (Angabe in *Klammern*: Alter in Jahren). MZ: monozygote Zwillinge; DZ: dizygote Zwillinge. (Nach Tuvblad und Baker 2011, mit freundlicher Genehmigung)

15

Hinweis aus der klassischen Humangenetik: In einer großen Familie, die in den 1990er-Jahren in Nijmegen untersucht wurde, erkrankten über drei Generationen hinweg mehrere Männer an einem Borderline-Syndrom verbunden mit impulsiver Aggression; der Erbgang war klassisch X-gekoppelt und rezessiv. Die Kartierung der Krankheit und Sequenzierung positioneller Kandidatengene ergab eine *nonsense*-Mutation in dem Gen, das für die Monoamin-Oxidase A codiert (Gensymbol: *MAOA*; OMIM 309850), sodass eine entsprechende enzymatische Aktivität in den hemizygoten Männern nicht mehr nachzuweisen ist. Die biochemische Konsequenz ist eine erhöhte Konzentration biogener Amine, insbesondere der Neurotransmitter Serotonin, Adrenalin (Epinephrin) und Noradrenalin (Norepinephrin). Wir haben diese Neurotransmitter bereits im ► Abschn. 14.3 im Zusammenhang mit Angst, Sucht und psychiatrischen Erkrankungen kennengelernt (■ Abb. 14.25) – und der Befund an dieser Familie öffnete eine neue Tür für entsprechende weitere Arbeiten in diesem Kontext (Brunner et al. 1993, Anholt und Mackay 2012).

Die beiden menschlichen Gene für **Monoamin-Oxidasen**, *MAOA* und *MAOB*, liegen auf dem X-Chromosom (Xp11) nebeneinander in einer Schwanz-zu-Schwanz-Anordnung. Aufgrund der Präferenz für den Abbau der Neurotransmitter Serotonin, Adrenalin und Noradrenalin ist *MAOA* das wichtigere Gen. In einer transgenen Mauslinie wurde das *Maoa*-Gen ausgeschaltet, und entsprechend war in den Gehirnen der Nachkommen die Noradrenalinkonzentration zweifach und die Serotoninkonzentration neunfach erhöht; die erwachsenen Männchen zeigten eine erhöhte Aggressivität (Cases et al. 1995). Bei Menschen findet man 1,5 kb bzw. 1,0 kb oberhalb der Promotorregion des *MAOA*-Gens in unterschiedlicher Anzahl Wiederholungseinheiten von 10 bp bzw. 30 bp (engl. *variable number of tandem repeats*, VNTR), die als Enhancer für die *MAOA*-Transkription wirken.

Die niedrigere Anzahl der 30-bp-Wiederholungseinheiten ist mit aggressivem Verhalten assoziiert, wobei eine vierfache Wiederholung mit einer höheren Transkriptionsaktivität assoziiert ist als die dreifache (Ver-

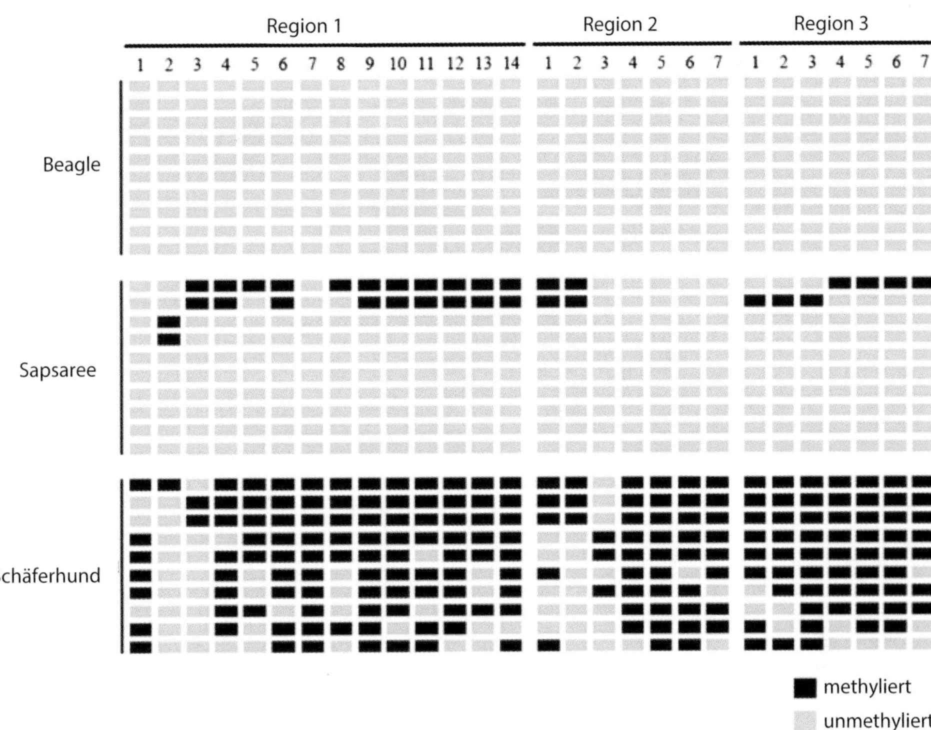

Abb. 15.41 DNA-Methylierungsmuster des *MAOA*-Promotors verschiedener Hunderassen. Drei Regionen des *MAOA*-Promotors wurden auf ihr Methylierungsmuster untersucht. Es wurden dabei Proben aus der Großhirnrinde von jeweils 10 Beagles, Sapsarees und Deutschen Schäferhunden eingesetzt; die *horizontalen Linien* repräsentieren individuelle Hunde. In den drei Regionen sind jeweils individuelle CpG-Inseln angegeben. Die methylierten CpG-Inseln sind durch *schwarze Kästchen* und die unmethylierten Stellen durch *graue Kästchen* repräsentiert. Die Regionen waren beim Beagle nicht methyliert, bei Sapsaree zu 12 % und beim Deutschen Schäferhund zu 74 %. (Nach Eo et al. 2016, mit freundlicher Genehmigung)

oude et al. 2016). Andere Arbeiten zeigen dagegen, dass die 10-bp-Wiederholungseinheit die wichtigere in Bezug auf die Assoziation mit Aggression sein könnte (Zhang-James und Faraone 2016). Außer den Wiederholungseinheiten gibt es beim *MAOA*-Gen auch CpG-Inseln im Promotorbereich, die in hohem Maße methyliert werden können – aus ► Abschn. 8.1.2 wissen wir, dass solche epigenetischen Markierungen die Expression von Genen nachhaltig verändern können. In der aktuellen Literatur wird die Möglichkeit diskutiert, dass an den Wiederholungseinheiten oder den CpG-Inseln in Abhängigkeit von frühkindlichen belastenden Erfahrungen über Methylierungen die Bereitschaft zu Aggression verändert werden könnte. Die Regulation der *MAOA*-Expression ist sicherlich ein wichtiger Faktor zum Verständnis von Aggression, ohne dass allerdings bisher verstanden ist, wie diese Methylierungen reguliert werden.

Wie in vielen anderen Bereichen der experimentellen Genetik können Untersuchungen an Tiermodellen weiterhelfen – in diesem Fall der Hund. Verschiedene Hunderassen zeigen ganz unterschiedliche Aggressionsprofile: So gilt der Beagle sicherlich als ein sanfter Hund, wohingegen der Deutsche Schäferhund eher ein aggressiver Hund ist. Eine koreanische Gruppe wählte noch eine dritte, koreanische Hunderasse, den Sapsaree – auch dieser Hund gilt eher als freundlich. Die Expression des *MAOA*-Gens im Großhirn ist in den drei Hunderassen unterschiedlich stark ausgeprägt: Bei Beagle und Sapsaree findet man eine hohe Expression, beim Deutschen Schäferhund hingegen eine sehr niedrige. ◻ Abb. 15.41 zeigt nun das Methylierungsprofil von drei Regionen aus dem Promotorbereich des *MAOA*-Gens von verschiedenen Hunden dieser Rassen, und es ist offensichtlich, dass das Ausmaß der Methylierung mit der Expression des *MAOA*-Gens korreliert, aber auch mit dem Aggressionsprofil dieser Hunderassen assoziiert ist (Eo et al. 2016).

Kommen wir zum Menschen zurück: Die Unterschiede in der *MAOA*-Expression sind wohl für etwa 30 % der Unterschiede in der Eigenschaft „aggressiv" verantwortlich; wir werden später auch noch andere Aspekte kennenlernen, die zu diesem Verhaltensmuster beitragen. Allerdings ist das MAOA-System das bisher am besten untersuchte System, um diese Zusammenhänge zu diskutieren. Auch strukturell brachte der Einsatz bildgebender Verfahren neue Erkenntnisse: So gibt es offensichtlich Zusammenhänge zwischen einer geringen MAOA-Aktivität, erhöhten Aktivitäten in der Amygdala (paariger Mandelkern des limbisches Systems, beteiligt an der Verarbeitung emotionaler Zustände wie Angst und Furcht) und einer verminderten Aktivität des ventromedialen präfrontalen Cortex, der eine wichtige Rolle bei der Hemmung emotionaler Reaktionen spielt. Die Verbindung zwischen den beiden Gehirnregionen erfolgt durch den anterioren *Gyrus cinguli*, der an der Impulskontrolle und an der Verarbeitung von Emotionen beteiligt ist. ◻ Abb. 15.42 zeigt eine stark vereinfachte Darstellung dieser Zusammenhänge, die inzwischen aber auch schon Eingang in Gerichtsverfahren bei Gewaltverbrechen gefunden haben (Baum 2011).

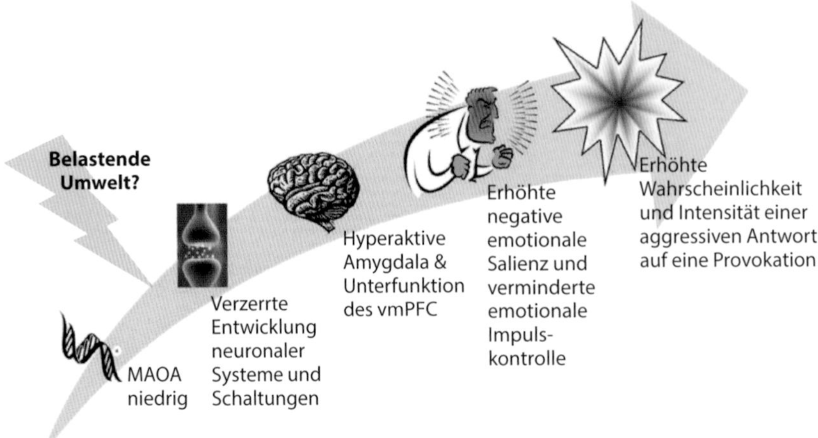

Abb. 15.42 Mechanismus der *MAOA*-Varianten mit niedriger Aktivität und ihre Auswirkungen auf aggressives Verhalten. Die Anwesenheit einer *MAOA*-Variante mit niedriger Aktivität führt zu einer leichten Verzerrung in der Entwicklung des neuronalen Systems, was dann zu einer überaktiven Amygdala und zu einer Unterfunktion des ventromedialen präfrontalen Cortex (vmPFC) als Antwort auf emotionale Reize führt. Dieses veränderte Aktivierungsmuster kann dann zu einer überhöhten emotionalen Salienz mit verminderter Impulskontrolle beitragen. Dadurch entsteht die Gefahr, dass provokative Reize wesentlich provokativer erscheinen und zu einer erhöhten Wahrscheinlichkeit und Intensität der Antwort beitragen. Es gibt Hinweise, dass belastende Umwelteinflüsse (*Blitz*) die dargestellten Mechanismen verstärken. (Nach Baum 2011, mit freundlicher Genehmigung)

Die unterschiedlichen Methylierungsmuster des *MAOA*-Promotors sind nur *ein* Beispiel, um die Konzentrationen von Neurotransmittern zu regulieren. Neurotransmitter werden an der Synapse von entsprechenden Rezeptoren aufgenommen; für Serotonin kennen wir insgesamt sieben Rezeptoren. Auch hier gibt es durch verschiedene Untersuchungen Hinweise darauf, dass Polymorphismen in den Genen *HTR1A* und *HTR1B* (engl. *5-hydroxytryptamine [serotonin] receptor 1A/B*; OMIM 109760 und 182131) mit aggressivem Verhalten assoziiert sind. Ähnliches gilt für das Gen *SLC6A4*, das für den Serotonin-Transporter codiert (älteres Gensymbol: *SERT*; OMIM 182138); der Serotonin-Transporter ist dafür verantwortlich, dass Serotonin schnell aus dem synaptischen Spalt entfernt und wieder in die präsynaptische Zelle aufgenommen wird. Wir kennen beim Menschen viele Polymorphismen, die mit Angstverhalten (▶ Abschn. 14.3.1), aber auch mit aggressivem Verhalten assoziiert sind.

Wenn wir das serotonerge System betrachten, dann ist natürlich neben dem Abbau und dem Transport auch die Synthese des Serotonins ein wichtiger Bestandteil. Für den ersten und wichtigsten Schritt sind die Tryptophan-Hydroxylasen zuständig; sie werden von zwei Genen codiert (beim Menschen *TPH1* und *TPH2*; OMIM 191060 und 607478), wobei *TPH2* überwiegend im Gehirn exprimiert wird. Mit Mutationen und Polymorphismen im *TPH2*-Gen sind auch Änderungen von vielen verschiedenen neurologischen Merkmalen verbunden, darunter auch Merkmale aggressiven Verhaltens. Interessant ist auch hier der Blick zur Maus: Innerhalb der verschiedenen Wildtyp-Stämme der Maus gibt es einen Polymorphismus im *Tph2*-Gen, C1473G, der zu deutlichen Unterschieden im Serotoninspiegel und im Verhalten führt. Das C-Allel kommt unter anderem in den Stämmen C57BL/6 und 129S1/SvJ vor; in den Stämmen BALB/c und DBA/2 finden wir dagegen nur das G-Allel. Das G-Allel bewirkt eine Reduktion der Serotonin-Synthese um 40–70 % und damit eine Verminderung der Serotoninkonzentration um 40 %. Diese Stämme sind auch weniger aggressiv (aber ängstlicher) als C57BL/6J und 129S1/SvJ. Wenn man nun das G-Allel in C57BL/6J-Mäuse einführt, so sinkt zwar die Serotonin-Synthese auf das BALB/c-Niveau ab, aber der Serotoninspiegel bleibt gleich – was deutlich zeigt, dass es zusätzliche, kompensatorische Mechanismen bei der Regulation der Serotonin-Synthese gibt.

Für eine detaillierte Übersicht über den Zusammenhang des Serotonin-Systems mit aggressivem Verhalten sei der interessierte Leser auf die Arbeit von Pavlov et al. (2012) verwiesen. Es fällt in diesem Zusammenhang allerdings auf, dass das serotonerge System in engem Zusammenhang mit Angstverhalten steht, das wir ausführlich im ▶ Abschn. 14.3.1 besprochen haben. Insofern können aggressive Verhaltensweisen – zumindest insoweit sie mit dem serotonergen System in Zusammenhang stehen – nicht isoliert von Angst gesehen werden. Abb. 15.43 fasst diesen Zusammenhang auf der Basis einer *Tph2*-Nullmutante der Maus zusammen.

Ein zweiter Bereich, der mit Aggression immer wieder in Verbindung gebracht wird, ist **Stress**. Dieser Gedanke folgt der Hypothese, dass Störungen in der Regulation der emotionalen Balance zu impulsiver Aggression führen können. Der Signalweg von Stress schließt dabei den Hypothalamus, die Hypophyse und die Nebennierenrinde ein; die Aktivitäten dieses Signalweges werden häufig durch die Bestimmung von Cortisol charakterisiert.

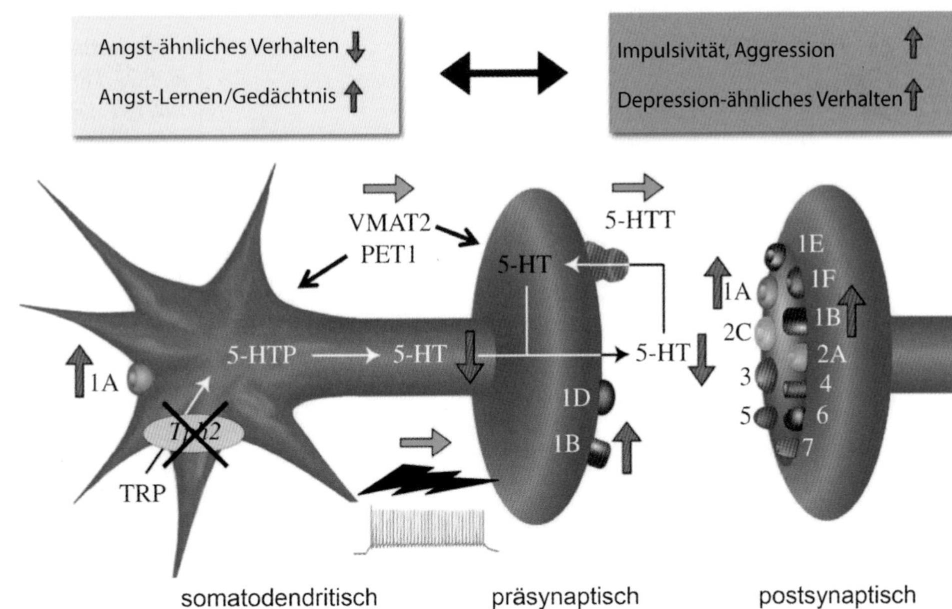

Abb. 15.43 Verhaltensänderungen bei *Tph2*-Nullmutanten der Maus als Folge von Veränderungen der Serotoninkonzentration im Gehirn. Das Ausschalten des Gens der Tryptophan-Hydroxylase (*Tph2*) führt zu einem Absinken der Serotoninkonzentration (5-HT, 5-Hydroxytryptamin) und einer Zunahme der Serotinin-Rezeptoren (1A etc.). Die Aktivitäten des Serotonin-Transporters (5-HTT) und des vesikulären Monoamin-Transporters (VMAT2) bleiben unverändert. TRP: Tryptophan; 5-HTP: 5-Hydroxytryptophan. (Nach Lesch et al. 2012, mit freundlicher Genehmigung)

Bei diesen Messungen muss natürlich die zirkadiane Schwankung, aber auch das Alter (bei Jugendlichen auch der Grad der sexuellen Reife) beachtet werden. Häufig ist ein geringer Cortisolspiegel im Speichel bei männlichen Jugendlichen mit erhöhter Aggressivität verbunden; allerdings gibt es dazu auch gegenteilige Untersuchungen (Pavlov et al. 2012). Eine Assoziation mit Polymorphismen in den oben erwähnten Genen bzw. deren Promotoren in Bezug auf aggressives Verhalten wird diskutiert (Craig und Halton 2009). Außerdem gibt es deutliche Hinweise auf veränderte Methylierungsmuster in Promotoren einiger Gene (*AVPR1A*, *DRD1*, *GRM5*, *HTR1D*, *SLC6A3*; Provençal et al. 2014).

Ein wichtiger Aspekt in diesem Kontext ist jedoch die offensichtliche **Geschlechtsabhängigkeit** aggressiven Verhaltens. Unabhängig von den einzelnen Zahlen im Detail stimmen alle Kriminalstatistiken darüber überein, dass weitaus mehr (junge) Männer als Frauen wegen Gewalttaten verurteilt werden. Deswegen wird häufig das männliche Geschlechtshormon Testosteron mit Aggression in Verbindung gebracht; große epidemiologische Studien mit den entsprechenden Kontrollen (Alter, Geschlechtsentwicklung, Tageszeit der Probennahme etc.) zeigen jedoch nur einen geringen Einfluss von Testosteron, wenn er überhaupt messbar ist.

Dennoch ist es lohnenswert, sich die Genetik des Androgen-Rezeptors (der Rezeptor des Testosterons) anzusehen. Das Gen für den Androgen-Rezeptor (Gensymbol: *AR*; OMIM 313700) liegt auf dem langen Arm des X-Chromosoms. Das erste Exon des *AR*-Gens enthält zwei Trinukleotid-Wiederholungselemente: ein CAG-Element, das für einen Polyglutamin-Bereich codiert, und ein GGC-Element, das für einen Polyglycin-Bereich codiert. Wir kennen solche Trinukleotid-Wiederholungselemente aus der Diskussion über dynamische Mutationen (▶ Abschn. 10.3.3). Im Fall des Androgen-Rezeptors kommt die GGC-Wiederholungseinheit etwa 4- bis 36-mal vor; eine deutliche Verlängerung (40–72 Wiederholungseinheiten) ist die Ursache für eine Erkrankung der Motoneurone in Männern (Kennedy-Erkrankung). Ein längerer Polyglycin-Bereich hemmt dabei die Funktion des Rezeptors als Transkriptionsfaktor, wenn er mit dem gebundenen Testosteron in den Zellkern transportiert wird. Die andere Wiederholungseinheit, CAG, ist für unsere Betrachtung des Aggressionspotenzials wichtiger. Ursprünglich wurde diese Assoziation bei schwedischen Männern beobachtet; später konnte sie in vielen europäischen und asiatischen Populationen bestätigt werden. Leider gibt es bisher keine funktionellen Untersuchungen dazu.

In diesem Zusammenhang sei auch darauf hingewiesen, dass sowohl das Gen für den Androgen-Rezeptor als auch die Gene für die Monoamin-Oxidasen auf dem X-Chromosom liegen. Wenn es sich bestätigt, dass die oben diskutierten Polymorphismen eine Bedeutung für aggressives Verhalten haben, kann sich darüber auch die unterschiedliche Häufigkeit aggressiven Verhaltens bei Männern und Frauen erklären lassen: Frauen sind für die Polymorphismen in der Regel heterozygot; damit haben die Polymorphismen natürlich keinen so massiven Einfluss auf den Phänotyp wie bei den hemizygoten Männern, die nur jeweils eine Kopie des X-Chromosoms zur Verfügung haben. Insofern könnte man Aggression in diesem Kontext formal als ein rezessives, X-gekoppeltes Merkmal beschreiben.

Wir haben oben schon auf besondere Methylierungsmuster bei aggressiven Menschen verwiesen. Die Ar-

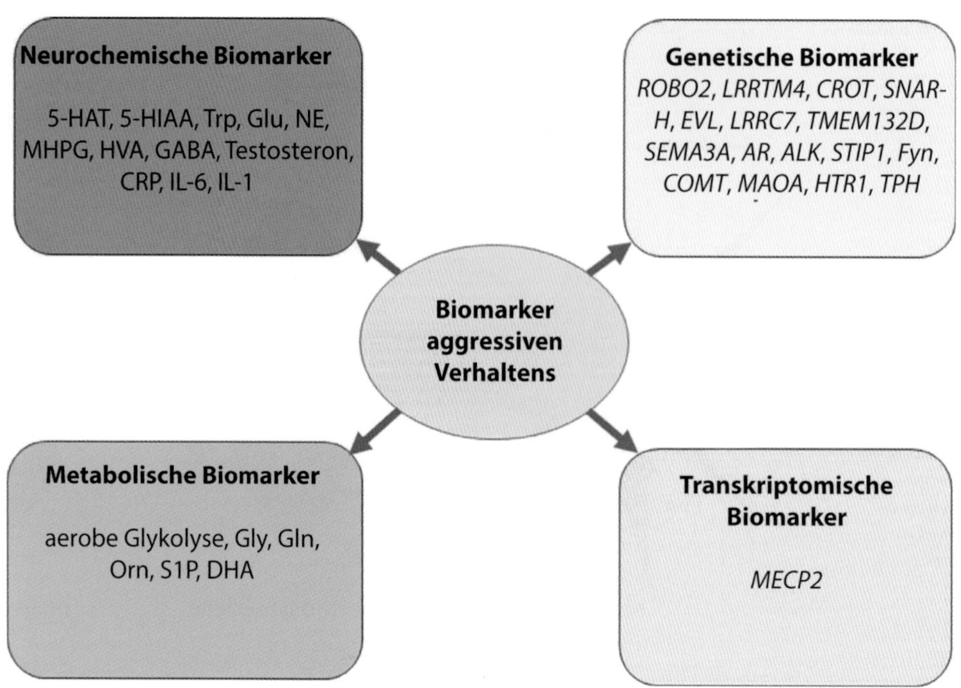

■ **Abb. 15.44** Zusammenfassung der am aussagekräftigsten neurochemischen, genetischen, metabolomischen und transkriptomischen Marker aggressiven Verhaltens. 5-HT: 5-Hydroxytryptamin (Serotonin); 5-HIAA: 5-Hydroxyindolylessigsäure (Metabolit des Serotonins); Trp: Tryptophan; Glu: Glutamin; NE: Norepinephrin (Noradrenalin); MHPG: 3-Methoxy-4-hydroxyphenylglycol (Metabolit von Noradrenalin); HVA: Homovanillinsäure (Abbauprodukt von Dopamin); GABA: γ-Aminobuttersäure; CRP: C-reaktives Protein; IL-1, IL-6: Interleukin 1 bzw. 6; *ROBO2*: engl. *roundabout, axon guidance receptor, homolog 2*; *LRRTM4*: engl: *Leucine-rich repeat transmembrane neuronal protein 4*; *SNAR-H*: engl. *small ILF3/NF90-associated RNA*; *EVL*: engl: *Enah/Vasp-like*; *CROT*: Carnitin-Oktanyltransferase; *TMEM132D*: Transmembranprotein 132D; *LRRC7*: engl: *leucine rich repeat containing 7*; *SEMA3A*: Semaphorin 3A; *ALK*: anaplastische Lymphomkinase; *STIP1*: Stress-induziertes Phosphoprotein 1; *FYN*: Tyrosinkinase (Protoonkogen); *COMT*: Catechol-O-Methyltransferase; *MAOA*: Monoamin-Oxidase A; *HTR1*: Serotonin-Rezeptor 1; *TPH*: Tryptophanhydroxylase; Gly: Glycin; Gln: Glutamin; Orn: Ornithin; S1P: Sphingosin-1-Phosphat; DHA: Docosahexaensäure; *MECPH2*: Methyl-CpG-Bindeprotein 2. (Nach Manchia et al. 2019, mit freundlicher Genehmigung)

15

beitsgruppe von Moshe **Szyf** (Montreal) hat aber – im Gegensatz zu vielen anderen Studien, die sich nur auf Männer beziehen – auch Frauen in die Untersuchungen eingeschlossen. Dabei stellte sich heraus, dass 31 Gene bei Männern und Frauen ein übereinstimmendes Methylierungsmuster zeigen (z. B. das Gen für das Zinkfinger-Protein 336, *ZNF336*). Es gibt aber auch Gene, die offensichtlich geschlechtsspezifisch methyliert werden; dazu gehören die Gene für die Tryptophan-Hydroxylase 2 (*TPH2*), für das Protein, das an das Corticotropin-freisetzende Hormon bindet (*CRHBP*), und für den Glucocorticoid-Rezeptor (*NR3C1*) – alle sind bei chronisch aggressiven weiblichen Probanden untermethyliert (Guillemin et al. 2014).

❶ Aggressives Verhalten ist in weiten Bereichen von der Aktivität des serotonergen Systems sowie von Angst beeinflusst; entsprechende Genvarianten sind bei Mäusen und Menschen bekannt. Ein besonders wichtiges Gen ist *MAOA*; ein weiteres Gen betrifft den Androgen-Rezeptor.

Aus Zwillingsstudien und anderen hier dargestellten Untersuchungen wird deutlich, dass aggressives Verhalten ein komplexes System ist. Deswegen sind eigentlich genomweite Assoziationsstudien (GWAS; ▶ Abschn. 13.1.4) besonders gut geeignet, um die genetischen Komponenten in einem solchen komplexen System zu identifizieren. Allerdings haben viele bisherigen GWAS einen zu geringen Umfang, so dass die Ergebnisse nur erste Anhaltspunkte geben können. Viele Studien untersuchten aggressives Verhalten auch als Teil anderer Erkrankungen, wie z. B. der Aufmerksamkeitsdefizit-Störung mit Hyperaktivität (ADHD), Autismus oder Schizophrenie. Aufgrund dieser heterogenen Ansätze ist es nicht verwunderlich, dass die Ergebnisse noch nicht konsistent sind. Vielmehr muss die Vielzahl von Daten weiter im Detail untersucht werden. Dennoch sind einige der so gewonnenen Kandidatengene biologisch plausibel. ■ Abb. 15.44 zeigt eine Zusammenfassung der Gene, die in den verschiedenen GWA-Studien gefunden wurden, ergänzt durch einige wichtige Kandidatengene aus vertieften Untersuchungen; einige davon hatten wir oben bereits besprochen. Ergänzt wird das Bild durch einige neurochemische, metabolische und transkriptomische Biomarker, die bei aggressivem

Verhalten gegenüber unauffälligem Verhalten verändert sind. Bei den transkriptomischen Markern ist das *MECP2*-Gen aufgeführt, das wir bei der Diskussion des Rett-Syndroms (▶ Abschn. 14.4.1) kennengelernt haben. Hier ist in einigen Studien eine Erhöhung der *MECP2*-Expression mit erhöhter Aggression verbunden. Unter den neurochemischen Biomarkern finden wir vor allem Metabolite von Neurotransmittern (Serotonin, Dopamin, Noradrenalin), aber auch Marker für Entzündungen (C-reaktives Protein und Interleukine 1 und 6). Das ist insofern bemerkenswert, weil diese erhöhten Werte in verschiedenen Studien und in verschiedenen Proben (Plasma, Zerebrospinalflüssigkeit, Speichel) nachgewiesen wurden. Die metabolischen Biomarker basieren auf experimentellen Daten bei Versuchstieren und auf Hinweisen aus dem Urin von Patienten, die im Rahmen anderer Erkrankungen auch aggressives Verhalten zeigten. Insgesamt bieten diese Daten erste Anhaltpunkte für genetische und biochemische Mechanismen, um Aggression zu erklären – sie bedürfen aber noch intensiver Untersuchungen im Detail.

Wir haben in den ersten Teilen dieses Kapitels an vielen Stellen auf die Besonderheiten des Menschen in der Evolution hingewiesen und immer wieder auch nach Genen gesucht, die eine positive Selektion aufweisen. Von den Genen, die wir im Zusammenhang mit aggressivem Verhalten diskutiert haben, ist keines für eine positive Selektion in der Primatenlinie oder in der Linie der menschlichen Evolution bekannt. Deswegen ist davon auszugehen, dass aggressives Verhalten von Menschen in ähnlicher Weise gesteuert wird, wie wir das auch bei Tieren kennen.

Ein interessantes Beispiel der modernen Aggressionsforschung ist der Zebrafisch (*Danio rerio*). Zebrafische zeigen ihre Aggression durch das Aufrichten der Flossen, durch schnelles Schwimmen für eine kurze Zeit, durch das Schlagen mit dem Schwanz und durch den Versuch, einen Rivalen zu beißen. Man kann Aggression sowohl in männlichen als auch in weiblichen Fischen beobachten, abhängig von den Zuchtbedingungen und der Komplexität des Lebensraums. Daraus kann man zunächst schließen, dass Aggression beim Zebrafisch unter genetischer Kontrolle steht. In diesem Kontext untersuchte die Gruppe von Laure **Bally-Cuif** (Gif-sur-Yvette) *spiegeldanio* (*spd*), eine rezessive Zebrafisch-Mutante, die durch eine Mutation im *Fgfr1a*-Gen charakterisiert ist und zu einer verminderten Funktion des Rezeptors 1a für Fibroblasten-Wachstumsfaktoren führt. Während der täglichen Betreuung der Fische wurde beobachtet, dass die *spd*-Mutanten eine verstärkte Neigung zeigten, andere Fische zu töten oder zu beißen. Der Name „spiegeldanio" drückt dabei aus, dass diese Mutanten auch ihr Spiegelbild attackierten, wenn sie es an der Wand des Aquariums entdeckten. Das aggressive Verhalten der homozygoten *spd*-Mutanten kann durch eine nicht-sedierende Dosis von Tacrinhydrochlorid vermindert werden; Tacrinhydrochlorid hemmt die Histamin-N-Methyltransferase (Gensymbol: *hnmt*), die in den *spd*-Mutanten hochreguliert ist. Die HNMT beendet im Gehirn die Wirkung von Histamin – die Arbeit weist damit auf einen weiteren Neurotransmitter hin, der an der Entstehung aggressiven Verhaltens beteiligt ist (Norton und Bally-Cuif 2010).

15.2.4 Genetische Aspekte der Geruchswahrnehmung

Obwohl wir Menschen über einen hervorragenden Geruchssinn verfügen, trauen wir unserer Nase nicht wirklich. Außerdem ist die Wahrnehmungsschwelle für Gerüche sehr niedrig – und dennoch werden wir uns nur außergewöhnlich hohen Konzentrationen an Geruchsstoffen spontan bewusst. Das ist ganz im Gegensatz zu den optischen Eindrücken, wie wir im ▶ Abschn. 15.2.5 sehen werden. Und vielleicht gelingt es uns bei dem Vergleich der beiden Sinnessysteme, eine Ahnung von dem

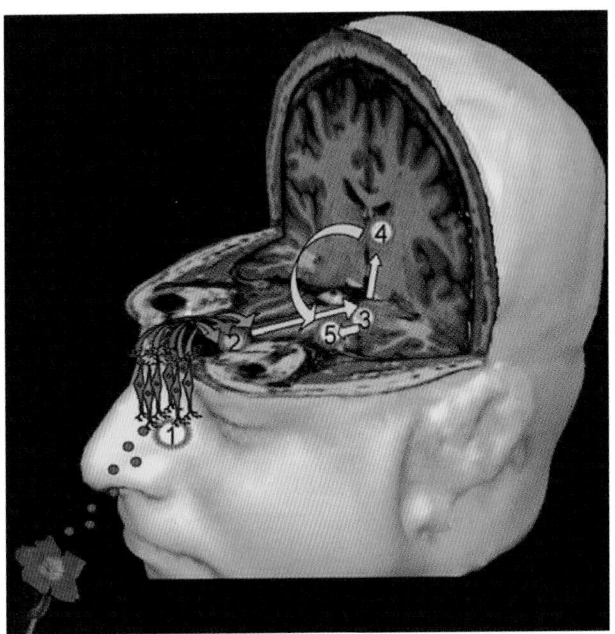

Abb. 15.45 Das Geruchssystem des Menschen. Geruchsstoffe werden im Riechepithel durch Rezeptoren aufgefangen, und die entsprechenden Signale werden durch bipolare Riechzellen übermittelt (1). Das zentrale Axon der einzelnen Riechzellen gelangt in Form der Riechfäden zum Riechkolben (*Bulbus olfactorius*, 2). Die Gesamtheit der Riechfäden wird als Riechnerv (*Nervus olfactorius*) bezeichnet. Von hier wird die Information über den olfaktorischen Strang (*Tractus olfactorius*) zur primären Riechrinde weitergeleitet (*Cortex piriformis*, 3). Von hier wird die Information in verschiedene Zentren des Gehirns weitergeleitet, wobei die direkte oder indirekte Route (über den Thalamus, 4) zum orbitofrontalen Cortex (5) erwähnenswert ist. (Nach Sela und Sobel 2010, mit freundlicher Genehmigung)

zu erhaschen, was uns Menschen ganz besonders auszeichnet: das Bewusstsein.

Das menschliche Geruchssystem folgt einer weitverbreiteten anatomischen Grundordnung, die aus drei Stufen der Signalverarbeitung besteht: dem Riechepithel, dem Riechkolben und der Riechrinde (eine schematische Darstellung zeigt ◘ Abb. 15.45). Das System ist natürlich paarig angelegt; lange Zeit war man der Ansicht, dass das System nur ipsilateral arbeitet, aber neuere Befunde legen nahe, dass die Verbindung zur Riechrinde auch kontralateralen Pfaden folgt (vgl. dazu das visuelle System, ◘ Abb. 14.2).

Bevor allerdings die Information über einen Geruchsstoff an das Gehirn weitergeleitet werden kann, muss er zunächst erkannt werden. Dies geschieht durch spezifische Rezeptoren im Riechepithel der Nase – der Mensch besitzt ungefähr 400 verschiedene solcher Rezeptoren. Dabei handelt es sich um Membranproteine mit sieben Transmembrandomänen, die an ihrer cytosolischen Seite mit einem G-Protein gekoppelt sind. Nach der Bindung des Geruchsstoffs an den Rezeptor wird über cAMP als zweites Signal in der Riechzelle eine Reaktionskette in Gang gesetzt, die schließlich zur Depolarisierung der Zelle führt und ein neuronales Signal erzeugt. Von diesen neuronalen Riechzellen besitzt der Mensch etwa 12 Mio. in jedem Riechepithel; diese Riechneurone unterscheiden sich von typischen Neuronen dadurch, dass sie sich lebenslang ständig regenerieren. Üblicherweise exprimiert jede Riechzelle nur einen Rezeptor.

Der menschliche Geruchssinn wird oft unterschätzt: So können Menschen im Schweiß ihrer Mitmenschen den Duft von Furcht erkennen oder Geschlechtspartner aufgrund ihres Körpergeruchs auswählen. Ethylmercaptan (auch als Ethanthiol bezeichnet) wird noch in Konzentrationen von 0,2–0,009 ppb (*parts per billion*) erkannt und deshalb Flüssiggas als Warnstoff beigemischt. Die niedrigste Schwelle des Menschen für das Erkennen eines Geruchsstoffes liegt bei 0,77 ppt (*parts per trillion*) für Isoamylmercaptan (Synonym: Isopentanethiol).

Verantwortlich für das Erkennen der Geruchsstoffe sind die entsprechenden Rezeptoren. Wir wollen uns deshalb im Folgenden den Genen für diese Chemorezeptoren und ihrer Evolution zuwenden. Die Gene für **olfaktorische Rezeptoren** (OR) bilden insgesamt eine der größten Genfamilien, aber jede Spezies verfügt neben einer „Grundausstattung" an olfaktorischen Rezeptoren auch über einen jeweils spezifischen Satz, sodass die Zahl an unterschiedlichen Rezeptoren sehr unterschiedlich ist: Die Maus verfügt beispielsweise über 1000 verschiedene olfaktorische Rezeptoren, wohingegen der Mensch knapp 400 besitzt. Die Gene für die olfaktorischen Rezeptoren bestehen typischerweise aus einem codierenden Exon und enthalten im Durchschnitt 310 Codons. Diese hochkonservierte Genstruktur spricht dafür, dass die individuellen Gene durch eine Vielzahl von Duplikationen entstanden sind. Die großen Unterschiede in der Zahl der Rezeptoren zwischen den einzelnen Spezies legen umgekehrt auch die Vermutung nahe, dass diese Gene auch sehr leicht stillgelegt werden können. ◘ Abb. 15.46a zeigt den Stammbaum für verschiedene Klassen von Genen für olfaktorische Rezeptoren. Wir sehen dabei, dass die Zahl der stillgelegten Gene (Pseudogene) oft die Zahl der funktionellen Gene übersteigt. In ◘ Abb. 15.46b ist noch einmal die Entwicklung der olfaktorischen Rezeptorgene innerhalb der Primatenevolution gezeigt. Dabei ist offensichtlich, dass auf jeder Evolutionsstufe olfaktorische Gene stillgelegt werden, sodass von den beim letzten gemeinsamen Vorfahren berechneten rund 528 Genen heute etwa 200–300 aktiv sind – andererseits wurden auch neue Gene gebildet, sodass die verschiedenen Primaten über etwa 300–400 verschiedene aktive olfaktorische Rezeptoren verfügen. ◘ Abb. 15.46c zeigt die Gewinn- und Verlustrechnung für olfaktorische Rezeptorgene im paarweisen Vergleich ausgewählter Primaten.

Neben diesen olfaktorischen Rezeptoren kennen wir noch zwei weitere Familien von Chemorezeptoren, die Familie der **vomeronasalen Rezeptoren** (V1R und V2R) und die **Rezeptoren für Spurenamine** (engl. *trace amine-associated receptor*, TAAR). Die Rezeptoren für TAARs sind die kleinste Gruppe, die hier zu betrachten ist. Sie erkennen kleine Amine, die durch Decarboxylierung aus Aminosäuren entstehen. Dazu gehören unter anderem β-Phenylethylamin, Isoamylamin oder Trimethylamin – Stoffe, die üblicherweise im Urin vorkommen und unter besonderen Bedingungen (z. B. Stress) vermehrt gebildet werden; auch geschlechtsspezifische Konzentrationsunterschiede sind bekannt. Der Mensch besitzt sechs aktive TAARs und drei Pseudogene – zum Vergleich: Der Hund verfügt nur über zwei TAARs.

Von größerer Bedeutung sind aber die vomeronasalen Rezeptoren. Bei vielen Säugetieren ist das vomeronasale System ein zweites Organ, das in der oberen Nasenhöhle (◘ Abb. 15.47) lokalisiert ist und **Pheromone** erkennen kann. Pheromone sind Signalstoffe und dienen der Kommunikation innerhalb einer Art. Das vomeronasale Organ (VNO) projiziert seine Neurone (in der Maus) zunächst in den Riechkolben und von hier in den Hypothalamus; dort beeinflusst es neuroendokrine Funktionen und Verhalten. Die anatomischen Berichte über das Vorhandensein eines vomeronasalen Organs bei Menschen sind widersprüchlich; es hat sich aber eine Übereinstimmung entwickelt, dass einige erwachsene Menschen vomeronasale Hohlräume haben, allerdings ohne neurales Gewebe. Entsprechend verfügt der Mensch auch nicht über einen akzessorischen *Bulbus olfactorius*, und viele Gene mit vomeronasalen Funktionen sind Pseudogene. Dennoch wächst die Erkenntnis, dass manche Altweltaffen (darunter auch der Mensch) Signalmoleküle verwenden können, um Verhaltensweisen zu beeinflussen –

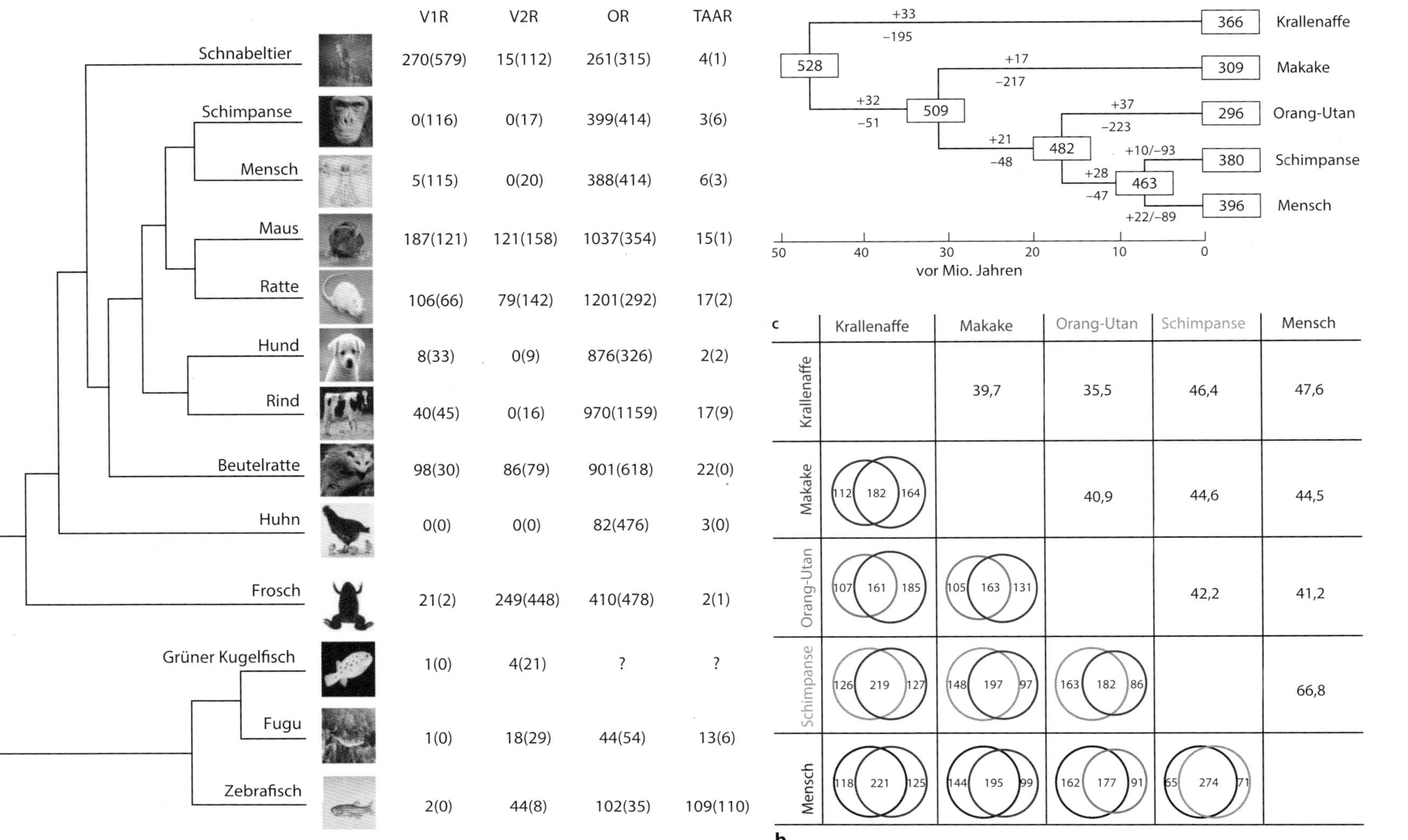

Abb. 15.46 Evolution des Repertoires an Geruchsrezeptoren. **a** Der Stammbaum zeigt die Phylogenie von 13 Wirbeltierarten: acht Säuger (Schnabeltier, Schimpanse, Mensch, Maus, Ratte, Hund, Rind und Beutelratte), ein Vogel (Huhn), ein Amphibium (Frosch: *Xenopus tropicalis*) und drei Knochenfische (grüner Kugelfisch, Fugu: *Takifugu rupripes* und Zebrafisch). Die Zahlen für die vomeronasalen Rezeptorgenfamilien V1R und V2R, die Geruchsrezeptoren (OR) sowie die Rezeptoren für Spurenamine (TAAR) sind angegeben, dazu in *Klammern* die Zahlen der nichtaktiven Gene. **b** Veränderungen der Zahl der Gene für Geruchsrezeptoren bei Primaten. Der letzte gemeinsame Vorfahre verfügte noch über etwa 528 Gene für Geruchsrezeptoren; der Verlust bzw. Gewinn an funktionellen Genen für Geruchsrezeptoren ist an jeder Verzweigung angegeben. **c** Paarweiser Vergleich des Repertoires an Geruchsrezeptoren zwischen fünf Primaten. Das Venn-Diagramm im *linken* Bereich zeigt die Zahl der orthologen Gene an, die beide Spezies gemeinsam haben oder die jeweils nur einer der beiden Spezies zugeordnet werden (*farbcodiert*). Die Zahlen im *rechten* Bereich geben den prozentualen Anteil der orthologen Gene an, die in beiden Spezies gemeinsam vorhanden sind (im Vergleich zur Gesamtzahl aller Gene der beiden Spezies). (**a** nach Tirindelli et al. 2009, mit freundlicher Genehmigung; **b, c** nach Matsui et al. 2010, mit freundlicher Genehmigung der Autoren)

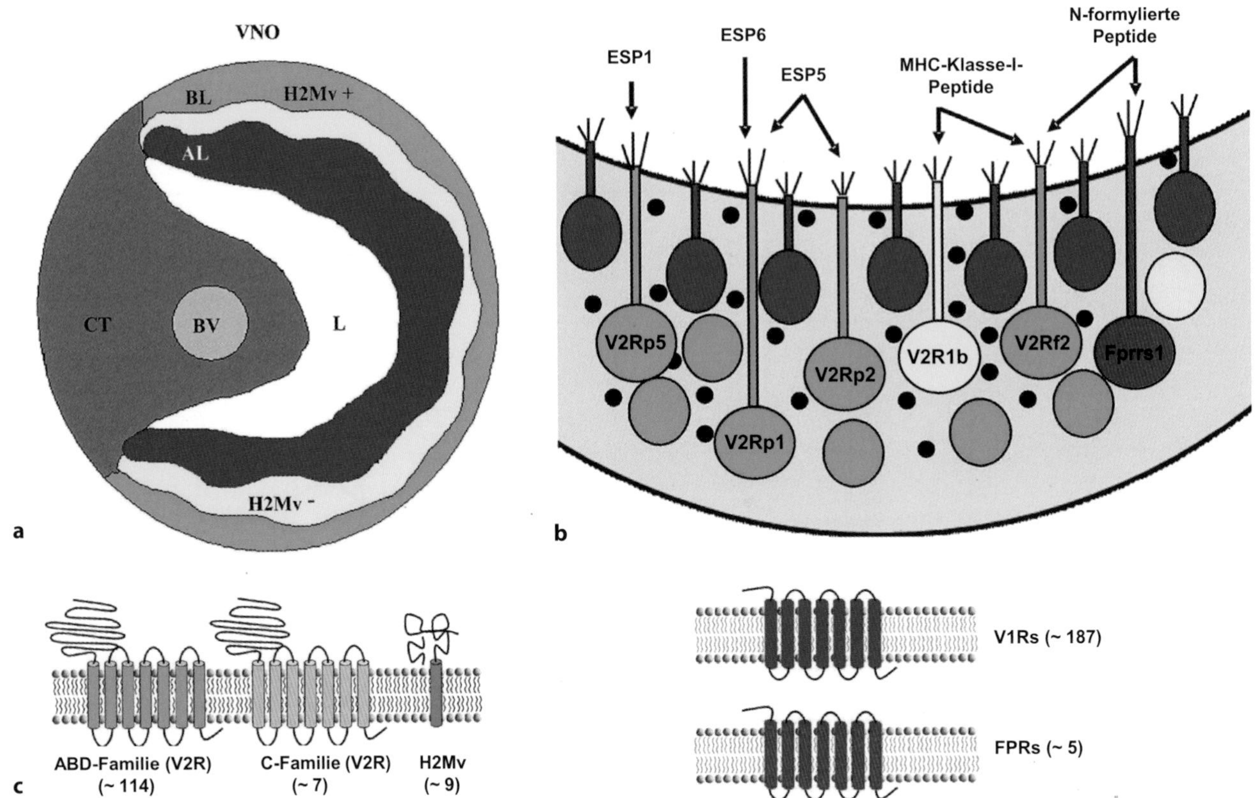

Abb. 15.47 Das vomeronasale Organ (VNO) der Maus und seine Rezeptoren im Epithel. **a** Schematischer koronaler Schnitt durch das VNO. AL: apikale Schicht des sensorischen Epithels (*blau*); BL: basale Schicht (*gelb*/*orange*); BV: Blutgefäß; CT: kavernöses Gewebe; H2Mv$^+$: sensorische Epithelzellen ohne eines der bekannten neun *H2-Mv*-Gene; H2Mv$^-$: sensorische Neurone, die keines der neun *H2-Mv*-Gene exprimieren; L: Lumen. **b** Schematische Darstellung der sensorischen Neurone. Es ist ihre Lage im basalen sensorischen Epithel gezeigt sowie ihre Liganden. **c** Schematische Darstellung der Rezeptoren, die im basalen Teil des sensorischen Epithels des VNO exprimiert werden. FPR: Formylpeptid-Rezeptor; H2Mv: Haupthistokompatibilitätskomplex Klasse Ib; V1R, V2R: vomeronasaler Rezeptor 1 bzw. 2. (Nach Pérez-Gómez et al. 2014, mit freundlicher Genehmigung der Autoren)

ähnlich wie wir das von Verhaltensweisen kennen, die bei Nagern über das vomeronasale Organ vermittelt werden.

Signalmoleküle, die das vomeronasale Organ erreichen, müssen dort von Rezeptoren erkannt werden. In der Maus kennen wir drei Familien von Rezeptorgenen, die für die schon erwähnten vomeronasalen Rezeptoren 1 und 2 (V1R und V2R) codieren sowie für Rezeptoren, die formylierte Peptide (engl. *formyl peptide receptor*, FPR) erkennen; alle Rezeptoren sind mit G-Proteinen gekoppelt. Es häufen sich die Hinweise, dass das vomeronasale System im Wesentlichen auf soziale Reize abgestellt ist und damit eine speziesspezifische Selektion durchläuft; seine Evolution ist damit deutlich schneller als die des olfaktorischen Systems. Die V1R-Familie zeigt dabei eine besondere Heterogenität: Bei 37 Säugetierspezies sind 80 % der V1R speziesspezifisch. Ursache dafür sind offensichtlich eine schnelle Abfolge von Genduplikationen, Genkonversion, speziesspezifische Expansionen, Deletionen und die Entstehung von Pseudogenen – man kann das auch als „genomische Drehtür" bezeichnen. Der Mensch besitzt insgesamt 116 V1R-Gene, davon codieren aber nur drei für intakte Rezeptoren. Der Schimpanse verfügt über eine ähnliche Zahl von V1R-Genen (106), davon codieren noch vier für intakte Rezeptoren. Diese evolutionäre Entwicklung zeigt, dass der Geruchssinn für uns Menschen gegenüber dem visuellen System deutlich an Bedeutung verloren hat – aber eben noch nicht vollständig ausgelöscht ist. Auch die V2R-Familie ist recht heterogen: Die Maus zeigt die höchste Zahl an V2R-Genen. Auf der anderen Seite des Spektrums haben Hunde, Kühe, Menschen, Schimpansen und Makaken nur noch wenige V2R-Gene, von denen aber keines funktionell aktiv ist. Ausführlichere Darstellungen der Evolution des vomeronasalen Organs, der dort verwendeten Rezeptoren, aber auch der Synthese der Liganden finden sich bei Ibarra-Soria et al. (2014), Yoder und Larsen (2014) sowie Pérez-Gómez et al. (2014).

Wir haben eingangs auf einen Unterschied zwischen dem Geruchssinn und dem Gesichtssinn hingewiesen: Er liegt in der bewussten Wahrnehmung. Gerüche nehmen wir bewusst erst dann war, wenn sie in einer sehr hohen Konzentration vorliegen oder wenn wir etwas riechen wollen. Wir haben außerdem die sehr niedrige Geruchsschwelle für Ethylmercaptan erwähnt (0,009 ppb); allerdings wird es als Warnstoff für Propan in einer Konzentration von 0,5 ppm (*parts per million*) eingesetzt – das ist knapp 60.000-fach über dem Schwellenwert (man muss dabei aber natürlich bedenken, dass der Geruchsstoff beim Austritt in der Umgebungsluft verdünnt wird).

Des Weiteren haben wir oben darauf hingewiesen, dass die Weiterleitung des Geruchssignals im Wesentlichen zum Thalamus und zum orbitofrontalen Cortex verläuft (◘ Abb. 15.45). Diese relativ einfache anatomische Struktur des Geruchssinns ermöglicht keine weitere Verschaltung im Gehirn und auch keinen Abgleich mit anderen sensorischen Systemen, die jeweils in höheren Gehirnregionen verarbeitet werden. Von daher ist es im Moment schwierig, ein neuroanatomisches Korrelat für die Bewusstwerdung eines Geruchs zu beschreiben – und viele physiologische Antworten auf die Erkennung eines Geruchs laufen eben auch unbewusst ab. Eine ausführliche Darstellung dieses interessanten Phänomens findet sich bei Merrick et al. (2014).

Die Leistungsfähigkeit des menschlichen Geruchssinns ist weitgehend abhängig von den entsprechenden Rezeptoren in der Nasenschleimhaut. In der Evolution der Primaten hat jede Spezies Gene für Geruchsrezeptoren stillgelegt, es sind aber auch neue entstanden. Der Mensch verfügt deshalb (wie andere Primaten auch) über knapp 400 Geruchsrezeptoren, wovon einige spezifisch für die menschliche Entwicklungslinie sind.

15.2.5 Genetische Aspekte des Bewusstseins am Beispiel der Sehbahn

Nachdem wir den Geruchssinn diskutiert haben (▸ Abschn. 15.2.4), wollen wir uns noch einmal dem visuellen System zuwenden, das für den Menschen einen ganz besonderen Stellenwert hat. Wir haben bereits im ▸ Abschn. 14.1.1 einige Aspekte des visuellen Systems besprochen und wollen es jetzt unter dem Gesichtspunkt des Bewusst-Werdens visueller Information betrachten.

Ein „Markenzeichen" des Gehirns der Wirbeltiere ist seine Organisation aufgrund geordneter Topographie, wobei ein bestimmter Satz neuronaler Verbindungen die relative Organisation von Zellen zwischen zwei Regionen bewahrt („topographische Organisation"). Eine derartige topographische Ordnung wird oft in Projektionen von peripheren Sinnesorganen zum Gehirn gefunden; sie scheint aber auch an der anatomischen und funktionellen Organisation höherer Gehirnzentren beteiligt zu sein. Die vergleichende Analyse verschiedener Säugetiere hat gezeigt, dass es Anordnungen cortikaler Felder gibt, die allen Säugern gemein ist. So besitzen alle Säuger primäre und sekundäre sensorische Areale sowie thalamocortikale und cortiko-cortikale Verbindungen. Es sei in diesem Zusammenhang auch erwähnt, dass selbst dann, wenn ein sensorisches System nicht genutzt wird, die entsprechenden cortikalen Felder weiterbestehen, die mit diesem System assoziiert sind. So besitzt der unterirdisch lebende Nacktmull (engl. *mole rat*; Familie Spalacinae) nur noch stark verkleinerte und funktionslose Augen, die von Haut überzogen sind; das visuelle System dieser Tiere wird nur noch für zirkadiane Funktionen benutzt. Dennoch besitzen auch diese Tiere eine Sehbahn und ein primäres visuelles Areal; sie orientieren sich in ihren unterirdischen Gängen anhand des Magnetfeldes („Magnetsinn", siehe auch ▸ Abschn. 14.1.2; Kimchi et al. 2004).

So wird die Evolution der Augen seit Darwins Veröffentlichung *Über den Ursprung der Arten* immer noch diskutiert. Morphologische Vergleiche der Anatomie der Augen insgesamt und der Photorezeptoren im Besonderen führten zunächst zu der Annahme, dass sich die tierischen Augen mehrfach und unabhängig voneinander entwickelt hätten. Neuere **genetische Untersuchungen** machten aber im Gegensatz dazu deutlich, dass die durch *Pax6* eingeleitete Signalkette (◘ Abb. 12.36b) der Augenentwicklung im gesamten Tierreich konserviert ist und dass die tierischen Augen von einem gemeinsamen, einfachen Vorläufer abstammen – dem „Ur-Auge". Dieses Ur-Auge kann einfach aus zwei Zellen bestanden haben – einer Photorezeptorzelle und einer Pigmentzelle. Solch ein primitives „Auge" kann die Richtung erkennen, aus der Licht kommt. Es erlaubt somit Phototaxis und kann auch eine einfache zirkadiane Rhythmik begründen. Wenn man nun die verschiedenen Differenzierungsprogramme vergleicht, die kombinatorischen „Codes" der einzelnen Zelltypen dabei einbezieht, die Regulation der Expression spezifischer Gene beachtet (z. B. der Gene für die verschiedenen Opsin-Proteine in den Photorezeptoren) und den Metabolismus von Neurotransmittern berücksichtigt, kann man die evolutionäre Geschichte des Auges rekonstruieren. Am Beispiel der Retina bedeutet das, dass die Ganglienzellen, die amakrinen Zellen und die horizontalen Zellen unter evolutionären Gesichtspunkten Geschwister sind, die sich aus einer gemeinsamen Vorläuferzelle heraus entwickelt haben, die wohl als Photorezeptorzelle fungierte (Arendt 2003).

Eine mögliche Funktion der oben erwähnten topographischen Organisation könnte darin bestehen, die Verschaltungsgrundlagen für eine präzise 1:1-Verknüpfung zwischen verschiedenen abstrakten kognitiven Repräsentationen zu liefern. Allerdings gibt es neben den 1:1-Verschaltungen, wie wir sie beispielsweise in den retinocollicularen Projektionen kennen, noch weitere

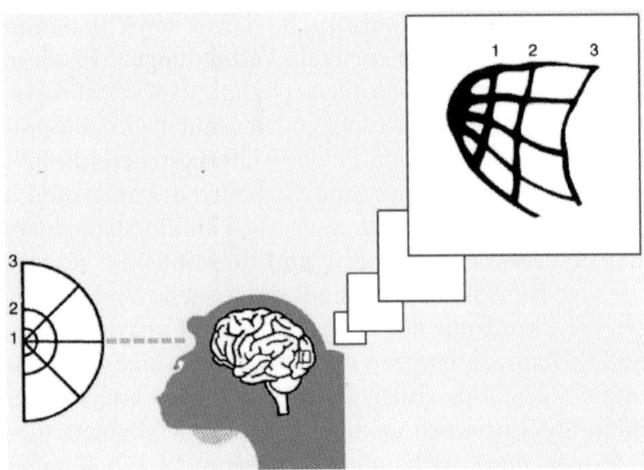

Abb. 15.48 Retinotope Transformation: vom visuellen Reiz zur Aktivierung der Sehrinde (*Area striata*) bei Makaken. Während ein visueller Reiz gegeben wird, werden die Antworten der Sehrinde aufgezeichnet: Die Aktivität der cortikalen Zellen ist systematisch korreliert mit der anatomischen Topographie im visuellen System. 1, 2, 3: ausgewählte Regionen von der Fovea zur Peripherie. (Nach Thivierge und Marcus 2007, mit freundlicher Genehmigung)

„Schaltpläne", z. B. konvergente Verschaltungen („viele zu einem": Konvergenz der olfaktorischen Information im temporalen Cortex), divergente Verschaltungen („einer zu vielen": thalamo-cortikale Afferenzen zu den prämotorischen und supplementär-motorischen Arealen), reziproke Verschaltungen (z. B. cortiko-thalamische Projektionen) und lokal hemmende Verschaltungen (z. B. zwischen den Pyramidenzellen im primären visuellen Cortex). Wegen der besonderen Bedeutung der topographischen (d. h. der „1:1"-Organisation) wollen wir uns ein Beispiel etwas genauer betrachten, nämlich das retinotectale (oder auch retinocolliculare) System.

15

Visuelle Informationen werden zunächst von den Photorezeptorzellen der Retina zu den retinalen Ganglienzellen geleitet; diese sind im Sehnerv gebündelt und verlaufen zum *Chiasma opticum*. Dort ziehen die Nervenfasern der nasalen Retinahälften beider Augen zur gegenüberliegenden Hirnhälfte, während die Fasern der temporalen Retinahälften ungekreuzt bleiben. Über den *Tractus opticus* erreichen etwa 90 % der ursprünglichen retinalen Ganglienzellen den *Nucleus geniculatus lateralis* (Abb. 14.2). Von dort projizieren sie als Sehstrahlung (*Radiatio optica*) in den primären visuellen Cortex (V1–V4). Dabei wird in allen Fällen die Links-rechts- und Oben-unten-Orientierung aufrechterhalten. Detaillierte morphologische Untersuchungen in vielen Organismen zeigen, dass diese topographische Organisation eine gemeinsame Eigenschaft im Tierreich darstellt.

Das „richtige" Auswachsen der beteiligten Nervenzellen wird im Wesentlichen durch verschiedene Ephrine (A und B und ihre Untergruppen) und ihre Rezeptoren (Tyrosinkinasen) reguliert; einige Knock-out-Mutanten der Maus sind zwar bekannt, aber funktionell schwierig zu charakterisieren (in der Regel nur anatomisch; möglicherweise sind die Wirkungen der einzelnen Gene auch redundant). Weitere Spieler sind die Adenylatcyclase (wichtig für die Ephrin-A5-abhängige Zurückentwicklung überzähliger retinaler Axone), *Foxd1* (für die Bildung des *Chiasma opticum*; ▶ Abschn. 14.1.1) und *Foxg1* (am Rett-Syndrom beteiligt; ▶ Abschn. 14.4.1).

Im primären visuellen Cortex (V1) reagiert eine große Zahl der Zellen auf bestimmte räumliche Orientierungen; so feuert eine „einfache Zelle" beispielsweise bei länglichen Mustern (z. B. Balken) an einer bestimmten Position und Orientierung. Dies steht in scharfem Gegensatz zu den Zellen der Retina und auch des *Nucleus geniculatus lateralis*, die keine Orientierungspräferenz haben. Daneben gibt es in V1 aber auch „komplexe Zellen", für die die räumliche Position des Reizes innerhalb des rezeptiven Feldes von geringerer Bedeutung ist. Die Zunahme an Komplexität und Spezifität hält auch im weiteren Verlauf der Sehbahn an: Von V1 wird die Information an V2 und V4 vermittelt, wo die Neurone größere rezeptive Felder haben als in V1. Außerdem sind in V4 viele Neurone für die Orientierung von Umrisslinien sensitiv und antworten auf Winkel und Kurven, die in eine bestimmte Richtung deuten. An der Spitze der visuellen Hierarchie stehen die Neurone des inferotemporalen Cortex (IT), die oft sehr große rezeptive Felder haben und auf komplexe Reize wie Gesichter reagieren.

Nachdem wir nun grob den Informationsfluss des visuellen Systems insgesamt kennengelernt haben, soll noch auf eine Eigenschaft hingewiesen werden, die den meisten sensorischen Systemen gemein ist, nämlich die 1:1-Übertragung bis zum jeweiligen primären Zentrum. Im visuellen System sprechen wir von einer retinotopen Orientierung und verstehen darunter die Aufrechterhaltung der räumlichen Verhältnisse bei der Signalübermittlung zwischen dem Auge und dem Gehirn (Abb. 15.48). Ähnliches kennen wir auch von der Hörbahn (tonotope Orientierung: Anordnung entsprechender Frequenz) und vom Geruchssystem (chemotope Orientierung). Über die besondere Bedeutung dieser topographischen Abbildungen wird derzeit viel spekuliert; Details würden aber den Rahmen eines genetischen Lehrbuches sprengen.

Einer der spannenden aktuellen Fragen wollen wir aber noch etwas weiter nachgehen, nämlich wie die Reize der Sinnesorgane zu Bewusstsein werden. Auch wenn sich diese Frage noch nicht beantworten lässt, gibt es aber Hinweise, wie wir dieser Antwort näherkommen können. Am Beispiel des visuellen Systems soll das erläutert werden: Man kann Probanden für das linke und das rechte Auge unterschiedliche Muster anbieten. Dabei rivalisieren beide Augen um die Dominanz in der Wahrnehmung, sodass der Proband jedes Bild abwechselnd für einige Sekunden „sieht", während das andere unterdrückt wird – diese „binokulare Rivalität" ist ein

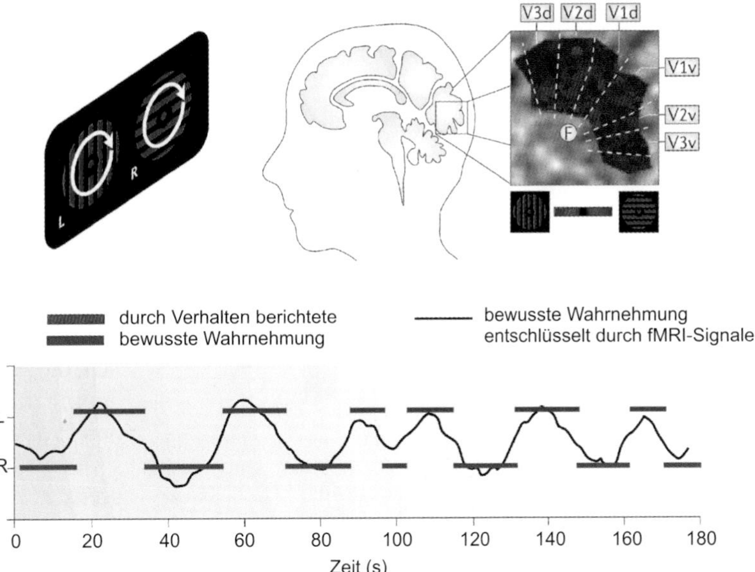

Abb. 15.49 Wenn jedem Auge widersprüchliche Signale angeboten werden, können diese nicht zu einem gemeinsamen Bild verarbeitet werden. Stattdessen wechselt die Wahrnehmung spontan zwischen den beiden Bildern des jeweiligen Auges. In diesem Beispiel wird dem linken Auge (L) ein rotierendes rotes Gitter angeboten und gleichzeitig dem rechten Auge ein blaues Gitter (R). Die Verteilung der fMRI-Antworten zeigt Regionen der primären (V1) und sekundären Sehrinde (V2, V3) mit höherer Aktivität bei der Wahrnehmung des roten Gitters und andere bei der Wahrnehmung des blauen Gitters. Hieran kann ein geübter Beobachter ablesen, welches Signal der Proband gerade bewusst wahrnimmt. Durch Drücken eines von zwei Knöpfen deuten die Probanden an, welches der beiden Muster sie gerade wahrnehmen (*Balken* im *unteren* Bildteil). v: ventral; d: dorsal; F: Fovea; fMRI: funktionelle Magnetresonanztomographie. (Nach Haynes und Rees 2006, mit freundlicher Genehmigung)

beliebtes experimentelles Design, um spontane und dynamische Veränderungen in der bewussten Wahrnehmung zu untersuchen. Da die Übergänge in der Wahrnehmung zwischen beiden monokularen Sichtweisen spontan und ohne Veränderung der physikalischen Stimulation erfolgen, können die neuronalen Antworten, die mit der bewussten Wahrnehmung verbunden sind, von den reinen sensorischen Prozessen unterschieden werden.

Ein interessantes Phänomen in diesem Kontext ist die Rindenblindheit; der englische Begriff *blindsight* trifft es fast besser: Betroffene Patienten können zwar sehen (d. h. das Auge ist intakt), aber sie nehmen optische Signale innerhalb eines bestimmten Sehfeldes nicht bewusst wahr, reagieren aber darauf. Untersuchungen an Patienten, die halbseitig am Gehirn operiert wurden, geben Hinweise darauf, dass die *Colliculi superiores* bzw. die seitlichen Kniehöcker des Thalamus (▶ Abschn. 14.1.1) dabei eine wichtige Rolle spielen. Als mögliche Ursache dafür wird das Fehlen der Synchronizität der Aktivierung der Gehirnrinde diskutiert (Ptito und Leh 2007); der primäre visuelle Cortex spielt dabei wohl keine besondere Rolle (Schmid et al. 2010, Leopold 2012). Genetische Ursachen sind dafür nicht bekannt; diese Arbeiten können aber Hinweise darauf geben, welche Gehirnareale bei der Entstehung von Bewusstsein wichtig sind.

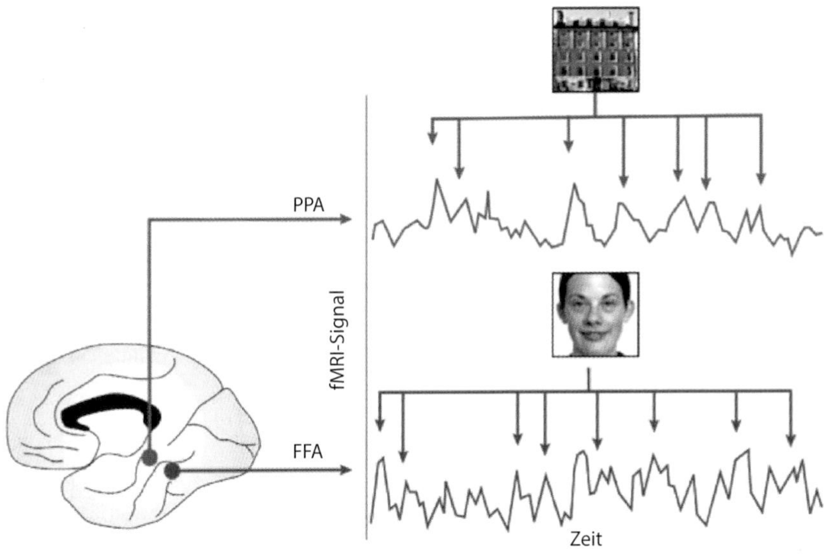

Abb. 15.50 Aufschlüsselung der Gesichtserkennung. Der Inhalt visueller Vorstellung kann durch räumlich unterschiedliche Signale im *Gyrus fusiformis* (engl. *fusiform face area*, FFA; *rot*) und im *Gyrus parahippocampalis* (engl. *parahippocampal place area*, PPA; *blau*) in der funktionellen Magnetresonanztomographie (fMRI) aufgeschlüsselt werden. Während der Perioden, in denen Gesichtsbilder gezeigt werden (*rote Pfeile*), sind die Signale aus dem *Gyrus fusiformis* erhöht; dagegen sind während der Perioden, in denen Bilder von Gebäuden gezeigt werden (*blaue Pfeile*), die Signale im *Gyrus parahippocampalis* erhöht. Ein Beobachter, dem nur die Aktivitätsdaten eines Probanden gezeigt werden, kann mit 85%iger Genauigkeit die Kategorie erkennen, die der Proband sieht. (Nach Haynes und Rees 2006, mit freundlicher Genehmigung)

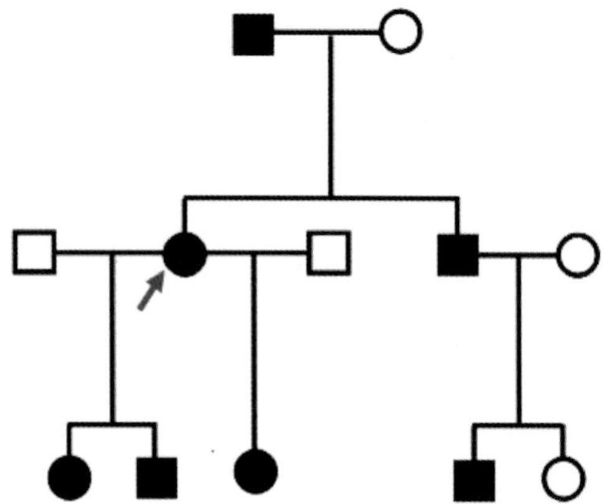

Abb. 15.51 Prosopagnosie in einer Familie über drei Generationen mit autosomal-dominantem Erbgang. Die Träger sind *schwarz* dargestellt; der *Pfeil* deutet auf die Indexpatientin. (Nach Kennerknecht et al. 2006, mit freundlicher Genehmigung)

Eine moderne Methode, die Gehirnaktivität an verschiedenen Stellen zu bestimmen, ist die funktionelle Magnetresonanztomographie (engl. *functional magnetic resonance imaging*, fMRI). Abb. 15.49 zeigt einen derartigen Versuchsaufbau und die damit erzielbaren Ergebnisse. Von besonderer Bedeutung ist dabei nicht nur, dass die Analyse der unterschiedlichen fMRI-Muster für die Wahrnehmung durch das linke und rechte Auge eine weitgehende Übereinstimmung mit der berichteten Wahrnehmung durch den Probanden zeigt – aufgrund des zeitlichen Verlaufs der Messung ist es vielfach möglich, die Antwort des Probanden vorherzusagen: Die Änderung des fMRI-Musters erfolgt vor der Antwort durch den Probanden.

Die fMRI-Methode verfügt zwar nur über ein begrenztes zeitliches und räumliches Auflösungsvermögen, sie erlaubt es aber dennoch, nicht nur die Bewusstwerdung der Reize nachzuzeichnen, sondern auch die verschiedenen Gehirnregionen zu lokalisieren, die bei der Erkennung verschiedener Muster eine Rolle spielen.

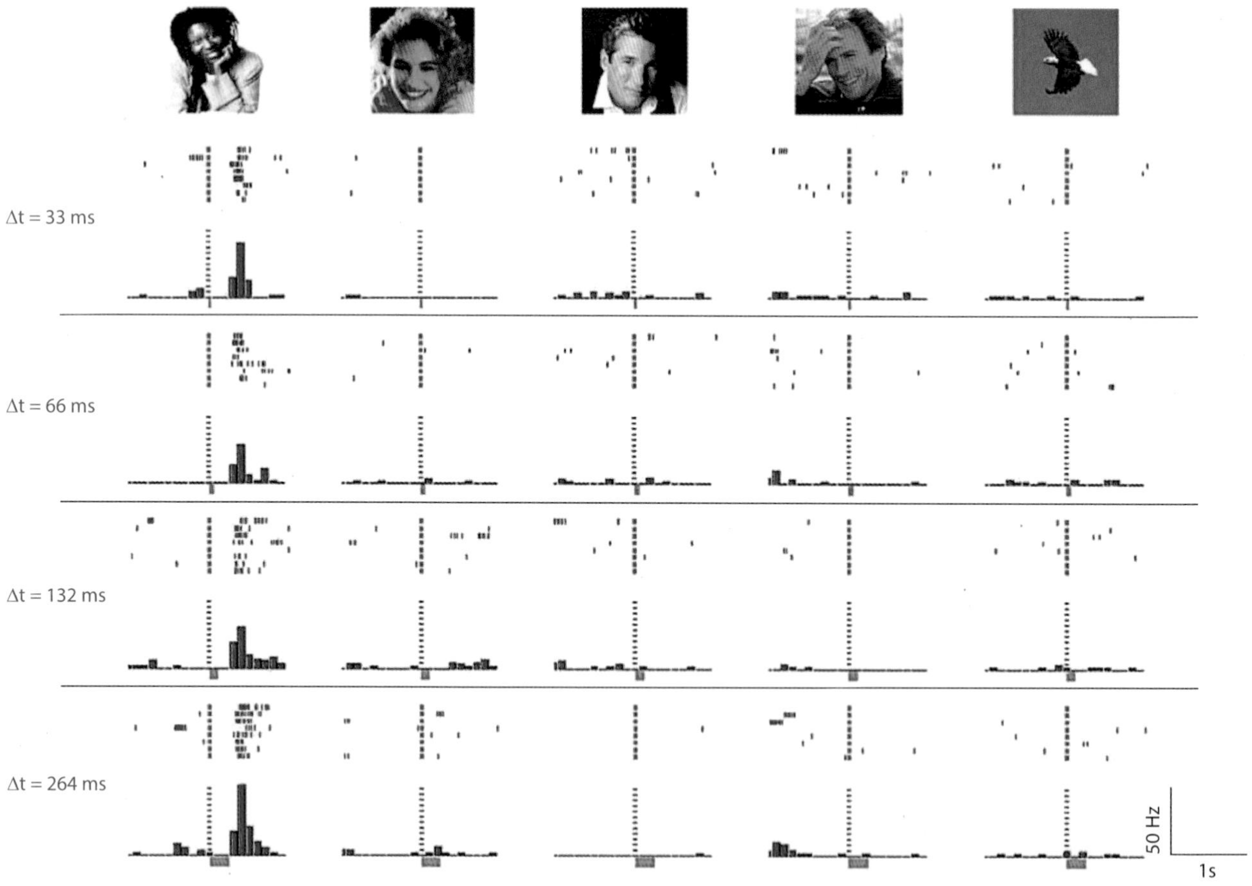

Abb. 15.52 Gesichtserkennung und Einzelzellableitung. Ein einziges Neuron im rechten posterioren Hippocampus antwortet selektiv auf verschiedene Bilder der Schauspielerin Whoopi Goldberg, aber nicht auf andere Bilder. Für jedes Foto sind die Rasterdiagramme und die Zeitdiagramme nach der Stimulierung gezeigt (Δt). Die Versuche, bei denen die Bilder erkannt wurden, sind in *Blau* dargestellt. Die *gestrichelten vertikalen Linien* (1 s Abstand) geben das An- und Ausschalten der Bilderpräsentation an. (Nach Quiroga et al. 2008, mit freundlicher Genehmigung)

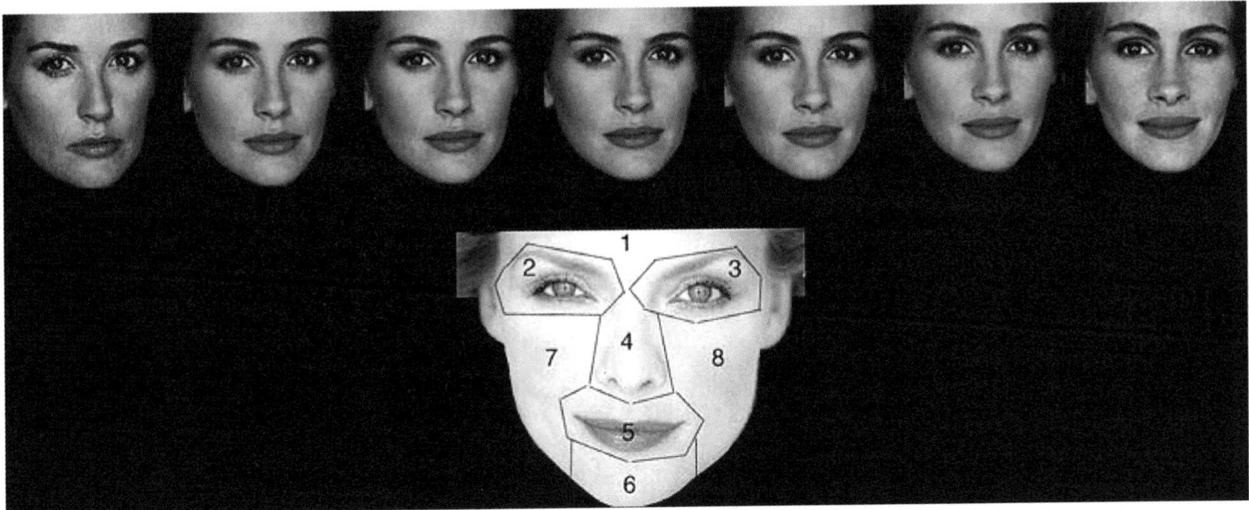

■ **Abb. 15.53** Gesichtserkennung. *Oben* wird ein Beispiel von Gesichtsbildern gezeigt, in denen eine Serie von Gestaltveränderungen von Demi Moore zu Julia Roberts führt. *Unten* werden die acht wichtigen Gesichtsregionen gezeigt: Stirn, Augen, Nase, Mund, Kinn und Wangen. Im Experiment werden die Augenbewegungen des Betrachters aufgezeichnet, sodass festgestellt werden kann, welchen der dargestellten Abschnitte der Betrachter wie oft und wie lange fixiert. Patienten mit Prosopagnosie zeigen ein deutlich unterscheidbares Muster der Fixierungen. (Nach Barton et al. 2007, mit freundlicher Genehmigung)

■ Abb. 15.50 zeigt, dass unterschiedliche Gehirnregionen aktiv sind, wenn Probanden Objekte (Gebäude) gezeigt werden oder wenn es sich um Gesichter handelt. Auch hier kann ein geübter Beobachter anhand des fMRI-Musters erkennen, was der Proband gerade bewusst wahrnimmt.

Man kann nun aber die Auflösung noch weiter treiben und fragen, welches Gesicht erkannt wird. Ingo **Kennerknecht** vom Institut für Humangenetik der Universität Münster hat eine ganze Reihe von Familien charakterisiert, die an einer angeborenen Unfähigkeit leiden, Gesichter zu erkennen (**kongenitale Prosopagnosie**). Die Stammbäume gehen über mehrere Generationen und zeigen einen klassischen autosomal-dominanten Erbgang mit vollständiger Penetranz; ein Beispiel ist in ■ Abb. 15.51 dargestellt. Auch wenn die entsprechenden Gene und die verantwortlichen Mutationen noch nicht identifiziert sind, so macht dies doch deutlich, dass es für die Gesichtserkennung des Menschen eine einfache und von Umwelteinflüssen weitgehend unabhängige genetische Grundlage gibt.

Experimentell ist die Untersuchung der Fähigkeit zur Gesichtserkennung auf verschiedenen Wegen zugänglich. Einzelzellableitungen in verschiedenen Arealen des mittleren Schläfenlappens zeigten, dass es nicht nur kategorienspezifische Neurone gibt (wie wir es oben gesehen haben, z. B. solche für Gesichter oder für Landschaften oder für Tiere), sondern dass auch unter den Neuronen, die für Gesichter spezifisch sind, offensichtlich einzelne oder wenige Neurone für einzelne Gesichter verantwortlich sind. ■ Abb. 15.52 zeigt ein Beispiel für ein Neuron, das immer nur dann feuert, wenn der Betrachter die Schauspielerin Whoopi Goldberg erkennt, aber nicht bei anderen Personen und auch nicht bei irgendwelchen Objekten.

Durch die Augenbewegungen von Probanden beim Betrachten von Gesichtern wird das zu betrachtende Gesicht in verschiedene Bereiche „zerlegt" (Stirn, linkes/rechtes Auge, Nase, Mund, Kinn, rechte/linke Wange; ■ Abb. 15.53). Diese Augenbewegungen laufen bei Prosopagnosie-Patienten wesentlich ungeordneter ab als bei gesunden Patienten. Dieser Prozess des „Scannens" eines Gesichts erfolgt also offensichtlich nach einem vorgegebenen „Raster", das aber auch immer die Rückkopplung mit bekannten Mustern braucht.

Bei der Gesichtserkennung spielen neben den Augenbewegungen natürlich auch spezialisierte Gehirnregionen eine Rolle – in diesem Fall die Gesichtsfeldregion des *Gyrus fusiformis*. Durch funktionelle Magnetresonanztomographie (fMRI) können die Aktivitäten entsprechender Gehirnregionen beim Betrachten von Gesichtern gemessen werden. Eine genomweite Assoziationsstudie identifizierte einen SNP auf dem Chromosom 3q26, der mit einer Aktivierung der (rechten) Gesichtsfeldregion einerseits und einer negativ besetzten Erkennung eines Gesichts assoziiert war. Der SNP liegt im Gen *TMEM212* (Transmembranprotein 212; Brown et al. 2012). Die Funktion dieses Gens ist noch unbekannt, aber es eröffnet sich damit zum ersten Mal die Möglichkeit, Genetik, Elektrophysiologie und höhere kognitive Funktionen des Menschen in einem gemeinsamen Ansatz zu beschreiben und auch unter evolutionären Gesichtspunkten vergleichend zu untersuchen. Es ist zu erwarten, dass damit ein Paradigma für humanspezifische kognitive Funktionen entwickelt werden kann.

> Die Erkennung eines Gesichts ist eine wichtige Eigenschaft des Menschen, die jeweils einzelnen Neuronen im seitlichen Schläfenlappen zugeordnet werden kann. Die Genetik der kongenitalen Prosopagnosie, einer autosomal-dominanten Erbkrankheit, wird wichtige genetische Hinweise geben, welche Prozesse für die Gesichtserkennung notwendig sind – und wie sie sich in der Evolution entwickelt haben.

15.3 Quo vadis, Homo sapiens?

Wir haben in den vergangenen Abschnitten versucht, an einigen Beispielen wichtige Entwicklungslinien der Menschwerdung aufzuzeichnen: zunächst die allgemeine Entwicklung des Menschen aus einem gemeinsamen Vorläufer mit Affen, um dann einige spezifischere Aspekte genauer zu beleuchten, das Gehirnwachstum, die Entwicklung der Sprache und das Bewusstwerden von Sinneseindrücken am Beispiel der Gesichtserkennung. Im letzteren Fall stehen wir noch am Anfang, was die genetische Analyse betrifft. Aber mit der Verfeinerung elektrophysiologischer und bildgebender Verfahren wird es möglich werden, auch in diesen Fällen zunächst das allgemeine Prinzip besser zu beschreiben, um sodann auch die Unterschiede zwischen einzelnen Individuen genauer zu erfassen. Und mit dieser Charakterisierung von unterschiedlichen Phänotypen wird es möglich sein, auch die genetische Konstitution dahinter zu erkennen.

15

Diese Erkenntnis wird zweierlei ermöglichen: zum einen die Identifikation homologer Gene im Tierreich und damit die Beschreibung ihrer Funktionen in anderen Organismen. Durch den Vergleich mit „dem" Menschen werden wir auch deutlicher erfahren, worin wir Menschen uns unterscheiden – und worin nicht. Dies wird uns erlauben, die Bedingungen vieler unserer Verhaltensweisen besser zu verstehen – außerdem welche Modifikationen möglich sind, und welche durch die „Natur" des Menschen wohl nicht zu ändern sein werden. Zum anderen werden wir durch den Vergleich der Gene bei der Vielfalt der heutigen Menschen sehen, welche spezifisch menschlichen Mutationen zu den Funktionsänderungen beim Menschen in der Evolution beigetragen haben – wir haben das oben am Beispiel des *FOXP2*-Gens in der Evolution der Sprache beispielhaft gesehen (▶ Abschn. 15.2.2). Aus der Summe der Einzelbefunde könnte sich dann insgesamt ein Bild davon ergeben, was unter genetischem Blickwinkel den Menschen zum Menschen macht.

Wir werden dann sehen, ob diese Sichtweise mit denen anderer Disziplinen kompatibel ist, vor allem der Philosophie, aber auch der Theologie, der Soziologie, der Psychologie und der Pädagogik. Es wird verstärkt die Frage zu diskutieren sein, ob Willensfreiheit (wie vom Christentum und der europäischen Aufklärung propagiert) als Wesensmerkmal des Menschen weiterhin aufrechterhalten werden kann – oder ob wir uns nur einbilden, zu wollen, was wir tun.

Alles in allem wird die Genetik in den nächsten Jahren in herausragender Weise dazu beitragen, das Wesen des Menschen zu beschreiben – die *conditio humana*, über die Generationen von Philosophen sich den Kopf zerbrochen haben. Es könnte sein, dass wir dabei einige Illusionen verlieren über unsere Individualität und über unsere Möglichkeiten, bewusst und frei zu entscheiden. War die „Freiheit eines Christenmenschen" nur ein Traum? Oder lässt die Komplexität neuronaler Prozesse immer auch Alternativen offen?

15.4 Kernaussagen, Links, Übungsfragen

Kernaussagen

- Menschen und die großen Affen sind durch eine lange gemeinsame Evolution verbunden; der wichtigste cytogenetische Unterschied zwischen Affen und Menschen besteht in der Fusion zweier Chromosomen der Affen zum menschlichen Chromosom 2. Das Y-Chromosom des Menschen zeichnet sich durch viele evolutionär junge Palindrome aus, die eine intrachromosomale Rekombination ermöglichen.
- Die Schimpansen sind die nächsten Verwandten des Menschen. Erste Hinweise für unterschiedliche Entwicklungen gibt es vor allem für Gene des Immunsystems und der Reproduktion.
- Die Entwicklung des modernen Menschen begann im südlichen zentralen Afrika; die Ausbreitung erfolgte in mehreren Wellen nach Asien, Europa und Amerika. Die Untersuchung verschiedener charakteristischer Genorte legt es nahe, auf allen Stufen dieser Entwicklung ein gewisses Maß an Durchmischung der verschiedenen Populationen anzunehmen.
- In Europa ist der Neandertaler ein Vorgänger des modernen Menschen; für etliche Jahrtausende bewohnten beide Arten denselben Lebensraum (Sympatrie). Es gibt Hinweise auf eine Durchmischung einzelner genomischer Regionen; der Gesamtbeitrag des Neandertalers am Genom des modernen Menschen beträgt etwa 2 %.
- Die Denisova-Menschen lebten etwa zeitgleich mit den Neandertalern im Altai-Gebirge in Sibirien; wir finden in der DNA-Sequenz heute lebender Ozeanier einen Anteil von etwa 5 % ihrer DNA-Sequenz.

- Die Sequenzierung der menschlichen DNA in vielen Bevölkerungsgruppen der Welt bestätigt den Ursprung der Menschheit in Afrika. Eine genaue Analyse ergibt, dass nur ein kleiner Teil davon nach Europa eingewandert ist; am Ende der letzten Eiszeit erfolgte die Wiederbesiedelung Europas aus den Rückzugsgebieten in Südwestfrankreich/Nordwestspanien.
- Die Aufhellungen der Haut-, Haar- und Augenfarben betreffen im Wesentlichen die Populationen außerhalb von Afrika und stellen eine Anpassung an die geringere Sonneneinstrahlung in nördlichen Breiten dar.
- Einige Gene, die an der Entwicklung des Gehirns beteiligt sind, zeigen eine positive Selektion in der menschlichen Linie. Dazu gehören Gene wie *MCPH1* und *ASPM*, bei denen Mutationen zu Mikrocephalie führen, als auch Gene, die die Information für nicht-codierende RNAs enthalten (*HAR1F*).
- Mutationen im *FOXP2*-Gen sind kausal für schwere Sprachstörungen des Menschen. Da das Gen eine spezifische Evolution in der menschlichen Linie zeigt, wird es als essenziell für die Evolution der Sprachfähigkeit des Menschen angesehen.
- Aggressives Verhalten ist von Polymorphismen in Genen des serotonergen Systems sowie des Androgen-Rezeptors beeinflusst.
- Der Mensch verfügt wie andere Primaten auch über knapp 400 Geruchsrezeptoren.
- Die Erkennung eines Gesichts ist eine wichtige Eigenschaft des Menschen, die jeweils einzelnen Neuronen im seitlichen Schläfenlappen zugeordnet werden kann. Die Genetik der kongenitalen Prosopagnosie, einer autosomal-dominanten Erbkrankheit, wird wichtige Hinweise auf die Mechanismen geben, die für die Gesichtserkennung notwendig sind.

Links zu Videos

Evolution des Menschen:
(► sn.pub/lwbAK8)
Der Neandertaler in uns:
(► sn.pub/dzHiCA)
Der Denisova-Mensch:
(► sn.pub/8M2H4m)
DNA – Neandertaler- und Denisova-Genom:
(► sn.pub/WxcwVN)

Übungsfragen

1. Erläutern Sie die Bedeutung der Fusion zweier Chromosomen der Affen zum Chromosom 2 des Menschen für die Evolutionslinie des Menschen.
2. Erläutern Sie die genetischen Argumente der *Out-of-Africa*-Hypothese.
3. Betrachten Sie die ◘ Abb. 15.28b: *blau* × *braun* ergibt *blau*. Die Angabe ist ein Mendel'scher Erbgang, bei dem *braun* dominant über *blau* ist. Erklären Sie damit die Augenfarbe der Kinder.
4. Welche grundlegenden Erkenntnisse können wir aus der Betrachtung der genetischen Unterschiedlichkeiten heute lebender Menschen ziehen?
5. Häufig finden wir die Behauptung, dass sich das Geruchssystem des Menschen gegenüber anderen Tieren zurückgebildet habe, weil das visuelle System eine größere Bedeutung erlangt habe. Ist diese Behauptung gerechtfertigt? Begründen Sie Ihre These.

Literatur

Amadio JP, Walsh CA (2006) Brain evolution and uniqueness in the human genome. Cell 126:1033–1035

Amorim A (1999) Archaeogenetics. J Iberian Archaeol 1:15–25

Anholt RR, Mackay TF (2012) Genetics of aggression. Annu Rev Genet 46:145–164

Arendt D (2003) Evolution of eyes and photoreceptor cell types. Int J Dev Biol 47:563–571

Atkinson EG, Audesse AJ, Palacios JA et al (2018) No evidence for recent selection at *FOXP2* among diverse human populations. Cell 174:1424–1435

Baab K (2016) The place of *Homo floresiensis* in human evolution. J Anthropol Sci 94:5–18

Barton JJS, Radcliff N, Cherkasova MV et al (2007) Scan patterns during the processing of facial identity in prosopagnosia. Exp Brain Res 181:199–211

Baum ML (2011) The monoamine oxidase A (MAOA) genetic predisposition to impulsive violence: is it relevant to criminal trials? Neuroethics 6:1–20

Behar DM, Villems R, Soodyall H et al (2008) The dawn of human matrilineal diversity. Am J Hum Genet 82:1130–1140

Berger LR, de Ruiter DJ, Churchill SE et al (2010) *Australopithecus sediba*: a new species of *Homo*-like australopith from South Africa. Science 328:195–204

Bishop DVM (2009) Genes, cognition and communication – insights from neurodevelopmental disorders. Ann NY Acad Sci 1156:1–18

Botigué LR, Henn BM, Gravel S et al (2013) Gene flow from North Africa contributes to differential human genetic diversity in southern Europe. Proc Natl Acad Sci USA 110:11791–11796

Brown AA, Jensen J, Nikolova YS et al (2012) Genetic variants affecting the neural processing of human facial expressions: evidence using a genome-wide functional imaging approach. Transl Psychiatry 2:e143

Brunner HG, Nelen M, Breakefield XO et al (1993) Abnormal behavior associated with a point mutation in the structural gene for monoamine oxidase A. Science 262:578–580

Cann RL, Stoneking M, Wilson AC (1987) Mitochondrial DNA and human evolution. Nature 325:31–36

Carroll SB (2003) Genetics and the making of *Homo sapiens*. Nature 422:849–857

Cases O, Seif I, Grimsby J et al (1995) Aggressive behavior and altered amounts of brain serotonin and norepinephrine in mice lacking MAOA. Science 268:1763–1766

Cavalli-Sforza LL (2005) The human genome diversity project: past, present and future. Nat Rev Genet 6:333–340

Chimpanzee Sequencing and Analysis Consortium (2005) Initial sequence of the chimpanzee genome and comparison with the human genome. Nature 437:69–87

Craig IW, Halton KE (2009) Genetics of human aggressive behaviour. Hum Genet 126:101–113

Dediu D (2011) Are languages really independent from genes? If not, what would a genetic bias affecting language diversity look like? Hum Biol 83:279–296

Dessinioti C, Antoniou C, Katsambas A et al (2011) Melanocortin 1 receptor variants: functional role and pigmentary associations. Photochem Photobiol 87:978–987

Disotell TR (2006) 'Chumanzee' evolution: the urge to diverge and merge. Genome Biol 7:240

Dulik MC, Zhadanov SI, Osipova LP et al (2012) Mitochondrial DNA and Y chromosome variation provides evidence for a recent common ancestry between Native Americans and Indigenous Altaians. Am J Hum Genet 90:229–246

Dupanloup I, Pereira L, Bertorelle G et al (2003) A recent shift from polygyny to monogamy in humans is suggested by the analysis of worldwide Y-chromosome diversity. J Mol Evol 57:85–97

Enard W, Gehre S, Hammerschmidt K et al (2009) A humanized version of Foxp2 affects cortico-basal ganglia circuits in mice. Cell 137:961–971

Enard W, Przeworski M, Fisher SE et al (2002) Molecular evolution of *FOXP2*, a gene involved in speech and language. Nature 418:869–872

Eo J, Lee HE, Nam GH et al (2016) Association of DNA methylation and monoamine oxidase A gene expression in the brains of different dog breeds. Gene 580:177–182

Evans PD, Mekel-Bobrov N, Vallender EJ et al (2006) Evidence that the adaptive allele of the brain size gene *microcephalin* introgressed into *Homo sapiens* from an archaic *Homo* lineage. Proc Natl Acad Sci USA 103:18178–18183

Excoffier L (2002) Human demographic history: refining the recent African origin model. Curr Opin Genet Develop 12:675–682

Fisher SE, Marcus GF (2006) The eloquent ape: genes, brains and the evolution of language. Nat Rev Genet 7:9–20

Franchini LF, Pollard KS (2017) Human evolution: the non-coding revolution. BMC Biol 15:89

Garrigan D, Hammer MF (2006) Reconstructing human origins in the genomic era. Nat Rev Genet 7:669–680

Ghirotto S, Tassi F, Fumagalli E et al (2013) Origins and evolution of the Etruscans' mtDNA. Plos One 8:e55519

Graham SA, Fisher SE (2015) Understanding language from a genomic perspective. Annu Rev Genet 49:131–160

Gray RD, Atkinson QD, Greenhill SJ (2011) Language evolution and human history: what a difference a date makes. Philos Trans R Soc Lond B Biol Sci 366:1090–1100

Green RE, Malaspinas AS, Krause J et al (2008) A complete Neandertal mitochondrial genome sequence determined by high-throughput sequencing. Cell 134:416–426

Guillemin C, Provençal N, Suderman M et al (2014) DNA methylation signature of childhood chronic physical aggression in T cells of both men and women. Plos One 9:e86822

Hawks J, Cochran G, Harpending HC et al (2008) A genetic legacy from archaic *Homo*. Trends Genet 24:19–23

Haynes JD, Rees G (2006) Decoding mental states from brain activity in humans. Nat Rev Neurosci 7:523–534

Holden C (2004) The origin of speech. Science 303:1316–1319

Ibarra-Soria X, Levitin MO, Logan DW (2014) The genomic basis of vomeronasal-mediated behaviour. Mamm Genome 25:75–86

International HapMap Consortium (2007) A second generation human haplotype map of over 3.1 million SNPs. Nature 449:851–861

International HapMap Consortium (2010) Integrating common and rare genetic variation in diverse human populations. Nature 467:52–58

Jobling MA, Tyler-Smith C (2003) The human Y chromosome: an evolutionary marker of age. Nat Rev Genet 4:598–612

Johanson D, Edgar B (2006) Lucy und ihre Kinder, 2. Aufl. Spektrum Akademischer Verlag, Heidelberg

Kaessmann H, Pääbo S (2002) The genetical history of humans and the great apes. J Intern Med 251:1–18

Kennerknecht I, Grueter T, Welling B et al (2006) First report of prevalence of non-syndromic hereditary prosopagnosia (HPA). Am J Med Genet 140A(Pt A):1617–1622

Kimchi T, Etienne AS, Terkel J (2004) A subterranean mammal uses the magnetic compass for path integration. Proc Natl Acad Sci USA 101:1105–1109

Konopka G, Bomar JM, Winden K et al (2009) Human-specific transcriptional regulation of CNS development genes by FOXP2. Nature 462:213–218

Krause J, Fu Q, Good JM et al (2010) The complete mitochondrial DNA genome of an unknown hominin from southern Siberia. Nature 464:894–897

Leopold DA (2012) Primary visual cortex: awareness and blindsight. Annu Rev Neurosci 35:91–109

Lesch KP, Araragi N, Waider J et al (2012) Targeting brain serotonin synthesis: insights into neurodevelopmental disorders with long-term outcomes related to negative emotionality, aggression and antisocial behaviour. Philos Trans R Soc Lond B Biol Sci 367:2426–2443

Locke DP, Hillier LW, Warren WC et al (2011) Comparative and demographic analysis of orang-utan genomes. Nature 469:529–533

López S, van Dorp L, Hellenthal G (2015) Human dispersal out of Africa: a lasting debate. Evol Bioinform Online 11(Suppl 2):57–68

Manchia M, Comai S, Pinna M et al (2019) Biomarkers in aggression. Adv Clin Chem 93:169–237

Marciniak S, Perry GH (2017) Harnessing ancient genomes to study the history of human adaptation. Nat Rev Genet 18:659–674

Maricic T, Günther V, Georgiev O et al (2013) A recent evolutionary change affects a regulatory element in the human *FOXP2* gene. Mol Biol Evol 30:844–852

Matsui A, Go Y, Niimura Y (2010) Degeneration of olfactory receptor gene repertories in primates: no direct link to full trichromatic vision. Mol Biol Evol 27:1192–1200

Merrick C, Godwin CA, Geisler MW et al (2014) The olfactory system as the gateway to the neural correlates of consciousness. Front Psychol 4:1011

Mitchell SL, Goodloe R, Brown-Gentry K et al (2014) Characterization of mitochondrial haplogroups in a large population-based sample from the United States. Hum Genet 133:861–868

Naveed M, Kazmi SK, Amin M et al (2018) Comprehensive review on the molecular genetics of autosomal recessive primary microcephaly (MCPH). Genet Res 100:e7

Nielsen R, Akey JM, Jakobsson M et al (2017) Tracing the peopling of the world through genomics. Nature 541:302–310

Norton W, Bally-Cuif L (2010) Adult zebrafish as a model organism for behavioural genetics. BMC Neurosci 11:90

O'Bleness M, Searles VB, Varki A et al (2012) Evolution of genetic and genomic features unique to the human lineage. Nat Rev Genet 13:853–866

Pääbo S (1985) Molecular cloning of ancient Egyptian mummy DNA. Nature 314:644–645

Pääbo S (2003) The mosaic that is our genome. Nature 421:409–412

Pavlov KA, Chistiakov DA, Chekhonin VP (2012) Genetic determinants of aggression and impulsivity in humans. J Appl Genet 53:61–82

Pérez-Gómez A, Stein B, Leinders-Zufall T et al (2014) Signaling mechanisms and behavioral function of the mouse basal vomeronasal neuroepithelium. Front Neuroanat 8:135

Ponting C, Jackson AP (2005) Evolution of primary microcephaly genes and the enlargement of primate brains. Curr Opin Genet Dev 15:241–248

Poznik GD, Henn BM, Yee MC et al (2013) Sequencing Y chromosomes resolves discrepancy in time to common ancestor of males versus females. Science 341:562–565

Provençal N, Suderman MJ, Guillemin C et al (2014) Association of childhood chronic physical aggression with a DNA methylation signature in adult human T cells. Plos One 9:e89839

Prüfer K, Racimo F, Patterson N et al (2014) The complete genome sequence of a Neanderthal from the Altai Mountains. Nature 505:43–49

Ptito A, Leh SE (2007) Neural substrates of blindsight after hemispherectomy. Neuroscientist 13:506–518

Pulvers JN, Journiac N, Arai Y et al (2015) MCPH1: a window into brain development and evolution. Front Cell Neurosci 9:92

Quiroga RQ, Mukamel R, Isham EA et al (2008) Human single-neuron responses at the threshold of conscious recognition. Proc Natl Acad Sci USA 105:3599–3604

Raff JA, Bolnick DA, Tackney J et al (2011) Ancient DNA perspectives on American colonization and population history. Am J Phys Anthropol 146:503–514

Rhesus Macaque Genome Sequencing and Analysis Consortium (2007) Evolutionary and biomedical insights from the rhesus macaque genome. Science 316:222–234

Richter D, Grün R, Joannes-Boyau R et al (2017) The age of the hominin fossils from Jebel Irhoud, Morocco, and the origins of the Middle Stone Age. Nature 546:293–296

Rosenberg NA, Pritchard JK, Weber JL et al (2002) Genetic structure of human populations. Science 298:2381–2385

Salzano FM, Sans M (2014) Interethnic admixture and the evolution of Latin American populations. Genet Mol Biol 37(Suppl):151–170

Sawyer GJ, Maley B (2005) Neanderthal reconstructed. Anat Rec B New Anat 283:23–31

Scally A (2016) The mutation rate in human evolution and demographic inference. Curr Opin Genet Dev 41:36–43

Scally A, Durbin R (2012) Revising the human mutation rate: implications for understanding human evolution. Nat Rev Genet 13:745–753

Scally A, Dutheil JY, Hillier LW (2012) Insights into hominid evolution from the gorilla genome sequence. Nature 483:169–175

Schempp W (2011) Chromosomenevolution: Zur evolutionären Dynamik des Y-Chromosoms bei Hominiden. BIOspektrum 17:753–755

Schmid MC, Mrowka SW, Turchi J et al (2010) Blindsight depends on the lateral geniculate nucleus. Nature 466:373–377

Schrenk F, Bromage TG, Kaessmann H (2002) Zurück zu den Wurzeln – die Frühzeit des Menschen. In: Verband Deutscher Biologen (Hrsg) Wohin die Reise geht … Lebenswissenschaften im Dialog. Wiley-VCH, Weinheim, S 94–101

Schuster SC, Miller W, Ratan A et al (2010) Complete Khoisan and Bantu genomes from southern Africa. Nature 463:943–947

Sela L, Sobel N (2010) Human olfaction: a constant state of change-blindness. Exp Brain Res 205:13–29

Shi L, Li M, Lin Q et al (2013) Functional divergence of the brain-size regulating gene *MCPH1* during primate evolution and the origin of humans. BMC Biol 11:62

Sikela JM (2006) The jewels of our genome: the search for the genomic changes underlying the evolutionary unique capacities of the human brain. PLoS Genet 2:646–655

Slon V, Mafessoni F, Vernot B et al (2018) The genome of the offspring of a Neanderthal mother and a Denisovan father. Nature 561:113–116

Stanyon R, Rocchi M, Capozzi O et al (2008) Primate chromosome evolution: ancestral karyotypes, marker order and neocentromeres. Chromosome Res 16:17–39

Stanyon R, Sazzini M, Luiselli D (2009) Timing the first human migration into eastern Asia. J Biol 8:18

Stedman HH, Kozyak BW, Nelson A et al (2004) Myosin gene mutation correlates with anatomical changes in the human lineage. Nature 428:415–418

Storch V, Welsch U, Wink M (2013) Evolutionsbiologie, 3. Aufl. Springer, Berlin

Sturm RA (2009) Molecular genetics of human pigmentation diversity. Hum Mol Genet 18:R9–R17

Sturm RA, Frudakis TN (2004) Eye colour: portals into pigmentation genes and ancestry. Trends Genet 20:327–332

Sturm RA, Larsson M (2009) Genetics of human iris colour and patterns. Pigment Cell Melanoma Res 22:544–562

Templeton AR (2002) Out of Africa again and again. Nature 416:45–51

The 1000 Genomes Project Consortium (2015) A global reference for human genetic variation. Nature 526:68–74

Thivierge JP, Marcus GF (2007) The topographic brain: from neural connectivity to cognition. Trends Neurosci 30:251–259

Tirindelli R, Dibattista M, Pifferi S et al (2009) From pheromones to behavior. Physiol Rev 89:921–956

Tuvblad C, Baker LA (2011) Human aggression across the lifespan: genetic propensities and environmental moderators. Adv Genet 75:171–214

Vargha-Khadem F, Gadian DG, Copp A et al (2005) *FOXP2* and the neuroanatomy of speech and language. Nat Rev Neurosci 6:131–138

Veroude K, Zhang-James Y, Fernàndez-Castillo N et al (2016) Genetics of aggressive behavior: an overview. Am J Med Genet B Neuropsychiatr Genet 171B:3–43

Wood B, Boyle EK (2016) Hominin taxic diversity: fact or fantasy? Am J Phys Anthropol 159(Suppl 61):S37–S78

Yoder AD, Larsen PA (2014) The molecular evolutionary dynamics of the vomeronasal receptor (class 1) genes in primates: a gene family on the verge of a functional breakdown. Front Neuroanat 8:153

Zhang-James Y, Faraone SV (2016) Genetic architecture for human aggression: a study of gene-phenotype relationship in OMIM. Am J Med Genet B Neuropsychiatr Genet 171:641–649